中国机械工业年鉴

1997

中国机械工业年鉴编辑委员会　编

机械工业出版社

ISBN 7-111-05780-5
9 787111 057802 >

图书在版编目(CIP)数据

中国机械工业年鉴　1997/《中国机械工业年鉴》编委会编.
—北京:机械工业出版社,1997.11
ISBN 7-111-05780-5
Ⅰ.中…　Ⅱ.中…　Ⅲ.机械工业-中国-1997-年鉴
Ⅳ.F426.4

中国版本图书馆 CIP 数据核字(97)第 12309 号
广告经营许可证:京工商广临字 97059 号
出 版 人　马九荣(北京市百万庄路 22 号　邮政编码　100037)
北京林业大学印刷厂印刷·新华书店北京发行所发行

1997 年 11 月第 1 版·1997 年 11 月第 1 次印刷
787mm×1092mm1/16·52.375 印张·30 插页·1930 千字
0001—4000 册
国内定价:148.00 元

大力依靠科學技術

振興機械汽車工業

江澤民

一九九六年元月十二日

中共中央总书记江泽民为1996年全国机械工业工作会议题词

致全国机械工业工作会议的信

同志们：

值此全国机械工业工作会议召开之际，我谨向机械、汽车工业战线上的全体干部职工致以亲切的慰问！

振兴机械、汽车工业，使之尽快成为国民经济的支柱产业，是国家的一项重要战略决策，抓好这件事，对提高各行各业的技术装备水平、生产效率和经济效益，提高人民的生活质量，具有重要作用。

“九五”期间，机械、汽车工业要从解决薄弱环节入手，努力提高产品质量，加强企业技术改造，形成合理规模，降低生产成本，搞好售后服务，提高开发能力。要做到真抓实干，务求必胜。

希望机械、汽车工业战线的同志们认真学习贯彻党的十四届五中全会和中央经济工作会议精神，努力实现两个根本性转变，为实现机械、汽车工业的振兴而努力奋斗。

预祝会议圆满成功！

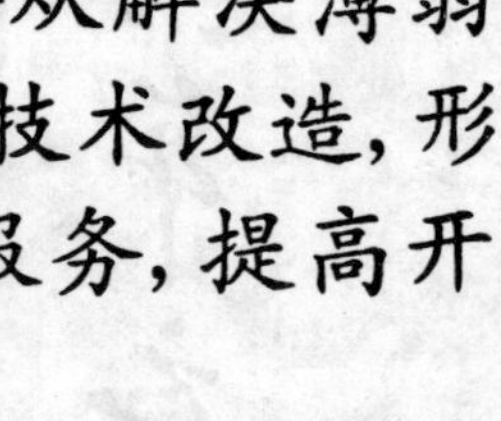

一九九六年一月五日

市場導向用户先
産品創新質量优
技术效益求先進
机械汽車齐振興

邹家華
一九九六年元月

国务院副总理邹家华为 1996 年全国机械工业工作会议题词

致全国机械工业工作会议的一封信

同志们：

值此全国机械工业工作会议召开之际，我代表国务院向工作在机械、汽车工业战线上的全体干部职工致以亲切的慰问！

机械、汽车工业是国民经济的装备产业，对各行各业实现技术进步、转变经济增长方式，带动整个经济增长和结构升级具有关键性作用。振兴机械、汽车工业，使之成为国民经济支柱产业，是党中央、国务院作出的战略决策，也是机械、汽车战线上全体职工的光荣使命。

为了贯彻落实党中央、国务院的战略决策，机械工业部在认真总结以往经验教训的基础上，根据国内外发展的新形势和新特点，明确提出了以竞争促振兴，促发展；依靠科技进步，实施科教兴业；实行有限目标，重点突破；提高生产集中度，推行规模经济；加强内外结合等五条振兴战略，并且选择了与国民经济关联度高、市场需求量大的经济型轿车及关键零部件，对国民经济全局有重大影响的以电力设备为代表的重大技术装备，以及对机械工业自身水平和质量提高有重大影响的以数控机床为重点的基础机械、重要基础零部件等四个领域作为振兴重点，这些都是符合国民经济全局需要及机械工业实际情况的，希望认真抓好落实工作。

今年是“九五”计划的第一年，也是机械、汽车工业启动振兴的第一年。希望你们认真学习贯彻党的十四届五中全会和中央经济工作会议精神，努力推进两个根本性转变，切实打好产品质量翻身、组织结构优化、开发能力提高这“三大战役”，为全面实现机械、汽车工业的振兴奠定坚实的基础，为我国国民经济持续、快速、健康发展作出更大贡献。

最后，预祝会议圆满成功！

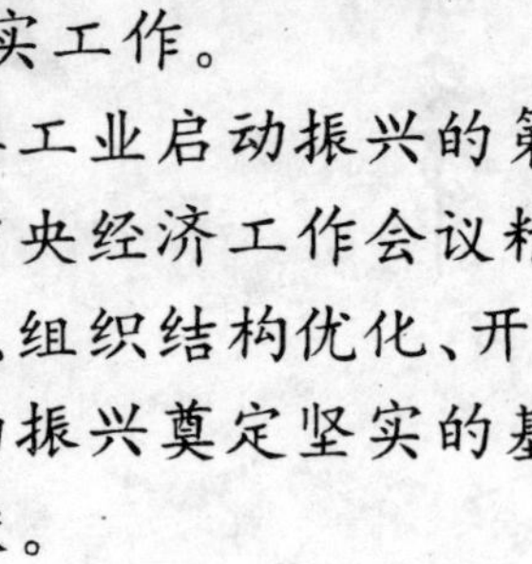

一九九六年一月十一月

中国机械工业年鉴编辑委员会

《中国机械工业年鉴》特约顾问

《中国机械工业年鉴》编辑出版工作人员

编辑部地址：北京市西城区阜外百万庄路22号
邮　　码：100037
电　　话：(010)68326039，68326677－608、609

《中国机械工业年鉴》各部门特约编辑

国家教育委员会	俞伟跃
国家科学技术奖励工作办公室	张　松
公安部	尹铁林
地质矿产部	冯　琳
建设部	宋昌松
电力工业部	张海青
煤炭工业部	张天力
机械工业部	
办公厅	王立佳
政策法规体改司	郑竞贤
	田淑坤
	李海燕
行业发展司	常映礼
科技与质量监督司	佟力芹
	李建林
	徐仕敏
经济调节与国有资产监督司	王子民
	陈洪喜
生产与信息统计司	班如萍
国际合作司	刘建玲
教育司	杨黎明
军工司	宫建辉
汽车工业司	姜　英
农业装备司	马文焕
重大装备司	韩英俊
	陈英汉
	温顺如
机械基础装备司	李冬茹
	孙振滨
	刘荣祥
经济信息中心	于海燕
包装食品办公室	许占林
冶金工业部	西德源
化学工业部	马俊青
铁道部	郑昌泓
交通部	王瑞军
水利部	王　鹏
农业部	马孟发
林业部	谢湘京
国内贸易部	林　西
中国机械进出口总公司	朱晓燕
国家统计局	方　健
中国轻工总会	吴基华
	李增泰
中国纺织总会	蔡　漠
中国科学院	刘　昱
国家技术监督局	戴　莹
国家建筑材料工业局	张　奇
国家医药管理局	汪彦斌
国家地震局	武守春
中国航空工业总公司	金　岩
中国航天工业总公司	卢晓萍
中国船舶工业总公司	郭莲英
中国石油化工总公司	张健生
中国石油天然气总公司	刘津生
中国核工业总公司	杨宝龙
中国有色金属工业总公司	晏厚庠
中国机械冶金工会	李　烨
中国机电产品进出口商会	王中奇
中国机电日报社	卜基桥

《中国机械工业年鉴》各地区特约编辑

北京市机械工业管理局	解福顺
天津市机电工业总公司	张　玲
天津市电子仪表工业总公司	白睿麟
河北省机械工业厅	张塞外
山西省机械电子工业厅	史云海
内蒙古自治区冶金机械工业厅	王黄海
辽宁省机械工业厅	温淇锫
大连市机械工业管理局	张升革
吉林省机械工业厅	翟胜志
黑龙江省机械工业厅	孙秀玲
上海电气（集团）总公司	韩国璋
上海市仪表电讯工业局	朱仁康
江苏省机械工业厅	赵信生
浙江省机械工业厅	孙烈根
	黄京秀
宁波市机械工业局	秦宁临
安徽省机械工业局	李戈扬
福建省机械工业厅	陈锦江
厦门市经委机械冶金工业处	姚　彧
江西省机械工业厅	曾金应
山东省机械工业厅	于光华
青岛市机械工业总公司	赵胜经
河南省机械电子工业厅	崔安国
湖北省机械工业厅	袁宏亮
湖南省机械工业局	朱建珊
广东省电子机械工业厅	黄颜军
广西壮族自治区机械工业厅	吴中杰
海南省工业厅	高　雅
四川省机械工业厅	唐家申
重庆市机械工业管理局	邓训谦
贵州省机械工业厅	李江林
云南省机械工业厅	曹树康
陕西省机械工业局	路新昌
甘肃省机械工业总公司	倪晓林
青海省机械电子工业厅	王东川
宁夏回族自治区重工业厅	张建中
新疆维吾尔自治区机械电子工业厅	董淑芝

《中国机械工业年鉴》特约顾问单位特约编辑

中国第一重型机械集团公司	徐永福
中国第二重型机械集团公司	张小桂
中国第一汽车集团公司	王忠学
东风汽车公司	顾鸿年
中国重型汽车集团公司	阎瑞林
北京汽车工业集团总公司	李燕英
天津汽车工业（集团）有限公司	武在宁
上海汽车工业（集团）总公司	夏　军
跃进汽车集团公司	向荣昌
长安汽车有限责任公司	凌代贵
中国嘉陵工业股份有限公司（集团）	何道田
中国轻骑摩托车集团总公司	宋义才
上海电气（集团）总公司	韩国璋
东北输变电设备集团公司	郭文元
中国东方电气集团公司	郭　凡
广州南洋电器企业集团	郑　铁
中国一拖集团有限公司	魏黎明
中国机械设备进出口集团	郝军朋
中国机械对外经济技术合作总公司	杨金春
中国工程与农业机械进出口总公司	罗　莹
中国机床总公司	孙卫国
中国机械工业安装总公司	王建军
机电工业上海联销公司	叶敏栋
中国浦发机械工业股份有限公司	沈本祥
中国磨料磨具进出口联营公司	郑保亚
大连大起集团有限责任公司	刘　强
绵阳新华内燃机企业集团公司	刘　勇
北汽福田车辆股份有限公司	高安平
保定天威集团有限公司	张福生
江苏双良集团公司	殷大炳
万向集团	宋华明
德力西集团公司	胡　伟
正泰集团公司	戴知谦
人本集团有限公司	冯章光
温州海米特集团	涂剑川

编辑说明

一、《中国机械电子工业年鉴》从1984年创刊，连续出版了三期。1987年根据原国家经委批示，分为《中国机械工业年鉴》和《中国电子工业年鉴》出版。1988年国家机构改革，组建了机械电子工业部，1989年又重新出版《中国机械电子工业年鉴》，分为“机械卷”和“电子卷”两册。1993年，成立了机械工业部，又开始出版《中国机械工业年鉴》，由机械工业部主办，国务院所属有关部门及省、自治区、直辖市参加编写。

二、本年鉴是记述我国机械工业状况的权威性、信息性、史册性、资料性大型年刊。1997年刊主要反映1996年我国机械工业及其各行业、各地区的发展情况和所取得的成绩，全面地、系统地提供机械工业的经济技术资料和统计数据。

三、本年鉴收集资料的范围是全国性的。参加1997年刊撰稿的部门有国家教委、机械工业部、电力工业部、煤炭工业部、农业部、建设部、交通部、铁道部、国内贸易部、国家统计局、海关总署、中国机械进出口总公司、中国船舶工业总公司、中国石油化工总公司、中国航空工业总公司、中国轻工总会等31个部、局、总公司、总会，还有30个省、自治区、直辖市和4个计划单列市的机械工业厅、局，34个特约顾问单位（机械企业集团、直属公司），共计99个单位。

四、本年鉴分为十个栏目。特载刊登：国务院副总理吴邦国撰写的“积极推进‘两个转变’　大力振兴支柱产业”，机械工业部包叙定部长撰写的“全行业行动起来　认真实施‘三大战役’　全面完成‘九五’各项任务”，机械工业“三大战役”的组织机构及实施方案，1996年机械工业部系统大中型企业工业经济效益综合指数指标排序。新增加了机械工业科研单位介绍，机械工业企业集团、股份制企业、“三资”企业名录。1997年刊编辑体例与以前基本相同。

五、本年鉴按行业编排。其分类参照国家统计局、国家标准局的国民经济行业分类方法，兼顾当前行政管理体制的现状，划分为80多个行业，并按部门分别叙述。

六、本年鉴各部门所列数字，因来源和统计口径不同而不尽一致，全面的数字均以国家统计局提供的“机械工业全国统计资料”为准。各项全国统计数字均不含台湾省。

七、由于时间仓促，水平有限，难免出现错误及疏漏，敬请各界读者批评指正。

目　录

特　载

第Ⅰ部分　机械工业发展情况

第Ⅱ部分　机械工业地区发展情况

第Ⅲ部分　机械工业行业概况

第Ⅳ部分　机械工业发明及优秀科研成果

第Ⅴ部分　机械工业产品和技术进出口

第Ⅵ部分 机械工业全国统计资料

附　录

广 告 目 录

中国第一重型机械集团公司

中国一重集团董事长
公 司 总 经 理 洪性九

为镇海石化总厂生产的热壁加氢反应器

E4S600 MB 小松型机械压力机
（获国家银质奖）

2800XP 型矿用挖掘机
（获国家重大技术装备成果特等奖）

为宝钢生产的 1580mm 热连轧机

地址：黑龙江省齐齐哈尔市富拉尔基
邮码：161042
电话：(0452)6807558、68083000
传真：(0452)6806777

中国第一汽车集团公司

中国第一汽车集团董事长
中国第一汽车集团公司总经理　耿昭杰

解放中卡装配线

CA1170$P_2K_1L_2$型
9t平头长轴距柴油
载货车多项性能指
标达到国际水平

CA7220H型红旗轿车

CA1046型轻型载货汽车

地址：长春市东风大街83号
邮码：130011
电话：（0431）5954711
传真：（0431）5909944

东风汽车公司

东风 EQ1141G 8t 平头柴油车下线

东风汽车公司(原中国二汽)是国家特大型汽车生产企业。主要产品有2.5t、3.5t系列越野车,1.5t、3t轻卡系列,5t长头车系列,5t、8t平头车系列,神龙富康轿车以及各种变型车300余种。

神龙公司轿车生产线

东风 1.5t 轻型车于 1997 年“七一”前夕在襄樊轻型车厂举行隆重的下线仪式

东风公司1.5吨轻型车下线仪式

地址:湖北省十堰市

邮码:442001

销售服务热线电话:

(0719) 8224371 (日)

8258231 (夜)

上海电气（集

上海电气（集团）总公司为国家计划单列57家企业集团之一。拥有总资产350亿元，是设计、制造和销售电站设备、输配电设备、机床工具、通用机械、轻工机械、印刷包装机械、冶金矿山机械、建筑工程机械、石油化工设备、电机、电器、电线电缆、冷冻空调设备、液压气动元件、标准紧固件、轴承、电梯、环保设备，并承担设备总成套、工程总承包的特大型企业集团。

集团）总公司

经中共上海市委、上海市政府批准，原上海电气（集团）总公司和上海机电控股（集团）公司全部国有资产联合重组，成立新的上海电气（集团）总公司

党委书记、董事长：夏毓灼　党委副书记、总裁：周飞达

全系统 25 万职工向
关心和支持总公司发展的
各级政府部门，
国内海外客商、
社会各界朋友
敬致谢忱

中国东方电气集团公司

东方电气集团公司办公大楼

东方—日立合作设计、合作生产
600MW 汽轮发电机在厂内试验

东方—日立合作设计、合作生产
600MW 汽轮发电机转子吊装

东方—日立合作设计、合作生产
600MW 汽轮机低压缸转子在现场吊装

东方—日立合作设计、合作生产的
600MW 汽轮发电机组在邹县电厂运行

地址：中国四川成都一环路西一段115号
电话：(028)7766655 传真：(028)7769555 电挂：2000
电传：60152 DEC CN 邮码：610041

广州南洋电器企业集团有限公司

（原广州市华南电气企业集团公司）

开拓优质产品　提供一流服务

SI-170 型 110kV 第三代 SF6 断路器（引进德国 AEG 公司技术设计）

SF8 型 110kV 电力变压器（6300kV · A~120000kV · A）

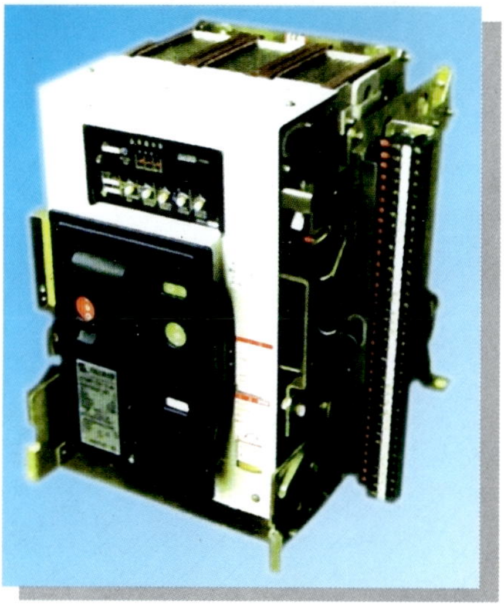

DW18（AE）低压框架式空气断路器
（引进日本三菱公司技术设计）

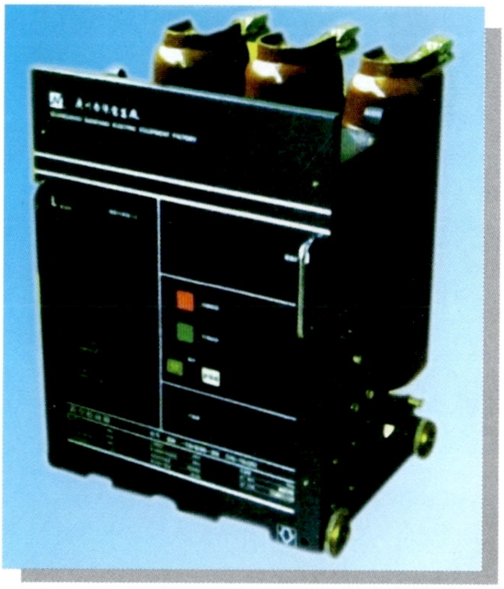

ZN18（VK）高压真空断路器
（引进日本东芝公司技术设计）

突破高压　发展中压　提高低压

地　址：广州市黄华路 43 号
邮　码：510050　传真：（020）83828485
电　话：（020）83830229

董事长：赵　群
总经理：黎业升

机械工业部直属

机电工业上海联销公司

即将投入使用的沪办大厦二期商住楼

三门峡铝厂自备电厂项目签字仪式

赴越南市场考察

以销售佳绩获跃进汽车集团公司销售代理

荣获中捷机床厂授予的销售大户称号

机电工业上海联销公司系机械工业部直属企业，是由中国机械行业四百余家大、中型骨干企业派员参加、供需见面、产销结合的机电产品大市场。

公司经过多年创业，坚持一业为主、多元发展方针，除主营机电产品外，又先后开辟了广告、汽车修理、餐饮、超市等经营项目，壮大了公司整体实力。

自1992年以来连续被评为上海市虹口区“重合同守信用”单位；

1993年组建“上海南方机电产品大柏树市场”；

1996年经国家计委、机械工业部、国内贸易部成套单位资格审查，被核定为乙级机电设备成套单位。

公司总经理王金涵先生企盼与国内外广大客户精诚合作！

地址：上海市中山北一路1250号沪办大厦2、4号楼

邮码：200437

电话：（021）65424040

传真：（021）65167304

中国磨料磨具进出口联营公司

China Abrasives Import & Export Corp.

CAEC
CHINA ABRASIVES

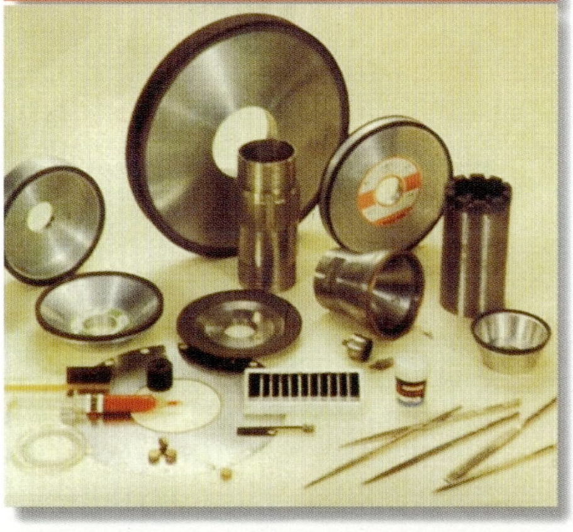

总经理：陈和生 General Manager：Chen Hesheng

中国磨料磨具进出口联营公司（简称 CAEC）于 1981 年经原国家机械委员会和国家进出口委员会批准成立，是中国磨料磨具行业进行对外贸易的专业公司。

公司总部设在河南省郑州市。在深圳、海南、珠海、上海、青岛、厦门、北京、天津等地设立了分公司，在国内建立了出口生产基地。参加该公司联营的成员均为国家重点骨干生产企业及科研院所，成员达六十余个。

该公司集工贸结合，技贸结合，进出口结合三种形式为一体；拥有较高专业水准及丰富贸易经验的员工；经营和代理全国近百家重点企业和科研院所的产品，从而形成了公司货源丰富、品种齐全、质量优良、交货及时的专业优势。该公司在国际贸易中业务不断发展，信誉日益提高，贸易额逐年增加。

目前，该公司在经营专业产品的基础上，致力于拓展市场，展开多领域、多品种、多种形式的灵活贸易，公司正朝着多元化、实业化、国际化的贸易方向发展。

该公司愿在平等互利的基础上与世界各地的工商贸易界人士进行广泛的经济技术交流，增进贸易关系，真诚合作，共图发展。

经营范围

1.磨料磨具产品，包括各种刚玉、碳化硼、人造金刚石、立方氮化硼和各种新型磨料及用上述材料制成的磨具（包括砂轮、油石、涂附磨具）、刃具、硅碳棒，及其它制品，耐火材料等各种商品的出口。

2. 接受磨料磨具产品的国外来图、来样、来料加工。

3. 办理有关磨料磨具的技术设备引进，合作生产，合资经营，补偿贸易及咨询服务等事宜。

4. 接受和承包国外客户有关磨料磨具工厂、车间、生产线等项目的设计、施工等成套工程。

近年来，随着国家对进出口贸易货品管制的放宽，该公司经营的商品已不仅仅局限于磨料磨具，在所有进出口商品中，除少数仍由国家控制外，其余该公司均能经营。

中国郑州中原西路183号 183，Zhongyuan West Road，Zhengzhou，China
Post Code：450006 Tel：（0371）7629065 、7629800
Telex：46051 CAECZ CN Fax：（0371）7632549、7634621

“CAD应用1215工程”示范企业

北人印刷机械股份有限公司

北人计算机集成制造系统开发与应用一瞥
图为北人面向新产品开发的胶印机递纸机构仿真系统

北人印刷机械股份有限公司（以下简称“北人”）是由北人集团独家发起的控股公司。成立于1993年7月，并在香港注册。占地面积31万m^2，总资产11.5亿元，下属15个分厂，现有职工3300多人，其中工程技术人员260多人。1996年销售额3.76亿元，利润总额8863万元，1997年上半年完成销售收入2.02亿元，比上年同期增长32.5%。该厂是我国单张纸胶印机最大的生产厂家。现生产60多个品种、规格的胶印机，产品遍布全国，并出口到东南亚、欧洲、美洲和非洲等十几个国家和地区。

三十多年来，北人为国内外用户生产胶印机1万多台，单色胶印机占国产中高档胶印机总产量60%，双色、多色和双面胶印机占国产中高档胶印机95%以上。在同行业中，产品品种、生产规模、生产能力和市场覆盖率均占第一位。

北人始终坚持技术进步的道路，进口数控机床、加工中心等关主件加工和检测设备30多台（套），引进英国密烘铸铁技术，使制造和检测手段达到国外同行业80年代水平；同时加快了产品开发步伐，通过外引内联等措施，使产品的等级和水平又上了一个新台阶，先后有十几种产品通过德国GS认证，授予使用GS标志。最新研制的印速每小时15000张的对开四色胶印机达到了国际90年代同类产品的先进水平。

面对激烈市场竞争的北人，正在抓紧开发具有自己特色的计算机集成制造系统，以便缩短产品开发周期、提高产品质量、降低产品成本，为用户提供优质的产品和满意的服务，为我国印刷工业做出新的更大的贡献。

腾飞的北人

董事长：　张致远
总经理：　云庆华
地址：北京市朝阳区广渠路南侧44号
邮码：100022
电话：(010) 67737711
传真：(010) 67714039
电挂：9321

具有90年代水平的对开四色单张纸胶印机

单张纸胶印机总装车间一角

沈阳变压器有限责任公司

“CAD 应用 1215 工程”示范企业

沈阳变压器有限责任公司位于辽宁省沈阳市铁西工业区，已有近60年的发展历史，是中国变压器制造业中最大的变压器制造厂之一，国家一级企业。现有职工8886人，其中，各类专业人员2400人，高级工程师166人，工程师479人。公司占地面积40万m^2，厂房占地面积25万m^2。拥有固定资产原值5.9亿元。公司的主导产品是变压器、互感器、电抗器，共35个系列、300个品种、1395个规格。产品适用于各大电站、铁路、机场、矿山、石化等不同行业及高层建筑。年设计生产能力2210万kV·A，具有批量生产50万V超高压变压器和电流互感器的技术和设计能力。产品产量居行业前列。

公司CAD开发已有24年的历史。目前已发展到几乎全部产品采用CAD技术，取得了巨大的技术进步。

装配车间

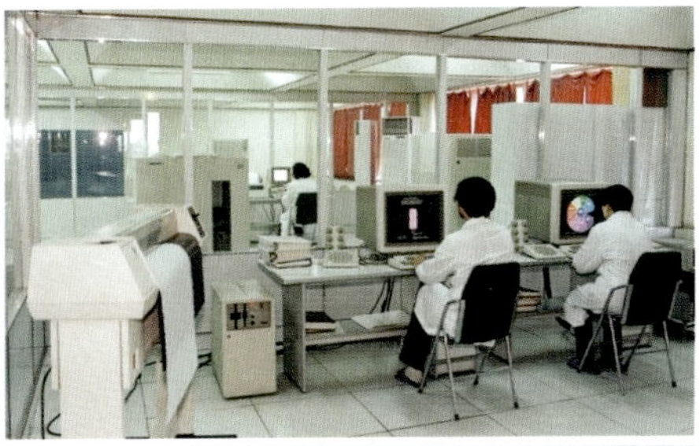

IBM9221
计算机主机房

运行中的
OSFPSZ-360000/500
变压器

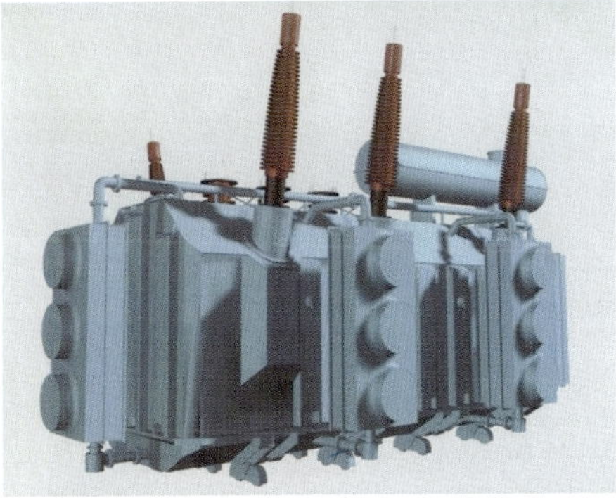

SFP-720000/220
变压器

董事长：左长林
总经理：梁向东
地址：沈阳市铁西区北二中路18号　邮码：110025
电话：(024) 5851211 (总机)
传真：(024) 5851119
电挂：5581

柳州工程机械(集团)有限公司

"CAD应用1215工程"示范企业

柳工是中国工程机械行业的排头兵，开发生产品种齐全的装载机系列产品，并已形成挖掘机、推土机、压路机等新产品系列。现有员工8000余人，公司总资产16亿元，已建成的国家级技术中心有各类技术人员200余人。柳工从80年代起就开始计算机应用工作，特别是在机械工业部"1215工程"的推动下，更加快了计算机的应用步伐，从1995年起，技术中心已全部甩开图板实现CAD绘图。目前已开始在新产品中采用Pro/E进行三维设计，重要部件采用CAE技术进行有限元分析，对复杂模具采用Pro/E进行设计并生成数控代码输入加工中心加工。CAD/CAM/CAE技术的应用，使柳工在产品开发方面走上一个新台阶，大大提高了产品设计速度及效率，提高产品的可靠性。同时为下一步开展并行设计工程及CIMS系统集成铺平了道路。

董事长、党委书记：张　沛

副董事长、总经理：王晓华

地址：广西柳州市柳太路1号

邮码：545007

电话：(0772) 3815633、3887888

传真：(0772) 3611147

挂号：0022

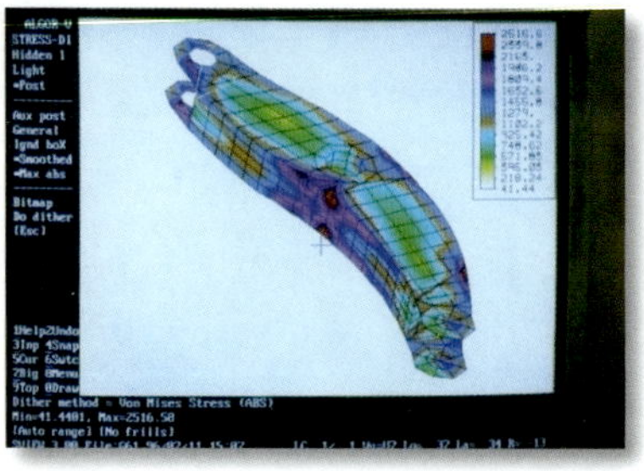

有限元分析

技术人员正在进行设计

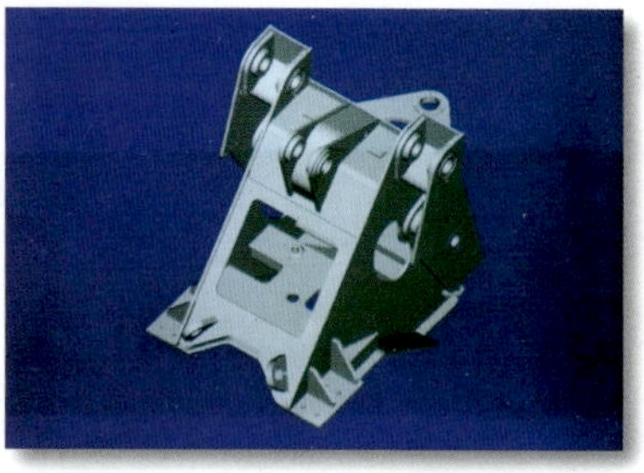

前车架屏幕装配结果

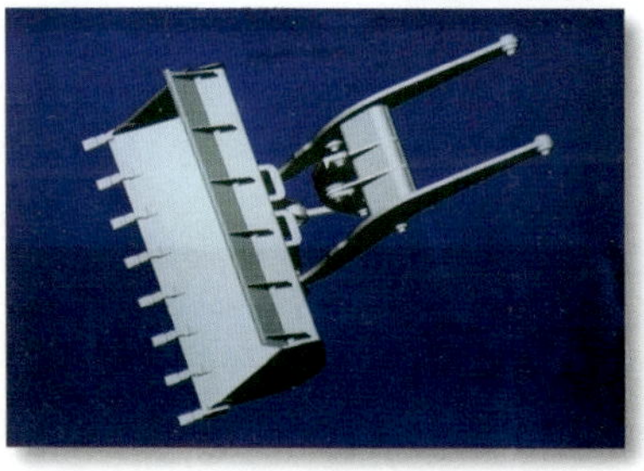

装载机工作装置装配预览

模具设计

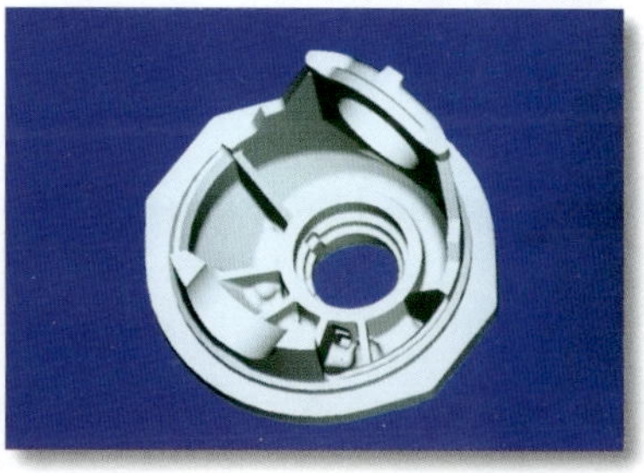

复杂铸件设计

江苏双良集团公司
地址：江苏省江阴市利港镇
邮码：214444
电话：(0510) 6631909
传真：(0510) 6631333
双良

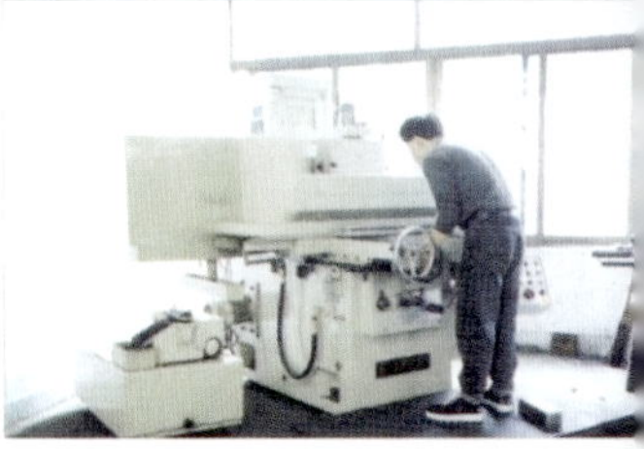

人本集团有限公司

人本集团是在温州“二次创业”浪潮中崛起的全国性企业集团。集团下辖18个成员企业、1个海外公司和10个分公司，已形成“一业为主，多种经营”的集科、工、贸为一体的企业集团。企业经营活动不仅仅局限于轴承及其配件的生产、销售，而且扩展至机电、汽配、化工、饮料、食品、商业服务和国际贸易等行业。

集团核心企业——人本集团有限公司（原温州轴承厂）位于国家级开发区温州经济技术开发区，创建于1991年9月。经过几年的发展，公司已形成一套先进、合理的生产工艺体系和严格、完善的质量管理与控制体系，生产的Z_3组高精度低噪声电机轴承，达90年代初国际水平，替代进口，促进了我国轴承行业整体水平的提高。产品远销东南亚、西欧、北美、南美等几十个国家和地区。公司现有员工582人，资产总额1.5亿元，年产4000万套低噪声轴承。1996年完成销售收入1.05亿元，实现利税1300余万元，预计1997年可达1.7亿元，利税2000万元。“九五”规划后，产值将突破10亿元。

集团公司自创建以来，连年被评为省、市“明星企业”、“技术进步优秀企业”、“质量优秀企业”。生产高精度低噪声电机轴承是1995年度国家级重点新产品，企业管理荣获第三届中国机械工业重大创新成果奖和第四届全国企业管理现代化创新成果奖，列为国家“双加”工程企业和浙江省“五个一批”重点骨干企业。

法人代表：张童生

地址：温州经济技术开发区5号小区

邮码：325011

电话：（0577）6552251、6552294

传真：（0577）6552276

电挂：8829

北京开关厂

"双十佳厂长"、"依靠职工办好企业的领导干部"、"北京市劳动模范"等光荣称号获得者——北京开关厂厂长黄国诚

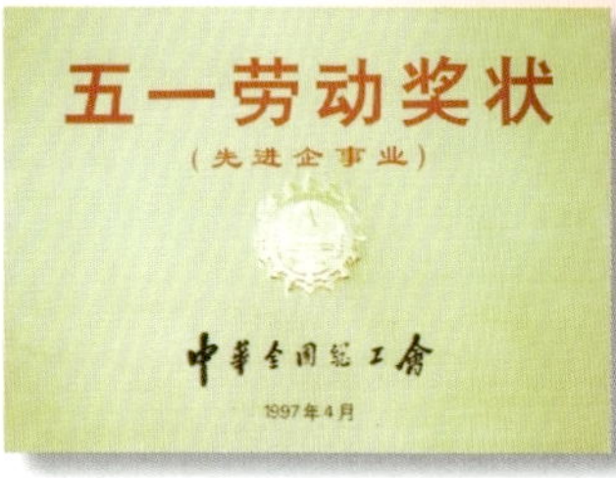

北京开关厂系中国研究和制造高低压电器、高低压成套配电装置及核电站控制设备的国家大型骨干企业。它创建于1952年，占地面积19.3万m^2。固定资产1.4亿元。全员职工4500余人，其中工程技术人员800余人。是全国五大开关厂之一。

该厂成立了北京开关厂（市级）技术中心，进行广泛的科学研究和技术开发工作。为确保产品质量，该厂设有北京高压设备检测站。

该厂从日本寺崎电气公司引进AH系列低压万能式空气断路器。从德国西门子公司引进3AF、3AG系列真空断路器。1996年与ABB及香港EMO公司合作，分别合资成立了"北京ABB高压开关设备有限公司"及"北京北益电工绝缘制品有限公司"。该厂产品已形成真空开关的"王国"、高压真空开关柜的"世界"、高压SF6开关的"天地"和船、陆两用低压开关的"海洋"。

KYN18A-10（Z）型铠装移开式金属封闭开关设备（KYN800-10）

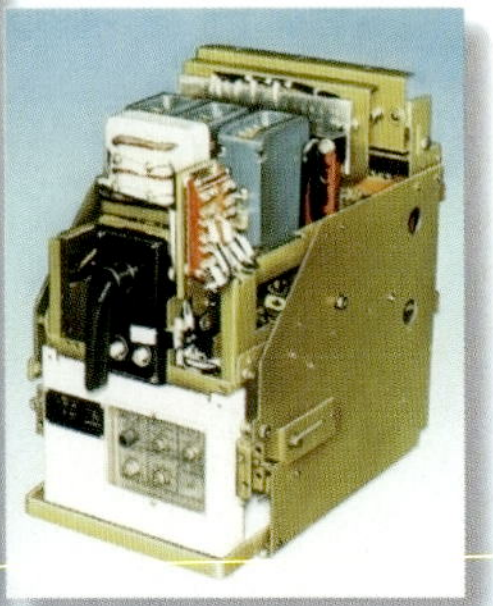

DW914系列
智能型空气断路器

该厂是我国输变电行业首批获得国内外认证机构ISO9001双重质量体系认证证书的企业。但是：

拥有ISO9001证书不是目的，在质量和服务上，北开人坚持——99+"1"=0零缺陷、零起点、零突破。

BEIKAI
北開

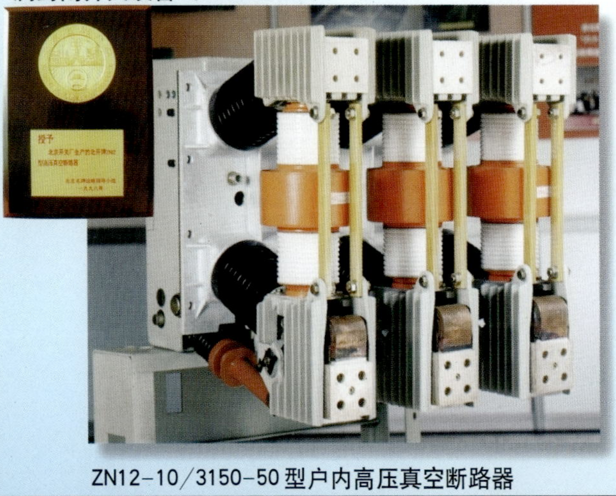

ZN12-10/3150-50型户内高压真空断路器

ZF4-110型SF6封闭式组合电器生产车间一角

地址：北京市朝阳门外关东店12号　　邮码：100020　　传真：(010)65023306
电话：(010)65021131(总机)、65021178(销售处)　　电挂：6738

常柴集团

常柴集团是江苏省省级重点企业集团之一，其核心企业常柴集团有限公司是经政府授权的国有资产投资主体，是以常柴股份有限公司为依托发展起来的。1996年，常柴集团在16个省级企业集团综合评价中名列第三位，实现利润名列第二位。1997年6月，常州东风农机集团公司、常州飞天集团公司成建制划归常柴集团有限公司，使常柴集团形成了新的经济增长点，发展了常柴集团的规模，壮大了常柴集团的实力。

扩建后的常柴集团有限公司总资产38.66亿元，产品销售总收入51.29亿元，利润总额3.78亿元。产品涵盖柴油机、减速齿轮箱、手扶拖拉机、轮式拖拉机、四轮农用车、联合收割机、抛秧机等。到本世纪末，常柴集团将发展成为以机械制造业为主，工业、科技、贸易、金融、服务相结合的多元化、规模化、国际化企业集团，并争取进入国家100强工业企业行列，进而成为国际知名的大型农机企业集团。

董事长：沈铁平

党委书记、总经理：李汉华

地址：江苏省常州市怀德中路123号　邮码：213002

电话：(0519) 6603656（总机）　传真：(0519) 6626696

多缸柴油机总装线

该公司是我国制动器行业机械工业部重点企业和具有自营进出口权的企业之一，是我国制动器产品的科研、开发、生产和出口基地。集团现有员工1500人，资产总额1.16亿元，年产各种系列制动器6万台(套)，产品分18大系列近400个品种，广泛用于各个行业的机械制动，行销国内31个省、市、自治区的近4000个用户，出口到15个国家和地区。产品先后荣获国家科技成果奖、机械工业部科技进步二等奖，其中有5个系列产品被河南省科委认定为高新技术产品，11个系列产品具有当代国际先进水平。企业连续五年分别被评为省、市机电系统“优秀企业”，并荣获“河南省高新技术企业”和“河南省转换经营机制百优企业”称号。

公司法定代表人：臧克兴（董事长、总经理）

地址：河南省焦作市环城北路2号
邮码：454000
电话：(0391)2924956
传真：(0391)2924446

焦作制动器集团公司

河南企鹅集团有限公司

该集团公司是由漯河市中原面粉机械厂等 36 个企业，在股份制基础上组建的大型省级企业集团。拥有资产 1.2 亿元，占地面积 16.3 万 m^2，员工 1860 人，其中科技人员 168 人。1996 年实现产值 1.1 亿元、利税 1200 万元。

该集团公司是以磨粉机及清粮系列设备制造为主的集生产、经营、贸易、开发、投资和实业为一体的企业公司，产品在国内外市场享有较高声誉。主导产品：企鹅牌 6F–2235 型磨粉机先后荣获省优、部优、中华国产精品等荣誉称号，被列为河南省免检产品，畅销全国二十多个省、市、自治区，并批量出口俄罗斯、东南亚、非洲等国家和地区。

总经理：董铁虎

地址：河南省漯河市沙北孟庙镇中原路039号
邮码：462300
电话：(0395)　6150362
传真：(0395)　6150363

企鹅牌面粉机受到
俄罗斯朋友的称赞

等级制粉成套设备

河南奔马集团股份有限公司

奔马集团热诚为广大用户服务　真诚同社会各界朋友合作

该公司系机械工业部、公安部定点生产农用运输车的骨干企业，属国家二级企业。

该集团公司的前身长葛奔马机器厂、长葛县机械厂，是长葛最悠久的地方国营企业，40多年来，为中国农机工业发展做出较大贡献。1983年开发生产奔马牌农用运输车，产销利税连续六年居全国同行业之首。1991年经上级批准，成立奔马机械集团公司，成为全国农用运输车行业第一个企业集团，1997年元月改制为“河南奔马集团股份有限公司”，昭示着奔马事业进入又一个新阶段。目前，公司占地面积22万m^2，资产总额1.2亿元，下设四部一司、13个分厂，现有职工2400人，年生产15万台农用机械。

主导产品：奔马牌三、四轮农用运输车采用国标设计生产，7YⅠ～Ⅵ型三轮车、2815、1608型四轮车和180型四轮拖拉机等4大系列20多个品种列入公安、机械两部产品目录。各种车型以其设计先进、质量可靠行销全国20多个省市。先后获省优质产品奖，省首届“兴豫杯”名优特新奖，1997年被河南省技术监督局认定为免检产品。并被国家质量协会、农机协会向全国推荐为使用可靠性产品。奔马商标被评为河南省著名商标。公司相继荣获河南省“先进企业”、“五一劳动奖状”、“先进基层党组织”、“思想政治工作先进单位”、“工业战线十面旗帜单位”等称号。最近，公司新开发生产的小型装载机、自卸翻斗车等工程机械、豪华旅游三轮车、多功能8档三轮车等运输机械，已成为公司新的经济增长点，为公司稳步发展增添了新的活力。

董事长：王汉杰
地址：河南省长葛市人民路北段
邮码：461500
电话：(0374)6122518、6165263
传真：(0374)6165263

天同集团 TIANTONG

董事长兼总裁：谷全诚

农用车生产线

拖拉机生产线

天同集团为河北省大型支柱性企业集团。核心企业天同集团有限公司，是以中国500家最大工业企业、中国机械行业50家最大经营规模企业之一的石家庄拖拉机厂为基础通过资产重组建立起来的国有资产经营机构和产品结构多元化，经营多角化，集科、工、贸为一体的跨行业大型企业集团。

集团公司占地面积112万m^2，拥有总资产15亿元，职工11000余人，各种制造、检测设备5000余台，具有锻造、铸造、冲压、焊接、油漆、机加工、总装等先进的工艺装备，技术实力雄厚。年生产汽车、拖拉机及各种车辆达60万辆、柴油机15万台；生产的立体停车设备已投入使用，到2000年全集团将实现销售收入60亿元。

目前，集团下设石家庄拖拉机有限公司、石家庄汽车制造有限公司、停车设备有限公司、石家庄柴油机有限公司 4 个全资子公司，石家庄轻工机械厂、石家庄钢圈厂 2 个全资子企业及天津希望三轮农用车有限公司 1 个控股子公司。产品销往国内22个省、市、自治区，并远销东欧、俄罗斯、南北美洲、东南亚等地，还在境外设有 5 个分支机构，是中国机械行业的出口基地之一。

“九五”期间，天同集团在拖拉机、汽车、农用运输车、柴油机、立体停车库、立体仓储设备、新型建材等七大类产品领域，将以跳跃式的发展实现“天同”的宏伟目标。

地址：石家庄市和平东路418号　邮码：050033　电话：(0311) 5051173　传真：(0311) 5054672

特　载

机械工业“三大战役”

以1996年全国机械工业工作会议为标志，机械、汽车工业正式吹响了打好“三大战役”、全面启动振兴的进军号。为使社会及行业广大职工深入了解“三大战役”，以引起更广泛的关注、支持和参与，顺利完成“三大战役”各阶段的任务，本期年鉴编发了有关“三大战役”的领导讲话、实施方案以及部关于实施科教兴业的决定等资料，供读者参考。

机械工业部
“三大战役”各战役指挥部机构组成

部党组

产品质量翻身战役

总指挥
孙昌基副部长

副总指挥
部副总工程师孟祥恩
科技与质量监督司司长宋天虎
科技与质量监督司副司长石坚中

成员
办公厅副主任沙先华
政策法规体改司司长杨桦
行业发展司副司长王荣泉
生产与信息统计司司长汪建业
国际合作司司长崔十信
人事劳动司副司长谷政协
教育司副司长郝广发
军工司司长王金德
汽车工业司司长张小虞
农业装备司司长高元恩
重大装备司司长吴晓华
机械基础装备司司长于成廷
政工办主任邵瑛

指挥部下设办公室，设在科技与质量监督司，石坚中副司长兼办公室主任

组织结构优化战役

总指挥
朱森第总工程师

副总指挥
部副总工程师孟祥恩
行业发展司司长蔡惟慈

成员
办公厅副主任王宝明
政策法规体改司司长杨桦
科技与质量监督司副司长依英奇
经济调节与国有资产监督司司长梅振新
生产与信息统计司副司长武铁舟
人事劳动司副司长谷政协
汽车工业司副司长蒋雷
农业装备司司长高元恩
重大装备司副司长隋永滨
机械基础装备司司长于成廷
政工办主任邵瑛

指挥部下设办公室，设在行业发展司，蔡惟慈司长兼办公室主任

开发能力提高战役

总指挥
吕福源副部长

副总指挥
部副总工程师孟祥恩
科技与质量监督司司长宋天虎
科技与质量监督司副司长依英奇

成员
办公厅副主任沙先华
政策法规体改司司长杨桦
行业发展司副司长王荣泉
经济调节与国有资产监督司司长梅振新
生产与信息统计司副司长纪孝效
国际合作司副司长陆仁琪
人事劳动司副司长谷政协
教育司副司长沙彦世
汽车工业司助理巡视员刘匀
农业装备司司长高元恩
重大装备司副司长谷九如
机械基础装备司司长于成廷
政工办主任邵瑛

指挥部下设办公室，设在科技与质量监督司，依英奇副司长兼办公室主任

积极推进"两个转变"　大力振兴支柱产业

——在全国机械工业打好"三大战役"电话会议上的讲话

国务院副总理　　吴邦国

（1996年5月31日）

同志们：

这次会议很及时，很必要。包叙定部长就打好"三大战役"工作，作了总体部署，山东、云南两个机械厅发了言，他们讲话的精神我都赞成。下面，我讲几点意见。

一、机械工业在"两个转变"中具有重要作用，中央十分重视机械工业的发展

党的十四届五中全会指出，实现"九五"和2010年国民经济和社会发展的奋斗目标，关键是实行经济体制和经济增长方式两个根本性转变。机械工业作为装备工业，在实现"两个转变"特别是经济增长方式的转变中，具有重要作用，肩负着特殊的使命。

转变经济增长方式要靠科技进步，科技进步的重要载体是技术装备。技术装备水平的高低，直接影响各行各业的生产效率和效益，影响产品的质量和档次，影响资源利用和物质消耗，影响科技进步和科技成果转化。改革开放以来，我国经济发展取得举世瞩目的成就，增长速度居世界领先地位。但是，经济运行质量和效益并不理想。这种状况的产生，除体制和机制上的原因以外，还与我们的装备落后有很大关系。据有关部门对全国工业的调查，我国企业的技术装备大多数处于六七十年代水平，达到或接近国际先进水平的仅占15％。由于装备落后，在相当大的程度上，造成我国工业生产总物耗率大大高于工业发达国家，他们一般在40％以内，而我们则高达60％以上。与美国相比，我国单位国民生产总值的能源消耗大约是它的5倍，钢材消耗将近10倍。机械工业是各行各业技术装备的主要提供者，产业关联度高，不仅自身对经济增长贡献度大，而且，可对其它行业发展提供强有力的支持。因此，打好"三大战役"，努力改善行业整体素质，大力提高我国技术装备水平，是摆在机械工业面前的一项紧迫任务，也是转变经济增长方式对机械工业提出的客观要求。

中央历来十分重视机械工业的发展。江泽民总书记在党的十四大报告中指出：要"振兴机械电子、石油化工、汽车制造和建筑业，使它们成为国民经济的支柱产业"。最近，江总书记又多次谈到基础工业和支柱产业的关系，强调要重视装备工业的发展。李鹏总理还专门就机械、汽车工业的振兴作出过指示，他说："振兴机械、汽车工业，使之尽快成为国民经济的支柱产业，是国家的一项重要战略决策，抓好这件事，对提高各行各业的技术装备水平、生产效率和经济效益，提高人民的生活质量，具有重要作用。"江总书记和李鹏总理的指示，是对机械、汽车等支柱产业在国民经济中地位的科学评价和高度概括，充分说明党中央、国务院对机械、汽车工业的关怀和重视。党的十四大、十四届五中全会和八届全国人大四次会议也都反复重申要振兴支柱产业，并对发展支柱产业的方针、任务和重点提出了明确要求。现在看得很清楚，一个国家的经济地位和实力，在很大程度上取决于机械制造业的水平。世界各工业发达国家，以及一些新兴工业化国家，尽管产业结构不尽相同，但大都把机械制造业作为优先发展的重点，作为带动整个经济增长和产业结构升级的主导产业，有一些"漂在油海上的国家"，虽然人均国民收入很高，但也只能算是富国，很难说是强国。现在他们已经认识到这一点，并采取措施发展机械工业。机械工业上不去，国家的现代化就谈不上。希望机械工业的各级领导和广大职工，以高度的责任感和紧迫感，努力完成时代赋予的历史使命，为提高国民经济的装备水平和实现"两个转变"做出更大的贡献。

二、"三大战役"符合机械工业实际，与"两个转变"的要求是一致的

党的十一届三中全会以来，机械工业的改革与发展取得显著成就。一是机械工业部系统率先下放直属生产企业，推动了企业面向市场，自主经营，企业运行机制发生了重大变化；在集团化、股份制改造和现代企业制度试点方面呈现较好的势头，涌现出一批活力强、效益高的企业和企业集团。二是全行业生产平均每年以14％左右的速度递增，是我国工业中增长最快的行业之一，在1992年提前8年实现了翻两番的目标。机械工业在全国工业中的比重，由1978年的不到19％，提高到1995年的25％左右。一些重要产品的产量已跃居世界前列，比如，1995年生产发电设备16 000MW、金属切削机床18万台，等等。三是机械产品出口也大幅度增加，1995年达到275亿美元，占全国外贸出口的18.5％。十多年来，机械行业引进技术2 000多项，外商直接投资近50亿美元。通过引进技术和自主开发，掌握了一大批重大成套装备的生产制造技术，如大型电力设备、大型露天矿成套设备、大型冶金设备、大型合成氨装置、大型煤炭港口装卸设备等。这些成就，为机械工业今后的改革和发展打下了良好基础。

但是，也要清醒地看到，与国际水平比，与国民经济发展的需要比，机械工业差距还不小，产品质量差、组织结构散、开发能力弱这几个问题尤为突出。首先，在产品质量方面，“常见病”、“多发病”久治不愈，可靠性明显偏低，成套装备重大事故时有发生，用户反映强烈。这些年进口设备对国内市场冲击很大，究其原因，有些确实是国内不能制造的，有些是利用国外贷款必须买人家设备的，但不能否认，我们确实存在品种、质量和售后服务的问题。成套设备少个螺丝钉就转不起来，我们有时候就是个螺丝钉不行，这种情况还不是个别的。其次，在组织结构方面，重复分散、集中度低、经营规模小、企业“大而全”、“小而全”已成为机械工业的一个顽症。以汽车为例，我国的整车企业数 122 家，超过发达国家汽车企业的总和，但年产量不及美国通用汽车公司的四分之一。这怎么和人家竞争！如果再不联合重组，尽快形成几个大集团，一旦失去高关税保护，民族汽车工业很可能被挤垮。第三，在开发能力方面，机械工业主导产品的关键技术大多依靠国外引进，而且消化吸收缓慢，自主创新步履艰难。有些市场需要的东西我们开发不出来，或者开发周期长，错过市场良机。为什么这些年机械工业的发展速度不低，但效益不高，症结就在这三个薄弱环节上。说到底，走的还是铺摊子、上项目、高消耗的粗放型发展路子。因此，机械工业本身存在着“两个转变”的紧迫任务。

机械工业针对本行业的实际情况，提出打好“三大战役”，其基本任务和目标是：要扭转追求速度和数量的传统发展模式，在质量、结构、开发上挖掘潜力；改变机械产品的市场形象，树立良好信誉，提高市场竞争力；要改变“散、乱、全”的局面，努力造就一批结构优化、规模经营、效益显著并具较强竞争力的“巨人”企业；要缓解主要依靠国外技术求发展的被动局面，在一批重点企业建成具有较强开发能力的技术中心，提高行业整体水平和素质。经过五年奋斗，到本世纪末，主要产品技术水平与国际先进水平的差距由目前的 20 年缩短到 15 年左右；销售额前 100 家企业的生产集中度由目前的 24%提高到 27%以上；国内市场占有率由目前的 69%上升到 80%左右，出口总额占全国出口比重由目前的 18.5%提高到 20%以上，使机械工业的整体面貌发生变化，走出一条既有较高速度又有较好效益的集约型发展路子。

三、坚持技术引进和自主创新相结合，依靠自己的力量实现现代化

“九五”期间，机械工业把增强自主开发能力，作为“三大战役”的一个重要内容来抓，这就抓住了关键。增强自主开发能力，实质上是增强创新能力。创新是经济发展的基本驱动力和企业活力之源。江总书记说过，“创新是一个民族进步的灵魂，是国家兴旺发达的不竭动力。”“一个没有创新能力的民族，难以屹立于世界先进民族之林。”发达国家的政府把技术创新放到经济社会发展的战略地位上，纷纷采取措施，激励企业创新，甚至直接参与和推动。1994 年美国政府就曾与 11 家企业组成半导体技术集团，联合开发新一代芯片技术。世界上知名的大公司都不惜巨资建立研究开发中心，把技术创新当作关键的竞争手段。我国北大方正集团跳过几代信息技术，直接开发激光技术，在创新方面很成功，现在已向日本、美国等发达国家市场进军了。

我们强调创新，决不是闭关自守，排斥别人先进的东西，一切从头做起。像我们这样一个基础差、底子薄的大国，搞社会主义现代化建设必须广泛汲取世界各国的先进经验和先进技术。但是，如果不培育创新能力，单靠引进，不仅建不成现代化，而且今后的发展都成问题。这十几年来，我们引进了一大批先进技术，通过消化、吸收、创新，使许多领域的技术水平有了较大提高，与国际先进水平的差距明显缩小。例如，机械行业 300、600MW 火电机组的制造技术，基本达到了当代国际水平，初步满足了我国电力工业发展的需要，再如，仪器仪表行业引进的百余项制造技术，经过消化和改进，大多数已形成批量生产能力。其他行业也有不少成功的经验。

当然，在技术引进上，也有一些值得总结的教训。比较突出的就是消化吸收不力，自主创新更差，导致了一些技术多次重复引进。再一个问题是，引进工作重硬件轻软件。这方面，日本和韩国的做法值得借鉴。他们主要是买专利、软件和制造图纸，引进后集中力量消化吸收，再自主创新。设备则由自己制造，非买不可时，只买一套，然后搞国产化。日本的家用电器就是在引进技术的基础上，通过创新发展起来的，而且后来居上。韩国的钢铁工业和汽车工业能在 20 年时间内，达到世界先进水平，也是引进技术和自主创新结合的结果。相比之下，我们花钱不少，效果却不尽人意。尽管如此，我国技术引进工作的主流还是好的，应当肯定。如果不搞对外开放，没有技术引进，我们的经济建设不会有今天这样的成就。关键是要处理好引进和创新的关系。单靠进口设备来达到现代化是不可能的，现代化是买不来的，不创新就没有出路，是会永远落后的。说得再严重一点，就是我们的经济发展将永远受制于人。这就不仅是经济问题，而且是严肃的政治问题。今后我们一定要坚持高起点的技术引进，在引进的同时，坚持不懈地提高自主开发能力，把技术引进和开发、创新很好地结合起来，形成自己的优势，努力实现从引进到创新的跨越。

四、正确认识当前经济形势，采取切实措施打好“三大战役”

当前，我国的形势很好，概括地说，就是经济发展、政治稳定、民族团结、社会进步。随着“两个转变”的不断推进和对外开放水平的不断提高，将为经济发展注入新的活力。从今年头几个月的情况看，宏观经济形势总体上是好的、健康的，财政收入、税收比去年同期都有所增长，通货膨胀进一步得到遏制。当然，在前进的道路上，我们还面临不少困难，经济生活中一些深层次矛盾还没有得到明显缓解，显露和潜伏的问题仍很多。当前突出的问题就是国有企业面临不少困难。就机械行业而言，随着涉外税制的改革，国内外市场的竞争会更加激烈，我们对困难要有充分的估计和足够的思想准备。

在这种形势下，机械工业如何打好“三大战役”，是等待外部环境好转，还是苦练内功？这是值得机械工业各级管理部门和每个企事业单位领导认真思考的大问题。当然，国家要努力改善宏观经济环境，对关系国计民生的企业要给予适当支持。这方面，已经采取了一些措施。例如：银行降低存贷款利率，减轻企业利息负担；为部分重点企业增加流动资金贷款；通过“贷改投”和所得税返还等政策增加企业资本金；鼓励企业的兼并与联合，制止向企业摊派等。但是，机械工业的发展不能一味依靠外部环境改善，最重要的还是要靠主观努力。越是困难，越要强调练好内功。我们不少搞得好的企业，都是首先在这方面取得了突破。为了保证“三大战役”的顺利实施，机械工业必须在改革、改组、改造和加强管理上狠下功夫。

一要认真贯彻国务院〔1996〕3号文件精神，强化企业管理。要认真学习邯钢经验，积极采用现代化管理手段，围绕挖潜增效、严格成本核算和资金管理，建立生产经营全过程的控制体系，形成适应市场需要的快速反应机制。把强化管理和实行经济责任制密切结合起来，确保强化管理的各项措施落到实处、见到实效。

二要加大改革力度，推进现代企业制度的建立。要认真总结经验，大胆探索减轻企业债务负担、分离社会职能和分流富余人员的有效途径，实现企业改革与发展相互促进。股份制企业要按照现代企业制度的四项特征和《公司法》进行规范。小型国有企业要广泛采用改组、联合、兼并、股份合作制、租赁、承包经营和出售等多种形式，加快改革和搞活的步伐。

三要实施“科教兴业”战略，加快科技进步。要进一步加强科研院所、高等院校和企业的联合与合作，推动科研院所进入大型企业集团，鼓励企业自办技术开发中心，使企业真正成为技术开发的主体。增加科研、开发的投入，增强自主创新能力，缩短新产品开发周期。积极采用微电子技术，加快机械和电子技术的融合，提高机械产品的技术含量。加大技术改造力度，努力发展先进制造技术。

四要加强领导班子建设，造就各类人才。要把德才兼备的优秀管理人才推上企业的领导岗位。要全心全意依靠工人阶级，坚持民主管理，关心职工切身利益。积极采取压担子、给政策等各项措施，培养和选拔各类科技拔尖人才。充分重视技术工人的培训和成长，造就一批技艺精湛的“能工巧匠”。形成有利于各类人才脱颖而出的机制，推动职工队伍整体素质不断提高。

以上几个方面，是机械行业打好“三大战役”必不可少的环节，也是克服当前困难和搞好长远发展的重要途径。现在，机械工业部制定了实施方案，要认真贯彻落实。机械工业各级管理部门要切实履行管理职责，加强指导、协调、监督和服务，确保“三大战役”如期完成。

五、各部门和各地区要通力配合，支持机械工业打好“三大战役”

打好“三大战役”，毫无疑问，主要靠机械行业自身的不懈努力。但是，离不开各部门，包括综合部门、金融部门、使用部门、相关工业部门以及各地区的支持和配合。因此，要在全社会增强振兴支柱产业的意识，形成方方面面都来支持支柱产业发展的大环境、大气候。国家要积极研究扶持支柱产业振兴与发展的政策，有些政策已经出台，如为扩大成套设备出口设立的卖方信贷，有些正在协调过程中。但是，由于受国家财力所限，对机械工业的扶持，不可能是全方位的，只能是有限目标、重点突破。重点就是大型成套装备、重要基础机械、重要机械基础件、汽车零部件、经济型轿车和重型汽车。各部门和地区要坚持全国一盘棋，加强沟通和磋商。

从部门来看，一是在投资安排上要适当倾斜，支持机械工业改进产品性能和质量，提高开发和制造水平，增加重点产品的国内满足率。二是对国民经济急需的大型成套设备，如电力、化肥、乙烯、冶金等，要确定一些重点工程，“九五”期间力争有所突破。目前，乙烯、化肥和城市煤气三大化工设备的重点工程已经明确。同时，机械工业部与化学工业部、中国石油化工总公司还共同成立了国产化领导小组和工作小组，为实现石化装置国产化提供了组织保证，下一步就要抓紧落实。三是为提高机械工业的国内外两个市场的竞争能力，要认真贯彻前不久召开的全国机电产品出口工作会议确定的政策和措施，支持机械产品出口；要研究制定优惠政策和措施，鼓励国内用户在同等条件下优先使用国产设备。四是为防止重复建设和不必要的进口，对一些市场前景较好的投资热点和重大成套设备进口，有关部门要加强磋商和论证，避免决策失误。

从地区来看，要加大对本地机械工业打好“三大战役”的支持力度，结合本地实际确定一批重点，扶持其发展。山东省已拿出2 000万元支持机械工业技术开发，江苏省对机械工业组建大型集团采取了很多扶持措施。这些做法都很好。同时，要树立全局观念，自觉服从国家宏观调控目标和机械工业总体规划，防止自成体系，更不能搞保护主义。对本地企业的跨地区联合重组，只要有利于资源的优化配置和企业的发展，就要积极支持。在对外合作和利用外资中，要坚决贯彻国家产业政策，要符合机械工业发展的整体要求，以促进支柱产业的振兴。

同志们，“九五”期间是我国社会主义现代化建设承前启后、继往开来的重要时期，希望各有关部门和地区，充分认识自己的责任，按照“两个转变”的要求，真抓实干，为振兴我国支柱产业作出更大贡献。

全行业行动起来 认真实施“三大战役”全面完成“九五”各项任务

——在全国机械工业打好“三大战役”电话会议上的讲话

机械工业部部长　　包叙定

（1996年5月31日）

同志们：

我们行业提出打好“三大战役”以后，得到了中央、国务院领导的充分肯定，也得到了行业上下的普遍认同。部召开今天的电话会议，主要是向行业部署“三大战役”实施方案，推动“三大战役”进入实质性实施阶段。国务院对这次会议非常重视，吴邦国副总理亲自到会，还要给我们作重要讲话。

下面，我先向大家传达一下中央领导同志的有关指示精神。前不久，中央领导同志在听取我汇报时，对“三大战役”和机械工业的发展讲了非常重要的意见。中央领导同志说：“三大战役”之间，质量问题、结构问题、开发问题，相互之间是有联系的，是互相促进的，要统筹安排好。“组织结构优化战役”，抓大集团、大公司是非常必要的。还有企业内部组织结构优化，原来计划经济下搞成两头小、中间大，而市场经济下已经适应不了，要两头强、中间精，由“橄榄型”变成“哑铃型”。这个思路很新鲜，总结得好，说明机械部在指导行业工作上有深化、有发展。

机械工业不是一般加工工业，而是技术装备工业，你讲的这个观点我赞成。最近以来我也几次讲到这个问题。改革开放初期，强调投资环境，要把基本设施、基础工业搞上去，这是非常必要的，因为我们欠了账，非补上去不可。改革开放十六七年了，也还是要继续强调基础设施和基础工业，把投资环境搞好。但装备工业关系到一个国家的强盛问题，又是财政收入的主要来源，应该重视它的发展。我从去年下半年以来，开始讲装备工业。现在基础设施和基础工业有了大的发展，已经具备条件把装备工业搞上去了。装备工业的投入少了，能力削弱了，对整个经济发展不利，这是需要从全局上注意把握的。

中央领导同志的这些指示精神，是对机械工业的极大鼓舞，也是我们打好“三大战役”的强大动力。希望大家认真学习领会，真抓实干，全面实现“三大战役”预定目标，更好地为我国社会主义现代化建设服务。现在，我讲几点意见。

一、统一思想，坚定不移地推动“三大战役”的实施

打好“三大战役”，是机械工业贯彻落实中央实行“两个转变”和振兴机械、汽车工业战略决策的重大举措。核心是改变过去在计划经济体制下形成的思想观念和运行机制，扭转偏重追求速度和数量的传统发展模式，逐步实现经济体制和经济增长方式的转变，创出一条既要较高速度又有较好效益的发展道路来。年初全国机械工业工作会议以来，各方面贯彻会议精神的情况总的看是好的。山东、云南、安徽等厅局提出的“三大战役”思路，既完整准确贯彻了部的部署，又密切联系实际有所创新。沈阳机床股份有限公司、常州拖拉机厂等一批企业的“三大战役”计划，目标明确，措施得当，操作性强。中机质协确定的“立足全局、找准位置、突出重点、发挥优势、多办实事、服务基层，在打好‘产品质量翻身战役’中更好发挥作用”的指导思想，很有新意、很对路。从问题来看，主要是少数单位的领导同志还存在一些疑虑，没有完全按“三大战役”的要求考虑和安排工作。为此，必须进一步提高认识、统一思想、坚定信念、增强信心，确保全行业以高度的自觉性和主动精神，强有力地开展“三大战役”的各项工作。

1.正确认识打好“三大战役”和当前企业“解困”的关系

目前，机械工业经济运行中的矛盾较多，产销率下降，库存大量增加，货款拖欠严重，亏损面和亏损额比去年同期又有扩大。一些同志反映，眼下相当一部分企业经营十分困难，找任务、找资金是当务之急，顾不上打“三大战役”。这个看法不是没有一定道理的。企业的困难局面与外部环境是有联系的。比如，实行适度从紧的财政政策和货币政策，对我们行业的市场需求和资金供给产生了较大的影响，应当承认这个现实。中央、国务院对经济运行中出现的问题也非常关注，正在采取措施改善企业经营发展的外部环境，吴邦国副总理亲自在抓这件事。但是，我们不能把眼睛只盯在外部环境上，也要看到我们自身不适应的一面。仔细分析，企业经营发生的困难，根本原因还是质量差、结构散和开发弱，治本的办法还是打好“三大战役”。

从任务不足来看，近几年国家固定资产投资率虽逐步回落，但仍保持在较高水平上。部分企业之所以感到任务不足，主要是从市场上拿到的份额不足。进入90年代以来，国产机械产品在国内市场的占有率一直呈明显下降趋势，去年降到了69%。有的行业甚至出现了市场容量大幅度上升而国产产品市场占有率却大幅度下降的逆向运动。很显然，要争得更多的任务，主攻方向只能是努力扩大市场占有率，要把劲使在提高质量、调整结构和加强开发上。

从资金紧张来看，确实银行发放的流动资金贷款偏紧了一点，但国家正在采取措施对重点企业增加资金的注入。问题在于，金融体制改革以后，资金主要是随效益走的，去年我部系统销售利润率只有3.1%，今年一季度的形势更为严峻，这种状况影响了对我们行业重点企业的资金注入。从另一个角度讲，目前我们行业实际占用的流动资金使用情况也不好，周转率只有1次。这里面有库存和拖欠增加的因素，更有销售不畅、管理不善的因素。如果周转率能够接近历史最好水平，企业的流动资金就不会那么紧张。要做到这一点，机械产品就要有好的质量，企业要有合理的结构，以加快销售速度，并不断开发出适销对路的产品，跟上市场快速变化的节奏。

因此，企业要摆脱经营困境，突破点就是要紧紧围绕"两个转变"、扎扎实实地打好"三大战役"。上汽公司、徐工集团、春兰集团、陕西压延设备厂等一大批先进企业的实践充分证明，只有抓好质量、结构和开发，才能逐步把企业的经营引入健康发展的良性循环。对一些困难较多的企业来说，现在忙于找任务、找资金，是可以理解的，也是应该的。但决不能置"三大战役"于不顾。相反，应当把"三大战役"摆到"解困"的中心位置上，以打好"三大战役"来统揽全局、推动全局。从而把眼前"解困"和长远发展很好地结合起来，既去努力缓解当前的困难，又逐步从根本上解决制约发展的薄弱环节，最终使企业夺得市场竞争的主动权。

2.正确认识打好"三大战役"的客观条件

打好"三大战役"主要要靠主观努力，同时也需要一定的客观条件。有些同志担心，现在有没有条件打好"三大战役"?这个问题，只有站在全局的高度来认识，才能得出正确的结论。

首先，党和国家对振兴机械、汽车工业高度重视，已经和正在采取措施予以推动，这是我们打好"三大战役"的重要前提。《汽车工业产业政策》、《机械工业振兴纲要》的发布和一些扶持政策的陆续出台，为我们行业的发展明确了方向，增强了活力。还有一些扶持机械工业重点领域的政策正在研究、协调、待批中。根据中央领导的指示，国家计委还在研究制定支持支柱产业发展的系统政策措施。这一切将为我们打好"三大战役"提供必要的条件。其次，"八五"行业自身素质有了新的提高，"九五"国民经济继续健康发展将为行业振兴注入新的活力，这是我们打好"三大战役"的重要基础。经过"八五"的改革和发展，机械工业各方面的素质都有了一定改善；随着"九五""两个转变"的不断推进，宏观经济环境也将有所改善。这"两个改善"为我们行业实施"三大战役"提供了难得的机遇。第三，充分发挥主观能动作用。积极创造、争取条件，这是我们打好"三大战役"的重要保证。主观努力和客观条件是事物对立统一的两个方面，很多时候，客观条件要靠我们的主观努力、靠我们的工作成绩去创造、去争取。也就是说事在人为。山东省机械厅积极争取省政府支持，用拨款建立了2 000万元的科研开发周转金；机床行业率先发起的"质量保证承诺"活动，在用户中引起了强烈反响和积极回应，这些都是很好的例证。只要大家都来发扬光大这种精神，顺利开展"三大战役"是完全可能的。

综合分析各方面的因素，应该说，"九五"期间机械工业打好"三大战役"的客观条件是具备的。

3.正确认识打好"三大战役"是全行业的共同任务

从反映上来的情况看，有些地区和企业，在"九五"工作部署中，对"三大战役"的意义和重要性认识不足，过多强调本身的特殊性，没有很好地体现"三大战役"。对此，部办公厅专门给各省市厅局的一把手发了紧急通知，要求行业上下紧紧围绕"三大战役"来安排"九五"工作。

"九五"期间全行业集中精力打好"三大战役"的决策，经过了各方面反复酝酿和年初工作会议的充分讨论，是在认真总结机械工业发展的经验教训基础上作出的正确选择。"三大战役"虽然是从行业全局的角度提出来的，但对各地机械工业同样有很强的针对性，是普遍适用的。正如部在《关于打好"三大战役"宣传提纲》中所指出的：打好"三大战役"，是我们行业启动振兴的入手点，是实行"两个转变"的落脚点，是贯彻"科技兴业"的结合点，是企业"解困"的突破点。无论各地具体情况有何差别，只要想发展，这些工作都是非抓不可的。因此，"九五"期间打好"三大战役"是全行业的共同任务，在方向、思路和原则上任何单位都不应特殊。各级领导一定要把思想尽快统一到这个基点上来。这次会后，各地管理部门和企事业单位要对"九五"工作思路再做进一步的研究，凡工作部署中没有"三大战役"的，都要切实把工作的中心转到打"三大战役"上来；凡旗帜不鲜明的，都要把"三大战役"突出出来；凡计划只打其中个别战役的或是离开"三大战役"而打别的战役的，都要认真、严格地调整部署，确实把主要精力放到打"三大战役"上来，从而确保打好"三大战役"成为全行业的共同行动。

为进一步提高全行业的广大干部职工对"三大战役"的认识，必须充分重视和加强舆论宣传工作，利用各种方式和各种新闻媒介，大造声势，营造氛围，广泛深入地进行思想发动，增强广大干部职工打好"三大战役"的必胜信心，并积极投身到"三大战役"中来，为打好"三大战役"建功立业。

二、把握实质，按实施方案展开"三大战役"各项任务

年初工作会议上，我的报告(刊登在1996年《中国机械工业年鉴》特载部分)重点讲了"三大战役"的总体构想和战略方针，讲了大目标、大原则，侧重于提高认识、明确方向。4月初部正式下发的"三大战役"计划，主要是勾划了行动纲领和工作轮廓，仍然是粗线条的。这次电话会前部印发的"三大战役"实施方案则是具体的工作部署，更多地考虑了具体的任务、进度、方法、分工等细节，突出的是可操作性。从工作会议报告到战役计划到实施方案，三者是一脉相承的，反映了我们行业在"三大战役"上的认识和工作在逐步深化。下一步全行业都要按照实施方案的部署，迅速展开"三大战役"的各项任务。为此，必须把握好实施方案的实质和要点。

1.实施"三大战役"总的原则和几个共性问题

总的原则是："统一部署，上下联动，重点突破，分层次推进"。这个总的原则在《宣传提纲》中有明确阐述，也比较好理解，我就不展开了。有一点要重申的是，"三大战役"是"一盘棋"，每个"棋子"每走一步，既要符合全局要求，又要发挥主观能动性；既要避免各行其是，又要防止徘徊观望。只有这样，"三大战役"才能朝着预定的方向发展。

"三大战役"揭示的是我们行业三个最突出的薄弱环节，而解决三个薄弱环节有些问题是相通的，需要在"三大战役"实施过程中提出共性的要求。主要有：坚持市场导向，以企业为主战场，政府积极推动引导。

坚持市场导向，就是要按照价值规律、供求关系和竞争机制推进战役的实施，通过强化市场的激励和约束机制，发挥市场配置资源的基础性作用，来提高产品质量、优化组织结构和增强开发能力。在战役目标的确定和重点的选择上，要充分考虑那些市场前景好、占有率大、带动性强的产品、企业和技术，1 000种名牌产品也好，100家"巨人"企业也好，300个技术中心也好，都要以国内外两个市场的需求为依据，最终能不能站住脚也要接受市场的考验，这是市场经济的一般法则。

以企业为主战场，就是要把企业作为"三大战役"目标和任务的具体承担者和主要执行者。各项工作最后都要落到企业。如果只是停留在各级管理部门，企业没有真正动起来，打好"三大战役"就是一句空话。"产品质量翻身战役"，主战场在企业，这是不言而喻的。"组织结构优化战役"，无论是企业间的联合重组还是企业内部的结构调整，主要的工作量也在企业。"开发能力提高战役"，着重在能力建设，主体仍然在企业；科研院所和高等院校是科研开发的重要力量，也要充分发挥他们的作用。

政府积极推动引导，就是要充分发挥政府在"三大战役"实施中的组织、指导、协调、监督、服务等功能，在我国市场经济体制还不完善的情况下，这一点尤为重要。政府的工作包括制定政策和标准、开展教育培训、发布各类信息、加强检查督促、总结推广经验等等。比如"组织结构优化战役"，政府可以也应该为企业之间的联合重组牵线搭桥，当好"红娘"；当涉及到资产划分、利益分配等复杂问题时，政府应当出面帮助协调，铺平道路。事实上，企业之间的联合重组，政府的推动往往是关键。我这里讲的政府不单是行业管理部门，我们的力量是有限的，许多事情还要靠其他部门特别是综合部门以致各级政府领导。我们要加强横向联系，经常地沟通和汇报情况，以取得各级政府领导和各部门对打好"三大战役"的支持。

2.把握好"三大战役"之间、重点和一般之间的关系

"三大战役"的关系，用一句话来概括就是相辅相成的有机整体。虽然每个战役要解决的问题、具体的目标各有侧重，但总体上都是为了改善行业素质，增强竞争能力，提高经济效益，大目标是一致的。工作上它们既相互促进，又相互依存，其中一个战役的进程对另外两个战役有着直接的影响。很难设想，一个产品质量差、市场销售不畅的企业，能够成为具有雄厚实力的企业集团和建成具有较强开发能力的技术中心。不难看出，"三大战役"是密不可分的。搞清楚它们的关系，目的是要在实施中做到整体推进、同步发展，防止把"三大战役"割裂开来，孤立地去实施。

由于"三大战役"总体目标一致，工作内容相关，各个战役的具体目标就必须相互衔接、相互呼应。"产品质量翻身战役"要创立的名牌产品和明星企业，相当一部分应当在"组织结构优化战役"要造就的"巨人"企业和"小型巨人"企业中产生，"巨人"企业绝大多数应当建立起自己的技术中心，以促进"开发能力提高战役"目标的实现。各级管理部门在确定所抓的重点产品、企业和技术时，既要从优选择，坚持条件；又要通盘考虑，统筹兼顾。

实施"三大战役"还要处理好重点和一般的关系。我们强调抓好1 000个名牌产品、100家"巨人"企业和300个技术中心作为"三大战役"的重点目标，但并不等于只抓这些。机械工业的集约化生产需要广泛的社会协作，需要以大批的专业化企业的发展为基础，只有产品质量的普遍提高，组织结构的普遍优化和开发能力的普遍增强，重点目标的实现才有保证。重点是建立在一般之上的。再进一步讲，机械产品有10多万个品种，机械企业有10多万家，抓好其中有限的重点，虽能体现水平，展示发展方向，但仍难以从根本上改变行业的全貌。所以，各级管理部门在抓好重点的同时，要加强对一般即面上的指导，两者不可偏废。各企事业单位，不论是重点还是非重点，都要打好"三大战役"。另外，重点也是动态的，不是一成不变的。

3."三大战役"实施方案的基本要点

"三大战役"实施方案的内容比较全面，为便于大家掌握实质，更好地展开"三大战役"的各项任务，这里，我扼要地讲讲每个战役实施方案的要点。

"产品质量翻身战役"的要点，可以概括为"二、四、三"，即：围绕战役目标，实施两项工程，抓好四个关键，开展三项活动。

两项工程是：可靠性提高工程，重大技术装备和重点产品质量上台阶工程。

四个关键是：(1)转变观念，面向用户。通过全员质量培训教育，牢固树立适应市场经济需要的QSTC综合质量新观念，增强全行业的质量意识；真正坚持以用户需求为目标，努力开发、生产适应用户需要的产品，为用户服务，让用户满意。(2)贯标执

法，加强监督。通过贯彻GB/T19000(ISO9000)系列标准，大力提高标准水平，认真推进标准的贯彻实施；以《产品质量法》等有关法律法规为依据，强化产品质量的用户监督、社会监督、行政监督，推动质量工作向规范化、法制化方向发展。(3)企业自律，形成机制。通过广泛推行“质量保证承诺”等自律性质量行为，强化企业的自我约束，逐步建立起适应市场经济的质量管理体制和质量保证机制；辅之以政府的行政指导、监督和服务，为企业创造良好的外部环境。(4)综合治理，提高素质。通过继续加强全面质量管理和“工艺突破口”工作，建立质量激励机制，进行综合治理，做到对产品设计、开发、生产、流通和服务全过程的质量负责；推动行业和企业的技术素质、管理素质、人员素质的全面提高，彻底改变机械、汽车产品的质量形象。

三项活动是：以班组建设为重点，开展质量兴厂活动；以提高工序质量为重点，开展千厂万组无废品活动；以自觉接受用户监督为重点，开展用户评价活动。

“组织结构优化战役”的要点，可以概括为“三、四、三”，即：围绕战役目标，处理好三个关系，选择四种途径，采取三种推进方式。

三个关系是：以市场配置资源为主，充分发挥政府在组织结构优化中的能动作用，处理好市场导向和政府推动的关系；以存量调整为重点，充分发挥增量投入在资产重组中的作用，处理好存量调整和增量投入的关系；以“巨人”企业的规模经营为方向，以扩大专业化协作为基础，处理好规模经营和专业协作的关系。

四种途径：(1)以优势、名牌产品为“龙头”，以资产为纽带，实施兼并联合，发展规模经济。(2)打破“大而全”、“小而全”的企业组织模式，推进专业化协作，提高生产的社会化水平，优化企业内部组织结构，壮大企业实力。(3)按照一业为主、多种经营为辅的原则，在工艺相近、设备通用的基础上，发展多种经营，培植新的生长点，增强市场应变和抗风险能力。(4)针对机械产品成套性强的特点和力量分散的现实，联合各方力量，组建工程成套公司，发挥整体优势。

三种推进方式是：(1)改革改组，合理配置。集团内企业间的生产要素要流动、重组、优化，内部组织结构要调整改组，合理分工，避免重复，不搞简单的混合和板块结构。(2)两头在内，中间在外。加强研究、开发、设计和总装、调试、服务两头，中间生产环节和非关键零部件、工艺的生产尽可能通过专业化协作解决，形成两头强、中间精的“哑铃型”结构。(3)规模经营，着力在强。“巨人”企业的成长，不仅要注重“大”，更要注重“强”，要以市场需求为依据扩大经营规模，要千方百计增强企业的技术、经济和资金实力，使企业真正成为实力雄厚的“巨人”，而不是“虚胖子”。

“开发能力提高战役”的要点，可以概括为“四、四、三”，即：围绕战役目标，抓好四项重点工作，采取四项保证措施，把握三个结合。

四项重点工作是：(1)加速企业技术中心特别是300个技术中心的建设，推动行业开发能力登上新的台阶。(2)抓好500项技术引进项目的消化吸收和创新工作，提高产品开发的起点和水平。(3)确定并开发1 000种产品，集中力量突破一批“重中之重”。(4)选择部分重要的共性、基础性技术组织攻关，加强50项适用先进技术的推广应用，为全面提高行业的开发能力提供技术基础。

四项保证措施是：(1)以增强开发能力为重点，开展“企业技术进步示范工程”。(2)用足用好现有政策，增加研究和开发投入。(3)深化科技体制改革，促进“产学研”的有效联合。(4)编制机械、汽车工业技术中心建设等四个《指南》，促进和指导战役实施。

三个结合是：当前市场需求与未来技术发展趋势相结合；技术引进与自主开发相结合；企业主导与科研院所、高等院校相结合。

以上是对“三大战役”实施方案的概括说明和总体部署。各级管理部门和企事业单位要认真组织学习实施方案，掌握精神实质，迅速行动起来，展开各项任务。

三、抓好当前，确保“三大战役”实施开好头、起好步

这次会议的召开，标志着“三大战役”正式打响。为确保“三大战役”的顺利开局，今年后七个月要着重抓好以下工作。

1. 明确各级职责，切实加强领导

在“三大战役”实施方案中，对部牵头司局、相关司局、省市厅局、企业、科研机构以及协会、学会的职责都做了明确具体的规定。各单位要“对号入座”，自我加压，认真履行自己的职责。许多省市厅局和企业按照年初工作会议的部署，已经做了大量工作，对如何打好“三大战役”作出了总体安排。这次会后还要进一步细化，根据中央提出的“两个转变”和部制定的“三大战役”实施方案的精神，结合自身的实际，抓紧制定本地区、本企业的实施方案和工作计划，明确目标、任务、进度、措施，并层层分解，建立责任制，把各项工作落到实处，力求实效。通过今年的探索和实践，要基本趟出一条打好“三大战役”的路子来。

为了加强对“三大战役”实施的领导，部决定成立各战役指挥部，分别由一位部领导挂帅，有关司局领导参加。各战役指挥部在部党组的领导下负责组织战役的具体实施，协调部内和有关方面的工作，研究处理战役进程中的重大问题。省市厅局和企业可以参照部的做法，加强领导，一把手要亲自抓“三大战役”，分管领导要把主要精力放在战役实施上。

2. 精心选好重点，带动面上工作开展

打好“三大战役”要抓好一批重点产品、企业和技术，实施方案对几个方面的重点明确了选择条件，并提出了一批部要重点联系的企业。下一步还要提出部重点抓的产品和技术中心。省市厅局也要认真对本地区的企业进行排队，按条件选定一批重点，加强指导和服务，创造条件，积极培育，使其尽快达到名牌产品、“巨人”企业和技术中心的要求。同时，要狠抓面上工作的开展，实行分类指导，努力提高行业的整体素质和竞争能力。

各级管理部门选择重点时要充分考虑国家和地方已经或将要进行的各类试点。国家为搞活国有大中型企业，确定了一批国家计划单列企业集团试点，选定了100家企业作为现代企业制度试点，按“抓大放小”的思路还要重点抓1 000家关系国计民生的大企业。有关综合部门根据工作需要也抓了一批单项试点，如国家级技术中心、国产化基地企业等。各地的试点也不少。在国家和地方的各类试点中，机械行业企业都占了一定的比例。对这些试点，我们在选择“三大战役”重点时应尽可能结合起来，一方面是配合国家和地方抓好试点，负起我们的责任；另一方面是利用给试点企业的政策，促进“三大战役”重点目标的实现。

被选择为重点的企业，要采取有力措施抓好“三大战役”的实施，要先行一步、走在前面，真正起到典型引路的作用，为其他企业做出示范。

3.加强督促协调，总结交流经验

“三大战役”是一项复杂的系统工程，工作头绪繁多。为使“三大战役”各项任务有条不紊地展开，按预定进度进行，必须加强督促检查和综合协调。部党组考虑在“三大战役”的整个进程中，要定期对战役进展情况进行检查，今年内每季度检查一次。主要是总结前一段工作，研究解决战役实施中出现的新情况、新问题。部要求各司局也要这样做，并把落实“三大战役”的成效作为考核司局领导干部政绩的主要内容。各省市厅局和企业同样要对本地区、本单位的战役实施加强督促协调，尤其在战役开局的时候，更要经常督促检查、协调进度，推动战役的逐步深入。

各级管理部门都要深入实际调查研究，随时掌握战役动态，注意发现好的经验和做法，及时总结交流，向面上推广。要帮助企业解决战役实施中出现的难点热点问题，为企业服好务。我们解决不了的，要研究提出政策建议，向上级部门呼吁反映。下半年，部准备组织若干个小组，由部领导带队到一些省市和企业进行专项调研，与省市领导和厅局、企业共商如何打好“三大战役”。

4.抓好经济运行，为战役实施创造条件

前面讲了，今年的生产形势比较严峻，企业面临困难较多。在这种情况下，抓好后七个月的经济运行对“三大战役”开好头、起好步至关重要，也是打好“三大战役”的题中应有之义。

这个月上旬，部召开了全国机械工业生产工作会议，对今年后几个月经济运行要抓好的工作作出了部署，希望各单位认真贯彻执行。这里我简单点点题。一是要加快产品结构调整步伐，大力开拓国内外市场，积极扩大产品出口。二是要加强资金管理，盘活资金存量，提高资金运营效率。三是要加强和改进全过程的质量监测和为用户服务，切实提高产品和服务质量。四是要强化企业内部管理，千方百计降低成本。五是要建立扭亏增盈责任制，抓好扭亏增盈工作，真正做到指标到位、责任到人。六是要抓好企业生产方式及组织结构的调整和改造，推进生产社会化和专业化。七是坚持“安全第一、预防为主”的方针，切实抓好安全生产。

同志们，“三大战役”的进军号角已正式吹响，我们的任务光荣而艰巨。我相信，通过全行业职工的顽强拼搏，扎实工作，我们一定能够赢得“三大战役”的全面胜利，实现振兴机械、汽车工业第一阶段的奋斗目标。

机械工业部
关于“产品质量翻身战役”的实施方案

为切实贯彻1996年全国机械工业工作会议精神，落实“产品质量翻身战役”的工作计划，按照振兴机械、汽车工业的总体思路和工作部署，制定本实施方案。

一、战役目标

(一)总体目标

经过五年努力，基本改变机械、汽车工业产品质量的形象，树立信誉，突出表现在为国家重点工程提供的重大技术装备要保证质量和按时竣工投产；大力提高行业的技术素质、管理素质和人员素质；到2000年，为使机械、汽车产品在市场站稳脚跟，有发展后劲，并能初步适应国际市场竞争的需要，创立1 000种名牌产品，培育500家质量信得过的明星企业(以下简称明星企业)。

(二)具体目标

1.产品实物质量目标

具体目标是创立1 000种名牌产品，名牌产品基本条件是：

——产品实物质量及技术水平达到国际或国内同行业先进水平；

——产品市场占有率高，其性能价格比在行业中领先；

——企业建立完善的质量保证体系并有效运行，工艺管理达到良好等级；

——用户评价产品好用、适用，服务满意，有良好的信誉。

名牌产品主要在下列范围选择：备选明星企业生产的主导产品；代表我国机械工业水平的重大技术装备产品，如为宝钢三期工程、三峡工程、三大化工等提供的主要产品，发电设备优化工程及重要出口产品；列入部上台阶工程和可靠性认定的产品。

围绕创立1 000种名牌产品，对以下产品重点要求：

(1)重点工程成套技术装备："常见病"、"多发病"基本解决，可靠性明显提高，其中：300、600MW火电机组等效可用系数提高到83%；三峡700MW机组关键部件的制造质量，特别是转轮的铸锻件和叶片型线达到国外产品的水平，关键零部件做到可以互换，推力轴承经过全模拟真机试验；重型矿山成套设备带负荷试车一次成功率达到90%；百万吨级石油加氢裂化装置实现三年两检修。

(2)重点产品：数控机床、重要基础件、内燃机等产品早期故障尽可能消除在制造厂内，基本做到不脏不漏，可靠性明显提高。

轿车的平均故障间隔里程——现生产产品达到10 000km以上，新开发设计产品达到15 000km～20 000km；保证期——微型轿车(1.0L以下)达到2年或40 000km，普通轿车(1.0L～1.6L)达到3年或50 000km，中、高级轿车(1.6L以上)达到3年或60 000km。

(3)产品符合标准要求：机械产品标准要达到国际通用水平；强制性标准全面得到贯彻。名牌产品以及明星企业和其他重点骨干企业的产品出厂合格率达到100%。

2.企业质量管理目标

培育500家质量信得过明星企业，明星企业基本条件是：

——质量管理先进，工艺管理达到优秀等级，企业内部已建立适应社会主义市场经济需要的质量保证机制；

——重视用户服务工作，在用户中树立了良好的企业形象；

——产品质量稳定，主导产品被推荐为机械工业名牌产品。

明星企业主要从在"组织结构优化战役"中形成的"巨人"企业、在"开发能力提高战役"中建立技术开发中心的企业、国家经贸委抓的1 000个重点企业中的机械工业企业、质量和工艺管理水平在全国同行中领先的企业中选择。

在培育500家质量信得过企业的同时，机械、汽车行业企业要努力做到：

(1)全面地开展"工艺突破口"、贯彻GB/T19000(ISO9000)质量管理和质量保证系列标准、推行全面质量管理各项工作，其中名牌产品生产企业、明星企业和其他重点骨干企业要做到："工艺突破口"工作必须达到五项标志要求；按照GB/T19000(ISO9000)系列标准，建立起质量体系并运行有效；实行全面质量管理，并在质量改进活动中取得显著效果。

(2)质量损失率在现有的基础上下降30%～50%。

3.服务质量目标

(1)企业有效地加强了售前、售后服务工作，建立起以经济赔偿等为特征的质量保证责任制度和用户服务制度。

(2)重大技术装备按合同规定实行用户监造、两次验收、第三方监理，并形成制度。

(3)重大技术装备必须做到按期交货。

二、指导方针

"产品质量翻身战役"的指导方针是：面向用户，综合治理，重在机制。

"面向用户"，就是要坚持用户第一，提高竞争意识。坚持以需求为目标，以服务为宗旨，按照用户的需求确定产品的质量目标，努力开发、生产适合用户需要的产品；真正做到为用户服务、对用户负责、让用户满意，以此作为质量工作的出发点和目标。

"综合治理"，就是针对质量是多种因素综合反映的结果，要做到对设计、开发、生产、包装、运输、安装和服务全过程负责；实施科教兴业，提高人员素质，技术措施、管理措施全面到位；加强法制，加大监督力度，企业、政府、社会齐抓共管。

"重在机制"，就是要求解决质量问题应标本兼治、重在治本。用先进科学的管理思想和方法，大力推进企业内部运行机制的改革，使企业建立起适应社会主义市场经济的质量保证机制；同时要规范市场行为，为企业创造公平竞争、优胜劣汰的市场机制，把产品质量引入长期稳定和不断提高的良性循环。

为贯彻战役指导方针，首先要随着我国经济体制和经济增长方式的转变，切实转变观念。要从用户的需求看待问题。处理好实物质量、服务质量与用户需求的关系。在战役部署上，要强调以人为本，以企业自律为主，主要依靠提高劳动者素质，调动企业内在积极性，组织动员全体职工从产品寿命全过程抓质量，从而夺取战役的胜利。同时，政府要强化调控手段，采用分类指导，典型示范，协同推进的工作方法，加强对企业监督、指导和服务，有效地推进战役的各项工作。打好战役，既要有紧迫感，又不能急于求成，必须扎实工作，坚持不懈，积极推进。

三、重点工作

1.深入开展质量培训教育，提高全行业质量意识

(1)从培训入手，提高全员质量意识。要树立社会主义市场经济的质量观，增强市场意识、竞争意识、用户意识、法制意识，把"质量是企业的生命"的思想贯彻到生产经营管理活动的全过程。要加强质量管理知识教育，提高职工业务素质和质量管理水平。

(2)培训内容应包括：QSTC综合质量观念，《产品质量法》等质量法律法规，质量责任；GB/T19000(ISO9000)系列标准；质量管理专题；质量成本、质量检验、质量控制与质量改进、质量管理基本工具与

方法等；可靠性技术与管理；岗位培训等。

(3)质量教育要在统一管理的基础上，分层次对企业领导、专职人员和职工组织培训。

战役指挥部负责培训的综合管理工作，协调培训计划；统一组织编写适用于不同层次需要的教材；按统一计划组织有关单位对师资、各级领导和重点骨干企业厂长(经理)(以下简称厂长)进行培训。

省市主管部门负责组织对省市内重点企业领导和专职人员的培训。

有条件的部属高等院校，要为机械、汽车工业培养质量专业人才和高级人才。

企业对职工的质量教育要形成制度，组织好对各类人员的质量培训。党政工团齐抓共管，加强岗位培训和思想政治教育，加强精神文明建设，培养职工的敬业精神和职业道德。

2.加强企业质量管理工作

企业要继续贯彻执行我部和国家技术监督局于1995年联合印发的《关于加强机械工业企业质量工作的决定》〔机械科(1995)276号〕，并在实施“产品质量翻身战役”中努力做到：

(1)在开展“转机制、抓管理、练内功、增效益”和“质量兴厂”活动中，加强企业质量管理，改管结合，建立适应市场需求的快速反应机制和充满生机活力的内部质量保证机制，确保产品质量稳定提高。

(2)建立健全全员质量责任制。厂长是质量的第一责任者，首先要落实厂长的质量责任，厂长抓质量工作要做到思想到位、责任到位、工作到位；进而建立健全全员的质量责任制、质量否决权、质量损失赔偿制度及有关的奖励制度，严格考核，奖惩兑现。

(3)根据本企业质量管理工作现状，针对关键和薄弱环节选择突破点，制定质量工作计划，抓好“工艺突破口”工作，改进和提高企业的质量管理工作。管理基础较差的企业，在贯彻GB/T19000(ISO9000)系列标准时，先选择若干要素，突破薄弱环节，使产品质量基本得到控制。管理基础较好的企业，特别是明星企业和其它重点骨干企业，要全面贯彻GB/T19000(ISO9000)系列标准，建立质量体系，不断提高质量体系的有效性；根据市场需要，通过质量体系认证。贯标已经基本达到要求的企业，要深入推行全面质量管理，推广质量管理基本方法和统计工具的应用，在质量控制和质量改进等方面取得实效，部分企业要有所创新，为推动全行业质量管理工作起到示范作用。

(4)针对最近一个时期一些企业质量管理滑坡的问题，这些企业要认真整顿现场生产秩序，抓好文明生产，使生产现场面貌尽快改观。要加强采购质量控制，制订采购规范，严格控制外购件、外协件的质量，抵制假冒伪劣产品。要坚决纠正削弱质量管理和质量检验的错误做法，建立健全质量管理和质量检验机构，质量管理和质量检验部门的工作由厂长(法人代表)直接领导。

(5)以人为本，提高职工素质。加强班组建设，广泛开展“用户在我心中，质量在我手中”的宣传教育活动，开展质量信得过班组、QC小组和多种形式的“千厂万组无废品”等群众性质量管理活动。

3.依靠科技进步，提高企业的设计、制造水平和产品的技术含量

(1)要结合运用现代化设计技术，积极推行计算机辅助设计、可靠性设计、工业设计等先进设计技术和方法。提高设计质量，缩短设计开发周期。加强对现有产品的设计改进。要吸收国内外先进适用的科技成果，提高产品的适用性和技术含量，满足用户不断发展的需要。

(2)按照“持之以恒、分类指导”的原则，在继续推进并深化“工艺突破口”工作的同时，优化制造工艺技术与装备，采用现代企业管理技术，增强实物质量保证能力。

依法规范管理，强化工艺监督。要全面贯彻《工艺工作管理规定》，加强企业工艺体系建设，严格工艺纪律监督考核，名牌产品生产企业、明星企业和其它重点骨干企业要达到“工艺突破口”工作五项标志要求。

组织企业开展工艺普查和工艺验证，优化工艺技术与装备。大力发展和应用先进制造技术，采用先进制造工艺和装备，采用综合自动化技术和精益生产等现代企业管理技术，通过技术改造和技术引进，提高工艺装备的自动化、柔性化与监控能力，提高各工序和生产线的能力指数。完善装配、包装工艺和调试规范，努力改进产品的加工质量、外观质量、清洁度和整机实物质量。

推广工艺成果，提供技术支持。结合企业技术改造和质量攻关，重点组织推广树脂砂造型等50项先进工艺成果，并针对工艺关键组织攻关，为提高产品质量提供技术服务。

(3)加强检验测试、计量环节，积极采用自动检测和在线测量等先进的检验方法，充实和更新检验、计量仪器设备，提高检验、计量技术水平。为重点工程提供的产品必须重视负荷试车运行，确保工作进度。

4.加速开展可靠性工作，实施可靠性提高工程

可靠性工作采取“市场导向，行政推动，点面结合，分类指导”的工作方法。对现有产品开展可靠性认定工作，经认定的产品向社会公开发布、推荐，并实行动态管理。对可靠性要求高的重点工程设备、涉及安全性和环保要求的产品、可靠性影响面广的基础机械和重要基础件，经过一定时期的使用跟踪后，颁发可靠性标志，实施A类管理。一般机械产品和耐用消费产品及地方各省市主管部门管理的项目实施B类管理。为实现“一年试点，三年推广，五年提高”的目标，在已公布的A类认定试点项目基础上，结合创名牌产品和明星企业的需要，再选择一批A类试点产品与企业。

在新产品的开发设计中，企业和产品设计院所要尽可能采用可靠性设计技术，对新产品进行充分的可靠性试验验证。将产品可靠性认定过程中摸底试验的数据、产品故障的信息进行分析，反馈到新产

品的设计和制造中。

加强重点产品的可靠性攻关。选择以发电设备主机和主要辅机、轿车和客车、数控机床、重要基础件、内燃机等产品，瞄准国外同类产品先进水平的可靠性目标，摸清现有的水平，找出差距，进行攻关、研究，为大幅度提高机械产品的可靠性奠定基础。

5.提高服务质量，大力推广“质量保证承诺”等自律性质量活动

企业开展的以经济赔偿为特征的质量保证承诺活动，大大推动了企业内部的质量管理工作，受到用户的热烈欢迎。这项活动对重塑机械工业形象、取信用户产生了极大的推动作用。要大力推广“质量保证承诺”等自律性质量活动，并作为市场经济条件下推动质量工作的重要手段与方法。

(1)企业根据产品的特点，开展各种形式的自律性质量活动。各级行业主管部门的推广“质量保证承诺”等自律性质量活动时要加强指导，抓好典型，总结经验。要严格要求，重在坚持，讲求实效，确保信誉。

(2)企业要做好产品售前售后服务、质量跟踪及用户访问工作，建立产品质量信息反馈制度和开展用户评价活动，定期分析、总结并制订有关改进措施。加强备品备件供应工作。

(3)在重大技术装备项目和重点工程项目中，企业要按照合同规定，按时交货。继续实行技术服务总代表制度和现场服务制度。建立质量事故报告制度，对发生的质量问题要做到三不放过、举一反三、彻底解决，防止同类问题重复发生。逐步实行“质量保证金赔偿制度”，凡承接项目企业，在产品保证期内发生质量问题的，按“质量保证金赔偿制度”处理。

(4)各行业协会在企业自律性质量活动中要积极发挥作用。要协助政府做好产品质量的用户调研工作和产品质量分析评价工作，建立用户评价体系，收集用户反映，受理用户投诉，使自律性质量活动扎实推进，取得更大成效。鼓励在行业中开展以企业自愿参加为原则的质量检测和改进活动。

6.提高标准水平，大力推进标准的贯彻实施

(1)加快采用国际标准步伐，提高标准水平，增强标准适应市场、满足需求的能力，为评价和衡量产品质量提供坚实的技术依据。

“九五”末，与机械工业对口的ISO/IEC国际标准中，除因地理、气候等原因不能采用的以外，全部转化为机械工业国家标准、行业标准，使机械工业国家标准、行业标准基本上都达到国际通用水平。

加强企业产品标准化工作。企业应结合自身特点，制定符合用户要求的、具有先进性和竞争性的企业标准。机械工业名牌产品的企业标准要严于国家标准、行业标准，必须达到国际或国内同行业先进水平。

(2)认真执行标准，按标准组织生产，大力推进标准的贯彻实施。

强制性标准必须严格贯彻实施。企业要开展执行强制性标准的自贯自查活动，对不符合强制性标准要求的，要及时整改。

开展机械产品实施强制性标准认定工作，推动机械企业依法严格执行强制性标准。

对主要机械产品实行采标证书制度，促进机械工业主要产品都能按国际标准和国外先进标准组织生产。“九五”末，进入明星企业、技术进步示范企业行列的企业，主导产品都必须获得采标证书。

7.实施重大技术装备和重点产品质量上台阶工程

为了重点突破、率先创出一批产品质量好、可靠性水平高，能参与国际竞争的名牌产品和质量信得过的明星企业，按照国家经贸委和国家技术监督局推进质量上台阶的总体要求，实施产品质量上台阶工程。

上台阶工程按照“特定范围、有限目标、突出重点、讲求实效”的原则，分阶段部署安排。

首先抓好发电设备主机和主要辅机、数控机床、轿车和客车、液压元件、内燃机、低压电器(含煤矿用防爆电器)六类产品的质量的上台阶工作。该项工作以行业为主组织实施，由相关研究所、行业协会、质检中心和有关企业参加，选择代表品种，通过调查研究，找出与国际先进水平的差距，制订分阶段目标和实施方案，通过开展“工艺突破口”、可靠性工作和技术攻关，加强质量管理，加强监督检查等工作，使上述六类产品的实物质量和水平率先有切实的提高。然后，根据国家“九五”重大技术装务项目计划要求，采取措施，全面推进重大技术装备的上台阶工程。

四、职责分工

1.机械工业部有关司局的职责

为了打好“产品质量翻身战役”，部成立以主管副部长为首、有关司局领导参加的战役指挥部。其任务是在部党组的领导下，负责战役的组织实施工作；协调部内各司局的工作和战役的工作进度；研究并处理工作中出现的重大问题，加强与国家有关部委和省市机械工业主管部门的联系，争取各方面对战役各项工作的支持。

(1)科技与质量监督司在战役指挥部领导下负责日常工作，主要是：组织编制战役计划，实施方案；组织制定名牌产品推荐办法、明星企业推荐办法、质量上台阶工程实施办法等指导性文件；紧密联系部内有关司、省市机械工业主管部门，促进战役各项重点工作的落实；组织产品质量上台阶工程的实施；组织实施名牌产品和明星企业的工作；加强宣传工作，充分利用部属的各种报刊、杂志，报道有关地区和企业的经验、战役的工作进展等方面的情况。

(2)部内相关司局的职责：会同科技与质量监督司制订有关指导性文件；各装备司负责组织制订本行业战役的实施办法并组织实施；参与组织产品质量上台阶工程的实施；负责推荐行业的重点企业参加创名牌产品和明星企业的工作。

2.地方主管部门的职责

各级机械工业主管部门应按部“产品质量翻身战役”的计划和实施方案，制订本地区战役的计划和

实施办法，并组织实施。积极争取本地区政府和有关综合部门对“产品质量翻身战役”的支持。督促、检查、指导企业落实战役的各项重点工作。

3.企业的责任

企业是“产品质量翻身战役”的主战场 和主力军。企业要以两个“根本转变”为指导，按照“产品质量翻身战役”的总体要求，制定企业质量工作的新目标，促进质量管理上水平，确保战役目标的实现。

企业的质量工作要以人为本，注意提高职工素质，充分发挥广大职工的主观能动性和主人翁精神。企业的党政工团都要围绕“产品质量翻身战役”开展工作，广泛发动群众，积极投身到战役中去。

企业内部要加大质量投入，资源合理配置，建立以经济责任为主要内容的质量激励、约束机制，增强企业抓质量的内在动力。

企业的质量部门要站在战役前列，认真负责，严格要求，真正当好参谋，协助厂长推进战役计划的实施。

4.各协会、学会、研究院所、检测中心、质量认证机构，是“产品质量翻身战役”的重要力量，各有关单位应按部“产品质量翻身战役”的总体要求和统一部署，安排工作计划，积极承担、认真完成战役指挥部交给的各项任务。

五、政策与措施

1.按照国家有关法律法规，充分利用国家现有政策，加强工作联动

(1)组织汇编国家和部有关质量工作的现行法律、法规、规章、政策文件，如《产品质量法》、《国务院关于进一步加强质量工作的决定》、国家经贸委和国家技术监督局联合印发的《关于在深化改革中进一步加强质量工作的意见》等，认真贯彻实施，发挥现有法律、政策的调节和激励作用。

(2)依据《产品质量法》，建立质量激励机制。

(3)争取国务院有关质量监督管理部门的有关工作与我部“产品质量翻身战役”保持联动，对某些跨部门的工作(如重点工程设备监理、产品质量上台阶工程等)，加强组织协调。

(4)规范市场行为，深入开展打假活动。打假与引导、扶植结合为企业创造公平竞争、优胜劣汰的市场环境。

(5)部组织的“三大战役”之间要协调作战，及时沟通信息，做到目标、措施聚焦。

(6)部内各司在行业发展计划、技术改造、企业改革和企业管理、人才工程、质量培训、生产计划、国际合作等方面加强协调联动，如技术改造中应优先考虑提高产品质量，特别是创名牌产品、创明星企业和参加质量上台阶工程的企业的需要；在各类表彰活动中实行“质量否决权”等。

(7)部设立专项质量奖励基金。

2.改进和加强产品质量监督工作

(1)用户监督

进一步加强重大技术装备的用户监督工作，鼓励用户按有关规定开展驻厂监督、监造、监检工作。

鼓励行业和企业开展“用户满意工程”活动，开展用户调查，受理用户投诉，以用户满意度为主要评价指标，对产品质量和服务质量进行评价。

鼓励和组织主机厂对采购的原材料和配套件质量进行监督和评价(包括成套项目承包方对分承包方进行质量监督和评价)。

加强与用户主管部门的联系，共同做好对有关产品和重大装备的质量监督工作。

(2)社会监督

充分利用舆论工具，发挥舆论的监督作用。利用电视、电台广播和报刊等新闻媒介定期公告质量检查结果及处理情况，及时收集整理质量信息并向舆论界提供。

对重点工程设备、重大合同产品，积极推行第三方监理、监造、监检；鼓励开展产品质量保险。

加强质量中介组织的建设与管理，协调中介组织的工作，并积极发挥其作用。

(3)行政监督

配合国家和省市技术监督部门做好国家和省市监督抽查工作。加强抽查的后处理工作，对行业共性质量问题突出的产品召开行业质量分析会，促进行业总体质量水平的提高。

扩大监督范围，把个体、联营、“三资”、乡镇企业纳入监督视线。继续组织好对重大技术装备的专项监督抽查。开展部和省市行业主管部门的监督抽查，组织在市场 流通和用户使用过程中的产品质量跟踪监督。

加强行业统检工作，要达到“检查一种产品，整顿一个行业”的目的。

配合国家有关部门继续做好产品的许可证管理工作。

会同有关部门建立和完善产品认证机构，加强安全认证的强制性管理工作，加快认证工作与国际接轨的步伐。

3.建立质量激励和约束相结合的机制

(1)表彰奖励项目

为鼓励质量好的产品、质量管理先进的企业和质量工作先进个人，部决定设立以下表彰奖励项目：

机械工业部部长奖。该奖为机械工业部最高质量奖，授予质量管理有创新、产品质量持续稳定提高的企业。为维护该奖的权威性，要严格掌握条件，宁缺勿滥，奖质不求数，不搞终身制。

质量先进工作者和质量标兵。此奖授予落实质量工作“三到位”并做出突出贡献的厂长；质量管理和质量检验工作成绩突出的管理人员；在质量方面表现突出的生产工人和检验人员。

对培育的500个质量信得过明星企业和创立的1 000种名牌产品要给予表彰和推荐。

(2)质量约束

对产品经国家监督抽查一次不合格的企业，进行通报批评；对质量问题严重的企业，发“黄牌”警告”。

对在国家监督抽查中产品连续两次以上不合格

的企业，建议其主管部门免去厂长职务。

对产品质量问题严重或不重视售后服务工作而造成严重后果的企业，要通过新闻媒体进行曝光，决不护短。

对因产品质量问题造成重大经济损失，危害人身安全的责任者，依法追究刑事责任。

4.加强检查，建立质量信息网络

(1)加强检查，落实进度

1996年战役指挥部每季度召集一次会议，以后每半年召集一次会议，检查交流重点工作的进展情况，并在年终对目标完成情况进行考核。

各有关单位每年11月份向战役指挥部报告当年工作总结和下年度工作计划。对工作中创造的好经验和好做法，遇到的困难和问题，以及发生的重大质量事件要及时报告。

(2)建立网络系统

建立计算机管理的信息网络，及时沟通信息、交流经验，为企业提供咨询。

六、进度安排

1996年7～8月份完成本战役相关的具体指导性文件和办法的编写，并组织实施。

到1998年，战役要初见成效，“产品质量上台阶工程”取得阶段性成果，创立400种名牌产品，培育200个明星企业。这一年要对各项工作进行阶段性检查考核，召开战役工作会议，总结交流并部署下一阶段战役工作。

到2000年，对“产品质量翻身战役”各项工作全面检查验收，召开会议总结表彰。

七、交流与总结

战役指挥部将采取各种形式，通过多种渠道，及时交流各部门、各地区、各企业和各有关单位工作和目标完成情况。对取得重大进展、有典型意义的经验和成绩要通过各种媒介进行宣传，形成畅通的信息网络和交流渠道，互相督促，共同提高。

机械工业部
关于“组织结构优化战役”的实施方案

按照振兴机械、汽车工业的总体思路和工作部署，为落实“组织结构优化战役”的计划，特制定本实施方案。

一、制定目标、拟订标志

1.“组织结构优化战役”要达到的主要目标

(1)造就一批有较强竞争力的“巨人”企业，使这些企业成为支撑和带动行业发展的骨干和中坚力量。

(2)发展一批专业化协作企业，提高生产的社会化和专业化程度，造就一批“小型巨人”。

(3)改变企业内部组织结构“大而全”、“小而全”的现状，由目前的中间大(指中间工序和零部件生产)、两头弱(指研究、开发、设计和总装、调试、服务两头)的“橄榄型”结构向两头强、中间精的“哑铃型”结构转变。

2.具体目标

到2000年，机械、汽车工业形成100家较强竞争力的“巨人”企业。根据机械、汽车工业现有规模和基础，初步考虑机械企业集团为15、50、100亿元(年销售额，下同)三个目标层次，到2000年，机械行业要有60个超15亿元，20个超50亿元，5个超100亿元的“巨人”企业；汽车以400亿元、摩托车以150亿元为目标，到2000年，汽车要有3～4个超400亿元，摩托车要有3～5个达到150亿元的“巨人”企业。

机械、汽车工业销售额前100家企业(集团)生产集中度从1994年的24%提高到2000年的27%以上。

3.“巨人”企业的标志

参照世界各国的经验，结合我国机械、汽车工业的实际，到2000年，“巨人”企业应达到以下几条主要标志：

(1)具有形成合理经济规模或较高市场占有率的主导名牌产品，其市场占有率、劳动生产率和经济效益指标居同行业的前列，销售收入，汽车和摩托车制造企业分别达到400亿和150亿元以上，机械企业达到15亿元以上，对行业发展具有较强的带动作用。

(2)有较强的自主开发能力和相应的研究开发机构，每年用于技术开发的费用不低于销售收入的3%。

(3)固定资产在5亿元(汽车企业在50亿元)以上，资产负责率保持在合理水平，并有较强的融资和资金积累能力。

(4)有较完善的国内、国际市场销售服务网络，具备较强的市场适应和开拓能力。

(5)建立了现代企业制度，有适应社会主义市场经济的运行机制。

围绕上述标志，拟选择一批有优势的大型企业和企业集团作为备选企业进行重点培育和扶持。备选企业的条件：

(1)有较强技术经济实力和一定经济规模，1994年销售额，汽车和摩托车制造企业分别在200亿元和50亿元以上，机械企业在3亿元以上。

(2)有优势产品，在国内外有一定知名度、有较强出口创汇能力的行业排头兵企业。

(3)有较强的技术进步意识，具有不断开发新产品和市场开拓能力。

(4)企业管理比较好，运行机制比较健全和完善，有锐意改革进取和团结奋进的企业领导班子，有一支素质较高的职工队伍。

(5)企业经济效益较好，销售利润率、资金利润率居同行业前列。

选择备选企业，一是要与《机械工业振兴纲要》确定的重点领域及国家计划单列企业集团和机械、汽车行业现代企业制度试点企业相结合；二是要面向大行业；三是充分发挥中央、地方和企业各方面积极性，统筹安排；四是动态地调整备选企业。

备选企业名单另发。

4.现有的零部件生产企业和工艺专业化企业

这类企业要努力提高生产效率，改进工艺装备，根据主机产品规模经营要求，扩大生产规模，增强市场竞争能力，尽快成为“小型巨人”。机械、汽车企业都要按照“两头在内、中间在外”的要求，降低零部件自制率，努力改变“大而全”、“小而全”的现状；企业内的零部件和工艺生产车间(分厂)除满足本企业要求外，积极面向社会，充分发挥现有生产要素的作用，从而形成规模经济；要切实加强研究、开发、设计和总装、调试、服务两头能力的建设，尽快向两头强、中间精的结构模式转变，以提高市场应变和快速反应能力；逐步建立起能够适应国内、国际市场竞争需要的现代企业组织结构。

二、明确方针、上下协同

1.“组织结构优化战役”的指导方针

具体方针是：“市场导向，扶优扶强、改组改造、规模经营”。按照这一方针，机械、汽车工业优化组织结构，组建大企业和企业集团，必须适应市场的需求和发展，充分发挥市场机制在资源配置方面的基础性作用；同时，动员有限资源，调动各方面力量，运用各种规划和政策手段，通过资产重组，联合兼并，改组和改造相结合，引导、扶持一批具有一定规模和经济、技术实力的排头兵企业，从而使这些企业成为支撑和带动行业发展的骨干和中坚力量，即“巨人”企业。

2.在贯彻和落实上述方针时，必须处理好三个关系

(1)市场导向与政府推动的关系。培育“巨人”企业要遵循市场经济原则，以市场需求为依据，放手让企业在市场竞争中壮大规模，增强实力。在发挥市场导向作用的同时，要重视政府在推动企业改组、联合、兼并中的能动作用，通过制定政策、协调引导、优化资源配置以及规范市场行为等方式推动企业间的兼并联合，形成整体优势。一方面政府推动必须遵循经济规律和尊重企业意愿，避免“父母包办”、“拉郎配”；另一方面，也不能一提政府推动都视为行政性捏合，这两种倾向都应该避免。

(2)存量调整与增量投入的关系。培育“巨人”企业必须把重点放在存量调整和资产重组上，按照优势互补的原则，把分散的、不经济的生产能力有效地组织起来，建立大批量集中生产体制，提高整体竞争实力；为尽快建成“巨人”企业，联合兼并更要重视和鼓励“强强联合”，以迅速发展壮大，培育优势，占领市场。培育“巨人”企业中必要的增量投入，应积极带动存量调整，促进资产的流动、重组，不能把立足点放在大量铺新摊子上。

(3)专业协作与规模经营的关系。培育和发展“巨人”企业，要充分发挥社会大协作的优势，在扩大零部件专业化协作的基础上实现规模经营。同时努力发展和加强与整机发展相适应的零部件生产、开发体系，建立起高起点、大批量的零部件工业，使规模经济真正建立在可靠坚实的基础上。“巨人”企业要眼观全局，走出自我，充分利用和发挥各方面的力量，避免走新的“大而全”、“小而全”的老路。

3.上下协同

部和省、市机械厅局、各企业要协同配合，推动组织结构优化。省市厅局要根据“组织结构优化战役”的工作部署，结合当地机械工业实际，研究提出当地机械工业组织结构优化的总体思路，在取得地方有关部门的支持下，积极扶持所在地区的备选企业和“小型巨人”，同时扶持发展一批优势特色产品，在优化地区布局和跨地区联合上走出一条路子来。省市机械工业主管部门在抓组织结构优化工作时要树立全局观念，避免封闭式求全发展的传统倾向，把当地机械工业组织结构优化工作同部“三大战役”的具体部署紧密结合起来。

各企业特别是备选企业则应将战役和实施方案中的各项工作真正落到实处。

三、分类指导、以点带面

1.“巨人”企业形成的途径

从当前的实际情况看，组建企业集团大体有以下几种途径：

(1)联合兼并：指企业为增强自身的技术经济实力，以优势、名牌、“拳头”产品为“龙头”，以资产为纽带，按照专业化协作、优势互补的原则，联合兼并一批与自身经济联系比较密切的企业，通过推动存量资产流动，合理配置资源，实现规模经营。

(2)多种经营：指企业按照一业为主，多种经营为辅的构想，在保持原有产品优势特色的基础上，按照工艺相近、设备通用的原则，向上下左右延伸、拓展，培植新的生长点，以充分挖掘资源潜力，增强市场应变和抗风险能力。

(3)工程成套：指按照产品成套性强的特点，联合若干家主、辅、配生产企业，组建以工程成套公司和成套服务为特征的集团公司。有条件的进一步与用户部门的有关单位以资产纽带实现联合。

(4)主辅结合：以生产主机的企业为核心和“龙头”，参股到为其配套的零部件企业，形成主辅结合、主配结合的企业集团。零部件生产企业要进一步发展成同时为若干家主机配套，而一家主机企业也可以选购几家零部件企业的产品，避免单纯局限于“一

对一”的协作方式。

在组织结构优化的推进过程中，还可能会出现一些其他途径。无论采取哪种发展途径，关键是要增强竞争实力。“巨人”企业的立足点在于转换经营机制，改进产品质量，提高开发能力，改善经营管理，注重经济效益，扩大市场份额。

2.推进方式

组建“巨人”企业，推进组织结构优化，要按照战役的指导方针，国资运营和政府指导密切协同，注意增量投入与存量重组相结合，扩大规模和增强实力相结合，提高集中度与发展专业化相结合。具体推进中要注意以下几点：

(1)改革改组，合理配置。集团内企业间的生产要素要流动、重组，优化配置，内部组织结构要改组，合理分工，避免重复，不搞简单的混合和板块结构。

(2)两头在内，中间在外。加强研究开发、设计和总装、调试、服务两头，中间生产环节和非关键零部件、工艺的生产尽可能通过协作解决，推进专业化生产，进而形成“哑铃型”结构的企业。

(3)规模经营，着力在“强”。备选企业在制定发展战略、开拓市场、扩大规模时，必须认真预测市场容量、分析消费对象、了解竞争对手、充分估价可能挤占的市场份额，真正把预想的市场占有额转化为企业的销售额。在扩大企业经营规模的同时，要在“强”字上下功夫，千方百计增强企业的技术、经济和资金实力，从而真正成为实力雄厚的“巨人”企业。

3.以点带面

优化组织结构，是一项十分复杂而难度又较大的工作，推进方法是以点带面，通过点上的突破，取得经验，再在面上推开，以逐步改变现有的结构和格局。为此部将重点联系以下备选企业：(1)哈尔滨电站设备集团公司，(2)中国东方电气集团公司，(3)上海电气集团总公司，(4)东北输变电集团公司，(5)西安电力机械制造公司，(6)第一重型机械集团，(7)第二重型机械集团，(8)第一拖拉机工程机械集团，(9)中国四联仪器仪表集团公司，(10)徐州工程机械集团公司，(11)杭州制氧机集团公司，(12)常柴集团公司，(13)春兰集团公司，(14)科龙电器(集团)股份有限公司，(15)瓦轴集团公司，(16)上海机床工具集团有限公司，(17)辽宁通用公司，(18)上海自动化仪表股份公司，(19)中国第一汽车集团公司，(20)东风汽车集团公司，(21)上海汽车工业公司，(22)嘉陵摩托车集团公司，(23)天津机床(集团)公司，(24)济南第二机床厂，(25)大连冰山集团，(26)石家庄拖拉机厂，(27)黄河工程机械集团，(28)四川农用运输车集团。

前22个企业要在部和省市机械工业管理部门的指导下制定好企业“九五”发展规划，突出在发展企业集团、调整企业组织结构、发展专业化协作上做文章，定思路、找途径、提措施，壮大企业实力。

对这22个企业要分别探索联合兼并、多种经营、工程成套、主辅结合等路子，在行业中起到较好的示范、推广作用。

第23～28个企业主要探索两头在内、中间在外的路子，争取“九五”在企业组织结构上有比较大的改观。

在重点培育大企业的同时，还要建设一批高起点、大批量的专业化生产企业。重点抓好以下企业：(1)常州齿轮厂，(2)石家庄内燃机配件厂，(3)杭州万向节厂，(4)中原内燃机配件厂，(5)杭州前进齿轮箱集团公司，(6)山东活塞厂，(7)韶关铸锻总厂，(8)烟台拖拉机配件厂，(9)呼和浩特机床附件厂，(10)四川齿轮厂，(11)长沙汽车电器厂，(12)济南汽车配件厂，(13)一汽散热器厂，(14)东风汽车仪表厂，(15)上海空调器厂，(16)上海纳铁福公司。

4.管理部门改变成国有资产控股公司

一些城市的机械工业管理部门，有的已变成国有资产控股公司。这些控股公司对组织结构优化和资产存量的调整将承担十分重要的任务。为此，将重点了解北京、上海、天津、青岛四市机械控股公司的做法，并及时总结经验。

四、落实职责、协调进度

1.成立各“战役”指挥部

为打好“组织结构优化战役”，部将成立以主管副部长为首、有关司局领导参加的战役指挥部。其任务是在部党组领导下负责具体实施工作，了解部重点联系企业的进展情况，检查各项工作进度；协调部内和有关方面的工作；制订有关工作制度与措施，研究战役中出现的问题，提出解决办法；及时研究总结各地的经验，加以面上推广；研究提出扶持企业集团各项政策措施，争取国家有关部门的支持。

2.部有关司局的职责

部行业发展司为“组织结构优化战役”实施的总牵头单位，负责有关各项工作的协调、推动；同时会同政策法规体改司重点联系哈尔滨电站设备集团公司、杭州制氧机集团公司、徐州工程机械集团公司、上海机床工具集团有限公司、常柴集团公司、春兰集团公司、瓦轴集团公司等企业；会同有关装备司指导部重点联系的前18个企业做好“九五”和2010年发展规划。

汽车工业司负责联系中国第一汽车集团公司、东风汽车公司、上海汽车工业公司、嘉陵摩托车集团公司等企业；指导这几个企业做好“九五”和2010年发展规划；对中国汽车工业总公司、中国重型汽车集团、北京汽车工业集团公司、天津汽车工业(集团)有限公司等4个企业组织结构调整进行指导；并抓好前述汽车零部件企业的培植。

重大装备司负责联系中国东方电气集团公司、上海电气集团总公司、中国西电集团、东北输变电集团公司、一重集团、二重集团、辽宁通用公司、大连冰山集团、科龙电器(集团)股份有限公司等9个企业；并抓好行业内专业化企业。

机械基础产品司负责联系天津机床(集团)公司、济南第二机床厂、中国四联仪器仪表集团公司、上海自动化仪表股份公司等4个企业；并抓好行业内的有关专业化企业。

农业装备司负责联系第一拖拉机工程机械集团公司、黄河工程机械集团、四川农用运输车集团和石家庄拖拉机厂等4个企业;并抓好行业内专业化协作企业。

政策法规体改司、经济调节司主要抓好有关扶持政策和各类改革试点的落实工作。政策法规体改司会同行业发展司重点了解北京、上海、天津、青岛等中心城市机械工业控股集团公司的运作情况,结合"九五"专项安排,对几家公司资产重组提出建议,及时了解和总结这几家控股公司在资产重组方面的经验和问题。

科技与质量监督司负责科技攻关与技术开发项目在备选企业的落实,并将"产品质量翻身战役"与"开发能力提高战役"的相关目标落实到备选企业上。

部有关司局负责联系企业的任务是,积极推进"组织结构优化战役"的各项工作,了解情况,发现问题,总结经验,帮助联系企业做好有关工作,使这些企业成为"巨人"企业和"小型巨人"。

3.省市厅局的职责

省市机械工业主管部门按照实施方案第二条的要求,做好以下工作:

(1)积极争取省市政府对本地区备选企业的支持,使之尽快成为"巨人"企业。

(2)积极协助部做好部重点联系企业的各项工作。

(3)为企业的联合兼并、资产重组牵线搭桥,当好"红娘",积极创造条件予以推动。

(4)按照"组织结构优化战役"的计划,制订相应计划和实施方案,积极推进本地机械工业的组织结构优化。

4.备选企业的任务

(1)部重点联系的企业和其他备选企业要根据"组织结构优化战役"实施方案,制定本企业组织结构优化的实施方案,提出具体措施。

(2)根据机械、汽车工业振兴纲要以及部"三大战役"的安排,明确发展目标、选择发展战略,制定"九五"发展规划和2010年设想。为有的放矢,营造压力,自我激励,各企业应瞄准一家国外著名企业,制订赶超目标和计划。

(3)按照部"产品质量翻身战役"实施方案的要求,落实创立名牌产品,创建质量信得过明星企业,以及各项质量工作的要求。

(4)按照部"开发能力提高战役"实施方案的要求,建立并完善技术中心,增强自主开发能力,积极承担国家重点科研任务,做好实施方案中的各项有关工作。

(5)要把"组织结构优化战役"工作当做企业一项中心工作来抓,组建必要的班子,配备得力的人员,抓好各项工作。

5.进度安排

1996年上半年完成战役的部署。下半年重点了解部联系企业的进展情况和有关省市厅局的工作安排。争取落实一部分扶植政策。1997年部联系的企业按战役计划和实施方案的要求,有关工作得到落实,发展势头较好。1998年调整备选企业名单,召开战役工作会议,研究总结前一段工作,部署下一段工作。一批企业达到"巨人"企业的部分条件,一批专业化的"小型巨人"形成。2000年100家左右企业达到"巨人"企业标志。

1996年,每季度检查一次进展情况;1997年及以后每半年检查一次进展情况。

五、信息导向、政策扶持

1.信息导向

当前要抓好以下两方面工作:

(1)继续研究制定和颁布机械产品经济规模标准,引导企业按合理规模组织生产。在已发布四批58种机械产品经济规模标准的基础上,将选择一些重要产品继续开展经济规模研究。列入规划的基建技改项目,凡有经济规模要求的产品,都要按经济规模标准进行建设、改造,达不到标准的不予审批。

(2)建立投资导向信息系统。对主要机械产品的市场容量、现有能力、在建能力、规划能力、产品技术发展趋势和结构调整现状进行分析、预测,并及时发布,以合理引导企业、金融部门的资金投向和产品发展方向。拟以部信息中心为依托单位,搞好信息网络建设,分期分批选择规模效益显著、不合理重复建设严重,并且是当前投资热点的100类机械产品,进行资料数据的采集、整理分析,争取半年发布一次。

2.充分运用国家有关政策

充分运用国家和省市已有和即将出台的一些政策,扶植备选企业,使之尽快成为"巨人"企业。目前,国家有关部门对国家计划单列集团,国家和省市现代企业制度试点,优化资本结构试点城市,国家重点抓好的1 000家国有大中型企业(先抓300家)等方面已有或正在酝酿一些政策措施,拟结合机械工业的情况,争取在备选企业中优先落实以下政策措施:

(1)指导符合条件的备选企业依照《公司法》改制为有限责任公司、股份有限公司及组建集团公司,并选择一些有条件的备选企业开展国际化经营。

(2)鼓励备选企业提足用好折旧基金。备选企业要按国家规定的最低年限提取折旧费。企业固定资产重估增值的,可按重估价值计提折旧费。用于技术改造的增提折旧费部分视同企业实现利润,在实施工效挂钩时,按企业利润计算。

(3)国内债券和股票发行时,按照同等优先的原则,考虑备选企业。

(4)为支持备选企业中的优势企业实行跨地区、跨行业兼并困难企业,从1996年起,凡兼并和被兼并企业有一方属于国家重点抓好的300家中的重点企业,执行中国人民银行银发〔1995〕130号文件规定的政策,可停息挂账两年。

(5)备选企业通过各种途径取得的自有资金应优先用于补充生产经营资金。优化资本结构试点城市的国有企业,先试行在企业自补的基础上,由同级财政部门将企业实际上缴所得税收入的15%返还给原企业,用于补充生产经营资金。银行对积极补充自有生产经营资金的国有企业和自有生产经营资金占流动资产比例高的国有企业,采取优先安排流动资金贷款和技术改造项目贷款等鼓励措施。

(6)为扶优扶强,优胜劣汰,形成兼并破产、减员增效机制,加大国有企业兼并、破产力度,从1996年起,国家将对国有企业兼并、破产建立呆帐、坏账准备金。争取备选企业中符合条件的,优先落实这一政策。

(7)为增强企业的开发能力,备选企业与科研院所、高等院校联合开发所发生的费用,按照财政部、国家税务总局财工字〔1996〕41号文件规定处理。

3.部掌握的一部分手段,积极支持组织结构优化

(1)"九五"基建、技改项目的安排,优先考虑备选企业。

(2)基建、技改项目的安排和实施要有利于促进组织结构的优化。

(3)机械工业部掌握的国内股票上市额度优先用于备选企业。

(4)技术开发中心、工程研究中心等优先建于备选企业。

(5)建议国家有关部门在国有资产授权经营时优先考虑备选企业。

4.配合国家有关综合部门,积极落实以下政策

(1)在液压、气动、密封件,数控系统,田间作业机械和模具等领域得到国家支持(对增值税先征后由财政返还)时,优先考虑这些领域的备选企业和"小型巨人"。

(2)政策性银行和各商业银行要开展机械产品的买方信贷业务,对备选企业生产的重要机械产品,向国内用户提供买方信贷。

(3)国家规定达到经济规模的专业生产企业,国家应对其国内税收采取差别税率的办法予以支持。企业为组织专业化生产,用税后利润对配套企业进行的设备投资,退还50%的所得税。

(4)"九五"期间,由机械产品进口关税收入中提取一定比例,建立机械工业技术研究开发基金,支持重要机械产品及制造技术的研究开发。

六、交流情况、总结经验

情况交流和经验总结主要采用以下几种形式:

(1)会议交流,每年的机械工业工作会议应该成为"三大战役"的交流、总结、表彰会议,及时了解各地动向。此外,对组织结构优化工作还要定期召开专题研讨会,交流情况,总结经验,发现问题,协调进度,以利再战。

(2)文件传达。对各地好的经验、做法和问题,要及时进行总结,条件成熟的要形成文件,下发各地执行。

(3)传媒宣传。充分发挥舆论导向作用,利用部属各报刊、杂志,广泛宣传各地好的经验和做法,总结教训和问题,推动面上工作的开展。在宣传工作上,不但要定期登载有关"三大战役"宣传文章,还要出专刊,集中进行报导。

(4)培训指导。为了保证"结构优化战役"的有效实施,要对100家备选企业及企业集团的主要领导定期进行培训,或组织国外考察等,以进一步转变观念,提高企业领导的经营管理和决策水平。

(5)现场学习。经常召开现场研讨会和现场参观,以学习典型经验,指导企业下一步工作的开展。一般每年举办两次。

机械工业部
关于"开发能力提高战役"的实施方案

按照振兴机械、汽车工业的总体思路和工作部署,以及1996年全国机械工业工作会议精神,为落实"开发能力提高战役"的工作计划,特制定本实施方案。

一、明确实施目标

1.主要目标

通过实施"开发能力提高战役",建设一批具有较强开发能力的企业技术中心,初步形成以企业为主体的科技新体系;骨干、重点企业,特别是100家"巨人"企业建立起自己的技术体系和技术队伍,主导产品形成开发能力;初步缓解主要依靠国外技术发展的被动局面,使行业重点产品国内技术来源有较大幅度的提高。

2.具体目标

结合"组织结构优化战役"和"产品质量翻身战役",在300家企业中建立起具有较强开发能力的技术中心;以这些企业技术中心为主体,开发出1000种具有较高市场占有率和自主知识产权的产品,明显缩短这些产品的更新周期和与国际先进水平的差距;通过这些企业和这批产品,带动全行业产品开发能力的提高。

3.企业技术中心应达到的主要标志

(1)拥有在国内同行业中知名的技术带头人,以及一支结构合理、业务素质高的技术开发队伍。

(2)产品开发和技术创新工作有足够的经费保证,拥有能满足产品开发必需的科研测试条件和中试能力。

(3)掌握主导产品开发所需要的关键技术,采用先进的设计方法和手段(如CAD等)。

(4)能根据市场需求,开发出达到或接近国际先

进水平，并具有竞争力的产品。

(5)形成能对市场作出快速反应的运行机制。

100 家“巨人”企业的技术中心，除满足以上条件外，还应具有开展预研工作的能力，为今后 5～8 年的发展做好技术储备，并能承担国家科技任务和重大产品开发项目。

二、贯彻指导方针

在目前阶段，我国企业的产品开发能力和技术创新能力与国际先进水平相比，存在着阶段性的差距。随着科学技术的突飞猛进，这种差距还有进一步拉大的趋势，这对我国企业来说是一个严峻的挑战。与此同时，提高企业的产品开发能力也存在着机遇，例如：先进制造技术的发展和应用已受到我国的高度重视；利用工业发达国家先进、成熟的技术，使我国企业可以在一个高起点上起步，特别是计算机技术的迅速发展和应用，能够迅速而有效地提高企业的产品设计与制造能力；另外，国外企业为进入我国这个大市场而展开的激烈竞争，为我们利用国外先进技术提供了有利条件。

“开发能力提高战役”的指导方针是：消化吸收、立足创新、联合攻关、重点突破。在贯彻该方针时，要正确处理好以下几个问题。

1. 市场导向与政府推动相结合

本战役的实施，必须以市场需求为导向，进行认真的市场调研和分析，选定那些市场前景好、市场占有率大、技术带动作用强的产品作为战役的主攻方向。同时，要突出政府在推进企业提高开发能力中的能动作用，通过试点示范、推广先进经验、制定政策、有限资源的集中使用、协调引导等方式，把行业、企业、科研单位和高校组织起来，形成整体优势。

2. 技术引进与自主开发相结合

要加强引进技术的消化吸收和创新工作，加快引进技术为我所有、为我所用的进程，通过移植、推广，支持新产品的开发。在适用、先进的前提下，勇于标新立异、自主开发，形成自己特有的技术，有力地促进产品开发能力的提高。

3. 企业主体与联合攻关相结合

提高开发能力，要以企业为主体。同时应充分利用改革开放的有利条件和我国传统的优势，采取各种形式把制造和使用、国内和国外、产学研等方面的力量联合起来，共同为提高企业的产品开发能力服务。

4. 突出重点与面上推进相结合

提高开发能力是一项十分复杂的系统工程，应采取点面结合的推进方法。以建设 300 家企业技术中心和提高国民经济建设急需的重大装备、重点产品的自主开发能力为突破口，取得经验，面上推广，带动全行业产品开发能力的提高。

三、落实重点工作

1. 建设 300 家企业技术中心

重点在 300 家企业中建立起适应市场竞争和企业发展需求的技术中心。部将制定《机械、汽车工业企业技术中心建设指南》，以推动这项工作的开展。在实施过程中，还将根据“优胜劣汰、滚动发展”的原则，适时予以调整。

备选企业的条件是：

(1)优先选择国家、行业、地方重点支持的企业。主要是：列入国家经贸委认定的技术中心和国产化基地的企业、“组织结构优化战役”的备选企业、“产品质量翻身战役”的质量信得过明星企业的备选企业、“技术进步示范工程”的试点企业和示范企业。

(2)管理较好、领导班子技术进步意识强的企业。

(3)技术实力较强、技术开发机构基础较好的企业。

(4)主导产品市场前景好、对行业具有较大带动作用的企业。

(5)经济效益好，有能力提供产品开发和产业化所需资金投入的企业。

300 家企业技术中心的建设，要按照部制定的《关于加强企业技术中心的指导意见》，做好方案制定和实施工作。其建设途径主要有：

(1)对原有技术开发机构进行重组，集中优秀技术人才，充实必要的试验测试手段，建立技术中心。

(2)有雄厚实力的大型企业可吸收产品开发类研究所的整体或一部分进入企业，并与企业已有技术开发机构重组建设。

(3)与研究院所、高等院校建立长期、稳定的技术合作关系，联合建设。

(4)具有一定规模的企业在与国外合资时，可与外方联合建立相应的技术中心。

2. 加强引进技术的消化吸收和创新工作

为使机械、汽车工业企业的产品开发能力在高起点上起步，“九五”期间重点对 500 项技术引进项目进行消化吸收和创新。为此部将编制发布《机械、汽车工业引进技术项目消化、创新指南》。

各级机械、汽车工业主管部门，要指导企业，特别是 300 家建设技术中心的企业，认真总结引进技术消化吸收工作的经验教训，分析整理已引进和将要引进的项目，制定消化吸收和创新的具体方案，付诸实施，形成自主开发能力，实现关键技术来源本土化，并摸索出一条适合中国国情的从引进技术到形成自主开发能力的有效途径。

3. 确定并开发 1 000 种重点产品

依据企业主导产品的发展目标，在企业进行充分市场分析的前提下，部将选择 1 000 种产品编制、发布《机械、汽车工业重点产品开发指南》，指导和带动全行业产品的发展。重点产品的开发以实现规模生产为目标，形成较高的市场占有率，为企业带来显著的经济效益。

1 000 种重点产品的开发途径是：

(1)通过对国外先进技术的消化吸收，掌握产品的设计技术，并通过移植、改进和创新，开发出适应市场需要、具有较高技术水平的产品。

(2)通过企业的自主开发或通过产学研的联合攻关，开发出适应市场需求的产品。

(3)通过应用先进技术，特别是电子信息技术，对具有较大市场需求的现有产品进行改进、改型，使产品的技术水平和实用价值有较大提高。

4.攻克一批关键技术

根据《机械、汽车工业"九五"科技发展计划》，选择部分严重制约企业产品开发和技术创新能力提高的共性、基础性技术组织攻关，为全面提高行业的开发能力提供技术基础。

企业要积极参与这些计划的实施，部分项目要以企业为主投标，并由企业提供部分研究开发经费。

5.加强适用先进技术的推广应用

"九五"期间，部将结合企业的技术需求和国家的推广计划，编制、发布《机械、汽车工业适用先进技术推广指南》。重点推广现代设计、树脂砂造型、精密铸造、可控气氛热处理、离子注入、激光加工、CAD/CAPP/CAM、CIMS、精益生产等 50 项适用先进技术。

四、明确职责分工

1.机械工业部有关司局的职责

为了打好"开发能力提高战役"，部将成立以主管副部长为首、有关司局领导参加的战役指挥部，在部党组领导下具体负责这一战役的实施。其任务是协调部内和有关方面的工作；检查各项工作进度；总结各方面的经验，加以面上指导；研究战役中出现的问题，提出解决办法，制定提高产品开发能力的各项政策措施；加强与国家有关部委的联系，争取各方面的支持。

部科技与质量监督司为"开发能力提高战役"的总牵头单位，在战役指挥部的领导下，负责日常工作。主要职责是：

——起草战役计划、实施方案及各种必要的指导性文件。

——会同部内有关司局，制定《机械、汽车工业企业技术中心建设指南》、《机械、汽车工业引进技术项目消化、创新指南》、《机械、汽车工业重点产品开发指南》、《机械、汽车工业适用先进技术推广指南》。

——组织关键技术项目的攻关工作，并优先支持重点企业承担国家、行业的科技任务。

——会同有关司局，联系"组织结构优化战役"备选企业中列入国家经贸委认定的技术中心或国产化基地的 32 家企业，促进各项重点工作的落实。

行业发展司在审核、检查企业技术改造项目时，要把技术开发能力建设工作作为一项重点内容。

汽车工业司负责联系上海汽车工业公司、中国第一汽车集团公司、东风汽车集团公司。

重大装备司负责联系上海电气集团总公司(上海电机厂、上海重机厂)、东北输变电设备集团公司(沈阳电缆厂、沈阳变压器厂、沈阳高压开关厂)、哈尔滨电站设备集团公司(哈尔滨锅炉厂)、中国东方电气集团总公司(东方汽轮机厂、东方锅炉厂)、中国扬子(集团)公司、猴王集团、第一重型机械集团、杭州制氧机集团有限公司、第二重型机械集团、中信重型机械公司、北人集团、大连冰山集团、太原重型机械集团公司。

机械基础装备司负责联系春兰集团公司、中国四联仪器仪表集团公司、济南第二机床厂、瓦房店轴承厂、洛阳轴承集团公司、白鸽集团股份公司。

农业装备司负责联系第一拖拉机工程机械集团、徐州工程机械集团、广西玉柴机器股份有限公司、常柴集团公司、柳工机械股份有限公司、厦门工程机械股份有限公司、鞍山第一工程机械集团有限公司。

在《机械、汽车工业企业技术中心建设指南》编制工作完成后，各装备司负责联系本行业所属企业，深入调查研究，及时发现战役实施中的问题，总结经验，帮助企业做好有关工作。

2.地方主管部门的职责

——根据战役的总体部署，制定并落实本地区提高企业开发能力的工作计划和实施方案。

——争取地方综合部门的支持，在政策、资金方面重点向本地区参与"开发能力提高战役"的企业"聚焦"。

——督促企业落实各项重点工作，并进行定期检查和考核。

——及时向部汇报工作中存在的问题和经验。

3.企业的任务

企业是实施"开发能力提高战役"的主体，要着重作好下列工作：

——制定企业提高产品开发能力的计划。包括确定重点消化吸收的引进技术，制定消化吸收方案；确定重点产品的开发计划；制定企业技术中心的建设方案及每年度的进度计划。

——认真研究并用足用好国家鼓励加大技术开发投资强度的优惠政策，制定技术开发资金的投入和使用计划。大型企业和企业集团的研究开发经费占销售额的比例要达到 3%以上。

——在进行技术改造和基本建设工作中，要注重与技术开发能力建设的有机结合，保证一定比例的资金用于技术中心的建设。

——加强人才队伍建设。包括培养懂技术、会经营的管理人才；具有较高业务素质的技术开发队伍；掌握技术诀窍的能工巧匠。鼓励职工踊跃参加合理化建议和技术创新活动。

——建立适应市场竞争需要的技术创新机制，包括市场预测、产品开发、生产制造、营销、售后服务及组织管理等环节。

4.研究院所的任务

部属研究院所应以多种形式支持 300 家企业技术中心的建设，与企业合作攻克 1 000 种重点产品开发中遇到的关键技术，为提高全行业的开发能力作出应有的贡献。每个研究院所都必须从 300 家企业中选择不少于一家作为重点服务的对象，建立长期、稳定、密切的合作关系，并把此项工作列为本所的重点任务，抓紧抓好。

五、协调工作进度

"开发能力提高战役"，拟按照"以点带面、分步实施、全面推进”的思路开展工作。

具体工作进度安排：

1.1996年做好战役各项工作的部署和启动，当年工作目标

(1)编制、发布《机械、汽车工业企业技术中心建设指南》，并由企业制定技术中心的建设方案和实施计划。

(2)编制、发布《机械、汽车工业引进技术项目消化、创新指南》、《机械、汽车工业重点产品开发指南》，制定消化吸收方案，并落实到企业，由企业制定具体的工作计划。

(3)编制、发布《机械、汽车工业适用先进技术推广指南》，根据国家推广计划和企业需求，确定推广方案。重点从计算机辅助设计(CAD)应用入手。

(4)落实关键技术研究开发的计划，启动具备条件的项目。

(5)以“组织结构优化战役”备选企业中列入国家经贸委认定的技术中心或国产化基地的32家企业为重点，做好先期试点工作，取得经验，指导面上工作的全面开展。

2.1997年、1998年工作目标

(1)完成一批引进技术项目的消化吸收工作，并形成同类产品的自主开发能力。

(2)完成部分关键技术攻关项目，取得一批实用成果。

(3)重点推广计算机应用技术，“巨人”企业和“技术进步示范工程”的企业主导产品采用CAD。

(4)300家企业技术中心完成基础建设工作；100家“巨人”企业技术中心，对主导产品形成较强的自主开发能力。

3.2000年工作目标

(1)完成500项引进技术的消化吸收工作，并将这些技术移植到同类产品的开发上，开发出1 000种具有较高市场占有率和自主知识产权的产品。

(2)完成关键技术的攻关，并在1 000种产品上得到应用。

(3)50项成熟的先进技术得到大面积推广应用，并在行业中形成相应的推广网络。

(4)300家技术中心形成较强的自主开发能力。

六、保证措施

1.“技术进步示范工程”要以提高产品开发能力为工作重点

通过组织实施“技术进步示范工程”，加大企业技术进步工作的力度，采取多种措施，促使企业尽快建立起面向市场、自主开发、大力创新的技术进步机制，造就一批在国内同行业起排头兵作用的示范企业，率先进入国际先进行列，使其成为各个行业技术进步的火车头。“技术进步示范工程”企业要以提高产品开发能力为重点。

“九五”期间要做好试点企业的认定和示范企业的命名，不断壮大队伍，为机械、汽车工业的振兴培育中坚力量。

2.充分利用国家的有关政策

最近，财政部、国家税务总局联合发布了《关于促进企业技术进步有关财务税收问题的通知》(财工字〔1996〕41号)。在鼓励企业加大技术开发费用的投入；推动产学研的合作，促进联合开发；加速企业技术成果的产业化和商品化；推进企业机器设备的更新；增加财政技术进步的投入，改善管理办法等方面作出了相应规定。

有关的政策有：

——企业研究开发新产品、新技术、新工艺所发生的各项费用，包括新产品设计费，工艺规程制定费，设备调整费，原材料和半成品的试验费，技术图书资料费，未纳入国家计划的中间试验费，研究机构人员的工资，研究设备的折旧，与新产品的试制、技术研究有关的其他经费以及委托其他单位进行科研试制的费用，不受比例限制，计入管理费用。

——企业研究开发新产品、新技术、新工艺所发生的各项费用应逐年增长，增长幅度在10%以上的企业，可再按实际发生额的50%抵扣应税所得额。具体抵扣办法，由国家税务总局另行制定。

——企业为开发新技术、研制新产品所购置的试制用关键设备、测试仪器，单台价值在10万元以下的，可一次或分次摊入管理费用，其中达到固定资产标准的应单独管理，不再提取折旧费。

——鼓励企业与其他单位(包括企业、事业单位、科研院所和高等院校)进行联合开发。对技术要求高，投资数额大，单个企业难以独立承担的技术开发项目，按照联合攻关、费用共摊、成果共享的原则，报经主管财税机关批准后，可以采取由集团公司集中收取技术开发费的办法。其中成员企业交纳的技术开发费在管理费用中列支，集团公司集中收取的技术开发费，在核销有关费用支出后，形成资产的部分作为国家投资，在资本公积金中单独反映。

——企业科研机构，包括研究所、技术中心等，直接用于科学研究、科学试验的进口仪器、设备、化学试剂和技术资料，在新的免税办法下达以前可以按照《中华人民共和国增值税暂行条例》和财政部、海关总署《关于修订“科技用品报关进口免税”的通知》的规定，免征增值税，并享受减免关税的优惠政策。

——企业进行技术转让，以及在技术转让过程中发生的与技术转让有关的技术咨询、技术服务、技术培训所得，年净收入在30万元以下的，暂免征收所得税；超过30万元的部分，依法缴纳所得税。

——企业为验证、补充相关数据，确定完善技术规范和解决产业化、商品化规模生产关键技术而进行中间试验，报经主管财税机关批准后，中试设备的折旧年限可在国家规定的基础上加速30%～50%。

——企业购入的计算机应用软件，随同计算机一起购入的，计入固定资产价值；单独购入的，作为无形资产管理，按法律规定的有效期限或合同规定的受益年限进行摊销，没有规定有效期限或受益年限的，在五年内平均摊销。

3.深化科技体制改革

按照《机械、汽车工业科研院所深化体制改革的意见》，继续推进产品开发类研究所进入有雄厚实力的大企业集团，成为企业技术开发机构的骨干力量；推进院所科技成果的商品化和产业化；积极探索"产学研"联合的有效途径，组织研究院所与企业共同解决技术难题。

4.重点支持战役中300家建立技术中心的企业

部和各地机械、汽车工业主管部门，要把来自各综合部门的科技计划项目及有关资金投入，连同自己手中掌握的各种手段，优先支持战役中300家建立技术中心的企业。

七、组织经验交流

1.会议交流。定期召开专题研讨会，交流情况，总结经验，发现问题，协调进度，以利再战。

2.文件传达。对各地好的经验、做法，要及时进行总结，条件成熟的要形成文件，下发各地执行。

3.传媒宣传。利用报刊、杂志等宣传媒介，广泛宣传各地好的经验和做法，总结教训和问题，推动面上工作的开展。

4.培训指导。为了保证"产品开发能力提高战役"的有效实施，要对300家重点企业定期进行培训，或组织国外学习考察。

5.现场学习。以现场研讨会的形式，组织学习典型经验，指导企业下一步工作的开展。一般每年举办1～2次。

机械工业部关于实施科教兴业的决定

（1996年1月4日）

为贯彻《中共中央、国务院关于加速科学技术进步的决定》，切实把机械、汽车工业的振兴转移到依靠科技进步和提高劳动者素质的轨道上来，特作如下决定：

一、全面实施科教兴业

1.科学技术是机械、汽车工业发展的首要推动力。邓小平同志关于科学技术是第一生产力的英明论断，是我国新时期科技工作的指导思想，是经济和社会发展的首要推动力量。

党的十一届三中全会以来，我国机械、汽车工业的综合技术水平有了显著提高，科技体制和教育体制改革取得很大成绩，为推动国民经济的发展做出了应有的贡献。

——一大批大中型企业通过技术改造、引进技术的消化吸收、技术开发机构的建设，提高了重大技术装备的水平和参与国际市场的竞争能力。

——研究院所进入了经济建设主战场，科技工作日益与经济建设密切结合，科技体制改革不断深入，并取得显著进展。

——高等院校的教育和科研工作与企业的技术进步密切结合，为行业培养了一大批高级专门人才，并成为科技发展的重要方面军。

——通过职工教育和职业技术教育，全行业职工队伍的整体素质有了一定提高。

实践表明，科技是第一生产力的论断，对机械、汽车工业的发展起了巨大的推进作用。

2.着力解决困扰机械、汽车工业科技和教育发展中的问题。机械、汽车工业科技和教育发展中存在以下问题：

——在传统计划经济的长期影响下，多数企业缺乏依靠技术进步的内在动力，也没有成为技术开发的主体。

——科技和教育投入严重不足，宏观导向乏力。

——引进技术的消化吸收仍停留在掌握已有技术、提高国产化率的低层次上，没有上升到形成自主开发能力和技术创新能力上来。

——科技体系结构不合理、力量分散的状况依然存在，缺乏将科技成果转化为现实生产力的有效、健全的机制。

——职工队伍的整体素质不高，优秀企业家和经营管理人才严重短缺，科技人才出现断层，高级技术工人后继乏人，人才短缺和人才浪费的现象并存，人才机制不合理。

——部系统内没有形成推动科技、教育与经济密切结合的联动体系，有限的资源未能集中使用。

这些问题的长期困扰，是造成机械、汽车工业的技术主要来源于国外，产品档次和质量不高、竞争力不强、进出口逆差巨大，投入产出效益低的主要原因，必须着力加以解决。

3.振兴机械、汽车工业必须依靠科技进步和提高劳动者素质。为使机械、汽车工业持续、快速、健康的发展，使之成为带动整个经济增长和结构升级的支柱产业，必须实施科教兴业战略。该战略的内涵是全面落实科学技术是第一生产力和以人为本、注重教育的指导思想，贯彻以提高企业竞争力为核心的发展方针，加强科技、教育与经济的紧密结合，提高职工队伍的科技与文化素质，增强产品开发能力、技术创新能力和科技向现实生产力转化的能力，切实把机械、汽车工业的振兴转移到依靠科技进步和提高劳动者素质的轨道上来。

科教兴业战略的实施，关系到我国机械、汽车工业将以什么面貌进入21世纪，关系到我国机械、汽车工业在国际格局中的地位，也决定了我国机械、汽车工业的前途和未来。

二、实施科教兴业的目标与任务

4.2000年的目标。到2000年要实现以下七大目标：

——为国民经济提供装备的能力、水平和质量进一步提高。电力装备及现代化农业装备基本立足国内，冶金、矿山、石油化工、煤炭和交通运输建设所需大部分机械装备由国内提供，产品质量明显提高。

——主要制造技术水平达到工业发达国家80年代中末期水平。大型企业普遍采用计算机辅助设计(CAD)、计算机辅助管理信息系统(MIS)，贯彻执行GB/T19000(ISO9000)质量管理标准。

——基本形成以企业为主体的技术创新机制。在300家大型企业建立技术开发机构，提高产品自主开发能力，缩短新产品开发周期，主导产品实现升级换代。

——建立一支优秀的管理干部队伍、科技专家队伍、高技能工人队伍。企业科技人员占职工总数的比例达到9.5%。

——初步建立职业资格证书制度、岗位培训制度和继续教育制度。

——重点建设30所全国重点中等专业和技工学校，20所高等职业技术学校。中等专业学校总培养规模达到10万人，技工学校的在校人数达到职工总数的3%。2～3所高校和6～7个学科分批进入国家"211工程"。

——技术进步对机械、汽车工业产值增长速度的贡献率达到45%。

5.重点任务。为实现上述目标，今后五年重点抓好以下五大任务：

——推进企业技术进步，提高产品开发能力与市场竞争能力。

——面向用户，组织实施"产品质量翻身战役"。

——以发展和应用先进制造技术为重点，分层次实施"九五"科技发展计划。

——深化科技体制改革，构筑科技新体系。

——以人为本，实施人才工程，造就兴业人才。

三、推进企业技术进步，提高产品开发能力与市场竞争能力

6.促进企业成为技术的主要需求者、开发者和投资者。企业是市场竞争的主体，也必须成为技术开发的主体。国家与行业有关机械、汽车工业的科技发展计划要落实到企业的需求上，引导企业参与这些计划，鼓励以企业为主投标，并由企业提供部分研究开发经费。

积极推动产、学、研三结合，鼓励科研院所、高等院校的科技力量参与企业的技术开发、引进技术的消化吸收、技术改造，加快科技成果的转化和先进技术在企业中的应用。

7.加速引进技术的消化吸收和创新。以引进先进技术为起点，加速消化吸收，是组织实施产品"开发能力提高战役"的重点工作。在继续引进国外先进技术的同时，选择500项对行业发展具有带动作用的引进技术，分期分批予以消化吸收、二次开发，形成产品开发能力和技术创新能力。为此，应加大引进技术项目中用于软件和检测设备的费用；应注意引进产品设计技术；应与国内研究开发密切结合；应切实增加用于消化吸收的费用。

8.技术改造是企业技术进步的重要内容，是提高机械、汽车工业经济增长质量与效益的有效措施。重点支持重大技术装备、基础机械、基础件和轿车等行业提高制造技术水平、形成集约化生产能力。选择条件好的企业，特别是参与"企业技术进步示范工程"的企业，以技术水平高、市场前景好的产品为"龙头"，进行技术改造。企业的技术改造工作必须采用先进的工艺和装备、新的生产方式和管理技术，并保证一定比例的资金用于技术开发机构的建设。

9.组织实施"企业技术进步示范工程"。其目的是促进企业形成完善的市场、科研、生产一体化的技术进步机制，使其成为技术开发的主体，并通过典型带路、滚动推进、长期努力，培育一批技术先进、具有国际竞争力的大型企业，以及一群掌握先进制造技术、实现专业化生产的中小企业。

机械、汽车工业各级主管部门要加强指导和考核，为参加示范工程的企业创造必要的环境，提供必要的服务。参加"企业技术进步示范工程"的企业要制定技术进步规划，并抓紧落实。

10.把中小企业、乡镇企业和合资企业的技术进步工作纳入行业管理轨道。中小企业、乡镇企业和合资企业是实现机械、汽车工业振兴的重要力量。必须逐步建立起为中小企业、乡镇企业提供咨询、信息、培训服务以及规划和政策引导的技术服务体系。大型合资企业均应建立技术开发机构。各级机械、汽车工业主管部门应把这些企业的发展和技术进步纳入行业管理的轨道。

四、面向用户，组织实施"产品质量翻身战役"

11.树立QSTC综合质量新观念。产品质量是机械、汽车工业技术水平的综合反映，质量问题关系到一大批企业的生死存亡，是机械、汽车工业振兴的主要标志。必须树立适应市场经济需要的QSTC综合质量新观念，即提供满足用户需求的实物质量(Q)，提供良好的服务(S)，保证按需及时交货(T)，有合理的性能价格比(C)。

12.建立以质量为中心、以标准与计量技术为基础的综合技术监督保障系统。大力推进强制性标准的实施与监督工作，认真贯彻主要机械产品采标证书制度；更新计量手段，积极采用先进的测试方法和质量控制技术；加速改革和调整，逐步形成由国家授权的集中的质量监督部门、质量认证机构以及一批适应社会需要的得到认可的检测试验机构组成的机械、汽车工业产品质量监督检测新体系。

13.组织实施"产品质量翻身战役"。战役的指导思想是：面向用户、综合治理、重在机制。战役的目标是：创立1 000种名牌产品，培育500家明星企业，使一大批企业的产品质量上一个新台阶。战役的重点工作是：

——深入开展质量培训教育，提高全行业质量意识。

——加强企业质量管理工作，建立健全质量体系。

——依靠科技进步，提高企业的设计、制造水平和产品的技术含量。

——加速开展可靠性工作。

——提高服务质量，大力推广“质量保证承诺”等自律性质量活动。

——提高标准水平，大力推进标准的贯彻实施。

——改进和加强产品质量的行政监督和社会监督工作。

——建立质量激励和约束相结合的机制。

——实施产品质量上台阶工程。

五、以发展先进制造技术为重点，分层次实施“九五”科技发展计划

14.分层次、多渠道组织实施“九五”科技发展计划。机械、汽车工业“九五”科技发展计划以国民经济重大工程所需的成套技术装备及其关键技术、轿车及规模生产关键技术与装备、先进制造技术、综合自动化技术和工程、环境保护与现代农业工程技术及装备五个领域、50个重点项目为研究开发和产业化的主要任务和关键技术。

该计划应分层次、多渠道组织实施：

——关系到国家全局性利益和长远需要的重大科技项目和关键技术，力争纳入国家科技发展计划。

——关系到机械工业整体竞争能力和产品质量提高的共性基础技术，由行业、地方政府与企业共同支持实施。

——关系到提高企业创新能力的竞争性技术，主要由企业实施。

15.发展先进制造技术是机械、汽车工业科技工作的重点。2000年前着重发展以下四个方面技术：

——现代设计技术。重点发展和推广计算机辅助设计技术、工业设计技术，同时研究并行工程在设计中的应用。

——先进制造工艺和装备。重点发展优质、高效、低耗、无污染或少污染基础工艺与装备，并以汽车规模生产为代表，开发一批高水平的制造装备和生产线。

——综合自动化技术。主要发展自动化单元技术、联线技术和数控技术。选择若干企业，开展计算机集成制造应用示范。

——现代管理技术。发展和应用适合国情的新的生产方式、组织体制和合理化管理工程。

结合“企业技术进步示范工程”，重点推广CAD、CAM、MIS、新工艺和装备等一批成熟的技术，形成推广网络。“工艺突破口”工作应持之以恒，在抓好工艺纪律、工艺管理的同时，逐步把重点转向推广先进制造技术。

六、深化科技体制改革，构筑科技新体系

16.构筑科技新体系。通过对现有研究开发机构的结构调整和人才分流，构筑一个适应社会主义市场经济的企业主体型的机械、汽车工业科技新体系。该体系主要由大企业的技术中心、国家或行业的研究基地、高等院校的科研机构和社会化的技术支持体系组成。大企业的技术中心主要从事产品和制造技术的研究开发；国家或行业的研究基地主要承担共性基础技术及高技术研究开发；高等院校的科研机构主要进行基础性研究；社会化的技术支持体系主要开展技术咨询、检测、开发、推广、培训、信息服务、企业诊断等项活动。

17.多数部属产品开发类研究所改革的主导方向是进入有雄厚实力的大企业集团。产品开发类研究所不能长期游离于企业之外。以多种形式进入大企业，充实企业的技术开发与竞争力量，并为形成具有雄厚经济与技术实力、能参与国际竞争的大企业集团作出贡献，是产品开发类研究所改革的主导方向。这也是大企业自身发展的迫切需要。

在当前情况下，研究所继续抓好科技成果产业化是现实的需要。在产业化进程中，要主动发展与企业的合作关系；要“稳住”与自身发展至关重要的专业技术领域；要按照“立足产业化、迈向大集团”的思路，认真规划自身发展，积极推进迈向大企业集团的进程。可以直接进入企业集团；可以与相关的企业共同组建大企业集团；也可以发展成为大型高技术企业集团。

18.建立大企业的技术中心。企业技术中心的建立必须充分利用现有条件。可以对企业原有技术开发机构进行重组，充实必要的试验测试手段，逐步形成；可以吸收产品开发类研究所进入与企业技术开发力量相结合，共同组建；可以与高等院校、研究院所建立长期、稳定的技术合作关系，联合建立。技术中心的运行，要积极探索“产学研”结合的途径，采取多种联合方式，解决企业存在的技术关键问题。

19.建立国家和行业的研究基地，稳住一支少而精的研究力量。“稳住”的主要部分是以若干研究所和高等院校的一批优势专业为基础，加强综合与集成，组建先进制造技术、汽车、生态农业工程装备、能源装备等研究机构，由国家和行业通过经费支持、重点项目安排、政策扶持等方式切实予以保证；对标准、信息、软科学等公益性研究，也要采取不同形式稳住一支精干的队伍。

20.健全高等院校的科研机构。设有机械、汽车有关专业的高等院校应结合教学工作，充分发挥现有人才和设备的潜力，在基础性研究和培养科研人才方面发挥重要作用。

21.建立社会化的技术支持体系。机械、汽车工业的发展需要技术服务体系的支持，特别是10万家中小企业。为此要建立、健全包括生产力促进中心、行业技术开发中心、地方机械研究所等一批技术服务、技术中介、技术推广机构组成的网络化科技服务产业，从事技术咨询、检测、开发、推广、培训、信息服务、企业诊断等项活动。

设计院应加快向企业化的工程公司过渡，成为社会化的技术支持体系的重要组成部分。

七、以人为本，实施人才工程，造就兴业人才

22.组织实施“跨世纪人才工程”。其目的是培养造就一支能适应国内外市场竞争需要、具有奉献精神、跨世纪的高水平管理干部、科技专家和高技能工人队伍。特别要重视造就一支具有专业知识、掌握先进管理方法、通晓现代企业运行、在市场经济中擅长开拓、创新、具有良好个人品质的优秀企业家队伍。

按照公开、平等、竞争、择优的原则，建立能上、能下、能进、能出的用人机制，鼓励不同层次的人才在各自的岗位上开拓进取。对作出突出贡献者，要给予必要的精神和物质奖励，同时要提倡发扬敬业和奉献精神。

为确保"跨世纪人才工程"的顺利实施，设立"机械工业人才基金"。

23.发挥部属高校培养高级专门人才基地的作用。部属高校要不断提高人才培养的质量和数量，重点发展机械、汽车工业急需的新兴学科。本着"减少专业、拓宽基础、柔性设置"的原则，加快专业、学科的调整与改造；积极、稳妥地实施部属高校的管理体制改革，调整布局，推进产学合作和部省联合办学；重视学生素质和能力的培养，增强培养高层次人才的能力；建立符合市场经济、社会发展和行业振兴需要、符合高等教育规律的新的运行机制。

24.提高企业素质关键在教育。通过100家大中型企业和企业集团的职工教育改革试点，促进企业建立与现代企业制度相适应的职工教育、培训制度；对职工教育要加大投入，充实师资力量，加强各级培训基地建设，在全行业建立较完整的职工培训体系；确立行业为主导，企业为主体的企业自主办学体制，按照注重实效、学以致用的原则，有计划地开展各层次人才的继续教育和岗位培训；坚持职业技能培训和职业道德教育并重，规范性培训和适应性培训并重，全面提高职工队伍的科技、文化素质。

25.大力发展职业技术教育。职业技术教育要紧密联系生产，推行"教学—技术服务—生产实践"三结合的教育模式。逐步实现通用技术工种"变招工为招生"，对其他工种人员的补充、转岗、换岗，也要贯彻"先培训，后上岗"的原则；完善配套政策，形成"培训—使用—待遇"相结合的激励机制；继续完善各类岗位规范和技能鉴定规范，通过推行职业资格证书制度，形成一整套完整、科学的考核评定体系。

八、多层次、多渠道增加科技和教育投入

26.鼓励企业增加投入。运用政策手段和经济杠杆，引导、鼓励企业逐步增加科技和教育投入，并使其成为投入的主体。到2000年，大中型企业技术开发经费占销售额的比例不低于3%。企业用于职工教育的费用应在确保占工资总额1.5%的基础上，逐步达到2%。

27.确保政府有效的投入。充分利用国家计划的投入，集中用于解决影响机械、汽车工业振兴的关键技术及重大技术装备的开发和产业化，着力解决教育发展中的重要问题。

机械工业技术发展基金主要用于解决行业共性基础技术、发展先进制造技术和支持高技术产业化。同时要积极探索基金增值的途径，保持基金支持的连续性。

各级地方政府应根据机械、汽车工业振兴纲要，机械、汽车工业"九五"科技发展计划及教育发展计划，结合本地区的优势和发展需要，重点进行投入。

九、加强国际合作与交流

28.扩大国际科技合作与交流，促进企业、科研单位和高等院校走向国际市场。继续多层次、多渠道、多形式、全方位地开展国际科技合作与交流。围绕机械、汽车工业关键技术，开拓双边和多边政府间的合作渠道。充分发挥协会、学会等民间科技团体的作用，支持民间对外科技活动。

鼓励建立中外合资、合作的研究开发机构。

继续努力扩大机电产品出口，提高出口产品的档次和技术含量，逐步加大技术出口、成套装备出口所占的比重。

进一步做好授予研究院所、高等院校对外经贸经营权的试点工作，逐步扩大授予经营权的单位。通过扶持、引导及自身的努力，加速试点单位实现科技成果产业化，走向国际市场。

29.做好派出培训与引进人才工作。坚持"按需派遣、保证质量、学用一致"的原则，制订系统的境外培训、进修计划，培养一批具有现代决策观念、掌握先进管理方法及先进科学技术的高级管理人才和技术骨干。

按照"保证重点，按需聘请，长短结合，以短为主"的原则，与专项技术紧密结合，利用有限的经费，以咨询、管理、讲学及合作研究等多种方式积极引进国外智力。

十、加强对科技和教育工作的领导，建立科技工作的联动保证体系

30.加强领导，建立联动体系。机械、汽车工业各级主管部门及企业的领导班子必须把抓科技进步和教育摆到重要的议事日程，建立"例会制度"，专题研究科技和教育工作，切实解决困扰科技进步和劳动者素质提高的重大问题，并把科教兴业纳入任期目标，常抓不懈。一把手要亲自抓"第一生产力"，努力学习现代科学技术知识，增强科技意识，善于用科学的态度、思想和方法处理问题。在重大科技问题上要充分征求专家的意见，实现决策的科学化、民主化。

科教兴业涉及研究开发、技术引进、成果推广、基地建设、技术改造、教育与培训、国际合作、管理现代化、体制改革等环节，各职能部门必须注重它们之间的衔接。要针对科教兴业的五项重点任务，在行业、部门、地区、企业之间取得共识，采取共同行动，形成联动体系，优化配置有限的资源。

为加强对科技工作的宏观决策与管理协调，决定成立机械工业部科技领导小组。各级主管部门也要以有效的形式落实对科技工作的组织保证。

〔机械工业"三大战役"部分责任编辑：张友鹤〕

1996年机械工业部系统大中型企业工业经济效益综合指数指标排序

机械工业部生产与信息统计司根据1996年机械工业部系统的2 927个大中型企业的年报资料，选择了137个小行业，进行效益指标排序，以反映机械工业各行业及较好企业的水平。本《年鉴》选择工业经济效益综合指数(单位为%)排序资料予以刊登。根据各行业内的企业数量多少，而选择排序的企业数量。

工业经济效益综合指数排序　　(单位：%)

排序	名称	指数	排序	名称	指数
	全国机械工业平均水平	**85.06**	7	武进电机厂	177.89
一	**农业机械工业行业**	**97.95**	8	沾化县机械厂	164.02
	大中型拖拉机制造业	**105.12**	9	地方国营辉南钢圈厂	161.30
1	宁波中策拖拉机汽车有限公司	277.85	10	浙江永活股份有限公司	153.84
2	上海拖拉机内燃机公司	170.64		**机引耕作农具制造业**	**110.29**
3	中国第一拖拉机工程机械公司	131.02	1	山东华日集团总公司	306.33
4	山东潍坊拖拉机厂	119.14	2	德州农机厂	151.97
5	山东拖拉机厂	117.44	3	佳木斯北方机械有限公司	91.36
6	淮阴拖拉机集团公司	64.94	4	河北省保定农机厂	83.11
7	安徽拖拉机厂	55.68	5	公主岭市播种机厂	80.30
8	长春拖拉机制造厂	48.91	6	禹城机械厂	79.61
9	哈尔滨拖拉机厂	42.99	7	延吉市插秧机制造厂	79.59
10	天津拖拉机制造有限公司	42.86	8	石家庄市农业机械厂	72.28
	小型拖拉机制造业	**90.79**	9	太仓农机修造一厂	71.72
1	安徽六安手扶拖拉机厂	302.62	10	徐州农业机械厂	62.42
2	开封机械厂	263.33		**机动植保机械制造业**	**169.15**
3	安徽省全椒手扶拖拉机厂	224.90	1	苏州农业药械厂	243.52
4	河南省燎原集团公司	221.00	2	临沂农业药械厂	223.57
5	新乡市第一拖拉机厂	180.12	3	北汽福田车辆股份公司怀柔车辆厂	97.38
6	山东手扶拖拉机制造厂	174.77	4	浙江今飞机械集团有限公司	86.91
7	东风农机集团公司	169.82		**收获机械制造业**	**71.86**
8	浙江四方集团公司	166.72	1	舞阳惠方集团公司	247.91
9	聊城拖拉机厂	165.02	2	南通农业机械总厂	236.29
10	德州拖拉机厂	158.41	3	桂林联合收割机总厂	216.57
	内燃机制造业	**108.39**	4	新疆联合机械集团公司	103.47
1	常柴股份有限公司	351.77	5	牟平收获机械制造厂	94.62
2	武进柴油机厂	295.93	6	湖北省仙桃市机械厂	81.44
3	中国一汽集团公司无锡柴油机厂	286.50	7	河北收割机厂	44.61
4	上海柴油机股份有限公司	257.47	8	四平联合收割机总厂	35.72
5	云南内燃机厂	239.63	9	北京联合收割机发展集团	35.47
6	泰安柴油机厂	231.03	10	佳木斯联合收割机厂	6.90
7	四川内燃机工业集团公司	219.52		**场上作业机械制造业**	**135.66**
8	宁波三环动力机械有限公司	206.05	1	临颖县机械厂	252.35
9	成都开维内燃机有限公司	205.86	2	曲阜活塞厂	120.66
10	郑州金牛(集团)股份有限公司	204.03	3	内乡县机械厂	85.00
	拖拉机、内燃机配件制造业	**72.99**	4	高密市农业机械厂	82.32
1	顺德市实力金属制品有限公司	239.55		**农副产品加工机械制造业**	**124.50**
2	无棣机械股份有限公司	222.45	1	郯城精华机械(集团)股份有限公司	309.67
3	山东九羊企业集团总公司	200.05	2	乐陵机械厂	130.91
4	文登天润曲轴有限公司	185.935	3	河南企鹅集团有限公司	122.36
5	上虞动力机厂	185.11	4	云南茶叶机械厂	91.17
6	仪征活塞环厂	183.67	5	鱼台机械制造厂	89.12

（续）

排序	名称	指数	排序	名称	指数
6	邯郸棉花机械厂	85.34	10	项城市机械厂	110.22
7	山东面粉机械厂	78.50		**农机齿轮制造业**	**85.92**
8	天津市静海机械工业公司	73.23	1	常州齿轮厂	247.93
9	东阿县机械厂	—0.43	2	武进金城齿轮有限责任公司	203.37
	农业运输机械制造业	**144.67**	3	安阳齿轮厂	175.00
1	山东黑豹股份有限公司	506.38	4	扬州市第一汽车齿轮厂	169.23
2	高唐县时风机械集团总公司	422.62	5	皖南光明(集团)有限责任公司	155.19
3	广平县机械厂	379.27	6	安徽省东至齿轮厂	148.85
4	安徽省宁国县甲路通用机械厂	372.14	7	龙泉市齿轮厂	127.48
5	山东巨力(集团)股份有限公司	366.00	8	兴化齿轮厂	124.29
6	山东省寿光市聚宝农用车辆总厂	337.42	9	建瓯齿轮厂	116.02
7	安徽飞彩集团	291.94	10	南皮县齿轮总厂	115.62
8	南京金蛙集团有限公司	275.13		**水利机械制造业**	**—37.09**
9	聊城运输机械厂	218.40	1	黄骅市五一机械厂	108.07
10	宜宾车辆厂	216.79	2	廉江市机械厂	—236.75
	排灌机械制造业	**87.71**		**粮油工业专用设备制造业**	**123.02**
1	山东省肥城市农机厂	124.21	1	四川青江机器股份有限公司	203.18
2	平江潜水电泵厂	108.09	2	南阳光辉机械厂	199.26
3	衡阳市湘南电机厂	82.99	3	赞皇县机械厂	177.49
4	河北省霸州市钻井机械厂	64.89	4	沈丘县机械厂	79.29
	畜牧机械制造业	**54.88**	5	安徽省五河县机械厂	76.32
1	文登市农业机械厂	158.07	6	南皮县机械厂	68.49
2	德清县机械厂	89.70	7	常德中兴机械厂	51.27
3	上海浦东电工电器公司	78.34	8	吉林市机械厂	48.21
4	青海农牧机械厂	73.59	9	吴川市机械集团公司	9.48
5	大同农牧机械厂	70.29		**饲料工业专用设备制造业**	**66.02**
6	山东省五莲县农牧机械厂	43.52	1	广东华达集团有限公司	86.44
7	阿坝州牧业机械厂	21.19	2	简阳县机械厂	56.67
8	海拉尔牧业机械总厂	10.22		**营林机械制造业**	**60.77**
9	青岛大华机器厂	—36.68	1	漯河林业机械厂	60.77
10	内蒙古动力机厂	—109.39		**其他农林牧渔业机械制造业**	**61.68**
	半机械化农机具制造业	**70.04**	1	张家港市渔业机械厂	234.03
1	山东省济宁市车辆厂	199.12	2	广东省番禺市瑞峰机电总厂	203.70
2	五莲县减震器股份有限公司	169.82	3	泰安试验设备股份有限公司	130.81
3	盐城风驰集团有限公司	96.68	4	台山市新丰企业集团公司	118.29
4	南阳市宏大机械厂	74.75	5	中原轧辊厂	112.17
5	南阳康远机器总厂	45.53	6	阳江市链轮厂	83.25
6	信阳市豫南机械总厂	34.97	7	大连船用齿轮箱厂	78.92
7	奎屯机械厂	9.00	8	商丘车辆总厂	78.79
8	湖北省襄樊市车辆总厂	—16.36	9	地方国营普陀机械厂	43.66
9	邢台车辆厂	—21.57	10	云南金马农用车制造总厂	28.09
	农业泵制造业	**102.89**	**二**	**工程机械工业行业**	**69.25**
1	浙江丰球集团公司	350.84		**挖掘机制造业**	**38.60**
2	南京制泵集团股份有限公司	203.76	1	国营长林机械厂	72.81
3	日照机械(集团)股份有限公司	198.09	2	合肥矿山机器厂	72.09
4	山东双轮集团有限公司	191.57	3	贵阳矿山机器厂	65.07
5	杭州钱江水泵厂	157.35	4	北京建筑机械厂	9.08
6	泰州潜水电泵厂	147.50	5	抚顺挖掘机制造厂	—3.03
7	石家庄市潜水电泵厂	147.16		**压路机制造业**	**38.22**
8	杭州水泵总厂	131.15	1	三明重型机器厂	38.22
9	四川三台泵业有限公司	116.78		**推土机制造业**	**53.94**

（续）

排序	名　　称	指　数
1	宣化工程机械厂	98.24
2	山东推土机总厂	81.37
3	黄河工程机械厂	76.01
4	湖北咸宁工程机械厂	50.96
5	鞍山第一工程机械股份有限公司	50.59
6	彭浦机器厂	33.05
7	青海工程机械厂	－20.26
8	吉林省和龙机器厂	－78.65
	工程起重机械制造业	**60.61**
1	四平华银(集团)股份有限公司	97.63
2	徐州工程机械集团有限公司	89.41
3	湖南省浦沅集团有限公司	61.07
4	北京起重机器厂	50.05
5	安徽省蚌埠安利机器厂	47.99
6	四川长江工程机械集团有限公司	43.31
7	泰安起重机械厂	25.04
8	抚顺市起重机总厂	14.95
9	锦州重型机械厂	5.48
10	泰安专用汽车制造厂	－7.82
	叉车制造业	**94.25**
1	安徽叉车集团公司	152.53
2	山东光明机器厂	123.64
3	湖南叉车实业股份有限公司	106.22
4	杭州叉车总厂	99.86
5	大连叉车总厂	93.87
6	厦门海德总公司	89.16
7	江苏靖江工程机械集团公司	75.87
8	上海叉车厂	65.94
9	锦州叉车总厂	55.92
10	衡阳市电瓶车总厂	53.54
	风动工具制造业	**56.49**
1	宜春风动工具厂	97.29
2	沈阳风动工具厂	80.43
3	通化市风动工具厂	54.83
4	湘潭风动机械厂	4.97
5	南京华瑞工程机械有限公司	－6.15
	凿岩机制造业	**34.29**
1	浙江开山股份有限公司	97.72
2	天水风动工具厂	66.31
3	宣化采掘机械厂	－71.18
	其它建筑机械制造业	**96.25**
1	厦门工程机械股份有限公司	249.42
2	临沂工程机械股份有限公司	195.67
3	山东工程机械厂	191.59
4	宜春工程机械股份有限公司	123.90
5	新河钻机厂	122.24
6	河北省东光县第一机械厂	118.76
7	柳州市建筑机械总厂	117.47
8	柳州工程机械企业集团公司	110.68
9	广元市机械集团有限公司	102.71
10	山东肥城车桥厂	93.29

排序	名　　称	指　数
三	**仪器仪表工业行业**	**14.92**
	工业自动化仪表制造业	**76.19**
1	承德热河克罗尼仪表有限公司	560.41
2	上海罗斯蒙特有限公司	441.52
3	北京远东仪表公司	298.35
4	上海横河电机有限公司	279.87
5	温州海米特集团公司	233.09
6	上海·福克斯波罗有限公司	204.04
7	安徽省天长市仪表厂	187.72
8	鞍山热工仪表集团	153.46
9	宁波水表厂	109.59
10	丹东热工仪表厂	108.03
	电工仪器、仪表制造业	**76.38**
1	宁波三星集团股份有限公司	292.79
2	华立集团有限公司	199.16
3	湖北荆沙市电工仪器仪表工业公司	149.10
4	青岛电度表厂	143.11
5	上海精密科学仪器有限公司	127.48
6	无锡威达电工仪表有限公司	120.30
7	上海电度表厂	101.51
8	河南省金雀电气(集团)有限公司	98.21
9	上海市仪表(集团)公司	94.53
10	天津三达电器有限公司	88.79
	分析仪器制造业	**46.95**
1	佛山分析仪器厂	76.37
2	高密分析仪器厂	56.00
3	南京分析仪器厂	50.70
4	北京分析仪器厂	33.46
5	沈阳分析仪器厂	－38.28
	光学仪器制造业	**72.31**
1	苏州第一光学仪器厂	159.71
2	北京光学仪器厂	122.39
3	重庆光电仪器总公司	97.50
4	梧州市光学仪器厂	96.44
5	江西光学仪器总厂	94.53
6	南京江南光电集团股份有限公司	83.00
7	北京瑞利分析仪器公司	61.77
8	天津市光学仪器厂	33.05
9	长春第一光学仪器厂	19.50
10	上海光学仪器四厂	14.32
	试验机制造业	**16.22**
1	济南试验机制造总公司(集团)	96.72
2	苏州试验仪器总厂	75.65
3	莱州试验机总厂	72.89
4	上海申克试验机有限公司	56.51
5	广州试验仪器厂	54.79
6	浙江竟远机械设备有限公司	－5.95
7	营口仪器厂	－11.67
8	天水红山试验机厂	－19.37
9	宁夏青山试验机厂	－30.11
10	长春试验机集团公司	－48.00

（续）

排序	名　　称	指　数	排序	名　　称	指　数
	实验室仪器及装置制造业	**507.44**	1	天津华狮汽车仪表有限公司	68.46
1	春兰(集团)公司	716.87	2	上海易初日精有限公司	－2.94
2	淄博空调风机股份有限公司	85.78	3	上海福电汽车电子有限公司	－513.54
3	湖南仪器仪表总厂	－14.24		**其他仪器仪表计量器具制造业**	**99.12**
	电影机械制造业	**36.98**	1	苏州三光集团公司	233.71
1	山东电影机械厂	106.29	2	扬州市曙光波纹管厂	227.67
2	哈尔滨电影机械厂	59.57	3	江苏百新集团有限公司	192.78
3	天津市中环影像设备公司	32.30	4	无锡市模具厂	167.26
4	甘肃光学仪器工业公司	－1.58	5	南京仪机股份有限公司	67.22
	照相机及器材制造业	**30.21**	6	临朐县通达机械股份有限公司	61.36
1	天津三星光电子有限公司	143.29	7	四川川仪责任有限公司	58.93
2	上海海鸥照相机厂	38.69	8	天津市建筑仪器试验机公司	－22.83
3	上海海鸥照相机有限公司(实体)	36.47	9	辽阳精密仪表厂	－47.00
4	天津市照相机公司	36.38	四	**石油化工机械工业行业**	**84.67**
5	上海美能达光学仪器有限公司	19.77		**石油工业专用设备制造业**	**33.53**
6	北京市照相机总厂	10.42	1	金湖机械厂	173.40
7	青岛照相机总厂	－134.40	2	濮阳铸钢厂	110.68
8	广州照相机厂	－169.78	3	吉林省大安石油机械厂	106.42
	光学玻璃制造业	**84.61**	4	中国通化石油工具股份有限公司	97.59
1	上海新沪玻璃厂	84.61	5	连云港石油化工机械总厂	91.01
	幻灯机及投影仪制造业	**57.51**	6	抚顺机械厂	89.27
1	南京电影机械厂	59.24	7	广饶石油机械股份有限公司	87.28
2	郑州照相机厂	53.55	8	上海轻工机械股份有限公司	86.65
	复印机制造业	**171.21**	9	通化市石油化工机械厂	81.51
1	上海施乐复印机有限公司	426.33	10	泰兴石油机械厂	65.99
2	营口复印机有限公司	184.61		**化工与化纤设备制造业**	**22.08**
3	广州复印机厂	175.29	1	云南化工机械厂	413.48
4	广东世联实业(集团)公司	133.15	2	兰州长征机械厂	79.08
5	天津市复印设备公司	46.94	3	苏州化工机械厂	75.33
	其他文化办公用机械制造业	**85.16**	4	新乡利民机械工业公司	59.10
1	上海申贝办公机械总公司(实体)	121.71	5	青岛通用机械厂	52.0
2	上海普发绘图仪器总厂	76.78	6	安徽省合肥化工机械厂	44.03
3	上海打字机厂	－10.42	7	金州重型机器厂	23.19
	专用仪器仪表元器件制造业	**85.64**	8	北京金属结构厂	14.08
1	苏州晶体元件厂	325.58	9	自贡市高压容器厂	－3.19
2	苏州仪表元件厂	151.98	10	昆山东方机器制造公司	－4.48
3	湖北省襄樊市仪表元件厂	115.16		**印刷工业专用设备制造业**	**69.05**
4	扬州机床厂	102.66	1	上海亚华印刷机械有限公司	264.67
5	天津天力有限公司	90.05	2	上海申威达机械有限公司	199.64
6	上海合金厂	85.73	3	威海市印刷机械厂	199.53
7	上海爱普生磁性器件有限公司	27.62	4	上海罗克韦尔图文系统有限公司	168.40
8	杭州仪表元件厂	－37.40	5	唐山玉印(集团)公司	167.52
9	国营青岛磁钢厂	－86.24	6	上海紫光机械有限公司	142.85
	衡器制造业	**40.28**	7	上海第二印刷机械厂	115.24
1	营口市仪器三厂	72.58	8	景德镇市印刷机械有限公司	104.47
2	承德市自动化计量仪器厂	26.27	9	温州印刷机械厂	82.79
	气象、海洋、水文、天文测量仪器业	**－29.57**	10	江苏泰仪集团公司	76.35
1	长春气象仪器厂	－29.57		**环境保护机械制造业**	**137.58**
	医疗器械制造业	**172.99**	1	浙江华宝实业公司	294.46
1	广东威达医疗器械(集团)公司	172.99	2	浙江天洁机械集团有限公司	291.24
	汽车仪器仪表制造业	**－14.41**	3	浙江菲达机电集团有限公司	106.20

（续）

排序	名　　称	指　数	排序	名　　称	指　数
4	湖北环保集团股份有限公司	103.91	1	浙江风机风冷设备公司	357.91
5	唐山清源环保机械公司	98.02	2	四平金丰股份有限公司	149.95
6	湘乡机械厂	87.55	3	上海鼓风机厂	145.20
7	潍坊环保设备厂	51.50	4	石家庄市风机厂	122.07
8	辽宁环宇除尘设备集团有限公司	48.61	5	章丘鼓风机厂	108.51
9	淄博环保设备厂	34.28	6	沈阳鼓风机厂	104.63
	冷冻设备制造业	**157.00**	7	北京风机二厂	96.66
1	上海合众－开利空调设备有限公司	1764.24	8	天津市鼓风机总厂	93.39
2	上海通惠—开利空调设备有限公司	827.92	9	长沙鼓风机厂	92.69
3	上海哈格诺克冷气机有限公司	421.87	10	济南风机厂	89.24
4	上海第一冷冻机厂	338.94		**真空获得及应用设备制造业**	**89.59**
5	浙江联丰集团	248.63	1	上海真空泵厂	142.59
6	浙江春晖集团公司	243.82	2	浙江真空设备集团有限公司	136.86
7	扎努西电气机械天津压缩机公司	178.04	3	广东真空设备厂股份有限公司	132.41
8	广州冷冻机厂	170.68	4	北京仪器厂	74.42
9	浙江省三花集团公司	161.01	5	兰州真空设备厂	73.16
10	上海冷气机厂	158.53	6	淄博真空设备厂	69.80
	气体压缩机制造业	**80.84**	7	抚顺真空设备厂	51.98
1	上海英格索兰压缩机有限公司	605.56	8	上海曙光机械制造厂	44.94
2	余姚通用集团公司	249.88		**橡胶工业专用设备制造业**	**76.67**
3	广州空气压缩机厂	106.75	1	大连橡胶塑料机械厂	97.70
4	开封空分设备厂	106.00	2	三明化工机械厂	67.84
5	南京压缩机股份有限公司	103.10	3	四川亚西机器厂	49.65
6	南京华冠压缩机有限公司	96.78		**塑料工业专用设备制造业**	**300.25**
7	上海压缩机有限公司	88.36	1	宁波海天塑料机械有限公司	475.78
8	上海东方压缩机厂	83.27	2	顺德市震德塑料机械厂有限公司	448.46
9	常熟机械总厂	74.66	3	东华机械有限公司	323.92
10	烟台蓝星压缩机有限责任公司	64.36	4	张家港维达机械集团公司	207.32
	气体分离设备制造业	**52.53**	5	大连橡胶塑料机械厂工业公司	66.35
1	吴县苏州制氧机厂	101.75	6	上海亿利达塑料机械有限公司	…
2	无锡压缩机股份有限公司	94.13		**高中压阀门制造业**	**60.41**
3	杭州制氧机集团公司	83.96	1	上海耐莱斯－詹姆斯阀门有限公司	211.88
4	四川空气分离设备厂	77.09	2	浙江高中压阀门厂	115.84
5	江西制氧机厂	65.81	3	天津市阀门公司	103.79
6	重庆气体压缩机厂	65.16	4	上海良工阀门厂	103.75
7	江西气体压缩机厂	58.41	5	上海阀门二厂	98.70
8	哈尔滨制氧机厂	49.64	6	上海良工开维喜阀门有限公司	95.72
9	自贡机械一厂	－17.59	7	南通市电站阀门厂	89.90
10	邯郸制氧机厂	**－32.29**	8	杭州华惠阀门有限公司	88.92
	工业泵制造业	**67.02**	9	上海阀门厂	82.51
1	安徽省宁国县工业泵厂	153.90	10	西安高压阀门厂	77.42
2	上海第一水泵厂	149.07		**低压阀门制造业**	**76.12**
3	佛山水泵厂	133.74	1	石家庄市阀门三厂	201.16
4	重庆水泵厂	104.03	2	天津塘沽瓦特斯阀门有限公司	190.22
5	昆明市水泵厂	103.43	3	长沙市阀门厂	147.42
6	石家庄水泵厂	99.53	4	上海阀门五厂	139.81
7	开平市开平机械厂	99.17	5	安徽省和县宏大集团公司	118.18
8	天津市工业泵总厂	94.41	6	山东益都阀门股份有限公司	89.40
9	长沙水泵厂	91.85	7	鞍山阀门总厂	66.25
10	博山水泵厂	85.36	8	阳泉阀门股份有限公司	63.61
	风机制造业	**96.71**	9	周口阀门厂	53.63

（续）

排序	名称	指数	排序	名称	指数
10	辽宁省铁岭阀门厂	52.18	1	宁波中元股份有限公司	163.81
	金属结构制造业	**175.47**	2	陕西压延设备厂	97.36
1	廊坊市巨龙工业总公司	186.20	3	江阴鸿澄机械有限公司	96.15
2	大连新威模板制品有限公司	159.28	4	大重集团公司	87.51
	其它通用设备制造业	**59.53**	5	泊头市焦化设备成套总厂	84.13
1	舒兰市通用机械厂	183.15	6	第二重型机械集团公司	81.38
2	铁岭精工集团股份有限公司	171.05	7	第一重型机械集团公司	75.51
3	江苏希达空调净化设备总公司	119.53	8	邯郸轧钢备件厂	72.50
4	上海化工机械厂	96.47	9	巨鹿纺织机械厂	58.65
5	四川江北机械厂	77.42	10	沙河冶金机械厂	57.51
6	无锡市通用机械厂	77.18	**六**	**机床工具工业行业**	**53.65**
7	北京空调器厂	72.90		**金属切削机床制造业**	**45.19**
8	太原五一机器厂	60.98	1	新乡机床厂	160.98
9	湘潭市离心机厂	57.22	2	宁夏长城须崎机床铸造有限公司	128.48
10	上海大隆机器厂	52.62	3	宝鸡机床厂	122.55
五	**重型机械工业行业**	**58.19**	4	秦川机床集团有限公司	115.78
	矿山设备制造业	**46.47**	5	南京第二机床厂	107.34
1	张家港凌虹集团公司	258.39	6	上海江宁机床厂	106.71
2	石首市振兴矿山机械有限责任公司	223.45	7	江苏省泰兴机床总厂	105.80
3	南通市矿山机械厂	192.67	8	上海第四机床厂	102.71
4	上海建设·路桥机械设备有限公司	188.12	9	无锡机床股份有限公司	102.43
5	山东矿山机械厂	148.00	10	安徽省皖南机床厂	99.19
6	浙江矿山机械总厂	134.51		**锻压设备制造业**	**66.83**
7	绍兴矿山机械厂	127.74	1	佛山市康思达液压机械总公司	150.49
8	四川天力机械集团公司	119.24	2	浙江双力集团有限公司	138.33
9	信宜市矿山机械厂	117.58	3	江阴机械厂	111.01
10	上海冶金矿山机械厂	112.69	4	黄石锻压机床(集团)公司	109.81
	起重运输设备制造业	**72.54**	5	浙江锻压机械集团有限公司	109.22
1	常熟千斤顶厂	306.34	6	上海冲剪机床厂	106.24
2	山东起重机厂	204.93	7	上海达力机械设备有限公司	104.36
3	古方机械厂	192.16	8	广东锻压机床厂	103.06
4	湖北宜都运输机械厂	159.35	9	泰安华鲁机械有限公司	100.35
5	江西樟树起重机械厂	143.97	10	上海锻压机床厂	98.22
6	台山市机械厂	139.31		**铸造机械制造业**	**56.00**
7	杭州武林机器厂	138.52	1	青岛华青铸造机械有限公司	226.84
8	原平起重运输机械总厂	119.83	2	上海压铸机厂	130.33
9	江苏三马起重机械制造公司	119.61	3	苏州铸造机械厂	90.86
10	上海起重运输机械厂	119.28	4	青岛铸造机械集团公司	64.51
	工矿车辆制造业	**51.17**	5	蚌埠隆华机器厂	60.42
1	常州工矿电机车厂	98.15	6	灌南县压铸机厂	58.79
2	秦皇岛市机车车辆厂	52.06	7	漯河铸造机械厂	43.84
3	石家庄市动力机械厂	6.32	8	河北省保定铸造机械厂	23.60
	减速机械制造业	**79.75**	9	阜新压铸机厂	−15.29
1	江苏泰隆减速机(集团)公司	159.45	10	天水铸造机械总厂	−64.75
2	天津市减速机总厂	91.27		**木工机械制造业**	**107.84**
3	济南引力股份有限公司	79.98	1	信阳木工机械厂	199.90
4	上海减速机械厂	68.91	2	牡丹江木工机械厂	153.02
5	马鞍山市传动机械厂	67.47	3	文登市通用机床厂	110.88
6	太原重型减速机厂	54.68	4	沈阳带锯机床厂	52.26
7	沈阳变速机械总厂	34.06	5	四川省岷江林业机械厂	−37.64
	冶金工业专用设备制造业	**61.13**		**台钻、砂轮机及抛光机制造业**	**76.62**

（续）

排序	名　　称	指　数	排序	名　　称	指　数
1	安徽省黄山台钻厂	104.88	2	四砂股份有限公司	144.33
2	杭州西湖台钻总厂	96.97	3	苏州远东砂轮有限公司	119.77
3	临沂金星机床股份有限公司	71.62	4	郑州白鸽(集团)股份有限公司	108.53
4	江苏砂轮机厂	57.72	5	新会市砂轮厂	92.30
5	安徽池州家用机床股份有限公司	51.01	6	安徽省合肥砂轮厂	88.35
	机床电器制造业	**58.04**	7	梅河口市砂轮特耐公司	85.88
1	天津市机床电器总厂	108.61	8	上海砂轮厂	73.34
2	天水二一三机床电器厂	100.61	9	天津市砂轮厂	68.80
3	桂林机床电器厂	99.64	10	牡丹江磨料磨具工业公司	68.08
4	无锡市机床电器厂	88.47		**机床配件制造业**	**71.03**
5	沈阳二一三机床电器厂	85.18	1	株洲市机床齿轮厂	93.34
6	苏州机床电器厂	74.39	2	汉江机床厂昆山联营厂	82.90
7	北京第一机床电器厂	66.90	3	南京工艺装备制造厂	71.49
8	苏州西门子电器有限公司	46.90	4	济宁丝杠厂	57.01
9	北京第一机床电器厂	44.53		**其他金属加工机械制造业**	**62.92**
10	江西机床电器厂	37.26	1	阜新市压力容器管道公司	102.43
	机床附件制造业	**69.13**	2	威海市量具总厂	80.87
1	山东机床附件总厂	127.24	3	青海山川铸造铁合金集团有限公司	75.43
2	烟台第二机床附件厂	108.89	4	上海富安工厂自动化有限公司	－19.99
3	上海机床附件一厂	91.52	5	青海机床锻造厂	－95.55
4	平原机械厂	82.66	七	**电工电器工业行业**	**76.89**
5	呼和浩特机床附件厂	82.25		**锅炉制造业**	**64.95**
6	瓦房店机床附件厂	80.91	1	临沂锅炉厂	139.00
7	烟台机床附件厂	59.83	2	福州锅炉厂	138.85
8	天津市数控机床配套公司	30.01	3	温州金欧集团有限责任公司	119.29
9	南京金宁精密机械总厂	－85.07	4	上海锅炉厂	116.57
10	四平市机床附件厂	－134.88	5	无锡锅炉厂	114.93
	量具量仪制造业	**56.13**	6	杭州富春锅炉容器有限公司	110.91
1	上海量具刃具厂	107.88	7	上海工业锅炉厂	107.02
2	三门峡中原量仪股份有限公司	98.76	8	济南锅炉厂	104.24
3	上海机床附件六厂	81.99	9	广州劲马锅炉实业有限公司	103.17
4	桂林量具刃具厂	68.60	10	长沙锅炉厂	97.59
5	靖江量具有限公司	63.43		**汽轮机制造业**	**77.06**
6	哈尔滨量具刃具厂	47.08	1	杭州汽轮动力集团公司	120.99
7	北京工具厂	43.43	2	上海动力设备有限公司	117.35
8	北京量具厂	43.07	3	青岛捷能动力集团公司	112.69
9	安徽量具刃具厂	31.32	4	上海汽轮机有限公司	105.71
10	衡阳量具刃具总厂	6.85	5	南京汽轮电机厂	97.30
	切削工具制造业	**47.60**	6	无锡叶片厂	67.23
1	上海刃具厂	115.67	7	东方汽轮机厂	62.48
2	上海机械工具量具总公司	113.33	8	哈尔滨汽轮机有限责任公司	42.65
3	上海标准件工具厂	104.85	9	广州劲马动力设备企业集团公司	36.85
4	山东工具总厂	103.88	10	东方汽轮机厂工业公司	26.02
5	廊坊市工具厂	99.03		**水轮机制造业**	**69.72**
6	重庆工具厂	88.64	1	浙江金轮机电实业有限公司	144.15
7	贵阳工具厂	86.34	2	化州双龙水电设备有限公司	102.95
8	山东齿轮箱厂	83.77	3	临海机械厂	88.19
9	常熟量具刃具厂	83.22	4	重庆水轮机厂	66.62
10	汉江工具厂	82.26	5	邵阳水电设备总厂	－30.34
	磨具、磨料制造业	**76.30**		**发电机制造业**	**62.69**
1	第二砂轮厂深圳联合公司	183.06	1	上海汽轮发电机有限公司	228.31

（续）

排序	名　　　称	指　数
2	福建省福发股份有限公司	144.85
3	淄博牵引电机（集团）股份有限公司	119.59
4	临海电机厂	114.56
5	常州牵引电机厂	100.01
6	昆明电机厂	95.70
7	武汉汽轮发电机厂	93.23
8	北京重型电机厂	88.04
9	山东省潍坊市电机一厂	84.88
10	南平电机厂	79.01
	电动机制造业	**63.27**
1	浙江百官机电集团公司	361.99
2	广东省顺德电机厂	203.77
3	河北电机股份有限公司	185.75
4	大厂回族自治县电机厂	177.14
5	诸城市开元电机股份有限公司	168.71
6	东莞电机厂	156.59
7	安徽南华电机集团公司	150.67
8	上海电机（集团）公司人民电机厂	142.64
9	衡水电机股份有限公司	140.25
10	江门电机股份有限公司	121.14
	微电机制造业	**91.16**
1	浙江卧龙集团公司	288.28
2	浙江佳雪微特电机有限公司	252.37
3	广东凌宵机电有限公司	217.97
4	上海电机（集团）公司日用电机厂	148.47
5	鹤山市电机厂	117.17
6	安徽省朝阳微电机厂	90.62
7	沈阳微电机厂	53.89
8	天津市微电机公司	35.55
9	许昌市微型电机厂	25.21
10	唐山电影机械厂	22.97
	电动工具制造业	**93.14**
1	闽日电动工具有限公司	187.92
2	上海日立电动工具有限公司	167.59
3	浙江永康恒丰电器制造公司	134.20
4	保定市电影机械厂	95.39
5	成都欧亚电动工具有限公司	87.79
6	呼和浩特电动工具厂	27.25
7	长春电动工具厂	－32.63
8	石家庄市电动工具厂	－49.03
9	青海电动工具厂	－56.19
10	浙江省永康电动工具厂	**－65.52**
	电工专用设备制造业	**56.45**
1	上海电工机械厂	93.10
2	江西车辆开关厂	64.99
3	芜湖电工机械厂	56.54
4	东工集团公司	51.65
5	阳泉市电工机械厂	45.76
6	沈阳电工机械有限责任公司	10.35
	变压器制造业	**93.45**
1	顺德特种变压器厂	514.25
2	山东省金曼克电气股份有限公司	259.42
3	杭州钱江电气集团有限公司	175.09
4	三门变压器厂	162.01
5	云南变压器厂	155.64
6	青岛变压器（集团）有限公司	148.09
7	南通市变压器厂	144.01
8	江西变电设备总厂	143.82
9	宁波变压器厂	141.73
10	江苏华鹏特种变压器厂	140.72
	电容器制造业	**70.18**
1	锦州电力电容器有限责任公司	132.07
2	无锡市电力电容器厂	111.06
3	中原电力电容器厂	102.41
4	桂林电力电容器总厂	66.72
5	北京电力电容器厂	－25.45
6	丹东电力电容器厂	－41.15
7	南京南华电力电容器有限公司	－55.82
	整流器制造业	**28.96**
1	青岛整流器厂	78.02
2	鞍山市整流器厂	44.73
3	北京椿树整流器厂	31.70
4	北京整流器厂	－17.60
	开关控制设备制造业	**79.07**
1	宁波天安（集团）股份有限公司	262.69
2	宁波华通电器集团公司	244.83
3	温州正泰集团公司	224.78
4	福州第一开关厂	202.11
5	苏州通用电器阿尔斯通开关公司	151.32
6	广州南洋电器厂	148.31
7	泰安高压开关厂	144.30
8	木兰电器设备结构厂	136.49
9	镇江市亚东高压电器厂	133.03
10	四川电器股份有限公司	122.24
	电器设备元件制造业	**57.93**
1	上海 MWB 互感器有限公司	143.02
2	嘉兴电气控制设备厂	132.32
3	佛山市开关厂	118.56
4	三门腾龙电器有限公司	118.24
5	上海电瓷厂	111.25
6	德阳东电电器公司	89.64
7	旅顺船舶电器厂	81.59
8	瓦房店防爆电器厂	76.67
9	天津市电力电子设备公司	73.39
10	苏州电器股份有限公司	72.22
	工业用电炉制造业	**－18.73**
1	哈尔滨松江电炉厂	43.49
2	江西工业电炉厂	36.86
3	上海电机（集团）公司电炉厂	36.55
4	湘潭电机厂电炉厂	－12.30
5	天津市电炉制造总厂	－13.84
6	长春电炉厂	－99.16

(续)

排序	名　　称	指　数	排序	名　　称	指　数
7	济南专用汽车厂	－179.47	2	泰州绝缘材料厂	127.45
	电焊机制造业	**28.83**	3	常州绝缘材料总厂	118.64
1	东营市五星集团公司	142.68	4	山东淄博电瓷股份有限公司	71.45
2	上海电焊机厂	64.28	5	东方绝缘材料股份有限公司	69.27
3	天津市电焊机总厂	57.33	6	衡阳绝缘材料总厂	51.43
4	沈阳电焊机厂	29.65	7	江西明达电力设备股份有限公司	44.32
5	南通电焊机厂	17.36	8	景德镇电瓷电器工业公司	36.27
6	株洲市电焊机厂	－8.02	9	天津市绝缘材料总厂	31.80
7	长春焊机制造厂	－15.49	10	沈阳绝缘材料厂	29.49
8	广东省电焊机厂	－28.96		**蓄电池制造业**	**53.09**
9	成都成华焊接装备总公司	－88.51	1	华北蓄电池集团公司	229.86
	焊条制造业	**59.27**	2	广州蓄电池企业有限公司	158.71
1	天津金燕焊接材料有限公司	237.28	3	绍兴灯塔蓄电池股份有限公司	127.07
2	猴王股份有限公司	146.99	4	天津市蓄电池厂	100.10
3	四川大西洋集团有限责任公司	135.37	5	梧州市蓄电池厂	78.93
4	上海电焊条有限公司(本部)	112.77	6	重庆万里蓄电池股份有限公司	75.56
5	青岛铜材厂	99.60	7	昆明市蓄电池厂	69.61
6	郑州市电焊条厂	95.07	8	沈阳蓄电池厂	66.94
7	株洲电焊条总厂	76.69	9	包头市蓄电池厂	65.65
8	淄博电焊条厂	69.97	10	安徽省淮南蓄电池总厂	57.76
9	天津大桥(集团)公司	59.99		**洗衣机制造业**	**－42.54**
10	南京电焊条厂	55.65	1	云南省洗衣机厂	3.95
	电线电缆制造业	**89.86**	2	广州凤凰电器工业公司	－62.13
1	广东电工有限公司	843.79		**电冰箱制造业**	**204.16**
2	上海瑞侃电缆附件有限公司	577.64	1	科龙集团公司	348.46
3	佛山市中宝电缆厂	264.36	2	景德镇华意电器总公司	169.70
4	青岛电力电线电缆厂	224.12	3	杭州一洲电器有限公司	134.28
5	佛山电缆厂	220.76	4	中国扬子集团有限公司	126.39
6	江苏宝胜集团公司	209.94	5	上海远东冰箱有限公司	8.65
7	山东电缆厂	205.35	6	宁波凤凰电器制冷工业公司	8.44
8	沈阳电缆四分厂	202.65	7	攀枝花市机械厂	4.49
9	西门子电力电缆(天津)有限公司	197.44	8	漳州通用电器总厂	3.01
10	肇庆市电线厂	184.03	9	开封电冰箱厂	－50.29
	工业陶瓷制造业	**45.89**		**电风扇制造业**	**122.79**
1	唐山市高压电瓷厂	87.94	1	吴县防爆电机厂	640.71
2	苏州电瓷厂	80.31	2	番禺市电机总厂	99.60
3	安徽省星球电瓷厂	72.26	3	中国扬子集团有限公司电扇总厂	79.94
4	大连电瓷厂	60.68	4	台山市电热器具厂	51.83
5	甘肃省安口电瓷厂	58.34	5	广州远东风扇厂	44.03
6	抚顺电瓷厂	55.62	6	绍兴电器厂	36.99
7	个旧市高压电瓷厂	55.54	7	上海方塔电扇制造厂	9.31
8	醴陵电瓷厂	44.51	8	台山市日用电器厂	－45.74
9	闽清电瓷总厂	38.08	9	广州电风扇厂	－47.03
10	南京雷电(集团)有限责任公司	33.99	10	广东省三水市机电厂	－147.17
	电工用炭素制品业	**47.87**		**空调器制造业**	**59.91**
1	上海摩根炭制品有限公司	157.30	1	广东省吉荣空调设备厂	211.30
2	阜新市电缆厂	65.43	2	中山市空调设备厂	67.04
3	东新电炭股份有限公司	61.97	3	顺德华南空调制冷实业有限公司	－98.87
4	哈尔滨电炭厂	－21.24		**其他电气机械及器材制造业**	**89.76**
	绝缘制品业	48.44	1	大连第一互感器厂	265.75
1	诸城四达绝缘材料股份有限公司	280.67	2	佛山通宝股份有限公司	225.77

（续）

排序	名称	指数	排序	名称	指数
3	佛山汇星阪田电子有限公司	192.85	3	青岛密封工业公司	39.65
4	许继电气股份有限公司	171.49	4	上海申雅密封件有限公司	…
5	牡丹江互感器厂	164.27		**链条制造业**	**83.02**
6	上海继电器厂	146.25	1	湖州锐狮链传动集团公司	163.05
7	保定继电器厂	126.11	2	苏州环球链传动有限公司	132.39
8	江苏省如皋高压电器厂	118.12	3	武进链条厂	125.72
9	江门机床厂	110.69	4	安徽省黄山链传动有限公司	123.29
10	南京华洋电气控制设备有限公司	106.12	5	诸暨链条设备总厂	95.98
八	**通用基础件工业行业**	**67.99**	6	杭州盾牌链传动集团公司	74.33
	轴承制造业	**66.52**	7	株洲市链条总厂	55.12
1	绍兴明星集团公司	278.15	8	齐齐哈尔链条链轮厂	25.12
2	上海通用轴承有限公司	276.19	9	沈阳链条厂	－49.28
3	温州轴承厂	198.29		**弹簧制造业**	**327.07**
4	龙溪轴承厂	176.67	1	中国弹簧厂	405.93
5	张家港市 AAA 轴承有限公司	175.39	2	浙江省诸暨弹簧总厂	181.19
6	东阿县钢球厂	166.31	3	上海中旭弹簧有限公司	－153.76
7	阜阳轴承股份有限公司	153.68		**粉末冶金制品业**	**78.22**
8	襄阳汽车轴承股份有限公司	144.26	1	宁波东睦粉末冶金有限公司	285.25
9	西北轴承股份有限公司	136.87	2	宁波粉末冶金厂	142.17
10	阳春轴承股份有限公司	134.63	3	江门市粉末冶金有限公司	74.09
	液压件及液力件制造业	**59.88**	4	诸城龙昌粉末冶金股份有限公司	63.98
1	临海液压件厂	159.13	5	南京粉末冶金厂	60.88
2	栖霞液压件厂	123.54	6	北京摩擦材料厂	60.41
3	上海立新液压件厂	116.74	7	青岛粉末冶金厂	50.24
4	广东广液实业股份有限公司	116.34	8	武汉粉末冶金厂	44.51
5	大连液压件厂	115.23	9	北京粉末冶金公司	38.68
6	广东福伊特中兴液力传动有限公司	114.57	10	金华金信粉末冶金有限公司	30.06
7	上海液压泵厂	91.78		**其他齿轮制造业**	**72.89**
8	成都油缸厂	87.76	1	四川丹棱齿轮股份有限公司	100.70
9	天津液压机械(集团)有限公司	86.51	2	上海机床齿轮厂	71.05
10	青州液压件厂	84.65	3	三明齿轮厂	65.63
	气动元件制造业	**88.82**	4	海南省大金轮实业有限公司	－12.18
1	肇庆方大气动有限公司	124.29		**模具制造业**	**74.06**
2	烟台气动元件厂	114.91	1	上海斯米克金刚石工模具有限公司	192.39
3	江都气动元件厂	74.33	2	国营星光工模具厂	136.86
4	上海液压气动总公司气动成套公司	72.37	3	广州型腔模具厂	103.27
5	济南华能气动元器件公司	68.28	4	韶关市模具厂	98.73
	紧固件制造业	**41.05**	5	天津市金刚石工具厂	71.58
1	常熟标准件厂	148.58	6	上海标准件模具厂	61.58
2	上海高强度螺栓厂	130.66	7	上海仪表钢模厂	61.47
3	浙江万新集团公司	95.57	8	北京模具厂	56.52
4	诸城高强度紧固件股份有限公司	92.26	9	佛山汇星精密模具有限公司	－4.78
5	爱斯匹爱斯标五紧固件有限公司	89.81	10	天津汽车模具有限公司	－105.55
6	上海螺钉厂	83.99		**其他通用零部件制造业**	**99.12**
7	国营江阴标准件厂	82.35	1	江苏钢球厂	372.50
8	自贡市标准件总厂	77.06	2	宁波同步带总厂	104.41
9	余姚标准件总厂	76.92	3	焦作制动器(集团)有限公司	77.39
10	上海标准件四厂	74.46	4	通辽市大林型砂股份有限公司	67.54
	密封件制造业	**172.64**	5	吴县石油机械厂	56.37
1	安徽省宁国中鼎股份有限公司	223.07	6	吴县重型机械厂	－260.33
2	滨州柔性石墨密封件厂	76.04	**九**	**食品及包装机械工业行业**	**68.94**

（续）

排序	名称	指数
	金属包装物品及容器制造业	**85.61**
1	肇庆嘉隆包装机械制造有限公司	159.28
2	惠州市鸿惠机械总公司	125.69
3	北京天海工业有限公司	107.68
4	汕头韩江实业(集团)公司	78.96
5	浏阳医药设备总厂	72.80
6	涿鹿高压气瓶厂	61.56
7	姜堰市第三机械厂	40.38
	食品饮料烟草专用设备制造业	**70.58**
1	昆明市第三机器厂	145.85
2	昆明市第二机器厂	132.99
3	新会市食品炊具机械厂	107.79
4	昆明市风动机械厂	95.72
5	常德七一机械厂	86.39
6	张家口市通用机械厂	85.73
7	云南第一轻工机械厂	82.02
8	周口包装机械厂	81.83
9	如皋市食品机械厂	75.53
10	河南省宇航包装机械厂	69.62
	包装工业专用设备制造业	**21.51**
1	延边龙川包装机械有限责任公司	106.16
2	上海伟海包装机械厂	91.77
3	锦州包装机械厂	82.61
4	南宁模具中心	57.04
5	汕头机床厂	9.07
6	桂林包装机械厂	−18.40
7	南浦机械厂	−162.53
	商业饮食业服务业机械制造业	**80.81**
1	增城市通用机械股份有限公司	272.44
2	商丘市机械厂	105.12
3	廊坊市通用机械厂	76.54
4	广州市洗涤机械实业公司	6.22
十	**汽车工业行业**	**19.29**
	汽车发动机制造业	**80.27**
1	天津市内燃机厂	246.68
2	大连柴油机厂	246.19
3	东风朝阳柴油机公司	85.49
4	重庆康明斯发动机有限公司	80.77
5	杭州汽车发动机厂	72.96
6	绵阳新华内燃机股份有限公司	68.36
7	东风汽车联营公司南充内燃机厂	55.24
8	潍坊柴油机厂	54.81
9	成都空气压缩机厂	18.13
10	天津丰田汽车发动机有限公司	−30.91
	载重汽车制造业	**93.89**
1	一汽大众汽车有限公司	451.79
2	庆铃汽车(集团)有限公司	381.07
3	江铃汽车股份有限公司	259.26
4	江苏通运集团江阳汽车厂	235.79
5	郑州轻型汽车制造厂	161.95
6	中国第一汽车集团公司(核心层)	120.37
7	北京汽车摩托车联合制造公司	116.97
8	青岛汽车制造厂	116.60
9	湛江三星汽车制造公司	105.16
10	跃进汽车集团公司	88.22
	客车制造业	**51.97**
1	海南汽车制造厂	246.02
2	四川旅行车制造厂	114.37
3	中国一汽集团无锡汽车厂	113.04
4	广州威达汽车制造厂	92.79
5	河北胜利客车厂	87.81
6	保定汽车制造厂	68.25
7	金华北方福来车辆有限公司	56.40
8	北京旅行车股份有限公司	40.34
9	天津三峰客车有限公司	−50.56
10	石家庄汽车制造有限责任公司	−59.09
	小轿车制造业	**602.14**
1	上海大众汽车有限公司	1172.02
2	天津市微型汽车厂	578.10
3	北京吉普汽车有限公司	290.04
4	广州标致汽车公司(有限)	−180.58
	微型汽车制造业	**138.15**
1	天津华利汽车有限公司	184.39
2	柳州微型汽车厂	148.82
3	天津市专用汽车厂	123.64
4	安徽省淮海机械厂	57.61
	特种车辆及改装汽车制造业	**47.31**
1	厦门金龙旅行车有限公司	539.64
2	扬州通华半挂车有限公司	273.91
3	扬州扬子旅游车厂	248.79
4	一汽三友汽车制造有限公司	247.56
5	广东万里企业集团公司	211.21
6	河北新凯汽车制造有限公司	179.15
7	文安县塑料工业总公司	173.68
8	华北汽车制造厂	141.91
9	上饶客车厂	131.18
10	柳州特种汽车厂	122.23
	摩托车整车制造业	**260.96**
1	海南新大洲摩托车厂	828.54
2	江门市大长江摩托车有限公司	407.23
3	佛斯弟摩托车有限公司	272.80
4	浙江钱江摩托集团有限公司	247.33
5	天津本田摩托有限公司	232.56
6	上海一易初摩托车有限公司	219.50
7	长春长铃集团有限公司	187.70
8	浙江奉通机电集团公司	40.32
9	顺德雅奇摩托车厂	20.37
10	湖北扬子江摩托车制造公司	14.48
	汽车车身制造业	**179.44**
1	厦门金龙汽车车身有限公司	321.06
2	湖北汽车车身股份有限公司	116.48
	汽车齿轮制造业	**53.43**

(续)

排序	名　　称	指　数	排序	名　　称	指　数
1	天津汽车齿轮有限公司	120.33	5	莱芜市口镇铸造公司	135.51
2	青岛精锻齿轮厂	73.70	6	天津柳河压铸有限公司	133.62
3	湖北汽车齿轮厂	71.26	7	新会铸造厂	98.89
4	北京华纳齿轮有限公司	68.15	8	安徽省铜陵市玛钢厂	97.68
5	株洲汽车齿轮厂	57.19	9	无锡市铸造厂	94.31
6	安徽省汽车齿轮箱总厂	56.73	10	天津市三达铸造有限公司	81.12
7	郧阳汽车齿轮总厂	55.73		**锻件制造业**	**90.31**
8	山东汽车齿轮总厂	54.35	1	上海汽车锻造总厂	178.93
9	陕西汽车齿轮总厂	52.60	2	溧阳市锻压厂	85.36
10	南充齿轮厂	49.04	3	常州锻造总厂	78.86
	汽车零部件及配件制造业	**113.34**	4	成都锻造厂	41.03
1	上海纳铁福传动轴有限公司	541.44	5	上海正升锻造有限公司	－27.88
2	上海汽车齿轮总厂	463.10	6	天津汽车锻造有限公司	－46.22
3	上海吉翔汽车车顶饰件有限公司	435.58		**其他民用机械制造业**	**115.76**
4	上海汽车制动系统有限公司	413.32	1	沈阳福阳人造板有限公司	635.24
5	上海小糸车灯有限公司	357.78	2	顺达集装箱有限公司	515.74
6	上海易初通用机器有限公司	342.84	3	扬州通运集装箱有限公司	226.22
7	上海汇众汽车制造公司	306.74	4	芜湖县围山机械总厂	222.86
8	长春一汽四环汽车股份有限公司	279.66	5	霸州市钢管厂	184.16
9	天津津福汽车塑料件有限公司	275.47	6	张家港华亿机械集团公司	165.23
10	上海实业交通电器有限公司	275.09	7	青岛宇宙集装箱工程有限公司	156.18
	摩托车零部件及配件制造业	**137.67**	8	达县建华消防器材有限责任公司	137.18
1	海南嘉泰摩托车有限公司	862.29	9	日照市五金工业集团股份有限公司	136.08
2	重庆三铃工业股份有限公司	108.83	10	黑龙江螺旋管厂	118.99
3	内蒙古第一通用机械厂	68.79		**其他工业专用设备制造业**	**68.77**
4	南川飞奔实业公司	51.10	1	肇庆华盛机电制品股份有限公司	180.19
5	北京义发摩托车制造公司	－12.58	2	三水市农机二厂	158.60
	汽车修理业	**69.36**	3	博兴华兴企业集团公司	125.98
1	清远粤江微型汽车装配有限公司	120.88	4	四川东华机械厂	116.47
2	莱芜市汽车工业集团总公司	75.29	5	浙江金鹰纺机股份有限公司	115.20
3	深圳市新永通实业有限公司	48.92	6	高要鸿图工业有限公司	105.12
十一	**其他民用机械工业行业**	**7.14**	7	中山市金马游乐设备实业公司	99.14
	金属表面处理及热处理业	**79.01**	8	昆明人造板机器厂	95.56
1	石家庄市热处理厂	79.01	9	博爱纺织机械厂	70.98
	铸件制造业	**54.99**	10	四川江东机械厂	68.92
1	南通市有色金属铸造厂	243.28		**其他民用机械修理业**	**59.25**
2	上海汽车有色铸造总厂	163.51	1	国营卫东机械厂	77.11
3	上海汽车铸造总厂	151.85	2	国营汉丹电器厂	337.53
4	常州日升有色铸造有限公司	135.57			

〔机械工业部生产与信息统计司供稿〕

〔责任编辑：申建丽〕

特约顾问单位介绍

中国第一重型机械集团公司

总经理：洪性九　党委书记：刘玉明　副总经理：徐肇源、栾兴家、王明辉、沈宁昌、魏玉明、李叔彦
副书记：刘自让　　工会主席：孙宪华
地址：黑龙江省齐齐哈尔市富拉尔基　邮码：161042
电话：（0452）6807558、6808300　　传真：（0452）6806777

发展情况　1996年，中国第一重型机械集团公司（简称一重集团公司），以实现“两个根本性转变”的战略方针为指导，外抓市场，内抓管理，深化改革，锐意进取，战胜了各种困难，夺取了两个文明建设的新胜利，实现了再创盈利年的奋斗目标。

在生产方面，集团公司克服了产品生产周期短、技术要求高，以及因资金极度匮乏导致的原材料不足、限电等重重困难，科学组织，精心安排，保质保量按期完成了安阳中板轧机、宝钢1 450mm连铸机、宝钢1 420mm冷轧酸洗机组、江汽机械压力机和电站铸锻件等国家重点工程所需的重点产品，为国民经济建设做出了新的贡献。特别是研制成功了出口巴基斯坦的300MW核电站反应堆压力容器，使我国成为世界上少数几个能够制造核电站压力容器的国家之一。

在经营方面，一重集团公司加强信息收集和同国内外用户的接触，主动承揽订货任务。在重型机械市场疲软、竞争十分激烈的情况下，承揽了大量的订货任务，基本满足1997年的生产需要，为今后的发展创造了有利的条件。

1996年，一重集团公司主要经济技术指标和完成的主要产品产量见表1、表2。

表1　1996年主要经济技术指标

项　　目	单位	1996年完　成	比上年增长%
全部职工平均人数	人	18 009	-0.7
工业总产值：当年价	万元	97 444	-8.1
不变价	万元	86 509	6.8
产品销售收入	万元	90 211	8.2
产品销售税金及附加	万元	6 901	18.3
利润总额	万元	153	
固定资产原价	万元	165 617	27.2
固定资产净值平均余额	万元	83 033	60.6
流动资产平均余额	万元	168 910	-1.2
出口创汇	万美元	1 153	473.0

科研成果及新产品　1996年，一重集团公司实施“九五”国家重点科技攻关项目13项，实施核电、火电、水电、加氢关键制造技术等科研课题18项。其中，2000t多向模锻工业性试验项目、核电冷却剂泵泵壳研制项目分别通过了由国家计委、机械工业部和核工业总公司主持的验收；650mm六辊可逆冷轧机组获黑龙江省科技进步一等奖，核电压力壳焊接技术研究项目获黑龙江省科技进步二等奖，核电压力壳制造技术项目获得了国家“八五”科技攻关重大科技成果奖励证书，热壁加氢反应器获国家科委颁发的国家级新产品证书，1 420mm冷轧机组、1 420 mm酸洗机组、1 450mm连铸机、25/25MN立卧电极挤压机被国家经贸委授予国家级新产品称号。

表2　1996年完成主要产品商品产值

产品名称	单位	商品产值	比上年增长%
炼油化工设备	万元	13 312	142.3
矿山设备	万元	50	
冶炼设备	万元	21 635	277.5
锻压设备	万元	8 072	163.1
金属轧制设备	万元	29 701	22.0

基本建设及技术改造　在基建方面，重点是大连棉花岛大型机械组装发运基地基建项目，1996年完成了码头建设，预计1997年具备生产条件。该项目完成后，将使一重集团公司具备生产制造、发运千吨级加氢反应器、超大型核电设备的能力。在技改方面，新增了4.5m×12m数控龙门铣镗床、∅6.3m×5m双柱立车两台大型设备，有效地缓解了精加工设备能力不足的问题。同时，“八五”技改项目顺利通过了国家验收，为“九五”技术改造项目的开工奠定了基础。在“双加”工程方面，年产35根大型船用曲轴“双加”工程的前期工作取得了突破性进展，国家经贸委对该项目《可行性研究报告》进行了批复，《大型船用曲轴项目实施方案》通过了省经贸委、省机械厅组织的审查，基本具备了开工条件。

对外合作　引进了日本日立造船株式会社1 450mm板坯连铸机制造技术、奥地利奥钢联公司1 600mm板坯连铸机制造技术。消化吸收日本三菱商社技术为宝山钢铁公司制造了1 580mm热连轧机，国产化率达51.5%；消化吸引德国SMS公司技术，为宝山钢铁公司制造了1 420mm酸洗冷连轧机组，国产化率达67.8%。

"三大战役"情况　(1)一重集团公司"产品质量翻身战役"的目标和主要任务是，实施名牌战略，到2000年创名牌产品4～10种，主要产品为热壁加氢反应器、小松型系列机械压力机、大型冷热连轧机、大型连铸机、大型铸锻件；公司创明星企业，1997年达到省级质量信得过明星企业条件，1998年达到部质量信得过明星企业条件。主要实施计划是：加强质量培训教育，提高全员质量意识和业务素质，积极与高等院校、科研院所及先进国家合作，通过各种方式积极培养高级专业技术人员和高级管理人员；加强质量管理，建立起科学的质量约束机制、质量激励机制和质量监督机制；全面贯彻实施GB/T19000(ISO9000)《质量管理和质量保证》标准，不断完善公司的质量体系，争取在1997年上半年通过ISO9000质量体系认证、军工ISO9000质量体系认证；认真进行市场调研，掌握市场需求，坚持设计质量高起点，积极采用国际标准和国外先进标准；严格控制原材料、外协件、外购件的入厂检验，加强工序检验和产品的出厂检验；搞好用户服务工作，对用户反馈的质量信息及时处理，以用户满意为原则，为用户提供全面的优质服务。(2)一重集团公司"组织结构优化战役"的总体目标是，以建立现代企业制度为目标，积极推进"两个根本性转变"。到2000年实现年销售额达18亿元，形成较大的经济规模，产品的国内外市场占有率和经济效益指标均居同行业的前列。具体推进措施为：在"九五"期间，公司完成建立现代企业制度工作，并将对现在的一重集团的核心企业、紧密层、半紧密层、松散层集团的组织形态进行改制，即以资产为纽带的母子公司体制为主体，形成以投资中心、利润中心与成本中心为框架结构，建成跨行业、跨部门、跨地区、跨所有制的大型企业集团，逐步与国际上发达的、知名度高、实力较强的公司建立稳定的合作伙伴关系；以"哑铃型"结构为目标，改组公司现有的生产配套体系，主要是努力提高公司的产品开发能力；组建、改造总装分厂，"九五"末达到总装机器产品能力翻一番；按照专业化分工协作方式，选择一批地方企业，进行长期专业化零部件生产配套，具备条件的考虑兼并或联合；对公司内配套生产分厂进行改组，按照产品工艺、产品分类重新分工，以扩大配套能力；本着"分离辅助、精干主体"的改革思路，逐步分离社会服务职能和辅助部门。(3)一重集团公司"开发能力提高战役"的主要目标是：加强集团技术中心的建设，形成以市场为导向、具有较强开发能力、对市场变化能够做出快速反应的科研开发体系和运行机制，提高企业整体技术水平和综合竞争实力。具体措施为：第一，切实抓好一重集团技术中心的建设工作。加大科技投入，进行产品开发和技术创新，并为产品开发提供必要的科研测试条件和中试能力；重点培养在国内同行业中知名的技术带头人，并建立一支结构合理、业务素质高的技术开发队伍；研究掌握主导产品开发所需要的关键技术，并利用CAD/CAM进行产品设计。第二，根据市场需求，重点开发2 800mm中板轧机、千吨级加氢反应器、大型船用曲轴、核电站主泵壳、三峡水电工程大轴等26项产品，形成较高的市场占有率。第三，加强先进、适用技术的推广应用工作。第四，加强引进技术的消化吸收和创新工作，逐步提高自主开发能力和技术创新能力。

管理及改革　1996年，一重集团公司紧紧围绕实现"两个根本性转变"的目标，加大了管理和改革的力度。一是依据"减人增效"的改革思路，实行了劳动合同制，精简富余人员1800多人。二是按照"精干、高效"原则，改革了生产组织和管理机构，减少了管理层次。三是积极探索集团内部企业的破产、兼并、改制工作，并取得了一定的进展。四是加强了财务管理工作，强化了货款催收和资金的使用管理工作，并以成本控制和压缩费用为重点，积极开展了"学邯钢，降成本"活动，收到了较好的效果。五是加强了质量管理工作，圆满完成了压力容器制造许可证换证工作和船用锻件取证工作。ISO9000质量体系和军工ISO9000质量体系认证工作取得了实质性进展。

〔撰稿人：中国第一重型机械集团公司总经理办公室政策研究室　刘昕宇　审稿人：中国第一重型机械集团公司总经理办公室主任　徐永福〕

中国第二重型机械集团公司

总经理：姚正耀　副总经理：李家堃、李　平、孙唯林、石　柯、王　计　总工程师：李家楦
地址：四川省德阳市珠江路1号　邮码：618013
电话：(0838) 2203919、2203909　传真：(0838) 2203292

总经理简介　姚正耀同志生于1942年9月，广东省潮阳市人，1965年8月毕业于华南理工大学铸造专业，1985年3月加入中国共产党，1987年被聘为高级工程师。1965年开始在中国第二重型机械集

团公司（原第二重型机器厂）历任技术员、副科长、车间主任、副处长、分厂厂长、集团公司常务副总经理、二重集团公司副董事长等职。1995年10月被国务院任命为中国第二重型机械集团公司总经理。被推选为中国铸造协会常务理事，中国大型铸锻件行业分会理事长。

三十年来，姚正耀同志致力于铸造工艺技术和工厂生产、经营、管理工作，曾组织和参加过多项国家重点工程大型成套设备的研制，并多次获部、省科技进步奖。目前正率领二重集团公司朝着现代化的大公司的目标迈进。

发展情况 1996年，二重集团公司面对资金、经营、生产极为艰难的严峻局面，贯彻“外抓市场、内抓管理、提高效益”的工作思路，确保了全年生产经营的平稳运行，全年累计完成工业总产值（不变价）65 041.08万元，商品产值100 044.03万元，机器产品产量36 155.56t，实现销售收入8.7亿元，利税总额9 100万元，外贸订货额1 212万美元，结汇额371.2万美元。在经营生产十分困难的条件下，集团公司精心组织、统筹安排，保证了我国首台H型轧钢机、异形坯连铸机等国家重点装备的按期生产，提供了7 100MW设备的大型铸锻件，为国民经济建设做出了积极的贡献。1996年完成的主要经济技术指标及产量、出口情况见表1、表2、表3、表4。

表1 1996年主要经济技术指标

项目	单位	1996年完成	比上年增长%
全部职工平均人数	人	19 694	−2.3
工业总产值：当年价	万元	83 297	9.4
不变价	万元	65 041	7.2
工业增加值	万元	28 177	48.7
产品销售收入	万元	87 208	12.2
产品销售税金及附加	万元	699	15.7
利润总额	万元	111	
固定资产原价	万元	147 908	27.6
固定资产净值平均余额	万元	76 192	84.5
流动资产平均余额	万元	117 110	2.7
出口创汇	万美元	371.2	14.6

表2 1996年完成主要产品产量

产品名称	单位	产量	比上年增长%
金属轧制设备	t	12 707	−29.2
锻压设备	台/t	18/2 528	117.9

科研成果及新产品 1996年共有5个项目获国家、部、省级奖励。它们是：攀钢1 350mm板坯连铸机成套设备获国家一等奖，1800mm×3.17mm～12.7mm纵剪机组和大型铸锻件缺陷分析图谱获机械工业部科技进步二等奖，提高GC-4材料模锻件α_k值的研究和大型升船机及大型金属结构“五项”科技攻关成果，获四川省三等奖。部分科研成果项目见表5。

基本建设及技术改造 通过“六五”、“七五”及粗加工改造，引进技术、联合设计、合作制造或许可证方式，成功地为鞍钢、攀钢、马钢等大型冶金企业提供了现代化的大型板坯连铸机。为尽快形成年供2 000t以上大型板坯连铸机成套设备的国产化基地，满足技术与工艺上的要求，拟增添和改造部分先进设备。经四川省经委批准，实施国产化基地技术改造项目，计划总投资2 950万元。从1995年开始实施，当年完成投资122万元，1996年又完成投资323万元。已经完成的项目是：新增2台双机头辊子堆焊机、2台数控立式铣床、2套振动时效装置、2台探伤仪、32台CO_2逆变气体保护焊机，改造喷丸处理室的台车。预计整个技术改造项目于1998年完成，并形成生产能力。

表3 1996年主要产品出口情况

产品名称	出口量(t)	出口额(万美元)	比上年增长%
矿山设备备件	72.13	7.47	−81
轧钢设备	84.96	19.39	46
破碎机零件	204.78	30.52	−78
轧钢设备零件	516.91	94.25	
矿山设备	204.28	39.90	−65
锻压设备	320.00	69.85	
电站设备	235.29	87.47	5 266
船用铸锻件	55.00	4.40	−59
进口变出口	206.95	17.94	
合计	1 900.30	371.19	

表4 1996年主要出口国家、地区情况

序号	国家、地区	出口额（万美元）
1	日本	237.14
2	伊朗	87.47
3	英国	14.22
4	澳大利亚	13.82
5	香港	7.47
6	南非	5.66
7	法国	2.93
8	德国	2.48
	合计	371.19

经国家批准，1996年职工住宅建设工程完成投资额1 754万元，施工面积47 557m^2，竣工面积33 914m^2，交付使用住宅502套。在交付使用住宅中，有292套是企业职工第一次全额集资住房试点，

为今后进一步推行住房制度改革，扩大建设规模取得了经验。

“三大战役”情况 1996年，集团公司开始组织制订“三大战役”实施方案，5月～6月，实施方案初稿完成，7月实施方案二稿完成，9月完成第三稿。到11月，以实施意见的形式基本通过。同时，结合改革与企业实际，做了一些初步的启动工作。如：组织开展了ISO9000质量认证的准备工作及创名牌产品的申报工作和ASME认证；积极抓好技改、基建投资的论证规划工作及报批，在产品结构调整上体现投资侧重于尽力利用现有生产能力技术含量水平，力求投资少，回收高的产品。如水电、火电和连铸国产化基地技改措施等。

“九五”期间要完成的主要任务及实现的主要目标：

“组织结构优化战役” 总体目标：(1)把二重集团公司建成有较强竞争力的“巨人”企业；(2)改革企业经济规模较小，组织结构不尽合理，存量资产固化状况改善缓慢，资产浪费严重，装备落后，质量效益低下的状况。实现由目前的中间大、两头弱的“橄榄型”向两头强、中间精的“哑铃型”结构转变。

主要任务：(1)以机械工业“九五”发展规划和2010年远景规划为指南，在国家有关部委的指导和支持下，调整集团公司“九五”振兴规划，制定2010年远景发展规划。(2)加大改革力度，转换经营机制，发展企业集团，优化资产结构。(3)调整产品结构，提高产品质量。

表5 1996年科研成果

序号	项目名称	完成时间	鉴定(验收)时间	评价	备注
1	大型无中心孔转子制造技术研究	1995.12	1996.04 鉴定	国际先进水平	国家“八五”火电科技攻关项目
2	300MW～600MW18-18护环的研究	1995.12	1996.04 鉴定	国内领先水平	国家“八五”火电科技攻关项目
3	汽轮机叶轮模锻工艺及质量完善化研究	1995.12	1996.04 鉴定	国际先进水平	国家“八五”火电科技攻关项目
4	300MW～600MW高中压转子质量优化的研究	1995.12	1996.04 鉴定	国际先进水平	国家“八五”火电科技攻关项目
5	锅炉筒节制造工艺优化研究	1995.12	1996.04 验收	完成研究目标	国家“八五”火电科技攻关项目
6	大型铸钢所工艺优化CAD软件系统开发	1995.12	1996.04 验收	完成研究目标	国家“八五”火电科技攻关项目
7	300MW～600MW火电机组铸锻件情报与标准研究	1995.12	1996.04 验收	完成研究目标	国家“八五”火电科技攻关项目
8	大型板坯及球形封头锻造成形与模具设计试验研究	1995.12	1996.01 验收	完成研究目标	国家“八五”核电科技攻关项目
9	A508-3钢锻件工艺稳定与优化研究	1995.12	1996.01 验收	完成研究目标	国家“八五”核电科技攻关项目
10	A508-3钢材料试验研究	1995.12	1996.01 验收	完成研究目标	国家“八五”核电科技攻关项目
11	压力壳锻件生产制造标准	1995.12	1996.01 验收	完成研究目标	国家“八五”核电科技攻关项目

“产品质量翻身战役” 总体目标：科技兴企、质量先行、以人为本、重在基础，到2000年集团公司人员素质、技术素质、管理素质再上新台阶，塑造集团公司优良的产品质量形象，在同行业中具有一流的竞争力，扩大国内市场占有率，并扩大国际贸易，初步达到适应国际市场竞争的要求。

主要任务：(1)以提高和增强企业员工质量意识，规范企业和员工质量行为为重点，开展不同层次形式多样的质量培训教育。(2)加强质量管理，以GB/T19000(ISO9000)标准认证，创质量信得过明星企业和名牌产品为重点，全面宣贯GB/T19000(ISO9000)和GJB/Z9000标准并有效运转。(3)依靠科技进步，提高设计、制造水平。(4)实施可靠性工程。(5)以提高服务质量为目标，推行开展“质量保证承诺”等自律性质量活动。(6)加强产品标准化工作，实行采标证书制度。(7)按照机械工业部实施重大技术装备和重点产品质量上台阶工程首先确定的六大类产品的要求，重点选择发电设备主机配套铸锻件，开展质量上台阶的各项工作。

“开发能力提高战役” 总体目标：建立起集团公司具有较强开发能力的“技术中心”和技术开发队伍，主导产品及其关键技术形成自己的开发能力；逐步缓解主导产品主要依靠国外技术发展的被动局面，使企业能为国家重大技术装备、成套(台)产品和有一定批量产品生产提供自己的技术支撑，积极为成套（台）产品的工程总承包创造条件，把企业逐步建成具有中国特色和国际竞争力的“中国重工”。

主要任务：建立科学的开发决策体系和开发机制，修定新产品开发，科研管理制度，组建技术中心制定科研及开发规划。认真进行市场调研，制定产品开发规划和可行性研究报告。经开发领导小组讨论认可后报国家有关部门。建立灵活的开发专题小组以项目责任制进行开发实施工作。进行国外技术发展的信息研究，收集国内外企业的发展动态，制定引进、吸收规划，并组织专家进行移植、改造、创新应用于产品之中，并强化知识产权保护。与科研院所、大专院校相结合，建立产、学、研一体化研究课题小组，承接国家重点科研课题。

管理及改革 1996年是国家“九五”计划的第一年，集团公司紧紧围绕“推进改革、狠抓市场、调整结构、0153”的公司年度方针目标，外抓市场，内抓管理，以经济责任制为主线，强化了企业各项管理工作。(1) 强化了以成本管理为中心的企业管理；(2) 加强财务管理；(3) 加强质量管理；(4) 夯实基础管理，加强制度建设，在狠抓经营生产的同时，实实在在地抓了企业深化改革的工作。一是改革了分配制度，将占职工收入的1/3作为浮动收益与经济责任制挂钩，收入靠“挣”而不靠“发”，已经得到了广大职工的认同。二是进行了劳动制度改革，完成了全员劳动合同制的改制工作。三是深化住房制度改革，按照国家的房改政策，在实施住房公积金制度的同时，新建住房全部采用大额集资办法，加快了改善职工住房条件的步伐。四是根据国家有关政策，结合集团公司实际，在充分调查研究的基础上拟定了深化劳动用工制度、住房制度改革、医疗制度改革、后勤服务部门改革等的原则和方案，为集团公司1997年的改革作好了准备。

〔撰稿人：中国第二重型机械集团公司总师办 胥晓芹 审稿人：中国第二重型机械集团公司 陈小慈〕

中国第一汽车集团公司

总经理兼党委书记：耿昭杰 党委常务副书记：张国庆 副总经理：徐兴尧（兼总工程师）、林敢为、马文兴、沈凤岐、吴 畏、黄金河、李启祥（兼总经济师）、祝业精、姜殿耀、崔明伟、王镇昆 党委副书记：马振东、赵方宽（兼纪委书记） 工会主席：方伟杰

地址：长春市绿园区东风大街83号 邮码：130011

电话：(0431) 5902674 传真：(0431) 5909944

生产经营 1996年，中国第一汽车集团公司在国内汽车市场疲软的困难形势下，深挖潜力，苦练内功，积极开发适销对路新产品，全力以赴拼抢市场，生产经营等各项工作仍然保持向前发展的好势头。全年生产汽车231 607辆，销售收入217.11亿元，汽车总产量、总销售量居全国第一位。实现工业总产值(不变价)207.39亿元，利税21.5亿元，利润4.10亿元。整车出口5 003辆，创汇5 500万美元，整车出口与创汇额度在行业中名列前茅。1996年，一汽集团公司在全国经济效益最佳企业中列第九位。

1996年，一汽集团公司完成的主要经济技术指标。详见表1、表2，对外出口情况详见表3、表4。

科研成果及新产品 引进技术CA488发动机国产化及部分改进、超高速悬杯自动静电喷涂机、解放CA1040型系列载货汽车研制开发、MTS零部件疲劳试验台微机控制研究、准时化生产方式等5个项目获国家科学技术进步三等奖；现代大型渗碳自动线的研制等8个项目获机械工业部科学技术进步奖；消失模铸造法在汽车铝铸件生产中的研究和应用等25个项目获汽车工业科学技术进步奖。评选出一汽集团公司科学技术进步一等奖6项、二等奖9项、三等奖23项。

1996年，开发出CA1170系列9t中型车3个车型，CA1160系列8t中型车3个车型和中型货车与底盘以及公共汽车底盘等；开发出CA1040K3、K6、K9、K11等系列2t轻长柴油车、全新3t轻型车及总成，开发出经济型轻型车、农用车、驻港部队用车等；开发出CA7222全新小红旗、五气阀小红旗、CA7220E多点电控喷射供油轿车等。

公司整体通过ISO9001质量体系认证 1996年12月，在北京ISO9000国际标准认证中心，经过严格考核，一汽集团公司在国内特大型企业中，率先整体通过GB/T19001 (ISO9001) 质量体系认证，标志着一汽集团公司质量管理体系与国际接轨，达到先进水平。一汽集团公司在贯彻标准中连续开展10个“质量年”和10万职工创名牌活动。两家权威认证中心评价认为：一汽集团公司质量体系健全，运行良好，工作到位。

15万辆轿车基地全面建成 继1994年一汽—大众汽车有限公司轿车厂总装线投产以后，1995年总装、焊装、冲压、油漆四大车间建成，1996年传动器、发动机车间建成投产。至此，总投资107.7亿元的一汽15万辆轿车基地全面建成投产。现已达到年产15万辆捷达轿车、3万辆奥迪200轿车的生产能力。

表 1　1996 年主要经济技术指标

项　目	单　位	1996 年完成
全部职工平均人数	人	94 511
工业总产值：当年价	万元	2 093 688
不变价	万元	2 073 872
工业增加值	万元	550 118
产品销售收入	万元	2 171 113
产品销售税金及附加	万元	
利润总额	万元	41 012
固定资产原价	万元	1 118 540
固定资产净值平均余额	万元	736 887
流动资产合计	万元	1 486 786

表 2　1996 年完成主要产品产量

产 品 名 称	产　量　(辆)
中型车	101 712
轻型车	84 419
小红旗轿车	9 760
捷达轿车	26 346
奥迪轿车	8 670
微型车	700
合计	231 607

表 3　1996 年主要产品出口情况

产 品 名 称	单　位	数　量	出口额（万美元）
载货汽车	辆	4 516	4 084
轿车	辆	2	2.8
汽车配件			687.3

表 4　1996 年主要出口国家、地区情况

序　号	国家、地区	出口额（万美元）
1	缅甸	2 060.4
2	沙特	1 152.6
3	朝鲜	749.0
4	越南	183.3
5	南非	153.2
6	阿联酋	126.0
7	坦桑尼亚	113.6
8	埃塞俄比亚	105.2

一汽—大众公司为国内目前最大的合资企业。除具备 18 万辆整车的生产能力外，还具备 27 万台 5 气阀发动机和 18 万台 020 传动器的生产能力。其中 5 气阀发动机目前只有德国大众本部的一个工厂和一汽—大众能够生产。到 1996 年底，捷达轿车国产化率已达 84.13%，在引进轿车产品中，国产化速度是最快的。奥迪 200 轿车国产化率正向 60%迈进。

不断开发生产适销对路新产品　1996 年，一汽集团公司在市场困难的条件下，仍能扩大市场份额，主要得益于不断开发生产出适销对路的新产品。1996 年，“三车一机”（小红旗轿车、平头柴油车、CA6440 厢式面包车、CA488 发动机）大批量投放市场后，成为“拳头”产品和新的效益增长点。中型车中的平头柴油车和轻型车中的厢式面包车产销量跃居全国第一；小红旗轿车成为名牌产品，国产化率达 90.34%，使人们看到了民族轿车工业的希望。继“三车一机”投产之后，一汽集团公司又及时向市场推出了“五车一机”。“五车一机”中的 5t 加强型、半高顶面包车、小红旗电喷车等已全面投放市场，以其可靠性和实用、价廉受到用户的欢迎。

整车出口创历史最高纪录　一汽集团公司采取灵活多样的贸易方式，通过在国外建立代理车行（代理商制）和组装厂，产品出口越来越多，在周边国家、中东地区和非洲的声誉日益提高。1996 年 4 月，1 525辆解放牌柴油卡车出口缅甸，成为国产汽车大批量出口的新纪录。全年出口整车 5003 辆，比 1995 年增长 150%，出口创汇 5 500 万美元，比 1995 年增长 120%，其中零部件出口创汇 687.3 万美元。

进一步深化改革　1996 年，一汽集团公司的劳动人事、工资分配、社会保险等“三项制度”改革基本完成，全年净压缩定员 4.2%；1996 年 2 月一汽车轮有限公司成立，这是继散热器公司（1994 年）、化油器公司（1995 年）之后又一家直接面向市场的零部件子公司；1996 年 8 月，一汽四环汽车股份有限公司的 A 股股票在上海成功上市发行，成为目前国内“绩优股”；1996 年，全面实行住房制度改革，同年 11 月，《一汽劳保医疗制度改革暂行办法》获职工代表大会通过，于 1997 年 1 月施行。

一汽集团于 1982 年 12 月组建，至 1996 年底，由当初的 11 个成员企业发展成为以一汽集团公司为核心，以资产为纽带，由 1 个母公司、11 个全资子公司、12 个控股子公司、17 个参股公司和 247 个关联企业共 287 个成员企业组成的跨地区、跨部门、多形式、多层次，具有科研开发、生产销售、金融、外贸等多功能的特大型汽车工业集团。本着巩固成果，理顺关系，加强管理，稳步发展的原则，1996 年，大连柴油机厂由控股子公司发展成全资子公司，云南蓝箭汽车厂发展成一汽控股子公司。

从现在起，一汽集团公司正在抓紧本世纪的最后几年，加快发展步伐，使整体实力跃上一个新的台阶。到 2000 年，一汽集团的总产量将达到 45 万辆，销售收入将达到 450 亿元，利税总额和实现利润将分别达到 50 亿元和 10 亿元。

〔撰稿人：中国第一汽车集团公司　张宝成〕

东风汽车公司

总经理：马　跃
地址：湖北省十堰市　　　　邮码：442001
电话：（0719）8223402　　传真：（0719）8222918

发展概况　1996年是东风汽车公司投产以来生产经营空前困难的一年。由于外部环境的影响和内部矛盾制约，公司出现了销售不畅、资金紧缺、开工不足的局面，导致效益下滑。加之公司继“八五”期间十堰基地中卡改造、襄樊基地重型车建设之后，又进入以轻轿建设为重点的“第三次创业”的关键时刻，随着资金投入高峰期的到来，“吃饭”与发展的双重矛盾日渐突出，生产经营和建设发展的困难进一步加剧。为此，公司全体职工上下一心、同舟共济渡难关，紧紧围绕改善经营、转换机制、轻轿建设三项重点任务，采取了一系列行之有效的措施。一是继续贯彻公司总经理质量“一号令”和降成本“二号令”，强化质量和成本管理。通过对“一号令”的全面贯彻，公司的产品质量从总体上得到稳中有升，一些重大质量问题有了较大改进。特别是3t轻型车，在产量迅速上升的同时，整车质量稳定上升。在“学邯钢”的推动下，“二号令”的贯彻力度也明显大于1995年，效果更为显著。公司先后两次下达降成本指标，使全年生产经营成本降低3.54亿元，取得了较好的经营绩效。二是为进一步适应市场，强化了快速应变。1996年，公司立足存量，先后概算总投资59 812万元，到1996年底已累计完成固定资产投资58 300万元。在国家立项的基建项目有12个，其中，直接承担零部件国产化的项目有4个。12个基建概算总投资为111 700万元，到1996年底已累计完成投资58 600万元。

在项目实施过程中，东风公司以现有物质条件为依托，以技术引进为辅助手段，在千方百计满足神龙轿车国产化要求的同时，带动卡车生产上质量、上水平。

轿车零部件（含毛坯）国产化项目总体进度如下：

在11个技改项目中，轿车轴瓦、车轮、铸件和转向机（合资）项目已基本建成年产15万辆份生产能力。轿车门护板、中小冲压件、仪表（合资）、悬挂弹簧（合资）和微电机（合资）项目大部分设备已到货安装，并部分国产化供货，1997年可全面建成投产；轿车粉末冶金件项目和制动总泵真空助力器项目正在抓紧进行生产准备，有望1997年建成投产。

在14个基建项目中，散热器和油水泵项目已基本建成年产15万辆份生产能力，活塞项目大部分设备已陆续到货安装，1997年可全部建成投产。轿车铸件项目除变速箱齿轮零件外，生产其他零件所需设备已陆续到货安装，1997年可建成年产15万辆份能力。

东风公司的轿车支承项目承担了神龙轿车零部件国产化率12.4%左右。因此，这些项目全面建成投产，对神龙轿车国产化具有重大作用。同时也使东风公司零部件生产的技术水平提高一个档次，为东风公司的零部件厂（或子公司）成长为“小型巨人”打下了坚实的基础。

“九五”期间，东风公司又有16个项目被列入国家“双加”二期工程，总投资101 540万元。其中，试车场改造和车桥齿轮项目已开工建设，其他项目正在抓紧进行前期工作。

东风公司和美国康明斯公司合资建设年产2.5万台C系列柴油发动机项目也获国家批准。该项目总投资6.6亿元。目前部分设备已经订货，场地平整等工作也已全面开展。

1996年，公司在基本建设和技术改造中，采用了不少新工艺和新设备。比如在富康ZX轿车零部件生产方面推出53个应变品种，产量达19 000辆，占总产量的1/6。利用已有存量开发的一排半3t轻型车，3月份开始批量试生产，到12月份月产已达1 800辆。与此同时，市场需求的平头车、柴油车的比例也分别提高了11.4%和25.7%。

经过全体职工的扎实苦干，公司效益虽不及往年，但总体上仍争取了尽可能好的绩效。1996年，公司本部生产汽车121 450辆，销售汽车118 368辆；实现销售收入100亿元，盈利1 060万元；神龙公司生产轿车9 158辆，销售7 126辆；公司的出口局面进一步打开，全年创汇近2 187万美元，创历史最好水平。1996年的经济指标、产量、出口情况见表1～表4。

科研成果及新产品　东风公司的科研和科技攻关工作，紧紧围绕“九五”科技发展规划和轻轿新项目，进一步注重了科技与生产经营、发展的有机结合，针对影响公司中、长远发展后劲的关键技术和现生产中的技术薄弱环节，克服资金短缺等困难，开展了新产品、新技术、新工艺、新材料、新装备的开发和应用研究工作。1996年，累计完成科研及科技攻关课题299项，科研资金（含新产品开发费）实际投入8 138.46万元。其中通过部级鉴定6项，公司级鉴定39项，获汽车工业科技进步奖8项（二等奖2项，三等奖5项，四等奖1项）。评选出公司科技成果一等奖14项，二等奖25项，三等奖32项。其中，自行开发的EQ1030T车身产品造型新颖美观，设计合理，舒适性好，其造型设计已获国家专利，处于国内领先，并达到国际同类产品90年代先进水平；材料工艺所研制的SR-1型通用曲轴滚压装置，整个过程采用程序控制，滚压工艺参数可在较大范围内无级调整，并已用于多种发动机球铁曲轴的滚压工艺试验和小批量加工，该成果处于国内领先水平，并可替代国外同类装置的进口。

表1　1996年主要经济技术指标

项　　目	单位	1996年完　成	比上年增长%
企业数	人	13	23.5
全部职工平均人数	个	115 871	−6.1
工业总产值：当年价	万元	1 479 890	−9.9
不变价	万元	1 415 807	−4.5
工业增加值	万元	379 508	46.1
产品销售收入	万元	1 363 526	−14.9
产品销售税金及附加	万元	4 868	103.1
利润总额	万元	−9 770	
固定资产原价	万元	1 166 443	5.0
固定资产净值平均余额	万元	657 274	42.0
流动资产平均余额	万元	1 362 692	−4.7
出口创汇	万美元	2 187.4	82.8

表2　1996年完成主要产品产量

产品名称	单　位	产量	比上年增长%
汽车	辆	142 125	−19.9

表3　1996年主要产品出口情况

产品名称	出口产品		出口额（万美元）	比上年增长%
	单位	数量		
汽车	辆	1 300	1 391.17	68.63
汽车配件	万美元		401.57	42.91
内燃机	MW	120	507.42	32.14
工矿配件	t		283.76	66.92

为促进科技成果的转化，公司围绕“抓管理、上质量、拓品种、降成本、争效益”的目标，再次组织开展了“科技进步与四新成果应用”风神杯立功竞赛活动，并选择一批成熟的科技成果定点组织推广，全年共完成35项，创年经济效益1 000多万元。

表4　1996年主要出口国家、地区情况

序号	国家、地区	出口额（万美元）
1	缅甸	918.5
2	美国	264.8
3	香港	256.4
4	日本	164.9

基本建设及技术改造　东风汽车公司与法国雪铁龙公司合资建设年产15万辆轿车项目是国家重点项目。围绕轿车这一“龙头”产品，“八五”期间，东风公司（本部）在国家立项建设的技改项目有15个，其中，直接承担零部件国产化的项目有11个。15个技改项目采用柔性加工、试漏、补漏工艺，完成机油泵、水泵壳体加工，采用了法国ATGE公司进口试验台保证产品出厂性能。从意大利AMS公司引进了全铝装配式散热器的工艺与设备，从丹麦DISA公司引进了2013垂直分型挤压造型机等。通过这些新工艺新设备的使用，不仅在形成能力方面，而且在保证产品质量方面，提供了一个良好的物质基础。

对外合作　1996年东风汽车公司对外经济合作取得了长足发展，新建中外合资企业7个，投资总额超过16亿元，外方注册资金为6 320多万美元。这些合资企业有东风康明斯发动机有限公司、东风杭州日产柴油汽车有限公司、上海东风沙基诺转向器有限公司、上海欧雷法东风弹簧有限公司、东森汽车密封件有限公司、上海特强汽车紧固件有限公司以及东风创普汽车有限公司等。1996年8月东风汽车公司在科特迪瓦共和国投资组建了华科汽车股份有限公司，投资额近6 000万元。1996年东风汽车公司积极利用外资，其中已签约的项目有东风公司利用西班牙政府贷款引进模具加工设备项目以及利用意大利政府贷款引进大型压铸设备项目，共利用外资达560万美元。在引进国外先进技术的过程中，东风公司均进行了进一步的开发和创新。以引进B系列发动机项目为例，在消化吸收美国康明斯公司技术的基础上，自行开发了自然吸气和带增压的各种发动机，进行了东风公司自己的B系列发动机的开发与设计，拓宽了引进技术产品的动力性范围和使用范围。同时，在消化吸收各引进技术时，应用了大量的新工艺和新材料，从而推进了公司整个新工艺和新材料应用水平的提高。另外，伴随着技术的引进，还引进了国外较先进的管理技术。为进一步加速计算机技术的应用，公司从“六五”就开始着手此方面的引进，从计算机辅助设计、管理，到“八五”的CIMS集成技术，经消化吸收和二次开发，如今东风汽车公司已成为汽车行业成功开展大规模计算机辅助设计系统应用的典范和应用CIMS工程的示范单位。

“三大战役”情况　东风汽车公司“九五”期间要完成的主要任务及目标是：

（1）“产品质量翻身战役”目标：主导产品技术水平达到国际90年代国内同行业先进水平，现生产品种平均故障间隔里程达到部颁新标准，主导产品创国家优质名牌，公司创质量信得过名星企业，建立与市场经济相适应的质量保证体系、售后服务体系和质量进步体制。（2）“组织结构优化战役”目标：基本建立起公司型管理体制和运行机制；形成整车产品合理分工、关键总成集中生产、零部件配套优化的生产格局，培植3个～5个高起点、大批量、专业化的零部件生产“小型巨人”，拓宽产品型谱，发展宽系列公路用车，突破区域、行业界限，以汽车生产为主业，实现多角化经营，深化企业改革，加快转换经营机制，加大改造、改组的力度，使企业内部组织结构逐步从“橄榄型”向“哑铃型”体制转变。(3)“开发能力提高战役”目标：初步建成轻轿产品开发阵地，形成宽系列车型的自主开发能力；原有产品和自主开发产品达到国际90年代初期水平，引进技术产品达到国际90年代水平，形成一批具有自主知识产权的名牌产品，装备技术开发能力保持行业领先水平，基本满足公司需求并向社会提供部分专用技术装备；实施“600”人才工程，培养一批跨世纪科技经营人才。

当前公司实施“三大战役”的主要措施：

(1)“产品质量翻身战役”主要措施：加快推进贯标，1997年底公司通过第三方ISO9001质量体系认证。建立和完善“双重”质量考核体系，进一步强化质量责任考核。稳定提高产品实物质量，加强工序质量控制。突出抓好新产品的质量改进工作，着力解决制约质量水平提高的关键问题，装车质量和可靠性水平达到一个新的高度，1.5t轻型车确保成功投放市场。建立售前服务区，确保用户提车完好率；完善售前服务标准，设立用户投诉箱，发放随车意见调查卡。强化质量意识，营造“讲质量、创名牌、一切为用户着想”的良好氛围，开展“千组万岗无废品”活动。

(2)“组织结构优化战役”主要措施：在集团内部进行资产优化重组，合理配置资源，盘活用足现有资产存量。继续推进子公司改进，十堰基地全部零部件厂改制为有限责任公司，仪表子公司完成股份制改组，实现A股上市。装备公司、工厂设计院等单位，与母体实现分离，改造为子公司。发挥集团成员现有的优势，提高生产集中度，扩大市场占有率，提高整体竞争实力。巩固教育系统、生活房产、集体企业体制划转成果，继续推进生活服务社会化改革。加大改组、改造的力度，对集团内经营不善、亏损严重、发展方向不明的企业，通过局部破产，寻求解决的途径。深化劳动人事、住房制度、医疗保险等综合配套改革，抓好减员增效、富余人员分流工作。

(3)“开发能力提高战役”主要措施：建立和完善以技术创新为核心的产品开发机制，加快整车产品、工艺材料和技术装备的自主开发能力建设。保证科技投入力度，不断完善开发能力和手段，重点抓好襄樊轻轿开发中心建设。加强重点技术研究和重点产品开发工作，提高产品技术含量和附加值。加快科技成果转化步伐，提高科技进步在企业经济效益中的贡献度，实施十项成果推广计划，公司“九五”科技发展计划实施率达50%以上。积极与国内外科研院所开展联合设计和联合开发。与国际惯例接轨，认真做好汽车产品符合国家25项强制性标准的贯彻。实施人才战略，加速科技人才的培养，重点抓好跨世纪人才工程。

一年多来，通过公司上下的共同努力，公司实施“三大战役”，已取得阶段性的初步成果。首先，全员质量意识显著增强，产品实物质量进一步提高，质量保证体系不断完善，初步建立起质量进步新机制。其次，深化内部改革，推进企业组织结构调整，加快转换经营机制，着力建立与市场经济相适应的管理体制。此外，自主开发能力不断增强，科技成果转化步伐加快，科技兴企已形成共识，技术创新工程全面启动。

管理及改革　1996年，东风汽车公司基于企业“两个转变”的实践，提出了“以市场为导向，以质量为基础，以财务为中心，以效益为目标”的经营管理思想，生产经营更好地坚持了“以销定产、产销平衡”的原则，根据市场变化进行了一系列“短、平、快”的品种结构调整，较快地推出了加强型五平柴、运煤车等应变品种，促进了产品结构的相对优化和产销衔接。同时，围绕转换经营机制，建立现代企业制度，十堰基地先后有5个零部件厂完成了子公司体制改造；装备公司、工厂设计院等已实行模拟子公司体制改造和运转；基本完成了第二批生活房产、集体企业划转；按市场经济的供需关系，对延续了20多年的职工生活福利分配方式平稳地进行了改革，并推出了社会养老保险、住房制度等配套改革。

〔撰稿人：东风汽车公司办公室　周　中　审稿人：东风汽车公司办公室　顾鸿年〕

中国重型汽车集团公司

法定代表人、总经理：徐仁根

地址：济南市无影山中路53号　邮码：250031

电话：(0531) 5952530　传真：(0531) 5952412

企业概况　中国重型汽车集团公司（简称重汽公司）是中国重型汽车集团（简称重汽集团）的核心企业，经原国家机械委批准，成立于1983年3月29日。重汽集团自1987年起在国家计划单列，1991年被列为国家试点企业集团，1993年被国家批准为首批实施国有资产授权经营的试点单位，授权重汽公司代表国家统一经营和管理紧密层成员企业中的国有资产。重汽公司现已成为拥有34个全资或控股企业、6个参股或承包企业、46个协作层企业组成的大型企业集团。重汽公司和紧密层成员企业分布在全国12个省、市、自治区，共有职工88 000余人，现有总资产180.3亿元，净资产46.2亿元。1995年12月18日，国家经贸委等5部委联合下发“国经贸企〔1995〕868号”文件，批复重汽集团深化体制改革方案，将济南汽车制造总厂(原属重汽公司最大的子企业)并入重汽公司，壮大了集团母公司的实力。经工商行政管理部门核准自1996年4月26日起注销济南汽车制造总厂企业法人。

经营情况 1996年重汽集团面临的外部环境十分严峻，连续两年的宏观调控使重型汽车市场有效需求下降，市场竞争加剧，资金困难突出，经济效益下滑的势头难以遏制，前五个月累计亏损1.5亿元。在严重困难形势下，重汽公司及各成员企业领导审时度势，负重自强，以实现当年扭亏作为“军令状”，带领广大职工奋力拚搏，在困境中实现了转机发展。1996年，全集团实现销售收入94.6亿元，实现利润2 154万元，实现出口创汇6 501万美元，得到机械工业部的表扬祝贺。

1996年集团公司主要经济指标完成情况见下表。

表　1996年集团公司主要经济指标完成情况

项　目	单位	1996年完　成	比上年增长%
企业数	个	19	−1.0
全部职工平均人数	人	86 428	−2.6
工业总产值：当年价	万元	605 433	8.6
不变价		586 035	8.3
工业增加值	万元	136 348	11.1
产品销售收入	万元	564 845	3.6
产品销售税金及附加	万元	1 909	−32.2
利润总额	万元	2 077	
固定资产原价	万元	644 288	34.8
固定资产净值平均余额	万元	371 249	59.7
流动资产平均余额	万元	760 910	19.3
出口创汇	万美元	6 501	

1996年重汽集团实现当年扭亏为盈的主要经验有以下几点。一是领导带头自我加压，层层落实扭亏工作责任制。重汽公司把扭亏工作情况作为各级领导干部岗位业绩评价、考核的首要内容，并把干部个人收入与经营成果挂钩计发。集团公司7名领导分片组织开拓市场，各自承担销售量和货款回收指标，在未实现扭亏前，从集团公司到工厂各级干部主动扣减20%～50%工资，由此唤起广大职工扭亏工作的积极性，从上到下形成为实现扭亏目标而奋斗的责任体系。二是深化用人、分配制度改革，以提高产品质量促销售，以营销带动生产经营的全局。为强化质量管理，在生产中实行质量否决制，实行“联产联质计酬计奖”的分配制度。在销售部门，对直接销售服务人员实行销量工资制，加大激励措施，改善服务质量，同时积极扩大整车融资租赁业务，拓宽市场。1996年，在全国汽车市场普遍不景气的情况下，重汽集团重型汽车销售量比上年增长了20%。三是内部挖潜，增收节支。集团公司采取有力措施收回部分协作配套件改为自制，承揽对外劳务加工，严格控制生产成本，压缩管理费用，清退临时用工，封存部分办公乘用车辆，实行各项费用开支包干使用等。1996年，仅管理费控制就节约资金4 000多万元，外协配套费节约1 000多万元。四是搞好经营运行计划、监控和调度，加强对所属企业帮促检查，确保集团整体扭亏目标的实现。重汽公司从实际出发，把直属企业划为增盈、扭亏、控亏3种类型，分别确定效益指标，建立了月度经济活动分析制度，逐月检查，及时帮促。同时，每周召开资金和生产调度例会，把解决资金周转困难的重点从以对外借贷为主逐步转到盘活存量、压缩占用上来，对有销路、有效益的产品生产给予资金保证。对扭亏困难大的企业，集团公司领导分工蹲点，重点帮促。

对外合作 重汽集团通过斯太尔重型汽车制造技术引进和项目建设，产品技术水平达到了国际90年代初先进水平，初步形成了专业化生产格局，“八五”期间，为进一步提高总成专业化水平，形成更大规模，对部分总成上水平、上能力进行了规划。在重型汽车车桥方面，美国罗克韦尔国际公司享有盛誉，重汽集团自90年代初开始与其接触，1993年9月双方签订了技术转让合同。之后，为进一步扩大合作，双方积极探索组建合资企业。1996年10月，合资项目可行性研究报告获得国家经贸委正式批准。济南罗克韦尔车桥有限公司，注册资金2.9亿元，总投资7.1亿元，中国重型汽车集团公司和美国罗克韦尔国际公司各出资50%。该合资公司是重汽集团内第二个中外合资企业，将制造包括制动器、轮毂和制动鼓在内的罗克韦尔RS-26-163、RS-26-183单驱动桥整桥和RT-52-163双联桥整桥以及用于大客车的RS-26-16X单级减速驱动桥，黄河车前后桥和6.5t级前桥。这些产品将满足包括重汽集团在内的载货车厂家和大客车厂家对高性能车桥的需求。该合资项目吸引罗克韦尔公司1 763万美元外资投入，利用重汽公司济南车桥厂存量资产和已引进并消化吸收的技术，“九五”期间通过技术改造形成年产7万根前后桥总成的生产能力。该合资公司于1997年初正式挂牌开业。

1996年，重汽集团对外技术经济合作，除罗克韦尔合资项目外，已签约的德国曼公司的客车底盘技术引进项目正在陕西汽车制造厂抓紧国产化工作，其大客车上车与法国洛赫公司合资项目合同已上报待批，还有十几项技术引进项目正在洽谈，对外技术经济合作取得较大进展。

“三大战役”实施情况 1996年，重汽集团按照机械工业部打好“三大战役”的部署，认真制订实施方案和工作计划，并组织实施，取得初步成绩。一是贯彻ISO9000系列标准，抓好实物质量改进和提高，打好“产品质量翻身战役”。重汽集团把贯彻ISO9000标准作为入手点，强化质量管理基础工作，完善质量体系，不断提高质量体系的有效性。在全面开展贯标工作的基础上，部分基础较好的工厂加大工作力度，继潍坊柴油机厂通过认证后，四川汽车制造厂和青岛专用汽车公司又相继通过体系认证。在提高产品质量方面，重点解决整车可靠性问题，从开展岗位培训、实行联产联质计酬的分配制度入手，通过细化工艺、改进整车装调办法，改进和提高整车质量。整车装配质量检验，由过去一人一车包干调试、检验，改为按专业分工检验，最终进行质量评审入库，从而加强了责任考核，促进了产品质量的提高。在年末出口产品许可证质量评审中，斯太尔汽车和黄河汽车稳定达到一等品。重汽集团拟通过两年努力，到1997年底使主导产品整车平均无故障间隔里程达到8 000km以上，提高整车可靠性和外观质量，完善售后服务网点建设，形成重型汽车国内市场优势，并扩大整车出口。二是建立适应市场、快速反应的新产品开发体系，拓宽产品的市场范围和领域，打好“开发能力提高战役”。“九五”期间，在完善集团技术中心和各厂总成零部件专业研究所建设的基础上，要由引进技术消化吸收转为形成自行或联合开发改进提高总成零部件性能的能力，具备整车提高性能、发展品种的开发能力，进而达到具备自主开发能力。1996年重点是在开展整车匹配设计和专用改装车品种的研究开发上下功夫，全年共完成新产品开发97项，实际完成试制48项，其中定型鉴定30项。新开发的一些专用改装车，如后翻式粮食自卸车、混凝土搅拌输送车、封闭式自卸垃圾车等受到用户青睐。用成熟的斯太尔总成与日野公司联合设计开发的新一代10t载货汽车，达到国际90年代初先进水平，在国内同类产品中处于领先水平。三是坚持“三改一加强”方针，制度创新和管理创新并举，打好“组织结构优化战役”。1996年，重汽集团顺利完成了集团内最大的子企业济南汽车制造总厂并入重汽公司的工作，进一步巩固了集团内专业化生产格局，推进了市场营销体系，产品开发体系和资本经营体系的统一，增强了整体竞争的优势。在此基础上，推进子企业公司化改制工作，组建了以原重庆汽车配件制造厂与多家法人企业参股的重庆卡福汽车零部件有限责任公司，兼并扬州汽车电机厂正式办理了资产划转，完成了中美合资的济南罗克韦尔有限公司的组建工作，促进了集团内企业组织结构的优化。在管理创新方面，学邯钢、抓管理初见成效，成本、费用得到了有效控制，“三项制度”改革又有新的突破，基础管理工作得到进一步加强。重汽集团在实施“九五”发展规划中，将以存量资产重组和新增资产的优化配置带动企业组织结构调整，实现规模经济，获取更大的规模效益，确保在国内重型汽车行业的领先地位。

〔撰稿人：中国重型汽车集团公司经济政策研究室　阎瑞林〕

北京汽车工业集团总公司

总经理：马守平
地址：北京市宣武区南纬路31号　邮码：100050
电话：(010) 63043411　传真：(010) 63012351

北京汽车工业集团总公司所属33个企业，职工总数56 228人，工业固定资产原价和净值分别为42.6、28.1亿元。1996年由于汽车工业受宏观紧缩政策及汽车消费政策的影响和制约，北京汽车工业在全国汽车市场销售滞缓的状态下，也出现有史以来产销量下降、效益下降、亏损面和亏损额增加的局面。1996年主要经济指标及产量见表1、表2。

此外，整车产品质量稳定提高率为100%，汽车产销结合率为100.8%。集团总公司工业总产值占北京市工业总产值6.5%，占北京市工业系统总产值15%，在北京市工业系统排名第三位。

全力抓好生产经营，调整产销计划提高内部配套　集团总公司各企业针对库存增加、销量减少、效益下滑的情况，根据市场需要，坚持“以销定产，以产促销，产销平衡”的方针，集团总公司适时提出近、期和远期生产目标，并及时给予修订，遏制了产销的快速下滑。总公司内部配套领导小组与各企业一道进行调研，并通过主机厂与零部件厂的共同努力，提高了内部自配率，到1996年底，比上年提高内配率5.8个百分点。巩固发展了联供体制的改革成果。总公司供销公司为企业垫付5 000万元资金，与12个企业签订了联供协议，供料9.3万t。总公司销售系统运用多种方式，加大产品促销力度。集团总公司通过在全国召开订货会和机械工业部国产汽车四十周年联展活动，以集团整体参加了3个国际汽车展览会，提高了北京汽车的声望。

推进改革，促进企业经营机制转换　集团总公司在转机建制方面，以“三改一加强”和“三法两条例”的贯彻为重点，加快现代企业制度试点和推广工作。北汽摩公司、北油公司、北旅公司3个试点单位的规范化运作取得实效。总公司制定了《搞活小型企业实施方案》，重点扶持和促进一部分小型企业与整车厂同步发展。在资产优化重组方面，重点推进了北汽摩公司控股的北汽福田车辆股份有限公司的组建工作。农用四轮车产销量已跃居全国第一，成为集团新的经济增长点。完成了进出口公司与天纬经贸公司的合并工作，使双方得到多方面的优势互补，增强了市场竞争力。完成了北旅公司转股合资、轻汽公司转股融资及东伟公司转股增资工作，总计吸引外资3 260万美元。为扩大集团整体实力，制定出《加强集团内部配套管理的实施意见》和《内部配套价格管理办法及实施细则》。

表1　1996年主要经济指标完成情况

项　目	单位	1996年完　成	比上年增长%
工业总产值	亿元	85	－7.0
销售收入	亿元	111.8	－9.1
销售税金	亿元	6.1	－19.3
利润	亿元	1.9	－38.9
利税	亿元	8.0	－25.0
工业经济效益综合指数	%	139.5	23个百分点
全员劳动生产率	元/人	171 395	12.0
出口创汇	万美元	1 850	－19.6

表2　产量完成情况

项　目	单位	产量	销量	比上年增长%
汽车	万辆	12.9	13.0	－23.0
摩托车	万辆	2.2	2.2	－10.3
农用车	万辆	2.6	2.6	205.0
配件	亿元	11.3		－2.2

集团总公司还制定了《“三产”劳服企业管理办法》。在人事、劳动、分配、社会保险等配套改革方面，北汽摩公司和北京吉普公司进行工资配套改革试点，建立了全系统职工养老保险个人帐户和职工技能鉴定所。1996年上半年完成了总公司机关机构改革，下半年重点进行了处室部门职责修订、定岗定编、干部聘任。组建了北京汽车工业协会。

以市场为导向，加快产品开发步伐　全年完成新产品研制52项，其中整车25项，零部件27项，新产品创产值52亿元，占总产值的62%；销售收入56亿元，占全部销售收入的50%；实现利税5.2亿元，占利税总额的65%。北京吉普公司开发了BJ2020Y硬顶吉普车；根据西藏地区特点，开发了“西藏型”CX5切诺基。汽摩公司推出的“金旋风”汽车，不仅受到用户欢迎，而且在巴黎国际汽车博览会崭露头角，受到关注；还开发了满足出租用车和私人购车需求的BJ6470新型汽车。轻汽公司在BJ1041、BJ1061系列车基础上研制开发十几种新产品，已陆续投放市场。

北旅公司对BJ6560系列车进行改进，推出96型BE国产化车型，为1997年批量生产做准备。同时，北京齿轮厂、华纳公司、北油公司、北京车灯厂、北京减震器厂及北京汽车仪表厂等一批零部件企业，在满足集团内配套的同时，不断扩大国内配套厂家，并及时推出较高附加值的产品，给企业带来效益。汽车排放达标攻关工作取得了重大进展，北汽摩公司研制生产了符合国家排放标准的H209化油器，1996年北京牌汽车装车率达到40%，目前已正式批量生产。在1996年北京工业企业难题招标、院所校科技成果转让洽谈会上，18个技术难题得到科研单位应标，12个项目正式签定了合作协议。北油公司、北京轻汽公司和科研部门合作，研制的计算机集成制造系统已开始起动。汽车研究所“八五”技改项目，1996年通过北京市经委的竣工验收。该所的汽车排放试验室，可以承担9工况、15工况的整车和发动机排放、燃油蒸发测试。

制定结构调整方案，技术改造和合资工作取得进展　明确了2000年企业经济结构调整的目标、重点、措施及项目进度。对北京齿轮厂与华纳公司产品进行合理分工调整，提出了北京汽车喇叭厂、北京制动器厂等调整方案，对北京传动轴厂、北京车桥厂的调整进行调研，并积极推进一批扰民企业的搬迁工作。1996年投入技术改造资金2.10亿元，完成工作量2.22亿元。列入年度计划的24个“八五”技术改造竣工验收项目完成了19项，除轻汽公司“七五”项目与北汽摩公司化油器项目外其它项目基本完成。为了规范建筑市场及建设工程项目的管理，根据国家及北京市的要求，开展了建设 工程执法监察工作，按进度要求基本完成了集团总公司的自查与抽查工作。虎城小区开复工面积5.3万m^2，竣工面积1.9万m^2。全年围绕资产增值保值，对技改项目和在建项目的审计工作取得成效，节省资金近1 000万元。完成了东伟公司与江森公司的合资，推进了北二汽与日本极东株式会社合资项目等一批企业的合资工作。

学习邯钢经验，提高管理水平　学邯钢，从财务基础管理入手，建立健全各种适应市场经济的财务制度，使管理逐步向资本经营方式过渡。总公司系统在1996年财务管理达到二级标准的有1个单位，三级标准的有15个单位。在市场模拟管理，实行成本否决中，重点抓了北汽摩公司、北油公司、北京轻汽公司、北京齿轮厂等学邯钢试点，成效比较显著。其中北汽摩公司运用市场“倒推法”确定目标成本，作为否决标准，根据实际实行8种不同的成本否决方式，初步实现了向成本管理要效益，其基本经验受到北京市有关部门的肯定和推广。在质量管理上，集团总公司和各企业分别制定相应方案，打好质量翻身仗。吉普公司通过质量100天活动，加强了产品质量全方位检查控制和验收工作，使其产品质量已顺利通过ISO9001质量体系认证，保质保量地进行产品配套，取得了良好经济效益。生产系统结合学邯钢、降成本，在物流管理、投入产业上下功夫。北京吉普公司的“一个流”拉动式生产，北京传动轴厂的生产现场管理模式设计，都是管理向深层次发展的典型。年底，在上年的6个先进、6个达标企业的基础上，又有10个企业达到了验收标准，达标以上企业已占企业总数的78%。在进行建章建制，加强企业科学管理方面，集团总公司拟定了《集团总公司“九五”

企业管理发展规划》草案、《合资企业中方高级管理人员工资管理办法》草案和《企业领导干部工资管理办法》草案，促进管理工作科学化、规范化。

〔撰稿人：北京汽车工业集团总公司　孙宝琪、李燕英〕

天津汽车工业(集团)有限公司

法定代表人、董事长：纪学澂
地址：天津市和平区烟台道78号　邮码：300040
电话：(022) 23399926　传真：(022) 23310858
天津汽车工业（集团）有限公司销售公司
地址：天津市河西区围堤道156号　邮码：300201
电话：(022) 28318888　传真：(022) 28313200

概况　天津汽车工业（集团）有限公司（以下简称“天汽集团”）是国有独资特大型汽车生产企业，是集产、供、销、科研、服务一体化的经济实体，是国家轿车和微型汽车的重要生产基地之一。

天汽集团现有直属企业53个，其中国有企业21个，集体所有制企业12个，中外合资、合作（含控股、参股）企业20个。设有汽车销售公司、物资供应公司、汽车进出口公司、汽车研究所和职工培训中心等。拥有职工近6万人。

主要产品有夏利牌系列轿车、华利牌系列微型汽车、三峰牌系列旅行客车、雁牌系列轻型载货汽车，以及各类专用汽车、铁牛牌大中功率轮式系列拖拉机，还有门类齐全的汽车、拖拉机、内燃机配件等。产品遍及全国各地，部分产品行销国际市场。

多年来，天汽集团以提高经济效益为中心，加紧建设市场体系，加速技术改造和技术开发，加快企业改革步伐，以市场建设为先导，“围着市场转、盯着市场干、随着市场变”，优化产品结构，狠抓产品质量，强化企业管理，挖掘生产潜力，最大限度提高盈利水平，取得良好的经济效益和社会效益，被列为中国机械工业100家最大企业之一，居第4位；按销售额计算，列中国500家最大工业企业第20位。

“八五”期间，累计生产汽车48万辆，创利税44亿元，是“七五”期间的4倍；5年间工业总产值和产品产量年均递增32.9%和31.6%，销售收入和利税年均递增33.3%和43.2%。随着夏利轿车15万辆扩建工程的按期完成，有效地带动和推动了零部件配套生产技术的进步，年综合汽车生产能力达到23万辆，增强了企业的发展后劲，为“九五”再度发展奠定了坚实的基础。

1996年，天汽集团继续牢牢把握提高经济效益这个中心，把改革、改组、改造和加强企业管理相结合，进一步完善现代企业制度，积极推进“两个转变”，确保产品质量水平，不断建设和完善市场体系，努力提高自身竞争能力，使天津汽车工业得到了平稳的发展。

发展速度和经济效益实现双增长。全年完成工业总产值129.26亿元，比上年增长26.45%；完成工业增加值26.5亿元，比上年增长12%；生产汽车152 686辆，比上年增长16.69%（其中，夏利轿车88 000辆，增长35.38%；华利微型车52 125辆，增长4.17%）；生产拖拉机9 440台，比上年增长20.87%；实现销售收入119亿元，比上年增长16.6%；利税合计14.3亿元，比上年增长3.33%（其中，国有企业11.47亿元，增长7.5%）；国有资产保值增值率达到117%。

产品质量得到进一步巩固和提高。多年来，天汽集团为保持和拓展良好的企业形象和产品市场信誉，把产品质量作为经济工作的生命线牢牢抓住不放，不断强化行政、经济管理手段，突出量化标准，认真落实质量责任目标，完善质量保证体系，做到压力传递，一级抓一级，逐级签订《质量责任书》，并结合“三大战役”实施规划，努力打好“质量创优战役”，不懈地推进名牌战略。目前已有11个企业获得GB/T19000 (ISO9000) 质量标准认证；18个企业通过内审；9个项目通过市级和公司级质量攻关评审；夏利、华利两个主导车型在市重点产品抽查中一等品率始终保持100%；10种市管重点产品继续保持一等品水平；通过签订质量责任承包书，在内、外配套厂家中开展可靠性信得过配套产品活动，建立2个产品质量免检企业，形成质量管理激励、约束机制。

加速科技进步，提高管理水平，促进经济效益增长。随着夏利轿车15万辆扩建项目的竣工投产和集团公司的成立，天汽集团抓住机遇，以建立现代企业制度为契机，在强化企业全面管理工作上狠下功夫，努力提高整体素质，加快企业建设步伐，向管理要效益。严格工艺技术管理，规范、落实工艺纪律，实行工序有效监控，大力推进技术进步，积极推广科技成果，采纳合理化建议2.4万件，增创效益3 968万元；通过加大技术开发力度，全年完成新产品试制40项，技术攻关3项，投产27项，创产值24亿元，新品利润3.5亿元；通过进一步深化财务管理制度，强化经济核算和目标成本管理，全年节材降耗1 120

万元；随着夏利轿车15万辆扩建项目以及与之相关的8个零部件配套技改项目的按期完成投产，使行业的综合管理再上一个台阶，至1996年底，创建生产现场合格单位25个、特区车间83个，实现了强化生产现场管理5年规划目标；为造就一支熟悉市场经济、会管理、善经营、懂技术、训练有素的职工队伍和跨世纪人才，结合企业发展需要，全年培训重点专业人员达3.78万人次。通过强化管理上水平，全面提高行业的整体素质，使天汽集团在实施“九五”规划的第一年，创立了一个良好的开端，夯实了基础，夏利轿车和华利微型汽车的国产化率分别达到93%和98%以上；夏利、华利和发动机系列产品被评为“天津市名牌产品”；“夏利”申请中国驰名商标工作得到了国家工商总局商标局的初步评审。

加速市场体制建设，促进经济增长质量　多年来，天汽集团以市场为导向，狠抓市场培育与建设，优化产品结构，以销定产、以产促销。在计划经济体制向社会 主义市场经济体制转变过程中，着力加强思想观念和经营机制的根本转变，注重经济发展的质的增长变化，使经营机制与市场体制有效转轨。

在充分正确认识市场经济的基础上，紧紧抓住供需动态，适时调整生产纲领和产品结构，加大产品开发力度，生产适销对路的产品。针对市场需求，相继完成夏利轿车、华利微型汽车的多项改进和夏利轿车燃油喷射系统的小批试装，以及1.3L发动机的搭载实验，品种由20多个增加到近50个，受到用户的好评，掌握了市场的主动权，使天汽集团的主导产品产销率在全国同行业中始终保持较好水平。

按照“四位一体”管理模式，在稳步推进代理制建设的同时，着力抓好有限公司的管理和责任的落实，健全考核体系，完善维修、配套网点的建设，有效地提高了服务功能的质量。在广州、上海和北京成立了3个销售分公司，在全国建有32个有限公司、100多个代理商、198个产品特约维修服务站。在338个人口在15万以上的城市实施了“338”战略，进一步开拓了销售市场的空白点；通过组建配件供应中心、建立全新的“双会员制”的管理体系，理顺了配件供应渠道，大力促进了产品销售。1996年底，仅夏利和华利两种车型在出租车市场的占有率就达到53.76%，比年初增长了2.6个百分点。

通过全面开展精益生产方式、准时化生产，以及目标成本管理等，加快了经济增长方式由粗放型向集约型转变的进程。从而，有效地盘活资产存量、实施实物管理和价值形态管理，使各生产要素发挥出更大的功效，促进了资产经营和资本金的积累。全行业各单位逐级签定了《经济目标责任书》，并交纳了经济承包风险抵押金，加大了经济运营和行政监督考核力度，强化了配套质量和整车质量；通过建立风险共担、利益共享机制，巩固、完善和优化了“四位一体”营销体系。仅在出租领域，夏利轿车和华利微型汽车的市场保有量一年就增长了6.5万辆。并且实现出口创汇1 093万美元，出口整车209辆，且带动了零部件的出口。

通过外抓市场、内抓管理、整章建制，增强了企业市场竞争力，使天汽集团经济效益和社会效益双提高。

深化改革，增强活力，促进天津汽车工业发展　优化企业结构、建立优胜劣汰机制，加大兼并重组力度。适者生存，强者发展，优胜劣汰，这是市场经济的客观规律。兼并重组是改革不断深化的产物，是经济发展的需要，是企业摆脱落后、优势企业获得扩张的一次机会，使资源优化配置，促使资产向优势企业转移，促进企业转换机制，有利于取得规模效益。天津集团在引进大发（华利）和夏利整车生产制造技术，实现产品结构调整的基础上，按照“高起点、大批量、专业化、联合协作”发展汽车工业的思路，不断加强企业结构的调整和资产的重组。先后调整、重组、兼并一批没有固定产品、缺乏技术力量的工厂达30个。特别是近年来，配合大规模技术改造和国产化的技术进步，先后调整了15个企业，重新组建6个公司，兼并了外行业7个企业，成立了20个合资企业，使天津汽车工业形成了以国有资产为主体，其他经济结构并存的资产格局。盘活了存量资产，提高了整体技术水平，资源得到合理配置，从而增强了企业活力与实力，促进了天汽集团的整体效益。天汽集团的资产总额也由组建初期的几亿元一跃上升到1996年的100多亿元，综合生产能力达到年产汽车23万辆，实现了一定的规模效益，增强了发展后劲。

天汽集团作为全国100个建立现代企业制度试点单位之一，于1995年11月份依托天津汽车工业总公司改制成立天津汽车工业（集团）有限公司。规范建立了决策、监督、执行三权制衡的法人治理结构。经过一年来的积极工作，天汽集团依照《公司法》和国家体改委下发的《现代企业制度试点企业工作程序》，结合自身实际和发展规划，完成18个国有企业的公司制改组，组建为天汽集团的全资子公司。子公司对集团公司承担国有资产保值增值的责任。按照“放活、管好”的原则，建立起对市政府的产权关系和国有资产保值增值责任体系和监控考核体系。并进一步调整改组了行政机构，优化了内部管理效能，实行了劳动合同制、干部聘任制，部分企业实行了岗位技能工资制。形成上岗靠竞争，在岗靠贡献，下岗有安置的竞争激励机制，有效地调动了广大职工的工作积极性，增强了天汽集团团结拼搏创一流的战斗力。

与此同时，加快引进外资嫁接改造老企业的步伐，增强企业发展实力。1996年组建成立4个合资企业，使天汽集团的合资企业总数达到20个，利用外资增至20.9亿元；另外，还有8个零部件企业的合资项目正在洽谈中。通过改组、改造与引进外资相结合，把优化资产结构、组织结构同优化投资结构有机地融合在一起，为企业寻求了多种发展渠道，扩大了企业的资本总量。近日，天汽集团被国家批准为第四批境外上市企业之一，这将有利于提高国际竞争和增强融资偿债的能力，积极参与市场竞争。

天津汽车工业在形成独立的产业群体十余年

间，就是在改革中发展、在发展中改革，积极探索建立国有资产管理、运营的新体制和参与市场竞争的新机制。改革使天津汽车工业取得了明显的效果，插上了腾飞的翅膀，走出了发展汽车工业的新路子。

〔撰稿人：天津汽车工业（集团）有限公司 张泽宁〕

上海汽车工业(集团)总公司

总裁：陈祥麟　党委书记：林树楠　副总裁：叶　平、胡茂元、洪积明、蒋志伟、郁子冲　党委副书记：刘雅琴

地址：上海市武康路390号　邮码：200031

电话：(021) 64336892　传真：(021) 64330518

发展情况 1996年是上海汽车工业（集团）总公司继往开来、承上启下的关键一年。全体人员以开拓市场为出发点和立足点，大力推进“三上一下”（上开发、上规模、上管理、下成本），经济效益、经营规模均保持了较快的增长速度。详见表1、表2。

表1 1996年主要经济技术指标

项　目	单位	1996年	1995年	比上年增长%
全部职工平均人数	人	60 981	61 135	-0.3
工业总产值：当年价	万元	3 803 757	3 457 781	10.0
不变价	万元	3 913 208	2 912 117	34.4
工业增加值	万元	1 071 344	816 826	31.2
产品销售收入	万元	6 559 406	5 336 421	22.9
产品销售税金及附加	万元	183 123	158 993	15.2
利润总额	万元	666 432	547 124	21.8
固定资产原价	万元	1 157 000	903 855	28.0
固定资产净值平均余额	万元	769 613	552 819	39.2
流动资产平均余额	万元	2 679 588	2 251 233	19.0
出口创汇	万美元	6 994	5 703	22.6

表2 1996年完成主要产品产量

产品名称	单位	1996年	1995年	比上年增长%
轿车	辆	200 222	160 070	25.1
15t汽车	辆	600	805	-25.5
摩托车	辆	438 848	400 020	9.7
拖拉机	台	19 000	15 217	24.9

1996年的生产经营特点：

(1) 坚持不懈地开拓出口市场。1996年，五档变速器继续出口巴西1.2万多台，巩固了来之不易的OEM市场；油泵电机累计出口突破50万台，在巩固美国、欧洲市场的基础上，供货市场已扩展到东南亚等国家和地区，并在美国ROCKFORD设立了售后服务点。同时，通过技术改造，形成了35万台的年产能力，产品品种从最初的4种～5种已发展到90多种；热交换器首次跨出国门，销往意大利、法国、巴西等国近2万只；拖拉机出口1 000多台，柴油机出口2 800余台；总公司还着手实施钢板弹簧出口技术改造项目，将建成钢板弹簧OEM配套基地，争取更大的国际市场份额。出口情况详见表3、表4。

(2) 稳固轿车市场主导地位。1996年，中国轿车市场的竞争态势相对于1995年更为严峻，卖方市场已转为买方市场，我们坚持“市场最大化”的营销方针，不断拓展目标市场，完善营销网络功能，桑塔纳系列轿车销售量达20万辆，同比增长25%，市场占有稳中有升，达到52%以上，稳固了国内轿车市场的主导地位。

表3 1996年主要产品出（进）口情况

产品名称	出口产品		出口额(万美元)	比上年增长%
	单位	数量		
大中型拖拉机	台	1 049	562.4	64
125摩托车	辆	5 362	456.9	102
五档变速箱总成	台	15 000	1 043	75
汽车配件	万件	150.2	1 802	63
机电配件	万件	260	2 150	—

表4 1996年主要出口（进口）国家、地区情况

序号	国家、地区	出口额(万美元)
1	香港、日本、东南亚	2 160
2	扎伊尔、南非、苏丹	220
3	英国、瑞典、德国、法国	1 700
4	巴西、智利、阿根廷、秘鲁	1 980
5	美国、加拿大	1 450

为适应买方市场的新要求，已从两个层面启动改革营销体制。一是对桑塔纳轿车总经销——上海汽车工业销售总公司内部体制的改革，通过调整、增设部分机构，丰富了区域性市场开拓的程序和要求，以利于细分市场，强化中长期的市场预测和营销策略的研究；二是对分销渠道的改革，重点培育了91

个桑塔纳品牌经营单位，并梳理、淘汰一批无经营实力的经销商，以利于营销网络的管理和市场规范化。与此同时，通过新增铁路专列、海轮、内河轮、大型驳运车、中转仓库，水、陆、海路齐头并进，进一步增强了储运、分流能力，保证“零公里销售”，率先形成了30万辆轿车的年储运能力。

1996年，还在全国部分省市、自治区建立了幸福摩托车营销集散中心，实行全国统一到岸价，对XF125A型系列摩托车率先试行销售和维修智能卡，并设立幸福摩托车技术咨询服务热线电话。

(3)完善的售后服务网络。截止至1996年底，已在全国各地建立了340个桑塔纳轿车特约维修站，共维修保养161.3万辆次，为用户提供快捷、周到的一流服务，成为国内规模最大、覆盖面最广、服务质量最佳的售后服务网络。投资近6 500万元的天津售后服务中心已正式开业，广州分中心已开工建设。

为了培养全国各地的售后服务人员，不断提高其服务水平和质量，共举办162期培训班，培训各地人员2 061人次。

新产品及科研成果 1996年，总公司完成新产品开发95项，新产品产值达190亿元，新产品产值率为50%，科技进步贡献率达55%。共有8个项目获上海市优秀新产品奖，其中FYC6100旅游客车等2项荣获二等奖，XF90摩托车、XF125T摩托车、356mm（14in）钢制新型轿车车轮等6项荣获三等奖。

从1991年开始，总公司牵头组织绿色汽车空调的开发工作，仅用三年时间，开发成功了采用HFC134a新冷媒的汽车空调系统，并已安装于桑塔纳2000型轿车，该项目荣获上海市优秀新产品一等奖。现已形成年产绿色空调10万台(套)的能力，分别为桑塔纳、北京切诺基等国产汽车配套，受到了联合国有关组织的高度评价。

为了适应多品种、物美价廉的摩托车市场竞争要求，上海易初摩托车有限公司相继开发、推出了XF150-A型太子车、XF125-C型太子车、XF90型太子车、XF125T型踏板车、XF90T型踏板车、XF50T型踏板车、XF36型助动车等20余种幸福品牌新产品。

总公司还开发、生产飞羚牌SH6700轻型客车和飞翼牌FYC6100旅游客车。SH6700系列轻型客车车身设计采用CAD设计方法，并应用CAM制造技术，是在SH6606轻型客车的基础上研制、变型的中高档车型；FYC6100旅游客车采用了奔驰OH-1318三类底盘，具有较为理想的质量价格比，批量投放市场深受用户欢迎。

对上海50拖拉机进行技术改进，将机械转向改制成全液压转向，重新设计座椅，加长制动手柄，固定中央拉杆等，使整机性能更趋合理、完善。

1996年，桑塔纳轿车国产化率达到90%，桑塔纳2000型轿车国产化率达80.7%。国产化率的不断提高，不仅降低了生产成本，提高了经济效益，同时也使零部件企业通过吸收、引进、消化国外的技术，经过国产化配套的实践，初步具备了生产较高技术水平的轿车零部件的能力，为上海汽车工业的进一步发展打下了扎实的基础。

由总公司发起成立了上海汽车工业科技发展基金会，上海市市长徐匡迪亲任名誉理事长，陈祥麟总裁任理事长，该基金会接受国内外企业、社会团体和个人捐赠，总公司捐赠首期基金6 000万元。基金会致力于总公司与高等院校、科研院所的合作，资助上海汽车工业的基础研究、前期开发和人才培养基地建设。1996年，已相继合作成立了汽车用钢研究所、汽车热处理研究所等科研、实验基地，并取得了一定的科研成果，资助经费达520余万元。

质量 根据市场反馈的信息，我们制订了桑塔纳轿车和摩托车主要配套件的质量攻关计划。通过开展质量分析、技术攻关，进一步提高了产品的可靠性。其中，提高桑塔纳轿车变速器和空调压缩机可靠性两个攻关项目获得上海市工业系统重点产品质量攻关三等奖。1996年，整车、整机市级以上质量监督抽查合格率为100%，零部件总成监督抽查合格率为94.7%。桑塔纳轿车零部件成品缺陷率达60×10^{-6}以下的有28种，同比提高16.6%；摩托车配套件成品缺陷率达60×10^{-6}以下的有10种。

继1995年8个企业通过ISO9000贯标认证之后，1996年又有上海汽车锻造总厂、上海汽车电器总厂、上海易初摩托车有限公司、上海乾通汽车附件有限公司、上海合众汽车零部件公司、上海离合器总厂、上海小糸车灯有限公司、上海汽车制动器公司通过了贯标认证。至此，通过ISO9000贯标认证企业已达16个。其中，70%以上的桑塔纳轿车配套企业通过认证。

产品质量保证能力，由整车整机厂对配套的零部件厂直接进行定量评价，评审结果分为A、B、C三个等级。在桑塔纳轿车配套件必须达到B级质量保证能力的前提下，1996年有36种配套零部件达到B^+以上，其中14种达到A级水平。上海汽车齿轮总厂、上海纳铁福传动轴有限公司、上海易初通用机器有限公司、中国弹簧厂等已成为A级质量能力企业。同时，上海易初摩托车有限公司、上海拖拉机内燃机公司、上海汇众汽车制造公司等主机厂也分别对摩托车、拖拉机、载重车的配套产品质量能力进行评审，促进产品实物质量的提高。

1996年，总公司生产的整车、整机及其零部件产品以其优良的质量、性能、服务，树立了良好的产品形象，主要有：桑塔纳轿车被国家公安部、机械工业部定为安全性能免检产品，“幸福”系列摩托车被推荐为“消费者心目中的理想品牌”，上海50型、504型拖拉机被国家统计局推荐并获“最畅销产品、信誉最佳产品、知名度最高产品、最具市场潜力产品”等荣誉称号。

基本建设及技术改造 1996年，总公司技术改造竣工项目共有40项，主要是桑塔纳轿车30万辆配套项目，投资总额达到24亿元。另外继续集中资金，加大对主导产品桑塔纳轿车的投资力度，使其生产规模再上新台阶，基本形成了年产30万辆的生产能力。上海小糸车灯有限公司迁址嘉定，新工厂已正式建成投产，车灯年产量从500万只提高到1 000万只。上海纳铁福传动轴有限公司实施第四期扩建项目，扩建工厂落户浦东康桥工业区，总投资7 100万马克，1997年5月全面竣工投产后，将形成40万车套的等速万向节传动轴生产能力。

1996年5月16日，投资6.5亿元的上海易初摩托车有限公司王港新厂建成，其总部正式迁址浦东王港，并引进最新的125发动机制造技术，建成了近30条柔性生产线，能适应多品种生产的要求。至此，已形成年产100万辆摩托车和100万台发动机的能力。

对外合作 1996年，着力于提高利用外资的质量和效益，注重加强对已建立的合资企业的管理。在此基础上，确定了利用外资的原则，主要是：项目产品能参与国际市场竞争，项目能同时满足上海大众和上海通用项目的国产化配套要求，项目能提高技术开发能力和经营管理水平，项目能有利于调整产品结构、盘活现有资产存量、培养技术和管理人才，合作对象要选择技术与资金实力强的国际著名的整车或零部件跨国公司。

1996年，上海采埃孚转向机有限公司、上海埃梯梯汽车电器有限公司等新成立的合资公司相继开业投产；上海纳铁福传动轴有限公司、上海汽车制动系统有限公司等合资公司实施扩大生产能力、增加新产品的增资项目。1996年，共协议利用外资1.5亿美元，其中包括上海易初摩托车有限公司、上海小糸车灯有限公司等11个新的增资项目。另外，缸体、安全带、活塞、缸垫等零部件项目也正加紧合资谈判。与此同时，原有的合资企业继续保持了良好的发展势头，为上海汽车工业的发展发挥了日益重要、不可替代的支撑作用。其中，最具代表性的上海大众汽车有限公司，轿车产量突破20万辆，经济效益持续增长，连续第五年荣登中国最大500家外商投资企业的榜首。

1997年3月25日，总公司与美国通用汽车公司正式签署合营合同及章程，双方决定投资15.7亿美元，各占50%股份，建立上海通用汽车有限公司和泛亚汽车技术中心有限公司，这是迄今为止中国最大的中美合资项目。

上海通用汽车有限公司生产中高级轿车，达纲年生产能力为10万辆，并力争1998年出车。同时，将充分利用我国现有的零部件配套基础，在实现零部件国产化中，坚持"等效替代"和"打中华牌"的原则，起步国产化率将达到40%，以后逐年提高。

泛亚汽车技术中心有限公司将承担上海通用汽车有限公司下一代产品的开发，并最终形成包括车辆内饰、底盘和动力总成（发动机、变速箱）在内的整车开发能力，将向国内外其他公司提供汽车开发服务。

1996年5月11日，总投资达26亿余元的联合汽车电子有限公司正式开业，这是国内一次性投资规模最大的汽车零部件生产企业，与德国Bosch公司合资组建，引进先进的产品技术，第一期项目于1997年底竣工，将形成30万套汽油发动机系统及其零部件的生产能力。目前，上海、无锡和西安3个厂区的土建工程进展顺利，均已完成联合厂房、能源中心、油化库等主要单体的结构封顶以及联合厂房钢结构主体吊装封顶，市政及公用配套设施也正在紧张实施之中。

"三大战役"情况 1997年年初，根据机械工业部"三大战役"第二阶段工作的统一部署，上海汽车工业（集团）总公司结合自身特点，制定了"三大战役"第二阶段的实施方案，并布置、落实到部门、企业，职责明确，责任到人。主要内容是：

"开发能力提高战役"具体目标：一是建设国内一流水平的技术开发中心，形成集团技术开发体系，提高自主开发能力；二是初步形成零部件6+6开发能力；三是强化企业技术中心的建设和发展；四是建立产学研合作的有效途径。主要措施和要求是：加强对企业RDC建设和发展的评审考核，并把零部件制造技术水平从消化、吸收引进技术向创新应用转变；加快开发形成轿车、摩托车、拖拉机、大客车、轻型客车系列化产品群，并提高产品质量，降低制造成本；加强技术创新人才队伍的建设，实行"111"人才培训工程和"3+1"、"4+1"工程，并与高校合办人才培养基地等；充分发挥科技基金会的桥梁作用，建立更巩固的产学研合作关系，继续共建工程中心、实验室等；加大对新产品开发项目的考核和支持力度，重点考核、支持新产品开发项目和SGM横向配套项目；6+6开发计划要明确分工及阶段性目标，分解落实到各有关企业。

"产品质量翻身战役"具体目标：一是桑塔纳车配套企业要100%通过ISO9000质量认证，其他企业也要力争通过；二是争创部、市级的质量明星企业，并要有4个～6个产品创成部、市级的名牌产品；三是进一步提高产品实物质量，重点是提高产品的可靠性和适用性；四是产品质量能力要争创A级，消灭C级。主要措施和要求是：完善质量体系，强化审核力度，增强质量能力；实施名牌战略，创立一批有影响的名牌产品；增加质量投入，依靠科技进步，提高质量水平；加强质量攻关，制定计划，不断改进和提高产品实物质量；强化产品的售前、售后检查，树立以用户满意为宗旨的质量新观念。

"优化组织结构战役"具体目标：从总公司的角度来看，就是要建立适应一业为主、多元经营的组织结构，有利于集团迅速壮大发展；从企业的角度来看，就是要不断调整企业组织结构和产品结构，逐步形成产品设计开发、总装和销售"两头在内"，配套的零部件生产"中间在外"的"哑铃型"生产经营方式，即实现从粗放型向集约型生产经营方式的转变。主要工作和进度均要按照总公司组织结构调整"总体设计、分步实施、逐步过渡、不断完善"的原则，由总公司统一部署进行。

管理及改革

（1）深入推进“精益生产”。我们以系统供货、适时供货为突破口，深入推进精益生产。轿车的供货平均适时率达98%以上，摩托车供货平均适时率达97%以上。桑塔纳轿车的仪表板总成等四大总成的系统化供货已进入实施阶段，取得了实质性进展，提高了资金运作质量。

（2）强化成本管理。推行成本免除、成本控制、成本节省、成本责任、成本反馈的系统管理，开展“金点子”活动，发动职工想方设法降成本；推行目标成本管理，制定主要产品目标成本及控制办法，定期进行跟踪、分析；建立和健全产品成本报表体系，全面、客观地掌握成本、费用动态；开展降单耗、降废品、降费用的“三降”活动。1996年，成本管理工作取得了比预期更好的工作成果，可比产品制造成本同比下降6.96%（计划1.5%），销售、管理、财务等三项费用占百元销售收入的比重同比下降4.62%（计划3.5%）。

（3）深化特区建设。生产特区是总公司生产现场管理的示范性区域。创建生产特区活动开始至今，已有8年。我们在巩固成果的基础上，不断充实活动的内涵，使之成为提高企业管理水平的促进手段。1996年，我们再次修订了评审标准，使创建生产特区活动从全面质量管理向全面经营管理延伸，确定了“提高质量、降低成本、用户满意”的创建原则。截至1996年底，累计创建生产特区154个，其中，80%以上的轿车零部件生产车间已建成生产特区。

（4）兼并企业成立客车公司。1996年10月18日，总公司正式兼并了上海市公共交通系统所属的上海客车厂、上海电车厂、上海客车附件一厂和二厂4个企业，重组上海客车制造公司。通过技术改造，优化产品结构，将形成年产3 000台大客车底盘和3 000辆大客车的能力，发展成为上海汽车工业的新经济增长点。1997年2月，上海客车制造公司将自行开发6105KP公共汽车空调车，并批量投放市场，逐步投入上海市区的主要公共交通营运线路。

（5）加大人才引进、培养力度。1996年，继续通过加大人才引进和培养力度，为行业发展提供必要的人力资源保障。共引进高级人才11名，大学生近800名。其中博士后2名，博士8名，硕士109名。培养高级职称人员80名，高级技师14名，技师300名。与此同时，根据产品结构调整需要，通过加强人员培训和交流，优化劳动力结构。在发展新的经济增长点项目的同时，严格控制劳动力总量的增长，组织转岗、转业培训，消化、转移行业内部的富余劳动力。1996年，共实现人员交流、转岗600余人。

坚持每周“40+4”工作和培训制度。每周40+4工作和培训制度，即每周工作40小时，利用每周六业余时间为主培训4小时，并结合推行全员培训登记制度，保证和督促每个员工完成相应的培训课时。1996年，我们在管理人员中普及了计算机应用能力初级培训；在专业技术人员中进行了CAD普及培训，开始无纸化设计；在工人中普遍开展一岗多能、多岗培训。总公司培训中心及各级培训机构共举办各类培训班2 382个，培训人次达15万余次，人均培训2.6次。总公司被国家经贸委、机械工业部评为“全国机械工业职工教育先进单位”、“全国机械行业人力资源开发二十佳企业”。

〔撰稿人：上海汽车工业（集团）总公司总裁办公室　夏　军〕

跃进汽车集团公司

总经理：黄小平　副总经理：周锦清、朱国璋、黄世清、朱正林、许淑芝、戴则樵、吴志原
地址：南京市中央路331号　邮码：210037
电话：（025）3437788　传真：（025）3433526

发展情况　1996年汽车市场仍持续低速发展，在激烈的市场竞争中，公司积极开拓市场，确定了“深化改革、严格管理、强化服务、拓展市场”的指导方针和“跃进稳定阵地、底盘收复失地，依维柯拓展阵地”的工作思路，坚持以新跃进、依维柯销售为重点，抓产销率和资金回笼率。1996年生产汽车74 606辆，销售汽车74 508辆。1996年主要经济技术指标及产量见表1、表2。

在开拓国外市场方面，共完成出口370台（份），出口创汇420万美元。零部件总成也走出国门，在国外组装整车，为今后产品批量进入国际市场打下基础。

从整个效益指标看，比1995年有明显增长。这主要是：首先，IVECO品种增加，开拓市场，产销率大幅增长，成为公司效益的主要增长点；其次，1995年下半年开发的跃进农用车进入市场，一定程度上弥补了老跃进车市场下滑，稳住了跃进车的市场份额；第三，开展“三大战役”和“学邯钢、学车身”活动，强化管理，提高质量，降低成本增收节支，内部挖潜获得效益；第四，许多专业厂和“三产”，特别是零部件厂，开发新品，开拓市场，增大自销，开始成为公司经济增长的一个领域。尤其是汽车产销率达到99.87%，资金回笼达到100%，在行业中少有，而且向银行还本付息1亿多元，资产负债率和负债结构进一步趋向合理，企业经营活动趋向良好。

新产品开发　公司引进日本日产公司Cabstar

驾驶室技术，对发动机、变速器、制动器等主要总成换型，形成新跃进1062系列，4种车型（NJ1062D、DA、DB、DE）已批量生产；同时开发了1030新跃进系列共4个品种。组织完成农用车共4个系列、13种车型的试制和试验工作，并通过了鉴定。根据出口车的需要，完成了NJ1061DERU车和右置方向盘整车客车底盘的试制和小批量生产。引用新跃进系列车的技术，加速客车底盘的开发，完成NJ6701Y2、NJ6651Y2、NJ6650Y2系列底盘近20多项的设计改进，完成NJ6440和N6480两大底盘的开发工作，完成NJ1605系列车的开发试制和图样资料的整理工作。依维柯系列完成了11大类、20小类、150多个品种的特种改装车设计，各类改装车已具备批量生产的能力。各零件厂也积极开发新品种，为内部配套，为社会配套服务。

表1 1996年主要经济技术指标

项　目	单位	1996年完成	比上年增长%
全部职工平均人数	人	20 865	－1.5
工业总产值：当年价	万元	457 786	11.6
不变价	万元	574 744	22.0
工业增加值	万元	77 442	12.5
产品销售收入	万元	471 227	14.6
产品销售税金及附加	万元	10 735	18.2
利润总额	万元	6 200	583.8
资产总额	万元	695 000	7.8

表2 1996年完成主要产品产量

产品名称	单位	产量	比上年增长%
跃进系列	辆	59 589	－15.1
依维柯系列	辆	15 017	47.3

基本建设及技术改造　公司引进日产Cabstar技术，加快技术改造，填平补齐，新跃进系列已批量进入市场。

“九五”期间，国家批准公司环保搬迁、易地改造项目已进入实施阶段，厂房已相继开工，可望1998年完成建设和设备安装调试，此外，公司还争取了车身油漆、动力转向2个“双加”项目。引进发动机项目建议书已经国务院批准。

对外合作　在引进依维柯“S”系列设计、制造技术基础上，1996年由跃进公司与依维柯公司为母体合资成立的南京依维柯汽车有限公司于3月正式运转，当年生产依维柯汽车15 017辆，国产化率87%，并且在技术、管理上得到加强。

零部件展开全方位合作，以提高技术水平、增强竞争力，公司根据不同的总成所具备的优势条件，采取不同的合作方式。由中、中、外三方合资成立了杭州依维柯汽车变速器有限公司。为提高铸件水平、质量、降低成本，公司与泰克西公司合作即将完成，华东铸锻中心也正与上海汽车工业公司以及外方洽谈。离合器合资项目正在进展中，这个项目主要是保证公司的优势，选择最佳的合作伙伴。南京东阳塑料制品有限公司已正式运作。

“三大战役”情况　围绕“三大战役”第一阶段的重点，公司认真开展“三大战役”的工作，深化认识，广泛发动，细致部署，根据汽车产业政策、行业特点，分析企业现状，开展“三大战役”舆论工作，宣讲意义，制定公司“三大战役”实施方案，确定“三大战役”的目标：(1)通过“产品质量翻身战役”，要确保跃进系列、依维柯系列汽车质量达到国际90年代轻型汽车先进水平，以名牌产品占领市场，以“质量信得过”明星企业载誉市场；(2)通过“组织结构优化战役”，要实现组织结构向两头强、中间精的“哑铃型”结构转变，推进资产重组和增加效益，通过多种形式的联营联合，转换企业经营机制，实施集团化管理，跻身于100家“巨人”企业行列，并造就一批面向社会的“小型巨人”企业；(3)通过“开发能力提高战役”，要建设一个以跃进汽车集团技术中心为主体的产品开发体系，加大科技投入，2000年用于技术开发的费用不低于销售收入的3%，培养造就一批国内汽车行业知名的技术带头人的强干的科技队伍，形成主导产品的自主开发能力。

在具体实施过程中，公司以“质量翻身战役”为先导，全面发动、狠抓落实。颁布了《“九五”质量工作规划》和《1996年质量工作计划》，发出了“万众一心、振兴跃进、打好‘质量翻身战役’”的告公司全体职工书，强化全员质量意识和质量责任。

“质量翻身战役”围绕实物质量、质量管理和服务质量展开工作：(1)抓实物质量，严格质量否决。公司坚持做好质量控制和产品质量改进，控制工序质量，消灭人为质量事故。加大检查与考核力度，分管质量领导亲自带队组织检查现场质量控制和小分队突击抽查相结合，实物质量明显提高。制定产品质量改进明细，公司领导每月召开一次产品质量改进工作会，逐项检查，落实改进项目，检查改进进度，共完成质量改进项目17项。(2)抓质量管理，开展贯标活动。围绕贯彻GB/T19000管理标准，颁发文件，制定两年实现贯标的目标。已完成公司《质量手册》初稿和《质量程序文件》初稿的编制工作，公司还开展了“外学邯钢、内学车身”活动，苦练内功、加强管理，抓住质量、成本两条线，以人为本，从严要求，依法治厂，质量管理更趋 规范化、法制化。建立因质量问题(含工作质量)下岗培训制度，既抓物、又抓人，人人有指标，人人有考核，质量工作做到标本兼治。(3)抓服务质量，实行对用户承诺。接待用户要求主动热情，周到及时，走访用户，请维修厂反馈质量问题，对批量的故障，分析原因，组织技术人员攻关。同时对依维柯作出四项新的服务承诺：一是质量保证期5万km，18个月；二是开通24小时、365天全天候用户服务热线电话：三是在八大城市24小时特约维修服务；四是实行延时服务赔偿办法。

通过“质量翻身战役”，1996年较好地完成了质量指标，汽车装配一次交验合格率达95.01%，比上年上升3.5个百分点，申报农用车生产目录，样车全部通过评审检测。跃进系列汽车顺利通过了国家出口汽车产品生产许可证的申办评审；依维柯汽车通过了国家级监测中心的3万km抽查试验及国产化鉴定试验。公司还表彰了一批依维柯车50万km无大修的驾驶员。

“组织结构战役”着重点放在内部结构转型和专业化上：(1) 加速公司化进程，促进内部结构转型。建立若干子公司，调整组织机构，加快股份制改造；分批将零部件生产厂推向市场，组建了一批合资企业，使其朝着行业的“小型巨人”企业发展；走多元化经营道路，把企业办社会的部分分离出来，形成社会化服务；进行精益生产试点，改革生产组织方式，改革工艺过程，一人多机，提高效率和质量，取得良好效果；建立完善必要的管理制度，理顺与合资公司业务往来关系。(2) 加强技术中心建设，提高科研开发、设计能力。两头在内，中间在外，增强产品监督试验阶段。即研究开发、设计和总装、调度、服务由公司内部完成，中间生产环节和非关键零部件的生产尽可能通过协作解决，推进了专业化生产，进而为形成“哑铃型”结构企业奠定基础。(3) 积极推进资产重组，完善集团管理。以名牌、“拳头”产品为“龙头”，以资产为纽带，按照专业化协作、优势互补的原则，改革改组改造，将资产委托经营企业转变为资产授权经营企业；向配套零部件企业参股。合理配置资源，实现规模经济。进行董事培训，明确了职责。把集团管理纳入到规范化轨道。

“开发能力提高战役”主要围绕技术中心及各专业性研究所的建设开展工作：(1) 建立研究开发、试验、检测网络体系。根据跃进公司技术人员分布的特点，以技术中心和7个专业研究所，以及汽车质量监督检验鉴定试验所为基础，建立从零部件到整车、从市场调查预研、设计、测试到产品鉴定的一整套开发体系。(2) 积极推广以CAE、CAD、CAPP、CAM、MZS为代表的先进技术，提高技术人员的产品开发手段和能力。(3) 加强产、学、研联合，发挥跃进汽车工程学院的优势，大力开展人才培训，进行产品的研究和技术攻关，已实施项目12个。(4) 消化、吸收引进技术与新品开发相结合，消化吸收依维柯产品和日产公司驾驶室技术，开发出新跃进系列货车，1062系列已经生产，1030系列已着手生产准备；完成了2045系列、第二代军用越野车和一批客车底盘的开发工作。依维柯系列开发出14个新车型。(5) 各零部件厂也大力开发新品，除积极与跃进、依维柯汽车配套外，还向外找市场，朝着“小型巨人”迈进。

集团发展 1995年经国家经贸委批准，以跃进公司为核心企业成立了跃进汽车集团，集团根据发展战略，不断探索，已形成一套集团工作的思路，建立了一系列的管理制度和办法。加强外派董事、监事的管理和培训，提高董事的理论水平和决策能力，通过资本、技术、产品等纽带，江苏金猴农用车公司等9个企业成为集团的新成员。对原有的集团成员企业通过积极组织，帮助企业开发一批新产品。目前集团成员已达467个，核心、控股企业，职工人数6万人，资产总额85亿元，生产能力为20万辆汽车。

〔撰稿人：跃进汽车集团公司办公室　沈　洁
审稿人：跃进汽车集团公司总经理助理　向荣昌〕

长安汽车有限责任公司

董事长：赵国华　副董事长：江从寿
总经理：江从寿　副总经理：尹家绪、景之金、李　翃、王重生、赵鲁川、应展望、邹文超
地址：重庆市江北区建新东路260号　邮码：630023
电话：(023) 67851921　传真 (023) 67870261、67856892

概况 长安汽车有限责任公司，是中国兵器工业总公司所属特大型骨干企业，以汽车、发动机、民用猎枪及人工降雨弹为支柱民品，兼顾军品科研、制造、生产经营项目。其主要产品长安牌微型汽车已有5个品种基型车和24个改型车种系列，被中国兵器工业总公司确定为一号支柱民品，被国家纳入汽车工业长期发展规划的重点项目。公司现有员工23 700人，占地面积1 730万m^2，建筑面积154万m^2，各种设备9 282台，资产59亿元，是全国500家、机械行业100家最大工业企业之一，为国家批准的八大轿车生产企业之一。

长安公司拥有一支素质过硬的专业科技人员队伍，从事科技工作的员工(包括经营管理人员和高级技术工人) 5 500多人，其中具有高中级技术职称的人员2 110人。此外广泛将现代科学成果应用于科研工作中，如采用计算机辅助设计，引进国外先进的技术、加工、检测手段，采用新材料，使新品开发设计更具科学性、实用性。

由于该公司一贯奉行“做一流工作、创一流质量、争一流效益”的原则，并不断进行技术改造和新产品开发，从而使该公司在“八五”期间取得长足的发展，其生产规模和经济效益不断增长，1996年末其工业总产值达26亿元，比1990年增长2.9倍；实现工业增加值6亿元，比1990年增长2.4倍；生产微型汽车7.8万多辆、发动机9.6万多台，均比1990年增长4.9倍，其他产品均有较大幅度增长。

不少产品一直畅销，年平均产销率在98%以上，在同行业处领先水平。1996年实现产品销售收入27亿元，比1990年增长2.8倍；实现利税2.1亿元，比1990年增长2.6倍。1996年长安汽车有限责任公司主要经济技术指标完成情况见表1、表2、表3、表4。

表1 1996年主要经济技术指标

项 目	单 位	1996年完成	比上年增长%
企业数	个	1	
全部职工平均人数	人	23 715	0.5
工业总产值：当年价	万元	278 274	−2.3
不变价	万元	256 135	−1.1
工业增加值	万元	59 983	−22.0
产品销售收入	万元	270 355	1.2
产品销售税金及附加	万元	4 887	−9.6
利润总额	万元	7 137	−66.9
固定资产原价	万元	265 957	32.6
固定资产净值平均余额	万元	170 521	145.3
流动资产平均余额	万元	213 437	39.4
出口创汇	万美元	138.4	47.9

长安公司非常重视营销、售后服务工作，通过建立的长安汽车联营销售公司、长安汽车销售集团、长安汽车技术服务中心、长安汽车配件经销中心、长安汽车进出口公司、长安汽车发运公司等多种组织形式，已在全国范围内建立起长安汽车经销网点400余个，维修服务网点300余个，配件经销网点100余个，形成覆盖全国的网络及一体化的服务系统。由于公司多年来坚持“恪守信誉、优质服务、工贸结合、积极发展”的营销宗旨赢得顾客，迎来长安汽车长驰久安蓬勃发展的局面。

表2 1996年完成主要产品产量

产品名称	单位	产 量	比上年增长%
微型汽车	辆	78 886	12.6
其中：奥拓轿车	辆	13 374	1.5
发动机	台	96 050	2.5
猎枪	支	14 156	−55.8
人工降雨弹	万发	30	50.0

表3 1996年主要产品出（进）口情况

产品名称	出口产品		出口额(万美元)	比上年增长%
	单位	数量		
微型汽车	辆	312	112.50	392.0
猎枪	支	1042	14.04	−78.7
微型汽车发动机	台	25	2.98	
汽车散件	套	72	8.90	89.8

新产品 公司在“八五”期间重点开发的新品是微型汽车及微型车发动机，同时开发猎枪、人工降雨弹等民品。产品包括SC1010微型单排座货车、SC1010A微型双排座卡车、SC1010X厢式车、SC6321客货车、SC6331高顶厢式车、SC1010XKC专用车系列、SC7080微型奥拓轿车、SC7100轿车等四大系列48个品种微型车；462Q、462Q1、465Q、465Q1、368Q发动机四大系列5个品种以及PH12-1双管猎枪、92型人工消雹催雨弹等主要产品。微型货车和面包车在1991、1992年获消费者信得过国产车金奖和银奖，微型汽车和发动机被评为市、省、部优质产品，重庆市名牌产品，JL462Q发动机获中国名牌产品称号，该公司在国家统计局城市调查总队与中国汽车工业经济信息研究所组织的中国国产汽车用户调查大型活动中被用户推荐为“最佳汽车生产企业”。

表4 1996年主要出口（进口）国家、地区情况

序号	国家、地区	出口额(万美元)
1	埃及、沙特阿拉伯、智利、也门	112.50
2	智利、美国	14.04
3	巴基斯坦	2.98
4	埃及	8.90

基本建设及技术改造 长安公司以实现国人汽车梦为己任，为扩大生产规模，增强技术开发能力，“八五”期间投入资金10多亿元进行技术改造。新建成大冲生产线7条，新增面积24 055m²，采用美国自动拆垛机和上下料机械手、废料自动输送装置等，基本实现冲压生产的自动或半自动化。全面改造了装焊生产线和总装生产线，使该线具有工艺先进、自动化程度强、生产效率高的特点。涂装（烤漆）生产线也进行了彻底改造，新建了烤漆厂房，整条生产线采用英国提供的设计技术，应用密封式全自动喷漆机，使用机器人，采用自动调漆、输漆系统、真空连续过滤机、电泳超滤及反渗透处理、自动报警等技术。检测线改造是引进的日本和德国的检测设备，包括制冷液、制动液及冷却液加注设备，车轮装配及动平衡自动化设备和顶蓬喷胶装置等。发动机零件机加线采用封闭式湿式加工、自动排屑、大流量冷却、集中润滑的物料输送、在线检测等先进工艺。通过改造和新建的11条现代汽车流水生产线和18条先进的发动机生产线，不仅使汽车和发动机的生产能力由1990年的2万辆和1.8万台提高到年产15万辆、台，固定资产原价由1990年的3.7亿元增长到26.6亿元，而且各生产线均达到了国内领先和国际现代水平，为塑造一代名车的完美形象提供了稳固的保障。

管理及改革 长安汽车公司为进一步扩大生产，快速提高生产能力，引进先进的技术、管理经验和资金，于1996年11月成功地在境外发行了B股股票，并以汽车分厂为主体于1996年10月成立了长安汽车股份有限公司，成为中国轿车工业第一个股份公司，从而步入了汽车发展的快车道。

〔撰稿人：长安汽车有限责任公司计划部　凌代贵〕

福建省汽车工业集团公司

地址：福州市华林路 212 号　邮码：350003
电话：(0591) 7847458　传真：(0591) 7843421

福建汽车工业发展概况　1996 年，国家继续加强宏观调控，全国汽车市场仍然疲软，汽车行业企业经济效益普遍不好。经过全集团汽车行业 5 万多名干部、职工的努力，克服困难，按照机械工业部“三大战役”的部署，以国家汽车产业政策为导向，以整车为“龙头”，以零部件为基础，加大改革力度，加速结构调整，加快产品开发更新，促进整车和零部件联动发展，以闽台汽车合作为契机，扩大外引内联，加强市场开发，强化管理，企业整体素质的竞争实力有明显的提高，实现了“九五”第一年“开好头，起好步”的要求。全集团汽车工业完成工业总产值（按 1990 年前统计区划口径）99 394 万元，比上年减少了 19.5%；完成汽车制造 2 460 辆，比上年减少 0.2%；完成民用改装车生产 4 379 辆，比上年减少 10%；完成农用汽车生产 34 856 辆，比上年减少 22.9%；完成摩托车生产 23 168 辆，比上年增长 157.8%；汽车零部件出口 5 238 万美元，比上年增长 4.8%。销售收入超亿元的企业有 9 个，实现利润超千万元的企业有 7 个。厦门汽车工业股份公司系统实现利润 9 624.3 万元，比上年增长 19.8%，福州汽车厂上半年进行合资改制，基本停产，下半年恢复生产，半年完成利润 1 475 万元，实现扭亏为盈。福建华龙化油器有限公司在产品质量和品牌上下功夫，全年完成利润 1 892.1 万元，销售纯利润率达 40%。完成建设投资 38 965 万元。东南（福建）汽车工业有限公司、厦杏摩托有限公司、福耀万达玻璃有限公司等大项目正加紧施工。

省委、省政府高度重视汽车工业发展，将汽车确定为全省机电支柱产业的“龙头”产品，1996 年 10 月省政府正式批准福建省汽车工业集团公司负有正厅级单位的管理职能，赋于汽车、农用车、摩托车生产的职能管理权。

“三大战役”初步启动　1996 年，根据机械工业部打好“三大战役”的要求，福建汽车工业成立了“三大战役”领导小组，制定了实施方案，编印了宣传学习材料，广泛深入地开展宣传活动，推动了全省汽车行业“三大战役”的展开。通过“产品质量翻身战役”，全省审定通过 42 项产品标准，又有 2 个企业初步通过质量体系认证。厦门金龙联合汽车公司的旅游客车、福建星联汽配开发公司的五十铃 N 系列汽车仪表板等 9 项产品被省政府授予“省优秀新产品”称号。仙游电机总厂闽中牌汽车无刷电机、莆田精密铸锻总厂莆江牌摩托车制动器总成等 5 项产品，被省政府授予“福建省名牌产品”称号。通过“组织结构优化战役”，全省汽车工业“散、乱”的局面得到改善，福建省汽车工业集团以百亿集团为目标，实施闽东南乘用车基地和闽西南轻型车、农用车基地建设两大战略，加快行业间的联合。1996 年福建汽车工业集团已有成员单位 103 个，集中了全省汽车、农用车、摩托车整车及零部件的主要生产企业。1996 年福汽集团共完成工业总产值 32.79 亿元，占全省汽车行业比重达 80%以上。通过“开发能力提高战役”，1996 年又开发新产品 53 项，并通过省级鉴定。汽车、民用改装车和摩托车生产企业，又有 23 个车型通过产品鉴定，并申报国家生产目录。其中，汽车有东南（福建）汽车工业有限公司开发的 DN6470 及其四种变型专用车，福州汽车厂的新 B 型福达牌 F2102SH 轻型货车，福建汽车厂的福建牌 FJ104CP、FJ1043CP 轻型载货汽车及底盘；民用改装车有福建客车厂福客牌 FJK6700、FJK6701 型轻型客车和 FJK6700CW 型卧铺客车，三明市汽车厂东闽牌 SMC5100×厢式货车，厦门金龙旅行车公司的金龙牌 XML6486 型系列轻型客车，永安林保厂的菱叶牌 YCP3092、YCP3093K 型自卸汽车，福建三龙公司的龙江牌 LJ1020S、LJ1021S 型轻型货车。摩托车有厦杏摩托有限公司的中华牌 2-H125A、2H150 型摩托车。到 1996 年底止，全省共有 6 大类 131 个汽车车型和 3 个系列 9 个摩托车车型上了国家生产目录。

闽台汽车合作进展较好　闽台汽车合作是本省“九五”期间汽车工业振兴与发展的希望所在。东南（福建）汽车工业有限公司项目是闽台汽车合作的“龙头”项目，列为全省“九五”重点项目。1996 年东南公司进入运转阶段，上半年与福州汽车厂共同研究职工的人员分流，经过努力，共有 490 人与东南公司签订了劳动协议，进入了合资公司，平稳、顺利解决了合资过程中的人员分流问题。在人员分流的同时，东南公司加快了生产前的准备工作，完成了与福州汽车厂的场地分割，生产的适应性改造，进行了人员的职前培训教育，建立健全了各项管理制度。下半年东南公司正式生产出第一代产品“东南得利卡”汽车，并成功地举办了产品展销会，收到 2 220 台订单。东南公司一边在福州汽车厂内进行过渡性生产，一边加快闽侯青口汽车工业区的建设，1996 年完成车间填土 37 150m^3，道路填土 19 460m^3，河床挖土 2 500m^3。东南公司的建设发展，带动了汽车零部件工业的闽台合作。1996 年 9 月，台湾中华汽车公司 27 个协作配套厂，也与闽侯县土地部门签订了青口汽车工业区用地合同，成立独资、合资的汽车零部件公司，为东南汽车公司协作配套。

企业改革继续深化　1996 年，福建省汽车工业集团公司进行了较大的调整，精简了机构与人员，部分人员调整充实到公司经营创收部门，人浮于事、工作忙闲不均的现象得到改变，提高了工作效率，同时全面加强了思想建设和业务建设，提出了“三讲、三性、三重、三新”。即：讲政治、讲团结、讲奉献；坚定性、开创性、主动性；重组织、重带头、重实质；新气象、新作风、新局面，以适应新形势下对全行业的职能管理。新成立的东南汽车贸易有限公司作为东南得利卡汽车的省内总代理，在福汽集团范围内首先实行统进分销制的改革，为其他产品的统进分销积累经验。三明通用机械厂开展改制求生存，成立了三明闽通拖拉机有限公司，收到良好的效果。福建省汽配公司、汽车贸易公司、物资供应公司地处一个大院，实行合并经营，明确划分各业务部门的业务范围和经营的品种，避免了交叉经营和相互降价造成的不必要损失。莆田、泉州和漳州销售公司改革经营机制，对汽车配件经营实行“推销员”制度，把责、权、利相结合，促进经营销售。福汽集团公司加强与国内大汽车集团的联合经营，与一汽集团联合组建了“福建一汽贸易有限公司”，作为“一汽”在福建的总代理。福耀玻璃工业有限公司发展注册了7个子公司，其中福州注册3个，香港注册3个，美国注册1个，共同组成福耀玻璃集团。

〔撰稿人：福建省汽车工业集团公司　杨养臣〕

中国嘉陵工业股份有限公司（集团）

法人代表、董事长兼总裁：郝振堃

地址：重庆市双碑　　邮码：630032

电话：（023）65190114　　传真（023）65310718、65315845

中国嘉陵——摩托之王根基稳固

概况　嘉陵——中国摩托车之王，十多年来在全国摩托车行业独领风骚，始终保持了在同行业中的排头兵地位，引导和带动了中国民族摩托车工业的发展。从1979年至今，累计生产摩托车、助动车8种排量40多个车型600多万辆，占全国市场保有量的1/5以上，“嘉陵”是全国市场占有量最大的摩托车品牌。目前已形成年产200万辆摩托车的能力。1996年，在全国摩托车市场的激烈竞争中，嘉陵生产摩托车113.31万辆，占全行业总产量的12.2%；主营业务收入达36亿元，利税总额6.64亿元，利润2.75亿元。据国家统计局调查统计，“嘉陵”牌摩托车仍然雄居全国产销量榜首。

当前，摩托车行业竞争十分激烈，产大于销、供大于求的态势日益加剧，企业间大竞争、大决战、大淘汰的格局已经呈现。在这场生死大战中，嘉陵具有哪些优势？嘉陵将扮演一个什么样的角色呢？

嘉陵的优势　嘉陵，作为“中国摩托车之王”，代表的是中国民族摩托车工业的水平和实力。经过十多年的苦心经营，嘉陵已经建立了稳固的根基，发展后劲十足，优势明显：

——品牌优势。1997年4月，“嘉陵”被国家工商行政管理局认定为“全国驰名商标”，是全国摩托车行业唯一的驰名商标，成为中国摩托车第一品牌。“嘉陵”品牌价值27.3亿元，是嘉陵现有净资产的2倍多，排名全国著名品牌的第13位。“嘉陵”品牌是高价之宝，嘉陵能利用这一无形资产进行新的扩张和发展。

——技术优势。嘉陵的生产技术装备和工艺，在全国同行业中是最先进的。如新建成的年产60万台（套）$90cm^3$～$150cm^3$电起动发动机生产线、化油器生产线，是从日本本田公司引进的具有90年代世界先进水平的设备和工艺；热处理生产线是全行业独家拥有的最先进最完善的生产线，也是德国宝马汽车公司现用的同类设备；摩托车发动机连杆全渗碳淬火工艺，是嘉陵所独创的；工模具设计制造水平及加工中心设备，是全行业中独家拥有的最先进和最完善的设计、制造中心，为新产品开发提供了快捷、可靠的保障；车体、油箱焊接均采用了机器人自动焊接；表面处理、涂装采用光固化新工艺，保证了外观涂漆质量。1996年10月，在嘉陵牵头组织的全国摩托车行业发展战略研讨会上，全行业最大的10个企业的老总参观嘉陵后十分信服，认为嘉陵的技术实力居全行业第一。

——生产能力优势。嘉陵是全行业中唯一形成自制主机配套年产200万辆能力的企业。其发动机品种从35、$36cm^3$助动车发动机到50、55、70、90、100、125、$150cm^3$各型摩托车发动机均具备了系列化的生产能力，能充分满足调整产品品种结构和开发生产新产品的需要。车体、油箱、化油器、磁电机等摩托车关键零部件和热处理、压铸、涂装、总装等关键生产工序均牢牢控制在自己手中，能充分保证产品质量和性能。

——产品品种和新产品开发优势。嘉陵现有9种排量60多个车型可同时生产投放市场，产品品种有高架车、低架车、踏板车、太子车等基干型车，有电起动、脚踏起动、二冲程、四冲程、单缸、双缸等高、中、低档次相结合的各类车型，可满足不同地区不同消费层次的需要。同时，嘉陵不断加快新产品开发，1996年就开发了10余个新产品。目前，嘉陵新产品开发设计、工装设计实现了CAD/CAM/CAE

三维造形设计，保证了新产品开发的速度和质量。

——产品质量优势。“嘉陵”作为中国摩托车行业第一品牌，全国驰名商标，靠的是过硬的产品质量和性能。在由中国保护消费者基金会、《人民日报》、《经济日报》等单位组织的1997全国“三·一五”调查活动中，“嘉陵”摩托车囊括产量、市场占有率、质量信誉度、售后服务和1997消费者购物首选国产摩托车五个第一。在国家统计局等单位组织的1997全国主要消费品市场竞争力调查中，“嘉陵”摩托车荣登全国交通类十大品牌榜首。“嘉陵”摩托车深受用户的信赖和推崇，是经过市场长期检验而得出的结论。

——协作配套优势。重庆是全国最大的摩托车生产基地，也是摩托车零部件生产实力最雄厚、品种最齐全的基地。嘉陵的发展，培植了大批生产能力大、技术实力强、零部件品种完善的协作配套“小巨人”企业，他们与嘉陵形成了经济和命运共同体，成为了嘉陵的“铁杆”成员

——营销和服务优势。嘉陵十多年的“产品经销、配件供应、维修服务、信息反馈、广告宣传”五位一体的营销体系，在全国各地有300多个营销中心2 000多个分点，可覆盖全国各地市场，能随时为“嘉陵”用户提供方便快捷和周到满意的售前、售中、售后服务。

——地域和区位优势。嘉陵本部位于重庆市。重庆升为直辖市后，为嘉陵的发展带来了新的机遇。汽车、摩托车工业作为重庆直辖市的第一支柱产业，中国兵器工业总公司把振兴“两车”(汽车和摩托车)作为战略重点。嘉陵作为“重庆工业五十强”之首和中国兵器工业的排头兵，必将得到重庆市和中国兵器工业总公司的全力支持。

——国际合作优势。嘉陵是摩托车行业中率先开展国际技术经济合作的企业，与世界最强大的摩托车企业——日本本田公司进行了十多年的友好合作。年初，日本本田公司决定进一步加强与中国嘉陵的合作，在产品开发、技术合作等方面全力支持嘉陵，确保嘉陵在中国摩托车行业中的霸主地位。

嘉陵的举措 嘉陵具有上述优势和实力，为参与全行业大竞争创造了得天独厚的条件。在这场大决战中，嘉陵充满了必胜的信念，同时，也采取了强有力的举措。

——指导思想。在未来的竞争中，嘉陵将以“经营目标整体化，内部管理效益化，经营服务多元化，集团发展立体化”为目标，调整产品品种结构，提高产品技术含量，提高经济运行质量，走集约经营发展之路。

——科技支撑战略。依靠科技谋发展，已成为嘉陵的共识。一是在新产品开发上，加大投入，完善产品开发软、硬件手段，1997年拟投入2 000万元补充开发、设计手段。按此速度，拟用两三年时间，把嘉陵的新产品开发机构建成国内第一、具有国际先进水平的国家级技术开发中心。同时，每年提取新产品开发经费不得少于5 000万元，与国外著名的摩托车厂家和国内外科研开发机构联合开发新产品。着眼于培育新的经济增长点，每年新产品的销售收入和利润比重要占40%以上，1997年，嘉陵有9个新产品投放市场，同时，将开发5个以上的全新车型。二是广泛吸纳高层次科技和管理人才，用大力气、下大功夫、花大代价，培养和招纳人才，充实科技和管理队伍，特别是从事新品开发的高级人才要达到500人以上。三是实施技术创新工程，大力应用国内外一切先进的现有科技成果，迅速转化为生产力和商品，提高产品技术含量和档次，提高技术装备和生产工艺水平，保持嘉陵在摩托车行业中的技术领先优势。

——名牌发展战略。坚持走名牌发展之路，不断提高产品质量性能，贯彻ISO9001国际标准，使嘉陵车的质量性能与本田、雅马哈、哈利等世界名车相媲美。

——降低成本战略。一是实行配套件、原材料公开竞标，按优质优价、优价优量的原则，建立配套产品、原材料的公开招标机制，确立新型的协作配套关系，降低产品直接材料成本。从1997年试行的招标情况来看，效果非常明显，招标配套件成本平均下降10%以上。二是充分利用现有生产能力和先进的技术装备，稳步推进产品零部件的国产化工作，降低进口件成本。三是严格成本、费用管理，对全公司及各二级单位的成本、费用实行目标管理。通过采取以上措施，使嘉陵车的可比产品成本大幅下降，提高嘉陵车的产品竞争力。1997年，嘉陵产品可比成本将下降8%。

——市场营销战略。实行自营直销、联营联销、代理专卖、散销等多种营销方式并举的区域中心辐射与控制的营销体制；扩充嘉陵“五位一体”的营销网络，使嘉陵的营销网点向纵深发展，拟用两年左右的时间，实现嘉陵的经销维修服务网点遍布全国各县级行政区域，营销网点总量达到3 500个以上，同时，大力拓展国外市场，与国外厂商合作，建立嘉陵在海外的出口代理公司和CKT、SKT生产基地，扩大嘉陵车的出口。

——集团扩张战略。在当前摩托车市场竞争激烈的形势下，摩托车企业间的重组与联合已经开始。公司将利用“嘉陵”这一巨大的无形资产，实施有计划、有选择的扩张战略。目前，嘉陵在海南、广东、浙江、上海、山东、东北等沿海、沿边一线已经和正在建立摩托车生产基地，它犹如一张弓，嘉陵这根弦已经绷紧，扩张之箭已搭在弦上，蓄势待发。

在未来的发展中，嘉陵不但要做中国最大的摩托车企业，而且要做中国经济、技术综合实力最强的摩托车企业，做世界摩托车业的强者。

1997年，将是嘉陵稳步发展的一年，嘉陵订货量超过了200万辆，一季度产销率达100%，3月份的产销量创历史最高水平，保持了良好的发展态势。嘉陵的目标是：1997年摩托车产量135万辆，继续保持在摩托车行业的排头兵地位。

〔撰稿人：中国嘉陵工业股份有限公司(集团)办

中国轻骑摩托车集团总公司

董事长兼总裁：张家岭
地址：济南市和平路 34 号　　　　邮码：250014
电话：(0531) 6953325 (总机)　传真 (0531) 6954219

以名优产品为“龙头”发展壮大企业集团

概况　多年来，中国轻骑集团顺应国家宏观调控形势，紧紧围绕“逐鹿国际大市场，建设一流大企业”的目标，大力实施名牌战略，通过实行企业间的兼并联合，注重资本运营，盘活存量资产，积极进行企业产品结构和组织结构调整，走出了一条以名牌产品为“龙头”，发展壮大企业集团的成功之路。从1984 年至 1996 年 13 年间，企业产量由 3 万辆增长到 145.19 万辆，销售收入由 2 000 余万元增长到 64.16 亿元；利税由 166 万元增长到 8.35 亿元，企业固定资产由 700 万元发展到 20 亿元，总资产由 2 000余万元发展到 70 亿元，企业职工由 1 000 人增加到 20 000 人，产品由单一品种发展到 8 个系列、60 个品种的摩托车、助力车和 6 大系列 20 多个品种的轻型汽车和农用四轮车。轻骑集团现为国家特大型企业，拥有上市公司 2 个，全资国有企业 13 个，全资集团企业 6 个，中外合资控股公司 13 个，中中合资公司 6 个，有 12 个海外公司，1 个国家级企业技术中心，1 个职工学校，70 个异地法人销售分公司，3 000 余个销售网点和 1 400 余个维修服务网点。1997 年上半年实现产量 75 万辆，收入 30 亿元，利税总额 4.37 亿元，实现利润 1.59 亿元，出口创汇近 800 万美元，均比上年同期增长 10%以上，主要经济技术指标继续在行业中处于领先地位。

狠抓质量工作，争创名牌产品　质量是名牌的核心，是企业的生命，在当前市场竞争愈演愈烈的形势下，产品质量更加成为企业竞争致胜的关键。多年来我们一方面贯彻实施了包括配套质量管理环、工序质量控制环、新产品鉴定认证环、质量责任制考核环和质量整改 PDCA 循环的“质量管理五环工作法”，同时狠抓出口产品质量，以外促内，通过贯彻 ISO9000 系列标准，向国际标准看齐，全面提高产品质量和档次。另一方面，在全公司贯彻落实名牌意识、名牌目标和名牌措施，增强创名牌的紧迫感。为此公司实施了“树梢工程”，相继采取了“一抓四联”、“奖十罚十”、“罢官罢岗”、“全体干部普降一级”、“推行质量曝光板”、“精兵简政”等措施，加强对各级领导干部和专业技术人员的监督考核，不断增强全体职工的质量意识和危机意识，形成了人人为争创名牌而努力的气氛。同时开展“攻关夺隘招标揭榜”活动以及 QC 小组和提案改善活动，提出问题，提供条件，动员全体员工投入到质量改善活动中去，进一步促进了产品质量的提高。现在，中国轻骑摩托车集团已通过了 ISO9001 国际质量标准认证，成为全国摩托车行业首家通过此项认证的企业，而且主导产品已通过了德国 TUV 认证和美国 DOT 认证，在此推动下，轻骑木兰牌摩托车被评为中国公认名牌、“世界名牌消费品”，连续四次荣获全国最畅销国产商品“金桥奖”，从而为名牌带动，发挥“龙头”作用奠定了前提条件。

推进兼并联合，活化存量资产　十年来，轻骑集团注重资本经营，逐步由粗放型经营向集约化经营转变。早在 1985 年，本着优势互补、共同发展的原则，扩大横向经济联合，成立了由 17 个省市的 108 个单位参加的“中国济南轻骑摩托车联营公司”。1988 年 9 月，又在联营公司的基础上，按照企业集团化的经营组织模式，组建了包括省内外科研、生产、销售、外贸、金融等 200 多个成员单位的“中国轻骑摩托车集团”，开始实施集团经营战略。为适应企业大跨度发展的需要，同时为政府、社会分忧，轻骑以名牌产品为“龙头”，大力推进企业间的兼并联全，活化存量资产，多年来先后跨行业、跨地区兼并了 21 个困难或倒闭企业，累计盘活资产 3.6 亿元，消化企业亏损 6 531 万元，安置职工 1 068 人，承担债务 3.47 亿元。为促进被兼并企业存量资产发挥更大的效益，轻骑集团对被兼并企业按照企业专业化协作要求，实施“卫星配套”工程。即投入大量资金对被兼并厂进行技术改造，引入轻骑的管理，帮助和引导他们逐步实现与国外企业的合资合作，努力培植被兼并企业成为轻骑集团的零部件专业化生产基地。被兼并的原历城八一农机修造厂和原济南缝纫机厂现已建设成为具有年产 100 万辆摩托车能力的摩托车组装厂；原济南手帕厂已建设成为轻骑集团轻型车生产基地；原济南缝纫机零件厂现已成为集团的磁电机重要生产基地；原山东裕华机器厂（日照）正式并入轻骑集团后只有短短 3 个月就实现了摩托车整机的小批量试生产；原济南酶制剂厂、济南花岗石厂等被兼并的企业，在轻骑集团的带动下，通过摩托车零部件的生产加工，目前已形成了塑胶、压铸、油箱、消音器、专机设备等多个零部件加工生产基地，已成为轻骑集团的骨干企业，昔日的包袱变成了今日的财富，实现了以强带弱，互相促进，盘活存量资产的目标。此外，轻骑还坚持走“强强”联合之路，成功地将青岛鸿达机电总厂、曲阜活塞厂、淄博汽车厂并入轻骑集团，使集团的组织结构更加趋向合理，使集团的综合竞争实力明显增强。

调整产品结构，转换销售体制 随着经济体制由计划经济向社会主义市场经济的转轨，企业也必须由生产型向生产经营型转变。轻骑集团的迅速发展与我们始终以市场为导向，强化市场意识培育，重视销售及服务有很大关系。多年来，坚持技术引进和自我开发并举的方针，实行“生产一代，试制一代，预研一代，储备一代，淘汰一代”的开发原则，按照消费者的不同需求，实施市场细分化战略，先后成功地引进了日本铃木公司7种现代产品，同时兼容并蓄德国、意大利、韩国等国家的先进摩托车生产技术。在此基础上，注重名牌延伸，实施多品种战略，陆续开发投产了40多种换代产品，每年都推出6个～7个新产品，使产品结构日趋合理，形成了“东方不亮西方亮”的销售局面。生产过程中，根据市场反馈信息，及时调整生产，增畅限滞，以销促产。为进一步适应市场，不断改善和规范销售体系，1986年在全国七大行政区域设立7个分公司，1991年设立了30个分公司，每省一个。另一方面，充分利用社会上的商业流通渠道，积极寻求代理商，1994年11月，本着工贸结合、风险共担、利益同享、共同发展的原则，联合全国175个主要经销单位成立了轻骑销售集团，使销售力量和队伍迅速发展。进入1995年以来，针对市场较好、竞争激烈的形势，进一步调整计划细分市场，使全国各地分公司增至80个，同时又实行了配套体系销售的办法，充分利用遍布全国的轻骑配套厂家的人、财、物力来承担部分销售任务，逐步推行配套、销售一体化，即密切了主机厂家与配套厂家的关系，又使适应市场、搏击风浪的能力大大增强。为合理配置市场资源，实施建立“三三制”销售体系，即销售大户、分公司、配套体系三大销售渠道各包销轻骑产品的1/3；维修服务网点是经销网点的1/3，其中我们直接管理的占1/3；销售及服务人员占全体员工的1/3，服务人员是销售人员的1/3。现在轻骑已形成拥有2 000人的专业销售队伍和遍布全国的3 000多个销售点、1 400多个服务点的网络系统。轻骑在立足国内市场的同时，还积极培训外贸人员，设立境外销售分公司，积极开拓国际市场，使产品远销30多个国家和地区。

注重技术进步，增强企业后劲 多年来，我们始终把技术进步作为重中之重，通过技术引进、技术开发、技术改造，针对生产过程中的关键环节、“瓶颈”工序，进行增量投入，平衡生产能力。在工作中始终坚持四个“不断”，即不断地筹措资金，不断地引进技术，不断地开发新产品，不断地加强技术改造，以此来促使资产运作的高效率、最优化，力争资产的最大增值，实现利润最大化。1984年我国摩托车市场大萧条，1985年又有数十万辆进口摩托车涌入国内，巨大的冲击使轻骑陷入了困境中，面对5万辆摩托车积压的严峻形势，我们冒着亏损500万元的风险，全部降价处理，收回了3 000万元宝贵的资金，用于加大投资规模、加快技术引进，之后又贷款1亿多元，成功地从日本铃木公司引进了K90、K50摩托车生产技术和关键设备，随之又引进了木兰TB50的生产技术，形成了年产20万辆摩托车的生产能力。1989年国家开始治理整顿，压缩信贷、控制投资规模，轻骑集团又一次跌入低谷，3万辆成车积压，1亿元资金沉淀，生产经营难以运转，这时我们再次与日本铃木公司签定合同，引进了具有世界90年代先进水平的豪华木兰AG50、AG100、铃木王GS125三种摩托车的生产技术和设备，使轻骑集团在困境中再度蕴聚起腾飞的实力，从1992年开始，生产连续翻番，年生产能力不断提高，实现了更大的飞跃。近几年来又自筹资金2亿元，重点实施了以提高生产能力和产品质量为主的技术改造，较好地满足了市场的需求，年生产能力发展到200万辆。

“困难不等于困境，困境不等于绝境，困难和困境往往孕育着更大的发展机会”，这是对全体轻骑员工的呐喊和号召。“轻骑的微弱基础和它设立的崇高目标，必然决定了其曲折的道路，悲壮的历史”，正是在此激励下，轻骑抓住了两次低谷时的机遇，加大投入，为以后的大跨度发展奠定了基础，使轻骑在国拨流动资金仅有60万元，又没有自有专项资金的情况下，依靠负债经营，加大技术投入，取得了辉煌成果。从1984年到1996年，企业累计生产摩托车500多万辆，实现利税24亿元，同时不仅还清了各项专项贷款，而且还消化了美元兑人民币汇率损失的2.4亿元，为国家净增20亿元固定资产。

优化资本结构，壮大企业集团 为进一步发展规模经济，壮大集团实力，在做好国有资产的界定和评估的基础上，在保持国有经济成分在企业中不少于50%的股份、占有绝对的制控权和发展权的前提下，抓住机遇，有针对性的不断以股份合作方式扩大同国内外的合资合作，进行企业结构调整和实力扩张。早在1988年海南建省之初，轻骑在短短的三个月内建立了山东省第一个跨省中外合资企业——海南新大洲摩托车股份有限公司。目前，该企业已发展形成年产30万辆摩托车的生产能力，成为海南省五大机电企业之一，并成为海南省首批股票上市公司。此外，还在济南、青岛、顺德、无锡、汕尾等地兴建了11个中外合资合作控股企业和5个中中合作联营企业。随着摩托车行业竞争的加剧，为迎接行业决战，在济南、青岛、乳山、日照分别建设了四大轻骑工业园，使年生产能力猛增到200万辆，奠定了企业在国内外行业竞争中的地位。目前轻骑集团内部已形成了以国有股份为主体，多种经济成分并存的局面，既保证了国有资产的保值和增值，又促进了各种经济成分的优势互补。并按照现代企业制度的要求，在集团内部以产权为纽带，按母子(分)公司体制予以规范，有效地促进了企业经营机制的转换，增强了企业活力。为了进一步提高企业的抗风险能力，防止市场对单一产品需求发生变化而带来的影响，积极开展多角化经营，使资金和劳动力在流动中实现重新优化组合。我们建立了商业流通体系、饮食服务体系、摩托车配件销售及维修体系、旅游房地产广告体系、第三产业配套生产服务体系。另一方面我们抓住改革开放创造的大好机遇和实行省市计划单列集团赋予的权力，在与国外进行商业贸易的基础上，输出技术和设备逐步到海外进行投资建厂，实施跨国经营战略，扩大轻骑集团及产品的国际影响，形成轻骑集团全方位对外开放格局，为逐鹿国际大市场、建设一流大企业打下坚实基础。

〔撰稿人：中国轻骑摩托车集团总公司　宋义才〕

上海电气（集团）总公司

法人代表、董事长：夏毓灼　总裁：周飞达
地址：上海市四川中路110号　邮码200002
电话：（021）63215530　　传真：（021）63216017

概况　上海电气（集团）总公司是国家57个计划单列特大型企业集团之一，于1996年10月经中共上海市委、市政府批准，由原上海电气（集团）总公司与原上海机电控股（集团）公司实行资产联合重组而成。上海市国有资产管理委员会授权新组建的上海电气（集团）总公司，对下属20多个行业公司、270多个具有独立法人资格企业的国有资产进行经营管理。中共中央政治局委员、中共上海市委书记黄菊、机械工业部部长包叙定分别致信祝贺。黄菊在信中指出："电气和机电实行资产联合重组，组建大集团是推动上海机电工业早日成为'产业精、规模大、竞争（力）强'跨世纪支柱产业的战略决策，也是上海加快实行'两个根本性转变'的一个重要举措。这不仅是上海机电工业的一件大事，也是上海工业系统的一件大事。"包叙定部长在贺信中指出："上海电气（集团）总公司和上海机电控股（集团）公司资产联合重组方向对头，决策正确。这是在新形势下抓大放小，从整体上搞好国有经济的战略决策，是我国机械工业'强强'联合体现'上海精神、上海水平、上海风格'的重大举措。希望组建后的上海电气（集团）总公司在新的领导班子带领下，认真贯彻中央五中、六中全会和中央经济工作会议精神，稳中求进，加大结构调整力度，通过国有资产的结构调整和国有企业的战略性重组，推动产品质量翻身、组织结构优化、开发能力提高'三大战役'的深入开展，续写改革和发展两篇大文章，为我国机械工业实现'两个根本转变'，完成振兴大业做出新的贡献。"

新组建的上海电气（集团）总公司将充分发挥电站主体强、成套能力强和市场潜力大、行业跨度大的综合优势，以高新技术产品为先导，充分利用国家支持大型企业集团的优惠政策，立足生产经营，加快跨行业、跨部门、跨地区的资产运作，盘活存量，优化增量，发展集团规模，使集团总公司逐步形成以综合商社贸易拓展和财务公司资金融通为支撑，以电站设备和机械制造为产业支柱，集科、工、贸、金融、信息于一体的国内最大的装备类企业集团，到本世纪末销售额超1 000亿元，争取早日跻身世界500强行列。

现状　新组建的上海电气（集团）总公司成员单位包括上海机床工具（集团）有限公司、上海东风机械（集团）有限公司、上海通用机械（集团）有限公司、上海柴油机股份有限公司，上海电器股份有限公司等20多个产品行业公司，上海机械设备进出口公司、上海机电工业供销总公司、上海机械工程成套总公司等23个经营服务性公司，上海汽轮机厂、上海电机厂、上海锅炉厂、上海重型机器厂、上海电站辅机厂、上海华通开关厂等具有独立法人资格的工厂270多个，其中国有制企业174个，集体所有制企业42个，已产生经济效益的中外合资企业70个，另外在江苏、浙江、四川等省市拥有企业15个，在国外有生产企业16个，还有上海机电设计研究院、上海电气自动化研究所，上海机电工业职工大学、上海机电工业学校等科研教育单位10多个。主要从事设计、制造和销售电站设备、输配电设备、机床工具、通用机械、轻工机械、印刷包装机械、冶金矿山机械、建筑工程机械、石油化工设备、电机、电器、电线电缆、冷冻空调设备、液压气动元件、标准紧固件、轴承、电梯、环保设备等，并承担设备成套、工程总承包业务。1996年共有职工236 214人，固定资产原价136.74亿元，净值84.85亿元；完成工业总产值235.33亿元，产品销售额282.24亿元；完成利税总额24.75亿元，其中利润10.27亿元，出口创汇6.24亿美元；全员劳动生产率99 628.1元/人；经济效益综合指数107.13%。

1997年工作目标　初步形成进军世界500强的动力机制和框架。经济工作主要指标：力争销售额完成480亿元（含税、含"三产"），比上年增长35%；工业总产值（1990年不变价）285亿元，比上年增长20%左右；出口创汇7.8亿美元，增长20%左右；经济效益综合指数为120%，比上年提高12.87个百分点；利税持平；完成上海市国资委下达的国有资产保值增值指标。

〔撰稿人：上海电气（集团）总公司　卫我乡〕

东北输变电设备集团公司

总裁：左长林　副总裁：李茂才、唐英奇、黄　平　总工程师：高兴耀
地址：沈阳市铁西区北二中路18号　邮码：110025
电话：(024) 5851243　传真：(024) 5851179

发展情况　1996年，东北输变电设备集团公司面临前所未有的巨大困难和严峻挑战。由于国家压缩电力建设项目在建规模，严格控制资金投放和新开工项目，使全年实际电力装机总容量只有约13 000MW，加之国外进口设备和合资企业挤占相当一部分国内市场，使国内市场竞争十分激烈，供求矛盾更加突出。外贸体制和政策的调整，又加大了企业产品出口的难度。因此，纵向比较，集团公司经济效益水平与上年相比有较大幅度下降。各项经济指标完成情况见表1、表2、表3。

表　1996年主要经济技术指标

项　　目	单 位	1996年完成	比上年增长%
企业数	个	33	
全部职工平均人数	人	48 304	9.4
工业总产值：当年价	万元	284 337	1.9
不变价	万元	272 660	1.8
工业增加值	万元	72 130	8.4
产品销售收入	万元	288 321	−0.6
产品销售税金及附加	万元	1 887	25.4
利润总额	万元	9 147	−52.2
固定资产原价	万元	296 589	−3.1
固定资产净值平均余额	万元	209 330	36.6
流动资产平均余额	万元	358 879	13.0
出口创汇	万美元	1 271	−40.0

表2　1996年完成主要产品产量

产品名称	单　位	产　量	比上年增长%
变压器	MV·A	20 660	−2.5
互感器	台	992	−50.5
高压隔离开关	台	6 575	−34.3
高压断路器	台	838	−34.7
电力电缆	km	6 199	−20.0
钢芯铝绞线	t	8 072	62.6
高压电瓷	t	7 328	−30.8
电力电容器	Mvar	3 630	1.7
离相封闭母线	m	6 088	−15.1

科研成果及新产品　1996年集团公司为适应市场需求，增强自身技术水平，提高市场竞争能力，共开发新品种85项，其中有44项达到国际先进水平，38项达到国内先进水平，填补4项国内空白。沈阳电缆厂开发了交联聚乙烯绝缘阻燃、无卤低烟阻燃电缆，玻璃丝云母带交联聚乙烯组合绝缘耐火、无卤低烟阻燃电缆等12项重点新产品，新产品出口达4 666万元。沈阳变压器有限责任公司产品开发成效显著，开发了目前国内单机容量最大的SSP7-450000/330变压器和SFP7-370000/500变压器等40项重点产品，其中有33项达到国际先进水平，7项达到国内先进水平，新产品出口创汇2 471万元。沈阳高压开关有限责任公司共开发发电机保护断路器LN-18、63KA高压断路器等10项新产品，并通过技术鉴定，承担的大型输变电工程项目——伊敏500kVGIS(全封闭组合电器)工程已投入生产制造，新产品产值占工业总产值的59%以上。抚顺电瓷厂开发了ZSW-500/15棒型绝缘子、250-SFM-40D型断路器电瓷套等13项新产品。锦州电力电容器有限责任公司开发电容式电压互感器、全膜并联电容器等新产品，新产品产值占工业总产值的48%以上。阜新封闭母线有限责任公司投产的新产品有4套出口叙利亚。截止到1996年末，集团公司共完成新产品产值77 526万元，实现销售收入71 878万元，实现利税15 465万元。

表3　1996年主要产品出口情况

产品名称	出口产品		出口额（万美元）
	单位	数量	
变压器	MV·A	1 440	696.7
互感器	台	39	12.9
高压断路器	台	16	35.8
高压隔离开关	组	246	61.6
电缆	km	1 017.5	629.0

基本建设及技术改造　1996年，集团公司共完成技术改造投资14 770万元，其中，一期“双加”项目6 058万元，扩大机电产品出口项目312万元，重大装备国产化项目2 210万元，老工业基地改造项目819万元，地方安排项目5 141万元。

“三大战役”情况　响应机械工业部号召，集团公司组织开展产品质量翻身、组织结构优化、开发能力提高的“三大战役”。1996年初，集团公司召开科技质量工作会议，讨论并通过了《关于加强集团公司科技与质量工作的决定》和《1996年质量工作要点》。会议明确提出以强化领导质量责任制为重点，进一步提高全员质量素质，加大实施名牌产品工程力度，提高产品实物质量的总体水平，完善质量保证体系和有效运行机制，加速科技进步和产品开发等工作目标。各企业都制订了相应的实施方案和实施

细则，并在生产经营中认真贯彻执行。沈阳电缆厂、沈阳变压器有限责任公司重新修订颁布了《领导干部质量纪律行为准则》和相应的考核办法，沈阳高压开关有限责任公司建立了干部质量责任制度，这些措施促进了领导干部质量责任的落实以及职工质量观念的转变和质量意识的增强。沈阳电缆厂、沈阳变压器有限责任公司、沈阳高压开关有限责任公司、抚顺电瓷厂等骨干企业通过了 ISO9000 质量体系认证，并多次通过复查。各企业还针对影响质量的关键问题进行整改。沈阳变压器有限责任公司针对自耦局放超标问题，从产品结构、管理手段、生产组织等多方面进行攻关，为解决高电压变压器局放问题积累了经验。

管理及改革　强化企业管理，开展“转机制，抓管理，练内功，增效益”活动。实现企业管理基础工作规范化、严格化，做到“人在其位，各负其责，物分其类，各归其位，循规置放，有序流转，严格标准，保持状态”。学习邯钢经验，改进并加强资金、成本和资产运营管理，建立健全企业经济效益保证体系。深化财务核算制度改革，在企业内部实行模拟市场化管理。优化储备资金、成品资金、生产资金占用结构，提高资金运营效率。开展目标成本管理，加强成本核算和经济活动分析，实行成本否决。发挥财务管理功能，提高资产运营效率，确保国有资产保值增值。积极推进计算机在企业管理中的应用，推广计算机辅助设计（CAD）、制造（CAM）、试验（CAT）及信息管理系统（MIS），建立产品质量反馈信息系统和市场预测系统。坚持以人为本，培养造就适应市场经济要求的各方面人才，充分调动职工的积极性、创造性，导入 CIMS 系统，建立有特色的企业文化。

1996 年，集团公司加大企业兼并工作力度，开展多角经营，培育新经济增长点。兼并沈阳电工机械厂，成立东北输变电设备集团沈阳电工机械有限责任公司，由集团公司控股，使其加入集团，盘活了存量资产，实现了资产优化重组。作为辽宁省建立现代企业制度试点企业之一，集团公司制订了建立现代企业制度实施方案，并逐步展开落实。

〔撰稿人：东北输变电设备集团公司　李　立　审稿人：东北输变电设备集团公司　郭文元〕

广州南洋电器企业集团

董事长：赵　群　副董事长：黎业升
总经理：黎业升　副总经理：莫海燕、张　诚、区棋培、陈文健
地址：广州市黄华路 43 号　邮码：510050
电话：（020）83830229　传真：（020）83828485

概况　广州南洋电器企业集团，由原广州市华南电气企业集团调整、改组而成。集团的核心企业是广州南洋电器企业集团有限公司，该公司由 5 个国有企业——广州南洋电器厂、广州高压电器厂、广州市电器工业公司、广州第四电器厂、广州远东风扇厂组成。改组后的广州南洋电器企业集团有限公司是广州机电集团（控股）有限公司的二级集团公司，具有法人财产权，是按照《公司法》要求成立并完善的法人治理架构。重组后的集团公司是以优势企业广州南洋电器厂为核心，以资产为纽带组成的经济实体，初步走向以资产营运为中心的运作方式。

发展情况　1996 年下半年，新成立的集团围绕改制，提出“过渡要平稳，生产要发展，效益要提高”的方针，以确保新公司的成立对国有资产保值、增值负责。

1996 年机电行业受国家经济大环境的影响，市场严峻，竞争激烈，新成立的公司克服了重重困难，较好地完成了原定计划。全年完成工业总产值 3.01 亿元（不变价），比上年增长 5%，销售收入 3.59 亿元（含税），比上年增长 4%，完成利税 3 974 万元。广州南洋电气企业集团有限公司的 1996 年经济指标及产量见表 1、表 2。1996 年生产经营有如下特点：

（1）高技术、高附加值的新产品，在市场上仍有持续发展余地，产、销、利三者能保持同步增长。而老产品，除极少数保持有微利之外，大多数产品出现产、销增加、利润下降的状况。

（2）高电压、大容量的输配电产品，市场需求呈上升趋势，低电压、通用性产品，市场需求下降。

表 1　1996 年主要经济技术指标

项目	单位	1996 年完成
企业数	个	4
全部职工平均人数	人	3 569
工业总产值：当年价	万元	32 794
不变价	万元	30 123
工业增加值	万元	8 805
产品销售收入	万元	31 499
产品销售税金及附加	万元	2 129
利税总额	万元	3 974
固定资产原价	万元	12 634
固定资产净值平均余额	万元	11 453
流动资产平均余额	万元	25 652

（3）成套项目产品，按国家标准规格、型号生产

的产品，订货日渐减少，非标准型号的产品订货日渐增多。大多数用户要求“量身订造”，而且是“快餐”，期限很短。原有的生产周期格局被打破。

表2　1996年完成主要产品产量

产品名称	单位	产量
高压开关板	面	1 296
低压开关板	面	5 072
高压电器元件	只	847
低压电器元件	万只	10.8
电力变压器	MV·A	1 326.1
电风扇	万台	19.5

为了适应市场急剧变化的发展需要，集团公司采取了如下措施：

(1) 抓住销售龙头，搞活生产经营。

集团公司内所属企业除了惯用的营销手法，即加强营销领导力量、充实营销队伍、提高营销人员素质之外，核心企业广州南洋电器厂采取了一些新举措，推行“全方位营销策略”收到明显的营销效果。该策略的主要特点是：首先发挥人的主观能动作用，转变观念，从传统的产→供→销模式变为销→供→产模式，以满足市场需求为目标，以销售部门为企业生产起点，以正点生产和高效运作为手段，合理优化配置企业各生产要素，清除生产过程中一切不产生附加值的劳动资源，追求尽善尽美的终极目标，达到增强企业市场应变能力的目的，取得最佳经济效果。1996年到全国大城市组织16个产品推介演示会，发动全厂有各层次人员参加的“地毯式”推介活动(共有30人次到全国“30个”城市开展推介活动)，通过推介，使企业每月平均接货量超过千万元，AE、VK两个新产品实现“产、销双八百”目标，该厂在公司中一枝独秀创利润达650万元。1996年广州南洋电器厂在全国同行综合经济指标排序中名列第四位。

广州南洋电器厂推广的“全方位营销策略”在集团公司内起到了很好的示范效应，推动了其他企业相应对加强营销工作作出新举措。

(2) 抓好企业管理、改善企业素质。

①加强生产管理，强化生产指挥力度。

为了适应快节奏的市场需要，输配电成套设备交货期越来越缩短，仅以广州南洋电器厂为例，全年接货“快餐”量月平均为70%，最高为90%。以前三个月的生产周期已被打破，有些只能有15天左右的时间，这就要求企业要培养适应市场变化的快速反应能力。他们推行正点生产的“生产周期法”，把合同生产周期考核与经济责任制结合起来，从经营、接货、设计开始，供应配套、冲铆、数控加工、外协加工，到包装、质检各部门采用层级拉动式的生产模式，重点放在处理生产节拍、标准在制品、工艺规程和质量标准四个方面，经实践证明，层级式的职能到位生产方式，能有效地保证营销运作的开展。

②学习邯钢经验，狠抓增收节支。

集团公司把学习邯钢经验，作为深化企业改革，加强管理的重要部署来开展。下属企业根据自己本身的实际情况，把握实质，开展这项活动。例如广州南洋电器厂制定了增收节支八大措施，重点放在严格控制费用审批制度，实行采购事前监控、事后审批，加强售后服务监控，加快处理积压在制品，抓好加工质量，降低废品率，开展销售大检查，理顺运输费成本构成等环节上，仅元件、材料采购事前监控一项为例，要求采购人员进货要以厂家直供为主，代理商、经销商为辅，坚持货比三家的采购原则，全年就节约资金逾百万元。

广州电器工业公司重点放在财务事前预决算制度上，严格按照程序办事，每个部门所有费用统一开支建帐登记，加强财务监控，集中了分厂的财力决策权，统一由总厂宏观调控，经过理顺了总厂与分厂的财务关系后，对公司当年减亏节支起到重要作用。

科研成果及新产品　集团公司向广大工程技术人员提出1996年突出抓好的三个重点：一是对早几年引进的AE-S型低压框架式空气断路器、VK-10型中压真空断路器、VC-10型中压真空开关柜要填平补齐形成系列化，扩大生产规模；二是对已投入正常生产的主导产品，不断改进，完善工艺，技术上水平，在产品质量上、价格上要敢于与国外进口产品比美，创自己的民族品牌，要达到国际先进水平；三是着眼于未来，继续开发超前期、高起点、有潜在市场需求的新产品。

据统计，1996年共有18项新产品通过技术鉴定，1个产品顺利通过国家电力工业部认证，2个产品进行型式试验，2个产品完成样机试制，其中110 kV、SF_6断路器已在沈阳试验，该项产品是“突破高压”的产品，将填补华南地区空白。目前，新产品的储备、试制、应用，已形成阶梯状。

积极抓好输变电技术研究开发中心的组建工作。

调整后的集团公司，一直把科技开发工作纳入议事日程，组织班子开展了大量的调查研究工作，制定方案，分别多次召开各种专业会议和技术委员会常委会议，进行分析研讨，找准了自己在同行中的坐标方位，重新确立“突破高压，发展中压，提高低压”的战略构想，并对产品结构着手调整，重新修订了集团公司的十五年发展规划。经过几个月的筹备，广州南洋输变电技术研究开发中心的组建工作已准备就绪，定于1997年正式成立。

集团公司对以往实施多年的奖励科技承包人员的做法给予充分肯定，并重新修订了技术承包责任制，将新产品进度与个人经济利益直接挂钩，激励工程技术人员开发新产品的积极性，加快新产品开发进度。

质量管理　抓好ISO9001系列贯标认证工作是质量管理中的重要一环。在激烈的市场竞争中，集团公司各企业都深感ISO系列标准的贯彻是提高产品市场竞争力的有效途径，都积极、认真地进行贯标认证工作。

集团公司在贯标认证中采取了以下措施：①领导重视，真抓实干，确立领导班子、层级动员，计划部署，工作展开，进度检查，对工作成效验证亲力亲为，并建立严格的考核管理办法，层级负责，车间以上的领导对贯标须知实行“人人过关，个个皆知”。②全员投入，培养骨干基本队伍，采用请进来，派出去的办法，对口人员培训184人次，专题培训25人次，共培训30人，聘任31名内审员，全员投入使职工质量意识有了质的飞跃。③全力以赴编制和确定质量体系文件，从准备阶段到编写文件阶段到质量体系试运行阶段，直到认证中心审核整改，历时半年多，共完成25万字主体26次修改，④坚持实行写到做到，做到一定有依据，加内审定时整改，责任到位的做法，确保正常运作不走样。

公司内核心企业广州南洋电器厂率先取得ISO9001系列质量认证，其余的企业计划第二年分批通过贯标认证。

技术改造 在技术改造方面，公司内核心企业广州南洋电器厂成效较显著，他们开展的六项工作基本上件件都有着落。一是10 000m² 成套设备生产大楼10月份已完成土建，年末投入生产使用；二是热处理改造工程已完成，大大改善生产者的工作环境；三是新产品开发计算机辅助设计的CAD/CAM改造工程，已完成可行性分析及选型工作，年底已确定实施方案；四是“九五”技改计划的2 900万元“双加”工程已获机械工业部、国家经贸委批准，资金已批准下达；五是DW18-2500A低压空气开关获国家新产品称号，得到国家科委50万元奖励性拨款，DW18-3200A低压开关获市立项及15万元奖励性拨款；六是建成一条母线环氧涂敷生产线。

对外合作 广州高压电器厂为解决企业生产场地不够的矛盾，积极进行易地改造，与奥地利伊林公司合作，引进该公司制造变压器先进技术和资金，经过多次磋商，草签了合资合作合同，双方同意在广州黄埔经济开发区兴建占地面积75 500m²，建筑面积40 000m²，年产量为7 500MV·A的220kV及以下的变压器生产企业。

〔撰稿人：广州南洋电器企业集团　郑　铁〕

中国一拖集团有限公司

董事长：尹家喜　副董事长：方　刚　陈立威
总经理：方　刚　副总经理：罗廷赞、王　洪、朱士岑、邢德余、刘大功、刘阿南、董永安、刘文英
地址：河南省洛阳市建设路154号　邮码：471004
电话：(0379) 4972048　传真：(0379) 4913228

概况 中国一拖集团有限公司(从属名称：第一拖拉机制造厂)，前身为中国第一拖拉机工程机械公司。按照建立现代企业制度的要求，1997年5月24日，正式改制更名为中国一拖集团有限公司，为国有独资公司。

以中国一拖集团有限公司(简称一拖集团公司)为核心的一拖集团，现为国家首批57个试点企业集团和国务院确定的512个重点国有企业之一，是机械工业部授予的全国机械工业文明单位标兵。

1996年中国一拖集团有限公司，完成销售收入43.12亿元，同比增长30.6%；利税、利润，同比分别增长72.5%和115%；完成创汇1 205万美元，同比增长27.09%。公司继续保持了快速发展的良好势头，销售收入再一次实现了增长10%以上，同时，利润和利税的增长幅度明显地高于销售收入的增长幅度，表明一拖集团公司从粗放型向集约型的转变有了实质性的进展。

1996年成绩的取得主要得益于“管理年”活动的开展，得益于“三大战役”精神的贯彻与落实，得益于一系列辩证营销策略的运用，如实施“先配件、后主机”的经营策略，“旺季抢效益、淡季保市场”的营销策略等，得益于“三抢（抢时间、抢市场、抢效益）精神的发扬，得益于对全体职工进行“创业在一拖、奉献在岗位”主体教育活动的深入开展。

夯实管理基础，打好“质量翻身战役” 一拖集团公司把1996年确定为“管理年”，提出了质量、目标成本、基础管理三大任务，并作为实现“两个根本转变”的切入点。

——在质量管理上，一是组织质量培训班，聘请有关专家讲课，以提高全员质量意识和业务素质；二是制订措施，如及时制订《关于加强质量工作的决定》及《产品质量否决考核办法》等文件、措施，对各单位的产品质量进行挂牌考核，深入开展贯标活动，全方位落实质量责任；三是借1965年一拖交付黑龙江二龙山农场的东方红—54型履带拖拉机实现31年无大修的光荣记录，举行“迎‘功勋车’送‘换代车’暨质量上台阶动员誓师大会”，以增强一拖人的“东方红”商标荣誉感，表达一拖人打好“质量翻身仗”的决心和信心，并由此拉开了由千余人参加的“1996用户服务月”活动，七路大军开展质量万里行，使得在1996年产值大幅度增加的情况下，产品质量同时呈上升趋势，在接受上级的9次质量抽查中，11个整机品种和万种零件，全部达到质量要求。

质量贯标工作也取得了实质性进展，柴油机公司顺利地一次通过了中国质量管理协会保证中心质

量体系认证审核，并于1996年12月28日获中国质量管理协会质量保证中心、北京质量管理协会质量保证中心正式签发的《质量体系注册证书》和《质量体系认证证书》。1997年7月中国质量管理协会用户委员会发布的1996年全国用户满意企业、用户满意产品名单中，分别列入一拖集团公司及其生产的东方红牌柴油机，东方红小四轮拖拉机第5次获使用可靠产品称号。

——在成本管理上，全面推行目标成本管理，学习邯钢经验，防止“渗漏效应”的发生。坚持以市场为导向，对进厂物资的价格及产品、配件的销售价格进行调整，初步建立了公司内部价格体系，为推行模拟市场核算提供了条件和依据。同时，严格资金管理，按照“增畅、限平、停滞”的原则，调剂资金使用。大力开展节约挖潜活动，全方位控制成本。

——在基础管理上，制订《管理进步示范工程实施办法》，并量化为50项重点工作，明确责任单位、具体要求和完成期限并纳入考核。不断完善精益化生产的试点工作，推动公司整体管理水平的提高。初步理顺和形成了安全、设备、能源、计量等专业管理的联动体系，在1996年11个单位的基础上，1997年又有8个单位通过了河南省机械厅的“特级安全级企业”评审认证。

——实施名牌战略有突破。在1996中国最有价值品牌评价活动中，中国一拖集团有限公司的“东方红”品牌，在众多参评品牌中脱颖而出，一举被评为1996中国最有价值品牌，这是入围51个1996最有价值品牌中的唯一的农机品牌。

注重改革拉动，促进企业发展　在巩固“管理年”活动成果的基础上，一拖集团公司坚持改管结合的方针，以改革促管理进步，以改革促企业发展。

根据国务院《国民经济和社会发展“九五”计划和2010年远景目标纲要》精神，一拖集团公司根据国家宏观经济走向及产业政策的要求，结合企业自身实际及在全国农机行业中所处的特殊地位，集全体职工之智慧，制定了《中国一拖集团公司“九五”计划和2010年远景规划纲要》，提出了一拖集团公司“二次创业”和“三次创业”的宏伟目标和任务。第一阶段（1996年～2000年）为“二次创业”阶段，形成拖拉机、汽车和工程机械三大支柱产品的优化结构，部分产品达到90年代国际先进水平，使之成为公司经济发展的支柱；基本建立现代企业制度；走出中原成为跨地区，以产品经营与资本经营相结合，在国内市场上成为有较强竞争力的集团化工业企业；职工生活普遍达到小康水平。第二阶段（2001年～2010年）为“三次创业”阶段，企业经营范围和经营区域进一步扩大，实现“两个跨越”（从产品经营为主向以资产经营为主的跨越，从立足国内竞争向放眼全球经营的跨越）；建成在国际、国内有较强竞争能力的一流集团化工业企业，综合经济实力列全国百强之内；建立起高效运行的现代企业经营机制；基本形成企业科技发展追踪国际先进水平的能力，主导产品达到国际先进水平；职工生活达到比较富裕的小康水平。依据这一中长期发展规划，一拖集团公司有步骤地将长远利益和当前利益相结合；将企业实际与“三大战役”的要求相结合，进行一系列卓有成效的改革。

——按照“投入部分增量、调动整个存量，实现资源最佳配置、创造资产最大效益”的方针，一是以“73111工程”先期项目——汽车、柴油机为重点的“一号工程”以超常速进行，已经形成年产汽车1.5万辆、柴油机2万台的能力。二是压路机（一期）、重型汽车、液压挖掘机（一期）、1002/1202履带拖拉机（一期）、852履带拖拉机、铸钢履带板等“八五”技改项目顺利通过国家竣工验收。特别是铸钢履带板生产线和1002/1202履带拖拉机项目已收到较好的投资效果。三是“九五”期间两个“双加”技改项目大功率1004/1204轮式拖拉机和1002/1202履带拖拉机（二期）初步设计顺利通过国家级审查。农用汽车技改项目可行性报告已经省经贸委批复，冲压件模具制造和焊接线设计工作等正在抓紧进行。

——充分发挥一拖集团公司技术中心的技术开发优势，打好“开发能力提高战役”，加快主导产品的研制与开发周期。相继开发了东方红-802T推土机、东方红-CT1190载货汽车、东方红-LT3091型自卸汽车等新产品并通过省级技术鉴定；完成了东方红-902拖拉机、东方红-LT4300半挂牵引车等29项200余台（套）新产品的试制工作；完成了洛阳-菲亚特8042W前推后挂拖拉机、ZC50装载机等26项新产品试验；完成部管科研项目4项，部管长期技术工作15项，部管技术标准制定修订工作11项。

——经中国对外贸易经济合作部批准，由一拖集团有限公司进出口公司注入全资而成立的一拖国际经济贸易有限公司于1996年9月10日成立，为一拖集团公司开拓国际市场，扩大创汇，促进对外合资、合作打下良好的基础。

——以建立现代企业制度为核心的改革步伐加快，“优化组织结构战役”取得初步胜利。

一拖集团公司以《公司法》和国家、省、市的《试点方案》为依据，组织制定了《中国第一拖拉机工程机械集团公司建立现代企业制度实施方案》，于1996年7月24日一次顺利通过省、市政府组织的审议和论证，8月8日得到同意的批复。于1997年5月24日正式举行挂牌更名仪式。并按照《公司法》和实施方案的要求，建立了规范的法人治理结构，成立了董事会、监事会和管理层班子。

股份制改造取得成功。1996年12月31日国务院证券委批准一拖集团公司为境外上市预选企业后，一拖集团公司按上市企业要求迅速地进行资产评估工作和资产重组工作，设立第一拖拉机股份有限公司并转为社会募集公司。1997年6月23日，一拖股票在香港联交所成功上市。一拖股创1994年以来国有企业在港发行H股认购倍数和冻结资金之最。H股的成功发行，标志着中国一拖集团有限公司向资本运营转化方面有了突破性的进展。

后方剥离工作，经过大量的调研和论证，成功地将医院、房产、福利等社会职能部门转为模拟法人运行的“中心医院”、“物业管理公司”、“旅游商贸公司”等，为将来的实质性分离创造了条件。

——大公司、大集团战略有进展。1996年以来先后有近三十个企业申请由一拖集团公司对其实施联合兼并。根据集团发展规划，有重点、有选择地进行了考察和论证，分别与开封联合收割机厂及江苏清江拖拉机集团公司达成兼并联合意向，以充分利用国家提供的优惠政策，实现低成本扩张、壮大集团实力。

——组建农机具联合体。根据中央“机械工业要全方位为农村经济发展服务”的方针，一拖集团公司拓宽经营思路，组建了以一拖集团公司为“龙头”的22个成员单位参加的农机具联合体，把拖拉机和农机具配套销售，打破了我国几十年来拖拉机和农机具科研、生产、销售两分天下的局面，并通过农机具演示会配套向用户提供销售服务。根据需要，逐步由目前的产品联合型向以资产为纽带的紧密联合过渡，以开创我国农机具生产、销售服务配套化、系列化的新局面。

〔撰稿人：中国一拖集团有限公司办公室　张献忠　审稿人：中国一拖集团有限公司办公室主任　魏黎明〕

中国机械设备进出口集团

CHINA NATIONAL MACHINERY & EQUIPMENT IMPORT & EXPORT CORPORATION（GROUP）

理事长：奚家成　副理事长：胡桂祥、李春兰、陆秀洲　常务理事（按姓氏笔画排列）：李春兰、李树智、杨洪年、陈博生、陆秀洲、张毓霖、胡桂祥、祝惠安、赵风茂、奚家成、强忠诚

地址：北京市宣武区广安门外大街178号　邮码：100055

电话：(010) 63268157、63268208　传真：(010) 63261865、63268203

发展概况　中国机械设备进出口集团(简称“中设集团”)1994年7月登记成立。它是一个以产权联结为主要纽带，以贸易为主体，集贸、工、技、金融、服务为一体的跨地区、跨部门、跨行业的大型机电产品进出口企业集团。它以中国机械设备进出口总公司（简称“总公司”或“CMEC”）为核心企业，现有成员单位222个，其中紧密层企业38个(包括16个海外企业)，半紧密层成员40个，协作成员144个。

1996年工作回顾　(1)核心和紧密层企业进出口总额上升，首次超过10亿美元，全集团进出口规模下降。1996年，外贸形势十分严峻，按集团核心企业、紧密层企业、半紧密层成员统计，1996年进出口总额达到26.76亿美元，其中出口额为19.11亿美元，比上年下降14%。进口到货7.65亿美元，比上年增长8%。其中集团核心企业和紧密层企业进出口额达到10.56亿美元，出口额为6.44亿美元，比上年下降0.3%。详见下表。在1996年度中国进出口额最大的500家企业中从上年度的第二十七位上升为第二十四位。(2)进口继续增长。其中紧密层单位尤为突出，1996年比上年增长28%，中设江苏公司进口到货超过1.8亿美元，已成为CMEC系统进口第一大户，增幅49%，其他不少公司进口也有大幅增长，标志着中设集团进口业务的竞争力有所提高。(3)机电设备成套出口取得新进展。1996年各成员单位进一步重视和加强了成套工作，作为集团业务的重要支柱，成套出口增长迅速，成交上升。1996年是总公司成套项目工程执行的高峰期，巴基斯坦5号、6号机组顺利完工移交，山西柳林电厂2号机组于7月份开始发电，我国第一次出口的最大机组巴4号320MW机组年底点火并网成功，印尼500t/a浮法玻璃厂完工验收；大项目成交有了突破，伊朗空冷和变压器项目、缅甸2×12 000t多功能远洋货轮项目已经签约；总公司已进入著名的美国《工程新闻记录ENR》杂志“1995年国际最大225家承包商排名表”，列第106位，在我国入选的23家承包公司中名列第四；中设江苏公司、武汉公司等大型船舶的出口经营也已获成功，成为公司新兴的主领域。(4)调整结构，强化财务管理，扩大业务增长点。1996年，中设集团成员在“两个转变”过程中，贯彻以效益为中心的指导思想，积极调整结构，拓展业务，取得了一定成效。

集团内逐步形成了一批有规模、有效益、有发展前途的新项目、新产品，如船舶和船用配件、汽车零件等，易货贸易大量减少，有的公司推行代理制已有进展，投标业务进一步上升，D/A、D/P业务大量减少，并都办理了出口信用保险。

各单位重点加强了财务管理，压缩了库存和应收帐款，资金运筹水平提高，中设江苏公司等子公司基本保持零库存，在业务增长的情况下，控制了费用增长。

1996年5月，中工信托投资公司正式成立并开业，年内，中设国际招标公司也已完成筹建并开业，海南股份公司引进德国新型建材——彩色混凝土路

面砖生产线，在海口、烟台、南京先后建厂投产，并迅速占领了市场。上述业务成为集团新的业务和利润增长点，为集团推进多种经营、增强综合竞争力打下了基础。

表 中设集团进出口指标完成情况 （单位：万美元）

指标		出口创汇		进口到货		进出口总额	
年度		1996年	比上年增长%	1996年	比上年增长%	1996年	比上年增长%
集团总计		191 102	−14.0	76 537	8.0	267 639	−8.3
其中	核心企业、紧密层企业	64 397	−0.3	41 219	28.0	105 616	9.0
	半紧密层企业	126 705	−19.0	35 317	−8.0	162 022	−17.0

注：表中进出口总额按外贸企业统计（包括集团核心企业、紧密层、半紧密层），未含生产企业的完成额。

中设集团主要特点 (1)具有工贸结合优势。集团的核心企业CMEC成立于1978年，是国内第一家工贸结合的全国性国际贸易公司。它与机械工业系统的生产企业、科研单位有着深远的历史渊源和密切的业务联系，建立了机电产品出口产销“一条龙”的稳固关系，提高了开拓国际市场的成功率。(2)初步建立了以资产为联结的纽带关系。在中设集团38个紧密层企业中，20个为全资子公司，18个为控股公司，产权关系基本理顺，实现了计划、统计、财务、劳动工资和领导班子的统一管理。(3)具有机电产品出口规模。1996年集团出口总额为19.11亿美元，虽比上年下降14%，仍占全国机电产品出口总额的4%以上，占全国机电产品一般贸易出口总额109.8亿美元的17.4%，是一个以机电产品出口为主的大型工贸企业集团，机电产品出口的“国家队”。(4)具有成套设备出口和工程承包经营能力。成套出口产品已从一般机电设备成套发展到“交钥匙”工程承包，已经承建和完成的项目有火力发电厂、水力发电站、水泥厂、玻璃厂、糖厂、造纸厂、冷库、输变电项目、煤矿、船舶、桥梁等成套设备和承包工程。对国内外影响最大的是电站，至今已承接和出口3000MW，总金额超过10亿美元。(5)具有良好的金融基础。总公司拥有独资的中工信托投资公司，正在成为支持机电产品出口的全行业性信托投资公司；具有对外融资权；在香港设有海外财务公司；总公司与美国GE财务公司发起成立了CMEC中国工业投资基金（简称“CMEC基金”），并在爱尔兰证券交易所注册上市，CMEC基金已经开始运作。(6)具有相当数量的海外机构。总公司在五大洲30个国家和地区设有海外机构38个。其中代表处22个，独资、合资公司16个。目前中设集团海外机构约80多个，海外投资总额达数千万美元，其中总公司海外投资为1 500万美元左右。中设集团联合发展海外事业，已形成遍及世界五大洲的销售、投资、信息、服务网络，对外贸易进出口国家和地区多达100多个。CMEC司徽和有关产品的商标已在世界19个国家和地区注册登记。(7)具有机电产品进口的经营实力。CMEC成立至今已执行进口合同15 000多个，成交金额近40亿美元，成为机械系统各单位从国外引进技术、设备和进口各种机电仪产品的主要窗口，也是深受冶金、轻纺、电力、石化等有关部门、单位欢迎的外贸代理、CMEC已被国家计委和外经贸部明确为利用外国政府贷款的国家采购公司之一，是国家计委批推的利用贴息贷款改造扩容长途交换网项目和引进二级光缆传输设备项目的指定采购公司之一。经外经贸部批准成立了“中设国际招标有限责任公司”。(8)经营多元化发展。中设集团在以机电产品和成套设备出口为主的同时，坚持“一主多元化”的经营战略，向国内贸易、工业生产、科研设计、房地产开发、物业管理、展览广告、仓储运输、外贸法律和信息咨询服务等多领域发展。

中设集团发展设想 展望“九五”，面对日趋复杂多变的市场环境，竞争日益加剧的严峻挑战，中设集团跨世纪的发展蓝图是：从现在起，经过15年的努力，到2010年，把中设集团建成一个具有中国特色的、以机电产品和成套设备出口为主体，集贸易、金融、产业、技术、服务为一体的综合商社。

“九五”中设集团发展的基本目标是：(1)坚持机电产品出口为主的发展战略，实现2000年全国机电产品出口总额达到600亿美元以上，中设集团如原CMEC系统跨地区的联合实现，进出口总额将达到60亿美元的目标，其中出口45亿美元～48亿美元，进口12亿美元～15亿美元。(2)适应“两个转变”，结合国有资产的重组，抓好调整，通过兼并，控股、行政划转等方法，使CMEC系统成为全国最大的机电产品出口集团。预计到2000年，总资产规模达到120亿元～150亿元，净资产30亿元～40亿元。(3)实行新模式、新地区、新领域的“三新”战略，逐步建成国内一流、世界知名的机电成套设备出口大型企业集团。在巩固和扩大原有市场的基础上，积极开拓新地区，突破新领域，探索新模式。特别是外贸、生产及与大型成套项目相关的设计研究单位的互相渗透、互相交融、优势互补的新形式，组成以中设集团牵头，联合工程设计、设备制造、安装、运行等单位参加的“成套设备(电站)出口联合体”。积极探索BOT、BOO的贸易方式。在继续以信贷方式扩大成套设备出口的同时，争取采取控股经营、参股经营或分包项目等不同方式进入BOT、BOO领域，成为在国际市场竞争中率先使用BOT、BOO方式的中国公司，取得经验，形成规模。(4)强化集团投融资功能。通过中工信托投资公司、在香港运作财务公司、国家授予的对外融资权和 CMEC 基金四条渠道，实现贸、工与金融的结合，扩大国内外融资能力，支持机电产品出口。改善和加强集团金融机构与政策性银行及其他机构的合作，发展贸易与金融的结合。针对大型机电出口项目，推动组织银团，促进 BOT、BOO 项目的实施。（5）发展海外事业。对有条件的国家和地区新建和扩大组装生产厂。推进代表处向经营实体转化，加快机电产品维修服务机构的建立。分块管理海外机构，探索建立地区中心。（6）转机制，抓管理。依照《公司法》，推进公司制改组，加强产权联结纽带，建立母子公司体制。强化集团内部管理，规范组织管理制度，建立适应市场竞争要求的内部管理体制。

〔撰稿人：中国机械设备进出口总公司　郑洪〕

中国机械对外经济技术合作总公司

总裁：王永安　副总裁：李蓉庆、康贞昌、李孝先
地址：北京二里沟西苑饭店 2 号楼　邮码：100044
电话：（010）68310123　传真：（010）68310020、68310030

总裁简介　王永安同志 1945 年 5 月出生，1970 年毕业于天津大学，曾在承德地区机床厂、兴隆农机厂、国家仪表总局、中国机电产品进出口商会、机械电子工业部、机械工业部工作。1991 年在中国科技大学攻读工商管理研究生，1994 年毕业，获硕士学位。1994 年 9 月至 1995 年 7 月参加中央党校中青年干部培训班学习，任支部书记。1994 年在中共中央党校攻读经济法研究生，1997 年 4 月毕业。1992 年 6 月至 1996 年 8 月曾任机械工业部人劳司副司长、部纪委委员。1996 年 8 月调中国机械对外经济技术合作总公司任副总经理，1997 年 1 月任该公司总经理。

发展情况　1996 年，我国国有外经贸企业遇到了前所未有的困难。中国机械对外经济技术合作总公司（以下简称 CMIC）冷静、全面、正确地分析了部分国有外经贸企业出口下滑和亏损面扩大的原因，并结合公司的实际情况采取措施，全体员工努力拼搏，克服了种种困难，取得了较好的成绩。

全公司全年完成进出口经营总额 1.2 亿美元。其中，一般贸易的单机出口完成了 6 854 万美元。详见表 1、表 2、表 3、表 4、表 5。大多数子、分公司发展平稳，并反映出有别于上年的几个显著特点：

一是突出了主业。工程承包和成套设备出口及境内国际招标中标项目等均完成得比 1995 年好，在手的几个工程项目进展顺利。

二是注重了效益。全公司上下都重视经济效益指标，基本上做到了坚持在提高经济效益的前提下扩大营业额。亏本生意不做，控制了亏损，提高了经济效益。总公司本部的经济效益好于历年，多数子、分公司做到了持平或有盈余。

三是一业为主、多种经营有了新的起步。在狠抓主业不放松的同时，灵活机动地开展多种经营。出口和进口、国内和国外项目并举，收到了良好的效果。进口到货 3 720 万美元，较上年增长了 12.2%。

四是开始发挥了公司整体优势。为了更有利地发挥总公司各部（室）、分（子）公司各自的优势，CMIC 全系统上下出现了相互合作、相互配合的可喜现象。

表 1　出口商品超过百万美元的大类产品

（单位：万美元）

序号	产品名称	1996 年金额	1995 年金额
1	机械及设备	5 096	8 312
2	五金矿产品	947	968
3	光电产品	280	143
4	工农具	207	391
5	化工产品	196	124
6	运输工具	172	294
7	轻工业品	140	156
8	纺织丝绸	113	166
9	家电设备	107	520

表 2　机电产品中出口超过百万美元的产品

（单位：万美元）

序号	产品名称	1996 年金额	1995 年金额
1	一般交流电动机	919	897
2	电动工具	870	3 173
3	轴承及基础件	460	326
	其中：轴承	260	325
4	砂轮机	407	696
5	千斤顶	271	364
6	脚手架配件	228	92
7	电子显微镜	189	
8	电工产品配件	186	4
9	磨料	168	126
10	台钻	165	471
11	矿山机械配件	143	87
12	建材设备	121	
13	铸铁件	121	157
14	焊缝管	112	
15	车床	104	136

对外合作　承包工程营业额完成 640 万美元。

其中，土耳其水电站95.24万美元，越南水泥磨粉站38万美元，荷兰二手高炉拆卸36万美元，泰国钢芯铝绞线项目253万美元，奥地利转炉拆卸187万美元。派出人数208人，期末在外人数178人。

其他正在进行的承包工程项目有：孟加拉煤矿、伊朗浮法玻璃厂、巴基斯坦水泥厂、巴基斯坦联合循环电站等。

劳务合作合同额完成202万美元，营业额完成199万美元，派出人数68人次，期末在外人数131人。

表3 非机电产品出口情况

（单位：万美元）

序号	产品名称	1996年金额	1995年金额
1	五金矿产品	296	493
2	化工产品	196	124
3	轻工业品	71	156
4	纺织丝绸	113	166
5	服装	76	327
6	医药品	38	
7	土产畜产	25	80
8	工艺品	21	231
9	粮油食品	7	15

表4 出口市场分布情况

（单位：万美元）

序号	市场名称	1996年金额	1995年金额
1	亚洲	3 123	3 978
2	欧洲	2 035	5 606
3	北美洲	1 700	1 933
4	拉丁美洲	300	200
5	大洋洲	192	31
6	非洲	128	138

管理及改革 公司大力开展了“管理年”活动。根据年初对外经贸形势的分析，结合公司分设五年来经营规模不断扩大及企业内部管理工作亟待加强的实际情况，公司决定1996年为“管理年”，并将财务管理作为管理年“突破口”来抓。经过一年的实践，公司职工从上到下，提高了对管理工作重要性的认识，并结合实际找出存在问题，在此基础上建立、健全、修改、完善各种规章制度。在年初，公司成立了以总经理为首的“管理年”工作领导小组，下设业务、人事和财务3个工作小组，公司办公室为“管理年”工作领导小组的办公室，多次召开总经理办公会议和中层干部党政联席会议，层层发动群众，认清形势，转变观念，向管理要效益。

表5 出口额超过百万美元的国家和地区

（单位：万美元）

序号	国家、地区	1996年金额	1995年金额
1	美国	1 453	1 920
2	德国	776	3 750
3	香港	627	1 691
4	日本	597	336
5	泰国	433	93
6	意大利	375	124
7	新加坡	323	159
8	加拿大	247	13
9	马来西亚	230	285
10	印尼	222	400
11	奥地利	196	39
12	巴西	190	9
13	英国	179	5
14	荷兰	159	669
15	韩国	155	149
16	土耳其	127	60
17	西班牙	120	211
18	阿联酋	118	69
19	新西兰	107	9
20	菲律宾	102	163

同时，在公司党委的领导下，党办组织工会、共青团开展了“人人热爱公司”系列活动，集智献策，公司本部员工为公司在市场经济竞争中求生存、谋发展提出了7类88条意见和建议。对这些意见和建议由3个小组分头落实，提出企业内部深化改革的方案。如业务组提出组织机构优化组合改革方案。人事组提出了工效挂钩、深化改革岗位等级工资制度和奖励办法的新方案，制定各类员工分层次的培训计划。财务组在公司内部模拟市场，实行“成本否决”，调整了公司财务部的组织机构，进一步细化公司内部的财务管理和会计核算的规章制度，成立了资金管理中心、结算中心和成本核算管理中心。

在公司“管理年”中，总公司本部各个部门根据自身的实际需要，也制定了一些二级管理制度，已收到了可喜的效果。总公司在增收节支、开源节流方面取得明显的效果。

〔撰稿人：中国机械对外经济技术合作总公司 杜娟 审稿人：中国机械对外经济技术合作总公司 吴翔〕

中国工程与农业机械进出口总公司

总经理：姜承勋 副总经理：江兆荣、侯允超、刘桂伟、库金明、冯晓明

地址：北京市阜成路43号（北京2103信箱80分箱）　邮码：100037
电话：(010) 68410203、68410204　传真：(010) 68410201、68410198

概况　1996年是我国外贸行业深入改革、形势变化较大的一年。这一年，国家推出了一系列新的外贸政策，特别是外贸经营权进一步放开，使经营主体多元化，经营活动自主化，外贸经营市场化的进程加快了。在严峻的困难和挑战面前，中国工程与农业机械进出口总公司(CAMC)领导带领全体员工明确经营思想，自加出口压力，最大限度地挖掘内部潜力，在全国外贸企业普遍出现出口下滑的形势下，CAMC基本保持了进出口的规模经营，而且出口创汇和经济效益均得到了发展。主要经济技术指标完成情况见表1。

进口情况　CAMC成立以来，每年都承担一部分国家计委、国家经贸委、外经贸部、机械工业部等国家部委下达的中央外汇项目，为国内生产企业的技术改造、技术引进及基本建设做出了贡献。

1995年后，随着国家外汇体制的改革，国家把原中央外汇项目改为国家批准项目，经银行评估后实施人民币贷款项目，对于已签订的在手执行的中央外汇项目，公司帮助企业解决资金困难，保证了这些企业中央外汇项目的顺利完成。1996年，除个别项目外，已圆满地完成了在手的中央外汇项目。

表1　1996年主要经济指标

项　目	单位	金　额	比上年增长%
进出口总额	万美元	17 649	−2
出口创汇	万美元	15 800	2
进口到货	万美元	1 849	−28
总公司自营总值	万美元	10 765	
所属国内子公司总值	万美元	6 884	
销售收入	万元	119 123	−2
固定资产原价	万元	14 332	164
固定资产净值平均余额	万元	8 997	86
流动资产平均余额	万元	74 730	2

1996年，为了适应市场竞争，CAMC及时调整了进口经营思想，充分发挥长期搞进口业务积累的丰富经验及对国外市场了解等优势，拓宽进口路子，尝试为国外企业作进口代理，经过一年的艰苦努力，进口到货累计完成1 849万美元，虽然与1995年相比，进口到货有所下降，但部分项目将延迟至1997年执行，这就为1997年的工作奠定了基础。

主要进口项目：佳木斯联合收割机厂、四平联合收割机厂关键件的引进、菲亚特拖拉机项目的继续执行。

在世界银行林业贷款项目中部分中标。

1996年，先后与意大利FIAT公司、FACE (CHINA) LTD、SPA-TIINC公司等5个外国公司达成了进口代理协议。1996年主要产品进口情况详见表2。

表2　1996年主要产品进口情况

进口产品名称	进口额（万美元）
各类机械	1 069.2
其中：农林机械	204.7
动力机械	186.2
粮食加工机械	53.2
金属切削机床	42.3
起重机械	41.6
工程机械	27.1
其他各类机械	514.1
成套设备	439.3
光学仪器	34.9
纸浆、纸张及制品	27.6
电信设备及器材	4.3
橡胶及制品	2.4

进口国家和地区共16个，主要是美国，占进口总额的36%；其次是德国和意大利，分别占进口总额的16%和15%；进口额超过200万美元的有美国、德国、意大利和日本4个国家，占进口总额的79%。1996年主要进口国家、地区情况见表3。

表3　1996年主要进口国家、地区情况

序号	国家、地区	进口额（万美元）
1	美国	634.1
2	德国	286.8
3	意大利	266.1
4	日本	207.7
5	香港	124.8
6	斯洛伐克	67.1
7	韩国	57.8
8	法国	53.2
9	比利时	47.1
10	英国	23.0

1996年新签订技术引进和设备进口合同76个，成交金额540万美元，主要国家为意大利、德国、日本、美国。

出口情况　1996年是CAMC发展过程中比较艰难的一年。它既面临着整个外贸出口企业受国内外政治、经济因素的影响，也面临着公司内部发展后劲不足的严峻考验。针对这种状况，CAMC的领导层及时做出了实事求是调整出口规模，齐心协力完成效益目标的重大决策。确定了全年出口创汇1.58亿美元，力争4 000万元效益的经营目标。这目标的确立，既保持了CAMC成立十五年来形成的“速度和效益并重”的发展方针，又在出口下滑的情况下，坚持了1996年年初制定的“在讲求效益的基础上，扩大出口规模”的正确方针。经过公司全体员工的同心同德、奋力开拓、拼搏进取；提前完成了1.58亿美元的出口创汇目标，比1995年还略有增长，创出口创汇历史最好水平。

在完成经营目标的过程中，CAMC运用了“拓展东西、巩固南北”的市场战略，先后派出50多名业务骨干去拉美、非洲、亚太等国家和地区进行市场开发。在争取新合同的同时，也锻炼了人员队伍。

在完成经营目标的过程中，CAMC运用了“以小产品挤占发达国家市场，以大产品占领发展中国家市场，以老产品打新市场，以新产品打老市场”的经营战略。1996年，CAMC在较好地完成了拖拉机、工程机械等传统产品的出口任务的同时，也完成了桥梁、糖厂、水泥粉末站、电表、变压器、石油机械、机床等成套或较大批量产品5 000多万美元合同的履约。

在完成经营目标的过程中，CAMC运用了“抓重点、兼顾一般”的工作方法。1996年确定了17个重点项目，至年底完成了10个项目，成功率为59%，出口总金额4 700万美元，占公司全年出口总额的30%。其中小型成套项目1 630万美元，占全公司出口总额的10%，改变了单机出口的传统模式。

在完成经营目标的过程中，CAMC还积极尝试代理制，对保持和扩大出口规模，探讨新的发展模式起到了重要作用。1996年公司系统共代理出口6 000万美元，占全年出口总额的38%。

在出口产品中，机电产品出口1.2亿美元，占出口总值的77%，比1995年增长3%。非机电产品出口3 701万美元，占出口总值的23%。机电产品出口在公司出口总额中所占比例始终保持在75%以上。出口的商品按外经贸部统计分类，出口额超过100万美元的商品共35类。1996年主要产品出口情况见表4。

表4　1996年主要产品出口情况

产品名称	出口额（万美元）	产品名称	出口额（万美元）
桥梁设备	1 143.9	金属制品	633.4
机床工具	889.8	变压器	554.4
农业机械零配件	811.6	铸铁件	551.6
吊灯	776.0	微型轴承	489.8
拖拉机	705.4	糖厂设备	475.5
吊扇	685.3		

1996年出口额在1 000万美元以上的有3个国家和地区，分别是：香港、孟加拉、缅甸。出口额在500万美元～1 000万美元之间的有4个国家，分别是：意大利、秘鲁、古巴、阿根廷。在100万美元～500万美元之间的有16个国家，分别是：越南、阿尔巴尼亚、俄罗斯、巴基斯坦、日本、津巴布韦、美国、波兰、德国、西班牙、苏丹、泰国、伊朗、印度、加拿大、荷兰。1996年新开发的市场与1995年相比，增加了11个国家，分别是：缅甸、叙利亚、扎伊尔、肯尼亚、毛里求斯、马达加斯加、赞比亚、捷克、墨西哥、巴拿马和厄瓜多尔。1996年主要出口国家、地区情况见表5。

深化改革　1996年CAMC的改革重点在三个方面：一是根据国家和机械工业部的有关规定，出台了《公司内部干部交流实施办法》。目的是把一些有培养前途的年轻同志派到子公司去挂职工作。既给予这些同志在岗实际锻炼的机会，又为今后选拔中层干部打下了基础。二是根据《劳动法》推出了《CAMC劳动合同制实施办法》、《CAMC劳动合同书》以及与之配套的《CAMC基本养老保险实施暂行办法》、《CAMC补充养老保险实施细则》。三是实施了《关于核算到人建立个人奖励基金的试行办法》。

CAMC一直按照“决心要大，步子要稳”的原则进行改革。几年来改革方案落到了实处，取得了成效。

表5　1996年主要出口国家、地区情况

序号	国家、地区	出口额（万美元）
1	香港	5 229.7
2	孟加拉	1 317.4
3	缅甸	1 244.1
4	意大利	994.3
5	秘鲁	984.3
6	古巴	560.7
7	阿根廷	526.1
8	越南	487.2
9	阿尔巴尼亚	416.9
10	俄罗斯	384.2
11	巴基斯坦	366.1
12	日本	347.8
13	津巴布韦	320.6
14	美国	319.5

〔撰稿人：中国工程与农业机械进出口总公司综合部　罗　莹〕

中床机电工业集团

管理委员会主任：权义鲁　副主任：金志红、周少青、张宪霖
管委会委员：巫昌邦、王　忠、孙卫国、董庆明、万声鸿、孙尚旭、王欣荣、吴敬东、余孙伟
地址：北京市安内方家胡同19号　　邮码：100007
电话：(010) 64032224　　传真：(010) 64015657　　电挂：7134

经国家经济贸易委员会、机械工业部批准，国家工商行政管理局核准，以中国机床总公司为核心企业组建中床机电工业集团。

核心企业：

中国机床总公司

全资、控股、参股企业、分支机构：

中国机床销售与技术服务公司
中国如意技贸中心
中国机床专用技术设备公司
中国机床锻压铸造设备公司
深圳广源机床工具有限公司
海南鹏华实业公司
北京正一机电技术公司
中国机床总公司上海公司
北京中机华夏展览中心
华嘉（北京）机床工具公司
华夏（北京）机床模具设备公司
沈阳华夏机床设备公司
中国机床总公司蚌埠华夏经贸公司
中国机床总公司广州公司
中国机床总公司湖北公司
北京中机华夏钻石贸易中心
浙江华夏机床工具公司
中国机床总公司贸易发展分公司
中国机床总公司机电设备贸易分公司
湖北东风机床公司
中国机床总公司西安公司
华美机器底特律公司（美国）
北京俄罗斯沃龙涅什重型压力机维修中心站
文采房地产发展有限责任公司
北京中机成设备经销有限责任公司
深圳市剑普实业有限公司
北京海洲贸易有限责任公司
安徽萧县龙盘热电有限责任公司
北京路翔技术发展有限责任公司
中国机床总公司保定联营公司
北京火花机床集团
北京中成进机电技贸有限责任公司
北京中成设技贸有限责任公司
北京中技通机械贸易有限责任公司
北京智能电气有限责任公司
北京圆益通商技术发展有限责任公司
北京中床盛基经贸发展有限责任公司
北京三博机电设备有限责任公司
北京自航灵芝酒有限责任公司
深圳市火花模具设备有限责任公司
中国机床总公司合肥联合公司
西安中床机电工业有限责任公司
中国机床总公司满洲里贸易有限责任公司
佛山中机南方实业有限责任公司
华美机床公司（美国）
富利得国际工程贸易公司（荷兰）
香港华盛昌机床有限公司
深圳鸿泉机械有限公司
北京首都科技集团有限责任公司
北京首汽实业股份有限公司
燕兴国际经济技术合作有限责任公司
北京地鑫房地产开发有限责任公司
北京中联电器（集团）公司
北京中金信信息有限责任公司
北京市大合信息技术公司
北京茂泰科技咨询开发公司
海南深海（集团）股份有限公司
深圳市太平洋开发有限公司
苏州机床工具联合展销部
香港华盛昌机械企业有限公司
北京华盛昌公司
中国机床总公司长春机电设备有限责任公司
新乡汤川精密机械金属有限公司
中国机床总公司上海联络处
中国机床总公司南京办事处
中国机床总公司保定办事处
中国机床总公司莫斯科代表处
中国机床总公司匈牙利代表处
中国机床总公司印尼代表处
中国机床总公司法国（巴黎）代表处
中国机床总公司墨西哥代表处

关联企业：

上海机床工具（集团）有限公司
上海机床厂有限公司
大连机床厂
上海第一机床厂

桂林机床工具集团公司
齐齐哈尔第二机床厂
青海重型机床厂
青海第一机床厂
青海第二机床厂
南京机床厂
杭州机床厂
大河机床厂
宁夏长城机床厂
汉江机床厂
汉川机床厂
贵州险峰实业总公司
长征机床股份有限公司
北京第二机床厂
武汉机床厂
长沙机床厂
东方机床厂
云南机床厂
上海第二机床厂
南京第二机床厂
昆明铣床厂
常州机床总厂
广东省机床厂
豫西机床厂
河南省安阳机床厂
洛阳机床厂
德州机床厂
重庆第二机床厂
内江机床厂
长江机床厂
江东机床厂
太原第一机床厂
牡丹江第一机床厂
福州机床厂
蚌埠机床总公司
保定第二机床厂
呼和浩特机床厂
湖北沙市第一机床厂
大连组合机床研究所

天津市锻压机床总厂
上海锻压机床厂
北京锻压机床厂
合肥锻压机床总厂
上海冲剪机床厂
黄石锻压机床（集团）公司
天水锻压机床厂
内江锻压机床厂
西安锻压机床厂
营口锻压机床厂
沈阳锻压机床厂
辽阳锻压机床股份有限公司
河北省保定铸造机械厂
漯河铸造机械厂
上海压铸机厂
苏州铸造机械公司

哈尔滨工量具企业集团
成都成量集团公司
上海工具量具总公司
中原量仪股份有限公司
北京量具刃具厂
上海量具刃具厂
青海量具刃具厂
哈尔滨第二工具厂
关中工具厂
湖南衡阳量具刃具总厂
广州工具厂

呼和浩特机床附件总厂
烟台机床附件厂
南京工艺装备制造厂
天津市组合夹具厂

沈阳二一三机床电器厂
北京第一机床电器厂
天水二一三机床电器厂

（版面所限，未能全部刊出，排名不分先后）
〔撰稿单位：中国机床总公司〕

中国机械工业安装总公司

法人代表、副总经理：王清训
地址：北京王府井大街277号　　邮码：100740
电话：(010) 65233410　　传真：(010) 65124181

概况　中国机械工业安装总公司始建于1952年，是机械工业部直属大型施工企业。具有一级施工资质等级、一级工程总承包资质、对外工程承包权，1995年经国家对外贸易经济合作部批准，享有对外经济技术合作权，是金融AAA级信用单位。四十多年来，公司先后承担了50年代建国初期苏联援建的156个重点建设项目，60年代国家对亚洲、非洲、拉丁美洲的国际援建项目，为国家民族工业的起步、发展及对外合作作出了较大贡献。改革开放以来，随着国家经济体制的改革，公司自主走向市场，积极拓展业务范围，在通用设备、工业专用设备、输变电设备、电气设备、电力线路、工业管道的安装；非标准设备及建设项目用金属结构的制作安装；国外二手机电设备的拆卸、包装、运输、安装、调试和国外工程承包方面积累了丰富的施工经验，培养造就了一支思想好、作风硬、技术精、管理严的优秀施工队伍，取得了良好的社会效益和经济效益，受到了各界的好评。

发展情况 1996年公司坚持以任务带队伍的工作方针，在大环境趋紧，建筑行业低靡的情况下，始终把经营工作放在首位，加大经营工作的力度，先后承接了沈阳统一方便面工程、太古东莞有限公司一、二期工程、首都国际机场航站区集中制冷站工程、西班牙西亚特汽车厂二手设备拆迁工程、河南新郑电厂、河南郑州电厂、小浪底钢模板制作工程、广东浮法玻璃厂机电安装工程、新郑卷烟厂扩建等重要工程，从而摆脱了年初任务不足，资金周转困难的被动局面，全面完成了公司1996年的各项经济技术指标。全年共完成产值34 120.46万元，比上年增长7%；国有资产保值增值率为101%；全员劳动生产率48 250元/人，比上年增长9.9%；工程交工合格率100%，优良品率达75%；增加生产性固定资产800多万元，全年未发生质量、安全事故。实现了年初制定的“生产有所发展，产值有所提高，职工生活有所改善，队伍保持稳定”的总目标。

1996年，公司在狠抓经营工作的同时，坚持以重点工程带动一般工程完成的原则，加大对施工、生产的监管力度，较好地完成了全年重点工程，取得了成绩，扩大了影响，提高了知名度。其中广州统一方便面厂机电设备安装工程获得了台商的好评；湖北省锻造厂引进俄罗斯12 500t曲轴压力机及全套自动化锻造生产线安装、调试工程荣获“全国工程建设优秀QC成果奖”；勉县汉口钢铁厂高炉热风炉制作安装工程被中国工程焊接协会授予“全国优秀焊接工程奖”；仪征化纤公司三期空分装置安装工程被评为“江苏省优质工程”。

根据中央提出的推进企业“两个根本性转变”的要求和机械工业部提出的打好机械行业“三大战役”的精神，公司结合自己的实际情况，把开展ISO9000质量标准的贯标认证、调整经营结构、加强企业内部管理等工作作为切入点，进一步推进企业从计划经济向市场经济转变，经济增长方式从粗放型向集约型转变，从而优化公司的组织结构，提高工程的优良品率，进一步拓宽公司的业务范围和经营领域。在ISO9000贯标认证工作方面，公司组织开展了广泛的学习、宣传和培训工作，切实可行地制定了工作方针、目标和计划，被建设部选定为安装企业的贯标认证试点单位。在调整经营结构方面，公司强调经营工作是企业工作的龙头，提倡发挥集团化整体优势，规模经营、联合作战，走总承包的路子，把经营的重点放在沿海、周边和中西部地区，加大国外经营工作的开发力度，做到一业为主、多种经营。在企业内部管理方面，坚持以经济效益为目标，以财务管理为核心，加强资金的有效运作和成本的管理，健全和完善了公司的各项规章制度，使公司的各项工作走向科学化、规范化和制度化的运行机制。

1996年，公司所属安装技工学校被劳动部正式授予“国家级重点技工学校”的称号，经教委审核批准晋升为中等专科学校；在标准、定额的修订工作中，先后完成了《机械设备安装工程施工及验收通用规范》等10册国家标准的修订工作，受部委托编制出版了《机械安装工程施工及验收通用规范》等10册行业标准。全年公司共有74人被建设部评定为一级项目经理，累计培训项目经理200名，有5人被评定为提高待遇的高级工程师，22人晋升为高级工程师，29人晋升为工程师，5人晋升为高级经济师，2人晋升为高级政工师，至此全系统共拥有各类技术人员1 567人，技术工人3 618人。

展望与预测 1997年公司将继续坚持以任务带队伍的工作方针，在制定公司发展战略，推进ISO9000贯标认证工作进程的同时，面向国内和国外两个市场，狠抓经营任务的开发、落实与生产任务的完成，力争完成产值32 100万元，国有资产保值增值率达到101.66%，全员劳动生产率为50 000元/人，全年工程一次交工合格率100%，重点工程达到优良，杜绝重大质量和安全事故。

1997年重点工程：

(1) 首都机场航站区集中制冷站工程；

(2) 西班牙西亚特(SEAT)二手设备安装工程；

(3) 江门益胜浮法玻璃有限公司新生产线安装工程；

(4) 新郑电厂四期安装工程；

(5) 泰国曼谷SV花园钢结构吊装工程；

(6) 厦门广播电视新闻中心安装工程；

(7) 太古饮品（东莞）有限公司安装工程；

(8) 缅甸糖厂建设项目；

(9) 广州地铁一号线西体育馆站安装工程。

〔撰稿人：中国机械工业安装总公司办公室 王建军〕

机电工业上海联销公司

总经理：王金涵 副总经理：曹振飞、姜延庆
地址：上海市中山北一路1250号2号、4号楼 邮码：200437

电话：（021）65424040　　传真：（021）65167304

1996年，公司紧紧围绕“开拓市场、搞好服务、严格管理、求实创新”的总体方针，经过全体职工的不懈努力，全年工作计划逐一落实，实现销售总收入28 518.4万元，其中分公司销售收入7 506.4万元，利润持平。此外，据对公司30个成员企业自销额的统计，共完成销售收入42 776万元，其中，合肥叉车厂5 000万元，重庆机械工业供销公司1 719万元，上海京汽工贸公司14 824万元，兰州电机厂3 800万元，中捷友谊厂1 000万元，福州电线厂2 600万元，东方绝缘材料厂2 200万元，他们都较好地利用了公司这一销售窗口。

在经营业务上着力于新战略的实施　(1)抓项目上成套。公司“九五”计划已将抓项目成套列为实现公司总体目标的重要途径之一。此项战略计划已在三门峡铝厂自备电厂设备成套供应上迈出了第一步。承接较大型成套项目在公司尚属首次，它对改变公司传统的单机销售模式是一次积极的探索和尝试，同时，这一探索和尝试目前更应成为一种对现实的挑战，需要在第二步、第三步的工作当中付出更为艰辛的劳动，迈出更为扎实的步伐。由于得到机械工业部领导及生产与信息统计司等有关司局的直接关心和大力支持，该项目的各项工作进程得到了有力的推进。目前，合同签定等前期工作已告结束，公司内部由总经理亲自督阵，成立了专项领导班子。1997年将以项目进度为主线，同时兵分三路派员联络三门峡、四川和北京等几个环节上的工作，做到及时掌握情况，定期汇总分析，早做工作安排。

1996年在设备成套供应方面着手开展的另一项重点工作是跃进汽车集团公司“九五”期间的“移地改造”工程。根据双方的协议要求，公司已按照对方根据建设进度需要提供的委托订货单陆续组织实施供货。为加强服务，做好设备供应中的协调工作，公司派专人会同对方共同处理好现场反映出来的矛盾；不定期地向对方提供有关国内标准设备、非标设备、专用机床等市场信息，组织技术交流并提供有关的咨询服务。

(2)以品牌为导向，抓住重点客户，形成批量规模。良好的品牌为经营开发能力提高创造了条件。1996年是外部经济环境形势依然趋紧的一年，市场竞争日显激烈。公司以“一厂为主、多厂合作”、“一牌为主、多牌联营”的指导思想，努力开拓主营产品的市场。在柴油机销售方面，以上海柴油机厂为主，潍坊柴油机厂、上海内燃机厂、南京柴油机厂、杭州齿轮厂为辅。在汽车销售方面，以依维柯为主导，桑塔纳、跃进、江铃、切诺基等为辅。至年底，已销上海柴油机厂柴油机1 000台以上，列全国第二；潍坊柴油机厂、杭州齿轮厂销量列上海第一；以依维柯汽车销售逾200辆的佳绩正式成为跃进汽车集团公司在上海的三家A级代理之一。在重矿产品销售方面，积极与徐州工程机械集团协作，把宝钢冶建系统作为重点销售对象，全面掌握了解了宝冶、十九冶、二十冶、五冶、十三冶等单位的设备购置计划，在营销中实施重点进攻战略，取得良好效果，单徐工集团的汽车吊、装载机等产品就销售了400多万元。同时还带动了厦门装载机厂、山东推土机厂等厂家的产品销售。

(3)与成员企业互为依托，努力拓展买方市场。众多的成员企业和门类齐全的机电产品是公司搞好联销工作的基础。在卖方和买方市场发生根本性转变的今天，公司与生产企业的供需关系不能简单地停留在买与卖上面，而应该从各方面发挥其合力拓展的作用。围绕机械工业部的“三大战役”，在机床销售方面，1996年重点抓了成员企业产品的开发能力提高，如与中捷友谊厂合开“数控数显技术讲座会”，为新产品的开发打好坚实的技术基础，并采取订货会等形式组织供货活动。1996年公司累计销售各成员企业机床产品近3 000万元，并成为中捷友谊厂机床产品在全国15家销售大户中的第一大户。在工程机械产品销售方面，1996年重点抓了骨干成员企业产品的质量跟踪工作。针对徐工集团、厦门工程机械厂、柳州工程机械厂、合肥叉车厂、浦沅集团、抚顺挖掘机厂的起车吊、装载机、挖掘机在市场的分布情况、质量情况等做了具体的表式统计，并及时将统计数据反馈给生产厂家，引起了高度重视。

(4)多方面选择效益增长点，实现效益增长多点化。继涉足广告业、房地产业、汽车修理业之后，公司于1996年上半年又拓展了酒楼餐饮和百货超市方面的业务。经过半年多的实际运作，酒楼已累计完成营业额达184.7万元，月平均达26万元，已达到公司对该业投入第一年的目标回报值；百货超市也基本运行正常，资产从开业的50万元增值到58万元，使公司的投资已增值16%，同时，该超市在经营目标上计划用三年时间力争转轨成为酒楼和饭店的配货及送货中心。尽管1996年新开辟的两项辅业规模还不是很大，但它无疑是围绕并体现了公司“九五”计划的总体目标，最大限度地提高公司整体的经济效益，同时发挥其应有的社会效益。

在管理工作上从管理意识、实施手段、措施采取和经济奖罚入手　用经济手段管理经济，这是量化管理的基本要求。1996年是行政服务公司成立的第一年，总公司的大部分固定资产由其经营管理，对其实行独立考核。由于这一改制体现了服务管理与经济效益的有机挂钩，从而使该服务公司的各项工作有了全面的提高。比如食堂的供应品种和供应手段比以往丰富灵活了；汽车行驶里程比上年有明显上升；公司各处闲置房屋的出租更为迅捷；打字、复印、传真等传统服务项目的操作更为规范，收费标准更趋合理。

用规章制度来规范各级基础管理。成立规章制度检查落实小组，树立敢管、会管、善管的管理意识。在制度执行过程中，召开部分职工代表座谈会，广泛听取他们的意见和要求，及时采纳合理的，耐心解释不合理的。公司的规章制度就是本公司的一部法典，遵法和执法并不是简单的管与被管，它应该演化成一种自我约束。

用考核到人的制度来体现考核力度。由管理部门组成考核小组，制定定人定量的经营指标考核与辅助指标考核，每月按财务部门的统计报表，以完成指标的情况计发工资和奖金，未完成指标的扣发额度明显加大，直至市府规定的最低工资标准；超额完成指标的继续提取超奖，直至奖励用房。

组建科、工、贸一体化机电产品市场，同时为公司由单机销售向成套销售发展提供技术后备 科、工、贸一体化机电产品市场的组建是市场经济发展的需要，从而也体现了组织机构的优化和开发能力的提高。经过上半年近四个月的筹建工作，部系统的上海自动化仪表研究所、上海电动工具研究所、上海工业锅炉研究所、上海发电设备研究设计所、上海电缆研究所、上海内燃机研究所、上海电器科学研究所、苏州电加工机床研究所、合肥通用机械研究所、安徽工学院、合肥工业大学、上海材料研究所等13个研究单位和大专院校很快达成共识，大家相互依托，优势互补，增强了在市场竞争中的有效手段。目前，公司已取得成套资质证书，这一科技力量无疑将为公司正在开展的成套销售工作提供一定的技术保证。

提高职工政治素养，促进公司精神文明建设 要打好“三大战役”，完成公司制定的各项工作目标关键是人。每个职工在不断提高自己业务工作水平的同时，更应该不断丰富自身的政治素养。把职工的政治学习作为考核个人辅助指标的重要依据，是公司1996年促进精神文明建设的措施之一，颇行之有效。1996年的政治学习重点是围绕机械工业部纪检监察工作会议精神、江泽民同志在“七一”座谈会上的讲话、党的十四届六中全会《关于加强社会主义精神文明建设若干重要问题的决议》及人民日报社论《开创精神文明建设的新局面》等展开的。在学习形式上尽可能活泼多样，用形象直观的手段增强学习的可接受性，同时通过考试的形式加深对所学内容的理解和认识。此外，每月一次的中心组学习为公司的精神文明建设起到了带头作用。一方面体现先学一点，学好一点。另一方面让中心组成员在职工学习时作专题宣讲。1996年的黑板报、画廊作为又一宣传武器做到定期更换，并结合公司实际情况，加大宣传效果。

综观全年，在看到并发扬成绩的同时，还应注意到一些不甚理想的方面，有待在来年工作中加以改进和提高，如债务清欠工作、财务结算工作、人员培训工作、机构配置的合理性问题以及公司各级领导在自身工作中的带头作用等。

〔撰稿人：机电工业上海联销公司总经理办公室 叶敏栋〕

大连大起集团有限责任公司

（大连起重机器厂）

董事长兼总经理：刘志轩
地址：辽宁省大连市五一路97号　　邮码：116022
电话：（0411）4606143（集团公司）、4601492（进出口公司）、4602969（销售公司）
传真：（0411）4603564（集团公司）、4602621（进出口公司）　　电挂：4153

中国起重运输机械制造业的摇篮——大连起重机器厂（现改制为国有独资企业——大连大起集团有限责任公司）始建于1948年。近半个世纪以来，该厂始终以技术力量强、工艺水平高、产品质量好、工厂规模及生产能力大等优势占据着我国起重运输机械行业的主导地位。1990年晋升为国家一级企业；1992年被核准为大型一档企业；先后被国家有关部门核准评定为国家出口基地企业、列入机械工业百强企业；1996年经国务院发展研究中心市场经济研究所、“中华之最”调查评价宣传活动办公室认定为中国最大的起重机设计制造专业厂、中国最大的卸船机生产企业，同年取得ISO9001质量体系认证证书。

工厂现有职工6 600多人，其中各类专业技术人员1 400多人；占地面积70万m^2，建筑面积40万m^2；拥有∅16m立车、高速磨齿机、三坐标测量机等精密、优良的加工和检测设备千余台，并建有2万m^2的大型焊接厂房和占地面积3.8万m^2的大型港口机械组装、整机发运码头；固定资产原价62 900万元，净值42 200万元。

从1949年生产我国第一台桥式起重机开始至1996年，大连起重机器厂为国民经济各行业、各领域以及30多个国家和地区提供了3万多台起重运输机械设备。近十余年来，工厂不断发展、扩大外向型经济，先后与德国、日本、美国、英国、芬兰、法国、比利时等国的知名公司建立了技术、贸易、生产合作关系。1986年～1996年，工厂生产出口创汇起重运输设备207台，累计创汇6 259万美元（含部件）。在扩大对外合作、消化吸收世界当代先进技术的同时，工厂还致力于新产品开发。现已正式推出5t～125t桥式吊钩起重机新系列，产品的技术含量得以进一步提高。

为振兴、发展我国的起重运输机械行业，大连起重机器厂制定了企业发展“九五”规划和2010年远景目标纲要及“三大战役”实施方案，主要目标是：到2000年达到年销售收入20亿元，实现利税2亿元，出口创汇2 000万美元。为贯彻机械工业部实现振兴、全面实施“三大战役”的指示，确定了“三大战役”的总目标：

——改变产品质量形象，树立产品质量信誉，大力提高企业的技术水平、管理水平和队伍素质。到2000年，创立三个系列名牌产品，成为质量信得过名星企业，实现产品质量翻身。

——建立现代企业制度，组建和发展大起集团，调整优化组织结构，形成两头强、中间精的“哑铃型”结构，成为行业或跨行业、跨产业的“巨人”企业，实现组织结构优化。

——以建立技术中心为重点，形成面向市场、自主开发、大力创新的技术进步机制。加快桥、门式起重机基础产品、冶金起重机、港口装卸机械三大类产品开发步伐，使企业技术水平处于国内同行业领先水平，进入国际先进行列，实现开发能力提高。

目前，大连起重机器厂正积极推进“三大战役”的实施。

为深化国有企业改革，按照现代企业制度要求，作为辽宁省现代企业制度试点单位之一的大连起重机器厂，经大连市人民政府批准并授权，已改制成为经营原大连起重机器厂全部资产的国有独资公司，即大连大起集团有限责任公司。公司以产权联接为纽带，实行资产重组的母子公司体制。目前拥有全资、控股和参股企业25个，总资产12亿元，员工近万人。董事长兼总经理刘志轩将统领全体员工，与各界朋友、同仁精诚合作，为振兴我国的机械工业，发展壮大起重运输机械行业而携手并进，再创辉煌！

〔撰稿人：大连起重机器厂厂部办公室　刘强〕

绵阳新华内燃机企业集团公司

董事长兼党委书记：黎建功　总经理兼党委副书记：孙伯苓　副总经理：易　杰、尚崇敬、朱正晓、刘刚、王运先　纪委书记：杨清润　工会主席：陈谦华

地址：四川省绵阳市绵兴路中段114号　邮码：621000

电话：(0816) 2362752　传真：(0816) 2364007

概况　四川绵阳新华内燃机企业集团公司是以新华内燃机股份有限公司为核心，拥有8个成员企业的国家大型企业，是机械工业部定点生产内燃机的专业公司。公司现有职工3 000余人，其中工程技术人员700余人，高中级技术人员250余人。拥有从德国、美国、日本引进关键设备的近30条流水生产线，固定资产2亿多元。主导产品有：剑门牌JM491Q型汽油机、剑门牌单缸柴油机、剑南牌轻型客车等。剑门牌柴油机、汽油机荣获四川省名优特产品博览会金奖，剑门牌S1100型柴油机获机械工业部优秀产品称号。1996年，剑门牌柴油机被列入全国十大市场畅销名牌产品。产品行销国内22个省、市、自治区及新加坡、马来西亚等13个国家和地区。现已形成年产单缸柴油机20万台、汽油机3万台、轻型客车1 000辆的生产能力。兴建中的铸造有限公司建成后，可年产高强度薄壁铸件1.5万t，是西南地区屈指可数的现代化铸造基地。

公司坚持“两手抓，两手硬”的方针，促进企业物质文明和精神文明建设共同发展。先后跻身全国大型工业企业普机制造经营规模100强、全国农机“双百佳”、四川省机械行业10强企业行列。1996年，公司被评为四川省优秀企业，公司党委被中组部授予“全国优秀基层党组织”称号。董事长黎建功获全国“五一”劳动奖章。

发展情况　1996年，集团公司党委、董事会带领广大干部、职工紧紧围绕经济建设中心，大力发展生产力；深化企业内部改革，扩大改革试点成果；认真开展“远学邯钢，近学长虹”活动，压本增量，严管促效，苦练内功，提高企业管理水平；主动迎接市场激烈竞争与挑战，调整产品结构及销售策略，克服市场疲滞、“三角债”、资金紧缺等困难，实现销售收入27 267万元，实现利税1 400万元，企业保持了较好的发展势头，在“九五”开局之年，企业“三适应，三提高”（即：适应社会主义市场经济，适应向大型企业转变，适应现代企业制度建立；提高干部职工素质，提高经营管理效益，提高精神文明建设水平）工作得到扎实稳步推进。

完成主要经济指标　股份公司全年生产内燃机1 346MW，其中：柴油机1 066MW、汽油机280MW。轻型客车产量比上年增长109%。

全年实现产值23 360万元。其中，新华内燃机股份有限公司实现20 253万元，华兴机械厂实现1 261万元，轻型汽车厂实现915万元，新兴内燃机配件厂实现678万元，其他所属分厂、公司实现253万元。

全年实现销售收入27 267万元，其中新华内燃机股份有限公司实现22 028万元，华兴机械厂实现1 206万元，轻型汽车厂实现1 190万元，新兴内燃机配件厂实现926万元，其他所属分厂、公司实现1 916万元。

集团公司实现利税1 400万元。

继续深化内部改革，巩固改革发展成果　新华

内燃机企业集团公司是四川省22个探索建立企业新体制试验企业之一，在实施股份制改造、“三项制度”改革等取得成果的基础上，1995年又列入全省80个建立现代企业制度试点企业。1996年公司继续深化内部改革，主要抓了以下工作：

(1)理顺集团公司内部资产和经济关系，构筑以资产为纽带的集团公司框架。1995年8月，集团公司跨行业跨部门合并了与股份公司一墙之隔处于亏损中的原绵阳市轻型汽车厂，1996年又接管了投资1.65亿元的市铸造中心，这将为汽油机、柴油机上规模、上台阶提供坚实基础，形成了集团公司“两机两车一中心”的产品结构。集团公司资产结构和经营业务呈多元化的特点，使它向技、工、贸一体，集约化经营方向发展的条件日趋成熟。集团公司从产权入手理顺与子公司的关系，按照母子公司体制进行规范，理顺与子公司的资产经济关系，对社会统筹、医改、福利等计算比例，合理分摊，分灶吃饭；结合经济责任制的完善，形成了资产授权经营、实现保值增值的经营体制。集团公司现有8个控股公司，3个全资子公司，4个参股公司。在集团公司的技术、资金、管理的帮助下，被兼并和联合的企业产品结构得以顺利调整，新产品顺利开发成功。轻型汽车厂实现一年扭亏，成为绵阳市合并企业成功的范例。

(2)扩大“三项制度”改革成果，公司在实行全员劳动合同制基础上，又率先在绵阳市签订集体劳动合同，对合并的轻型汽车厂、大集体性质的新兴内燃机配件厂也签订了劳动合同。继续进行分配制度的改革，一是在实行技能岗位工资制的基础上，将岗位工资、奖金的发放与公司产品销售数量、收款数和利润指标挂钩考核；二是加强对奖金的考核，突出成本、消耗、质量指标的考核；三是对机关处室执行A、B、C等级考核制，强化量的考核，拉开分配差距；四是加大处罚力度，不讲情面过硬执行。在劳动用工上，对现有的关键岗位逐步实行培训，合格者竞争上岗，这项工作已在检验岗位上全面推行。新华职工培训中心面向社会招收100名高中以上毕业生进行技能培训，培训合格者根据生产需要招收为劳务工，第一期学员经培训、考核，择优录用87人，加大用工改革力度。

认真开展“远学邯钢，近学长虹”活动，压本增量，严管促效　1996年，集团公司开展了声势浩大、卓有成效的“远学邯钢，近学长虹”活动，学邯钢重在压本增量，学长虹重在严管促效，以压本增量为目标，在严管促效上下功夫，以此带动企业各项管理工作。

集团公司将经过严格控制的指标下到各分厂、部门，再层层分解落实到班组、个人，一线穿到底。对机关处室的管理费用在缩减40%的基础上实行指标包干使用，超额全赔的办法。对生产车间实行倒逼成本推算，与本单位工资、奖金挂钩刚性考核，减少了生产原辅材料的浪费，注重提高产品质量和成品率。通过学邯钢压本增量活动的踏实深入开展，公司全年消化因电力、运输费用涨价和为增强产品竞争力，柴、汽两机向用户让利降价因素1 500万元。

公司在管理工作中坚持“严”字当头。对中层以上干部明确要求在上班前10分钟到达工作岗位，其他人员上班哨音停止前必须到达工作岗位，迟到者每次罚款50元。职工必须正确佩戴胸卡，因公因私在上班时间出公司大门，一律凭单位证明换卡登记。公司党委、董事会还着重抓干部思想和工作作风的转变，要求干部形成“踏实深入，从严过硬”的工作作风。对干部业绩实行A、B、C打等考核，连续12个月得C等者免掉职务，所负责的部门全年9个月得C等的中层干部工资下调一档。经过劳动纪律和现场文明生产整顿，提高了职工素质和企业形象，到公司参观考察的领导、客人对企业文明生产、文明办公给予了高度评价。

狠抓技术进步，加强质量管理　1996年，公司在周转资金相当困难的情况下，仍投入技改资金476万元。购进卧式枪铰等专用设备3台（套），做好汽油机3万台技改项目的填平补齐工作；购置、自制设备32台（套），建成ZH1110型柴油机机体、缸盖生产线各1条，新增金加工25万台生产能力；自制专机、购置设备21台（套），研制开发R175A型柴油机，491Q-E型电喷汽油机研制工作也全面展开。

在质量管理方面，抓好工艺技术标准的完善，建立汽油机外协配套件检验技术标准24个。建立配套件垫底和索赔制度，保持正常垫底数量，仅汽油机一项就减少占用资金62万元，索赔15万元。开展质量攻关，全年开展重大课题攻关6项，已有4项收到显著成效，重点解决了柴油机冷起动、掉闷头，汽油机支架断裂、冒蓝烟等课题。对解决柴油机掉闷头质量问题有功人员给予重奖人民币1万元。抓ISO9000质量贯标认证工作，按照机械工业部和省厅开展“三大战役”的要求制定质量升级计划，修订内控标准，增强质量控制的有效性。公司技术开发中心再次被评为四川省“标准化工作先进集体”。

展望　“九五”期间，公司将以“两机带两车一中心”为发展战略，投入技改资金6.7亿元（其中外汇1 500万元），达到年产单缸柴油机30万台、车用发动机6万台，轻型汽车1 500辆，高强度薄壁铸件1.5万t的生产能力，为我国汽车工业的发展作出新的、更大的贡献！

〔撰稿人：绵阳新华内燃机企业集团公司宣传处　刘　勇　审稿人：绵阳新华内燃机企业集团公司宣传处处长、党委宣传部部长　陈万永〕

保定天威集团有限公司

董事长：阎世博　总经理：杨师和
地址：河北省保定市江城路318号　邮码：071056
电话：(0312) 3027971、3025921　传真：(0312) 3026804、3027710

概况　保定天威集团有限公司是国务院确定的全国百家现代企业制度试点企业之一。公司以原保定变压器厂为基础，通过自身裂变和吸纳相关联企业于1995年6月24日改制而成为国有独资公司。现拥有2个全资子公司、2个控股子公司、4个分公司和1个教育中心，公司占地面积66万m²，资产总额8.7亿元，员工4 430余人。经营产品以各类变压器、互感器、电线电缆等输变电产品为主，同时涉及商贸服务业。属国家大型一档企业，机械工业部定点生产超高压大容量变压器的骨干企业，企业规模居国内变压器行业第二位，是国内变压器厂家唯一获得两个核电站认可的核电工业的合格供应商。

企业生产设备精良，工艺先进，产品质量、工艺装备、测试手段均属国内领先水平。产品列入国家电力建设项目的重点产品，占总产量的80%以上。其中220kV级以上产品约占全国大型变压器总量的1/4。企业经过“六五”、“七五”技术改造，大型变压器的年生产能力达到14 000MV·A，其中500kV变压器2 500MV·A。1983年试制成功我国第一台500kV单相自耦线端有载调压变压器；1987年试制完成国内单台容量最大的400MV·A/220kV秦山核电站主变压器；1989年为邹县电厂试制完成500kV级国内单台容量最大的三相360MV·A变压器；1990年为平圩电厂试制成功500kV国内单相单柱容量最大的240MV·A主变压器，这些产品代表了我国超高压大型变压器生产领先水平。截止到1996年底累计生产500kV变压器46台（套），运行台年200台，至今仍保持着运行事故率为“零”的殊荣。在全国保电站建设竞赛评比中连续三次被评为“优胜单位”，500kV变压器获国务院重大装备办公室授予的国家重大技术装备优秀项目奖状。各个系列产品分获省、部级优质产品奖，科技进步奖等质量荣誉评定证书。公司的500kV级及以下电力变压器被电力工业部成套局、电力规划设计总院列入50MW～200MW和300MW发电机组配套辅机首位推荐厂家。

集团公司拥有工程技术人员800多人，其中高级专业技术人员有87人，中级专业技术人员331人，形成了老中青相结合的具有较高科研开发能力的技术队伍。拥有自已的计算中心、技术中心、高压试验室等科研开发机构，致力于电、磁、热、力、化学、机械等应用技术的试验研究和新产品的设计与开发工作。CAD、CAM等现代化的设计和管理手段，广泛应用于设计和生产过程中，使公司的技术开发能力处于同行业中的领先地位。

生产发展情况　保定天威集团有限公司成立两年来，公司以“构建集团、运营资产、产业改组、扩张发展”为原则，严格按照《公司法》所规定和现代企业制度的内在要求，进行规范操作，在组织结构的优化、经济增长方式的转变等方面进行了有益的探索。公司以市场为导向，以提高经济效益，切实转变经济增长方式为中心，紧紧围绕企业发展战略目标的实现，同时和机械工业部提出的“三大战役”相结合，加大了企业内部各方面的改革力度，加快了技术改造和科技引进、开发的步伐。经过集团公司上下一致的努力，1996年在整个变压器行业利润下降35.6%，产量下降2.3%的情况下，公司仍然超额完成年度经营奋斗目标。变压器产量完成137MV·A，完成产值4.6亿元，实现利税7 826万元，分别比上年增长了1.8%、19%、6%。1997年在变压器市场竞争激烈的情况下，经过公司艰苦努力，在行业其他厂家订货不足的状况下，到目前，公司的订货任务已经全部完成，不但满足了全年生产需要量，而且已经开始着手签订1998年的产品订货合同，这充分显示了成立集团公司后转制所带来的经营活力和我们自身雄厚的竞争实力。

质量　总结几十年来生产经营活动的经验和教训，公司确立了全面质量管理在诸项管理工作中主导和核心地位。按GB/T19000 (ISO9000) 质量保证体系标准要求组织编写了《质量手册》，建立和健全了组织严密、动作协调的公司级质量管理委员会、各车间处室质量管理小组和班组质量管理小组三级质量管理系统，选定了适应产品结构特性的开发设计、生产、安装和服务的质量保证模式。整个质保系统组织健全、职责分明、各司其职。各种质量要素的控制程序运转良好，促进了产品质量的稳定和提高，使质量整体管理素质提高到新的水平。1996年公司通过了机械工业质量认证中心的GB/T19000 (ISO9001) 质量体系认证。这标志着公司的质量管理又跃上了新台阶。今后公司仍将坚持“质量第一，用户至上”的服务宗旨，向广大用户提供优质产品和服务。

技术改造　在“八五”和“九五”基建技改中，公司投资1亿多元兴建了500kV级装配厂房和1 000kV级变压器试验大厅，规模较大。项目完工后，将迅速达到研究开发“双百万”(电压等级100万V，容量100万kV·A) 等级巨型变压器和年产500kV级变压器6000MV·A的生产能力。公司拟在“九五”期间通过与国外先进厂家合作，引进先进的壳式变压器技术，在此基础上试制生产，并尽快达到批量生产能力。

公司建设　“九五”期间，集团公司将通过进一步完善现代企业制度建设的各项工作，加大各方面的改革力度，切实转变企业的经营机制和实现经济增长方式的转变；通过利用日本三菱公司技术，设计制造壳式变压器及新型换代配电变压器，提高公司主导产品的技术水平和质量水平，增强市场竞争力；通过对公司的股份制改造吸呐社会资金，降低资金使用成本，优化产权结构，吸引社会公众关注企业经营管理，加强外部监督，调动职工和企业经营者的工作积极性，从而促进企业经营、决策的合理化、科学化，增强企业活力。最终实现企业“结构优化、产量质量翻身、技术开发能力提高”的“三大战役”目标，使集团公司发展成为制造、经营多种电气产品为主导的现代化大型企业集团。

〔撰稿人：保定天威集团有限公司办公室　张福生〕

江苏双良集团公司

董事长兼总经理：缪双大
地址：江苏江阴市利港镇　邮码：214444
电话：(0510) 6631909　　传真：(0510) 6631333

江苏双良集团公司前身创建于1982年，1988年更名为江阴市溴化锂制冷机厂，1993年正式成立江苏双良集团公司，1995年被批准为全国性乡镇企业集团，是生产中央空调设备的国家大型一档企业，现有职工1 600多人，占地面积35万m^2，建筑面积18万m^2，拥有固定资产3.4亿元，年销售收入8.9亿元，年实现利税8 600万元，1995年被首届“中国机械”十杰评委会评为“1995年全国高新技术百强企业第五十一名”，并被国家经贸委认定为国家企业技术中心。由于该公司高超的技术和卓越的产品质量，被接纳为全国驰名商标保护组织成员单位。

江苏双良集团公司主体产品有四大系列100多种规格，年生产能力为：溴化锂吸收式冷水机组、冷热水机组1 500台，风机盘管15万台，溴化锂溶液5 000t，冷却塔800台。主要为航天、电子、冶金、石油、化工、医药、机械及轻纺等国民经济部门及市政、宾馆、民用建筑等提供配套用中央空调设备。产品行销国内30多个省、市、自治区，国内市场占有50%的份额，并远销东南亚。

江苏双良集团公司于1995年与美国最大的中央空调设备制造商之一，美国特灵公司共同投资组建了江苏双良特灵溴化锂制冷机有限公司和江苏特灵电制冷机有限公司，并推出高科技的螺杆式和离心式电制冷机，以充分满足市场和用户不同的需求。

江苏双良集团公司在全国建有17个分公司和61个办事处及经销网点，为用户提供迅捷周到的全方位服务，1992年就获全国名优产品售后服务最佳企业。

江苏双良集团公司根据我国机械工业“九五”发展计划，为打好“三大战役”，紧紧围绕一个中心建设和四个体系完善的主体，加大了企业开拓力度。不断完善企业技术中心的建设，强化了质量保证体系，人力培育体系和销售服务完善体系，名牌创新体系。在产品组织结构上不断优化，以赶超世界先进水平。在“九五”期间平均每年投资800万元～1 000万元进行技术开发，保证科研资金优先使用，重奖成功的科研项目，真正形成激励机制。在完善质量保证体系方面，投资2亿多元加快进行设备改造，从美、英、法、德等国家引进最先进的装备。强化生产手段，按高效、快速和工艺流转卡等规范化生产、检测，然后按DFM要求上生产流水线。1997年技改结束后，公司将形成每天1 500万元生产能力。为保证产品100%合格率，产品实行二次验收。江苏双良集团公司正迈步进入计算机网络管理，消化吸收世界最先进的自动化控制技术。在人才工程建设上，通过各类人才的专业化培训，使公司的生产工人50%达到大中专毕业生水平。

江苏双良集团公司为实现可持续发展战略，寻求新的经济增长点，目前正在建设全自动控制直流锅炉有限公司，以扩大行业的延伸。公司规划2000年达到35亿元的产值，并首先在东南亚建立中央空调设备跨国公司。

〔撰稿人：江苏双良集团公司办公室主任　殷大炳〕

万向集团

董事局主席：鲁冠球　总裁：伟　鼎
地址：浙江省萧山市　　邮码：311215
电话：(0571) 2716888　传真：2716898

概况　万向集团是1990年经浙江省人民政府批准组建的省级计划单列集团。1995年由农业部评为全国首批乡镇企业集团。1996年，全年共实现销售收入12.36亿元，同比增长69%；利润1.51亿元，同比增长49.8%；出口创汇5 022万美元，同比增长173.43%；其中自营出口1 308万美元，同比增长133%。主要经济技术指标详见表1。目前集团拥有总资产50多亿元，员工6 500多名，下属30多个全资及控股企业；形成了零部件业、自然资源业、基础置地业、区域投资及中介服务业等四大产业体系。

零部件业　以生产各类汽车零部件及系统为主，主要产品有万向节十字轴总成系列、等速驱动轴系列、轴承系列、传动轴系列、滚动体、变速器总成系列、锥齿轮系列等。1996年完成主要产品产量详见表2。

零部件业作为公司的实业基础，1996年得到稳固的提高，扩大了产品市场占有率；集团全年共开发425个新产品、新品种和完成42项科技攻关项目，有7项新产品通过了省级鉴定；DAC3870DW夏利轿车前轮毂轴承单元、钱潮公司研制开发的5278AGF万向节总成和BJ2020S前桥转向系万向节总成3项新产品被国家科委评为1996年国家级重点新产品。此外，零部件业中扩大等速万向节生产能力技改项目还被列入第二批"双加"工程国家项目计划；万向集团技术中心经国家经贸委、国家税务总局、海关总署审定被确认为第四批享受优惠政策的国家级企业技术中心。

表1　1996年主要经济技术指标

项　　目	单位	1996年完　成	比上年增长%
企业数	个	32	
全部职工平均人数	人	10 984	18.7
工业总产值：当年价	万元	251 375	58.1
不变价	万元	238 147	65.2
工业增加值	万元	72 446	
产品销售收入	万元	232 941	69.0
产品销售税金及附加	万元	2 385	−61.9
利润总额	万元	43 742	49.8
固定资产原价	万元	122 683	42.4
固定资产净值平均余额	万元	101 752	41.1
流动资产平均余额	万元	187 696	68.7
出口创汇	万美元	5 022	173.4

表2　1996年完成主要产品产量

产品名称	单位	产　量	比上年增长%
万向节总成	万套	1 241.25	25.5
轴承	万套	840.89	31.1
等速万向节	万套	11.87	49.4
滚针、钢球	万粒	141 367.80	26.1
橡胶密封件	万件	9 105.15	6.0

自然资源业　主要从事鳗鱼、蛇等的培育、养殖、深加工、创汇以及生物工程、农业开发等。1996年实现出口创汇1 300多万美元，创利2 300万元。

基础置地业　以酒店、旅游、房地产以及桥梁、公路、电力等基础设施投资为主。1996年杭州的万向大酒店和北京的杭州湾大酒店相继开业。

区域投资及中介服务业　在北京、深圳、上海、黑龙江、宁波等地设有区域性投资公司，拓展区域经营；在美国设立了万向美国公司，美国公司又在英国、加拿大、墨西哥、巴西、委内瑞拉等国设立了子公司；中介服务业以提供集团发展所需的贸易、企划、营销、租赁、金融等为主。

发展历程　万向集团的发展历程，主要有三次飞跃，这是万向集团发展历史的浓缩，更是万向人超前意识、超前行为、对传统意识不断扬弃的生动体现。

第一次飞跃——实行承包责任制，焕发出企业巨大的潜能。

万向企业初创时，主要进行小农工具的生产和维修，靠"船小调头快"的灵活经营方式，积累了一定的资金。在此基础上，借着改革开放的春风，万向人通过对市场的深入调查和自身拥有的条件，作出了对企业今后发展方向具有重大意义的决策，专业生产汽车配件万向节，而且一干就有一股狠劲，重视科学，强化管理，狠把质量关，又把税后利润的80%用于技术改造，努力提高企业的工艺水平，终于创出了名牌产品万向节，被国务院列为全国3个万向节定点生产企业之一，万向企业初露锋芒。

正是承包责任制，使万向企业充满生机和活力。80年代初，承包责任制在农村经济体制改革中获得巨大成功，但是在工业和其他一些行业中却似乎对此还很陌生，而万向人却敏锐地感受到了承包责任制在我国社会主义经济体制改革中必将发挥出巨大的作用。1983年3月，鲁冠球代表企业与当地政府签订承包合同，实现了企业所有权与经营权的相对分离，成为我国第一批敢于"吃螃蟹"的企业之一。从此，万向人在商品经济大潮中如鱼得水，大力施展着自己的才华。他们拧成一股绳，积极开拓国内外市场，通过严格的科学管理，产品八年不提价，企业效益却年年以40%的幅度增长，被当时的舆论界誉为"万向节现象"，在全国产生了很大的影响。曾几何时，鲁冠球作为我国著名企业改革家之一，为人们所称道。正是这种不安于现状，勇于改革的精神，万向人才能在80年代奠定自己的基业。

第二次飞跃——进行企业兼并，实行总厂式管理，迅速壮大企业实力。

在创出了自己的名牌产品，企业知名度大幅提高，具有一定的实力之后，万向人在自身积累太慢而又没有国家资金注入的情况下，打破常规，不失时机地先后兼并了8个亏损、微利企业。注入自己的资金、技术和管理，使其迅速扭亏为盈，通过这条具有开创性的新路子使企业的规模得以迅速扩大。接着，又着手将企业中具有一定生产经营实力和发展前途的车间分解出来成立分厂。万向由此迅速形成了规模经营和规模效益。1989年4月，杭州万向节总厂成立，单一小规模的工厂式管理也就过渡到较大规模 的总厂式管理。这些能迅速扩大企业生产规模，壮大企业实力的尝试为万向人此后大规模地通过兼并、控股等方式来扩大企业总体资产规模积累了丰富的经验。

第三次飞跃——从总厂式管理到集团化管理，企业迈向现代化集团公司。

1990年8月，杭州万向节总厂通过国家验收，晋升为国家一级企业。10月，经浙江省政府批准，建立万向集团公司。为建立现代化集团公司，企业进行以放权为中心的企业内部管理体制的改组，本着“企业的权力归企业，企业不能解决的问题归集团”的原则，采用“三管三不管”的办法，即集团对各成员企业“管外部不管内部、管宏观不管微观、管结果不管过程”，充分调动成员企业的积极性，使成员企业各显其能，同时迫使成员企业直接面对市场，自觉转换经营机制。集团则抓关键事，着力培养和造就一个经营管理者群体。由此，万向企业进入了快速发展的轨道。

管理及改革　自觉不自觉地探索现代企业制度建设，不断创新管理体制，万向集团已确立形成了一整套科学合理的集团化管理新模式。

一是在集团管理结构模式上，探索出一种多元结构。“放权”后，下属企业有相当的自主权，但又不等同于市场上的一般公司、企业；而是又通过“集权”，使各下属企业的发展不偏离集团的整体发展战略。下属企业、公司作为规范的有限公司和股份公司，作为独立法人，各自组建董事会；而集团公司作为投资主体和利润中心，与下属企业形成了以资产、资金为纽带的联结，对下属企业的管理主要是资产管理，由原来的经营、管理性职能转变为投资、管理职能。集团则设立董事局，作为最高的决策机构，代表员工行使资产所有权力，董事局董事在员工代表大会上选举产生，实行任期制。同时，为了形成并突出万向集团的支柱产业及主业，推行了事业部制，分别设立了零部件事业部、基础置地事业部、自然资源事业部、主机件事业部等。各事业部按集团中长期发展目标，对归口企业进行规划、协调、管理和服务。从而使各成员企业结成利益共同体，很好地发挥出企业集团的优势。

二是规范、完善集团与下属公司、企业之间的第二层次。作为多元结构的一个重要支柱就是介于集团与下属企业之间的第二层次，如计划、发展、财务、人事、安全等，它们是集团公司实施战略研究、集团内部资源配置、协调及监控的主要部门。为此，在第二层次上设置了发展部、财务部、人力资源部、办公厅、经警中队等。发展部进行经济预测分析，制订企业健康发展的战略目标，中长期发展规划，区域拓展规划等；人力资源部着重于人力资源的开发、培育、配置及人才结构的优化，集团凝聚力工程建设等；财务部负责整个集团的资金筹措、运用及税务安排，下属公司、企业在财务上只是一个核 算单位，财务部对其行使股东权利，予以监督、规范公司财务行为，并进行财务审计等；办公厅是行政协调服务中心，包括行政管理、文书管理、档案管理、形象管理、制度管理等；经警中队则负责集团的财产、人员安全等。这几个部门的有效运转，使集团整个运作规范而有序，既提高了决策的科学水平，强化了管理，也最大限度地降低了经营风险。

三是作为独立法人的集团各成员企业都实行董事长总经理领导体制，有股东会、董事会、监事会和经理班子等分层次的组织结构和权力机构。同时围绕低成本和高质量两个重点，在质量管理、成本管理、营销管理、生产管理等各方面达到管理“物”的科学方法性和调动“人”的充分积极性，提高整体管理水平。

万向人的努力拼搏，同时得助于改革开放的好政策，万向集团也取得了一定的成绩。多年来，万向集团获得的主要荣誉有：

1986年，全国企业管理优秀单位；

1989年，企业改革十年创新奖；

1990年，全国500家经济效益最好企业之一，中国百家知名企业第43位，乡镇企业第一位；

1994年，中国机械行业百强之一；

1995年，中国机械十大杰出企业之一，中国质量效益型先进企业，首批全国性乡镇企业集团；

1997年，列入国务院第二批63个大型试点企业集团。

工业主导产品万向节1987年获国家银质奖，1993年被评为浙江省名牌产品，1994年被评为首届全国汽车零配件“推荐商品”，1995年被评为全国乡镇企业首批名牌产品。

万向人的杰出代表，集团创始人鲁冠球以其精明果敢的经营手法及超前意识，使集团着着领先，并因其独特的开拓精神和骄人业绩，先后荣获全国新闻人物、全国优秀企业家、全国劳动模范、全国十大杰出职工、中国经营大师、中国改革风云人物、中国乡镇企业功勋、紫荆花杯杰出企业家等殊荣，并当选为党的十三大、十四大代表。

发展目标　永不满足，富于创新精神的万向人，面对激烈的市场竞争，以其优秀的企业内涵，雄厚的实力基础，巨大的投资潜力，高瞻远瞩，放眼世界，又描绘了更加绚烂的蓝图。

万向中长期发展目标——

实现两个“三级跳”：

省内前10位——国家前100位——国际前1 000位；

省级集团——国家级集团——跨国集团。

中长期发展指导思想——

投资国际化，筹资社会化，管理现代化，经营多元化，成为现代跨国公司。

产业发展方向——

·主业：轿车制造及汽车零部件制造。

·农业、自然资源业：多门类养殖及综合深加工，海洋食品及功能性保健食品开发，资源性食品深加工。

·基础置地业：大中城市新区建设，大城市商业楼与写字楼，连锁宾馆旅游业。

·区域投资及中介服务体系。

"九五"发展指导思想——

大集团战略，小核算体系，资本式运作，国际化市场。

"九五"社会目标——

·创造一种从乡镇企业走向现代公司的模式和机制。

·磨砺出一批按市场规律运作的企业家群体。

·培育适应经济发展的经营标准和规范。

"九五"期间大事——

·列为国务院试点企业集团。

·建设汽车零部件基地。

·进入轿车制造业。

·在国内外各成立十家子公司。

·组建全新公司，筹划在纽约和东京股票上市。

〔撰稿人：万向集团公司形象宣传办公室　宋华明　审稿人：万向集团办公厅主任　莫晓平〕

德力西集团公司

董事局主席：胡成中

地址：浙江温州柳市东风工业园德力西大厦　　邮码：325604

电话：(0577) 2773888　　传真：(0577) 2775559

概况　德力西集团是一家位于浙江省温州市柳市镇的国家大型企业和全国性乡镇企业集团。企业前身是1984年7月成立的乐清县求精开关厂。1991年成立中德合资德力西电器有限公司，1994年组建浙江德力西集团，1996年经国家工商局核准注册，成为全国无区域企业集团。十几年的艰苦创业，德力西已从一个作坊式企业，发展成为一个跨国、跨地区、跨行业、跨所有制的经济联合体。1996年集团工业总产值从初创时的5万元增加到14亿元，员工由初创时8人发展到6 000人，资产由5万元发展到4.5亿元。目前，德力西集团拥有32个控股层企业、40多个持股层企业和600多个协作层企业，并在国内外设立了300多个销售公司和代理机构。

德力西集团公司是德力西集团的核心企业，下属1个电器销售中心，1个电器科学研究所，1个低压电器产品检验测试中心，1个现代精密模具加工中心和43个分厂，注册资本1.1亿元，总资产4.5亿元，现有固定资产8 000多万元，标准厂房60 000m²，企业员工1 400人。集团公司主营低压电器，共生产100多个系列4 000多个规格的低压电器产品，年生产能力达2 800万台；兼营电子节能灯、汽车、摩托车配件、化工染料、桥梁护栏、母线槽以及装璜、电机、养殖、服装等，形成了横跨第二、三产业的股份经济多层次、产品品种多元化、组织结构集团化、社会生产专业化、市场营销国际化的集团经济联合体。1996年集团公司实现工业总产值8.56亿元，出口创汇1 580万美元，利税9 470万元，雄踞全国同行之首，

近年来，德力西集团公司先后被评为浙江省先进企业(1993年)、省十佳民营乡镇企业、"八五"时期浙江省规模经济效益先进企业(1996年)、浙江省管理示范企业、中国最高利税总额乡镇企业(1995年)，1996年被浙江省政府列为"九五"规划中的"五个一批"重点扶持企业。1994年和1995年被国务院发展研究中心授予"全国最大低压电器出口基地——中华之最"等光荣称号。1992年B30型交流接触器获首届香港中国优质商品博览会金奖，1994年DW17万能式断路器荣获新产品新技术博览会金奖。

德力西集团董事局主席胡成中先生，多次被评为全国优秀企业改革家、国际科学与和平贡献奖、浙江省功勋乡镇企业家、浙江省第二届优秀青年企业家，并当选为政协温州市委常委、中国科联经济研究中心正职研究员，机械工业部机床电器检测技术委员会副主任委员。

德力西集团是社会主义市场经济不断发展的产物。集团以股份合作制为组织形式，通过品牌、市场、技术、质量、形象对参与集团股份合作的企业成员进行管理。集团公司和成员企业之间产权明晰、责利明确、管理合理、机制灵活。集团公司内部实行集中经营纵横协调管理体制，即以品牌为纽带、以产品为基础、以质量为核心、以营销为导向、以技术为"龙头"、以文化为动力，横向集中经营管理、人事、销售、财务、技术、质量、文化、后勤形成一级职能部门；纵向以产品为基础，适当分权，形成单纯性生产单位的分公司的管理体制。1996年，按照规范的股份公司标准，德力西集团将董事会升为董事局，进一步规范集团化管理体制。

德力西集团是"温州经济模式"中不断进行技术创新、质量兴业的成功典范。企业坚持以"创造中国人自己的国际品牌"为奋斗目标，大量引进培养各类人才，积极倡导激励技术创新，不断加大技改投入，努力提高产品的技术含量与质量。1995年企业通过ISO9001(94新版)国际质量体系认证。其产品先后通过美国UL认证、欧共体CE认证和德国VDE认证、国际CB认证和中国电工委安全认证，并被评为

“浙江省名牌产品”和“中国名牌产品”。“德力西”商标成为温州市首批名牌商标和优秀品牌，1996年经浙江省有关部门联合评估无形资产价值4.728亿元。

德力西集团的迅猛崛起和高速发展，引起了党和国家领导人的广泛关注，江泽民、李鹏、乔石、李瑞环等中央领导人先后亲临视察，给予了巨大的关怀和鼓励，并成为全国企业界、理论界、新闻界了解温州工业经济发展历程的一扇重要窗口。德力西集团被誉为“东方起动点上的一匹黑马”。

发展历程　德力西集团十二年的发展，经历了三个阶段，实现了三次飞跃。每一次飞跃都是对传统经营意识和企业组织形式的不断扬弃和大胆突破，而每一次经营意识的转变和组织形式的创新，又给企业发展带来了量的提高和质的飞跃。

第一阶段从1984年到1991年，作坊企业，实现自主经营、自我积累、自我发展。1984年7月，胡成中与友人创办了乐清县求精开关厂，这是一家以合伙制为组织形式的作坊式企业。由于合伙制的企业组织形式既有温州个体家庭工业户创业热情高、经营机制活的优势，又有优于个体家庭工业户资金缺、人力少的长处，使求精开关厂在柳市低压电器产品遭受多次“打击”的情况下得以生存和发展。在这个阶段里，主要进行低压电器配件的生产维修，企业靠“以质取胜”的经营方式，靠“船小调头快”的灵活机制，实现了资金的原始积累，并坚持6年不拿一分红利、增加技改投入。1986年建立了热继电器试验室，1988年成为乐清首批领取部颁生产许可证的企业。从而使求精开关厂步入了高速发展的轨道；1990年产值突破1 000万元，从而完成了企业发展资本的原始积累，实现了第一次飞跃。

但是，这种年轻而古老的合伙经营，随着企业迅速壮大和市场竞争日趋激烈，不可避免地暴露出自身的不足，最终导致求精开关厂一分为二。

第二阶段从1991年到1993年，进行企业联合、兼并，实行总厂式管理，生产上水平、上规模、上档次。1991年，胡成中以超前的意识在乐清市率先引进外资，成立了中德合资德力西电器有限公司，以股份合作制的企业组织形式重新走上了携手联合的道路，企业实行总厂式管理。这种被经济界称之为温州企业组织形式第一次历史性变革的股份合作制，无疑给德力西公司注入了新的活力。在这个阶段里，德力西公司一方面将有一定生产经营、实力和发展前途的产品与车间分解出来，吸纳新股，成立分厂，从而形成了规模经营和产生了规模效益，产品增加到27个系列，并且八年不提价，使企业出现了年年翻一番的增长速度。另一方面，又不失时机地兼并了9个企业，采用全面质量管理，注入自己的资金、市场、技术和管理，使企业资产产生裂变效应。1992年产品出口到美国，实现了出口创汇零的突破，1993年达到185万美元。至1994年初，德力西公司已由单一小规模的工厂式管理过渡到较大规模的总厂式管理，到组建德力西集团时，公司年产值已增加到8 000万元，从而实现了第二次飞跃。

第三阶段从1994年开始，从总厂式管理发展到集团化管理，建立现代企业制度。1994年，胡成中在乐清市率先组建了首个省批企业集团——浙江德力西集团，便开始探索和实践规范股份合作制和实行集团化管理。组建集团后，企业以德力西集团公司为中心母体，通过规模、技术、市场、资金、品牌、形象等优势，划出资金，先后兼并、控股同行20多个企业，并根据双方股份比重，隶属关系不同，将成员企业分别纳入集团的核心层、紧密层和半紧密层，各企业间在法律关系上独立平等，具有自主经营、自负盈亏的灵活性。这种被经济界称之为温州企业组织形式第二次变革的模式，进一步盘活了集团存量资产，并使企业产权更加明晰、责利更加明确，管理更加合理，也有利于调整集团产品结构和产业结构，从而实现了企业大发展。目前公司在瑞安建立汽配生产基地，在乐清柳市建立一高低压成套电器基地和节能灯基地，在上海建立了面向全国与全球的营销基地。到1996年，德力西集团工业年产值已达14亿元。从股份合作制总厂式管理发展到集团化事业部制管理，德力西集团实现了第三次飞跃。

随着社会主义市场经济体系的不断完善和企业谋求可持续发展的战略要求，1996年，德力西集团在温州市企业集团中第一个将董事会改组成董事局组织结构。由全体股东组成的股东大会是集团最高权力机关，由全体董事组成的董事局是经营决策机关，由全体监事组成的监事会是监察机关，由总经理及全体高级管理人员组成业务执行机关。这样使董事局成为投资中心和决策中心，总经理机构成为管理中心，各生产分厂成为成本中心和利润中心。集团事业部管理体制进一步明确了企业集团所有者、经营者、劳动者之间的利益关系，全面革新了企业利益机制，调动了全员积极性与创造性，增强了企业凝聚力，创新了企业竞争激励机制，理顺了集团内部成员企业的生产经营关系，革新了企业集团经营管理机制，加强了对总经理机构的领导与监督，保证了企业资产的保值增值，创新了企业约束机制。这不仅从根本上增强了企业发展后劲，全面创新企业发展体制，实现企业产品、技术、市场的可持续发展，而且为实现股份合作制转变为规范的股份有限公司、建立现代企业制度打下了坚实的组织基础。

回顾德力西集团企业组织形式的转变创新过程，我们认为企业组织的不断创新，不仅使德力西得以生存、发展、壮大，而且也为温州市工业企业发展提供了不断创新的企业组织形式和勇于开拓的创新思维。

战略发展目标

总体发展目标：从1996年到2000年，实现工业总产值60亿元，出口创汇2亿美元，利税10亿元。其中高科技产品产值达到24亿元，员工年平均收入2.4万元。集团管理体制由股份合作制向规范的公司制转变，集团经济增长方式由数量粗放型向质量集约型转变，集团投资方式由温州地区为主向以全国为主的发展方向转变。

具体发展目标：

(1) 以ISO9000质量体系为中心，进一步完善和规范集团公司和成员企业及60%协作企业的质量保证体系，使零部件与产品制造都纳入了ISO9001的监控轨道，全面提高集团产品质量与工作质量。

(2) 在中东、东南亚、非洲等发展中国家与地区再设4个制造厂，巩固和开拓发展中国家市场的产品占有率和提高企业知名度，创造国际品牌。

(3) 完善"三个中心"，一个是精密模具加工中心，达到温州乃至浙江省第一流的水准；一个是低压电器电机检测中心，能对电器和电机产品进行12个项目的型式试验；一个是人力资源培训中心，对电器行业的各种人才进行岗位技术和能力培训，全面提高员工整体素质。

(4) 根据国际低压电器行业发展趋势，企业将开发电子化、智能化、组合化、模块化、高性能、高可靠和小型化的十类新产品，用电子技术改进传统低压电器产品：即智能化框架断路器、智能化塑壳断路器、控制与保护自配合开关电器（CPS）、模数化终断保护电器、电子化真空组合电器、6kV（F－C）组合起动器、汽车电机、摩托车电机、电子式高性能紧凑型节能灯、箱式变压器、变频调压器。

(5) 建设500个网络机构。到2000年在全球建成500个销售机构，其中国内450个、国外50个，使国内每个大中城市都有德力西销售公司。同时巩固发展中国家市场，积极开拓发达国家市场，取得产品国际认证6个，创中国名牌4个，浙江名牌6个，积极参与国内外市场竞争，国际市场份额由1%达到4%。建成我国最大的低压电器出口基地和东南沿海地区最大的节能灯生产基地。

(6) 发展规模经济，强化科学管理。遵照现代企业制度和公司制的要求，逐步将现有48个成员企业、130多个销售公司、300多个协作企业，加强以有形资产和无形资产为纽带的经济关系，强化母公司的投资中心与技术中心的地位，组建集团财务公司、物资供应公司和投资发展基金，扩大企业融资渠道。通过资产核算，划出母公司中高科技含量和市场占有率很高的20多个新产品。按照规范的股份公司制度组建上市股份有限公司。同时扩大与不同国家、不同地区、不同所有制企业的大合作；充分利用国有企业和科研院所的人才、场地、设备和国际大公司的科研、技术、设备、管理优势，与浙江大学、中国计量学院共同开发管理信息系统（MIS）、制造资源计划系统（MRR－Ⅱ）、计算机辅助设计系统（CAD）、辅助制造系统（CAM）、公共设计系统（CAPP）、数控系统(CNC)、质量管理系统及公共数据交换系统，与上海电器科学研究所合作建立"上科所德力西"科研中心。通过现代科学技术与现代化管理体制的有机结合，使德力西产生资金裂变，扩大集团经济规模。

(7) 造就一群富有时代改革意识的，具有开拓创新精神和创新思维的现代企业家。以"振兴祖国民族工业、创造中国人自己的国际品牌和产业报国"为企业理念，团结和教育全体德力西厂长、经理由利润观向人生价值观、道德观为精神追求的方向转变，形成一支具有爱国主义和集体主义的社会主义企业家群体；以"科技先导"与"技术创新"为动力，造就一支能捕捉、分析、研制、开发具有世界90年代先进水平的科技队伍，全面推动我国低压电器行业的技术进步；以市场为导向，造就一支高素质的、技术水平与营销能力兼俱的、熟悉国内与国际贸易规则的营销队伍；完善企业教育培训中心，筹建德力西集团技术学校，全面提高劳动者整体素质，造就一支跨世纪的社会主义产业工人队伍。坚持"以人为本"的企业文化建设，发展企业文化力，服务集团生产力。

(8) 产业战略目标：

①建成"柳市电器王国最大的低压电器超级市场"。目前占地60亩的"德力西集团电器工业交易城"已进入实施阶段。

②进军房地产业，与香港新城房地产开发公司合作在温州大桥北岸构建商住区。随着金温铁路、温州大桥、七里港区三大基础设施的建设，温州外向型经济和整个工业经济将有一个大的发展。

③进军电子节能灯与节能电器市场，形成年生产1 000万支电子节能灯的生产能力。

④进军汽车摩托车配件市场，与温州瑞安汽配城合作开发新品，由维修市场进入配套市场，促进温州汽配市场规模化、产业化。

⑤大力发展成套电器设备和高压电器及箱式变压器，服务于新的住宅产业。

〔撰稿单位：德力西集团公司办公厅〕

正泰集团公司

董事长：南存辉　总裁：南存飞
地址：浙江省温州市乐清市柳市镇邮码：325604
电话：（0577）2777777　　传真：（0577）2775888

正泰集团是1995年农业部公布的大型乡镇企业，坐落在浙江省乐清市柳市镇104国道线旁，系股份合作制企业，主要生产和销售低压电器元器件和成套设备、通信设备、汽车电器、建筑电器、家用电器、仪器仪表以及服装、模塑、纯净水及其设备等，隶属乐清市乡镇企业管理局，行业归口温州市机械工业总公司。截至1996年，集团共有分公司和子公司48个，母公司为正泰集团公司，另有800余个零部件加工协作厂和遍布在全国的87个销售分公司及212个特约经销处，1996年产值11.547亿元，销售总额11.491 6亿元，出口额1 500万美元，上缴税金4 401.65万元。

正泰集团公司的前身是乐清求精开关厂，由南存辉与友人共同出资5万元，于1984年7月创办。当时只有20m^{2}厂房，5名员工。12年间，企业从小到大，大体经历了三个阶段。

第一阶段，1984年～1991年，是初步完成原始积累阶段。

乐清柳市的低压电器产业，最初出现于70年代后期。当时，曾被视为投机倒把而受到打击，一度萧条。至80年代初，再次兴起，出现了电器产品交易市场——电器城。求精开关厂就是在电器市场再度兴起的背景下产生的。求精开关厂在成立后的7年间，主要完成了三项基础性工作：一是积极提高生产能力。先后建立了年生产能力100万台的生产流水线4条，购置可编程控绕线机8台。1987年投资20万元，创办了温州地区第一家热继电器试验室，并购置了测试校验台8台、快速校验台1台、原材料试验台8台。先后向社会招募了50余名员工，由只生产一种产品，逐步发展到同时生产JR16B热继电器、CJ10交流接触器、JZ7中间继电器三大系列产品。二是努力提高产品质量。自1987年起，从上海、宁波、苏州、无锡等地聘请了12名工程师和技术工人，不断改进技术工艺，并于1987年、1989年两次通过验收，领取了机械电子工业部颁发的三大系列产品生产许可证。由于产品质量好，在1990年国务院办公厅颁发的〔1990〕29号文件整顿柳市低压电器市场中，求精开关厂得到了扶植和发展。三是实现资金的原始积累。求精开关厂创办的第二年（1985年），完成产值6万元，实现销售收入5万元，资产总额增至11万元。到1991年，产值达到1 021万元，销售收入1 013万元，资产总额增至650万元，分别是1985年的170倍、202倍和59倍，初步实现了原始积累，为企业的进一步发展，奠定了基础。

第二阶段，1992年～1994年上半年，是企业由小规模向集团化过渡阶段。

1992年春，邓小平南巡重要谈话发表，结束了姓“社”姓“资”的争论，温州企业家解除了思想上的束缚。南存辉立志使求精开关厂向股份化、集团化迈进。1991年，求精开关厂分两个车间，实行独立核算、自负盈亏。同年11月，南存辉从他管的车间中抽出12.5万美元，与美商黄李益合资，经浙江省人民政府批准，创办了“中美合资正泰电器有限公司”。

1992年下半年，正泰公司出资建造了首座2 200m^{2}的生产兼办公大楼。次年2月10日，举行了“中美合资正泰电器有限公司”挂牌和大楼落成典礼。北京、上海、杭州等省、部级领导和30多家新闻单位应邀出席了庆典仪式。

1993年上半年，经乐清县政府批准，求精开关厂分为“一厂”与“二厂”，南存辉任一厂厂长（对外沿用“正泰电器有限公司”称谓）。股东由原来的2人增至6人，相继成立了工程技术部、质量监控部、会计财务部、生产计划部、企管办、质管办、行政办、国内经营部、国际贸易部、综合事务部等10个部（办）机构，并按产品的不同类型，设立了5个分厂。与此同时，新建厂房2 400m^2，不断扩充了生产设备，加大了新产品开发力度。生产流水线由4条增至10条，试验设备由8台增至91台（套）。投资400万元，建立了属于全国一流的低压电器产品检测试验站。开发了小型断路器、框架式断路器等产品，并引进和开发了80年代末90年代初的D系列交流接触器，并不断形成系列化。其中CJX2交流接触器成为公司的“拳头”产品，远销国内外。至1993年底，产品由原来的3大系列增至15个系列69个规格。在科学管理上，开始向国际惯例接轨。1993年7月，向华信技术检验有限公司提出国际质量体系认证申请。经过一年多时间的试运行，于1994年12月，在全国同行业中首批通过了ISO9001质量体系认证。在狠抓企业物质文明建设的同时，企业精神文明建设得到了有力加强，成为企业凝聚力、向心力的重要保证。1993年7月成立党支部，同时成立了工会、团总支、妇代会等群众组织，开展丰富多采的职工业余文化生活和职工培训教育，并引进先进的CI战略，从企业的理念、企业文化到企业外部仪态形象，进行全方位的改造与包装，使企业形象在国内外得到宣传。

从1993年下半年开始，努力探索新的生产关系，实行集团化生产，以改变过去产品档次低下、工艺流程落后的状态，促进生产力的新发展。以原求精开关一厂为核心层（包括下属5个分厂），以正泰电器有限公司、上海正泰开关厂（后改为上海协泰电器厂）、乐清茗佳起重电器厂为紧密层（控股层），以华德利熔断器厂、乐清四通开关厂为半紧密层（持股层）和部分零部件加工厂为松散型，组建了温州正泰集团公司。

1994年2月2日，经温州市人民政府批准，温州正泰集团宣告成立。3月15日召开规模盛大的集团成立大会，成为全省首家民营企业低压电器集团。

第三阶段，1994年下半年至1996年，是正泰集团进入发展规模经济、实施名牌兴业、转变经济增长方式、逐步实行现代企业制度的新阶段。

首先，随着企业规模、档次的提高，集团决策层的经营观念发生了飞跃，提出了“振兴民族工业，创中国名牌”的企业理念，实行物质和精神两个文明一起抓，于1995年7月，成立了正泰集团党总支，下辖6个党支部，同时成立了正泰集团工会、团委、妇代会，并紧紧围绕生产实际，以增强员工凝聚力和爱国敬业精神为目标，开展职业道德、社会公德、家庭美德教育。加大了人力资本投入，先后举办各类培训班115期，受训人数达9 850人次。38名厂长、经理，通过一年多的强化培训，获得了北京经贸大学函授毕业证明书。320多名管理人员通过微机培训，掌握了微机应用技能。相继从全国各名牌大学、学院、专科学校招聘了大中专毕业生321人。同时，还从全国各地聘请富有实践经验的各类工程技术人员215名，使员工队伍的素质得到了有效的提高和改善。其次，改革管理体制，优化组织结构，完善管理制度，将原来直线式的纵横协调模式，改为三维立体形的管理模式。即：纵向分为投资（决策）层、利润（管理）层和成本（执行）层三个层次，横向按职能、按行业、按地区分为三条线，纵横交错，对企业的工作实施全面管理。在信息管理上，实行微机联网，高层领导通过微机，可以了解公司全貌；下属单位可以通过微机了解公司领导的决策意图和工作部署。在经济结构上，逐步向规范化的股份有限公司过渡。1996年下半年，逐步探索按产品大类重新组合生产结构，年底，成立了集团内部首家股份有限公司——断路器总公司。第三，有计划、有步骤地实施战略管理。1995年4月，集团公司高层决策会议提出了“内重管理，外求联合，开发创新，名牌制胜”的发展战略。不久，又提出了“抓住有利时机，不断扩大联合，发展规模经济”。并成立了“联营办公室”，专事负责对周边企业的考察了解，本着“优势互补、强强联合、互利互惠”的原则，采取联合、控股、兼并等形式，使集团的规模进一步扩大，经济实力得到了加强。第四，继续加大技改投入，扩建厂房，增添设备，加大新产品开发的步伐。至1996年末，正泰集团公司厂房面积已达12 000m²，新开发的产品已达98个系列4 000多个规格。其中DW17万能式断路器、CJ24系列交流接触器、RT16有填料封闭管式熔断器经国家科委鉴定，被确定为1995国家级新产品。CJX2交流接触器获第44届尤里卡世界博览会金奖，DW17、DZ47、CJX2、CJ10四个系列产品，获国内贸易部“名牌产品推荐证书”。第五，加大市场开发力度，建立全国营销网络。从1994年初起，集团在“组装企业”、“组装市场”的资本营运发展思路指导下，开始探索新的营销策略，改变过去靠供销员推销产品的方式，在全国建立“正泰”营销网络。至1996年末，全国各地的销售分公司增至87个，特约经销处增至212个。网点的销售额已占集团总销售额的60%以上。此外，还在美国、新加坡、伊朗、阿联酋、香港等地设立了5个办事机构和21家代理商。从1994年至1996年，销售收入年增长率分别为54.85%、173.19%、62.94%，平均年递增率为90.31%。

1995年11月10日，经国家工商行政管理局核准，原温州正泰集团和温州正泰集团公司，更名为“正泰集团”和“正泰集团公司”。至此，成为一家无区域性的跨国、跨地区、跨行业的经济联合体。

“正泰”由一家作坊式小厂，经12年的发展，成为一家现代企业集团，引起了党和国家领导人的高度关注。全国人大委员长乔石、全国政协主席李瑞环、副主席孙孚凌、人大副委员长田纪云、国务院副总理吴邦国以及中组部、国家教委、国家技术监督局、农业部乡镇企业局、国内贸易部、机械工业部等领导亲临视察。企业先后被列入温州市特级明星企业、浙江省十家最佳民营企业、全国百家成功企业。董事长南存辉相继荣获浙江省优秀企业家、浙江省功勋乡镇企业家、全国乡镇企业家、中国机械行业首届十大杰出企业家等称号。

〔撰稿人：正泰集团公司正泰报　戴知谦〕

人本集团有限公司

总裁：张童生　　副总裁：陈岩水
地址：温州经济技术开发区40小区　　邮码：325011
电话：(0577) 6552251、6531125　　传真：(0557) 6552276

总裁简介　张童生同志生于1958年10月，浙江省乐清市人。大专文化程度，1991年创建温州市轴承厂，历任厂长。1996年底完成对温州市轴承厂改组、改制，组建集工、贸、技为一体的全国性企业集团——人本集团。1997年5月人本集团正式成立，担任集团总裁职务。

张童生同志因业绩突出，年年荣获温州市企业家最高荣誉奖——金鹿奖，并先后被部、省、市授予“第四届中国机械工业优秀企业家”、“市专业技术拔尖人才”、“市劳动模范”等称号。他创造的管理方式也被评为第三届中国机械工业企业管理重大创新成果奖和第四届全国企业管理现代化创新成果奖及省、市企业管理优秀奖。

企业概况　人本集团是中国机械行业新崛起的一家集科、工、贸为一体的全国性企业集团。集团下辖18个成员企业，1个海外分公司和10个分公司，主要经营轴承、轴承配件生产和机电、汽配、化工、饮料、食品生产与销售及商业服务、国际贸易、技术开发等。

人本集团有限公司是人本集团的核心企业。公司现有员工586人，其中大专以上学历240人，员工平均年龄23岁，建筑面积30 000m²，拥有主要生产设备600台，注册资金7 739万元，主导产品为高精度、低噪声密封电机轴承，年生产能力为4 000万套。

公司前身为温州市轴承厂，创建于1991年9月。在“质量兴厂、名牌兴业”的经营方针指导下，在经营中采取如下措施：(1) 面向市场、高起点、高定位确定赶超国际名牌经营目标、革新观念、打破传统“达标”观。参照国际标准制定企业内控标准，形成了一套完整的质量生产标准和先进、合理的生产工艺体系；(2)建立了从原材料进厂到成品出厂全过程的质量保证，控制体系，质量管理全面，生产设备先进，检测设备完备，营销体系健全；(3)以法治厂、管理科学、规范；(4) 以人为本，超常培训，开发人才，培育了一支德、智、体、全面发展的高素质员工队伍。公司生产的Z3组高精度低噪声密封轴承，1995年被列为国家的重点新产品，各项性能达90年代国际先进水平，出口南美、北美、西欧、东南亚数十个国家和地区，产品市场占有率高。1996年公司完成销售收入1.01亿元，实现利税1 399万元，综合经济指标排名列同行前茅。预计1997年产品销售收入可达1.7亿元，创利税2 000余万元。历年经济指标详见表1、表2、表3。

公司是国家“双加”工程企业和浙江省“五个一批”重点骨干企业。自1991年企业创建以来，连年被评为省市“明星工业企业”、“技术进步优秀企业”、“质量优秀企业”，企业管理1995年、1996年先后获第三届中国机械工业企业管理重大创新成果奖和第四届全国企业管理现代化创新成果奖。

表1　主要经济技术指标

项　目	单　位	1994年完　成	1995年完　成	1996年完　成	比上年增长%
企业数	个	1	1	1	
全部职工平均人数	人	265	346	482	39.30
工业总产值：当年价	万元	3 030	5 277	10 527	99.48
不变价	万元	2 806	4 927	11 287	129.08
工业增加值	万元	1 009	1 337	3 517	163.05
产品销售收入	万元	3 035	5 484	10 152	85.12
产品销售税金及附加	万元	162	364	478	31.31
利润总额	万元	285	727	862	18.56
固定资产原价	万元	4 327	4 864	5 358	10.15
固定资产净值平均余额	万元	1 179	1 725	4 136	139.76
流动资产平均余额	万元	1 264	2 176	4 352	100.00
出口创汇	万美元	15.6	64	262.6	309.37

表2　完成主要产品产量

年　份	产量（万套）	比上年增长%
1992	130	
1993	330	153.84
1994	655	98.48
1995	1 100	67.92
1996	2 086	89.63

表3　1996年产品出口情况

出口国家、地区	创汇额（万美元）
美国	71.8
日本	52.0
东南亚	40.2
英国	31.6
瑞士	30.3
巴西	30.0
其他	6.7
共计	262.6

面向市场、敢于革新　市场是企业生产经营的出发点和落脚点。1991年公司前身企业创办时，面临着极其严峻的市场形势：一边是普通轴承产品的大量积压，一边却是低噪声、高精度轴承的大量进口；一边是国内轴承界普遍认为产品能符合国家标准就行，一边却是国际轴承行业的不断发展，产品精度以满足用户要求为目标。张童生等人认定要干就要高起点，他们确定了生产替代进口轴承的战略发展目标。

生产替代进口轴承不但是市场的需求，也是企业生产和发展的必然。这是一个高起点、高定位的目标。高起点首先要有高标准。温轴厂的创业者们，跳出国家标准和习惯思路，制订了一套全新企业质量标准。与国家标准相比，其精度普遍提高，公差提到国标的1/2、1/10，甚至1/20以上。

1992年6月，新建的温轴厂投入生产，第一批3 000套轴承的料投下，一道道工序走过，一批批被自订的标准所淘汰，最后合格的仅十几套。第二批投料5万套，合格只有1万套。第三批10万套料投入，合格也不过5万套。新的温轴厂面临着考验，连续七个月发不出工资。困难面前，温轴人硬是坚持了自己的选择。

现在该厂生产的低噪声密封小型球轴承是通过

省级鉴定的新产品，达到80年代末，90年代初国际先进水平，填补了国内空白，改变了我国同类轴承长期依赖进口的局面。

该厂Z3组低噪声密封轴承，稳定出产率始终在85%以上。而国内同行业企业不仅无一能生产Z3组轴承，即便少数能生产Z2组轴承的企业，稳定出产率也最多只有40%左右。

该厂生产的产品精度储备率稳定达到100%，即产品的实际精度经检测比名义精度高出一个等级以上，而一般企业的精度储备率只有60%左右。

该厂生产的轴承为全国一些著名厂家竞相采用，替代进口。芜湖电机厂原来全部使用世界名牌日本的NSK、NTN轴承，现在内销产品已基本由温州轴承所替代；上海微型电机厂过去也采用日本的轴承，现在则由温州轴承替代。

世界著名的轴承生产企业，日本NTN公司技术开发部部长评价说："考察了中国十几家轴承厂，温州轴承厂规模不大，但产品是最好的，质量和日本产品没什么两样。"国内一位著名的轴承行业专家考察后说："温轴厂的产品大大缩短了我国轴承行业与国际先进水平的差距。我国上千家轴承厂几十年没有做到的事，却被这个小厂在不到两年的时间内做到了，他们为中国轴承行业争了光。"

以人为本，重抓培训　以人为本，公司注重人的培训与开发，通过实践形成了一套具有人本特色的人才开发与管理模式，围绕人才培训、开发，公司采取的办法：一是从严招工，二是从严培训。

从严招工：公司规定招工非中专、高中、技校毕业生不招，所招收的高中毕业生必须是接近高考录取分数线的落榜生。招工时，凡应招报名者，都必须经过严格的口试、动手测试和体检等考试、考核，以检验求职者的品德、观察力、思维力、分析能力与适应能力，而后按20%招工录取比例择优录取。

从严培训：新员工进厂一律脱产培训半年。他们聘请有经验的师资，将技校两年的主要课程浓缩在半年施教。培训之后还有三个月的实习。培训的过程仍是个淘汰的过程。每批淘汰率达30%左右。

建厂至1994年底，3年多时间温轴厂培训费支出达130多万元。1996年一年将要超过50万元。1995年9月，温轴厂与温州大学在厂内合办了机械专科，首届40名学员开始业余攻读大学学历。

培训的成效是显著的。

温轴厂的员工，1人能看4台机床，而同行业企业1人才看1台。温轴厂谁操作机床，谁就是调整工、维修工，设备小修自理，大修配合机修工完成。温轴厂的操作工对自己的机床熟之又熟，能把机床调整到最佳状态并保持稳定，以至于超过机床自身的名义精度。

温轴厂的质量检验人员只占员工总数的4%，大大低于同行20%～30%的水平。产品质量以自检为主，操作工能自觉地把误差控制在远小于标准规定的极限尺寸之内。

上海一家颇有名的企业，对温轴如此高质量的产品难以置信，便派出技术、工艺、质量等五套人马到温州来现场考察。一看，疑虑即消，放心地用温轴产品替换下进口名牌。

目前，公司大专以上文化程度员工人数已占公司总人数的40%。

以法治厂、强化管理　企业的发展离不开管理，而管理的核心在于人的管理。公司从建章立制入手，坚持以法治厂，形成了"制度老大、厂长老二"的人本管理特色。

以法治厂、强化内部管理，公司成立了以员工、工会、股东代表三方组成的企业规章建立委员会(简称为立章委)。立章委每年4、10月份对企业制度进行建立、修改和完善，削除了个人或少数人以主观意志代替制度的弊病。目前公司制度条文多达750条，涉及生产、财务、人事、生活、劳保、办公、警卫、仓库、食堂等方面，全面、系统，且具有操作性。

执行制度有"执章委"。两年前成立的"执章委"由两位员工组成，完全凭制度独立工作。是否违章，如何处罚均照章办事，没有中层或厂级领导的干预。执章委全权负责制度宣传、解释与执行。严格的制度约束和法制化管理，有力地保障了公司产品质量。

自主开发、技改不断　企业创建以来，连续不断进行了四期技改，累计投资达10 450万元，引进了国内一流的生产与检测设备，形成了强有力的专业化生产能力。通过技改，新建厂房23 388m^2，固定资产由1991年300万元增至1996年的7 120万元，主导产品年生产能力由建厂初期的100多万套提高到目前的4 000万套。在技改的同时，公司走自主开发，企研结合之路，不断开发新产品、新工艺，成功地开发了Z3组低噪声密封电机轴承，产品质量经国家轴承质量检测中心检测，精度储备100%。产品寿命、振动值等性能远远高于国标，该产品1995年已被列为国家级重点新产品。目前公司主导产品质量又有了新的突破。新开发的摩托车轴承、汽车轴承等产品已批量投产。公司新产品、新工艺的开发，大大增强了企业市场竞争力。

"九五"展望　"九五"期间，改组、改制后的人本集团有限公司将继续在"质量立厂、名牌兴业"战略经营方针指导下，推行ISO9000国际标准下的全面质量管理。将深化企业管理，采用新技术、新工艺改善产品质量，开发新产品、完善销售体制，向社会提供"精品"。将实现企业主导产品1998年创国家名牌、企业2000年创机械工业部质量信得过企业，达到本世纪末公司产值超10亿元的经营发展目标。

〔撰稿人：人本集团行政部　陈　哲　审稿人：人本集团行政部经理　冯章光〕

温州海米特集团

董事长兼总经理：章　仪
地址：浙江省瑞安市梅头镇华盖街67号　　邮编：325205
电话：(0577) 5222520　　传真：(0577) 5221205

发展情况　温州海米特集团的前身是梅头管道仪表厂，当时只有15名工人、5万元资金。经过十年的高速发展，已成为拥有3个核心层企业和5个紧密层企业、2个中德合资公司、一个中美合资公司的集团企业，资产总值达5 283万元，生产的物位仪表在国内市场占有率达60%。1994年被浙江省财政厅授予中二型企业称号。1996年被农业部授于大二型乡镇企业称号。十年来的产值和实现利税情况见表。

表　十年来主要经济指标

年　份	产　值（万元）	实现利税（万元）	销售收入
1985	23	6	
1988	550	61	
1990	1 875	192	
1992	3 080	227	
1994	4 763	579	3 709
1995	9 080	1 483	7 895
1996	11 560	1 805	11 325

企业总产值从1985年的22.5万元增加到1996年的1.156亿元，平均每年增长76.4%，十年间翻了9.02番；全员劳动生产率从0.76万元/人，增长到69.6万元/人，平均每年增长50.8%；企业上交税金从1.71万元增长到962万元，平均每年增长77.8%。税后利润从2.89万元增长到842万元，平均每年增长67.5%。集团现在固定资产6 000万元，流动资产4 000万元，流动负债为532.6万元，长期负债为0，所有者权益达3 000万元。

十年来，集团大力开发新产品，生产蓬勃发展，受到多次奖励和命名。

1992年，集团被浙江省乡镇企业局、浙江省科学技术委员会授予浙江省乡镇企业技术进步优秀，企业称号。

1993年，集团被浙江省计划委员会、浙江省经济体制改革委员会、中国企业评价中心浙江分中心评为浙江省行业规模第14位，行业效益第6位，被浙江省人民政府授予全面先进企业称号。

1995年，集团被农业部乡镇企业局授予明星企业称号，被浙江省科学技术委员会授予浙江省专利百强企业称号，被机械工业部评为归口企业行业经济效益第一名。

1996年，集团商标“灿星牌”被《中国名牌》杂志推荐为十种畅销品牌之一，被浙江省乡镇企业局授予浙江省最佳民营乡镇企业称号（全省只有十家)。章仪总经理被农业部授予全国乡镇企业家的称号。

产品开发　“海米特”是英文“高精度仪器仪表”的音译。研究高精度表的物位仪表，在高科技领域不断地开发新产品这是海米特集团的宗旨。

1985年，与长岭炼油厂协作开发了UB-A型三通玻璃板液位计。

1986年，与中国石化总公司洛阳设计院合作开发了UHF-A型防腐蚀玻璃板液位计。

1987年，引进联邦德国科隆仪表有限公司样机；与机电工业部上海工业自动化仪表研究所联合研制成功UHZ-52型浮子液位计，并于当年7月通过温州科委主持的产品鉴定会。

1988年，自行设计研制开发了UQK系列液化控制器和UHZ-52型的派生产品UHZ-53型浮球液位计。

1989年，与沧州炼油厂设计室共同设计UQK系列电动Ⅲ型内浮球液位变送器，申报国家专利并获得批准，当年12月20日产品通过了由浙江省乡镇局主持的鉴定。

1990年，与航天部三院合作开发了高精度的UBG-1型光导电子液位仪，并开发了UHZ-52型、UHZ-54型翻球式浮子液位计和UHZ-55型顶装式浮球液位计。同时，与中科院智能所联合开发了UCK-91系列超声波液位控制器。

1991年，与天津大学联合设计UHZ-54型浮子液位计的智能数显仪表。自行设计了UZG-204型振杆。

1992年，在杭州UHZ-54型浮子液位计通过了由浙江省乡镇企业局组织并主持的鉴定。

1993年5月，完成液晶数显示仪。7月，试制成功高效节能铜风口装置。8月试制成功WB型无盲区玻璃板液位计，并申报专利。10月，研制成功CB型静压式深度液位变送器。11月，新产品自动反冲洗过滤器样机通过中国石化总公司北京设计院鉴定。

1994年1月，与上海自动化仪表研究所联合开发B900系列安全栅，取得了防爆合格证书。同月，开发成功UCB型差压深度液位变送器。7月，自行设计了隔离液冲罐装置。12月，“八五”攻关项目反冲洗过滤系统样机通过出厂验收和技术鉴定。

十年来，引进、研制、开发了20大系列、88种产品、400多种规格的工业自动化仪表。其中专利产品8种，国家级新产品2种，省级新产品6种，市级新产品 4 种，获省市级科技成果奖产品 7 种。其中，UHZ-52 型浮子液位计获浙江省优秀新产品骏马奖、浙江精品奖，UQD 电动Ⅲ型内浮球液位变送器获中国新产品新技术博览会金奖，BW25 浮筒液位计获浙江省名牌产品称号并获浙江省科技星火二等奖，UHZ-54 型浮子液位计获浙江省科技进步三等奖。

十年的历程中，海米特集团由于注重科技开发，产品从原先单一生产管道配件发展为以工业自动化仪表系统中物位测量和控制仪表为主的 51 个系列、155 个品种、4 000 多种规格的产品，其中许多产品填补了国内空白并达到国际同类产品先进水平。生产的高科技型仪表目前已应用在全国 29 个省市近 1 000 个石化、炼油、冶金、轻工、电力等行业的国家大型项目上，并且作为配套仪表出口到印度尼西亚、巴基斯坦的核电站，东南亚十多个国家，同时还与德国 KROHNE、PHONIX 两大国际知名的仪表制造商合资，引进先进技术，生产“高、精、尖”产品，并且作为美国 FISHER 和 ROSMOVNT 公司的中国总代理。他们还自己筹建技术研究所，高薪聘请各路科研人才精萃，面向市场，大胆搞科研开发。目前已开发应用了电伺服机构、CPU 微处理、威德曼磁伸缩、超声波智能 TM、磁性激励、光电传播、热导、导纳、三维密封、变面积测量、气动编程、磁感应等具有国际先进技术和原理，完成国家“八五”、“九五”攻关项目各 1 项。

〔撰稿人：温州海米特集团公司办公室主任　涂剑川〕

〔特约顾问单位介绍部份责任编辑：白　萍〕

（上接Ⅲ－278 页）

（续）

名　称	组成成员	技术引进与生产发展情况	计划指标
北京机器人自动涂胶技术服务中心（ABB 代理）	由机械工业部北京自动化所承担 ABB 代理，该技术服务中心于 1997 年 5 月成立	由 ABB 公司提供机器人，采用 Graco 公司的输胶系统，由机械工业部北京自动化所承担系统成套及周边设备的设计、制造和配置。已完成 3 个涂胶工作站，工期 3 个月，产品合格率由 60％提高到 100％，节胶 15％，用户满意	拟在汽车车身、风挡玻璃、汽车灯具、汽车摩托车发动机和汽车变速箱等领域开拓机器人密封涂胶的应用，并根据用户不同需求为机械设备配置专用涂胶机，进行长期技术服务
首钢莫托曼机器人有限公司	由首钢（集团）总公司、日本安川电机（株）、岩谷产业（株）三家合资，1996 年 8 月成立	引进日本安川公司的光进 MOTOMAN 系列产品和技术，生产销售各类工业机器人，并承包工程，进行技术服务，总投资近亿元，已进行技术培训和产前准备	拟于 1997 年第四季度投产，预计达产后年销售额 4.6 亿元，生产能力 800 台/年

〔撰稿人：机械工业部北京自动化所　陈佩云　审稿人：机械工业部科技与质量监督司副司长　尤一平〕

〔中国科学院〕

新技术及科研成果　中国科学院沈阳自动化所是国家机器人技术工程研究开发中心的依托单位，目前主要从事机器人及人工智能技术、综合自动化技术和光电跟踪与测量技术等多方面的应用研究与工程技术开发工作。工业机器人、特种机器人、自动导引车（AGV）、遥控移动式作业机器人等已形成系列产品，应用于国民经济建设中。1997 年获奖项目是 CR-01 6 000m 自治水下机器人，该项目是中科院沈阳自动化所、中国船舶工业总公司七〇二所、中科院声学所、哈尔滨工业大学、上海交通大学等单位联合承担的国家“863”计划自动化领域智能机器人主题下的一个重大研制项目。该项目解决了自动化方面的智能控制与驾驶，网络通信及管理，导航，计算机体系结构，各种信号采集、记录、安控和传感器，信息融合和深潜技术方面材料、水面收放、密封、声纳定位、声纳测量等关键技术。研制单位用了不到四年的时间，研制出可用样机，并探查了太平洋 5 300m 海下多金属结核矿层，取得了显著的社会和经济效益。1996 年 3 月国家科委组织召开了验收会。验收评审意见为“其综合性能优于国内外同类样机，使我国成为世界上拥有此项技术的少数几个国家之一，达到了当前国际领先水平”。

〔撰稿人：中国科学院应用研究与发展局　刘昱　审稿人：中国科学院应用研究与发展局　马雄鸣〕

〔责任编辑：邝　鸥〕

第Ⅰ部分

机械工业发展情况

机械工业

机械工业部行业发展司

1996年是“九五”计划的第一年，也是机械工业正式启动振兴的一年。在宏观经济环境适度从紧的形势下，生产运行继续保持平稳增长经济效益下滑趋缓，基本实现了为“九五”计划及振兴顺利启动的要求。

在国民经济软着陆中，机械工业稳步增长

——完成工业总产值13 324.46亿元，比上年增长9.82%。同期，机械工业部系统产值4 447.00亿元，同比增长10.84%。机械工业在全国工业的比重和机械工业部系统在机械工业中的比重分别为25.4%和33.37%，详见表1。

表1 机械工业总产值、总产值指数及其比重表

年份	工业总产值（亿元）①		机械工业总产值指数		比重（%）	
	机械工业全行业	机械工业部	机械工业全行业	机械工业部	机械工业占全国工业产值	机械工业部占全国机械工业产值
1976	787.50		100.0		24.1	
1978	995.80		126.5		23.5	
1980	1 061.40	480.60	134.8	100.00	21.3	45.28
1985	1 936.90	740.90	246.0	179.33	23.4	38.04
1990	3 246.60	1 562.09	412.3	269.71	23.6	32.16
1991	4 910.60	1 850.33	491.4	319.47	21.0	32.68
1992	6 588.07	2 488.00	659.3	429.57	23.1	33.09
1993	8 898.76	3 113.59	890.7	537.59	25.1	36.21
1994	10 697.91	3 492.81	1 070.8	603.09	25.1	33.77
1995	12 133.06	4 011.97	1 214.5	703.99	25.1	33.07
1996	13 324.46	4 447.00	1 333.8	780.30	25.4	33.37

①1976年～1981年按1970年价计算，1982年～1990年按1980年价计算，1990年以后按1990年价计算。统计范围为全部机械工业企业，包括独立核算和非独立核算企业。

——完成工业增加值3 551.91亿元，比上年有较大增长，占全国国内生产总值（GDP）的比重为5.24%。同期，机械工业部系统完成工业增加值1 198.4亿元，比上年增长9.13%，占全行业的33.74%。增加值率，全行业为27.22%，机械工业部系统为25.98%（表2）。

表2 机械工业工业增加值增长情况

年份	国内生产总值（亿元）	增加值（亿元）			在国内生产总值中比重（%）			增加值率（%）	
		工业	机械工业	机械工业部	工业	机械工业	机械工业部	机械工业	机械工业部
1985	8 964.4	3 448.7	716.5	299.6	38.5	8.00	3.34	38.8	37.2
1986	10 202.2	3 967.0	151.0	298.5	38.9	7.35	2.92	35.5	34.7
1987	11 962.5	4 585.8	857.8	325.7	38.3	7.17	2.72	38.0	
1988	14 928.3	5 777.2		401.5	38.7		2.69		31.1
1989	16 909.2	6 484.0		462.6	38.3		2.74		29.7
1990	18 547.9	6 858.0	1 181.1	426.0	37.0	6.37	2.30	30.9	28.5
1991	21 617.8	8 087.1	1 396.7	505.8	37.4	6.45	2.33	30.1	27.9
1992	26 638.1	10 284.5	1 630.4	676.0	38.6	6.12	2.54	25.3	26.2
1993	34 634.4	14 143.8	2 798.0	943.2	40.8	8.12	2.74	29.2	25.6
1994	46 759.4	19 359.6	3 080.5	1 092.4	41.4	6.86	2.43	26.1	25.5
1995	58 478.1	24 718.3	3 034.6	1 098.1	42.3	5.19①	1.88	25.09	25.69
1996	67 795.0	28 579.9	3 551.9	1 198.4	42.2	5.24	1.77	27.22	25.98

①1995年机械工业增加值待核实。

——重点产品完成较好。大中型拖拉机完成8.37万台，增长32.23%，是1980年以来连续十多年下降以后，第一次恢复到8万台以上产量；联合收割机出现了前所未见的供不应求局面，在上年增长160%以上的基础上，1996年又增长163.20%，产量由上年的1.74万台增至4.57万台。

在整个机床制造业不景气的情况下，数控机床形势趋好，1996年完成8 142台，增长11.67%。其中机械工业部生产475台，增长19.32%，数控化率达20.99%。

电站发电设备完成15 538.5MW，下降6.84%。其中100MW以上大型机组49套、10 322.5MW，占总量67.4%，详见表3、表4。

表3 1996年大型水电机组分企业生产完成情况

（单位：台/MW）

项　目	合　计	哈尔滨	东方公司
合　计	7/1202.5	3/680.0	4/522.5
湖南武强溪240MW机组	2/480.0	2/480.0	
水口200MW机组	1/200.0	1/200.0	
四川宝珠寺175MW机组	1/175.0		1/175.0
黑龙江莲花137.5MW机组	1/137.5		1/137.5
叙利亚105MW机组	2/210.0		2/210.0

表4 1996年大型水电机组（发电机）分企业生产完成情况（单位：台/MW）

项　目	合　计	哈尔滨公司	上海公司	东方公司	北京厂
合　计	42/9120.0	12/2650.0	20/3910.0	6/1700.0	4/860.0
330MW机组	2/660.0				2/660.0
310MW机组（核电）	1/310.0		1/310.0		
300MW机组	17/5100.0	5/1500.0	7/2100.0	5/1500.0	
200MW机组	5/1000.0	4/800.0		1/200.0	
125MW机组	14/1750.0	2/250.0	12/1500.0		
100MW机组	3/300.0	1/100.0			2/200.0

汽车完成147.52万辆，增长1.55%，其中轿车38.29万辆，增长13.62%；摩托车完成916.75万辆，增长11.07%。

目前全世界汽车年总产量5 000余万辆、轿车3 600余万辆，1995年我国排名世界第11位，分别占世界产量的2.9%和1.1%（见表5）；全世界摩托车产量约2 000万辆（1994年世界主要生产地产量：日本272.5万辆、印度208.1万辆、台湾省163.1万辆、泰国127.5万辆），我国约占近一半。

我国机械工业主要产品产量见表6。

表5 1995年主要汽车生产国产量

国　家	汽车产量（万辆）	
	合　计	轿　车
总　计	5 015.3	3 590.6
美　国	1 197.1	633.7
日　本	1 019.7	761.2
德　国	466.9	436.2
法　国	347.5	305.1
韩　国	262.6	209.7
加拿大	241.7	133.9
西班牙	233.3	195.8
英　国	176.5	153.2
意大利	166.8	142.2
巴　西	163.5	130.3
中　国	145.3	33.7
俄罗斯	108.2	89.0

主要经济指标增长情况　主要经济指标机械工业占全国工业的1/5～1/4；机械工业部系统占机械工业的1/3以上。

1996年，机械工业全行业（乡及乡以上独立核算企业）主要经济指标增长及在全国的比重如下：企业，12.48万个，占全国工业的32.00%；职工，1 941.48万人（年平均人数），占全国工业的25.32%；产品销售收入12 609.64亿元，占全国工业的23.24%；工业增加值3 551.91亿元；利润总额243.68亿元，占全国工业的17.11%，详见表7。

重大技术装备研制和国产化工作取得新的进展

——一批国家重点项目圆满完成。如：首台国产600MW哈尔滨“三大动力”厂电站大型火电机组满负荷并网成功；又一台东方——日立型600MW大型火电机组于东方电气集团研制基本完成，国产化率将达95%以上。

国内单机容量最大的李家峡电站首台400MW水电机组已安装完，将于1997年投入发电。

中国第一重型机械集团公司制造的300MW核电站压力壳通过鉴定，连同已研制成功的反应堆压力容器等，我国已全面掌握了核电站关键设备的制造技术。

广州新砂港煤、矿石码头装卸与控制系统顺利通过保质期，该工程的建成投产，表明我国机械工业总承包大型系统工程的能力已达到世界水平。

我国首台6 000m电驱动沙漠钻机及一批沙漠和海上石油设备通过专项验收，至此我国沙漠油田钻采设备基本可以成套供应。

宝钢三期工程、元宝山露天矿成套设备、首都机场扩建工程所需设备的研制进展顺利。

——国产化率不断提高。如轿车国产化率都已　　达 80%以上（表 8）。

表 6　1996 年机械工业主要产品产量

产品名称	单位	1996 年		1995 年		比上年增长%	
		全国	机械工业部	全国	机械工业部	全国	机械工业部
1. 内燃机（生产量）	MW	221 527.90	180 465.00		171 110		5.74
其中：柴油机	MW	152 235.80	121 419.00				
2. 大中型拖拉机	万台	8.37	8.37	6.33	6.33	32.23	29.39
3. 小型拖拉机	万台	209.66	194.14	206.37	194.73	1.59	—0.30
4. 联合收割机	台	45 726	24 337	17 373	10 014	163.20	143.03
5. 金属切削机床	万台	17.74	10.18	20.34	10.87		
其中：数控机床	台	8 142	4 756	7 291	3 986	11.67	19.32
其中：加工中心	台	352	344	490	446	—28.16	—22.87
6. 印刷机械	万 t	10.03	5.11	11.20	5.26	—10.45	—2.85
7. 塑料机械	万 t	29.33	5.00	28.09	4.18	4.41	19.62
8. 矿山设备	万 t	49.62	14.17	86.94	21.29	—42.93	—35.44
9. 装载机	台	17 671	13 246		12 445		6.44
10. 叉车	万台	2.76	1.68	3.33	1.24	—17.12	35.48
11. 滚动轴承	亿套	20.60	8.33		7.67		8.60
12. 电站发电设备	MW	15 538.50	14 470.00	16 679.10	15 330.00	—6.84	—5.56
其中：水电设备	MW	3 338.20	3 061.00	2 970.20	2 750.00	12.39	11.31
13. 汽车	万辆	147.52	130.82	145.27	125.52	1.55	4.21
其中：轿车	万辆	38.29	37.19	33.70	28.64	13.62	29.85
14. 摩托车	万辆	916.75	216.17	825.41	173.16	11.07	24.84
15. 自行车	万辆	3 361.18		4 472.25		—24.84	
16. 铁路机车	台	1 050		974		7.80	
其中：内燃机车	台	892		816		9.31	
电力机车	台	157		150		4.67	
17. 铁路客车	辆	2 616		2 395		9.23	
18. 铁路货车	辆	32 824		37 284		—11.96	
19. 电梯	台	21 399		24 417		—12.36	
20. 照相机	万台	4 120.77	628.50	3 326.15	557.50	23.89	12.74
21. 家用洗衣机	万台	1074.72			948.41	12.83	
22. 家用电冰箱	万台	979.65		918.54		6.65	

表 7　1996 年机械工业主要经济指标增长及比重

指标	单位	1996 年			1995 年			1996 年比 1995 年增长%		1996 年比重（%）	
		工业	机械工业	机械部	工业	机械工业	机械部	机械工业	机械部	机械工业在工业中	机械部在机械工业中
企业单位数	万个	39	13	1	51	12	1	8.0	—3.1	32.0	7.5
工业总产值（不变价）	亿元	46 836	13 051	4 447	44 639	11 482	4 012	13.7	10.9	27.9	34.1
（当年价）	亿元	58 774	13 987	4 613	54 947	12 096	4 275	15.6	7.9	23.8	33.0
工业增加值	亿元		3 552	1 198		3 035	1 098	17.1	9.1		33.7
产品销售收入	亿元	54 250	12 610	4 394	52 936	11 442	4 148	10.2	5.9	23.2	34.9
职工人数（平均）	万人	7 668	1 942	642		1 936	659	0.3	—2.6	25.3	33.1
利税总额	亿元		804	327	5 050	846	340	—5.0	—3.9		40.6
其中：利润总额	亿元	1 424	244	102	1 635	288	121	—15.3	—16.2	17.1	41.7
固定资产（原价）	亿元		8385	3 387	44 989	7 014	2 884	19.5	17.4		40.4

注：统计范围为全国全部独立核算企业。

表 8　近年主要引进轿车车型国产化情况

序号	产　　品	生 产 企 业	国 产 化 率 %					
			1991年	1992年	1993年	1994年	1995年	1996年
1	桑塔纳 B2	上海大众汽车有限公司	70.37	75.33	82.2	85.82	88.56	90.45
2	奥迪 100-C3	第一汽车集团公司	21.19	30.71	42.29	62.16	82.00	
3	富康（雪铁龙 ZX）（四缸机）	神龙汽车有限公司			3.6	15.21	26.18	42.24
4	捷达	一汽大众汽车有限公司			7	24.41	64.35	84.03
5	切诺基（X-1）	北京吉普汽车有限公司	44.75	57.31	60.83	80.44	82.26	82.30
6	夏利（TJ7100）	天津汽车工业（集团）有限公司	45.7	47.4	61.83	83.84	89.23	93.29
7	标致 505（SW）	广州标致汽车有限公司						
	8 座		29.8	51.48	61.78	76.0	84.0	
	5 座普通				43	62.04	78.2	85.25
8	奥拓微型（日本铃木）	重庆长安汽车有限责任公司、江南机器厂			37.57	46.73	64.56	85.28
9	云雀（日本富士重工）	贵州航空工业公司				39.3	46.49	63.14

机械工业各行业发展速度不一，交通运输设备和电气器材制造业在产业中的地位提高很快　从1985年至1996年，机械工业有了很大发展，但行业间进展速度不一。以增加值和利税总额分析，交通运输设备制造业增长最快，特别是汽车制造业，在产业中比重：增加值由10.14%增至17.39%，利税总额由12.66%增至25.44%；电气器材也增长较快，特别是日用电器制造业，在产业中比重加大：增加值由3.4%增至6.09%，利税总额由3.72%增至8.19%；提供资本货物的机械产品和仪器仪表制造业在机械工业中有较大幅度的降低，详见表9、表10。

国有企业与乡办企业占有机械工业“大半江山”

工业企业按经济类型划分包括：(1) 国有经济工业，即过去的全民所有制工业或国营工业；(2)集体经济工业，包括城乡所有使用集体投资举办的工业，如乡办工业、村办工业、合作经营工业；(3) 其他经济类型工业，指除国有经济工业、集体经济工业以外的其他经济类型工业，包括私营经济、个体经济、联营经济、股份制经济；外商投资经济（合资、合作、外资企业）；港、澳、台投资经营（合资、合作、独资）及其他经济类型的工业。

改革开放以来，各种经济类型经济工业非常活跃。当前，机械工业最主要的两支力量，国有经济企业和乡办企业，各项经济指标大体共占60%左右，占有大“大半江山”。

——国有企业继续居于主导地位。尽管国有经济的比重随着多种经济成分的发展有所降低，但总体实力进一步增强，在机械工业中仍居于主导地位。资产总量1996年达到7 775.34亿元，比1991年的3 922.58亿元增长近1倍。在全国机械工业企业中，国有机械工业企业的资产总额占48.17%、销售收入占33.57%、增加值占33.55%、实现税金占38.29%，是为能源、交通等基础部门，冶金、化工等原材料行业，汽车、机械、电子、石化等支柱产业提供大型成套设备和重点产品的支配力量，为国家经济安全和发展提供基本条件。

由于利润的转移和承担国家改革巨大成本（另有数），机械工业国有企业全面亏损，但国有企业整体水平和综合效益有了很大提高。1996年与1991年相比，国有机械企业的工业增加值由718.98亿元增加到1 191.59亿元，增加365.73%，年均增长10.6%；税金由118.47亿元增加到214.53亿元，增加了81.08%，年均增长12.6%。

尽管国有企业自身还存在不少问题，相当一部分企业观念陈旧，机制转换慢，一时难以适应经济体制转轨和增长方式转变的要求，当前非常困难，但也有一批优势企业在市场竞争中脱颖而出，经济实力和效益向优势企业集中已初见成效。

——机械工业乡办企业发展势头很猛。乡办企业已由过去的“拾遗补缺”成为支撑机械工业的一支生力军，涌现了一批如广东科龙电器股份有限公司、浙江杭州万向集团公司、江苏江阴澳化锂制冷设备厂等一批国内外知名、市场占有率高的乡办机械工业企业。

1996年乡办机械工业企业产值达3 549.75亿元（当年价），相当乡以上机械工业企业总产值的25.38%。乡办企业是机械工业的一支重要力量，主要指标见表11。

对外经贸形势趋好，进出口逆差止增回落

——机械产品出口接近300亿美元。1996年机械工业出口创汇298.97亿美元(其中机械工业部归口产品出口121.3亿美元)，为1990年76.1亿美元的3.93倍，比1995年增长8.65%；出口额占全国外贸出口总额的比重，由1990年的12.26%，提高到1996年的19.79%，目前仅次于纺织品及服装行业，居全国第二位。

机械产品出口的贡献度（在全国外贸新增出口额的比重）不断提高，“八五”为22.97%，1996年为103.93%，即出口每新增100亿美元中，由机械工业提供的“八五”为22.97亿美元，1996年为

103.97 亿美元（即还要为其他行业出口下降补足差额）。说明机械产品的出口有力地推动了中国出口贸易的增长和出口商品结构的改善，日益成为中国扩大对外出口的支柱产品，详见表 12。

——机械产品进口的宏观形势有所缓和。据海关统计，1996 年机械产品（指机械工业全行业，含汽车和轻工类产品）进口 456.39 亿美元，比 1995 年增长 5.98%；其中机械工业部归口产品进口 276.91 亿美元，比 1995 年增长 5.61%，详见表 13。

表 9　1996 年机械工业分行业主要经济指标

行　业	企业数	工业总产值（1990 年价）		工业增加值		产品销售收入		利税总额		总资产报酬率
	（个）	亿元	比重（%）	亿元	比重（%）	亿元	比重（%）	亿元	比重（%）	（%）
机械工业全行业总计	124 760	13 051	100.00	3 552	100.00	12 610	100.0	804	100.00	4.15
1. 金属制品业	30 388	1 766	13.32	491	13.82	1 665	13.21	80	9.90	3.71
2. 普通机械制造业	29 750	2 430	18.62	727	20.46	2 390	19	169	20.95	4.09
其中：金属加工机械制造业	3 604	241	1.85	81	2.28	224	1.77	9	1.14	1.62
3. 专用设备制造业	19 309	1 776	13.61	520	14.65	1 767	14.01	96	11.89	3.32
其中：农业机械制造业	3 946	509	3.90	126	3.55	533	4.22	22	2.73	3.92
4. 交通运输设备制造业	20 339	3 498	26.80	929	26.15	3 539	28.06	255	31.71	4.53
其中：汽车制造业（含摩托车）	8 123	2 459	18.84	618	17.39	2 401	19.04	205	25.44	5.09
汽车修理业（含摩托车）	8 556	140	1.06	55	1.55	140	1.11	9	1.11	4.76
5. 电气机械及器材制造业	19 200	3 057	23.42	741	20.86	2 751	21.82	179	22.31	4.73
其中：日用电器制造业	2 467	1 115	8.54	216	6.09	927	7.35	66	8.19	5.16
6. 仪器仪表及文化办公机械制造业	5 774	525	4.02	58	1.62	176	1.40	26	3.24	3.16
其中：机械工业部系统合计	9 291	4 447	100.00	1 198	100.00	4 394	100.00	326.74	100.00	7.19
1. 农业机械工业行业	1 988	741	16.66	186	15.50	766	17.42	34.32	10.50	6.32
2. 工程机械工业行业	144	92	2.06	22	1.80	110	2.50	6.05	1.85	5.44
3. 仪器仪表工业行业	703	255	5.74	61	5.06	207	4.71	21.83	6.68	9.09
4. 石化通用机械工业行业	270	252	5.67	78	6.48	245	5.58	23.52	7.20	7.48
5. 重型矿山机械工业行业	393	153	3.43	43	3.60	149	3.39	4.76	1.46	4.80
6. 机床工具工业行业	779	167	3.75	62	5.15	163	3.72	5.39	1.65	3.79
7. 电工电器工业行业	2 029	858	19.29	235	19.63	868	19.76	52.79	16.16	6.66
8. 机械基础件工业行业	759	193	4.33	63	5.25	182	4.14	11.55	3.53	6.19
9. 食品及包装机械行业	98	18	0.41	5	0.44	16	0.36	0.97	0.30	6.13
10. 汽车工业行业	1 073	1624	36.52	413	34.49	1 585	36.06	160.04	48.98	9.41

注：机械工业全行业统计范围为全部乡及乡以上独立核算企业。

表 10　机械工业工业增加值、利税 1996 年与 1985 年分行业对比

行　业	增加值				利税总额			
	1996 年		1985 年		1996 年		1985 年	
	亿元	比重（%）	亿元	比重（%）	亿元	比重（%）	亿元	比重（%）
机械工业总计	3 551.9	100.00	716.50	100.00	804.03	100.00	383.97	100.00
1. 金属制品业	490.86	13.82	82.06	11.45	79.61	9.90	40.67	10.59
2. 普通机械及专用设备制造业	1 246.96	35.11	357.54	49.87	264.04	32.84	179.74	46.81
其中：金属加工机械制造业	81.07	2.28	23.96	3.34	9.18	1.14	11.07	2.88
农林牧渔机械制造业	126.09	3.55	27.48	3.83	21.98	2.73	10.75	2.80
3. 交通运输设备制造业	928.81	26.15	133.95	18.70	254.99	31.71	74.74	19.47
其中：汽车制造业	617.57	17.39	72.68	10.14	204.53	25.44	48.61	12.66
4. 电气机械器材制造业	740.98	20.86	118.72	16.57	179.37	22.31	71.68	18.66
其中：日用电器制造业	216.37	6.09	24.36	3.40	65.83	8.19	14.47	3.72
5. 仪器仪表制造业	57.62	1.62	52.43	4.53	26.02	3.24	17.18	4.47

表 11　1996 年机械工业国有企业与乡办企业主要指标

指　　标	单　位	全部机械企　业	国有企业		乡办企业	
			数　量	比重（%）	数　量	比重（%）
企业单位数	个	124 760	19 657	15.76	39 775	31.88
工业总产值（不变价）	亿元	13 050.66	4 270.41	32.72	3 260.66	24.98
（当年价）	亿元	13 986.34	4 706.33	33.65	3549.75	25.38
工业增加值	亿元	3 551.91	1 191.59	33.55	911.89	25.67
产品销售收入	亿元	12 609.64	4 485.67	33.57	2 845.92	22.57
职工数（年平均）	万人	1 941.48	931.38	47.97	321.38	16.55
年末固定资产（原价）	亿元	8 385.34	4 625.87	55.17	1 031.03	12.30
（净值）	亿元	5 482.28	2 895.55	52.82	744.66	13.58
流动资产	亿元	10 659.63	4 879.79	45.78	1 461.08	13.71
利税总额	亿元	804.03	177.96	22.13	235.51	29.29
其中：利润	亿元	243.68	−36.57		123.03	50.49
税金	亿元	560.35	214.53	38.29	112.48	20.07
总资产报酬率	%	4.15	1.90		9.42	
产值利税率	%	5.75	3.78		6.63	
销售收入利润率	%	1.93	−0.82		4.32	
工业增加值率	%	27.22	27.90		27.97	

表 12　1996 年机械工业产品出口增长情况　　（单位：亿美元）

年　　份	全国外贸出口总额	机电产品出口总额						
		合　计	机械工业全行业产品出口额					电子类产品
			合计	资本货物机械产品			轻工类机械产品	
				小计	机械工业部归口	其他部归口		
1995	1 487.8	438.56	275.20	204.70	107.03	97.67	70.50	163.35
1996	1 510.7	482.06	298.97	223.80	121.30	102.50	75.17	183.09
1996 年比 1995 年增长%	1.54	9.92	8.64	9.33	13.33	4.95	6.62	12.08

表 13　1996 年机械工业产品进口增长情况　　（单位：亿美元）

年　　份	全国外贸进口总额	机电产品进口总额						
		合　计	机械工业全行业产品进口额					电子类产品
			合计	资本货物机械产品			轻工类机械产品	
				小计	机械工业部归口	其他部归口		
1995	1 320.8	591.76	430.65	401.63	262.21	139.42	29.02	161.11
1996	1 388.4	613.57	456.39	427.43	276.91	150.52	28.96	157.18
1996 年比 1995 年增长%	5.12	3.69	5.98	6.42	5.61	7.96	−0.21	−2.44

机械产品进口在全国外贸进口总额中的比重，1993 年、1994 年分别曾达 37.41%和 37.92%，1995 年、1996 年下降至进口总额的 1/3 以内，详见表 14。

——外贸逆差止增回落。机械工业产品外贸逆差，在 1993 年前急剧上升，1993 年曾达 247.95 亿美元。从 1994 年开始回落，1996 年已降至 160 亿美元以内。机械工业部归口产品的外贸逆差亦同期回落，详见表 15。

——“三资”企业作为投资的进口设备是机械产品进口的重要部分。按 1996 年机械产品进出口的贸易方式分析，进口的机械设备，主要是外商投资企业作为投资的进口设备、一般贸易和来料、进料加工三者，共占 92%以上。

其中特别是外商作为投资的进口设备，1996 年共 216.98 亿美元，占进口总额近一半。这类设备的进口，不少在同类产品进口额中占有很大比重，如金属切削机床、印刷机械、橡塑机械等都在60%以上，必须引起我们的注意，详见表16。

表14　1990年～1996年机械产品进口额在外贸进口额中的比重　（单位：%）

年份	机电产品进口在全国进口总额中比重	机械全行业产品进口在全国进口总额中比重	资本货物机械产品进口在全国进口中比重	机械工业部归口进口产品		
				占全国进口总额比重	占机电产品进口额比重	占机械全行业进口额比重
1990	40.17	30.66		18.94	47.14	61.77
1991	39.19	29.93		18.48	47.14	61.74
1992	43.29	33.29		20.77	47.97	62.37
1993	47.55	37.41	35.33	22.15	46.58	61.38
1994	49.47	37.92	35.93	22.41	45.31	62.19
1995	44.80	32.61	30.41	19.85	44.31	60.89
1996	44.19	32.87	30.79	19.94	45.13	60.67

表15　1990年～1996年我国机械产品进出口逆差情况　（单位：亿美元）

项　目	1990年	1991年	1992年	1993年	1994年	1995年	1996年
机械工业产品进口总额	163.37	190.91	268.33	398.07	438.70	430.65	456.39
其中：机械工业部归口产品进口额	101.04	117.86	167.37	230.36	259.33	262.21	276.91
机械工业产品出口总额	76.10	96.60	126.80	150.12	201.80	275.20	298.97
其中：机械工业部归口产品出口额	41.75	44.98	56.27	54.20	73.21	107.03	121.30
机械工业产品进出口逆差	87.27	94.31	141.53	247.95	236.9	155.45	157.42
其中：机械工业部归口产品逆差	59.29	72.88	111.14	176.16	186.12	155.18	155.61

表16　1996年外商投资企业作为投资免税进口的部分主要设备

商品名称	进口总计（亿美元）	其中："三资"企业作为投资进口	
		金额（亿美元）	比重（%）
金属加工机床	25.22	19.03	75.46
橡胶和塑料加工机械	19.31	16.01	82.91
模具	9.07	7.86	86.66
印刷机械（不含排字、装订机）	7.61	5.81	76.35
焊机	1.94	1.30	67.01
开关板及控制柜	4.33	2.06	47.58
叉车	1.41	0.95	67.38
皮革机械	1.98	1.67	84.34
工业缝纫机	3.33	2.79	83.78
电梯、自动梯、输送机等	17.27	6.95	40.24
纺织机械	26.46	13.85	52.34

——来料、进料加工贸易对机械产品出口有良好回报。1996年，以来料加工（24.08亿美元）和进料加工贸易(57.11亿美元)进口的机械产品共81.19亿美元，这一类进口物资经过加工、装配后返回国外，参加国际市场竞争，为国家创汇（来料加工出口52.84亿美元、进料加工出口贸易137.19亿美元）共190.03亿美元，为同期相同贸易方式进口额的2.34倍，可为国家直接创造加工费收入10亿美元以上，回报良好。

——机械产品国内市场占有率不高。机械设备国内市场很大，但相当大一块非国内占有，目前机械产品国内市场占有率只有65%左右，而机械工业部归口的投资类产品更低，不少重要装备如成套化工设备、轿车设备、数控机床等只有30%左右或更少，是一个急待解决的问题，详见表17。

利润下降，亏损严重，须全面评价机械工业企业经济效益　1993年以来，机械工业企业利润逐年大幅度下降，亏损企业和亏损额大幅趋升，尤其是国有企业问题突出，1996年全面亏损。此中原因，有企业自身的问题，不能适应转轨时期政策的变化，不能适应市场环境的变化，但是也应看到机械工业企业为体制改革承担了巨额成本，利润转移了。应全面评价和反映机械工业，尤其是国有企业的经济效益。现以机械工业部系统企业1996年的情况为例评述。

表 17　“八五”以来机械产品销售、进出口及国内市场占有率情况

项　目	1990 年		1994 年		1995 年		1996 年	
	亿美元	折人民币亿元	亿美元	折人民币亿元	亿美元	折人民币亿元	亿美元	折人民币亿元
(1) 产品销售收入		3 379.2		9 486.3		11 442.2 (4 086.4)		12 609 (4 394)
(2) 出口额	76.1	365.3	201.8	1 715.3	275.2 (117.03)	2 339.2 (994.6)	299.0 (121.3)	2 541.5 (1031.1)
(3) 进口额	163.6	1 063.2	438.7	5 045.1	430.7 (262.2)	4 953.1 (3 015.3)	456.4 (276.9)	5 248.6 (3 184.4)
(4) 国内市场需求总量 (1) + (3) − (2)		4 077.1		12 816.0		14 056.1		15 316.1
(5) 国内市场占有率 [(1) — (2)] / (4)		73.92%		60.63%		64.76%		65.73%
(6) 进口相当国内生产 (3) / (1)		31.46%		53.18%		43.29%		41.65%

注：括弧内数字指机械工业部系统。

1. 企业亏损严重。1996 年，全面评价机械工业效益水平的经济效益综合指数上升为 85.10%，比上年增加 4.95 个百分点。但企业亏损情况仍在扩大。亏损企业 3 584 个，亏损面 38.6%，分别比上年增加 14.7%和 6.2 个百分点；亏损企业亏损额 103.3 亿元，比上年增加 35.2%，都是历史上最差记录。

2. 从企业社会贡献总额看，机械工业企业创造价值不断增长。企业社会贡献总额，即企业为国家或社会创造或支付的价值总额，国家有关部门制定的《工业经济考核指标》规定，简化为利润总额、税金和利息支出三项。从税制改革前的 1993 年到 1996 年，机械工业企业社会贡献总额分别为 432.82 亿元、552.16 亿元、560.04 亿元，1996 年为 1993 年的 129.39%，三年平均年增 9.0%。可见从国家和社会的角度出发，机械工业企业总资产贡献逐年增加。

但是也应看到同期机械工业企业总资产贡献率 $\frac{\text{贡献总额}}{\text{平均资产总额}}\times 100\%$ 分别为 12.90%、12.15%、10.80%和 9.19%，逐年下降。

3. 利润转移，机械工业企业效益大幅度下降。

工业增加值是企业总产出减去中间投入后的余额，按分配法分析，包括利润、税金、利息、折旧额、工资及福利等项，能比较全面地反映企业经济效益，但从市场经济的角度看，所谓企业效益主要是指企业利润。1996 年与税制改革前的 1993 年相比，工业增加值增长了 27.06%，年均增长 8.3%，速度并不低。但由于初次分配的调整，利润总额在工业增加值中的比重由 1993 年的 19.43%降到 1996 年的 8.47%，利润绝对值由 183.30 亿元降到 101.52 亿元，下降了 44.62%。

三年来，机械工业增加值构成发生了很大变化：利息支出迅猛增加，效益向金融部门转移。由于历史债务过重、严重的企业债务相互拖欠（1996 年机械工业应收帐款净额 1 187.40 亿元，应付账款净额 909.98 亿元）、产成品存货占用资金过多（1996 年 617.06 亿元）等原因，债务严重，1996 年负债总额达 5 266.24 亿元，其中流动资产负债 4 046.74 亿元，资产负债率 67.65%，其中流动资产负债率 96.68%。支付的利息，1996 年为 233.30 亿元，比 1993 年 103.33 亿元增长 1.3 倍。

税金增加，企业收益向财政转移。过去的税收是以所得税为主，税制改革后，是以增值税为主，税率为 17%，是以销售收入为税基的，不论盈亏都要纳税，1996 年税金 225.22 亿元，为 1993 年 146.19 亿元的 1.54 倍。

此外还有折旧费提高、职工工资提高等都转移了企业的效益。机械工业效益转移情况见表 18。

市场机制已在机械工业体制改革中取得很大进展　机械工业经济体制改革已进入了一个新阶段，从打破旧体制转向建立新体制，机械工业的改革“已进入从量变到质变的转化阶段”。

——股份制试点向规范化发展。机械工业的股份制试点工作，认真贯彻机械工业部提出的“规范运作、务求实效、分类指导、积极推进”方针，稳步得到推进。1984 年，沈阳机械工业首先在国内试行企业股份制。至 1996 年底，机械工业部系统已有 300 多个企业进行股份制试点，其中已在境内外上市的 51 个，占全国上市公司的 1/6 左右；上市公司共筹建境内外资金约百亿元，这些资金主要用于企业技术改造，从而增强了企业市场竞争能力。其中东方电机、昆明机床、北京人民、东北输变电、哈尔滨电站、广东科龙等 6 个企业境外上市取得成功，这对企业现代化建设是一个有力的推动。

——建立现代企业制度试点工作取得进展，企业改革不断深化。机械工业围绕建立现代企业制度进行了大量基础性工作。国务院确定了全国 100 个国有企业进行建立现代企业制度试点，其中机械工

表 18　近年来机械工业部系统效益转移情况

项　目	1993年		1994年		1995年		1996年	
	亿元	%	亿元	%	亿元	%	亿元	%
增加值总计	943.18	100.00	1 092.38	100.00	1 098.14	100.00	1 198.39	100.00
其中：利润	183.30	19.43	137.21	12.56	121.13	11.03	101.52	8.47
税金	146.19	15.50	209.69	19.20	219.01	19.94	225.20	18.79
利息	103.33	10.96	172.26	15.71	212.02	19.31	233.30	19.47
折旧	84.55	8.96	122.24	11.19	134.13	12.21	152.58	12.73
工资	271.41	28.28	336.34	30.79	387.88	35.32	408.23	34.07

业16个企业，全国省、市、自治区试点企业2 000余个，其中机械系统250个。在16个企业中，保定天威公司和杭州汽轮动力集团公司等10个企业，通过大量工作，解决了大量难题，所制定的试点《实施方案》，已得到国家批准，率先挂牌进入了实质性运营阶段。1996年，16个企业已全部正式运营。

——机械工业企业集团化、集团实体化取得进展。随着企业改革的深化，机械工业企业正向跨行业、跨地区、多领域的集团方向发展。

大企业集团已撑起机械工业"半壁江山"。据第三次全国工业普查的数据，营业额逾9亿元的工业最大企业集团共197个，其中机械工业66个，占33.5%。

机械工业一批特大规模的企业集团悄然崛起，上海汽车工业（集团）总公司营业额538.3亿元，居中国大型工业企业集团之首；已有10个集团营业额超过50亿元，机械工业全行业66个最大企业集团的营业额占行业的1/4；机械工业部系统44个最大企业集团的营业额占部系统的51.92%，各行业企业情况详见表19。这些集团覆盖了机械工业各个行业，它们的发展，改善了产业的组织结构，加强了生产的集约性，提高了生产集中度。

表 19　机械工业大型企业集团规模分布情况　　（单位：个）

营业额（亿元）	机械工业全行业	机械工业部系统		
		机械行业	汽车行业	摩托车行业
合　计	66	13	8	4
其中：>500	1		1（上汽）	
>100～500	3		3（一汽、东风、北汽）	
>50～100	6	2（春兰、一拖）	2（天汽、重汽）	1（嘉陵）
20～50	23	11	2	3（金城、轻骑、广州摩托）

〔撰稿人：机械工业部行业发展司　黄开亮〕

汽 车 工 业

机械工业部汽车工业司

1996年全行业生产汽车147.3万辆，比上年国家统计局年报的145.27万辆增长1.38%，预计完成工业总产值（1990年不变价）2 300亿元，比上年增长10.34%；工业增加值（当年价）600亿元，增长10.96%；产品销售收入2 400亿元，增长10.96%；实现利税225亿元，下降0.79%，其中利润75亿元，下降12.33%。

汽车工业经济运行的主要特点和问题

1. 生产保持低速增长，增速逐年趋缓

"八五"前三年，工业总产值年平均增速为44.52%，汽车产量的年均增速为36.55%。1993年以来，我国汽车工业的生产保持低速增长的总态势，但增长速度在逐年趋缓。与上年相比，1994年、1995年、1996年的产量增幅分别为4.38%、7.34%、1.38%；汽车工业总产值增幅（1990年不变价）19.87%、20.61%、10.34%。摩托车产销继“八五”期间年平均52%高速增长之后，1996年增速回落为18.57%。

值得指出的是，汽车工业的生产在三年多的国家宏观调控期间，避免了80年代出现的三次产量较大幅度的起落，尽管产量低速增长，但产值仍以年均17%的速度递增，高于全国工业总产值的增长和国内生产总值的增速，与国民经济发展及工业发展基本相适应。

2. 产品结构开始趋向合理，产品结构调整加强

近年来，我国汽车市场消费结构发生了明显的变化，随着汽车市场生活资料的消费比例上升和生产资料消费比例的下降，以及产品流通运输结构、运营机构的变化，汽车产品结构变化加快。从轿、客、货三类产品近三年在汽车总量所占的比重的变化看，轿车的平均增长速度为19.3%，其生产比重已从1993年的17.71%上升到1996年的26.02%；客车的年平均增长速度11.95%，其生产比重从22.54%上升为27.7%，其中微型客车增速最快，三年平均增速34.5%，比重从5.55%迅速升至1996年的11.67%；货车为负增长，年平均降速为4.02%，其生产比重已从59.75%降至1996年的46.28%，其中以中型货车的降幅最大，年平均降速为14.39%，生产比重从25.81%降至14.49%，但其中微型货车的增长反而显著，年平均增速为22.72%，生产比重从5.84%上升到9.27%。摩托车产品结构得到调整，100mL～150mL两轮车增幅平均达到45%，150mL～250mL三轮车增幅也达到32.9%，高于总量的增长幅度，但60mL～90mL两轮车增长速度下降，其中有的车型已出现负增长。

随着轿、客、货三类产品在汽车产品总量所占比重的变化和摩托车产销比例的变化，使我国汽车、摩托车产品结构开始趋向合理。因此有效利用和发挥存量，调整产品结构适应市场需求，成为生产企业发展的当务之急。

3. 速度效益的弊端显露，规模经济初见成效

我国汽车工业主要产品由于长期处于卖方市场，其发展主要依赖于粗放型的速度效益和外延增加生产能力，靠高速度、高价位、高投入带动高效益。1993年生产129.65万辆汽车，利润达117.35亿元，创历史最好水平。1993年下半年，过高的经济增长速度回落。近年来，汽车工业虽然继续保持低速增长的总态势，但效益开始逐年下滑。汽车工业增加值占国内生产总值比例从1993年的1.28%降至1995年的0.94%。全行业企业利润逐年下降，1994年为97.05亿元，1995年为85.55亿元，1996年75亿元，年平均降幅13.86%。利润占工业增加值的比重由1993年的29.1%降至1995年的15.89%，约占12.5%。

1996年少数达到经济规模生产的企业集团的优势和规模经济效益已经出现，上海桑塔纳轿车的年产量从1993年的10万辆增长到1996年的20万辆，三年翻了一番。随着国产化迅速加快，制造成本下降，管理水平提高，市场竞争力增强，上海汽车集团的年利润从1993年不足20亿元上升到1995年的37.6亿元，1996年达到60多亿元，利润增加2倍。天津夏利的批量生产也取得了较好效益，1996年利润可达6亿多元，名列第二。北京汽车工业集团总公司的2020系列产量也逐年增长，形成一定规模，仍保持相当效益。中国第一汽车集团公司488发动机的优势也在于大批量生产满足配套需求，从而使该集团轻型车的生产和竞争能力迅速提高，其产销量已跃居行业第一位。

4. 买方市场已形成，品种、质量、价格、服务的竞争日益突出

当前汽车工业经济运行反映出来的矛盾，有历史包袱和外部经济环境制约等方面的影响，但从根本上讲还是企业面对宏观适度从紧和市场急剧变化的外部环境，改革进展不快，结构调整缓慢，市场适应性能差的综合反映。主要问题是：

(1) 汽车行业绝大多数企业的经济增长方式仍以速度效益的粗放型为主，不适应发展社会主义市场经济的需求。

(2) 全行业迅速扩大的生产能力与缓慢增长的市场有效需求的矛盾日益突出。同时，依靠大量借贷扩大生产能力，造成企业资产负债率过高，企业不堪重负。因此如何改善市场环境，并着力开拓市场，使潜在的市场需求迅速转变为市场有效需求已成为当务之急。

(3) 产品结构调整仍不适应汽车市场多层次变化的要求。私人购车市场不畅，出口市场开拓缓慢，缺乏适合广大农村市场的产品。

(4) 企业组织结构调整力度小，点多、分散、重复、生产规模普遍偏小，形不成经济规模；企业自身结构重生产，轻开发和销售的“橄榄”型结构已不适应市场经济发展。

(5)各种名目的收费尚未得到有效的治理，市场环境有待于进一步改善。

汽车工业形势分析

1. 以市场为导向，实现企业以效益为中心的技术进步是“九五”汽车工业发展的主要特征

对汽车工业来说，“八五”投入较大，横向外延发展较快，但“八五”后期和“九五”初期市场有效需求不足，企业负债过多，使投入产出面临困难。汽车工业在“八五”投入588亿元，一些大项目，特别是国家批准的轿车项目的投入达到几十亿甚至上百亿，国家投资的重、轻型载货汽车、轿车等大部分项目已经竣工，其他项目在“九五”前两年也将要建成竣工。与此同时，1995年与1991年相比，全行业新增的生产建筑面积1 600多万m^2，新增主要设备14万多台，新增固定资产原价600多亿元，新增生产能力100多万辆，新增产量79万辆，呈现了横向外延发展的势头。

经过“八五”的横向外延发展方式的建设，大部分企业负债很重，甚至超过了企业承受能力，一些大企业集团的资产负债率平均70%以上，流动负债达90%以上，同时这些企业都已面临还贷高峰期，投入的资金还没有形成效益，企业的发展难以为继，出现了非常困难的局面。

如何使已竣工或即将竣工的国家项目国产化，成本管理、产品开发同步跟上，根据市场的需要，按时投产、达产，取得经济效益是整个行业的突出问题。

2.“两个转变”给汽车工业带来的影响和重大变化

1993年以来，汽车工业的经济运行总体表现为低速增长，从1994年、1995年、1996年三年平均增速不到5%，有些产品的所占比重降幅较大。但不是所有的产品都低速徘徊，降幅较大。轿车、微型车，三年的平均增速仍在20%～30%以上。这些增长的份额基本上是个人购车部分，农用车和摩托车增长更说明这就是市场经济的结果。近几年我们一直在强调调整产品结构，但是动作不大，不够主动。这几年市场特点是私人购车量的增长较快，农村市场发展快，1996年农用车产量是240万辆，其中四轮车40万辆，增长近40%；摩托车929万辆，增长18.5%。从计划经济体制向市场经济体制的转变这仅仅是开始，下一步还要发生更深刻更大的变化。私人购车上升带来的售后服务、维修以及对产品质量可靠性、安全、油耗要求等一系列社会问题会越来越突出。对汽车行业来说，还将面临着比其他行业更大更严竣的挑战，就是加入世贸组织和进口关税的降低。因此全行业必须从“两个转变”出发，研究如何迅速行动起来，提高自己的产品质量，提高产品的自主开发能力，迅速调整产业结构和产品结构。

从1996年全国汽车工业的整体情况看，有近65%企业的生产量低于1995年的同期水平，47%的企业产量不过千辆。分析近三年汽车产量增长缓慢的原因，普遍认为是宏观经济的影响，致使汽车市场有效需求不足，造成企业经营困难，然而最根本的原因还是所有的工业企业都在经历着“两个转变”，这是最深层次的原因。在近几年汽车产量增长不快的环境中，整个行业结构正发生质的变化，这种变化可以概括为几个方面：

一是企业的构成变化。全行业目前在《汽车产品目录》内有120个汽车企业，但真正有竞争力的大约有20个，其中的13个企业在全国147.3万辆产量中已占110万辆；在152个摩托车企业中，20万辆以上的14个，其产量占总量的76.8%，不足1万辆的企业有86个，其产量仅占总量的1.5%，生产集中度比前几年已大大提高。

二是“八五”投入的588亿元资金向重点骨干企业倾斜，其中13个企业就占462亿元，大大促进了生产集中度的提高和企业组织结构的变化。上述的20个汽车企业和14个摩托车企业的优化重组才是汽车工业集团化发展的希望所在。

三是产品开发方向的质变，即汽车市场正在发生由集团购买向个人购买这一质的变化。从近几年汽车市场看，当年汽车产量的1/3即50万辆以上是个人购买的。如果从150万辆汽车、240万辆农用车和929万辆摩托车的整个机动车市场看，在这1 319万辆机动车市场中，约有1 100万辆为个人购买，在这个程度上可以说80%以上的机动车市场已经是个人购买，这就是市场的质变，这个质变给汽车工业提出了新的问题。按照中国目前个人购买的要求来衡量，对产品的要求就不完全是价格性能比，而主要是价格效益比，这就要求汽车工业提供给市场一个既便宜，又经济实用，并易于维修的汽车。

四是用户对产品质量要求的变化。随着购买结构由公款购车向私人购车的转化，用户对产品质量的要求发生了质的变化。用户不会再像公款购车那样，选择不出大故障而小毛病不断的产品，要求汽车产品的可靠性必须有一个大幅度的提高。1996年机械工业部已经公布了对汽车产品实行质量保证期，这就是汽车行业对用户的承诺，而且这个保证期会随着用户的要求进行调整，直至达到国际上通行的标准。这个保证期的提出实际上是个人购车带来的变化，也是市场的选择。这种形式会随着技术法规的不断完善和市场竞争的需要成为企业的一种自觉行动。

1997年汽车产销情况预测 1997年国家的体制改革将更加深入。据经济专家分析，1997年将是汽车市场进入新一轮波动周期的复苏期，“九五”期间国家一些重点项目的资金投入较1996年也将有所增加。预计1997年汽车工业增长速度仍不会太快，汽车市场仍然是买方市场。企业、产品之间的竞争仍然较为激烈，1997年汽车市场将呈结构性回升。

根据我国“八五”期间的数据分析，国内生产总值每增长1%，汽车保有量平均增长1.15%左右。1996年末全国民用汽车保有量达到1 150万辆。1997年国内生产总值增长速度按10%～11%计算，汽车保有量将达到1 290万辆左右，汽车需求将达140万辆左右，加上旧车更新，汽车总需求量为155～165万辆。根据1997年全国计划安排，汽车产量可为160万辆，约比上年增长7%～10%（表1、表2）。

贯彻执行《汽车工业产业政策》，打好“三大战役”

1. 提高产品开发能力

(1) 机械工业部举办了“当代国际汽车新产品、开发技术与中国汽车工业技术交流研讨及展示会”，共有80多个外国公司和210多个国内单位参与，展出整车300多辆及大量产品开发新技术，参观人数达30万人。期间组织研讨交流会41场，参加人数达5 600人次。就先进的开发、试验技术、计算机应用技术以及探索建立中国汽车工业技术开发体系的途径和方法进行了交流。在这次活动中，提出了今后五年内中国汽车工业产品开发能力的发展目标、发展

表 1　1993 年～1996 年我国汽车年产量需求量及 1997 年预测　（单位：万辆）

项　　目	1993 年	1994 年	1995 年	1996 年	1997 年预测
民用汽车保有量	817.58	941.95	1 040.00	1 145	1 290
汽车总需求量	150	147	146	145	160
汽车总产量	129.85	136.69	145.27	145 146	158
汽车进口量（指整车）	17.37	13.81	4.13	3.00	5.00

注：1996 年月快报汽车产量为 145 万辆，146 万辆为含一些拼装组装车产量。

表 2　1997 年分车型需求量预测

车型	载货汽车				客　车				轿车	总计
	重型	中型	轻型	微型	大型	中型	轻型	微型		
数量（万量）	3.60	20.80	31.80	14.80	0.52	2.68	22.60	18.20	45.00	160.00
比重（%）	2.25	13.00	19.88	9.25	0.32	1.68	14.12	11.38	28.13	100.00

步骤、工作重点、政策措施以及对外合作的整体思路。

(2)“八五”重大科研项目通过国家验收。受国家科委和国家计委的委托，1996 年汽车工业司组织了“八五”三个国家级重点科研项目共 25 个专项的验收工作，其中汽车电子控制技术研究被评为国家重大科技成果。

(3)“九五”国家重大科技项目立项工作。与“八五”相比，汽车行业“九五”国家级重大科技项目无论从规模和得到国家资金支持的力度都有大幅度的增长，轿车车身设计开发技术研究、电动车概念车研究开发项目、汽车电子控制技术等三个项目被列入国家重大科技计划，已落实国家拨款超过 6 000 万元，比“八五”增加近二倍。另外，还有汽车材料、机器人应用等有汽车行业参与的项目也已落实。

(4) 重大高新技术零部件项目。汽油机电子控制系统项目已进入建设阶段，项目进展顺利，资金按时到位。上海、无锡、西安三地建设已经开工，与有关整车整机厂的技术匹配工作正在进行中。

电子控制自动防抱死系统及安全气囊项目也已列入国家“九五”规划，具体项目的筹备工作，正在积极推进。

(5) 利用国际援助资金，推进科技进步。主要项目有：

——氟利昂替代回收项目

1996 年行业利用《蒙特利尔议定书》基金开展汽车行业氟利昂替代回收项目。其中汽车空调替代项目 4 个，发泡替代项目 8 个，共获得多边基金援助 839 万美元，这些项目完成后，可使全行业每年减少氟利昂用量 1347t。

——福特中国稀土催化剂研究项目

这是 1996 年 9 月由国家科委、机械工业部与美国福特公司共同达成的三项协议之一。根据协议，由国家科委、机械工业部和福特公司共同支持以稀土为主的汽车尾气三效催化转化器的研究，中国方面的工作由我部负责。目前经过组织中方有关单位的项目审批、评审、小样测试、结果评定等工作，项目承担单位选定工作已基本结束。在福特公司方面提供的 50 万美元中，第一期 20 万美元已经到位，并得到与之有关的国家自然科学基金委员会、中国科学院、国家环保局、国家科委的支持。

2. 打好“产品质量翻身战役”

(1) 为打好“产品质量翻身战役”在 1996 年召开了汽车行业质量工作会，并推出了一批指导性的行业管理文件，主要有：《汽车工业“九五”质量发展规划》、《汽车设计评审导则》、《汽车工业企业整车出厂质量保证检测线管理办法》、《落实轿车、客车质量上台阶的初步方案》以及《可靠性高速试验大纲》等。

为摸清行业的产品质量及企业状况，1996 年在全行业开展了汽车产品质量全国统检工作和国家监督抽查工作，完成了轻型汽车、轻型车排放、汽车前照灯、汽车车轮、重型汽车钢板弹簧、中型改装汽车统检，以及摩托车整车行检，基本理顺并初步完成了汽车质量监督检验和新产品鉴定试验机构的调整工作，使汽车产品鉴定试验和管理纳入规范化管理的轨道。

(2) 为落实《汽车工业产业政策》中使汽车产品管理由产品鉴定向产品型式认证过渡，尽快建立汽车技术法规体系，推进质量翻身战役的开展，确立了我国汽车法规体系参照欧洲 ECE/EEC 汽车法规体系建立的总体思路。提出了我国汽车法规体系构成，其中主动安全 36 项，被动安全 24 页，一般安全 21 项，噪声方面 6 项，排放方面 12 项。为制定我国的技术法规，机械工业部汽车工业司从 1993 年开始组织行业主要研究机构和检测单位进行了法规体系的研究论证，并且组织中国汽车技术研究中心、天津摩托车技术中心、清华大学、吉林工业大学、中国第一汽车集团公司、东风汽车公司、中国重型汽车集团公司、上海汽车工业（集团）总公司等单位翻译整理最新 ECE 法规文本，至 1996 年完成 99 个 ECE 法规共计 1 万页 500 万字的全部翻译工作，并开始了其中

44项的法规草案的转换工作，1997年将分季度完成法规的审批和颁布。

为加强法规工作，对应欧洲ECE/WP29，1996年行业成立了中国汽车法规工作组和六个专家组，建立了行业技术法规工作组织并制定了工作制度。首次组织行业有关单位参加了欧洲ECE/WP29灯光、排放源、噪声、制动四个专家组工作会议，同时机械工业部还代表中国政府参加了亚太经合组织运输工作组的工作，成为指导委员会的成员，建立了国际汽车法规协调与联系的正式渠道，这对于我国汽车法规的制定具有长远的指导意义。

(3)围绕行业的质量工作，1996年组织筹建了汽车行业的质量体系认证中心，主要是负责产品认证工作中的企业质量体系和工厂条件的审核工作，包括制定对企业工厂条件审核细则；接受国内外企事业单位的委托，按GB/T19000（ISO9000）系列标准进行质量体系第三方认证，现已起草完成了《章程》、《质量手册及程序文件》、确定了管理委员会组成方案，召开了管委会全体委员会议，审定章程手册及组织机构，已报国家技术监督部门审批。

年内还完成了《缺陷车辆的报告及回收管理办法》、《汽车整车产品质量检验评定办法》、《可靠性评定办法》以及《摩托车修理更换退货责任实施细则》的修订工作，拟于1997年二季度在行业内实施。

3. “组织结构优化战役”

在优化组织结构方面，继续按照产业政策的目标，推进几大集团的发展。在企业组织结构方面，以重点骨干企业（集团）为主战场，加强科研与销售体系的建设，加强从“橄榄型”向“哑铃型”的转变。充分利用现有存量，把通过资产重组实现结构优化作为调整汽车产业结构的一项重点工作来抓。如中国第一汽车集团公司将金杯汽车公司收购以后，引入先进管理手段和管理措施，经济效益大幅度增长，扭转了被动局面，已成为该集团重要的轻型车生产基地。上海汽车工业（集团）总公司兼并了上海客车制造公司，拟通过土地置换、移地重建达到年产3 000辆新型客车能力，成为该公司新的经济增长点。中国重型汽车集团公司积极推进科、工、贸一体化的组织结构，有效运用财务公司的融资、投资职能，为缓解资金，实现扭亏发挥了重要作用。

在创建母子公司体制，发展零部件专业化“小型巨人”方面中国第一汽车集团公司将散热器厂、化油器厂改组为两个分公司；东风汽车公司将5个零部件厂改为全资子公司，使这些零部件专业化企业在满足子公司配套需要的基础上，面向社会提供商品，增加了企业活力。

国家有关政策的发布和执行情况 1996年，针对某些省市出台的限制经济型轿车使用的情况，国务院办公厅发出通知，转发了国家计委关于取消地方限制经济型轿车使用的意见。

国家计委提出，汽车工业是党的十四大确定的我国国民经济的支柱产业，对今后我国经济发展具有重要的作用。国务院颁布的《汽车工业产业政策》已经明确，经济型轿车是汽车工业发展的重点，尤其是小排量微型轿车具有油耗低、停车占地少、价格便宜等特点，更适合当前购买力低的市场需求。各类汽车（包括轿车）都应允许面向国内市场，不应人为规定在某一地方只准某些型号汽车行驶，而不允许其他型号汽车行驶，但近期一些地方和城市自行制定政策，用行政办法，限制一些型号轿车（包括小排量微型轿车）的使用，特别是限制一些非本地生产轿车的使用，人为地造成了市场分割和地区保护。

为了维护全国统一的汽车市场，促进我国汽车工业的健康发展，经国务院同意，国家计委对取消地方限制经济型轿车使用问题提出以下意见。

(1)各地要认真贯彻执行《汽车工业产业政策》，不得自行制定对车型使用限制以及对民用汽车的保有和使用实行总量控制的政策，已制定出台的限制经济型轿车使用的措施和对民用汽车保有及使用实行总量控制的规定要立即取消，并将执行情况报国家计委、公安部等有关部门。

(2)各级地方人民政府原则上不得以任何方式干预经营者对经国家许可生产销售的营运车辆的选择。直辖市以及计划单列市和省会城市人民政府可根据本地情况和消费者的不同需要，确定出租汽车不同车型的合理比例，该比例方案要按照国家有关部门批准后实施，其他城市要以省、自治区有关部门审查同意。车辆的选择应符合机械工业部、公安部颁布的《全国汽车、民用改装车和摩托车生产企业及产品目录》以及建设部颁布的《出租汽车运行技术条件》的要求。

(3)各城市要抓紧制定城市交通发展规划，采取有效措施，加快城市路网、停车场、公共交通以及交通管理设施的建设。要依法从严管理道路交通，提高服务水平，充分发挥路网系统的通行能力。对确因城市路网压力过大，需对汽车的社会保有量和交通流量进行暂时控制的城市，直辖市以及计划单列市和省会城市人民政府应将实施方案报公安部会同建设部有关部门审批；地级市应报公安部门会同建设部门等行政主管部门审批；其他城市《包括建制镇》原则上不得出台任何对汽车保有和使用进行总量控制的方案。具体审批办法由公安部会同建设部等有关部门研究制定。

为加强打私力度，1996年8月国家工商局、公安部、海关总署、国家计委、机械工业部、外经贸部、国家机电进出口办公室联合行文下发《关于禁止非法拼组装汽车、摩托车通告》。通告要求：

(1)未经国家有关部门批准，利用进口汽车车身（含驾驶室）拼（组）装生产汽车的，属于非法拼（组）装车辆行为。

(2)未经国家有关部门批准，利用进口摩托车发动机（含全套发动机散件）、车架拼（组）装生产摩托车的，属于非法拼（组）装车辆行为。

(3)对非法拼（组）装车辆的行为，工商行政管理机关、公安机关、海关依据各自的职责没收销货款、未销售的车辆及进口件。

（4）对没收非法拼（组）装的车辆，经检验，符合质量和安全要求的，由国家指定的经销执法部门没收车辆的单位经营。除此之外，任何单位和个人均不得经销非法拼（组）装的汽车、摩托车。

（5）公安交通管理部门对非法拼（组）装的车辆（依法罚没处理的除外），一律不予核发牌证，并予以没收。

（6）对利用国产汽车、摩托车总成、零部件非法拼（组）装车辆的行为，将另行规定处理办法。

（7）对违反本通告情节严重、构成犯罪的，依法移送司法机关追究其刑事责任。

〔撰稿人：机械工业部汽车工业司　姜　英〕

船舶工业

中国船舶工业总公司

1996年，中国船舶工业总公司（以下简称“总公司”）围绕两个根本性转变，抓住机遇，扎实工作，超额完成主要计划指标，工业生产、经营、科技和重点建设等各项工作均取得良好成绩。

工业生产继续稳步增长　1996年，总公司主要生产指标完成情况见表1，工业生产特点是：

表1　1996年主要生产指标完成情况

项　目	单位	实际完成	比上年增长%
一、工业总产值（不变价）	亿元	176.8	17.9
其中：船舶类产品	亿元	113.3	22.8
修船	亿元	17.1	21.7
非船舶产品	亿元	46.4	6.3
二、船舶产品产量	万t	186.3	0.9
其中：万t以上船舶	万t	166.0	0.1
出口船舶	万t	161.1	139.3
三、柴油机	MW	78.2	−3.0
四、精密导航仪表	台（套）	614	81.1

（1）造船生产保持稳定

造船产量在连续几年保持不断增长的基础上，1996年仍保持较高水平。全年造船完工186.3万t，比上年增长0.9%。造船开工223万t，比上年增加56万t。在完工船舶中，一是首制船和新船型多。其中包括15万t油轮、3.4万t散货船、4.5万t散货船、5万t散货船、5.2万t多用途船等，这些船舶船型新，设计修改多，生产难度大。二是高技术高附加值船增多。在造船总吨位基本没有增加的情况下，造船产值增长22.8%。三是出口船占了绝大部分，达到161万t，占造船产量的85%，比1995年增长130%。1996年万吨级以上船舶完工情况见表2。

依靠科技进步，大力转换造船模式，生产节奏明显加快，造船生产效率显著提高。主要表现在：生产均衡发展，各船厂的开工、上船台、下水和交船四大节点的计划实现率由上年的85%提高到1996年的95%；大连造船厂、沪东造船集团、江南造船集团、广船国际股份有限公司等主要造船企业造船周期，特别是船台周期进一步缩短；沪东造船集团、江南造船集团、广船国际股份有限公司还创造了年完工9艘船舶的最新纪录；大连造船新厂实现产值比上年翻一番。

1996年，总公司系统骨干船厂在完成计划中发挥了主力军作用。其中，广船国际股份有限公司、沪东造船集团各超产一艘船舶。1996年总公司系统造船产量排行榜的前五位分别是：沪东造船集团、大连造船新厂、江南造船集团、大连造船厂和广船国际股份有限公司，这5个造船企业的造船产量约占总公司的3/4。

造船生产的发展带动了船用配套设备的同步增长。船用柴油机和辅机、电子仪表等配套设备较好地完成了生产计划，低速柴油机产量比上年增长46%，创历史最好水平，满足了完工船舶的需要。

（2）修船保持快速发展

在“八五”期间建成的几座修船坞投产后，修船产值和效益明显增长，全年完成修船产值19.9亿元（当年价），按可比价格计算，比上年增长21.0%。1996年修船生产的一个显著特点是外轮修理继续快速增长，外轮修理产值占修船总产值的70%，创汇1.5亿美元，比上年增长43.3%。此外，特种船舶修理也取得新进展。北海船厂承修了挪威两艘化学品船，文冲船厂、澄西船厂、山海关船厂逐步进入油轮修理市场，大连造船新厂积极开拓海洋石油平台修理业务，江南造船厂、中华造船厂、求新造船厂等厂的修船工作也打开新局面。

（3）非船舶产品生产有升有降

全年完成非船舶产品产值49.6亿元（当年价），按可比价格计算，比上年增长6.3%，增长幅度低于造船和修船，占总公司工业总产值比重的26.3%。在非船舶产品中，医疗机械、液压支架、烟草机械增幅较大，同时也有相当部分以往被称为非船舶支柱产品的产量继续下滑，如集装箱、摩托车、复印机、电冰箱，有的下降幅度还较大，反映出调整产品结构、开发新产品的迫切性。1996年，总公司非船舶发展在市政建设工程、港口机械和冶金设备等大型工程项目方面获得新进展，不仅取得了一定的经济效益，更主要的是产生了良好的社会效益。完成的主要项目有：上海大剧院钢屋顶制造和定位，西陵大桥、虎门大桥、徐浦大桥钢结构；上海证券大厦、世界金融大厦钢结构以及电站工程、冶金设备等。1996年总公司主要非船舶产品完成情况见表3。

表2　1996年万吨级以上货轮完工情况　（单位：艘/载重吨）

船舶名称	制造厂	完工量	其中：出口	
			出口国家和地区	出口量
35000t 散货轮	上海船厂	2/79 600	香港	2/79 600
35000t 散货轮	广船国际股份有限公司	2/79 600		
29000t 散货船	天津造船公司	2/58 000	秘鲁	2/58 000
14000t 散货船	天津造船公司	1/14 400	香港	1/14 400
15000t 散货船	天津造船公司	1/15 000	日本	1/15 000
73000t 散货轮	沪东造船集团	1/73 000	挪威	1/73 000
70000t 散货轮	沪东造船集团	1/70 000	香港	1/70 000
28000t 散货轮	沪东造船集团	1/28 000	马来西亚	1/28 000
27000t 散货轮	沪东造船集团	4/108 000	香港	4/108 000
50000t 大开口散货船	江南造船集团	1/50 000	挪威	1/50 000
45000t 散货轮	江南造船集团	3/135 000	美国、挪威	3/135 000
34000t 大湖型散货轮	江南造船集团	4/136 000	加拿大	4/136 000
21000t 多用途船	广船国际股份有限公司	2/45 200	伊朗	2/45 200
21000t 多用途船	上海船厂	2/42 000	伊朗	2/42 000
150000t 原油轮	大连造船新厂	1/150 000	挪威	1/150 000
52000t 多用途船	大连造船新厂	4/208 000	挪威	4/208 000
44000t 成品油轮	大连造船厂	2/88 000	香港	2/88 000
28000t 多用途集装箱船	大连造船厂	4/118 000	德国、法国	4/118 000
700 箱集装箱船	广州文冲船厂	1/13 100		
26300t 运木船	广船国际股份有限公司	4/105 200	香港	4/105 200
80000t 浮船坞	青岛北海船厂	1/43 940		
合计		44/1 660 040		40/1 523 400

经营工作取得显著成绩　全年共承接合同总金额252亿元，新接船舶订单227万t。1996年是国际船舶市场低价位徘徊的一年，竞争十分激烈。总公司坚持把承接船舶订单作为生产经营的头等任务来抓，发挥船舶贸易主渠道的作用，承接出口船舶订单134万t，出口合同金额14.5亿美元。国际市场得到了进一步开拓，特别是法国、瑞士、芬兰等国家船东也首次向总公司订货。同时承接了一批高技术、高附加值的出口船舶订单。总公司还抓住"九五"起步的时机，承接国内船舶订单93万t，对总公司船舶生产的稳定发展具有重要意义。

1996年，总公司外贸出口继续保持高速增长，全年出口创汇11.9亿美元，比1995年增长95%。在巩固和发展原有出口市场的基础上，实现了对日本、韩国、加拿大、希腊、马来西亚和台湾等国家和地区出口船舶零的突破。其他机电产品出口2.1亿美元，外轮修理1.5亿美元。继1995年首次出口船舶境外融资后，1996年再次获得1.03亿美元出口船舶境外贷款，有利于船舶出口的发展。

非船舶产品经营取得新成绩。新承接了上海东海广场等一批钢结构工程，三峡临时船闸、港口机械以及冶金设备等一大批工程项目。

表3　1996年主要非船舶产品完成情况

产品名称	单位	实际完成	比上年增长%
医疗机械	台	1 810	32.0
集装箱	只	37 388	-17.2
液压支架	架	371	115.7
铁路敞车	辆	1 247	2.6
摩托车	辆	4 913	-30.4
复印机	台	2 491	-20.0
电冰箱	台	14 708	-55.3
烟草机械（主机）	台（套）	165	34.2
烟草机械（辅机）	台	6 271	62.6
金属结构	t	69 510	266.7

科技开发取得新进展　总公司承担的国家重点攻关项目4.6万t大开口多用途船等四型船舶已实现交船。7万t自卸船、1.65万m^3液化气船和9000t散装水泥船三型高附加值船舶已进入实船开发阶段。高速船开发取得了实质性进展，也进入实船开发建造阶段。继成立江南造船集团等4个国家级企业

技术中心之后，风帆集团、广船国际股份有限公司的企业技术中心又获批准。

固定资产投资和重点建设项目进展良好 全年共完成固定资产投资29.3亿元，比上年增长13.6%，为年计划的93.5%。其中基本建设完成15.3亿元，比上年增长18.6%。列入国家技术改造"双加"工程一期项目的北海船厂10万t级修船坞建成并投产，填补了我国北方地区无大型修船坞的空白，优化了我国修船业的布局，增强了修船国际竞争力。"八五"期间五大船厂技术改造也于年内全部完成，沪东造船集团、江南造船集团、上海船厂、大连造船新厂等4个船厂技术改造均已通过验收，广船国际股份有限公司亦已具备验收条件。上海外高桥造船基地建设前期准备工作正在抓紧进行。大连造船新厂第二阶段建设也取得初步成效。

存在的主要问题 1996年，总公司在生产经营方面存在的主要问题：

一是发展不平衡，沿海发展快一些，内地企业慢一些，船厂快一些，配套厂慢一些，有些企业还处于相当困难的境地，主要是任务不足。

二是经济效益不理想。全行业虽然没有亏损，但相当一部分工业企业效益滑坡，亏损面、亏损额增加。

〔撰稿人：中国船舶工业总公司办公厅政策研究室 王 红 审稿人：中国船舶工业总公司综合计划局 郭 泽〕

航空工业

中国航空工业总公司

1996年是"九五"计划的第一年。航空工业广大职工认真贯彻中央的各项要求，坚持两个文明一起抓，在打好重点型号任务、增盈扭亏和搞好企业三个攻坚战的同时，努力推进"两个转变"，保持全行业的稳定，各项工作取得了新进展。

航空武器装备重点型号和民机研制取得较大进展 根据年初确定的重点新机研制计划，实现了两种飞机首飞，三种飞机鉴定试飞和定型试飞，一种飞机通过国家技术鉴定，一种飞机取证工作基本完成，并有11项重点任务完成了年度研制计划，同时一批重大型号开始上马。其中，民用飞机事业有较大进展。运七-200A是我国第一次严格按CCAR-25部进行适航取证试飞的机种，根据适航要求，精心组织，完成了颤振、单发起飞、最小操纵速度以及失速特性等风险科目、边界科目的实验，取得很好效果，标志着我国已经掌握了支线客机适航取证试飞技术；同时与美国麦道公司合作生产的干线飞机MD90-30已进入实施阶段。目前，生产管理、组织机构正在建立和健全，机翼翼盒、机翼后缘、机身框及壁板等一些大部件已经开给交付。与法国、新加坡合作研制生产的中型客机AE100项目已进入实质性商务谈判。

批生产任务克服了品种多、批量小、配套难度大、科研生产交叉等困难，较好地完成了年度批生产任务，飞机、发动机、导弹等均超额完成指令性计划。

民用产品开发生产有新的发展 1996年民品生产在市场竞争激烈的情况下，民品发展速度显著加快。民品产值完成223亿元，比上年增长10.3%；民品销售收入完成153亿元，比上年增长17%；其中支柱民品汽车、摩托车的发展速度明显高于民品的平均发展速度，在全部民品中的比重进一步上升到60%，一些重点企业的摩托车、微型面包车在行业中的排名继续前移。主要民用产品生产情况如表1所示。

表1 1996年航空工业主要民用产品产量完成情况

产品名称	单位	1996年完成	1995年完成	1996年为上年%
汽车	辆	96 097	83 102	115.6
摩托车	辆	1 017 465	947 607	107.4
汽车发动机	台	126 854	104 498	121.4
空调压缩机	台	704 816	635 046	111.0
电冰箱压缩机	台	167 485	330 937	50.6

为适应航空工业"军转民"的需要，在民品领域，以吸引外资为主攻方向，以支柱民品汽车、摩托车及其零部件为重点，本着重点产品上规模、上档次的目标，抓住时机开展工作，取得实质性进展。在国家支持下，1996年正式开始哈尔滨东安航空发动机公司与日本、马来西亚等相应厂家关于4G1发动机项目的合资合作。技术改造得到国家有关部门的大力支持，取得显著成果，列入国家一期"双加"工程的36个项目全部进入实施阶段，还有85个项目列入二期"双加"工程计划，总投资达63亿元。此外，向国家申请军转民专项技术改造资金8 785万元，已在民品生产开发中发挥重要作用。

作为航空工业新的经济增长点，集体经济迅速兴起，兴建了一批商贸服务中心。航空劳动服务企业继续发挥促进就业和保障社会稳定的积极作用，全年实现利税1.3亿元，安置待业青年和企业富余职工4 200人。

科技教育和质量工作进一步得到加强 1996年，航空工业遵循邓小平同志提出的“科学技术是第一生产力”的重要方针，认真贯彻落实《国务院关于“九五”期间深化科学技术体制改革的决定》和中国航空工业科技大会精神，深入动员全行业职工牢固树立科教兴业的战略指导思想，在“两个转变”中加快科技进步的步伐，不断推动航空科技教育的更快发展，取得较大成绩。

航空科研任务进展情况良好，绝大多数重点课题均能按计划完成任务，一批重点科研项目取得了突破。全年重点考核的70个预研项目进展较好，其中一项重大预研成果的首飞成功，标志着我国飞行控制系统技术达到了国际先进水平。与此同时，科研院所体制改革不断深入，按照“保住航空一头，搞好非航空一片”的指导思想和科研院所按照三种类型的发展方向，多数科研院所实现了军民分线，已有1/3的科技人员进入了非航空技术研究、产品开发和第三产业领域。科研设施建设取得新成绩，科研条件有一定改善，共投入近亿元资金用于新型号研制急需的重要科研设施建设，已有11个国家重点实验室全部启动。

航空教育稳步发展，北京航空航天大学、西北工业大学进入“211”工程已由国家计委批准立项，南京航空航天大学完成了“211”工程部门预审。为吸引献身航空的优秀人才，建立了航空奖学金制度，采取多种形式联合办学，实现了与中国船舶工业总公司联办南京航空航天大学，高校科研和“三高”人才培养等工作均按计划推行。1996年发布了《航空工业质量振兴纲要》，强化了航空产品型号研制与支柱民品的质量保证和质量体系建设，质量技术基础等工作有所加强。

外贸出口和国际经济技术合作取得新成绩 1996年，航空工业继续坚持对外开放，实行了一整套正确的发展指导方针，改革并逐步形成了适应航空工业特色的外贸管理体制，全面推动外贸出口和对外经济技术合作不断向纵深发展，取得了新成绩。

航空工业外贸出口在多年来持续增长的基础上，1996年又取得好成绩。全年实现进出口贸易总额15.3亿美元，其中出口交付8.1亿美元。航空零部件转包生产努力开发新市场，充分利用补偿贸易，积极与民航合资合作，不断开拓飞机零部件市场，共创汇4300万美元。同时，还积极承揽国外飞机的改装、扩大飞机修理业务和航空技术难度较大的大中型客机及大部件。主要机电产品出口情况见表2。

1996年中国航空技术进出口总公司（CATIC）

表2 1996年主要机电产品出口情况 （单位：万美元）

产品名称	出口额	比上年增长%	产品名称	出口额	比上年增长%
民机及航空零部件	508	−83.2	电机、电子设备、电器	166	9.9
航空零部件转包	4 803	2.9	轻工产品	158	−74.4
燃机发电设备	612	194.2	锻铸件	375	21.0
机床及备件	141	85.5	全钢通路地板	433	29.3
工、量、夹具类	1 066	27.1	制冷设备	90	5.9
汽车、摩托车类	1 330	4.1	健身器材	98	55.3
千斤顶	382	−3.5	其他	2994	9.4

继续完善集团运作机制，发挥外贸主渠道作用和航空大经贸、大联合的优势，不断开拓国际市场，深化企业改革，全面完成了各项外贸计划指标，全年完成进出口总额12亿美元，出口完成7亿美元，进入全国外贸企业前20名。

对外经济技术合作与交流进一步扩大。中国、法国、新加坡三国合作研制的AE100中型客机项目已经国务院批准立项，目前合作三方正在进行框架协议的谈判工作。利用外资工作取得了突破性进展，通过中国航空基金、中国航空科技基金以及企事业对外合资等渠道，共吸引外资2亿美元，有力地推动了航空工业产品开发生产。1996年成功地举办了1996年中国国际航空航天博览会，这是由我国主办的首次带飞行表演的国际航空航天展览会，来自21个国家的400多个厂家参加了这次航展。中国航空工业总公司组织了历史上最庞大的阵容参展，展出了F-8Ⅱ、F-7MG、K-8、Z-9、FT-7、N-5A、Y-12Ⅳ、Y-8等18架飞机实物和大量的模型、图片，全面展示了中国航空工业的实力。航展期间，还举办了以“21世纪的中国航空”为主题的第二届中国航空国际研讨会，会议有来自12个国家的100多个公司的代表共260多人参加。

以建立现代企业制度为重点的体制改革不断深化 1996年，中国航空工业总公司以改组为国家控股公司为核心，以建立现代企业制度为目标，以企业改革为基础，进一步转变观念，大胆实践，全面推进各项改革，取得显著成绩。

总公司已提早进行了改组为国家控股公司的有关准备工作。1996年底国务院对总公司的《国家控股公司试点方案》作了正式批复。与此同时，积极推进扶优扶强，有16个企业进入了国家重点抓好的1 000家企业行列，其中5个企业被列入先期启动的300家企业之内。现代企业制度试点稳步推进，已批准了13个企业的试点方案；企业集团的组建工作继续深入，一些企业包装上市的筹备工作在紧张进行；中航信托投资公司开始全面运转，情况良好。企业广泛开展了学邯钢活动，出现了昌河飞机工业公司、金城机械厂、东安发动机制造公司、西安飞机工业公司、哈尔滨飞机制造公司等一批学邯钢成效显著、生产经营发展势头好企业。总公司对企业加强了调查研究和分类指导，对困难企业实行分块搞活，建立扭亏责任制。同时，在企业联合方面做了有益探索。

1996年航空工业各项工作取得了一定成绩，使“九五”有了一个好的开端。这是在军工科研生产制约因素增多、民品竞争激烈、企业资金紧张等情况下取得的。但是还存在着一些比较突出的困难和问题，集中反映在经济效益下降，企业活力不强，少数企业亏损相当严重，部分职工生活困难；一些制约航空工业发展的深层次矛盾还没有根本解决等。这些问题已引起高度重视，正在采取措施切实加以解决。

1997年是我国历史发展中十分重要的一年。航空工业广大职工正按照党中央提出的“把握大局，再接再厉，同心同德，开拓前进”的要求，全面贯彻落实党的十四届五中、六中全会和中央经济工作会议精神，坚持两个文明一起抓；坚持航空为本，全面完成重点型号任务；进一步转变观念，以市场为导向，以效益为中心，大力发展民品和“三产”；搞好国家控股公司试点，加大体制改革和结构调整力度，切实推进“两个转变”；努力培育新的经济增长点，以航空工业持续、快速、健康发展的优异成绩迎接我国政府对香港恢复行使主权和党的十五大胜利召开！

〔撰稿人：中国航空工业总公司办公厅政研室 金 岩 审稿人：中国航空工业总公司办公厅 孙广运〕

航天工业

中国航天工业总公司

1996年，是中国航天科技工业创建四十周年。40年来，中国航天工业建成了具有较高水平、相当规模和专业齐全的科技工业体系，取得了世界瞩目的成就。在这一年里，中国航天工业总公司（以下简称“总公司”）坚持以党的十四届五中、六中全会和中央经济工作会议精神为指导，全面、深入落实总公司工作会议等一系列重要会议精神，进一步解放思想，转变观念，深化改革，加强管理，各项工作取得了较好成绩。

航天型号科研生产 1996年，总公司在航天型号研制生产中，进一步加大科学管理力度，加强产品质量监督，较好地完成了航天型号研制、试验和大型飞行任务以及批生产型号的生产计划。

全年大型航天型号飞行试验和飞行任务17项，15项获得成功。在东海、南海军事演习中，航天总公司参演发射的几种导弹武器取得较好的成绩。长征运载火箭四次发射卫星，成功2项，失利2次（表1）。

1996年，总公司获得国家科技进步奖9项，国家发明奖1项。全年共评出部级科技进步奖442项，其中一等奖32项，二等奖168项，三等奖242项。

卫星应用方面，分别开展直播卫星地面应用系统、有线电视工程和移动载体的卫星电视接收设备等的开发、经营工作；云岗站已改建为中央电视台电视节目全球传送主发站，承担着4套节目的传送任务；为国务院新闻办公室等单位研制的电视接收设备，应用情况良好；BP机大区域联网、GPS接收站等项目的开发与合作取得突破。总公司不断开辟航天科技应用新领域，使航天技术发挥更大的效力，造福于人民。1996年又开展了航天育种工程，航天地震预报也初见成效。

非航天产品生产经营 1996年，总公司确定的卫星应用、计算机及其应用、汽车及零部件三大支柱产品的开发、生产、经营进展较好。民品工业总产值完成54.7亿元，销售收入达42.8亿元。

表1 1996年发射卫星情况

序号	发射日期	卫星名称	运载火箭	简况
1	1996.2.15	国际卫星707	长征3号B	发射失利，起飞后约20s爆炸
2	1996.7.3	亚太1号A	长征3号	发射成功，卫星进入预定轨道
3	1996.8.18	中星7号	长征3号	发射失利，火箭提前48s关机，卫星未进入预定轨道
4	1996.10.20	返回式遥感卫星3号	长征2号丁	发射成功，卫星按期回收，星上搭载设备和实物均完好无损

计算机及应用方面，金税工程百万元版增值税

发票防伪系统在全国开通运行；金税卡生产线进行了技术改造并通过ISO9001认证，建成了年产500万张IC卡生产线；完成了电子印鉴机试点工程；开发成功了专用票据打印机等金融电子化产品；工控、数控、数显、系统集成软件工程及计算机周边设备等方面的开发经营也取得了新的进展。

汽车及零部件方面，“828”轻型汽车小批量投放市场，具有一定竞争能力；塔菲克轻型汽车国产化率达到41.8%；航天汽车发动机项目通过国家立项，并开始合资企业的筹建和国产化配套等方面的工作。农用车生产企业有三个被列入国家目录。正在开发汽车电子产品、代用燃料汽车及部件、电动汽车等新产品。

非三大支柱的机械类民品生产经营，也取得了很大的发展。烟草机械、瓦楞纸压板机械、洗衣机、电冰箱等产品都已达到了一定的规模，占有一定的市场份额。新产品开发方面，风力发电、太阳能应用产品、城市垃圾焚烧系列产品等项目有不同程度的进展。1996年总公司非航天机械类主要产品的生产销售情况见表2。

表2　1996年非航天机械类主要产品的生产销售情况

序号	产品名称	单位	生产量	销售量	销售额（万元）
1	农用车	辆	1 700	1 567	5 386
2	轻型车	辆	1 593	1 944	10 109
3	旅行车	辆	575	577	3 028
4	改装车	辆	2 919	2 897	26 832
5	汽车前、后桥总成	套	32 740	31 890	7 201
6	汽车起动机	台	70 014	69 994	1 339
7	汽车配件	套	10 222	9 422	1 570
8	电冰箱	台	29 504	43 567	7 436
9	冷柜	台	15 044	13 201	1 847
10	电风扇	台	322 120	317 542	4 388
11	洗衣机	台	108 234	112 296	6 730
12	吸尘器	台	38 519	39 119	1 251
13	电冰箱压缩机	台	130 020	110 043	3 530
14	掘进机	台	13	16	1 820
15	速冻机	台	70	49	1 796
16	加油机	台	5 945	6 937	5 654
17	摩托车化油器	只	621 435	511 750	3 324
18	摩托车减震器	只	501 436	335 381	2 046
19	汽车点火控制器	只	215 076	207 870	3 742
20	汽油机	台	2 274	2 768	3 861
21	液压板料折弯机	台	424	421	2 999
22	金属软管	万根	93	90	7 051
23	工业焚烧炉	套	4	4	1 404
24	电站锅炉辅助设备	t	5 976	5 976	2 512

国际合作与外贸出口　在国际合作方面，总公司本着“发展航天，加强民品，提高效益，走向世界”的方针，坚持多方位、多层次地推进和扩大国际合作与交流，外经外贸成绩显著。目前，已与世界上近60个国家和地区有贸易往来，与40多个国家和地区建立了联系，同国外数百个研究机构、公司和厂家有交往。1996年又有新的发展：总公司所属中国航天汽车工业总公司与日本三菱汽车公司、马来西亚中国投资公司签定项目设计合同，合资生产4G6汽车发动机，项目总投资20.16亿元，年生产能力15万台；总公司与中国航空工业总公司、美国企业共同投资的上海罗克韦尔柯斯通讯设备公司在珠海成立。

1996年10月7日，总公司在北京组织召开了以“扩大空间应用范围”为主题的第47届国际宇航联大会。这次国际会议得到我国政府的高度重视和支持，江泽民主席在会上发表了重要讲话，李鹏总理会见了前来参加会议的各国航天局负责人。会议取得圆满成功。本届大会进一步促进了中国航天与国际宇航界的交流与合作，并将对日益发展和进步的国际宇航事业产生影响。11月5日，又在珠海参加举办了1996年中国国际航空航天博览会，向国内外各界人士展示了我国航天科技工业创建四十年来所取得的巨大成就，进一步扩大了中国航天工业在国内和世界上的影响。

在外贸出口方面，1996年，总公司系统机电产品出口值3.8亿美元，其中国际商业发射服务1.8亿美元。航天机电出口基地日益发展，支柱产品开始形成，如商用空调、微电机、打印机组件、复印机组件、标准坚固件、建筑五金等。

深化改革 1996年，总公司在经济工作中大力推进"两个转变"，制定了《中国航天工业总公司实行两个根本性转变的若干意见》，有力地促进了全系统的经营管理体制由原来的计划经济体制向社会主义市场经济体制的转变和经济增长方式由粗放型向集约型的转变。总公司为适应市场经济条件下航天科技工业发展的需要，不断深化军民品分线管理的改革，进一步向军民分离、分立管理和资产重组的方向发展。总公司狠抓企业的改革、管理、组织结构和产业结构调整工作。抓重点企业，以点代面，促进企业的不断改革和发展。尤其是配合国家经贸委抓了南京晨光机器厂的现代企业制度试点工作，进展较好，在全系统起到了示范作用。

〔撰稿人：中国航天工业总公司政策研究室　卢晓萍　审稿人：中国航天工业总公司政策研究室　朱　岩〕

乡镇企业系统机械工业

农业部乡镇企业局

发展情况 1996年乡镇企业系统机械工业在完善内部运行机制，适应社会主义市场经济，调整产品结构，提高产品质量，开拓国内外市场等方面取得了可喜的成绩。

据统计，1996年底全国乡镇机械行业共有企业131 280个，比上年减少6 466个；从业人员711万人，比上年减少31.9万人；完成工业总产值7 800亿元，销售产值7 277亿元，产销率达93.3%；乡镇机械工业总产值占当年全国乡村工业总产值的21.9%，是乡镇企业各行业中最大的行业，也是全国机械工业的重要组成部分。

由于这两年乡镇企业结构调整力度加大，各地果断关停并转了一批小型、微型、亏损企业，组建了一大批企业集团，优化了产品结构和产业结构。在乡镇机械工业七大类别中，企业数均比上年有所减少，从业人员除电子及通信设备制造业外，其他均比上年有不同程度的减少，完成工业总产值也只有电子及通信设备制造业比上年增长100亿元以上。虽然企业数有所减少，增长速度放慢，但经济运行质量较上年有所提高（下表，表内均为当年价）。

国内外市场情况 从1996年乡镇机械行业产品销售情况看，产销率达93.3%，比上年提高1.5个百分点。1996年乡镇企业机械产品出口交货值达428亿元，占乡镇企业出口总交货值的7.1%。如果加上家用电器产品，机械产品出口额超过乡镇企业总出口额的10%。年营业收入5 000万元以上的578个机械制造企业，不仅产品销售情况和经济效益好，而且其中的许多企业在国外市场也有良好的声誉，特别是家电产品在国内外市场有很高的占有率。例如，广东美的集团公司、科龙集团公司、顺德惠而浦公司等企业生产的家用电器出口额连续两年超亿元，江苏江阴振华港口机械有限公司出口额达4亿多元，浙江万向集团出口1亿多元，为全国汽车零部件行业中最大的出口企业之一。随着我国农业持续发展和农产品商品率的逐年提高，农用车和农业排灌机械倍受广大农民欢迎，涌现出一批规模大、效益好的农用车制造企业和农业机械制造企业。1996年，上述两类产品制造企业年销售收入5 000万元以上的有49个。其中山东华峰集团、鲁翔集团、天津农用车辆厂、常州第一车辆厂、成都三强重工集团公司等企业生产的农用车年销售收入均在亿元以上；天津农具厂生产的锄头、天津同达企业公司生产的镰刀等中小农具、辽宁海城三鱼实业公司生产的农用水泵、湖北脱粒机械厂生产的佳能牌脱扬机、河南驻马店市喷灌机厂生产的鸿羽牌喷灌机组等产品，在全国农机行业均有较高的知名度。

质量管理 农业部乡镇企业局非常重视乡镇机械工业的产品质量问题，为提高产品质量，增加经济效益做了大量的工作，取得了可喜的成绩。

(1) 质量管理、质量监督网络逐步形成。目前，有为数不少的地市县乡镇企业主管部门和具有一定规模的企业都成立了专职机构或配备专职人员抓质量管理工作，初步形成了质量管理网络。为了加强质量监督工作，农业部与地方联合投资1 940万元，建了9个机械工业产品质量检测站。其中吉林省中小农具质量检验中心1995、1996两年承担了国家监督抽查任务，标志着乡镇机械产品质量监督体系正在形成。

(2)质量管理基础工作进一步强化。乡镇企业已开始注重标准化工作，采用机械工业标准的覆盖率已达80%以上，采用国际标准的产品也明显增多，产品合格率稳步提高。从机械产品出口所占的份额也反映了产品质量有明显提高，产品适应国内外市场的能力日益增强。

(3)在骨干企业中开展全面质量管理达标活动，取得丰硕成果。到1995年底，已有2000多个机械制造企业获农业部颁发的全国质量管理达标证书。质量管理达标活动带动了企业质量教育和质量管理小组活动，按农业部“八五”质量教育规划，已培训了近万人。

在普遍推行全面质量管理的同时，积极贯彻GB/T19000（ISO9000）质量管理和质量保证系列标准，做好出口产品许可证和安全认证工作。

1996年乡镇机械工业基本情况

行业名称	年份	企业数（个）	从业人员（万人）	总产值（亿元）	销售产值（亿元）	增加值（亿元）
金属制品业	1996	50 568	236.0	2 341	2 170	523
	1995	53 276	241.9	2 291	2 123	
普通机械制造业	1996	39 667	195.9	2 025	1 877	464
	1995	41 968	216.0	2 107	1 934	
专用机械设备制造业	1996	9 677	55.1	619	580	143
	1995	9 348	56.7	602	555	
农林牧渔机械制造业	1996	2 261	10.7	100	95	23
	1995	2 639	11.9	112	103	
交通运输设备制造业	1996	11 210	63.5	797	760	171
	1995	11 507	64.9	752	694	
电气机械及器材制造业	1996	11 737	88.7	1 234	1 145	271
	1995	12 560	92.7	1 220	1 123	
电子及通信设备制造业	1996	5 877	57.1	636	607	141
	1995	6 032	55.1	540	509	
仪器仪表及办公机械制造业	1996	2 544	14.7	148	138	35
	1995	2 677	15.6	143	131	
合计	1996	133 541	721.7	7 900	7 372	1 771
	1995	140 007	754.8	7 767	7 172	

（4）乡镇企业产品质量逐步提高，涌现出一大批名牌产品。1994年农业部发出通知，要求在全国乡镇企业中实施名牌战略，开展争创名牌产品活动。到1995年底，共有216个乡镇企业产品被确认为“中国乡镇企业名牌产品”，其中，机械工业产品有59个，占27.3%。名牌战略的开展，激励了企业抓质量、上档次、抓管理、上水平，从深层次上推动了质量工作的提高。

地区分布　乡镇机械工业大部分都集中在东部沿海地区和中心城市周围，中西部地区特别是西部地区发展较慢。1996年，东部10省市乡镇机械工业总产值达6 108亿元，占全国乡镇机械工业总产值78.37%；中部地区10省市总产值为1 605亿元，占20.60%；西部地区10省区总产值仅80亿元，占1.03%。这两年，中部地区乡镇机械工业发展速度超过东部地区，占全国比重也比两年前提高了2.4个百分点，但中部地区乡镇机械工业不论在行业整体实力上，还是在企业规模、效益上与东部地区的差距还很大。西部地区这两年的发展相对于东部、中部地区的差距越来越大。1996年，江苏、山东、浙江、广东四省仍是全国乡镇机械工业的大省，乡镇机械工业总产值达4 571亿元，占全国乡镇机械工业总产值的58.6%。

〔撰稿人：农业部乡镇企业局　刘学勤〕

机械工业体制改革进展情况

机械工业部政策法规体改司

机械工业体制改革在“八五”取得一定成效的基础上，继续围绕着实现“两个转变”，在以国有企业改革为中心环节，推进科研、教育等配套改革方面，又取得了较大的进展。

国有企业各类试点普遍展开，加速了现代企业制度建设

1. 建立现代企业制度试点全面展开

机械工业有16个企业进入了国家百家建立现代企业制度试点。自1994年11月试点工作正式启动后，大体经历了两个阶段。一是《试点方案》的制定审批阶段，二是试点实施阶段。各企业均按照《公司法》和各自《试点方案》的规定进行了公司注册登记并挂牌运营。试点工作取得了阶段性成果：

(1)完成了由工厂制向公司制改制的工作。通过内部资产分离、重组，构造了母子公司体制。母体改建国有独资有限责任公司，子体为全资、控股、参股的子公司。

(2) 减轻了企业债务。通过享受所得税返还，"拨改贷"转为资本金的改革和股票上市、多渠道融资等办法，16个企业资产负债率由改制前的72%下降到67%。

(3) 分流了部分富余人员。到目前，16个企业共分流富余人员20 445人，占职工总数的10%。

2. 企业集团试点不断深化

在国家试点的57个企业集团中，机械、汽车企业12个。通过试点的12个企业都在国家计划中实行了单列；经批准建立了财务公司；获得了外事审批权，其中还有4个企业经国家授权，具有资产管理经营权，其中10个企业实现了统一纳税。通过试点，增强了这批大型企业集团的实力，开始由生产经营型向资产经营型的转化。通过资产存量重组，实现了生产要素的优化配置，提高资产运营效率的增值能力。如中国第一汽车集团公司已发展成为拥有200多亿元的固定资产，销售收入230多亿元，进入了国家百强大集团的前十位。

3. 股份制改造进展加快

机械企业股份制试点开展较早，90年代以来，随着中国证券市场的大力发展，机械工业作为国民经济的支柱产业及工业发展的装备基础产业，国有企业通过股份制改造成为社会公众公司，已由试点性质的探索转成为一种有效并迅速实现企业资本结构和组织结构调整的极佳模式。

据初步统计，截止到1996年底，全国机械工业以国有企业为主改造或新设的股份有限公司约600多个。其中在境内外上市企业已近60个，占工业板块近1/3幅面，成为中国证券市场中不容忽视的一个行业板块。分析行业构成，主要集中于汽车、电力设备、工程机械、机床工具、机械基础件、仪器仪表及通用机械类7个行业。初步推算近五六年里已在证券市场融资近100亿元。

国家向机械工业部下达1995年A股额度9 000万股，根据部长办公会意见，部向四联仪器仪表集团公司下达4 500万股，沈阳机床集团公司2 000万股，中国第一汽车集团公司1 500万股，东风汽车公司1 000万股。1996年9月，重庆川仪、沈阳机床、一汽四环已分别完成企业上市工作，共筹资5亿元，其中重庆川仪1.5亿元，沈阳机床2亿元，一汽四环1.5亿元。年末部向国务院证券委申报中国第一汽车集团公司、东风汽车集团公司国内1996年度A股发行并获批准。

4. 加快小型国有企业的改革步伐

对中小企业采取了改组、联合、兼并、股份合作制、租赁、承包经营和引资嫁接、出售等多种形式，如山东诸城四达绝缘材料股份有限公司，通过改制成股份合作制后，取得高速高效的发展。

机械工业国有资产管理和运营初见效果 在积极探索建立国有资产管理和运营的新体制方面，一些中心城市的管理部门转成控股公司后，充分发挥了他们在加快资产流动和重组方面的积极作用，并取得了初步效果。例如上海仪电控股(集团)公司的前身是上海仪表局，经过三年多的努力，已经由工业局这个行政管理机构转制为国有资产投资主体。投资主体确立通过组织结构、产品产业结构、工业布局结构的调整，充分发挥部分工厂所处地段的土地级差优势，把好地段让出来，为工业发展积累了资金。该公司仅对下属的精密科学仪器公司的调整，其中两个厂在市中心区三块地开发得益近2亿元。利用土地开发收入发展环保仪器，这些新增长点1996年的销售收入就接近公司原有产品的销售收入。公司还通过收购有效资产方式厂内建厂，实现有效资产的增值。通过对濒临破产的企业进行有效资产的剥离，以对亏损产品实施有效成分的剥离，使国有资产的损失减到最少，真正实现了资产存量优化组合。

充分发挥自律性行业管理组织的作用 工业行业协会是以制造企业为主体的社会团体，又是政府的参谋助手，在协助政府搞好行业管理，促进行业发展等方面做了大量的工作，对行业发展中的重大问题，提出政策建议。如中国发电设备行业协会针对国家能源建设中进口机组大量增加，使"七五"、"八五"期间投资改造的发电设备制造能力放空，严重影响我国电力设备制造工业的稳定和发展，起草了《电力建议项目利用外资采购设备暂行规定》，建议国家采取有效措施。建议稿作为八届人大四次会议的议案，转国务院后，批转电力部研究，已于1996年10月下达了《关于进一步做好外资采购发电设备工作的通知》，对行业的健康发展产生了较好作用。中国铸造、锻造协会根据国家税制改革后，使大多数企业陷入生产经营困境的情况，向国家提出政策建议。为136个企业争取到了减半返还增值税的政策支持，使这些企业相当于每年得到国家1.5亿元的财政补贴。一些协会还进行沟通企业与用户之间的产需关系，帮助企业开拓了市场。中国机床工具协会等20多个协会组织主办或协办了本行业专业展览会，机床展览会出口成效额1亿元，国内交易额4亿元。有的协会还及时向企业提供信息服务，如中国电工器材行业协会建立的"电工器材行业计算机信息网"，会员单位每周都可以及时获得有关本行业的政策信息、市场信息、原材料信息等，受到了企业的欢迎。

科研体制改革进一步深化 科研院所体制改革正按照建立以企业为主体、结构优化、精干高效、技术经济一体化的机械、汽车工业新型研究开发体系这一目标向纵深发展。产品开发类研究所进入有雄厚实力的大企业集团，充分发挥各自技术优势，提高企业市场竞争能力，这是科技与经济结合的高级形式。如洛阳拖拉机研究所进入中国第一拖拉机工程机械公司后，研究所成为集团公司产品开发中心，使集团公司的企业技术创新和产品开发能力明显增强，有40多种具有先进技术水平的新产品、新技术得到开发，并逐步投放市场，成为集团公司发展的新增长点。

深化科技体制改革还同时推进了院所的科技成果商品化、产业化；建立了国家和行业的研究基地；为中小企业提供技术服务，加速了科技服务产业的发展；在深化院所内部改革的基础上，从改革的实际情况出发，加大了院所运行机制改革的力度。在深化用工、人事制度改革方面，引入竞争机制，实行固定编制与流动编制相结合，择优用人。分配体制改革，拉开分配档次，充分调动科技人员的积极性。进一步精简行政机构，分流人员。加强院所基础管理工作，使管理走上制度化、规范化，逐步实现企业化管理。

教育体制改革 以部省共建，企业参与管理为重点的教育体制改革已有所进展，加速了产学结合。

教育体制改革的主要内容：一是调整布局，减少办学布点，以解决专业重复设置，投资强度不足，办学规模较小，力量分散的问题。如1996年华东工业大学与上海高等专科学校合并为上海理工大学。二是联合办学，拓宽服务面向。机械工业部积极与地方政府接触，实行部与省政府双重领导、共建、共管、共支持。目前，合肥工业大学经部省协商，已实行联合办学。三是实行产学合作，企业参与管理。吉林工业大学已有60个汽车生产企业参与管理。合肥工业大学已有70个汽车生产企业参与管理。这些企业都已成为学校董事会的成员单位，参与管理、指导、咨询高校办学。四是集中力量，进行重点建设。部集中管理少数行业性强，地方不便管理的骨干学校，在中长期规划中给予政策倾斜，适当集中人、财、物力进行重点建设，并争取进入国家“211”工程。目前，吉林工业大学已通过部门预审，上报国家科委。湖南大学正在部门预审中。这批重点大学将成为向行业稳定输送高层次人才的培养基地和促进行业科技进步的重要依靠力量。

〔撰稿人：机械工业部政策法规体改司 郑竞贤〕

现代企业制度试点内容及进展

机械工业部政策法规体改司

1996年是国家百家企业建立现代企业制度试点进入全面实施阶段，其中16个机械企业建立现代企业制度试点进展情况如下：

1. **杭州汽轮机动力（集团）公司**（原杭州汽轮机厂）

批复时间及文号：1995年6月21日，浙政发〔1995〕112号。

改制的主要内容：(1)（集团）公司下设子、分公司20个，其中控股子公司2个，参股子公司5个；(2)公司职能管理部门设五部二室，业务部门设五个事业部；(3)分流富余人员327人，下岗人员400人。

2. **南京雷电（集团）有限公司**（原南京电瓷总厂）

批复时间及文号：1995年8月14日，苏政复〔1995〕87号。

改制的主要内容：(1)经南京市政府授权为国有资产投资主体，公司下设6个子公司，6个分公司；(2)初步建立起法人治理结构和内部制衡机制，职能部门设六部一室；(3)将企业办社会职能逐步转交给当地政府，企业的后勤部门实行承包经营，单独核算，分流企业富余人员459人。

3. **中国扬子集团有限公司**（原中国扬子电气集团公司）

批复时间及文号：1995年7月18日，皖政秘〔1995〕137号。

改制的主要内容：(1)经滁州市人民政府授权集团公司为国有资产投资主体，公司下设全资子公司1个，控股子公司6个，分公司5个；(2)公司将权力机构、决策机构、执行机构和监督机构分离，形成由董事会、监事会、经理层组成的公司治理结构，公司的职能管理部门设七部一室；(3)公司分离后勤服务系统，实行独立核算、费用包干；(4)公司通过资产重组和发行股票增加实收资本金后，资产负债率由改制前的79.33%降到改制后的68%。

4. **武汉锅炉集团有限公司**（原武汉锅炉厂）

批复时间及文号：1995年7月20日，鄂政函〔1995〕60号。

改制的主要内容：(1)经湖北省政府授权明确集团公司为国有资产投资主体，公司下设13个子公司；(2)形成董事会、经理层的公司治理结构，公司的职能管理部门设两部两室；(3)公司将中小学校移交给当地政府管理。

5. **保定天威集团有限责任公司**（原保定变压器厂）

批复时间及文号：1995 年 6 月 1 日，冀政函〔1995〕56 号。

改制的主要内容：(1)经河北省政府授权统一经营集团公司的国有资产，形成以资产为纽带的母子公司体制，下设 11 个控股子公司，4 个全资子公司；(2)公司形成由董事会、监事会和经理层组成的公司组织结构，职能机构改革实行“一分、一合、三加强”，设置职能管理部门四部一室；(3) 公司分流富余人员 380 人；对公司所有的学校、医院、生活服务系统暂实行定额补贴，独立核算，自计盈亏，有偿服务的办法，待条件成熟后，彻底与公司剥离。

6. **太原重型机械（集团）有限公司**（原太原重型机械集团公司）

批复时间及文号：1995 年 11 月 17 日，晋政函〔1995〕155 号。

改制的主要内容：(1)经山西省政府授权为国有资产投资主体，建立母子公司体制，公司下设 4 个全资子公司，一个控股公司，6 个参股公司，一个总公司，9 个分公司；(2) 公司设立董事会，聘任经理层，政府向公司委派监事会，职能管理部门设八部四室一院，业务部设六个事业部；(3)分流富余人员 3 500 人；对企业办社会职能逐步实现脱离母体或移交给政府，最终走向“企业化”和“市场化”目标。

7. **瓦房店轴承（集团）**有限责任公司（原瓦房店轴承厂）

批复时间及文号：1995 年 9 月 1 日，辽政函〔1995〕105 号。

改制的主要内容：(1)将瓦房店轴承厂整体改制成具有母子公司性质的国有独资公司，公司下设 22 个子公司，其中 1 个全资子公司，12 个控股子公司，8 个参股公司，1 个分公司；(2) 集团公司的董事会、监事会由省政府授权大连市政府委派，下属子公司由股东会、董事会、监事会、经理层组成的公司法人治理结构，集团公司管理职能部门设八部一室，重点强化决策、协助、监督和服务职能；(3) 分流富余人员 2 000 人；分离企业办社会职能，采取面向社会，独立核算或实行内部分离，先分后离的方式。

8. **昆明重工集团公司**（原昆明重型机械工业总公司）

批复时间及文号：1995 年 10 月 30 日，云政复〔1995〕82 号。

改制的主要内容：(1)构造母子公司型的企业集团，经云南省政府授权作为国有资产投资主体，行使国有资产出资者职能，母公司属国有独资公司，公司下设 3 个全资子公司，1 个控股公司，1 个分公司；(2)集团公司形成了董事会，经理层的内部法人治理结构；(3) 分离企业办社会职能，中小学校和医院交给当地政府，消防、治安、户籍管理划归市公安局管辖，后勤服务部门作为集团公司的成员，实行自主经营，独立核算；分流富余人员 850 人。

9. **西北轴承集团有限责任公司**（原西北轴承厂）

批复时间及文号：1995 年 7 月 7 日，宁政函〔1995〕34 号。

改制的主要内容：(1) 集团公司为国有独资公司，实行母子公司管理体制，经宁夏回族自治区政府授权经营集团公司国有资产。公司下设全资子公司 2 个，控股子公司 3 个，参股公司 2 个，分公司 2 个；(2)公司的组织管理机构已初步形成董事会、经理层的内部法人治理结构，管理职能部门设置为六部一室一个中心；(3) 资产负债率由改制前的 78.6%下降到改制后的 50%；分流富余人员 700 人；成立社会事业管理中心，分离企业办社会职能，五年内逐步由当地政府承接。

10. **徐州工程机械集团有限公司**（原徐州工程机械集团）

批复时间及文号：1995 年 7 月 25 日，苏政复〔1995〕76 号。

改制的主要内容：(1) 根据江苏省苏政复〔1995〕73 号文件批准同意授权集团公司为国有资产投资主体，公司下设 10 个控股子公司，1 个全资子公司，3 个分公司，4 个事业部，5 个事业单位；(2)根据决策、监督、执行机构相互制衡、相互独立、职责分明的原则，建立母公司和子、分公司法人治理结构和管理机制，母公司的管理职能部门设五部；(3)分流富余人员 5 000 余人，占企业总人数的 20%左右；(4) 通过改制将向社会募集资金 5.2 亿元，资产负债率由改制前的 75%，下降到 70%，到 2000 年下降到 60%。

11. **无锡威孚集团有限公司**（原无锡威孚股份有限公司）

批复时间及文号：1995 年 9 月 28 日，苏政复〔1995〕96 号。

改制的主要内容：(1)无锡威孚集团公司申请作为国有资产投资主体，授权经营集团公司的国有资产，集团公司拥有无锡威孚股份有限公司 55.87% 的国有法人股权，无锡威孚股份有限公司为集团公司的控股子公司；(2) 将原股份公司改组为 B 股上市股份有限公司，股份公司下设 3 个控股子公司，8 个参股子公司；(3)股份公司的非经营性资产由威孚集团公司的实业公司经营管理；(4) 企业自办的医院、托儿所、幼儿园等后勤服务机构，逐步实行独立核算；公司每年压缩分流富余人员 200 人。

12. **上海汽车工业（集团）总公司**（原上海汽车工业总公司）

批复时间及文号：1995 年 8 月 16 日，沪府〔1995〕31 号。

改制的主要内容：(1)集团公司系兼有资产经营和生产经营的混合型控股公司，经上海市政府授权作为国有资产投资主体，（集团）总公司下设控股公司 2 个，全资子公司 1 个，参股公司 2 个；(2) 根据公司法人治理机构权责明确，相互制衡的原则，设立监事会、董事会和总裁，职能部门设四部一室。

13. **天津汽车工业（集团）有限公司**（原天津汽车工业总公司）

批复时间及文号：1995 年 8 月 14 日，津政函

〔1995〕55号。

改制的主要内容：(1)经天津市政府授权作为国有资产投资主体，集团公司为国有独资的有限责任公司；(2)公司下设子公司6个，控股、参股公司6个，分公司2个；(3)集团公司内部法人治理结构设立监事会、董事会和经理层；(4)本着精简高效的原则设置职能机构，并随着改革的深化逐步完善。

14. **沈阳机床集团公司**（原沈阳机床股份有限公司）

批复时间及文号：1995年9月26日，辽政〔1995〕121号。

改制的主要内容：(1)公司为国有独资公司，经政府授权作为国有资产投资主体，依法行使出资人的权力和义务；公司下设控股子公司1个，全资子公司8个，参股子公司5个；(2)根据《公司法》不设股东会，只设董事会和经理层的法人治理机构；管理职能机构设置为四部一室；(3)公司分流富余人员8 000人，占企业总数的36%；资产负债率由原来的76.12%下降到改制后的62%。

15. **秦川精密机械集团公司**（原秦川机床厂）

批复时间及文号：1995年8月1日，陕政函〔1995〕111号。

改制的主要内容：(1)集团公司为国家授权的国有资产投资主体，将秦川机床厂改制为秦川机床有限公司，作为集团的核心企业，集团公司下设控股子公司7个，参股子公司4个；(2)集团公司初步形成董事会、监事会、经理层的内部法人治理结构，管理职能机构设七部一室；(3)分流富余人员300余人，占企业总数的15%。

16. **长春长铃集团有限公司**（原长春摩托车集团有限公司）

批复时间及文号：1995年7月26日，吉政函〔1995〕111号。

改制的主要内容：(1)将集团公司规范为国有独资有限责任公司，并获得国有资产经营权，现集团公司下设子公司和分公司共计23个；(2)形成了董事会、监事会、经理层的领导体制，集团公司的职能管理机构在原处室和经理之间形成一个部级管理层，并设置12个事业部；(3)公司将后勤、医院等部门与生产经营主体相分离，建立母子公司关系，安置职工300余人，分离企业办社会职能，将子弟小学移交给当地政府。

〔撰稿单位：机械工业部政策法规体改司〕

机械工业利用外资情况

机械工业部行业发展司

据机械工业部技术引进信息中心统计，1996年全国机械工业(包括机械工业部系统以外的行业)批准外商直接投资项目1 800项，协议外资金额574 104.58万美元，分别比1995年下降了48%和34.5%。其中，机械工业部系统累计批准设立外商投资企业161个，合同协议外资金额90 856.78万美元，均比1995年有不同程度下降，下降幅度为54.4%和9.7%。

1996年，机械工业利用外资的步伐和前几年高速前进相比逐渐放慢，进入稳步发展阶段。主要原因是：一方面，国家正逐步建立、完善市场经济体制，调整了利用外资的具体政策，如税收优惠等政策的取消；另一方面，中国的企业对利用外资的认识正在逐步走向成熟。因此说下降是正常的，是提高利用外资质量和水平的必然结果。

从外商投资方式看，全国机械行业共批准中外合资经营企业1 144项，协议外资金额412 107.45万美元；中外合作经营企业128项，协议外资金额18 472.57万美元；外商独资企业528项，协议外资金额143 524.56万美元。外商独资企业继续以其独有的优势，大规模占领中国市场，在外商投资额前20名项目中，独资企业就占据了12个。

值得注意的是，1995年1月10日，《关于设立外商投资股份有限公司若干问题的暂行规定》实施后，1996年，机械工业中外合资经营企业中，出现了27个外商投资股份有限公司，这种融资形式解决了资金、经营管理以及人才等方面的问题，融入各方面资金，共同把握企业命运，这是近两年出现的利用外资的新动向。预计，在今后几年内将有更多合资企业采取这种方式。在机械工业部系统企业中，中外合资经营项目134项，外商投资额84 918.65万美元，占部系统项目数及外商投资额的83%和93.5%；中外合作经营项目8项，外商投资额1 302.37万美元，占5%和1.4%；外商独资企业19项，外商投资额4 635.76万美元，占12%和5.1%（表1）。

从外商投资项目规模看，1996年随着国外大公司，特别是汽车（韩国大宇公司、日本丰田公司、美国福特公司、德尔福公司）等大公司的涌入，使机械工业单个项目平均协议外资规模进一步扩大。1996年平均项目规模为316万美元，比1995年增长了

35%，是近年来增长较快的一年。其中，投资额在千万美元以上的项目219项，占总项目数的12%，而协议外资金额437 371万美元，占比达76%（表2）。

可以看出，大项目在机械工业利用外资中起着举足轻重的作用。同时，对机械行业的影响也将越来越大。

表1　1996年机械工业批准外商投资企业项目签约情况　（单位：万美元）

投资方式	项目数		总投资额		外商投资额	
	全行业	部系统	全行业	部系统	全行业	部系统
合资企业	1 144	134	779 880.52	178 199.42	412 107.45	84 918.65
合作企业	128	8	25 652.34	3 680.74	18 472.57	1 302.37
独资企业	528	19	150 792.76	8 204.76	143 524.56	4 635.76
总计	1 800	161	956 325.62	190 084.92	574 104.58	90 856.78

表2　1996年机械工业批准外商投资企业项目规模情况　（单位：万美元）

项目规模	项目数	占比（%）	总投资额	占比（%）	外商投资额	占比（%）
总投资＜100万美元	1 011	56.1	29 737.30	3.1	21 837.02	3.8
100万美元≤总投资＜500万美元	419	23.3	89 514.30	9.4	55 117.06	9.6
500万美元≤总投资＜1 000万美元	151	8.4	105 338.60	11.0	59 779.50	10.4
1 000万美元≤总投资＜3 000万美元	194	10.8	425 849.17	44.5	245 767.66	42.8
总投资≥3 000万美元	25	1.4	305 886.25	32.0	191 603.34	33.4
合计	1 800	100.0	956 325.62	100.0	574 104.58	100.0

从资金来看，到1996年底，世界上已有55个国家和地区在我国举办“三资”企业，外资来源正在向多元化方向发展。外资来源前五名的国家和地区（香港、日本、美国、台湾省、韩国）所占比重正在逐步下降，并且其内部结构也发生了深刻变化。在外资金额方面，日本继1995年登上机械工业协议外资金额的榜首后，1996年以协议日资金额11.4亿美元继续巩固了其地位；韩国异军突起，以协议韩资金额10.2亿美元跃居第二位，主要是由于大宇公司在华投资兴建的两个汽车厂，总投资额高达9.4亿美元；香港则跌至第三位。在项目数方面，香港仍以421项高居第一，美国首次超过台湾省，以228项位居第二位（见表3）。

表3　1996年机械工业外资来源前五位的国家和地区

（单位：万美元）

序号	国家或地区	项目数	总投资额	外商投资额
1	日本	206	209 983.73	114 009.99
2	韩国	180	125 852.90	102 010.80
3	香港	421	137 863.88	74 480.41
4	美国	228	113 891.73	66 423.38
5	台湾省	223	40 461.90	27 590.95
6	合计	1 258	628 054.14	384 515.53

从外资投向看，尽管国家采取了一些向内陆地区倾斜的政策，但许多外商对中西部地区还有“雾里看花”的感觉，对投资中西部缺乏信心。1996年，机械工业的外资资金投向仍集中于沿海地区，沿海地区协议外资金额占机械工业协议资金额的比重与1995年基本持平，仍高达84%。

从中外合资企业股权结构看，1996年中方控股企业数占全年中外合资企业签约项目的46.9%，但外商投资额仅占全年中外合资企业签约项目外商投资的14%；外方控股企业数和外商投资额则分别占40.9%和54.8%；股权对等企业数和外商投资额分别占12.2%和31.2%。在总投资额1 000万美元以上的137个合营企业中，外方控股的企业高达100个，这主要是由于国外大公司为了他们的全球战略，在合资过程中，普遍要求占大股。

从经营期限看，经营期限30年以上的企业486个，占总项目数的27%，其中，经营期限为50年的企业达247个，占总项目数14%。总投资额1 000万美元以上的项目，经营期限30年以上的企业137个，占比63%，其中，经营期限50年的70个，占比32%。

在利用国外贷款方面，1996年机械工业部系统企业共利用德国、日本等国家政府和金融机构贷款3 535.83万美元。这些贷款为机械行业的18个项目提供了资金支持。

举办外商直接投资企业促进了机械工业的发展，为我们带来了资金、技术和管理经验，但是也加剧了国内市场的竞争，对于国内产业的发展，是一把实实在在的“双刃剑”，因此，通过国家宏观调控，市场经济的调整，切实提高机械工业利用外资的质量和水平，是摆在我们面前的一个重要课题。

〔撰稿人：机械工业部技术引进信息中心　石勇、赵丽敏　审稿人：机械工业部行业发展司　农克强、彭乐群〕

经济调节与国有资产监管工作

机械工业部经济调节与国有资产监督司

1996年全司根据全国机械工业工作会议的具体部署，以认真打好“三大战役”为中心，团结一致，齐心协力，较好地完成了全年的工作任务。主要做了以下几方面的工作：

综合经济调节工作

1. 价格管理

(1) 经过一年多的积极工作，于年底前落实了《1995年国家指令性计划大型火力发电设备主机调整价差方案》，经国家计委批准，66台发电设备共补价差43 272万元，使哈尔滨电站设备集团公司、上海电气（集团）总公司、中国东方电气集团公司等一批大型企业集团和大型国有企业摆脱了经营困境，基本实现了扭亏为盈，为打好“三大战役”奠定了物质基础。

(2)会同有关司经与有关军事部门多次协商，依据《军品价格管理办法》对国家计委所拨8 000万元价差款在各企业产品中进行了分配，获得国家计委批准，在一定程度上缓解了30余个军品生产企业的困难。

(3)为了贯彻《国家计委关于加强发电设备价格管理有关问题的通知》，规范企业的价格行为，完善国家对大型发电设备价格的指导和监督，结合发电设备制造行业的特点，制定了《加强发电设备价格管理的实施办法》，已以部文下达。并据此提出了《1997年大型火力发电设备主机中准价格方案》，已送国家计委审批。

(4) 针对国家多年未对大中功率拖拉机和联合收割机价格进行调整，造成产品成本与价格倒挂的情况，在对这些产品的生产、销售、成本等情况做了大量调查研究的基础上，向国家计委提出了对于29.42kW(40ps)以上拖拉机和联合收割机价格放开或进行调整的建议，并制定了调整方案。国家计委拟同意价格放开的建议。

(5) 对东方锅炉厂DG1025/18.2-7双拱炉膛再热式锅炉的成本情况进行了审核，并向国家计委提出机械工业部对制定该国家级新产品价格的意见。

2. 税收政策

(1)为解决目前模具企业税负过重，生产严重萎缩的问题，对全国主要模具生产企业进行了认真调查，向财政部提出了模具产品增值税先征后返的政策建议，经过进一步做工作，财政部已于年底前与国家税务总局协商，拟在1997年给予50个左右重要模具专业企业增值税先征后返政策，返还金额预计3 000～5 000万元。这项政策的实施势必为完成振兴重要基础件的目标，打好“产品开发战役”和“产品质量翻身战役”创造良好的条件。

(2) 对机械工业部系统生产的部分军品与军工系统生产的同类产品税收政策不一致的问题，向有关部门做了多次汇报，财政部、国家税务总局已表示，从1997年开始，对纳入全军装备订货计划，按军品作价原则供军队使用的特种车辆，可以享受与军品相同的税收政策，免征增值税和消费税。

(3)根据部分柴油机生产企业反映，对某些地区国税局对柴油机的税率仅仅依据增值税发票的单位名称来确定，导致部分农用柴油机企业无法享受13%税率的问题，向国家税务总局做了汇报，经过税务总局做工作，安徽、四川省等国税局决定在1997年改变征税办法。据估计，仅全椒柴油机厂、四川内燃机厂两厂每年即可少交增值税1 000万元以上。

(4) 对1994年、1995年享受增值税先征后财政返还50%优惠政策的136个国有专业铸锻企业，进行了政策落实情况的跟踪调查，为1997年继续争取此项政策做了准备。

3. 经济分析

(1)年初经济调节与国有资产监督司发文，总结了1995年各省、市经济分析工作，对一些单位进行了表扬，并对全年的工作提出了新的要求，致使全年各季度上报的分析资料数量和质量均好于往年。

(2) 1996年按季对机械工业经济运行情况进行了分析，其中前三季度的分析报告，及时上报了有关部领导，还通过《机电经济信息》、《中国机电报》等报刊发表，对行业起到了指导作用。

(3)参加部扭亏增盈调研组，深入东北地区调查了解情况，与有关单位共同完成了机械工业部扭亏增盈情况调查报告。指出了当前机械工业经济运行中出现全行业亏损的主要原因。还为部工作会议提供了1997年机械工业经济效益预测情况及提高经济效益的建议。

(4) 参与组织召开了全国中心城市财务处长座谈会，交流了经验，介绍了全行业经济运行情况；组织了提高机械工业经济运行质量的课题研究；对“组织结构优化”战役所需投入进行了分析预测。

4. 疏通资金渠道

(1) 为缓解农机产品市场需求旺盛而农机企业又因资金紧张无法正常生产的矛盾，我司会同农业装备司给国务院写了专题报告，申请以专项贷款的方式支持主要农机产品扩大生产。此报告经吴邦国副总理批示后，中国人民银行已请工商银行和农业银行研究解决方案。此项工作正在积极落实，工商银行已将其列入1997年一季度工作计划，逐步实施。

(2)按照国家计委的要求，会同有关司提出了我部系统有市场、有效益、急需资金支持的企业名单。并为第二批"拨改贷"转国家资本金做了积极工作，文件已转发，重新核查了涉及的企业名单。"拨改贷"本息余额划转工作，待国资局有关配套文件下发后进行。

(3)为提高国产数控机床的市场占有率，参与了提出对用户实行国内买方信贷、对生产企业实行卖方补贴政策建议的工作。

(4)帮助一重、二重集团清欠贷款；为沈阳电缆厂疏通进出口专项贷款渠道；协助中国进出口银行催还济南第一机床厂借款，该厂第一期借款2 500万元已按期归还，为争取第二批专项贷款做了准备。

5. 行业财会工作

通过给《中国会计年鉴》、《中国机械工业年鉴》撰稿，宣传了机械工业财会管理及其他经济调节工作情况；为迅速提高机械工业企事业单位财会人员会计电算化水平，与中和会计师事务所联合举办了两期"会计电算化知识培训班"，参加学员共130名，经过考试全部合格；组织有关专家，对"利玛-CAPMS财务管理软件（V1.3版）"进行了评审验收；与中和会计师事务所联合出版了8期《财会信息与分析》。

国有资产监管工作

1. 直属单位国有资产管理

进行国有资产保值增值考核工作。1995年机械工业部选择了27个部直属公司作为考核试点单位，国资局和财政部批准我部的考核指标为103.26%，经考核，实际实现国有资产保值增值率为103.34%，除个别单位，绝大多数公司都完成了任务。1996年度国有资产保值增值申报工作也已基本完成。

完成了1995年度国有资产统计及产权登记工作，受到国资局的表扬。参加年检的一级单位共158个，均通过年检审核。这些单位拥有国有资产总额为85.29亿元。其中，52个企业单位拥有国有资产42.60亿元，106个事业单位拥有国有资产42.69亿元。对于1997年国有资产统计及产权登记工作进行了布置。此外，办理开办登记企业5个，变更登记11个，注册登记1个。

加强了对部属单位资产评估工作的管理。按照产权变动必须先评估，评估必须先立项的原则，对13个单位资产评估项目进行了立项和确认。

2. 参与了组建中国机械装备集团的筹备工作

为了加速建立现代企业制度的步伐，打好"组织结构优化"战役，实现大公司、大集团的战略，会同有关司就组建国有资产运营机构——中国机械装备集团的组建方案进行了认真研究，并积极参与筹备，集团组建审批和国有资产变更登记工作已经完成，工商注册登记正在进行。

3. 搞活国有企业工作

为了落实"抓大放小"政策，配合国家经贸委筛选1 000个重点联系企业。经积极争取，第一批有48个机械企业入选，第二批拟有14个机械企业入选。入选企业绝大部分属于"100家巨人企业"范围，将得到国家重点扶植，不仅为下一步做好国有企业监管工作奠定了基础，也为打好"三大战役"创造了条件。

4. 国资监管体系建设

就机械工业国有资产监督管理体系的建立及运行方式进行了专题研究，研究成果将于1997年一季度正式提交有关方面。配合国家国有资产管理局对机械行业的资产重组和结构调整进行了专题研讨，为机械工业打好"组织结构优化战役"提供了依据。

5. 清产核资的收尾工作

主要进行了土地估价报批和补课工作。22个单位通过土地估价增加国有资产26.75亿元。入账价值9.64亿元。此外，两个国家二级单位清产核资补课工作已基本结束。

〔撰稿人：机械工业部经济调节与国有资产监督司　王子民〕

机械工业科技工作

机械工业部科技与质量监督司

实施科教兴业战略，促进机械工业实现"两个转变"　为贯彻《中共中央、国务院关于加速科学技术进步的决定》，切实把机械工业的振兴转移到依靠科技进步和提高劳动者素质的轨道上来，促进机械工业尽快实现"两个转变"，部正式颁布了《机械工业部关于实施科教兴业的决定》，主要内容简述如下（具体内容详见本年鉴中有关部分）：

（一）全面实施科教兴业

1. 科学技术是机械、汽车工业发展的首要推动力。

2. 着力解决困扰机械、汽车工业科技和教育发展中的问题。

3. 振兴机械、汽车工业必须依靠科技进步和提高劳动者素质。

（二）实施科教兴业的目标与任务

4. 2000年的目标。

5. 重点任务。

（三）推进企业技术进步，提高产品开发能力与市场竞争能力

6. 促进企业成为技术的主要需求者、开发者和投资者。

7. 加速引进技术的消化吸收和创新。

8. 技术改造是企业技术进步的重要内容，是提高机械、汽车工业经济增长质量与效益的有效措施。

9. 组织实施"企业技术进步示范工程"。

10. 把中小企业、乡镇企业和合资企业的技术进步工作纳入行业管理轨道。

（四）面向用户，组织实施"产品质量翻身战役"

11. 树立QSTC综合质量新观念。

12. 建立以质量为中心、以标准与计量技术为基础的综合技术监督保障系统。

13. 组织实施"产品质量翻身战役"。

（五）以发展先进制造技术为重点，分层次实施"九五"科技发展计划

14. 分层次、多渠道组织实施"九五"科技发展计划。

15. 发展先进制造技术是机械、汽车工业科技工作的重点。

（六）深化科技体制改革，构筑科技新体系

16. 构筑科技新体系。

17. 多数部属产品开发类研究所改革的主导方向是进入有雄厚实力的大企业集团。

18. 建立大企业的技术中心。

19. 建立国家和行业的研究基地，稳住一支少而精的研究力量。

20. 健全高等院校的科研机构。

21. 建立社会化的技术支持体系。

（七）以人为本，实施人才工程，造就兴业人才

22. 组织实施"跨世纪人才工程"。

23. 发挥部属高校培养高级专门人才基地的作用。

24. 提高企业素质关键在教育。

25. 大力发展职业技术教育。

（八）多层次、多渠道增加科技和教育投入

26. 鼓励企业增加投入。

27. 确保政府有效的投入。

（九）加强国际合作与交流

28. 扩大国际科技合作与交流，促进企业、科研单位和高等院校走向国际市场。

29. 做好派出培训与引进人才工作。

（十）加强对科技和教育工作的领导，建立科技工作的联动保证体系

30. 加强领导，建立联动体系。

开展"三大战役"，全面启动机械工业的振兴

启动振兴，必须首先从解决三个薄弱环节入手。因此，部决定在"九五"期间全行业要紧紧围绕"两个转变"，集中精力打好"三大战役"。我司具体负责"产品质量翻身"、"开发能力提高"两大战役日常工作，现将有关情况简述如下（各战役实施方案详见本年鉴中有关部分）：

（一）"产品质量翻身战役"

·总体目标：经过五年努力，基本改变机械、汽车工业产品质量的形象，树立信誉，突出表现在为国家重点工程提供的重大技术装备要保证质量和按时竣工投产；大力提高行业的技术素质、管理素质和人员素质；到2000年，为使机械、汽车产品在市场站稳脚跟，有发展后劲，并能初步适应国际市场竞争的需要，创立1000种名牌产品，培育500家质量信得过的明星企业。

·具体目标：

1. 产品实物质量目标：创立1 000种名牌产品。

2. 企业质量管理目标：培育500家质量信得过明星企业。

3. 服务质量目标：

(1) 企业有效地加强了售前、售后服务工作，建立起以经济赔偿等为特征的质量保证责任制度和用户服务制度。

(2) 重大技术装备按合同规定实行用户监造、两次验收、第三方监理，并形成制度。

(3) 重大技术装备必须做到按期交货。

·指导方针："产品质量翻身战役"的指导方针是：面向用户，综合治理，重在机制。

·重点工作：

1. 深入开展质量培训教育，提高全行业质量意识。

2. 加强企业质量管理工作。

3. 依靠科技进步，提高企业的设计、制造水平和产品的技术含量。

4. 加速开展可靠性工作，实施可靠性提高工程。

5. 提高服务质量，大力推广"质量保证承诺"等自律性质量活动。

6. 提高标准水平，大力推进标准的贯彻实施。

7. 实施重大技术装备和重点产品质量上台阶工程。

（二）"开发能力提高战役"

·主要目标：通过实施"开发能力提高战役"，建设一批具有较强开发能力的企业技术中心，初步形成以企业为主体的科技新体系；骨干、重点企业，特别是百家"巨人"企业建立起自己的技术体系和技术队伍，主导产品形成开发能力；初步缓解主要依靠国外技术发展的被动局面，使行业重点产品国内技术来源有较大幅度地提高。

·具体目标：在300个企业中建立起具有较强开发能力的技术中心；以这些企业技术中心为主体，开发出1000种具有较高市场占有率和自主知识产权的产品，明显缩短这些产品的更新周期和与国际先进水平的差距；通过这些企业和这批产品，带动全行业产品开发能力的提高。

·企业技术中心应达到的主要标志：

1. 拥有在国内同行业中知名的技术带头人，以及一支结构合理、业务素质高的技术开发队伍。

2. 产品开发和技术创新工作有足够的经费保证，拥有能满足产品开发必需的科研测试条件和中试能力。

3. 掌握主导产品开发所需要的关键技术，采用先进的设计方法和手段（如CAD等）。

4. 能根据市场的需求，开发出达到或接近国际先进水平、并具有竞争力的产品。

5. 形成能对市场作出快速反应的运行机制。

·指导方针：消化吸收、立足创新、联合攻关、重点突破。

·重点工作：

1. 建设300家企业技术中心。

2. 加强引进技术的消化吸收和创新工作。

3. 确定并开发1 000种重点产品。

4. 攻克一批关键技术。

5. 加强适用先进技术的推广应用。

贯彻“稳住一头”试点方案，稳妥推进科技体制的改革

（一）“稳住一头”试点工作

在总结以往“稳住一头”工作中存在的经验和教训的基础上，通过进一步与国家科委有关部门沟通思想，取得了理解和支持，我部作为国家科委第一批“稳住一头”工作的试点部门之一，这项工作真正落到了实处，使科技体制改革又推进了一步。

我部科研院所结构调整总体方案得到科委领导的肯定，同意先行启动“先进制造技术研究中心”和“农业现代化装备研究中心”的建设工作，并为1997年全面启动我部科研基地建设工作打下了良好的基础。

试点工作以《机械工业部直属科研机构科技体制改革总体方案》编制申报为主线，分为两个阶段：

第一阶段，以编制总体方案为目标开展了以下工作：

1. 1月份，制定印发了《机械、汽车工业科研院所深化科技体制改革意见》，文件明确提出科研院所的长远发展目标是进入、联办或领办企业，近斯目标仍然是加强产业化工作，同时明确提出在先进制造技术、汽车、生态农业工程装备、能源装备四大领域建立国家和行业研究基地（中心）的决定。

2. 4月份，向国家科委报送《组建机械、汽车科研基地基本方案》。方案中明确提出在上述4个领域建设6个研究中心的主体思路和实施基本方案的工作原则。

3. 8月份，根据科委“关于申报科研院所分流调整部门试点方案的通知”的要求，开始启动部重点科研建设工作，提出由机械科学研究院牵头，组织北京机电研究所、郑州机械研究所3个单位的优势专业，组建先进制造技术研究中心；由中国农业机械化科学研究院牵头，组织上海内燃机研究所两个单位的有关优势专业，组建农业现代化装备研究中心的试点意见，并组织由5个院所参加的两个中心试点方案的编写和国内专家对方案的评审工作。

成立了以吕福源副部长为组长，科技与质量监督司、行业发展司、经济调节与国有资产监督司、人劳司司长参加的试点工作领导小组。

组织编写了《机械工业部直属机构科技体制改革总体方案》，于1996年10月28日上报国家科委。

第二阶段，在等待国家科委对总体方案批复期间作了以下准备工作：

1. 各试点单位认真组织干部职工学习落实《国务院关于“九五”期间深化科学技术体制改革的决定》的精神，并根据各单位分流调整方案要求，研究编制组织、制度建设方案和实施计划。为院所结构调整、分流人才、创新制度的改革工作做了大量的思想、人力、物力方面的准备工作。

2. 年初，吕福源副部长亲自主持召开了试点工作领导小组会议，对研究中心的总体目标、模式，科研工作的重点和方向等重大原则问题进行了认真的讨论，提出了今年工作的指导意见，并向国家科委徐冠华副主任及有关领导作了全面汇报。

3. 经费落实和使用情况：两个中心建设国家科委拨款1 150万元，我部配套落实非经营性基本建设资金1 000万元，共计2 150万元。

（二）直属院所基本情况

1996年62个部直属研究院所职工总数为39 316人，其中：技术人员数为23 046人，占职工总数的58.9%；全年总收入为22.91亿元，其中：纵向收入为2.50亿元，横向收入为16.06亿元，各占总收入的10.9%和70.1%，银行贷款为2.40亿元，其他收入为2.02亿元；全年总支出为22.10亿元，其中工资支出为3.49亿元，科研性直接支出8.14亿元，科研性间接支出为2.30亿元，固定资产原价总额为21.36亿元。

·经济情况：1996年62个部直属院所的总收入比1995年增加了11.8%，主要构成如下：

来自政府的经费（纵向收入）2.50亿元，比1995年减少了2.5%，占总收入的10.9%；非来自政府的经费（横向收入）16.06亿元，比1995年增加了14.6%，占总收入的70.1%；银行贷款2.40亿元，比1995年增加了17.3%，占总收入的10.5%；其他收入1.95亿元，比1995年增加了4.2%，占总收入的8.5%。

在来自政府的收入中：科研事业费占总收入的5.6%，科技专项费占总收入的3.4%，基金占总收入的0.45%，其他收入占总收入的1.4%。

横向收入中“四技”（技术开发、技术转让、技术咨询及服务）占总收入的43.1%，中试产品收入占15.4，生产经营收入占11.6%，其他横向收入占2.7%。横向收入中增加得最多的是中试产品收入，比1995年增加了9 770.9万元（增幅35.9%），其次是技术咨询与服务收入，比1995年增加了7 976.0万元，生产收入比1995年增加了6 898.7万元。

显然，来自市场的收入已成为部直属院所的主要收入来源。反映了研究院所依靠市场、直接为企业服务的收入已经大大超过了对政府的依赖。

·科技活动：

1. 科研项目

科研项目总数6 440项，其中：纵向项目1 344项，经费支出8 620.0万元；横向项目4 348项，经费支出48 726.9万元；自选项目737项，经费支出3 612.0万元；国际合作项目11项，经费支出315.3万元。

2. 科研项目按性质分类

基础研究占1.1%，应用研究占7.4%，试验发展占15.9%，推广应用占57.0%，行业工作占18.6%。

3. 成果、专利

科研成果总数为898项，获奖成果总数为199项。其中获国家级奖19项，部省级奖180项、获奖率22.2%。

申请专利数76项，获得授权专利数146项。

4. 论文、专著

共发表专著52本，论文1 780篇，其中在国际会议及刊物上发表109篇，在全国学术会议及全国性刊物上发表1 268篇，在省市级学术会议及刊物上发表403篇。

·人员：近几年来，部直属研究院所职工总数和技术人员数一直呈下降趋势，离退休高峰和人才外流是造成此种情况的主要原因。

1996年62个直属院所的职工总数是39 316人（比1995年减少2.7%），其中技术人员数是23 047人（比1995年减少4%），占职工总数的58.9%（比1995年下降了0.8个百分点）；参加课题活动的人员数是15 495人，占职工总数的39.6%。

部直属院所中科学家与工程师总数为15 970人，占技术人员总数的69.3%。

直属院所从事经营活动人数为2 696人，占职工总数的6.9%，与1995年持平；从事生产的人数是8 001人，占职工总数的20.4%，比1995年增加2.8个百分点；管理人员数是3 228人，占职工总数的8.2%；科技服务人员数是5 373人，占职工总数的13.7%，比1995年减少了1 261人；女技术人员数6 712人，占职工总数的17.2%，占技术人员数的29.1%；到1996年底离退休人员总数是12 178人，与在职人员数的比例是1：3.2，1995年这个比例是1：3.6，这几年是离退休的高峰时期，这种情况将持续到2000年。

总结“八五”计划，多渠道落实“九五”科技发展计划的重点项目

（一）“八五”科技攻关（开发）计划执行情况

机械工业“八五”科技攻关（开发）计划已顺利完成，为肯定成绩、找出差距、分析原因，以便更好地指导“九五”规划的顺利实施，对“八五”科技攻关（开发）计划项目的执行情况进行全面的总结和评价是必要而有益的。

1. 项目的基本情况

机械工业“八五”科技攻关（开发）项目分为六类：国家计委重点科技攻关项目、国家经贸委重点企业技术开发项目、国家科委重点科技攻关项目、国家重大技术装备科技攻关项目、部基金项目及部行业级科技攻关项目。

机械工业“八五”科技攻关（开发）项目中，共安排了736个专题，参加攻关企业388个、院所245个、高校85个，总数为718个单位；实际投入总经费89 677.23万元（不含国家重大技术装备科技攻关部分），其中国拨为37 134万元，自筹（含贷款）52 543.23万元；投入人员为45 711人年，其中院所投入23 405人年，企业投入18 796人年，高校投入3 510人年，即相当于五年中有9 143人投入到机械工业“八五”科技攻关任务中，院所4 681人、企业3760人、高校702人。

2. 项目完成情况简介

（1）国家计委项目：除“工业机器人系统和工程”项目（1994年～1997年）外，其他6个项目的237个专题中，已完成205个，仍有32个专题延期。若以专题计，则有86.5%的专题按计划完成了攻关任务，项目的执行情况较好。

电力电子器件研究开发、数控技术及装备开发与研究、传感器技术开发、新材料研究及开发属基础产品项目，着重对电力电子器件、数控设备、传感器等方面的关键技术和产品进行攻关、开发，涉及产品设计、材料、工艺、测试、可靠性及批试生产等，是提高我国基础机械和关键元器件水平、增强产品竞争力必不可少的技术基础。

电力电子器件应用技术研究、大型工业过程自动化控制技术研究、工业机器人系统和工程均属关键技术、产品与工程应用结合的项目，主要结合工程成套技术装备及自动化面临的技术难点和如何应用等问题，重点攻克总体设计、自动化联线、多设备通信协调、可靠性等关键技术，有明确的工程目标和应用现场。

通过攻关，取得新产品393项、新技术新工艺344项、新材料40项、新成套设备52台套；新建了专业实验室、中试生产线；获得成果829项，其中居国际领先水平的20项，约占2%；居国际先进水平的89项，约占35%；居国内领先水平的194项，约占23%；居国内先进水平的326项，约占40%；已实现商品化的攻关成果为200项，占成果总数的比例为24%，产生了一定的经济效益；发表了大量的学术论文，培养了大批科技人才，成效显著。

(2)国家经贸委项目：国家重点企业技术开发项目的专题已完成39个、拖期5个、撤消1个；“卡特一条龙专项技术开发”的专题已完成81个、拖期3

个。若以专题计，则有935个专题完成了技术开发任务，项目的执行情况较好。

国家重点企业技术开发项目中的基础技术产品、关键技术装备和新型技术及其应用三部分均属基础机械技术，重点是解决一些制约行业发展的关键问题，使产品结构向合理化方向发展，使基础机械行业的部分主要产品完成更新换代，缩短了与世界先进工业国家的差距，初步解决了产品寿命短、可靠性差的问题，并形成批量生产能力，满足市场需求。

“卡特一条龙专项技术开发”项目是紧紧围绕引进美国卡特彼勒公司的新型推土机和装载机及其关键零部件制造技术，重点解决关键零部件（发动机、变速箱、变矩器、履带总成、液压件、密封件等）消化吸收、二次开发及工艺技术问题，从而带动整机总体水平的提高，使我国中等功率推土机和中吨位装载机的技术水平、整体性能接近或达到国际90年代初的技术水平。通过开发，取得新产品82项、新技术新工艺20项、新材料13项、新成套设备5套；国家重点企业技术开发项目获取成果总数为39项，其中居国际先进水平的19项，占49%；居国内领先水平的16项，占41%；居国内先进水平的4项，占10%；卡特一条龙专项技术开发项目获取成果总数为81项，其中：居国际先进水平的51项，占63%；居国内领先水平的28项，占35%；居国内先进水平2项，占2%；有一些成果突破了关键技术，并获专利；有27项成果已实现商品化，产生一定的经济效益；科技人才济济，成果喜人。

（3）国家科委项目：科委项目的46个专题中，已完成44个，拖期2个。若以专题计，则有86%的专题完成了攻关任务，项目的执行情况较好。

激光应用技术、工业和医用电子加速器及图像处理技术、新材料研究及开发、煤炭清洁燃烧及转换技术、汽车电子控制及电动汽车技术研究、新型高效机电产品技术开发、大型科学仪器研制属产品类项目，重点是进行汽车、工业检测、激光加工等高新技术产品开发，涉及产品设计、工艺、检测、中试生产中的各种关键技术，是加快发展机械、汽车、能源等产业技术的重要基础。

AC-600改进型压水堆关键技术、CAD技术应用研究针对重大工程的关键技术和机械行业现代设计技术能力，为提高产品开发打好理论基础。通过攻关，取得新产品88项、新技术新工艺65项、新材料9项、新成套设备7套；取得成果169项，其中居国际领先水平的7项，占4%；居国内领先水平的110项，占65%；居国内先进水平的34项，占20%；有一些成果实现了关键技术突破或理论创新，取得专利，并获嘉奖；有19项成果已实现商品化，产生一定的经济效益；有大量的研究报告、论文发表；有许多科技新秀脱颖而出。

（4）部基金项目：由机械工业技术发展基金资助的项目，“八五”期间共批准签约315项，其中按合同规定“八五”末应完成199项，实际完成164项；“八五”批准签约项目的计划总经费6 380万元，实际到位4 567万元；“八五”期间实际完成项目为593项（其中“七五”结转项目429项）；“八五”期间取得的实际成果数为500项，其中居国际先进水平的200项、国内先进水平的300项；“八五”期间获省部级奖126项，其中：一等奖5项、二等奖53项、三等奖68项；有些成果突破了关键技术，取得专利；有大量的成果已实现商品化，产生一定的经济效益。

（5）部行业级项目：行业级攻关项目原计划91个，实际实施86个，撤销5个。现已完成46个，拖期40个。若以专题计，则有54%的专题完成了攻关任务，项目的执行情况一般。

部行业级攻关项目是机械工业“八五”科技发展计划中未能纳入三委重大项目的关键共性技术及产品开发项目。通过攻关，已取得新产品15项、新技术新工艺30项、新材料3项；获取成果48项，其中居国际先进水平的14项，占29%；居国内领先水平的33项，占69%；居国内先进水平的1项，约占2%；有几项成果在国内实现关键技术突破；有9项成果已实现商品化，产生一定的经济效益。

（二）“九五”科技攻关（开发）项目简介

截止到1996年底，我部共有18个项目列入了国家“九五”科技攻关（开发）计划。

·国家计委项目：30万辆轿车制造技术及其关键工艺装备的研究开发、大型冶金连铸连轧成套设备及关键技术、传感器技术研究、大型风力发电机系统关键技术研究、自动测试系统及设备技术研究、现场总线智能仪表研究开发、新一代全分布控制系统研究开发（中科院为主）。

·国家经贸委项目：城市电网关键技术和成套设备、棉花生产加工技术及成套设备。

·国家科委项目：

（1）精密成型加工技术研究、开发和应用示范项目，包括高速车铣及超高速铣削加工技术及装备研究、汽车发动机高性能活塞设计与精密成型加工技术、快速造型技术研究、精密热锻件成套技术开发和示范应用、冷精锻和闭塞锻造成套技术产业化开发、先进制造技术发展战略研究、复杂形状接插件和大型覆盖成型件工艺与模具关键技术研究与应用。

（2）燃煤烟气SO_2和汽车尾气控制关键技术：吸收喷射烟气脱硫技术与装备。

（3）水资源项目：城市污水处理专用器材、水质监测仪表及自控装备、污水处理技术装置研究。

（4）CAD应用示范项目：典型机电产品现代造型设计技术研究与开发。

（5）烟煤锅炉燃烧、脱硫及三联产技术研究项目：大型煤粉燃烧系统完善化工程应用技术、100MW级循环硫化床成套设计研究。

（6）可持续发展科技专项行动：电动汽车、汽车配套技术研究与开发、轿车车身设计开发技术研究。

调整思路和布局，将技术基础工作集成并聚焦到中心工作上来　为适应“三大战役”的需要，技术基础工作积极调整工作思路，取得了较好效果。

（一）标准化工作

1996年标准化工作的指导思想：以“两个转变”为指针，以改革为动力，围绕“三大战役”，大力推进标准的贯彻实施，着力调整标准体系，加强对企业标准化工作的指导，为完成机械工业振兴第一阶段任务做贡献。基本思路：开好一个会议，即开好机械工业标准化工作会议；启动两项工作，即启动强制性标准认定工作和采用国际标准认可工作；优化两个结构，即优化标准体系结构和标委会组织结构；加强引导服务，即加强对企业标准化工作的引导和服务；提高管理水平，即提高标准化工作管理水平。

按照上述指导思想和基本思路，1996年着重抓了以下工作：

1. 围绕“三大战役”，提出“九五”工作目标

(1) 围绕“产品质量翻身战役”，提出以市场需求为导向，提高标准水平，增强标准适应市场、满足需求的能力。以提高产品质量为中心，强化标准实施，形成严格执行强制性标准、自愿实施推荐性标准的新格局。

(2) 围绕“组织结构优化战役”，提出要加大标准体系调整力度，加强零部件标准制定工作，为企业实现生产方式转变提供技术基础。

(3) 围绕“开发能力提高战役”，提出要加强企业标准化工作，使标准化成为企业生存与发展不可缺少的技术基础和手段。

(4) 基于上述，组织编制并下发了《机械工业标准化“九五”发展纲要》。

2. 召开工作会议，实施“121”工程

1996年10月21日至23日，在北京召开了机械工业标准化工作会议，来自省市厅局、标委会、归口所、企业等223名代表参加了会议。

会议提出，“九五”期间，机械工业标准化工作的主要任务是实施“121”工程，即围绕一个中心，抓好两个重点，加强一个基础。也就是说，“九五”标准化工作要围绕“三大战役”的总体要求安排工作任务；要抓好提高标准水平、强化标准实施这两个重点；要加强企业标准化这个基础。总之，通过实行“121”工程，为振兴机械工业做出新的贡献。

3. 推进标准实施，启动认定认可工作

(1)颁布了《机械工业产品采用国际标准和国外先进标准认可管理办法》及认可实施细则，出版了《机械工业主要产品采用国际标准和国外先进标准应执行的标准目录》，成立了采用标准认可办公室，全面启动认可工作。目前，以10个省市为重点，积极推行机械产品采标证书制度。

(2)颁布了《机械工业产品实施强制性标准认定管理办法（试行）》，成立了强制性标准认定办公室，下达了实施强制性标准认定的第一批项目，共涉及17个强制性标准。

4. 加强引导服务，出台加强企业标准化决定

为加强企业标准化工作，制定并颁布了《关于加强机械工业企业标准化工作的决定》，引导企业，一要增强标准化意识，重视和支持企业标准化工作；二要健全机构、充实队伍，建立起促进企业技术进步和适应市场竞争需要的企业标准化工作机制；三要建立、健全企业标准体系，保持企业所用标准的先进性和适用性；四要强化标准实施，形成有效的企业自我监督机制；五要加强产品及其设备和制造技术的标准化，为提高企业的开发能力，促进产品的水平，创名牌提供技术依据；六要充分运用标准化手段，提高企业的生产和经营管理水平；七要配合计算机技术应用，适时开展相关的标准化工作；八要积极参与行业标准化工作和活动。

（二）计量工作

1996年完成了以下质检机构的计量认证工作：机械部摆线减速机产品检测中心（单项认证），机械部工程机械及液压件产品质检中心、机械部内燃机产品质检中心（天津）、机械部摩托车油品评定中心（以上为计量换证），机械部排灌机械产品质检福州分中心机械部火电设备产品质检中心、机械部低压防爆电器产品质检中心、机械部往复泵产品质检中心、机械部分离机械产品质检中心、机械部压力容器产品质检分中心、机械部换热器产品质检中心、机械部阀门产品质检中心、机械部包装机械产品质检中心、机械部机械密封及柔性石墨密封质检中心、机械部塑料机械产品质检中心、机械部轴承产品质检中心杭州分中心、机械部排灌机械产品质检杭州分中心、机械部造型材料重要铸件产品质检中心、机械部紧固件产品质检中心、机械部弹簧产品质检中心、机械部工业材料性能测试技术中心、机械部木工机械产品质检中心、机械部电加工机床产品质检中心、机械部自动化仪表产品质检中心开封流量仪表分中心（以上复查换证）。

（三）“工艺突破口”工作

1. 全面部署“工艺突破口”工作

部以机械科［1996］418号文印发了《机械工业1996年深入开展“工艺突破口”工作安排意见》。主要内容是：一是结合“三大 战役”的要求，企业加强工艺工作：加强对工艺工作的组织领导，落实工艺职能；以人为本，稳定壮大工艺人才队伍；面向生产提高制造工艺水平，重点抓好工艺攻关，工艺技术改进合理化，搞好新产品批试工作以及规范工艺管理制度。二是组织各级管理部门，切实搞好对企业工作的督促、指导与服务。重点搞好全面规划，分类指导；组织交流推广与诊断培训。

2. 深入调查研究，总结工艺工作新经验

为指导企业适应新形势，不断深化工艺工作，部组织中国机械制造工艺协会等，深入企业进行调查研究，总结企业加强工艺工作的新经验。主要有：适应社会主义市场经济发展，巩固完善“工艺突破口”工作五条标志的要求，强化工艺工作的组织领导，切实增强工艺实力，增强企业的竞争能力的经验；根据工艺工作特点，搞好对工艺工作的系统管理，落实工艺工作职能提高企业制造技术水平的经验；根据产品适用性质量和品种发展要求，实施优化细化工艺提高产品质量的工艺保证能力和产品开发的工艺快

速反应能力的经验等。

（四）可靠性工作

1. 配合“三大战役”工作要求，组织可靠性提高工程

根据部“三大战役”的统一部署，可靠性工作被列为“产品质量翻身战役”的主要工作内容，为此开展了以下工作：

·组织制定“可靠性提高工程”实施方案：组织有关专家座谈、讨论、制定了“可靠性提高工程”实施方案。提出以提高名牌产品可靠性为目标，采取可靠性目标研究、宣贯、攻关和认定的系统管理模式，帮助和指导企业提高产品可靠性的工作思路。

·组织重要产品可靠性技术攻关：结合“可靠性提高工程”，针对一批可靠性影响突出的重要产品，组织可靠性技术攻关。

2. 继续抓好可靠性认定试点工作

·组织对地方认定机构的审核：根据机科行［1994］142号文件，规定有可靠性试验条件的地方研究所或检测中心，也可承担可靠性认定工作，很多地方机构提出了申请。为了保证认定工作质量和总结地方机构可靠性工作经验，年初组织了有关专家对山东省农机研究所的可靠性技术和试验力量进行了现场考察审核，认可了该所开展部分农机产品可靠性认定的资格。

·发布B类产品认定计划：以机械科［1996］538号文发布了第一批B类产品可靠性认定工作计划，共七类产品15项。

（五）新技术推广工作

1996年我部有两个项目列入国家新技术推广项目计划，一个项目列入工业性试验项目计划。推广项目：轻型汽车齿轮渗氮成套技术和轻型汽车变截面板簧辊锻技术。工业性试验项目：液件排渣分级煤燃烧器及燃烧系统成套技术。总投资额为5 850万元，其中国家贷款3 500万元，企业自筹2 350万元。

（六）机电一体化工作

为了配合国家节能工作的深入开展，推广交流电机变频调速技术，发展我国交流变频调速产业，由机械部科技与质量监督司发起，并会同国家经贸委资源节约综合利用司、国家计委交通能源司、国家技术监督局质量司联合组织了“交流电机变频调速装置评测推荐工作”。这项工作始终坚持以自愿参加为原则，以国家标准为依据，以服务市场、开拓市场、规模市场、活跃经济、扶优治劣为目的，坚持公正性、科学性、权威性和公开性。

变频调速装置评测推荐工作从1994年11月正式启动。经过协商国家经贸委资源节约综合利用司为该项工作的领导小组组长单位，其余三家为组员单位。评测推荐工作办公室设在机械部节能中心，负责日常工作。由来自国内用户单位、研究院所、高等院校和生产企业的技术权威人士组成专家组，根据国家有关标准编制工作文件。自1995年3月开始受理申报工作以来，各生产单位申报踊跃。在评测推荐工作办公室对申报资源进行形式审查后，专家组进行了用户调查、现场考核；由国家电控配电设备质量监督检验测试中心根据国家有关标准进行严格的性能测试；专家组根据用户调查资料、现场考核资料、性能测试资料和申报单位提供的技术资料进行综合评审，并提出推荐意见；交流电机变频调速装置评测推荐工作领导小组在认真听取汇报后，决定将29家企业的32项（系列）产品（其中国外两家3个系列）向社会和用户推荐。在推荐的国内产品中，基本囊括了国内各大变频器生产单位，代表了我国目前变频调速行业的生产水平和技术水平。推荐的国外产品也是当前世界上技术先进、质量上乘的产品。

确定重点领域，提高资助强度，力争使技术基金运作最佳化　1996重点资助机械工业先进制造技术中储备性、预研性、基础性技术研究。共资助了7个专题47个子专题的科研项目56项，包括：设计技术、测试技术、计算机应用技术、自动化技术、清洁生产技术、材料技术、系统管理技术。开发周期约三年，资助经费1598万元，平均资助强度28.5万元/项。

为配合“产品质量翻身战役”中“产品质量上台阶工程”工作，按照“特定范围，有限目标、突出重点，讲求实效”的原则，从首先实施的六类产品上台阶工程中，选择了发电设备主机和辅机、液压元件、内燃机三类作为第一批重点突破，资助了6项质量攻关项目共435万元。

为加速培养杰出专家和跨世纪中青年科技带头人，一九九六年开始设立部人才专项基金，第一批人才基金项目合同已签订完成。资助了机械行业的两院院士提出的12项研究课题，资助总额275万元。13位院士获得此项资助。

1996年科技成果转化项目资助情况：

新立项目：29项，资助总额2 645万元。

完成项目：26项，总额1 918万元。

科技成果转化基金资助的重点是，按照机械工业“开发能力提高战役”的需要，着重支持了“CAD应用1215工程”项目的开发，共安排了11个项目，资助总额700万元。

〔撰稿人：机械工业部科技与质量监督司　赵传义　审稿人：机械工业部科技与质量监督司司长　宋天虎〕

机械工业质量工作

机械工业部科技与质量监督司

1996年机械工业全行业的质量工作，紧紧围绕“产品质量翻身战役”，按照“一年起步、三年见效、五年变样”的总体部署，在战役指挥部的领导下，为战役的起步做了大量准备工作。

机械工业“产品质量翻身战役”的指导方针是：面向用户、综合治理、重在机制。

“产品质量翻身战役”的目标是：(1)提高产品实物质量——创立1 000种名牌产品；(2)提高企业管理质量水平——培育500家质量信得过明星企业；(3)提高服务质量——建立以经济赔偿为特征的质量保证和用户服务制度。

“产品质量翻身战役”开好头 1996年“产品质量翻身战役”按照“一年起步”的部署，做好调查研究、宣传发动和各项准备工作。

(1)为切实加强对战役的领导，机械工业部成立了以部领导挂帅，各有关司局领导参加的战役指挥部。部党组每季度召开会议，专题研究、部署战役工作。为做好对全行业的指导，部组织起草了《关于“产品质量翻身战役”的计划》和《“产品质量翻身战役”的实施方案》、并以部文件正式印发。部领导亲自带队下厂进行调研，并利用各种会议进行宣传发动。部机关的报纸和各种刊物开辟专栏或专题宣传“三大战役”，使“三大战役”深入人心。各省市机械工业主管部门也采取各种形式做好宣传发动工作。

(2)围绕提高产品实物质量和提高企业质量管理水平两个目标，机械工业部提出实施名牌战略要以企业为主体，政府进行必要的扶植和引导。企业要创出名牌产品，必须要切实抓好产品的实物质量(包括性能和可靠性)、搞好企业的内部管理(包括贯彻GB/T19000系列标准)、做好用户服务，让用户满意。其中最主要的是用户服务工作。为体现政府的扶植和引导，部制订并印发了《中国机械工业名牌产品认定管理办法(试行)》、《中国机械工业质量信得过明星企业评定管理办法(试行)》，按照科学、公正、公开的原则，引导企业进行自我评价；充分反映用户评价，指导和规范名牌产品认定和明星企业评定工作。

(3)围绕提高服务质量的目标，企业自律性质量保证承诺活动有新的发展。

继1995年机床行业率先开展质量保证承诺活动以来，一些省、市、行业、地区先后组织企业向社会(用户)发表质量保证声明。一是保证出厂产品的实物质量，二是保证售后服务质量，并突出经济赔偿责任。部分企业的质量保证承诺活动发展到车间向厂部、班组向车间、个人向班组、上工序向下工序进行保证承诺。部分单位组织的保证承诺活动正在进一步深入，如机床行业正在抓好承诺单位的践诺工作，并在报纸上公布监督投诉电话，设专人进行处理有关问题。山东省机械厅组织力量对企业的承诺活动进行评价，找出问题，督促改进提高。

(4)“产品质量上台阶工程”工作进展顺利。该工程是“产品质量翻身战役”的重要内容。根据国家经贸委的安排，部决定首批对六类产品开展产品质量上台阶工作。这六类产品是：发电设备、轿车和客车、数控机床、内燃机、液压元件、低压电器。为做好这项工作，部印发了《重大技术装备和重点产品质量上台阶工程实施方案》。根据上述文件，部有关司成立了相关产品的上台阶项目工作组、制订实施办法、组织企业报名参加，并提出了技术攻关项目。已有发电设备、内燃机和液压元件三类产品的攻关项目签订了合同，正在组织实施。

质量管理工作

(1)产品质量监督检查工作。配合国家技术监督局对40种机械产品进行国家监督抽查，共抽查了775个企业的812个产品，合格631个，抽样合格率为77.7%(表1)。其中骨干重点企业的131个产品合格121个，抽样合格率为92.4%；乡镇企业的148个产品合格96个，抽样合格率为64.9%。

组织有关质量监督检测中心对10种产品进行质量统检，检查了937个企业的产品，合格628个，抽样合格率为67.02%(表2)。其中重点骨干企业的126个产品，合格113个，抽样合格率为89.7%；乡镇企业的173个产品合格91个，合格率为52.6%。另外，机械工业部对统检中产品质量好的78个企业进行了表彰，占1996年参加统检企业的8.4%，具体名单如下。

①出油阀偶件：锦江油泵油嘴厂、福建龙马集团龙岩油泵油嘴厂、无锡威孚股份有限公司、山东荷泽油泵油嘴厂、湖北亚通机械总公司、上海拖拉机内燃机公司油泵油嘴厂、安徽油泵油嘴厂、山东鑫亚工业股份有限公司、大连油泵油嘴厂；

②旋风除尘器：北京西山除尘器厂、通州市除尘设备厂、上海龙华除尘设备厂、天津环保产业集团除尘设备公司通风除尘设备厂、上海红光锅炉厂、常州锅炉总厂锅炉辅机分厂、江苏吴县环境保护设备厂、

江苏张家港市通用机械厂、湖北环保（集团）股份有限公司、郑州锅炉厂、林州除尘设备厂、青岛轻工机械厂分厂、重庆除尘器厂；

表 1　1996 年国家监督抽查产品质量结果汇总表

抽查时间	序号	产品名称	企业数（个）	产品数（组、个）	合格数（组、个）	不合格数（组、个）	合格率（%）
一季度	1	高纯石墨	12	12	11	1	91.7
	2	粉尘冶金摩擦片	17	17	14	3	82.4
	3	体视显微镜	12	15	12	3	80.3
	4	液压挖掘机	14	14	11	3	78.6
	5	卡尺	30	42	32	10	76.2
	6	电阻炉	11	11	8	3	72.7
	7	颚式破碎机	24	24	15	9	62.5
	8	农机配件①	23	25	14	11	56.0
	9	电钻①	18	20	11	9	55.0
		小计	161	180	128	52	71.1
二季度	1	电气绝缘用薄膜	18	19	19	0	100
	2	数控加工中心	9	9	9	0	100
	3	剪板机	26	26	23	3	88.5
	4	中小型水轮机	25	25	22	3	88.0
	5	立铣刀	30	30	26	4	86.7
	6	经纬仪	9	19	14	5	73.7
	7	数控电火花线切割机	21	21	14	7	66.7
	8	交流高压断路器	17	17	10	7	58.8
	9	交流弧焊机	21	21	10	11	47.6
		小计	176	187	147	40	78.6
三季度	1	单缸喷油泵总成	29	29	28	1	96.6
	2	柴油机用弹簧	19	22	21	1	95.5
	3	轧机轴承	14	14	13	1	92.9
	4	工程机械齿轮	20	20	18	2	90.0
	5	离心引风机	19	19	17	2	89.5
	6	联合收割机	16	16	14	2	87.5
	7	液压叶片泵	14	14	10	4	71.4
	8	驱动微电机	9	9	6	3	66.7
	9	滑阀真空泵	8	8	5	3	62.5
	10	小型断路器	21	21	11	10	52.4
	11	气动—空气减压阀	29	29	14	15	48.3
		小计	198	201	157	44	78.1
四季度	1	单张纸平版胶印机	26	26	26	0	100.0
	2	单缸柴油机	20	20	18	2	90.0
	3	起重及冶金电机	18	18	16	2	88.9
	4	金属缠绕垫片	19	19	16	3	84.2
	5	播种机	24	24	20	4	83.3
	6	水环真空泵	21	21	17	4	81.0
	7	平衡机	16	20	16	4	80.0
	8	六角头螺栓	42	42	32	10	76.2
	9	隔爆型接线盒	24	24	18	6	75.0
	10	压铸机	14	14	10	4	71.4
	11	手动搬运车	16	16	10	6	62.5
		小计	240	244	199	45	81.6
		合计	775	812	631	181	77.7

①市场抽样。

③普通车床：沈阳第一机床厂、宁江机床厂、宝鸡机床厂、广州机床厂、福州机床厂、济南第一机床厂、天水星火机床厂、镇江机床（集团）公司镇江机床厂、上海第十一机床厂、上海仪表机床厂、广东省机床厂；

④手扶拖拉机：山东手扶拖拉机厂、盐城市拖拉机厂、南宁手扶拖拉机厂、南平手扶拖拉机厂、韶关拖拉机厂、银川拖拉机厂；

⑤CO_2 气体保护焊丝：唐山信大焊接材料有限公司、湖北省猴王宜昌焊丝厂、江苏省武进市金属焊丝厂、吉林省延边焊丝厂、辽宁省大连长城焊丝有限公司、广东省新会市杜阮新湘焊丝厂、江苏省武进市江南焊丝厂、辽宁省锦州锦泰金属工业有限公司；

⑥避雷器：大连经济技术开发区法伏安电器公司、西安高压电瓷厂、重庆电瓷厂、浙江绍兴电瓷厂、广州华盛避雷器实业有限公司、西安电瓷研究所、苏州电瓷厂、北京无线电元件六厂；

⑦微小型深沟轴承：浙江杰汉森轴承有限公司、慈溪市神龙轴承有限公司、宁波慈兴轴承有限公司、宁波太平洋轴承有限公司、阳春轴承厂、天津泉本轴承有限公司、上海沪星轴承厂、上海天安轴承有限公司、上海飞虹轴承厂、浙江新春轴承有限公司、上海新微轴承厂、宁波甬微集团有限公司、九江华昌轴承有限公司、浙江温岭市泽国轴承厂、温州轴承厂、台州市台兴轴承有限公司、浙江慈溪东方轴承厂、慈溪华侨轴承有限公司；

⑧Y 系列三相异步电动机：大连电机厂、北京电机总厂、河北电机股份有限公司、江苏淮阴电机股份有限公司、上海电机（集团）公司跃进电机厂。

（2）产品质量等级评定工作。1996 年产品质量等级评定工作按照机械工业部有关管理办法规定，经企业自愿申请，有关质检机构进行抽样检测和工厂条件检查，有 74 个产品被评定为优等品（表 3，在下页），有 708 个产品被评定为一等品。按行业统计如表 4 所示。

表 2　1996 年全国机械产品质量统检结果汇总表

序号	产品名称	检查企业数（个）	检查产品数（个）	合格产品数（个）	不合格产品数（个）	合格率（%）
1	干燥箱	13	13	12	1	92.31
2	35kV～110kV 变压器	77	77	66	11	85.71
3	出油阀偶件	41	41	35	6	85.37
4	旋风除尘器	140	140	112	28	80.00
5	普通车床	86	86	63	23	73.26
6	手扶拖拉机	48	48	35	13	72.92
7	CO_2 气体保护焊丝	72	72	49	23	68.06
8	10kV 电压等级避雷器	87	87	56	31	64.37
9	微小型深沟球轴承	126	126	72	54	57.14
10	Y 系列三相异步电动机	247	247	128	119	51.82
	合计	937	937	628	309	67.02

表 4　1996 年产品质量等级评定结果

行业	优等品数（个）	一等品数（个）
电工电器	23	227
重型矿山机械	7	37
石化通用机械	13	125
仪器仪表	9	36
机床工具	3	79
机械基础件	2	61
工程农机	15	143
汽车	2	
合计	74	708

（3）质量认证工作。到 1996 年底，机械行业约有 240 个企业通过 GB/T19000（ISO9000）系列标准的质量体系认证。中国电工产品认证委员会在 1996 年共颁发了 5 220 张产品质量认证书。

另外根据国家技术监督局的批复正积极筹建“中国机械安全认证管理委员会”，并积极做好机械产品安全认证的各项准备工作。

在许可证管理方面，1996 年对内燃机、电表、磨具、轻小型起重运输设备、脱粒机、泵六类产品进行生产许可证换证，预计发证企业 1300 多个；对机床等 24 类产品进行出口质量许可证换发工作，颁发 362 张证书；有 27 个企业取得 A、B 级锅炉制造许可证，有 25 个企业换取（或取得）了一、二、三类压力容器制造许可证。

表3　1996年机械产品优等品名单

序号	商标	产品名称	企业名称	行业	所在地区
1	金杯	BV型铜芯聚氯乙烯绝缘电线	衡阳电缆厂	电工	湖南
2	上缆	110kV CYZQ型系列油浸纸绝缘自容式充油电缆	上海电缆厂	电工	上海
3	双环	MYFB、MYFEB直径1.50～5.00、4.50～16.00、200mm级聚酰亚胺—氟46复合薄膜绕包铜扁线	郑州电磁线厂	电工	河南
4	双环	MYFE、MYFS直径3.00mm～5.00mm聚酰亚胺—氟46复合薄膜绕包铜圆线	郑州电磁线厂	电工	河南
5	双环	QZ(G)-1/155,QZ(G)-2/155 0.050mm～2.50mm 155级改性聚酯漆包铜圆线	郑州电磁线厂	电工	河南
6	ZL，新华	10kV及以下系列交联聚乙烯绝缘电力电缆	郑州电缆（集团）股份有限公司	电工	河南
7	金凤	TBR全系列铜扁线	湖南电线电缆集团公司	电工	湖南
8	金凤	ZB全系列纸包扁线	湖南电线电缆集团公司	电工	湖南
9	三A，海鸥	YJV、YJV22全系列单芯2.5mm～500mm、三芯25mm～400mm XLPE绝缘电力电缆	广东电缆厂	电工	广东
10	金龙	1730聚酯漆包线漆	常州绝缘材料总厂	电工	江苏
11	东风，金船	E4303直径2mm～5mm SH422.01电焊条	上海电焊条有限公司	电工	上海
12	海鸥	6-QA-60Ah～75Ah（N50Z.N70）干荷电起动用铅酸蓄电池	广州蓄电池企业有限公司	电工	广东
13		Y-H(机座号90～180)船用三相异步电动机	上海电机（集团）公司五一电机厂	电工	上海
14	韶峰，力源	Y355～630 185kW～2 240kW高压三相异步电机	南方通用电气（集团）公司	电工	湖南
15	东电	QFSN-300-2 300MW汽轮发电机	东方电机股份有限公司	电工	四川
16	大低	THQ1-4（6）型25A、60A全凸轮式联动控制台	大连开关总厂	电工	大连
17	四方	SZL6（10）-1.25-AⅢ双锅筒纵置式组装链条炉	上海四方锅炉厂	电工	上海
18	卫星	N300-16.7/538/538引进型300MW中间再热凝汽式汽轮机	上海汽轮机有限公司	电工	上海
19	SG	SG-1025/18.3-M 1025t/h亚临界压力控制循环锅炉	上海锅炉厂	电工	上海
20	SG	SG-420/13.7-M 420t/h超高压自然循环锅炉	上海锅炉厂	电工	上海
21	火炬	T4195J、4114、T4135J火花塞	株洲火炬火花塞股份有限公司	电工	湖南
22	三角	5438-1环氧玻璃粉云母带	湖南衡阳绝缘材料总厂	电工	湖南
23	三角	5440-1桐玛环氧玻璃粉云母带	湖南衡阳绝缘材料总厂	电工	湖南
24	武陵	QY16汽车起重机	湖南省浦沅集团有限公司	工程农机	湖南
25	北起	QY16t液压汽车起重机	北京起重机器厂	工程农机	北京
26	中岳	200GF 19 200kW柴油发电机组	郑州电气装备总厂	工程农机	河南
27	力佳	S1100（S195G）S系列单缸柴油机	福建省龙溪机器厂	工程农机	福建
28	金马	X195单缸柴油机	云南金马柴油机总厂	工程农机	云南
29	金牛	ZH1105W型系列柴油机	郑州金牛（集团）股份有限公司	工程农机	河南
30	五菱	S1110型柴油机	江苏武进柴油机厂	工程农机	江苏
31	全椒	R175A型柴油机	安徽省全椒柴油机厂	工程农机	安徽
32	全椒	S1110型柴油机	安徽省全椒柴油机厂	工程农机	安徽
33	莱柴	195型柴油机	山东莱阳市柴油机厂	工程农机	山东

（续）

序号	商标	产品名称	企业名称	行业	所在地区
34	长河	300HW-8 混流式水泵	无锡市水泵厂	工程农机	江苏
35		TS-25 型中型轮式拖拉机	山东拖拉机厂	工程农机	山东
36	锡字	I 号系列喷油泵	无锡威孚集团公司	工程农要	江苏
37	飞钎	YT25DY 型气腿式凿岩机	湘潭风动机械厂	工程农机	湖南
38	飞钎	YTP26 型气腿式凿岩机	湘潭风动机械厂	工程农机	湖南
39	HI	42408H 圆柱滚子轴承	长治轴承厂	基础件	山西
40	龙珠	G10、G16 级 4.76mm～12.70mm（3/16in～1/2in）滚动轴承钢球	湖南钢球厂	基础件	湖南
41	工字	H01-2A、6A、12A、20A、40 系列射吸式焊炬	上海焊割工具厂	机床	上海
42	工字	G01-30、100、300 系列射吸式割炬	上海焊割工具厂	机床	上海
43	石林	CJX4-09/12 交流接触器	天水二一三机床电器厂	机床	甘肃
44		6BT118-01 康明斯发动机齿轮	大同齿轮厂	汽车	山西
45	浦陵	CJ50（UE40FM）汽油机	重庆浦陵机器厂	汽车	重庆
46	菱园	WW-0.6/10 全无油润滑空气压缩机	常德通用机械厂	通用	湖南
47	武冷	LG12.5F55Z 喷油螺杆式单级制冷压缩机组	武汉新世界制冷工业有限公司	通用	湖北
48	天坛	G2V-5/200 型隔膜压缩机	北京第一通用机械厂	通用	北京
49	武冷	LG16A100Z 喷油螺杆式单级制冷压缩机组	武汉新世界制冷工业有限公司	通用	湖北
50	武冷	LG20A200Z 喷油螺杆式单级制冷压缩机组	武汉新世界制冷工业有限公司	通用	湖北
51	环山	FAA 型电除尘器	上海冶金矿山机械厂	通用	上海
52	北人	PZ4880-01B 机组式对开平版印刷机	北人印刷机械股份有限公司	通用	北京
53	北人	JS2102 型对开双面平版印刷机	北人印刷机械股份有限公司	通用	北京
54	长风	TS 系列罗茨鼓风机	长沙鼓风机厂	通用	湖南
55	长风	R 系列罗茨鼓风机	长沙鼓风机厂	通用	湖南
56	KFAS	BCK2.1-900/6 铝制板翅式换热器	开封空分设备厂	通用	河南
57	KFAS	BCK3.0-800/6 铝制板翅式换热器	开封空分设备厂	通用	河南
58	西湖	BCK 型 3.3 米级以上铝制板翅式换热器	杭州制氧机集团有限公司	通用	浙江
59	节仪	TX-H-FF 热电偶用补偿导线	天津德塔控制系统有限公司	仪器仪表	天津
60	节仪	JX-H-FF 热电偶用补偿导线	天津德塔控制系统有限公司	仪器仪表	天津
61	节仪	EX-G-VV 热电偶用补偿导线	天津德塔控制系统有限公司	仪器仪表	天津
62	节仪	EX-H-FF 热电偶用补偿导线	天津德塔控制系统有限公司	仪器仪表	天津
63	节仪	TX-G-VV 热电偶用补偿导线	天津德塔控制系统有限公司	仪器仪表	天津
64	节仪	JX-G-VV 热电偶用补偿导线	天津德塔控制系统有限公司	仪器仪表	天津
65	节仪	KX-G-VV 热电偶用补偿导线	天津德塔控制系统有限公司	仪器仪表	天津
66	节仪	SC-G-VV 热电偶用补偿导线	天津德塔控制系统有限公司	仪器仪表	天津
67	节仪	KCB-G-VV 热电偶用补偿导线	天津德塔控制系统有限公司	仪器仪表	天津
68	TZ	WK-10B 挖掘机	太原重型机械集团公司	重矿	山西
69	大力	SQD 型 5-50/10t 通用桥式起重机	上海起重运输机械厂	重矿	上海
70	大重	300t 盛钢桶	大重集团公司	重矿	大连
71	TZ	直径 160mm～180mm 轧辊油膜轴承	太原重型机械集团公司	重矿	山西
72	SR	GLC2、GLL3 系列管式冷却器	上海润滑设备厂	重矿	上海
73		EMY25MN 热模锻压力机	中国第二重型机械集团公司	重矿	四川
74	山宝	PE-150 复杂摆型颚式破碎机	上海建设一路桥机械设备有限公司	重矿	上海

〔撰稿人：机械工业部科技与质量监督司　李建林〕

机械工业“CAD应用1215工程”

机械工业部科技与质量监督司

机械工业部为打好“三大战役”，促进企业技术进步，将CAD应用作为“开发能力提高战役”的切入点、突破口，并于1995年9月实施了“CAD应用1215工程”。该工程把北人集团、北京起重机器厂、北京重型电机厂、天津电机总厂、石家庄水泵厂、长治锻压机床厂、沈阳变压器厂、安徽叉车集团、武汉锅炉厂、宜昌机床公司、柳工集团、兰州电机厂这12个企业作为示范企业，以实现主导产品“甩掉图板”为基本目标，争取在较短时间内抓出成效，使企业从传统的手工制图方式改变为以CAD技术为基础的现代设计方法。同时在缩短产品设计周期，提高产品设计水平，降低成本等方面创造出良好效益。

“CAD应用1215工程”历时一年，企业累计投入资金2 000万元（其中700万元为部基金会贷款，1 300万元为企业自筹），新增加微机362台，工作站14台，服务器14台，外设87台，CAD软件359套，培训上岗设计人员1 000余人，平均达到二三人一台微机。CAD出图24万页（A4标准），在18种主导产品上CAD应用覆盖率达90%以上，实现了“甩掉图板”的预定目标。

“CAD应用1215工程”取得了巨大成绩与丰富的经验。

（1）加快了企业技术进步步伐，增强了企业实力，创造了显著效益。

12个企业通过实现了主导产品“甩掉图板”的基本目标，在缩短设计周期、降低成本、提高市场竞争力方面大获收益。

石家庄水泵厂在承接一项菲律宾合同时，对方明确要求应用CAD设计，该厂及时做出了CAD方案图，并研制出一个异型水泵方案与报价软件，能够及时满足用户要求，赢得了市场。

沈阳变压器厂应用CAD技术成功地解决了传统手工计算很难解决的大型电场、磁场计算问题，代替了1：1的模型试验，节约了几十万元到几百万元的试验费用，同时大大缩短了生产周期。

北京重型电机厂在竞争天津军粮城电厂200MW汽轮机组改造合同时，将该厂的计算机辅助汽轮机三元流分析、三级实体叶片造型技术和屏幕上显示的发动机组系统设计方案带到现场给用户演示，为顺利夺标奠定了基础。

（2）树立了样板，起到了示范与推动作用

“CAD应用1215工程”的示范企业，在一年时间里“甩掉图板”并取得效益的事实，证明机械行业全面推广应用CAD技术不仅是必要的，而且是可以实现的。吸引了一些企业参加到这一行列中来，例如宜昌叉车厂的领导在参加了合肥叉车厂的“CAD应用1215工程”总结验收会后，受到很大触动，增强了应用CAD技术的信心和紧迫感。回厂后，由厂长带队两次去合肥叉车厂取经，制定推广CAD技术和实施方案。在资金紧张的情况下，该厂自筹40多万元用于推广CAD技术。

石家庄水泵厂通过“CAD应用1215工程”取得了丰硕成果，对河北省的CAD推广应用产生很大的推动作用，被树立为河北省的CAD样板企业。其他的许多“CAD应用1215工程”示范企业，不仅为本企业带来了可观的经济效益，同时也取得了良好的社会效益，带动了同行业和本地区CAD应用工程蓬勃发展，切实起到了示范作用。

（3）培养造就了人才

CAD技术是一项高科技，推广应用CAD，人才是关键。因此，在“CAD应用1215工程”中各企业很注重培养和造就一批本企业CAD技术学术带头人。

沈阳变压器厂给CAD应用骨干人员在家里配备计算机（包括版本、升级）并给予奖金。兰州电机厂对该企业所有设计人员进行计算机应用培训，而后要通过“计算机基础知识和计算机操作常识”考试，还要通过CAD绘图考核，全部通过者，发上岗证，补助岗位津贴。实行了这些管理措施，调动了所有设计人员的积极性。

（4）领导重视是企业推广应用CAD技术工作成功的保证

所有12家示范企业取得“CAD应用1215工程”成功的共同点是企业领导对CAD工作的重视。只有这样才能把推广应用CAD工作作为关系到企业发展和生死存亡的重大问题来抓，才能在人力、财力方面舍得投入，才能对本企业推广应用CAD技术工作给予全力的支持。有了这一点，企业推广应用CAD的其他问题也就不难解决了。

机械工业“CAD应用1215工程”的实施，为机械工业普遍推广应用CAD技术奠定了基础，推动了机械工业技术进步示范工作。

〔撰稿人：机械工业部科技与质量监督司　徐仕敏〕

机械工业教育工作

机械工业部教育司

围绕"三大战役",开展职工教育工作 1996年11月全国机械工业职工教育工作会议在杭州召开。会议确定今后一段时期机械工业职工教育的目标是:以培养高层次优秀人才为"龙头",以岗位培训和继续教育为重点,围绕"三大战役",大力开发人力资源,提高机械工业职工队伍整体素质,培养造就一支面向21世纪,满足机械工业发展需要,结构比较合理,具有较高思想政治觉悟、良好职业道德和较强岗位业务能力的职工队伍;初步建立责、权、利明确,人、劳、教结合,网络完善,管理科学的职工教育体制和运行机制。根据这一目标,"九五"期间机械工业职工教育的主要任务是:培养造就一批高层次、高起点、高水平的管理、科技、技能专家队伍;配合"三大战役"广泛开展各级各类人员的岗位培训,初步建立企业自主开展职工培训,行业实行宏观指导的职工教育体制;初步建立覆盖全行业、功能完善、结构合理的职工教育体系和培训网。在这次会议上还交流了职工教育和职业技术教育方面的经验,表彰了一批职工教育先进集体和先进个人。

为了有效地实施对行业职工教育的指导,针对行业规模大,企业情况千差万别,职工教育发展不平衡的现状,1996年度初步建立了职工教育重点联系制度,突出重点,以点带面,各地也在本地区开展了这项工作,如安徽、山西、湖北省厅都建立各自的职工教育重点联系制度。为探索新的职工教育运行模式,各级管理部门积极转变职能,在指导、协调、监督、服务上下功夫。在信息服务方面,部实行了汇集全行业的职教培训信息于每年年初发布的制度;创办了每月一期的《机械职教综合信息》刊物,在全行业建立了一支通讯员队伍。部还组织开发职工教育统计软件,实现了全行业职工教育信息统计的计算机管理。在条件保障方面,江苏省等省厅筹资建立了机械工业职工教育基金。在做好服务工作的同时,积极改革计划经济体制下形成的职工教育模式,促进企业按照自身生产经营的需要开展自主培训,使职工教育与企业生产经营形成服务与依靠的双向关系。通过实施人劳教综合改革,建立起培训—使用—待遇相结合的有效的职工教育运行机制。东方汽轮机厂、太原重型机器厂、上海柴油机股份有限公司等许多企业在这方面的改革都是卓有成效的。

1996年继续加强职工教育的规范化、制度化建设,研究提出并下发了全行业"九五"期间建立岗位培训制度的意见和加强直属科研、设计院所职工教育的意见,并积极组织实施。在教育培训的基础建设方面,部组织编制了企业管理人员、科技人员、车间主任的岗位规范;编制了《机电一体化继续教育科目指南》、《部属院校继续教育培训项目便览》;修订了《机械工业通用技术工种工人技术等级标准》;制定了《职业技能鉴定规范》和《操作技能培训大纲》,并编写出版了相应的教材。

加强培训体系建设,提高培训效果 为适应人力资源开发的要求,全行业加快建立和完善职工培训体系,形成了若干覆盖全国的专业培训网络。机电工程师进修大学在全国28个省市建立分校32所、二级分校近200余个,在学人员达5万多人;机械工业数控技术培训中心在全国建立了15个分中心,形成了我国最大的数控技术培训网络;以德国援建的哈尔滨焊接技术培训中心为"龙头",形成了全国唯一按欧洲标准开展的焊接培训网络。不少企业也加大投入建设培训基地,使不同层次、不同岗位的人员都有提高岗位素质的途径,使职前职后培训能够有机衔接。与此同时,行业上下继续加强职业学校的软件和硬件建设。扩大技工学校的培养规模,深化以技能培训为特色的教学改革;部制定下发了《机械行业深化技工教育教学改革和强化师资队伍建设的意见》;完成了"九五"期间新增国家级重点技校的申报准备工作。

实施机械工业"跨世纪人才工程"是1996年度的一项重点工作,本着借鉴发达国家先进经验,高起点开展培训工作的指导思想,按照"跨世纪人才工程"的总体要求,启动了与美国斯隆管理学院联合培养高层管理人才的合作项目。在行业内大中型骨干企业的支持下,发起设立了"中国机械工业斯隆教育发展基金",筹集了近千万元经费,并举办了行业内高层次管理人员的境外培训班。

增强自我发展能力,提高综合办学水平 1996年机械工业部所属19所高校在改革中得到了新的发展。各校的基本办学情况及各类在籍学生的规模、结构分别如表1、表2和表3所示。

部属高等院校在改革中不断发展,已经成为规模较大、层次完整、具有较高办学水平和较强办学实力的人才培养基地,成为机械行业高级专门人才补充的重要来源。就办学层次和规模而言,部属高校逐步建成了专科、本科、硕士、博士、博士后以及成人教育、夜大、函授等比较完整的培养体系。1996年我国经济进入了一个新的发展时期,工程类人才的需求旺盛，部属高校积极挖掘潜力，使办学规模进一步提高。到年底在校的各级各类学生总数已达到了138 871人，年招生能力达到了48 000人。部属高校培养能力的提高还体现在层次结构上，研究生培养特别是博士生培养能力有较大提高，博士在校生增加到581人，硕士在校生增加到3 673人。

表1　1996年机械工业部部属高校基本情况

序号	学校名称	占地面积 (m^2)	固定资产 (万元)	教职工人数 (人)	教师职称情况（人）				博士点数	硕士点数
					教授	副教授	讲师	助教		
	总计	7 064 280	173 816	32 150	1 051	3 521	4 748	1 991	45	253
1	北京机械工业学院	162 240	5 602	818	28	73	96	54	0	3
2	太原重型机械学院	206 667	4 805	1 096	21	83	188	0	5	
3	沈阳工业大学	343 764	11 469	1 895	61	235	328	96	2	16
4	吉林工业大学	740 000	22 605	3 420	134	308	482	201	12	31
5	燕山大学	613 000	11 204	893	14	72	120	69	5	12
6	哈尔滨理工大学	670 000	19 051	1 190	36	178	172	72	0	14
7	上海理工大学	347 373	10 620	1 696	54	162	242	129	4	20
8	江苏理工大学	579 170	11 791	2 007	84	233	343	119	5	19
9	合肥工业大学	781 994	11 957	2 899	98	337	448	97	4	36
10	安徽工学院	182 000	4 256	1 141	22	146	141	34	0	7
11	洛阳工学院	326 683	8 067	1 777	49	171	192	93	0	10
12	湖南大学	620 000	19 183	3 220	172	447	394	213	9	44
13	西安理工大学	363 815	11 608	1 967	75	221	216	123	4	25
14	甘肃工业大学	297 482	6 004	1 378	32	167	187	95	0	11
15	湖北汽车工业学院	399 290	5 569	826	12	88	191	81	0	0
16	南京机械高等专科学校	141 691	3 643	623	6	31	99	51	0	0
17	郑州工业高等专科学校	115 391	2 672	682	1	47	110	20	0	0
18	湘潭机电高等专科学校	142 200	3 127	684	4	69	127	26	0	0
19	长春汽车工业高等专科学校	31 520	583	543	2	55	86	23	0	0

注：1. 原东北重型机械学院已正式更名为"燕山大学"。

2. 上海理工大学由原华东工业大学和上海机械高等专科学校合并组建而成。

表2　1996年机械工业部部属院校学生情况　　（单位：人）

序号	学校名称	合计	博士	硕士	本科生	专科生	函授	夜大学	成人脱产班
	总计	138 871	581	3 673	63 919	23 522	26 096	12 566	8 514
1	北京机械工业学院	4604	0	44	2 169	411	1290	368	322
2	太原重型机械学院	4 651	0	57	2 569	761	420	62	782
3	沈阳工业大学	10 603	12	245	5 125	1 126	2 866	1 229	0
4	吉林工业大学	11 842	222	602	6 013	1 277	3 367	238	123
5	燕山大学	8 736	41	188	4 847	995	1 154	789	722
6	哈尔滨理工大学	13 954	0	228	5 381	2 996	2 634	1 523	1 192
7	上海理工大学	8 952	42	246	3 936	2 732	667	1 255	74
8	江苏理工大学	12 010	27	228	4 813	1 367	3 924	765	886
9	合肥工业大学	14 208	45	470	6 376	1357	2 658	1 068	2 234
10	安徽工学院	4 328	0	62	2 063	414	1 011	164	614
11	洛阳工学院	6 630	0	132	4 264	225	1 259	510	240
12	湖南大学	13 490	142	692	7 488	539	1 870	2 759	0
13	西安理工大学	8 679	50	337	4 454	1 112	1 648	555	523
14	甘肃工业大学	6 118	0	142	3 522	523	484	941	506
15	湖北汽车工业学院	1939	0	0	899	766	118	0	156
16	南京机械高等专科学校	2 009	0	0	0	1 995	14	0	0
17	郑州工业高等专科学校	2 170	0	0	0	2 129	10	31	0
18	湘潭机电高等专科学校	3 452	0	0	0	2 130	7 02	309	140
19	长春汽车工业高等专科学校	496	0	0	496	0	0	0	0

表 3　1996 年机械工业部部属高校在校生结构表　（单位：人）

学生类型	在校生总数	办学形式			招生毕业情况		
		国家任务	委托培养	自费生	毕业生数	招生数	预计毕业生数
总　计	91 695	67 478	12 721	11 496	23 056	27 932	24 108
博士生	581	407	118	56	57	156	125
硕士生	3 673	3 067	522	84	1 110	1 350	1 147
本科生	63 919	55 581	3 266	5 072	11 885	18 031	14 137
专科生	23 522	8 423	8 815	6 284	10 004	8 395	8 699

1996 年 9 月在深圳召开的部属院校教育工作会议提出，要主动适应“两个转变”，增强自我发展能力，全面提高办学水平。根据这一指导思想，部属高校继续积极发展新兴学科，并加快用高新技术充实改造传统的机电类学科。同时，根据社会主义市场经济和社会发展的需求对现有专业进行了较大幅度的调整改造，进一步拓宽了专业面。经过努力，部属院校的学位建设取得了突出成绩，国家第五次和第六次学位评审，部属院校的学位通过率都明显高于全国的平均水平。博士学位授权点由 31 个增加到45 个，硕士授权点由 195 个增加到 253 个，博士后流动站由 3 个增加到 9 个。现在已有 6 所学校拥有博士后流动站，8 所学校拥有博士授予权，14 所学校拥有硕士授予权。学科学位建设促进了部属高校人才培养规格和培养质量的不断提高，学生的知识和能力结构也都有了较大改善。由于人才培养的质量好、适应性强，部属院校的毕业生在毕业生就业市场上始终供不应求，深受用人单位的欢迎。

在教学和科研工作方面，1996 年启动了“面向 21 世纪教学内容和课程体系改革计划”的部级立项工作，组织召开部属院校科技工作会议，制定了“九五”科技发展规划，完成了全国高校机电类专业教学指导委员会的换届工作，组织进行了第三届全国高校机电类专业部级优秀教材评奖，制定了“九五”全国机电类本科、专科及中专教材的编审规划。在国际交流方面，积极拓宽渠道，扩大部属院校的对外交流与合作；按照新的选派办法完成了 1996 年度国家公费出国留学的先派工作和外国专家聘请工作。

在重点建设方面，1996 年顺利完成了吉林工业大学“211”工程立项和湖南大学的“211”工程部门预审，并且对合肥工业大学申请自筹经费进入“211”工程建设行列进行了前期准备工作。启动了全国示范性高等专科学校的遴选与推荐工作。南京机械高等专科学校已通过示范性专科预审。

体制改革的各项探索卓有成效　为使高校管理体制进一步适应市场经济体制的要求，国家教委确定机械工业部作为全国高等教育管理体制改革的试点部门。1996 年提出了高等教育体制改革的试点方案，并经部党组会讨论通过。改革的总体思路：以推动部省联合共建和企业参与学校管理作为我部高校体制改革的重点，每年力争促成四至五所院校实行部省共建或企业参与办学，争取在本世纪末在多数部属院校都能按这两种模式进行改革，并为下一步的改革打下良好的基础。与此同时，院校合并、合作办学和划转地方管理等其他模式的改革也将抓紧推进，鼓励学校进行体制改革的多种尝试。1996 年部继续组织实施各项改革方案，具体的改革进展有：华东工业大学和上海机械高等专科学校经过较长时间周密的筹备工作合并组建为上海理工大学；合肥工业大学和安徽工学院的合并工作有了突破性的进展；北京两所学校的合并工作也进入筹备阶段。东北重机学院本校南迁进展顺利，并于年底前完成了新校名燕山大学的申报工作。省部共建也有所推进，我部与甘肃省政府、江苏省政府、陕西省政府就联合共建甘肃工业大学、江苏理工大学和西安理工大学进行了积极接触，初步达成了省部共建的意向。作为体制改革的重点，促进部属院校在不同层次上与地方进行共建，促进学校主动拓宽服务面向，部属高校在人才培养，科技进步，社会服务等各个方面加大了为区域经济服务的力度。借助省部共建这一改革模式部属高校也切实争取到了地方政府和企业的支持，增强了自身的综合办学实力。

与此同时，进一步转变政府职能，加强支撑体系的建设，机械工业教育发展中心正在逐步落实人员配备和职能分工的基础上，圆满完成了本专科及成人教育招生计划、科研基金管理、岗位培训证书验发、规划研究及信息统计等项工作。

〔撰稿人：机械工业部教育司　杨黎明　审稿人：机械工业部教育司司长　涂仲华〕

机械军工工作

机械工业部军工司

1996 年在部党组的领导和国家有关综合部门支持下，机械军工行业努力贯彻落实有关工作会议精神，积极推进“两个转变”，落实“三大战役”，较好的完成了全年的各项工作。

科研与生产情况 全年完成军工产值为年计划的105%，较好地满足了部队和各国防工业部门的需求。军事装备研制计划中有34%在当年完成方案论证，为当年计划的100%，完成设计定型1项；协作配套新产品完成年计划的80%，其中重点项目产品完成年计划的91%，科研项目完成年计划的71%。这些科研项目，使机械军工在航空轴承、航空电炭、坦克传动、核焊接技术等机械基础技术领域取得了一批需求结合好，国防军工实用性强的科研成果，为“九五”机械军工的发展奠定了基础。

1996年机械军工共有12项科研成果获机械工业部科学技术进步奖，其中一等奖3项，二等奖5项，三等奖4项。

围绕“两个转变”，继续改进机械军工管理工作

1. 推进机械军工计划改革，实行分类管理

在计划管理中，注重加强宏观调控，充分发挥计划的政策性、综合性、导向性作用。在计划实施中，充分发挥市场机制作用，逐步缩小指令性计划范围，推进国家订货制度。在管理方式上实行分类管理，对部队需要的武器、特种装备和国防工业部门需要的关键专用配套等军工重点产品列入国家计划，按国家指令性计划管理；对一般的军选民装备和协作配套产品，逐步推行国家订货管理办法，优先供货。

2. 积极推进生产许可证制度，开展有限竞争

按照“缩小范围、引入竞争、调整结构、提高水平、分类管理、重点突出”的原则，加速厂点优化，按照国家有关军工生产管理规定，逐步推行许可证制度，在具备许可证资格的单位中，鼓励厂点参与有限竞争，欢迎用户择优选点。通过引入竞争机制，把计划和市场结合起来，择优安排军工任务，集中发挥有限的人力、财力、物力资源作用，促进产品质量的提高，军工厂点的优化和自主开发能力的提高。1996年在各有关国防用户部门配合下，已完成机械军工产品承制单位推荐名单征求意见稿，为全面推行许可证制度奠定了基础。

3. 坚持军民结合，发展优势主导产品

充分利用机械工业已有的技术和能力，结合“八五”期间有针对性的技术改造和重点工程条件建设，改善了重点厂、所的生产条件，提高了产品开发能力。在保证完成“八五”国防六大重点型号、新上重点型号配套和部队装备的基础上，积极发展主导产品，优化品种结构。

统一思想，振奋精神，落实“三大战役” 为推进“两个转变”，落实“三大战役”，进一步做好机械军工各项工作，1996年6月军工司组织召开了机械军工工作会议，有关省、市主管部门负责军工工作的领导和承担军工任务的重点企业、院所主管领导参加了会议。孙昌基副部长到会并做了“推进两个转变，落实‘三大战役’，进一步做好机械军工各项工作”的报告。会议上军工司提出了关于改进机械军工计划管理工作的意见；落实“产品质量翻身战役”，做好机械军工质量工作的意见；关于制订机械军工“九五”发展计划的意见。这次会议在统一思想的基础上振奋了精神，为进一步做好军工工作，打好“三大战役”开了一个好头。

打好“三大战役”，突出抓军品质量翻身 结合机械军工生产实际，确立以质量为突破口，打好“三大战役”，并在以下几方面开展工作。

1. 基础质量管理工作

(1)继续严格贯彻《军工产品质量管理条例》，建立军民一体化质量体系。

(2)树立现代质量观念，保质保量、保交货进度、保售后服务、降低价格成本，确保国防建设需要。

(3)树立全员质量意识，企业一把手要亲自抓质量，对质量负全责。

2. “九五”质量工作总目标

(1)推动承制军工任务骨干企业创“明星企业”和“名牌产品”，机械军工推荐单位通过国军标认证达90%。

(2)贯彻预防为主、系统管理的方针，确保重点工程质量。

(3)广泛开展用户评价活动，争取每年有一批军品被用户评为“用户满意产品”。

(4)机械军工推荐单位质量指标逐年提高。

3. “三大战役”的主要措施

(1)确保所承担的重点型号关键配套产品和部队急需装备研制开发一次成功，突出抓好以下三条：研制任务的质量计划（质量保证大纲），新产品的可靠性设计，承制单位质量保证体系认证（认可）。

(2)围绕军工主导产品开展上台阶和技术上档次活动，动员承制单位针对用户关心的质量问题，提高一次交验合格率，降低不合格品损失率，进行质量改进，开展技术更新，技术改造。

(3)积极配合国家筹建多品种、小批量、高新技术的军品开发基地，提高自主开发能力。

(4)鼓励和帮助承担军工任务的单位，以军品的质量、管理、技术和手段来促进民品质量和开发能力的提高，按部统一部署开展争创“名牌产品”、“明星企业”活动。

(5)加强质量工作部建设，依靠工作部组织专家队伍，开展对企业“三大战役”的指导、咨询、培训等服务工作。

在贯彻“三大战役”主要措施基础上，军工司一面抓质量体系建设和认证（认可）工作，一面抓实物质量，同时持续开展受企业欢迎的质量互查互学的抽查。实行重点项目质量计划上报制度，组织力量着重检查重点项目质量计划的实施情况。

1996年对14个承制单位进行了质量检查，有7个企业通过了军品质量保证体系认证审核。组织质量培训1 000人次，可靠性培训2次计40人次。

为配合“产品质量翻身战役”，1996年的军工科研项目有60%是以提高军品质量和可靠性为目标的。

提高军品质量与可靠性的同时，进一步强化售

后服务，继续坚持用户座谈、访问制度，发挥用户特有的监督作用，打好“三大战役”，促进机械军工整体水平的提高，确保“九五”国防建设和武器装备的需求。

抓关键、保重点、为全面完成军工年度任务创造条件 首先，发挥政策导向作用，调动企业承担军工任务的积极性。

(1) 落实部队装备的定价管理办法，第一批58种机械军事装备的价格调整方案于1996年12月25日获国家批准，对1995年调价产品的价差补贴已落实。

(2) 国家已同意对机械系统企业承制的部队专用车辆落实一定优惠政策，创造与国防企业平等的竞争环境。

其次，狠抓重点任务，确保国防需要。在组织年度计划实施中，重点抓好国家军工重点型号协作配套任务和直接交付部队的武器装备的交货进度和产品质量。

“八五”期间国家下达我部的七大重点科研项目已全部通过验收，重点军事装备科研任务基本上按计划进行。如：新型轮式装甲车已批量装备驻港部队，使用情况良好；两项重点工程任务也已落实，正有条不紊的实施。

〔撰稿人：机械工业部军工司　宫建辉　审稿人：机械工业部军工司司长　王金德〕

全国机电产品进出口

海关总署

1996年，我国机电产品对外贸易蓬勃发展，进出口总值再次突破千亿美元，达1 096亿美元，占外贸总值的37.8%，比上年(下同)增长6.3%。其中，出口482.1亿美元，增长9.8%；进口613.6亿美元，增长3.6%。出口的增长快于进口的增长。

全年机电产品出口特征

1. 再次高居出口商品首位

近年来，我国机电产品出口强劲，增长速度一再攀升，直追传统的纺织品和服装的出口水平。到1995年，成为我国第一大类出口商品。1996年继续以482亿美元的出口实绩高居出口商品首位。1996年的出口值在我国外贸出口中所占比重由上年的30%提高到32%，标志着我国出口商品结构有了质的改善。表1反映了近10年我国机电产品出口情况。

表1 近10年我国机电产品出口情况

年份	出口值(亿美元)	占总出口值的比重（%）	比上年增长%
1987	38.5	9.8	55.2
1988	61.5	13.0	59.7
1989	83.1	15.8	35.1
1990	110.9	17.9	33.5
1991	141.3	19.6	27.4
1992	195.5	23.0	38.4
1993	227.0	24.7	16.1
1994	320.0	26.4	40.9
1995	438.6	29.6	37.1
1996	482.1	31.9	9.8

2. 加工贸易出口增长迅猛，一般贸易出口下降

全年加工贸易（包括进料加工贸易和来料加工装配贸易）出口机电产品362.8亿美元，增长18.3%，占机电产品出口总值的75.3%，较上年的比重增加了5.5个百分点。一般贸易出口机电产品110亿美元，下降11.8%。各种贸易方式出口机电产品情况见表2（注：为便于分析，列出了进口资料）。

表2 1996年出口、进口机电产品贸易方式分类

贸易方式	出口(万美元)	进口(万美元)
进料加工贸易	2 700 391	1 396 290
一般贸易	1 097 968	1 568 010
来料加工装配贸易	927 879	479 850
保税仓库进出境货物	49 898	135 620
对外承包工程出口货物	25 459	
易货贸易	4 561	6 750
补偿贸易	1 338	12 317
国家间、国际组织捐赠物资	2 564	8 088
边境小额贸易	2 863	929
外商投资企业作为投资进口的设备、物品		2 234 446
租赁贸易	6 501	121 387
其他	1 143	171 970
合计	4 820 565	6 135 657

3. 技术及资本密集型的机电仪产品出口比重进一步增大

1996年全国共出口技术及资本密集型的机电仪产品及设备427.9亿美元，增长10.6%，占机电产品出口总额的88.7%，较上年的比重增加了0.6

个百分点。其中机械及设备出口109亿美元，增长25.6%；电器及电子产品出口201.7亿美元，增长6.1%；运输工具出口41.7亿美元，增长5.1%；仪器仪表出口29亿美元，增长23.1%。金属制品出口54亿美元，增长3.9%。出口主要机械产品见表3。

表3　1996年出口的主要机械产品

商　　品	单位	数　量	金　额（万美元）
金属加工机床	台	1 977 180	25 392
数控机床	台	538	991
普通车床	台	44 162	6 957
普通铣床	台	4 822	1 864
普通磨床	台	1 484	779
标准紧固件	万t	24.5	27 619
轴承	万套	66 453	34 194
起重机械	台	117 186	17 086
建筑工程机械	台	3 017	8 521
拖拉机	台	57 320	5 944
柴油发动机	万台	42.2	9 169
汽车及零部件			60 761
汽车	辆	12 592	14 596
摩托车及零部件			10 221
摩托车	辆	75 414	4 299
船舶			114 209
集装箱	个	353 460	106 244
飞机及零部件			16 687
飞机	架	65	9 388
自行车及零部件			81 468
自行车	万辆	1 216.6	46 347
缝纫机及零部件			24 197
工业缝纫机	万台	68.4	10 000
普通缝纫机	万台	339.1	10 641
照相机			69 550
钟表及零部件			196 379
手工具			60 420
锁	亿把	105	29 966
纺织机械			12 315

4. 对欧美出口增长强劲

1996年，我国机电产品的55%出口到亚洲，增长6.9%，所占比重减少了2个百分点。对欧洲出口79.8亿美元，增长17.3%；对美国出口103亿美元，增长12.3%。出口、进口额按出口值排序见表4。

5. 广东省机电产品出口仍保持领先地位，但比重有所下降

全年广东省出口机电产品261亿美元，增长8%，占全国的比重为54%，较上年的比重滑落1个百分点。出口值在1亿美元以上的有21个省市区，10亿美元以上的有广东、上海、北京、江苏、辽宁、浙江、天津、福建、山东等9省市（表5），其中除北京、广东外，各省市增长速度都超过全国平均增速，全国有超过一半的省市区出口出现负增长。

6. 外商投资企业出口首次超过国有企业

1996年，国有企业机电产品出口203亿美元，下降9.7%，占出口总值的42%；外商投资企业出口269亿美元，增长31%，占出口总值的比重首次超过一半，达56%。

表4　1996年机电产品进出口主要国家及地区

国家（地区）	出　口（亿美元）	进　口（亿美元）
香港	108.1	38.4
美国	103.1	81.2
欧盟	73.1	147.8
德国	23.3	60.4
荷兰	14.5	5.2
英国	13.2	11.3
法国	6.9	17.4
意大利	4.7	24.5
日本	71.1	179.5
新加坡	18.8	15.1
韩国	14.2	8.7
台湾省	10.0	66.6
马来西亚	6.4	5.3
加拿大	5.9	4.6
印度尼西亚	5.2	0.4
澳大利亚	4.5	2.2
泰国	4.1	3.6

1996年，在全国整个外贸出口不景气的情况下，机电产品出口仍有较快增长，主要原因有：(1)世界经济增长加快，1996年全球经济增长率达4%，国际市场需求增大。(2)国家高度重视机电产品出口，把它作为优化我国外贸出口结构，扩大出口规模，提高出口效益的战略手段，在政策上给予大力扶持和鼓励。(3)国内产品升级，结构调整使机电产品的生产优先发展，而国内需求相对不足，机电产品出口压力很大。但由于出口退税拖欠严重，出口退税率大幅下调，金融环境较紧，国内原材料价格上涨，1994年汇率并轨的刺激作用减弱，1996年机电产品出口增长速度比1994年减缓许多。

1996年机电产品进口增长缓慢　全年进口机电产品613.6亿美元，仅增长3.6%，占全国外贸进口总值的44.2%，较上年的比重减少了0.6个百分点。

1. 机械设备及仪器仪表进口增长较快

全年进口机械及设备301亿美元，增长9%；仪器仪表35亿美元，增长8%；运输工具53亿美元，下降0.2%；电器及电子产品189亿美元，下降2.4%；进口金属制品19亿美元，增长0.4%；其他机电产品进口15亿美元，下降6%。

2. 进口商品结构有所改善

汽车、空调器、复印机、录像机、金属轧机等进口大幅下降，计算机零件、集成电路及微电子组件、汽车零件进口有较大幅度的增长（表6）。

3. 进口贸易方式构成有较大变化

以外商投资设备为主，一般贸易与加工贸易占相当比重。全年外商投资企业作为投资进口的机电产品223.4亿美元，增长32%，占机电产品进口总值的36.4%，较上年的比重增加了8个百分点。这是由于受国家对外商投资企业进口设备优惠政策截止期的影响。一般贸易进口机电产品156.8亿美元，下降25.4%，占机电产品进口总值的25.5%。加工贸易进口187.6亿美元，增长10.8%，所占比重为30.5%。

表5 1996年机电产品进出口按经营单位所在地统计

经营单位（企业注册地）	出口（亿美元）	进口（亿美元）
北京	25.0	73.2
天津	22.2	32.8
河北	3.1	6.2
山西	0.8	0.9
内蒙古	0.4	1.4
辽宁	22.0	25.1
吉林	1.2	7.3
黑龙江	2.3	5.7
上海	38.8	81.3
江苏	32.8	46.8
浙江	20.0	20.3
安徽	1.8	5.6
福建	17.8	24.7
厦门特区	8.6	9.9
江西	0.7	1.2
山东	14.5	25.5
河南	1.7	3.9
湖北	2.3	8.5
湖南	1.9	2.7
广东	260.8	206.7
深圳特区	57.5	42.5
珠海特区	14.0	11.0
汕头特区	2.5	3.3
广西	1.7	2.9
海南	1.0	3.8
四川	3.5	15.2
贵州	0.5	0.6
云南	1.8	4.8
西藏		0.5
陕西	3.6	4.2
甘肃	0.3	0.6
青海	0.1	
宁夏	0.2	0.1
新疆	0.3	1.0
合计	482.1	613.6

4. 外商投资企业是进口的主体

外商投资企业进口405.6亿美元，增长26.3%，占进口总值的2/3，较上年的比重增加了12个百分点。国有企业进口191.9亿美元，下降25.8%，所占比重不及外商投资企业比重的一半。

表6 1996年进口主要机械产品

商品名称	单位	数量	金额（万美元）
汽车和汽车底盘	万辆	7.5	83 306
汽车零件			107 761
飞机	架	77	212 729
航空器零件	t	2 631	49 804
船舶	艘	1 283	39 327
医疗仪器及器械			39 072
计量检测自控仪器			189 227
钟表机芯及零件			90 192
阀门	万套	4 567	26 385
模型及铸造用型箱	t	59 844	90 658
烟草加工机械			35 752
橡胶、塑料加工机械			193 099
玻璃热加工机械			19 601
金属轧机及零件			35 298
金属冶炼及铸造设备			33 104
金属加工机床	台	125 402	252 231
制革、制鞋机器	台	34 538	17 038
工业用缝纫机	台	330 200	33 304
纺织机械			264 557
印刷、装订机械			82 587
造纸及纸品用机械			50 087
食品加工机械			79 827
建筑及采矿用机械			63 902
机械提运卸设备及零件			172 682
冷冻机及制冷设备			38 005
空气调节器	台	129 792	20 421
制冷设备用压缩机	万台	212	15 875
液泵及液体提升机	万台	155	27 616
活塞式内燃机的零件	t	44 810	43 032
蒸汽、过热锅炉及零件			30 761

5. 半数以上进自日本和欧盟，自美国进口增长较快

全年从日本进口179.5亿美元，增长1%，占进口总值的30%；从欧盟进口147.8亿美元，下降7%，占24%，其中自德国进口60亿美元，下降8.5%；自美国进口81亿美元，增长12%，占13%。机电产品出口继续以较高速度增长，再次取代传统服装纺织品的地位成为最大类出口商品，表明我国出口商品结构进一步优化，体现了我国工业现代化进程中的必然趋势。但机电产品进口增长趋缓，特别是国有企业，进口减少，与国家金融环境适度从紧，国有企业资产负债率高，企业自我积累自我发展机制弱有关。为了加强国有企业的技术改造，进一步提高综合要素生产率，实现产品的升级换代，提高出口产品竞争力，加速完成“两个转变”，在大力推进机电产品出口的同时，也应积极增加机电产品的进口，尤其要引进那些富含高新技术的先进生产设备。

〔撰稿人：海关总署综合统计司　黄国华〕

〔第Ⅰ部分责任编辑：张友鹤〕

机械工业

地区发展情况

第Ⅱ部分

北京机械工业

北京市机械工业管理局

生产发展情况 北京机械工业系统仍由北京市机械工业管理局、北京汽车工业集团总公司、北内集团总公司、北京仪器仪表工业总公司和北京兴东方实业有限公司(原北京农业机械总公司)所属225个工业企业组成。按国家经贸委标准划分,特大型企业1个,大一型企业10个,大二型企业24个,中一型企业6个,中二型企业26个。1996年,机械工业遇到了前所未有的困难,由于市场有效需求不足,机械产品面临供大于求的形势,造成行业产销量下降、效益滑坡、亏损面和亏损额增加。全系统广大干部职工认真贯彻机械工业部打好“三大战役”指示精神,落实市委、市政府的各项工作部署,做了大量艰苦的工作,促进经济向好的方向发展。全年完成工业总产值(不变价)135.1亿元,实现产品销售收入160.7亿元,完成工业增加值36.7亿元,比上年分别下降14.5%、16.2%、17.3%。实现利润1.9亿元,比上年下降0.6%。农业机械行业工业总产值、产品销售收入比上年增长分别为23.8%、30.8%;仪器仪表行业同比增幅分别为7.4%、22.7%。北京机械工业系统主要经济指标及产品产量完成情况详见表1、表2。

机械局从年初把千方百计缓解困难、扭亏控亏、减亏增盈作为全局中心工作。4月份召开全局扭亏增盈大会,提要求、作部署。把经济指标分解为半年的阶段性目标和全年指标逐户向企业下达,对全局亏损大户和盈利大户由局领导分工重点跟踪、帮促,并加大企业结构调整力度,从根本上解决一些扭亏无望的企业,培育新的经济增长点。经过上下共同努力,取得了比预计稍好的结果:全年完成工业总产值31.9亿元(含股份),其中国有企业完成24.2亿元,集体企业完成2.4亿元,合资企业完成5.1亿元,同比分别增长-8.7%、-11.1%、30.8%;实现销售收入38.2亿元,其中国有企业实现29.6亿元,比上年下降9.5%,集体企业实现2.9亿元,与上年持平;实现利税2.2亿元,同比下降12%。其中,国有企业实现2亿元,集体企业实现552万元,合资企业实现1 410万元。实现利润1 347万元,其中国有企业盈亏相抵(含股份)为2 843万元,集体企业亏损1 044万元,合资企业亏损452万元;上缴利税2.1亿元;出口产品产值3亿元,同比增长36.4%;出口创汇实现7 007万美元,同比增长16.7%;销售率为96.9%。

汽车工业集团总公司面对出现的有史以来产销量下降、效益下降的局面,全力以赴抓好生产经营,坚持“以销定产,以产促销、产销平衡”的方针,取得了一定的成果:全年完成工业总产值85亿元,同比下降7%;实现销售收入111.8亿元,同比下降9.1%;实现利润1.9亿元,实现利税8.04亿元,同比分别下降38.9%、25%;出口创汇1850万美元,同比下降19.6%;整车产品质量稳定提高率为100%。

北内集团总公司年初面临挂帐亏损严重,基建

表1 1996年北京机械工业系统概况

行业	企业数(个)	全部职工平均人数(人)	工业总产值(不变价)(万元)	工业增加值(万元)	产品销售收入(万元)	产品销售税金及附加(万元)	利润总额(万元)	固定资产 原价(万元)	固定资产 净值平均余额(万元)
合计	225	179 869	1 350 589	366 739	1 606 520	34 092	18 598	1 201 688	711 328
农业机械	26	16 690	82 188	18 174	75 487	151	-3 723	· 118 674	54 883
工程机械	6	8 383	25 425	9 050	30 495	58	-3 426	4 9464	32 316
机床工具	17	17 321	37 868	17 212	42 434	278	57	97 713	56 662
机械基础件	16	12 076	25 082	10 151	28 217	192	-245	56 203	37 450
石化通用机械	20	17 480	85 360	31 219	90 267	527	8 685	132 397	89 420
汽车	28	47 946	827 980	196 988	1 009 702	31 982	23 225	379 037	223 767
电工电器	36	33 091	126 422	50 953	162 945	713	-4 814	171 526	97 012
仪器仪表	59	11 660	60 733	17 568	61 714	180	4 970	54 332	33 848
食品包装机械	2	988	18 729	5 449	18 902	0	592	12 357	8 206
其他	15	1 454	5 883	2 276	5 987	11	339	6 705	5 996

表 2　1996 年北京机械工业系统产品产量

产品名称	单位	产量	比上年增长%	产品名称	单位	产量	比上年增长%
内燃机	MW	7 180	－36	饲料粉碎机	台	8 360	－33.2
农机内燃机	kW	73 425	1.4	小型拖拉机	台	9 063	－5.5
发电设备	MW	1 197	－34.2	机动喷雾机	台	30 838	－54.8
电站汽轮机	MW	1 042	－41.6	联合收割机	台	1 209	129
电站锅炉	t（蒸汽）	5 525	0.9	农用运输车	辆	1 839	179.1
金属切削机床	台	2 462	－1.6	叉车	台	554	－41.9
机床电器	万件	89.3	－23.9	汽车	辆	130 258	－25
起重设备	t	8 285	－30.9	摩托车	辆	21 522	－10.3
工业泵	台	6 421	－11.4	交流电动机	MW	1 487	－4.7
风机	台	7 242	8.7	分马力电机	万台	16.1	－27.5
气体压缩机	台	725	87.3	变压器	MV·A	836	－41.5
真空设备	台	1 553	－9.9	电力整流器	MW	71	－24.5
制冷设备	套	398	－27.8	高压开关板	面	1 582	－0.8
轴承	万套	106.7	15	低压电器元件	万件	26.8	－18.8
液压件	万件	9.7	－19.5	工业自动化仪表	万台	67.9	4.9
标准紧固件	万件	31 611.6	42.3	分析仪器	台	2 510	12.4
矿用挖掘机	台	157	－23	光学仪器	台	45 238	－2.8
印刷机械	t	12 702	10.5	实验室仪器装置	台	2 560	－18.2
饲料加工成套机械	套	829	－36.9	专用仪器仪表	台	1 557	37.1

技改战线长等严峻形势，总公司本着实事求是、量力而行的原则，提出“三年调整、两年发展”的战略目标，抓扭亏，促发展，强化生产指挥系统，开发市场需要的新产品。在自有资金仅 2 500 万元的情况下，基本保证了各项费用的支出和企业的简单再生产，尤其把握住了企业的发展趋势。

仪器仪表工业总公司系统干部职工奋力拼搏，在转变经济增长方式和提高市场竞争能力上狠下功夫，终于实现了连续第五年经济快速发展的结果：工业总产值完成 86 880 万元，同比增长 8%，其中国有企业完成 33 520 万元，同比增长 11.2%；销售收入完成 10 亿元，同比增长 1.9%；产销率全年达到 100%以上；实现利润 5 261 万元，同比增长5.7%，其中国有企业完成 1 581 万元。

兴东方实业有限责任公司系统围绕公司整体综合配套改革方案提出的发展战略、目标和措施，加大调整产业结构力度，改进生产手段，狠抓技改项目的落实，取得了来之不易的成绩：工业总产值完成1.96 亿元、销售收入完成 6.2 亿元，同比分别增长 9%、17.9%；实现利润－491 万元，其中工业－509 万元、商业 18 万元；外贸出口额达 156.3 万美元，12 月初，国家外经贸部批准北京拖拉机公司经营自营进出口业务，填补了公司直属企业无进出口权的空白。

1996 年北京机械工业经济运行特点：

全年经济在低谷中运行。主要经济指标呈下降趋势（除仪器仪表、农机行业外）。

(1) 以“两个根本性转变”带动产品战略调整的转移。首先，让生产方式、产供销结构发生转变，其次，注重指标的考核，加大资金运转力度。一批企业研制开发短、平、快产品，并研究规模经济发展模式。机械局系统年初开展实现“两个根本性转变”大讨论活动，促进干部职工思想观念的转变，推动了一批企业转变经营思想，树立市场竞争观念，并查找经营管理上的“粗放点”，下决心医治企业“不适应症”。电机总厂实施产品战略转移，将原来的 Y 系列的普通电机改进设计为 Y2 型，降低了成本。同时，开发出高效高电的注塑机、减速机和电梯三种电机，开创了以特殊电机替代普通电机为主的局面。汽车集团总公司根据市场变化，要求主机、配套企业相互合作，促进自配率的提高。并对四大主机、十三个主要零部件的配套、质量、价格定点情况进行了调研、年底总公司内部配套率比上年提高 5.8 个百分点。兴东方公司在服务于农业生产、促进农村经济发展和改革的同时，抓配套上水平，抓典型促平衡，使农机装备实现了质的提高。先进、高效、复式作业机具逐步取代旧型机械。1996 年全市农机总值 22.6 亿元，同比增长 2.2%；农机总动力 4 683.8MW，平均每万亩耕地拥有农机总动力 7.9MW。机械作业水平与上年比有所增加，完成机收小麦 249.9 万亩，玉米精量播种 216 万亩，机收玉米 133.9 万亩，小麦、玉米秸秆粉碎 336.7 万亩，机施化肥 457.5 万亩。

(2)将扭亏增盈列为重点，千方百计提高经济效益。机械局系统企业亏损态势严重，曾月亏损以 1 000万元速度急剧增加。采取坚决措施，年初，制定扭亏增盈责任制，设制扭亏增盈阶段目标。北京第一通用机械厂 4 月份累计亏损高达 942 万元，局领导召开多次现场办公会，研究制定生产、销售、回款、再投入的资金循环运作方案，经过三个周期的运作，年内实现了扭亏。汽车集团总公司针对 BJ2020 型系列车同比略有下降、轻型客、货车同比大幅度下降，采取增畅、限平、停滞、提高产销率。对年初制定的生产计划及时修订，给企业明确了切实可行的目标。并运用多种形式，加大产品促销力度。从加强四位一体的营销管理入手，建立健全各种管理办法和制度，制定促销奖励办法，规范售后服务行为准则。为开拓市场，集团总公司分别参加了全国订货会、机械工业部国产汽车四十周年联展和三个国际汽车展览会。吉普公司的“西藏行”、“齐鲁大地行”、“1996 吉普大会”，轻汽公司“北轻汽杯中国名车长征行”等活动，促进了销售，扼制住了继续下降的局面。

(3)打好“组织结构优化、开发能力提高战役”，努力构造适应市场经济发展需要的经济结构。①加大调整力度并取得突破性进展。机械局着力解决严重制约经济发展和影响经济效益提高的结构性矛盾。1996 年完善北人集团、液压集团的工作基本到位。北人集团按规范化要求进行了现代企业制度的改革试点。液压集团公司上半年完成了国家“八五”专项技术改造项目验收，大大提高了制造能力和工艺水平，增强了竞争能力。筹划了全局在“九五”期间进行重大企业结构调整的总体规划和初步方案，对具有一定市场优势、产品有一定特色、有发展基础的行业进行规划和理顺工作。企业破产的试点工作取得较大进展。仪器仪表总公司，为落实“九五”结构优化工程的目标，一是帮助自动化工程公司建立新的管理机制；二是将压铸件分厂划归北京模具厂，以发挥在存量资源和工艺衔接方面的优势和潜力；三是将北京仪器厂和真空仪表厂合并为北京北仪真空集团的核心企业，促成优势互补，发展集团；四是将北京照相机总厂和北京科学仪器厂合并为北京照相机集团的核心企业，促成了与日本奥林巴斯公司建立相机生产合资企业，为北京照相机行业在全国居领先地位创造了条件。由于多数企业在经营机制转换上下苦功夫，保持了生产经营稳步发展，北京远东仪表公司、北京光学仪器厂等 7 个大中型企业销售收入实现利润总计比上年分别增长 23.1%和 21.1%，分别占全系统的 65.5%和 96.7%。汽车集团总公司制定企业结构调整方案，明确 2000 年企业经济结构调整的目标、重点、措施及项目进度。北京齿轮厂与华纳公司对产品进行分工调整，并提出喇叭厂、制动器等厂调整方案。兴东方实业有限责任公司盘活存量资产，1995 年曾对联合收割机总厂与市挂车厂进行合并，当年产品产量达到历史最高水平，生产联合收割机 633 台，1996 年产量翻番达 1 400 台，并在山东蓬莱、河北邯郸、河南驻马店建立了组装分厂，1997 年麦收前各分厂可为用户提供收割机。②提高产品开发能力，加快技术进步和技术创新，促进“产、学、研”联合攻关。汽车集团总公司、仪器仪表总公司和机械局系统参加 1996 科技成果转让和难题招标洽谈会，签订科技成果转让和难题招标 54 项。全年开发研制新产品：机械局系统 175 项、汽车集团总公司 55 项、兴东方实业有限公司 30 项。仪器仪表总公司系统完成新产品鉴定 23 项，重点产品 16 项，自动化院的工业控制模板和光电所的激光治疗仪器两个中试基地通过了验收。北内集团总公司开发研制的 $492D_1QB$ 电控单点燃油喷射和直接点火车用汽油机，比改进前的 QB 型功率提高 3%～5%，燃油耗降低 5%～10%，排放值满足 GB14761.1 和欧洲 EC15.04 标准，整车匹配后驾驶性能有明显改善，该产品已申报国家专利权。开发研制的 $4115C_2B$ 型船用发动机，3 月通过了国家船检局的认证，并颁发印有“铁锚”的船检标志。

(4)推广邯钢经验，打好“产品质量翻身战役”，提高企业整体素质。北京机械工业系统围绕学邯钢，在质量管理、资产管理、现场管理、成本管理等方面收到成效，使企业内部管理向市场化、科学化、规范化迈进了一步。

①学习推广邯钢经验活动在企业内部广泛深入的展开。汽车集团总公司系统从财务基础管理入手，对企业会计基础工作不规范、有些财务制度老化等问题进行检查、指导。在抽查的工业企业中，90%的企业重新修订了财务制度。北汽摩公司运用市场“倒推法”确定目标成本，作为否决标准，根据实际实行八种不同的成本否决方式，初步实现了向成本管理要效益。北京开关厂围绕管理和效益两个关键问题，发动职工找出 1 000 个“粗放点”，仅 4 个事业部降低可变资本 513.5 万元。并采取班组达标与管理工资挂钩办法，实行“精细”管理。该厂与北汽摩公司学邯钢的做法受到北京市领导及有关部门的肯定，并在市经委系统加以推广。北京拖拉机公司针对“一业为主，多种经营”特点，对各部门实行利润否决，手扶拖拉机单台销售利润同比增加 38.5%。联合收割机发展集团通过整顿基础管理，各项费用指标在原实际发生额的基础上压缩 10%～15%。

②强化质量管理，打好“产品质量翻身战役”。北京机械工业系统结合实际，制定“质量翻身仗”实施方案，并分阶段、有步骤有目标地进行具体操作。北京空调器厂、北分麦哈克公司等一批企业通过了 ISO9001 质量体系认证。机械局的 9 个企业向社会公开实施“质量保证承诺”。北京摩擦材料厂提出“产品不达标准宁可废掉，不准出厂”的口号，赢得用户高度信赖。吉普公司开展“质量百天活动”，采取对产品全方位检查控制和验收等工作，提高了产品质量。北内集团总公司理顺质量管理体系及质量信息反馈、统计体系，分别于 5 月和 9 月开展了质量管理月活动，并有重点有步骤地对主机装配、冷、热加工生产线进行工艺整顿验收，使生产线完好率达 80%。解决职工查找质量问题点 513 个。通过强化管理，带动了一批产品实物质量的提高。为提高全员质量意识，北京机械工业系统重点抓了厂级领导及 ISO9001 系列标准的学习，培训面达到 100%，并分期分批对从事质量相关工作的岗位人员培训。

(5)发挥政治工作优势，保持了职工队伍的稳定。1996 年将加强各级领导班子建设作为中心环节，突出抓各级领导干部党性锻炼和政治思想理论素质的提高。为使一批企业尽快扭转亏损的被动局面，机械局党组加大了对领导班子的调整力度，全年共调整16个领导班子和67名领导干部，对24名干部进行了诫免谈话。对困难企业、特困职工“送温暖”，建立困难职工具体“解困”方案，为全局12个停产半停产困难企业3 500名职工解决了350万元基本生活费，对82个单位1 440名特困职工发放“送温暖”基金35万元。

市场及销售 1996年北京农机行业总的发展态势是：生产稳步增长，销售增长趋势，效益下滑。从销售市场看，累计完成销售收入54 327万元，比上年下降5.9%。出口供货额1 297.15万元，折合156.3万美元。主要出口产品为农用运输车、小型汽油机、农用挂车、粉碎机、机床等。农机行业总体产销率高于97%，但是部分产品生产规模超过了市场需求，成品库存量呈增长趋势。汽车工业总公司为保持和扩大现有的汽车市场份额，努力适应市场需求周期缩短、品种多样化。吉普公司改善汽车安全、舒适性，开发了BJ2020SY硬顶吉普车，并根据西藏地区特点，开发了“西藏型”CX5切诺基。北汽摩公司推出的“金旋风”汽车，不仅受到用户的欢迎，而且在巴黎国际汽车博览会崭露头角，受到关注。轻汽公司在BJ1041、BJ1061系列车基础上研制开发十几种新产品，已陆续投放市场。北齿、华纳、减振器及汽车仪表等一批零部件企业，在满足集团内配套同时，不断扩大国内配套厂家。汽车工业进出口公司，积极开拓国内外两个市场，10月底实现创汇797万美元，超额完成全年利润指标。采取的主要做法：一是立足于北京汽车工业，采取进出口相结合的原则，为企业生产建设组织配套件、设备及市场需求的整车进口，进口产品额近700万美元。二是采取内外贸相结合的原则，大力组织出口产品的同时，继续巩固内贸部门的经营。三是贸易与产业相结合的原则，建立三个工业公司，作为出口基础。北内集团总公司面向市场，增强市场竞争意识，多次组织科研和销售人员共同分析产品和市场，制定营销战略。并理顺售后服务渠道，按照发动机系列，明确服务人员的岗位职责，组织技术培训150人次，提高了售后服务人员的业务、技术水平和处理故障的能力。进出口公司出口创汇1 454.8万美元。北京仪器仪表总公司系统完成销售收入101 760万元，同比增长12.9%，其中全民预算内企业增长1.9%，集体企业增长－13.8%，合资企业增长40.6%。出口交货值17 200万元，折合2 072万美元。其中，出口照相机2 384 523架，光学仪器11 610台。机械局系统，首先是全方位面向市场，依靠自身努力，勇闯难关。第二开关厂从厂长做起，带领销售人员到分管的地区考察市场，制定“挤占”市场方案，将产品打开了三峡机场、云南大黄磷矿工程、河南神马集团配电工程、宝钢三期工程市场，中标合同4 005万元，创出历史最好水平。水泵厂领导分头分批带队，与经销、技术人员组成机动小分队走访用户，历时一个半月，行程三万余公里，遍及十三个省、市、自治区，访问用户近200家，设计院所30余家，获取需求信息2 000万元。二是靠内部改革，主动与市场连接。开关厂完成了与市场接轨的“三大配套”：①体制上与市场对接，建立事业部制，形成了“五个销售”体系；②实现科技与市场的对接，开发市场适销对路7个新产品；③实现现场与市场的对接，全厂开展“班组达标”、“现场管理”活动，使现场管理迈上新的台阶。三是靠科技进步，加快市场需要的新产品。一机床的XHFA2420仿形定梁龙门加工中心，一次装卡可对工件五面进行铣、镗、钻、铰、攻丝，三坐标数控联动完成仿形加工，填补了国内空白。北人集团开发的四开胶印机、起重机器厂试制成功的SH3系列升降机、金属结构厂的化工液体运输车、电线电缆总厂试制成功的层绞式系列光缆等新产品批量投产后都有很好的市场前景，有的已成为市场竞争中的制高点。四是扩大出口，争夺国际市场。1至8月全局外贸出口取得较大幅度增长。特别是自营出口增长较快，同比增长65%；“三资”企业出口稳步增长，天海公司在上年实现创汇818万美元基础上，全年出口创汇1 273.4万美元，同比增长57%；一批小型企业结束无出口产品的历史。在“市场开发工程”启动中，对全局系统国内外销售网点进行了调查。销售收入超亿元、出口创汇达百万美元的企业见表3、表4。

新技术及科研成果 1996年，北京市农业机械研究所研制的节能日光温室、水稻育秧、抛秧成套设

表3 1996年北京机械工业系统销售收入超亿元企业

序号	企业名称	销售收入（亿元）
1	北京吉普汽车有限公司	55.0
2	北京汽车摩托车联合制造公司	16.8
3	北京轻型汽车有限公司	10.7
4	北京汽车工业供销公司	7.5
5	北京重型电机厂	5.0
6	北人股份有限公司	3.76
7	北汽摩福田车辆股份有限公司	3.7
8	北京华纳齿轮有限公司	2.8
9	北京开关厂	2.6
10	巴·威公司	2.5
11	北京天纬油泵油嘴股份有限公司	2.1
12	北京第一机床厂	1.86
13	北京机电设备工程公司	1.73
14	北京天海有限公司	1.7
15	北京起重机器厂	1.65
16	北京电机总厂	1.57
17	北京齿轮总厂	1.5
18	北京敬业电工集团	1.37
19	北京旅行车股份有限公司	1.2
20	北京汽车工业进出口公司	1.1
21	北京轴承公司	1.1
22	北人集团	1.05

表 4　1996 年北京机械工业系统出口创汇超百万美元的企业

序号	企业名称	出口创汇额（万美元）
1	北内集团总公司进出口公司	1 454.8
2	北京北照·宝源光学工业有限公司	1 382.0
3	北京天海公司	1 273.4
4	巴·威公司	1 033.3
5	迅达电梯	884.5
6	北京电机总厂	778.1
7	华北电力设备成套（集团）公司	636.0
8	北京汽车摩托车联合制造公司	426.0
9	北京第一机床厂	371.5
10	北京重型电机厂	357.0
11	北京开关厂	356.2
12	北京吉普汽车有限公司	352.0
13	工具公司	203.7
14	北京仪器机床厂	200.0
15	北京叉车总厂	157.0
16	北京变压器厂	146.3
17	北京起重机器厂	135.1
18	北京轻型汽车有限公司	120.0
19	北京第二机床厂	114.4
20	北京泰克仪器有限公司	106.4
21	北人集团	100.0

备分别获北京市星火科技成果一等奖、三等奖。该所为三个开发研究室设立了CAD设计室，购置了586计算机、绘图机，以及清华大学华教公司开发的CAD软件。兴东方公司组织企业总工和技术骨干参加了CAD辅助设计培训班，科研人员经培训很快掌握了CAD应用技术，甩掉绘图板，提高了工作图质量。北京分析仪器厂的BFS-6910在线紫外分光光度计、BFS-4100工业磁式质谱仪，北京自动化仪表三厂的YTJ-150多功能防溅力表和北京自动化技术研究院的核电站关键设备振动监测系统均属机械工业部重大科技攻关项目，现已圆满完成。北汽摩公司在全国“八五”CAD应用工程推广经验交流会上，被国家科委、全国电子信息系统办公室和国家技术监督局授予CAD应用工程先进单位。该公司附件研究所研制开发出BJH20P化油器，用于492Q型及2L～2.5L汽油发动机的低污染型化油器，可有效降低汽车尾气排放中的CO，并节油5%～7%。北京开关厂全年开发110kV SF_6 断路器、10kV～35kV真空断路器及新型开关柜、3kV～6kV真空接触器柜等11项重大新产品，全部通过机械工业部、电力工业部鉴定。以北京机电研究院为主，联合国内产、学、研单位，为中国南方航空动力公司承包由22台数控加工中心组成摩托车零件柔性生产线，经与16家外商竞争，一举中标，成为国内首次中标柔性生产线的“交钥匙工程”。按照“开发能力提高战役”实施纲要，确定全局重点企业范围和分层次组建企业技术中心的方案。建立了北京开关厂市级技术开发中心；北人集团、重型电机厂、起重机厂的机械工业部CAD/CAM的第一期项目通过验收。北内集团公司全年实现科技成果16项，技术革新389项，获经济效益262万元。8月30日北内锻造公司开发研制的“斜置式一模二件连杆模锻新工艺”成果应用，通过来自清华、北大、中国锻造协会专家的鉴定。获科技进步奖情况及市级“拳头”产品情况见表5、表6。

表 5　1996 年北京机械工业系统获部、市级科技进步奖项目

序号	项目名称	完成单位	部级奖	市级奖
1	摩托车零件柔性生产线	北京市机电研究院		十佳新产品奖
2	独立制造岛示范	北京第二机床厂	二等奖	
3	强硫化物形成元素衬底生长金刚石膜界面物理结构规律性预测和揭示	北京市粉末冶金研究所	二等奖	
4	XHA784、XHA785 系列加工中心	北京第一机床厂	三等奖	
5	B_2-2009 型高精度数控外圆磨床及 PMY-10 型基孔配磨仪表	北京第二机床厂	三等奖	
6	微电机机壳精密多工位引伸级进模具	北京市机电研究院		三等奖
7	RCG3DG 高温热泵除湿干燥机	北京冷冻机厂	三等奖	
8	SHJ 系列升降机	北京起重机厂		三等奖
9	JB/T2903.1～4－94 丝锥磨床参数、精度系列型谱、技术条件	北京市机电研究院		三等奖
10	WQF-400 型傅立叶红外光谱仪	北京瑞利分析仪器公司	二等奖	
11	AO 放大复印机	北京电影机械研究所	三等奖	
12	400t 浮法玻璃生产过程自动控制系统计算机软件优化	北京自动化技术研究所	三等奖	
13	在线可燃气体分析仪	北京分析仪器厂	三等奖	
14	4YZ-4 型自走式玉米收割机	北京联合收割机发展集团	二等奖	
15	节能日光温室	北京市农业机械研究所		一等奖
16	水稻育秧、抛秧成套设备	北京市农业机械研究所		三等奖

表 6　北京机械工业系统 1996 年度获市级"拳头"产品情况

序号	产品名称	完成单位
1	BJ2021 轻型越野汽车（切诺基牌）	北京吉普汽车有限公司
2	BJ2020 轻型越野汽车（北京牌）	北京吉普汽车有限公司
3	BJ2023 系列轻型越野汽车	北京汽车、摩托车联合制造公司
4	BJ1041 系列载货汽车	北京轻型汽车有限公司
5	BJ6560 系列轻型客车	北京旅行车股份有限公司
6	T5 变速器	华纳齿轮有限公司
7	BN492Q 系列汽油机	北内集团总公司
8	胶印机	北人集团公司
9	升降台式铣床	北京第一机床厂
10	BJZ3364 型 20t 矿用自卸汽车	北京重型汽车制造厂
11	起重机	北京起重机器厂
12	六氟化硫组合电器	北京开关厂
13	真空断路器	北京开关厂
14	高压气瓶	北京天海工业有限公司
15	大地测量仪器	北京光学仪器厂
16	1751 系列电容式差压压力变送器	北京远东仪表有限公司
18	INFI-90 集散系统	北京贝利控制公司

新产品　机械局系统全年计划实施新产品试制项目 170 项，完成 175 项。其中，部计划 36 项，具备国际水平的 45 项，国内先进水平的 65 项。兴东方公司系统全年开发新产品 30 项，其中 6XBJ-1 型北京肉饼加工机组、JW-6A 型节能日光温室等 13 项新产品通过鉴定和验收。轻汽公司研制的 BJ1041QM、BJ1041CD、BJ1045QM、BJ1061CN 及底盘、BJ1061CU 等系列车型，通过来自清华、北京理工大学及北京公安交通管理局车管所专家评审小组鉴定。仪器仪表总公司全年完成新产品鉴定 50 项，其中完成部、市级计划 8 项。国家级重点新产品试产项目见表 7。

质量　机械局系统完成了企业主导产品考核目录的核定工作；完成了 6 个优等品、16 个一等品的复评工作；重新组建质量信得过班组评审队伍和制定强化全面质量管理基础工作的有关规章制度。7 月 5 日，北京光学仪器厂一次性通过新世纪质量认证中心对该厂 ISO9001 质量体系的复查，对 10 个处室 5 个车间进行了 118 个项目的抽样检查，认为该厂质量体系能够保持认证合格水平。北京齿轮总厂热处理厂实行生产现场"一条龙"质量管理，使 16 个品种月产量 35 000 件热加工产品质量稳步提高。为使产品质量升级，汽车玻璃升降器厂编写出十几万字的《质量手册》和《程序文件》，对厂领导和职工进行培训考试，坚持边查边改边完善制度，使管理上台阶。5 月北京市汽车监督检查站对北内市优产品 F_6L912 柴油机封样抽查 5 台，发动机标定功率、燃油耗、机油耗指标和清洁度均达到市优等品标准。

技术改造　北内集团公司完成了对 4115 与 $F_6L912/913$ 发动机装配生产线进行分线等 19 项技改项目。该公司 1995 年利用国际贷款引进奥地利 AVL 公司价值 250 万美元的发动机测试设备，1996 年基本安装调试完毕，该测试台架包括 6 台试验设备，投产后可进行与发动机有关的整车性能研究和排放研究，可进行比较完整的机内工作过程研究及有关运动件的运动状态的研究等，其试验条件在国内发动机行业属领先水平。北京整流器厂引进IGBT 绝缘栅双极晶体管制造技术技改项目于 1996 年底竣工并通过验收。IGBT 装置属高技术产品，是我国"八五"重点攻关项目，既是 ABB 交、直流电气传动装置模拟量升级产品，也是国际第三代高频电力电子最新技术产品。北京汽车研究所"八五"技改项目于 11 月 12 日通过竣工验收，该项目完成总投资 2 200万元，主要是对原有 6 个试验室填平补齐一批设备仪器及配套设施，技改后该所整体水平进入全国汽车行业科研所前五名。11 月 29 日 WFR 旅行车维修备件技改项目通过市经委组织的竣工验收，该项目完成总投资 2 907 万元，引进日本五十铃汽车公司部分设备样件等。5 月底，完成 523 套冲压模具的试模工作后，成功地完成了两批 5 180 件 WFR 维修备件试生产，经日方检验合格并返销日本。兴东方公司全年在资金逐步到位情况下，重点抓了技改项目的落实，并与企业签订技改项目责任书。拖拉机公司污染扰民搬迁结合技改项目的沙河新厂区一期工程全面完工，已有 11 个分厂从市区迁往新厂区。已累计完成投资 1.6 亿元，新增固定资产 1.3 亿元。后续工程——5 万辆农用运输车项目，其产品及工艺技术装备方案已于 10 月通过清华大学、江苏理工大学，机械工业部及北京市有关专家的专题论证。联合收割机集团技改项目列入国家二期"双加"工程后已通过银行评估、环保、劳保、规划等综合部门审查，并先期利用自筹资金 500 万元，完成7 700m^2 车间 10 架天车采购、安装、调试、验收，于 6 月 21 日取证。北京远东仪表公司、北京仪器厂和北京光学仪器厂三个技改项目列入国家第二批"双加"工程。机械局系统全年新开工技术改造项目 6 项，完成投资 9 500万元，加上上年的结转项目，完成 2 亿元技改任务量。

对外合作　1996 年机械局系统新建中外合资合作企业 5 个。项目总投资 309.34 万美元，新建的企业主要围绕高压容器集团和输变电集团为其配套的产业。同时，完成了力士乐铸造项目的扩资，总投资由 2.08 亿元增至 2.4 亿元，扩资后生产液压行业急需的高质量液压件铸件，预计年销售收入 1.5 亿元，利润总额 6 000 万元。编制了全局"九五"利用外资规划（草案），初步确立了发电、输变电、深冷、印刷机、液压、机床数控为"龙头"的"九五"利用外资框架，围绕上述产业建立一批合资合作企业。1995年～1996年度中国最大500家外商投资企业中，吉普公司和轻汽公司分别居第3位、第38位。轻汽公司“增资转股”于10月30日被外经贸部批准，注册资本增至4.59亿元，合资四方所占比例：四方汽车集团公司50%，其他三方分别占5%、25%

表7 1996年北京机械工业系统国家级重点新产品试产项目

序号	新产品名称及规格型号	技术水平	试产单位
1	330MW汽轮发电机组（汽机型号N330-17.70/540/540，发电机T255-460）	国际水平	北京重型电机厂
2	粉末冶金不锈钢多孔过滤元件	国内先进	北京市粉末冶金研究所
3	BCW5090TQZJY3型道路救援清障车	国际水平	北京起重机器厂
4	BCW5253TQZY25C型25t汽车起重机	国内先进	北京起重机器厂
5	小型高效精密外圆磨床	国际先进	北京第二机床厂
6	RCG30G高温型热泵除湿干燥机	国际水平	北京冷冻机厂
7	A7V250EP-500LA斜轴式轴向柱塞变量泵	国际水平	北京市华德液压泵厂
8	AZF55W2.1P2斜轴式轴向柱塞马达	国内先进	北京华德液压泵厂
9	XHA785加工中心	国际水平	北京第一机床厂
10	XHA784加工中心	国际水平	北京第一机床厂
11	JYQW-1舰载直升机牵引力无级调节牵引装置	国际水平	北京市液压技术研究所
12	12CPT-45型立式排水泵	国际水平	北京水泵厂
13	摩托车零件柔性生产线MFL-20	国内先进	北京市机电研究院
14	KYN800-10铠装移开式开关柜	国内先进	北京开关厂
15	KYN □ -35铠装移开式开关柜	国内先进	北京开关厂
16	DZS7-25X限流断路器	国际水平	北京机床电器厂
17	VF系列变频调速电梯曳引电动机	国际水平	北京市电机总厂
18	ACY2-32/5插接转换器	国际水平	北京第三机床电器厂
19	GYTA53多芯纤皱纹钢带纵包层绞光缆	国际水平	北京市电线电缆总厂
20	EGSVD可分程电动调节阀	国际水平	北京市自动化系统成套工程公司
21	JTR-700集热管磁控溅射镀膜机	国际先进	北京仪器厂
22	493QB直列、水冷、四冲程柴油机	国内先进	北内集团总公司
23	BJ1016CN5D轻型载货汽车	国内先进	北京轻型汽车有限公司
24	T5变速器总成	国际水平	北京华纳齿轮有限公司
25	切诺基汽车组合仪表	国际水平	北京汽车仪表厂
26	切诺基汽车空气滤清器	国际水平	北京市汽车滤清器厂
27	BF-9401型硅酸根监测仪	国内先进	北京分析仪器厂
28	BFS型在线可燃气体监测仪	国际水平	北京分析仪器厂
29	FD461-FD464型高能无触点点火系统系列产品	国际水平	北京市汽车分电器厂
30	U系列磁浮子液位计及开关	国内先进	北京自动化仪表四厂

表8 1996年北京市机械工业系统合资情况

企业名称	中方投资者	投资总额（万元）（人民币）	注册资本（万元）（人民币）	外资比例（%）	合作方式	成立日期
北京奥林气体有限公司	北京高压气瓶厂 北京隆华实业总公司	373.58	298.86	33	合资	1996.01.25
北京成功天海气体工程有限公司	北京高压气瓶厂 北京化学工业集团公司	300	300	40	合作	1996.01.31
北京北益电工绝缘制品有限公司	北京开关厂	1 500	1 050	40	合资	1996.03.19
北京博力金结低温工程有限公司	北京金属结构厂	200	200	25	合资	1996.05.27
北京北照奥林巴斯光学有限公司	北京照相机总厂	150万美元	150万美元	60	合资	1996
北京旅行车股份有限公司		1 930	1 930	25	合资	1996.02

和20%。联合收割机发展集团与俄罗斯克拉斯诺亚尔斯克市同行厂家签署了在北京合作开发生产小麦水稻玉米收获机械的合作意向书，并在1996年12月11日～12日中俄政府间经贸和科技合作委员会

第四次会议上列入合作纪要。北内集团与美国合资组建北京赛特恩电子有限公司、照相机总厂与日本奥林巴斯公司组建北京北照奥林巴斯光学有限公司，这两项合资总投资435.5万美元，外方股比分别占62%、60%。其经营范围：汽车电子零部件、厚膜集成电路，汽车配件及生产销售照相机、精密仪器工具。1996年合资情况见表8。

存在问题 (1)与全国一般机电产品生产趋同化严重，供大于求，产品结构不适应市场需求，导致生产能力部分放空、产品市场份额下降；国外进口设备大量冲击国内市场，上半年全国批准和登记的进口设备总额增长14.1%。

(2)减利因素大幅度增加，成本费用上升较快，企业利润转移，严重影响盈利水平。

(3)资金极度紧缺，制约企业生产正常运行。近年国家实行适度从紧财政货币改革，加上企业效益下滑，应收款过大、回款率低，补充流动资金十分困难，一批企业因资金问题生产经营难以为继。

(4)企业历史包袱和社会负担过重。欠国家和银行债务及企业内部冗员过多，已成为企业经济运营的严重负担。

〔撰稿人：北京市机械工业管理局　张桂萍（北京汽车工业集团总公司　李燕英、北京市仪器仪表总公司　荣跃林、北京兴东方实业有限公司　沈向东、北内集团总公司　刘培据提供有关资料）　审稿人：北京市机械工业管理局　解福顺〕

〔责任编辑：王福俭〕

天津机械工业

天津市机械工业总公司等

天津机械工业系统主要由天津市机电工业总公司、天津汽车工业（集团）有限公司、天津市电子仪表工业总公司所属部分企业和天津市农机局所属企业构成。

天津普通机械工业

由于行业隶属关系和统计口径不同，本文所述天津机械工业系1996年天津市机电工业总公司所属企业情况。文中所述各种统计数字包括归口建设中的天津奥的斯电梯有限公司、天津津翔电梯厂、天津工程机械厂，归口地质矿产部的天津探矿机械总厂、归口公安部的天津消防设备总厂等。（表1、表2统计数字是归口机械工业部的企业情况。）

表1　1996年天津机械工业系统概况

行业	企业数（个）	全部职工平均人数（人）	工业总产值（不变价）（万元）	工业增加值（万元）	产品销售收入（万元）	产品销售税金及附加（万元）	利润总额（万元）	固定资产 原价（万元）	固定资产 净值平均余额（万元）
合计	209	122 146	500 056	123 464	510 114	4 906	−5 143	547 009	371 820
农业机械	1	4 846	4 142	460	8 323	6	−3 200	26 144	16 132
工程机械	1	792	1028	176	1 967	15	−108	4 593	3 424
机床工具	32	20 103	38 148	12 452	39 417	223	−4 746	89 178	57 120
机械基础件	39	14 451	36 549	13 067	34 739	249	−2 117	51 628	34 593
石化通用机械	26	10 494	73 680	20 983	67 757	195	4 001	63 474	45 098
重型矿山机械	9	1 1561	30 749	13 877	37 190	136	−1 230	73 793	40 629
汽车	3	1 656	125 507	19 951	113 016	3 577	11 867	21 413	18 631
电工电器	76	37 275	174 723	38 694	190 997	472	−9 768	196 015	141 799
其他	22	4 585	15 541	4 703	16 707	32	158	20 772	14 392

生产发展情况 1996年，天津市机电工业总公司所属主要工业企业298个，其中归口机械工业部的企业209个。按企业经济类型划分，全民所有制企业96个，集体所有制企业141个，全民、集体合营企业7个，股份制企业1个，已投入运营的中外合资、合作和独资企业共53个。按国家统计局标准划分，大一型企业9个，大二型企业15个，中一型企业18个，中二型企业27个，小型企业229个。另有

专业科研院所16个，大中专科学校4个，技工学校17个。

1996年末，总公司系统有职工147 125人，其中国有企事业单位有职工83 718人，集体企事业单位有职工42 799人，“三资”企业有职工15 059人，全民、集体合营企业有职工5 549人，分别占全部职工人数的56.9%、29.1%、10.2%和3.8%。全系统有各类技术人员24 168人，占职工总数的16.4%，其中拥有各类高级技术职称2 416人，有工人技师2 042人，享受政府特殊津贴专家181人。

1996年，天津机械工业遇到了前所未有的严峻形势，由于市场有效需求不足，资金紧张等主要因素的制约，企业经济运行困难，经济效益大幅度滑坡。全系统以市场为导向，以提高经济运行质量和经济效益为中心，以扭亏增盈、综合治理困难企业，继续保持大局稳定为重点，齐心协力，奋力拼搏，在抑制生产和效益的滑坡中取得了相对较好的结果。全系统完成工业总产值70亿元（不变价），完成工业销售产值65.89亿元（当年价），完成工业销售收入77.04亿元，实现工业利税7.68亿元，按与上年同等企业情况统计，分别下降9.98%、10.62%、1.99%和38.21%。全系统完成工业增加值19.73亿元，比上年下降17.9%，经济效益综合指数为82.01%，比上年下降29个百分点。其中，机械工业部归口企业各项经济指标完成情况见表1，天津机械工业系统主要产品产量见表2。

表2 1996年天津机械工业系统主要产品产量

产品名称	单位	产量	比上年增长%	产品名称	单位	产量	比上年增长%
工业锅炉	t（蒸汽）	1 089	15.5	摩托车	万辆	14.03	−25.4
内燃机	MW	450	224	摩托车发动机	万台	5.38	38.7
发电设备	MW	95	−8.3	交流电机	MW	517	−7.7
金属切削机床	台	341	−29.9	变压器	MV·A	679	−23
机床电器	万件	10.1	−41.7	高压开关板	面	629	−31.7
锻压设备	台	1 149	−23.6	低压电器主要元件	万件	51.7	−19.2
起重设备	台	25 812	10.15	电力电缆	km	23 334	63.6
电梯及扶梯	台	3 486	−11.3	裸铜线及铜电车线	t	4 066	−3.6
泵总计	台	15 840	−30.1	电磁线	km	4 523	110
工业泵	台	10 457	−23.2	布电线	km	109 548	−14.9
潜油泵机组	台	227	28.2	绝缘材料	t	2 816	9.3
风机	台	5 025	平	蓄电池	MVA·h	342	21.7
液压件	万件	52.7	32.0	电工合金	t	21	44.1
减速机	万台	3.2	−3.4	电冰箱	台	9 350	192.2
轴承	万套	214.7	156.2	冰箱压缩机	万台	73.95	−38.2
低压阀门	t	5 421	−8.0	电焊机	台	2 706	4.4
金属轧制设备	t	2 212	−51.1	电焊条	万t	10.47	11.1
装载机	台	64	−3.1	电炉	台	167	59
平地机	台	242	2.1	刃具	万件	1 067	23.6
叉车	台	279	−11.8	钢水	t	20 478	−61.1

1996年生产经营的主要特点是：

（1）重点突破，系统内自配套水平有较大提高，当年全系统以提高为奥的斯电梯、本田摩托车、扎努西电冰箱压缩机三个名牌产品内配套率；扩大电线电缆、电机、电器、机械基础件四个行业配套产品品种和数量；增加为本市各行各业配套的机械产品为重点，推动配套工作。全年新增加了电梯开门机、电梯电缆、扶梯主驱动部套、摩托车液压压铸轮毂及减振器、耐冷媒漆包线等配套产品；促成了与德国SEW公司、GEZE公司的定点配套关系。1996年总公司系统内配套产值达到3.4亿元，自配率达到21%，比上年提高了6个百分点。

（2）加大力度，努力保证重点工程、项目和生产任务按期完成。1996年，全系统采取了上抓“源头”，直接与科研院所建立关系；下挂“用户”，积极为用户做好各项服务的经营策略，全年承接国家和地方重点工程项目100余个，产值达18亿元。其中有天津起重设备总厂、天津减速机总厂、天津电器开关公司、天津阀门公司等为宝钢、三峡、大亚湾核电站等提供的AS电动葫芦、行星摆线减速机、高压电器开关柜、核极阀门电动装置等产品；天津发电设备总厂为萧湘、西阳、淮安、瓜州等电站提供了10台、94.5MW的发电设备等。

（3）全方位适应市场需要，形成快速反应机制。在生产组织上，普遍实行综合平衡、动态管理，使产销协调，缩短了生产周期。如天津变压器总厂为了保证三峡工程所需供电设备，仅用25天就高质量地完成了8台变压器，得到赞誉。在新产品研制开发方面，进一步以市场为导向，加快速度。如天津工程机械厂只用了92天，就研制开发出PY130平地机，当年投产，当年见效益，适应了市场需要。在产品技术性能方面，改变了以往单独追求高精尖的技术唯上倾向，根据用户需求，合理选择技术性能和工艺功能等，以用户满意为质量标准。

(4)“三资”企业仍然是全系统经济的支柱，但拉动作用减弱。1996年，全系统“三资”企业累计完成工业总产值37.4亿元，比上年下降22.6%，占全系统工业产值总量的53.42%；累计完成销售收入46.8亿元，比上年增长2.15%，占全系统总量的60.75%；累计实现利税7.98亿元，比上年下降21.8%，其中实现利润3.82亿元，占全系统总量的1.45倍。

市场及销售 1996年，全系统集中力量，进一步加大营销工作的力度，抢占市场。(1)进一步完善了市场体系建设。一是扩大企业自营销售网点。全年新增营销网点120个，自营网点发展到740个，增加近20%，天津塘沽阀门厂年内在全国各地新建了21个成套供应站，当年完成销售额占企业销售总额的一半。二是充实扩大了营销队伍。全系统新增营销人员240人，全部营销人员占系统职工总数的5.35%，其中具有大、中专以上学历的营销人员比例达28%，比上年提高了8个百分点，使营销队伍整体素质有一定提高。三是领导亲自进入市场，强化了营销管理。把市场调研，信息综合、产品销售和技术服务等工作纳入严格的管理轨道，定期开展信息交流，实现信息共享；并建立了用户档案，定期进行用户走访。全年产品销售率达到95%。(2)重点产品保持一定的经济规模。列入计划的20种重点产品当年累计完成销售产值39.5亿元，占全系统的56.4%。其中OTIS电梯、本田摩托车、冰箱压缩机、电焊条、锻压设备、摆线减速机、中线蝶阀等产品销售产值过亿元；摩托车发动机、潜油电泵、发电设备、交联电缆等产品销售量比上年有较大增长。全系统直属企业中，年销售产值过亿元企业达14个；年销售收入过亿元企业达17个。详见表3。1996年全系统主要机电产品销售态势详见表4。(3)进一步拓展国际市场，出口规模扩大。全系统在努力保持原出口产品的同时，新增加了大型液压机、大型结构件、工业泵、电焊机、小水电站、阀门电动装置、电冰箱、自动元器件等8种出口新产品；新开拓了南非、瑞典、丹麦、以色列等9个国家的出口渠道。出口产品已达70余种，产品出口已扩大到52个国家和地区。全系统当年完成出口总值5.4亿元，比上年增长6.02%，出口比重上升到7.72%。其中增长幅度较大的产品有：电线电缆、电焊条、交流电动机、潜油电泵、平地机、金属切削机床、起重设备等；出口交货值超过1 000万元的产品有潜油电泵、中线蝶阀、电焊条、摩托车等。

1996年，天津市机电工业总公司系统出口创汇超百万美元的企业排序见表5。

科研成果 1996年，天津市机电工业总公司系统按照机械工业部的统一部署，在全行业组织实施“三大战役”，实施技术创新工程。确定：经过五年努力，建设一批具有较强开发能力的企业技术中心，初步形成以企业为主体的科技新体系。经过一年的努力和实施，取得初步成果。天津液压机械集团已被列入天津市建设技术中心计划；天津本田摩托车公司与天津内燃机研究所联合组建了企业技术开发中心；全系统已有35个企业开展了CAD工作，拥有微机205台，工作站15台；天津低压电器公司和天津电机总厂被列入天津市首批CAD应用示范企业；全系统科研院所共完成技术开发、技术转让、技术咨询等118项，实现销售收入2 402万元。在天津市科研单位考评中，天津机械研究所、天津数控机械传动研究所被评为技术开发型一类所。全系统有13项科学技术研究成果分别获机械部、天津市1996年度科技进步奖，详见表6。

1996年，天津电线总厂《把握机遇，强化管理，增强企业应变能力》、天津阀门公司《运用系统控制，搞好资金运营》两篇论文，获第四届中国机械行业企业管理创新成果奖。

表3 1996年天津市机电工业总公司系统销售收入超亿元企业（单位：万元）

序号	单位名称	1995年	1996年	比上年增长%
1	OTIS电梯有限公司	191 000	229 300	20.1
2	本田摩托车有限公司	147 961	107 161	−27.6
3	扎努西压缩机有限公司	41 072	25 751	−37.3
4	电缆总厂	32 196	25 613	−20.4
5	液压机械集团公司	19 952	24 151	21.0
6	电线总厂	16 746	19 777	18.1
7	大桥集团公司	13 162	19 271	46.4
8	瓦特斯阀门有限公司	15 384	15 367	0
9	重型机器厂	28 388	14 927	−47.4
10	电机总厂	13 245	13 342	0.7
11	金燕焊接有限公司	12 311	13 131	6.7
12	减速机总厂	13 672	12 657	−7.4
13	锻压机床总厂	14 893	12 198	−18.1
14	工程机械制造厂	12 558	11 978	−4.6
15	电器开关公司	10 228	11 202	9.5
16	工业泵总厂	9 108	10 904	19.7
17	发电设备总厂	11 052	10 720	−3.0

新产品 1996年，完成新产品开发研制375项，比上年增加68项。其中，达到国际先进水平的有86项，占22.9%。主要代表产品有：THP29-4000和7HP-5000汽车纵梁液压机、TOEC90调频客梯、TOEC411高速客梯、YKD2140数控弧齿铣齿机、THP78-3150磨料制品液压机、CBT-F5.6高压大容量齿轮泵、OF1350C型无氟冰箱压缩机、AS型系列电动葫芦、TM30无飞弧塑壳断路器、单及双螺杆泵等；其他大部分产品也均达到国内先进水平或填补国家空白，如DC-80B单齿鼓风机、ZL30装载机、多支点悬挂起重机、XPB90型高压旋喷泵、TH90太子

型摩托车、SMC核极电动装置、TH6380B卧式加工中心，新型液压机等。总公司系统当年投产新产品300项，新产品产值累计达23.2亿元，占全系统工业总产值的33.1%，比上年增长3.2个百分点；新产品创利润1.67亿元。

表4　1996年天津市机电工业总公司系统主要产品市场销售态势

产品名称	销售量			销售产值		国内市场占有率（%）
	单位	数量	比上年增长%	金额（万元）	比上年增长%	
平地机	台	217	−11.1	7 811	−16.8	70
电磁离合器	件	71 018	−7.8	2 455	−7.8	67
螺杆泵	台	4 279	−13.5	4 687	−6.1	25
全数字控制装置	台	119	−52.8	717	−66.6	30
换位导线	t	444	−47.0	1 660	−56.9	30
机车线	km	11 870	2.3	5 425	−11.3	40
潜油电泵	台	220	10.6	6 350	24.0	33
油泵电缆	km	1 256	197.3	4 720	−11.5	35
中线蝶阀	t	5 295	−11.9	13 865	−18.3	33
罗茨鼓风机	台	1 211	6.8	3 893	−15.8	25
锻压设备	台	990	−29.7	11 052	−31.1	30
齿轮机床	台	31	−67.4	883	−77.5	25
摆线减速机	台	28 493	−11.5	8 924	−21.9	20
齿轮油泵	台	250 173	15.8	6 155	25.6	25
奥的斯电梯	台	3 308	−16.3	111 661	−23.3	21
冰箱压缩机	台	757 668	−35.3	25 558	−46.8	10
电焊条	t	724 05	8.5	10 232	−12.3	22
天津本田摩托车	辆	140 029	−23.2	107 230	−37.8	
摩托车发动机	台	50 023	29.4	8 494	15.8	

表5　1996年天津市机电工业总公司系统
出口创汇超百万美元企业

序号	企业名称	出口总值（万元）	出口创汇额（万美元）	序号	企业名称	出口总值（万元）	出口创汇额（万美元）
1	天津瓦特斯阀门公司	8 800	1 060	11	天津神钢电机有限公司	1 500	181
2	(天津)斯波泰克潜没电泵有限公司	5 505	663	12	(天津)天重重型机器集团有限公司	1 500	181
3	(天津)佳利福铸铁搪瓷制品有限公司	3 800	458	13	天津工具公司	1 400	169
				14	天津发电设备总厂	1 355	163
4	(天津)金燕焊接材料有限公司	3 800	458	15	天津昭和漆包线有限公司	1 130	136
				16	天津工业泵总厂	1 045	126
5	天津燕桥焊接材料有限公司	2 809	338	17	天津工程机械厂	1 044	122
6	天津南德压力机有限公司	2 675	322	18	天津软线总厂	1 000	120
7	天津大桥集团	2 500	301	19	天津奥的斯电梯有限公司	1 000	120
8	天津大明电机公司	2 027	244	20	天津电机总厂	957	115
9	天津本田摩托公司	2 000	241	21	天津第一机床总厂	889	108
10	(天津)格兰德管件制造有限公司	1 600	192				

1996年天津市机电工业总公司系统有13个企业的17项产品获国家级新产品称号，这些产品都是近两年开发并形成一定批量且具备行业领先水平。国家为获奖产品颁发了证书。为鼓励企业技术创新与产品开发，国家财政还以补贴形式为优秀新产品企业拨款。获国家级新产品名单见表7。

1996年天津市机电工业总公司系统主要新产品研制，投产情况详见表8。

质量　1996年，天津市机电工业总公司系统按照机械部的要求，制定了“产品质量翻身战役”实施方案，并在全系统认真组织实施，获得初步成效。

表6　1996年天津市机电工业总公司系统获市级科技进步奖项目

序号	项目名称	获奖等级	完成单位
1	NB系列无触点 CO_2/MAG 弧焊机	二	天津电焊机总厂
2	MJL系列密集成套型罗茨鼓风机	二	天津鼓风机总厂
3	SPA潜油电泵变频调速控制装置	三	天津斯波泰克潜没电泵有限公司（原天津电机总厂）
4	潜油电泵用胶囊保护器复合式保护器	三	天津斯波泰克潜没电泵有限公司（原天津电机总厂）
5	高速可转位钻头的研究	三	中国天津奥的斯电梯有限公司
6	夏利轿车座椅冲焊生产线	三	天津市焊接研究所
7	换位导线用自粘漆	三	天津昭和电材有限公司
8	TMCNC-15型数控成形磨床	三	天津磨床总厂
9	CZT直流电磁接触器	三	天津第二继电器厂
10	鳍片管自动MAG焊设备	三	天津焊接研究所
11	汽车分电器主轴及凸轮组合凸焊设备及工艺	三	天津焊接研究所
12	泵类产品零件计算机辅助工艺过程设计研究	三	天津工业泵总厂
13	QY10-A气液伺服自动纠偏系统	三	天津包装食品机械研究所

表7　1996年天津市机电工业总公司系统获国家级新产品情况

序号	研制企业	产品名称
1	天津第一机床总厂	TH6380A卧式加工中心
2	天津工业泵总厂	SMS210R40E6.7螺杆泵
3	天津工业泵总厂	W6.4双螺杆泵
4	天津液压机械集团公司	ZFT系列多路阀
5	天津液压机械集团公司	DY型电动液压源
6	天津天重重型机器集团有限公司	15万t煤基直还铁设备
7	天津天重重型机器集团有限公司	XZS200/160轧环机
8	天津电焊机总厂	NB系列无触点式 CO_2/MAG弧焊机
9	天津通风机厂	TZ系列子午加速轴流通风机
10	天津高压泵阀厂	YT28-630/1030双动薄板液压机抽（插）装阀控制系统
11	天津低压电器公司	DZ-20系列无飞弧塑壳断路器
12	天津电磁线厂	HZQQH低绝缘热粘合换位导线
13	天津水电控制设备厂	HYZ型油压装置
14	天津异型刃具厂	M3-24机用螺旋槽丝锥
15	天津昭和电材有限公司	换位导线用自粘漆
16	天津发电设备总厂	18MW白石窑贯流式发电机组
17	天津发电设备总厂	淮安贯流式水泵水轮发电机组

一是通过在全系统开展“质量保证承诺”自律活动，已有30个企业公开向用户和社会承诺。二是认真贯彻了机械工业部和国家技术监督局联合下发的《关于加强机械工业企业质量工作的决定》，在全系统广泛实施了可靠性提高工程，当年完成产品质量攻关项目150项；天津软线总厂、天津鼓风机总厂、天津锻压机床总厂、天津板式换热器厂、天津西门子电力电缆有限公司等5个企业通过ISO9000标准认证，累计已达16个企业。三是通过广泛开展TQC活动，全系统产品实物质量保持稳定。当年国家质量监督抽查合格率达到100%，重点出口产品商检合格率达到100%，重点产品质量稳定提高率达到100%。天津锻压机床总厂、天津第一机床总厂获天津市质量管理先进企业，天津电缆总厂分别获天津市、机械工业部质量管理先进企业，天津工业泵总厂装配小组和天津电缆总厂试验室分获国家质量管理优秀成果奖，中国天津奥的斯电梯公司荣获天津市首家技术密集、知识密集“双密”企业称号。

技术改造　1996年，天津市机电工业总公司系统实施技术改造及其它固定资产投资项目34项，其中“三资”企业投资10项。当年落实技术改造等资金累计5亿元，完成技术改造投资额2.89亿元，土建竣工53 573m²。1996年，总公司列入世界银行贷款的四个技术改造项目全面实施，只落实世界银行贷款2 159.6万美元，人民币9 870万元。总公司系统当年经技术改造新增固定资产32 457万元。

1996年，全系统技术改造项目投产、达产累计新增产值3亿元，新增利税2600万元，新增出口350万美元。列入计划的10项重点技术改造项目综合达产率为113%。其中天津阀门厂发展特异型蝶阀、天津重型机器厂生产船用曲轴（此项属“双加”工程项目）等项目，投达产率超过原设计纲领。

对外合作　1996年，天津市机电工业总公司系统加快利用外资的步伐，努力提高利用外资质量，全系统新签约“三资”项目7个，协议投资总额728.3万美元，利用外资494.3万美元。其中投资总额超过200万美元以上的企业有两个。当年新签“三资”企业情况详见表9。

表 8　1996 年天津市机电工业总公司系统主要新产品试制投产情况

产品名称	试制投产单位	达到水平	主要技术性能、规格和经济用途
SGH280-54、SGH660-51 紧凑型螺杆泵	天津工业泵总厂	国际水平	压力分别为 0.5MPa 和 1MPa，用于输送油类介质，结构紧凑，高效节能
单、双、三螺杆泵（系列）	天津工业泵总厂	国际水平	EL63、100 单螺杆泵，E4H164/P、63、E4R236 单螺杆泵，W7.3ZK-57 双螺杆泵，SME660-40 三螺杆泵等适用于不同压力和介质的输送
THP92-800 轮轴压装液压机	天津锻压机床总厂	国际水平	适用于火车、汽车等轮轴的压装
THP24-1200/1600 双动厚板拉伸液压机	天津锻压机床总厂	国际水平	适用于锅炉行业厚板件的拉伸成形工艺
PY110 平地机	天津工程机械有限公司	国际水平	发动机功率 82kW，最大行驶速度 38.7km/h，铲刀规格 3 355mm×530mm
PY280 平地机	天津工程机械有限公司	国际水平	可替代进口，填补国内空白
ZL30 装载机	天津工程机械有限公司	国际水平	发动功率 81kW/（2 300r/min），使用可靠，维修性能好
ToEc90 调频电梯	天津奥的斯电梯公司	国际水平	多微机模块控制 1 000kg，1.75m/h
模块式半封闭螺杆冷水机组	天津工业泵总厂	国际水平	BLG12.5 型制冷量 418.68MJ，排流量 $132m^3/h$，BJG14 型为 418.68MJ，$86m^3/h$
DC806 单齿鼓风机	天津鼓风机总厂	国际水平	流量 $10m^3/min$，中压 147kPa，用于气力输送和鼓风
潜水电机	天津斯波泰克公司	国际水平	JM150、200、250、300，YQS T150、200、250、300 等型号
CBT-F_3、CBT-F_4 齿轮泵（系列）	天津液压机械集团公司	国际水平	公称排量 6～25mL/r、20～63mL/r、额定压力 20MPa、工作转速 2000～3000r/min
J421F 电焊条	天津大桥集团公司	国际水平	$\sigma_{0.2}\geqslant$330MPa，$\sigma_b\geqslant$420MPA，$\sigma_5\geqslant$17%
激光薄膜测厚仪	天津检测技术研究所	国际水平	测量涂层薄膜厚度时使用
自动、半自动 CO_2 焊机和送丝机构	天津电焊机总厂	国际水平	YD-500KEV23(V24)MAG/CO_2 弧焊电源，电压 220V、440V
发电设备	天津阿尔斯通公司	国际水平	三组发电设备埋入及尾水管部分运用国际先进技术
DW15L-1000-2500 抽屉式万能断路器	天津电力电子设备公司	国际水平	适用于 AC380V、额定电流 630A、抽屉式装置中线路和设备的过载保护
全数字直流调速装置	天津电力电子设备公司	国际水平	额定电压 380V，额定输出电流 30A～1200A
TM30 塑壳断路器（系列）	天津低压电器公司	国际水平	额定极限短路分断能力分别为 8kA～100kA
摩托车电池	天津蓄电池厂	国际水平	YTX14-BS 电压 12V，容量 14VA·h；YT_4-BS 电压 12V，容量 4VA·h
热粘合漆包线漆	天津电材研究所	国内领先	粘合强度≥$4N/mm^2$
120℃辐照聚乙烯轻机车线	天津电线总厂	国内领先	耐高温性能优异
10kV 架空绝缘电缆	天津电线总厂	国内领先	弯曲后 4 小时冲击电压试验
耐火电缆	天津电线总厂	国内领先	750℃～800℃保持 90 分钟正常供电
XPB-90 型高压旋喷泵	天津聚能高压泵厂	国内先进	排出流量 50L/min，工作压力 50MPa，泵送清水及高密度泥浆
热轧带钢轧机	天津重型机器厂	国内先进	用于轧制普碳钢、低合金钢，带宽 90mm～250mm、厚 1.5mm～5mm
电动双摇杆蝶阀、高温蝶阀	天津塘沽瓦特斯公司	国内先进	DN400、600、1200 各种规格
152FM、IE56FMC 型汽油机	天津液压机械集团公司	国内先进	四冲程强制风冷，缸径分别为 52.4mm 和 56mm

（续）

产 品 名 称	试制投产单位	达到水平	主要技术性能、规格和经济用途
TH6340A 卧式加工中心	天津第一机床总厂	国内先进	工作台 400mm×620mm，刀库 6～20 把刀，属新组合加工中心，适用于多单元生产线
YKD5120 数控插齿机	天津第一机床总厂	国内先进	直径 200mm，m6 精度 6 级，适用汽车、拖拉机、飞机、仪表等行业
KYD2240 数控铣齿机	天津第一机床总厂	国内先进	∅400mm×m12 三轴联动，适用于成批生产汽车、工程机械齿轮
6130 柴油机（系列）	天津动力机厂	国内先进	ZGIB-11 型、GLC-2 型、T11H 型、EH-1 型及 P6 型
阻燃采煤机橡套软电缆	天津电缆总厂	国内先进	主要用于磁力起动器和采煤机电动机的电源连接（0.66/1.14km）
五芯瓦型全塑力缆	天津电缆总厂	国内先进	主要用于电器安全要求较高的建筑物装置配电线路上
THP71-1600 塑料制品液压机	天津锻压机床总厂	国内先进	适用于玻璃纤维增强塑料及热固性塑料制品的压制成形
大型电力变压器	天津变压器总厂	国内先进	SF7-40000/110
SPC-300H-10 水文钻机	天津探矿机械总厂	国内先进	钻深 300m、孔径 500mm

表 9　1996 年天津市机电工业总公司系统新签约的“三资”企业情况　（单位：万美元）

序号	企业名称	中方	外方	产品	投资总额	注册资本	利用外资	外方占%
1	天津玲昌机械有限公司	天津磨床厂机械设备制造厂	台湾台玲企业有限公司	木工、非标食品机械	200	150	180.0	90.0
2	天津天菱超硬工具有限公司	天津市工具厂	日本三菱材料日本三菱商事	超硬工具及相关产品	314	314	197.0	62.8
3	天津富禄高压水射流设备有限公司	天津市机械设计研究院	台湾富禄国际有限公司	高压水射流设备	50	35	20.0	40.0
4	天津中天机器人有限公司	天津机械所机器人开发公司	香港中天国际实业有限公司	开发生产销售机器人	10	10	4.5	45.0
5	天津全成油封有限公司	天津市迅达摩托车公司	台湾全成公司美国丰腾公司	摩托车油封	24	24	14.4	60.0
6	天海（天津）传动有限公司	天津市减速机总厂	泰国海尼伯格有限公司	组装减速机	28	28	7.0	25.0
7	锦川模具（天津）有限公司	天津恒通实业公司	韩国金器贩卖（株）	模具架	102.3	102.3	71.4	30.0

截至 1996 年，天津市机电工业总公司系统累计兴办“三资”企业 66 个，投资总额 4.87 亿美元，利用外资 2.37 亿美元，其中已开业 53 个。

管理及改革　1996 年，天津市机电工业总公司系统着眼于从整体上搞好国有经济，坚持“三改一加强”。以国有企业改革为重点，以深化企业内部改革为主线，以建立现代企业制度为目标，加快转换经营机制，积极推进全系统经济体制改革，在以下几个方面取得进展：

(1)继续分期、分批扎实稳步地扩大现代企业制度试点范围。天津重型机器厂、天津鼓风机总厂、天津电焊机总厂、天津低压电器公司、天津机床电器总厂、天津软线总厂等 11 个企业进行了试点，累计试点企业达到 19 个，占全系统国有大中型企业的 51%，在此基础上，分别不同情况，以组建多元投资有限责任公司为主进行公司化改组，组建了天津天重重型机器有限（集团）公司；对天津大桥集团进行了完善和规范运作。

(2)采取兼并、破产、有偿转让等多种途径进行产业结构调整，综合治理“小微亏”企业。一是天津工业泵总厂兼并了天津第二冷气机厂；武汉当代高科技有限公司有偿兼并了天津搅拌机厂，天津锻压机床总厂兼并了天津机床铸造一厂；二是天津塑胶线厂、天津化工石油设备总厂完成破产终结；三是对天津第四机床厂、天津标准件模具厂、天津第三阀门厂等 9 个企业实行了停产整顿。另外组建有限责任公司和联营企业 8 个；调整了 5 个企业的隶属关系，并积极推进集体企业属地管理，将 13 个企业划规天津市河北区。

(3)全面推行了劳动合同制，全系统各企业基本完成了劳动合同鉴定工作。在天津工业泵总厂、天津蓄电池厂等12个国有企业推行了经营者年薪制试点，制定了《天津市机电工业总公司国有企业经营者年薪制试行办法》。

(4) 成立了天津市机电工业总公司中外合资企业董事局，建立了对合资企业国有资产保值增值监督考核体系，制定了对中外合资企业中方高级管理人员管理办法、行为准则、工作报告制度及奖罚办法。

1996年有4个中外合资企业增资，新增利用外资3 722.7万元，增资企业情况详见表10。

表10　1996年天津市机电工业总公司系统“三资”企业增资情况　(单位：万元)

序号	企业名称	新增利用外资	原投资情况				现投资情况			
			投资总额	注册资本	利用外资	外方占%	投资总额	注册资本	利用外资	外方占%
1	约翰克兰(天津)密封有限公司	349.9	457	243	81	33	646	461	430.9	66.7
2	天津汤浅蓄电池有限公司	778.2	360	255	140.25	55	1 120	635	918.4	82
3	扎努西电气机械天津压缩机公司	2 578.0	4 025	3 620	1 810	50	8 776	7 788	4 388.0	50
4	天津津户设备工程有限公司	16.6	57	57	28	49.4	90.2	90.2	44.6	49.4

1996年，天津市机电工业总公司系统以学习邯钢经验为主线，深化企业管理取得了新的进展，一是在全系统推行了以“整理、整顿、整洁、清扫、素养”(简称“5S”)为重点的现场管理，促进了企业基础管理水平的提高。二是学习邯钢“模拟市场核算、联利计酬”等经验，在重点企业实行了成本否决办法，并继续对全系统52种重点产品成本实行动态监控。三是全面完成了天津市政府下达的加强管理工作各项目标。全系统国有企业产值成本率为76.6%，比上年下降2.2个百分点，“三项费用”占销售收入的比率为29.7%，也比上年降低；全系统钢材综合利用率为67.5%，比上年略有提高；万元产值能耗为0.5t标煤，比上年下降；按增加值计算全系统全员劳动生产率为15 511元/人。

存在问题　(1) 部分企业在思想观念、内部机制、产销结构、整体素质方面还不能适应市场经济的要求，竞争能力不强。(2) 国有企业生产经营步履维艰，经济效益下滑，发展难度大。全系统国有企业实现利润和上缴税金比例，1990年是1∶1.3，1995年是1∶5.6；实现利润与各种贷款利息支出比例，1990年是1∶0.81，1995年是1∶3.12。(3) 企业资金运营能力和资金效益水平有待提高。全系统应收及预付款与产成品库存占流动资金的比重较大。

〔撰稿人：天津市机电工业总公司　张　玲　审稿人：天津市机电工业总公司　王洪生〕

天津仪器仪表工业

生产发展情况　1996年，天津市电子仪表工业总公司所属的仪器仪表工业企业共计139个。其中，按企业经济类型划分，有国有经济企业29个，集体经济企业94个，股份制经济企业2个，外商投资合资企业14个；按企业规模划分，有大二型企业4个，中二型企业13个，小型企业122个。主要产品有：工业自动化仪表、电工仪器仪表、照相机、复印机、电影放映机、建筑仪器、光学仪器、成份分析仪器及机械基础件等。生产发展概况及产品产量见表11、表12。

表11　1996年天津市电子仪表工业总公司所属仪器仪表工业概况

行业	企业数(个)	全部职工平均人数(人)	工业总产值(不变价)(万元)	工业增加值(万元)	产品销售收入(万元)	产品销售税金及附加(万元)	利润总额(万元)	固定资产	
								原价(万元)	净值平均余额(万元)
合计	139	25 125	86 186	20 987	82 249	168	16	85 176	52 594
仪器仪表	124	21 530	76 478	18 644	70 113	157	310	74 492	44 999
电工电器	11	2 797	6 065	1 007	6 394	12	−293	5 737	3 815
机械基础件	3	798	3 643	1 336	5 742	1	−1	4 947	3 780

1996年，全行业紧紧围绕“深化改革，扩大开放，提高素质，保持稳定”四大任务，正确处理改革、发展、稳定三者之间的关系，结合实际在全行业内积极宣传、推动、打好“三大战役”，取得了较好的成绩。全年生产经营工作有以下主要特点：(1) 工业生产实现了快速增长。全行业生产摆脱了前几年徘徊不前的萎缩局面，实现增长10%以上，完成工业总产值比上年增长30.3%，保持了较好的发展势头。(2) 重点产品实现了突破，带动了行业。前几年生产下滑比较严重的照相机、电影放映机和复印机三大

类产品经过自身的调整，获得了较快的发展，生产的增长幅度均超过上年的50%以上，从而有效地推动了天津仪器仪表工业的生产发展速度。(3)产品结构得到了相应的改善。已形成了工业自动化仪表、民用仪表、办公自动化机械和仪器设备并举的发展格局，产业结构得到优化，企业组织结构趋向合理。

市场及销售 1996年，全行业围绕开拓市场，不断解放思想，加大工作力度，以完善服务，搞好配套为目标，以扩大国内外两个市场为手段，制定营销策略，健全营销机构，壮大营销队伍，取得了完成工业销售产值比上年增长34.5%的好成绩。在扩大国内外两个市场中，重点做好五个结合：一是抓内销主要做好结合项目的配套。根据本行业自动化仪表规格门类齐全，品种繁多，在行业所占比重大的特点，把产品销售与工程项目建设结合起来，进行系统配套服务。主要为电站、电厂、工业改造等项目的工业自动化控制系统配套，在民用仪表方面，结合城市煤气化改造、居民供电、供水系统的改造提供民用"三表"配套。二是开发市场做好结合产品走访用户。通过走访用户及时了解需方的投资意向和投资计划，按照需求组织生产。三是积极结合国家政策开拓新的用户市场。围绕国家优先发展的能源、化工和基础原材料的生产领域开拓产品市场，为油田、石油加工和建筑材料生产进行配套，扩展了市场，扩大了产品销路。四是结合行业的发展实际，组建以产品为特征的销售网络体系，如仪表集团公司、复印设备公司、建仪试验机公司等企业，都对本企业原有的销售网络进行了整顿、扩充，并用串联的方法，进行信息的沟通和业务合作，仪表集团公司通过销售网实行代签合同、代销产品，当年销售收入比上年增长13%。五是内外市场结合，扩大产品出口。全行业通过依靠外贸出口窗口和争取出口自营权，积极开拓产品在东欧、南美和东南亚等地区和国家的市场，全年累计完成产品出口交货产值3.07亿元，比上年增长59.4%，产品出口创汇3 679万美元，比上年增长57.6%。全年出口增长幅度较大的产品有：天津费希尔控制阀有限公司生产气动执行机构和阀门支架、天津市高频设备厂生产的高频感应加热装置、天津三星光电子有限公司生产的各类照相机等。

1996年，完成销售收入超亿元的企业有：(1)天津仪表集团有限公司，完成销售收入2.97亿元，比上年增长2%；(2)天津三星光电子有限公司，完成销售收入2.51亿元，比上年增长151%。

1996年，产品出口创汇超过500万美元的企业有：天律三星光电子有限公司，完成出口创汇2 653万美元，比上年增长210%。

新技术及新产品 1996年，全行业有在产品300种，共分11类。其中，达到国际80年代中末期水平的有125种，占全部在产品的41.66%；达到90年代初水平的有42种，占全部在产品的14%。通过ISO9000系列标准认证9项，其中光学仪器类7项、分析仪器类1项、照相机类1项；申报产品专利13项，其中工业自动化仪表类10项、材料试验机类1项、照相机类1项、晒图机类1项。全行业中达到国际80年代末、90年代初水平的产品有流量仪表、显示仪表、电动单元组合仪表、温度仪表、压力仪表、执行器、工业控制机、电度表、光学测试仪器、照相机及器材、复印机、晒图机、电影放映机、海洋仪器、非金属材料试验机等。

表12 1996年天津市电子仪表工业总公司所属仪器仪表工业产品产量

产品名称	单　　位	产量	比上年增长%
工业自动化仪表	天津仪表集团有限公司	86.19万台	−2.6
其中：水表	天津市自动化仪表三厂	35.2万只	−4.6
电工仪器仪表	天津电工仪器仪表公司	94.11万台	−25.5
其中：电度表	第三电表厂	84.21万台	−26.2
照相机	天津三星光电子有限公司	79.28万架	116.8
复印机	天津市复印设备公司	3 078台	168.8
电影放映机	天津中环影像设备公司	129台	51.8
建筑仪器	天津建筑仪器试验机公司	4779台	10.6

1996年，全行业围绕科教兴业，努力提高产品的开发能力和水平。先后开发出采用新型电力电子器件，具有高效节能功能的75kW-SIT型系列高频感应加热装置、全固化中频电源，符合国家环保要求无污染的无氨晒图机、具有自动转按偏门和镜头功能的FG-4型电影放映机和紫外分光光度计等达到国际90年代先进水平的新产品7项，达到国内先进水平的电动执行机构、防爆电磁阀、冷光源无氨晒图机，锅炉微机自控装置、激光印字机暗盒等新产品开发52项；全年投产包括具有5倍变焦和14倍分辨率的超薄型投影仪、自动变焦中高档系列照相机、摆杆阻尼试验仪等达到国际水平的新产品4项；投产具有国内先进水平的新产品20项。新产品产值、利税分别达到当年工业总产值的20%和利税总额的30%。

质量 1996年，全行业把打好"产品质量翻身战役"作为主攻方向，掀起全行业的贯彻《质量法》、《标准法》的高潮。各单位在"三大战役"领导小组的领导下，开展质量攻关活动。仪表集团公司在抓产品实物质量提高的过程中，组织公司内各企业的行政一把手参加电视质量讲座培训和统考，并对企业内现行的36项国家标准、48项行业标准和217项企业标准进行全面的核查，办理确认手续，要求全部质检人员必须参加岗位培训，持证上岗。自动化仪表七厂为打好"产品质量翻身战役"，重新修订工艺，通过技改技革完成质量攻关，同时还对生产一线职工进行培训，使95名操作工人全部取得了国家颁发的劳动技能鉴定书。为提高产品质量，全行业在企业中开展质量评优和质量曝光活动，仅仪表集团公司，一年中就有54人获质量评优奖，有9个部门被质量曝光。建仪试验机公司开展“质量年”活动成效显著，通过在全公司宣贯质量法，增强了广大职工的质量意识，完善了制度，健全了机构，在实际工作中，职工还总结出“一帮、二防、三按、四检”的工作方法，产品质量得到提高，企业的综合经济指标比上年有较大幅度的提高。全行业5种市管产品质量稳定提高率全部达到100%。

技术改造 1996年，全行业围绕产品提质降耗开展技术攻关和技术改造，全年完成高频感应加热装置生产技术改造，当年实现销售收入1 250万元，创利税322万元；完成DSZ-28型自动水准仪生产的技术改造，已批量投放市场；完成冷光源无氨晒图机生产的质量攻关与技术改造，当年实现销售收入351万元，产品获天津市工业系统“推动千项产品上水平”活动一等奖；完成总投资额为320万元的扩大出口光学镜片加工能力的技术改造，光学镜片的出口创历史最好水平。

管理及改革 1996年，全行业围绕搞活大中型国有企业，通过企业转制改组，兼并破产取得一定成效。原天津市自动化仪表公司内部，根据国家搞活大中型国企的要求，进行调整改革，由公司本部与自动化仪表六厂先行合并，然后以其联合的资产技术方面的优势先后兼并了自动化仪表成套设备厂和自动化仪表三厂，实现了优化配置，资产重组，并通过开发市中心区的房地产使资金盘活，初步完成了资产的良性运转。在此基础上，该公司又以联合兼并后的新公司为核心层，吸收7个国有企业组成紧密层于1996年底组建了以资产为纽带，以产品为“龙头”的天津仪表集团有限公司。新公司的组建完全按照现代企业制度要求，实现了经营机制的转换，初步改变了天津自动化仪表工业散、小、弱的状况。公司经济运行状态，到1996年底，完成工业总产值2.86亿元，比上年增长5.1%；完成销售收入2.96亿元，比上年增长2%，产销略有增长。围绕转换企业经营机制，复印设备公司、照相机公司分别通过吸引外资嫁接改造老企业，使两个行业重新焕发活力。照相机公司依靠引进技术和资金，开发出中、高档全自动变焦照相机，受到市场欢迎，全年已实现年产79.28万架，产品80%出口国外；复印设备公司引进日本佳能公司的高中档复印机，并扩大了墨粉的出口，静电复印机产量比上年增长1.68倍；墨粉出口比上年增长近1倍；引进产品NP-3020复印机国产化率进一步提高，201项目中OPC感光鼓的开发研制也取得较大进展。建仪试验机公司进一步加强企业内部的管理工作，经济效益有较大提高。鉴于天津电表公司(本部)近几年经营不善，连续亏损，已经资不抵债，于四季度向法院申请企业破产，目前已由法院受理进入破产程序。

1996年，全行业围绕打好“三大战役”，加强企业管理，深入开展学习邯钢活动，推行成本目标管理，实行成本否决原则，减少了内部的“跑、冒、滴、漏”，扭转行业经济指标连续下滑的局面。

〔撰稿人：天津市电子仪表工业总公司　白睿麟
审稿人：天津市电子仪表工业总公司　陈　良〕

〔责任编辑：王福俭〕

河北机械工业

河北省机械工业厅

生产发展情况 1996年年末，河北省机械工业厅系统有工业企业464个，比上年减少35个。共有职工260 917人，其中工程技术人员19 632人，占职工总数的7.5%。全民所有制企业258个，职工187 732人；集体所有制企业162个，职工45438人；其他所有制企业44个，职工27 747人。全系统有大一型企业5个，大二型企业22个，中一型企业32个，中二型企业82个；有重点企业29个，骨干企业12个。

1996年，全省机械工业认真落实机械工业部打好“三大战役”的部署，全行业上下共同努力，克服困难，使行业经济逐步朝着稳步、协调的方向发展，主要经济指标的完成好于上年。经济发展的主要特点是：

(1)生产保持稳定增长。一年来，全省机械工业在外部环境偏紧，不利因素增多，生产经营困难较大的情况下，努力缓解制约因素，全系统完成工业总产值(不变价)122.4亿元，比上年增长5.05%(按可比口径计算，下同)。分行业看，九大行业有增有减，差别较大。从占全行业比重最大的农机、电工电器、汽车三个分行业完成产值情况看，农机行业、电工电器行业一直保持较高的增长速度，累计增长

13.17%和15.18%。拉动全行业增幅3.3和4.3个百分点。而汽车行业生产一直呈下降趋势，全年累计比上年下降17.12%，负面影响全行业增幅3.4个百分点，与全国汽车行业较高增长形成反差。此外，工程机械、仪器仪表、重型矿山、基础件等行业都有不同程度增长，机床工具行业比上年下降。主要经济指标见表1、主要产品产量见表2。

表1　1996年河北机械工业系统概况

行业	企业数（个）	全部职工平均人数（人）	工业总产值（不变价）（万元）	工业增加值（万元）	产品销售收入（万元）	利税总额（万元）	利润总额（万元）	固定资产	
								原价（万元）	净值平均余额（万元）
合计	464	260 917	1223 963	356 806	1200 762	76 532	12 548	1073 074	637 235
农业机械	103	64 369	322 241	84 266	340 429	16 536	6 466	220 043	116 657
工程机械	13	10 147	32 249	12 536	40 320	1 576	−757	50 373	18 273
机床工具	30	16 568	34 313	12 830	31 109	1 298	−1 309	49 073	30 517
机械基础件	40	19 408	50 367	17 245	43 501	2 687	−534	50 194	29 523
石化通用机械	36	19 904	62 267	24 058	62 465	7 034	1699	67 344	38 307
重型矿山机械	36	24 158	87 160	31 164	78 410	6 406	632	96 809	56 963
汽车	43	35 993	210 763	52 969	188 394	4 087	−8 673	254 192	162 790
电工电器	106	50 763	347 651	98 833	343 736	29 876	12 255	208 607	132 819
仪器仪表	16	5 215	17 150	5 365	15 044	3 200	1 932	16 743	10 202
食品包装机械	9	5 190	21 153	6 214	15 563	1 813	440	24 024	16 511
其他	32	9 202	38 649	11 321	41 786	2 013	397	35 667	24 673

表2　1996年河北机械工业系统产品产量

产品名称	单位	产量	比上年增长%	产品名称	单位	产量	比上年增长%
工业锅炉	t（蒸汽）	4 081	−10.3	小拖拉机	台	170 973	−3.6
内燃机	MW	253	−61.4	拖拉机、内燃机配件	万元	44 001	−4.5
金属切削机床	台	4 609	612.3	机引犁	台	19 596	86.5
锻压设备	台	1 119	−7.5	农用拖车	辆	11 456	−27.6
铸造机械	台	434	−26.5	农用运输车	辆	65 083	420.2
电动葫芦	台	2 064	39.5	棉花加工机械	台	244	−75.6
带式输送机	m	29 639	66.3	割晒机	辆	23 814	25.4
悬挂输送机	万m	29.9	8.8	推土机	辆	733	2.8
千斤顶	台	629 317	0.8	钻孔机	t	1 023	7.0
工业泵	台	31 029	2.2	环保设备	t	5 316	31.0
农业泵	台	128 258	13.8	汽车	辆	12 868	−37.8
风机	台	6 109	5.9	汽车配件	万元	106 694.8	27.8
气体压缩机	台	475	−18.2	电动机	MW	3 068	11.3
空分设备	套	20	−4.8	分马力电机	万台	0.8	−95.5
轴承	万套	3 090.3	12.9	变压器	MV·A	14 613	1.7
高中压阀门	t	934	−30.1	高压电瓷	t	6 861	3.5
低压阀门	t	3 336	−12.6	钢芯铝绞线	t	1 333	543.9
液压件	万台	22.4	17.9	电磁线	t	6 617	8.0
标准件	万件	19 679	−43.0	电力电缆	km	51 779	−31.0
	t	7 414	−36.6	布电线	km	13 364	−54.2
印刷机械	t	1 842	4.5	电焊机	台	13 353	70.3
食品机械	台	3 306	−77.2	工业自动化仪表	万台	15.8	−9.7
粮食加工机械	台	2 641	−69.4	电工仪器仪表	万台	0.8	−42.9
油料加工机械	台	1 573	−65.0	光学仪器	台	972	32.1
饲料加工机械	台	17 334	−1.7	磨具	t	1 486	−6.7

（2）产销衔接较好，产销率逐月提高。全省机械工业面临的最大困难是市场需求不足，企业经营

销售工作难度加大。针对这种情况，各企业一方面加大促销工作力度，落实各项销售政策，提高销售人员的积极性；另一方面加快产品结构调整步伐，不断培育新的经济增长点，使全行业在生产稳定增长的同时，产销率逐月提高，截至年底，全行业累计产销率达到97%。

表3　1996年主要出口产品完成情况

序号	产品名称	出口交货值（万元）	比上年增长%	出口创汇（万美元）	比上年增长%
1	小型拖拉机	882		106	
2	内燃机	264		32	
3	工业自动化仪表	309		37	
4	工业泵	698	−27.9	83	−29.6
5	印刷机械	1 048	−35.2	126	−35.4
6	矿山设备	7 501		904	
7	金属轧制设备	246		30	
8	装载机	4		1	
9	推土机	2 904	95.3	350	96.1
10	锻压设备	283		34	
11	刃具	108		22	
12	交流电动机	9 130	9.2	1100	−8.9
13	直流电动机	920		113	
14	轴承	257		31	
15	标准紧固件	1 250		151	
16	汽车配件	752	−70.0	91	−70
17	食品机械	54		6	
18	其他	68 712		8 847	
	合计	95 384		12 062	

表4　1996年完成出口创汇超百万美元企业

序号	企业名称	出口交货值（万元）	创汇额（万美元）
1	河北五洲集团公司	10 549	1 300
2	河北电机股份有限公司		1 100
3	河北天源企业集团公司	5 145.3	1066
4	唐山冶金矿山机械厂	7 031.2	846
5	保定天威集团公司		603
6	华北蓄电池集团公司	6 502	778
7	宣化工程机械厂	3 320	399.6
8	河北金保钢丝绳集团有限公司	1 251	150.7
9	山海关船厂	15 220	1 821

（3）经济效益有所提高，主要指标完成相对较好。由于受市场、资金等制约因素的影响，上半年前几个月曾出现了生产增长，效益下滑的局面。经过全行业努力，缓解制约因素，经济运行质量逐步好转。全年累计完成工业增加值35.68亿元，按可比计算方法计算，比上年增长12.2%；实现利税7.6亿元，比上年增长8.71%；实现利润1.3亿元，比上年增长29.06%。由于全行业广泛开展了学邯钢、抓改革、抓管理、增效益活动，加大扭亏工作力度，使产品销售成本比上年下降1.37%，管理费用比上年下降3.36%，亏损企业亏损额比上年下降4.86%。

（4）机械产品出口势头良好。全年完成出口交货值95 384万元，比上年增长48.6%；出口创汇12 062万美元，比上年增长44%。1996年出口完成情况见表3。

新技术及科研成果　根据机械工业部关于“科教兴业”及打好“三大战役”中“开发能力提高战役”的要求，1996年，将CAD技术的推广应用作为全行业新技术应用的重点工作来抓，建立了“河北省机械工业CAD技术推广服务中心”，从6月份开始了培训工作。共举办企业技术厂长、技术人员CAD培训班11期，培训604人，其中厂级领导40人。同时，举办CAD技术演示活动20次，参加活动的有2000人次。企业采用该技术的主动性很高，先后有石家庄水泵厂、河北电机总厂等11个企业被分别列为市级、省级和机械工业部的CAD应用试点。石家庄水泵厂在计算机辅助设计方面达到了甩掉图板的要求，并通过了部级验收。承德输送机总厂、河北电机总厂、张家口拖车总厂等企业CAD的应用取得了显著效果。石家庄水泵厂、保定变压器厂、承德京承科工联合机械总厂被列为机械工业部1550工程的示范企业。全年省机械系统开发省级以上新产品216项，并完成2项省科委重点科技成果推广项目；建立了省级以上企业技术中心17个，占整个“九五”计划目标的34%；全行业共有13项科研成果获1996年度河北省科技进步奖，其中二等奖2项，并有51种新产品获省优秀新产品称号。

新产品　100ZGB型渣浆泵，系石家庄水泵厂按照市场需求自行开发设计的。该产品为单级、单吸、悬臂、离心式渣浆泵，广泛应用于电力、冶金、矿山、煤炭、建材、化工等工业部门，输送含有磨蚀、腐蚀性渣浆，特别是电厂除灰、除渣的输送。该泵的清水性能符合Q/SBBO142—95《ZGB系列渣浆泵型式与基本参数》。性能特点：扬程90m，效率67%，主要性能指标在国内、外均处于领先地位。

200ZQ-20型潜渣泵，系石家庄水泵厂自行设计、开发的一种高性能产品。该产品不仅能够抽吸带有磨蚀性的渣浆，同时还能潜入水下工作，是一般的渣浆泵、杂质泵所不能比及的，属国内首创。该泵轴封处采用两套机械密封，两个油室进行集水沉积封存的两道、双重密封的形式，可保证机组潜入水下长期安全运行。整体结构紧凑、外形平衡对称，便于整体吊起移动，泵吸入端带有搅拌轮，以便搅拌、吸起沉积杂质，达到彻底清理的目的。性能特点：该产品属大流量、低扬程泵品种，流量范围为每小时450m^3至600m^3，扬程为18m至24m，效率为70%。

模糊控制双螺杆挤出机，是石家庄轴承设备股份有限公司星烁实业公司研制开发的新产品。该机是在普通的双螺杆挤出机的基础上，采用了模糊控制技术和PLC技术研制成功的。在国内属首创，是一种高水平的机电一体化产品。

MY1020-P自动（排废）模切压痕机，是唐山玉田印刷机械集团公司开发的新产品。该产品采用优化后的三元凸轮间歇机构，不停机给纸机构等先进技术，并采用可编程序控制器(PLC)进行过程控制，实现了整机机电一体化和自动化。同时采用前咬口分离装置实现排废，填补了国内一项空白，整机性能已达到国际先进水平。

质量 1996年质量工作紧紧围绕机械工业部“三大战役”中的“产品质量翻身战役”进行。2月份，完成了350个企业的抽样调查，摸清了全省机械工业质量现状，编制了100种产品质量上台阶工程规划。与省技术监督局反复协商，编制了当年机械产品质量监督检验计划，其中包含768个企业，837种产品，911个批次。4月份，召开了24个省机械质检站长会议，对“产品质量翻身战役”工作进行了部署。机械工业部“三大战役”电话会议之后，编制了“三大战役”实施方案。5月召开了全省机械行业科技与质量工作会议。一年来，召开了各市机械局长及24个大中企业厂长“三大战役”汇报座谈会，小行业工作会，ISO9000体系认证研讨会，电机行业质量承诺工作会等，为落实省厅制订的“产品质量翻身战役”方案打下基础。到年底为止，创名牌产品的战役目标100种(含创部名牌10种)，秦皇岛戴卡公司的铝合金轮毂、广平县机械厂的宇康牌农用运输车、石家庄拖拉机厂的150拖拉机等60种产品已创省级名牌产品，完成任务占目标的60%，并推荐部级名牌产品24种；创质量效益型企业和明星企业的战役目标为100个企业(其中含创部级明星企业10个)，已评出广平县机械厂、邢台煤矿机械厂等省级质量效益型企业27个，完成任务占目标的27%，并推荐6个企业列入机械工业部明星企业1997年滚动计划；ISO9000标准的贯彻工作的战役目标确定为，大中型企业贯彻标准率达到100%，经抽样调查，贯彻标准工作已经启动的企业约占应贯彻标准企业的70%。申报认证企业85个，衡水电机股份有限公司、风帆蓄电池厂、清源环保机械公司等7个企业已经通过体系认证。已同认证机构签约，计划1997年通过认证的企业有12个；采用国际标准工作的战役目标确定为：大中型企业适合采标的产品采标率达到100%，经抽样调查，适合采标的主导产品采标率已达到60%（其中包括标准文本已经采标的产品），部、省骨干重点企业主导产品采标率已达到84%；省厅确定的100个企业主导产品质量上台阶工作，1996年已经全部启动，主要表现为：一是严格质量管理，强化工艺纪律，加强了质量检验；二是质量和效益挂钩，实行质量否决权；三是少数企业开展了可靠性和老产品改进设计；四是大部分企业争创名牌和等级品评定，提高了质量整体水平。积极做好生产许可证、出口质量许可证的换发工作。全年完成了柴油机、水泵、砂轮机、起重运输机械、脱粒机等5种产品的封样。涉及到121个企业、174个单元的换发证工作。其中换证企业80个、102个单元，新投产企业32个、44个单元，首次申请发证企业20个、29个单元。编制了省地方生产许可证的五大类产品申报表。同时积极做好工业普查中有关质量指标的普查和质量指标统计的培训工作。组织了120个企业的质量统计人员进行业务培训，并颁发了证书；全年还培训了理化检验人员323人次，实行了严格的资格管理；完成了146个企业质量指标的考核统计工作。此外，省机械厅科技与质量处被国家技术监督局命名为“全国质量监督先进工作单位”。

技术改造 1996年全省机械系统安排省以上技术改造项目67项，共完成投资4 0432万元。其中列入国家计划项目9项，完成投资1621万元；列入“双加”工程项目4项，完成投资3 582万元；列入二期“双加”工程项目10项，完成投资6 766万元；列入其他项目2项，完成投资2 577万元；列入省技改计划项目30项，完成投资13 064万元；列入省汽车项目12项，完成投资11 156万元。全年新增固定资产33 551万元，竣工率为37.3%，完成设备安装356台（套），其中进口设备27台（套）。新增生产能力的主要产品有：硬齿面减速机1 000台，高速托辊20万个，棉花加工机械300台，水泵5 600台，连杆锻件110万支，轴承15 000套，机引农具1 400台，新型粗砂机150台，真空断路器100台，35kV高压开关柜100台，曲轴、连杆14.4万件，轻型汽车5.6万辆，废塑提油设备85套，不锈钢阀门400t，农用车5万辆等。

对外合作 1996年出现了向兴办大型合资企业发展的好势头。唐山齿轮厂、唐山高压电瓷厂、唐山锅炉厂三个国营大中型企业，分别实现了与日本丰田集团的爱信集团、爱信AI、丰田通商，日本AGK公司、德国巴高克公司的合资合作。从而使全省机械行业的招商引资在结构上发生了可喜的变化，开创了省内大型骨干企业与国外跨国公司的“强强”合作为主流的新格局。全年全行业利用外资项目签约累计106个，实际利用外资8 400万美元。

管理及改革 根据省委主要领导同志关于机械厅要实现大行业管理，在1996年先在两个小行业有所突破的要求，在实行机械大行业管理方面，取得了可喜的进展。一是，在厅机关职能转变上有新的突破。已经在规划布局、统计信息、产品目录管理、质量监督、法制建设、企业家队伍建设等六个方面突破了部门管理界限，实施了全行业管理。二是，在管理组织形式上，有了新的突破，已经成立了电工电器、电线电缆、汽车工业三个专业行业协会，打破行业和部门界限，不分所有制性质和企业大小，吸纳会员，制订了行业管理章程，理顺了关系。这三个协会已经开始按照联系政府，为行业、企业搞好服务的双向基本职能开展工作，发挥桥梁和纽带作用。其中，电工电器协会于12月18日召开了电工电器重点产品发布会，省内各大设计院、供电部门等100多个用户单位和部门参加了会议。保定变压器厂、邢台电缆厂、唐山开关厂等一批电工电器企业向用户单位宣传企业产品，供需双方直接洽谈，收到了良好效果，受到企业欢迎。

企业内部“三项制度”改革已在全行业推开，实现“三项制度”改革的企业占全行业企业总数的95%以上。完成公司制(股份制和股份合作制)改造的企业共123个,其中股份有限公司101个,有限责任公司18个。集团建设步子加快,已建立的企业集团16个,其中3个为省大型支柱性企业集团(企业集团的法人代表分别与省政府领导签订了“九五”目标责任书),6个集团列入河北省机械工业厅“4218工程”中的8个集团之中。另外还有8个集团正在筹建之中。

现代企业制度试点企业正在逐步完善。全行业列入国家、省、市现代企业制度试点企业共46个。其中国家级1个,即天威集团公司(保定变压器厂);省级23个,其中4家列入1996年省37个重点试点企业。全行业企业产权分立重组的(嫁接改造、合资等),有263个,总共融资28 864.7万美元。企业代管等形式企业共7个,其中企业代管5个,委托经营1个,抵贷返租1个。企业兼并破产工作也有进展,已由27个优势企业兼并了38个劣势企业;破产和正在办理破产手续的企业共计18个,其中已结案的1个,正在办理破产手续的15个,计划近期进入破产程序的2个。

1996年全省机械工业广泛开展了“学邯钢,抓管理,增效益”活动。经过与企业和各市机械工业局共同研讨,省厅制定了学邯钢活动的计划、目标责任、检查考核、指导帮促、总结报告、信息交流与反馈、培育学邯钢示范企业和奖罚等八项工作制度。同时根据本行业实际情况,提出了“外学邯钢,内学衡电(衡水电机股份有限公司)”的口号,并大张旗鼓地开展了活动。

(1)典型引路,以点带面,广泛开展学邯钢、学衡电活动。全省机械行业先后培养出衡水电机股份有限公司、玉田印刷机械厂、石家庄拖拉机厂等9个学邯钢先进企业,在行业示范。组织400多个企业、2 000多人次到衡水电机股份有限公司取经学习。连续六期在《中国机电日报》重要版面,对衡水电机股份有限公司的经验进行系列宣传报道,在全国机械行业引起较为强烈的反响,吸引上海浦东电机厂、闽东电机厂和北京电机厂等200多个厂家、500多人次到衡水电机股份有限公司参观学习。此外,石家庄拖拉机厂、邢台电缆厂作为学邯钢典型企业参加了省政府组织的典型企业巡回报告团,在全省范围内宣传推广他们学邯钢的经验。同时广平县机械厂等7个企业学邯钢经验也分别在本地进行了宣传推广。

(2)全省机械行业在挖潜、堵漏捞浮财、增效益上取得了明显进展。特别是一些大型企业,在压缩费用支出,降低销售成本方面取得明显成效。石家庄拖拉机厂全年费用支出比原计划减少了5 000万元;全行业万元销售收入的管理费用由去年同期的1 183元,降低到1 162元。从而相对节约费用开支达到2 545万元。

(3)扭亏增盈,行业经济持续发展。1996年省机械厅组织有关处室干部,分五组赴各市抓管理,特别是强化成本管理,促进了行业经济效益指标的好转。按企业数计算,全行业亏损面为29%,全国为38%;亏损企业亏损额全国增长41%,河北省下降4.9%。在十分困难的情况下,从8月份开始扭转了全行业亏损局面,盈利水平逐月呈现上升态势。利税增长速度居全国第三位,利润增长速度居全国第二位。利税过千万的大户保定天威集团等16个企业实现了利税上台阶目标。

〔撰稿人:河北省机械工业厅　张塞外　审稿人:河北省机械工业厅副厅长　陈　欣〕

〔责任编辑:申建丽〕

山西机械工业

山西省机械电子工业厅

生产发展情况　1996年是山西机械工业实施“三大战役”起步的一年。这一年经济运行特点,一是全省机械工业在资金、市场双重制约下保持平稳发展,并有适度的增长,但效益下滑。二是产销衔接逐步好转,产销率保持在96%以上。三是亏损企业由上年的39个增加到48个,比上年增加9个;亏损额由上年的5 335万元增加到1996年的12 722万元,比上年增亏7 387万元。四是部分企业生产任务不足,处于半停产或停产状态,其中,重型矿山行业更为艰难,1997年承接生产任务只占全年的30%。五是产成品占用资金高于正常值,产成品占用资金达10亿元,比上年增长7%。

到年底,全系统共有企业166个,其中按经济类型分列,国有经济企业147个,集体经济企业17个,股份制企业2个;按企业重要性分列,骨干企业6个、重点企业18个,普通企业142个;按企业规模分列,大一型企业4个、大二型企业3个、中一型企业9个、中二型企业25个、小型企业125个。完成工业总产值(不变价)261 986万元,比上年下降4.02%;工业增加值84 417万元,比上年增长

2.21%；产品销售收入255 274万元，比上年下降12%；全年实现利税6 075万元，比上年下降70.21%。全年实现利润总额-10 397万元，比上年增亏8 880万元。全员劳动生产率22 788元/人，比上年下降0.03%，见表1、表2。

市场及销售 山西机械工业自1980年转入为能源、重化工基地建设以来，初步形成了为煤矿服务的煤机产品市场。在产品上，以太原矿山机器厂生产的AM-500采煤机为主导产品，太原液压件厂生产的系列液压支柱、山西机器制造公司生产的系列矿用绞车、阳泉水泵厂生产的矿用耐腐蚀泵、原平运输机械总厂生产的矿用皮带输送机、平遥工矿电机车厂生产的矿用电机车，以及榆次电缆厂生产的矿用电缆等产品，1996年煤机产品销售收入约1.12亿元，全系统实现利润总额百万元以上的企业见表3。

表1 1996年山西机械工业系统概况

行业	企业数（个）	全部职工平均人数（人）	工业总产值（不变价）（万元）	工业增加值（万元）	产品销售收入（万元）	产品销售税金及附加（万元）	利润总额（万元）	固定资产 原价（万元）	固定资产 净值平均余额（万元）
合计	166	115 675	261 986	84 417	255 274	1 474	-10 397	420 105	330 219
农业机械	35	18 305	51 113	10 408	51 049	243	-1 145	54 044	41 249
仪器仪表	7	2 212	2 222	750	1 777	12	-490	5 846	4 390
石化通用机械	12	6 789	15 135	5 821	12 949	90	244	19 024	16 241
重型矿山机械	26	36 799	88 592	25 288	91 392	652	-5 114	153 419	124 231
机床工具	14	8 021	14 298	6 904	12 501	87	-606	38 393	30 622
电工电器	45	21 583	41 051	15 266	44 403	246	-2 448	61 234	47 377
机械基础件	13	14 731	36 754	14 726	30 978	111	-398	52 795	44 144
汽车	14	7 235	12 857	5 254	10 225	33	-440	35 350	21 965

表2 1996年山西机械工业系统产品产量

产品名称	单位	产量	比上年增长%	产品名称	单位	产量	比上年增长%
工业锅炉	t（蒸汽）	1 115	-33.9	拖拉机、内燃机配件	万元	11 324	-8.0
金属切削机床	台	709	43.2	机引犁	台	1 757	-9.1
金属轧制设备	t	3 523	-45.5	机引播种机	台	2 788	98.0
锻压设备	台	591	-11.1	农用三轮车	辆	42 133	-3.3
起重设备	t	9 176	21.7	叉车	台/t	65/174	-40.9/31.8
运输设备	t	4 772	-10.0	载重汽车	辆	299	31.7
工业泵	台	14 408	18.0	改装车	万元	99	-36.5
农业泵	台	47 466	11.0	汽车配件	万元	16 083	13.4
风机	台	1 762	-22.1	交流电机	MW	506.5	-7.4
轴承	万套	527.03	59.6	变压器	MV·A	1 036.3	-22.4
液压件	万件/t	28.27/8 074	-8.8/2.3	互感器	台	90	-95.8
标准件	万件/t	17 829/6 027	3.5/-7.8	电力电缆	km	1 528	23.6
矿山设备	t	10 424	-14.4	工业自动化仪表	台	104 924	-20.6
洗选设备	t	603	-29.2	电工仪器仪表	台	19 106	1.8
印刷机械	台/t	253/412	72.1/-15.7	光学仪器	台	15 749	-24.3
小型拖拉机	台	6 322	-43.6				

煤机产品在销售中，不仅供应本省的煤矿，还供应外省的煤矿，有的产品还出口创汇，如太原矿山机器厂生产的AM-500采煤机出口俄罗斯国家。

全系统1996年出口创汇完成2 460万美元，与1995年相比增长10.9%，出口创汇企业见表4。

表3 1996年山西机械系统实现利润总额百万元以上企业

企业名称	实现利润总额（万元）
解洲潜水电泵厂	403.5
大同齿轮厂	369.1
榆次液压集团有限公司	203.4
山西荣发车辆集团股份有限公司	206.8
太原五一机器厂	176.1
临猗汽车配件厂	112.3
合计	147.1

科研成果及新产品 1996年全系统共完成新产品260项，骨干重点企业完成100项，列入省重点新产品30项，实现新产品新增产值3.3亿元，新产品产值率达9%以上。其中获山西省科技进步二等奖的4项，三等奖的5项，其内容见表5。

质量 山西机械电子工业厅根据两部质量等级评定管理办法及实施细则，根据省经贸委《关于开展评选山西省优质产品的活动的通知》及《山西省实施名牌战略，争创名牌产品的试行办法》的通知精神，省厅制定了《山西省机电企业厂长（经理）质量工作三到位评定办法》，企业在强化管理、严格工艺、加强质量把关，在不断提高产品实物质量的基础上，1996年完成WK-10B挖掘机、轧机油膜轴承、重型车变速箱总成、LBT118-01柴油机发动机齿轮、圆柱滚子轴承等5种主要产品的优等品等级评定。完成了3-12MW系列发动机护环、150-1型小四轮拖拉机、农用三轮车、井用潜水泵、充油式潜水电机、YR系列三相异步电动机、油浸式电力变压器、三辊卷板机、可转位螺旋铣刀、齿轮油泵、农汽两用挂车等25种主要产品的一等品等级评定。

表4 1996年主要出口企业创汇额

企业名称	产品名称	创汇额（万美元）
太原重型集团公司	各类重矿配件、材料、铸锻件	600
太原矿山机器厂	轧机及配件	300
长治轴承厂	工业轴承	300
长治汽车配件厂	刹车壳	112.5
山西电机厂	电机	110
长城光电子公司	光纤面板	100
长城锻压机床厂	锻压设备	100
太原标准件厂	标准紧固件	67
亨达内燃机公司	曲轴	65
阳泉电器公司	T铁	43.37
山西轴承厂	轴承	40
太原砂轮厂	棕刚玉块砂	30
合计		1 866.87

表5 1996年山西机械系统科研与新产品获山西省科技奖项目

项目名称	完成单位	申报部门	获奖等级
车轴锻件生产线	太原重型机械集团公司	太原市科委	二
东风EQ140、EQ145汽车变速箱新型专用轴承	长治轴承厂	长治市科委	二
∅120穿孔机	太原矿山机器厂	太原市科委	二
LKG200-150型矿（洼）水泵	阳泉水泵厂	阳泉市科委	二
SBT-630/10箱式绕组变压器	临猗变压器厂	运城地区科委	三
COMIS管理信息网络系统	长治锻压机床厂	长治市科委	三
轴承磨床机电一体化改造的应用与研究	山西轴承厂	山西省机电厅	三
降压深沟轴承振动的研究	汾阳轴承厂	吕梁地区科委	三
离心式泥砂泵	临汾市水泵厂	临汾市科委	三

在通过产品等级评定管理水平提高的基础上，培育了一批优质名牌产品，上报省经贸委审查的30余项名牌优质产品有：SXQ1142G载货汽车、150型小四轮拖拉机、6MG200-W采煤机、DB76CNC变管机、硬质合金可转位螺旋铣刀、YBE-E16F20汽车转向动力泵、转臂轴承、矫正机工作辊系列、LY-BQ4230标签印刷机、QG-5型农汽两用挂车、ZBGF-1400型浅耕施肥播种机等15种主要产品将被评为山西省名牌优质产品。

1996年，对26个企业的27种产品的行业质量监督检查，一等品6种、合格品20种，产品合格率达到96%，产品一等品率达到22%。国家抽检机电产品9种，合格8种，合格率达到89%。

技术改造 1996年山西机械工业企业在技术改造方面，一是抓了“八五”在继项目的验收工作。全年对企业生产、经营十分困难的技术改造项目，经过强化项目服务、为项目找资金、找出路，共完成项目验收22项，竣工投资35 228万元。其中包括国家项目数控车床、重型车变速箱、液压锤、铸造中心、大口径油缸，以及饲料加工机械等22个项目，使“八五”项目80%左右验收。二是年底技改、基建工作取得丰硕成果。1996年全年共下达技术改造计划29项，投资计划为48 487万元。三是完成了“九五”规划的最后定稿和上报下发工作，并以“4816工程”为目标，在规划中突出了“三个梯队”、“四个一批”的发展重点，共18项总投资为5.54亿元。在18项中，有12项已完成扩初批复，有太原重型机器厂的纲轮、太原矿山机器厂的无轮车和电牵引采煤机、榆次液压集团的汽车助力转向泵、大同齿轮厂的变速箱总成、中功率拖拉机前驱动桥总线，以及太原工具厂、太行印刷机器厂、太原砂轮厂等项目已下达年度计划进入实施阶段。这样，“九五”第一年就有一批为数不少的重点项目启动，对“九五”整个规划的实施和结构的调整创造了较好的开发条件。

对外合作 全系统利用外资3项，总投资28 612万元，外资2 058.8万美元，如太原矿山机器厂合资建立生产30万t圆钢轧钢厂、太原重型机器厂合作生产耐磨钢铸件；利用外国政府贷款5项，总投资为13 273万元，外资1 081.9美元。如榆次液压件厂柱塞泵的技术改造、太原工具厂的汽车刀具技术改造、太原锅炉厂成套设备厂的多管除尘器；重点项目总投资16 600万元，外资900万美元，主要是山西汽车制造厂的运煤专用车等。

管理及改革 1996年改革与管理工作，一是改革力度不断加大，兼并破产开始起步。现代企业试点工作进展顺利，如太原重型机器集团公司、榆次液压集团公司已按新的体制模式运行。大同齿轮厂、太原矿山机器厂的改制试点方案经研究已上报待批。对无主导产品、管理严重滑坡、资不抵债、扭亏无望的山西转向器厂已递交破产申请方案，开始步入破产程序。二是根据省经贸委的晋经贸企字［1996］288号文件，关于下发《山西省机电行业企业管理评价标准（试行）》通知精神，为促进全省机电工业企业加强企业管理，全面提高素质，使企业的整体管理水平迈上一个新台阶，以不断适应社会主义市场经济发展的需要，稳步建立现代企业制度。全行业工业企业根据管理现代化企业、管理优秀企业、管理先进企业、管理合格企业、管理不合格企业等5个标准进行了自我初评工作，为1997年全面评比工作打下了基础。

存在的主要问题 （1）经济运行的质量不高，效益下降，亏损增加。虽然省直企业工业总产值比上年略有增长，但实现利润比同期下降约148.2%，亏损额增长9.6%，出现了速度与效益逆向增长矛盾。

（2）停产、半停产企业增多，欠发职工工资企业不断增多，不稳定因素在增加。山西转向器厂已停产，临汾机械铸造厂已部分停产，山西滤清器厂生产不正常，还有部分企业的分厂都有程度不同的停产、半停产。一些企业发工资困难，欠发工资总额不断增加，省直29个企业中有13个企业欠发职工工资，到年底，共欠发职工工资约达2 796多万元。

〔撰稿人：山西省机械电子工业厅　谷　郁　审稿人：山西省机械电子工业厅厅长　牛建业〕

〔责任编辑：申建丽〕

辽宁机械工业

辽宁省机械工业厅

生产发展情况 辽宁机械工业系统有企业728个，比上年减少88个。其中特大型企业4个，大一型企业23个，大二型企业28个，中一型企业22个，中二型企业119个。全行业包括十个主要小行业，生产近300个类别、8000多种产品及配套件。主导产品的技术水平和生产规模在全国机械工业中占有较重要地位。产品的服务领域涉及各个产业部门，市场覆盖全国主要地区，并开始逐步进入国际市场。自1993年下半年以来，国家实行宏观经济调控，辽宁机械工业在趋紧的外部环境下进入了最为困难的时期，经过近三年的痛苦调整，1996年全行业经济形势开始出现转机，进入了新一轮经济循环周期的艰难爬坡阶段。总体上看，1996年的外部环境并不宽松，企业资金紧张、任务不足、管理滑坡、效益较差的问题仍然相当突出，辽宁机械工业经济运行一直处在困难之中。但全行业认真实施省委、省政府提出的“外向牵动、科教兴省、结构调整”三大战略，坚决打好机械工业部提出的“三大战役”，广大干部职工辛勤工作，终于结束了前两年产销踏步的局面，实现了恢复性增长，经济效益也呈现出回升的苗头，使“九五”有了一个比较好的开端。1995年主要经济指标见表1、主要产品产量见表2。

1996年经济运行呈以下的主要特点：一是产销从微弱增长向低速增长的方向发展。在宏观经济“软着陆”过程中，全省机械工业产品结构不合理、市场开发不得力、经营机制不灵活的矛盾逐渐暴露，企业不适应社会主义市场经济，竞争乏力，导致1994年、1995年产销踏步。严峻的现实促使企业加快了产品结构调整步伐，加大了市场开拓力度，部分大中型企业率先取得了成效，从而拉动全行业产销增长，结束了徘徊局面。

二是适销对路产品比重不断增加。1996年全行业适销对路产品完成工业总产值（不变价）125.4亿元，比上年净增20.4亿元，增长19.4%。适销对路产品产值比重从1994年的46%上升到1996年的58.8%，两年间提高了12.8个百分点。但是，由于平销产品比重高达41.2%，且下降幅度较大，适销对路产品还不足以拉动全行业产销有更大的增长。

三是起支撑作用的地区和行业经济发展相对平稳。全省机械工业地区间发展不平衡。起支撑作用的大连地区虽然也遇到很大困难，但在1995年稳步增长的基础上，1996年生产、销售分别增长9.8%和11.3%，产销率为99.3%，利税总额高达8.18亿元，占全行业的51.8%，其中实现利润3.8亿元，从而稳住了全行业的阵脚。石化通用机械和汽车行业拉动强劲。这两个行业是辽宁机械工业的支柱行业，1996年生产分别比上年增长19.9%和26.2%，销售产值比上年增长18.3%和11.5%。特别是一汽金杯公司自1995年进行了组织结构调整后，促进了产品结构的调整，使产销形势逐渐好转，1996年工业

表 1　1996 年辽宁机械工业系统概况

行　业	企业数（个）	全部职工平均人数（人）	工业总产值（不变价）（万元）	工　业增加值（万元）	产品销售收　入（万元）	产品销售税金及附加（万元）	利润总额（万元）	固定资产	
								原价（万元）	净值平均余额（万元）
合计	728	587 244	2 147 533	662 668	2 352 785	16 827	12 000	3147 908	2071 873
农业机械	75	40 610	85 955	21 001	90 436	410	－8 443	145 152	105 553
工程机械	27	31 206	88 699	26 726	84 673	374	－9 493	151 178	91 284
机床工具	86	59 370	135 149	63 481	144 471	1 098	－2 863	345 235	201 585
机械基础件	53	53 476	181 586	66 749	226 006	1 364	9 590	256 722	154 189
石化通用机械	103	82 052	373 395	112 160	404 999	1 997	14 184	469 716	289 647
重型矿山机械	48	64 847	209 042	66 177	230 574	1 668	－4 077	451 299	300 378
汽车	44	74 576	456 285	133 517	543 429	6 350	16 430	453 244	307 355
电工电器	177	136 309	519 208	146 395	535 979	3 079	－279	662 026	453 507
仪器仪表	60	26 923	54 279	18 436	51 308	299	466	81 296	52 933
食品包装机械	3	1 776	4 564	1 227	3 261	15	－6	2 664	2 615
其他	52	16 099	39 371	6 800	37 649	173	－3 510	129 376	112 827

表 2　1996 年辽宁机械工业系统产品产量

产品名称	单　位	产　量	比上年增长％	产品名称	单　位	产　量	比上年增长％
工业锅炉	t（蒸汽）	3738	－26	拖拉机、内燃机配件	万元	32 027	－23
内燃机	MW	11 480	3	铲土运输机械	台	816	0
金属切削机床	台	10 743	－12	叉车	台	1 115	－31
起重设备	t	24 043	－27	汽车	辆	22 400	28
运输设备	t	17 817	－3	汽车配件	万元	120 378	35
装卸机械	t	6 662	－29	交流电动机	MW	3 880	－12
工业泵	台	14 975	－18	变压器	MV·A	23 560	－5
农业泵	台	214 970	0	互感器	台	74 739	－5
风机	台	4 640	－13	六氟化硫全封闭组合电器	间隔	33	0
气体压缩机	台	3 607	－38	高压断路器	台	902	－38
制冷设备	套	3 683	－33	高压开关板	面	1 546	－21
轴承	万套	2 451	－5	高压电瓷	t	16 458	－34
阀门	t	15 533	－19	电力电容器	Mvar	5 020	－10
液压件	万件	13	18	钢芯铝绞线	t	8 473	49
矿山设备	t	17 671	－42	裸铜线及铜电车线	t	4 448	203
冶炼设备	t	121 43	－24	电力电缆	km	10 442	40
工矿配件	t	38 567	28	蓄电池	MVA·h	700	3
炼油化工设备	t	27 501	27	工业自动化仪表	万台	929	626
橡胶加工机械	t	8 436	30	电焊条	t	28 247	60
食品机械	台	8 094	－28	锻钢件	t	33 205	30
拖拉机	台	22 186	58	钢	t	9 6551	10

总产值比上年增长 41.5％，销售产值比上年增长 20.6％，终于结束了长达两年半的产销下滑局面，实现了较快发展。

四是大中型企业经济运行呈明显的两极分化。1996 年，辽宁机械工业系统的 200 个大中型企业中，约有 30％的企业经济运行呈现出良好的发展势头，主要经济指标增长幅度大大超过全行业平均增长水平，产、销分别占全行业的 72.2％和 74％，是全省机械工业发展的中坚力量。也有 30％的大中型企业，由于诸多原因，丧失了市场竞争能力，连年亏损，已到了资不抵债的境地，只能走破产兼并的路子。尚有 40％的大中型企业处于中间状态，有待进一步分化，搞得好，可望走出困境，再度发展；搞不好，将落入破产行列。这种“60 户好，60 户差，还有 80 户待分化”的局面，体现了市场经济优胜劣汰的必然结果。

市场及销售　在向社会主义市场经济过渡过程中，辽宁机械工业企业逐步树立起市场观念、竞争观念，通过建立完善的营销体系，扩大销售队伍，加强销售力度，改善售后服务，积极开拓国内外市场，逐步在激烈的竞争中站稳了脚跟。1996年辽宁机械工业系统共完成销售产值（当年价）231.6亿元，按可比口径比上年增长3.6%，产品销售率为96.5%，与上年持平。市场销售形势比较好的主要是60个左右的大中型骨干企业，其销售产值约占全省机械工业系统的72%，比上年增长13.8%，对全行业拉动明显。适销对路产品多数是这些企业生产的。

1996年全省机械工业行业出口呈平稳增长态势，自1992年出口交货值登上10亿元台阶之后，1996年又突破了20亿元大关，达到21.4亿元，按可比口径比上年增长11%。出口交货值占销售产值比重逐年提高，1996年已达到9.2%。出口主要集中在44个大中型企业，共实现出口交货值18.2亿元，占全行业的85%。自营出口企业创汇达1.6亿美元，比1995年增长33%。出口产品结构有了进一步改善，“三资”企业出口势头强劲，国际市场开拓有了新进展。

新技术及科研成果 1996年辽宁省机械工业系统获得机械工业部科技进步奖20项，其中一等奖1项，二等奖5项，三等奖14项；获省科技进步奖30项，其中一等奖3项，二等奖8项，三等奖19项。此外，还评出辽宁省机械工业系统科技进步奖61项。这些获奖项目，在企业的新产品开发、技术改造、基础工作方面发挥了积极的促进作用，其中被评为省机械厅科技进步奖的项目，年创利税就达10 971万元，增收节支936.2万元。沈阳机床股份有限公司第一事业部(原沈阳第一机床厂)同东北大学协作完成的滚动支撑系统油膜阻尼技术，应用于CA6140型车床，在保持原有性能的基础上，提高了抗振性能。推广应用三年多，一直稳定可靠，经济效益显著，年平均节支3 693.9万元，累计3 144.3万元。瓦房店高压开关厂研制的LN3-63型高压六氟化硫断路器，应用于生产后，年创利税123.12万元。这两个项目都获得了省科技进步一等奖。

新产品 1996年全省机械工业以产品结构优化为中心，积极实施“三大战略”和“三大战役”，加强了外向牵动和科技兴业工作，促进了新产品开发，以机床、汽车、输变电设备、工程机械、石化通用机械等五大支柱行业为重点的战略性产品结构调整已经全面展开，一大批有特色的优势产品正在开发和试制中，有的已经取得了成果。1996年，全行业研制开发新产品1 004种，其中90%以上产品都达到了国内先进水平。全年完成新产品产值52亿元，占全部工业总产值的21.7%，比1995年提高2.2个百分点，净增11亿元。如：沈阳变压器厂研制的SSP7-45000/330变压器，是国内单机容量最大的，达到了国际先进水平；锦州重型机械厂研制的CDZ50型登高平台消防车，作业高度50m，填补了国内空白，达到了国外同类产品的技术水平；营口复印机厂开发了具有国际先进水平的R1L轻型高精度彩印机，当年创产值600余万元；沈阳鼓风机厂为年产30万t合成氨装置研制的MCL457+BCL408型透平压缩机，整机达到了国际先进水平，创产值1 100余万元，使化肥产量提高10%，企业效益和社会效益都十分显著。此外，沈阳机床股份集团公司的简易数控机床、专用加工中心，大连机床集团公司的发动机生产线，东北输变电集团的氧化锌避雷器、全封闭组合电器，辽阳变压器厂的干式变压器，一汽金杯公司的CA1043、CA1020、CA1026轻型车新产品系列，东风朝阳柴油机公司的4102、4105柴油机，辽宁工程机械集团的履带式起重机、42t集装箱叉车、40m高空作业车、大功率推土机，石化通用机械行业的51种新型轴流风机、新一代往复式气体压缩机及石化工业需要的各种先进的静压装置，大连冰山集团的大型螺杆压缩机、半封闭螺杆压缩机、冰蓄冷中央空调设备，瓦房店轴承集团公司的轿车轴承、铁路车辆轴承，鞍山热工仪表厂的节能自力式调节阀等，不仅完成了设计、试制，而且陆续投放市场，成了新的经济增长点。

质量 1996年辽宁机械工业系统通过实施“三大战役”，努力打好“质量翻身仗”推进了质量工作。总体上看，质量稳定，稳中有升，尤其是国有大中型企业的主导产品、重点工程配套产品、出口援外产品的质量提高较快。1996年辽宁机械工业系统对5042种产品进行产品质量统计，其中优等品122种，一等品827种，优、一等品率为18.8%，比上年提高1个百分点。1996年，国家抽查本省机械工业系统27种产品，合格22种，合格率为81.4%。同时，省机械工业厅组织了对行业12个大中型企业、15种产品的监督检查和147种产品的监督考核，合格率分别为100%和83.7%。检查出的不合格产品分别是1个中型企业和4个县区、乡镇企业生产的。省厅对147个企业的监督考核结果见表3。

表3 对147个企业的监督考核结果

企业类型	大型	中型	区县、乡镇	合计
抽查数	2	18	127	147
合格数	2	17	104	123
不合格数	0	1	23	24
合格率（%）	100	94.4	81.1	83.7

从1991年起，辽宁机械工业系统认真抓了机电产品的可靠性工作，经过几年的努力，取得了一定的成绩。一是建立了由省厅牵头、省可靠性工程研究所和各市机械行业主管部门、重点企业组成的机械行业可靠性工作管理体系。二是广泛开展了可靠性知识普及宣传、培训与交流活动。三是将可靠性指标作为质量指标的一项重要内容进行考核。到1996年底，全省机械工业行业共有57种产品通过了机械工业部组织的可靠性达标考核；有5种产品获机械工业部可靠性达标产品特别推荐，如东风朝阳柴油机公司生产的CY6102BQ型柴油机；有4种产品被机械工业部列入第一批机械行业A类产品可靠性认定试点计划，如大连起重机器厂生产的5t～50t通用桥式起重机。

贯彻GB/T19000标准的工作进展很快。截止至1996年底，辽宁机械工业系统有近百个企业建立了质量保证体系，并正在有效运行。其中有38个企业已经完成质量体系认证。1996年通过质量体系认证的企业有21个，包括丹东电机厂、金州电缆厂、沈阳高压开关有限责任公司、大连冰山集团公司、大连橡胶塑料机械厂、沈阳机床股份有限公司沈阳第一机床厂、大连起重机器厂、大连叉车总厂、大连电瓷厂、大连油泵油嘴厂、鞍山热工仪表厂、沈阳电机厂、沈阳第一阀门厂、沈阳气体压缩机厂、沈阳蓄电池厂、本溪电缆厂、沈阳变压器厂一分厂、沈阳汽车制造厂、沈阳汽车离合器厂、沈阳汽车传动轴厂、沈阳汽车座椅厂等。

技术改造 1996年辽宁机械工业系统完成技术改造项目69项，累计完成投资100 757万元，为下达计划的65.5%。其中丹东五一八内燃机配件总厂引进320kN·m电液对击锤技术改造项目、铁岭精工集团股份有限公司"八五"技术改造项目被机械工业部评为"八五"技改优秀项目。1996年辽宁机械工业系统技术改造新增产量382 256台，新增产值130 362万元，新增利税25 563万元。为了推进产品结构调整，1996年辽宁机械工业系统突出抓了国家"双加"工程项目。列入国家一期"双加"工程的20项，投资额6.9亿元，已经全部开工，其中16项将于1997年竣工。还有33个项目，总投资额17.53亿元，列入了国家二期"双加"工程。1996年的技术改造项目集中了有限的资金，重点解决企业产品结构调整中的关键环节。在机械加工方面，采用加工中心、组合机床、大型数控镗铣床、精密内圆磨床和高精度电火花成形机床；在铆焊、切割方面，增加了数控、光电跟踪切割机、板材加工中心，增加了焊接机器人、等离子切割机；在热加工方面，引进了喷漆、热处理生产线，改造了树脂砂生产线；在检测技术方面，增加了三坐标测量仪、动平衡机、光电直读光谱仪、齿面硬度计；在大件加工方面，增加了大吨位吊车、龙门铣、压力机、辊板机。

对外合作 1996年，辽宁机械工业系统签约合资合作项目27项，总投资额2.75亿美元，比1995年增长17.4%。注册资本1.46亿美元，协议外资额8 175万美元(不含流动资金)，占注册资本的56%。利用外资的主要特点：一是大企业集团同国外知名大公司全面合作开始起步。如大连冰山集团公司先后与美国、日本、香港、意大利等国家和地区合作兴建了15个合资企业，注册资本1.01亿美元，利用外资6 000万美元，1996年已有12个合资企业开工投产。辽宁工程机械集团与瑞士利勃海尔集团，拟就工程机械方面的8个项目进行全面合作，1996年已有4个项目完成签约，还有4个项目正在深入洽谈中。东北输变电设备集团在引进日本、德国、法国、英国等知名大公司的先进技术基础上，又在研究与日本日立公司进行全面合作的方案，以便跟踪世界先进技术，全面提高输变电产品水平。二是大项目较多，项目平均外资额增加。近两年500万美元以上的合资项目共签约31项，总投资5.83亿美元，注册资本3.48亿美元，外资额1.97亿美元，占注册资本的56.6%，平均项目外资额为635万美元，比1993、1994年增加45.6%。三是通过合资合作，使产品水平有了一定提高。如：大连冰山集团与日本三洋电机株式会社签约生产的溴化锂制冷机、半封闭压缩机；辽阳汽车弹簧厂与德国克虏伯赫斯公司合资生产的汽车拉杆、扭杆、圆簧；辽阳变压器厂与葡萄牙E-FACEC公司签约生产的220kV以下变压器；沈阳水泵厂与日本荏原制作所签约生产的石油化工流程泵；沈阳电缆厂与日本古河电气、日本伊藤忠商社签约生产的110kV及以上交联电缆；沈阳重型机器厂与香港大福木业有限公司签约生产的中密度板、人造板等产品均达到了国际先进水平。四是已投产的"三资"企业正在成为新的经济增长点。在已投产的140个"三资"企业中，500万美元以上的企业上年工业总产值达30亿元，比1995年增长30%。这些企业所生产的主导产品全都是适销对路产品，对行业经济增长拉动强劲。企业通过利用外资、引进先进技术，实现了产品结构的优化调整，加快了产品的更新换代，逐步扩大了企业经济实力，促进了企业的快速发展。五是股票境外上市和股权转让，为吸引外资、引进技术开辟了新路。"八五"期间，辽宁机械行业有五个国有大中型企业的股票上市，发行额度为：A股26 400万股、H股25 795万股，集中资金14亿元人民币、46 431万元港币、8 000万美元。这些资金在技术引进和技术改造中发挥了积极的作用。

管理及改革 1996年辽宁省机械工业系统企业改革工作的目标是：实施制度创新、加快资产重组。工作的重点是：加快组建企业集团的步伐、扩大现代企业制度试点、加大企业破产力度，尽快实现企业组织结构、产品结构和资本结构的优化。一年来，取得了一定的成效。一是现代企业制度试点工作逐步深入。作为辽宁经济四大支柱产业之一的机械工业被省政府列为建立现代企业制度的重点行业。1995年全行业有2个企业列入国家100家现代企业制度试点，有7个企业列入省政府第一批35家试点。1996年机械行业有21个企业列入省第二批100家现代企业制度试点。列入省第一批试点的7个企业，有3个改制为国有独资公司，有2个改组为股份有限公司，有2个改组为有限责任公司。首批试点企业开始规范运作，企业的法人治理结构基本建立并发挥作用，初步形成了母子公司体制框架和资产经营和生产经营分开的管理模式，优化了资本结构，进行了资产重组，企业管理水平得到提高。列入省第二批试点的21个企业，多数已完成方案的论证工作。

二是企业破产工作力度加大。随着企业改革的重点由搞活国有企业转向搞活国有经济，国有企业只能活，不能死的格局已经打破。1996年，辽宁省机械工业系统按照省政府的要求，在全行业加大了企业破产工作的力度，以调整国有大中型企业的负债结构，加速存量资产的重组，实现规模经济格局。

到年末，全省机械工业系统依法宣告破产的企业44个，其中大中型企业27个，已完成破产终结的企业36个，其中大中型企业25个。破产终结的企业，减轻负债额436 646万元，盘活资产188 707万元，安置职工56 011人。通过破产兼并，优势企业的扩张欲望与劣势企业的闲置资产相结合，实现了生产能力的快速扩张；存量盘活与增量投入相结合，促进了经济效益增长方式转变；破产重组与促进企业集团的建立相结合，为发展规模经济创造了条件。

三是企业集团发展较快。到1996年末，辽宁机械工业根据行业自身的优势组建完成了东北输变电、沈阳机床、大连机床、大连冰山制冷、瓦房店轴承、辽宁工程机械等六大企业集团，经省、市政府授权，成为资产一体化的企业集团，其经济实力、开发能力、产品水平在全国同行业中居领先地位，成为辽宁机械行业的骨干力量。汽车、通用机械、石化机械、重矿机械集团的组建工作正在筹备之中。已组建的六大企业集团全面开展了与国际上大公司的合资合作，融资能力也进一步增强，同时得到了各级政府的重视和扶持，全部列入国家重点扶持的1 000家企业行列和300家重点技术改造行列之中，立项工作进展顺利，扶持资金逐步到位。

1996年辽宁省机械工业系统根据省政府的统一部署，开展了“强化企业管理年”活动。这次管理年活动，与学习邯钢经验结合起来，注重提高企业管理效益，突出以人为本的管理思想，重点解决企业管理上的薄弱环节，节能降耗，杜绝浪费，加强成本管理，强化质量管理，完善营销管理，整顿现场管理，取得了很好的收效，1996年全行业实现向管理要效益2.5亿元。沈阳市机械局组织51名机关干部，组成4个企业管理督导组，对下属36个企业的管理情况进行了突击抽查和录像曝光，并召开了强化企业管理现场会，还对疏于管理、经营不力的企业领导进行了调整。大连市机械局开展了“企业创星级活动”，有13个企业达到了二星以上。沈阳机床股份有限公司第一事业部，在企业推广精益生产方式，从查找身边无效劳动开始，在压缩在制品上下功夫，改大批量生产为多批次小批量生产，压缩了流动资金占用。一汽金杯公司把质量管理当作重头戏来抓，对产品实行“奥迪特缺陷打分法”，大大提高了产品质量，重塑金杯汽车新的形象。

〔撰稿人：辽宁省机械工业厅信息中心　温琪培
审稿人：辽宁省机械工业厅副厅长　王恩全〕
〔责任编辑：张友鹤〕

大连机械工业

大连市机械工业管理局

生产发展情况　大连市机械工业管理局系统有工业企业96个，比上年减少21个；现共有职工123 599人（工程技术人员占职工总数6.51%）。其中，全民所有制独立核算企业41个，职工100 857人；集体所有制企业50个，职工22 243人；中外合资企业5个，职工499人。有特大型企业3个，大一型9个，大二型5个，中一型2个，中二型20个。有省以上重点企业17个，其中国家骨干企业14个，国家重点企业3个。

1996年全局系统工业企业生产发展保持好的发展势头，机械工业系统概况见表1。主要特点是：(1)生产经营继续保持发展势头。全年完成工业总产值596 383万元（不变价），比上年（按可比口径，下同）增长9.26%。(2)全民企业好于集体企业。全民企业完成工业总产值544 310万元，比上年增长12.03%，集体企业下降5.12%，全民企业比集体企业增幅高出17.15个百分点。(3)行业间发展不平衡。九大行业中，石油通用行业比上年增长42%，工程机械行业比上年下降17%（全局产品产量详见表2）。(4)重点产品完成较好。共完成国家重点项目产品产值3.3亿元。大重集团公司为上海宝钢三期工程先后提供堆取料机、板坯连铸设备等，为广西鹿寨硫酸厂工程提供翻车机，为马来西亚电厂工程提供斗轮堆取料机，总产值14 228万元；大连电瓷总厂为二滩电站、随口－泉州、元宝山－锦州－辽阳提供500MV输变线，总产值2 200万元；大连机床集团为哈尔滨东安发动机制造公司、东风朝阳柴油机厂、一汽大众提供组合机床、自动线等，总产值3 833万元；大连起重机器厂分别为宝钢三期、烟台港扩建、鞍钢公司扩建、太钢热轧工程等提供桥吊、门吊，总产值11 923万元。

市场及销售　1996年，全局努力开拓国内国外两个市场，加强产品市场销售，实现了产品的生产量和销售量同步增长。全系统完成生产量728 873万元，比上年增长8%；完成销售量721 981万元，增长9%；完成工业产销率达99%，比上年提高2个百分点；完成产品订货量723 761万元，比上年增长13%。分行业看，市场销售较好的有石化通用机械、仪器仪表、汽车工业、重型矿山行业，销售量均比上年增长；市场销售不景气的是机床工具、农业机械、工程机械行业，市场销售比上年均有不同程度的下降；电工电器、机械基础件行业市场销售量与上年持平。

产品出口在连续十一年增长的基础上继续增

表 1　1996 年大连机械工业系统概况

行　　业	企业数（个）	全部职工平均人数（人）	工业总产值（不变价）（万元）	工　业增加值（万元）	产品销售收　　入（万元）	产品销售税金及附加（万元）	利润总额（万元）	固定资产 原价（万元）	固定资产 净值平均余额（万元）
合计	96	125 267	596 383	224 519	747 328	3 830	38 952	837 408	510 057
农业机械	10	6 456	17 717	4 996	19 459	90	−577	24 097	16 683
工程机械	4	2 479	11 937	3 240	15 790	116	123	14 952	9 237
机床工具	11	14 032	34 303	16 410	44 341	399	−111	117 100	60 901
机械基础件	6	27 583	124 932	51 700	170 678	1 029	13 271	180 470	110 031
石化通用机械	21	25 943	199 786	59 755	229 374	766	14 974	207 679	131 861
重型矿山机械	6	21 301	75 101	28 701	102 765	605	−1 079	152 527	97 447
汽车	6	5 198	64 602	31 371	82 122	364	10 799	42 481	23 977
电工电器	22	18 060	59 121	25 216	71 885	386	1 453	76 905	46 342
仪器仪表	9	4 107	7 852	2 929	9 895	75	89	21 048	13 484
其他	1	108	1 032	201	1 019	0	10	149	94

表 2　1996 年大连机械工业系统产品产量

产品名称	单　位	产　量	比上年增长%	产品名称	单　位	产　量	比上年增长%
工业锅炉	t（蒸汽）	248	14.3	冶炼设备	t	11 711	−17.6
内燃机商品量	MW	4 594.1	11.1	金属轧制设备	t	2 181	191.5
其中：农机内燃机	MW	53.1	19.9	炼油化工设备	t	13 600	1 178.7
金属切削机床	台	3 473	16	印刷机械	t	55	
其中：大型机床	台	186	21.5	包装机械	台	911	9.3
高精度机床	台	9	−72.7	食品机械	台	208	−29.3
锻压设备	台	12	33.3	汽车配件	万元	5 523	−14.4
起重设备	台	19 641	−14.7	小型拖拉机	台	1 149	−71.8
叉车	台	693	−20.9	拖拉机、内燃机配件	万元	14 640	−14.9
泵	台	5 088	−33.3	机引播种机	台	294	27.8
其中：工业泵	台	3 539	−22.6	机引犁	台	786	−4.7
农业泵	台	1 549	−49.4	交流电动机	MW	1 812.7	−4.8
气体压缩机	台	280	60.9	变压器	MV·A	108.7	34.9
制冷设备	套	3 683	−31.6	电力电缆	km	137	−31.8
轴承	万套	1 589.2	0.4	高压电瓷	t	12 160	−31.7
高中压阀门	t	1 603.2	25.4	工业自动化仪表	万台	6.8	2.4
液压件	万件	6.4	124.4	电工仪器仪表	万台	4.0	−28.9
	t	726	198.8	光学仪器	台	9 615	−25.8
矿山设备	t	530	4 106.3				

长。全年完成出口产品供货值 95 269 万元，比上年增长 267%；出口创汇 11 564 万美元，增长 26.78%。有 21 个企业出口创汇 100 万美元以上（表 3），其中创汇 500 万元以上的企业有 7 个，1 000 万美元以上的企业 4 个。1996 年产品出口有 6 个显著特点：一是国有大中型企业已成为外贸出口的主力军。全系统有出口产品的企业 33 个，其中 17 个国有大中型企业，出口产品供货值 91 769 万元，占全系统出口总额的 96%以上。全局有国家经贸委赋予外贸经营权的企业 10 个，出口基地企业 8 个，扩大机电产品出口企业 16 个。二是形成了出口主产品。全局有 15 种产品出口创汇超 100 万美元，其中滚动轴承、起重设备等 7 种产品出口均超 500 万美元。三是出口产品市场进一步扩大。全局出口产品已销往 80 多个国家和地区，初步形成多元化的市场格局。四是出口产品结构有所改善。成套设备出口继续增加，全年成套设备出口达 25 089 万元，比上年增长 51%。五是自营出口逐年提高。全系统自营出口创汇 8 511 万美元，比上年增长 19.9%，自营出口占全局系统出口供货的 70%以上。六是“三资”企业产品出口

呈增长势头。据统计，17个外商投资企业出口额达1 300万美元。

经济运行质量提高。全系统实现利税总额84 195万元，比上年增长14.30%，其中全民所有制企业82 616万元，增长12.33%。实现利润38 952万元，比上年增长47.17%（上年利润不含税转利），其中全民所有制企业41 015万元，增长56.46%。实现产品销售收入747 328万元，比上年增长5.92%，其中全民所有制企业687 792万元，增长8.69%。全系统有13个企业产品销售收入超亿元（表4）。其中，瓦房店轴承集团公司和大连冰山集团公司的产品销售收入超过15亿元。全系统产值利税率11.47%，成本费用利润率5.37%，分别比上年提高0.56、1.51个百分点。全员劳动生产率为17 923元/人，比上年增长25.51%。年末有亏损企业26个，亏损额7 012万元，分别比上年增加5个，减少亏损额105万元。其中全民企业亏损7个，亏损额2 495万元，个数与上年持平，比上年减亏2 698万元；集体企业亏损18个，亏损额4 491万元，分别比上年增加4个，增加亏损额2 568万元。

表3 1996年大连机械工业系统出口创汇超百万美元企业 （单位：万美元）

序号	企业名称	出口创汇额	为上年%	其中：自营创汇额
1	大连冰山集团公司	2 306		1 996
2	瓦房店轴承集团公司	1 658	100.1	1 001
3	大重集团公司	1 341	99.8	1 181
4	大连起重机器厂	1 003	108.5	307
5	大连橡胶塑料机械厂	819.6	132.8	141.6
6	大连电机厂	675	128.6	622
7	新威模板有限公司	585.1	91.7	585.1
8	大连机床集团公司	466	73.2	312
9	大连高压阀门厂	379	158.7	280
10	宏达万向节有限公司	269		269
11	大连叉车总厂	255.4	108.9	59.8
12	大连电瓷厂	253.4	33.4	84.7
13	大连液压件厂	238	133.3	
14	大连耐酸泵厂	222	176.2	
15	金州重型机器厂	149	117.9	116
16	庆堂工业有限公司	148.2	124	148.2
17	大连铸造厂	137	79.7	
18	大连第二电机厂	120.5	599	
19	海明制衣有限公司	111.8	91.3	
20	海牙特有限公司	105.4		105.4
21	大连电瓷配件厂	105	247.2	

新技术及科研成果 全系统有19项科技成果获得市级以上科技进步奖，其中国家级1项，部级9项，省级5项，市级4项（表5）。

在计算机技术应用和推广方面，大连橡胶塑料机械厂的橡胶塑料机械CAD的9个子项目的推广和应用分别获机械工业部科技进步二等奖、国家科委CAD应用工程先进单位称号；大连机床集团公司的组合机床总体方案CAD系统通过部级鉴定，并获得国家科委CAD应用工程先进单位称号；大连耐酸泵厂在原有成组技术系统的基础上发展到CIMS阶段，被列入大连市科技计划。全局进行了企业产品标准的制修订工作和企业产品标准的复查工作，共审查、备案企业产品标准43项，其中达到国际先进水平的6项，达到国际一般水平的3项，达到国内先进水平的34项，共复查企业产品标准160项。

表4 1996年大连机械工业系统销售收入超亿元企业

序号	企业名称	销售收入（亿元）	比上年增长%
1	瓦房店轴承集团公司	161 020.4	−2.5
2	大连冰山集团	150 577.0	45.6
3	大连柴油机厂	77 042.0	11.9
4	大重集团公司	51 299.5	−10.3
5	大连起重机器厂	40 990.5	1.0
6	大连机床集团公司	36 049.5	5.6
7	大连橡胶塑料机械厂	20 427.7	39.9
8	大连电机厂	20 317.9	−11.1
9	金州重型机器厂	15 010.9	14.4
10	大连叉车总厂	14 476.8	5.8
11	大连第二电机厂	14 007.0	22.8
12	大连耐酸泵厂	13 274.0	20.4
13	大连油泵油嘴厂	12 004.5	6.4

新产品 全年开发新产品326种，其中重点项目15项，达到同类产品国际先进水平的20种，占6%；达到国际水平72种，占22%；达到国内先进水平的234种，占72%。瓦房店轴承集团公司研制的铁路轴承、轿车前轮毂轴承、等速万向节，大连叉车厂研制的FD420集装箱叉车均达到同类产品国际先进水平。大连起重机器厂研制的160/63t铸造起重机（双梁）、160/63t铸造起重机（四梁）、32t旋转吊钩槽式起重机，大重集团公司为宝钢三期工程配套的大包回转台，大连电瓷厂开发和生产的71252铁路棒形绝缘子，大连机床集团公司研制的变速箱体、离合器壳体组合机加工线达到同类产品国际水平。完成国家级新产品16项（表6），获得大连市优秀新产品奖16项，大连市新技术开发奖13项。完成新产品投产技术鉴定162种。开发的新产品年内实现产值5.4亿元，占工业总产值9%；实现利税7 200万元，占利税总额的9%。

质量 全局继续推行全面质量管理，加快GB/T19000（ISO9000）系列标准认证工作步伐。大连起重机器厂、大连油泵油嘴厂、大连橡胶塑料机械厂、大连电瓷总厂取得质量体系认证证书。在机械工业部前七批公布的可靠性考核清单中，被涉及的产品有39种，其中有37种产品通过了可靠性达标考核合格。在开展的提高服务质量，推广“质量保证承诺”等自律性活动中，大连机床集团公司会同全国机床工具行业54个企业，共同签署了质量保证声明。大连第二电机厂参加了中国重型机械、起重运输机械行业协会35个企业联合向用户做出的质量保证承诺。全局当年全部产品质量等级系数为67.35%，质量指数87.77%，质量损失率1.2%；全部产品品种优等品率9.19%，一等品率16.32%，合格品率74.49%。

表5 1996年大连机械工业系统获部、省级科技进步奖项目表

序号	项目名称	完成单位	部级奖	省级奖
1	320t筒型混铁车	大重集团公司	二等	
2	橡胶塑料机械CAD	大连橡胶塑料机械厂	二等	
3	核三级泵	大连耐酸泵厂	三等	
4	2208C调心滚子轴承	瓦房店轴承集团公司	三等	
5	氮基气氛热处理	瓦房店轴承集团公司	三等	三等
6	25t级叉车	大连叉车总厂	三等	
7	FXB-500/160有机复合绝缘子	大连电瓷厂	三等	
8	CH14H/Y-25-160、CH64H/Y-25-160旋启式止回阀	大连高压阀门厂	三等	
9	XY-211500橡胶两辊压延机	大连橡胶塑料机械厂	三等	
10	270橡胶密炼、压片、冷却机组	大连橡胶塑料机械厂		二等
11	FMS80箱体类零件柔性制造系统	大连机床集团公司		二等
12	引进依维柯S系列轻型客车轴承国产化	瓦房店轴承集团公司		三等
13	EPA320数控卧式车床	大连机床集团公司		三等

表6 大连机械工业系统1996年度国家新产品研制项目完成情况

序号	项目名称	主要技术参数	完成单位
1	双列圆锥滚子轴承	JRM3939/JRM3968XD	瓦房店轴承集团公司
2	双列角接触球轴承	BAHB633814A	瓦房店轴承集团公司
3	调心滚子轴承	222OC	瓦房店轴承集团公司
4	四列圆柱滚子轴承	E6727/950K	瓦房店轴承集团公司
5	686908A轴承	686908A	瓦房店轴承集团公司
6	圆锥滚子轴承	LM300811/LM300849	瓦房店轴承集团公司
7	270橡胶密炼、压片、冷却机组		大连橡胶塑料机械厂
8	锻钢旋启式止回阀	CH4H/Y-25-160DN15-50	大连高压阀门总厂
9	体盖焊接Y型截止阀	CHJ5H/Y-25-160DN15-50	大连高压阀门总厂
10	25t级国际标准20、40集装箱叉车		大连叉车总厂
11	装负校正调速器四缸A型喷油泵总成	4A95、4A90	大连油泵油嘴厂
12	YWXR系列无刷谐波起动绕线转子三相异步电动机	效率89%，功率因数0.8	大连第二电机厂
13	YEZX系列锥体转子制动三相异步电动机	效率83%，功率因数0.96	大连第二电机厂
14	核三级泵	流量2600m³/h，扬程250m	大连耐酸泵厂
15	11512盘形悬式瓷绝缘子	公称结构高度170mm，爬电距离3700mm，额定机电破坏负荷210kN	大连电瓷厂
16	X75扩散硅力敏器件		大连仪表元件厂

实施名牌战略，扩大市场占有率。全局有4种产品被评为辽宁省名牌产品：大连橡胶塑料机械厂的橡胶塑料机械、大连机床集团公司的组合机床及自动线、大连叉车总厂的内燃平衡重式叉车和大连第二电机厂的冶金起重电机。大连叉车总厂的内燃平衡重式叉车、大连第二电机厂的冶金起重电机被评为市级名牌产品。

技术改造 1996年局属企业技术改造资金严重短缺，但仍保持一定的投入量。全年安排技术改造项目20项，年度计划投资额22 848万元。当年完成投资额20 100万元。技术改造竣工10项，投产8项(表7)，新增产值51 238万元，新增利税8 808万元。基本建设项目年度计划18项，完成投资8 561万元，竣工8项，竣工面积25 030m²。大连机床集团公司的“双加”工程发展组合机床及自动线项目年内完成投资6 500万元。

对外合作 全系统新建外商投资企业13个，总投资额12 364万美元，其中协议外资7 587万美元，比上年增长60%。总投资额200万美元以上的"三资"企业9个（表8）。至年末，累计建立外商投资企业82个，总投资额51 000万美元，其中协议外资1.8亿美元。这一年，利用外资工作的特点：（1）项目规模大、档次高。成交项目在1 000万美元以上的有4项，在2 500万美元以上的有3项。瓦房店轴承集团公司与日本THK株式会社合资的滚珠丝杠项目、大连起重机器厂与美国合资的镀锌板和钢结构项目、大连机床集团公司与美国合资的柔性生产线加工中心项目、大连第二电机厂与加拿大合资的水晶冰制造机项目等，技术水平已达到或接近世界先进水平。（2）合资合作领域进一步拓宽。兴建的合资企业除机械行业外，还有冶金、电子、轻工、服装等企业。

表7 1996年大连机械工业系统500万元以上技改竣工项目

项目单位	项目名称	总投资（万元）	产品名称	产品水平	年生产能力	年产值（万元）	年利税（万元）	年创汇（万美元）
大连机床集团公司	缸体缸盖生产线	8 800	汽车发动机缸体缸盖总成	国际80年代	30 000套	10 800	3 140	
大连耐酸泵厂	"八五"技术改造	2 450	耐腐蚀泵	国际80年代末	7 100台	3 647	1 000	
大重集团公司	"八五"技术改造	6 320	冶金矿山机械	国际90年代初	7 750t	7 500	1 350	750
瓦房店轴承集团公司	引进专用数控磨床	1 650	精密电机轴承	国际90年代	400 000套	2 720	730	
大连叉车总厂	引进卧式加工中心	600	大型叉车、集装箱叉车	国际80年代末	1 000台	200	20	
大连起重机器厂	"八五"技术改造	2 683	港口机械	国际90年代初	11 000t	9 000	1500	520

表8 1996年大连机械工业系统新建投资200万美元以上"三资"企业

"三资"企业名称	中方企业	外方企业	经营内容	批准日期	总投资额（万美元）	注册资本（万美元）	其中外方%
大连大机英格索尔机床有限公司	大连机床集团	美国英格索尔机床有限公司	设计制造专用和柔性自动线	1996.3	2 980	1 500	50
大连美泰钢铁有限公司	大连起重机器厂	美国泰克艾奇公司	生产镀锌板及钢结构件	1996.3	2 650	1 800	70
大连高瑞热交换器有限公司	大连油泵油嘴厂	香港和佳物产机械有限公司	汽车散热器	1996.3	320	275	30
瓦房店通用轴承有限公司	瓦轴集团公司	美国通用轴承公司	汽车、铁路电机轴承	1996.3	600	451	25
大连蒂业技凯瓦轴工业有限公司	瓦轴集团公司	日本THK株式会社	生产滚珠丝杠	1996.3	2 990	1 550	70
大连诺登阀门有限公司	大连高压阀门厂	英国哈特斯利顿有限公司	铸钢阀门及零部件	1996.3	200	140	45
大连斯维达拉散料搬运设备有限公司	大连起重机器厂	瑞典斯维达工业集团	散料搬运设备	1996.5	260	200	70
大连博格曼有限公司	大连耐酸泵厂	德国博格曼公司	工业用密封装置	1996.11	600	294	51
大连水晶冰机械有限公司	大连第二电机厂	森口企业（加拿大）有限公司	生产水晶冰制造机	1996.11	1 600	1 000	67

管理及改革 继续开展企业管理年活动，使专项管理和各项管理基础工作得到明显改善。瓦房店轴承集团公司、大重集团公司、大连第二电机厂、大连耐酸泵厂、大连橡胶塑料机械厂、大连液压件厂获大连市企业管理优秀单位铜马奖。全局企业现场管理合格率达100%，良好率达76.2%，大重集团公司等9个大型企业被大连市命名为现场管理免检单位，大连橡胶塑料机械厂、大连第二电机厂、大连仪表集团、大连机床厂被命名为"大连市花园式工厂"。全局在推动现代化管理中创部级成果奖2项，省级

8 项，市级 10 项；推广应用现代化管理成果创效益 1 559.5 万元；开展双增双节、向管理要效益活动共创效益 8 000 万元，比上年增加 1 206 万元。万元产值综合能耗折标准煤 0.97t，比上年降低 3%。在辽宁省开展的百家国有企业升档晋级活动中，大连叉车厂等 2 个企业由三类企业跨入一类企业行列，大连耐酸泵厂等 7 个企业上升为二类企业。

全局国有大中企业中有 13 个被列入国家和省市建立现代企业制度和公司制改制试点，有 12 个通过了方案论证；10 个企业被兼并，其中全民所有制企业 5 个，集体所有制企业 5 个；完成搬迁改造 3 个；实施破产企业 3 个；有 2 个企业划转隶属关系，下放区街管理；有 2 个企业进行股份合作制试点。在企业改革过程中，共分流人员 10 580 人。

〔撰稿人：大连市机械工业管理局　张晓萍
审稿人：大连市机械工业管理局局长　李学勤〕
〔责任编辑：张友鹤〕

吉林机械工业

吉林省机械工业厅

生产发展情况　1996 年，吉林省机械工业厅根据对“九五”形势的调研预测分析，提出突出搞好“三件大事”，即：外抓市场开拓，内抓经济增长方式，进行“三大战役”。有效地指导了行业的快速发展，既完成了当年任务，又为“九五”规划的实现打下了基础。

全省机械工业系统有企业 232 个，其中国有 159 个、集体 57 个、合资 10 个、股份制 6 个；属于大一型 4 个、大二型 10 个、中一型 10 个、中二型 56 个。全年完成工业总产值 284.48 亿元（1990 年不变价），工业增加值 77.16 亿元，销售收入 291.58 亿元，实现利税 20.3 亿元，经济效益综合指数为 107%。1996 年吉林机械工业完成的主要经济指标及产品产量详见表 1、表 2。

1996 年，全省经济运行主要反映出 5 个特点：

第一，产值高速增长。年初，各主管部门和企业普遍制订了开拓市场实施方案，采取妥善营销策略，强化产品销售，推进生产发展。一是以名牌开路，加大产品订货量。四平市鼓风机厂的高温风机、通化市石油工具厂的修井工具、公主岭气门芯厂的气门芯和气门嘴、一汽的轻型载货车等，年订货量均已超载。二是抓住时机，大上应季产品。上半年，小四轮拖拉机和收割机畅销，长春拖拉机厂以日产 300 台的进度满足客户需求，四平联合收割机厂取消星期天、节假日赶造收割机缓解用户等货。三是以支撑企业为重点，抢占市场。30 个综合素质较好、产品质量稳定可靠、技术水平较高的经济支撑企业，面向国际、国内两个市场，既增加出口创汇，又占领空白地带，扩大产品在南方各省的份额。四是采取特殊营销策略，夺取市场。四平华银股份有限公司、公主岭轴

表 1　1996 年吉林机械工业系统概况

行业	企业数（个）	全部职工平均人数（人）	工业总产值（不变价）（万元）	工业增加值（万元）	产品销售收入（万元）	产品销售税金及附加（万元）	利润总额（万元）	固定资产 原价（万元）	固定资产 净值平均余额（万元）
合计	232	259 062	2 844 802	771 679	2 915 825	184 190	18 874	1 606 098	1 018 228
农业机械	32	28 869	97 429	21 065	132 719	395	71	72 594	62 737
工程机械	3	2 708	8 361	3 139	11 184	738	261	9 168	8 336
机床工具	13	7 988	20 828	3 851	14 032	709	−4 342	17 213	1 5161
机械基础件	12	10 397	17 345	4 014	19 964	1 169	−2 739	20 601	18 451
石化通用机械	31	18 257	33 362	12 689	35 249	2 812	−1 698	39 923	32 789
重型矿山机械	11	7 211	15 249	3 624	13 041	906	−1 569	15 788	14 783
汽车	59	153 094	2 600 960	712 928	2 638 119	159 291	40 866	1 347 908	798 245
电工电器	49	20 943	36 365	7 608	37 364	2 282	−8 755	49 218	41 231
仪器仪表	14	7 601	12 801	2 009	11 170	397	−2 702	31 685	24 575
其他	8	2 034	3 102	750	2 983	283	−339	2 000	1 921

表 2　1996 年吉林机械工业系统主要产品产量

产品名称	单位	产量	比上年增长%	产品名称	单位	产量	比上年增长%
工业锅炉	t（蒸汽）	1 126.3	−20.4	大中型功率拖拉机	台	1 639	465.2
内燃机商品量	MW	43.6	15.2	小型拖拉机	台	64 107	−7.1
金属切削机床	台	444	−56.8	联合收割机	台	1 562	59.7
锻压设备	台	32	−23.8	机动三轮车	辆	3 484	69.4
起重设备	t	1 467.3	−9.8	拖拉机、内燃机配件	万元	5 155.5	48.6
矿山设备	t	2 884.8	−24	装载机	台	343	43.5
运输设备	t	1 660.8	−38	汽车	辆	186 831	2.5
电动滚筒	台	3 502	−14.9	轿车	辆	44 774	127.1
工业泵	台	12 814	10.5	改装车	辆	1 266	−30
农业泵	台	13 804	49.3	汽车配件	万元	307 809.7	45.8
风机	台	1 624	−22.6	摩托车	辆	133 118	−5.5
气体压缩机	台	278	270	交流电动机	MW	206.7	−52.1
电动工具	台	83 026	35.6	变压器	MV·A	1 266.2	−13.8
轴承	万套	982.8	8.9	高压电瓷	t	1 010.5	−38.8
高中压阀门	t	950	13.4	高压断路器	台	573	−67
液压件	万件	1.2	9.1	电弧炉	台	1	−96
	t	420.2	−61	钢芯铝绞线	t	784.2	−11.5
标准紧固件	万件	27 288	19.9	电力电缆	km	305.5	28.5
	t	1 236.6	−31.2	工业自动化仪表	万台（件）	2.1	7.5
石油钻采设备	t	13 689.6	11.1	光学仪器	台	6 214	−91
石油机械配件	t	1 864.5	51.2	试验机	台	918	22.2
印刷机械	t	1 997.4	15.3	磨具	t	2 693.5	−7.1
食品机械	台	17	−41.4	磨料	t	12 404.7	1.2
包装机械	台	1 731	11				

承厂等综合运用价格、质量、服务、品牌等手段促销的同时，特别强化了人际关系和让利政策，保证了产值和效益的同步增长。由于把开拓市场作为主攻方向，行业发展取得了明显成效。一季度，全系统产值就以同比增长 21%的速度发展。上半年，达到 136 亿元。下半年，继续保持高速发展势头，一直上升到年底同比增长 31%的幅度。

第二，利润急剧下滑。1996 年减利因素繁多，超越了多数企业承受能力。全系统利转税等因素高达 26 亿元，尽管经过努力仍没有遏制利润急剧滑坡的局面。到年底，有 119 个企业亏损，亏损总额高达 2.86 亿元，分别比 1995 年增加 18 个和 1 亿元。企业亏损面比 1995 年增加 7 个百分点。亏损 1 000 万元以上的企业 4 个、100 万元以上的企业 46 个，是有史以来最高的。盈利企业盈利额下降的有 78 个，上升的仅 10 个。其中，中国第一汽车集团公司（简称一汽）盈利 41 934 万元、长春铃木企业集团盈利 7 516 万元、四平金丰股份有限公司盈利 1 471 万元。这 3 个企业共盈利 50 921 亿元，起到了行业经济效益的支柱企业作用，确保了全系统在特殊困难的形势下继续盈利。

第三，汽车工业拉动作用更为突出。经过“八五”期间实施一汽大众 15 万辆轿车工程和一汽百万辆汽车工程，轻型解放汽车生产能力成倍提高，已成为新的经济增长点；捷达轿车的国产化率已达 80%以上，正式投产；为一汽和一汽大众配套的地方汽车配件企业，随着轻型车发展和捷达轿车国产化、新型红旗轿车的批量生产，加大配套量，并面向全国主机厂家开辟配套市场；摩托车进行中外合资建设，当年生产能力提高 40%。汽车工业的重点投资建设，已收到了预期成效。省内部归口汽车工业产值高达 260.14 亿元，占省机械工业系统的 91.5%。

第四，停产、半停产企业增多。省厅归口的企业，年初停产、半停产的占 18%。在生产过程中由于受到资金紧缺、产品销路受阻、债务困扰、开不出工资等因素影响，相当一些企业处于非正常经济运行局面，不断进入停产、半停产行列。长春市电线厂连续 6 年亏损，已资不抵债，银行不予信贷，被迫停产；吉林市变压器厂产品单一、滞销，没有选到产品结构调整的可行条件，不得不停产；长春第一机床厂等被迫停产。年底，停产、半停产企业已增加到 64 个，占企业总数的 25%。

第五，职工顾全大局稳定发展生产。省厅年初调查，既往职工开不出工资累计 20 550 人，总金额 2 525.9万元。为了稳定大局，广大职工理解企业的处境，明确自己是工厂翻身变貌的主人，尽管开不出工资，也照常上班生产。到年底，累计拖欠 41 351 人 7 816 万元的工资，生产却没受到影响而高度发展。

市场及销售　省机械工业系统企业有产品

6 000种，投放市场的3 150种，32 000余规格型号。产销率95%以上的占31%，85%以上的占53%，84%以下的占16%。供不应求的有轻型解放汽车、高温风机、汽车电线束总成等。市场占有率在50%以上垄断性产品有：奥迪轿车、中型汽车、光电编码器、石油修井工具、电动滚筒、电炉变压器、摩擦焊机、129908轴承、97210轴承等。在市场竞争中处于有利地位的有：谷物联合收割机、播种机、插秧机、中功率拖拉机、磨料磨具、抽油机、汽车配件、风动工具、电动工具、顶管机、夯实机、液压切纸机、石油机械配件等。产品销售收入超亿元企业有：一汽214.78亿元、一汽大众29.49亿元、长春长铃集团公司8.13亿元、长春拖拉机制造厂6.96亿元、四平联合收割机厂1.81亿元、公主岭轴承厂1.02亿元。

1996年，33个出口企业完成出口交货值57 524.95万元，创汇7 241.92万美元，分别比上年增长74.2%和83.6%。比上年出口量增长的主要产品有：汽车5 003辆，增3 177辆；摩托车688辆，增387辆；轴承130万套，增81万套；中小功率拖拉机1 326台，增780台；枪瞄镜167 170套，增150 014套；磨料6 224.7t，增2 210t。出口创汇100万美元以上企业有一汽5 500万美元，白山金刚砂厂526万美元，长春拖拉机制造厂313万美元，中亚光学有限公司127万美元，龙井手扶拖拉机厂113万美元，公主岭轴承厂110万美元。

新产品 全省机械工业部归口企业开发新产品226种，其中达到国际90年代水平的11种，国内领先水平的26种，填补国内空白的15种。新产品试生产288种，创产值72.09亿元，创利税6.19亿元。市场前景好并具有高新技术的新产品主要有：(1) BKD-630C/114D矿用隔爆型真空馈电开关。四平市开关厂自行研制，2月27日通过机械工业部鉴定。该产品采用抽屉式侧拉快开门结构取代螺钉固定，继电保护增强了记忆功能；检漏保护采用运算放大器等集成元件电路取代分立元件的斯密特触发和电网电容补偿电路及上下结构的真空电路器，皆为国内首创。新产品改善了低馈开关的安装维护条件，将极限分断能力由3次提高到16次，漏电动作时间由50ms提高到30ms。经煤炭科学总院抚顺分院及国家煤矿防爆产品质量监督检测中心检测，各项性能指标符合有关标准，并予以认可。该产品的试制成功，填补了国内空白。(2) JXW-01-13高脉冲型光电编码器。长春第一光学仪器厂研制，2月9日通过省级鉴定。该产品整体结构设计先进，精度高，信号传输远，性能可靠，工艺性好，指标先进，能够满足机床、机器人、办公自动化系统等方面配套需要，市场前景广阔。依据国家光学机械质量监督检测中心的检测报告，各项指标达到机械工业部"八五"科技攻关项目（85-19-02-60/05高脉冲型编码器开发研究）的技术要求，经用户试用反映良好，达到了日本同类产品水平。(3) X7825型钻铣床。长春第二机床厂自行研制，12月8日通过省级鉴定。该产品集钻削、铣削于一体，整体布局合理，具有主柱为矩型导轨、铣头可左右回转45°、快速升降等优点。样机达到了设计要求精度，性能优于有关标准，功能相当于西班牙同类产品，达到了国内同类产品先进水平，可以批量生产。(4)自准直导轨磨床。省机电研究设计院研制，国家"八五"重点攻关项目，10月15日通过国家验收。产品设计在世界上首次应用柔性自准直理论，以解体化、自由化、柔性化、对称化来解决精密机械设备的变形问题，使其在任何工作条件下随着外界环境的变化而自动调整精度。专家认为，在不用恒温间的情况下，加工精度变化极小，仅为国际最高执行标准的1/4。而其精度保持性，经过近十年的应用跟踪，变化始终保持在半微米之内，在世界上绝无仅有。与同类机床相比，由于不用春秋雨季调机，可提高效率15%；不需恒温间，可节省安装基建费用2/3；由于采用解体化构造，可节约制造机床所需材料3/4，将同功能、同性能设备造价降低50%。

质量 一季度，全系统开始进行"产品质量翻身战役"，实施名牌带动战略。100种名牌或创名牌产品的生产企业按各自的战役方案，以提高制造质量为重点强化质量管理和完善质量保证体系，加大产品宣传力度。除11种已被省命名的名牌产品外，又有气门芯、气门嘴、中型拖拉机、自走式联合收割机、特种变压器、插秧机等20种具备名牌标准。其他企业，以工艺为突破口，开展自我检查、自我整改、自我评价活动，查出1 348个影响产品质量的问题，已经整改1 283个。全省70%的企业贯彻GB/T19000 (ISO9000) 质量管理和质量认证标准，其中9个企业通过了国家质量体系认证。这9个企业是长春市水泵厂、长春第一光学仪器厂、长春电炉股份有限公司、长春印刷机械厂、四平联合收割机厂、公主岭轴承厂、柳河电机厂、长春电动工具厂、大安石油机械厂。

技术改造 各企业的技术改造和基本建设、均是"八五"的结转项目。全系统当年完成投资32.95亿元，其中一汽实施100万辆汽车工程完成13.56亿元；一汽大众提高捷达轿车、奥迪轿车国产化能力完成14.49亿元；地方机械工业再造新优势完成2.90亿元。已经竣工验收项目有10个，分别是长春车灯厂的轻轿车车灯、吉林市工程机械厂的混凝土搅拌机、吉林市汽车工业集团公司的轻型载货车和轿车球头销、吉林市水泵厂的污水污物泵、四平市建筑机械厂的XM锚具、四平市工程机械厂的大型装载机及其扩大规模、四平市鼓风机厂的高温轴流风机上能力、长春拖拉机制造厂的引进美国迪尔大中功率拖拉机、长春汽车油箱厂的轻型载货车和轿车油箱。经过改造建设，轻型载货车和轿车年生产能力达25万辆、摩托车达30万辆、大中功率拖拉机达5 000台，其他产品生产能力均有明显增加，可新创产值30亿元、创利税5亿元。

"三大战役" 省厅制订了打好"三大战役"具体方案，并付诸实施。

第一，实施名牌带动战略，大打"产品质量翻身战役"。目标是2000年前创名牌100种，扶持摩托车、装载机、拖拉机等10种产品成为全国同行业前五强；培育换热设备、净油机、程控切纸机等10种产品在全国市场占有率达到50%。

第二，实施科技兴业战略，大打“开发能力提高战役”。目标是2000年前开发新产品1 100种，完成技改攻关50项，科研成果推广20项。重点开发微机控制电炉和50t以上超高功率电弧炉、无靠模数控凸轮轴磨床、稀有金属换热器等10种高科技、高附加值产品，攻克轧制花键、模切间歇机构制造、汽车铝轮毂低压铸造等10个关键性技术。

第三，实施集团战略，大打“组织结构优化战役”。培植30个经济支撑企业2000年销售收入亿元以上，重点抓长春拖拉机制造厂、四平市联合收割机厂、四平市工程机械厂等10个主机厂和白城汽车电器厂、长春电动工具厂等10个部件厂，组建省汽车零部件、省电工等5个企业集团。

结合2000年战役任务目标，提出了要打出吉林特色的要求。

一是突出优势产业的战术实施。汽车工业是全省的优势产业，具体实施“一条主线和三条副线”战术。主线战术是围绕100万辆汽车工程，加速中、轻型载货车及轿车制造的扩规模，上质量，要水平，创效益。三条副线战术是摩托车达80万辆生产能力，改装车建成基地，汽车配件增品种，以一汽为依托加大配套量，货供多家。战术目标是取得部归口的全省汽车工业产值700亿元、利税85亿元的成效。

二是突出联合兵团的作战策略。对于产品质量翻身和开发能力提高确实有困难的企业，组织大专院校和科研单位专家、教授介入，定点、定责、定任务，同企业工程技术人员并肩作战，并培训企业工程技术人员提高技术水平，打好阵地战。对于引进开发的主机产品，分解结构，联合各相关企业消化、吸收和创新，打好蚕食战。对于骨干重点企业产品质量提高与开发新产品的特殊难点，组织全系统科技人员形成技术兵团，进行围剿，打好攻坚战。

三是突出再造地方新优势的主攻方向。实现“10优10特”产品上规模和30个销售收入超亿元经济支撑企业的目标。不仅以加大投入推进经济规模，更重要的是进行存量资产的重组战。具体作战方式：“强强”企业重组、同类产品企业联合重组、科工贸单位群体重组等。

全省机械工业系统主管部门和企业均制定了“三大战役”具体方案，启动实施，取得了初战成效。1996年已组建起四平联合收割机企业集团；吉林省动力机械厂总装车间被常州柴油机集团兼并，其他车间被长春拖拉机制造厂兼并；长春电炉厂兼并了市电控设备制造厂；德惠市水暖器材厂等调整产品结构后，划归到其他行业；长春渤海活塞有限公司、长春海拉车灯有限公司、四平中兴企业集团有限公司、四平澳斯克机电开发有限公司等7个企业归口到省机械工业系统。同时，战役已扩展到6个地方军工企业，其中4个归口后为一汽配套的汽车零部件生产企业。

管理及改革 针对搞活国有大中型企业，省厅提出五项对策，即：(1)调整建设一支企业家队伍；(2)根据市场需求调整产品结构，形成多品种、系列化格局；(3)加大技改引进力度，“嫁接”联合，形成经济规模；(4)学习邯钢经验，加强内部管理，提高职工队伍素质；(5)降低资产负债率，改善企业外部环境，创造搞活生产经营有利条件。经过各地政府主管部门和企业的共同努力，取得了较好效应。长春锅炉厂一季度停产，新厂长上任后，立即启动生产，保证职工开支，带领职工学理论、学技术，抓管理，闯市场，以稳定求发展，避免了企业走向破产。辽源市电机厂在产品市场萎缩的形势下，根据用户需求大上交流、直流电机的多品种、系列化，实现了扭亏为盈。各企业在学邯钢过程中，据试点的30个企业统计，全年内部挖潜、增收节支1.5亿元。四平市政府主动为四平联合收割机厂卸包袱，减轻债务负担和筹措生产资金，使工厂生产能力得以发挥，改变了多年亏损局面，步入了利税大户行列。

现代企业制度试点，在14个经济效益好的企业展开。国家确定的试点单位长春汽油机总厂，已将机构设置由22个处室减少到9个部，只设部长，不设副职，处理问题、解决问题减少了层次和扯皮现象；在岗人员一人承担过去两个人的工作量，提高了工作效率；非生产经营的卫生所等单位剥离到社会，自行创收；进行中外合资“嫁接”改造，扩大生产规模，显示出新的活力。省政府确定的13个试点单位，正在按公司化改组、改造。四平市鼓风机厂、四平市工程机械厂、公主岭气门芯厂等，已通过了省政府的检查验收。7个股份制企业，6个生产经营良性循环，只有长春电炉厂亏损。长春长铃集团、一汽四环股份有限公司股票上市运营，每股从上市初的6.8元和6.5元分别上涨到年底的13.9元和14.6元。

〔撰稿人：吉林省机械工业厅　翟胜志　审稿人：吉林省机械工业厅厅长　陶长福〕

〔责任编辑：张友鹤〕

黑龙江机械工业

黑龙江省机械工业厅

生产发展情况　1996年，全省机械工业经过努力拼搏，生产实现快速增长。工业总产值（不变价）完成93.2亿元，比上年增长12.9%；实现销售收入95亿元，比上年增长2.15%；实现利税2.9亿元，比上年增长1.01%；亏损面55.9%，比上年降低5.4个百分点；亏损企业亏损额5.3亿元，比上年减少8.1%；亏损企业亏损额与利税总额比为183%，比上年下降18个百分点。全省18个地市局系统，生产比上年增长的有13个，其中增长20%以上的有哈尔滨市汽车办、哈尔滨市电子仪表局、绥化行署机电局和双鸭山市机械电子局。在九大分行业中，比上年增长的有7个，增长幅度较大的有汽车、农机、仪表、石化等行业。在全省机械工业305个（其中特大型企业1个、大一型企业11个、大二型企业22个、中一型企业11个、中二型企业40个）企业中生产发展较快的有哈尔滨轴承股份公司、牡丹江木工机械厂、哈尔滨空调股份有限公司、阿城继电器厂、常柴齐富柴油机有限公司、哈尔滨轻型车厂等30个企业。在这85个大中型企业中，完成计划的有24个，占28.24%，有1/3的大中型企业生产比上年下降，制约了全省机械工业的发展。详细情况见表1、表2。

市场及销售　1996年全省机械工业主要产品销售情况喜忧参半，在九大行业中比上年销售收入增长的有农机、工程机械、石化通用、重型矿山、汽车、仪表和其他等7个行业，超过亿元的有18个企业（表3）。实力比较雄厚的电工电器、机床工具、机械基础件产品销售继续下滑。

在省委、省政府提出的变农业大省为农业强省的政策推动下，农机产品市场继续看好，产销两旺。农用柴油机、大中型拖拉机、机引农具、机引植保机械产品增幅都在50%以上。小型拖拉机销售形势很好，春播期间出现农民交款等机的好形势。随着"九五"国民经济建设的推进，特别是环境保护越来越被人们所重视，环保设备比1995年增长了27倍。哈尔滨轻型车厂加入中国第一汽车集团后，在1996年汽车市场不十分景气的形势下仍然产销两旺，产量和销售量分别比上年增长60.1%和57.2%。对全省影响较大的哈尔滨"三大动力"厂，市场继续疲软，1996年三厂销售收入比上年下降15.4%；轴承、机床和工量具市场继续疲软，哈尔滨轴承厂销售收入比上年下降29%，哈尔滨工量具集团比上年下降26.5%，齐齐哈尔机床集团公司比上年下降41.9%。

企业间的相互拖欠仍未缓解，流动资金短缺继续加剧，流动负债平均余额比上年增长14.6%，1996年末应收账款57.4亿元，应付账款33.6亿元，应收大于应付23.8亿元。

机电产品出口克服了出口产品成本上升、利润下降等不利因素，完成出口交货值4.1亿元。出口创汇超过100万美元的企业15个（表4）。

表1　1996年黑龙江机械工业系统概况

行业	企业数（个）	全部职工平均人数（人）	工业总产值（不变价）（万元）	工业增加值（万元）	产品销售收入（万元）	利税总额（万元）	利润总额（万元）	固定资产 原价（万元）	固定资产 净值平均余额（万元）
合计	305	286 493	932 586	229 844	950 126	29 038	−33 425	1 246 471	705 935
农业机械	42	29 826	91 361	16 072	107 711	−1 523	−3 455	98 046	64 433
工程机械	3	3 638	4 198	−1 036	3 596	−1 983	−2 171	12 174	7 295
机床工具	36	52 505	96 434	27 005	84 330	−6 106	−11 336	18 7561	79 847
机械基础件	15	24 166	70 778	21 932	76 984	6 769	550	118 721	66 497
石化通用机械	28	16 448	49 710	12 168	42 178	−840	−3 731	75 856	54 404
重型矿山机械	11	24 612	99 861	31 830	99 715	5 479	−2 665	187 379	85 382
汽车	40	23 384	161 460	20 064	130 694	−1 558	−3 707	102 584	69 159
电工电器	89	93 149	301 351	85 344	352 258	7 645	−11 221	399 146	240 615
仪器仪表	25	12 159	30 129	8 497	24 211	587	−666	46 299	26 831
其他	16	6 606	27 304	7 968	28 989	20 568	4 972	18 694	11 472

表 2　1996年黑龙江机械工业系统产品产量

产品名称	单位	产量	比上年增长%	产品名称	单位	产量	比上年增长%
工业锅炉	t（蒸汽）	1 377	−53.7	农副产品加工机械	台	1 039	−1.1
电站锅炉	t（蒸汽）	7 852	−4.8	拖拉机、内燃机配件	万元	7 247	−7.3
农用柴油机	MW	57.5	190.4	汽车	辆	65 426	11.1
发电设备	MW	295.6	−8.8	汽车配件	万元	34 286	16.9
电站汽轮机	MW	1 200	−74.8	交流电动机	MW	965	−26.1
金属切削机床	台	1 168	−26.3	直流电机	MW	34	30.8
锻压设备	台	442	3.5	变压器	MV·A	2 136	−6.7
金属轧制设备	t	11 134	−42.5	互感器	台	1 555	−3.9
起重设备	t	1 832	−44.9	高压隔离开关	组	1 571	2.4
运输设备	t	712	−2.5	高压开关板	面	272	−64.3
装卸机械	t	1 046	−78.7	高压电瓷	t	3 234	6.1
工业泵	台	4 343	18.5	继电保护屏	面	4 445	6.8
农业泵	台	4 231	9.8	保护及自动化继电器	件	316 356	−4.1
风机	台	1 422	113.2	低压开关板	面	2 149	−39.9
暖风机	台	51	−97.8	裸铝线	t	158	−76.4
气体分离及液化设备	套	45	7.1	钢芯铝绞线	t	3 783	22.1
气体压缩机	台	210	−23.9	裸铜线及铜电车线	t	1 124	524.4
制冷设备	t	85	109.3	铜排扁线及电刷线	t	1 012	121.9
轴承	万套	6 845.9	31.8	电磁线	t	677	203.5
高中压阀门	t	1 491	−15.9	布电线	km	19 153	20.4
低压阀门	t	64	−29.7	电力电缆	km	1 904	52.3
液压件	万台（件）	4.2	5.0	控制电缆	km	819	178.6
标准紧固件	万件	2 415	46.0	通信电缆	km	181	103.4
矿山设备	t	300	7.1	绝缘材料	t	1 496	−34.6
工矿配件	t	3 276	−24.6	电炭制品	t	541	−3.7
冶炼设备	t	5 833	56.9	工业自动化仪表	万台（件）	10.4	−45.6
石油钻采设备	t	1 958	−19.6	电工仪器仪表	万台（件）	152.5	14.2
炼油化工设备	t	8 926	41.2	光学仪器	台	22 825	34.9
木工机械	台	4 996	14.1	分析仪器	台	65	12.1
印刷机械	t	2 149	31.5	实验仪器装置	台	32	88.2
环保设备	t	2 138	2 709	专用仪器仪表	台	2 213	−23.1
大中型拖拉机	台	217	119	科研办公机械	台	3 327	−51.3
小型拖拉机	台	57 728	14.8	电影放映设备	台	568	19.6
机引犁	台	795	69.1	量具	万件	58.3	35.6
机引耙	台	2 695	136.2	刃具	万件	2 877.1	13.2
机引播种机	台	5 100	6.7	照相机	台	28	−96.3
机引植保机械	台	40	92.1	磨料磨具	t	8 385	73.2
联合收割机	台	1 200	20.6				

科研成果及新产品　全省机械工业为推进技术进步，提高自主开发能力，以市场为导向，打好自主开发硬仗，进一步优化了产品结构。全年开发新产品356种，新产品产值率达到30%以上，并以高附加值、高技术含量、市场需求旺盛的新产品为主导产品。中国第一重型集团公司研制成功的300MW核电压力壳，达到了国际当代产品水平。佳木斯联合收割机厂与中国农业机械化研究院联合开发、大批量投放市场的JL3060麦稻联合收割机新产品，适应了国内农村市场的急需，1996年生产近1 000台，完成销售收入8 000万元，产品供不应求。齐齐哈尔第一机床厂与哈尔滨理工大学、国家核工业第二设计院联合用10年时间攻关完成的BQH-20型核乏燃料球铁储运容器材料通过鉴定，实现了运送核废料容器的国产化。中国第一重型集团公司完成的20MN多向模锻压力机的中间试验项目，为开发200MN多向模锻压力机奠定了基础。哈尔滨电表厂开发的DD101长寿命电度表，使用年限突破20年，保持了亚洲的领先地位。哈尔滨轴承厂开发的18种机床主轴轴承、哈尔滨量具刃具厂开发的CZG数控车削工具系统等产品均达到国际90年代初水平，既发展了传统优势产品，又推动了机械行业本身的技

术进步。牡丹江木工机械厂又开发了12种新产品，全部转化为商品。哈尔滨拖拉机厂、绥化小型拖拉机厂等企业通过与南方名牌产品生产厂家联合，3种品牌的手扶拖拉机投放市场满足了发展水稻生产的需要。1996年获省科技进步奖的16个机械工业项目，累计创产值6.19亿元、利税1.16亿元、出口创汇5 000万美元、社会效益6.49亿元。

表3　销售收入超亿元企业

序号	企业名称	销售收入
1	哈尔滨轻型车厂	94 863
2	中国第一重型集团公司	90 211
3	哈尔滨锅炉有限责任公司	81 450
4	哈尔滨电机有限责任公司	64 722
5	哈尔滨轴承股份有限公司	63 039
6	哈尔滨汽轮机有限责任公司	61 179
7	富锦拖拉机厂	26 403
8	哈尔滨电缆厂	23 434
9	阿城继电器厂	20 393
10	佳木斯联合收割机厂	18 020
11	牡丹江木工机械厂	15 771
12	佳木斯电机厂	15 420
13	哈尔滨拖拉机厂	14 352
14	哈尔滨汽车齿轮厂	14 124
15	哈尔滨量具刃具厂	14 032
16	哈尔滨第一工具厂	12 295
17	哈尔滨空调机厂	11 990
18	哈尔滨电表仪器厂	11 157

表4　出口创汇超百万美元的企业

序号	企业名称	创汇额（万美元）
1	哈尔滨电机厂	1 012.0
2	哈尔滨轻型车厂	771.0
3	哈尔滨轴承厂	496.0
4	哈尔滨电表仪器厂	448.0
5	牡丹江磨具磨料公司	442.0
6	牡丹江轴承厂	416.0
7	佳木斯联合收割机厂	389.0
8	牡丹江第一机床厂	163.2
9	哈尔滨第二工具厂	156.0
10	哈尔滨第一工具厂	155.2
11	阿城继电器厂	144.2
12	中国第一重型机械集团公司	133.0
13	哈尔滨量具刃具厂	120.3
14	哈尔滨制氧机厂	110.2
15	哈尔滨电影机械厂	100.2

根据“开发能力提高战役”要求，制定了“九五”企业技术中心的建设方案和近期计划，全年已有6个企业被列为省级企业技术中心，13个企业被列为部级企业技术中心，全行业组建了一重、哈一工两个国家级企业技术中心，加上国家级企业工程中心、省级高新技术角、行业研究院所，全省机械工业的开发体系初见轮廓并初步形成，行业企业的自主开发能力有所提高。以牡丹江木工机械厂研究所为代表的市场型开发机构正在科技体制改革中起到应有的作用。

质量　1996年省厅完成的主要质量工作，一是把提高机械产品的实物质量与加强企业质量管理作为行业工作的重要组成部分，加大了质量监督工作力度，对320批次产品进行的监督抽查，合格率达89%。同时，在质量监督工作中，还进一步加强了对不合格产品的整改力度。对各级检查中不合格的企业，省厅对责任者进行了处理，并帮助企业分析查找原因，提出整改意见，限期整改。结合打好“产品质量翻身战役”中要求省市抓好一批重点产品质量监督的精神，省厅确定把50种重点产品列入年度产品监督计划，并实施重点监督。这不仅扩大了省技术监督局下达计划范围，而且突出了监督重点。

二是开展了产品创名牌工作。按照机械工业部的部署，编制了70个企业100种产品的创名牌计划和培育30个质量信得过明星企业计划。这次计划在7月份召开的省机械工业质量工作会议上与企业进行了衔接，11月份在机械工业部召开的“产品质量翻身战役”工作座谈会上，又与部科技与质量监督司、各专业司进行了对接，基本确定15个企业的25种产品列入部创名牌计划。

三是积极开展群众性的质量管理活动。在用户满意活动中，积极开展用户评价活动，经省用户评选委员会评定，黑龙江省螺旋钢管总厂、哈尔滨暖风机厂被评为1996年度用户满意企业，海伦振动时效设备厂的振动时效装置、勃利机械厂的玉米脱粒机等8种产品被评为在1996年度用户满意产品。

四是组织97个行业企业发表了质量保证声明。省厅组织召开了由这些机械企业参加的产品质量保证声明新闻发布会。会上，哈尔滨锅炉有限责任公司、佳木斯电机厂、哈尔滨空调机厂、哈尔滨拖拉机厂等8个企业的法人代表宣读了8个行业的质量保证声明。新华社黑龙江分社、中国机电日报记者站、经济日报记者站、黑龙江省电视台、黑龙江日报、黑龙江省广播电台、哈尔滨电视台、哈尔滨日报等新闻单位到会。在发表质量保证声明的同时，省厅积极组织企业建立健全质量体系，积极贯彻GB/T19000（ISO9000）系列标准，组织有条件的企业开展质量体系认证工作，全年有哈尔滨电站工程有限责任公司、哈尔滨轻型车厂、哈尔滨蓄电池厂、哈尔滨制氧机厂等4个企业通过了质量体系认证，获得了进入国际市场的通行证。

五是生产许可证和出口质量许可证工作。1996年完成了对电表、水泵、砂轮、电线电缆等25个企业审查。在出口质量许可证必备条件审查中，与省商检局联合，完成了对哈尔滨量具厂等4个企业出口产品必备条件的审查。在农用运输车企业生产条件审查方面，与省公安交通管理局配合，完成了对哈飞实业公司等6个企业检查。

技术改造 1996年技术改造速度明显加快，全年共进行技术改造项目24项，完成投资2.6亿元，分别为目标的110%、144%。验收“八五”技改项目共31项。其中主要有中国第一重型机械集团，齐齐哈尔第一、二机床厂，佳木斯联合收割机厂，哈尔滨电表仪器厂和牡丹江木工机械厂等单位的项目。

全省机械工业列入国家“双加”工程项目21项，总投资为35亿元。列入第一批的哈工量具集团、哈尔滨电表仪器厂、哈尔滨重型机器厂的3个“双加”工程项目开始实施，累计安排投资9 400万元。列入国家第二批“双加”工程项目16项，计划安排投资31.63亿元。已下达投资计划的有3项，安排投资4 800万元，已完成科研报告的有5项。中国第一重型集团的“双加”工程项目自1994年开工建设以来，已累计完成技术改造投资7 587万元，基本完成了国家批准的“八五”技术改造内容，1996年末已通过了国家验收。牡丹江木工机械厂“双加”工程二期项目计划投资1 400万元，实现了国家当年批准立项，当年开工，当年全部完成的好成绩。

遵照机械工业部打好“三大战役”的要求，为尽快实施“组织结构优化战役”，围绕主机抓配套，形成规模经济的要求，省厅为常柴齐富柴油机有限公司的小型柴油机，哈飞实业公司的农用运输车、微型车等组织了克山古城内燃机配件厂、绥化八一齿轮厂、兰西机械总厂、齐哈散热器有限公司、齐齐哈尔灯具厂等一批配套企业。

对外合作 1996年全省机械工业签约的项目4个，即佳木斯收获机厂与美国合资生产麻类机械项目，桦川收获机械厂与韩国合资生产插秧机项目，甘南柴油机厂与美国爱迪生合资生产小型发电机组项目，哈尔滨电控设备厂与日本环球株式会社合资生产现代化办公家具项目。佳木斯联合收割机厂与美国约翰·迪尔公司合资项目进展顺利，已由省计委批复，双方合营年限50年，总投资2 990万美元，注册资金2 215万美元。其中，中方以现有的部分主体厂房、设备、土地使用权等固定资产作价886万美元为股本投入，占注册资金的40%；迪尔公司以1 329万美元现汇投入，占注册资本的60%。1996年的“南联”工作取得了突破性的进展，全年“南联”经济技术协作项目共签约16项，总投资10 996万元，引进资金4 460万元。其中，哈尔滨拖拉机厂与浙江四方集团合作组建哈尔滨四方农机工程开发有限公司，生产手扶拖拉机项目，总投资1 000万元，在哈尔滨洽谈会上正式签约，被誉为黑、浙两省经济技术合作的“龙头”项目，已正式投入生产，前景十分可观。牡丹江石油机械厂、哈尔滨石油机械厂等分别与新疆南疆石油机械有限公司签署了合作协议。在支援三峡建设方面，齐齐哈尔电缆厂等4个企业分别与三峡有关企业进行了经济技术合作。

管理及改革 1996年机械行业的企业改革坚持“抓大放小”的方针，“三项制度”改革试点工作进展顺利。优化资本结构试点工作有所突破，齐齐哈尔市机械局在清产核资的基础上，盘活资产8 469万元，分流人员5 597人，约占职工总数的50.86%。哈尔滨市机械局变现资产12 000万元，分流人员11 000人，已累计分流61 000人，约占原有职工人数的35%。企业破产试点工作进一步推进，全年实行破产的企业14个。其中，齐齐哈尔市机械局有甘南柴油机厂、齐齐哈尔农牧机械厂、齐齐哈尔林机厂、庆安农牧机械厂等7个企业，佳木斯市机械局有北方机械厂、佳木斯内燃机配件总厂、佳木斯锅炉厂、佳木斯收获机械厂等6个企业，哈尔滨市机械局有哈尔滨汽车钢垫厂1个企业实施了破产。全省机械工业实行破产的企业累计20个。哈尔滨环保制氢公司实行了关停。鹤岗电工仪表企业厂实行了拍卖。现代企业制度试点工作取得进展，哈尔滨轴承厂、哈尔滨工量具集团、齐齐哈尔机床集团公司、阿城继电器厂等4个企业已制定出试点方案，并积极进行了内部改革。哈尔滨电站集团公司加大了劳动合同用工制度的改革，全年精减人员6 628人。一重集团进行内部机构改革，对企业的服务部门采取先剥离、后分立的方针，逐步实现费用递减包干，自主经营，自负盈亏。全厂实行全员劳动合同制、干部聘任制，全厂精减富余人员1 000多人。

1996年省机械工业围绕“五五工程”组建了哈尔滨龙江客车集团股份有限公司、北方耕作集团、哈尔滨仪器仪表集团、绥化电机集团、博远集团、江川集团等6个企业集团。全省机械工业集团总数达到17个，使优势产品初步形成规模，增强了市场竞争能力。产权制度、经营方式改革有了新的突破。全年共组建股份制企业14个，有富佳拖拉机有限公司、哈尔滨天顶铸钢有限公司、鸡西电缆桥架有限公司、北方耕作集团有限公司、哈尔滨哈缆电缆有限公司等。股份制企业已累计达到69个。实行委托经营的3个“强强”联合的企业中，哈尔滨工量具集团统一法人，统一内部管理机制，进行了组织结构调整，实现了集团化改造，优势互补，形成了合力。以绥化第二电机厂为核心的绥化电机集团“小机带大机”，开创了小厂兼并大厂的先河。

1996年全省机械工业多种经营收入23亿元，比上年增长29.5%；实现利税6 800万元，比上年增长33.86%。很多企业把开辟第二战场、发展多种经营作为摆脱困境、重振雄风的“突破口”。哈飞实业总公司先后开发了家用炉具、快艇、防盗门、BS1205系列农用车等产品，使企业始终保持着强劲的发展后劲。齐齐哈尔第二机床厂开发了水稻插秧机、喷灌设备、安全锁等产品。

加强企业管理，促进了扭亏增盈。以学习邯钢经验为重点，面向市场抓管理，在“严”字上狠下功夫，一些企业实行成本倒算和规范化管理等措施，取得实效。哈尔滨市机械局结合学邯钢，在全局系统组织开展了以成本为中心的财务、生产、质量、科技及现场管理“五合一”管理达标活动，推进企业强化管理基础工作。哈尔滨“三大动力”厂分别组建了若干个成本中心和利润中心，加强了成本控制。富锦拖拉机厂在市场竞争激烈的情况下，实行配套件成本和厂内成本各降100元，单台小型拖拉机成本下降200元，以省内最低价格，占领了全省小型拖拉机市场的83%。佳木斯联合收割机厂重新修订工时定额，单台联合收割机成本下降近2万元。齐齐哈尔齿轮厂倒算帐，在成本没有上升的情况下，产值增长1倍。双鸭山锅炉厂推行规范化管理，从严治厂，对企业生产经营的全过程制定出12个方面3 000多条岗位行为规范，使企业管理跃上一个新台阶，仅170人的小厂，主要经济指标连续几年列为省内锅炉生产企业的排头兵，人均利税近2万元。

制定了全省机械工业"九五"企业管理规划，并初步确定了企业基础工作达标和管理进步示范工程的企业范围和具体名单，待组织实施。

〔撰稿人：黑龙江省机械工业厅　孙秀玲　审稿人：黑龙江省机械工业厅副厅长　王允祝〕

〔责任编辑：张友鹤〕

上海机械工业

上海电气（集团）总公司等

上海机械工业主要由上海电气（集团）总公司、上海汽车工业总公司所属企业和上海仪电控股（集团）公司、上海轻工控股（集团）公司以及上海市区县工业管理局所属部分企业组成。

上海普通机械工业

1996年，上海机械工业鉴于隶属关系和统计口径不同，以及原上海机电控股（集团）公司和原上海电气集团公司合并重组成上海电气（集团）总公司后，1996年所有统计数据尚未归口统一，因此本文所述上海机械工业仍系1996年上海机电控股集团公司所属企业情况。文表中所列各种数据仍包括原轻工部、建设部、化学工业部、林业部、建材总局、原能源部、地质矿产部和国家医药管理局等8个中央部、局过去下放给地方管理的15个归口企业。

生产发展情况　1996年上海机电控股集团公司所属企业共264个，其中机械工业部归口企业249个。按国家统计局标准划分，有大一型企业14个，大二型企业36个，中一型企业27个，中二型企业59个，小型企业128个。年末职工总数19.16万人。企业占地面积990.54万m^2，建筑面积662.34万m^2。主要设备拥有量为62 032台，其中机械工业关键设备293台，精、大、稀设备5 205台，数控设备656台。总资产395亿元。按1990年不变价计算，1996年完成工业总产值193.87亿元，比上年增长16%，其中，国有企业92.86亿元，集体企业1.27亿元，合资企业71.36亿元，股份制企业26.29亿元。上海机械工业概况详见表1，主要产品产量情况详见表2。

1996年上海机械工业在全局性结构大调整中稳步发展，其主要特点是：(1)把低水平、重复布点、结构分散的大中型企业重新排队组合，形成有限责任公司，高起点开发市场热销产品；(2)通过逐步并

表1　1996年上海机械工业系统概况

行　业	企业数（个）	全部职工平均人数（人）	工业总产值（不变价）（万元）	工　业增加值（万元）	产品销售收　入（万元）	产品销售税金及附加（万元）	利润总额（万元）	固定资产 原价（万元）	固定资产 净值平均余额（万元）
合计	264	191 695	1 938 742	605 500	2 180 536	8 623	91 938	830 719	598 902
农业机械	4	10 741	81 346	51 336	124 071	383	12 536	110 805	57 566
工程机械	5	5 915	46 162	12 265	51 519	153	−4 271	35 450	27 939
机床工具	38	28 507	160 237	58 890	156 156	1 045	515	154 008	85 282
机械基础件	48	23 912	153 434	50 335	138 251	531	−4 963	77 643	66 470
石化通用机械	58	36 359	474 801	153 852	479 892	1 689	36 778	147 247	120 869
重型矿山机械	17	11 785	302 145	99 979	477 349	1 019	56 101	59 029	41 715
电工电器	57	53 892	634 952	149 748	660 038	3 100	3 893	160 532	132 416
仪器仪表	6	3 590	25 346	8 998	22 056	118	−198	15 634	11 546
食品包装机械	1	486	2 052	1 081	2 404	22	10	1 802	1 722
其他	30	16 508	58 267	19 017	68 798	562	−8 463	68 569	53 378

表 2　1996 年上海机械工业系统主要产品产量

产品名称	单位	产量	比上年增长%	产品名称	单位	产量	比上年增长%
工业锅炉	台/t（蒸汽）	631/4201.3	-13.4	锻钢件	t	30 882.6	-3.8
柴油机	台/MW	26 318/3 307	11.4	矿山设备	t	21 633.5	-17.8
内燃发电机	台/MW	1 772/200	4.5	综合采煤设备	t	929.5	-8.0
金属切削机床	台	5 122	-14.7	冶炼设备	t	5 506.1	-1.9
大型机床	台	122	10.9	石油钻采设备	t	1 515.6	-3.3
高精度机床	台	98	20.9	橡胶加工机械	t	3372.9	-0.8
数控机床	台	501	41.1	塑料加工机械	t	12 155	54.8
锻压设备	台	2 704	-5.6	印刷机械	台/t	2 909/11 623	-2.9
起重设备	t	88 309.3	9.5	食品机械	台	2 923	2.7
工业泵	台	11 599	24.9	造纸机械	台	176	1.1
农业泵	台	203 639	-18.5	推土机	台	403	2.2
风机	台	2 733	3.0	交流电机	MW	2 251.4	2.6
气体压缩机	台	2 192	16.8	直流电机	MW	202	0
小空气压缩机	台	22 070	1.0	变压器	MV・A	6 695	19.9
制冷设备	台	62 984	-70.5	电气传动控制屏	面	2 409	-5.8
离心机	台/t	142/446.2	6.7	低压电器主要元件	万件	180.1	2.2
电动工具	万台	143.3	11.3	低压开关板	面	8 662	-3.1
轴承	万套	6 211.3	-20.8	布电线	km	343 069	1.2
微型轴承	万套	2 263.8	-20.3	钢芯铝绞线	t	6 514	13.0
低压阀门	t	2 843.4	-19.8	电磁线	t	2 741	-4.3
高中压阀门	t	11 295.6	38.7	电力电缆	km	8 936	-5.7
液压件	万件	125.6	604.1	通信电缆	km	5 959	3.6
标准紧固件	亿件	60.1	-28.6	电焊机	台	7 215	6.0
铸铁件	t	80 920.5	-3.1	电焊条	t	49 155.9	25.9
铸钢件	t	8 861.9	-29.1	刃具	万件	7 497.3	2.1

转，把分布在不同行业但技术门类相同的工厂和科研院校，通过参股形式控在一起，先后组成天地成套、环保机械等公司，培育高技术含量、高附加值和市场潜力大的先导型产业，促使资源向高科技高效益领域转移；(3)重点扶植壮大优势企业，壮大电梯、机床、冷冻设备、工程机械、轻工印包机械等五大主机规模，强化发展；(4)突破行业、部门和地区界限，通过联营、控股、参股、收购等形式，拓展资产经营空间，在江苏、浙江、四川等省市拥有企业 15 个，同时还在美国、德国、南非和东南亚等国家和地区建立了海外销地生产企业 16 个。

市场及销售　1996 年上海机电控股公司产品销售额 223.98 亿元，比上年下降 6.4%。销售收入 218.05 亿元，比上年增长 10.4%。完成利税总额 20.48 亿元，比上年下降 6%，其中利润为 9.19 亿元，比上年下降 20%。承接当年合同任务 227.52 亿元，比上年下降 6.1%。年末库存 20.24 亿元，比年初库存 19.1 亿元上升 5.9%。完成销售产值 201.36 亿元，比上年下降 9.3%。产销率为 98.1%，稍好于上年。

1996 年销售收入所以能比上年增长 10%以上，主要是由于公司上下注重拓展市场，扩大产品市场占有率，具体做法：(1) 树立大市场、大流通、大贸易的新观念，在产品开发、生产、销售和服务上，立足机电市场又跳出机电市场，突破行业和地区界限，从注意自我发展转变到以长江三角洲为中心，以长江经济带为重点，辐射全国，推行适应大市场的运行机制。(2) 注重研究营销策略，拓展市场渠道。加强质量和成本管理，高起点开发热销产品，拓展新的潜在市场；开发重大项目占领重点市场，如宝钢三期工程、国家三峡工程、上海市政重点工程和汽车工业等支柱产业；工贸结合、工商联手，形成综合商社的综合功能，发挥集约销售的整体优势。(3) 调整出口产品结构，扶植出口大户，培育出口“拳头”产品，拓展国际市场占有率。

1996 年国内市场产品销售主要去向：农、林、牧、副、渔 6.02 亿元，轻纺 10.96 亿元，煤、电、石油 15.47 亿元，交通、运输、邮电 12.61 亿元，建筑、建材 24.89 亿元，文教、卫生、科研 5.13 亿元，冶金 6.09 亿元，化工 5.48 亿元，军工 1.22 亿元，物资商业 52.70 亿元，出口援外 20.19 亿元，单机配套 18.50 亿元，其他 54.26 亿元。

销往国际市场的产品产值 35.83 亿元。其中内燃机 7 181.9 万元，印刷机械 1.10 亿元，金属切削机床 1.04 亿元，锻压设备 9 287.7 万元，工业锅炉 7 710.5 万元，交流电机 9 415.9 万元，变压器8 341.9 万元，

表 3　1996 年上海机电控股集团公司系统销售收入超亿元企业

序号	企业名称	销售产值（万元）	销售收入（万元）
1	上海三菱电梯有限公司	205 398.0	381 040.8
2	上海电线电缆（集团）有限公司	246 882.0	241 531.6
3	上海通用机械（集团）公司	225 956.0	228 812.2
4	上海电器股份有限公司	162 142.0	201 488.0
5	上海电机（集团）有限公司	172 114.5	171 682.1
6	上海东风机械（集团）有限公司	164 440.0	164 902.2
7	上海机床工具（集团）有限公司	165 228.8	163 195.0
8	上海重型矿山机械公司	99 543.5	112 203.0
9	上海轴承总公司	72 786.0	72 786.0
10	上海印刷包装机械总公司	63 817.0	65 914.0
11	上海标准件总公司	53 939.3	54 075.9
12	上海通惠—开利空调设备有限公司	44 260.6	44 261.0
13	上海轻工机械股份有限公司	39 352.0	40 010.0
14	上海电焊条有限公司	36 231.9	36 420.1
15	上海四方锅炉（集团）有限公司	32 339.0	32 339.0
16	上海液压气动总公司	25 771.0	25 556.2
17	上海大隆机器厂	25 055.0	25 055.0
18	上海人造板机器厂	24 595.0	24 595.0
19	上海鼓风机厂	23 546.0	23 750.0
20	上海压缩机有限公司	21 981.3	21 797.0
21	上海水泵厂	18 820.4	20 017.0
22	上海造纸机械总厂	16 058.0	16 058.0
23	上海石油化工设备公司	15 704.7	15 545.0
24	上海电焊机厂	10 228.5	10 319.0
25	上海天地成套设备制造有限公司	13 048.6	10 087.0

表 4　1996 年上海机电控股集团公司系统出口创汇超 500 万美元企业

序号	企业名称	创汇额（万美元）
1	上海机械设备进出口公司	14 247.0
2	上海机床工具（集团）有限公司	6 048.7
3	上海标准件总公司	5 013.2
4	上海电机（集团）有限公司	3 946.3
5	上海轴承总公司	2 602.7
6	上海电器股份有限公司	2 062.9
7	上海通用机械（集团）公司	2 051.5
8	上海印刷包装机械总公司	1 503.5
9	上海电线电缆（集团）有限公司	1 062.7
10	上海建设—路桥机械设备有限公司	1 000.7
11	上海三菱电梯有限公司	995.3
12	上海轻工机械股份有限公司	806.9
13	上海重型矿山机械公司	776.9
14	上海亚华印刷机械有限公司	751.0
15	上海电焊条有限公司	507.5

电力电缆 7 350.9 万元，滚动轴承 2.17 亿元，紧固件 2.64 亿元，其他产品为 21.87 亿元。创汇 6 亿多美元，比上年增长 30.2%。

按上海机电控股集团公司上报统计口径计算，1996 年全公司系统销售额超亿元的企业有 25 个，其中 10 亿元以上的 8 个，详见表 3。出口创汇超 500 万美元的企业有 23 个，其中超过 1 000 万美元的企业 15 个；超过 5 000 万美元的企业 3 个，即上海机械设备进出口公司、上海机床工具(集团)有限公司、上海标准件总公司，详见表 4。

科研成果　1996 年上海机电控股集团公司系统重点科研项目完成 6 项：(1) 300t 转炉筑炉机；(2)动叶可调轴流式引风机；(3)奉浦大桥中央计算机监控系统；(4) DXG 吊挂托辊式钢绳芯胶带输送机及输送系统；(5)箱体类零件柔性制造系统控制与管理系统；(6) 1 025t/h 亚临界压力控制循环锅炉。其中除 (2) 和 (3) 项为接近国际先进水平外，其余 4 项均达到国际先进水平。

获上海市 1996 年度高新技术企业称号的企业共 30 个：上海重型机床厂、上海第四机床厂、上海日用电机厂、上海电炉厂、上海先锋电机厂、上海亚华印刷机械有限公司、上海光华印刷机械有限公司、上海罗克韦尔图文系统有限公司、上海申威达机械有限公司、上海电缆厂、上海电工机械厂、上海冷气机厂、上海合众－开利空调设备有限公司、上海通惠—开利空调设备有限公司、上海耐莱斯・詹姆斯伯雷阀门有限公司、上海人民电器厂、上海鼓风机厂、上海工业锅炉厂、上海柴油机股份有限公司、上海人造板机器厂、上海三菱电梯有限公司、上海市离心机械研究所、上海机械电脑有限公司、上海浦江缆索有限公司、上海斯米克金刚石工模具有限公司、上海开通数控公司、上海瑞侃电缆附件有限公司、上海液压气动总公司液压成套公司、上海开能新技术工程公司、通用电气（上海）传动系统有限公司。

新产品 1996年上海机电控股公司系统新产品试制计划390项，实际完成523项，超计划34%。有52个项目获上海市1996年度优秀新产品奖，其中一等奖2项，二等奖15项，三等奖35项。详见表5。完成项目较突出的单位有：上海通用机械（集团）公司92项，上海机床工具（集团）有限公司70项，上海电机（集团）有限公司69项，上海电器股份有限公司43项。

1996年共试制完成重大新产品11项：(1)由上海人造板机器厂研制的年产30 000m^3中密度纤维板生产线，填补了国内空白，已出口东南亚地区；

表5 上海机电控股集团公司系统获1996年度上海市优秀新产品奖项目

序号	产品名称	获奖单位	获奖等级
1	年产30000m^3中密度纤维板生产线成套设备	上海人造板机器厂	一
2	19XL系列封闭型离心式冷水机组	上海合众－开利空调设备有限公司	
3	42C/V002、003、004、006、008、012风机盘管机组	上海通惠－开利空调设备有限公司	二
4	GPS-CR系列微机网络控制变压变频调速住宅电梯	上海三菱电梯有限公司	
5	SW270-2液压挖掘机	上海建筑机械制造厂	
6	MKY7875/H数控龙门双端面磨床	上海机床厂有限公司	
7	WS67K系列数控板料折弯机	上海冲剪机床厂	
8	16JT865吸收式双效蒸汽式冷水机组	上海一冷开利空调设备有限公司	
9	SJZGF及YF系列锥形双螺杆塑料挤出生产线	上海申威达机械有限公司	
10	YJV型、YJQO2型110kV交联聚乙烯绝缘电力电缆	上海电缆厂	
11	300MW核电阀门	上海阀门厂	
12	PN2溴化锂制冷机用屏蔽电泵	上海电机（集团）有限公司人民电机厂	
13	DXG吊挂托辊式钢绳芯胶带输送机暨输送系统	上海起重运输机械厂、上海市电气自动化研究所	
14	FAF19-9.5-1动叶可调轴流式送风机	上海鼓风机厂	
15	SAF28-16-1型动叶可调轴流式引风机	上海鼓风机厂	
16	QF-55-2型55MW空气冷却汽轮发电机	上海电机厂	
17	TDZBS5000kW～125000kW交交变频同步电动机	上海电机厂	
18	DZL118-63多功能家用漏电断路器	上海第三开关厂	三
19	50BL008、010、015、020、025、030、040、050、060九种50BL水冷柜式空调机组	上海通惠－开利空调设备有限公司	
20	533370桑塔纳轿车变速箱从动轴后轴承、变速箱差速器轴承	上海联合滚动轴承有限公司	
21	4M22机型二氧化碳压缩机	上海大隆机器厂	
22	HBT60混凝土泵	上海采矿机械厂	
23	23XL290螺杆式冷水机组	上海一冷开利空调设备有限公司	
24	KT系列数控系统	上海开通数控公司	
25	D6114ZLQA型柴油机	上海柴油机股份有限公司	
26	核级电动波纹管截止阀系列、核级电动截止阀系列	上海良工阀门厂	
27	JP型、YP型非金属膨胀节	上海发电设备成套设计研究所	
28	MEV-WL低烟无卤阻燃橡皮绝缘辐照交联电缆	上海南洋电缆厂	
29	KGPS-350/1晶闸管中频电源装置	上海市电气自动化研究所	
30	SWE-1000SK型（加强型）自动扶梯整体梯级	上海新艺有色铸造厂	
31	YTSP型（90～315）变频调速三相异步电动机	上海电机（集团）有限公司南洋电机厂	
32	TFW2型90kW、120kW-4P小型无刷三相同步发电机	上海电机（集团）有限公司革新电机厂	
33	QD-JD工程用单相潜水电泵	上海电机（集团）有限公司人民电机厂	
34	KGPS02-500kW/0.4kHz～2.5kHz半导体变频装置	上海电器股份有限公司华一电器厂	
35	CVJ专用钢球	上海钢球厂	
36	500JC/K900-23长轴离心深井泵	上海深井泵厂	
37	H-150B滑阀真空泵	上海真空泵厂	

（续）

序号	产 品 名 称	获奖单位	获奖等级
38	金属硬密封蝶阀	上海阀门厂	
39	GZ2-WF 中性点接地电阻器	上海电器股份有限公司电阻厂	
40	AT2223-0B 静环组件	上海水泵厂（上海博格曼有限公司）、航天工业总公司第十一研究所	
41	X（S）N-75/30 橡胶塑料加压式捏炼机	上海橡胶机械厂	
42	ZIC-SD02-16mm 双重绝缘电锤	上海日立电动工具有限公司	
43	Y80-WF-Y315-WF、Y80-W-Y315-W 户外型三相异步电动机	上海电机（集团）公司五一电机厂	
44	ASCS 系列自动反冲洗滤网装置	上海发电设备成套设计研究所、上海汽轮机厂	三
45	上 3051 环氧层压 NOMEX 纸板	上海电机（集团）公司绝缘材料厂	
46	DZL20-1.25-AⅡ 20t/h 角管式蒸汽锅炉	上海四方锅炉厂	
47	DZL714-1.0/130/90-AⅡ 7-14MW 角管式热水锅炉系列	上海四方锅炉厂	
48	WST 系列双吊点闸门电动启闭装置	上海良工阀门厂、上海市政工程设计研究院	
49	D7140B 电火花成形机	上海第八机床厂	
50	WT480-67 型涡轮机	上海第一水泵厂	
51	PMI 系列大型火电机组汽/电给水泵组监控设备	上海发电设备成套设计研究所	
52	QYD 系列电磁换向阀	上海气动成套公司	

表 6　上海机电控股集团公司系统 1996 年获 ISO9000 质量体系认证企业

序号	企业名称	体系模式	认证机构
1	上海联合滚动轴承有限公司	GB/T19002（ISO9002）	华仪技术检验公司
2	上海南洋电机厂	GB/T19001（ISO9001）	上海商检中心
3	上海宝升钻井工具有限公司	GB/T19001（ISO9001）	QBC 加拿大认证局
4	上海电缆厂	GB/T19001（ISO9001）	华仪技术检验公司、中国新时代认证中心
5	上海革新电机厂	GB/T19001（ISO9001）	上海商检中心
6	上海高斯印刷设备有限公司	GB/T19001（ISO9001）	华仪技术检验公司、北京华欣德技术检验中心
7	上海 ABB 变压器有限公司	GB/T19001（ISO9001）	华仪技术检验中心、DNV 挪威船级社
8	上海挤出机械厂	GB/T19001（ISO9001）	华仪技术检验公司
9	上海真空泵厂	GB/T19001（ISO9001）	中国方圆标志认证中心
10	上海申克试验机有限公司	GB/T19001（ISO9001）	德国莱茵技术监护公司
11	上海变压器厂	GB/T19001（ISO9001）	华仪技术检验公司
12	上海塑胶线厂	GB/T19002（ISO9002）	华仪技术检验公司
13	上海日用电机厂	GB/T19001（ISO9001）	上海审核认证中心
14	上海机械工具量具总公司	GB/T19001（ISO9001）	上海审核认证中心
15	上海电器成套厂	GB/T19001（ISO9001）	华仪技术检验公司

（2）由上海合众—开利空调设备有限公司研制的19XL 系列封闭型离心式冷水机组，是新一代环保节能的机电一体化高新技术产品，国际先进水平；（3）由上海通惠—开利空调设备有限公司研制的42C/V 风机盘管机组，国内首创，具有高效、低噪声、轻结构等特点，国际先进水平；（4）由上海三菱电梯有限公司研制的微机网络控制变压变频调速住宅电梯，国际先进水平；（5）由上海建筑机械制造厂研制的SW270-2 液压挖掘机，国际先进水平；（6）由上海机床厂有限公司研制的数控龙门双端面磨床，国内先进水平，已出口印度，有较好的社会、经济效益；（7）由上海合众－开利空调设备有限公司研制的16JT865 吸收式双效蒸汽式冷水机组，国际先进水平，上市多年，销售产值 7 000 多万元，社会、经济效益显著；（8）由上海申威达机械有限公司研制的锥形双螺杆塑料挤出生产线，机电一体化的高新技术产品，达到国际同类产品水平；（9）由上海阀门厂研制的 300MW 核电阀门，填补国内空白，达国际先进

水平；(10) 由上海电机（集团）有限公司人民电机厂研制的 PN_2 溴化锂制冷机用屏蔽电泵，具有高效、节能、低噪声、高吸程、无泄漏、运行可靠、结构紧凑等特点，达到90年代日本同类产品水平，已销售3 467台（套）；(11) 由上海冲剪机床厂研制的WS67K数控板料折弯机，接近当代国际先进水平，可替代进口，为国家节约外汇。

1996年上海机电控股集团公司系统共完成技术进步产品1 263种，产值共123.98亿元，分别比上年增长152种和12.8%。其中节能产品66种，产值13.08亿元；引进技术产品197种，产值36.57亿元；70～80年代产品811种，产值77.02亿元；投入生产的新产品346种，产值31.02亿元；机电一体化产品307种，产值26.67亿元。全系统新产品产值率63.3%，比上年增长33个百分点。

质量　1996年上海机电控股集团公司系统接受国家监督抽查产品45种，合格43种，合格率95.5%。上海市控制监督重点产品500项，抽查119项，合格118项，合格率99.16%。上海市对生产领域产品抽查71种，合格66种，合格率92.96%。上海市定期检验产品930种，合格920种，合格率98.92%。1996年上海市不再评比产品出厂免检企业。

1996年继续推行全面质量管理，全公司系统获ISO9000认证的企业共15个，详见表6。有19个品牌产品被推荐为1996年上海市名牌产品，详见表7。

表7　上海机电控股集团公司系统获1996年度上海市名牌产品项目

序号	品　牌	产　品　名　称	生　产　企　业
1	上海三菱	全电脑调速电梯	上海三菱电梯有限公司
2	东风	135系列柴油机	上海柴油机有限公司
3	上缆	船用、交联、充油电缆	上海电缆厂
4	四方	全自动燃油（气）锅炉、油田热采用蒸汽锅炉	上海四方锅炉集团有限公司
5	龙牌	双重绝缘电锤、型材切割机、电刨	上海日立电动工具有限公司
6	狮印	模切、烫印、压痕机	上海亚华印刷机械有限公司
7	环山	发电设备用电除尘器	上海冶金矿山机械厂
8	狮子	高强度螺栓连接副	上海高强度螺栓厂
9	飞鹿	强力砂带	上海砂轮厂
10	山宝	破碎机	上海建设·路桥机械设备有限公司
11	上人	纤维板成套生产设备	上海人造板机器厂
12	飞达	QZK微机程控切纸机	上海申威达机械有限公司
13	上联	ME系列万能式断路器、DW15系列万能式断路器、DWX15系列万能式限流断路器	上海人民电器厂
14	SG	4G7002136L轴承	上海联合滚动轴承有限公司
15	亚字	酸性碳钢电焊条	上海电焊条有限公司
16	凹凸	JH21系列固定台压力机、J23系列可倾压力机	上海第二锻压机床厂
17	企鹅	LSQFR-65系列空气—热泵机组	上海冷气机厂
18	南洋	Z4系列直流电机	上海南洋电机厂
19	顺达	轿（汽）车用散热器风扇	上海日用电机厂

对外合作　1996年上海机电控股集团公司系统共有中外合资企业（包括港澳台地区）138个，其中原有的减少5个，新增8个。新增投资额3.45亿美元。1996年合资企业总产值71.36亿元，比上年增长3.27%，占公司系统总产值的36.8%；销售收入82.5亿元，占总额的37.8%；完成利税11.57亿元，占总额的56.49%；创汇2.76亿美元，占总额的46%。

管理及改革　经中共上海市委、市政府批准，原上海机电控股集团公司与原上海电气集团总公司实行国有资产联合重组的上海电气（集团）总公司，于1996年12月27日正式宣告成立。新的上海电气（集团）总公司由上海市国有资产管理委员会授权，对下属20多个行业子公司、270多个企业、460多亿元总资产进行经营管理。集团公司将充分发挥原上海电气集团公司电站主体强、成套能力强和原上海机电控股集团公司市场潜力大、行业跨度大的综合优势，以高新技术产品为先导，逐步形成以综合商社贸易拓展和财务公司资金融通为支撑，以电站设备和机械制造为产业支柱的格局，成为集科、工、贸、金融、信息于一体的国内最大装备类企业集团，争取早日跻身于世界500强。

〔撰稿人：上海电气集团总公司　卫我乡　审稿人：上海电气集团总公司　韩国璋〕

上海仪器仪表工业

仪器仪表工业是上海机械工业的重要组成部分。1996年上海仪器仪表企业共有150个，职工约4万人，主要分布在上海仪电控股（集团）公司、上海轻工控股公司、上海电气（集团）公司及上海郊县工业系统中，产品门类涉及自动化仪器仪表、电工仪器仪表、光学仪器、分析仪器、汽车电子仪表、试验仪器、照相器材及复印机械等。现以上海仪电控股（集团）公司系统的仪器仪表为主，叙述上海仪器仪表工业的发展。

生产发展情况 1996年上海仪电控股（集团）公司系统有仪器仪表企业62个，按统计分类，有大一型企业两个，大二型企业6个，中一型企业3个，中二型企业4个。另有仪器仪表独立专业研究所4个。其中，国有企业人员占总人数的53%，股份制企业人员占总人数的34%，中外合资企业人员占总人数的12.1%。上海仪电控股（集团）公司系统仪器仪表企业概况及产品产量见表8、表9。

表8 1996年上海机械工业系统仪器仪表工业概况

年份	企业数（个）	全部职工平均人数（人）	工业总产值（不变价）（万元）	工业增加值（万元）	产品销售收入（万元）	产品销售税金及附加（万元）	利润总额（万元）	固定资产 原价（万元）	固定资产 净值平均余额（万元）
1995年	55	32 894	214 736	58 011	234 008	11 760	7 567	102 553	63 498
1996年	62	25 040	242 251	53 146	267 879	12 422	2 307	116 431	74 171

表9 1996年上海机械工业系统仪器仪表产品产量

产品名称	单位	产量 1996年	产量 1995年	比上年增长%
自动化仪器仪表	万台	65.0	63.3	2.7
电工仪器仪表	万台(只)	277	259.5	6.7
电度表	万只	181.3	177	2.4
光学仪器	台	30 092	25 648	17.3
分析仪器	台	19 285	18 393	4.9
汽车仪器仪表	万台(只)	20.9		
试验机	台	117		
仪表元件	万件	19 977	19 400	3.0

1996年上海仪器仪表工业紧紧围绕机械工业部打好"三大战役"这个主题，面向市场，继续进行企业组织结构、产品结构调整，为实现"两个转变"而努力。其主要特点：一是生产发展和产品销售均保持较好的增长势头。1996年上海仪器仪表工业完成工业总产值37.8亿元，比上年增长11%，名列全国第二，仅次于江苏省。其中上海仪电系统完成工业总产值24.2亿元，占全市的64%，比上年增长12.8%，特别是上海自仪股份公司增幅达20%。完成销售26.8亿元，比上年增长14.5%，上海自仪股份公司增幅达18.8%。二是企业组织结构变化较大，1996年中拆并7个，新增13个，其中新成立开业的"三资"企业10个，"三资"企业完成的总产值达到10.85亿元，占仪电系统仪器仪表总产值的45%，自仪股份和光学二公司均已超过50%。三是企业人员减少较多，1996年仪电系统的仪器仪表企业，通过提前退休、下岗分流，减少人员7 854人，比1995年下降23.9%，减轻了企业的负担。四是亏损面增大，经济效益下降。1996年仪电系统仪器仪表企业中亏损24个，亏损面达38.7%，亏损额超过1亿元，特别是光学公司和中国电工厂亏损额较大，分别达到1 459万元和3 455万元。

市场及销售 1996年上海仪电系统仪器仪表完成产品销售收入26.8亿元，比1995年增长14.5%，并提高了市场占有率。上海轻工系统销售照相机145万架，产销率为94.7%，销售复印机20 453台，产销率为108.6%，两项销售收入达15.5亿元。工业销售收入超亿元企业见表10。

1996年上海仪电系统仪器仪表工业共完成出口拨交额79 436万元，前五位企业排序见表11，"三资"企业完成67 427万元，占出口总额的84.9%。

新产品 1996年上海仪电系统仪器仪表企业以"科技兴企"，开展企业科技发展战略研讨，筹建公司科技开发中心，加速科技开发和推广应用，特别是上海仪表（集团）公司总结了技术引进和合资合作两个阶段中企业科技及新产品开发经验，提出推行"一厂一品"，加快产品的结构调整，列出60个产品为重点开发、技改和攻关项目，并在机制、组织、资金、考核等方面采取有效措施，推动了电工仪器仪表行业的新产品开发和产品结构调整，完成了一批科研成果和新产品试制项目。

1996年上海仪电系统仪器仪表工业共完成局控以上科研新产品共40项，其中属上海市、机械工业部项目共6项，见表12。

质量 围绕打好"产品质量翻身战役"要求，贯彻机械工业部《关于加强机械工业企业质量工作的决定》，上海仪器仪表企业在1996年中着重进行的工作：一是抓好ISO9000系列标准的认证和宣贯，如上海自动化仪表股份公司下属11个整机厂在1996年内全部通过ISO9000质量保证体系的认证，上海仪表（集团）公司所属的上海沪光仪器厂、上海第二电表厂也在1996年通过了ISO9002质量体系的认证。上海精密科学仪器有限公司认真抓好对员工的ISO9000系列标准知识的培训，通过1995年、1996年的工作，使公司内1/3的员工达到培训合格，为贯标打下了基础；二是完善质量工作体系，在局级以上质量抽查中，上海自动化仪表股份公司、上海精密科学仪器有限公司的产品合格率均达到100%。上海精密科学仪器有限公司还着手制订“质量振兴纲要”，提出公司质量振兴总体目标和措施。

表10　1996年上海仪器仪表工业销售收入超亿元企业

序　号	企　业　名　称	总产值（万元）	销售收入（万元）
1	上海自动化仪表股份有限公司	49 825	66 559
2	上海麦克林电子有限公司	54 054	52 000
3	上海精密科学仪器有限公司	17 329	20 851
4	上海合金厂	15 726	15 387
5	上海福克斯波罗有限公司	9 093	14 578
6	上海仪表（集团）公司	14 965	14 057
7	上海罗斯蒙特有限公司	9 900	10 302
8	上海海鸥照相机有限公司	37 612	30 808
9	上海申贝办公机械总公司	99 108	124 316

注：序号1指自仪公司系统，不含合资企业，序号8、9为上海轻工控股（集团）公司所属仪器仪表企业。

表11　1996年上海仪电系统仪器仪表工业出口拨交额前五位企业

序号	企业名称	拨交额（万元）
1	上海自动化仪表股份有限公司	58 276
2	上海麦克林电子有限公司	53 559
3	上海仪表（集团）公司	11 029
4	上海福克斯波罗有限公司	4 888
5	上海光学仪器有限公司	2 030

技术改造　1996年上海仪器仪表工业获国家批准的“双加”工程有两项，上海自仪股份公司的“双加”工程技改项目于1995年12月11日由国家经贸委批准，1996年列为上海市重点建设项目之一，总投资17 110万元，其中用于固定资产投资8 340万元，用于增加流动资金8 770万元，主要用于火电设备自动化仪表及系统完善化改造“双加”工程项目。其中上海自动化仪表五厂的电浮动液位变送器和上海自动化仪表十一厂的执行机构“A”型电动头已在1996年当年投入当年产出，其他分项目正进行设备采购、场地改造和新厂房建设，该项目将于1997年年底竣工。上海仪表（集团）公司获国家经贸委批准的“双加”项目是“汽车尾气净化装置”改造，亦已启动，其总投资800万元，主要由上海合金厂承担，1997年将首批试产600台，项目争取1997年内竣工。

表12　1996年上海仪器仪表工业新产品项目

序　号	项　目　名　称	承　担　单　位	注
1	核电站用控制盘	上海自动化仪表股份公司	机械工业部
2	IC卡多功能计价器系列	上海仪表（集团）公司	机械工业部
3	761高性能紫外分光光度计	上海精密科学仪器有限公司	机械工业部
4	ZY新型手术无影灯（冷光源）	上海光学仪器有限公司	机械工业部
5	电动浮动液位变动器	上海自动化仪表股份公司	上海市
6	PM10压力变送器	上海自动化仪表股份公司	上海市

国家重大技术装备“八五”科技攻关项目，上海自仪股份公司的MAX100分散型控制系统国产化已在1996年通过鉴定。

列为上海市重点的上海易初日精有限公司的汽车摩托车仪器仪表新厂项目，技改总投资8 017万元，已在1996年竣工投产。

对外合作　经过几年的引进和合资合作，加上1996年新成立开业的合资企业，上海仪器仪表行业的“三资”企业已有33个开业，在自仪股份公司、精科公司的产值中，“三资”企业产值已占50%左右，并成为上海仪器仪表出口创汇的主力。上海自动化仪表股份公司在“七五”期间引进了MAX-1000分散控制系统（DCS）、电站炉机电主控制盘控制系统、1151和1151SMART电容变送器、铂电阻、热电偶、电子记录仪、气动调节阀和电动执行机构等，提高了上海自动化仪表行业的技术优势。“八五”期间共兴办了25个合资企业，与美国西屋电气公司合资生产

WDPF-Ⅱ分散控制系统（DCS），与德国西门子公司合资生产SIMATIC可编程序控制器（PLC），与美国ROSEMOUNT公司合资生产RS3、PROVAX分散控制系统（DCS）和质量流量计，与日本横河公司合资生产旋涡流量计、电磁流量计，与日本千野公司合资生产数字记录仪、温湿度控制仪等，提高了公司仪表和控制系统的整体实力。已能为重大装备的发展提供世界一流的仪表和控制系统，具有在国内外市场上竞争的实力。1996年新成立开业的“三资”企业见表13。

表13　1996年上海新开业的仪器仪表“三资”企业

序号	企业名称	注册资本（万美元）	国家（地区）	主要产品
1	上海福田汽车电子有限公司	1 970	美国	汽车电子仪表
2	上海易初日精有限公司	1 000	香港	汽车、摩托车仪表
3	上海希比环境控制有限公司	500	美国	环境控制仪表
4	惠普上海分析仪器有限公司	480	美国	分析仪器
5	上海爱普生磁性器件有限公司	300	日本	磁粉原料、磁性器材
6	上海西门子工业自动化有限公司	236	德国	可编程控制
7	上海兰柯控制器有限公司	230	日本	控制器
8	上海浦江埃纳迪斯仪表有限公司	210	法国	电工仪表
9	上海恩德斯一豪斯仪表有限公司	130	瑞士	物位测量仪表
10	上海三科仪器有限公司	35	香港	医用器械

管理及改革　1996年上海仪器仪表工业的改革主要是按照实施现代企业制度试点要求，加速自仪股份公司、精科公司、仪表（集团）公司的实体化进程，同时加大企业内部组织结构优化，加快管理科学化步伐，并加大“再就业”力度。如自仪股份公司筹建营销中心、科技开发中心、配料中心、机械加工中心，以进一步适应市场经济体制。上海精科公司在1996年3月被批准改制为国有独资有限责任公司——上海精密科学仪器有限公司，紧紧围绕“结构合理化、布局科学化、资本多元化的要求，实施“二、三、四”的战略步骤，置换了两块土地，组建了三个仪器总厂（上海分析仪器总厂、上海天平仪器总厂、上海雷磁仪器总厂），新建四个合资企业（上海易初日精有限公司、惠普上海分析仪器有限公司、金隆塑料建材有限公司、上海电光器件有限公司），实现了公司组织结构的优化，并筹建公司营销中心、财务中心、开发中心、成本中心，向公司实体化迈进。上海电表厂两年前被列为上海市50个重点解困企业之一，1996年通过深化企业内部体制、机制和制度的改革，1996年转亏为盈，1997年预计利润可达500万元。

目前上海自仪股份公司已成为国内最大的仪器仪表生产基地，全国300家重点国有企业和机械工业部28个“巨人”候选企业之一，1995年中国机械百家优秀企业，1996年上海工业500强（第32位），公司生产的压力变送器、高温高压调节阀、自动记录仪、不锈钢压力表、电动执行机构、分散控制系统和超宽型仪表盘等7项为1996年上海名牌产品，电站主控仪表跃入国际先进水平。上海自仪股份公司、上海仪表（集团）公司和上海精密科学仪器有限公司连续三年均评定为上海市高新技术企业。

〔撰稿人、审稿人：上海市电子仪表科技情报研究所　朱仁康、朱伟民〕

〔责任编辑：王　如〕

江苏机械工业

江苏省机械工业厅

生产发展情况　1996年，在宏观环境依然趋紧、机电产品市场有效需求不足的形势下，江苏机械工业各级管理部门和广大企业努力克服困难，积极开拓市场，从总体上仍然保持了平稳发展的态势，为实施“九五”计划、打好“三大战役”开了一个好头。按可比口径统计，全系统实现销售收入532亿元，完成总产值573亿元，实现利税（含增值税）42.1亿元，其中实现利润20.0亿元，分别比上年增长2.31%、4.60%、7.37%和4.38%，产销率97.3%，比上年提高1个百分点，经济总量和效益在全省工业继续名列第一。产值超亿元和利税超千万元的企业分别为98个和68个，其中产值超10亿元的有6个，利税超亿元的有7个。尤其是春兰集团完成产值102亿元，实现利税12.6亿元，继续在全省领先。全省汽车工业保持了快速发展，工业总产值310亿元，实现利税23亿元，分别比上年增长14.4%和2%，其中生产汽车11.1万辆，改装车4.1万辆，摩托车180万辆，零部件产值74亿元，比上年增长25%。江苏机械工业主要经济指标及主要产品产量详见表1、表2。

表1　1996年江苏机械工业系统概况

行业	企业数（个）	全部职工平均人数（人）	工业总产值（不变价）（万元）	工业增加值（万元）	产品销售收入（万元）	产品销售税金及附加（万元）	利润总额（万元）	固定资产	
								原价（万元）	净值平均余额（万元）
合计	725	520 414	5 733 512	1 382 020	5 323 232	26 544	199 988	2 494 690	1 654 874
农业机械	158	133 457	1 607 619	371 815	1 730 416	4 403	76 065	615 948	435 934
工程机械	10	29 546	185 025	60568	236 007	959	1 043	151 264	88 977
机床工具	63	57 242	246 603	81 473	202 266	1 001	−5 139	251 750	152 245
机械基础件	66	36 813	233 785	63 794	196 335	803	−667	154 046	100 602
石化通用机械	59	35 583	236 543	60 417	208 253	1 029	−670	136 472	90 513
重型矿山机械	30	22 018	204 360	43 358	170 883	532	1 913	98 128	62 602
汽车	48	31 176	397 971	87 009	393 344	2 753	9 328	169 292	113 162
电工电器	147	95 765	856 943	221 946	810 482	3 392	6 771	501 111	308 614
仪器仪表	59	33 952	1 197 116	266 614	803 536	10 499	96 034	203 349	151 504
食品包装机械	7	3 369	19 993	4 056	14 965	50	−94	12 314	9 138
其他	78	41 493	547 554	120 970	556 746	1 125	15 406	201 015	141 582

表2　1996年江苏机械工业系统主要产品产量

产品名称	单位	产量	比上年增长%	产品名称	单位	产量	比上年增长%
工业锅炉	t（蒸汽）	5 358	−7.0	机引耕作农具	台	24 534	116.3
发电设备	MW	777	−1.4	种植机械	台	3 312	16.2
内燃机	MW	42 573	11.7	收获机械	台	17 825	63.4
金属切削机床	台	19 260	−19.7	场上作业机械	台	20 791	28.6
锻压设备	台	6 511	−15.4	农用运输车	辆	9 250	−41.4
起重设备	t	84 748	−10.6	农用拖车	辆	21 730	−27.7
工矿电机车	辆	100	0	机动三轮车	辆	264 468	−2.4
泵	台	249 290	−4.3	饲草（料）加工机械	台	39 254	43.3
风机	台	3 855	6.4	环保设备	t	3 724	−23.3
空气调节器	万台	114.4	14.1	汽车	辆	11 498	31.7
轴承	万套	8 986.2	13.9	改装汽车	辆	26 352	−36.2
低压阀门	t	18 448	126.4	叉车	台	1 601	−8.1
高中压阀门	t	5 484	−16.9	交流电动机	MW	4 837	−6.5
标准紧固件	万件	414 234.2	−15.9	变压器	MV·A	11 540	−8.0
矿山设备	t	7 291	−45.7	电力电缆	km	21 687	−2.0
工矿配件	t	10 358	−45.3	控制电缆	km	9 050	26.3
石油钻采设备	t	5 257	30.6	钢芯铝绞线	t	4 346	−17.5
塑料加工机械	t	5 041	18.0	工业自动化仪表	万台	301	44.8
印刷机械	t	8 696	10.0	电工仪器仪表	万台	190	−14.5
大中型拖拉机	台	4 323	102.2	量具	万件	29.8	−22.0
小型拖拉机	台	263 123	−8.5				

1996年，省机械工业厅系统共有归口企业725个，职工总数52万人，其中工程技术人员占10%。有大型企业70个，中型企业215个，固定资产原价249.5亿元。

市场及销售　(1) 主要产品市场销售态势。全系统加大市场开拓力度，按照“增畅、限平、停滞”的原则组织生产。在机械工业部重点考核的 42 大类主要产品中，大中型拖拉机、农用运输车、联合收割机等 17 种产品的增幅超过 15%。省机械厅先后组织举办了第三届江苏国际机械展、1997 年江苏农机产品订货会、省造汽车展示会等行业性的营销活动，同时积极组织重点企业参加省政府在兰州、成都、太原举办的开拓省外市场活动，引导部分优势企业跨出省外联合办厂，变“产地销”为“销地产”，以资金、技术换取市场。

(2)产品出口情况。全系统加大国际市场开拓力度，努力增加出口创汇，还组织了一批团组到海外进行招商促销活动，扩大机电产品出口。虽然受税率、利率调整和出口退税滞后的影响，出口增势有所下降，但仍保持一定的增长。全系统完成出口交货值 65 亿元，其中自营出口占 64%，分别比上年增长 7%和 25%。有 13 个企业出口创汇超千万美元，其中南通顺达公司自营出口创汇超过 1 亿美元，成为全省首家创汇超亿美元的企业，雄居全国机械行业之首。常熟千斤顶厂等一批企业的出口增幅超过 50%。常柴集团和徐工集团先后成立了自营进出口公司。

(3)销售收入超亿元企业 94 个，出口创汇 100 万美元以上的企业 103 个，排序及数据见表 3、表 4 。

新技术及科研成果　全行业共有 27 项科技成果获机械工业部 1996 年度科技进步奖，分别是：一等奖 1 项，常熟铝箔厂与机械工业部西安重型机械研究所合作的 1 350mm 亲水涂层铝箔生产线关键技术攻关。二等奖 10 项，江阴铸造机械厂与机械工业部济南铸造锻压机械研究所研制的旧砂（水玻璃砂）再生设备；无锡仪表阀门厂与机械工业部上海工业自动化仪表研究所研制的快速切断阀；常熟开关厂研制的 CM1-100A 至 630A（含 L、M 及 H 型）塑料外壳式断路器；南通低压电器厂、苏州电器科学研究所等 7 个单位联合研制的模块化终端保护电器；靖江食品机械制造厂与中国农业机械化科学研究院研制的桔瓤果汁加工关键设备；春兰压缩机厂与机械工业部哈尔滨焊接研究所合作的全自动化封闭空调压缩机环缝焊专机研究；跃进集团公司发动机厂与江苏理工大学研制的车用汽油机气缸盖 CAD/CAM 系统；淮阴机械总厂研制的 CBN-G300 系列高压齿轮泵；海门过滤设备厂与机械工业部第五设计研究院研制的 TX31-Q 型排屑及冷却液净化系统；跃进集团公司铸造厂、南京工业炉厂与机械工业部第五设计研究院合作的悬挂式曲轴热处理生产线的研制。另有 16 项成果获三等奖。全行业新创部技术进步示范企业 20 个、省高新技术企业 33 个、高新技术产品 160 项，大中型骨干企业基本普及计算机技术的应用。在江苏制造业科技综合实力百强企业中，机械行业占了 31 个。

新产品　新产品开发取得新成绩，全系统共开发 530 项省级以上新产品，其中 1/3 填补了国内或省内空白。具有市场竞争力并初步形成生产规模的约 150 种，如双缸四冲程摩托车、大型数控校平开卷生产线、高速计算机网络通信电缆、三坐标柔性卧式铣削组合机床、有机复合绝缘子等产品均具有国内先进水平与当代世界水平。出现了小柴油机行业从单缸机一枝独秀发展到单缸双缸并举、农用车行业从三轮车形成优势发展到四轮车快速增长、电工和农机具行业从单机向成套加快发展、数控机床行业从经济型数控单机向加工中心、柔性制造单元发展等喜人景象。目前，全省机械行业拥有 100 多个小行业，产品品种总数超过 2 万种，主要产品品种3 000 多个，其中达到 90 年代国际水平的约占 20%。

质量　全行业质量工作稳步前进，基本完成了低压电器等 6 大类产品、150 个企业的生产许可证换、申证工作；近 30 个机床、农机等行业的企业向社会作出了质量保证承诺，众多配套企业与主机厂签订了质量保证协议；有 28 个企业累计 99 个江苏名牌产品，8 个企业累计 23 个产品通过了 ISO9000 质量标准认证；实物质量稳中有升，全年厅系统省级以上质量监督抽查合格率平均为 86.92%。

技术改造　技术改造共实施部、省项目 90 个，总投资 9 亿元，竣工投产 40 个项目；累计争取和实施“双加”项目 87 个，总投资 33.5 亿元，增强了发展后劲。

对外合作　全系统在外资利用，提高产品质量和水平上下功夫，开创了新局面，全年共新办“三资”企业 25 个，合同利用外资 1.5 亿美元，有 6 个外商投资项目规模超千万美元，出现了一批如苏州凯马电器、春兰无氟冰箱等投资规模较大、技术含量较高的大项目。成功地举办了第三届江苏国际机械展，贸易成交额 24 亿元人民币，创下了历届的最高记录。

“三大战役”　1996 年，全行业在战役起步方面做了大量工作，顺利完成了第一阶段主要任务。省机械厅一手抓传达学习和宣传发动，另一手抓调查大行业、研究新的增长点，在此基础上组织制订了全省的战役实施意见。一是实施名牌战略，打好“产品质量翻身战役”。战役的主要目标：到本世纪末，在国内外树立江苏机械、汽车产品良好的市场形象，提高产品在用户中的信任度和市场竞争力，创立省级以上名牌产品 200 种，其中机械工业部名牌产品 100 种，有 10 种基本达国际名牌水平；培育机械工业部质量信得过明星企业 50 个。二是实施规模经营战略，打好“组织结构优化战役”。战役的主要目标：到本世纪末，初步改变我省机械、汽车工业组织结构不合理的局面，推动企业按适度经济规模组织生产，大力发展专业化协作，造就 12 个具有较强竞争力的国家级“巨人”企业，发展一批各具特色的企业集团和“小型巨人”企业。形成年销售额达 15 亿元以上的企业 38 个，其中 300 亿元以上的 1 个，100 亿元以上的 7 个，50 亿元以上的 5 个。三是实施科教兴业战略，打好“开发能力提高战役”。战役的主要目标：到本世纪末，初步缓解我省机械、汽车工业主要

表3　1996年江苏机械系统销售收入超亿元企业

序号	企业名称	销售收入（万元）	序号	企业名称	销售收入（万元）
1	春兰（集团）公司	665 581.8	48	扬州机械厂	16 135.7
2	常柴股份有限公司	253 543.1	49	常柴集团金坛柴油机总厂	15 702.3
3	南京金桂集团有限公司	251 510.0	50	张家港市AAA轴承有限公司	15 526.4
4	徐州工程机械集团有限公司	200 977.0	51	淮阴电机股份有限公司	15 188.3
5	张家港牡丹汽车集团公司	110 092.0	52	南京雷电（集团）有限责任公司	14 968.2
6	武进柴油机厂	104 905.5	53	南通机床股份有限公司（集团）	14 807.4
7	江苏行星机械集团公司	101 151.4	54	江苏海星电机集团有限公司	14 638.0
8	顺达集装箱有限公司	96 357.2	55	无锡压缩机股份有限公司	14 491.7
9	中国一汽集团公司无锡柴油机厂	95 255.2	56	张家港市渔业机械厂	14 284.6
10	江苏宝胜集团公司	80 952.9	57	国营如皋动力机厂	14 208.3
11	东风农机集团公司	79 161.2	58	南京耐特机电（集团）公司	14 050.0
12	扬州柴油机厂	69 123.0	59	江苏七洲集团有限公司	13 587.6
13	南京东风汽车有限公司	66 392.3	60	苏州农业药械厂	13 373.1
14	江苏江淮动力机厂	66 227.5	61	苏州三光集团公司	13 211.0
15	张家港华亿机械集团公司	62 618.5	62	泰州航海电气总厂	12 976.0
16	扬州通运集装箱有限公司	56 394.1	63	江苏力士集团公司	12 879.0
17	常熟千斤顶厂	55 452.7	64	苏州春兰空调器厂	12 815.3
18	苏州迅达电梯有限公司	49 727.0	65	南京压缩机股份有限公司	12 700.5
19	常熟制冷设备厂	49 318.6	66	南通市矿山机械厂	12 573.1
20	无锡威孚集团公司	49 121.6	67	无锡托林顿轴承有限公司	12 554.8
21	扬州新星动力股份有限公司	48 365.9	68	徐州柴油机厂	12 377.7
22	江苏金猴机械集团公司	41 750.9	69	江苏钢球厂	12 363.0
23	无锡锅炉厂	41 407.6	70	无锡中策减震器有限公司	12 298.0
24	南京汽轮电机厂	37 300.0	71	无锡新威机械集团公司	12 155.0
25	常州齿轮厂	37 265.2	72	南京高速齿轮箱厂	11 819.1
26	无锡电缆厂	35 016.2	73	南通柴油机股份有限公司	11 686.2
27	扬州扬子旅游车厂	32 109.9	74	无锡动力工程股份有限公司	11 649.3
28	无锡拖拉机厂	31 941.9	75	常州日升有色铸造有限公司	11 396.3
29	南京汽车变速箱厂	31 249.2	76	扬州飞达电机仪表公司	11 194.0
30	江苏宇宙焊接材料集团公司	28 164.8	77	江苏靖江工程机械集团公司	11 080.8
31	张家港凌虹集团公司	27 856.4	78	常州绝缘材料总厂	11 047.0
32	淮阴拖拉机集团公司	27 095.6	79	苏州特雷卡电缆有限公司	10 970.8
33	吴县太湖电动工具集团	25 673.4	80	南通市变压器厂	10 945.6
34	无锡机床股份有限公司	25 120.8	81	南京活塞环厂	10 915.2
35	张家港市海陆锅炉集团公司	25 097.2	82	仪征电机厂	10 497.8
36	常州变压器厂	23 715.0	83	江苏黄海汽配股份有限公司	10 475.0
37	常州客车制造厂	23 592.3	84	泰兴市汽车配件厂	10 438.0
38	南京第二机床厂	19 474.1	85	镇江华通机械集团公司	10 423.9
39	江苏省溧阳电缆厂	19 253.7	86	江苏华鹏特种变压器厂	10 416.2
40	常熟标准件厂	18 065.7	87	扬州三力电器集团公司	10 365.9
41	武进电机厂	17 871.0	88	张家港维达机械集团公司	10 318.9
42	仪征活塞环厂	17 179.3	89	吴江科达电梯厂	10 276.3
43	扬州通华半挂车有限公司	17 074.5	90	无锡华达电机有限公司	10 183.5
44	东台市柴油机厂	16 882.0	91	江苏江星锅炉集团公司	10 148.0
45	江苏通运集团江阳汽车厂	16 434.0	92	扬州市曙光波纹管厂	10 110.0
46	宝应车辆厂	16 181.0	93	无锡市水泵厂	10 065.7
47	中国一汽集团无锡汽车厂	16 155.0	94	东台拖拉机配件厂	10 028.3

表4　1996年江苏机械工业系统出口创汇超百万美元企业　（单位：万美元）

序号	企业名称	出口创汇金额	序号	企业名称	出口创汇金额
1	顺达集装箱有限公司	10 810.92	53	南通锦益有限公司	299.20
2	扬州通运集装箱有限公司	6 470.00	54	江苏省丹徒县工具厂	289.86
3	张家港市华亿集团公司	5 723.86	55	江苏环球链传动有限公司	285.30
4	徐州工程机械集团公司	5 332.90	56	常州牵引电机厂	278.43
5	常熟市千斤顶厂	5 292.59	57	国营无锡市轴承厂	270.00
6	扬州通利冷藏集装箱有限公司	4 100.00	58	扬远公司	269.41
7	吴县太湖电动工具集团	3 093.13	59	江苏力士集团公司	263.48
8	常柴股份有限公司	2 618.08	60	苏州针佐机械有限公司	258.00
9	江苏江淮动力机厂	1 292.84	61	溧阳市锻压厂	254.50
10	扬州市飞达电机仪表公司	1 231.60	62	张家港市渔业机械厂	245.54
11	常熟标准件厂	1 217.67	63	苏州特雷卡电缆有限公司	243.84
12	扬州通华半挂车有限公司	1 120.00	64	江苏行星机械集团公司	234.00
13	南通机床股份有限公司（集团）	951.77	65	常州常丰照相机有限公司	232.32
14	苏州沙迪克特种设备有限公司	929.00	66	金湖机械厂	232.00
15	武进柴油机厂	915.00	67	南京机床厂	231.37
16	常州拖拉机厂	845.13	68	扬州电动工具厂	230.57
17	无锡江南微型轴承集团公司	751.00	69	常州齿轮厂	224.14
18	苏州迅达电梯有限公司	726.23	70	常州工矿电机车厂	221.09
19	江苏钢球厂	708.40	71	江苏砂轮机厂	220.00
20	中国一汽集团公司无锡柴油机厂	693.00	72	泰兴黄桥工具厂	214.56
21	国营如皋动力机厂	685.93	73	张家港市机械厂	201.93
22	苏州仪表元件厂	622.10	74	一品光学工业公司	193.30
23	江苏黄海汽配股份有限公司	609.60	75	无锡威孚股份有限公司	193.00
24	扬州机床厂	572.00	76	泰兴机床厂	191.10
25	南京江南光电集团股份有限公司	567.20	77	常州电站辅机总厂	187.18
26	张家港市海陆锅炉总厂	542.89	78	张家港市标准件厂	178.31
27	泰州春兰集团公司	477.10	79	无锡锅炉厂	172.00
28	张家港市轴承有限公司	467.71	80	扬州通达锻造有限公司	169.00
29	南京汽轮电机厂	455.91	81	苏州远东砂轮有限公司	168.85
30	苏州幸达光学科技有限公司	448.92	82	淮阴拖拉机集团公司	167.00
31	江苏省金坛柴油机厂	447.05	83	张家港市第二机械厂	166.39
32	泰州电焊条厂	442.49	84	泗洪油嘴油泵厂	156.60
33	淮阴电机股份有限公司	438.80	85	南通约克健身器材有限公司	145.12
34	南京第二机床厂	431.87	86	苏州林庆金属制品公司	141.63
35	宝应宝胜电缆厂	430.00	87	苏州庆丰仪表厂	138.13
36	张家港市第三机械厂	423.49	88	扬州通顺散热器有限公司	134.33
37	盐城机床厂	419.34	89	常熟市起重机械厂	134.00
38	泰州源泰有限公司	409.95	90	靖江县锻压机床厂	133.66
39	武进链条厂	377.22	91	南京工艺装备制造厂	133.08
40	江阴机械厂	377.00	92	南通电焊机厂	128.06
41	江苏省溧阳电缆厂	370.36	93	苏州仪表总厂	126.57
42	清江轴承工业集团公司	370.00	94	连云港合营铸件厂	125.30
43	无锡机床股份有限公司	369.00	95	苏州第一光学仪器厂	122.52
44	苏州电瓷厂	363.50	96	南通星维油泵油嘴有限公司	122.30
45	连云港连利水表有限公司	358.00	97	靖江县车辆厂	120.50
46	南京阿特拉斯工程机械有限公司	356.00	98	常州机床总厂	120.04
47	无锡市水泵厂	344.00	99	赣榆标准件厂	118.30
48	盐城拖拉机厂	329.10	100	靖江量具有限公司	116.19
49	国营江阴标准件厂	329.00	101	淮阴电动工具厂	108.10
50	扬州机床工具厂	325.30	102	镇江标准件厂	106.05
51	苏州横河电表有限公司	315.66	103	镇江华通机械集团公司	101.00
52	江苏华鹏特种变压器厂	307.30			

依靠国外技术发展的被动局面，明显缩短重点产品的更新周期和与国际先进水平的差距，建立40个省级以上企业技术中心，其中国家级、部级技术中心30个；开发200种具有较高市场占有率和自主知识产权的重点产品，其中机械工业部重点产品100种。8月初省机械厅又召开了一次规模较大的大行业工作会，部、省领导亲临会议，对战役作了全面动员和部署；会后，厅机关、市局和广大企业开展了形式多样的宣贯活动，10月份全行业大张旗鼓地开展了宣传月活动，掀起了宣贯的新高潮。特别是包叙定部长亲自带队到江苏调研和检查工作，部组织的中央新闻单位记者小分队首家来江苏巡回采访，有力地推动了全省“三大战役”的开展。据对系统内宣贯情况的统计，各市局和大多数企业都已制订了“三大战径”的实施意见，发动到班组长的企业约占95%，发动到广大职工的约占85%，战役正在向纵深推进。

管理及改革　(1) 企业改革。1996年，全省机械系统企业改革向纵深推进。在27个现代企业制度试点的企业中，22个已经挂牌，并在一些重点、难点问题上开始取得突破，全部试点企业资产负债率比上年平均下降了3.6个百分点，累计分流人员近11 500人。有6个上市公司合计募集社会资金近20亿元。省机械厅和绝大部分市局被授予国资监管权，有4个市局被列为资产经营控股试点。1996年末全系统总资产达到536亿元，比上年增长22.9%；资产负债率为70.1%，比上年下降3.3个百分点。

(2)行业结构调整。新组建了8个省市两级企业集团，累计129个。宝胜集团跨入了省级大集团行列，在全省21个大集团中，机械行业占1/3。改造改组了一批中小企业，涌现了江苏钢球厂等一批“小型巨人”。生产集中度有了新的提高，厅系统前20个企业的产值集中度为48.5%，利税集中度为66.5%，分别比上年提高4个和8.5个百分点。

(3) 职工队伍和精神文明建设。1996年，省机械厅多次举办厂长（经理）培训班，对2 500名工程技术人员进行了CAD培训和考核，举办了全行业技术工人献计献策操作演示会；组团参加人才交流活动，引进3 000多名大中专毕业生；评定高级工程师400人，高级技师150人；全行业有35个省先进集体、127名省劳动模范，有18名省以上优秀企业家，36名部科技专家、10名青年科技专家，有1名全国技术能手、18名省级技术能手。1996年，省厅隆重召开了机械行业省劳动模范座谈会，广泛开展了学劳模、学技能、比贡献、争一流活动和塑造企业形象活动，促进了行业的精神文明建设。在加强行业队伍建设的同时，省厅坚持从严治政，加强厅机关精神文明建设和党风廉政建设。厅党组狠抓十四届六中全会《决议》和省委九届五次扩大会议精神的学习宣传和贯彻落实，制订了贯彻实施意见。厅机关围绕讲服务、讲实效、讲廉洁、讲纪律、讲团结的“五讲”要求加强作风建设，已形成接待热情、办事热心、多办实事、追求实效的“两热两实”的良好作风。省机械厅被省政府授予1996年省级部门政风先进单位光荣称号。

(4) 行业管理和服务。1996年，省机械厅在顺利完成机构改革后，积极探索新形势下搞好行业管理的新路数，切实转变职能，进一步加强了大行业管理，促进了行业的发展：一是进一步加强了行业工作的部署指导和行情上报。为了贯彻落实部、省召开的一系列会议精神，搞好行业工作，省厅和各市局先后召开了行业性工作会议，对全行业的各项工作进行了认真部署，同时，省厅加强了向上级领导和综合部门通报情况及汇报工作、多次向省委、省政府和机械工业部汇报有关工作的情况。此外，省厅还加强了向部、省上报信息的工作，及时报送了一批重要的行业信息，以争取部、省的关心和支持。二是进一步加强了运用信息、规划、政策、监督等手段对行业的管理。省厅组织制订了全省机械、汽车工业“九五”～2010年发展规划、企业管理发展规划、行业科技发展规划、跨世纪人才工程发展规划和“江苏汽车工业技术政策”，重新修订和推行了“江苏机械工业技术政策”；组织力量对高、低压开关柜等产品实施了质量跟踪检查和生产秩序整顿；进一步开展安全级企业评价活动，对已达标五年的企业进行复评，新创安全级企业4个；继续推行贯彻强制性标准，努力消灭无标生产；通过每年两次的生产经济形势分析会、加强《江苏机械工业》刊物的功能等途径，发布市场信息，指导产销活动，掌握行业动态；省厅作为省政府首批授权行使国有企业财产监督管理职能的省级部门，已成立监管领导小组，制订了具体方案，明确了被监管企业，组织举办了国有资产监管培训班，正在加快实质性运行进程；省厅还组织开展了一批重要软科学课题研究，其中“在社会主义市场经济条件下，加强企业管理方式方法研究”和“江苏省机械工业跨世纪发展战略研究”业已完成并报送部、省。三是进一步加强了扭亏增盈工作力度。1996年，全省机械、汽车行业围绕扭亏增盈做了大量工作。①抓组织领导，明确厅系统的扭亏增盈工作在厅党组的统一领导下进行，年初即层层制订和分解下达了扭亏增盈目标，8月份，又专门召开了全省机械工业扭亏增盈工作会议，进一步动员和研究部署扭亏增盈工作任务。②抓调研指导。3月份省厅组织5个调研组由厅领导带队深入各地对全省机械工业经济运行特别是扭亏增盈情况进行调研；8、9两个月，又组织开展了一次“三大战役”和扭亏增盈专项调研，检查、督促和指导这项工作，与基层单位共商扭亏增盈大计。③抓重点企业，一手抓增盈，一手抓扭亏，选择了70个产销大户予以重点扶持，使其生产总量增长了15.8%，实现利税增长20.4%。在两次调研的基础上，省厅选择10个有代表性的亏损企业进行重点联系，帮助他们向有关部门反映问题，并协调经济联合、市场开拓、技术开发等事宜，有两个企业当年扭亏。④抓经验交流，通过座谈会和信息刊物等途径，先后宣传推广了一批扭亏增盈典型企业的先进经验，沟通上下信息联系，促进各地、各企业之间相互交流、相互学习。四是进一步加强了对行业特别是重点骨干企业的协调服务工作。如针对流动资金紧张和有关政策问题，省厅加强了与部、省有关部门的联系，全力为重点骨干企业争取资金，积极帮助模具、铸锻等行业争取国家优惠政策，加强对现代企业制度试点工作的调研指导和服务，先后组织帮助雷电集团公司和无锡威孚公司落实中央拨改贷分别达700万元和500万元，为7个企业争取扭亏贴息资金900多万元；对农用车生产结构进行了初步调整，组织了跃进集团的农用车零部件布点招标活动；组织省内77个汽车、摩托车企业申报1996年产品目录；组织成立了省汽车工业协会；协助有关部门筹建了省名特优新产品展示中心。

存在问题　主要表现在：(1)经济效益下滑，亏损情况严重。13个市局中有6个出现净亏损，有亏损企业233个，亏损面30.9%；亏损额4.47亿元，比上年增长24%；亏损超过100万元的企业就有121个。盈利企业中绝大多数微利，排在前十位的企业利润集中度高达82%，其中春兰等企业起了强力拉动作用。利润大量转移，厅系统仅银行利息全年就达16亿元。(2)库存总量和库存当量有所提高。1996年市场有效需求不足，导致库存上升过快，库存当量一度超过了合理范围。至12月底库存总额65亿元，库存当量1.5个月。货款拖欠严重，资金紧张状况未能缓解。12月末全系统应收帐款131亿元，应付帐款91亿元，“债权”大于“债务”40亿元，大量资金不能回笼，企业流动资金紧缺。(3)特别是，行业结构性矛盾比较突出。经济效益不理想的重要原因是经济结构不合理。这些年来，江苏机械工业发展较快，总量迅速扩大，但效益问题、结构问题一直是困扰行业的两大突出问题。江苏机械工业长期以中小企业为主，这种结构性特点曾经显示出优势和活力，但随着市场经济的发展，企业规模偏小，“小而全、小而低、小而散”的弊端逐步显露，在日益激烈的竞争中处于不利地位。全省的市、县经济活力较强，各地发展机械、汽车工业的积极性发挥得比较充分，这一直是全省的优势，但由于在产业布局等方面调控乏力和缺少全局观念，也带来投资分散、重复建设和区域结构趋同的问题。近几年来，全行业在提高效益和调整结构上做了不少工作，取得了一定成效，但从总体上说，还没有从根本上改变行业“低、散、小”的状况，结构性矛盾愈益突出，严重制约了行业整体素质的提高，影响到经济正常运行和行业发展后劲。

〔撰稿人：江苏省机械工业厅　解　晋、赵信生　审稿人：江苏省机械工业厅厅长　许汉文〕

〔责任编辑：王　如〕

浙江机械工业

浙江省机械工业厅

生产发展情况　浙江省机械工业厅系统1996年末有工业企业558个（年内新增5个，减少37个），其中国有经济企业215个，集体经济企业290个，其他经济类型企业53个。包括大一型企业3个，大二型企业36个，中一型企业31个，中二型企业90个。年末共有职工265 079人，其中工程技术人员22 466人，占8.5%。拥有固定资产(原价)121.09亿元。

1996年全省机械系统完成工业总产值(1990年不变价)261.22亿元，比上年增长7.1%；完成工业增加值70.92亿元，增长8.9%。全省机械系统11个行业中，工业总产值（不变价）与上年比较，增幅最大的是仪器仪表行业，增长26.8%；与上年比较，负增长的有食品及包装机械、农业机械、机床工具、重型矿山机械、工程机械、其他民用机械、机械基础件等7个行业。11个市地中增幅最大的是温州市，其中温州市机械工业总公司增长74.6%，温州市电子仪表工业总公司增长28.9%；与上年比较，负增长的有金华市、衢州市、嘉兴市、台州市、舟山市。大中型企业完成工业总产值(不变价)192.65亿元，比上年增长18.0%，其总产值在系统内的比重也由上年的67.0%上升到73.8%。机械工业部统计的主要产品产量有2/3低于上年，1/3比上年增长，其中增幅较大的有大中型拖拉机、环保设备、起重设备、金属切削机床、轴承、汽车配件等。详见表1、表2。

市场及销售　1996年全系统完成销售收入238.08亿元，比上年增长10.1%。产品销售率为96.4%，比上年提高1.4个百分点。有24个企业年销售收入超过2亿元，55个企业超过1亿元，分别比上年增加5个和7个。销售收入最高的是万向集团公司，为12.37亿元(详见表3)。出口创汇在1995年大幅度增长的基础上1996年仍达到了4.27亿美元，比1995年增长12.37%。全年出口交货值达34.83亿元，比上年增长1.5%，出口交货值占工业销售产值的14.2%，在全国同行业中名列前茅。链条、船用齿轮箱、葫芦、电动工具、紧固件、柴油机、拖拉机、轴承、汽车配件、电工材料、低压电器、手工具等产品出口额超过1 000万美元，年创汇100

万美元以上的企业已有52个，1 000万美元以上企业13个，其中万向集团、浙江永康恒丰电器制造公司、华立集团公司、浙江四方集团公司、浙江东海轴承集团公司等5个企业出口创汇超2 000万美元。万向集团公司创汇5 022.6万美元，居全省机械系统第一（详见表4）。

1996年是机械工业十分困难的一年，经济效益大幅度下滑。全省机械系统实现利税24.28亿元，比上年增长3.8%，其中实现利润11.14亿元，下降12.3%。全系统销售收入虽然保持了增长，但增幅比1995下降22.4个百分点。省机械系统的实现利税和利润虽然在全国同行业中，居上海、江苏之后列第三，但1996年全系统亏损企业数已有166个，亏损额2.83亿元，亏损面为29.7%。

表1　1996年浙江机械工业系统概况

行业	企业数（个）	全部职工平均人数（人）	工业总产值（不变价）（万元）	工业增加值（万元）	产品销售收入（万元）	产品销售税金及附加（万元）	利润总额（万元）	固定资产	
								原价（万元）	净值平均余额（万元）
合计	558	267 532	2 612 241	709 153	2 380 820	24 475	111 407	1 210 910	950 482
农业机械	97	45 645	283 021	88 740	303 776	1 104	6 815	170 058	131 482
工程机械	3	2 468	21 644	5 665	25 516	134	170	14 147	11 111
机床工具	42	20 337	80 554	28 507	83 437	477	57	68 232	50 852
机械基础件	53	28 321	240 771	68 152	181 126	1 027	3 678	120 477	95 343
石化通用机械	49	28 105	328 047	100 124	285 793	2 355	26 266	139 702	104 530
重型矿山机械	21	10 514	57 298	20 694	70 143	551	4 445	50 375	39 607
汽车	66	42 378	577 427	144 633	456 113	13 942	27 559	261 874	206 083
电工电器	135	59 324	740 619	179 908	714 622	4 095	32 795	285 512	223 908
仪器仪表	67	18 713	235 926	58 841	215 737	621	8 033	65 269	60 398
食品包装机械	6	2 560	6 238	1 403	4 574	33	−88	6 628	5 557
其他	19	9 167	40 696	12 486	39 984	136	1 677	28 636	21 609

表2　1996年浙江机械工业系统产品产量

产品名称	单位	产量	比上年增长%	产品名称	单位	产量	比上年增长%
工业锅炉	t（蒸汽）	1 487	−27.7	船用齿轮箱	台	14 947	−27.9
电站锅炉	t（蒸汽）	3 107	27.5	矿山设备	t	3 541	−46.1
内燃机	MW	4 166	8.0	金属轧制设备	t	1 414	−34.9
工业汽轮机	MW	382	−25.8	印刷机械	t	2 403	−53.6
发电设备	MW	293	−31.4	大中型拖拉机	台	6 769	74.7
金属切削机床	台	16 307	28.2	小型拖拉机	台	53 246.9	−44.7
台钻	台	75 555	−21.0	拖拉机、内燃机配件	万元	57 482.5	−9.8
锻压设备	台	9 434	−16.3	装载机	台	318	−24.6
运输设备	t	5 692	−2.4	叉车	台	2 095	−38.1
起重设备	t	24 437	34.2	环保设备	t	69 924	58.4
工业泵	台	44 746	2.6	汽车	辆	9 981	−10.3
农业泵	台	326 709	−12.0	汽车配件	万元	355 969.3	33.5
气体分离及液化设备	套	73	7.4	摩托车	辆	302 663	−1.3
高中压阀门	t	3 348	16.4	变压器	MV	5 164	8.7
轴承	万套	12 219	28.5	电力电缆	km	5 893	−15.1
粉末冶金制品	t	5 154	17.8	水表	万台	162.9	12.7
标准紧固件	t	17 875	−29.7	电度表	万只	1 035.3	−10.3
工业链条	t	21 682	28.1				

新技术及科研成果　全省机械系统获机械工业部1996年度科学技术进步奖8项，其中二等奖4项，三等奖4项。获省人民政府1996年度科学技术进步奖27项，其中二等奖6项，三等奖12项，优秀奖8项，星火奖2项（详见表5、表6）。万向集团公司、宁波天安集团象山高压电器厂、嘉兴电气控制设备厂、浙江丰球集团公司、浙江卧龙集团公司、浙江菲达机电集团有限公司（浙江电除器总厂）、浙江三

花集团公司、浙江上风集团公司、浙江联丰集团公司、浙江佳雪微特电机集团有限公司、湖州机床厂、浙江吉佳机电设备有限公司、浙江四方集团公司、浙江交联电缆有限公司、浙江真空设备集团有限公司等15个企业获1995年度省技术进步优秀企业称号，省机械系统获这一称号的企业占省内全部获奖企业的25%。1996年全省机械系统评出厅级科技进步奖29项，其中一等奖2项，二等奖9项，三等奖18项。

为进一步加强技术进步工作，1996年11月省机械工业厅召开了全省机械工业技术进步会议，对全省机械行业的技术开发、技术引进、技术改造工作做了部署。1996年省机械系统的国家级技术中心(杭州汽轮动力集团有限公司)、国家级重大装备国

表3　1996年浙江机械工业系统销售收入超亿元企业

序号	企业名称	销售收入(万元)	序号	企业名称	销售收入(万元)
1	万向集团公司	123 682	29	杭州盾牌链传动集团公司	18 720
2	浙江钱江摩托集团有限公司	101 307	30	宁波华通电器集团公司	18 082
3	宁波三星集团股份有限公司	79 070	31	浙江天洁机械集团有限公司	17 962
4	华立集团有限公司	58 794	32	温州吴泰集团有限公司	17 825
5	杭州东宝电器有限公司	54 397	33	宁波天安(集团)股份有限公司	17 361
6	正泰集团公司	51 479	34	浙江永康恒丰电器制造公司	15 921
7	浙江风机风冷设备公司	47 725	35	杭州武林机器厂	15 562
8	浙江西子电梯集团公司	42 399	36	杭州一洲电器有限公司	15 447
9	浙江四方集团公司	42 185	37	浙江电工器材厂	15 184
10	浙江卧龙集团公司	41 151	38	宁波中策拖拉机汽车有限公司	14 921
11	杭州前进齿轮箱集团公司	33 758	39	湖州锐狮链传动集团公司	14 646
12	浙江东海轴承集团公司	33 106	40	浙江丰球集团公司	14 573
13	浙江华宝实业公司	30 644	41	杭州富春工程机械有限公司	14 465
14	绍兴明星集团公司	30 019	42	宁波三环动力机械有限公司	14 132
15	杭州制氧机集团有限公司	29 253	43	浙江菲达机电集团有限公司	13 890
16	杭州富春锅炉容器有限公司	28 922	44	余姚通用集团公司	12 846
17	杭州中策电缆股份有限公司	28 775	45	三门变压器厂	12 825
18	杭州汽轮动力集团有限公司	28 327	46	宁波中环集团股份有限公司	12 225
19	浙江春晖集团公司	27 302	47	温州海米特集团公司	11 325
20	浙江联丰集团公司	24 033	48	慈溪电器开关总厂	11 037
21	宁波海天机械制造有限公司	23 614	49	浙江开山股份有限公司	10 967
22	浙江交联电缆有限公司	21 210	50	杭州汽车零部件总厂	10 959
23	浙江百官机电集团公司	21 144	51	杭州杭发集团公司	10 843
24	浙江金鹰纺机股份有限公司	20 518	52	绍兴灯塔蓄电池股份有限公司	10 719
25	浙江佳磁线缆集团公司	19 442	53	浙江省三花集团公司	10 313
26	浙江亚太机电集团公司	19 423	54	杭州西子集团公司	10 203
27	宁波中策动力机电集团有限公司	19 275	55	杭州水泵总厂	10 035
28	浙江万达集团公司	19 157			

表4　1996年浙江省机械工业系统出口创汇额超500万美元企业

序号	企业名称	创汇额(万美元)	序号	企业名称	创汇额(万美元)
1	万向集团公司	5 022.6	11	浙江万新集团公司	1 046.0
2	永康恒丰电器制造公司	2 277.0	12	金华电动工具总厂	1 024.0
3	华立集团有限公司	2 257.7	13	杭州现代起重机械制造厂	1 016.8
4	浙江四方集团公司	2 167.4	14	杭州盾牌链传动集团公司	907.2
5	浙江东海轴承集团公司	2 058.9	15	金华起重设备厂	778.7
6	绍兴明星集团公司	1 654.0	16	宁波水表厂	602.5
7	浙江万达集团公司	1 352.0	17	浙江轻型起重机械厂	602.3
8	正泰集团公司	1 253.3	18	浙江卧龙集团公司	565.7
9	浙江金鹰纺机股份有限公司	1 238.6	19	绍兴机床集团公司	565.1
10	杭州前进齿轮箱集团公司	1 094.5	20	杭州中策电缆股份有限公司	550.1

产化基地(杭州制氧机集团有限公司、浙江电除尘器总厂)、国家级计算机集成制造系统（CIMS）试点(杭州汽轮动力集团有限公司、杭州华盛机床有限公司)和机械工业部技术进步示范企业(杭州富春锅炉容器有限公司、杭州汽轮动力集团有限公司、杭州制氧机集团有限公司、杭州前进齿轮箱集团公司、宁波海天机械制造有限公司、浙江四方股份有限公司、杭州华盛机床有限公司、浙江电除尘器总厂、浙江富春工程机械有限公司、华立集团公司、杭州西子集团公司、杭州盾牌链传动集团公司、万向集团公司)的创建和达标工作都在积极进行之中，CAD培训、现代设计方法和现代制造技术研讨等活动也在开展，模具CAD/CAM、树脂砂铸造、振动时效、碳三工业燃气焊接、高效水剂切削液等一批先进适用工艺在一些企业得到了不同程度的推广应用。

表5　浙江机械工业系统获1996年度机械工业部科技进步奖项目

序号	项目名称	主要完成单位	获奖等级
1	模块化终端保护电器（模数化终端保护电器）	机械工业部上海电器科学研究所、大连低压开关厂、南通低压电器厂、宁波开关厂、上海电器陶瓷厂等	二
2	无过载离心泵理论与设计方法的研究	江苏理工大学、杭州水泵总厂	二
3	JB/T7201－94《铝制板翅式换热器技术条件》	开封空分设备厂、杭州制氧机研究所、杭州制氧机集团有限公司	二
4	JBJ12－93《机械工厂单层厂房抗震设计规程》	机械工业部设计研究院、机械工业部第二设计研究院、机械工业部第六设计研究院、机械工业部第七设计研究院等	二
5	JB/T7035.1～7035.2－93《液压囊式蓄能器型式和尺寸、液压隔离式蓄能器技术条件》等七项标准	机械工业部西安重型机械研究所、成都高压容器厂、四平液压件厂、浙江奉化液压件厂、河北涿鹿高压气瓶厂	三
6	JB/T6809－93《超高压泵》	机械工业部合肥通用机械研究所、上海大隆机器厂、四川简阳试压泵厂、浙江海门试压泵厂	三
7	华意电器总公司引进无氟制冷压缩机技术改造项目	机械工业部第二设计研究院、华意电器总公司	三
8	开封高压阀门厂铸钢车间树脂砂脱箱造型自动生产线工程	机械工业部第二设计研究院、开封高压阀门厂	三

新产品　1996年全系统列入国家级重点新产品计划项目16项，其中列入国家经贸委项目6项，列入国家科委项目10项;列入国家级科技开发项目9项。列入机械工业部新产品计划项目13项。列入省新产品计划项目221项。列入省科研计划项目19项，列入省技术开发项目19项。由杭州富春锅炉容器有限公司制造的36MW燃机余热锅炉，是我国第一台国产化的燃气蒸汽联合循环锅炉，主要参数为：额定蒸发量65t/h，过热蒸汽出口温度450℃，过热蒸汽出口压力3.82MPa。经电厂实际运行，折算ISO工况下热效率超过41%，仅余热发电部分可为电厂每年多回收电量40000MW·h，投资回报1920万元，超过了锅炉和汽轮机的投资。1996年7月23日机械工业部、电力工业部在深圳金岗电厂对这一项目进行了验收，给予好评。

质量　1996年省考核的主要工业产品质量稳定提高率为84.38%，低于计划指标3.62个百分点。机械工业部考核的重点产品一等品率为100%，质量稳定提高率为96.4%，分别高于计划指标12个和6.4个百分点。全年实施省级质量监督检验750个企业46种（类）产品共计802批次，合格率87.5%。比1995年下降2.4个百分点。积极开展创名牌活动，1996年全省机械行业又有6种（其中系统内4种)产品获浙江名牌产品称号。在这次公布的20种名牌产品中，机械产品占了30%。它们是：嘉控(JK)牌T系列塑壳断路器、ZQ牌高压开关设备、ZZ牌真空泵、丰球（FENGQIU）牌小型潜水泵、天屹牌市内通信电缆、AM牌铜阀门。开展浙江名牌产品认定四年来，已有32个机械产品获得名牌产品称号。质量体系认证工作在1996年有了明显进展，全年有38个企业通过了GB/T19000（ISO9000）质量体系认证，比上年增长217%，迄今全省机械行业通过质量体系认证的企业达到55个。1996年全省机械系统先后两批共110个企业参加了由省机械厅组织的发表质量承诺声明活动，自律性质量活动的开展，对进一步强化企业内部的质量管理产生了积极作用。1996年又有82个企业通过生产许可证审查，26个企业通过了出口质量许可证审查。累计对740多人次进行了多种内容的质量培训，推进了质量管理队伍建设。

技术改造　1996年全省机械系统安排技术改造项目计划35项，其中新开工项目19项，当年财务用款3.82亿元。全年有22项技改项目完成竣工验收，完成投资额5.39亿元。其中列入国家和省重点技改项目12项，完成投资额3.57亿元。1996年纳入国家首批“双加”工程技术改造的13个项目，其中1项已竣工，其他12项已全部进入实施阶段，项目总投资3.66亿元；新争取国家二期“双加”工程导向性计划项目20项，总投资额6.51亿元。至年底有5项已开工。技术改造的实施，使浙江机械工业的实力又有提高。1996年4月竣工验收的杭州制氧机集团有限公司“八五”部规划技改项目，投资额4 990万元，完成设备47台（套），其中进口设备9台（套）。目前该公司的大中型空分生产设备达到了国际80年代后期水平，可生产15 000m^3/h大型空分设备，并已形成了自行设计、生产30 000m^3/h空分设备的能力。

对外合作 1996年省机械行业初步建立了招商引资项目库，加强了对外经贸宣传活动，先后组织了赴台湾、日本的贸易考察团组，建立了中国国际贸易促进会机械行业分会浙江办事处和中国国际商会机械行业商会浙江办事处，已有82个企业参加了这两个国际贸易民间组织。

表6 浙江机械工业系统获1996年度浙江省科技进步奖项目

序号	项目名称	主要完成单位（协作单位）	获奖等级
1	MKY7650型全自动数控双端面磨床	杭州华盛机床有限公司	
2	CJK系列数控车床研制及产业化	诸暨机床厂，协作单位：中国机床总公司	
3	ZF1-220型六氟化硫全封闭组合电器	浙江开关厂、西安高压电器研究所	
4	广西昭平水电站水轮发电机组	杭州发电设备厂	二
5	多圆弧行星减速机	浙江大学机械系，协作单位：杭州漏电开关厂等	
6	额定电压35kV及以下交联聚乙烯绝缘电力电缆	杭州中策电缆（股份）有限公司	
7	提高汽轮机铸钢件质量的关键技术研究	杭州汽轮动力集团有限公司	
8	五十铃汽车组合开关	杭州汽车电器厂，协作单位：日本美多乐电装株式会社、台湾上河工业股份有限公司、韩国新昌电机株式会社	
9	N6160ZC6型中速船用柴油机	宁波中策柴油机有限公司，协作单位：宁波中策动力机电集团公司研究所、辽宁凤城汽车增压器总厂、石家庄油泵油嘴厂	
10	万安牌EQ153双腔串联气制动阀	浙江万安实业有限公司，协作单位：东风汽车技术中心、上海交通大学	三
11	D32液控多路换向阀	浙江省临海液压件厂	
12	SES9石化专用全密封波纹油箱低损耗变压器	浙江三门变压器厂	
13	12.2H7板翅式机油冷却器芯	浙江省天台机械厂	
14	额定电压35kV及以下阻燃型铜芯铝芯交联聚乙烯绝缘电力电缆	浙江交联电缆有限公司	
15	LK2000型路面开凿机	浙江开山股份有限公司	
16	JPL-2000双端连续式平面磁控玻璃镀膜机	浙江真空设备集团有限公司	
17	小型空气压缩机（威霸系列空气压缩机）	杭州空气压缩机厂	
18	重载平板运输链	诸暨链条总厂	
19	SESZ8-31500/110有载调压电力变压器	浙江三门变压器厂，协作单位：沈阳变压器研究所	
20	DJS电磁定位式先导比例阀	浙江省临海液压件厂	
21	PY180平地机液压阀组	浙江省临海液压件厂	
22	ZB129（ZB129A）型汽车用组合仪表	浙江绍兴怡东仪表有限公司	优秀奖
23	S1110型柴油机	浙江四方集团公司，协作单位：洛阳拖拉机研究所	
24	GX40型固定式工业吸尘装置	浙江真空设备集团有限公司，协作单位：西安灞桥热电厂、电力工业部杭州机械研究所	
25	福建桑园水电站水轮发电机组	杭州发电设备厂	
26	小型潜水电泵系列开发	杭州西湖潜水泵总厂	
27	ZN28-10C（J6）/1250-31.5户内高压手车式空气断路器	浙江开关厂	星火三等

合资合作工作在1996年又取得新的成绩，其中建成的大型合资企业有：东风杭州汽车公司与日本日产柴等公司组建的总投资5.8亿元的合资项目，杭州东风日产柴汽车有限公司；杭州前进齿轮箱集团公司与意大利依维柯公司等组建总投资2 980万美元的合资项目，杭州依维柯汽车变速器有限公司；浙江万达方向机股份有限公司与美国通用公司德尔福汽车系统中国有限公司的总投资2.2亿元的合资

项目，浙江沙基诺萧山转向机有限公司。

“三大战役” 1996年浙江机械行业响应机械工业部提出“九五”期间全行业要集中力量打好产品质量翻身、组织结构优化、开发能力提高“三大战役”的号召，积极开展“三大战役”。一年来浙江机械行业各级主管部门和重点骨干企业分别制订了本地区本企业开展“三大战役”的实施方案，根据“统一部署、上下联动、重点突破、分层次推进”的总原则，提出了战役目标、指导思想和工作部署。1996年10月份，全省机械行业根据机械工业部的部署，开展了“三大战役”宣传月活动。1996年作为“三大战役”起步年，有关工作基本达到了预定目标。

管理及改革 1996年在生产经营较为困难的形势下，浙江机械行业不少企业仍积极实施改革，在一些企业继续深入劳动用人和分配制度改革，在体现“以人为本”的管理思想，调动职工积极性、创造性方面产生了积极作用。列入国家和省现代企业制度试点的18个企业，1996年均已完成方案设计进入实施阶段。一些企业在建立法人治理结构，抓好增资减债，减人增效等方面取得较好进展。

1996年以重点产品为“龙头”组建企业集团工作进展顺利，又有4个企业组建成立了省批集团，使全省机械系统省批企业集团数达26个，促进了存量资产的优化组合。

1996年省机械工业厅相继编制完成了《浙江省机械工业“九五”发展纲要及2010年远景目标》、《浙江省机械工业“九五”科技发展纲要及2010年远景目标》、《浙江省机械工业教育“九五”计划和2010年发展规划纲要》、《浙江省机械工业企业管理“九五”发展计划》、《浙江省机械行业开展法制宣传教育第三个五年规划》等5个规划文件，为全省机械行业“九五”发展提出了基本思路和框架。

结构调整 1996年全省机械系统继续抓了“四个一批”产品（即一批适销对路产品、一批出口创汇产品、一批技术进步产品、一批重点发展产品）工作，推动了整个行业的产品结构调整。如列入重中之重适销对路产品的50个生产企业，1996年完成销售收入116.25亿元，利税15.61亿元，分别占到全系统的48.8%和64.3%。列入技术进步产品的开发项目，已有15项按目标要求完成了任务，其中32、36MW燃气蒸汽联合循环锅炉和正压浓向气力输灰装置已完成验收，LW-110断路器、干式真空泵、联合收割机、小型装载机、立式加工中心、盘式制动器等已完成样品试制。省政府要求重点抓好的6种农业机械产品，也完成目标要求，如联合收割机产量达到1 500台，比上年增长4倍多。省机械厅表彰了55个1996年度发展“四个一批”产品成绩显著的企业。

1996年省政府加大了对汽车工业的培育力度，成立了浙江省汽车工业领导小组和浙江省汽车工业领导小组办公室（设在省机械厅），就发展汽车工业作出了一系列部署。省领导先后带队组织有关部门和企业考察了东风汽车公司和上海汽车工业总公司。一年来，省汽车工业领导小组及其办公室，就发展汽车工业从规划制订到重点扶持做了大量工作，其中几个微型车项目已在实施之中，零部件企业依托国内外大集团又有了新的进展。

1996年省政府提出了“九五”期间培育315个“五个一批”（即一批大集团企业、一批小型巨人企业、一批名牌产品企业、一批出口创汇企业、一批高新技术企业）重点骨干企业的思路，其中机械企业有83个，占全部企业数的26%。在“五个一批”的基础上，省政府又提出了重点培育14个大企业集团的思路，其中机械企业有3个：浙江钱江摩托集团有限公司、东风杭州汽车公司、万向集团公司。全省机械行业围绕省政府的这一思路做了大量工作。

〔撰稿人：浙江省机械工业厅　黄京秀　审稿人：浙江省机械工业厅　金垒允厅长、孙烈根〕

〔责任编辑：王　如〕

宁波机械工业

宁波市机械工业局

生产发展情况 1996年，由宁波市机械工业局归口管理的企业共119个，其中市区直属企业22个，各县（市、区）归口企业97个，包括大二型企业4个，中一型企业3个，中二型企业18个。共有职工38 549人，其中工程技术人员3 134人，占职工总人数的8.13%。

1996年宁波市机械工业按照“三大战役”的总体要求，克服了任务不足、资金紧缺等多种困难，基本保持了持续、稳定、健康的发展势头。全年完成工业总产值47.71亿元，比上年增长16.01%；工业增加值13.04亿元，比上年增长19.38%；工业销售产值44.90亿元，比上年增长15.8%；利润总额2.37亿元；出口交货值3.83亿元。增幅较大的行业有仪器仪表行业，比上年增长82.84%；主要产品有空调器、拖拉机、高压断路器、塑料机械等。本文数据均按归口管理的 119 个企业同比条件统计，详情见表 1、表 2。

1996 年宁波市机械工业经济运行的主要特点是：(1) 生产持续增长，经济效益稳定提高。但企业发展不平衡，优势企业的良性发展与“小、微、亏”企业的经营困难形成鲜明对照。(2) 产品结构逐步优化。重点产品得到了扶持和发展，“四个一批”产品工作有新的进展。产销衔接较好，产销率达95.18%。(3) 产品质量稳定，基础性质量工作有所加强。主要产品质量稳定提高率为 98%，比上年增长 5 个百分点。(4) 出口创汇取得新成绩。1996 年全系统出口创汇在上年大幅增长的基础上，仍完成 6 225 万美元。其中市属企业出口交货值增长 36.31%。主要出口产品为中型拖拉机、水表、小型柴油机等。

表 1　1996 年宁波机械工业系统概况

行　业	企业数(个)	全部职工平均人数(人)	工业总产值(不变价)(万元)	工　业增加值(万元)	产品销售收　　入(万元)	产品销售税金及附加(万元)	利润总额(万元)	固定资产 原价(万元)	固定资产 净值平均余额(万元)
合计	119	38 549	477 112	130 040	397 467	1 980	23 688	185 066	141 361
农机机械	15	6 587	55 374	19 442	64 463	85	3 820	17 395	15 227
机床工具	5	1 086	3 029	1 051	3 235	13	−230	1 874	1 661
机械基础件	16	3 848	32 727	10 024	21 208	85	809	22 567	18 020
石化通用机械	10	3 366	51 768	22 011	45 267	103	9 792	27 778	16 935
重型矿山机械	4	1 310	7 355	3 354	12 097	188	1 442	10 464	9 679
汽车	18	6 166	86 325	21 553	47 076	706	46	39 526	28 628
电工电器	25	7 243	107 050	25 716	91 596	569	6 728	38 958	29 140
仪器仪表	18	5 232	114 982	22 919	97 578	187	1 502	12 948	10 786
食品包装机械	1	162	581	−10	508	0	−115	800	322
其他	7	3 549	17 921	3 980	14 437	43	−105	12 756	10 963

表 2　1996 年宁波机械工业系统主要产品产量

产　品　名　称	单　位	产　量	比上年增长%	产　品　名　称	单　位	产　量	比上年增长%
工业锅炉	t（蒸汽）	216	−39.5	标准紧固件	万件	7 139.1	−32.9
内燃机商品量	MW	814.8	−0.6		t	4 704	−9.1
金属切削机床	台	83	922.2	印刷机械	t	242	46.7
锻压设备	台	404	−52.1	大中型拖拉机	台	6 769	74.7
金属轧制设备	t	1 314	−36.9	拖拉机、内燃机配件	万元	9 268.3	−6.6
起重设备	t	51	13.3	农用运输车	辆	720	38.2
工业泵	台	207	−17.2	汽车配件	万元	39 390	25.1
农业泵	台	17 379	−32.3	交流电动机	MW	211.4	−3.3
风机	台	3 669	−23.2	变压器	MV·A	1 234.5	−1.4
气体压缩机	台	3 221	−35.7	高压断路器	台	3 186	50.3
制冷设备	套	170	−22.0	高压隔离开关	组	584	−36.8
滚动轴承	万套	319	1.6	工业自动化仪表	万台（件）	192.9	22.3
高中压阀门	t	464	−8.3	电工仪器仪表	万台（只）	399.5	−29.9
液压件	万件	1.1	−41.1	光学仪器	台	10 845	−22.5
	t	319	−23.9				

市场及销售　1996 年，宁波市机械系统企业努力开拓国内外两个市场，通过调整产品结构，严格控制和提高产品质量，大力开发适销对路产品，采取加强销售队伍，强化售后服务等措施，实现了销售收入 39.75 亿元，比上年增长 17.74%，比“八五”计划第一年（1991 年）增长 2 12 倍；全系统销售收入上亿元的企业有 10 个，占企业总数的 8.4%，而完成销售收入却高达 22.24 亿元，占全系统销售收入总量的 55.95%。其中三星集团销售收入雄居榜首，高达 7.91 亿元，比上年增长 1.64 倍。销售收入超亿元的企业详见表 3。

产品出口创汇方面：1996 年全系统实现出口创汇 6 225 万美元(其中自营出口 1 865.4 万美元)，比上年降低 1%。1996 年机电产品出口创汇总额为

5 864万美元，比上年增长30.5%，比1991年增长2.79倍，均高于内销增长幅度。机电产品创汇超百万美元企业详见表4。

新技术及科研成果 全系统已有多个企业应用计算机进行辅助设计、辅助管理和辅助测试。特别是宁波海天塑料机械有限公司引进了美国EDS公司、SG公司的CAD/CAE/CAM系统及企业管理信息系统，培训了人员，并建立了计算机中心站，对全公司进行计算机联网，开始应用于塑机设计、分析、仿真及生产计划与物料管理。宁波中策动力集团与宁波大学一起对柴油机的制造工艺探索应用CAPP技术，已取得初步成效。信息高速公路技术也已开始在企业中启动。

表3 1996年宁波机械工业系统销售收入超亿元企业

序号	企业名称	销售收入（亿元）
1	宁波三星集团	7.91
2	宁波海天机械制造有限公司	2.36
3	宁波中策动力机电集团公司	1.93
4	宁波华通电力机械制造总公司	1.81
5	宁波天安集团股份有限公司	1.73
6	宁波中策拖拉机汽车有限公司	1.49
7	宁波三环动力机械有限公司	1.41
8	余姚通用集团公司	1.28
9	宁波中环集团股份有限公司	1.22
10	慈溪电器开关总厂	1.10

表4 1996年宁波机械工业系统出口创汇额超百万美元企业 （单位：万美元）

序号	企业名称	出口创汇额	比上年增长%	其中：自营出口创汇额
1	宁波水表厂	602.50	25.0	327.00
2	余姚捷华动力机械有限公司	434.00	−10.5	
3	宁波海天塑料机械有限公司	415.20	92.2	286.39
4	奉灵集团有限公司	360.90	−80.0	
5	奉化液压机械厂	375.00	15.4	191.69
6	宁波三环动力机械有限公司	355.43	−53.5	248.86
7	宁波中策拖拉机汽车公司	292.75	66.3	
8	宁波环球电机有限公司	257.00	12.2	
9	宁波光仪厂	209.67	−21.8	
10	奉化微型电机厂	137.24	−78.3	
11	宁波重型标准件厂	135.83	−5.0	
12	宁波渔轮厂	104.20	上年无出口	
13	余姚标准件总厂	102.18	−31.9	

新产品 1996年全系统新产品开发项目完成率较高，新产品产值率达20%以上，其中达国际先进水平的有：宁波中元股份有限公司的SWRT-2特高环境温度一体化热电偶温度变送器，精度0.2级，线性度0.1%FS，工作温度−25℃～120℃，适用于石油、化工、电力系统生产过程精确测温，可取代进口产品。居国内领先水平的有：(1)宁波华通电器成套厂的HK-10Z真空环网开关柜，是机电一体化产品，可实现遥控、遥测，能与计算机联网运行。(2)宁波兴亚电器集团有限公司的JYN6-10金属交流封闭移动式开关设备，外壳防护等级IP3X，可以在全工况条件下运行，具有智能化，能与综合自动化设备配套，为变电所实现无人值班创造了条件。(3)宁波水表厂的LZ-25自藕式流量计，精度0.3级，适用介质−30℃～150℃，公称压力0.4MPa～6.4MPa，适用于医药、食品等各种介质及粘度的流量计量。

质量 1996年，按照机械工业部“产品质量翻身战役”的要求，全系统加强了质量管理工作，对部骨干企业和重点企业都已开始贯彻GB/T19000(ISO9000)系列标准。当年有两个企业通过认证。全系统实施了名牌战略，1996年创市级名牌产品数约占全市的1/4，并取得较好的经济效益。电工行业的主导产品生产企业将“质量保证承诺”作为企业再创辉煌的促进手段，对内强化质量管理，对外做好售前售后服务，由于“服务”满意，赢得了用户信赖，从而在激烈的市场竞争中取胜。

技术改造 根据宁波市机械工业“九五”发展规划及2010年发展纲要，1996年宁波市机械系统加大了技改力度，加快了技改速度，技改情况明显好于上年。其中机械工业部系统直属企业实施技改项目12项，完成竣工验收项目5项，项目总投资3.05亿元，当年实际完成1.18亿元。1996年技改完成数是上年的两倍，也是历年来技改投入最大的一年。同时技改项目具有两个明显特点：一是引进、改造增加，促进了工艺装备上水平；二是改造和产品结构调整相结合，形成新的增长点。归口企业中，宁波汽车软轴软管厂利用国家经贸委专项贷款2 000万元，企业自筹960万元，形成年产800万条汽车控制索生产能力（项目新增500万条），成为全国最大的专业生产厂家。

对外合作 1996年，由于关税政策调整，对外合作不尽理想。宁波东睦粉末冶金有限公司从事引进、改造，引进国外商业贷款200万美元。宁波机械设备进出口公司在美国独资开办了海迈克股份有限公司。

管理及改革 1996年，宁波机械工业系统搞活大中型国有企业的主要措施是扶强扶优。当年列入市“实力工程”企业两个，即宁波中策动力机电集团有限公司和宁波金鸡集团。凡被列入“实力工程”的企业，均享受一定的特殊优惠政策。同时对产品无前途，经营困难，扭亏无望的企业依法实行破产。当年直属企业破产一家，即宁波精密铸造厂。

为适应社会主义市场经济，建立符合我国经济发展要求的国有资产管理和经营体制及其运行机制，加速机关职能转变和政企分开，1996年12月12日市委下文批复宁波市机械工业局成建制转体为宁波市机械控股（集团）公司。

全系统企业集团情况：当年成立1个，累积7个。当年成立为宁波金鸡集团，员工759人，资产总额24 734万元，净资产4 050万元，销售额13 540万元。核心企业为宁波金鸡粉末集团有限公司（由宁波金鸡粉末冶金厂改组），紧密层、半紧密层企业有：宁波金钟粉末冶金有限公司，宁波粉末冶金厂江北分厂、宁波金鸡粉末冶金经销有限公司、宁波元和物业管理有限公司、中日合资宁波东睦粉末冶金有限公司。

股份制企业情况：仅1个，即宁波中元股份有限公司，为上市公司。

〔撰稿人：宁波市机械工业局　秦宁临　审稿人：宁波市机械工业局局长　姚光辉〕

〔责任编辑：王　如〕

安徽机械工业

安徽省机械工业局

生产发展情况 1996年全省机械系统认真贯彻机械工业部打好“三大战役”的精神，积极推进“两个根本性转变”，在宏观经济适度从紧的形势下，经济运行保持平稳发展的态势。生产发展总体表现为落中求稳、稳中求升、升中求好。全省机械系统全年完成的工业总产值比上年增长6.0%，虽然增速偏低，但这是克服了比往年大得多的困难后取得的，来之不易。尤其是在遭受洪水侵害后，全系统广大职工仍以饱满的热情迎接挑战，避免了全省机械工业生产出现大起大落的现象。同时，重点地市（工业公司）和重点行业的增长幅度较为突出，有力地支撑了全省机械工业的增长。19个地市（工业公司）中增长速度表现尤为突出的是省轴承工业（集团）公司（61.47%）、合肥叉车总厂（22.53%）、宣城地区（18.75%）、芜湖市（17.52%）、铜陵市（16.85%）。九大行业中，按可比口径，工程机械行业增长57.2%，仪器仪表行业增长25.2%，机械基础件行业增长26.2%。这三大行业全年保持强劲的增长势头，对全省机械工业发展影响甚大；而前两年高速发展的农机行业在1996年出现较为明显的回落，市场趋于平淡，但由于其总量占整个机械系统的1/3，仍然是稳定全省机械工业发展的主导因素；汽车行业仍然稳步增长，对全省机械工业起到一定的推动作用。详见表1、表2。

表1　1996年安徽机械工业系统概况

行　业	企业数（个）	全部职工平均人数（人）	工业总产值（不变价）（万元）	工业增加值（万元）	产品销售收入（万元）	产品销售税金及附加（万元）	利润总额（万元）	固定资产 原价（万元）	固定资产 净值平均余额（万元）
合计	335	208 812	1 351 694	331 038	1 117 751	4 169	19 177	849 065	592 469
农业机械	109	61 183	476 783	102 285	356 929	560	8 160	236 311	165 614
工程机械	4	10 136	58 381	20 203	73 477	536	6 468	59 432	34 526
机床工具	30	19 240	62 759	17 244	51 007	288	－757	74 160	53 403
机械基础件	23	16 145	86 804	33 260	69 346	213	4 329	56 302	43 679
石化通用机械	20	12 889	56 167	15 632	38 411	227	－716	50 686	35 235
重型矿山机械	13	7 721	23 654	6 489	20 362	101	－532	23 342	14 879
汽车	38	31 779	246 278	51 408	241 879	1 258	783	154 556	104 567
电工电器	64	34 398	279 819	67 757	211 922	595	2 803	150 983	109 940
仪器仪表	9	4 296	22 005	6 802	18 744	100	－831	15 360	10 643
食品包装机械	1	252	52	24	82	1	－83	347	180
其他	24	10 773	38 992	9 936	35 593	291	－447	27 586	19 803

到1996年底，全省机械系统有大一型企业3个、大二型企业18个、中一型企业4个、中二型企业80个，大中型企业数占全系统企业总数的31.34%，而国有大中型企业的工业总产值占全系统的75%，实现利润占全系统的99%，主导地位更加明显。

市场及销售 1996年，面对竞争日益激烈的市场，全系统广大职工努力拼搏，制止了销售曾出现一度下滑的局面，全年实现产品销售总额122.37亿元，比上年减少4亿元。同时，省机械局指导各地市(工业公司)、各企业在建设市场、开拓市场方面做了很多努力，组织开展市场调研，推动企业进一步开拓市场，真正做到以市场为导向调整产品结构，制定营销战略，提高竞争能力。具体工作主要有：在湖北宜昌召开了三峡机电产品营销座谈会，引导省内机械企业积极开拓三峡工程中的机电产品市场；成立安徽省机械工业局芜湖长江大桥工程服务领导小组，争取为重大工程项目做好配套服务工作；在宿州市筹建安徽省机械市场。

1996年，全系统产销率为93.58%，产销基本平衡，多数产品能适应市场，其中比较突出的产品能在激烈竞争中始终立于不败之地，主要有：叉车产销量居全国同行业第一，市场占有率21.5%；6700轻型客车底盘产销量全国第一，市场占有率81%；凯斯鲍尔大客车在全国独一无二；挖掘机产销量全国第二；农用运输车产销量全国第三，市场占有率11.2%；机动三轮车产销量全国第三，市场占有率16.8%；全椒柴油机总厂的小柴油机产销量在全国同类产品中居第一位；小型拖拉机产销量居全国第四位，市场占有率11.4%。此外，汽车仪表、压铸机、摩托车仪表的产销量均为全国第一，滤清器、流量计、汽车钢板弹簧、活塞环等产销量也在全国名列前茅。销售收入超亿元企业见表3。

表2 1996年安徽机械工业系统产品产量

产品名称	单位	产量	比上年增长%	产品名称	单位	产量	比上年增长%
工业锅炉	t(蒸汽)	734	−14.9	手扶拖拉机	台	190 369	5.6
内燃机	MW	3 638	−17.2	拖拉机、内燃机配件	万元	38 676.6	−8.9
金属切削机床	台	2 546	−27.8	农副产品加工机械	台	27 116	99.5
锻压设备	台	765	−25.7	农用运输车	辆	28 743	−4.7
斗式提升机	台	3 666	−13.4	机动三轮车	辆	263 298	18.1
汽车起重机	台	72	−5.3	单斗挖掘机	t	8 000	12.5
带式运输机	m	27 798	−0.5	叉车	台	4 385	8.4
泵	台	201 446	11.2	汽车	辆	34 044	12.4
风机	台	1 870	−37.5	改装汽车	辆	8 559	134.2
气体压缩机	台	786	−7.2	汽车配件	万元	100 763	12.8
轴承	万套	3 168.4	30.6	交流电动机	MW	1174	−9.8
液压件	万台(件)	7.5	7.1	分马力电机	万台	93	13.6
综采机械设备	t	3148	11.4	变压器	MV·A	4 332	160.8
工矿配件	t	12 997	46.7	电力电缆	km	6 102	63.0
炼油化工设备	t	5 919	−8.0	家用电冰箱	万台	29	−61.3
食品机械	台	89	−25.2	电风扇	万台	52.8	−14.1
包装机械	台	1 145	−0.3	工业自动化仪表	万台(件)	24.7	28.0
小四轮拖拉机	台	31 853	−21.4	电工仪器仪表	万台(只)	47.1	−5.8

表3 销售收入超亿元企业

序号	企业名称	销售收入(万元)	序号	企业名称	销售收入(万元)
1	中国扬子集团有限公司	85 635.6	12	安徽拖拉机厂	15 890.3
2	合肥江淮汽车制造厂	75 753.2	13	合肥轴承总厂	14 175.2
3	安徽飞彩集团	61 050.0	14	芜湖仪表厂	13 154.8
4	安徽叉车集团公司	59 049.0	15	合肥电缆厂	13 047.9
5	全椒柴油机总厂	54 559.6	16	天长市仪表厂	12 887.8
6	淮海机械厂	36 687.2	17	南华电机集团公司	12 344.0
7	宁国县甲路通用机械厂	30 842.0	18	全椒手扶拖拉机厂	10 930.0
8	合肥淝河汽车制造厂	27 224.6	19	朝阳微电机厂	10 823.6
9	宁国机械工业总公司	22 722.0	20	芜湖县围山机械总厂	10 127.3
10	宁国中鼎股份有限公司	20 178.0	21	黄山金马仪表有限责任公司	10 068.2
11	六安手扶拖拉机厂	19 661.0	22	芜湖市电机厂	10 035.8

1996年在艰难的形势下，全系统的产品出口却不断扩大，全年完成出口交货值7.84亿元，比上年增长15.7%，远远高于全国机械工业的平均增长水平，出口总量居全国同行业第十二位；工贸出口创汇1.19亿美元，比上年增长15.31%，其中自营出口创汇4 021万美元，增长31.03%。出口创汇超500万美元企业见表4。

新技术及科研成果 1996年，在省政府"科教兴皖"、机械工业部"科教兴业"及"开发能力提高战役"的要求下，省机械局制定了《安徽省机械工业局关于贯彻"科教兴业"决定的意见》和《安徽省机械工业局开发能力提高战役实施方案》，并花大力气抓方案实施，取得了初步成效：第一，到1996年底，全系统已有国家级技术中心2个、省级技术中心8个、部技术进步示范试点企业8个；第二，"八五"期间的16个CAD技术应用示范点项目已有9个通过验收，还有6个已经启动；第三，积极组织企业申报机械工业部"四个指南"，全系统初步列入《机械工业企业技术中心建设指南》的企业有11个，列入《机械工业重点产品开发指南》的产品有30余种，列入《机械工业引进技术项目消化创新指南》的项目有11项；第四，组织企业申报国家级重点科技开发贷款项目4个（芜湖仪表厂的电致发光仪表、合肥高压开关厂的双断口110kV户外真空断路器、淮海机械厂的汽车焊装线计算机集中控制系统、省叉车集团的技术中心建设），同时，全系统还有10个企业的11个项目被列入省"九五"重点科技攻关项目；第五，全年全系统共获得省科技进步奖11项、省星火奖4项。

表4 出口创汇超500万美元的企业

序号	企业名称	创汇额（万美元）
1	宁国中鼎股份有限公司	1 751
2	安徽叉车集团公司	1 583
3	全椒柴油机总厂	1 378
4	芜湖电机厂	529
5	和县阀门总厂	501

新产品 1996年，全系统开发新产品310种，其中，国内首次开发的产品占35%，达到国内同类产品先进水平的占75%，达到国际80年代末、90年代初水平的占35%。合肥江淮汽车制造厂的HFC1061K载货汽车，合肥淝河汽车制造厂的HFF6120K01大型客车，合肥叉车总厂的2t防爆叉车、2t～3t液化石油气叉车，芜湖仪表厂的100P汽车仪表，合肥开关厂的DOMINO-Ⅲ型组合开关柜，合肥锻压机床总厂的汽车覆盖件冲压线，芜湖重型机床厂的数控立式多头镗铣床等产品，已接近当前国际先进水平。

质量 1996年，全系统根据省政府、机械工业部实施名牌战略的决策部署，以及按照机械工业部"产品质量翻身战役"的要求，经一年的努力，创名牌产品的工作取得显著成效，又有10个企业的10种产品被省政府命名为（第二批）安徽名牌产品，从而推动了全系统的质量工作。通过开展群众性的质量管理活动，全系统取得了多项成果：有8个企业获得"安徽省质量管理奖"，7个企业获"安徽省质量最佳企业"称号。通过质量等级品评定，全年全系统有两个产品达到优等品，51个产品达到一等品的要求，比1995年增加25%；有11个企业的11种产品获"安徽免检产品"称号，13个企业的13种产品获"安徽省质量信得过产品"称号。

1996年，全系统还开展了"让用户满意工程"活动和产品质量公开承诺活动，合肥叉车总厂等76个企业向社会公开质量保证承诺声明，这对于提高全省机械工业企业的信誉和机械产品的形象起到了良好的作用。

1996年，全系统加速贯彻GB/T19000（ISO9000）系列标准，有8个企业进行了质量体系认证工作。同时，在企业中积极开展标准化工作，有两个企业获机械工业标准化工作先进集体称号，有4人获先进工作者称号，这对企业贯标认证工作起了积极的推进作用。

技术改造 1996年，全系统共完成技术改造投资7.2亿元。由于全系统全年处于平销平淡、效益下滑、亏损增加的严峻形势下，技术改造的难度比任何一年都大。尽管这样，全年仍验收了20多个技改项目，其中国家项目3个。在这些项目中有一些突出的例子，如合肥叉车总厂"八五"期间共完成技改投资1.2亿元，新增了一大批先进工艺设备，提高了产品开发能力、产品质量、制造技术和生产能力，机械工业部给予了很高的评价，1996年该厂新建的喷丸、油漆生产线达到了国内同行业的领先水平；全椒柴油机总厂投资3 162万元引进美国沃尔坎公司的实型铸造生产线项目通过竣工验收，成为我国第一条成功引进具有国际先进水平的实型铸造线，成功地解决了生产薄壁高强度、形状复杂的铸件问题。另外，合肥电缆厂、扬子空调器厂、六安手扶拖拉机厂、宁国机械工业总公司、合肥江淮汽车制造厂、蚌埠滤清器总厂、合肥液压件厂以及全省轴承行业等成果都比较突出。

对外合作 1996年，全系统引进技术项目1项，用汇222万美元，进口设备项目4项，用汇393万美元。新办合资企业8个，总投资2.03亿美元，注册资金1.9亿美元，协议外资1.27亿美元，其中协议外资额相当于历年总和的1.1倍。到1996年底，全系统累计有"三资"企业81个，投资总额5.97亿美元，注册资金4.34亿美元，协议外资2.42亿美元，实际到位外资1.45亿美元，占协议外资额的60%。

管理及改革 1996年，全系统根据机械工业部"组织结构优化战役"的总体部署，结合本省实际，在搞活国有大中型企业和进行现代企业制度试点方面做了很多努力，取得一定的效果。首先是确定巩固、完善、组建十大企业集团，这十大集团全部被省政府列为省级扶优扶强重点支持的大中型企业，在组建新集团中，重点指导以江淮汽车制造厂为核心组建江淮汽车集团，同时指导有关地市成立了芜湖宏威集团、长江集团、马鞍山索达集团和全柴集团。其次是注意充分利用政策，一是抓住机遇，积极推荐和帮助安徽合力股份有限公司A股公开发行并在上交所上市成功，二是努力实现全省汽车企业的组织结构优化和资产重组，完成了组建江淮汽车集团的前期准备工作，三是指导合肥、蚌埠、芜湖3个优化资本结构试点城市的机械企业，增资、改造、分流、破产，落实有关政策。

存在的问题 1996年全系统生产增长速度偏低，产销率下降，亏损增多，到年底共计亏损1.5亿元（亏损企业亏损额），亏损面达36.4%。原因主要是体制上不能适应市场经济的需要，结构性矛盾没有得到根本缓解，同时低水平的重复建设依然存在，企业开工不足，金属切削机床利用率只有54%，一些企业管理滑坡、成本增高、效益低下。

〔撰稿人：安徽省机械工业局　李戈扬　审稿人：安徽省机械工业局副局长　程传如〕

〔责任编辑：王　如〕

福建机械工业

福建省机械工业厅

生产发展情况 福建省机械工业厅系统1996年末生产企业有206个，比上年新增企业9个，减少企业两个，停产企业16个。

现有生产企业按经济类型划分，国有经济企业133个，集体经济企业38个，联营经济企业1个，股份有限公司13个，中外合资经营企业8个，港澳台与大陆合资经营企业13个；按企业规模划分，大一型企业1个，大二型企业6个，中一型企业5个，中二型企业24个，小型企业170个。年末拥有职工87 883人，其中：工程技术人员占9%。

机械工业生产逐步回升，经济运行基本平稳。1996年全系统完成工业总产值（不变价）63.45亿元，按可比口径条件下计算比上年增长3.62%；工业增加值17.24亿元，比上年增长0.6%。地区与行业生产发展不平衡。9个地、市工业总产值除厦门市（23.2%）和福州市（0.4%）是正增长外，漳州、南平、龙岩、三明、莆田、泉州、宁德等地、市均呈负增长。11个大行业比上年增长的有电工电器（13.2%）、食品包装机械（12.3%）、石化通用机械（10%）、机械基础件（7.7%）、重型矿山机械（3.6%）、汽车（0.2%）和其他机械工业行业（11.8倍），下降的是农业机械（－14.4%）、工程机械（－13.6%）、机床工具（－5.9%）和仪器仪表（－2.5%）4个行业。产销基本平衡，产成品年末库存额比上年下降0.01%，库存当量基本持平（比上年略增0.07个月）。

经济效益有较大幅度的下降，但经济效益指标仍保持在一定水平上。1996年全系统实现产品销售收入66.38亿元，比上年降低2.31%；利税总额5.13亿元，比上年降低18.8%；实现利润总额1.65亿元，比上年降低47.3%。亏损企业数及其亏损额大幅增加，亏损企业面达32%，亏损金额比上年增加2.7倍。创利税上千万元的企业有16个，比上年减少1个，其中厦门工程机械股份有限公司利税总额超亿元。机械工业经济效益大幅度下降有企业内部原因，但机械企业利润向各行各业多方面转移这一行业共性问题，也是不能忽视的重要因素。因此，在全国机械工业经济效益普遍下降的情况下，福建省机械工业经济效益指标仍能处于中上水平。实现利润总额在全国各省市机械工业中排序由上年的第十三位而进入第十位，在全省工业厅局中位居前三名。经济效益综合指数按国标为84.1%，按部标为88.8%，分别比上年度降低9.8个百分点和11个百分点，但其排序列在全国各省市机械工业中第九位，其中：资金利税率和成本费用利润率列居第七位，销售利润率居第六位，全员劳动生产率居第九位。详见表1、表2。

市场及销售 1996年全系统完成产品销售额66.31亿元，按可比口径条件下计算比上年下降4.5%。产品产销率逐季回升，一季度产销率为91.17%，二季度为93.8%，三季度为95.92%，全年达96.04%。产品销售收入超过5 000万元的企业有34个，其中：过亿元的企业有19个。详见表3。

机电产品出口有较大增长。1996年全系统出口交货值为10.58亿元，比上年增长32.2%。出口交货值占工业总产值比重为14.94%，比上年提高3.64个百分点。出口商品结构进一步改善，出口机电产品的技术含量和附加值都有不同程度提高。如三明双轮化工机械有限公司的子午线轮胎定型硫化机、厦门ABB开关有限公司的高低压开关柜和真空断路器、林德—厦门叉车有限公司的液压叉车、福州天宇电气集团有限公司的高压开关板和干式变压器、永安轴承厂的AG轴承和英制圆锥轴承、厦门厦友集装箱制造有限公司的集装箱等产品，在提高出口竞争力、优化出口产品结构、提高出口经济效益方面发挥关键的作用。出口创汇产品在100万美元以上的有23种，其中：集装箱、轴承两项出口均在2 000万美元以上，叉车、高压开关柜出口在1 000万美元以上，交流电动机、传动件、钨酸及粉末冶金制品出口在500万美元以上。

福建机械系统全年完成进出口总额达2.72亿元美元，比上年增长10.4%。其中：出口创汇额为2.1亿美元，比上年增长5%。企业自营出口创汇额达8 512万美元，比上年增长95.7%。出口创汇在100万美元以上的企业有29个，其中，出口创汇在500万美元以上的企业有8个，详见表4。

表1　1996年福建机械工业系统概况

行　　业	企业数（个）	全部职工平均人数（人）	工业总产值（不变价）（万元）	工　业增加值（万元）	产品销售收　入（万元）	产品销售税金及附加（万元）	利润总额（万元）	固　定　资　产	
								原价（万元）	净值平均余额（万元）
合计	206	88 336	634 520	172 435	663 787	4 832	16 511	434 895	279 811
农业机械	56	24 746	144 741	24 183	145 318	693	－1 676	109 950	78 995
工程机械	6	6 968	54 794	24 531	79 498	585	6 364	45 790	34 230
机床工具	18	6 581	15 262	5 945	16 853	148	－417	19 027	8 734
机械基础件	20	8 695	53 357	14 499	44 779	307	1 738	40 702	23 236
石化通用机械	11	6 735	23 805	8 153	23 310	242	－1 065	30 881	18 233
重型矿山机械	6	1 810	5 088	1 457	4 778	42	－4	4 105	2 244
汽车	7	1 453	47 354	17 424	47 927	620	9 470	21 193	15 449
电工电器	57	26 244	253 170	75 085	265 182	2 103	6 543	138 948	92 055
仪器仪表	16	3 350	13 109	2 253	11 372	78	－166	6 594	3 862
食品包装机械	2	160	1 722	576	1 421	1	115	567	339
其他	7	1 594	22 118	－1 670	23 349	13	－4 390	17 140	2 435

表2　1996年福建机械工业系统产品产量

产　品　名　称	单　位	产　量	比上年增长%	产　品　名　称	单　位	产　量	比上年增长%
工业锅炉	t（蒸汽）	948	－0.9	装载机	台	2 512	－10.4
内燃机商品量	MW	1 283	－11.9	叉车	台	928	－8.8
发电设备	MW	136	－18.1	环保设备	t	6 709	47.4
内燃发电机组	MW	90	2.3	船用挂机挂桨	台	4 079	－17.3
金属切削机床	台	880	－30.7	交流电动机	MW	814	－19.6
锻压设备	台	1 389	－19.3	变压器	MV·A	2 212	6.7
电动工具	万台	42.8	18.2	高压隔离开关	组	2 228	－3.6
轴承	万套	2 069.9	10	高压开关板	面	4 080	－29.8
矿山设备	t	328	7.9	电磁线	t	4 964	8.8
橡塑加工机械	t	4 524	－6.6	电力电缆	km	2 616	7.7
小型拖拉机	台	45 883	－8.7	通信电缆	km	3 399	26.2
农用运输车	辆	30 884	－11.2	工业自动化仪表	万台	142.3	－13.2
拖拉机、内燃机配件	万元	11 396.9	－21.7	光学仪器	台	84 101	－19.8

新产品及科研成果　1996年全系统共开发新产品216种，有145种新产品通过省级鉴定，其中达到国际水平的96项，属国内首创的4项。三明重型机器厂承担国家级"一条龙"新产品攻关项目再生沥青混凝土路面摊铺机开始进入零部件制造阶段。52个重点骨干企业新产品产值达10.76亿元，占这些企业工业总产值的1/5。全系统有16项新产品获省优秀新产品奖，其中：一等奖1项，二等奖4项，三等奖11项。全年有60项"四新"项目列入国家和省级项目计划，争取到科技专项拨款158万元，科技周转金100万元，科技开发贷款1 190万元。加速企业技术中心建设。福州第一开关厂和厦门工程机械股份有限公司的两个国家级企业技术中心建设正在实施，闽东电机（集团）股份有限公司和龙马工业集团公司被确定为部级企业技术中心，龙溪轴承厂列入省级企业技术中心。电子信息技术得到进一步推广。当年有11个科技项目获省政府授予的省科技进步奖，其中：二等奖1项，三等奖10项。

质量　全系统加强以"争创名牌产品，培育质量信得过明星企业，提高服务质量"为主要内容的质量管理工作。福州变压器厂、福发股份有限公司、仙游电机总厂、莆田市精密铸锻总厂、龙净企业集团公司、龙马工业集团公司、南平电缆股份有限公司等企业7项产品被省政府评为省第二批名牌产品。开展产品“质量保证承诺”的自律性活动。由闽东电机(集团)股份有限公司、厦门工程机械股份有限公司、龙溪轴承厂、龙马工业集团公司、天宇电气集团有限公司等5个企业发起，组织机械系统39个企业召开新闻发布会，共同发表产品质量保证声明，公开向社会和用户承诺产品质量保证制度和用户服务制度，承担违约责任。这得到社会有关部门和用户的充分肯定，收到良好的效果。

表3　1996年福建机械工业系统销售收入超亿元企业

序号	企业名称	销售收入(万元)
1	厦门工程机械股份有限公司	58 680
2	福建龙马集团公司	40 401
3	闽东电机（集团）股份有限公司	35 217
4	厦门ABB开关有限公司	31 297
5	厦门金龙旅行车有限公司	28 775
6	南平电缆股份有限公司	24 590
7	福州电线厂	21 781
8	厦门厦友集装箱制造有限公司	21 647
9	福建三龙集团公司	20 693
10	龙溪机器厂	17 668
11	福州第一开关厂	17 009
12	福州变压器厂	15 755
13	闽日电动工具有限公司	15 457
14	厦门金龙联合汽车工业公司	14 670
15	南平叉车总厂	13 830
16	厦门电器控制设备厂	10 445
17	龙溪轴承厂	10 416
18	厦门海德有限总公司	10 398
19	南平电机厂	10 077

表4　1996年福建机械工业系统出口创汇超500万美元企业

序号	企业名称	创汇额(万美元)
1	厦门厦友集装箱制造有限公司	2 679
2	林德—厦门叉车有限公司	1 930
3	厦门ABB开关有限公司	1 877
4	南安轴承总厂	1 003
5	闽东电机（集团）股份有限公司	761
6	龙岩粉末冶金厂	720
7	龙溪轴承厂	645
8	闽清电瓷总厂	529

产品质量继续提高。27个企业采用国际标准通过注册发证，10个企业取得采标标志，贯标27项。内燃机等7个行业的26个企业通过生产许可证验收。福州大通机电股份有限公司等一批企业开展ISO9000论证工作。在全行业普遍开展“提高工序一次合格率、降低不良品损失”的活动，减少不良品损失2 200万元。1996年全系统产品质量指数达87.76%，等级品系数（率）为69.45%，国家产品质量监督抽查合格率为86%，省重点产品质量监督合格率为96%。南平市手扶拖拉机厂生产的手扶拖拉机，经国家检测中心检查，质量名列全国第一名。有8个企业13项产品获得一等品证书，1项产品获得优等品证书。在机械工业部支持下，成立了机械工业部中国农用运输车检定站福建二站。

技术改造　企业技改工作取得新成绩。1996年全系统实施技术改造、技术引进项目89项，其中，当年新开工项目22项。全年完成技改投资工作量3.1亿元，验收投产项目17项（不含厦门市），投资额共3.26亿元。这批项目达产后，可新增产值7.42亿元，创利税1.42亿元。如闽东本田发电机组有限公司、福发股份有限公司新型发电机组关键设备、福州变压器厂干式变压器项目等建成投产，使重点骨干企业实力增强。

全系统“九五”计划30个重点技改工程进展顺利。林德—厦门叉车有限公司和厦门ABB开关有限公司ABB工业园两项已建成投产，14个项目正在实施，10个项目已进入前期工作阶段，4个项目正在进行市场调研。1996年列入省计委管理的重点工程建设项目有4项，其中：林德—厦门叉车一期工程总投资8.88亿元已经建成投产；厦门工程机械股份有限公司装载机扩建一期工程投资2亿元，进入设备安装调试，预计1997年建成投产；龙马、三龙集团公司农用运输车项目局部改造已在进行；漳州港口机械厂总投资4.34亿元，进入施工设计和土方工程阶段。

对外合作　“三资”企业是福建机械工业系统生产和出口的新增长点。按已列入归口管理范围统计，可分中外合资经营、港澳台与大陆合资经营两类企业。1996年末共有合资企业21个，比上年增加3个，完成工业总产值13.99亿元，比上年增长50%；其产值占全系统工业总产值比重为22.1%，比上年提高6.9个百分点。出口交货值为5.35亿元，比上年增长117.1%；其出口交货值占全系统出口交货值的50.6%，比上年提高19.8个百分点。若包括未列入统计的“三资”企业，全系统“三资”企业有33个，1996年完成工业总产值为20.59亿元，出口交货值为7.5亿元，分别高于归口统计企业的47.2%和40.2%。一批具有相当规模的“三资”企业的建设和投产，对推动福建机械工业对外开放具有广泛的影响。诸如：林德—厦门叉车有限公司，由原厦门叉车总厂和德国林德股份有限公司合资，1993年12月正式成立，注册资本6亿元，生产世界先进水平的静压传动叉车，一期工程于1996年9月建成投产。厦门ABB开关有限公司系厦门电器控制设备厂等4个单位和ABB集团公司合资，引进具有90年代国际先进水平的高新技术产品ZS1开关柜、VD4真空断路器，提早实施二期扩建工程——ABB工业园，投资1亿元，已于1996年12月建成投产。由香港中银集团、招商局与德国普鲁士格尔公司合资，在漳州开发区兴办的漳州港口机械厂，投资4.34亿元，生产岸臂式集装箱起重机，现正施工建设中，预计1997年投产。福建闽东本田发电机组有限公司由闽东电机（集团）股份有限公司和日本本田技研工业株式会社合资，成立于1994年10月，总投资600万美元，中方占40%。该公司1995年10月开业投产，第一期项目年产8万台汽油发电机组（7.5kW以下），1996年产值达4 713万元，出口创汇100万美元。

“三大战役” 全系统认真传达贯彻机械工业部关于打好“三大战役”的精神，特别是包叙定部长6月份来福建检查指导工作并做了重要指示后，又进一步掀起宣传学习热潮。福建省机械工会系统组织职工举办“三大战役”的演讲比赛，福建省机械工业厅、机械工会和福建机械报共同组织了“闽日杯”学习“三大战役”知识竞赛，推动了各地市、基层企业开展各种形式宣传“三大战役”的活动。福州市机械冶金工业局把“产品质量翻身战役”作为突破口，组织企业制定实施方案，组织21个企业中层以上干部共774人参加全局系统的“产品质量翻身战役”学习考试。全省机械工业系统以“三大战役”为主线，全面推动产品质量提高、结构调整、技术开发工作的开展。

管理及改革 深化改革，企业经营机制有明显变化。福州、莆田、龙岩、三明、泉州、南平等六地市按“抓大放小”的方针，制定了转机建制的政策措施。这六地市167个企业中有53个实行了“抓大放小”。在“抓大”方面，有18个企业按现代企业制度试点，组建企业集团、股份有限公司和有限责任公司。在“放小”方面，有35个企业施行了股份合作制公司制、联合兼并、承包租赁、托管经营、引资嫁接改造、“退二进三”、破产等试点。组建和扩大企业集团工作进入实质性攻坚阶段。厦工集团扩建工作由福建省经贸委、机械工业厅牵头，正抓紧进行；组建轴承集团工作更加明朗化；农用运输车联合重组已列入省政府议事日程，联合框架已提交省政府讨论通过。永安轴承厂、三明化工机械厂等一批企业改制为有限责任公司。三明市机械工业学习诸城经验，对一批小型企业采取租赁、兼并、委托代管、股份合作制等多种形式，已经完成或正在进行改制工作的企业数达50%。福州大通机电股份有限公司、福州天宇电气集团有限公司申报上市股票配额已经确定，1997年可望发行上市。企业内部精简富余职工，下岗分流工作力度加大，至年底全系统职工总数减少3 000人，收到减员增效的成果。1996年全系统全员劳动生产率为19 520元/人，比上年提高6.7%。

全系统在开展“转机制、抓管理、练内功、增效益”和“学邯钢、抓管理、增效益”的活动中，进一步加强企业管理工作。当年10月份，按机械工业部要求实现“九五”前期所有大中型企业厂长（经理）轮训一遍的部署，福建省机械工业厅举办了第一期全省机械工业企业厂长（经理）研修班。这对推动企业领导转变观念、更新知识、提高管理水平有极大的帮助。一批企业自身素质和适应市场能力有所提高，管理基础工作得到加强。全行业开展学邯钢、学衡水电机、学一汽“精益生产方式”的活动，模拟市场核算，实行成本否决，抓管理，挖潜力，降成本，收到初步效果。许多企业在节约降耗上下功夫。全系统产品销售总成本比上年下降6.1%，在原材料、水、电、运费和企业费用上涨情况下，基本上保持上年总量比例的水平。

〔撰稿人：福建省机械工业厅　陈锦江　审稿人：福建省机械工业厅副厅长　吴大浩〕

〔责任编辑：王　如〕

厦门机械工业

厦门市经委机械行业协会

生产发展情况 1996，厦门市机械工业有乡及乡以上各种所有制性质的企业300余个。属机械工业部系统的企业24个，比上年增加两个。共有职工11 046人，其中工程技术人员1 186人。24个企业中，全民所有制独立核算企业12个，职工5 298人，其中工程技术人员524人，集体所有制企业5个，职工946人，其中工程技术人员52人；中外合资企业7个，职工1 340人，其中工程技术人员171人。大一型企业1个，大二型企业1个，中一型企业两个，中二型企业6个；省以上重点企业8个，国家骨干企业1个。

1996年，全系统在从紧的市场环境中，努力挖掘内部潜力，扩大市场占有份额，生产经营仍取得较好的业绩。主要表现为：(1)生产增长继续保持10%以上。全年完成工业产值（不变价）171 843万元，比上年增长22.6%。(2)“八五”积极引进外资效果更加明显，全系统215 723万元（当年价）工业产值中，有54.22%为“三资”企业所创，比上年增长13

个百分点；(3)行业结构在市场竞争中得到调整。工程机械、电工电器、汽车三个行业已成为全系统的支柱。这三个行业实现的当年价产值分别占全行业的33.43%、28.77%、22.30%。主要产品产量见表1。

市场及销售 1996年，厦门市机械系统企业采取了一系列强化销售的措施：企业主要负责人亲自抓市场开拓，在市场竞争中大力实施名牌战略，以质量、技术、规模、服务取胜；强化销售中的技术服务，从将产品介绍给用户开始，则想用户之所想、急用户之所急，提供适用的优质产品，提供一系列完善、周到的服务。通过一系列有效措施，实现了销售的良性增长。全年产品销售产值208 421万元，销售额209 052万元，产品销售率96.6%，比上年增加0.2个百分点。实现产品销售收入211 025万元，比上年增长21.2%，全系统产品销售收入超亿元的企业6个(见表2)。

表1 1996年厦门市机械工业系统产品产量

产品名称	单位	产量	比上年增长%	产品名称	单位	产量	比上年增长%
锻压设备	台	1 248	-15.7	中型客车	辆	322	11.8
其中：大型	台	38	35.7	小型客车	辆	2 000	-12.6
轴承	万套	342	-19.0	交流电动机	MW	191	6.1
其中：低噪音轴承	万套	69	-55.8	高压断路器	台	1 162	8.8
密封轴承	万套	226	62.6	高压开关板	面	1 538	43.3
粉末冶金制品	t	140	3.7	低压开关板	面	4 524	-2.2
包装机械	台	4	-33.3	低压电器一般元件	万件	3.2	6.6
装载机	台	2 383	0.21	电焊条	t	4 448	-0.8
叉车	台	825	-18.9	工业自动化仪表	万台	33	10.0
改装汽车	辆	2 397	-9.3	分析仪器	台	188	-28.0
客车	辆	2 397	-10.2	光学仪器	台	50 520	-16.1
大型客车	辆	75	13.6				

全系统实现利税总额27 698万元，比上年增长-3.4%，其中实现利润15 324万元，比上年降低12.3%。

全系统产值利税率12.84%，工业增加值率28.54%，资金利税率14.61%，分别比上年提高-3.28、3.01、0.4个百分点。全员劳动生产率（按工业增加值计算）为55 736元/人，比上年提高28.26%。

表2 1996年厦门市机械工业系统销售收入超亿元企业

企业名称	产品销售收入（万元）	比上年增长%
厦门工程机械股份有限公司	58 680	-3.9
厦门金龙旅行车有限公司	28 775	-4.1
厦门金龙联合汽车工业公司	14 670	12.0
厦门ABB开关有限公司	31 297	66.5
厦门海德有限总公司	10 398	-18.0
厦门电器控制设备厂	10 445	21.2

1996年，全年完成出口交货值46 699万元，比上年增长137.5%。除Y系列电机、低噪音电机、轴承、光学显微镜等传统出口产品外，中压开关柜及真空断路器、低压开关柜及空气断路器、钢质集装箱是新增出口数额较大的产品。全系统有出口产品的企业13个，其中出口基地企业2个，扩大机电产品出口企业5个，有外贸经营权企业4个。

质量 1996年，在从紧的经济环境下，厦门市机械工业企业以先于内地建立起来的市场竞争意识，全力加强企业质量管理、强化售后服务，在稳定基础上拓展市场。一些企业在同行降价销售的情况下，依靠优良的产品质量，依然赢得大量订单。厦门ABB开关有限公司的ZSI型开关柜是全国同类产品中价位最高的，但各重点工程看中其品牌和产品的高可靠性，纷纷前来订货。其产品为北京人民大会堂改造工程所采用，并已在突发性事故中完成了电路的瞬间转换，保证了要害场所的正常工作。其后，毛主席纪念堂改造工程又指定要用该公司的产品。其余产品如装载机、静压传动叉车、低压开关柜及元件、电机、豪华型大客车等产品的价格在国内同行中虽都列上限，但销售依然取得较好的效益。建立在市场激励机制下的企业质量管理，保证了产品质量的稳定可靠，从根本上保证了产品的市场份额及企业的生死存亡。1996年，厦门ABB低压电器设备有限公司在全行业第二个通过了ISO9001国际质量体系认证。全年全系统无重大质量事故发生，国家监督抽查合格率继续保持100%。

技术改造 1996年，全系统技术改造在1 500万元以上的在建项目共5项，项目总投资57 836万元。其中列入机械工业部"八五"重点改造项目1项，规划总投资19 800万元，已投资19 342万元，占总投资的97.69%，用汇303万美元；列入地方项目4项，规划总投资38 036万元，其中属预算内国有工业3项，总投资27 770万元，已投资19 353万元，占69.69%；"三资"企业1项，总投资10 266万元，已投资9 800万元，占95.46%（详见表3)。1996年技术改造的特点：一是"三资"企业根据市场需求实施的技术改造投资力度大，起点高，因而见效快，值得老企业借鉴。二是产品开发不能先行的技改项目，资金到位缓慢，项目难以见效。

对外合作 1996年，厦门市机械工业引进外资的重点放在对引进项目的追加或完成投资，加快建设进度。主要项目有：林德—厦门叉车有限公司，总投资14亿元，于1996年底已完成第一期8.8亿元的投资，并建成投产。厦门ABB开关有限公司自筹资金9 800万元，完成了该公司二期扩建工程，达到了年产中压开关柜4 000台、断路器6 000台的生产能力。厦杏摩托有限公司一期建设工程（包括压铸、涂装、焊接及总装车间）继续加快建设进度，预计至1997年三季度完成时，累计投资可达4 500万美元，达到年产摩托车12万辆、发动机20万台的规模。之后还要逐步实施二期、三期建设工程，扩大生产能力，提高国产化水平。此外，雪孚挖掘机、厦杏摩托配套企业引进建设、闽台合作发展汽车新车型等项目也都在实施中。

表3 1996年技术改造项目投资情况

项目名称	单位	总投资（万元）	累计投资（万元）	产品名称及生产能力	产品水平
新型装载机技改	厦门工程机械股份有限公司	4 790	4 270	新型装载机关键零部件	国际90年代
“八五”技改扩建工程	厦门工程机械股份有限公司	19 800	19 342	轮式装载机5 000台	国际80年代末
厦门叉车总厂易地改造	厦门海德有限总公司	2 980	2 083	内燃平衡叉车1 000台	国际80年代末
二期扩建	厦门ABB开关有限公司	10 266	9 800	中压开关柜4 000台、断路器6 000台	国际90年代末
易地改造	厦门锻压机床总厂	20 000	13 000	数控高速精密冲床1 050台	国际90年代初

管理及改革 1996年全系统各企业不断深化改革，扎扎实实地进行机制转变、制度创新和结构调整。为企业的生存发展需要，积极吸引国内外投入资金，盘活存量资产，调整资产负债结构，加强生产过程和企业各项开支管理。全系统再次实现了市属预算内国有工业企业无亏损。

随着特区经济的迅猛发展，各种所有制性质的企业不断涌现。政府与企业之间的关系，已由过去的直接管理逐渐转变为宏观调控、政策引导。1996年，在市委、市政府及市经济发展委员会的指导下，厦门市机械行业进行了大胆的探索，成立了由行业内生产、流通类企业、科研设计单位、专业院校组成的厦门市机械行业协会。充分发挥协会在行业内及社会经济管理方面服务、协调、监督作用，以期构筑新的行业管理新机制。

〔撰稿人：厦门市经济发展委员会行业管理办公室、市机械行业协会 姚 式、曾美琼〕

〔责任编辑：王 如〕

江西机械工业

江西省机械工业厅

生产发展情况 江西省机械工业系统共有工业企业287个，职工173 579人（工程技术人员占6.9%）。其中全民所有制企业236个，职工156 697人；集体所有制企业46个，职工16 658人；中外合资企业5个，职工1 233人。有大一型企业1个，大二型企业13个，中一型企业3个，中二型企业49个。1996年全系统完成工业总产值683 022万元，江西机械工业系统概况见表1。1996年，机械产品中的装载机、照相机、电工仪表、家用电冰箱、发电设备较上年有较大增长，超额完成年度生产任务。江西省机械工业系统产品产量见表2。

经济运行特点：大中型企业仍然保持了主体地位，46个重点调度企业的产值、销售收入、利税均占全系统的70%以上；利税大户发挥了支撑作用，有18个企业全年利税超500万元，其中江铃等12个企业实现利税超千万元；企业效益转移严重，利润指标下降，效益转移主要是税、息，1996年利润与税、息之比分别为1∶2.1、1∶2.9。

市场及销售 全年销售收入70.96亿元，较上年同期下降6.8%。其中：大中型企业52.1亿元，占总额的73%。产销率为97.6%，实现利税5.3亿元，较上年下降4.5%。产成品资金占用11.7亿元，库存当量为1.99个月，高于合理占用0.4个月。亏损户63个，行业亏损面达21.6%，亏损额达6 829万元，均突破年控亏目标。

各企业完善多层次的销售网络，大力开拓市场。销售大户销售收入继续增加，全省机械工业系统销售收入超亿元的企业有15个(具体情况见表3)。省机械设备进出口公司、省汽车进出口公司、江西光学仪器总厂年创汇超500万美元，分别达到2 364、776、515万美元。

表1 1996年江西机械工业系统概况

行业	企业数（个）	全部职工平均人数（人）	工业总产值（不变价）（万元）	工业增加值（万元）	产品销售收入（万元）	产品销售税金及附加（万元）	利润总额（万元）	固定资产	
								原价（万元）	净值平均余额（万元）
合计	287	173 579	683 022	169 622	709 620	2 507	15 256	725 295	432 006
农业机械	96	47 692	130 345	18 419	130 513	480	−3 356	159 431	77 473
工程机械	6	12 735	26 246	18 395	38 335	148	2 234	60 710	44 665
机床工具	20	13 137	23 436	4 078	15 311	115	−78	34 241	16 543
机械基础件	16	8 418	18 192	5 546	18 880	103	−129	22 428	12 784
石化通用机械	19	11 358	30 529	10 198	26 981	158	664	37 474	18 202
重型矿山机械	10	9 908	16 978	6 168	14 858	98	−461	33 861	19 924
汽车	54	32 371	230 068	61 723	303 903	970	9 884	171 139	107 812
电工电器	51	28 652	120 482	24 652	99 824	304	1 345	110 566	59 626
仪器仪表	7	6 185	27 310	6 669	24 111	93	1514	25 585	16 373
其他	8	3 123	59 436	13 773	36 904	40	3 638	69 860	58 604

表2 1996年江西机械工业系统产品产量

产品名称	单位	产量	比上年增长%	产品名称	单位	产量	比上年增长%
工业锅炉	t（蒸汽）	415	−6.95	大中型拖拉机	台	469	50.80
内燃机	MW	2 632	−12.84	小型施拉机	台	20 165	−12.99
发电设备	MW	8	−20	拖拉机、内燃机配件	万元	13 939.9	−28.97
金属切削机床	台	2 498	−44.41	农用运输车	辆	14 523	−26.89
起重设备	t	1 057	−30.82	农用拖车	台	3 678	−45.28
运输设备	t	163	−89.96	装载机	台	927	14.02
工业泵	台	9 730		汽车	辆	20 883	−19.07
农业泵	台	5 568		交流发动机	MW	897	−16.17
风机	台	1 037	−71.53	变压器	MV·A	3 489.9	26.54
气体压缩机	台	625	−10.97	家用电冰箱	万台	21.2	6.00
轴承	万套	1 739.4	8.37	工业自动化仪表	万台（件）	655.6	28 404
液压件	万件	2	−9.09	电工仪器仪表	万台（只）	80.8	15.43
矿山设备	t	3 544	−34.30	光学仪器	台	115 682	72.43
工矿配件	t	3 281.5	−55.82	照相机械	架	217 823	0.15

新技术及科研成果 1996年新增科研项目12项，完成科研鉴定验收10项。全年争取科研经费31万元，完成了计划目标的要求。1996年全行业共有24个科研项目获省科技进步奖，其中：南昌矿山机械厂的YKR振动筛获部级科技进步奖，江西光学仪器总厂的变焦镜头、华意电器总公司的无氟压缩机荣获省科技进步二等奖。

新产品 1996年，省厅组织编制了《江西省机械工业"开发能力提高战役"实施意见》和《1996年江西省机械工业新产品试制计划》，下达新产品试制项目215项，其中新开项目119项，列入机械工业部计划14项，省经贸委重点试制计划15项。1996年机械产品获奖数占全省获奖产品总数的28.5%，其中一等奖有9项，占总数的1/3。江西光学仪器总厂的单镜头反光照相机确定为本省产业化重点起步项目，江西变压器厂的直降式整流变压器、华意电器公司的压缩机、江西光学仪器总厂的一次性相机等6个项目已申报国家重大技术开发项目。

1996年完成新产品开发130项，完成了省政府下达的考核目标，其中机械工业部委托鉴定15项，省经贸委重点项目3项，有70%的新产品达到国内同类产品的先进水平，有10多项达到国际水平。

质量 1996年，江西省机械系统实施名牌战略，狠抓产品质量，主要质量工作目标全面完成。(1)质量稳定提高率为85.71%，完成了省政府下达的85%的考核目标；(2)监督抽查合格率87.56%，达到了80%的计划指标，其中重点企业重点产品抽查合格率达100%；(3)重点考核产品优等、一等品率56.67%，完成了年初下达的40%的计划目标；(4)计划定等级20项，实际完成16项；(5)贯彻GB/T19000（ISO9000）标准达标企业数20个，超额完成16个年度计划目标。江铃汽车集团公司通过了GB/T19002（ISO9002）体系论证，南昌柴油机厂通过了GB/T19001（ISO9001）体系认证初审。

表3 1996年江西机械工业系统销售收入超亿元企业

序号	企 业 名 称	销售收入（万元）
1	江铃汽车股份有限公司	172 328.0
2	景德镇华意电器总公司	35 925.6
3	江西电机厂	27 539.8
4	江西拖拉机制造厂	23 904.9
5	上饶振达铜材工业集团	21 340.1
6	富奇汽车厂	19 561.3
7	江西光学仪器总厂	18 540.8
8	上饶客车厂	17 535.0
9	江西手扶拖拉机厂	16 597.0
10	南昌柴油机有限责任公司	16 197.1
11	宜春工程机械股份有限公司	14 333.3
12	长林机械厂	14 134.7
13	江西锅炉厂	14 081.0
14	江发集团公司	10 808.3
15	江西变压器厂	10 780.7

采取的具体措施是：(1)制订规划和目标，进行大力宣传。省机械厅编制了《江西省机械工业"产品质量翻身战役"实施意见》，各地市机械工业主管部门及各企业也各自制订了符合实际情况的质量提高措施。(2)增强企业经营者（厂长、经理）抓质量功能，认真落实厂长（经理）质量工作"三到位"。督促各企业按照省厅制定的《关于江西省机械工业企业质量工作"三到位"的决定》和《评价办法》进行自我评估。在所评估的企业中，30%的企业厂长（经理）达到"到位"标准，45%的企业厂长（经理）"基本到位"。(3)创名牌，狠抓产品实物质量。1996年，机械行业共有8种产品列入创省名牌计划，其中有5个产品被认定为1996年度江西省名牌。(4)实行生产许可证和产品定等级制度。1996年共定等级18项。

技术改造 "八五"期间，全省机械工业共开项112项，完成总投资25.6亿元，其中重点技改项目22项，总投资20.9亿元。1996年完成技改竣工验收22项，经贸委下达省厅的重点技改项目达产达标项目8项(含汽车行业5项)，达到省政府考核目标。全年完成技改投资2.5亿元，技改成绩突出。南昌、赣州、抚州、宜春四地市机械局被评为技改先进单位，江铃汽车集团公司、华意电器总公司、宜春工程机械股份有限公司等10个企业被评为技改先进企业，同时38位技改先进个人受到表彰。1996年，省机械行业继续加大"双加"力度，除正在实施的江西电机厂"双加"项目外，华意电器总公司、南昌柴油机有限责任公司、宜春工程机械股份有限公司等15个企业的有关技改项目已列入国家"双加"工程项目和技改项目。通过技改，企业装备水平、生产能力、经济效益都得到了提高，例如利群机械厂技改投入3 005万元，1996年产值比1991年增长了6倍多，实现利润比1991年增长近30倍，税收比1991年增长约9倍；江西光学仪器总厂技改后，工业总产值增加8 000万元，利税增加700万元，创汇增加200万美元。

管理及改革 省机械厅进一步解放思想，加大改革力度。(1)积极配合有关部门组织企业改革试点，指导江西光学仪器总厂、富奇汽车厂、风动工具厂、江西变压器厂等企业在不同程度上推进了现代企业制度的建立，继江铃股票上市成功后，1996年华意电器总公司、宜春工程机械股份有限公司发行股票上市，推动了企业的转机建制。(2)按照"抓大放小"原则，在行业内分别采取股份合作制、租赁、承包经营、托管、兼并、出售、破产等形式，进行改制和重组，企业机制和结构有了较大变化，企业效益得到提高。如振达集团，大胆走兼并联合之路，1996年实现销售收入、利润分别比上年增长21%、33%。

1996年，机械行业狠抓内部管理，走内涵发展之路。一抓"学邯钢"，加强成本预测和分析，南昌柴油机有限责任公司通过结合实际"学邯钢"，4个月里月综合成本比同期下降332万元，实现利税合计比上年同期增长215%。二抓限产、压库、促销，使年底产成品库存较上半年减少4 300万元。三抓资金筹错。四抓各种法规宣传。1996年南昌柴油机有限责任公司、江西电机厂在宣传《标准化法》中，成绩突出，被机械工业部评为"八五"标准化先进集体。

教育培训 省机械系统为打好"三大战役"提供人才保障，做了大量的职工教育培训工作，1996年有14 000多人参加各类岗位培训，有16 000多人参加各类短期培训，有24 000多人参加外语、微机等不同内容、形式的继续教育，工程师进修大学招收新生845名；组织工人技术等级培训32 000多人次，厅属两所技工学校毕业生参加双证考试达到中级水平的有1 413人；机械学校为企业输送中专毕业生401人。

〔撰稿人：江西省机械工业厅 曾金应 审稿人：江西省机械工业厅 万 皓〕

〔责任编辑：王 如〕

山东机械工业

山东省机械工业厅

生产发展情况 1996年，山东省机械工业系统共有企业534个，其中，国有企业279个，集体企业176个，股份制企业53个，"三资"企业26个。按企业类型分有大一型企业14个，大二型企业55个，中一型企业49个，中二型企业147个，小型企业269个。职工398 129人，其中工程技术人员29 787人，占职工总数的7.48%。固定资产原价181.85亿元，固定资产净值119.5亿元，金属切削机床拥有量为55 363台（其中数控机床1 400台，加工中心140台，锻压设备8 967台）。系统内共有20个市地机械主管部门，12个大行业，100个小行业，11 000种产品。

1996年全省机械工业有了新的发展，各方面工作均取得较好成绩。按可比口径，全年完成工业总产值278.3亿元，比上年增长14.5%，完成工业增加值71.15亿元，比上年增长9.5%，实现利税总额19.74亿元，比上年增长8.2%，实现利润总额9.01亿元，比上年下降3.9%。

从几个主要民机行业的总产值看，工程机械行业比上年增长8.8%，仪器仪表行业下降4.1%，石化通用行业下降0.8%，重型矿山机械行业增长3.3%，电工电器行业增长8.7%，机床工具行业下降3.5%。详细情况见表1。1996年末亏损企业107个，比上年增加14个；亏损面20.1%，比全国机械工业的38.4%小18.3个百分点，为全国亏损面最小的省份；综合效益指标为94.02%，比上年降低6.73个百分点。

表1 1996年山东机械工业系统概况

行业	企业数（个）	全部职工平均人数（人）	工业总产值（不变价）（万元）	工业增加值（万元）	产品销售收入（万元）	产品销售税金及附加（万元）	利润总额（万元）	固定资产 原价（万元）	固定资产 净值平均余额（万元）
合计	534	392 998	2 782 512	711 484	2 624 314	15 686	90 113	1 818 506	1 194 918
农业机械	186	148 756	1 521 254	306 276	1 391 905	10 044	58 708	647 671	429 239
工程机械	12	15 728	125 604	31 681	155 921	491	5 675	101 556	68 111
仪器仪表	33	17 252	60 768	18 681	58 184	200	−3 264	47 694	33 171
石化通用机械	26	20 999	92 861	34 052	92 104	538	2 304	109 086	67 867
重型矿山机械	13	10 514	45 965	14 160	45 882	265	948	47 409	29 215
机床工具	56	50 308	181 361	67 883	167 305	935	5 861	269 863	171 688
电工电器	109	75 228	455 909	147 859	454 583	2 222	19 771	336 517	222 818
机械基础件	49	32 618	132 107	40 569	111 646	515	245	141 267	93 895
食品及包装机械	5	1 768	6 296	1 953	6 377	22	65	6 183	4 190
其他民用机械	31	10 763	93 944	23 270	84 224	255	−2 710	57 020	40 630
船舶	8	4 483	43 625	10 751	30 803	83	750	27 644	21 370
爆破器材	6	4 581	22 845	14 346	25 381	115	1 760	26 597	12 722

1996年山东机械工业运行发展的主要特点：(1)规模经济得到发展，生产集中度又有提高。1996年，工业总产值过亿元的企业59个，比1995年增加3个。这些总产值过亿元企业占全系统企业总数的11%，共完成总产值175.24亿元，占全系统总产值的63%，比上年增加5个百分点。总产值过10亿元的企业3个（比1995年增加2个）：山东华日集团总公司（18.59亿元）、高唐时风机械集团总公司（10.99亿元）、山东巨力（集团）股份有限公司（10.72亿元）；总产值过5亿元的企业10个，除以上3个企业外，还有聊城运输机械厂（7.6亿元）、山东莱动内燃机有限公司（7.16亿元）、山东潍坊拖拉机厂（7.08亿元）、山东黑豹股份有限公司（6.58亿元）、北汽福田车辆股份公司诸城车辆厂（6.3亿元）、山东电缆厂（6亿元）、山东荣城海山集团总公司（5.61亿元）。

1996年产品销售收入前50个企业共完成销售收入162.42亿元，占全系统销售收入的62.78%，比上年增加3.65个百分点。销售收入过亿元的企业比上年增加5个。

实现利税前50名企业共实现利税15.98亿元，占全系统实现利税总额的79.38%，比上年增加9.84个百分点。1996年实现利税过千万元的企业53个，比上年增加9个；实现利税过5 000万元的企业7个，比上年增加1个；实现利税过亿元的企业4个，比上年增加3个，他们是：高唐时风机械集团总公司（1.44亿元）、山东黑豹股份有限公司（1.27亿元）、山东华日集团总公司（1.01亿元）、山东巨力（集力）股份有限公司（1亿元）。

(2)县级企业活力增强，发展迅速。国家抓大放小的政策在山东机械系统的县级企业中取得明显效果，一批县级企业脱颖而出，不仅成为全省机械工业的优势骨干企业和当地经济发展的支柱，而且成为全省乃至全国的行业排头兵。

1996年山东机械系统完成总产值前10名企业中有6个企业是县级企业，而且前3名都是县级企业。实现销售收入前3名也是县级企业，实现利税前7名中有6个企业是县级企业，而且前4名都是县级企业。这6个企业的利税总额和利润总额分别占全系统的30.2%和43%。

“三大战役”　省机械厅在提高认识的基础上，把打好“三大战役”作为1996年乃至整个“九五”期间行业的中心工作来抓。在贯彻实施“三大战役”上，我们主要抓了四个结合。

一是抓好机械工业部的精神与山东机械工业实际的结合。从山东机械工业生产总量大而整体技术实力和素质较弱的实际出发，针对山东机械工业存在的突出问题，省厅提出“打好三个硬仗，实施三大战略，启动‘六个十’工程，贯彻由机械大省向机械强省跨跃”的思路。即打好产品质量翻身仗，实施名牌战略，培植代表山东机械产品形象的“十大十小”20类主导产品；打好组织结构优化仗，实施大集团战略，发展山东机械工业的“十龙十虎”企业集团和国内排头兵企业；打好开发能力提高仗，实施科技进步战略，开发推广“十高十新”产品和技术。这一思路得到了机械工业部、省委、省政府的充分肯定，在机械工业部召开打好“三大战役”电话会议上，省机械厅厅长张建国作了发言。省厅依照这一思路制定了《山东省机械工业“三大战役”实施意见》。

二是抓好行业中心工作和省委、省政府中心工作的结合。省厅把机械工业部的中心工作“三大战役”和省里的中心工作“管理效益年”活动有机地结合起来一道去抓，互相融合，互相促进，得到了省委、省政府领导的肯定和大力支持。省委书记赵志浩同志致函我省机械工业工作会议，对省厅全面振兴机械工业的思路给予了充分肯定。省长李春亭同志召集各有关部门专题听取了省厅实施“三大战役”的汇报，并当场提出支持机械工业发展的有关政策和手段：(1)为支持打好开发能力提高战役，省政府从省财政拿出2 000万元设立了山东机械工业技术开发周转金；(2)为优化组织结构，省政府出台了十项政策措施，以支持包括机械行业两个集团在内的全省八大骨干企业集团；(3)省政府正式明确赋予机械厅在实施“三大战役”“六个十工程”中实行大行业管理的权限。省政府还把省机械厅打产品质量翻身仗的举措之一，质量保证声明活动当做全省“管理效益年”活动的新春第一炮。各市地党委、政府领导也非常关注机械工业的“三大战役”。在机械工业部包叙定部长7、8月份视察山东时，包括赵志浩书记、李春亭省长在内的九位副省级以上领导同志和所到市地的党政主要领导人，都与包部长交换了打好“三大战役”的有关意见。分管工业的韩寓群副省长一年来，参加了省厅组织的有关产品质量翻身战役的全部活动，作了四次重要讲话，在工作上给予了有力的指导和支持。

三是抓好企业行为和政府行为的结合。省厅紧紧抓住各级主管部门能够抓也有办法抓，企业愿意参加的产品质量工作，作为突破口开展“三大战役”。(1)1996年2月1日，省厅组织全省机械系统80个重点骨干企业，率先发表了“产品质量保证声明”的服务承诺，举行了新闻发布会和厂长签字仪式；(2)进行了企业承诺能力的达标评价，按照评价结果进行分类指导；(3)组织工会系统发动职工层层开展了齐抓共保产品质量活动；(4)对430多个主要用户进行了问卷调查，并将结果反馈给企业；(5)年中召开了发表质量保证声明企业的厂长座谈会，交流了经验，分析了存在的问题，进行了再发动；(6)8月份同技术监督部门一道，组织9家新闻单位17名记者开展了齐鲁机械产品质量万里行活动，山东卫视台分期播出了首批6个市地18个机械企业的产品跟踪报道。

四是抓好行业中心工作与行业思想政治工作的结合。为了发动广大职工群众参加“三大战役”，全系统都非常注意发挥思想政治工作的作用。9月25日省厅召开了由各市地主管部门和80余名重点企业党委书记参加的“三大战役”宣传月活动座谈会，交流推广了经验，提出了10月份在全系统开展“三大战役”宣传月活动和在“三大战役”的宣传贯彻中充分发挥党委、工会、团组织作用的要求。在宣传月活动期间，省厅组织了“莱动杯”优秀厂报评比竞赛、“德州机床杯”“三大战役”征文活动，在《中国机电日报》开辟专栏，在山东电视台新闻节目中开辟系列报道，加大了对内发动和对外宣传的力度。据不完全统计，10月份全系统共举办学习班475期，培训3万余人；举行报告会237次，参加人数6万余人；上党团课747次，参加人数4万余人；出厂报542期、黑板报3 424期、宣传栏752期，编印学习材料20多万份，写各类稿件6 280篇，绝大多数企业职工参加了“三大战役”知识竞答。同时涌现了一批思想政治工作先进典型，如山东莱动内燃机公司、山东潍坊拖拉机厂、德州机床厂、鲁南机床厂、山东拖拉机厂、山东活塞厂等。通过“三大战役”宣传贯彻工作，

"三大战役"的组织发动更加广泛、深入，为在今后的行业管理工作中进一步发挥政工队伍的作用，推进行业的两个文明建设积累了经验，打下了基础。

市场及销售 1996年，山东机械系统完成产品销售收入262.4亿元，按可比口径比上年增长11.5%。

1996年山东机械产品市场一畅一平，农机工业仍然是拉动全省机械工业发展的主要因素。1996年，农机产品市场较畅，投资类产品平淡。农机工业的产值、销售收入分别比上年增长18.8%和16.9%，比全国农机平均增长幅度分别高11.9和12.8个百分点。农机产值占全省机械系统总产值的比重，由1995年的51.5%上升到54.7%，农机销售收入所占比重由50.3%上升到53%；在全系统新增产值中，农机占了92.8%。主要农机产品增长较高，如大中拖拉机增长23.2%，小拖拉机增长24.2%，内燃机增长37.5%，机动脱粒机增长140.9%，农用运输车增长35.2%。投资类产品市场总体平淡，31种主要投资类产品，18种产量下降，其中制冷设备、矿山设备、铸造机械、发电设备等下降25%以上（详见表2）。

1996年，山东省机械工业系统销售收入过亿元的企业54个，比上年增加5个；过5亿元的企业8个。排序见表3。

表2 1996年山东机械工业系统主要产品产量

产品名称	单位	产量	比上年增长%	产品名称	单位	产量	比上年增长%
工业锅炉	t（蒸汽）	3 035	−7.5	包装机械	台	402	−1.3
内燃机	MW	9 147	37.5	大中型拖拉机	台	17 900	23.2
发电设备	MW	735	−31.4	小型拖拉机	台	407 166	24.2
电站锅炉	t（蒸汽）	2 360	1.1	拖拉机、内燃机配件	万元	205 637.9	4.6
金属切削机床	台	7 986	5.2	机引农具	台	12 736	450.9
锻压设备	台	2 837	−10.1	机动脱粒机	台	28 144	140.9
铸造机械	台	1 424	−34.8	机动三轮车	辆	721 657	13.0
起重设备	t	11 222	1.0	农用运输车	辆	96 272	35.2
装载机	台	2 671	25.2	农用拖车	辆	6 272	2.6
工业泵	台	47 873	−9.9	推土机	台	547	16.4
农业泵	台	199 991	33.2	交流电动机	MW	1 926	−11.8
风机	台	8 721	21.2	牵引电机组	套	184	2.2
制冷设备	套	2 389	−29.1	变压器	MV·A	10 371	5.3
轴承	万套	7 592.6	17.6	钢芯铝绞线	t	3 604	−6.4
液压件	万件	93.6	−16.5	电力电缆	km	19 760	−10.4
标准紧固件	万件	11 828	−5.8	工业自动化仪表	万台（件）	182.7	−6.1
高中压阀门	t	3 180	−4.5	电工仪器仪表	万台（件）	243.7	3.3
矿山设备	t	7 031	−27.7	试验机	台	4 392	−2.3
石油钻采设备	t	14 399	−4.5	照相机	万架	84.6	25.7
印刷机械	t	586	17.9	磨料磨具	t	22 692	−6.0

1996年山东省机械系统完成出口交货值19.18亿元（人民币），折合2.3亿美元，按可比口径，比上年下降0.18%。出口创汇超500万美元的企业有青岛宇宙集装箱工程有限公司（3 574万美元）、四砂股份有限公司（1 304万美元）、烟台普泰造船厂（1 084.3万美元）、山东推土机厂（900.5万美元）、日照五金工业集团股份有限公司（712.6万美元）、泰安柴油机厂（684万美元）、沂南柴油机厂（535万美元）、济南第一机床厂（534万美元）、青岛锚链厂（528万美元）、山东电缆厂（523万美元）、潍坊动力机械厂（506万美元）。

科研成果及新产品 1996年完成省级科研项目1项，是由机械工业部济南铸造锻压机械研究所研制的水玻璃砂再生装置。获部级科技进步奖5项，其中二等奖1项，是由山东烟台轴承仪器总厂研制的小型球轴承装配线；三等奖4项，由四砂股份有限公司研制的数控凸轮轴磨床配套砂轮，由济南试验机制造总公司、上海石油商品应用研究所、中石化石油化工科学研究院，机械工业部机械标准化研究所、中国科学院自动化研究所完成的金属加工液攻丝扭矩模拟评定试验装备的研究，由济宁市工矿设备厂研制的ZDSF20-60自动连续式钠离子交换器，由山东推土机总厂研制的PC200-5C、PC200LC-5C、PC220-5C液压挖掘机。获山东省科技进步奖47项，其中二等奖11项，三等奖36项。完成科研新产品609项，其中省以上项目332项，达到国际水平的69项，填补国内空白的67项。完成新产品产值66.9亿元，比上年增长21.2%；新产品产值率24.4%，比上年提高2.2个百分点；新产品新增利税6.47亿元，比上年增长14.3%。

质量 1996年产品质量稳定提高率98%，与1995年持平。国家监督抽查合格率95.74%，比上年提高12个百分点；省监督抽查合格率90.63%，比上年提高3.13个百分点。

表3　1996年山东机械工业系统销售收入超亿元企业

序号	企业名称	销售收入（万元）	序号	企业名称	销售收入（万元）
1	山东巨力（集团）股份有限公司	138 480	28	泰安柴油机厂	20 106
2	高唐时风机械集团总公司	111 130	29	五莲县通用机械厂	19 049
3	山东华日集团总公司	109 155	30	四砂股份有限公司	17 686
4	山东潍坊拖拉机厂	91 760	31	青岛捷能动力集团公司	16 841
5	山东莱动内燃机有限公司	73 223	32	山东金曼克电气股份有限公司	15 787
6	聊城运输机械厂	70 139	33	临沂农业药械厂	15 689
7	北汽福田车辆股份有限公司诸城车辆厂	68 723	34	山东九羊企业集团总公司	15 140
8	山东电缆厂	60 107	35	济南重机集团公司	15 062
9	聊城拖拉机厂	49 518	36	博山电机（集团）股份有限公司	13 155
10	山东拖拉机厂	43 469	37	青岛造船厂	12 744
11	山东推土机总厂	41 937	38	济南第一机床厂	12 681
12	山东海山集团总公司	41 906	39	济南锅炉厂	12 586
13	阳谷电缆集团公司	40 712	40	青岛崂山拖拉机厂	12 235
14	山东黑豹股份有限公司	39 060	41	蓬莱农用车厂	12 235
15	山东光明机器厂	36 665	42	博山水泵厂	12 217
16	德州拖拉机厂	32 523	43	青岛电度表厂	11 866
17	青岛宇宙集装箱工程有限公司	30 300	44	济南志友股份有限公司	11 830
18	济南二机床集团有限公司	28 677	45	诸城恒兴机器股份有限公司	11 571
19	寿光市聚宝农用车辆总厂	25 726	46	山东起重机厂	11 213
20	山东工程机械厂	25 060	47	德州柴油机厂	10 475
21	青岛变压器（集团）有限公司	24 607	48	山东机床附件总厂	10 398
22	青岛电力电线电缆厂	24 201	49	莱芜市口镇铸造公司	10 332
23	山东活塞厂	22 095	50	单县电磁线厂	10 279
24	烟台冰轮集团有限公司	22 000	51	文登天润曲轴有限公司	10.216
25	山东手扶拖拉机制造厂	20 973	52	泰安专用汽车制造厂	10 205
26	淄博牵引电机（集团）股份有限公司	20 677	53	日照市五金工业集团股份有限公司	10 047
27	临沂工程机械股份有限公司	20 191	54	泰安高压开关厂	10 037

技术改造　1996年山东省机械工业技术改造工作起步较好，省以上技改项目下达55项，投资计划8.95亿元，实际完成投资8.67亿元，比1995年增长19%。其中国有企业技改投资占行业固定资产投资的76.97%，比1995年增长15.7%

1996年山东机械工业系统“双加”工程项目完成情况：一期“双加”工程项目共10项，即济南二机床集团有限公司、济南锅炉厂、鲁南机床厂、山东活塞厂、山东滨州柔性石墨密封件厂、烟台气动元件厂、烟台拖拉机配件厂、威海电机总厂、山东推土机总厂、山东机床附件总厂。总投资42 212万元，其中专项贷款31 215万元。下达年度投资计划23 160万元，其中专项贷款17 680万元，完成投资17 200万元。到1996年底，已有鲁南机床厂、山东活塞厂、山东机床附件总厂三个项目竣工并通过验收。二期“双加”工程项目共24个项目列入国家经贸委导向计划，即山东曲轴总厂、山东莱动内燃机有限公司、烟台冰轮有限公司、济南锅炉厂、山东活塞厂、青州液压件厂、山东机床附件总厂、四砂股份有限公司、山东手扶拖拉机厂、山东博山水泵厂、济南华能气动元器件公司、山东临沂农业药械厂、淄博石油机械厂、山东拖拉机厂、山东油泵油嘴厂、山东潍坊拖拉机厂、鲁南机床厂、淄博真空设备厂、山东工具厂、滨州柔性石墨密封件厂、莱州试验机总厂、烟台轴瓦厂、山东九羊集团公司、博山电机厂。1996年已有青州液压件厂、山东手扶拖拉机厂、山东拖拉机厂、山东九羊集团公司4个项目，国家下达了年度投资计划，并开始实施建设。

对外合作　1996年引进技术、进口设备共22项，合同总成交额1431万美元（详见表4），批准成立的总投资额在200万美元以上的“三资”企业项目共8项，利用外资合计5 233.16万美元（详见表5）。1996年新增注册的“三资”企业3个：济南西门子变压器有限公司、青岛基珀密封工业公司、滕州彤晖机电有限公司。1996年12月，省厅召开了全省机械工业外经工作会议，认真总结了“八五”以来全省机械工业外经工作的经验教训，分析研究了“九五”外经工作的形势、任务、战略和措施，动员全行业明确任务，加大措施，努力开创外经工作的新局面。

表4　1996年山东机械工业系统引进技术、进口设备情况

项目名称	引进单位	输出国家（地区）、厂商	合同成交额（万美元）
高压箔绕机	济南志亨特种变压器公司	德国	51.0
环氧树脂浇注设备	济南志亨特种变压器公司	德国	102.0
铝水箱芯体焊接机	山东潍坊水箱厂	美国	103.5
高频焊接制管机	山东维坊水箱厂	美国	198.0
铝滚带机	山东潍坊水箱厂	美国	2.7
小型电枢测试仪	博山电机厂	美国	6.8
螺纹成型滚压机	博山电机厂	德国	22.0
换向器点焊机	博山电机厂	日本白石	16.8
端盖加工机床	博山电机厂	美国	25.1
充磁机	博山电机厂	日本东洋	5.5
电枢校正机	博山电机厂	日本国际	15.8
离合器装配检测机	博山电机厂	韩国丰星	14.8
换向器车床	博山电机厂	日本	17.0
轿车用电机关键生产设备	博山电机厂	日本日兴	56.7
轿车用起动机生产线	博山电机厂	韩国大宇	132.2
不锈钢及汽车紧固件关键生产设备	滕州标准件厂	台湾春日、同光	250.0
交联电缆生产线	山东华光电力电缆有限公司	芬兰	178.0
数控凸轮轴磨床	莱芜凸轮轴厂	德国考根公司	70.0
不锈钢精密铸造机加工生产线	无棣银宇不锈钢制品集团有限公司	香港联邦公司	63.0
数控自动缠绕机	滨州柔性石墨密封件厂	意大利	7.7
多缸曲轴质量定心机	郓城亨运曲轴制造有限公司	美国	42.0
曲轴滚压机床	郓城亨运曲轴制造有限公司	德国	51.0

表5　1996年批准成立的总投资200万美元以上的"三资"企业情况

"三资"企业名称	合作形式	中方名称	外方名称	经营范围	总投资（万美元）	出资比例（%）	
						中方	外方
济南海利福特汽车零部件有限公司	合资经营	济南汽车配件厂	美国海利福特公司	生产汽车发动机液压挺杆	960	67	33
烟台铁木肯有限公司	合资经营	烟台轴承厂	美国铁木肯有限公司	生产高档轿车轴承	2 798	40	60
烟台泰山造船有限公司	合资经营	烟台普泰造船有限公司胜利油田实业公司	新加坡泰山造船有限公司	建造大船坞修造大型船舶	2 500	33	67
西门子真空泵压缩机有限公司	合资经营	淄博真空设备厂	德国西门子(中国)有限公司	生产销售液环真空泵、压缩机、气环泵和成套机组	1 530	40	60
淄博摩根绝缘子有限公司	合资经营	淄博电瓷厂	英国摩根世锅公司	电子绝缘子	2 700	40	60
济宁宏澳电器有限公司	合资经营	山东矿山机械厂	澳大利亚米约公司	家用电热水器	357	60	40
郓城亨运曲轴制造有限公司	合作生产	郓城内燃机配件厂	德国艾登工业咨询公司	生产销售发动机曲轴	1 400	63.3	36.7
山东华光电力电缆有限公司	合资经营	山东阳谷电缆厂	香港华鲁发展有限公司	生产销售交联电缆、塑力缆、控制缆、铝交缆、电线等系列产品	1 000	75	25

管理及改革 1996年7月，省厅召开了全省机械工业管理工作会议，对强化企业管理，进一步开展管理效益年活动进行了再动员，再发动。这次会上，在学习推广邯钢经验的同时，总结推广了本行业24个管理的典型经验：一是如威海水泵厂严格抓现场管理，带动各项专基管理，赢得市场，带来效益的典型经验；二是如诸城四达绝缘材料股份有限公司结合自身实际学邯钢，创造"倒逼成本管理法"经济效益不断提高的典型经验；三是如高唐时风集团狠抓资本运营，促进企业发展良性循环的典型经验；四是如济南二机床集团公司抓管理永不满足，在高起点上闯新路、争一流的典型经验；五是如临沂农业药械厂依靠广大职工群众搞好管理的经验。

1996年，山东省机械工业系统的各项改革工作顺利进行。济南二机床集团公司等8个现代企业制度试点企业试点工作加快了步伐：山东黑豹股份有限公司、山东推土机厂、四砂股份有限公司等股份制企业的股票顺利上市；新增股份制企业3个：青州南山铆焊有限公司、乳山市亨利机械制造有限公司、冠县方兴机械有限公司。烟台冰轮集团有限公司由股份制企业改回为国有企业。

1996年，山东省机械工业系统又有1个企业的产品（山东机床附件总厂的象牌钻夹头）获"山东名牌"称号，加上重新认定的1995年度的10个"山东名牌"产品，累计共有11个企业的产品获"山东名牌"产品称号。

〔撰稿人：山东省机械工业厅　于光华　审稿人：山东省机械工业厅厅长　张建国〕

〔责任编辑：白　萍〕

青岛机械工业

青岛市机械工业总公司

生产发展情况 1996年全系统完成工业总产值383 889万元，比上年增长19.92%；完成工业增加值98 698万元，比上年增长20.36%；完成产品销售产值368 732万元，比上年增长26.23%；工业产品产销率96.05%，比上年下降1.7%；外贸出口交货值49 663万元，比上年下降13.32%；新产品产值45 150万元，比上年增长5%；实现利税13 750万元，其中利润5 094万元，分别比上年增长21.68%和39.75%。其它经济技术指标也取得了较好成果，其中，节能指标中的万元产值综合能耗降低4.4%，节约标准煤3 550t，节电4260MW·h。质量管理得以加强，产品质量稳定提高，全年按新质量指标考核，质量指数完成84.39%，高于计划4个百分点。青岛机械工业系统的经济指标和主要产品产量详见表1、表2。

市场及销售 1996年，总公司积极主动地抓好生产企业的生产经营工作。一是狠抓营销管理，强化市场营销。年初，有针对性地组织企业学习潍坊巨力集团开拓市场的经验，面对不断变化的市场形势，总公司领导与部分企业领导经销人员一起外出调查市场、落实订货，组织企业参加部、省、市级的展销订货会，各企业也主动地调整销售政策，搞好政策兑现，从而推动了营销工作开展；二是积极发展外向型经济，搞好产品出口。1996年又有青岛捷能动力集团公司、青岛锻压机械集团公司、青岛铸造机械集团公司三个企业开展了自营进出口工作。各企业也由以往双眼盯在省内市场上，转向开拓海外市场。据统计，总公司机械产品的国外、省外市场占有率较上年又有提高。

科研成果及新产品 1996年有16个企业与大专院校、科研院所进行了技术协作，共签订技术协作项目20项。经过各方面共同努力，年内完成新产品105项，其中达到国际水平及国内先进水平的共87项。在这些新产品中，有6种获得市级以上科技进步奖，比较重要的有青岛铸造机械集团公司的新型钢板预处理生产线、青岛捷能动力集团公司的低品位热能汽轮机、青岛锻压机械集团公司的2 500t离合器式螺旋压力机、青岛热能设备有限公司的尿素生产设备等，都具有良好的经济效益和社会效益。

质量 在质量管理工作方面，重点抓了ISO9000国际标准的学习贯彻，1996年，又有青岛捷能动力集团公司、青岛四洲锅炉设备有限公司2个企业通过了ISO9000国际标准认证，推动了企业产品尽快与国际水平、国际市场接轨。为进一步提高产品质量水平，1996年11月，青岛市机械系统22个企业发表了"质量保证声明"，向用户进行质量承诺，决心以优质产品服务于社会，以自己的实际行动加强对用户的服务。

职工教育 全系统各类、各级学校和企业教育部门积极开展了各种教育培训，年内有4 869名各类干部接受了岗位培训，14人在大专证书班毕业，累计有526人通过了工人等级培训，有33名技师、6名高级技师，参加了"四新"培训，对523名班组长进行了岗位培训，提高了各类人员的业务素质和实际操作技能。人事部门认真抓好各系列职称工作，年内全系统经各级评审委员会评审通过，确定晋升技术人员327名，及时进行了聘任，调动了专业技术人员的积极性和创造性。

表1　1996年青岛机械工业系统概况

行　业	企业数（个）	全部职工平均人数（人）	工业总产值（不变价）（万元）	工　业增加值（万元）	产品销售收　入（万元）	产品销售税金及附加（万元）	利润总额（万元）	固　定　资　产	
								原价（万元）	净值年均余额（万元）
合计	73	53 649	383 889	98 698	380 699	1 585	5 094	269 746	178 676
农业机械	12	6 020	30 512	7 021	31 961	69	−253	21 986	13 545
机床工具	6	6 689	24 001	8 367	23 653	110	−49	30 057	21 240
机械基础件	7	5 197	15 593	4 517	11 783	43	−246	24 004	15 531
石化通用机械	4	2 349	7 743	2 629	7 543	46	−189	12 641	8 038
重型矿山机械	1	293	858	284	733	5	6	495	387
汽车	12	8 872	135 078	15 188	138 185	582	108	48 232	31 055
电工电器	20	18 701	106 678	45 100	103 391	649	5 319	82 625	51 912
食品包装机械	2	897	2 514	888	2 472	13	−2	4 740	3 452
船舶	5	3 303	20 386	7 064	22 599	68	400	20 060	14 504
其他	4	1 328	40 526	7 642	39 379	0	0	24 905	19 013

表2　1996年青岛机械系统产品产量

产　品　名　称	单　位	产　量	比上年增长%	产　品　名　称	单　位	产　量	比上年增长%
工业锅炉	t(蒸汽)	632	16.2	拖拉机、内燃机配件	万元	8 080	−11.4
锅炉辅机	t	2 882	37.6	汽车	辆	10 918	123.4
锅炉金属结构件	t	399	−96.6	改装汽车	辆	714	−14.3
电站汽轮机	MW	440	0.5	汽车配件	万元	20 028	6.3
金属切削机床	台	46	35.3	交流电动机	MW	154	−35.0
机床电器	万件	162	1520.0	分马力电机	万台	9	50.0
锻压设备	台	148	−33.3	变压器	MV·A	2 685	71.0
铸造机械	台	1 517	−24.2	电力整流器	MW	20	0.0
轴承	万套	1 015.4	17.0	电力电缆	km	6 036	175.4
工业钢球	万粒	60 479	19.4	钢芯铝绞线	t	1 859	2 412.2
高中压阀门	t	869	−21.1	控制电缆	km	1 404	
橡胶密封件	万件	3 693	14.9	铅酸蓄电池	MVA·h	140	−33.3
标准紧固件	万件	14 444	−30.9	电焊条	t	6 308	−19.8
石油化工设备	t	2 606	297.9	刃具	万件	43.3	−7.9
食品包装机械	台	216	−46.0	集装箱：6.096m	只	10 233	−0.5
小型拖拉机	台	18 108	20.6	12.192m	只	3 920	−2.0

技术改造　1996年是实施“九五”规划、全面启动振兴机械工业的第一年，总公司结合调整产品结构，组织企业认真实施总公司《“九五”期间重点产品发展规划》，努力开发适销对路的新产品，抓紧搞好“九五”技改项目的论证和资金落实工作。1996年在国家继续压缩投资规模，信贷资金短缺的情况下，积极帮助企业协调与银行、金融部门的关系，争取支持，经过各方面的共同努力，全年总公司安排技改项目16项，完成投资15 246万元，比上年增长12.1%。

对外合作　1996年，加快重大合资项目的洽谈、签约、筹建步伐。静压造型线等2个过千万美元的项目签约，从而使总公司合资项目的质量和水平进一步提高。铝散热器项目筹建工作进展良好，目前引进设备已调试完毕即将投产。年内总公司共签约合资项目3个，总投资4 062万美元。

“三大战役”　1996年，青岛市机械工业总公司积极组织了贯彻实施“三大战役”计划，首先针对实际研究制定了《青岛市机械工业打好“三大战役”实施意见》；其次突出抓“九五”规划的实施与打好“三大战役”的有机结合，抓好分年度的计划实施和调整；三是重点开展了树名牌、质量上台阶、质量认证、质量承诺、扶优扶强、组建集团、科技开发等活动，从而使青岛机械企业开展的打好“三大战役”工作取得了成效。1996年8月初，机械工业部包叙定部长来青岛考察工作，对总公司的这项工作给予了积极评价和充分肯定。

管理及改革 1996年，总公司加大资产运营和企业改革的力度，采取“一厂一策”的方法进行企业组织结构调整，解决了部分困难企业的问题，取得了比较大的成效。首先，积极做好资产运营的基础工作，强化了总公司的资产运营职能，完成了国有企业产权登记，制定了《企业重大资产变动审批制度》，建立健全了企业固定资产台帐，为下一步加强企业资产运营方面的监控奠定了基础。其次抓好以治“散”解难为主的企业组织结构调整，加大了企业破产、兼并、合并工作的力度，年内选择了青岛阀门厂、青岛标准件二厂、青岛车辆厂和青岛电机厂4个企业依法实施破产，其中青岛阀门厂破产终结，其余3个企业已进入破产程序，实现了企业资产的重组、优化。三是组建企业集团，积极发展规模经济，以优势企业为“龙头”，以资产为纽带，组建起青岛汽车工业有限公司，从组织形式上为总公司发展汽车工业打下基础，优化了企业的资产配置。四是盘活存量资产，实施易地改造、搬迁改造。年内液压元件厂等企业的整厂开发、易地改造工作已取得较大的进展。五是积极抓好人员分流安置，搞好劳动力要素重组，做到转岗增效。年内，总公司共分流安置下岗职工3 903人，安置率为74%，并对583名职工进行了转岗培训。

1996年，围绕加强企业管理工作，总公司开展了学习邯钢经验的活动，积极采取走出去、请进来等形式，引导总公司各级领导大胆解放思想，更新观念。年内，分别邀请了江苏春兰集团、邯郸钢铁公司的领导来总公司介绍他们的经验。与此同时，又组织部分企业领导赴江苏春兰集团、邯钢考察学习，在牢固树立面向市场、从严治厂观念等方面取得了积极效果。各企业通过认真组织学习，加强了成本核算等基础管理工作，在加强企业管理工作方面，取得了一定的成效。全系统广大干部职工在抓好基础管理工作的同时，严格各项规章制度，推动了全系统改革开放工作的开展。

〔撰稿人：青岛市机械工业总公司　赵胜经　审稿人：青岛市机械工业总公司董事长、总经理　高志喜〕

〔责任编辑：白　萍〕

河南机械工业

河南省机械电子工业厅

生产发展情况 截至到1996年底，河南机械工业归口企业431个，其中全民企业320个，集体企业68个，股份制企业41个，中外合资企业2个。按企业类型分，特大型企业2个，大一型企业7个，大二型企业34个，中一型企业63个，中二型企业44个。全系统431个企业完成产值165.47亿元，同比增长8.49%；完成工业增加值52.64亿元，同比增长4.24%；累计完成工业销售产值192.67亿元，同比增长8.15%。详见表1、表2。

1996年是开展“三大战役”，启动机械工业振兴的第一年。全省机械工业系统紧紧围绕“两个根本性转变”，抓住有利机遇，积极实施“三大战役”，突出重点工程，努力启动、振兴。在外部环境适度从紧的情况下，全系统继续保持了平稳发展态势，行业整体情况相似于全国机械工业的平均水平，达到了开好头、起好步的预期目标。其主要特点是：

(1)产销增幅在逐渐回落中保持了同步增长，产销衔接水平持续提高。

1996年一季度生产增幅达19.15%，销售增幅达17.71%。从4月份开始，产销增速逐季回落。到四季度，产销增速分别从10%以上回落到10%以下，生产增幅为8.49%，销售增幅8.15%，在产销同步增长，增速逐步回落的同时，产销衔接水平不断提高，产销率从一季度的92.11%到四季度逐步提高到97.65%。

(2)周期波动少。

改革开放以来，河南省机械工业经历了三次经济调整期。具体是：1982年～1986年，全国机械工业增幅落差为21.75个百分点，河南省机械工业为16.2个百分点；1987年～1990年全国机械工业增幅落差为19.43个百分点，河南省为19.1个百分点；1991年～1996年，全国机械工业增幅落差为24.76个百分点，河南省为13.5个百分点。由此可以看出，河南省机械工业的周期振幅越来越小，并且每个周期的落差都低于全国水平，尤其是第三次调整，不仅落差最小，而且亏损面也比较小。

(3)大中型企业在行业发展中的主导地位、优势明显。

河南省机械工业大中型企业1996年累计完成工业总产值126.33亿元(1990年不变价)，比上年增长9.6%，增幅比全省机械工业平均增幅高1.07个百分点，其产值所占比重为76.2%；累计完成销售产值153.63亿元，比上年增长8.9%，高于全省平均增幅0.76个百分点，占全省机械工业销售产值的比重为79.7%；大中型企业全年实现利税7.88亿元，占全省利税总额的92.5%，其中实现利润2.35亿元，占全省比重为81.4%，在重点盈利企业中，中国第一拖拉机工程机械公司、开封机械厂、郑州金牛集团、许昌继电器股份有限公司、郑州白鸽(集团)股份有限公司、新乡机床厂6个企业实现利润之和就占全省机械工业利润总额的98%。

(4)农业机械行业发展势头强劲，对全省带动作用较大。

河南省是农机大省，1996年全省农机行业完成工业总产值82.59亿元，同比增长18.5%，完成销售产值99.72亿元，同比增长18.5%；生产与销售分别占全省机械工业的51.5%和51.8%。农业机械产销率达98.16%，高于全省平均水平0.51个百分点。全年完成销售收入92.15亿元，比上年增长26.4%，实现利润2.85亿元，增幅为26.7%，农机行业销售收入与实现利润分别占全省的52.5%和96.1%，产销格局居江苏、山东之后为第三位，发展速度排山东之后居第二位。

(5)机械产品出口保持良好增长势头。

1996年，省机械工业系统共完成出口交货值8.3亿元，同比增长7.6%，比全国机械工业平均值高5.67个百分点；实现出口创汇1.79亿美元，同比增长9.2%。

表1　1996年河南机械工业系统概况

行　业	企业数(个)	全部职工平均人数(人)	工业总产值(不变价)(万元)	工　业增加值(万元)	产品销售收　入(万元)	产品销售税金及附加(万元)	利润总额(万元)	固定资产 原价(万元)	固定资产 净值平均余额(万元)
合计	431	381 768	1 654 745	526 416	1 759 964	6 124	22 889	1 476 413	872 236
农业机械	162	144 460	825 951	253 452	921 536	1 937	28 552	574 206	339 781
机床工具	32	30 355	85 956	36 463	111 701	347	2 912	118 994	59 783
机械基础件	36	45 495	111 586	34 940	127 837	715	−4 112	159 061	105 848
石化通用机械	23	22 876	57 530	20 993	57 213	455	3 357	65 375	45 482
重型矿山机械	18	36 804	88 651	27 753	86 042	353	−16 577	167 158	69 410
汽车	33	24 975	143 408	48 267	146 597	611	3 911	105 606	75 129
电工电器	84	57 432	284 784	88 028	272 145	1 530	6 119	238 201	144 594
仪器仪表	15	9 166	21 135	6 883	18 369	85	−701	20 007	13 045
食品包装机械	4	2 244	8 317	2 188	3 934	22	−554	6 769	4 662
其他	24	7 961	27 427	7 449	14 590	69	−18	21 035	14 501

表2　1996年河南机械工业系统产品产量

产品名称	单　位	产　量	比上年增长%	产品名称	单　位	产　量	比上年增长%
工业锅炉	t(蒸汽)	2 988	−15.7	拖拉机、内燃机配件	万元	95 734	4.9
内燃机(商品量)	MW	4 880	9.7	汽车	辆	14 915	−18.0
金属切削机床	台	1 319	0.7	汽车配件	万元	75 316	−18.3
轴承	万套	6 828	−10.8	交流电动机	MW	2 040	−1.4
高中压阀门	t	4 484	−12.9	高压隔离开关	组	4 713	25.2
标准紧固件	万件	24 722	−31.5	变压器	MV·A	1 990	1.0
矿山设备	t	8 838	−13.1	电力电缆	km	8 247	1.9
大中型拖拉机	台	16 486	12.6	电工仪器仪表	万台	145	40.7
小型拖拉机	台	285 556	19.6	磨料磨具	t	48 142	−0.6

市场及销售　1996年，在市场与销售方面主要有以下几个特点：

(1)郑州农机市场进一步完善。1996年，中国郑州农机市场成功地组织了春秋两次农机产品交易会。第一次由郑州农机交易市场和河南省农机总公司组织，主要是本省和周边省的农机生产企业和农机销售企业参加，总成交额7亿多元。第二次是中国农机市场和中国农机总公司共同组织，前来参加会议的会内代表3 000余人，会外代表4万人，总成交额150亿元。

(2)出现了一批开始适应市场经济，进入良性循环的企业。

1996年，河南省机械工业狠抓产品结构调整，不断深化企业内部改革，使一批企业逐渐步入了良性循环的轨道，主要经济指标增长幅度大。如一拖集团1995、1996年销售收入连续实现10亿元以上的增长，实现利税也连续递增1亿元以上，成为全国同行业的冠军。许昌继电器集团1996年实现销售收入6.2亿元，利润6 000多万元，税5 000多万元，同比分别增长44.1%、48.1%、38.1%，成为全国继电器行业的排头兵。开封机械厂1996年实现销售收入5.3亿元，利润2 700万元。此外如南阳防爆电机厂、郑州电缆(集团)股份有限公司、焦作电缆厂、焦作制动器厂、新乡市第一拖拉机厂、惠芳集团、中原内燃机配件总厂、淅川汽车配件厂等企业也都保持了生产和效益同步增长的好势头。

1996年河南机械工业销售收入超亿元企业、出口创汇超500万美元企业排序见表3、表4。

表3 1996年河南省机械工业系统销售收入超亿元企业

序号	企业名称	销售收入(万元)	序号	企业名称	销售收入(万元)
1	中国第一拖拉机工程机械公司	426 734	13	长葛奔马机械集团公司	20 478
2	郑州轻型汽车制造厂	83 966	14	许昌机器制造厂	20 003
3	洛阳轴承(集团)公司	79 447	15	开封空分设备厂	18 104
4	郑州电缆(集团)股份有限公司	66 593	16	郑州飞马(集团)股份有限公司	16 873
5	新乡市第一拖拉机厂	55 330	17	河南省燎原集团公司	16 197
6	开封机械厂	53 536	18	郑州拖拉机厂	15 396
7	郑州白鸽(集团)股份有限公司	49 501	19	南阳防爆电机厂	12 140
8	中信重型机械公司	48 479	20	焦作矿山机器股份有限公司	10 896
9	郑州金牛(集团)股份有限公司	48 273	21	开封柴油机厂	10 699
10	平顶山天鹰集团有限责任公司	37 187	22	中原内燃机配件总厂	10 670
11	许继电气股份有限公司	33 269	23	郑州日产汽车有限公司	10 635
12	新乡机床厂	24 285	24	许昌中亚(集团)公司	10 569

表4 1996年河南省机械工业系统出口创汇超500万美元企业

序号	企业名称	出口创汇额(万美元)	序号	企业名称	出口创汇额(万美元)
1	郑州白鸽(集团)股份有限公司	2 213	4	中国第一拖拉机工程机械公司	1 205
2	中信重型机械公司	1 700	5	开封空分设备厂	635
3	洛阳轴承(集团)公司	1 505			

科研成果及新产品 1996年，河南机械工业共完成科研项目207项，其中科技攻关项目5项，属于部下达计划的12项，省经贸委下达计划的103项，其余为企业自主开发的。其中获机械工业部科技进步奖68项，省科技进步与优秀新产品奖38项。1996年，共完成新产品的开发202项，具有国际水平的21项，国内先进水平的102项，其余为填补省内空白或具有省内先进水平。1996年，河南机械工业实现新产品产值32.95亿元，占机械工业总产值的16.7%。

其中由开封高压阀门厂研制的1.3m电动楔式闸阀是为国家重点国防工程项目研制的超大口径电动闸阀。该产品在结构上采用国际上流行的椭圆形腔体，分体组合结构，该产品是国内第一台超大口径中压铸钢闸阀。它具有设计合理、性能可靠、操作维修方便等特点，属于高难度、高科技、高附加值的产品。

由开封空分设备厂研制的PSAO-20型制氧设备是结合黄金工业使用单位情况研制的。该产品运用变压吸附原理，采用双塔常压解析流程，吸附器采用立式三层床结构，气流分配均匀，设有高效除油过滤器，配有大容量的空气缓冲罐及氧气贮罐。该产品属国内首创，具有设备简单、运行可靠、安装维修方便等特点，属于高难度、高科技、高附加值的产品。

由郑州工业大学、新乡四达有限公司研制生产的GDM组焊耐磨筛板，主要应用在冶金、矿山、建材等行业所使用的大型及重型振动筛分设备上。该筛板可分为三部分：①抵抗物料磨损的筛条，②防止筛条意外断裂的低碳结构钢加强筋，③从整体上承受振动筛交变振动冲击应力的筛框。筛条采用特殊的铸造工艺单独进行生产，其厚度、形状、大小及性能可根据需要进行设计制作，其成分为多元高碳合金钢，具有非常高的硬度及耐磨性能。筛条下部焊有低碳结构钢加强筋，可保证高硬筛条在工作过程中不发生断裂，筛条通过加强筋与筛框组焊在一起，使筛框从整体具有良好的抗疲劳性能，从而使这种筛板具有良好的综合机械性能。通过在上海宝山钢铁公司、北京首都钢铁公司、四川攀枝花钢铁公司、山西太原钢铁公司、马鞍山钢铁公司、江西德兴铜矿等单位试用，筛板使用寿命比现有各种筛板寿命提高2倍～4倍，具有国内领先水平。还有ZQ5030YYC型厢式运钞车等产品，均具有一定的国际水平。

由河南省机械设计研究院研制完成的模具窄缝、细孔的辉光离子氮化技术，通过导入几种微量气体，改变炉内气体成分及其他辅助手段达到了技术要求，为离子氮化用于窄缝、细孔开辟了一条新路，克服了一般辉光离子氮化温度不易均匀控制和在窄缝、细孔的零件及工模上产生过热或氮化不上等问题。目前1mm窄缝内(深度4mm)可获得均匀的氮化层,渗层硬度达1000HV以上,尤其是用于铝型材热挤出模的氮化(大多为窄缝)经100多炉次,8个厂家的生产应用考核,效果很好,氮化质量达到了国内同行领先水平。

质量 (1)为提高质量,增强质量管理意识,5月份召开了全省机械行业“双代会”,评出10个河南省优秀QC小组,75个行业优秀QC小组,4个小组被评为部级优秀QC小组。共2.6万人参加,创直接效益9 400万元,并向部推荐3个千厂万组无废品的先进小组。7个企业进行了ISO9000体系认证,并获得了13张证书。(2)共对107个企业进行了质量监督、考核,质量指数达到89.85%,比上年上升0.18个百分点;产品质量等级系数73.68%,比上年上升1.31个百分点;工业产品销售率为98.90%,比上年上升4.08个百分点;质量损失率为1.42%,质量处于稳定状态。1996年省监督抽查大行业57个企业、60个产品,合格49个,合格率为81.7%。厅归口15个企业的15种产品,合格15个,合格率为100%,省统检上半年14个小行业的264个企业、364个批次产品,合格率达83.1%。国家监督抽查42个企业、44种产品,合格32种,合格率为72.7%。厅归口企业抽查27个企业的27个产品,合格19个,合格率70.4%。

技术改造 一是完成了机械行业“九五”振兴规划,汽车工业“九五”发展规划以及行业“九五”技改规划,外经规划和分行业规划。二是积极争取项目,做好各方面的衔接和协调工作,特别是中西部倾斜的项目的考察与论证。经过努力,1996年争取到国家专项主要项目43个,投资规模约20亿元,专贷13亿元。三是抓好项目的年度实施工作。1996年共完成项目初步设计审批17项,投资16.42亿元。全年下达投资计划33个项目,投资5.6亿元。

汽车工程方面,郑州日产PK车项目已得到了国家的批准,3t车的省内配套也取得了新的进展,并争取到中信公司的第一批投资。一批有优势的汽车零部件项目被列入2期“双加”项目,8个项目被国家列入专项项目(其中“双加”项目6项,一般专项2项)。农机工程方面,通过实施百万台工程,使ZH1105柴油机的质量、结构、价格、服务、生产能力以及市场开拓都有了较大的变化。同时完成了农用车技改项目报批和上目录工作。电工电器工程和基础件工程方面,制定了发展规划,争取到12个“双加”项目,报批了一批重点项目,部分资金已经到位。

“三大战役” 主要体现在五个方面:一是建立了领导机构。省厅专门成立了“三大战役”指挥部和三个工作组,各市地局和部分企业也都相应成立了“三大战役”领导小组。二是在深入调查研究的基础上,制订了“三大战役”实施意见和《四个指南》,明确了目标任务,提出了工作重点。三是通过工作会议、电话会议、印发文件、开展调研等形式,对“三大战役”进行宣传。省厅组织了“三大战役”宣传月活动,举办了知识竞赛。四是配合“三大战役”在全行业开展学开封机械厂,学许继电气股份有限公司活动。通过活动推广了二个单位的经验,推动了“三大战役”的开展。

存在问题 一是效益水平低下。二是增量不足,存量不活,资金运营效率不高。三是结构性矛盾仍然是制约河南省机械工业发展的主要因素。

〔撰稿人:河南省机械电子工业厅办公室 崔安国、刘 齐 审稿人:河南省机械电子工业厅 陈良训〕

〔责任编辑:白 萍〕

湖北机械工业

湖北省机械工业厅

生产发展情况 1996年,在宏观环境依然偏紧的情况下,湖北省机械系统广大企业紧紧围绕机械工业部关于打好“三大战役”的统一部署,深入宣传、发动并积极组织实施,全行业生产与销售保持了稳定增长势头。全行业完成工业总产值253.82亿元,完成工业增加值67.38亿元,分别比上年增长1.3%和25.85%;实现销售收入228.86亿元,比上年增长3.9%;实现利税10.25亿元,与上年基本持平;完成出口创汇1.5亿美元,比上年增长7%。1996年,湖北机械工业主要经济指标见表1、表2。

1996年湖北省机械工业经济运行基本情况:一是生产摆脱下滑局面,呈稳步增长势头。从二季度开始,生产走出低谷,发展速度逐月加快。不计东风汽车公司,到4月末,工业总产值比上年同期增长3.08%,全年完成工业总产值135.8亿元,比上年增长4.54%。二是产销衔接好转,产销率由大幅度波动走向稳定提高。上半年月度产销率在低水平上呈波浪式大幅振荡,下半年逐月提高。6月份当月产销率仅91.8%。到12月份提高到106.2%。三是高亏势头受到抑制,经济效益恶化的状况有所减缓。8月份开始,按照国务院和省委、省政府的要求,全行业加大了扭亏增盈工作力度,省机械工业厅按照省政府下达的控亏目标与各地进行了衔接。经过全行业的共同努力,效果比较明显,全行业月度实现利润由盈亏相抵负3 000万元,逐步向盈亏平衡点靠拢,从9月份起实现了月度扭亏为盈。

表1 1996年湖北机械工业系统概况

行业	企业数(个)	全部职工平均人数(人)	工业总产值(不变价)(万元)	工业增加值(万元)	产品销售收入(万元)	产品销售税金及附加(万元)	利润总额(万元)	固定资产 原价(万元)	固定资产 净值平均余额(万元)
合计	537	422 963	2 538 130	673 743	2 288 472	10 299	2 117	2 220 493	1 427 341
农业机械	85	45 129	165 920	44 825	142 739	784	−1 294	159 347	108 422
工程机械	8	3 385	14 182	3 373	12 516	79	49	11 807	5 714
机床工具	41	33 918	50 047	12 870	48 672	350	−6 272	163 435	102 816
机械基础件	41	29 684	82 819	28 790	85 835	542	1 735	91 366	59 838
石化通用机械	39	22 772	73 217	19 916	59 615	378	−462	72 696	45 403
重型矿山机械	25	14 001	42 885	13 914	32 637	192	33	43 342	25 878
汽车	143	190 324	1 716 026	446 385	1 546 211	5 600	3 204	1 351 878	84 8974
电工电器	84	53 160	266 409	74 691	268 003	1 951	9 444	188 858	123 510
仪器仪表	27	15 995	83 862	13 579	52 812	308	−3 526	77 827	60 916
食品包装机械	3	933	1 831	548	1 491	12	−191	2 836	2 191
其他	41	13 654	40 932	14 852	37 941	103	−604	57 101	43 679

表2 1996年湖北机械工业系统产品产量

产品名称	单位	产量	比上年增长%	产品名称	单位	产量	比上年增长%
内燃机	台	427 956	1.1	叉车	台	1 383	−51.2
	MW	11 362	−13.0	汽车	辆	136 066	−8.5
汽轮发电机	台	28	55.6	其中:不含东汽	辆	14 616	94.7
	MW	401	39.2	民用改装车	辆	11 574	−17.0
电站锅炉	台	17	−29.2	汽车配件	万元	508 193	14.7
	t(蒸汽)	5 024	−16.2	交流电动机	MW	1 035	−20.0
大型机床	台	11	−79.3	变压器	MV·A	1 994	−11.8
大型锻压设备	台	342	−2.3	高压断路器	台	2 457	−18.5
大型风机	台	77	−61.0	高压开关板	面	1 729	−31.2
制冷设备	套	627	−40.3	电力电缆	km	4 073.6	2.0
滚动轴承	万套	4 070	−4.1	控制电缆	km	1 457.1	4.1
标准紧固件	万件	71 570	−11.2	钢芯铝绞线	t	14 906	40.2
	t	6 724	−11.9	空气调节器	万台	2	5.2
大中型拖拉机	台	4 200	−14.4	电工仪器仪表	万台	0.2	−71.4
农用运输车	辆	41 489	250.6	电焊条	t	35 179	116.2

市场及销售 1996年全行业实现销售收入和出口创汇分别比上年增长3.9%和7%,成绩来之不易。许多企业面对国内、国际市场的激烈竞争,紧中求活,注重在认真研究市场、分析市场环境和市场结构的基础上,研究和选择市场机遇,对企业和产品进行正确定位。自觉改变过去单纯的销售方式,制订多种营销组合,如联销制、代销制、代理制、招标投标等,激发营销活力,强化售后服务,逐步增强了企业对市场的应变和快速反应能力,部分企业路子越走越宽,取得了可观的经济效益,成为促进行业发展的主力军。1996年,行业内销售收入超亿元的企业31个(详见表3)。这批超亿元的企业数只占全系统企业数的5.8%,而产出集中度已达到70.8%,行业发展得到强有力的支撑。

机电产品出口有较大增长,1996年出口创汇额1.5亿美元,比上年增长7%,出口创汇额在100万美元以上的企业有21个,涌现出一批出口创汇增长较快的突出企业。如东风汽车公司比上年增长40%,湖北拖拉机厂比上年增长35.4%,湖北红旗电缆厂比上年增长32%,襄阳汽车轴承股份有限公司比上年增长29.4%,省机械设备进出口公司比上年增长25%(详见表4)。

新技术及科研成果 1996年湖北机械工业共有84项科技成果获得国家、机械工业部和湖北省科技进步奖。其中1项成果获国家级科技进步奖，10项成果获湖北省科技进步奖，8项成果获机械工业部科技进步奖，65项成果获省机械工业厅科技进步奖。湖北省机电研究院承担的大亚湾核电站检测机器人获国家级科技进步三等奖；黄石起重机械总厂研制的XDs单轨小车悬挂送丝机获机械工业部科技进步二等奖；武汉锅炉厂研制的200MW电站锅炉锅筒、武汉重型机床厂试制的DLA210型数控重型机床获湖北省科技进步二等奖；湖北沙市阀门总厂研制的水轮机进水液动蝶阀、湖北宜都运输机械厂研制的MSM40耐磨型埋刮板输送机获省机械工业厅科技进步一等奖。

表3　1996年湖北机械工业系统销售收入超亿元企业

序号	企业名称	销售收入（万元）	序号	企业名称	销售收入（万元）
1	东风汽车集团	1 001 054.5	17	湖北荆沙市电工仪器仪表工业公司	17 180.2
2	猴王股份有限公司	43 168.2	18	武汉仪器仪表自动化工业公司	16 854.7
3	武汉锅炉厂	41 952.2	19	十堰市车轿轮毂厂	16 288.5
4	襄阳汽车轴承股份有限公司	38 672.5	20	湖北神电汽车电机股份有限公司	16 171.8
5	湖北专用汽车制造厂	38 146.4	21	东风化油器有限公司	15 163.1
6	湖北红旗电缆工程集团	36 284.1	22	襄樊东风汽车电气有限责任公司	13 149.2
7	湖北神雁专用汽车集团有限公司	30 877.8	23	东风汽车仪表有限责任公司	12 076.7
8	武汉汽轮发电机厂	29 458.6	24	湖北汽车电器厂	12 004.6
9	湖北省广济动力机总厂	24 566.6	25	湖北汽车动力转向器厂	11 585.6
10	宜昌至喜集团公司	22 986.0	26	襄阳汽车轴承实业总公司	11 143.1
11	湖北车桥股份有限公司	22 475.8	27	武汉电缆(集团)股份有限公司	10 653.0
12	湖北东力工业公司	21 440.9	28	应城市摩托车制造厂	10 438.0
13	湖北华阳企业集团公司	20 766.4	29	东风汽车悬架弹簧有限公司	10 325.2
14	湖北天风汽车(集团)股份公司	18 354.5	30	武汉重型机床厂	10 196.1
15	东风散热器有限公司	18 347.4	31	湖北开关厂	10 035.7
16	湖北驰乐汽车(集团)股份有限公司	17 748.1			

表4　1996年湖北机械工业系统出口创汇额超百万美元的企业

序号	企业名称	创汇额（万美元）	序号	企业名称	创汇额（万美元）
1	湖北省机械设备进出口公司	4 000	12	武汉重型机床厂	233
2	武汉市机械设备进出口公司	2 801	13	广济动力机总厂	218
3	东风汽车公司	2 187	14	武汉照相器材厂	200
4	武汉锅炉厂	1 429	15	谷城恒立铸造厂	187
5	湖北红旗电缆工程集团	1 024	16	襄阳汽车轴承集团公司	178
6	猴王集团	471	17	咸宁工程机械厂	178
7	湖北重型机器集团	333	18	荆州机床厂	153
8	湖北拖拉机厂	310	19	湖北车桥股份有限公司	152
9	中汽进出口公司武汉分公司	300	20	京山机械厂	109
10	襄樊星火轴承厂	295	21	随州市机床厂	103
11	黄石锻压机床(集团)公司	235			

1996年，湖北省被列为国家科委的“CAD工程示范省”，武汉市是全国两个“CAD工程示范城市”之一。湖北省机械工业系统CAD技术应用率达20%，大中型企业CAD技术应用率达50%。宜昌机床工业公司、黄石锻压机床厂、宜昌叉车厂、沙市阀门总厂、湖北汽车灯具厂被授予“全国CAD应用工程先进单位”荣誉称号。

新产品 1996年，完成新产品开发300项，为企业和行业生存发展提供了有力保证。如柔性组合机床、热电联产机组、220kV分裂导体电缆、PC控制水轮机进水液动蝶阀、7m液压剪板机、超宽埋刮输送机以及34种规格型号的农用车等，这一大批新产品开发与投产，成为全系统新的经济增长点。

质量 通过对重点企业的质量考核，质量指数达到91.11%，比上年提高了1.95%；产品质量等级系数达到75.63%，比上年提高了2.81%。经国家、部和省级各类质量监督抽查，合格率为91.8%。1996年，湖北省人民政府授予的第一批精品名牌产品中，全系统有10个企业的有关产品荣登榜首。它们是东风汽车公司的EQ1141G、EQ1108G载货汽车，猴王集团公司的焊接材料，襄阳汽车轴承股份有限公司的系列汽车轴承，武汉新世界制冷工业有限公司的LG12、5F55Z、20A200Z螺杆制冷压缩机，宜昌机床股份有限公司的系列金属打包液压机，黄石锻压机床（集团）公司的液压板料折弯机、剪板机，武汉锅炉厂碱回收锅炉、300MW级电站锅炉，湖北广济动力机总厂的R180型柴油机，湖北红旗电缆厂的纸绝缘电力电缆，湖北汽车蓄电池厂的铅酸蓄电池。

到1996年，全省有襄阳汽车轴承股份有限公司、宜昌机床（集团）公司、钟祥活塞厂、猴王焊丝厂、湖北精峰实验设备有限责任公司、随州天风集团股份有限公司和通达汽车零部件集团七个企业通过ISO9000质量体系第三方认证。

技术改造 1996年全系统承担第一批“双加”项目和国家重点专项3项，完成投资6 386万元，与改造前相比，可新增销售收入25 653万元，利税1 709万元。宜都运输机械厂完成技改投资1 008万元，引进了2台关键设备，合理配置了国内设备，使企业生产能力成龙配套，满足了埋刮板输送机结构件、承载件的生产，提高了产品的质量水平，刮板链条寿命达16 000h，机壳寿命达27 000h，达到国际先进水平，新增电厂专用型、粮食专用型、气密型埋刮板输送机等市场急需产品1 500t/150台（套）生产能力。咸宁工程机械厂“三轮一带”的技术改造项目是列入国家经贸委消化引进十二条龙中的一项，完成投资1 310万元，在原有基础上、改进工艺、添补少量关键设备，生产出新型推土机D6D“三轮”产品总成，零件的各种技术要求完全符合卡特彼勒产品图样和IE标准要求。“三轮”产品的使用寿命达到5 000h，其制造工艺在国内同行业中属领先水平。广济动力机总厂完成专项投资4 068万元，新增销售收入1.9亿元，新增利税900万元，该厂积极采用先进技术，改造铸造、加工、总装配车间，建立各项检测制度，迅速扩大市场覆盖面，形成规模经济，现已形成柴油机40万缸生产能力。

到年底已基本落实第二期“双加”工程13项，总投资5.92亿元，其中专项贷款4.1亿元，各项前期准备工作正在进行之中。1996年，湖北省机械工业厅因工作突出，被授予湖北省技术改造先进管理单位，武汉锅炉厂、黄石锻压机床（集团）公司等单位的33个项目被授予湖北省技术改造优秀项目。

对外合作 湖北机械工业系统全年引进技术项目2项，合同成交额117.63万美元，引进的软件技术主要有制造工艺、技术标准、测试技术和产品图样等；进口的设备有活塞专用机床、数控加工中心、成型校正机、滚压机、数控精密镗床、壁厚检测机。全年利用世界银行贷款85.3万美元。批准“三资”企业11个，总投资额达9 213.98万美元，其中外商协议投资3 109.13万美元。投资额在200万美元以上的项目有7项，其中投资额在500万美元以上的项目有5项。

通过引进技术，利用外资，促进了企业的发展，增强了企业的后劲，一部分企业的经营效果已经体现出来，如湖北神电汽车电机有限公司，引进美国通用汽车公司的汽车起动机、发电机产品技术，经消化吸收，开发出20种新产品，1996年销售收入1.6亿元，利税2 754万元。又如合资的湖北－戴蒙德机械有限公司，九年来共为国内外80多个大型发电厂提供了优质的锅炉吹灰器配套工程100余项，通过对引进技术的消化吸收，开发出8个系列的锅炉吹灰系统新产品，填补了我国此项技术的空白，国内产品市场覆盖面现已扩大到70%，300MW以上大型锅炉吹灰器市场覆盖面扩大到90%以上，销售收入由合资第一年的380万元，增长到1996年的7 870万元，是原来的20.7倍，年递增率高达43%，人年均销售收入达到18.5万元。

管理及改革 1996年，湖北省机械工业系统成立企业集团5个，累计组建集团60个。当年成立股份制企业8个，累计组建股份制企业30个。全省机械工业认真贯彻落实国务院学邯钢《通知》精神，广泛开展“学邯钢、降成本、练内功、增效益”活动，企业改革与发展迈出了新的步伐，取得了可观的经济效益。如武汉市拖拉机厂通过学邯钢、推墙入海，主动按市场价格倒逼成本，使单台成本由2 756元降为2 305元；广济动力机总厂模拟市场，实施成本否决法管理，严格考核，奖罚兑现，取得可喜成绩，单台柴油机成本在剔除材料、电力上涨等因素外，R175柴油机成本下降17.51元，375型柴油机成本下降51.12元；武汉水泵厂，发挥自身优势，盘活资产存量，组建四方泵业集团，产生了组合效益，上年企业经济效益综合指数从国内同行业第十八位上升到第七位。

企业改革取得重大进展。一是现代企业制度试点取得新的进展。全省机械工业首批11个试点企业已有8个通过方案审批，并进入运行阶段。武汉锅炉厂经国家经贸委、省政府批准，改制为国有独资公司，并授予其国有资产经营权，理顺了内部关系，健全了法人治理结构，1997年获准发行B股股票。襄阳汽车轴承股份有限公司股票于1997年元月6日挂牌上市。二是企业间的兼并、合并形式多样，方法灵活，力度加大。如以产权股权互换为特点的湖北车桥股份有限公司兼并武汉车桥厂，以承担历史债务为特点的猴王集团兼并武汉货柜厂，以托管经营为特点的广济动力机总厂托管江西吉安柴油机厂，以及不少跨行业、跨地区、跨部门的企业间的相互参股等新型产权关系的建立，开创了一道道国有资产重组的新景观。三是以股份合作制为主要形式的小企业改制工作全面展开，高潮迭起。从省委、省政府6月份召开小企业改革工作会以来，在仅半年的时间里，就有一批股份合作制企业脱颖而出。如仙桃轴承股份有限公司、武汉通用机械工业有限公司等股份制合作企业相继成立，为小企业改革积累了经验。

存在的问题 主要是思想观念、经济结构和企业素质不能适应社会主义市场经济迅速发展的要求。具体来说，思想不够解放，经营观念没有较好地转变到市场经济上；“大而全、小而全”的企业结构没有受到大的触动；整个机械工业支撑结构单一，过于依赖汽车，一损俱损，一荣俱荣，尚未形成多行业共同支撑的发展格局；企业的整体素质不高，生产有规模，又大又强的企业很少等。

〔撰稿人：湖北省机械工业厅办公室　李如峰　审稿人：湖北省机械工业厅厅长　曹启佑〕

〔责任编辑：白　萍〕

湖南机械工业

湖南省机械工业局

生产发展情况　1996年，湖南省机械工业系统共有归口企业420个。其中，国家骨干企业17个，国家重点企业28个，普通企业375个；按经济类型分列，国有经济企业260个，集体经济企业131个，股份制经济企业11个，中外合资经营企业3个，港澳台与大陆合资经营企业1个，其它经济企业14个；按企业规模分列，大一型企业2个，大二型企业26个，中一型企业16个，中二型企业70个，小型企业306个。

1996年，湖南省机械工业面对适度从紧的外部环境，从解决薄弱环节入手，努力打好产品质量翻身、组织结构优化、开发能力提高“三大战役”，促进“两个根本性转变”，生产增长逐月回升，出口平稳增长，产品结构有所调整，经济运行逐步趋于正常。但受市场和资金的困扰，企业生产经营困难重重，经济效益持续下降，亏损额不断增加。全年完成工业总产值(1990年不变价)78.01亿元，产品销售收入81.95亿元，工业增加值20.19亿元，分别比上年增长8.84%、3.5%和下降9.4%；实现利税1.07亿元，比上年下降55.42%；亏损面达55%；亏损企业亏损额4.45亿元，比上年增长13.8%，盈亏相抵净亏3.18亿元，比上年增亏0.67亿元。主要经济指标完成情况详见表1、表2。全年利税总额超千万元的企业11个。具体企业及完成情况详见表3。

1996年经济运行的主要特点：

(1)部分大中型企业增长强劲。尽管全年生产运行基本平稳，但发展不平衡，地市、行业中增少降多。全行业的生产增长主要依托少数大中型企业强劲增长的支撑。14个地州市，仅郴州、益阳增长；11个分行业仅电工电器、工程机械和食品包装机械行业增长，其余地市和行业均为负增长。在这种严峻的形势下，部分大中型企业仍呈现产销两旺、效益上升的良好势头，保持着企业经济的稳步、快速、健康发展，如湖南电线电缆集团公司、湖南汽车车桥厂、衡阳电缆厂、滨湖柴油机总厂等。全系统114个大中型企业完成工业总产值(1990年不变价)62.58亿元，比上

表1　1996年湖南机械工业系统概况

行　业	企业数(个)	全部职工平均人数(人)	工业总产值(不变价)(万元)	工　业增加值(万元)	产品销售收　入(万元)	产品销售税金及附加(万元)	利润总额(万元)	固定资产	
								原价(万元)	净值平均余额(万元)
合计	420	249 504	780 065	201 873	819 483	3 658	－31 758	1 051 416	721 767
农业机械	124	58 109	146 912	49 837	151 548	585	－5 534	206 857	140 408
工程机械	7	9 544	40 453	11 762	38 300	198	1 612	35 898	24 198
机床工具	23	13 483	18 978	7 862	19 245	178	－3 115	57 171	40 180
机械基础件	35	20 459	31 558	8 466	30 901	215	－4 187	68 129	45 077
石化通用机械	30	18 340	58 435	17 414	59 812	536	1 224	90 233	61 387
重型矿山机械	15	11 885	21 891	4 838	24 000	181	－3 124	46 607	31 133
汽车	52	35 149	87 737	18 963	96 560	500	－11 089	170 661	109 429
电工电器	102	68 573	344 638	76 054	376 411	1 097	－4 507	327 352	233 968
仪器仪表	17	7 883	14 671	2 612	10 105	62	－1 929	21 979	15 615
食品包装机械	7	3 882	11 185	3 633	8 759	88	－332	18 293	14 083
其他	8	2 197	3 607	432	3 843	21	－777	8 236	6 289

表 2　1996 年湖南机械工业系统主要产品产量

产品名称	单位	产量	比上年增长%	产品名称	单位	产量	比上年增长%
工业锅炉	t(蒸汽)	2 131	11.0	小型拖拉机	台	15 757	−46.4
内燃机生产量总计	MW	3 188	−1.2	农用运输车	辆	1 586	−8.4
其中:农机内燃机	MW	2 516	−0.6	拖拉机、内燃机配件	万元	26 819	−16.4
汽车内燃机	MW	672	−3.3	叉车	台	269	−37.6
发电设备	MW	37	−9.8	汽车	辆	2 408	−36.5
金属切削机床	台	1 262	−27.6	改装汽车	辆	2 074	−19.5
锻压设备	台	359	−33.0	汽车配件	万元	66 294	−8.6
起重设备	t	3 836	−48.1	工矿配件	t	5 144	18.1
其中:电动双桥起重机	台	104	−18.1	交流电动机	MW	1 736	−18.2
龙门式起重机	台	5	0.0	变压器	MV·A	3 954	3.8
运输设备	t	2 691	−30.4	电气传动控制屏	面	720	−18.5
工业泵	台	17 107	−36.7	钢芯铝绞线	t	7 340	43.2
农业泵	台	182 857	−19.0	电力电缆	km	5 091	57.4
风机	台	5 136	0.0	通信电缆	km	3 684	17.3
轴承	万套	1 722.8	−12.1	高压电瓷	t	2 320	−47.8
液压件	万件	4.5	−35.7	工业自动仪表	万台(件)	45.7	12.6
高中压阀门	t	164	−10.9	其中:水表	万台(只)	37	34.1
矿山设备	t	1 415	−23.4	电工仪器仪表	万台(只)	75.9	−29.0
印刷机械	t	1 178	−20.7	其中:电度表	万只	62	−29.8
包装机械	台	313.0	−55.5	实验仪器及装置	台	7 871	23.8

年增长 18.67%，高出全行业增幅 9.83 个百分点。

(2) 产品结构有所调整。1996 年，重点发展的汽车、工程机械、电工电器三大支柱行业，除汽车行业继续下滑外，工程机械和电工电器行业得到进一步发展。三大行业工业总产值、销售收入占全行业的比重分别由上年的 52.06%和 53.68%上升到 60.61%和 62.39%。年末产品销售率为 97.71%。尽管如此，产销衔接总体水平仍不够理想，库存仍然偏高，年末产品库存总额 18.63 亿元，比上年增长 5.25%。

(3) 重点军工任务完成较好。1996 年，全系统承担军工生产任务的企业 15 个，计产值 1.2 亿元，产量 14 308 台(套)。这些企业和其它承担国家重点工程任务的企业在资金紧张、生产难组织的情况下，优先保证国家重点、军工任务的生产，做到了按期按质完成。

(4) 特大洪灾没有使机械工业生产出现大的波动。1996 年 7 月，湘西北地区遭受特大洪灾，益阳、常德、邵阳、岳阳、湘西土家族、苗族自治州、怀化、张家界等 7 个地州市 40 个机械企业受灾，直接经济损失 1 亿元。受灾严重的企业有湖南专用汽车制造厂、湖南第二人民机器厂、湖南气缸垫厂、泸溪机械厂等。灾情发生后，省、地各级机械工业管理部门积极组织企业抗洪抢险，开展对口支援。湖南省机械工业局及时发出了《关于积极行动起来，夺取救灾和生产双胜利》的紧急通知，确定了坚定完成全年目标任务不动摇的指导思想。局领导分片到各地州市慰问受灾企业，检查督促抗灾救灾，补产增产任务的落实。由于抗灾救灾，补产增产措施得力，湖南省机械工业生产没有因为特大洪灾的影响出现大的波动。

市场及销售　1996 年，受国家严格控制固定资产投资规模的影响，投资类产品市场需求相对不足，加之机电产品过量进口的冲击和出口难度加大，致使湖南省大多数机械企业生产任务不足，能力放空。全年累计订货 69.95 亿元，比上年减少 12.04 亿元，30%左右的企业处于停产、半停产状态，企业下岗职工激增。面对国内市场有效需求不足的严峻形势，湖南省机械工业大力开拓国际市场，全年完成出口交货值 98003 万元，比上年增长 112.45%，出口交货值占销售产值的比重达 11.65%，比上年提高 6.22 个百分点，高于全国机械工业平均水平。产品销售收

表 3　1996 年湖南机械工业系统利税超千万元企业

序号	企业名称	利税总额(万元)
1	湖南电线电缆集团有限公司	6 746
2	湘潭电机厂	3 164
3	郴州公路工程机械厂	2 979
4	长沙水泵厂	2 183
5	岳阳恒立制冷（集团）公司	1 830
6	南岳油泵油嘴有限公司	1 464
7	湖南省浦沅集团有限公司	1 314
8	株洲汽车齿轮厂	1 238
9	湖南汽车车桥厂	1 165
10	长沙鼓风机厂	1 086
11	长沙电机厂	1 080

表 4　1996 年湖南机械工业系统销售收入超亿元企业

序号	企业名称	销售收入（万元）
1	湖南电线电缆集团有限公司	220 070
2	湘潭电机厂	37 531
3	湖南汽车车桥厂	24 106
4	长沙水泵厂	17 619
5	湖南省浦沅集团有限公司	16 524
6	株洲汽车齿轮厂	15 116
7	郴州公路工程机械厂	13 113
8	岳阳恒立制冷（集团）公司	12 894
9	株洲电焊条总厂	12 724
10	衡阳拖拉机厂	12 040
11	湘潭柴油机厂	11 769
12	湖南省动力机厂	10 809
13	湖南滨湖柴油机总厂	10 717
14	南岳油泵油嘴有限公司	10 670
15	衡阳现代电气设备集团有限公司	10 572

入过亿元的企业 15 个，出口交货值过千万元（人民币）的企业 7 个，具体企业及完成情况详见表 4、表 5。

科研成果及新产品　1996 年，完成国家重大攻关项目 5 项，其中，长沙水泵厂完成的与 300MW、600MW 配套用立式斜流海水循环泵达到国际先进水平，可以替代进口产品；岳阳恒立制冷（集团）公司完成的沙漠油田用空调机，填补了国内空白；长沙鼓风机厂完成的 300MW、600MW 机组锅炉用清灰系统高负压罗茨鼓风机具有国外同类产品先进水平，能替代进口产品。完成重大新产品开发 25 项，其中湘潭电机厂开发的 200t 牵引机车填补国内空白；地铁 GTO 无级调速装置达到国外同类产品先进水平，并在伊朗地铁项目中中标。

表 5　1996 年湖南机械工业系统出口交货值超千万元企业

序号	企业名称	出口交货值（万元）
1	湖南电线电缆集团有限公司	58 473
2	郴州公路工程机械厂	15 971
3	湘潭柴油机厂	4 033
4	长沙水泵厂	3 508
5	株洲轴承总厂	2 234
6	衡阳轴承厂	1 315
7	祁阳机械制造厂	1 286

1996 年，湖南省机械工业积极推进“开发能力提高战役”的实施，组织了重点产品和明星企业技术进步示范工程企业的申报工作，成立了“湖南省机械工业 CAD/CAM 技术培训与推广应用中心”。湖南省浦沅集团有限公司、长沙鼓风机厂、长沙水泵厂、岳阳恒立制冷（集团）公司、湘潭电机厂、湘潭电缆厂、湖南仪器仪表总厂、常德七一机械厂 8 个企业被列入机械工业部技术中心建设企业；湖南省浦沅集团有限公司、长沙鼓风机厂、长沙水泵厂、岳阳恒立制冷（集团）公司、湘潭电机厂、湘潭电缆厂、常德七一机械厂、湖南机床厂、株洲汽车齿轮厂、株洲火炬火花塞股份有限公司 10 个企业被列入机械工业部技术进步示范工程试点企业备选企业；大型高压电机等 48 种产品列入机械工业部 1 000 种重点产品开发指南；湖南省浦沅集团有限公司列入机械工业部“CAD 应用 1 550 工程”计划；湖南专用汽车制造厂列入国家科委 CMIS 示范企业。

质量　1996 年，湖南省机械工业以强化管理，提高实物质量和创名牌产品为重点推进“产品质量翻身战役”的实施。省机械工业局先后组织制订了《湖南省机械工业产品质量翻身战役实施方案》、《湖南省机械工业产品质量上台阶实施计划》和《湖南省机械工业承制重点工程机电产品质量管理办法》。成立了湖南机械工业质量体系认证咨询服务中心，全面推动了 ISO9000 标准的贯标工作，湘潭电机厂、衡阳电缆厂、湘潭电缆集团大阳公司、株洲火炬火花塞股份有限公司、长沙阀门厂等企业通过了质量体系论证。长沙鼓风机厂等 20 个企业开展了贯标认证工作。湖南省浦沅集团有限公司、湘潭电机厂、湘潭电缆厂 3 个企业列入 1997 年机械工业明星企业备选企业，湘潭电机厂生产的 Y355-630 系列高压三相异步发电动机等 10 个产品列入 1997 年机械工业名牌产品备选名单。全省机械系统共创优等品 14 项，一等品 50 项，省名牌 9 项。组织发动企业开展群众性的质量降废减损活动和质量攻关活动，共获机械工业部优秀 QC 成果 2 项，机械工业部质量信得过班组 2 个，省优秀 QC 成果 25 项，省质量信得过班 17 个，降废减损创效益 1 000 万元。完成 22 个汽车生产企业的 97 种汽车产品的怠速排放验收，开展了全省中小电机贯彻强制性标准的质量整顿工作，组织了 18 个向社会公开发表质量承诺的企业，交流质量承诺经验。

技术改造　1996 年，全系统安排技改项目 73 项，其中国家专项 34 项（含“双加”工程一期项目 7 项），利用外资 6 项；计划投资 33 336 万元，其中国家专项 13 982 万元，地方贷款 8 369 万元，利用外资 4 195 万元，企业自筹 6 790 万元；竣工项目 23 项（含“双加”一期项目 2 项），共完成投资 42 705 万元，其中专项贷款 22 944 万元，银行贷款 9 615 万元，自筹及其它 10 146 万元，用汇 1 612 万元。按设计能力测算，可新增产值 115 000 万元，销集收入 160 000 万元，利税 25 800 万元，创汇 1 800 万元。

对外合作　1996 年，共有长沙水泵厂、湘潭电缆厂、株洲火炬火花塞股份有限公司利用国外政府贷款指导计划 3 项；长沙汽车发动机厂与马来西亚安卡莎机械有限公司合资签约 1 项，总投资 2 890 万美元，从事汽车发动机及汽车配件的生产、销售；引进国外设备 5 台（套）。

管理与改革 1996年，湖南省列入现代企业制度试点的企业55个，其中机械工业系统企业13个。这批试点企业，按照省政府和省建制试点办的要求，加快了改制、改组的步伐。浦沅工程机械集团有限公司、衡阳现代电气设备集团有限公司、岳阳恒立制冷集团有限公司、邵阳液压有限责任公司、长沙泵业集团有限公司、零陵发电设备有限责任公司等企业相继挂牌。岳阳恒立冷气设备股份有限公司作为国内上市公司中第一家汽车空调生产企业其A股于1996年11月7日在深圳证券交易所上市，岳阳恒立本次发行价为5.89元，发行市盈率为15.7倍。新股发行后，公司总股本5 200万股，其中发起人持股2 100万股，法人股900万股，社会公众股1 300万股，内部职工股900万股。发行所募资金主要用于轻型客车和大中型客车空调机的引进项目。

1996年，湖南省机械工业在贯彻"抓大放小"改革方针上取得了明显进展。"抓大"方面，根据机械工业部"三大战役"的总体部署，在组织结构调整上加大了工作力度，并争取了省委、省政府的高度重视。在省委、省政府主要领导亲自抓的全省7大企业集团中，机械占3个。它们分别是湖南电线电缆集团、湖南通用电气集团和浦沅工程机械集团。由湘潭电缆厂、衡阳电缆厂、衡阳电线电缆厂、涟源电线电缆总厂联合组建的湖南电线电缆集团，由湘潭电机厂改制而成的湖南通用电气集团，以及浦沅工程机械集团均已形成组建方案，为湖南电线电缆、电机、工程机械行业的快速发展奠定了坚实基础。由长沙水泵厂、长沙电机厂、长沙化工机械厂联合组建的长沙通大集团，于9月开始运行，实现了跨行业联合。"放小"方面，各地州市通过兼并联合、公有民营、租赁承包、股份制改造、分立分治、分块搞活、破产重组等多种途径促进了企业经营机制的转换，资产得到了优化，盘活了一批无规模、效益差的小企业，同时也使部分具备发展优势的大中型企业迅速实现了资本扩张，为从整体上搞活机械系统的国有经济创造了条件。全省机械系统重组兼并企业15个，盘活资产8 700万元，破产终结国有企业9个，涉及资产总额13 561万元。

〔撰稿人：湖南省机械工业局　朱建珊　审稿人：湖南省机械工业局局长　林国悌〕

〔责任编辑：白　萍〕

广东机械工业

广东省电子机械工业厅

生产发展情况 1996年，广东省机械工业系统有工业企业559个（归口机械工业部企业），比上年增加45个，共有职工201 229人（工程技术人员占8.4%）。其中国有独立核算企业370个，比上年增加19个，职工134 015人，比上年减少11 086人。其中有大一型企业5个，大二型企业28个，中一型企业20个，中二型企业105个；机械工业部骨干企业10个，重点企业49个。1996年，广东机械工业整体处于低速运行、平稳发展的态势，全年完成工业总产值251.18亿元（1990年不变价新规定），比上年增长4.2%（详见表1）。全系统以打好"三大战役"统领全盘工作，努力促进产品质量、结构优化和开发能力迈上新的台阶，省厅制定了《广东省机械工业"三大战役"实施方案》，提出了打好"三大战役"的总体目标、重点工作、政策措施、职责分工和进度安排，明确了备选企业名单。肇庆市机械局率先打响"三大战役"，在4月份就提出《发展"四优企业"，打好"三大战役"，实施十项激励措施的意见》，6月份制定实施方案，10月份颁发《实施十项激励措施成绩汇总表（兑现奖励）》，收到较好的效果，全年完成工业总产值比上年增长12.7%，各市和企业也不甘落后，江门、汕头、韶关、湛江、佛山、中山、潮州等市和湛江三星汽车制造厂、广州柴油机厂、韶关铸锻总厂、佛山电器总公司等企业纷纷启动"三大战役"工作，使各市机械工业和企业能够在困难的形势下保持平稳的发展。全省机械工业系统主要产品产量稳中有升，其中增幅30%以上的有复印机、数控机床、工业自动化仪表、汽车配件、电冰箱、发电设备、摩托车、空调器等（详见表2）。归纳起来，广东省机械工业1996年的经济运行有如下特点：(1)扶优扶强、结构优化。全省21个市中，有10个市机械工业总产值比上年增长，珠江三角洲成为机械工业重地的趋势进一步显现，佛山、广州、江门、肇庆等市的机械工业总产值就占全系统的75.6%，销售收入占73.6%，利润占139.4%，增加值占72.7%，分别比上年提高9.6、2.7、6.3、32.8个百分点，电工电器行业继续保持增长势头，完成工业总产值112.4亿元，比上年增长2.2%，占全系统工业总产值的44.8%，几乎撑起了"半壁河山"，销售超亿元企业49个，创汇超过百万美元的企业70个；原来机械工业基础薄弱、客观条件较差的地区，已经逐步找到了自己的市场位置，甘当配角，发展自己的优势，如梅州的汽车配件、肇庆的仪器仪表等。(2) 扩大出口、走向全国。在稳步发展国际市场的同时，把注意力放到全国市场上，改变过去那种眼光只放在省内市场的作法，花大力气拓展省外市场，有的企业还把生产基地建到内地，如科龙电器股份有限公司，分别在四川、辽宁建立科龙冰箱有限公司，迈出了跨地区发展的步伐。(3) 加快转制、加强管理。列入省级现代企业制度试点的 24 个企业，积极做好试点方案，正确定位经营模式，已有 19 个企业的试点方案获得批准并进入实施阶段，各市企业转制也有新的进展，如江门市原有的 9 个国有企业已改制 8 个，改制企业生产发展，效益提高；1996 年又有一批企业取得 ISO9000 认证，增强了企业的竞争力，如广东明珠珠阀集团在项目招标中亮出认证证书，争得武钢四号高炉改造等 3 个项目共 700 万元的合同；韶关轴承厂揣着认证证书在德国的展销会上，落实 1 亿美元的合同和 1 亿美元的意向。整顿了高低压开关柜生产企业、清理无证企业；邯钢经验得到推广，管理工作有较大的改善，汕头电机厂通过学"邯钢"，着力深化车间经济责任制，采取社会生产成本倒迫法等方式，实行车间生产成本包干责任制，使每台电机成本费用减少 100 元～200 元，扭转了亏损的局面。(4) 弱者愈弱、仍然受制。滞后地区、基础薄弱行业、老中小型企业、落后产品受到进一步的制约，如河源、汕尾、揭阳等市，重型矿山、工程机械行业，老的农机企业和产品，发展大大滞后于珠江三角洲地区和其他行业产品，仍未走出困境。(5) 效益不佳，亏损严重。1996 年广东机械工业系统实现利润总额 7 588.1 万元，比上年减少 71.4%，亏损企业 257 个，比上年增长 56.7%，亏损企业亏损额 10.27 亿元，比上年增长 54.6%。

表 1　1996 年广东机械工业系统概况

行业	企业数(个)	全部职工平均人数(人)	工业总产值(不变价)(万元)	工业增加值(万元)	产品销售收入(万元)	产品销售税金及附加(万元)	利润总额(万元)	固定资产	
								原价(万元)	净值平均余额(万元)
合计	559	198 889	2 511 784	608 372	2 228 596	29 646	7 588	1 668 399	1 088 017
农业机械	104	34 627	175 746	44 413	145 128	799	−11 837	164 617	108 683
工程机械	2	1 165	2 201	472	3 526	14	−443	4 048	2 275
机床工具	28	11 628	48 324	17 975	52 958	315	738	59 990	37 972
机械基础件	50	15 142	125 593	32 244	94 799	516	201	100 517	70 424
石化通用机械	42	14 132	118 139	36 757	116 881	833	7 699	123 495	89 995
重型矿山机械	22	8 827	157 220	19 402	98 513	767	−1 129	49 413	32 926
汽车	57	22 386	493 752	74 951	426 146	21 195	−40 923	417 439	268 823
电工电器	154	58 994	1 124 206	325 017	1 042 218	3 687	50 367	548 256	348 863
仪器仪表	27	8 777	130 629	21 721	95 156	646	4 915	56 773	36 434
食品包装机械	18	7 550	43 121	12 857	39 638	288	260	35 254	20 337
其他	55	15 661	92 853	22 564	113 633	587	−2 261	108 598	71 284

市场及销售　1996 年，广东机械工业系统产销率、销售产值均下降，经济效益很不理想。全年完成销售产值 231.8 亿元，比上年下降 11.7%；产销率 94.5%，比上年下降 12.1 个百分点；实现销售收入 222.8 亿元，比上年下降 3.4%。产品销售收入超亿元的企业有 49 个(详见表 3)，适销对路、优势特色、高新技术产品的销售保持较好的势头，主要产品产销量稳中有升。产品出口继续保持稳定增长，主要产品的出口量基本保持上年水平，出口产值占工业产值的比重为 16.7%，出口交货值下降 5.8%，出口创汇超 500 万美元的企业有 17 个(详见表 4)。

新技术及科研成果　广东省机械工业紧紧围绕"三大战役"，努力抓好新技术和科研成果的应用。1996 年，全系统获机械工业部科技进步奖 6 项，获省科技进步奖 12 项，被评为省优秀新产品 45 项，获广东省电子机械工业科技进步奖 31 项，2 个项目入选广东"八五"重点科技攻关十大成就名单。例如，广州型腔模具厂大型复杂压铸模具的研制开发项目，实现了大型复杂压铸模的 CAD/CAM 集成，并在国内首次自主开发和建立大型压铸模模架数据库、加工工艺库、常用标准零部件库及计算机图型库，该成果解决了压铸模具真空高压气淬程控热处理工艺技术，有效地控制了模具的变形和开裂，使大型复杂压铸模具的使用寿命从平均 1 万模次提高到 5 万模次以上，最高可达 12 万模次，达到国际 90 年代初水平和国内领先水平；又如肇庆嘉隆包装机械制造有限公司的计算机控制技术在高速宽幅瓦楞纸板生产线上的应用，大大提高了自动化程度及管理水平，使生产线可预置 99 组不同规模品种的纸板尺寸，并可随时更改、插入或取消预置订单，可协调各单机的生产速度，保证纸板质量、提高切断机的切断精度(精度达±1mm)，生产线还采用计算机控制的变频调速技术，达到较好的节能效果，该成果填补了国内空白，为公司新增销售额 3 000 万元，利税 470 万元。CAD 先进技术的推广工作得到推动，组织了一次机械 CAD 技术应用演示活动，共 70 多个企业近 400

人参加。广东省机械研究所的模具CAD中心是1988年建成的省级重点实验室，经过八年的努力，中心的科研、生产试验条件得到较大的改善，特别是近三年来先后建成了模具CAD /CAM实用技术培

表2 1996年广东机械工业系统主要产品产量

产品名称	单位	产量	比上年增长%	产品名称	单位	产量	比上年增长%
工业锅炉	t(蒸汽)	1 510.9	-7.3	农用运输车	辆	589	-28.8
柴油机	MW	953	-13.0	拖拉机、内燃机配件	万元	14 135.8	-18.0
发电设备	MW	131	44.0	汽车	辆	9 380	-57.2
金属切削机床	台	3 147	-10.7	载货汽车	辆	2 834	9.6
数控机床	台	197	36.8	汽车配件	万元	75 828	60.3
锻压设备	台	3 103	-30.5	交流电动机	MW	1 919	-8.7
起重设备	t	44 652.7	-9.3	变压器	MV·A	7 133	-9.5
电梯及扶梯	t	55 008.6	3.6	电力电缆	km	6 621.5	6.8
泵	台	712 902	8.3	控制电缆	km	1 960	4.3
轴承	万套	4 348	10.8	铅酸蓄电池	MVA·h	675	-5.3
中高压阀门	t	682.8	-45.5	洗衣机	万台	2.7	-63.5
液压件	万件	3.7	-32.7	家用电冰箱	万台	181.2	48.5
矿山设备	t	3 469	-49.3	电风扇	万台	384.6	-30.7
塑料加工机械	t	14 202.8	21.0	空调器	万台	50.4	98.4
食品机械	台	36 528	7.3	工业自动化仪表	万台(件)	25.5	60.4
包装机械	台	4 786	-3.9	电工仪器仪表	万台(件)	166	13.2
小型拖拉机	台	28 722	-34.3	复印机	台	15 186	40.1

表3 1996年广东机械工业系统产品销售收入超亿元企业

序号	企业名称	销售收入(万元)	序号	企业名称	销售收入(万元)
1	科龙集团公司	384 756	26	清远市汽车装修总厂	17 316
2	江门市大长江摩托车有限公司	85 068	27	广州威达汽车制造厂	16 487
3	台山市机械厂	66 495	28	广州南洋电器厂	16 004
4	佛斯弟摩托车有限公司	62 555	29	南京汽车工业联营公司南海汽车厂	15 439
5	湛江三星汽车制造公司	48 932	30	广州蓄电池企业有限公司	14 915
6	广州奥的斯电梯有限公司	41 139	31	广东省吉荣空调设备厂	14 893
7	顺德特种变压器厂	40 243	32	东华机械有限公司	14 608
8	广州标致汽车公司(有限)	36 816	33	广州电缆厂	13 913
9	广东电工有限公司	35 833	34	广州柴油机厂	13 874
10	日立电梯(广州)有限公司	32 116	35	佛山市变压器厂	13 746
11	广东电缆厂	31 049	36	台山市新丰企业集团公司	13 039
12	广东万里企业集团公司	25 346	37	广州复印机厂	12 483
13	广州广日电梯工业有限公司	25 242	38	江门市粉末冶金公司	11 456
14	广东世联实业(集团)公司	24 987	39	宝钢集团深圳大西洋电焊条总厂	11 446
15	韶关铸锻总厂	24 958	40	广东威达医疗器械(集团)公司	11 388
16	佛山电缆厂	22 957	41	一汽顺德汽车厂	11 241
17	新会电机厂	21 552	42	鹤山市电机厂	11 003
18	佛山市中宝电缆厂	20 671	43	台山市电缆厂	10 970
19	顺德市震德塑料机械厂有限公司	20 163	44	国营星光工模具厂	10 840
20	佛山汇星阪田电子有限公司	19 946	45	清远粤江微型汽车装配有限公司	10 773
21	顺德雅奇摩托车厂	19 411	46	佛山市欧亚电缆有限公司	10 677
22	湛江通用电气集团公司	18 526	47	顺德市挂车厂	10 359
23	广东省顺德电机厂	18 044	48	广东珠江开关厂	10 339
24	顺德市德力集团有限公司	17 861	49	番禺市电机总厂	10 036
25	佛山通宝股份有限公司	17 612			

表4　1996年广东机械工业系统出口交货值超4 000万美元企业

序号	企业名称	出口交货值（万元）	序号	企业名称	出口交货值（万元）
1	台山市机械厂	51 932	10	江门市粉末冶金公司	6 583
2	新会电机厂	21 881	11	东莞市轴承厂	6 459
3	佛山汇星阪田电子有限公司	19 857	12	韶关市轴承厂	5 410
4	科龙集团公司	13 888	13	顺德市震德塑料机械厂有限公司	5 320
5	台山市新丰企业集团公司	13 739	14	佛山大中锚链有限公司	5 295
6	深圳产晶辉电器有限公司	9 873	15	国营星光工模具厂	4 678
7	湛江通用电气集团公司	9 002	16	台山市电热器具厂	4 415
8	中山市电机电器总厂	8 157	17	惠州市粉末冶金制品厂	4 097
9	东华机械有限公司	7 523			

训基地、产品设计中心、模具加工基地，业务发展迅速。1996年又进行第二期改造，逐步向CAD/CAM集成技术发展，步入了第二个新的发展时期。

新产品　全年完成新产品311项。其中厅重点项目161项，达到国际水平的8项，占4.97%，达到国内先进水平的135项，占83.9%。顺德市震德塑料机械厂有限公司CJ型大型注塑机系列产品，属于消化、吸收、改进的新产品，锁模力从6 300kN至2 000kN共6种，注射质量从2 000g至16 334g，计15个规格，该系列产品采用液压油缸直接锁模，开创了国内的先例，其控制系统采用电液比例插装阀技术和计算机闭环控制技术，产品达到国际90年代初水平和国内领先水平，全年完成销售收入7 385万元，利润1 740.5万元；广东省塑料机械工程技术研究开发中心、东华机械有限公司开发的TTI-63F～400F注塑机，是专为生产高品质热塑性塑料制品而设计的高新技术产品，具有刚性好、重量轻、开合模平稳的特点，控制系统采用该公司专为注塑机开发的DE016B电脑控制系统，具有多种文字荧屏显示、速度快、容量大、工作可靠、编程灵活、人机对话功能强的优点，该产品达到国际90年代初水平和国内领先水平，产值达3 500万元，利税650万元；广州广重企业集团公司开发的XZ1300-G离心机为上悬式重力卸料离心机，主要用于甲、乙糖的固液分离，亦可用于与其相类似的物料的分离，该产品采用四速变极电动机—电子调速的传动方式和PLC控制技术，可实现再生制动发电，节能效果好，并具有工况显示及故障诊断功能，填补了国内空白，新增产值1 339.5万元。

质量　1996年，实施“产品质量翻身战役”方案，重点抓好创名牌产品、质量体系认证、高低压开关柜生产企业整顿及质量承诺等工作，有效地提高质量水平。质量指数达到85.4%，产品质量等级系数66.5%，质量损失率0.9%，国家监督抽查平均合格率为87.9%，其中抽查32个企业，33种产品，合格产品29种，2个产品被评为优等品，29个产品评为一等品；列入创省名牌计划的15种产品，有广东科龙空调器有限公司的科龙牌空调器、佛山通宝股份有限公司的双箭牌压力式温控器、广东省吉荣空调设备公司的吉荣牌工业用空调、广东华达集团有限公司的HD牌饲料加工机械、肇庆嘉隆包装机械制造公司的肇机牌瓦楞纸包装机械、广州广日电梯工业有限公司的广日牌电梯等6种产品被授予省名牌产品称号；15个企业取得ISO9000认证；整顿了高低压开关柜生产企业，45个企业获得高压证，77个企业获得低压证，清理了一批无证企业，促成了高低压开关柜生产企业作业质量保证承诺，以质量和服务参与市场竞争。

技术改造　全年技改立项103个，包括“八五”结转、国家一、二期“双加”工程、机电产品出口专贷的结转新开项目以及农机化项目，总投资18.19亿元，其中专贷13.8亿元。列入国家第二期“双加”工程项目29个，总投资10.62亿元，其中专贷7.55亿元。当年完成技改投资9.41亿元，包括“八五”结转项目和第一期“双加”工程项目12个项目均已完成，部分已竣工验收。新开项目22个，总投资2.92亿元，其中专贷2.13亿元，资金基本落实到位。通过技改，各企业都新增了工艺装备，提高了生产能力，提高了新产品开发能力和获利能力，如科龙公司“绿色－CFC替代”冰箱的技改，实现了年产（双班）无氟冰箱60万台的能力，预计1997年可生产28.6万台，产值6亿元，创汇317万美元；台山机械厂的年产220万台轻型卧式液压千斤顶出口产品技改项目，形成了年新增100万台千斤顶的生产能力，预计1997年新增出口2 552万美元。一期“双加”工程项目合计新增产值87 386万元，销售收入86 000万元，利润6 981万元，税金9 850万元，创汇3 790万美元。一期“双加”工程结转项目6项，总投资19 559万元，其中专贷16 050万元，年度投资10 310万元，其中专贷8 550万元；二期“双加”工程新开项目4项，总投资11 530万元，其中专贷7 920万元，年度投资4 050万元，其中专贷2 900万元，投资资金已全部到位，一期“双加”工程全部完成。技术改造采用先进的工艺及装备，主要有：韶关挖掘机厂新增数控、数显设备，台山机械厂新增的自动焊机、阀体加工中心和检测设备，东莞轴承厂的球面、内沟、外沟等一批轴承专用磨床，广东仪表厂引进的数控设备、加工中心等，正在技改的企业都将企业的现代化生产方式和管理技术推进了一大步。东莞轴承厂产、供、销、财务、企业管理等部门实行了计算机联网，特别是在新产品开发方面显示了优越性，轴承芯部分新开发了10个型号，铸铁座开发了12个品种；韶关挖掘机厂在一期“双加”技改中，又新增586电脑18台，新旧电脑全部联网，产品开发、设计、绘图已甩掉图板，电脑机床程序编制也已起步。

对外合作 1996年共有9个企业引进技术设备项目，合同成交额1 575万美元。韶关变压器厂引进德国的环氧树脂真空浇注设备，梅州齿轮厂引进数控车床、磨床、加工中心及热处理生产线，汕头超声仪器研究所引进彩色多普勒超声显像诊断仪生产线及关键设备，韶关市维佳铸锻有限公司引进AMP30高速精锻机及中频棒料加热炉，佛山星光工模具厂引进三菱注塑机，台山华星圣诞饰物有限公司引进切松毛机、拉毛机、绕树枝机、绕铁线机，新会电机厂引进高速冲床生产线及六极电机铁芯进级模头、连续端子加盖机、罩极电机定子绕线机等。1996年新成立的合资企业11个，总投资7 274万美元，注册资本5 266万美元。新成立投资在200万美元以上的“三资”企业情况详见表5。到1996年底止，全省机械工业“三资”企业共90个。

表5 1996年广东机械工业系统新成立投资200万美元以上“三资”企业情况

序号	企业名称	合资双方名称		资金构成（万美元）		经营范围
		中方	外方	中方	外方	
1	汕头同达金属热喷射有限公司	汕头机械（集团）公司、汕头市工业发展基金中心	韩国现代公司	420	840	金属表面热喷射加工
2	汕头现信彩板有限公司	汕头机械（集团）公司、汕头市工业发展基金中心	韩国现代公司、韩国同信特种钢有限公司	380	760	生产彩色板及其漆加工产品
3	韶关迪华新材料有限公司	广东韶关铸锻总厂	香港华美合成云母制品公司	117	112	生产、销售云母纸耐高温复合云母纸板和A级合成云母带
4	星粤塑胶制品有限公司	星光工模具厂	香港展华贸易公司	203	87	生产、销售塑胶制品
5	肯富来泵业有限公司	佛山水泵厂	香港展华贸易公司	157.5	52.5	生产、销售泵类产品

管理及改革 根据市场经济的新形势和行业管理体制的变化，广东省电子机械工业厅提出了“九五”期间抓好一批重点联系企业集团和骨干企业的工作思路。在抓好面上工作的同时，突出重点，直接抓好39个有一定规模和特色的企业，其中10个企业集团、29个骨干企业。召开了重点联系企业领导干部会议，公布了8项工作措施，从做好发展规划、扶持技术改造项目、信息指导、支持新产品开发、帮助搞好质量管理、抓好市场开拓等方面的工作，为企业提供优先服务，并建立了工作制度等，确保这批企业实现发展目标，真正成为广东省机械工业发展的重要支撑。经厅推荐，10个机械企业入选广东省首批重点发展的大企业集团，使它们得到政府的政策支持。1996年新成立股份制企业5个，累计23个，现代企业制度试点企业24个，其中19个试点企业的方案得到批准并已进入实施阶段，其中实行股份制有限公司3个、有限责任公司11个、国有独资公司3个、国有民营公司2个。6个企业的6种产品获广东省名牌产品称号。

〔撰稿人：广东省电子机械工业厅　黄颜军　审稿人：广东省电子机械工业厅厅长　奚志伟〕

〔责任编辑：白　萍〕

广西机械工业

广西壮族自治区机械工业厅

生产发展情况 1996年，广西壮族自治区机械工业系统有134个企业。按企业规模分，其中有大一型企业8个，大二型企业17个，中一型企业14个，中二型企业40个，小型企业55个。完成工业总产值（不变价）90.07亿元，销售产值（当年价）98.69亿元，工业增加值20.20亿元，产品销售收入97.76亿元；产品销售率98.12%，实现利税1.33亿元。全系统11个行业中，除汽车、工程机械、机床工具3个行业的总产值比上年有不同幅度增长外，其余8个行业均比上年下降，其中农机、仪器仪表、通用机械、重矿机械、食品包装机械5个行业降幅都在20%以上。详细情况见表1。广西机械工业系统1996年主要产品产量详见表2。

表1　1996年广西机械工业系统概况

行业	企业数（个）	全部职工平均人数（人）	工业总产值（不变价）（万元）	工业增加值（万元）	产品销售收入（万元）	产品销售税金及附加（万元）	利润总额（万元）	固定资产	
								原价（万元）	净值平均余额（万元）
合计	134	128 279	900 713	201 955	977 617	4 906	−25 676	856 271	570 751
农业机械	32	37 985	211 913	56 281	277 277	305	−10 618	284 689	197 738
工程机械	4	8 092	74 599	20 335	88 386	176	5 202	61 997	45 337
仪器仪表	3	3 695	18 878	2 873	12 125	25	−4 264	18 653	8 245
石化通用机械	9	9 983	35 922	8 995	34 917	86	−3 483	53 148	39 740
重矿机械	11	10 259	27 166	10 465	33 523	238	−1 891	47 304	29 036
机床工具	13	10 790	23 917	8 760	23 189	218	−3 216	55 736	31 210
电工电器	34	20 485	115 803	25 327	110 020	565	−10 234	129 569	89 634
机械基础件	8	5 248	16 497	6 116	15 357	82	−1 257	17353	10 554
食品包装机械	3	1 572	2 111	400	2 482	24	−462	7 289	5 142
汽车	14	18 632	369 403	60 660	374 509	3 177	4 951	176 642	111 130
其他	3	1 538	4 504	1 743	5 832	10	−404	3 891	2 985

表2　1996年广西机械工业系统主要产品产量

产品名称	单位	产量	比上年增长%	产品名称	单位	产量	比上年增长%
锅炉	t（蒸汽）	812	−55.7	农用车	台	2 844	64.1
内燃机	MW	7 377	−32.5	农用拖车	台	12 931	−47.9
发电设备	MW	89	−9.2	碾米机	台	57 564	33.4
电动机	MW	335	−41.3	装载机	台	2 549	2.0
机床	台	2 263	−15.5	中型载货汽车	辆	9 299	−51.6
起重设备	台	5 469	−28.2	微型汽车	辆	74 736	47.5
运输设备	台	4 306	−35.9	汽车配件	万元	59 763	34.1
水泵	台	13 859	−0.1	摩托车	万元	2 411	−88.2
气体压缩机	台	2 026	−27.3	变压器	MV·A	948	−24.7
轴承	万套	687	6.7	电力电容器	Mvar	3 672	9.4
钢圈	万套	32	−28.9	开关板	面	27 177	439.7
矿山设备	t	7 393	−41.2	电线电缆	万km	15.4	15.7
手扶拖拉机	台	92 316	−23.6	电度表	万只	232.6	0.7
联合收割机	台	10 080	158.5	复印机	台	3 940	−17.4

1996年，广西机械系统的产销和经营是在比较困难的情况下进行的，主要特点：一是由于产品结构不能适应市场变化的需要，使生产走入低谷，出现了历史上第一次生产负增长和全行业亏损的状况。全系统利税总额下降幅度较大，主要原因是柳州汽车厂等4个创利税大户一下变成了亏损大户或只有微利，而影响了全系统经济效益的明显下滑。二是市场意识增强，企业普遍地“以销售为龙头”，加强营销工作，加大了两个市场一起抓的力度，特别是使出口有了稳步增长，出口率已达全系统总产值的5.9%，出口交货值创历史最好年份。三是遇到“七·一九”特大洪灾，虽经过广大职工奋力抗洪和各方支援，克服困难，迅速恢复了灾后生产，但企业受淹停产损失近10亿元，影响全系统产值下降5个百分点。

市场及销售　1996年，全系统28种主要可比产品的产销量，有微型汽车、联合收割机、碾米机、开关板、电线电缆等11种产品销势较旺或与上年持平，其余17种产品的产销比较困难。年销售收入超亿元的企业有16个，其中7亿～25亿元以上的有柳州微型汽车厂（25.22亿元）、玉柴股份公司（11.49亿元）、柳州汽车厂（8.67亿元）、柳州工程机械股份公司（7.02亿元）4个企业。全系统年出口交货值5.88亿元，占总产值的5.9%。在11个行业中，年出口创汇最多的为农机行业，达2 066万美元，其次为内燃机行业，1 252万美元。出口企业已增加到57个，其中自营出口权企业增加到26个。出口交货值占总产值20%以上的有南宁重型机器厂、柳州市仪表总厂、桂林量具刃具厂、梧州市船用锻铸件厂、博白县机械厂等12个。梧州市光学仪器厂的年出口比重最高，已占总产值的91.22%。年出口创汇超百万美元的企业有19个，其中超过500万美元的有南宁机械厂（723万美元）、南宁手扶拖拉机厂（689万美元）、玉柴机器股份公司（529万美元）3个。出口量较大的有手扶拖拉机、小型柴油机、破碎机、搅拌机、汽车、轴承、生物显微镜等20多种产品。大部分出口越南和东南亚市场，少部分进入欧美市场。

新技术及科研成果　1996年，完成了水旋式整车喷涂室、内燃机试验室改造工程、微型厢式车引进技术可行性试验研究、水陆两用车、汽车新型离合器等17个科研项目。其中冲天炉烟尘净化系统、汽车新型离合器等8个项目获自治区科技成果奖（二等奖1个，三等奖7个）。有柳州工程机械股份公司、柳州汽车发动机厂、柳州第二压缩机总厂、柳州微型汽车厂、桂林机床股份公司5个企业被机械工业部批准为“技术进步示范企业”。有梧州市光学仪器厂等15个企业被评为自治区优秀科技型企业。建立技术中心，除国家已批准柳州工程机械股份公司、柳州市建筑机械总厂、玉柴股份公司3家建立国家级技术中心外，还有百矿股份公司等6家列入了建立国家或部级技术中心计划。1996年4月，由广西机械厅王跃飞副厅长组织带领60名主要企业领导，赴美国参加为期20天的CAD/CAM培训和学习。当年底止，已有34个企业应用CAD。柳州微型汽车厂、柳州汽车厂、桂林机床股份股份公司等15个企业已将CAD应用于模具制造和产品设计，取得了较好效果。全系统已拥有计算机1 599台，其中微机1 468台。为了进一步推广应用计算机技术，广西机械厅于1996年11月专门召开了计算机技术推广应用会议，交流了经验，布置了新任务。全系统在推广应用计算机技术方面，还得到自治区微机办的肯定和表彰。

新产品　1996年，全系统试制开发并通过鉴定的新产品共155种。其中厢式高顶微型车、小型液压挖掘机、数控仿形立式铣镗床、双W流程立式燃油锅炉等9种产品获广西自治区和机械工业部科技进步奖。环链斗式提升机获机械工业部科技进步三等奖。ZL50A轮式装载机、R170型柴油机、自动立式燃油锅炉、汽车用永磁交流发电机、后装压缩式垃圾车等16种产品获广西新产品开发优秀成果奖；液压挖掘机、户外高压真空断路器、全自动燃油蒸汽锅炉、全自动塑料注射成型机等20种产品获广西新产品百花奖。X477微型汽车、LS型螺旋输送机、XSP-1100系列生物显微镜、40t多用途单臂架门座起重机、ZL50A轮式装载机、小型液压挖掘机、汽车膜片弹簧离合器系列等新产品均具有一定水平，而且市场前景比较好。

质量　按照机械工业部和广西机械厅打好“三大战役”的总体部署，为打好产品质量翻身仗，1996年做了六方面的工作：一是举办了全系统ISO9000的贯标和认证培训班，有第一、二、三梯队的34个企业的100多名主管质量工作的人员参加。机械工业部科技与质量监督司的一些领导为培训班讲课。通过学习，统一了思想，提高了认识，推动了贯标和认证工作有效地开展。先后就有柳州市建筑机械总厂、柳州压缩机总厂、柳州第二压缩机总厂、桂林电线电缆集团公司、桂林市机床电器厂、玉柴股份公司6个企业通过质量认证。柳州工程机械股份公司、柳州市仪表总厂、桂林电力电容器厂、桂林量具刃具厂等8个企业与国家质量认证机构签订了贯标和认证合同。二是举办了产品质量可靠性工程研讨会，认真研究和分析了主要产品质量可靠性指标和现状。会后，有22个主要企业落实了主导产品开展质量可靠性实施计划，并先后获得了较好的效果。还举办了两期采标培训班，为强制性采用国际通用技术标准打下了基础。按机械工业部新的质量考核规定，全系统重点考核的774种产品质量，全部合格。三是组织开展产品“质量信得过班组”和QC小组的活动。通过该项活动，当年由机械工业部命名的“质量信得过班组”有1个（南宁机械厂），QC小组有2个（玉柴股份公司和柳州微型汽车厂）。这为全系统深入地开展群众性质量活动打下了良好基础。四是进行了生产许可证的预审和申报。按机械工业部的部署和要求，有计划地帮助企业搞好这项工作。同时，还会同自治区电力局，对低压和高压电器产品，进行了生产许可证的预审和申报。五是贯彻机械工业部和自治区关于创立名牌产品的要求，推动企业争创名牌。当年申报列入创部名牌产品的有柳州工程机械股份公司生产的轮式装载机、柳州市建筑机械总厂生产的预应力锚具系列和玉柴股份公司生产的6105QC柴油机；申报列入创自治区名牌产品的有11种，创自治区优质产品的有21种。六是公开质量承诺。在机械工业部5月份“三大战役”电话会议以后，广西机械厅于6月12日组织了38个主要企业，向社会公开作出产品质量和售后服务的保证承诺。公开承诺会后，各企业都普遍展开了个人对班组、班组对车间、科室对车间、全厂对厂长、配套协作厂对主机生产厂的层层相互承诺活动，使全系统掀起了一场大打产品质量翻身仗的热潮。

技术改造　1996年，全系统共完成基建和技改投资7.25亿元，其中用于购置重大和先进设备2.03亿元，更新改造完成投资3.61亿元。投入较多的为汽车、农机、工程机械3个优势行业。“八五”期间，开工的15个部专项技改项目，已有13个竣工并通过验收。桂林量具刃具厂、桂林内燃机配件厂的两个技改专项，因资金到位较晚，要延至1997年才能完成。当年，全系统共评出“八五”技改优秀项目20个。这些项目，都已建成投产，并发挥了较好效益。如玉柴股份公司，通过“八五”技改，迅速扩大了生产规模，柴油机的年生产能力，由原来的20 000台，增加到现在的18万台以上，年创利税曾超过5亿元，列为全系统第一。积极落实南宁重型机器厂、桂林矿山机械厂、梧州起重机器股份公司等17个技改项目，列入“九五”国家和机械工业部专项一事。当年，全系统技术开发经费总支出为1.13亿元，主要用于新产品开发。

对外合作 一是组织企业到邻近国家办产品展销会。经与缅甸外贸部商定，于1996年元月6日组织了柳州汽车厂、柳州微型汽车厂、柳州市建筑机械总厂、桂林市水泵厂、南宁机械厂、博白县机械厂等17个企业送展5t载重汽车、微型汽车、水泵、柴油机、发电机组等26种产品。这些产品，在展销期间，受到了缅甸客商和用户的好评，全部展品在展销时，就已订购一空，还签订了10 000台小型柴油机、5 000台碾米机和5 000台饲料粉碎机的合同。缅甸外贸部和客商还提出，希望能到广西考察有关机械企业，进一步扩大相互贸易合作。二是在境外办厂和办公司。桂林电线电缆厂，在澳大利亚办的电线厂已经得到巩固和发展，国外电线市场占有率较高，并获得了较好的经济效益。柳州市建筑机械总厂，在新加坡和越南等国都设有预应力工程公司，并已承接这些国家一些大桥的援建任务，为进一步拓展东南亚预应力产品市场和承接大桥施工工程创造了有利条件。三是技术引进。柳州工程机械股份公司引进美国的装载机制造技术、柳州微型汽车厂引进日本的新一代微车制造技术等，消化吸收进展较快。

“三大战役” 1996年，按照全国机械工业工作会议精神和广西机械系统工作会议的部署，突出组织开展“三大战役”，具体目标如下：

“产品质量翻身战役”。要创立24种部和自治区名牌产品。培育3个部级“产品质量信得过企业”。15个企业要实施产品质量可靠性工程。28个企业要通过ISO9000系列标准的贯标和认证，达到与国际通用技术标准接轨。

“组织结构优化战役”。以柳州微型汽车厂、柳州机械厂、桂林齿轮厂3个企业为主，组建成柳州五菱汽车集团。柳州工程机械集团，重点抓好内部管理体制的完善和发展规划。玉柴集团公司重点抓好产品结构的调整。桂林机床工具集团公司以质量、效益为中心，推进内部资产结构的优化组合。以玉柴集团和柳州农用运输车厂、南宁手扶拖拉机厂为主，成立广西农用车集团公司，迅速上规模。上述集团，“九五”末，每家形成年销售收入20亿元，利税2亿元以上，并争取进入机械工业部组织的“百强巨人”企业的行列。此外，还要组建8个～12个年销售收入3亿～10亿元以上的企业集团，建成“小巨人”企业。在加快组建企业集团的同时，推进企业内部组织结构优化，实现由“橄榄型”向“哑铃型”的转变。

“开发能力提高战役”。除国家已批准柳州工程机械股份公司等3个企业建立国家级技术中心外，还有柳州微型汽车厂、桂林机床股份公司、桂林联合收割机厂等6个企业列入了建立国家或部级的技术中心计划。此外，还要建立3个～8个自治区级技术中心。技术进步示范企业，除机械工业部已批准的柳州汽车发动机厂等6个外，还要新增梧州起重机器股份公司等3个。“九五”期间，计划开发新产品600种，平均每年120种。继续推进一批企业应用计算机技术。

管理及改革 1996年，广西机械系统在产销形势比较严峻的情况下，着重做了六项工作。一是深化改革，转变观念，加强营销，开拓市场。南宁电线电缆厂，在生产经营活动中，改革了旧机制，建立了由厂长亲自抓营销的战略和新机制，在自治区内外建立坚实的“市场根据地”，巩固了老市场，拓展了新市场。国内重点工程，如贵州天生桥至广州、广东汕头至揭阳等的50万V输变电线路，均选用该厂的电缆。在实现年产值较大幅度增长的同时，利税增长52.6%，创造了较好的经济效益。梧州市蓄电池厂，从拓展市场需要出发，建立了销售与服务一体化的新机制后，既稳住了汽车、工程机械等配套大户的市场，又抢占了一大批区内外流通环节的市场。当年产值增长27.39%，销售收入增长26%，产销率98%，上交利税增长36.81%，主要指标均创历史最好水平。二是积极调整产品结构，不断开发新的经济增长点。柳州微型汽车厂，紧紧跟着市场需求变化，快速开发出双排座和加长载货车，成为销势很旺的新增长点。这两种车型，全年共生产28 841辆，占该厂总产值的比重高达40%左右。三是优化组织结构，扩大规模经营。柳州工程机械股份公司，通过进一步联合、兼并，工程机械年生产能力，由多年徘徊在2 600台左右，扩大到5 000台以上。桂林联合收割机总厂，在扩大生产规模中，坚持走社会化协作生产的路子，联合了19个企业，分工协作，总厂主要负责制造关键部件、新产品开发和售后服务，其余80%以上的零部件，都由协作厂生产。因而使收割机的年产能力，由原来的2 000台，扩大到现在的15 000台以上，年总产值突破亿元大关，年产销量连续居于全国同行业第一，市场占有率在部分省市高达80%以上。四是加强质量管理，提高产品质量。柳州压缩机总厂，强化质量管理，实行全过程质量跟踪，在全厂范围内实行质量一票否决制，做到奖罚分明，自觉地接受用户监督，让每一顾客都能得到满意的产品和最佳的售后服务。该厂在青岛、承德、太原等地的煤气站工程国际招标中，以“两优”(优质产品和优质服务)赢得用户，而一一中标，获得产品订货2 100万元，直接创利税160多万元。五是发挥产品和地域位置优势，积极开拓周边国家市场。梧州锅炉股份公司，充分发挥锅炉产品的生产技术优势，利用广西毗邻越南、缅甸和老挝等国的有利条件，第一次为越南制糖设备的需要提供了31台配套锅炉，为进一步开拓东南亚市场创造了有利条件。柳州特种汽车厂，继1995年出口越南等国202辆自卸车后，1996年又向缅甸出口自卸车468辆，产品质量博得缅甸用户的赞扬。还被一汽总部指定为我国自卸车的出口产品。六是广泛、深入地开展“三大战役”。特别是5月份机械工业部召开打好“三大战役”电话会议以后，在全系统各企业普遍开展起来。围绕打好"产品质量翻身仗"，38个主要企业在参加广西机械厅组织的质量公开承诺会后，厂内和厂外的践诺活动，开展得比较扎实而有成效。

存在问题　一是部分企业订货减少，任务不足，生产经营比较困难。二是产品结构调整还不能适应市场需要的变化，适销对路和具有竞争力的产品不多。三是经济效益下滑，亏损面和亏损额扩大。

〔撰稿人：广西壮族自治区机械工业厅　吴中杰　审稿人：广西壮族自治区机械工业厅副厅长　王跃飞〕

〔责任编辑：白　萍〕

海南机械工业

海南省工业厅

生产发展情况　1996年海南省机械工业系统内生产企业37个。其中：国有企业34个，集体企业1个，股份制企业1个，中外合资企业1个。共有职工10 392人，其中工程技术人员709人，占职工总人数的6.8%。

1996年海南机械工业紧紧围绕放开搞活国有企业这个中心，以深化改革与扭亏增盈工作为重点，以转换经营机制与提高产品质量为"突破口"，广泛开展学邯钢、抓管理、降成本、增效益活动，在大中型骨干企业中有计划、有步骤地重点实施"三大战役"，努力提高行业的整体水平。在经济运行十分困难的情况下，工业生产仍保持了持续、快速、健康发展的势头，各项经济指标显著提高。全年完成工业总产值23.11亿元，比上年增长27.4%；工业增加值9.86亿元，比上年增长86%；工业销售产值26.63亿元，比上年增长22.5%；产品销售收入23.77亿元，比上年增长33.2%；实现利润2.77亿元，比上年增长40%。保持较快增长速度的产品有：摩托车43.19万辆，比上年增长58.2%，摩托车配套件8150万元，比上年增长24.8%。

表1　1996年海南机械工业系统概况

行　业	企业数(个)	全部职工平均人数(人)	工业总产值(不变价)(万元)	工　业增加值(万元)	产品销售收　入(万元)	产品销售税金及附加(万元)	利润总额(万元)	固定资产	
								原价(万元)	净值平均余额(万元)
合计	37	10 392	231 091	98 589	237 738	10 501	27 664	86 871	64 322
农业机械	14	1 870	2 774	888	1 274	11	−380	6 335	2 877
机械基础件	3	1 319	2 559	135	3 040	15	−955	8 304	6 085
石化通用机械	1	176	87	49	100	0	0	667	401
汽车	5	3 162	220 527	95 663	226 809	10 420	30 619	52 415	41 223
电工电器	6	645	1 208	236	1 963	1	−489	1 425	1 007
其他	8	3 220	3 936	1 618	4 552	54	−1 131	17 725	12 729

表2　1996年海南机械工业系统产品产量

产品名称	单位	产量	比上年增长%
工业泵	台	7	−87.9
农业泵	台	1 261	159.5
小型拖拉机	台	84	−60.0
拖拉机、内燃机配件	万元	553	−34.7
变压器	MV·A	120	41.2
汽车	辆	2 424	−15.2
摩托车	辆	431 913	58.2
摩托车配套件	万元	8 150	24.8
钢芯铝绞线	t	1 218	155.7
液化气钢瓶	万只	14.37	−24.8

海南机械工业概况和产品产量见表1、表2，销售收入超过亿元企业见表3。

1996年海南机械工业经济运行的主要特点是：(1)工业生产保持了持续快速的发展，总体经济实力进一步增强，但行业发展不平衡，除汽车行业保持32.6%的增长速度外，机械基础件、石化通用机械、电工电器、农机行业则分别比上年度下降44.8%、8.4%、53.5%和6%。(2)产业结构不断调整，产销衔接逐步好转，产销率达98.6%。(3)机械工业经济效益有较大的增长。(4)流动资金缺口大，多数企业生产经营困难。

1996年海南机械工业生产经营工作重点：(1)认真抓好企业的扭亏增盈工作。(2)根据机械工业部

表 3　1996 年海南机械工业销售收入超亿元企业

企业名称	销售收入(万元)
海南新大洲摩托车股份有限公司	158 012
海南嘉泰摩托车有限公司	34 929
海南汽车制造厂	32 845

"振兴机械、汽车工业目标纲要"和"三大战役"实施方案的要求，制订了海南省机械工业"三大战役"实施方案并组织实施。(3) 加快企业改革步伐，结合海南机械工业中小企业经营机制僵化、发展后劲不足等现状，重点抓中小企业的放开搞活。(4) 以汽车、摩托车产品为"龙头"，调整产品结构，发展零配件生产，带动海南机械工业的发展。(5) 对重点项目实施定人跟踪，协调服务。(6) 加强技术改造，发展规模经济，提高经济效益。

科研成果及新产品　1996 年海南新大洲摩托车股份有限公司投资建成一套包括 26 台工作站的 CAD/CAM/CAE 系统，加强新产品的研究开发。当年研究开发出 XDZ50-H、XDZ50QT-B、XDZ50QT-C、XDZ50QT-F、XDZ50QT-G、XDZ50QT-J、XDZ50QT-K、XDZ60T、XDZ60T-A、XDZ60T-C、XDZ70-2、XDZ70-2A、XDZ90、XDZ90-A、XDZ90T-A、XDZ90T-B、XDZ90T-C、XDZ125T-B、XDZ125T-C、XDZ125T-E、XDZ35LL-A 型共 21 个车型的整车和 1E40FM、1E41FM-A 型 2 个型号发动机，并通过鉴定。1996 年该公司的 XDZ125T、XDZ50-A、XDZ50-H 三个车型的摩托车通过检查验收，取得国家颁发的机电产品出口生产许可证。

技术改造　1996 年海南机械工业技术改造项目 2 项，其中海南新大洲摩托车股份有限公司投入 8 900 万元扩大生产规模，摩托车整车生产能力由 30 万辆扩至 60 万辆，发动机装配能力达到 40 万套；海南嘉泰摩托车有限公司投入 3 000 万元进行第二期扩建改造，摩托车生产能力由 10 万辆扩至 20 万辆。

改革及管理　海口市电力成套设备公司于 1996 年 11 月 20 日宣布破产，由全厂职工集资收购，实行民有民营。

海南金鹿企业发展公司总经理叶茂经机械工业部审批，评选为 1995 中国机械工业青年科技专家。

〔撰稿人：海南省工业厅机电处　高　雅　审稿人：海南省工业厅机电处　陈爱民〕

〔责任编辑：白　萍〕

四川机械工业

四川省机械工业厅

生产发展情况　1996 年，四川省机械工业厅系统有生产企业 530 个，其中，国有企业 285 个，占企业数的 53.8%。按企业规模分，有大中型企业 168 个，占企业数的 31.7%，其中，特大型企业 1 个，大一型企业 16 个，大二型企业 45 个，中二型企业 79 个；按重要程度分，有全国机械工业骨干重点企业 97 个，占企业数的 18.3%，其中骨干企业 37 个，重点企业 60 个。

由于国家继续实行适度从紧的宏观经济政策，从紧安排货币和信贷总量，严格控制投资规模和新开工项目，以生产投资类产品为主的四川机械工业遇到了市场需求不旺、流动资金紧张、货款回收困难、原燃材料涨价、成本费用上升等诸多困难，全年生产增幅始终处于较低水平，工业总产值（不变价）比上年增长 1.1%，工业增加值增长 2%，经济效益未能从根本上好转，全系统实现利税 17 亿元，比上年增长 8.1%，企业亏损量大面广的问题仍很突出，企业亏损面达 51%，比上年增加 11 个百分点，亏损企业亏损总额 6 亿元，上升 39%。1996 年四川省机械工业系统概况及主要产品产量详见表 1、表 2。

市场及销售　1996 年投资类产品市场需求回升乏力，全系统产品订货量始终低于上年水平。各企业增强了市场竞争意识，做到一切围绕市场转，不断适应市场，开拓市场。以东方电气集团和二重集团公司为主，经过艰苦谈判，取得了广东岭奥核电站二期工程国产化设备分包的制造权，从而为四川机械行业步入核电工业制造领域打下了坚实基础。大型火电设备、水电设备和重型机械等重大装备的订货合同也有突破。外贸工作克服了国内退税政策变动和资金紧缺带来的不利影响，加大了自营出口力度，层层分解落实了出口计划，全系统完成出口创汇 1.44 亿美元，比上年增长 15%。1996 年四川机械工业销售收入超亿元、出口创汇超百万美元的企业分别见表 3、表 4。

科研成果及新产品　1996 年，四川机械工业按照省委、省政府关于"科教兴川"和机械工业部关于

表 1　1996 年四川机械工业系统概况

行　业	企业数（个）	全部职工平均人数（人）	工业总产值（不变价）（万元）	工　业增加值（万元）	产品销售收　入（万元）	产品销售税金及附加（万元）	利润总额（万元）	固　定　资　产	
								原价（万元）	净值平均余额（万元）
合计	530	427 882	1 858 679	574 387	2 124 787	12 125	30 976	1 758 699	1 220 803
农业机械	85	60 503	261 368	70 094	272 923	1 424	−4 022	203 301	144 160
工程机械	11	18 240	55 462	14 182	68 938	196	−1 279	79 367	56 051
机床工具	41	38 414	57 369	30 188	67 420	657	−4 502	101 795	80 986
机械基础件	51	30 851	81 844	27 743	79 595	623	−5 895	106 694	73 240
石化通用机械	59	44 328	111 171	33 441	126 199	1 124	−9 599	118 830	97 002
重型矿山机械	21	34 295	110 351	40 212	123 555	1 063	−3 957	124 027	109 422
汽车	78	62 623	610 892	195 232	751 641	3 116	58 272	514 278	327 760
电工电器	119	106 187	443 986	129 984	503 011	2 988	2 642	410 554	257 688
仪器仪表	31	19 887	91 179	22 843	96 851	671	2 188	62 176	42 723
食品包装机械	4	1 825	4 432	706	5 668	23	−1 009	5 307	4 020
其他	30	10 729	30 625	9 763	28 987	242	−1 863	32 370	27 753

表 2　1996 年四川机械工业系统主要产品产量

产　品　名　称	单　位	产　量	比上年增长%	产　品　名　称	单　位	产　量	比上年增长%
工业锅炉	t（蒸汽）	1 936	−8.5	农副产品加工机械	台	17 012	−30.2
内燃机生产量	MW	7 869	−5.8	农用运输车	辆	11 634	−25.1
内燃发电机组	MW	130	10.2	叉车	台	196	14.6
发电设备	MW	3 614	−8.6	装载机	台	1 444	3.1
其中：水轮机组	MW	1 432	−7.4	汽车	辆	48 571	12.0
汽轮机组	MW	2 182	−9.3	改装汽车	辆	9 204	4.2
电站锅炉	t（蒸汽）	11 084	−5.6	汽车配件	万元	118 075	−55.7
金属切削机床	台	3 226	−34.6	汽车起重机	台	361	−7.7
锻压设备	台	2 103	−28.9	交流电动机	MW	1 448	−14.4
铸造机械	台	67	−33.0	直流电机	MW	38	−44.9
气体压缩机	台	987	2.2	变压器	MV·A	3 369	3.5
气体分离及液化设备	套	19	−51.3	高压电瓷	t	3 648	−18.2
轴承	万套	3 965.2	18.8	电力电缆	km	1 119	44.9
高中压阀门	t	5 282	10	通信电缆	km	1 241	126.0
标准紧固件	t	7 802	−13.1	铅酸蓄电池	MVA·h	531	2.1
矿山设备	t	4 509	−54.2	电焊机	台	1 751	−56.4
工矿配件	t	29 642	22.8	工业自动化仪表	万台	94.4	−4.6
冶炼设备	t	1 651	1502.9	电工仪器仪表	万台	101.1	−60.0
金属轧制设备	t	15 514	−13.6	分析仪器	台	932	11.2
石油钻采设备	t	3 659	83.8	光学仪器	台	41 667	24.4
食品机械	台	10 427	−33.1	量具	万件	61.9	1.6
包装机械	台	4 109	−61.1	刃具	万件	2 782	−19.8
小型拖拉机	台	40 041	−19.0	电炭制品	t	625	−23.7

打好“开发能力提高战役”的要求，抓了“九五”科技项目的立项启动，加强了重点产品的开发，共完成部、省重点新产品计划 90 项，推进了企业产品结构的优化。东方锅炉股份公司、东方汽轮机厂和东方电机股份公司加强了引进技术的消化吸收，优化和提高了 300MW 机组的技术水平，加速了 600MW 机组的试制，并做到一次起动投运成功。四川空分设备厂、四川内燃机厂等企业通过建立和完善计算机工作站，大力开展 CAD 设计，加速了新产品试制，空分厂完成了大型制氧及贮运设备的试制，四川内燃机厂完成了新一代 195 型柴油机的开发。长江挖掘机厂、长征机床股份公司等企业坚持与大专院校合作，加速产品更新换代，长江挖掘机厂完成了第三代挖掘机试制鉴定，长征机床股份公司完成了大型数控

仿型铣床的研制。不少企业加强了自主开发建设，充实试验测试手段，积极创建技术开发中心。东方电气集团公司、四川内燃机厂和自贡东碳股份公司等3个企业已列入省级企业技术中心建设计划，有11个企业列入机械工业部企业技术中心建设指南备选企业名单。作为四川省首批科研单位深化改革试点单位的省机械研究设计院和成都电焊机研究所，开始实施实现亿元产值和加速发展计划，积极调整内部组织机构，加强科研与生产的结合，兴办科技企业，取得较好成效。

表3　1996年四川机械工业系统销售收入超亿元企业

序号	企业名称	销售收入（万元）	序号	企业名称	销售收入（万元）
1	庆铃汽车（集团）有限公司	385 835	21	重庆川仪股份有限公司	17 700
2	东方锅炉股份有限公司	86 258	22	东风电机厂	16 529
3	四川汽车制造厂	85 183	23	四川空分设备厂	15 341
4	第二重型机械集团公司	81 208	24	重庆水轮机厂	14 889
5	东方电机股份有限公司	65 298	25	东方绝缘材料股份有限公司	14 625
6	东方汽轮机厂	51 165	26	成都成量集团公司	14 621
7	四川内燃机工业集团公司	33 958	27	成都三电股份有限公司	13 648
8	成都工程机械集团公司	31 273	28	东方锅炉实业公司	13 524
9	重庆康明斯发动机有限公司	31 199	29	重庆万里蓄电池股份有限公司	13 291
10	长江工程机械集团有限公司	28 279	30	四川都江机械厂	12 724
11	四川旅行车制造厂	26 493	31	重庆卡福汽车零部件有限责任公司	12 567
12	重庆专用汽车制造厂	25 598	32	四川齿轮厂	12 561
13	绵阳新华内燃机股份有限责任公司	22 028	33	成都动力配件股份有限公司	11 750
14	东工集团公司	21 686	34	西南电工厂	11 534
15	四川大西洋集团有限责任公司	21 510	35	重庆机床厂	10 559
16	成都开维内燃机有限公司	20 963	36	四川矿山机器厂	10 541
17	华川汽车厂	20 948	37	四川拖拉机总厂	10 468
18	綦江齿轮厂	19 015	38	重庆通用机器厂	10 464
19	中国一汽集团四川专用汽车厂	18 504	39	重庆电机厂	10 046
20	四川锅炉厂	18 144	40	四川华西通用机器公司	10 035

表4　1996年四川机械工业系统出口创汇额超百万美元企业

序号	企业名称	创汇额（万美元）	序号	企业名称	创汇额（万美元）
1	东方电机股份公司	2 515	15	綦江齿轮厂	214
2	东方锅炉股份公司	1 188	16	重庆轴承公司	161
3	重庆浦益·斯公司	1 016	17	重庆机床厂	161
4	东方汽轮机厂	808	18	长江挖掘机厂	140
5	四川内燃机厂	676	19	自贡铸钢厂	140
6	四川仪表总厂	519	20	重庆蓄电池厂	137
7	成都量具刃具股份公司	512	21	重庆工具厂	131
8	长征机床股份公司	453	22	新华内燃机厂	127
9	重庆光学仪器厂	441	23	成都水箱厂	122
10	第二重型机器集团公司	371	24	四川锅炉厂	120
11	重庆手动葫芦厂	332	25	自贡标准件厂	108
12	东方电工机械股份公司	310	26	四川齿轮厂	108
13	自贡高阀股份公司	247	27	自贡空压机厂	103
14	中国电焊条厂	217	28	重庆油泵油嘴厂	102

质量　按照机械工业部打好“产品质量 翻身战役”的要求，全系统大力加强了质量管理工作，在深入调研的基础上，提出了四川省机械工业厅关于打好“产品质量翻身战役”的实施意见，战役的具体目标确定为：争创50种名牌产品，培养20个质量信得过明星企业，促进50个企业通过ISO9000标准体系认证，确保全系统产品质量稳定提高率在96%以上，在省机械厅的倡导和组织下，7月24日，东方电机股

份公司等55种名牌产品及争创名牌产品企业在成都联合召开新闻发布会，公开发表了“质量保证声明”向广大用户作出了郑重承诺。此举得到省委、省政府领导同志的高度评价和广大用户的欢迎。参加质量承诺活动的企业，向内外延伸了这种自律活动，在企业内部层层开展了质量承诺，主机厂还组织配套协作件厂作出了质量保证。“三大战役”的宣传贯彻，使各级领导和广大职工进一步增强了质量意识，推进了质量体系认证工作，全系统又有15个企业通过了体系认证。同时，还培育和推荐出四川省第三届名牌产品备选产品31种，名牌及争创名牌产品质量稳定提高率达98%，国、部产品质量监督抽查品种合格率为83.3%，比上年提高10个百分点，产品质量稳中有升。

技术改造　1996年四川省机械工业技术改造项目共124个，其中，国家项目60个，地方项目64个。项目总投资227 475万元，其中专贷139 912万元；本年度计划投资76 826万元，其中专贷45 454万元；全年实际完成投资63 969万元，为年计划的83.6%。在60个国家项目中，有“八五”结转项目19个，其中华西通用机器公司、东工集团公司、长江液压件厂等7个项目竣工；一期“双加”工程项目7个，其中东方绝缘材料厂和成都工程机械总厂竣工验收；另有二期“双加”工程项目5个，扩大机电产品出口项目7个，重大装备国产化项目9个，支持中西部地区项目2个，其他项目11个，各项目进展较为顺利。

对外合作　组织编制了鼓励招商引资产业目录，向国外宣传介绍了50余个项目，其中列入省重点的有13项。有3个项目批准合资，协议总投资2 246.7万美元，协议外商投资1 068.8万美元，当年到位64.3%。批准利用国外贷款进行技术引进项目4项，用汇额580万美元。列入省智力引进计划并获得资助的项目12项，已执行8项。

管理及改革　全省机械系统深入开展了“学邯钢、降成本、抓管理、增效益”活动，省机械厅组织各市地州主管局和大中型企业负责人参加了“学邯钢”试点企业现场经验交流会，通过进一步宣传发动，组织培训，以点示范，对转变观念、转换机制、强化企业内部管理、提高经济效益起了较大的促进作用。为了加强企业管理，按照“面向市场、改管结合、科学严格、求实创新”的方针，提出了四川省机械工业企业管理“九五”规划，组织开展了“规范化管理合格企业”申报、评价活动。加大了推进现代企业制度试点工作力度，参加省现代企业制度试点的18个企业除1个外，试点方案均获批准，已批准的17个企业改为股份公司的10个，改为有限责任公司的7个。试点企业均实行了全员劳动合同制，建立了减人增效机制，拉开了分配档次，合理精减了内部管理机构和富余人员，探索和试行了经营者年薪制。认真贯彻了机械工业部打好“组织结构优化战役”的指示精神，在省、市政府和有关部门的大力支持、帮助下，组建企业集团工作取得较大突破。以长江起重机厂、长江挖掘机厂等企业为母体组建了长江工程机械集团，以自贡中国电焊条厂为母体组建了大西洋焊条集团，以四川空分设备厂为母体组建了四川空分集团。根据省委、省政府贯彻中共中央、国务院关于四川省委托重庆市代管万县市、涪陵市和黔江地区的实施意见，1996年9月27日，四川省机械工业厅就委托重庆市机械工业管理局代管涪陵、万县市机械工业，与三市主管局进行了衔接，厅系统在重庆市的企业有196个，此次委托代管的涪陵市机械工业企业8个，万县市机械工业企业18个，共222个，占全省机械系统企业数的42%，其他主要经济指标占全系统的比重分别为：职工人数占34%，固定资产占42%，工业总产值（不变价）占43%，销售收入占44%，利税总额占57%。

〔撰稿人：四川省机械工业厅　唐家申　　审稿人：四川省机械工业厅　张百州〕

〔责任编辑：王福俭〕

重庆机械工业

重庆市机械工业管理局

生产发展情况　到1996年底，重庆市机械工业管理局共有企业148个，其中大一型1个、大二型11个、中一型6个、中二型15个；1996年全局完成工业总产值512 816万元，比上年增长4.6%，工业增加值180 594万元，完成工业销售产值654 012万元，比上年增长13%，上缴税金44 101万元，实现利润55 720万元。1996年重庆市机械局经济工作的重点是：以加快发展为主题，以积极推进企业“两个根本性转变”为主线，加大改革、改组、改造的力度，狠抓新的经济增长点，强化扭亏增盈工作。通过全局职工一年的努力拼搏，各项工作取得了新的成绩，一是工业经济发展平稳，运行质量和效益提高。面对市场的激烈竞争和资金严重不足的状况，全面推行经济目标责任制，对赢利企业实行经营者年薪制，对亏损企业实行扭亏、限亏责任制，使经济运行质量和效益明显提高，经济效益综合指标在全国15个主要城市机械工业排名中，实现利润、工业资金利税率、工业成本费用利润率三项指标位居第二位，经济效益综合指数、工业总产值、增加值、产品销售收入、实现税金、全员劳动生产率六项指标位居第三位。经济效益综合指数位居重庆市工交系统前茅。二是深化企业改革，结构调整加快。5个企业列为重庆市首批建立现代企业制度的大中型企业已按试点方案进行了公司制改制，列为重庆市首家小企业改制的1个企业已完成了股份合作制改组，运转正常；结构优化工作进展顺利，3个企业集团的组建方案和公司制改组方案得到市政府批准，对3个长期亏损，资不抵债的企业进入依法破产程序，成功地实施了2个优势企业兼并劣势、亏损企业。三是加强对外合资合作，"三资"企业效益提高。着眼于高新技术、大规模、高起点，进行对外合资、合作工作，成功地实施了重庆三铃公司与日本大金公司合资联营生产各类离合器，使之成为国内主要的离合器生产基地，重庆变压器厂与ABB集团公司等一批合资项目有了新的突破。"三资"企业的后续管理得到加强，促进了企业健康高速发展，"三资"企业全年完成销售收入比上年增长22%，实现利润比上年增长94.2%。

重庆机械工业系统概况及产品产量详见表1、表2。

表1　1996年重庆机械工业系统概况

行　业	企业数(个)	全部职工平均人数(人)	工业总产值(不变价)(万元)	工业增加值(万元)	产品销售收入(万元)	产品销售税金及附加(万元)	利润总额(万元)	固定资产	
								原价(万元)	净值平均余额(万元)
合计	148	86 571	512 816	180 594	657 372	2 838	55 720	487 121	316 931
农业机械	9	7 211	41 108	9 362	42 379	478	507	31 553	19 259
工程机械	2	336	837	226	651	7	−57	296	140
机床工具	17	13 817	21 773	13 477	22 592	288	−1 180	39 179	16 614
机械基础件	19	9 689	22 994	9 177	22 986	184	−231	30 287	17 150
石化通用机械	25	13 199	38 304	12 824	37 453	481	1 945	44 355	24 114
重型矿山机械	9	5 691	12 476	559	13 015	103	−3 351	24 521	13 739
汽车	19	9 785	289 789	112 656	429 825	541	60 313	219 354	169 510
电工电器	45	25 739	83 469	21 732	85 868	738	−1 711	93 711	54 205
其他	3	1 104	2 066	582	2 603	18	−515	3 865	2 200

市场及销售　1996年，重庆机械工业在市场竞争加剧和资金严重不足的情况下，保持产销平稳增长。全年实现销售收入65.74亿元，比上年增长13%。承接当年合同任务71.5亿元，比上年增长10%。年末库存5.89亿元，比上年下降9%。完成销售产值65.23亿元，比上年增长10.94%，产品销售率为98.2%，比上年下降2个百分点。新产品产值增长55%，占总量的53%，比上年上升15个百分点。在消化各种减利因素的前提下，实现利税10.38亿元，比上年增长49%，其中实现利润5.57亿元，比上年增长86%，经济效益综合指数为106%，比上年上升20%，在全国机械工业主要工业局和重庆市工交系统名列前茅。

全局经济运行质量和效益明显提高，一是抓全系统的结构调整，促新产品开发上规模，上产量，扶优扶强，推动企业生产经营向集约化方向发展。选择企业领导班子强，市场前景好，产品技术含量高，规模效益大的十个盈利企业(庆铃公司、浦益斯公司、长江轴承公司、通用制冷集团公司等)和十个扭亏减亏有望企业进行重点扶持。这些企业的产值，销售收入，利润分别增长8%、17%、72%，高于全局平均水平。二是组织企业开展市场营销研究，围绕国家和地方重点项目主动出击，利用各种订货会、展销会和走访用户等方式承接有效合同，拓宽市场占有率和产品覆盖面，不断满足用户的新需求。

1996年重庆机械工业系统销售额10亿元以上的企业1个，庆铃汽车集团公司38.58亿元；销售额2亿元以上的企业1个，重庆专用汽车制造总厂2.56亿元；销售额1亿元以上的企业4个，重庆机床厂1.06亿元，重庆水轮机厂1.49亿元，重庆电机厂1.01亿元，重庆通用机器厂1.05亿元。

1996年重庆机械系统"三资"企业完成销售收入46.96亿元(含庆铃汽车集团公司)，比上年增长22.1%，实现利润总额6.38亿元，比上年增长3.39亿元。完成出口供货总值2 673万美元。出口达百万美元的企业有8个，详见表3。

新技术及科研成果　1996年重庆机械工业全年共完成科技开发，科研项目12项。

全系统积极开展先进制造技术工程推广应用，主要是计算机技术在机械工业中的应用，组织国有大中型企业广泛采用CAD、CAPP等先进技术。到1996年底，全系统已有30个企业采用CAD、CAPP。重庆机床厂、重庆水轮机厂、重庆通用机器厂、重庆水泵厂、重庆博森公司等五个企业投资开展CIMS，取得了较好的效果，重庆机床厂的国家级CIMS试点通过初设评审。通过这些先进制造技术工程的推广应用，极大的提高了企业的设计制造水平。全年采用国际标准 20 项，制订和修订企业标准 30 多项。培训各级科技人员 300 多人次。

把实施"三大战役"和科技兴渝百亿工程项目相结合，围绕重庆的支柱产业－汽车摩托车（五十铃 100P 轻型载货车，五十铃厢式货车，小型汽油机，汽车摩托车离合器等）进行科研项目攻关，取得了显著成效，带动了相关工业的发展。

重庆机床厂成立了齿轮装备技术开发中心，重庆水轮机厂成立了水利发电设备电控设备技术开发中心，重庆锅炉厂成立了西南工业锅炉技术开发中心，涪陵三爱公司成立了磁电机化油器技术开发中心等，切实推进"三大战役"的实施。

表 2　1996 年重庆机械工业系统产品产量

产品名称	单位	产量	比上年增长%	产品名称	单位	产量	比上年增长%
工业锅炉	t（蒸汽）	750	－27.0	起重设备	t	7 167	－17.0
内燃机	台	361 306	－4.6	裸铜线及铜电车线	t	907	346.0
工业泵	台	3 365	－15.0	重型矿山机械	t	512	34.0
水轮发电机组	MW	370	－30.0	轴承	万套	1 192	396.0
金属切削机床	台	1 966	－42.0	汽车	辆	35 806	11.3
铸造机械	台	67	－32.0	交流电动机	MW	69.7	6.0
手动葫芦	台	139 396	－4.0	变压器	MV·A	2 240	11.0
制冷设备	套	735	195.0	蓄电池	MVA·h	530	2.0
离心机	台	318	3.0	刃具	万件	608	25.0

表 3　1996 年重庆市机械工业系统出口创汇额达百万美元企业

序号	企业名称	出口产值（万元）	创汇额（万美元）
1	浦益—布瑞格森·斯达顿汽油机有限公司	8 449	1 016
2	重庆瑞力士机械有限公司	2 756	324
3	重庆长江轴承工业有限公司	1 620	200
4	重庆三联柴油机发展有限公司	1 428	178
5	重庆机床厂	1 339	162
6	重庆万里蓄电池股份有限公司	1 140	134
7	重庆工具厂	920	130
8	重庆扬子江机械有限公司	774	100

新产品　1996 年新产品试制计划 180 项，实际完成 212 项。其中国家级新产品 3 项；部级新产品 10 项，完成 8 项；重庆市新产品技术开发项目 42 项，完成新产品产值 35.56 亿元，比上年增长 55.83%，创利税 7.41 亿元。

国家一级企业重庆机床厂完成部重大新产品项目－YK3120 六轴数控滚齿机，并通过了工厂验收，1997 年将通过部级验收。重庆万里蓄电池股份有限公司试制成功固定型阀控密封型铅酸蓄电池，这是用于通信、电力系统等工业部门新产品，其容量为 300h·A～3 000h·A，该产品达到国际同类产品先进水平。重庆电机厂研制成功 120kW 交流伺服电动汽车主电机，填补了国内空白，并出口到美国，为美国通用汽车公司配套。重庆气体压缩机厂研制成功天然气压缩机，该型压缩机压力为 40MPa，低噪音，少油润滑，技术先进，填补了国内空白，并投入工业性批量生产。庆铃汽车（集团）公司与日本五十铃公司共同研制开发的五十铃 100P 轻型载货车投入批量生产，替代进口，年产量达 3 万多台，创造了较高的经济效益。重庆专用汽车制造总厂用五十铃轻型载货车的各类底盘改装的保温车、运钞车、冷冻车、冷藏车等填补了国内空白，使国产的五十铃商用车满足了国内用户的需求。

质量　1996 年重庆市机械局认真贯彻、落实机械部部署的"三大战役"，做到了层层传达、层层发动、层层宣传。局制订了"产品质量翻身战役"规划，各企业也纷纷制订了打好"产品质量翻身战役"的措施，促进了质量管理工作。广大企业强化以产品质量为中心的质量管理工作，建立、健全科学、有效的质量管理保证体系。以重庆机床厂、重庆通用机器厂、重庆红岩机器厂为代表的十几个大中型企业公开向用户实行产品质量承诺制，进一步搞好售前、售中、售后服务，提高了产品信誉，稳定了产品市场。广大企业积极开展贯标工作，已有重庆机床厂、重庆水泵厂、重庆通用机器厂 3 家企业通过了 ISO9000 质量体系认证。推荐重庆浦陵机器厂、重庆工具厂、重庆专用汽车制造总厂等 13 个企业申报机械工业部或重庆市名优产品，推荐庆铃公司、长江轴承公司申报了机械工业部明星企业；博森公司等 29 个企业的 72 种产品申报了一（优）等品，为全局 1989 年～

1995年评定的一（优）等品总数的70%。1996年全局4项质量考核指标皆达到考核要求，质量指数为92%，等级系数为80%，销售率为98%、质量损失率为3%。

技术改造 1996年，重庆市机械局共有技术改造重点项目18项，总投资166 251万元，自开始建设累计完成投资107 640万元；其中1996年完成投资18 917万元（生产性投资18 722万元，非生产性投资195万元）。1996年完成投产验收项目9项，共计完成总投资15 500万元，年新增工业总产值68 000万元，新增利税11 000万元。在1996年，技术改造贯彻了国家技术、工艺装备政策，技术改造中购置的设备，主要购置以加工中心、自动化生产为代表的高精、高效数控成套设备，在产品设计、生产管理过程中积极推行计算机应用，全局有30个企业不同程度地采用CAD、CAPP，重庆机床厂的国家级CIMS试点通过初设评审，博森公司等5个企业已投资开发CIMS，将陆续进入试点；全年采用国际标准20项，制订、修订企业标准30项。

对外合作 1996年，重庆机械工业加强对外合资合作，提高"三资"企业效益。一是着眼于高新技术，大规模、高起点，进行对外合资、合作。重庆变压器厂与国际著名的大公司ABB集团公司的合作有了新的突破，合资金额将达6 000万美元，为三峡工程提供超高电压、超大容量、高质量等级的大型变压器。成功地实施了重庆三铃公司与日本大金公司合资生产各类离合器的合资联营，投资总额达7 000万元，其中外商投资463万美元，重庆三铃公司成为国内主要的汽车摩托车离合器生产基地。二是研究"三资"企业战备发展规划，对引进技术项目消化吸收。重庆浦益斯公司多次改进汽油机设计，适应山东农用摩托车市场，全年生产35 000多台汽油机，出口32 000台，创利润3 100多万元。重庆长江轴承公司全密封低噪音替代进口轴承努力打入济南轻骑、江苏春兰等国内市场，全年生产900多万套轴承，实现利润1 550万元，比上年增加770万元。成为全系统的利税支撑大户。

管理及改革 按照国家经贸委提出的学习邯钢经验、加强成本核算、提高企业效益的要求和重庆市确定的"管理效益年"，局组织企业参观学习邯钢经验展览，举办了学邯钢、加强管理的企业厂长、管理部门负责人学习班，推动学邯钢活动的开展，企业管理效益年活动面达100%。企业普遍开展多种形式的学邯钢活动，制订了强化管理、加强成本核算、增效节支的措施，取得明显效果。企业对照《重庆市工业企业管理指导标准》100%进行了自查。为进一步加强企业管理，局里确定了6个管理先进企业，为其他企业提供样板和综合性的管理经验。深化企业改革、加快结构调整、现代企业制度试点工作稳步进行，列为重庆市首批建立现代企业制度的红岩机器厂、重庆水轮机厂、重庆机床厂、重庆第二机床厂、重庆变压器厂5个企业已按试点方案进行了公司制改制，列为重庆市首家小企业改制的重庆调速电机厂已完成股份合作制改组、运转正常。通过国有资产营运、盘活存量资产，通过组织结构优化，形成规模经济的探索进展顺利，重庆输变电集团、重庆机床工具集团、重庆通用制冷集团的组建方案和公司制改组方案得到市政府批准。企业兼并工作取得突破性进展，按照多兼并、少破产的原则，引导企业以强带弱，局属重庆电器厂1993年至1995年，销售收入平均增幅超过40%。发展势头良好；同行业的重庆开关厂到1996年累计亏损1 445万元，负债总额为3 411万元，资产负债率为129.23%。由重庆电器厂兼并重庆开关厂组建重庆博森电气有限公司，这样，提高了国有资产的整体实力，专业技术人才优势集中，加工工艺和设备场地互补，产品门类档次、技术储备的优势突出，可承接110kV级成套电气工程，成为西南地区生产成套电器设备实力最强的企业。重庆水泵厂是部重点骨干企业，计量泵生产和技术发展在国内名列前茅，1996年完成销售收入比上年增长44%，重庆永川通用机械厂到1995年累计亏损897万元、负债1 392万元，资产负债率超过146%。水泵厂兼并通用机械厂后，实现了生产、工艺等方面的互补，集中人力物力财力，调整产品结构，开发城市环保和工业废水处理设备，形成新的经济增长点。企业破产工作迈出重要的一步。按照重庆市委、市政府的统一部署，重庆市机械局对长期亏损、资不抵债的重庆钢球厂、重庆冰洋冷冻机股份有限公司、重庆矿山机器厂依法进入破产程序。重庆钢球厂是全国轴承行业五大钢球专业化生产厂之一，近几年因经营管理不善、亏损严重，加之三线调迁、引进设备技术改造负债过大，无法清偿到期债务；重庆冰洋冷冻机股份有限公司是机械工业部定点专业厂、曾是重庆市工业50强之一，近年来该公司亏损严重，"八五"技改债务沉重，不能清偿到期债务；重庆矿山机器厂是机械工业部重点企业，曾是全国最大的石油防喷器生产基地之一，因经营不善，亏损严重，不能清偿到期债务。到1996年底，重庆市中级人民法院已依法宣告重庆钢球厂、重庆冰洋冷冻机股份有限公司破产。

〔撰稿人：重庆市机械工业管理局 张 沂 张磊 审稿人：重庆市机械工业管理局 邓训谦〕

〔责任编辑：白 萍〕

贵州机械工业

贵州省机械工业厅

生产发展情况 1996年，全省机械系统拥有工业企业119个。其中：国有经济企业91个，集体24个，联合、股份、合资、合作各1个；有大一型企业2个，大二型企业9个，中型企业10个。全系统年末拥有职工75 365人，其中国有经济企业职工占92.4%。年末拥有固定资产31.38亿元，固定资产净值15.81亿元。其中：国有经济分别占94.8%和93.8%，大中型企业分别占81.5%和77.2%。全系统完成工业总产值（1990年不变价）23.0亿元，比上年增长1.5%；完成销售产值（当年价）23.4亿元，比上年下降12.5%；完成工业增加值7.6亿元，比上年增长5.5%。从系统内11个行业看，与上年相比，生产与销售均有增长的有仪器仪表、汽车、其他民用机械工业行业；生产与销售均有下降的有农业机械、工程机械、重型矿山机械、食品及包装机械工业行业。从9个地州市看，生产与销售均有增长的有遵义、安顺、铜仁、毕节地区和黔西南州等5个地区；生产与销售均有下降的有贵阳市、黔南州。贵州机械工业系统概况及产品产量见表1、表2。

表1 1996年贵州机械工业系统概况

行业	企业数（个）	全部职工平均人数（人）	工业总产值（不变价）（万元）	工业增加值（万元）	产品销售收入（万元）	产品销售税金及附加（万元）	利润总额（万元）	固定资产 原价（万元）	固定资产 净值平均余额（万元）
合计	119	75 864	230 181	76 654	228 045	2 432	−2 522	313 826	158 089
农业机械	56	14 840	34 128	14 412	40 286	222	−154	46 001	24 100
工程机械	1	4 969	13 124	4 784	14 226	54	243	24 004	8 637
机床工具	14	16 712	51 386	14 756	53 456	211	−1 619	79 878	39 985
机械基础件	7	10 334	29 318	12 160	26 426	225	502	38 821	20 977
石化通用机械	5	1 406	2 896	755	2 671	22	15	2 767	1 591
重型矿山机械	2	536	998	337	972	7	−138	1 075	674
汽车	8	6 477	26 640	8 011	30 070	1 331	24	30 360	16 550
电工电器	17	12 812	56 280	17 550	46 482	233	−25	67 328	35 844
仪器仪表	4	6 517	9 715	2 477	7 993	68	−1 035	17 695	6 544
食品包装机械	2	860	1 308	458	1 947	45	−128	5 406	2 940
其他	3	401	4 388	954	3 516	14	−207	491	247

1996年，随着对外开放的不断扩大，在出口政策发生变化，市场竞争激烈的情况下，全省机械系统较好地完成出口创汇任务。全年完成出口交货值34 360万元，比上年增长12.9%。完成出口创汇3 757万美元，占全省机电产品出口创汇总额的37.9%，比上年增长5.3%。机械系统生产出口产品厂家20个，自营出口企业10个，产品已销往近50个国家和地区。厅直属的外贸公司合计完成出口创汇3 226万美元。其中：机械设备进出口公司出口创汇950万美元，比上年下降9.7%；汽车工业进出口公司出口创汇850万美元，比上年下降19.1%；七砂进出口创汇1 250万美元，比上年增长3.5%；对外经济技术合作公司出口创汇175万美元，比上年增长40%。

科研成果及新产品 1996年，省机械系统从事技术开发的人员有2 715人，比上年减少16.6%，技术开发项目242项，比上年减少21.2%。筹集技术开发经费7 526万元，实际支出5 982万元，比上年减少34.2%。省厅本年承担国家、部、省各类科技项目计划49项，要求当年完成的48项，实际完成17项。其中：部计划13项，实际完成4项；省计划34项，实际完成13项。已经厅鉴定验收的科技成果

18项，开发新产品110种。科技成果获奖共18项，其中：机械工业部三等奖2项；省级二等奖3项，三等奖7项。长征电器公司开发的ME30型壳式开关、KY1型真空有载开关和CB11-1600智能性自动开关等三项新产品获得了国家经贸委国家级新产品证书。

质量 省厅根据机械工业部打好“产品质量翻身战”的部署，努力推动企业加强质量管理，积极开展全面质量管理工作。已通过ISO9000标准的国际质量认证的企业有5个，取得了产品走向国际市场的通行证。1996年，省机械系统综合质量指数为83.7%，产品质量等级系数为64.1%，质量损失率为1.8%。

技术改造 1996年，贵州机械工业安排省管以上投资项目21项，计划投资额为6 487万元，实际完成投资额7 557万元(含结转数)，利用外资1 500万美元，省厅在抓“八五”投资项目的收尾和竣工验收工作以及“九五”规划投资项目的前期准备工作方面，作了大量工作，全年竣工验收考核计划为7项，实际完成9项，这批项目建成投产后，可形成固定资产9 200万元，新增产值2.27亿元，新增利润3 367万元，新增出口创汇573万美元。为使较多项目列入国家规划和新项目的开工，省厅已提出了20个重点技术改造项目需要投资18亿元的技改方案，报国家经贸委，要求列入全国“九五”行业规划。为做好国家“九五”第二批“双加”工程项目计划，厅整理上报了6个项目资料，国家经贸委已正式批准了3个项目的主项，并开展了工作。

表2 1996年贵州机械工业系统产品产量

产品名称	单位	产量	比上年增长%	产品名称	单位	产量	比上年增长%
工业锅炉	t(蒸汽)	96.5	25.3	农用运输车	辆	2 922	12.0
柴油机	MW	269	−31.5	挖掘机	台	380	−10.0
汽油机	MW	120	−0.1	汽车	辆	2449	−49.2
内燃发电机组	MW	53	−22.9	民用改装车	辆	2 922	−15.3
金属切削机床	台	563	−22.1	交流电动机	MW	5.8	−42.0
锻压设备	台	378	13.9	变压器	MW	1 086	32.1
农业泵	台	14 336	−32.4	低压电器主要元件	万件	52.8	−37.4
风机	台	2 853	40.3	电工仪器仪表	万台(件)	85.4	2.9
轴承	万套	3 369.8	14.3	光学仪器	万台(件)	63 093	563.3
小型拖拉机	台	11 105	−26.0	磨料	t	151 998	21.4

改革及管理 1996年，省厅在深化改革，加强行业管理和自身建设方面，取得一定进展，较好地完成了省委、省政府下达的年度各项业务工作目标。在推进现代企业制度试点方面，积极配合有关部门，加快试点单位的改革步伐。经省政府批准的7个现代企业制度试点单位已进入实施阶段，中国七砂集团已挂牌，贵阳矿山机器厂同加拿大合资的贵州詹阳机械工业有限公司即将挂牌。在加强企业管理方面，制订了《贵州省机械行业企业管理“九五”规划》和《贵州省机械工业“九五”教育规划》，为“九五”期间的企业管理工作提供了指导依据。同时，通过“学邯钢、降成本、增效益、促发展”活动，把深化改革同加强企业管理有机地结合起来，为推进“两个根本性转变”，打好“三大战役”和企业改革攻坚战提供管理保障。

〔撰稿人：贵州省机械工业厅 李江林 审稿人：贵州省机械工业厅厅长 沈连生〕

〔责任编辑：王福俭〕

云南机械工业

云南省机械工业厅

生产发展情况 云南省机械系统1996年共有独立核算企业213个，其中大一型企业3个、大二型企业8个、中一型企业9个、中二型企业23个，有国家骨干企业4个，国家重点企业13个。

1996年全行业完成工业总产值74亿元(1990年不变价)，与上年基本持平；省机械工业系统企业完成工业总产值(不变价)38.54亿元，同比下降3.2%。在省机械工业九大行业中，产值增长的有7

个行业：仪器仪表增长40.3%、机械基础件增长24.7%、石化通用机械增长22.4%、农业机械增长7.1%、电工电器增长5.67%、重型矿山机械增长13.62%、机床工具行业增长4%、食品包装机械、汽车工业两个行业为负增长。各项指标完成情况详见表1、表2。

表1　1996年云南机械工业系统概况

行　业	企业数(个)	全部职工平均人数(人)	工业总产值(不变价)(万元)	工　业增加值(万元)	产品销售收　入(万元)	产品销售税金及附加(万元)	利润总额(万元)	固定资产	
								原价(万元)	净值平均余额(万元)
合计	213	83 878	385 390	102 611	423 684	1 672	－11 654	375 477	265 502
农业机械	87	17 830	115 938	31 477	120 170	439	4 702	75 848	47 946
机床工具	14	13 720	32 891	17 286	35 489	133	－1 276	64 230	42 313
机械基础件	10	4 755	10 354	3 148	11 110	44	－909	2 1533	14 568
石化通用机械	11	3 725	12 583	4 339	12 844	55	45	10 706	6 232
重型矿山机械	5	6 799	20 860	8 071	22 470	111	－134	29 523	27 279
汽车	28	12 253	67 316	－1 135	86 465	292	－16 130	63 065	50 601
电工电器	38	15 304	91 111	27 646	104 236	396	1 391	72 138	49 771
仪器仪表	4	1 866	10 421	2 002	2 961	11	－685	6 864	4 268
食品包装机械	7	4 328	16 087	6 970	16 017	107	1 351	19 744	14 603
其他	9	3 298	7 829	2 808	11 922	84	－9	11 827	7 920

表2　1996年云南机械工业系统产品产量

产品名称	单　位	产　量	比上年增长%	产品名称	单　位	产　量	比上年增长%
工业锅炉	t（蒸汽）	154.0	－16.4	金属轧制设备	t	405.0	－40.6
内燃机生产总量	MW	3 547	2.6	茶叶加工机械	台	1 028	14.0
发电设备	MW	132	59.0	小型拖拉机	台	30 084	23.3
金属切削机床	台	6 115	0.2	农用运输车	辆	1 836	9.4
起重设备	t	3 308	－15.4	汽车	辆	10 280	－45.9
工业泵	台	5 356	4.5	交流电动机	MW	760	5.7
矿山设备	t	6 048.6	0.9	变压器	MV·A	2 850	－2.0
工矿配件	t	3 162.0	－4.7	电工仪器仪表	万台	61.3	22.6

市场及销售　1996年是云南机械工业生产经营非常困难的一年，经济运行总体情况不如1995年。主要表现一是销售下降。机械系统1996年实现销售收入42.4亿元，同比下降4%，与上年相比，销售增长的有6个行业，即仪器仪表增长38.9%，石化通用机械增长13.2%，重型矿山机械增长5.5%，电工电器增长2.9%，农业机械增长2.7%，机械基础件增长1.4%。销售下降的有4个行业：机床工具下降5.9%，其他民用机械销售下降10%，汽车下降35.5%，食品包装机械下降26.1%。分地区看：17个地州市产销增长的只有昆明、楚雄、曲靖、保山、丽江、思茅、大理、临沧8个地州市，其他9个地州市和省级4个企业集团产销下降。二是效益不好。1996年全省机械工业系统盈利企业盈利总额13 337.6万元，亏损企业亏损总额24 991.9万元，盈亏相抵后，净亏损11 654.3万元。亏损企业58个，亏损面26.8%。100万元以上亏损企业共计26个。产品库存总额9.66亿元，比上年下降4.5%，库存当量2.7个月。库存价值大的商品主要有汽车、机床（主要是大型、精密、数控机床）和电工产品。以上三项产品的库存占行业总量的55%以上。影响云南机械工业销售下降，效益不好的主要是汽车工业。1996年与上年相比，汽车行业生产净减32 903万元，销售净减46 341万元，分别影响全省机械工业产销8.3和10.7个百分点。在亏损100万元以上的26个企业中，仅汽车行业8个企业就亏损16 268万元，占亏损总额的74.4%。尽管多数行业有增长，但仍弥补不了汽车行业亏损的影响。

1996年云南机械工业企业销售收入超亿元的有昆明电缆厂（37 130万元），云南汽车厂（31 813万元），云南内燃机厂（31 301万元），云南蓝箭汽车厂（30 872万元），云南机床厂（15 601万元），云南金马柴油机总厂（14 634万元），昆明重型机器厂（13 389万元），昆明手扶拖拉机厂（12 589万元）等8个企业，这8个企业的销售总额占全省机械工业销售总额的43.9%。另外，厅属云南省农业机械总公司（129 789万元）、云南省汽车工业总公司（5 2247万元）、云南省机械供销总公司（14 447万元）等3个流通企业的销售收入也超过亿元。在云南机械工业20种主要产品中，1996年市场占有率比

1995年提高的有11种，即：金属切削机床、钢芯铝绞线、矿山设备、高压电瓷、变压器、交流电动机、小型拖拉机、拖拉机内燃机配件、发电设备、农用运输车、运输设备。1996年市场占有率较高的产品有金属切削机床（6.7%）、钢芯铝绞线（4.83%）、矿山设备（4.46%）、农机内燃机（4.12%），高压电瓷、变压器、电动机、电力电缆占有率为2%～3%。

1996年云南机电产品出口交货值5.07亿元，同比下降8.5%。1996年云南机械工业有13个企业出口创汇超过100万美元，详见表3。

质量 （1）1996年云南机械工业质量指数实际完成92.4%，产品质量等级系数实际完成78.33%，品种合格率实际完成100%。（2）柴油机、泵、电焊条、砂轮、轻小型起重运输设备等12个企业顺利通过“工厂必备条件”审查，申办或换发了生产许可证。（3）厅属10个产品质量检测站共抽查107个生产企业的166种产品，抽查合格率为95.78%。（4）1996年全国统检，云南机械产品被抽查数为10个，合格8个，合格率80%，在被检33个省市自治区、计划单列市中排列第八位。（5）经机械工业部质量监督考评办公室审定，云南金马柴油机总厂的X195型柴油机被机械工业部评为1996年机械产品质量优等品。

为提高机械工业企业的市场竞争能力，云南机械厅提出机械行业“九五”产品质量上台阶实施方案。“九五”的目标是：创立20种名牌产品、培育10个质量信得过明星企业、15个企业获ISO9000系列标准认证，80%的主要产品采用国际标准和国外先进标准，重点产品的可靠性工作有大的推进。要求重点企业通过实施亿元名牌特色产品工程，提高名牌特色产品的市场占有率。依靠科技进步，加大改革、改组、改造力度，推进企业技术创新，提高名牌生产企业的设计、制造和规模经济水平。认真贯彻GB/T 19000（ISO 9000）系列标准，建立和完善质量保证体系。建立质量激励和约束相结合的机制，实施对厂长经理质量责任的监督，考核和奖惩制度，设立厅长奖。

表3 1996年云南机械工业系统出口创汇额超百万美元企业

序号	企业名称	出口创汇额（万美元）
1	云南机床厂	1 176.0
2	昆明晶华光学有限公司	814.9
3	金马柴油机总厂	485.3
4	昆明人造板机器厂	390.4
5	昆明电缆厂	340.6
6	昆明手扶拖拉机厂	339.0
7	昆明重型机器厂	308.7
8	云南齿轮厂	241.4
9	云南变压器厂	212.3
10	昆明电工有限责任公司	137.5
11	云南化工机械厂	136.2
12	昆明铣床厂	133.0
13	昆明市阀门厂	103.0
	合计	4826.3

技术改造 1996年完成技术改造项目总投资25 435万元，其中“八五”结转19项，完成投资17 792万元，“九五”新开项目11项，完成投资7 643万元。基本完成了“八五”技术改造项目的收尾工作。其中当年完成竣工验收项目9项。建成一批具有较高技术水平的项目，如云南变压器厂建成了220kV级大型变压器厂房，工程质量优良，关键设备选购了国内外一流水平的产品，开发、研制了一批高技术含量、高附加价值的产品，工厂步入了良性循环的轨道。

“三大战役” 根据机械工业部的部署，结合云南的实际，省机械厅提出了云南机械工业打好“三大战役”实施方案。（1）“产品质量翻身战役”的主攻方向是提高企业市场竞争能力，首先启动亿元名牌特色产品。“九五”创立20种名牌产品，以名牌产品主动迎接挑战，建立愿用、敢用、喜欢用云南产品的市场信誉；发展30种特色产品，以特色优势产品参与市场竞争，获得较多的市场份额。以名牌特色产品为“龙头”，创建15个以上年销售收入2亿元以上的小型“巨人”企业。（2）在“组织结构优化战役”中，首先实施跨地区结构调整工程。把云南机械工业融合于全国机械工业大系统中，求得整体组织结构优化，企业内部组织结构趋于合理。到2 000年创建20个左右的“哑铃型”企业。同时大力促进云南和先进地区的合作，以市场为导向，项目为纽带，优势互补，伴以资产重组，实施跨地区机械工业结构优化调整。争取到2 000年前十名企业销售收入占到全省机械行业销售收入的60%以上。（3）在“开发能力提高战役”中，认真组织实施12项重大科技项目，抓好8个企业技术进步示范工程，建立和完善11个企业技术中心，加强机械、农机、电器三个院所和机电一体化应用技术实验室的建设，形成有特色的云南机械工业产品开发体系。为使“三大战役”深入人心，做到家喻户晓，人人皆知，省机械厅与昆明市机电办于十月份联合组织开展了“三大战役”宣传月活动，重点开展了以下几项工作：一是召开部分重点企业办公室主任、党委宣传部长会议进行宣传动员。二是组织宣讲团对昆明、玉溪、红河、曲靖、楚雄、大理的重点企业及省机械二校，技校师生进行了14场次“三大战役”知识宣讲，共有140多个企事业单位、1 000余人参加听讲。三是昆明重工（集团）股份有限公司、昆明电缆厂等十多个企业分别举办了厂内“三大战役”知识竞赛。并在厂内竞赛的基础上，组织了厂际之间6个企业参赛的昆明地区机械工业打好“三大战役”知识竞赛，评出了一、二、三等奖，省市、重点企业的领导200人现场观摩。四是向全省机械系统企事业单位印发了《机械工业“三大战役”“宣传提纲”》。五是重点企业利用有线电视、广播、报纸、黑板报、宣传栏等各种形式宣传“三大战役”。这次活动由于领导重视，企业和职工群众积极参加，取得了良好效果，重点企业都已制定了打好“三大战役”实施方案。

管理及改革 1996年云南机械工业企业改革和管理体制改革取得了明显成效。昆明重机厂被列入国家现代企业制度百家试点之一，由该企业作为主体投资者组建了昆明重工（集团）股份有限公司。通过改制较好地解决了大型老企业原运行机制上存在的“疑难杂症”和诸多弊病，使企业放下包袱，轻装上阵，快速发展。昆明电机有限责任公司是由原昆明电机厂为主体投资者，职工按一定比例投入股本组建而成。昆明电缆有限责任公司，由昆明电缆厂作为主体投资者，职工按一定比例投入股本共同组建而成。

按照国家汽车工业产业政策，推动资产重组，优化资本结构，克服汽车行业的分散重复，实现规模经营，云南省人民政府与一汽集团公司经过反复磋商，由一汽集团以控股形式兼并蓝箭汽车厂，共同组建一汽红塔云南汽车制造有限公司，并于1996年12月2日在长春达成协议。

企业管理经验 云南一部分机械企业坚持市场导向，适应情况变化，注重“两个转变”，不断提高竞争力，发展较快，创造了一些经验，归纳起来主要有五种类型。第一种类型：挖掘潜力，开发创新，促进发展。云南内燃机厂在认真摸清市场需求的前提下，吸收和消化国内外柴油机先进技术，开发了4 100QB高速、轻型、节能柴油机，一举赢得了市场，并立足现有基础，通过挖掘内部潜力，扩大生产规模，满足市场需求。从4年前销售不足4 000台，此后逐年翻番，1996年达到5万台，从微利户一跃变成利税超过5 000万元的大户。第二种类型：科技领先，全面进步，促进发展。云南变压器厂大力推行产品、工艺、管理三个现代化，“八五”期间投资5 000多万元用于技术改造，提高了工艺水平和生产能力。该厂十分重视电子计算机的推广应用。在计算机辅助设计、辅助管理方面取得明显成效，加速了产品更新换代周期，提高了市场需求应变能力，提高了工作效率和经济效益。铁路用牵引变压器已更新四次，已达到国际先进水平，九次参与国际投标，中标七次，国内市场占有率达60%，1996年实现利润总额1 000万元，位居行业第四名。第三种类型：组建集团，规模经营，促进发展。云南机床厂面向国内外两个市场，积极进行结构调整，充分利用资产存量，进行优化配置，组建CY车床集团，迅速扩大生产能力，实现规模经营，生产能力从年产500台车床增加到4 000台，连续三年出口创汇超千万美元，出口创汇居行业之首。集团核心云南机床厂开始向“哑铃型”企业发展。第四种类型：转机建制，增强活力，促进发展。

昆明机床厂、昆明重机厂、昆明电工厂、昆明电缆厂等企业，不失时机地争取进行现代企业制度试点，经改制分别创立了股份有限公司和有限责任公司。通过转机建制，增资减债，减人增效，减轻了企业负担，降低了资产负债率。增强了企业的活力。第五种类型：引进外资，嫁接改造，促进发展。由昆明光学仪器厂，中国北方公司广州分公司与香港亦迅有限公司合资建立的昆明晶华光学有限公司和由云南省轻型汽车集团公司与香港百昌荣有限公司合资建立的云达利铝合金制品有限公司，通过合资，引进资金技术对老企业进行嫁接改造，开发了在市场中具有竞争力的产品，增强了企业活力，取得了较快的发展。1996年，昆明晶华光学有限公司出口创汇814.9万美元，人均创汇2.5万美元，位于行业第二名。云达利铝合金制品有限公司实现利润总额1 508万元，人均4.5万元，位居行业第二名。

〔撰稿人：云南省机械工业厅　曹树康　审稿人：云南省机械工业厅厅长　杨树蔚〕

〔责任编辑：王福俭〕

陕西机械工业

陕西省机械工业局

生产发展情况 1996年，陕西省机械工业系统共有企业192个，比1995年减少9个。其中，骨干重点企业36个，特大型及大一、大二型企业20个。年末全部职工人数为16.8万人。其中工程技术人员1.5万人，管理人员2.1万人。当年完成工业总产值57.82亿元，比上年增长4.11%；完成工业增加值15.39亿元，工业增加值率为26.6%；完成销售产值58.15亿元，产销率为96%；产品结构向着适应市场需要的方向调整，装载机、推土机、数控机床、印刷机械、交流电机、高压隔离开关、汽车及汽车配件、轴承、金属轧制设备等一批重点产品，保持了较大幅度增长。汽车工业大行业完成产值22亿元，增长10%。分行业概况及产品产量见表1、表2。

市场及销售 适应市场竞争的要求，全系统普遍加大了市场开拓的力度。企业销售机构进一步加强，销售人员数量增加、素质提高，销售网点遍布全国各大中城市，总数已达150个，相当一部分企业主要领导亲自抓销售，抓市场，保证了陕西机械行业优势特色产品在竞争中继续保持优势地位和较高的市场占有率。全年实现销售收入63.59亿元，实现利税总额1.11亿元。

出口虽然受退税率下调的影响，但仍保持较快增长。全年完成出口交货值7.63亿元，增长19.4%。实现出口创汇在9 200万美元，增长22.4%。其中，西电公司创汇突破5 000万美元，陕西压延设备厂、宝鸡机床厂创汇突破500万美元。全系统有出口企业18个，其中6个企业出口创汇在300万美元以上，其创汇额占全系统出口创汇总额的82%。陕西机械设备进出口公司进出口总额达到1.22亿美元，居全国第四位。

表1　1996年陕西机械工业系统概况

行　业	企业数（个）	全部职工平均人数（人）	工业总产值（不变价）（万元）	工　业增加值（万元）	产品销售收　入（万元）	产品销售税金及附加（万元）	利润总额（万元）	固定资产	
								原价（万元）	净值平均余　额（万元）
合计	192	167 961	578 249	153 931	635 906	30 844	−19 690	638 744	449 141
农业机械	38	22 530	44 389	10 860	46 065	1 615	−4 720	42 741	47 029
工程机械	4	7 892	23 585	8 412	30 001	2 040	−21	32 664	25260
机床工具	29	28 140	65 431	26 335	65 147	4 217	−5 627	98 106	86 759
机械基础件	10	8 684	14 208	5 095	15 564	906	−1 156	16 726	15 855
石化通用机械	19	13 975	40 367	13 413	36 892	2 833	−1 405	40 004	31 896
重型矿山机械	10	13 207	25 813	11 048	31 611	2 155	−4 479	35 637	37 975
汽车	16	14 312	87 325	11 494	87 064	3 552	−1 237	120 025	57 270
电工电器	45	48 363	244 806	56 274	293 461	11 171	−1 890	220 147	114 656
仪器仪表	15	9 095	25 492	9 425	24 628	2 188	876	30 087	29 847
食品包装机械	2	379	700	158	962	81	−30	960	934
其他	4	1 384	6 135	1 418	4 512	86	1	1 648	1 662

科研成果　1996年，全省机械系统科研攻关成果获部、省级科技进步奖15项，局级科技进步奖18项。其中，西安重型机械研究所研制的马钢300m²烧结成套设备获1996年机械工业部科技进步特等奖，1 350mm亲水深层铝箔生产线关键技术攻关获部科技进步一等奖。

产学研联合开发取得新成果。西安仪表厂、秦川机床集团有限公司与西北工业大学联合开发的立式加工中心数控系统，秦川机床集团公司与西安交通大学、江南计算所研制的数控砂轮磨齿机、数控蜗杆磨齿机、五轴联动加工中心，汉江工具厂与陕西工学院的齿轮检测中心，黄河工程机械厂与天水工程机械研究所、西安公路交通大学的滑模式混凝土摊铺机，西安仪表厂与浙江大学的中小型DCS、无笔记录仪，陕西鼓风机厂与中国科学院热物理所的三元流全可控蜗离心压缩机，咸阳压缩机厂与西安理工大学的超细振动研磨机等，多数具有90年代先进水平。有7项成果被陕西省人民政府表彰为“八五”产学研联合开发工程优秀成果，其中获一等奖4项，二等奖2项，三等奖1项。省机械局被省政府表彰为“八五”产学研联合开发工程先进集体。

新产品　贯彻机械工业部打好“开发能力提高战役”的指示，陕西省机械工业以建立健全企业技术开发机构，特别是加强企业技术中心建设为“突破口”，努力增强企业的技术开发、技术吸收和技术创新能力，到1996年末，全系统共有19个企业的技术开发机构列入了国家、部、省级企业技术中心计划。当年完成新产品开发55种，其中，DMK7163精密数控电火花成型机床、数控外圆磨床、立式加工中心数控系统、多头数控球笼窗口磨床、汽车齿轮钢连续棒材轧机、1900铝箔中轧机、25t滚装船专用叉车、6E1750离心压缩机、RZ35-7及RZ45-6富气压缩机、SFP-370000/330三相双线圈电力变压器、大型集合并联电容器、多媒体华语字族文识字系统等新产品，既具有国内先进水平，又具有良好市场前景，可望成为新的经济增长点。

质量　围绕争创名牌产品和培育质量明星企业，陕西机械系统各企业努力提高产品质量、管理质量和服务质量，集中力量大打“质量翻身战役”。继1995年18种产品获陕西省名牌产品之后，1996年又有12种产品获省名牌，详见表3。全系统省级名牌达到30种，占全省名牌总数的19%，居全省各行业首位。汉川机床厂、秦川机床集团有限公司等6个企业入选机械工业部“培育质量明星企业”备选名单，在机械工业部组织下，他们向社会庄严发布了“质量保证声明”，在内部采取切实措施，建立层层践诺机制和快速反映机制，以保证对用户的承诺。28个产品系列采用了国际标准，31个产品通过了一等品认证。企业产品实物质量、可靠性稳定提高。

技术改造 围绕全省机械工业“组织结构优化实施方案”，1996年全系统落实第二批“双加”工程项目、中西部平衡项目及“四跨”新增项目18个，总投资7.6亿元；下达固定资产投资计划24项，投资额4亿元，实际完成工作量3.5亿元。落实“八五”数控机床专项贴息555万元。落实出口补充技改3项，总投资1 205万元。一批项目竣工投产，增强了企业竞争实力。

表2 1996年陕西机械工业系统产品产量

产品名称	单位	产量	比上年增长%	产品名称	单位	产量	比上年增长%
工业锅炉	t（蒸汽）	393	−59.4	汽车	辆	2 620	26.0
内燃机	MW	223	−25.9	汽车配件	万元	21 594.4	−10.1
内燃发电机组	MW	16	−51.5	拖拉机	台	19 769	−4.9
金属切削机床	台	2 963	−2.2	种植机械	台	6 027	313.1
其中：数控机床	台	363	45.2	农副产品加工机械	台	4 730	−35.1
加工中心	台	8	−68	农用拖车	辆	528	−76.8
高精度机床	台	52	−3.7	拖拉机、内燃机配件	万元	7 470	−19.5
大型机床	台	77	16.7	推土机	台	208	−19.1
锻压设备	台	437	20.7	叉车	台	912	−21.6
金属轧制设备	t	7 811	0.8	交流电动机	MW	1 038	−19.2
起重设备	t	1 069	−32.1	直流电动机	MW	110	0
运输设备	t	1 046	−23.5	变压器	MV·A	12 416	0.1
工矿配件	t	3 129	−2.8	互感器	台	15 097	−14.2
泵	台	35 183	4.2	高压断路器	台	1 901	−28.6
风机	台	3 367	−10.9	高压隔离开关	组	2 402	6.3
气体压缩机	台	490	−25.8	电力整流器	MW	368	−0.3
制冷设备	套	120	66.7	电力电容器	Mvar	3 700	2.7
减速机	t	860	−8.9	电力电缆	km	1 097	116.8
轴承	万套	795	19.5	通信电缆	km	10 885	−9.1
高中压阀门	t	575	−26.1	绝缘材料	t	2 547	−40.7
液压件	万件	61 000	22	高压电瓷	t	3 876	−4.6
标准紧固件	t	1 636	−19.73	洗衣机	万台	7.7	−43.1
矿山设备	t	131	−68.2	工业自动化仪表	万台	16.7	−5.1
炼油化工设备	t	1 907	−14.3	电工仪器仪表	万台	2.9	−21.6
塑料加工机械	t	266	53.8	光学仪器	台	446	−21.1
印刷机械	t	942	36.5	刃具	万件	1 414.8	−17.6
食品机械	台	320	−16.7	磨具	t	1 060	−36.9

表3 陕西省机械工业系统获第二批陕西省名牌产品项目

序号	产品名称	生产单位
1	汉川牌卧式镗床	汉川机床厂
2	菱形牌齿轮刀具	汉江工具厂
3	陕汽牌SX2190型7t越野汽车	陕西汽车制造总厂
4	黄工牌T180A推土机	黄河工程机械厂（集团）
5	秦川牌汽车动力转向油泵、机床铸件	秦川机床集团有限公司
6	铜变牌110kV、31500kV高出力、特低损耗节能电力变压器	铜川整流变压器厂
7	汉钟牌AL0.75A小型联合收割机	汉中收获机械厂
8	三抗牌大容量并联电容器	合阳电力电容器制造有限责任公司
9	关工牌精密级直柄麻花钻	关中工具厂
10	XD牌LW13-300/500户外落地罐式SF_6断路器	西安高压开关厂
11	XD牌110kV电力变压器	西安变压器厂
12	陕机牌外圆磨床	陕西机床厂

对外合作　利用外资方面，1996年批准组建中外合资企业2个，总投资1 506万美元；利用国外政府贷款签订合同3项，金额840万美元；经国家外经贸部批准使用的国外贷款4项，上报待批的6项，金额总计3 596万美元。

管理及改革　1996年，全省机械工业企业改革有新的进展。一是现代企业制度试点启动。列入国家、省级第一批试点的4个企业，已有3个正式挂牌运作；列入省级第二批试点的5个企业已进入方案的论证、完善阶段。渭南通用机械厂在实行投资主体多元化、建立职工持股会方面，探索了路子，创造了经验。二是“优化资本结构”取得初步成效。西安市机电工业局充分利用国家政策，对扭亏无望、资不抵债的企业，坚决实施兼并破产。截止至1996年底，进入破产程序的有7个企业，已完成破产终结的有3个企业。三是组建企业集团迈出步伐。以黄河工程机械厂为核心的黄河工程机械集团正式成立，并列入全省经济发展的6个支柱产业和国家首批扶植的300个重点企业之中；以陕西鼓风机厂为核心的陕西鼓风机集团也已完成组建；以西源精密机床集团为基础的陕西机床工具集团已经完成更名和新加入单位资产划转手续。

1996年，全省机械工业广泛开展了“远学邯钢、近学陕压”活动，企业成本管理、财务管理、劳动工资管理力度加强，各项基础管理工作进一步强化。一些企业在推行“模拟市场核算，实行成本否决”中，做了大量基础性准备工作，内部管理更加扎实有序，为进一步学习邯钢经验奠定了基础。虽然受困难条件及大量增支减利因素影响，企业扭亏增盈工作仍有一定效果。西安仪表厂利润总额达到1 576万元，继续在全系统中保持领先地位。

存在问题　一是企业亏损额居高不下。1996年全系统共有亏损企业89个，亏损企业亏损额2.3亿元，比1995年增长42.91%，盈亏相抵后全行业亏损1.9亿元。二是结构调整进展缓慢，生产集中度不高，规模经济尚未形成，产品竞争力低，不适应市场需求。此外，营销观念落后，手段单一，市场开拓能力不强，致使全系统产品积压严重，应收货款达21.98亿元，比上年增长15.34%，企业资金周转困难。三是企业改革力度不大，管理工作尚不适应市场经济新形势，企业素质有待提高，精神文明建设还存在差距等，还需在今后工作中着力加以解决。

〔撰稿人：陕西省机械工业局　路新昌　审稿人：陕西省机械工业局　杜克俊〕

〔责任编辑：　王亚水〕

甘肃机械工业

甘肃省机械工业总公司

生产发展情况　1996年底，甘肃机械工业系统共有归口企业212个，其中，大一型企业4个，大二型企业11个，中一型企业4个，中二型企业25个。拥有主要加工设备23 725台，固定资产原价47.8亿元，资本金15.4亿元。

1996年，国家继续实行适度从紧的财政货币政策，把抑制通货膨胀作为宏观调控的首要任务，并通过转变经济增长的方式来提高经济活动质量。在宏观经济环境趋紧的形势下，全省机械工业各级管理部门和企业把工作重点主要放在：(1)转变观念，转换机制，加大工作力度，使企业的各项工作全面适应市场经济的要求；(2)加快组织结构调整，推进企业改组，改造，实现资产优化组合，发展集约化经营。(3)加快产品结构调整和技术进步的步伐，根据机械工业部“三大战役”总体部署，制定了甘肃省机械工业“三大战役”实施方案，积极开发新产品，不断培育新的经济增长点。(4)深入开展“学邯钢、抓改革、促管理、增效益”活动，重点在销售管理、质量管理、成本管理、资金管理和现场管理上抓落实，以管理促扭亏，向管理要效益。

1996年，全系统完成工业总产值（不变价）32.28亿元，比上年增长4.8%；完成工业总产值（当年价）36.64亿元，比上年增长5.3%；完成工业增加值86 753万元，比上年下降1.8%。

各行业主要生产经济指标及主要产品产量、销量，详见表1、表2。

市场及销售　1996年全省机械工业实现销售产值34.86亿元，比上年下降4.4%。产品销售率为95.1%，比上年增长4.4个百分点。市场有效需求不足，产品结构调整滞后，货款回收困难是造成销售下降的主要因素。

1996年，全省机械行业实现出口交货值18 606万元，比上年增长9.8%。出口创汇在500万美元以上的企业有1个，即兰州石油化工机器总厂1996年出口创汇608万美元。另外，兰州轴承厂创汇89万美元、天水锻压机床厂创汇143万美元、甘肃光学仪器工业公司创汇104万美元。出口产品主要有：石油钻采设备、工业轴承、锻压设备、普通车床、交流电动机、放映设备、投影仪等。

新产品及科研成果　1996年全省机械系统共开发新产品188项，其中完成国家级重点新产品计划项目17项，部列新产品试制计划项目5项，省列计划项目149项，部门、地区计划项目17项。甘肃机械集团公司紧密层企业新产品产值达7.5亿元，新产品产值率为35%。在完成的新产品项目中，兰州石油化工机器总厂的ZJ60DS沙漠钻机、8MN快速锻造液压机组，天水电气传动研究所的ZJ60DS沙漠钻机电传动系统，兰州电机集团有限责任公司的ZJ60DS沙漠钻机用柴油发电机组、ZJ60DS沙漠钻机用直流电机、立式空心轴顶部驱动直流电动机、9000kW三相异步电动机，天水二一三机床电器厂的DZX7-25低压断路器，天水长城控制电器厂的CCKX18系列加强绝缘型母线槽，天水长城通用电器厂的环氧树脂干式变压器，兰州长新电表厂的DSSF931M型三相三线多费率有功电度表，天水长城精密电表厂的DTSD35型电子型多功能三相四线电度表等47项产品达到国际先进水平；天水风动工具厂的Y6型和Y20型手持式凿岩机、BG24S48型和BG30S45型高转速气扳机，天水长城开关厂的ZN28-10户内高压断路器、KYN□-10铠装型移开式金属封闭开关设备6KVF-C回路，天水电气传动研究所的西钢线材（一期棒材）连轧机电控系统，天水锻压机床厂的WZ67K-800/10 000数控板料折弯机，兰州高压阀门厂的高温硬密封蝶阀等94项产品达到国内先进水平。

表1　1996年甘肃机械工业系统概况

行业	企业数（个）	全部职工平均人数（人）	工业总产值（不变价）（万元）	工业增加值（万元）	产品销售收入（万元）	产品销售税金及附加（万元）	利润总额（万元）	固定资产 原价（万元）	固定资产 净值平均余额（万元）
合计	212	119 014	322 802	86 753	347 306	1 939	－19 767	477 647	299 001
农业机械	84	21 840	68 361	16 993	78 800	385	－1 592	71 112	44 707
工程机械	1	3 365	5 411	3 636	7 432	66	11	9 609	5 908
机床工具	9	8 834	19 143	6 920	20 404	179	－1 599	45 893	25 834
机械基础件	14	11 712	26 375	11 516	29 620	244	233	35 397	25 635
石化通用机械	18	24 356	59 544	11 632	58 979	385	－7 151	130 885	78 244
重型矿山机械	4	1 607	3 096	778	3 302	21	－218	3 807	1 771
汽车	12	5 934	7 471	816	9 711	48	－3 451	25 012	15 990
电工电器	37	28 129	112 334	29 385	120 002	473	－1 338	108 513	69 367
仪器仪表	7	8 769	9 193	1 568	9 088	79	－4 372	35 845	23 942
食品包装机械	5	1 476	6 612	1 412	5 440	28	118	5 366	3 147
其他	21	2 992	5 262	2 098	4 528	32	－407	6 209	4 457

兰州石油化工机器总厂、天水电气传动研究所、兰州电机集团有限责任公司等单位合作研制的6 000m电驱动沙漠钻机获机械工业部科技进步特等奖。兰州石油化工机器总厂等单位的GF-62钢制1 500m³大型乙烯球罐获机械工业部科技进步一等奖。天水长城控制电器厂的GJ24系列转动式交流接触器获机械工业部科技进步三等奖。

天水长城开关厂进入部列技术进步示范企业行列。甘肃长城电器工业公司、兰州直空设备厂、天水锻压机床厂、天水风动工具厂、天水二一三机床电器厂列入部级技术开发中心。

质量　根据机械工业部和国家技术监督局1995年联合印发的《关于加强机械工业企业质量工作的决定》和机械工业部“产品质量翻身战役”计划，结合甘肃机械工业实际，制定并下发了《甘肃省机械工业产品质量翻身战役实施方案》，就产品质量翻身指导思想、总体目标及重点工作等向全省机械行业做了具体的部署和动员。根据战役要求，举办了3期质量教育培训班，共培训各类人员400余人；全面推行GB/T19000（ISO9000）系列标准，加快贯彻进程，开展质量体系认证，1996年兰州高压阀门厂、兰州轴承厂、天水长城电工合金材料厂3个企业通过了第三方认证。为了加强企业质量管理工作，帮助企业提高质量管理水平，甘肃省机械工业总公司在直属企业中选择、确定了9个质量管理示范项目点，并拍摄成电视录像片，使之尽快发挥以点带面的示范作用；为了加强计量管理工作，总公司在所属企业中开展了一次计量执法抽查活动；为了加大质量监督力度，打好产品质量翻身战役，总公司于1996年二季度开始，在直属企业中开展内部监督抽查活动，对骨干重点企业的主导产品质量分季度组织监督抽查，收到良好效果。1996年甘肃省机械工业质量指标计划全面完成，质量指数为88.26%，产品质量等级系数71.14%，质量损失率1.65%。

实施可靠性提高工程。采取“市场导向、行政推动、点面结合、分类指导”的原则，根据甘肃省机械产品特点，先选择机床、发电机、低压电器、油泵油嘴、轴承及齿轮等产品为第一批实施可靠性提高工程的产品。

本着为用户服务、对用户负责、让用户满意的宗旨，积极推广质量保证承诺等质量自律性活动，兰州电机集团有限责任公司、兰州机床厂、天水锻压机床厂、天水星火机床厂、天水长城控制电器厂等企业已向社会公开发布质量保证声明。

重点产品质量上台阶工程按"特定范围、有限目标、突出重点、讲求实效"的原则，结合全省机械产品特点，首批选择数控机床、低压电器、电动机及发电设备为战役前三年率先实施上台阶工程的产品，带动全省机械产品整体质量水平有所提高。

天水风动工具厂的燎原牌YT28型气腿式凿岩机、甘肃省临夏液压件厂的黄河牌XB-F40轴向柱塞泵、甘肃玉门钢铁（集团）有限公司玉驼牌YSP-15型液化石油气钢瓶获甘肃省第三批名牌产品称号。

表2　1996年甘肃机械工业系统主要产品产量、销量

产品名称	单位	产量	比上年增长%	销量	比上年增长%
金属切削机床	台	731	17.52	725	8.05
锻压设备	台	389	−12.58	405	−6.03
机床电器	万件	150.8	1.55	137.1	−6.80
泵	台	15 807	−1.29	12 320	−14.73
真空设备	台	175	−26.47	108	−57.14
高中压阀门	t	2 156	−10.95	2 074	−26.53
轴承	万套	1 426	60.17	1 386	35.32
矿山设备	t	247.5	−82.32	229.8	−84.05
风动工具	台	24 291	9.20	22 651	−0.94
石油钻采设备	t	13 684	−8.24	14 402	−6.62
炼油化工设备	t	8 351	1.54	7 620	−21.84
小型拖拉机	台	13 207	22.70	12 042	13.45
四轮农用运输车	辆	1 206	−18.24	1 248	−9.83
三轮农用运输车	辆	51 880	−25.98	51 256	−22.13
拖拉机、内燃机配件	万元	10 042	−5.74	9 578	−16.17
一般交流发电机	MW	812	4.10	748	−0.13
交流电动机	MW	393	−26.40	391	−8.22
变压器	MV·A	348	35.63	306	20.47
高压断路器	台	1 636	−63.15	1 611	−63.58
高压隔离开关	组	827	26.07	846	1.08
高压开关板	面	4 698	14.92	4 710	15.90
低压开关板	面	4 881	1.92	4 268	−0.70
电工仪器仪表	万台	37.6	−16.81	38.0	−24.60
试验机	台	1 119	104.95	889	110.17
照相机	万架	7.9	−3.66	6.3	−12.50

技术改造　制订了《甘肃机械集团公司对"九五"技术改造工作的调控原则》。"九五"技术改造前期工作，取得了阶段性成果，甘肃机械集团公司系统的14个项目（投资近9亿元）全部通过中国国际咨询公司的评估，均被列为一类项目。

（1）1996年省经贸委下达技术改造计划3 800万元，其中：银行贷款3 180万元，企业自筹620万元。截止至1996年底实际完成2 298.5万元，占年计划的60.5%。

甘肃长城电器工业公司天水长城通用电器厂干式变压器改造项目、天水二一三机床电器厂和天水锻压机床厂的数控专项、天水红山试验机厂的液压万能试验机改造项目等11个技术改造项目竣工验收，总投资11 825.6万元。

甘肃长城电器工业公司天水长城通用电器厂从瑞士引进技术和进口关键设备，建成环氧树脂浇注干式变压器生产线，形成320MW的生产能力。项目从1995年4月开工到1996年底建成，总投资完成3 253万元，1996年实现销售收入600万元。1996年该项目被省经贸委评为全省技术改造优秀项目。

天水二一三机床电器厂的数控专项技术改造项目主要是增添零部件加工设备，改造试验站，进口关键设备和国内试验、检测设备，项目完成投资2 593万元，项目建设期2.2年，批准新增机床电器86.5万件，到1996年实际新增43.41万件，实现销售收入2 800万元，利税463万元，该厂综合经济效益指数在全国机床电器行业1994年的第三位上升到1995年、1996年的第一位。该项目建设速度快，效益显著，1996年被省经贸委评为全省技术改造优秀项目。

(2)技术改造形成了新的生产能力，主要有：三轮运输车25 000台，油泵油嘴总成及偶件153万件，轴承50万套，各种泵类7 142台，运输车变速箱5 000台，锻压设备230台，干式变压器30MV·A，机床电器43.41万件。

(3) 1996年被国家列为二期"双加"项目共6项：甘肃长城电器工业公司、天水海林轴承厂、兰州高压阀门厂、兰州真空设备厂、兰州电机厂、酒泉种子机械厂。项目前期工作除甘肃电气公司待国家经贸委审批外，其余五项可行性研究报告都已审批完毕。1996年无开工项目。

对外合作 甘肃光学仪器工业公司和日本旭光学株式会社合作生产的潘太克斯照相机初具规模。为了向中高档相机发展，甘光公司经与日方代理香港照相器材中国有限公司协商，合作生产经营潘太克斯(PENTAX) ESPIO系列照相机，形成年产100万架变焦相机的生产能力，1996年已生产6 500架相机。

管理及改革 1996年，甘肃机械工业企业坚持"抓大放小"的原则，努力贯彻机械工业部"九五"企业管理指导方针，以企业管理保障企业改革，以改革带动企业管理，采取各种措施搞活国有大中型企业，取得了明显效果。

企业管理方面，在调查研究基础上，一是向企业下发了《1996－1997年管理工作意见》。普遍开展学邯钢活动，强化质量、成本、营销、资金、现场五大管理。二是制定下发了《企业现场管理标准》和《企业环境卫生和现场管理的实施细则》，提出通过狠抓整顿，到1997年有10%的企业实现企业现场管理达标，40%的企业达到良好。各企业均编制了《现场管理和环境卫生达标计划》。甘肃机械集团公司组织拍摄了企业现场管理和质量管理的录像片并在全系统播放，通过形象化的教育，促使企业现场管理和质量管理顺利推进。三是在所属工业企业和流通公司实行了企业经营者年收入制度，实现经营者的业绩与收入挂钩。四是甘肃机械集团公司与企业签订了经济责任书，并进行了奖罚兑现。

企业改革方面，(1) 天水海林轴承厂于1995年跨地区兼并了已连续五年亏损的兰州轴承厂。兰州轴承厂1996年扭亏为盈。天水海林轴承厂产值、销售收入等主要经济指标都创历史最高水平。(2)兰州手扶拖拉机厂于1996年9月跨地区兼并了天水拖拉机厂。兼并后天水拖拉机厂在当年后三个月实现了保平。兰州手扶拖拉机厂成为西北地区最大的农机企业。(3)天水海林轴承厂对天水轴承仪器厂实施了托管。(4) 对资不抵债企业依法破产。1996年9月，甘肃省电影机械厂破产清偿终结。破产后，经过重组改制，加入兰州电机集团有限责任公司，并成立了兰州发电设备厂和兰州水净化设备厂。(5)组建企业集团，发展规模经营。兰州电机厂整体接收破产后的甘肃省电影机械厂，吸纳破产改制的原兰州长津电机厂改制组建为兰州电机集团有限责任公司，于1996年12月正式成立并挂牌运行。(6) 实施"退二进三"。兰州柴油机厂利用优越的地理条件，不断建设和招商，使1994年建成的兰海商贸城发展成为以建材、装修、家具为主兼有娱乐文化活动场所的兰州市内较大的中心市场之一，该厂1996年扭亏为盈。甘肃省第二汽车修配厂拓宽"三产"门路，在汽车配件和整车销售上取得突破性进展。位于甘肃临夏的甘肃光学仪器工业公司实施"退二进三"，搞活了部分分厂和车间。(7) 加快企业改制改组步伐，兰州长虹电焊条厂已改制为兰州长虹焊接机电有限责任公司。兰州石油化工机械设备工程集团公司经甘肃省政府批准进行现代企业制度试点，方案已获批准。(8) 甘肃长通电缆厂于1996年10月整体收购了西安电线电缆厂。

精神文明建设 (1) 坚持以人为本，把思想政治工作的重心放在职工思想道德建设上，把企业精神文明建设的重点放在职工职业道德建设上。在兰州电机集团有限责任公司和天水风动工具厂进行了职工职业道德建设试点。

(2)开展劳模评选活动，全省机械行业评出劳动模范93名。兰州手扶拖拉机厂、天水长城开关厂板材加工FMS生产小组、兰州通用机器厂采油机械分厂技术革新小组荣获"五一"劳动奖状。兰州通用机器厂采机一厂车工芦巨才被评为全国十大杰出工人。

(3)开展职工岗位练兵技术比武活动，企业共评出技术标后366名，全省机械系统评出技术标兵83名，其中有5名获甘肃省技术标兵称号。

(4) 开展职工教育培训。1996年初，制订了甘肃机械职工教育培训规划，召开了全系统"九五"教育培训工作会议。安排部署了"九五"期间教育培训工作。1996年共培训企业领导干部和中青年后备干部117名。完成了机电工程进修大学甘肃省分校、甘肃机械电子职工大学的组织机构调整和人员聘任工作；完成了机电工程师进修大学甘肃省分校开考"工业工程"本科专业的申报审批工作，还完成了甘肃机械系统承担"九五"期间工商管理培训任务的两个中级培训基地的考察建设工作。同时，开展了全系统的岗位培训、继续教育培训、适应性培训等多种培训工作，全系统参加各类培训的人数（包括工人）达21 000人次。

(5) 加强机关自身建设。制定了《机关工作人员文明守则》、《机关工作人员廉洁自律若干规定》、《机关职业道德规范》、《机关职工日常行为规范》等。

存在的问题 (1) 市场制约因素增加，竞争形势日趋严峻。而全省机械行业在产品结构上存在着的管理粗放、消耗大、成本高、废品多、质量差、规模小的状况还没有根本改变，在市场竞争中处于不利地位。(2) 资金紧张的状况仍在加剧。表现在：一是自有资金严重不足，全省机械行业流动资金负债率为95.8%。二是贷款被大量拖欠，全年应收帐款11.5亿元，净欠2亿元。三是产成品资金占用大，全年产成品资金占用额为 12.0 亿元，比上年增加 1 亿元。四是流动资金筹措更加困难。一些有市场、有合同、有效益的产品缺少资金投入。停产、半停产企业增多。(3) 电力供应紧张。企业经常受到限电、停电困扰，不仅影响当期合同履约，而且对今后市场订货造成不良后果。(4) 企业亏损程度在加剧，全年实现利润为 -19 767 万元，与上年基本持平，全行业仍处于亏损局面。

〔撰稿人：甘肃省机械工业总公司　倪晓林、孙泽山　审稿人：甘肃省机械工业总公司总经理　杨书昌〕

〔责任编辑：　王亚水〕

青海机械工业

青海省机械电子工业厅

生产发展情况　1996 年青海省机械电子行业共有生产企业 294 个，归口管理的企业 51 个，比上年增加 1 个。其中国有企业 36 个，集体企业 15 个。国有企业中，厅属企业 27 个（大二型企业 9 个、中一型企业 2 个、中二型企业 16 个）。全系统拥有固定资产原价 178 398 万元，净值 125 035 万元，职工人数 40 493 人；厅属企业资产固定资产原价 169 736 万元，净值 120 782 万元，职工人数 36 667 人，其中工程技术人员 7 287 人。全系统主要生产设备 9 279台，锻压设备 720 台，金属切削机床 4 366 台，其中大型、高精、数控机床 647 台。

1996 年，青海机械工业在资金、电力和市场等外部环境极为困难的情况下，坚持"抓住机遇、深化改革、扩大开放、促进发展，保持稳定"的方针，围绕"两个根本性转变"，以"三大战役"为契机，继续狠抓生产经营，扭亏增盈、帮扶困难企业等项工作，基本遏制了生产经营和经济效益下滑的局面，保持了生产经营的正常运行并有所回升，部分企业发展态势良好。全系统 51 个归口企业共完成工业总产值 90 932 万元（1990 年不变价）比上年增长 42.6% 实现工业增加值 21 259 万元；厅属企业完成工业总产值 86 000 万元，比上年下降 2.85%。实现工业增加值 20 390 万元。有 8 个企业完成或超额完成年度计划指标，占企业总数的 32%。青海省机械工业概况及主要产品、产量详见表 1、表 2。

市场及销售　以市场为导向，加强生产经营的组织安排和调度。一是重点帮助产品有市场、有效益、有信誉的企业，鼓励"银企"合作，协调电力，保证生产正常进行。二是坚持月、季生产调度会，经济分析会制度，及时分析形势，沟通情况，做到合同落实，均衡生产。三是按照"增畅、拓平、停滞"的原则，区别对待畅销、平销、适销、不对路的产品。四是督促企业认真抓好清欠防欠工作，盘活现有资金存量。1996 年，全系统 51 个归口企业实现销售收入 99 493 万元，比上年增长 7%，产销率为 93%，比上年下降 1.4 个百分点；厅属企业实现销售收入 85 000万元，比上年下降 3.1%，产销率达 92%，略低于全系统平均水平。各企业进一步转变观念，调整经营思路，强化销售工作，拓宽了市场。山川铸造铁合金集团有限责任公司（以下简称"山川集团"）调整市场经营角度，由原来开发国内市场为主，变为开发国际市场为主，以扩大铸件批量出口来弥补国内市场需求不旺，与日本国三菱重工、东芝机械、三井物产、大限等 10 多个公司建立了合作关系，签定了 3 000t 出口铸件合同，全年实现销售收入 1.7 亿元；青海重型机床厂以过硬的产品质量、工艺水平、企业管理赢得了日本客商的青睐，与日商达成提供 19 台轧辊机床意向合同，实现了有史以来订货批量最大、额度最高的新突破。全系统 1996 年共完成出口交货值17 829万元，出口产品中，硅铁占 90%，机电产品主要有量具刃具、工程机械和数控机床等。

科研成果及新产品　1996 年开发新产品、推广应用新工艺、新技术 47 项，其中机床工具类 15 项，电器电机类 19 项，其他 13 项，通过省级鉴定验收的 7 项。青海化工机械厂"八五"技改攻关项目高分辨率震源药柱项目和青海第一机床厂的 XH768/1 立柱移动式卧式加工中心产品达到国内先进水平。青海曲轴厂的曲轴辉光离子表面氮化项目，居国内领先地位。青海工程机械厂的新型推土机、装载机关键零部件攻关项目通过了部级鉴定验收；XT-120 盘式刹车通井机新产品通过了中国石油天然气总公司、省科委鉴定验收，填补了国内空白。青海第二机床厂的 SK6332A 数控螺杆铣床和青海齿轮厂的 TCM 叉车变速箱项目，选送国家科委，拟列入 1997 年国家"火炬"计划。青海第一机床厂的 XH7910/1 型立卧式加工中心、青海齿轮厂的 D65A/E-8 推土机变速箱总成、青海工程机械厂的 QT-120A7-6 履带式推土机、青海农牧机械厂的 GBL-700 型离心喷雾干燥机等 6 个企业的 9 种产品列入 1996 年国家级重点新产品。通过组织有关专家对厅属企业科技成果进行评审，共评出厅科技进步奖 30 项，其中一等奖 4 项，二等奖 8 项，三等奖 13 项，四等奖 5

项。

质量 根据"产品质量翻身战役"的要求，加强质量管理工作。(1)召开机电工业质量工作会议，制定了1996年质量工作要点，对各企业普遍深入进行了质量分析调查研究，进一步树立适应市场经济需要的综合质量(QSC)新观念。青海第一机床厂、青海第二机床厂、青海齿轮厂等10个企业根据各自的实际制定了切实可行的质量管理目标、措施和规划，同时积极实施"名牌战略"，向机械工业部审报了青海重型机床厂、工程机械厂等7个企业23种产品为重点扶持培育的"明星企业"和"名牌产品"。(2)推行机械工业部关于《机械工业产品采用国际标准和国外先进标准认可管理办法》和《机械工业产品实施强制性标准认定管理办法》。在调查的基础上制定了青海机械工业"九五"期间主要产品采用国际标准计划表，分阶段实施，要求各企业对强制性标准必须执行，不符合强制性标准的产品禁止生产销售和出口。(3)开展机电产品质量等级评审。青海农牧机械厂的9N50牛奶分离器、青海工程机械厂的Y150履带式推土机、解放军3419工厂的DTP低压喷雾选栓干燥机列入机械工业部优等品评定计划，青海第一机床厂的4种系列产品、青海变压器厂的ST-30N50/10电力变压器、青海工程机械厂的QT-120A履带式推土机经机械工业部认定被评为一等品。(4)做好生产许可证的组织申报工作。青海砂轮厂经国家磨料磨具检测中心现场考核获得了$D \leqslant 400$砂轮生产许可证。(5)依法对产品进行监督检查。经省机电产品质量监督检验站对全系统33个企业55种产品监督检验，合格品数52种，不合格品数3种，品种合格率为94.5%，比1995年增长1.8%。其中：青海齿轮厂的双联齿轮，青海量具刃具厂的D25mm、50mm～75mm外径千分尺、50mm～600mm内径千分尺、5mm～25mm五沟千分尺被评定为一等品，青海重型机床厂的CA8480AQ800×4000mm轧辊车床通过国家机床质量监督检验测试中心的检查，被评定为合格品。据累计产品质量综合统计，1996年全系统质量指数为89.09%，比计划上升了4.09个百分点；产品质量等级系数为77.11%，比计划上升了2.11个百分点；工业产品的销售率为94.29%，比上年上升了2.38%；质量损失率为1.99%，比计划下降了1.17个百分点，以上指标均好于年度计划指标。(6)加强质协工作。选举产生了第二届质协理事会，聘用20名质量管理咨询师。(7)提高服务质量，推广开展"质量保证承诺"活动。厅属企业发表了质量保证承诺声明。

表1 1996年青海机械工业系统概况

行业	企业数(个)	工业总产值(不变价)(万元)	工业增加值(万元)	产品销售收入(万元)	产品销售税金及附加(万元)	利润总额(万元)	固定资产 原价(万元)	固定资产 净值平均余额(万元)
合计	50	83 364	20 056	83 438	334	95 060	166 040	115 548
农业机械	8	5 541	1 994	5 095	16	−155	7 379	5 254
工程机械	6	30 592	6 938	30 717	107	−8 288	51 929	31 715
机床工具	7	30 326	9 099	31 522	144	−4 304	66 044	52 810
机械基础件	5	1 358	−910	953	5	−1 429	5 243	2 878
重型矿山机械	2	2 007	615	1 298	3	−744	5 010	3 278
汽车	10	7 190	702	7 593	46	−3 726	19 039	11 670
电工电器	8	5 656	1 401	5 691	11	−1 712	10 540	7 473
仪器仪表	3	694	217	569	2	−108	856	470

表2 1996年青海机械工业系统产品产量

产品名称	单位	产量	比上年增长%	产品名称	单位	产量	比上年增长%
金属切削机床	台	397	−7.8	农用小拖车	辆	4 458	0.8
农业泵	台	665	28.6	网围栏	km	471	62.4
牛奶分离器	台	8 500	−10.6	推土机	台	222	30.6
电动工具	万台	4	−75.0	农用改装车	辆	92	−32.6
工业轴承	万套	122	−101.6	汽车配件	万元	5 789	22.0
标准紧固件	万件	295	−94.9	分马力电机	万台	1.7	−100.0
锻钢件	t	8 226	−1.4	变压器	MV·A	265	15.7
铸铁件	t	8 706	−1.9	布电线	km	11 773	14.8
工矿配件	t	1071	−3.6	量具	万件	19.6	−17.4
拖拉机、内燃机配件	万元	5 287	−10.3	刃具	万件	1 259.7	−7.3

技术改造 在技术改造工作中，突出“五抓”，即：抓资金到位、抓计划进度、抓竣工验收、抓项目达产、抓经济效益。青海省机械电子工业列入“八五”规划的27个项目，其中国家级重点项目9项，地方重点项目18项，总投资4.95亿元，已完成4.78亿元，占投资总数的99.85%；已竣工验收22个项目(1996年验收8项)，占项目总数的82%。“八五”期间，青海变压器厂投入680万元，新增产值1 100多万元；青海量具刃具厂投入1 030万元，新增产值1 675万元；青海油泵油嘴厂投入1 116万元，新增产值1 784万元，技术改造效果显著。同时做好“九五”技改项目前期准备工作。其中，青海数控集团、青海齿轮厂两个“双加”技改项目现已启动，总投资8 220万元；节能型蒸空模锻锤、电液动力头、高碳铬铁、康明斯曲轴、碳化钨钢、金属镁等6个项目已开工，总投资4 760万元。通过项目建议书和可行性研究论证的有：矿热炉烟气净化系统、圆柱滚子轴承生产线、唐古特保健品有限公司扩建、扩大农机配件上批量、精细化工产品深加工等6个技改项目，总投资约5 000万元，部分项目已通过银行评估，待开工建设。

管理及改革 1996年，围绕企业转 机建制，强化企业管理，提高企业综合素质开展了一系列工作，。一是现代企业制度试点工作稳步实施。列入青海省试点范围的青工集团、山川集团、青海第一机床厂、青海重型机床厂4个企业按照试点实施方案抓紧实施，取得阶段性成果；青海重型机床厂采取先转机后改制的办法，稳步调整组织结构，精干主体，分流辅助，妥善安置富余人员，运行情况良好；青海第一机床厂、青海第二机床厂、青海重型机床厂组建了国有独资青海数控机床(集团)有限责任公司(简称数控集团)已于1996年12月16日挂牌运营，有效地积聚了资产，为实现规划经营打下了基础；青海山川集团为多渠道融资、扩大企业生产规模，完成了股票发行工作，共发行2 000万股，申购资金27.4亿元，创全国同等方式发行申购资金的新记录，为公司吸纳资金近1.1亿元。二是加速企业内部“三项制度”改革。根据青海省政府关于实施全员劳动合同制的要求，机电厅厅长与直属企业法定代表人，企业法定代表人与职工均签定了劳动合同，并经劳动部门鉴证生效；按照机电厅制定下发的“工效挂钩”新办法，会同青海省财政厅、劳动人事厅等有关部门同14个企业核定了“工效挂钩”方案，确定了效益基数和工资基数，对新出台的企业养老保险改革办法的实施情况进行跟踪调查，组织培训班，帮助指导企业提高了运行操作能力。抓好组织、结构调整工作，努力提高资本运作能力，在企业承受能力的范围内，尽可能快地通过联合、兼并、收购、租赁等途径，迅速积聚和吸纳有效资产，实现规模经营，对整体不活，但部分产品有市场的车间、部门实行与母体剥离，逐块搞活，对严重资不抵债、无力偿还债务的企业，依法实行破产，但目前个别环节还有障碍。三是“优化资本结构”试点工作全面展开。根据西宁市优化资本结构试点实施方案，成立了以主管副厅长为首的试点领导小组，下设办公室，具体负责组织协调、服务、指导工作，并结合实际制定下发了《关于认真贯彻西宁市优化资本结构试点实施方案的实施意见》。截止至1996年底，多数企业通过调查研究制定了相应的措施，部分企业已开展实施。四是开展学邯钢、抓管理活动，在“严、精、实”(基础管理要严，市场管理要精，管理措施要实)上取得新突破。加强企业自身成本管理，建立了企业内部的成本控制体系和成本管理责任制度；加强资金运营管理，强化经营核算和经济活动分析，提高了资金的运营效益；加强企业领导班子建设，提高管理工作水平；开展企业管理基础达标活动，多个企业达到现代企业制度试点企业和质量信得过企业标准。五是在深化企业改革的同时，加强厅机关的建设。厅长、副厅长、各处室负责人逐级签定了目标责任书，每个工作人员制定了岗位责任制，编制了厅《公务员职位说明书》(试行)加强了各项制度和业务建设，使机关工作进一步制度化、规范化，充分发挥了机电厅“指导、规划、监督、协调、服务”的作用，为企业、为基层服好务。

职工教育 坚持面向企业，按需施教，学以致用，注重实效的原则。举办了两期车间主任培训班，有22个单位的72名车间主任参加，取得了机械工业部颁发的证书；开展了工程技术人员的继续教育，机电一体化(专科段)自学考试人数逐年增加，1996年有491人参加了考试，合格率为36.36%；组织了工人技师考评和工人岗位培训班，有575人取得了高级证书，930人取得中级证书，476人取得初级证书；机械厅负责全省9所技校、9个工程职业的技能鉴定，厅属5所技校有525人参加考试，214人取得四级工证书，占参加人数的40.76%，比1995年提高了8个百分点；进行了评聘工人技师的考试工作，有8个单位的66人参加，46人经考核被批准为工人技师；顺利完成了厅系统技工学校统一招生考试，录取了510人，其中定向生328名，非定向生182名。1996年还组建了青海机械电子工业学校(中专)，1997年将面向社会公开招生。

存在问题 一是全省机电工业运行的质量和效益低下，厅属盈利企业的盈利额为200万元，亏损企业亏损额为2亿元，盈亏相抵，净亏损1.98亿元，比上年增亏93%，亏损面达80.7%，从发展的趋势看，提高效益的难度还很大。二是企业的负债率居高不下，历史包袱沉重，特别是原来部直属在80年代中期下放到地方管理的企业问题更大。厅属企业，负债率在70%以上的达20个，占企业总数的67%，负债率超过100%的有6个，占企业总数的20%，其中最高的达到142.12%，平均负债率82.69%，总金额为27.08亿元。三是资金短缺，这对靠投资拉动的机电工业来讲，市场的启动有很大难度，部分企业处于停产或半停产状态。四是机电工业结构性矛盾日益突出，目前难以很快适应竞争日趋激烈的国内外两个市场，特别是全省机床、工程机械、铁合金受国内外市场的冲击更大。五是电力供需矛循仍然突出。

〔撰稿人：青海省机械电子工业厅　黄晓梅　审

稿人：青海省机械电子工业厅副厅长　赵宏盛〕　　　　〔责任编辑：　王亚水〕

宁夏机械工业

宁夏回族自治区重工业厅

生产发展情况　1996年全区机械工业共有独立核算企业321个，全部职工人数64 810人，完成工业总产值(当年价)29.54亿元，工业增加值7.50亿元，实现销售收入26.86亿元，实现利税－7 426.9万元。其中系统内工业企业25个，按经济类型分，大一型企业1个，大二型企业5个，中一型企业2个，中二型企业7个，小型企业10个。

1996年，全区机械工业仍处于低谷运行。大多数企业在极度困难的情况下，奋力拼搏，生产经营取得了一定成效，基本实现了“开好头，起好步”。厅属工业企业中，吴忠仪表厂、长城须崎公司、常银公司、西北轴承集团、银川起重机器厂、长城机器制造厂、宁夏电机总厂7个企业盈利，盈利总额比上年增长50.8%，但亏损企业和亏损额均比上年增加，增亏幅度比较大。从总体上看，在外部环境趋紧，市场需求不足的形势下，基本保持了平稳运行态势。主要表现在完成工业总产值与上年基本持平，产销率在低水平徘徊，产成品库存持续增加，产品出口出现较大辐度增长，销售收入基本保持稳定，略有下降，企业发展两极分化，利润多方转移，效益指标下降。主要经济指标完成情况见表1，主要产品产量完成情况见表2。

市场及销售　厅直属企业全年实现销售收入127 583万元，比上年略有下降。产品产销率为86.7%，一直处于较低水平。产销率水平偏低的主要原因：一是市场销售平滞，合同任务不足，产大于销；二是企业按合同组织生产后，因用户货款不到位不敢发货。

全区机械产品出口呈现良好的发展势头，创历史最好水平。全年出口创汇1 569.3万美元，比上年增长71.7%，其中自营出口1 255.4万美元，比上年增长43.8%。出口产品中机床铸铁件出口10 556t，出口额1 121万美元，比上年增长49.7%；轴承出口5.6万套，出口额332.3万美元，比上年增长2.7倍。

新技术及科研成果　1996年，厅直企业开发新产品220种，完成计划的194.6%，有7项科研成果获自治区科技进步奖。在自治区首批公布的46种名牌产品中，机械产品有13种。向机械工业部推荐了CJC牌CK7815数控机床、NXZ牌197 726铁路货车轴承、吴仪牌CV3000系列自动调节阀为全国名牌产品，正待审查批准。西北轴承集团技术开发中心、长城机床厂车削自动化研究所和吴忠仪表厂科技开发中心被机械工业部列入“技术中心建设指南”的初选名单。西北轴承集团的推盘式可控气氛连续气体渗碳线已列入机械工业部“引进技术的消化吸收和创新指南”的初选项目。5个企业和6种产品有待列入机械工业部确定的“技术进步示范工程”和1 000种重点产品。长城机床厂、西北轴承集团、吴忠仪表厂、大河机床厂、机械研究院列入了自治区CAD/CAPP示范点。制订了《关于调动科技人员积极性的有关政策性规定》，一些企业也制订了提高科技人员待遇，增加科技人员收入的办法，为稳定科技队伍、打好“三大战役”奠定了基础。

表1　1996年宁夏机械工业系统概况

行业	企业数(个)	全部职工平均人数(人)	工业总产值(不变价)(万元)	工业增加值(万元)	产品销售收入(万元)	产品销售税金及附加(万元)	利润总额(万元)	固定资产	
								原价(万元)	净值平均余额(万元)
合计	25	26 739	100 630	35 910	127 583	448	－3 528	120 020	76 344
农业机械	7	4 406	30 720	2 762	37 115	21	－2 177	16 401	10 776
机床工具	3	5 796	11 958	2 272	17 473	21	－2 793	29 502	17 929
机械基础件	3	6 145	29 376	20 655	42 328	233	3 545	29 605	16 844
石化通用机械	1	413	1 422	401	1037	4	35	765	5 840
重型矿山机械	1	2 436	8 581	3 743	8 370	51	209	11 848	6 045
电工电器	6	3 025	8 767	1 689	10 799	48	－1 448	13 915	7 790
仪器仪表	4	4 518	9 806	4 387	10 461	70	－899	17 985	11 120

表 2　1996 年宁夏机械工业系统产品产量

产品名称	单位	产量	比上年增长%	产品名称	单位	产量	比上年增长%
柴油机	MW	1 240	29.2	大中型拖拉机	台	730	2.4 倍
	台	120 000	20.0	小型拖拉机	台	12 179	−23.4
金属切削机床	台	829	−16.0	三轮农用运输车	辆	102	−36.7
机床配件	万件	9.8		农用拖车	辆	113	−66.3
起重设备	t	5 151	11.2	拖拉机、内燃机配件	万元	3 110	2.1
矿山设备	t	519	−22.9	交流电动机	MW	115	−26.3
泵	台	5 806	−19.1	变压器	MV·A	232	18.4
减速机	t	1 447	−11.4	高压开关板	面	35	
阀门	t	268		低压开关板	面	661	
轴承	万套	281.5	11.7	裸铝线	t	34	
标准紧固件	万件	2 172		钢芯铝绞线	t	363	−43.3
	t	716	−19.5	控制电缆	km	12	
弹簧	万件	103		布电线	km	15 793	16.4
工矿配件	t	553	42.5	电焊条	t	6 350	0.8
铸铁件	t	18 371	17.3	高压电瓷	t	900	−3.9
铸钢件	t	949	−5.0	低压电瓷	t	101	
锻钢件	t	547		工业自动化仪表	万台	2.8	12.0
水泥设备	t	869	−11.2	电工仪器仪表	万台	11.5	3.6
间接包装机械	台	31 865		试验机	台	296	−59.9
汽车配件	万元	270		钢	t	1 806	

质量　全行业开展了培育质量信得过明星企业，开展质量承诺，按国际标准和国外先进标准组织生产，实行零废品率与质量责任赔偿制等质量管理活动。继吴忠仪表厂通过质量体系认证之后，长城须崎公司通过了英国密烘公司的质量认可，获取了国际铸造行业公认的密烘商标使用权；西北轴承集团、银川电线厂也正在抓紧进行 ISO9000 质量体系认证准备工作。机械企业质量指数为 87.32，产品质量等级系数为 71.43，优等品产值率为 0.32，一等品产值率达 42.22，合格品产值率达 57.46，品种优等品率达 2.64，品种一等品率达 26.79，品种合格品率达 70.57，质量损失率为 1.40。

技术改造　1996 年，在国家技改项目实行资本金制度及对技改项目从严审批的情况下，经多方努力，全年报批技术改造项目 19 项(国家专项 16 项)，目前已获批准 17 项，固定资产投资 44 925 万元，已开工建设的项目 10 项，投资 13 796 万元。吴忠仪表厂"九五"一期"双加"项目和长城机器制造厂铸件出口专项，做到了当年竣工、当年受益，较好地提高了项目资金运营效率。

管理及改革　1996 年，全区机械工业管理及改革的重点是企业制度创新，组建企业集团和促进"东西"合作，旨在促使企业建立一套适应市场竞争的新机制。在建立现代企业制度方面，西北轴承集团完成了股份制改造，股票成功上市，为企业发展奠定了基础；宁夏电机总厂作为自治区现代企业制度试点企业，方案已报批；银川起重机器厂、大河机床厂、长城须崎公司、长城机床厂等企业在推行总分厂制、精简内部机构、岗位竞争、下岗分流、改革分配制度等方面进行了有益的探索，取得了较好的成效。在实现规模经营、组建企业集团方面，宁夏机床(集团)公司组建完成，制订了优化结构的运作方案，在为企业服务争取有关政策等方面作出了努力。在"东西"结合、外引内联方面，吴忠仪表厂与上海华煜公司在上海崇明县合资成立了吴忠仪表上海有限公司；西北轴承集团兼并旅顺轴承厂，成立了西轴集团旅顺分厂，实现了西部企业东进联合发展的新模式；兴庆厂与冶金工业部长沙矿冶研究院合资成立了"宁湘和利化工有限公司"，与浙江临安县青山化工厂合资建立"宁湘和利化工有限公司"，为摆脱困境、实现腾飞奠定了基础。

"三大战役"　根据机械工业部的统一部署，对全区机械工业打好"三大战役"做了精心安排，并于 1996 年 10 月份组织了一场声势较大的"宣传月"活动。通过标语、知识竞赛、质量承诺等多种形式的宣传活动，使"三大战役"深入人心，启动工作进展顺利。

存在问题　一是经济效益下滑，亏损企业和亏损额增加，经济运行质量不高；二是企业资产负债率高，资金使用效益差，应收帐款净额、产成品库存增加，生产任务不足，设备闲置，冗员超过 30%；三是结构调整步伐缓慢；四是企业管理工作滑坡，部分企业存在着以外部环境趋紧，掩盖企业内部管理混乱的问题。

〔撰稿人：宁夏回族自治区重工业厅　张建中
审稿人：宁夏回族自治区重工业厅厅长　陈德祥〕
〔责任编辑：王亚水〕

新疆机械工业

新疆维吾尔自治区机械电子工业厅

生产发展情况 1996 年，新疆机械工业计划管理内 97 个企业完成工业总产值 189 580 万元，较上年增长 16.98%，销售收入 219 646.4 万元，较上年增长 16.57%。全系统行业情况见表 1、表 2。

1996 年各地区加快了企业资本结构调整的步伐，加大了企业资本结构调整工作的力度，结构调整工作取得了进展，按照"整体推进、重点突破、分类指导、分步实施、一厂一策、注重实效"的工作方针，加大了"增资、改造、分流、破产"的力度。已形成了新疆联合机械集团、新疆十月拖拉机集团等比较有实力的企业集团，新疆无线电一厂加入上海广播电视有限集团公司，新疆天山锅炉厂加入了东方集团公司，组建了新疆梧桐农用三轮车集团，新疆"特变"与新疆电线电缆厂实现了联合，使新疆"特变"的股份制改造得到进一步巩固和发展。以扭亏增盈为重点，为做好企业解困工作，派员深入乌鲁木齐、昌吉、米泉、五家渠等地 20 余个企业进行了广泛深入的调查，对亏损大户进行了帮促工作，如新疆专用汽车厂 1995 年亏损 2 494 万元。1996 年该厂与自治区人民政府签订了减亏 1 254 万元的责任书。经过一年的工作，新疆专用汽车厂 1996 年实际亏损 1 236.1 万元，较上年减亏 1 257.6 万元，完成了自治区下达的减亏任务。

科研成果 1996 年，达到国内领先水平、国内先进水平以及填补自治区空白的科研成果有：新疆机械研究所 6MRT-250 型涮轮式棉种(籽)脱绒机，新疆电机电器制造公司蓄电池厂免维护密封型铅酸蓄电池，新疆电子研究所电话自动报警器、汽车倒车防撞仪、DD-9001 型电脑话务员，超声波测距仪、ISD1420 语音开发系统、中巴车喊话器、高压报警器。

1996 年，新疆机械研究所共承担各类科研课题 45 项，其中纵向科研项目 5 项，横向科研项目 33 项，该所自立科研项目 17 项，完成或按计划完成 42 项，其中 1 项通过自治区科技成果鉴定，课题完成率为 93%，全年鉴定各类技术合同 17 项，技术合同额为 242 万元。

主要成果有：(1)6MRT-250 型涮轮式棉籽脱绒机是棉籽加工换代产品，该机的棉籽绒脱净率、棉籽破损率、棉籽发芽率等均能满足农艺及用户要求，而且有操作简单、维修方便、不污染环境、加工成本低、棉籽短绒有效回收等特点。推广了 15 台，受到用户普遍欢迎，用户遍布南北疆产棉区。该机已取得国家专利，专家认为该机处于国内领先水平，于 1996 年 6 月通过自治区科委组织的科研成果鉴定。(2)6ZF-1.0 型果蔬菜称重分级机是吸收日本技术而研制的，该设备对梨、苹果、桃、柿子、柑桔、土豆、番茄、洋葱等果蔬进行重量分级加工，一次加工并对果蔬进行 1～8 级重量分级，提高果蔬产品的档次，增强出口创汇能力，在新疆库尔勒香梨产区推广 10 台，经用户试用后，认为该设备的主要技术指标已达到日本设备的水平，而价格则低于日本设备，是替代国外进口的理想设备。(3)6PT-1.0 型葡萄干加工成套设备、6PT-1.0 型葡萄干粗加工机组、6PT-2.0 型葡萄干脱梗机等葡萄干加工机械可对葡萄干进行脱梗、去杂、除尘、分级、清洗、脱水、上油等粗精加工，极大地提高葡萄干产品的质量，深受吐鲁番、鄯善等地葡萄干生产企业的欢迎。(4)该所承担的自治区科委重点攻关科研项目啤酒花摘花机的研制，1996 年已完成了整机设计的全部图样，并初步选定了试验用户。(5)冷硬树脂砂推广项目已通过自治区科委论证，并列入自治区重点成果推广计划。

新产品 1996 年开发新产品(包括达到国内先进水平、国家专利和填补自治区空白的)有：新疆高压开关厂 KYN-10 型户内金属铠装移开式开关设备，乌鲁木齐开关厂 GGD 型交流低压配电柜，新疆开华锅炉有限责任公司 CLH01-85/60-Y 全自动常压燃油热水锅炉、LFNZ 智能型连续式钠离子交换器、CLSC 型三炉膛常压热水锅炉，新疆化工开关厂 GGXZ-10 加强绝缘型高压真空开关柜，新疆专用汽车厂 XZC3110RK 型平头柴油自卸车、博格达牌 XZC3091JK4.5t 单缸柴油自卸车、XZC3092JK4.5t 双缸柴油自卸车、XZC3093JK 柴油型自卸车、XZC3094JK 柴油自卸车，西域电器厂 GGD 型交流低压配电柜、JGX-10(千)型户内固定式金属封闭真空开关柜，新疆昌峰低压锅炉制造公司 CDZL4.2 常压卧式热水锅炉、CLSC 具有燃烧器立式常压锅炉、CSLSC 具有助燃器立式常压锅炉，新疆红旗机器厂 ZBMJ-4A 宽膜播种机，新疆汽车改装厂 XJG1205 型农用运输车，乌鲁木齐交通开关厂 GGD 型交流低压配电柜，新疆鄯善石油化工机械总厂 Q41H-1.6、25DM15-200、541H-1.6、2.5DN15-200 系列碳素钢球阀截止阀，新疆煤化实业总公司天山砂轮厂树脂薄片砂轮，新疆奎屯金三角磨具实业公司树脂结合剂磨具产品、陶瓷结合剂磨具产品，新疆第一汽车厂 TSY3260 自卸汽车、TSY3110P 型自卸汽车、

表1　1996年新疆机械工业系统概况

行　业	企业数(个)	全部职工平均人数(人)	工业总产值(不变价)(万元)	工　业增加值(万元)	产品销售收　入(万元)	产品销售税金及附加(万元)	利润总额(万元)	固　定　资　产	
								原价(万元)	净值平均余额(万元)
合计	97	54 383	189 580	47 715	219 646	787	−14 390	348 313	186 467
农业机械	26	14 077	70 653	17 626	81 474	128	1 270	73 731	50 658
工程机械	2	1 898	2 655	787	4 235	22	−549	5 553	4 095
机床工具	1	477	1 586	563	2 081	8	126	5 500	3 455
机械基础件	6	3 234	4 346	1 635	5 356	54	−1 396	15 573	11 120
石化通用机械	10	3 728	10 386	3 743	10 864	49	−571	19 045	10 453
重型矿山机械	5	1 937	3 352	1 061	3 301	20	−927	15 205	8 940
汽车	20	12 677	42 525	6 698	51 263	269	−8 653	133 996	48 894
电工电器	16	8 844	45 339	15 400	52 259	242	−227	54 843	34 546
食品包装机械	1	315	253	−136	37	1	−463	1 192	805
其他	10	7 196	8 485	338	8 777	−5	−3 000	23 677	13 502

表2　　1996年新疆机械工业系统产品产量

产品名称	单　位	产　量	比上年增长%	产品名称	单　位	产　量	比上年增长%
工业锅炉	t(蒸汽)	1 488	−23.6	拖拉机、内燃机配件	万元	2 728.8	23.4
农用小水轮机	MW	2.2	−82.0	汽车	辆	734	
金属切削机床	台	90	−9.1	改装汽车	辆	1 913	−16.8
起重设备	t	1 016	−17.4	摩托车	辆	377	−75.9
运输设备	t	168.4	−41.5	汽车配件	万元	6 815.2	−23.8
工业泵	台	3 028	−9.9	液化气罐	个	90 081	5.8
农业泵	台	5 492	7.1	搅拌机	t	1 109	9.7
风机	台	2 137	−3.4	油桶	只	233 727	3.6
低压阀门	t	39.8	279.1	汽车拖车	辆	85	−69.1
轴承	万套	128.5	36.5	营房车	辆	161	−48.6
液压件	万件	0.07		交流电动机	MW	238	8.1
标准紧固件	万件	3 073.8	−33	变压器	MV·A	1 579.6	43.2
	t	1 656.3	−20.8	高压开关板	面	344	−26.7
石油钻采设备	t	1 659.8	165.4	低压开关板	面	1 851	−36.6
炼油化工设备	t	794	−46.1	钢芯铝绞线	t	1 163	−14.2
石油机械配件	t	169.5	84.2	裸铜线	t	493.6	−3.0
大中型拖拉机	台	199	1 143.8	电磁线	t	42.9	26.2
小型拖拉机	台	27 795	−8.4	电力电缆	km	1 183	306.5
机引犁	台	851	51.4	控制电缆	km	25	177.8
机引耙	台	78	−80.5	通信电缆	km	2 375	88.6
机引播种机	台	2 027	81.8	布电线	km	15 211	4.3
中耕施肥机	台	1 762	192.7	铅酸蓄电池	MVA·h	245.6	18.4
地膜覆盖机	台	4 489	286.3	电焊机	台	1 304	−61.7
机动植保机械	台	520	27.1	电焊条	t	11 000	−6.9
联合收割机	台	4 661	210.7	铵锑炸药	t	15 750	−1.9
农用运输车	辆	32	−29.5	乳化炸药	t	914.8	11.4
农用拖车	辆	5 363	−20.5	铵油炸药	t	2 107.6	−12.7
大中型拖车	辆	310	85.6	工程雷管	万发	1 455.8	−11.3
机动三轮车	辆	279	−48.8	震源药柱	t	4 260	23.4
饲草加工机械	台	648	188.4	石油射孔弹	万发	11.4	1.7

TSY5090ZL型垃圾车、TSY5090GSS型洒水车、TSY9400型30t半挂车，新疆石油通用机械厂TDX99陶瓷除尘器系列，新疆客车厂XJ6100型客车，新疆电机电器制造公司电机厂YQS2-250系列井用充水式潜水三相异步电动机，新疆汽车厂XQD1140F1(F1J)载货汽车及底盘、XQD1140FD1

(FD1J)载货汽车及底盘、XQD1170G1 载货汽车，新疆第三机床厂 YCYJ14-5-53HB 异形游梁式抽油机，乌鲁木齐电工设备总厂 QZ-2/130 系列聚酯漆包线、ZB 系列纸包线、SBEB/130 系列玻璃纸包线、电工圆铜线，新疆奇台水泵厂 300QJ200 型潜水泵。

质量 1996 年，全厅强化质量管理。抓好质量统计，加强质量监督，发挥行业质量检测的有效作用，认真实施质量必备条件检查、等级品复查评定、产品质量抽检等工作。民爆产品有 10 项评为一等品，举办了一期"质检人员培训班"。

根据五部委文件要求，参加了自治区技术监督局组织的对建筑、建材、低压电器等产品销售市场进行打假活动及自治区 6 厅局对建筑工程器材打假工作，组织召开了行业对有关轴承、机电、汽配、电焊条、电线电缆、标准件等生产企业打假治劣，保护地产品座谈会。并邀请自治区技术监督局监督处的领导参加会议，听取了企业意见及建议，共商打假治劣的措施，制定有关打假治劣保护地产品的管理办法。

新疆联合集团被列入全国技术中心指南初选企业，新疆联合集团和天山锅炉厂列入机械工业部技术示范企业，同时新疆联合集团和天山锅炉厂被批准为自治区技术中心，有 7 个项目初选入机械工业部《重点产品开发指南》，有 1 个项目初选入机械工业部《引进技术消化新指南》。为推进技术推广工作，推动自治区机电行业技术进步，有效实施并引导和鼓励企业大力推广新技术和优秀成果转化为生产力工作，组织企业开展新技术推广优秀成果奖评选工作，1996 年度有 2 个项目获自治区新技术推广优秀成果奖。

进一步加强了对生产常压锅炉企业的生产、质量、安全的监督工作，对新疆米泉地区、乌鲁木齐市锅炉厂等 10 个企业的锅炉产品的设计文件进行了审查，对原审查的老产品图纸底图，按自治区机电厅低压锅炉有关管理办法要求进行了重新审查，并加盖了专用章。

强化标准化管理工作，按区机电厅《新疆电子工业企业产品标准编制管理办法》和 GB/T1.1—93《标准化导则，标准编写的基本原则》指导企业进行企业标准的编制、管理和备案工作，1996 年审查和备案各类标准 21 项。为落实机械工业部"九五"标准化工作及工作会议精神，加速全区行业采用国际标准和国外先进标准的步伐，按有关管理办法的实施细则，布置采用国际和国外先进标准认可工作和强制性标准认定工作。

加强质量信息工作，组织召开了 1996 年质量统计工作会议，总结了 1996 年质量统计工作，评出 13 名先进个人，有 5 个单位受到了表彰。

实施"名牌战略"，向企业宣传品牌效益，组织企业自愿申报，引导和鼓励企业积极开展创名牌活动，对 12 个企业申报的材料进行了认真审核，汇编上报了 1996 年度机电行业创"新疆名牌"，到现场考核、指导，经评审上报区经委 4 个企业的产品，新疆联合集团羊毛剪及刀片被评为 1996 年度"新疆名牌"产品。

认真抓好生产许可证的申报、复查、监督与管理工作，生产许可证产品取证验收必须严格按部计划和工厂生产必备条件进行，对软、硬件均有严格要求，为此积极帮助、指导企业按生产许可证管理要求开展工作。1996 年共完成 34 种生产许可证产品的抽样、封样工作；完成了 10 个企业 14 种生产许可证产品和出口质量许可证产品的生产必备条件的审查和申报工作。

按照机械工业部和电力工业部的要求对全区高压成套开关设备企业生产秩序和产品质量进行整顿，完成了 12 个低压开关柜生产企业整顿合格证换发预验工作，6 个企业取得了合格证；完成了 20 个低压开关电控设备企业整顿合格证的换证工作；完成了 14 个低压电控设备企业申请两部红、绿证生产条件审查的上报和发证工作。根据区机电厅和区电力局联合下发的《关于继续整顿低压成套开关设备、生产秩序和产品质量的通知》精神，结合全区实际，通过认真的审查验收将对 14 个企业申请区机电厅和区电力局整顿合格证的企业进行发证。

技术改造 根据机械工业部和自治区经贸委对技术改造工作安排，在技术改造工作中积极贯彻"三大战役"的精神，组织召开了有 21 个企业参加的机械行业 1996 年度技改工作座谈会，会议采取分片座谈的形式，对"八五"技术改造工作执行情况总结上报机械工业部，将新疆第一汽车厂、第一汽车配件厂和新疆天山汽车厂"八五"技改项目调查材料上报自治区经贸委。

1996 年国家经贸委和自治区经贸委为自治区机电系统安排了 4 项机械改造项目，其中新开项目 1 个(新疆联合机械集团公司)，续建项目 3 个：新疆十月集团公司 1 000 台棉田拖拉机改造项目、新疆齿轮厂配套新疆 4DL-2 小型自走式联合收割机齿轮箱技术改造项目和乌鲁木齐工业锅炉厂"八五"节能锅炉改造项目。

对外合作 机电产品出口竞争十分激烈，在强手如林的形势下，新疆机械进出口公司遵循"一业为主，多种经营"的指导方针，除了从事机电产品以外，充分发挥业务人员的主动性，广泛联系客户，积极主动地开发新产品、新项目。

1996 年出口总值 547 万元，比上年增长 7%。其中一般贸易出口 530 万美元，比上年增长 0.04%；易货贸易出口 18 万美元，比上年增长 6.5%。1996 年进口到货总值 327 万美元。

1996 年海外市场仍保持的有：香港、新加坡、美国、澳大利亚、巴基斯坦、孟加拉、哥伦比亚、西班牙、新西兰、斯里兰卡、吉尔吉斯坦、韩国、意大利、加拿大、瑞士、比利时、泰国等 17 个国家和地区。

"三大战役" 1996 年，机械工业部提出，打好"三大战役"是启动行业振兴的突破口，将全区全行业思想统一到打好"三大战役"上来，这是机械工业发展战略的一项升华。上半年机电厅成立了"三大战役"领导小组和工作协调办公室。10 月份，在全行业认真开展了“三大战役”宣传月活动。11月11日全厅以新机电办字[1996]120号文下达了新疆机械工业“三大战役实施方案”的通知，要求全区机械工业有关部门、行业企事业单位认真贯彻执行，通知指出：打好“三大战役”是全行业推进“两个根本转变”为振兴打好基础的唯一正确选择，各地、各企事业单位要深入宣传，提高认识，按照机械工业部“三大战役”实施方案的要求，结合全区的这三个实施方案和各自的具体情况，制定出自己的实施方案，有计划、有步骤地把产品质量翻身、开发能力提高、组织结构优化的工作抓紧、抓好、抓出成效。三个实施方案都明确规定了总体目标和具体目标、指导思想、重点工作与措施、职责分工，具有较强的指导性和可操作性。“三大战役”已在全区机械工业行业开始启动。

管理及改革 按自治区党委四届八次全委(扩大)会议关于“九五”计划和2010年经济与社会发展的总体部署和机械工业部提出的打好“三大战役”的要求，结合全区机电工业实际，编制了行业“九五”计划和2010年远景规划，提出了“围绕一个中心(提高经济效益，实现扭亏增盈)，突出两个重点(培育优势特色产品和提高企业素质)，加大三个力度(产品质量上等级力度、企业技术开发力度、企业调整和重组力度)，扶持四个行业(农机、汽车、电工电器、石化通用机械)，实现五个目标(质量目标、开发能力目标、结构调整目标、总量目标、效益目标)”的工作思路，为“12345工程”。

组织了新疆昌锋锅炉厂E2级锅炉取证审查及新疆石油通用机械厂一、二类压力容器换证工作，对生产建设兵团农五师机械厂和新疆粮油机械厂申请布点压力容器进行了实地考察。

完成了农用运输车更改布点单位的调查工作，决定新疆汽车改装厂为运输车定点生产单位，审批了新疆水泥厂关于成立新疆建材机械厂的报告，对乌鲁木齐电缆厂申请定点生产电线电缆进行了实地考察。

职工教育 1996年，机电行业组织了30多个工种900余人参加的高、中、初级工的等级培训和考核，组织了300余人参加的机电一体化、工业工程专门人才培训及专业本科、专科的自学考试；组织了59名选手参加的电焊工、工具钳工职业技能竞赛。为改善企业内部管理，举办了两期企业厂长(经理)学习班，比较系统地学习企业内部管理，现代企业制度改造等有关知识。组织了行业优秀科技成果的评选工作，有23个项目获奖。

〔撰稿人：新疆维吾尔自治区机械电子工业厅 董淑芝 审稿人：新疆维吾尔自治区机械电子工业厅副厅长 汪 铁〕

〔责任编辑：王亚水〕

台湾机电工业

中国社会科学院台湾研究所

经济总体情况 1996年，台湾经济不景气，对外贸易增长率出现多年来少有的低增长，民间投资率不高，工业生产增长率也大幅滑落，使得全年经济增长率降至5.7%；失业率大幅上升，为2.6%；而物价相对平稳，通货膨胀率只有3.1%。

1996年，台湾岛内生产毛额预计74 976.77亿元台币。其中农业为2 465.38亿元，占3.28%；工业为26 730.46亿元，占35.65%；服务业为45 780.93亿元，占61.07%。台湾国民生产毛额(GNP)达2 751.4亿美元，人均国民生产总值达12 872美元。

1996年，台湾工业生产由上半年的衰退转为下半年的增长。受国际经济复苏、岛内需求逐步回升等因素影响，由上半年的衰退0.3%转为下半年的增长3.9%，全年也因此增长1.7%。其中，制造业增长2.4%，水电煤气业增长5.8%，而房屋建筑业与矿业分别下降17.4%与5.4%。

在制造业中，电力及电子器材业因资讯及网络产品接单形势好，增长9.1%，成为制造业增长的主力；石油及煤制品因市场与产量扩增，增长8.9%；化学材料业增长5.2%；金属基本工业也增长2.8%。而非金属矿物、运输工具业及传统产业均呈不同程度地减产与负增长。

1996年，台商对外投资再度大幅增长。全年对外投资件数为469件，金额高达21.6万美元，较上年大幅增长58.8%。投资行业情况为：金融保险业为10.1亿美元，较上年增长90.6%；电子及电器制造业为2.5亿美元，增长28.2%；运输业为1.4亿美元，国际贸易业为1.2亿美元。台商对大陆投资也有所增长。据台统计，台全年核准台商对祖国大陆投资项目为383件，投资金额为12.3亿美元。

1996年，外商对台直接投资达24.6亿美元，虽较上年下降16%，但却是历史上外商第二个投资高峰年。台核准外商投资件数为500件，较上年增加了87件。其投资行业居前几位的是：电子及电器制造业为4.3亿美元，金融保险业为3.2亿美元，服务业为2.5亿美元，批发零售业为2.1亿美元。

1996年，台湾进出口贸易增长下滑，全年对外贸易总额为2 172.6亿美元，较1995年仅增长0.93%。其中，出口贸易金额为1 159.8亿美元，增长3.9%，为1990年以来最低增长率；进口额为1 012.8亿美元，较上年下降2.2%，是近十一年来首次出现的负增长。全年实现贸易顺差147亿美元，较上年的81.2亿美元大幅增加81%。

在出口商品结构方面，工业产品出口总值为1 118.9亿美元，占出口总值的比重达96.5%，超过上年的96.2%；农产加工品出口值为36.2亿美元，所占比重由3.4%降为3.1%；农产品出口值为4.5亿美元，比重仍维持上年的0.4%。在工业产品中，重化工业产品出口值达701.4亿美元，其比重由1995年的58.6%上升至60.5%。1996年 前八大出口金额、增长率及其所占出口总额的比重情况见表1。

表1 1996年前八大类产品出口额、增长率及占出口总额比重

产品	出口额(亿美元)	增长率(%)	比重(%)
电子产品	166.4	2.4	14.3
资讯与通信制品	125.6	26.8	10.8
纱布	110.2	1.0	9.5
机械产品	94.9	13.7	8.1
塑料橡胶及制品	77.2	−4.3	6.7
钢铁及制品	57.2	5.5	4.9
金属制品	45.3	1.7	3.9
电机	42.2	5.6	3.6

表2 1996年前八大类产品进口额、增长率及占进口总额比重

产品	进口额(亿美元)	增长率(%)	比重(%)
电子产品	162.2	−1.2	16
机械产品	111.6	7.3	11
化学品	109.3	−6	10.8
矿产品	92.8	12.6	9.2
钢铁及制品	57.1	−21	5.6
有色金属制品	47.1	−17.5	4.7
运输设备	45.6	−24.5	4.5
光学、计量、医学仪器	44.5	37.2	4.4

在出口地区上，对亚洲出口额为670.9亿美元，所占比重最大，达52.4%；对北美洲出口额为282.7亿美元，占出口总额的24.4%；对欧洲出口额为169.4亿美元，占出口额的14.6%，居第三。其中，对美国出口额为268.7亿美元，占23.2%；对香港地区出口为268亿美元，占23.1%，居第二；对日本出口为136.7亿美元，占11.8%。其余所占比重较小。

在进口产品结构上，农工原料进口额为706.4亿美元，占总进口额的69.8%，是1993年至1995年连续三年比重上升后的首次下降；资本设备进口额为183.6亿美元，所占比重则由16.3%增至18.1%；消费品进口额为122.8亿美元，所占比重由11.7%增至12.1%。前八大类进口产品情况见表2。

在进口地区上，从亚洲进口总额为488.7亿美元，占48.3%；从北美洲进口额为213.3亿美元，占21.1%；从欧洲进口额为190.4亿美元，占18.8%。其中，从日本进口275亿美元，占进口总额的27.2%；从美国进口199.7亿美元，占19.7%；从德国进口50.2亿美元，占5%。

两岸贸易持续发展。据台统计，1996年，两岸贸易总额为222.1亿美元，较上年增长12.2%，远高于台湾总体对外贸易增长率。其中，台湾对祖国大陆出口额为191.5亿美元，较上年增长7%；台湾从祖国大陆进口额为30.6亿美元，较上年下降1%。台湾对祖国大陆的贸易顺差继续增加，达到160.9亿美元，较上年增长8.7%。两岸贸易的相互依赖进一步增强。两岸贸易额占台湾贸易总额的比重达到10.2%；其中台湾对祖国大陆出口依存度达16.5%，进口依存度为3%。

台湾对祖国大陆的主要出口产品居前五位的依次为机械用具及其零件、电机设备及其零件、塑胶及其制品、人造纤维丝、工业用纺织品等，合计占出口总额的54.3%。台湾从祖国大陆进口的前五位产品依次为电机、设备及其零件，钢铁，矿物燃料、矿油及其蒸馏产品，锅炉、机器及机械用具，鞋靴类商品，合计占50.3%。

机电工业概况 1996年，机电工业总产值为22 779.64亿元台币，占制造业总产值的37.66%。各行业产值及占机电工业比重见表3。1996年，台湾机电工业产品出口总额达651.1亿美元，占出口总额的53.0%；进口总额达到458.6亿美元，出现零增长，占进口总额的比重为45.3%。详见表4。

普通机械制造业 1996年，台湾普通机械工业产值为2 764.3亿元台币，增长3.91%。其中增幅较大的有原动机械、其他专用生产机械、造纸印刷机械业、化工机械制造修配业和木工切削机械；衰退较大的有办公机械、运送机械设备业和农业及园艺机械业等。

就单项产值而言，纺织及成衣机械产值依旧最大，计328.27亿元；切削工具机产值由上年的第三位上升为第二位，计271.19亿元；运送机械设备产值由第二位降为第三位，计255.34亿元台币。产值超过百亿元台币以上的还有化工机械制造修配、塑料橡胶机械、木工切削机械，其他机械产值较小(见表5)。

在主要机床生产方面，1996年，产量下降的有NC车床、普通机床、锯床与其他NC机床。产量增长的产品有磨床、钻床、铣床、综合切削机床与压床。各类机床产销基本平衡(见表6)。

表 3　1996 年机械电子工业产值结构

项　目	普通机械业	电力电子器材业	运输工具业	精密机械业	合计
产值(亿元台币)	2 764.30	15 168.37	4 394.16	452.81	22 779.64
比重(%)	12.13	66.59	19.29	1.99	100.00

资料来源:台湾《工业生产统计月报》,1997 年 2 月。

表 4　1996 年台湾机械电子工业产品进出口贸易情况

(按台湾商品标准分类)　　　　(单位:亿美元)

行　业	1995 年				1996 年				出口增长率(%)	进口增长率(%)
	出口额	比重(%)	进口额	比重(%)	出口额	比重(%)	进口额	比重(%)		
1. 机械及电机设备	488.5	43.7	356.6	34.4	537.5	46.3	359.8	35.5	10.1	0.9
(1)电子产品	162.6	14.6	168.2	16.2	166.4	14.3	162.2	16.0	2.4	−3.6
(2)机械	83.5	7.5	103.5	10.0	94.9	8.2	111.6	11.0	13.7	7.8
(3)电机产品	40.0	3.6	35.6	3.4	42.2	3.6	32.7	3.2	5.6	−8.2
(4)资讯与通信产品	99.2	8.9	22.7	2.2	125.6	10.8	27.4	2.7	26.6	20.7
(5)家用电器	8.8	0.8	5.8	0.6	8.9	0.8	5.0	0.5	1.1	−14.0
2. 车辆、航空器、船舶及其他运输设备	53.6	4.8	60.4	5.8	52.3	4.5	45.6	4.5	−2.4	−24.5
3. 精密仪器、钟表、乐器	25.9	2.3	41.6	4.0	25.5	2.2	53.3	5.3	−1.5	28.0
(1)光学、照相、计量、医疗等产品	14.6	1.3	32.5	3.1	14.6	1.3	44.5	4.4	−0.0	37.2
(2)钟表	4.4	0.4	4.4	0.3	3.8	0.3	2.7	0.3	−14.5	−38.6
合计	568.0	50.8	458.6	44.2	615.3	54.9	458.7	45.3	8.3	0.0

资料来源:台湾《进出口贸易统计快报》,1996 年 12 月。

表 5　1996 年普通机械制造业产值与增长率　　　　(单位:亿元台币)

行　业	1995 年		1996 年	
	产　值	增长率(%)	产　值	增长率(%)
1. 动力机械	56.79	12.06	71.08	25.16
2. 农业及园艺机械	30.80	7.92	28.77	−6.59
3. 切削机床	244.11	33.74	271.19	11.09
4. 成型机床	78.95	14.27	86.30	9.31
5. 纺织及成衣机械	319.62	−2.65	328.27	2.71
6. 食品饮料机械	36.67	−11.06	35.01	−4.53
7. 化工机械制造修配业	117.13	−1.45	136.77	16.77
8. 塑料橡胶机械	176.26	7.12	190.44	8.04
9. 造纸印刷机械	73.37	15.58	87.21	18.86
10. 木工切削机械	101.19	−9.44	117.78	16.39
11. 其他专用生产机械	90.31	10.74	108.44	20.08
12. 运送机械设备	278.73	8.10	255.34	−8.39
13. 办公机械	38.30	6.01	33.88	−11.54
14. 其他机械制造修配业	1 018.04	5.40	1 013.90	−0.40
合计	2 660.28	6.39	2 764.30	3.91

资料来源:同表 3。

表 6　1996 年台湾主要机床产销情况　　(单位:台)

产　品	1995 年		1996 年	
	生产量	销售量	生产量	销售量
1. NC 车床	3 999	3 837	3 898	3 796
2. 铣床	13 399	13 416	14 353	14 335
3. 锯床	57 433	57 020	54 891	55 077
4. 普通车床	8 360	8 368	7 968	8 093
5. 钻床	169 724	169 950	170 303	170 360
6. 磨床	7 189	7 163	7 520	7 416
7. 综合切削机床	4 090	3 995	4 490	4 506
8. 其他 NC 机床	1 115	1 390	915	1 040
9. 其他切削机床	411 081	411 023	531 679	531 727
10. 压床	3965	4 007	3 997	4 039

资料来源:同表 3。

电力电子器材业　1996 年,电力电子器材业产值达 15 168.37 亿元台币,较上年增长 9.97%。

在该行业 9 大门类 26 个细类中,1996 年产值较大的产品类别有电子零组件业、电子管半导体业、资料处理设备业、资料终端装置业与电线电缆业(见表 7)。

表 7　1996 年台湾电力电子器材制造业产值与增长率　　(单位:亿元台币)

行　业	1995 年		1996 年	
	产　值	增长率(%)	产　值	增长率(%)
1. 发电输配电机械	416.24	0.77	425.77	2.29
2. 电线及电缆	990.76	16.16	936.00	−5.53
3. 家用电器	892.88	0.82	875.99	−1.89
(1)冷冻空调器具	459.18	1.15	459.79	0.13
(2)洗衣设备	48.92	6.28	45.44	−7.11
(3)电热器具	44.38	−1.31	43.71	−1.51
(4)电扇	122.78	−5.62	127.77	4.06
(5)其他家用电器	217.62	3.35	199.28	−8.43
4. 照明设备	113.77	−9.04	107.13	−5.80
(1)电灯泡及灯管	39.45	0.10	33.18	−15.89
(2)照明器具	74.32	−13.25	73.95	−0.50
5. 资料处理设备(电脑)	3 798.41	40.20	4 848.78	27.65
(1)资料处理设备	1 255.75	61.09	1 842.67	46.74
(2)资料储存媒体	45.04	−9.70	43.07	−4.37
(3)资料终端装置	1 255.21	40.10	1 422.31	13.31
(4)资料输出入周边设备	180.93	19.91	234.28	29.49
(5)电脑组件	659.35	22.85	812.74	23.26
(6)其他电脑设备	402.13	35.74	493.71	22.77
6. 电子产品	732.77	0.60	641.2	−12.50
(1)电视机录放像机	170.59	1.19	131.82	−22.73
(2)电唱机收录音机	147.95	4.42	129.23	−12.65
(3)影视音响零配件	268.68	−1.08	267.71	−0.36
(4)其他电子产品	145.55	−0.68	112.44	−22.75
7. 通信器材	553.25	6.33	577.46	4.38
(1)有线通信机械器材	410.97	5.92	432.63	5.27
(2)无线电信机械器材	142.28	7.52	144.95	1.88
8. 电子零组件	5 656.71	39.07	6 149.33	8.71
(1)电子管半导体	2 335.40	52.00	2 467.23	5.64
(2)被动电子元件	546.91	26.33	559.46	2.29
(3)其他电子零组件	2 774.40	32.24	3 122.64	12.55
9. 电工器材	638.34	11.40	606.61	−4.97
(1)电池	73.00	9.61	74.24	1.70
(2)其他电工器材	565.34	11.64	532.37	−5.83

资料来源:同表 3。

在主要电机产品方面，总体上产销平衡。产量下降的产品类别主要有变压器、电动机、微型电动机、断路器、电力开关。较上年产量增加的产品有发电机、电力电容器、高低压配电盘(见表8)。

表8 1996年台湾主要电机产品产销情况

产　品	单位	1995年		1996年	
		生产量	销售量	生产量	销售量
1. 微型电动机(3W以下)	万台	24 197.3	24 252.0	22 937.0	25 209.2
2. 变压器	台	85 836	88 875	32 020	31 808
3. 发电机	台	2 524	2 521	2 823	2 518
4. 电动机	台	5 598 946	5 522 111	5 102 616	5 102 202
5. 电力电容器	台	49 924	49 049	50 804	50 211
6. 高低压配电盘	台	26 144	26 142	28 032	27 556
7. 断路器	台	6 986 409	7 025 096	5 999 596	5 994 381
8. 电力开关	台	8 416 326	8 495 795	7 245 702	6 980 120

资料来源：同表3。

在家用电器产销方面，1996年主要产品产量情况见表9。

1996年在电线电缆业主要产品产销方面情况见表10。

表9 1996年台湾主要家电产品产销情况 (单位：台)

产　品	1995年		1996年	
	生产量	销售量	生产量	销售量
1. 窗型冷气机	1 584 631	1 600 248	1 673 176	1 673 995
2. 箱型冷气机	50 955	47 069	41 737	42 722
3. 汽车冷气机	177 828	178 665	200 657	207 960
4. 电冰箱	522 539	539 285	465 806	517 411
5. 洗衣机	371 446	397 226	370 854	393 986
6. 烘衣机	129 753	127 813	53 262	56 358
7. 电子锅	534 012	537 716	490 171	529 821
8. 微波炉	251 140	244 895	399 491	392 156
9. 电磁炉	405 239	383 912	382 004	376 310
10. 饮水机、开饮机	159 097	159 744	131 008	125 374
11. 电风扇	15 254 045	15 263 726	15 855 041	15 929 580
12. 通风电扇	649 138	634 322	709 602	727 246
13. 排油烟机	572 551	588 100	526 334	527 476
14. 果汁(菜)机	1 266 439	1 293 066	1 462 980	1 444 782

资料来源：同表3。

表10 1996年台湾电线电缆产销情况 (单位：t)

产　品	1995年		1996年	
	生产量	销售量	生产量	销售量
1. 裸铜线	498 791	356 405	476 206	362 905
2. 纱漆包线	83 228	79 948	86 545	80 782
3. 电子线	60 355	62 088	55 687	57 633
4. 电力用电线及电缆	281 135	285 728	280 410	276 327
5. 通信用电线及电缆	45 476	44 981	59 987	58 508

资料来源：同表3。

台湾较有优势的高新科技产业——信息电子产业持续保持高速增长。1996年，台湾信息业产值为4848.78亿元台币，较上年大幅增长27.65%。其中，产值继续保持较高增长的产品有：资料处理设备业，较上年大幅增长46.74%，资料终端装置较上年增长13.31%，其他电脑设备较上年增长22.77%，资料输出入周边设备较上年增长29.49%，电脑组件较上年增长20%以上，而资料储存媒体下降4.37%。电子产品及零组件产销情况见表11。

表11　1996年台湾主要电子产品及其零组件产销情况

产　品	单位	1995年		1996年	
		生产量	销售量	生产量	销售量
1. 桌上电脑	台	4 526 092	4 609 618	4 592 635	4 614 307
2. 可携式电脑	台	2 101 416	2 117 279	3 410 761	3 401 144
3. 电子计算机	台	6 381 720	6 221 361	2 951 086	3 120 493
4. 软盘	万片	75 753	76 182	76 189	76 287
5. 电脑终端机	台	967 675	874 257	814 113	723 013
6. 监视器	台	17 753 517	17 909 634	19 048 667	19 808 603
7. 打印机	台	2 694	3 098	518	1 304
8. 键盘	台	4 343 838	4 895 671	2 631 037	3 104 283
9. 影像扫描器	台	2 297 037	2 290 728	3 636 235	3 664 130
10. 鼠标	个	25 990 498	29 694 463	17 601 198	27 691 579
11. 主机板	片	16 984 248	14 419 646	24 317 367	20 114 144
12. 彩色电视机	台	1 315 131	1 337 448	1 043 716	1 072 083
13. 黑白电视机	台	107 982	358 884	798	16 013
14. 录放像机	台	838 317	847 085	398 157	418 850
15. 收音机	台	3 777 411	3 795 064	2 954 689	3 119 589
16. 电话机	台	6 161 547	6 012 941	4 796 800	4 895 205
17. 交换机	门	3 405 206	3 492 582	3 131 336	3 153 811
18. 传真机	台	653 984	639 311	395 935	401 554
19. 数据机	台	4 867 769	4 755 235	5 665 312	5 608 064
20. IC集成电路(已包装)	万只	854 582.0	892 868.7	914 654.8	985 056.5
21. 二极管(含发光二极管)	万只	2 622 970.0	2 810 609.0	2 675 373.6	2 746 887.4
22. 电子电容器	万只	3 942 796.1	4 123 445.7	4 132 411.8	4 423 076.8
23. 电阻器	万只	6 686 841.1	7 554 400.2	6 728 181.4	7 614 280.1
24. 电子变压器	万只	20 734.8	24 500.4	15 223.8	15 261.8

资料来源：同表3。

根据台湾"资策会"市场情报中心资料，1996年，台湾信息电子产品产值达241.7亿美元。其中，监视器、笔记型与桌上型电脑、主板机四项产品产值就占81.3%，显示产品集中度偏高。同时，台湾电子信息产品大多为外国厂商进行委托加工或代工，自有品牌率偏低(见表12)。

在信息工业中，台湾软件工业较为薄弱。1996年，软件工业企业数超过500个，从业人员2.4万人，营业额达488亿元台币，其中外销额为46亿元台币。

1996年，台湾半导体工业产值达51亿美元，占世界总产值约3%。半导体产业的发展进一步刺激IC(集成电路)产业的发展。1996年，台湾的IC产值达到937亿元台币，较上年下降5.1%(见表13)。

运输工具制造业　1996年，运输工具制造业产值为4 394.16亿元台币，较上年下降5.99%。其中，除船舶零件业产值增长84.84%外，其他各项产业均下降。产值最大的产业项目为汽车制造业，其产值为1 569.77亿元台币，较上年下降4.52%，但仍居运输制造业之冠。若再加上汽车零组件产值1 188.75亿元台币，整个汽车业产值合计达2 758.52亿元台币，占运输工具制造业产值的62.8%(见表14)。

主要产品产量情况如下：小汽车产量为35.9万辆，较上年减少约4万辆；大汽车产量较少，只有3 167辆，减少了2 000多辆；自行车产量为738万辆；摩托车产量为141万辆；货柜船产量为88 278载重吨，较上年减少了2/3(见表15)。

表 12　1996 年台湾信息电子产品的产值及销售形势

序号	产　品	产　值（万美元）	比　重（%）	OEM/ODM	OBM
1	监视器	787 200	32.6	68.4	31.6
2	笔记型电脑	533 100	22.1	82	18
3	桌上型电脑	337 200	13.9	53.2	46.8
4	主板机	307 500	12.7	100	
5	交换式电源供应器	107 800	4.5	100	
6	桌上型扫描器	68 740	2.8	49	51
7	绘图卡	55 800	2.3	58.7	41.3
8	只读光盘机	52 800	2.2	26.7	73.3
9	键盘	41 500	1.7	65	35
10	声霸卡	22 800	0.9	60	40
11	鼠标	19 800	0.8	75	25
12	终端机	13 600	0.6	85	15
13	掌上型扫描器	9 850	0.4	52	48
14	影像卡	9 340	0.4	37.4	62.6
	小计	2 367 030	97.9	73	27
	其他	50 370	2.1		
	总计	2 417 400	100		

注：　OEM/ODM 为原厂委托设计制造，OBM 为自有品牌。　资料来源：台湾《工商时报》1997 年 4 月 14 日，转引自“资策会”市场情报中心。

表 13　台湾 IC 产业情况

（单位：亿元台币）

项　目	1995 年	1996 年	增长%
产业总产值	1 608	1 756	9.2
IC 设计业	193	210	8.8
IC 制造业	1 193	1 281	7.4
代工值	399	554	38.9
IC 封装业	222	265	19.4
产品产值	987	937	−5.1
内销比例	38.9	32.7	
市场值	2 122	1 700	−20.0

资料来源：台湾工业研究院电子研究所 ITIS 计划。转引自《台湾经济研究月刊》，1997 年 2 月。

精密机械制造业　1996 年，台湾精密机械制造业产值为 452.81 亿元台币，占机电工业总产值的 1.99%，较上年下降 8.62%。除工业校准工具、医疗器械设备业及其他精密器械业持续增长外，其他如科学量度及控制设备业、照相及摄影器材、眼镜及透镜片、钟表制造业等均衰退。产值较大者有照相及摄影器材业、钟表制造业、眼镜及透镜片业、科学度量及控制设备业（见表 16）。

就主要产品产量而言，产量最大的为电子石英钟，计 1 090 万只，减少了 300 多万只；照相机产量为 519 万台，较上年减少 25 万台；电子石英表产量为 206 万台，较上年减少约 20 万台。

表 14　1996 年台湾运输工具制造业产值与增长率　　（单位：亿元台币）

行　业	1995 年 产　值	1995 年 增长率（%）	1996 年 产　值	1996 年 增长率（%）
1. 船舶建造修配业	173.17	17.15	173.05	−0.07
2. 船舶零件	13.98	−1.27	25.84	84.84
3. 铁路车辆修造业	3.58	23.88		−100.00
4. 汽车	1 644.14	−0.09	1 569.77	−4.52
5. 汽车零件	1 253.73	11.33	1 188.75	−5.18
6. 摩托车	556.81	5.07	460.92	−17.22
7. 摩托车零件	373.39	20.59	363.89	−2.55
8. 自行车	293.19	5.12	269.74	−8.00
9. 自行车零件	280.65	1.25	265.25	−5.49
10. 其他运输工具及零件	81.25	1.12	76.96	−5.28
合计	4 673.89	5.92	4 394.16	−5.99

资料来源：同表 3。

表 15　1996 年台湾交通运输设备产销情况

产　品	单位	1995 年		1996 年	
		生产量	销售量	生产量	销售量
1. 集装箱船	载重吨	238 854	238 854	88 278	88 278
2. 其他船舶	载重吨	541 482	541 482	1 157 602	1 157 602
3. 游艇	载重吨	229	224	173	171
4. 小汽车	辆	385 222	395 727	359 377	356 099
5. 大汽车	辆	5 238	5 098	3 167	3 758
6. 摩托车	辆	1 695 064	1 679 903	1 414 219	1 398 870
7. 自行车	辆	7 656 327	7 737 958	7 381 233	7 404 016

资料来源：同表 3。

表 16　1996 年台湾精密机械制造业产值与增长率　　(单位：亿元台币)

行　业	1995 年		1996 年	
	产　值	增长率(%)	产　值	增长率(%)
1. 科学度量及控制设备	100.79	−0.22	82.33	−18.32
2. 工业校准工具	8.05	3.60	14.00	73.91
3. 照相及摄影器材	147.61	9.94	132.97	−9.92
4. 眼镜及透镜片	93.65	0.35	88.30	−5.71
5. 其他科学光学仪器机械器材	12.00	−18.53	6.95	−42.08
6. 钟表制造	104.04	−0.77	97.18	−6.59
7. 医疗器械设备	15.09	−8.27	16.17	7.16
8. 其他精密器械	14.30	−1.18	14.91	4.27
合计	495.53	1.78	452.81	−8.62

资料来源：同表 3。

〔撰稿人：中国社会科学院台湾研究所　王建民〕

〔责任编辑：王亚水〕

机械工业

行业概况

第 Ⅲ 部分

工业锅炉

〔机械工业部〕

生产发展情况　我国工业锅炉行业受国家经济形势的影响，生产发展比较缓慢。1996年与上年相比，工业锅炉产量有所下降，为24 100台，计82 700t（蒸汽）。

根据对全国130多个工业锅炉生产企业调查统计，与上年度相比，1996年工业锅炉行业生产状况的主要变化趋势是：产量下降10.3%，总产值增长4.2%（当年价），增加值增长40%，销售收入增长7.5%，利润总额下降40%，销售利润率（税前）由上年度的3.98%下降至2.22%，下降1.76个百分点。1996年工业锅炉行业亏损企业占行业总数的24.5%，而1995年为15.7%。工业锅炉行业中不同地区企业间的经济效益差距进一步加大，华东地区的一些乡镇集体企业效益进一步增加，"三北"地区国营大中型工业锅炉制造企业的经济效益进一步降低。1996年工业锅炉生产量超过1 000t（蒸汽）的生产企业有：天津市锅炉总厂、唐山锅炉厂、张家口工业锅炉厂、营口市锅炉总厂、沈阳军区后勤部工程安装队、哈尔滨锅炉厂工业锅炉公司、上海四方锅炉厂、上海工业锅炉厂、无锡锅炉厂、南京锅炉厂、靖江锅炉厂、江苏太湖锅炉厂、无锡太湖锅炉厂、沙洲船用锅炉厂、杭州锅炉厂、江西锅炉厂、济南锅炉厂、泰安锅炉厂、武昌锅炉容器厂等19个企业，而上年为23个。1996年工业锅炉行业中锅炉产量增加的企业占42.5%(上年为55.7%)，且产量增加的大部分是年产量不大的小型企业，锅炉产量下降的企业占57.5%。1996年工业锅炉行业的技术经济指标见表1。

表1　工业锅炉行业技术经济指标

项　　目	单　　位	数　　量
企业数	个	208
职工总数	万人	13.9
工业锅炉产量	万t（蒸汽）	8.27
工业总产值	亿元	59.8
销售收入	亿元	65.5
利润总额	亿元	1.22

1996年工业锅炉制造企业遇到的最大困难是由于国有大中型企业经济形势没有明显好转，锅炉需求量减少，工业锅炉制造企业产量下降，再加上资金拖欠严重，企业流动资金贷款增加，各种费用增多，经济效益进一步下降，生产发展受到影响。

工业锅炉行业的发展近几年发生了较大的变化，主要体现在两个方面：其一是地区发展极不平衡，锅炉需求量较大的"三北"地区，锅炉生产量在逐年下降，大量需要外地区来补充；锅炉需求量不大的华东地区，锅炉产量在逐年稳步增加，大量的锅炉产品需要输出到外地区。其二是国有企业和乡镇集体企业的效益差距逐步加大。乡镇集体企业利用灵活多变的促销手段和较低的生产成本，在产品销售上占据较大的优势，取得较好的效益。而国营企业由于生产成本较高，尽管产品水平、质量等方面比乡镇集体企业要好，但在销售上并未占据主动，使多数企业的经济效益逐年下降。但也有个别企业，开发出适销对路的产品，产品供不应求，出现了生产和销售同步发展的局面。如济南锅炉厂、江西锅炉厂，分别开发出市场需求量较大的高、低倍率循环流化床锅炉，生产得到稳步发展，企业取得较好的效益。

产品分类及产量　工业锅炉行业协会对已拥有的工业锅炉产品进行了调查和分析，结果如下：我国工业锅炉产品已形成了自己的型谱，目前有十三大类、近千个规格的品种，基本适应我国的国情和满足市场的需求，且有少量出口。

比较典型的产品有卧式快装组装水火管锅炉，容量从0.5t/h～40t/h，压力以1.25MPa居多。快装组装水管锅炉，有以天山锅炉厂产品为代表的双锅筒纵置式SZL型快装2、4、6t/h蒸汽和热水锅炉系列；以武昌锅炉容器厂和太原锅炉厂为代表的单锅筒纵置式DZL型快装1t/h～6t/h和组装6t/h～20t/h蒸汽和热水锅炉系列；以上海四方锅炉厂和无锡太湖锅炉厂为代表的长短汽包纵置式SZL型组装6、8、10、15、20t/h蒸汽和热水锅炉系列。

其他还有卧式内燃式炉、抛煤机链条炉、往复炉、双层炉排炉、煤粉炉、沸腾炉（包括循环流化床）、燃油（气）炉、热油载体炉、余热炉及特种燃料油炉等。

蒸汽锅炉产量约占锅炉产量的70%，热水锅炉占30%左右。水火管锅炉约占锅炉产量的40%，水管锅炉占60%。链条锅炉约占锅炉产量的70%，往复炉和沸腾炉各占8%。燃油（气）锅炉占6%，80%以上为低压锅炉，蒸汽压力以1.25MPa为主，热水锅炉以1.0MPa为主。90%以上的锅炉燃用烟煤，以Ⅱ、Ⅲ类烟煤为主。

市场及销售　1994年工业锅炉出口量为1 808t（蒸汽），1995年为1 920t（蒸汽），1996年为2 000t（蒸汽）左右，约占全年总产量的3%。

出口的主要地区在东南亚，也有非洲。出口的产品主要为特种燃料锅炉，尤以木柴锅炉占有较大比例，燃油（气）锅炉有一部分为返销产品，少量燃煤锅炉和余热锅炉也有部分出口。承担出口产品的企业较分散，相对集中的主要有海陆锅炉集团公司、上海四方锅炉厂、上海工业锅炉厂、广西梧州锅炉厂、广州劲马锅炉公司等。

新技术及科研成果　计算机辅助设计在工业锅炉行业中得到普遍应用，从开始的单纯计算逐步发展到方案选择、绘图等功能，加快了产品设计和开发速度，提高了产品质量，增强了产品在市场上的竞争力，满足了用户需求，经济效益显著。

计算机辅助工艺管理（CAPP）在工业锅炉行业中逐渐推广应用。武汉、无锡、唐山、重庆、四方等锅炉厂已得到普遍应用，缩短了生产准备时间，提高工艺效率，减轻了工艺设计人员的劳动强度，提高了工艺文件的准确性和统一性。

质量及质量管理　工业锅炉产品质量总的形势是好的。自80年代初机械工业部和劳动部联合对锅炉行业整顿发证，并由劳动部门日常对锅炉受压部件实行驻厂监检，尤其属机械工业部骨干、重点企业的许多厂已经或正在取得ASME认证，也有些厂已经取得ISO9000认证。目前工业锅炉行业获得机械工业部优良节能产品称号的有108个，优质产品称号的46个。上海四方锅炉厂油田注汽锅炉获国家金质产品奖，上海四方锅炉厂6、10t/h组装链条锅炉，上海工业锅炉厂4t/h快装链条炉排锅炉和梧州锅炉厂10t/h沸腾炉获国家银质产品奖称号。

有关专家对我国工业锅炉产品的评价为：产品的设计和制造水平不低，尤其锅炉的受压部件制造质量较好，对我国特定的煤种和煤质燃烧组织经验丰富，产品鉴定热效率达到80%，但实际运行热效率并不高，改进潜力较大。燃烧设备、结构件、配套辅机及附件的设计制造差距较大，是存在的主要问题。

管理及改革　全球环境基金会(GEF)项目继续顺利进行，经过中、外专家及世界银行官员对初选企业在资格、产品、技术来源、财务等方面的评估，有9个企业被确定为GEF项目的中标企业（表2）。

表2　GEF项目中标企业

序号	项　目	中标企业
1	快装水管锅炉	新疆天山锅炉厂
2	快装水火管锅炉	营口锅炉总厂
3	组装水管锅炉	上海四方锅炉厂
4	高硫煤锅炉	江西锅炉厂
5	前置炉膛水火管锅炉	郑州锅炉厂
6	快组装热水水管锅炉	常州锅炉厂
7	热电联产锅炉	济南锅炉厂
8	大容量热水锅炉	杭州锅炉厂
9	循环流化床锅炉	哈锅厂工业锅炉公司

这些中标企业下一步的工作是编制标书，选择国外合作企业，同时做好国内配套资金的落实工作。

劳动部和机械工业部共同组织了A级和B级锅炉制造许可证的审查工作，济南锅炉厂升为A级，天津等锅炉厂升为B级。取得A级锅炉制造许可证的企业为：哈尔滨锅炉有限责任公司、上海锅炉厂、武汉锅炉厂、东方锅炉厂、四川锅炉厂、北京巴布科克·威尔科克斯有限公司、杭州富春锅炉容器有限公司、无锡锅炉厂、济南锅炉厂。取得B级锅炉制造许可证的企业有：鞍山锅炉集团有限公司、德意志巴高克唐山锅炉有限公司、天津市锅炉总厂、南京锅炉厂、南通锅炉厂、芜湖锅炉厂、上海四方锅炉厂、湖北省武昌锅炉容器厂、长沙锅炉厂、湘潭锅炉厂、广州市锅炉工业公司、广西梧州锅炉股份有限公司、太原锅炉厂、江西锅炉厂。取得油田注汽锅炉专项许可证的有上海四方锅炉厂、中国石油天然气第八建设公司。取得B级余热锅炉专项制造许可证的有南京化学工业集团公司化工机械厂、江苏海陆锅炉集团有限公司。

自1988年起，中国电工行业先后成立了中国电工器材行业协会、中国发电设备行业协会、中国电机工业协会、中国输变电设备行业协会、中国电器工业协会、中国工业锅炉行业协会等六个一级行业协会。这些协会均遵循为会员服务、为政府服务、为行业服务的宗旨，在政府和企业之间起到桥梁和纽带作用。随着市场经济体制的逐步建立和政府管理职能的进一步转变，对行业协会提出了更新、更高的要求。这六个协会之间有十分密切的内在联系，但目前不同程度地存在着人力、物力及财力不足和服务功能不强的问题，不能适应市场发展要求，为此，把这六个行业协会合并，成立了中国电工行业协会。

〔撰稿人：机械工业部第二设计研究院　张素刚　审稿人：机械工业部重大装备司　吴明时〕

附：余热锅炉

〔机械工业部〕

生产发展情况　1996年生产各类余热锅炉165台，计2 164.8t（蒸汽），实现产值21 360.2万元。与1995年生产余热锅炉108台、计1 604t（蒸汽）、产值为17 490万元相比，分别增长52.8%、35.0%、22.1%。这些余热锅炉若全部投入运行，相当于全年节约190余万t标准煤。

生产的余热锅炉主要用于冶金、石油、化工、轻工、建材、电力等部门的炉窑余热回收。例如冶金行业的转炉余热锅炉、平炉余热锅炉、干熄焦余热锅炉、海绵铁余热锅炉、有色冶炼余热锅炉、石油行业的炼油催化裂化余热锅炉、化工行业的硫酸余热锅炉、小化肥造气余热锅炉、低热值尾气余热锅炉，轻工行业的造纸黑液碱回收余热锅炉，建材行业的水泥窑余热锅炉、玻璃窑余热锅炉，电力部门的燃气轮机余热锅炉等（表3）。其中的干熄焦余热锅炉、炼油催化裂化余热锅炉、燃气轮机余热锅炉将呈现推广应用的发展趋势。

1996年余热锅炉的主要生产企业情况列于表4，其中杭州锅炉厂生产的余热锅炉的产值达6 698.5万元，列全国各余热锅炉生产厂家的首位；江苏海陆锅炉集团有限公司以年产余热锅炉31台、431.1t（蒸汽）列产量第一；武汉锅炉厂生产的碱回收余热锅炉成为各行业余热锅炉中年产值最高、t（蒸汽）数量多的余热锅炉；杭州锅炉厂生产的余热锅炉品种最多，该厂不但生产干熄焦余热锅炉、燃气轮机余热锅炉、有色冶炼余热锅炉、玻璃窑余热锅炉、低热值尾气余热锅炉、小化肥造气余热锅炉，而且还与国外合作开发海绵铁余热锅炉、大容量硫酸余热锅炉等较高水平的新品。众多余热锅炉生产厂家继续发挥各自的技术特长和生产能力，为各行业的技术改造配套开发余热锅炉，如哈尔滨锅炉厂工业锅炉公司和鞍山锅炉厂生产的水泥窑余热锅炉，武汉锅炉厂和自贡市轻工机械厂生产的用于造纸碱回收余热锅炉，邯郸市锅炉厂和盐城市锅炉厂生产的用于小化肥造气余热锅炉，东方锅炉厂工业锅炉分厂生产的硫酸余热锅炉，江苏海陆锅炉集团有限公司和四川锅炉厂生产的炼油裂化余热锅炉等。

表3　1996年各类余热锅炉产量表

序号	余热锅炉类别	产量		主要生产企业
		台数	t（蒸汽）	
1	干熄焦余热锅炉	1	45	杭州锅炉厂
2	海绵铁余热锅炉	2	72	杭州锅炉厂
3	炼钢平炉余热锅炉	1	16	鞍山锅炉厂
4	氧气转炉余热锅炉	5	87.6	江苏海陆锅炉集团有限公司
5	有色冶金余热锅炉	11	132.7	杭州锅炉厂、四川锅炉厂、东方锅炉厂工业锅炉分厂、江苏海陆锅炉集团有限公司、柳州市锅炉总厂、湘潭锅炉厂
6	低热值尾气余热锅炉	7	126.2	杭州锅炉厂、四川锅炉厂、长沙锅炉厂、鞍山锅炉厂
7	硫酸余热锅炉	20	217	杭州锅炉厂、长沙锅炉厂、东方锅炉厂工业锅炉分厂、江苏海陆锅炉集团有限公司
8	玻璃窑余热锅炉	21	81.8	杭州锅炉厂、鞍山锅炉厂、江苏海陆锅炉集团有限公司
9	燃气轮机余热锅炉	1	65	杭州锅炉厂
10	小化肥造气余热锅炉	48	288.7	杭州锅炉厂、邯郸市锅炉厂、盐城市锅炉厂、上海四方锅炉厂、江苏海陆锅炉集团有限公司、湖北省武昌锅炉容器厂、鞍山锅炉厂
11	造纸碱回收余热锅炉	10	192	武汉锅炉厂、自贡市轻工机械厂
12	炼油催化余热锅炉	13	367	江苏海陆锅炉集团有限公司、四川锅炉厂、武汉锅炉厂、南京锅炉厂、盐城市锅炉厂
13	水泥窑余热锅炉	12	291	哈尔滨锅炉厂工业锅炉公司、鞍山锅炉厂
14	加热炉余热锅炉	5	115	江苏海陆锅炉集团有限公司
15	其他余热锅炉	8	67.8	鞍山锅炉厂、杭州锅炉厂、长沙锅炉厂、常州锅炉厂、湖北省武昌锅炉容器厂
	合计	165	2 164.8	

表4　1996年余热锅炉主要企业情况

序号	企业名称	余热锅炉产量		产值（万元）
		台数	t（蒸汽）	
1	杭州锅炉厂	24	411.8	6698.5
2	江苏海陆锅炉集团有限公司	31	431.1	3 303
3	武汉锅炉厂	7	218	2 871
4	四川锅炉厂	5	233	1 757
5	东方锅炉厂工业锅炉分厂	15	114.2	1 632.3
6	鞍山锅炉厂	28	273.2	1 230
7	哈尔滨锅炉厂工业锅炉公司	6	149	1 121
8	自贡市轻工机械厂	4	32	652
9	长沙锅炉厂	5	50.4	419
10	南京锅炉厂	2	40	400
11	邯郸市锅炉厂	13	78.5	370
12	盐城市锅炉厂	11	68	295

新产品　1996年余热锅炉新产品主要有杭州锅炉厂生产的QCF 95/900-36-3.9/450型海绵铁余热锅炉、Q387/542-65-3.82/450型燃气轮机余热锅炉和QCF101/900-75-3.82/450型硫酸余热锅炉，东方锅炉厂工业锅炉分厂生产的Q31/1100-16-1.274和DG6.6/1.27-1型有色冶炼余热锅炉，长沙锅炉厂生产的QF23.8/600-2.8-2.45和QF24.6/1075-13.7-3.82/450型硫磺制酸余热锅炉、SZS10-2.5/400-Q燃气锅炉，邯郸市锅炉厂生产的Q35/800-10-1.25/310、Q49/850-15-1.25/310型小化肥造气余热锅炉，湖北省武昌锅炉容器厂生产的Q25/500-3-1.25型余热锅炉。邯郸市锅炉厂生产的Q12/925-6-1.25/310型小化肥造气余热锅炉获机械工业部科技进步三等奖。

技术改造　1996年各余热锅炉生产厂根据各厂的实际情况，进行了不同程度的技术改造，共完成技术改造投资8 483.3万元。其中，杭州锅炉厂引进硫酸余热锅炉设计制造技术，并围绕大型冶金余热锅炉、干熄焦余热锅炉进行了专项技术改造；鞍山锅炉厂新增了800-4膜式壁生产线和1600-4膜式壁生产线；哈尔滨锅炉厂工业锅炉公司购置了切管机、校平机等设备；江苏海陆锅炉集团有限公司新增了70mm卷板机和新型焊机；长沙锅炉厂也增加了卷板机和管子清理线。此外，武汉锅炉厂、上海四方锅炉厂、柳州市锅炉总厂、营口锅炉总厂、济南锅炉厂等单位也都增置了新设备、新工装。经过上述技术改造，将大大增强这些厂家开发余热锅炉新品、增加余热锅炉产量和提高产品质量的能力。

管理及改革　1996年10月，杭州余热锅炉研究所在四川省成都市主持召开了第六届余热锅炉与余热利用设备科技情报网全网大会，有55个网员单位的66名代表出席了会议。与会代表听取并一致同意五届网的工作报告、讨论了网刊出版工作和接纳新网员等工作，并通过无记名差额选举的方式推举杭州余热锅炉研究所、洛阳石化工程公司等12个单位为新的一届网长单位，杭州余热锅炉研究所为网长。六届网现有网员136个单位。网刊《余热锅炉》(季刊)仍由杭州余热锅炉研究所负责出版、发行，发行量为1 000份。大会还组织编印出版了《第六届网员大会论文集》，并进行了大会交流。

〔撰稿人：杭州余热锅炉研究所　蒋建民　审稿人：杭州余热锅炉研究所　汤厥松　机械工业部重大装备司　吴明时〕

〔责任编辑：张友鹤〕

内　燃　机

〔机械工业部〕

生产发展情况　据机械工业部生产与信息统计司1996年年报统计，由机械工业部农业装备司归口的内燃机整机生产企业为131个，年末职工人数为21.78万人，固定资产合计117.7亿元，全年完成工业总产值（不变价）166.2亿元，较上年下降了3.1%，这与上年的增长率25.67%相比有较大的回落。全年完成利润总额6.8亿元，较上年下降55.8%，与上年的增长率14%相比回落更大，但利润总额仍在农机22个小行业中居首位，占农机总利润的58%和机械工业总利润的6.7%；工业经济效益综合指数为108.36%，已经连续两年下降，在农机22个小行业中排序已由上年的首位退居第三位。关于整机产量，据机械工业部生产与信息统计司的统计为809.5万台、93 153MW，按千瓦数计较上年增长3%。在总产量中，单缸柴油机为724.6万台、57 655MW。另据中国内燃机工业协会的统计，农机系统1996年共生产内燃机860.3万台、100 197 MW，分别占全国内燃机总产量的51%和49.9%，与上年农机系统内燃机产量相比，台数下降了13.3%，千瓦数下降8.9%。在1996年的产量中，单缸柴油机为688.7万台，较上年下降了7.7%；多缸柴油机为67.6万台，较上年增长了16.6%；单缸汽油机为88.6万台，较上年下降了7.7%；多缸汽油机为15.3万台，较上年下降了30.5%。这与上年产量大幅度增长的趋势对照，有明显的变化。

在发展速度回落的形势下，规模较大的企业受影响较小，而中小企业则受影响较大。单缸柴油机中常柴集团已经发展到年产166万台，较上年的130多万台又有了扩大。年产35万台以上的4个单缸柴油机企业全年共生产302万台。四厂生产集中度达到43.8%，较上年有了提高。

市场及销售　1995年农机系统生产的内燃机主要配套市场有以下几个主要领域：

农业机械：包括全国生产的8.5万多台大中型拖拉机、192万台小型拖拉机、205万辆三轮农用运输车、35万辆四轮农用运输车、9 000多台自走式联合收割机以及相当数量的排、灌机械和挂机挂桨所用的几乎全部柴油机，还有约40万台机动植保机械所用的小汽油机中的绝大部分。

工程机械：包括全国生产的约4.5万台各种工程机械所用发动机的90%以上，其中大多数为柴油机。

汽车：生产了22.4万台柴油机供汽车用，占全国车用柴油机产量的45.8%，还生产了14.7万台汽油机供汽车用，占全国车用汽油机产量的15%。此外，还生产了40多万台摩托车和助力车用小汽油机。

其他：为相当数量的船用、内燃发电机组等用途提供了配套动力，大多数为柴油机。

1996年的销售额为195.2亿元，销售收入195.8亿元，比上年下降5.4%。

从1996年市场情况可以看出，使用单缸柴油机为动力的小型拖拉机和三轮农用运输车产量略有增长，但排灌机械、农副加工机械则转向采用电动机者较多，采用柴油机或柴油机/电机双动力者减少。这是由于农村电网有了较大发展，用电也较有保证带来的结果，就灌溉而言，还由于地下水越来越少、地下水位越来越低，打井费用越来越高原因，致使对内燃机的需求下降。此外，使用挂机挂桨的河网地区小船数量也趋饱和，需求也在下降。以上综合的结果是单缸柴油机总的需求下降，产量减少。对于多缸柴油机、农用拖拉机、四轮农用运输车、自走式联合收割机等方面的需求在继续增长，但工程机械产量有所减少，需求有所下降，汽车总产量虽略有增长，但农机系统提供配套动力的主要对象(中型和轻型货车、客车)则下降，同时汽车系统自配柴油机份额有了增加，包括一些引进机型的产量逐步增多，总的结果是农机系统生产的汽车用多缸柴油机较上年减少了16%。农机系统生产的多缸汽油机大部分为较老的轻型车用492型，市场需求下降，原因除轻型车产量本身下降外，汽车系统引进的一些新机型产量有了增长，配套数量增多，也挤占了部分老机型的份额。

在国际市场上，1996年农机系统出口内燃机74.5万台，创汇1.6亿美元，分别占全国内燃机出口台数和创汇数的87.4%和73.5%。在出口产品中，单缸柴油机仍占主要地位，达66万台，但创汇率较低；多缸柴油机只有1.6万台；单缸小汽油机6.8万台，但创汇率更低。总的来说，出口和创汇数量均较上年有较大下降，下降幅度分别为32.9%和36.5%。

新技术及科研成果 吉林工业大学的活塞温度场非接触式测量装置、上海内燃机研究所的柴油机陶瓷零件、中小功率内燃机CAD推广应用、中锡铝基合金轴瓦，以及天津内燃机研究所的磁电机综合试验台等项目通过了部科技成果鉴定。

1996年获得部科技进步二等奖的项目有上海内燃机研究所和成都内燃机总厂的493Q（DI）型柴油机（赵嘉鼎等人完成），获得三等奖的项目有部第三设计研究院的F2438柴油机总装线（胡必鑫等人完成）等。

新产品 根据市场的需要，许多企业结合自已的特点开发了新产品，1996年通过部和省、市级鉴定的主要有以下项目：

73.55kW（100ps）以上的轻型车用柴油机：扬州柴油机厂的YC4105QF、柳州汽车发动机厂的4105Q等，此外还有常柴公司的CC4105Q型，其第一阶段已达到69.14kW（94ps），第二阶段计划提高到73.55kW（100ps）。

四轮农用运输车用小缸径多缸柴油机：莱动集团公司的L380，还有475、480等机型。

轻量化新型单缸柴油机：包括峨嵋柴油机公司EM195型、福州柴油机总厂168F、178F等机型。

重型车用柴油机：玉柴公司的6108Q和6112Q以及上柴公司的D6114Q增压柴油机等。

工程机械用柴油机：南通柴油机厂的N6135、上柴公司的D6114等机型。

船用柴油机：南通柴油机厂的N6135 ZLCZ1型等。

质量及质量管理 1996年四季度国家监督抽查了20个企业的20种单缸柴油机，合格率90%（按国标计为91.8%），较1994年一季度国家监督抽查时的合格率81.5%有了相当的提高。1996年四季度国家内燃机质量监督检验测试中心还对8个企业的10种单缸柴油机和4种多缸柴油机进行了可靠性质量检测，全部达到了要求。企业在售后服务方面的工作也有了新的进展：许多企业做出了售后服务方面的承诺，包括24h/48h服务到位等内容；较具规模的企业均在扩充维修服务网点，例如玉柴机器股份有限公司已拥有460多个服务网点；一些企业的产品保修期不断延长，如车用柴油机从过去的3万km延长至6万km、10万km后，1996年湖南动力机厂率先延长至15万km；1996年玉柴机器股份有限公司、第一拖拉机工程机械集团公司组织了质量万里行活动，进行了长途的产品质量用户调查与服务，同时进行产品质量的自我考核，取得了良好的效果。此外，许多企业加强了质量管理工作，包括加强质量意识教育、学习贯彻《质量法》、开展“工艺突破口”工作、健全质保体制、贯彻GB/T 19000（ISO 9000）《质量管理和质量保证》系列标准等。继1993年常州柴油机股份有限公司率先通过了ISO 9000质量体系认证后，至1996年已共有近10个企业通过了认证，还有更多的企业在宣贯GB/T19000（ISO 9000）系列标准。

内燃机产品存在的质量问题也仍然不容忽视。1996年对手扶拖拉机进行统检的结果表明，发动机故障数占总故障数的69.2%。由于发动机问题导致7个手拖厂产品不合格，占不合格厂总数的53.8%。1996年对手扶拖拉机进行的统检中，自由加速烟度不合格种数约占23%，烟度超标约占柴油机总缺陷数的41%。1996年对单缸柴油机的国家监督抽查合格率虽较1994年为高，但噪声超标台数占30%，较1994年的27.8%有所增加。噪声、烟度现均属强制标准，需要特别重视。

1996年7月，机械工业部机械科[1996]550号文发布了第一批质量上台阶工程项目，内燃机被列为首批6项之一。部农业装备司担任该项目工作组的组长单位，中国内燃机工业协会等6个单位为副组长单位。这一部署将对该行业的质量工作起到重要的推动作用，有关的准备工作自下半年起已在积极进行中。

基本建设及技术改造 1996年全年完成基本建设投资3.98亿元，比上年增长了30.5%；完成更新改造措施项目投资9.53亿元，比上年减少了30.9%。

对外合作 在整机生产方面，江苏行星机械集团公司引进了日本大发公司376车用柴油机的部分二手生产线。在发动机零部件和系统方面主要有：无锡动力工程股份有限公司与英国霍尔赛特公司合资成立无锡霍尔赛特工程有限公司，总投资1 400万美元，中英双方股比为45：55，纲领为年产涡轮增压器25万台；在上海还成立了有关企业与德国博世公司合资的联合汽车电子有限公司，总投资26.68亿元，中德双方各占50%股份，纲领为120万套汽油机电控供油系统，无锡威孚集团公司参加了这一项目。此外，威孚公司与博世公司就VE型分配泵的合作已由多年来的许可证引进谈判进入合资谈判的新阶段。山东曲轴总厂与美国美林公司合资成立了文登天润曲轴有限公司，美方投资840万美元，占股份40%。

管理及改革 企业的联合、兼并继续发展。几年来，已有多家柴油机生产企业进入了汽车生产集团。1996年生产汽油机的柳州机械厂进入了柳州五菱汽车有限公司。这说明在社会主义市场经济环境下部门界限在进一步淡化。

1996年完成了4项内燃机（整机）标准的制修订工作，其中包括3项非道路用内燃机的排放测试标准，均为等同采用ISO 8178国际标准。这是我国为加强环保治理、降低内燃机排放污染所做工作的一部分。到年底，由上海内燃机研究所对口管理的45项（包括整机与零部件）ISO国际标准中已有25项等同或等效转化为国家标准和行业标准，占总数的51%，从而将我国内燃机标准与国际标准的接轨又向前推进了一步。

1996年5月14日～18日在北京举办了第二届中国国际内燃机及专用制造设备博览会。参展的有来自海外14个国家和地区的52个公司和来自国内的近90个企事业单位。本届博览会展示了代表当今世界先进水平的内燃机产品及制造设备，也有适合我国国情的实用产品。国内20多个参展企业展出了按照引进技术生产的产品，其水平均居国内同类型产品前列。博览会上还有9个国家和地区的17个公司举行了22项技术讲座。1996年6月，中国内燃机工业协会在上海举办了美国联信公司涡轮增压技术报告会，AVL研究所也在会上作了报告，有国内的60个企事业单位参加了会议。

〔撰稿人：中国内燃机工业协会　赵士林〕

〔中国石油天然气总公司〕

生产发展情况　1996年，中国石油天然气总公司内燃机行业主要生产企业是济南柴油机厂，主要生产190系列390kW～882kW柴油机及其配件、300kW～700kW普通和应急柴发电机组、25.7kW天然气发动机。1996年该厂制造内燃机465台、321 267kW，发电机组265台、132 572kW，完成工业总产值16 483万元，产品销售收入15 435万元。

科研成果及新产品　经过广泛调研分析，济南柴油机厂发现我国沿海渔业发展迅猛，急需220kW～275kW的柴油机作渔船动力，该厂立即着手开发190型6缸船用柴油机，1996年生产30台，同时形成了年产百台生产能力。此外还完善电起动、气马达起动、分配盘起动、海水冷却、淡水冷却、增压、增压中冷等多个品种供用户选用。

〔撰稿人：中国石油天然气总公司　刘津生　审稿人：　中国石油天然气总公司　赵光理〕

〔责任编辑：张友鹤〕

工业燃气轮机

〔机械工业部〕

生产发展情况　1996年，南京汽轮电机厂为江苏常州常新发电有限公司制造一套PG6541B燃气轮发电机组（电动起动）及一套N15-3.43汽轮发电机组，两套机组和杭州锅炉厂生产的Q387/543-65-3.82/450型余热锅炉共同组成S106燃气/蒸汽联合循环发电设备。其中燃气轮发电机组于1996年10月28日投运，汽轮发电机组于1997年2月28日投运。该项目主要应用领域为电网调峰和基本负荷发电，按年运行3 000h计算，每年可利用燃气轮机排气余热回收发电量约36 000MW·h。其经济效益显著，社会效益按每千瓦时创产值10元计，约为3.6亿元。PG6541B燃气轮发电机组现已达到国外同类产品先进水平，汽轮发电机组为国内成熟设计产品，但其中冷凝器采用低螺纹管以60%旁通的结构，发电机采用无刷励磁自动调压装置，属国内先进水平。南京汽轮电机厂和杭州锅炉厂生产的这套联合循环设备是目前国产中最大功率的联合循环发电设备，具有国内先进水平，接近国外同类产品先进水平。南京汽轮电机厂将进一步与杭州锅炉厂协调配用双压和三压余热锅炉，提高汽轮机功率，以至提高整个循环的效率，为我国电力工业发展做出新的成绩。中国船舶工业总公司七〇三研究所、中国航空工业总公司四三〇厂以及哈尔滨汽轮机股份有限公司，正从乌克兰引进并合作制造25MW等级、透平入口温度为1 250℃的船用燃气轮机，第一台引进机组已在七〇三所分部进行整体性能试验。

到1996年底，我国的燃气轮机总装机容量（截止至1997年5月）已达5 824MW。其中，工业用重型燃气轮机的容量为4 520MW，占总装机容量的77.7%。热力循环在设备配置上，已从早期的简单循环过渡到以联合循环为主。据统计，我国的燃气轮机联合循环的装机容量已达3 509.13MW。按粗略估计燃气轮机部分的出力占整个出力的2/3，而我国联合循环中的燃气轮机的装机容量已占发电用燃气轮机总量的40.2%。此外，我国自1993年开始，先后从国外引进了17套单机容量为100MW等级的大型燃气轮机装置。其中组成300MW联合循环电站中的燃气轮机有10套，预示着我国燃气轮机市场已迈入大容量、高效率发展阶段。

新技术及新产品　由机械工业部重大装备司和江苏省机械厅于1997年4月27日对由南京汽轮电机厂生产销售给常州常新发电有限公司的PG6541B燃气轮发电机组进行科学技术成果鉴定。PG6541B燃气轮发电机组是快装式箱装电站，它的主体部分由控制室、燃气轮机、发电机三大部分组成。为了传动上的需要，在燃气轮机与发电机之间装有负荷齿轮箱。根据户外安装的要求及隔声、隔热的需要，控制室、燃气轮机负荷齿轮箱及发电机上都加装了罩壳。燃气轮机既有坚固耐用和适应多种燃料的特点，又具有效率高、起动迅速、污染少的特点。机组配置的发电机采用先进的密封循环转子空内冷、端盖式轴承、箱式结构和无刷励磁系统。该机组可以单独运行，作调峰或基本负荷发电之用，也可以和余热锅炉及汽轮发电机组等设备一起组成燃气/蒸汽联合循环电站。机组结构紧凑，占地面积小、辅助设备少。机组的控制、检测、保护系统全部采用电子线路，操作运行的自动化程度高，需要的运行维护人员少。PG6541B型燃气轮发电机组的鉴定成功，标志着该机组应用前景十分看好，并将得到愈来愈广泛地应用。

南京汽轮电机厂设计的另一套 PG6551B 型燃气轮机与发电机组成 37.85MW 发电机组于 1996 年三季度投产，1997 年 5 月供浙江爱邦（余姚）电力能源有限公司。该厂还设计并投产 L18-3.43 18MW 汽轮机、设计并投产 QFWL-18-2 发电机组成 18MW 汽轮发电机组与 PG6551B 燃气轮发电机组组成 S106 型 55MW 燃气/蒸汽联合循环机组仍然供浙江爱邦(余姚)电力能源有限公司，并于 1997 年 7 月交货。

我们国家自建国以来，其主要能源来自煤炭，而电能有 75% 也来自煤炭，25% 的电能来自水力、风力、太阳能、核能等。燃煤发电其供电效率仅有 29.7%，且对环境污染控制成本比较高。因此，如何开发高效、低污染的清洁煤发电技术是我国电力工业发展的当务之急。目前世界上先进发达国家已采用的清洁煤发电技术中，整体煤气化联合循环(IGCC)和增压流化床联合循环（PFBC-CC）受到世人的青睐，早已步入商业性示范阶段。我国自 80 年代起发展 PFBC-CC 技术，东南大学正在建 15MW 的贾旺 PFBC-CC 中试电站，探索 PFBC-CC 技术。当今，在国外的 PFBC-CC 电站中，燃气轮机均采用双轴型式。而贾旺 PFBC-CC 中试电站采用的是单轴燃气轮机。为研究这两种燃气轮机轴系的 PFBC-CC 的变工况性能，以及更大等级（如 100MW）PFBC-CC 的电站中不同轴系（单轴、分轴和双轴）燃气轮机的变工况性能，南京燃气轮机研究所与清华大学热能工程系合作，早在 1995 年完成了这项“八五”国家重点科技攻关项目计划的子专题。此外，联合循环关键技术课题即其对象是补燃增压流化床联合循环（亦可称为第二代增压流化床联合循环），该课题由机械工业部上海发电设备成套设计研究所和北京煤化学研究所负责。该课题共分为 3 个专题：增压循环流化床气化，补燃燃烧系统的研究，高温烟气对燃气轮机叶片磨蚀的研究。北京煤化学研究所设计了增压流化床煤气化系统，并成功地完成了试验，实现了煤气产量 $480m^3/h$、操作压力 1.0MPa～1.2MPa、煤气热值 $4.0MJ/m^3$ 及一次连续运行时不低于 5h、累计运行 600h 的目标，为第二、第三专题的研究提供了符合要求的补燃用煤气。上海发电设备成套设计研究所设计并安装了补燃燃烧系统和叶片磨蚀试验系统，并成功地进行了试验。这将为我国研究低热值煤气燃气轮机燃烧室，进而为 IGCC、第二代 PFBC-CC 等技术研究提供可靠、先进的试验设备。就补燃燃烧系统而言，几个方案的试验结果基本满足要求，排气温度达到 1 100℃，燃烧稳定，说明部分新鲜空气直接进入补燃燃烧室的第二代 PFBC-CC 方案是可行的。叶片磨蚀试验结果证实磨蚀粒子的速度、浓度、粒径等因素对叶片材料磨蚀有相当的影响。

“九五”期间，国家安排了“九五”国家科技攻关计划项目，其中有一项即 IGCC 关键技术的可行性论证研究报告。电力工业部已将建立 IGCC 示范电站（200MW～400MW）列入“九五”电力工业科技发展规划和五项跨世纪科技先导工程项目。该报告包含了 5 个研究课题的专题可行性研究报告，其中有一个课题即是燃气轮机技术的消化吸收及试验研究。该专题报告指出，燃气轮机是 IGCC 的关键设备之一，在我国如要发展 IGCC，首先就要研究和开发燃气轮机技术。因此，在 IGCC 技术开发的推动下，我国的燃气轮机技术在“九五”期间应当有新的提高。

质量及质量管理 按照机械工业部科技与质量监督司及部电工行业标准化归口管理单位——机械工业部北京电工综合技术经济研究所的要求和批准，于 1996 年 5 月召开了机械工业部燃气轮机标准化技术委员会成立大会。该标委会秘书处所在单位——南京燃气轮机研究所，向大会作了燃气轮机标准化工作的报告。我国在 70 年代前仅有一二个行业标准，然而在近 20 年内，由机械工业部主持和归口制定的燃气轮机国家和行业标准已达 27 个，为燃气轮机标准系列覆盖整个燃气轮机行业奠定了较为完善的技术基础，使燃气轮机在贸易采购、验收、制造、质量、使用等诸方面均有标准可依。同时，燃气轮机标准的制定正积极贯彻采用国际标准（如采用 ISO、ANSI）。仅 1996 年～1997 年内燃机标委会已完成《燃气轮包装与贮运技术条件》行业标准的送审稿。1997 年～1998 年将采标制定国际标准化组织燃气轮机标准化技术委员会(ISO/TC192)颁布的标准即《燃气/蒸汽联合循环基本设备的采购 基本信息》(汽轮机、余热锅炉) 3 个联合循环行业标准。此外，该标委会还承担 ISO/TC192 的国内技术归口工作，对 ISO/TC192 的标准草案征询意见投票已达 30 次，圆满行使我国作为 ISO/TC192 的“O”成员国应予投票的权利。

〔撰稿人：南京燃气轮机研究所 涂庆国 审稿人：南京燃气轮机研究所 陈福湘 机械工业部重大装备司 杨奇娟〕

〔责任编辑；张友鹤〕

发电设备

〔机械工业部〕

一、大型水电设备

生产发展情况 1996 年大型水电设备行业各国有企业在生产经营工作中，从严管理，在科学管理上狠下功夫，加强生产组织系统的管理，挖掘企业内部潜力，发挥企业自身优势，加强整体协作，发挥大设备的综合平衡能力，克服了种种困难，基本上完成了当年企业生产经营计划。1996 年生产了大型水电设备 2 566.5MW/50 套，产值 93 862.17 万元。全年完成工业总产值 190 086.40 万元，完成销售收入 209 205.40 万元，实现利润总额 235.5 万元，全员劳动生产率为 53 800.06 元/人。

1996 年生产单机容量 10MW 以上水电机组的厂家有：哈尔滨电机有限责任公司、东方电机股份有限公司、重庆水轮机厂、富春江水电设备总厂、广东康立通用电气集团公司、天津发电设备总厂、昆明电机厂、杭州杭发集团公司（原杭州发电设备厂）、南宁发电设备总厂、福建省南平电机厂等 10 个。其中大一型企业 2 个、大二型企业 5 个，中一型企业 2 个、中二型企业 1 个，职工 35 332 人。

国有大型骨干企业哈尔滨电机有限责任公司 1996 年完成工业总产值 60 088 万元，主营业务收入 64 721 万元，实现利润总额 864.8 万元，完成综合产量 3 269MW，实现出口创汇 1 168 万美元。东方电机股份有限公司全年完成工业总产值 54 180 万元，主营业务收入 65 105 万元，实现利润总额 6 510 万元，上缴利税 3 391 万元，出口创汇 2 515 万美元。重庆水轮机厂全年完成工业总产值 18 022 万元，实现销售收入 17 420 万元，实现利润总额 102.9 万元。1996 年大型水电设备行业主要厂家产量、产值见表 1。

表 1　1996 年大型水电设备行业主要厂家产量、产值

企 业 名 称	产量（MW/套）		产值（万元）	
	1995 年	1996 年	1995 年	1996 年
哈尔滨电机有限责任公司	406/3	915/6	35 652.00	37 914.00
东方电机股份有限公司	790/8	853/9	32 959.70	27 844.00
重庆水轮机厂	410/11	291/14	9 434.00	9 033.00
富春江水电设备总厂	180/3	150/2	4 718.00	7 684.00
广东康立通用电气集团公司	20/1	80/4	1 210.00	3 778.60
天津发电设备总厂	103.35/8	74/4	6 357.00	1 818.00
昆明电机厂	—	62/4	—	1 830.00
杭州杭发集团公司	150/9	50/1	5 107.20	908.70
南宁发电设备总厂	24/1	49/3	1 280.49	2 171.87
福建省南平电机厂	75/5	42.5/3	1 521.50	880.00
零陵水电设备总厂	46/3	—	1 215.50	—
合计	2 204.35/52	2 566.5/50	99 455.39	93 862.17

注：表内统计数字为单机容量在 10MW 以上者；栏内有“—”号为当年不生产大型水电设备。

产品分类及产量　1996 年大型水电设备行业生产大型水轮发电机组 2 566.5MW/50 套；配套励磁设备 17 台，配套冷却设备 9 台，配套调速器 12 台，配套油压装置 26 台。

市场及销售　1996 年我国大型水电设备行业由于受国家宏观调控影响，国内水电建设新开工项目锐减，国内市场继续疲软，竞争激烈，进口发电设备不断涌入，国内各企业生产任务普遍不足，订货量下降。对此各企业普遍加强了销售队伍建设，主动走访用户，广泛进行市场调查，积极开拓市场。1996 年行业完成国内销售收入 70 023 万元，其中水轮发电机 63 476.78 万元，水轮机 6 195.8 万元，配套励磁设备 184.8 万元，配套调速器 50.92 万元，配套油压装置 114.7 万元。国外销售收入 3 726 万美元，出口水轮发电机组 6 套 710MW。1996 年大型水电设备行业厂家的国内外销售情况见表 2。

新技术及科研成果　1996 年行业各厂家在产品制造中采用了许多新工艺、新技术及新材料，主要有：哈尔滨电机有限责任公司的汤川水轮机主轴、中间轴精车，联轴找摆度新工艺。江口水轮发电机冷却套装焊新工艺。东方电机股份有限公司在李家峡 400MW 水轮机丝孔加工中试用了在国产化基础上自制的 M80-H2 内容屑丝锥，现用一个丝锥可加工 86 个螺孔，提高工效近 10 倍，单个螺孔加工成本降低 80％～90％，自制成本只相当于进口丝锥的 30％左右；无氨晒图新工艺国产化试用，该工艺处于国内领先地位，晒图周期由氨工艺的 12h，缩短到 20min，每年可节约成本 11.7 万元。重庆水轮机厂进行了以 D545 代替 433-Z 压缩材料，应用新型胶粘剂；CAD、CAE（FEM）及优化设计全面推广应用，为这个厂建立计算机网络系统打下了良好基础。天津发电设备总厂的电机环氧粉云母带热固性绝缘定子线圈加温制造工艺。广东康立通用电气集团公司采用可控硅整流中频电源焊接定子条式线圈接头工艺，提高了接头的焊接质量和生产效率；采用 F 级水溶性漆替代 1611 硅钢片漆，使绝缘等级由原来的 B 级提高到 F 级；采用局部感应加热法消除大部件的局部焊接应力，提高了效率，降低了成本。福建省南平电机厂实现了用计算机绘制布置图和计算机设计。南宁发电设备总厂对大部件采用了振动时效消除内应力工艺；发电机绝缘推力头结构的新工艺应用，将过去上下导轴承都要加绝缘改为直接在推力头上安置绝缘。

表2 1996年大型水电设备行业厂家国内外销售收入

企业名称	国内销售收入（万元）		国外销售收入（万美元）	
	1995年	1996年	1995年	1996年
东方电机股份有限公司	11 859.08	18 184.00	2 346.35	1 660.00
重庆水轮机厂	9 434.00	9 033.00		
富春江水电设备总厂	4 718.00	7 684.00		
哈尔滨电机有限责任公司	15 247.00	24 600.00	2 206.50	2 066.00
南宁发电设备总厂		2 347.70		
天津发电设备总厂	6 974.00	2 217.00		
广东康立通用电气集团公司	1 210.00	1 933.40		
昆明电机厂	—	1 828.00		
福建省南平电机厂	1 807.50	1 287.20		
杭州杭发集团公司（原杭州发电设备厂）	4 330.50	908.70		
零陵水电设备总厂	1 215.50	—		
合计	56 795.58	70 023.00	4 552.85	3 726.00

注：表内统计数字为单机容量在10MW以上者；栏内有“—”号为当年不生产大型水电设备。

在科研基地建设和科研工作方面有：哈尔滨电机有限责任公司的五强溪水轮机转轮装焊工艺国产化的研究；150m水头段模型转轮研究；研制出整铸大型不锈钢转轮，转轮直径1.5m，转轮叶片厚度偏差为－0.8mm～＋0.1mm，出口偏差为－1mm～＋4mm，型线偏差为±2mm，这种容量较大、水头较高、叶片厚薄悬殊的大型不锈钢转轮整铸填补了国内空白。哈尔滨大电机研究所完成了大型水轮发电机表面散热系数测试研究；PO211转轮更新改造研究，为国内大量使用该转轮电站的增容改造提供了必要的技术保证。东方电机股份有限公司完成了藏都10MW水电机组的试制；500MW级大型高水头混流式水电机组的研制，是通过二滩水电机组的合作设计和合作生产，消化吸收国外先进技术，对二滩水电机组水轮机水力性能、结构设计、焊接及加工工艺、定子主绝缘等其他关键技术科研攻关，其中有些部分已达到国际80年代水平，该课题的完成，使得这个公司已具备了设计制造二滩及更大容量的高水头混流式水电机组能力；大型抽水蓄能机组关键技术研究，是在消化十三陵单机容量200MW和天荒坪单机容量300MW等抽水蓄能电站引进设备技术的基础上，对水泵水轮机水力性能、结构设计及加工工艺、大部件刚强度计算、高PV值高转速双向推力轴承、发电电动机电磁计算及测试方法等高水头抽水蓄能机组的合作设计、合作生产，完成中间机组响洪甸单机容量40MW抽水蓄能机组的研制，初步掌握了抽水蓄能机组关键技术，具备了开发和生产中等容量抽水蓄能机组能力。重庆水轮机厂修整和完善了冲击式试验台；完成大型电机上机架结构及工艺研究；振动时效的研究及推广应用；水力发电控制设备关键技术研究。

新产品 1996年大型水电设备行业厂家生产的新产品有：哈尔滨电机有限责任公司的江口20MW、莲花137.5MW、大七孔16MW等水电机组。

东方电机股份有限公司的李家峡400MW、宝珠寺175MW水电机组各1套，出口叙利亚迪斯林、缅甸藏都10MW水电机组各2套。其中李家峡400MW水电机组的型号HLD113-LJ-615、SF400-40-12300，为部级新产品，藏都IDMW水电机组为省级新产品，响洪甸40MW HL265-LJ-463、SFD40/55-40/36-7600抽水蓄能机组为试制的新产品。

重庆水轮机厂四川华能东西关电站ZZ500-LH-640、SF45-64/9200，广东双溪电站HLA244-LJ-225、SF12-18/4300，湖南邵阳白云电站HLA153-LJ-160、SF18-14/3250水电机组各两套，四川华能雨城电站ZZ560a-LH-500、SF20-52/7250，云南文山州东方红电站HLA153-LJ-120、SF10-10/2600水电机组各1套等。

富春江水电设备总厂的黄河大峡电站大型轴流式水电机组1套，单机容量75MW，转轮直径7m，设计水头23m，转速88.2r/min；黄河三门峡75MW混流式水电机组1套，同时还为广西天生桥电站生产超大型弧门、链轮门各1扇，为广州从化抽水蓄能电站机组制造埋件两套，广西百龙滩电站32MW贯流式机组生产埋件3套等。

昆明电机厂的云南德宏州户宋河电站CJA237-L-150/4×16.5、SF21-12/330冲击式水电机组两套，为四喷嘴冲击式水轮机，用油压控制直流喷嘴运行，操作压力为国内同类产品的1.6倍，单机出力为国内同类产品的2.5倍，设计水头357.7m，设计流量7m^3/s，转速500r/min，额定出力21 650kW，效率保证89.5%，操作油压4MPa，国产化率100%；云南腾冲县龙江电站的HLA296-LJ-160、SF10-10/330混流式机组2套。

福建省南平电机厂的湖北朝阳寺15MW水电机组2套，江西省斗晏12.5MW水电机组1套。

南宁发电设备总厂的广西浮石电站ZZ580-LH-

630、SF18-80/930，18MW 水电机组各 1 套；广西叶茂电站 ZZ580-LH-340、SF12.5-32/5100，12.5MW 水电机组 3 套；广西左江电站 ZZ580-LH-550、SF24－60/850，24MW 水电机组 3 套。

其中东方电机股份有限公司李家峡 400MW 水电机组获国家级新产品证书。该机组接近世界先进水平，采用双排机布置，为我国今后开发狭谷型河流水力资源开辟了一条新的道路。富春江水电设备总厂为广西天生桥电站生产的弧门、链轮门通过了中国水力发电工程学会水工金属结构专业委员会等 14 个单位的专家们检测，认为该门是我国目前设计水头最高、总水压力最大的新型闸门，其制造规模居亚洲最大。这个厂的黄河三门峡电站 75MW 混流式机组通过了水利部等单位专家的验收。福建省南平电机厂的 HLD54-LJ-125、SF12.5-8/360 和 HLA339-LJ-147、SF-K-20-10/3000 两套水电机组通过了省级鉴定。

质量及质量管理 到 1996 年底大型水电设备行业通过质量体系认证复审和取得质量认证的企业有：哈尔滨电机有限责任公司 1996 年通过了美国 GE 公司、秦山核电联营公司质量体系运作情况的检查，通过了华信技术检验有限公司第三次质量体系认证监督检查。富春江水电设备总厂通过了法国国际检验局（BVQI）和浙江质量体系审核中心（ZQAC）的联合审核，取得了国家质量体系认证证书，同时还取得了法国、美国、德国、荷兰、澳大利亚和新西兰等国家的七张认证证书。南宁发电设备总厂通过了 ISO9001—94 标准质量体系认证，获得国家商检质量认证中心颁发的质量体系合格证书。东方电机股份有限公司 1995 年获得了华信技术检验有限公司颁发的质量体系认证合格证书。目前仍在积极推行并最终取得 ISO9000 系列质量体系认证的企业有：重庆水轮机厂、天津发电设备总厂、杭州杭发集团公司、福建省南平电机厂、广东康立通用电气集团公司、昆明电机厂。

国家技术监督局 1996 年对福建省南平电机厂水轮机产品进行了质量监督抽查，均达到一等品。机械工业部中小型水力发电设备产品质量监督检测中心对昆明电机厂中小型水轮机进行抽查，判定为合格（最高等级为合格）和对广东康立通用电气集团公司生产的 HL220-WJ-60 水轮机进行抽查，合格率为 94.1%，判定为合格。重庆水轮机厂的水电产品质量经国家有关部门两次突击抽查，均为一等品。经上级部门审定，这个厂的水电机组五个系列产品获得了一等品等级证书。

基本建设及技术改造 1996 年行业固定资产投资 11 715.5 万元，其中基本建设投资 7 012 万元，技术更新改造投资 4 703.5 万元。哈尔滨电机有限责任公司在积极推进三峡项目进程的同时，改造了高水头水力试验台和 30MN 推力轴承试验台并为三峡推力轴承做了全尺寸模拟试验获得成功，以保证三峡电站水电机组科研顺利进行。东方电机股份有限公司对铸钢分厂进行了扩建，完成投资 323 万元，厂房土建开工，基础施工完毕，结构件已预制完成，并外购了 100t 桥吊、10t 电炉。重庆水轮机厂的完善铸焊工艺、增加关键设备技改项目已完成，增加了生产场地，铸工工艺布局更加合理，提高了铸焊生产能力和保证了铸件质量；线圈车间移地技改项目的竣工，增加了线圈生产面积 5 500m^2，改善了线圈生产车间的生产环境，使这个厂具备了生产水电机组 450MW 的综合生产能力，增添了企业的生产后劲。广东康立通用集团公司为开发大容量低水头的灯泡式全贯流水电机组，扩建成 10 000m^2 的铆焊车间，对关键设备，如对 12.5m 立式车床和 14m 卧式车床等进行了数控改造，添置了 50mm 卷板机，产品设计中采用了 CAD 系统。改造后的这个厂已具备了生产转轮直径 6.3m 的灯泡全贯流式、直径 5m 的轴流转桨式、直径 4.1m 混流式，水头 2m～500m，单机容量最大为 50MW 水电机组，年生产能力达 200MW。

对外合作 东方电机股份有限公司为江桠电站制造的 100MW 混流式水电机组引进了加拿大 GE 公司的转轮技术；二滩 550MW 水电机组引进了加拿大 GE 公司技术，微机调速和励磁装置由德国 ABB 公司引进，目前已正式投入生产；响洪甸抽水蓄能机组的转轮由奥地利奥钢联引进，已投入生产。此外，1996 年该公司还聘请了德国慕尼黑工业大学水力机械系教授来公司讲学，介绍了世界水电行业最新动态，德国水轮机科研及制造方面最新成果以及水轮机水力设计、机械设计理论及试验研究方法，通过授课与交流，吸收并掌握了国外最新科研成果并为其所用。富春江水电设备总厂从俄罗斯引进了具有国际先进水平的转轮技术，研制成功了三门峡 75MW 混流式水电机组，其转轮直径 5.5m，重达百余吨，全不锈钢浇铸。该转轮技术同时还应用于黄坛口、三港、温宿、白水峪等电站，取得了满意成果。该厂还应用日本富士电机新型转轮技术，在广西白龙滩、福建雍口机组投标中标，并在设计与制造中应用。

截止至 1996 年底，大型水电设备行业组建合资企业的有：杭州发电设备厂与挪威克瓦纳能源公司合资组建克瓦纳（杭州）发电设备有限公司，天津发电设备总厂与法国阿尔斯通股份有限公司合资组建天津通用电气阿尔斯通水电设备有限公司，上海电机厂合资组建中德希科水电设备有限公司，富春江水电设备总厂与日本富士电机株式会社共同组建了富春江富士电机有限公司，现已投入生产经营运行。

拟建合资企业的还有：东方电机股份有限公司拟与加拿大 GE 通用电气公司、奥地利依林公司及奥地利奥钢联公司组建水电设备制造合资公司；重庆水轮机厂与瑞士 ABB、苏尔寿公司合资谈判工作已完成立项审批和我方投入资产的评估，目前双方正在编制可行性研究报告，为进行实质性谈判作好前期准备工作。昆明电机厂与马来西亚再乾成（马）有限公司签订在马来西亚吉隆坡合资建立昆马电机有限分司（Kunmah Electric Motor SDN BHD）的合同，经营电动机、水电设备、泵、变压器、开关电器等产品。

管理及改革 1996年大型水电设备行业厂家随着企业内部改革的不断深入，本着科学设岗，合理定员，竞争上岗，基本上完成了全员劳动合同制和上岗聘约，促进了人员合理流动，加快了分配制度改革，建立了单位工资总量与经济指标，员工个人收入与个人贡献大小双挂钩的激励约束机制。进一步划小核算单位，把成本指标落实到工段、班组和个人，以做到成本指标层层分解，进一步完善了企业运行机制，增强了企业市场适应能力。

哈尔滨电机有限责任公司获1996年度中国机械工业优秀企业称号。重庆水轮机厂1996年经国家经贸委批准为扩大机电产品出口企业。

哈尔滨电机有限责任公司本着“主业精，多业兴”的原则，开展多种经营工作的规范运作，成立了多种经营有限责任公司和机械电子设备有限责任公司。昆明电机厂1996实施了分离式改制，在继续保留昆明电机厂法人资格和国有企业性质不变的前提下成立了昆明电机有限责任公司，实行自主经营，自负盈亏，自我约束，自我发展，以期在市场中求发展，创效益。重庆水轮机厂现已完成公司章程的修定，治理机构的筹建和分离分流方案的制定工作，拟于1997年挂牌运行。

〔撰稿人：哈尔滨大电机研究所 崔恩林 审稿人：哈尔滨大电机研究所 傅宪章、李朝东 机械工业部重大装备司 宋其水〕

二、火电设备

生产发展情况 1996年火力发电设备生产企业通过前一时期改造，生产能力大大增强，哈尔滨、上海基地年生产能力已达到或接近4 800MW，东方电气集团公司和北京重型电机厂也分别达到3 600MW和1 800MW。而且，主力机组300、600MW机组的重要性能指标均达到或超过原引进指标，国产化率也已接近或达到了95%。1996年我国发电设备生产任务受电力投资缺口及国外大型电力设备制造公司的影响，比上年实际完成数有较大下降，生产能力放空达5 500MW，1996年我国发电设备共生产了15 310.6MW，其中火电设备12 735.5MW。

火力发电设备行业各企业具体生产情况见表3、表4。

表3 1996年重点锅炉厂完成的经济指标

企业名称	工业总产值（不变价值）（万元）	出口产品产值（当年价）（万元）	产品销售收入（万元）	利润总额（万元）	电站锅炉产量〔台/t（蒸汽）/MW〕
哈尔滨锅炉厂	51 321	818	81 450	65	16/6 546/1 712
东方锅炉厂	68 097	8 893	85 983	3 600	13/7 385/2 070
武汉锅炉厂	36 001	6 431	41 952	715	17/5 024/1 371
上海锅炉厂	73 548	4 693	95 606	852	37/12 512/3 528
北京B&W有限公司	18 939		25 445	−1 720	22/5 525/1 493

市场及销售 据世界银行调查，发展中国家电力消费将以每年5%～7%的速度增长。到2 000年以前，亚洲东盟六国、中国、巴基斯坦、越南等国每年约需投入70亿美元购买电厂设备，如包括软件，上述投资可望超过100亿美元。

发电设备产品的国外市场有所拓展。上海电气集团与原上海机电集团资产联合重组后，出口创汇又创新高，1996年达6.3亿美元，比上年增长30%以上。重组后的集团下属合资企业已成为行业出口新的生力军。通过强化对“三资”企业出口的管理，1996年已开发经营的112个合资企业出口创汇达1.06亿美元。此外，东方电气集团公司向伊朗出口4×325MW空冷机组合同也于年内生效，总金额达2.4亿美元，获得了历史性突破。

新技术及科研成果 经机械工业部批准，1996年度火力发电设备行业获得一等奖1项，即哈尔滨电工仪表所、清华大学、上海发电设备成套所、湖北汉川电厂等单位合作完成的大型旋转机械状态监测、分析及故障诊断技术研究项目。其开发的监测与分析软件内容丰富，能正确反映机组运行数据，开发的专家系统集故障诊断、信号分析及维修咨询于一体。该课题在知识库建立上有所创新，知识库中包含了200多个汽轮发电机组的故障案例及2 000多条诊断规则，可实现对200、300MW机组20余种常见故障，如机组的不平衡、不对中、弯曲、油膜振荡、扭振等的诊断。该研究成果，在整体水平上处于国内领先，达到了国外90年代初的先进水平。二等奖7项，即上海阀门五厂和上海发电设备成套所合作完成的D373FS-40型中压蝶阀系列，上海重型机器厂和上海发电设备成套所共同完成的称量给煤机研制，沈阳重型机器厂完成的MPS190中速磨煤机，哈尔滨锅炉责任有限公司、大连弹簧厂、上海发电设备成套所合作承担的全量型安全阀研制，西安理工大学完成的电站锅炉空气预热器间隙测控系统，国内主要电站锅炉厂及研究所合作完成的中国动力用煤—锅炉设计型谱(第二版)及上海发电设备成套所和所有电站锅炉厂共同完成的超压5%亚临界压力自然循环锅炉研制。

表4　1996年重点汽轮机厂、发电机厂完成的经济指标

企业名称	工业总产值（不变价）（万元）	产品销售额合计/出口（万元）	产品销售收入（万元）	利润总额（万元）	汽轮机（发电机）产量（台/MW）
哈尔滨汽轮机厂	33 402.0	30 741.0/0	61 178.6	30.9	19/1 700
东方汽轮机厂	49 368.1	61 693.8/5 720.7	51 164.9	1 879.5	27/2 805
上海汽轮机厂	98 500.9	107 031.8/18 977.8	106 825.4	2 602.3	27/4 719
武汉汽轮机厂	31 230.0	34 357.0/435.0	29 458.6	3 071.2	43/1 092
北京重型电机厂	36 133.5	50 072.0/2 971.0	49 994.8	538.7	13/1 042
哈尔滨电机厂	59 359.0	64 158.0/8 426.0	64 721.6	864.8	13/2 030
东方电机厂	54 180.1	53 486.3/16 616.1	65 104.7	6 248.1	25/2 133.5
上海电机厂	92 810.2	109 070/2 760.3	101 227.0	2 695.3	35/4 502.0

此外还有以下几项重要成果：

(1) 哈尔滨汽轮机有限公司、哈尔滨空调机厂、东方汽轮机厂等单位共同完成的"八五"国家重大技术装备研制项目空冷课题于1996年6月通过了机械、电力两部主持的技术鉴定及验收。该项目共有5个子课题，即喷射式凝汽器空冷系统设备研制、表面式凝汽器空冷系统设备研制、空冷系统水处理技术研究、空冷汽轮机研制和空冷系统设计研究。

(2) 哈尔滨汽轮机有限公司在1996年完成了300、600MW发电机高中压转子室温动平衡及超速试验课题。该等级的转子按美国西屋公司规定，应在200℃左右的热箱中进行试验，但周期长达10天。甩掉热箱进行室温动平衡试验意义重大。该公司经过计算及对转子材料进行的超载模拟试验结果证实，室温状态下做动平衡试验运行可靠，并可提高工效5.7倍。该公司1996年共完成了5根300MW转子室温动平衡试验，节省费用达138万元。

(3) 武汉锅炉集团有限公司年内开发了管子无坡口对接环缝钨极惰性气体保护焊（TIG）新工艺。这是目前世界上最先进的焊接工艺之一。该工艺及设备可使管端不用开坡口，一次焊透小于7.1mm壁厚的锅炉受热面管道，焊缝具有双面对称成形，焊缝内外余高可控制的特点。X光探伤一次合格率大于99%。该工艺为全自动生产，日产量可达80头～90头。日本专门从事焊接非标准设备开发的日下部机械株式会社（简称3K公司）已购置了该工艺的全套设计参数的全部软件。这是武汉锅炉集团有限公司首次将技术作为商品向发达国家输出，具有深远意义。

(4) 上海汽轮机公司承担的国家重大技术装备"八五"科技攻关课题300、600MW机组通流部分优化高中压缸、低压缸研制（共有8个专题）于1996年1月通过了由机械、电力两部组织的鉴定。鉴定认为与国外的研究基本上同步，达到了当代国际水平。通过现场实测振动特性分析，找出了引进型机组轴系振动偏大的原因并采取了相应的改进措施。其成果已应用于新机组，具有明显的经济效益和社会效益。

(5) 上海汽轮机公司还完成了上海市科技结合生产攻关项目——汽轮机通流部分及热力方案设计报价和数据库系统。该系统能实现汽轮机气动热力设计与技术报价文档处理之间数据共享，能自动绘制热力系统图和通流图，自动填写中英文标书和自动生成技术报价所需的其他图表。使用该系统能快速、高效地同时进行四个汽轮机产品的通流部分及热力方案设计与报价，缩短报价周期，提高工效30倍～50倍。报价文档规范、美观。

新产品　东方汽轮机厂与日本日立公司合作设计、生产的600MW汽轮机（型号D600A）是该厂开发新产品的第二个里程碑。首台机组已于1996年11月16日在邹县电厂启动运行。这表明该厂的技术水平跨上了一个新台阶。该机为亚临界参数、冲动式，采用一次中间再热、单轴、三缸四排汽、末叶长1 016mm，汽轮机总长27m。由于该机技术要求高于我国现行标准，所以该厂为此特别开设了23项科研项目，其中6项列入国家重大技术装备项目并安排了60多项工艺试验项目。

上海汽轮机公司利用引进西屋公司300、600MW汽轮机及核电方面技术，开发了325MW核电凝汽式汽轮机。这是为巴基斯坦恰希玛电站设计的产品，具有结构紧凑、自动化程度高、安全可靠、经济性好等特点。型号HN325-5.34型，转速3 000 r/min，主汽门前压力、温度5.34MPa、253.5℃，排汽压力4.9kPa，热耗10 800kJ/KW·h。

东方锅炉厂引进美国FWEC技术新开发的第一台W火焰300MW机组锅炉已在山西阳泉第二发电厂进入投运调试阶段。

济南发电设备厂WX系列空冷电机通过鉴定。

质量及质量管理　1996年机械工业部生产的大型火电机组质量有明显提高，尤其是占投产容量74%的300MW机组用户反映良好。同时，由哈尔滨基地生产的优化型600MW机组质量也在稳步提高。目前已有3台机组并网发电，其国产化率已达90%以上，有些指标已优于国外机组。主力机组产品质量的提高，从年内行业抽查中得到了印证。受国家技术监督局委托，机械工业部火电设备产品质量监督检测中心于1996年三季度对7个生产汽轮机和7个生产锅炉的企业进行了抽查。7个汽轮机厂是上海汽轮机厂、哈尔滨汽轮机厂、东方汽轮机厂、北京重型电机厂、青岛汽轮机厂、杭州汽轮机厂、南京汽轮机厂。其中生产大型电站汽轮机（100MW～300MW）的企业4个。被抽查的企业数占汽轮机行业的77.78%。从抽查结果看，1996年大型汽轮机制造质量总体水平略高于上年。其关键项目平均符合率达100%，比上年提高1.57个百分点。重要项目平均符合率为89.55%，比上年提高0.36个百分点。中小型汽轮机是扩大抽查的产品。其重要项目平均符合率达91.54%，总体质量基本稳定。电站锅炉专项抽查的7个企业是，哈尔滨锅炉厂、上海锅炉厂、东方锅炉厂、武汉锅炉厂、北京B&W公司、无锡锅炉厂、杭州富春锅炉容器有限公司。抽查的产品为50MW～350MW机组电站锅炉的19台产品中的46个部件。其中300MW及以上容量锅炉9台24个部件，5.0MW～12MW锅炉10台22个部件。抽查结果的合格率为100%。部件一等品率为47.83%。可以看出，由于各企业强化了质量意识，电站锅炉质量比上年有了提高。尤其300MW及以上容量锅炉普遍比300MW以下容量为好。但常见病、多发病有上升趋势。

质量的提高与各厂狠抓管理所采取的各种措施分不开。上海汽轮机公司在产品质量翻身战役中采取了一些新举措，取得了成效。如认真学习国外管理经验，力求消除以往在安装中拖延进度的问题，开始采取措施，执行了产品成套考核实施办法。其主要是以300MW汽轮机为考核重点，以后再扩展至全部产品。将根据电厂安装进度，排定A、B、C、D交货顺序，并实行按台份跟踪考核，以保证机组安装中一次到位。为了积累经验，首先在为嵩屿电厂2号机带给水泵的两台小汽轮机上进行试点，采取扣缸后整机发运。结果大大缩短了安装进度，获得了电厂好评。该厂在质量管理上取得的成就，着重体现在近年投运的几台300MW机组上，即外高桥电厂2号、嘉兴电厂2号、青岛电厂1号3台机组被电力工业部正式命名为移交生产达标投产机组，从而证明了该厂产品经得起质量和运行的检验，因此该厂在1996年接受机械工业部火电设备检测中心五年一次定期对引进型300MW汽轮机的质量检查中，再次获得优等品水平检测结论。

东方锅炉厂为适应新形势，开创新路子，在东方集团公司提出的挤进“核俱乐部”，开发民用核电产品的发展战略的指导思想下，强化了企业管理，制定并颁发了目标成本管理实施细则（试行），建立、健全、完善了质保体系。年内，经机械工业部、国家核安全局联合评审，由后者给该厂颁发了中华人民共和国民用核承压设备制造资格许可证，由此创出了发展产业的新路子。同时，9月10日该厂还通过了美国ASME总部和蒸汽锅炉检验保险公司对该厂的第三次换证联检。

下列几个单位年内也通过了质保体系认证：北京重型机器厂1996年2月通过了由北京新世纪质量体系认证中心颁发的质量体系认证，达到了GB/T19000（ISO9000）系列标准。无锡锅炉厂1996年3月获上海质量体系审核中心颁发的GB/T19001（ISO9001）证书。青岛锅炉金属结构厂1996年1月获得了由中国进出口商品质量认证中心签发的钢结构产品的ISO9002质量体系注册证书，成为全国该行业率先通过此认证的企业。

此外，劳动部和机械工业部根据《锅炉压力容器安全监察暂行条例》及实施细则的规定，于年内共同组织了A级和B级锅炉制造许可证的审查工作。经审查，取得A级锅炉制造许可证的企业有9个，它们是哈尔滨锅炉有限责任公司、上海锅炉厂、东方锅炉厂、武汉锅炉厂、北京B&W有限公司、无锡锅炉厂、杭州富春锅炉容器有限公司、四川锅炉厂、济南锅炉厂。取得B级锅炉制造许可证的企业有8个，它们是鞍山锅炉厂、天津市锅炉厂、南通锅炉厂、湖北武昌锅炉容器厂、长沙锅炉厂、广州锅炉工业公司、太原锅炉厂、江西锅炉厂。

基本建设及技术改造　1996年在企业改造中取得明显成效的首推哈尔滨汽轮机有限责任公司。该公司按1993年编制的火电生产改造规划，在国家计委、机械工业部的支持下，自筹资金，负债改造，从欧洲购买了数控龙门铣床等8台重型关键设备，经过两年多的安装、调试及验收，现已有PMC6500数控龙门铣床等5台作为固定资产移交生产使用。其余3台正在加紧调试。该厂经过这次改造，为提高火电机组生产能力奠定了基础，汽轮机大件的加工能力，已由原来的3 000MW提高到4 800MW。

青岛富吉集团300MW以上火电机组高压加热器扩建工程年内正式上马。该工程总投资达2 400万元，现资金已陆续到位，准备工作正顺利进行，部分关键设备已购进，1996年已形成部分生产能力。全部投产后年生产能力为8台（套），年新增产值将达6 580万元，可新增利润983万元。

在产品技术改造方面取得进展的有：东方汽轮机厂在300MW汽轮机优化和200MW汽轮机的改造方面获得了进展。年内完成了沙岭子电厂300MW汽轮机的优化设计并通过了评审，完成了淮北电厂200MW和郑州热电厂供热200MW汽轮机的改造。在200MW低压缸改造成功的基础上提出的高、中、低三缸改造方案，在华北局议审会上一举中标并与大同、琼州、下花园等电厂签订了改造合同。目前技术和生产的准备已大部完成。首台机组交货日期定于1997年6月。

上海汽轮机公司自1969年至今已生产了125MW机组逾百台。虽经多次改进，但终因缺乏系统规划，使该产品仍存在一些不足。为从根本上解决存在的问题，该厂近年来利用引进美国西屋公司的先进技术，提出了较为系统的改造方案，可使机组的发电能力提高到130MW。该方案已获山东黄岛电厂支持，同时签订了首台改造协议并已开始实施。

东方锅炉股份有限公司承担的国家“八五”重大技术装备国产化技改专项——50、100MW循环流化床锅炉国产化项目年内通过了四川省经委组织的竣工验收。认为该技改专项改造内容已全面完成，已基本实现50、100MW循环流化床锅炉国产化目标。该专项总投资3 039.9万元，其中国家专项贷款2 300万元，企业自筹739.9万元。

对外合作 1996年3月，东方日立锅炉有限公司合资合同正式签字。该公司设于浙江嘉兴，由三方组成，即中国东方锅炉（集团）股份有限公司、日本巴布科克日立公司和日本伊藤忠商事。投资额中方占50%。合资公司将通过引进技术设计并制造300、600MW级超临界调峰型本生直流锅炉。

1996年1月，由上海电站辅机厂与英国投资的新加坡克莱德锅炉产品工程私人有限公司合资成立的上海克莱德机械有限公司正式签字。公司注册资金100万美元，英方占55%。公司设计制造锅炉用吹灰器及其配件。部分产品将销往国外。

〔撰稿人：上海发电设备成套设计研究所　乐如良　审稿人：机械工业部重大装备司　强培生〕

三、内燃发电设备

生产发展情况 1996年内燃发电设备生产比上年有所回落，发动机制造厂、发电机制造厂、组装厂三类生产企业中，主导企业生产保持稳定，与上年基本持平；少数企业如大连第四电机厂、四方机车车辆厂、扬州高发机电制造有限公司生产有较大幅度增长；部分企业转产或停产。一些发动机制造厂已经不限于用本厂生产的发动机来组装机组，而增加选用其他发动机厂的产品，如上海柴油机股份有限公司选用了上海拖拉机内燃机公司的95AD系列柴油机和重庆康明斯发动机有限公司的K19、K38系列柴油机；无锡动力工程股份有限公司选用了玉林柴油机厂的105系列柴油机和济南柴油机厂的190系列柴油机，以扩展本企业机组产品品种。部分企业选用进口发动机或发电机组装机组。

市场及销售 据对64个内燃发电设备生产企业的统计，1996年销售功率范围0.5kW～2 000kW，88个功率等级的内燃发电设备31 283台/2 027.0464MW，其中21个企业出口功率范围2kW～1 000kW，27个功率等级的内燃发电设备1 490台/68.941MW。总销量（内销＋出口）较1995年有所减少，出口量较1995年台数增加，千瓦数减少。在销售的各类产品中，柴油发电机组占据大多数，1 000kW以上大功率柴油发电机组销售减弱，广州柴油机厂销售1 000kW机组7台，2 000kW机组6台。占比例较小的其他类产品中各有一些代表企业，如汽油发电机组中中国人民解放军六九〇五工厂销售了1 700台/1 875/kW，发电电焊两用机组中绥化电机集团有限公司销售了260台/2 265kW，自动化机组中福建省福发股份有限公司销售了41台/10 610kW、无锡动力工程股份有限公司销售了52台/8 895kW，低噪声发电机组中福建省福发股份有限公司销售了47台/5 118kW，船用发电机组中新中动力机厂销售了16台/7 186kW、南通柴油机股份有限公司销售了154台/6 554kW、南昌柴油机有限责任公司销售了131台/2 788kW，挂车电站中郑州电气装备总厂销售了116台/9 166kW、大连第四电机厂销售了129台/6 972kW，气体燃料发电机组中胜利动力机械厂销售了47台/5 740kW，销售量按产品类别的统计见表5；在0.5kW～2 000kW功率范围，销售仍以250kW以下机组占主导，除251kW～500kW功率区段销量与1995年相当之外，其他各个功率区段都较1995年有所减少，且随着功率区段的增大其销量减少幅度增大，销售量按功率范围的统计见表6；在88个功率等级中，按总销量千瓦数排序的前十个功率等级销量见表7，另有10、12kW两个功率等级的总销量分别为2 774台/27 740kW、2 088台/25 056kW，在总销量台数上处于优势；在64个生产企业中，按总销量千瓦数排序的前十一个企业销量见表8，另有红岩机器厂销售147台/53 184kW、兰州电机厂销售430台/48 440kW、郑州电气装备总厂销售548台/44 695kW、合肥动力机械厂销售270台/38 155kW、常州顺风发电设备有限公司销售101台/31 950kW、西安波威植松动力有限公司销售900台/30 728kW，在总销量千瓦数上也有较好的实绩。此外绥化电机集团有限公司销售2 256台/25 025kW、中国人民解放军六九〇五工厂销售1 700台/1 875kW、扬州高发机电制造有限公司销售1 308台/29 604kW，在总销量台数上处于优势；在有出口产品的21个企业中，有8个企业的出口千瓦数已经超过1 000kW，除了表8所示的5个企业之外，还有浙江义乌发电设备厂出口489台/3 102kW，新中动力机厂出口6台/3 042kW、常州顺风发电设备有限公司出口1台/1 000kW。

新技术及科研成果 上海柴油机股份有限公司新型D114系列柴油机已投入机组配套使用，6缸D6114ZDA型可配成90kW发电机组。

上海马拉松·革新电气有限公司根据美国马拉松电气公司提供的MAGNA PLUS图纸改进设计的新型MP系列无刷发电机，功率范围40kW～320kW，绝缘等级H级或B级，分单、双轴承两种结构，已投入机组配套使用。

机组集中监控与远程控制技术继续有一个快速的发展。

新产品 闽东电机公司研究所和发电设备厂研制开发远控、并联3×250kW发电机组，机组采用重庆康明斯柴油机、兰州电机厂相复励发电机。机组的启动、速度升降及调整、停机都能在远处操作，并联操作能自锁，合理分配三台机组有功和无功功率，具有多项保护及报警功能，1996年2月通过验收交付使用。

无锡动力工程股份有限公司研制的90kW自动化发电机组，由1台总控制计算机对3台机组进行集中与远距离的操作控制、运行状况监视和数据采集，具有自启动、自投入、自保护功能，1996年4月通过验收。该公司还研制了采用新西兰AIS柴油机监控系统的200GFZ38自动化柴油发电机组，机组采用本厂12V135JZD-4柴油机，柳州西门子1FC6无刷电机。控制系统较PLC控制系统功能强大、可靠性高、体积小、结构紧凑、易于操作，可监控柴油机的运行参数及报警功能，无需外接仪表，设定和修改参数更为方便。

表5 1996年内燃发电设备按产品类别的销量统计

产品类别	功率范围 (kW)	功率等级数	内销 (台/kW)	出口 (台/kW)	合计 (台/kW)
柴油发电机组	1～2 000	82	26 435/1 839 006.9	1 167/65 245	27 902/1 904 251.9
汽油发电机组	0.5～5	6	1 812/2 398	0	1 812/2 398
发电电焊两用机组	5～12	5	284/2 453.5	11/55	295/2 508.5
自动化发电机组	10～1 000	25	301/44 121	3 /450	304/44 571
低噪声发电机组	10～250	11	56/5 330	1/24	57/5 354
船用发电机组	12～520	14	346/23 200	6/3 042	352/26 242
气体燃料发电机组	24～400	7	55/7 380	0	55/7 380
汽车电站	20～90	3	14/805	0	14/805
挂车电站	12～200	13	490/33 411	2/125	492/33 536
总计	0.5～2 000	88	29 793/1 958 105.4	1 490/68 941	31 283/2 027 046.4

表6 1996年内燃发电设备按功率范围的销量统计

功率范围 (kW)	功率等级数	内销 (台/kW)	出口 (台/kW)	合计 (台/kW)
0.5～20	18	13 532/115 799.4	1 036/8 507	14 568/124 306.4
21～90	26	9 812/476 781	172/9 112	9 984/485 893
91～250	13	5 189/860 815	260/39 430	5 449/900 245
251～500	16	1 151/416 598	11/3 850	1 162/420 448
501～1 000	13	101/74 000	11/8 042	112/82 042
1 001～2 000	2	8/14 112	0	8/14 112
总计	88	29 793/1 958 105.4	1 490/68 941	31 283/2 027 046.4

表7 1996年内燃发电设备按总销量千瓦数排序的功率等级销量

序号	功率等级 (kW)	内销 (台/kW)	出口 (台/kW)	合计 (台/kW)
1	200	1 083/216 600	39/7 800	1 122/224 400
2	120	1 716/205 920	70/8 400	1 789/214 320
3	250	771/192 750	2/500	773/193 250
4	160	1 064/170 240	128/20 480	1 192/190 720
5	300	596/178 800	0	596/178 800
6	500	281/140 500	0	281/140 500
7	75	1 688/126 600	26/1 950	1 714/128 550
8	50	1 965/98 250	40/2 000	2 005/100 250
9	90	861/77 490	30/2 700	891/80 190
10	30	2 425/72 750	55/1 650	2 480/74 400

兰洲电源车辆研究所1996年6月研制出30GTS1低噪声挂车电站，该电站由F6L 912D风冷柴油机、1FC6-223-4无刷发电机、DF-3A型全电调速器、FJ-60型低温启动装置、CA1091型汽车基础配件、“断气”行车制动系统、驻车制动机构、消声系统和隔声罩、语音自诊断系统等组成，电站性能指标优良，空载时噪声59.6dB (A)。又于1996年12月研制出90PQ3型航空精密电站，该电站为交直流两用，额定功率90kW、额定频率400Hz、额定电压115/200V，直流为双路输出、额定电流为2×600A、额定电压为28.5V、最大冲击电流2×1 800A。该电站采用WD615.61D柴油机、TFJPW-90无刷发电机、3吨级EQ1061型汽车底盘，较75PQ5电站的主要改进为：选用了本所新研制的SK-50型电子调速器和执行器、选用本所新研制的24TP型（重量仅46kg）整流变压器、采用数字电路的电器保护装置，

整机性能获得很大改善。

河北华北柴油机厂1996年7月研制出120kW挂车电站，采用华柴道依茨F10L 413F风冷柴油机、汾西西门子1FC6 285-4无刷发电机、HBQG 06A 4t全挂车底盘，保护及防护功能齐全，行驶稳定性和通过性好，主要电气性能指标达到GB/T2819—1995要求。又于1996年12月研制成功90kW自动化风冷柴油发电机组，由F8L 413F风冷柴油机、西门子1FC6-284-4LA无刷发电机及BK4Z-150自动化控制屏配套组成，采用可编程序控制器控制，具有自动启动、自动停机、自动保护、自动充电、自动试机（待命时间超过500h）等功能，自动化程度为1级，技术性能达到GB 12786—91要求。

表8　1996年内燃发电设备按总销量千瓦数排序的企业销量

序号	企业名称	内销（台/kW）	出口（台/kW）	合计（台/kW）
1	潍坊柴油机有限责任公司	2 147/252 383.5	215/35 104	2 362/287 487.5
2	上海柴油机股份有限公司	1 473/166 995	33/4 495	1 506/171 490
3	泰州德锋动力设备有限公司	1 169/131 784.9	0	1 169/131 784.9
4	四方机车车辆厂	553/104 750	4/4 000	557/108 750
5	广州柴油机厂	183/102 820	0	183/102 820
6	江都线路器材厂	4 253/91 146	0	4 253/91 146
7	无锡动力工程股份有限公司	663/85 707	11/1 065	674/86 772
8	无锡海星电机集团有限公司	291/76 910	0	291/76 910
9	山东明远机电设备有限公司	1 570/56 067	485/12 330	2 055/68 397
10	福建省福发股份有限公司	619/65 465	1 /24	620/65 489
11	重庆康明斯发动机有限公司	225/62 000	0	225/62 000

洛阳发电设备厂1996年11月研制了300kW自动化发电机组。机组采用重庆康明斯KTA19-G2柴油机、无锡西门子1FC5-356-4TA42无刷发电机，控制系统采用日本PLC可编程序控制器，主回路采用ME型万能断路器自动切换。各项技术性能指标符合GB2820—90，自动化功能符合GB 12786—91，自动化等级符合GB 4712的2级。

江西车辆开关厂1996年12月研制出由东风EQ 140柴油车二类底盘改装的50kW汽车电站，其发电机组采用4135AD柴油机、SB-CW-50发电机。机组与主车燃油相同，供给方便，机动性强，最高车速85km/h。

中国人民解放军六九〇五工厂1996年利用高速汽油机、永磁中频发电机、交交变频器技术研制新一代轻型净化汽油发电机组。

兰州电机厂1996年研制出额定电压400V、额定转速1 500r/min的2×1 000kW自动化柴油发电机组，该机组主要性能指标达到技术协议和GB2820、GB12786要求，自动化程度达到GB4712—84的3级自动化要求。该厂还研制出2×50kW微波通信用无人值守柴油发电机组和64GFC27-3豪华游艇供电控制成套系统。

上海柴油机股份有限公司1996年研制出采用51系列单片微处理器的机组控制系统，实现对柴油机的转速、油压、水温、油温的四保护和发电机组的自启动等功能。还研制了75kW低噪声机组，离机组1m处噪声声压级为75dB（A）。完成本公司生产的135系列、114系列柴油机与上海马拉松·革新电气有限公司的马拉松电机的配试及小批生产。

无锡海星电机集团有限公司1996年研制出采用微机集中监控（可结合机房控制）的自动化发电机组及4×500kW舰用发电机组、3×424kW船用发电机组、铁路空调发电车用机组。

福建省福发股份有限公司1996年研制了远程监控自动化柴油发电机组，采用80C552 CPU，实现模拟量、开关量的采集、测量和对柴油发电机组的控制，可远程监控直至128个地点的256台机组，实现现场无人值守。

无锡益众电力设备厂1996年定型了用电话网传送数据、监控距离不限的柴油发电机组微机远程集控系统。此外自动化机组采用模块式结构，体积缩小，维修方便。

无锡梁溪发电设备成套厂1996年研制了邮电通信光缆干线无人值守自动化机组。

济南柴油机厂212V190 BCD柴油机和JCFJ-630/1500 630kW舰用柴油发电机组于1996年1月30日至31日在济南通过了由海军装技部舰艇部主持的技术鉴定。Z12V190BCD舰用柴油机继承了陆用190柴油机的可靠性、经济性和启动性好等优良性能，JCFJ630/1500型舰用柴油发电机组的总体性能指标达到国内同类产品领先水平，填补了我国舰用630kW柴油发电机组的空白。

浙江省义乌发电设备厂研制的120GFZ自动化柴油发电机组和24GFS低噪声柴油发电机组于1996年3月通过省科委主持的鉴定。120GFZ自动化柴油发电机组采用单片机控制，能够有效地完成机组发送电所需的各项要求。程序设计成环形结构，对运行错乱进行拦截和回归，抗干扰能力强。24GFS低噪声柴油发电机组距机组1m处的噪声声压级小于75dB（A），具有自动保护功能。两种机组的综合性能指标和软件处理技术达到国内先进水平。

江西三波电机厂 30PT3-1、50GT8-1 两种挂车电站于 1996 年 7 月 17 日在南昌通过鉴定。30PT3-1、50GT8-1 挂车电站的技术性能均达到或超过制造与验收技术条件的要求，并符合 GJB235—87《工、中频移动电站通用技术条件》的规定，性能先进。30PT3-1 电站使用了分数槽正弦绕组和脉宽调节等新技术，具有创新性，使产品主要电气性能指标达到国际同类产品先进水平。50GT8-1 电话达到国内同类产品先进水平。

汾西机器厂 200GFZ37 通信用自动化柴油发电机组于 1996 年 7 月 20 日通过中国船舶工业总公司主持的鉴定。机组由重庆康明斯柴油机、汾西西门子发电机、公共底盘、联轴器、油水加热器等构成。整套系统采用三面控制屏，其中两面分别控制两台主、备机组，由 PLC 可编程序控制器完成主控功能。另一面控制屏完成自动转换，并带有采用 STD 总线工控机的数据采集与通信装置，留有 RS232C/RS485 通信接口，可方便地与上位机进行通信，实现三遥功能，满足邮电系统电源集中监控的要求。该产品性能稳定可靠、技术指标优良，具有国内先进水平。

山东明远机电设备有限公司 30GFZ、120GFZ、200GFZ 三种自动化柴油发电机组于 1996 年 9 月 16 日通过省级鉴定。机组性能满足 GB2820—90、GB12786—91 要求，控制系统采用 OTP 单片机，比使用 PLC 或工业控制计算机成本低，具有自启动、自保护、自停机、自润滑功能，当待命时间超过 192h 会自动启动运行试机。可两台机组构成主/辅系统，8h 交替运行。可通过 RS485 远程通信接口、调制解调器进行近、远程通信与监控。可手动与自动转换。机组功能达到国内先进水平，1997 年将大批量生产。

山西柴油机厂三遥远控自动化柴油发电机组系统于 1996 年 9 月 20 日通过了由省科委主持的科技成果验收鉴定。机组系统具有自动启动、调整、加载、切换、保护、停机、预热、润滑功能。采用全电子调速器，使供电品质达到国标 Ⅱ 级指标。采用双路传感装置和军品级 STD 总线工业控制计算机，使系统可靠性大大提高。采用 RS-422 通信接口，有线通信距离可达 1 000m，或采用调制解调器使上位计算机与现场工业控制计算机经过通信与联合控制，对机组实现遥控、遥测、遥信。采用 MSC4·0 语言编制应用软件、全汉化的操作界面和活页菜单人机对话方式，具有国内领先水平，填补了省内空白。

潍坊柴油机有限责任公司 400GF4、400GF4-1 两种柴油发电机组于 1996 年 10 月 10 日通过了省级鉴定。400GF4 机组选用本公司生产的 6200ZD-18 柴油机（机械调速器）、上海电机厂生产的 TFWS400-6 无刷同步发电机及 TK1A-400 控制屏，400GF4-1 机组选用本公司生产的 6200ZD-17 柴油机（电子调速器）、兰州电机厂引进德国 AEG 技术生产的 DKBH4406/6 型无刷同步发电机及 PEG-400 控制屏。两种机组均采用直列、六缸、四冲程、增压中冷柴油机和国内先进的无刷发电机，均具有过流、短路、过压、欠压、逆功率保护功能及并联功能，电气性能指标优良。

郑州电气装备总厂 150GT3、200GT7 挂车电站于 1996 年 10 月 23 日通过了由河南省机械电子工业厅组织的样机鉴定。电站由康明斯柴油机、整体凸极式 F 级绝缘发电机、低温启动系统、车厢、挂车底盘等组成，具有过载、短路、水温高、油压低、超速等保护功能。采用新技术、新器件、新工艺使产品小型化。在关键器件上采用了冗余设计，使产品实现高可靠性。该电站适用于高海拔、高寒地区。与四川空气分离设备厂生产的 K/DZZ-1 型产品配套，供空军机场制氧、制氮。

闽东电机集团发电设备厂 8-30GFZP Ⅱ 型三遥自动化柴油发电机组于 1996 年 12 月 2 日在福建省连江县琯头镇通过了由省经贸委主持的鉴定。该产品以无人值守机组为基础，采用 PLC、工业 PC 机进行现场控制，具有自动保护、自动补给、自动切换功能。在中央主控室的上位计算机，利用调制解调器与程控电话网络，对远、近程单基站或多基站的无人值守机组进行遥控、遥测、遥报。主控室可以随时对基站机组的启动、合闸、停机等 20 路功能进行控制，也可以随时对基站机组的电压、电流、功率、温度、油压等 32 路模拟量进行测量。机组功能达到 GB4712—84 的 2 级自动化要求，机组电气性能达到 GB2820—90 Ⅲ 类指标，产品达到国内同类产品先进水平。

基本建设及技术改造　福建省福发股份有限公司投资 200 万元建成建筑面积 1 512m² 的新产品开发研究中心。

西安波威植松动力有限公司新建 1 260m² 的标准厂房、620m² 的成品库及配电室。

常州顺风发电设备有限公司投资 550 万元新建 2 800m² 柴油发电机组试验、测试车间和检测台位。

上海柴油机股份有限公司—伊华电站公司投资 2 000 万元完成发电机组试验室、试验设备、喷漆房的技术改造项目。购进的 6 套电脑测试设备，改善了工作环境，提高了工效。

浙江义乌发电设备厂投资 1 200 万元进行扩大柴油发电机组出口能力技术改造，改造目标形成年产 4 000 台/80MW 的生产规模。

对外合作　位于福州鼓山福兴工业开发区、由福建闽东电机（集团）股份有限公司与日本本田技研工业株式会社合资创办的闽东本田发电机组有限公司于 1996 年 5 月正式投产。该公司吸收日本的技术与设备，全套进口本田汽油发动机，生产新一代 HONDA EC 系列小型汽油发电机组，并向国内外市场销售。

管理及改革　由兰州电源车辆研究所出版、反映内燃机电站和军用改装车辆两个归口行业技术动态的《移动电源与车辆》季刊，1996 年出版了 1～4 期（总第 103～106 期）。

机械工业内燃机电站科技信息网 1996 年出版

网刊《内燃机电站科技信息》1～6期（总第63～68期）。

由兰州电源车辆研究所负责起草的GB/T4712—1996《自动化柴油发电机组分级要求》已发布，于1996年12月1日实施。

机械工业内燃机电站标准信息网1996年出版网刊《内燃机电站标准信息》1～6期（总第30～35期）。1996年9月18日～22日在无锡市召开了网员年会。

《内燃发电设备行业"九五"计划和2010年规划》由兰州电源车辆研究所会同部分企业编制完成，1996年已发布实行。

中国发电设备行业协会内燃发电设备分会成立大会于1996年4月22日召开，会议讨论通过了分会章程，选举出12个理事单位组成理事会，其中兰州电源车辆研究所为理事长、秘书长单位，无锡动力工程股份有限公司、潍坊柴油机有限责任公司、上海柴油机股份有限公司、兰州电机厂、无锡海星电机集团有限公司、福建省福发股份有限公司为副理事长单位。郑州电器装备总厂为副秘书长单位。分会在中国发电设备行业协会管理下开展工作。

兰州电源车辆研究所于1996年5月8日～11日在郑州市组织召开了内燃机电站行业产品可靠性认定工作会议。会议宣讲了开展可靠性认定工作的意义，讨论了《内燃机电站可靠性认定实施细则》及有关技术问题，试点单位介绍了经验。

挂靠在兰州电源车辆研究所的国家内燃机发电机组质量监督检验中心1991年6月通过国家技术监督局评审，1991年8月获认可授证。在证书五年期满后，经由国家技术监督局组织机械工业部、中国计量科学院等有关单位6名专家组成的复查评审组，1996年9月3日～5日对中心进行组织机构、人员素质、仪器设备、环境条件、管理手册、检验工作六个方面的审查认可和计量认证，经审核后换发新证书。

机械工业内燃发电机组质量监督网1996年出版网刊《内燃发电机组质量信息》1～4期（总第29～32期）。1996年11月14日～17日在昆明市召开了网的第五次年会。

作为天津动力机厂的一个组成部分，天津天动发电机组制造有限公司于1996年6月18日正式成立。该公司具有独立法人资格，集新产品开发、研制、生产制造、营销为一体，可提供12kW～1 000kW发电机组。

作为上海柴油机股份有限公司子公司的上海伊华电站工程有限公司于1996年9月成立。该公司为专业生产柴油发电机组的企业，融集了主体公司几十年机组开发、生产、经营的经验，拥有4 000m^{2}的生产厂房，可提供5kW～1 000kW各种柴油发电机组。

以中国人民解放军六九〇五工厂为核心、10余个紧密层企业、20余个半紧密企业及近100个配套企业组建的华伟工业（集团）有限责任公司于1996年6月18日正式成立。集团公司现有资产总值4.5亿元，是集科、工、贸于一体的现代企业。公司主要开发、生产小容量数字接力通信机、小排量摩托车发动机、小功率工频汽油发电机组三大系列产品。

〔撰稿人：机械工业部兰州电源车辆研究所　鞠佳　审稿人：机械工业部重大装备司　张力超〕

〔电力工业部〕

生产发展情况　电力工业部生产发电设备主机的企业是富春江水电设备总厂。1996年，企业共完成综合产值1.34亿元（当年价，不含税），比上年度增长29.2%。其中，完成工业总产值1.12亿元，完成工业产品销售收入9 800万元，实现工业增加值3 971万元，实现工业利税758万元（其中利润150万元）。

企业针对水电设备市场项目锐减，开工不足，持续萎缩的低谷运行状况，及时调整和转变生产、经营、管理机制，在积极开拓市场的同时，致力于国家重点项目及大中型成套机组的研制生产，并按业主和用户计划要求实现了出厂。

在全年生产计划中，大中型成套水轮发电机组仍占主导地位。继续保持以研制大中型成套水轮发电机组为主，电站备品配件、电站金属结构件为辅的生产发展格局，具有大、中、小型机组同步生产，轴流式、混流式、贯流式机组协调发展的特点，全年完成的水电设备产值、销售占实际完成额的85%左右，并均比上年度增长30%左右。

1996年投料制作的成套机组共12台（套），总容量490.6MW，其中轴流式300MW、混流式94.6MW、贯流式96MW。

1996年完成的重大生产任务有以下6项：(1)国家重点工程：甘肃省黄河大峡水电站75MW轴流式水轮发电机组一台（套）；(2)水利部、河南省重点项目：河南省黄河三门峡水电站75MW混流式水轮发电机组一台（套）；(3)国家重点项目：广西天生桥水电站超大型弧门、链轮门各一扇；(4)国家重点项目：广州从化抽水蓄能电站机组埋件两套；(5)广西百龙滩水电站32MW贯流式机组埋件3套；(6)新疆温宿机组、浙江三港机组埋件。

为保证完成这些重大生产任务，该厂针对水电站设备市场情况，立足于转机建制，适应形势，对全厂生产经营机制进行重大调整；建立了厂内模拟市场，实行成本否决，推行工厂内部承包经济责任制；全面贯彻和推行GB/T19000（ISO9000）标准，取得了国际、国内机构认证；全面实行企业全员劳动合同制，依法建立了符合市场经济的新型劳动关系。

新产品及新技术　(1)黄河三门峡水电站7号混流式75MW机组于1996年12月4日出厂，并通过了水利部、黄河水利委员会及三门峡管理局等单位和专家的验收。(2)新疆温宿2×3.5MW机组已完成了设计和工艺编制，并于年内投料制作。(3)浙江三港2×6.3MW混流式机组已完成了设计、工艺编制，并于年内投料制作。(4)福建雍口电站2×26MW机组设计、工艺编制已全面展开。(5)广西百龙滩电站3×32MW贯流式机组完成了联合设计中该厂承担的设计、工艺编制，年内已投入制作。(6)广西天生桥电站弧门、链轮门研制成功，并通过了中国水力发电工程学会水工金属结构专委会、电力工业部水工金属结构质量检测中心等14个单位专家的检测评议。该产品是我国目前设计水头最高、总水压力最大的新型闸门，其制造规模居亚洲最大。在研制过程中，企业克服诸多技术难关，采用了十余项工艺技术措施和13项工艺装备，质量达到国际先进水平，研制取得了圆满成功。

质量及质量管理 企业在质量管理上主要内容是全面推行GB/T19000 (ISO9000) 标准，以其为主线来带动全年产品生产、管理和各项工作质量的提高。制订了“质量第一，行业领先”的质量方针和“为客户提供满足合同要求的产品和服务”的质量目标，厂属各生产分厂、单位和机关各职能部门也据此制订出了各自的质量方针、质量目标。通过质量标准、质量手册、程序文件的贯彻实施，使全厂质量管理工作较以前有了巩固提高，各项产品和工作均在GB/T19000质量标准的控制之中。10月24日，一次通过了法国国际检验局 (BVQI) 和浙江质量体系审核中心 (ZQAC) 的联合审核，取得了国家质量体系认证证书及美国、法国、德国、荷兰、澳大利亚、新西兰等国家的认证证书。

对外合作 1996年技术引进项目的消化吸收进展顺利。引进俄罗斯具有国际先进水平的转轮技术，经消化吸收研制成功了三门峡75MW混流式机组，其转轮直径5.5m，重达100t，首次在国内采用全不锈钢铸造成功。该转轮技术还同时应用于黄坛口、三港、温宿、白水峪等电站，并投入了真机运行，情况良好，用户满意。

运用日本富士电机新型转轮技术，在广西百龙滩、福建雍口机组投标中标，并在设计中消化吸收，完成了该厂所承担的设计工艺编制，并通过了用户验收，开始投料制作。

在建立“三资”企业方面，该厂与日本富士电机株式会社共同投资组建的富春江富士电机有限公司，已经国家有关部门批准，并于1996年5月正式举行了开工仪式，投入生产经营运行。该合资企业投资1 000万美元，主要采取“嫁接”方式，主要经营范围是研制大中型成套水轮发电机组。在投资比例方面，日方占59%，企业占41%，目前运行正常。

〔撰稿人：电力工业部　邹　峰　审稿人：电力工业部　张海青〕

〔责任编辑：张友鹤〕

金属切削机床

〔机械工业部〕

生产发展情况 1996年机械工业部系统有金属切削机床（以下简称机床）生产企业229个，职工294 027人，完成工业总产值699 188万元。机床产量101 826台，其中，车床46 634台，铣床9 649台，钻床15 698台，镗床1 111台，磨床11 052台，刨床746台，插床14台，拉床90台，组合机床1 601台，齿轮加工机床2 020台，螺纹加工机床1 670台，电加工机床730台，加工中心344台。

上海机床厂为加快推进建立现代企业制度，进行资产存量重组，发挥资产一体化集合效应，由上海机床厂、上海第三机床厂、上海第八机床厂和上海木工机械厂联合改制成立上海机床有限公司，并于当年完成了繁重的厂家转换和设备搬迁任务。当年通过面向市场，调整结构，制止了经济滑坡，工业总产值增长9.7%，销售产值增长21.5%，销售收入增长12.8%，出口创汇增长18.5%。为汽车等行业提供服务的多种经营取得了实效。如主要由该公司自制设备组成的桑塔那轿车发动机曲轴加工短线于1996年9月正式生产并于当年提供上海大众汽车公司10 000多根合格的曲轴，增收加工费250多万元；为上海汽车齿轮厂配套的桑塔那轿车五档变速箱生产线已交付用户安装调试。

杭州机床厂调整经营发展战略，对内部结构作了重大调整。各类平磨产量比上年增加10.1%，销售收入增加8.7%，利税增加7.2%，实现利润增加9.1%，出口创汇增加13.6%。

济南二机床集团有限公司(原济南第二机床厂)面对制约企业生产经营的种种不利因素，围绕市场需求抓开发，完成了16种新产品试制；大力进行产品结构调整，完成了J2M150数控龙门铣镗床、J2M180P数控龙门铣、J2-065数控钻镗床及4种中高档滑枕式镗铣头的开发，金切机床国内市场当年占有率比上年上升了15个百分点。铸、焊件毛坯出口持续增长，龙门刨床实现批量出口。全年完成工业总产值3.16亿元，完成工业增加值1.33亿元，实现销售收入2.87亿元，实现利税2 120万元，出口创汇345.5万美元，被机械工业部列为优化组织结构28家“巨人”备选企业。

齐齐哈尔第一机床厂的生产呈现了稳定发展的局面，工业总产值和销售收入分别比1995年增长25%和18.6%。该厂先后开发了CK61220/80-NC×10000-1型全功能数控重型车床、CK61315E×100/80R-1型数控重型车床、CH5225F型加工中心等一批高技术附加值的机床产品，以及陶瓷压力机、激光防伪标识机、割晒机等一批有市场前景的非机床产品。出口日本三菱重工、德国西门子公司优质铸件产品，使企业效益明显提高。

长征机床股份有限公司共生产机床 27 个品种 623 台，其中数控铣床、数控仿形铣床、加工中心 22 台。产销率 121.27%，库存下降了 43.51%。公司注重适应市场需求调整产品结构，生产组织上重点安排出口任务、专机生产和有合同的数控机床的生产，采取专门措施保证了出口秘鲁 255 台铣床任务圆满完成。

宁江机床厂虽然生产经营仍处于低谷中运行，但通过实施“开拓市场、开发新产品、分离非生产经营性部门、分流富余人员”的“两开两分”等一系列措施，使企业保持了赢利企业的地位。共完成技术革新近 200 项，节约价值约 100 万元。研制开发了摩托车曲轴箱体、缸头、化油器、四联阀等加工生产线及专机，开发数控车床 CKA6140、数控纵切车床 CK1116、试制开发 TH5646、TH6350、TH6363、THM6363、THM6350 等系列加工中心及车削中心系列产品，列入千亿工程的各种专用机床开发计划全面完成。该厂生产的机械式变速器 NGS5-20 投入批量生产，涡旋盘压缩机试制样机达到设计要求。

大连组合机床研究所完成验收出厂组合机床 15 台、自动线 2 条（12 台单机）及一批机床辅机、电子电气、液压润滑等中试产品，实现销售收入 3 554 万元。在为一汽—大众汽车公司承制曲轴轴承盖加工自动线和凸轮轴轴承盖加工数控自动线的过程中，成立了以所长为首的领导班子，主抓承制的全过程，保证了国家重点工程项目的按期建成投产。其中发动机缸盖凸轮轴轴承盖加工数控自动线的研究开发被列为“九五”重点科技攻关项目。交付使用后，受到一汽—大众汽车公司的好评。

新技术及科研成果　北京机床研究所完成了数控工段集成管理系统、Laser cafs9202 型激光喷嘴间隙跟踪系统的研究等 23 项科研成果。CME988 数控系统获机械工业部科技进步一等奖。最新研制的 CME988、BS94M、BS1060M 均采用了高速微处理器、大规模集成电路，具有高集成度、高可靠性等特点，适应于多轴联动的各类数控机床。VMC50 立式加工中心具有高速主轴（8 000r/min），高压刀具内冷却（最大 22×10^5Pa）等特点。大连组合机床研究所完成了型号为 ZHS-UX86 的轿车发动机缸盖凸轮轴轴承盖加工数控线的开发，这条线可完成 5 种 11 件凸轴轴承盖的同时加工，工件夹紧松开可精确调整，扭矩精度±3%和±7%，随行夹具输送速度 35m/min～40m/min，定位孔位置精度 0.002mm，生产节拍 38.4s，处于国内领先水平。该所完成了被动式柔顺手腕 RCC 的研制，适用于小件、长件，能实现配对零件间隙率小于 0.0005mm 的轴孔精密转动配合的插入装配作业。该所还完成了 QNDY30 型压电式给料器的研制，用于直径≤30mm、长度≤60mm 以内的零件的自动供料。供料速度 5m/min～7m/min，噪声≤70dB（A）～75dB（A），调速方便，该项目的研制成功对我国自动供料系统的升级换代有重要意义。

新产品　1996 年金切机床行业开发新产品的特点是围绕着汽车、摩托车、内燃机行业的需求而研制的增多，普通型机床新产品品种减少。

加工中心　昆明机床股份有限公司通过引进德国 HERMANN KOLB 机床公司技术研制生产了双柱、立式、精密的大型五面加工中心。该机床具有高效和广泛的工艺技能，最适合大、中型零件如车、船用内燃机机体的多工序加工。机床采用刚性门架结构、大功率主轴电机和高精度光栅闭环检测系统，具有强力切削和精密加工功能。工作台面积 4 020mm×2 000mm，工作台承重 20t，刀库容量 60 把，头库容量 4 个，机械手换刀时间 18s（刀对刀），定位精度 0.015mm，重复定位精度 0.010mm。北京第一机床厂的开发的 XHAD764、XHAD765、XHAD766 卧式加工中心是高性能价格比的机床，特别适应于汽车、摩托车行业生产中小型箱体、盘套类零件加工，30 把刀的刀库容量（可扩充）和高速换刀机构，能使工件一次装夹完成尽可能多的工序加工。机床还可配托板站，组成柔性制造单元或柔性生产线，发挥出更大的经济效益。机床定位精度±0.01mm，重复定位精度±0.005mm。该厂还开发了 XHAD2412、XHAD2415 定梁龙门加工中心，适合各种板类、箱体类零件的数控加工，并可增加附件铣头对工件进行五面加工，对各种复杂型面能进行三坐标数控加工。天津第一机床厂的 TH6340A 卧式加工中心为适应汽车、摩托车等行业大批量组线生产的需求，采用模块化设计方法和机、电、液一体化技术而研制了新型模块组合式加工中心，它适合多单元组成柔性生产线。北京第三机床厂开发的 ZH5829 型柱动式钻削加工中心，配双工位回转工作台，柱动式易于组成柔性加工线，最大钻削直径 20mm，定位精度 X、Y：0.01/300mm、Z：0.01/200mm，重复定位精度±0.005mm，主轴转速 20r/min～5 000r/min。秦川机床厂的 THM5660 系列立式加工中心工作台面积 1 400mm×600mm，主轴转速 200r/min～6 000r/min，快移速度 X、Y：1 500mm/min、Z：1 200mm/min。由长征机床股份有限公司和英国 BRIDGEBORD 公司合资兴建的长征—BRIDGEBORD 公司组装的 VMC1000、VMC800 立式加工中心，标准主轴转速 40r/min～6 000r/min，快速进给 32 000mm/min，换刀时间 6s（切削对切削），工作台面积1 150mm×490mm（VMC1000）和 1 000mm×490mm（VMC800），定位精度±0.005mm，重复定位精度±0.002mm。常州机床厂推出了 TH42160 型定梁龙门式加工中心，具有强力切削、高速定位功能，主轴系统集强制冷却、内冷却、外冷却于一体，最大限度减少主轴系统热变形对加工的影响，工作台面积 2 500mm×1 600mm，工作台高度 1 000mm。

车床　沈阳第一机床厂采用模块化设计方法在消化吸收日本 MAZAK 产品先进技术的基础上，自行开发了高档次的S1-378车削加工中心，用日本三菱公司M520AL控制系统，机床正常加工精度可达IT6～IT7，表面粗糙度$Ra1.6\mu m$，车削直径320mm，加工长度700mm，转速30r/min～3 500r/min，C轴快速圆周速度30r/min，最小分度值0.001°，可连续分度，动力刀架12工位。该厂还开发S1-383A数控轮毂车床，是为汽车、摩托车行业的铝制轮毂设计的专用机床，可对轮毂各表面进行粗、精加工和对外露表面进行波纹状美化加工，对大、薄、轻的筒状零件和有色金属球状表面加工亦很适宜。南京机床厂根据多年生产数控车床的经验，结合国内外行情，将全功能数控车床和转塔车床的特点结合起来而自行设计制造了N-084型全封闭型数控车床，按全功能数控车床的布局和结构，采用模块化设计，主传动有预选手动和变频调速两种，数控系统即可配经济型数控系统，也可配FANUC或SIEMENS系统和交流伺服，用户可根据不同需求进行合理的模块配置。云南机床厂开发了CYNCH-320、CYNCH-400、CYNCH-400B型数控电子手轮车床，其特点是这种电子手轮车床完全脱离了以前数控车床的模式，把人从繁琐的编程中解脱出来，操作人员可通过操作普通车床的方法加工出第一个零件后，数控系统就把走刀轨迹记忆下来，从第二件开始，只需按起动按钮，机床就自动进行加工，加工轨迹和第一件完全相同，操作简单，性能可靠。长城机床厂开发了3种新产品，设计和制造了30种专用机床，CK7920、CK7963两种盘件数控车床主要适合于汽车行业，CK7963型数控车床主要适应于汽车、摩托车的铝合金轮毂的车削加工，CK7920型数控车床特别适应于汽车齿轮箱中直径200mm以下盘套类零件的加工。由原沈阳第三机床厂分立组成的沈阳数控车床厂开发了SCCK20系列共4种数控车床，主要适于汽车、摩托车、仪表、轻工机械等行业加工形状复杂、精度要求较高的轴类和盘类零件。河南安达机床有限公司在其主导产品AD-25、AD-35数控车床的基础上开发出全功能汽车专用轮毂数控车床AD-25W、AD-35W，加工范围0.36m～0.41m（14in～16in），生产节拍3件～4件。沈阳大金数控机械有限责任公司的用于车削车轮轮毂的CK7650LG/500型专门化数控车床也配置了加工汽车、摩托车轮毂的专用夹具。大连机床集团公司开发了DC004型轿车轮毂加工数控车床和CKA6832环面蜗杆数控车床，二者是专用于环面蜗杆（包括平面包络环面蜗杆）圆弧面和齿部加工的新型机床，一是该机床容易操作，对刀具要求低，对刀实现数字化，编程简单；二是精度高；三是生产效率高，是机械传动机床的数倍。济南第一机床厂对其MJ系列车床的规格同时向大型和小型方向扩展，该厂研制的MJ-200是在引进并批量生产德国PRIMUS产品的基础上开发的一种高性能、低价格的数控车床，最大加工直径150mm，适用于中、小规格的复杂轮廓的高精度回转体类零件的加工，特别适用于铝、铜等有色金属的加工。MJ-760型数控车床则是规格最大的一种，最大加工直径760mm，适宜在大巴、飞机轮毂、大型齿坯、航空发动机等具有大型盘套类零件的加工场合使用。该厂还开发了J1ENC460型手动示教数控车床，它和普通数控车床的区别是加工前不需要进行复杂的ISO代码加工程序的编制，按操作面板上的符号键，采用直观的对话式数据输入，按CRT上显示的模拟图形来操作，非常容易编制出具有复杂形面零件的加工程序。德州机床厂与国防科技大学联合研制成功活塞车削生产线的主要设备之一的CHK-20型椭圆活塞数控车床，专用于精加工内燃机各种复杂中凸变椭圆活塞的外圆，采用软靠模数控系统，加工活塞的直径范围是30mm～200mm。

铣床 北京第一机床厂研制了XA5750/1型和XA5750/2型万能滑枕升降台铣床，XA5750/1型增加了铣头自动转位功能，即通过按钮控制可将主轴自动地由立式转到卧式位置，或由卧式位置自动转到立式位置，这两种产品均配数显装置，除具有一般数显功能外，还具有自动定位和直线循环控制功能。南通机床厂开发了X6332型摇臂万能铣床（2号铣），适用于各种中、小型机械零件的加工和模具加工，机床操作灵活，用途广泛，可进行多种工序加工。太原第一机床厂开发了XQT2014轻型龙门铣床，装有4个铣头，可同时铣削平面与侧面，机床为机械传动，结构可靠，易于维修，经济实惠，龙门宽1 500mm，铣削长4 000mm。桂林机床股份有限公司开发的XKF2316/3数控仿形龙门铣床属于龙门式高刚性的大型机床，工作台面积1 600mm×3 000mm，承重大，三轴控制，并能三轴联动。

磨床 1996年上海机床厂有限公司开发新产品23种45台，其中数控磨床13种，占56.5%，研制的新产品中有为汽车行业开发的3SE、MK1632A/H数控端面外圆磨床，5RE-1W多砂轮主轴颈磨床，H222数控曲轴连杆颈磨床和H173A数控曲轴主轴颈磨床等，已形成高、中、低档技术配套的、以满足汽车（含汽配）不同层次要求的曲轴磨加工产品系列。5RE-1W多砂轮曲轴主轴颈磨床是根据引进美国LANDIS公司的图样及制造技术生产的，规格为直径406.4mm×914.4mm（16″×36″），采用美国MPC-II型五轴数控系统，交流伺服电机驱动，实现砂轮架进给，头架用伺服电机无级调速带动工件旋转，并控制工件自动准停；采用MARPOSS双向对刀和液压自动跟踪系统，砂轮主轴系统采用静压轴承，砂轮线速度45m/s，有级恒线速，液压系统采用恒温控制。该机床具有精度稳定、性能可靠、效率高等特点，其产品技术水平为当代国际先进水平。杭州机床厂适应市场需要开发适销对路的产品，共试制成功10种新产品，其中既有高技术含量的数控产品，也有售价较低的普及型产品。最显著的是对普通级磨床进行了全面更新，新开发的M7140/HZ平磨成了畅销品种，并完成了目前全国最大规格的M7263型立轴矩台平磨（630mm×2 500mm）和先进的HZ-057数控立轴圆台平磨。北京第二机床厂为北京天纬油泵油嘴股份有限公司开发生产了油泵油嘴专用机床系列产品，共 38 台专机，该产品为推动我国油泵油嘴行业的加工上水平、上精度、上效率，实现油泵油嘴行业典型零件工艺改革做出贡献。主要产品有针对油泵油嘴行业中最典型的油针、针阀体、柱塞、凸轮轴等零件的高效率、高精度的磨削或超精加工。包括 6 个品种，B2-2012 型油针座面全自动专用磨床、MB1612/T 型油针尾杆全自动专用磨床、B2-1007 型针阀体 60°定位面全自动专用磨床、BM1620A 型针阀体外形全自动专用磨床、B2-6006 型喷油泵凸轮轴抛光机和 B2-2009 型数控小型高效外圆磨床。其中，MB1612/T 型油针尾杆全自动端面外圆磨床用于油泵油嘴行业中的针阀尾杆的端面与外圆磨削，产品加工精度为尺寸精度±0.01mm，表面粗糙度 *Ra*0.4μm。产品处于国内技术领先，国际同类产品 90 年代初先进水平。青海第二机床厂开发研制的以 SB722C 数控丝锥磨床为主的高效金属丝锥加工成套设备，具有高的可靠性和稳定性，磨制后的丝锥尺寸一致性好，互换性强，精度高，并且产生效率高，操作简单方便，达到了国内领先水平，填补了国内空白。其中丝锥方尾磨床、丝锥沟槽磨床和丝锥磨尖机，可用于磨制直径为 1mm～20mm、最大加工长度为 150mm 的直、螺旋槽手用、机用丝锥，丝锥精度可达 H1～H3 级。无锡机床股份有限公司开发的 MG2120 型高精度内圆磨床采用模块化设计，机床操作方便，加工性能稳定可靠，磨削精度：圆度 1.2μm，直径一致性 4μm，达到国际 90 年代初水平。该公司还开发了 3MZ146B CNC 型轴承外圆沟磨床，该磨床采用经济型数控装置，具有无间隙磨削功能，可最大限度缩短辅助时间，提高生产率，工作精度为：椭圆度 2μm～2.5μm，壁厚差 3μm，表面粗糙度 *Ra*0.31μm，效率小于 1.2s。MKS10100 型数控高速无心磨床是该公司开发的又一新产品，工作精度为：圆度 1μm，圆柱度 2μm，表面粗糙度 *Ra*0.1μm。险峰机床厂在 MK84125 数控轧辊磨床的基础上开发的 MKZD84125 型数控轧辊磨床，是一种全自动的数控机床。

钻床　中捷友谊厂开发的 S2-224 型数控多轴管板钻床采用龙门框架，主轴箱设 4 个并列主轴，可同时加工 1 至 4 个孔，主轴间距在 120mm～180mm 范围内可调，工作台面积 2 000mm×2 500mm，承重 7t，最大钻厚 200mm，定位精度为 X、Y：±0.01/300mm，Z：±0.02/300mm，适用于石化、锅炉等行业的管类、板类零件孔群的加工。该厂还在普通摇钻的基础上开发了 ZK3050 型数控摇臂钻床，可实现 C 轴（摇臂绕内柱转动）、V 轴（主轴箱沿摇臂移动）、Z 轴（主轴箱垂直移动）数控，零件编程既可以 X、Y、Z 直角坐标系编程，也可以 C、V、Z 轴极坐标编程。常州机床总厂开发的 ZK52160 型龙门式数控钻床，主轴有 6 轴和双轴两种，CNC5 轴控制，双主轴型不需要进行任何调整即可加工不同配置的孔距，定位精度±0.03mm（全长），适用于制冷机、热交换器、锅炉等管板加工的行业。德州机床厂生产的 ZKA2102 型三坐标数控深孔钻床是用于钻削三坐标或二坐标孔系的深孔加工设备，是一种高效、高精度、高自动化的采用外排屑法钻削小孔径的机床，通过一次钻削既可达到一般需要钻、扩、铰工序才能保证的加工质量，加工孔径精度 IT7，最大钻深 500mm。

镗床　武汉重型机床厂对原 T6216C 型落地式镗床进行较大的改进，推出了 T6216D 型落地镗床，是镗轴直径 160mm 落地镗的第五代产品，主要用于镗削大中型零件的孔。济南第二机床厂（集团公司）与国外合作生产的 SL242 型数控龙门铣镗床主轴功率 98.5kW，X 轴 10.5m，Y 轴 5.5m，Z 轴 1.5m，W 轴 2.7m；工作台承重 200t。合作生产的 GIMA×200 型卧式数控镗铣床主轴功率 90kW，镗杆直径 200mm，X 轴行程 13m，Y 轴行程 4m，W 轴行程 1.25m，Z 轴行程 1.25m，配备承载 45t 的回转工作台。齐齐哈尔第一机床厂研制的 CK93200 型数控气缸套镗车床，既是一台万能型数控重型卧式车床，又是一台数控深孔镗床，具备车镗双重功能，为我国船舶工业万匹马力以上的重型柴油机主要零部件气缸套精密加工提供了关键设备。

拉床　长沙机床厂开发的 LK8810 型数控螺纹拉床填补了国内空白，最大扭矩 1kN·m，适合汽车方向盘转向螺母的拉削。

组合机床　大连机床集团公司完成了国家重点科技攻关——轿车变速箱体、离合器壳体加工组合机床自动线（两条），正在一汽调试。这两条生产线生产节拍 40s，随行夹具输送速度 42m/min，钻孔、镗孔、铣削实现高速切削，薄壁件夹紧变形 0.01mm，达到 90 年代初期国际先进水平。

切断机床　湖南机床厂开发了 G7025A 型弓锯床，采用行先进弧形切割原理和组合式结构的滑枕导轨，最大切割直径 250mm，工作精度 0.4/100mm。该厂还开发了两种具有程序控制的闪光焊接设备 UBN-4、UBN-6 型半自动锯带焊接机，主要为带锯床配套，作带锯条对焊之用，亦是带锯条生产必不可少的设备，具有焊接—退火之间程序自控、顶锻压力、焊接电压、退火温度、退火时间外部可调等功能，适合于普通钢带、高合金钢带、各种带锯条和带刀的对焊。该厂还开发了大型卧式带锯床 G40100，锯削直径 1 000mm，带宽 65mm，半自动工作循环；以及 GZ4040 型全自动卧式带锯床，由 PLC 控制，锯切直径 400mm。

齿轮及螺纹加工机床　长江机床厂开发的 YK5612CNC 数控扇形齿轮插齿机用于加工微型、轻型、小型、重型汽车转向器中定速比、变速比以及鼓形齿齿扇轴的轴齿部分，适合大批量生产，机床为三轴三联动，主运动采用交流变频调速系统，实现切削速度无级变速。该厂还在 YKS5120 型数控插齿机的基础上，又发展了多轴数控，二轴数控为径向进给与圆周进给，三轴是径向进给、刀具旋转轴和工作台旋转轴，四轴是在三轴基础上加刀具往复运动，五轴是在四轴基础上加工自动上下料。天津第一机床厂研制的 YKD2140 型数控弧齿锥齿轮粗切机的最大加工直径 400mm，加工模数 12mm，传动比 10：1。南京第二机床厂的 YS3120CNC 数控高速滚齿机为五轴数控滚齿机，其五轴为径向进给、垂直进给、滚刀窜动、工作台回转和刀具转角调整，适合使用小直径多头滚刀高速、高效滚齿加工。重庆机床厂开发的 YK7320 型数控成形磨齿机采用 CBN 砂轮，以单分度方式加工齿轮，加工精度达到 GB10095—88 的 5 级，齿面粗糙度 $Ra0.8\mu m$。该厂还开发了渐开线花键专用加工设备 Y8400 型渐开线花键冷轧机，加工效率高，质量稳定，节约原材料。秦川机床厂研制的 YK7250 型数控蜗杆砂轮磨齿机采用八轴五联动技术。其中，砂轮轴旋转、工件旋转、工件径向进给、工件切向进给和工件轴向运动可同时联动，砂轮旋转轴和砂轮轴向修整轴进行联动螺旋修整。

电加工机床　北京新火花集团公司开发了 SPKW250HA 和 SPKW400HA 数控快走丝线切割机床，这两种机床在总体布局上提高了机床整体、上下丝架的刚性，锥度切割装置保证导轮 V 型槽始终与电极丝相切，同时喷水嘴始终随电极丝倾斜，这两方面都各享有一项专利。中瑞合资的北京 AGIE 公司的精密数控电火花成形机 SF100、SF200、SF400 的坐标定位系统精度分别为 0.01、0.01 和 0.015mm，最小电极损耗小于 0.1%，最佳表面粗糙度 $Ra0.2\mu m$。

对外合作　湖南机床厂在“八五”期间引进德国 90 年代先进及关键设备 26 台（套），1996 年完成双金属带锯条生产线的建设，年设计能力为 1 750km。齐齐哈尔第一机床厂在引进关键技术攻关方面取得了成果，如静压蜗母牙条传动技术、全闭环控制技术都走向实际应用阶段。上海机床厂有限公司从美国 LANDIS 公司引进磨床制造技术经分期分批消化吸收，1996 年试制成功了 5RE-1W 多砂轮曲轴主轴颈磨床、3SE 数控端面外圆磨床，国产化率约 60%。

“三大战役”　1996 年，机床工具行业有相当一批企业生产经营比较困难，经济效益下降，主要原因是，市场条件转化、结构性矛盾突出，以及部分利润转移到其他领域，留在本企业的利润相对减少等。机床工具行业广大职工在困境中顽强拼搏。自 6 月份开始，机床工具行业部分骨干、重点企业及科研院所，先后三批共 150 个单位公开向社会作出质量承诺，“为用户服务，对用户负责，让用户满意”已成为全行业的行动。质量保证承诺是机床工具行业打好产品质量翻身战役的重要措施。一年多来，参加质量保证承诺活动的企业不同程度地取得了成效。企业管理得到加强，售前售后服务得到改善。产品质量和市场信誉得到提高。通过开发能力提高战役，一批企业产品的开发能力有了加强，产品结构调整加快，数控机床产销有较大幅度的增长。为汽车、摩托车、内燃机工业提供生产线和成套设备的能力有了较大提高。在组织结构优化战役中，上海机床工具（集团）有限公司、沈阳机床集团股份有限公司等正在探索适合机床行业特点的集团化的路子。一批机床企业打破“大而全”的生产组织格局，开始按照“两头在内，中间在外”的思路，调整内部组织结构，划小核算单位，剥离与生产无直接关系的社会服务性部门，分流冗员，精优内部结构。

〔撰稿人：机械工业部北京机床研究所　王惠芳
审稿人：机械工业部机械基础装备司　杨学桐〕
〔责任编辑：邝　鸥〕

锻压设备

〔机械工业部〕

生产发展情况　1996 年据对 63 个生产企业统计，完成产品产量 29 963 台，实现现价工业总产值 252 066 万元，比上年下降 8.48%；完成工业增加值 81 511 万元，比上年下降 15.83%。实现产品销售收入 232 899 万元，比上年下降 6.22%。利润总额为 −1 553 万元，比上年下降 106.83%。上报统计资料的 63 个企业中，骨干、重点企业 21 个，主要和一般生产企业 42 个。63 个企业中，大中型企业 42 个，小型企业 21 个。1996 年是继 1994 年、1995 年之后连续在低谷中运行的又一年，由于产品销路不畅，再加上国外产品不断涌入国内，一些企业受到资金和市场的困扰，因此，国内市场竞争十分激烈，竞争手段除靠产品质量和技术进步外，更多的是利用压低产品价格，这种压价竞争的后果，使行业内相当一部分企业的经济效益更加低下。与此同时，用户的要求越来越高，不仅要求质量好，交货快，而且还要具有优越的性能价格比。从承接合同来看，常规、通用产品日趋减少，非标产品、专用产品、一次性产品和单台产品逐渐增多，给设计和生产准备带来新的课题。面对这种情况，行业内许多企业以市场为核心，建立并完善了快速反应机制，提高了企业的快速反应能力，相继开发出一批新产品。如济南二机床集团有限公司完成的列入国家重点技术攻关项目的奥拓冲压自动线和大型开卷校平自动线等产品，天津市锻压机床总厂研制生产的 THP78-3150 型磨料制品液压机、THP29-4000 型汽车纵梁液压机，天水锻压机床厂研制的 WZ67K-800/10000 型数控板料折弯机，江阴机械厂研制的 W29K-63 型数控立体弯管机，南通锻压机床厂研制的 YGD72F-40 型稀土永磁双向成形液压机等。1996 年锻压行业整体经济效益综合评价考核指标为：经济效益综合指数 63.02%，产品销售率 96.01%，资金利税率 2.45%，增加值率 32.87%，成本费用利润率 −0.70%，劳动生产率 11 909元/人，流动资产周转率 0.70 次。

产品分类及产量　1996 年锻压行业完成产量

及内部构成如表1所示。

表1 1996年锻压行业产量与构成

产品类别	产量(台)	构成比(%)
机械压力机	19 441	64.80
液压机	3 796	12.60
线材成形自动机	21	0.07
锻锤	530	1.80
锻机	239	0.79
剪切机	3 828	12.70
弯曲校正机	2 039	6.80
其他	69	0.23
合计	29 963	100.00

市场及销售 1996年国内市场继续呈萧条局面,订货合同比1995年略有减少,国内市场70%以上的份额被国外产品占领。其原因是:国内用户已朝规模经济发展,所需产品多为成套、成线、单机自动化或新技术含量高的产品,对产品质量和可靠性要求高,交货期短,这些要求是国内生产厂的弱点,所以导致国外产品在我国市场呈强劲势头。1996年进口锻压机械49 026台,金额为9.57亿美元,其中数控锻压机床3 876台,金额为3.12亿美元。1996年锻压行业产品内销和外销共计32 531台,大大低于进口的数量,在销售金额上,行业产品内、外销金额合计仅相当于进口产品金额的1/3。1996年国外市场有所好转,本着优势互补的原则,行业生产厂都在积极探索国外中低档产品市场,尤其是东南亚、中东、非洲市场,以及欧美和日本市场。虽然出口额比1995年增加不大,但经过企业的努力,扩大了潜在的市场。1996年国内、外销售情况如表2所示,1996年按国内销售收入前十名和出口额前十名企业排序如表3和表4所示。

表2 1996年国内外销售情况

产品类别	内销		出口	
	数量(台)	金额(万元)	数量(台)	金额(万美元)
机械压力机	18 276	85 971	2 321	1 061
液压机	3 681	44 433	90	146
线材成形自动机	28	619	22	66
锻锤	553	1 615	5	1
锻机	188	2 502		
剪切机	3 737	19 863	952	554
弯曲校正机	2 103	24 293	488	460
其他	38	1 401	49	21
合计	28 604	180 697	3 927	2 309

新技术及科研成果 1996年,江阴机械厂在弯管工艺上有重大突破,研究成功造船行业带法兰立体多角度连续一次成形数控弯管工艺;宜昌机床集团公司独创了有特色的大直径长距离油缸深孔加工(精车—浮镗—滚压)一次成形工艺。

表3 1996年国内销售收入前十名企业

序号	企业名称	销售额(万元)
1	济南二机床集团有限公司	28 677
2	天津市锻压机床总厂	10 582
3	南通锻压机床厂	10 060
4	浙江双力集团股份有限公司	9 050
5	江阴机械厂	8 677
6	上海锻压机床厂	8 201
7	齐齐哈尔第二机床厂	8 116
8	合肥锻压机床总厂	8 096
9	黄石锻压机床集团公司	7 968
10	江苏金方圆集团股份有限公司	7 855

表4 1996年出口额前十名企业

序号	企业名称	出口额(万美元)
1	上海锻压机床厂	307
2	天水锻压机床厂	268
3	上海第二锻压机床厂	271
4	黄石锻压机床集团公司	236
5	上海冲剪机床厂	194
6	南通江海机床厂	177
7	靖江锻压机床厂	133
8	丹阳锻压机床厂	123
9	辽阳锻压机床股份有限公司	107
10	徐州压力机械股份有限公司	77

新产品 1996年全行业研制成功并经过鉴定的新产品有上百种,具有代表性的产品有:(1)机械工业部济南铸造锻压机械研究所的SKYy-41225液压数控转塔冲床,它是国内首家研制成功的产品。它具有生产率高、功能多、精度高、灵活性强、振动小、噪声低等显著优点。除单机使用外,可配自动上下料装置构成柔性加工单元(FMC),也可与剪切单元、折边单元、自动仓库、中央计算机控制单元和物流系统构成板材加工柔性制造系统(FMS)。该机主要适用于机械、电子、造船、航天、汽车、铁道车辆、石油化工、轻工、纺织等领域的板材加工作业。主要技术参数:公称冲压力400kN,最大工件厚度6mm,滑块最高行程次数700次/min,滑块最大行程30mm,工作台最大移动速度70m/min,加工精度±0.1mm;转盘最高转速30r/min,32个模位。(2)济南二机床集团有限公司的J36-3000A型30 000kN闭式双点机械压力机,采用全钢焊接结构,整机在国内首次采用大型减振装置,采用了日本的可编程序控制器,自行开发了系统软件,功能齐全。主要技术参数:公称力30 000kN,滑块行程次数8次/min,滑块行程长度550mm,最大装模高度1 200mm,工作台板尺寸(左右×前后)9 000mm×1 800mm。(3)天津市锻压机床总厂的THP78-3150型31 500kN磨料制品液压机弥补了我国不能生产1.6m以上直径砂轮的不足,机床性能达到当代国际水平。该机为

三梁四柱结构，具有较大的操作空间。辅机为大小两种，采用了国内首创的液压马达带动摩擦轮驱动辅机转盘旋转，液压系统安装在机身顶部，电气控制系统采用可编程序控制器，动作灵活可靠并配有移动操作盒。该机为成套线机组，它的诞生使磨料制品的生产从送料、摊料、刮平、压制到取件、装车一次完成，实现了砂轮行业的自动化生产，降低了工人的劳动强度，提高了生产效率和产品质量。(4) 该厂的 THP29-4000 型 40 000kN 纵梁液压机是用于纵梁冲压成形的专用设备，也可用于校正、压装、弯曲翻边工艺。具有独立的动力机构和电气系统，采用按钮集中控制，可实现调整、手动和半自动三种操作方式。其特点为：台面纵深长，沿其纵深方向设置了 13 部液压垫缸，可压制不同长度规格的纵梁；工作台上设有 48 部模具起落缸，便于更换模具；液压系统采用插装阀集成块，高压泵采用比例变量泵，液压冲击小，寿命长；设有液压同步装置，提高了制件的成形精度。(5) 天水锻压机床厂的 WZ67K-800/10000 型 8 000kN 数控板料折弯机，采用国际上先进的旋阀同步系统，同步精度、下死点定位精度和重复定位精度高，数控系统可图像编程，中文菜单，三维显示，具有国内领先水平。其主要技术参数：公称压力 8 000kN，工作台长度 10 000mm，最大装模高度 990mm，喉口深度 600mm，滑块重复定位精度 0.04mm，X1 与 X2 重复定位精度±0.01mm，R1 与 R2 重复定位精度±0.10mm。(6) 江阴机械厂的 W29K-63 型数控立体弯管机，采用四坐标伺服控制，触摸屏显示菜单，提示操作，可显示管件图形操作方便，高效自动。该机与同类产品相比，外形、机械性能各方面均处于领先地位，相当于国际当代先进水平。(7) 南通锻压机床厂试制成功的 YGD72F-40 型稀土永磁双向成形液压机，实现了定量填料、充磁、预压、浮动压制、后压、退磁、泄压脱模等一系列的工艺动作，其成形压制时凹模下行速度是上压头压制速度的 1/2，实现了浮动双向压制成形工艺，克服了单向压制和双向压制存在的缺点，确保了制品性能和质量。其主要技术参数：最大压制力 400kN，最小压制力 40kN，最大脱模力 200kN，最大填料高度 150mm，上冲模行程 300mm，上下滑块最大距离 870mm，工作台有效面积 540mm×280mm。

质量及质量管理　在产品质量监督检验方面，国家商检局铸锻机械认可实验室对 12 个企业的锻压机床产品进行了检验审查，共颁发 18 个单元的出口产品许可证。国家铸造锻压机械质量监督检验中心承担了第二季度国家突击抽查剪板机产品任务，共检查了 26 个企业的 26 台产品，抽样合格率 88.46%。

基本建设及技术改造　1996 年济南二机床集团有限公司完成投资 6 180 万元。同年与法国 BMO 公司合作生产完成了 GIMZX200 数控落地镗铣床，购进了美国三坐标测量机真空直读光谱仪及电子高度规等，新增设备 26 台（套），新增建筑面积 6 180m^2，筑建了装配地坑，满足了重型压力机的装配需要，提高了数控锻压机床的制造水平。天水锻压机床厂完成数控专项技术改造投资 2 308 万元，新增生产设备 55 台（其中进口设备 3 台），检测仪器 11 台（套），计算机及辅助设备 23 台（套）。改造后，工厂的产品产量、水平及工艺技术水平均有较大幅度的提高，已生产数控锻压机床 18 台，1996 年新增销售收入 1 521 万元，取得了明显的经济效益，达到了预期的改造目的。

对外合作　据统计，1996 年新成立的“三资”企业有两个；即上海天田冲剪有限公司，南通南浦磁性材料制品有限公司，合资情况如表 5 所示。

表 5　1996 年成立的合资企业情况

企业名称	中方	外方	合作方式	总投资额	注册资本	外方比重	成立日期	经营范围
上海天田冲剪有限公司	上海冲剪机床厂	天田香港有限公司	合资	70 000 万日元	39 400 万日元	50%	1996.03.21	生产销售折弯机、数控转盘式冲压机、剪板机及提供售后服务
南通南浦磁性材料制品有限公司	南通锻压机床厂	美国纽约联合贸易公司	合资	80 万美元	40 万美元	12.5%	1996.05.18	生产销售永磁铁氧体制品及元器件

管理及改革　在企业改组和成立企业集团方面，1996 年南通锻压机床厂改制成为江苏南浦机电股份有限公司；湖州机床厂经过改组、改制后，为浙江双力集团有限公司，是国有独资企业。无锡锻压机床厂与无锡微型轴承集团公司等单位组建成无锡新威机械集团有限公司。

〔撰稿人：机械工业部济南铸造锻压机械研究所 韩禔儒　审稿人：机械工业部机械基础装备司 杨燕云〕

〔责任编辑：邝　鸥〕

铸 造 机 械

〔机械工业部〕

生产发展情况 据对铸造机械行业具有代表性的30个主要企业统计，国有企业19个，集体企业11个。30个企业中主要生产造型和制芯类设备的有7个，生产砂处理及清理类设备的有9个，生产压铸机等特种铸造设备类的有8个，生产熔化等材料准备设备的有6个。

1996年30个企业完成工业总产值68 248.6万元，比上年下降14.23%（不变价，新规定计算）；完成工业总产值（当年价，新规定）81 811万元，比上年下降5.65%；工业销售产值（当年价）为76 266.5万元，比上年下降8.51%；工业增加值为27 483.7万元，比上年下降2.21%；产品销售收入为70 965.6万元，比上年下降9.86%。当年累计产量4 325台（套），价值量约为56 080.8万元；销售4 607台（套），价值量53 540.6万元。利润总额为－422.6万元，比上年减少1 668.6万元。出口交货值为3 960.8万元，比上年增长1.74%。全部职工工资总额为11 156.8万元，比上年减少8.71%；人均年工资总额为4 675元，比上年减少9.33%。

6个骨干、重点企业经济指标和产品产销情况见表1、表2。

表3为按工业经济效益指数排序前七名企业的情况。总体看，经济效益稳中趋升，仍然不理想，亏损经营企业仍有12个，占1996年统计数的40%，与1994年亏损企业所占比例44%相比，亏损面有所降低。

由上述表中可大致看出集体、中小、南方企业相对机制较活，效益较好，而国有、大型、北方企业相对经营机制转轨较慢，效益较差些的比例较大。

产品分类及产量 1996年生产铸造设备4 325台（套），见表4。

表1 6个骨干、重点企业的经济指标

序号	企业名称	工业总产值（万元）		产品销售收入（万元）	产品销售税金及附加（万元）	人均实现销售收入（元）	利润总额（万元）	工业经济效益综合指数（%）
		不变价	当年价					
1	青岛铸造机械集团公司	8 120	8 292	7 167	34.2	25 708		65.7
2	保定铸造机械厂	2 441	2 832	2 150	17.8	10 418	－250	22.7
3	苏州铸造机械厂	3 081	2 888	3 020	28.3	43 136	30.2	91.9
4	漯河铸造机械厂	1 190	1 410	1 278	4.1	14 277	－14	41.4
5	上海压铸机厂	3 400	3 740	2 441	6.1	59 689	6.3	131.6
6	重庆铸造机械厂	295	340	307	3.2	3 668	－446	－130.3

表2 6个骨干、重点企业产、销情况

序号	企业名称	生产量		销售量	
		台（套）	价值量（万元）	台（套）	价值量（万元）
1	青岛铸造机械集团公司	494	8 292	539	8 048
2	保定铸造机械厂	367	2 851	479	3 270
3	苏州铸造机械厂	156	2 888	168	3 010
4	漯河铸造机械厂	183	1 047	163	1 284
5	上海压铸机厂	140	2 890	127	2 653
6	重庆铸造机械厂	67	340	62	290

表3 工业经济效益指数前七名企业

序号	企业名称	经济效益指数（%）
1	青岛华青铸造机械股份有限公司	244.48
2	江阴市铸造设备厂	209.71
3	浙江省临海市铸造机械厂	134.71
4	诸城铸锻机械厂	134.61
5	上海压铸机厂	131.59
6	江阴铸造机械厂	119.59
7	江苏省灌南压铸机厂	100.42

市场及销售 1996年铸造机械产品需求量不足，产品销售平淡的形势更加明显，产品销售量达不到平衡点。如，行业工业产品销售率为93.22%，比上年度下降了2.92个百分点。一些中小型铸造机械厂重复生产中低档水平的铸造机械产品，造成产品积压和压价销售。而高效、可靠、成套的造型线、砂处理与清理自动线和中大型压铸机市场被国外占领，进口额仍相当大。由于国内铸造设备水平相对国外偏低，一时还难以与国外厂商进行技术竞争。国内销售收入前十名企业排序见表5。

出口额前八名企业排序（含非铸造机械产品出

口）见表 6。

表 4　铸造机械产品的产量及比例

产品类别	产量（台、套）	比例（%）
砂处理设备	800	18.5
造型制芯设备	752	17.4
清理设备	1 350	31.2
金属型设备	1 042	24.1
材料准备设备	268	6.2
落砂设备	95	2.2
其他	18	0.4
合计	4 325	100.0

表 5　国内销售收入前十名企业排序

序号	企业名称	销售收入（万元）
1	青岛铸造机械集团公司	8 048
2	青岛华青铸造机械股份有限公司	7 430
3	蚌埠隆华机器厂	6 757
4	保定铸造机械厂	3 270
5	苏州铸造机械厂	3 010
6	上海压铸机厂	2 653
7	阜新压铸机厂	2 553
8	江阴铸造机械厂	2 442
9	漯河铸造机械厂	1 284
10	江苏灌南压铸机厂	1 255

表 6　出口额前八名企业排序

序号	企业名称	出口额（万元）
1	南通压铸机厂	1 850
2	苏州机床厂	681
3	江苏灌南压铸机厂	314
4	苏州铸造机械厂	249
5	青岛铸造机械集团公司	242
6	漯河铸造机械厂	216
7	蚌埠隆华机器厂	129
8	青岛天泰机械公司	98

科研成果及新产品　1996 年，机械工业部济南铸锻机械研究所、青岛华青铸造机械股份公司和苏州铸造机械厂共同承担了国家重点科技攻关项目——轿车铸件毛坯精化高效造型与清理成套技术及装备的专题攻关。攻关的重点是：(1) 轿车铸造厂急需的高生产率(达 120 型/h)缸体铸件高效电驱动气流冲击造型自动线。砂箱尺寸为 1 200mm×800mm×350/350mm，机械运转率为 90%。(2) 缸体高效抛丸磨削清理生产线，其生产率为 120 件/h。

8t/h 水玻璃砂再生装置专题在 1996 年由机械工业部济南铸造锻压机械研究所和江阴铸造机械厂共同开发研制成功，已在年内投入使用并通过了技术鉴定。

漯河铸造机械厂研制的 75B、85B 高速混砂机，生产率分别为 33t/h～49t/h 和 64t/h～95t/h。苏州铸造机械厂研制的 Z458DF 气流冲击造型机，砂箱内尺寸为 660mm×480mm×200/200mm；该厂通过引进日本新东工业株式会社 VRH 水玻璃砂造型再生成套设备技术，生产了 VRH 设备。保定铸造机械厂研制的 S5212、S2530 树脂砂成套设备，生产率为 15t/h～20t/h。青岛铸造机械集团公司研制了 Q623 型履带式连续抛丸清理机和 ZJ077 钢坯抛丸清理机。天水铸造机械总厂研制的 JQ516 离心铸球机，铸球规格为直径 80mm～120mm 等。

质量及质量管理　国家技术监督局 1996 年对铸造机械行业的 14 个企业生产的 14 台压铸机进行质量监督抽查，被抽查的企业数约占全国生产压铸机企业的 70%，产量约占全国压铸机产量的 90%以上。被抽查的企业中，国有企业 9 个，合格 7 个，合格率为 77.8%；集体企业 2 个，合格 1 个，合格率为 50%；“三资”企业 2 个，合格 1 个，合格率为 50%；股份制企业 1 个，合格 1 个，合格率为 100%。

被抽查的 14 台产品中，冷室压铸机 12 台，合格 8 台，合格率 66.6%；热室压铸机 2 台，合格 2 台，合格率 100%。1996 年压铸机抽查合格率为 71.4%。

此次抽查暴露出来的问题主要有三个方面：(1) 机器结构比较落后，性能指标较低。如最高压射速度低，国外达 9m/s，而国产设备为 3.5m/s。(2) 企业管理不严，许多产品质量管理基础性工作没有得到加强和提高；加工制造装配、检测、外购件等环节有的出现失控状态。(3) 缺乏整机检测仪器和人员等。

基本建设及技术改造　据对行业部分企业统计，1996 年共完成固定资产投资 375 万元，其中基本建设投资 130 万元，技术更新改造投资 245 万元。通过改造提高了企业的生产技术水平。

对外合作　1996 年苏州铸造机械厂从日本新东工业株式会社引进 CSR44 型壳芯机技术，目前正在消化吸收中。1996 年由青岛铸造机械集团公司(甲方)和日本新东工业株式会社共同组建成立的青岛新东机械有限公司为合资公司，经营范围为静压造型机、静压造型线及其配件的生产与销售，造型机、造型线及其配件的生产与销售，其他铸造设备及其配件的生产与销售，安装、调试及售后服务，新产品开发。

管理及改革　行业中青岛华青铸造机械股份有限公司是目前铸造机械企业中唯一进行股票上市的企业。

行业目前有 2 个企业集团公司，一个是青岛铸造机械集团公司，另一个是苏州万里机械集团公司(由苏州铸造机械厂、苏州机床厂等 4 个企业组成)。

〔撰稿人：机械工业部济南铸造锻压机械研究所　丁根生、王作礼　审稿人：机械工业部机械基础装备司　于思远〕

〔责任编辑：邝　鸥〕

起重运输设备

〔机械工业部〕

生产发展情况 1996年，机械工业部系统起重运输机械行业拥有181个企业，实现工业总产值59.93亿元(1990年不变价)，比上年增长3.0%，产品生产和经济效益有所提高。

1996年生产起重设备29.29万t，运输设备11.55万t。

市场及销售 1996年，起重运输机械行业实现销售收入529 313万元。出口创汇13 880.6万美元，其中，出口起重设备108 036t、12 167.4万美元，运输设备9 023t、1 713.2万美元。出口国家和地区主要有德国、美国、泰国、新加坡、孟加拉国、印度、意大利等。

新技术及科研成果 1996年，起重运输机械行业获国家级科技进步奖2项，即北京起重运输机械研究所研制的脉动式吊厢客运索道和大连重型机器厂研制的FZ1-2C型翻车机卸车系统。获机械工业部科技进步奖5项，其中，二等奖1项，即黄石市起重机械总厂的XD5单轨小车悬挂送丝机；三等奖4项，即北京起重运输机械研究所的三峡升降机卷扬系统多钢丝绳受力均衡技术(液压均衡系统)试验研究，《臂式斗轮堆取料机形式与参数》(GB/14695－93)、《斗轮堆取料机安全规范》(JB7329－94)、《斗轮堆取料机术语》(JB/T7329－94)，广西百色矿山机械厂的TH型环链斗式提升机，湖北宜都运输机械厂的MSM40耐磨型埋刮板输送机。

1996年，完成的科研项目主要有：(1)由北京起重运输机械研究所完成的起重机械CAD推广应用。其主要内容包括：完成微机平台上的桥式起重机CAD系统开发，该系统由工程图形库、桥式起重机主梁结构优化设计程序、桥式起重机设计与优化程序包三个部分组成；OTCAD系统的进一步扩充完善；初步建立了5t～50t桥式起重机工程图库。(2)由北京起重运输机械研究所完成的2t～3t叉车密封技术的研究。对影响2t～3t叉车密封件质量的关键技术，包括密封件结构材料配方及加工工艺、密封装置(包括沟槽)结构及加工工艺、密封件装配等进行了研究，提出了适合于2t～3t叉车用密封件及密封装置材质配方、结构及加工工艺，并制订了《新型密封件材料配方、装配工艺及质量控制规程》、《2t～3t叉车密封装置系列型谱》和《叉车液压系统泄漏控制规程》。新研制的密封件，通过台架性能试验和装机4 800h强化工业性试验表明，密封性能良好，无外漏。(3)由上海起重运输机械厂等研制的DXG吊挂式钢绳芯胶带输送机系统。研制了与斗轮机连续开采工艺相适应的双轨移置式、半固定式、固定式、机头伸缩式、回摆式等多种机型，建立了机电一体化长距离高速大功率胶带机输送系统。单机长度有4条超过1 000m，其中有两条输送距离大于1.5km。该连续输送系统，除回摆式分流胶带机采用4m/s的带速外，其余21条均采用4.5m/s的高带速，每小时输送量达2 714t。该系统采用了PLC控制方式的启动与制动技术，如遇胶带打滑及其他故障，能按要求适时地发出指令达到最佳制动状态，该种控制系统适用于露天矿的各类保护装置，具有实际推广价值。该系统的研制成功，填补了国内空白，取得了明显的社会经济效益，达到了国际先进水平。

新产品 1996年完成的新产品主要有：(1)大连起重机器厂生产的25/25t＋50/10t造船用门式起重机。该起重机双小车起重量100t，跨度60m，由门架结构、电气、上下小车和大车运行等部分组成，设有防风夹轨器、锚定装置、风向风速仪及机构的限位、显示装置。该机上小车设25＋25t双钩，置于双主梁外侧，下小车设有50/10t单钩，置于双梁中心，下小车可以从上小车下自由通过，两小车可分别工作，亦可联合同步工作，以完成船体的合拢和翻身作业。专家鉴定认为该机门架结构采用双主梁、单刚性支腿和人字形柔腿，结构合理。该机的研制成功，为我国自行设计制造大型造船用门式起重机奠定了良好的基础，积累了重要的制造、安装经验，主要技术参数和技术性能达到同类产品国际水平。(2)由武汉起重机厂开发研制的大型螺旋卸车机，卸车能力为630t/h，卸车粒度0～200mm，每节车卸车时间3min～5min。可广泛应用于电厂、焦化厂、港口、码头、车站、货场等，可对煤、砂、石灰石、精矿粉等比重小于2.7t/m^3、粒度在0～200mm的散状物料进行卸车作业。因其具有生产能力高、性能可靠、安装维护便利、保护系统完善等特点，技术水平居国内领先。(3)杭州起重机械厂研制开发的遥控单梁起重机，结构合理，采用数字加密，无误动作，安全可靠，抗干扰性强，操作方便，改善了工作环境，在恶劣工况下尤为显著。因其采用的遥控器价格远低于国外同类产品，有显著的经济效益和推广应用前景。该产品的综合指标处于国内领先水平，达到国外同类产品水平。(4)湖北宜都运输机械厂在消化吸收国外技术的基础上研制的MSM40耐磨型埋刮板输送机，其主要技术参数为：输送量20t/h～40t/h(可调)，输送距离39.047m，机槽宽度400mm，输送物料：悬浮类、流动性好、磨琢性强的物料。该设备的研制成功，为火电站干除灰提供了一种新型产品，填补了国内空白，其技术指标先进合理，达到了国外90年代初期同类产品的先进水平。该机除可用于电站除灰外，还可用于冶金、建材及化工行业，极具推广价值。

质量及质量管理 1996年，国家起重运输机械质量监督检验测试中心对16个企业的手动液压托盘搬运车产品进行了国家监督抽查。经抽查，有10个企业的产品合格，5个企业的产品不合格，1个企业拒查。抽查合格率为62.5%。

国家客运架空索道安全监督检验中心根据劳动部的部署，对16个省、自治区、直辖市已建成的61条客运索道进行了安全检查验收和复查。其中，单线循环脉动车组式索道6条，单线循环固定抱索器双人吊椅式索道23条，单线循环固定抱索器双人吊篮式索道9条，单线循环固定抱索器双人吊厢式索道5条，单线循环固定抱索器单人吊椅式索道6条，三线往复式单承载双牵引索道2条，四线往复式双承载双牵引索道2条，双线往复式单承载单牵引索道1条，单线循环脱挂抱索器双人吊椅式索道1条，单线循环脱挂抱索器吊厢式索道6条。通过检测验收和复查，查出了16个需要立即停运整改的问题和619个需要整改、妥善处理的潜在的不安全因素，并提出了相应的要求和建议，及时消除了事故隐患。

国家客运架空索道安全监督检验中心还依照规定的内容和程序，经过检测认为具备安全运营条件的客运索道报请劳动部发给《客运架空索道安全使用许可证》，上海佘山等29条索道获得了此证。使我国客运架空索道安全管理工作走上了规范化、法制化、科学化的轨道。

管理及改革 1996年，起重运输机械行业有334个企业获402张生产许可证；有14个企业获50张出口许可证。到1996年底，共有753个企业获1 754张生产许可证，147个企业获376张出口许可证，详见表1。

表1 起重运输设备行业获生产许可证、出口许可证情况

产品类别	生产许可证				出口许可证			
	获证企业数		获证产品数		获证企业数		获证产品数	
	1996年	累计	1996年	累计	1996年	累计	1996年	累计
手拉葫芦	32	66	32	333	1	40	4	119
千斤顶	53	124	57	423	11	106	42	253
电动葫芦	49	92	50	277	1	1	4	4
电动单梁起重机	111	230	123	357				
起重滑车	0	45	0	97				
带式输送机	42	142	53	165				
双梁桥式起重机	47	47	87	87				
其他	0	7	0	7				
合计	334	753	402	1 754	14	147	50	376

〔撰稿人：机械工业部北京起重运输机械研究所 王学红 审稿人：机械工业部重大装备司 陈英汉〕

〔交通部〕

生产发展情况 1996年归口港口装卸机械制造和部分兼营港口装卸机械修理的企业共有53个，其中18个骨干企业的年末职工人数13 425人，全年完成工业总产值(1990年不变价)67 462万元，比上年增长1.4%；利润总额1 196万元，产品销售税金591万元，分别比上年下降75%、84%；全员劳动生产率12 494元/人。1996年大型港口起重机械发展较快，上海港口机械制造厂利润总额达3 724万元，比上年增长102%。18个骨干企业中有11个企业亏损，所以行业的利润总额呈下降趋势。

1996年港口门座起重机生产取得了可喜成果，上海港口机械制造厂为"三峡"建设工程中大坝混凝土浇注和大型结构件吊装研制的一台MQ2000型四联杆高架门座式起重机填补了国内空白，并取得了制造各种类型门座起重机超1 000台的好成绩。广州港口机械实业总公司在港口流动机械不景气的情况下，为争取市场、拓展产品使用功能，靠自身的科技力量成功开发了牵引力为25kN、采用直接喷射式燃烧器发动机和轮边减速的QC25牵引车，对ST400集装箱正面吊运机的液压系统部分进行了改造，提高了使用质量，受到了用户的好评。

产品分类及产量 1996年港口起重机行业生产产品有五大类：港口起重机械，有港口门座起重机、台架式起重机、抓斗式卸船机、连续卸船机、浮式起重机；港口流动机械，有轮胎式起重机、牵引车、平板车；散货专用机械，有装船机、皮带输送机、堆取料机；集装箱装卸机械，有集装箱装卸桥、集装箱轮胎龙门起重机、集装箱正面吊运机、载货全挂车和半挂车；装卸机械工属具，有抓斗、集装箱吊具等。表2为1996年18个港口起重运输机械制造企业的产品产量及产值。

市场及销售 1996年18个骨干企业产品销售额达8.5亿元，比上年增长7.6%，出口创汇2 935万美元，比上年减少22%。出口产品有各类门座起重机、门座起重机电气控制柜及管道模具。产品销往新加坡、泰国、韩国、台湾、香港等国家和地区。长江航务管理局红光港机厂对南北主要港口、30多个用户进行走访和售后服务。该厂地处宜昌，服务"三峡"，承接设备修理、产品制造等业务，还在坝区举行了2t悬臂式起重机交机仪式会。

据悉，"九五"期间国家投资新建一批深水泊位，以满足接纳第三、四代集装箱超巴拿马船及10万t级～20万t级大型散货船舶的需要；又原有码头一批港口门座式起重机需更新换代，预测今后几年港口起重机械市场需求量将会以15%～20%的速度增长。

表2　1996年部分港口起重机制造企业各类产品产量、产值情况

产品种类	产量（台、套）	产值（万元）	产值比重（%）
港口起重机械	127	44 659	55.2
港口流动机械	250	6 268	7.7
散货专用机械	55	9 172	11.3
集装箱装卸机械	105	3 548	4.3
其他机械	20	2 408	3.0
抓斗及工属具	482	3 280	4.1
电器配套件	3 401	4 508	5.6
机械配套件	5 630	5 895	7.3
机械修理	286	1 208	1.5

新技术及科研成果　由上海港口机械制造厂、交通部水运科学研究所、青岛港务局共同承担研究的“八五”国家重点企业技术开发项目DXJ1600型斗轮矿石卸船机，获交通部科技进步一等奖、上海市优秀新产品一等奖；由交通部水运科学研究所和杭州工程船舶修造厂共同承担的“八五”重大科技攻关项目$1m^3$全液压抓斗挖泥船，获由国家计委、科委、财政部颁发的国家“八五”重大科技（攻关）成果奖；由上海海运学院研制的交通部CAD工程支撑软件、通用图形式用户接口管理系统及其支撑环境两项重大课题分别获交通部和上海市科技进步二等奖；磁控电子弧料末膏堆焊工艺研究获上海市优秀发明二等奖。由国家经贸委下达的国际集装箱成套技术装备项目——大型岸边集装箱装卸桥、40t集装箱轮胎龙门起重机已经安装、调试完毕即将投入运用。交通部重点技术开发项目内河大伸距集装箱龙门起重机已完成技术设计和施工设计。

新产品　大连港设计院和大连港机械厂共同研制的SYB205型和SYB305型港口输油臂、由大连机械厂研制的YQC45A型港口牵引车通过部级技术鉴定。红光港机厂生产的DLQ50型港口轮胎起重机于1996年1月在广东番禺南沙港通过了由交通部科技司主持的技术鉴定。DLQ50型港口轮胎起重机能满足港口重大件和集装箱堆场装卸作业要求，是我国目前起重量最大的轮胎式起重机，整机布局合理、造型新颖、运转平稳、维修方便、自重轻、抗倾覆性好，总体性能在国内港口轮胎起重机产品中处于领先地位，有广泛推广价值。由深圳招商局机械工程有限公司和交通部水运科学研究所合作，在ST400型集装箱正面吊运机的基础上作了改进设计，研制了RS40-4H型集装箱正面吊运机，于1996年5月中旬通过了交通部科技司主持的新产品鉴定。

基本建设及技术改造　1996年18个骨干企业固定资产投资额达10 496万元，其中技术更新改造投资为6 024万元，比上年增加了1.58倍。南京港口机械制造厂近三年来，通过技术更新改造、挖潜，初见成效，1996年9月一举夺得世界银行贷款、国际招标项目国内贸易部长江走廊粮食转运码头6台港口起重机定单，合同金额为286万美元。1996年上海港口机械制造厂技术更新改造投资4 823万元，主要用于硬齿面齿轮的加工设备，添置了Y710SA、NILES磨齿机、数控车床和不同规格的气体渗碳炉。投产后，提高了齿轮使用性能，改变了起重机用低速大扭矩硬齿面减速机靠进口的局面，并已形成系列产品。为扩大大型抓斗装卸桥生产能力，添置能加工齿轮直径为5m的滚齿机、直径6.3m的立式车床、七辊矫平机及喷丸设备，对大型结构件进行二次喷丸除锈，提高了油漆涂装和外观质量，增强了国内外市场竞争力。为拼装大型机械设备的需要，该厂对总装场地进行了改造，实施后将改善和提高拼装场地综合能力，缩短产品拼装周期，满足了用户对大型起重机械的整体发运要求。

管理及改革　1996年10月30日至11月2日在上海展览中心举办了第五届国际港口设备及现代化管理技术交流博览会，会上全面介绍了当今国际港口、船舶、港口设备等领域的发展趋势和信息交流。3月26日～27日上海振华港机公司在上海邀请了国内外有关集装箱装卸机械及码头工艺方面的专家，对适应超巴拿马集装箱船装卸作业用港口机械和码头布局进行了研讨。大连港机械厂由主营设备修理转为设备大修、设备租赁和配件供应等经营方式，扩大了经营范围，取得了良好的经济效益。

我国最大的港口机械设备专业制造厂——上海港口机械制造厂，目前生产产品主要有门座式起重机、散货装船机、散货卸船机、集装箱起重机和桥式起重机六大系列，它的产品国内市场占有率为70%，处于垄断地位，产品已进入亚、非、欧、美洲国际市场。1995年末该厂成立上海港机股份有限公司，当年总股本为7 960万股，1996年末总股本为11 960万股，流通股本为3 600万股。

常州开关厂通过中国船级社GTB/T19001（ISO9001）质量体系年度复审。

〔撰稿人：交通部水运科学研究所　范翠玉　审稿人：交通部科技司　王瑞军〕

〔电力工业部〕

生产发展情况　电力工业部系统从事起重运输设备的企业有9个，全部是国有大中型企业，其中：大一型企业1个，大二型企业5个；职工人数1.1万人，工程技术人员1 127人；完成工业总产值5.4亿元，工业增加值1.2亿元，全员劳动生产率10 799元/人，全行业亏损6 706万元。

生产发展特点：资金紧张矛盾突出，不能及时购料，造成生产不均衡。

重大生产任务有：吉林水工机械厂1996年11

月18日全面完成"三峡"工程招标的两台MQ2000型高架门式起重机任务。长春发电设备总厂为曲靖电厂、浑江电厂、邹县电厂5#机、铁岭电厂4#机、双辽电厂等配套的斗轮堆取料机6台(套)。哈尔滨电力设备总厂为伊敏电厂、大庆电厂配套卸车机和起重机5台。湖南电力设备总厂为岳阳电厂、凯里电厂、合山电厂生产了螺旋卸煤机、汽车卸煤机6台。武汉电力设备厂，为曲靖、杨柳青、安顺、洛热、安阳、湘潭等电站3 280MW容量，配套了7台(套)翻车机。鞍山铁塔制造总厂为营口电厂生产了1台塔式起重机。上海电力建设修造厂，为杨树浦电厂、台州电厂生产了3台装卸桥。

产品分类及产量　电力系统生产起重运输设备，主要用于大型水、火电工程起吊设备、施工用机械和煤场、码头装卸机械。产量如下：翻车机7台(套)、斗轮堆取料机10台、1 851t，混匀堆、取料机6台，卸煤机8台，输煤机械1 337台，皮带机1 569m，卸车机8台，起重机11台，卷扬机15台。

市场及销售　1996年共完成销售收入5.1亿元，产品销售税金及附加445万元。

武汉电力设备厂销售网络遍布全国23个省市，翻车机、卸车机等产品，在电力系统市场的覆盖率达80%，并且形成科研、设计、制造、安装、调试、技术培训、售后服务"一条龙"服务体系。吉林水工机械厂，在立足电力系统市场前提下，开拓系统外市场，先后同攀钢集团公司、中国二十二冶等用户，签定了大型起重机的供货合同，实现销售收入5 018万元。沈阳电力机械总厂，对营销人员实行销售承包，指标分解到人，1996年实现订货1亿元。

新技术及科研成果　有两项科研成果获电力工业部科技进步奖：上海水工机械厂与杭州机械设计研究所共同研制的ZQX600抓斗桥式卸船机获一等奖，由吉林水工机械厂研制的DZQ600型自升高架门式起重机获二等奖。

新产品　有3项起重运输设备通过部级鉴定。吉林水工机械厂的DZQ600型自升起重机于1996年6月通过鉴定。QQ80/20T新型桥式起重机，是由杭州机械设计研究所、杭州华新电力技术公司联合研制的。江西电力修造厂研制的QJS-1000型气垫式胶带输送机于1996年9月通过鉴定。

质量及质量管理　哈尔滨电力设备总厂，是国内电力机械企业首家通过ISO9000质量体系认证的企业。1996年吉林水工机械厂和沈阳电力机械总厂也通过了认证。

基本建设及技术改造　1996年完成固定资产投资额4 212万元，其中，技术更新改造投资2 347万元，占总投资的55.7%。

上海电力机械厂、哈尔滨电力设备总厂、湖南电力设备总厂将固定资产投资100%用于技改。

对外合作　1996年3月25日，华电机械总公司、武汉电力设备厂与德国OIT公司合资兴办了武汉华电钢结构有限公司。三方总投资额325万美元，其比例为51%、24%、25%。武汉电力设备厂以部分厂房、设备参股；注册资本为200万美元，生产火电锅炉钢架，年产将达到15 000t。

管理及改革　根据电力工业"九五"计划，电力机械局引导企业，靠好的产品占领市场，针对专用起重运输设备等产品，制定了《产品开发导向目录》，如为适合"三峡"工程等大型水电站浇注大坝使用，要研制大型长臂自升式塔式起重机、单臂架自升式高架门机、大吨位桥式起重机、大坝施工用皮带机、大型缆机和轮胎式6m混凝土运输车。

〔撰稿人：电力工业部　张海青　审稿人：电力工业部　王　昀〕

〔责任编辑：邝　鸥〕

泵

〔机械工业部〕

生产发展情况　1996年中国通用机械泵行业协会吸收6个新会员，会员企业总数达到192个。据164个企业统计，其中骨干、重点企业25个，职工总数11.9万人，其中工程技术人员约1万人，拥有固定资产原值48.6亿元。1996年会员企业完成工业总产值47亿元(1990年不变价)，比上年41.3亿元增长了13.8%；完成工业增加值16.4亿元，比上年增长24.2%；完成产品产量124.7万台，比上年115.8万台增产了8.9万台；实现利税总额3.68亿元，与上年的3.7亿元基本持平。

1996年25个骨干、重点企业完成工业总产值16.7亿元(1990年不变价)，比上年增长5.0%；完成工业增加值5.3亿元，仅比上年增长2.3%；产量11.3万台，比上年增产1 000台；实现利税总额1.8亿元，比上年增长20%，其中实现利润总额2 186.6万元，比上年下降了56.6%。具体指标见表1、表2、表3。

上述统计资料表明，泵行业企业在资金严重短缺、市场不太景气的情况下，生产仍能保持平稳发展，最终成果增长明显，但企业获利能力较低，总体经济效益下降，特别是骨干、重点企业下降幅度较大。

长沙水泵厂1996年与日本荏原制作所签定了为其生产水泵铸件100t，合同价32万美元，吐出弯管内径2.9m，重量达16t，是目前国内生产的最大的铸造薄壁弯管，生产难度较大，但该厂职工克服重重困难，使铸件质量完全达到日方验收标准，受到日方好评，并获得良好的经济效益。

市场及销售　国内市场情况，1996年国内水泵市场的特点是供大于求，是买方市场，竞争更加激烈。会员企业经过努力，1996 年完成销售产值 50.1 亿元，比上年仅增长 2.2%，产销率为 95.2%，比标准低 2.8 个百分点；1996 年国内销售收入 48.6 亿元，比 1995 年增长 5.3%，却比 1995 年增幅下降 13.5 个百分点。

国际市场情况：1996 年国际市场总的形势较好，出口量较上年明显增加。1996 年完成出口交货值 39 360 万元，比上年增长 28.6%，增幅高于上年 23.1 个百分点。由于泵行业协会会员企业积极开拓国际市场，增加出口产品品种，使产品出口工作扭转了 1995 年滑坡的形势，取得了较好的成绩。出口的主要国家和地区在原来的美国、日本、加拿大、东南亚、阿拉伯、朝鲜、香港基础上，又增加了德国、澳大利亚、希腊、中东、东欧等国家和地区。按销售收入和出口额前十名排序见表 4。

新技术及新产品　1996 年沈阳水泵厂承担国家重大技术装备科研攻关项目 15 项，其中有 8 项已通过部级鉴定。在已鉴定的项目中，CHTZ、CHTC 给水泵已达到当代国际先进水平，多级高温高压石油化工流程泵已达到国际 80 年代末水平，高速泵和 300WM 强制循环泵已达到国际同类产品技术水平。

长沙水泵厂于 1996 年顺利完成了发展大型火电站配套辅机的国家“双加”一期工程技术改造项目，通过了部、省、市组织的验收，该项目总投资 2 369万元，完成建筑面积 3 233m^2、新增工艺设备 59 台（套），使企业装备、新产品开发能力、产品技术水平、生产规模得到较大提高。

四川省自贡工业泵厂自行研制的 ZW700 循环泵被国家科委列为科技攻关项目，该产品口径范围 300mm～1 200mm、流量 700m^3/h～1 700m^3/h、扬程 2m～6m，其性能达到设计要求，广泛应用在化工领域，1996 年元月中国轻工总会鉴定为“先进技术产品”，达到国际 80 年代末先进水平。

表 1　1996 年泵行业骨干、重点企业产值

序号	企业名称	工业总产值（不变价）（万元）			销售产值（不变价）（万元）		
		全年完成	上年完成	为上年%	全年完成	上年完成	为上年%
1	沈阳水泵厂	21 004	18 069	116.2	19 725	16 404	120.2
2	上海凯士比泵有限公司	16 518	15 001	110.1	18 820	14 868	126.5
3	长沙水泵厂	14 510	19 002	76.4	15 835	18 107	87.4
4	大连耐酸泵厂	11 813	10 451	113.0	12 635	10 957	115.3
5	石家庄水泵厂	11 090	10 467	105.9	13 155	14 480	90.8
6	天津工业泵厂	10 080	10 000	100.8	7 457	6 898	108.1
7	无锡水泵厂	9 224	7 407	124.5	10 251	8 815	116.3
8	武汉四方泵业集团有限公司	8 238	7 028	117.2	6 620	6 300	105.0
9	博山水泵厂	8 119	9 002	90.2	11 680	12 558	93.0
10	佛山水泵厂	7 155	6 507	109.9	7 794	8 694	89.6
11	本溪水泵厂	5 200	5 006	103.8	4 215	4 094	102.9
12	上海第一水泵厂	5 017	4 450	112.7	6 590	5 632	117.0
13	重庆水泵厂	4 939	3 391	145.6	4 378	3 469	126.2
14	上海深井泵厂	4 148	4 023	103.1	4 301	4 300	100.0
15	自贡工业泵厂	3 762	2 782	135.2	4 205	3 450	121.8
16	四川新达集团有限公司	3 739	3 785	98.8	4 539	3 605	125.9
17	新乡水泵厂	3 551	3 400	104.4	5 183	5 739	89.5
18	沈阳潜水泵厂	3 505	3 666	95.6	4 839	4 800	101.0
19	宝鸡水泵厂	3 302	2 801	117.8	3 136	3 303	94.9
20	兰州水泵总厂	2 872	2 657	108.0	2 796	3 072	91.0
21	北京水泵厂	2 572	3 035	84.7	2 799	4 570	61.2
22	阳泉市水泵厂	2 450	2 401	102.0	2 229	2 223	100.2
23	哈尔滨水泵厂	2 100	2 300	91.3	2 661	3 156	84.3
24	甘肃水泵厂	1 677	1 978	84.7	1 562	2 091	74.7
25	济南水泵厂	350	507	69.0	435	704	61.8
	合计	166 935	159 177	104.9	177 795	162 874	109.2

江苏振华泵厂与七〇四所合作研制的 CBL-120 船用立式串联泵，列入 1996 年中国船舶工业总公司研制项目，同年 9 月 25 日通过了中国船舶工业总公司组织的专家鉴定，鉴定认为该产品在船上有着广泛的用途，可作为消防泵、排水泵、压载泵、舱底泵、疏水泵等，可串联、并联工况转换，具有一机多用的特点。

长沙水泵厂研制的耐海水腐蚀循环泵用双相钢于 1996 年通过机械工业部组织的鉴定，确定其水平达到同类材质当代国际先进水平，该钢种经用户在不同海水介质下多年使用，证明是耐海水腐蚀最理想的材料之一，该项目获湖南省科技进步一等奖。

泰州水泵总厂在部分铸造零件工艺中采用碱性酚醛树脂自硬砂新材料、新工艺，解决了球铁件易产生热裂和气孔等缺陷及铸铝件型芯溃散性差等难题，降低了铸件表面粗糙度，提高了铸件尺寸精度和铸件质量。

自贡工业泵厂于1996年研制成功一种新型抗磨材料——钨锰合金铸铁，该种材料代替了原有的高铬材质材料，可为企业节约大量资金，具有较好的应用前景。

1996年泵行业协会部分会员企业共开发研制新产品256种，经省以上鉴定56种，许多产品开发成功，不仅填补了国内空白，而且还替代了进口，为企业创造了良好的经济效益，还获得了各级的多项奖项。

如本溪水泵厂开发的五柱塞高压泵；天津市工业泵总厂研制的W6.4双螺杆泵和SMS210R 40Z6.7高压三螺杆泵；大连耐酸泵厂的核三级泵均为国家级新产品。国营高邮水泵厂开发的16CJ80型轴流泵获全国科学大会奖，XD系列不锈钢多级泵获国家经委“金龙”奖，杭州碱泵厂研制的HT型化工通道泵参加日本举办的“第一回世界中小型企业技术交流会”，获优秀制品奖。还有一些企业开发研制的新产品分别获得部、省、市科技进步奖、优秀新产品奖等奖项。

质量及质量管理 1996年沈阳水泵厂取得了国家核安全局颁发的核承压设备设计许可证和制造许可证。许可证允许的范围是核安全一级的反应堆冷却剂循环泵；核安全二级的上充泵、辅助给水泵；核安全三级的重要厂用水泵、设备冷却水泵、重要冷冻水泵。浙江丰球集团公司通过浙江质量体系审核中心的评审，获GB/T19001 (ISO9001) 质量体系认证合格证书；长春水泵厂通过中国华信技术检验有限公司的评审，获GB/T19001 (ISO9001) 质量体系认证合格证书；杭州碱泵厂通过浙江质量体系审核中心的评审，获得GB/T19002 (ISO9002) 质量体系认证合格证书。

1996年国家工业泵质量监督检验中心对18个企业生产的水环真空泵进行了质量抽检，合格率达到82%。此外，为提高产品质量，赢得用户，已有部分企业开展了对用户“质量承诺”活动，受到用户欢迎。

表2 1996年泵行业骨干、重点企业主要指标

序号	企业名称	销售收入（万元）		销售成本（万元）		利润总额（万元）	
		全年完成	为上年%	全年完成	为上年%	全年完成	为上年%
1	沈阳水泵厂	24 974	125.7	16 683	139.6	10	32.3
2	上海凯士比泵有限公司	19 052	148.4	14 558	169.1	−948	536.0
3	长沙水泵厂	17 619	110.0	12 155	105.5	689	110.2
4	石家庄水泵厂	16 504	105.5	10 478	105.5	909	100.9
5	大连耐酸泵厂	13 274	120.4	8 872	138.6	210	19.5
6	博山水泵厂	12 217	110.2	8 451	113.1	505	280.5
7	无锡水泵厂	10 065	115.1	7 644	116.9	116	193.3
8	佛山水泵厂	9 251	116.5	5 111	115.1	486	108.4
9	天津工业泵总厂	9 004	119.6	5 641	127.4	260	52.0
10	武汉四方泵集团有限公司	6 731	119.7	3 964	115.9	125	116.6
11	上海第一水泵厂	6 585	111.4	4 445	102.7	206	206.0
12	重庆水泵厂	5 002	144.5	2 614	147.7	252	157.5
13	沈阳潜水泵厂	4 794	99.9	3 194	110.2	42	17.5
14	本溪水泵厂	4 729	102.5	2 682	98.7	16	14.0
15	上海深井泵厂	4 304	100.0	2 805	86.2	96	120.0
16	自贡水泵厂	4 137	113.9	2 764	118.6	62	56.7倍
17	四川新达集团有限公司	3 999	97.5	2 958	115.6	209	79.8
18	新乡水泵厂	3 902	94.6	2 433	90.2	137	85.8
19	宝鸡水泵厂	3 471	100.8	1 914	91.5	9	147.5
20	北京水泵厂	2 797	76.6	2 138	145.2	−442	
21	兰州水泵总厂	2 773	101.5	2 094	103.8	2	
22	哈尔滨水泵厂	2 769	80.5	2 095	88.9	−490	
23	阳泉水泵厂	2 083	97.4	1 217	92.0	2	59.4
24	甘肃水泵厂	1 580	85.4	1 019	86.5	1	1.9
25	济南水泵厂	528	65.9	450	77.7	−276	−27.6
	合计	192 143	114.4	128 381	118.6	2 187	43.4

基本建设及技术改造 本溪水泵厂气动隔膜泵国产化技术改造项目，于“八五”期间被列为国家重

大技术装备国产化技术改造项目，该项目以提高工艺技术装备水平为主，重点是上树脂砂铸造生产线、购置机械加工中心和计算机管理系统，该项目于1996年全部完成。800c加工中心投入使用后，使泵箱体加工精度和产品质量得到可靠保证，功效提高了十几倍。铸件合格率由原来的76%提高到95%以上。计算机管理的全性能试验台的应用，使隔膜泵、计量泵等产品全性能测试精度大大提高。该厂1996年三大化工关键设备节能泵改造列入国家第二批“双加”工程改造项目，总投资2 500万元，改造后可为石油、化工、冶金、电力、环保等国家重点建设项目提供所需配套的计量泵、往复式高压泵、注聚泵等高效节能泵类产品。

江苏振华泵厂1996年2月完成的DN200mm水泵微机试验装置的技改项目，顺利通过江苏省机械工业厅组织的鉴定，鉴定结论为该试验装置达到国标GB3216中规定的B级精度，具有国内先进水平，在船用泵行业中属领先水平。

表3　1996年泵行业会员企业主要产品产量　　(单位：台)

序号	产品名称	合计	其中：骨干重点企业小计	序号	产品名称	合计	其中：骨干重点企业小计
	生产量合计	1 246 756	112 644	15	屏蔽泵	457	84
	销售量合计	1 185 696	118 145	16	离心油泵(代化工流程泵)	7 812	1 906
1	单级单吸清水离心泵	439 708	36 886	17	耐腐蚀泵	15 211	3 952
2	单级双吸清水离心泵	21 297	4 560	18	液下泵	3 056	450
	其中：813mm以上	875	246	19	齿轮泵	25 212	187
3	多级离心水泵	89 905	12 861	20	螺杆泵	7 522	4 618
	其中：152mm以上	2 075	899	21	污水泵	41 638	3 044
4	锅炉给水泵	23 446	3 607	22	泥浆泵	5 568	2 289
	其中：高压	100	100	23	灰渣泵	2 047	1 769
5	轴流泵	6 399	933	24	胶泵	1 144	836
6	混流泵（斜流泵）	12 242	2 940	25	砂泵	631	308
7	旋涡泵	18 622	632	26	水环真空泵及压缩机	8 503	1 976
8	冷凝泵	992	511	27	机械真空泵	228	0
9	热水泵	16 616	1 255	28	往复真空泵	93	0
10	船用泵	31 793	1 204	29	电动往复泵	1 487	779
11	深井泵	16 823	1 924		其中：高压	499	350
	其中：长轴深井泵	11 553	1 818	30	蒸气往复泵	2 549	475
12	潜水电泵	269 376	12 341	31	计量泵（比例泵）	2 923	2 546
	其中：深井潜水电泵	20 478	8 928	32	试压泵	3 238	104
	小型潜水电泵	244 157	3 036	33	手摇泵	18 162	50
13	喷灌泵	2 529	0	34	管道泵	105 871	43
14	微型泵	6 184	0	35	其他泵	37 507	8 028

表4　1996年泵行业会员企业销售收入、出口额前十名企业

序号	企业名称	销售收入（万元）	序号	企业名称	出口额（万美元）
1	沈阳水泵厂	24 974	1	佛山水泵厂	385.9
2	上海大隆机器厂	22 642	2	沈阳水泵厂	102.0
3	上海凯士比泵有限公司	19 052	3	沈阳第二水泵厂	95.0
4	长沙水泵厂	17 619	4	南京古尔兹制泵有限公司	67.0
5	石家庄水泵厂	16 504	5	石家庄水泵厂	56.0
6	浙江丰球集团公司	14 573	6	安徽宁国工业泵厂	53.0
7	大连耐酸泵厂	13 274	7	长沙水泵厂	45.3
8	博山水泵厂	12 217	8	浙江丰球集团公司	36.0
9	天津工程机械制造厂	11 147	9	武汉四方泵业集团有限公司	19.9
10	广州市第一水泵厂	10 405	10	沈阳潜水泵厂、湖南花石水泵厂	19.0

对外合作　天津市工业泵总厂对引进日本大晃离心泵、齿轮泵制造技术进行消化吸收，并根据我国

国情进行扩充设计，拓宽了产品使用范围，提高了泵效率。目前已扩充2个系列、13个规格产品。

长沙水泵厂1996年引进日本日立公司的大型冷凝泵4种规格产品制造技术，通过消化吸收，达到当年能生产制造，并用于湘潭电厂运行。连云港水泵厂于1996年10月与韩国正硕企业签订了由正硕企业提供的卧式多级自吸泵来图加工项目，第一批总金额为20万美元。

佛山水泵厂于1996年与奥地利安得里兹有限公司合资成立佛山肯弗莱安得里兹泵有限公司，主要生产纸浆泵，总投资为240万美元，奥方占60%；又与台湾经济实业股份公司合资成立佛山肯弗莱九如消防泵有限公司，主要生产消防泵成套装置，总投资为40万元，各占50%。

管理及改革 1996年泵行业协会认真贯彻落实机械工业部"三大战役"的部署，在优化组织结构战役中，积极推进股份制改造，加速建立现代企业制度进程。截至1996年末，泵行业实行股份制的企业有28个，其中，武汉水泵厂与几家企业联合成立了武汉四方泵业集团有限公司；长沙水泵厂与长沙化工机械厂、长沙电机厂实行跨行业的"强强"联合，组建了长沙通大(集团)有限公司；威海水泵厂成立了山东双轮集团有限公司。江西赣州水泵厂、陕西省关中水泵厂按照中央"抓大放小"的改革方针，经地方政府批准，采取内部职工自愿认股的方法，一次性全部买断国有资产，实行股份合作制，使企业真正成为自主经营、自负盈亏、自我约束、自我发展的市场经济实体。

1996年泵行业协会会员企业认真开展学习"邯钢经验"，不断强化企业管理，努力降低企业成本，收到了明显效果。新乡水泵厂全面推广邯钢经验，在各车间、科室全部实行模拟市场成本否决制。杭州水泵总厂、昆明水泵厂、陕西省关中水泵厂的销售成本分别比1995年下降了12.6%、7.7%、6.5%。

〔撰稿人：中国通用机械泵行业协会　管廷海　审稿人：中国通用机械泵行业协会　李玉坤、闻英范〕

〔电力工业部〕

生产发展情况 电力工业部系统从事工业泵生产的企业有5个，全部为国有大中型企业。从业人员4 534人，其中，工程技术人员392人；1996年完成工业总产值(当年价)3.6亿元，工业增加值1.1亿元，全员劳动生产率达到23 866元/人。

1996年生产特点，一是临时性急、难任务多，给生产安排带来难度；二是水电用砼泵量大。

1996年，电力工业部系统从事工业泵生产企业完成的重大生产任务是：为石门电厂、湘潭电厂B厂、谏壁电厂、聊城电厂、外高桥电厂等提供了火电用工业泵131台(套)；特别是上海电力修造总厂，为我国17座电站、总容量是5 285MW，提供了47套调速给水泵组。夹江水工机械厂和杭州钻探机械制造厂为二滩、凌津滩、李家峡、宝珠寺、安康等国家重点水电工程制造了砼泵、灌浆泵190台。

产品分类及产量 1996年大型火电站用给水泵组，完成了130台(套)，柱塞泵7台/98t，油隔离泵1台，水电站用混凝土泵71台、灌浆泵119台/104t。

市场及销售 全年共完成产品销售收入3.2亿元，销售税金及附加182万元，实现利润总额393万元。出口交货值创150万元。

郑州电力机械厂锅炉给水泵销售额为2 138万元，占全厂总销售额的67%，销售对象绝大部分是100MW机组以下的，或是改造机组。

夹江水工机械厂是我国水电战线上的一个标杆企业，面对日益严峻的市场形势，他们调整营销战略，立足水电求发展，开拓国际市场。1996年共签定水电凌津滩、高坝洲、泰国等国内国际销售合同10 077万元；利用一切机会扩大砼泵的销售网络，并做好销售产品货款回收，完成了工业销售产值1.2亿元，回收产品货款1.4亿元。

上海电力修造总厂，对全厂销售人员，集中进行业务培训，做到持证上岗，促进了销售工作的进行，取得了创销售收入1.4亿元的好成绩。

新技术及科研成果 夹江水工机械厂1996年完成了HBTN80-9型中压柴油机驱动拖式砼泵的科研设计工作；HBTN45型柴油机驱动的拖式砼泵样机已投入试生产。该厂自行设计生产的HBT50-16型高压砼泵，被国家科委等五部委联合评为国家级产品。

郑州电力机械厂，原以100MW以下机组配套给水泵为主，1996年对300MW机组的给水泵与有关单位联合，进行工业性试验。为200MW机组配套的TDG750-180型调速泵组研制，列为河南省电力局的重大科研计划项目，1996年已完成样机，并交付河南焦作电厂作工业性试验。在姚孟电厂已运行的QG525-240型给水泵，与西安热工所和河南省电力科试所协作，技术鉴定准备工作正在进行。

上海电力修造总厂，抓住产品开发来开拓市场，开发设计和测绘了谏壁电厂、聊城电厂100MW DG440-140型改造泵；开发了外高桥电厂的凝给水泵。

新产品 1996年，有一项新产品通过部级鉴定，是由上海电力学院和扬州市华能渣浆泵厂联合开发研制的ZGS、ZDL型渣浆泵。

基本建设及技术改造 1996年共完成固定资产投资额2 450万元。其中技术更新改造投资1 892万元，占77.2%。

上海电力修造总厂，加大技术改造力度，全年投资1 219万元，全部用于技术改造，有调速给水泵组的试验台项目、新金工基地等项目。

夹江水工机械厂投入500多万元资金搞技术改造，购置了专用数控机床、1.6m立车、铣边机、万向摇臂钻和C630×2000车床等一批新设备，使其技术装备和生产加工实力上了一个新台阶。

对外合作 1996年成交的技术引进项目2项，是上海电力修造总厂从英国韦亚泵厂引进200MW机组、全容量锅炉给水泵组和300MW机组、半容量600-240型锅炉给水泵组技术。

夹江水工机械厂，先后与俄罗斯、马其顿、美国等国家的公司签定了商务合作协定。

管理及改革 根据电力工业的"九五"计划和产业政策，对泵类生产企业，提出产品开发导向目录，对锅炉给水泵组提出：密封方式及密封件的研究，解决轴承高速转动时，因线速度增大Cr13材料因摩擦放电产生CrC的问题，内缸不锈钢堆焊，最低旁通流量选择等一系列导向意见。

上海电力修造总厂和夹江水工机械厂，1996年6月被评为电力系统首届"双文明单位"；上海电力修造总厂，根据ISO9000质量体系要求，消化吸收英国韦尔公司的质保体系管理技术，对泵产品以《质量手册》、《质量保证手册》指导生产。重点开展了"提高机加工成品一次合格率"为主的质量活动，从而改变了以前频繁出现不合格品回用现象。为适应现代管理的模式和方便服务管理，调速给水泵服务中心给用户建立统一档案资料，编制"调速给水泵产品调试信息卡"、"调速型给水泵调试任务书"等文件，从而使质量服务工作更规范化。

湖南省电力设备总厂连续七年被评为湖南省株洲市"重合同、守信用"单位和双文明建设先进单位称号。

夹江水工机械厂，1996年10月取得了ISO9001—1994质量体系认证证书。

〔撰稿人：电力工业部 张海青 审稿人：电力工业部 王 昀〕

〔责任编辑：白 萍〕

风　机

〔机械工业部〕

生产发展情况 1996年，风机行业协会共有企业88个，其中骨干、重点企业12个，中型企业26个，小型企业50个。企业中属于机械工业部系统的72个，乡镇企业6个，其余10个属于化工、电力、纺织、民政、公安、交通等系统。1996年完成工业总产值（当年价）277 299万元，比上年244 714万元增加了11.3%。实现利税总额30 587万元，比上年31 644万元减少了3.34%，其中利润总额9 623万元，比上年11 341万元减少了14.2%。总的看风机行业仍保持了较好的发展。

12个骨干、重点企业产值完成情况见表1，主要经济指标完成情况见表2。

产品分类及产量 风机行业生产的产品主要有离心压缩机、轴流压缩机、离心鼓风机、罗茨鼓风机、离心通风机、轴流通风机、叶氏鼓风机7大类产品以及一些特殊的风机等，目前共有200多个系列、2 000多个品种。各类产品1996年产量见表3。

风机总产量为246 642台，比上年增加4 000多台，其中透平压缩机、离心鼓风机、罗茨鼓风机产品有所减少，中小型通风机有所增加，其中特殊用途风机产量增加较多。

表1 1996年风机行业骨干、重点企业产值完成情况

序号	企业名称	工业总产值（当年价，新规定）（万元）			工业销售产值（当年价）（万元）			
		全年完成	上年完成	为上年%	全年完成	其中：出口交货值（万美元）	上年完成	为上年%
1	沈阳鼓风机厂	29 930	30 645	97.7	29 325	55.10	28 409	103.2
2	上海鼓风机厂	23 810	21 299	111.8	23 546	102.10	26 501	88.8
3	陕西鼓风机厂	23 177	12 017	192.8	24 068	13.30	12 721	189.2
4	武汉鼓风机厂	5 694	5 673	100.3	4 601	33.33	4 222	109.0
5	重庆通用机器厂	10 359	9 955	104.0	13 407	7.28	9 650	104.2
6	长沙鼓风机厂	8 760	9 391	93.3	8 880	2.94	9 531	93.2
7	天津市鼓风机总厂	6 023	3 099	194.3	6 139		5 062	121.3
8	四平金丰股份有限公司	5 763	5 269	109.3	6 106	14.22	4 853	125.8
9	沈阳风机厂	2 758	2 438	113.1	2 441		2 204	110.7
10	石家庄市风机厂	1 688	1 981	85.2	2 047		2 346	87.2
11	南通风机厂	3 348	2 430	137.8	3 087	26.80	3 290	93.8
12	山东章丘鼓风机厂	7 453	9 047	82.2	6 669		10 299	64.8
	合计	128 745	113 244	113.7	130 316	255.07	119 088	109.4

市场及销售 风机属于通用机械产品，广泛使用于国民经济各部门，需求量较大，风机行业1996年的销售收入268 124万元，占总产值的96.7%。

在国际市场上，1996年的风机产品出口比1995

年有一定减少，产品共出口11 790台（套、件）。销往德国、日本、巴基斯坦、东南亚等近20多个国家和地区，出口创汇额达958万美元，比上年的1 220万元减少了262万美元。表4是风机行业国内销售收入、出口创汇前十名企业的排序。

新技术及新产品 1996年，在科研成果方面，沈阳鼓风机厂的计算机集成制造系统(SB-CIMS)荣获国家级科技进步二等奖，国家科委、全国电子信息系统推广办、国家技术监督局授予沈阳鼓风机厂CAD应用工程先进单位称号。

表2　1996年风机行业骨干、重点企业主要经济指标完成情况

序号	单位	销售收入（万元）		销售成本（万元）		利润总额（万元）	
		全年完成	为上年%	全年完成	为上年%	全年完成	为上年%
1	沈阳鼓风机厂	31 458	103.5	22 859	111.7	421	82.5
2	上海鼓风机厂	23 774	105.0	16 603	108.6	402	80.2
3	陕西鼓风机厂	19 090	140.7	13 270	134.0	151	559.0
4	武汉鼓风机厂	4 422	146.7	2 702	100.2	2	18.2
5	重庆通用机器厂	10464	10.5	6 740	97.8	206	102.5
6	长沙鼓风机厂	8 896	71.1	6 058	67.3	408	38.7
7	天津市鼓风机总厂	6 158	144.2	3 561	127.5	110	36.1
8	四平金丰股份有限公司	6 072	100.6	3 367	100.7	1 471	161.0
9	沈阳风机厂	2 661	90.3	1 657	83.0	3	15.8
10	石家庄市风机厂	1 409	87.9	1 030	83.5	216	94.3
11	南通风机厂	3 409	98.9	2 476	96.3	4	10.5
12	山东章丘鼓风机厂	7 525	75.0	5 098	69.8	706	60.9
	合计	125 338	103.4	85 421	102.4	4 100	82.7

表3　1996年各类风机产品产量

产品名称	产品产量（台）
离心压缩机	67
轴流压缩机	10
离心鼓风机	1 094
罗茨鼓风机	8 393
离心通风机	83 202
轴流通风机	52 108
叶氏鼓风机	101
其他特殊用途风机	101 667

沈阳鼓风机厂承担的年产30万t合成氨装置用天然气、氨冷冻压缩机研制和年产52万t尿素装置用二氧化碳压缩机攻关课题顺利通过部级鉴定，从而表明我国已具备了设计制造大型化肥装置关键设备的能力。天津市鼓风机总厂开发研制了DC80b单齿鼓风机，该鼓风机是一种回转式气体压缩机械，升压147kPa，流量$10m^3/min$，轴功率33.5kW，该产品技术全新，结构合理，填补了国内空白，性能接近90年代国际先进水平，是一种值得推广的先进的节能产品。

在新产品方面，1996年全行业共开发、生产新产品166种、5 183台。其中压缩机28种、31台，离心鼓风机15种、31台，罗茨鼓风机30种、611台，通风机77种、2 542台。

表4　风机行业国内销售收入、出口创汇前十名企业

序号	企业名称	销售收入（万元）	序号	企业名称	出口额（万美元）
1	浙江省上虞上风集团	47 725	1	浙江省上虞上风集团	643.4
2	沈阳鼓风机厂	31 458	2	上海鼓风机厂	102.1
3	上海鼓风机厂	23 774	3	沈阳鼓风机厂	55.1
4	陕西鼓风机厂	19 090	4	武汉鼓风机厂	33.3
5	重庆通用机器厂	10 464	5	青岛风机厂	28.0
6	长沙鼓风机厂	8 896	6	南通鼓风机厂	26.8
7	山东省章丘鼓风机厂	7 525	7	四平金丰股份有限公司	14.2
8	山东电力设备厂	6 541	8	陕西鼓风机厂	13.3
9	天津市鼓风机总厂	6 158	9	重庆江北风机厂	10.1
10	四平金丰股份有限公司	6 072	10	河南周口鼓风机厂	8.4

质量及质量管理 根据国家技术监督局部署，机械工业部风机产品质量监督检测中心于1996年第三季度，对工业蒸汽锅炉用离心引风机产品进行了质量监督抽查。共抽查了辽宁等10个省市的19个企业的19台产品，抽查结果为合格企业17个，合格产品17台，产品的抽样合格率为89.5%。综合几年的抽查情况看，风机产品质量呈逐年上升趋势。

质量管理方面，风机行业大多数企业都认识到贯彻ISO9000系列标准的重要性，截止到1996年底已有沈阳鼓风机厂、上海鼓风机厂、四平鼓风机厂、浙江上虞风机厂、山东省章丘鼓风机厂、天津市鼓风机总厂等7个企业通过ISO9000质量管理与质量保证体系的认证。

目前，风机行业已普遍采用国际标准，包括API、ISO以及相应的国外先进标准和国外相应公司的企业标准。全国风机标准化技术委员会正进行一些最新的国际标准的转化工作，以实现风机行业的标准和国际先进标准接轨。

技术改造 技术改造方面，沈阳鼓风机厂、上海鼓风机厂、陕西鼓风机厂、长沙鼓风机厂等骨干重点企业“八五”技改项目已全部收尾，“九五”技改项目正抓紧进行。其中上海鼓风机厂1996年已实现总投资2 900多万元，沈阳鼓风机厂也已完成投资1 500多万元，呈现良好的进展势头。

对外合作 1995年，山东省章丘鼓风机厂和日本大晃机械工业株式会社、世晃产品株式会社共同投资合办的山东章晃机械工业有限公司，主要产品为SSR系列三叶罗茨鼓风机，产品全部采用日本技术，并于1996年正式投产，已形成批量生产能力。

沈阳鼓风机厂和日本三井造船株式会社合作生产的MA80轴流压缩机，是为重庆钢铁公司高炉配套的产品，计划于1997年完成，这一产品的生产，使沈阳鼓风机厂结束了不能生产轴流压缩机的历史。

技术引进方面，上海鼓风机厂通过对外谈判，从日本日立公司引进离心压缩机制造技术，目前正加紧进行技术消化，并与日立公司合作生产为迁安化肥厂配套的离心压缩机。

合资企业目前有：山东章晃机械工业有限公司（章丘鼓风机厂与日本大晃机械工业株式会社部分合资）、内蒙古天福风机有限公司（包头风机厂与香港天福有限公司全部合资）、中外合营浙江上风实业股份公司（上虞风机厂与新加坡保力进有限公司全部合资）、长悦机械设备有限公司（长沙鼓风机厂齿轮车间与香港悦新公司合资）、上海通用风机厂与法国VENT MECA公司部分合资。

管理及改革 风机行业的管理工作不断加强，每年召开行业理事会，安排下一年度工作计划，定期召开统计汇总会，为企业提供行业发展、产量名细及技术经济指标等资料，另外在技术、质量和标准化以及科技情报方面也经常组织行业活动，为行业的发展提出规划及目标。

目前行业通过深化企业改革，转换经营机制，股份制企业、合资企业、企业集团不断增多。

已建立股份制的企业有：福建东亚股份有限公司、济南风机股份有限公司、淄博风机股份有限公司、湖北鼓风机有限公司、佳木斯通风设备有限公司、四平金丰股份有限公司、北海鼓风机实业公司7个企业。

企业集团目前有：河南豫通企业集团、陕西鼓风机（集团）有限公司、天津环保产业集团有限责任公司、山东汇丰机械集团、浙江上风集团公司5个。

〔撰稿人：中国通用机械风机行业协会　汪景昌
审稿人：中国通用机械风机行业协会　钟　浩〕

〔电力工业部〕

生产发展情况 电力系统有3个企业从事风机制造，拥有固定资产28 592万元。1996年共完成工业总产值（当年价）17 775万元，比上年增长35%；工业增加值为5 525万元，同比增长22.07%。1996年生产呈快速增长，生产运行由1995年低谷进入了良性循环。

骨干企业成都电力机械厂，电站风机产品已有20个系列约110个规格，电站离心风机和轴流风机是工厂的主导产品，遍布在全国29个省市，并出口到印度尼西亚和巴基斯坦等国。1996年完成工业总产值4 628万元，工业增加值为2 384万元，全员劳动生产率为17 504元/人，综合经济效益指数为78.62%。

产品分类及产量 1996年电力工业部系统共生产为电站配套的各种系列、规格风机219台，比上年增长21.67%，其中成都电力机械厂生产124台，山东电力设备厂生产74台，西安电力机械厂生产21台，分别比上年增长0.8%、61.5%、68.18%。产品产量分类详见表5。

市场及销售 1996年，在国家基建规模适度宽松的条件下，企业的外部环境有所改善，但风机市场的竞争依然激烈，进口风机不断挤入国内市场，冲击国内企业的产品。对此，各企业进一步深化企业内部改革，积极走向市场，发挥企业的自身优势，调动员工主观能动性，采取了有力的促销措施，实现了销售收入18 197万元，比上年增长38.19%，经营形势在逆境中出现了转机。

新技术及科研成果 西安电力机械厂新研制的RY9-20N_1/2D型热一次风机，1996年已小批量生产6台。该厂与西安热工研究院联合开发的高效排粉风机M5-36系列，该产品节能、高效，每台风机可节能700MW/h以上，适用于200MW～300MW火电发电机组配套。

基本建设及技术改造 1996年固定资产投资共1 435万元，其中基本建设投资179万元，技术更新改造投资1 256万元。

成都电力机械厂完成技改投资771万元，主要用于增添大型设备，适应大型风机的生产需要。

山东电力设备厂通过技改，提高风机主要零件的加工精度，提高了生产效率；采用先进工艺，推广

应用 CO_2 气体保护焊，提高焊接质量。

管理及改革 1996 年全国电力制造工作会议上要求：各制造企业要依靠科学管理和技术进步，稳定提高产品质量水平，把产品质量作为企业的生命，从而才能使企业在市场经济的改革大潮中健康发展。

1996 年西安电力机械厂强化了企业管理，完善了质量体系，全面宣传贯彻 GB/T19000 (ISO9000) 系列标准，在全厂职工中树立 ISO9000 质量认证的重要性。成都电力机械厂 1996 年实行了质量管理厂长负责制，建立了完整的质量保证体系，做到了每个岗位都有相应的规章制度。由于全厂高度重视产品质量，使离心送风机、离心引风机、排粉风机市场占有率逐年提高。送引风机的可用系数分别排在国内制造厂家的第四、第三位。山东电力设备厂将产品质量放在首位，风机产量比上年有大幅度增长，引风机运行的可用系数位居全国之首。详见表 6。送风机运行的可用系数排序详见表 7。

表 6、表 7 是根据电力工业部 1997 年电力可靠性指标发布会上资料整理，并按可用系数排序的国内风机生产厂家可靠性情况排列。

表 5　1996 年电力系统风机产量分类

序号	产品名称	单位	1996 年生产量	1995 年生产量	比上年增长%
1	送风机	台/t	36/222	32/225	12.5
2	引风机	台/t	65/1 516	56/1 256	16.1
3	排粉风机	台/t	84/594	68/535	23.5
4	密封风机	台/t	34/52	24/35	41.7

表 6　1996 年引风机按国内制造厂分类的运行可靠性指标

序号	制造厂家	统计台数	运行系数%	可用系数 (%)	非计划停运率 (%)
1	山东电力设备厂	8	91.018	94.635	0.226
2	上海鼓风机厂	117	80.752	91.901	0.104
3	成都电力机械厂	173	81.395	90.955	0.323
4	沈阳鼓风机厂	120	80.501	89.868	0.181
5	武汉风机厂	16	72.565	89.125	0.044

表 7　1996 年送风机按国内制造厂分类运行可靠性指标

序号	制造厂家	统计台数	运行系数 (%)	可用系数 (%)	非计划停运率 (%)
1	北京鼓风机厂	2	96.066	96.538	0.067
2	上海鼓风机厂	166	81.043	91.040	0.128
3	沈阳鼓风机厂	146	80.026	90.946	0.209
4	成都电力机械厂	90	80.527	90.540	0.053
5	武汉风机厂	16	72.272	88.872	0.363

〔撰稿人：电力工业部　单　伟　审稿人：电力工业部　张海青〕

〔责任编辑：白　萍〕

气体压缩机

〔机械工业部〕

生产发展情况 目前气体压缩机行业共有生产企业 124 个。其中，按所有制划分，全民所有制企业 56 个，集体所有制企业 53 个，股份制企业 8 个，合资企业 6 个，外国独资企业 1 个。按产品大小和结构划分，生产大中小型气体压缩机的厂家 69 个，其中，兼业生产螺杆式气体压缩机的厂家 16 个，兼业生产滑片压缩机的厂家 11 个；生产微型压缩机的厂家 44 个；专业生产气体压缩机配件的厂家 11 个。按产品的用途划分，能同时生产动力用和工艺流程用的气体压缩机厂家有 19 个，其余 105 个企业是生产动力用压缩机的厂家。

1996 年，在国家继续实行适度从紧的宏观调控政策的环境中，全行业狠抓产品结构的调整，强化质量管理，在激烈的市场竞争中，保持了行业生产经营形势的稳定和发展，但压缩机产品的生产数量和部分经济指标却出现了小幅度下降的局面。

1996 年全行业共生产大中小型压缩机 61 107 台。其中动力用往复活塞压缩机 55 813 台、动力用螺杆压缩机 859 台、动力用滑片压缩机 3 205 台；工艺用往复活塞压缩机 1 221 台，工艺用螺杆压缩机 9 台。其中，工艺用往复活塞压缩机按压缩介质划分，其生产数量：氮氢气压缩机 411 台，氢气压缩机 101 台，石油气压缩机 80 台，二氧化碳压缩机 98 台，天然气压缩机 44 台，氮气压缩机 23 台，乙炔气压缩机 14 台，氧气压缩机 87 台，煤气压缩机 48 台，其他气体压缩机 315 台。

全行业共生产微型压缩机 244 415 台。

大中小型压缩机和微型压缩机产量分别比 1995 年下降了 10.5%和 4.8%。

1996 年完成工业总产值（不变价）310 830 万元，同比增长 0.6%；完成工业销售产值（当年价）312 867 万元，同比增长 3.2%；实现产品销售收入 313 967 万元，比上年提高了 2.4%；利税总额为 21 762万元，同比下降了 8.4%；实现利润 4 295 万元，同比下降 35.4%。

1996 年 14 个重点企业共生产大中小型压缩机 9 904 台，同比下降 11.9%；生产微型压缩机 21 587 台，与上年持平；完成工业总产值（不变价）141 489 万元，同比提高 4.4%；完成工业销售产值（当年价 143 975 万元，同比提高 6.2%；实现产品销售收入 151 587 万元，同比增长 8.4%；实现利税总额11 674 万元，同比提高 10.9%；完成利润总额 2 241 万元，与 1995 年相比略有下降。重点企业各项指标完成情况见表 1。

表 1　1996 年重点企业经济技术指标完成情况

企业名称	工业总产值（万元）	工业销售产值（万元）		产品销售收入（万元）	利润总额（万元）	利税总额（万元）	工业增加值（万元）	固定资产净值平均余额（万元）
		合计	其中：出口交货值					
合计	141 489	143 975	1 226	151 581	2 241	11 674	38 062	100 346
沈阳气体压缩机厂	21 000	21 331	102	24 856	100	2 023	2 772	17 687
北京第一通用机械厂	9 052	8 762	41	8 383	2.0	664	1 627	7 559
上海压缩机厂	22 096	21 981	0	21 830	189	1 219	5 229	4 343
上海东方压缩机厂	7 711		148	6 257	0	225	1 942	1 096
江西气体压缩机厂	4 064	5 015	0	6 001	100	608	1 383	3 307
无锡压缩机股份有限公司			224	15 844	990	2 132	4 637	10 673
南京压缩机股份有限公司	15 203	15 052	92	15 194	509	1 532	4 726	5 490
蚌埠压缩机总厂	8 200	7 003	0	7 177	5	926	4 076	3 870
柳州压缩机总厂	12 122	10 910	195	11 043	88	644	3 840	16 960
柳州第二空压机总厂	13 218	13 475	315	13 742	124	438	2 870	8 670
重庆气体压缩机厂	3 258	3 711	0	4 163	114	273	1 024	1 832
华西通用机器公司	8 310	8 834	0	10 034	18	661	1 891	6 583
沈阳空压机制造厂	5 101	5 679	108	5 350	0	185	1 405	8 499
湘潭压缩机厂	1 346	1 675	0	1 707	2	144	640	3 687

1996 年全行业产品产量与上年相比持平或略有下降，工业总产值略有增加。但行业内企业之间发展并不平衡。一部份微型和小型压缩机厂产值和产量下降，另一部份厂家却在上升。其中，江苏大力集团、南京华冠、杭州美亚加等厂的增长也引人注目。

在 14 个重点企业中，有 7 个工业总产值下滑，但沈阳气体压缩机厂和上海压缩机股份有限公司的产值都超过了两亿元，增长势头强劲。

1996 年，全行业经济运行质量有所提高。亏损企业由 1995 年的 27 个下降为 16 个，亏损额为 5 381万元，比上年下降 9%。重点企业中的 3 个亏损企业已全部扭亏。但在全面评价 1996 年经营形势和水平时，还有很多问题。行业利润总额已连续三年呈负增长，行业经济效益继续下滑。

1996 年，压缩机行业共销售大中小型压缩机 1 335种、61 470 台，电机功率 1 717 578kW，产品台数和电机功率均与上年持平；销售微型压缩机 719 种、240 533 台，电机功率 420 507kW，产品销量和电机功率同比分别下降了 7.6%和 13.5%。

重点企业销售大中小型压缩机 650 种、10 087 台，电机功率 966 853kW，与上年相比略有下降；销售微型压缩机 102 种、18 618 台，电机功率 55 940kW，产品销量和电机功率同比分别下降了 12.1%和 14.4%。

在国家固定资产投资规模逐年上升，市场需求也随之增长的情况下，行业的压缩机销量却连年徘徊或下降，这只能说明压缩机行业在国内产品市场上的占有率降低了。产生这一情况的主要原因是外资产品大举进入我国压缩机市场。其中，微型压缩机已占据我国压缩机市场的 20%，而螺杆压缩机则占据 30%以上。1996 年，行业产品销售率为 98.6%，重点企业为 101%，分别提高了 1.9 个百分点和 4 个百分点。产销衔接趋好，库存下降。

1996 年全行业出口 7 038 万元，比上年略有下降。共有 23 个企业向 26 个国家和地区出口了 68 002台压缩机，主要是微型压缩机。出口产品台数较上年下降了32.6%。这说明我国压缩机产品的性能和质量与世界先进水平相比还有很大差距。压缩机行业对外贸易大户仍旧是江苏大力集团股份有限公司，出口产品61 942台，外贸金额3 825万元。产品销售收入及出口额前十名企业名单见表2。

新产品 1996年，全行业新产品产值达35 492万元，占总产值的11.2%。其中，上海压缩机有限公司和沈阳气体压缩机厂分别达到了13 976万元和12 135万元，都超过各自总产值的50%。新的螺杆压缩机和"三大化工"用活塞压缩机的研制代表了压缩机产品开发的两个主要方面。

上海压缩机有限公司试制完成了40m³/min无油螺杆和30、40m³/min喷动螺杆压缩机3种产品，并将很快形成年产300台的生产能力。

无锡压缩机有限公司在改进了原有螺杆压缩机产品质量，提高其可靠性的基础上，又开发了LGWD-20/7X和LGWD-35/7X两种无油螺杆压缩机，这两种产品是我国纺织工业喷气织机上的重要辅助设备，已于1996年通过了中国纺织总会组织的新产品验收。

表2 产品销售收入、出口额前十名企业

序号	企业名称	销售收入（万元）	序号	企业名称	出口额（万元）
1	沈阳气体压缩机厂	24 856	1	江苏大力集团股份有限公司	3 825
2	上海压缩机有限公司	21 830	2	杭州美亚加压缩机有限公司	472
3	无锡压缩机股份有限公司	15 844	3	无锡市第二压缩机厂	442
4	南京压缩机股份有限公司	15 194	4	余姚捷华压缩机有限公司	382
5	柳州第二空压机总厂	13 742	5	柳州第二空气压缩机总厂	315
6	江苏大力集团股份有限公司	12 542	6	上海大隆机器厂	303
7	柳州压缩机总厂	11 043	7	无锡压缩机股份有限公司	224
8	浙江开山股份有限公司	10 967	8	柳州压缩机总厂	196
9	华西通用机器公司	10 034	9	南京三达机械有限公司	176
10	北京第一通用机械厂	8 383	10	上海东方压缩机厂	174

沈阳气体压缩机厂在我国"八五"期间，为我国"三大化工"提供了成批的配套装备。目前已拥有单机年产5 000、7 500、10 000、20 000、40 000、80 000 t合成氨装置配套的9种系列的氮氢气压缩机、循环机和为生产尿素装置配套的二氧化碳压缩机。该厂生产的新氢和循环氢压缩机先后装备了我国众多的炼化厂家。1996年，通过技术引进，该厂已具备了研制和生产800kN活塞式氢压机的能力。

质量及质量管理 1996年压缩机行业重点企业开展了宣传贯彻GB/T19001(ISO9001)质量管理体系的认证工作。一批厂家通过了权威机构的评审，取得了认证，行业质量管理水平有了一个新的飞跃。

扬州第二空压机总厂，通过了国家商检局西南评审中心的评审，获得ISO9000—1994质量体系注册证书。

上海压缩机有限公司、无锡压缩机股份有限公司和南京压缩机股份有限公司通过了中国机械工业质量认证中心的评审，获得了GB/T19001(ISO9001)质量体系认证证书。其中无锡压缩机股份有限公司还取得了GIR/Z9001～9004军工产品认证证书。

沈阳气体压缩机厂通过了国际认证机构——挪威船级社（DNV）的审查，取得了ISO9001质量体系认证证书。

〔撰稿人：中国通用机械压缩机行业协会　李俊峰　审稿人：中国通用机械压缩机行业协会　郭庆余〕

〔责任编辑：白　萍〕

气体分离及液化设备

〔机械工业部〕

生产发展情况 1996年，据气体分离及液化设备行业中11个生产企业统计，共有职工24 424人。其中工人与学徒14 609人、工程技术人员2 492人、管理人员3 091人。年末资产260 739.8万元，固定资产92 466.4万元，流动资产141 002万元，所有者权益90 909.7万元。

1996年，气体分离及液化设备行业完成不变价工业总产值96 637万元，当年价工业总产值89 621万元，同比分别比上年下降9.1%和13.6%。工业增加值31 834.9万元，比上年下降28.8%。实现产品销售收入91 410.8万元，利税4 958.3万元，利润总额－1 413.7万元（全行业亏损），分别比上年下降11.7%、63.3%和6395.6万元。

1996年，气体分离及液化设备行业共生产成套气体分离设备270套，其中，大中型空分设备19套，相当氧容量7.87万m^3/h，比上年下降49.8%；小型空分设备94套，相当氧容量1.11万m^3/h，比上年下降18.2%；制氮设备38套，相当氮容量2.779万m^3/h，比上年增长56.1%；氩提取设备5套，相当氩容量 0.0228 万 m^3/h，比上年下降 85.6%；低温液体设备 8 套，变压吸附制氧设备 6 套，变压吸附制氮设备 15 套，变压吸附制氢设备 14 套，溶解乙炔设备 5 套，水电解制氢设备 65 套。

从亏损情况看，亏损企业增到 3 个，亏损额增加 2 827.7 万元。

从订货额看，累计订货比上年下降 19.8%，1996 年订货额下降 15.6%。共订大中型空分设备 15 套。

苏州竞立水电解制氢设备有限公司 1996 年生产水电解制氢设备 20 套，完成不变价工业总产值 2 806万元，比上年增长 55.9%；实现产品销售收入 2 142 万元，比上年增长 62.9%；利润总额 70 万元，比上年增长 3 倍；工业经济效益综合指数为 1.524，位居行业第一。

开封空分设备厂 1996 年生产完成大中型空分设备 10 套，产品销售收入和利税总额基本与上年持平。产品市场占有率为 19.8%，利税占有率为 64.5%，均位居行业第二。工业经济效益综合指数为 1.087，位居行业第二。

苏州制氧机厂 1996 年生产完成小型空分设备 9 套，制氮设备 20 套，完成不变价工业总产值 6 531 万元，当年价工业总产值 6 490 万元，分别比上年增长 5.6%、4.9%；利税总额和利润总额分别比上年增长 17.4%和 2.0%。工业经济效益综合指数为 1.033，居行业第三。

杭州制氧机集团有限公司 1996 年生产大中型空分设备 7 套，小型空分设备 43 套。完成工业总产值、产品销售收入、实现利润、利税均比上年有所下降。产品市场占有率为 32.0%，位居行业第一。工业经济效益综合指数为 0.862，位居行业第四。

总的来看，空分设备行业的生产经营除苏州制氧机厂比上年有不同幅度的增长、开封空分设备厂与上年持平外，其他企业均有不同幅度的下降。自贡市机械一厂扭亏取得了成效，完成的不变价工业总产值和当年价工业总产值分别比上年增长 0.7%、2.2%；工业增加值由上年的 21.3 万元增加到 122 万元；实现利润和利税总额分别比上年增长 11.7%、23.3%，工业经济效益综合指数比上年增长 0.142。

产品分类及产量　1996 年气体分离及液化设备行业生产了空气分离设备、低温液体设备、氩提取设备、变压吸附分离设备、溶解乙炔设备、水电解制氢设备、低温液体贮运设备、气体压缩机类等。

生产空气分离设备 151 套/8 951.5t，包括大、中、小型空分设备，空分制氮设备和移动式制氧车。生产低温液体设备 8 套/210.5t，氩提取设备 5 套/61.8t，变压吸附制氧制氮设备 21 套/208.1t，溶解乙炔设备 5 套/155t，水电解制氢设备 65 套，低温液体贮运设备 410 台（辆）/3 102.5t，单销气体压缩机 255 台/1 098.9t，单销板式换热器 70.9t，单销透平膨胀机 62 台/2.5t，透平膨胀机芯 60 台/0.2t。

市场及销售　1996 年，空分设备行业市场的生产和销售均比上两年有所回落。大中型空分设备少生产 11 套，小型空分设备少生产 40 套。小型空分制氮设备与上年相比，多生产 14 套。低温液体设备生产数量与上年持平，但品种从原来的液氮设备增加到现在的同时生产液氧、液氮，容量 122L/h～800L/h不等。变压吸附制氧、制氮设备市场稳中有升，比上年多生产 5 套。水电解制氢设备市场也是稳中有升，比上年多生产 20 套。

1996 年，气体分离及液化设备行业对内产品销售收入为 91 410.8 万元，比上年下降 11.7%；空分设备行产品销售收入为 86 974.9 万元，比上年下降 13.8%。对外产品销售收入 1 240.5 万美元，与上年同比下降 27.5%。开封空分设备厂年创汇 635 万美元，位居行业第一。行业出口 1 500m^3/h 空分设备一套，由开封空分设备厂提供给印度尼西亚；出口 150m^3/h 空分设备 6 套，分别由杭州制氧机集团有限公司、哈尔滨制氧机厂和余杭通用机械设备联合公司提供给菲律宾、孟加拉和越南；出口 50m^3/h 空分设备 9 套，分别由四川空分设备（集团）有限责任公司、苏州制氧机厂、邯郸制氧机厂和哈尔滨制氧机厂提供给美国、柬埔寨、科特迪瓦、缅甸、菲律宾、老挝、委内瑞拉；出口溶解乙炔设备 1 套，由邯郸制氧机厂提供给巴勒斯坦。出口 800L/h 低温液体设备和 4L/h 低温液氮机各一套，由杭州制氧机集团有限公司分别供给孟加拉国和伊朗。出口水电解制氢设备和氢气净化设备各 2 套，由哈尔滨环保制氢设备工业公司提供给越南。

科研成果及新产品　杭州制氧机集团有限公司为娄塘制氧厂设计的首套分子筛流程全精馏制氩 1 000m^3/h空分设备于 1997 年 1 月 17 日一次开车成功。该套空分设备是我国首次在大中型空分设备上采用全精馏制氩（无氢制氩）工艺并获得成功，填补了我国在全精馏制氩技术上的空白。

开封空分设备厂首套采用 DCS 计算机控制的增压分子筛流程 6 000m^3/h 空分设备于 1996 年 6 月 10 日在石家庄钢厂开车成功。该厂首套分子筛净化增压膨胀流程的 KDON-4500/4500 空分设备在山西大同钢厂一次开车成功，至此，该厂开发的 6 000m^3/h及以下所有规格的这种流程的空分设备已全部投入运行，标志着该厂采用分子筛增压膨胀流程的空分设备已形成系列。

由中国空分设备公司总承包、四川空分设备（集团）有限责任公司主体设计供货的攀钢 10 000m^3/h 空分设备于 1996 年 2 月 6 日正式并网送氧。该厂根据医用氧市场的需要开发了采用返流废气膨胀和液氧内压缩流程的 50m^3/h 医用氧空分设备，整套设备配套机组少，流程简单，操作方便。

哈尔滨制氧机厂生产的 KDN-800/40Y 型纯氮设备经国家经贸委组织的专家评审，被认定为 1996 年度国家级新产品。已有 5 套分别提供给厦门明达玻璃有限公司和江苏华润集团公司。

杭州制氧机集团有限公司研制成功的 KDON-122Y/160Y 型空分设备被杭州市经委、科委评为

1995年度杭州市优秀新产品一等奖。该产品是杭氧为适应液体设备市场需求开发的新产品，采用全低压流程、螺杆压缩机、分子筛吸附器、气体轴承透平膨胀机组，具有操作稳定、出液量大、启动速度快等优点。目前该机已在新疆投入运行，并有一台出口埃及。继该设备后又成功地开发了这种流程的150、400、800L/h低温液体设备。

苏州制氧机厂继开发成功800m³/h空分制氮设备后，1996年又开发了250、150、100m³/h空分制氮设备，并已投入生产，基本上形成了小型空分制氮设备系列化生产。

自贡市机械一厂研制生产的BNY-5型变压吸附制氮设备通过了机械工业部军工司的鉴定，达到国内领先水平，共生产了4套。

杭州制氧机集团有限公司研制成功配350m³/h空分设备用的气体轴承增压透平膨胀机组，已投入使用。该产品总体上采用常温端装拆中心体(机芯)，装拆检修十分方便。叶轮按三元流理论设计，采用高强度铝合金铣制而成，效率大大提高。该公司生产的9台ITYC型离心式压缩机组，首次采用引进美国NREC软件进行三元叶轮设计计算，与现有的压缩机相比，具有单级增速比最大、叶轮周速最高、单级压缩比最大等特点。

兰州真空设备厂研制的首台ZR-146-8型的大型真空钎接设备和四川空分设备(集团)有限责任公司生产的大型铝制板式换热器通过了机械工业部鉴定，已投入使用。

科研开发方面，1996年全行业科研开发投入资金2 782.8万元。其中，中国空分设备公司进行了填料塔及全精馏制氩的流程组织及精馏计算。杭州制氧机集团有限公司进行了第六代空分设备、低温液氧、液氮设备、无氢提氩技术等方面的研究开发。开封空分设备厂进行了6 000m³/h空分设备无氢制氩设备的试验，规整填料上塔优化推广应用到800m³/h～15 000m³/h空分设备上，使之系列化；并进行了配套于15 000m³/h空分设备用的空压机和增压透平膨胀机的制造技术的开发。四川空分设备(集团)有限责任公司进行了增压透平膨胀机、高性能低温液体泵等方面的研究开发，为提高配套能力打下了基础。哈尔滨制氧机厂研究开发的国产化通用性CAPP软件系统，借助计算机完成工艺设计，提高了工作效率，已通过哈尔滨市科委的鉴定；并进行了闭式叶轮工艺研究及产品开发。邯郸制氧机厂进行了WXTQ-70型涡旋式汽车空调压缩机的结构、选材、加工方法及工艺流程的开发，并已进入生产阶段。自贡市机械一厂进行了BXN-20/350型变压吸附制氮设备、乙炔压缩机、变工况氢气增压机的研制，其中，变压吸附制氮设备已形成了1m³/h～100m³/h的系列。

质量及质量管理　1996年，气体分离及液化设备行业共有优等品2种，一等品5种，其中开封空分设备厂的BCK 2.987-1100/6、BCK1.962-800/6型铝制板式换热器为优等品；开封空分设备厂的KDN-50/40Y型制氮设备、PSAO-20型变压吸附制氧设备，四川空分设备(集团)有限责任公司的CF0.3m³～100m³低温液体贮槽、101D气动切换蝶阀，邯郸制氧机厂的KZO-50型空分设备为一等品。1996年公布了1995年机械产品质量等级，杭州制氧机集团有限公司的KDON-6 000m³/h等级分子筛增压膨胀流程的空分设备被机械工业部评为优等品；4种产品被地方省厅评为一等品。

1996年，气体分离及液化设备行业质量管理方面主要以ISO9000质量体系的宣贯开展了工作，已有杭州制氧机集团有限公司、四川空分设备(集团)有限责任公司、哈尔滨制氧机厂和苏州制氧机厂仪表分厂分别取得了ISO9001、ISO9002质量的认证；开封空分设备厂已建立了ISO9000质保体系，并通过了中国机械工业质量体系认证中心的预审。邯郸制氧机厂按照GB/T19000(ISO9000)系列标准，健全质保体系。

江西制氧机厂强化质量管理，严格经济责任制考核，加大考核奖惩力度，制定了《关于打好质量翻身战役，促使产品质量上台阶的若干决定》，推行产品质量损失赔偿制度，降低综合返修率，压缩“三包”费用和制造成本。

技术改造　1996年，气体分离及液化设备行业技术改造项目投资2 572万元，其中，四川空分设备(集团)有限责任公司的重大装备国产化专项技改项目已竣工验收；哈尔滨制氧机厂的老工业基地空分设备“八五”技术改造项目已通过哈尔滨市经贸委竣工验收；邯郸制氧机厂的涡旋压缩机节能技改项目已基本竣工。

对外合作　1996年，气体分离及液化设备行业技术引进投资30.8万美元，其中，开封空分设备厂引进的数控铣床和NREC软件已投入使用；四川空分设备(集团)有限责任公司引进的6 000、15 000、20 000m³/h空分设备规整填料及全精馏制氩的计算、设计、制造，已投入使用。

管理及改革　1996年，气体分离及液化设备行业各企业都开展了学邯钢、加强企业内部管理、降低产品成本的活动，取得了成效。

杭州制氧机集团有限公司入选百家重点企业，成立了技术中心，加强对经济运行情况的监控，强化经济责任制的考核力度，健全各种管理制度。

开封空分设备厂以建立现代企业制度为契机，开展模拟市场实行成本核算，成立了“六部一室”，使生产经营适应市场，制定了各级各类人员岗位工作标准，提高了工作效率，取得了较好的效果。1996年被开封市政府评为管理先进企业。

四川空气分离设备厂改制为四川空分设备(集团)有限责任公司。公司是以资产和产品为纽带，由40余个子公司、参股企业等单位联合组建的跨地区、跨行业的多法人经济联合体。该公司坚持“绩效优先，以法治厂，从严制厂”的原则，注重加强基础管理，积极探索新形势下的管理模式，内部管理扎实，得到了四川省机械厅的好评。

哈尔滨制氧机厂以“进一步拓宽两个市场，深一层强化内部管理”的方针，采取现场学海尔、环境管理学张家港，在全厂开展“远学邯钢，近学哈橡”、“五合一”管理达标活动，加强工厂目标管理，使目标落实到部门和个人，管理水平有了很大提高，其中，“五合一”管理达标活动获哈尔滨市机械局总分第一名。

江西制氧机厂全面开展了学邯钢、打好“三大战役”的活动，确定了财务成本管理的中心地位，加强包括资金、生产、现场、物资等在内的各项管理工作，落实了企业的管理基础工作，以焊材管理为例，节约费用6万余元。

邯郸制氧机厂学邯钢实行成本否决，以内部银行为标志的价格管理体系运作，各部之间以厂内支票进行结算，成本与收入的20%直接挂钩，指标分解到班组，强化职工成本意识；实行以万元产值工资量为标志的新的分配管理办法，突出了多劳多得的原则，产值成本与收入挂钩，降低了生产成本，提高了效益。

哈尔滨环保制氢设备工业公司确立了“以建立激励机制、约束机制，增强企业自主经营、自负盈亏、自我约束、自我发展能力为先导，以理顺关系、明确职责权限、加强宏观调控为重点，达到提高生产经济效益、提高职工收入水平、提高管理水平的目标”的方针，重点在财务、营销、质量、生产、工艺等项管理上下功夫。

〔撰稿人：气体分离设备行业协会　陈允恺、赵小莹　审稿人：气体分离设备行业协会　朱燧炎〕

〔责任编辑：白　萍〕

真空获得及应用设备

〔机械工业部〕

生产发展情况　1996年真空设备行业协会共有75个会员单位，其中科研单位10个、大专院校2个、企业63个。其中有5个企业参加了集团公司，有2个企业成立了股份制公司。

综观1996年真空设备行业各会员单位的发展是不平衡的，产生的经济效益也有较大差异。发展较快、经济效益也较好的有浙江真空设备集团公司、上海真空泵厂、广东真空设备厂股份有限公司、淄博真空设备厂、上海阀门二厂、北京仪器厂和兰州真空设备厂等。据17个企业统计（其中骨干及主要企业9个）完成工业总产值5.58亿元（当年价），全年销售总额4.50亿元，工业增加值2.01亿元，全年利润总额1 378万元，应交增值税4 147万元，出口交货值3 784.7万元。详见表1、表2。这些厂家完成的真空产品产值约占全行业的65%。

表1　1996年真空设备行业部分主要企业经济指标完成情况

企业名称	全部职工全年平均人数（人）	工业总产值（不变价，新规定）（万元）	工业总产值（当年价，新规定）（万元）	工业增加值（万元）	全年产品销售收入（万元）	全年利润总额（万元）	其中：出口交货值（万元）
广东真空设备厂股份有限公司	504	10 023	8 331	1 359.7	4 013.6	317	229
上海真空泵厂	721	6 060	6 667	3 397.8	5 949.7	153.4	85
浙江真空设备集团有限公司	1 096	5 019	6 638	3 898	5 180	443	52
上海阀门二厂	337	2 900	2 793	911.2	2 967	10	0
淄博真空设备厂	921	4 010	4 487	1 303	4 110	253	195
北京仪器厂	1 412	4 567	4 963	1 914	4 814	249.2	0
兰州真空设备厂	830	3 449	3 160	1 404	494	18	150
上海曙光机械制造厂	379	1 169	1 064	203	1 428	0	175
沈阳真空设备厂	650	1 200	1 492	440	1 225	0	0
南京真空泵厂	397	716	849	350	764	1	1
广东佛山水泵厂	784	7 155	8 434	2 644	9 251	486	2 801
抚顺真空设备厂	1 334	2 628	3 804	1 307	3 304	−118	0
黄岩求精真空泵厂	64	198	239	66	239	53	0
台州佳力真空设备有限公司	60	351	330	246	325	9.7	5.7
贵阳黔江机械厂	1 619	1 574	1 974	509	1 553	−357	90
浙江温岭真空仪器厂	58	260	380	120	300	21	1
大连二汽公司机械厂	193	203	212	42	165	−161	0

表 2　1996 年真空设备行业部分主要企业经济效益指标

企业名称	工业经济效益综合指数(%)		产品销售率(%)	资金利税率(%)	工业增加值率(%)	成本费用利润率(%)	全员劳动生产率(元/人)	流动资产周转率(次)
	指数	位次						
浙江真空设备集团有限公司	147.0	1	77.4	14.2	58.7	9.5	35 566	1.02
上海真空泵厂	145.6	2	99.3	8.8	51.0	2.6	47 126	1.12
广东佛山水泵厂	136.1	3	92.4	13.8	31.4	5.7	33 725	1.25
广东真空设备厂股份有限公司	133.1	4	89.9	15.7	16.3	8.4	26 978	1.47
上海阀门二厂	96.2	5	104.8	3.7	32.6	0.3	27 039	1.17
淄博真空设备厂	94.1	6	106.4	7.4	29.0	6.6	14 148	1.23
北京仪器厂	81.6	7	93.5	6.8	38.6	5.0	13 555	0.74
兰州真空设备厂	65.4	8	89.3	4.5	44.4	0.6	16 916	0.12
南京真空泵厂	52.7	9	89.6	4.2	41.2	…	4 123	0.67
沈阳真空设备厂	47.8	10	69.8	4.1	29.5	0	6 769	0.53
上海曙光机械制造厂	46.1	11	135.8	1.5	19.1	0	5 356	0.48
抚顺真空设备厂	40.1	12	85.5	3.2	34.4	−3.5	9 798	0.77
系统外								
浙江黄岩求精真空泵厂	161.3	1	95.8	31.8	27.6	23.9	11 000	0.90
台州市佳力真空设备有限公司	138.7	2	98.7	4.8	74.5	3.1	44 727	1.03
浙江温岭真空仪器厂	105.4	3	79.0	11.4	31.6	7.6	20 690	0.90
贵阳黔江机械厂	0.5	4	76.1	−1.4	25.8	18.4	3 144	0.40
大连二汽公司机械厂	−51.5	5	100.0	−5.3	19.8	−48.3	2 176	0.43

产品分类及产量　真空设备行业产品可分类为四大类。

(1) 真空获得设备

①真空机械泵：往复真空泵、滑阀真空泵、旋片真空泵、罗茨真空泵、分子泵和液环真空泵等；

②蒸气流泵：液体喷射泵、气体喷射泵、蒸气流喷射泵、扩散泵、油增压泵等；

③捕集泵：钛升华泵、钛离子泵、分子筛吸附泵、低温泵等。

(2) 真空应用设备

①真空镀膜机：蒸发镀膜机、磁控溅射镀膜机、离子镀膜机等；

②真空冶炼炉：真空感应炉、真空电弧炉、真空凝壳炉、真空电子束炉、真空电阻炉、真空单晶炉、真空钎焊炉等；

③真空热处理炉：真空烧结炉、真空退火炉、真空回火炉、真空淬火炉、真空渗碳炉、真空渗氮炉等；

④其他应用设备：真空冷冻干燥设备，真空气相干燥设备、真空浸渍设备、真空浇注设备、真空输送设备、真空包装设备、真空蒸馏设备、真空过滤设备、真空环境模拟设备等。

(3) 真空检测仪器

①真空测量仪表：电阻真空计、离子真空计、复合真空计；

②真空检漏仪器：高频火花检漏仪、卤素检漏仪、氦质谱检漏仪。

(4) 真空阀门

真空阀门：插板阀、挡板阀、蝶阀、电磁阀、隔膜阀、压差阀、翻板阀、球阀、微调阀等。

1996 年，真空设备行业 17 个企业的主要产品产量见表 3。

表 3　1996 年真空设备行业部分主要企业主要产品产量　(单位：t)

企业名称	主要产品产量
广东真空设备厂股份有限公司	2 665
上海真空泵厂	9 949
浙江真空设备集团有限公司	3 768
上海阀门二厂	41 276
淄博真空设备厂	6 643
北京仪器厂	2 823
兰州真空设备厂	276
上海曙光机械制造厂	213
沈阳真空设备厂	1 228
南京真空泵厂	3 291
广东佛山水泵厂	27 784
抚顺真空设备厂	2 676
黄岩求精真空泵厂	4 391
台州佳力真空设备有限公司	2 031
贵阳黔江机械厂	9 421
浙江温岭真空仪器厂	650
大连二汽公司机械厂	125

市场及销售　1996 年真空产品国内销售情况与往年相比（指总产值、销售收入两项），大体上持平。尽管近年来由于汽车行业的发展，空调和装饰材料行业的兴起，对真空热处理炉、钎焊炉以及特种镀

膜机的需求量有所增加，但随着真空炼镁行业的衰退及电工行业所用大型成套浸渍设备已趋向饱和等原因，需求量相对减少，导致全年真空设备行业工业总产值升幅不大。

1996年在国际市场上，随着半导体、液晶、其他电子元器件的发展和食品、药业产品质量日益改善以及节能源、低公害的真空热处理炉的广泛应用，使真空设备需求量有所增加，但由于我国对这类产品的生产尚属开发阶段，自动化控制较低，使用时重复性、可靠性较差，难与技术发达的美国、日本、德国等国家相竞争。因此，大型成套设备出口率仍然较低，还是以单机、单泵作为出口的主导产品。所以出口额升幅也不太大，多年来处于徘徊局面。按国内销售收入和出口量排列，1996年前十名企业是广东真空设备厂股份有限公司、浙江真空设备集团有限公司、上海真空泵厂、淄博真空设备厂、兰州真空设备厂、北京仪器厂、抚顺真空设备厂、上海曙光机械制造厂、上海阀门二厂和广东佛山水泵厂。1996年真空设备行业产品出口情况见表4。

新产品　1996年真空设备行业各单位共研制出新产品35项。主要有：(1)机械工业部沈阳真空技术研究所自行研制成功的HPV-200型高压气冷真空炉，1996年被评为国家级新产品，获国家科委、中国工商银行、劳动部、外国专家局和国家技术监督局联合颁发的证书，有效期三年。该炉的研制成功，为改善我国机械行业的热处理工艺，提高产品质量，减少污染，保护环境，提供了理想的设备。

(2)兰州真空设备厂研制成功的ZR-110WN$_4$型真空载气钎焊炉，其主要技术指标达到国际上同类设备的先进水平，为制造大型乙稀裂解、大型空分化工装置提供了先进设备。该设备具有无污染、无腐蚀、免清洗和工艺先进等特点。目前在国际上大约只有10台同类产品在运行。专家认为：该产品应用前景广阔，市场潜力很大。

(3)广东真空设备厂股份有限公司研制成功的ZSW-1650型真空浸渍渗石材加工设备和由该设备制成的真空浸渗天然花岗石红色板材(即中环红石)两项新产品，1996年12月30日通过省级鉴定。专家认为：真空浸渗石材加工设备具有设计合理、安全可靠、工艺参数控制稳定等特点，填补了国内空白。

(4)北京仪器厂研制成功的JPG-2200型磁控溅射镀膜机，该设备是国内第一台在不锈钢表面上镀制彩色硬质装饰膜的设备，在天津技术开发区通过鉴定。该机采用积木化标准结构，实现了微机控制。每一生产周期，只需15min～20min，即可将1.25m×4m的钢板表面上镀上一层所需各种颜色的硬质膜。经清华大学建筑材料系检测中心检测：膜层厚度、硬度、结合强度及耐热、耐腐蚀、抗冲击等各项指标均达到或超过设计指标。专家认为：该设备的主要技术指标达到国际上90年代中期水平。

(5)上海曙光机械制造厂开发的ZY-500型真空保护氩弧箱，主要用于金属材料保护焊接，可避免焊缝氧化，并使焊接后的零件更加美观可靠。

(6)北京仪器厂开发的JZJ×1200-44型三级罗茨真空泵机组，主要用于大型低温容器抽空。该设备结构先进，操作方便，生产效率高，使抽空时间由72小时缩短到24小时。

表4　1996年真空设备企业产品出口情况

企业名称	产品名称	数量(台、套)	金额(万美元)	销往国家和地区
上海真空泵厂	各种真空泵	250	10.32	韩国、日本、新加坡、东南亚
浙江真空设备厂	各种滑阀泵	110	22	美国、香港、印尼等
兰州真空设备厂	真空镀膜设备	4	19	巴基斯坦、泰国、马来西亚、韩国
广东真空设备厂股份有限公司	真空泵、镀膜机、镀前处理机、浸渍机	295	28	越南、伊朗、香港
淄博真空设备厂	旋片、水环、往复、罗茨真空泵	187		欧美及东南亚
上海曙光机械制造厂	真空镀膜机	3	25	东南亚
南京真空泵厂	旋片式真空泵	100	1.2	东南亚
中国科学院沈阳科学仪器中心	薄膜设备、分析仪器、泵、阀门等	10	10	日本、香港

质量及质量管理　1996年，行业各单位继续坚持以质量求发展，以质量求效益的方针，走质量效益型的发展道路。协会与国家真空设备质量监督中心也围绕协助各单位提高产品质量进行了许多的工作，深入广泛地宣传、贯彻GB/T19000(ISO9000)质量管理和质量保证系列标准及对产品质量的抽检工作。

浙江真空设备厂虽有7种产品已获国优、部优和省优称号，但他们并未满足。成立集团公司后，又进一步加大了技术改造力度，积极推广以计算机辅助设计为中心的现代化设计方法，加快了产品更新换代和提高产品质量工作。与此同时，还认真地贯彻GB/T19000(ISO9000)系列标准，开展创名牌、确立名牌活动，被浙江省列为“九五”期间培育名牌企业，并争取1997年贯标认证。通过上述努力使集团公司群体科技结构趋向合理，技术素质有所提高，产品质量稳中有升，取得较好的成绩。1996年12月经浙江省名牌产品认定委员会认定，报省政府审核同意ZZ牌真空泵为名牌产品，包括滑阀真空泵、罗茨真空泵、水环真空泵、往复真空泵和各类真空机组。

山东淄博真空设备厂自1994年10月被机械工业部批准为全国机械行业首批科技示范试点企业以来，为提高管理水平和产品测试水平，先后投入了较多的资金，建立了SYMIS计算机辅助管理系统和SYCAT计算机辅助测试系统，几年来运行良好，促进了管理规范化，提高了产品测试水平。继此，为进一步改变真空产品设计、制造的落后面貌，使真空技术和产品质量尽快达到发达国家的先进水平，又投资200万元，建立了微机CAD工作站，预计1997年12月完成。建成后，通过CAD优化设计将使生产效率提高8倍～10倍，节材15%～20%，降低成本10%～12%，产品的技术水平可达到国际上90年代中期水平。

1996年三季度，受国家技术监督局的委托，国家真空设备质量检验中心对量大面宽的真空滑阀泵进行了监督抽查。此次抽查了8个企业16台样品，受检的企业数占全国生产此类产品企业数的40%，其中包括国有企业、乡镇企业、股份制企业和私有企业。抽查结果是5个企业产品合格，抽样合格率为62.5%，其中国有企业合格率为66.7%，其他企业合格率为60%。从出现的问题来看，有些问题是不应该发生的。如极限压力是滑阀泵一项重要指标，也是标准中规定产品出厂时的必检指标。但有些企业对这项指标在出厂前未认真检测，敷衍了事，导致不合格。浙江真空设备集团公司全体员工多年来都把提高产品质量视为兴业之本，不断优化产品结构，更新设备，强化检测手段，使产品质量一直处于全国领先地位，产品在国内市场上成为有一定影响的名牌产品，每年还有部分产品出口美国、印尼等国家。

管理及改革　1996年真空行业在推进现代企业制度、优化组织结构和资本结构上又迈出了可喜的一步。1995年前有4个企业参加了跨部门集团公司，2个企业成立了股份公司，1996年1月8日浙江真空设备厂成立了浙江真空设备集团暨浙江真空设备集团有限公司。该集团以集团公司为核心，由浙江海门电子仪器厂等8个紧密层企业和由临海市杜桥真空机械铸造有限公司等12个松散型企业组成了多法人经济联合体。集团公司成立后，运行良好，显示出巨大的优越性。通过联合、兼并、参股、控股多种形式促进了企业资金优化配置，提高了集约化、专业化程度，使企业的经营规模和生产批量有一定的扩大和改善，经济效益也有相对提高。1996年1月～4月份完成的总产值、销售收入分别比上年增长58.5%和12.8%。

淄博真空设备厂为适应市场经济的发展，实行了生产、开发、销售为一体的经营策略，成立了淄博真空设备厂真空应用产品开发公司。主要生产经营各种真空干燥机、压力浸泡机、真空浸渍设备、真空运输装置和真空采血器试管封装仪等。

另外，该厂为使产品质量水平能尽快达到国际上同类产品的先进水平和扩大出口业务，与德国西门子公司合作，双方共投资1.18亿元在淄博成立了“西门子真空泵、压缩机有限公司”，合作开发生产液环式真空泵及压缩机，产品的25%销往国外。

〔撰稿人：真空设备行业协会　孙　京　审稿人：真空设备行业协会　邢　军〕

〔责任编辑：白　萍〕

制冷空调设备

〔机械工业部〕

生产发展情况　1996年行业总的发展仍持增长势头，但速度有所减缓，产品产量构成有所变化，行业主导产品——冷水机组仍向溴化锂吸收式方面转移，而容积式压缩机冷水机组产量有所下降，离心式冷水机组经过几年的制冷工质的调整，产量有所回升。由于市场竞争更趋激烈，企业发展不平衡情况仍有增加，一些中小型企业仍未走出困境，但大中型国有、集体、乡镇企业，仍显示出市场经济下的活力，生产持续增长。“三资”企业的发展使制冷空调市场竞争更加火爆，这个市场已成为不出国门的国际市场，国际竞争就在我们面前。

据1996年行业主要企业的统计，工业总产值(不变价)为485.3亿元，同比增长19.05%；总产值(当年价)422.2亿元，同比增长12.98%。

产品分类及产量　制冷空调设备基本可分为两大类：一是空调设备类，其中主要又分中央空调机组及其配套设备和单元式空调机等；二是冷冻冷藏设备类，其中可分为食品陈列展示柜和冷藏柜等。

1996年主要产品产量如表1所示。

市场及销售　小型制冷空调产品持续占据了90%多的市场份额，近几年进口家用空调和冰箱已不在人们心中占有主要地位。国产空调器和冰箱的产量已分别达到786万台和980万台，出口量也在逐年增长，一批国产名牌产品地位更加巩固。

大型中央空调设备仍以溴化锂吸收式冷(热)水机组增长速度较快，已部分取代了容积式压缩机冷水机组。冷冻冷藏设备以近几年发展起来的食品陈列展示柜增长速度最快，1996年产量比上年增长了5.6倍，产值增长152%市场需求呈大幅度增长趋势。

据行业主要企业统计，1996年销售产值(当年价)为394.95亿元，同比增长18.4%；销售收入365.45亿元，同比增长21%，与上年相比各项指标增长速度都不同程度减弱，趋于平稳增长。1996年机械工业部系统制冷空调设备生产企业销售收入前十名(不含家用空调和冰箱)见表2。

大连冰山集团公司和长沙远大空调有限公司销售收入分别比上年增长45.6%和71.38%，是行业中发展最快的国有企业和民营企业。

表 1　制冷空调行业主要产品产量

序号	产品名称	产量（台）	比上年增长%
一	中央空调机组		
1	活塞式冷水机组	2 527	−26.7
2	螺杆式冷水机组	490	−26.7
3	离心式冷水机组	315	33.5
4	溴化锂吸收式冷（热）水机组	3 156	26.0
二	中央空调配套设备		
1	风机盘管	821 423	
2	新风机组	21 798	
3	组合式空调机	3 702	
三	单元式空调机		
	11.6kW～34.89kW（包括单冷和冷暖）机组	410 787	
四	冷冻冷藏设备		
1	食品陈列展示柜	60 152	
2	食品冷冻冷藏柜	18 136	
五	压缩机		
1	缸径 50mm～70mm 活塞式压缩机	50 766	23.0
2	缸径 100mm～170mm 活塞式压缩机	4 674	23.0
3	螺杆式压缩机	710	2.6
4	离心式压缩机	315	

表 2　制冷空调生产企业销售收入前十名企业

序号	企业名称	销售收入（万元）
1	大连冰山集团公司	150 577
2	长沙远大空调有限公司	118 256
3	上海合众一开利空调设备有限公司	78 036
4	常熟制冷设备厂	50 214
5	上海通惠一开利空调设备有限公司	46 208
6	浙江春晖集团公司	27 302
7	烟台冰轮（集团）有限公司	22 900
8	哈尔滨空调工业公司	15 719
9	上海一冷一开利空调设备有限公司	13 195
10	岳阳恒立制冷集团有限公司	12 894

新技术、新产品及科研成果　(1)蓄冷空调技术的发展：蓄冷空调技术是近一二十年新发展起来的一种新型空调技术。我国自进入 90 年代以来，空调设备的应用迅速发展，但我国电力发展跟不上国民经济的发展，空调设备是用电大户，因此每到夏季高峰用电期，矛盾十分突出。在我国经济发达的南方地区，空调用电高峰时有的已达到全部用电量的 40%，但夜间用电低谷时却有大量电力得不到充分利用。因此，国家鼓励“移峰填谷”，并在价格上给予优惠。蓄冷空调技术就是在这种情况下迅速发展起来的。它是利用夜间用电低谷的廉价电力进行开机蓄冷，白天把所蓄冷量释放出来进行空调，从而避开白天高峰用电期与电网争电，这是一项利国利民的技术。空调用户不仅可避免高峰用电时拉闸的烦恼，又可使电网电力得到均衡利用。自 1995 年以来，我国每年都有 8 个～10 个蓄冷空调项目建成和投入使用。国内有近 10 个企业研制开发了不同类型的蓄冷空调设备，这是一项符合我国国情的空调技术，大有发展前途。

(2)风冷热泵机组的发展：由于城市用水愈来愈紧张，空调设备用水受到限制，近年来风冷冷水机组发展很快，特别是风冷热泵机组，深受用户欢迎，它特别适用于长江流域夏季天气闷热、冬季天气湿冷的地区。近几年来我国有多个企业开发了这一产品。如生产大型风冷热泵机组的企业有上海冷气机厂，北京万众、广东吉荣、华南空调设备厂以及台湾来大陆的诸多合资、独资企业等。产品制冷量由 15kW～700kW；制热量由 17kW～760kW 各种规格齐全。热泵技术是一项较复杂的技术，难度较大，对系统匹配设计和除霜技术都需针对具体气候环境进行深入研究。目前热泵产品的热源主要是空气热源，还应研究开发其他热源的利用，以适应不同地区的需要。

(3)热管技术的应用：南京冷冻机总厂新的研究成果将热管技术用于除湿机上，并试制出 CFIB28 热管除湿机，该机可为地上或地下工程提供一种新的除湿设备，适用于人防工程、地铁车站等潮湿环境，为除湿设备增添了一个新品种。

(4)高效管满液式蒸发器：中央空调冷水机组蒸发器结构有干式和满液式蒸发器两种，烟台冰轮集团公司新开发了高效管满液式蒸发器。干式蒸发器多用于中小型制冷机组上，它具有制冷剂灌注量少、容易回油、冷量损失小等优点，但结构较复杂，由于制冷剂流动阻力影响而使进口处蒸发温度往往高于出口处，致使传热温差减少、制冷量下降，且有回路供液不均，造成蒸发器负荷降低等缺点。这些问题在大型制冷机组上表现尤为突出，为了克服这些缺点，所以在大于 581.4kW（50 万 kcal/h）的蒸发器上多采用满液式。该型蒸发器具有结构简单、占地小、重量轻、节省材料、传热系数高等优点。烟台冰轮集团公司在系统设计上设计了回油管路，增加了断水保护措施，克服了满液式蒸发器易发生的故障的缺点，为大型冷水机组配套解决了难题。其成本较同类干式蒸发器可降低 40%多，提高了经济效益。

质量及质量管理　1996 年第二届冷冻设备标准化技术委员会成立。自标委会成立以来为制冷空调设备行业标准化工作做了大量坚实工作，使制冷空调设备在质量控制和提高方面有法可依。1996 年又制订了三项标准，其中《制冷装置用压力容器》标准是行业中最为关注的一项标准。过去对制冷用压力容器一直要求按 GB150－89（钢制压力容器）标准执行，但该国标在制订时对制冷装置有很多考虑不细之处，忽略了制冷装置的特殊性，因此制冷设备行业在执行此标准时造成许多困难和浪费。如材料要求、检查开孔要求等。标委会经过历时三年的工作，在全国范围内进行了详细调查验证，在征得劳动部认可的情况下，重新制订了制冷行业自己的《制冷装置用压力容器》标准，深受行业欢迎和好评，为制冷装置压力容器产品质量提供了可靠的保证。

到1996年制冷空调行业已制订了228项标准，使制冷空调设备产品有标率达78%。现行标准中采取和参照采用国际或国外先进标准的项目达80%，为制冷空调产品质量提供了依据，并为我国制冷空调行业与国际接轨做出了贡献。

为了与国际接轨，制冷空调行业大中型企业已有80%取得了ISO9000系列质量保证体系的认证，有的企业对质量保证体系的运行情况已进行了2次～3次监督检查。广东吉荣空调设备公司正以ISO9001要求实施“创国际名牌”工程。

为配合创名牌战略，制冷空调工业协会继续开展产品推荐活动，继1995年风机盘管推荐活动之后，又开展了单元式空调机的推荐活动，以此推动产品质量上档次、上水平。

管理及改革 制冷空调设备行业近几年虽然取得了长足发展，但发展不平衡现象却逐年加深，为了走出低谷，有的企业已开始寻求联合和兼并之路。如天津第二冷气机厂，近几年由于没有新的产品上市，自我开发能力低，所以一直举步维艰。而天津工业泵厂自身设计生产螺杆的能力很强，曾为国内多个冷冻机厂加工螺杆转子，为了利用自身优势开发新产品，与第二冷气机厂联合开发出半封闭螺杆压缩机，并制成半封闭螺杆冷水机组。各自发挥各自的优势进行联合、兼并，是处于困境中的中小型企业一条很好的出路。原重庆冷冻机厂情况类似，与重庆通用机械厂联合后由重通厂出人出资进行管理和改革，生产多种类型的制冷空调设备，逐步走出困境。还有一些国有大型企业为了扩大生产，发展新产品而兼并处于困境的非本行业厂，如烟台冰轮集团公司兼并烟台锅炉厂，利用锅炉厂的厂房、设备扩大制冷辅机的生产能力。

行业中有能力的企业已开始改革售后服务方式，把计算机网络用于用户售后保障系统，即企业对售出的产品通过计算机远距离进行监控，用户发现问题可通过电话与生产厂联系，厂方可由计算机网络立即查出故障原因，指导用户进行调整或指导当地维修部门及时维修，在正常运行时也可进行巡回监控，以便及时掌握自已的产品在用户运行的情况，随时与用户保持联系。如远大空调有限公司、吉荣空调设备公司、华南空调制冷实业公司等已建成或正在建立这种系统，使售后服务质量水平有了新的突破，跃上一个新的台阶。

〔撰稿人：中国制冷空调工业协会 王家祥 审稿人：中国制冷空调工业协会 宋国强〕

〔责任编辑：白 萍〕

干燥设备

〔机械工业部〕

生产发展情况 1996年，在全行业统计的各项综合指标继续上升的同时，仍有少数企业出现下降，甚至亏损。1996年，完成工业总产值比上年增长了11.5%，销售收入增长了9.3%，利税总额增长了13.1%。据8个重点企业的统计，1996年实现工业总产值23 700万元、销售收入24 775万元、利税总额为4 590万元。统计中，有6个企业不同程度地下降，有3个企业出现亏损。铁岭精工集团股份有限公司完成世界银行贷款中标项目——谷物干燥机9台(套)的重大项目，山东淄博真空设备厂正式成立了“干燥设备行业协会真空干燥技术开发中心”，并已取得了一定进展。

市场及销售 1996年，干燥设备行业协会重点骨干企业的销售率为102.3%，干燥设备出口额为80万美元，比上年有所增长。随着农业的发展及自然状况的变化，用于农产品干燥设备的需求量有较明显的上升，其中以谷物干燥机为主。1996年干燥设备行业销售收入前十名企业详见下表。

1996年干燥设备行业销售收入前十名企业

企业名称	销售收入(万元)
铁岭精工集团股份有限公司	6 819
东方农业技术设备总公司	5 030
锡山市林州干燥机厂	3 862
常武干燥集团公司	3 700
上海远东制药机械厂	3 522
三门峡化工机械厂	3 000
江苏星轮高速机电设备公司	1 248
太仓工业搪瓷厂	1 170
连云港干燥设备厂	819
四川夹江茶机厂	461

新技术及科研成果 1996年，列入省级科研项目的铁岭精工集团股份有限公司的自动化立体仓库及计算机辅助设计CAD应用项目，现已完成。为天津机务段建造的自动化立体仓库已投入正常使用。

基本建设及技术改造 1996年铁岭精工集团股份有限公司的“八五”技术改造顺利通过验收，并荣获机械工业部技改先进单位称号。三门峡化工机械厂完成了800万元的技术改造项目。

管理及改革 1996年行业继续贯彻ISO9000标准，逐步完善和健全体系。协会在5月份成立了机械工业部干燥设备标准化技术委员会。并完成了首批标准制定、修订计划项目的论证、申报工作。铁岭精工集团股份有限公司通过了 ISO 9000 质量体系的认证。这对我国干燥设备行业的发展及与国际接轨发挥了积极的作用。

〔撰稿人:中国通用机械干燥设备行业协会　彭木涛　审稿人:中国通用机械干燥设备行业协会　赵　健〕

〔责任编辑:白　萍〕

减 变 速 机

〔机械工业部〕

生产发展情况　1996 年减变速机行业生产经营受到市场不景气的影响,摆线减速机生产量有所下降,但无级变速器的产量呈上升势头,平均比上年增长 30%。整个行业生产总量虽略有下降,但销售收入比上一年增加 4.6%。经济效益下降仍是整个减变速机行业的一个实出问题。全行业主要经济指标完成情况见表 1。

表 1　1996 年减变速机行业主要经济指标完成情况

指 标 名 称	单位	1996 年完成
减变速机产量	台	371 245
工业总产值(1990 年不变价)	万元	112 005
产品销售收入	万元	127 296
利润总额	万元	5 969
利税总额	万元	12 307

减变速机行业协会至 1996 年有会员单位 61 个。其中,科研所 1 个、大专院校 2 个、生产企业 58 个。产品销售收入和利税总额前八名的企业见表 2、表 3。

表 2　1996 年减变速机行业销售收入前八名企业

序号	企 业 名 称	销售收入(万元)
1	江苏泰兴减速机厂(集团)	15 385.6
2	天津减速机总厂	12 656.8
3	国营星光工模具厂	10 840.0
4	广东江门电机股份有限公司	9 796.9
5	江苏泰隆减速机集团公司	8 735.2
6	杨州琼花传动机械总厂	8 057.3
7	山东淄博博机集团公司	5 700.0
8	常州减速机厂	4 765.0

表 3　1996 年减变速机行业利税总额前八名企业

序号	企 业 名 称	利税总额(万元)
1	江苏泰兴减速机厂(集团)	2 401.5
2	江苏泰隆减速机集团公司	1 411.3
3	国营星光工模具厂	1 308.0
4	常州减速机厂	1 068.0
5	广东江门电机股份有限公司	946.7
6	山东淄博博机集团公司	872.0
7	天津减速机总厂	716.4
8	杨州琼花传动机械总厂	624.3

市场及销售　1996 年减变速机行业生产经营形势出现了下滑,大部分企业经济效益呈下降趋势,面临的问题是,一方面自身占压资金、“三角债”;另一方面,国外厂商纷纷到中国办厂,争夺国内市场,使企业生存的难度越来越大。在这种状况下,各企业进一步强化市场经济观念,健全并完善从市场调研、产品设计、售后服务到信息反馈,提高生产质量,积极拓展国内外两个市场。如天津减速机总厂在出口产品要求规格高、质量高、价格低、交货期短的情况下,积极引进、吸收国外先进技术与现代化生产管理经验,加强内部运作机制的改革,大大提高了生产效率和产品质量,受到外商的好评。

1996 年,减变速机行业在开拓国际市场方面取得了长足的进步,出口创汇比上年增长 30%。

质量及质量管理　在 1996 年质量管理工作中,行业开展“三大战役”的宣传,组织动员协会成员厂积极贯彻 1996 年全国机械工业工作会议精神,搞好优化组织结构,倡导行业内联合办企业,增强企业的竞争能力;打好质量翻身仗,创明星企业、名牌产品;以优良的产品质量稳定国内市场,开拓国际市场。天津减速机总厂抓住质量是企业的生命这条主线,积极转变质量、效益、市场观念,实施名牌战略,在已取得 ISO9001 认证的基础上,不断完善质量保证体系,强化人员培训及科学管理,使质量管理及质量保证再上台阶。

技术改造　技术改造的重点是提高新产品设计开发能力,推广应用 CAD 技术。如天津减速机总厂 1988 年开始推广应用 CAD 技术,已取得一定成绩。主管设计和工艺的工程技术人员都普及了 CAD 技术,用计算机绘图,“扔掉图板”率达 70%。

另一个重点是有条件的企业推广应用 CAM 技术。如天津减速机总厂“八五”技术改造,从瑞士引进针齿壳柔性制造系统。在行业内首先应用 FMS 技术,提高了产品质量和产品技术水平。对行业今后推广应用 CAM 技术起到了示范作用。

〔撰稿人:中国通用机械减变速机行业协会　李春丽　审稿人:中国通用机械减变速机行业协会　白治清〕

〔责任编辑:白　萍〕

轴 承

〔机械工业部〕

生产发展情况 1996年我国轴承行业总的运行特点是，工业总产值、工业增加值和轴承产品产量继续保持稳定增长，轴承出口高速增长；各种费用增加，企业经济效益继续滑坡；普通级轴承生产能力增长高于市场需求增长，产成品库存增加；部分国有企业受资金紧缺和货款拖欠的严重困扰，困难程度加剧；而大部分乡镇企业和中外合资企业发展势头不减，显示出很强的活力和竞争力。

据轴承行业经济年报统计，行业266个企业1996年完成工业总产(1990年不变价，新规定)127.8亿元，较上年增长13.0%；工业增加值42.8亿元，较上年增长3.2%；产品销售收入127.9亿元，较上年增加2.1%；全年生产轴承9.76亿套，较上年增长19.3%。

1996年轴承生产企业进一步深化内部改革，不断更新观念，强化竞争意识，努力探索市场经济体制下企业发展新路数，不少企业取得显著成绩。1996年完成工业增加值高于5 000万元的企业见表1。

表1 1996年轴承行业工业增加值超5 000万元企业

序号	企业名称	工业增加值(万元)
1	瓦房店轴承集团有限责任公司	47 633
2	西北轴承集团有限责任公司	26 004
3	洛阳轴承(集团)公司	23 489
4	襄阳汽车轴承股份有限公司	19 083
5	绍兴明星集团公司	9 864
6	大连冶金轴承集团公司	9 484
7	哈尔滨轴承集团公司	9 218
8	宁波慈兴集团公司	8 220
9	新昌轴承总厂	7 755
10	虹山轴承总公司	7 463
11	海林轴承厂	6 814
12	江苏钢球厂	5 645
13	无锡新威机械集团有限公司	5 398

实现利润超1 000万元的企业见表2。

然而，从整体上看，行业还存在一些困难，总的生产经营形势不容乐观。一是经济效益继续滑坡。行业1996年实现利润1.59亿元，比上年减少3.4%。亏损面继续扩大，1996年底已达1.6%，亏损企业数由1995年末的75个增加到84个。亏损额高达3.80亿元，比1995年的1.85亿元增加105.4%。二是企业间货款拖欠有增无减，流动资金贷款继续增加。1996年行业累计应收及预付货款67.16亿元，比上年增加16.5%，应付及预收货款39.55亿元，比上年增加12.2%，两者相抵后，仍欠货款27.61亿元，是当年销售收入的21.6%。1996年全部流动资金平均余额已达163.84亿元，比上年增加19.8%，是同期销售收入的1.28倍，进一步加重了企业负担。三是各种费用支出大幅度增加，生产成本难以下降。1996年销售费用比上年增加27.8%，管理费用增加14.9%，财务费用增加16.1%。四是产成品库存增加。据轴承行业主要企业生产经营月快报统计，1996年底69个骨干重点企业产成品库存额21.15亿元，为这些企业当年销售产值的24.4%，比上年的17.02亿元增加24.3%。62个骨干重点轴承厂产品库存量达1.196亿套，比上年增加25.9%。产品库存额18.79亿元，比上年增加19.2%，小尺寸产品库存增加较多。

表2 1996年轴承行业利润超1 000万元企业

序号	企业名称	实现利润(万元)
1	瓦房店轴承集团有限责任公司	13 577
2	西北轴承集团有限责任公司	6 663
4	襄阳汽车轴承股份有限公司	5 214
5	宁波慈兴集团公司	2 084
6	大连冶金轴承集团公司	2 122
7	哈尔滨轴承集团公司	2 052
8	绍兴明星集团公司	1 822
9	重庆长江轴承工业有限公司	1 553
10	龙溪轴承厂	1 451
11	张家港市AAA轴承有限公司	1 005
12	江苏钢球厂	1 002

市场及销售 1996年国内轴承市场需求平稳，出口需求旺盛，总的市场形势较为乐观。国内各主机行业对轴承的需求强弱不一，对轴承有较大需求量的汽车、摩托车、大中型拖拉机、小型拖拉机、农用运输车、中小型电机、洗衣机、电风扇等主机产品，1996年都有一定的增长幅度，拉动小型、中小型球轴承和圆锥滚子轴承稳定增长。重型机械、矿山机械、工程机械和金属切削机床则呈低速发展态势，部分产品出现负增长，与此配套的中大型、大型轴承市场需求略有下降。

目前我国主机配套与机械维修轴承总的市场需求量约为11亿套，1996年我国轴承的国内销售量为9亿套，市场占有率为81.8%，较“八五”初期的90%下降了8.2个百分点。1996年产品销售收入前十名的企业见表3。

1996年我国进口轴承2亿套，用汇20 086万美元。其进口轴承多为高精度、高附加值和高技术含量产品。

表 3 1996 年轴承行业产品销售收入前十名企业

序号	企业名称	销售收入（亿元）
1	瓦房店轴承集团有限责任公司	16.10
2	洛阳轴承(集团)公司	7.94
3	西北轴承集团有限责任公司	7.04
4	哈尔滨轴承集团公司	6.30
5	襄阳汽车轴承股份有限公司	3.87
6	绍兴明星集团公司	3.47
7	新昌轴承总厂	2.18
8	宁波慈兴集团公司	1.86
9	海林轴承厂	1.56
10	张家港市 AAA 轴承有限公司	1.55

1996 年我国轴承出口在连年高速增长的基础上，又创新纪录。全年出口轴承 69 595 万套，比上年增长 21.9%，创汇 39 975 万美元，增长 15.8%。出口市场的旺盛需求，也是拉动轴承工业稳定增长的主要因素之一。

我国出口轴承仍以普通级中小型球轴承为主，其数量占出口总量的 91.2%，创汇占 79.4%，平均单价为 0.50 美元，比上年的 0.51 美元稍有下降，出口轴承小型化的趋势仍在继续。

我国轴承出口的主市场仍为亚洲、欧洲和北美洲，1996 年销往这三大洲的轴承 66 188 万套，创汇 38 293 万美元，分别占当年出口总量和创汇总额的 95.1%和 95.8%。非洲、南美洲和澳洲所占份额较小，市场潜力较大，尚需进一步开拓。在产品销往的国家和地区中，创汇超过 1 000 万美元的由 1995 年的 8 个增加到 10 个，在这 10 个国家和地区共计创汇 3.17 亿美元，占创汇总额的 79.2%。其中美国 9 109.5 万美元，香港 4 998.7 万美元，意大利4 312.2 万美元，日本 3 306.0 万美元，德国 2 614.2 万美元，新加坡 2 515.1 万美元。

新技术及新产品 1996 年洛阳轴承研究所取得科研课题成果 29 项，已在行业推广应用 18 项，推广应用率为 62%，完成技术标准报批 17 项，累计安排和完成科技工作与行业服务 85 项。“八五”重点科技攻关项目提高航空发动机主轴轴承寿命与可靠性的研究通过国家鉴定与验收，得到国家有关部委的高度评价。机床主轴轴承、铁路客车轴承等项目，在行业中产生了较大反响。该所 1996 年荣获省部级科技进步奖 6 项，市级科技进步奖 2 项。

洛阳轴承研究所还重点抓了“九五”科研项目的立项工作，完成了斯贝发动机国产化轴承耐久性试验、轴承精密加工关键技术等 7 项课题的论证与申报。编写了部级和国家级滚动轴承工程研究中心项目建议书(可行性研究报告)。

机械工业部第十设计研究院完成的工程设计项目 1996 年获得多项奖励。其中精密轴承钢球生产线获国家科委 1996 年科技进步二等奖和机械工业部第四届优秀设计一等奖；龙溪轴承厂年产 300 万套关节轴承技术改造项目、黄石轴承厂锻造中心“八五”技术改造项目分别获机械工业部第四届优秀设计二等奖和三等奖；哈尔滨轴承总厂“七五”期间技术改造基本建设工程、瓦房店轴承厂“七五”期间技术改造(含部分基建)项目均获全国第七届优秀工程设计铜质奖。

由洛阳轴承(集团)公司负责，洛阳轴承研究所、西安交通大学、铁道部科学研究院车辆所、上钢五厂参加的铁路客车轴承技术开发项目通过部级鉴定。经全面研究开发，使铁路客车轴承的计算寿命由原来的 270 万 km 提高到 354 万 km～400 万 km，80 万 km 的疲劳寿命可靠度达 99%以上，可使行车速度由目前平均 80km/h 提高到 160km/h～200km/h，并形成了 2 万套的生产能力，产品达到 90 年代初瑞典 SKF 公司同类产品水平，可以满足准高速铁路客车轴承国产化的需要。瓦房店轴承集团有限公司积极开发新产品，产品质量处于行业领先水平，公司有 6 种产品被评为 1996 年度国家级新产品，这些产品是 JRM3939/JRM3968XD 双列圆锥滚子轴承，BAHB633814A 双列角接触球轴承，22208C 调心滚子轴承，E6727/950K 四列圆柱滚子轴承，686908A 角接触球轴承，LM300811/LM300849 圆锥滚子轴承。虹山轴承总公司新产品开发成绩突出，受到国家有关部委的表彰。山东文登轴承厂紧紧盯住市场需求，着力开发新产品，实施新产品带动战略，取得丰硕成果。近年来，成功地开发生产了五大类型及非标轴承 140 多个新品种，新产品产值率达 70%。

海红轴承厂注重吸收、消化国外先进技术，积极开发新型工业炉窑，成功研制了目前国内尚属空白的 CT 炉。CT 炉以煤气或天然气为原料，具有高效、节能及减少污染，改善工作环境等优点。西北轴承集团有限责任公司铁路轴承分厂继试制成功 YEJ-1 型自动恒温预热机之后，又研制成功 DTS-2 型自动动态水剂清洗机，并投入使用。该机造型新颖，结构紧凑，清洗效果好，工作效率高，安全可靠，与原煤油清洗机相比，提高工效 1 倍，年可减少消耗 4 万多元。为满足桑塔纳轿车轴承百分之百探伤要求，上海轴承滚子厂研制成高精度涡流探伤机。

质量及质量管理 为了落实机械工业部“三大部役”实施方案，打好轴承产品质量翻身仗，机械基础装备司于 1996 年 5 月在浙江省温州市轴承厂召开了轴承行业质量工作座谈会，6 月份又在江苏省无锡市召开了轴承行业质量工作会议，并制定了“轴承行业质量翻身战役框架方案“及督促检查实施办法。为轴承产品质量上台阶奠定了基础。

1996 年国家轴承质量监督检测中心与机械工业部五个分中心，对轴承行业骨干、重点企业及部分地方企业的产品进行了督促检查。检查结果为，产品品种合格率为 92.3%，一等品率为 53.2%，优等品率为 24.9%，球轴承的精度储备率为 96.2%，滚子轴承的精度储备率为 86.2%，平均等级合格率为 77.7%。这次检查共涉及到 190 个不同生产规模的企业，覆盖面较大，基本上反映了轴承行业的质量情况。检查结果显示，1996年大部分企业产品质量状况都比较乐观。在被检企业中，检查品种4个以上，平均等级合格率100％的企业有苏州轴承厂、海林轴承厂、兰州轴承厂、石家庄轴承制造股份有限公司、北京人民轴承厂、黄石轴承厂、东莞轴承厂、阳春轴承厂、中山市轴承总厂、烟台轴承厂、浦江轴承厂、济宁轴承厂、上海钢球厂、江苏钢球厂、东阿钢球厂、江西万向节厂。同时这次检查也暴露了个别企业产品质量意识淡薄，管理不严，产品质量滑坡。这次检查，还有10.5％的企业平均等级合格率低于60％。

1996年行业又有14个企业通过GB/T19000质量体系认证。他们是合肥轴承厂、新春轴承股份公司、上海联合滚动轴承有限公司、徐州回转支承公司、上海沪申轴承厂、重庆长江轴承工业有限公司、宁波慈兴集团公司、韶关轴承厂、襄阳汽车轴承股份有限公司、洛轴集团公司东升轴承有限公司、公主岭轴承厂、无锡市第二轴承厂、中山市轴承总厂、兰州轴承厂。截止至1996年底，轴承行业通过GB/T19000质量体系认证的企业已达20个。

技术改造　1996年国家经贸委以国经贸改〔1996〕555号文件下达了技术改造第二期“双加”工程导向性项目计划。作为重要机械基础件的轴承，其发展受到国家的高度重视，轴承行业有27个项目被列入二期“双加”工程计划，总投资18.57亿元，项目覆盖26个骨干、重点企业。

在机械工业部行业发展司和机械基础装备司的支持与指导下，部第十设计研究院等设计单位积极开展轴承行业二期“双加”工程项目的前期工作，争取早设计、早报批、早实施。截止至1996年底，已经完成了20个项目的可行性研究报告，占项目总数的74.1％。其中9个已通过机械工业部审查。

轴承行业“八五”技术改造与基本建设项目总的来讲进行顺利，达到了预期改造目标，取得可喜成绩。行业30个技术改造项目和5个基本建设项目，除2个未开项、1个因故撤消外，其他32个项目基本按计划实施。

通过“八五”技术改造，行业的整体水平与经济实力明显提高。汽车轴承、铁路轴承、冶金矿山机械轴承、机床精密轴承等重点产品技术水平与产品质量得到提高，生产能力进一步增大，出口创汇大幅度增加。瓦房店轴承集团有限责任公司、襄阳汽车轴承股份有限公司、西北轴承集团有限责任公司、黄石轴承毛坯锻造中心、石家庄轴承设备股份有限公司等技术改造项目进展顺利，效益显著。其中瓦房店轴承集团有限责任公司的“八五”冶金矿山配套轴承技术改造项目，宁夏西北轴承集团有限责任公司的优化产品结构“八五”技术改造项目，前期工作扎实，采用技术先进适用，建设工期合理，资金使用效率高，取得或超过了预期的经济效益，受到国家经贸委的表彰，获得国家优秀项目奖。

对外合作　1996年行业对外合作又有新发展，4月15日北京南口斯凯孚铁路轴承有限公司在北京成立。在最初阶段，该公司主要生产铁路货车轴承。下一阶段还将生产铁路客车轴承、机车轴承和高速铁路列车轴承。由无锡轴承厂和美国托林顿公司合资组建的无锡托林顿轴承有限公司1996年1月正式开业，运行正常。公司将利用无锡轴承厂现有资金、技术与市场，引进托林顿公司的资金、技术与管理经验，主要生产汽车、摩托车配套用滚针、滚子轴承。中外合资无锡光洋轴承公司1996年6正式投产，7月8日正式开业，当年可形成3 600万套轴承的生产能力。主要制造微、小型球轴承，年生产能力3 360万套的昆山恩斯克虹山轴承有限公司，1996年年底已开始试生产，1997年5月8日举行了开业典礼。

1996年8月26日～29日，中国轴承工业协会和中国机械基础件成套技术公司在上海国际展览中心成功地举办了第四届中国国际轴承及其装备仪器仪表展览会，这次展览会的规模、水平、参观人数和成交额均超过了前三届。

管理及改革　1996年轴承行业以实施“三大战役”为中心，以转机建制为重点，以提高企业经济效益为目标，外抓市场，内抓管理，促进了行业健康发展。9月25日～26日，机械工业部机械基础装备司在瓦房店轴承集团有限责任公司组织召开了机械基础件行业贯彻实施“三大战役”工作会议。轴承行业、液气密行业和通用零部件行业的核心企业、科研院所、行业协会的代表50多人参加了会议。会议的中心议题是贯彻落实部党组关于打好“三大战役”的总体战略部署，研究制定机械基础件行业“三大战役”方案和实施计划。

为了造就一批具有较强竞争力的“巨人”企业，成为支撑和带动行业发展的骨干与中坚力量，按照备选企业条件，洛阳轴承（集团）公司、瓦房店轴承集团有限责任公司、上海轴承总公司、哈尔滨轴承集团公司、西北轴承集团有限责任公司和襄阳汽车轴承股份有限公司被列为机械工业“巨人”企业备选企业，将受到重点培育和扶持。

全国百家建立现代企业制度试点企业之一的瓦房店轴承集团有限责任公司，深化改革、积极探索，在现代化、科学化管理及改组改造方面成绩显著。瓦轴集团公司根据自愿、互利、有偿的原则，以资产为纽带，采取联合、兼并、收购等多种方式，不断扩大集团经营规模。利用中外合资、合作，发行股票，争取银行贷款等多种形式，多渠道筹措资金，根据市场需求对企业进行技术改造，进一步壮大集团实力。采取精干生产主体，分离辅助部门，分流富余人员等多种措施，优化集团内部组织结构，不断提高企业经济效益。至1996年年底，瓦房店轴承集团有限责任公司已成为拥有5个全资子公司，12个控股子公司，8个参股公司，1个分公司，总资产28亿多元，员工2.6万多人的大型企业集团。1996年实现销售收入16亿多元，利税总额2.37亿元。

利用社会资金发展轴承工业，1996年迈出新步子。4月19日中国轴承第一股“西北轴承”在深圳上市，从而结束了中国轴承工业无股票的历史。12月

24 日襄轴公司“襄阳轴承”股票正式在深圳股市上网发行。瓦房店轴承集团有限公司 1996 年为上市发行 B 种股票作了大量的筹备工作，被称为“大连瓦轴”的股票于 1997 年初上市发行。西北轴承股份有限公司、襄阳汽车轴承股份有限公司和瓦房店轴承股份有限公司发行股票向社会募集的资金将用于球面滚子轴承、轿车轴承和冶金矿山机械轴承的开发和生产。

海林轴承厂、兰州轴承厂深化企业改革，加强企业管理。两厂领导班子按照高标准、严要求、高效率、快节奏的要求，真抓实干，在短短半年时间之内扭亏为盈，使这两个连续三年亏损、经济效益逐年下滑、濒临破产的企业绝处逢生，为国有大中型企业解困趟出一条新路，受到国务院朱镕基副总理的赞扬。据轴承行业主要企业生产经营月快报统计，海林轴承厂 1996 年完成工业总产值 13 031 万元，比上年增长 80.9%，生产轴承 771.5 万套，同比增长 87.1%，企业从 1995 年亏损 142 万元一跃为盈利 503 万元。兰州轴承厂 1996 年完成工业总产值 7 501 万元，比上年增长 46.7%，生产轴承 444 万套，同比增长 47.8%，从 1995 年的亏损 596 万元转为盈利 52 万元。

改革促发展，管理出效益已成为企业管理者的共识。一些企业在深化企业改革，加强企业管理，提高经济效益方面成绩卓著。上海轴承总公司、哈尔滨轴承集团公司、公主岭轴承厂、江苏钢球厂、万向集团公司、宁波慈兴集团公司、龙溪轴承厂和贵州虹山轴承总公司 8 个企业被中国机械工业企业管理协会授予 1995 年度中国机械工业优秀企业称号。于杰、王连玉、李德贵、张德炳、张童生被授予第四届中国机械工业优秀企业家称号。

〔撰稿人：机械工业部洛阳第十设计研究院　李趁意　审稿人：机械工业部机械基础装备司　孙振滨、王　起〕

〔责任编辑：白　萍〕

阀　门

〔机械工业部〕

生产发展情况　1996 年中国通用机械阀门行业协会共有全国阀门行业主要生产企业和科研单位会员 164 个。其中阀门生产制造企业 148 个，研究院所 10 个，经营性公司 6 个。1996 年，协会对所属的 102 个生产企业（其中高中压阀门生产企业 53 个，低压阀门生产企业 49 个）进行统计，共完成工业总产值（1990 年不变价）293 532万元，比上年增长了 12.7%；完成当年价工业总产值 304 762 万元，比上年增长 11.1%；完成工业增加值 90 489 万元，比上年增长 10.3%；当年价销售产值 303 462 万元，比上年增长 12.3%，其中出口交货值完成 62 996 万元，比上年增长 39.4%；利润总额 3 916 万元，比上年增长 61.8%。

1996 年整个阀门行业生产发展呈上升趋势，各项经济指标都有不同程度增长，尤其是利润总额增长幅度较大。产品正在逐步打入国际市场。阀门行业骨干重点企业的主要经济指标完成情况见表 1，经济效益综合指数前十五名企业见表 2。

市场及销售　1996 年阀门行业 102 个企业的工业产品销售率为 99.6%，比上年增长 0.6 个百分点；销售产值比上年增长 12.3%，其中出口交货值在上年增长 47.2%的基础上，1996 年又增长了 39.4%，实现了连续快速增长。1996 年阀门行业在国内市场竞争非常激烈的情况下，积极开拓国际市场，取得了可喜的成绩，产品出口的国家和地区也有所扩大，由原东南亚、南非、沙特等国逐渐向经济发达国家扩展市场，产品已打入美国、英国、德国、法国、意大利等国。国内销售收入和出口产值前十名的企业见表 3、表 4。

新产品　1996 年阀门行业共研制开发新产品 10 项，并且全部通过了省、部级鉴定。其中有开封高压阀门厂研制的 DN1300、PN2.5MPa 电动楔式闸阀；北京市阀门总厂研制、机械工业部鉴定的 ZK 29/1、DN80、PN1.6MPa 节流式疏水阀，BK286、DN15、PN10MPa 双金属片式疏水阀，GK11、DN150、PN1.6MPa 节流式疏水阀；长春高中压阀门厂研制并通过省科委鉴定的 DN50～150、PN1MPa 干除灰平板阀，DN50～150、PN1MPa 输煤闸阀；通过中国核工业上海核电器材公司、上海核工程研究设计院鉴定的上海阀门厂生产的 A41Y、DN8～80、PN1～42MPa，A42Y、DN25、PN10MPa，A21H、DN25、PN1.6MPaPC300 工程安全级安全阀及 PC300 工程 H61Y(H)、DN20～50、PN1.6～42MPa 升降式止回阀和 H64Y、DN50～150、PN1～32MPa 旋启式止回阀；还有苏州高中压阀门厂研制生产的 DN50～250、PN1～15MPa，使用寿命 40 年的核手动、电动闸阀。以上新产品都达到了国内领先和 90 年代初国际水平。

管理及改革　1996 年，阀门行业协会认真贯彻全国机械工业工作会议精神，积极宣传打好“三大战役”的实质，即打好质量翻身战役，再塑机械产品的良好形象；打好组织结构优化战役，促进资产合理配置；打好开发能力提高战役，努力掌握产品发展的主动权，争取在短时期内摆脱阀门行业所面临的被动局面。

在打好质量翻身的战役中，全行业把此项工作与 ISO9000 质量体系认证工作紧密地结合在一起，通过贯标达标，促进全行业质量管理工作有所提高，产品质量普遍提高。目前，全行业在 1995 年底已有 15 个企业获得 ISO9000 质量体系认证证书的基础

表 1　1996 年阀门行业主要企业主要经济指标完成情况　　（单位：万元）

企业名称	工业总产值（当年价）		工业销售产值（当年价）			销售收入		利润总额	
	全年完成	为上年%	全年完成	为上年%	其中：出口	全年完成	为上年%	全年完成	为上年%
合计	123 996	114	125 100	116	39 580	129 931	116	2 270	147
开封高压阀门厂	7 598	105	7 717	113	1 033	6 888	115	126	105
上海阀门厂	7 495	154	8 551	170	1 492	8 551	200	0	
上海良工阀门厂	11 307	118	10 256	120	2 248	10 257	120	11	168
自贡高压阀门股份有限公司	7 367	110	7 701	100	1 681	7 154	101	151	249
铁岭阀门厂	11 606	107	9 983	100	883	10 537	101	105	43
北京市阀门总厂	1 327	125	1 111	92		1 338	104	12	5
天津市阀门公司	3 790	123	3 700	131	130	3 772	125	120	101
大连高压阀门厂	9 112	142	9 345	148	3 141	9 671	135	13	
兰州高压阀门厂	3 589	89	3 632	90	2	3 595	90	3	150
苏州高中压阀门厂	4 457	100	4 932	109	306	4 699	108	61	120
武汉阀门厂	1 433	100	1 044	83	53	1 012	95	－246	55
青岛高中压阀门厂	2 500	120	2 540	118	965	2 304	109	－229	82
山东益都阀门股份有限公司	5 110	107	4 997	121	2 142	5 235	121	151	142
石家庄市阀门一厂股份有限公司	2 711	99	2 496	97		2 496	95	－158	
天津塘沽瓦特斯阀门有限公司	14 508	81	14 616	96	8 213	15 075	99	1 544	76
苏州阀门厂	20 855	138	23 427	170	16 457	28 173	142	505	132
福建三明高中压阀门厂	9 231	120	9 052	114	834	9 174	115	101	625

表 2　1996 年阀门行业经济效益综合指数前十五名企业

序号	企业名称	经济效益综合指数（%）	产品销售率（%）	资金利税率（%）	增值率（%）	成本费用利润率（%）	全员劳动生产率（元/人）	流动资产周转率（次）
1	天津市北方阀门控制设备公司	218.4	80.8	26.8	35.0	15.3	64 516	0.80
2	上海耐莱斯詹姆斯伯雷阀门有限公司	212.5	100.4	15.4	26.8	13.1	73 528	1.26
3	广东明珠球阀集团股份有限公司	200.3	86.9	16.2	47.7	65.4	231 26	0.28
4	石家庄市阀门三厂	195.3	98.6	21.2	68.9	21.6	38 930	1.22
5	天津塘沽瓦特斯阀门有限公司	190.0	100.7	14.6	35.4	10.6	58 949	1.44
6	五七一九工厂阀门分厂	189.6	90.4	20.7	50.2	5.3	54 187	1.38
7	武汉市亚美蝶阀厂	156.5	83.8	11.1	48.1	9.6	48 138	0.96
8	长沙市阀门厂	150.1	97.0	18.8	48.3	5.2	29 242	1.54
9	上海阀门五厂	141.1	107.2	12.8	30.8	3.4	35 809	1.55
10	淄博市临淄阀门厂	141.0	89.7	16.6	25.0	8.2	26 955	1.69
11	安徽省和县阀门总厂	140.9	97.6	6.0	35.1	8.3	44 316	1.25
12	启东阀门有限公司	139.6	85.1	20.8	26.3	6.6	20 333	1.80
13	苏州阀门厂	128.8	112.3	9.6	31.4	1.8	31 246	1.74
14	浙江高中压阀门厂	126.7	100.0	8.6	36.4	0.9	33 756	1.63
15	大丰县阀门厂	115.3	92.4	8.6	9.4	1.0	18 588	2.08

上又有开封高压阀门厂、兰州高压阀门厂，中国人民解放军五七一九工厂阀门分厂、长沙市阀门厂、长春高中压阀门厂、扬州阀门厂、天津阀门公司、浙江保一阀门厂、中国航天工业总公司十一所、西安泵阀总厂、温州挺宇集团、杭州华惠阀门有限公司 13 个企业获得了 ISO9000 质量体系认证证书。

1996 年，阀门行业有两个企业由于多种原因，资不抵债，相继破产。沈阳高中压阀门厂于 1996 年 12 月宣告破产，瓦房店阀门厂于 1996 年 6 月宣告破产。

表 3　1996 年阀门行业国内销售收入前十名企业

序号	企业名称	销售收入（万元）
1	苏州阀门厂	28 173
2	天津塘沽瓦特斯阀门有限公司	15 075
3	铁岭阀门厂	10 537
4	上海良工阀门厂	10 257
5	大连高压阀门厂	9 671
6	福建三明高中压阀门厂	9 174
7	上海阀门厂	8 551
8	上海耐莱斯詹姆斯伯雷阀门有限公司	8 420
9	自贡高压阀门股份有限公司	7 154
10	开封高压阀门厂	6 888

表 4　1996 年阀门行业出口产值前十名企业

序号	企业名称	出口产值（万元）
1	苏州阀门厂	16 457
2	天津塘沽瓦特斯阀门有限公司	8 213
3	大丰县阀门厂	6 000
4	安徽和县阀门总厂	4 474
5	上海耐莱斯詹姆斯伯雷阀门有限公司	3 594
6	大连高压阀门厂	3 141
7	上海良工开维喜阀门有限公司	2 514
8	上海良工阀门厂	2 248
9	山东益都阀门股份有限公司	2 142
10	自贡高压阀门股份有限公司	1 681

〔撰稿人：中国通用机械阀门行业协会　刘亚良
审稿人：中国通用机械阀门行业协会　康家桥〕

〔电力工业部〕

生产发展情况　电力系统从事阀门生产的企业有 4 个，全部是国有大中型企业，其中大二型企业 1 个，中型企业 3 个。职工人数 2 777 人，其中工程技术人员 320 人。1996 年完成工业总产值 16 529 万元，工业增加值 5 488 万元，全员劳动生产率 19 762 元/人，全行业亏损 425 万元。

1996 年完成重大生产任务有：扬州电力设备修造厂为丰城电厂提供的 48 套阀门电动装置。哈尔滨电力设备总厂为阳泉电厂、海渤湾电厂、武钢自备电厂、牡丹江二电厂、湘潭电厂等，提供配套阀门旁路装置 11 台（套）。

产品分类及产量　电力系统阀门制造厂的产品，大部分用于大型电站阀门控制系统，1996 年完成产量情况：阀门 622 台，阀门电动装置 13 003 台，阀门旁路配 200MW 机组、300MW 机组 8 台（套）。

市场及销售　1996 年电力系统从事阀门生产的企业，全年共完成销售收入 1.5 亿元，产品销售税金及附加 101 万元。完成出口产量 240 台阀门电动装置，创 11.2 万美元出口交货值。

上海电力机械厂，坚持产品面向电力市场，从制造高中压阀门开始，现已能为 200MW 机组、300MW 机组配套旁路阀门，拓宽了市场。

扬州电力设备修造厂，坚持灵活的营销战略，对电厂进行销前、销中、售后“一条龙”服务，满足了 50MW～600MW 电站发电机组的配套要求；并瞄准国际市场，每年出口创汇。

哈尔滨电力设备总厂，以高科技旁路阀门占领市场，他们的高温高压阀门有较好的市场信誉。1996 年他们与德国合资合作，经销各式阀门，为打入国际市场，打下了基础。

新技术及科研成果　扬州电力设备修造厂研制的汽轮机电动旁路系统阀门电动装置国产化项目，获 1996 年部级科学技术进步奖。DZW 系列阀门电动装置获国家级科学大会奖。

新产品　1996 年通过国家和部级新产品鉴定的产品 2 个，是由扬州电力设备修造厂完成的。(1) DZW 系列户外型阀门电力装置，被国家经贸委列为国家级新产品。(2)汽轮机二级旁路阀门与调节型电动执行机构，通过了国家经贸委委托电力工业部进行的鉴定。

基本建设及技术改造　全年完成固定资产投资额 3 004 万元，其中，技术改造投资额为 2 811 万元，占总投资额的 93.6%。

上海电力机械厂为使铆焊作业配置完善化，投资 25 万元进行技改，新增生产能力 500t。

郑州电力机械厂，金工车间扩建、新置动平衡试验机、自动化设备等，技改工程共投入 77 万元。

扬州电力设备修造厂，投资 2 084 万元对以下项目进行技改，取得良好经济效益。①新建 4 400m^2 金加工厂房，使该厂生产的阀门备件向大型化过渡。②投资 600 万元，购置了 5 台加工中心，建立阀门电动装置箱体柔性加工线。③购置了微机温控 3m 井式炉，确保产品质量稳定提高。④购置三坐标测量机、单坐标测量机，解决阀门电动装置箱体、大型复杂零件的高精度形位检测的难题。⑤投资 360 万元完成了铸铁车间的树脂砂生产线，大幅度提高了产品毛坯质量。

对外合作　哈尔滨电力设备总厂与德国合资成立了“滨达阀门有限公司”，采用合作方式，经营各式阀门；注册资本 450 万元，其中，中方投资 260 万元，外方投资 130 万元；1996 年实现销售收入 300 万元。

扬州电力设备修造厂，1996 年从德国西门子公司全套引进了电站旁路阀门执行机构和系列产品的技术、许可证。

管理及改革　对生产制造厂，电力工业部机械局在产品导向上帮助他们掌握电力发展需要，制订了《产品开发导向目录》，其中，对阀门产品着重开发管线上的调节阀门与闸阀，超临界机组运行参数比亚临界机组高，主要研究：合理的结构设计、控制热变形，材料的耐高温性能，密封结构及密封材料。

随着机组容量的增大，阀门通径也增大，除了已开发的电动执行机构外，要开发：液压执行机构，气动执行机构；性能要达到连续可调，适应大扭矩、快速的工况。还要开发生产大型真空截止阀、调节阀的品种型号，尤其是球阀、蝶阀需加强研制。

上海电力机械厂、哈尔滨电力设备总厂取得了ISO9000认证；扬州电力设备修造厂1996年11月开始，质量管理和质量保证体系按ISO9000标准运行。

〔撰稿人：电力工业部　张海青　审稿人：电力工业部　王　昀〕

〔责任编辑：白　萍〕

液压件及液力件

〔机械工业部〕

生产发展情况　液压件及液力件继续受到主机市场下滑的影响，1996年仍在低谷中运行，未见好转。据机械工业部生产与信息统计司（按97个企业）统计，工业经济效益情况详见表1。

表1　1996年液压（含液力）行业主要经济指标

项　　目	完成额（万元）	比上年增长 %
工业总产值（不变价）	206 436	1.1
（当年价）	195 666	−12.8
销售产值（当年价）	191 427	−2.2
销售收入	182 691	0.07
工业增加值	66 418	−15.9
出口交货值	4 185	−4.9
利税总额	7 684	−34.6
其中：利润总额	−4 682	−475.9

根据1990年原机械电子工业部公布的液压（含液力）行业的7个骨干企业和11个重点企业（通过体制改革后略有调整），按中国液压气动密封件工业协会统计资料汇编，液压（含液力）行业骨干重点企业1996年完成的工业总产值（1990年不变价）合计达10.04亿元，占液压、液力全行业工业总产值（1990年不变价）的60.1%。在骨干重点企业中，上海液压气动总公司、天津液压机械集团、北京市液压集团公司、辽宁省液压工业公司、榆次液压机械集团是我国生产液压件、液压系统装置和液力机械的重要生产基地，1996年工业总产值合计为6.08亿元，占骨干重点企业的60.6%，占液压（含液力）全行业的36.4%。

产品分类及产量　1996年液压件、液力件产品总产量分别比上年增长4.4%和6.5%。按行业产品品种分类的产量与产值详见表2。

市场及销售　液压件及液力件产品销售不畅，产品销售率比上年低2个～3个百分点，液压件与机械基础件全行业基本相同，液力件还略低3个～5个百分点。产品的库存额呈逐季上升之势，与上年相比，有增无减。企业流动负债及资金拖欠愈加严重，企业资金困难更显突出。经济效益处于亏损局面，并存在继续下滑的趋势。液压件及液力件产品的出口略有减少，而进口的势头很猛。

从总的宏观经济政策看，将保持连续性、稳定性和必要的灵活性，做到稳中求进，1997年经济增长总的趋势将会进一步看好，液压件及液力件行业经济效益可望走出下滑的趋势。主机行业的发展，给液压件、液力件开辟了好的市场前景，维修配套的需求市场将继续上扬。估计液压件1997年的需求量将会比1996年增长。

表2　1996年液压件、液力件按产品品种分类的产量、产值表

产品名称	产量		工业产值（不变价）（万元）
	单位	完成量	
液压件	万件	288.3	136 880
液压泵	万台	147.2	66 118
齿轮泵	万台	117.7	32 424
叶片泵	万台	20.9	16 821
柱塞泵	万台	5.4	14 313
其他泵	万台	3.1	2 560
液压马达	台	54 357	8 892
齿轮马达	台	3 955	106
叶片马达	台	666	34
柱塞马达	台	15 482	2 995
摆线马达	台	19 971	1 561
低速马达	台	14 283	4 197
液压缸	万件	26.8	26 571
液压阀	万台	97.7	28 866
压力阀	万台	19.7	3 758
方向阀	万台	42.3	12 474
流量阀	万台	8.2	1 917
比例阀	万台	0.6	361
多路阀	万台	6.5	5 021
插装阀	万台	0.6	215
叠加阀	万台	2.4	593
其他阀	万台	17.4	4 528
其他液压件	万件	11.2	6 433
液压机具	台	889	947
液压系统及装置	件	13 704	15 258
液压附件	万件	616.9	13 855
液力件	台	31 089	16 746.1
液力变矩器	台	9 387	3 354.9
液力偶合器	台	21 702	13 011.2

按中国液压气动密封件工业协会统计资料，1996年液压件、液力件产品销售去向如表3。液压件1996年销售收入最多的前十名企业是：榆次液压集团公司、天津液压机械集团公司、辽宁省液压工业公司、上海液压气动总公司、大连液压件厂、栖霞液压件厂、北京市液压工业公司、淮阴机械总厂、长江液压件厂、中国航空工业总公司贵州五〇一厂，液力件销售收入最多的前四名企业是：大连液力机械总厂、沈阳煤机配件厂、广东福伊特液力机械股份有限公司、蚌埠液力机械厂。

1996年液压件出口额较多的企业有：大连液压件厂、临海液压件厂、徐州液压气动机械公司、上海液压气动总公司、辽宁省液压工业公司、青州液压件厂、中国航空工业总公司贵州五〇一厂。

新技术及科研成果 液压、液力行业1996年获机械工业部科技进步奖有16项：淮阴机械总厂完成的CBN-G300系列高压齿轮泵，北京机械工业自动化研究所、广东液压泵厂、上海液压件一厂、阜新气动元件厂、湘潭电机厂完成的154t矿用自卸车关键液压气动元件国产化研究获二等奖；天津工程机械研究所完成的超高压性能试验台，天津工程机械研究所、江苏东台市机械厂完成的DY25A液压打桩锤，榆次液压件厂完成的推土机工作阀开发与研制，广州机床研究所完成的数控机床典型液压系统模块化设计制造研究，大连组合机床研究所、保定液压件厂完成的加工中心典型液压系统模块化设计制造研究，吉林工业大学、长春东方水泵厂等完成的矿用液力变矩器研制，西安重型机械研究所、成都高压容器厂、四平液压件厂、奉化液压件厂、涿鹿高压气瓶厂完成的液压囊式蓄能器型式和尺寸、液压隔离式蓄能器技术条件等7项标准，机械工业部第一设计研究院、上海立新液压件厂完成的上海立新液压件厂“八五”技术改造等均获三等奖，最后一项还获得机械工业部优秀设计奖三等奖。

表3 1996年液压件、液力件销售去向

销售去向	按销售额计		按销售量计	
	销售额（万元）	占总销售额%	销售量（台、件）	占总销售量%
液压件合计	141 515	100.0	2 804 568	100.0
农业机械	21 810	15.4	961 476	34.3
建筑工程机械	29 046	20.5	361 267	12.9
塑料机械	11 456	8.1	220 696	7.9
机床	6 348	4.5	165 512	5.9
工程车辆	21 995	15.6	388 090	13.8
矿山机械	7 092	5.0	100 705	3.6
石油机械	2 705	1.9	39 152	1.4
化工机械	1 306	0.9	24 708	0.9
冶金机械	11 457	8.1	85 205	3.0
医药食品机械	644	0.5	5 759	0.2
航空航天设备	1 962	1.4	7 737	0.3
船舶	1 265	0.9	12 039	0.4
出口	2 580	1.8	17 319	0.6
其他	21 849	15.4	414 403	14.8
液力件合计	12 530	100.0	22 893	100.0
冶金机械	1 091	8.7	202	0.9
矿山机械	3 997	31.9	10 091	44.1
建筑工程机械	3 169	25.3	9 734	42.5
化工机械	349	2.8	125	0.5
石油输送设备	566	4.5	158	0.7
电力设备	366	2.9	425	1.9
公用事业	883	7.1	109	0.5
汽车	90	0.7	21	0.1
铁路车辆	1		2	
工程车辆	1		2	
其他	2 017	16.1	2 024	8.8

榆次液压件厂在引进意大利埃托斯柱销式叶片泵消化吸收过程中，1996年完成了转子柱销孔强铰工艺试验和叶片泵配油盘以粉末冶金代替铜配油盘新技术，降低了成本，提高了生产效率和产品质量。该厂还完成了冶金工业部重大科技攻关项目——包钢直径400mm无缝钢管轧管机组液压系统配套，现

正在试运行阶段；还研制开发了600t陶瓷液压机，并通过样机工业试验，开始投入批量生产。大连液压件厂1996年5月与大连海事大学共同承担了"汽车转向助力泵成套技术及规模化生产研究"科研项目，基本内容包括：(1)仿形铣的研制；(2)试验台研制；(3)槽口磨床的改造；(4)解决清洗问题；(5)解决去毛刺问题；(6)轿车与转向泵的研制等。通过该项目的研究，产品质量可达到国外同类产品水平，为国产化产品占领国内市场并部分出口发挥重要作用，具有重大的经济效益和社会效益。宁波液压马达(集团)有限公司在ZJM系列低速大扭矩柱塞马达试制中采用了径向配流改为平面配流技术，改善了加工工艺，保证了长期高容积效率；用滚柱替代钢球，即改点接触为线接触，提高了压力等级，该项目列入了宁波市新产品试制计划，并获得国家专利。昆山液压气动马达总厂将F900马达配流轴、F1.0马达球头座、F3.15马达压环由9-4铜改为锌铝合金；R450马达压环由铜改为聚四氟乙烯；连杆浇巴氏合金改为喷铜等。对上述新技术、新材料的利用，配合工艺的改进，减少了材料费用，降低了产品成本。长江液压件厂开发的"工程图自动处理系统"获泸州市"八五"计算机推广应用三等奖。

新产品　为了增强重点机电产品的市场竞争能力，机械工业部针对国家重点建设领域急需的产品，市场需求前景好的产品，易形成适度规模经济及经济效益好的产品，国内有开发能力的产品，经筛选验证，确定了"九五"期间1 058种产品为重点开发产品，其中液压件、液力件行业有半模拟、半数字式电液比例放大器，通轴式轴向柱塞泵，轿车转向助力泵，YJB240～323液力变速器传动装置系列，YOCH$_J$500～1000减速式大功率液力偶合器传动装置系列等33种产品。

为了消化创新"七五"、"八五"期间引进的技术，更好地形成产品自主开发能力，机械工业部按照"国家建设领域所必须解决的关键技术，对行业发展带动作用大并能带来良好的经济效益的技术，国内有消化能力的技术"3个条件，经筛选论证，确定了"九五"期间430个消化创新项目，液压件、液力件行业有：北京市液压工业(集团)公司的高压通用液压阀，WE6-60/WE10-30电磁换向阀，斜轴式轴向柱塞泵/马达，榆次液压件厂的柱销式叶片泵制造技术，原平液压机械厂的大口径油缸，太原液压机械厂的高精度滤油器，长江液压件厂的液压挖掘机专用阀和超重载液压缸，上海液压泵厂的A2F/6.1系列斜轴式定量泵/马达、A6VM/60系列斜轴式变量马达，上海高压油泵厂的重型液压柱塞泵/马达，上海液压件厂的T6高压叶片泵制造技术，上海立新液压件厂的力士乐液压高压阀门制造技术，上海液压成套公司的No6、10电磁换向阀、叠加阀、No16～63插座阀，天津液压机械(集团)有限公司的SP NSP系列齿轮泵，大连液力机械总厂的GST50、GWT58调速型液力偶合器和TVA562、650、750、866常充型液力偶合器，大连液压件厂的液压系统制造技术，阜新液压件厂的高压低噪声叶片泵，秦川机床集团公司液压件厂的V4变量叶片泵制造技术，山东推土机总厂、长治液压件厂的小松推土机用齿轮泵系列，镇江液压件总厂的SERVOSTAT2型全液压转向器设计与制造技术，沈阳液压件厂的高压通用液压阀，安阳液压电磁元件厂的液压阀用电磁铁、比例电磁铁等22项。

北京液压件厂自行设计制造的高性能高压溢流阀、高性能高压减压阀1996年4月通过部级鉴定，其压力为31.5MPa，流量150L/min。长江液压件厂1996年先后开发了GSA3、GSA2、CBC2、CBK2高压齿轮泵、DJS2电磁定位先导控制阀、PWM脉宽数字式比例多路阀、DP20平地机多路阀、YXL优先阀等8个新产品，其中DJS2电磁定位先导控制阀是带有电磁定位和断电复位装置，是该公司90年代设计研制的具有国际先进水平的最新产品，它改机械定位为电磁定位，提高了产品的可靠性和寿命，采用片式结构，改善了工艺性能，降低了成本；脉冲调宽数字式比例多路阀采用数字技术，适应工程机械向高性能化和自动化方向发展，是机电一体化的基础元件，在工程机械上具有广阔的前景。

大连液压件厂为包钢天诚线材有限公司生产的高速线材步进式加热炉及轧机配套的液压系统(该主机为全套引进国际最先进的美国摩根公司设计的第三代产品)，是我国首次消化吸收美国摩根公司及威格士公司先进技术并在此基础上的创新，确保主机轧机线速度达132m/s，是目前国际上最快的线材轧机，达到国际当代水平，填补了国内空白，一次为国家节汇436.18万美元。

中国航空工业总公司一八三厂1996年研制开发了77项新产品，其中有12项可望形成新的经济增长点，如HBT-55拖式混凝土输送泵。

镇江液压件总厂开发的BZZ1-E80-1000型小体积转向器、新型同轴流量放大器、250优先阀、FLD-D4单稳和BM1、BM2、BMR马达及马达用换向阀，其中TLF同轴流量放大器荣获江苏省新产品金牛奖，BZZ1-E型转向器、BM2马达列入江苏省新产品开发计划，BZZ1-E型转向器达到国际90年代同类产品的先进水平，它具有压力高、体积小、重量轻、可靠性好、结构合理、三化水平高的特点，并已通过省级鉴定验收。

榆次液压件厂1996年共开发了新产品11种，如Q2GPCB-125汽车等用齿轮泵、埃托斯变量叶片泵、油缸用DG6、DG10液压锁、洛阳拖拉机厂的分配器和多路阀、天津工程机械厂的平地机组合阀和整体多路阀、工程机械用DF-25整体多路阀等。

秦川机床有限公司液压件厂在引进力士乐V4型叶片变量泵的基础上，自主开发了V5型变量叶片泵，使该厂的叶片泵在国内市场占有率得到了提高。

上海立新液压件厂1996年研制成功集国际先进水平的WE6-60电磁换向阀，开创了我国液压件引进消化吸收的先例，该阀集中了国际上6通径电磁换向阀的优点，具有动作可靠、无外漏、压力高、通流量大、结构紧凑、通用性强等特点。

由机械工业部组织鉴定通过了大连液力机械总厂研制开发的YOTGC650/3000调速型液力偶合器和YOCQZ465/3000/4600液力偶合器传动装置，前者属大功率、高转速产品，主要应用于冶金、电力、矿山等行业大型风机、水泵、油泵及皮带机上，以满足工艺工况要求，提高系统可靠性，延长系统的使用寿命，节约电能，具有良好的推广应用前景；后者是属于高速大功率液力调速传动装置，我国大型火力发电厂急需这类产品，据悉从80年代初至90年代初共进口160多台高速大功率液力偶合器（包括散件组装），国家花费外汇达2 000多万美元，可以预示该装置市场前景非常大。

机械工业部组织鉴定通过的天津液压机械（集团）有限公司的农机用液压件技术开发项目，其中包括有：CBT-F3＊＊、CBT-F4＊＊系列高压齿轮泵产品，ZFT15、ZFT20高压、组合式多路阀产品，这些产品已开始为农业机械和工程机械配套，需再进一步开拓市场，扩大配套量。

质量及质量管理　以质量保证承诺为契机，1996年5月液压行业18个企业，由机械工业部机械基础装备司组织，联合发表了质量保证承诺，促进行业产品质量和售后服务水平的提高，也借机进行有效地治理。例如，长治液压件厂为兑现自己的承诺，真正做到为用户服务，对用户负责，让用户满意，提出了“生产一流产品，提供一流服务，创造一流效益”的决策，在全厂范围内掀起了打一场质量翻身仗的高潮。

机械工业部机械基础装备司配合产品质量翻身战役，组织了液压元件质量上台阶工程（二阀质量攻关）和螺纹插装阀基金开发项目的方案论证，成立了项目领导小组，确定了质量上台阶的重点企业和实施方案，签定了合同并组织实施，承担任务的单位分别为机械工业部自动化所液压中心、北京市液压工业集团（公司）、上海立新液压件厂，项目总投资145万元。

液压行业积极推进全行业ISO9000系列质量保证体系的认证工作，截至1996年底，获ISO9000系列质量认证的企业有：首钢液压中心和中国航空工业总公司贵州五〇一厂、一八三厂。

由机械工业部组织，1996年对定量叶片泵和多路换向阀产品进行了质量国家监督抽查。定量叶片泵国内定点生产厂家约有32个，这次抽查的16个企业（其中2个企业无样品，实际检查14个企业）是叶片泵生产的主导企业，产量约占全国总产量的90%，共抽取样品84台，经检测评定，14个企业的14种产品中合格10种，合格样品数60台，抽样合格率为71.43%。多路换向阀这次抽查了20个生产厂家的产品，厂家数约占全国多路阀生产厂家的1/3，产量约占全国总产量之和的80%以上，抽查共取样阀80台，实际测试了61台，合格42台，总台次合格率为68.8%，其中参加性能试验41台，合格26台，台次合格率为63.4%；参加清洁度试验20台，合格16台，台次合格率为80%。

经1996年评定获机械工业部1995年度优等品产品的为青州液压件厂生产的CBG3125中高压齿轮泵。获一等品产品的有：上海气动成套公司生产的CY14-1B（2.5、10、25、63）轴向柱塞泵，长江液压件厂生产的G30系列高压齿轮泵、ZS1-L20E多路换向阀、ZL系列多路换向阀，沈阳工程液压件厂生产的Xm-G560斜盘式轴向柱塞马达，阜新液压件厂生产的CBF-E25～100中高压齿轮泵，南京山特工程机械公司生产的SG-E90×340E系列液压缸等。

长江液压件厂生产的高压液压油缸荣获第二届（1995）四川名牌产品称号。

基本建设及技术改造　1996年技术改造的重点是液压件及密封件“八五”技改补充专项的竣工验收，补充专项共有9个项目，其中液压件项目8个，从1993年下半年开始，分别完成各项目的前期工作并投入实施，继1995年11月中国航空工业总公司五〇一厂、一八三厂竣工验收后，其余6个项目全部于1996年9月底之前竣工验收。这8个项目实际投入59 420万元，其中含外汇3 049万美元。达纲后新增液压件生产能力50.8万件、电磁铁90万件、精密铸件3 000t（净增），新增产值近8亿元，利税2.22亿元。补充专项是液压行业历次改造中投入强度最大的一次技改。通过补充专项的技改，被改造企业的工艺及工艺装备水平上了一个台阶，基本上属国内先进水平，部分关键零件的工艺及工艺装备水平接近国际先进水平。

在“八五”专项技改中，长江液压件厂于1996年9月通过了竣工验收，榆次液压件厂铸造中心于1996年11月通过了竣工验收，原平液压机械厂于1996年10月，由山西省机械电子工业厅主持通过了大口径油缸项目的竣工验收。榆次液压件厂铸造中心是继如皋液压件铸造厂之后又一个具有较高工艺装备水平的精密液压铸件的生产点，形成年产5 000t液压铸件的生产能力，铸件精度达到CT6～CT9，粗糙度$Ra12.5\mu m$～$25\mu m$。原平液压机械厂进口了西班牙大口径油缸生产关键设备和制造工艺，利用冷板卷焊热装套筒生产大型油缸，其缸径达400mm～1 000mm，压力达32MPa，行程达4 000mm，特别适用于单件、小批量、非标准用户的需要，该工艺填补了目前我国专业化生产大口径油缸的空白。

在国家计划外，还有一些企业利用自筹资金进行了技改，如临海机械厂建成一个封闭式生产液力变矩器的车间，其生产能力1万台；温州市黎明液压机电厂建造了$500m^2$的过滤技术测试中心，洁净度达10万级。

液压件及液力件行业列入国家第一期“双加”工程的有7个项目，计划总投资24 674万元（含外汇794万美元），其中专贷20 150万元，1996年计划投入4个项目，计划投资9 000万元，其中专贷6 400

万元。列入国家第二期“双加”工程的有7个项目，计划总投资20 115万元(含外汇125万美元)，其中专贷14 050万元，1996年计划投入2个项目，计划投资4 520万元，其中专贷3 030万元。

对外合作　由北京市液压工业公司与德国力士乐公司合资组建的力士乐（北京）液压有限公司，1995年7月在德国波恩签订合资合同，于1995年12月在中国北京签订扩资合同之后，于1996年6月1日正式开业运营，当年生产减速机973台，完成产值933万元，销售收入720.5万元。

应意大利对外贸易协会邀请，由中国液压气动密封件工业协会副理事长杨尔庄先生等8人组成代表团，1996年3月赴意大利参观了第十五届流体及机械动力传动和控制及工程设计展览会（FLUIDTRANS COMPOMAC，96)，据不完全统计，代表团和近50个厂商进行了座谈交流，展览会期间代表团拜会了意大利液压气动制造商协会、意大利齿轮及传动零件制造商协会、英国流体传动学会、欧洲液压与气动协会（CETOP）代表。应美国流体动力协会（NFPA）邀请，由中国液压气动密封件工业协会副秘书长苏肇侠先生等8人，于1996年4月赴美国参观1996年美国国际流体动力展览会(IFPE’96)，展览会期间拜会了流体动力协会，会后，应美国PARKER HANNIFIN公司邀请，到该公司有关液压、气动、辅件等生产厂进行了考察。

应中国液压气动密封件工业协会邀请，日本油空压工业会小笠原文男先生为团长的9人代表团，1996年10月27日～11月8日来我国北京、济南、天津有关企业进行了参观考察，并进行了3场技术交流。

管理及改革　为了认真贯彻机械工业部“三大战役”实施方案，根据机械基础件工业的具体情况，机械工业部机械基础装备司于1996年9月在辽宁省瓦房店市召开了机械基础件行业贯彻实施“三大战役”工作会议，通过这次会议制定了《机械基础件行业“三大战役”总体概述》和三个战役的实施方案。

围绕启动振兴，实施科教兴业，打好机械工业“三大战役”，为企业科技进步做好技术服务，振兴我国的液压气动密封工业，中国液压气动密封件工业协会于1996年成立了技术委员会。

在调整结构、转化机制方面，液压行业有一定进展，例如，北京市液压工业（集团）公司经北京市人民政府批复，将实施现代企业制度试点，组建北京华德液压工业（集团）有限公司，同时取消北京液压件厂、华德液压泵厂、行星减速机厂、液压件四厂、液压件铸造厂的法人地位，拟于1997年进行改制；宁波液压马达总厂按现代企业制度进行了体制改革，成立了宁波液压马达（集团）有限公司，按《公司法》运作，股董由职工持股会和工业国资公司组成，进而激发了企业的活力；经湖南省人民政府批准，同意邵阳液压件厂进行现代企业制度试点，建立邵阳液压有限责任公司，按《公司法》进行运作；榆次液压集团有限公司于1996年7月正式挂牌，标志着榆次液压集团在建立现代企业制度中步入了全面实施的新阶段。

液压行业不少企业为了提高产品质量，提高企业的经济效益，在其内部也大胆地进行了改革，例如，长治液压件厂加强了对车间一级的成本考核，调整了经济责任制考核办法，实行成本费用一票否决制度；沈阳液压件厂提出“以销售支撑生产，以管理保证效益，以新产品开发拓展市场”的经营观念，将经营指标由单独经营部门负责改为扩展到全厂的几个部门共同负责，经营指标分解直接落实到个人，并与个人的工资收入、奖金直接挂钩；上海立新液压件厂力争保持产品的多样性，提出只要用户需要，我们宁可将困难揽在身上，也不让用户东奔西走；天津液压集团公司注重抓现场、练内功，管理效益不断提高，他们采取了三个措施。(1)从定置管理入手，优化现场管理。(2)完善标准化体系，优化基础性工作。(3)加强制度建设，健全、完善企业法规。邵阳液压件厂为了维护职工的合法权益，调动职工的积极性，建立协调稳定的劳动关系，促进企业经济发展，采取了行政与工会签订集体合同的办法。

天津液压机械（集团）有限公司获机械工业部1995年度“中国机械工业优秀企业”称号；邵阳液压件厂杨荣林厂长获湖南省机械系统优秀企业家称号。

中国航空工业总公司五〇一厂以“力源液压”名称股票上市，是液压行业第一家股票上市企业。

〔撰稿人：机械工业部第一设计研究院、中国液压气动密封件工业协会　易新都　审稿人：机械工业部机械基础装备司　陈寿德〕

〔责任编辑：白　萍〕

气 动 元 件

〔机械工业部〕

生产发展情况　气动行业（包括气缸、控制阀、电磁阀和气源处理三大件）共有归口企业19个。1996年据机械工业部统计信息司报导，企业的生产发展情况详见表1。国内机械产品市场，自1994年下半年开始下滑以来，持续至1996年底仍未见好转，在气动行业上反映也很明显，除利税总额有所增长外，其余各指标都有不同的下降。

据中国液压气动密封件工业协会1996年度气动元件行业年报统计，1996年气动行业气动元件产品总产值(按1990年不变价)前五名的企业排序是：肇庆气动元件总厂、济南华能气动元器件公司、上海液压气动总公司气动成套公司、烟台气动元件厂、江都市气动元件厂。这5个企业1996年工业总产值合计为19 468万元，占气动全行业总产值的49.1%。

表1 1996年气动行业主要经济指标

项　目	完成额（万元）	比上年增长%
工业总产值（不变价）	34 010	−29.9
（当年价）	31 269	−35.9
销售产值（当年价）	29 178	−33.6
销售收入	23 568	−10.5
出口交货值	4 028	−75.5
利税总额	3 039	13.9
其中：利润总额	621	−21.6

根据原机械电子工业部1990年公布的骨干、重点企业名单中，济南华能气动元器件公司是气动行业中唯一的骨干企业；重点企业3个：无锡市气动元件厂、烟台气动元件厂、肇庆气动元件总厂。这4个骨干、重点企业1996年工业总产值为15 313万元，利税总额1 024万元，分别占气动全行业的38.6%、53.3%。

济南华能气动元器件公司"八五"技术改造完成后，企业的加工工艺及工艺装备水平得到大幅度提高，各项技术经济指标均有较大幅度增长，已具有年产各类气动元件44万件的生产能力，基本形成规模经济。企业生产的产品水平达到国际80年代末、90年代初的先进水平，广泛应用于电子、食品包装、化工、冶金、建材等行业，并在国家部分重点工程及大型企业中开花结果，如三峡工程、大亚湾核电站、京九铁路线、宝钢、四川长虹等。1996年又创出口创汇最好水平，全年共出口气缸500条（根）、电磁阀3.2万件，实现创汇50万美元，比1995年多创汇30万美元，产品销往欧美及东南亚地区。

肇庆气动元件总厂1996年的经济效益又有所增长，产品产量27.14万件，工业总产值5 703万元，分别比上年增长10.8%、5.1%。

烟台气动元件厂1996年产品出口额大大增加，达588万元（折合外汇达70多万美元），主要出口日本、德国等国。

产品分类及产量　1996年气动元件行业产品总产量为174.2万件，比上年增长27.2%，按产品品种分类的产量、产值如表2。

市场及销售　在全国机械产品不景气的情况下，气动元件产品的销售情况尚可，但是产品的库存额与上年相比有增无减，企业间的资金拖欠现象比1995年更显突出，流动负债比上年有所下降。

由于气动行业是一个新兴的产业，从总的趋势看，气动元件的市场及销售将会看好，而且还要持续相当长时间，但是外资企业发展很快，市场竞争激烈。

根据中国液压气动密封件工业协会的统计资料，1996年气动元件产品的销售去向如表3。

销售收入最多的前五名企业是：肇庆气动元件总厂、济南华能气动元器件公司、江都市气动元件厂、无锡市气动集团公司、烟台气动元件厂。

1996年气动元件产品出口额较多的企业有：烟台气动元件厂（出口交货值588万元、折合外汇约70万美元），济南华能气动元器件公司（50万美元）等。昆山市液压气动马达总厂的SKQ28165升降可锁定气弹簧、YQ2806型压缩气弹簧均已得到外商的认可，有良好的出口前景。

新技术及科研成果　气动行业1996年获机械工业部科技进步奖的项目有3项：北京机械工业自动化所、广东液压泵厂、上海液压件一厂、阜新气动元件厂、湘潭电机厂完成的154t矿用自卸车关键液压气动元件国产化研究获二等奖；机械工业部北京机床研究所、大连组合机床研究所完成的数控机床典型气动模块的开发与研究，机械工业部第一设计研究院、济南华能气动元器件公司完成的济南气动元件厂"八五"技术改造获三等奖，最后一项同时获机械工业部第四届优秀设计奖二等奖。

为了增强企业的新产品开发能力和技术创新能力，保证机械工业部"三大战役"中"开发能力提高战役"的顺利实施，机械工业备选了313个企业技术中心，其中气动行业备选了一个企业，即济南华能气动元器件公司。

昆山市液压气动马达总厂将气弹簧活塞杆原采用的镀铬工艺改为镀镍磷工艺，提高了活塞杆的耐腐蚀性能，相应提高了产品的寿命。

表2 1996年气动元件按品种分类产量、产值表

产品名称	产量 单位	产量 完成量	工业产值（不变价）（万元）
气动产品总计	件	2 024 082	29 336.9
气动元件合计	件	1 741 766	27 727.7
控制元件小计	件	818 991	11 278.0
方向控制阀	件	561 656	8 030.0
压力控制阀	件	71 587	976.6
流量控制阀	件	91 288	1 141.9
其他气阀	件	94 460	1 129.5
气缸小计	件	212 546	10 610.0
气源处理装置及附件小计	件	541 096	4 167.9
三大件	件	404 914	2 691.3
滤清器	件	60 763	638.2
空气干燥器	件	9 831	268.0
其他处理元件	件	65 588	570.4
其他气动元件小计	件	169 133	1 671.9
气动系统及装置合计	套	19 761	1 113.0
气动系统	套	2 476	335.0
气动机械	套	17 285	778.0
气动管接头及备件	件	262 555	496.2

新产品　为了增强机电重点产品的市场竞争能力，机械工业部按照国家重点建设领域急需的产品，市场需求前景好的产品，易形成适度规模经济及经

济效益好的产品，国内有开发能力的产品为条件，经筛选验证，确定了1 058种产品为重点开发产品，其中气动行业有：模块式气源处理装置、齿杆式回转摆动气缸、阀岛（集装式电控换向阀）、压力机用安全双联阀、气动机器人、组合气缸、X系列气源处理三大件、无油润滑低功率气动换向阀共8种产品为重点开发产品。

为了消化创新"七五"、"八五"期间引进的技术，更好地形成产品自主开发能力，机械工业部按照"国家重点建设领域所必须解决的关键技术，对行业发展带动作用大并能带来良好的经济效益的技术，国内有消化能力的技术"3个条件，经认真筛选、论证，确定了430个消化创新项目。气动行业有：上海液压气动总公司气动成套公司的气动电磁换向阀、气源处理元件、主控阀，济南华能气动元器件公司的SR系列低功率不供油小型电控换向阀和高性能BK、AK系列电磁阀等3个项目。

无锡气动技术研究所为冶金行业研制了机—电—气一体化的HS-1型钢坯标记自动喷印机，该机采用金属喷镀工艺，用于对800℃～900℃高温连铸坯，自动在钢坯表面上喷印钢号、批号、生产日期等数据，填补了国内空白；还研制了LRD系列低温冷冻干燥机，这是一种新型压缩空气处理设备，该机的大气压露点可达－60℃，经处理后的压缩空气干燥度和吸附式干燥机相当，但能耗只有吸附式干燥机的1/3，且维修保养比吸附式干燥机方便，该产品也填补了国内的空白；还研制了WQ-021系列气动隔膜阀，通径规格直径25mm～200mm，主要用于环保方面的水处理工程设备上，直径100mm通径以下材质采用工程塑料，耐腐蚀，外型美观，是国内首创的产品。该所正在开发研制轴承注油压盖自动装配线，适用于102～205轴承的注油压盖，3秒内可完成轴承自动装配，油脂定量范围：0.1g～5.0g，定量精度高，可靠性好，达到国外同类产品90年代水平。

表3　1996年气动元件销售去向

销售去向	按销售额计		按销售量计	
	销售额（万元）	占总销售额%	销售量（万件）	占总销售量%
气动元件合计	24 647.5	100.0	1 668 872	100.0
电子设备	691.1	2.8	52 468	3.1
纺织机械	867.4	3.5	145 147	8.7
食品机械	970.7	3.9	50 259	3.0
轻工机械	1 149.0	4.7	122 341	7.3
冶金设备	1 952.1	7.9	88 598	5.3
机床	3 130.7	12.7	158 088	9.5
工程运输机械	435.9	1.8	23 966	1.4
塑料机械	1 029.3	4.2	67 654	4.1
包装机械	714.1	2.9	43 016	2.6
印刷机械	707.4	2.9	48 558	2.9
矿山机械	1 161.6	4.7	43 070	2.6
汽车、机车	829.0	3.4	44 855	2.7
石化设备	941.6	3.8	47 666	2.9
出口	665.7	2.7	110 337	6.6
其他	9 401.9	38.1	622 849	37.3

济南华能气动元器件公司1996年共设计试制成功了18种新产品，其中有3种产品已开始投入市场，它们是：K23RF-2多用途手动阀、QGCJ系列摆动夹紧气缸、K23JD型安全联锁阀，这3种产品技术性能都达到了国外同类产品90年代水平，有的还填补了国内的空白。此外，低功率不供油小型电控换向阀和QGCXFF不供油带开关小气缸，在1996年被国家科委和国家经贸委批准为国家级新产品，并获得证书。

昆山市液压气动马达总厂应美商要求设计制造的SKQ28165型升降可锁定气弹簧，其行程165mm，比国内常规气弹簧长，寿命要求10万次不漏气，盐雾试验500h，均超过国家标准，用不锈钢制造，在世界气弹簧产品中也属首创；YQ280型压缩气弹簧也通过了日商的鉴定认可，该产品外形与一般压缩气弹簧相似，但其伸展速度仅10mm/s，远远小于一般压缩气弹簧（100mm/s～200mm/s），且全行程上速度均匀，用于工程车辆座椅的减振，效果尤佳。

烟台气动元件厂的K系列阀通过了山东省级鉴定。

质量及质量管理　受机械工业部和国家技术监督局委托，机械工业部气动元件产品监督检测中心1996年对气动—空气减压阀进行了国家监督抽查，这也是气动行业进行的第一次国家监督抽查。全国生产气动—空气减压阀产品的主要厂家有40个左右，这次共抽查了29个企业，占企业总数的76.3%，共抽查了29种产品，产值占全国同类产品总产值的75%以上。经检验合格的产品有15种，抽样合格率为51.7%，其中QTY系列减压阀抽查了9个企业的9种产品，6个企业的6种产品合格，合格率为66.7%；395系列减压阀抽查了11个企业的11种产品，结果全部不合格；495系列减压阀抽查了5个企业的5种产品，全部合格；其他特殊减压阀抽查了4个企业的4种产品，全部合格。

经1996年评定，获机械工业部1995年度气动元件一等品的产品是由威海气动元件厂生产的QSL系列气动—空气过滤器。

基本建设及技术改造 气动行业列入国家第一期“双加”工程的有2个项目：烟台气动元件厂和无锡新威集团有限责任公司，计划总投资5 000万元（含外汇164万美元），其中专项贷款4 000万元，1996年这两个项目计划投资2 250万元，其中专项贷款1 700万元，而实际上只有烟台气动元件厂1995年～1996年两年间实际贷款到位才445万元，完成投资355万元。列入国家第二期“双加”工程的有两个项目；济南气动元件厂和肇庆气动元件总厂，计划总投资5 800万元（含外汇68万美元），其中专项贷款4 060万元，1996年只有肇庆气动元件总厂下达投资计划1 300万元，其中专项贷款1 000万元；济南气动元件厂项目由于种种原因未列上计划，但是企业自筹资金80万元，购进5台（套）国产设备，自制了36套工艺装备，进一步对“八五”进口设备填平补齐，充分发挥现有生产线的生产能力。

昆山市液压气动马达总厂为扩大气弹簧生产能力，提高产品质量，满足国内外市场的需求，上报了气弹簧技术改造项目，1996年经江苏省计经委批准，计划总投资2 000万元，改造形成年产300万套气弹簧的生产能力，1996年完成投资350万元，计划1997年完成实施，达纲后新增销售收入10 000万元，新增利税2 000万元，创汇700万美元。

对外合作 由中国液压气动密封件工业协会副理事长杨尔庄先生等8人组成的代表团，于1996年3月赴意大利参观了第十五届流体及机械动力传动和控制及工程设计展览会（详见本书液压件及液力件行业“对外合作”条目）。日本油空压工业会小笠原文男先生为团长的9人代表团，于1996年10月27日～11月8日来我国北京、济南、天津等地有关企业进行了参观考察，并进行了3场技术交流，交流内容有：近年来日本工业界推行的提高生产管理全过程TPM（TOTAL PRODUCT MAINFENANCE）。

管理及改革 为了认真贯彻机械工业部“三大战役”实施方案，根据机械基础件工业的具体情况，机械工业部机械基础装备司于1996年9月在辽宁省瓦房店市召开了机械基础件行业贯彻实施“三大战役”工作会议，通过这次会议制定了《机械基础件行业“三大战役”总体概述》和“三大战役”的实施方案。

围绕启动振兴，实施科教兴业，打好机械工业“三大战役”，为企业科技工作做好技术服务，振兴我国液压气动密封工业，中国液压气动密封件工业协会于1996年成立了技术委员会。

肇庆气动元件总厂以总厂为核心企业，三个直属分厂、三个分公司、一个控股公司为紧密层企业，组成了肇庆方大气动有限公司，该公司大刀阔斧进行了机构、人事制度的改革和全员劳动合同制的推行，加快了企业的发展，在市场疲软、资金紧张、各项费用上升的形势下，通过“三改一加强”（改革、改组、改造，加强企业管理），以“提质降耗增效益”为目标，取得了持续、稳步的发展，经济效益和发展速度也得到同步增长。

〔撰稿人：机械工业部第一设计研究院、中国液压气动密封件工业协会　易新都　审稿人：机械工业部机械基础装备司　窦文兰〕

〔责任编辑：白　萍〕

密　封　件

〔机械工业部〕

生产发展情况 密封件行业包括橡塑密封件、机械密封件和柔性石墨密封件。按机械工业部生产与信息统计司1996年统计，归口企业为27个，实现工业总产值（按1990年不变价）54 474万元，比上年增长130.4%。从整个密封件行业来看，一些主要经济指标上年均提高很多，如表1所示。

表1　1996年密封件行业主要经济指标

项　目	完成额（万元）	比上年增长%
工业总产值（不变价）	54 474	130.4
（当年价）	56 883	138.2
销售产值（当年价）	47 530	116.7
销售收入	40 181	96.1
工业增加值	23 296	
出口交货值	15 913	911.0
利税总额	6 314	1 269.6
其中：利润总额	3 036	

但是，根据中国液压气动密封件工业协会1996年统计资料，从具体指标来分析，又存在不少问题。例如，从利润总额来看，橡塑密封件分行业为4 026.2万元，而机械密封件和柔性石墨密封件分行业又均为负值，分别为－262.6万元和－535.0万元，而橡塑密封件分行业中宁国中鼎橡塑密封股份有限公司获利润最高，达4 043.0万元，比密封件全行业的利润还高，说明密封件行业多数企业的经济效益都不高。

据中国液压气动密封件工业协会年报统计资料汇编统计，1996年密封件行业中，橡塑密封件产品总产值（1990年不变价）前五名的企业是：宁国中鼎橡塑密封股份有限公司、中国人民解放军南京七四二五工厂、青岛基珀密封工业有限公司、山东省莱州市橡胶制品总厂、浙江海门橡胶一厂，这五个企业的工业总产值为47 608万元，是橡塑密封件分行业总产值的66.7%；机械密封件产品总产值（1990年不变价）前三名的企业是：四川日机密封件有限公司、武进机械密封件厂、约翰克兰（天津）有限公司，这三个企业的总产值为5 685万元，是机械密封件分行业总产值的50.7%；柔性石墨密封件产品的总产值（1990年不变价）前三名的企业是：青岛黑鲤石墨工业公司、山东滨州柔性石墨密封件厂、浙江慈溪密封材料厂，这三个企业的总产值为8 614万元，为柔性石墨密封件分行业的51.4%。

产品分类及产量 1996年密封件行业按产品大类分，产品总产量详见表2，按行业产品品种分类的产量与产值详见表3。

表2 1996年密封件产品产量

项目	单位	完成量	比上年增长%
橡塑密封件	万件	45 732.1	-37.5
机械密封件	万套	303.0	20.0
柔性石墨密封件	t	767.2	12.5

市场及销售 1996年产品销售不太理想，工业产品销售率为89.9%，比上年下降10多个百分点，其中，橡塑密封件销售率仅达84.1%，比上年下降13个百分点；机械密封件销售最好，为110.8%，比上年上升了8个百分点；柔性石墨密封件尚可，为99.0%，比上年下降近8个百分点。

从表1看，密封件行业的利税总额和利润总额均比上年同期增幅较大，而实际上是由个别经营好的利税大户支撑着，除去个别利税大户外，全行业处于亏损局面，截至1996年底还没有出现明显好转的迹象。

根据中国液压气动密封件工业协会1996年统计资料，橡塑密封件、机械密封件及柔性石墨密封件产品的销售去向详见表4、表5和表6。

表3 1996年密封件按产品品种分类的产量、产值

产品名称	产量		工业产值（1990年不变价）（万元）
	单位	完成量	
橡塑密封件	万件	45 732.1	35 716.0
O形圈	万件	12 159.5	4 304.1
骨架油封	万件	6 182.4	8 636.6
机械密封件			
机械密封件	万套	303.0	9 159.0
机械密封配件	万件	54.0	1 120.4
柔性石墨密封件	t	767.2	4 297.3
石墨填料	t	18.2	152.4
缠绕垫片	t	139.2	983.6
编制填料	t	8.8	96.6
板材	t	533.5	2 660.7

表4 1996年橡塑密封件销售去向

销售去向	按销售额计		按销售量计	
	销售额（万元）	占总销售额%	销售量（万件）	占总销售量%
合计	30 284.4	100.0	46 580.3	100.0
农业机械	2 634.8	8.7	3 669.8	7.9
建筑工程机械	837.8	2.8	1 662.1	3.5
塑料机械	825.2	2.7	1 001.2	2.1
机床	880.4	2.9	1 116.4	2.4
工程车辆	828.3	2.7	1 384.7	3.0
矿山机械	2 578.1	8.5	4 367.5	9.4
石油机械	89.0	0.3	128.2	0.3
化工机械	1 711.8	5.7	4 455.3	9.6
冶工设备	118.9	0.4	341.8	0.8
医疗食品包装机械	15.9	0.1	11.1	0
航空航天设备	824.5	2.7	780.0	1.7
船舶	219.6	0.7	300.5	0.6
汽车	16 245.5	53.6	23 019.1	49.4
其他	2 474.6	8.2	4 342.6	9.3

1996年密封件出口产值15 913万元，出口产值超过1 000万元的企业有两个，即宁国中鼎橡塑密封件有限公司、青岛黑鲤石墨工业公司。

新技术及科研成果 天津市机械密封件厂、沈阳鼓风机厂、天津克兰密封有限公司等单位完成的高速透平压缩机用螺旋槽端面密封及其系统获1996年机械工业部科技进步二等奖。

青岛基珀密封工业有限公司采用电脑控制原材料配方；对油封成形工艺完成研制，并推广了注射多腔模硫化工艺；小批量试制氢化丁腈胶。

沈阳水泵厂机械密封分厂首次完成串联式机械密封，为石化的深加工解决了轴封的技术关键；还开展了核主泵机械密封的单级试验研究工作，为今后开展多级核主泵机械密封试验研究工作打下了良好的基础。

四川日机密封件有限公司完成了气膜密封技术

表5　1996年机械密封件产品销售去向

销售去向	按销售额计		按销售量计	
	销售额（万元）	占总销售额%	销售量（万套/万件）	占总销售量%
合计	10 222.4	100.0	295.9/48.8	100.0/100.0
农业机械	169.2	1.7	4.8/10.0	1.6/20.5
建筑工程机械	309.2	3.0	0.4/0.2	0.1/0.4
塑料机械	4.9	～0	—	—
机床	175.8	1.7	0.4/0.8	0.1/1.6
工程车辆	6.9	0.1	—	—
矿山机械	120.4	1.2	1.8/3.4	0.6/7.0
石油机械	1 882.4	18.4	14.4/6.6	4.9/13.5
化工机械	3 127.9	30.6	23.3/18.5	7.9/37.9
冶金工业	488.5	4.8	2.0/1.7	0.7/3.5
医疗食品包装机械	241.8	2.4	1.5/0.3	0.5/0.6
航空航天设备	245.4	2.4	0.4/—	0.1/—
船舶	205.2	2.0	5.3/0.3	1.8/0.6
汽车	1 731.5	16.9	79.3/1.1	26.8/2.3
其他	1 513.4	14.8	162.3/5.9	54.9/12.1

注：分子系成套的机械密封件，分母系机械密封件配件。

表6　1996年柔性石墨密封件产品销售去向

销售去向	按销售额计		按销售量计	
	销售额（万元）	占总销售额%	销售量（t/t）	占总销售量%
合计	3 542.2	100.0	231.4/530.5	100.0/100.0
建筑工程机械	28.4	0.8	2.0/5.0	0.9/0.9
矿山机械	20.8	0.6	5.5/—	2.4/—
石油机械	931.3	26.3	99.8/20.0	43.1/3.8
化工机械	627.5	17.7	81.7/10.4	35.3/2.0
冶金设备	163.1	4.6	27.6/1.1	11.9/0.2
汽车	120.0	3.4	—/20.0	—/3.8
其他	1651.2	46.6	14.8/474.0	6.4/89.3

注：分子为柔性石墨密封件，分母为柔性石墨板材。

的试验室试验工作，已开始在泵密封方面进行工业试验；Sic材料及其在机械密封摩擦副上的运用，达到了国内先进水平，各项技术性能指标不低于国外水平。

由机械工业部广州机床研究所、北京起重运输机械研究所和中鼎汽车零部件有限公司共同承担的机械工业部技术发展基金会下达的2t～3t叉车密封技术研究项目，1996年通过国家鉴定。通过此课题研究，制定了《叉车液压系统泄漏控制规范》，为今后促进产品质量和可靠性奠定了基础。

机械工业部合肥通用机械研究所完成了机械工业部技术发展基金项目93J8001降低石墨填料对阀杆的电化学腐蚀及93J8002碳纤维编织填料浸渍工艺研究两项科研课题任务，并通过了部级鉴定。专家认为，这两项科研项目解决了填料密封中的技术难题，提高了密封件产品的性能指标，达到了国际先进水平，为柔性石墨密封行业做出了贡献。

新产品　高压油缸往复密封，汽车动力转向器油封，气膜非接触式机械密封，非接触式机械密封，高压、大轴径机械密封，高强度柔性石墨复合板材，核电站用柔性石墨密封材料，电站用金属缠绕垫片等8种产品，列入了机械工业部“九五”重点开发产品指南。

青岛基珀密封工业有限公司1996年共完成新产品开发项目151项。主要有：为第一汽车厂研制的488发动机气门导杆油封，为青岛海尔洗衣机厂研制的全自动洗衣机配套的密封件，为青岛大洋技研摩托车配件有限公司研制的摩托车油门开关和滤油器密封件，为常州常恒集团研制的洗碗机密封件等，这些产品都具有国际90年代水平，并列入了青岛市重点技术发展项目计划。其中已批量订货的新产品有37种。

沈阳水泵厂机械密封分厂1996年试制成功了4种新产品，其中有为300MW机组凝升泵配套的

964 型机械密封。另外，在国内还首先开发了两种快装式串联式机械密封，为解决深冷、易汽化、易燃、易爆介质的轴封关键奠定了基础。

四川日机密封件有限公司 1996 年 12 月通过了 B8MZa 型离心压缩机机械—浮环组合密封新产品的部级鉴定。该产品密封内泄漏量小于 3L/d，密封使用寿命大于 15 000h，密封使用温度—50℃～120℃，密封使用压力小于 3.0MPa，密封轴径≤140mm，转速小于 12 600r/min。

质量及质量管理 机械工业部机械基础装备司于 1996 年 9 月在辽宁省瓦房店市召开了机械基础件行业贯彻实施“三大战役”工作会议，通过这次会议制定了《机械基础件行业“三大战役”总体概述》和三大战役的实施方案。

围绕启动振兴，实施科教兴业，打好机械工业“三大战役”，为企业科技进步做好技术服务，振兴我国的液压气动密封工业，中国液压气动密封件工业协会于 1996 年成立了技术委员会。

根据国家技术监督局安排，1996 年四季度对 19 个生产金属缠绕垫片的企业进行了产品突击性质量抽查，共抽查金属缠绕垫片 380 件，抽查企业占全国大行业生产企业总数的 20%，产量约占全国产量的 58%。检查结果是，产品合格的企业 16 个，占抽查企业的 84.2%，与 1994 年抽查结果相比，抽查合格率稳定在 84%以上。主要存在问题是，对购进的原材料控制不严，且外观质量不合格，垫片脱焊散圈，关键还是在工艺上存在问题。

1996 年青岛市橡胶制品质量监督检验站对青岛基珀密封工业有限公司生产的旋转轴唇形密封圈和 O 形橡胶密封圈按季进行了定期检验，检验结果全部合格。

1996 年 7 月四川省机械产品质量监督检验总站抽检了四川日机密封件有限公司的机械密封件产品，检测结果为一等品。

机械工业部填料静密封件标准化技术委员会 1996 年审查通过了《金属垫片》、《碳化纤维/聚四氟乙烯编织填料》和《石棉纤维/聚四氟乙烯编织填料》3 项行业标准。

基本建设及技术改造 由机械工业部广州机床研究所和广州橡胶密封件厂联合组成的广州橡塑密封件公司承担的高性能橡塑密封件项目，是液压件及密封件“八五”技术改造补充专项之一，从 1993 年下半年开始实施，于 1996 年 9 月通过国家竣工验收。该项目实际投入 5 408.17 万元，其中含外汇 292.1 万美元，达纲后新增橡塑密封件生产能力 3 040万件，新增产值 7 840 万元。

青岛密封工业公司技术改造是密封行业“八五”专项唯一的一个限上项目，于 1992 年底开始实施，1996 年 9 月通过国家竣工验收，该项目实际投入 4 530万元，其中含外汇 170 万美元，达纲后新增橡塑密封件生产能力 8 000 万件。该公司在“八五”期间还承担了轿车密封件国产化技术改造项目，该项目也是从 1992 年开工，1993 年完成，与“八五”专项同时于 1996 年 9 月通过国家竣工验收，该项目实际投入 1 507 万元，其中含外汇 60 万美元，达纲后新增轿车密封件 3 000 万件。通过这两个项目的完成，该公司从根本上改变了密封制品的制造工艺，提高了密封件产品的质量和生产效率。

密封件行业列入国家第一期“双加”工程的有 4 个项目，计划总投资 6 900 万元（含外汇 344 万美元），其中专项贷款 5 500 万元，1996 年计划投入 3 个项目，计划下达投资 4 150 万元，其中专贷 3 030 万元。列入国家第二期“双加”工程的有 3 个项目，计划总投资 3 900 万元（含外汇 70 万美元），其中专项贷款 2 760 万元，1996 年主要做前期工作，未列投资计划。

在国家计划外，有些企业通过不同渠道筹集资金进行技术改造。例如，中鼎股份有限公司 1996 年投资 2 000 多万元建造了炼胶中心，主机采用英国弗朗西斯·肖公司生产的 K5 Marks 密炼机，并配套进口了上辅机、下辅机系统，投产后可班产优质混炼胶 7t，是目前国内密封件行业最先进且生产能力量大的炼胶中心；四川日机密封件有限公司筹集了 210 万元，完成了年产 6 万套中、重型机械密封件，10 万套轻型机械密封件，建筑面积为 2 960m^2 的生产基地建设，该公司又通过国家经贸委重大装备办公室，投入技改资金 214.9 万元，建立了大轴径反应釜试验装置，新建 Sic 特种陶瓷加工基地，形成年产 500 套大轴径釜用机械密封件的生产能力，新增产值 500 万元，新增利润 150 万元，新增税金 40 万元，并已通过竣工验收。

对外合作 中鼎股份有限公司 1996 年与瑞典 SKF 集团合资成立了安徽中鼎希尔密封件有限公司，投资总额 2 400 万美元，注册资本 960 万美元，专业生产橡胶油封制品，该项目全套生产技术由 SKF 集团在美国的全控子公司 CR 工业公司负责提供。

沈阳水泵厂机械密封分厂与日本皮拉工业株式会社合资兴办沈阳皮拉密封有限公司，于 1995 年 11 月 30 日签订了协议，合资企业注册资本 3 876 万元，总投资 4 276 万元，中方投入注册资本占 51%，日方占 49%，流动资金双方各向银行贷款 200 万元。1996 年投入 156 万元对工厂进行改造。

大连耐酸泵厂机械密封分厂 1996 年 11 月与德国博格曼(BURGMANN)公司合资组建了大连博格曼有限公司，合资期限 50 年，总投资 600 万美元，注册资本 300 万美元，该合资公司在原有产品的基础上又增加了博格曼公司的 15 个系列、近 1 000 种机械密封产品，9 个系列密封辅助系统和磁性联轴器产品，这些产品在国内同行业中都处于领先水平，可为火电站、核电站、石油化工、油田开采、炼油、造船、制糖、造纸等行业提供优质的机械密封件产品。

日本油空压工业会以小笠原文男先生为团长的 9 人代表团，于 1996 年 10 月 27 日～11 月 8 日来我国北京、济南、天津三地，对有关企业进行了参观考察，并进行了技术交流。

〔撰稿人：机械工业部第一设计研究院、中国液压气动密封件工业协会　易新都　审稿人：机械工业部机械基础装备司　陈寿德〕

〔责任编辑：白　萍〕

粉末冶金制品

〔机械工业部〕

生产发展情况　机械工业部归口的粉末冶金制品行业主要包括粉末冶金轴承、铁基结构零件、铜基结构零件、粉末冶金摩擦片、过滤元件、磁性元件等机械零件及少部分铁粉、铜粉等产品。1996 年据对 32 个主要企业统计，生产经营情况见下表。

据中国机械通用零部件工业协会粉末冶金分会对粉末冶金制品行业统计，1996 年行业中销售收入前五名的企业是：江门粉末冶金有限责任公司(11 456 万元)、宁波东睦粉末冶金有限公司(10 073 万元)、龙岩粉末冶金厂(6 900 万元)、上海粉末冶金厂、宁波镇海粉末冶金厂。

1996 年粉末冶金制品行业主要经济指标

项　目	完成额(万元)	比上年增长%
工业总产值（不变价）	62 079	－8.1
（当年价）	57 172	－17.0
销售产值（当年价）	535 17	－9.0
销售收入	50 282	－1.8
出口交货值	18 869	－8.3
利税总额	3 475	－2.4
其中：利润总额	910	－20.5

注：1995 年统计企业数为 35 个。

新技术及新产品　1996 年粉末冶金行业根据市场的情况，主要针对汽车、摩托车、家用电器、农业机械、内燃机等行业开发出一批新产品及新技术。北京市粉末冶金研究所研制的不锈钢气体分散器，它是心脏直视手术必备的器械——氧合器的关键零件，其性能直接关系到氧合器的气体交换能力及其对血液的损伤程度，直接和心脏手术的成败有关。该所技术人员以大量的实验数据为基础，确定了气体分散器的结构参数，并经 300 例临床使用证明，效果良好，无不良反应。据医学专家介绍，该气体分散器具有较强的氧合能力，无论在常温下还是低温均能满足临床要求，且具有很大的储备能力，临床调查范围较宽，可适应不同体重的病人手术之要求，其性能达到国外同类产品水平。该产品已经国家医药总局广州质检中心检验认可，可进行批量生产。由上海粉末冶金厂为上海易初摩托车有限公司开发生产的 XF125 摩托车离合器从动齿轮通过批量生产鉴定。上海粉末冶金厂针对该零件具有横截面积大、多孔、厚度薄、易产生变形，同时齿轮精度、物理力学性能要求高，齿面需要高频热处理等特点，组织人力、物力攻克了从模具设计加工、原材料选择到成形工艺和热处理工艺中的种种难关，2 000 件产品顺利通过 200h 强负荷耐久台架试验，性能达到日本本田从动齿轮内控标准，并经生产线上试装车，装配质量及噪音等性能达到规定指标。专家们认为，该产品达到日本本田公司同类产品水平，通过鉴定，同意批量生产。由洛阳轴承厂开发生产的角接触球轴承用铁基粉末冶金实体保持架材料和工艺，由于节省材料、节约能源和成本低，被国家列入“九五”期间重点推广节能科技成果目录。由南京粉末冶金厂与德国克莱默热处理设备有限公司合作生产的 WBS-100-135/e 步进梁式粉末冶金炉在南京通过了专家鉴定，认为该炉是高温、高效、节能产品，主要性能指标达到国际上同类产品的水平，填补了国内粉末冶金高温烧结炉的空白，建议投入小批量生产，以满足国内外市场需求。

由北京市粉末冶金研究所研制生产的粉末冶金不锈钢多孔元件被评为 1996 年度国家级新产品。该产品采用了独特的成形剂和等静压成形新工艺制造的粉末冶金不锈钢多孔元件在国内外处于先进水平。产品过滤精度 10μm～100μm，透过性系数 1.14～78×10^{-12}m^2，孔隙率 20%～40%，拉伸强度不小于 50N/mm^2，与德国同类产品相近，而价格仅为进口产品的 1/4 左右。该产品耐高温、耐腐蚀、强度高、可清洗再生，并可焊接和机加工，广泛应用于石油、化工、饮食、医药、纺织、液压气动等行业。

宁夏机械研究院材料研究所设计加工出可同时压制 4 件压坯的模架。这种模架可在自动压机上使用，也可在普通压机上使用，既适用于拉下式脱模，也适用于顶出式脱模。它的设计成功不仅大大提高劳动生产率，减轻工人的劳动强度，也充分利用了闲置的大吨位压机，提高了设备的利用率。由上海交大粉末冶金厂和上海新中华刀剪厂合作研制的粉末冶金理发电推剪刀片，由于生产过程少无切削，简化了原生产工序，降低了成本，提高了工效，具有较好的技术经济效益和社会效益，该产品已被上海市有关部门列为市重点产品开发、生产技术难题攻关项目。中南工业大学向社会推出快速凝固非晶、准晶、微晶粉末及材料的制备技术。该项成果的主要内容是：(1)发展了多级破碎快速凝固雾化制粉原理；(2)研制成功粉末分级技术，可分离出铝、铜、镍、钴、铁等金属及合金的 8、6、4μm 等各级超细粉；(3)研究成功雾化铜粉的后续处理技术，可获得低松装密度铜粉，用以取代电解铜粉，应用于电刷、摩擦材料、金刚石工具等行业；(4)研制成功雾化银粉，取代化学法制备的银粉，应用于电工合金领域，降低成本，消除了环境污染和残留氯离子对制品的腐蚀，提高了制品成品率和性能。该项技术包括金属、熔炼、多级雾化、干燥、分级、后续处理等几个部分，形成一套完整的新技术。

质量及质量管理 机械工业部明确了我国机械工业“九五”标准化工作的主要任务（即“121”工程）是：标准化工作围绕打好“三大战役”这一中心，抓好提高标准水平和强化标准实施两个重点工作，加强企业标准化工作这一基础。机械工业部粉末冶金制品标准化技术委员会根据机械工业部“九五”期间标准化工作的统一部署和要求，结合本行业的具体情况编制了《粉末冶金行业标准化工作“121”实施方案》，下发各企、事业单位，贯彻执行。

1996年粉末冶金行业分两次共21项新标准经机械工业部审查、批准、发布为机械行业标准，其中粉末冶金材料与制品化学分析方面8项，烧结金属、摩擦材料方面3项，烧结炉方面2项，还有过滤元件、粉末热锻浮动油封环、金刚石工具、粉末冶金含油轴承PV值测定、烧结铁基制品碳氮共渗层深度测定、钢结硬质合金和Cu-Sn10雾化青铜粉末等方面的标准。这些标准都是作为推荐标准性质发布，绝大部分的开始实施日期为1996年7月1日。

为提高粉末冶金行业企业的质量意识，推进ISO9000质量标准体系的认证工作，中国机协粉末冶金分会在浙江省萧山市组织召开贯彻ISO9000质量标准研讨会，有14个重点企业的代表参加了研讨会，会议聘请专家详细讲解了ISO9000质量标准和认证工作，还请杭州粉末冶金研究所的领导介绍了该所四年来贯彻ISO9000质量标准所取得的经验和质量效益。

1996年，粉末冶金行业有上海粉末冶金厂获GB/T19002（ISO9002）质量体系认证证书，杭州粉末冶金研究所也通过了获得证书后3年的再一次考核审查。

技术改造 1996年粉末冶金行业主要根据市场的变化，完善原有生产线，进行技术改造，同时对开发新产品的模具、工装方面投入较大。如上海粉末冶金厂在上年大量投入的基础上，又投入539万元，完善汽车、摩托车粉末冶金零件生产线；北京粉末冶金总厂投资124万元，完善引进的粉末冶金零件生产线，提高产品质量和生产能力；江门市粉末冶金有限责任公司投资400万元，扩大出口产品的生产能力；山西临猗粉末冶金厂为扩大冰箱压缩机零件等中高强度结构件的产量和质量，投资300万元进行技术改造等。

对外合作 1996年粉末冶金行业对外合作的形式发生了新的变化，由原来主要引进国外先进设备（压机、烧结炉、模具加工设备）的方式，转向比较注重技术交流。北京市粉末冶金研究所邀请了乌克兰科学院材料学问题研究所2位科学院士来华进行技术交流讲座，京津地区的有关生产企业、科研院所及大专院校的技术人员参加了交流会，听取了乌克兰专家的介绍，内容涉及粉末冶金发展现状、多孔材料、精细陶瓷、电工合金和注射成形等领域，两位专家既介绍了乌克兰材料学问题研究所的成果，又介绍了国际上其他先进国家的发展状况，受到与会代表欢迎。上海材料研究所也邀请了乌克兰材料问题专家，就粉末高速钢和多孔渗透材料方面的内容进行了中乌双方技术人员参加的技术交流。

管理及改革 1996年7月机械工业部机械基础装备司和汽车工业司在上海联合主持召开了“汽车、摩托车用粉末冶金零件研讨会“，会议由中国机协粉末冶金协会负责组织，国内汽车、摩托车行业和粉末冶金行业主要企业44个单位的75名代表参加，会上交流了生产、使用粉末冶金零件的经验，还举办了小型粉末冶金产品展览。会议的目的是促进粉末冶金零件在汽车、摩托车上的应用，加速粉末冶金零件国产化的进程，发展一批汽车、摩托车用粉末冶金零件的生产基地，以及加强供需双方的信息交流，密切合作关系。

中国机械工业企业管理协会在机械工业部和中国机械冶金工会全国委员会的指导下，开展了推荐评选1995年中国机械工业优秀企业和第四届中国机械工业优秀企业家活动。最终决定授予100个企业以1995年度中国机械工业优秀企业称号，其中粉末冶金行业有2个：宁波东睦粉末冶金有限公司，福建龙岩粉末冶金厂。

1996年6月，中国机械工程学会粉末冶金分会组织部分粉末冶金企业组成粉末冶金展团，参加了第四届北京国际汽车工业展览会，促进了粉末冶金企业与汽车、摩托车工业的联系，取得了较好的效果，还获得优秀展团组织奖、优秀展台装修奖和优秀展团组织者奖。

1996年9月，北京粉末冶金学会组织由北京、上海、天津、河北、山西等省市有关企业、研究所、设计院参加的粉末冶金学术交流会，会上交流了有关粉末冶金材料、制品等方面的论文18篇，其中纳米粒子的开发与应用研究、喷射成型圆棒生长机制的数值模拟等论文受到与会者的关注，交流会上还讨论科技进步与企业发展关系及国内外粉末冶金发展趋势，对华北地区粉末冶金发展起到很好的推动作用。

6月份，中国机协粉末冶金分会在重庆组织召开了全国粉末冶金专用设备推广应用交流会，粉末冶金制品厂家和压机、烧结炉、热处理炉、去毛刺设备、保护气氛装置及其他后续处理设备的制造厂家的代表共85人参加了会议，会议讨论了粉末冶金专用设备的现状和发展趋势及如何适应粉末冶金快速发展的需求，生产、使用双方相互交流了信息，有利于促进国产设备技术水平的提高，同时也为做好“九五”粉末冶金行业的技术改造规划摸索出一个较好的模式。

金华粉末冶金厂通过“内改外联”形式改制成浙江金华金信粉末冶金公司，是金华市区1996年首批9个改制试点企业中第一个完成股份合作制改造的企业。改制后的公司，注册资本1 000万元，其中金信集团投入增量资金510万元，占51%；公司职工合股协会持股294万元，占29.4%；金华市二轻联社持股196万元，占19.6%。改制后的公司将以新的机制运作，精简人员，干部公开招聘，实行全员聘任制，扩大一线队伍，大力开发粉末冶金新产品，同时发展第三产业，适应社会主义市场经济发展的要求。

〔撰稿人：机械工业部机械基础装备司　宋志明
审稿人：机械工业部机械基础装备司　陈寿德〕

〔责任编辑：白　萍〕

紧 固 件

〔机械工业部〕

生产发展情况　紧固件包括螺钉、螺栓、螺母、垫圈、销、键、挡圈等产品。1996年据对机械工业部归口的173个紧固件生产企业统计，全年实现工业总产值（1990年不变价）19亿元，比上年的20.9亿元下降5.0%，具体生产经营指标情况详见下表。

1996年紧固件行业主要经济指标

项　目	完成额（万元）	比上年增长%
工业总产值（不变价）	190 506	−5.0
工业总产值（当年价）	191 504	−23.2
销售产值（当年价）	182 608	−15.8
销售收入	173 258	−15.7
利税总额	−3 455	
其中：利润总额	−11 621	−38.3

注：1995年统计企业数为195个。

大部分紧固件生产企业货款回笼时间长，回笼比例低，流动资金周转慢，不仅影响企业的经济效益，许多企业已到了步履艰难的地步。例如，全国最大的标准件厂——沈阳标准件厂，虽然历史上也给国家作出过很大贡献，但由于多种原因，到了资不抵债的程度，不得不依法宣告破产。即使在这种形势下，许多企业不是“等、靠、要”，而是克服困难，提高产品档次和质量，开发生产新产品，适应国内市场需求。同时扩大产品出口，保持较好经济效益。如江苏省常熟市标准件厂，职工总数1 031人，1996年销售收入达1.87亿元，实现利税1 192万元，其中利润408万元，完成出口创汇1 213万美元（其中自营出口1 014万美元）。

市场及销售　据国家海关统计，1996年全国紧固件行业出口各类标准紧固件24万t，比上年下降20%，出口创汇2.73亿美元，比上年下降18.5%，下降的主要原因是出口退税率下调、退税工作滞后、人民币汇率坚挺等，另外国际市场需求波动及国内个别生产厂质量波动也是重要原因。全国最大的紧固件产品出口企业——上海标准件总公司采取多种措施，如抓高强度螺栓出口、发展小包装、建立和完善大型紧固件出口仓库等措施，扩大出口，出口创汇超过5 000万美元，比上年增长10%。

新产品　1996年紧固件行业根据机械工业部提出的打好机械工业“三大战役”的要求，在开发新产品方面做了不少工作。

北京标准件集团公司根据市场情况开发生产了高档紧固件、异型件、汽车标准件等新产品35种，新产品产值达1 500万元。该公司还扩大生产领域开发生产了非紧固件产品，如三环减速器（专利产品）、飞机牵引器和升降器等。上海达力机械设备有限公司于7月份在上海召开了该公司近几年开发生产的一批新产品展示会，有ZA47-6/3、ZC47-12/3、ZA47-16/3等三工位螺栓冷镦机，这些冷镦机都具有三个镦段工位，均采用整圆套筒切料，且每个镦锻工位都具有阳膜推出装置（ZC47-12/3没有），而且第三个工位均具有镦锻和切边功能，同时配备安全装置，具有低噪音、高效率、易操作、故障率低等特点，在国内处于领先地位，该类冷镦机的开发成功，为紧固件新产品的开发提供了条件。

由工程技术人员欧阳明发明的自锁螺纹技术成果，通过了广东省科委组织的专家鉴定，并已申请中国及美国、日本和欧洲的TCT国际专利，该成果的问世，是对传统螺纹连接理论及紧固件设计技术的重大突破。自锁螺纹因为采用干涉（过盈）配合，所以它可以实现预应力装配，具有良好的密封性能，扩大了应用领域，并为解决“跑、冒、滴、漏”这一问题，提供了简便、经济和可靠的手段及途径，对于提高我国机电产品螺纹连接技术水平及质量可靠性都有重大意义。

1996年又有一批新产品（包括专利新产品）问世，如：防锈密封自锁螺母及防锈密封止退螺母，用这种螺母拧紧后，密封圈、自锁圈可产生足够的压力和侧压力，并灌满螺母体整个内腔，不留缝隙与外界隔绝，外流液体、空气不能渗入腐蚀、解决了螺栓与螺母因年久锈死，拆卸困难等弊病，起到了防锈、密封、自锁于一身的作用。

贵州高强度螺栓厂开发出国内独有的特长型螺栓，为发展我国大型矿山、有色冶金机械提供高强度螺栓配套件。

质量及质量管理　机械工业部紧固件产品质量监督检测中心于1996年6月24日～27日通过了机械工业部检测中心评审组复查认可和国家计量认证机械评审组对检测中心机构认可的复查评审和检测中心计量认证的复查评审。

四季度，国家技术监督局下达了对六角头螺栓产品质量进行监督抽查的任务，抽查的重点是生产量大、生产企业多、应用广泛的8.8级以下的普通六角螺栓。本季度共抽查了北京、天津、上海等13个省市区的42个企业的42个产品，检验合格32个，抽样合格率为76.2%，是近年来紧固件产品抽样合格率较高的一次。被抽查的企业遍及全国各地，涉及大、中、小型企业，国有、集体、合资、个体各种经济类型，所以可以认为本次抽查的质量情况和检验结果，可以代表目前我国该产品的质量水平。这次抽查质量较好的企业有：江苏常熟市标准件厂、镇海高强度紧固件实业公司、江阴标准件厂等，这些企业主要领导质量意识强，一把手亲自抓质量工作，企业管理严格，从原材料入厂到产品出厂全过程做到严把质量关，产品质量过得硬，尤其常熟市标准件厂和江阴标准件厂在历次监督抽查中，产品质量一直名列前茅。本次抽查反映出的主要质量问题是：(1)产品螺纹精度差，表现在螺纹通规不通，止规止不住，螺纹大径超差；(2)螺纹机械性能低，楔负载强度达不到标准要求，螺栓头产生“掉头”现象。产生上述质量问题主要原因是：(1)采用原材料质量差；(2)一些企业检测手段不齐全，检验和计量器具不能严格进行周期检定；(3)某些企业技术水平低、管理不善，工人操作水平、工艺规程等都存在问题。螺栓“掉头”问题早在80年代初行业就攻关解决了，现在仍然存在，很不正常；(4)一些个体、私人作坊式工厂盲目发展，产品水平低、浪费严重，假冒伪劣产品多，影响很坏。企业应加强产品质量微观管理，国家有关部门应采取措施加强宏观管理。

机械工业部公布了1995年机械产品质量等级评定结果，在第六批机械产品一等品名单里，紧固件行业有7个企业的8种产品被评定为1995年度一等品，它们是：上海远东标准件厂、上海标准件四厂、上海螺帽五厂、上海高强度螺栓厂、常州市标准件厂、鹤壁标准件厂、重庆标准件十三厂。

1996年5月份，中国紧固件标准化技术委员会在湖南举办了第一期紧固件冷锻工艺研讨班，来自航天航空系统、汽车行业、纺织机械及标准件行业的30多名学员参加了研讨班。学员们在认真学习的同时，对生产中存在的关键工艺问题进行了研究、交流和研讨，收到了良好的效果。

上海标准件总公司以原研究所为基础建立了上海标准件技术中心，已获得上海市批准，该中心的建立为行业发展新产品、新工艺及新装备提供了基础条件。

技术改造　从全国总的紧固件产品生产能力看，已处于供过于求的局面，所以紧固件行业投入资金扩大生产能力的改造项目很少，部分企业主要筹措资金进行调整产品结构、提高产品质量、完善生产线等方面的技术改造。全国最大的紧固件生产经营单位，上海标准件（集团）有限公司，通过调整企业组织结构和产品结构，进行土地置换，利用原有土地价值较高的优势，采取多种形式筹措资金，对原有生产布局进行调整，形成几个生产基地，并投入资金进行完善改造，形成新的适应社会主义市场经济的管理、技术开发、生产、经营格局。常熟市标准件厂申请国家“双加”工程2 000万元技术改造项目已获批准，该厂计划通过该项目调整产品结构、提高产品质量，在国外建立可靠的产品销售网络，进一步扩大出口。为提高产品精度和强度，湘潭标准件总公司购进国内最新的RCG9-40×470×8热处理网带炉生产线，一次安装成功，投入生产，年产量可达2 000t，为企业扩大出口创造了条件。

对外合作　受劳动力成本高的制约，国外及港台紧固件生产厂商为占领国际国内市场纷纷到劳动力价格低的大陆投资办厂。如日本一家公司在广东东莞市长安镇涌头管理区与中方合资办厂，总投资1 750万元，日方占95%，中方占5%，生产M2～M4的小规格螺钉。日本佐贺铁工所与东风汽车厂在上海浦东合资建立上海特强汽车紧固件有限公司，总本金25亿日元，中日双方各占50%（日方，佐贺铁工所45%，神钢商事5%），合资公司将主要生产200多种汽车发动机用螺栓，计划1997年4月份正式投产，第一年计划生产各种汽车用螺栓1 746t，产品主要向进入中国开展汽车生产的日本和欧美汽车企业供应。

台湾到大陆投资建厂生产紧固件产品的规模越来越大，如(1)春雨（东莞）五金制品有限公司，投资994万美元，主要生产螺丝、螺帽、棒料和线材等，预计年产量达7万t；(2)宝旺公司东莞厂，投资400万美元，生产不锈钢线材不锈钢紧固件；(3)东莞煌兴五金制品有限公司，投资1 000万元台币，生产链条和螺帽；(4)宁波协冒金属制品有限公司，投资500万美元，生产不锈钢小螺丝，并承接线材拉拔代加工业务；(5)安拓公司宁波厂，投资400万美元，生产标准件和异型件；(6)上海本原金属制品有限公司和青浦小螺丝厂，共投资1 000万美元，仅本原公司年产螺栓2万t，线材拉制年产5万t，电镀加工3万t，酸洗5万t，内、外销比例1∶9。台湾紧固件业者到大陆投资办厂，对国内企业造成一定压力和冲击，未来的紧固件市场无论国内、国外市场竞争将会越来越激烈。

管理及改革　为打好紧固件行业组织结构优化战役，机械工业部机械基础装备司和紧固件工业协会1996年8月份在上海联合召开了紧固件行业结构调整座谈会，会上有7个单位交流了组织结构调整的做法和经验，提出了紧固件行业组织结构优化的目标：到2 000年，培育1个～3个大企业集团，一批专业化、有一定规模的小巨人企业。同时，协会组织有关人员就如何搞好行业工作，配合政府工作进行了讨论，并确定了协会1997年的主要工作任务。

1996年9月，紧固件工业协会科技设备部、机械工业标准件科技情报网和沈阳标准件研究所在广西桂林联合举办了全国标准件行业第八届技术交流交易会，有行业96个单位的126名代表参加了会议，会议还邀请了瑞士、日本、香港和台湾等国家和地区的同行业代表参加，会议交流了新设备、新技术、新工艺和新材料，并发布了新信息，共收到科技论文17篇，举办了小型展览，达成合作意向80多项，对提高行业技术水平，促进行业发展起到很好的推动作用。

1996年6月28日上海上标（集团）有限公司举行了揭牌仪式，这是上海标准件公司转机建制迈出的重要一步。上标（集团）有限公司是国有独资有限责任公司，是上海机电控股（集团）公司的全资子公司。上标（集团）有限公司组建后，将立足标准件、发展标准件、走出标准件，实现产业结构优化；将以出口为重点，以房地产为“龙头”，以五大子公司为主体，形成多角经营格局；将进一步采取措施盘活存量，优化增量，加强资本经营运作，实现资本扩张。上标（集团）有限公司将以建立现代化企业制度作为公司改革和发展的契机，把公司建成投资主体多元化、生产经营多角化、资本经营效益化的企业集团。

〔撰稿人：机械工业部机械基础装备司　宋志明　审稿人：机械工业部机械基础装备司　陈寿德〕

〔责任编辑：白　萍〕

弹簧和链条

〔机械工业部〕

生产发展情况　弹簧行业1996年处于继续发展阶段，从全国弹簧大行业情况看，约完成产量30亿件，实现工业总产值75亿元，比上年增长11%；链条行业全国有生产点70余个，工业总产值约11亿元。机械工业部归口弹簧行业有企业35个，1996年完成工业总产值（1990年不变价）32 676万元，比上年增长5.4%；链条行业有企业28个，1996年完成工业总产值（1990年不变价）82 051万元，比上年增长19.8%，生产经营情况详见表1、表2。

链条行业工业总产值排前几名的企业是：杭州盾牌链传动（集团）公司、苏州环球链传动有限公司、

表1　1996年机械系统弹簧行业主要经济指标

项　　目	完成额（万元）	比上年增长%
工业总产值（不变价）	32 676	5.4
（当年价）	39 139	−1.5
销售产值（当年价）	37 523	12.2
销售收入	40 413	20.4
出口交货值	1 131	5.1
利税总额	7 201	8.8
其中：利润总额	3 919	−2.2

表2　1996年机械系统链条行业主要经济指标

项　　目	完成额（万元）	比上年增长%
工业总产值（不变价）	82 051	19.8
（当年价）	85 077	7.6
销售产值（当年价）	81 633	15.5
销售收入	71 483	10.9
出口交货值	17 852	−11.4
利税总额	2 821	−26.6
其中：利润总额	−982	

浙江湖州锐狮集团公司、石家庄链轮总厂、常州链轮厂、江苏武进链条厂、安徽黄山链条厂等。

1996年链条行业出口又以较高速度增长，全行业出口达5 000万美元，约占行业总产值的40%。

这两个行业的特点是，乡镇企业以及个体企业上升较快，无论厂点，还是总产值都占有相当比重。

新技术及新产品　由吉林工业大学和常州市链轮厂联合完成的链轮CAD科研课题，于1996年8月在常州市通过部级鉴定，完成的课题包括链轮CAD和链轮齿形CAD两个软件，链轮CAD软件主体采用QBASIC语言并以CADKEY通用的图形软件包作为图形库及编辑平台，利用这套链轮CAD软件设计链轮产品可以提高设计效率10倍以上；链轮齿形CAD软件采用AutoCADR12 for Windows为绘图软件平台，使用链轮齿形CAD软件，可快速显示出链轮齿形及坐标数据表，提高设计人员工作效率，专家们认为这项科研成果具有国内先进水平。目前，链轮CAD软件已在常州市链轮厂正式投入使用。

中国机械工程学会机械传动分会链传动专业委员会于1996年8月在常州市举办链条行业计算机应用展示交流会，来自链条、链轮制造厂家与高等院校16个单位的40名代表参加交流会。会上，展示交流了以AutoCAD通用绘图软件包作为开发平台的、新版的链条CAD软件（包括8字形链板与直链链板）、链轮CAD软件与链轮齿形CAD软件，以及链条制造厂生产管理、工资管理、档案管理与链条成品库管理等多种软件，并进行了技术及使用经验交流，对推动链条行业的计算机技术应用产生了积极影响。

1996年弹簧和链条行业主要针对轿车、摩托车开发一批新产品，如轿车气门弹簧、悬架弹簧、扭杆弹簧等。链条行业开发生产了汽车发动机及摩托车链条及自动扶梯梯级链等新产品。

上海中国弹簧厂为汽车行业生产的气门弹簧、悬架弹簧，由于生产设备先进，测试手段齐全，水平高，产品质量比较好，受到用户的好评。弹簧行业为工矿、建筑（防震）行业开发生产的金属橡胶螺旋复合弹簧，已形成了批量生产能力，也制订了机械工业标准，在弹簧产品系列中占有一定位置，成为行业新的发展点。

机械工业部弹簧产品质量监督检测中心组织召开第二届全国弹簧行业新产品、新技术及科技信息交流展示交易会，有弹簧产品、设备、仪器及原材料生产厂家的代表200人参加了交易会，促进了技术、设备、产品质量等方面的交流。

质量及质量管理 1996年三季度，机械工业部弹簧产品质量监督检测中心承担国家技术监督局下达的柴油机用弹簧的国家监督抽查，共抽查了19个企业22种产品，占全国此种产品企业总数的63%，占全国同类产品总产值的88%。这次共抽查检测了460件样品，合格率为95.5%(按产品图样检测)，虽然合格率较高，但一些企业的标准水平太低，若按国家标准判定，有8个产品不合格，符合国家的标准率仅为63.3%。抽查发现质量问题的主要项目是：弹簧负荷（或刚度）和钩环中心面对弹簧轴心线位置度，造成的原因主要是工艺装备（卷簧机）落后和检验把关不严。目前，行业大多数企业仍采用70年代国产的卷簧机，该机卷制弹簧很难保证精度、垂直度和节距均匀度。本次抽查没有一个产品为无缺陷产品，即使质量较好的企业也存在1个～2个一般项目缺陷。抽查质量较好的企业是无锡市弹簧厂，该企业是柴油机用弹簧的专业生产厂家，对质量要求较严，对产品进行百分之百的全项检验。抽查质量较差的是企业是山东省泰安弹簧厂，所抽查样品缺陷总数达33个，其中位置度一项缺陷数达16个。

由全国链传动标准化技术委员会、杭州盾牌链传动（集团）公司组织承办的ISO/TC100第十二届年会于1996年5月7日～9日在杭州召开，这次链条行业首次承担ISO/TC100标准组织的年会，对全国链条行业及其他行业和世界链条界都具有重大影响，参加会议共有7个P成员国、1个O成员国的专家22人。这次年会共进行了16项议程，最重要的是会议第79号决议认为：TC100认识到需要制订一份链条疲劳试验方法的新标准，并一致同意将一份新工作项目建议(实际是中国提案)在国际上投票表决，TC100将同意由中国作为新的WG（WG12）的秘书处和召集人。由于在本次年会上已有8个国家表示要参加此项目，已经超过了需有5个成员国参加方可成立WG的规定，所以此项目在履行手续后成立工作组已成定局。3个月后，各成员国将会收到正式成立WG12，由中国承担WG12秘书处及担任项目召集人，这是中国链条行业在参与国际标准化活动以来实现的第三个“零”的突破，第一个零的突破是1990年中国首次参与了ISO/TC100WG的活动；第二个零的突破是经过中国代表在国际标准化活动中的积极参与和努力工作，在TC100这一组织中树立了形象、取得了信任，导致TC100第12届年会决定在中国召开。

1996年10月，全国链传动标准化委员会在浙江建德市召开全国链传动标委会二届二次会议，会议审查了1996年度应完成的4项链条标准（包括修订2项国标，制订2项行标)，同时召开链条制造实用技术研讨会，内容包括：(1)链传动额定功率曲线的编制；(2)链条热处理实用技术；(3)链条产品质量控制与检测；(4)链条产品设计与应用技术等。同时，根据国际标准的最新规定，要求各链条制造厂都要积极采用对链条预拉新工艺，以提高链长精度及耐磨损、抗疲劳性能。

据国家重型汽车质量监督检测中心对重型汽车钢板弹簧产品质量进行的统检表明，共对25个企业进行了工厂条件调查，检验了9个企业生产的11种重型汽车钢板弹簧产品，抽样合格率为100%，但也存在以下问题：(1)中小型企业与已达到经济规模的企业的产品质量在稳定程度上仍有一定差距；(2)变截面钢板弹簧尚无相应的国家标准或行业标准，致使各企业的标准参差不齐。根据规定给东风汽车公司钢板弹簧厂等9个企业生产的11种重型汽车钢板弹簧颁发重型汽车钢板弹簧产品质量全国统一监督检验合格证书。

技术改造 1996年弹簧行业各企业由于受经济效益的影响，加之进口设备昂贵，国内弹簧专用设备水平不高等因素的影响，基本没有大的技术改造项目。只是上海中国弹簧厂等少数企业投入部分资金，填平补齐已有的生产线。淄博中元工程有限公司提供的各种钢板弹簧加工与检测设备，济南精仪测试技术公司、济南材料试验机集团公司传感称重技术开发公司等单位生产的弹簧负荷数显式试验机以及国内已有多家生产的先进的连续式弹簧回火炉等都为国内弹簧厂家的技术改造提供了条件，部分弹簧企业正根据自己的条件，选购部分好的加工及检测设备。

对外合作 云南通海链条有限公司从意大利Regina链条公司引进全套自行车链条和摩托车链条生产线，并且从工厂设计到产品工艺流程、质量控制方式及手段等都按照意大利的模式设计，预计有好的经济效益和促进行业发展的社会效益。

1996年国内最大的工业链条生产厂家——杭州盾牌链传动(集团)公司与世界著名的链条生产厂家——日本椿本公司合资，总投资为6 000万美元，中外双方各占50%，中方主要以土地、厂房、设备入股，日方主要以资金、设备入股，该合资企业将成为世界著名的工业链条生产厂家。

日本专业设计、生产制造各种弹簧生产设备的奥野机械制作所为占领中国市场，已分别在上海、长春、洛阳建立了合资企业。

〔撰稿人：机械工业部机械基础装备司　宋志明
审稿人：机械工业部机械基础装备司　陈寿德〕
〔责任编辑：白　萍〕

矿 山 设 备

〔机械工业部〕

生产发展情况 1996 年机械工业部系统矿山机械制造企业共有 137 个，职工 165 946 人，完成工业总产值 562 136 万元，比上年减少 3.1%。

据对 38 个矿山机械制造企业统计，1996 年矿山机械制造企业的生产形势比较严峻，订货任务不饱满，效益大幅下滑，资金严重短缺。由于矿山机械已成买方市场，竞争比较激烈，加之国外产品大量涌进，也挤占了市场较大份额，造成任务不满，设备闲置放空；企业冗员过多，给企业带来沉重包袱；由于企业效益低下，靠银行贷款维持，所以更无力进行技术投入和技术改造，产品更新换代步履艰难，使企业逐渐萎缩。这 38 个矿山机械制造企业 1996 年完成的各项指标情况见表 1。

表 1 1996 年 38 个矿山机械制造企业完成各项指标情况 （单位：万元）

项目	职工人数/技术人员数（人）	工业总产值	工业增加值	销售收入	固定资产原价/净值	产值利税率（%）	劳动生产率（万元/人）
数量	81 273/6 595	318 666	72 456	313 698	425 061/260 142	1.8	3.92

38 个企业中有 21 个企业向银行贷款，1996 年底贷款总额几乎同这 21 个企业的固定资产净值相当，达 149 134 万元。38 个企业中有 7 个企业出现不同程度的亏损，亏损总额 19 581 万元。38 个企业盈亏相抵后净亏损 18 253 万元，出现了全行业亏损现象。

1996 年对矿山机械制造企业来说是不景气的一年，但是，矿山机械制造企业中也有效益较好，或效益非常好的企业，如上海建设·路桥机械设备有限公司，1996 年有职工 766 人，完成工业总产值 30 383万元，比上年增长 16.7%；产品销售收入 38 724万元，比上年增长 12.6%；产值利税率为 5.8%，全员劳动生产率（按工业总产值计）达 40 万元/人。生产破碎磨矿产品 3 030 台、16 607t，选矿产品 56 台、254t，矿山备件 8 674t。1996 年共出口产品 990 台、6 954.6t，国外销售收入达 1 000.7 万美元，各项指标均列矿机行业榜首。人均产值超过 5 万元的企业情况见表 2。

表 2 1996 年人均产值超过 5 万元的企业情况

序号	企业名称	全员劳动生产率（万元/人）	工业总产值（万元）	产品销售收入（万元）	产值利税率（%）	固定资产（万元） 原价	固定资产（万元） 净值
1	上海建设·路桥公司	40	30 383	38 724	5.80	3 501	2 616
2	上海冶金矿山厂	7.67	16 044	20 055	2.97	9 304	5 214
3	宁乡星火机械厂	7.10	1 500	1 300	10.00	1 200	700
4	山东矿山机械总厂	6.70	8 530	9 084	16.80	9 237	7 632
5	南京工程机械厂	6.13	9 037	9 657	3.30	3 695	2 049
6	鞍山矿山机械厂	5.50	6 751	4 939	9.70	7 543	4 991
7	四川矿山机械厂	5.45	17 428	10 541	2.66	8 207	3 291
8	常州矿山机械厂	5.39	4 998	4 945	7.00	4 686	2 929

矿山机械制造企业中效益较好的企业大都是生产破碎机、磨机产品的企业，而且以中小企业为主。取得效益较好的企业，一是大力开拓市场，扩大经营规模；二是努力开发新产品，抢占市场的制高点，如四川矿山机械厂根据水泥行业的需要，开发了 700t/d 五级旋风预热器，直径 3.2m、长 52m 带预热器回转窑，直径 3.2m、长 10m 中卸式球磨机等产品，为国家重点项目三峡 20 万 t 水泥厂提供主机设备等。

产品分类及产量 1996 年 38 个矿山机械制造企业共生产各类矿山机械 12 833 台，总重 78 013t。各类产品产量见表 3。

市场及销售 1996 年矿山机械制造行业呈低速发展态势，市场疲软，主要受国家宏观政策影响，新开工项目不多，而市场需求转向质量高、技术性能好、可靠性强的产品；加之生产能力过剩，低档大路货产品多，市场竞争更加剧烈。同时订货到交货期短，订货条件苛刻，给企业组织生产造成一定困难，加之企业资金严重短缺，有的企业甚至拿到订单而不得不放弃。

表3 各类产品产量统计

产品类别	产量（台/t）	比重（吨位，%）
总产量	12 833/78 013	100.00
采掘机械	3 991/2 738	3.50
提升机械	3 214/10 411	13.34
破碎磨矿机械	4 292/37 107	47.56
选煤机械	183/4 061	5.20
选矿机械	494/1 021	1.30
筛分机械	659/2 501	3.20
矿山机械备件	20 175	25.86

1996年38个矿山机械制造企业中国内市场销售收入超亿元的企业见表4。1996年国际市场销售情况见表5。上海建设·路桥机械设备有限公司在全国设置了220个销售网点，在国外也设有销售窗口，破碎机国内市场占有率占调查企业破碎机总销售量的70.6%，取得较好的效益。

表4 1996年国内销售收入超亿元企业

序号	企业名称	销售收入（万元）	矿山机械销售量（t）
1	中信重机公司	54 223	4 509
2	上海建设·路桥公司	38 724	25 535
3	上海重型机器厂	34 549	3 101
4	上海冶金矿山机械厂	20 055	5 120
5	济南重机集团公司	15 062	3 106
6	太原矿山机器厂	14 865	205
7	昆明重型机器厂	12 583	
8	南通矿山机械厂	12 573	364
9	四川矿山机械厂	10 541	4 783

表5 1996年国际市场销售情况

企业名称	销售收入（万美元）	销售量（台/t）	销售地域及主要产品
中信重机公司	1 700（其中自营出口1 404）		巴基斯坦日产700t水泥成套项目，菲律宾钢厂成套项目，日本1 450mm及1 750mm轧机
上海建设·路桥公司	1000.7（主要通过外贸部门组织出口）	990/6955	美国、日本、菲律宾、南非、斯里兰卡、智利、乌干达等地，以颚式破碎机为主，共985台，余5台（套）为联合破碎筛分机组

新技术及科研成果 1996年矿山机械行业完成的主要科研项目见表6。

表6 1996年完成的重大科研项目

序号	项目名称	任务来源	完成时间	鉴定时间	研制单位
1	5 000m³/h排土机	国家重大技术装备科技攻关项目（编号85－301－03）	1994.12	1996.11 部级鉴定	大重集团公司
2	HP碗式中速磨煤机	机械工业部	1996.12		上海重型机器厂
3	MGTY400/900-3.3D	兖州矿业公司	1996.12		太原矿山机器厂
4	PC在矿井提升机上的应用	机械工业部	1996.11		洛阳矿山机械研究所
5	ZJ系列行星齿轮减速器	机械工业部	1996.09		洛阳矿山机械研究所
6	2 500t/h半移动式破碎站	机械工业部	1996	通过国家经贸委、机械工业部的“八五”科研验收	洛阳矿山机械研究所
7	2 000t/h给料式半固定破碎站	煤炭工业部、机械工业部	1996.06		洛阳矿山机械研究所
8	3 100m³/h紧凑型斗轮挖掘机组	国家“八五”重大技术攻关项目	1996		太原重型机器厂

新产品 1996年矿山机械制造企业完成新产品开发项目见表7。

表 7　1996 年新产品开发项目

序号	项 目 名 称	任务来源	完成时间	鉴定时间	完成单位
1	CPF300 带式压滤机	安徽省经贸委	1996.12		淮北矿机厂
2	GWS802 往复式给煤机	安徽省经贸委	1996.12		淮北矿机厂
3	JF1.0 型矿用提升绞车		1996.10	1996.10	新泰矿机厂
4	200t/h 破碎筛分联合机组	自选	1996.12		上海建设·路桥公司
5	低铬稀土耐磨合金锻钢球	辽宁省经贸委	1996.06	1996.06	鞍山矿山机械厂
6	700t/d 五级旋风预热器	96MY043	1996.10		四川矿机厂
7	∅3.2×52m 带预热器回转窑	96MY042	1996.06		四川矿机厂
8	∅3.2×10m 中卸式球磨机	96MY044	1996.10		四川矿机厂
9	JH30 型回柱绞车	江苏省经贸委	1996.08		徐州通域集团公司
10	2JC-300 型调车绞车	江苏省经贸委	1996.05		徐州通域集团公司
11	JYB-Z 液压防爆提升机	机械工业部	1996.10		山西机器厂
12	微机控制矿井提升机	自选	1996.12		锦州矿机厂
13	电除尘器“双加”技改项目		1996.12		上海冶金矿机厂
14	ZFYD2500 低矮型反井钻机	煤炭工业部	1996.11		山东矿机总厂

质量及质量管理　1996 年矿山机械制造企业中有沈阳重型机器厂获得 ISO9000 认证，大重集团公司获得 ISO9001 和 ISO9002 认证。中信重机公司、太原矿山机器厂、上海冶金矿山机械厂、上海建设·路桥公司、松滋矿山机械厂、上海重型机器厂等也在积极进行 ISO9000 系列国际质量标准的宣贯、人员培训、编写质量手册、质量体系程序文件等。

基本建设及技术改造　1996 年矿山机械制造企业技术改造项目完成情况见表 8。

表 8　1996 年技术改造项目完成情况

序号	企业名称	技 改 项 目	总投资额（万元）	当年投资（万元）
1	大重集团公司	“八五”技改项目	6 320	2 942
2	太原矿山机器厂	锻造用煤气炉	5 036	871
3	上海重型机器厂	锻造迁移闵行	2 600	2 600
		国产化基地	2 750	762
		35kV 降压站	27	27
		蓄热器	170	170
		车辆更新	37	37
4	上海冶金矿山机械厂	电除尘器“双加”技改	1 800	720
		环保技术及设备	2 565	2 011
		厂内零星基建与设备购置		740
5	四川矿山机械厂	铸钢分厂技改	1 450	554
6	南通矿山机械厂	“九五”一期技改	3 000	800
7	徐州通域集团公司	建筑金属网架及彩钢复合材料，扩建厂房 9 675m²，增添设备 49 台（套）	2 980	
8	鞍山矿山机械厂	破碎机工业性试验室	2 500	620
9	山东新泰矿机厂	JT-1.0 矿用提升绞车	55	55
10	淮北矿山机械厂	农用车生产线	110	
11	太原重型机器厂	“八五”技改	9 980	2 716
		挖掘机国产化基地	2 950	1 019
12	山东煤矿莱芜煤机厂	X 光探伤	45	35
		过滤机试验室	75	40
13	济重集团公司	5m 滚齿机	51	51
		2.5t 蒸气锤	80	30
		10t 操作机	130	30
		8m 立车	510	200

〔撰稿人：机械工业部洛阳矿山机械研究所　康　继尧　审稿人：机械工业部重大装备司　陈英汉〕

〔煤炭工业部〕

生产发展情况 1996年煤矿机械制造行业的骨干重点企业共有38个。其中大一型4个、大二型9个、中一型6个、中二型16个、小型3个。拥有固定资产净值245 050万元，职工92 647人，完成工业总产值(按1990年不变价)279 378万元，比上年增长18.3%；完成工业增加值73 803万元，比上年增长14.4%。生产的17类煤矿专用设备及配件共240 220t,比上年增长10.1%。部分企业抓住了煤机市场好转的机遇,以经济效益为中心,按照企业的经营目标,卓有成效地开展工作,实现了扭亏为盈的目标,经营形势逐步好转。还有部分企业面对激烈的市场竞争以及带来的问题,没有及时调整经营策略,仍处在亏损状态。

产品分类及产量 1996年煤炭工业机械制造行业生产的主要煤矿机械产品有：采煤机165台/4 719t，刮板运输机2 055台/54 512t，转载机87台/2 805t，掘进机40台/1 017t，装煤机60台/289t，皮带输送机429台/175 902m/23 836t，煤矿支护设备75 932t，矿井专用设备5 005t，煤田勘探设备710t，煤矿专用配套设备3 654t，洗选设备194台/3 871t，防爆空压机3 798台/1 331t，采掘设备19 654台/1 365t，矿井绞车1 899台/3 554t，工业泵5 024台/283t，井巷工程设备297t，钻机210台/514t，工矿电机车503辆/2 495t，煤岩电钻61 601台，煤矿机械配件45 505t。

市场及销售 1996年随着国内煤机市场形势出现好转,各企业加大了开拓市场的力度。全年共实现销售收入279 267万元，比上年增长16.9%。国际市场开拓取得成绩，全年完成自营出口金额1 543.5万美元。出口综采设备已完成了印度PVK矿第二批达产任务；两套综采放顶煤设备已于1996年11月发往土耳其。

新技术及科研成果 1996年煤机制造行业取得了国家级科技进步奖1项、部级科技进步奖9项(一等奖2项、二等奖2项、三等奖5项)，其中南京六合煤矿机械厂等研制的卧式五缸乳化液泵获得1996年度国家科技进步四等奖。西北煤矿机械一厂与煤科院上海分院、太原分院北京开采所、铁法矿务局共同研制的日产7 000t综采成套设备和山东莱芜煤矿机械厂与煤科总院唐山分院、枣庄矿务局八一选煤厂共同研制的$60m^2$圆盘加压过滤机获煤炭工业部第十四次科技进步一等奖。获得部级科技进步二等奖的有煤科院常州科试中心与潞安矿务局王庄煤矿共同研制的CK-66型防爆低污染柴油机胶套轮齿轨卡轨车，西北煤矿机械一厂与煤科总院太原分院、铁法矿务局晓南煤矿共同研制的SGZ880/2×400中双链交叉侧卸工作面刮板输送机。

由淮南煤矿机械厂承担的国家“八五”重点企业技术开发项目EBH-132型掘进机，完成了液压系统国产化设计工作。该厂承担的国家科技攻关项目单体风动锚杆钻机完成了项目论证、图样设计、工艺编制等工作。

在新材料方面：张家口煤矿机械厂采用12Cr-2Ni4、20Cr-2Ni4高强齿轮钢制造减速器齿轮，用英国标准A6钢、613M钢制造铸造槽帮、链轨座，用英国生产的HARDOZ高强耐磨钢板制造中部槽，大大提高了产品的使用寿命。北京煤矿机械厂与哈尔滨焊接研究所合作完成了80kg级高强度钢板焊接工艺的研究,在液压支架产品中应用后,通过了煤科院压架型式试验。西安煤矿机械厂在380电牵引采煤机电控箱设计方面采用了德国的标准材料(10MnMo74V)，该材料焊接性能良好，减少了铸造裂纹，降低了废品率，提高了产品质量。

新工艺应用：张家口煤矿机械厂采用了VRH法无箱造型工艺,该工艺提高了铸造质量,型砂易于清理和回收,降低了制造成本。该厂还采用了药芯焊丝CO_2气体保护自动焊工艺和齿轮可控气氛深层渗碳淬火等工艺,提高了产品质量。平岗煤矿截齿厂采用了凹凸模锻造加工产品，大大提高了产品模具的使用寿命。衢州煤矿机械厂单体液压支柱采用MZ2镀锌磷化新工艺，该工艺既保护能力强，又可常温磷化，每根降低成本10元。

新技术应用研究：张家口煤矿机械厂直径34mm矿用圆环链研究项目通过煤炭工业部科教司技术鉴定。昆明煤矿机械总厂研制的DT11系列带式输送机项目、DCY系列减速器项目，经云南省厅及有关部门鉴定，符合技术标准，并批量投放市场。在三峡工程、曲靖电厂、松藻矿、石嘴山矿务局等地，经一年多的重载运行，性能可靠，情况良好，均获得云南省煤炭厅优秀科技项目奖。平岗截齿厂应用CAD设计研制采煤机螺丝滚筒截齿，通过了煤炭工业部科教司科技成果鉴定，同时获得了辽宁省科技进步三等奖。

重大技术装备研制：西安煤矿机械厂成功地应用了引进的直流电牵引测试设备及技术，已具备了独立开发、检测新型电牵引采煤机以及进行模拟试验手段。衢州煤矿机械厂与长沙矿冶研究院共同研制成功凿岩机应力波法冲击能测试系统，该项目通过省科委鉴定,该系统能自动采集、转换、处理数据,在国内处于领先水平。该厂与西安交通大学共同研制成功空压机性能微机测试与工况控制系统，通过省科委鉴定。该系统能满足GB3853—83标准，达到国内领先水平。

新产品 北京煤矿机械厂设计制造了ZY3600/20/45型掩护式支架，这种掩护式液压支架在工业性试验期间月产15万t，使用效果良好，通过了煤炭工业部科技成果鉴定,已在开滦矿务局投产使用。该架型被确定为开滦矿务局主力架型。其主要技术参数：支架型式为二柱掩护式，支架高度2.0m～4.5m，工作阻力3 600kN，支架中心距1.5m，平均支护强度0.6MPa。

北京煤矿机械厂研制成功一种井下液控单向阀。该阀工作阻力为4.5MPa，额定流量为200L/min，为整体插装式，对井下维修十分方便。该阀采用外漏平衡式，减少阀杆所受的压力，从而提高了阀的使用寿命。淮南煤矿机械厂设计制造的HFZ-200-2型微粉分级机完成了技术鉴定工作。兰州煤矿机械厂与煤科院北京开采所联合开发研制了ZFS2400/16/24B（A）放顶煤液压支架。该支架采用单摆杆紧凑型布置结构，大尾梁、大插板、整体顶梁，并采用单侧活动侧护板的形式。具有结构简单、整体性好、稳定性好、重量轻、放煤效果好、安全可靠等优点。该支架适用于中小煤矿，煤层厚度为5m～12m，煤层倾角小于20°。该支架的主要技术参数：支架高度1.6m～2.4m，支架中心距1.5m，支架宽度1 452m～1 622m，工作阻力2 247kN～2 459kN，支护强度0.42Mpa～0.46MPa。

莱芜煤矿机械厂研制的GPT型加压过滤机系列产品是一种高效率、低水分、节能型的精煤脱水设备。该机脱水后的精煤水份为19.2%～20.98%，与目前普遍使用的真空过滤机相比，水份降低10%，单位面积处理能力提高5倍，电耗降低2/3。

质量及质量管理　1996年煤机行业各厂普遍强化了质量管理，解决影响产品质量的关键问题。张家口煤矿机械厂把影响产品质量的“多发病、常见病”摆到重要位置上，下大力气解决铁屑、毛刺及零件磕碰、划伤锈蚀等质量问题。同时加强了外购件、外协件的质量控制。西安煤矿机械厂狠抓质量整改各项任务的落实，大力加强对生产现场和工艺纪律的管理。郑州煤矿机械厂认真开展了“九查（查质量意识、查质量职能责任、查质量体系运行情况、查工序质量保证现场、查工艺纪律和产品标准执行情况、查实物质量、查质量损失、查质量记录规范、查质量文件执行情况）、一访（访用户）、一改（对查出的问题限期整改）”活动，并对分厂加工件实行优质优价政策。淮南煤矿机械厂、昆明煤矿机械总厂集中精力改进产品售前售后服务。通过质量整顿，大多数产品质量比较稳定。用户反馈情况良好。

管理及改革　1996年各厂为推行目标成本管理作了大量的准备工作，已基本完成测算分解工作。许多企业还根据自身特点，建立了适合本企业的目标成本管理模式。各厂深入开展了双增双节活动，深挖内部潜力。郑州煤矿机械厂通过改进设计和工艺，提高材料利用率，降低物资消耗，吨制造成本比上年下降165元，该厂又加强了废料回收，全年回收废钢铁3 010t，铁屑1 715t，价值220多万元。北京煤矿机械厂结构分厂充分利用工具工装，仅假轴一项节约重复制作资金数万元，工艺所通过调整、改进工艺，全年节约近50万元。

根据国务院《工业产品生产许可证试行条例》及有关规定，1996年煤炭工业部全国煤矿专用机电产品生产许可证办公室分别按照国家技术监督局批准的运输机、三用阀、金属支柱、金属顶梁生产许可证实施细则，对有关企业进行了严格检查，对23个企业的42个产品颁发了《全国工业产品生产许可证》。其中运输机类有4个企业10个产品，三用阀类有5个企业5个产品，金属支柱类有5个企业9个产品，金属顶梁类有9个企业18个产品。

〔撰稿人：中国煤矿工程机械集团公司　张天力
审稿人：中国煤矿工程机械集团公司　薛际贵〕

〔中国有色金属工业总公司〕

生产发展情况　1996年，中国有色金属矿山机械行业据对16个企业统计，完成机械产品总产量16 388t，工业总产值完成13 332万元。其中4个独立机械厂（未包括莲花山冶金机械厂）完成机械产品总产量5 497t、工业总产值5 544万元。

此外，莲花山冶金机械厂较好地完成了1996年生产经营任务。全年完成工业总产值5 556万元，比上年增长6.2%；产品销售收入8 313万元，比上年增长9.5%；完成货款回收额8 017万元，比上年增长9.4%。陕西华山有色冶金机械厂在生产流动资金、电力供应不足等困难情况下，圆满完成了年生产经营目标，生产规模又跃上了一个新台阶。全年完成工业总产值3 001万元，较上年增长18.2%；实现销售收入1 805万元、利润11.97万元、利税118万元、工业增加值921万元。

产品分类及产量　1996年有色金属矿山机械行业除了完成备件生产外，生产的主要矿山设备有：牙轮钻机3台、挖掘机10台、液压凿岩机28台、铲运机4台、颚式破碎机16台、圆锥破碎机5台、对辊破碎机5台、球磨机45台、浮选机91台、磁选机9台、浓密机6台、搅拌机15台、压滤机2台、螺旋分级机21台、跳汰机37台、轴流通风机383台。

市场及销售　1996年有色金属矿山机械行业4个独立机械厂实现销售收入4 541万元。莲花山冶金机械厂在国际市场营销中，积极扩展新用户，两次派人赴澳大利亚、马来西亚进行售后服务和市场开发工作。该厂1996年取得了出口自营权，自营出口额116万美元。全年实现产品外销收入212万美元，比上年增长35.8%；货款回收1 800万元，比上年增长42.9%。

科研成果及新产品　1996年DCY-4矿用电动铲运机、钻石200型全液压钻机、CJDY-1200原矿车架带式运输机、YS-2.5型地下固定式液压破碎机、BF-1.2型自吸式浮选机、HDX-1500型板式电选机、GL-600型螺旋选矿机等一批产品获总公司科技进步奖。

莲花山冶金机械厂开发了大直径、超矮片十字形钎头，双头梯形螺纹柱齿、易返柱齿钎头以及高炉开口柱齿钎头等系列产品。陕西华山有色冶金机械厂在巩固完善原YWB200、200A型拌和机及其他成型产品的基础上，开发了YWB210型拌和机、QX5140GSL清扫车、HBY60型混凝土搅拌站等5项新产品。其中YWB210型拌和机已批量生产；清扫车的测试工作已完成并通过了省级技术鉴定，获得了“达到了国内领先水平、国际90年代同类产品水平”的好评；HBY60型水陆移动式混凝土搅拌站的工业性试验也已完成。易门矿务局机械总厂引进了清华大学鸿康贝氏体钢球生产技术，建成了年产1 000t 的贝氏体钢球生产厂。

衡阳有色冶金机械总厂、长沙矿山研究院、鲁中冶金矿山公司研制了 922E 型电动铲运机，其主要技术性能指标：额定斗容 1.72m³，额定载重量3 630kg，最大铲取力 71kN；铲取力 (SAE) 59.9kN，最大牵引力 83.9kN，行驶速度：一档 0～3.3km/h、二档 0～4.8km/h、三档 0～10.7km/h，整机质量（操作质量）10 664kg；电机功率 55.9kW，机长6 654mm，斗宽 1 524mm，顶高 2 032mm，最大卸载高度 1 498mm，最大卸载距离 1 168mm，生产能力（单程运距 30m～50m）150 至 200t/台（班）。使用表明，该铲运机设计先进，结构紧凑，性能优良，使用可靠，其主要性能指标达到 90 年代国际先进水平。长沙矿山研究院与广西柳州华锡集团铜坑锡矿研制的 KY-1 型地下牙轮向下扩孔钻机，是根据机械挤压剪切破岩原理研制成功的新型钻机。它既可代替高风压潜孔钻机或普通牙轮钻机在大直径深孔崩矿法采场中钻直径 165mm 的炮孔，又能从上往下扩出直径 300mm～600mm 的通风孔、充填孔和排水孔等，是一种多用途的新型设备。其主要性能指标：钻直径 165mm 的孔，深达 50m；扩直径 300mm 的孔，深达 30m；扩直径 480mm 和 600mm 的孔，深达 10m；钻孔台班效率 10.43m/台（班），扩孔台（班）效率 2m/台（班）；钻孔成本 30.4 元/m。该设备的研制成功，填补了我国矿山机械行业从上向下扩孔方法及设备的空白，其技术处于国内领先水平。北京矿冶研究总院研制的 GYP-300、GYP-600 惯性圆锥破碎机是在消化吸收国外技术的基础上，根据料层选择性破碎理论自行研制的新型细碎设备。该设备具有独特的结构和工作原理，破碎比大，产品粒度细，能耗低，适用于不同硬度脆性物料的破碎，为实现多碎少磨和“以碎代磨”提供了有效手段，是国内碎磨领域的一种新型高效细碎设备。该设备在金属和非金属矿山、建材、化工、食品等行业的原材料加工及废料处理、回收等领域上有十分广阔的应用前景。

基本建设及技术改造 1996 年 4 个直属独立机械厂技术更新改造投资 618 万元。莲花山冶金机械厂在技术改造中，重点对钎具生产技术改造的设备进行了工艺调试。热处理真空淬火、回火炉通过一年的调试运行，解决了热处理件回火不均匀，影响产品实物质量的关键问题。深井式气体渗碳炉通过设备与工艺调试，已投入正常使用，在生产中发挥了作用，对重点质量攻关产品液压钎杆的质量水平的提高，提供了设备上的保证。

管理及改革 1996 年有色金属矿山机械行业根据“改制、改组、改造”的原则，在企业管理和改革方面做了大量工作。如赣州有色冶金机械厂重点做了以下几方面工作：(1) 加强质量管理，提高产品的市场竞争能力。(2) 加强生产管理，树立生产计划指挥的权威。坚持开好生产计划会、调度会、上岗会和班前碰头会，强化了生产计划的指挥职能。(3) 抓节能降耗，控制成本上扬。制定了《主要生产原料、汽车燃料定额及考核规定》、《关于调整用电负荷的规定》和《用电管理规定》，全年节约电费 20 多万元。此外还制定了煤炭等燃料验收入库工作的规定，并对锻造、铸铁两个分厂采取小批产品定期集中开发生产，节约了煤耗、焦耗。(4) 抓技术管理，提高职工的技术素质。

〔撰稿人：中国有色金属工业总公司企业部 晏厚庠 审稿人：中国有色金属工业总公司企业部 马敏修〕

〔电力工业部〕

生产发展情况 电力工业部系统从事矿山设备生产的企业有 4 个，全部是国有大中型企业；职工人数有 7 231 人，其中工程技术人员 783 人。共完成工业总产值 4.6 亿元，工业增加值 1.1 亿元，全员劳动生产率为 14 569 元/人。由于矿山设备产品制造工期长，占用资金量大，加之部分重点工程资金有缺口，导致拖欠制造企业工程设备款，全行业亏损额达到 1 555 万元。

1996 年的生产发展特点是：各企业抓订货额，开拓新市场；抓科技，开发新产品；抓管理，质量工作上水平。

完成的重大生产任务有：北京电力设备总厂为国家重点电力工程配套的磨煤机，市场占有率为 56.5%；其中，为大坝电厂 3#、4#机组制造 10 台磨煤机，为丰城电厂 1#、2#机配 10 台，为台州 8#机配 4 台，为阳泉二厂 2#、邹县 4#、宝鸡二厂 1#、高碑店 4#等机组提供 20 台（套）的磨煤机。山西电力设备厂为安顺电厂、太一电厂、淮北电厂重点工程提供了环式碎煤机、捞渣机设备，共 6 台、1 800MW。沈阳电力机械总厂，是生产电站给煤给粉设备、碎煤筛煤设备的专业厂家，他们为 12 个电厂、6 580MW 的机组，提供了 155 台设备。长春发电设备总厂为大庆电厂 200MW 机组，配套了 4 台风扇磨煤机。

产品分类及产量 电力系统生产的矿山设备，主要针对大型火电站配套破碎、研磨筛分设备。1996 年，完成破碎机 8 台、244t，风扇磨煤机 4 台、311t，筒磨、双进双出磨煤机 40 台，碎煤机 26 台、692t，给煤机 343 台、1 357t，给粉机 862 台、712t，筛煤机 25 台、107t。

市场及销售 全年完成产品销售收入 3.6 亿元，销售税金及附加 129 万元。

沈阳电力机械总厂对营销人员实行销售承包，指标分解到人，1996 年实现订货额 1 亿元。北京电力设备总厂，确立“大市场、巧竞争、因势制宜、重点突破、高质量、低成本，最终建立全国大市场”的战略思想，坚持让利不让市场，强化售后服务、优质服务的营销宗旨。1996 年攻克了湘潭工程、宝鸡工程、高碑店工程，又相继打开了沙岭子工程、二滩工程和广安工程。

科研成果及新产品 山西电力设备厂等获

1996年科技进步二等奖（部级）的项目是：中速磨煤机易磨损件国产化及耐磨性提高。

沈阳电力机械总厂完成了鼓型滤网、高效永磁除铁器、环型给煤机和叶轮给煤机遥控系统等新产品的开发、研制。北京电力设备总厂的开发重点，定位在600MW以上的磨煤机等产品上，使该厂的中速磨煤机，可储备一代技术，继续在市场上立于不败之地。

有一项新产品通过部级鉴定，即：沈阳电力机械总厂研制的叶轮给煤机遥控装置。

质量及质量管理　1996年，各厂以抓质量认证为中心，推动管理水平提高。在长春发电设备总厂取得ISO9000认证后，沈阳电力机械总厂通过了ISO9001质量体系认证。

基本建设及技术改造　1996年固定资产投资额共完成3 631万元，其中，技术更新改造投资1 095万元，占30.2%。

管理及改革　1996年，北京电力设备总厂在管理上，推进集体合同、减人增效、养老保险制度和结构调整；全年减少330人，使劳动人事、分配、社会保障机制更加适应生产力发展的需要。

〔撰稿人：电力工业部　张海青　审稿人：电力工业部　王　昀〕

〔责任编辑：　邝　鸥〕

冶金设备

〔机械工业部〕

生产发展情况　1996年，机械工业部所属冶金设备行业共有大中型企业26个（包括特大型企业2个），部属综合研究所1个，地方研究所1个，厂属研究所9个，国家级技术开发中心1个，国家级冶金重型机械质量监督检验中心1个，国家级连铸国产化基地1个。

1996年全行业共完成工业总产值(1990年不变价）296 550万元，比上年增长4.4%。冶金设备总产量8.03万t，其中冶炼设备3.8万t，冶金专用车辆1 015辆，轧机配件2.6万t。

1996年冶金设备行业完成的或正在进行的国家重大技术装备研制和国产化项目有：宝钢三期1 580mm热连轧板机项目，机组设计年产量为热轧板卷280万t，采用了具有国际90年代先进水平的定宽侧压机、边部加热器、PC轧机（交叉辊系）、在线磨辊和全交流调速等十大热轧新技术。设备总重41 200t，由外商和国内联合制造供货。国内合作制造18 940t，占46%，国内供货（包括合作制造、现场加工、国内分交）29 540t。按重量计，总体国产化率为72%。第一重型机械集团和第二重型机械集团分别承担了粗轧机、精轧机和卷取机等的研制与合作制造。1996年12月23日，举行了1 580mm热轧工程的热负荷试车仪式，标志着历时近三年的1 580mm热连轧板机的全面建成。以西安重型机械研究所为主研制的上海浦东钢铁（集团）公司（原上钢三厂改制）300mm×2 000mm大型板坯连铸机成套设备通过竣工验收。完成了大连重型机械集团弧型薄板坯连铸机的工业试验，并通过了专家技术鉴定。

市场及销售　1996年，冶金设备市场初见活跃，这是特点之一；冶金工业“九五”期间发展的重点是工业结构和产品结构调整，解决质量和品种的问题，而非数量的问题，这样，冶金设备市场继续呈现买方市场的特征，且要求技术装备更先进、价格更低廉，竞争十分激烈，这是特点之二。机械工业部系统的大型冶金装备技术和产品，如大型板坯连铸机，大型冷、热连轧板机，大型冷、热轧管机，焦炉机械等数十种主辅机产品占有较高的市场份额。1996年，11个重点大中型骨干企业共实现出口交货值48 174万元，净资产收益率平均－3.09%，较好的为昆明重机厂，净资产收益率为16.18%。全行业经济效益仍未脱离低谷，继续出现净亏损。

新技术及科研成果　西安重型机械研究所自行研制成功1 500mm卷板贴塑新技术，并率先应用在珠海拾比伯彩图板有限公司，填补了国内空白。

列入机械工业部1996年科技发展计划的科研项目6项，完成4项：(1)西安重型机械研究所完成的武钢（集团）公司硅钢片厂1 200mmCS-3、CS-4纵切分卷机组关键技术研究，该研究成果被用户誉为“国产化的典范”，性能指标优于现有引进日本的CS-1机组。主要技术性能参数：机组速度150m/min，年产量10万t，更换圆盘剪刃时间40min，圆盘剪切边毛刺0.01mm～0.02mm，来料卷操作时间14min，成品卷端部整齐度：层与层之间≤＋0.5mm，成品卷塔形精度±1mm。(2)1 350mm铝箔亲水涂层机组关键技术研究。(3)直径280mm/直径630mm、长600mm新型铜带冷轧机组工艺与设备研究。(4)高速定尺停剪机（80次/min）的试验研究。昆明重工（集团）股份有限公司完成2项地方重点科研项目：轧机计算机辅助设计和拉丝机计算机辅助设计。

1996年“九五”国家重大技术装备专项科技攻关项目——大型冶金连铸连轧成套设备启动并全面展开。该专项共分6个专题、79个子专题，分别由17个单位承担。6个专题分别是：大型热连轧板机专题，大型冷连轧板机专题，大型方坯、圆坯连铸机专题，无缝钢管连轧机专题，异型坯连铸机专题和大型万能型钢轧机专题。

1996年冶金设备行业共获国家级科技进步奖2项，获部级科技进步奖18项，详见表1。

新产品　1996年行业上共安排27项新产品的

研制。任务来源大多来自国家重点工程和地方重大技改项目。主要有：一重集团正在研制的 1 420mm 冷轧板机，1 420mm 冷轧酸洗机组，1 450mm 板坯连铸机；二重集团研制的 250mm×380mm/450mm×750mm 大方坯/异形坯兼用型连铸机，大型 H 型钢轧机，2 500mm 滚切式定尺剪，2 800mm 滚切式定尺剪，H 型钢步进式冷床；大重集团研制的 450t 大包回转台，450t 钢水罐运输车，IR-UT 钢水罐车，450t 铁水罐称量车，RH 钢水罐运输车，年处理能力 250 万 t 的铁水预处理成套设备，110t 渣罐运输车，合作生产制造的合金钢大方坯连铸机，直径 40mm/直径 20mm 高精度合金钢棒线材轧机辅机；太重集团研制的直径 180mm 机架限动芯棒连轧管机，直径 400mm 穿孔机出口台，ZYC1350-84KLH 油膜轴承；太原矿山机械厂研制的 120m/s 高速线材轧机，18m/s 华立式交替棒材精轧机组；陕西压延设备厂研制的 1 900mm 箔精轧机组，汽车齿轮钢连续棒材轧机，年产 40 万 t 的棒材连续精整设备；上海重型机器厂研制的宝钢 1 420mm 连续退火（平整）机组，1 420mm精整机组，2 050mm 热轧机组中的推钢机/出钢机。

质量及质量管理 结合“三大战役”，确立了质量上台阶、创名牌产品的重点扶持的产品名单。冶金设备行业有 2 个产品入围，即一重集团的大型板带轧机和二重集团的大型板坯连铸机。

表 1 1996 年获国家级、部级科技进步奖项目

序号	项 目 名 称	主要完成单位	获奖等级	备 注
1	攀钢 1 350mm 板坯连铸机成套设备	中国重机总公司、西安重机所、攀钢集团	一	国家级
2	TZ355 十二机架微张力减径机组	太重集团	二	
3	马钢 300m² 烧结成套设备	西安重机所、马鞍山钢铁设计研究院、马钢股份公司、一重集团、天重集团、中国重机总公司、沈阳有色冶金设备总厂、宣化冶金环保设备厂	特	部级
4	1 350mm 亲水涂层铝箔生产线关键技术攻关	西安重机所、常熟铝箔厂	一	
5	H 型钢万能轧机	沈重集团	一	
6	320t 筒形混铁水车	大重集团	二	
7	直径 60mm 新型单压下两辊斜轧穿孔机	西安重机所、咸宁矿机厂、武昌造船厂机械制造分厂	二	
8	1 800mm×3.17mm～12.7mm 纵剪机组	二重集团	二	
9	直臂式大型钢包回转台核心技术开发与研制	一重集团、燕山大学	二	
10	WS400 轧机研制	燕山大学、衡水钢管厂	二	
11	大型铸锻件缺馅分析图谱	一重集团、中信集团洛矿厂、德阳大型铸锻件所	二	
12	工程三维轧制理论——模拟轧制过程的条元法	燕山大学	二	
13	武钢 2 800mm 轧机除鳞系统技术改造	西安重机所、武钢轧板厂	三	
14	横向入料高强度精密棒材矫直机	西安重机所、上海特钢股份公司	三	
15	直径 40mm～100mm 铜管框式矫直机——大直径薄壁铜管矫直机关键技术研究	西安重机所、无锡鸿达铜材厂	三	
16	JB/T5559－1 锥面包络圆柱蜗杆减速器研制、标准化及推广应用	西安重机所、上海浦江减速机厂	三	
17	JB/T7035.1－7035.2－93《液压囊式蓄能器型式和尺寸》、《液压式蓄能器技术条件》等 7 项标准	西安重机所、成都高压容器厂	三	
18	JB/T6502－93《NGW 行星齿轮减速系列》标准	西安重机所、银川起重机厂	三	
19	PG4360-419.52 行星减速器设计、制造、试验与应用	一重集团	三	
20	2 050mm 热连轧机组 R4 工作辊液压平衡缸装置国产化研制	首钢通用机械厂	三	

国家重型冶金机械质量监督检验中心完成了 5 项优等品的评定工作。具体产品是：直径 160mm～1 800mm 轧辊油膜轴承，FAA 型电除尘器，EMY 2.5MN 热模锻压力机，直径 350mm～1 300mm 热轧工作辊。国家重型冶金机械质量监督检验中心作

为第三方继续介入国家重点工程项目设备制造的质量监督和检验，在总结经验的基础上，推广并拓宽服务领域。在行业标准化和计量工作宏观管理方面，重点加强了强制性标准结构和内容的调整力度，并贯彻实施；积极采用国际标准，推广主要产品的采标证书制度；强化对企业标准化工作的引导和服务；进一步作好计量工作。加紧做好 ISO9000 质量和质量保证系列标准的认证工作和采用相应产品的国际先进标准，普遍达到初见成效五项标准要求。上海重机厂在为宝钢研制的 1 420mm 冷连轧机产品中采用了日本新日铁的标准。大重集团 300t 盛钢桶采用日本新日铁标准，320t 鱼雷型混铁水车采用新日铁 P-TU-PO19 经验标准，6m 焦炉机械采用日本 CJB—78357LT 公司标准。1986 年版《重型机械标准》的修订工作取得阶段性成果。

基本建设及技术改造 1996 年 26 个大中型企业共完成基建投资 8 102 万元，技术改造投资 9 132 万元。

对外合作 在引进技术的消化吸收方面，上海重型机器厂消化了日本新日铁 1 420mm 连续退火机组的关键技术，国产化率为 70%；在宝钢2 050 mm 热连轧 4# 加热炉技改项目中，推钢机/出钢机成套设备的研制消化了德国 SMS 公司的设计技术，国产化率达到 99%。

管理及改革 1996 年四季度，机械工业部在濒临破产的陕西重型机器厂召开了现场研讨会，组织重机行业骨干重点企业的厂长（经理）座谈研讨，共商搞活重机行业的举措，交流经验。

在向现代企业制度转化方面，上海重型机器厂按照现代企业制度的运行模式，在组织机构、运行机制、股份制改造等方面进行了改造，1997 年按新模式运行。昆明重型机械工业总公司经国家经贸委和云南省政府批准，采取分立式改制，与法人共同发起组建了昆明重工（集团）股份有限公司。天津重型机器厂改组为天津天重重型机器（集团）有限公司。

〔撰稿人：机械工业部西安重型机械研究所 孟令忠 审稿人：机械工业部重大装备司 陈英汉〕

〔冶金工业部〕

生产发展情况 1996 年冶金机电企业取得较好成绩，一些企业的经济指标全面好于上年。

据 25 个独立冶金机电企业统计，职工人数6.24 万人，比上年增长 5.2%；亏损企业 16 个，占 64%；工业总产值 22.1 亿元，机电产品总产量17.29万 t，销售收入 21.94 亿元，分别比上年减少18.5%、39.9%、1.6%；全员劳动生产率 1.87 万元/人，比上年减少 28.7%；技改投入 1.57 亿元，比上年增长 52.4%；产品出口创汇 1 498 万美元，比上年增长 43.2%；固定资产原价 32.58 亿元，固定资产净值 18.65 亿元，分别比上年增长 22.7%、14.3%；应收帐款 11.37 亿元，应付帐款7.68亿元，均较上年有所下降；资产负债总额 43.1 亿元，资产负债率 74.16%；机床总数 6 169 台，设备新度系数 0.43。

生产经营等情况较好的企业有常州、邢台、扬州、苏州、四川、北京、秦皇岛等冶金机械制造企业。

常州冶金机械厂围绕消化 2 800 万元的增本减利因素，扎扎实实地开展了以“学习邯钢、推进改革、加强管理、降本节支、增产增收”为主要内容的扭亏为盈活动。主要经济指标与上年相比，工业总产值增长 18.62%，销售收入增长 15%，货款回笼增长 22%，实现利税 1 745 万元，增长 20.43%，实现了“56138”的质量指标；全员劳动生产率达到 7.35 万元/人，比上年增加 20.7%，大大高于全行业平均水平；出口创汇 300 万美元；为宝钢制造 3 000t、1 580 mm 热轧设备，热负荷试车一次成功，无一返工，3 万份资料无一差错。

邢台机械轧辊（集团）有限公司主要经济指标也有较大幅度增长。与上年相比，机电产品总产量增长 5.8%，工业产值增长 10.36%，利税额增长 2.6%，利润 418 万元，比上年的 18 万元有大幅度增长，出口订货 1 709 万美元，当年结汇 971 万美元。

扬州冶金机械厂也取得可喜成绩，与上年相比工业总产值增长 8.64%，销售收入增长 16.55%，机电产品总产量增长 12.98%，利税额增长 18.69%，全员劳动生产率 4.84 万元/人，增长 11.83%。

科研成果及新产品 邢台机械轧辊（集团）有限公司的电渣熔铸高速钢轧辊课题，具有国际先进水平，经过较长时间探索，与国内专业科研院所合作，1996 年已正式列入国家“863”计划暨国家高新技术研究发展规划，正在加紧实施；大型焦炉炉门及护炉装量、离心复合高铬钢轧辊等两项新产品通过省级鉴定；为马来西亚生产的中板轧机直径 1 150mm、长 2 800mm、重量 15t 的特大型复合铸钢支承辊，填补了国内空白；为日本新日铁研制了具有国际先进水平的高效方坯连铸机；薄板坯连铸连轧机用轧辊配套技改项目被纳入国家经贸委第二批“双加”导向计划；深淬硬层冷轧工作辊工程已竣工，是引进技术的消化、吸收、改进与建设同步进行的典型工程，正在发挥作用，1996 年度投入的 6 738 万元资金已转化为生产力。

质量及质量管理 1996 年 10 月在西安召开了质协机电委员会年会及冶金机电行业全质办主任会议，50 余个企业的代表出席。会议中心内容是研讨市场经济形势下，如何开展质量工作；总结、交流以走“质量效益型”道路为主题内容的质量月活动及 ISO9000 标准宣贯情况，收到了预期的效果。

北京冶金液压机械厂已通过了 ISO9001 的质量体系认证；邢台机械轧辊（集团）有限公司的轧辊股份有限公司和冶金设备制造公司也分别获取了 ISO9002 的质量体系认证证书。已经申请认证，正在加紧实施的企业有常州、扬州、苏州冶金机械厂及天津第二冶金机械厂等，将于 1997 年内通过认证。

组织冶金机电产品质量监督检测中心，依据生产许可证的有关规定，开展了对铸铁轧辊实施生产许可证的检查，93 个企业的检查结果是 84 个企业、

145个品种的轧辊获取了生产许可证。有8个企业综合评定为不合格，需整改后重新申报，补查合格后再行发证。

基本建设及技术改造　常州冶金机械厂重视新产品开发和技术改造投入，分别投入6 344、4 460万元，取得显著成绩。重点在加速"三个中心"建设，即冶金设备制造中心、轧辊制造中心、冶金工具类制造中心。经过一年多的努力，重机中心100t级、200t级主厂房已通过竣工验收，所添置的CK61125数控车床已投入运行，为制造1 420mm高精度轧辊制造任务发挥了重要作用；360m² 装配平台已完成；捷克W200HENC数控落地镗铣床和日本M-VR38/42数控龙门铣正在调试；捷克W200HDNC数显落地镗铣床已安装完毕。冶金工具类加工中心投运了CKA6763、CKA6180两台数控卧车和CK5112数控立车，完成了3台离心浇铸机电控系统改造，正在抓紧实施铸铁分厂检测配套和露天跨项目、铸钢分厂1.5t电炉更新及厂房扩建项目等。该厂在资金极度紧缺的情况下，多方筹措资金，实施了25项、39台(套)技改项目，完成13项新产品试制，其中1 580mm型热轧设备板坯输送系统、钢卷输送系统、CAPL深淬轧辊、高精度锻钢冷轧辊4项新产品被认定为国家级新产品，至此该厂已有12项新产品荣获国家级新产品称号。

对外合作　扬州冶金机械厂较好地完成了与日本中外炉公司合作研制的目前国内小时产量最大的宝钢2 050mm热轧机4号板坯加热炉，与日本新日铁合作制造的宝钢1420APL炉，与马钢、德国M·D·S公司、美国ITAM公司合作制造的国产首台H型钢加热炉等一批重点任务。

〔撰稿人：冶金工业部生产协调司　西德源〕

〔中国有色金属工业总公司〕

生产发展情况　1996年，中国有色金属冶金机械行业据对22个企业的统计，完成机械产品总产量58 119t，工业总产值76 779万元。其中5个独立机械厂完成机械产品总产量29 397t，比上年降低16%；工业总产值49 087万元(当年价)，比上年降低21.8%。

1996年涿神有色金属加工专用设备有限公司通过学习邯钢经验，在全公司实行经济承包责任制，生产经营取得了较好成绩。全年完成机械产品产量792t、产值1 971万元、销售额3 238万元、利税总额490万元、全员劳动生产率3.2万元/人，分别比上年增长8%、42%、68%、350%、13%，其中销售额和利税总额两项指标，创造了该公司成立以来的最好水平。1996年完成了冷轧机250t、铸轧机82t、纵切机52t、薄箔剪15t、轧机及备件384t。衡阳有色冶金机械总厂经过消化和引进国外技术，已形成了牙轮钻机、电动挖掘机、地下铲运机、各类破碎设备、烧结机、回转窑、冶金炉、连续铸钢机、轧制设备、卷取机等十大系列产品。

产品分类及产量　1996年有色金属冶金机械行业生产的主要设备及产量是：轧机307t、横切剪38t、转炉172t、精炼炉118t、回转窑739t、烧结机233t、电解槽1 680t、挥发窑45t、冷却机67t、电解多功能天车246t、圆盘铸锭机132t、铝锭铸造机72t、混合机564t、翻转冷床运输机907t、退火炉97t等。

市场及销售　1996年5个直属独立机械厂实现销售收入47 332万元，比上年减少15.1%。衡阳有色冶金机械总厂充分利用进出口自营权，积极开展对外经贸技术往来，全年共完成外贸合同额407万美元，其中出口合同占302万美元。1996年有10家外商98人次到衡阳有色冶金机械总厂进行考察、交流技术、洽谈商务和检验产品。沈阳有色冶金机械总厂为开拓国外市场，积极参与国际市场竞争，经沈阳市经贸委和外经贸委批准，获得了进出口自营权，全年实现出口机电产品732t；创汇356万美元，比上年增长了82.9%。涿神有色金属加工专用设备有限公司通过为神钢配套生产钢材轧制设备，创汇88万美元，比上年增长252%。

科研成果及新产品　沈阳有色冶金机械总厂1996年研制开发新产品7项。为山东鲁南化肥厂研制的SGMB25/1.5水煤浆输送隔膜泵已正式并网运行；为山西铝厂氧化铝烧成系统研制的SGMB100/3隔膜泵已经过出厂评议，受到有关专家和用户的好评；为武钢研制的与ST600连铸机结晶器配套的铬锆铜窄面铜板，先后攻克了铸造、锻造、热处理等关键难点，首次研制成功，可以替代国外进口的同类产品；为平果铝业公司承制的四进线高位天车是我国铝设备更新换代产品，于1996年12月28日整车联动试车成功，各部性能均达到设计要求；为宝钢制造的一、二次混料机，筒体直径5.1m、长24.5m，总重271t，精度要求高，经过宝钢三次A检，用户十分满意。衡阳有色冶金机械总厂与燕山大学合作开发的一种带有两个矫直区的高效新型连铸机，填补了国内空白，并完成了与宝钢合作的7 162mm卷筒的研制攻关与制造、922E和928铲运机的设计和制造。洛阳铜加工厂机电设备修造公司采用交流变频调速系统改造B220龙门刨床为刨、铣、磨多功能机床，节约电能50%以上。

有一批产品荣获总公司科技进步奖，如沈阳有色冶金机械总厂轧机油膜轴承技术的开发与推广获得总公司科技进步一等奖；长盘型运输机、锌电解出装槽技术及装置研究与应用、管道化溶出用3km高压隔膜泥浆泵的研制、钛－铜－钢复合型阴板辊研制、航空精密模锻件尺寸检测设备与检测技术、航空用钛合金电极制备新工艺及生产线的开发等获得总公司科技进步二等奖。自贡硬质合金厂长城设备制造公司试制成功的DOST压力机模具架获自贡市科技进步三等奖。

基本建设及技术改造　1996年5个直属独立机械厂固定资产总投资3 231万元，其中基本建设投资564万元、技改投资2 667万元。沈阳有色冶金机械总厂油膜轴承分厂改造项目，已被国家经贸委以“双加”项目列入国家计划；技改投资的150万元，自制了直径6.3m落地卧式车床，解决了大型混合机筒体整体装卡加工一次完成的加工关键问题。衡阳有色冶金机械总厂投入了352万元用于工程建设和设备添置，基本完成了国家“八五”期间的重点工程项目——采选冶设备组装车间的封顶工程。

对外合作　沈阳有色冶金机械总厂1996年有两项对外合作项目：(1)与德国曼内·德玛克冶金公司共同合作，设计制造了80t LF/VD钢包精炼炉，产品全部达到设计要求。(2)与美国铸钢公司合作，为加拿大铁矿制造了1 000台烧结台车。该产品的结构形式和材质特殊，为国内首次研制。

管理及改革　衡阳有色冶金机械总厂在1996年工厂改革中做了以下三方面工作：一是改革劳动用工制度和人事管理制度。全厂67个单位8 331人同总厂正式签订了劳动合同，打破了“大锅饭”，同时还实行了职称与贡献挂钩、成果与奖励挂钩、岗位与实绩挂钩的“三挂钩”激励政策，调动了职工的积极性。二是在常规承包的基础上，实行综合效益工资与完成生产任务挂钩考核的计奖办法。三是加强资金运作，盘活存量，深挖潜力。一方面尽力集中资金，合理安排资金投向，把有限的资金用到生产最急需的地方，保重点、保成台；另一方面挖潜降耗，千方百计降低生产成本。

〔撰稿人：中国有色金属工业总公司企业部　晏厚庠　审稿人：中国有色金属工业总公司企业部　马敏修〕

〔责任编辑：邝　鸥〕

石油设备

〔机械工业部〕

生产发展情况　1996年机械工业部系统石油钻采设备制造企业52个，其中骨干重点企业7个，专业研究所3个；完成工业总产值18.84亿元，比上年增长10.9%；销售收入18.06亿元。7个骨干重点企业各项经济指标完成情况见表1。

市场及销售　1996年石油钻采设备行业各企业除完成国内油田所需设备外，还出口美国、印尼等国，3个骨干重点企业出口情况见表2。

表1　1996年石油钻采设备行业骨干重点企业生产情况

企业名称	产品产量		工业总产值		销售收入		利润总额	
	(t)	增长%	(万元)	增长%	(万元)	增长%	(万元)	增长%
兰州石油化工机器总厂	14 932	−17	26 859	0.3	26 756	6.6	−3 944	减亏443
兰州通用机器厂	5 958	69	8 836	50	8 614	68	−3 018	
上海大隆机器厂	3 705	0	22 557	26.8	29 315	27.2	−311	减亏600
上海第一石油机械厂	1 483.5	493	5 391	238	5 535	453	43	573
上海第二石油机械厂	318.9	33.8	2 080	35.9	1 763.9	32.1	7.7	103.7
通化市石油化工机械制造责任有限公司	641		1 525		1 625		−1 097	
四川慧剑石油装备有限责任公司	368.5	−4	598	−43	1 115	9.2	−3 755	−368

表2　1996年石油钻采设备行业骨干重点企业出口情况

序号	企业名称	出口产品名称	出口数量(t)	创汇(万美元)		出口地区
1	兰州石油化工机器总厂	石油钻采设备	6 385	450	607	美国、印尼
		铸锻件	730	157		日本、印尼
2	兰州通用机器厂	抽油机	778.8		87	美国、阿塞拜疆、印度
		抽油杆	135.6			
		抽油机配件	1.3			
3	上海大隆机器厂	工业泵	1(台)	13.7	204.3	巴基斯坦、东南亚
		备件		190.6		

科研成果及新产品　根据国家经贸委的安排，1996年8月至9月，对“八五”期间列入国家重大技术装备的专项、子项及课题进行了验收。沙漠石油成套设备于1996年10月4日通过了由国家经贸委组织的专项验收。沙漠石油成套设备专项共包括5个子项、17个课题，其中机械工业部系统承担11个

课题，现已完成鉴定的有9个课题，占总课题数的81.8%。另两项课题正在塔里木油田进行工业性试验，课题完成情况见表3。

“八五”重大技术装备项目已取得成果112项，其中研制出新产品28项，写出研究报告和论文56篇。已完成的课题中，达到90年代国际先进水平的4项，达到国内领先水平的5项，已推广应用形成产品810套。研制的产品填补了国内空白，替代了进口，有的产品，如沙漠运输车已打入国际市场，出口巴基斯坦16台。主要新产品情况如下：

（1）由兰州石油化工机器总厂总承包研制的6 000m电驱动沙漠石油钻机，名义钻深6 000m，最大钩载4 500km，总功率5×600kW，采用AC-SCR-DC传动，可控硅传动系统采用模拟加微机，实现了事故诊断、报警、保护、显示和记忆，通过设定的信号，可对绞车、转盘、泥浆泵进行监视和控制。钻机于1995年2月在塔里木塔克拉玛干沙漠腹地进行工业性试验，钻了一口6 300m的井，提前完井43天，节约钻井成本137万元；在钻第二口井时，钻至3 800m发现高压油气流，日产原油210m^3，天然气2 100m^3，经济效益显著。1996年3月31日通过由机械工业部主持的鉴定。该钻机的研制成功，标志着我国石油钻机的设计、制造、使用水平上了一个新台阶，取得了新突破，是一项重大科技成果，填补了国内一项空白，钻机总体上达到90年代初国际先进水平。

（2）沙漠油田用双油管及高压单油管采油（气）井口装置，于1993年运往塔里木油田进行工业性试验，1994年9月通过机械工业部主持的鉴定。70MPa双油管采油（气）井口装置使用性能良好，安全可靠，填补了国内一项空白，主要技术指标达到国际当代同类产品水平。这种采油（气）井口装置能在一口井开采两个不同的油（气）层，可大大提高单井产量，经济效益十分显著。

表3　沙漠石油成套设备课题完成情况

序号	子项或课题编号	子项或课题名称	主持部门	承担单位	鉴定时间
一	85－309－01	沙漠石油钻机	机械工业部		
1	85－309－01－02	6 000m电驱动沙漠钻机	机械工业部	兰州石油化工机器厂等	1996.3.31
二	85－309－02	沙漠采油关键设备	中国石油天然气总公司		
2	85－309－02－01	沙漠油田用双油管和单油管采油（气）井口装置	机械工业部	上海第二石油机械厂	1994.9
3	85－309－02－02	沙漠油田高温潜油电泵	中国石油天然气总公司	天津斯波泰克潜没电泵公司	未鉴定
4	85－309－02－05	油气水分离处理装置	中国石油天然气总公司	兰州石油机械所	未鉴定
三	85－309－03	沙漠运输关键设备	机械工业部		
5	85－309－03－03	4t型4×4沙漠越野车	机械工业部	新疆汽车厂	1993.9.17
四	85－309－05	沙漠石油共性技术和设备	机械工业部		
6	85－309－05－01	沙漠环境对石油设备的要求及验收规范	机械工业部	兰州石油机械所、广州电器研究所	1993.3
7	85－309－05－02	沙漠钻采设备防沙、散热、防冷凝专用装置	机械工业部	兰州石油机械所	1996.4.01
8	85－309－05－03	沙漠油田苦咸水淡化装置	机械工业部、中国船舶工业总公司	兰州石油机械所、七〇八所	未鉴定
9	85－309－05－04	沙漠油田营房集中空调及冷藏机组	机械工业部	岳阳恒立制冷公司	1996.8.28
10	85－309－05－05	沙漠油田窗式空调机	机械工业部	岳阳恒立制冷公司	1996.8.28
11	85－309－05－06	沙漠油田车用空调机	机械工业部	岳阳恒立制冷公司	1996.8.28

(3)沙漠环境对石油设备的要求及验收规范，在制定过程中，充分收集分析了国内外的有关资料、标准和气象数据，对我国新疆塔克拉玛干环境条件、目前进入沙漠的设备运行情况以及采取的防护措施，进行了多次调研，对典型环境进行了实地测试，充分听取了设计、制造、使用等方面以及标准化专家的意见，为我国沙漠油田的勘探开发制定出了第一个《沙漠石油设备验收规范》。《规范》的制定贯彻了科学性、先进性、实用性和经济性等原则。根据塔里木沙漠的实际条件，提出沙漠钻井、修井和固井压裂设备（包括电气设备）的沙漠环境条件，制定了对设备的特殊要求。这对沙漠油田装备的设计、制造、配套和使用都具有积极的指导意义，对确保质量、提高经济效益起到了一定作用。1993年3月通过鉴定。

(4) 沙漠钻采设备防沙、散热、防冷凝等专用装置，已于 1994 年研制完成，并安装在 60DS、F320、C-II-2、E-2100 等钻机上使用。该课题包括柴油机空气滤清器及报警装置、主发电机防沙装置、主电动机防沙装置、冷凝水散热强制冷却装置及冷凝式气源净化装置等 5 种专用装置，技术水平先进，性能良好，使用可靠，解决了沙漠油田钻井设备的防沙、散热、防冷凝问题。填补了我国一项空白，达到了 90 年代初国际先进水平。1996 年 4 月 1 日通过鉴定。

(5)沙漠油田营房用集中空调、沙漠油田窗式空调、沙漠油田车用空调及冷藏机组于 1996 年 8 月通过鉴定。3 种空调及冷藏机组解决了沙漠油田的急需，填补了国内空白，均处于国内领先地位，沙漠油田营房用集中空调已销售 60 套，冷藏机组销售 200 套，车用空调销售 370 套，创产值 2 756 万元，经济效益显著。

(6) 4t 型 4×4 沙漠越野车 1993 年 9 月通过鉴定。该车具有良好的沙漠通用性、可靠性和驾驶室密封性等优点，其主要性能达到国外同类产品水平。已销售 68 套，1996 年向巴基斯坦出口 16 台，创利润 272 万元。

(7) 沙漠油气水分离处理装置是在油田钻井试油时用来对油气水进行分离和计量的设备，由三相分离器、间接加热炉、测试控制头和油嘴管汇四大部分组成。井口测试头的工作压力为 70MPa，间接加热器设计压力 35MPa（入口）/10MPa（出口），气体流量 $80\times10^4 m^3/d$，液体流量 $1\ 000 m^3/d$，三相计量分离器工作压力为 10MPa，处理量 $80\times10^4 m^3/d$（气体）、$10m^3/d$～$1\ 000m^3/d$（流体），分离效率：气中含液＜5g/标方，油中含水＜5%，三相计量精度±0.5%。

该装置已用于新疆塔里木油田钻井试油和我国海洋石油开发，分离效果良好，受到油田工人的好评，于 1996 年 10 月通过鉴定。

沙漠油田油气水分离处理装置是我国自行研制的第一套适用于沙漠和海上油田使用的石油分离处理装置，填补了国内一项空白，整体性能指标属国内领先水平，关键设计技术达到国际先进水平。

兰州石油机械研究所是我国石油钻采设备及炼化设备归口的研究所，1996 年全所共完成了 16 项重点科研项目，其中石油钻采设备占 5 项，即：游梁式抽油机增产装置的研制，修井参数记录仪研制，大钩高度指示装置研制，绳索式采油装置研制及磁性材料堵水技术的研究。

质量及质量管理 根据全国工业产品生产许可证办公室“技管许发（1994）33 号”文《关于公布国家实施生产许可证管理产品工作进度情况的通知》和“全许办（1996）12 号”文《关于批准抽油机、抽油泵、抽油杆及其接箍产品生产许可证实施细则及检验单位的通知》的有关规定，中国石油天然气总公司和机械工业部共同组织了抽油机、抽油泵、抽油杆及其接箍（以下简称“三抽”设备）产品生产许可证换发证工作，由两个部门共同成立了领导小组。委托国家石油钻采炼化设备质量监督检验中心和国家油气田井口设备质量监督检验中心于 1996 年 10 月开始，对申请换发证企业进行了考核、检验。到 1997 年 3 月 15 日获证企业共 56 个，其中机械工业部系统 24 个。

各企业积极开展 ISO9000 质量体系认证工作，据不完全统计，石油钻采设备行业已有 8 个企业取得了 ISO9000 质量体系证书，石油钻采设备行业 ISO9000 质量体系标准认证情况见表 4。

表 4 石油钻采设备行业 ISO9000 质量体系认证情况

序号	企业名称	标准	覆盖产品	认证时间	发证机构
1	兰州石油化工机器总厂	9001	石油机械、容器	1996.02.09	国家技术监督局、国家商检司
2	兰州通用机器厂	9001	石油机械、建筑建材机械、军工产品、压力容器	1996.04.02	机械工业质量体系认证中心
3	上海大隆机器厂	9002	链条	1996.09	国家技术监督局
4	通化石油化工机械制造公司	9001	石油机械及配件	1997.05.12	机械工业质量体系认证中心
5	大安液压件厂	9001	抽油杆、抽油泵、汽车配件	1995.11.25	国家技术监督局
6	山东墨龙集团公司	9002	抽油泵、潜油泵、高压开关	1996.12.10	中国船检局
7	江苏锡山金城石油机械厂	9002	抽油泵	1997.04.18	上海质量体系审核中心
8	山东广饶石油机械厂	9001	抽油机、减速器及配件	1997.05.15	中国船检局

〔撰稿人：机械工业部重大装备司　于黛印〕

〔中国石油化工总公司〕

生产发展情况 1996年，中国石油化工总公司系统制造行业中，具有一定制造能力的机械仪表企业共30个。其中，机械制造企业26个，仪表制造企业4个。在26个机械制造企业中，按产品结构分类，既生产石化非标设备又生产机械产品的企业10个，只生产机械产品的企业2个；只生产石化非标设备的企业14个，其中兼搞安装的企业8个。

1996年，30个制造企业的固定资产原价为159 910万元，固定资产净值97 584万元。机械产品生产能力98 250t，仪器仪表24 300台（套）。职工总人数26 955人，其中工程技术人员3 740人，生产人员18 475人。年均全员劳动生产率55 401元/人，比上年增长13.7%。

1996年，30个制造企业工业总产值149 334万元，比上年增长8.4%。其中26个机械制造企业工业总产值144 093万元，比上年增长8.4%。4个仪表制造企业工业总产值5 241万元，比上年增长18.3%。

1996年，总公司机械仪表制造行业中12个骨干重点企业，产值82 358万元，占30个企业总产值的55%，比上年增长24.5%。

1996年生产机械设备63 544t，比上年增长1%。其中11个骨干重点机械制造企业完成的产量为30 388t，占当年机械设备总量的47.8%，比上年增长5%。仪器仪表产量13 585台（套），比上年增长41.6%，其中1个重点仪表制造企业完成10 404台（套），占当年仪表总量的76.9%，比上年增长71%。

1996年，中国石油化工总公司系统制造行业生产发展的特点：一是生产经营状况有所改善，工业总产值、劳动生产率、销售收入、产品产量等都有不同程度的增长、销售收入、产品产量等都有不同程度的增长；二是仍然存在生产任务不饱和，任务量不足的状况；三是由于外部条件和内部管理等种种原因，经济效益状况不佳。行业合计亏损12 869万元，其中12个骨干重点企业共亏损14 681万元。由于1995年以来，总公司及各直属石化企业从各方面加强了对制造企业的管理，采取了一些有效措施，使行业效益滑坡有所抑制。1996年比上年减亏4 936万元，其中12个骨干重点企业减亏1 017万元，已初见成效。

1996年，中国石化总公司机械制造行业承担的主要生产任务是总公司所属各石化生产企业的炼油、化工、化肥等装置基建和技改项目的设备制造。如茂名石化公司、齐鲁石化公司、上海石化公司、扬子石化公司及大庆总厂等30万t/年乙烯改扩建工程，燕山石化公司重油催化项目，兰州化学工业公司的16万t/年乙烯及30万t/年化肥改扩建工程，辽阳石化公司20万t/年聚酯工程及炼油装置改造等重点项目的设备制造任务。

产品分类及产量 中国石油化工总公司系统机械仪表制造行业产品主要分为四大类：(1)石油化工专用设备（塔器、换热器、容器等），1996年完成38 468t，比上年增长16.2%。(2)石油化工机械产品（机、泵、阀等），完成1 757t，比上年减少6%。(3)石油化工备品配件，完成4 388t，比上年减少14%。(4)石油化工仪器仪表，完成13 585台（套），比上年增长41.6%。

1996年中国石化总公司系统制造行业主要专用品种和完成情况是：烟气轮机、套管结晶机、特殊阀门等专用品种完成情况较好，有的增长幅度达150%，铁路罐车是上年的一倍多，包装桶继续保持增长势头。具体情况见表5。

市场及销售 1996年中国石化总公司系统制

表5 1996年产品产量、产值、销售收入完成情况

品种名称	产量 (台/t)	产量 为上年%	产值 (万元)	产值 为上年%	销售收入 (万元)	销售收入 为上年%
烟气轮机	127/8	109/100	2 856	102	2 130	98
过滤机	449/27	55/54	1 592	51	1 592	51
套管结晶机	180/6	156/150	214	130	214	130
减速机	2.6/4	43/80	36	150	36	150
工业泵	145/149	74/55	695	97	610	108
特殊阀门	906/514	144/146	4 452	91	3 389	94
铁路槽车	6 666/265	204/245	5 376	306	4 842	397
包装桶	5 946/281 051	129/135	3 860	109	3 886	110
冷旋压封头	2 028/3 056	87/97	740	83	677	82
高性能多层膨胀节	24/160	41/51	129	61	129	61
高频焊接超片管	54/345	79/259	86	78	90	25
三旋管分离器	114/3	63	682	73	682	73

造企业产品的销售市场主要是在总公司内部各石化生产企业，其次是国内市场，也有几个制造企业的部分产品已销往国外市场。

30个制造企业1996年国内销售收入共137 831万元，比上年增长17.3%。其中12个骨干重点制造企业销售收入83 563万元，占系统30个企业销售收入的60%，比上年增长40%。

在产品销往国外市场方面，上海石油化工机械制造公司、齐鲁石油化工公司机械厂、天津石油化工公司机械厂等几年来已由带料加工制造进入包料加工制造，进而发展到代外商设计制造的阶段。1996年3个制造企业向国外出口石油化工设备及配件，创收（制造加工费）达301.8万美元，比上年增长156%。承接制造订货量达765t，比上年增长43%，产品已从零部件加工到设备制造，品种也不断增多。

新技术及科研成果 1996年，中国石油化工总公司系统机械仪表制造企业获总公司级（部级）科学技术进步奖共4项。(1) 超高压套管换热器研制项目，获总公司科技进步二等奖，是由燕山石油化工公司化工一厂、设计院与大修厂共同研制的，该设备是高压聚乙烯装置中的关键设备，换热面积43.6m²，设计压力270MPa，设计温度300℃，从材料、零部件制造等全部实现国产化。经过一年的实际运行考核，性能稳定可靠，证明效果良好，达到同类产品的国际水平，有显著的经济效益与社会效益。(2) 高温高压平行式双闸板闸阀项目，获总公司科技进步三等奖，是由大庆石油化工总厂仪表修造厂研制的，该阀具有流阻小，操作扭矩小，介质流动方向不受限制以及耐高温高压、耐冲刷、气蚀，使用寿命长，制造维修简便等特点。在蒸汽、煤气、液化气管线的切断能达到无泄漏、效果良好。(3) ZM系统高压水调节阀及ZSRU调节球阀两个项目，获得总公司科技进步三等奖，也是由大庆石化总厂仪表修造厂研制的。具有结构紧凑、动作可靠、流量大，可调节度大，耐腐蚀、耐振性、密封性好等特点。经实际使用，效果好，有较好的经济效益。

新产品 1996年，经总公司、省、市立项并已通过鉴定的产品中，主要有由兰州炼油化工机械厂研制的蒸气止泄阀，已出口日本。该厂的另一产品，利用退役炉管制新转化炉管在大庆石化总厂炼油厂制氢炉已累计运行3 800h，并在继续运行中，在同类产品中居国内领先水平。上海石油化工机械制造公司研制的大型镶片回转切粒刀，兰州化学工业公司化工建设公司机械厂制造的能生产直径600mm热推无缝弯头的大口径中频加热弯管机，安庆石油化工总厂机械厂试制、用于化肥装置的钭孔式尿素造粒器等产品都已投入使用且效果良好。另外，兰州炼油化工仪表厂开发的LPMA固定程序回路调节器及辽阳石油化纤公司仪表厂开发的GT-110型智能化可燃气体变送器和GT-210型多功能显示报警器，获得了劳动部颁发的银奖。

质量及质量管理 1996年中国石化总公司系统机械仪表制造企业通过三类压力容器制造许可资格、取证及换证审查情况是：(1) 燕山石油化工公司大修厂及金陵石油化工公司建筑安装工程公司获得了三类压力容器制造许可证。(2) 茂名石油化工公司机械厂及茂名石化公司建设集团公司金属结构厂通过了制造许可证换证审查。通过三类压力容器设计许可资格证换证审查的有：大庆石化总厂机械厂、辽阳石化公司机械厂、兰州化学工业公司机械厂、燕山石化公司机械厂、天津石化公司机械厂、齐鲁石化公司机械厂、安庆石化总厂机械厂、茂名石化公司机械厂、岳阳石化总厂机械厂、上海石化机械制造公司等10个企业。

1996年，在采用国际标准工作中，天津石油化工公司机械厂通过了ASME证第一次换证的审查。

在ISO9000质量体系认证工作上，1996年又有了新的进展。兰州炼油化工机械厂及第三建设公司机械厂通过了认证审查，取得了ISO9002质量体系认证证书。兰州炼油化工仪表厂也通过认证审查，取得了ISO9001质量体系认证证书。

〔撰稿人：中国石油化工总公司物资装备公司 张健生 审稿人：中国石油化工总公司物资装备公司 王廷俊〕

〔中国石油天然气总公司〕

生产发展情况 1996年中国石油天然气总公司系统生产石油设备的企业共有27个，拥有职工56 343人；完成工业总产值为270 243万元（当年价）；全员劳动生产率11 002元/人；产品销售收入为275 726万元。

1996年完成石油设备33 601台（套）、107 764t，其他石油机械产品1 731台、1 479t，工业泵69台、168t，高中压阀门4 189套、230t，石油配件及工具1 592 831件、29 030t，非石油机械产品15 246台、3 701.6t，电机1 814台、49 163.1kW，石油焊接钢管35 672t，冷拔钢管及钢丝绳19 319t。

科研成果及新产品 1996年中国石油天然气总公司系统完成的石油装备科研成果主要有：宝鸡石油机械厂和四川石油管理局联合开发的ZJ32L钻机，该机是液力传动、链条并车的新型钻机，采用了模块化设计，可以根据用户的不同需要，配备A型或K型井架，可配带刹或液压盘刹，辅助刹车可配水刹车或电磁涡流刹车，可以配备机械化钻井工具。目前已有4台ZJ32L系列钻机推广到四川、大港、河南油田。宝鸡石油钢管厂生产的J55ERW表层套管，制管工艺和螺纹加工工艺合理，质量控制严格，产品经检验达到API Spec 5CT、API Std 5B标准要求，填补了国内直缝电阻焊套管产品的空白。产品在国内各油田数十口井上作为表层套管下井使用，均获得成功。斯贝1907燃气发生器是我国80年代从英国罗罗公司引进的SK15-HE燃气轮机主机，目前有5套在油田使用，为改变长期依靠国外修理的被动局面，由新疆石油管理局塔西南勘探开发公司和沈阳黎明发动机制造公司燃机成套公司联合组建的北京市飞达燃气轮机工程技术公司承担了国内首次大修任务。经过近三年的努力，收集了350余万字技术资料，编制了大修标准和工艺文件，设计制造了397套专用工装工具和试验器、专用试车台，研制成功试车用“气改油”燃料控制调节系统，修复（含部分代、制）了1 077项燃机备件。首台国内大修的燃气发生器经测试，各项技术指标均符合罗罗公司的出厂检验标准。斯贝燃气发生器国内大修不仅为国家和企业带来了显著的经济效益，而且对实现大修其他型号的进口燃气轮机准备了条件，对发展我国燃气轮机事业也有一定的推动作用。为适应沙漠地区石油勘探开发运输的需要，石油物探局特种车辆制造厂和清华大学汽车工程系联合开发了WTC5450TSM型（25t型6×6）沙漠车，经过良好路面性能试验、工业性试验、沙漠行驶试验和可靠性试验，证明该车总体设计、布置合理，自行研制和所选用的各总成部件性能良好，综合性能达到了国际同类产品的先进水平，填补了国内空白，预计售价仅相当于同类进口车的1/2，有良好的经济效益。产品的开发符合我国石油主战场西移的急迫需求，对改变该类车型长期依赖进口的状况，具有重要意义。江汉钻头厂从1993年开始着手CIMS工程的建设，1994年12月正式列为国家高技术发展计划（863计划）CIMS重点应用工程项目，经过近两年的努力，该厂已全面完成了一期工程设计开发任务，已在生产中投入使用，在缩短生产周期，减少流动资金占用等方面取得明显的效益。

〔撰稿人：中国石油天然气总公司　刘津生　审稿人：中国石油天然气总公司　赵光理〕

〔责任编辑：邝　鸥〕

塑料设备

〔机械工业部〕

生产发展情况　根据中国塑料机械工业协会、机械工业塑料机械科技信息网与大连塑料机械研究所联合进行统计的《塑料机械行业1996年度基本情况统计汇编》，全国现有县以上塑料机械生产企业近300个，其中国有企业占46%，集体企业37%，“三资”企业15%，私有企业2%。另外有专业研究所3个。企业按产品分类构成：生产塑料注射成型机的专业企业占27%，生产各种塑料挤出成型机及辅机的专业企业占17%，生产吹塑中空成型机的3%；生产其他塑料机械的15%；多品种经营的38%（也包括部分生产其他机械的企业）。

根据报表统计，1996年塑料机械行业工业总产值51.3亿元，比上年增长9.6%；产品销售额48.2亿元，比上年增长9.7%；利税总额5.2亿元，比上年增长8.6%；出口创汇4 057.5万美元，比上年增长8%。综合分析，虽然塑料机械行业仍处于发展中的困难时期，但是总体形势与综合经济指标趋于好转，发展速度较为平稳。经济效益较好企业多为注射成型机专业生产厂家，注射成型机的经济批量优势和名牌效应逐步形成。塑料机械行业按利税总额排前五名的企业见表1。

表1　1996年塑料机械行业利税总额前五名企业　（单位：万元）

序号	企业名称	利税总额	人均利税
1	宁波海天塑料机械有限公司	6 595	10.3
2	震德塑料机械厂有限公司	5 477	13.3
3	东华机械有限公司	2 276	4.5
4	江苏维达机械集团有限公司	2 035	3.3
5	宁波江东三元塑料机械厂	954	5.5

1996年塑料机械产品总产量为71 025台/46 202t，其中注射成型机占30%，挤出机及辅机占20%。

市场及销售　1996年国内塑料机械市场仍处于需求的低潮之中。但是，多层复合、各种发泡、共混造粒等代表当今发展方向的高质量、高水平的塑料机械产品市场需求越来越大。BOPP、BOPET等具有当代世界先进水平的大型设备还在大量进口。

1996年，塑料机械行业按销售收入排序前十名企业、按出口额排序前九名企业见表2。

科研成果及新产品　大连橡胶塑料机械厂承担的国家科委“八五”重点科技攻关项目橡胶塑料机械CAD和秦川机床集团公司研制的SCJ230塑料挤出吹塑中空成型机均获机械工业部1996年度科技进步二等奖。

由华南理工大学瞿金平教授发明的电磁动态塑料成型技术及设备的研究与开发工作，又向实用型推进了一大步。电磁动态塑料挤出成型设备已通过新产品的技术鉴定，并由顺德科力塑料机械公司和华南理工大学聚龙塑料加工设备厂同时投入批量生产，已有近百台投向市场。其节能、体积小、重量轻、低温塑化和对物料的广泛适应性等特点，已越来越引起塑料加工行业的重视。电磁动态塑化注射成型技术已由华南理工大学与香港华大公司联合进行进一步的开发与研究，新一代实用型样机正在试制之中。

大连橡胶塑料机械厂开发研制的SJ-12×30、SJ-90×30、SJGM-F3500×3塑料复合膜共挤吹塑机组于1996年12月4日在大连通过由机械工业部组织的新产品鉴定。该机组主要用于农用大棚膜的生产，最大膜宽12m，为国内最大，机组产量为国内最高并高于国外同类同规格产品10%左右。该机组整体水平及主要技术参数达到了国际发达国家90

年代初同类产品的先进水平，填补了国内空白。山东塑料橡胶机械总厂研制开发成功的FBJ1300内向法发泡板材挤出设备、EPE-90/50丁烷发泡片材机组和SFG110塑料芯层发泡管材机组，通过了省级新产品鉴定，填补了国内空白，达到了国际90年代同类产品技术水平。上海第一塑料机械厂开发研制成功了具有国际先进水平的ZLC-250/500B三工位一步法注拉吹塑成型机。为此，上海轻工机械股份有限公司召开了新闻发布会。汕头市金明塑胶设备厂开发研制成功的SZC-100微电脑注塑吹塑成型机，通过了省级鉴定，填补了国内空白，达到了国外90年代同类产品技术水平。

质量及质量管理 第二届全国橡胶塑料机械标准化技术委员会第二次扩大会议及塑料机械分技术委员会会议，于1996年11月1日至2日在重庆举行。会议经讨论通过了《塑料挤出吹塑中空成型机》和《塑料机械用螺杆、机筒》两个修订标准的报批稿。

表2 1996年塑料机械行业按销售收入和出口额排序情况

序号	企业名称	销售收入(亿元)	序号	企业名称	出口额(万美元)
1	山东塑料橡胶机械总厂	4.3	1	大连橡胶塑料机械厂	820
2	上海轻工机械股份有限公司	3.0	2	震德塑料机械厂有限公司	641
3	宁波海天塑料机械有限公司	2.4	3	东华机械有限公司	535
4	大连橡胶塑料机械厂	2.0	4	顺德市容声塑料机械有限公司	420
5	震德塑料机械厂有限公司	2.0	5	无锡格兰机械有限公司	291
6	东华机械有限公司	1.5	6	宁波海天塑料机械有限公司	253
7	江苏白熊机械集团公司	1.4	7	恩港恒生机械厂有限公司	249
8	上海申威达机械有限公司	1.1	8	上海轻工机械股份有限公司	186
9	江苏维达机械集团公司	1.0	9	南京第二机床厂	149
10	顺德市容声塑料机械有限公司	0.9			

大连橡胶塑料机械厂、东华机械有限公司、震德塑料机械厂有限公司和山东塑料橡胶机械总厂等企业通过了IS9000质量认证。

1996年7月21日到24日，由机械工业部和国家技术监督局分别对机械工业部塑料机械产品质量监督检测中心进行了认可复查和计量认证复查评审。机械工业部于1996年8月28日以机科质(1996)137号文通过复查认可。国家技术监督局于1997年1月20日批准颁发计量认证合格证书，有效日期至2002年1月19日，认证号为(97)量认(国)7字(A0582)号。

管理及改革 1996年，哈尔滨轻工机械工业集团公司、江苏恒通机械集团公司、湖北省鄂城通用机器集团公司宣告成立。至此，全国塑料机械行业已有集团公司累计13个。

全国塑料机械行业工作会议和中国塑料机械工业协会一届三次理事会于1996年12月17日至19日在宁波召开。会议提出了认清形势，抓住机遇，奋发工作，迎接挑战，为促进塑机工业新发展的工作思路，作出了“关于打好‘三大战役’，完成‘九五’计划，为振兴塑机工业而努力奋斗”等决议。

〔撰稿人：大连塑料机械研究所所长 姜旭良
审稿人：中国塑料机械工业协会秘书长 尤仲林〕

〔责任编辑：邝 鸥〕

木材设备

〔林业部〕

生产发展情况 1996年据对40个主要木材机械工业企业统计，共完成工业总产值287 518万元(1990年不变价)，比上年增长28.0%；产品产量301 856台，比上年增长8.0%；实现劳动生产率20 373元/人。木材工业机械行业在市场不景气的情况下，连续几年工业总产值递增的一个主要原因是：各企业适应市场经济发展的需要，坚持“立足林业，面向全国”的方针，充分发挥企业的潜力。如常林股份有限公司生产的装载机除用于林业原木装卸外，还大量适用于水利、道路等工程建设；上海人造板机器厂热压机除用于人造板生产外，同时用于绝缘板及橡胶制造的生产，故收到良好的效果。

1996年常林股份有限公司完成工业总产值22 447万元，比上年增长12.48%；完成销售收入32 564万元，比上年增长5%；实现利润3 608万元，比上年增长19%；主要经济指标创历史最好水平，在全国同行业和常州市工业企业中仍名列前茅。

1996年木材加工机械行业各单项经济指标前五名的企业情况见表1。

市场及销售 1996年是各木材加工机械行业企业面临宏观经济形势继续从紧、市场变化大、同

表1　1996年木材加工机械企业主要经济指标前五名企业

序号	企业名称	工业总产值（万元）	企业名称	实现利润（万元）	企业名称	全员劳动生产率（元/人）
1	威海木工机械集团公司	57 440	常林股份有限公司	3 608	苏州林业机械厂	49 315
2	上海人造板机器厂	23 567	苏州林业机械厂	1 250	常林股份有限公司	48 634
3	常林股份有限公司	22 447	威海木工机械集团公司	1 140	上海人造板机器厂	46 750
4	牡丹江木工机械厂	20 061	牡丹江木工机械厂	1 047	威海木工机械集团公司	30 059
5	苏州林业机械厂	13 977	上海人造板机器厂	954	牡丹江木工机械厂	29 822

行竞争更为激烈、各种矛盾更为突出的一年，不但行业内竞争，而且有许多海外的木工机械企业，如德国、意大利、日本等国以及台湾、香港等地区也大量向中国出口木工机械产品。据初步统计，目前中国木材加工机械市场国内与国外及香港、台湾地区的产品各占50%。面对这种严峻的形势，各企业针对自己企业的情况，纷纷采取行之有效的措施，迎接市场的挑战，取得了生产和销售的较好成绩，实现销售收入318 947万元，比上年增长15.0%；主要销售产品为木材采运机械27 875台，比上年增长15.0%；木材加工机械270 321台，比上年增长7.0%；人造板机械3 283台，比上年增长15.0%。

1996年木材机械工业行业共出口创汇1 571.0万美元，主要为木工机床、人造板机械及木工刀具和刃具等，产品销往欧美、东南亚及香港地区。

苏州林业机械厂根据近年市场需求变化，狠抓市场开发和新产品开发，不断培养新的增长点。在企业内部，注重生产要素的投入产出分析，强化日常调控措施，不断提高企业整体经济运行质量，通过抓住销售重点和资金回笼的主线，使全年资金回笼率达到95%以上，克服了资金的制约，从而调整企业内部经营工作，较好地解决了产销平衡问题，使工业产品销售率达到103.76%，比上年上升9.21个百分点。常林股份有限公司瞄准国际市场，大力发展产品品种，不断提高质量，坚定不移地走“品种质量效益型道路”，产品不仅满足了国内市场的需要，而且远销欧美、中东以及东南亚等20多个国家和地区。1996年该公司实现销售收入32 500万元（含税为38 000万元），比上年增长4%。

新技术及科研成果　1996年木材机械工业行业的科研成果主要有：昆明人造板机器厂设计生产的年产40万件工业模压托盘生产线全套设备，信阳木工机械厂研制的具有90年代初国际水平的新型指接机，都江木工机床厂研制的MX568型下轴铣床，青岛木工机械制造总公司研制的MXB3512半自动梳齿开榫机、MHB1545半自动纵向接合机等。

昆明人造板机器厂研制的工业用模压托盘是一种用途广泛的承重托盘，与现有的木框架托盘、塑料托盘及普通刨花板托盘相比，具有承重系数高、强度大、无污染、耐久性能好等优点，适用于商店、仓库、码头和工厂需要搬运货物的地方。信阳木工机械厂研制的新型指接机主要由铣齿涂胶和对接挤压两大工作部分组成，专用于将短小的木方加工成具有优良性能的指接材，经该机加工的指接材不仅可用于进一步拼制大尺寸集成材，还可广泛用于制作门板、窗框、家具骨架及各种木制品。主要技术参数：加工木方最大截面尺寸150mm×150mm，加工木方长度范围150mm～1 000mm，主轴转速3 830r/min，每次纵向压紧长度2 450mm，指接材横截后最大长度6 000mm，总功率43.35kW。

1996年木材机械工业行业获奖情况：常林股份有限公司研制的WZ40侧卸式装载机和东北林业大学、吉林省林业厅研制的JS1-0.8小型绞盘机获林业部科技进步三等奖；上海人造板机器厂生产的年产15 000m³中密度纤维板生产线成套设备、年产5 000m³湿法中密度设备分别获上海市科学技术委员会二、三等奖；西北人造板机器厂承担的竹材胶合板的研制与应用研究课题获陕西省产学研联合开发三等奖；四川都江木工机床厂生产的MX7416×10型仿型铣床获四川省政府授予的新产品科技进步奖。

四川都江木工机械厂生产的MX7416×10型四轴水平仿型铣是利用机械靠模仿形原理，通过机械、电气自动控制系统实现仿形运动和加工自动循环，铣削和砂光同步作业，属高效、优质、高附加值、仿形木工机械系统产品之一。主要技术参数：最大加工直径160mm，最大加工长度1 000mm，刀架进给速度60m/min～170m/min，砂光速度940m/min，总功率10.45kW。

新产品　1996年木材机械工业行业共有30项新产品通过省、部级鉴定，主要有：上海人造板机器厂研制的年产3万m³中密度纤维板成套设备，西北人造板机器厂研制的年产1 500m³中密度纤维板成套设备，苏州林业机械厂研制的SL9200快速贴面生产线、BSG2113单砂架宽带砂光机、MB402四面木工刨床、BG23系列转子式刨花板干燥机，牡丹江木工机械厂研制的MXB3515型半自动梳齿榫开榫机、MHB1545型半自动纵向接木机指接机组、MB4012A型四面木工刨床、MH1725型木工拼板机、BB1131型单板刨切机、MX3508型梳齿榫开榫机、MH1550型纵向接木机指接机组、BSG2206型双砂架砂光机、MB402E-6型四面木工刨床、BS3215型单面涂胶机、MK731C型单排多轴木工钻床、MJ144型多锯片木片圆锯机，东北林业大学研制的

MYD 型木片压缩打包机，北京林机所等单位研制的 BM9 热磨机，镇江林业机械厂研制的 BPB1225 型半自动拼板机、CPC-30A 型 3t 内燃平衡重式叉车等。

上海人造板机器厂研制的年产 3 万 m^3 中密度纤维板成套设备，经国家木工机械质量监督检测中心和国家人造板质量监督中心检验及使用单位报告表明：主机性能和精度各项指标达到设计要求和有关标准，产品质量达到 GB11718－89 技术标准，成套设备性能稳定可靠，产品产量达到设计生产能力，目前已有几家用户定购和使用该套设备。苏州林业机械厂研制的 BSG2813 六砂架双面宽带砂光机是一种高效、强力宽带砂光机，该机 6 个砂架采用上、下对顶布置，板坯一次通过，可进行双面定厚磨削、半精磨削和光整磨削等三道工序，板面磨削后的质量和生产效率均有显著提高，特别适合中密度纤维板、刨花板的砂光要求。SL9200 快速贴面生产线专门用于各种人造板的贴面加工，其结构特别适合人造板低压短周期浸渍纸贴面加工，由于该机快速贴面生产线的快速装卸板机动作准确灵敏，压机油压系统确保压板快速闭合升压，这样板坯浸渍纸的无压热时间大大缩短，消除浸渍无压预固的可能性，确保贴面板的成品质量。牡丹江木工机械厂研制的 BS3215 型单面涂胶机，是作为贴面板制造过程中的单面涂胶设备，适用于各种材料的单面涂胶工作。主要技术参数：最大涂胶宽度 1 500mm，进料速度 8m/min～30m/min，最大加工厚度 80mm，涂胶辊直径 300mm，挤胶辊直径 155mm，送料辊直径 300mm，机床总功率 2.2kW。

质量及质量管理 1996 年木材机械工业行业各企业将抓产品质量作为产品打入和站稳市场的头等大事来抓。苏州林业机械厂 1996 年积极推进 ISO9000 质量认证工作，藉此提高企业的规范化管理水平。实施“做精品，创名牌”的战略措施，在全厂上下确立精品意识，用精品占领市场，使工厂 1996 年的销售工作取得了可喜成绩，完成产品销售额（含税）18 070 万元，比上年增长 19.4%；完成产品销售额收入（不含税）15 450 万元，比上年增长19.4%。产品售出后，产品质量得到用户的好评。

基本建设及技术改造 1996 年木材机械工业行业共安排技术改造项目 13 项，安排投资 18 580 万元，其中贷款 12 806 万元，企业自筹 5 774 万元。包括新开项目 8 项，结转项目 5 项。按投资来源分，技术改造项目 3 项，总投资 8 400 万元，其中，贷款 6 600 万元，企业自筹 1 800 万元；基本建设项目 2 项，投资 3 500 万元，其中贷款 2 000 万元，企业自筹 1 500 万元。林业贴息项目 8 项，投资 6 680 万元，其中贷款4 000 万元，企业自筹 2 680 万元。

安排的技术改造项目和基本建设项目有：镇江林业机械厂的新型刨花板成套设备技术改造项目收尾，常林股份有限公司挖掘机生产线改造和苏州林业机械厂 490、495 柴油机生产线改造项目收尾，以及常林股份有限公司振动式压路机技术改造项目和苏州林业机械厂人造板干燥设备技术改造新开工项目。

这些项目主要围绕企业及产品上水平、上能力，提高产品开发能力及现有产品技术含量进行，除必要的土建外，主要资金用于购置先进的加工设备及检测设备。根据产品及行业特点，主要以加工适应性广、精度高的加工中心以及大型数控设备为主。这些项目建成后，使企业初步具备了规模生产能力。预计常林股份有限公司挖掘机年生产能力将达到 300 台，振动压路机年生产能力将达到 500 台；苏州林业机械厂柴油机生产能力将达到 3 万台，镇江林业机械厂的刨花板成套设备将达到年产 15 套；苏州林业机械厂各类人造板干燥设备年生产能力将达到 50 台（套）。

安排的林业贴息项目主要用于企业的小型技术改造项目，如天津林业工具厂的锯链改造、苏州林业机械厂的指接机、常林股份有限公司的球墨铸铁，项目实施内容亦以设备购置为主，这些项目建设周期基本上为一年，属于“短平快”项目，对加快企业的发展起到了积极作用。

1996 年木材机械工业共完成 5 个“八五”技术改造项目。这 5 个项目分别是常林股份有限公司 WA470 装载机技术改造项目、提高外观质量技术改造项目、提高制造工艺水平技术改造项目，镇江林业机械厂长材刨片机技术改造项目，苏州林业机械厂 485 柴油机技术改造项目。这些项目均已按设计完成全部改造任务，并达到设计纲领及目标，为企业今后的发展打下了良好基础。

管理及改革 被国务院确定为百家现代企业制度试点之一的中国福马林业机械集团有限公司，于 1996 年 11 月 27 日在人民大会堂举行仪式，正式挂牌运行。这个跨地区、跨行业、综合性企业集团的成立，标志着我国林机制造业实现了集团化、规模化经营，具有强大的实力参与国际竞争。

中国福马林业机械集团有限公司的前身为中国林业机械总公司，是我国首家注册的建立现代企业制度的试点单位，是福马集团的核心企业，现已成为中国林业机械行业最大的集科技开发、生产、贸易于一体的集团公司。福马集团是按照现代企业制度的要求，以自愿、平等、互利为原则组成的跨地区、跨行业、综合性、多层次的法人企业联合体。福马集团共有成员单位33个，分布在全国 14 个省市，拥有总资产 13.73 亿元。

1996 年中国福马林业集团有限公司所属核心企业常州林业机械厂，股份制改制工作取得了突破性进展，成为林业部首家股份制公司，于 5 月 30 日正式发行股票，4 000 万社会公众股发行成功，7 月 1 日在上海证券交易所顺利挂牌上市。

〔撰稿人：中国林业机械协会　谢湘京　审稿人：中国林业机械协会　陈达文〕

〔机械工业部〕

生产发展情况 1996年从事木材加工机械（工具)生产的企业有60个(包括机械工业部定点厂、原轻工业部定点厂和其他部门定点的厂家),其中以生产木工机械为主的企业52个,以生产木工工具为主的企业8个。职工总数34 796人。1996年共完成工业总产值（当年价）240 306万元，比上年减少21.36%；其中，木工机械总产值117 343万元，比上年减少26.85%;木工工具总产值15 751万元,比上年减少27.64%。木工机械总产量564 519台，比上年减少20.71%。骨干重点企业完成工业总产值及木工机械生产情况见表2。

1996年木工机械行业工业经济效益综合指数为111.43%，比上年减少11.13个百分点。企业经济效益普遍下滑,尤其是国营企业亏损比较严重。全行业亏损面达31.66%,不少企业连年亏损。1996年木机行业工业综合经济效益名列前十位的企业见表3。

产品分类及产量 木材加工机械产品共有12大类。1996年各类产品产量及品种情况见表4。木工机械总产量比1995年大幅度下降，降幅达21.5%，这是多年未曾出现的负增长。实际上减产部分主要集中在多用机床上，所减少的产量超过了总的减产量。说明木工多用机床市场已经接近饱和。

表2 木材加工机械行业重点骨干企业完成工业总产值及木工机械生产情况

企业名称	工业总产值（万元）			工业增加值（万元）	产品销售收入（万元）	木工机械（工具）	
	当年价	1990年不变价	比上年增长%			产量（台）	产值（万元）
都江木工机床厂	11 595	1 350	—26.26	467	1 153	694	1 509
上海木工机械厂	462	409	—53.19	213	524	151	394
沈阳带锯机床厂	1 765	1 543	—7.78	731	1 083	372	1 331
邵武木工机床厂	675	569	—28.87	58	429	334	293
牡丹江木工机械厂	18 852	20 061	5.58	6 546	15 771	4 621	13 246
信阳木工机械厂	8 186	8 358	—22.58	2 019	8 777	409	1 996
青岛木工机械制造总公司	3 332	3 226	—5.04	1 305	3 004	346	3 633
哈尔滨第二工具厂	7 618	5 000	—11.5	3 443	4 161	95 295（件）	1 148
太行锯条厂	9 355	9 693	1.06	1 454	8 567	6 365（万条）	9 693
天津林业工具厂	4 288	4 452	—7.21	1 280	4 279		3 260
上海爱凯思机械刀片公司	1 884	1 114	24.11	313	2 251	375（t）	1 120

表3 1996年木材加工机械行业工业综合经济效益位居前十名的企业

序号	企业名称	经济效益综合指数（%）	产品销售率（%）	资金利税率（%）	增加值率（%）	成本费用利润率（%）	全员劳动生产率（元/人）	流动资产周转率（次）
1	草庙子木工机械厂	465.67	91.45	54.86	20	7.28	70 989	8.89
2	四川青城机械厂	337.66	101.50	24.70	20.56	5.38	35 746	9.61
3	威海工友集团公司	297.76	97.97	23.55	32	9.09	87 637	2.31
4	任丘永茂木机公司	290.04	87.38	39.48	38.71	18.77	39 570	3.45
5	上海北桥轻机厂	208.79	96.54	17.49	38.11	18.53	47 396	1.35
6	威海第二机械厂	198.35	98.80	21.30	30.58	7.49	33 892	2.56
7	杭州临安木机公司	164.59	114.63	15.19	32.26	14.38	29 350	1.42
8	牡丹江木工机械厂	154.10	96.38	12.98	34.72	7.17	29 821	1.72
9	青岛木工机械厂	143.08	82.44	15.14	39.17	9.47	23 599	1.29
10	牟平轻工机械厂	142.33	85.82	14.55	21.77	3.74	14 056	2.92

市场及销售 1996年木工机械市场总需求没有太大变化,但由于进口产品的大幅度增长,构成了对国产木机产品的巨大冲击，使国内市场占有率不断减少。全年销售额比上年明显下降，仅为113 611万元，减幅达21.6%。各大类产品的国内外销售情况见表5。

从表5中可以看出,在国内销售额中,位居第一的仍然是木工多用机床，占总销售额的60.13%，但比上年减少11.33个百分点。其次是带锯机，占11.66%，木工刨床占10.77%。

1996年木工机床出口额792.08万美元，比上年减少19.1%,其分类构成见表5。木工机床出口产品中,出口额最大的是多用木工机床和带锯机,分别为 343.69 万美元和 233.38 万美元，但分别比上年下降 21.4%和 17.5%。

国内销售额和出口额位居前十名的企业见表 6。

表 4　1996 年木材加工机械各类产品产量

产品类别	可供品种	产量（台）	构成比（%）	比上年增长%
木工圆锯机	40	3 261	0.58	−6.6
木工带锯机	48	13 813	2.47	17.7
木工刨床	58	9 782	1.75	8.2
木工铣床	48	4 916	0.88	176.0
木工钻床	6	150	0.03	30.3
木工车床	9	508	0.09	111.7
开榫机	11	148	0.03	−23.3
榫槽机	8	3 664	0.66	104.6
砂光机	11	827	0.15	216.9
封边机	2	5		−83.9
木工多用机床	42	517 812	92.65	−23.5
木工辅机	35	3 208	0.57	−29.1
其他木工机床	29	805	0.14	−57.7
合计	347	558 899	100	−21.5

1996 年木工工具的国内销售额为 17 663 万元，比上年减少 7.09%。销售额位居前三名的是太行锯条厂（8 567 万元）、天津林业工具厂（3 209 万元）、哈尔滨第二工具厂（1 148 万元）。

1996 年木工工具出口额 386.75 万美元，比上年减少 16%。位居前三位的是萧山之江工具有限公司（306 万美元）、杭州木钻厂（41.6 万美元），哈尔滨第二工具厂（39.3 万美元）。

科研成果及新产品　1996 年木材加工机械行业研制开发出新产品 38 种。牡丹江木工机械厂依靠科技进步，重视科技投入，不断提高产品的技术含量，应用 CAD 现代化手段和引进国外先进技术，开发出具有高新技术的大型新产品 BB1131 型刨切机、MXK5821 数控镂铣机和淋漆生产线、重组木生产成套设备；并通过对 100 多种老产品进行综合分析，进一步改造产品结构性能，达到一物多用、一机多用的功效。信阳木工机械厂完成了 4 项刨花板、中密度纤维板生产线工艺设计、13 项新产品试制和 13 项定型老产品的改进设计。青岛木工机械制造总公司开发出 MXB3512、MHB1545 型指接机成套设备；MM5213 型砂光机和 MJ6125 型精密裁板机的改进试制及 BSG2713 型四砂架双面宽带砂光机的设计工作也正在进行之中。

在应用新工艺方面，牡丹江木工机械厂完成了以树脂砂代替粘土砂的铸造新工艺，应用成组加工技术实施计算机辅助生产管理。威海工友集团公司将刨刀轴的锻打工艺改为摩擦焊接工艺，不仅提高了生产效率，而且降低了生产成本，全年节约资金 110 多万元。

表 5　1996 年木工机械国内外销售额分类构成

产品类别	国内销售额（万元）	比上年增长 %	出口量（台）	出口额（万美元）	比上年增长 %
木工圆锯机	2 869	−37.0	45	6.5	−41.9
木工带锯机	13 243	30.9	1 582	233.4	−17.5
木工刨床	12 235	−9.2	306	32.0	−66.5
木工铣床	4 816	34.4	576	18.2	26.9
木工钻床	375	−42.3	0	0	
木工车床	294	42.0	28	2.1	−91.4
砂光机	3 546	26.5	7	3.1	
开榫机	643	0.8	0	0	
榫槽机	1 595	122.5	2 180	33.3	295.4
封边机	38	−75.6	0	0	
木工多用机床	68 317	−34.0	16 891	343.7	−21.4
木工辅机	1 667	17.2	605	108.8	540.6
其他木工机械	4 011	31.7	37	10.9	−78.8
合计	113 649	−21.6	22 257	792.1	−19.1

质量及质量管理　1996 年，木工机械行业紧紧围绕机械工业部提出的“三大战役”，积极开展以“提高产品质量”为中心的各项活动，不断提高产品质量和质量管理水平。哈尔滨第二工具厂、上海爱凯思机械刀片有限公司积极贯彻组织实施“三大战役”，从企业实际出发，制订了“产品质量翻身战役实施方案”，提出了具体的实施目标、实施步骤和措施办法。牡丹江木工机械厂面对严峻的市场形势，对产品质量制订了强有力的保证措施，在完善成组加工技术、应用计算机辅助生产管理、发挥数控机床加工中心优良性能的同时，实施“模拟严打抓质量”的管理措施，强化人的管理，对铸造、铆焊、热处理、机加、安装各道工序的操作人员进行分期培训，加强专业基础知识学习和职业道德教育。在生产中制定

了岗位责任制，健全质量保证制度，严格把关、严格管理，保证了产品质量的大幅度提高。在1996年11月由国家木机产品检测中心和黑龙江省机械厅组织的对11种新产品的鉴定和8种老产品的抽查中，优质品率达到了96.2%

1996年的行业质量工作，机械工业部木机产品质量监督检测中心继续按照机械工业部的部署，对行业内7个企业进行出口产品质量许可证验收和5个企业的产品检测工作；对3个企业的产品进行型式试验，为其产品申请出口许可证创造了条件。

表6　1996年木工机床行业国内销售额和出口额前十名企业

序号	企业名称	国内销售额（万元）	企业名称	出口额（万美元）
1	威海木机集团公司	30 750	威海木机集团公司	270.0
2	威海工友集团公司	28 080	牟平轻机有限公司	128.3
3	牡丹江木工机械厂	10 830	威海工友集团公司	73.4
4	威海第二机械厂	6 691	杭州临安木机公司	60.8
5	四川青城机械厂	5 554	东台木工机械厂	42.4
6	威海草庙子木机厂	3 857	南通木工机械厂	33.7
7	任丘永茂木机公司	3 552	东台带锯机械厂	32.5
8	青岛木工机械制造总公司	3 396	沈阳带锯机床厂	28.3
9	金华木工机床厂	3 090	信阳木工机械厂	25.6
10	牟平轻机有限公司	2 513	牡丹江木工机械厂	21.0

在安全认证方面，机械工业部木机产品质量监督检测中心积极与部有关部门配合，完成了木工机床安全认证前期各项工作，对木工机床开展安全认证进行了必要性、可行性调查，确定了木工带锯机、木工圆锯机、木工刨床、木工圆锯片、木工带锯条作为木工机械产品首批安全认证的产品；并起草了木工机床与刀具产品安全认证检验规范和木工机床安全认证实施细则。为全面实施木工机床产品安全认证打下了良好的基础。

基本建设及技术改造　1996年全行业共投入基建资金6 784万元和技措费704万元进行技术改造。牡丹江木工机械厂1996年投资1 400万元，完成土建工程8 088m²，购置7台生产设备，下大力气进行高起点的技术改造，从而改善了生产条件，优化了工厂的生产工艺流程，提高了产品质量，降低了产品成本，并扩大了产品出口。

青岛木工机械制造总公司从企业实际需要出发，利用自筹资金投资100多万元，重点围绕产品开发，增添了数控火焰切割机、自动下料锯等设备，为进一步扩大生产能力、提高产品质量和生产效率，特别是为新产品的开发工作创造了有利的条件，并有力推动了现有产品和老产品的改造。威海工友集团公司投资3 000万元用于基本建设和购置生产设备，不仅扩大了生产规模，而且进一步拓宽了经营范围，企业不断发展壮大。

对外合作　牡丹江木工机械厂和日本洋一贸易株式会社共同投资，在上海嘉定区成立中外合资企业——申牡木工机械有限公司，双方分别控股51%和49%。“申牡”公司的成立是牡丹江木工机械厂经营策略的延伸，它把中国最先进的木工机械生产技术与日本的严格管理结合在一起，使实力雄厚的牡丹江木工机械厂又注入了新的活力。截至1996年底已完成产值750万元，预计1997年可完成产值2 000万元、利税600万元，到本世纪末年产值可达6 000万元、利税1 800万元。

管理及改革　青岛木工机械制造总公司在改制取得良好成效的基础上，不断探索企业发展的新途径；从加强内部管理力度入手，扩大销售部门和细化生产部门的承包责任制；通过对生产、技术管理等程序的调整和理顺，使企业较好地适应了市场的需求；1996年全员劳动生产率达23 599元/人，比上年增长3.14%。牡丹江木工机械厂面对严峻的市场形势，通过加强内部管理、引入竞争机制和风险机制，调动了全厂职工的积极性，从而增强了企业抗御风险、参与竞争的能力，保持了发展后劲；使企业继续保持在“中国500家最大机械工业企业”和“黑龙江省100家最佳经济效益企业”的行列之内，并荣获1996年“省管理优秀单位”、“省技术进步先进企业”等荣誉称号。东台市带锯机械厂实行了按岗位、工种的考核责任制，全厂所有人员凭考核领工资；同时还实行了供应公开制、销售买断制、目标成本管理制、质量工资制和包资产增值的“四制一包”的管理方法，有效地促进企业效益的提高。

1996年企业的改革改制又有新的发展。上海木工机械厂通过兼并加入上海机床工具（集团）公司，实现资产重组、扬长避短、优势互补；通过兼并利用公司的先进制造技术，生产高水平的木工机械，必将提高企业的制造水平，促进企业的发展。

〔撰稿人：机械工业部福州木工机床研究所　黄玉成　审稿人：机械工业部福州木工机床研究所　何海翔　机械工业部机械基础装备司　何文京〕

〔责任编辑：邝　鸥〕

印刷设备

〔机械工业部〕

生产发展情况　根据印刷机械行业协会统计的数据，1996年机械工业部系统有印刷机械厂57个，职工42 012人，完成工业总产值（当年价）17.8亿元，销售收入16.8亿元，利润总额0.8亿元，利税总额2亿元。另根据海关统计，1996年我国出口印刷设备计 2 541 万美元，进口为 80 345 万美元。

新产品 1996 年试制完成的新产品有 70 多项，其中主要有：(1) 陕西印刷机器厂在台湾龙臣公司协助下生产的具有国际水平的 RXJ60700A 卷筒料卫星式六色柔版印刷机。该机中心后印滚筒直径为 1 500mm，采用双壁式结构，印刷过程中通有循环的冷却水进行冷却，并装有高精度斜齿轮、液压刹车装置、精密套准装置及液压离合系统，以保证套印精度和离合位置的准确与稳定；供墨系统采用喷涂陶瓷网纹辊，可根据用户需要配备封闭式双向刮刀系统或传统的双辊式系统；该机装有高精度闭环张力控制系统，操作方便，稳定可靠；热风干燥由色间干燥和集中干燥两部分组成；双工位收放料有自动接料和横切装置。主要技术参数：最大印刷宽度 700mm，印刷长度范围为 300mm～850mm，印刷色数为六色，横向裁切长度 315mm～512mm，版材加双面胶厚度 1.9mm，最高印刷速度 100m/min。(2) 北京北人富士印刷机械有限公司生产的 BF4000 系列商业表格印刷机。该印刷机适用于彩色广告印刷、各种票证表格印刷和包装印刷，既可用于打印纸印刷，也可用于信息记录纸等材料的印刷。其最大卷筒纸宽度为 470mm，最大印刷宽度为 457.2mm，可用于印刷 35gsm～160gsm 的纸张，版滚筒周长为 254mm～457.2mm，轧线滚筒周长为 254mm～609.6mm，装订孔尺寸为 381mm～711.2mm，折纸长度为152.4mm～457.2mm，最高印速为 200m/min。其主要特点是：①自动化程度高。采用当前国际上先进可靠的数控技术，电气控制核心由微机控制，主要调整操作全部数字化，张力控制、印刷、加工、收纸等作业实现了预设定、预调整、数字化和集中控制，控制精度高，且迅速准确。②交换件更换方便。③功能齐全。除印刷加工功能外，还可以配置二次印刷、UV 上光、条形码印刷、涂碳等功能，为适应包装印刷需要，还可以配置模切加工功能。④备有多种故障检测。⑤技术先进，质量可靠。(3) 宜兴市南方印机厂无锡分厂的 NF-B 型新一代胶印自动名片机。该机特点：①轻触键控制、所有控制电子元件装在一块线路板上，用接插件连接，操作控制运用专用电脑芯片及光电开关，提高了自动化程度和运行可靠性。②轻触键预制计数，数码管显示，设定张数自动停止。③程控数显控制。④增设 360°天地调节手轮，提高工作效率。⑤加大匀墨辊，墨色均匀。⑥新设计拦片装置，无双张进纸。⑦设有自动停车装置。(4) 陕西印刷机器厂劳动服务公司研制成功的全自动纸餐盒成型机。该机采用微电脑程序控制，使用德国进口 FEST 气动元件，纸不预热即可直接成型，光电检测，自动计数，发现异常自动停机。该机设计合理，结构紧凑，使用不锈钢材料无污染，操作方便，安全可靠，一人可同时操作多台机器，还可根据用户需要设计制造用于柔版印刷、压痕、开槽为一体的生产线。(5) 北人集团公司推出的 MP1040A 自动平压模切机。其最大纸张尺寸为 1 040mm×720mm，最小纸张尺寸为 400mm×360mm，适应纸张厚度为 0.1mm～1.5mm，最大模切压力达 250×10^4N，最高模切速度达7 000 张/h，给纸堆高度为 1 430mm，收纸堆高度为1 200mm，主电机功率 15kW，整机主要由给纸机、传动机构、定位机构、模切机构及收纸装置组成。(6) 陕西印刷机器厂成功研制的 YS201000 型水松纸印刷机，填补了我国印刷机械行业的一项空白，并获 1996 年陕西省职工技术改进成果三等奖。该机设计先进，结构合理，整机工艺性能良好，可靠稳定，操作方便，外观造型美观大方，是目前国内烟草业取代进口产品的最理想设备。(7) 陕西印刷机器厂制造的 YDB 系列编织袋印刷机。在双色、三色的基础上，又成功地制造出四色编织袋印刷机。该机采用橡皮凸版在聚乙烯等各种塑料编织袋、牛皮纸、麻袋、布袋等单片包装材料上进行双色、三色或四色组式印刷，该机用途广泛，使用方便。只要将单张印料平稳地放在送料带上，即可进行彩色印刷。印刷速度为 10 个/min～35 个/min，最大编织袋尺寸 900mm～1 300mm，印刷幅面为 700mm～1 200mm，印刷厚度为 19mm。该机操作简单，安全可靠，是包装行业的理想设备。(8) 烟台五洲实业有限公司生产的 DBW-260 型胶印名片印刷机。该机主要特点：①采用前规、侧规定位，印刷套印精度接近 100%。②印刷速度和供水量大小，在设置范围内可无级调节。③多墨辊有两支靠版墨辊，可满版实地印刷。④采用传送带送纸，有双张检侧装置。⑤机器在运转中设有微调压装置。⑥备有自动清洗装置，机器清洗简易快捷。该设备可印制卡片、明信片、请柬、信封等，最大用纸为 240mm×160mm，最高印刷速度为 6 000 印/h。

质量及质量管理 (1) 印刷行业协会产品标准委员会二届三次会议于 1996 年 5 月 29 日～6 月 2 日在北京举行，会议主要议题包括：①审定 OIS 机标准，②修订“外观质量评定规则”，③CE、GS 认证介绍，④北人 ISO9000 认证介绍。(2) 由国家印刷机械质量监督检验中心于 1996 年第四季度再次对单张纸平版胶印机进行质量监督抽查，这次共抽查了 26 个企业的 26 个产品，所检产品的合格率为 92.3%。比 1993 年抽查合格率 89.5%提高约 3 个百分点。

技术改造 印机行业“九五”规划已修订完成，计划总投资 55 000 万元，其中专项贷款 39 000 万元。

管理及改革 第四届北京国际印刷技术展览会于 1996 年 5 月 30 日～6 月 4 日在北京举行，参展厂商有 318 个，展出设备 800 多台（套），展出面积 20 000m²，其中 181 个来自美国、日本、德国、法国、英国、意大利、瑞士、瑞典等 19 个国家和地区的厂家。中国馆成交额 1 亿多元，国际馆销售额 1 500 多万美元。

印刷机械行业协会完成机械工业部政策法规体改司和中国机械工业管理协会下达的《推荐各行业 1995 年优秀企业和优秀企业家及管理先进企业》的资料准备和上报任务，4 月企业管理协会已正式公布机械工业100个优秀企业和100个优秀企业家。印刷机械行业的上海亚华公司和北人集团获优秀企业光荣称号，北人集团总经理朱谈林获优秀企业家称号。

由中国印刷技术协会柔性版印刷技术委员会、上海印刷技术研究所、机械部工业部北京印刷机械研究所等联合举办的1996年中国国际柔印凹印技术及设备展览会8月19日在上海召开，它具有专业性强、研讨水平高、展示内容丰富，颇受全国各地包装印刷行家的好评。

西安理工大学和德国斯图加特印刷大学9月2日在西安联合举办第四届中德印刷包装学术研讨会，主要报告有“中国印刷包装行业发展现状与未来”、“德国印刷工业现状”和“创新管理学”等。

印机行业协会主办的1996年全国印刷包装机械展览会1996年10月在郑州举行，参展厂商110余个，样机160台（套），展出面积4 800m^2，成交额2 000多万元。

展望 “九五”期间印刷机械仍以包装装潢印刷、报刊印刷、书刊印刷以及扩大出口为主要目标，重点解决好多色胶印机、高速印报机、凹版印刷机、柔版印刷机及包装后加工成套设备的开发和研制工作。

“九五”期间，印机行业应重点解决好产品质量和产品开发两个薄弱环节，围绕国内外两个市场，加强技术开发、突出重点、实施“名牌”战略，在组织结构上积极推行经济规模。重点发展以单张纸多色胶印机、高速印报机为代表的印刷设备，提高产品档次和可靠性，增加品种，适应用户要求；发展自动化、智能化小型胶印机、高速自动模切机、切纸机、装订机械等印刷及印后加工设备，提高质量，扩大出口；通过引进技术或与国外合作、合资，发展柔性版印刷机、表格印刷机等关键设备，搞好国产化，立足国内生产。

“九五”发展目标是：四开、对开单张纸多色胶印机，6万张/h及以上高速印报机、书刊轮转胶印机、凹版印刷机、柔性版印刷机等关键产品，市场占有率达到70%以上；积极开拓国际市场，努力扩大小胶印机，模切机、切纸机、订书机等产品的出口，产品出口创汇达到1亿美元。产品品种由目前的400种发展到600种，使国产印刷机械主要产品市场占有率力争达到80%左右。

〔撰稿人：机械工业部北京印刷机械研究所 张诚文 审稿人：机械工业部重大装备司 温顺如〕

〔责任编辑：白 萍〕

制药设备

〔国家医药管理局〕

生产发展情况 1996年，生产任务不足，经济效益下降，仍然是药机行业一个突出的问题。出现这种情况的原因是多方面的：一是国家对医药的资金投入不足，有些国家重点项目资金不能按时到位，减少了设备的需求量。二是制药企业，尤其是国营大中型企业效益下滑，在役设备开工率不足，折旧率低，购置能力降低。三是有些企业对国产药机过高的求全要求，信心不足，造成部分企业用大量的外汇进口设备等。

从整体看，药机行业的产值与销售值、利税均基本与上年持平。

市场及销售 1996年我国制药企业已超过400个，产品品种、规格超过1 100种，出口产品的规格、数量不断增多。八大类产品皆有出口，其中以制剂产品出口量最大，目前，我国药机产品已出口到美国、日本、东南亚、非洲、香港等数十个国家和地区。出口创汇最多的属制剂机械及药品包装机械。广东大家、西安杨森等合资企业对宝鸡制药机械厂生产的多效蒸馏水机、北京制药机械厂生产的铝塑泡罩包装机等产品都表示满意并给以予了较好的评价。

中国制药装备行业协会与中国医药对外贸易总公司于1996年9月16日至29日在印度尼西亚雅加达市联合举办了1996中国第三届制药装备、医疗器械展览会，24个单位参加，共参展样机35台（套）。药机以片剂机械、液体灌装机、胶囊充填机、中药制丸机、粉碎机及制药包装机械为主。不但90%的样机被购，而且还签署了部分期货与合作项目，达到了通过印度尼西亚扩展贸易范围，辐射周边邻国，提高我国药机企业、药机产品知名度的目的。

新技术及新产品 计算机辅助设计CAD在制药机械工程设计中的应用效果显著。上海天祥·健台制药机械有限公司利用CAD设计能实现参数化设计、选择标准化零件、系列化器件，实现功能化模块高效、合理、简练的组合等特点，成功地设计了GZPK100高速压片机、ZP100压片机系列产品。改变了该厂过去压片机参数无序、规格不一、型号杂乱的情况。实现统一规格、标准化系列，给设计、制造、调试，以及用户使用、保养等都带来了好处。

由国家医药管理局设计技术中心站承担的搪玻璃新标准设备CAD设计施工图，全部完工，并已制成计算机光盘。这对搪玻璃设备标准的贯彻实施、行业的技术进步，必将发挥重要的作用。

重庆制药机械厂研制的SR型水浴式灭菌柜获国家医药管理局科技进步二等奖。

1996年有20余种新产品通过鉴定并投放市场。其中，中南制药机械一厂研制的SY100/500输液自动线、北京制药设备厂研制的DPP铝塑泡罩包装机通过国家医药管理局组织的部级鉴定。

SY100/500型输液自动线主要特点为：机、电、气一体化，全线使用工业PC控制系统；从注射用水制备到产品包装，实现连续生产，完成输液生产中的各项工艺要求；换规格方便，既适合国内的B型输液瓶，又适合国际通用的A型瓶；采用喷射压差水帘洗瓶，根除了毛刷洗瓶的缺陷，洗瓶后瓶内无残存水，瓶口不会被擦伤，无玻屑产生；瓶塞可以用翻边胶塞，也可以用T型胶塞，灌装无机械磨损，杜绝了产生微粒的根源，既具有国际先进水平，又适合我国国情；该设备的用材、选型符合输液生产的GMP要求。有关专家认为该机具有国际90年代水平。

北京制药设备厂研制的DPP铝塑泡罩包装机具有以下特点：悬臂模块式结构，易于实现功能的增加和扩充，且操作过程简单、方便；全平板式结构，可适用于包装各类形状药品及不同排列的板型，且模具加工简单，制造成本较滚筒模具大大降低，板形结构在一定范围内任意设定；各运动部件以同步齿形带传动，确保同步运行，且准确、噪音低；具有光标自动识别功能，铝箔带上套印的图案及文字说明，板形位置准确且保持一致；采用机械辅助与气压联动成型，其成形后的泡罩外观挺括、美观；具有PVC自动补偿装置，机器运行可靠、废品少；电磁离合器控制，定点停车，可确保电机不过载运行。有关专家认为，该机是机电一体化的高科技药品包装机械，达到国际90年代初水平，符合GMP要求，可替代进口产品。

山东省蓬莱制药机械厂在螺杆粉剂灌装机上成功地运用了微粒控制步进电机驱动等新技术，使螺杆粉剂灌装机的技术水平、稳定性、可靠性有了新的突破。该机主要技术参数与特点为：装量调节范围：0～9 999步（1.5°/步）；装量精度<3%；速度调节范围：0～99 100级（最高10 000步/S）；变频调速范围：25Hz～63Hz（0～140瓶/min）；不停车调整装量与速度；设定参数停电不丢失，具有参数记忆功能；具有空瓶检测、碰盖检测、产量统计、单步点动、自动识别等功能；电气系统体积小，维修方便，各单元均采用插接电路板，更换维修方便，温度低，整个控制部分及驱动电路均在一个封闭机箱内。

质量及质量管理　1996年8月26日，国家医药管理局哈尔滨制药机械检测中心正式成立。该中心现有26人，检测设备先进，可开展33项制药机械产品的检测工作。至此，我国的制药机械行业已有天津制药机械检测中心，哈尔滨制药机械检测中心两个部级检测中心。

1995年四季度铝塑泡罩包装机国家监督抽查产品合格率为61.1%，低于工业产品国家监督抽查平均合格率。这一结果表明了我国铝塑泡罩包装机的产品质量问题是严峻的。国家医药管理局与中国制药装备行业协会于1996年7月9日在浙江省瑞安市召开了铝塑泡罩包装机质量与技术研讨会，六省市37个单位（其中制造铝塑泡罩包装机的企业24个），共58人参加。会议期间宣传贯彻了《制药机械管理办法》；国家质量监督的有关政策与总体要求《YY/T0139－93铝塑泡罩包装机行业标准》；铝塑泡罩包装机电气安全的要求及其检测方法；有关专家介绍了国内外铝塑泡罩包装机的现状及发展趋势。全体代表对抽检中出现的质量问题进行认真的分析和研究，提出了可操作的措施方法。会议达到了预期的目的和效果，当年11月全国制药机械秋季博览会上的铝塑泡罩包装机的水平与质量都有显著的进步。

1996年国家监督抽查产品，多效蒸馏水机、热压式蒸馏水机合格率为100%。

为加强制药装备的标准化工作，国家医药管理局，国药质字［1996］第141号文，正式明确了国家医药管理局设计技术中心站，为全国制药装备标准化技术归口单位。

1996年6月24日～28日，全国制药机械行业第一期EGB/T1.1－1993培训研讨班在京举办。来自全国制药机械行业54个企事业单位的61名学员参加了培训，并获得了国家技术监督局颁发的标准化人员资格证书。

由国家医药管理局制药机械设计技术中心站起草的《YY/T0192－94制药机械标准体系表》，获1996年度国家医药管理局优秀标准化项目二等奖。

管理及改革　1996年1月12日国家医药管理局第14号令，发布了《制药机械管理办法》。1996年12月27日国家医药管理局，国药质字［1996］第562号文发布了《制药机械管理办法实施细则》，这是我国关于制药机械行业管理的第一个法规。它的发布实施，标志着我国制药机械的行业管理已步入法制管理的轨道。

国家医药管理局综经字［1996］第201号文件印发了《制药机械行业"九五"计划及到2010年长远规划》。《规划》制定的发展目标为："九五"期间制药机械工业总产值以平均13%～15%的速度增长；2000年总值达14亿元；到2010年比2000年翻两番；销售额、利税增长分别为14%、10%；劳动生产率2000年由2.39万元/人提高到5亿元/人；主要产品技术水平与国际先进水平的差距，到2010年由目前的15年～20年，缩短到5年左右；到2000年，要有5个以上药机企业年销售额1亿元以上，生产集中度达到30%，到2010年达到35%以上，实现企业与产品结构的合理调整；到2000年药机骨干企业要普及应用计算机辅助设计（CAD）和计算机辅助制造（CAM）技术。

中国制药装备行业协会第二届会员大会于1996年11月6日在桂林召开。会议审定并通过第一届理事会的工作总结，并对新形势下协会开拓工作的重点进行了研讨，选举产生了第二届理事会。

1996年中国制药装备行业协会共组织5次技术交流与技术讲座：

(1)水处理工程计算机辅助设计CAD平台的开发与应用，苏州市沧浪净化设备公司葛明明主讲；

(2)日本真空冷冻干燥技术的发展与应用，日本真空技术株式会社二村馨博士主讲；

(3)软管灌装包装生产线和泡罩包装生产线，德国意韦卡设备总公司 W. Straaub、D. Mertens 先生主讲；

(4)涩谷工业的医药品制造系统，日本涩谷工业株式会社蓑原义人主讲；

(5) FGX 型流化床旋风捕集式干燥机在布洛芬成品干燥上的应用，重庆精工制药机械有限公司袁汝淳主讲。

全国制药机械第四届年会于 1996 年 11 月 19 日～21 日在浙江省温州市召开。会议共收到制药机械学术论文 80 篇，推荐 60 篇论文参加会议交流。经以国家医药管理局戴庆骏副局长为组长的 11 位专家组成的评审组的评审：特别奖 1 名、一等奖 2 名、二等奖 4 名、三等奖 15 名、优秀奖 28 名、荣誉奖 9 名。宝鸡制药机械厂钱经伟的《气升式发酵罐应用简介》，上海金桥喷雾干燥成套设备厂钱筱琪的《中药动态水提取生产线》等两篇论文获一等奖。

〔撰稿单位：国家医药管理局质量管理司制药装备处〕

〔责任编辑：白　萍〕

建筑材料设备

〔国家建筑材料工业局〕

生产发展情况　1996 年，建筑材料机械行业生产继续呈下滑态势，据对行业内 74 个主要企业生产情况统计，全年共完成产品产量 217 586t，完成工业总产值 259 393 万元（当年价），分别比上年下降 25%和 32%。主要产品中水泥机械、玻璃机械、墙体材料机械、水泥制品机械等生产均呈下降态势。全行业整体亏损。74 个主要生产厂亏损额达 6 058 万元。1996 年各生产企业普遍生产任务不足，资金周转困难，形势非常严峻。

根据国家建材局“九五”规划及 2010 年远景规划，对国内水泥工业发展将实施“上大改小”的方针，将对目前占国内水泥企业中绝大多数的中小企业进行改造，但由于资金不到位，直接影响了对水泥设备的需求；同样玻璃市场国内需求下降，价格低迷，造成对玻璃装备的需求下降；墙体材料生产设备，由于国家墙改政策的实施，使得新型的节土、利废、节能设备逐步得到了市场认同，估计随着各地墙改政策力度加大，新型墙体材料装备会率先走出低谷。

市场及销售　1996 年，各建材机械生产企业在经济机制转轨过程中，虽继续加强了国内外销售力量，但由于受市场和资金的影响及国外几个大工程进入收尾，整体建材机械产品销售仍未扭转下滑势态。统计数据表明，37 个大中型建材机械生产企业，1996 年全年实现销售收入 200 970 万元，比上年下降 16.9%；出口产品 12 007.6 万元，比上年下降 16.4%。

质量及质量管理　为使建材机械产品更快更好地和国际质量认证接轨，帮助企业掌握 GB/T19000 (ISO9000) 系列标准，国家建材局建材机械标准化委员会 1996 年 3 月在北京举办了贯彻标准培训班。年内有平项山电收尘器厂等企业通过了 ISO9000 质量认证体系，为建材机械产品进一步走向世界创造了条件。

年内，建材机械标准化委员会还审议通过了 10 项建材机械产品行业标准，使累计颁布的建材机械标准达到了 91 项。结合标准的推广，标委会公布了一批管磨机产品质量达标企业名单。

朝阳重型机器厂、株洲水泥机械厂、无锡建材仪器机械厂被评为全国设备管理先进单位。

全年共有 4 种产品被评为国家重点产品，它们是，常州建材机械厂的 FJ1.4～2×5 夹层玻璃蒸压釜，山东建材机械厂的 O-SEPA 高效选粉机，南京建材机械厂的 JZK50/45-20 双级真空挤出机，海安建材设备总厂的 PL-91 型微机配料系统。

技术改造　随着 4 000t/d 项目全面进入收尾验收阶段，本年全行业技术改造规模相应减少。主要有：(1) 4 000t/d 项目投资计划已下达完毕，各项目进入了收尾验收阶段。共有朝阳重型机器厂板链提升机项目、无锡建材仪器机械厂水泥均化库项目、山东建材机械厂高效选粉机项目、平顶山电收尘器厂袋式收尘器项目、邯郸建材机械厂预热器耐热钢项目通过了技术改造验收工作，开始批量生产。

(2)“双加”项目，朝阳重型机器厂总投资 4 835 万元的 400t 液压压砖机引进技术及技术改造项目已获国家经贸委批准，即将于 1997 年开始实施。

(3)“火炬”计划及计算机应用改造项目，国家共向株洲水泥机械厂等企业下达投资计划 1 350 万元。

管理及改革　1996 年 6 月，第三次全国建材装备工作会议在西安召开，会议总结了几年来的成绩和经验教训，明确了建材装备制造业在建材工业发展中的基础地位。要求各企业按“面向用户，综合治理，重在机制”的指导方针，加强企业管理工作，建立健全质量保障体系，依靠科技进步，提高企业设计、制造水平和产品技术水平。加速开展可靠性工作，提高服务质量，大力推广”质量保证承诺”等企业自律性质量活动。

为降低大型水泥厂建设项目投资，1996 年 10 月国家建材局在北京召开了大型水泥设备国产化研讨会。据此，国家将推出大型水泥项目国产化设备低投资示范项目，对重点国产化设备提出了“定产品、定质量、定工厂、定时间、定价格”的“五定”方案，以确保大型水泥装备国产化进程的顺利实施。

1996年11月份，国家"两部两局"在京召开了全国墙体材料革新会议。会议强调了墙材革新的重要性和迫切性，这对新型节土、节能、利废墙材的深入推广将起重要作用。会议要加快新型墙体材料装备的开发研制，以高质量、高水平的生产装备，配合全国墙改工作的实施。

为加强国际交流，中国建材机械工业协会参加组织与德国VDMA建筑建材协会在北京召开了首次专业会议。国内13个水泥厂、设备生产厂、设计院参加了会议，并达成了多项合作协议。

〔撰稿人：中国建材技术装备总公司　张　奇　审稿人：中国建材技术装备总公司总经理　廉级三〕

〔责任编辑：白　萍〕

食品机械

〔机械工业部〕

生产发展情况　1996年，机械工业系统归口的食品机械生产企业有1 000个，科研单位60个，科技人员3 000人，职工人数达10万余人，食品机械产品产量达89.7万台(套)，食品机械工业总产值达58亿元，比上年增长了7%。在食品机械十几年的发展过程中，1996年食品机械产值年增长速度首次低于10%。按照机械工业部生产和信息统计司统计：

1996年食品机械部分产品产量如下：

米面食品加工机械53 123台，豆制品加工机械7 357台，屠宰肉类加工机械19 890台，蛋品加工机械6 150台，饮料机械5 329台，卷烟加工机械1 540台。

市场及销售　食品机械产品市场遇到的问题是：一方面国内食品机械快速发展，产量不断增加，但设备进口量也越来越大，这反映了随着我国社会的进步，食品机械市场越来越需要高档次的设备。另一方面国内产品品种和质量上不去，产品技术水平低，挡不住进口。米、面方便食品机械、果蔬加工保鲜设备和屠宰肉食加工机械保持适度发展速度；啤酒饮料加工成套设备中，啤酒、含汽饮料设备销售下降，水处理、灌装设备增长；饼干糕点加工机械、烟草加工机械等设备销售下降。

新产品　列入1996年机械工业科学技术发展计划的（科研和新产品试制）食品机械15项，加结转的共21项，机械工业部系统共完成包装食品机械科研项目、新产品开发项目38项。

管理及改革　1996年包装食品机械行业管理工作以"三大战役"为主线，贯彻1996年全国机械工作会议和全国电话会议精神，于5月下旬在河北廊坊市召开1996年包装食品机械行业工作会议，按部"三大战役"的统一部署，围绕"总体部署、深化认识、宣传发动、制定方案、研究政策"，结合包装食品机械行业实际情况，开展行业工作。认真总结"八五"工作，"八五"是包装食品机械行业生产产值高速发展的五年，平均年增长率超过20%。组织行业重点企业在"九五"期间贯彻ISO9000标准。首批2个企业将在近两年内完成ISO9000质量管理体系认证。

〔撰稿人：机械工业部包装食品机械行业办公室　王建设　审稿人：机械工业部包装食品机械行业办公室　许占林〕

〔中国船舶工业总公司〕

生产发展情况　中国船舶工业总公司5个烟草机械厂有职工6 880人，比上年减少4.05%；全年完成工业总产值（当年价）33 284万元，按可比价计算，比上年增长12.4%；完成工业增加值14 164万元，比上年增长20.38%；生产各种烟草制丝设备1 204台，比上年增长3.3%。

市场及销售　1996年5个烟草企业在进行三线调整、搬迁改造、新点初具规模的同时，集中财力搞技术改造、形成了新的生产能力。1996年销售收入为30 914万元，比上年增长1.03%，烟草制丝机械产品销售率为92.88%，市场占有率在80%以上。产品销售利润为11 513万元，比上年增长10.58%。但由于企业的期间费用和制造成本上升较快，造成利润总额比上年有所下降，利润总额725万元，比上年减少0.13%。1996年出口21万美元。

新技术及科研成果　1996年研究或完成的新技术和科研成果有：(1)被列入国家经贸委"九五"国家重点技术开发项目的自动化物流系统进入全面设计阶段，其重大技术关键攻关项目有：①工业拆垛、码垛机器人。它是一种知识密集、技术密集的机电一体化的高技术产品，能填补我国在大负荷、高速搬运的工业机器人领域的制造空白。②激光自动导引车。这是自动化物流系统中的一项关键的高科技产品。其先进性主要为：停位精度高，适应性、灵活性强，系统使用效率高，运行可靠性好，路径的扩充与变更方便，节省电力及安装成本。③正在对巷道堆垛机已经引进的具有国际先进水平的样机进行系统的消化吸收工作。(2)出口型打叶复烤设备技术，1996年经国家烟草专卖局批准，对国内外同类设备的优点进行消化吸收，搏采众长，发展创新，适应国情，适应出口，首次研制的三条200kg/h出口型打叶复烤生产线（打叶机除外）设备，顺利通过验收，已交付玉溪红塔集团使用。随后又与红河卷烟厂签订了研制具有国际90年代中期先进水平的1 200kg/h出口型打叶复烤生产线全线的合同，计划1997年年底交付使用。(3)ZJ17高速卷接机组，由国家烟草专卖局统一组织引进国外专有生产技术生产的ZJ17高速卷接机组，1996年10月通过国家烟草专卖局组织的行业鉴定。鉴定结论为："该机组的额定生产能力，烟支质量和有效作业率等主要技术指标均达到同类进口水平"。该机型"是当前国内外最广泛采用并具有90年代初国际先进水平的机型"。

新产品 1996年主要新产品有：为青岛卷烟厂研制的自动化物流系统，为红河卷烟厂研制的出口型打叶复烤设备，ZJ17高速卷接机组。

基本建设及技术改造 1996年固定资产投资完成16 125万元，其中：基本建设投资11 979万元，五厂搬迁建设的厂房建设、公用设施和生活设施已基本建成，累计竣工面积267 501m²，其中住宅176 725m²。道路贯通、水电、通信、闭路电视已开通运行，中学、幼儿园、单身宿舍、食堂已投入使用，具备了搬迁条件。更新改造投资4 146万元，目前实施的高技术轻工成套装备柔性生产线，批准投资9 782万元，其中专项贷款6 782万元，其余自筹。实施年限1995年底～1997年底。1996年共完成技术改造项目13项，其中引进设备7台，扩建厂房1项，面积为3 702m²，其余为国内设备。完成的这些项目已全部投入使用，在生产中已开始发挥重要作用。

对外合作 企业积极引进先进技术、设备，如瑞典的激光导引自动化小车技术，并与瑞典NDC公司签订了技术引进协议，引进了全套进口关键技术的软、硬件和专利使用权。

〔撰稿人：中国船舶工业总公司　徐　婧　审稿人：中国船舶工业总公司　郭　泽〕

〔责任编辑：白　萍〕

包装机械

〔机械工业部〕

生产发展情况 1996年，机械工业系统归口的包装机械生产企业有700个，科研单位30个，科技人员2 000人，职工人数达6万余人，包装机械产品产量达16.1万台（套），包装机械工业总产值达41亿元，比上年增长了8%。在包装机械十几年的发展过程中，1996年包装机械产值年增长速度首次低于10%。按照机械工业部生产和信息统计司统计，1996年包装机械部分产品产量如下：充填包装机械2 288台，封口机械5 371台，容器成型包装机械1 101台，捆扎打包机械6 953台，瓦楞纸板制箱（盒）加工设备2 668台，包装容器加工机械8 432台。

市场及销售 包装机械产品市场遇到的问题是：一方面国内包装机械快速发展，但是进口量越来越大，这反映了随着我国社会的进步，包装机械市场越来越需要高档次的设备。另一方面国内产品品种和质量上不去，产品技术水平低，挡不住进口。市场上瓦楞纸板设备、中小袋包装设备、颗粒物料对袋成型－充填－封口包装机以及真空包装机仍保持畅销。

新产品 列入1996年机械工业科学技术发展计划（科研和新产品试制）的包装机械22项，加结转的共29项。机械工业部系统共完成包装机械科研项目、新产品开发项目43项。肇庆嘉隆包装机械股份公司的计算机在瓦楞纸板生产线中应用项目由国家经贸委主持鉴定验收。南通锻压机床厂研制生产出谷物秸秆无污染快餐盒生产线。

管理及改革 1996年包装食品机械行业管理工作以"三大战役"为主线，于5月下旬在河北廊坊市召开1996年包装食品机械行业工作会议，按部"三大战役"的统一部署，结合包装食品机械行业实际情况，开展行业工作。

〔撰稿人：机械工业部包装食品机械行业办公室　王建设　审稿人：机械工业部包装食品机械行业办公室　许占林〕

〔责任编辑：白　萍〕

纺织设备

〔中国纺织总会〕

生产发展情况 1996年纺机器材行业是在纺织工业经济运行极度困难，纺织行业大面积亏损，经济效益严重下滑，市场竞争激烈的情况下运行的。据统计1996年全国国有纺织企业，棉纺、印染、复制、毛纺、麻纺、针织、丝绸、化纤八个主要行业中除化纤行业盈利外，均为亏损。国有企业亏损面高达65%，盈亏相抵净亏损71亿元。这样的经济效益直接影响着纺织企业对纺机的购买力。在这种情况下，我国纺机器材企业深化改革、转变机制、开发新产品、调整结构、加强管理，经过奋力拼搏，取得了有效的经济运行成果。

据纺织机械行业243个企业的统计，1996年完成工业产值（1990年不变价）103.66亿元，其中纺织机械产值77.92亿元，产品产量24.88万t，产品销售收入890 541.1万元，利润总额9 664.7万元，利税总额54 737.9万元，亏损企业98个，亏损面40.33%，亏损总额38 550.8万元。与上年相比产品销售率提高2.2个百分点，资金利税率降低2.29个百分点，成本费用利润率降低1.98个百分点。

全年共为纺织企业提供棉纺细纱机3 397台，气流纺纱机303台，梳棉机2 330台，喷气织机312台，剑杆织机8 715台，针织圆机345台，经编机127台，喷水织机996台，平网印花机24台，圆网印花机 72 台，染色机 339 台，自动缫丝机 1 126 台等高技术水平的设备，满足了纺织工业发展的需要。

市场及销售 1996 年纺织机械行业开拓国内外市场，交流促销活动十分活跃。6 月，组织了第五届纺机贸易市场，纺机企业和用户单位的近千名代表参加了洽谈和贸易，成交额近 1 亿元。10 月在北京组织了第五届国际纺织机械展览会，中国馆展出面积 1.2 万 m^2 主要设备 160 余台（套），参展厂商 240 余个，这次纺机展展示了“八五”纺机技术进步成果，展现了国产纺机新貌。与上届相比，无论在规模、产品、品种、技术水平等方面均有较大提高，成交额近 4 亿元，意向合同 12 亿元。

在开拓国际市场方面，组织了 1996 年 4 月的乌兹别克塔什干国际纺机展，有 11 个纺机企业参展。5 月赴印尼的纺机展，有 30 余个纺机企业参展。在国外展示了我国新型的纺机产品，促进了国际交流和国外市场的开拓。

1996 年我国纺织机械出口创汇 12 996 万美元，其中出口化纤机械 70 台，棉纺机械 3 352 台，织机 2 048台。

新产品 1996 年纺织机械器材完成新产品试制并已鉴定投产的有 76 项，其中化纤机械及器材 8 项，棉、毛、丝纺机械及器材、仪器 28 项，织造机械及器材 24 项，印染机械及器材 5 项，针织机械 2 项，非织造布机械 4 项，服装机械 5 项，其主要产品有：

(1) CGKV531 型倍捻变形机、由经纬纺织机械股份有限公司、中国纺织总会机电研究所、中国纺织大学、吴江新民丝织总厂等单位设计研制，适用于对涤纶长丝进行倍捻、定型、假捻的一步法加工，生产的绉丝用作涤纶仿真丝织物的纬丝。机器锭数 192 锭，锭速 5 532、7 400、9 232、11 000、12 333r/min，最大卷绕直径 200mm，最大卷绕速度 135m/min，主电机功率 22kW。

(2) FA006B 型往复抓棉机，由郑州纺织机械厂和中国纺织科学研究院共同设计研制成功。该机适用于各种等级原棉和 76mm 以下的化纤，为开清棉联合机或清梳联的第一道工序。抓棉臂升降方向（Y 轴向）和小车行走方向（X 轴向）均采用微机控制，使 Y 轴方向定位精度达到±1mm，分辨率达到0.1 mm，实现了多组混棉、单边抓取或双边抓取，工艺参数可显示、设定，产量 1 000kg/h，全机功率10.74 kW。

(3) 电锭细纱机，由经纬纺织机械股份有限公司设计制造，该机罗拉采用同步电机驱动，电锭采用异步电机的驱动原理，罗拉电机由一个变频器驱动，全机 420 个电锭用另一个变频器驱动，实现了罗拉速度和锭子速度的无级调整速，可通过计算机键盘，任意选择纺纱速度和捻度，全机锭数 96、420 锭，锭距 70mm，升降全程为 180、155、145mm，钢领直径 42、38、35mm，锭速 13 000r/min～23 000r/min，适纺号数 97.2～5.8tex（6～100 英支），主电机功率 3kW。

(4) FB221 型半精纺梳毛机，由山东胶南纺织机械厂与西北纺织工学院共同设计制造，该机适用于梳理各种涤纶纤维及细支羊毛进行开松、除杂、混合、梳理成一定重量适合半精纺毛纱要求的毛条，机器采用双锡林、双道夫及设置莫雷尔除杂装置，设计了自调匀整式数控喂毛机及平推式称毛落毛机构，属国内首创，采用了平衡点定位式电动高速斩刀及双工位自动换筒装置。机器机幅 2 000mm，出条速度 20m/min～91m/min，全机总功率 19.04kW。

(5) α-1100 型高速整经机，由沈阳纺织机械厂设计制造，该机是与日本金丸公司技术合作的产品，其用途是将筒子架上的经钞经过机器的伸缩箱均匀排列后，卷绕成张力均匀、密度均匀的正圆柱体经轴，以供浆纱机制作织轴用，它适用于 97.2～5.83tex（6～100 英支）棉、化纤及混纺纤维纱线。机器整经宽度 1 800、1 600mm，整经头份 440 根～720 根（幅宽 1 800 mm）、400 根～540 根（幅宽 1 600mm），整经线速度 100m/min～1 000m/min，无级调速，主电机功率 11kW，配用 CGGT332 型筒子架，集体换筒。

(6) GA731-Ⅱ型剑杆织机，由山东省聊城第一纺织机械厂设计制造，适应于棉、毛、麻等天然纤维及化学纤维品种，织造轻、中、重磅织物。它消化吸收国外织机的先进结构，对送经、卷取、引剑和打纬凸轮廓线等关键部件进行了改进设计，使产品适应性拓宽，送经张力和纬密度变化稳定，机器幅宽 1 900mm～ 4 600mm，车速 312r/min～430r/min，全机功率 4.6kW，附设八色电子式或四色机械式选纬，三色信号灯故障显示。

(7) MV021 型起绉机，由河北印染机械厂设计制造，该机适用于涤纶仿真丝织物，在高温高压状态下进行松弛起绉，弱碱碱量及水洗处理，亦可进行砂洗及超细纤维的开纤处理。机器为转笼式（双室）型式，容布量 200kg，转笼转速 5r/min～20r/min（可调节），最大工作压力 0.28MPa，最高工作温度 135℃，容比 1∶7～1∶10，工作介质为浓 NaOH 及其他助剂。

(8) MA443A-280A 型多功能轧光机，由山东省诸城纺织机械股份有限公司设计制造，它适用于对棉、化纤、混纺织物及丝线、长毛绒等进行普通轧光、镜面轧光、电光、轧花和拷花等五种不同功能的整理加工，还可用于塑料、皮革、纸张等品种的轧光、轧花整理。该机的轧车部分由三只轧辊呈立式排列，上轧辊为加热辊，内装电热管，中辊为软辊（有尼龙辊、棉辊、羊毛辊等），下辊为空心钢辊，内通冷却水。可改变加压压力及调节上轧辊加热温度，实现对各种织物的不同功能的整理要求。

(9) GEW 型双面多功能圆纬机，由青岛第四纺织机械厂设计制造，该机适宜于以精梳、普梳棉纱和低弹涤纶等原料，编织罗纹、双罗纹、网眼、胖花、衬纬、复合变化及小提花组织。该机上针盘的各路高低板三角均可实现成圈、集圈、浮线编织，还能做到互换，下针盘采用五针道选针，整机结构合理。机器传动采用了变频调速，可根据不同的纱线、不同的织物、不同花型要求，任意调整车速。机器针筒直径558.8、609.6、660.4、762mm（22、24、26、30英寸）四种，级别E14～24，进线路数32～42路，针筒工作线速度大于0.6m/s，电机功率1.1kW。

（10）BG214型非织造布梳理机，由山东省胶南纺织机械厂设计制造，该机将经初步混合开松的涤纶、丙纶等化学纤维，进一步地开松、除杂、混合、梳理，把纤维制成一定重量厚薄均匀的纤维网，供下道工序使用。该机为上行半周式梳理型式，双道夫排列及设置两对杂乱辊杂乱装置，机幅为1 550mm，适用原料范围为化学纤维细度1.5～15旦，长度38mm～76mm，出网定重16g/m²～60g/m²，产量30kg/h～368kg/h，全机总功率14.34kW。

质量及质量管理 1996年中国纺织总会技术装备部和中国纺织机械器材工业协会继续联合开展纺织机械器材推荐产品活动，组织全国12个质量监督检验中心或质量监督站进行用户调查及专家评审，有71个企业的110种产品被入选为推荐产品。为推行纺织机械标准化工作，中国纺织总会在1996年发布自动缫丝机、丝并捻机、自动络筒机、倍捻锭子等10项纺织机械行业标准。同年8月，中国纺织总会技术装备部发布了首批可靠性认定试点产品与指标值，包括剑杆织机、喷气织机、喷水织机和棉纺悬锭粗纱机四大类产品。11月召开第二次“研讨会”，特邀“八五”以来从事纺机可靠性工作的科技人员，讲授《可靠性工程技术》教材，并研讨了《纺织机械器材产品可靠性认定办法》（试行）初稿，为1997年实施打下了基础。

对外合作 国家“八五”重大引进技术消化吸收项目“自动络筒机和无梭织机引进技术与国产化”专项，经过20个承担企业的努力，到1996年底已基本建成，并逐步由建设转向生产，由投入转向产出。此纺机专项涉及了棉纺织工艺中的主要装备，包括清梳联合机、精梳机组、自动络筒机、片梭织机、喷气织机等7种关键主机，以及配套的无油空压机等专用装置和关键器材，共21个子项。从德国、日本、意大利等国家引进了19项世界先进水平的纺机产品及设计、制造技术。大幅度提高了我国棉纺织设备的技术水平和档次，也增强了企业发展的后劲。承担专项的20个企业，共引进国外先进的加工设备及仪器715台（套），购置国内高技术加工设备1 499台（套），使企业的制造、检测手段有了明显改善。企业在消化吸收引进技术的同时，还同步实施了180多个技术开发课题的研究攻关，由于采用了一大批先进的制造工艺，使产品的外观质量和内在质量都有了明显的提高，目前主要产品的国产化率一般达到30%～50%，最高达到80%以上。特别是通过与外方的合作生产，企业的质量意识和管理水平都上了一个台阶。

至1996年底，已累计销售引进技术合作生产的自动络筒机156台，喷气织机831台，片梭织机46台，清梳联合机3套，精梳机组3套，这批产品的质量均达到了国外同类产品的水平，替代了进口。

管理及改革 中国纺机器材工业协会进一步加强自身建设，1996年3月召开了全体理事会，10月召开了二届三次常务理事（扩大）会，提出要加快实行“两个转变”，努力提高产品质量，降低消耗，强化市场营销，促进行业发展的方针，会议增补了协会领导人员。组织成立了中国机械制造工艺协会纺机分会及中国纺机器材工业协会技术改造专业委员会。截至1996年底，全国已有11个省市成立了地方纺机器材工业协会，形成了新的行业管理形式。

为提高企业生产管理水平，中国纺机器材工业协会于1996年4月组织了一次对100个骨干重点企业管理现状的调查，同时组织了6位专家的调研组，对12个纺机器材企业现状作了实地调查。同年9月中国纺机器材工业协会召开了行业管理工作会议，指出了当前企业管理不适应市场经济发展要求的三个方面问题，提出加强企业管理的六条措施。

为有效控制棉纺生产能力，根据国家技术监督局和中国纺织总会计划，由中国纺织总会技术装备部组织对现有棉纺细纱机生产企业的生产许可证进行清理整顿，按纺织工业技术改造的需求和细纱机技术发展水平，经审定，于1996年12月向经纬纺机股份有限公司、上海二纺机股份有限公司，山东昌邑市纺织机械厂及宜昌纺织机械厂等4个企业颁发7种棉纺细纱机产品生产许可证。

1996年中国纺织总会与国家进出口商品检验局合作，经审查合格给江苏宏源纺机股份有限公司、昌邑市纺织机械厂、沈阳纺织机械厂、无锡市第四纺织机械厂、河南纺织机械厂、青岛纺织机械厂、江阴机械厂、天津纺织机械厂、青岛胶南纺织机械厂、青岛胶南第一纺织机械厂、济南鲁思达纺织机械有限公司、南通第二纺织机械厂、江苏省吴县纺织机械二厂、河北太行机械厂等14个企业颁发梳棉机、并条机、粗纱机、棉纺细纱机、自动换梭棉织机、剑杆织机等19种产品出口质量许可证。

〔撰稿人：中国纺织机械器材工业协会 龚明德
审稿人：中国纺织机械器材工业协会 柳仁德〕

〔责任编辑：白 萍〕

缝纫设备

〔中国轻工总会〕

生产发展情况 据国家统计局统计，1996年全国缝纫机年总产量为683.69万台，其中家用缝纫机产量为495.02万台，工业缝纫机产量为188.67万台。据中国轻工总会统计，1996年轻工系统缝纫机行业总产值1990年（不变价）为29.2亿元，总产值

(当年价)为30.2亿元。另据中国缝纫机协会对全行业82个主要生产企业统计，1996年缝纫机总产量为559.2万台，其中家用缝纫机为408.8亿台，工业缝纫机为149.4万台，与上年同比分别下降23.8%和1.3%，缝纫机总产值为42.52万元，同比下降3.2%。据海关统计，全年共出口缝纫机407万台，其中家用缝纫机339万台，工业缝纫机68万台，包括缝纫机零部件共出口创汇24 197万美元，比上年下降1.7%。

缝纫机产量和产值下降的主要原因是：(1)缝纫机主要使用对象——服装生产企业技术改造步伐缓慢，对工业缝纫机的需求量减少；(2)家庭生活结构发生变化，对家用缝纫机的购买欲望下降；(3)缝纫机生产企业产品品种还不适应市场需求，结构调整有待加速；(4)产品质量与国际先进水平相比还有较大的差距，还不能完全替代进口；(5)由于企业资金短缺，生产流通处于不正常，不能及时提供货源；(6)部分产品库存积压量较大；(7)国际市场还有待于进一步开拓。

家用缝纫机主要生产企业有上海飞人有限公司、上海协昌有限公司、华南缝制设备集团公司，产量、产值和出口创汇情况见表1。

表1 家用缝纫机主要企业产量、产值和出口创汇情况

生产厂家	品牌	产量（万台）			出口量（万台）	创汇（万美元）
		1995年	1996年	比上年增长%		
上海飞人有限公司	飞人、蜜蜂	167.7	158.9	−5.2	38.0	1 157
上海协昌有限公司	蝴蝶	147.5	104.5	−29	62.8	2 125
华南缝制设备集团公司	华南	51.4	46.8	−8.9	38.8	801
徐州缝纫机总厂	飞人	24.6	19.1	−22.4		
芜湖缝纫机厂		25.8	23.1	−10.1	25.6	522.8

原生产家用缝纫机的一些企业，如柳州缝纫机厂、青岛缝纫机厂、福州缝纫机厂、南京缝纫机厂、西安缝纫机厂等相继停止生产普通家用缝纫机，转产其他产品。反之，一种性能优良的多功能家用缝纫机在一些中外合资企业，如上海胜家有限公司、华南胜家有限公司、兄弟珠海有限公司等大量生产，年产量已达到100多万台，能力将超过200万台。目前主要出口国际市场。

工业缝纫机主要生产企业有上海工业缝纫机股份有限公司、中国标准缝纫机公司、华南缝制设备集团公司、天津天工缝纫机公司、飞跃缝纫机集团公司等，都是缝纫机行业的骨干企业，产值占总产值46.5%；工业缝纫机中，平缝机和包缝机占78%，是缝纫机行业的主导产品。其他有特种工业缝纫机：绷缝机、绣花机（电脑多头绣花机）、封包机、锁眼机、钉扣机等，主要为服装、针织、箱包、化工等相关行业配套。

作为全国100家建立现代企业制度试点单位之一的中国标准缝纫机公司，加大了改革力度，加强了内部管理，1996年取得了较显著的成绩。在市场不景气的情况下，产品产量、销售收入分别比上年增长54%和17%，质量有了明显提高，成本下降7.8%。公司所属的标准缝纫机菀坪机械有限公司地处江苏吴江菀坪乡，连续多年取得较好的经济效益，也在行业中名列前几位。所生产的中厚料平缝系列14种品种，深受用户欢迎，被行业誉为“中厚料之星”。菀坪乡缝纫机和零部件的产值已超过乡总产值的60%以上，已成为名副其实的“缝纫机乡”。

上海缝纫机螺丝厂是生产缝纫机紧固件的专业工厂，在向社会主义市场经济转变的过程中，企业不断进取以适应市场需求，树立科技兴厂的新观念，探索加工新工艺、新材料，完善螺丝配套标准，使产品在行业内占有率达到85%，并继续向汽车、摩托车和建筑行业延伸。

浙江宁波德昌工业缝纫机零件有限公司在改革开放政策指引下，积极推进“两个根本性的转变”，十多年来，从一个普通的小厂发展成为行业零部件主要配套企业，并不断上档次、上水平，将产品推向国际市场，出口及对外配套已达到80%以上，取得了很好的经济效益。

大连服装机械总厂瞄准国内外先进水平，加强基础管理，在成本管理上，围绕了“三节三降”（节材降耗、节能降耗、节支降费），制订职责范围、责任目标和规章制度，收到了实效，综合经济效益不断提高。

全国最大的两家缝纫机机针厂——上海钻石制针厂和上海波芬制针有限公司实行了“强强”结合，增强了实力，以“解放思想、实事求是”作为企业的指导思想，制订了“长短结合，高低并举”的中长期规划，决心为机针工业发展再做贡献。

新技术及科研成果 为了推进我国缝纫机工业向机电一体化方向发展，北京一轻研究所从1986年就开始了刺绣机电脑控制系统的开发和研究工作，1988年3月，中国第一台自产电脑刺绣机诞生并通过了由原轻工业部组织的技术鉴定。十年来，研究所科技人员经过艰苦的努力，采用新技术、新器件，从一种机型发展到有数码显示、液晶显示、彩色屏幕显示等多种机型，并能适应不同用户的需求。之后，又研制了与皮革缝纫机、链式缝纫机等相配套的电脑控制系统，实现了系列化、产业化。产品部分技术指标已达到90年代国际同类产品的水平。北京一轻研究所已向有关部门申请建立“全国缝制设备电脑控制工程技术研究中心”。

中国标准缝纫机公司上海惠工缝纫机三厂自1993年与日本三菱电机株式会社合作生产LS2系列高速平缝机以来，始终把科技与质量放在第一位，不断学习和吸收日本技术和管理方式，产品全部返销日本，得到日本专家的好评。1996年又成功地从日本拆迁、搬运和安装了日本三菱电机LS2平缝机系列生产线，并迅速投入生产。目前已能生产3个系列11个品种，使品种和能力得到进一步扩大。

质量及质量管理　1996年上海工业缝纫机股份有限公司、上海协昌有限公司、上海服装公司服装机械有限公司、上海钻石制针厂等都通过了国内外有关企业的ISO9000质量体系认证。至今全行业已有十多个企业通过了质量体系认证。

国家缝纫机质量监督检验测试中心于1996年5月，经国家技术监督局专家评审组评审，通过了到期复查和计量认证复查。

全国缝纫机标准化中心为解决缝纫机型号管理混乱和重复交叉，向全行业制定、颁发了《缝纫机产品型号暂行办法》；发布了《缝纫机型号编制规则》等7项行业标准。

经国家技术监督局批准，第二届全国缝纫机标准化技术委员会于1996年4月在上海成立。中国轻工总会质量标准部代表国家技术监督局向全体委员发了聘任书。

对外合作　首届中国国际缝制设备展览会于1996年8月6日至8日在上海国际展览中心举行。展览会有海内外11个国家和地区，300多个生产厂商参加，面积12 000m^2，展示了200多种新品种，举办了6场技术讲座，参观人数达2万多人次，协议、订货金额近30亿元，也是近几年来在国内和国际举办的规模最大的缝制设备专业展览会。

中国缝纫机协会与中国轻工业对外经济技术合作公司联合组团，于1996年5月12日至26日赴日本参加‘96JIAM国际服装机械展览会，并参观、考察了日本著名的缝纫机生产企业：日本飞马缝纫机制造株式会社、三菱电机名古屋制作所，兄弟工业株式会社、胜家日钢株式会社和东京JUKI株式会社大田原工厂。协会还与中国华阳技术贸易总公司联合组团，于9月赴美国亚特兰大参加第三十七届国际服装机械及技术展览会，两次出访都取得了很大的成功。

中国缝纫机协会与德国科隆展览会总代理香港德信有限公司联合举办“世界服装机械科技发展与市场”的专题讲座，德国威捷公司、百福公司、法依特公司及德国机械设备制造联合会等数位专家与代表共同讨论，使代表们进一步了解世界缝制设备发展的新动向。协会还组织了部分企业参加中国贸促会在京举办的中韩经济贸易洽谈会。

管理及改革　中国缝纫机协会于1996年4月19日成功地召开了中国缝纫机协会第五届全体会员大会，选举产生新一届理事会成员。会议重点研究了行业情况，肯定了“八五”行业发展的成绩，分析研究目前行业所面临的机遇和挑战，确立了行业发展的市场定位、产品定位、质量标准定位、工艺技术定位和发展阶段定位。会议首次提出了缝纫机行业在经历一段时间的发展之后，已进入“调整、提高、转型、升级”的新阶段，要求全行业以中共中央《发展纲要》为指针，结合行业实际，围绕“两个根本性的转变”，加快结构调整和科技创新步伐，使缝纫机工业由数量指导型过渡到以质量、品种、出口、效益为指导型，进一步优化产业结构，实现产业市场化、高级化、国际化，为“九五”计划和2010年远景目标打下扎实基础。

协会还在缝纫机行业技术进步专家研讨会的基础上，于4月制定了《中国缝纫机协会关于推动行业技术进步若干意见》，提出了11条具体措施，以指导和促进行业技术进步。6月又提出了缝纫机行业企业组织结构优化调整思路，制定了调整原则、目标和措施。

为了进一步加强行业信息统计工作，协会于6月26日召开了缝纫机行业信息统计工作会议，根据国家统计部门有关规定和要求，对统计报表的有关指标进行了补充和修订，并提出利用现代管理手段，逐步实现行业信息联网和国际计算机联网。

协会于11月3日召开了缝纫机行业出口市场研讨会，对出口市场和形势进行了全面的分析，统计了1995年中国对世界各地区的缝纫机出口数量及贸易额（详见表2）。会议再次强调要调整出口产品的结构，提高质量，建立正常的出口秩序，为扩大出口奠定了思想基础。

协会在原有轴类、梭类、针类、金切、锻冲等专业组的基础上，于12月5日成立了中国缝纫机协会缝纫机零部件专业委员会，并制订了《工作条例》和《行规行约》，首先在行业中建立自治自律机制，加强行业管理和协调，规范行业行为，开展公平竞争。

面对激烈的市场竞争，一些企业加快了产品结

表2　1995年缝纫机出口情况

项　目	东南亚	亚州	美国	中东、非州	南美	东欧	欧州	合计
家用机（万架）	62	102	43.3	55	47.8	3.7	40.5	354.3
创汇（万美元）	1 231.2	2 727.1	2 126.2	1 542.3	1 344.8	192.3	1 286.4	10 450.3
工业机（万架）	19	13.8	3.6	3.1	45	7.5	3	95
创汇（万美元）	2 538.5	3 349	368.7	70.3	3 109.2	260.6	544.8	1 024.1

构调整，在向“主业精、辅业兴”方向逐步深化。如华南缝制设备集团公司、天工缝纫机公司、上海工业缝纫机股份有限公司、上海协昌有限公司、上海飞人有限公司等，逐步向摩托车发动机、汽车配件、助动车、热水器、空调器、小型包装机、饮水机械等产品领域延伸，给企业带来了新的发展空间。

〔撰稿人：中国缝纫机协会　王承康〕

〔责任编辑：白　萍〕

轻工设备

〔中国轻工总会〕

生产发展情况　1996年，据对轻工业机械行业260个企业的统计，职工人数12.29万人，其中技术人员10 286人，约占8%；完成工业总产值603 549万元（1990年不变价），624 579万元（当年价）；实现工业增加值193 332万元；利润总额3 619万元；创利税1.3亿元，比上年下降23%；亏损面由上年的23%上升为31%。1996年轻机行业完成工业总产值前十名企业见表1。

表1　1996年轻机行业完成工业总产值前十名企业

序号	企业名称	工业总产值（万元）
1	湖北京源股份有限公司	40 624
2	宁波海天机械公司	30 008
3	江苏华英集团公司	26 910
4	广东轻工业机械厂	21 212
5	荣城电机股份有限公司	18 011
6	柳州塑料机械总厂	16 350
7	上海造纸机械总厂	15 057
8	江苏大力集团公司	14 705
9	江苏维达集团公司	13 206
10	无锡格兰机械有限公司	13 092

1996年，轻工机械行业按产品分类的主要经济指标见表2，亏损情况见表3。在各类产品的生产企业中，利润较好的如下：

1996年，服装机械行业完成利润总额较好的企业有：美佳集团股份有限公司（966万元）、大连服装机械总厂（200万元）。

皮革机械行业完成利润总额较多的企业有：江苏华英集团公司（1 134万元）、连云港皮革机械厂（438万元）、湖州皮革机械厂（197万元）、湖州二轻机械厂（197万元）、黑龙江肇东毛皮机械厂（99万元）。

家具机械行业完成利润总额较好的企业有：青岛木工机械制造总公司（276万元）、烟台牟平轻工机械股份公司（100万元）。

日用玻璃机械行业完成利润总额较多的企业有：莱州市轻工机械厂（42万元）。

日用陶瓷机械完成利润总额较多的企业有：广东佛山陶瓷机械总厂（950万元）、宜兴陶瓷机械厂（173万元）、湖南省轻工机械厂（157万元）。

1996年，搪瓷制品加工机械中盖州市搪瓷设备厂完成利润总额4万元。没有亏损企业。

造纸机械行业完成利润总额较好的企业有：淄博恒星机电设备公司（1 647万元）、辽阳造纸机械股份公司（570万元）、诸城市造纸机械厂（452万元）、山东王村造纸机械厂（375万元）、沙市轻工机械股份公司（262万元）、费县机械制造股份公司（217万元）、山东莱州市造纸机械厂（207万元）、济南长清县轻工机械厂（181万元）、枣庄台儿庄造纸机械厂（125万元）等。

1996年，日用化工机械行业完成利润较多的企业有：上海第一化工机械厂（181万元）、上海电池机械厂（30万元）。

1996年，自行车、缝纫机加工机械行业完成利润的有：苏州轻工机械总厂（16万元）。

1996年，包装机械行业完成利润总额较多的企业有：湖北京源股份有限公司（6 893万元）、南京轻工业机械厂（483万元）、安徽省蚌埠纸箱机械厂（303万元）、天津华特包装机械公司（220万元）、江苏双鹰集团公司（128万元）、天津市轻工包装机械厂（118万元）。全行业无亏损企业。

1996年，五金机械行业完成利润总额较好的企业有：江苏大力集团公司（506万元）、荣城市锻压机床厂（151万元）。

产品分类及产量　1996年，轻工设备按行业机械产品分类，可分为13个小类。对量大面广的产品，如塑料机械和食品设备，可单独列出来。1996年轻工机械行业完成各类产品产量见表4。

市场及销售　1996年，由于国家继续实行适度从紧的金融政策，微观上资金紧张、企业经济效益下滑、生产经营困难的局面未见明显好转，轻机国内市场总体上仍然表现为销售平淡，1996年中国轻机总公司和全国轻机产品联销组织共召开8个行业14个轻机产品全国订货会和展销会、成交额仅为7，95亿元，这从侧面上也反映了我国轻机市场疲软的现状。但各行业发展不平衡。造纸机械市场1996年仍呈现稳步发展，1996年全国纸产量突破3 000万t，提前达到“九五”计划目标，客户对生产能力大、技术含量高的纸机设备需求量增加，大型骨干纸机企业任务饱满。但中、小型纸机的市场比例明显降低，面对中、小型纸机产品市场中客户对老产品的需求急剧下降，中、小企业生存的竞争愈加激烈。皮革机械在轻机市场中完成销售经营较好。洗涤、服装机械1996年仍未走出低谷，绝大多数企业产品销售不畅，除了受服装加工业的不景气、减少对服机产品的

表 2　轻工机械行业按产品分类的主要经济指标

产品名称	统计企业数（个）	工业总产值（万元）	工业增加值（万元）	产品销售收入（万元）	实现利润（万元）	应交所得税（万元）	出口交货值（万元）
服装机械	5	12 569	3 844	12 174	697	319	363
皮革机械	16	44 552	12 558	37 490	1742	599	10 531
家具机械	8	7 580	2 668	8 239	260	77	1 026
日用玻璃机械	7	21 746	5 022	18 713	−1 239	1	3 889
日用陶瓷机械	7	23 239	7 823	30 787	674	476	85
搪瓷制品加工机械	1	190	54	170	4	1	
造纸机械	50	122 045	40 203	117 840	−7 013	729	7 541
日用化工机械	6	6 791	3 108	7 892	−615	10	2 521
自行车、缝纫机加工机械	2	913	277	582	−78	5	
包装机械	8	70 009	33 955	69 493	8 180	2 391	10 153
五金机械	6	22 634	6 099	17 048	250	46	4 191

表 3　轻工机械行业按产品分类亏损情况

产品名称	统计企业数（个）	亏损企业数（个）	亏损额（万元）	亏损面（%）
服装机械	5	1	471	20
皮革机械	16	4	460	25
家具机械	8	2	120	25
日用玻璃机械	7	3	1284	47
日用陶瓷机械	7	1	618	14.3
搪瓷制品机械	1	0	0	0
造纸机械	50	11		22
日用化工机械	6	2	855	33
自行车、缝纫机加工机械	2	1	94	50
包装机械	8	0	0	0
五金机械	6	3	408	50

表 4　1996 年轻机行业完成各类产品产量

序号	行业分类	产量（t）
1	服装机械	994
2	皮革机械	14 234
3	家具机械	5 205
4	灯泡机械	1 176
5	日用玻璃机械	8 628
6	日用陶瓷机械	29 997
7	搪瓷机械	100
8	造纸机械	88 905
9	日用化工机械	2 466
10	自行车、缝纫机加工机械	333
11	包装机械	31 157
12	五金机械	10 513
13	其他轻工机械及配件	122 448

需求外，主要是缺少适销对路的高档特种专用设备。包装机械工业处于高速发展阶段，1996 年包装机械行业市场销售完成较好，但国产包装机械在数量上、质量上、技术上，仍远远不能满足日益增长的需要，每年都要从国外进口大量包装机械。家具机械行业市场销售较平淡，其原因是资金严重短缺，新产品开发力度不够，老产品市场逐渐萎缩。其他轻工机械市场表现为平稳势态，未出现大起大落的现象。1996 年轻机行业国内销售收入和出口交货值前十名企业分别见表 5 和表 6。

表 5　1996 年轻机行业销售收入前十名企业

序号	企业名称	销售收入（万元）
1	山东塑料橡胶机械制造总厂	43 015
2	湖北京源服份有限公司	42 045
3	广东轻工机械总厂	26 004
4	泰山集团股份有限公司	24 083
5	宁波海天塑料机械有限公司	23 944
6	江苏华英集团公司	20 295
7	上海造纸机械总厂	16 437
8	江苏大力集团公司	12 542
9	荣城电机股份有限公司	11 339
10	南京轻工业机械厂	10 372

1996 年，据海关对轻工机械出口统计，年末累计出口额 19 812.2 万美元，比上年增长 34.73%。江苏华英集团公司完成出口交货值超过 1 亿元。广东轻工业机械集团公司获自营出口权。山东塑料橡胶机械总厂被国家经贸委列入全国 100 家重点联系企业。

新技术及科研成果　1996 年，中国轻工总会组织的中国轻工业科技进步奖评审组评定的获奖项目共 159 项，其中获一等奖 4 项，二等奖 37 项，三等奖 118 项。其中轻工机械部分共评出二等奖 5 项、三等项 20 项，现将各行业具有代表性的获奖项目摘要如下：

服装机械　上海工业缝纫机股份有限公司工业缝纫机厂的 GC5550 型高速平缝机和 GD3302-10 型高速加固缝缝纫机分别获二、三等奖。

皮革机械 真皮立体压花机（北京市皮革机械厂）、电脑控制皮革真空干燥机（上海实用电子研究所）获三等奖。

表6 1996年轻机行业出口交货值完成前十名企业

序号	企业名称	出口交货值（万元）
1	江苏华英集团公司	10 096
2	湖北京源股份有限公司	8 000
3	辽阳造纸机械股份有限公司	4 797
4	莱州市轻工机械厂	3 690
5	宁波海天塑料机械有限公司	3 452
6	江苏大力集团股份有限公司	3 074
7	柳州塑料机械总厂	2 377
8	无锡格兰机械有限公司	2 187
9	大连星海机械刀片有限公司	2 046
10	上海轻工装备总公司	1 986

灯泡机械 GR-1型（灯用）高速绕丝机（中国轻工总会电光源材料研究所、江苏星轮高速机电设备制造公司联合研制）获三等奖。

造纸机械 1760/300新型传递压榨纸机（中国轻工总会杭州机械设计研究所设计、中国航空工业总公司成都发动机公司乐山造纸机械厂制造）获二等奖，ZGT1760型门辊式涂布机（安丘市轻工机械厂）、1 760mm十二辊超级压光机（中国轻工总会杭州机械设计研究所、中国船舶工业总公司国营四〇四厂、广东江门造纸厂）、带新型传递压榨和全数字直流调速系统1760/300长网多缸优质文化纸机（中国轻工总会杭州机械设计研究所、成都发动机公司乐山造纸机械厂）、YBZ-1型红外线纸张定量水份测试仪（中国轻工总会西安机械设计研究所）4项均获三等奖。

日用陶瓷加工机械 YP100型液压自动压砖机（广东佛山陶瓷集团股份有限公司陶瓷机械总厂）获三等奖。

自行车、缝纫机加工机械 自行车拨链器振动疲劳试验机（天津自行车研究所，国家自行车质量监督检验中心）获三等奖。

包装机械 YB42/YB58扁硬盒包装机（天津市第二轻工机械厂）获三等奖。

五金机械 钢丝发夹自动生产设备（上海日用五金公司发夹厂）获二等奖，KMZ-A型空心铆钉全自动冷墩机（宜兴市标准件设备制造厂）获三等奖。

新产品 1996年，轻工机械行业完成开发、试制、鉴定的新产品主要有：(1)由连云港皮革机械厂研制的GYPG-240型滚筒熨平机和GTSG3-180型三辊涂印机均通过省级技术鉴定。滚筒熨平机是新一代宽幅制革设备。由于增设自动调控装置，减轻操作人员的劳动强度，采用组合式墙板，更换毡套更简便、省时；改进温度测量方式，大大提高温控精度。滚印涂饰设备，是制革行业的关键设备之一，主要用于皮革表面的上浆和印花，可以达到涂层牢固、节约浆料、减少污染的效果。在结构上采用了先进的变频调速、无链传动振动刮刀等新技术，提高了皮革涂饰的质量，填补了国内空白。(2)由唐山轻工业机械厂与有关院校及科研单位共同研制的TC2B12000型液压全自动压砖机，通过省级鉴定。具有压制程序选择，参数数字显示，故障诊断等先进功能，安全保护设施齐全，工作稳定可靠，可调性好，其总体技术水平属国内领先水平。(3)由杭州机械设计研究所设计、成都发动机公司乐山造纸机械厂制造的1760/300型压轧纸机在辽宁人民造纸厂通过了部级鉴定。该机幅度1 760mm，车速300m/min，年产量达30万t，纸张吸收性两面值小，对原料与品种适应性广，特别适用于生产双面涂布或施胶的高档优质与多品种文化用纸。该机采用国内首创的新型气垫式流浆箱和新型传递压轧的新技术，采用全数字直流调速系统等关键核心装置，在国内同类产品中具领先水平。(4)由青岛千川机械制造有限公司研制的SRP型和SDA1300型两种宽带砂光机通过了市级鉴定。该机采用国际先进标准，产品整体性能达到国内先进水平。其中采用可编程序控制(PC)、气囊砂光垫等新技术，具有故障时床面自动下降、故障部位显示等功能，提高了砂光机的机电一体化水平，进给速度快，调速范围宽，具有断带后自动紧急停车和床面下降功能，提高了砂光机的安全性，达到国际先进水平。(5)湖北京山轻工业机械股份有限公司研制的分体式单面瓦楞纸机，采用电脑自控上胶机，电脑分压机，新型粘合烘干机和2m电脑重型七层瓦楞纸板生产线和全电脑中央控制五层瓦楞纸板生产线等。(6)由张家港华丰机械有限公司研制的一步法全自动聚酯瓶生产线。(7)由佛山陶瓷机械总厂研制的YP1000型压砖机被评为国家级新产品获广东省优秀新产品奖。(8)由山东安丘轻工业机械厂研制的组合刮棒气翼干燥涂布机被评为国家级新产品。(9)上海伟海包装机械厂研制的WQX70型不含气液体灌装生产线通过市级鉴定。

基本建设及技术改造 1996年，中国轻工总会实施轻工业技术改造第二期“双加”工程导向性项目计划已于8月22日由国家经贸委正式下达。其中轻工机械项目有辽阳造纸机械厂、江苏白熊机械集团公司、江苏华英集团公司、江苏大力集团股份有限公司、江苏维达机械集团公司、南京轻工业机械厂、山东塑料橡胶机械总厂、湖北京山轻工业机械厂、湖北沙市轻工业机械股份公司、湖南五菱集团公司、广东轻工业机械集团公司和三河洁神集团公司等12个单位的项目列入该计划。合计总投资为45 607万元。这批项目重点扶持造纸机械、塑料机械、灌装机械、陶瓷机械、纸箱包装机械、皮革机械、涡旋式空压机和洗涤设备等行业的技改项目。

对外合作 轻工机械行业包括1996年的合资、合作项目共计120多项，绝大部分都取得引进技术、引进资金、引进管理、提高企业素质和提高经济效益的效果。如昆明轻工业机械厂在“八五”期间技术改造项目总投资4 453万元，引进瑞士3150型重型滚齿机等一批主要关键设备和建成3 680m²的产品开发、计算机试验中心楼，3 640m² 装配、油漆车间，又从德国BMA公司、英国FS公司、意大利BOSCO公司引进了国际先进水平的流化床白糖干燥冷却机、重型甘蔗撕裂机、制糖离心机等专用设备和技术，经过消化吸收试制成功并销往国内外，不但填补了国内空白，又缩短了同国外的差距。

1996年，造纸机械骨干企业辽阳造纸机械总厂经过5年18轮谈判，于3月同世界造纸机械行业著名的福伊特·苏尔寿公司合资，成立了“辽阳福伊特苏尔寿造纸机械有限公司”。

管理及改革 1996年，中国轻工机械协会第二次会员大会于1996年5月23日～27日在北京召开。会上选举产生了第二届理事会，中国轻工业机械总公司总经理严龙出任理事长，推举李寿仁任名誉理事长，选举产生副理事长单位25个、共计副理事长28名。蒋肇庚任协会顾问，高武任协会秘书长。轻工总会于珍会长出席了开幕式并作了题为“重振雄风、再创辉煌”的报告。会上代表选举产生241名理事、102名常务理事。

1996年，中国轻工机械协会第二届常设机构第一次会议于11月在海口市召开，来自协会各专业委员会、地区性协会及部分重点省市轻机总公司的代表共40余人参加了会议。会议的主题是：传达总会“九五”计划和2010年长远规划及有关文件；通报中国轻工机械协会第二届理事会秘书处的工作；各专业委员会1996年工作总结，制定1997年工作计划。

1996年，全国轻工机械标准化技术委员会于10月在杭州召开了全体委员扩大会议。会上宣读了国家技术监督局“关于批复《全国轻工机械标准化技术委员会换届方案的函》”。中国轻工业机械总公司严龙总经理任全国轻工机械标准化技术委员会第三届委员会主任委员，杭州轻机设计研究所的朗慧勤任秘书长。会上通过了《全国轻工机械标准化技术委员会工作章程》和秘书处工作细则。

中国轻工机械协会参加河北三河洁神集团公司的“双加”立项论证会及山东塑料橡胶机械总厂的国家重点技改项目——农用塑料挤出生产线技术改造工程验收。

〔撰稿人：中国轻工机械协会　李增泰　审稿人：中国轻工机械协会　高　武〕

〔责任编辑：白　萍〕

拖　拉　机

〔机械工业部〕

生产发展情况 1996年机械工业部系统拖拉机行业主要生产企业92个，其中大中型拖拉机制造业（包括兼产小型拖拉机）12个，小型拖拉机制造业80个；全部职工全年平均人数：大中型拖拉机制造业95 853人，小型拖拉机制造业108 901人；固定资产原价1 003 204万元，其中大中型拖拉机制造业534 017万元。

1996年拖拉机行业的产销及主要些经济指标完成情况详见表1。

表1　1996年拖拉机产销及主要经济指标

序号	指　标	单 位	1996年完成	比上年增长%
1	产量	台	2 025 062	0.7
	其中：大中型拖拉机	台	83 670	29.4
	小型拖拉机	台	1 941 392	-0.3
2	销量	台	1 956 776	-5.8
	其中：大中型拖拉机	台	82 750	27.7
	小型拖拉机	台	1 874 026	-6.9
3	工业总产值（不变价）	万元	1 513 330	9.4
	其中：大中型拖拉机行业	万元	615 086	20.8
	小型拖拉机行业	万元	898 244	2.7
4	全年销售额	万元	1 954 223	4.3
	其中：大中型拖拉机行业	万元	865 078	22.9
	小型拖拉机行业	万元	1 089 145	-6.9
5	利润总额	万元	31 603	20.7
	其中：大中型拖拉机行业	万元	18 044	153.4
	小型拖拉机行业	万元	13 559	-28.9
6	全员劳动生产率			
	大中型拖拉机行业	元/人	18 688	56.0
	小型拖拉机行业	元/人	16 537	19.0
7	流动资产周转率			
	大中型拖拉机行业	次	1.97	1.0
	小型拖拉机行业	次	1.98	-21.7
8	出口交货值	万元	71 610	-11.8
	其中：大中型拖拉机行业	万元	27 409	34.4
	小型拖拉机行业	万元	44 201	-27.3
	自营出口创汇额	万元	5 230	21.0
9	经济效益综合指数			
	大中型拖拉机行业	%	104.89	26.3
	小型拖拉机行业	%	91.01	-3.1

市场及销售 拖拉机工业在经历了1994和1995两年高速增长后，1996年拖拉机工业完成产值151.33亿元。大中型拖拉机和小型拖拉机发展态势各异，由于国家对农业发展重视，农业丰收和农产品价格提高以及一些地区对购买大中型拖拉机的补贴政策，促使大中型拖拉机继续保持高速增长势头，总产量8.37万台，比上年增长29.4%；小型拖拉机总产量194.14万台，与上年相比基本持平。但骨干重点企业的名牌产品产销量增长快，生产集中度进一步提高。小型拖拉机前十名企业总产量占小型拖拉机总产量的50.6%，大中型拖拉机前七名企业总产量占大中型拖拉机总产量的96.7%。

根据机械工业拖拉机与农用运输车信息总网网

员单位提供的数据，1996 年各档产品的产量销量统计见表 2。

表 2　1996 年各档产品的产量销量统计

产　品	1996 年产　量	1996 年销　量
手扶拖拉机	981 182	951 116
8.82kW（12 hp）及以上	530 372	514 224
5.88kW（8hp）及以下	450 810	436 892
轮式拖拉机	1 017 889	1 000 438
14.7kW（20hp）以下	949 810	934 770
14.7kW～29.4kW（20hp～40hp）	35 184	32682
36.75kW～47.78kW（50hp～65hp）	32 582	32 668
58.8kW（80hp）及以上	313	318
履带拖拉机	19 947	20 324

手扶拖拉机的生产能力接近 150 万台，1996 年生产 98.12 万台，比上年增长 3.94%。8.82kW（12hp）手扶拖拉机是传统产品，1996 年共生产近 53 万台（31 个企业），其中江苏省的产量占 52.4%，比上年 62 万台（28 个企业），下降 14.5%。5.88kW 及以下手扶拖拉机成为我国手扶拖拉机家族中的后起之秀，1996 年生产 45 万台（25 个企业），主要分布在安徽和山东两省，集中度较高，前十名企业的产量占88.5%。

我国皮带传动小四轮拖拉机的产品结构已从原来单一的 8.82kW 发展到 11.03、12.50、13.23kW（15、17、18hp）拖拉机，该档产品有近 150 万台的生产能力，规模效益比较明显。1996 年 14.7kW 以下小四轮拖拉机（包括直接传动小四轮拖拉机）共生产 94.98 万台，比上年增长 8.3%，产量在 3 万台以上的生产企业有 10 个，总计 68.99 万台，占 72.6%，山东、河南两省的产量占该档产品总产量的 57%。

14.7kW～29.4kW 轮式拖拉机，由于农田作业的迫切需求，市场前景看好。1996 年生产 35 184 台（14 个企业），其中主要为 18.34、22.05kW（25、30hp）档产品，产量 29 218 台，占 83%，比上年增长 39.4%；14.7kW 产量 4 482 台（9 个企业），比上年增长 45.96%。多家企业将这档产品视为新的经济增长点，正在开发或做生产准备，国家已确定重点扶植石家庄拖拉机厂和东风农机公司，并批准了技改贷款。据统计，“九五”末，这些厂规划的生产能力将超过 10 万台，潜在市场竞争激烈。从长远看，该类产品会挤占相当部分皮带传动小四轮的市场。

36.75kW 及以上功率的大中型拖拉机继续走俏，1996 年轮式拖拉机产量为 32 895 台，同比增长了 30.4%，99%以上为 36.75kW～47.78kW 产品，58.8kW 以上功率的轮式拖拉机产量较少，供不应求；履带拖拉机产量 19 947 台，同比增长 36.25%，国家已批准一拖公司 73.5kW～88.2kW（100hp～120hp）轮式和履带拖拉机技改“双加”项目，“九五”期间形成批量生产能力。

我国拖拉机的出口地区虽然广泛，但波动性较大。1996 年，小型拖拉机行业实现出口交货值 44 201万元，比上年下降 27.79%，其中手扶拖拉机（主要为 8.82kW 机型）出口数量、金额在连续三年增长后首次出现同时下降，实现出口交货值 33 185 万元，比上年下降 16.1%，除个别企业出口有所增长外，多数企业出口下降。主要原因在于我国手扶拖拉机出口 95%以上集中在东南亚地区的孟加拉、缅甸、斯里兰卡、越南和印度五国，而该地区 1996 年部分国家政局动荡，有的国家遭受了自然灾害，影响了该地区的购买力。大中型拖拉机行业出口形势较好（主要为18.3kW 和 36.75kW 轮式机型），1996 年实现出口交货值 27 409 万元，比上年增长 34.43%。市场分布于北美、东欧、东南亚等地区。

新产品　1996 年拖拉机行业通过鉴定的主要新产品有：常州拖拉机厂东风-41 手扶拖拉机通过鉴定，功率为 2.94kW，变速箱采用五轴式结构，二级末端传动，滑动齿轮换档，横架结构采用可调式，工艺上尽量采用现有东风-12 及东风-61 型结构的零部件，广泛适应菜地、果园及小块田的耕整作业。石家庄拖拉机厂研制了河北-W200 型三超卧式动力小四轮，采用 1115 发动机，12 小时持续功率 14.7kW，前桥采用异型钢管，可伸缩调整轮距，刚性强度大，后桥增加末级减速，8 个前进档，8+2 档变速，标准的后动力输出轴，大截面槽钢焊合，强化了整机的刚度和强度。山东手扶拖拉机厂生产沐河-100 型小四轮拖拉机，采用手扶拖拉机的变速箱，但比手扶驾驶安全、省力，牵引力和载重量增加 30%，配液压悬挂装置，可方便地挂接农具，专为山区及丘陵地区服务。潍坊拖拉机厂新研制了泰山-17/18 型拖拉机，在泰山-12/15 型的基础上分别采用 1105、1110 型柴油机作动力，能进行田间作业和固定式作业及运输。由洛阳拖拉机研究所和金马柴油机总厂共同研制了 JM1510Z 新型折腰转向运输机，配套 JM1110 型柴油机，用三根连体三角胶带与底盘联接，传动箱为 4+1 档整体式结构，速度范围 7km/h～37km/h，前轮驱动，半轴壳支承（半轴悬浮），液压油泵的动力输入及动力分离机构设置在变速箱内，由变速杆操纵，行车采用四轮静液压脚制动，机械式后轮手制动，驱动前轮为 6.00-16，封闭式驾驶室。

质量及质量管理　按机械工业部（94）142 号文件精神，在完成和总结限期可靠性指标考核工作的基础上，逐步实行机械产品可靠性认定，1996 年开展了第一批机械行业 A 类产品可靠性认定试点，拖拉机行业选择第一拖拉机工程机械公司、东风农机集团、上海拖拉机内燃机公司、四方集团等 4 个企业进行可靠性认定工作。1996 年主要进行产品试验及协助企业制订和完善可靠性保证措施，预计到 1997 年这 4 个企业将通过可靠性认定工作。

1996 年根据国家技术监督局文件精神，国家拖拉机质量监督检验中心对手扶拖拉机进行了全国质量统检，计划抽检58个生产企业，实际抽到48个生产企业的48种型号的手扶拖拉机，35个企业的产品达到了合格品的要求，产品合格率为72.9%；8.8kW的手扶拖拉机28个生产企业，合格的企业23个，产品合格率为82.1%，而4.4kW～5.88kW的手扶拖拉机20个生产企业，合格的企业12个，产品合格率仅为60%。产品质量降等的比率为39%。在35种合格产品中，其中优等品10种、一等品17种、合格品8种、不合格品13种；在15种降等的产品中，优等品降等的5种，一等品降等的10种。与1989年8.8kW手扶拖拉机行评相比，产品质量有所下降，1989年行评的36个厂家有32个厂家的产品合格，合格率为88.8%，此次为82.1%；与1991年2.2kW～5.8kW手扶拖拉机行评相比，产品质量已严重下降，1991年行评参加企业23个，有21个企业的产品合格，合格率为91.3%，本次统检合格率为60%。

1996年全国拖拉机标准化委员会完成农业轮式和履带拖拉机产品质量分等标准等送审稿9项，其中国标3项，行业标准6项，与公安部、交通部共同完成了GB7258标准的修订送审稿，使手扶变型运输机产品正式列入国家强制性标准。

管理及改革 1996年农机工业提出了主攻方向和具体目标，一是基本改变农机产品质量差形象，提高行业的技术素质和人员素质；二是初步改变农机企业“散、乱、全”的局面，促进企业按照经济规模组织生产，培育企业集团，扶优扶强；三是引进技术的消化吸收和二次开发，建立自己的技术体系，形成较强的自主开发能力。拖拉机行业纷纷行动起来，体制改革、产品开发步伐明显加快，破产、联合、兼并、改组如火如荼，1995年11月，以德州拖拉机厂为核心，成立了山东德州宏力农业机械（集团）有限公司；1996年6月，东风农机集团（常拖）和黑龙江绥化小型拖拉机厂组建了常绥拖拉机有限公司，年产东风型12R手扶拖拉机1万台；1996年6月，沈阳拖拉机厂、沈阳小型拖拉机厂相继宣告破产；1996年6月，潍坊拖拉机集团与内蒙古集宁拖拉机厂合作成立潍坊拖拉机集团总公司集宁总装厂，年产潍拖牌手扶拖拉机1万台；1996年12月，天津拖拉机厂改制为天汽集团·天津拖拉机制造有限公司；昆明手扶拖拉机厂继1993年在瑞丽建立分厂后，1995年在景洪建厂开拓老挝市场；内蒙古乌兰浩特拖拉机制造公司1996年底吸收10个小企业，组建跨地区、跨行业的兴安岭集团；石家庄拖拉机厂兼并轻工机械厂、柴油机厂和钢圈厂，盘活存量资产1.27亿元。

〔撰稿人：机械工业部洛阳拖拉机研究所 许诺、曾 力 审稿人：机械工业部洛阳拖拉机研究所陆根源、孙庆祎 机械工业部农业装备司 马文焕〕

〔责任编辑：邝 鸥〕

机械化农机具

〔机械工业部〕

一、收获及场上作业机械

生产发展情况 1996年机械工业部系统中，收获及场上作业机械行业共有主要生产企业79个，其中，收获机械制造企业29个、场上作业机械制造企业50个。职工35 704人，年末固定资产原价132 915万元，净值年平均余额83 965万元，金属切削机床5 309台，锻压设备1 293台。全年完成工业总产值173 376万元（1990年不变价），比上年增长51.77%。全行业利润总额2 555万元，好于上年。完成产品产量468 240台，比上年增长57.25%。详见表1。

表1 1996年收获及场上作业机械行业产量情况

产品名称	产量（台）	比上年增长%
联合收割机	24 337	143.0
割晒机	191 607	38.1
其他收获机械	1 759	141.9
机动脱粒机	206 577	52.4
谷物烘干机	30	－25.0
扬场机	2 667	29.3
种子精选机	302	0.3
其他场上作业机械	21 207	388.4
配件	2 185.9（万件）	85.4
总计（不含配件）	468 240	57.3

收获及场上作业机械行业，在上年发展较好的基础上，1996年又是一个需求量急剧上升、市场繁荣、产销两旺的好年景，出现了前所未有的“火爆”局面。部分骨干重点企业一年来的产值产量详见表2。

以生产割晒机为主的河南舞阳惠方集团公司生产割晒机48 829台，完成工业总产值12 400万元，分别比上年增长27.4%、18.1%。桐柏县太白峰机械制造公司生产割晒机40 060台，完成工业总产值3 303万元，均比上年增长76%。山东高密市农机总厂共生产了各类机械23 202台，其中机动脱粒机8 631台，完成工业总产值3 685万元，分别比上年增长107%、113.4%。其他如河北收割机厂、张掖收割机厂、河南延津农机总厂等企业的产量、产值比上年都有较大幅度增长，达到了历史最好水平。但是大部分企业（特别是北方企业），由于资金短缺严重等原因，阻挠了生产能力的充分发挥。

市场及销售 1996年收获及场上作业机械产品市场需求量激增。据统计，全行业共销售各型联合收割机24 000台，完成销售收入202 625万元，分别比上年增长140.0%、54.45%。其中，出口交货值5 240万元，企业自营出口创汇506万美元。尤以中小型和背负式联合收割机产销量最旺。部分企业的销售收入见表2。此外上海向明机械厂销售联合收割机4 100台，比上年增长141.2%。南通农机总厂销售2 510台，比上年增长161.5%。陕西富平联合收割机厂销售1 511台，比上年增长158.3%。汉中收获机厂销售1 750台，比上年增长196.6%。四平联合收割机总厂、佳木斯联合收割机厂是收获机械行业中的骨干企业，以生产大型联合收割机为主。大型联合收割机综合技术水平高、造价昂贵，每台售价30万元左右，一般农民买不起，但适合于大农场，大规模农业经营使用。四平联合收割机总厂销售1 500多台，佳木斯联合收割机厂销售1 000多台，分别比上年增长61.7%和68%，同样出现了较大增幅。部分企业还出现了脱销。另外，分段收获方式投资低，无风险，对于丘陵山区、地块小、种植分散的地区仍是非常适合的，在机收中仍占有相当比例。例如河南舞阳机械厂销售割晒机48 000台，比上年增长27.4%。桐柏机械厂销售割晒机40 000台，比上年增长70%。高密市农机总厂销售机动脱粒机8 500台，比上年增长107%。河南延津农机厂销售机动脱粒机4 936台，比上年也有较大增幅。总的来看，割晒机和脱粒机少部分企业增幅较大，大部分企业与上年持平。

表2 1996年收获及场上作业机械行业部分骨干重点企业情况

序号	企业名称	联合收割机产量		实现工业总产值		销售收入	
		数量（台）	比上年增长%	金额（万元）	比上年增长%	金额（万元）	比上年增长%
1	新疆联合收割机厂	4 661	210.7	32 329	130.9	32 329	106.6
2	佳木斯联合收割机厂	1 010	68.3	15 216	43.2		
3	四平联合收割机总厂	1 582	61.8	12 269	51.4		
4	上海向明机械厂	4 100	141.2	12 000	71.4		
5	桂林联合收割机总厂	10 080	158.5	10 688	155.7	16 148	208.3
6	北京联合收割机厂	1 209	90.1	8 240	16.0	9 874	32.0
7	南通农业机械总厂	2 510	120.0	3 537	120.8		
8	陕西富平联合收割机厂	1 511	158.2	1 791	52.7		
9	汉中收获机械厂	1 750	196.6	1 068	92.0		

收获及场上作业机械畅销的主要原因是：(1)各级政府采取多渠道、多层次的办法，加大对农业的投入，调动农民生产积极性，鼓励农民购买收割机械。(2)近年来，随着农机服务市场化进程的加快，北方一些省市区利用不同地区小麦成熟的时间差，开展了联合收割机跨区收获小麦活动，规模越来越大。农业部会同公安部、交通部、国家计委、中国石化总公司五部委（公司）联合下发了《关于做好联合收割机跨区收获小麦工作的通知》。首次在全国小麦产区组织了跨区机收小麦大会战。参加会战的有河南、河北、山西、山东、陕西、内蒙、甘肃、北京、天津、安徽、宁夏等十几个省（市、区），江苏、安徽等省也在省内开展了规模不等的跨区机收会战。投入跨区收获的联合收割机达2.34万台，比上年增长40%，完成机收面积2 500多万亩。会战规模大、范围广、战线长、效果好。跨区机收会战，表现出了农业和农村经济发展对农机服务的强烈需求，预示着农机化将进入一个新的发展阶段，跨区机收起到了示范作用，带动了农民的“用机热”和“购机热”。(3)根据农机化部门的调查，联合收割机收获小麦，可抢农时，加快了麦收进度，缩短麦收时间，争取了夏种时间，可夺取秋粮丰收。减少了粮食损失，增加了收入，避免了因收获不及时造成霉烂损失。联合收割机收获损失只有3%，仅为人工收割损失的1/3，每亩减少粮食损失约8kg。联合收割机的广泛运用，大大减轻了农民的劳动强度，解放了一大批劳动力，避免了企业、事业、机关、学校停产放假进入“三夏”抢收抢种的状态。

各厂重视销售工作，做好售后服务等工作，如山东高密市农机总厂非常重视营销管理工作，为了强化营销队伍，抽调得力人员充实现有销售队伍，使营销人员由原来的15人增到60人；并实行销售承包，厂与销售处、处与科、科与营销人员，层层签订承包合同，核定销售指标，做到人人有指标，个个有压力，从而增强了责任心和自觉性。厂里每周召开一次营销调度会，强化为用户服务的意识。以维护企业形象和信誉为基准，牢固树立“用户第一”的观念。桂林联合收割机总厂为了适应市场变化的要求，加强对生产销售工作的管理，产销配合，组成了订货、生产、发货、货款回收“一条龙”的产销快速信息反应网，做到了“淡季不淡”的均衡生产，临时订货临时安排，紧急订货突击安排，不失时机地占领市场。该厂加强营销环节的管理，把产品销售工作摆在重中之重的位置，对外实施“链条网络式营销”，“向富裕地区倾斜、稳定江浙、开发沿海、发展南方、东进西征、进入中原、伸向黑土地”的营销总战略，对内继续完善销售人员承包责任制。由于战略运用得当，各部门齐配合，实行细分市场责任到人。任务、费用与奖金挂钩管理的激励办法，调动了销售人员的积极性，保持了产销量全国第一的领先地位。上海向明机械厂一向重视为广大农民兄弟服务的传统。1996年“三夏”前加强管理，全厂上下紧急动员，严阵以待。成立了以厂长和经营副厂长挂帅的“三夏”大会战领导小组，昼夜24小时专人值班，密切关注着各地收割机使用情况。重视对服务人员的思想教育，组成了一支思想觉悟高、服务态度好、技术水平优的队伍。他们不畏路途遥远，带车带物走南闯北，主动出击去寻找该厂生产的联合收割机，发现问题解决问题。全年共派出技术服务人员200多人次，总计3 000多个工作日，先后出动汽车8辆，总耗资30多万元，投入服务，辗转于“三夏”各主战场，随收割大军“南征北战、东进西征”，体现了该厂“抓质量决不含糊、搞服务不惜血本”的指导思想。

新产品 1996年，桂林联合收割机总厂新开发了5号、6号机，产品从原来的两大类增加到四大类，给企业带来了较好的效益。上海向明机械厂在总结背负式收割机配套上海-50型拖拉机种种技术状况和适应能力不足的基础上，1996年先后开发了与天津-60、泰山-30、奔野-25、18以及新疆-50型拖拉机配套的收割机，当年投入田间试验，取得了较好的经济效果。南通农业机械总厂也设计、试制、试验了配天津-60、配18.37kW（25马力）拖拉机的联合收割机。富平联合收割机厂在现有产品的基础上，经过改进设计，拓宽了配东方红-180，神牛-250（300）、金马-180（200）、奔野-250（300）、上海-50、河北-180、潍坊-180（200）、江淮-50等型拖拉机的联合收割机，提高了配套通用性。河南舞阳惠方集团公司1996年开发并通过鉴定的新产品是2BMF-2型免耕灭茬施肥播种机，该机既能灭茬又能播种施肥，投放市场后深受广大用户欢迎，荣获漯河市科技进步二等奖。张掖收割机厂开发了2BMZ-8型小麦铺膜穴播机，经农业部旱作农机具质量监督检验中心检测，质量达标，通过鉴定，已小批量投放市场。河南桐柏县太白峰机制有限公司新研制成功的4L-0.5、0.75、1.2型小型联合收割机通过了省级鉴定和推广鉴定，投入小批量生产销售。汉中收获机厂较快地完成了小联合收割水稻项目的设计试制，投入小批量生产，当年投放市场。高密市农业机械总厂开发了春雨牌-81、91型手扶拖拉机项目，通过了省级鉴定。该厂还引进了北京橡胶设计院设计的XCTZ-1500型橡胶机械，1996年获山东省科技进步二等奖。其他一些骨干重点企业也开发了新产品。通过一年来的努力，使收获机行业增加了品种，提高了水平，进一步满足了农机化的需要。

由中国农机院与河北省张北县收获机械厂共同开发的4LZ-1.0型联合收割机1996年经过鉴定。中国农机院与河北省满城县庆丰机械厂、河北收割机厂利用机械工业部科研发展基金项目，共同开发小型稻麦采穗联合收割机，1996年已通过鉴定。该机悬挂在22kW拖拉机上，采用新型收获工艺，可一次完成采穗、输送、清选、装袋作业，速度快，收获效率高，对含水率较高的作物可正常收获。

质量及质量管理 在激烈的市场竞争中，企业为了生产和发展，普遍重视产品质量和售后服务工作。大部分企业都组成了以厂长为首的强有力的质量班子，始终把产品质量当作一件关系到企业存亡的大事来抓。从原材料进厂到各车间各生产工序，从产品加工到成品入库，分兵把口，形成了一套完整的质量保证体系。

桂林联合收割机总厂以质量承诺为契机，深化全面质量管理，走名牌拓市场、以质量取胜的路子。坚持不懈地对职工进行全面质量管理教育，对职工学习、考核、奖罚作出了具体规定，调动了职工学习的积极性。全厂形成了领导带头学，个个不甘落后的良好学风，在组织的考试中，报名率达100%，考试合格率100%，平均成绩86.35分，列地区第一的好成绩。机加工车间五班坚持走“优质、高效、低耗”和安全文明生产道路，被评为全国质量信得过班组。该厂过硬的产品质量保持了部优产品、部安全级企业称号，并获国家级计量合格证书。

上海向明机械厂领导一向重视厂内质量管理保证体系的完善，在规范厂内质量管理保证体系中，1996年下半年又新增了产品编号跟踪质量保证体系，即对联合收割机主要部件进行编号，发货时实行登记，掌握主要部件去向，一旦出了质量问题可以及时寻找原因和责任者。山东高密市农机总厂全体员工把质量当成产品的命根子，是产品有没有生命力的重要决定性因素，十分重视产品质量的提高，全年销售春雨牌脱粒机8 000台，没有一台发生质量问题，深受用户好评。舞阳惠方集团公司生产的主导产品双塔牌4GL系列麦稻收割机及4L系列联合收割机连续十年通过国家和省级技术部门的监督检查，先后荣获河南省质量管理奖、河南省免检企业等荣誉称号。该厂坚持质量教育，严格质量“三检”、“三查”、“四不准”和曝光亮相制度，做到质量事故责任到人，一旦发现坚决处理。南通农业机械总厂充分利用经济奖惩在质量管理中的杠杆作用，1996年在考核中共评选出质量标兵56人，受处罚32人。该厂产品一次交验合格率达95%，正品合格率达99.7%。四平联合收割机总厂、新疆联合收割机厂、佳木斯联合收割机厂、北京联合收割机厂等行业中的骨干重点企业对产品质量和质量管理工作都非常重视，在1996年中做了大量卓有成效的工作，提高了产品水平，提高了适应性和可靠性，同时在配件供应、售后服务方面取得了用户满意的成绩。

基本建设及技术改造 近几年来，收获机械发展较快，尤其是中小型联合收割机市场形势较好，出现了供不应求的局面。为了满足市场需求，抓住发展机遇，一些骨干重点企业通过自筹、银行贷款、引资等多种渠道投入资金，进行基建技改。全年完成基本建设投资额6 636万元，全年更新改造措施项目完成投资额5 727万元。新疆联合收割机厂为了扩大生产批量，满足市场，减少运输费用，在全国建立了7个分厂，完成更新改造和基建投资分别为2 249万元和587万元。四平联合收割机总厂完成基建投资1 947万元。佳木斯联合收割机厂完成更新改造和基建投资分别为953万元和198万元。北京联合收割机厂完成更新改造投资386万元。桂林联合收割机总厂完成基建投资566万元。此外，南通农机总厂投资130万元进行了技术改造。舞阳县机械厂引进了健身器材、皮革化工原料新技术生产项目和扩大4L系列联合收割机产量，投资3 000万元，完成基建工程5 500m² 厂房。同时在厂内推广可转位刀具、气体保护焊、喷塑、等离子切割机、数控线切割机等新工艺、新技术，提高了工艺水平。河南延津农机厂为扩大生产规模，投资建设铸工车间900m² 厂房及配套冲天炉一座，新建机工车间1 300m²，更新添置加工设备共计110万元。

〔撰稿人：中国农牧业机械总公司　李贤光　审稿人：机械工业部农业装备司　马文焕〕

二、农副产品加工机械

生产发展情况　1996年末机械工业部系统农副产品加工机械行业(含粮油机械行业)有主要企业183个，职工54 210人，固定资产原价14.94亿元，金属切削机床9 722台，锻压设备1 597台。1996年完成工业总产值(按当年价，新规定计算)17.58亿元，其中新产品产值为1.66亿元(按1990年不变价，新规定计算总产值为15.86亿元，其中优等品产值为1.65亿元)。完成产品产量488 678万台，比上年增长11.95%；当年实现利润总额2 314万元，比上年下降14.6%。

1996年生产发展的主要特点是：(1)总产量虽比上年有所增加，但各行业发展不均衡，除碾米机械产品增长外，其他均不同程度地下降。碾米机械完成196 938万台，比上年增长15.62%；面粉加工机械完成86 202万台，比上年下降0.61%。棉花加工机械完成3 844万台，比上年下降21.71%。茶叶加工机械仍未走出低谷，完成8 094万台，比上年下降35.64%。油料加工机械完成50 384万台，比上年下降42.96%，减幅最大。(2)部分企业转换经营机制，按照现代企业制度和规范化要求，强化生产经营管理，依靠科技进步，大力开发新产品，努力开拓市场，涌现出了一些经济效益好的企业，特别是出现了工业总产值超亿元、利税超千万元的先进企业。如碾米机械行业中的山东郯城精华机械集团股份有限公司1996年实现利税2 128万元，比上年增长52.2%，是农副产品加工机械行业中效益最好的企业。山东日照机械集团股份有限公司1996年实现利税1 043万元，比上年增长40.1%。面粉机械行业中的河南南阳光辉机械厂1996年工业总产值1.006 7亿元，比上年增长22.6%；实现利税922.3万元，比上年增长3.2%。(3)企业通过产品结构调整，开发多种产品，向跨行业的综合性生产企业发展。如米机行业郯城精华机械集团股份有限公司开发了木工机械、橡胶塑料制品等产品。日照机械集团股份有限公司开发了制冷设备。山东鱼台机械厂开发了小型收割机、民用小五金等。面机行业河北赞皇机械厂开发了小型收获机、微型啤酒设备。山东面粉机械厂开发了食品机械、建筑机械和绿色工程项目机械。油机行业本溪榨油机厂开发了双金属机械刀片，并采用了日本90年代制造技术和无氧化密封焊接新工艺。(4)通过农副产品加工机械行业的发展，带动了生产零部件的专业生产企业的发展。如碾米机行业的山东平阴橡胶厂，专业生产砻谷胶辊，由于产品质量好，销路好，1996年工业总产值1 700万元，创利税240万元，形成专业协作配套厂。面粉机行业的河南中原轧辊厂专业生产磨辊，生产形势也很喜人。

市场及销售　1996年农副产品加工机械行业完成销售额15.36亿元，比上年增长1.78%；年末库存额3.62亿元，与上年基本持平。

碾米机械　市场连续看好。无论单机、砻碾组合米机和小型碾米成套设备，都比较畅销。骨干重点企业的产品销路更好。如山东郯城精华机械集团股份有限公司1996年销售各种型号米机32 231台，全年共完成销售收入8 737万元，比上年增长39.8%。山东日照机械集团股份有限公司1996年销售各种米机10 803台，全厂销售收入6 955.1万元，其中碾米机销售收入为3 481万元，比上年增长59%。山东鱼台机械厂1996年销售各种米机万余台(套)，销售收入3 700万元，实现利税267万元。广西绿珠股份有限公司1996年生产各种米机35 038台，销售收入3 506万元，比上年增长30.8%。

面粉加工机械　销路较好。国内知名企业中的河南南阳光辉机械厂、河北赞皇机械厂、山东面粉机械厂、安徽五河机械厂等厂的产品销路都很好。其中尤以河南南阳光辉机械厂发展更快，实现销售收入6 076.9万元，比上年增长1.2%。河北赞皇机械厂1996年工业总产值5 845万元，销售收入3 758万元。尽管1996年企业遭遇到百年不遇的洪水灾害，仍然取得了年利税702万元的好成绩。山东面粉机厂1996年工业总产值3 710万元，创利税367万元。安徽五河机械厂1996年工业总产值4 500万元，销售收入5 000万元，实现利税250万元。

油料加工机械　产量和销量大幅度下降。连续几年来油料加工机械销售形势一直较好，保持上升势头，但1996年大幅度下降，比上年下降42.96%。重点企业由于产品质量好，销路仍然不错。如四川青江机器股份有限公司1996年实现销售收入5 053万元，比上年增长74.18%；实现利税777万元，比上年增长127.86%。沈丘县机械厂1996年销售收入1 374万元，利税69万元。本溪榨油机厂1996年工业总产值1 901万元，利税36万元。

棉花加工机械　市场仍处于波动之中。1992年和1993年棉花加工机械市场萧条，连续两年产量大幅度下降，1994年有所好转，但1995年又开始回落，1996年继续下降，棉机产量比1995年下降21.71％，重点骨干企业由于积极开拓外贸和开发新产品，效益仍然不错。河北邯郸棉花机械厂是棉机行业的排头兵企业，1996年完成工业总产值4 305万元，比上年增长2.3％；实现销售收入5 113万元，比上年增长7.6％；1996年出口创汇完成250万美元。湖北荆州市江陵机械厂1996年完成工业总产值2 588万元，实现利税80万元，也是棉机行业效益较好的企业。

茶叶加工机械 市场不景气，部分企业只好转产其他产品。国内最大的茶机生产企业杭州茶叶机械总厂已并入杭氧集团，茶机生产已不是主导产品。浙江绍兴茶机总厂、安徽屯溪茶机厂也转产其他产品。部分重点企业也如逆水行舟，勉强维持下来。如四川夹江燎原机械制造公司1996年生产各类机具279台（套），完成工业总产值544万元，实现销售收入461万元，全年利税19.1万元。浙江武义茶机制造厂1996年完成工业总产值1 069万元，实现销售收入973万元，全年利税70万元。

以初制茶机和精制茶机市场比较而言，精制茶机市场稍好一些，特别是近两年名优茶产量增加，名优茶加工机械发展很快。如名茶多功能炒制机已成为茶机界销售最热门的机种。机制名优茶技术迅速推广，如浙江1995年～1996年两年来，推广名优茶机6 000余台，机制名优茶4 000t，产值1.6亿元。

我国粮油机械的产品水平和产品质量不断提高，已达国际同类产品水平，部分已跨入国际先进行列。加之我国产品价格适中，具有较强的竞争力。1996年农副产品加工机械国外市场继续看好，机械工业部系统企业出口交货值1.38亿元，比上年增长12％。与上年相比其特点是：(1) 出口产品以碾米机为主，但面粉机产品出口额增长较快；(2) 在国内外建立合资企业，保持长期稳定的出口量；(3) 榨油机械、棉花加工机械和茶叶加工机械有部分产品出口。

碾米机行业的山东精华机械集团股份有限公司1996年出口米机13 064台，占全厂销售额的44％，创汇380万美元，出口印尼、泰国、缅甸等20多个国家和地区。山东鱼台机械厂历年来出口工作做得好，被国家海关批准为保税工厂。自1982年以来累计出口创汇4 000万美元，产品远销南美、非洲、东南亚及东欧等56个国家和地区。1996年当年创汇300万美元，同时还与印尼星域公司达成协议，在该公司设立产品组装分厂。广西绿珠股份有限公司1996年出口米机12 013台、1 129.6万元，比上年增长26.7％，创汇180万美元。同时在金边与柬埔寨美华有限公司合办美绿珠机械厂，在柬埔寨装配碾米机，1996年组装600台全部售完。山东日照机械集团股份有限公司1996年出口米机2 872台，出口额965.8万元，出口印尼、孟加拉国、巴基斯坦以及其他国家和地区。面粉机出口较多的是河南南阳光辉机械厂，出口1 150万元，比上年增长4倍多，并取得了出口自营权。山东面粉机厂1996年面粉机出口收入829万元，约占全年销量的1/3以上，主要销往独联体、东欧、中亚等20多个国家和地区。河北赞皇机械厂1996年出口面粉机械40台（套），创汇120万美元，比上年增长30％，产品出口到27个国家和地区。

棉花加工机械出口主要是河北邯郸棉花机械厂，1996年出口创汇250万美元。茶叶加工机械行业浙江武义茶机总厂通过广西边贸向越南出口揉捻机等茶叶加工机械。榨油机械行业中，河南沈丘机械厂和辽宁本溪榨油机的产品出口量稳步增长。

新产品 1996年，各生产企业研制成功了一批新产品，通过了鉴定，并安排生产投放市场，取得了较好的经济效益。山东鱼台机械厂1996年新设计开发的产品有SB-50A、N2J-10/8.5B、8.5双辊碾米机、胚芽机、日产15t及日产35t的成套碾米设备以及平分式成套碾米设备，研制开发的4L-0.75型联合收割机已通过省级技术鉴定，深受用户欢迎。山东精华集团股份有限公司1996年研制了SQ50型筛选去石机、MCJ25型精洁米成套设备通过了国家粮油机械检测中心的检测。山东日照机械集团股份有限公司1996年在N系列喷风碾米机的基础上，设计开发了SN系列双风式碾米机，其性能达国内先进水平，其中SN200型填补了国内空白。根据市场需求还开发了LNT系列组合米机，性能良好，深受用户好评。湖南郴州碾米机厂1996年开发了6MJCN15型优质米加工成套设备及填补国内空白的6JMCH60/6NMCH80大型精制米/普通米加工成套设备，为企业多品种系列化生产提供了保证。面粉机行业中河南南阳光辉机械厂1996年开发出35型单边和复式磨粉机，斗式提升机，单仓、双仓方筛，15型、25型、40B型、50B型中小型成套制粉设备，35型单机小成套等10种新产品，省科技企业审核合格，获省优秀新产品、新技术奖。山东面粉机械厂1996年开发的6TTD-20B型面粉机械获国家级新产品称号。为拓宽新的服务领域，1996年度开发研制出了利用农村秸杆和城市人粪便进行厌氧恒温动态发酵、多级利用的高科技绿色能源环保成套设备形成“一站两厂”（即：沼气站、饲料加工厂、肥料加工厂）系统工程。河北赞皇机械厂自行开发成功了LGH17×150型连续干涉式混合机，通过了机械工业部新产品鉴定，并取得了国家专利，获得了1996年北京国际发明展览会金奖和河北省十届发明展览会金奖。评委鉴定认为，该产品属国内外首创，居国际先进水平。同时与北京远清塑料制品有限公司联合研制成功了大口径耐磨工程塑料管道，与美国布鲁泰克公司联合开发了微型啤酒设备，与自动化控制专家合作开发成功了集散式病房输液计算机监护系统设备，至此企业产品结构得到了进一步优化，品种扩大到9大系列百余个规格型号。

榨油机械行业中河南沈丘机械厂开发出6YL-5型成套榨油设备、6YLM-95型专利产品米糠榨油机以及第三代改型专利产品6YZ-100C型榨油机，该机通过改型，单台节约成本600元。同时又开发了两种柱塞油泵和滚筒炒锅以及适应国家“九五”星火计划的小型滤油机、小型炒锅等8项新产品，使产品更加系列化、配套化。辽宁本溪榨油机厂增加了新的品种，从78型到200型已有10余种榨油机，形成系列化。邯郸棉花机械厂研制开发出我国重点科研项目——120型大型棉花加工成套设备，被评为国家级新产品。四川夹江燎原机械制造公司1996年开发了30揉捻机扁茶机具（生产名优茶竹叶青等）和32B烘干机。浙江武义茶机制造厂发展了名优茶制茶机械，研制了鲜叶脱水机、鲜叶分级机，同时新开发的小型风选机和小型解块机正在试制中。

质量及质量管理 1996年山东鱼台机械厂砻工牌系列米机畅销国内外，该厂向国内外用户承诺：“凡购买我厂产品，只要在产品设计和制造标准内出现的质量问题，我厂将对产品实行终生保修。接到用户的质量反应后，对国内客户，服务人员视路程远近必须在48小时内赶赴现场；国外客户，最迟在24小时内，保证可以得到满意的处理结果。”由于产品质量和售后服务质量较好，故该厂产品在国内外市场享有较高的声誉。山东精华机械集团股份有限公司按照机械工业部打好“三大战役”的部署和要求，结合自身特点，制定了质量管理的方针目标和制度措施，完善了从产品开发到售后服务的全过程的质量管理网络，做到全员质量教育、质量问题责任和质量监督机制“三保证”。通过抓质量，使“精华”产品成为农民心目中的名牌，产生了很好的名牌效益。山东日照机械集团股份有限公司郑重向用户发布了《质量保证声明》，坚持“为用户服务，对用户负责，让用户满意，使用户放心”的宗旨，调整和完善公司质量管理体系，加强质量监督检查工作，使“日机”品牌得到了良好的信誉。河南南阳光辉机械厂生产的制粉设备，重质量严把关，1996年成品抽查合格率为100%，6F-1820×10（22t）面粉加工成套设备获机械工业部一等奖，企业荣获河南省机电行业优秀企业、粮食加工机械行业先进企业等光荣称号。河南沈丘机械厂狠抓产品质量，对重点质量难点组织攻关。如68型榨螺轴（榨油机的关键部件）以前产品合格率徘徊在70%左右，经过技术攻关，1996年合格率已达到90%，仅此一项可节约生产用成本30余万元。1996年主导产品6YL-95型、68型榨油机分别荣获澳门发明城中心国际优质产品金奖和国际畅销产品金奖，6YL-95B型榨油机荣获澳门爱迪生发明中心国际畅销产品最高金奖等3项殊荣。1996年该厂被河南省技术监督局授予“产品质量免检企业”。四川青江机器股份有限公司1996年组织人员对96个企业标准进行修订，加强质量检验和审核，完善质量责任制等工作，使蒙山牌6YL-95榨油机通过了四川省推广许可证的复评，在1996年8月《中国消费报》、《中国市场经济报》联合举办的中国市场商品质量跟踪调查中列入中国粮油机械行业前十名。

基本建设及技术改造 1996年农副产品加工机械行业全年完成基本建设投资4 642万元，完成更新改造措施项目投资1 434万元。山东日照机械集团股份有限公司投资3 000万元，其中1996年实施1 500万元扩大节能碾米机技术改造，项目顺利发展。河南南阳光辉机械厂在“八五”两期技术改造投入3 248万元建成4条现代化生产线的基础上，又争取到“九五”“双加”项目2 900万元，项目实施后，预计每年可新增销售收入7 595万元，税利1 605万元。安徽五河机械厂总投资2 500万元的中型等级粉设备改造工程已列入国家经贸委“九五”“双加”项目，目前正在实施中。四川青江机器股份有限公司1995年自筹资金226.59万元，完成了模板台车车间技改后，1996年又投资102.78万元，对生产设施和设备进行更新改造。

管理及改革 1996年农副产品加工机械行业的部分企业经过企业结构调整、产品结构调整，企业向联合化和集团化的方向发展。米机行业山东精华机械集团股份有限公司原是山东郯城农业机械厂，1994年1月改制为股份制企业后，立足行业特点，突出管理优势，经过三年快速发展，取得了利税增5倍的斐然成绩。目前已成为省级规范化股份制企业集团。公司由单一生产碾米机械发展成为生产N系列碾米机械、砻谷机械、木工机械、粉碎机械、玛钢管件、橡胶塑料制品等五大类30多个品种，年实现利税超2 000万元规模的生产企业。山东日照机械集团股份有限公司是在原山东日照机械厂基础上发展起来的，1996年作为山东省51个建立现代企业制度试点企业之一，一年来深化企业内部改革，转换经营机制，坚持以生产经营为中心，大力开发新产品，努力开拓市场，企业由原来生产碾米机和水泵两种产品扩展到生产系列碾米机和系列多级泵、单级泵，同时开发了制冷设备5种机组和4种换热器等，大量新产品的开发问世，使企业获得了较高的经济效益，1996年首次突破了利税千万元大关。广西博白机械厂组建绿珠股份有限公司后，及时调整产品结构，停产市场滞销的老机电产品和砻碾机，转产碾米，大量供应市场，解决了生产不均衡、分配不合理的老大难问题。同时经地方政府批准，兼并了相邻的濒临倒闭的两个农机修造厂，继续生产碎粉机，通过努力，不但解决了这两个厂职工就业问题，同时使公司形成了碾米机、碎粉机两个“拳头”产品，壮大和发展了绿珠公司。面粉机械行业的河南南阳光辉机械厂在1996年狠抓产品结构调整，适应市场变化。一年中先后开发出35型单机小成套等10种新产品，为企业增加了千万元以上的收入。1996年组织人力，开展ISO9001国际标准认证准备工作，请有关专家培训内审人员，迎接1997年8月国家认证部门的验收。油机行业的四川青江机器厂组建为青江机器股份有限公司后，“内扩外联、借鸡下蛋”，扩大规模，建立产权多元化的运行机制。为了满足市场需求，销售额以平均年递增30%的速度发展。公司经地方政府批准，兼并了雅安市机械厂（集体所有制），使该厂扭亏为盈。同时又组建了雅安青江工贸有限责任公司（集体所有制企业），现在已初步形成了国家股、企业法人股、员工个人股的多元化投资主体和利益共享、风险共担的运行体制。在建立“产权明晰，权责明确，政企分开，管理科学”的现代企业制度上迈出了重要步伐。

〔撰稿人：中国农牧业机械总公司　劳希燕　审稿人：机械工业部农业装备司　马文焕〕

三、农业运输机械

生产发展情况　1996年是农用运输车发展史上具有非常重要意义的一年。1996年4月12日和22日，农用运输车先后两次开进中南海，接受了中共中央总书记江泽民、国务院总理李鹏等党和国家领导人的检阅。这是农用运输车发展史上的一个里程碑。党和国家领导人对农用运输车的迅速发展和对农村经济作出的贡献给予了肯定，就今后农用运输车行业的发展作了重要指示。

农用运输车在经历了起步、高速发展阶段之后，在“九五”第一年开始进入了一个新的、稳定发展阶段。1996年全国共生产农用运输车240万辆，其中三轮农用运输车205万辆，四轮农用运输车35万辆，分别比上年增长了4.4%、2.5%、16.7%；整车总产值超过240亿元。至1996年底，全国农用运输车保有量达1 000万辆，其中三轮农用运输车约850万辆，四轮农用运输车约150万辆。

农用运输车生产企业和产品自1989年开始实施目录管理，为了适应发展的需要，1996年机械工业部和公安部联合编制了《1996年农用运输车生产企业及其产品目录》。列入目录的企业总数共计247个，其中三轮农用运输车生产企业95个，四轮农用运输车企业186个，有34个企业同时生产三轮、四轮农用运输车。列入目录的产品共计有1 455个厂牌型号，其中三轮农用运输车302个，四轮农用运输车1 153个。全行业职工总数约20万人，用于农用运输车生产的固定资产总值约为80亿元。

农用运输车行业是一个由多个部门组成的大行业，在1996年目录内的247个企业中，农机行业为131个，占53%；汽车部门14个，占5.6%；乡镇企业29个，占11.7%；交通部门12个，占4.9%；军工企业11个，占4.5%；航空、船天部门6个，司法部门5个，还有石油、林业、农业(包括农垦)、轻工、粮食等14个部门的企业。同时列入农用运输车目录与汽车目录的企业共63个。

产品分类及产量　1996年三轮、四轮农用运输车行业前十名企业的产量分别见表3和表4。三轮农用运输车产量前十名的企业共计产量为136.36万量，占全行业三轮农用车总产量的66.5%，其中年产量在10万辆以上的企业有5个，共生产102.72万辆，占总产量的50.1%；产量在5万辆～10万辆之间的企业有5个，占总产量的16.4%。四轮农用运输车产量前十名的企业共计产量为15.70万辆，占全行业四轮车总产量的44.9%。这说明农用运输车行业的生产集中度进一步提高，尤其是三轮农用车行业，巨头企业正在形成。生产规模开始由分散型向集约型转变，整个行业正逐步朝健康、有序的方向发展。

1996年农用运输车产量最大的是山东省，其中三轮农用运输车产量为72.43万辆，占全行业产量的35.3%，四轮农用运输车产量为9.56万辆，占全行业产量的27.3%。

表3　三轮农用运输车产量前十名企业

序号	企业名称	产量(辆)
1	南京金蛙集团	260 421
2	山东巨力集团股份公司	252 786
3	山东高唐时风机械集团总公司	207 600
4	飞彩集团皖南机动车辆厂	156 300
5	山东省聊城运输机械厂	150 111
6	长葛奔马机械集团公司	80 080
7	兰州手扶拖拉机厂	75 622
8	许昌机器制造厂	63 448
9	安徽宁国机械工业公司	61 264
10	山东光明机器厂	55 951

表4　四轮农用运输车产量前十名企业

序号	企业名称	产量(辆)
1	北汽福田车辆股份有限公司	25 527
2	山东黑豹集团公司	24 489
3	湖北至喜集团	18 280
4	山东海山集团总公司	16 100
5	福建龙马集团	15 053
6	山东寿光聚宝农用车辆总厂	14 068
7	安徽合肥农用车厂	12 218
8	河北广平县机械厂	11 013
9	江西手扶拖拉机厂	10 211
10	长沙果园汽车改装厂	10 055

三轮农用运输车型号虽然很多，但结构型式却大同小异，其配套动力仍以195型柴油机占据主导地位。在目录内的302个型号中，配195柴油机的三轮运输车有163个，占54%；配185柴油机的有54个型号，占17.9%；配180柴油机的有41个型号，占13.6%；配190柴油机的有22个型号，占7.2%；配175柴油机的19个型号，占6.3%。三轮农用运输车传动装置，以连体后桥结构型式为主，302个型号中共有182个型号采用连体传动，占60.3%。

四轮农用运输车其载重量从0.5t～1.5t共分4个等级，在目录内1 153个型号中，1.5t级的型号480个，占型号总数的41.5%；1t级的型号为230个，占19.9%；0.75t级的型号为225个，占19.5%；0.5t级的型号为218个，占18.9%。与1993年目录相比，1.5t级的机型下降了22.3个百分点，而1.0t级以下载重量的机型则上升了22.3个百分点，这表明四轮农用动输车正在向小型化发展。目前，农用客车还没有得到国家的正式承认，但在江苏、浙江、安徽等省却得到了当地有关部门的认可，而且生产、销售形势很好。

市场及销售 从1996年开始，农用运输车的销售市场已由过去的卖方市场转向买方市场，农用运输车已经从供不应求逐步发展成为供需关系基本趋于平衡，有许多厂牌型号的产品出现了供过于求的状况，这说明农用运输车市场已经发生了明显的变化。这些变化主要表现在以下几个方面：(1)从市场格局来看，农用运输车的市场已经由南向北，自东到西逐渐转移，我国东南地区对农用运输车的需求量开始下降，而中、西、北部地区市场活跃，销售强劲。(2)从产品档次来看，出现了两级分化的局面，一些性能、外观质量较好的农用运输车虽然价格较高，但销路仍很好；一些价格低廉的三轮农用运输车也很畅销，而一些没有特点的大路货，产品积压严重，销售十分困难。(3)从消费者心理来看，农用运输车的名牌优势已显而易见，在经历了多年的竞争之后，一些名牌车在特定地区内已逐渐被用户所认同，首选名牌产品已成为这些地区农民的普遍要求。

质量及质量管理 从1996年6月开始，在机械工业部和公安部统一组织下，由国家农机具质量监督检验中心、国家拖拉机质量监督检验中心、吉林工业大学、江苏理工大学、湖南大学、重庆汽车研究所、安徽工学院、山东省农机所抽出76名工作人员组成19个检查组，在近50天的时间里共完成了248个农用运输车生产企业的工厂条件检查和954种机型的检测工作。通过这次全国范围的检查，摸清了整个行业的现状和产品质量，为编制《1996年农用运输车生产企业及其产品目录》提供了全面、可靠的依据，同时为今后整个行业与产品结构的调整、行业发展规划的制定积累了非常宝贵的资料。

1996年12月，新修订的国家强制标准GB7258—1997《机动车运行安全技术条件》通过审定，农用运输车作为继汽车、摩托车、拖拉机之后的又一类机动车辆被正式列入该标准，从而为今后行业工作的发展奠定了法规基础。

管理及改革 为了切实加强对农用运输车行业的管理，机械工业部于1996年11、12月分别批准成立了“机械工业部农用运输车行业管理办公室”和“机械工业农用运输车发展研究中心”，统一归口管理全国农用运输车行业。

1996年12月20～22日，在山东省济南市召开了1996年机械工业部农用运输车行业工作会议，大会对农用运输车行业发展十多年的经验和教训做了总结，对今后的工作做了部署。大会期间，由机械工业部农业装备司、中国农机学会拖拉机分会、中国农机化报社联合举办了“农用运输车发展战略研讨会”，对我国农用运输车的发展进行了深入地研讨。

从1996年6月起，机械工业部农业装备司组织了有11个大专院校、科研院所参加的七大农用运输车发展战略研究课题，其中的“市场调研”课题，组织了近万名大学生利用暑假深入农村、农户，发放了近10万份有关农用运输车的调查问卷，取得了大量的第一手资料，该课题将于1997年完成，其研究成果必将为我国农用运输车行业的发展起到很好的促进作用。

存在问题及今后工作重点 (1)企业的组织结构与行业的组织结构需要调整。行业内厂点过多，绝大多数企业生产规模小、产量低，难以形成规模生产，不可避免的造成资金分散、管理混乱、产品质量差等弊病，这种状况在日趋激烈的市场竞争面前是不适应的。因此必须加以调整。(2)加强零部件管理工作。由于农用运输车企业的外协、外购件比例较大，必须加强管理。当前零部件工业存在的主要问题是通用性、互换性差，产品的质量尤其是可靠性存在一些比较严重的问题。为此，机械工业部决定从1997年起，首先对四轮农用运输车的前轴、后桥、转向器、钢板弹簧、液压制动主缸和轮缸等主要总成实行合格证制度，从而保证农用运输车的整车质量、可靠性及安全性。(3)加强可靠性工作。农用运输车作为车辆，其可靠性与安全性是第一位的，目前农用运输车的可靠性差已成为一个普遍的问题。机械工业部将制订农用运输车首次故障期的目标值，组织有关单位开展可靠性研究、试验与监督，争取在“九五”期间上一个新台阶。

〔撰稿人：机械工业部洛阳拖拉机研究所　胡军　审稿人：机械工业部洛阳拖拉机研究所　孙震东、陈英超〕

四、排灌机械

生产发展情况 1996年机械工业部统计归口的企业157个，全部职工全年平均人数65 537人，固定资产原价21.07亿元，净值年平均余额13.22亿元。全年完成工业总产值29.24亿元（按1990年不变价），实现利税1.82亿元，分别比上年增长11.60%和11.67%。喷灌机产量57 392台，比上年增长5.4%；农用水井钻机产量770台，比上年下降40%；农用水泵产量2 139 358台，比上年下降10%。详见表5。

据统计，11个骨干、重点企业的产量比上年略有增加，工业总产值与上年相当，总体经济效益不及上年。只有3个企业利润总额略高于上年，7个企业的利润总额较上年有较大幅度下降，1个企业仍然严重亏损。平均水平相当于全行业的平均水平。

市场及销售 1996年全年销售收入25.95亿元，比上年增长8.8%，喷灌机和长轴深井泵的销售形势好于上年，大型泵的销售量下降，井用潜水电泵的销售量与上年相当，小型潜水电泵销售量不及上年。各企业销售不均衡程度较大。

国外市场销售情况不及1995年，全年出口交货值2 497万美元，其中自营出口创汇额406万美元，分别比上年下降5.6%和54.7%。出口主要地区是南亚、东南亚和非洲。

科研成果及新产品　1996年机械工业部下达的排灌机械新产品试制计划9项，要求1996年完成的6项，基本按计划进行，1996年完成的有无锡市水泵厂试制的3100ZLQ全调节轴流泵、安庆水泵总厂试制的WQ污水污物潜水电泵、安徽蚌埠潜水泵厂试制的5.5kW～7.5kW污水潜水电泵、新疆潜水泵厂试制的YQS250系列潜水电机、微型潜水电机和小型潜水螺杆泵、QG系列潜水螺杆电泵。

表5　1996年排灌机械产量　（单位：台）

产品名称	1996年	1995年	1996年比1995年增长%
总计	2 198 520	2 435 784	－9.7
1. 喷灌机	57 392	54 467	5.4
2. 农用水井钻机	770	1 291	－40.4
3. 农用水泵合计	2 139 358	2 380 026	－10.1
合计中：大型	24	1 549	－98.5
其中：特大型		262	
合计中：中小型泵		1 135 494	
微型泵		468 711	
合计中：深井泵	35 962	28 968	24.1
其中：长轴深井泵		13 774	
合计中：潜水电泵	1 185 367	1 039 755	14.0
合计中：水轮泵		1 888	

1996年完成机械工业部科研计划1项，即无锡市水泵厂和中国农机院负责的双向轴流泵技术研究。

质量及质量管理　1996年，质量检测部门对井用潜水电泵和小型潜水电泵安排了生产许可证换证和发证工作，大部分企业的主要产品都取得了生产许可证。通过发放生产许可证工作，大大促进了企业负责人质量意识和产品质量的提高。为了帮助用户购到质优价廉的农用水泵产品，国家防汛抗旱总指挥部办公室请中国农机工业协会排灌机械分会推荐符合国家标准的优良产品，中国农机工业协会排灌机械分会查阅了历年来国家检测机构质量检查的档案和实行生产许可证产品的发证情况，适当考虑了地区的分布，向国家防汛抗旱总指挥部办公室推荐了23个企业生产的37种产品，国家防汛抗旱总指挥部办公室于1996年7月15日发函至各省、自治区、直辖市防汛抗旱指挥部办公室、各计划单列市防汛抗旱指挥部办公室。

基本建设及技术改造　1996年完成基本建设投资额2亿元，全年完成更新改造措施投资额6 673万元。

管理及改革　1996年中国农业机械工业协会排灌机械分会召开了第三届理事会议。会议主要议题是如何提高理事会成员对行业协会工作的认识，调整机构和工作人员。邀请了国家计委长期规划和产业政策司及国家经贸委企业司有关负责同志作了专题报告。就“九五”纲要主要目标、“九五”农业发展重点任务、水利产业政策、宏观经济与企业改革如何联系、下步经济体制改革设想等问题作了讲解。对到会理事启发很大，在讨论中一致认为理事会应加强对协会工作的领导并提出了一些建议。对机构的设置和人员安排进行认真讨论并作了决定。1996年下半年行业管理工作有了变化。多数行业组召开了会议，对工作进行了研究和安排。主要行业组对1996年企业的经济技术指标完成情况作了统计，围绕着为农业服务这个中心任务开展了一些工作，并取得了一定成效。

〔撰稿人：中国农业机械工业协会排灌机械分会王洪富〕

〔农业部〕

生产发展情况　1996年，农业部农垦系统从事农业机械生产的企业有87个，比上年减少8个，其中新疆生产建设兵团减少3个，其他各省市减少5个，主要是随着市场经济的变化，由生产农业机械产品转产其他产品。在生产农业机械的87个企业中，小型企业占87.8%（大二型1个、中二型14个、小型72个）。全农垦系统共完成工业总产值10.9亿元（1990年不变价），完成利润－2 637万元，上交税金总额4 873万元，分别比上年增长10%、－198.9%、－5.2%，上交农场的利润1 037万元。

1996年农垦系统农业机械生产特点是：(1)按农业机械主要产品结构分类，生产耕作机械企业11个，植保机械2个，收获机械8个，运输机械4个，农副产品加工机械8个，排灌机械4个，畜牧机械3个，拖拉机、内燃机及农具配件30个。(2)生产8大类农业机械产品产量中，6类产品均有不同程度的增长，只有运输机械、拖拉机、内燃机及农具配件产量减少，运输机械在1995年回落的基础上继续回落，主要是双轮力车底盘拖车大量减少，说明农场、乡镇的运输条件进一步得到改善；(3)拖拉机、内燃机及农具配件曾连续四年以不低于30%的速度增长，1996年开始回落，比上年减少19.2%。(4)新疆生产建设兵团、黑龙江省农场总局主要生产企业继续亏损，分别亏损3 306、935万元；全行业亏损企业34个，比上年增加13个，全行业亏损，这是农垦机械行业历史上出现的第一次，亏损总金额2 637万元。1996年完成工业总产值、工业增加值前十名的企业见表6，其中50%的企业生产农机配件。

市场及销售　1996年农垦系统农业机械产品销售总收入金额12亿元，比上年减少4%；年末库存总金额3.1亿元，比上年增长0.46亿元。

1996年农垦系统农业机械产品对外出口总金额4 379万元，比上年增长79.2%，其中主要出口省、市，江苏省1 235万元，浙江省1 108万元，广州市1 955万元，主要产品是农业机械配件，占全部出口总金额的53.5%，其次是畜牧业机械。

产品分类及产量　1996年农垦系统生产的农业机械产品产量见表7。

表6　1996年农垦系统完成工业总产值、工业增加值前十名企业　（单位：万元）

序号	企业名称	工业总产值（1990年不变价）	工业增加值	利润	税金
1	上海农工商集团向明总公司	12 837	2 973	1 313	623
2	杭州永磁集团有限公司	9 144	3 185	703	637
3	江苏省减速机厂	4 484	1 580	16.7	265.4
4	黑龙江省白桦清选机械厂	4 416	1 719	162	115
5	广州白云配件工业公司	2 880	617	−168	182
6	上海乳品机械厂	2 490	616	159	18
7	新疆潜水泵厂	2 227	607	215	77
8	定海东海磁钢厂	2 161	698	558	292
9	江西气门芯厂	1 811	650	92	92
10	江西红星机械厂	1 195	624	246	124

表7　1996年农垦系统农业机械产品产量情况

序号	项　目	单位	产　量	比上年增长%
1	耕作机械	台	10 334	7.3
2	植保机械	台	1 129	45.1
3	收获机械	台	20 355	8.2
4	运输机械	辆	3 331	大幅度下降
5	农副产品加工机械	台(套)	3 500	51.2
6	排灌机械	台	10 441	4.8
7	畜牧机械	台	15 521	持平
8	拖拉机、内燃机及农具配件	万件	7 924	−19.2

新技术及科研成果　1996年农垦系统主要科研成果有：(1)黑龙江省国有农场总局农业航空试验站完成的主要农作物航空作业技术与标准化研究，新疆生产建设兵团经委农机处完成的轮式拖拉机节能技术推广，均获农业部1996年科学技术进步三等奖。(2)黑龙江省农垦科学院完成的2BT-3型大豆宽台精密播种机的研制与试验，是黑龙江省科委和农场局科委联合下达的大豆宽台高产栽培及机械化配套技术研究的课题，该机具是一种多功能全悬挂式联合耕播机，在通用机架上更换不同的专业工作部件，能进行起台、立体施肥、整理台面、台上镇压、台上精量点播及中耕管理等作业，适于岗地、平地、低湿地的大豆种植。作业幅宽4 305mm（3个台共9行），作业速度6km/h～9km/h，配套动力为东方红-75/802拖拉机。经试验、鉴定，认为此项成果不仅为大豆，同时可以为其他作物中耕机械化、高产栽培探索出一条新的途径。(3)黑龙江省国有农场牡丹江管理局农机科研所根据垦区农业高产栽培技术措施，特别是深浅结合施肥作业要求，研制的2BFY-24型谷物条播机从材质、结构、工艺性、机具性能等方面采取措施，达到设计要求，是替代已老化的传统谷物条播机较理想的高产多功能新一代谷物条播机，该机1995年通过省级鉴定。主要技术参数：作业幅宽3.6m，机组生产率$6km^2/h$～$10km^2/h$（3台），作业速度5km/h～10km/h，播种深度0.02m～0.03m（小麦），外形尺寸3 392mm×4 650mm×1 380mm，质量1 680kg，配套动力东方红-75/802或JD4450拖拉机。(4)黑龙江省农垦科学院与新华农场共同完成的2Z-2型玉米钵育苗移栽机的研制是农业部“八五”重点课题。该机于1996年5月22日由黑龙江省农垦农机试验鉴定站进行了性能测试，结果表明该机集仿形、刮土、开沟、夹钵、运钵、栽植、覆土、镇压和二次覆土等工序于一体，结构简单、紧凑、调整方便，使用安全，性能可靠，栽得直，立苗率高，压得实，伤苗率低，工效高，栽植效果符合农艺要求，成活率达96%以上。(5)黑龙江省迎春机械厂研制完成的3W6MP-500型苗带喷雾机与精密点播机配套使用，可供垄作玉米、大豆进行苗前或苗前期苗上除草追肥，苗后期苗下喷药杀虫治病。该机结构简单，操作灵活，体积小，拆装方便，可根据需要选择滚子泵或隔膜泵，药液为液力搅拌。结构及特点：3W6MP-500型苗带喷雾机由药罐、液泵、分配器、过滤器、五通阀、喷杆调节架、喷杆、喷头等部件组成，与通用机架配套使用。药液罐配有回液搅拌器。喷杆调节架采用三杆机构，可以调节喷头上下左右的位置。主要技术参数：隔膜泵MB-240型，工作压力0.29MPa～0.4MPa，最高压力2.45MPa，转速540r/min～570r/min。滚子泵工作压力0.29MPa～0.49MPa，最高压力0.98MPa，转速540r/min，喷幅6m，喷头间距0.4m，喷头距地面高度0.10m～0.50m，工作速度9km/h～10km/h，运输速度≤12km/h，拖拉机牵引力441N～784N。

新产品　1996年农垦系统农业机械制造行业共开发新产品144种，比上年增加45种。其中，新疆生产建设兵团开发52种，黑龙江省国有农场总局开发39种，上海市农场局开发21种，江苏省农垦局开发16种等。主要新产品多为适应大农业需要的大型农机具，犁、耙、播等机具，如黑龙江省嫩江农业机械厂制造的180-250型全方位深松机，是北京农业工程大学新研制的专利产品，该机结构新颖、简单，由悬挂架、圆管横梁、左右两组深松部件、支撑杆及配置在中央的限深轮等组成，整机质量340kg，配套动力为东方红-75拖拉机。该机适应范围广，岗平地、低洼地都可应用。该机在黑龙江省友谊农场一分场试作业表现效果良好。新疆奎屯一二五团修造厂制造的3ZF-4型中耕施肥机，经多次改进，1996年批量投入生产的新改进型，适应性、实用性强，深受用户的欢迎。主要技术参数：外形尺寸1 150mm×1 450mm×1 050mm，结构质量160kg，工作幅宽1 800mm，施肥深度120mm～150mm，配套动力为小四轮拖拉机8.8kW～13.2kW。武汉东西湖荷包湖农场修配场研制的3.4MC-6型可调式拔棉柴机通过省级鉴定，该机与东方红-20型或神牛-25型拖拉机配套，采用圆锥螺旋齿对辊式起拔器，输送形式为直立式单向输送，侧放条铺，拔禾器转速132r/min，作业行数2行～4行，工作效率为90hm²/h～120hm²/h，拔断率<5%，漏拔率<3%。黑龙江省赵光机械厂研制的92QB-1型青贮饲料收获机，是国内较为先进的一种机型，具有生产率高、价格低、适应性强和使用维修保养方便等特点，适用于各国有农牧场、生产队和养殖场等。主要技术参数：生产率30t/h，切断长度3mm～10mm，作业速度10km/h配套动力25kW～37kW，机具质量450kg。新疆生产建设兵团68团修造厂研制成功的ZBMG-8C型新型铺膜机，经省级专家鉴定认为有以下特点：(1)可使棉花播种提前5天～7天，(2)播种后，沟内形成小温室，利于早出苗；(3)延长了棉苗的生长期，解决了天热来不及解放棉苗的弊病；(4)充分利用膜上灌溉新技术，节水性能好。新疆生产建设兵团农七师123团修造厂研制成功ZJH-1.9型新型茎杆还田粉碎机，受到专家用户的一致好评，并获得国家专利，该机为悬挂式与铁牛-55配套，将作物平茬切断，进行多次粉碎，平茬高度在0.01m以下，粉碎长度为0.08m～0.1m，能使粉碎的秸杆均匀地抛撒在地面，给翻耕创造良好的条件，茎杆还田后能改良土壤，增加土壤肥力，消灭杂草与害虫，从而起到了提高地力，促进增产的作用，该机具有结构简单、造价低、操作方便、效率高、故障少和维修方便等特点。

表8 1996年完成百万元以上固定资产投资情况

（单位：万元）

地区	基本建设投资	技术更新改造投资
全农垦系统	5 185	4 467
河北省	133	
黑龙江省	172	
江苏省	1 285	2 000
浙江省	500	500
江西省	123	
广州市	930	778
甘肃省	113	380
新疆生产建设兵团	1 917	809

基本建设及技术改造 1996年农垦系统农业机械行业完成固定资产投资9 652万元，比上年增长124.7%，其中基本建设投资5 185万元，技术改造投资4 467万元。江西红星机械厂列入1996年国家技术改造重点项目总投资2 200万元，建设期为1996年至1997年，主要是改造饲料颗粒机生产线，引进国外多工位环模加工中心设备，技术改造完成后新增饲料颗粒机1 000台，颗粒环模8 000个，新增产值8 360万元，利润1 284万元，税金237万元。完成百万元以上的省、市、区投资情况见表8。

管理及改革 1996年农垦系统生产农业机械的主要企业和垦区由于种种原因继续亏损，新疆生产建设兵团亏损企业15个，亏损总金额3 306万元；黑龙江省国营农场总局亏损企业7个，亏损总金额933万元。一些管理好的单位和企业认真贯彻“三项制度”，加大改革力度，取得较好的经济效益，成立了集团公司和责任有限公司，有的以产品为“龙头”组织联合企业。新疆生产建设兵团农八师经委牵头组织第四机床厂、石河子东亚开关厂、离合器厂、兵团建筑设计分院等单位自愿组成石河子种子机械设备联合厂，并制定了联合企业的章程，产品销售各地，计有兵团内部的农五师86团，农七师130团，农六师芳草湖农场、新湖农场，地方托克逊等县，销往内地的有江苏、江西、湖南、湖北、河北等省。近年成立集团和公司的有：以长江仪表厂为主的上海科德电子仪表有限公司，以广州机电产品制造厂为主成立的白云机电工业公司，以机械配件为主成立的白云配件工业公司，以志诚水箱厂为主成立的南方汽车散热器联营公司，以浙江省萧山磁钢厂为主成立杭州永磁集团公司等。在成立的几年中，经营管理都取得一定的经验教训并取得了一些经济效益，黑龙江省白桦清选机械厂地处偏僻、交通不便、信息不畅，该厂采取多种灵活的经营方式，在各地建立销售网络，拓宽了销售渠道，1996年首次使省外销售额达到1 600万元，超过省内销售额。

〔撰稿人：农业部农垦局 马孟发 审稿单位：农业部农垦局工业处〕

〔责任编辑：邝 鸥〕

热带作物机械

〔农业部〕

生产发展情况 1996年，农垦系统生产热带作物机械的企业共有19个，其中中型企业3个，小型16个；完成工业总产值1.2亿元（1990年不变价），比上年减少51.2%；利税总额－97万元，其中上交税金总额803万元；完成产品产量1 121台，比上年减少65.6%，其中种植管理机械、剑麻加工机械比上年分别增长50%、29.4%，天然橡胶初加工机械和其他热带作物机械比上年各减少72.1%。全行业出现产量下降、产值滑坡、全面亏损。主要是3个中型企业有2个亏损，1个微利。在19个企业中，只有8个企业稍有盈利，亏损企业由上年的4个增加到11个，亏损金额高达1 038万元，是历年来出现的第一次全行业亏损。

产品分类及产量 1996年，热带作物机械行业共生产4类产品，总产量1 121台，其中：种植管理机械30台(水肥车30台)；天然橡胶初加工机械613台，包括造粒机34台、绉片机84台、洗涤机26台、打包机25台、压薄机4台、压片机15台、干燥车13辆、干燥炉12台、渡车30台；剑麻加工机械286台，包括刮麻机15台、理麻机11台、纺纱机55台、制绳机71台、制股机80台；其他热带作物机械192台，包括制糖设备156台（套)，茶叶烘干炉36台。

市场及销售 热带作物机械行业销售收入总金额1.3亿元，比上年减少42.2%；完成利润－900万元，上交税金总金额803万元，比上年有较大下降。年末库存金额4 660万元，比上年减少9.4%。

热带作物机械产品，在国内产品销售形势严峻的情况下，正在稳步拓宽国际市场，每年均有100万美元左右的产品出口。1996年全行业共创汇94万美元，比上年减少18.1%，其中广东、海南、云南均有出口，海南农垦营根机械厂向菲律宾出口一批价值65万元的ZP-300×600绉片机、CM550×500锤磨机、斗升机等天然橡胶初加工设备主机。同时，菲律宾太平洋塑料股份有限公司还订购了一批筛网、锤块、滚筒等零配件；云南热带作物机械厂出口通用配件5 500件；云南德宏机械厂出口硅铁420t等。

新技术及科研成果 1996年，热带作物机械的主要科研成果有：(1)华南热带作物机械研究所研制的QZ-400×390型切蔗机，主要用于甘蔗、橡草以及相似的饲草切碎，该机是一种快速简便、价格低廉的切碎机，从而代替了繁重的手工劳动和价格昂贵的大型铡草机。该机在研制过程中，很好地解决了刀片的切削角度和切削性能，在广东省湛江湖光农场试验中表现了良好状态，受到畜牧业用户的欢迎。(2)华南热带农业机械研究所研制的两种不同类型的胡椒青熟分选机。一种是根据筛孔法原理研制的HFP-50型胡椒分选抛筛；另一种是按溶液比重浮选原理研制的HSP-120型胡椒水槽分选机。这两种胡椒分选机都能将胡椒青、熟果分选开，而HFP-50型结构简单、使用技术难度小，耗电少，节约能源，保养维修方便，可在生产中推广使用。(3)海南省营根机械厂研制的2 000kg/h鲜胶乳标准胶造粒生产线，已经试制完成并在海南晨星农场胶厂投入安装试机成功。经连续生产测定，各项经济技术性能指标如下：生产能力为每小时生产干胶2 000kg～2 200kg，各项理化性能技术指标均达到部颁一级标准胶，胶粒干基含水率为30%，胶片厚度≤6.5mm，整条线生产功率116.5kW，胶粒尺寸为3mm×3mm×2mm，设备成本低于两条1 000kg/h造粒生产线之和。该条生产线在投入生产后性能稳定可靠，经过连续测定，各项技术指标能满足设计产量要求，达到各项技术经济指标，且运转良好。(4)广东省湛江农垦局茂名机械厂研制的FZ-100型甘蔗叶粉碎回田机，在勇士农场及地方农田进行了大面积不同范围环境的试验，应用面积15 000多亩，证明该机适用于旱坡地的甘蔗叶就地粉碎回田作业，只要作业地的行距、垄高、沟深等比较规则，残留在地里的甘蔗叶不成堆、不压实、蔗叶放平厚度不超过0.25m，作业质量较好，凡符合以上条件的甘蔗叶粉碎率均达到90%以上，碎断长度小于0.25m的占80%以上，铺撒均匀，作业速度0.99m/s，生产率每班30亩～50亩。对淘汰的甘蔗地，粉碎后用深翻耕作覆盖率达90%；对湿度75%左右的甘蔗叶，覆盖7天后即可腐烂成肥，满足农业技术要求，土地肥力普遍提高；土壤有机质氮、磷等含量增加；土壤结构得到改善；含水率、孔隙度等有较大提高。经济效益：平均可增产12%以上，一年可增收节支215.88万元，经济效益可观。该机主要技术参数：配套动力为上海-50型拖拉机，挂接型式为牵引式，外型尺寸2 400mm×1 880mm×820mm，工作幅度1m，刀片离地间隙0.03m～0.1m（可调)，刀轴转数1 790r/mim，生产效率4.5亩/h，整机重量570kg。

新产品 1996年热带作物机械行业开发的新产品共14种。云南省双叶机厂开发的木材烘干设备，投入市场受到用户的好评与欢迎。湛江农垦第二机械厂根据市场需要改造老产品3种，开发新产品7种，有农田水车、麻渣输送带、木片输送机、低股机、球磨机、打包机等。

质量及质量管理 热机分标委员会1996年12月在湛江召开会议，研究提高热机产品质量、把好产品质量关，同时审定了热机行业5个标准是：《天然橡胶初加工机械洗涤机》、《五合一压片机》、《手摇压片机》、《剑麻加工机械纺纱机》、《制绳机》。

基本建设及技术改造 1996年热带作物机械行业共完成固定资产投资5 932万元，其中，基本建设投资3 257万元，技术更新改造投资2 675万元，比上年增长幅度较大。各省区主要完成当年固定资产投资如下：广东省完成210万元，海南省3 422万元，云南省2 150万元，广西区150万元。用于固定资产投资较大的是海南省金鼎实业开发公司，主要用于技术更新改造开发新产品，多用途集装箱1996年12月在北京通过专家评估与论证。云南热带作物机械厂主要用于调整产品结构，组织新的责任有限公司。

管理及改革 1996年各企业加大改革力度，适应市场经济，热机协会1996年10月在广西区合浦县召开三届三次常委会议，进一步研究热机行业上下一齐努力共渡难关；拓宽市场、培育市场、开发新产品；听取赴马来西亚考察天然橡胶初加工机械汇报，打开思路；考察中越边界贸易，为边贸服务，为热带农业机械化服务。

湛江农垦第二机械厂实行产销“一条龙”，成立绳索机械分厂、麻制品分厂、金属钢门窗分厂、湛江分厂等。在市场严重疲软的情况下，全厂经济效益仍然取得较好成绩。热机行业整个形势仍然严峻，困难重重。

〔撰稿人：农业部农垦局　马孟发　审稿单位：农业部农垦局工业处〕

〔责任编辑：邝　鸥〕

营林机械

〔林业部〕

生产发展情况　1996年营林机械行业企业采取各种措施，针对市场需求情况，及时调整产品结构，坚持“立足林业，面向社会”的经营方针，既生产营林机械，又开发与营林机械相关的园林机械及配套设备，取得了较好的成绩。1996年营林机械行业7个企业，完成工业总产值110 534万元(1990年不变价)，比上年增长75%；实现利润5 897万元，比上年增长176%。

7个企业中，各项经济指标完成最好的企业是泰州林业机械厂，1996年该厂完成工业总产值(1990年不变价)90 027万元，比上年增长48.65%；实现销售收入68 400万元(含税为80 000万元)，比上年增长50.33%；实现利税6 372.5万元(含销售税为7 224.6万元)，比上年增长44.59%；其中利润4 583.27万元，比上年增长52.07%；全员劳动生产率达57.5万元/人，比上年增长34.3%。

市场及销售　1996年营林机械行业完成销售收入74 541万元，比上年增长53%；出口营林机械8 474台，出口创汇144万美元，产品主要销往泰国、缅甸、越南等国家。

西北林业机械厂1996年的销售工作与上年相比，取得了较好的成绩，打了一个扭亏为盈的翻身仗。1996年完成工业总产值2 983万元(1990年不变价)，比上年增长15.2%；完成销售收入4 013万元，比上年增长34%；主要经济指标均超过年初制定的目标。

科研成果及新产品　1996年营林机械行业获奖项目有2项。即泰州林业机械厂承担的IE35FZ汽油机的研制、哈尔滨林业机械研究所承担的泥碳营养块生产设备的研究课题获林业部科技进步三等奖。

1996年营林机械行业有10项新产品研制成功，部分已通过省、部级技术鉴定。主要有：西北林业机械厂研制的3MF-2背负式喷雾喷粉机，泰州林业机械厂研制的林海牌LH150、LH150T、LH150T-2、LH125T-2、LH125T-3、LH100T、LH90F3、LH50QT等8种型号的摩托车和162FMD、157FM2(A)、153FM、1E40FM等4种型号的发动机等。

3MF-2背负式喷雾喷粉机具有结构紧凑、体积小、重量轻、发动机功率大、射程远、作业效率高等特点，适合农、林、牧、卫生防疫等各方面的应用。主要技术参数：发动机功率为1.84kW，转速7 500r/min，喷雾水平射程≥14m，喷粉幅宽≥35m，水平喷雾量≥1.8kg/min，水平喷粉量2.5kg/min，整机净重小于12kg。

林海牌LH150T等7种坐式车和LH150骑式车均采用林海集团公司开发生产的发动机，均为电起动和脚踏起动。有5种采用四冲程发动机，3种采用二冲程发动机。157FM2(A)、153FM发动机为四冲程，是在吸收日本、台湾同类产品技术基础上开发的125mL/150mL坐式车专用动力。1E40FM、162FMD分别是50mL坐式车和150mL骑式车配套动力。12种产品中，LH150T、LH150T-2坐式车和157F2(A2)发动机等3项新产品填补了国内空白，达到国际同类产品先进水平，其他8种新产品达国内先进水平。

质量及质量管理　1996年营林机械行业主要生产企业泰州林业机械厂先后接受了国家便携式产品、国家摩托车检测中心和江苏省技术监督局等部门对产品的抽查。LH90摩托车被评为优等品，9种发动机通过内燃机许可证生产条件检查，1E52FM汽油机通过省免检产品复查，BH29油锯通过质量检查等，同时林海、林海雅马哈产品被授予“中华之光”名牌产品，企业被评为江苏省贯彻产品质量法先进单位。

基本建设及技术改选　1996年营林机械行业共安排技术改造项目1项，即泰州林业机械厂的摩托车发动机技术改造项目的收尾工作。该项目投资10 237万元，其中专项贷款7 466万元，企业自筹2 771万元，该项目的安排是围绕泰州林业机械厂企业及产品上水平、上能力、提高产品开发能力及现有产品技术含量而进行的，除必要的土建外，主要资金用于购置先进的加工设备及检测设备，这个项目建成后，使企业初步具备了规模生产能力。预计泰州林业机械厂的摩托车发动机生产能力将达到40万台。

〔撰稿人：中国林业机械协会　谢湘京　审稿人：中国林业机械协会　陈达文〕

〔责任编辑：邝　鸥〕

畜牧机械

〔机械工业部〕

生产发展情况　1996年，机械系统畜牧及饲料加工机械行业统计的生产企业共有70个，整个行业情况与上年相比下降幅度较大。全年完成工业总产值 77 843 万元（当年价），比上年减少 20.32%；产品产量为 300 226 台（套），比上年减少 14.96%；销售收入为 59 108 万元，比上年减少 18.01%；出口交货值为 2 792 万元，比上年减少 54.84%；年末库存量 17 399 万元。

就经济状况来看，由于受国内市场和经济条件的影响，畜牧及饲料加工机械行业市场不稳定，企业的经济发展受到制约。

牧草收获机械 1996 年完成产量 32 779 台，虽然比上年增长 110.1%，但市场需求并不乐观，与我国的综合国力比较，仍然处于低潮状态。现有的 5 个主要生产畜牧收获机械的工厂仍处于半停产状态。

畜产品采集加工机械 产量比上年减少了 15.72%。

畜禽饲养机械 生产 27 354 台（套），比上年减少 9.0%，产品中配件的比重远大于成品的份额。由于国内市场基本饱和，国外对该产品的需求也不大，致使这一行业逐年萎缩。

饲料加工机械 经过三年市场升温后，1995 年后期的市场需求开始下降，1996 年机械系统中的企业饲料加工机械产量为 217 016 台（套），比上年下降 22.4%，其中大中型饲料加工机械成套设备下降 54.4%；粉碎机产量下降 30.2%，但粉碎机仍保持在年产 17 万台左右，与前几年比较基本相当。饲料机械市场在大幅度下滑的情况下，竞争更趋激烈，质量较低的产品或工厂管理水平一般、服务稍差的企业感到日子不太好过，只有产品质量好、技术水平高，工厂管理和服务工作能跟上形式发展需要的企业，在市场中才能站稳脚跟。如江西红星机械厂、广东新兴饲料机械股份有限公司等。

行业中的一些骨干企业自主开发能力得到提高，如大同农牧机械厂所有新产品设计工作均采用 CAD 技术，使产品开发能力和开发水平在行业中处于领先水平。

质量及质量管理 1996 年，根据有关质量部门的检测表明，如海拉尔牧机厂生产的割搂草机、辽宁凤城东风机械厂生产的铡草机系列产品、江西红星机械厂生产的饲料粉碎机、上海金山农牧机械厂生产的机械化养鸡成套设备等仍保持全国各牌产品的称号，并连续多年保持质量信得过企业称号。

管理及改革 随着市场经济的走势，大部分企业的产品结构都在发生着变化，产品生产有所集中，批量相对加大。如牧草收获机械主要集中在海拉尔牧机厂生产，剪羊毛机主要集中在新疆牧机厂生产等。

〔撰稿人：中国农牧业机械总公司　姚修伟　审稿人：机械工业部农业装备司　马文焕〕

〔责任编辑：邝　鸥〕

风 力 机 械

〔机械工业部〕

生产发展情况 1996 年全国生产风力发电机组 8 003 台，比上年减少 2.2%，生产风力提水机组 74 台，比上年增长 48%。1996 年风力机械工业总产值为 1 410.8 万元，比上年减少 38.9%。到 1996 年底，全国风力发电机组的保有量为 15 万台，风力提水机组达 1 750 台。

市场及销售 1996 年，我国 5kW 以下风力发电机组的产量和销售量与上年相差不多。1996 年内蒙古自治区政府仍从地方财政拿出部分经费用于小型风力发电机组的推广应用补贴。在地方政府的大力支持下，内蒙古商都牧机厂 1996 年共生产风力发电机组 4 500 台，比上年增长 12.5%。该厂 1996 年风力机械产值为 794.5 万元，占全厂总产值的 75%。目前，我国小型风力发电机组生产技术成熟，产品质量可靠，价格便宜，世界许多国家对此感兴趣，已开始批量出口外销。1996 年内蒙古商都牧机厂向印尼出口了 500 台风力发电机组及部分零配件，其中 100、300W 风力发电机组各 250 台，总价值达 340 多万元。江苏南航技术开发公司出口 50、300、500、1 000W 机组及逆变器等 24 套。近两年来风能开发利用优势已引起人们的深刻重视。在各级政府、电力部门的支持和国外政府及金融组织援助下，我国在新疆、内蒙古、广东、辽宁等地的风力发电场建设成绩也是比较显著的。1996 年全国新装大型风力发电机组 44 台。到 1996 年底全国已安装大中型风力发电机组 230 台，最大的单机容量为 600kW。全国总装机容量近 56 000kW。

科研成果及新产品 列入“八五”国家重点科技攻关计划的项目——国产大中型风力发电场系统技术及装备的研究课题，共列 3 个三级专题，即(1)55、250kW 风力发电机组的消化吸收及完善；(2) 风力—柴油发电机组联合运行系统；(3)风力提水系统技术及装备研制。共有 8 个子专题。总投资 1 745.4 万元。“八五”风能攻关的各子专题都已按合同计划完成了课题研究，并已正式通过国家验收。该课题共申报专利 5 项，发表论文 21 篇。根据“八五”科技项目的执行情况及国内市场需求，“九五”国家重点科技项目中安排的风力机械科技项目名称为大型风力发电系统关键技术的研究，具体内容：（1）300、600kW 风力发电机组的研制，（2）风资源测量和风电场选址及系统并网运行技术的研究，(3)风力发电机组检测技术与市场竞争条件下政策保障机制的研究，（4）中低扬程大流量的风力提水机组开发和研制。

技术改造　由于国家"双加"工程对内蒙、广东、浙江、新疆、辽宁等风电场建设技术改造项目的支持，加快了我国风力发电场的建设速度，1996年新增大型风力发电机组装机容量19 000kW，比上年增长171%。

对外合作　300、600kW风力发电机组的研制课题是"九五"风力机械科技攻关项目的主要内容。为加快我国大型风力发电机组国产化进程，尽快满足国内建设风电场的需求，国家计委制定了300、600kW风力发电机组的研制攻关项目要走引进国外先进技术、合作生产的技术道路，国内组装厂要以招标方式选定，然后再与外商合作生产。共有7个单位参加招标工作，中国第一拖拉机工程有限公司和航空总公司四三〇厂中标。两个中标的组装厂已分别与丹麦、德国、荷兰、西班牙等国的风能公司联系，选择合适的合作伙伴。内蒙古商都牧机厂与瑞典斯维阿勃公司以补偿贸易方式合作生产的WG-240型(750W)风力发电机组已全部国产化，合同已圆满结束，双方已就一下步共同开发其他类型的风力发电机组签订了意向书。

〔撰稿人：中国农业机械协会风力机械分会　毕淑娥　审稿人：机械工业部农业装备司　马文焕〕

〔责任编辑：邝　鸥〕

水利机械

〔水利部〕

生产发展情况　1996年纳入水利部归口管理的生产闸门、启闭机和清淤机械产品的水利制造企业有20个，其中大二型企业2个，职工年末人数为10 819人，1996年共完成工业总产值（当年价）40 504万元，比上年增长12.5%；实现产品销售收入36 575万元，比上年增长10.6%完成工业增加值16 048万元，产品总产量21 949t，实现利润总额一100万元，企业经济效益明显滑坡。

1996年20个水利机械制造企业完成主要产品产量分别为：闸门11 759t，比上年增长23.9%；启闭机9 213t，比上年增长31.5%；清淤机械977t(78台)。

市场及销售　1996年水利机械国内市场逐步回升，企业销售情况有所好转。但由于水利机械生产能力总量过剩，企业在投标中竞相压价，生产企业只能保本或微利经营，加上企业的各项成本不断上升，致使企业亏损面扩大，亏损额增加。

新产品　水利部江苏武进液压启闭机总厂开发研制生产的5 000、2 000kN液压启闭机通过水利部部级新产品鉴定，产品主要性能达到国际先进水平，该启闭机启门力达5 000kN、闭门力2 000kN、缸径为700mm、最大行程11 300mm。

质量及质量管理　在质量管理方面，先后举办了三期产品监理工程师培训班，组织水利部水工金属结构质检中心对32个企业的107个产品进行了检测。为了进一步加强对水利水电产品质量管理监督，1996年10月水利部批准成立了"水利部产品质量监督总站"，由水利部朱尔明总工程师任主任，机构挂靠在水利部机械局。

技术改造　1996年水利机械行业完成国家专项技术改造项目3项，完成投资3 758万元，其中，落实完成专项贷款2 300万元，另外，还完成其他技术改造项目6项，完成投资2 004万元。

对外合作　1996年3月水利部常州液压成套设备厂同德国曼内斯曼力士乐公司合资成立了"力士乐常州液压设备有限公司"，注册资本7 855万元，中方出资2 278万元，占总资本的29%，德方出资5 577万元，占总资本的71%，经营范围为生产销售液压缸和动力站。

管理及改革　1996年水利机械行业有郑州水工机械厂、三门峡水工机械厂等5个企业被列入水利部转换经营机制、建立现代企业制度试点企业，这些企业在转换内部经营机制、探索建立现代企业制度方面做了大量的工作，取得了一定的成绩。1996年水利部还重点开展了"学邯钢、抓管理、降成本、增效益"活动，三门峡水工机械厂通过学邯钢，内抓管理，外抓市场，改变了连续亏损五年的局面，1996年扭亏为盈，实现利润237万元。在生产许可证发放方面，1996年颁发了第三批系统启闭机产品使用许可证，共34个企业49张证书。

〔撰稿人：水利部机械局　王　鹏　审稿人：水利部机械局　冯丽珍〕

〔电力工业部〕

生产发展情况　电力工业部系统从事水利机械产品的企业有6个，全部为国有企业。职工人数7 042人，工程技术人员546人；完成工业总产值（当年价）3.6亿元，工业增加值11 565万元，全员劳动生产率16 296元/人。

6个制造闸门、启闭机的工厂与水电设备市场关系密切，而1996年国家水电项目开工不足，市场萎缩，6个企业根据各自的情况调整和转变生产、经营机制，积极开拓国内与国际两个市场。

1996年，电力工业部从事水利机械的企业完成的重大生产任务有：广西天生桥水电站大型弧型闸门、链轮闸门各一扇，由富春江水电设备总厂制造。二滩工程启闭机等6台、宝珠寺水电站闸门及门槽1 472t、凌津滩水电站启闭机4台、李家峡水电站液压启闭机2台等均由夹江水工机械厂制造。吉林水工机械厂为莲花水电站提供了4扇快速闸门。

产品分类及产量　水工金属结构完成了10 082t；水利水电启闭机36台，2 417t。

市场及销售 全年共完成产品销售收入3.3亿元，产品销售税金及附加321万元，全行业亏损613万元。国外销售闸门674t，创汇115万美元。

夹江水工机械厂是水电战线的标杆企业，他们提出“以信誉求市场，以质量求生存，以管理求效益”，为国家许多重点水电站，制造了弧形闸门、船闸、人字闸门、反向弧形闸门、链轮闸门等各种金属结构件4 089t。为水利、水电重点工程配套了门式启闭机、固定卷扬式启闭机、台车式启闭机、液压启闭机等36台、2 417t。

刘家峡水工机械厂，坚持为水电市场服务，销售率达100%，并创利润91万元。

新技术及科研成果 由富春江水电设备总厂生产的广西天生桥电站弧形闸门、链轮闸门，通过了中国水力发电工程学会、水工金属结构专家委员会、电力工业部水工金属结构质检中心等单位专家们的检测评议。该闸门是我国目前设计水头最高、总水压力最大的新型闸门，其制造规模居亚洲之最。在研制过程中，克服诸多技术难关，制订了十余项工艺技术措施和13项工艺装备。专家们一致认为，其质量达到国际先进水平，研制取得成功。

夹江水工机械厂开发研制了宝珠寺电站的4 000kN坝顶闸门、李家峡水电站的4 000kN液压启闭机等大型闸门、启闭机；由于一个水电站有一个站的地形地貌，所以每个电站的闸门、启闭机都是技术上的新品。

基本建设及技术改造 全年完成固定资产投资额884万元，其中：技术更新改造投资264万元，占总投资的30%。

吉林水工机械厂完成了大型镗孔装置、无气喷涂、7m立车改造、工艺装备购置、微机工作站等技术改造项目7项。

管理及改革 夹江水工机械厂地处四川乐山山区，所有外部条件都不如省会城市的电力制造企业，但他们狠抓四管理：一是专业管理、二是生产管理、三是技术管理、四是质量管理，不仅通过了ISO9001质量认证，取得了各种超大型闸门、启闭机的生产许可证，还取得了全国电力系统首届双文明单位的荣誉称号。

中国葛洲坝集团公司三峡金属结构厂，坚持改革方向，利用三峡工程促生产发展，为三峡工程提供了600多t闸门、启闭机等。

广西水工机械厂在洛东山区，他们改变营销战略，1996年生产了2 091t闸门，销售了2 359t，产销率高达113%。

刘家峡水工机械厂，不仅合同完成率达到100%，而且，钢材利用率94%、机加工废品率1%指标，也达到很好的水平，实现利润总额91万元。

吉林水工机械厂取得了ISO9000认证后，又取得了5种超大型闸门、启闭机的生产许可证。

富春江水电设备总厂，取得了国际、国内ISO9000标准认证；产品合格率达到100%，工作均在ISO9000质量标准的受控之中。10月24日，一次通过了法国国际检验局（BVQI）和国内认证机构的联合审核，取得了认证证书及法、美、德、荷兰、澳大利亚、新西兰等国家7张认证证书。

〔撰稿人：电力工业部　张海青　审稿人：电力工业部　王　昀〕

〔责任编辑：白　萍〕

医 疗 器 械

〔国家医药管理局〕

生产发展情况 1996年我国医疗器械工业按可比口径统计，生产企业数为453个，比1995年增长7.86%。1996年不变价工业总产值为78亿元，比上年增长15.55%；利税总额8亿元，比上年增长2.62%。据统计，传统计划品种X光机1996年生产6 600多台，手术器械已超过10亿件。

我国医疗器械产业一直是整个工业领域内较为薄弱的一个环节，但改革开放以来，正在发生或已经发生重大变化。一是医疗器械产业已不再是一个系统，而是一个全社会共同参与的产业，演变为多系统、多种经济成分并存、互为补充的新结构。据扩大统计口径后计算，1996年底全国已有医疗器械生产企业2 800个，其中，原医医疗卫生系统的企业只占15%，乡镇企业医疗器械企业只占20%，中外合资和中外合作企业占15%，其余50%的企业主要是其他工业部门（包括航空、航天、电子、机械、船舶、核工业等）、科研院所（团体）、高等院校新组建的，这种新生机制和新活力必将带来新希望。与此同时，有些老骨干企业在市场竞争中失去了骨干地位甚至惨遭淘汰，有些获得了新生。如苏州医疗器械厂、北京医用射线机厂（现北京万东医疗装备公司），同时也涌现出一大批新骨干企业，如汕头超声仪器研究所、广东威达医疗器械集团公司，科学院系统的安科公司、大恒集团，航天系统的长峰集团，船舶工业总公司的原七二一厂等。医疗器械重点生产地区也有变化，原来的京、津、沪三市占全国医疗器械总产值80%的格局已不复存在，广东、江苏、浙江等先后成为医疗器械重点生产地区。

市场及销售 据有关方面按全国口径测算，我国1996年全国医疗器械工业总产值约为180亿元左右，约占全世界总销售额的2%左右。目前我国大型医疗装备情况见表1。

卫生系统综合医院每床占用专用设备金额情况见表2。

以上两组数据说明，我国医疗机构的整体医疗装备水平低，不同医疗机构的装备差异大，广大农村的医疗条件更差。因此，今后，我国要以讲究实用为原则，把发展常规医疗器械产品，提高常规医疗器械产品的性能水平放在研究开发的首位。

表 1　我国大型医疗装备情况

产 品 设 备 名 称	数 量（台）
X-CT	2 500～3 000
MRI	250～300
伽玛刀	13～16
大型彩超	1 000～1 300

表 2　卫生系统综合医院每床占用专用设备金额（单位：元）

单位性质	1990 年	1994 年
部属	30 350	75 503
省属	18 193	38 462
市属	7 555	18 814
区属	4 583	10 554
县属	817	5 441
平均	6 464	15 627

新技术及科研成果　1996 年，国家医药管理局系统荣获国家级科学进步奖 3 项，其中二等奖 2 项，三等奖 1 项。荣获部级科学技术进步奖 26 项，其中一等奖 2 项、二等奖 6 项、三等奖 18 项。上海医疗器械研究所研制完成的 MEA-3 型医用钾钠氯钙离子分析仪，北京医疗器械研究所研制完成的医用电子加速器性能和试验方法、TPS-1 型微机化外照射放疗计划系统，宁波血液净化设备厂研制完成的血浆分离器，上海医疗设备厂完成的 HXJ-2 呼吸监护仪，上海医用光学仪器厂完成的 GIS-8 纤维上消化道镜，深圳联谊九天电子技术有限公司完成的 0.2T(2 000G)永磁型磁共振成像系统，广州天心药业股份有限公司完成的无菌水针成套技术研究等都具有较好的社会效益和经济效益。

由东北大学东软集团东大阿尔派软件公司研制的 CT 机已通过国家医药管理局的技术鉴定和生产许可，并已形成年产 100 台的生产基地。东大阿尔派研制的 CT 机各项指标均已达到国外同类机指标，整机可靠性高，价格仅为国外进口机的 1/2。国产 CT 机还具有进口机无法比拟的软件优势。

新产品　全国每年有 300～350 个新品种或新换代品种投入市场，不仅使全国医疗器械器品种由原来的 2 000 多种增加到 3 500 种，而且产品技术结构也发生较大变化，由原来的以简单机械或电子结构为主逐步过渡到以机电一体产品为主的新结构。1996 年，国家医药管理局直接受理试产注册的三类产品共有 130 种，其中包括：一次性输液（血）器具 11 种，医用导管 3 种，金属植入物 5 种，齿科材料 10 种，血液透析器 2 种，其他生物材料及其制品 13 种，微波、激光治疗仪器 24 种，放射性诊断或治疗设备 8 种，B 型超声显像仪 7 种，麻醉机、呼吸机 14 种，生理信息记录仪器 3 种，X-CT 和 MRI 3 种，X 刀和伽玛刀 5 种。

可以看出，生物材料及其制品类占注册总数的 34%，机电一体类产品占注册总数的 54%，高科技产业的特征也在产品中逐步体现。

质量及质量管理　1996 年，国家医药管理局在医疗器械监督的三个环节上不断调整完善。

(1)生产企业的质量体系认证。医疗器械产品生产许可证实施细则逐步向 ISO9000 族标准靠拢。质量体系考查作为质量体系认证的一种过渡性措施，1996 年内已在 5 个品种中进行。医疗器械产品安全认证工作在 1996 年内开始起步。推动生产企业质量体系认证的一些前期工作，如内、外审核员的培训在 1996 年内取得明显效果。

(2) 产品的日常监督抽查。1996 年共安排了对医用离心机、医用 X 线防护装置、CO_2 激光治疗机、光固化机、超声多卜勒胎儿诊断和监护设备、髋关节假体、一次性输液器、一次性输血器、医用氧舱和 X 射线机等 10 种医疗器械产品国家监督抽查，抽查合格率平均为 72.11%。产品日常监督抽查作为一种对产品审查和质量体系考核的复验方式，1996 年内加强了抽查后处理工作。

(3) 产品的市场准入审查注册。1996 年国内第一类产品注册 260 个（包括旋转式伽玛刀和 X 刀等高科技产品），国外产品注册 583 个，并对 4 个国外企业产品质量体系进行了考查和考核。市场准入审查的核心、审查的范围、审查的程序、审查的内容、审查的认可标志等方面不断逐步完善。

1996 年，国家医药管理局在加强医疗器械标准化工作上，调整标准化思路，把医疗器械标准化工作的重点转向通用或专用安全标准的制定和强制执行，抓国际医疗器械通用或专用安全标准的采标工作。医疗器械的产品标准除个别特别重要的产品制定国家和行业标准外，一般由企业制定企业标准，给企业制定产品标准予一定的自由度。1996 年共发布医疗器械国家标准 8 个，行业标准 11 个。

加强国际交流，积极参加国际标准或法规会议。1996 年内派人参加了 ISO/ TC210 年会，讨论医疗器械质量体系应用 ISO9000 族标准的专用要求(ISO/13485 和 ISO/13488)。鉴于在工作中急需医疗器械专用质量体系要求标准，我国就提前等同采用了 ISO/13485 和/ISO/ 13488 送审稿，制定了行业标准 YY/T0287 和 YY/T0288。派人参加了 ISO/TC 106 的 1996 年口腔材料会议。派人参加 1996 年在葡萄牙的全球医疗器械协调会议，了解国际动向。

管理及改革　(1) 完善行政规章，规范医疗器械监督管理工作。1996 年国家医药管理局先后起草发布了“医疗器械产品出口证明申办规定”、“医疗器械产品市场准入审查规定”、“《医疗器械产品市场准入审查规定》实施说明”、“医疗器械产品临床试用暂行规定”、“医疗器械产品检验的若干规定”、“医疗器械产品标签和使用说明书内容有关规定”、“医疗器械企业产品标准化工作规定”、“医疗器械产品质量监督若干规定”、“医疗器械产品注册管理办法”和

“《医疗器械产品注册管理办法》实施指南”10个行政规章和规范性文件，使医疗器械监督管理工作逐步走向正规，同时也提高了监督管理的透明度。

(2) 建立和完善第三方机构，增强监督的科学性，加强第三方产品检测机构的自身规范化建设。1996年内有5个国家和行业医疗器械监督检验中心通过认证实验室验收和进出口实验室认证。

建立了医用超声仪器、医学影像仪器和医用生化仪器三个临床评估中心(分别设在阜外医院、宣武医院和北京医院)。成立了国家医疗器械评审专家委员会，在医疗器械产品市场准入审查、落后医疗器械产品淘汰讨论和医疗器械质量事故分析研究等方面发挥临床和工程技术专家的作用。1996年内还成立了心脏起博器和人工关节两个专家评审组，举办了起博器和人工关节产品质量高级研讨会，分析研究国内外产品质量。中国医疗器械产品认证委员会及其中国医疗器械质量认证中心于1996年内通过认可并已开展认证业务。

〔撰稿人：国家医药管理局　卜绮成、杨文明、汪彦斌　审稿人：国家医药管理局　潘广成〕

〔责任编辑：白　萍〕

建筑工程机械

〔建设部〕

生产发展情况　根据对1996年建设部归口管理的1 352个企业（含建筑机械与设备、城市车辆、建筑金属制品等企业）的统计，1996年建设机械行业的运行情况比较好，行业的产品产量持续增长，产销率较高。行业中的大多数企业，特别是行业的骨干重点企业都能继续保持良好的经营状态。1996年的工业总产值（当年价）为3 250 179万元，产品销售收入4 087 782万元，工业增加值846 343万元，实现利税659 284万元，平均产销率达99%。但由于国家继续实行紧缩银根的政策，致使企业资金紧张，部分国有企业经营困难，经济效益不佳，行业亏损面略有增加。根据1996年的取样调查，亏损企业占27.3%，比1995年增加4个百分点。建设部系统各类型企业主要经济指标详细情况见表1。

按产品类型分类，生产建筑机械与设备的企业473个，其中包括生产挖掘机械的企业10个，铲土运输机械企业18个（铲运机企业2个、平地机企业2个、翻斗车企业14个），建筑起重机械企业199个（塔式起重机企业130个、建筑卷扬机企业62、施工升降机企业43个），桩工机械企业9个，压实机械企业35个，路面机械企业20个，混凝土机械企业122个（混凝土搅拌机企业89个、混凝土搅拌站企业15个、混凝土搅拌运输车企业10个），混凝土制品机械企业10个，钢筋和预应力机械企业22个，高空作业机械企业5个，建筑装修机械企业17个，市政机械企业5个，环境卫生机械企业17个，园林机械企业2个，电梯企业105个（乘客电梯企业65个），垃圾处理设备企业1个，供水供气供热设备企业11个，停车场洗车场设备企业1个。生产城市客车的企业47个，其中包括城市客车生产企业37个，城市专用车生产企业10个。生产建筑金属制品企业860个，其中包括生产建筑门窗企业713个，采暖散热器及相关设备企业58个，建筑模板和脚手架扣件及支撑跳板企业73个（建筑钢管脚手架扣件企业39个），钢结构企业29个。各类产品的经济指标情况见表2。

表1　建设部系统各类型企业主要经济指标　　（单位：万元）

企业类型	企业数(个)	产值(不变价)	产值(当年价)	产品销售收入	工业增加值	实现利税	产品营业利润
合　计	1 352	2 769 846	3 250 179	4 087 782	846 343	659 284	238 742
国有企业	447	968 329	1 214 487	1 994 991	323 939	142 745	8 961
集体企业	695	763 534	884 793	762 183	168 914	308 921	94 748
私营企业	30	11 358	12 329	10 933	2 097	1 541	936
个体企业	12	1 051	1 509	1 263	108	138	123
联营企业	7	9 485	66 667	31 386	30 235	3 438	2 381
股份制企业	77	167 323	209 627	185 343	54 969	17 223	11 646
外商投资企业	35	723 649	713 240	971 597	216 401	167 342	98 466
港澳台投资企业	20	30 426	41 864	35 835	8 235	2 378	1 036
其他企业	29	94 691	105 663	100 275	41 445	15 559	12 352

市场及销售　1996年建设机械市场需求情况比较平稳，既没有出现需求过旺的情形，也没有出现大的滑坡。但市场竞争日趋激烈，行业总体经济效益呈下滑趋势。建设机械产品的供求关系已基本转为买方市场，各种产品发展也不平衡，如商品混凝土机械，特别是拖式泵保持较快的发展增长速度。企业在激烈的竞争中度过了比较艰难的一年。建设机械行业各主要产品的实际产量和销售量见表3。

1996年建设机械行业在开拓和走向国际市场、扩大出口创汇等方面取得新的进展，由过去仅靠出口产品和备品备件的单一方式来换取外汇转向通过直接向国外投资、建立维修服务点、进行联合设计与开发等多种渠道、多种方式为国家创汇。据初步统计，1996年全行业出口创汇12 714.01万美元。徐州工程机械厂走出国门，在国外建立了十几个销售服务网点；苏州江南电梯有限公司大胆探索，到马来西亚投资办厂；四川建筑机械厂和沈阳建筑机械厂等生产塔式起重机产品的企业，通过对引进技术的消化吸收，其产品除满足国内市场需要外，还将产品销往东南亚等许多国家和地区；长沙建设机械研究院已经向埃及输出了两台道路清扫车样机，还拟在此基础上进一步扩大技术经贸合作；北京建筑机械综合研究所与日本车辆制造株式会社合作成立的CAD中心完成了三支点履带桩架、履带起重机、钻孔机、大直径全回转套管钻机、液压锤等机械的设计工作，不但增加了创汇收入，还培养和锻炼了科研队伍。各类建设机械产品的出口创汇详见表4。

表2 建设部系统各类产品主要经济指标 （单位:万元）

产品类型	企业数(个)	产值(不变价)	产值(当年价)	工业销售产值	工业增加值	实现利税	产品营业利润
挖掘机械	10	53 594	56 367	61 206	13 731	−3 387	−928
铲土运输机械	18	40 977	45 290	42 234	13 196	−336	−2 285
建筑起重机械	199	224 038	267 762	243 468	55 801	9 504	5 896
桩工机械	9	5 632	6 626	5 273	2 434	223	162
压实机械	35	72 544	91 454	94 526	26 553	458	−300
路面机械	20	22 418	25 492	24 620	7 745	2 131	2 025
混凝土机械	122	17 3401	226 056	201 714	58 356	18 019	36 260
混凝土制品机械	10	11 459	11 750	10 899	3 567	883	504
钢筋和预应力机械	22	15 140	15 826	14 899	5 984	1 149	473
高空作业机械	5	2 075	2 080	2 038	306	409	260
建筑装修机械	17	7 647	8 275	7 506	2 331	416	811
市政机械	5	4 660	6 272	1 854	727	−791	19
环境卫生机械	17	19 871	24 719	25 193	6 706	911	1 045
园林机械	2	1 100	1 395	1 545	492	106	−35
电梯	105	968 911	989 567	925 693	316 923	257 115	125 673
中央空调设备		1 360	22 981	22 781	21 951	3 141	1 900
供水供气供热设备	11	22 625	23 206	22 147	5 933	2 077	1 389
其他建筑机械设备	13	17 651	19 074	18 573	5 248	391	128
城市客车	37	191 409	26 2451	251 116	53 688	4 409	−2 106
城市专用车	10	84 863	91 126	88 043	22 426	11 108	3 964
建筑门窗及幕墙	713	504 253	670 553	550 846	138 136	230 010	30 815
采暖散热器	58	143 999	160 263	134 916	21 100	109 737	18 141
建筑模板、钢管脚手架扣件跳板	73	43 316	50 220	50 140	1 3484	3 344	3 030
钢结构	29	24 472	32 608	30 970	10 215	1 331	870
其他建筑金属制品		11 211	13 566	11 823	762	−545	−562
装载机		56 163	68 418	69 515	22 341	3 013	1 509
推土机		4 126	6 576	8 598	2 980	343	281
汽车吊		13 268	15 965	15 643	4 704	1 409	88
其他		1 9451	24 293	23 423	7 637	2 171	773

科研成果及新产品 1996年，许多企业拥有了自己的研究所或科技开发中心以及素质较高的科技队伍。产品开发能力有所增强，适应市场需要的新产品不断涌现。如四川建筑机械厂和沈阳建筑机械厂开发的450t米塔式起重机，不但填补了我国大型塔式起重机的空白，满足国内市场的需求，还打开了国际市场；贵阳矿山机器厂开发生产出的50t级WY500型液压挖掘机，具有设计合理、机械性能好、行驶速度快、作业效率高、操作运转灵活、自救维修方便等特点，满足了用户对挖掘机产品“速度快、功率大、可靠性强”的要求；上海三菱电梯有限公司开发的2.5m/s的VVVF电梯，是目前国内所能生产的速度最快的电梯产品；广州日立电梯集团公司和天津奥的斯电梯有限公司，瞄准国内住宅电梯的巨大市场，开发出价格低廉、性能较好的VVVF电梯，适应了城市住宅建设和旧梯改造发展的需要，具有良好的前景；苏州江南电梯有限公司开发的适于山区旅游风景点和地势高低不平地区的变频调速多坡

度自动扶梯，满足了对自动扶梯的多用途需要；中国建筑科学研究院建筑机械化研究所开发的快速施工升降机，在三峡等重点工程上得到了好评；中国建筑金属结构协会针对塑料门窗行业品种少、体系繁杂、型材互换与配套组合能力差的状况，与北京众拓建筑工程设计有限公司共同开发标准化、系列化塑料门窗，也取得了较大进展，已经设计出适应寒冷地区住宅用的50系列平开窗和60系列平开、推拉窗，为塑料门窗行业形成专业化协作生产、实现集约经营提高了技术支撑；徐州工程机械厂开发的12t双钢轮、双振幅的振动压路机，江苏金猴工程机械集团开发的6t翻斗车，抚顺挖掘机厂开发的地下连续墙抓斗，建设部长沙建设机械研究院开发的起重、布料两用塔式起重机等，也普遍受到市场的欢迎和用户的好评，充分体现了建设机械行业一年来产品开发能力的增强，也充分说明建设机械企业已经有了切实按照市场需求组织生产的势头。

据对1 352个企业的统计，1996年共有新产品研制开发项目345项，其中主要新产品开发项目如表5。

质量及质量管理 1996年，建设机械行业的质量管理和生产许可证管理工作全面展开，并涌现出一批好企业。四川建筑机械厂、贵阳矿山机器厂等许多企业，在加强产品质量管理方面狠下功夫，通过了ISO9001国际质量体系认证，为其产品更多地销往国外市场打下了良好的基础。在产品的质量管理、生产许可证换（取）证管理工作的同时，重点加强了生产许可证发证后的管理工作。1996年，建设部所属

表3 主要产品的实际产量与销售量

产品名称	数量单位	实际产量	销售数量	产品名称	数量单位	实际产量	销售数量
挖掘机械	台/t	1 047/8 693	1 023/8 561	供水设备	台	298	296
塔式起重机	台/t	5 926/63 430	5 471/52 252	供气设备	台	589 600	550 945
建筑卷扬机	台/t	34 593/51 611	23 720/8 786	中央空调设备	台/t	14 912/8 766	19 984/6 941
施工升降机	台/t	1 668/4 899	1 555/4 997	停车场洗车场设备	台	10	5
铲运机	台	84	81	公共汽车	辆	5 530	5 450
平地机	台/t	242/2 738	234/2 423	团体客车	辆	2 247	2 419
翻斗车	台/t	7 916/6 974	8 110/7 099	旅游客车	辆	2 508	2 669
桩工机械	台/t	513/1 396	486/1 373	特种客车	辆	16 052	16 906
压实机械	台/t	13 838/36 098	13 881/34 769	其他城市客车	辆	18 280	18 899
沥青混凝土搅拌设备	台/t	4/77	4/77	散装水泥车	辆	434	617
沥青混凝土摊铺机	台/t	152/1 936	132/1 642	其他城市专用车	辆	960	981
混凝土路面切缝机	台/t	2 701/16	2 620/16	钢门窗	万 m^2	703	701
混凝土搅拌机	台/t	41 213/41 154	39 671/33 315	铝门窗	万 m^2	866	836
混凝土搅拌站	台/t	881/3 103	1 092/1 987	塑料门窗	万 m^2	94	91
混凝土搅拌输送车	台/t	845/363	811/367	幕墙	万 m^2	3 444	3 394
混凝土泵	台/t	492/668	429/488	其他建筑门窗及幕墙	万 m^2	2 087	1 845
混凝土振动器	台/t	119 473/172 991	112 388/176 306	钢制采暖散热器	万标准片	80	77
混凝土制品机械	台/t	7 925/1 390	7 271/1 407	铸铁采暖散热器	万标准片	9 213	10 168
钢筋和预应力机械	台/t	15 987/1 770	16 429/1 644	铝制采暖散热器	万标准片	19	17
高空作业车	辆	107	104	其他采暖散热器相关设备	台/t	848 221/1 408	656 220/1 293
高空作业平台	台/t	279/474	263/515				
装修机械	台/t	75 241/546	93 515/525	钢模板	t/件	61 136/1 933	60 517/2 065
管道疏通机械	台	355	357	复合模板	万 m^2	12 258	11 938
垃圾车	辆	1 003	1 023	钢管脚手架扣件	万套	23 649	22 597
吸粪车	辆	421	420	高层钢结构	t	24 684	22 757
洒水车	辆	713	707	空间钢结构	t	27 691	26 232
园林机械	台/t	199/5	172/3	轻钢结构	t	2 886	2 130
乘客电梯	台/t	17 115/124 649	16 585/80 204	特种钢结构	t	1 806	1 806
载货电梯	台/t	2 075/4 330	1 943/4 327	装载机	台/t	3 906/22 469	3 919/26 565
客货两用电梯	台/t	3 236/11 285	3 194/10 341	推土机	台/t	223/2 577	262/3 414
病床电梯	台/t	198/89	194/83	汽车吊	辆	282	314
杂物电梯	台/t	750/201	634/139	叉车	辆	126	199
自动扶梯	台/t	5253/55 326	5 006/31 127	其他建设机械及附件	台/t	281 418/675	274 289/221
其他电梯	台/t	6 048/6 146	6 109/8 286				

表 4　建设部系统各类产品出口创汇额

产品名称	产品出口量		创汇额（万美元）
	单位	数量	
合计			12 714.0
挖掘机械	台/t	97/25	445.5
建筑起重机械			2 191.7
塔式起重机	台/t	138/3 047	1 777.2
履带起重机	台/t	10/515	151.7
施工升降机	台/t	79/168	262.8
铲土运输机械			152.8
铲运机	台/t	4	22
平地机	台/t	24/286	116.2
翻斗车	台/t	84/89	14.6
桩工机械	台/t	44/405	169.7
柴油锤打桩架	台/t	1/80	30
落锤打桩机	台/t	43/325	139.7
压实机械	台/t	1 370/11 340	1 974.8
静作用压力机	台/t	1 214/9 904	1 917.8
轮胎压路机	台/t	36/234	57
路面机械			63.7
沥青混凝土搅拌机械	台/t	1/53	45
混凝土机械			122.1
混凝土制品机械	台/t	10/46	27.6
钢筋和预应力机械	台/t	121	42.2
装修机械	台/t	15 931	59.8
电梯			4 133.0
乘客电梯	台/t	355/221	3 097.7
客货电梯	台/t	14/224	38.8
自动扶梯	台/t	235/4 056	996.5
城市车辆			116.8
团体客车	辆	9	31.3
其他城市客车	辆	71	39.4
散装水泥车	辆	17	46.2
建筑门窗及幕墙			109.1
铝门窗	万 m2	2	68.7
塑料门窗	万 m2	1	40.4
采暖散热器			664
铸铁采暖散热器	标准片	150 000	664
建筑模板及钢管脚手架扣件			1 613.3
钢模板	t	21 587	1 407.3
钢管脚手架扣件	万套	1 956	206.1
钢结构			415.0
高层钢结构	t	7 305	252.7
空间钢结构	t	899	84.4
轻钢结构	t	550	77.9
其他建设机械			413.0

的国家建筑城建机械质量监督中心受国家技术监督局的委托，对电梯、塔式起重机、建筑扣件三种产品进行了质量监督检查，这三种产品的抽样合格率均低于全国的平均水平。对此，建设部生产许可证办公室对抽查不合格的企业提出了处理意见；针对抽查合格率较低的建筑扣件行业所存在的问题，委托中国建筑金属结构协会建筑扣件专业委员会对所有建筑扣件生产企业普遍宣讲有关标准，提高了企业的素质和技术、质量水平；组织了对建筑卷扬机产品发放生产许可证的工作；在征得全国工业产品生产许可证办公室同意，明确开展建筑门窗生产许可证换（取）证工作后，组织人员开展了建筑门窗生产许可证的前期准备工作，组织起草了建筑门窗生产许可证实施细则和考核办法，为做好这项工作打下了基础。质量和许可证工作的加强，促进了建设机械产品质量的提高。截止到 1996 年底，全国共有 130 个企业换（取）了电梯生产许可证，共有 234 个企业换（取）了塔式起重机生产许可证。

电梯“一条龙”管理工作得到进一步加强。实施建设部、国家经贸委、国家技术监督局印发的《关于加强电梯管理的暂行规定》已进入第三年。为了做好这项工作，1996 年建设部分别组织召开了部分省市建委和部分电梯生产企业参加的加强电梯管理工作座谈会，就实施过程中的问题进行了专题研究。在此基础上，于 1997 年初下发了建计[1997]1 号文，再次明确提出加强电梯管理工作的要求和解决实施中问题的办法，要求电梯生产企业和各地建设行政主管部门都应围绕“建立电梯维修服务网络”这个中心，使电梯“一条龙”管理向纵深发展，得到了广大电梯生产企业和各地建设行政主管部门的积极拥护。各级建设行政主管部门都已充分认识到了电梯管理工作的重要性，认真研究并积极开展工作。绝大多数省市把电梯管理工作当成一项重要工作来抓，上海、北京已初步抓出了成效。

对外合作　建设机械行业的技术引进取得一定成果，共完成技术引进项目 93 项，其中主要引进项目见表 6。

管理及改革　1996 年建设机械行业管理工作得到了加强，建立健全了行业管理体制。继 1995 年在成都召开了全国建设机械行业管理工作会议之后，于 1996 年 7 月 2 日～5 日在北京召开了全国建设机械工作会议，建设部部长侯捷到会并做了重要讲话，李振东副部长做了报告，对建设机械行业在“九五”期间的工作做了全面部署。根据建设部颁发的建计［1995］507、508 号文的精神，基本建立起以建设部和各地建委分级负责、行业协会协助配合的行业管理体制。

企业改革取得成效，行业组织结构调整迈出新步伐。在 1996 年召开的全国建设机械工作会议上，建设部要求在以生产挖掘机械路面与压实机械等产品为主的企业中，选择一些市场占有率高，基础条件好，具有一定生产规模的国有大型企业，按照现代企业制度和公司法的要求，尽快组建大型企业集团。广大生产企业不断深化改革，转换机制，在建立现代企业制度等方面取得了良好效果，在组织结构调整方面进行了有益的尝试，并取得了一定的进展。如，

表5　1996年主要新产品开发项目

完成单位	项目名称	备注
四川建筑机械厂	C7050、C5530、C7022塔式起重机， SCD200/200施工升降机	C7050和C5530通过部级鉴定， C7022通过省级鉴定
四川锦城建筑机械有限责任公司	QTZ4008B型塔式起重机 SD200/200施工升降机	通过省级鉴定
中联建设机械产业公司	TC5613塔式起重机 HZS75砼搅拌站 SHZ30扫路车	 建设部科技进步二等奖 建设部科技进步二等奖
佛山市起重机械厂	JQW2C数控高速卷扬机	
上海宝达工程机械有限公司	SCD200/200Y升降机 TKJ1000/100乘客电梯	国内首创，国内先进
沈阳建筑机械厂	FL25/30动臂式塔式起重机 TM40沥青拌合楼	
哈尔滨工程机械厂	QLY25（港）轮胎起重机	1996年国家级新产品
浙江兴隆机械厂	DWP-JG微机程控高速卷扬机	
陕西省建筑工程机械厂	HPD1200配料机	
夹江水工机械厂	250t级垂直升船机 5000kN双向门机 40000kN液压启闭机绞吸式挖泥船	
苏州江南电梯有限公司	FGL型自动扶梯 VVVF电梯	江苏省高新技术产品
西子电梯集团公司	TKJ100/2.0-JXW VVVF电梯	杭州优秀新产品产业化奖
河南中原电梯厂	电梯智能网络微机信号控制系统、电梯无级调速直流门机控制系统、可编程控制器控制电梯第二代信号系统	
扬州机械厂	QM4半自动砌块生产线 QTZ-15砌块生产线 QS4-25分层布料砌块机 JEC350A混凝土搅拌机	
四川绵竹机械厂	Q川J3-25空心砌块生产线	
唐山市塑料建材厂	UPVC新85三道推拉窗	省优秀新产品二等奖
四川长江工程机械集团有限责任公司	WY203液压挖掘机	四川省科技进步三等奖
抚顺挖掘机制造厂	QUY35B液压履带起重机 EF400液压履带挖掘机	
上海建筑机械制造厂	SW220LC-2、SW200-2、 SW270-2液压挖掘机	
郑州工程机械制造厂	ZL30E轮式装载机	建设部科技进步三等奖
天津市天工工程机械有限公司	PY280平地机	填补国内空白
朝阳工程机械有限公司	YZJ-11型双驱双振压路机	待鉴定
温州工程机械厂	辊轴式摊铺机	专利号ZL9521975X
广西建筑机械制造有限责任公司	ZFJ300静力压桩机 QT900动臂式起重机	
韶关挖掘机制造厂	QTZ125B型塔吊 JS500、750型混凝土搅拌机	
华东建筑机械厂	HDJ5280、GJBTM、HDJ9500 HLS60型混凝土搅拌楼	上海新产品二等奖
四川省建筑工程机械厂	HZS50、60、75、90m^{3}混凝土搅拌站	
沈阳建设机械总公司	臂架式混凝土输送泵	
郑州勘察机械厂	KU1500回转斗钻机 ZKL800BA步履式长螺旋钻机 SNB-1200型泥浆泵	国家级新产品

（续）

完成单位	项目名称	备注
张掖市建筑机械厂	UTW200 灰浆机	
陕西建设机械有限责任公司	LSG120 型路用碎石设备	产、学、研奖（省一等奖）
	GLG80 改性沥青搅拌设备、YZJ10 多振幅压路机 TITAN423、TITAN323 型沥青砼摊铺机	形成批量
临颖县轻工机械厂	GRC8×60、GRC10×60 轻质多孔隔墙板机	
成都欧亚电动工具有限公司	SIM-CD-100B/125A 角向磨光机	
	JIC-CD-6C 电钻	
合肥工业大学机械厂	GQ50 钢筋切断机	
	少齿差钢筋切断机	
漯河建筑工程机械厂	新型隔墙板挤压机	国家专利
成都永泰实业有限公司	高层建筑清洁机	
丹东住友供水设备制造有限公司	净化水循环系统	WPS-Ⅲ微机调速给水设备获奖
洛阳建筑机械厂	YZC12 型振动压路机	
鞍山市汽车改装厂	AS5091ZLJY 型压缩式垃圾自卸车	通过省级鉴定
泰皇岛新谊工程有限公司	后装压缩垃圾车	建设部、国家科委推广项目
北京市第四清洁车辆场	BQ5060ZXXBD 车箱可卸式垃圾车	
沈阳市航天供水设备厂	微机控制消防供水设备	1996 年科委三等奖
北京园林机械厂	BYJ5041GYP 喷药洒水车	北京城建技协 1996 年度科技成果奖
北京市客车总厂	BK6980CF 型大客车	
	BK6591 型轻型客车	
厦门金龙联合汽车工业有限公司	金龙牌 XMQ6890、6891、6121 型旅游客车	
南昌客车厂	南昌牌卧铺大客车	1996 年通过省级鉴定
信阳市车辆厂	XYZ6900 城市客车	河南省科技新产品金奖
常州长江客车集团公司	CFC6110T1DK 高速客车	已上报申请国家级重点新产品
	CFC6100SD 双层客车	
	CFC6110GD 低地板客车	
连云港机械厂	LD24 多功能机	部级新产品
北京北辰机电发展中心	P43-10 型立体车库	自行设计试制
大连预应力机具厂	DYM 锚固体系	建设部科技进步二等奖
	无粘结预应力体系	建设部科技进步奖
大连第二供水设备厂	WGS-Ⅲ型微机	国家级新产品
	WXS-Ⅳ型准十六控制微机	大连市科技进步二等奖 省星火二等奖

1996 年 11 月底，陕西建设机械厂通过现代企业制度的改革试点，现已组建成为陕西建设机械（集团）有限责任公司；1996 年长江挖掘机厂在地方政府的大力支持下，与长江起重机厂、长江液压件厂等通过优化资产结构、盘活存量资产等措施联合组建了四川长江工程机械集团公司；常州客车制造厂联合相关企业成立了长江客车集团有限公司。与此同时，建设部系统的科研院所在科技体制改革方面迈出新步伐。长沙建设机械研究院的中联建设机械产业公司，坚持走科工贸一体化的道路，在科研成果转化为生产力方面积极探索，取得了良好的经济效益和社会效益，1996 年实现利税 4 221 万元。

表 6　1996 年主要引进项目

接受单位	引进技术项目名称	备注
天津市天工工程机械有限公司	引进利勃海尔装载机专用技术	
河北保塑集团有限公司	德国门窗技术	
太原洁安塑钢建材有限公司	塑料异型材生产线	
	塑料门窗生产线	

（续）

接 受 单 位	引进技术项目名称	备 注
赤峰松山塑钢门窗厂	PVC2000t 异型材生产线	
内蒙古第二机械制造厂	德国卡特技术	
丹东住友供水设备制造有限责任公司	德国、日本消毒水质检测系统	
沈阳远大铝业工程有限公司	引进德国耶鲁公司铝合金加工设备、英国中空玻璃自动加工生产线、计算机辅助设计及管理	
大连预应力机具厂	瑞典预应力孔道成型波纹管机器	
华东建筑机械厂	日本 SAS-100P 搅拌楼技术	
上海三菱电梯有限公司	GPS2. GPM 微机网络控制交流变频变压调速电梯	中日技术转让协议
常州长江客车集团公司	美国福莱西宝车身制造技术	
江苏牡丹汽车集团公司	引进丰田车身、焊接技术	用于 MD6480C、MD6621KDG 等产品
南京第二钢窗厂	日本不锈钢生产设备	用于不锈钢构件、装饰材料生产
镇江市铝门窗工程公司	美国双组份打胶机	
郑州工程机械制造厂	数控折弯机	瑞士
	数控剪板机	瑞士
	焊接机械手	瑞典
	三坐标测量仪	意大利
成都永泰实业有限公司	引进意大利清洁机技术	
陕西建设机械有限责任公司	技贸结合引进德国沥青摊铺机技术	TITAN423 型形成批量 TITAN323 型
西安飞机工业装饰装修公司	建筑幕墙生产线 2500VST 生产线 1250UST 生产线 型材表面处理线	
中国迅达电梯有限公司	微电脑控制变压、变频调速电梯 MIC-BLVF	

〔撰稿人：建设部计划财务司　宋昌松　审稿人：建设部计划财务司　张耀儒、王天锡〕

〔机械工业部〕

一、挖掘机械

生产发展情况　根据对 24 个国营和集体企业、6 个合资企业及 1 个独资企业，共计 31 个企业的统计，在 1996 年共计生产液压挖掘机 3 170 台，比 1995 年 26 个企业统计的 2 419 台增长 31%。其中 24 个国营和集体企业生产 1 757 台，6 个合资企业生产 729 台，1 个独资企业生产 684 台。

1996 年 8 个企业的工业总产值为 65 310.8 万元，销售收入 66 813.4 万元，利润总额－5 610.8 万元。

1996 年两个生产 5t 以下小型液压挖掘机厂家的工业总产值为 122 852 万元，其中含小型挖掘机产值 4 496 万元；销售收入为 123 924 万元，含小型挖掘机 4 512 万元。两个企业利润总额 1 612.3 万元。

1996 年挖掘机械行业 10 个主要生产企业的工业总产值、产品的产销存量、销售收入、综合评价指数等综合统计情况见表 7。

市场及销售　31 个企业销售液压挖掘机计 2 922台，比 1995 年 26 个企业统计的 2 321 台增长 25.9%。其中 24 个国营和集体企业销售 1 658 台，6 个合资企业销售 652 台，1 个独资企业销售 612 台，其中出口 492 台。“三资”企业产销量见表 8。

据统计，30 个国企及合资企业在 1996 年共生产：·挖掘机入库量 2 486 台，销售共计 2 310 台，出口共计 481 台。

·机重 5t 以下的小型液压挖掘机为 552 台，销售 556 台，其中包含出口 398 台；

·履带式液压挖掘机（含小挖）生产 2 010 台，销售 1 888 台，其中出口为 486 台；

·轮胎式挖掘机生产 314 台，销售 300 台，其中出口 13 台；

·挖掘装载机和挖掘推土机生产 145 台，销售 106 台；

据海关统计，1996 年进口：挖掘机和挖掘装载机（两头忙）4 920 台（金额 16 983.9 万美元），其中：上部可旋转 360°的挖掘机 3 899 台（金额

12 513.8万美元）。

表7　1996年挖掘机械行业（10个企业）产值产量综合统计表

序号	生产企业名称	工业总产值（万元）		挖掘机产销量(台)		销售收入（万元）	利润总额（万元）	年末职工人数（人）	综合效益指数（%）
		当年价	不变价	产量	销量				
1	抚顺挖掘机厂	12 056	11 544	74	86	15 556.5	−2 995.7	7 407	4.6
2	贵阳矿山机器厂	14 957	13 124	388	374	14 226.4	243.4	4 836	59.8
3	上海建筑机械厂	9 495	9 090	200	201	9 992.7	−1 695.9	1 930	−2.7
4	东风杭州重型机械厂	7 196	4 532	14	14	8 483.5	−783.3	1 879	23.3
5	四川长江工程机械有限公司	8 986	7 859	126	138	6 364.8	0.1	3 545	33.3
6	泰安工程机械总厂	4 250.8	5 601	71	57	5 138.8	160.3	750	未报
7	北京建筑机械厂	5 038	4 232	157	109	4 295.9	−578.5	1 797	11.2
8	解放军6411厂	3 332	2 561	20	15	2 754.8	38.8	1 402	46.4
	8个企业合计	65 310.8	58 543	1 050	994	66 813.4	−5 610.8	19 780	
9	广西玉柴工程机械有限公司	114 169	73 178	536	538	114 880	1 545.3	9 830	95.9
10	韶关新宇建设机械有限公司	8 683	6 670	18	18	9 044	67	1 627	51.2
	10个企业总计	188 162.8	138 391	1 604	1 550	190 737.4	−3 998.5	31 237	

表8　“三资”企业产销量

序号	生产企业名称	挖掘机产量	销售量
1	合肥日立挖掘机有限公司	330	248
2	小松山推工程机械有限公司	(107)	107
3	常州现代工程机械有限公司	(134)	134
4	成都神户制钢建设机械有限公司	90	85
5	厦门雪孚机械有限公司	2	2
6	卡特皮勒（徐州）有限公司	66	76
	6个合资企业共计	729	652
7	（韩）大宇重工业烟台有限公司（独资）	684	612
	7个“三资”企业合计	1 413	1 264

〔撰稿人：机械工业部天津工程机械研究所　卢寿彭〕

二、铲土运输机械

生产发展情况　铲土运输机械目前包括装载机、推土机、铲运机、平地机（不包括翻斗车）。铲土运输机械行业发展速度较快，1996年工业总产值(当年价)589 498.74万元，1995年为561 115万元，增加产值28 383.74万元，装载机、铲运机是增加了产值，推土机、平地机却减少了，详见表9。1996年铲运工程机械行业企业主要经济指标见表10。

产品分类及产量　1996年铲土运输机械分会的企业产品品种增加幅度不如1995年，但型号、规格差不多填平补齐了。装载机企业绝大多数都是生产全系列的产品，型号、规格齐全，装载机增加1个型号；推土机型号保持不变，铲运机增加10个型号。但生产厂家均增加了花色品种，如装载机企业增加挖掘机、压路机、叉车等产品，推土机企业8个中有6个企业生产装载机，最多的生产3种规格装载机。

宣化工程机械厂1995年生产SD7三角形履带高驱动轴推土机，1996年又在提高售后服务，改善产品质量上下功夫，彭浦机器厂继续研制上海525马力推土机，上海410马力推土机刚通过鉴定，还没小批量生产。装载机、推土机、铲运机、平地机产品统计见表11、表12、表13、表14。

市场及销售　从市场销售看，铲土运输机械在工程机械8大产品中是三个盈利产品中的“首富”，发展速度较快。有三个特点：一、是铲土运输机械中，4个机型发展速度不一，发展速度递增的是铲运机、装载机，递减的是推土机、平地机；盈利多的是装载机、平地机，盈利少的是铲运机、推土机，盈利产品中有亏损企业生产的盈利少的产品，也有盈利企业生产的。铲运机1994年、1995年、1996年分别销售947台、1 240台、1 868台，平均按40%的速度递增；装载机1994年、1995年、1996年分别销售13 338台、16 286台、16 887台，先按22.10%速度增加，后按3.69%速度缓增，推土机1994年、1995年、1996年分别销售3 283台、3 104台、2 976台，1995年比1994年少销售179台，1996年比1995年少销售128台；平地机1994年、1995年、1996年分别销售301台、261台及217台，每年按40台速度递减。二是大练内功，提高产品质量，增加品种，补

表 9　装载机、推土机、铲运机、平地机产值、销售量

产品各类	工业总产值（当年价，万元）		增减	销售台数	增减台数	变化幅度（%）
装载机	1996 年	409 115.4	增 31 780.4	16 887	增 601	上升 3.69
	1995 年	377 335		16 286		
推土机	1996 年	165 109	减 2 527	2 976	减 128	下降 4.30
	1995 年	167 636		3 104		
铲运机	1996 年	6 404	增 1 093	1 868	增 628	上升 50.64
	1995 年	5 315		1 240		
平地机	1996 年	8 870.3	减 1 956.9	217	减 44	下降 16.85
	1995 年	10 827.2		261		

表 10　1996 年铲运工程机械行业企业主要经济指标

序号	企业名称	工业总产值（当年价）（万元）	工业总产值（不变价）（万元）	工业增加值（万元）	产品产销			工业生产钢材消耗量（t）	综合能源消耗总量（t 标煤）
					产量		销售量		
					台数（台）	价值（万元）	台数（台）		
1	常州林业机械厂	31 393	22 447	8 010	1 521	28 906	1 514	6 249	3 820
2	宣春工程机械厂	14 004	11 223	5 405	883	10 869	870	2 814	1 914
3	厦门工程机械厂	60 786	39 857	19 156	2 383	39 690	2 264	20 045	4 695
4	成都工程机械总厂	27 131	19 299	4 061	1 446	18 442	1 428	10 228	2 429
5	四平工程机械厂	7 712	6 236	2 526	343	4 879	265	2 963	6 276
6	郑州工程机械厂	17 428	15 093	6 177	597	14 190	691	7 214	8 986
7	山东工程机械厂	24 272	17 626	6 404	1 345	17 236	1 278	7 833	5 290
8	临沂工程机械厂	23 033	14 041	5 130	872	13 863	887	6 424	1 231
9	上海城建机械厂	3 061	1 954	703	147	2 640	140	589	247
10	山东德州交通工程机械厂	5 365	3 862	1 753	293		271	2 125	1 057
11	常州工程机械厂	4 577	3 666	1 183	274	2 670	259	1 741	578
12	杭州武林机器厂	15 994	12 862	4 698	260		260	5 555	6 675
13	山东水利工程机械总厂	3 352	2 402	452	368	2 995	369	1 227	1 323
14	湖南建筑机械厂	824	815	88	180	1 608	98	440	987
15	朝阳工程机械厂	6 696	4 788	1 209	386	4 800	388	2 478	5 146
16	泰安市装载机厂	3 600	3 600	900	352		312	1 060	2 600
17	江西南方液压工程机械厂	6 623	6 602	−2 945	242	1 888	245		
18	蚌埠安利机器厂	5 720	5 030	655	266	2 000	237	1 552	379
19	泗阳铲运机厂	2 669	2 744	813	909	2 231	903	2 113	260
20	山东推土机总厂	42 147	32 855	10 078	547	22 690	547	16 536	13 826
21	黄河工程机械厂	20 985	15 628	5 850	412	13 352	412	3 567	12 547
22	彭浦机器厂	20 094	16 805	4 974	479	14 514	551	3 893	2 202
23	赣州工程机械厂	491	490	−16	44	365	52	83	261
24	沈阳桥梁厂	4 208	2 800	−1 016	22	872	21	5 494	8 525
25	柳州工程机械厂	71 371	60 449	15 583	2 549	50 222	2 492	25 168	16 657
26	烟台工程机械厂	4 370	3 828	770	400	3 398	339	657	900
27	青海工程机械厂	9 742	8 507	1 887	222	4 103	208	3 580	7995
28	沈阳山河工程机械厂	5 082	3 940	1 144	184	3 940	180	1 354	232
29	天津工程机械厂	12 296	9 996	4 293	296	10 580	275	2 929	9 873
30	蚌埠市工程机械厂	2 675	2 412	706	1 105	2 193	926	3 017	606
31	徐州装载机厂	29 937	22 688	8 151	1 344		1 352	6 843	2 425
32	上海交通机械总厂	880	809		58		64	627	
33	天津建筑机械厂	6 576	4 126	3 050	164		214	2505	4 920
34	天津市政工程机械厂	3 668	3 216	1 310	357	2 086	312		
35	鞍山第一工程机械股份有限公司	36 932	35 865	9 230	597	15 697	459	6 275	27 443
36	江阴装卸机械厂	445	393	89	47		46	111	135
37	北京市政工程机械厂	2 278	2 023	916	142	577	133	4 005	296
38	宣化工程机械厂	24 425	17 414	7 814	735		808	8 440	16 430

表 11　1996 年装载机产品统计表

产品型号	入库量（台）	占入库量 %	销售量（台）	占销售量 %	其中：出口（台/万美元）	占出口数 %	年末库存量（台）	占年末库存量 %
合计	17 966	100.00	17 456	100.00	192/762.57	100.00	3 542	100.00
ZL03～07	71	0.39	71	0.41			9	0.25
ZL08	252	1.40	239	1.36			94	2.65
ZL10	636	3.54	623	3.57			196	4.57
ZL12	120	0.66	86	0.49			49	1.38
ZL15	1 968	10.95	1 732	9.93	4/6.22	2.08	500	14.11
ZL20	364	2.02	376	2.15	26/53.64	13.54	95	2.68
ZL25	29	0.16	22	0.13	0		12	0.33
ZL30	5 512	30.68	5 390	30.89	49/113.65	25.52	942	26.59
ZL40	3 648	20.30	3 625	20.78	40/138.70	20.83	682	19.25
ZL50	5 328	29.65	5 230	29.97	51/215.36	26.56	959	27.07
ZL60	29	0.16	49	0.28	20/203	10.41	68	1.91
ZL70	4	0.02	5	0.03	2/32	1.04	3	0.08
ZL80	0		2	0.01			0	
ZL100	0		0				2	0.05
ZL65 履带	5		6				4	0.11

表 12　1996 年推土机产品统计

型号（履带式）	入库量（台）	占入库量 %	销售量（台）	占销售量 %	其中出口（台/万美元）	占出口台数 %	年末库存量（台）	占年末库存 %
合计	2 933	100.00	2 976	100.00	290/2 769.59	100.00	557	100.00
T120	837	28.73	801	26.91	10/32.59	3.44	207	37.16
T140	853	29.28	957	32.15	92/580.36	31.72	73	13.10
T150	238	8.17	170	5.71	21/141.9	7.24	87	15.61
T160	104	3.57	111	3.72	20/147.41	6.89	30	5.38
T165	22	0.75	13	0.43	1/4.94	0.34	3	0.35
T180	51	1.75	70	2.35	21/141.97	7.24	25	4.48
T200	22	0.75	21	0.70	1/9.03	0.34	17	3.05
TY220	715	24.54	745	25.03	96/864.52	33.10	101	18.13
TY320	71	2.43	67	2.25	24/825.42	8.27	11	1.97
TL210A（轮式）	20	0.68	21	0.70	4/21.45	1.37	3	0.53

全补齐系列。最明显的是装载机企业，提高产品质量，并向用户承诺，零配件质量也要向生产主机企业承诺，层层承诺就把产品质量提高了。型号不齐全的要填平补齐，型号规格全的则增加挖掘机、推土机、压路机等新品种。推土机企业除了提高产品质量外，还在推土机型中争抢增加利润大，市场畅销的TY220 推土机，8 个主要推土机企业有 6 个上TY220 品种。铲运机增加了近 10 个型号规格。三是由于用户流动资金匮乏出现以物换物现象。推土机、装载机生产企业有的以货易货达 60%～70%。1996 年销售收入排序见表 15。

从出口情况看，装载机 1996 年 192 台，1995 年 170 台，多 22 台，增加 12.94%，推土机 1996 年 290 台，1995 年 101 台，多 189 台，增加 187.12%。铲运机 1996 年 5 台，1995 年是 1 台，多 4 台，增加 400%。平地机 1996 年 24 台，1995 年 17 台，多 7 台，增加 41.17%。4 个机种出口 511 台，创汇 3 672.2 万美元，推土机国内销售不如国外销售好。

新产品　1996 年 ZL60F、ZL50E 装载机新品种面市，WA 系列的装载机正在工业性试验中，KLD95ZⅡ型产品已投放市场。引进产品中影响较大的有日本川崎的 KLD85Z 系列，日本小松 WA 系列，日本古河 FL460、FL330、波兰 L-34 型，目前这些新产品批量均不大。尽管引进产品品种很多，且没形成规模，但厂家都盯着国内市场，因此企业只要把发动机、液压元件及传动系统、电气系统、制动系统的部件的性能、可靠性、寿命提高了，铲土运输机械的质量水平就有可能提高和巩固。而质量提高仍需依靠企业广大职工，特别是研究院所，工厂、学校紧密合作，优势互补，勇于探索，铲土运输机械行业

表 13　1996 年铲运机产品统计

型号（拖式）	入库量（台）	占入库量 %	销售量（台）	占销售量 %	其中出口 台/万美元	占出口台数 %	年末库存量（台）	占年末库存 %
合计	2 037	100.00	1 868	100.00	5/2 3.85	100	228	100.00
CLT 自行式			19	1.01	4/21.45	80		
CTY1.5T	22	1.08	1	0.05			21	9.21
CTY1.6JN	2	0.09	0				2	0.87
CTY2.5T	80	3.92	81	4.33			2	0.87
CTY2.5	260	12.76	206	11.02			58	25.43
CTY3.0	139	6.82	73	3.90			66	28.94
CTY3T	64	3.14	63	3.37			1	0.43
CTY3JN	487	23.90	487	26.07			0	
CTY3.3	500	24.54	492	26.33			15	6.57
CTY3.6	110	5.40	110	5.88			0	
CTY3.5JN	269	13.10	264	14.13			6	2.63
CTY4JN	7	0.34	8	0.42			1	0.43
CTY4.0	62	3.04	32	1.72			30	13.15
CTY4.5	2	0.09	2	0.10			0	
CTS4.0	10	0.49	10	0.53			5	2.19
CTY11	0		0				4	1.75
CTY13	23	1.12	20	1.07	1/2.4	20	0	

表 14　1996 年平地机产品统计

产品规格	入库量（台）	占入库量 %	销售量（台）	占销售量 %	其中出口 台/万美元	占出口台数 %	年末库存量（台）	占年末库存 %
合计	242	100.00	217	100.00	24/116.19	100	34	100.00
PY160B	172	71.07	156	71.88	24/116.19	100	25	73.52
PY160C	12	4.95	10	4.60			2	5.88
PY180A	58	23.96	51	23.50			7	20.58

表 15　1996 年铲运工程机械分会企业销售收入排序　　（单位：万元）

序号	企业名称	销售收入	序号	企业名称	销售收入
1	柳州工程机械企业集团公司	70 183	20	华银集团股份有限公司	8 540
2	厦门工程机械股份有限公司	58 680	21	朝阳工程机械有限公司	6 868
3	山东推土机总厂	41 937	22	沈阳桥梁工厂	5 838
4	徐州装载机厂	32 681	23	沈阳山河工程机械厂	4 892
5	常林股份有限公司	32 561	24	常州工程机械厂	4 550
6	成都工程机械总厂	31 273	25	江西南方液压工程机械厂	4 412
7	宣化工程机械厂	26 545	26	山东德州交通工程机械厂	4 365
8	山东工程机械厂	26 512	27	烟台工程机械厂	3 429
9	彭浦机器厂	22 989	28	泗阳铲运机厂	3 407
10	黄河工程机械厂	20 311	29	湖南建筑机械厂	3 308
11	临沂工程机械股份有限公司	20 191	30	天津市市政工程机械厂	3 283
12	郑州工程机械厂	19 506	31	山东泰安市装载机厂	3 250
13	杭州武林机器厂	15 562	32	山东水利工程机械总厂	3 047
14	鞍山第一工程机械股份有限公司	15 546	33	北京市市政工程机械厂	2 566
15	宜春工程机械股份有限公司	14 333	34	蚌埠工程机械厂	2 038
16	福建龙岩工程机械厂	12 318	35	上海城建机械厂	2 027
17	天津市天工工程机械有限公司	11 147	36	蚌埠安利机器厂	1 356
18	青海工程机械厂	9 046	37	江阴装卸机械厂	391
19	天津建筑机械厂	8 988	38	江西赣南机械制造有限责任公司	386

的整体水平才能提高和发展，同时加强与国外先进国家,先进产品的技术合作,也是提高我国产品质量途径的好方法。

〔撰稿人：铲运工程机械协会　茆洪连〕

三、工程起重机械

生产发展情况　1996年，受国家经济宏观调控的影响，工程起重机市场萎缩，企业普遍在低谷徘徊，各主机生产厂产值、效益大幅度滑坡。1996年全行业亏损，经统计，21个主要生产企业拥有固定资产原价17.5亿元，净值10亿元，工业总产值11.96亿元，利润总额－8 537万元，生产2.5t～80t汽车起重机2 270台。分会中9个主要生产企业的主要经济指标汇总见表16。

市场及销售　1996年汽车起重机主要规格产销量见表17，主要企业销量见表18。

科研成果　1996国家重点攻关课题CAD/CAM项目，在全行业得到进一步推广应用，并取得可喜的进展。北京起重机器厂已通过机械工业部“CAD应用1215工程”的验收，实现了“设计甩图板”，已使设计工作提高到一个新水平。浦沅集团公司的计算机辅助设计系统已通过省级鉴定验收，CAD化率达到90%。另外，该集团大型结构件焊接位置顺序、变形和焊接应力关系研究项目，已完成焊接位置顺序、变形和应力三者之间的数字模型、焊接工艺研究、开发应用软件等，并通过鉴定评审。高

表16　1996年主要工程起重机企业主要经济指标

序号	企业名称	工业总产值(当年价)(万元)	工业总产值(不变价)(万元)	工业销售产值(当年价)(万元)	出口交货值(万元)	工业增加值(生产法)(万元)	固定资产净值年平均余额(万元)	固定资产原价合计(万元)	产品销售收入(万元)	利润总额(万元)	全部职工平均人数(人)	主要产品产量(台)
1	北京起重机器厂	16 286	13 226	16 625	0	5 501	12 005	18 571	17 458	－667	3 056	618
2	长江起重机厂	14 698	13 455	17 273	622	3 278	14 012	19 782	16 754	0	3 874	361
3	徐州重型机械厂	17 963	14 326	21 313	1 415	1 532	3 369	6 866	20 021	－1 584	1 522	412
4	浦沅集团有限公司	15 965	13 268	15 644	838	4 704	13 332	27 678	16 524	165	4 561	334
5	泰安起重机械厂	6 499	5 540	6 563	12	518	10 260	12 366	6 617	－1 126	1 626	206
6	锦州重型机械股份有限公司	5 076	4 134	5 221	111	1 100	8 030	13 487	5 294	－858	2 302	184
7	哈尔滨工程机械厂	3 066	3 030	2 394	150	－1 577	656	11 077	2 566	－2 000	2 627	17
8	韶关工程机械厂	1 083	890	1 237	0	290	996	1 362	1 255	3	573	35
9	蚌埠安利机器厂	5 702	5 030	4 885		655	2 067	3 769	4 275	5	1 361	338

表17　1996年汽车起重机主要规格产销量　　（单位：台）

产品规格	<8t	8t	12t	16t	20t	25t	30t～35t	40t	50t	>50t
产　量	18	1 116	292	483	50	219	32	5	49	1
销　量	18	1 201	337	537	100	236	18	10	45	
出口量		5	8	11	6	10			3	

表18　主要企业汽车起重机销售量　　（单位：台）

序号	企业名称	<8t	8t	10t	12t	16t	20t	25t	30t～35t	40t	50t	合计
1	北京起重机器厂		395		12	144		15			8	625
2	长江起重机厂		189		64	65	51	51	2	10	13	445
3	徐州重型机械厂		93		51	203	17	86	6		9	475
4	浦沅集团有限公司		72		60	33	26	46	9		17	366
5	泰安起重机械厂	16	98		47	27	6	17				211
6	锦州重型机械股份有限公司		184		15	20		8				239
7	哈尔滨工程机械厂				17	15		9				41
8	韶关工程机械厂		12		7	7		1				27
9	蚌埠安利机器厂		34	4	20	12		9				79

强薄壁长油缸筒和活塞杆少切削工艺研究项目，已完成表面处理和整形拉拔工艺研究和柔性线研究，并通过鉴定评审。

新产品 1996年工程起重机械行业积极开发新产品，寻找新的经济增长点，以增强企业的市场竞争能力，是全行业的突出特点。仅对北京起重机器厂、长江起重机厂、徐州重型机械厂、浦沅集团公司、泰安起重机厂、锦州重型机械股份有限公司、韶关工程机械厂，7厂的统计可见，1996年共开发研制新产品46项。大多数企业在不断提高主导产品的水平和完善产品系列的同时，进一步改变以往单一产品结构，并逐步向多元化产品结构转变，大力开发研制适销对路的产品。如北京起重机器厂为满足日益发展的高速公路的需要，开发了1t～8t的公路救援车系列产品，徐州重型机械厂试制了50t履带起重机；浦沅集团公司开发了道路清障车及为部队研制的74式植桩机；泰安起重机厂开发了特种消防车系列产品，包括消防照明车、消防工具车、抢险救援消防车，并已完成样机，投放市场。为满足现代化交通管理配套设备的发展，该厂研制的中小型清障车也已完成样机试制，大型清障车正在设计开发阶段；锦州重型机械股份有限公司开发的50m登高平台消防车，已于1996年9月通过省级鉴定。该产品填补了我国50m系列高空消防车的空白，并被国家科委确定为国家级火炬计划项目。韶关工程机械厂研制的JYD10救援车获广东省科技进步二等奖，其研制的13m、16m高空作业车均获市科技进步奖。

长江起重机厂承担国家“八五”重点科研项目——80t汽车起重机，已自行设计制造完毕，将于1997年进行样机试验、鉴定。该产品最大起重量为80t，最大起升高度为59.11m，上车液压系统运用高压开、闭式混合主油路，传动效率高，节能效果好。另外125t、160t、200t的大吨位汽车起重机研制的先期技术准备工作已进入方案设计阶段。

质量及质量管理 “质量是企业的生命”，“向管理要质量”，“向质量要效益”已深入人心。1996年浦沅集团公司推出了“精品工程”，并对QY16C、QY25-1两种汽车起重机率先实施。该工程同时要求严格按产品图样、技术标准、工艺文件组织生产，努力实现产品销售后三个月内无停机故障的目标。并且制订了“质量处罚办法”，以规范质量管理工作和全体员工的工作行为，全面提高实物质量、工作质量及员工质量意识。该工程侧重于涉及对象、工作方式处理，责任追究和处罚尺寸四个方面的统一，具有较强的科学性和可操作性。

长江起重机厂围绕质量工作提出“三保二低一杜绝”的质量方针目标，并实施了“名牌战略”，以QY25汽车起重机为突破口，向两翼拓展，收到明显效果。QY8C、QY20A、QY25汽车吊通过了一等品检查；QY8A、QY8C、QY20A、QY25B型被中国质量协会评为用户满意产品；QY16、QY20、QY25、QY32、QY40、QY50型获国家商检局和机械工业部颁发的出口产品质量许可证。

在质量管理中，行业内各厂积极贯彻ISO9000标准，修订完善“质量手册”，健全质量监督体系，长江起重机厂经西南评审中心对21个要素涉及的28个车间处室和职能部门进行审核，于11月通过评审、准予登记，这标志着该厂生产的液压汽车起重机获得了进入国际市场的通行证。

技术改造 1996年浦沅集团公司完成技改投资5 064万元，其中：扩大产品出口专项贷款技术改造709万元，“八五”技改项目488万元，湖南工程机械基地“双加”技改项目3 987万元。

长江起重机厂在“八五”期间投资9 000万元对工厂进行了技术改造。大规模的基本建设和设备引进安装已告一段落。利用“黑字环流”货款购置的10台引进设备，已完成了电火花机床、立卧两用加工中心、立式加工中心、加工单元、大型落地式镗铣加工中心、多功能炉和两台焊接机械手的安装调试工作，绝大部分进口设备已投入使用。整个“八五”技改项目已报省厅，将于近期进行正式验收。

徐州重型机械厂1996年共完成固定资产投资980万元，整车油漆线主体工程安装完毕，吊臂试验台、转台装配线、吊臂通用拼箱胎等装配完毕，并投入生产。

锦州重型机械股份有限公司的技改项目：焊接机械人，已安装完毕，进入初步调试。综合液压试验台项目，硬件安装完毕，软件没到位。钢材预处理车间已完成并投入使用。

管理及改革 工程起重机械行业的资产重组、企业联合在1996年又有了很大发展。当年7月30日长江工程机械集团成立，长江起重机厂为集团的母公司成员厂。

泰安起重机厂加入山东工程机械集团有限公司，与临沂工程机械厂、山东工程机械厂、烟台工程机械厂、山东水利工程机械总厂一道作为集团的子公司，保留独立法人资格。从而跨入了国务院确定的千家国有大型企业行列。

浦沅集团公司于1995年12月18日经省政府批准，正式挂牌，并经省市政府授权经营，成为国有资产投资主体。1996年公司设立董事会、监事会、总经理会等公司治理结构，进行了内部非经营性资产剥离和人员分离分流，调整了生产组织结构和行政管理机构，集团公司现已正常运行，从而完成了从工厂制向公司制的改制。目前，集团正按省市政府的布署积极组建湖南工程机械集团。该集团是湖南省七大集团之一。同时，公司正着手进行股份制改造，力争列入上市公司。

徐州重型机械厂，经过一段实践，在徐工集团内部，又进行了一次资产重组，即徐州重型机械厂与徐州专用车辆公司、徐州钢结构公司合并组成起重机械分公司。

锦州重型机械股份有限公司于1996年加入辽宁工程机械（集团）有限责任公司，目前，正在进行规范股份制和股票上市工作。资产重组，企业联合，必然为今后的发展打下良好的基础。

另外，在现代企业制度试点过程中，许多企业摸索出了一套抓管理、降成本、增效益的好办法。例如：长江起重机厂推行"划小核算单位，模拟市场经营"的改革举措，变工厂单一面向市场为众多生产经营单元面向市场，把内部单位之间变为买卖关系，直接进入厂内市场，实行独立核算、自计盈亏、与基层单位和职工收入紧密挂勾，并根据全厂各单位的不同情况分别按内部市场经营、承包经营、独立经营、费用目标管理四种模式运作，从而把降成本落到实处。厂里把成本费用指标层层分解，最后落实到人头，形成"千斤重担人人挑，人人肩上有指标"。并强化管理，奖罚兑现，有力促进了降成本，增效益。

〔撰稿人：中国工程机械协会工程起重机分会 宋丽华〕

四、机动工业车辆

生产发展情况 机动工业车辆主要包括内燃叉车、电动车辆和轻小型搬运车辆。1996 年机动工业车辆各类产品稳中有升，内燃叉车和电动车辆的生产和 1995 年相当，轻小型搬运车辆得到快速的发展。

1996 年机动工业车辆总产值（当年价）为 252 514.4万元，其中内燃叉车为 200 719.1 万元，占总产值的 79.49%；电动车辆为 10 836.3 万元，占总产值的 4.29%；轻小型搬运车辆为 40 959 万元，占总产值的 16.22%。详见表 19。

1996 年机动工业车辆总产量为 212 510 台，其中内燃叉车为 14 810 台，电动车辆为 2 700 台，而轻小型搬运车约为 195 000 台，1996 年度主要为手动叉车。

1996 年我国机动工业车辆主导产品生产厂最佳经济规模 1 亿元以上的企业排序见表 20。

市场及销售 内燃叉车和电动车辆的销售量与 1995 年相差不多，基本维持原来的水平，而轻小型搬运车辆得以大幅度的增长。1996 年共生产轻小型搬运车辆 195 000 台，其中近一半是外销。主要是手动液压托盘搬运车（简称手动叉车），主要是销往美国、德国、澳大利亚等国。

表 19 机动工业车辆行业经济指标

产品类别	年份	工业总产值（当年价）（万元）	工业总产值（不变价）（万元）	工业增加值（生产法）（万元）	资本金合计（万元）	流动资金合计（万元）	产品销售收入（万元）
内燃叉车	1995	220 947.9	113 602.7	47 001.9	52 204.5	176 463.2	192 414.3
	1996	200 719.1	159 885.1	50 655.5	60 993.4	219 727.4	201 015.9
电动工业车辆	1995	7 993.0	5 974.0	1 970.0	4 276.0	9 241.2	6 427
	1996	10 836.3	9 977.3	6 752.8	5 861	11 576.1	10 490.9
轻小型搬运车	1995	61 684.0	40 004.0	8 991.5	1 672.3	21 738.8	52 752.5
	1996	40 959	33 751	3 990.5	2 181.7	20 922.7	41 873.3

表 20 1996 年机动工业车辆企业经济规模亿元以上企业排序

序号	企业名称	产值（万元）
1	安徽叉车集团公司	59 049
2	大连叉车总厂	14 476.8
3	杭州叉车总厂	14 464
4	靖江工程机械集团公司	11 080.8

表 21 机动工业车辆行业产销量

产品类别	年份	产量（台）	销售量（台）	出口创汇 台数	出口创汇 价值（万美元）
内燃叉车	1995	1 470	15 867	975	1 245
	1996	14 810	14 758	987	1 994
电动车辆	1995	2 670	2 675	42	33
	1996	2 700	2 750	78	68
轻小型搬运车	1995	75 180	74 439	3 400	390
	1996	195 000	184 000	9 500	1 094

机动工业车辆 1996 年外销 65 200 台，比 1995 年出口 35 017 台增长 86.2%；创汇金额 3 156 万美元，比 1995 年创汇 1 658 万美元增长 90.3%。1996 年机动工业车辆行业产销创汇情况见表 21，创汇较高企业见表 22。

表 22 1996 年机动工业车辆创汇较高企业

企业名称	创汇额（万美元）
安徽叉车集团公司	1 444
宁波如意机械有限公司	450
大连叉车总厂	223
杭州叉车总厂	144
上海南汇电瓶车总厂	119
湖北京山机械厂	112
北京市叉车总厂	109

质量及质量管理 为使机动工业车辆打开国内市场，无论是采用国外技术合资生产的企业，还是行业内采用引进国外技术的企业或利用本国最新技术设计产品的企业，都投入激烈的竞争。使机动工业车

辆分会内重点骨干企业在产品开发上投入大量的人力物力。北京起重运输机械研究所在1996年整顿行业标准，为产品提高质量先行了一步。没有好的配套就没有好的主机，在机动工业车辆分会召集主机厂与配套厂的总工程师会议上，共同研究配套件的质量问题，对提高主机的质量起了很大的作用，对共性的问题，商定攻关办法，同时介绍国外先进的配套企业和主机厂，共同提高主机的薄弱环节，对提高行业的整体水平起到促进作用。

国家起重运输机械质量监督检验中心，1996年对轻小型搬运车辆行业的手动叉车进行抽查，合格率达82%，凡出口形势较好的企业产品质量都合格，这对产品不合格的企业震动很大，产品通过整顿标准及更换配套件进行复查，质量合格才得以通过。通过质量抽查，对全行业产品质量的提高和加强质量意识起到了很大的推动作用。

对外合作 目前我国机动工业车辆已形成三种格局，第一类是完全用外国的技术合资生产，主要是厦门—林德叉车有限公司、安徽TCM叉车有限公司、湖南德士达叉车制造有限公司等。这些公司目前用外方散件组装，形成了价格较高、质量较好的叉车，由于技术难度高，短时期内形成不了批量国产化生产。第二类是引进国外的技术，努力开发适合中国国情的工业车辆，主要企业是合肥叉车总厂和大连叉车总厂。第三类是利用国内最新技术设计的叉车。采用国内外较为先进的配套设备，组成新型的国产叉车，主要是杭州叉车总厂和宜昌叉车厂等。

管理及改革 1996年机动工业车辆行业在新产品开发，转换机制、提高产品质量和管理等方面都进行了改革，取得了初步的成效。在企业集团化、股份制、兼并、人事等方面都开了好头，机动工业车辆行业已成立三个集团公司。即安徽叉车集团公司、靖江工程机械集团公司，1995年底又成立宝鸡双力叉车集团公司。1996年湖北京山机械厂首先实施股份制，使一个国营的中等企业充满活力，因而带动更多的机动工业车辆企业走股份制道路。企业之间的兼并在1996年也开始在行业内实施，大连叉车总厂兼并大连第二锻造厂，不仅使本企业有货叉和锻件的来源，同时也为机动工业车辆的生产提供优质的大型货叉，在行业分会内不管企业是否亏损，形成正常的下岗人员培训制度。随着改革力度的加大，机动工业车辆行业必将得到振兴。

〔撰稿人：中国工程机械工业协会机动工业车辆分会　苏思一、徐家仪〕

〔交通部〕

生产发展情况 交通部直属和省（区）交通厅（或公路局）所属筑养路机械生产厂有35个，职工近2万人，工业总产值近10亿元。其中，交通部直属生产厂有5个，他们是交通部西安筑路机械厂、交通部新津筑路机械厂、交通部郴州筑路机械厂、交通部一局筑路机械厂和交通部二局筑路机械厂。上述5个部直属工厂1996年实现工业总产值（当年价）为28 750.4万元；产品销售收入为26 484.6万元，比1995年增长5.9%；实现利润总额为450.3万元，比上年减少19.2%；全员劳动生产率详见表23。

行业发展特点：(1)一些企业开始从“粗放型”经营向“集约型”经营转变。由于受计划经济的影响，长期以来企业在制定发展目标和年度计划时，总是把产值放在首位作为衡量企业发展的标志。这种现象已开始扭转。如交通部西安筑路机械厂在1994年和1995年产值分别以46.56%和74.60%的高速度增长，由于产销不平衡，成品库存分别增加2 562万元和2 790万元。到1995年底，成品库存已达6 000多万元，比两年前增加了6.4倍，从而造成场地被占用，资金周转和库存管理等诸多问题，而1996年该厂实现工业总产值9 900.6万元，比上年下降了23.43%；流动资金周转天数比上年下降了0.24%；而同期产品销售收入10 735.5万元，实现利税843.9万元，实现利润283.5万元和人均实现利税4 773元，分别比上年增长了6.54%、26.43%、36.17%和27.72%。(2)企业和上级主管部门对产品开发的积极性得到提高，产品向广度、深度和作业机械配套方向发展。经过近三个五年计划的开发，特别是通过“七五”、“八五”技术改造，企业的产品设计、制造能力有了较大的提高。高等级公路施工和养护急需的机械国内已形成系列和批量生产。产品重点向高等级公路养护机械、交通工程设施、公路工程检测仪器和桥梁机械与设施方面发展。但在产品结构调整和进行技术改造期间，大厂的经济效益不如中小工厂，一部分产品技术水平不高，没有形成足够批量和生产条件的工厂，经济效益继续下滑。整个行业的利润比上年稍有增加，但亏损企业仍有一定数量。

从各类筑养路机械生产发展状况来看，沥青路面施工和养护机械中，沥青混合料搅拌设备、8m以下沥青混合料摊铺机、稳定土拌合机、稳定土厂拌设备、路缘铺筑机、清扫车、沥青路面综合养护车、多功能工程车（机）、桥梁伸缩缝装置等产品在国内处于领先水平、部分产品（如沥青混合料搅拌设备、稳定土厂拌设备、路缘铺筑机、道路清扫车等）已达到国际90年代同类产品水平。此外，稳定土拌合机、沥青洒布车、沥青运输车、工程洒水车、沥青路面修补车、桥梁伸缩缝、桥梁支座等产品市场占有均在90%以上，基本满足了沥青路面的施工和养护的需要。总体来看，行业发展趋于平稳状态。

产品分类及产量 1996年交通系统共生产各类筑养路机械约2万多台（套），产品约65个品种、310个机型，主要是沥青路面施工和养护机械。

市场及销售 产品市场需求的具体情况随着以高速公路为标志的高等级公路的通车里程的持续增加，高等级公路养护机械已成为目前和今后一段时期内发展的重点，路面清扫车已有多个企业开发和生产，并有几个企业与国外合作或合资，不久国内供应将基本上得到满足；大型高性能除雪机械尚待开发；公路养护所采用的多功能作业机械发展较快，将进一步缓解高等级公路和一般沥青路面的养护需求；传统的小型翻斗车、小四轮、沥青洒布机等养护机械已趋于被淘汰。修筑高等级公路施工和养护机械继续畅销，大型沥青砼搅拌设备和沥青混合料摊铺机等国产设备的市场占有率有较大幅度的提高，进口比例下降，其原因主要是国产设备通过技术引进等措施其技术性能和产品质量大有改观，同时国家取消了对外贷项目的进口设备免税政策也进一步有利于提高国产高等级公路施工和养护设备的竞争力；中小型沥青砼搅拌设备和摊铺机需求仍较好；稳定土拌合机和厂拌设备需求有所增加，产品趋于向大型化发展，以满足高等级公路修筑的需要；与路拌机配套的料粉撒布机开发和生产的厂家较多，为能使用符合我国国情的粉料，且计量准确的撒布机将会受到用户的欢迎。大型滑模式水泥路面摊铺机目前国产设备的市场占有率较低，现主要依靠进口或用轨道式摊铺机；水泥路面采用小型机具进行修筑的现象目前仍较多。工程洒水车保持正常的生产与供应；沥青洒布车、液态沥青运输车需求减少。沥青储存，加热设备需求较好，为适应市场需要，其产品的机型、工艺等发展也较快。交通工程设施和产品，近几年来发展较快，市场前景仍然好。公路桥梁机械由于大型和新型桥梁的出现，与其施工工艺相适应的机械、机具发展迅速；321钢桥、各种桥梁伸缩缝装置、各式桥梁支座、桥梁基础钻机、预应力张拉设备及锚具等需求旺盛。公路工程检测仪器正向高科技方向发展，需求仍然很大，仍有一定比例的进口。

部分企业积极开拓国际市场，并取得了一定的成绩。交通部西安筑路机械厂所生产的沥青路面施工设备曾出口到韩国、新加坡、印度尼西亚、孟加拉、巴基斯坦等国家，1996年共出口沥青搅拌设备4台(套)，沥青摊铺机两台，出口销售收入近900万元，是历史上出口额最大的一年。湖南省郴州公路工程机械厂所生产的装配式公路钢桥也出口到英国、北非和东南亚一些国家。上海建设·路桥机械设备有限公司所生产的‘山宝’牌各类破碎、筛分、粉磨机械也远销世界50多个国家和地区。交通部郴州筑路机械厂所生产的沥青砼搅拌设备、交通部一局筑路机械厂所生产的工程洒水车、交通部二局筑路机械厂所生产的沥青脱桶设备、佛山公路局机械厂生产的挂车、江阴交通工程机械厂和山东公路机械厂所生产的压路机均有一定数量的出口。

表23　1996年交通部直属筑路机械厂主要经济指标汇总表

指 标 名 称	单 位	西安厂	郴州厂	新津厂	一局厂	二局厂	合 计
工业总产值（当年价）	万元	11 437.8	6 215.1	7 215.7	2 766.8	1 115.0	28 750.4
工业总产值（不变价）	万元	9 900.6	4 197.8	5 562.9	2 736.7	680.0	23 078.0
工业增加值（当年价）	万元	3 880.3	2 649.1	2 236.8	847.7	510.0	10 123.9
销售产值（当年价）	万元	10 100.7	5 712.0	6 550.0	3 415.1	836.0	26 613.8
产品销售收入	万元	10 735.5	5 482.5	6 500.0	3 028.6	738.0	26 484.6
其中：产品销售成本	万元	6 663.0	3 642.8	4 235.0	2 232.1	561.0	17 333.9
产品销售费用	万元	288.5	242.9	528.4	34.5	0.0	1 094.3
产品销售税金及附加	万元	50.9	36.1	29.8	30.1	3.0	149.9
产品销售利润	万元	3 733.1	1 560.7	1 706.8	731.9	174.0	7 906.5
利润总额	万元	283.5	45.3	178.0	246.5	−303.0	450.3
固定资产净值平均余额	万元	6 995.9	9 174.8	3 542.1	462.6	1 158.0	21 333.4
流动资产平均余额	万元	12 289.5	7 926.7	7 249.1	1 921.9	1 515.0	30 902.2
全部职工平均人数	人	1 773.0	1 284.0	849.0	392.0	364.0	4 662.0
产品销售率	%	88.3	91.9	90.8	123.4	75.0	
资金利税率	%	1.7	0.5	1.9	11.6	−11.2	
工业增加值率	%	33.9	42.6	31.0	30.6	45.7	
成本费用利润率	%	2.7	0.8	2.8	8.9	−29.4	
全员劳动生产率	元/人	21 885.5	20 632	26 346	21 625	14 011	
营运资金周转率	次	2.2	2.4	3.0	6.1	1.9	

基本建设及技术改造　“八五”技术改造成效显著。为了满足公路建设对大型、高效能的施工和养护机械 的需要，“八五”期间，交通筑养路机械生产企业承担了国家级、部科技项目24个，开发、研制和生产一批公路建设和养护急需的机械装备。同期，部还承担了国家重大引进技术消化吸收计划(简称“一条龙”计划)中高等级公路沥青路面关键施工设备引进技术消化吸收项目，引进了250t/h沥青混凝土搅拌设备、400t/h稳定土场拌设备、路缘铺筑机、沥青路面再生摊铺机、稀浆封层机和桥梁伸缩缝产品。“八五”期间，交通部对交通系统骨干筑养路机械厂有重点地进行了技术改造。对西安、郴州、新津筑机厂共投资9 580万元，用汇615万美元，改造了下料、除锈清理、机加工、焊接、装配、检测、涂漆等

程序的生产条件，增置了数控火焰切割机、激光切割机、焊接机器人、加工中心、计算机辅助设计制造CAD/CAM、计算机MRP系统等先进技术和管理装备，大幅度提高了产品开发能力、加工制造及工厂管理水平，这3个企业还投资4 400万元进行基本建设，改建、扩建车间35 500m²，购置先进设备75台（套）。此外，四川公路机械厂、山东公路机械厂等11个地方企业投资7 850万元，对关键生产环节进行了相应的技术改造，在一定程度上改善了生产条件，使其朝着有主导产品、专业化规模生产的方向迈进了一步。"八五"技术改造成果主要体现在：交通系统涌现出一批产品适销对路，具有较强发展潜力的企业，为"九五"筑养路机械的发展奠定了基础。沥青路面主要施工机械产品基本实现成龙配套，开始改变过去高等级公路沥青路面施工机械主要依靠进口的局面，提高了国产设备的配套能力。筑养路机械新产品的引进、消化吸收和开发，促进了企业的技术进步，CAD的普遍使用使企业的开发能力和设计手段得到了加强和提高，开阔了工程技术人员的眼界，锻炼了技术队伍，增强了企业的技术实力。此外，部分企业借鉴国外先进经验，增置了计算机辅助管理系统，提高了企业管理水平和素质。

〔撰稿人：交通部公路管理司　朱　军〕

〔责任编辑：王　如〕

地 质 设 备

〔地质矿产部〕

生产发展情况　1996年中地装备集团系统地矿装备制造行业共有41个企业，其中骨干企业有张家口探矿机械总厂、衡阳探矿机械厂、连云港黄海机械厂等。1996年末集团系统拥有资产近15.9亿元，其中固定资产近7.4亿元，职工2.3万人。全系统1996年生产钻探设备1 590台(套)，坑探设备3 009台（套)，地质仪器仪表371台（套)，实验室选矿设备2 061台（套)，地质工具525 398件；社会产品，如锅炉调速箱703台，硬质合金45 324kg，汽车摩托车电喇叭为1 012 866件，机械电子计价秤4 711台，电话计费器1 116台。

1996年，由于国家宏观调控急需执行适度从紧政策各工业企业仍面临严重的困难。在这一年里，中地装备集团贯彻地矿部关于"要抓战略性研究、抓产品结构调整，抓合资合作，把扭亏作为重中之重，抓大放小，实施四分战略"等重要指示，真抓实干，取得了较好的成绩。到1996年末集团工业企业共完成工业总产值5.59亿元，完成工业增加值1.64亿元，全系统超额完成了国家核定的减亏指标

市场及销售　1996年地质机械仪器行业竞争激烈，市场依旧疲软。面对诸多困难，各企业积极走访用户，摸清市场、增加销售网点，充实销售队伍，提高销售人员的业务素质，提高产品售后服务的质量。此外，集团总公司与各成员企业相结合，先后组织了若干个产品调研小组，分赴全国各地搞市场调查、预测，掌握大量一手材料，帮助企业抓好新产品开发和老产品优化改造工作，提高了产品对市场的适应性和可靠性。通过采取各项措施，有力地促进和提高了集团地专产品的销售和市场占有率。到1996年末，共完成产品销售收入5.93亿元。

科研成果及新产品　1996年集团技术中心组织了9个调查小组，调查了20多个省、自治区、直辖市的150多个单位，收集了大量的信息，为选定新产品方向提供了依据。集团的产品开发走"产、学、研"相结合的道路，与中国地质大学联合建立了表面工程实验室，并已投入启动资金65万元；建立技术开发基金，启用资金166万元，支持企业进行新产品开发。1996年集团产品开发除继续优化改进传统的地质和岩土工程施工设备、中小型选矿设备、超硬材料等，还根据市场需求，开发了大型基础工程施工设备、找水仪器设备等，开发了民用的汽车配套产品、环保产品分析仪器等，共完成开发项目23项，其中5项达到90年代初期国际水平。其中仅基础施工大型机械旋挖钻机、地下连续墙设备和大口径反循环钻机3项产品，年产值即可增加1亿元。

技术改造　1996年集团技术改造总投资规模为3 500万元，技术改造项目两项。

对外合作　对外开放，开拓国际市场被作为集团发展战略的重要组成部分，1996年取得了较大的进展，出口额比上年增长了15%。其中集团由总公司渠道实现的出口额是上年的2.5倍。总公司作为地专产品出口的主渠道正在形成，所开拓的国际市场已从初期的东南亚、非洲、港澳地区扩大到欧洲、北美、南美、日本、澳洲、西亚等国家和地区，现已与50多个国家和地区的200多个客户建立了业务关系。集团在合资合作方面也进一步拓宽了思路，作为优化第二产业的重要手段之一。1996年连云港黄海机械厂与意大利土力公司合资建成黄海土力公司、无锡钻探工具厂与南非波特长年公司合资建成无锡宝长年公司，目前，引进的外资基本到位，合资公司已经开始正式运营。集团为进一步扩大对外开放进程，还首次派出工程技术人员到意大利与土力公司进行联合设计，已设计出高性能、低价位产品参与两个市场的竞争，同时也学习、借鉴国外先进技术和设计思想，培养了能与国际接轨的外向型人才。这为集团全方位发展，大步走入国际市场，进行了有益的探索。

管理及改革　1996年6月15日，地质矿产部以地函[1996]170号文正式将原部直属工业企业的国有资产划归集团总公司，由总公司进行运营，并负责国有资产的保值增值，使总公司与这些企业之间由计划经济下形成并沿续的行政隶属关系变成了符

合市场经济要求的母子公司关系。这为集团总公司从全局角度出发，调整生产力布局、优化资源配置、提高资源的产出效益提供了有利条件，为进一步带动集团各成员企业参与激烈的市场竞争提供了雄厚的经济基础。

1995年以来，作为目前国家140家之一的中装集团技术中心，加强了对成员企业产品开发和技术改造的指导工作，针对企业存在的问题，及时布置机械工业开展的“三大战役”工作，要求各企业学习邯钢，加强内部管理。此外，集团企业在总公司的组织和指导下，圆满完成了第三次全国工业普查工作。

通过对近年来集团生产经营活动的总结，认真分析我们当前面临的形势，在继续坚持“弓箭布局、成龙配套、西天引凤、领雁南飞”的发展战略前提下，又提出了“优二、兴三、进一”的产品结构调整方向和目标，提出了“抓大放小”的思路，采取对“放小”过程中涌现出有希望、有特点、有前景的企业加以大力扶持的举措。在开拓国际市场方面，提出了设备出口与工程承包相互带动、相互促进的良性循环以及“三步走”的措施和目标等等。结合实际学习张家港精神，彻底解放思想，转变观念，克服“等、靠、要”思想，树立“拼、抢、争”的意识，集团企业立足自己，立足于改革求发展。一年来，企业取得明显成效。

〔撰稿人：中地装备总公司企业发展部　冯　琳　审稿人：中地装备集团副董事长、中地装备总公司总经理　卢　环〕

〔电力工业部〕

生产发展情况　杭州钻探机械制造厂是电力工业部直属企业，专门从事工程地质钻机、各类钻探用泵，水电施工机械以及金属结构件和铺机设备制造，是电力系统从事地质专用设备的唯一厂家。

1996年该厂全年完成工业总产值1 520万元，工业增加值505万元，分别比上年增长30.36%、54.91%，全员劳动生产率为10 243元/人，比上年增加了4 092元/人，实现利税154万元，比上年增长37.5%。

产品分类及产量　该厂主要产品分两大类四个系列。钻机类：SGZ系列工程地质钻机；泵类：SGB系列灌浆泵、SGZB系列水泵、FZNB系列喷水柱塞泵。1996年钻机类产品完成制造254台/191.5t，泵类126台/202t，分别比上年增长27%、38%，综合产量完成483 t，比上年提高了10.5%。

市场及销售　杭州钻探机械制造厂1996年实现销售收入1 730万元，比上年增长了46.36%，为国家重点工程三峡、李家峡、小浪底施工设备提供了优质服务，赢得了信任。仅李家峡钻灌设备就销售80余台，总价值242万元，除尘系统的PZNB喷水柱塞泵在山东十里泉等电厂安装使用。钻机、灌浆泵产品出口到新加坡、马来西亚等东南亚国家，交货值近200万元。两大类四大系列产品市场份额在逐年提高。

新产品　1996年该厂新试制成功SGZ-20型大口型钻机，孔径为2m，钻孔深50m，适用于高层建筑等潜柱桩基础施工，是我国新兴建筑业的更新换代产品。

〔撰稿人：电力工业部　单　伟　审稿人：电力工业部　张海青〕

〔责任编辑：王　如〕

商业机械

〔国内贸易部〕

生产发展情况　1996年末，国内贸易部系统商业机械制造业有县及县以上生产企业419个，全部职工年平均人数60 421人，固定资产原价合计236 647万元，比上年增长8.4%；固定资产净值平均余额162 032万元，工业总产值（1990年不变价）267 791万元，工业增加值81 818万元，比上年增加4.5%，亏损企业135个，占企业总数的30%。

产品分类及产量　1996年，国内贸易部系统商用机械行业主要产品产量合计为48 912台（条）/274 830t，与上年基本持平。其中，糖果加工机械83台/59t，冷藏加工设备4 665台（座），冷库9 343座/415 029m³，食品速冻生产线63条，屠宰及肉类加工机械979台/8 780t，食品烤炉648台/3 229t，和面机5 388台/1 197t，面条机20台/2t，洗衣机53台/2t，其他商用机械5 184台/3 345t，冷藏加工设备及食品烤炉的产品产量比上年有所下降；粮油及饲料加工机械行业主要产品产量合计为117 834台/266 859t，与上年相比，台数增长28 482台，吨位数略有减少。其中，碾米机械25 834台/18 868t，磨粉机械11 015台/28 475t，榨油机械14 401台/18 515 t，饲料机械8 320台/8 236t，通用机械19 421台/18 053t，胶辊36万只，售粮油机械18 856台/2 897 t。碾米机械、磨粉机械产品产量较上年有较大幅度的增长，榨油机械及饲料加工机械产品产量比上年有所下降。

市场及销售　1996年，国内贸易部系统商业机械行业完成销售产值246 838万元（当年价），销售收入238 181万元，比上年有所减少，产品销售实现利税10 633万元，利润116万元，较上年大幅度减少，亏损额达9 005万元，出口交货值为8 488万元，与上年基本持平。出口产品主要有和面机、饺子机、拌馅机、比重去石机、榨油机、高方平筛、磨粉机、提升机、碾米机、砻谷机等，主要销往菲律宾、苏丹、马来西亚、巴基斯坦、埃及、尼泊尔等国家和地区。从出口品种和出口国家来看，商业机械设备仍然存在单机比重明显偏大，成套化的发展仍不理想，尚未完全打开在国际市场的销路等问题。

科研成果 1996 年，国内贸易部商业机械科技进步奖授奖项目为 16 项，其中，二等奖 4 项：(1) 肉类加工机械的研制 RGR20 型滚揉机和 H30 Ⅱ 型热合机，主要完成单位是石家庄市食品机械厂；(2) 特种饲料加工技术及装备研究——SWSP118 * 40 锤片式微粉碎机的研制，主要完成单位是国内贸易部无锡科学研究设计院、武汉科学研究设计院、无锡市丝绸公司、江苏牧羊集团公司、无锡湖滨饲料厂、南通正大有限公司水产分公司；(3) TPH135-75 新型干法膨化机的研制，主要完成单位是国内贸易部武汉科学研究设计院、扬州粮食饲料机械厂；(4) YJHT 系列环形油脂浸出及负压蒸发工艺成套设备，主要完成单位是国内贸易部西安油脂科学研究设计院、浙江绍兴天力实业公司、开封正大有限公司；三等奖 13 项：(1) 拨杆式螺旋速冻机的研制，主要完成单位是天津商学院；(2) SDT240 型提升式速冻机，主要完成单位是哈尔滨商业机械总厂；(3) LD-103 食用碘盐全自动包装机 (0.5kg-1.0kg)，主要完成单位是武汉食品工业学院、武汉利德电气有限公司；(4) JMCT12 及 24 型精洁米加工成套设备，主要完成单位是湖南省湘粮机械厂、湖南省农机鉴定站；(5) MNML30 立式碾米机，主要完成单位是湖北省粮机厂研究设计所；(6) 300T/D 平转浸出油厂负压蒸发工艺技术的研究设计，主要完成单位是牡丹江市制油厂；(7) TYPT2-60/80×100 弹簧压片机，主要完成单位是国内贸易部无锡科学研究设计院、江苏省锡山市洛社华圻粮油机械厂；(8) SHJJ5 型浆叶式混合机的研制；(9) SKZH4800 货柜式颗粒饲料机组，主要完成单位是江苏正昌集团公司；(10) 立筒仓内衬玻璃钢高气密技术的研究与应用，主要完成单位是天津市军粮城机米厂；(11) FZSZ-9600H.S 系列小麦着水自动控制系统，主要完成单位是鹤岗市良实新技术开发公司；(12) CLJZ 螺旋卷仓机组，主要完成单位是江苏正昌集团公司；(13) KK140 型谷物冷却器低温储粮应用技术研究，主要完成单位是黑龙江省粮食厅、黑龙江桦南国家粮食储备库；四等奖 6 项：(1) DWJ-40 型微电脑豆制品机，主要完成单位是哈尔滨商业高新技术开发公司；(2) PBJ-600 型片冰机，主要完成单位是上海华龙食品公司、上海市食品研究所；(3) ZA-80 型程控真空按摩机，主要完成单位是上海华龙食品公司、上海市食品研究所；(4) 轻型保温门系列（平移手动门、平移电动门、手动折叠门），主要完成单位是上海商业制冷设备公司冷冻食品机械厂；(5) ZXF56×20 自吸式成套粉碎机，主要完成单位是湖南省邵阳市粮油机械厂；(6) PPHJ60×2 双螺杆挤压膨化机，主要完成单位是浙江省粮食科学研究所、浙江省绍兴粮食机械厂。

基本建设及技术改造 1996 年，商业机械行业安排国家技改专项贷款续建项目 1 个，总计投资 550 万元；新开工项目 5 个，总计投资 4 000 万元。其中，原部属山西长治粮食机械厂将对冷铸车间进行改造，以提高磨辊、轧辊质量，降低成本，增加规格品种。

管理及改革 随着国有企业改革力度进一步加大，粮油及饲料机械行业在“抓大放小”、“三改一加强”及现代企业制度试点等方面都取得了一定的进展，但总的来看，企业经济运行质量仍有待提高。1996 年，行业管理工作重点对山西、河北、云南、四川等地的粮油加工业和机械制造业进行了实地考察，研究国有企业实现企业转制及如何走联合、改组、实现规模经济等问题；对合资后的无锡布勒机械制造有限公司三年来的经营和管理状况进行了全面了解，对粮油及饲料机械制造业引入外资，增加资金投入和技术投入的可行性进行了专门调研。

组织重点粮机厂于 1996 年 8 月底 9 月初赴美国进行了为期两周的考察，了解国外粮油加工业的最新技术，寻找贸易机会，洽谈与外方的合资合作及代理销售粮机产品等项目；设专题调查全国粮机出口，掌握企业产品出口情况，在开拓国内市场的同时，引导企业积极扩大国外市场占有率。

根据机械工业部关于打好行业“三大战役”的有关精神和“九五”粮油工业发展规划纲要，结合内贸系统粮油、饲料加工机械行业的现状，组织召开了全国部分粮油机械企业厂长经理工作座谈会，一方面听取企业交流在“两个转变”中深化改革，加强管理，开拓市场，搞活管理的经验，另一方面传达了吴邦国副总理和包叙定部长在全国机械行业打好“三大战役”电话会议上的讲话文件，讨论了内贸系统贯彻落实“三大战役”实施方案意见稿，提出了粮机发展总体目标及指导方针，并以此作为下一步行业工作的准则。

1996 年组织专家对山东省淄博粮食机械厂磨粉机生产线技术改造专项贷款项目进行了验收，对其新产品 FMFQ10×2A 系列气压磨粉机完成了部级鉴定；会同有关专家，对《碾米机械成套设备技术条件》行业标准进行了技术调研。

江苏正昌集团 1996 年加快发展步伐，成为围绕粮油饲料机械电气、农牧饲料、成套和钢板仓工程、油脂化工四大支柱共同发展的国有独资省级集团公司、江苏省高新技术企业。经国务院发展研究中心对全国饲料机械行业进行的最新统计调查，认定其为中国饲料机械生产规模最大的企业。

江苏徐州亚欧商机城于 1996 年 12 月建成开业，其地处国内交通枢纽，前期工程占地近 3 000 m^2，是目前全国规模较大的商机展示市场。

〔撰稿人：国内贸易部工业司　赵　静〕
〔责任编辑：王　如〕

环境保护设备

〔机械工业部〕

生产发展情况 1996年，机械工业部系统环境保护机械设备按所属42个企业统计，全行业完成工业总产值（不变价）122 322万元，比上年增长31.8%；工业增加值31 398万元，比上年增长30.2%；利润总额3 438万元，比上年增长64.9%。全行业及主要企业经济指标见表1。

1996年，机械工业部系统环境保护机械设备主要产品有：浙江菲达机电集团公司生产的电除尘器54台、22 106t，气力输灰设备5套；唐山清源环保机械（集团）公司生产各种环保机械设备688台（件），其中刮泥机18台、吸泥机6台、刮沫机3台、格栅7台、回转堰门96台、曝气转刷74台、曝气头284件；无锡通用机械厂生产各种水处理机械设备215台（套）、1 961t，其中各种格栅55台、315t，带式压榨过滤机11台、37t；武汉阀门水处理机械股份有限公司生产各种水处理机械设备184台，其中清污机7台、启闭机51台；武汉鼓风机厂生产各种噪声控制设备产值1 001万元，其中KWX-3000型片式微孔消声器4台、152万元，大型通风机消声器3台、174万元，ZDL型大型普通消声器218万元。

产品分类及产量 根据处理对象的物理化学性质不同和用途不同，环境保护机械设备大致可分为大气污染防治设备、水污染防治设备、固体废弃物处理处置设备、噪声与振动控制设备和环境检测仪器仪表五大业。根据不同的处理对象或不同的处理方法，每一大类还可以再分为若干类，如大气污染防治设备可分为除尘设备、有害废气处理设备和除雾设备三类。每一类还可以分为若干小类，如除尘设备又可再分为旋风除尘器、袋式除尘器、网状除尘器、颗粒层除尘器、冲击式除尘器、旋风水膜除尘器、文丘里除尘器和电除尘器等若干小类。

表1 1996年环保设备行业主要经济指标 （单位：万元）

项目	工业总产值（不变价）	工业总产值（当年价）	工业增加值	产品销售收入	利润总额
全行业	122 322	121 562	31 398	96 658	3 438
其中：浙江菲达机电（集团）公司	22 432	19 160	4 025	14 150	
唐山清源环保机械（集团）公司	4 319	5 151	1 822	5 200	
无锡通用机械厂	5 644	6 392	2 132	7 400	

目前我国生产的环境保护机械设备主要有：大气污染防治设备中的旋风除尘器、袋式除尘器、网状除尘器、颗粒层除尘器、冲击式除尘器、旋风水膜除尘器、文丘里除尘器、电除尘器、除雾设备和各种有害废气处理设备等；生活污水处理中的提升输送设备、除沫除渣设备、刮泥设备、曝气设备、加药设备、搅拌设备、污泥脱水设备和综合利用设备等；工业废水处理中的离子交换设备、活性炭吸附设备、磁分离设备、电解设备、超滤器和多功能组合废水处理设备等；城市生活垃圾处理设备主要有清扫、装载、提升、输送设备，分选筛分设备，布料、翻堆、摊平设备，取土、布土、压实设备，破碎设备、焚烧设备和综合利用设备等；噪声与振动控制设备中的各种消声器、隔声罩、吸声材料和减振器等。

各类环境保护机械设备产品产量销售量见表2。

表2 1996年环境保护机械设备产品产量、销售量

产品名称	产品产量（t）1996年	产品产量（t）1995年	比上年增长%	产品销售量（t）1996年	产品销售量（t）1995年	比上年增长%
环境保护机械设备产品合计	118 154	88 649	32.3	108 823	84 349	29.0
其中：机械除尘设备	10 605	7 731	37.2	9 843	5 783	70.2
电除尘设备	58 073	60 263	—3.6	53 310	57 160	—6.7
水处理设备	43 264	15 703	175.5	39 474	14 968	163.7
气体净化设备	3 144	3 647	—13.8	3 312	3 424	—3.3
噪声控制设备	585	933	—37.3	566	949	—40.4
垃圾处理设备	120					

市场及销售 1996年机械工业部系统环境保护机械设备销售量为108 823t，比上年增长29.0%，

按产量计算的产品销售率为42.1%；销售产值为111 056万元，比上年增长20.8%，按产值计算的产品销售率为91.4%；全年销售额为105 836万元，比上年增长21.8%，为当年工业总产值的87.1%；全年产品销售收入为96 658万元，比上年增长24.3%。

据初步统计，1996年机械系统完成环境保护机械设备出口交货值4 370万元，其中浙江菲达机电（集团）公司出口电除尘2台，900t，创汇121万美元；无锡通用机械厂出口水处理设备24台，创汇38万美元；武汉阀门水处理机械股份有限公司出口机械加速澄清池搅拌机一台，销售额21万元；武汉鼓风机厂向日本出口消声器等8台，创汇41万美元。

新技术及科研成果 无锡通用机械厂应用逆渗透技术，研制了纯水制备设备。该设备采用RO反渗透膜和块状活性炭作为过滤、吸附元件，具有良好的过滤和吸附功能，可滤除和吸附水中有毒有害物质；此外，该厂还完成了高效节能微孔曝气系统部分子项目的研究鉴定工作。哈尔滨电站设备成套设计研究所等单位完成了火电厂烟气脱硫技术研究；机械工业部第三设计研究院完成了SHW型一体化污水处理机；机械工业部第四设计研究院完成了机械工业含油废水颗粒隔油过滤器研究；机械科学研究院环保所完成了污泥脱水化学调节自动控制系统研究课题并获得国家发明三等奖；浙江菲达机电集团公司完成了国家重大装备科技攻关项目电除尘器关键设备研制并通过了由国家经贸委组织的专家验收。

1996年，环境保护机械设备获机械工业部科技进步奖10项，其中机械工业部机械科学研究院完成污泥堆肥成套设备和第八设计研究院完成的柴油发电机房噪声治理技术研究等4项获二等奖，济宁工矿设备厂完成的ZDSF20-60自控连续式钠离子交换器、湖南大学完成的熔铝炉烟气净化技术、机械科学研究院与江苏电分析仪器厂完成高效絮凝剂应用技术与反馈控制系统的开发研究、机械科学研究院完成的沥青型阻尼材料开发与应用研究和安徽中联实业总公司完成的BZS100型转刷曝气机等6项获三等奖。

新产品 1996年完成的新产品主要有唐山清源环保机械（集团）公司完成的国家重点科研攻关项目氧化沟污水处理关键设备曝气转刷和回转堰门的研制工作。其中曝气转刷直径1m、长度3m、沟渠跨度为10m，采用立式电机驱动、特制挠性联轴节联接减速器与曝气转刷，尾座采用可调心式结构，以消除曝气转刷在运行中由于安装、自重下垂等原因造成的偏摆问题。武汉阀门水处理机械股份有限公司完成了BX-9、BX-10、BX-17型泵吸式刮泥机和YGC-I型移动式清污机。其中刮泥机跨度分别9m、10m、17m，适用于平流沉淀池机械排泥，可缩小池深，简化沉淀池结构；清污机用于静水、动水状态下清除拦污栅前飘浮的杂物，以保证拦污栅正常过水。兰州石油化工机器厂环保工程公司研制了1.5t、3t、5t、10t、15t电弧炼钢炉消烟除尘设备并取得了成功，基本解决了电弧炼钢炉消烟除尘问题，得到了用户的好评，已通过机械工业部组织的鉴定和推广应用。

基本建设及技术改造 1996年环境保护机械设备制造行业共完成基建技改投资14 490万元，其中基建10 585万元，技改3 905万元，绝大部分为地方项目。完成的主要项目有：无锡通用机械厂完成技改投资1 400万元，主要购置加工中心、数控切割机、计算机等设备69台（套），扩建厂房3 972m^3；浙江菲达机电集团公司完成2 269万元，其中技改投资1 914万元；唐山清源环保机械（集团）公司完成200万元。

对外合作 浙江菲达机电集团公司气力输灰系统技术引进项目已完成了全部技术资料的翻译、并已着手进行消化吸收工作，包括计算机软件的消化，确定试验方案，试验设备安装调试；作为技术引进项目依托工程的黑龙江七台河电厂2×350MW机组气力输灰系统工程已经开始启动，召开了由中美双方专家参加的七台河工程项目设计联络会，派设计小组赴美国空气动力公司进行项目的技术培训及系统设计，并完成了项目总体设计工作；组织技术人员到七台河工程所需配套设备的有关厂家进行考察，并从中确定工程所需的设备。唐山清源环保机械（集团）公司分别与英国的百沃特公司（Biwater）、香港的其士公司和瑞典的普瑞克公司（PURAC）合作，在亚行贷款项目日处理量为15万t的唐山东郊污水处理厂，世行贷款项目日处理量为10万t的常州污水处理厂，亚行贷款项目日处理量为15万t的青岛李村河污水处理厂投标成功。

管理及改革 武汉鼓风机厂与武汉通用机械厂等企业一起组建成武汉通用机电环保产业股份有限公司。公司主要生产噪声控制、污水处理、大气污染防治、固体废弃物处理装置及资源综合利用等设备。

无锡通用机械厂、唐山清源环保机械（集团）公司和武汉鼓风机厂通过了GB/T19001（ISO9001）质量体系认证评审，并获得质量体系认证证书。浙江菲达机电集团公司继电除尘器获得ISO9001质量体系认证证书后，1996年又展开了气力输灰设备的贯标认证工作。通过人员培训、文件编制和内部审核等工作后，于8月份开始投入运行。在贯标中重点抓了“三抓一强化”工作，即一抓标准学习，转变观念；二抓质量文件编制；三抓内部审核，从严要求；一强化是强化公司员工的质量管理意识，建立自我约束机制。各职能部门严格按质量体系文件要求，针对本部门存在的问题认真组织整改。对于内审督查中查出的问题及时改正。通过这些措施，到年底贯标工作已基本准备就绪。

1996年，是机械工业部系统完成环境保护设备标准最多的一年，共分别完成修定、制定各种标准19个，其中已获批准的国家标准6个，专业标准3个，如下：GB/T 3767－1996《声学　声压法测定噪声源声功率级－反射面上方近似自由场的工程法》代替（GB3767－83）、GB/T 3768－1996《声学　声压法测定噪声源声功率级－反射面上方采用包络测量面的简易法》(代替GB3768－83)、GB/T 16404－1996《声学　声强法测定噪声源声功率级－第一部分：离散点上的测量法》、GB/T 16405－1996《声学管道消声器无气流状态下插入损失测量－实验室简易法》、GB/T 16538－1996《声学　声压法测定噪声源声功率级－使用标准声源的简易法》、GB/T 16539－1996《声学　振速法测定噪声源声功率级－用于封闭机器的测量》、《声学　农林拖拉机和机械操作者位置处噪声测量－简易法》(待批)、JB/T8470－96《正压浓相气力输送系统》、JB/T8471－96《袋式除尘器　安装技术要求与验收规范》、JB/T8429－96《机械噪声　词汇》、《脉冲喷吹类袋式除尘器》、《回转反吹类袋式除尘器》、《内滤分室反吹类袋式除尘器》、《电除尘器　阳极板》、《管式电除雾器》、《电除尘器　阴极线》、《电除尘器　电除尘器接触式料位计》、《粉尘比电阻实验室测试方法》、《电除尘器　机械安装技术条件》。

1996年，由机械工业部环境保护机械产品质量监督检测中心、国家环保局重庆除尘设备质量监督检验中心、上海环保设备质量检测总站和哈尔滨环保设备研究所质量检测中心组成的检测组对全国28个省、自治区、直辖市的270个企业生产的旋风除尘器进行了统检。本次统检分华东华南、华北华中北部、西南西北和东北四片进行。前两片地区企业的抽样数占总抽样数的90.5%。从企业的生产条件看，小型作坊式的企业占抽检企业数的一半以上，检验规程和记录不完整的企业近一半，无标准生产的企业约占10%；从平均抽样检查合格率来看，华东华南地区企业的情况最好，华北华中北部和西北西南地区的企业情况比较接近，东北地区的企业低于全国平均水平。本次产品质量检查单项不合格率超过30%的有4项，超过20%的有3项。本次产品质量监督检查也发现一批比较好的企业，其产品单项检测合格率在90%以上。无锡通用机械厂生产的FH14型回转式固溶分离机、GS型钢丝绳牵引格栅除污机经江苏省环保机械产品质量监督检测站检测合格；此外，该厂生产的栏污栅产品经水利部水工金属结构产品生产质量保证体系审查组审查合格，并获得全国工业产品生产许可证证书。

1996年6月中旬，在北京召开了中国环保机械行业协会年会，出席这次年会的有全国25个省、自治区、直辖市的130名代表。会上，机械工业部副总工程师、本协会会长孟祥恩作了《积极行动起来，打好“三大战役”，为完成行业振兴第一阶段的任务而奋斗》的主题报告，有关单位领导分别介绍了建立和完善有效的质量保证体系、提高产品质量、转换机制、优化组织机构、依靠科技进步、加速产品开发、调整产品结构、开拓国内外市场等方面的经验，听取了秘书处的工作报告，调整了协会与专业委员会的领导和增补了新会员等工作。

1996年11月26日至30日，第三届北京国际环境保护资源综合利用技术交流及展览会在北京展览馆举行。机械工业部部长包叙定参加了展览会的开幕式并参观了展览。本届展览会由机械工业部主办，中国贸促会机械工业分会、中国机械工程学会环保机械分会和德国汉诺威国际展览公司共同承办，参加展览会的有德国、法国、瑞士、泰国、印尼等国的52家知名公司和我国众多的企业和科研单位。

〔撰稿人：机械工业部规划研究院　郑良清〕

〔电力工业部〕

生产发展情况　电力工业部系统制造环保设备的企业比1995年增加3个，10个企业的职工人数10 238人，工程技术人员1 437人。全年完成工业总产值7.3亿元，工业增加值1.9亿元，产品分类主要是：制造电站除尘除灰、化水处理和隔音消音等环保设备。

1996年生产特点是：电厂对环保设备的要求越来越高，各企业加大对科技和技术改造的投入。

完成的重大生产任务有：兰州电力修造厂为十里泉6#、桥头2#、丰城1#、阳逻3#、深圳西部1#等28个国家重点火电厂提供了2.3万t电气除尘器产品，配套量为4 730MW，市场占有率为63.8%。

山西电力建设修造厂，现改名为“山西电力环保设备总厂”，也是生产电气除尘器的厂家，1996年他们为山西阳泉2#、300MW电站机组、漳泽电厂2#、丰镇电厂1#、大同二电厂3#、神头一电厂8#机提供电气除尘器2 236t。

江苏镇江华东电力设备制造厂，为全国十几个电厂制造了炉水给水自动加药成套装置、循环水加药处理装置、炉给水小型自动加药装置，以及电厂用吸尘产品——车载式高真空工业吸尘装置、固定式高真空工业吸尘装置。另外，还为电厂提供环保消声器产品：有锅炉排汽小孔消声器、锅炉安全阀排汽小孔消声器、复合式消声器、风机消声器、燃机消声器。

云南电力修造厂为云南洱河电厂改造工程提供了清污机，为云南阳宗海1#电厂提供了4台ZSF型清污机。

产品分类及产量　1996年环保设备产量为：电站除尘除灰设备完成676台、27 383t，电厂隔音消音设备完成9台、22t，清污机12台、84t，吸尘车17台。

市场及销售　国内共完成销售收入6.8亿元，产品销售税金及附加1 543万元；完成出口交货值127.3万美元。

各企业普遍重视市场情况及营销策略，提出的口号是：面向市场，主动出击，做好销售服务。

江苏镇江华东电力设备制造厂，市场观念强，环保设备是他们近几年开发的产品，如：除尘车、化水加药装置等，现已在市场中形成优势，企业的综合经济效益也取得了好成绩，1996年达到157%。

兰州电力修造厂在激烈的市场竞争中，以满意、优质的售前、售中、售后服务占领市场，全年约为64%的电站配套了电气除尘器，并被国家环保局，将此产品列为A类技术产品向用户推荐。

电力工业部除灰技术公司在拓宽市场，加强设计等方面做了许多工作，组建了一个试验研究中心，并签订了4 000万元的销售合同。

新技术及科研成果 南京电力自动化设备总厂与山东大学联合开发的环保、消烟除尘脱硫装置，应用于电厂、煤矿等，力争将此产品开发为机电仪一体化的设备。该厂还研制了电除尘器DKZ-1型电源及自动控制装置、静电除尘器自动监控系统。

云南电力修造厂根据电力、化工、市政等工程的要求，开发研制了ZSB、CZB、ZPS、ZWS型及YPQ型5种不同形式、不同用途的清污机品种，其品种居国内领先地位；其中ZSB型的技术条件高于国内同类型产品。

新产品 1996年，通过电力工业部部级产品鉴定的新产品1项：H30型给水、炉水自动加药成套装置。该环保产品是由镇江华东电力设备制造厂研制，1996年10月14日通过鉴定。该产品在上海外高桥、嘉兴电厂使用情况良好，既适用于火力发电厂，也可用于石油、制药、环保等部门。该产品将化学药品由加药泵注入到给水、炉水及闭式循环水等系统，用以除掉水中的溶解氧，控制给水的pH值，控制钙盐的形成，防止金属腐蚀，满足发电厂等高参数、大容量机组现场水质处理的要求。

主要技术参数：溶液箱容积1m^3，泵流量35.44L/h。

江苏镇江华东电力设备制造厂1996年的固定式工业吸尘装置受到用户欢迎：①GX-1型固定式工业吸尘装置被国家科委授予国家级新产品，②国家专利局授予实用新型专利。③固定式工业吸尘装置车载式高真空吸尘装置由江苏省科委授予高新技术产品。

基本建设及技术改造 1996年，固定资产投资额完成10 230万元，其中技术更新改造投资完成8 791万元，占总投资的85.9%。

上海电力机械厂对铆焊作业配置完善化，投入250万元，于1996年9月完成。

镇江华东电力设备制造厂对消音器全自动钻孔机、吸尘设备、消声设备、化水设备立项技改，投资712万元。

汉口电力设备厂在亏损状态下，投资104万元，实施3个技改项目。

西安电力机械厂是生产化水设备的专业厂家，1996年投入165万元，对铸造除尘等5个项目进行技改。

管理及改革 行业管理方面，针对目前电厂是大容量、高参数机组，环保设备需与之匹配。采取的科技措施是：积极开发高效、低污染，洁净煤燃烧产品。其产品导向是：

(1)循环流化床锅炉与之配套产品，(2)燃煤的燃气蒸汽联合循环发电机组配套产品，(3)超临界燃煤发电机组配套产品，(4)600MW等级空冷机组配套产品，(5)火力发电厂环保技术配套产品。其中脱硫技术开发与引进、合作相结合：静电除尘器的完善与研制，多孔材料过滤技术与设备，机械收尘装备，电厂废水处理装置，电厂烟气脱硫技术与装备，电厂除灰设备与技术。总之，发展环保产品是今后市场取得社会效益较好的主要措施。

南京电力自动化设备总厂，1996年进行二级计量考核，举办ISO9000系列标准研讨班，编制了质量文件。

江苏镇江华东电力设备制造厂，1996年获以下荣誉：(1)江苏省“采标”合格企业。(2)江苏省总工会授予“创企业精神”先进单位。

山西电建修造厂1996年11月21日更名为山西省电力环保设备总厂。该厂重视质量和企业信誉，开展了ISO9000系列贯标认证工作，对内审员进行了培训。

兰州电力修造厂，被国家环保局评为全国环保先进企业，企业实现了扭亏目标，他们生产的LD牌RWD/KFH型电除尘器获得国家名牌产品证书。

云南电力修造厂，清污机系列产品中，ZSB型清污机资料编入《给水排水设计手册》11分册，其技术条件（标准）经电力工业部质量标准研究所确认，高于国内同类产品标准QB610200－198·067－89，CZB、ZPS、ZWS型清污机，获国家实用新型专利产品。

浙江省电力设备总厂和兰州电力修造厂通过了ISO9000国家级认证。

〔撰稿人：电力工业部 张海青 审稿人：电力工业部 王 昀〕

〔责任编辑：王 如〕

消 防 设 备

〔公安部〕

生产发展情况 1996年公安部7个直属国有消防企业，共完成工业总产值（不变价）3.47亿元，工业增加值7 492万元（当年价），实现税金2 321万元，实现销售收入37 462万元。主要产品产量：消防车1 262辆，比上年减少11%；消防泵722台，比上年减少11%；灭火器146 188只，比上年增加0.70%；自动灭火设备4 158套，比上年增加14%；泡沫灭火设备10 503只，比上年减少4%。

新技术及科研成果 1996年通过部级鉴定的科研成果有公安部上海消防科学研究所完成的飞机座舱内饰材料火灾危险性评价方法、消防员火场防护基本技术参数及热防护试验装置的研究和化学火场侦检与处理技术的研究，公安部天津消防科学研究所完成的高层建筑内装修体系火灾特性及防火技术的应用研究和高效水系灭火剂及其应用技术的研究，公安部沈阳消防科学研究所完成的建筑物电气火灾起火部位和火因分析专家系统、城市消防通信指挥装备系统的研究、城市消防通信指挥系统总体方案设计导则的研究和从微观形貌鉴别电气火灾原因的方法研究，公安部四川消防科学研究所完成的自动挡烟垂壁及其性能试验方法的研究。

新产品 1996年经过部级鉴定的新产品有上海市消防局、公安部上海消防科学研究所、防化研究院第一研究所、桂林橡胶制品厂联合研制的消防防化服；公安部上海消防科学研究所、青岛特种消防服装厂、上海市消防局、南京玻璃纤维研究院联合研制的消防避火服；公安部上海消防科学研究所、上海浦东特种消防装备厂、无锡梅思安安全设备有限公司、浙江宁海无线电厂联合研制的化学火场侦检箱；公安部沈阳消防科学研究所研制的室外防爆型红外火焰探测报警系统；宝鸡消防器材总厂研制的银河牌BX5140GXFGF30型干粉消防车、BX5130GXFHP65G型后勤支援泡沫消防车、BX5130GXFHZ65Y型后勤支援消防车和BX5601-TQXZ16型抢险救援照明工具车；长春消防器材总厂研制的飞燕牌CX5090GXFPP30型载炮泡沫消防车和CX5090GXFSP30型载炮水罐消防车。

质量及质量管理 根据国家技术监督局的计划安排，组织了4次消防产品监督抽查，一次全国统检，产品质量情况如下：

1996年第一季度国家消防装备质量监督检验测试中心、国家固定灭火系统和耐火构件质量监督检验测试中心分别对消防接口和干粉灭火剂产品质量进行了监督抽查。消防接口抽查了14个省市24个企业生产的81种产品。检验结果是：抽查检验综合判定合格的有73种产品，抽样合格率为90.1%。干粉灭火剂抽查了20个省市37个企业的41种产品，其中碳酸氢钠干粉灭火剂产品31种，磷酸铵盐干粉灭火剂产品8种，氯化钠干粉灭火剂产品2种。检验结果是：碳酸氢钠干粉灭火剂有20种产品合格，抽样合格率为64.5%。磷酸铵盐干粉灭火剂有7种产品合格，抽样合格率为87.5%。氯化钠干粉灭火剂2种产品均合格，抽样合格率为100%。此次抽查平均抽样合格率为70.7%。

第二季度国家消防电子产品质量监督检验测试中心和国家消防装备产品质量监督检验测试中心对点型感温火灾探测器和消防水带产品质量进行了监督抽查。点型火灾探测器抽查了9个省市12个企业的12种产品，受检企业约占全国同类产品生产企业的63%，抽查检验综合判定12种产品全部合格，抽样合格率为100%。消防水带抽查了11个省市28个企业的28种产品，受检企业约占全国同类生产企业的40%，抽查结果为：抽查检验综合判定合格的有16个企业的16种产品，抽样合格率为57.1%。

第三季度国家固定灭火系统和耐火构件质量监督检验测试中心和国家防火建筑材料质量监督检验测试中心对室内消火栓和水基型阻燃处理剂产品质量进行了监督抽查。室内消火栓抽查了19个省市53个企业的57种产品，受检企业占全国同类产品生产企业的71.6%，抽查检验综合判定合格的有43个企业的47种产品，抽样合格率为82.5%。水基阻燃处理剂抽查了12个省市21个企业的21种产品，受检企业占全国同类产品生产企业的42%，抽查检验综合判定合格的有20个企业的20种产品，抽样合格率为95.2%。

第四季度国家消防装备质量监督检验测试中心对消防员服装进行了监督抽查。消防员服装抽查了4个省5个企业的5种产品，受检企业占全国同类产品生产企业的38.4%，抽查检验综合判定合格的有1个企业的1种产品，抽样合格率为20%。

1996年部分消防产品质量全国统检结果：此次统检共检查了26个省、自治区、直辖市264个生产企业的332种产品，合格188种，抽样合格率为58.4%。其中：

消防车检查了15个企业的21种样品，合格17种，抽样合格率为81.0%；

灭火器检查了140个企业的178种产品，合格83种，抽样合格率为46.6%；

消防软管卷盘检查了19个企业的19种样品，合格14种，抽样合格率为73.7%；

蛋白、氟蛋白泡沫灭火剂检查了22个企业的46种样品，合格33种，抽样合格率为71.7%；

饰面型防火涂料检查了68个企业的68种样品，合格41种，抽样合格率为60.3%。

中国消防产品质量认证委员会秘书处根据《中华人民共和国产品质量认证管理条例》及《消防产品认证管理办法》的规定，安排了1996年度消防电子产品质量认证年度复查工作，复查结果是：经综合评定予以确认的有57个企业的121张证书。

基本建设及技术改造 1996年安排技术改造项目为宝鸡消防器材总厂的重型消防车配套消防泵、破拆工具生产工艺改造项目，项目总投资450万元。

管理及改革 为适应建立社会主义市场经济体制的需要，加强对消防产品行业的宏观调控和消防产品的质量监督，1995年公安部下发了“公安部关于调整消防行业管理部门的通知”)公通字[1995]19号（原公安部消防器材管理办公室承担的消防行业管理职能全部移交公安部消防局负责，公安部消防局成立消防产品行业管理办公室。

公安部消防产品行业管理办公室自成立以来，以宏观调控和质量监督相结合，促进企业实现“两个根本性转变”，保障社会对消防产品的品种、性能、质量和数量的需求；统一规范国内外消防产品进入市场的质量认证制度、生产许可证制度、汽车目录制度和强制检验制度，改善市场环境，促进统一、开放、竞争、有序的消防产品大市场形成；运行国家抽查、统检制度，协调地方抽查制度，构成流通领域的消防产品监督网络。

1996年4月在河南郑州召开了全国消防产品

行业管理工作座谈会暨新产品新装备展示会。

出台了“关于限制消防车等7类主要消防产品新上项目”、“关于解决过渡期新上企业遗留问题”和“关于哈龙替代推广应用”三个全国性行业政策。

对十多年来发放的生产许可证进行清理整顿工作，制定了新的许可证换证实施细则，编制了一整套的程序文件。新细则通过国家技术监督局的正式批准，并分别对全国7大类许可证产品近1 000个企业进行了宣贯，重新换发生产许可证工作预计1997年底完成。

向世界银行和美国环保局提出并完成了我国消防行业哈龙整体淘汰新机制的研究，并在此基础上提出的“中国消防行业哈龙整体淘汰计划”已获得蒙特利尔议定书多边基金执委会的认可，并同意从1997年开始分步实施。

〔撰稿人：公安部消防产品行业管理办公室　王宝伟　审稿人：公安部消防局　万肇初　公安部消防产品行业管理办公室　尹铁林〕

〔责任编辑：王　如〕

铁路机车车辆

〔铁道部〕

生产发展情况　1996年，是中国铁路机车车辆工业总公司(简称中车公司)改组为控股公司正式挂牌运作的第一年，是在深化改革，加快走向市场方面取得实质性进展的一年。

1996年，中车公司完成工业总产值112.9亿元(1990年不变价)，工业增加值44.7亿元，比上年分别增长10.5%和23.1%；实现全员劳动生产率43813元/人，比上年提高11.6%。

1996年底，中车公司拥有固定资产原价1 707 546万元，固定资产净值1 230 752万元；各种设备90 782台，其中金属切削设备19 932台、锻压设备3 979台、动力设备8 168台、电气设备21 611台、起重设备16 665台；职工总数261 878人，其中直接生产人员164 504人，工程技术人员26 481人，管理人员30 856人。中车公司所属的35个工厂中，有国家大型一档企业32个，大型二档企业2个，中型企业1个；分别担负着机车、机车车辆和机车车辆机械及配件的生产经营。在中车公司所属的4个研究所中，内燃机车、车辆、机车车辆工艺和电力机车研究所各1个。

1996年，中车公司在铁道部购机车车辆产品招标议标比例进一步扩大，除保留部分新造机车的指令性、指导性计划外，对84.1%的客车和全部货车实行了招标议标采购；在传统产品生产能力有富余、部分新产品生产能力不足和招标车、提速车生产周期短的矛盾并存的情况下，严密计划，精心组织，抓销促产，全面完成了各项生产任务。全年共计新造机车1 049台，新造客、货车32 659辆；修理机车1 999台，修理客、货车51 576辆。1996年100台招标议标的东风4B型内燃机车5月份授标后，3个生产厂家于当年8月份全部兑现合同。新造客车分别完成招标议标车1 684辆和256辆；新造货车分别完成招标议标车17 476辆和6 192辆。招标议标产品合同全部兑现。特别是新造提速机车、客车按期完成，保证了广深线加密和京秦线、沪宁线、北京至大连区段提速车的开行。

产品分类及产量　1996年，中车公司制造和修理机车车辆主要产品分类如下：

电力机车　制造电力机车157台，其中韶山3B型40台、韶山4B型112台、韶山7型5台；修理电力机车78台，其中韶山1型76台，韶山3型2台。

内燃机车　制造内燃机车892台，比上年增长11.8%。其中东风4型567台、东风5型105台、东风6型1台、东风7型112台、东风8型10台、东风10型4台、东风11型24台、GK型54台，其他型号内燃机车15台；修理内燃机车862台，比上年有所减少。

客车　制造客车2 616辆，比上年增长12.6%；修理客车3 337辆，比上年增长2.4%。1996年制造各种客车产品构成见表1。

货车　制造货车30 043辆，比上年有所减少；修理货车48 239辆，比上年增长5%。1996年制造各种货车产品构成见表2。

蒸汽机车与轨道吊车　制造蒸汽机车1台，修理蒸汽机车1 059台，均比上年数量下降。制造内燃和蒸汽轨道吊车8台，修理26台。

市场及销售　1996年，中车公司实现销售总收入187亿元，比上年增长7.8%，实现产品销售收入173.8亿元，比上年增长8.3%。在实现产品销售中，计划内产品收入142.7亿元，比上年增长11.7%，占总收入比重82.1%；市场产品销售收入17.2亿元，占总收入比重9.9%；配件销售收入13.8亿元，比上年增长6%，占总收入比重的8%。

1996年，中车公司积极主动地开拓路外市场，取得了突出的成效。全年路外销售内燃机车135台，比上年增长4.7%；路外销售客车309辆，比上年增长40.5%；路外销售货车5 826辆，比上年增长14.1%。

中车公司在不断拓展国内市场的同时，充分利用机车车辆工业自营进出口权和整体优势，实施“以质量创信誉、以价格争市场、以服务赢用户”的对外经营方针，外贸出口有了长足发展。分四年实施的伊朗地铁车1.38亿美元项目1996年开始生效；北京地铁174辆，泰国180辆水泥罐车，神华集团公司948辆货车，尼日利亚20台内燃机车、60辆客车、200辆货车，缅甸28辆客车，美国940台转向架等项目已正式签约。全年机车车辆及配件产品出口或替代进口成交金额达14 551.3万美元，突破了“九五”规划的年进口替代和出口创汇签约额保持1亿美元的目标。

科研成果 1996年，中车公司获国家科学技术进步奖2项，其中，二等奖1项：眉山车辆厂等单位的120型货车空气控制阀；三等奖1项：哈尔滨车辆厂和四方车辆研究所的D18A型凹底平车。获铁道部科学技术进步奖21项，其中，特等奖1项：戚墅堰机车车辆厂、永济电机厂和大连内燃机车研究所

表1 1996年制造客车产品构成

产品种类	数量（辆）	产品种类	数量（辆）
合计	2 616	发电车（FD）	25
新造客车中：耐候钢	2 616	空调发电车（KD）	101
新造客车中：空调客	2 255	其他发电车	28
软卧25型（RW25B）	25	新造双层软卧车	3
软卧25型（RW25G）	127	新造双层硬卧车	20
其他米轨软卧车	4	新造双层硬座车	8
软座25型（RZ25）	5	新造双层餐车	3
硬卧18型（YW18）	20	准高速特等软座车	5
硬卧25B型（YW25B）	145	准高速一等软座车	34
硬卧25G型（YW25G）	768	准高速二等软座车	59
硬座25B型（YZ25B）	125	准高速餐车	4
硬座25G型（YZ25G）	720	准高速双层一等软座车	24
其他米轨硬座车	18	准高速双层二等软座车	13
行李25型（XL25）	4	准高速发电车	16
行李25B型（XL25B）	121	准高速双层发电车	4
邮政25B型（UZ25B）	30	试验车（SY）	1
餐车25B型（CA25B）	54	军工客车	3
餐车25G型（CA25G）	95	其他客车	4

表2 1996年制造货车产品构成

产品种类	数量（辆）	产品种类	数量（辆）
合计	30 043	罐车（G11J）	39
向路外销售货车	5 874	罐车（G17）	867
新造耐候钢货车各型	21 339	罐车（G17S）	35
新造滚动轴承货车各型	30 029	罐车（G60）	1 691
新造货车中：米轨车	300	罐车（G70）	330
敞车（C16）	103	罐车（GH）	83
敞车（米轨）（C31）	300	罐车（GS）	59
敞车（C62A）	362	罐车（GF）	44
敞车〔C62（N）〕	2 736	水泥罐（U60）	227
敞车（C64）	13 744	其他罐车	102
敞车（CF）	30	冰保车（B6A）	320
棚车（P64）	3 520	机保车（B23）	105
平车（N17）	230	石碴车（K13）	224
平车（N17A）	2 220	矿石车（K16）	32
平车（N17G）	5	煤漏斗车（K18F）	10
储装箱平车（X6B）	1 200	自翻车（KF-60）	4
其他平车	192	其他自翻车	24
大平车（D2）	5	家禽车（PJ2）	30
大平车（D10）	5	检衡车	5
大平车（D12）	10	长钢轨运输车（T11A）	172
大平车（D18A）	10	龙门铺轨机托架车	58
大平车（D30）	1	其他专用车	6
罐车（G11）	199	新造货车底架各型	704

等单位的东风11型内燃机车；一等奖5项：株洲电力机车研究所等单位的LKJ-93型列车运行监控记录装置、浦镇车辆厂的160km/h准高速双层空调客车、四方机车车辆厂的160km/h准高速空调客车(1)长春客车厂的160km/h准高速空调客车（2）(瞬时速度200km/h)、戚墅堰机车车辆工艺研究所等单位的DG-32型自动整平捣固机。二等奖4项：株洲电力机车研究所和株洲电力机车厂等单位的韶

山3型123号机车相控及转向架改造、戚墅堰机车车辆厂的准高速机车架悬式转向架、北京二七车辆厂等单位的X6B型集装箱专用平车和天津机车车辆机械厂、戚墅堰机车车辆工艺研究所、四方车辆研究所的MT-2、MT-3型缓冲器。三等奖7项：大连内燃机车研究所的DN5型机车用柴油机汽缸盖国产化、株洲电力机车研究所的8K机车GTO变流器国产化、戚墅堰机车车辆工艺研究所的铸钢件断裂分析图谱、唐山机车车辆厂的客车车体侧墙板组装电热涨拉装备、北京二七车辆厂等单位的龙门铺轨机托架平车组、西安车辆厂的GH40型液化石油气铁路罐车、四方机车车辆厂的JKG型机车风源净化装置。四等奖4项：大连内燃机车研究所的ND2型机车用柴油机增压器国产化、戚墅堰机车车辆工艺研究所的浸渗技术及其应用、北京二七车辆厂的微机程控钩舌S面焊机、西安车辆厂等单位的GFA型玻璃钢铁路盐酸罐车。

新产品 中车公司根据铁路运输"提速、重载"的需要，在实现客运准高速技术突破，货运重载技术突破，机车车辆产品上质量、上水平、上档次等方面取得了丰硕的成果。

1996年第一台交直交传动的4000kW原型电力机车问世，成功地实现了我国铁路牵引动力从交直传动向交直交传动的跨越。韶山8型准高速电力机车在铁道科学院环行线试验中最高速度达212.6km/h，并完成了郑武线的运营试验。韶山4B型机车竣工投入运营，东风4D型内燃机车也已完成运营试验，东风11型和东风10F型内燃机车在沪宁线、京秦线旅客列车提速试验中取得了成功。提出了高速试验列车设计建议书和技术设计的任务目标。完成了准高速东风11型内燃机车、东风11型内燃机车架悬式转向架、三列准高速空调客车及B23机械冷藏车部级鉴定，完成了国内目前最大吨位的380t钳夹车、250t凹底平车、飞机机翼机身运输平车、250t锅炉运输大平车、K13B石灰石漏斗车、U61W气动水泥车和240柴油机S型连杆、客车玻璃钢部件、客车制动部件、旋压制动缸等整车与部件的鉴定及技术审查。电力机车低恒速控制系统等一批"八五"攻关项目通过国家验收。

1996年，中车公司开发试验新增机车车辆品种共34种，其中，新增机车品种5种，新增客车品种16种，新增货车品种13种。

质量及质量管理 1996年，中车公司多次召开质量工作会议，并在客车系统开展"进载体、上质量、保安全、建厂达标"活动，制订下发了加强质量管理与提高客车质量的10个规章制度，针对各客车造修厂在上质量保安全方面存在的薄弱环节，自筹资金专项投入设备22项。公司所属长春、浦镇等客车厂在"进载体、上质量、保安全，建厂达标"活动中成绩突出，企业质量管理得到加强，消灭了一些惯性质量问题，新造客车质量明显好转，内装修上了档次，客车修理质量明显提高。机车系统开展的"围歼机破"的质量攻关活动，货车系统各工厂开展的以防燃轴、断轴为重点的质量整改和质量达标活动都取得了明显成效。此外还重点抓了关键配件的产品质量，从整机、整车的源头严格把住质量关。通过整章建制，加强质量抽查和广泛开展"质量月"活动，促进了机车车辆产品质量的提高。1996年，已有5个所属工厂通过ISO9000质量体系标准的认证；全行业机客车货车新造和修理的一等品率分别是新造机车100%，修理机车99.1%；新造客车96.7%，修理客车95.2%；新造货车100%，修理货车94.3%；客货车返厂修率继续保持为零；由机车工业企业造成的机破件数为130件，比上年下降39.2%。

技术改造 1996年，机车车辆工业的技术进步围绕"九五"科技目标，加快技改项目实施进度，在深入进行可行性研究的基础上，中车公司投入重点技术改造资金10 775万元。同时，各厂所加大科技投入，自筹资金进行技术改造。全公司系统共有18个100万元以上的技改项目建成投入使用，制造技术手段有所改善，建成CAD工程工作站82个，取得省部级科研成果20项，对提高机车车辆制造水平发挥了重要作用。

对外合作 1996年，列入铁道部对外合作重点工作的5个合资合作项目取得明显进展。大同机车厂铸钢车轮项目已开始实施，国外设备已经到厂，正在组织安装；北京南口机车车辆机械厂轴承项目已开始运作，年底达到月产1万套的轴承生产能力；长春客车厂地铁项目合营合同和技术转让协议正式签字；株洲电力机车厂与株洲电力机车研究所电力机车交直交项目可行性研究报告和贷款协议通过了国家计委的批准；四方机车车辆厂高档客车项目建议书已报国家计委等待审批。已有的合资企业如宇宙钢丝绳有限公司、石家庄国祥制冷有限公司等企业的产品产量、质量和产品销售量都有提高。与国外合作改进280柴油机等其他合资合作项目也取得新进展。天津机车车辆机械厂调速器项目投资总额420万美元已签订合同；贵阳车辆厂铜材项目投资780万美元已投产发挥效益。中车公司通过兴办合资企业，累计利用外资8 700万美元，带动了整个机车车辆产品造修技术和管理水平的提高，促进了产品"三上"，推动了产品走向国际市场。

管理及改革 1996年，中车公司以铁道部提出的"九五"期间铁路企业基本建立起与社会主义市场经济相适应的新体制、新机制为目标，把调动厂所和职工两个积极性作为改革的着力点，突出转机建制，进一步推进了机车车辆工业企业走向市场。

体制改革取得突破。1996年，经铁道部批准，机车车辆工业总公司改组为控股公司，并于5月27日按控股公司章程正式挂牌运作，使机车车辆工业总公司从一个以行政管理为主要职能的公司，转变成为一个以资产经营为主要职能的控股公司。它的改组成立，为机车车辆工业企业建立"产权清晰、权责明确、政企分开、管理科学"为特征的现代企业制度创造了良好条件。1996年，机车车辆工业进行体制改革的另一个重大举措是实行资产经营责任制。总公司与铁道部签订了《“九五”期间资产经营责任书》,明确了总公司所控股的国有资产的经营责任和目标。在分类定率、分档定基数确定所属企业的资产经营责任指标的基础上,同时实施了与资产经营责任制相配套的“工效挂钩办法”和领导干部风险抵押制度,初步建立了有偿投入的风险和自我约束机制。此外,还积极地进行了科研体制改革探索,科、工一体化的格局初步形成。

企业改制试点有所进展。按照总公司“九五”期间改制成规范运作的控股公司和厂、研究所建立现代企业制度的体制改革安排,齐齐哈尔厂建立现代企业制度试点的整套方案已基本成型,总公司配合部政策法规司对该试点方案进行了论证。对长春客车厂、长春机车车辆厂两厂改组方案进行了深入研究,形成了统一规划、分步实施的改组方案。对资阳、成都两厂改组方案也进行了研究。贵阳厂改制方案正在进行框架制定工作。非试点企业也在二级单位的改制中摸索了经验。经过认真调查研究和论证,制定了《机车车辆工业“九五”改革、改组、改造方案》,在广泛征求有关司局意见的基础上,已经部长办公会讨论通过。

企业配套改革稳步进行。1996年中车公司进一步深化用工制度改革,严格劳动人事管理。建立了减人增效的机制。全面推行了劳动合同制,签订了劳动合同的职工已占总公司职工总数的98.5%。中车公司所属各厂进一步完善工效挂钩办法,比较好地建立了效率优先、兼顾公平的分配机制和工资正常增长机制;不少厂所实施了厂内待业、内部退休、定期息工等措施。干部制度改革力度加大,普遍实行了聘用制和聘任制,扩大试行了厂所中层干部公开招聘竞争上岗制度和干部岗位合同制。与此同时,中车公司通过加快深化教育、养老保险、医疗、住房制度等方面的改革,进一步理顺关系,取得了比较好的效果。

1996年,中车公司召开了第三次科学技术会议,制订了中车公司科学技术“九五”计划和2010年远景目标,提出了1996年科技重点工作,落实科教兴业战略,保证科技投入;抓好时速140km～160km列车的改进配套;开展25t轴重重载机车、货车和高速列车的设计研究;项固发展“八五”质量攻关成果;提高电子计算机运用水平。中车公司所属各厂所相继召开科技大会,对“九五”期间科技进步及技术改造做出了规划。

〔撰稿人:中国铁路机车车辆工业总公司　郑昌泓　审稿人:中国铁路机车车辆工业总公司副总经理　秦　刚〕

〔电力工业部〕

生产发展情况　电力工业部从事铁路机车车辆制造的企业是宝鸡电力设备厂,该厂的主导产品K18DGⅡ煤炭漏斗车产品遍布全国20多个省市,用于40多个电厂、煤矿、洗选煤厂、钢铁企业、输变电工程公司,年生产能力达300余辆。

该厂1996年完成工业总产值(当年价)5 402万元,工业增加值1 538万元,分别比上年增长16.39%、39.82%,生产、经营呈上升势头。全年完成主要产品制造K18DGⅡ煤炭漏斗车257辆,高空带电作业斗臂工程车4辆。煤炭漏斗车的产量是历年的最好水平。详见表3。

该厂全年实现销售收入4 997万元,比上年提高16.48%,创利税266万元,全员劳动生产率18 860元/人,工业资金利税率,工业增加值率分别比上年增长4.61、1.95个百分点,综合经济效益指数达70%。

市场及销售　1996年,宝鸡电力设备厂在竞争中取得2700多万元的订单,保住了煤车市场。同时积极开发研制电站辅机产品,扩大市场,使产品多元化。

新技术及科研成果　1996年煤炭漏斗车采用了铁道部推荐使用的先进技术:双向闸瓦间隙调整器和密封式制动缸,在新材料方面采用了新型耐磨闸瓦材料。

1996年煤粉锅炉等离子点火装置的研制取得了重大进展,初步试验连续运行达30h,为下一步在电厂锅炉上正式进行工业性试验打下了良好的基础。

新产品　该厂与电力工业部郑州机械设计研究所联合研制的LJ型系列电厂锅炉炉膛检修平台,1996年10月通过了电力工业部机械局组织投产鉴定,同意进行小批量生产。

表3　1990年～1996年主要产品产量完成情况

产品名称	单位	1990年	1991年	1992年	1993年	1994年	1995年	1996年
煤炭漏斗车	辆	151	78	116	138	121	205	257
高空带电作业斗臂工程车	辆	5	3	0	3	3	4	4

由该厂设计、生产的BDC5040GSX型带电水冲洗工程车,获西北电管局科技二等奖。

基本建设及技术改造　1996年该厂基本建设投资342万元,技术改造投资152万元。

对外合作　宝鸡电力设备厂与哈萨克斯坦动力研究院合作,1996年引进了等离子点火装置,试验工作取得了一定的进展。

〔撰稿人:电力工业部　单　伟　审稿人:电力工业部　张海青〕

〔责任编辑:王　如〕

汽 车

〔机械工业部〕

生产发展情况 1996年是汽车工业发展相对平稳的一年，根据汽车行业《目录》内企业汽车产销量统计（见表1）可以看出，中型、轻型载货汽车生产销量下降，而轿车、微型客货车和大客车增长较明显。

从表1中看出，全国《目录》范围内汽车生产企业全年共产汽车147.49万辆，比上年143.48万辆增长2.8%；销售汽车145.87万辆，比上年销售142.36万辆增长2.47%，产销率为98.9%，比上年降低30.4个百分点，产销基本平衡。1996年汽车产销率在一、二月份较低，分别为90.58%和88.45%，库存量较大。由于受市场影响，许多企业采取了以销定产的方针，使全年产销量大体平衡，但没有完成155万辆的年生产计划。1996年汽车产品结构比上年也发生了变化，柴油汽车的比重比上年又有上升。1995年生产柴油汽车35.88万辆，占汽车总产量的25.01%；1996年生产柴油汽车38.06万辆，占总产量的26.14%，比上年增加了1.13个百分点。主要是一汽的5t、6t、8t、9t、柴油汽车和小解放柴油车，东风公司3t、6t、8t柴油车，跃进集团公司依维柯柴油客车以及洛阳拖拉机厂5t柴油车产量的增长促使柴油车占整车的比重有所上升。1996年汽车产量排前五位的企业共生产汽车82.95万辆，占总产量的56.97%，前八位企业共生产汽车104.73万辆，占总产量的71.92%，前十位企业总产量为113.41万辆，占全国总产量的77.88%，比1995年所占比重76.18%上升了1.7个百分点；生产万辆以上的企业共有18个，生产总量为129.42万辆，占全国总产量的88.88%，与1995年所占比重86.90相比，上升了1.98个百分点。具体情况见表2。东风公司、北京公司、跃进集团1996年汽车产量与1995年相比降幅较大，分别下降20.87%、23.4%和7.23%。按车型分类，1996年我国汽车生产企业产销情况见表3。1996年生产汽车用发动机147.32万台，比上年增长5.85%，其中柴油机48.90万台，汽油机98.42万台，分别比上年增长9.65%和4.10%。详见表4。

1996年世界汽车生产情况根据国际汽车制造商协会（OICA）资料的整理结果表明，1996年全球汽车产量为5 339.8万辆，比1995年的5 218万辆增长2.33%；其中轿车产量为3 928.9万辆，比1995年3 833.3万辆增长2.49%。我国汽车产量（经过与国家统计局年报核对的结果）为147.3万辆，比1995年145.3万辆增长1.38%，其中轿车39万辆，比1995年32.5万辆增长20%。以上情况表明，1996年全球汽车产量保持低速增长，我国汽车产量在世界排名仍保持第11位。

按地区划分，欧洲产量第一。其产量为1 884.1万辆，其余依次为亚太地区1 711.6万辆，美洲1 704.8万辆，非洲39.3万辆。与1995年比较，非洲增长第一，其增长率为4.24%；美洲负增长，为－0.07%。其余依次为：欧洲增长率3.65%，亚太地区增长率3.32%。从轿车占汽车总量比重构成看，欧洲为87.52%，同比增长－0.18%；亚太地区为70.43%，同比增长1.14%；美洲为61.56%，同比增长－1.02%；非洲63.61%，同比增长0.75%。

将各国情况分析比较，1996年汽车产量达到1 000万辆的国家有两个，他们是美国1 179.6万辆，日本1 034.6万辆；汽车产量在500万辆～100万辆之间的国家有12个，他们是：德国484.4万辆，法国359.1万辆，韩国281.3万辆，西班牙241.3万辆，英国192.9万辆，加拿大190.7万辆，巴西181.3万辆，意大利154.5万辆，中国147.3万辆，比利时124.2万辆，墨西哥121.9万辆，俄罗斯103.7万辆。从上述14个世界主要汽车生产国与1995年相比的增长情况看，负增长有5个国家，他们是美国－2.23%，加拿大－11.05%，意大利－7.32%，比利时－2.28%，俄罗斯－3.71%；在同比增长的9个国家中，增长10%以上的有韩国（11.36%）、巴西（11.30%）、墨西哥（30.10%），此外，英国也有8.78%的增长率。

表1 1996年汽车工业产销（分车型）情况 （单位：辆）

产品分类名称	生产量	销售量
汽车总计	1 474 905	1 458 666
载货汽车合计	688 614	685 752
重型载货汽车	31 655	31 376
中型载货汽车	211 789	209 950
轻型载货汽车	303 422	302 635
微型载货汽车	141 748	141 791
客车合计	395 192	386 171
大型客车	3 632	3 482
中型客车	18 624	18 617
轻型客车	197 549	194 856
微型客车	175 387	169 216
轿车	391 099	386 743
其中：柴油汽车总计	377 487	373 497
载货汽车合计	319 222	316 212
重型载货汽车	31 516	31 248
中型载货汽车	137 910	136 864
轻型载货汽车	148 904	147 569
微型载货汽车	892	531
客车合计	58 265	57 285
大型客车	3 348	3 253
中型客车	10 807	10 508
轻型客车	44 110	43 524

表 2　1996 年汽车工业主要生产企业(万辆以上)产销情况

企业名称	生产量(辆)			销售量(辆)		
	1996 年	1995 年	增长%	1996 年	1995 年	增长%
汽车企业总计(116 个企业)	1 456 200	1 434 788	1.49	1 438 861	1 423 639	1.07
第一汽车集团公司	233 191	182 196	27.99	227 948	176 219	29.35
上海大众汽车有限公司	200 791	160 070	25.44	200 636	159 766	25.58
天津汽车工业(集团)有限公司	152 686	130 848	16.70	152 816	131 582	16.14
东风汽车公司	161 245	179 606	−10.22	157 418	175 125	−10.11
北京汽车工业集团总公司	129 417	168 946	−23.40	130 390	169 757	−23.19
跃进汽车集团公司	74 606	80 418	−7.23	74 508	80 108	−6.99
柳州微型汽车厂	72 176	50 516	42.88	70 310	49 862	41.01
长安汽车有限责任公司	78 728	70 070	12.36	78 872	68 049	15.90
哈尔滨哈飞汽车制造有限公司	44 594	45 331	−1.63	40 754	45 343	−10.12
昌河飞机工业公司	42 194	25 020	68.64	40 590	25 067	61.93
庆铃汽车(集团)有限公司	34 500	30 010	14.96	34 501	30 007	14.98
一汽大众汽车有限公司	26 864	20 001	34.31	26 390	19 915	32.51
一汽金杯汽车股份有限公司	20 348	13 345	52.48	20 317	13 862	46.57
江苏仪征汽车制造厂	17 677	24 528	−27.93	15 979	24 528	−34.85
合肥江淮汽车制造厂	17 236	14 008	23.04	17 131	14 051	21.92
江铃汽车股份有限公司	15 470	22 003	−29.69	16 271	20 907	−22.17
安徽省淮海机械厂	14 730	13 722	7.35	16 700	13 184	26.67
东风集团郑州轻型汽车制造厂	13 179	16 187	−18.58	12 561	16 292	−22.90

表 3　1996 年我国主要汽车(按车型分类)生产企业产销情况

企业名称	生产量(辆)			销售量(辆)		
	1996 年	1995 年	增长%	1996 年	1995 年	增长%
汽车总计(116 个企业)	1 474 905	1 434 788	2.80	1 458 666	1 423 639	2.46
1. 载货汽车(90 个企业)	688 614	737 019	−6.57	685 752	724 776	−5.38
重型载货汽车(20 个企业)	31 655	29 895	5.89	31 376	29 618	5.94
东风汽车公司	11 160	12 375	−9.82	11 465	12 299	−6.78
中国重型汽车公司	6 594	5 584	18.09	6 217	5 299	17.32
第一汽车集团公司	5 149	3 519	46.32	5 077	3 519	44.27
四川红岩汽车股份有限公司	3 228	3 008	7.31	3 102	3 018	2.78
陕西汽车制造总厂	2 296	1 969	16.61	2 521	1 852	36.12
长征汽车制造厂	483	575	−16.00	355	716	−50.42
上海汇众汽车制造公司	461	805	−42.73	405	801	−49.44
重庆西南车辆制造厂	387	601	−35.61	412	600	−31.33
内蒙古第一机械制造厂	312	301	3.65	441	210	110.00
山西汽车制造厂	299	242	23.55	366	306	19.61
合肥淝河汽车制造厂	233	358	−34.92	266	400	−33.50
北京重型汽车制造厂	157	169	−7.10	130	187	−30.48
中型载货汽车(10 个企业)	211 789	249 844	−15.23	209 950	243 769	−13.87
东风汽车公司	106 050	149 757	−29.19	104 632	145 771	−28.22
第一汽车集团公司	95 194	85 635	11.16	94 504	82 891	14.01
南京东风汽车有限公司	3 676	4 907	−25.09	4 002	5 151	−22.31
湖北专用汽车制造厂	3 141	3 671	−14.44	3 431	4 192	−18.15
第一拖拉机工程机械公司	1 726	1 858	−7.10	1 326	1 828	−27.46
轻型载货汽车(50 个企业)	303 422	349 222	−13.11	302 635	344 290	−12.10
第一汽车集团公司	69 654	62 860	10.81	67 546	59 467	13.59
跃进汽车集团公司	46 195	71 077	−35.01	46 329	70 545	−34.33
北京汽车工业集团总公司	40 739	68 796	−40.78	42 486	69 244	−38.64

（续）

企业名称	生产量(辆)			销售量(辆)		
	1996年	1995年	增长%	1996年	1995年	增长%
庆铃汽车(集团)有限公司	34 233	29 950	14.30	34 238	29 947	14.33
东风汽车公司	15 860	2 535	525.64	14 621	2 260	546.95
江铃汽车股份有限公司	15 570	22 003	−29.24	16 271	20 907	−22.17
东风集团郑州轻型汽车制造厂	12 526	15 230	−17.75	11 810	15 154	−22.07
天津汽车工业集团有限公司	10 207	12 453	−18.04	10 338	12 767	−19.03
一汽金杯汽车股份有限公司	10 052	4 628	117.19	9 509	4 722	101.38
四川省公路机械厂	8 433	8 481	−0.57	8 663	8 564	1.16
云南蓝箭汽车制造厂	6 131	9 967	−38.49	6 472	9 050	−28.49
烟台汽车制造厂	5 601	988	466.9	5 315	1 114	377.11
河北中兴汽车制造有限公司	3 323	3 857	−13.84	3 251	3 959	−17.88
合肥江淮汽车制造厂	3 164	4 616	−31.46	3 299	4 383	−24.73
中汽客车有限责任公司	3 010			3 004		
淄博汽车制造厂	2 522	1 587	58.92	2 359	1 124	109.88
湛江三星农用运输车制造公司	2 287	3 794	−39.72	2 313	3 902	−40.72
江苏仪征汽车制造厂	1 976	3 167	−37.61	1 611	3 167	−49.13
广州羊城汽车厂	1 956	560	249.29	1 834	447	310.29
江南航天集团贵州华航汽车公司	1 836	2 529	−27.40	1 685	2 220	−24.10
昆明茶花汽车厂	1 469	1 890	−22.28	1 599	1 747	−8.47
云南金马农用车制造厂	1 356	1 619	−16.24	1 350	1 890	−28.57
福建汽车厂	1 307	2 425	−46.10	1 494	2 724	−45.15
东风武汉轻型汽车公司	1 133	961	17.90	1 072	1 018	5.30
江西消防车辆制造厂	1 128	1 322	−14.67	1 066	1 299	−17.94
微型载货汽车(10个企业)	141 748	108 058	31.18	141 791	107 099	32.39
柳州微型汽车厂	54 477	37 312	46.00	53 871	37 084	45.27
长安汽车有限责任公司	41 033	33 374	22.95	38 295	32 591	17.50
安徽省淮海机械厂	12 522	11 511	8.78	14 685	11 748	25.00
天津汽车工业集团有限公司	8 964	8 227	8.96	9 190	8 155	12.69
哈尔滨哈飞汽车制造有限公司	7 756	7 131	8.76	7 128	7 124	0.06
陕西飞机制造公司	5 183	8 171	−36.57	5 696	7 954	−28.39
南京东风汽车有限公司	4 171			4 499		
2.客车(87个企业)	395 192	377 175	4.78	386 171	377 729	2.23
大型客车(13个企业)	3 632	3 814	−4.77	3 482	3 855	−9.68
丹东汽车制造厂	1 896	2 032	−6.69	1 866	2 005	−6.93
上海电车厂	1 229	960	28.02	1 510	960	57.29
中国重型汽车公司	531	73	627.40	500	54	825.93
桂林客车工业集团公司	483			443		
合肥淝河汽车制造厂	407	313	30.03	415	352	17.90
常州客车制造厂	168	94	78.72	171	101	69.31
北京北方车辆制造厂	158	91	73.63	159	101	57.43
中型客车(12个企业)	18 624	18 813	−1.00	18 617	18 296	1.75
东风汽车公司	8 307	9 484	−12.41	8 392	9 116	−7.94
江苏亚星客车集团有限公司	4 367	4 356	0.25	4 405	4 421	−0.36
常州客车制造厂	1 781	2 172	−18.00	1 837	2 133	−13.88
第一汽车集团公司	1 620	1 064	52.26	1 463	994	47.18
桂林客车工业集团公司	983	495	98.58	1 020	353	188.95
广州汽车制造厂	759	853	−11.02	759	871	−12.86
长沙客车厂	236	232	1.72	224	226	−0.88
丹东汽车制造厂	120	5	23.00	63	32	96.88
沈阳飞机工业(集团)有限公司	109	81	34.57	103	68	51.47

（续）

企业名称	生产量(辆)			销售量(辆)		
	1996年	1995年	增长%	1996年	1995年	增长%
轻型客车(54个企业)	197 549	205 704	−3.96	194 856	207 321	−6.01
北京汽车工业集团总公司	62 627	75 023	−16.52	62 175	74 592	−16.65
跃进汽车集团公司	28 411	9 341	204.15	28 179	9 563	194.67
江苏仪征汽车制造厂	15 701	21 361	−26.50	14 368	21 361	−32.74
第一汽车集团公司	14 765	7 363	100.53	13 216	7 309	80.82
合肥江淮汽车制造厂	14 167	9 392	50.84	13 937	9 668	44.16
一汽金杯汽车股份有限公司	10 296	8 717	18.11	10 308	9 140	12.78
河北胜利客车厂	6 311	6 575	−4.02	6 323	6 408	−1.33
四川旅行车制造厂	5 283	5 673	−6.87	5 112	5 599	−8.70
中国金燕汽车船舶工业公司	4 097	6 318	−35.15	4 259	6 182	−31.11
江西富奇汽车厂	3 996	3 850	3.79	3 941	3 671	7.35
松辽汽车股份有限公司	3 442	5 610	−38.65	3 422	6 002	−42.99
海南汽车制造厂	2 424	2 859	−15.22	2 563	2 835	−9.59
天津汽车工业集团有限公司	2 369	3 359	−29.47	2 552	3 432	−25.64
湛江三星汽车制造公司	2 348	4 874	−51.83	1 818	4 992	−63.58
石家庄市汽车制造有限责任公司	1 923	5 920	−67.52	1 726	5 795	−70.22
江苏亚星客车集团有限公司	1 848	771	139.69	1 803	688	162.06
四川汽车工业集团公司	1 738			1 710		
湖南汽车车桥厂	1 571	925	69.84	1 566	897	74.58
中汽客车有限责任公司	1 381			1 030		
北京燕京汽车厂	1 320	2 403	−45.07	1 258	2 608	−51.76
重庆专用汽车制造总厂	1 306	1 492	−12.47	1 328	2 397	−44.60
沈阳飞机工业(集团)有限公司	1 046	1 531	−31.68	643	1 788	−64.04
微型客车(8个企业)	175 387	148 844	17.83	169 216	148 249	14.14
天津汽车工业集团有限公司	43 184	41 809	3.29	43 936	41 990	4.63
昌河飞机工业公司	42 194	25 020	68.64	40 590	25 067	61.93
哈尔滨哈飞汽车制造有限公司	36 838	38 121	−3.37	33 626	38 219	−12.02
长安汽车有限责任公司	24 595	28 971	−15.10	25 264	28 599	−11.66
柳州微型汽车厂	18 189	12 711	43.10	16 822	12 483	34.76
安徽省淮海机械厂	2 208	2 211	−0.14	2 015	1 436	40.32
陕西飞机制造公司	1 249			989		
3.轿车(14个企业)	391 099	320 578	22.00	386 743	321 115	20.44
上海大众汽车有限公司	200 130	160 070	25.03	200 031	159 765	25.20
天津汽车工业集团有限公司	88 068	65 000	35.49	86 800	65 238	33.05
一汽大众汽车有限公司	26 864	20 001	34.31	26 390	19 915	32.51
北京汽车工业集团总公司	26 051	25 127	3.68	25 729	25 921	−0.74
第一汽车集团公司	17 988	19 655	−8.48	17 514	19 395	−9.70
神龙汽车有限公司	9 158			7 126		
广州标致汽车有限公司	4 855	6 936	−30.00	2 724	6 608	−58.78
长安汽车有限责任公司	4 846	7 725	−37.27	5 661	6 859	−17.47
西安泰川(集团)发展总公司	1 032	2 597	−60.26	1 378	2 419	−43.03
江南机器厂	1 029	1 568	−34.38	908	1 579	−42.50
贵州航空工业总公司汽车总厂	799	7 105	−88.75	1 288	8 622	−85.06
吉林江北机械厂	609	425	43.29	1 533	534	187.08

将轿车占总量比重构成分析，在世界万辆以上35个汽车生产国中，轿车占汽车总量比重80%以上的国家有22个；比重在60%～79%之间的有9个国家，50%～59%之间的有两个国家；中国(26.48%)和泰国(25.22%)，占总量比重最低。

市场及销售 1996年汽车工业在产销总体保持低速增长的情况下，主要经济效益指标也呈现出不同程度的增长。一汽集团、东风集团、重汽集团、上汽集团、天汽集团、北汽集团7个主要企业集团的产品销售收入1 372亿元，比上年增长11.46%，实现利润76.8亿元，增长7.56%，企业资产总额达到1 642.3亿元，比上年增长18.83%。从7个汽车企业集团主要经济效益指标看，有以下几方面特点：

一是亏损面增加，亏损总额降低。1996年亏损企业数由上年的36个上升到40个，同比增加11.1%，但亏损总额由上年的7.5亿元降至5.1亿元，减亏2.4亿元，同比降低32%。

表4　1996年我国主要发动机企业产销情况

企业名称	生产量				销售量			
	1996年		增长%		1996年		增长%	
	台	MW	台	MW	台	MW	台	MW
汽车发动机商品量总计	904 114	54 465	−4.50	−71.3	892 024	53 587	−2.28	−34.3
车用柴油机商品量合计	375 862	31 044	−2.50	−22.1	379 239	30 738	4.73	47.6
扬州柴油机厂	76 212	4 388	−10.71	−121.7	71 834	4 152	−14.26	−151.3
东风汽车公司	70 136	5 820	27.78	192.9	61 754	5 140	12.29	47.9
广西玉柴机器股份有限公司	50 839	5 368	−35.84	−356.0	50 755	5 452	−32.10	−299.2
云南内燃机厂	48 220	2 785	17.61	189.5	73 247	4 375	76.65	791.6
大连柴油机厂	41 340	4 539	5.75	109.5	37 198	3 962	20.48	225.1
成都内燃机总厂	30 996	1 452	−19.46	−188.4	30 988	1 451	−12.20	−120.6
第一汽车集团公司	16 149	1 781	347.96	3 852.9	12 969	1 463	261.76	2 997.3
杭州汽车发动机厂	7 924	1 361	29.67	286.4	7 940	1 372	28.65	289.5
湖南省动力机械厂	7 569	763	34.08	317.8	6 062	626	35.13	363.8
南京东山汽车发动机厂	6 850	428	−29.50	−313.0	6 882	431	−15.98	−180.6
潍坊柴油机厂	5 469	1 056	11.41	83.1	5 871	1 133	20.04	165.6
莱阳动力机械总厂	4 717	348			4 451	325		
第一拖拉机工程机械公司	3 126	310	−4.29	−9.6	2 908	300	−12.44	−56.6
成都发动机制造公司	1 487	86	−52.60	−519.6	1 859	107	−46.89	−465.0
柳州市动力机械总厂	1 294	134	−73.53	−723.7	1 096	114	−25.95	−229.7
湖南省邵阳汽车发动机厂	913	28	−73.08	−720.0	1 119	34	−54.16	−521.1
北京内燃机集团公司	780	40	−38.68	−550.6	445	30	−70.67	−734.5
重庆康明斯发动机有限公司	600	133	21.70	330.0	574	127	11.03	245.1
芜湖汽车发动机厂	359	40	−35.20	−403.0	351	39	−32.24	−381.0
跃进汽车集团公司	318	24	186.49		313	24	181.98	
陕西汽车制造总厂	260	38	2 263.64		260	38	2 263.64	
云南金马机械总厂	231	20	13.24	−47.6	273	29	225.00	
车用汽油机商品量合计	528 252	23 421	−5.87	−129.5	512 785	29	−6.90	126.3
天津汽车工业集团有限公司	160 503	5 920	21.22	245.5	159 773	5 893	22.34	224.1
哈尔滨东安发动机制造公司	125 597	3 236	25.07	250.4	119 984	3 091	12.61	126.0
北京内燃机集团公司	108 763	6 943	−37.95	−350.3	111 612	7 045	−33.83	−312.4
一汽金杯汽车股份有限公司	27 812	1 784	0.17	3.9	27 680	1 773	−0.30	−2.8
长安汽车有限责任公司	25 578	532	0.34	−245.4	20 203	536	3.48	−5.6
第一汽车集团公司	25 081	1 703	−51.85	−498.5	22 980	1 493	−55.81	−559.3
江西汽车发动机总厂	22 371	1 399	11.50	115.6	17 302	1 084	0.01	1.8
柳州机械厂	12 354	310	20.00	347.8	12 434	320	17.15	333.3
湖南长沙发动机有限公司	8 506	578	−12.75	−84.0	7 165	484	−27.79	−253.1
东风汽车公司	5 265	530	75.97	709.7	5 273	520	76.12	677.4
绵阳新华内燃机股份公司	3 102	217			4 553	321		
跃进汽车集团公司	1 235	86	−1.75	−22.7	1 249	87	−5.81	−64.5
贵州汽车制造厂	963	83	−2.53	−153.1	979	97	−9.01	−101.9
上海大众汽车有限公司	865	57	−39.43	−393.6	1 192	76	−4.18	27.0
沈阳双马汽车制造厂	211	14	−75.23	−762.7	138	10	−84.55	−836.1

二是利润增幅低于销售收入的增长幅度。同上年相比，7个汽车企业集团产品销售收入平均增幅

11.46%，而利润总额平均增幅7.56%，平均销售利润率由上年的5.8%降到5.60%，即每百元降低0.2元。

三是运用资产获利的能力提高。总资产报酬率为7.60%，年均每百元增加1.15元，增幅为17.83%。其中重汽、天汽和上汽集团每百元资产获利分别增加1.72元、2.18元和2.48元，均高于行业平均水平。

四是成本费用持续攀升。1996年7个汽车企业集团成本费用增长快于收入的增长而持续攀升。其中，成本占收入的比重已上升到81.52%。除天汽集团、上汽集团以外，其他集团成本比重均高于行业水平。同上年相比，除东风集团公司、北汽公司、天汽公司以外，其他企业集团成本均呈上升趋势。

五是资产负债水平无明显增加。1996年7个企业集团资产总额增加18.83%，负债总额增加20.29%，资产负债率为66.02%，基本保持了较稳定的偿债能力。详见表5。与此同时，反映企业自有流动资金规模的“平均营运资金”增加7.1亿元，增幅5.53%，反映企业短期偿债能力及变现能力的指标流动比率、速动比率分别为116.91%和83.5%，仍保持较合理水平。

六是资金运作效率提高。1996年7个企业集团产销的增长刺激了对资金的需求，同时也加大了资金占用量。存货、应收帐款年末资金占用分别比上年增加31.7亿元和55.1亿元，增幅为13.37%、30.13%。与此同时，由于产品销售收入增加141.2亿元、增幅11.46%，使得反映企业应收帐款利用效率和变现速度的指标应收帐款周转率反而比上年加快1次，达到6.5次，周转天数加快10天。反映企业购、产、销平衡效率和周转速度的指标存货周转率为4.4次，也比上年加速0.4次，周转天数加快8天。

综上所述，1996年汽车企业集团各项综合经济指标反映有喜有忧，几大企业集团仍保持着较强的优势，总体上看，汽车工业整体经济效益保持了低速增长的态势。

表5　1996年7个汽车企业集团主要经济指标

经济指标 / 企业名称	工业总产值		工业增加值		产品销售收入		利润		固定资产净值		利税		工业综合效益指标	
	亿元	增长%	亿元	增长%	亿元	增长%	亿元	增长%	亿元	增长%	亿元	增长%	%	增长百分点
第一汽车集团	275.1	10.0	71.3	−5.1	282.7	14.1	2.9	−20.5	92.8	34.7	19.9	−10.34	135.9	−8.9
东风汽车集团	102.8	−10.0	20.6	17.5	99.2	−9.0	1.1	−57.8	48.2	17.3	6.2	−17.16	86.4	4.5
重型汽车集团	60.9	9.2	13.4	9.1	56.1	3.0	−0.5	−80.0	35.6	53.0	2.7	335.48	45.3	6.2
中国汽车工业总公司	49.2	8.7	7.4	6.0	50.1	12.7	−0.2	−35.0	41.4	65.5	2.6	−87	76.5	0.3
上海汽车集团	377.6	27.9	103.3	26.9	374.7	27.0	50.6	34.6	71.1	36.7	70.2	7.64	455.2	44.8
天津汽车集团	115.9	24.2	28.2	5.4	118.7	20.5	6.5	1.4	44.9	139.1	14.5	21.68	162.0	−18.1
北京汽车集团	97.8	6.6	19.9	−16.2	102.3	−7.5	2.4	−20.6	24.2	0.3	8.9	−17	145.8	−73.8

随着近几年高速公路的发展，对高中档大客车的需求增加较快，到1996年止，我国已引进了德国尼奥普兰、凯斯鲍尔，瑞典沃尔沃、韩国大宇以及奔驰等豪华大客客车。

表6　1996年全国汽车进出口情况

产品名称	进口				出口			
	辆(台)	增长%	万美元	增长%	辆(台)	增长%	万美元	增长%
汽车商品总计			204 143	−20.74			58 927	−10.31
汽车合计	75 362	−52.34	83 306	−45.75	14 995	−15.51	14 733	−4.10
1. 载货汽车	6 179	−48.82	7 703	−40.27	8 903	−1.84	8 229	8.51
2. 自卸车	470	−13.76	5 607	16.73	550	−27.72	898	−69.33
3. 客车	8 230	−26.37	6 425	−25.44	1 099	9.14	2 063	134.59
4. 轿车	58 382	−55.04	37 952	−56.35	1 839	−27.28	2 410	−16.82
(1)小轿车	57 942	−56.14	37 084	−56.70	628	−55.56	1 041	−52.16
(2)轻型越野汽车	440	−35.77	860	−33.91	1 211	8.51	1 376	88.61
5. 专用汽车	3 525	−16.49	24 960	−35.45	355	19.13	1 050	22.14
发动机合计	190 500	−34.43	12 680	−8.76	20 389	−89.27	453	−87.91
排量250mL以下	161 853	−36.48	5 786	−24.89	12 527	73.26	200	76.52
汽车零件、附件及车身			107 761	26.08			38 219	1.62
摩托车	2 911	−93.71	151	−93.66	75 414	−14.90	4 299	−8.16
挂车、半挂车及其零件			80	−96.22			180	−98.02

1996年汽车产品进出口情况：据海关总署统计，1996年全国汽车商品进出口与上年相比表现为负增长，汽车商品进口金额20.4亿美元，出口5.9亿美元，与上年相比分别下降20.74%和18.31(见表6)。

在进口产品中只有汽车零件附件及车身进口同比增长，其余均为负增长。在进口的汽车整车品种中，只有大型客车和医疗车同为增长，其余车型均为负增长。在进口的发动机品种中，只有排量大于250ml小于或等于1 000ml的汽车发动机和134.kW(180马力)及以上的柴油发动机同比增长，均增长30%以上。

在出口产品中，除汽车零件附件及车身出口同比保持低速增长外，其余均为负增长。在出口的汽车整车品种中，中轻型载货汽车、大客车及中、轻型客车和轻型越野车同比增长。五大汽车集团出口创汇情况见表7。

表7 1996年五大汽车集团出口创汇简况

企业名称	出口创汇					出口产品(辆)		出口主要国家、地区
	合计	整车		零部件(万美元)	其他(万美元)			
		辆	万美元					
中国第一汽车集团公司	5 500.00	5 003	4 813.00	687.00		中型车 轻型车 轿车	3 974 1 027 2	东南亚：缅甸、朝鲜、日本(零部件) 非洲：埃塞俄比亚、坦桑尼亚、赞比亚 中东：约旦、沙特阿拉伯、阿联酋 美洲：美国(零部件)
中国汽车工业总公司	16 235.50	460	100.48	8 382.56	7 752.53	载货汽车 客车 轿车	390 11 20	出口涉及97个国家、地区
东风汽车公司	2 187.29	1 197	1 257.8	487.29	442.20	载货汽车(中型车) 翻斗车 客车 其他	986 151 54 6	中型载货车出口东南亚、中东、非洲，翻斗车出口到中东、非洲，客车出口到南美，汽车零部件出口到东南亚、美洲，铸件出口到欧美、日本
中国重型汽车集团公司	6 501.78	167	584.01	4 883.57	723.92	重型车 发动机(MW)	167 1 047	汽车出口东南亚、非洲，发动机出口到南亚，汽车零部件出口欧美、东南亚
北京汽车工业集团总公司	1 816.00	1 112	671.00	1 145.00		轻型越野车 轻型车	956 156	越南、菲律宾、秘鲁、缅甸

科研成果 1996年，我国汽车行业和有关高等院校被推荐参加"中国汽车工业科学技术进步奖"评审的项目共计76项，其中：汽车、摩托车整车和零部件17项，材料、工艺及技术装备26项，工程设计与施工4项，测试技术与设备20项，计算机应用7项，标准、科技和经济信息2项。被推荐参加"中国汽车工业优秀科技人才奖"评审的人员共19名。经组织专家初评和汽车工业科技进步奖励评审委员会的终评，共有45项获1996年度中国汽车工业科学技术进步奖，其中一等奖1项、二等奖6项、三等奖26项、四等奖12项。

具体内容是：一等奖：汽车碰撞试验与测试分析处理系统研究；二等奖：1.引进技术KT/KTA19柴油机国产化，2.UN630型闪光对焊机研制，3.消失模铸造法在汽车铝铸件生产中的研究和应用，4.汽车模拟碰撞试验设备研究项目，5.南京汽车制造厂依维柯轻型汽车车身厂、总装厂工程项目，6.东风公司原材料资源数据库及应用系统；三等奖：1.NJ1061、NJ1041系列车型扩展变型车品种的开发、投产，2.SE5H14汽车空调压缩机，3.依维柯S系列车用盘式及鼓式制动器的开发、生产准备和国产化配套，4.引进技术CAH212化油器国产化及部分改进，5.BJ2021(切诺基)汽车横直拉杆国产化工艺研究，6.汽车用同步齿形带的研制，7.高性能汽车离合器磨擦片研究，8.一汽集团公司哈尔滨汽车齿轮厂变速器柔性装配线，9.EQX29差速器壳体加工自动线设计和制造，10.7.5m长车箱涂装线工艺系统设计，11.长寿命集中润滑切削液研究和应用，12.轮胎内螺母"塞闭"冷挤压成型技术的研究及生产中的应用，13.IVECO汽车后桥壳铸件的国产化，14.降低鼓式制动器尖叫措施的研究，15.汽车底盘模拟测功机计算机控制与数据处理系统，16.汽车制动元件综合试验台研制,17. 汽车碰撞试验室工程开发,18. QJ-01 型汽车球铰试验系统,19. 桑塔纳轮胎螺栓检测设备,20. 汽车驾驶模拟器,21. 汽车变速器寿命试验台与换档试验台及其多台运行状态监测集散控制系统,22. 四川柴油机厂斯太尔发动机生产技术改造项目,23. 压铸模计算机辅助设计与专家系统,24. 汽车多品种混流装配生产计算机辅助管理系统,25. 总装厂计算机实时质量监控系统,26. JL70-2 型摩托车新产品开发;四等奖:1. Audi100 轿车离合器总成国产化,2. 大型罐式车罐体筒身自动焊与自动成型生产线,3. F449201 车箱底板顶板机的开发应用,4. 左右车门装焊线的研制,5. IVECO 制动蹄筋感应加热工艺研究,6. 传动轴花键冷挤压工艺的应用开发,7. DG88 花键冷滚轧机的研制,8. 密封箱式炉开发与研制,9. 汽车视野激光测试仪,10. 汽车制动软管总成试验系统研制,11. 轻型汽车排气污染物实时分析系统的研制,12. 汽油车燃油蒸发污染物收集法测试设备的研制及应用。

按专业分:汽车、摩托车整车和零部件有 7 项获奖,材料、工艺及技术装备有 18 项获奖,工程设计与施工有 2 项获奖,测试技术与设备有 14 项获奖,计算机应用有 4 项获奖。有 5 名科技人员获 1996 年度中国汽车工业优秀科技人才奖。从评审结果看,1996 年的获奖项目和人员都比 1995 年(44 项、2 名)有所增加,并有 1 项获一等奖,这说明汽车工业的科技进步工作有进展。

新产品 1996 年经过审查进入《全国汽车、改装车摩托车企业及产品目录》的汽车新产品共 1 035 种,为适应市场,各汽车大集团的产品开发迅速向系列化发展,1996 年一汽"小解放"柴油车鉴定投产,轿车厂开发出 5 种红旗系列轿车,金杯集团公司也推出 CA1043 系列轻型货车,拓宽了产品系列,东风汽车公司开发出 EQ1061 型 1t 轻型货车,EQ2100E6D 型越野汽车也通过国家定型,跃进集团在 1996 年共有 15 种车型通过鉴定,重型汽车公司也根据市场需要开发出两个型号的重型汽车,从而使长征牌系列改装车增加到 35 个品种。

各零部件厂也在逐渐使其产品系列化,以便给多种汽车配套。东风四川汽车发动机有限公司以市场为导向,加快产品结构的调整步伐,发展中型、轻型、微型车用发动机,已形成 4 缸柴油机系列和 6 缸柴油机系列,功率可覆盖 29.4kW～110kW 的产品结构体系,适应市场不同层次的需求。江苏省黄海汽车配件厂研制开发的 CA104 型系列制动器,主要与解放系列车配套,同时适用于其他液压制动管路的各类型车。常州市弹簧总厂充分发挥弹性元件专业化生产优势,积极开发高科技含量的汽车零部件产品,研制成功 CA142 及 CA1040 系列两种新型膜片式离合器。上海离合器总厂立足市场,1996 年开发了 7 种新产品。

新开发的汽车中,豪华车有所增加,1996 年,我国第一辆豪华电动大客车在河北胜利客车厂诞生,广州标致豪华 505 问世;由天津伊利萨尔客车制造有限公司开发生产的大型豪华客车试制成功使天津市的汽车工业又上了一个新台阶,形成了小客车、中型客车、大客车组成的比较完整的产品系列;一汽新开发了 CA7220H、CA7200H 豪华型小红旗轿车,并生产出超豪华轿车 CA7228L 型轿车。

随着能源结构的调整和环境保护要求的日益提高,尽快开发出多燃料型汽车已势在必行。从 1996 年起,国家将大规模开发研制多燃料汽车。国家科委和机械工业部将负责协调此项目,力争在 5 年内使我国在非汽油型汽车领域里的研究赶上世界先进水平。在电动汽车及代用燃料汽车的研制中,船舶工业武汉七一二研究所、武汉汽车工业大学及湖北天风汽车公司联合研制成功一种电动轿车,该车车头只有一只连着轿车传动轴的小电机及各种控制电路,15 块大电池和一只快速自动充电器;我国第一辆豪华电动大客车在河北胜利客车厂诞生;由天津汽车研究所开发研制的微型电动汽车,通过了国家"八五"攻关项目"电动汽车总体设计研究"专题成果鉴定;由南京华德集团改装的,以高纯度的液化气为燃料的新型环保汽车在南京研制诞生;而由成都大地汽车制造厂研制成功的 CDD6480CNG 轻型越野汽车即可烧汽油又可烧天然气;无锡市第一辆用液化气为主要燃料的桑塔纳轿车在无锡市液化气总公司问世并投入运行。另外,一种新的减速器型式——TJD 型电动车辆减速器在河南洛阳通过鉴定。其他环保节能型产品还有:北京三兴汽车厂与一汽集团共同研制开发的北京三兴 BSX6472 系列轻型客车顺利通过中国金燕船舶工业公司主持的产品鉴定,百公里油耗仅 8.5L;天津大学先进陶瓷研究所研制出以瓷代钢的三个汽车发动机部件,排放的尾气小而且牵引力大,不用水冷;浙江省上虞市自强暖风机厂试制成功新型节能产品独立式车用采暖设备——燃油空气加热器,可用于驾驶室的取暖,也可作为风冷发动机的低温热起动装置;靖江曙光汽车配套厂研制的新型汽油车燃油蒸发污染物控制装置投产,该装置利用活性碳吸附、脱附的原理来回收燃油蒸气,送入气缸再燃烧,大大提高汽油的燃烧率,控制汽车大气污染物排放,达到清洁环境和节约能源的目的;南京华能公司开发的 XPR 超霸系列机,用于汽车、助力车环保效果明显,减小排烟量 50%,每百公里节约汽油 1L。

1996 年最值得一提的是清华大学研制成功汽车大视野外后视镜,它采用新的光学和数字方法,将盲区缩到很小,以致于对汽车安全不会产生什么影响。吕福源副部长称,这是我国汽车工业自主开发的一项重大技术成果,也是汽车后视镜近百年发展中一次突破性进展。

除了以上提到的新产品外,全国其他很多公司(厂)、科研单位和大专院校或联合开发或独立完成多项不同方面的新产品。例如:改装专用汽车、车用电子设备、化油器、点火器、离合器、低温起动设备、油漆、密封条等。

基本建设及技术改造 1996 年基本建设投资

仍以续建项目为主。

重点保一汽大众、天津夏利轿车项目投产，神龙轿车项目及一汽集团、东风公司的轿车支撑工程。中联电子公司的EFI项目列入基建新开工项目。1996年国家累计安排基建投资62.7亿元，贷款16.5亿元。目前一汽大众和天津夏利轿车项目已全面竣工投产，天津汽车公司于1997年2月份通过国家验收，一汽大众正着手做验收前的准备工作，预计1997年二季度组织国家验收。神龙轿车项目已完成103亿元投资的63%，预计1998年全面建成投产。两个轿车支撑工程项目也在同步建设实施中。

“九五”新开工项目继续启动。

1996年的技术改造是承上启下的一年，“八五”技术改造项目在这一年已大部分收尾，1996年技术改造续建项目57项，投资18.4亿元，其中限上项目23项，投资13.7亿元。新开工项目63项，当年投资10亿元，其中“双加”工程项目48项，当年投资8.2亿元，其余为国家经济贸易委员会安排的地方项目。

对外合作 1996年汽车行业合资合作情况。

从1983年北京汽车制造厂与美国汽车公司合资合作生产北京切诺基吉普车以来，截止到1996年底，汽车行业共建立“三资”企业381个，其中在1996年成立合资企业74个中，正式签约的58个，累计投资总额27.92亿美元，正式建成投产的16个，累计投资总额2.61亿美元。两类企业相加累计投资额30.53亿美元，外商协议出资额累计15.76亿美元。从十几个来华投资的国家和地区投资额看，韩国居首位，其次为日本、意大利、美国、德国、荷兰和法国等。

“九五”期间汽车工业建设规模为270万辆～300万辆，需新增投资1 460亿元，因此必须通过多渠道筹集资金，利用外资是“九五”筹集资金的主要渠道之一。

从1996年投资状况分析，呈现出几个特点：

一是投资规模相对集中，表现为：总投资大于3 000万美元以上的企业15个，，见表8。投资领域多是整车、发动机及汽车关键零部件，其原因是《汽车工业产业政策》中已经明确规定了产品发展方向以及整车和发动机；二是1995年，机械工业部公布了一批国内急需发展的关键零部件名单，而这些零部件技术在国内尚属薄弱环节并缺少资金和技术，使外商有较好的发展空间；三是大的企业集团成为外商投资的热点。1975年～1996年度中国最大500个外商投资企业中，汽车及零部件企业共有23个，其中上海汽车有限公司位居第一，北京吉普汽车有限公司名列第三。位居前100位的还有：重庆庆铃汽车有限公司第9位、一汽大众汽车有限公司第17位、江西五十铃汽车有限公司第31位、广西玉柴机器股份有限公司第35位、北京轻型汽车有限公司第38位、天津华利汽车有限公司第39位、沈阳金杯客车制造有限公司第79位，广州标致汽车公司第80位，其销售额均在30亿元～100亿元之间。

表8 1996年合资企业中大于3 000万美元企业概况

合资企业名称	合资生产项目	累计投资总额
天津丰田汽车发动机有限公司	发动机	2.48亿美元
一汽－大宇(烟台)汽车发动机有限公司	发动机、传动器等	57.46亿元人民币
山东大宇汽车零部件有限公司	汽车空调、制动系统等	20.4亿元人民币
南京依维柯汽车有限公司	轻型汽车、发动机	37亿元人民币
唐山爱信齿轮有限责任公司	汽车变速器	9 878.5万美元
亚星奔驰有限公司	客车及底盘	9 550万美元
东风康明斯发动机有限公司	柴油发动机及零部件	7 800万美元
杭州东风日产柴汽车有限公司	重型货车及大客车底盘	5.79亿元人民币
株洲南方雅马哈摩托车有限公司	摩托车	6 000万美元
烟台铁姆肯有限公司	滚柱轴承	4 500万美元
上海采埃孚转向机有限公司	转向机	4 000万美元
上海福莱纳重型车有限公司	长头载货车、搅拌车	4 000万美元
南京华德火花塞有限公司	火花塞	3 468万美元
一汽－杰克赛尔汽车空调有限公司	汽车空调	2.45亿元人民币
龙日客车有限公司	旅游客车	2.448亿元人民币

质量 在机械工业部打好“三大战役”的总体部署下，汽车行业通过颁布有关指导性文件，推出质量管理配套政策措施，从组织措施上确保“产品质量翻身战役”各项工作加速开展。根据国家经贸委和国家技术监督局《关于在深化改革中进一步加强质量工作的意见》中所提出的，各部门加强质量工作的宏观指导，制订质量发展规划，明确质量改进阶段性目标的要求，机械工业部组织汽车行业制订了《汽车工业“九五”质量发展规划》。该规划作为汽车行业进一步落实“产品质量翻身战役”计划和实施方案的重要组成部分，同步实施。《汽车工业“九五”质量发展规划》的指导思想为：转变质量观念，明确质量责任，加强技术进步，提高产品水平，宣贯国际标准，提高竞争能力，追求优质高效，确保用户满意。同时还提出了

汽车行业五大质量目标、十个方面的质量措施。

机械工业部汽车司及时地组织汽车行业制订并颁布了《汽车设计评审导则》、《汽车工业企业整车出厂质量保证检测线管理办法》、《汽车排放试验室管理办法》、《质量保证期方案》等文件，还组织制订了《缺陷汽车产品回收与暂行管理办法》(已征求全行业的意见，并完成报批稿)、《汽车定型试验规程的补充规定》。以上指导性文件的颁布实施，有效地拓宽企业质量管理工作的领域。在强调企业质量体系按照 GB/T19000(ISO9000)的要求有效运行的基础上，用行政性规定突破了质量管理的难点，使汽车质量保证的关键环节处于受控状态。

表 9　1996 年国产轿车国产化率完成情况　(单位:%)

序号	车型	原国产化率	1996 年底国产化率
1	桑塔纳基本型	88.56	90.45
2	桑塔纳 2000 型	65.84	(80)
3	切诺基 Cx1	82.26	82.30
4	切诺基 Cx8	83.03	83.31
5	切诺基 Cx6	50.88	66.81
6	夏利二厢	89.23	93.29
7	夏利三厢	85.36	
8	标致 SW8	84.00	
9	标致 GL	78.20	85.25
10	小红旗	82.20	84.89
11	奥迪 C3V6	40.86	
12	捷达	62.35	84.03
13	富康	42.24	(60)
14	奥拓	64.56	85.28
15	云雀	46.49	63.14
16	斯太尔	93.44	
17	依维柯 A40－10(16＋1)	76.77	
18	依维柯 A30－10(8＋1)	62.93	

根据国家技术监督局(1996)技监监计统函第 014 和 024 号文，机械工业部《机械、汽车行业产品质量统检暂行管理办法》(机械科〔1994〕195 号文)，机械工业部汽车工业司以机汽产〔1996〕033 号《关于批准执行 1996 年汽车产品统检实施方案的通知》，组织国家汽车、轿车、重型汽车质量监督检验中心、武汉汽车质量监督检验鉴定试验所等单位对汽车前照灯产品质量、轻型汽车排放质量、中型改装汽车产品质量、汽车车轮产品质量、重型汽车钢板弹簧产品质量、轻型汽车产品质量进行了全国统检。

本年度汽车产品质量全国统检工作共涉及到 187 个企业，228 种产品。经检验，有 150 种产品合格，总的抽样合格率为 65.8%，共有 78 种产品不合格，不合格率为 34.4%。详见表 10。

1996 年汽车产品质量全国统检抽样合格率为 65.8%，是近年来合格率最低的。其原因是汽车前照灯抽样合格率仅为 28.8%。分析认为:检验数据是真实的，确实具有一定代表性，汽车前照灯产品质量统检结果也印证了汽车零部件散、乱、差的状况尚未得以纠正。

表 10　1996 年汽车产品质量全国统检情况

序号	统检项目名称	受检企业数量	产品品种数量	合格品数量	合格品率(%)	不合格品数量	不合格品率(%)
1	汽车前照灯产品质量	46	80	23	28.8	57	71.2
2	轻型汽车排放质量	34	39	33	84.6	6	15.4
3	中型改装汽车产品质量	45	45	32	71.1	13	28.9
4	汽车车轮产品质量	35	35	34	97.1	1	2.9
5	重型汽车钢板弹簧产品质量	9	11	11	100.0	0	0
6	轻型汽车产品质量	18	18	17	94.4	1	5.6
7	总计	187	228	150	65.8	78	34.2

管理及改革　国家对汽车、摩托车生产企业及产品实行目录管理已经有 10 年，对控制新增厂点，促进产品发展起到了积极作用。目录管理制度的建立既是政府对企业及产品进行管理的重要手段，也是企业从事合法生产、销售、办理牌照的唯一渠道。随着经济的发展和经济体制的改革，现行的目录管理办法已不适应汽车工业发展要求。目前我国目录管理制度在汽车产品管理方面的主要问题是实施产品鉴定制度，其管理内容、管理依据、管理方式与目前世界汽车工业发达国家通行的全过程控制、审批和监督并重的产品认证制度有很大的差距。

为解决目录管理中存在的问题，在前两年改进目录管理的基础上，1996 年在以下几方面开展了工作。

一是严格控制新增厂点。二是制定并实施强制性标准，加强新产品的法制化管理，增加了安全、排放和节能强制性检测项目。三是坚决打击非法拼装汽车、摩托车。与六部委共同研究制定了《关于禁止非法拼(组)装汽车摩托车的通告》，并根据七部委文件查处并取消了非法拼(组)装的警兴汽车改装总厂，取消了出卖产品目录的 7 个摩托车企业的 13 个产品。四是针对近年来出现的非法拼(组)装等问题，从 1996 年目录开始对轿车、轻型客车、摩托车配备目录光盘。五是加速完善产品管理制度。修定了《目录管理办法》和《新产品开发管理暂行办法》，制定了《生产企业工厂条件基本要求及审查办法》三个办法将在1997年颁布实施。

1996年共公布汽车国家标准10项，行业标准14项。已通过全国汽车标委组织的技术审查，正在办理报批手续的标准40余项，其中13项为强制性标准。按照“八五”汽车标准体系表的要求，截至1996年年底，已正式公布汽车强制性标准38项，70%体系表中的推荐性标准已制定、修订完毕。

〔撰稿人：机械工业部汽车工业司　姜　英〕

〔交通部〕

生产发展及销售情况　1996年交通系统的公路车辆生产企业以提高经济效益为中心，积极开拓市场，在汽车工业总体运行不甚理想的情况下，交通系统的工业企业仍然在生产、效益等方面取得了较好的成绩。1996年部下达41个客车生产企业公路客车生产实际完成24 272辆，较上年增加了17.51%，创公路客车产量历史最高水平；全年销售客车24 386辆，较上年增加18. 20%；库存量较上年减少了15.28%。

1996年客车产销形势的主要特点是：

(1)产销量和经济效益进一步集中。尽管1996年公路客车的产销情况总体好于上年，但企业之间的发展并不平衡。在41个企业中仅有12个企业完成了生产计划，占29.27%。其中，年产量超过千辆的客车厂有：扬州客车制造总厂(6 220辆)、郑州宇通客车股份有限公司(3 432辆)、山东聊城客车厂(2 325辆)、桂林客车厂(1 816辆)、长沙客车厂(1 783辆)。这5个企业的产量占了50%。盈利企业10个，其中，郑州宇通客车股份有限公司利润总额为3 236万元、扬州客车制造总厂2 543万元、山东聊城客车厂801万元、桂林客车厂434.1万元、北京交通客车制造厂256万元、长沙客车厂231.7万元。上述企业的产量和效益在全国大客车行业中也是名列前茅的。

(2)从全年公路客车产销情况看，2月份产销量最低，除6月份趋于平缓外，其余各月均为上升趋势。特别是从7月份起产销量急剧上升，较上年各月产销量同比增加25%。

(3)客运市场畅销的产品为中型卧铺客车和轻型客车，价格以中低档为主，主要用户是客运公司和个体客运专业户。

近几年来，国内客车产品竞争激烈。为了拓宽市场，交通系统客车生产企业在巩固原有长途客运市场的基础上，积极开拓旅游、城市客运市场。1996年3月份交通部中国公路车辆机械总公司和建设部中国城市车辆总公司联合召开了“国产旅游公路干线客车产品展销定货会”，20个企业的39辆中、高档客车参加了展销，这些客车代表了我国当前客车的生产水平。

1996年交通部汽车挂车生产计划完成情况不甚理想。29个企业生产汽车挂车实际完成5 398辆，较上年减少了34.86%；销售挂车5 625辆，较上年减少了31.67%。由此可知，1996年的挂车产销情况较上年有较明显的下降，29个企业中仅有2个企业完成了计划。仅有9个企业赢利，效益较好的企业有：浙江省金华专用汽车总厂、山东泰安交通车辆厂、江苏淮阴市汽车改装厂、河北省汽车修配厂江扬船舶集团公司特种车辆厂等。造成汽车挂车企业生产、效益下降的主要原因是产品技术含量低，品种单一，在市场竞争中缺乏竞争力。

科研成果及新产品　1996年2月交通部以交科发(1996)199号文下达了《交通部1996年公路车辆新产品开发计划》，共计17项，其中，客车6项、挂车及专用车5项、零部件6项。

1996年客车新产品开发的特点主要体现在增加新品种上，如研制开发双层客车、低地板公共汽车及底盘、客车专用底盘等产品。

由交通部主持开发研制的JT6120型豪华大客车通过部级鉴定后，1996年3月份在重庆召开了推广会。12月份又通过了部“年产3000辆客运汽车生产设计技术(JT6120)推广项目”的验收。到1996年底，JT6120型豪华大客车已形成2150辆生产能力。

为满足现代公路货物运输需求，1996年研制开发了保温车、粉粒物料运输车、散装水泥半挂运输车、保鲜厢式半挂车、帘布厢式半挂车等多种专用运输车。此外，还根据市场需求情况，开发生产了后装压缩式垃圾运输车、公路清障车等专用车。

技术改造　1996年交通工业技术改造工作的主要任务是落实“九五”技改项目的前期工作，做好“八五”技改竣工项目的验收工作。

“九五”期间，根据将有限的技术改造资金向重点骨干企业倾斜的原则，交通部由11个企业承担的12个重点交通工业技术改造项目列入了国家经贸委第二期“双加”工程计划。他们是：扬州客车制造总厂、郑州宇通客车股份有限公司、长沙客车厂、聊城客车厂、北京交通客车制造厂的客车专用底盘生产改造，江扬集团公司船舶厂、江苏镇江船舶厂的集装箱船、工程专用船生产改造，广州羊城汽车厂的扩大汽车出口能力改造，江苏淮阴汽车改装厂的集装箱半挂车生产改造，贵州汽车配件厂、山西长治汽车半轴厂的汽车配件生产改造等项目。总投资6.3亿元，其中，国家专项贷款4.6亿元。其中，扬州客车制造总厂、聊城客车厂、江扬集团公司船舶厂、贵州汽车配件厂、山西长治汽车半轴厂的项目已进入实施阶段。

1996年11月扬州客车制造总厂的“八五”技术改造项目通过了验收。该厂“八五”期间，技术改造总投资15 228万元，其中，提高客车设计和制造水平项目投资5 195万元；高档客车生产线项目投资10 033万元。项目从1992年底开始动工，1996年9月全部竣工，形成了5 000辆客车、8000台底盘的生产能力。通过“八五”技术改造，该厂工艺技术水平处于国内同行业领先水平，客车制造工艺总体达到了国际先进水平。

〔撰稿人：交通部综合计划司工业计划处　顾霞　审稿人：中国公路车辆机械总公司　孟宪欣〕

〔电力工业部〕

生产发展情况　电力工业部系统生产汽车设备的企业有3个，全部是国有企业。职工人数有2 054人，工程技术人员192人，工业总产值9 382万元，工业增加值2 728万元，全员劳动生产率13 281元/人。

产品分类及产量　全年生产QG/QGEH系列液压全挂车12辆，SS9型系列半挂车7辆；为电厂、水电站制造的专用改装汽车275辆，仅葛洲坝汽车改装厂就使改装汽车产量增至年产250辆。

市场及销售　全年完成产品销售收入9 008万元，产品销售税金及附加39万元，全行业亏损581万元；其中，上海水工机械厂亏损584万元，葛洲坝汽车改装厂和西北电力建设器材总厂实现利润3万元。

新技术及科研成果　上海水工机械厂研制成功的QGZH490型400t纵横拼接式液压全挂车，经广东火电安装公司沙角"C"厂工程总公司及湖南送变电公司实际使用，证明性能达到设计要求，获上海科技进步二等奖。

基本建设及技术改造　全年完成固定资产投资692万元，其中，技术更新改造投资663万元，占总投资的95.8%。

〔撰稿人：电力工业部　张海青　审稿人：电力工业部　王　昀〕

〔责任编辑：王　如〕

摩　托　车

〔机械工业部〕

生产发展情况　从《汽车、民用改装车和摩托车生产企业及产品目录》上统计来看1996年共有摩托车生产企业136个、生产1 204种产品。

1996年据136个企业统计共生产摩托车929.52万辆。见表1。其中，20万辆以上的企业从1995年的12个增到1996年的14个。详见表2。

1995年20万辆以上的企业有12个，合计生产636.54万辆，占全行业的81.23%。10万辆以上的15个，合计生产680.93万辆，占全行业的86.90%。

1996年20万辆以上的企业有14个，合计生产713.81万辆，占全行业的76.79%；10万辆以上的企业19个，合计生产777.53万辆，占全行业的83.65%。1996年20万辆以上的企业比1995年20万辆以上的企业增加了两个，但产量下降了4.44个百分点。1996年10万辆以上的企业比1995年10万辆以上的企业增加了4个，但产量却下降了6.25个百分点。生产集中度有所下降。1996年10万辆以下的117个企业合计生产151.99万辆，只占全行业的16.35%。

市场及销售　从统计快报上显示：1996年统计销售891.75万辆，库存62.88万辆。比1995年增长分别为14.95%、128.51%，产销率为95.94%，产销率比1995年下降2.95个百分点，库存占全年产量

表1　1996年全国摩托车生产、销售情况

排量(mL)	产量			销量			产销率(%)
	1996年	1995年	增长率(%)	1996年	1995年	增长率(%)	
合计	9 295 185	7 839 310	18.57	8 917 511	7 757 446	14.95	95.94
≤50	1 972 505	1 575 147	25.21	1 872 493	1 600 617	16.99	94.93
60	98 628	444 369	−77.80	85 730	435 432	−80.31	86.92
70	543 494	586 588	−7.35	503 072	581 536	−13.49	92.56
80	394 717	440 480	−10.39	388 793	441 123	−11.86	98.50
90	1 456 512	1 298 644	12.16	1 358 375	1 257 144	8.05	93.26
100	2 252 544	1 413 988	59.30	2 209 297	1 389 605	58.99	98.08
125	1 843 778	1 427 628	29.15	1 783 478	1 411 992	26.31	96.73
150	103 820	70 654	46.94	92 965	67 824	37.07	89.54
250	250 915	272 396	−7.80	254 770	271 159	−6.04	101.45
50(三)	30 542	26 917	13.47	29 668	25 119	18.11	97.14
≥50(三)	259 966	195 621	32.89	240 786	178 162	40.20	96.08
250(三)	46 340	42 334	9.48	47 209	53 530	−11.81	101.86
750(三)	41 415	44 274	−6.46	41 875	44 203	−5.27	101.11

注：表中为统计快报公布数据。"(三)"表示三轮摩托车。

表 2　1996 年生产 20 万辆以上摩托车的企业及产量

企业名称	产量(万辆)	企业名称	产量(万辆)
轻骑集团(含新大洲)	145.19(35.13)	华日集团	30.17
嘉陵集团	113.31	长春集团(含大长江)	29.50(16.14)
金城集团	71.25	浙江金轮	28.16
建设集团	62.83	浙江摩托	27.41
无锡捷达	50.09	南方集团	27.06
上海易初	49.93	浙江吉利	22.19
北方易初	35.21	广州集团	21.50

的 6.76%。

1996 年度摩托车行业允许上市销售的新产品有 275 种。

1996 年度出口摩托车产品数量比 1995 年有所下降，1996 年为 7.541 4 万辆，比 1995 年增长－14.9%；整车创汇 4 299 万美元，比 1995 年增长－8.2%；出口摩托车总量占 1996 年总产量的 0.81%。

1996 年摩托车行业销售品种大增，价格下跌，毛利率大幅度下降。整个行业的外部特征呈现出增长速度放缓，主要经济指标完成欠佳，资金需求加大，企业经营状况呈进一步下滑态势。

存在主要问题

(1)摩托车行业管理力度不够

①厂点过多、过滥。在短期利益的驱动下一些企业，不顾国家产业政策的约束，一哄而起，盲目投资，乱上摩托车项目，大批装配厂蜂拥而上，导致低水平重复建线，造成人、财、物的巨大浪费。

②零部件企业发展缓慢。零部件特别是关键零部件没有跟上主机厂的发展，缺乏面向全行业的实力、上水平的零部件配套企业制约了摩托车行业的整体发展水平。

③发动机水平落后。摩托车发动机技术档次和产品质量不高，国产发动机性能偏低，特别是可靠性程度还有待进一步提高。此种状况已严重影响摩托车行业的生产和发展。

④实用基础理论研究乏力，没有专业的研究机构或专业性不强，不能在新技术、新材料、新结构的发展应用上给行业提供技术支援。

(2)市场不规范，造成无序竞争

①侵犯产权。

一些无开发手段的企业通过各种手段收买或偷窃其他企业的图样、技术资料，将别人付出巨大代价研制的科研成果占为己有。或以低价套购劣质配套件进行拼装，盗用名牌销售，直接损害了名牌企业的经济利益和声誉，侵犯了知识产权。

②假冒拼装。

长期以来，一些地区假冒拼装名牌摩托车的违法活动十分猖獗，屡禁不止。拼装、假冒、走私、仿制、套牌、买卖目录现象越演越烈。有的地区一些不法厂商公开与正牌企业和正牌产品对着干，大量低价倾销假冒、拼装产品，其价格有的低于正牌产品的一半还多。由于生产厂点乱，使一些没有经过检测、鉴定的产品和质量低劣的产品流入市场低价倾销，扰乱了摩托车市场秩序，损害了名牌企业和消费者的利益。

③无序竞争。

有的地方为了本地经济的繁荣，采取了种种措施，使我国摩托车各种生产要素不能在全社会范围内合理流动和优化组合，也使得各生产企业不能站在同一条竞争的起跑线上。如：税赋的征收与返还；对外地生产的车禁上牌照与征收高额税费；零部件就地配套与盲目上项目；故意拖欠外地货款，当地的假冒伪劣、套牌组装、拼装产品不予打击或进行“假打”等。

摩托车行业所出现的问题，是市场发育不成熟、市场秩序不规范特定阶段的突出表现。面对当前行业混战的局面，必须完善法规，用法制行规来规范它。

针对上述问题，应着重抓好以下几项工作：

(1)在汽车工业产业政策的指导下，促进企业集团化。以重点摩托车企业为核心，推进产业结构优化重组，逐步在全国形成 8 个～10 个大型摩托车企业集团。摩托车行业要改变目前生产厂点多、产品水平低等问题，完成产业重组。要采取各项调控政策，使乱铺摊子，重复低水平投入，人、财、物的浪费，降到最低限度；要使各企业多了解整个行业情况，多了解行业的经济技术信息，为他们创造一个良好的平等竞争的条件。

(2)促进产品开发和科技进步，提高产品质量。增强企业的产品自主开发能力，使产品上档次。在采用先进工艺、设备，形成自动化生产的同时，要加快新产品的研制。现在，我们每年有一、二百种的新产品要开发、要测试、要鉴定、要上目录。但只有几种车型是真正开发出来的，而大多数产品实际只是在拼装。因此，必须改变我国摩托车工业长期依靠引进产品和技术的被动局面，形成多档次、系列化，适应多元化、多层次的市场需求。

(3)发展摩托车零部件，满足整车配套和维修市场的需求。对现有的摩托车零部件，特别是生产关键件的带头企业，应予以重点支持，使之尽快发展成为专业化、大批量、高水平，面向全行业配套的重点生产企业。对重点生产企业加以规划，加大其投资力度、加快其技术改造的步伐，改变零部件生产滞后整车发展的现状。

(4)建立完整的产品销售服务体系,强化售后服务工作,取信于用户。各企业要按国际上的通行原则和模式建立产品销售和售后服务系统,要尽快建立起整车销售、配件供应、技术信息咨询、维修服务四位一体的售后服务体系。要以多种形式在全国各地建立和完善摩托车批发销售和维修网点,提高服务意识,提高服务质量。一切为用户着想,以精湛的技术和一流的服务,方便用户,让其放心和满意。

(5)面向国内、国际两个市场,努力扩大产品出口。要提高产品的国际竞争能力。各企业集团应把扩大产品出口作为"突破口"之一,力争形成具有国际竞争能力的企业。

国家对摩托车产品出口实行出口质量许可证管理制度,这个制度是对出口产品的质量和工厂质量体系的考核、监督的重要措施。工厂取得该证书是打入国际市场与国际竞争的第一步。

(6)建立以法律为基础,技术法规为依据,包括型式认证制度等一系列国家管理制度在内的政府管理摩托车产品的体制。今后政府对汽车摩托车产品的管理目的,不是直接为了提高产品的技术水平和质量,而是为了维护社会公共利益,保护人民的生命财产安全,保护人类的生存环境,节约社会有限资源为目的。当前及今后一个时期的任务是要加快完善各类法规,用法律规范各部门、各行业的行为。包括国家机关的职责权限,避免出现扯皮或推诿现象。要尽快制定和完善规范行政程序的法律法规,使行政执法程序规范化,增加执法的公开性和透明度,促进依法行政,严格依法办事。

摩托车工业展望 1997年将是我国经济运行总体增长、市场需求逐步恢复的好年景。但摩托车工业呈现出一幅严峻的市场竞争的景象,众多企业都在调整产品结构,加强新产品的开发,加强市场的开发。要摆对质量与产量的位置,理顺相互关系,牢固树立质量第一的思想。

1997年摩托车市场依就集中在我国广大农村,产品以50、90、100、125mL排量为主,尤其是125mL排量的车在农村最受欢迎。城市的摩托车市场以大、中排量为主导,125mL排量以上的高档俏销,样式以太子或踏板式为好。

加强国内外两个市场的调查研究与开发,在生产一般型号的摩托车的同时,积极开发和生产新排量、新型号的摩托车以满足不同消费层用户的需要。应生产适销对路,市场需求的产品,扩大产品出口,建立外向型的摩托车生产企业。

〔撰稿人:机械工业部汽车工业司摩托车处 马铁华〕

〔责任编辑:王 如〕

自 行 车

〔中国自行车协会〕

生产发展情况 1996年据中国轻工总会统计,轻工系统有独立核算自行车生产企业348个,职工17.36万人,全年完成工业总产值116.9亿元(当年价),自行车产量2 171.2万辆。

另据中国轻工总会对189个自行车生产企业统计,1996年产品销售收入834 533万元,利税总额9 412万元。

由于能源环境等因素,从长远讲自行车制造业有良好的前景,广阔的市场。但从近期看,出现了全球性的不景气。国内外自行车市场竞争激烈,使企业生产经营面临更大的压力和困难。据国家统计局统计,1996年整车产量3 361.17万辆,比上年下降24.9%。1996年产量超过50万辆的整车企业有16个。产量完成情况见表1。

表1 1996年主要自行车企业生产量

序号	企业名称	产量(万辆)
1	凤凰股份有限公司	470.11
2	上海永久股份有限公司	276.01
3	顺德市顺流自行车厂	254.92
4	齐鲁英克莱集团公司	160.01
5	安阳飞鹰集团公司	150.89
6	常州金狮自行车工贸集团公司	144.47
7	浙江菲利普集团公司	100.09
8	天津自行车厂	90.59
9	广州市五羊自行车企业集团公司	88.31
10	鞍山自行车总公司	87.38
11	浙江海尔曼斯集团公司	85.18
12	中华自行车(集团)股份有限公司	69.30
13	捷安特自行车有限公司	66.03
14	江苏好孩子集团公司	63.09
15	广东肇庆南华集团公司	53.62
16	杭州安琪儿置业股份有限公司	51.17

我国自行车整车及零部件产量相对集中在上海、广东、江苏、浙江、天津、山东、河南等省市,以上地区产量占全国总产量的85%以上。

产品分类及产量 据中国自行车协会对国内48个整车主要生产企业统计总产量为2 587万辆,占国家统计局统计的全国自行车总产量的77%。在自行车协会统计的总产量中,分品种产量为:710mm载重车198万辆,710mm轻便车257万辆,660mm普通轻便车662万辆,610mm普通轻便车548万辆,405mm～560mm自行车445万辆,多速车

(含山地车、运动车)285 万辆,其余为助力自行车及其他车。

从生产集中度来看,表 1 所列的 16 个企业所生产的整车质量好,售后服务有保证,其产品市场覆盖率仍然比较高,生产量也相对集中在这些企业。

市场及销售 国内自行车社会保有量较高,全国城镇居民平均百户拥有量 194 辆,农村百户拥有量为 137 辆。市场的消费需求主要是更新购车和学生购车。社会总需求量较前几年有一定程度减少,据商业统计,1996 年自行车商业销售 2 237 万辆,较上年减少 23.08%。

为赢得市场,生产企业更加注重以市场需求为导向,以销定产,少批量多品种,讲造型求变化,新一代的城市轻便车、淑女车、休闲车不断被推出,660mm、610mm 轻便车销量占总销量近一半,载重车在农村仍占有一定市场。山地车、变速车由于价格、质量、维修渠道增加,除一批企业建立了销售网络、专卖店、联营店进行自销外,天津、广州,上海,浙江等地还建立了自行车和零部件专业市场。

外销情况:自行车出口遭美国反倾销调查后,在全行业的努力下,经过积极艰苦的应诉,美国国际贸易委员会于 1996 年 6 月 4 日对我自行车反倾销案做出终裁,裁定我国自行车对美国的相关产业不存在损害或损害威胁,我方最终取得胜诉,为今后出口争取到了较为有利的条件。

据海关统计,1996 年出口自行车 1 217 万辆,比上年下降 3,6%。其中竞赛自行车及类似车 1.30 万辆;山地车及越野车 317.40 万辆,其他自行车 897.87万辆。整车创汇 46 347 万美元,比上年下降 13.4%。自行车零部件出口创汇 34 497 万美元,比上年增长 22.5%,整车及零部件合计换汇 80 844 万美元,比上年下降 1.0%。1996 年整车主要销往的国家和地区是美国、日本、澳大利亚、巴拿马、法国、香港、智利、菲律宾等。1996 年中国自行车协会统计,销售收入前十二名的自行车整车企业见表 2。

科研成果 中国自行车协会召开行业技术进步工作会议,组织研究制定了《中国自行车协会关于自行车行业技术进步的若干意见》,总结自行车行业"七五"、"八五"期间技术进步成绩,分析了存在的问题,提出了"九五"期间技术的重点和工作目标。

要建立企业科技发展体系及有效运行机制;发展新品种,缩短开发周期,提高开发能力;采用新工艺、新设备,全面提高工艺技术水平,重点攻克关键技术,如新型材料的表面处理和着色技术;符合国际标准要求的成车性能检测技术;高分子复合材料加工及车体的焊接粘接技术;用于电动助力车的高性能电源技术,助力车及相关问题(能源、环保、速度、安全性能、道路选择等)的系统研究。加速人才培养,建立科技投入制度,使企业逐步成为科技投入主体,

表 2 1996 年自行车行业销售收入前十二名企业

序号	企业名称	销售收入(万元)
1	凤凰股份有限公司	154 602
2	中华自行车(集团)股份有限公司	102 854
3	上海永久股份有限公司	90 800
4	顺德市顺流自行车厂	79 871
5	安阳飞鹰集团公司	66 652
6	常州金狮自行车工贸集团公司	62 129
7	齐鲁英克莱集团总公司	56 748
8	江苏好孩子集团公司	42 376
9	广州五羊自行车企业集团公司	37 022
10	浙江菲利普集团公司	33 964
11	浙江海尔曼斯集团公司	32 215
12	天津自行车厂	28 150

开展科技交流与合作;注意培育新的经济增长点,注意延伸产品的技术进步。铝合金液态磨锻工艺由江苏南通玛夫特轻合金制件公司在国内首次用于自行车零件批量生产,使其产品在强度光洁度方面提高了档次。自行车行业获中国轻工科学进步奖项目见表 3。

表 3 1996 年自行车行业获中国轻工科学进步奖项目

序号	项目名称	完成单位
1	钻石牌、野狮牌 W507、W605 多速飞轮	上海万国车辆配件有限公司
2	微型钢球开发	山东省五莲钢球厂
3	08M 卷制滚子摩托链	山东省五莲链条股份有限公司
4	自行车产品微机辅助设计系统	齐鲁英克莱集团总公司
5	660mmQF439R 型三枪牌自行车	安阳飞鹰工业总公司
6	多用折叠旅行车	顺德市骑乐多功能自行车有限公司
7	自行车拨链器振动疲劳试验机	天津自行车研究所

管理及改革 经轻工总会批准,自 1996 年 7 月 1 日起自行车行业实施的新标准有 :QB2176—95《非公路自行车安全要求》,QB/T2177—95《自行车飞轮后轴》,QB/T2178—95《自行车内变速后轴》,QB/2179—95《自行车快卸前轴和后轴》,QB/T2180—95《自行车组合鞍管》,QB/T2181—95《自行车磨电灯》,QB/T2182—95《自行车随车打气筒》,QB/T2183—95《自行车电泳涂装技术条件》,QB/T2184—95《自行车铝合金件阳极氧化技术条件》,QB/T2185—95《自行车单辆瓦楞纸箱包装技术条件》,

QB/T2191－95《自行车反射器》。废止标准有：ZBY14001－86《自行车反射器》,ZBY14003－90《越野自行车(BMX)的安全要求》。1996年经轻工总会批准,确定了西北轻工业学院为自行车职业培训中心。该院将根据行业发展的需要,对行业所属企事业单位的高、中级专业人员,技术工人进行职业技能培训,同时有针对性的适时开展推广新技术、新工艺、新材料和科研新成果的短期培训、继续教育等工作。

以中国自行车协会理事长王凤和为团长,由中国骨干重点企业组成的自行车行业代表团一行9人于1996年1月首次赴台湾地区参观、考察。在台期间参加了"海峡两岸自行车产业技术及管理交流研讨会",参观考察了自行车、摩托车及有关零部件厂,与台湾同行进行了接触和交流。

〔撰稿人:中国自行车协会　郭海燕　审稿人:中国自行车协会　王凤和　中国轻工总会　吴基华〕

〔责任编辑:王　如〕

船　舶

〔中国船舶工业总公司〕

生产发展情况　船舶工业总公司直属船舶行业企业77个,1996年造船完工186.3万t,比上年增长0.9%。开工223万t,比上年增长33.5%,完成工业总产值167.8亿元(1990年不变价,下同)。比上年增长16.7%,其中:造船产值完成113亿元,比上年增长21%;修船完成17.1亿元,比上年增长21%,船用主机、辅机、仪器仪表等都较好地完成计划。反映我国造船配套水平的船用低速柴油机,1996年产量达到56台,446MW,比上年增长46%。

1996年的生产呈现了以下几个特点:

(1)在造船总吨位增加很少的情况下,造船产值大幅度增长,完工船舶中:一是首制船和新船型多,包括150 000t油轮、34 000t散货船、45 000t散货船、50 000t散货船、27 000t运木船等,这些船舶船型新、设计修改多,生产难度大。二是高附加值船增多。三是出口船舶占了绝大多数,出口船占造船产量的85%,达到161万t,创历史最高记录。

(2)在澄西船舶修造厂、广州文冲船厂等几大修船坞投产后,修船产值和效益明显增长,特别是外轮修理取得突破性进展,1996年外轮修理产值占修船总产值的70%,创汇1.5亿美元,比上年增长43.3%,比较突出的是广州文冲船厂、澄西船舶修造厂逐步进入油轮修理市场,山海关船厂承接了巴西28万t油轮的改装修理任务,北海船厂承接了化学品船修理任务,大连造船厂积极开拓海洋石油平台修理业务。

(3)依靠科技进步,大力转换造船模式为工厂注入了新的活力,生产节奏明显加快,造船生产效率显著提高,主要表现在:生产均衡发展,各船厂的开工、上船台、下水和交船四大节点的计划实现率由上年的85%,提高到95%,万t级船舶建造总周期483天,比上年缩短3天,船台周期126天,比上年缩短13天,江南造船厂、沪东造船厂、广船国际股份有限公司还创造了年完工9艘船舶的最新记录。

为确保生产任务的完成,船舶总公司采取了有力的措施,取得了显著的成果:

(1)坚持以市场为导向,始终把开拓市场、承接订单放在首位,这是船舶工业持续、快速发展的关键。1996年共承接船舶订单227万t,总金额258亿元,其中出口船订单134万t,总金额14.5亿美元,国内船舶订单累计93万t。

(2)依靠科技与管理进步,狠抓转换造船模式和缩短造船周期,提高了竞争能力,转变了增长方式。沪东造船集团1996年完工9艘船,创造了船台周期56天的新记录。

(3)以发展为目的,坚持搞活企业,坚持把"三改一加强"转换企业机制作为改革的主要内容,从企业实际出发,积极稳妥、分类指导,推进企业改革。

按利润总额为序,前十名企业的主要经济指标见表1。

表1　主要经济指标　(单位:万元)

企业名称	利润总额	销售收入	销售成本	销售税金及附加	销售利润
广船国际股份公司	4 031.1	206 134.9	189 279.3	1 091.2	15 395.9
江南造船厂	3 280	208 092	199 330	85	8 412.7
沪东造船厂	3 000	191 822	189 041	355	2 392.8
大连造船厂	2 037.9	128 293.3	118 328.9	306.9	9 608.6
山海关船厂	1 508.3	21 297.2	12 941.6	64	6 860.9
澄西船厂	1 502.4	37 072.7	27 767.6	144.3	8 393.4
大连造船新厂	1 015	155 932	129 489	3 106	231 316
武昌造船厂	1 008.2	73 592.6	68 507.7	442.3	4 242.6
大连船用柴油机厂	1 003	24 554	25 671	184	－1 323
江津增压器厂	700	8 320	4 806	45	3 369

产品分类及产量 1996年中国船舶工业总公司共完工船舶169艘、186.3万综合吨，按可比口径统计分别比上年下降了4.5%和增长0.9%。按船的类别划分，完工货轮57艘、167.6万载重吨，客轮10艘、0.51万满载吨，拖轮9艘、0.75万满载吨，驳船24艘、4.21万载重吨，其他船69艘、13.2万综合吨。其中只有货轮艘数比上年提高了，其他品种船舶艘数比上年都下降了，下降比例最大的是拖轮艘数，下降了43.8%。

除船以外的其他产品，包括柴油机完工602台、781.9MW，分别比上年下降了33.2%、3.5%，船用辅机完工2798台，比上年增长32%，船用螺旋桨完工2 220套，比上年增长12.8%，精密导航仪表完工343台，比上年下降了8%。

市场及销售 船舶总公司面临着国内船东大量向国外订船的不利局面，"八五"期间总计承接国内船舶订单只占总承接量的30%，船舶总公司把承接订单作为首要任务来抓，1996年累计承接国内船舶订单93万t，初步扭转了近年来国内订单急剧下降的不利局面，在这批订单中，主要是中国远洋运输(集团)总公司分别向沪东、江南、广州和大连造船新厂订造的8艘船舶，计78.85万t，同时，中国对外贸易运输总公司也首次向船舶总公司订造了两艘27 000t运木散货船。虽然国内订单有所增加，但是订单外流的情况仍没有根本好转，还存在一些急待解决的问题。

由于订单不足，在总公司77个企业中，大船厂8个，造船任务相对饱满，10多个中小船厂造船任务还不很充足，配套企业单靠搞造船配套是维持不下来的，尤其是二、三线企业，现在产品结构主要已是非船产品，但大多数已处于淘汰期，市场占有率下降，生产萎缩，效益严重滑坡。

修船业几年来持续快速增长，1996年完成修船1 103艘、19.9亿元(当年价)，可比口径增长21%，其中远洋船77艘，7 300万元，外轮441艘、12.9亿元，出口创汇15 411万美元，外轮修理比1995年增长43.3%。

销售收入181.7亿元，增长13.1%，利润总额为－2406万元，比上年减少12 819万元。利润下降的原因是多方面的，一是税金增加。二是企业负债率过高，支付利息增加。三是企业增提折旧比例加大，分流了利润。四是近年来企业各种费用负担加重，职工工资和福利支出增加。五是思想观念还不适应市场经济的要求，企业机制不灵活，结构调整不及时、不到位，新的增长点不多，一些配套厂以非船产品为主而新产品开发不力，老产品遭淘汰。

1996年国际船舶市场仍处于低价位徘徊，日元对美元贬值，以美元计价的船价下跌，日本、韩国两个造船大国为了保持其世界造船霸主地位，展开了低价竞争，加之人民币对美元坚挺，明显加大了船舶总公司承接出口船的难度，船舶总公司在克服了诸多不利因素的情况下，承接了出口船舶订单127万t，出口合同金额116亿元，分别比上年下降了49%、28.8%。

1996年在全国外贸出口低速增长的形势下，船舶总公司出口继续保持高速增长，全年出口创汇11.9亿美元，比上年增长95%，船舶出口在巩固和发展原有出口市场的基础上，实现了对日本、韩国、加拿大、希腊、马来西亚和台湾等国家和地区出口船舶的零的突破，出口船舶型结构也有大的变化，高技术含量、高附加值船舶的比例占到了16%。

境外融资又有了新进展，1996年获16家国际著名银行提供的共1.03亿美元的贷款，用于建造6艘、总吨位达20多万t的出口船舶。这项业务的拓展，不仅缓解了国内资金紧张的突出矛盾，也有力地促进了船舶出口。

1996年船舶总公司共有集装箱、锚、锚链等17种年出口额超过百万美元的大宗出口产品，其中新开拓的舱口盖和船用舾装件是年出口额首次超过百万美元的产品，集装箱、锚链年出口额超过1 000万美元。

新技术及科研成果 1996年取得重大科技成果奖287项，其中国家级15项，中国船舶总公司级272项。

1996年，船舶总公司在推广应用新技术、新工艺方面取得新进展，船舶焊接高效率化平均由"七五"的59%提高到68%，最好的达到86%。

1996年国家重点科技攻关项目4.6万t大开口多用途船等四型船舶已实船交货，7万t自卸船、1.65万m^3液化石油气船和9 000t散装水泥船三型高附加值船已进入实船建造阶段。高速船开发也进入了实船建造开发阶段。

预先研究进展顺利，其中从乌克兰引进的燃气轮机通过验收，为我国大功率船用燃气轮机国产化创造了条件。

继江南造船(集团)公司等4个国家级企业技术开发中心之后，广船国际的企业技术中心又被批准成立。

1996年，船舶总公司首次承担了"散货船修船质量标准"和"散货船造船质量标准"两个国际标准的编制工作，进一步提高了我国在国际标准化组织中的地位。

新产品 随着科学技术的进步，新型船舶开发能力增强，国内急需的3.5万t浅吃水肥大型货船船型不断优化，具有国际先进水平的4.6万t的化学品船、5.2万t大舱口多用途船等相继完工。

1996年完成主要新产品有：(1)15万t苏伊士型原油轮，主尺度为：270.45m×44.6m×24.2m×17.5m，主机6RTA72u，用于运输原油；(2)6RTA72U船用柴油机，该机最大功率为17 940kW，低转速，直接换向，二冲程。

基本建设及技术改造 1996年更新改造完成投资121 123万元，比上年增加7 328万元。

1996年限上及"双加"等重点建设项目共20项，其中：五大船厂改造项目收尾工程4项；一期"双加"限上项目8项，限下项目2项；二期"双加"限下项目6项，以上项目本年计划投资81780万元，实际完成59 259万元，为年计划的72.5%，具体完成情况如表2。

(1)五大船厂改造项目工程收尾全面完成。五大船厂改造项目除沪东造船集团已于1993年完成外，其余4个项目亦告完成。

表2　五大船厂改造项目完成情况　(单位：万元，比例：%)

单位名称	1996年			自开始建设至1996年底			完成情况
	计　划	完　成	比　例	累计完成	概算总投资	比　例	
大连造船厂	880	1 277	145	19 797	20 556	96	9月初通过竣工验收
上海船厂	2 712	2 712	100	26 446	25 752	103	同上
江南造船集团	3 097	3 072	99.2	31 860	28 988	110	同上
广船国际股份有限公司	2 249	3 469	154	23 712	23 301	102	已具备工程验收条件

(2)一期“双加”工程项目共10项，累计安排贷款5.84亿元，到位5.5亿元，已累计完成投资5.3亿元，占整个一期“双加”工程项目计划投资总量的50%，有2项已完成投产并发挥效益。具体情况如表3。

(3)二期“双加”工程项目开始启动。

表3　一期“双加”10项工程情况　(单位：万元，比例：%)

名　　称	1996年			开始建设到1996年底			效　　果
	计划投资	完成	比例	累计完成	总投资	比例	
北海船厂修船坞改造	16 977	16 933	99.7	19 897	19 941	99.8	该船坞已建成投入试生产
大连造船厂	6 200	4290	69.2	4 400	14 479	30.4	锻压车间搬迁正进行，平面分段流水线设备引进合同已签
江南造船厂	11 945	10 131	84.8	10 591	19 635	54	8号码头基本建成，3号船坞区新增的150t门座式起重机加工制作完成50%
广船国际股份有限公司	7 188	8 221	114	10 076	19 144	52.6	新建210m造船码头交付使用，一号船台增设闸门设施收尾，特种集装箱环保设备安装完毕，钢结构制造车间交付使用
中华造船三厂2号船台改造项目(限下)	2 693	2 800	104	3 300	3193	103	船台改造及120t门座起重机完工投入使用
武汉船用机械厂	4 637	98		1 140(自筹)	6 479	17.6	
昆明船舶设备集团公司	9 242	3 248	35.1	3 788	9 782	38.7	已订购设备35台，并安装到位，扩建102厂房基本完成
正茂集团公司	3 000	250	8.3	250	5 978	4.2	11号制链机组，20MN锚链破断试验机，3号调质炉等三大自制设备设计工作已完成，配套件外协正在落实，供配电高压系统基本制作完成
四川齿轮箱厂	2 500	59	2.36				设计和前期准备，引进的CNC的设备订货
四川清平机械厂	1 800	80	4.45				设备订货

国家下达二期“双加”工程项目导向性计划28项，总投资17亿元，贷款约12亿元，1996年底安排河南柴油机厂、海鹰企业集团公司、西安东风仪表厂、四川红江机械厂、四川跃进机械厂、四川红阳机械厂6项开工建设，安排贷款5 545万元，并在年底全部到位，当年累计完成投资3 259万元，主要进行了施工准备、设备订货。其中西安东风仪表厂干式变压器生产线改造项目已建成投产，累计完成投资2 625万元，已形成年产400MV·A干式变压器生产能力。二期“双加”其余项目正抓紧做前期工作，争取尽早启动。

管理及改革　管理方面主要工作有：(1)努力开拓国内外市场，把承接订单放在经营工作首位；

(2)“以科技进步为先导”，坚持“科技兴船”的方针，围绕缩短造船周期和产品周期，转换造船模式，调整产品结构，提高高附加值产品的市场占有率，努力推广先进实用技术，切实提高产品和工艺技术水平。

(3)增强集团意识，加强集团竞争力。在船舶出口、沿海船厂与内地船厂联合、提高国产设备装船率、物资集中采购、规范修船经营、厂所联合、厂厂联合开发市场开发产品、科技成果在系统内转化等方面，都进行了有益的尝试。

(4)学习邯钢经验，加强内部管理工作，由产品管理、经营管理逐步向财务管理深入。

(5)安全生产、环境保护、工业卫生等现场管理水平逐步提高。

改革方面采取的措施：

(1)贯彻《转机条例》实现了由承包制向统一所得税制的平稳过渡。

(2)推进企业劳动、人事、分配三项制度的改革，至1996年船舶总公司系统的企业基本上都实行了劳动合同制，在人事制度、分配制度上也都进行了积极有益的探索。

围绕建立现代企业制度总目标，进行了多种形式探索：

①广船国际股份有限公司抓住机遇，成功地实现了股份制改制，为造船企业的发展创出了新路。

②江南造船(集团)公司、风帆、正茂、海鹰集团等企业实现了有限责任公司的改制。

③新港、新河的吸收式合并，为国有企业改革进行了探索。

(4)大力推进科技体制改革：

①加快科技成果产业化进程，通过组建专业集团、股份制实体公司、项目联合总承包、双向合作开发和生产、技术转让与合资经营等多种形式，促进厂所联合，加速科技成果的产业化。

②建立不同形式的企业技术开发中心，1996年新批准成立2个技术开发中心，现共有6个技术中心。

③加强科技队伍建设，第七研究院实施“跨世纪舰船科技英才”百人工程计划，1996年底已选拔50名，船舶总公司系统有9名专家当选为两院院士。

④为搞好科技成果的管理、奖励科技人员，船舶总公司颁布《中国船舶工业总公司科技进步奖励办法》及其实施细则。

〔撰稿人：中国船舶工业总公司　郭莲英　审稿人：中国船舶工业总公司　郭　泽〕

〔责任编辑：王　如〕

飞　机

〔中国航空工业总公司〕

生产发展情况　中国航空工业总公司1996年生产并交付运十二飞机3架、运七货机5架、运七领航机2架、运八气密型飞机3架、农五A型2架、运五B型飞机18架，另有运八试验机阶段交付1架，共计交付34架民用飞机。同时交付B737-300平尾50架份、垂尾56架份，ATR42翼盒10架份，MD82、MD90两种机头18架份。还交付了一批A320翼肋、A300检修门、BAE-146主起舱门和B757货舱门等部件。

干线飞机项目　1996年12月19日西飞公司首架机翼翼盒正式交付，12月29日成飞公司首架机头起运，这标志干线飞机开始大部件交付。

支线和通用飞机　Y7-200A型飞机，已完成除大侧风着陆以外的试飞大纲规定的B、D、E、F分部试飞科目。

Y8F-200型飞机在适航条例适用条款139条中已审查完成134条，尚有5个条款需继续进行工作。

Y5B型飞机，在取得适航证后，又增装翼尖帆片；更换四项电子设备，加装GPS接收机及跳伞设备，改型为跳伞机，并于1996年首次交付5架跳伞机。

中型客机(AE100)项目　中国、欧洲、新加坡对参加中型客机生产项目达成共识，由中国、新加坡和欧洲空客与意大利阿莱尼亚公司组建的新公司共同参加AE100项目。

中航总公司于1996年7月将“AE100项目的可行性研究报告”上报国家计委审批。

转包生产　1996年初，总公司召开了第一次转包生产工作会，成立了转包生产管理委员会并制定了相应的管理办法。转包生产出现较好的发展势头，已能批量交付B737-300垂尾、平尾及MD82、MD90的机头和平尾，年交付额达5 400万美元。在B737-700和B757尾段转包生产合同生效后，西飞、上飞、沈飞和成飞公司都积极组织队伍，编制计划进入了合同执行阶段。其中沈飞新建了装配和化铣厂房，建立了计算机辅助空间图形设计工作站，质保手册与质控程序已提交波音公司批准，成飞公司新建装配和表面处理厂房，并顺利通过了由波音、格鲁门公司和总公司联合进行的三次评审。上飞公司1996年6月26日获得波音D1-9000批准书，成为波音公司合格的供应商。西飞公司由于有B737-300转包生产的基础，B737-700项目进展较好。

珠海航展　中国首届带飞行表演的航空航天博览会于1996年11月6日～10日在珠海顺利举行。李鹏总理出席开幕式并剪彩，吴邦国副总理在会上宣布：中国政府决定今后每逢双年将在珠海举办一届航空航天博览会。

参展的国产民用飞机有Y7H-500、Y7-200A、Y8C、N5A、Y12IV等，其中除Y7-200A外，其他飞机进行了飞行表演。此外在展览会上还展出了AE100、MD82、MD90、Y7、Y8、Y12、N5等飞机的模型及图片。

航展期间共接待中外来宾70余万人，吸引了400多家的厂商参展，贸易成交额达20亿美元。本届航展取得了圆满成功。

〔撰稿人：中国航空工业总公司民用飞机系统工程局　迟文俊　审稿人：中国航空工业总公司　孙广运〕

〔责任编辑：王　如〕

电　机

〔机械工业部〕

一、大型电机

生产发展情况　1996年大型电机行业厂家外抓市场,内抓管理,挖掘潜力,发挥企业自身优势,在科学管理上下功夫,加强生产组织系统的管理,加强整体协作,促进了生产、经营、技术及管理工作的全面发展。1996年上海电机厂生产了2 000kW交交变频隐极式轧钢用同步电动机,兰州电机集团有限责任公司自行研制出额定功率5 000kW大型高压无刷同步电机和生产了9 000kW大型三相异步电动机,这些电机的研制成功不仅促进了这两个企业电机产品的发展和制造水平的提高,同时还替代了同类电机产品的进口,为国家节约了大量的外汇,推动了我国大型电机的技术进步。

1996年大型电机行业总共生产大型电机4 118.836MW/5 255台(包括中心高710mm及以上的大型交流电机和电枢直径在423mm及以上的大中型直流电机),完成产值81 166.87万元。1996年大型电机行业全年完成工业总产值434 185万元,实现产品销售收入443 956.35万元,实现利润总额15 133.3万元,全员劳动生产率66 113.17元/人。

1996年生产大型电机的企业11个,其中大一型企业9个、大二型企业1个,中一型企业1个,职工64 389人。1996年大型电机行业企业的产品产量、产值详见表1。

表1　1996年大型电机行业企业产量、产值

企业名称	产量(MW/台)		产值(万元)	
	1995年	1996年	1995年	1996年
上海电机厂	1 277.4/2 059	1 506.7/2 003	24 615.20	24 789.60
淄博牵引电机(集团)股份有限公司	986.97/1 260	1 015.71/1 288		12 541.00
沈阳电机厂	481.995/435	518.8/414	7 309.00	12 273.00
哈尔滨电机有限责任公司	330.297/183	290.836/251	11 394.00	10 223.00
江西电机厂	157.625/328	205.06/362	3 589.52	4 342.00
南方通用电气集团公司		193.24/246		6 250.53
东方电机股份有限公司	199.73/150	110.125/85	6 983.24	2 838.00
北京重型电机厂	188.32/247	95.315/289	2 188.60	4 348.90
南京汽轮电机厂	71.15/211	87.91/216	1 863.00	2 063.00
兰州电机集团有限责任公司(原兰州电机厂)	161.256/164	81.18/69	3 565.34	1 131.84
山东济南发电设备厂	32.68/77	13.96/32	468.00	366.00
湖北第二电机厂	9/3	—	315.00	—
大连电机厂	4.498/77	—	318.50	—
合计	3 900.921/5 194	4 118.836/5 255	62 609.40	81 166.87

注:1. 表中所列为中心高在710mm以上的大型交流电机和电枢直径在423mm以上的大中型直流电动机。
2. 栏内有"—"号表示当年不生产大型电机。

国有大型骨干企业的哈尔滨电机有限责任公司1996年完成工业总产值60 088万元,主营业务收入64 721万元,实现利润总额864.8万元,完成综合产量3 269MW,实现出口创汇1 168万美元。上海电机厂全年完成工业总产值92 810万元,比上年增长28.5%;交流电动机完成1 858MW,交流发电机完成99MW,直流电机完成246MW,实现产品销售收入101 227.35万元,实现利润总额2 695.3万元。东方电机股份有限公司全年完成工业总产值54 180万元,主营业务收入65 105万元,实现利润总额6 510万元,上缴利税3 391万元,出口创汇2 515万美元。北京重型电机厂全年完成工业总产值46 634万元,交流电机完成201MW,完成销售收入51 277.8万元,实现利税4 262.3万元,实现利润538.7万元。

产品分类及产量　1996年大电机行业共生产大型同步电机1 464.11MW/1 282台,大型异步电机1 832.182MW/1 244台,大型直流电机96.608 MW/213台,中型直流电机725.936MW/2 516台。

市场及销售　1996年大型电机行业厂家面对市场疲软,订货量下降,市场竞争激烈局面,主动走向市场,强化销售工作管理,加强销售队伍建设,积极开拓销售渠道,调查市场,掌握信息,同时,积极开拓国际市场,扩大产品外销渠道。全年完成国内销售收入81 157.85万元，其中大型同步电机 46 662.57万元，大型异步电机 15 612.20 万元，大型直流电机 2 579.58万元，中型直流电机 16 303.50 万元。实现国外销售收入 524 万美元，出口数量 92.572MW/146 台。1996 年各行业企业国内外销售收入详见表 2。

表 2　1996 年大型电机行业企业国内外销售收入

企业名称	国内销售收入(万元)		国外销售收入(万美元)	
	1995 年	1996 年	1995 年	1996 年
上海电机厂	28 920.00	24 214.90	206.10	310.00
淄博牵引电机(集团)股份有限公司	7 338.00	18 811.50		
哈尔滨电机有限责任公司	7 692.00	9 091.00		
沈阳电机厂	8 393.00	6 900.00		111.00
江西电机厂	5 248.00	5 988.00		
北京重型电机厂	2 762.80	5 699.00		
东方电机股份有限公司	5 606.35	3 607.00	13.57	103.00
兰州电机集团有限责任公司(原兰州电机厂)	3 842.00	2 669.67		
南京汽轮电机厂	1 730.00	2 121.00		
南方通用电气集团公司		1 878.78		
山东济南发电设备厂	420.00	177.00		
湖北第二电机厂	269.00	—		
大连电机厂	461.60	—		
合计	72 682.75	81 157.85	219.67	524.00

注:栏内有“—”号为当年不生产大型电机。

新技术及科研成果　1996 年大型电机行业厂家，在生产中采用了许多新工艺、新技术、新材料。主要有哈尔滨电机有限责任公司的湿绕组电机引线密封结构的改进，砂带机的设计与制造。东方电机股份有限公司的交流笼型异步电机转子端环由铸—锻或锻—焊结构改为用∅400mm 连铸坯整锻∅1 000mm 端环工艺，解决了质量问题，每年可降低成本 32.8 万元；无氨晒图工艺处于国内领先地位，晒图周期由氨工艺的 12h，缩短到 20min，质量好，每年可节约成本 11.7 万元。兰州电机集团有限责任公司的振动时效工艺代替热时效工艺；YJS 紧凑型高压三相异步电动机采用带散热筋的超长铸造机座，机座长1 640mm，散热筋高 70mm，最小间距 12mm，还有贯穿机身封闭式通风孔，铸件结构复杂，处于国内领先地位。山东济南发电设备厂的定子条式线圈绝缘带包扎采用数控化工艺，提高了产品质量和生产效率。

科研基地建设及科研工作方面，为使科研成果尽快转化为生产力，加速新产品开发和产品结构调整，促进企业快速发展，增强企业的市场竞争能力，江西电机厂成立了江西电机研究所，山东济南发电设备厂科研中心大楼竣工交付使用。

1996 年开展的研究项目有:哈尔滨电机有限责任公司的交流电机圆形定转子冲片冲槽新工艺研究、屏蔽电机推力轴承性能研究，上海电机厂的大型交流电机转子滑环套管结构研究、铁丝形磁性槽楔胶粘漆及结构研究、GFU-202 型原子吸收光谱仪测定铝合金中铁的试验研究，北京重型电机厂的增安防爆电机的关键防爆技术研究(获机械工业部科技进步二等奖)，山东济南发电设备厂开展了数控机床加工及其刀具的研究与应用、定子外压装、磁轭机加工、大型风罩旋压等新工艺研究。

新产品　1996 年大型电机行业生产的新产品有:(1)哈尔滨电机有限责任公司生产的 YK630-11-2、2 240kW，YKK1000-13-8、2240kW 大型异步电动机和 4 000kW、1 800kW 直流电动机。(2)上海电机厂的 YLBT-500-10 立式异步电动机，IDQ4342、2 000kW 交交变频隐极式轧钢用同步电动机，TF-15 000-52/5600 超大型低速柴油发电机，Z900-1250、2 200kW 大型直流电动机。(3)北京重型电机厂异步电动机的 1 290、450kW，J161A、560kW，1243、2 500kW，J244G、630kW，J245G、330kW，J162A、240kW 异步电动机和 J1246、2 300kW 高速二极异步电动机；T191SI、2 200kW，T192SI、710kW，T172A、2400kW 增安无刷励磁同步电动机；T196、4 200kW、6kV 正压通风同步电动机；T200、900kW、10kV 高压同步电动机；T195、800kW 开启式正压通风同步电动机；T193SI、630kW、10kV，T148B、1 250kW，T162A、250kW，T153A、1700kW，T197、2800kW 同步电动机。(4)南京汽轮电机厂的 TK2800-20/2150(增安型)、TK1250-14/2150A、T630-10/1180、TK260-14/1180、TK250-12/1180 及 YR1000-8/1430、YR800-8/1180 等大型同步电动机和大型异步电动机。(5)兰州电机集团有限责任公司生产的 TFW5000-12/1250 高压无刷同步发电机，其额定功率 5 000kW，额定电压 10.5kV，额

定电流 344A，额定转速 500r/min，功率因数 0.8，额定频率 50Hz，电机采用可控相复励与不可相复励系统。同时还有 Y9000-4、9 000kW，YK710-2、4 800kW 三相异步电动机，YJS 系列紧凑型高压三相异步电动机，6kV 和 10kV 双电压三相异步电动机系列。其中 YJS 系列紧凑型三相高压异步电动机中心高为 H400、H450、H500、H560，功率范围 220kW～1 800kW，极数为 2、4、6、8 极共 69 个规格。电机采用全封闭自扇冷却结构，采用增大铸铝转子导体截面，首末匝采用加强绝缘工艺和 VPI 真空压力浸渍工艺。YK710-2、4 800kW 三相异步电动机比国内同类产品重量轻，体积小 1～2 个机座号，额定功率 4 800kW，额定电压 6kV，额定电流 523A，功率因数 0.87，效率96.5%。(6)淄博牵引电机(集团)股份有限公司生产的 TQFR-3000E 发电机，电机额定容量 2911kV·A、额定电压 425/770V，额定电流 3 955/2 183A，额定转速 1 000r/min，额定频率 150Hz，额定功率因数 0.95(滞后)、励磁方式为他励，额定励磁电压 96/103V，额定励磁电流 251/268A，绝缘等级 H/H，冷却方式为径向自通风，相数 3，还有 ZD109A 直流电动机，电机额定功率 530kW，额定电压 670V，最高电压 930V，额定电流 845A，最小恒功率电流 610A，额定转速 754r/min，额定效率 93%，最高恒功转速2 350r/min，最小励磁率 54%，最大电流 1 200A，励磁方式为串励，工作制连续，通风方式强迫通风，绝缘等级 H/H。

哈尔滨电机有限责任公司的 LUV6/4CQ35-305 型湿式电动机获 1996 年机械工业部科技进步二等奖。上海电机厂 Y 系列(IP23)三相异步电动机(H315mm～H355mm)、ZZJ 系列轧机用辅机传动直流电动机(808～818)获国家进出口检验局颁发的《出口电机产品质量许可证》。南方通用电气集团公司 YKS、YKK 10kV 系列三相异步电机获省科技进步奖，大型单绕组双速电机获国家级新产品证书。东方电机股份有限公司为重庆钢铁公司五厂生产的 2350 可逆式轧机用主传动型号 BPT4000-1Z/2940、4 000kW 交交变频同步电动机通过了四川省新产品技术鉴定，认为该电动机的理论研究、结构设计、制造工艺等方面处于国内领先地位，达到了当前国际同类产品的先进水平。山东济南发电设备厂的 Y355-4、6kV、250kW、315kW 和 Y400-6、6kV、280kW、355kW 交流电动机通过了省级鉴定。江西电机厂的 1250kW、12P 和 1 000kW、8P 柴油发电机通过了省级鉴定。

质量及质量管理　(1)继续深入贯彻 GB/T19000(ISO9000)《质量管理和质量保证》系列标准及质量认证工作，做好质量认证后的复查工作，推进企业 ISO9000 质量认证工作稳步发展。1996 年通过质量认证复查的企业：哈尔滨电机有限责任公司通过美国 GE 公司、秦山核电联营公司质量体系运作情况检查，通过了华信技术检验有限公司第三次质量体系认证监督检查。兰州电机集团有限责任公司通过了中国船级社质量认证公司的 GB/T19001(ISO9001)质量体系年审。北京重型电机厂通过了 ISO9002 国际标准认证复查。上海电机厂通过了华信技术检验有限公司(VTI)挪威船级社(DNV)和上海市质量审核中心(SAC)三家国内外质量体系认证机构的定期复审。为配合商务谈判，这个厂还接受了法国法马通公司、美国巴威公司和巴基斯坦拉格水泥厂等公司对其质保能力的审查。法马通公司和巴威公司已明确将该厂纳入“合格分供商”厂家名录。这个厂 1996 年还通过了上海市高新技术企业复查。以上通过质量认证复审为这些公司及厂家电机产品打入国际市场创造了良好的条件。到 1996 年底通过 ISO9000 质量体系认证的企业有：南方通用电气集团公司的大中型交直流电机通过了华信技术检验有限公司 ISO9000 系列质量体系认证，获得了质量体系认证证书。沈阳电机厂通过了 ISO9000 系列标准认证。(2)1996 年行业各厂家普遍对“工艺突破口”工作开展以来取得的成绩与经验进行了总结，针对工艺方面出现的问题，结合企业的实际情况，组织了工艺攻关，采取了切实可行的措施，工艺水平不断提高，保证了企业产品质量稳步提高。此外，继续实施创“名牌”战略，不断完善质量管理体系，强化质量控制，加大质量整改力度，认真落实质量改进计划，保证质量审查工作经常化制度化。深入学习贯彻《质量法》，坚持不懈地强化质量教育，进一步提高全员质量意识。(3)深入开展各种形式的质量活动。开展了质量竞争意识、质量危机感教育，开展了无废品班组、质量信得过个人和质量信得过班组等活动，保证了产品质量稳步提高。1996 年哈尔滨电机有限责任公司在质量宣传月活动中，下发了《1996 年质量宣传月活动方案》，开展了群众性质量管理专题讲座，全面质量管理知识有奖征答，质量在我心中演讲竞赛，质量宣传月板报竞赛，质量追踪和质量效益年综述系列报道等活动，此外还开展了班组产品一次交检合格、争当青年质量能手、名师带高徒、专家带助手、我为质量献计献策，以及紧密结合生产实际开展了职工技术质量运动会等活动，有力地推动了这个公司产品质量的进一步提高。

基本建设及技术改造　1996 年行业固定资产投资 34 064 万元，其中基本建设投资 9 130 万元，技术更新改造投资 24 934 万元。哈尔滨电机有限责任公司的检测大楼全部竣工，新增了 8.5、12.5m 立车。上海电机厂中型直流电机车间添置了 YYW(Q)-500m 动平衡机，整流子车间添置了 130 数显卧式镗床，解决了滑动轴承内球面的加工，还为四车间更新了先进的点焊机等设备。新建的 VPI 二期工程，是这个厂自筹资金的重大技术措施项目。受压容器大小桶体 13 台(套)，总重量 60t，最大桶体直径 4.8m，为目前国内最大，总投资 650 万元。现已完成安装调试，正在试用。东方电机股份有限公司的铸钢分厂扩建完成投资 323 万元，厂房土建开工，完成了基础施工，结构预制完，外购 100t 桥吊和 10t 电炉。沈阳电机厂建成一条设计能力为 6 500t 的铸造机壳树脂砂生产线，投入资金 1 897 万元，这条生产线除为本厂服务外，还可对外加工。南京汽轮电机厂将原3 612m² 线圈车间改造成4 340m² 新线圈车间，形成交流电动机线圈400MW，汽轮发电机线圈800MW的生产能力。完成了工频高压试验设备、100kN高速冲床、1 000kN油压机、光电下料机、匝间耐压测试仪、汽包机等的改造任务。南方通用电气集团公司完成了大型交流电机1 600万元技改项目和481万元节材专项技改项目，增强了企业机械加工能力，使该公司交流电机生产能力达1 700MW～2 000MW。山东济南发电设备厂进口了一台数控钻铣加工中心、制成了MI-158型数控包带机，完成了离心铸造厂房改造。淄博牵引电机(集团)股份有限公司主要进行了“八五”续建工程收尾工作，新增了急需设备，购置了2 500kN冲床、DK-7763线切割机床等。江西电机厂购置了计算机中心所需硬件设备，基本完成了科技大楼土建装修工程，购进俄罗斯8m立车。

管理及改革 1996年哈尔滨电机有限责任公司获中国机械工业优秀企业和省机械工业质量工作先进单位称号。上海电机厂获1996年度全国“五一”劳动奖状、获上海市工业系统思想政治工作优秀企业称号，并被批准为第四批扩大机电产品出口企业。兰州电机集团有限责任公司获全国信誉度最佳企业称号。北京重型电机厂获北京市1996年度十佳新产品企业称号。江西电机厂获省优秀企业称号，被授予机械工业“八五”标准化工作先进集体。

截止至1996年底，大型电机行业实行股份制企业的有：哈尔滨电机厂的哈尔滨电机有限责任公司、湘潭电机厂的南方通用电气集团公司、兰州电机厂的兰州电机集团有限责任公司、张店电机厂的淄博牵引电机(集团)股份有限公司、南京汽轮电机厂的南京汽轮电机(集团)有限责任公司和东方电机厂的东方电机股份有限公司等。

哈尔滨电机有限责任公司本着“主业精、多业兴”的原则，开展多种经营工作的规范运作，成立多种经营有限责任公司和机械电子设备有限责任公司。上海电机厂在成功地派生出中美合资上海汽轮发电机有限公司和中德合资上海希科水电设备有限公司的同时，正在探索集团公司模式的管理体制，理顺该厂中外合资企业、控股联营再经营、生产、计划、统计、人事和分配等一系列关系，向着二层集团公司的管理模式迈进。南京汽轮电机厂在完成组建南京汽轮电机(集团)有限责任公司之后，为1997年母子公司的运行创造了条件。南京电站设备股份有限公司完成了重新规范工作后，拟于1997年正式规范运行，同时还以存量资产在泰兴和溧水等地投资组建了控股和参股公司。兰州电机厂成立兰州电机集团有限责任公司。公司下属的兰州电机实业公司、配套公司、新科电气修造有限责任公司、晟泰大型管业有限公司等十几个全资或控股子公司。湘潭电机厂按现代企业制度进行了改制，将原南方通用电气集团公司正式重组改制为湘潭电机集团有限公司，并以其为母体组建了湖南通用电气集团，实行两块牌子一套机构的运作机制。该集团拥有6个独资子公司，10个控股、参股公司，母公司湘潭电机集团有限公司为省属国有独资公司，行业主管归口省机械局。集团公司将于1997年3月底正式挂牌成立。

〔撰稿人：哈尔滨大电机研究所　崔恩林　审稿人：哈尔滨大电机研究所　李朝东、曲大庄　机械工业部重大装备司　张力超〕

二、中小型电机

生产发展情况 1996年度中小电机行业仍然不景气，在订货、生产、销售、回款和利润等五个主要方面呈下降趋势。

从中小型电机行业82个生产企业生产状况看：工业总产值不变价实际完成638 685万元，比上年降低3.07%，工业总产值当年价实际完成712 235万元，比上年降低4.3%；工业增加值实际完成209 494万元，比上年降低4.49%；工业销售产值(当年价)实际完成675 059万元，比上年降低4.73%；产品销售收入实际完成688 247万元，比上年降低6.01%；货款回收额实际完成687 895万元，比上年降低0.44%。1996年行业82个企业的经济效益综合指数前十五名企业排序见表3。

中小型电机行业82个生产企业，1996年度实际完成小型交流电动机19 432MW，比上年降低5.49%；实际完成大中型交流电动机5 040MW，比上年降低9.16%；实际完成交流发电机4 325MW，比上年降低30.7%；实际完成直流电机1 069MW，比上年降低0.65%。

1996年，全行业实际完成一般交流发电机4 722MW，销售4 459MW；实际完成交流电动机37 616MW(产值595 158万元)，销售38 337MW。在交流电动机中，实际完成大中型交流电动机7 995MW，销售7 962MW；实际完成小型交流电动机29 089MW，销售29 000MW。其中：防爆电动机1 673MW(销售1 693MW)、吊车电机969MW(销售1 072MW)、小型绕线电动机953MW(销售942MW)、深井泵电机145MW(销售143MW)、辊道电机10MW(销售8MW)；实际完成直流电机1 458MW，销售1 419MW。

市场及销售 1996年电机行业82个生产厂的国内外市场销售情况排序见表4、表5。

新技术及科研成果 兰州电机厂在完成YJS紧凑型高压三相异步电动机试制中，在电动机机座铸造上采用了新工艺。这种机座是带散热筋的超长铸铁机座，长1 640mm，散热筋高70mm，其最小间距12mm，还有贯穿机身的封闭式通风孔，铸件结构复杂、外形尺寸大、要求高，在国内外该类机座均属罕见。该厂采用自行研制的工装，特别的工艺方法，采用树脂砂型芯铸造，获得一次性成功，其铸件质量优于西门子公司同类产品样机的水平。该厂采用振动时效代替退火工艺也取得一定效益，把振动时效工艺用在铸、焊结构上，经大量的试验，使该工艺完全达到热时效工艺所达到的水平，并具有投资少、生产费用低、无烟尘、无污染、节能显著等优点，采用振动时效工艺，估计每年可节约10万元左右费用。山西防爆电机厂也应用了振动时效工艺，用在中型煤矿专用电机的生产和部分防爆电机焊接机座、端盖以及模具生产等方面，解决了退火防爆面无法保护与氧化皮无法去除等问题，从而提高了工艺质量并节约了资金。

表3 经济效益综合指数前十五名企业

序号	企业名称	产品销售率（%）	资金利税率（%）	工业增加值率（%）	成本费用利润率（%）	全员劳动生产率（元/人）	流动资产周转率（次）	经济效益综合指数（%）
1	广东顺德电机厂	90.9	15.1	40.1	7.4	77 468	1.8	198.1
2	江苏淮阴电机公司	97.1	9.8	54.3	5.0	65 092	2.0	176.5
3	河北电机股份公司	96.1	21.7	30.4	8.4	39 510	1.9	168.4
4	衡水电机股份公司	98.0	18.3	38.4	10.8	38 492	1.7	164
5	广东东莞电机厂	93.1	13.8	38.5	5.7	52 803	1.6	159
6	上海日用电机厂	98.2	11.6	31.0	9.6	44 270	1.6	149.7
7	安徽皖南电机股份公司	98.1	10.5	34.3	4.7	55 763	1.3	147.5
8	上海人民电机厂	100.0	9.4	40.2	7.3	49 940	1.2	143.6
9	广东江门电机公司	98.7	13.0	36.6	1.8	26 303	1.9	123.6
10	淄博牵引电机公司	96.8	13.4	35.5	7.8	22 828	1.3	120.7
11	江苏仪征电机厂	96.8	8.6	26.5	4.1	28 654	1.9	117.3
12	邯郸四达电机公司	101.1	11.0	42	7.1	20 889	1.2	113.1
13	昆明电工有限公司	92.4	7.5	33.4	4.7	32 997	1.1	109.3
14	上海南洋电机厂	98.0	9.7	34.4	7.0	28 229	0.8	108.8
15	常州牵引电机厂	104.0	7.3	36.7	2.9	27 900	1.1	102.2

表4 国内销售前十五名企业

序号	企业名称	销售收入（万元）
1	湘潭电机厂	37 531
2	闽东电机（集团）公司	35 217
3	沈阳电机厂	23 074
4	兰州电机厂	22 084
5	淄博牵引电机公司	20 677
6	大连电机厂	20 318
7	无锡市电机厂	20 288
8	广东顺德电机厂	18 044
9	上海人民电机厂	16 881
10	东风电机厂	16 529
11	河北电机股份公司	15 914
12	北京电机总厂	15 694
13	佳木斯电机厂	15 420
14	江苏淮阴电机公司	15 188
15	西安电机厂	14 952

上海电器科学研究所开发的新型浸渍漆有：(1) H-1048 B、F级丙烯酸树脂绝缘浸渍漆。该漆性能优异，在许多场合得到应用，该漆首先将丙烯树脂引入绝缘浸渍漆中，填补了国内空白，为丙烯树脂在浸渍漆中应用，提供了成功的经验。(2)H-11412 B·F级通用不饱和聚酯树脂浸渍漆，该漆已通过了小试、中试、扩试阶段，经检测和用户使用，性能达到了任务书要求，与国内外同类产品比，具有储存性好，性能价格比优等特点。(3)H-1059F·H级通用绝缘漆，该漆为环氧树脂与异氰酯合成品噁唑酮的技术。这项技术在国外先进国家也刚起步，由于噁唑酮优异的耐热性、电性能和机械性能，可以取代性能各有欠缺的有机硅、聚酰亚胺、二苯醚树脂等耐热绝缘材料。该漆在实验室已取得成功，填补了国内空白，为耐高温材料的研制、开发、应用提供了经验。

表5 国外销售额前七名企业

序号	企业名称	出口金额（万元）	出口产量（MW）
1	河北电机股份公司	8 197	532
2	闽东电机（集团）公司	6 315	142
3	大连电机厂	5 889	349
4	北京电机总厂	5 383	439
5	江苏淮阴电机公司	3 638	289
6	上海革新电机厂	3 006	219
7	西安电机厂	2 542	254

新产品 由行业联合设计的YZ系列低压异步电动机通过部级鉴定并投入批量生产。

淄博牵引电机（集团）股份有限公司试制生产了YW4001-2中型高压三相异步电动机，功率450kW，电压6 000V，电流50.5A，转速2 979r/min，效率94.82%，功率因数0.904；TFW355L2-6无刷同步发电机，功率250kV·A，电压400V，电流361A，转速1 000r/min，功率因数为0.8，电压调整率为±1%。大连电机厂、北京电机总厂生产了尼玛标准的高效率电动机。闽东电机（集团）股份有限公司开发的新产品有：弗兰德减速机专用系列电动机（H80～200）、TYD系列永磁低速同步电动机（110TYD12）、YC2系列电容起动异步电动机（H112～132）。沈阳实业电机厂试制了YTS调压调速三相异步电动机。北京电机总厂试制了BVF160L-4、BVF180L2-4及VFY180L3-6A变频调速电机。

兰州电机厂试制并生产了YJS系列紧凑型高压三相异步电动机，中心高H400～500，功率范围220kW～1 800kW，极数为2极～8极，共68个规格。该电机与国内同类产品相比具有体积小、重量轻等特点，性能指标达到西门子公司H-CONPACT、三菱公司的L系列和富士公司的R90系列电机水平。其结构特点：采用内通风循环冷却，比全封闭外扇热筋冷却电机扩大了应用范围。采用增大铸铝转子导体截面积，提高了热传导能力，并降低了温度，减小了热应力，使允许起动频率提高两倍，容许负载惯量增大70%左右。

质量及质量管理　从1992年至今连续几年对Y系列电动机进行了国家监督抽查，这对于督促企业提高产品质量起到了很大作用。

1996年国家中小型电机质检中心对Y系列电机进行了统检。本次统检的抽样企业247个（含定等产品有效期内监督检查企业37个），其中未送样品企业为9个，实际受检企业为238个，受检样品714台（含定等产品有效期内监督受检查样品111台），受检企业公布于26个省、自治区、直辖市。在这次检验中，达到一等品要求的企业有125个，占受检企业数的52.5%；受检样品达到一等品的有446台电机，占受检样机数的62.5%。

在质量管理方面，如兰州电机厂在“创兰电名牌，争全国第一”的质量方针指导下，企业加强管理，对各类管理人员进行质量教育和质量培训工作，坚持企业内部审核制度。1996年该厂通过了中国船级社质量认证公司对该厂的GB/T19001（ISO 9001）质量体系年审，被全国企业信誉度普查办公室评为全国信誉度最佳企业，LD牌TZH系列电机和高压异步电动机也被评为全国市场享誉产品，并且国家西安微电机检验中心对该厂步进电机抽查全部合格。

北京重型电机厂顺利实现了ISO9002国际标准认证复查工作。

闽东电机（集团）股份有限公司成为福建省机械行业首批20多个对社会公开发表“质量承诺”的企业公司，在严格质量内部把关的同时，加大了销售服务的力度，使用闽东牌电机产品的用户称誉“买的放心，用的放心”。1996年国家及省级质量抽查该厂产品，如Y801-2、Y100L2-4、YC90S-4、YC90L-4、YC100L2-4及STC-7.5、STC～5等质量均合格。

山西电机厂在抓产品质量方面，坚持高标准严要求，将质量视为企业的生命线是该厂的一贯宗旨，1996年国家技术监督局对该厂Y系列电机和YZR系列电机进行了产品质量抽查，均一次合格，受到国家有关部门表扬。

北京电机总厂1996年又一次通过了ISO9001质量体系认证，顺利通过了国家和北京市技术监督部门的严格质量抽查，主导产品被确认为北京市名牌产品。

湖北电机厂的S-CZK宽调速伺服电机经国家微电机监督检验测试中心抽查，质量全部合格。国家中小型电机质量监督检验中心对该厂的Y系列（IP44）电动机进行抽样检验，达到统检一等品要求。

山西防爆电机厂1996年在全国中小型电机抽查中，产品质量达到一等品。

昆明电机厂在1996年质量统一监督检验中，该厂的Y系列电机产品获全国质量统一监督检验合格证书。

西安电机厂1996年1月份通过了出口许可证复查。

基本建设及技术改造　闽东电机（集团）公司，为了进一步提高市场占有率，从1995年开始实施“双加”工程，扩大出口创汇专项技术改造项目。项目总投资4 850万元，其中工艺设备投资2 850万元，厂房建筑工程895万元，建设利息491.75万元，投资方向税89.5万元，其他594万元。项目改造主要内容和投资规模：发电机（2kW～500kW），新增30万台，计划投资692万元；分马力电机新增20万台，计划投资56.36万元；电泵新增16万台，计划投资1 346万元；特种电机及弗兰德电机新增6万台，计划投资714.7万元；扩大电机主转子冲片能力，计划投资362万元。至1996年12月，该厂累计完成投资3 259.36万元。

湖北电机厂1996年购置并完成安装调试的设备有外圆磨床、动平衡机、31.5MN立式油压机、卧式车床、数控火焰切割机、卧式铣床、专用镗铣床等；已签订合同并完成设计方案审查的项目有真空压力浸漆；此外还完成4套节能烘箱安装和新的浸漆池以及自制真空干燥罐等，共计完成投资375.96万元。

淄博牵引电机集团公司完成“八五”续建工程结尾及新增急需设备15项，购置的设备有2 500kN冲床及DK-7763线切割机床等。

大连电机厂1996年完成技术改造投资160万元，完成了土建面积1 780m^{2}以及集中供热系统、工厂工艺线路调整搬迁改造等。

山西电机厂为增强企业实力，培植新的经济增长点，注重调整产品结构，发展中型及防爆电机，1996年申报了中型电机制造项目，投资688万元，利用项目资金新建中型特种电机分厂一个，实现了当年投资、当年投产的高效率、快节奏，已于11月底生产出首批中型及特种电机。

南京汽轮电机厂1996年完成了线圈车间改造、工频高压试验设备、100kN高速冲床、∅1602A637Q1镗床等设备。该厂还于1994年开始进行线圈厂房的改造，新建厂房4 340m^2，形成了年产汽轮发电机线圈800MW、交流电动机线圈400MW的能力，该项目被评为市级优良工程。

对外合作 大连电机厂与新加坡荷兰有限公司合资经营成立的大连威期特电机有限公司，为合资经营。经营范围包括设计、制造电机和相关产品及其附件。总投资金额 2.4 亿元，注册资本 1.0 亿元，其中外方股份占 50%。注册日期为 1997 年 2 月 18 日。

闽东电机(集团)公司，从 1995 年以来加强与德国弗兰德公司合作，1996 年开始按德方订单和要求组织生产，提供出口的减速机专用电机，第一年出口 360 万元，在此基础上 1996 年 12 月，由双方合作的弗兰德/闽东(福发)减速机装配中心在福发建成开业。闽东电机(集团)公司又与日本本田技研株式会社合资建立了闽东—本田汽油发电机组有限公司，于 1996 年 8 月正式投产，并于年底批量投产新一代的 HONDAEC 系列汽油发电机组，共 6 个品种 30 个规格，累计年产量 10 209 台，产值 5 068 万元，初步形成了国内销售服务网络，打破了中小型汽油发电机组靠进口的局面。

昆明电机有限责任公司于 1996 年 8 月与马来西亚乾成(马)有限公司签订了协议，在马来西亚吉隆坡合资建立昆马电机有限公司。经营范围包括电动机、水电设备、泵、变压器及开关等产品。

管理及改革 1996 年电机行业各厂继续推行一系列的改革措施，很多企业先后改制。据不完全统计，已有 60 多个生产厂实行股份制。如兰州电机厂 1996 年 12 月份完成了改制工作，成立了兰州电机集团有限责任公司，公司下属有：兰州电机实业公司、配套公司、新科电气修造有限责任公司、晟泰大型管业有限公司等十几个全资或控股子公司。昆明电机厂 1996 年 12 月正式改制为昆明电机责任有限公司，保留电机厂法人资格和国有企业性质，实行分离式改制，使昆明电机责任有限公司成为自主经营、自负盈亏、自我约束、自我发展的法人实体和市场竞争主体，求发展，创效益，股票不上市。在企业联合方面，1996 年 5 月该公司与上海电机厂签订了合资组建上海电机厂昆明中型电机厂(暂名)的协议，经营产品为中型高压电动机，机座号 H355～710。西安电机厂 1996 年 11 月起兼并了已破产的原西安东方电机厂。南京汽轮电机(集团)有限责任公司 1995 年挂牌之后，1996 年继续组织实施建立现代企业制度试点方案，加快各子公司的组建，电机公司进入试运行后逐步完善内部管理体制、质量责任制和分配考核体制等，如南京电站设备股份有限公司完成了重新规范工作，于 1996 年四季度开始分账运行，同时还以存量资产在泰兴和溧水等地投资组建了一控股和参股公司。

〔撰稿人：上海电器科学研究所　张金兰　审稿人：上海电器科学研究所　贾润亮　机械工业部重大装备司　张力超〕

三、分马力电机

生产发展情况 1996 年，分马力电机行业企业在国家宏观调控继续从紧、市场竞争激烈、资金严重短缺、生产经营非常困难的情况下，生产和销售仍取得了一定增长，但行业经济运行质量不高，经济效益比上年有所下降。

据对行业 54 个企业统计，1996 年工业总产值(不变价)30.64 亿元，销售收入 28.70 亿元，生产电机 2 982.40 万台，出口金额 5 676 万美元，比上年分别增长 11.7%、4.9%、15.4%和 26.2%。

获得 1995 年行业经济效益综合指数排名第一的浙江卧龙集团公司，1996 年的生产又有大幅度的增长，工业总产值达 4.2 亿元，销售收入 4.1 亿元，利税 6 431 万元，外贸销售 565.7 万美元，比上年分别增长 51.3%、75%、76%和 20%，且各项经济效益指标均有所提高，再次获得 1996 年行业经济效益综合指数排序第一。上海电机(集团)公司日用电机厂在建立现代企业制度中，加紧转换经营机制，主动走向市场，紧贴支柱产业，依托大集团，拓展大市场，借力上台阶，实现迅速膨胀，成为行业中的“小巨人”，在行业国有企业的生产经营普遍遇到困难的情况下，该厂取得了工业总产值 1.3 亿元、销售收入 9 130万元、利润 804 万元的良好业绩，比上年分别增长了 18.2%、20.3%和 24.6%，实现了工业总产值、销售收入、利润的同步增长。重庆三峡电器厂坚持改革，大胆探索，挖掘潜力，狠抓产品质量和新品开发，以提高经济效益为中心，加速企业经营思想的转变，1996 年各项经济指标均好于上年，工业总产值达 1.25 亿元、销售收入 1.25 亿元、利税 1 400 万元，同比增长 4.6%、17.4%和 31.6%，列入了重庆市工业企业“50 强”。

1996 年经济效益较好的企业还有：锡山市洛社微特电机厂、靖江市天马电机电器厂、中山市电机电器总厂、无锡市第二微电机厂、泰州航海电气总厂、常州祥明电机有限公司、吴江家用电机厂、江阴市电机电器厂、杭州学军微电机厂、海门市微电机厂、鹤山市电机厂、荣成市微电机厂、广东肇庆电机有限公司、黄山朝阳(集团)有限公司、奉化微电机厂等。

1996 年经济运行质量不高、经济效益低仍是行业发展中的突出问题。行业亏损企业数和亏损额均比 1995 年增加，在 54 个企业中，有 16 个企业亏损，占统计数的 29.6%，比上年高出 4.1 个百分点，总亏损额达 7 873 万元，增加亏损 1 761 万元，54 个企业盈亏相抵后亏损 1 197 万元。在 16 个亏损企业中，国有企业有 10 个，占亏损企业数的 62.5%，亏损额 4 680 万元，占总亏损额的 59.5%。可见，国有企业的严重亏损是导致行业总体亏损的重要原因。

表 6 列出了行业 1996 年各项经济指标与上年的对比情况，除工业产品销售率和劳动生产率比上年有所提高外，其余各项指标均低于上年，特别是反映在劳动消耗和劳动占用的成本费用利润率和资产利税率降幅较大，并远远低于行业标准值，这主要是由于电机原材料价格高，财务费用(主要是利息)激增，使企业的成本费用增加，这也反映出分马力电机行业的粗放型经济增长方式尚未有根本性转变。

表 6　1996 年分马力电机行业经济效益指标

指标名称	单位	行业标准值	1996 年行业平均值	1995 年行业平均值	增长%或百分点
经济效益综合指数	%	100	82.39	107.52	−25.13
产品销售率	%	97.14	100.34	99.07	1.27
成本费用利润率	%	7.91	−1.39	3.22	−4.61
全员劳动生产率	元/人	8 393	16 033	13 784	16.32
增加值率	%	29.10	20.86	21.97	−1.11
资金利税率	%	13.66	4.77	8.26	−3.49
流动资产周转率	次	1.17	1.74	2.09	−16.74

表 7　1996 年分马力电机行业经济效益综合指数前十名企业

序号	企业名称	综合指数	产品销售率(%)	成本费用利润率(%)	全员劳动生产率(元/人)	增加值率(%)	资金利税率(%)	流动资产周转次数(次)
1	浙江卧龙集团公司	296.658	98.70	9.89	80 476	24.00	36.37	4.60
2	锡山市洛社微特电机厂	204.971	93.63	22.09	24 933	18.68	26.55	3.17
3	靖江市天马电机电器厂	190.853	95.40	7.90	43 667	16.74	24.18	2.94
4	中山市电机电器总厂	156.989	121.70	0.83	22 421	13.07	9.55	4.94
5	上海日用电机厂	154.735	98.20	9.60	47 465	33.25	11.70	1.62
6	无锡市第二微电机厂	147.429	96.15	18.33	3 1937	40.63	15.02	0.75
7	泰州航海电气总厂	139.627	94.20	2.46	40 644	31.78	9.36	2.37
8	常州祥明电机有限公司	135.225	85.71	5.36	12 737	8.64	18.06	3.16
9	吴江家用电机厂	132.046	80.83	11.80	21 196	18.33	18.60	1.45
10	江阴市电机电器厂	126.949	88.68	5.14	18 000	17.56	16.56	2.32

表 8　1996 年分马力电机行业经济效益单项指标前五名企业

序号	企业名称	指标值	序号	企业名称	指标值	序号	企业名称	指标值
一	产品销售率(%)	97.14①	三	全员劳动生产率(元/人)	8 393①	五	资金利税率(%)	13.66①
1	沈阳市第三微电机厂	128.12	1	浙江卧龙集团公司	80 476	1	浙江卧龙集团公司	36.37
2	中山市电机电器总厂	121.70	2	杭州松下马达公司	67 620	2	锡山市洛社微特电机厂	26.55
3	南京微分电机厂	115.99	3	上海日用电机厂	47 465	3	靖江市天马电机电器厂	24.18
4	沈阳微分电机厂	115.38	4	杭州学军微电机厂	46 409	4	吴江家用电机厂	18.6
5	许昌微型电机有限公司	111.11	5	靖江市天马电机电器厂	43 667	5	常州祥明电机有限公司	18.06
二	成本费用利润率(%)	7.91①	四	增加值率(%)	29.1①	六	流动资产周转率(次)	1.17①
1	锡山市洛社微特电机厂	22.09	1	湖南油泵电机总厂	50.96	1	中山市电机电器总厂	4.94
2	无锡市第二微电机厂	18.33	2	汕头市微电机厂	46.90	2	浙江卧龙集团公司	4.60
3	海门市微电机厂	13.57	3	武汉微电机厂	44.70	3	锡山市洛社微特电机厂	3.17
4	吴江家用电机厂	11.80	4	无锡市第二微电机厂	40.63	4	常州祥明电机有限公司	3.16
5	浙江卧龙集团公司	9.89	5	广州微电机厂	37.55	5	靖江市天马电机电器厂	2.94

注：①为行业标准值。

表 9　1996 年分马力电机行业主要经济指标前五名企业

企业名称	总产值(不变价)(万元)	企业名称	销售收入(万元)	企业名称	利润(万元)	企业名称	产量(万台)
常州宝马集团公司	44 102	浙江卧龙集团公司	41 151	浙江卧龙集团公司	3 640	常州宝马集团公司	1 044.33
浙江卧龙集团公司	43 159	闽东电机(集团)公司	35 217	常州宝马集团公司	1018	广东肇庆电机有限公司	247.06
闽东电机(集团)公司	28 243	常州宝马集团公司	35 155	上海日用电机厂	804	中山市电机电器总厂	179.93
泰州航海电气总厂	16 764	泰州航海电气总厂	12 976	重庆三峡电器厂	422	锡山市洛社微特电机厂	143.30
黄山朝阳(集团)公司	14 676	重庆三峡电器厂	12 570	锡山市洛社微特电机厂	367	浙江卧龙集团公司	142.98

1996年分马力电机行业经济效益综合指数、单项指标及主要经济指标排序见表7、表8和表9。

产品分类及产量 根据54个企业统计，分马力电机行业产品分类产量见表10。

表10 1996年分马力电机行业产品产量

产品名称	产量（万台）	比上年增长%
单、三相交流异步电动机	1 115.63	2.6
空调、冰箱用电机	439.09	−1.8
洗衣机（含脱水）电机	232.48	35.5
吸油烟、换气扇、风扇电机	96.59	
泵用电动机	26.04	7.1
离合器电机	33.05	−2.4
同步电动机	261.66	32.9
串励电动机	124.92	9.9
直流电动机	85.77	22.2
其他电机（伺服电机、力矩电机、步进电机、面包机电机等）	567.17	288.4

市场及销售 1996年，行业54个企业工业产品销售率平均为100.34%，比1995年提高1.27个百分点，超过了行业标准值3.2个百分点，保持了产销平衡，销售态势尚可。

上海电机（集团）公司日用电机厂以不断改进质量和提高技术含量，技销结合、主动出击、优化管理、降低成本的营销策略，狠抓用户的“回头率”，为该企业带来大市场，汽车散热器风扇总成由最初为桑塔纳一个车种配套扩大到一汽奥迪、小红旗、捷达，切诺基和奥拓，还出口到德、美等国家，配套覆盖率占全国8个引进车种的62%，市场占有率跃升到66%，提前实现了“三分天下有我二”的奋斗目标。常州宝马集团公司利用技改优势，形成规模经济，开拓国内、国际两个市场，在外向型经济上创出了独特之路，1996年取得了行业工业总产值和总产量排名第一。浙江卧龙集团公司注重塑造公司形象，加强广告宣传力度，巩固了老市场，拓展了新市场，呈现出产销两旺的势头。贵航集团贵阳电机厂根据市场需要，积极开发民用产品，内外销售出现了良好态势。

1996年，行业54个企业中，有22个企业生产出口产品，共出口电机632.20万台，出口总额5 676万美元，比上年分别增长35.4%和26.2%。常州宝马集团公司继1995年获得行业创汇排名第一后，1996年再上新台阶，出口总额达1 747.49万美元，比上年增长65.2%，再次获得行业出口创汇排名第一。1996年分马力电机企业出口创汇排序见表11。

新技术及新产品 南京微分电机厂根据市场需求，发挥该厂在微机应用和数控技术方面的优势，于1996年研制开发成功国家产、学、研项目超高压数控水切割机床，做到了当年开发，当年投产，填补国内空白。上海新星电机厂自行开发、设计、研制的YY-DW外转子单相三速低噪声异步电动机，通过了上海市科委组织的技术鉴定，该产品填补了国内空白。上海革新电机厂开发了特殊结构的户外型分马力电机新产品，试制了1kW以下的变频调速电机。许昌微型电机有限公司加大新品开发力度，全年相继开发了空压机专用电机、开门器专用电机、楼板挤压机专用电机等产品，新品销售收入达到了当年全部收入的48%。东风电机厂微电机分厂成功开发了不受气候条件影响的YYB20-24和YYB20-32自吸泵及其配套电机等新品，满足农村市场的需要。上海电器六厂相继开发了中野冷柜电机、降噪低速电机、低速温保电机、超薄型冰箱风速电机等新品种，适应市场多方位的需求。

质量及质量管理 1996年，机械工业部分马力电机产品质量监督检测中心对30个企业的30个单元进行了出口质量许可证检验，89个企业119个单元的安全认证检验，接受企业及用户的委托试验424台次，有力地促进了行业的产品质量和管理水平。

积极贯彻GB/T19000（ISO9000）标准，建立健全的质量管理及质量保证体系已越来越被行业企业所重视。至今，行业中的闽东电机（集团）股份有限公司、鹤山市电机厂、浙江卧龙集团公司、上海日用电机厂、上海革新电机厂、宁波电器总厂、东风电机厂微电机分厂等企业已分别取得了ISO9001或ISO9002的质量体系认证。尚有更多的企业正在积极做好认证前的准备工作，在企业内加强全员质量

表11 1996年分马力电机企业出口额前十名企业

序号	企业名称	出口额（万美元）	比上年增长%	主要产品
1	常州宝马集团公司	1 747.49	65.2	洗衣机电机、步进电机等
2	中山电机电器总厂	586.00	49.0	面包机电机
3	浙江卧龙集团公司	565.68	20.0	异步电动机
4	广东肇庆电机有限公司	555.92	15.0	异步电动机、串励电动机
5	芜湖电机厂	423.00	12.0	异步电动机、离合器电机
6	闽东电机（集团）公司	374.69	3.4	异步电动机
7	上海革新电机厂	305.16	11.7	异步电动机
8	贵阳电机厂	259.00	持平	异步电动机、洗衣机电机
9	荣成微电机厂	181.93	28.9	异步电动机
10	鹤山市电机厂	154.17	−30.3	空调用电机

意识教育与培训工作，并根据产品特点，选择适合自身企业的质量体系和模式积极开展工作。

质量已被企业视为立身之本，众多企业通过强化质量管理，提高产品品质赢得了市场，提高了企业的经济效益。上海日用电机厂以质量管理为“龙头”，推动其他基础管理工作上台阶、全厂建立了完善的质保体系，将八大质量职能通过流程和图表具体分解下去，贯穿于企业外协、外购件进厂、产品加工、装配，实现最终销售的全过程，强调“一个意识”(质量意识)、“两个职能”(质量职能、管理职能)、“三个明确”(明确做什么、怎么做、怎样做得更好)、“六个抓”(抓工艺流程合理、生产设备完好、生产进度均衡、工位器具齐全、职工文明操作、工作环境“洁、齐、优”)，并辅之以严格的奖惩制度。同时狠抓了现场定置管理，在生产工序中普遍设立了质量管理控制点，开展“零缺陷”工程。该厂主要产品水平达到了国际 90 年代先进水平，而价格仅为同类进口产品的一半，竞争优势十分明显，由于其产品质优价廉，赢得了巨大的市场。

1996 年，行业企业获得质量荣誉证书和称号的有：上海日用电机厂顺达牌轿(汽)车用散热器风扇获上海推荐名牌产品称号；重庆三峡电器厂获得全国 27 城市质量互认免检合格证书及重庆市名牌产品证书；东风电机厂微电机分厂的“龙王”牌水泵获农业部的产品推广许可证书；安徽朝阳微电机厂获省技术监督局颁发的安徽省百家质量最佳企业称号、YC9024 电机获安徽省质量免检产品称号，YC9022 电机获省质量信得过产品称号。

基本建设及技术改造　统计的 54 个企业中，有 29 个企业进行固定资产投资，投资总额 29 157 万元，其中基本建设投资 7 560 万元，技术改造投资 21 597万元。

浙江卧龙集团公司 1996 年投入 6 044 万元(1995 年已投入 1 638 万元)完成国家“双加”工程——年产 70 万台摩托车启动电机项目的竣工验收，并已投入批量生产，1996 年完成产值 2 978 万元，实现利税 493 万元，创造了较好的社会经济效益；该公司 1996 年同时落成卧龙大酒店及新办公大楼，并交付使用。上海日用电机厂的国家“双加”一期工程汽车散热器风扇技术改造项目在 1996 年共投资 2 550 万元(该项目总投资为 4 250 万元)，项目完成后，散热器风扇总成将从轿车扩展到其他各类汽车，市场配套覆盖率及占有率将进一步提高。贵阳电机厂在 1996 年完成了总投资额为 1 183 万元的“八五”汽车起动机、发电机生产线技术改造项目的竣工验收，形成年产汽车发电机 4 万台、起动机 12 万台的生产能力，新增年产值 4 000 万元、利税 800 万元的经济效益。南京微分电机厂投资 400 万元，用于被国家经贸委列为产、学、研项目——超高压数控水切割机床的技改项目，并于当年投产，预计 1997 年可增加产值 1 000万元，实现利润 200 万元，有着良好的经济效益。

更多的企业是将资金投入到提高质量、扩大能力、提高工效、加强环保、节能节材及新技术、新产品的开发上。安徽朝阳微电机厂投资 30 万元，改造硅钢片裁剪工艺，使硅钢片利用率提高了 2%～3%。汕头微电机厂的电机绝缘处理经改造后，不仅提高了电机的绝缘质量和减轻劳动强度，同时比原工艺节电 40%。山东荣成微电机厂投入 205 万元，兴建年产 10 万台电机半自动生产流水线，使年生产能力达到 40 万台。常州宝马集团公司投资 460 万元，新建厂房 4 600m^2，用于精密模具生产。柳州微电机总厂重视对新产品、新技术的技改投入，全年立项 34 项，完成 22 项，其中正在完成一项国家级新产品开发项目，为今后的生产发展，提高效益创造了条件。上海革新电机厂投入不多的资金，改造原水雾喷漆装置，降低了有毒有害气体，改善了劳动保护，满足了环保测定要求，效果良好。

管理及改革　分马力电机协会在 1996 年召开了第三届会员大会，总结了协会第二届理事会三年多来的工作，选举产生了新一届协会领导机构，提出了今后三年协会的工作目标和任务。协会组织了行业中经济效益较好的企业介绍他们在深化改革、转换机制、开发高新技术和高附加值产品、加强质量管理以及实现规模经济、增强市场竞争能力的经验。为了做好分马力电机出口产品的海关审价准备工作，协会再次对分马力电机出口产品价格目录进行修订，并对操作规程及具体办法进行研究，确定了新的《分马力电机出口同行协议价》。此价格目录将作为海关对分马力电机出口产品审价的依据，它的正式实施，对维护国家出口贸易的正常秩序，保护国家和出口企业的利益起到重要作用。

全国小功率电动机标准化分技术委员会召开了第四届委员会成立暨第一次年会。会议总结了第三届委员会的工作，组建了第四届委员会。会议对“九五”期间标准计划及 1997 年标准项目工作做了安排，强调应积极采用国际标准和国外先进标准，将小功率电动机有关 IEC 标准全部转成为国家标准。会上还审查通过了《外转子低噪声三相异步电动机》行业标准(送审稿)。

1996 年，分马力电机行业企业加大了改革力度，积极推进企业产权制度的改革，强化以资产为纽带，进行资产重组。浙江卧龙集团公司全面规范母子公司的管理体制，促使小而散的电机工业企业形成具有规模优势的大专业子公司，建立“放权”与适度“调控”相结合的经营管理体系，并以资产保值、增值为核心的经营责任制，使责权利得到有机的统一，提高了企业的规模经营优势和开发能力，使集团公司从产品的经营管理转向以宏观调控和资本经营为主的经营管理新格局。上海革新电机厂进行部分资产重组，与美国马拉松电气公司合资经营具有世界先进水平的 MP 无刷三相交流发电机，中方占 51%资本，并发展多种经营，组织定牌生产，扩大产品出口。安徽朝阳微电机厂和许昌微电机厂进行股份制改造，分别组建了黄山朝阳(集团)有限公司和许昌市微型电机有限公司，并已正式运作。武汉微电机厂通过盘活现有闲置资产，走经营多元化道路，发挥效益，通过联合办学，使企业的土地与闲置建筑物得以利用，并能使转让资金注入到生产经营中去，为缓解企业困难和生产发展发挥作用。

行业企业积极开展“学邯钢、降成本、抓管理、增效益”活动，强化企业内部管理，向管理要效益。山东荣成微电机厂通过压缩管理费用，严控物资消耗，把好材料采购关，加强资金管理，严格生产调度，压缩产品库存，全方位降低成本，使每台电机成本平均降低了 48.5 元，全年总成本下降了 1 388.6 万元，效益显著。贵阳电机厂通过增收节支和加强资金管理，增加外协收入 76.6 万元，降低材料成本 96 万元，避免逾期贷款利息 104 万元，处理积压物资 120 万元。重庆三峡电器厂在资金使用上严格平衡付款，积极用活资金。该厂通过对原材料消耗及外协件价格的重新测算、核定，使每台电扇的成本降低 13 元。

〔撰稿人：广州电器科学研究所　董永良　审稿人：广州电器科学研究所　于仁冲　机械工业部重大装备司　强培生〕

〔责任编辑：张友鹤〕

变压器

〔机械工业部〕

生产发展情况　据对全国 145 个变压器生产企业的统计，1996 年变压器总产量为 140 000MV·A，其中电力变压器 134 000MV·A，实现工业总产值(不变价)74.4 亿元，工业增加值 21.2 亿元。生产 220kV 级以上变压器 37 730 MV·A。

据对全国 20 个重点互感器企业统计，实现工业总产值(不变价)6.9 亿元，工业增加值 1.5 亿元，生产互感器 423 587 台，其中 220kV 级以上互感器 1 825台。

据对 17 个重点调压器生产企业的统计，完成工业总产值 3.2 亿元，工业增加值 0.4 亿元，生产调压调 2 190MV·A。

产品分类及产量　1996 年变压器、互感器、调压器的产品分类及产量详见表 1、表 2、表 3。

市场及销售　1996 年全行业共完成产品销售收入 86 亿元，其中变压器企业完成 78.3 亿元，实现利税 7.8 亿元。主要企业销售经营情况见表 4、表 5、表 6，全行业出口产值 4.7 亿元。主要变压器企业出口情况见表 7。

新技术及科研成果　完成了“八五”重大技术装备科技攻关项目 6 项，均已通过国家有关部门组织的验收，这 6 项攻关项目是：

(1)超高压大容量变压器可靠性研究，(2)牵引变电所用变压器(电抗器、互感器)研制，(3)新型电流互感器，(4)分相封闭母线研制，(5)500kV 变压器研制，(6)壳式变压器研制。通过“八五”科技攻关，使我国变压器行业的技术水平有了较大的提高，部分产品的技术经济指标达到当代国际同类产品的水平，解决了引进技术中的关键难题。

“九五”期间国家级科技攻关项目有非晶合金铁心变压器优化设计和城网改造用变压器等项目，这些项目已经开始实施。

新产品　1996 年通过机械工业部和电力工业部两部鉴定的新产品及生产厂家有：(1) 新 S9 系列配电变压器(唐山变压器厂、营口变压器厂、北京变压器厂、上海电器股份有限公司变压器厂、武汉市长江变压器厂、宁波变压器厂、内蒙古变压器厂、天津市变压器总厂、郑州电气装备总厂、南通市变压器厂、连云港变压器总厂、益阳变压器厂、无锡电力

表 1　1996 年变压器产量

序号	项目		1996 年完成 (台)	1996 年完成 (MV·A)	1995 年完成 (台)	1995 年完成 (MV·A)	增长率(%) (台)	增长率(%) (MV·A)
	变压器总产量		188 181	140 024.6	211 544	134 443.1	−11.04	4.1
一	电力变压器产量		181 253	133 752.1	203 488	129 993.0	−10.93	2.8
1	8 000kV·A 及以上	500kV	13	2 250.0	17	3 180.0	−23.53	−29.2
2		330kV	12	2 190.0	11	2 970.0	9.09	−26.2
3		220kV	225	33 295.5	196	30 816.0	14.80	8.0
4		110kV	955	31 344.3	8 942	32 283.0	−89.32	−2.9
5		60kV	106	1 867.0	203	3 826.0	−47.78	−51.2
6		35kV 以下	784	11 764.3	1 996	9 395.8	−60.72	25.2
7		10kV 以下	7 250	1 630.5	3 896	2 086.4	86.09	−21.8
		小计	9 345	84 341.6	15 261	84 557.2	−38.77	−0.2
8	6 300kV·A 及以下	110kV	16	80.1	19	223.0	−15.79	−64.0
9		60kV	72	244.1	44	203.3	63.64	20.0

（续）

序号	项目		1996年完成		1995年完成		增长率（%）	
			（台）	（MV·A）	（台）	（MV·A）	（台）	（MV·A）
10		35kV以下	5 079	7 273.8	4 655	6 318.3	9.11	15.1
11		10kV以下	148 979	3 5107.1	157 317	3 2500.1	−5.30	8.0
		小计	154 146	4 2705.1	162 035	3 9244.7	−4.87	8.8
12	干式	树脂绝缘式	8 598	6383.3	7553	5850.6	13.84	9.1
13		空气自冷式	9 152	321.5	18 632	334.9	−50.88	−4.0
14		气体绝缘式	12	0.6	7	5.6	71.43	−89.2
		小计	17 762	6 705.4	26 192	6 191.1	−32.18	8.3
二	特种变压器产量		6 434	6 016.3	7 806	4 293.8	−17.58	40.1
1	电炉变压器		381	1 262.5	414	1 011.7	−7.97	24.7
2	整流变压器		586	3 585.3	563	2 475.5	4.09	44.8
3	矿用变压器		909	209.0	762	154.7	19.29	35.1
4	试验变压器		65	27.4	75	14.2	−13.33	92.9
5	船用变压器		1 901	13.7	2 474	32.6	−23.16	−57.9
6	调压变压器		31	50.0				
7	隔爆变压器		454	128.0	936	78.3	−51.50	63.4
8	其他变压器		2 107	740.4	2 582	526.8	−18.40	40.5
三	移动变电站		307	169.3	146	76.7	110.27	120.7
四	箱式变电站		187	86.9	104	79.6	79.81	9.1

表2　1996年互感器产量

序号	项目	1996年完成（台）	增长率（%）	序号	项目	1996年完成（台）	增长率（%）
	互感器总产量	423 587	−29.92	1	500kV	3	−75.00
一	电压互感器产量	72 801	−16.89	2	220kV	1 534	−42.46
1	220kV	288	−67.89	3	110kV	6 347	−30.27
2	110kV	2 265	−36.54	4	60kV	430	−55.72
3	60kV	227	−58.80	5	油浸20kV～35kV	5 644	5.50
4	油浸20kV～35kV	8 000	−11.70	6	浇注20kV～35kV	10 625	−33.83
5	浇注20kV～35kV	1 095	−66.58	7	10kV	134 926	−34.00
6	10kV	45 657	−19.46	8	6kV及以下	183 388	−31.52
7	6kV及以下	15 269	12.72	三	电容式互感器	2 186	−60.38
二	电流互感器产量	342 897	−32.29	四	组合式互感器	5 703	16.65

表3　1996年调压器产量

序号	项目	1996年完成		1995年完成		增长率（%）	
		（台）	（kV·A）	（台）	（kV·A）	（台）	（kV·A）
	调压器类总产量	209 498	2 196 923	248 467	1 095 738	−15.68	100.5
一	调压器总产量	94 092	2 098 728	139 986	635 844.5	−32.78	230.0
1	环形接触调压器	90 637	1 822 148	135 571	525 166.0	−33.14	246.9
2	柱式接触调压器	451	16 305	34	1 780	1 226.47	816.0
3	感应调压器	1 668	182 110	1 678	86 298.5	−0.60	111.0
4	可控硅调压器	398	27 758	552	21 561	−27.90	28.7
5	其他调压器	938	50 407	2 151	1 039	−56.39	4 751.4
二	稳压器总产量	115 406	98 195	108 481	459 893	6.38	−78.6
1	环形接触自动调压器	78 550	46 825	73 714	163 010	6.56	−71.2
2	柱式接触自动调压器	144	15 100	224	17 390	−35.71	−13.1
3	感应自动调压器	233	36 265	1 003	153 318	−76.77	−76.3
4	其他稳压器	36 479	5	33 540	126 175	8.76	−100.0

表4 1996年变压器行业主要企业的产品产量、产值和利税总额排序

序号	企业名称	产量(MV·A)	序号	企业名称	产值(万元)	序号	企业名称	利税总额(万元)
1	沈变有限责任公司	20 655.0	1	沈变有限责任公司	76 187.0	1	顺德特种变压器厂	9 588.0
2	保定天威集团有限公司	13 760.0	2	保定天威集团有限公司	46 233.0	2	沈变有限责任公司	9 366.0
3	西安变压器厂	10 027.6	3	上海变压器厂	44 985.0	3	保定天威集团有限公司	7 971.8
4	常州华电变集团公司	6 663.0	4	西安变压器厂	38 808.0	4	西安变压器厂	3 753.0
5	上海变压器厂	6 643.3	5	顺德特种变压器厂	37 773.2	5	常州华电变集团公司	2 646.0
6	大同市变压器厂	3 108.7	6	常州华电变集团公司	29 727.0	6	青岛变压器厂	2 399.0
7	青岛变压器厂	3 040.6	7	青岛变压器厂	20 175.0	7	三门变压器厂	1 892.2
8	江西变压器厂	2 799.6	8	福州变压器厂	14 951.6	8	济南志友股份公司	1 846.0
9	衡阳变压器厂	2 711.3	9	佛山市变压器厂	13 473.9	9	云南变压器厂	1 614.0
10	济南志友股份公司	2 447.3	10	三门变压器厂	13 100.5	10	福州变压器厂	1 610.0
11	顺德特种变压器厂	2 338.3	11	南通市变压器厂	12 071.0	11	上海变压器厂	1 295.2
12	重庆变压器厂	2 259.9	12	衡阳变压器厂	11 858.0	12	天津尧舜变压器厂	1 168.0
13	福州变压器厂	2 122.3	13	济南志友股份公司	11 610.0	13	佛山市变压器厂	1 118.4
14	南通市变压器厂	2 085.0	14	江西变压器厂	11 196.5	14	华鹏特种变压器厂	1 103.0
15	南京电力变压器厂	1 860.0	15	番禺电机总厂	10 643.0	15	吴江市变压器厂	1 027.0
16	三门变压器厂	1 810.6	16	钱江变压器厂	10 320.0	16	重庆变压器厂	1 000.0
17	云南变压器厂	1 705.6	17	南京电力变压器厂	9 828.0	17	南通市变压器厂	995.0
18	哈尔滨变压器厂	1 647.0	18	云南变压器厂	9 617.0	18	钱江变压器厂	978.0
19	天津尧舜变压器厂	1 559.9	19	重庆变压器厂	9 401.0	19	南桥变压器厂	956.0
20	广州电力设备厂	1 518.0	20	山东达驰集团公司	9 280.0	20	山东达驰集团公司	951.0
21	广州高压电器厂	1 326.1	21	吴江市变压器厂	9 250.0	21	新疆特种变压器厂	900.0
22	佛山市变压器厂	1 322.4	22	新疆特种变压器厂	9 126.0	22	宁波变压器厂	884.0
23	宁波变压器厂	1 236.9	23	宁波变压器厂	8 490.0	23	番禺电机总厂	883.3
24	辽阳变压器厂	1 209.4	24	哈尔滨变压器厂	8 109.0	24	衡阳变压器厂	831.0
25	钱江变压器厂	1 144.1	25	江西变电设备总厂	8 001.2	25	江西变压器厂	828.2
26	泰州海田变压器公司	1 143.1	26	华鹏特种变压器厂	7 660.0	26	辽阳变压器厂	691.0
27	新疆特种变压器厂	1 099.1	27	郑州电气装备总厂	7 235.0	27	东莞市变压器厂	578.6
28	长春变压器股份有限公司	1 015.8	28	广州高压电器厂	7 175.2	28	泰安变压器厂	578.0
29	泰安变压器厂	1 000.0	29	南桥变压器厂	7 063.0	29	胜采变压器厂	535.2
30	湖北变压器厂	940.0	30	山东电力设备厂	6 999.0	30	江西变电设备总厂	534.1
31	吴江市变压器厂	937.0	31	南阳变压器厂	6 978.0	31	广州特种变压器厂	520.1
32	成都第二变压器厂	901.6	32	泰安变压器厂	6 574.0	32	通海变压器厂	520.0
33	武汉变压器制造厂	860.0	33	成都第二变压器厂	6 123.0	33	盐城市变压器厂	513.0
34	光辉变压器厂	850.0	34	通海变压器厂	6 104.0	34	南京电力变压器厂	466.0
35	南桥变压器厂	840.0	35	北京变压器厂	5 966.7	35	广州高压电器厂	463.0
36	山东电力设备厂	812.1	36	辽阳变压器厂	5 856.0	36	南阳变压器厂	457.0
37	华鹏特种变压器厂	809.6	37	泰州海田变压器公司	5 775.5	37	长春变压器股份有限公司	431.4
38	铜川整流变压器厂	809.0	38	长春变压器股份有限公司	5 761.7	38	广州电力设备厂	402.0
39	通海变压器厂	806.6	39	武汉变压器制造厂	5 749.0	39	成都第二变压器厂	393.0
40	盐城市变压器厂	799.0	40	柳州特种变压器厂	5 721.0	40	上海化工机械三厂	359.6
41	山东达驰集团公司	788.2	41	广州电力设备厂	5 715.0	41	哈尔滨变压器厂	318.0
42	朝阳电力设备厂	756.5	42	光辉变压器厂	5 683.0	42	铜川整流变压器厂	306.0
43	仪征变压器厂	740.5	43	老河口环空电气公司	5 651.9	43	湖北变压器厂	304.0
44	柳州特种变压器厂	711.5	44	广州特种变压器厂	5 381.3	44	淮阴清江变压器厂	296.0
45	北京变压器厂	687.0	45	天津市变压器总厂	4 702.0	45	泰州海田变压器公司	295.9
46	合肥金环变压器厂	663.0	46	锦州凯特股份公司	4 598.0	46	光辉变压器厂	295.0
47	长沙变压器厂	650.2	47	铜川整流变压器厂	4 359.0	47	新疆变压器厂	269.0
48	番禺电机总厂	616.2	48	仪征变压器厂	4 353.0	48	涪陵变压器厂	266.0
49	天津市变压器总厂	615.4	49	长沙变压器厂	4 071.0	49	内江变压器厂	265.0
50	内蒙古变压器厂	600.9	50	湖北变压器厂	4 019.0	50	贵阳特种变压器厂	260.0

表5 1996年互感器行业主要企业的产品产量、产值和利税总额排序

序号	企业名称	产量(台)	序号	企业名称	产值(万元)	序号	企业名称	利税总额(万元)
1	安徽互感器厂	80 000	1	上海互感器厂	15 230.0	1	江苏靖江互感器厂	1 026.0
2	江苏靖江互感器厂	75 197	2	南京雷电有限公司	12 852.0	2	上海互感器厂	945.6
3	大连互感器厂	60 445	3	如皋高压电器厂	11 324.1	3	如皋高压电器厂	715.0
4	苏州互感器厂	47 446	4	江苏靖江互感器厂	4 839.0	4	大连互感器厂	542.0
5	上海互感器厂	45 872	5	湖南电力电瓷电器厂	3 873.0	5	牡丹江互感器厂	415.0
6	安徽合肥互感器厂	27 244	6	牡丹江互感器厂	3 816.0	6	安徽互感器厂	268.5
7	淄博电器设备总厂	18 814	7	大连互感器厂	3 565.0	7	长春市电气器材厂	255.0
8	沈阳互感器厂	15 345	8	沈阳互感器厂	3 262.0	8	沈阳互感器厂	239.7
9	西安互感器厂	14 577	9	衡阳互感器厂	2 548.0	9	西高互感器分厂	230.6
10	沈阳市兴华互感器厂	11 000	10	安徽互感器厂	2 450.0	10	衡阳互感器厂	205.8
11	如皋高压电器厂	7 022	11	西高互感器分厂	1 775.6	11	湖南电力电瓷电器厂	163.0
12	衡阳互感器厂	7 015	12	重庆高压电器厂	1 603.0	12	沈阳市兴华互感器厂	115.0
13	重庆高压电器厂	5 298	13	苏州互感器厂	1 110.4	13	安徽合肥互感器厂	114.6
14	牡丹江互感器厂	4 955	14	安徽合肥互感器厂	1 099.4	14	苏州互感器厂	90.0
15	天津互感器厂	4 835	15	长春市电气器材厂	1 017.0	15	西安互感器厂	60.0
16	江西变电设备总厂	4 788	16	西安互感器厂	918.0	16	宜昌市变压器厂	37.0
17	宜昌市变压器厂	4 296	17	沈阳市兴华互感器厂	750.0	17	西变互感器分厂	29.0
18	西高互感器分厂	3 490	18	西变互感器分厂	682.2	18	淄博电器设备总厂	0.0
19	长春市电气器材厂	2 953	19	宜昌市变压器厂	665.2	19	天津互感器厂	−113.0
20	湖南电力电瓷电器厂	982	20	天津互感器厂	524.0	20	重庆高压电器厂	−135.8

表6 1996年调压器行业主要企业的产品产量、产值和利税总额排序

序号	企业名称	产量(kV·A)	序号	企业名称	产值(万元)	序号	企业名称	利税总额(万元)
1	宁波金象电器有限公司	735 200	1	宁波金象电器有限公司	8 047.0	1	佛山市电器厂	673.0
2	杭州西湖调压电器厂	356 241	2	佛山市电器厂	6 961.6	2	宁波金象电器有限公司	486.0
3	上海电压调整器厂	215 300	3	上海电压调整器厂	3 248.0	3	上海电压调整器厂	299.0
4	北京调压器厂	85 311	4	海盐电机厂	3 148.2	4	海盐电机厂	241.4
5	宁波调压器厂	73 205	5	盖州特种变压器厂	1 413.0	5	博山调压器厂	102.0
6	佛山市电器厂	68 561	6	北京调压器厂	1 267.0	6	盖州特种变压器厂	96.0
7	博山调压器厂	53 430	7	宁波调压器厂	1 200.0	7	北京调压器厂	87.4
8	盖州特种变压器厂	49 250	8	博山调压器厂	685.0	8	江西新十电子仪器厂	60.4
9	重庆高压电器厂	16 820	9	江西新十电子仪器厂	583.1	9	宁波调压器厂	57.0
10	哈尔滨电工仪表厂	16 305	10	湖南常德市电机总厂	510.8	10	哈尔滨电工仪表厂	37.0

表7 1996年 变压器行业出口产值前十名企业 (万美元)

序号	企业名称	出口产值	序号	企业名称	出口产值	序号	企业名称	出口产值
1	上海变压器厂	1 179.1	5	云南变压器厂	212.0	9	三门变压器厂	58.0
2	西安变压器厂	1 144.0	6	通海变压器厂	184.0	10	福州变压器厂	50.0
3	沈变有限责任公司	762.0	7	保定天威集团有限公司	170.0			
4	顺德特种变压器厂	348.0	8	新疆特种变压器厂	120.0			

变压器厂、江苏华鹏特种变压器厂、鞍山变压器厂、徐州电力变压器厂、新乡逐鹿实业股份有限公司、钱江变压器厂、北京变压器二厂、江西变电设备总厂、山东达驰变压器厂、保定市第二变压器厂、胜利油田胜采变压器厂、江西变压器厂、锡山市百汇变压器厂、东莞变压器厂、保定市电力变压器厂、吉林变压器厂、郑州市新郑县变压器厂、泰州市海田变压器有限公司、闽西变压器厂、湖北省老河口环空电气集团股份有限公司、济南第二变压器厂、惠州市电器厂、昆明变压器厂、合肥电气设备厂)，(2) SFP7-370000/500电力变压器、SSP7-450000/330电力变压器(沈阳变压器有限责任公司)，(3) SAS550 SF_6

气体绝缘电流互感器、SAS123SF_6气体绝缘电流互感器、SVS123SF_6气体绝缘电压互感器（上海MWB互感器厂），(4) SFP-240000/500电力变压器、LB1-220W_2电流互感器（保定天威集团公司）；(5) LB7-220电流互感器、JDC5-220电压互感器（江西变压器设备总厂），(6) LB7-220电流互感器（大连互感器厂），(7) LVQB-220W_2SF_6气体绝缘电流互感器、LVQB-110SF_6气体绝缘电流互感器（西安高压开关厂），(8) SFZ9-40000/110高阻抗电力变压器（广州电力设备厂），(9)SCB8系列树脂绝缘干式电力变压器（沈潍变压器制造公司），(10)SFS8-31500/110电力变压器（营口变压器厂），(11) SC8-400/10、SC8-800/10树脂绝缘干式电力变压器（广东增城特种电力设备有限公司），(12)SC-800/10树脂绝缘干式电力变压器（上海沪光变压器有限公司），(13) YWDTC-2000/2×500工频成套试验装置（营口特种变压器总厂），(14) SCB8-1250/10树脂绝缘干式电力变压器（顺德特种变压器厂），(15) SCB8-630/10树脂绝缘干式电力变压器（常州华迪特种变压器有限公司），(16) SC8-315/10、SC8-800/10树脂绝缘干式电力变压器（江西变电设备总厂）。

1996年通过变压器行业鉴定的组件产品有：(1) PBH-480型片盒式膨胀器（沈阳市富纤电器材料厂），(2) AFPK型真空有载分接开关（沈阳变压器组件开发中心），(3) FK (D) III-120/10-09090空气型有载分接开关(吴江芦墟高压电器厂)。新S9系列配电变压器已确定为“九五”期间机械工业重点开发产品项目。其主要性能指标如下：新S9系列配电变压器是总结了以往10kV级配电变压器设计经验,并针对用户普遍关心产品抗短路能力低等问题，在采用已有成熟技术的基础上，引用了许多科研成果，在产品结构上采用了一系列提高运行可靠性的措施，尤其是首批试制的37台样机一次通过短路试验，在配电变压器短路能力上实现了历史性突破。

新S9系列配电变压器与现行S7系列配电变压器主要性能指标比较见表8。

管理及改革 1996年合肥变压器厂和吉林变压器厂宣告破产，破产的主要原因是资不抵债。

1996年变压器行业新上市三种股票：南华西(0660)，主要产品是SC8系列树脂绝缘干式电力变压器；东北电(0585)，除在国内发行A股外，还在香港发行H股；电气股份(0627)。

表8 配电变压器新S9系列与S7系列性能对比

型号	S7				新S9				新S9比S7指标下降%		
容量(kV·A)	空载损耗(W)	负载损耗(W)	空载电流(%)	阻抗电压(%)	空载损耗(W)	负载损耗(W)	空载电流(%)	阻抗电压(%)	空载损耗(%)	空载电流(%)	负载损耗(%)
30	150	800	2.8	4	130	600	2.1	4	13.33	25.0	25
50	190	1 150	2.6	4	170	870	2.0	4	10.53	23.1	24.3
63	220	1 400	2.5	4	200	1 040	1.9	4	9.09	24.0	25.7
80	270	1 650	2.4	4	250	1 250	1.8	4	8.00	25.0	24.2
100	320	2 000	2.3	4	290	1 500	1.6	4	9.38	30.4	25
125	370	2 450	2.2	4	340	1 800	1.5	4	8.11	31.8	26.5
160	460	2 850	2.1	4	400	2 200	1.4	4	13.04	33.3	22.8
200	540	3 400	2.1	4	480	2 600	1.3	4	11.11	38.1	23.5
250	640	4 000	2.0	4	560	3 050	1.2	4	12.5	40.0	23.8
315	760	4 800	2.0	4	670	3 650	1.1	4	11.84	45.0	24.0
400	920	5 800	1.9	4	800	4 300	1.0	4	13.04	47.4	25.9
500	1 080	6 900	1.9	4	960	5 150	1.0	4	11.11	47.4	25.4
630	1 300	8 100	1.8	4.5	1 200	6 200	0.9	4.5	7.69	50.0	23.5
800	1 540	9 900	1.5	4.5	1 400	7 500	0.8	4.5	9.09	46.7	24.2
1 000	1 800	11 600	1.2	4.5	1 700	10 300	0.7	4.5	5.55	41.7	11.2
1 250	2 200	13 800	1.2	4.5	1 950	12 000	0.6	4.5	11.36	50.0	13.0
1 600	2 650	16 500	1.1	4.5	2 400	14 500	0.6	4.5	9.43	45.5	12.1

国际电工委员会电力变压器技术委员会(IEC TC14) 1996年年会于7月30日至8月2日在沈阳举行，出席会议的有加拿大、英国、美国、意大利和中国等12个国家的30名代表。会议取得主要结果有：(1) 修订IEC76—5《耐短路试验的能力》的讨论。(2) 修订IEC76—3《绝缘水平与介质试验》的讨论。

1996年全行业完成的制、修订标准有：(1) GB/T《干式电力变压器负载导则》，为新制订，等效采用IEC905 (1987)《干式电力变压器负载导则》及其第1号修改单(1991)；(2) GB《组合互感器》，为新制订，等效采用IEC44.3 (1980)《组合互感器》和IEC185 (1987)《电流互感器》及其第1号修改单(1990)、第2号修改单(1995)和IEC186 (1987)

《电流互感器》及其第1号修改单(1990)、第2号修改单(1995);(3) JB/T2530－××××《电力变流变压器》,修订JB2530－79《电力变流变压器》;(4) JB/T《无励磁分接开关》,修订ZBK41004－89《无励磁分接开关》;(5) JB/T56239－××××《无励磁分接开关质量分等》,修订JB/T56239－1994《无励磁分接开关质量等》;(6) JB/T7070.4－××××《调压器试验导则第四部分柱式接触(自动)调压器试验导则》,为新制订;(7) JB/T《带有油中溶解气体分析的温升试验导则》,为新制订;(8) JB/T56152－××××《矿用隔爆型移动变电站质量分等》,修订JB/T56152－1994《矿用隔爆型移动变电站质量分等》;(9) JB/T56156－1997《变压器用强迫油循环风冷却器质量分等》,修订JB/T56156－1994《变压器用强迫油循环风冷却器质量分等》。该标准已经机械工业部批准,自1997年7月1日起实施;(10) JB/T56157－××××《变压器冷却器用流量指示器质量分等》,修订JB/T56157－1994《流量指示器质量分等》;(11) JB/T56161－1997《变压器用强迫油循环水冷却器质量分等》,修订JB/T56161－1994《变压器用强油循环水冷却器质量分等》,该标准已经机械工业部批准,自1997年7月1日起实施;(12) JB/T3837－1997《变压器类产品型号编制方法》,修订JB/T3837－1992《变压器类产品型号编制方法》,该标准已经机械工业部批准,自1997年7月1日起实施。

机械工业部发布了《机械工业产品实施强制性标准认定管理办法》,在机械行业中开展强制性标准产品认定工作。沈阳变压器研究所和全国变压器标委会根据机械工业部的要求,已制定了《油浸式电力变压器实施GB1094认定细则》报部审批。

1996年,国家技术监督局监督管理司和机械工业部科技与质量监督司安排对35kV～110kV级电力变压器进行质量统检。在164个企业中,抽到样品的企业有77个,其中110kV级产品的有34个企业,63kV级产品的有1个企业,35kV级产品的有42个企业。不合格产品的企业有11个,其余全部合格。

通过统检,起到了监督全行业产品质量的作用,对全行业产品上等级、管理上水平、质量上台阶和全员的质量意识都起到了推动作用。

〔撰稿人:沈阳变压器研究所　陈淑云　审稿人:沈阳变压器研究所　曲万里、赵克俭、朴文铉　机械工业部重大装备司　乔振西〕

〔电力工业部〕

生产发展情况　电力工业部系统从事变压器生产的企业有8个,全部是国有企业。该系统共有职工6 811人,其中工程技术人员590人,固定资产5.6亿元,完成工业总产值5亿元,工业增加值1.3亿元,全员劳动生产率为18 094元/人。生产发展的特点是,在激烈的市场竞争条件下,坚持以产品优质取胜,降低成本造价。

产品分类及产量　电力工业部系统完成电力变压器2 590MV·A,电抗器完成870MV·A,电流、电压互感器完成了982台。

市场及销售　北京电力设备总厂电抗器完成779台、870MV·A,销售额3 617万元;湖南电力电瓷电器厂主要生产35kV～200kV电流互感器和电压互感器,年创销售收入3 836万元,广州电力设备厂完成销售变压器1 520MV·A,比上年的1 150MV·A增长32%,完成销售收入5 182万元。

8个企业全年共完成产品销售收入4.3亿元,产品销售税金及附加99万元。

新技术及科研成果　广州电力设备厂在引进日本日立公司先进技术基础上,设备不断更新改造,在原有的产品基础上,又开发了变压器新产品SFZ9-35000/110H、SFZ-K-50000/110H,其性能、质量处于国内领先地位。同时,继续试制110kW级的SFZ-K高阻抗系列电力变压器。使该厂在市场竞争,保持技术上领先。

湖南电力电瓷电器厂,全年开发了CRW-220、CRW-110/630、CRW-110/1250、CRLW-110/630、CRLW-110/1250、LVB-35倒置式电流互感器、220kV变压器套管等成果。

新产品　南京电力自动化设备总厂研制的WBZ-1201型微机变压器保护装置和江苏中电设备制造公司、镇江中电变压器公司研制的SC8系列干式电力变压器两项产品通过了部级鉴定。

质量及质量管理　1996年共有3个变压器制造企业通过了ISO9000质量认证,这些企业是:长春华电电力设备厂、长春龙源特种电器厂和朝阳电力设备厂。

广东省广州电力设备厂对质检人员和生产施工人员进行质量意识教育,认识到产品质量是企业的生命,确保了电力变压器出厂合格率达到100%。

湖南电力电瓷电器厂生产的电流互感器和电压互感器、变压器套管等上千个规格型号的产品,均按国标、美标、英标、澳标、国际IEC标准组织生产。

朝阳电力设备厂变压器合格品率达到了100%。

基本建设及技术改造　1996年共完成固定资产投资额2 596万元,其中,基本建设投资额完成1 202万元,技术更新改造投资额1 394万元。

山东电力设备厂投资295.3万元,对生产设备和加工手段进行技术改造。

南宁变压器厂是只有一百多人的小企业,1996年仍投资38万元,进行技改,是广西电力局下达的三项技改项目之一,此项技改资金使用率完成了84%。

湖南电力电瓷电器厂和广州电力设备厂也分别投资456万元和70万元,对互感器和电力变压器的加工手段进行技改。

管理及改革　1996年,行业管理主要侧重于指导企业在产品开发上下功夫,并且制定了产品开发导向目录。其中，为适应我国电网发展技术和现状，要开发新型 500kV 互感器、高压数字式电力载波机、电抗器等，并对 500kV 变压器的制造技术进行改造。

〔撰稿人：电力工业部　张海青　审稿人：电力工业部　王　昀〕

〔责任编辑：张友鹤〕

电力整流器

〔机械工业部〕

生产发展情况　1996 年机械工业部定点从事电力电子器件与电力电子装置生产的专业生产厂和研究所共 19 个，其中中一型 7 个，中二型 4 个，其余为小型企业。主要企业有北京整流器厂、椿树整流器厂、上海整流器总厂、西安电力整流器厂、青岛整流器厂和襄樊市仪表元件厂，专业研究所有西安电力电子技术研究所。19 个单位中只生产电力电子器件的有 1 个，只生产电力电子装置的有 4 个，其余 14 个单位既生产电力电子器件又生产电力电子装置。

1996 年 19 个单位年末共有职工 11 690 人，全年平均职工总数 11 727 人，其中工程技术人员 2 092 人。拥有固定资产原价 43 100 万元，固定资产净值余额 25 739 万元，流动资产平均余额 53 356 万元。

1996 年 19 个单位共完成工业总产值 1990 年不变价 38 791 万元、当年价 38 778 万元，分别比 1995 年下降 5.22% 和 5.19%；工业增加值 8 482.3 万元，比上年下降 29.2%；利润总额 -2 524 万元，比上年下降 178%，其中亏损额较大的企业有西安电力整流器厂、柳州市整流器厂、北京整流器厂；利税总额 -476 万元，比上年下降了 102.7%。工业经济效益 6 项指标与电工电器行业标准值比较如表 1 所示。

表 1　电力电子行业 6 项工业经济效益指标

指　标	单位	电工电器行业标准值	电力电子行业完成值
产品销售率	%	97.1	92
资金利税率	%	13.7	-0.6
增加值率	%	29.1	21.9
成本费用利润率	%	7.9	-9.7
全员劳动生产率	元/人	8 393	7 233
流动资产周转率	次	1.2	0.6

由表 1 可以看出，1996 年电力电子行业的 6 项工业经济效益指标均低于电工电器行业标准值，尤其是工业资金利税率、工业成本费用利润率远低于标准值，说明电力电子行业 1996 年仍是工业经济效益低下的一年，企业经营状况相当艰难。下面将 6 个主要企业的主要经济指标和产品产量列于表 2。

从表 2 中可以看出襄樊市仪表元件厂和青岛整

表 2　部分企业主要经济指标

企　业　名　称	年份	工业总产值（当年价）（万元）	产品销售收入（万元）	利润总额（万元）	器件产量（万只）	装置产量（MW）
襄樊市仪表元件厂	1994	4 333	2 216	53	59.0	32
	1995	3 855	3 892	66	38.0	9
	1996	6 081	4 535	75	29.4	16
青岛整流器总厂	1994	3 556	2 704	15	0.9	26
	1995	3 993	3 648	23	0.6	19
	1996	5 467	5 916	45	0.7	24
北京整流器厂	1994	7 144	6 790	460	2.4	150
	1995	4 002	4 513	45	1.2	70
	1996	2 179	2 840	-599	0.8	58
椿树整流器厂	1994	2 560	2 038	-459	9.5	12
	1995	21 99	1 994	24	3.6	18
	1996	1 298	1 308	51	5.5	8
西安电力整流器厂	1994	6 617	5 725	95	2.2	343
	1995	4 549	4 658	-497	1.8	368
	1995	5 010	3 532	-967	2.3	368
上海整流器总厂	1994	9 520	5 034	-746	15.9	79
	1995	8 167	5 191	-638	10.0	63
	1996	5 834	4 626	-11	5.5	67

流器总厂1996年经济效益相对较好，仍列行业榜首，椿树整流器厂继1995年扭亏为盈后效益情况继续好转，北京整流器厂和西安电力整流器厂亏损幅度较大。电力电子产品3个企业减产、3个企业增产，电力电子装置除椿树整流器厂和北京整流器厂减产外，其余4个厂家均增产。

产品分类及产量 电力整流器产品分为电力电子器件和电力电子装置两大类，1996年15个生产电力电子器件的单位共生产18个系列160个品种的电力电子器件56.7万只，比上年度减产16%；18个生产电力电子装置的单位共生产30个系列电力电子装置4 374万台、1 135MW，比上年增产61.7%。

市场及销售 1996年19个单位工业销售产值当年价35 673万元，比上年下降7.7%；产品销售收入33 651万元，比上年下降3.3%，但比前几年的下降幅度有所减缓。销售收入前十名企业见表3。出口情况见表4。为了进一步摸清电力整流器行业的市场情况，掌握电力电子装置及相关产品的应用状况，中国电器工业协会电力电子分会1996年对东北、华北、华东、中南、西北、西南六个大区进行了分组调查，这次市场调查表明：随着“九五”计划的启动，我国的冶金、化工、能源、交通、有色金属为主的行业给电力电子行业带来了生机，尤其电解电源、变频调速、全数字直流调速、新型器件等电力电子产品的需求更有好的发展势头。现将电力整流器产品其市场现状、发展方向与市场综合分析预测如下：

(1)我国的电力电子器件产品中，中小容量的整流管、晶闸管能满足国内的要求，电流500A～1 000A、电压3 000V以下的整流管和晶闸管市场还是国内元件占领，但对性能要求较高的器件，尚不能满足一些行业的需要。

(2) 目前，国内各行业希望加紧研制IGBT和MOS器件的呼声甚高，随着有关行业技术改造的需要，“九五”期间大功率普通型晶闸管(KP)的需要量也将会成倍增加。

(3)电化、冶金电解电源是我国电力电子行业的主导产品，近年来产量都在1 000MW以上，占电力电子行业装置总产量的74%。此系列产品主要用于化工电解、有色金属电解和矿冶加热，有整流管电源和晶闸管电源两大类。

(4) 直流传动装置在我国已发展成为较成熟的产品，但我国目前所提供的直流传动装置还是以模拟量控制方式为主，稳定精度不够理想，而全数字控制的直流传动调节精度高、性能稳定，目前我国各行业所运行的全数字直流调速装置多系进口产品。到“九五”期末，国内每年需要直流调速装置25 000套，计划其中的80%将依靠国产装置。

(5)交流变频调速装置具有节能降耗、使用方便等特点，其市场越来越大，目前大部分为中、小容量装置，一般为200kV·A以下，绝大部分为进口产品。对于小容量产品0.75kV·A～几十千伏安大都利用进口零部件组装，所以目前市场基本被进口产品所占领，进口产品价格昂贵，呼吁变频器急需国产化，尽快投入市场。

(6) 随着“九五”期间发电量的逐年增加，电机励磁装置的需要量也将逐年增加，其发展方向是装置以微机作为控制中心，元件可靠、结构紧凑、维修方便。

(7) 国内的中频电源市场经过1992、1993年的高热到1994年趋冷之后，目前趋于稳定。预计“九五”期间中频装置的产量会逐年有少量增加。市场上对频率4kHz～100kHz，功率1 000kW以上的需要量较大。

表3 1996年国内销售收入前十名企业

序号	企 业 名 称	国内销售收入(万元)
1	青岛整流器总厂	5 916
2	上海整流器总厂	4 626
3	襄樊市仪表元件厂	4 538
4	西安电力整流器厂	3 532
5	广东电气控制设备厂	2 500
6	北京整流器厂	2 840
7	西安电力电子技术研究所	1 654
8	椿树整流器厂	1 309
9	柳州市整流器厂	1 180
10	上海电机厂电力电子元件分厂	927

新产品 西安电力电子技术研究所研制成功目前国内额定耐压最高、电流最大的电力半导体组件——直径100mm特大功率晶闸管并联和反并联组件，经国家经贸委组织审定，荣获1996年度国家级新产品称号。他们在成功研制直径100mm大功率晶闸管的基础上，进一步研究解决了元件参数的均匀性、一致性以及性能和参数误差、配对、冷却、压装等一系列问题。该组件系直流输电、发电机励磁、大型轧机电源、电解电源及电力机车急需的重要关键基础元器件，满足了国内应用领域的需要。组件主要参数指标：反并联组件正、反向平均电流1 000A～1 500A，正、反向阻断电压3 000V～5 000V，同向并联组件平均电流2 000A～3 000A。

表4 1996年电力整流器出口情况

产 品 类 别	出 口 产 品		出口额(万美元)
	单位	数量	
电力电子装置	台	24	47
电力电子器件	万只	1.49	44.9

西安电力电子技术研究所研制的UGX2000-25FLT大功率GTO组件，主要用于逆变器大容量UPS、车辆电源、地铁和矿山机车牵引等领域。该大功率GTO组件设计优化、标准化、小型化，而且维修方便。在结构设计上，吸收国外经验，利用CAD

技术，根据不同应用场合的需要，采用不同的设计，达到结构最优。经国家经贸委审定，荣获1996年度国家级新产品证书。

西安电力电子技术研究所在完全依靠国产设备、原材料的情况下，成功开发了50A～100A/600V～1 200V IGBT模块，在耐压、通态电流、通态电压、动态特性等方面达到或接近国外同类产品水平，荣获1996年国家级新产品称号。

西安电力电子技术研究所获1996年度国家级新产品项目的还有：(1) KHS型大功率化工电解装置；(2) KGPS中、高频感应加热电源；(3) 晶闸管综合特性测试台；(4)直径100mmKP3 000A/5kV～5.5kV特大功率晶闸管。

广西柳州市整流器厂研究开发ZKA系列维护铅酸电池直流屏，该产品具有90年代先进水平，是100kV·A以下变电站、发电厂、工矿企业变电作为直流电源最理想设备，可满足事故状态下长时间的继电保护、自动控制、大容量事故照明、通信及各种电磁操作分合闸的要求。该装置也适用于任何需要大容量、长时间供电的不间断直流供电场所。

湖北省襄樊市仪表元件厂有两项产品获1996年度国家级新产品称号：(1) KK800A～1 200A快速晶闸管；(2) KA400A～600A高频晶闸管。

技术改造 1996年固定资产投资额652.6万元，其中基本建设投资110万元，用于技术更新改造投资542.6万元。

管理及改革 中国电器工业协会电力电子分会在行业内开展质量保证承诺活动和行业推荐产品活动，结合电力电子产品实际，提出了五项质量承诺条款，在实物质量、服务质量和经济责任三方面规定了具体的承诺内容。1996年有22个企业公开向广大用户郑重表示，要认真履行自己承诺的义务。加强内部质量管理体系，建立有效运行机制，向开发、设计、工艺、外协各个环节要质量，加强售前、售中、售后服务，维护自己的形象，为电力电子行业的振兴作出贡献。1996年经试验评定，中国电器工业协会向各界隆重推荐了22个企业的66个产品为质量可信产品。

根据机械工业部文件精神，西安电力电子技术研究所制定了电力半导体器件产品型号管理办法，以适应社会主义市场经济、产品许可证和认证的需要。要求行业内凡正式生产的、新设计开发的、改进设计后需变更型号的电力半导体器件产品，均应实行产品型号注册。在拟定产品购销合同、订货协议、交货条件和配套协作等技术活动中，推进产品型号的标准化。产品设计、使用、采购和销售各方面均应采用产品型号注册的产品。

西安电力电子技术研究所与美国IR公司(国际整流公司)经过两年多的友好磋商，于1995年11月26日正式签订了成立西安爱帕克电力电子有限责任公司的协议，并于1996年3月8日正式挂牌，封装当今最具生命力的IGBT模块。在投资双方的共同努力下，经过厂房改造与水电气改造、设备安装与调试、试生产三个过程，于1996年下半年正式投入生产，年底生产100A/1 200V两单元IGBT模块300余只，成品率达到85%，全部通过125℃高温测试，送IR公司总部进行质量认证。该研究所同时成立了千岛有限责任公司，成为IR公司的销售代理。这是该研究所控股兴建的规范化管理运营公司，向技、工、贸一体化的方向迈出了坚实的一步。

襄樊市仪表元件厂进一步深化改革，转换经营机制，调整产品结构，学习邯郸钢铁厂的“模拟市场管理、实行成本否决”的经验，促进了企业的发展。他们在原来的总厂统导分厂的基础上，把分厂按照“企业法”的要求进行资产评估，界定产权，工商行政登记注册，确立法人地位，民主选举产生董事会、理事会等新的管理机构，有的采用租赁方式改制成国有民营企业，有的剥离辅体，精干主体，组建成实体公司，把过去的分厂逐步改制成几个具有法人财产的有限责任子公司，使整个企业分别形成以投资发展为中心、利润经营为中心和成本生产为中心的三个经营层次。通过改制，各公司均发生了根本变化，原来亏损的分厂，现在有的已扭亏为盈，原来亏损额大的现在大幅度减亏。

天津市整流器厂在激烈的市场竞争中，不断深化企业内部改革，提高企业整体素质，在经营上，他们把走出国门、适应国际市场作为实现经营战略转移的核心。狠抓产品质量，向国际标准靠拢，降低能耗，提高合格率。1996年签订了45万美元的出口器件产品合同。

1996年12月4日～6日，由国家技术监督局组成的专家组对国家电力电子产品质量监督检验中心进行了复查评审。评审组对该中心的组织机构、人员素质、管理手册、仪器设备、环境条件和检验工作等六个方面的39项内容进行了全面的复查评审，计量认证的50个项目全部通过。复查评审结论合格，质检中心圆满通过国家复查认可和计量认证。

1996年制、修订了符合IEC标准的国标及行业标准共有10项，其中国家标准5项：绝缘栅双极晶体管（IGBT）术语及文字符号、IGBT测试方法、电流大于100A整流二极管空白详细规范、可调试电气传动系统用半导体电力变流器、低压直流电源设备的特征和安全要求。行业标准5项：高频晶闸管、快速晶闸管、双向晶闸管、电力半导体模块结构件、电力工程直流系统用整流设备。

〔撰稿人：西安电力电子技术研究所　黄嘉炳、蓝筱屏　审稿人：西安电力电子技术研究所　白继彬　机械工业部重大装备司　张居猷〕

〔责任编辑：张友鹤〕

电气控制成套设备

〔机械工业部〕

生产发展情况 根据机械工业部对行业协会组织开展行业统计工作的要求，电控配电设备分会对90个企业会员单位六项经济效益指标进行了统计调查。调查结果与国家标准值、机械行业标准值、电工电器行业标准值的对比分析表明：

(1) 电控配电行业的产品销售率平均值低于全国标准4.96个百分点，低于机械工业行业标准值5.91个百分点，低于电工电器行业标准值4.62个百分点。90个企业中达到全国标准的仅有36个单位，占被统计单位的40%；达机械行业标准的30个单位，占被统计单位的42.2%，说明电控配电行业大部分企业的销售率低于全国标准值。

(2) 反映劳动消耗效益指标的有工业成本费用利润率、工业全员劳动生产率和工业增加值率三项。被统计的90个单位中，工业成本费用利润率的平均值为7.67%，低于国家、机械行业和电工电器行业标准值，仅有30%左右的企业达到了标准值，其中国有大中型企业只有2个；工业全员劳动生产率超过国家、机械和电工电器行业的标准，达到电工电器行业标准值的企业占72.2%；工业增加值率的平均值为29.97%，均达到了全国、机械和电工电器行业标准值。但企业间差距甚大，达到国家及行业标准值的单位占40%，即大部分企业尚未达到标准值。

(3) 反映劳动占用效益的指标有工业资产利税率和流动资金周转次数。本行业资产利税率高于机械工业标准值0.9个百分点，略低于国家标准值和电工电器行业标准值。被统计的90个企业中，流动资金周转率平均值低于全国标准值，高于机械工业标准值和电工电器行业标准值，有20%的单位达到全国标准值，45.56%和51.11%的单位分别达到机械行业和电工电器行业的标准值，半数以上的企业仍在标准线以下。

1996年下述行业企业取得了较好的成绩。上海华通开关厂完成工业总产值21 800.8万元，实现销售收入（含税）47 955.6万元，实现利润300万元，国有资产保值率3.59%。柳州开关厂全年完成工业总产值9 839万元，与1995年持平。厦门电器控制设备厂全年完成工业总产值按不变价计8 789万元，同比增长14.7%，按当年价（不含税）计算为10 302万元，同比增长13.9%；工业产品销售率为101.2%，比1995年提高了2.7个百分点。佛山电器厂有限公司全年完成工业总产值（不变价）7 457万元，销售收入8 148万元，实现利税640万元，创利润182万元。沈阳低压开关厂成套电控设备厂全年实现销售收入7 103.6万元，利税566.3万元，出口创汇267.23万元。天津市低压电器公司是机械工业部重点企业，天津市企业管理先进单位、国家二级计量单位，至1996年先后有7种产品获国家科技进步三等奖和部、市二、三等奖，7种产品获国家和市经委新产品优秀奖和一、二等奖，产品均采用了IEC标准，1996年工业总产值达3 800万元。合肥开关厂是机械工业部定点生产高低压电器成套设备、低压电器元件及防爆电器的重点企业，系国家中一型企业，省先进企业，附设有安徽省低压电器产品检测站。全年工业总产值5 500万元，工业全员劳动生产率22 300元/人，人均创利税3 500元/人。武汉武新电器工业有限公司全年完成工业总产值2 722万元，实现销售收入2 990万元，利润105万元。自贡市电器厂完成产值955万元。

新技术及科研成果 机械工业部天津电气传动设计研究所，坚持市场为导向，紧密与国民经济建设相结合，积极拓宽服务领域，依靠和推动科技进步，科研生产取得好成绩。

(1) 大型露天矿连续和半连续开采工艺设备的集中控制与监测系统，是以元宝山大型露天矿为依托工程。系统的主要控制与监测对象为：斗轮控制机2台，破碎机3台，排土机2台，移动式胶带输送机4台，固定式或半固定式胶带输送机15台，带伸缩头胶带输送机5台。上游组成前5个作业线，下游组成后3个作业线，由前后各一作业线组成一个生产流程，共13个生产流程。该系统采用了1个主网和8个子网的体系结构进行控制。网络的各站采用快速灵活的方式通信；主网和监测级间采用通信处理器直接通信，2台斗轮机采用独立的PLC网络进行控制。该系统技术水平高、难度大、可靠性高、功能比较完备，达到了90年代初国际水平，居国内领先地位。

(2) 高速动平衡实验室是试验各种类型转子的必备设备，该所承担国家计委［1986］271文《关于四川发电设备制造项目》子项目——高速动平衡实验室主驱动电控系统的研究任务，电控系统的主要技术指标：主驱动直流电动机额定容量4 000kW，额定电压860V，额定电流5 000A，额定转速500r/min；调速范围：40r/min～500r/min，稳速精度：±1r/min（转子3 600r/min时），稳定时间10min；给定分辨率±1r/min（对转子而言），给定速度重复精度：±0.01%。晶闸管供电主回路采用了两个相位差30°的Y－Δ整流支路通过平衡电抗器并联构成的12相整流线路，每个支路是4组4 000V、1 650A大功率晶闸管桥并联。控制回路采用数字－模拟双通道自动切换方案，兼顾了动态快速性和静态精度。该系统转速×容量达2×10^6，接近直流传动极限。此系统的研制成功，填补了国内动平衡机实现晶闸管供电空白，达到国内领先水平。

(3) 根据机械工业技术发展基金项目技术合同(91J6010)要求完成的全数字直流晶闸管调速装置项目，提高了我国电控装置的整体技术水平。主要技术参数：变流器额定输入380VAC、50Hz，经功率扩展可达815VAC。变流器额定输出440VDC、250A，经功率扩展可达800VDC、1 200A～2 000A；控制系统工作方式为无环流反并联，四象限运行，高速时自动弱磁，速度、电流调节及触发角控制全数字化，调速比优于1：100，稳速精度优于0.1%，动态性能高于模拟系统。在承德钢厂轧机的电气系统改造中，全线采用的这套全数字直流晶闸管调速装置，技术上已达到国际90年代初期水平。

上海电器成套厂在计算机应用方面有了新的进步，在计算机联网硬件建设基础上，又完成了MNS产品CAD软件开发，同时还对生产物质管理、合同管理、劳资管理等管理软件进行了开发，并进入了试运行，对企业进步和管理水平提高发挥了作用。

新产品 GDL1型交流低压配电柜，是根据机械工业部机械工业科学技术发展计划(96164870B)，由电力工业部华电机械总公司、机械工业部天津电气传动设计研究所、中国物资总公司等单位联合开发的新型配电设备。该产品采用了CAD技术，设计质量高，开发周期短，产品设计正确，指标先进，结构合理，方案组合灵活，安装维护调试方便，运行安全，技术水平在国内同类产品中居领先地位。GDL1型交流低压配电柜可广泛用于发电厂、变电站、工业企业及现代建筑中，属于交流低压配电系统的重要设备。产品采用了带模数化孔的型钢，柜架采用新颖的三通部件（专利产品）连接，抽屉装退采用具有摇进摇出功能的定位器（专利产品），绝缘部件采用了SMC新型复合材料，母线系统采用国际通用的三相五线制，水平母线额定电流为2 500A，短时耐受电流达65kA，1996年10月16日在北京通过机械工业部、电力工业部、建设部三部联合组织的鉴定。该产品的推广应用将促进本行业技术水平的提高并产生巨大经济效益和社会效益。

天津电气传动设计研究所开发的新产品主要有：

(1) JR1系列三相交流异步电动机半导体软件起动装置，主要用于笼型感应电动机的起动、停车、节电及保护。起动时降低起动电流，减小对电网和机械的冲击；工作时随负载变化可自动改善功率因数或节能；停车时可实现先降速后停车，减小冲击。整个装置由机箱、功率部分、控制板，以及风机、互感器等组成，功率部分为晶闸管直接反并联，控制板采用了16位单片机8098，采用最小电流和功率因数综合算法控制，参数设置和状态显示等采用按键和数码管完成，有较完善的操作输入端子和状态输出端子。该系统产品设计新颖实用，保护功能完善，操作简便直观运行可靠，产品技术水平在国内居领先地位，并达到国外90年代同类产品技术的先进水平。

(2)新型电控设备用变压器系列产品，单相容量16V·A～200kV·A，三相容量160V·A～315kV·A，该系列产品适用于750V及以下电压，50或60Hz的电网，用于整流、控制和同步电路的电压变换和配电。产品具有短时过载及短路能力，能适应接触器、断路器的电磁合闸及起动负载冲击，采用标准及变压器专用接线端子，大电流端头首次采用823保护涂敷，防腐蚀、导电良好。系列产品技术指标均达到IEC及德国DIN、VDE相关标准要求，接近或达到德国SIEMENS公司90年代同类产品水平。产品已通过机械工业部鉴定。

(3) HKG2-0.6HKSG3-0.8低噪声换相（进线）电抗器和PKG3～0.6PKG3-1.2低噪声平波电抗器系列产品通过机械工业部鉴定，技术性能属国内领先，接近国外同类先进产品水平。换相（进线）电抗器是直流和交流变频调速设备的必要配套产品。主要用于变速传动设备的电源进线，用以限制电流和电压的上升率及电网谐波对变流器或变频器的影响。HKG2-0.6HKSG3-0.8换相（进线）电抗器，有30个容量等级（60VAR～100kVAR），4V～18.6V，561种标准规格，可与国内外厂家的变流器和变频器按品种逐一配套，本系列电抗器较国内原有产品节铜、铁10%～80%，铜、铁损耗降低40%～50%，节约成本30%～60%。平波电抗器是直流半导体变速传动设备的必要产品，主要用于直流输出端，将叠加在直流电流上的交流(绞波)限定在某一规定值及限制环流和故障电流上升率。PKG3～0.6PKG3-1.2平波电抗器，有51个容量等级（0.12Ws～6300Ws），7A～200A，0.56mH～400mH，416种标准规格。它可以直接与直流变速传动设备配套。该系列产品较国内原有产品节铜、铁30%～50%，铜、铁损耗降低30%～40%，成本降低30%～40%。该电抗器经国家电控配电设备质量检验中心检测符合IEC289要求，并先后获1995年全国第九届发明展览金奖及1996年北京国际发明展览铜奖。

上海电器成套厂1996年共有5项产品通过鉴定。其中：(1) MNS固定式低压开关柜。主要技术参数：额定工作电压660V，主母线最大工作电流4 700A (IP30)，主母线短时(1s)耐受电流1 000kA (有效值)，主母线短时峰值电流250kA(最大值)，配电母线（垂直母线）工作电流1 000A，配电母线（垂直母线）短时峰值电流90kA防护等级IP30、IP40。(2) MNS核电级开关柜。主要技术参数同普通型MNS产品，核电安全等级CLASS IE，核电质量保存等级QA2，抗震强度8级，地面水平加速度$\pm 0.2g$。

上海华通开关厂开发了8项新产品，其中4项通过部级鉴定，1项完成公司鉴定。

柳州开关厂加速新产品开发，全年有13项新产品通过省级鉴定，2项通过工厂鉴定，2项完成型式试验，现有7项低压电器产品生产许可证。

厦门电器控制设备厂开发了MLS高级型低压抽出式开关柜，参加了机械工业部、电力工业部联合设计GCS低压抽出式开关柜，并通过两部联合设计鉴定。

合肥开关厂共开发了5项新产品，其中DOMINO-III低压组合式开关柜通过省级鉴定，其主要技术参数：额定工作电压，主回路380VAC、660VAC，控制回路220VAC、380VAC，110VDC、220VDC，额定绝缘电压660VAC，额定工作电流：水平母线225A～7 800A、垂直母线225A～1 600A，额定短时耐受有效值（1s/峰值）电流：水平母线115kA/250kA、垂直母线40kA/120kA，分断能力50kA，防护等级IP20～IP54。

质量及质量管理 根据国家技术监督局（1995）技监监统函第6号文批准的统检计划和机械工业部安排，由国家电控配电设备质检中心负责，对动力配电箱产品进行了全国统检，在圆满完成统检任务后，于1996年3月29日～30日在天津召开了动力配电箱全国统检总结质量分析大会。这次动力配电箱国家统检对全国29个省市1 362个企业进行了抽样，其中抽到产品的企业为616个，未抽到产品的企业为728个，拒抽企业18个，拒送产品的企业40个。共检测产品576台，其中合格528台，不合格的48台，合格率为91.7%，若包括拒抽拒送企业，则合格率为83.3%。

这次动力配电箱检测中出现质量问题的主要原因是：元器件原材料差，对产品标准不理解和不熟悉，质检机构和检验制度不完善，缺少必要的工艺装备等。

在加强质量管理方面做得好的企业中，上海华通开关厂在贯彻GB/T19000标准中，按1994年版要求，完成了质量手册和原1987年版标准的程序性文件的修改工作，正式确定了1994年版标准的程序性文件78份，并于5月份正式发布实施，后针对原78份程序文件的不足，又经过修订重编了28份。全年组织质量体系内审9次，经上海质量体系审核中心审核，取得新版证书。

厦门电器控制设备厂有严格的质量管理组织，由总工程师领导的质量管理委员会、全面质量管理办公室以及负责日常检验工作及质量监督的质计科负责，所有产品的出厂合格率均达到100%，在历次的国家质量监督抽查中均达到优等品的标准。该厂的企业产品标准均参照采用国际标准，部分产品已获得采用国际标准证书。

佛山电器厂有限公司除把质量职能渗透到公司的各有关部门及每一生产环节外，还把GB/T19000标准的贯标工作列入生产、经营大纲，成立贯标文件编写领导小组，组织开展质量体系文件的宣贯与编写工作。公司还积极参加行业组织的质量管理活动，进行了高、低压开关柜生产秩序整顿合格证（红证）及PGL低压配电屏一等品证书的领换工作。

合肥开关厂宣贯了GB/T19000标准，已编制完成《质量保证手册》和《程序文件》，并于5月份颁布实行。

1996年5月13日～16日在上海召开了电控配电设备分会标准化委员会二届一次全体委员会，会议上总结了第一届标准化委员会四年来所进行的工作；讨论通过了标准化委员会1996年工作计划；了解了机械工业部电工标准化工作座谈会精神，新形势下电工标准化工作总的目标、现状与国际标准化工作接轨的基本思路，行业标准修订情况。

〔撰稿人：机械工业部天津电气传动设计研究所 柳英武　审稿人：机械工业部天津电气传动设计研究所　年培新、熊其求　机械工业部重大装备司 张居猷〕

〔责任编辑：张友鹤〕

高 压 电 器

〔机械工业部〕

一、高压开关

生产发展情况 1996年高压开关行业生产比1995年有所增长。据对247个生产厂家的基本情况统计，行业工业总产值、高压开关产值、工业增加值、产品销售收入、利税总额均有增长，详见表1。

行业1996年生产发展的特点：(1)工业总产值、产品销售收入增长率高，分别是30.33%、19.1%，这两个指标包含非高压开关产品的因素。高压开关产值只增长3.1%，工业增加值增长7.9%。也就是说高压开关产值增长率很低，反映经济效益的工业增加值增长率远比工业总产值增长率低。说明1996年高压开关行业生产是低速增长。(2)全员劳动生产率1996年比上年增长5.9%，远低于工业总产值的增长率30.33%，也说明科技和管理进步在工业总产值的增长中起了一定的作用。(3)流动资产平均余额增长33.4%，而流动资产周转率从1.34次下降为1.2次，都说明经济运行质量不高。(4) 1996年行业固定资产投资100 926.9万元，说明行业各企业对电力工业的发展、电力设备的需求、高压开关行业的前途有信心。这些投资相对集中，大的技术改造和基本建设项目较多，这有助于行业素质的提高和规模生产的形成。(5)除了五大开关厂外，有一批原来的中小企业达到了工业总产值超亿元，如镇江市电器设备厂1996年工业总产值达6.35亿元，超过了所有的大开关厂，而其中高压开关产值也达到了3.87亿元。天水长城开关厂、福州第一开关厂、浙江开关厂、宁波天安集团（象山高压电器厂）、宁波华通电器成套厂、慈溪电器开关总厂、四川高压开关厂、陕西宝光电工总厂、陕西开关厂等企业经济上发展较快，产品主要在中压领域。

高压开关生产向规模化迈进。全行业过去存在的大问题之一是工厂多、规模小。难以使用高效设备，劳动生产率低。110kV～500kV高压、超高压产品生产主要由五大开关厂完成，这样经济上、技术上都合理。现在中压产品生产已趋向规模化，一批厂形成了较大批量生产。以真空断路器、高压开关柜、环网柜为例分述如下：

1996 年真空开关产量 1 000 台以上的单位有 14 个，其中 4 000 台以上 1 个，3 000～4 000 台 3 个。这 14 个单位产量排序如下：

(1) 陕西宝光电工总厂 4 361 台，(2) 宁波耐吉集团有限公司（慈溪电器开关总厂）3 239 台，(3) 陕西开关厂 3 181 台，(4) 北京开关厂 3 050 台，(5)天水长城开关厂 2 089 台(6)浙江开关 1 830 台，(7) 宁波华通电器成套厂 1 641 台，(8) 广东新会电器厂 1 630 台，(9) 淄博开关厂 1 583 台，(10) 浙江华仪开关厂 1 396 台，(11) 厦门 ABB 开关有限公司 1 162 台，(12) 福州一开同益电气有限公司 1 140 台，(13) 湖北开关厂 1 115 台，(14) 上海天灵开关厂 1 083 台。

表 1　1996 年高压开关行业主要技术经济指标情况

序号	项目		单　位	1996 年完成	比上年增长％
1	全部职工年末人数	总计	人	150 520	1.86
		从事高压开关人数	人	81 459	5.47
		工程技术人员数	人	17 626	7.13
2	工　业总产值	当年价格	万元	1 497 934.6	30.33
		1990 年不变价	万元	1 158 305.4	18.8
		高压开关部分（当年价）	万元	746 430.1	3.1
3	工业增加值		万元	358 319.0	7.9
4	产品销售收入		万元	1 185 709.7	19.1
5	产品销售税金及附加		万元	18 315.7	30.1
6	应交增值税		万元	67 950.1	25.9
7	利润总额	总计	万元	64 386.9	9.3
		高压开关部分	万元	44 932.6	10.6
8	年　末固定资产	原价	万元	704 727.6	14.5
		净值	万元	451 587.5	10.4
9	流动资产平均余额		万元	988 556.2	33.4
10	全员劳动生产率		元/人	23 805	5.9
11	流动资产周转率		次	1.2	−0.14①
12	销售利税率		%	12.7	−0.10①
13	资金利税率		%	10.5	−0.50①
14	人均创利税		元/人	10 009	16.5
15	调查企业数		个	247	

①为百分点数。

1996 年高压开关柜产量超过 1 000 台的单位有 18 个，其中 4 000 台以上 1 个，3 000～4 000 台 1 个，2 000～3 000 台 2 个，各单位产量排序如下：

(1) 天水长城开关厂 4 427 台，(2) 镇江电器设备厂 3 313 台，(3) 福州第一开关厂 2 324 台，(4) 浙江开关厂 2 087 台，(5)上海华通开关厂 1 825 台，(6) 上海天灵开关厂 1 719 台，(7) 四川高压开关厂 1 657 台，(8) 厦门 ABB 开关有限公司 1 538 台，(9) 北京开关厂 1 533 台，(10) 四川电器股份有限公司 1 398 台，(11) 锦州开关厂 1 358 台，(12) 重庆博森电气有限公司 1 340 台，(13) 成都通力电器集团公司 1 330 台，(14) 江苏汇源（集团）公司（阜宁电气自动化设备厂）1 253 台，(15) 江西电气器材厂 1 200 台，(16) 湖北开关厂 1 115 台，(17) 淄博开关厂 1 037 台，(18) 宁波华通电器成套厂 1 009台。

1996 年环网柜主要生产厂是：(1) 宁波天安（集团）股份有限公司（象山高压电器厂）3 876 台，(2) 宁波华通电器成套厂 2 208 台，(3) 河南佳和电气有限公司 1 322 台。

这种在市场竞争中形成的部分工厂的大批量生产有助于先进技术的采用，产量、质量的稳定提高和劳动生产率的提高。其他产品如熔断器、隔离开关、接地开关的生产也趋向规模化。

五大开关厂 1996 年经济指标完成情况见表 2。虽然行业中小部分原中小厂发展很快，部分经济指标逼近甚至超过大厂，但五大开关厂生产的产品技术含量高，经济和技术实力强，其地位仍稳定。

表 2　1996 年五大开关厂经济指标完成情况

项　　目	单位	西安 高压开关厂	沈阳 高压开关厂	平顶山 高压开关厂	上海 华通开关厂	北京 开关厂
职工人数	人	6 584	7 345	4 950	3 855	3 087
工业总产值（当年价）	万元	52 936	44 111	36 189	24 401	29 420.5
工业增加值	万元	12 795	13 829	7 911	6 713	10 662.2
产品销售收入	万元	49 957	45 712	37 187	23 918	30 434
工业全员劳动生产率	元/人	19 433	19 012	15 982	17 414	34 539
人均利税	元/人	8 164	8 976	8 141	5 074	8 219
流动资产周转率	次	1.14	0.81	1.03	0.88	1.14
利税总额	万元	4 954	6 593	4 030	1 956	2 537.2

西安高压开关厂、沈阳高压开关厂生产的 SF_6 开关设备品种规格齐全，形成系列，特别是具有 500kV GIS 的生产能力，所以 1996 年订货多，经济形势看好。其他三个大开关厂因不具备 500kV GIS 生产能力或品种规格不全，难以接受大电力工程的订货。

产品分类及产量　1996 年统计到的 247 个企业的各类高压开关产量见表 3。

表 3　高压开关行业 1996 年高压开关产品产量　（单位：台、间隔、组）

序号	类别 ＼ 电压（kV）	500	330	220	110	63	35	20	10	27.5/55
1	SF_6 断路器	11	22	592	1 034	139	1 280		6	3 608
2	少油断路器			168	1 248	204	1 862		18 017	
3	多油断路器					1 880			4 829	
4	真空断路器					1 935			48 984	196
5	封闭式组合电器 GIS	6	23（53）	8	294					
6	复合式组合电器	2	10	21						
7	金属封闭开关设备						5 124		63 596	
8	环网柜								13 897	
9	熔断器接触器柜（F－C）							397		
10	隔离开关	57	15	2 312	5 977	452	8 581	307	78 587	797/12
11	接地开关	8		186	37		397		20 126	
12	负荷开关								22 285	
13	熔断器						11 748		265 363	
14	分段器								8	
15	重合器								18	
16	高压接触器								2 622	
17	箱式变电站						1		1 954	
18	高压真空灭弧室（包括断路器、负荷开关、接触器用）						6 532		228 502	732

从表 3 中可了解到，220、110kV 各类断路器、隔离开关产量全面下降，这是因为宏观上 1996 年电力建设速度放慢，市场需求减少，全行业生产就不可能高速增长。

1996 年产品结构发生的变化见表 4，情况分析如下：

（1）110、220、330、500kV 级 SF_6 开关设备与少油断路器的比例基本不变。SF_6 开关设备的优势已经确立；少油断路器因价格低，适合某些地区使用，在几年内淘汰掉也不可能。

（2）10kV 电压等级仍是 4 类产品（SF_6、少油、多油、真空）并存，真空断路器占绝对优势，达 70%。

现在可以认为，以无油化为基本要求的产品结构调整已经基本完成。

市场及销售　1996 年高压开关产值增长不大，其原因是电力建设速度放慢，新增发电装机容量不是预计的 1 600 万 kW，而是少得多。与之配套的高压开关设备需求下降。就国民经济全局来看，今后几年电力工业发展仍会是高速增长期，与电力工业发展密切相关的 110kV～500kV 开关设备的产量可望恢复增长。

1996 年全行业高压开关设备出口 3 815.45 万美元，与 1995 年大致持平。

新产品　1996 年西安高压电器研究所为 113 个科研生产单位的 17 类 88 种产品发放了 367 个产品型号“颁发”与“使用”证书，其中颁发证书 105

个，使用证书262个。

表4　1995、1996年各类断路器所占比例　　（单位：%）

电压（kV）	500		330		220		110		63		35		10	
年　份	1995	1996	1995	1996	1995	1996	1995	1996	1995	1996	1995	1996	1995	1996
SF_6开关设备	100	100	100	100	78.4	78.1	52.6	51.6	53.5	40.5	9.8	18.4	8.4	9.2
少油断路器				21.6	21.9	47.4	48.4	46.5	59.5	34	26.8	23.9	16.5	
多油断路器											34.7	27.0	5.3	4.4
真空断路器											21.5	27.8	62.4	69.9

注：1. 因10kV级SF_6断路器3个主要生产厂未报来数字，故1996年产量按接近实际的10 000台计算。
2. 10kV真空断路器产量无法统计全，故按真空灭弧室产量折算。

颁发的新产品型号证书及取证单位如下：

一、交流高压断路器

1. 户内高压真空断路器

(1) ZN12A-10/2000-31.5　北京开关厂
(2) ZN12-10/3150-50　北京开关厂
(3) ZN12-35/2000-31.5　北京开关厂
(4) ZN21-10/1600、2500-40　福州第一开关厂
(5) ZN22-10/1250、1600、2000-20　天津市津海真空开关厂
(6) ZN22-10/1250、1600、2000-25　天津市津海真空开关厂
(7) ZN22A 10/1250、1600、2000-31.5　天津市津海真空开关厂
(8) ZN22-10/3150-40　天津市津海真空开关厂
(9) ZN27A-10/1250-31.5　广东省番禺市开关厂
(10) ZN27-10/3150-40　广东省番禺市开关厂
(11) ZN28A-10/3150-40　汕头经济特区电器仪表成套厂
(12) ZN40A-10/1250、1600-31.5　湖北开关厂
(13) ZN41A-10/3150-50　湖北开关厂
(14) ZN52-10/1250-31.5　镇江市华立开关设备厂
(15) ZN53-10/1250-31.5　山东聊城电业局开关厂
(16) ZN54-10/1250-31.5　成都通力电器集团公司
(17) ZN55-10/1250-31.5　广州南洋电器厂
(18) ZN55A-10/1250-31.5　广州南洋电器厂
(19) ZN58-10/1250-20　湖南开关厂
(20) ZN58-10/1250-31.5　湖南开关厂
(21) ZN58-10/3150-40　湖南开关厂
(22) ZN59-10/1600-31.5　柳州市开关厂
(23) ZN16A-10/1250-31.5　昆明开关厂

2. 户外高压真空断路器

(1) ZW1-10 (G) /630-12.5　西安高压电器研究所八室
(2) ZW6-10/630-16　河南佳和电气有限公司

3. 户内高压SF_6断路器

LN_6-18/6300、8000-63　沈阳高压开关有限责任公司

4. 户外高压SF_6断路器

(1) LW20-126/3150-40　泰安高压开关厂
(2) LW6-110/3150-31.5　沈阳高压开关有限责任公司
(3) LW6-110/3150-40　沈阳高压开关有限责任公司
(4) LW11-63/2000-40　沈阳高压开关有限责任公司

(5) LW11-110/1600、2000、2500、3150-40	沈阳高压开关有限责任公司
二、封闭式组合电器	
ZF6-220/2000-40	沈阳高压开关有限责任公司
三、交流金属封闭开关设备（高压开关柜）	
(1) KYN9-10 (Z) /T3000-40	广东省番禺市开关厂
(2) KYN10-35 (Z) /T1600-25	北京开关厂
(3) KYN16-10 (Z) /T1000-31.5	锦州开关厂
(4) KYN17-10 (Z) /T1250-31.5	北京第二开关厂
(5) KYN18A-10 (Z) /T1250-31.5	北京开关厂
(6) KYN18A-10 (Z) /T1600-40	北京开关厂
(7) KYN18A-10 (Z) /T3000-50	北京开关厂
(8) KYN18B-10 (Z) /T1000-31.5	锦州开关厂
(9) KYN19-10 (J.R) /D200-40	开封开关厂
(10) KYN20-10 (Z) /D1250-31.5	福州兴连开关电器有限公司
(11) KYN21-10 (Z) /D1250-31.5	汕头南粤开关厂
(12) KGN1-10 (Z) /T1250-31.5	常州开关厂
(13) JYN4A-10 (Z) /D1000-31.5	锦州辽西开关厂
(14) JYN8-10	北京开关厂
(15) XGN2-10 (Z) /T3000-40	慈溪电器开关总厂
(16) XGN4-10 (Z) /D3000-40	柳州市开关厂
四、环网开关设备	
环网开关设备共12种	
五、交流高压真空自动分段器	
FDZ3-10/400-6.3	慈溪电器开关总厂
六、交流高压自动重合器	
CHZ3-10/630-12.5	慈溪电器开关总厂

此外，还有高压接触器、负荷开关一熔断器组合、隔离开关、接地开关等多种。1996年的新产品很多，有一些是成系列的，能满足用户多方面的需求。

质量及质量管理 1996年第二季度国家高压电器质量监督检验测试中心对17个企业的17种产品进行了监督抽查，其中有10个企业的10种产品合格，合格率为58.8%，抽查的产品中ZN28型、ZN28A型真空断路器占10种，有3种不合格，就ZN28、ZN28A而言，合格率是70%。

〔撰稿人：中国电器工业协会高压开关分会 罗贯康 刘 丹 审稿人：西安高压电器研究所 朱文熙 机械工业部重大装备司 乔振西〕

二、电瓷避雷器

生产发展情况 1996年生产电瓷避雷器的企业200多个，其中骨干企业11个，主要大中型企业35个。据1996年行业35个大中型电瓷避雷器企业统计，年末职工人数34 938人，主要经济指标与上年相比，行业工业总产值（1990年不变价）下降了14.9%，利润总额为-2 009万元（其中九江电瓷厂亏损2 050万元），利税下降38.4%，高压电瓷产量比上年下降了17%、高压避雷器产量比上年下降了7.2%。

主要生产指标完成情况见表5。经济指标处于行业领先地位的18个主要企业和11个骨干企业生产经济指标完成情况及占所统计35个企业的比重见表6。

产品分类及产量 据不完全统计，高压电瓷避雷器产品有1 200多个品种，分别包括高压电瓷、高压避雷器。各种产品产量详见表7。

市场及销售 据1996年对35个电瓷厂家的统计，国内销售收入为114 475万元，比上年下降17.5%。国外销售收入为1 629万美元。出口产品主要有玻璃悬式绝缘子、瓷悬式绝缘子、线路柱式绝缘子、电容套管、高压避雷器以及火花塞等。出口主要销往英国、越南、摩洛哥、加纳、南美、东南亚、印尼、韩国、泰国、缅甸、美国等国家。

1996年按国内销售收入和出口额前十名企业的排序详见表8。

新技术及科研成果 1996年电瓷避雷器行业完成科研成果、新技术成果102项。新技术科研成果主要有：避雷器产品计算机辅助设计（西安电瓷研究所），新型硅橡胶材料应用研究（西安电瓷研究所），

T70F、T160F、T300模具国产化和电阻型火花塞用玻璃密封剂〔南京雷电（集团）有限责任公司〕，220kV罐式氧化锌避雷器（抚顺电瓷厂），500kV、15kN棒型支柱绝缘子研制（抚顺电瓷厂）。

表5　1996年35个厂家主要指标完成情况

（单位：万元）

指标名称	实际完成	比上年增长%
工业总产值（不变价）	115 417	−14.9
年末固定资产原价	175 660	10.9
年末固定资产净值	115 778	9
利润总额	−2 009	−149
实现利税	9 325	−38.4
国内销售收入	114 475	−17.5

新产品　1996年完成新产品362项其中主要有：

（1）线路绝缘子：SWP-210双层伞耐污盘形悬式绝缘子和交流系统用有串联间隙金属氧化物避雷器（苏州电瓷厂），11512（210kN）盘形悬式绝缘子（大连电瓷厂），210、300kN标准型70、100、120、160kN耐污型系列圆柱头钢化玻璃绝缘子〔南京雷电（集团）有限责任公司〕，XP-300悬式瓷绝缘子（大连电瓷厂）。

（2）棒形支柱绝缘子：500kV、15kN棒形支柱绝缘子（抚顺电瓷厂），ZSW-500/12、ZSW-220/6D、ZSW-132/4～8棒形支柱绝缘子（唐山市高压电瓷厂）。

（3）金属氧化物避雷器：500kV高性能氧化物避雷器，330kV氧化物避雷器35kV、100kV交流系统复合外套无间隙金属氧化物避雷器（西安电瓷研究所），110、200kV有机外套氧化物避雷器，10kV配电型金属氧化物避雷器（西安电瓷厂）。

表6　1996年骨干重点企业占行业35个企业总值的比例

指标名称	单位	11个骨干重点企业		18个主要企业	
		实际数	占35个企业的比例（%）	实际数	占35个企业的比例（%）
1. 工业总产值（不变价）	万元	77 701	67.3	89 120	77.2
2. 年末固定资产原价	万元	142 024	80.9	159 844	91.0
3. 年末固定资产净值	万元	94 136	81.3	105 116	90.8
4. 利润总额	万元	−603	30.0	−2 974	48.0
5. 实现利税	万元	7 104	76.2	5 721	61.4
6. 高压电瓷	t	51 867	62.9	65 768	79.8
其中：线路电瓷	t	31 156	57.6	40 599	75.1
电站电器电瓷	t	19 480	80.4	21 465	88.6
其中：110kV瓷套	只	27 586	97.7	28 240	100.0
220kV瓷套	只	8 606	96.7	8 902	100.0
330kV瓷套	只	539	100.0	539	100.0
500kV瓷套	只	18	100.0	18	100.0
110kV电容套管	根	4 160	100.0	4 160	100.0
220kV电容套管	根	638	100.0	638	100.0
330kV电容套管	根	12	100.0	12	100.0
500kV电容套管	根	16	100.0	16	100.0
110kV棒形	只	83 317	95.1	84 210	96.1
220kV棒形	只	33 725	99.9	33 725	99.9
330kV棒形	只	1 367	100.0	1 367	100.0
500kV棒形	只	3 490	100.0	3 490	100.0
7. 高压避雷器	只	110 575	26.4	221 574	52.9
其中：110kV避雷器	只	2 896	49.3	2 941	50.1
220kV避雷器	只	1 504	71.1	1 504	71.1
330kV避雷器	只	47	100.0	47	100.0
500kV避雷器	只	68	100.0	68	100.0
8. 产品销售收入	万元	75 616	66.1	89 871	78.5

获奖情况：获国家级、部级、省级奖和通过其鉴定的产品有：

（1）获国家级新产品称号：11512（210KN）盘形悬式瓷绝缘子（大连电瓷厂），SWP-210双层伞耐污盘形悬式绝缘子和交流系统用有串联间隙金属氧化物避雷器（苏州电瓷厂）。

(2)通过部级鉴定的产品：500kV 高性能氧化锌避雷器，330kV 氧化锌避雷器（以上西安电瓷研究所），XP-300 悬式瓷绝缘子（大连电瓷厂）；Y10W-100/260 和 200/520 交流无间隙金属氧化锌避雷器（景德镇电瓷厂），210、300kN 标准型和 70、100、120、160kN 耐污型系列圆柱头钢化玻璃绝缘子〔南京雷电（集团）责任有限公司〕，110、200kV 有机外套氧化物避雷器（西安电瓷厂）。

表 7　1996 年电瓷避雷器产品产量

产品名称	单位	产量	比上年增长%
一、高压电瓷	t	82 415	−17.0
其中：线路电瓷	t	54 062	−21.7
电站电瓷	t	24 221	−20.4
其中：110kV 瓷套	只	28 240	−21.4
220kV 瓷套	只	8 902	−19.3
110kV 棒形	只	87 596	0.4
220kV 棒形	只	33 734	−22.0
二、低压电瓷	t	1 529	−48.0
三、高压避雷器	只	419 031	−7.2
其中：110kV 及以上	只	8 107	−0.2

(3) 荣获省级科技进步奖产品：FQX-25 交流电气化铁道棒形复合绝缘子、FXB-500/160 有机复合绝缘子（以上大连电瓷厂），电力机车用氧化锌避雷器、铁道牵引网过电压限制器(以上西安电瓷研究所)。

基本建设及技术改造　1996 年电瓷避雷器行业 22 个企业完成技改投资 6 856 万元，主要用于企业的基本生产建设，如窑炉、厂房、生产线等投资。进行技术改造的企业主要是：抚顺电瓷厂(迁建)、红星电瓷厂、甘肃安口电瓷厂、辽源电瓷厂、左云高压电瓷厂等单位。

1996 年电瓷行业建设重点：一是抚顺电瓷厂二期迁建工程开始实施，投资 2.56 亿元，主要建设项目包括棒形、套管、冷等静压生产线、氧化锌避雷器生产线以及土建公用工程；二是“九五”专项建设项目开始启动。

对外合作

(1) 我国最大的火花塞合资企业——南京华德火花塞有限公司于 1996 年 4 月 2 日在南京正式成立。该公司是由南京雷电（集团）有限责任公司与德国罗伯特．博世公司合资经营火花塞的中外合资企业，其注册资本 2 505 万美元。

(2)唐山市高压电瓷厂与日本碍子株式会社、伊藤忠商事株式会社三方共同出资，组建 NGK 唐山电瓷有限公司，于 1996 年 11 月领取了营业执照。

表 8　国内销售收入与出口产值前十名企业

序号	企业名称	国内销售收入（万元）	序号	企业名称	出口产值（万元）
1	抚顺电瓷厂	16 029	1	闽清电瓷厂	3 667
2	南京雷电（集团）有限责任公司	14 968	2	苏州电瓷厂	3 017
3	西安高压电瓷厂	11 037	3	大连电瓷厂	2 187
4	大连电瓷厂	9 822	4	抚顺电瓷厂	2 001
5	南阳金冠电器公司	7 298	5	南京雷电（集团）有限责任公司	1 219
6	苏州电瓷厂	6 596	6	西安高压电瓷厂	869
7	醴陵电瓷厂	6 535	7	牡丹江电瓷厂	428
8	闽清电瓷厂	4 883	8	醴陵电瓷厂	324
9	上海电瓷厂	4 542	9	南阳金冠电器公司	265
10	湖南电力电瓷电器厂	3 836.4	10	个旧高压电瓷厂	215

管理及改革

(1) 南京雷电（集团）有限责任公司火花塞制造厂，经上级批准，于 1996 年 4 月 29 日正式成立，同日向南京市工商行政管理局登记注册，领取了营业执照，产品使用雷电牌注册商标。

(2) 原江苏省仪征市电瓷电器厂改制为股份制的有限责任公司，组建了仪征市电瓷电器有限责任公司，并加入了江苏贝得集团，成为该集团的紧密层企业，经批准 1996 年 12 月 9 日挂牌成立。

(3) 上海电瓷厂投资并控股上海大保避雷器有限公司以及张家港上海电器有限公司。

〔撰稿人：西安电瓷研究所　张纪宁、陈嘉明　审稿人：西安电瓷研究所总工程师　吕怀发　机械工业部重大装备司　乔振西〕

三、保护继电器及装置

生产发展情况　1996 年全行业 20 个企业，其中有 8 个国有企业，11 个集体企业，1 个合资企业，全部生产行业归口的继电器及其保护装置产品。在行业全体员工的共同努力下，生产经营情况基本保持上升势头，各项经济指标完成较好。全年完成工业总产值67 532万元，比上年增长 12.4%；工业增加值46 295万元，比上年增长 1%；利润总额完成 5 445

万元，比上年增长4.0%。但从各企业经济指标对比看，差异较大，企业之间的生产发展极不平衡，效益好的企业生产发展直线上升并且比较平稳，反之则生产困难、效益下滑，有11个企业出现负增长。行业主导企业许继集团有限公司1996年的各项经济指标均创历史最高水平。从该公司上半年工业总产值9 978万元，比上年同期下降6.85%，而实现利润1 790万元却比上年同期增长37.8%的情况分析：产值减少是常规老产品产量减少及下属分公司与外商合资产值另算等原因所致，利润上升主要是加大高新技术产品开发和投放市场，旁路产品例如六氟化硫断路器、电源直流屏、微机试验车等1996年已形成一定的生产能力并实现批量生产。同时通过节约挖潜，提高管理水平，如材料费用上半年为2 640万元较上年同期减少43万元，降低率为8.43%等，使生产形势全年保持平稳发展。行业骨干厂阿城继电器厂通过强化专业化分厂机能、加强财务管理、对相对独立实体的投资进行严格监督和考核、建立质量保证体系等措施，稳定销售队伍，积极开辟和培育新的效益增长点，迅速遏制企业经济效益严重下滑的局面，保证了经济效益较上年有一定程度的提高，工业总产值、销售收入和利润总额分别增长了32.8%、7.3%和0.6%。该厂继电器产量完成31.6万只，比上年下降3%，而继电保护屏完成5 258面，比上年增长14.6%；自动化装置672台(套)，比上年增长72.7%。鞍山继电器厂通过与南京自动化研究所、中国科学院沈阳计算机研究所、鞍山电业局等单位联合开发新产品，改变产品结构，取得了较好的经济效益，在行业经济效益排名榜上跃居前五名。

产品分类及产量　本行业主导产品为继电器、继电保护屏及自动化装置。随着电力工业发展和市场需求变化，部分企业同时开发了一些边缘产品，如高低压开关柜、电源、家用电器、漏电开关、干式变压器、电梯电器等产品，产品结构有所改变。1996年全行业继电器生产量259万只，控制保护和自动化屏产量20 325面，自动化装置14 652台（套）。

市场及销售　1996年国家实行适度从紧的投资政策，电力建设相对萎缩，国内销售市场疲软，导致一些企业主要产品订货量严重不足。全行业国内销售收入78 498万元，比上年的68 303万元增长14.9%，行业全年出口交货值2 000万元，出口回汇额244万美元(其中，阿城继电器厂144万美元，许继集团公司100万美元)，主要出口地区为东南亚等国家。阿城继电器厂在把握内外环境的现状与趋势的前提下，从狠抓销售入手，加强市场信息工作，对销售人员严格奖罚，充分发挥技术人员的双重作用，稳定销售队伍，全年完成销售产值23 640万元，比上年增长21.6%。许继集团有限公司将开拓市场订货额和资金回笼额同时并重，与销售人员工资、奖金直接挂钩，使货款拖欠问题得到一定程度的遏制。公司销售收入突破6亿元大关，比上年增长1倍多，其中高科技产品的增长额占一半以上。全行业国内销售收入前十名企业排序为：(1) 许继集团有限公司，(2) 阿城继电器厂，(3) 上海继电器厂，(4) 保定继电器厂，(5) 广州电器工业公司，(6) 长征电器八厂，(7)阿城继电器二厂，(8)天津华荣继电器有限公司，(9) 长沙继电器厂，(10) 北京继电器厂。

新技术及新产品　1996年全行业共完成工艺攻关项目30多个，主要包括：(1) 微机控制气体渗碳装置（许继集团有限公司)，(2) 鼠标器校验仪(许继集团有限公司)，(3) 板材裁钉技术（许继集团有限公司）(4) 银触点镀金工艺（鞍山继电器厂)，(5)双动铆压机铆压铁芯技术(广州电器工业公司)，(6) 电镀银－氧化铜接点技术（北京继电器厂）。阿城继电器厂的“工艺突破口”工作荣获省先进称号。本行业承担的“八五”重大技术装备科技攻关项目3个专题10个分题于1997年元月份全部通过了国家经贸委、机械工业部、电力工业部的联合鉴定。许继集团有限公司还研制了用于长江三峡工程特大型机组保护的新型80C/96软件系统，以及电气化铁道微机电容器保护等重大项目。辽阳继电器厂研制的GXW215A-18C/LY型微机保护装置被列入国家星火计划，1996年完成了样机试制及评审工作。另有GZD型直流电源柜通过了省级鉴定。

1996年全行业完成新产品开发近80项，其中通过国家或省部级鉴定的有20余项，获得省部级奖5项，市级奖5项。有代表性的新产品有：(1) WXH-25型微机线路保护装置（许继集团有限公司研制生产)，具有原理先进、动作速度快、抗过渡电阻和抗CT饱和能力强等优点，更适合我国电厂、变电站等恶劣环境下应用；整组动作时间不大于25ms，并且可做单相永久故障判别。该产品的性能和主要技术指标具有目前国内外同类产品的先进水平，其中单相永久故障判别功能属国内外领先水平。(2) WFB-100型微机发变组成套保护装置（许继集团有限公司研制生产)，采用多CPU方式，准确快速反应发电机的各种故障和异常工况，完备的自检措施以提高可靠性，并能自动采取应急措施，记录故障发生前后一段时间的运行参数，提供方便的人机接口，具备行之有效的抗干扰措施，还能根据实际运行工况自行调整定值或计算参量。该装置的性能和技术指标具有当代国际同类产品的先进水平。

基本建设及技术改造　1996年全行业完成基本建设投资5 100万元，其中用于生产性投资3 600万元，全年技术改造项目完成投资额7 000万元。许继集团有限公司投资1 200万元进行“大水电”项目技术改造，引进的干式变压器项目1996年追加投资1 980万元。另外化工车间的镀锌挂镀、镀锌滚镀、多层镀生产线共投技措资金80万元，从根本上改善了镀锌等技术水平。阿城继电器厂完成喷漆工艺和生产技术改造，提高了屏体处理水平。广州电器工业公司调整改造库房，扩大了成套电气生产场地200m^2，另辟38m^{2}作为刹车线圈安全生产焊接场地。鞍山继电器厂的66kV综合自动化装置技术改造二期工程已经完成了主体施工，并交付使用，预计

1997年完成收尾工作，通过正式验收。长沙继电器厂投资技改资金60万元用于开发静态型继电器和微机低频低压自动减载装置，取得了良好的经济效益。

管理及改革 中国电器工业协会继电器及其装置分会组织各行业企业积极开展“推荐产品”活动，贯彻实施1996年全国机械工业会议精神，落实“产品质量翻身战役”的总体目标，共向中国电器工业协会等上级组织推荐产品30个。行业内还开展了“质量保证承诺”和“用户满意工程”活动，建立售前售后服务规章制度。自开展活动以来，未发现有用户投诉现象。一年来，各企业在质量管理方面所做的努力也取得了显著成就。认真贯彻《质量法》，以GB/T19000系列标准为依据，建立了本企业的质量保证体系。到1996年末已经有6个企业正式通过或正在申办ISO9000质量标准认证。国家继电器质量监督检验中心通过了“国家认可实验室”认证、“质检中心”复查和“计量认证”复查的“三合一”验收，从而使本行业质量保证水平上了一个新台阶。该中心1996年共接受各单位委托检验50余项，合格率在90%以上。企业改革方面，1996年12月28日，许继集团有限公司正式成立，成为行业内唯一的企业集团。全行业中外合资企业两个(天津华荣继电器有限公司、阿城继电器厂均属于中港合资企业)。原属华南电气企业集团的广州电器工业公司成为南洋电气企业集团的核心成员。由于外部市场竞争和内部经营管理的双重原因，行业内温岭继电器厂破产，另有两个企业处于停产半停产状态。

〔撰稿人：许昌继电器研究所　朱瑞萍、白玉芬　审稿人：许昌继电器研究所　钟锡龄　机械工业部重大装备司　乔振西〕

〔电力工业部〕

一、高压开关

生产发展情况 电力工业部系统从事高压电器的生产厂家有4个，全部是国有大中型企业。其中北京电力设备总厂为大一型企业，南京电力自动化设备总厂为大二型企业。行业厂家共有职工5 571人，其中工程技术人员904人。按产品构成，这4个企业中南京电力自动化设备总厂和北京电力自动化设备厂制造变电站大型继电保护装置，北京电力设备总厂生产避雷器、阻波器、消弧电抗器等，山西电力开关厂制造高压断路器等产品。

1996年共完成工业产值5.2亿元，工业增加值1.5亿元。

当年完成的重大生产任务有：为湘潭、宝鸡二厂、高碑店、沙岭子、广安、二滩等国家重点水、火电工程配套高压电器产品。

产品分类及产量 完成高压断路器170台、继电保护装置2 013面、阻波器467台、消弧及电抗器121.4MV·A

市场及销售 1996年共完成销售收入4.7亿元，销售税金182万元，实现利润总额569万元。出口交货值完成956万元，其中北京电力设备总厂出口的阻波器、封闭一8台（套）736万元，南京电力自动化设备总厂出口的集成电路发变组继电保护10套220万元。

新技术及科研成果 北京电力自动化设备厂开发研制的各电压等级的微机线路保护装置、电压无功综合控制装置、变电站综合自动化成套设备等100多种产品，在电力、石油煤炭、冶金等系统重点工程中使用。南京电力自动化设备总厂的继电保护产品，技术上在国内处于领先水平，部分达到国际先进水平，为电力工程自动化系统的技术进步做出了很大贡献，并有3项产品获电力工业部科技进步奖。

新产品 1996年共有15项高压电器产品通过部级新产品鉴定。

基本建设及技术改造 1996年共完成固定资产投资2 756万元，其中基本建设投资1 338万元，技术更新改造投资1 418万元。南京电力自动化设备总厂的大型继电保护装置技术改造项目，1996年10月15日被国家经贸委立项批准为国家第二批“双加”工程，现工程已全面开工。计算机的网络中心已建成，投入了600多万元对新装配大楼、继电保护分厂进行了技改，更新了相当数量的检测、调试设备，为完成国家“双加”工程计划，打下了基础。

北京电力自动化设备厂新建成10 000m² 的科研综合楼，并拥有美国进口数控冲床、比利时进口数控弯板机和意大利进口的龙门无伤点焊机等国际先进设备，使该企业产品的工艺水平、产品质量上了一个新台阶，设计、制图、调试产品已计算机化。

管理及改革 一年来，加强行业管理的主要措施是：围绕实行“两个转变”，规划了高压电器行业产品发展方向和制定行业技术改造指导性意见；将过去质量管理用行政手段改为经济手段。电力工业系统和国际知名的英国摩迪认证咨询公司建立了合资公司，充分利用国内外的知识和经验，提高企业质量管理水平。

北京电力设备总厂推出“以管理创业”新思路，大力推行以企业标准化为基础，以方针目标管理为核心的管理与国际接轨工作。该厂1996年推行劳动合同、减人增效、养老保险制度，对产品结构、人员资产结构进行调整，全年减少富余人员330人，使工厂效益有所提高。

南京电力自动化设备总厂，进行了二级计量考核，举办了GB/T19000(ISO9000)系列标准研讨班，编制质量文件，争取明年取得ISO9000认证。4月份该企业取得外贸进出口权。

〔撰稿人：电力工业部　张海青　审稿人：电力工业部　王　昀〕

二、高压电瓷

生产发展情况 电力工业部生产合成绝缘子的企业有2个，职工平均人数1 344人，年末拥有固定资产7 083万元，企业规模为中、小型。1996年完成工业总产值8 217万元，按可比价计算，比上年增长32.3%；工业增加值为3 728万元，同比增长23.81%；全年完成合成绝缘子84 263支，比上年增长32.32%；生产快速增长并呈旺盛势头。

面对市场经济的挑战，企业努力进取，加强市场营销，全面推行销售风险金额承包，使得产、供、销各环节保持良性循环，产品市场占有率逐年提高，经济效益显著增长。1996年销售收入8 101万元，比上年增长40.96%；实现利润364万元，比上年增长77.84%。其中襄樊通力集团销售收入3 825万元，实现利润353万元，综合效益指数198.23%，实现了速度和效益同步增长。

新技术及科研成果 为尽快形成合成绝缘子系列，实现规模经营，1996年企业加快了开发新产品的步伐，与科研单位共同开发绝缘子系列产品，并对其配方材料进行了大量研究和改进。

保定电力修造厂与清华大学、华北电科院共同研制了直流绝缘子，已经通过了机械性能试验和规定电气性能试验，其性能处于国际领先水平。

襄樊通力集团与大专院校通力合作，对合成绝缘子配方材料进行研究、改进，组成了两种合成绝缘子材料配方，各项性能、工艺质量均有提高，尤其是伞盘的撕裂强度达到了7kN/m～8kN/m，该技术达到国内领先水平。

新产品 1996年保定电力修造厂研制的新产品500kW、300kW合成绝缘子已通过部级组织的大吨位合成绝缘子质量稳定性研究的评审。襄樊通力集团的300kW大吨位合成绝缘子样品制作已通过了初步试验。

基本建设及技术改造 1996年固定资产投资共完成1 244万元，其中基本建设投资为380万元，技术更新改造为864万元。保定电力修造厂技术更新改造投资784万元，主要用于绝缘子生产工装设备、工艺技术、检测手段。襄樊通力集团技术更新改造投资80万元，用来完成合成绝缘子挤包工艺技术改造。

管理及改革 1996年电力工业部在行业管理上，通过积极探索和创新取得了新的进展，进一步推动企业深化改革工作。

(1) 规划产品发展和制定技术改造的指导性文件，避免了重复生产，避免了低水平产品开发。

(2) 走集团化的发展战略，以主导产品为“龙头”，以资本和经营协作为纽带，优势互补，共同发展。襄樊通力集团1996年2月率先组建股份制集团公司。该集团是在襄樊电力设备厂、襄樊电力设备有限公司基础上发展起来的，以电力设备制造为主，集科、工、贸为一体的股份集团企业，公司下设5个分公司（厂）、6个控股公司，生产合成绝缘子系列产品、耐磨材料等四大系列产品。

(3) 推行了ISO9000系列国际标准，建立了质量保证体系，实施优势产品发展战略，创造自已的知名品牌。襄樊通力集团加强质量管理，建立了符合国际标准的质量保证体系，并通过了ISO9000质量体系认证，创企业名牌、创产品名牌。

〔撰稿人：电力工业部　单　伟　审稿人：电力工业部　张海青〕

〔责任编辑：张友鹤〕

防爆电器

〔机械工业部〕

生产发展情况 防爆电器属高、低压电器中的特殊电器，可用在爆炸性危险环境中实现安全控制与保护。广泛用于煤矿井下及石油、化工、国防等部门。通过不同防爆型式可以保证电气与机械设备在爆炸危险环境中安全运行。因此，防爆电器在国民经济中占有重要地位。

截止到1996年底，全国有各种经济类型，跨行业的防爆电器生产企业200多，年产值约10亿元。其中主要企业44个，职工总数20 200人，工程技术人员2 040人，1996年完成产值53 400万元，比上年增长9%；工业增加值13 620万元，比上年增长9.6%；实现利润1 436万元，比1995年增长8.5%。

近几年，防爆电器行业乡镇和股份合作（私有）制企业发展迅速。在工厂用防爆电器和中、小型矿用防爆电器方面，生产已颇具规模，市场占有率已达到40%，而且有较高的增长势头。但这些企业的产品水平和质量普遍存在一些问题，部分企业还存在假冒伪劣情况，建议有关部门采取措施规范防爆电器产品市场，提高防爆电器产品水平和质量，确保煤矿和石油、化工等部门的生产安全。

1996年防爆电器行业骨干企业七项经济效益指标排序如表1所示。

产品分类及产量 1996年主要防爆电器产品产量见表2。

市场及销售 1996年为煤炭、石油、化工行业服务的防爆电器制造业销售形势仍然看好，全行业主要企业销售额为52 860万元，比1995年增长12.8%。主要产品销售数量及销售额见表2。

1996年防爆电器行业向俄罗斯、越南等国出口各类防爆电器2 000余台，出口创汇120万美元。

1996年销售收入前十名的企业及销售收入为：沈阳中兴防爆电器总厂5 265万元，合肥开关厂

4 610万元，徐州煤矿机械厂4 477.5万元，国营启东防爆电器仪表厂3 650万元，安徽宿州煤矿电器厂2 831万元，瓦房店防爆电器厂2 755万元，沈阳防爆电器制造总厂1 967.7万元，沈阳北方防爆电器厂1 900万元，邯郸电器总厂1 383万元，汾西机器厂矿电分厂1 203万元。

表1　1996年防爆电器行业主要企业经济效益指标

序号	企业名称	工业经济效益综合指数（%）	产品销售率（%）	资金利税率（%）	增加值率（%）	成本费用利润率（%）	全员劳动生产率（元/人）	流动资产周转率（次）
1	沈阳中兴防爆电器制造总厂	304	103.13	69.91	32.83	7.47	34 556	4.01
2	国营启东防爆电器仪表厂	294	101.93	56.97	27.81	11.36	31 718	4.95
3	山西长防—马荷彩电器有限公司	221	124.80	25.93	43.60	13.00	64 000	1.70
4	沈阳北方防爆电器厂	135	85.00	12.00	15.00	13.60	23 800	2.11
5	河南温县电控设备厂	87	80.00	17.00	15.50	6.40	3 465	0.93
6	安徽宿州市煤矿电器厂	85	99.00	5.10	18.90	3.94	16 863	1.33
7	河南孟州市煤矿机械厂	81	96.13	10.88	25.20	1.20	6 655	1.34
8	瓦房店防爆电器厂	78	103.00	7.06	27.36	0.66	9 691	1.44
9	合肥开关厂	74	83.82	4.00	38.80	0.48	22 310	0.76
10	徐州煤矿机械厂	72	98.91	3.44	39.63	0.33	10 407	0.63
11	哈尔滨整流设备厂	71	92.27	5.81	40.21	10.62	2 185	0.42
12	徐州防爆电器厂	58	97.00	5.00	26.00	0.05	7 444	0.84
13	汾西机器厂矿电分厂	58	102.83	1.55	25.16	−6.80	20 903	1.04
14	开封市防爆电器有限公司	57	100.00	5.50	25.00	1.15	9 500	1.25
15	新乡市煤炭机电设备厂	56	98.00	0.72	29.68	0.60	13319	0.62

表2　1996年主要防爆电器产品产量、销量

产品名称	生产量		销售量	
	数量（台、套）	比上年增长%	数量（台、套）	金额（万元）
矿用隔爆型高压配电装置	2 720	15.4	2 760	9 384
矿用隔爆型电磁起动器	69 500	8.0	71 000	15 620
矿用隔爆型馈电开关	11 500	6.0	11 860	5 930
矿用隔爆型检漏继电器	4 430	7.5	4 240	795
矿用隔爆型变压器装置	4 200	6.0	4 280	1 271
矿用防爆主令电器	148 000	10.0	142 000	1 505
矿用防爆成套电控	1 514	2.9		
矿用隔爆型插销及插销开关	36 840	13.4	34 670	832
矿用隔爆型接线盒	182 100	8.4	196 800	2755
厂用防爆配电箱	4 000	6.3	4272	3 845
厂用防爆电磁起动器	3 300	8.6	3 200	1 056
厂用防爆操作柱	24 600	10.4	24 378	1 950
厂用防爆控制按钮	58 700	9.0	56 100	448
厂用防爆接线盒	217 000	8.7	204 779	1 023

新技术及科研成果　由沈阳电气传动研究所组织沈阳高压开关厂、徐州防爆电器厂、开封防爆电器有限公司、瓦房店防爆电器厂等行业骨干企业共同开发的BCG9L-200/6型矿用隔爆型高压电缆连接器已于1996年全面完成，并通过了行业技术鉴定。

该产品综合消化、吸收了国内、外同类产品优点，设计构思新颖，工艺技术先进，产品主体绝缘件采用我国最新一代绝缘材料（DMC）压制，提高了绝缘性能，插接结构做了较大改进，提高了触头接触压力，保证了产品工作的可靠性。该产品达到了国外同类产品先进水平。产品主要技术指标：额定工作电压6kV，额定工作电流200、315kA，冲击耐压（峰值）60kV，额定热稳定电流（有效值）3.15kA，额定热稳定时间2s，额定动稳定电流（峰值）8kA。

新产品　1996年根据用户需要，全行业开发了BXB1-800矿用隔爆型低压保护箱、BZA9-1.2.3矿用隔爆型控制按钮、BQD27-80、120、200矿用隔爆型真空电磁起动器、BBJ51型本质安全型电动机保护器、WST-103型隔爆型称重控制箱、MaM6-87-20/200型本安型防爆称重传感器等共13项新产品。这些产品都是参照国际标准和执行现行国家标准而设计的，主要技术指标先进，可靠性高，满足了用户的使用需要。

质量及质量管理 根据机械工业部重大技术装备和重点产品质量上台阶工程实施方案，防爆电器分会在广泛征求行业主导企业意见的基础上，完成《防爆电器产品质量上台阶实施方案》，待部批复后，1997年可进入实施阶段。

为全面提高防爆电器产品质量，开展创名牌活动，向用户推荐名星企业和优质产品，防爆电器分会完成了《防爆电器行业推荐产品评定实施细则》和《防爆电器行业创名牌产品实施细则》，为1997年开展工作创造了条件。

根据国家技术监督局和机械工业部对执行强制性标准的产品进行认定的要求，为提高企业自觉执行强制性标准的意识，防爆电器分会对行业主要企业进行了实施防爆电器强制性标准的宣贯。同时配合辽宁省技术监督局对沈阳市10个企业防爆电器强制性标准执行情况进行了检查。对不合格者提出了限期整改的意见。

机械工业部低压防爆电器产品质量监督检测中心对辽宁省16个企业生产的防爆电器产品进行了质量抽查。受国家技术监督局的委托，对全国26个企业生产的防爆接线盒进行了抽查，抽查合格率为75%。

根据机械工业部1996年机械工业科学技术发展计划（标准制、修订部分）沈阳电气传动研究所组织沈阳高压开关厂、徐州煤矿机械厂等单位对《矿用隔爆型高压配电装置》、《矿用隔爆型馈电开关》、《防爆控制按钮》、《户内、户外防爆防腐低压电器》14项国家行业标准进行了修订，年底已完成征求意见稿，1997年上报审批。

基本建设及技术改造 1996年全行业用于技术改造的投资为2 613.4万元，比上年增长12.5%，其中基本建设投资953.4万元，技术更新改造投资1 660万元。

管理及改革 中国电器工业协会防爆电器分会于1996年6月在江西省九江市召开了防爆电器分会第三次会员大会，完成了理事会的换届选举，成立了二届理事会，会议选举合肥开关厂为理事长单位，沈阳低压开关厂为常务副理事长单位，煤炭科学研究总院抚顺分院、沈阳电气传动研究所、上海电器厂为副理事长单位。理事会审议并接纳沈阳防爆电器制造总厂、沈阳中兴防爆电器总厂、徐州矿山电器厂、哈尔滨金龙矿用电器研究所4个单位为新会员，同时对连续不缴纳会费、不参加协会活动的8个企业予以除名。

1996年防爆电器分会对行业的主要企业、主要产品的价格进行了调查并编写完成了防爆电器行业主要防爆电器产品价格目录，并上报中国电器工业协会价格工作委员会印刷发行。

〔撰稿人：沈阳电气传动研究所　李绍春　审稿人：沈阳电气传动研究所　万邵珀　机械工业部重大装备司　张居猷〕

〔煤炭工业部〕

生产发展情况 1996年煤炭工业机械制造行业中有9个生产煤机配套电动机的企业。据统计，全年安排生产防爆电动机的总容量为743 901kW，比上年增长8.5%。其中专门生产煤矿机械配套电动机的抚顺、分宜、西北3个煤矿电机厂，拥有固定资产12 068万元，职工人数4 240人，其中工程技术人员307人，占职工人数的7.2%；完成工业总产值（1990年不变价）10 974万元，比上年增长8.2%；工业增加值4 189万元，比上年增长30.5%。全年生产防爆电动机总容量为595 411kW。

市场及销售 1996年配套防爆电动机市场的特点是，销售合同突发性大，定货多为小批量多品种产品，交货期限短，企业基本上是以销定产，给生产组织带来难度。各企业积极转变经营思想和经营策略，采取各种应变销售措施，加强销售力量。1996年3个骨干企业完成销售收入13 599万元，比上年增长18.3%，完成出口交货值5.9万美元。

新产品 西北煤矿电机厂研制了为太原矿山机械厂电牵引采煤机配套用3.3kV、400kW高电压、大容量电机，填补了国内3千伏级电机的空白。抚顺煤矿电机厂1996年先后完成了为煤炭科学研究院上海分院MC系列采煤机配套的YBCS6-250等3种电机；供开滦钱家营矿推车机、振动电机用两种泵用电机。分宜煤矿电机厂与江西煤炭科学研究院联合开发了矿用隔爆型高频繁起动电动机，该课题是江西省下达的科研项目，填补了我国同类电机的空白。安阳煤矿电机厂引进美国瑞恩电器公司11个规格的节能隔爆电动激振器技术，采用该技术生产的产品通过采用国际标准验收和产品鉴定，替代了进口产品，获省优秀产品奖，被列入河南省全国夺冠产品之一。

质量及质量管理 煤矿电机企业把以质量求生存、求发展、求信誉、求出口作为抓质量的指导方针。抚顺煤矿电机厂坚持职工质量素质教育，加强现场管理，严格实行质量奖惩制度，从而保证产品质量的目标。分宜煤矿电机厂按照GB/T19000（ISO9000）的要求，建立健全企业内部各种规章制度，完善内部质量管理体制，为全面贯彻执行ISO9000打下基础。安阳煤矿电机厂开展质量承诺活动，建立了三级质量保证体系，即企业对用户，科室与车间、车间与车间、班组与班组，通过上道工序对下道工序的质量保证承诺，促进了企业质量问题的及时解决。同时列出厂内存在的十大质量问题，具体规定了完成程度、时间进度、具体要求，每月监督检查。1996年完成其中的九项，杜绝了因管理不善造成的质量问题。

〔撰稿人：中国煤矿工程机械装备集团公司　孙晓华　审稿人：中国煤矿工程机械装备集团公司　薛际贵〕

〔责任编辑：张友鹤〕

电 线 电 缆

〔机械工业部〕

生产发展情况 1996年电线电缆的生产保持了一定的增长势头。据机械工业部生产与信息统计司对258个电线电缆生产企业的统计，1996年完成不变价工业总产值2 011 732万元，比上年增长了15.8%；完成工业增加值410 011万元，比上年增长了56.8%。

1996年机械工业线缆企业完成主要产品产量：钢芯铝绞线109 798t；电力电缆194 100km，其中，交联聚乙烯电力电缆为197 22km；通信电缆为2 024 887km，其中，市话通信电缆1 329 129km；布电线2 384 148km；电磁线88 751t。

1996年电线电缆行业骨干重点企业完成的主要经济指标见表。

市场及销售 1996年机械工业线缆企业产品销售完成情况：钢芯铝绞线累计销售107 021t，产销率97.5%，期末库存14 929t；各类电力电缆累计销售184 748km，产销率95.2%，期末库存41 309km；各类通信电缆累计销售1 912 814km，产销率94.5%，期末库存146 016km；累计销售布电线2 300 304km，产销率96.5%，期末库存425 955km；累计销售电磁线87 717t，产销率98.8%，期末库存10 095t。

各主要电线电缆生产企业完成工业销售情况基本上比上年都有所增加，具体完成情况见表，例如上海电缆厂销售收入为96 645万元，比上年增长24%，出口创汇1 267万美元，同比增长111%。

据机械工业部生产与信息统计司对系统内企业的统计，1996年6个生产企业出口钢芯铝绞线10 151.21t，出口创汇2 242.70万美元；10个生产企业出口电力电缆12 503km，出口创汇3 897.99万美元。另据海关统计，1996年在81项出口创汇上亿美元的主要机电产品名单中电线电缆出口列第18位，创汇7.0 147亿美元，比上年增长37.2%，净增出口创汇额1.7亿美元。

据国家机电产品进出口办公室公布的1996年机电产品出口创汇超过500万美元的生产企业名单，电线电缆制造企业有：

长飞光纤光缆有限公司（3 058万美元），乐庭电线工业（惠州）有限公司（2 777万美元），锡山市坊前电线厂（1 782万美元），龙口华美电线电缆有限公司（1 312万美元），上海电缆厂（1 267万美元），湖南电线电缆集团公司（1 121万美元），上海电线电缆（集团）公司（1 063万美元），湖北红旗电缆厂（922万美元），苏州标准线缆有限公司（774万美元），高达（惠州）电缆制品有限公司（764万美元），宝马电线电缆（深圳）有限公司（699万美元），山东电缆厂（663万美元），杭州中策电缆股份有限公司（644万美元），信电电线（深圳）有限公司（612万美元），捷好电线电缆（深圳）有限公司（602万美元），济南通讯电缆厂（590万美元），桂林国际电线电缆集团公司（521万美元），本溪电缆厂（506万美元）等。

1996年电线电缆行业积极开拓国外市场，参与国际竞争。例如，西安电缆厂在印度铁道部"铝护套防白蚁铁路干线电缆"国际招标项目中竞标获胜，获得共计700km电缆的订单，占招标总数的81.7%。杭州中策电缆公司在印度通过竞争战胜美国、德国和韩国等公司，夺得该国国家电力公司的2 488km铝合金导线和一批地线的供货合同。

1996年电线电缆行业骨干重点企业经济指标

序号	企业名称	工业总产值（万元）	固定资产原价（万元）	利润总额（万元）人	人均利税（元/人）	销售收入（万元）
1	湖南电线电缆集团公司	174 978	75 745	2 130	3 424	191 995
2	上海电线电缆（集团）公司	143 261	6 570	1 524	9 210	172 317
3	沈阳电缆厂	90 003	126 372	214	5 368	92 003
4	上海电缆厂	84 682	41 785	1 918	5201	96 645
5	成都电缆股份公司	59 098	39 382	592	2 450	
6	红旗电缆工程公司	54 268	34 982	242	6 661	36 284
7	郑州电缆（集团）公司	50 178	42 315	1 774	15 751	66 593
8	西安电缆厂	40 795	31 317	−1 770		23 171
9	昆明电缆厂	31 031	15 135	609	7 045	37 130
10	天津市电缆总厂	20 384	20 520	201	682	20 522
11	哈尔滨电缆厂		27 389	−1 357		9 102

新技术及科研成果 1996年机械工业部上海电缆研究所完成了辐照交联及非辐照交联F40绝缘航空导线、交联电缆绝缘热线诊断仪、母线绝缘用新型阻燃热收缩管等项产品开发和生产技术研究。

天津市电磁线厂研制开发的热粘合换位导线获中国专利局的专利权（专利号 ZL9520250.7）

新产品 1996年郑州电缆（集团）公司开发的220kV交联聚乙烯绝缘电力电缆通过国家级技术和产品鉴定；山东电缆厂研制的氩弧焊波纹铝护套110kV交联聚乙烯绝缘电力电缆通过机械工业部和电力工业部的联合鉴定；沈阳电缆厂研制开发的乙丙橡皮绝缘阻燃船用电缆通过鉴定；红旗电缆工程公司研制的额定电压0.6/1kV硅烷交联聚乙烯绝缘电力电缆和额定电压450/750V硅烷交联聚乙烯绝缘控制电缆通过鉴定；成都电缆股份有限公司研制的铜芯物理发泡聚乙烯绝缘同轴电缆通过邮电部鉴定；浙江交联电缆公司烯土铝导线通过国家计委稀土办组织的鉴定；成都三电股份有限公司研制的超薄壁挤出、聚醚醚酮（PEEK）绝缘绕组线和聚醚醚酮（PEEK）绝缘引接线通过机械工业部鉴定；红旗电缆工程公司生产出1 000mm² 六分裂导体220kV超高压自容式充油电缆通过鉴定；黄石电缆集团公司研制的低卤低烟阻燃电缆和阻燃彩电高压线通过鉴定；苏州特雷卡电缆有限公司研制的低烟低卤、低烟无卤护套阻燃、耐火电缆系列产品通过鉴定；天津市电缆总厂研制的小尺寸四芯7.5kV级X射线机用直流高压电缆、阻燃采煤机橡套软电缆及金属屏蔽橡套软电缆、阻燃矿用移动橡套软电缆及监视型橡套软电缆、阻燃矿用电钻电缆以及五芯瓦楞型全塑电缆通过鉴定；广东电缆厂研制的低烟低卤阻燃电缆、辐照交联低烟无卤阻燃电缆、辐照交联电力电缆、辐照交联阻燃电视高压线、辐照交联电机引接线以及钢带铠装铜带屏蔽控制电缆通过鉴定；邢台电缆厂研制开发了电力牵引接触导线、特种铝包钢线、500kV超高压导线、硅烷温水交联聚乙烯电缆通过鉴定；福州大通机电股份有限公司研制开发了稀土钢芯铝绞线、自粘性聚酯亚胺聚酰胺酰亚胺漆包圆铜线通过鉴定；无锡电缆厂研制开发A类、B类耐火电缆系列产品通过鉴定；杭州中策电缆股份（有限）公司研制生产的35kV及以下交联电缆通过省级鉴定；长沙电缆附件厂研制的110kV交联电缆户外终端、互联箱、接地箱通过技术鉴定。

佛山电缆厂生产的HYA3600及以下全塑市内通信电缆、淄博电缆厂生产的纵孔聚乙烯绝缘同轴电缆被国家科委、工商银行、劳动部、外国专家局、国家技监局评为1996年度国家级新产品。

质量及质量管理 1996年，约有31个企业通过质量体系认证，是上年的3倍。其中上海电缆厂（华信技术检验有限公司认证，1996年8月）、广东电缆厂（华信技术检验有限公司认证，1996年12月）分别通过GB/T19001（ISO9001）体系认证；通过GB/T19002（ISO9002）体系认证的有：宁波东方线缆集团公司（浙江省质量体系审核中心认证，1996年4月），长城线缆集团公司（浙江省质量体系审核中心认证，1996年4月），西古光纤光缆有限公司（英国SGS国际公司认证，1996年5月），珠海格力电工有限公司（1996年5月认证），大连金州电缆厂（荷兰DNV工业服务公司认证，1996年7月），南京中得电线电缆有限公司（中国商检局认证中心认证，1996年9月），天津软线总厂（挪威DNV工业服务公司认证，1996年9月），杭州中策电缆股份有限公司（上海质量体系审核中心和华信技术检验有限公司认证，1996年9月，1996年10月），湘潭电缆厂大阳电磁线公司（中国出口商品生产企业质量体系湘赣评审中心认证，1996年9月），天津澳科电缆有限公司（英国劳氏船级社认证，1996年10月），桂林国际电线电缆集团公司及其澳洲分部（中国商检质量认证中心、澳大利亚BENCHMARK认证有限公司认证，1996年10月，1996年8月），本溪电缆厂（挪威DNV工业服务公司认证，1996年10月），安徽欣意电缆有限公司（华信技术检验有限公司认证，1996年10月），浙江万马集团公司浙江万马电缆厂（上海质量体系审核中心认证，1996年10月），广东郁南银都电线电缆有限公司（华信技术检验有限公司认证，1996年11月），上海南洋电工器材有限公司（中国船级社质量认证公司认证，1996年11月），无锡电缆厂（上海质量体系审核中心认证，1996年11月），沈阳特种电缆厂（挪威DNV工业服务公司认证，1996年11月），常州电线电缆厂（中国机械工业质量体系认证中心认证，1996年11月），常州八一电缆厂（中国机械工业质量体系认证中心认证，1996年11月），内蒙古电缆厂（东北质量体系审核中心认证，1996年11月），西门子电力电缆（天津）有限公司（华信技术检验有限公司认证，1996年12月），上海塑胶线厂（华信技术检验有限公司认证，1996年12月），山东电缆厂（山东省商检局评审中心认证，1996年12月），上海马桥电缆厂（1996年12月认证），苏州通信电缆总厂（挪威DNV工业服务公司认证，1996年12月），杭州富天翔通信材料有限公司（浙江省质量体系审核中心认证，1996年12月），兰溪电工器材厂（浙江省质量体系审核中心认证，1996年12月），天津市双星特种线缆厂（长城质量保证中心认证，1996年12月）。

1996年有119个企业通过中国国家电线电缆质量监督检验监测中心的电工产品安全认证，有272个企业通过认证复查，同时该中心为21个认证到期（四年）的企业进行了换证。

技术改造 1996年是中高压、超高压交联聚乙烯电力电缆生产线引进和建设的高潮。山东电缆厂总投资8 500多万元从芬兰NOKIA公司引进设备的22kV超高压交联电缆生产线竣工投产，该项目属山东省重点技改项目，预计投产后可实现年销售收入3亿元，利税5 200万元；溧阳电缆厂投资2 500万元分别从芬兰NOKIA公司以及美国、瑞士、德国公司引进的110kV及以下交联电缆生产线及测试设备投产；青岛汉河电缆有限公司总投资4 200万元分别从芬兰NOKIA公司和德国TROESTER公司引进220kV超高压交联电缆生产线和35kV三层共挤橡胶绝缘电缆连续硫化生产线，预计1997年底投产；武汉电缆股份公司从英国SHAW公司引进的盐浴硫化生产线建成投产，该设备可用于生产交联聚乙烯绝缘电缆和橡套绝缘电缆；无锡远东集团公司投资 800 万元从芬兰 NOKIA 公司引进生产中高压交联电缆生产线；福建南平电缆股份有限公司投资 1448 万元建设的上引法无氧铜杆生产线技改项目投产，该生产线的两套机组可年产无氧铜杆8 000 t；焦作电缆厂自筹 400 万元资金购进年产12 000t 铝杆的国产连铸连轧生产线投产。

对外合作 成都电缆股份有限公司与德国西门子公司共同投资 3 000 万美元兴建的西门子光缆有限公司在成都正式投产，该公司目前已具有年产 23 万芯公里的生产能力；上海电缆厂与美国 GSW 公司就共同投资兴建上海吉安达电气有限公司举行签字，该公司将主要生产 110kV、220kV 高压交联电缆附件；由成都电缆股份有限公司与台湾太平洋公司、浙江省鄞县鄞江工业公司三方总投资 1 100 万元、合资兴建的宁波太平洋 CDC 电缆公司投产，该公司主要生产通信电缆，年生产能力 80 万对公里；杭州富通集团公司与日本昭和电线电缆株式会社合资经营的杭州富通昭和电线电缆有限公司开业，该公司主要生产通信电缆、电子线、局用电缆。

管理及改革 红旗电缆工程集团加强企业的内部管理，靠创新降成本、向科技要效益、在节能节材方面连续取得好成就，1996 年上半年万元产值综合能耗和电耗在 1995 年下降的基础上又分别下降了 21%和 22%，被国家经贸委评为全国资源综合利用先进单位。

1996 年组建电线电缆大规模企业集团的工作取得进展，元月 9 日由上海电缆厂和上海电线电缆（集团）公司组建的上海电线电缆（集团）有限公司正式成立。公司拥有国有、集体、合资企业 20 多个，职工 1.4 万人，固定资产原价达 7.8 亿元。

1996 年 10 月甘肃长通电缆厂跨省整体收购西安电线电缆厂，重新组建西安长通电缆厂。原西安电线电缆厂始建于 1958 年，有资产 5 200 万元，职工 1 200人。由于管理和经营不善，该厂于 1996 年 7 月破产。新组建的西安长通电缆厂于同年 12 月正式挂牌成立。

〔撰稿人：机械工业部上海电缆研究所　吴士敏　审稿人：机械工业部上海电缆研究所　范载云　机械工业部重大装备司　胡景云〕

〔责任编辑：张友鹤〕

输电线路金具铁塔

〔电力工业部〕

生产发展情况 电力工业部系统从事输电线路金具铁塔的主要企业，由上年的 9 个增加到 1996 年的 11 个，全部是国有企业。其中，大一型企业 2 个，中型企业 8 个，小型企业 1 个。职工人数 11 628 人，工程技术人员 945 人。产品共两大类：输变电线路铁塔和电力金具。1996 年完成工业总产值 7 亿元，工业增加值 1.7 亿元，完成铁塔 52 859t，电力金具 7 543t，分别比上年增长 51.7 和－7.5%。

1996 年输变电线路生产企业受到市场严重萎缩的挑战，其特点是总开工电力线路工程少，生产是前松后紧，前冷后热。到年末，国家才批准开工二滩电站送出工程。

完成的重大生产任务有：成都铁塔厂完成二滩电站送出工程用铁塔 29 601t，成都电力金具总厂全面承接了二滩至自贡线路（简称“二自线”）的电力金具任务，另外还完成了以下重点工程：甘肃（靖永登）330kV、湖北（姚双线）500kV、新疆（头栋河变电站）220kV、湖南（凤吉怀）220kV、广东（南南线）220kV、云南（陆云线）220kV、贵州（盘兴线 220kV、四川（宝龙二回、宝白、宝广）220kV 等 30 条（座）输变电工程金具。

常州电力修造厂完成铁塔 4 356t，在江苏省电力线路的市场占有率很高，完成工程有：海皋线、宿泗线、江芜线、望胶线、天银线、常戚线等。

广东电力线路器材厂完成的重点生产任务有：榕江大跨越工程、汕头港湾大跨越工程、珠海三南线工程、湛江抢险救灾工程、惠汕线工程，以及出口日本的市岛支线输电铁塔工程等。

云南电力线路器材厂完成了南昆电气化铁路云南段的铁塔 2 000 多 t。

产品分类及产量 铁塔金具的分类，依据电力输变电线路容量和金具的材料来分。铁塔完成 220kV 至 500kV 共 52 859t，电力金具共完成7 543 t，其中玛铁金具 1 921t、锻制金具 1375t、铸铁金具 861t、铝制金具 849t、铜制金具 89t。

市场及销售 1996 年市场激烈竞争愈来愈残酷。如：鞍山铁塔制造总厂是全国最大的铁塔制造厂家，年生产能力达 6 万 t，1996 年只有 13 556t 的任务，比上年的 15 965t 下降 15.1%，导致全厂政策性亏损 3 212 万元。

虽然市场总量少，但各厂提出“产品质量、企业信誉、优质服务不能降”的口号，并拓宽出口，走向国际市场。全年共创造销售收入 7.5 亿元，销售税金及附加 372 万元，利润总额为－3 627 万元。

电力系统出口创汇大户历年都是金具铁塔制造企业。1996 年共创出口交货值 2 579 万元，分类构成见下表。

新技术及科研成果 河南漯河电力器材厂完成了电力金具模具 49 套，新开发了铝制产品，使金具产品的配套率达到 80%。

成都电力金具总厂 1996 年成功开发了二自线 I 回线路 34 种非标金具产品，它们是：LX-2145、LX-6045、UB-60/E、UB-50/E、FJP-500N/GHE、FJ-500XS/GHE 等。

企 业 名 称	主要类别产品	数 量 (t)	出口金额 (万元)
鞍山铁塔制造总厂	铁塔	2 821	1 676
宝鸡铁塔厂	铁塔	101	170
广东电力线路器材厂	铁塔	120	111
铁塔小计	铁塔	3 042	1 957
成都电力金具总厂	金具	517	530
四平线路器材厂	金具	65	92
金具小计	金具	582	622
合计		3 624	2 579

该厂还对以下5个方面的金具科技项目进行开发。(1) 500kV 重冰区 JBT231 和 JBT251 的 20t～60t 共4种挂点金具开发，已投运到二自线Ⅰ回线路。(2) 132kV 和 230kV 悬垂串及耐张串用招弧角(环)系列及配套非标球头 Q-7N，碗头 W-7N 开发成功。(3)"自蓉"同塔双回 500kV 线路 GD-12 (16、20、30、60)，U-60G、Q-16Q、Q-32Q 等十几个非标金具开发。(4) 自承式光纤金具、AGS 预绞悬垂线夹（耐张线夹)、防振锤等产品的开发。(5) 出口叙利亚 220kV 变电站，十多个非标准金具设计及开发。

常州电力修造厂在铁塔的生产过程中，运用 CAD 技术缩短了设计产品的时间。

新产品 哈尔滨市电力工贸公司研制的 10kV 和 1kV 架空绝缘电线金具及绝缘部件，于1996年7月通过了部级鉴定。

基本建设及技术改造 1996年共完成固定资产投资额3 764万元，其中基本建设投资848万元，技术更新改造投资2 916万元。

常州电力修造厂以铁塔产品为重点，实施了铁塔板材生产技术改造，引进具有国际先进水平的板材自动生产线，使产品质量档次跃上新台阶。

河南漯河电力器材厂完成了电力金具工艺改造，新增0.25t中频炉一台。

广东电力线路器材厂完成了4项基建和改造项目：(1) 购进、安装、调试数控角钢生产线一条。(2) 扩建改造铁板生产场地 500m²。(3) 增加两条铁塔生产线。(4) 镀锌车间1t锅炉安装、调试并投入使用。

宝鸡铁塔厂完成了三条铁塔生产自动线和镀锌生产线的安装，并对进口设备技术进行消化吸收，完成技改投资114万元。

管理及改革 在行业管理方面，针对我国电网迅速发展，网络结构薄弱，抗大干扰能力差，无功补偿容量不足，调压手段不足等现状，电力工业部组织编写了产品导向目录，其中：在金具铁塔方面，为适应长距离大容量、高电压输变电电网建设的需要，要求开发紧凑型及钢管型输变电铁塔，高强度、节能型电力金具和用于三峡电网的大截面导线金具。

成都铁塔厂注重管理，筹措资金、稳定队伍，苦战八个月，啃下了二自Ⅰ回线路重冰区铁塔这块硬骨头。该厂还采用二级核算，从材料采购到成品入库，严格控制成本，钢材采购采用招标办法，直接降低了成本。该厂于1996年3月通过了 ISO9000 质量认证。通过质量认证不仅促进了管理，并且保证了重点工程的质量，在为二滩送出工程制造的24种塔型，共计1 6000多t铁塔现场抽样检查中，差错率为零。

成都电力金具总厂学邯钢，实行成本否决机制；并组织新入厂员工98人参加质量培训及考试(合格率为100%)。该厂四大类金具生产许可证到期复查换证已完成，并取得 110kV 铁塔生产许可证。

〔撰稿人：电力工业部 张海青 审稿人：电力工业部 王 昀〕

〔责任编辑：张友鹤〕

绝 缘 制 品

〔机械工业部〕

生产发展情况 1996年绝缘材料行业职工总数37 744人，其中工程技术人员3 236人，占职工总数的8.57%。按本次统计89个生产企业分类，其所有制构成为：全民所有制企业43个，集体所有制企业38个，中外合资企业5个，联营经济企业2个，私营经济企业1个。企业按产品分类，其构成见表1，这些企业不少是综合型的，即一个企业生产多类产品，如哈尔滨绝缘材料厂，几乎能生产6大类绝缘材料产品。1996年全行业工业总产值（不变价）为275 949万元，全行业其他主要经济指标见表2。

1996年绝缘材料行业部分骨干重点企业主要经济指标见表3。

表1 绝缘材料行业企业按产品分类情况

项 目	油漆树脂	层压制品	薄膜及复合材料制品	云母制品	浸渍纤维制 品	其他
生产企业数（个）	32	40	23	24	19	19
构成（%）	20.38	25.48	14.65	15.29	12.10	12.10

产品分类及产量 绝缘材料行业产品分为7大类：油漆树脂、层压制品、薄膜及复合材料制品、云

母制品、浸渍纤维制品、电工塑料及其他类，而每一大类又可以分为若干小类，其产品品种达700多种。1996年全行业共生产绝缘材料107 329t，各类绝缘材料产量见表4，层压制品产量最大，占绝缘材料生产总量的33.37%，油漆树脂、薄膜及复合材料制品、电工塑料产量均在10 000t以上，分别各占绝缘材料总量的17.20%、12.69%、27.37%，云母制品、浸渍纤维制品产量较少，两项之和也只占绝缘材料的3.44%。

市场及销售　1996年绝缘材料行业市场销售情况大致与1995年持平，全年89个企业产品销售总量109 731t，销售收入为257 393万元，各类绝缘材料产品销售数量及销售收入见表5。按本行业企业销售收入进行排序，前十名企业见表6。部分企业销售收入增长幅度相当大。

1996年绝缘材料产品出口交货值为71 435万元（表7），主要出口单位有东莞生益覆铜板股份有限公司，出口产品交货值高达39 740万元，占绝缘材料行业出口交货值的57.45%。1996年本行业按出口创汇额排序，前十名企业见表8。东莞生益覆铜板股份有限公司创汇额增长24.10%，说明这个企业的产品（阻燃型环氧玻璃布覆铜箔板-FR-4）在国际市场竞争中具有相当实力。出口品种包括7大类近100个品种，出口量最大的是层压制品，达14 246t，占出口总量的78%，电工塑料出口量也有2 451t，占出口总量的13.42%，云母制品、薄膜及复合材料出口量也在500t以上。创汇金额也以层压制品最多，共创汇8 223万美元，占创汇总额的92.78%，而覆铜箔板又占层压制品的97.65%。出口国家和地区：覆铜箔板以香港、台湾、东南亚、伊朗、日本为主，部分产品出口到美国及欧洲国家，云母制品出口到韩国、奥地利、越南、斯里兰卡等国家。

表2　1996年主要经济指标　　(单位：万元)

年　份	工业增加值	销售产值(当年价)	销售收入	全年已交利税总额	全员劳动生产率(元/人)	资金利税率(%)
1995		320 982	290 402	9 575	13 378	3.71
1996	62 963	281 191	272 788	6 936	15 735	2.68

注：1995年为108个企业的统计数据，1996年为89个企业的统计数据，以下各表，包括经济指标、销售和产量表的统计数据均与此表情况相同，不另作说明。

表3　部分骨干重点企业1995年、1996年主要经济指标　　(单位：万元)

企 业 名 称	年　份	工业总产值(不变价)	销售产值(当年价)	工　业增加值	实现利润总　额	已交利税总　额	产品产量(t)
东方绝缘材料厂	1995	11 623	12 883	2 939	126	424	4 845
	1996	15 076	13 943	3 320	140	845	6 350
	增长率（%）	29.70	8.23	12.96	11.11	99.29	31.06
常州绝缘材料总厂	1995	11 170	12 887	1 301	223	319	6 102
	1996	11 856	10 515	2 726	508	106	6 732
	增长率（%）	6.14	18.40	109.53	127.80	−66.77	10.32
泰州绝缘材料厂	1995	10 118	9 994	0	499	1 269	3 922
	1996	13 909	9 621	3 778	890	547	3 590
	增长率（%）	37.47	−3.73		78.36	−56.89	−8.46
衡阳绝缘材料总厂	1995	2 048	3 061	627	0.2	137	921
	1996	2 230	2 330	788	0	135	892
	增长率（%）	8.89	−23.88	25.67		−1.46	−3.15

表4　1996年各类绝缘材料产量　　(单位：t)

年　份	油漆树脂	层压制品	薄膜及复合材料	云母制品	浸渍纤维制　品	电工塑料	其他
1995	21 827	34 981	13 449	4 270	1 750	31 693	6 194
1996	1 8461	35 818	13 624	2 896	798	2 9374	6 358

新技术及科研成果　我国高压电机主绝缘材料与绝缘结构已达到较高发展水平，F级环氧桐马玻璃粉云母带在大型高压发电机中全面推广，成功地用于300MW和600MW汽轮发电机。高云母含量粉云母带绝缘在大型水轮发电机定子线圈中应用效果好，使额定电压在13.8kV的定子线圈单边主绝

缘厚度减薄为3.5mm，接近国际先进水平。雅安云母公司研制的耐火粉云母带各项性能优异，其技术指标达到或超过IEC标准，广泛用于工作温度800℃以内的耐火电缆绝缘层和耐高温电器绝缘。

表5　1996年各类绝缘材料销售量及销售收入

项目	年份	油漆树脂	浸渍纤维制品	层压制品	电工塑料	云母制品	薄膜及复合材料	其他	合计
销售量(t)	1995	17 978	1 485	33 985	26 222	3 804	12 485	9 640	110 257
	1996	17 595	953	35 715	28 633	4 266	12 861	9 708	109 731
销售收入(万元)	1995	29 544	7 123	128 761	26 387	17 440	41 023	15 501	279 444
	1996	24 813	4 091	125 562	30 975	17 229	39 276	15 447	257 393

表6　1996年销售收入前十名企业

序号	企业名称	销售收入(万元)	增长率(%)
1	东莞生益敷铜板股份有限公司	47 121	25.69
2	上海化工厂有限公司	33 081	−9.76
3	招远金宝电子有限公司	16 443	68.94
4	东方绝缘材料股份有限公司	14 625	21.83
5	常州绝缘材料总厂	11 047	−0.33
6	南美覆铜板厂有限公司	8 304	−10.11
7	诸城四达绝缘材料股份有限公司	6 990	40.33
8	上海塑料厂	6 727	−5.73
9	西安绝缘材料厂	6 541	−32.54
10	武进第二无线电厂	5 229	17.90

表7　绝缘材料产品出口情况

年份	出口数量(t)	出口产值(万元)	创汇金额(万美元)
1996	18 263	71 435	8 863
1995	23 173	93 837	11 547

表8　1996年创汇金额前十名企业

序号	企业名称	创汇金额(万美元)	增长率(%)
1	东莞生益敷铜板股份有限公司	5 036	24.10
2	南美覆铜板厂有限公司	890	−6.31
3	招远金宝电子有限公司	693	1.46
4	珠海海港积层板有限公司	336	−51.44
5	武进第二无线电厂	271	−38.96
6	上海绝缘材料厂	264	
7	上海塑料厂	166.5	4.71
8	豫西绝缘材料厂	158	−21.00
9	西安绝缘材料厂	157.3	−71.45
10	国营第五七二七厂	141	−64.48

由机械工业部桂林电器科学研究所研制的挠性聚酰亚胺薄膜双面覆铜箔板于1996年7月通过部军工司鉴定。该覆铜箔板是以聚酰亚胺薄膜为绝缘基材、双面覆以导体铜箔制成。它具有优异的绝缘性、耐热性和耐弯曲性，经蚀刻后可制成双面挠性印制电路板，广泛用于计算机硬、软磁盘驱动器、汽车仪表板、音响系统、照相机、复印机、打印机和各种电子仪器仪表中。由于它的特殊性能，既可实现在空间不断运动的两端点之间的连结，又拓宽了印制电路板设计乃至新型电子器械设计的空间，为电子产品小型化闯出了一条新路，因而近年来成为电子和印制电路板行业中极受重视的一种新型材料。该成果的技术水平处于国内领先，其剥离强度、耐焊性、弯曲疲劳等指标达到或者超过美国Dupont公司名牌产品Pyratux WA/K产品的典型值水平。该所研制的航空航天高可靠线簧电连接器用耐漏电改性聚酯塑料已于1997年2月通过部军工司鉴定。该课题在大量实验的基础上，研制成功了PT610改性聚酯塑料，其贮存期长，固化速度快，制品尺寸稳定，后收缩小，电气性能、耐热性能优异，各项技术指标在国内处于领先水平，主要性能达到日本同类产品水平。该塑料研制成功，为我国提供了一种高性能电工塑料，可替代进口产品。用于航空航天电器产品，也可以用于汽车电器和其他苛刻条件下用的低压电器。

新产品　机械工业部桂林电器科学研究所研制的1441F级水溶性玻璃丝包线漆是以耐热性聚酯为主体，以水作溶剂或稀释剂而制成的。该漆具有优良的附着性、粘结强度、柔软性、电气绝缘性、耐热性和贮存稳定性，适用于制造各类B、F级玻璃丝包电磁线。其成果处于国内领先水平，与目前国内大量使用的油性醇酸树脂漆和有机硅树脂漆相比，具有良好的使用工艺性，该漆原材料立足于国内，其成本比同类有溶剂型漆降低30%以上，无毒、不燃烧，有利于安全生产，减少环境污染，具有良好的经济效益和社会效益，有着广阔的发展前途和市场。

东方绝缘材料股份有限公司研制的F级水溶性硅钢片漆是采用水溶性松香改性酚醛聚酯树脂为成膜物质，辅以醇类作溶剂，用水稀释而成，用新型流平剂，解决了漆膜边沿增厚的问题，该漆改善了硅钢片涂漆过程的劳动条件，减少污染，提高耐热等级为F级，其技术水平达到了国内同类产品水平。

嘉兴绝缘材料厂研制的J-1040-1 F级少溶剂快固化浸渍漆的产品工艺改进，是在通过加入耐热树脂改性以减少昂贵材料用量，通过分子链的增长以改善漆弹性，芳环密度增加以提高耐热性，在保持J-1040原技术指标不变前提下，较大幅度地降低成本，产品将原来双组份改为根据用户需要既可双组份也可以单组份供货，并改善了原产品的贮存稳定性，热弹性、厚层干燥性等指标，方便了用户使用，增强了产品在市场上的竞争能力。

东方绝缘材料股份有限公司研制的高速涂线漆包线漆1996年获得四川省绵阳市科技进步三等奖，该漆是为了满足引进漆包线机高速涂线要求而开发的一种节能、省时、固体含量高、固化速度快的新型漆包线漆。该漆涂线工艺幅度宽，产品表面光亮，质量稳定，经上海电缆研究所测试和用户反映，性能技术指标达到行业标准和国家标准，快速涂线性能国内领先，有较好的经济效益和社会效益。

质量及质量管理 机械工业部绝缘材料产品质量监督检测中心根据国家技术监督局(1996)国监任字第069号文的要求，对电气绝缘用薄膜(电气绝缘用聚酯薄膜、聚酰亚胺薄膜、电容器用聚丙烯薄膜)的国内18个生产企业，19种产品进行了突击性抽查。受检企业总数占全国企业总数的64%，其产量占全国产量80%以上，市场占有率较高，质量情况可以代表目前该产品的质量水平。本次抽查19个产品合格率100%，其中电气用聚酯薄膜7个产品工频介质损耗因素仅达到合格品质量水平，4个大中型企业被抽查项目指标均达到或超过IEC标准水平，一个企业为合格水平，另两个企业为判定合格；电容器用聚丙稀薄膜抽查结果合格率为100%，但有个别企业生产车间空气净化程度达不到工艺规定要求，造成电性能下降；聚酰亚胺薄膜，6个企业产品达到合格水平，有一个企业产品达到美国杜邦公司同类产品水平，高于IEC标准水平。

基本建设及技术改造 1996年绝缘材料行业用于技术改造、基建项目总投资计划数为25 728万元（其中技术改造项目为7 732万元，基建项目为17 996万元），实际完成数为21 201万元（其中技术改造项目为8 099万元，基建项目为13 102万元），1996年部分企业技术改造投资情况见表9。

1996年绝缘材料行业技术改造取得了较大的进展，东方绝缘材料股份有限公司聚丙烯薄膜技改双加项目是我国第一批“双加”工程项目，计划投资2 191万元，实际投资2 150万元，全套引进美国GE公司聚丙烯薄膜生产线，扩建厂房1 168m^2，该项目1995年1月动工，1996年6月通过国家验收投产，一次验收合格，当年生产薄膜200t，具有极好的工程效益和经济效益。该项目投资少，建设周期短，已成为四川省乃至行业中“双加”工程项目完成最快的工程之一。本行业部分企业技术改造完成情况见表10。

表9 1996年部分企业技术改造投资情况 （单位：万元）

企业名称	年份	基建投资		技改投资	
		计划数	完成数	计划数	完成数
东方绝缘材料股份有限公司	1995	1 520	1 520	150	150
	1996	0	0	210	241
西安绝缘材料厂	1995	0	0	600	600
	1996	0	0	787	787
雅安云母公司	1995	0	0	0	0
	1996	187	187	55	55
诸城四达绝缘材料股份有限公司	1995	85	130	450	400
	1996	30	30	605	605
招远金宝电子有限公司	1995	0	0	4 000	6 200
	1996	0	0	1 000	1 000
豫西绝缘材料厂	1995	0	0	469	469
	1996	0	0	1850	520
亚宝绝缘材料厂	1995	0	0	40	55
	1996	150	60	80	75
国营五七二七厂	1995	500	553	2021	600
	1996	0	0	1 123	2 544

对外合作 到1996年为止，绝缘材料行业中外合资企业已发展到9个，其中6个公司1996年的经营情况见表11，此外还有：华立达铜箔板有限公司、深圳太平洋绝缘材料有限公司、扬州联邦绝缘材料有限公司。独资企业两个：常州金洁绝缘材料有限公司、新通华电工材料（深圳）有限公司。1996年，在绝缘材料行业中有中外合资项目的企业6个，其中5个企业的中外合资经营情况见表14。

管理及改革 为适应市场经济发展，一年来绝缘材料行业各企业加大了改革力度，加快转机建制步伐，促进企业发展。例如，东方绝缘材料股份有限公司自1995年实行股份制以来，不断深化企业改革，结合学习邯钢、诸城四达经验，抓好压本增量经济责任制和倒逼成本管理法，探索建立了适应市场经济的“三大管理”体系，促进了企业发展，该公司与上年相比，1996年产量增长31%，产值增长29.70%，销售收入增长22%，利税总额增长75%。

1996年绝缘材料行业为了深化体制改革，合理

表10 1996年部分企业完成技术改造项目及效果

企业名称	项目名称	效果
东方绝缘材料股份有限公司	聚酯薄膜技改	可行性报告已经省经委批复，并通过省、市工行评估，计划投资2 980万元，列入国家第二批“双加”工程项目，1996年11月引进设备，一年半后验收投产
诸城四达绝缘材料股份有限公司	层压制品上能力、上质量、上水平工程	1996年投资605万元，新增20MN热压机1台，20MN反应釜1套，上胶机3台，割边机1台，检测仪器3台（套），新建车间3 500m²等，完成后，新增生产能力1 000t，新增产值2 500万元，销售收入2 000万元，利税300万元
豫西绝缘材料厂	纸基覆铜箔板生产技改	1995年动工以来，已接近验收投产，新增酚醛纸基覆铜箔板15万m²，新增产值825万元，利税126.7万元，其中利润87.5万元
	云母制品生产线技改	完成后，新增F级粉云母带30t、HP_5耐高温粉云母板60t，新增产值450万元，利税1 193万元，其中利润97.8万元
西安绝缘材料厂	覆铜箔板“双加”工程	投资1 175万元，1995年完成606万元，1996年完成601万元，项目完成总额1 207万元，1997年3月投产，新增生产能力3 500t/a
国营第五七二七厂	挠性覆铜箔板生产线技改	1996年完成投资2 544万元，其中贷款1 950万元，建筑安装618万元，设备引进1133万元，项目完成后，新增挠性覆铜箔板生产能力60万m²

表11 1996年部分合资企业主要经济指标完成情况 （单位：万元）

企业名称	职工人数（人）	工业总产值（不变价）	销售产值（当年价）	销售收入	全年实现利润总额	全年已交利税总额
东莞生益敷铜板股份公司	710	32 422	49 675	47 121	4 865	275
招远金宝电子有限公司	1 375	22 090	18 338	18 270	563	275
珠海海港积层板有限公司	150	1 826	2 787	2 787	−419	0
大通铜箔层压板公司	265	1 359	1 875	1 878	−208	105
南美覆铜板厂有限公司	198	4491	7 335	7 304	0	0
东海级材料公司	140	3 452	2 241	1 980	1	6

行业布局优化经济结构，加快产品结构调整步伐，在行业内实行企业联合、改组和破产。常州第二绝缘材料厂并入常州绝缘材料总厂，乾县绝缘材料厂并入华电材料厂；包头绝缘材料厂、兰州金环电子电工材料厂实行了破产。

随着企业规模实力的不断壮大，组建企业集团、走集团化、高科技、外向型发展之路，成为一部分经济实力比较强大的企业新追求的目标。1996年招远金宝电子有限公司与招远高翔电子有限公司、招远市安装公司、招远印刷线路板厂组建了山东电子集团，该集团以资产为纽带，以效益为中心，以高科技为重点，充分发挥集团优势，不断开阔国内外市场，取得了一定经济效益。

股份制给企业注入了新的活力，一些企业由于实行了股份制，经济形势出现了转机，1996年绝缘材料行业未出现新的股份制企业，原有的10个股份制企业（其中的东方绝缘材料股份有限公司、泰州劲松股份有限公司、东莞生益敷铜板股份有限公司分别在表3、表11作过介绍）1996年主要经济指标完成情况见表13。

1996年10月由中国电工技术学会和中国电工器材行业协会绝缘材料分会联合主办了第六届绝缘材料与绝缘技术学术会议，出席会议的有国内外130个单位237名代表，其中境外公司12个，代表32名。本次会议共收到论文138篇，其中110篇编入论文集，精装出版。国内论文主要内容有：高压电机新型绝缘材料与绝缘结构、高压输变电设备新型绝缘材料开发与应用、低压电机和特种电机绝缘、电线电缆用新型绝缘材料、电介质和绝缘材料性能研究与测量等，德国和印度拜克公司、瑞士依索拉公

司、日本东电工(株)、英国卜内门化学工业公司、意大利西屋公司、奥地利依索沃尔塔公司在会上举行了技术讲座。会议圆满地完成了全部议程,达到学术交流效果。

表12　1996年中外合资经营项目情况

中外双方企业名称	合资经营企业名称	经营范围及情况	有限期	中外投资金额
常州绝缘材料总厂 奥地利 Isovolta 绝缘材料股份有限公司 香港 Isovolta 有限公司	常州依索沃尔塔电气绝缘材料有限公司	1996年5月5日开业,生产经营电气复合材料产品,销往国内外市场	30年	总投资470万马克 注册资本365万马克 中方109.5万马克 外方235.5万马克
雅安云母公司 中国珠海建材企业公司 香港普莱斯管理发展公司	深圳麦卡电工器材有限公司	生产耐高温粉云母板,年产量300t,产值2 000万元,利润340万元	15年	189万元(雅安) 126万元(珠海) 105万元(香港)
广州绝缘材料厂 香港越秀企业有限公司	广州越秀绝缘材料有限公司	引进意大利SIVA公司特种漆包线漆工艺及配方,生产销售特种漆包线漆	10年	1 000万元(广州) 100万美元(香港)
嘉兴绝缘材料厂 香港玉宇广告贸易公司	嘉兴英索莱电工器材有限公司	生产经营绝缘材料、电工器材材料,1996年完成产量232t,产值538万元,销售产值538万元,出口额484万元	10年	总投资150万港元 注册资金120万港元 其中:中方90万港元 港方30万港元
诸诚四达绝缘材料股份有限公司 香港鹰美国际有限公司	诸城鹰美绝缘材料有限公司	生产经营电工绝缘材料,70%出口,30%内销	15年	总投资140万美元 注册资金110万美元 其中:中方77万美元 港方33万美元

表13　1996年股份制企业主要经济指标完成情况　(单位:万元)

企业名称	工业总产值(不变价)	销售产值(当年价)	销售收入	利润总额	利税总额	职工人数(人)
诸城四达股份公司	9 116.5	7248	6 990	866.5	658.4	411
上海化工厂有限公司	31 752.6	33 080.6	33 080.6	222.2	1 412.8	1 840
长春热缩股份公司	8 200	5 080	4 011	612	820	563
南召新宇电器公司	476.9	512.8	394.7	5.2	35.9	235
兰州金环材料厂	584.1	475.1	169.4	45.2	0	225
无棣绝缘材料股份公司	320	610	620	10	46	130

〔撰稿人:机械工业部桂林电器科学研究所　余必明　审稿人:机械工业部桂林电器科学研究所　吴炳川　机械工业部重大装备司　胡景云〕

〔责任编辑:张友鹤〕

蓄　电　池

〔中国船舶工业总公司〕

生产发展情况　中国船舶工业总公司有蓄电池厂3个,职工5 213人,年末固定资产原价30 534.3万元。全年完成工业总产值56 060万元,按可比口径计算比上年增长17.6%;工业增加值15 637万元,比上年增长19.8%。完成铅酸蓄电池202.3万只、1 974MVA·h,分别比上年增长23.2%和21.5%。其中,汽车起动蓄电池181.2万只、1 688 MVA·h,搬运车蓄电池9.1万只、67MV·Ah,固定型蓄电池1.03万只、19MVA·h。密封蓄电池4.1万只、4.6MVA·h。1996年实现利税9523.4万元,比上年增长20.6%,其中利润总额6 425.6万元,税金3 097.8万元。生产发展的特点是:生产总量稳步增长,产品结构进一步调整。根据市场需求,对部分产品生产结构进行了调整,例如固定型蓄电池产量比上年减少一半,而密封蓄电池产量比上年增加近10倍。

市场及销售　在国家调控偏紧，市场竞争激烈，国内同行企业不景气的情况下，金风帆蓄电池有限公司的工业总产值、产量、销售收入、利润总额等主要经济指标仍高居国内榜首。中国船舶工业总公司3个蓄电池厂产品销售总量201.2万只、1 974MVA·h；全年销售产值54 542万元，产品销售率97.3%。在销售方面，金风帆蓄电池有限公司继续利用风帆牌知名度，制定、实施正确的营销策略，使销售基地、开发区、发展区的市场占有率都有不同程度的提高。

科研成果及新产品　1996年新产品研究开发项目课题34项，当年正式投产的新产品项目6项。其中1项获国家级奖。全年技术开发经费筹集额1944.4万元，当年正式投产的新产品有：淄博蓄电池厂的55B24L（日本IS标准）起动用铅酸蓄电池，金风帆蓄电池有限公司的供轿车起动用的54434汽车用蓄电池（欧洲标准）、供客货车及轿车配套的28B19K汽车蓄电池（日本标准）。在科技成果推广应用方面，利用推广高性能免维护蓄电池新增产值1.6亿元，利税3 000万元。蓄电池新技术新工艺研究应用节支1 032万元。

质量及质量管理　1996年深入宣传贯彻ISO9001质量管理标准，对重点质量问题进行了攻关，顺利通过了中国新时代质量体系认证中心复查，和神龙公司、一汽大众汽车公司、上海浦东轿车项目组的质量审评，工厂质量保证水平得到提高。虽然一些老的质量问题得到解决，但一些新的问题又出现，如极板掉块。1996年质量损失率2.45%，比上年上升1.26%。

基本建设及技术改造　全年完成固定资产投资10 353万元，其中基本建设5 372万元，更新改造投资4 981万元。主要工程是：淄博蓄电池厂的蓄电池车间重建工程厂房完工，金风帆的全密封蓄电池车间技术改造已完成大部分工程，高性能免维护蓄电池车间改造全部竣工。

〔撰稿人：中国船舶工业总公司　贾海平　审稿人：中国船舶工业总公司　郭　泽〕

〔责任编辑：张友鹤〕

电　工　合　金

〔机械工业部〕

生产发展情况　根据电工合金行业主要企业上报数据统计，1996年电工合金行业（触头材料、磁钢）工业总产值（当年价）82 667万元，利润总额1 900万元。

触头行业情况：我国电触头行业经过“七五”、“八五”期间的技术改造与引进，产品品种已基本与国外先进公司相同。许多常用材料如AgCdO、AgNi、AgW、AgWC、CuW等已大量应用于各种高低压电器中。近年来，随着电器行业引进国外自动线增多，AgNi10丝材生产呈上升趋势，需求量增大。采用引进技术生产的ME系列、3WE系列断路器以及C45小型断路器的产量和市场需求量明显上升，对AgW、AgWC、AgCdO、$AgSnO_2$等粉末冶金工艺生产的触头需求量在逐步增加。在量大面广的银氧化物触头中，$AgSnO_2$类触头的需求量越来越大。其原因一是该产品应用于引进技术生产的交流接触器；二是取代AgCdO以适应环保要求。由于各种真空电器的应用日益广泛，中压真空开关触头产量1996年比1995年增加约34%。

磁钢行业情况：1996年磁钢行业（主要是A1NiCo磁钢）有相当一部分企业仍处于较为困难的状况。突出问题仍是资金不足，货款回笼困难，个别企业的应收款额已占了销售额的50%。目前行业内的主导产品AlNiCo永磁，其应用领域主要局限于电度表，受电度表行业本身市场的影响以及其他永磁材料替代AlNiCo永磁在电表中应用技术的发展，对AlNiCo磁钢本身造成一定的冲击。

杭州永磁集团有限公司（原萧山磁钢厂）、吉林高特实业有限公司（原国营八二七二厂）早在几年前已开始调整产品结构、拓宽产品品种、开拓产品市场，1996年在维持原有AlNiCo磁钢产品生产的同时，还开发了NdFeB永磁及粘结永磁的生产并取得较好效益。吉林高特实业有限公司1996年NdFeB永磁和粘结稀土永磁的产量比1995年分别增长72.5%和25%。四川仪表十九厂积极开拓国际市场，引进的关键生产设备使其出口产品占有一定优势。东海磁钢厂积极发展多种经营，较好地解决了资金问题，保证了AlNiCo磁钢的正常生产。

鉴于AlNiCo磁钢行业这几年的发展情况及行业产品本身的特点，虽然在国内电度表行业市场中趋于饱和，但在一些专用仪器仪表及磁器件中仍占有不可取代的地位，在国外市场中也有着良好的前景。因此，努力发展高性能产品，进行产品结构调整将是行业亟待解决的一个重要问题，也是企业提高效益、走出困境的一个主要途径。

行业内骨干重点企业主要经济指标见表1。

产品分类及产量　见表2。

市场及销售　1996年行业内按国内销售收入和产品出口创汇额排序见表3、表4。

触头行业情况：1996年受前几年宏观经济调控的影响，低压电器市场尚未出现明显改观，低压触头的市场需求与1995年相似，生产总量基本持平或略有下降。造成这一现象的主要原因是：(1)由于触头成本在许多电器的成本中占到30%左右，各电器厂家在产品结构调整过程中，针对市场需求及原材料价格大幅上涨的挑战，积极发展新型电器、改进电器设计，使触头材料需求量减少。其中，AgCdO触头产量受影响较大。(2)电器市场不景气，产品积压严重，总产量下降也减少了触头的需求。(3) 国外电触头及其元件在国内的销售占领了一部分市场，特别是相当一部分中外合资的电器制造公司，其电器产品所用触头及触头元件多数从国外进口。

表1 电工合金行业骨干重点企业主要经济指标及产品产量

专业	序号	企业名称	产量(t)	工业总产值(万元)	产品销售收入(万元)	利润总额(万元)	全员劳动生产率(元/人)
触头行业	1	宁波神乐电子器材总公司	35.8	4 148	4 153	155	37 700
	2	苏州合金材料厂	28.0	4 294	3 488	3	25 825
	3	广州电工合金厂	13.5	1 659	1 442	12	73 482
	4	安平电工合金厂	12.7	3 739	3 180	116	34 938
	5	天水长城电工合金材料厂	8.8	2 627	2 370	50	9 862
	6	上海合金材料总厂	13.3	6 180	3 490	−560	2 674
磁钢行业	7	杭州永磁集团有限公司	992	11 755	11 024	1 069	28 563
	8	吉林高特实业有限公司	197	3 740	3 680	480	7 581
	9	四川仪表十九厂	162	2 317	2 123	0.5	11 354
	10	东海磁钢厂	98	2 161	2 764	300	31 305
	11	舟山市千岛磁钢厂	127	1 003	953	61	83 594

电器行业的变化特别是浙江乐清私营电器企业的兴起，对触头行业也产生了很大影响，吸引了许多乡镇、个体企业涉足触头企业的生产，老国有企业受到强烈冲击，在触头市场中所占份额下降。

表2 电工合金产品分类及产量

产品名称	产量(t)
一、触头材料	
1. 银基触头	250
其中：铆钉触头	100
2. 铜基触头	497
其中：换向器用 Ag−Cu 合金	397
3. 其他	16.7
二、磁钢产品	
1. 铸造 AlNiCo	1 186
2. 粉末 AlNiCo	10
3. NaFeB 永磁	239
4. 其他	15

1996年电触头材料总产量约为450t～500t。其中，用于断路器的 AgW、AgWC、AgNi30、AgC、AgZnO 等约100t～130t，用于交流接触器的铜基触头约100多t，用于电器辅助接点及小电流触头的银合金覆层铆钉触头约100t，真空断路器触头的年产量为40万片以上。

磁钢行业情况：1996年磁钢产品产量与1995年基本持平，仍以三类、二类铝镍钴磁钢为主，其次为五类、八类高性能铝镍钴磁钢。三类、二类铝镍钴磁钢主要用于电度表中，国内市场供大于求，已基本趋于饱和。高性能五类、八类铝镍钴磁钢主要用于一些精密仪器仪表、磁力器件及国防军用装置中，应用范围有限。

1996年磁钢产品（主要是 AlNiCo 永磁）产量近1 900t，其中三类、二类铝镍钴永磁约1550t，五类铝镍钴永磁约300t，八类铝镍钴永磁20t～40t，NdFeB 永磁约240t，其他产品，如粉末烧结铝镍钴永磁及粘结稀土永磁等15t～20t。

铝镍钴磁钢属劳动密集型产品，国外发达国家已纷纷将其生产基地迁往第三世界国家，然后再从这些国家进口，因此该产品有着很好的出口前景。目前国内存在的问题是产品批量小、性能一致性差、交货时间不能完全保证，此外缺乏一定的出口渠道也是影响产品进入国际市场的原因。目前行业中只有4个厂有一定批量的产品出口。

表3 1996年电工合金行业国内销售收入前十名企业

序号	企业名称	销售收入(万元)
1	上海合金厂	15 385
2	杭州永磁集团有限公司	12 755
3	常州东方合金厂	4 360
4	宁波神乐电子器材总公司	4 153
5	吉林高特实业有限公司	3 680
6	上海合金材料总厂	3 490
7	四川仪表一厂	3 208
8	安平电工合金厂	3 180
9	天水长城电工合金材料厂	2 370
10	东海磁钢厂	2 764

新技术及科研成果 四川仪表一厂 MB30 系列塑壳断路器用电触头项目于1996年12月通过鉴定，该产品可取代 DZ20 系列电触头。

上海磁钢厂整体式磁推轴承和电能表磁阻尼装置项目分别于1996年11月和1月通过鉴定，并获上海市科技进步三等奖。

表 4　1996 年电工合金行业出口情况及企业创汇额排序

序号	企业名称	出口产品	出口国家及地区	出口数量(t)	创汇额(万美元)
1	杭州永磁集团有限公司	铸造 AlNiCo 永磁 烧结 NdFeB 永磁	韩国、香港、新加坡、美国、日本等	90.98	118.0
2	吉林高特实业有限公司	烧结 NdFeB 永磁	日本、韩国、美国	150.0	118.0
3	上海合金厂	仪表合金材料	东南亚	88.0	78.0
4	四川仪表十九厂	铸造 AlNiCo 永磁	日本、美国、欧州、东南亚等	26.0	63.0
5	国营七九八厂磁钢分厂	铸造 AlNiCo 永磁	意大利、韩国、美国、新加坡等	185.5 (万件)	19.0
6	上海磁钢厂	铸造 AlNiCo 永磁 粘结磁钢 烧结 NdFeB 永磁	香港、意大利等	86.8	14.8
7	天水长城电工合金材料厂	触头材料	台湾	0.8	2.5

新产品　四川仪表十九厂高性能铁氧体永磁产品是市经委下达项目，所研制材料水平已达 Y30BH 产品水平，可应用于摩托车、汽车等产品中。

杭州永磁集团有限公司电能表用磁阻尼元件是电能表的磁阻尼装置，采用 NdFeB 永磁和分离件组装，具有结构简单、装配容易、温度补偿效果好、易于调校等特点，可达一级电能表标准。该产品已由国家专利局授予实用新型专利证书。

广州电工合金厂 AgSnO/Cu 铆钉触头及 AgCdO/BFe 异型复合触头产品已投产。该两种产品皆为用户从日本引进电器所用，装配好的电器除在国内销售外，部分返销日本。

天水长城电工合金材料厂 LW3-10SF6 柱上断路器在农网改造上应用获得成功。

上海合金材料总厂火花塞电报专用合金线项目于 1996 年 10 月由上海市仪电控股(集团)公司主持通过鉴定，投产能力为 20t/a。

基本建设及技术改造　1996 年行业基建投资计划数为 2 116 万元(其中触头行业为 380 万元，磁钢行业为 1 736 万元)，实际完成数为 648 万元（触头行业 380 万元，磁钢行业 268 万元)。用于技术改造项目投资计划数为 5 268 万元（触头行业为 3 350 万元，磁钢行业为 1 918 万元)，实际完成数为 850 万元(触头行业为 350 万元，磁钢行业为 500 万元)。

1996 年完成的技术改造项目为：杭州永磁集团有限公司的钐钴生产线引进东京机械产业株式会社压机设备 SMH-50-FGS 技术改造生产线于 1996 年 8 月完成，设计投产能力达 50t。

安平电工合金厂高导电率含银无氧铜带技术改造项目于 1996 年 3 月完成，设计能力为 3 000t。

对外合作　杭州永磁集团有限公司（原萧山磁钢厂）与美国布莱迪强磁公司合资经营烧结 NdFeB 永磁及磁钢元器件，总投资额为 140 万美元，其中中方投资 98 万美元，外方投资 42 万美元，1996 年产值为 1 072 万元，创利税 260 万元。

管理及改革　根据本行业 1996 年生产发展情况，中国电工器材行业协会电工合金分会分别组织召开了触头行业和磁钢行业厂长工作座谈会。

触头行业厂长会上，厂长们交流了各厂的生产情况，分析了当前触头行业存在的问题，看到了方向，增强了信心。

磁钢行业厂长工作会上，厂长们对磁钢行业产品的现状进行了分析探讨。低性能的 A1NiCo 磁钢产品，生产工艺简单，市场竞争激烈，但高性能产品在某些应用领域中仍占有重要的不可取代的地位，而且该产品出口市场前景可观，目前在香港、台湾、韩国、日本、荷兰、意大利、美国等地的需求量都很大，行业内部必须在出口方面加强横向联合，增强出口实力，努力开发高性能品种，抓好产品结构调整，才能使本行业走出困境。

1996 年 11 月 8 日杭州永磁集团有限公司正式成立。该公司前身为国营萧山磁钢厂。目前拥有固定资产 6 000 万元，自有资金 5 500 万元，总资产 14 800 万元，占地 12 万 m^2，职工 1 100 余人。该公司目前可生产铸造 AlNiCo 永磁、烧结 AlNiCo 永磁、烧结 NdFeB 永磁、粘结 NdFeB 永磁等四大类系列产品，其中 AlNiCo 永磁 1 000t，NdFeB 永磁 100t，分别占国内总量的 50%和 10%。该公司产品主要用于奥迪、桑塔纳、丰田、五十铃等轿车、载货车及各类摩托车里程表磁钢（车用里程表磁钢占国内市场份额的 80%以上)，此外还有内磁、外磁式万用表、电平表、电度表磁钢（占国内市场份额的 40%)、传感器磁钢等，共有近 500 个规格品种。

近几年随着我国真空开关的迅猛发展，真空开关的需求与日俱增，生产真空开关触头材料的企业也迅速增加。为了加强情报信息及技术方面交流，桂林电器科学研究所于 1996 年 8 月召集了国内几家生产真空开关触头材料的骨干企业在广州召开了真空开关触头行业会议。根据这些企业的意愿，该专业的有关企业成立了筹备组并通过电工合金分会向总会提出了成立中国电工器材行业协会电工合金分会真空开关触头专业委员会的申请。

〔撰稿人：机械工业部桂林电器科学研究所电工合金分所　詹亚萍　审稿人：机械工业部桂林电器

科学研究所电工合金分所　梁永和　机械工业部重大装备司　韩英俊〕

〔责任编辑：张友鹤〕

家 用 电 器

〔中国轻工总会〕

1996年，中国家用电器工业保持高速发展，全行业工业总产值超过1 100亿元，约占世界总量7%。全年出口创汇27.5亿美元，比上年增长18.5%。有20个企业年销售额超过10亿元，它们的销售额合计达到462亿元。有12个企业出口额超过1 000万美元。各企业销售情况详见表1、表2。

一、电冰箱

生产发展情况　1996年电冰箱、冷冻箱生产增长较快，据国家统计局统计1996年总产量为1 335.78万台，比上年增长8.28%。其中电冰箱产量980.50万台，冷冻箱产量355.28万台。

1996年电冰箱产品的生产集中度又有新的提高。容声、海尔、新飞牌电冰箱产量超过100万台。其中容声、海尔超过150万台，产量达到国际上同一产地的最大规模。电冰箱产量前六位的企业合计产量占到全国总产量的72.4%。主要企业及产量状况见表3、表4。

市场及销售　国内市场较为平稳，电冰箱企业争夺市场份额的竞争加剧。海尔集团以适合多层次消费群的多种新产品、店中店销售方式和优质服务提高市场占有率；科龙集团以多系列产品扩大市场份额；新飞公司以绿色环保产品吸引消费者。这三个企业在1996年度市场覆盖率提高了4～7个百分点，与总需求保持稳定形成了鲜明对比。国内电冰箱名牌企业的奋斗拼搏，得到了消费者的普遍认同，国产名牌电冰箱占市场份额的99%。

1996年电冰箱普及率城镇达到69.67%，上升3.45%，农村达到7.27%，上升1.77%。

1996年电冰箱出口稳步增长，出口量103.4万台，出口金额7 815万美元，比1995年增长32%。在出口稳步增长的同时，境外办厂亦有发展。海尔集团在马来西亚办厂，向市场三个1/3目标又迈进一步。

新产品　电冰箱产品的CFC替代进程加快。主要电冰箱企业基本具备了生产无CFC产品的手段。CFC替代电冰箱产量提高，1996年约25%的产品完全不使用CFC物质，不仅满足了出口到发达国家的需要，在国内市场上也适应了消费者对环保产品的需求。

表1　家用电器销售额超10亿元企业

序号	企 业 名 称	商 标	销售收入（亿元）
1	海尔集团	海尔	61.20
2	春兰（集团）公司	春兰	56.60
3	科龙集团	科龙容声	38.48
4	上海上菱家用电器（集团）总公司	上菱	35.90
5	珠海格力电器股份有限公司	格力	32.41
6	河南新飞电器有限公司	新飞	24.98
7	广东美的集团股份有限公司	美的	24.23
8	万宝电器集团公司	万宝	22.84
9	美菱集团	美菱	18.86
10	广东华宝空调器厂	华宝	17.19
11	合肥荣事达集团公司	荣事达	15.74
12	上海夏普电器有限公司	上海夏普	15.10
13	无锡小天鹅电器工业公司	小天鹅	14.59
14	杭州金鱼电器集团公司	金鱼	13.86
15	青岛澳柯玛电器公司	澳柯玛	12.53
16	长岭（集团）股份有限公司	长岭	12.33
17	江门金羚集团有限公司	金羚	12.05
18	上海冰箱压缩机股份有限公司	旋牌	11.41
19	上海日立家用电器有限公司	上海日立	11.29
20	华凌集团	华凌	10.64

表2　家用电器出口额超1 000万美元企业

序号	企 业 名 称	商 标	出口额（万美元）
1	广东美的集团股份有限公司	美的	7 651
2	万宝电器集团公司	万宝	7 120
3	海尔集团公司	海尔	5 442
4	珠海格力电器股份有限公司	格力	4 595
5	上海夏普电器有限公司	上海夏普	2 521
6	中山市家用电器总厂	千叶	2 372
7	江苏长城电器集团股份有限公司	长城	1 600
8	科龙集团	科龙	1 480
9	杭州金鱼电器集团公司	金鱼	1 184
10	广东卓越空调器厂	索华	1 080
11	上海上菱家用电器集团公司	上菱	1 048
12	无锡小天鹅电器工业公司	小天鹅	1 005

冷柜产品系列继续扩展，随着合资、新投资项目的建成，产品档次、型式规格、适应范围愈加广泛。如青岛澳柯玛电器公司与瑞典丽都集团的扎努西公司合资，生产以HFC-134a为制冷剂的不锈钢大规格厨房电冰箱、冷藏冷冻箱，提高了这类产品的档次。

表3 电冰箱主要企业及产量

序号	企业名称	商标	产量（万台）
1	科龙集团	容声	150
2	海尔集团	海尔	150
3	新飞电器（集团）股份有限公司	新飞	100
4	合肥美菱集团公司	美菱	80
5	上海上菱电器股份有限公司	上菱	70
6	长岭（集团）股份有限公司	长岭	50
7	万宝电器集团公司	万宝	40
8	中国雪柜实业有限公司	华凌	40
9	浙江华日集团公司	华日	40
10	杭州西泠集团公司	西泠	30
11	中国杨子电气（集团）公司	扬子	30
12	景德镇华意电器总公司	华意	20

表4 冷柜主要企业及产量

序号	企业名称	商标	产量（万台）
1	青岛澳柯玛集团总公司	澳柯玛	70
2	浙江星星电器工业公司	星星	40
3	国营常熟制冷设备厂	白雪	40
4	海尔集团公司	海尔	30
5	江苏阪神有限责任公司	阪神	30
6	宏祥电器集团	宏祥	20
7	南昌家电有限公司	齐洛瓦	15
8	杭州市家用电器工业公司	华美	15
9	浙江荣盛电器有限公司	荣盛	10
10	长沙中意集团股份有限公司	中意	10
11	杭州西泠集团公司	西泠	10
12	河南省冰熊制冰工业集团	冰熊	10
13	河南新飞电器有限公司	新飞	10

管理及改革 1996年我国电冰箱行业组织结构调整步伐加快。一方面，一批合资企业陆续建设或投产，出现了国内竞争国际化的局面。国际著名电冰箱品牌陆续在国内找到合资伙伴，并控股打出它们的品牌，如惠而浦—雪花、伊莱克斯、松下（小天鹅）、三星等。另一方面，国内企业跨地区、跨部门的联合及企业兼并、资产重组和定牌生产取得了重大进展，以广东科龙集团有限公司为代表的一批企业率先进行了企业组织结构的调整，广东科龙电器股份有限公司在一个月内，先后与航空工业总公司成都发动机公司、营口冷藏箱总厂两个国有大中型企业合资，组建了成都科龙冰箱有限公司和营口科龙冰箱有限公司，走出了一条“强强”联合的道路，实现了资源优化组合、优势互补。陕西长岭集团与黄河机器制造厂联合组建了长河集团，使我国西北地区家电工业的发展出现新的格局。此外，青岛澳柯玛集团总公司兼并了嘉兴益友电冰箱厂等。这些企业打破了地方经济的束缚，改善了企业资本结构，促进了家电行业资产重组、结构调整。

二、洗衣机

生产发展情况 1996年洗衣机生产在上年负增长情况下，实现13.31%大幅度增长，产量达到1 074.7万台。全自动洗衣机占总产量的比例继续提高，已上升到近30%。滚筒式洗衣机在1996年中也得到较快发展，产量已占洗衣机总产量的5.5%左右。

洗衣机生产集中度继续提高，前六位企业产量均已超过100万台，占全国总产量的65.1%，其中荣事达洗衣机产量超过150万台。主要企业及产量状况见表5。

表5 洗衣机主要企业及产量

序号	企业名称	商标	产量（万台）
1	合肥荣事达集团公司	荣事达	150
2	无锡小天鹅电器工业公司	小天鹅	100
3	杭州金鱼电器集团公司	爱妻号	100
4	上海水仙电器实业股份有限公司	水仙	100
5	海尔集团公司	海尔	100
6	中山威力集团公司	威力	100
7	天津新宝天洋家电有限公司	新宝天洋	60
8	江门市金羚集团有限公司	金羚	60
9	山西海棠电器集团股份有限公司	海棠	30
10	甘肃长风宝安实业股份有限公司	长风	30
11	济南洗衣机厂	小鸭圣吉奥	30
12	重庆洗衣机总厂	三峡	20

市场及销售 需求总量相对稳定，国产名牌占市场主流。1996年洗衣机国内销量为1 000万台左右，其中86%是中国名牌。荣事达、小天鹅、水仙、威力、海尔占垄断地位，总销量近600万台。

品种竞争多样化，服务质量上水准，国内洗衣机市场百花齐放。从洗涤方式看，有搅拌式、波轮式和滚筒式；从洗涤重量看，从2kg～6kg15种；从价格看，从600元/台～6 000元/台不等。从服务上看，服务质量水准不断提高，海尔的“星级服务”、小鸭的“超值服务”、小天鹅的“12345”服务、荣事达的“红地毯”服务都深入人心。

1996年洗衣机普及率城镇达到90.06%，农村达到20.54%，其中北京、天津、辽宁、上海农村地区的洗衣机普及率超过了50%。

1996年洗衣机出口有较大幅度增长，出口量55.8万台，创汇5 857万美元，比1995年增长37.4%。主要出口企业有海尔11万台、中山威力8万多台、小天鹅8万多台。

新产品 1996年海尔集团推出了搅拌式洗衣

机，丰富了我国洗衣机市场。国际上亚洲流行波轮式洗衣机，欧洲流行滚筒式洗衣机，美洲流行搅拌式洗衣机。从洗衣效果看，波轮式洗涤衣物洗净度高，但磨损较大；滚筒式洗净度较低，却不缠绕衣物、磨损小；而搅拌式在洗净度和磨损方面均介于二者之间。国内市场上波轮式多，滚筒式近几年渐增，搅拌式则处于市场空白。

管理及改革 企业组织结构调整逐步展开。无锡小天鹅集团在武汉洗衣机厂、营口洗衣机厂以"达标加工"形式生产小天鹅牌双缸洗衣机，用无形资产盘活了有形资产，同时弥补了自身产品品种上的不足，增强了名牌产品的市场效应，创出了一条有中国特色的企业重组的路子。

三、空调器

生产发展情况 1996年空调器生产保持了较高的增长速度，全年产量786.21万台，比上年增长15.2%。

空调器名牌产品逐渐形成，1996年前六位企业的产量占到全国总产量的68.1%（表6）。

表6 空调器主要企业及产量

企业名称	商标	产量（万台）
春兰（集团）公司	春兰	100
珠海市格力电器股份有限公司	格力	90
广东华宝空调器厂	华宝	40
广东科龙电器股份有限公司	科龙	40
海尔集团公司	海尔	40
广东美的集团股份有限公司	美的	40
上海夏普电器有限公司	上海夏普	30
上海日立家用电器有限公司	上海日立	30
宁波AUX电器有限公司	AUX	20
松下·万宝（广州）空调器有限公司	松下·万宝	20
杭州东宝电器公司	东宝	20
广州华凌空调设备有限公司	华凌	20
广东卓越空调器厂	索华	15
江门市金羚集团有限公司	金羚	15

市场及销售 空调器的国产名牌群体市场覆盖面扩大，品牌知名度提高。

市场竞争更加剧烈，竞争内涵广泛。空调器的市场竞争在诸多方面展开，一是价格竞争，具有规模生产能力的企业，具备价格下降的条件，通过调价扩大市场份额。二是空调器售前、售中、售后服务水平提高。向消费者的多方面承诺在空调器销售中尤其重要，承诺的兑现提高了厂方的信誉水平。因此，厂商联合作的广告和服务新措施是1996年空调器销售的强烈伴音。

1996年分体空调器的消费比例上升，占到总量的65%左右。柜式空调器，特别是单相2匹柜机成为1996年热点产品，它吸引了不少有大客厅住房的家庭。同时冷暖型空调器销售继续升温，分体式空调器中冷暖两用机所占比例已达到50%。

1996年空调器出口47.4万台，创汇1.58亿美元，比1995年增长18%。出口量较大的品牌有格力12.45万台，美的6.81万台，上海夏普5万台。

1996年城镇家庭空调器普及率达到11.61%，其中普及水平较高的地区有：广东54.9%，上海49.8%，浙江24.52%，湖北19.08%。

管理及改革 空调器行业在跨地区、跨部门的联合上，以珠海格力电器股份有限公司兼并江苏黄河纽士威电器公司为代表，开始了企业组织结构的调整。同时，随着一批合资企业陆续建成投产，空调器合资企业的成分明显增加，产量和市场份额有较大速度的增长，1996年合资企业的份额已占全国总量的约20%。

空调器国产化水平继续提高，空调压缩机国产配套比例达到60%以上，四通阀、电机、温控器等零部件国产配套能力显著加强。生产高效空调器的原辅材料，如亲水铝箔、内螺纹铜管等也已在国内开始生产。

四、其他家用电器

1996年电饭锅、吸尘器、排油烟机、电风扇产量分别为1 697.63万台、879.74万台、309.18万台、10 292.2万台，分别比1995年增长－20.3%、9.2%、－40.8%、－19.4%。同时，微波炉、加湿器、电热取暖器、冷热饮水器等家电产品进入产、销两旺的市场发展阶段。反映出百姓家庭需求热点的转移。

在国际市场，电风扇、电熨斗、电吹风、电饭锅、电烤面包机、电水壶、食品加工机等产品的出口继续保持优势。其中，电风扇仍居首位，达到6.5亿美元，数量为6 706万台。电熨斗、电吹风、电烤面包机、电水壶、食品加工机等产品出口值均超过1亿美元。

小家电市场活跃，微波炉最具代表性。继1994年微波炉市场开始启动，至今仍保持热销势头。一方面国产微波炉生产工艺及质量水平有较大提高。经国家有关部门的多次市场抽检，证明国货产品合格率及某些关键技术指标优于进口国外品牌。另一方面，市场销售价格大幅度下降，甚至降到1 000元之下，加上生产企业和新闻媒体从不同角度进一步宣传，在促销、售后服务等方面增加了力度，使国产微波炉在国人心目中树立了良好信誉。

〔撰稿人：中国家用电器协会 王雷 审稿人：中国轻工总会 吴基华〕

〔机械工业部〕

生产发展情况 1996年统计的66个机械系统家用电器生产企业中，大一型企业17个、大二型企业13个、中一型企业10个、中二型企业19个、小型企业7个；年末职工人数共81 779人，工程技术人员8 828人，工业总产值425.87亿元，比上年增长约28%；产品销售收入306.70亿元，比上年增长约27%；实现利润15.17亿元，比上年增长9%。主要经济指标见表7。

电冰箱 1996年机械系统有电冰箱主要生产企业14个，其中大一型企业5个，大二型企业5个，中一型企业2个，中二型企业2个。据这14个企业的统计，1996年年末职工人数30 833人，其中工程技术人员4 046人，完成工业总产值94.78亿元，比上年增长30.9%，生产电冰箱3290 688台，比上年增长22%，产品销售收入83.33亿元，比上年增长28%，实现利润6.24亿元，比上年增长22.7%。产销情况较好的企业有广东科龙电器股份有限公司生产电冰箱1 812 164台，比上年增长48.3%，工业总产值为40.70亿元，比上年增长19.2%，产品销售收入45.01亿元，比上年增长49.16%，实现利润4.27亿元，比上年增长75.72%；由于其产品质量过硬和优良的售后服务，其产品在市场中享有盛誉，产销量连年以大幅度增长，连续六年居国内同行之首；与此同时，该公司还积极开拓国际市场，1996年向东南亚等地区出口电冰箱78 743台，创汇1 222.3万美元。长岭（集团）股份有限公司生产电冰箱570 421台，工业总产值13.53亿元，产品销售收入12.33亿元，实现利润6 278万元。中国雪柜实业有限公司生产电冰箱410 265台，比上年增长17.29%，工业总产值为6.30亿元，产品销售收入9.24亿元，实现利润7 000万元。产销量较大的企业还有国营常熟制冷设备厂生产电冰柜430 095台，景德镇华意电器总公司生产电冰箱212 697台等。经过市场多年的激烈竞争，产销量主要集中在名牌产品上，而有过半的冰箱企业产销情况较差，少数处在停产的边缘。

空调器 1996年机械系统空调器主要生产企业有17个，其中大一型企业8个，大二型企业有3个，中一型企业1个，中二型企业5个。据这17个企业的统计，1996年年末职工人数18 570人，工程技术人员1 769人，生产空调器4 530 603台，比上年增长40.6%，工业总产值267.81亿元，比上年增长36.8%，产品销售收入180.3亿元，比上年增长37.3%，实现利润6.77亿元。产销量较大的企业有：春兰集团公司生产空调器1 082 589台，工业总产值102.08亿元，产品销售收入66.50亿元。珠海格力电器股份有限公司生产空调器904 634台，比上年增长29.2%，工业总产值为51.84亿元，比上年增长37.4%，产品销售收入32.41亿元，比上年增长26.4%，实现利润2.18亿元。广东华宝空调器厂生产空调器689 862台，比上年增长252%，工业总产值为30.48亿元，比上年增长95.0%，产品销售收入17.19亿元，比上年增长40%，实现利润34万元。广东美的集团股份有限公司生产空调器536 276台。广东科龙电器股份有限公司生产空调器500 168台。1996年空调器市场竞争仍非常激烈，价格竞争进一步加剧。产销量主要集中在几家产品质量较好、实力雄厚的企业，而有半数的企业经营情况较差。在空调器出口贸易方面亦有较大的突破，出口总额比上年约增长一倍，出口较多的企业有：珠海格力电器股份有限公司向南非、意大利等地区出口空调124 525台，创汇2 810万美元；广东美的集团股份有限公司出口空调器68 053台，创汇1 754万美元。

表7 1996年机械系统66个企业完成的主要经济指标

指标名称	工业总产值 不变价，新规定（万元）	工业总产值 当年价，新规定（万元）	工业总产值 比上年增长%	工业增加值（万元）	产品销售收入（万元）	产品销售税金及附加（万元）	利润总额（万元）
数量	4 258 790	3 372 156	28	922 791	3 067 046	13 864	151 701

指标名称	年末固定资产 原价（万元）	年末固定资产 净值（万元）	流动资产 合计（万元）	流动资产 平均余额（万元）	流动负债 合计（万元）	流动负债 平均余额（万元）	全员劳动生产率（元/人）
数量	916 700	714 559	1 869 603	1 521 474	1 593 743	1 429 646	111 864

电风扇 据统计1996年机械系统15个电风扇生产企业中，大二型企业4个，中一型企业2个，中二型企业6个，小型企业3个，年末职工人数10 881人，工程技术人员882人，生产电风扇16 244 952台，比上年减产约15%，工业总产值为33.85亿元，比上年下降约30%，产品销售收入15.33亿元，比上年减少约30%，实现利润5 154万元。1996年整个电风扇行业都不太景气，销售明显下降，主要原因是该产品多年来产大于销，用户对产品的需求相对饱和，以及众多的国内外同行的竞争等因素的影响，使电风扇的内外销都有较大的下降。1996年电风扇生产销售情况仍较好的企业有广东美的集团股份有限公司，该公司生产电风扇7 116 640台，工业总产值42.04亿元，其中电风扇销售收入5亿多元。广东新会电机厂生产电风扇1 196 544台，工业总产值为2.67亿元。台山电热器具厂生产电风扇692 838台等。

电热器具 1996年机械系统电热器具主要生产企业有13个，其中大二型企业1个，中一型企业

5个，中二型企业4个，小型企业3个。据统计这13个企业的情况，年末职工人数7 604人，工程技术人员347人，生产电热器具共6 644 646台（件），工业总产值19.94亿元，比上年增长8%，产品销售收入19.88亿元，比上年增长10%，实现利润1.57亿元。生产厂家产值虽然不大，但普遍均能盈利。在电热器具产品中，微波炉市场逐渐活跃，产值、产量逐年以较大比率增长。1996年生产微波炉766 220台，国内销售642 364台，出口70 700台；生产电饭锅4 336 916个，国内销售4 119 150个，出口347 373个。广东格兰仕电器厂有限公司生产微波炉463 000台，比上年增长129.2%，产品销售量占全国的40%，连续两年占国内销量最大；生产电饭锅154 000个，工业总产值5.13亿元，比上年增长69.7%，产品销售收入5.10亿元，实现利润3 957万元。广东电饭锅厂生产电饭锅3 015 042个，工业总产值3.04亿元，产品销售收入3.90亿元，实现利润1 616万元。

洗衣机　据统计机械系统家用洗衣机7个主要生产企业中，大一型企业4个，大二型企业1个，中二型企业2个，年末职工人数13 891人，其中工程技术人员1 784人。1996年生产洗衣机589 001台，比上年下降约5%，工业总产值9.49亿元，产品销售收入7.86亿元，比上年增长约15%。这些生产企业产量都有所下降，经济效益不佳，亏损企业过半。其中产销量仍保持一定规模的企业有甘肃长风宝安实业股份有限公司，生产洗衣机388 702台，比上年增长17%，工业总产值4.80亿元，产品销售收入3.2亿元，实现利润651万元。此外，该公司还积极开拓国际市场，向阿曼、沙特、加篷等地区出口洗衣机28 742台，创汇241.8万美元。上海广电凯歌洗衣机厂生产洗衣机89 031台，陕西洗衣机厂生产洗衣机77 201台等。

产品分类及产量　1996年机械系统企业家用电器产品分类及产量见表8。

表8　1996年机械系统66个企业家用电器产品分类产量

产品名称	产量（台）
电冰箱	3 290 688
其中：单门电冰箱	237 749
双门电冰箱	3 052 939
电冰柜	434 354
空调器	4 530 603
其中：整体式房间空调器	1 789 302
分体式房间空调器	2 741 301
电风扇	16 244 952
其中：吊扇	3 188 163
排风扇	81 631
其他风扇	12 975 158
直排式排油烟机	25 204
卧式吸尘器	25 201
洗衣机	589 001
其中：普通洗衣机	488 127
半自动洗衣机	73 201
全自动洗衣机	27 673
电热器具	6 644 646
其中：电饭锅	4 336 916
微波炉	766 220
电暖器	686 992

市场及销售　1996年家用电器市场仍然较活跃，产销率都比较高，电冰箱、空调器仍保持较好的销势，特别是空调器销售仍有较大的增幅。电风扇内销虽有下降，但出口的比例仍较大，占产量的60%。此外小家电市场也非常活跃，微波炉等小家电产品的销售都比较好。从家电的出口贸易情况看，各种产品的出口量都有较大的增长，电冰箱出口增幅约50%，出口地区主要为东南亚、越南、斯里兰卡、印度、巴基斯坦、孟加拉等；空调器出口增幅约为100%，出口的主要地区为菲律宾、南非、欧洲、意大利、西班牙、泰国、日本、美国、德国、北美、非洲、东南亚等地区；电风扇出口额仍为最大，出口的主要地区为欧洲、东南亚、中东、南美、阿根廷、美国、加拿大、韩国、朝鲜等。此外电热器具出口量也有较大的增长，增长率约为50%。1996年机械系统家用电器企业国内外销售情况见表9，国内销售收入、出口额前五名企业见表10。

新技术及科研成果　1996年广东科龙电器股份有限公司采用对大气臭氧层无破坏作用的异丁烷作制冷剂，环戊烷作发泡剂，通过对制冷、发泡技术的研究及对制冷系统的优化，使冰箱产品的能耗大大降低，比原轻工部A级水平降低了30%～40%，噪声降低了3dB左右，该技术获得1996年度国家科技进步二等奖。长岭（集团）股份有限公司进行了HFC152a/HCFC22混合工质的应用研究，并配合HCF1C-141b发泡新工艺应用于电冰箱的批量生产，通过了国家科委和陕西省科委组织的鉴定。珠海格力电器股份有限公司进行了柜机降低噪声技术的研究，通过阻尼减振和改变固有振动频率等措施，使室外机降低噪声4dB左右，产品受到用户的欢迎，使销售量增长了30%以上。广州胜风电子机械工业公司研制了小型家用空气除湿机，采用了电脑控制技术，使除湿机含有相对湿度控制等先进功能，低成本而高精度，其产品水平能与同类进口机相媲美。广东美的集团股份有限公司设计制造了硬质合金多工位拉伸模，提高了生产效率和模具寿命，减小了劳动强度，年直接经济效益80多万元。广州华凌空调设备有限公司采用了热交换器的铝箔亲水性处理新工艺，经亲水处理的热交换器，能增强其表面的散热速度，提高了空调机的整体性能，增强了使用寿命。陕西洗衣机厂采用了洗衣机外壳复合成型模具，外壳裁角、冲孔、压型弯折等工序，由单工序作业改进为复合成型，提高了生产效率；该厂还研究开发了模糊智能控制技术应用于双欧牌XQB35-96型全自动洗衣机上，该技术具有思维功能，通过多种传感器和光复元件自动判断污浊程度、种类和衣物量，自动设定最佳的水位、水流和洗衣粉用量，适应于各种衣物、织物的洗涤、漂洗，自动选择最佳洗涤方式，完成全部洗涤程序。南京七七二厂采用了洗衣机不锈钢脱水桶，并在脱水桶里首先采用了臭氧消毒器，比塑料桶具有高效、干净、不易结垢、易清洁等特点，并具有杀灭衣物上各类细菌的功能。佛山富士宝微波制品有限公司采用了SW-W95A防漏波焊接新技术应用于微波炉生产中，使微波炉加热腔发热管不外露于烹调内胆里，能防止微波经加热腔向外泄露。顺德希贵集团公司自行研制了希贵牌紫外光固化树脂涂料，代替了进口相应材料的使用，达到了国内领先水平。

新产品 广东科龙电器股份有限公司研制的容声牌BCD-238、BCD-208 A、BCD-196抽屉系列直冷电冰箱和容声牌BCD-238/HC、BCD-208 A/HC、BCD-196/HC无氟抽屉系列直冷式电冰箱符合国家标准的要求，具有省电、可靠性好等优点，达到国内先进水平。国营新联机械厂研制的伯乐牌BD-108等冷冻箱和伯乐牌KFR-25GW等分体挂壁式热泵

表9 1996年机械系统66个企业国内外销售情况

产品名称	国内销售数量（台）	国内销售收入（万元）	出口数量（台）	出口额（万美元）
电冰箱	3 235 211	636 439	122 302	2 054.39
空调器	4 313 489	1 686 871	285 213	8 395.50
电风扇	7 539 723	78 055	9 746 892	15 960.40
电热器具	5 610 112	174 969	1 072 100	2 569.30
洗衣机	560 457	44 935	24 275	166.30
其他电器	604 034	8 178	58 4770	310.00
合计	21 863 026	2 629 447	11 835 552	29 455.89

表10 1996年机械系统家用电器行业按国内销售收入前五名企业

产品名称	序号	企业名称	国内销售收入（万元）	产品名称	序号	企业名称	出口额（万美元）
电冰箱	1	广东科龙电器股份有限公司	319 965	电冰箱	1	广东科龙电器股份有限公司	1 223.3
	2	长岭（集团）股份有限公司	102 551		2	中国雪柜实业有限公司	315.0
	3	中国雪柜实业有限公司	92 449		3	国营新联机械厂	117.0
	4	国营常熟制冷设备厂	44 449		4	景德镇华意电器总公司	37.5
	5	景德镇华意电器总公司	23 256		5	重庆五州实业有限公司	23.4
空调器	1	春兰集团公司	665 001	空调器	1	珠海格力电器股份有限公司	2 810.0
	2	珠海格力电器股份有限公司	324 122		2	广东美的集团股份有限公司	1 754.0
	3	广东华宝空调器厂	171 895		3	广州胜风电子机械工业公司	1 653.0
	4	广东美的集团股份有限公司	167 354		4	广东科龙电器股份有限公司	256.8
	5	广东科龙电器股份有限公司	130 200		5	广东华宝空调器厂	198.5
电风扇	1	广东美的集团股份有限公司	20 903	电风扇	1	广东美的集团股份有限公司	4 070.0
	2	扬子集团有限公司电扇总厂	8 705		2	广东新会电机厂	2 246.0
	3	吴县防爆电机厂	5 765		3	广东风度企业集团	605.8
	4	广东风度企业集团	4 038		4	台山电热器具厂	385.0
	5	广州远东风扇厂	3 124		5	吴县防爆电机厂	69.9
洗衣机	1	甘肃长风宝安股份有限公司	10 200	洗衣机	1	甘肃长风宝安实业股份有限公司	241.8
	2	上海广电凯歌洗衣机厂	7 018		2	南京七七二厂	33.4
	3	陕西洗衣机厂	3 256		3	上海广电凯歌洗衣机厂	31.8
	4	南京七七二厂	1 928				
	5	云南洗衣机厂	793				
电热器具	1	顺德格兰仕电器厂有限公司	47 804	电热器具	1	广东美的集团股份有限公司	1 676.0
	2	广东电饭锅厂	35 784		2	顺德格兰仕电器厂有限公司	339.3
	3	广东美的集团股份有限公司	16 277		3	顺德希贵集团公司	200.0
	4	顺德希贵集团公司	14 500		4	台山电热器具厂	122.0
	5	佛山富士宝微波制品有限公司	6 880		5	广东电饭锅厂	40.0

型空调器均达到国内先进水平，投放市场后受到用户的欢迎。长岭（集团）股份有限公司研制的BCD-198W电冰箱，冷藏采用直冷式、冷冻采用间冷式，产品性能符合国家标准，达到国内先进水平。广州华凌空调设备有限公司研制的KF-36GW、KF-28GW等空调器，具有制冷、制暖、除湿、仿智、逻辑、超静等功能，达到国内先进水平，投放市场后受到消费者的欢迎，市场效应良好。广东美的集团股份有限公司研制的CFXB50、CFXB40、CFXB30等豪华型电饭煲，具有热效率高、保温精度高、美观大方、多功能等优点，产品技术水平达到国内领先。山东金龙开达电器有限公司研制的CXW-105-1吸油烟机，采用高效电机、伸缩式滑动集气结构，可任意调节集气角度，降低了空间占有率，操作便捷，达到国内先进水平。

质量及质量管理 1996年国家日用电器质量监督检验测试中心根据国家技术监督局[1996]技监监计统函字第013号和中国轻工总会质量监督统检计划，会同国家家用电器质检中心对全国电冰箱产品进行了统检，统检产品包括冷藏冷冻箱、冷藏箱、冷冻箱。国家日用电器质量监督检验测试中心抽取了25个单位的产品，统检中共抽取样机75台，实际检测50台，合格产品41台，产品合格率为82%；经综合判定合格的企业21个，合格率为84%。从统检的情况看，冷藏冷冻箱和冷藏箱在安全性能和制冷性能方面质量相对稳定，与国外先进产品的水平相当，但在产品的多功能和外观质量方面与国外先进产品仍存在一定的差距。而冷冻箱产品经过统检还发现有较多的问题，还需花较大的力量去完善和改进。

1996年三季度，国家日用电器质量监督检验测试中心受国家技术监督局的委托，进行了液体加热器具产品质量国家监督抽查，抽查了全国34个企业的34种型号产品，约占全国生产企业的30%。抽查的合格企业数和合格产品数为24，产品的抽样合格率为70.6%。抽查的产品中，电热开水瓶最多，有21种，合格的为17种，合格率为81.0%；其次是电热锅，有9种，5种合格，抽查合格率为55.6%。从抽查结果看，电热开水瓶产品质量有较大提高，因该类产品取得安全认证或通过型式认可试验的生产企业较多，在产品的认证过程中，对存在问题已作了改进；而电热锅产品通过或申请安全认证的企业较少，不少产品结构过于简单，安全保护措施考虑不周全，以致抽检合格率低。抽检中电热开水瓶产品质量较好的有广州嘉利电器有限公司生产的SP-70/30型电热开水瓶和广东华宝电器厂生产的DYT-30B型电热开水瓶。电热锅产品质量较好的有广东台山电热器具厂生产的CRF2-50型电热锅和上海上菱家用电器集团红心器具有限公司生产的CRFP4-110D型电热锅。珠海格力电器股份有限公司对空调器制冷系统内水分的控制方面作了许多研究工作，取得了良好的进展，通过对空调器管路系统的改进和生产过程对水分的严格控制，使空调器系统在灌注制冷剂前的真空度由原来的133Pa降至100Pa，大大降低了制冷系统的水分含量，从而提高了产品质量。长岭（集团）股份有限公司采用了HCF1C-141b发泡新工艺，用HCF1C-141b替代50%CF1c-11发泡剂，制成聚氨酯泡末保温层，达到国内先进水平。

基本建设及技术改造 1996年机械系统66个企业用于固定资产投资共13.2 568万元，其中基本建设投资77 527万元，技术更新改造投资55 001万元，大小技术改造项目共25项。其中广东科龙电器股份有限公司于3月完成了“绿色-CFC替代”冰箱生产线的改造，采用环戊烷替代CFC-11作发泡剂，R134a、R600a替代CFC-12作制冷剂，生产线已投入正常使用，改造后双班生产能力达60万台。长岭（集团）股份有限公司进行了20万台无氟冰箱生产线的改造，项目总投资1 901万元（其中含外汇150万美元），主要对冰箱车间的箱体、门体生产线设备进行改造，新建了环戊烷储存站，对冷媒充灌线设备进行了改造。此外景德镇华意电器总公司、国营新联机械厂、甘肃长风宝安实业股份有限公司亦分别进行了冰箱生产线改造，提高了生产能力。广东美的集团股份有限公司投资2 028万元进行了窗机生产线的改造，使生产能力大幅度提高；投资684万元进行方型煲产品的研制、生产。广东电饭锅厂对旧型截管机进行了改造，研制出新型的截管机，降低了下料工的劳动强度、提高了工效和成品率，年增效益23万元；此外该公司还对美国产快速填粉机进行了改进，解决了原设备在生产操作中工件装卸困难、升降速度慢、填粉过程振幅不够的缺陷。

对外合作 景德镇华意电器总公司进行了冰箱生产线第三期扩改，引进了日本三洋公司无氟无霜微机控制技术和设备，主体厂房、车间已竣工，正在进行设备的安装调试，预计1997年下半年可投入批量生产，生产能力为年产20万台。甘肃长风宝安实业股份有限公司进行全自动洗衣机生产线改造，从日本引进了3副全自动洗衣机生产关键模具，改造工作已基本完成，1997年上半年已投产，年生产能力10万台。广州胜风电子机械工业公司对气候环境设备国产化取得可喜成果，引进美国ROTOREX公司的旋转式压缩机专有技术，引进美国、日本、法国等关键设备，国内配套其他设备和设施，建成了泵零件加工线8条，装备线一条，形成了年产15万台泵体的能力，填补了国内空白。

管理及改革 1996年6月13日经江西省人民政府批准，以景德镇华意电器总公司所属的电冰箱厂、压缩机厂经营性净资产折为法人股作为独家发起人，通过社会募集方式，成立了华意压缩机股份有限公司，为机械系统成立的又一家股份制公司。1996年9月，经南京市人民政府批准，按照自愿、平等、互利的原则，以技术经济为纽带，通过控股、参股、联营等形式，成立了以国营新联机械厂为核心的跨地区、跨部门、跨所有制的新型企业集团——南京伯乐集团，并被列入南京市十大企业集团。该集团主要企业有20多个，“龙头”产品为伯乐牌电冰箱和空调器系列制冷产品。1996年11月18日经陕西省政府批准，长岭机器厂、黄河机器制造厂、长岭（集团）股份有限公司、黄河机电股份有限公司4个大型企业组建成长岭黄河集团公司，这4个大型企业仍保留独立法人的资格，组建该集团公司，旨在形成产品的规模经济，扩大产品的市场占有率，重点发展长岭牌电冰箱和黄河牌电视机。1996年1月3日，经当地有关部门批准，以广东科龙电器股份有限公司为核心企业，成立了广东科龙（容声）集团有限公司，"龙头"产品为容声牌电冰箱、科龙牌空调器；1996年11月20日，广东科龙电器股份有限公司与成都发动机厂合资，成立了成都科龙冰箱有限公司，主要生产电冰箱；1996年12月26日，由广东科龙电器股份有限公司与营口营冷（集团）有限公司合资，成立了营口科龙冰箱有限公司，主导产品为电冰箱。此外，顺德希贵集团公司于1996年成立了希贵化工有限公司，主要生产具有国际先进水平的紫外光固化树脂。中国扬子集团有限公司的电冰箱厂于1996年3月与德国西门子等公司合资，成立了博西扬制冷有限公司等企业，主导产品为电冰箱、电冰柜，德方占70%股份，扬子集团公司占30%股份；而原滁州电扇总厂加入了中国扬子集团有限公司，改名为中国扬子集团有限公司电扇总厂。

〔撰稿人：机械工业部广州电器科学研究所　陈汉桂　审稿人：机械工业部广州电器科学研究所　龚永达〕

〔责任编辑：张友鹤〕

电焊机

〔机械工业部〕

生产发展情况　1996年，电焊机行业共有各类电焊机专业和兼业制造厂、焊接辅机具、元器件、配套件厂商约1 500个。机械工业部部属焊接设备专业归口研究所1个——机械工业部成都电焊机研究所。其中纳入机械工业部定点的电焊机生产企业38个，与1995年相同。据返回的调查资料统计，有5个企业全年基本停产，剩下的33个定点企业年末职工总数（以下数据皆为33个定点企业的汇总数据）为17 487人，其中工程技术人员1 850人，管理人员2 249人，工人与学徒10 507人；1996年电焊机产量65 833台，比上年减少6.06%；工业总产值当年价为61 564.45万元，比上年下降6.52%；产品销售收入66 740.73万元，比上年下降3.53%；产品销售税金3 722.78万元，比上年下降13.21%；利润总额−2 440.2万元，是上年亏损量的29倍；全员劳动生产率9 396.8元/人。1996年33个定点企业和8个骨干重点企业完成的经济指标详见表1。

在38个定点企业中，有骨干企业2个，重点企业6个。1996年8个骨干重点企业年末职工总数为9 240人，占已列入统计的33个定点企业职工总数的52.8%，其中工程技术人员1 067人，管理人员1 136人，分别占定点企业相应人员的57.7%和50.5%；工业总产值当年价为23 503万元，占定点企业的38.2%，比上年降低17.73%；产品销售收入29 202.6万元，占定点企业的43.7%，比上年减少13.66%；利润总额为−2 611万元，是上年亏损量的9.7倍，电焊机年产量17 892台，占定点企业总产量的27.2%，比上年下降3.98%。

表1　1996年电焊机行业33个定点企业和8个骨干重点企业经济指标完成情况

企业数（个）	工业总产值			工业增加值（万元）	产品销售收入（万元）	产品销售税金（万元）	利润总额（万元）	年末固定资产		流动资产		流动负债		全员劳动生产率（元/人）
	当年价（万元）	不变价（万元）	比上年增长%					原价（万元）	净值（万元）	合计（万元）	平均余额（万元）	合计（万元）	平均余额（万元）	
33	61 564	57 374	−6.52	14 977	66 741	3722.8	−2 440	62 099	39 784	74 560	75 704	69 489	63 308	9 396.8
8	23 503	21 568	−17.73	5 228	29 203	1 016	−2 611	32 208	20 798	38 990	39 223	36 174	34 875	6 255.4

产品分类及产量　目前，电焊机行业生产的产品有45个系列、150余个品种、500多个规格。从产品构成看，交流弧焊机占总产量的59.8%，直流弧焊机占总产量的16.27%，其中，旋转式直流弧焊机占总产量的4.38%，整流式直流弧焊机占11.9%；自动半自动焊机占总产量的14.71%，电阻焊机占6.76%，特种焊机占0.29%，其他焊机（专用或成套焊接设备及控制器等）占总产量的2.19%，可见，电弧焊机在电焊机中仍占相当大的比例，尤其是交流弧焊机。

从产品产量方面看，1996年总产量较上年下降了4.20%，交流弧焊机下降了13.84%，而直流弧焊机（+10.09%）、自动半自动焊机（+23.58%）、电阻焊机（+8.15%）、特种焊机（+89.22%）和其他焊机（+15.63%）都有不同程度的增长，其中硅整流式、逆变式弧焊机、惰性气体保护焊（TIG）焊机、等离子焊机涨幅很大，分别达到了165.12%、391.38%、162.99%和138.89%。随着高效节能焊机的推广应用和电焊机制造技术水平的提高，逆变式弧焊机等技术含量较高的高效节能产品正逐步扩大市场占有率，使产销量逐年增长。

1996 年电焊机行业产品及分类产量情况见表 2。

表 2　1996 年各类产品产量

产品名称			产量（台）	占总产量 %	比上年增长 %
电弧焊机	交流弧焊机	便携式	8 075	12.03	−16.68
		动圈式	13 751	20.48	−22.08
		动铁芯式	16 205	24.14	−15.02
		串联电抗器式	2 083	3.10	—
		晶闸管式	32	0.05	−82.98
		小计	40 146	59.80	−13.84
	直流弧焊机	硅整流式	2 577	3.84	165.12
		晶体管式	0	0	—
		晶闸管式	4 840	7.21	−13.39
		逆变式	570	0.85	391.38
		电动机驱动	2 179	3.25	−26.01
		其他旋转直焊机	759	1.13	150.50
		小计	10 925	16.27	10.09
	自动半自动焊机	CO_2 焊机	6525	9.72	29.67
		MIG/MAG 焊机	196	0.29	−78.72
		TIG 焊机	2 217	3.30	162.99
		埋弧焊机	937	1.40	−21.59
		小计	9 875	14.71	23.58
	合计		60 946	90.78	−5.53
电阻焊机		点凸焊机	2 623	3.91	−1.81
		缝焊机	326	0.49	2.19
		对焊机	1 588	2.37	31.78
		合计	4 537	6.67	8.15
特种焊机		电子束焊机	0	0	—
		等离子焊机	172	0.26	138.89
		激光焊机	1	0.001	—
		摩擦焊机	20	0.03	−0.33
		合计	193	0.29	89.22
其他焊机			1 472	2.19	15.63
总计			67 138	100.0	−4.20

注：1. 表格中的“—”表示 1995 年产品年产量为 0 台。
2. 表中数据为 33 个定点企业和成都电焊机研究所的汇总数据。

市场及销售　本年度国内电焊机市场及销售情况呈继续下降的态势。主要有以下几个特点：

(1) 市场疲软，资金短缺，电焊机市场供求双方处于尴尬境地，由于国家宏观调控经济政策的影响，大中型企业不景气，极大地抑制了电焊机市场的发展，使之处于疲软的状况。

(2)行业内竞争愈演愈烈，并存在不正当竞争现象。

(3)大量进口和外商控股的中外合资、独资企业和国外产品代理商的进入，给民族工业的发展造成极大的威胁。据不完全统计，进口焊机总值为 19.5 亿元。同时外商控股的中外合资企业、独资企业、代理商们依靠他们的“品牌”和并不太高的价格优势也在抢占中国电焊机市场。以唐山松下产业机器有限公司为例，1996 年工业总产值是 12 000 万元，相当于 8 个骨干重点企业工业总产值的 51%，相当于全部 33 个定点企业工业总产值的 19%；1996 年销售收入 9 681.75 万元，相当于 8 个骨干重点企业的 33%，33 个企业的 15%；1996 年唐山松下公司利润额 1445 万元。

本年度，由于以上原因，电焊机行业 33 个定点企业销售收入不理想，仅为 66 740.73 万元，比 1995 年（6.9 亿元）降低 3.3%。骨干重点企业销售状况急剧下降，经济滑坡比较严重，其中销售收入 29 202.6万元，占定点企业 销售收入的 43.7%，比上年下降 13.66%。

从焊机销售结构看，交流弧焊机产量下降 14%，但仍然占有相当大的市场，比较好销，但产品良莠不齐，部分厂家的交流弧焊机质量有待提高。高效节能的整流弧焊机、逆变焊机、CO_2 焊机、TIG 焊机正被越来越多的用户接受，销量有所放大，专用成套焊接设备由于质量和整体设计水平的提高，销量有一定增长。

1996 年电焊机定点企业出口总额为 3 280.63 万元，比上年（2 538.97 万元）增长 29%。电焊机分类出口情况见表 3。

表 3　1996 年电焊机出口额

产品类别	出口数量（台）	出口额（万元）
交流弧焊机	8 446	1 354.7
直流弧焊机	878	496.8
旋转式	568	227.5
整流式	310	269.3
自动半自动焊机	1 078	1 108.8
电阻焊机	5	30.5
辅机具等	202 835	289.8
合计	213 242	3 280.6

出口的国家和地区有美国、日本、马来西亚、缅甸、韩国、巴基斯坦、以色列、印度尼西亚、叙利亚、新加坡、菲律宾、秘鲁、孟加拉国、也门、沙特阿拉伯、香港、南美地区等。

出口焊机构成与前几年有较大变化，交流弧焊机由 1995 年占总出口额的 56.3%，下降至 1996 年占总出口额的 41.29%；自动半自动焊机出口额迅速上扬至 1 108.8 万元，占总额的 34.56%，是 1995 年出口额（141.93 万元）的 7.8 倍。直流弧焊机中的整流式焊机第一次超出了旋转式直流弧焊机的出口额，占总额的 8.2%，旋转式直流弧焊机由 1995 年占总额的 29.6%，下降至 1996 年占总额的 6.9%。由此构成的变化可以看到，中国电焊机行业技术水平在提高，特别自动半自动焊机已具有一定的国际竞争力。

1996 年电焊机企业按国内销售收入排序依次是上海电焊机厂、唐山开元企业集团、乌鲁木齐电工设备总厂、天津电焊机总厂、华东电焊机厂、南通电焊机厂、无锡电焊机厂、成都电焊机研究所、成都华成焊接装备总公司、北京东升电焊机厂；按出口额排序依次是唐山开元企业集团、南通电焊机厂、天津电焊机总厂、上海电焊机厂、无锡电焊机厂、成都华成焊接装备总公司、广东省电焊机厂、成都电焊机研究所。

新技术及科研成果 1996年共完成科研、新产品成果101项，新技术、新工艺6项。其中成都电焊机研究所完成居国内领先水平的科研成果4项。

获得中国专利的成果共有5项，其中点焊机3项，即成都望江电焊机厂的DN2-16X、25C悬挂式手提点焊机，专利号（实用新型）ZL93238450.1和ZL93308909.0，镇江无线电专用焊接设备厂的点焊机，专利号96231525.7；弧焊机1项，上海群力电焊机厂的BX6-95便携式弧焊机，专利号（实用新型）96202101.6；气体保护焊机1项，山东荣成电焊机厂的段焊机，专利号（实用新型）96228 748.2，此焊机能自动完成一段焊接，包括提前送气、慢送丝引弧、自动焊接、收弧填弧坑、滞后停气等，并能自动完成焊缝。

新产品 1996年，共有53项新产品通过鉴定，其中通过部级鉴定项目1项，为天津电焊机总厂的NB系列无触点式CO_2焊机，并获机械工业部科技进步奖。通过省级鉴定的新产品有10项。

电弧焊机方面，已完成试制或鉴定的新产品有54项，其中ZX7系列逆变焊机12项，ZX5和ZD5晶闸管式弧焊机4项，CO_2气体保护焊机12项，各类TIG焊机18项，埋弧焊机6项，BX系列交焊机2项。有代表性的产品有：达到国际同类产品90年代初水平的ZD5-315型多特性整流弧焊机，WSE(M)-315方波交直流脉冲钨极氩弧焊机（TAG），WSE-315AC/DC脉冲TIG焊机，适用于纤维素和其他各种焊条的ZX5-400T晶闸管式弧焊机，YM-200、350、500KRVTA系列CO_2焊机，WS-130A、WSB-130AIGBT逆变焊机，WSM-400TIGBT逆变氩弧焊机。

电阻焊机方面，有27项新产品通过鉴定或完成试制，小批量投入生产，其中成都电焊机厂完成了9项缝焊机的研制和鉴定，如FN-200H型油箱全周交流缝焊机，FZD-3X160型三相次级整流缝焊机，FZM-160Q-1型摩托车油箱全周焊单相直流缝焊机，有代表性的产品还有：达到国际90年代水平的TN-100-1、TN-100-2型凸焊机（华东电焊机厂），DN-25气动式电子控制点焊、点凸焊座机（济南燕山电焊机厂），UNQ-400型轿车车圈对焊机。

专用和成套焊接设备通过鉴定和用户验收的有20项，如为神龙公司研制的轿车总成装焊生产线（成都电焊机研究所成套公司），为无锡小天鹅洗衣机厂研制的专用自动焊装生产线（成都电焊机研究所成套公司），为朝鲜研制的激光焊机（成都电焊机研究所），为宝石电子玻璃有限公司研制的DZ-40A研磨盘专用点焊机（成都电焊机研究所），以及夏利轿车座椅冲压焊装生产线（天津焊接研究所），为汽车、摩托车和消防器材等行业研制的NZC系列自动消音器、消防筒焊接专机（济南三星焊接设备厂）。此外，还有N19-96型贮气筒全自动CO_2环缝专用焊机（上海电焊机厂），手动电渣压焊机具及控制箱（北京电焊机厂），HBG-1000车箱钩舌专用电渣焊机（兰州电焊机厂）。

质量及质量管理 1996年，电焊机行业以打好"产品质量翻身战役"为主线，进行了一系列质量管理工作。

(1) 贯彻GB/T19000（ISO9000）系列标准，编制质量手册，建立相关程序文件，提高质量管理水平，使质量管理向规范化、程序化和国际标准靠近。

(2) 进行各种形式的质量培训、评比活动，加强职工质量意识。

(3) 加强质量检验工作，落实车间质量指标，抓关键工艺、工序的运行，原材料、外协、外购产品实行严格的检验和筛选，对生产全过程进行严格的质量控制，实行质量否决权。

(4) 产品质量与个人经济效益挂钩，树立精品意识，售出产品进行质量跟踪，及时汇总质量信息，定期召开质量分析会。

(5) 做好电焊机产品安全认证、延证工作。

1996年国家、部质量监督抽查产品质量情况如下：(1) 抽查结果：1996年二季度国家技术监督局安排对BX系列交流弧焊机进行监督抽查，共抽查21个企业的21个产品。合格10个，总的合格率47.6%，其中定点企业合格率100%，非定点企业合格率45%，获证企业产品合格率80%，乡镇企业产品合格率30.8%，私营企业产品合格率0%。(2) 抽查检验项目分析：与1993年、1995年抽查相比，本次抽查不合格率明显降低的检验项目有：绝缘电阻（不合格率为4.8%）、介电强度（4.8%）、空载电压(0)和耐潮湿(9.5%)，这说明企业在产品绝缘材料的选择和在制作过程中的工艺控制正在逐步加强，对产品的绝缘性能意识有了提高。不合格率无明显降低的检验项目有：温升，不合格率为33.3%，1995年抽查结果为21.2%；电流调节范围，不合格率35.7%，1995年抽查结果为34.6%。这两项与产品设计、材料规格的正确使用有关，而这又直接涉及到产品的成本。可见部分企业有意设计成不符合要求的产品，以牺牲产品使用寿命和使用性能的方式来追求高额利润，这是一种非常不正当的行为。其余检验项目与前两年比，处于一种波动阶段。这说明，随着市场的变化，人员的变化，产品质量处于一种波动、不稳定的状态，要改变这一现象，必须建立一套完整的质量保证体系，并不受干扰地有效运行。

1996年产品安全认证工作取得可喜进展，具体表现在：(1) 积极筹建国际认可的电焊机CB实验室，成都电焊机研究所在资金紧缺的情况下，自筹资金，计划在1997年完成淋雨装置、可动铁芯（或线圈）操作实验装置，热保护装置试验设备等，以大幅度提高检测水平，保证检测报告的可重复性、准确性和及时性。(2)国家电焊机检测中心为迎接国家进出口商品检验局电焊机认可实验室验收，完成了实验室管理手册第三版的编制并上报国家商检局，加强了站内管理评审并分类落实，目前已完成全部迎检工作。(3)国家电焊机检测中心完成了《电焊机安全认证工作质量保证能力评定细则》修订。(4)安全认证工作，国家电焊机检测中心共完成工厂质量保证能力审(复)查89个次，上级型式认可50个企业的98个产品，上报申请认证39个企业的74个产品，延证29个企业、49个规格，全年完成质检样机436台。至1996年底，获得中国电工产品认证委员会颁发的产品安全认证合格证书的企业有119个，产品规格338个。其中，交流弧焊机107个企业289个规格，晶闸管弧焊整流器24个企业28个规格，逆变焊机3个企业5个规格，CO_2焊机2个企业2个规格，TIG焊机3个企业5个规格，等离子切割机1个企业1个规格，点焊机1个企业2个规格，防触电装置2个企业2个规格。(5)在进出口产品质量工作方面，完成3个企业的电焊机产品出口许可证的产品检验和工作质量体系审查，完成3个企业的进口电焊机产品的资料审核以及1个企业的进口电焊机产品的检验工作。1996年底，电焊机行业有6个企业的7个系列产品取得出口产品质量许可证。

1996年电焊机标准化技术工作取得以下成果：(1)完成6项电焊机标准的审查上报，其中2项提前一年完成，这6项标准是：《钢筋电渣压焊机技术条件》、《电焊机用冷却风机的安全要求》、《气体混合配比器技术条件》、《气体保护焊用减压器技术条件》、《弧焊设备安全要求，第11部分：电焊钳》(修订JB7107—93)、《弧焊设备安全要求，第12部分：焊接电缆耦合装置》(修订GB7945—87)。(2)出版了《电焊机标准汇编(八)》，汇编包括逆变式弧焊整流器技术条件在内的9项最近批准的标准。(3)编制了电焊机产品型号注册管理办法实施细则、电焊机产品型号注册证书等有关文件，完成了电焊机产品型号统一管理的准备工作。(4)到1996年底，全国电焊机标准化技术委员会共收集国际标准38项，已经等同或等效采用的国际标准有22项，采标率为58%

技术改造　1996年固定资产投资4 184万元，其中基本建设投资1 695万元，技术更新改造投资2 489万元。主要完成的项目有：(1)成都电焊机厂"八五"技术改造项目已全部完成并自验收合格，共计完成包括计算机、进口数控机床等15台设备，项目金额771万元。(2)天津电焊机总厂继续实施高效节能节材逆变弧焊机技术改造项目，基本完成了逆变焊机车间2 900m^{2}土建，同时完成的数控板材加工设备，已发挥了较好的经济效益。(3)南通电焊机厂继续完成1995年立项的200kW柴油发电机房噪声治理和油漆车间漆前生产流水处理两个技改项目的主体形象工程，工程已进入后期整改，1997年将验收并交付使用。(4)唐山开元企业集团完成技改投资220万元，其中86万元用于购置设备完善交流焊机变压器生产线，134万元购置2台日本进口数控车床及配套设备，以提高产品的国产化率。(5)成都电焊机研究所完成了行业一流的印刷线路板生产车间——电子车间的改扩建项目的验收，具有国际认可资格的CB试验室正在抓紧建设中。(6)广西北海市金贝电机有限责任公司完成了总计1 070万元的"八五"规划项目，其中700万元用于修建8 500m^{2}的综合车间，现已竣工验收并已开始投入使用，同时投入370万元进行浸漆烘干设备的更新改造，购置测试设备、微机等。

对外合作　电焊机行业注重技术引进的消化吸收工作，例如成都电焊机厂从美国布纳特公司引进的高效节能CO_2气体保护焊焊枪技术，现已完成消化吸收工作，如资金到位，年产量可达6 000把以上，其技术水平属国际90年代水平，为国内、国际较先进的产品。

管理及改革　加强行业管理及行业工作开展情况：(1)针对目前电焊机行业的形势和现状，为总结电焊机行业的工作，研讨存在的问题，找出解决的办法，1996年9月由成都电焊机研究所组织，于浙江召开了全国电焊机行业厂长会议，全国84个单位的130多名厂长和代表参加了会议，会议一致认为，要深化改革、转变机制、加强联合，振兴民族电焊机产业。

(2)鉴于目前国外厂商和外资企业对电焊机市场的严重冲击，组织召开了振兴民族电焊机产业研讨会，会议决定成立振兴民族电焊机产业联合会，在行业内进行联合，取长补短，共同发展，并对联合做了初步的安排和部署。

(3)完成编制并公布了《电焊机行业发展规划研究》，总结了电焊机行业"八五"计划完成情况，制定了"九五"计划及2010年设想。

(4)成功举办了第十届中国焊接博览会，来自全国各地和海外(港台地区、欧洲国家)的210余个生产厂家和产品代理商参加了展出，在215个展台，6 000m^{2}的展场上，展出了各类焊接设备和相关辅机具、元器件。

(5)为创立电焊机名牌产品，培育质量信得过的明星企业，增强市场竞争能力，于1996年10月开展了优质电焊机"推荐产品"活动，并于12月评出第一批推荐产品。

(6)由行业协会组织，进行了面向全社会的"产品质量公开承诺"服务，既是对本厂质量的监督和鞭策，又提高了企业知名度

(7)组织了国产焊机的考核工作，筹备、协办了10多次省市和行业系统各类焊工比赛。

(8)编辑出版了《电焊机》、《电焊机动态》、《中国焊接商情》等期刊。

股份制企业情况：

(1)成都焊接成套设备公司与法国BMI公司于1996年3月正式合资成立了四川成焊宝玛焊接装备工程有限公司(CBWEE)，这是我国第一家合资的焊接成套装备公司。

(2) 北京东升电焊机厂、河北省电焊机厂、昆明电焊机厂、上海新世界电焊机厂、旅顺电焊机厂等相继实行了股份合作制，企业利益与职工个人利益挂钩，企业走自我积累、滚动发展的道路。股票皆为职工内部股，不能上市。

至1996年底，电焊机行业38个定点企业中，已有12个企业实行了股份制。

企业联合、改组、破产及内部体制改革情况：

(1) 1996年12月由成都电焊机研究所和中国电器工业协会电焊机分会牵头成立了振兴民族电焊机产业联合会，决定在行业内，特别是定点企业间，进行联合，设立经营销售、信息和技术质量三个部，成立IGBT逆变焊机、气保焊送丝机构和交焊机优化设计三个联合攻关小组，同时向机械工业部等上级部门汇报了目前电焊机行业的危急形势，以期通过这些工作，对电焊机行业今后的生存、发展起到积极的作用。

(2)面临的困境和企业发展的需要，促使企业进行大刀阔斧的内部体制改革：精减机构，优化组合，提高劳动生产率，如株洲电焊机厂、上海电焊机厂等。划小核算单位，提高经济运作质量，如天津电焊机总厂等。实行股份制，全员合同制，打破铁饭碗，建立能上能下、能进能出的用人制度和工资奖金与业绩挂钩的奖罚制度，如上海沪南电焊机厂、南通电焊机厂等。减员增效，精减人员，安置下岗职工，减轻企业负担，如成都电焊机厂、沈阳电焊机厂等。

(3) 严峻的经济形势和企业自身经营不善等原因，使部分企业不能正常运作，而大面积半停产、停产，甚至濒于破产，如武汉电焊机厂、沈阳第二电焊机厂等。

企业集团成立情况：

(1) 1996年新乡电焊机厂与新乡市锅炉总厂联合，成立了河南省新乡市工神集团有限公司，新乡电焊机厂为集团骨干企业，厂长任董事长。

(2) 唐山开元企业集团是河北省现代企业制度试点单位之一，1995年成立集团后，目前在实施核心企业的公司化改制工作，以最终完成现代化企业制度的建立。

〔撰稿人：机械工业部成都电焊机研究所　马红　审稿人：机械工业部成都电焊机研究所　王小宝、周孟龙、李建国　机械工业部重大装备司　刘常生〕

〔责任编辑：张友鹤〕

工 业 电 炉

〔机械工业部〕

生产发展情况　电炉及工业炉协会有电炉设备制造企业107个，据对49个企业统计，1996年工业总产值为76 124万元，比上年增长3%。电炉行业整体效益比1995年略有上升。这49个生产企业，平均全员劳动生产率为15 060元/人、人均创利税3 682元/人、工业资金利税率为4.23%，分别比上年增长5.68%、0.11%、4%。1996年全员劳动生产率前三名依次为：南京摄炉（集团）有限公司、保定三丰电器有限公司、西安理工大学工厂，分别为61 138、47 143、40 524元/人，分别比上年增长132.65%、118.67%、104.53%；人均创利税前三名依次为沈阳工业电炉厂、无锡万利电炉有限公司、株洲电炉厂，分别为14 091元/人、5 223元/人、3 166元/人，分别比上年增长73.56%、1.73%、－36.02%；工业资金利税率前三名依次为湘潭日鑫电热设备有限公司、南京摄炉（集团）有限公司、苏州工业园区垫热处理设备厂，分别为18.5%、13.78%、13.77%，比上年平均增长2.63%左右；工业成本费用利润率前三名依次为青岛电炉厂、苏州工业园区热处理设备厂、西安理工大学工厂，分别为15.79%、14.73%、12.74%，同比增长9.17%、9.73%、9.22%，比上年平均增长3.8%左右。从以上数据可以看出，电炉行业生产企业的优劣档次明显呈现出两极分化的局面。

市场及销售　佛山市电炉厂根据建筑行业发展的需要，开发出铝型材加热设备系列产品，1996年销售份额占该厂总产值的1/2；该厂为汽车工业开发的汽车板簧连续回火炉系列，已成为主导产品。南京摄炉（集团）有限公司以电炉为主逐步向其他行业辐射，从高、精、细出发，开拓国内外市场，加速配套产品的技术攻关，拓展产品的应用领域。这两个企业成为1996年行业销售产值高、经济效益好的企业。

新技术及科研成果　1996年，在中频、工频感应熔炼炉研制方面有了较大的发展。该所研制的1 500kW2t中频感应熔炼炉在东风汽车公司铸造一厂顺利通过调试、验收并正式投入工业运行。炉体设计吸收国外先进技术，对感应器及水冷电缆结构进行特殊设计，成功地解决了铁心及炉架温升高以及效率低的难题，改善了功率输出特性，使整套设备电耗降低，具有占地面积小、污染少、熔化率高等特点。该炉电源采用全集成电路，电流电压双闭环控制，截流截压特性好，整个熔炼期都在额定功率下运行，保护完善，采用他激转自激技术，实现100%起动成功。此项成果填补了我国大功率中频熔炼炉设备的空白，达到国外90年代初先进水平。

该所研制的45t工频有心感应铸铁保温炉在保定大通铸管有限公司试车成功并投入运行，改变了过去国内生产的有心感应铸铁保温炉容量小，不能满足铸造行业需求的现状。该设备功率达1 500kW，温升速率为200℃/h，生产率为20t/h，感应体为断面不相等的大截面熔沟，加快了被熔金属液的流动速度，降低了熔沟内与炉膛的温差，减小了耐火材料应力，提高了耐火材料使用寿命，从而使工频有心感应铸铁保温炉容量可提高到60t～100t，填补了国内空白，达到国外80年代末先进水平（该设备的感应体申请专利号962429317）。

南京摄炉(集团)有限公司开发生产的高温网带炉，在原加热—缓冷功能基础上，增加了回火段，使得工件的处理在保护气氛中可连续完成加热—缓冷—回火等工艺，不仅处理后的工件符合要求，而且缩短了处理的环节和时间，提高了工效；另一项高精度大型台车式回火炉为军工、航空用品热处理需要而研制，采用了大功率鼓风机及导流系统，实现多段控温，炉温均匀性达到±3℃，双推杆式退火炉热效率高，生产率可达800kg/h，特别适用于中小型零件大批量生产，该炉已连续运行一年，状况良好。

无锡万利电炉（集团）有限公司1996年完成的新产品有GW10-2600工频有心熔炼炉、GWB10-800(1500)工频有心保温炉、KCPS-250/1-8宽频带电源、GGC-80高频电源等设备，该厂研制的工频微机控制系统通过了江苏省鉴定。

济南市环山电炉厂与山东工业大学共同研制的CF型碳纤维氧化、碳化生产线，满足了航天、汽车工业、民用产品等方面的处理需求，该生产线主要技术参数全部符合国家标准，并通过了省和国家级鉴定。

上海市工业炉公司研制的可控气氛弹簧棒料加热炉机组为国家级新产品，1996年为中国弹簧厂和山东弹簧厂研制的悬架弹簧回火炉机组、悬架弹簧淬火炉等系列产品，炉衬采用全纤维结构、微机控制、可控气氛保护，该设备已成为轿车悬架弹簧国产化的重要工艺装备；该公司生产的滴注式多用炉，炉衬采用超轻质抗渗碳耐火砖，高效节能，安装调试一次成功，已投入工业运行，炉子性能达到日本东方公司80年代同类产品水平。

哈尔滨松江电炉厂设计制造的HL349型大型台车式电阻炉适用于液化气罐等大型压力容器整体消除应力退火，也可用于其他钢件的退火，被中国兵器工业总公司列为重点设备。彩色显像管热处理设备是该厂在我国彩色显像管生产设备国产化工程中与日本东芝公司合作制造的基础上，消化吸收日本先进技术研制的新产品，其技术性能达到国外同类产品水平，是我国彩色显像管生产线的扩建和黑白显像管生产线的理想设备。

锦州变压器电炉厂开发的ZRW-13型气冷式真空热处理炉，用于永磁材料烧结和储氢材料的均质处理。采用在真空状态下电阻加热，工件达到烧结温度后充保护气体，利用风机在炉内循环，用铜制水冷热交换器冷却。极限真空度（6.7×10Pa）较一般真空炉高出一个数量级，工件容量为400kg，为国内容量最大的真空热处理炉。

佛山电炉厂开发的轴承钢球滚筒式保护气氛热处理炉机组，为精密钢球的淬火、回火热处理提供了可靠的设备。其主要性能基本达到从德国引进的同类产品性能。同时开发的钢带光亮退火炉为佛山市重点工程热双金属精密生产项目的复合钢带提供了光亮退火的可靠设备，得到了美国制造商的称赞。

质量及质量管理　1996年一季度国家技术监督局组织国家电炉产品质量监督检验中心，对工业电阻炉产品进行了国家监督抽查，共抽查了11个企业的11种产品，抽查结果产品质量合格率为72.7%。对于在抽查中不合格的企业，由各省市技术监督局组织进行整改，使不合格的企业不仅顺利通过了复查，而且把产品的质量从原有的基础上提高了一步。

1996年标准化工作主要抓了：(1)制定了《钢包精炼炉》机械行业标准。钢包精炼炉是炉外精炼的关键设备，其质量水平直接影响钢铁产品的质量。制定该标准为钢包精炼炉的设计、制造和使用提供了技术依据，有了衡量、检测该产品质量的法规。(2)召开了标准委员会工作会议并审查了标准，对标委会第三届换届工作进行了准备工作。(3)完成了《工业炉名词术语》复核工作。(4)组织行业企业参加了IEC/TL27第二十届工作会议，积极参与国际标准的制定与修定工作。考察了波兰、法国、德国的有关电工院及钢铁厂，交流了技术和今后合作的意向。(5)复审了12项电热设备的强制性标准，还将其中3项调整为推荐性标准。

技术改造　西安电炉研究所申报的节能示范项目大型超高功率直流电弧炉、钢包精炼炉产品化技改贷款，经国家经贸委批准，于1996年底开始执行，项目总额1 050万元，其中贷款700万元，自筹350万元。该项目是完成先进的短流程炼钢工艺的重要装备手段，具有节材节能、对环境污染小、运行费用低等优点。该所在现有的30、40t直流电弧炉的基础上，进一步推广CAD设计，引进部分国外先进技术，扩建2 000m^2车间，为设计制造60t以上超高功率直流电弧炉创造条件，以满足国内市场的需要。

南京摄炉(集团)有限公司完成了国家重点技术改造项目NS90-110微机控制保护气氛无马弗链带炉机组、NS88-180高温网带炉机组，通过了江苏省南京市科委鉴定。其中NS88-900微机控制滴控箱式多用炉机组出口到泰国。

佛山电炉厂为“八五”扩大可控气氛热处理设备生产能力技术改造项目，到年底，完成固定资产投资792万元，经过改造，建立了计算机辅助设计及管理系统，提高了产品开发和生产能力。项目投产后，可新增工业产值2 800万元，新增利税672万元，其中利润433万元。

对外合作　无锡万利电炉(集团)有限公司与日本富士株式会社合作生产的GWJ0.5-600高功率、小容量快速熔炼炉，经用户单位一次开炉成功；该公司与美国感应炉制造公司合作生产的GWJ5-3000大功率、大容量中频炉已基本完成，出口交货值为350万元。该公司与美国Ajax磁热公司进行的总投资额达1 520万美元的合资项目，于1997年4月签约。

1996年5月西安电炉研究所邀请了以色列专家尤利·布鲁茨库斯来所，就大型超高功率电弧炉、冷坩埚感应熔炼炉、有心感应炉及中频炉等领域作了多方面的讲授；10月份邀请俄罗斯热处理设备研究所总工程师来所交流技术，对热处理大型生产线装备的结构特点作了较为详细的介绍，并赠送了一批技术图样资料，为进一步技术合作创造了条件。该所参加了中国国际贸易促进委员会组织的，前往英国、德国、丹麦、意大利等国家，为1997年在北京召开的冶金、铸造、热处理国际展览会进行了招展的组织工作。

管理及改革 为了打好机械工业部开展的“三大战役”，使企业尽快走出低谷，中国电器工业协会电炉及工业炉分会1996年重点抓了几项工作：(1)及时总结经验，增强工作计划的可行性。分会坚持充分听取会员单位和理事在实际工作中遇到的而又无法自行解决的问题，从中找出带有共性的问题，作为协会工作的重点。同时成立了价格委员会，为电炉行业产品价格规范化奠定了基础。(2)以经济工作为中心，努力协助企业走出低谷。随着经济形势的发展，价格问题变得越来越复杂，一方面企业之间相互压价竞争，损坏了行业的利益，使企业经济状况更加困难；另一方面价格本身又是市场竞争的重要手段。为了解决这个既复杂又棘手的问题，价格委员会召开专门会议，认为价格和产品的质量、产品的技术水平、产品的可靠性以及产品的售后服务等问题紧密相关，在制定价格时，应把诸因素充分考虑进去。作为前期工作，分会组织编制了《电炉产品出厂价格》，于1996年7月发至各会员单位，待试行总结后，制定出电炉产品的价格工作条例。分会坚持不断完善电炉行业经济指标统计汇总表，为企业提供第一手的市场资料。(3)努力做好信息工作，为企业调整产品结构，增强开发能力服务。分会会刊《电炉及工业炉信息》受到会员单位的欢迎和支持。(4)加强分会理事会自身建设，通过了《加强理事会自身建设的决议》，不断提高理事会自身的素质，使其成为强有力的行业领导机构。(5)完成了《电炉及工业炉“九五”规划研究》的编制工作，已下发各企业开始组织实施。

〔撰稿人：西安电炉研究所　郝燕萍　审稿人：西安电炉研究所　徐建和　机械工业部重大装备司宋其水〕

〔责任编辑：张友鹤〕

通用仪器仪表

〔机械工业部〕

生产发展情况 1996年仪器仪表行业企业总数为703个。其中国有企业301个，完成工业总产值170亿元，占总产值的66.6%；集体所有制企业274个，完成工业总产值35亿元，占总产值的13.8%；中外合资、港台与大陆合资合作企业119个，完成工业总产值47亿元，占工业总产值的18.4%。

1996年仪器仪表行业共完成工业总产值255.342 5亿元（1990年不变价），比上年增长17.1%，当年价为210.099 9亿元；实现利润总额10.606 6亿元，比上年增 加125%；完成所得税3.398 4亿元，上交增值税9.604 7亿元。

1996年仪器仪表行业集中度进一步提高，大一、大二、中一、中二型企业共计148个，完成工业总产值208亿元，约占全行业总产值的81.5%。小型企业555个，完成工业总产值仅为47.2亿元，约占工业总产值的18.5%。

从各分行业的工业总产值增长看，主要的11个行业中，除试验机行业呈负增长外，其余行业都有不同程度的增长，增长幅度最大的4个行业是：电工仪表行业27%，复印机行业25.1%，试验室仪器行业20.3%和电影机械行业20.6%。其他分行业基本上维持上年水平，增长幅度不大。分行业指标完成情况见表1。

表1　1996年仪器仪表行业主要分行业指标完成情况　（单位：万元）

序号	分行业名称	产品销售收入	工业总产值（不变价）	利润总额	上交利税	工业总产值比上年增长%
1	实验室仪器	693 823	1 064 890	93 720	53 103	20.3
2	自动化仪表	438 116	421 665	11 319	331 08	6.7
3	电工仪表	344 270	385 312	49	11 878	27.0
4	复印机械	109 418	134 791	8 117	5 846	25.1
5	照相机械	93 424	108 218	−1 669	947	0.7
6	光学仪器	89 918	100 655	−178	5 912	4.2
7	仪器仪表材料	60 097	69 469	1 162	4 244	
8	仪器仪表元器件	51 351	60 331	−595	3 251	5.2
9	试验机	35 065	30 223	−4 984	2 637	−1.4
10	分析仪器	24 687	23 111	−414	1 705	1.3
11	电影机械	19 991	24 681	−1 458	1 259	20.6
12	其他分行业	108 852	130 079	987	6 178	

市场及销售 1996年仪器仪表行业实现销售总额207.31亿元，比上年增长15%。按地方统计，全年销售收入排在前面的省市依次是:江苏省、上海市、浙江省、四川省、广东省，其次是天津市、北京市、山东省、湖北省和辽宁省。这10个省市中有7个省市有不同程度的利润额度，其中以江苏省、上海市较为显著，均超过1亿元，其他省市不足亿元。另有3个省市的利润总额是负数，他们是天津市（—185万元)、山东省(—3 264万元)和湖北省(—3530万元)。仪器仪表行业主要省市指标完成情况见表2。

全年产品销售收入超亿元的企业新增5个，他们是上海·福克斯波罗有限公司、苏州三光集团有限公司、苏州春兰空调器厂、温州海米特集团公司和上海罗斯蒙特有限公司。1996年仪器仪表行业销售收入超亿元企业见表3。全年产品销售收入超亿元的企业由1995年的27个增加到1996年31个，按产品销售收入最多的是：春兰（集团）公司66.5亿元、宁波三星集团股份有限公司9.9亿元、上海自动化仪表股份集团公司6.6亿元、四联仪表集团公司6.23亿元和杭州华立集团有限公司5.8亿元。春兰集团公司1996年又获得大的发展，其工业总产值超过百亿元（102亿元)，占全行业40%，比上年增长18.3%，利润总额为9.44亿元，比上年增长88%，利润总额占全行业的89%，春兰集团公司的运作对

表2 1996年仪器仪表行业主要省市指标完成情况

（单位：万元）

序号	省市名称	销售收入	工业总产值（不变价）	利润总额	上交利税
1	江苏省	803 542	1 197 116	96 033	60 402
2	上海市	354 264	312 570	10 956	19 645
3	浙江省	215 739	235 926	8 035	8 445
4	四川省	96 853	91 179	2 189	6 027
5	广东省	95 157	130 629	49 16	5 310
6	天津市	74 896	81 710	−185	2 582
7	北京市	61 714	60 733	4 971	4 945
8	山东省	58 185	60 768	−3 264	2 855
9	湖北省	52 812	83 862	−3 530	1 654
10	辽宁省	51 310	54 279	464	4 902
	其他省市	204 540	244 653	−14 529	13 301

表3 1996年仪器仪表行业销售收入超亿元企业 （单位：万元）

序号	企业名称	全年产品销售收入	工业总产值（不变价）	利润总额	上交利税
1	春兰（集团）公司	665 582	1020 844	94 407	51 944
2	宁波三星集团股份有限公司	79 070	86 819	875	344
3	上海自动化仪表股份有限公司	66 559	49 825	5 012	5 113
4	华立集团有限公司	58 794	58 824	4 310	2 354
5	上海施乐复印机有限公司	49 661	44 764	5 355	3 605
6	重庆川仪股份有限公司	45 330	35 030	3 090	2 498
7	上海宝丽来影像有限公司	27 585	19 753	616	78
8	天津三星光电子有限公司	25 755	29 629	819	—
9	广东世联实业（集团）公司	24 987	45 359	372	657
10	西安仪表厂（集团）	22 253	22 320	1 823	2 026
11	上海精密科学仪器有限公司	20 851	17 329	2 334	1 325
12	上海申贝办公机械总公司	20 712	7 090	494	715
13	江西光学仪器总厂	18 541	20 040	1 471	1 025
14	四川川仪责任有限公司	17 700	21 991	54	1.141
15	湖北荆沙市电工仪器公司	17 180	28 009	1 321	224
16	武汉仪器仪表自动化公司	16 855	11 621	−5 036	423
17	上海合金厂	15 387	15 726	180	552
18	上海·福克斯波罗有限公司	14 578	9 093	1 584	487
19	上海市仪表（集团）公司	14 057	14 965	515	883
20	苏州三光集团公司	13 211	14 846	1 084	348
21	安徽省天长市仪表厂	12 888	15 273	778	1 100
22	苏州春兰空调器厂	12 815	27 861	302	111
23	广州复印机厂	12 483	16 141	363	172
24	青岛电度表厂	11 866	11 394	68	439
25	上海美能达光学仪器有限公司	11 850	21 100	−727	197
26	广东威达医疗器械（集团）公司	11 388	12 986	3 365	1 007
27	温州海米特集团公司	11 325	11 052	843	1 088
28	哈尔滨电表仪器厂	11 157	15 019	3	430
29	上海罗斯蒙特有限公司	10 302	9 900	267	444
30	杭州西子（集团）公司	10 203	13 671		278
31	扬州市曙光波纹管厂	10 110	9 918	525	1.028

仪器仪表全行业的经济运行状况已经达到了举足轻重的地步。

1996年仪器仪表全行业亏损企业数为300个，较上年增加了24个，占全行业总数的42.6%，亏损总额为5.258亿元，亏损额增加了1.132亿元，企业的经济状况继续下滑。仪器仪表行业实现利润总额较多的企业主要集中在骨干重点企业，完成利润在1000万元以上的17个企业总额为13亿元，而其余的686个企业的利润总额为－2.6亿元，小型企业的经济运行状况更值得关注。利润完成最好的17个企业见表4。

表4　1996年仪器仪表行业利润总额超过1000万元的企业

（单位：万元）

序号	企业名称	利润总额	上交所得税、增值税
1	春兰（集团）公司	94 407	51 944
2	上海施乐复印机有限公司	5 355	3 605
3	上海自动化仪表股份有限公司	5 012	5 113
4	华立集团有限公司	4 310	2 354
5	广东威达医疗器械（集团）公司	3 365	1 007
6	重庆川仪股份有限公司	3 090	2 498
7	上海精密科学仪器有限公司	2 334	1 325
8	承德热河克罗尼仪表有限公司	2 146	780
9	鞍山热工仪表集团	1 889	1 225
10	西安仪表厂（集团）	1 823	2 026
11	上海·福克斯波罗有限公司	1 584	487
12	江西光学仪器总厂	1 471	1 025
13	湖北荆沙市电工仪器仪表工业公司	1 321	224
14	营口复印机有限公司	1 302	684
15	北京贝利控制有限公司	1 181	1 286
16	苏州三光集团公司	1 084	348
17	北京远东仪表有限公司	1 056	826
	17个企业的利润之和	132 730	76 757
	其他686个企业利润之和（利润小于1000万元的企业）	－26 674	53 311

〔撰稿人：机械工业部机械基础装备司　刘荣祥
审稿人：机械工业部机械基础装备司　陈铁君〕

一、工业自动化仪表

生产发展情况　1996年工业自动化仪表行业按照机械工业部“三大战役”的部署，较好地完成了当前五年计划首年的生产任务。

（1）据我国机械系统256个工业自动化仪表制造企业的统计，1996年主要经济指标呈增长趋势。其中保持10%以上增长的主要有：工业总产值（1990不变价，新规定）为421 665万元，比上年增长11.5%，工业总产值（当年价，新规定）为423 653万元，比上年增长12.8%；工业销售产值（当年价）为416 180万元，比上年增长11.2%；工业增加值为133 595万元，比上年增长10.1%；全年销售额为418107万元，比上年增长11.7%，应交所得税为5132万元，比上年增长13.2%。其他如应交增值税为27 960万元，比上年也有较大增长。但产品产量1 776.8万台，下降18.3%。

（2）出口额继续增长，1996年出口交货值达35 740万元，其中自营出口创汇额为2 492万美元。

（3）积极为国民经济主战场服务，其中如电站方面，1996年为国内32台共计6 830MW火电机组提供自控系统装置和仪表。上海自动化仪表股份有限公司继续保持在电站中的优势地位。

（4）1996年工业自动化仪表行业生产运行状况虽然较好，但由于“九五”计划第一年国家大型项目开工不多，需求不大，致使许多企业任务承揽不足；有些企业由于资金严重短缺，生产用料不能及时到位，难以组织生产。特别严重的是工业自动化仪表行业近几年来，由于诸多原因利润不断下降，1996年全行业利润总额为11 322万元，比上年下降16.7%，只有1990年利润的一半。

市场及销售　1996年工业自动化仪表行业产品销售收入为438 098万元，比上年增长7.7%。

（1）不断出现一批畅销产品。1996年，除上海、四川、西安三大集团公司的主导产品继续畅销外，其他大中型企业畅销的产品如大电液执行器、“41”型变送器、KF系统气动基地式仪表、DDZ-S系列仪表、电磁流量计、腰轮流量计、椭圆齿轮流量计、双转子流量计、工装500系列控制阀、高性能密封蝶阀、DKJ与DKZ系列电动执行机构、CV3000控制阀、旋转阀与定位器、仪表盘柜等。

（2）一些产品比上年内销增幅较大。如上海自动化仪表股份有限公司调节器厂的DCS销售（不含税）3 319万元，比上年增长38.8%；北京远东仪表有限公司的FSSS销售额达1 400万元，成为新的生产增长点；丹东热工仪表厂家用煤气表国内销量达73.7万只，销售额6 341万元，市场占有率达45%左右；承德市自动化计量仪器厂的电子轨道衡销售额比上年增长83%，连续配料设备比上年增长26%，高精度传感器比上年增长59%。此外，还有杭州自动化仪表总厂的压力表、上海自动化仪表三厂与天长市仪表厂的热电偶、热电阻等产品，也有较大幅度的增长。

（3）1996年1751压力变送器及一些厂的压力式温度计等产品与往年的销量持平。

（4）有些产品销量比上年下降。这主要有下列三方面的原因，首先是由于技术进步慢，如DCS应用范围的不断扩大，使EK系列仪表、有些厂的DDZ-Ⅱ型、Ⅲ型仪表及记录仪表等产品的销量下降；其次是销售渠道不畅，使有些厂的辐射测温仪、涡轮流量计、数显调节仪表及仪控成套产品等滞销；再次是产品老化，如膜盒压力表、风压表等产品，近年销量渐少，接近淘汰。

1996年，工业自动化仪表行业广泛收集国外需求信息，以投标、自行出口、通过代理等方式扩大外销渠道，同时积极做好国际间的售后服务等，为巩固和拓展国外市场奠定了良好的基础。

(1)一批大中型企业不断扩大出口。如上海、四川、西安三大集团公司和北京远东仪表有限公司、广东仪表有限公司等企业，1996年继续以优质的DCS、I系列、EK系列、KF系列、P300单回路控制系统、1 151变送器、1 751变送器以及温度、压力、流量、物位等检测仪表，出口巴基斯坦、越南、泰国、韩国、孟加拉、马来西亚等国。开封仪表厂按援外合同及单机配套方式，将电磁流量计、金属管转子流量计出口毛里塔尼亚、斯里兰卡、印度尼西亚、埃及等国。广东湛海仪表有限公司生产的椭圆齿轮流量计已出口到新加坡、印度、南非等国。吴忠仪表厂、上海自动化仪表七厂、大连第三仪表厂等单位生产的气动调节阀、电动执行器、电气阀门定位器、空气过滤减压器等产品出口日本、马来西亚、韩国、泰国、印度、巴基斯坦、伊朗等国。

(2)一些传统出口产品继续扩大外销。宁波水表厂1996年出口创汇600余万美元，比上年增长24.6%；福州水表厂1996年向意大利、德国、希腊、印度尼西亚、菲律宾、以色列、沙特阿拉伯等国出口水表，创汇400万美元，其中自营出口50.1万美元，出口磁传干式旋翼湿式水表达50.3万只；丹东热工仪表厂出口煤气表4 664只，散件达8 800套。

(3)一些企业采取有效措施使外贸增长较快。常州热工仪表厂在外贸产品方面做了大量工作，1996年完成返销德国的仪表件达32 004件，比上年增长30%以上，加上外贸的双金属温度计、耐腐蚀的聚砜管转子流量计等出口，全年创汇达206.7万元，比上年增长57.8%。承德市自动化计量仪器厂，出口巴基斯坦等国水泥生产线连续称量设备18台套，计308.8万元，比上年增长10%。

(4)一些单位外销实现了零的突破。上海远东仪表厂生产的二位式压力控制器，开始销往国外，满足马来西亚古晋电厂、巴基斯坦恰希玛核电厂等工程的需要。重庆工业自动化仪表研究所的SKJ-4101角行程电动执行机构、SFD-2002型伺服操作器开始以工程项目配套方式出口。

新技术及科研成果 在新技术方面：广东仪表有限公司1996年全年技术革新和合理化建议达68项，创经济效益27万元，节约开支25万元。吴忠仪表厂已有50%的设计人员，采用CAD辅助设计，提高了工作效率、产品质量、可靠性及开发速度。

在新工艺方面：西安仪表厂(集团)的锥螺纹滚制新工艺，比原锥螺纹车加工提高效率近20倍，并使螺纹表面质量尺寸精度大大提高，对防止泄漏，效果明显。开封仪表厂的耐腐型转子流量计聚四氟乙烯（F_4）成型工艺攻关项目，在国内首创了F_4塑料高温熔溶粘接技术，F_4的翻边技术也填补了国内空白。吴忠仪表厂在电站特种阀的试制中，解决了阀内组件的渗氮工艺，保证了产品的使用寿命。

新材料方面：北京远东仪表有限公司制造塑料模具和压铸模具的材料采用P20HB新材料，使模具表面光洁度提高，同时也提高了模具的寿命。福州水表厂在LXHG-15型容积式水表零部件的研制开发中，对耐磨工程塑料的配方进行深入研究，取得了较精确的技术参数，满足了生产的需求。

完成一批国家重大技术装备及重大科技攻关项目。1996年工业自动化仪表行业根据机械工业部“开发能力提高战役”的要求，积极筹划“九五”科技攻关立项，成立现场总线技术与产品的攻关小组，并继续认真完成“八五”攻关项目的收尾工作。

上海自动化仪表股份有限公司调节器厂承担“八五”国家重点国产化项目为MA×1000，已于1996年3月经国家、部、市联合验收，通过鉴定。上海自动化仪表七厂承担的“八五”国家级重大装备科技攻关项目为核电站自控用阀门及执行机构研制，于1996年4月完成，已通过IE极核电站用控制阀产品的部级鉴定。

北京自动化仪表三厂承担的国家重大技术装备“八五”科技攻关项目为核电站压力仪表的研制，已于1996年2月通过了部级鉴定。

吴忠仪表厂承担的“八五”国家重大技术装备煤化工装置的攻关项目为文丘里角阀及高压低噪声控制阀，1996年已通过鉴定，并已形成小批生产能力。

上海工业自动化仪表研究所承担的“八五”重大科技攻关项目如在线密度计，灰份、厚度、水份、定量参数综合检测仪表装置，高压差蒸汽控制阀，高温高压密封蝶阀，发电机密封油系统用差压阀、平衡阀，大型电站工程自控系统关键配套仪表故障模式对RAM影响和控制技术的研究，本安防爆设计点燃曲线及防爆系统设计研究等项目，已完成了部级鉴定。

由重庆工业自动化仪表研究所、上海工业自动化仪表研究所等单位努力奋战完成的“八五”重大科技成果——国产分散型控制系统DJK-7500研究及其在典型工业过程中的应用等项目，1996年11月受到国家的表彰。

一些列入国家、部、省市级科研项目相继完成。

西安仪表厂（集团）承担的部级项目JKTH-1000数字电调及省级项目多媒体华语字族识字系统，1996年均已完成厂级科研鉴定。

上海自动化仪表股份有限公司远东仪表厂承担的部级项目CPK-20高静压、低差压压力开关及YTK-11带指示大功率压力控制器和市级项目D520M/7DDP微差压控制器，已完成设计定型。

武汉仪器仪表自动化工业(集团)公司承担的市级项目中小型水电站计算机监控系统已完成，待鉴定。市级项目智能温湿度变送器已完成方案设计。

开封仪表厂承担的国家级项目高温、高粉尘气体流量计已完成样机生产阶段。省市级项目AM-1521阻尼型金属管转子流量计样机已完成，待鉴定。

广东湛海仪表有限公司承担的国家及省级项目高精度宽范围油、水、气流量标准装置已完成，1996年5月投入生产。

福州水表厂承担的市级项目LXHG-15容积式水表，已完成开发研制任务。

承德市自动化计量仪器厂承担的省市级项目大宗散装物料铁路运输计量装置(煤矿用电子轨道衡)已完成产品鉴定。SGCZ-1型轨道衡的车型、车号、皮重自动识别系统在现场运行成功，待鉴定。桥式大吨位（30t）传感器已进入小批量试制阶段。

新产品　（1）新产品的试制与鉴定情况。

上海自动化仪表股份有限公司所属的一些企业如上海调节器厂1996年完成新产品试制6项，新产品批试4项；上海自动化仪表一厂试制的AN-3196型LED报警器、KFA型隔离式安全栅和XXS-01、02E型闪光信号报警器已通过公司鉴定；上海远东仪表厂试制的D500/12D及D512/9D型压力控制器已通过鉴定；上海自动化仪表七厂试制的轻小型气动薄膜套筒调节阀、轻小型气动薄膜双座调节阀及轻小型气动薄膜角形调节阀已经完成。

西安仪表厂（集团）1996年完成新产品科研5项，样试8项，批试6项。

武汉仪器仪表自动化工业(集团)公司试制的分散罐群的自动化控制系统及微机控制油、水综合发放的产品已通过铁道部验收，开始用于京九铁路某段的沿线。

广东仪表有限公司试制新产品4项（其中有2项为省计划项目），其中YKK压力控制开关将进行鉴定。

常州热工仪表厂试制了军品舰用双金属温度计、全系列温度计保护套管，智能型流量积算仪。

宁夏银河仪表厂试制LJZ-3型质量流量计算机、数显式涡街流量计，已通过性能试验。

哈尔滨龙江流量仪表厂试制了LLY-350液体罗茨流量计，待鉴定。

吴忠仪表厂完成新产品试制项目12项，其中完成国家级新产品鉴定计划的是ZSVJ型精小型V型球阀(已形成批量生产能力)，完成部级新产品试制的是电子式角行程电动执行机构，完成省级新产品攻关的是VBR衬胶蝶阀及HCO不磨损O型球阀。

天长市仪表厂试制的新产品为TC系列热电偶和RT系列热电阻（均为温度仪表行业攻关成果）。

（2）新产品投产情况。

1996年工业自动化仪表行业有一批新产品投产，如西安仪表厂(集团)的热水器热电偶B级，北京远东仪表有限公司的EKZ900齐纳安全栅、EKP18、25、26光柱指示计、指示报警器，武汉仪器仪表自动化工业（集团）公司的SWSD-004型二线制温湿度变送器、CCD-304型动平衡烟尘采样器，广东仪表有限公司的KFLG型高温高压液位指示调节仪、WK系列温度控制器、ZSW-10型带定位器气动活塞叠阀，上海远东仪表厂的D512/9D型压力控制器，上海自动化仪表七厂的ZDR-35002型电动偏心旋转阀、ZHAM型和ZHBM型轻小型气动薄膜套筒阀，杭州自动化仪表总厂的XM-101、102、121、122型数字温度调节仪，常州热工仪表厂的分流流量计、便携式流量校验装置、远传和耐腐金属转子流量计，开封仪表厂的LKJ流量开关系列，广东湛海仪表有限公司的LBR（A）系列双转子流量计、LLG-9300、9500系列铸钢椭圆齿轮流量计，北京自动化仪表三厂的YTJ-150防溅（防腐、耐震）压力表，承德市自动化计量仪器厂的GCS100、750-JT型电子轨道衡，吴忠仪表厂的JDZ_4型电动执行机构、转角式电阀-气门定位器等。

质量及质量管理　1996年工业自动化仪表行业不少企业制定了“质量翻身战役”的具体方案，有的已开始实施。

西安仪表厂(集团)1996年提出了11项质量上台阶的项目要求及具体措施，开展了“质量承诺”的自律活动，实施了“质量赔偿规定”，取得了初步成果。1996年获得省质量效益型先进企业及全国质量管理小组活动优秀企业称号。

上海自动化仪表股份有限公司所属上海调节器厂、上海自动化仪表三厂、上海自动化仪表七厂、上海远东仪表厂等企业在1996年通过了ISO9000质量认证，产品质量明显提高，其中上海自动化仪表七厂生产的上仪牌高温高压调节阀，1996年被继续评为上海名牌产品。

武汉仪器仪表自动化工业(集团)公司接受市技术监督局定期质量监督检查的16个主导产品，在1996年中受检56个批次，合格率为100%。

开封仪表厂生产的涡街流量计(传感器)经国家技术监督局抽查，电磁流量计经省质量监督检验测试中心站抽查，腰轮流量计经市技术监督局抽查，结果全部合格。

哈尔滨龙江流量仪表厂针对老厂存在的产品质量问题，狠抓产品质量，1996年质量监督部门抽查该厂产品，产品合格率为100%，零部件合格率为94%。

此外，1996年安徽省天长市仪表厂、丹东热工仪表厂、吴忠仪表厂等单位也通过了ISO9000的质量认证。

基本建设及技术改造　1996年工业自动化仪表行业全年完成基本建设投资额为10 172万元，全年更新改造措施项目完成投资额为14 353万元。

列入国家经贸委第一期“双加”工程项目正在实施。如上海自动化仪表股份有限公司“双加”工程项目有DCS系统仿真装置开发等7个分项目，总投资为1.7亿元；吴忠仪表厂完成一期“双加”技改项目为提高生产电站特种控制阀、智能定位器的能力，投资1750万元。全行业“九五”二期“双加”项目正在审批中。

“八五”基建、技改项目顺利完成。如西安仪表厂（集团）“八五”基建项目总投资5 450万元，其中建行贷款1 500万元，经营基金1 500万元，企业自筹2 450万元，“八五”技改项目已完成待验收；开封仪表厂技改大流量（水）校验标准装置改造（口径为1.6m～2.4m），国家贷款150万元，已基本完成。

1996年，挂靠在上海工业自动化仪表研究所的工业过程自动化国家工程研究中心（PA－NERC）的建设正式启动，由世界银行贷款450万美元，国内配套资金为3 000万元。

对外合作 1996年工业自动化仪表行业继续积极做好技术引进的消化吸收工作，如西安仪表厂（集团）通过对YS-80、DCS、1151变送器三大引进产品消化吸收，自行开发出技术相当的新产品如控制开关、位移式变送器等。广东湛海仪表有限公司引进双转子流量计项目，总投资5 350万元，1996年5月投产。“九五”期间的国家“双加”项目为继续引进美国BROOKS仪表公司∅300～∅400双转子流量计制造技术和关键设备项目，总投资2 800万元，将年产大口径双转子流量计400台。

此外，1996年工业自动化仪表行业又有一些合资企业正式成立。如北京远东仪表有限公司与美国罗斯业特公司组建了北京远东罗斯业特公司；丹东热工仪表厂与日本合资成立了丹东岩谷东洋燃气表有限公司，合资厂总投资3 214万元，中方投资50%，主要生产G1.6型燃气表，产品达到国际90年代水平。

管理及改革 1996年工业自动化仪表行业一些大中型企业制定了“组织结构优化战役”的实施方案。如中国四联集团公司提出了“实施5818工程，实现1522目标”，重点做好机构改革、资产与债务重组、产品结构调整和加强精神文明建设等工作；上海自动化仪表股份公司提出了以公司法和股份制政策法规为企业运作规范，以市场为发展导向，稳步向产业多元化、组织集团化、经营国际化、管理现代化的方向发展，到本世纪末，年销售产值达40～50亿元的目标，并制定了分步实施计划。

西安仪表厂（集团）1996年完成了西仪股份公司的规范化工作，并经省体改委批复，同意重新依法登记，现积极准备上市。

武汉仪器仪表自动化工业（集团）公司在1996年按现代企业制度要求，建立新的管理体制。公司总部将逐步淡化行政管理职能，除了直接进行少数产品的经营外，主要负责国有资产的产权经营，确保国有资产的保值、增值。下属企业逐步恢复法人地位，还责还权，界定产权关系，明确责任，使各单位直接面向市场。这种按责、权、利为重点，以资产为纽带建立起来的母子公司（均为法人实体），年内已对5个单位实行股份制合作试点和11个单位实行国有民营管理。

安徽省天长市仪表厂1996年9月经省经贸委批准，以该厂为核心，组建安徽天康集团，其发展方向为：立足机械行业，逐步向医药、电子、通信等领域作多元化发展。年内还提出了由集体所有制企业向股份制企业转化的设想，股票发行上市等准备工作已经启动。年底，经国家经贸委等6个部委的认真核实和审查，已确认该厂为国家大型二档工业企业。

〔撰稿人：机械工业部上海工业自动化仪表研究所　张永江　审稿人：机械工业部上海工业自动化仪表研究所　张继培、王璐璐〕

二、电工仪器仪表

生产发展情况 根据《电工仪器仪表专业协会企业会员1996年生产经营指标完成情况统计汇总资料》，共有电工仪器仪表企业81个（包括21个骨干重点企业），企业按产品分类构成见表5。

表5　企业按产品分类构成

序号	产品类别	企业数
1	电度表	44
2	安装式电表	22
3	精密仪表	7
4	可携式仪表	17
	万用表	8
	钳形表	8
	兆欧表	7
5	数字仪表	15
6	交直流电工仪器	4
	直流	3
	交流	3
7	磁测量仪器	2
8	电源装置	8
9	校验装置	8
10	电量变送器	4
11	扩大量限装置	8
12	记录电表及电磁示波器	2
13	其他（非电测仪表）	9

1996年电工仪器仪表行业81个企业完成产值26.57亿元，比上年增长13.8%，增加值完成85 420.7万元，产值按产品分类构成见表6。其中产值同比增长较大的有电度表16.9%，精密电表105.5%，磁测量仪器177.7%，电源装置10.5%，扩大量限装置43.6%。

工业总产值超亿元的企业有：宁波三星集团股份有限公司8.68亿元，华立集团有限公司5.88亿元，江北机械厂1.85亿元，哈尔滨电表仪器厂1.50亿元，杭州西子集团1.37亿元，青岛电度表厂1.14亿元。

1996年81个企业实现利润总额－4 710.6万元，比上年减亏9 006万元，利润税金总额－2 897.3万元，比上年增加7 572万元。利润超过1 000万元的有宁波三星集团4 486.5万元和华立集团4 309.8万元；其次有海盐普博电机有限公司592.5万元；辽宁华兴精密机械厂311万元，驻马店地区电表厂292万元，上海第二电表厂252.8万元，平阳电表厂

241.1万元，烟台电工仪表厂227万元，海盐电力仪表有限公司208.9万元，无锡威达电工仪表有限公司208.4万元；长沙电表厂134万元，上海电度表厂102.9万元，吉林江北机械厂电表分厂100万元。21个重点骨干企业完成的主要经济指标见表7。

产品分类及产量 电工仪器仪表产品分为13小类，1996年产品完成42 840 386台，比上年同期增长13.1%，各小类产品产量详见表6。

表6 1996年81个企业生产经营完成情况按产品分类构成（单位：台、万元）

序号	产品类别	1996年完成				为1995年%			出口情况	
		产量	产值	销售收入	销售量	产量	产值	销售收入	数量	出口产值
1	电度表	35 581 439	220 863	215 996	34 786 256	113	117	116	2 521 187	14 351
	①单相电度表	32 670 919	156 122	154 759	31 879 917	114	119	119	2 494 248	13 904
	其中：新型表系列	13 298 902	84 263	80 664	12 515 991	107	112	110	1 224 125	9 778
	②三相电度表	2 829 058	55 953	536 401	2 831 504	102	107	108	26 939	447
	③复费率电度表	81 462	8 787	7 567	74 835	113	144	140		
2	安装式电表	4 900 721	11 369	8 535	4 858 850	114	105	93	1 999 490	1 083
3	电量变送器	27 178	4 503	4 145	23 843	83	93	96		
4	精密电表	59 766	2 548	3 160	62 495	200	206	162		
5	可携式电表	1 436 390	9 734	9 597	1 442 287	96	91	95	147 919	544
	①万用表	1 184 190	6 589	6 218	1 199 123	100	95	99	142 906	453
	②钳形表	159 139	1 678	1 717	152 946	89	87	99	1 676	26
	③兆欧表	93 061	1 466	1 662	90 218	76	78	77	3 337	65
6	数字仪表	146 624	1 702	1 910	146 579	304	96	98	122 690	512
7	交直流电工仪器	20 073	1 523	2 233	22 502	105	103	96	203	21
	①直流仪器	17 251	1 028	1 557	18 951	107	108	103	203	21
	②交流仪器	2 822	496	676	3 551	91	94	84		
8	磁测量仪器	904	72	94	851	254	278	388		
9	电源装置	25 372	1 939	1 684	24 099	123	111	94		
10	扩大量限装置	36 525	158	148	26 653	143	144	139		
11	检验装置	604	2 937	3 079	577	85	89	82	13	55
12	记录电表及电磁示波器	1 578	379	569	1 619	85	66	82		
13	其他（主要是非电量电测仪表）	603 211	7 985	6 430	550 095	141	101	84	483 854	517
	合计	42 840 386	265 712	257 549	41 940 706	113	114	112	5 475 176	17 082

市场及销售 1996年81个企业完成电工仪器仪表产品销售收入257 549.2万元，为上年的112.3%。销售收入按产品类别分类构成见表6。销售收入增长较快的有电度表、精密电表、磁测量仪器、扩大量限装置、电量变送器、可携式电表、数字仪表、直流仪器、电源装置，安装式电表基本与上年持平或略有下降，可携式电表中的兆欧表、交流仪器、校验装置、其他等类产品下降幅度较大。但由于量大面广的电度表产品的增长拉动，带动整个销售增长。按国内销售收入前十名企业排序见表8。

1996年完成出口产品数量5 475 176台，产值17 082万元，为上年的101.6%，基本持平。按产品分类构成见表6。其中出口额较大的有电度表、安装式电表、可携式电表中的万用表、数字仪表和其他类产品。出口额前十名企业排序见表9。

新技术及科研成果 (1)上海电度表厂在FD95型单相电度表上采用磁悬轴承结构的转动元件，使圆盘处于无接触悬浮状态下运行，避免了磨擦和由此引起的磨擦力矩增大及误差，从而使该表寿命提高到20年之久。另外，铝镍钴阻尼磁钢一体化浇铸的铝合金基架及电磁铁芯采用自动叠铆技术等工艺，保证了整机的稳定性和可靠性，不需维修调整，超载能力大于6倍。(2)上海第六电表厂运用新技术于ZC46型高阻计，以低廉的运放模块作为前置放

表7 21个骨干重点企业的主要经济指标

序号	指标名称	单位	1996年完成	占81个企业的比重（%）
1	产量	台	8 367 499	19.5
2	工业总产值	万元	109 780	27.3
3	产品销售收入	万元	90 221	23.6
4	产品销售税金及附加	万元	367	20.2
5	实现利润总额	万元	−7 164	152.1
6	利润税金总额	万元	−6 797	234.6
7	电工仪表出口产值	万元	7 944	46.7

大，降低成本。在ZC11D型绝缘电阻表上运用新材料和新工艺，以稀土金属环代替铝镍磁钢，以一次注塑型转子代替浇铸、切削加工工艺，不仅提高质量，减少损耗，减轻劳动强度，而且降低生产成本，提高了经济效益，使每台仪表节约成本9.81元。(3) 宁

表8　1996年国内销售收入前十名企业

序号	企业名称	销售收入（万元）
1	宁波三星集团	79 069.9
2	华立集团	58 793.9
3	江北机械厂	24 666
4	青岛电度表厂	11 866
5	哈尔滨电表仪器厂	11 157
6	杭州西子集团	10 203
7	辽宁华兴精密机械厂	9 022
8	九江仪表厂	8 938
9	无锡威达电工仪表有限公司	8 930.5
10	长沙电表厂	8 160

表9　1996年出口额前十名企业

序号	企业名称	出口额（万元）
1	华立集团	18 639
2	宁波三星集团	13 500
3	哈尔滨电表仪器厂	4 000
4	柳州仪表总厂	3 475
5	江北机械厂	3 279
6	上海第五电表厂	1 843
7	上海向东仪表厂	1 529
8	苏州仪表总厂	1 050.5
9	天津三达电气有限公司	905
10	八五九厂	645

光电工厂在电子式电度表的开发上，采用表面贴装技术（SMT）及自动测试技术，缩小了电度表的体积，增加了功能，提高了产品的可靠性。(4) 华立集团开发的磁电式脉冲表，采用霍尔传感器，解决了光电式脉冲表由于光电器件在长期连续运行下出现光电效率衰减，导致脉冲表可靠性低的问题，同时又解决了反向指示和抗抖动输出问题，为开发长寿命脉冲电能表开辟了一条新路。(5) 上海仪器仪表研究所在XF10分选机的基础上成功地解决了自动插件机，10kHz电容器损耗的测试等关键技术，推出了SYS108金属化薄膜电容器全自动分选装置。该所研制的YS87B大功率可程控多功能标准源、YJ190直流标准电压电流源和YS200交流标准电压电流源，不仅推动了我国标准电源的系列化工作，而且由于其具有功率大、功能多、分辨率及准确度较高，运用范围较广等特点，解决了数量较大的指针式模拟表的校验问题及手持式数字表的标准问题。(6) 哈尔滨电工仪表研究所研制的DDS50型多用户组合电子式单相电度表，采用了大规模专用芯片与高性能单片机，实时对多用户用电量分别计量与集中控制与管理，用配套的掌上机进行集中抄表。该表主要用于居民楼的集中用电计量，主要特点是计量准确度高，用掌上机集中抄表方便、简捷，大大减轻了抄表员的劳动强度，且准确无误，易于计算机管理。该表还具有防窃电功能，可根据用户需要增加功能，如多费率，远动抄表等，达到国内领先水平。

新产品　(1) 1996年哈尔滨电工仪表研究所研制的DDS50型多用户组合式单相电度表通过部级鉴定，该表准确度等级为1、2级，额定电压220V，标定电流5A，最大电流20A、30A。最新开发的电量变送器校验装置第三代更新换代产品包括YS79三相程控稳功源和ZHZ25电量变送器校验仪，该产品继承了前两代产品的诸多优点，采用先进的程控技术和改进的电路设计，提高了精度和稳定性，改进了工艺，结构更加合理，体积更小，重量更轻，易于携带，可满足实验室和现场的校验使用。还完成了ZHZ68型复用电表校验仪和ZHZ71型交流电量变送器自动测试装置的研制。ZHZ68型复用电表校验仪可以对模拟指示电表进行校验，具有自动分格、误差直读、超差报警等诸多功能。ZHZ71型校验装置集高精度三相标准程控源和计算机为一体，通过键盘操作，可实现对功率源的电流、电压、功率、相位和频率等电参量的输出控制和对各种交流电量变送器的自动校验。其输入参量及校验结果可以制表显示和打印并自动存档。同时还对各种磁测量仪器，如各种磁通表、特斯拉计、矫顽力计、磁强计、硅钢片铁损测量仪、充退磁机系列、磁性材料特性测量装置、感应式电度表阻尼磁钢、磁推轴承、电流铁芯专用测试仪等，以及各种工艺测试装备包括高电压、大电流试验装置、电度表校验台进行了改进，使性能指标均有不同程度的提高。(2) 上海仪器仪表研究所研制的新产品NJ17核电站监控系统用UPS通过了机械工业部重大装备司组织的技术鉴定，该产品较好地解决了DC－AC逆变技术、保护监测功能、高次谐波抑制技术、功率器件应用及UPS质量保证的检测方法等技术难点，其技术指标相当于国外80年代末期同类产品先进水平。其主要参数：输出容量100V·A，输出电压为单相220V±3%，输出频率为电网供电时能跟踪电网频率、电池供电时50Hz±1%，输入电压为单相220V+10%或－15%，输出波形为正弦波，波形失真<5%，工作方式为在线式，具有过流、过压、欠压、过热、短路及蓄电池过放电保护等。(3) 华立集团有限公司开发了5种新产品，包括DD862-4M单相脉冲电能表、DS864ZM三相脉冲表、DDF68单相多费率电能表、DF68-1A三相多费率电能表、DCX-01电能表集中抄表系统。DCX-01系统可接16只脉冲电能表（可扩展32只），平时和停电时可通过红外线遥控抄表，具有485接口，为远程自动抄表提供方便。(4) 上海第六电表厂开发了DSF268型三相三线复费率电度表和DTF268型三相四线复费率电度表、PC39型数字接地电阻测试仪、DDY38型IC卡预付费电度表、PF56系列数字

式功率表、数字温度巡检仪等产品。(5)宁光电工厂开发了DSSD22电子式三相三线多功能电度表、DTSD22电子式三相四线多功能电度表，该表主要性能为单片机管理，系统采用MCU、永久保存信息的不挥发存储器、国际标准IC卡、红外遥控系统、RS485接口、汉字大画面液晶显示等。通过对电能测量系统输出脉冲进行计算机处理，实现了有功电能、无功电能、有功需量、无功需量、分时计费、预付费、结算记帐等功能。还可灵活预置多种功能：超负荷报警和自动断电、超预置电量报警和自动断电、缺相报警、缺相情况记录、自动抄表等。仪表精度等级：有功部分1.0级，无功部分2.0级。(6)兰州长新电表厂在1996年进一步完善管理功能，其DZF93M型机电一体化三相多费率电能表，多功能(复费率)电度表通过省级技术鉴定，并获1996年国家级新产品证书，及省、市三项科技进步奖。(7)上海电工仪器厂1996年完成了YJ139型直流电压校准仪的产品开发。(8)上海第二电表厂在出租车计价器系列产品开发上取得很大成绩，为行业拓宽服务领域起到积极作用。该厂开发的列入1995年机械工业科学发展计划编号为95171016出租车计价器系列产品的六项子项目，列为机械工业部部级新产品试制项目，于1996年经该部机械基础装备司组织鉴定通过。项目包括：STQ-08型出租车计价器、SCY-4型数据采集仪、CY2J-1型计价器用打印机、CSNQ型仪用磁电传感器、CCT-1型出租车行驶测试台(JJQ型出租车计价器整车检定装置)、SJQ-06型出租车多功能计价器（IC卡多功能结算器项目第二阶段产品）。

基本建设及技术改造　华立集团有限公司为使电能表、铜箔板两大系列产品能跟上国内外市场数量、质量和品种发展的需要，公司投资数千万元对生产线进行技术改造，把达到国内先进水平作为改造目标。在电能表生产线技改中，增设计算机控制调校设备及一系列保证性程序，属国内行业首创；在铜箔板生产线改造中引进立式上胶机、真空压机、自动剪切机等关键设备，为扩大再生产打下了基础。目前列入国家重点项目一期“双加”技改项目，列入省市重点的两个技改项目已进入试产和竣工验收阶段，取得了良好的经济效益。

上海第六电表厂投资2 000余万元的出口仪表装配大楼胜利竣工，形成厂区三足鼎立的大好趋势。

威胜公司1996年完成重大技术改造，使公司拥有了2万m^2科研及生产场地(由三座相互联通的五层标准厂房和一座办公大楼组成)，整个厂房环境优雅、温湿度控制，布置了安全及防静电网络。公司拥有各种适用于现代化电子整机及部件产品生产、校验、开发的成套设备和仪器400多台（套），其中具有国际先进水平的设备占50%以上；公司装备有大型整机及板级高低温老化间、插装流水线、整机装配线，包括流水线及五条国际水平的SMT生产线，具备成批生产符合任何装联工艺要求及质量标准的电子及计算机整机或部件的能力。

管理及改革　电工仪器仪表行业在1996年按部的统一部署，组织落实“三大战役”。根据机械科〔1995〕1024号关于发布第一批机械行业A类产品可靠性认定试点计划及认定机构的通知，有7个电度表生产企业的8个电度表产品列入第一批A类产品可靠性认定试点计划，认定机构为哈尔滨电工仪表研究所。上海电工仪器厂实行人员分流，精简机构，减员增效，同时推进企业八项基础管理工作，以提高企业基础管理水平。

华立集团在1996年正式签订兼并重庆电度表厂的协议，兼并后，将通过引入华立的管理模式对该厂改组、改制和大规模技术改造，批量生产华立牌电度表，形成年产120万台电度表的能力，有利于缓和当地供应情况，并可降低生产成本。

由哈尔滨日报社报达集团、哈尔滨电表仪器厂、上海电力表计技术服务公司、宁波申甬玻璃制品公司以法人股形式合办的哈尔滨电度表有限公司于1996年11月13日组建。哈尔滨报达集团投入816万元，占股份51%；哈尔滨电表仪器厂投入450万元，占股份30%；上海电力表计技术服务公司、宁波申甬玻璃制品公司投入304万元，占股份的19%。公司主要产品是DD104单相电度表，该表具有宽负载、长寿命（30年不需要检修)、高稳定性，采用磁推轴承等特点，在国内外均处于较先进水平，公司使用的装配流水线，热处理老化炉、调整台、校验台、工卡具等都是国内一流水平。公司计划于1997年6月份开业投产。

上海第二电表厂1996年贯彻ISO9002标准工作通过了市电子仪表质量审核所的评审，获得质量认证证书。

国家电工仪器仪表质量监督检验测试中心在1996年开展了大量工作。(1)电度表产品生产许可证到期换证检验工作的收尾工作。根据有关文件精神，对已获批准的申请电度表产品到期换证的6个企业9个申证单元的产品进行了考核、产品性能测试及企业质量管理必备条件审查均合格，为上述6个企业9个申证单元的产品颁发了生产许可证。(2)工业用电表生产许可证的检验工作。对已获批准的申请工业用电表生产许可证的3个企业5个申证单元的产品进行了考核，产品性能测试及企业质量管理必备条件审查均合格，为上述3个企业5个申证单元的产品颁发了生产许可证。(3)静止式电表等第二批发证产品检验工作的收尾工作。根据有关文件精神，静止式电表等第二批发证产品的检验工作至1996年末已基本结束，中心分三批对产品性能测试及企业质量管理必备条件审查均合格的68个企业90个申证单元的产品颁发了生产许可证。(4)出口质量许可证的检验工作。1996年申请产品出口质量许可证的是安装式电表2个企业2个申证单元产品，万用电表4个企业4个申证单元产品，电度表5个企业7个申证单元产品。经考核上述企业的产品性能及企业质量管理必备条件均符合一等品要求，为此11个企业13个申证单元产品被颁发了出口质量许可证，中心还进行了计量器具新产品定型鉴定、委托试验等项工作。

1996年行业标准化工作制修订国家标准、行业标准5项。

〔撰稿人：机械工业部哈尔滨电工仪表研究所 姚明刚 审稿人：机械工业部哈尔滨电工仪表研究所 刘复斌〕

三、分析仪器

生产发展情况 根据行业归口所——北京分析仪器研究所对39个企业的综合经济指标统计，1996年分析仪器行业的生产发展较为平稳，完成工业总产值4.2亿元，比上年增长6%；实现利润1 200万元，比上年增长2%；全员劳动生产率28 180元/人；人均利税5 333元。产品产量8.2万台，其中气相色谱仪3 500台，红外线分析器1 800台，电化学分析器45 000台，分光光度计7 500台。

市场及销售 1996年39个企业共实现销售收入46 500万元，比上年增长5%；出口创汇180多万美元，比上年增长3%。企业的出口意识有了增强，创汇企业达12个，出口国家已遍布五大洲的18个国家和地区，不但有第三世界的巴基斯坦、菲律宾、泰国，而且有美国、德国等发达国家。

科研成果及新产品 1996年，有4项“八五”国家重点科技攻关课题通过部级鉴定，北京分析仪器研究所研制的在线可燃气体监测仪、防爆H_2S分析仪，成都仪器厂的工业在线粘度计，上海分析仪器总厂的毛细管电泳仪等，这些成果在技术指标上都达到了80年代末国际先进水平，在线可燃气体监测仪获机械工业部科技进步三等奖。另外，还有2项“八五”国家重点科技攻关课题完成了科研样机鉴定，即北京分析仪器研究所的工业磁式质谱计，南京分析仪器厂的工业四极质谱计。

1996年通过鉴定的新产品有18项，有北京分析仪器研究所的原子吸收分光光度计，北京地质仪器厂的等离子体单道扫描光电直读光谱仪，江苏江环分析仪器公司的自动电位滴定仪、微库仑滴定仪、砷含量测定仪、微量水份测定仪、济南精密仪器研究所的超临界流体色谱仪等，技术均达到了国际80年代末水平。

质量及质量管理 分析仪器的产品质量总的来说有所提高，现在着重点是加快提高产品质量，迅速扩大国内市场占有率。并扩大出口，因此在外观、工艺结构、可靠性和性能指标、自动化程度上都有较大提高。北分麦哈克分析仪器公司在分析仪器行业中第一个通过GB/T19001质量管理标准。

计算机辅助设计(CAD)在北京分析仪器厂、上海分析仪器总厂等一些骨干重点企业初步得到应用，计算机的辅助工作也开始从机械结构设计、电子线路设计扩展到制造与测试过程，从而从产品设计开始就使可靠性指标提高。

技术改造 北京分析仪器厂的“八五”技改项目，电镀污水治理站和表面处理车间（投资541.22万元），通过了国家验收，正式投入运行；佛山分析仪器厂完成了新厂区的基本建设投资6 000万元，基本竣工面积22 000m²。

管理及改革 自开展“工艺突破口”工作以来，对提高分析仪器行业工艺水平，加强工艺管理，提高产品质量等方面起到了很好的作用，根据北京分析仪器研究所对58个用户及制造厂调查，1996年分析仪器产品因制造质量不良而引起的停机或不能正常工作的台数占出厂总台数的1.5%，比1990年的5%下降了3.5个百分点。

〔撰稿人：北京分析仪器研究所 顾其龙〕

四、光学仪器

生产发展情况 1996年，机械工业部系统现有归口的光学仪器生产企业73个，其中大中型企业13个，专业研究所5个，职工总数31 013，完成工业总产值98 769万元(当年价)，比上年增长4.2%；产品产量103.34万台，比上年增长7.4%。1996年各企业主要经济指标见表10。

表10 1996年机械工业部光学仪器行业和前三名企业主要经济指标

序号	企业名称	单位	指数
一	经济效益综合指数	%	61.18
1	苏州第一光学仪器厂		137.60
2	北京光学仪器厂		118.46
3	梧州市光学仪器厂		114.96
二	产品销售率	%	98.96
1	上海光学仪器厂		134.39
2	新天精密光学仪器公司		133.97
3	重庆光电仪器总公司		114.47
三	增加值率	%	2.64
1	苏州第一光学仪器厂		15.53
2	北京光学仪器厂		12.54
3	梧州市光学仪器厂		11.95
四	资金利税率	%	33.51
1	北京光学仪器厂		58.55
2	天津市光学仪器厂		50.56
3	上海精密科学仪器公司		48.66
五	成本费用利润率	%	−1.75
1	苏州第一光学仪器厂		8.83
2	北京光学仪器厂		7.24
3	江西光学仪器总厂		5.83
六	全员劳动生产率	元/人	9 099
1	苏州第一光学仪器厂		31 426
2	北京光学仪器厂		25 976
3	上海精密科学仪器公司		20 077
七	流动资产周转率	%	0.89
1	苏州第一光学仪器厂		1.80
2	梧州市光学仪器厂		1.58
3	重庆光电仪器总公司		1.52

市场及销售　1996年光学仪器出口量较多的产品是望远镜、显微镜、水准仪。由于乡办和个体企业也相应加大出口量，使机械工业部系统的出口基地企业和扩大出口企业的出口量有的比上年略有下降。但出口中、高档显微镜企业如重庆光电仪器总公司出口交货值比上年增长37%，出口创汇比上年增长44%。

光学仪器企业大多都在较艰难的情况下生产，好多产品供大于销。但很多企业都在管理、开发和质量上下功夫，积极打入国际市场，使企业生产的产品出口比重明显加大，广州光学仪器厂出口值占销售值的88%，梧州市光学仪器厂占86%，重庆光电仪器总公司、宁波光学仪器厂和江南光电（集团）股份有限公司等出口值都占销售值一半以上。光学仪器企业都在原有基础上寻找新的增长点。江南光电（集团）股份有限公司与日本尼康公司合作生产YS2显微镜，通过TUV、CF、UL认证，具有90年代国际同类产品水平，当年就出口供货1 000万元，使公司工业总产值比上年增长32.64%，销售收入比上年增长19%。新天精密光学仪器公司开发天文、单筒、双筒、折叠式、变倍式望远镜共7种产品，达到月产8 000余架，使公司工业总产值比上年增长70.8%，销售收入比上年增长12.8%，出口创汇比上年增长20%。苏州第一光学仪器厂1996年以技贸结合形式引进瑞士莱卡公司1 600测距仪的装配和检测技术，形成新的增长点。总之，光学仪器企业在困难中寻找机遇，通过出口、挖潜、扩大系列、产品调整、加强服务等方式，千方百计增加产值。详见表11。

新技术及科研成果　1996年完成新产品情况见表12。

表11　1996年机械工业部光学仪器出口基地企业和扩大出口企业完成出口情况

出口企业名称	出口交货值（万元）		出口创汇（万美元）	
	1996年	比上年增长%	1996年	比上年增长%
一、基地企业合计	8 782	−13	1 105	−7
1. 江南光电（集团）设备有限公司	4 568	−25	598	−16
2. 上海光学仪器有限公司	935	56	112	58
3. 江西光学仪器总厂	3 279	−3	395	−3
二、扩大出口企业合计	9 410	−6	1 142	−5
1. 重庆光电仪器总公司	3 663	37	441	44
2. 宁波光学仪器厂	1 677	−22	210	−21
3. 广州光学仪器厂	2 512	−14	302	−10
4. 梧州市光学仪器厂	1 558	−32	188	−32
总计	18 192	−9	2 247	−6

表12　1996年完成新产品情况

序号	产品名称和型号	完成单位	备　注
1	JP3激光扫平仪	苏州第一光学仪器厂	获国家新产品证书
2	DSZ3自动安平水准仪	苏州第一光学仪器厂	
3	XSP-1100系列生物显微镜	梧州市光学仪器厂	获广西科技进步三等奖
4	XTL-2000系列连续变倍体视显微镜	梧州市光学仪器厂	通过市级新产品鉴定
5	YS2显微镜	江南光电（集团）有限公司	通过TUV、CF、UL认证
6	L2000A、L2003A、L2020A生物显微镜	广州光学仪器厂	申请外型设计专利
7	XDS-1倒置显微镜	广州光学仪器厂	获CE认证
8	ZV2-5系列防爆型磁电式编码器共4个系列、7种型号	长春第一光学仪器厂	通过省级鉴定
9	JD26 20M激光测长机	新天精密光学仪器公司	为三峡工程配套
10	JD27 12M激光测长机	新天精密光学仪器公司	为三峡工程配套

质量及质量管理　自1995年北京光学仪器厂率先一次顺利通过ISO9001国际质量管理和质量保证系列标准认证后，1996年苏州第一光学仪器厂通过了DNV（挪威船级社）ISO9001质量体系认证；广州光学仪器厂为适应大批量出口欧州需要，对许多显微镜产品的电器安全要求进行了CE认证，取得合格证书，从而使产品可贴CE标志；江南光电（集团）有限公司1996年开展“质量年”活动，积极组织ISO9000质量体系标准贯彻，实施质量赔偿法，开展和加强现场管理，狠抓“二级计量”验收工作，提高了广大员工的质量意识，为质量体系认证做好准备工作，梧州市光学仪器厂正在积极准备做好ISO9000质量体系认证的基础工作。

〔撰稿人：上海光学仪器研究所　张葆年、施治平　审稿人：机械工业部机械基础装备司　刘荣祥〕

五、试验机

生产发展情况　试验机行业有机械工业部归口企业29个，均为全民所有制，大行业企业有55个兼营生产不同种类的试验机产品。

试验机行业主要生产金属试验机、非金属试验机、平衡机、振动台、无损检测仪器、力与变形检测仪器、磨擦磨损、润滑与工艺试验机、包装件试验机、大型结构试验机、汽车专用试验设备，还包括各种环境模拟装置、各种功能附件等。目前品种已达1 000种以上。

1996年对试验机行业19个重点企业统计，全年完成工业总产值3.8亿元。其中汕头超声仪器研究所完成工业总产值为1.255亿元，全员劳动生产率为50万元/人；济南试验机制造总公司全年完成工业总产值为6 383万元，完成主要产品产量765台，完成工业增加值3 639万元，实现营业总收入9 227万元，实现利润37.2万元，实现利税524.4万元，全员劳动生产率达18 904元/人；上海申克试验机有限公司全年完成工业总产值为4 037万元，人均10万元以上，产量为638台。

市场及销售　1996年国内试验机销售难度仍很大，根据对试验机行业17个企业的统计，全年完成销售收入达4.115 6亿元，其中汕头超声仪器研究所销售收入达5 028.9万元，出口创汇360万美元；济南试验机制造总公司实现营业总收入为9 227万元，完成出口交货值为1 220万元；上海申克试验机有限公司销售额为4 470万元，出口销售收入达1 101.1万元。此外在出口创汇方面还有上海探伤机厂完成36.3万美元，上海材料试验机厂完成379万元，威海试验机厂完成100万元以上。山东莱州试验机总厂1996年出口各种硬度计1 322台，比上年增长了31%，出口交货值589万元。

新技术及科研成果　1996年试验机行业组织研制和开发了一批高新技术产品，长春试验机研究所研制开发了飞轮齿圈总成在线检测设备。该项目是国家“九五”30万辆轿车制造技术及关键工艺装备研究开发项目中提前启动的一个专题项目。该套设备由飞轮总成动平衡机、荧光磁粉探伤机、综合检测机和齿圈牢固度试验台共4台设备组成，技术先进，经用户试用，运转正常，使我国盘类零件在线检测仪器的技术水平达到了新的高度。汕头超声仪器研究所引进了美国ATL公司彩色多普勒超声显像诊断仪（彩色B超）制造技术，这是中国第一家引进当前国际先进彩色B超制造技术，将在汕头生产第一台中国彩色B超产品。上海申克试验机有限公司开发了YQZ-160型曲轴平衡机，该机具有自动定面、定位、定量平衡钻削曲轴的特点；开发了YAS-1000型电液式压力试验机，该机采用伺服控制，可连续100h加荷保持的特点；开发了195HBAD型立式平衡机，特点有除上、下料外，测量、铣削全自动，适用汽车行业等盘状零部件检测。同时，该公司还引进消化吸收了HTIB型硬支承平衡机等6种新技术产品并已投入生产。

新产品　1996年试验机行业据19个企业统计共研制开发新产品90余种，全部定型，绝大多数已批量生产。长春试验机研究所结合用户需要研制生产了3种新产品：(1) 旋转弯曲实物腐蚀疲劳试验机，该产品采用三套负荷伺服闭环系统，计算机控制和数据处理，可实现三点和四点弯曲试验，攻克了试样夹持、泥浆的旋转密封及试样试验控制精度等技术难关，成功地完成了试样24h的长时试验，该设备的研制成功为我国石油工业提供了可靠的试验设备。(2) 5000kN卧式拉伸、压缩试验机，主要用于测定金属棒材、板材及各种结构件的拉伸、压缩等机械性能的设备。该机采用主体框架式结构、液压加载、负荷传感器测力等技术，并具有X-Y记录仪及计算机接口，可自动记录负荷－变形曲线及试验结果数据处理。(3) 涡流、超声组合式自动探伤机，该机是国内首次研制成功的无损检测设备，可用于金属管、棒、线材的自动探伤。该机集涡流、超声之技术于一体，对探伤工件表面、近表面、内部及中心部位进行全方位探伤，并且检测速度高，整个探伤过程由微机控制，自动标定缺陷位置，及具有自动测长、自动分选、CRT成像显示、存储、打印等功能。

济南试验机制造总公司，1996年完成新产品开发27项，产值达721万元。该公司新产品开发具有以下几个特点：(1)技术水平明显提高。在完成的27个试验机新产品开发项目中，机电一体化产品占59%，申报部级新产品1项，省级新产品2项，国家新产品2项。攻丝扭转试验机研究项目获得济南市科技进步一等奖和山东省新技术进步二等奖。(2)开发速度明显加快。(3)为企业的发展带来了新的增长点，如电子万能系列产品等在公司全年生产经营计划中都占有了相当大的比重。

上海材料试验机厂1996年被评为“上海市高新技术企业”。该厂生产的HV-1000型显微硬度计和HVS-1000型数显显微硬度计被评为国家级新产品，并在此基础上完成了新一代功能结构HBE-3000型电子布氏硬度计和HRMS-45型数显表面洛氏硬度计，同时对HVS-1000CCD型全自动测量数显显微硬度计完成了整机调试。机电一体化的HBE-3000型电子布氏硬度计7台样机已全部售完，3台进入西欧和美国市场。

苏州试验仪器总厂注重新产品开发及老产品改造，1996年在电动台方面已全部由新产品替代了老产品，淘汰了陈旧的电子管功放，实现全晶体管，并向集成电路和计算机技术方面发展，产品的技术性能、结构、原材料消耗、整机外观和内在质量都有质的提高，受到用户好评。

广州试验仪器厂1996年完成了3种新产品，分别是：WE-100型液压万能试验机，TYE-300型数显压力试验机，TYE-300型数显式压力试验机。

质量及质量管理　长春试验机研究所质量检

测中心在1995年做好准备工作的基础上，于1996年元月完成和通过了国家技术监督局复检验收和计量认证工作，以此奠定了在试验机行业中开展质检工作的基础。该中心积极开展业务培训，全年分别组织了7人次参加ISO9000标准评审员的培训，计算机培训和工业X射线机等专业培训。同时1996年该中心还完成了国家技术监督局下达的全国平衡机抽检任务和省技术监督局下达的定期抽检任务，尽而推动了行业质量管理和产品质量的提高。

汕头超声仪器研究所是中国超声仪器行业、医疗器械行业第一家通过ISO9001国际认证的企业。同时1996年又顺利通过法国BUQI两次年度复查，得到了BUQI代表的高度评价。

上海申克试验机有限公司1996年继续抓好引进德国先进技术工作，借鉴国外科学管理经验，严格企业管理，强化内部质量保证体系，取得了国际权威认证机构德国莱茵公司颁发的ISO9001证书。

长春试验机研究所在标准化工作方面，以面向企业及行业开展标准资料的提供、查询、收集和交流，在试验机标准水平认证及产品型号命名与注册等工作中，受到机械工业部的表彰，1996年度被评为“机械工业‘八五’标准化先进集体”。全国试验机标委会经国家技术监督局批准，成功地进行了换届，成立了第三届全国试验机标准化技术委员会。

1996年按计划完成了机械工业部及国家技术监督局所下达的标准制、修订任务，完成国家标准4项，行业标准1项。国家标准是：机械振动轴与配合件平衡的键准则，橡胶塑料拉力、压力、弯曲试验机技术要求，维氏硬度计（小于0.2HV）的检验，标准维氏硬度块（小于0.2HV）的标定。行业标准：电液伺服万能试验机。

试验机行业的标准化工作，得到了机械工业部和国家技术监督局的认可，在国家清理整顿行业标准化组织并与国际组织相对应的工作中，于1996年11月23日举行了第三届全国试验机标准化技术委员会第一次会议，顺利地通过了机械工业部及国家技术监督局两级主管部门对试验机标委会的清理整顿和验收工作，保持了试验机标委会国家级标委会的级别和长春试验机研究所全国试验机标准化技术总归口的地位。

济南试验机制造总公司参加了质量保证承诺活动，实施创名牌工程。1996年公司参加了全省机械行业80个企业向社会的质量承诺声明活动。WAW-Y500、WDW-Y100E、TYA-300A及WE系列等试验机先后被评为国家名牌产品。

上海申克试验机有限公司1996年公司的质量工作和监检继续保持良好的状况，监检指标均达标。(1)通过样机和生产条件的考核分别取得了1995年新产品STV-1000、R13U的计量工具CMC生产许可证；(2)通过了上海机床工具有限公司和上海市计量管理监督检查，并获得好评，被评为1996年度质量工作先进企业；(3)国家级监检：HBAC立式平衡机2台，H3BU卧式平衡机2台，合格率均为100%，实物质量分别达到一等品和优等品水平；(4)上海技监局监检抽查：YA-300压力机1台，WE-600万能试验机1台，合格率100%。

技术改造　济南试验机制造总公司1996年进行了技术改造，为了产品关键件质量提高，引进了日本制造的大型立式镗铣加工中心。另外，公司的“九五”技术改造项目经过调整已被列入国家“九五”专项规划，导向计划书下达到省经委，待“八五”技改项目验收后即可实施（“九五”技术改造项目投资2 950万元，“八五”国家经委专项投资2 200万元），1996年基建项目投入1 000万元，1996年技改项目325万元，购置了生产所需要部分关键设备及仪器。

对外合作　上海申克试验机有限公司1996年进行了第二批技术引进项目工作，并委派5名技术人员赴德国接受第二期引进产品的技术培训。在加大引进吸收工作的同时，公司注意加快引进技术在各类产品的运用，即积极承接各类产品的改型及特殊设计工作，使得公司得到了许多市场需要的非标产品订单，弥补了标准产品销售不旺的状况，全年实现的非标产品设计、销售达54台，计985万元。

管理及改革　1996年试验机行业大部分主导企业已逐步向现代企业转变，主要体现在体制、机制、经营管理方面的改革有了新的突破，取得了长足的进步。汕头超声仪器研究所、济南试验机制造总公司和上海申克试验机有限公司，在管理与改革方面走在了试验机行业的前列。济南试验机制造总公司在深化企业内部改革，增强企业活力主要表现在三个方面：一是“科、教、工、贸”一体化，二、三产业并举，多元化经营的企业组织结构得到了进一步的完善，科研开发、教育培训、制造加工、经营贸易的整体实力有了明显的加强。1996年公司积极响应机械工业部关于打好“三大战役”的号召，结合公司“九五”发展思路，制定了《总公司“三大战役”实施方案》。其规模经济的优势有了充分的发挥，各独立核算单位都有了不同程度的发展。二是经济责任制得到了进一步完善。1996年公司内部经济责任制在“八五”经验的基础上，有了新突破，主要是技术部门的经济责任制有了较大的改进，针对技术开发的三个层次制定了不同的奖励办法，极大地调动了广大科技人员的积极性。另外对供应处车队，总务处托儿所和热处理中心实行了内部独立核算，也起到了十分明显的效果。三是，适时地推行了住房制度和医疗保险制度的改革。

长春试验机研究所在行业工作中1996年还完成了《试验技术与试验机》杂志四期及《试验机信息》的六期的出版发行工作。还积极组织开展试验机协会、学会秘书处日常工作。组织召开了1996年试验机行业经营工作会议、试验仪器分会换届大会和三届一次委员会会议、1996年试验仪器协会思想政治工作研讨会、无损检测仪器三级分会成立会议，充分发挥了长春试验机研究所主导所的作用。同时试验仪器分会被国家总会评为1996年先进分会。试验机学会工作被中国仪器仪表学会评为二等奖。

上海申克试验机有限公司为企业长远发展的需要，建立了计算机网络。1996年内完成了全部计算机网络的硬件设置，而且开发了财务、经营、供应、技术管理、劳资等方面软件，并得到了应用。相继建立了零件库、部件库、产品构成库、供应材料数据库、销售合同库、用户档案库、订货号注册库、库存号定义库、成本档案库等14个数据库。该公司拥有28台计算机，分布在管理部门，为实现计算机辅助管理迈出了坚实的一步，同时也为公司今后建立科学管理体系和高效率的管理体制打下了基础。

天水红山试验机厂在管理上下了功夫，加强成本核算和成本管理，实行了财务统管工作、对外设帐号、集中统一核算管理，理顺了大厂与二级单位的经济关系，使分管单位的经营活动及财务收支在受控状态下有序进行，保证了国有资产不流失。为提高技术部门适应市场的能力，对技术部门业务范围进行了调整，把以产品类别分散管理的设计、工艺部门重新组合，在科内推行课题组制，以项目负责人自愿组合，承接项目，先后开发了10t软支承动平衡机等新产品。

〔撰稿人：长春试验机研究所　李鸿仁　审稿人：长春试验机研究所　栾恩超〕

〔中国科学院〕

科研成果及新产品　1996年度中国科学院又有一批优秀的科技成果获奖。部分研究所在技术科学领域获得科技进步奖的成果情况如下。

中科院沈阳自动化所的获奖项目是大型铝厂分散型控制系统及计算机集成系统的研究与应用。该项目是国家"八五"重点科技攻关和科学院"八五"重点攻关项目，研制单位共投入60人协同攻关，以青铜峡铝厂为背景建立了一个三级分布式管理和三级分布式控制的多层次、多回路综合网络自动化系统。它主要包括铝电解分布控制系统、炭素回转窑集散型控制系统和决策支持系统等，共300多个网点、40多个工作站和500多个控制回路。采用了计算机集成技术专家系统、模糊控制等新技术，总体达到国际先进水平。该系统1994年底投入生产后，当年直接经济效益达2500万元(整个项目科研投资400万元)。其中铝电解节能效果达国际领先水平。由于该系统的使用，青铜峡铝厂1995年跃居全国500家综合经济效益最好企业第26位，项目部分成果推广至另外三个铝厂。

中科院沈阳计算所、电工所、自动化所共同申报的获奖项目是CNC高技术研究与高档数控机床控制系统。该项成果在高档CNC、高性能数字伺服和高精度光栅数字检测的系统设计与实现技术上有多项突破与创新，如32位多CPU系统结构，可靠性设计，支持32位的自主版权高档数控软件，数字化正弦波交流伺服驱动器，高指标调速范围、转速及分辨率，高精度光栅测距，均居国内领先水平，达到国际90年代前期同类产品先进水平，是我国"八五"期间在数控领域中取得的一项重大科技成果。该成果已小批生产并开始投入使用，并已取得显著经济效益，已部分进入国际市场，尚有较大潜在市场及进入国际市场的良好前景。

中科院自动化所获奖项目有2项：(1)RTGS大屏幕工业实时监控系统。它是由核心的MAG312智能图形处理卡、微机及应用软件组成，其创新之处是在微机中加入智能化图形处理卡及相应软件，可在DOS、WINDOWS以及实时多任务操作系统RMX下运行，由于MAG-312卡承担了全部复杂图形显示处理工作，与主机组成并行工作方式，解决了实时性、高质量图形显示、画面的快速切换，可以做超大图形的漫游和滚动。该系统操作简便，提供了全汉化监控组态工具，使用户无需繁琐编辑，使用方便。经863/CIMS专家组验收，该产品和技术达到国内领先水平。自1993年投产以来，中自集团已销售MAG-312卡220套，创产值189万元，其他用户使用该系统共创总产值1320万元，创利税663万元，经济效益、社会效益明显。(2)CA系列图像采集卡。该项目自80年代开始研制，至今已开发了黑白、伪彩色、真彩色卡共15种。图像采集卡是采集视频信号，经过A/D转换及传输等一系列处理，最终把图像实时显示在监视器上的图像采集系统中的关键器件。该项目在研制中解决了一系列技术难题，其中LUT和PCI总线技术达到国际先进水平，该系列产品的研制成功，对于推动我国实时图像采集及显示有重大意义。国家气象局曾利用该产品对大兴安岭森林大火作了有效分析。产品已批量生产，从1992年至今销售额达2 000万元。

中科院合肥智能研究所和合肥妇幼保健医院共同申报的获奖项目是ZCJ型智能产前监护仪的研制。该仪器在多床位中心监护、信号和信息处理技术、自动改良Fisher评分、专家知识系统辅助诊断技术的实现方面为国内首创，居国内同类产品领先水平。在试生产、销售、扩大临床试用范围期间，取得良好的经济效益和社会效益于1997年元月获得准字号生产许可证。

中科院近代物理研究所和冶金工业部兰州炭素厂共同申报的获奖项目是喷淋式高压静电沥青烟气净化装置。其特点是采用该项目首创的喷淋、降温、除尘工艺过程以及改善气流分布和宽间距、高电压控制技术，很好地解决了尘粒小的沥青烟气的除尘问题，除尘效率达到95%，居国内领先水平。该装置已用于兰州炭素厂的4台焙烧炉，沥青烟排放浓度低于环保要求的100mg/m^{3}限度，并取得利税160万元。该项目具有很强的实用性和明显的经济效益，推广应用前景良好，对推动我国的环境保护有很大影响。

中科院化工冶金研究所和经济日报社共同申报的获奖项目是JH939型大幅面台式图像扫描仪。该项目是一种数据、文字、图形及图像的快速输入，利用CCD线阵扫描和计算机技术，集光、机、电为一体化的高科技产品。并具有四开整版扫描幅面，并无需改动结构即可扫描反射稿和透射稿的特点；具有硬件消除条纹和轮廓锐化功能，保证了图像清晰、层次丰富；采用了台式结构，玻璃盖板压稿和日光灯光源。其结构简单，操作方便，价格低。该项目已在经济日报等3家报社使用，1996年收入达7 000余万元，并可推广应用于其他报业、书刊印刷业和光电录入行业，具有较大的经济效益和社会效益。该项目已达国际上同类产品的水平，填补了国内空白。

中科院电工所获奖成果有2项：(1)微米级电子束曝光机实用化。该项目以较少的经费，引进国外一台二手电子束曝光机和先进零部件，依靠自己的技术力量，对引进的机器进行安装、改造和升级。淘汰了能耗高，故障率高的磁盘系统，升级为高可靠、大容量的小型磁盘系统，并设计和加工4in掩模版夹，使之达到国外工业采用电子束曝光机水平。该机能制造6in掩模版或在5in硅片上直接曝光。工业性使用时，最小图形尺寸为1μm，实验使用时达0.5μm。典型生产率为每小时4～8块掩模版或硅片。该机移到生产线上一年多来，已为国内30多个科研院所、高等院校及厂家制造近450块掩模版，是一项投资小、起点高、见效快的项目。(2)西藏双湖25kW光伏电站。该项目是国家计委及电力工业部批准立项的电力建设项目，以解决偏远地区无电问题。25kW光伏电站是我国自建规模最大的，在世界海拔最高(5100m)、自然环境极端恶劣的交钥匙工程。其特点是系统设计合理，关键设备技术性能良好，电站控制系统工作自动化，设计建设规范程度高，安全可靠，易操作，解决了当地居民用电需要。此项目有极大的环境保护效益和社会效益。

中科院长春光机所获奖项目有2项：(1)500W、1 000W快速轴流CO_2激光器的研制。其样机的设计思想先进，结构合理。其中500W样机指标在水温(20±1)℃时，可500W连续工作8h以上，性能稳定可靠，功率稳定度达到±2%，居国内领先水平，其性能指标与国外器件水平相当；1 000W样机指标在水温(20±1)℃时，可在输出1 020W时连续工作8h以上，也居国内领先水平，与国外同类器件水平相当。上述两种型号激光器的关键元部件都是自行研制成功的，实现了全部国产化，大大降低成本，已经开始逐步占领国内市场。(2)JZJ-400型激光照排机。该成果是电子出版系统的关键输出设备，主要用于各类印刷厂、出版社、报社等编辑出版单位。该机分辨率高，定位精度好。该成果关键技术及创新点是：解决了多面体棱镜各面之间的塔差和轴字晃动对扫描精度的影响这一难题，研制了带有高精度编码器的高速电机，使轴系精度达到2″从而保证点阵信息精度；提高了版面重复精度，使版面重复误差小于0.12mm(国外同类产品0.15mm)可印刷彩色报刊，解决了行对齐精度，为满足不同用户需求，扩大用户覆盖面，采用多种分辨率，多种接口(可与国内外机种兼容)，便于用户更新换代，减少用户投资。其体积为同类进口产品的一半，重量只有进口产品的2/3，价格仅为进口的1/3。该成果主要指标达到国外90年代初水平，在国内居领先水平。该机已实现批量生产，两年多已在全国27个省市售出69台，销售收入927万元，利税185.4万元，用户反映良好。

中科院上海光机所的获奖项目是产品化20W铜蒸气激光器。该项目在“八五”国家攻关项目20W铜蒸气激光器工程化指标的基础上，进一步把工程化推向产品化，对20W铜蒸气激光器作了很大改进，大大提高了器件的稳定性、可操作性和实用性，性能达到美国同类产品的指标。已向国外提供了16台，向国内科研、生产和文化娱乐部门提供了系列产品8台，创产值424万元，初步实现了科研成果向生产力的转化。

半导体所的获奖项目有两项：(1)大功率量子阱激光器。大功率半导体激光器是量子阱结构的高载流子密度、高电流密度和高光子密度的光电器件。该项目在理论分析的基础上，研究掌握了相关的量子阱材料及MBE生长和器件工艺等关键技术，研制出瓦级输出的大功率半导体量子阱激光器。实现了室温下连续工作寿命4 000h以上，中心波长控制在4nm以内，其指标国内领先，达到90年代国际商用瓦级器件水平。该研究成果形成了年产1～2万只器件的中试生产能力，能批量提供商品并进入国际市场，仅1996年就向国内外市场提供7500余只器件，销售收入达200万元。该项成果填补我国在相关领域的空白，在推进我国的激光技术，以及在医学、国防和军工领域的应用中有极好的经济效益和社会效益。同时在激光物理、半导体超薄材料生长和量子阱器件物理方面具有很重要的科学意义。(2)1.48μm掺铒光纤放大器泵浦。其特点是用1.48μm泵源的光纤放大器有较高的功率输出，解决了液相外延生长、热沉、键合、端面镀膜与单膜光纤高效率的耦合等一系列关键技术问题，研制出功率在40mW以上(最高可达70mW)，波长在1.475μm～1.485μm之间，在20℃下的实测工作寿命已超过万小时。器件性能在国内领先，达到90年代初同类产品的国际水平。

中科院西安光机所的获奖项目是光纤传感测温仪。该测温仪是结合了非接触式测温方法和光纤传感器技术，实现快速、准确、实时测量温度参数。该测温仪利用了专用光纤作为辐射波的通道，使辐射波得到稳定的传输模式，从而得到较长距离的稳定输出；并采用双波长或3个波长以上的光谱作比较，替代传统的光学系统，简化结构，缩小体积。该所产品目前已形成系列，其中光纤传感瞬态高温测量仪于1992年通过鉴定。认为该仪器整体技术水平达到了目前同类仪器国际先进水平，取得了较大的社会效益和经济效益。

中科院光电所的获奖项目是25位绝对式编码器。该编码器提供一种高精度测角、测角速度的角度传感器。具有高精度、高分辨力、小型化等特点。其采用莫尔条纹技术获得高位数，实现2″细分的光栅信号，分辨力为0.039″，精度±1″，响应能力$\omega=100°/s$，测量重复性精度±0.3″，在经纬仪和双轴回转测试台上得到应用。未见相关研制报告和文献报告。主要指标居国内领先。达到类似编码器国际先进水平。

中科院沈阳金属所获奖项目是 WTNC50-70 无磁钻铤的研制。该成果为解决石油开采水平井、定向井的无磁钻铤国产化问题。技术创新点为：(1)无磁钻铤用钢的研制。合理利用国内富产资源，成分设计有独创性，钢的冶金质量优异、达到产品技术标准要求；(2)钻铤的生产工艺先进。其中锻造和机械加工等关键技术具有创造性。几年来研制的无磁钻铤在辽河、胜利、华北、新疆等油田使用效果良好，经受了定向及各种地层结构的钻井试验，无弯曲，磨损正常，所测井斜方向准确可靠，达到国际同类产品的先进水平。两年时间新增产值 1 579 万元，新增利税 581 万元，同时取代进口产品，节省外汇 140 多万美元，钻铤用钢已推广应用到无磁稳定器及测斜仪上。

〔撰稿人：中国科学院应用研究与发展局　刘昱　审稿人：中国科学院应用研究与发展局　马雄鸣〕

〔电力工业部〕

生产发展情况　电力工业部系统生产专用仪器仪表的企业共 6 个，全部是国有大中型企业，有职工人数 4 425 人，工程技术人员有 1 021 人，占总人数的 23.1%，是电力部机械行业科技人员比重最大的行业，其中：武汉电力仪表厂和扬州电讯仪器厂科技人员分别占总人数的 19%和 31%。1996 年共完成工业总产值 3.6 亿元，工业增加值 1.4 亿元，全员劳动生产率达到 31 881 元/人，比国家规定的标准值 6 205元/人高 4 倍多。南京电力自动化设备总厂完成出口交货值 27 万美元。

1996 年，专用仪器仪表的制造企业生产发展的主要特点是：坚持科技是第一生产力，提高科技人员的创造性和积极性，为仪表业的发展打下人才基础。

1996 年完成的重大生产任务有：为兰炼工程制造的 WBX 变电站微机自动化仪器仪表系统，抢修神头电厂烧坏的变电站，以上均是南京电力自动化设备总厂完成的。

采取的重大措施是：加强市场营销，全面推行销售风险全额承包；加快技术改造和新产品开发步伐，促进产品系列化和规模经营的形成；加强企业管理，使产销各环节保持良性循环，在技术和工艺、质量上予以保证。

专用仪器仪表的企业，经济效益在电力工业部制造企业中一直名列前茅。南京电力自动化设备总厂工业经济效益指数高达 167%，比上年同期增长 36 个百分点；武汉电力仪表厂达到 122%，比上年同期增长 17 个百分点。

产品分类及产量　由于市场竞争的激烈，各种屏、柜、表、盘的产量比 1995 年下降了 21%；并且订货周期越来越短，给均衡安排生产造成了困难，有的仪表产品，当月订货，当月要求交货。各企业均采取了强化生产调度指挥系统，严格生产工艺，确保产销结合好。产品分类产量情况见表 13。

表 13　产品产量情况

产品名称	单位	产量	比上年增长%
土工大坝仪器	台	7 495	5
测试仪表	台	434	32
各种屏、柜	面	425	－21

市场及销售　1996 年各企业在当年度普遍抓紧了营销工作。襄樊电力设备厂的产品——合成绝缘子，产销量市场占有率占有较大份额，被湖北省政府授予第一批精品名牌产品，盘柜量也成为鄂西北地区最大的生产企业。

扬州电讯仪器厂增加和培训了销售人员，产品遍布全国，西北、华东市场份额很大。

秦川电站仪表厂，地处西北，他们充实销售队伍，组织人员催收货款，缓解了资金周转紧张局面，并完成了销售 11 类产品，286 台（套）任务。该厂为电站配套热工自动化仪表产品，有很好的市场声誉。

南京电力自动化设备总厂，建立销售网络，增强服务功能，建立了东北、华北、西北、华东、华南、西南六大区销售服务网点，形成了以总厂为大本营，覆盖全国市场的网络体系，全年实现销售收入 2.2 亿元。该厂还十分重视产品在国际市场中的销售，1996 年销往马来西亚、巴基斯坦专用仪器仪表 10 套，创汇 27 万美元。详细情况见表 14。

表 14　1996 年国内、外销售情况

企业名称	销售收入（万元）	销售税金及附加（万元）	对外销售产品	出口额（万美元）
南京电力自动化设备总厂	21 798	146	集成电路发电变电保护	27
北京电力自动化设备厂	1 599	10		
武汉电力仪表厂	3 198	25		
秦川电站仪表厂	950	4		
扬州电讯仪器厂	4 163	42		
襄樊电力设备厂	3 825	76		
合计	35 533	303		27

新技术及科研成果 1996年科研重点放在机电仪一体化产品上，为促进产品系列化和规模经营的形成，各企业在新技术、新工艺、新材料方面做了大量工作。襄樊电力设备厂与大专院校挂钩，结合该厂的三种配方材料进行试验、改进，从中重新组合成两种新配方，在原材料不增加的情况下，各项性能、工艺质量均有提高，尤其是伞盘的撕裂强度达到7000N/m—8000N/m，此项技术在国内处于领先水平。

北京电力自动化设备厂，为使工艺水平上台阶，从美国引进了数控冲床，从比利时和意大利进口了数控弯板机和无伤点焊机等先进设备，从而保证了产品质量。

秦川电站仪表厂，完成了CRT实时监控系统在补给水程控系统中的应用科研技术。

新产品 1996年专用仪器仪表企业共完成新产品59项，电力工业部鉴定了15项。

南京电力自动化设备总厂年初制定新产品计划52项，已鉴定10项。铁路、电站用线路保护仪器与元器件保护专业共鉴定4项，取得良好的社会效益。

扬州电讯仪器厂，以新产品求发展，在人、财、物上为新产品研制开绿灯，在政策上给予倾斜，4个新产品完成了样机，具备了鉴定条件。

武汉电力仪表厂完成了5项新产品的小批量生产、设计任务、文件资料配套工作，使全年新产品产值占全部工业产值的40%以上。

秦川电站仪表厂的GDL1型交流低压配电柜样机，于1996年8月完成，10月通过全部型式试验。

基本建设及技术改造 1996年共完成固定资产投资额1 676万元，其中：技术更新改造投资完成1 181万元，占70.5%。

南京电力自动化设备总厂的电力系统主设备微机保护检测项目，被国家经贸委列为第二批“双加”项目，总投资4 700万元，已批准开工。该厂当年还投入300万元对新装配大楼的配套设施，完善和增加配套设备，保证了正常生产。

襄樊电力设备厂共进行大小技术改造6项，开发新产品12种，投入80万元。

对外合作 武汉电力仪表厂与美国哈德威公司合资组建了武汉哈德威公司，专门对电厂用录波屏产品进行消化吸收，已试生产了小批量产品。

南京电力自动化设备总厂与英国科尔曼公司合作开发电站专用仪器，与ABB公司的合资仍在洽谈中。1996年4月份该厂取得了外贸进出口权。

管理及改革 加强行业管理及改革的措施有：(1)走高新技术的道路。襄樊电力设备厂在全国率先开发生产的高电压系列合成绝缘子产品，填补了国内空白，并成立了技术开发公司，建立计算机网络，进行技术开发，科技协作，为企业发展提供技术保障；南京电力自动化设备总厂将成立科技开发中心，保证产品开发和国际先进水平的看齐。(2)强化质量管理，努力提高产品质量。集中体现在各厂重视ISO9000质量认证工作。扬州电讯仪器厂按ISO9002标准编写了《质量保证手册》和《程序文件》，并发布运行；襄樊电力设备厂通过了ISO9000认证，导入CI，实施名牌战略；北京电力自动化设备厂严格按国标，部标进行设计，严格电子元器件的测试，筛选；武汉电力仪表厂举办了ISO9000体系内审员和中层以上干部培训班，为质量取证作了准备工作。

〔撰稿人：电力工业部　张海青　审稿人：电力工业部　王　昀〕

〔责任编辑：王亚水〕

专用仪器仪表

〔中国石油天然气总公司〕

生产发展情况 1996年中国石油天然气总公司系统生产石油专用仪器仪表的企业有5个，职工总数9 119人，主要生产石油地震勘探仪器、测井仪器、钻采仪器和油品分析仪器四大类产品。

1996年，完成工业总产值33 096万元，完成各类石油专用仪器仪表28 247.5台（套），检波器700 566支，仪器配套件326 321支。

1996年，中国石油天然气总公司石油专用仪器仪表销售收入33 357万元。

科研成果及新产品 1996年中国石油天然气总公司共完成专用仪器仪表新产品鉴定13项。由西安石油勘探仪器总厂研制的YWZ240无线遥测地震仪具有73MHz～80MHz可使用频带，主要用于丘陵和水网地区的二维、三维勘探，中心站CU和采集站TSU之间以无线或有线方式混合使用。中心站主系统240道，最大可扩展到1000道，可用1、2、4ms采集，系统操作方便，软件功能强，建排灵活适用，稳定可靠，达到国外90年代初期同类产品的先进水平。该厂还研制了SSQ-B数控射孔取芯仪，主要用来进行套管井射孔和裸眼井取芯的地面控制设备。该设备配用先进的工业控制计算机进行控制，在主机控制下，可以进行磁性定位器，电极系、自然伽玛下井仪器的测井，并同时记录显示曲线，对数据进行处理与标准曲线进行对比，确定射孔和取芯位置后，进行射孔和取芯工作。

管理及改革 经过一年多的努力，西安石油勘探仪器总厂于1996年8月通过国际挪威船级社的质量认证，使工厂的质量管理同国际质量管理和质量保证标准接轨。

〔撰稿人：中国石油天然气总公司　刘津生　审稿人：中国石油天然气总公司　赵光理〕

〔国家地震局〕

生产发展情况　1996年国家地震局系统从事地震仪器生产的企业有7个，职工人数800多人，拥有固定资产2 000多万元，主要产品有：测震仪器、形变测量仪器、地下水动态及地球水化学观测仪器、地磁地电观测仪器、重力观测仪器、地应力观测仪器、地震仪信号传输设备等。

新产品　1996年通过国家地震局鉴定的产品主要有：国家地震局分析预报中心研制的DFG-B型智能汞量测试分析仪。该仪器是专门为地震监测汞气异常变化而研制的智能测汞仪，并且具有较强的扩展使用功能，进行水化学参数的测量，地下流体参量的测量和有线无线传输等。主要技术指标：检出限：0.008ng汞，灵敏度：0.008ng汞，精密度：≤2.5%，稳定度：≤0.002A/60min。该仪器将应用于地震监测预报部门、环保监测部门、自来水公司水质检测、石油、地质部门等。该项研究在总体水平上达到国内领先水平，部分指标达到国际先进水平，并为推动地下流体基础理论研究作出贡献。

〔撰稿人：国家地震局计划财务司　武守春　审稿人：国家地震局计划财务司　赵和平〕

〔煤炭工业部〕

生产发展情况　煤炭工业系统机械制造行业中，生产煤矿安全装备的骨干重点企业有13个，其中大二型企业3个，中一型企业2个，中二型企业7个，小型企业1个。据1996年统计，年末职工人数为14221人，工程技术人员1 093人，占职工总数的7.7%。拥有固定资产54 953万元。生产煤矿安全仪器、仪表296 770台（套），比上年增长32.7%；矿灯228.2万盏，比上年增长19%。完成工业总产值（1990年不变价）59 329万元，比上年增长37.5%。完成工业增加值12 154万元，比上年增长9.3%。

市场及销售　由于煤炭行业提出先安全后生产的方针，依靠行业政策支撑的安全仪器市场十分活跃，促进了煤矿安全仪器迅速发展，在市场调节下，买方由统购统销向自由选购转变，卖方由杂乱无序向定点生产、集团销售过渡，因此1996年各个企业都不断改进和完善销售手段，扩大国内市场，同时争取产品出口，使1996年的销售情况好于往年，无论是销售收入还是定货合同额在上年的基础上都有所增加，实现销售收入55 257万元，比上年增长27.7%，完成出口交货值9.5万美元。

新产品　1996年部分重点生产企业为满足市场对各种性能的新产品的需求，采用新技术，研制出高新技术产品避免市场上低价位、低水平的重复竞争。重庆安全仪器厂研制的AHK-3型正压空气呼吸器，达到国内同行业先进水平，已通过省级鉴定；KCJ95型高低浓瓦斯传感器，经省级鉴定同样达到国内同行业先进水平。贵阳矿灯厂开发了新产品KS10H少维护矿灯已通过省级鉴定，比老产品的外观、照度、寿命、安全性都提高一个等级。抚顺安全仪器厂承担了国家重点技术开发项目——正压式氧气呼吸器的开发，已开始实施生产完全国产化产品进入市场。

重庆安全仪器厂与德国德尔格公司达成BG4正压氧气呼吸器技术合作协议，其生产的产品是世界上唯一获得EN4（欧共体）及NIOSH（美国）两种质量认证的产品，技术性能处于世界先进水平。协议先由德方提供散件组装，生产能力100台/月，其中气瓶已实现国产化，第二步将逐步实现零部件国产化。

管理及改革　生产煤矿安全仪器的企业已实行行业管理、定点生产、年度统一进行考核，优胜劣汰，1996年又成立了煤矿安全仪器装备集团公司，生产企业自愿参加，按地区下设分公司，对集团所属企业统一销售，定点服务，形成集团优势，扩大了产品市场。1996年进行了两次质量抽查，煤矿仪器仪表6个企业、9种产品抽查合格率56%，复查后全部合格。根据煤炭部煤科教字（1997）第67号文“关于颁发1996年煤机产品生产许可证”的通知，获矿用安全帽灯生产许可证的企业有4个。

〔撰稿人：中国煤矿工程机械装备集团公司　孙晓华　审稿人：中国煤矿工程机械装备集团公司　薛际贵〕

〔责任编辑：王亚水〕

教学仪器设备

〔国家教育委员会〕

生产发展情况　1996年全国共有457个工厂承担了教学仪器设备生产任务，比上年减少了3.9%；1996年全行业职工平均人数为33 432人，比上年增加了3.3%，其中工程技术人员3 671人，占11.0%，比上年减少了1.7%；固定资产原价为68 945万元，比上年增加了26.4%；1996年全行业共完成工业总产值（不变价）147 110万元，比上年增长23.7%，其中教学仪器设备总产值110 664万元，比上年增长34.2%；利润总额完成10 049万元，比上年增加了2.6%；税金总额完成10 490万元，比上年增加了78.5%。

教学仪器设备全行业1996年实现的主要经济指标：工业产品销售率为97.09%，低于全国标准值；工业资金利税率为14.69%，高于全国标准值；工业增加值率为36.27%，高于全国标准值；工业全员劳动生产率为15 993元/人，高于全国标准值；工业成本费用利润率为8.15%，低于全国标准值；流动资产周转率为1.33次，低于全国标准值；工业经济效益综合指数为117%。

完成教学仪器设备产值1 500万元以上的省市有：北京市、河北省、辽宁省、上海市、江苏省、浙江省、安徽省、福建省、江西省、山东省、宁波市、河南省、湖北省、湖南省、广东省、四川省、陕西省。

市场及销售 1996年产品销售收入为133 037万元，比上年增加了19.2%；出口交货值为2 363.9万美元，其中教学仪器1 346.6万美元，比上年增长了2.8%。按产品大类分有生物标本、模型、玻璃仪器、教学专用仪器设备等。产品主要出口到秘鲁、苏丹、哥伦比亚、泰国、日本、美国、沙特阿拉伯、马来西亚、阿联酋及台湾等二十多个国家和地区。

新技术及科研成果 1996年国家教委教学仪器研究计划共编入9项科研项目，其中属高教物理仪器的1个，电子技术方面的1个，电教、计算机方面1个，小学及其他方面的6个。全年有9个列入国家教委计划的研究成果通过鉴定。

新产品 1996年主要的新产品有：(1) 传感器演示系列，南京林业大学设计制造。该演示系列采用六块演示板，可演示气体烟雾报警、局部环境的恒温控制、光控门铃、磁控指示灯等内容，演示现象清晰，便于操作和携带，适用于教学。主要技术参数：应变传感器为工作电压6V，响应时间<2s；湿敏传感器为工作电压±12V，响应时间<10s；磁敏传感器为工作电压4.5V～5V，响应时间<2s；光敏传感器(门铃式)为工作电压直流6.3V，响应时间<2s；气敏传感器（报警式）为工作电压交流220V，响应时间<5s；热敏传感器为工作电压直流15V或交流220V。(2) 物理实验计算机接口系列及计算机辅助教学系统，中国教育电子公司、国家教委教学仪器研究所、淮北煤炭师范学院设计制造。该项目为“八五”国家科技攻关项目中的子课题，该产品为一种智能化物理教学仪器，可用于实时采集、处理实验数据、验证有关公式和定律，完成一些常规仪器难以完成的力、电、声、光、热学实验，从而提高了实验过程中观察、记录、分析瞬态值的能力，提高了实验教学效果。主要技术参数：完成力学实验8个，电学实验5个，声学实验3个，光学实验1个，热学实验1个及示波器实验2个。(3) 汉语拼音标准发音示教板，国家教委教学仪器研究所、上海市教委教育技术装备部、镇江电子工业供销总公司设计制造。该产品采用大规模语音集成电路的存储和读取技术，汇集了声母、韵母和整体认读音节，还配有全套字母和整体认读音节的字形、书写方式和笔顺以及发音口形和发音要领。主要技术参数：示教仪汇集了23个声母、24个韵母和16个整体认读音节，放音信噪比≥60dB，集成电路存储容量120s，输出功率3W、8Ω，电源直流12V。(4) 中小学劳技课综合操作台，国家教委教学仪器研究所、湖州育才总公司教学器材厂设计制造。该操作台可满足劳技课堂教学的需要，是使劳动技术课全面走向统一化、正规化、课堂化的有效手段，对减轻教师负担、提高教学质量，都有一定促进作用。主要技术参数：小学型，能满足工艺制作、缝纫与裁剪、木工、金工、烹饪和洗涤6个专业29个技能点；中学型，能满足工艺制作、缝纫与裁剪、木工、金工、电子、电工和烹饪7个专业36个技能点。(5) 同平面内力偶等效定理演示仪，海军潜艇学院设计制造。该仪器可演示大学物理课或理论力学中“力偶等效定理”，仪器用透明有机玻璃制成，原理透视清晰，现象重复性好，便于多数学生同时观察，移动方便，符合演示实验仪器的要求，改变了用漂浮在水面上的浮块承载的两根条形磁铁磁板间相互作用形成力偶的传统的演示方法。主要技术参数：喷管质量远小于浮盒质量(喷管质量≈12g)，喷管喷水时间≮30″，力偶喷管两端喷水圆孔直径相等∅0.3mm。(6) 电路分析计算机综合演示测试系统，北京理工大学设计制造。该测试系统可完成“电路分析”中弱电的全部实验内容，使CAD或CAA一起用于教学实验，可起到相辅相成，相互验证，教学实验进入计算机实用阶段。主要技术参数：硬件漂移<3BIT，放大最小不失真信号>20μV，放大器非线性误差不大于满度值的2%，输入阻抗≥10MΩ，正弦波失真≥0.5%，中心频稳度0.001/h、±3℃，A/D系统误差<2‰FS，AD卡启动方式为程序启动，输入通道数：双端16路、单端32路。(7) EDSTAR视听多媒体教学信息网络系统，中国深圳教育企业总公司设计制造。该项目为国家科委火炬计划项目。该系统针对中小学教学需要，为学校提供电脑教学、语言学习系统及多种媒体的教学手段，主要可提供4个媒体的平台，具有功能完整的影视网络系统、语言学习系统功能、电子黑板功能及键盘封锁、屏幕调阅和转播功能。

技术改造 1996年技术改造更新措施投资计划为2 000万元，实际完成了830万元。

质量及质量管理 (1) 1996年共安排了104种877个教学仪器产品的质量监督检测工作，由国家教委教学仪器研究所及各检测站承担检测工作。年平均合格率为87.30%。(2) 规范了产品监督检测办法，减小“逃检”的可能性，并对123种产品开展了补检工作，补检合格率为86%。(3) 拟订了《统一检测和分散地方检测产品目录》，以减轻工厂产品检测的负担，并充分调动各地方对产品质量监督检测的积极性和潜力。(4) 加强全国教学仪器设备供应工作会上的检查力度，对查出未参检、无证、未上目录的产品的厂家予以处罚。(5) 开展了生产许可证复查换证工作，对10个工厂的12个产品组织了工厂复查和产品检测。

管理及改革 (1) 拟定了《国家教委教学仪器设备生产定点厂管理办法》、《加强教学仪器设备行业管理工作的意见》、《教学仪器设备行业“九五”规划》。(2) 针对全国沿海经济发达地区及大中城市完成或即将完成九年义务教育装备达标的状况，提出了教学仪器工业生产向何处发展这一战略性问题。在调查研究的基础上，提出产品开发要以职业教育为重点的新方向，并研究探索开发国际市场的途径，为教学仪器行业发展国际市场提出新思路。(3) 召开了首届全国教学仪器设备供应管理工作座谈会，会议代表就市场经济条件下如何做好教仪产品的采购供应工作及各地区机构、经费、管理办法等方面进行了讨论和交流，代表们一致呼吁条件装备司加强供应工作的管理和指导工作。(4)进一步加强教学仪器设备流通领域规范化管理，对擅自盗用国家教委名义进行欺骗性宣传和误导用户的烟台麦特电子公司和深圳教育企业总公司进行通报批评。(5)制定了教仪新产品备案制度，使全国各地新产品开发情况有据可查。(6)为解决大型重点产品——语言学习系统关键件录音机和耳机话筒组的质量问题，赴芬兰、挪威进行了考察。并组织国内厂家对耳机话筒组进行攻关并取得成效，待全部检测结果明确后，将择优向全国推荐优质的耳机话筒组，并于1997年继续解决机芯问题。(7)成功举办了春、秋两季全国教学仪器设备供应工作会。两次会议总成交额5亿多元人民币。会议期间，分别召开了处长会和生产技术科长会，就有关问题进行了研讨。(8)赴奔西藏地区进行教育调研并写出了考察报告。(9)颁发了《教学用光学仪器通用技术条件》等6个教学仪器设备行业标准。

〔撰稿人：国家教委条件装备司　俞伟跃　审稿人：国家教委条件装备司　李兴植〕

〔责任编辑：王亚水〕

仪器仪表元器件

〔机械工业部〕

生产发展情况　机械系统仪器仪表元器件行业1996年共有企业33个，职工总数10 941人，完成工业总产值60 331万元，比上年增长6.3%；上缴利税2 655万元，比上年增长57%；完成产品产量达78 631.5万件。其中部分企业完成工业总产值及销售收入见下表。

襄樊仪表元件厂，在激烈竞争中求发展，生产稳定增长，实现工业总产值6081.2万元，比上年增长14.6%；实现利税523.3万元，比上年增长37.7%，其中利润66.7万元，在行业内处稳定增长的趋势。

三门峡仪电有限责任公司紧紧围绕“外拓市场、内降成本、优质高效、确保收入”的工作方针，积极调整策略，完成工业总产值(1990年不变价)1 241.6万元，实现利润5.2万元，主要产品产量392万件。

中国四联仪器仪表集团公司川仪六厂加大产品结构调整力度，取得了显著成绩，实现工业总产值8 926.94万元，比上年增长35.2%，实现利润424万元；川仪八厂积极主动开拓国际市场，1996年实现工业总产值1 732万元，产品产量2 818万件，配套产品11 491万件，实现利润56万元；川仪二十二厂在“抓产品、抓市场、聚人气、谋发展”的工厂方针指导下，实现工业总产值633.87万元。

1996年仪器仪表元器件行业部分重点企业完成工业总产值、销售收入(单位：万元)

重点企业名称	工业总产值			销售收入		
	1996年	1995年	为上年%	1996年	1995年	为上年%
中国四联仪器仪表集团公司						
六厂	8 926.9	6 600	135.2	4 895.4	4 800	102
八厂	1 732	1 500	115.5	1 482	1 400	105.8
二十二厂	633.9	690.2	91.8	5 06.6	459	110.4
襄樊仪表元件厂	6 081.2	5 306.5	114.6	4 535	4 446	102
三门峡仪电有限责任公司	1 241.6	788	157.5	921	687	134.1
青岛计数器厂	1 488	1 270	117.2	1 275	916.5	139.1

沈阳仪器仪表工艺研究所在以“向管理要效益、靠质量争市场、由服务取用户”的方针指导下，全所职工辛勤工作和努力拼博，出色地完成了1996年的各项任务，全所纵横向收入3 112万元，比上年增长32%，利润35万元，比上年增长35%。

市场及销售　1996年仪器仪表元器件行业生产经营抓机遇、调结构、强化经营管理，销售额保持了稳定增长，完成销售额51 349万元，比上年增长19.2%；出口创汇1 331万美元，比上年增长283%。

襄樊仪表元件厂1996年重点抓了市场促销售和强化货款回收，实现销售收入4 535万元，比上年增长2%。

中国四联仪器仪表集团川仪六厂加快产品结构调整步代，加快新产品的市场开发，集中全厂力量，重点抓能形成新的支撑点的大项目，实现销售收入4 895.4万元；八厂积极开拓国内外两个市场，努力寻找新的经济增长点实现销售收入1 482万元，其主导产品90%出口，出口创汇158.55万美元；二十二厂以市场为导向，努力调整产品结构，实现销售收入506.61万元，比上年增长10%。

三门峡仪电有限公司加强生产调度管理，完成销售收入921万元，比上年增长34.1%，实现利润5.2万元，比上年增长160%。

新技术、新产品及科研成果　1996年沈阳仪器仪表工艺研究所完成科研及新产品27项，其中：部计划2项，部军工项目2项，全部通过部级鉴定，其中部军工项目精密金属多层波纹管、微静压启动器，是航天工业、国防工业配套产品，解决了一些关键工艺，并已批量生产，在国内处于领先水平。部计划CFS-500城市供水、供暖计算机无线四遥调度系统、KCJ型小型台式自动捆钞机均为国内领先水平。

沈阳仪器仪表工艺研究所的小型扩散硅压力变送器、InSh霍尔元件、SG-75型扩散硅压力传感器分别被国家科委、计经委认定为1996年国家重点新产品。InSb霍尔元件及中试生产技术、大片硅杯研磨机、交叉布线厚膜温度网络器件分别获机械工业部科技进步一、二、三等奖；TMC温度控制仪表系列、温控器专用生产设备获沈阳市科技进步二等奖；扩散硅压力传感器系列、InSb霍尔元件开发及中试生产获国家计委、科委、财政部"八五"攻关重大成果奖。1996年技术成果申报专利3项，获专利权6项。

襄樊仪表元件厂积极开发新产品，依靠科技增效益，完成6项新产品，新产品收入507.92万元，占全厂收入的11.2%；推广应用新工艺4项，创造经济效益约50万元。

三门峡仪电责任有限公司1996年试制完成新产品KD6防护罩、KCD12、KD10B及6种产品改型，为公司今后的发展打下坚实的基础。

川仪八厂1996年被评为重庆市高新技术企业，优质蓝宝石-G系列产品被国家经贸委认定为国家级重点新产品。

川仪二十二厂以市场为导向及时调整决策，将开发新产品作为经济增长点，1996年三项新产品、一项新工艺通过鉴定，其中SBWR/Z温度转换模块可替代部分进口产品。

青岛计数器厂的J250-301型计数器和JQ014-A型计数器，722电子速率计数器三项新产品通过市经委组织的鉴定。

质量及质量管理 1996年全行业重点抓了贯彻GB/T19000（ISO9000）标准；学"邯钢"、降成本、增效益和质量体系认证工作。

襄樊仪表元件厂强化管理，向管理要质量、要效益，举办三期标准宣传、培训学习班，使主导产品库存抽查合格率达到100%。

青岛计数器厂通过进一步宣贯ISO9000系列标准，使产品交验合格率得到提高，710、711、721、722电子系列计数器通过了山东省采用国际标准验收小组的验收。

四联集团公司在下属企业中全面贯彻GB/T19000（ISO9000）标准，其中仪表六厂坚持以质量求生存，走质量效益型的道路，生产的厚膜通信专用电路质量可与国外高水平的同类产品相媲美，Y7365-RL-T2厚膜电阻在1996年机械产品质量等级评定中被评为一等品，1996年通过了ISO9001质量保证体系的复查；川仪八厂产品经过上级有关部门多次抽查，产品全部为合格品，并着手质量体系认证工作；二十二厂从采购材料到产品出厂都严格按工艺标准进行试制与生产，并采取不定期地召开质量分析会，充实质检队伍，严格把住产品质量关，仪表轴尖成品抽查合格率为98.02%。

三门峡仪电有限公司，针对公司的产品质量问题，召开了质量分析会议，制定了仪电公司质量管理暂行办法、技术人员产品分工包干办法、安装车间质量管理补充规定、模具验收规定等规章制度，使质量工作有章可循有法可依。

沈阳仪器仪表工艺研究所先后制定了外协件、外购件质量管理规定、质量奖罚条例、工艺纪律考核办法等文件，完善了质量保证体系，对质量检查员和监督员进行了培训，这些措施对提高产品质量起到了一定的保证作用。

技术改造 1996年，全行业固定资产合计35 968万元，固定资产原价合计45 254万元。

沈阳仪器仪表工艺研究所投资200多万元对敏感元件基地的空调、制水、气源、电源、土建等按进口设备要求进行了全面改造，为"九五"攻关项目的顺利完成打下了良好的基础。

川仪二十二厂加大科技投入，加速科技进步，投入44万元购置设备仪器和生产现场改造，增加有效面积270m²。

襄樊仪表元件厂自筹资金198万元进行生产线技术改造，购置设备，形成40万套组合件的生产能力。

管理及改革 苏州仪表元件厂面对激烈的市场竞争，从推行成本核算、价值工程入手，将企业机制的转变、产品结构调整、内部效益的提高同科学管理结合起来，促进了经济运行的良性循环，使产值成本率下降了2.8个百分点，通过采用价值工程，上半年降低成本44.43万元。

襄樊仪表元件厂完成了全员劳动合同制的劳动关系的转变，签订鉴证劳动合同829份，占职工的93%。学习邯钢降成本，主导产品的生产成本有所下降，其中KK400A以下产品的实际平均成本比目标成本降低21.9%；水电绝对消耗量下降，相对消耗量下降幅度显著，合计节约价值约73.25万元。

三门峡仪电有限公司为了促进企业逐步走上集约经营，规模发展的轨道，认真学习邯钢经验，深化企业改革，制定了"模拟市场核算、实行成本否决"实施方案，同时狠抓转换经营机制，完善了车间的承包考核办法，公司兼并了三门峡市长征电器厂。

川仪二十二厂在努力实现厂的奋斗目标中，切实作好"外抓市场，内抓管理"促进企业发展，努力降低成本，增收创收。对车间产品成本进行模拟核算力争低投入高效益，对设备（仪器）、工位器具进行定置管理，使之符合工艺要求，同时全厂还开展节支降耗活动，共节约资金10.35万元。

上海电光器件厂根据上海仪电控股集团公司安排，与上海雷磁仪器厂合并，成立上海雷磁仪器总厂，其电化学传感器部分划入总厂范围，电光源部分与中国电影器材公司合资成立上海电光器件有限公司。

1996年国家计委批准"九五"重点科技攻关项目传感器技术研究立项。该项目中的工程化项目、新产品开发项目均采用招投标方式进行。

国家仪器仪表元器件质量监督检验中心完成了1995年国家金属波纹管膨胀节监督抽查不合格企业产品复查；召开了国家金属波纹管膨胀节监督抽查总结及技术研讨会；完成了薄膜开关的行业检测工作和各种委托检测百余项。

完成国军标《军用电沉积波纹管通用规范》制定。

成立了机械工业仪器仪表元器件标准化技术委员会及传感器专业委员会、波纹管专业委员会。

仪器仪表工艺学会进行了换届选举，并举办了非球面加工技术研讨会。

传感器国家工程研究中心完成了1 500m² 综合楼土建工程；完成了进口设备的选型、询价、评估等工作；配合国家计委科技司确定了9个工程化研究项目。

〔撰稿人：沈阳仪器仪表工艺研究所　白春丽　审稿人：机械工业部基础装备司　刘荣祥〕

〔责任编辑：王亚水〕

仪器仪表材料

〔机械工业部〕

生产发展情况　1996年我国仪器仪表材料行业的工业生产从整体上看仍略有增长，但发展不平衡。据行业协会对45个企业的统计，1996年职工总人数17 320人，固定资产5.93亿元，工业总产值16.30亿元，实现利税1.45亿元，产品产量3 754t，比上年增长6.8%，出口创汇832.8万美元。出口产品有永磁材料、电真空材料、电阻材料、触点材料、白铜线、裸铜线、补偿导线、光学玻璃和石英玻璃等。

1996年27个主要企业工业总产值为15.11亿元，销售收入为13.47亿元，相对于上年均有所增长，其年增长率分别为6.6%和5.9%。详见下表。

传统的仪器仪表用合金材料，如测温、弹性、电阻、电热材料等，已基本上能满足仪器仪表行业的需要。天津德塔控制系统有限公司，该公司从5 000元起家，经过十年的艰苦创业、顽强拼搏，到1996年已发展成为年总产值达1.42亿元、年利润达1 823万元的企业，初步形成了规模经济，进入了良性循环的轨道，已将产品打入国际市场。该公司生产的控制电缆、电子计算机用电缆、耐高温电缆、防火电缆、安全电路用电缆及补偿电缆，获天津市人民政府授予的天津市1996年度优质产品称号，N型偶测温系统与五种专用型控制电缆均获联合国技术信息促进系统中国分部颁发的奖励。天津市电线总厂有职工1 051名，几年来，他们在经营管理上狠下功夫，迅速适应了社会主义市场机制，使产量、产值和销售额每年都有较大的提高，其全员劳动生产率已超过16万元/人。天长市仪表厂，由于经营有道、注重产品的开发和质量，因此生产和经营都发展很快，在全行业名列前茅，该厂生产的WR、WZ系列热电偶、热电阻被安徽省机电工业局评为"质量一等品"，隔爆铠装热电偶、热电阻获国家防爆站颁发的奖励。1996年9月，经安徽省经贸委批准，以该厂为核心的安徽天康集团正式成立，它的成立，标志着该厂向集团化企业迈出了可喜的一步。同年底，经国家经贸委等6部委的认真核实与审查，该厂又被确认为国家大型二档企业。上海合金有限公司全年生产各类仪器仪表用功能材料1 230t，其中，锰铜电阻合金丝、康铜电阻合金丝、铂铑30-铂铑b热电偶丝、铂铑10-铂热电偶丝、镍铬-镍硅热电偶丝、镍铬20电热合金丝、电阻温度计用铂丝、杜美丝8种产品获机械工业部优质产品称号，杜美丝还获上海市优质产品称号。该公司出口仪器仪表用合金材料，年创外汇80万美元。沈阳合金股份有限公司，因强化质量意识，注重产品质量，故其产品有较高的质量水准。1996年，经沈阳市技术监督局评审，该公司生产的新型火花塞电极材料（NCr3-2.5-1.8与NMn4-1）、纯镍线（N6）、显像管电子枪用发泡镍线（N14W、N26W、NI-GC（A）、NI-B、NMn0.2）和高强度耐蚀镍铜合金棒、白铜线、热电偶用一般补偿导线等均被评为优质产品。其中，白铜线已出口香港等地区，创汇25万美元。此外，1996年，许多中、小型地方集体所有制生产企业也获得了迅猛的发展，已成为仪器仪表材料行业的一支生力军。其特点是：经营机制特别灵活，专项产品发展很快。如常州特种电缆厂1996年生产补偿导线、控制电缆和计算机用屏蔽电缆近1 000kM，实现利润733万元。该厂生产的常燕牌特种电缆，于1996年12月被江苏省计划与经济委员会授予江苏省名牌产品称号。常州东方合金厂也有较强的实力，该厂主要生产合金丝材、双金属和银触头等产品。常州日新电缆有限公司系生产电线电缆的专业厂，生产的银鼎牌DXW型自限温伴热电缆被江苏省科委评为优质产品并获奖。江苏华宇电缆厂由于狠抓管理，注重质量，因此企业发展较快，另外武进市远东仪表材料厂和武进市电子合金材料厂等单位也有一定的实力，其1996年的年产值和年销售收入均在1 000万元以上。

磁性材料生产企业由于受到钴、镍等原材料涨价因素的影响，产品成本大幅度上升，生产效益普遍下降，大多数企业仍然处于困难时期，企业长期面临资金不足、市场疲软的严峻挑战。高性能的铁氧体、钕铁硼及特异性永磁的生产，依然处于小批量生产状态，至今尚未形成规模生产能力。在产品质量、品种、技术水平方面，四川仪表十九厂、上海磁钢厂仍居国内领先地位；但在产值、产量、经济效益方面，

1996年仪器仪表材料行业部分企业完成工业总产值与销售收入 （单位：万元）

序号	企业名称	工业总产值			销售收入		
		1995年	1996年	增长%	1995年	1996年	增长%
1	天津市电线总厂	14 003	17 000	21.4	14 675	17 845	21.6
2	上海合金有限公司	16 253	14 971	−7.9	15 193	15 387	1.4
3	天津德塔控制系统有限公司	11 507	14 153	23.0	10 093	12 212	21.0
4	天长市仪表厂	10 086	14 019	39.0	9 140	12 888	41.0
5	杭州永磁集团公司	10 519	12 980	23.4	10 745	11 024	2.6
6	常州特种电缆厂	7 500	8 100	8.0	7 250	7 500	3.4
7	常州市东方合金厂	8 606	7 153	−16.9	7 353	6 250	−15.0
8	川仪自控现场仪表分公司	6 108	5 314	−13.0	8 881	6 616	−25.5
9	四川仪表一厂	4 777	4 591	−3.9	3 202	3 208	0.2
10	沈阳合金股份有限公司	5 680	3 627	−36.1	5 026	4 880	−2.9
11	安徽新星仪表线缆厂	1 800	2 228	23.8	1 750	2 165	23.7
12	东海磁钢厂	2 577	2 161	−16.1	2 122	2 764	30.3
13	常州日新电缆有限公司	1 991	1 920	−3.6	1 686	1 981	17.5
14	四川仪表十九厂	2 033	1 733	−14.8	2 380	2 123	−10.8
15	江苏华宇电缆厂	1 113	1 500	34.8	1 051	1 350	28.4
16	武进市远东仪表材料厂	1 100	1 307	18.8	893	1 125	26.0
17	上海磁钢厂	2 176	1 299	−40.3	2 301	1 383	−39.9
18	舟山市千岛磁钢厂	1 680	1 290	−23.2	1 344	1 169	−13.0
19	武进市电子合金材料厂	1 013	1 196	18.1	912	1 123	23.1
20	沈阳星光北方工业陶瓷有限公司	938	986	5.1	1 087	607	−44.2
21	天津市自动化仪表八厂	1 063	941	−11.5	933	787	−15.6
22	青岛磁钢厂	1 045	827	−20.9	897	807	−10.0
23	湖州自动化仪表有限公司	771	731	−5.2	672	745	10.9
24	川江仪器厂磁材分厂	718	668	−7.0	498	464	−6.8
25	湖州晶鑫合金厂	257	310	20.6	350	278	−20.6
26	成都光明器材厂	21 904	24 910	13.7	12 533	12 788	2.0
27	上海新沪玻璃厂	4 500	5 191	15.3	4 139	5 188	25.4
合计		141 718	151 106	6.6	127 106	134 657	5.9

杭州永磁集团公司等企业却占有明显优势。总之，各磁性材料生产企业的发展也是很不平衡的。四川仪表十九厂1996年完成生产包括Ⅱ类、Ⅲ类、Ⅴ类、Ⅷ类磁钢和铁氧体在内的各种永磁材料共176t，产值1 467万元。他们还在引进部分永磁生产设备的基础上，进一步开发了高性能铝镍永磁，并出口日本、新加坡等国，取得了创汇58.44万美元的好成绩。这个厂生产的LNG37和LNG38铸造铝镍钴永磁获得了四川省机械厅授予的优质产品称号，汽车、摩托车配套用的高性能铁氧体永磁获得四联集团公司颁发的科技进步二等奖。上海磁钢厂1996年生产各类磁钢78t，并将产品打入国际市场，出口意大利、瑞士、韩国、德国和香港等国家及地区，创汇15.6万美元。该厂生产的牌号为LNG37、LN10、FLNGT28和LNGT60四种永磁合金通过评审，被确认为优质产品。此外，该厂还十分重视科研成果的推广应用，因此，作为该厂科技成果之一的"单相电度表用轴承组件"项目，仅在1996年就取得了实现销售收入226万元、利税67万元的好成绩。另外，已改制为杭州永磁集团有限公司的萧山磁钢厂，由于重视产品质量，注重高性能磁钢的开发，强化管理机制，目前已发展成为我国铝镍钴永磁最大的生产基地和浙江省"五个一批"重点企业之一。该厂年产铸造、烧结铝镍钴磁体1 000t，烧结、粘接钕铁硼磁体100t，主导产品国内市场占有率高达50%左右，已广泛应用于仪器仪表、电机电声、自控装置、国防军工、航天航空等领域，并远销欧美、日本、韩国、东南亚国家，1996年取得了出口创汇160万美元的优异成绩。

光学玻璃生产企业的生产阔步发展，前景相当乐观。从行业两家光学玻璃生产企业上报的有关资料可看出，成都光明器材厂与上海新沪玻璃厂依然保持着良好的发展势头。这两个厂1996年的工业总产值比上年分别增长了13.7%和15.3%，而且他们还将光学玻璃、石英玻璃等出口韩国、日本、美国和香港等国家及地区，取得了出口创汇的好成绩。其中，成都光明器材厂1996年创汇高达485万美元。尤其是，近几年成都光明器材厂发展迅速，已成为我国最大的光学玻璃生产基地之一，1996年工业总产值达2.5亿元，利润总额达2 400万元。此外，该厂1996年共获市级以上的各种奖励17项。包括省政府授予的“八五”军民结合优秀企业称号、市政府授予的四好企业、成都工业企业五十强称号及兵器工业总公司授予的先进企业的称号等。

科研成果及新产品 1996年全行业承担或完成科研成果与新产品项目共58项（含跨年度项目13项)。其中，行业归口单位重庆仪表材料研究所开展科研项目24项，按计划完成11项，结转到1997年13项。完成项目的鉴定验收工作全部于1996年12月底前结束。在1996年鉴定的项目中，主要有：(1) 核级小惯性铂电阻温度计是为P-300援外工程而研制的，系用于测量核电站反应堆冷却回路系统温度的IE级核安全仪表。该项目的完成成功地解决了双元件、快响应、抗水流冲击等技术难题，其性能指标达到国外同类产品90年代初先进水平，居国内领先地位。(2)堆芯温度测量用铠装热电偶亦系中国原子能工业公司P-300工程中的一个子项，产品主要用于核电站反应堆芯温度测量，其长期稳定性、分散性和精度等指标达到国外90年代初先进水平，居国内领先地位。以上两个项目的完成进一步加强了该所在测温技术方面的优势，并使该所成为目前国内唯一能够生产IE级铂电阻和热电偶温度计的单位。(3)航空发动机用高性能隔热涂层用氧化锆空心球形粉的研究项目，受到专家好评，并有较好的技术、经济发展前景。该项目的完成拓展了该所的专业技术领域，使该所在精细陶瓷方面形成了新的技术优势。(4) 147FM发动机汽缸头金属型铸技术的研究项目形成了规模生产能力，并以质量取胜，在竞争激烈的70型摩托车发动机汽缸头市场中赢得了信誉，1996年该项目被国家科委列入1996年度国家级重点新产品试制计划。(5) 精密电阻、热电偶材料及元件性能自动测试系统项目把握了智能测试仪器的发展方向，属基础技术研究课题。该系统性能可靠、适用性强，已有数家行业厂提出定购意向。(6) 精密合金电渣重熔连续脱模工艺技术的研究项目，对提高精密合金质量、降低成本、扩大批量具有重要意义。这项技术属工艺技术，采用该技术后，使电渣重熔的锭重由原来的30kg提高到150kg，成材率由原来的69%提高到88%。由于成果具有花钱少、收效好的特点，因此在精密合金材料生产中具有明显的推广价值。

重庆仪表材料研究所1996年还获得了上级颁发的各种奖励12项。其中国防工程特种弹簧材料研制项目获机械工业部科技进步二等奖；147FM发动机汽缸头铝铸件与汽车仪表用特种磁性材料两个项目获国家科委授予的1996年国家级新产品称号。

1996年机械工业部将重庆仪表材料研究所列为基础型研究所，批准该所组建机械工业部仪表功能材料工程技术研究中心，并以机械科〔1996〕662号文向国家科委推荐以该所为依托组建国家仪表功能材料工程技术研究中心。同时还批准了该所的“九五”非经营性基本建设项目。

上海合金有限公司1996年取得了一系列科研与新品开发成果：(1)汽车火花塞电极专用合金线科研项目于10月底通过由上海仪表控股（集团）公司组织的技术鉴定；(2) 4J29产品发展迅速，1996年突破60t大关，形成1 000万元的规模生产能力；(3)松下微波炉配套用电镀生产线项目竣工投产，为1997年该分厂销售收入翻番奠定了基础；(4) 汽车尾气净化装置项目完成了可行性报告论证，并被列入上海市经委、国家经贸委立项项目。此外，1996年该公司还有两项新产品获得了上级奖励，即：Ai—Xc彩色显像管蒸馏用高纯铝带获上海市优秀新产品奖，Ⅱ型杜美丝获国家经贸委颁发的国家级重点新产品奖。

天津德塔控制系统有限公司1996年完成了多孔钛烧结材料科研项目，并于当年9月通过了天津市科委组织的专家鉴定。鉴定会确认：研制成的多孔钛烧结材料，其性能达到国际同类产品先进水平。

安徽天康集团(天长市仪表厂)与安徽天康光电有限公司联合研制的IC卡预付费电度表，其性能达到国内领先水平。该成果于1996年11月通过安徽省科委组织的科研成果鉴定。

杭州永磁集团公司于1996年开发了电度表用钕铁硼永磁磁阻尼元件，被中国专利局授予实用新型专利。

常州特种电缆厂1996年共完成6项科研、新产品开发项目。其中，科研两项，即阻燃交联聚乙烯绝缘控制及计算机电缆的研制、地下通道用射频漏泄低烟无卤电缆的研制，新产品开发项目4项，即温水交联控制电缆、耐高温电力电缆、氟塑料挤出型补偿电缆和低烟无卤交联控制电缆。

川仪自控现场仪表分公司1996年共完成科研、新品开发项目5项。它们是：高温高压差蒸气调节阀，系国家“八五”攻关项目，当年初通过了机械工业部组织的专家鉴定；刀刃式铠装热电偶和DKJ6100电动执行机构，通过了四联集团公司组织的成果鉴定；DYKY压力控制器和CYJK铠装电加热器通过了川仪股份有限公司组织的技术鉴定。

四川仪表一厂1996年取得了2项科研成果。即70、90型摩托车发动机气缸头和MB30系列塑壳断路器用电触头，这两项成果均于当年底分别通过了重庆市经委和中国四联仪器仪表集团公司组织的技术鉴定。

上海电器科学研究所1996年在电工合金方面也取得了2项科研成果，即粉末冶金法银氧化锌触头和CW-3型铜-钨-碳化钨真空触头。前者通过了上海市科委主持的技术鉴定，后者通过了机械工业部组织的全国性专家鉴定。

此外，仪器仪表材料行业的其他单位在科研和新产品开发方面也取得了可喜的成绩。例如，沈阳合金股份有限公司研制的发泡镍线，获得了国家科委授予的1996年度国家级重点新产品称号。四川仪表十九厂研制的高性能铁氧体永磁，其性能已达Y30BH水平，于1996年12月通过了重庆市经委组织的科研成果鉴定。上海磁钢厂承担的CZ型组合式电能表磁钢阻尼装置项目，亦通过了上海仪表集团公司组织的技术鉴定。天津市自动化仪表八厂1996年取得了两项科研成果，即ZPE伺服放大器和DⅡCT4工业用防爆热电阻与热电偶，这两项成果分别通过了天津市电子仪表总公司与上海防爆研究所主持的成果鉴定。成都光明器材厂1996年完成科研、新产品开发项目7项，其中科研项目1项，即耐热冲击高温窑具的研制，新产品开发6项，即新型光学玻璃LaFL3、LaC14、NbFD10、TaF1、BaFD和KF1～3。

质量及质量管理　1996年仪器仪表材料行业在质量管理方面的工作，都是围绕着配合机械工业部关于打好“三大战役”，尤其是打好“产品质量翻身战役”的总体部署来安排和展开的。行业归口所和全行业各厂家坚持“面向用户、综合治理、重在机制”的方针，重点抓了以下几方面的工作：第一、加强质量意识教育。其目的是要在全体职工中逐步形成并牢固树立“质量第一”、“质量是企业的生命”的质量意识，这是搞好一切质量工作的基础。第二，采取强有力的措施，落实所长厂长经理责任制，这是强化质管工作的首要举措。第三，加速ISO9000标准的贯彻实施，深入开展全面质量管理，把强化企业的质量管理落到实处。第四，大力推行质量保证承诺的自律性活动。第五，鼓励“揭短”，敢于“曝光”，主动争取社会和政府对本企业产品质量的监督。

1996年4月，即中国仪器仪表协会仪表材料分会一届二次会议召开前，协会秘书处与机械工业部仪表材料产品质量监督检测中心组成工作组，对有关热电偶材料、精密合金、玻璃材料、补偿导线的21个生产厂进行了走访调查。通过调查，了解了各生产厂对归口所与协会的意见和要求，进一步摸清了仪器仪表材料行业产品质量的目前状况、存在问题，为加大协会工作力度，加强行业质量管理，创造了条件。

1996年5月召开的一届二次会议，对行业质量管理工作给予了高度的重视，并进行了认真和充分的讨论。最后，形成了如下几项与质量工作有关的决议：(1)根据机械工业部科技与质量监督司关于批准组建机械工业部仪表功能材料标准化技术委员会的批文，会议决定由重庆仪表材料研究所等23个单位组成仪表功能材料标准化技术委员会筹备小组，负责标委会的筹备工作。(2)为打好“产品质量翻身战役”，全面加强行业的质管工作，为创立名牌产品和质量信得过企业创造条件，会议原则上通过了《关于产品质量调查检测的实施办法》和《关于开展推荐产品工作的实施办法》。并请分会标准质量部和机械工业部仪表材料质检中心制订相应的实施细则。(3)会议决定：将K型热电偶补偿导线的KCA-G、KCA-H、KCB-G、KX-G、KX-H5个代号，铠装热电偶材料KK的∅3和∅4两个规格与电能表用永磁阻尼件(862系列)，确定为1996年～1997年度应进行产品质量调查检测的产品。

1996年8月～9月，协会秘书处与部仪表材料质检中心紧密配合，组织力量对本行业分布在7个省的30个较大规模热电偶用补偿导线生产厂的生产必备条件、执行标准情况和产品质量现状进行了考察和调查；并对13个生产厂生产的K型热电偶补偿导线随机抽样24组。随后返质检中心，将24组样品制成3 000多个试验样品进行了全性能试验。试验结果为18组合格，合格率为75%。给产品合格的企业颁发了合格证书，对产品不合格的企业则采取了限期改进，并重新提供样品进行复检的措施。

1996年8月，质检中心组成了产品优等品评审工作组。工作组在天津市电子仪表局的支持下，对天津中美德塔控制系统有限公司申报的12种热电偶补偿导线进行了优等品评审工作。抽样及检测结果：在突击抽样进行全性能试验的10个型号的热电偶补偿导线中，有9个型号达到优等品指标，1个型号达到合格品指标。

针对产品质量调查中发现的问题，仪表材料协会秘书处与机械工业部产品质量监督检测中心于1996年11月在重庆市举办了有关热电偶补偿导线的三项新标准的宣贯学习会，对企业进行了新标准的宣贯和测试技术培训。

1996年，中国商检质量认证中心向天长市仪表厂颁发了ISO9000质量体系注册证书。江苏华宇电缆厂生产的PVC电缆料系列产品也通过了ISO9000质量体系认证，取得了北京兴国环球质量认证中心签发的质量体系认证证书。

管理及改革　中国仪器仪表行业协会仪表材料分会于1996年5月在浙江省上虞市召开了一届二次全体会员代表大会。会长陆椿年同志作了《仪表材料行业分会1995年度工作总结》报告。会议还听取了分会开发咨询部、情报信息部和标准质量部负责人所作的有关仪表功能材料目前概况、发展前景、市场预测、质量管理和标准化技术委员会筹备工作等的报告。会议还根据协会章程，决定由重庆仪表材料研究所现任所长肖庆赞同志任该分会会长，上海合金有限公司周锦标同志任副会长。此外，还补选了天津德塔控制系统有限公司总经理陈金城同志与萧山磁钢厂厂长贾贵元同志为该分会理事。

1996年，行业归口单位重庆仪表材料研究所主持召开了包括贵金属热电偶丝、廉金属热电偶丝在内的8项国家标准的起草工作会议，并形成了标准送审稿。

由机械工业部重庆仪表材料研究所和中国仪器仪表学会仪表材料学会联合主办的《功能材料》杂志，1996年发稿150余篇，约102万字。该刊1995年发表的科技论文，有85%已被Ei选用。1996年，《功能材料》已正式成为美国工程索引Ei文献资源委员会成员；同时还成为《中国学术期刊(光盘版)》首批入选期刊和我国首批Internet上网期刊。从而进一步确立和加强了该刊在国内外学术界的地位。

1996年10月和12月，代表测温材料、元件和核反应堆温度测量装置国际先进水平的德国Sensycon公司和法国Auxitrol公司应邀派员来我国进行访问，由行业归口所重庆仪表材料研究所负责接待。

访问期间，双方就在高科技领域合作的可能性进行了有益的探讨。

1996年仪器仪表材料行业各单位普遍加大了改革力度。例如，重庆仪表材料研究所为适应市场经济，促进科研、生产上台阶、上规模、上水平，制订了《1996年技术经济责任条例》，在财权集中与经营、供应统一管理的前提下，对一线部门实行了技术、经济责任制，所长与一线部门签订了技术经济责任合同书，并根据责任指标的完成与实现利润的情况计算奖金。并与中层以上干部签订了聘书，把责任落实到实处；对于二线部门，一部分在精简人员编制的基础上实行经费预算控制，另一部分则在定编定员的基础上实行差额补贴。实践表明，采取上述措施后，效果较好。此外，为加强各部门的经济核算，该所还成立了内部银行，这对于紧缩开支，加强成本控制，合理使用资金等起了重要作用。

1996年萧山磁钢厂联合同行业的12个具有竞争力的知名企业，改制组建成杭州永磁集团有限公司。从而形成了科工贸一体、规模经营、多元辐射的整体优势。集团总资产已超过5亿元，1996年工业总产值达1.3亿元，实现利税1 076万元。

1996年，上海合金厂脚踏实地地实施了企业转制，12月27日上海合金有限公司正式成立。当年初，该厂首先强调统一认识，树立四个观念（管理就是效益、发展是硬道理、市场经济和工效挂钩），并把1996年定为“强化管理年”，以期用严格的管理获得理想的利润。一年来，他们围绕“管理就是利润”的主题，按照“严格管理、强化销售、狠抓质量、拓展新品、厉行节约”的工作方针，抓市场、促销售，抓管理、出利润，抓开发、求发展。同时以改革为动力，进行了全面恢复性整顿，因此局势稳定，秩序井然，人心思改，人心思上，在严峻的外部形势下，企业经济指标基本达标。1996年全年完成销售收入1.538亿元，产量1 229.81t，比上年略有增长，新产品产值8 377万元，实现利润总额180万元，产销率98.4%。

为克服分散，利用存量，发挥优势，扩大规模，提高效益，四川仪表七厂，十厂、十一厂和十七厂合并组建成川仪自控现场仪表分公司，经过机构重组，1996年进入实质性工作阶段。该公司通过强化管理，狠抓科技开发，加强职工队伍建设，取得了年工业总产值5 314万元、销售收入6 616万元、实现利润763万元的成绩。

〔撰稿人：机械工业部重庆仪表材料研究所　杨亲民　审稿人：机械工业部机械基础装备司　刘荣祥〕

〔责任编辑：王亚水〕

量具刃具

〔机械工业部〕

生产发展情况　据对工具行业104个企业的综合统计，1996年全行业共完成工业总产值265 600万元，按可比价格计算，比上年下降约4.8%；1996年工具行业仍未能彻底走出低谷，整体经济效益未能好转，全行业共亏损8 711万元。

工具行业24个部属骨干重点企业1996年共完成工业总产值141 042万元，完成工业销售产值134 424万元，完成工业增加值57 062万元。按可比价格计算，分别比上年下降6.15%、10.14%和18.8%；实现利税总额5 841万元，比上年下降近50%；1996年24个企业共生产切削刀具类产品16 502万件，比上年减少2.3%；生产量具量仪类产品246.6万件，比上年减少4.8%。1996年24个企业共有职工49 712人，比上年减少777人；全部职工工资总额28 959万元，人均年收入5 825元；24个企业平均全员劳动生产率为8 712元/人，比上年下降31%。

市场及销售　1996年工具行业的市场形势，从国内看，通用工量具过剩、供大于求的格局在短期内不可能发生根本性转变，企业面对激烈的市场竞争，活力不强、效益下降的问题仍普遍存在。据对工具行业104个企业的统计，1996年共销售工具产品35 853万件，其中刃具34 587万件，量具1 160万件，量仪40 152台（套）；共完成销售收入239 589万元，比上年减少6.7%；平均产品销售率94.2%，比上年增长约4%。1996年工具行业产品库存13 756万件，库存值达99 906万元。

1996年工具行业共出口各类工具产品14 781.4万件，比上年减少20%，其中刃具出口14 172万件，量具610万件，量仪382台（套）；工具行业出口产品交货值58 465万元，比上年减少14.4%，其中出口刃具35 825万元，量具21 024万元，量仪98万元；创汇共7 044万美元，其中刃具4316.3万美元，量具2 533万美元，量仪11.9万美元。

1996年104个企业生产的工具产品主要类别及品种的产量、销售、出口情况见表1。

1996年工具行业产品销售收入前十名企业排序见表2。出口交货值前十名企业排序见表3。

新技术及科研成果　1996年机械工业部成都工具研究所共完成重点科研项目9项，其中国家“八五”攻关项目3项：刀片断屑槽及模具CAD/CAM、刃具刃口强化机和两维回转式测头转接件，均通过部级鉴定；部基金项目6项：硬质合金成形刀具、内

表 1 1996 年量具、刃具类主要产品生产、销售、出口情况

序号	产品类别及品种	产量（万件）	产值（万元）	销售量（万件）	销售值（万元）	出口量（万件）	出口值（万元）
一	刃具			34 587.38		14 171.76	35 825
1	高速钢刃具	33 727.69	137 185	34 097.47	152 821	10 216.99	23 855
	其中：钻头类	18 388.80	44 406	19 339.86	48 288	4 628.32	10 306
	铣刀类	1 104.81	17 345	1 130.26	20 968	72.15	857
	丝锥类	4 124.85	15 277	4 050.07	17 929	747.62	2 143
	齿轮刃具	31.22	12 631	27.29	13 778	5.99	1 111
2	硬质合金刃具	300.65	10 299	306.08	10 327	48.83	429
二	量具	1 215.31	48 337	1 160.00	45 447	610.0	21 024
1	卡尺类	228.89	25 229	224.51	21 873	42.61	5 297
	其中：数显卡尺	27.76	8 515	29.13	5 066	12.56	2 373
2	千分尺类	111.73	8 850	109.60	9 501	34.16	3 407
	其中：数显千分尺	1.22	470	1.96	458	1.15	308
3	指示表类	134.50	8 201	120.00	7 762	22.33	1 763
4	块规及量规	375.09	4 452	334.09	4 498	271.53	1 815
三	量仪	3.69	4 060	4.02	5 276	0.04	98

表 2 1996 年工具行业销售收入前十名企业

序号	企业名称	销售收入（万元）
1	上海机械工具量具总公司	21 295
2	成都成量集团公司	14 621
3	哈尔滨量具刃具厂	14 032
4	哈尔滨第一工具厂	12 295
5	上海量具刃具厂	10 429
6	汉江工具厂	9 664
7	青海工具厂	6 202
8	陕西航空硬质合金工具公司	5 312
9	无锡工达股份有限公司	5 049
10	关中工具厂	5 017

表 3 1996 年工具行业产品出口交货值前十名企业

序号	企业名称	出口额（万元）
1	上海机械工具量具总公司	5 455
2	成都成量集团公司	3 730
3	陕西航空硬质合金工具公司	3 491
4	上海量具刃具厂	3 404
5	嘉兴精工工量具(集团)有限公司	2 583
6	镇江三和工具集团公司	2 476
7	贵航集团西南工具总厂	2 241
8	江苏黄桥工具厂	1 781
9	江西工具有限公司	1 763
10	青海量具刃具厂	1 682

冷却钻工艺研究、硬质合金刀具粘结工艺研究、高速钢刀具新型涂层工艺研究、磨削高速钢刀具立方氮化硼砂轮及磨削工艺研究以及孔加工刀具监控技术；完成标准及推广项目10项。此外，成都工具研究所还完成了齿轮动态检验机、重型刀具刀片国产化、梳刀新产品的CAD等纵向课题和所基金项目16项。该所QPQ盐浴复合处理技术及其成套设备项目获1996年国家科技进步二等奖，锥齿轮整体误差测量机的研制获四川省科技进步一等奖。哈尔滨量具刃具厂的车削中心、数控车床用模块式工具系统和精密车刀研究1996年通过部级鉴定，研制的精密车刀符合GB/75343.1—93标准，动力头径向圆跳动不大于0.01mm，1：10短锥模块式联接定位精度±0.004mm～±0.008mm，居国内领先水平，锥度检测量仪的研究，被测锥角范围0～180°，侧向电感分辨率0.1μm，测量不确定度±0.5μm/100mm，该成果适用于计量检测，具有良好的社会效益；硬质合金刀片综合测量研究通过部级鉴定，研制出的4601型硬质合金刀片综合测量仪分辨率0.0005mm，二维测量精度2.5μm。哈尔滨第一工具厂的大直径复合拉刀热处理工艺研究研制成功，热处理后拉刀无裂纹，表面无脱碳，硬度64HRC以上，校直后弯曲小于0.4mm。关中工具厂的低合金高速钢在直钻上的应用研究，解决了直柄麻花钻轧裂率高的问题，轧裂率由10%降到2%以内，取得明显经济效益。河南第一工具厂采用超精镜面磨削技术应用于非标复杂刀具多加工表面，解决刃具刃口产生微锯齿形的问题，刃口质量可达 *Ra*0.1μm～0.02μm，被加工表面粗糙度达 *Ra*0.04μm～0.05μm，比瑞典SANDVIK硬质合金刀具刃口粗糙度精度高出许多。重庆工具厂采用TiN涂层刀具技术，刀具硬度2 000HV，精度保持不变，可提高切削效率20%～100%，刀具寿命提高2倍～5倍，经济效益显著。贵阳工具厂开发刃量具CAD系统，共开发出插齿刀等七大类19种刀具CAD软件和矩形花键环规等3种量具CAD软件，设计效率提高20倍～160倍，图样查询时间由原来的几分钟到几十分钟缩短到2min～3min。

新产品 (1)**切削刀具**

钻削刀具 成都工具研究所和太原工具厂联合研制开发的直径10mm～31.5mm内冷却麻花钻于1996年5月通过部级鉴定。内冷却麻花钻适用于深孔加工,切削寿命比普通麻花钻提高3倍以上,并大大降低了孔加工表面粗糙度,产品填补了国内空白。河南第一工具厂开发的农用柴油机专用刀具,应用含钴高速钢、陶瓷等新材料,采用了镜面磨削、新型低温钎焊和刀具CAD等新技术新工艺,能够实现在一次加工过程中完成钻、扩、铰等多工序不同工艺的复合,加工件表面粗糙度可达$Ra0.2\mu m$～$0.05\mu m$,精度IT5级。汉江工具厂开发的四刃锥柄扩孔钻,加工范围直径11.1mm～76.2mm,为出口适销产品。青海工具厂的螺旋槽中心钻主要用于多刀、多片砂轮同时加工的流水作业。杭州工具总厂开发的竹工钻,是用于竹木加工的专利产品。镇江三和工具集团公司的镶片硬质合金直柄麻花钻主要用于灰铸铁等硬脆材料的孔加工,切削时无需水冷却。

铣削刀具 上海机械工具量具总公司开发的整体硬质合金印刷板线路周边铣刀达到国外同类产品水平,可替代进口。哈尔滨第一工具厂的铰链组合铣刀能替代进口产品,满足汽车行业的急需。贵阳工具厂的硬质合金大螺旋角立铣刀达到国内先进水平,被加工表面粗糙度$Ra0.8\mu m$～$3.2\mu m$,精度IT6～IT11,耐用度提高5倍～10倍,工作效率提高5倍以上。哈尔滨第二工具厂开发的应用于家具制造业的木工硬质合金柜门铣刀、木工齿纹装配式铣刀均属国内首创,性能指标达到国际80年代末的先进水平。关中工具厂开发的可转位宽型三面刃铣刀主要用于汽车和重机行业铣削宽槽,切削速度100m/min～120m/min,每齿进给量0.1mm～0.15mm。洛阳硬质合金工具厂为铁路提速开发的提速道叉成型面铣刀,比普通刀具提高效率10倍。此外,1996年开发的铣刀新产品还有:成都成量集团公司的L100mm～400mm铝合金面铣刀、常熟量具刃具厂的高精度模具铣刀等。

齿轮刀具 哈尔滨第一工具厂开发的不等径连齿插齿刀用于轿车同步器齿圈加工,可替代进口产品。汉江工具厂的渐开线链轮滚刀表面质量好,适用于矿山运输等行业;该厂开发的超长小直径高精度齿轮滚刀按JIS－1标准生产,适用于汽车行业。贵阳工具厂、重庆工具厂都开发了技术先进的径向剃齿刀,提高工作效率2倍～5倍,广泛用于轿车修形齿轮的剃削加工。贵阳工具厂开发的内齿轮径向剃削为国内首创。

螺纹刀具 成都工具研究所1996年新开发国家重点工程宝钢等急需的偏梯外扣3#石油管螺纹梳刀、8牙7齿梳刀等17种新产品。哈尔滨量具刃具厂的高效率螺纹梳型车刀属国内首创。关中工具厂开发的高性能丝锥硬度达66HRC～68HRC,用于高速切削和难加工材料;精密螺旋铰刀,使粗铰、精铰一次成功,适用于加工铸钢铸铁及有色金属。天津螺纹工具厂开发的分体丝锥高强度贴面搓丝板、双面搓丝板分别比整体丝锥、单面搓丝板节约材料50%。此外,青海工具厂亦开发了铝合金专用丝锥,杭州工具总厂开发了轮胎气门嘴螺纹加工刀具,上海刃具厂开发了55°圆锥管螺纹丝锥和55°圆柱管螺纹丝锥等。

1996年工具行业开发的刀具新产品还有:哈尔滨第一工具厂为加工汽车发动机曲轴开发的新型专用刀具——可转位车拉刀、四川工具厂的S型螺钉沉孔压紧式可转位数控内孔车刀、镇江三和工具集团公司的直径2mm～12mm抛物线槽型键槽刀、本溪工具厂的变齿距双金属带锯条、哈尔滨第二工具厂的1 400mm切铝硬质合金圆锯片和CJ系列硬质合金圆锯片以及江西量具刃具总厂的旋转高速塑料切刀等。

(2)**量具量仪**

量具 1996年量具新产品的重点是电子数显量具和出口适销的机械式量具。主要有:成都成量集团公司开发的大液晶显示数显百分表,测量范围0～30mm;北京量具刃具厂的0～10mm电子数显百分表,该厂的0～300mm万能电子数显卡尺可安装不同的测头来测量台阶、内外空刀、花键m值和孔中心距等;上海量具刃具厂的UL10A电子数显百分表;桂林广陆量具厂的DXB电子数显百分表,测量范围有0～10mm、0～30mm和0～50mm三档,DXH电子数显测厚表有0～15mm、0～25mm两档;桂林量具刃具厂的DC11 0～25mm电子数显外径尺以及靖江量具有限公司的0～150mm大屏幕电子数显卡尺等。无锡工达股份有限公司开发的20mm～40mm三爪内径千分尺,江西工具有限公司的0～6″深度千分尺,青海量具刃具厂的新型有声测力千分尺,桂林量具刃具厂的LD194 0～20mm指示表卡规,威海量具总厂的0.0001″～0.05″英制万分表、0～10mm×30小测厚规,陕西航空硬质合金工具公司的英制袖珍型测厚规,北京量具刃具厂的0～1 000mm接杆式孑口量表等都为国产机械式量具增添了新品种。此外,桂林量具刃具厂、靖江量具有限公司等还为出口创汇开发了多种异型不锈钢游标卡尺。

量仪 成都工具研究所1996年开发的CZG630多功能齿轮误差测量仪,测量范围220mm～630mm,可测齿轮及齿轮副的综合误差及单项误差,选配齿轮最佳啮合位置,可检4级精度齿轮;为哈尔滨汽轮机厂军工任务配套的CZE-1200座式大齿轮测量仪可测齿轮模数4mm～16mm,最大测量直径1 200mm,可检测△Fi等6项误差,精度提高,可测4级～5级齿轮。此外,成都工具研究所还开发了一系列主动量仪,可用于平面测量、型腔测量、花键外圆磨以及内磨断续表面测量等。中原量仪股份有限公司1996年共为汽车、摩托车行业检测关键零部件开发15种综合测量仪:488发动机缸体孔径在线测量仪可测量汽车发动机缸体孔径及椭圆度等19个参数,仪器示值变动≤0.001mm,稳定性≤0.002mm/4h,配有专用微机系统,具有数据处理及统计功能;CTS-Z主减速器综合测量仪可测传动轴阶梯孔直径、同轴度、轴线距、垂直度等11个参数，各参数测量误差≤1/7，基准件复测件15次重复精度≤0.005mm，达到国外同类产品水平；摩托车箱体、箱盖在线自动检测仪成套设备可测量孔径、圆柱度、深度等52项参数，测量结果屏幕显示，数据自动处理、统计分析，并有存贮、打印、报警等功能。无锡工达股份有限公司开发的内磨断续表面主动测量仪，测量范围直径10mm～80mm，示值变动性1μm/100次，零漂1μm/8h，主要解决花键孔类零件内圆磨削的主动测量，适用于汽车及发动机行业。哈尔滨量具刃具厂开发的7：24锥度比较仪，用比较法测量30～60号7：24数控刀柄锥度，测量重复性0.1μm，综合误差0.2μm，填补了国内空白。此外，还有上海量具刃具厂开发的GJF-21光栅角位移传感器，长春量具刃具厂为测量磨耗型铁路车辆车轮在制造、运行及修理过程中的精度而开发的LM型铁路车辆车轮检查器等。

1996年，哈尔滨量具刃具厂的车加工中心模块化车削工具系统，哈尔滨第一工具厂的搓齿板、可转位曲轴铣刀，桂林量具刃具厂的0～10mm、0～5″电子数显百分表，渭河精密工模具总厂的高精度硬质合金圆盘分切刀荣获国家经贸委颁发的“国家级新产品”称号。

质量及质量管理 1996年工具行业有上海机械工具量具总公司、哈尔滨量具刃具厂、成都成量集团公司、哈尔滨第一工具厂等28个企业于1996年6月公开向社会发表“质量保证声明”，向用户做出庄严的质量承诺；1996年全行业普遍围绕贯彻ISO9000系列标准，整顿和提高基础管理水平和产品质量，展开质量宣传教育和培训，有一批企业经过扎实工作，质量管理水平跃上了新台阶：贵阳工具厂、上海机械工具量具总公司、上海量具刃具厂、上海刃具厂、青海量具刃具厂、河南第一工具厂等企业纷纷通过ISO9000质量体系认证，取得了通往国际市场的“通行证”；西南工具总厂，陕西航空硬质合金工具公司ISO9000质量体系经有关部门的跟踪复查，体系运行良好。

1996年，工具行业又有北京量具刃具厂进入“扩大机电产品出口企业”行列，陕西航空硬质合金工具公司取得出口产品自检资格。

1996年，国家刀具质量监督检验测试中心完成了国家技术监督局下达的国家质量监督抽查统检任务和发放刀具出口质量许可证71项，审核了7个企业的质量管理必备条件。机械工业部量具量仪产品质量检测中心完成了国家技术监督局下达的国家监督抽查任务，对30个企业的42个品种、900件产品进行了抽查检测，并召开了监督抽查总结会，提出整改意见；共发放12个产品的出口质量许可证书，完成14个产品的检测和工厂考核工作。完成量仪国家标准2项，行业标准3项，与全国公差与配合标准委员会共同归口完成了《坐标计量学·坐标测量机的性能评定》国家标准，同时完成了国际标准ISO/TC3/SC3的国内归口任务。

基本建设及技术改造 工具行业1996年有20个企业新立项技术改造项目24项，计划投资额达56 843万元，其中切削刀具类项目15项，量具量仪类项目5项，新材料开发及其他配套项目4项。

哈尔滨第一工具厂汽车齿轮、发动机专用刀具技术改造项目完成后预计可年新增精密复杂刀具29 600件，创汇200万美元；哈尔滨量具刃具厂高档刃具技术改造项目完成后可新增高档刃具265万件；太原工具厂“九五”汽车刀具专项技术改造项目完成后可实现部分汽车刀具（拉削、切齿和硬质合金刀具）国产化；桂林量具刃具厂第二期“双加”工程项目完成后可年增产高档量具50万件；汉江工具厂拉削刀具技术改造项目拟引进CAD技术和关键设备，形成年产1.6万件高档拉削刀具的生产能力。

1996年立项的还有江西工具有限公司扩大深度量具出口、渭河精密工模具总厂引进整体硬质合金PCB钻头生产线、本溪工具厂引进双金属带锯条生产线、桂林量具刃具厂扩大量具出口等技术改造项目。

1996年又有部分国家“八五”重点技术改造项目进入鉴定验收：贵阳工具厂“八五”数控机床刀具国产化专项技术改造，已形成年产非标复杂刀具、高速高效数控刀具52 000件能力，产品达到国际80年代水平；该厂发展出口球头锥度波刃立铣刀技术改造为国家“八五”扩大出口专项技改，达到年产4万件球头锥度立铣刀，于1996年9月通过竣工验收。青海工具厂“八五”技术改造专项共完成投资1 689万元，1996年9月通过验收。上海机械工具量具总公司一期“双加”工程技改项目完成工作量2 950万元，通过竣工验收。此外，有哈尔滨量具刃具厂高档刃具技改专项1996年完成投资1 015万元。成都成量集团公司1996年提高产品开发能力技术改造完成投资427万元。常熟量具刃具厂扩大刃具及模具铣刀出口技术改造完成投资352万元。无锡工达股份有限公司滚动轴承钢球技改1996年完成工作量270万元。

1996年工具行业有贵阳工具厂、陕西航空硬质合金工具公司、陕西渭河工模具总厂、江西工具有限公司、桂林广陆量具厂等6个企业分别从德国、瑞士、丹麦、美国引进各类量刃具精加工设备18台，折合人民币1 977万元。

对外合作 无锡工达股份有限公司与德国瓦尔特股份公司合资兴办的“无锡瓦尔特有限公司“于1996年3月正式开业；天津工具厂与日本三菱公司合资成立“天菱超硬工具有限公司”，于1996年3月正式运行。

管理及改革 1996年工具行业继续深化改革，强化转机建制，加强对外合作，不断寻求企业发展和行业发展的新途径。哈尔滨量具刃具厂和哈尔滨第一工具厂以建立现代企业制度为目的，以资产为纽带、产品为依托，组建了“哈尔滨工量具（集团）有限责任公司”，通过工商注册登记，正式挂牌运营，成为工具行业“强强”联合的“龙头老大”，并进入国家重点扶持的300家企业行列。为贯彻“抓大放小”

方针，推进资产存量优化组合，原上海水平仪厂并入上海量具刃具厂。盐城市量具刃具厂作为“先出售、后改制”试点，从国有企业变成了职工持股的股份合作制企业。哈尔滨第三工具厂把原有分厂分别挂靠到乡镇企业和民政企业，通过把原有固定资产租赁给新立企业，达到分块搞活的目的。江西量具厂、浙江工具厂等通过股份制改造，实行公司制。汉江工具厂加入“陕西省汉源精密机床集团责任公司”，走集团化道路，改善企业的社会形象。

1996年工具行业共有“三资”企业31个，其中1996年度成立的4个；集团公司9个，1996年度成立的4个；由工厂改组为公司制的20个（1996年度改制的4个），其中股份有限公司5个，有限责任公司11个。

〔撰稿人：机械工业部成都工具研究所　胡红兵　审稿人：机械工业部成都工具研究所　梁彦学　机械工业部机械基础装备司　李冬茹〕

〔责任编辑：邝　鸥〕

衡　器

〔中国轻工总会〕

生产发展情况　1996年，按照可比口径，根据对130个衡器行业主要制造企业（均为中国衡器协会会员）的统计，当年实现工业增加值6.1亿元，比上年增长4.7%；完成工业总产值17.0亿元（按不变价计算），比上年增长3.3%。但是由于我国衡器行业近两年来繁衍企业数量过多，全国衡器制造单位超过500个，量已翻番，企业素质却并未提高，造成中低档衡器供大于求，行业整体效益下滑。年末产成品库存价值同比增加4.6%，产销率下降1.5个百分点；产品销售收入同比下降2.5%。行业中“贫富两极分化”一年比一年加剧，利税高比例集中在效益突出的企业手中。衡器市场“僧多粥少”，大多衡器企业面临严酷的竞争局面。

全年生产各类衡器379.9万台。其中商业用秤产量376.5万台，销售量363.2万台，年末库存60.8万台，库存量同比增加20.8%，工业用秤生产了1.9万台，销售1.8万台。

市场及销售　1996年衡器销售下降明显受到传统机械式衡器锐减的影响，但是各类电子衡器生产与销售却呈上升趋势。在商用衡器中，电子衡器的产量比重为7.0%，比上年增加4.5个百分点，电子衡器的产值比重为40.0%；其中电子计价秤增产最多，产量比上年增加了58.4%，销量比上年增加了48.3%。在工业衡器中，电子衡器的产量比重为41.0%，比上年增加3个百分点，产值比重为67.0%。电子衡器产品需求的增加，不仅提高了行业经济效益，而且带动了我国称重专用控制仪表和称重传感器制造技术的发展。1996年国产称重显示控制器达到11 291台，称重传感器35.7万只，为我国电子衡器发展提供了保证。表1列出主要衡器中产销存情况及电子秤所达到的比例。

全部盈利企业共盈利8 934.1万元，盈亏相抵后实现利润总额4 222.6万元，比上年下降41.9%；实现利税总额近1.5亿元，比上年下降12.4%；年末行业亏损面达32.0%，同比增加约2个百分点，另有8%的企业为零利润。全年行业销售收入利润率尚不足2.7%，总资产利税率5.1%，分别比上年下降了2.5和2.1个百分点。

表1　1996年主要衡器产品产销存量及电子衡器所占比重

产品名称	产　量（台）	产品销售率（%）	年末库存占当年产量%	电子衡器产量占%
案秤	1 079 000	93.2	22.8	15.8
计价秤	154 000	89.4	19.2	100.0
弹簧度盘秤	629 000	89.7	21.5	0
台秤	2 686 000	97.2	13.5	3.5
地上衡	10 233	96.0	31.1	34.7
地中衡	4 015	98.0	40.6	2.5
工业吊秤	1 244	91.7	20.7	100.0
皮带秤	1 350	96.2	18.4	100.0
料斗秤	1 892	99.5	10.6	79.0
轨道衡	102	92.2	56.9	71.6

在国有企业中实现利润总额出现负值，企业亏损额超过盈利企业盈利额1 410万元。不同经济类型企业经营情况见表2。

企业发展越来越不平衡。在不少企业步履艰难之时，那些多年来一贯注重技术进步和规模经济效益的企业已成为衡器行业的生力军。在行业中利润排序前十名企业（见表3）的利润合计为行业利润总额的1.85倍，占行业盈利企业盈利合计的87.6%。

表 2　不同经济类型企业经营情况

经济类型	结构比例（%）	盈利企业盈利额比例（%）	亏损企业亏损额比例（%）	盈亏相抵实现利润额（万元）	利税总额比例（%）	销售收入比例（%）	占有资产总额比例（%）
国有企业	30.5	24.6	76.6	−1 410	18.2	33.4	36.5
集体企业	52.4	18.7	23.4	567	23.4	28.2	31.3
股份制企业	6.9	22.0	0	1 965	23.9	14.7	12.4
“三资”企业	10.2	34.7	0	3 100	34.5	21.7	19.8

行业利税总额也呈高度集中，如表 3 中的 10 个企业利税总额即占行业利税总额的76.1%，年销售额合计达到行业销售总额的 42.8%，利益分配在衡器行业中形成强烈的反差。衡器销售前二十名的企业见表 4。进出口贸易方面，由于在保持传统机械式衡器出口数额的基础上，增加了电子衡器产品的出口，所以，1996 年衡器出口增速居轻工行业第一位，衡器（按海关分类统计，不含天平）出口值为 6 345.7 万美元，比上年增长 47.3%。出口范围遍及六大洲，扩大到 110 个国家和地区。从出口品种来看，家用秤占衡器出口总值的 30.2%，台案秤占 36.1%，衡器出口仍在以量取胜，出口经济效益偏低。1996 年出口额折合人民币百万元以上的企业和结构有所变化（见表 5），衡器出口可望较快进入良性循环。

表 3　衡器行业利润总额前十名企业

序号	企业名称	实现利润（万元）
1	常州托利多电子衡器有限公司	1 768.5
2	济南金钟电子衡器股份有限公司	1 204.0
3	广东中山石岐衡器厂	1 052.0
4	上海寺冈电子有限公司	935.8
5	郑州电子秤厂	792.0
6	山东泰山衡器股份有限公司	528.1
7	华普电器实业集团有限公司	512.0
8	太行仪表厂电子衡器分厂	495.6
9	上海大和衡器有限公司	333.7
10	余姚太平洋自控工程有限公司	206.3

表 4　销售收入前二十名企业

序号	企业名称	销售收入（万元）	年利税额	
			行业排序	（万元）
1	济南金钟电子衡器股份有限公司	12 854.2	2	1 983.1
2	常州托利多电子衡器有限公司	12 185.4	1	2 552.8
3	上海寺冈电子有限公司	10 587.8	3	1 564.5
4	上海大和衡器有限公司	9 685.1	8	821.4
5	广东中山石岐衡器厂	9 516.5	4	1 556.4
6	天津市衡器公司	6 475.8	12	402.0
7	鲁南衡达集团公司	6 076.5	9	690.2
8	山东泰山衡器股份有限公司	5 356.7	7	836.1
9	徐州衡器厂	3 294.3	20	195.1
10	青岛公平衡器总公司	2 750.2	31	107.5
11	天长市轻工机械厂	2 482.6	14	309.9
12	山东乳山衡器厂	2 376.9	29	119.1
13	中原电测仪器厂	2 225.0	18	220.7
14	承德市自动化计量仪器厂	2 177.3	24	177.0
15	山西长治市衡器厂	2 154.0	23	184.1
16	郑州电子秤厂	2 101.2	5	1 006.9
17	太行仪表厂电子衡器分厂	1 942.7	10	594.8
18	新乡市衡器厂	1 913.0	22	187.2
19	上海华东电子仪器厂	1 688.7	21	189.6
20	金华市双龙衡器有限责任公司	1 509.3	28	123.2

衡器进口值为 3 287.9 万美元，比上年增长 39.3%。从日本、德国进口的衡器占全部进口值的 47.9%；我国台湾省销往大陆的衡器也达一定份额，占全部进口值的 9.0%。

新产品　新产品已经成为企业占有市场的重要手段，如济南金钟电子衡器股份有限公司在巩固称重传感器市场的基础上，用一年时间，完成 XK3102 称重显示控制器的设计与试制，已投入批量生产。该公司还同时抓紧工业专业秤的开发，不仅树立起公司的良好形象，还取得显著经济效益。

结合国家1996年1月1日实行的《定量包装商品计量监督规定》，新乡市衡器厂敢于引导市场，果断投资46万元，开发了DXD型加碘盐包装机，荣获国家科委、劳动部、中国工商银行、国家外国专家局和技术监督局五个部门颁予的“1996年度国家级新产品”证书。老企业在这方面也不甘落伍，沈阳衡器厂和营口市仪器三厂充分发挥各自原有的优势，在自动包装秤上狠下功夫。目前，国内定量包装机的研制与生产正成为衡器领域中的朝阳工业。

表5 出口额折合人民币百万元以上企业

序号	出口企业名称	出口值(万元)
1	广东中山石岐衡器厂	9 552.6
2	上海寺冈电子有限公司	6 687.0
3	世铨（天津）电子有限公司	1 950.0
4	常州托利多电子衡器有限公司	637.7
5	济南金钟电子衡器股份有限公司	616.0
6	上海大和衡器有限公司	416.0
7	山东泰山衡器股份有限公司	379.1
8	广州衡器厂	261.0
9	无锡衡器厂	228.1
10	承德市自动化计量仪器厂	186.8
11	营口市仪器三厂	144.1

山东泰山衡器股份有限公司奋发进取，连年走大投入、大产出的道路，多方引进技术，又成功制造出GCU系列动态电子轨道衡，成为乡镇企业发展的典范。

中国煤炭科学研究总院北京高新技术开发公司针对煤矿应用条件恶劣的情况，联合承德自动化计量仪器厂一起研制了大宗物料铁路运输计量装置，顺利通过了煤炭工业部组织的部级鉴定，为矿区快速装车计量填补了国内空白。

常州托利多电子衡器有限公司、上海大和衡器有限公司、太行仪表厂电子衡器分厂等一些电子计价秤厂家，围绕自动化商场在我国的发展需求，纷纷研制第三代电子计价秤，增加条码标签打印功能和与中央计算机双向通讯功能。并为适应广大农贸市场，开发出交直流两用的低价位电子计价秤，全方位多层次开发市场，深受欢迎。

质量及质量管理 由于部分企业急功近利，近年来衡器产品良莠不齐，尤其是商用衡器质量令人堪忧。自从1994年我国把弹簧度盘秤列为集市贸易中一种替代杆秤的衡器以后，弹簧度盘秤开始供不应求。一些企业见状仓促上马，但由于质量监督工作跟不上，使一些质量低劣甚至不合格的弹簧度盘秤流入市场。其结果，1996年弹簧度盘秤销售率骤降为89.7%，产量比上年下降了39.5%，年底库存反而积压了13.5万台，为当年产量的21.5%。一年当中，有36%的企业不得不先后停止了弹簧度盘秤的生产。1996年第三季度国家对弹簧度盘秤的质量监督抽查，计划对25个省、市、自治区的92个出产弹簧度盘秤的企业进行质量抽查，但因有10个企业因搬迁找不到厂址，27个企业因停产或转产没有样品可抽，实际只抽查了55个企业的378台样品。结果表明，抽查企业合格率仅为56.4%，抽查产品合格率为60.3%，均离衡器产品必须为100%的合格品要求相差甚远。

与那些质量意识差的企业形成鲜明对照的是，衡器行业中多数企业一贯视产品质量为生命。如广东中山石岐衡器厂，在1996年第三季度国家对弹簧度盘秤的质量监督抽查中受到表扬，徐州衡器厂的电子皮带秤，继1992年被煤炭工业部指定为煤炭系统用秤后，又在1996年该部举办的“能源杯”衡器测评中荣获第一名。

继前两年常州托利多电子衡器有限公司、山东泰山衡器股份有限公司和济南金钟电子衡器股份有限公司先后通过ISO9000质量体系认证后，1996年又有3个企业通过ISO9000系列体系认证，等于前两年通过认证的企业数量总和。9月30日，上海大和衡器有限公司取得ISO9002认证批准证书；12月11日，中国航空总公司中原电测仪器厂取得ISO9001认证批准证书；12月16日，郑州电子秤厂取得ISO9001认证批准证书。表明这些企业的质量管理走上更高层次。

管理及改革 1996年4月21日～23日，中国衡器协会第五次会员代表大会隆重召开，选举了新的理事会，中国轻工业机械总公司总经理严龙同志当选为第五届理事长。大会认真学心中国轻工总会在全国轻工行业工作会议上提出的协会工作要求，提出行业协会要适应新形势，开拓新思路，探索新方法，在改革中围绕加强行业管理，促进行业发展开展工作。

中国衡器协会发挥横向联合优势，1996年5月15日～18日与中国仪器仪表学会、中国计量测试学会共同在上海成功举办了三年一届的“第三届全国称重与测力学术研讨会”，共发表论文78篇。这次研讨会比较全面反映了我国称重与测力领域学术成果，将对促进该领域科学技术的发展产生重大影响。

为借鉴国外先进技术和经验，协会积极组织对外合作与交流活动。应日本计量机器联合会的邀请，1996年7月15日～29日，中国衡器协会派遣由企业组成的10人代表团参观了在日本举办的第十七届国际计量计测展，同时参加了亚洲地区衡器组织恳谈会。代表团在日期间，深入考察了日本9个衡器制造企业，了解到企业许多新产品和新技术，出访人员感到收获很大。

1996年9月4日～7日，中国衡器协会与中国轻机总公司共同举办了中国衡器展览会，参展企业85个，展位108个，展览面积1 800m^2。展览会反映出衡器行业“八五”期间在“手动改自动，机械改电子”的行业方针指引下，电子衡器高速发展，硕果累累。展览会宣传了名优新产品，为企业提供了广阔的贸易机会。

〔撰稿人：中国衡器协会　曹立平　审稿人：中国衡器协会理事长　严　龙〕

〔责任编辑：王亚水〕

钟　表

〔中国轻工总会〕

生产发展情况　1996年，全国钟表行业生产继续呈增长趋势，国内市场及出口销售均有下降，市场竞争激烈，多数钟表工商企业效益下降。据国家统计局统计，1996年我国表产量完成47 975.60万只，比上年下降0.5%。其中机械表产量为3 370.1万只，比上年下降41.2%；石英电子表产量为44 605.5万只，比上年增长5.0%。

机械表中手表产量2 533.2万只，比上年下降27.2%；石英电子表中手表产量27 110.4万只，比上年增长28.6%。1996年，钟产量完成8 959.7万只，比上年下降22.6%，其中机械闹钟产量1 507.99万只，比上年下降18.3%；机械摆钟产量121.3万只，比上年下降7.6%；石英电子钟产量4 803.15万只，比上年下降46.6%。

据中国钟表协会统计，1996年主要手表生产企业和主要时钟、定时器生产企业产值、利税及出口创汇完成情况见表。

市场及销售　据国内贸易部统计，1996年国内贸易部商业系统购进手表913万只，比上年下降21%，商业系统国内销售手表2 529.9万只，比上年下降18.9%，商业系统库存量为1 476.7万只，比上年下降3.9%。国内市场销售形势不容乐观。

1996年主要企业完成产值、实现利税、出口创汇情况

类　型	企业名称	完成产值（万元）	实现利税（万元）	出口创汇（万美元）
手表企业	1. 上海手表厂	18 410.7		
	2. 天津手表厂	13 968	597.1	510
	3. 上海海达计时公司	13 894	819.9	303.64
	4. 上海钻石手表厂	13 674	633.4	321.8
	5. 青岛钟表总公司	10 670	－996	280
	6. 北京手表厂	7 921.7	292.6	293.3
	7. 上海手表五厂	7 271	225.9	49
时钟、定时器企业	1. 威海市钟表公司	12 170	237	931
	2. 烟台木钟厂	7 947	923.2	561.93
	3. 广州富达钟表公司	7 906.47	444.3	
	4. 上海钟厂	6 514	15	393.59
	5. 杭州西尔灵钟厂	6 047.28	75.3	567.35

据国家海关总署统计，1996年全国钟表成品及零部件出口总额为19.11亿美元，比上年下降8.8%。其中表成品及零件出口额为14.18亿美元，比上年下降了10.67%；钟成品及零件出口额为4.93亿美元，比上年增长6.16%。在表及零件中，电子表成表出口余额为8.84亿美元，比上年下降7.34%；机械表成表出口金额0.9亿美元，比上年增长6.51%；表零件出口金额为2.4亿美元，比上年下降21.92%。在钟及零件中，电子钟成品出口金额为2.13亿美元，比上年增长1.17%；机械钟成品出口金额为1.25亿美元，比上年增长26.24%；钟零件出口金额为1.22亿美元，比上年下降0.7%。计时器、定时器出口金额为0.53亿美元，比上年增长20.96%。1996年钟表产品出口首次在连续几年大幅增长的情况下，出现下降。

新技术及科研成果　1996年4月16日至19日，中国轻工总会钟表研究所承担的7项国家“八五”计时仪器配套项目在西安通过了部级鉴定和验收。这7个项目是：高精度舰用石英子母钟系统、超小型时间累加器、小型组合式时间累加器、多功能坦克钟、军用计时仪器单相永磁步进电机的开发研究、钟表固体膜无油润滑的工艺研究和钟表CAD/CAM一体化的研制。这7个项目的水平居国内领先地位。

质量及质量管理　1996年5月21日至30日，中国钟表协会赴日技术交流代表团在日本东京、盛岗与日本时计协会有关人员，就钟表国际标准方面的技术问题进行了交流，对国际标准的修订提案，双方提出了自己的意见，并进行了交流与探讨。

1996年7月9日至14日，部分钟表企业有关人员在西安参加了全国钟表行业标委会通讯员第一次会议。会上传达了中国轻工总会质量标准部召开的1996年标准工作会议精神，介绍了国际标准化组织情况并宣贯了最新的钟表标准。会议期间有关的标委会委员认证通过了杭州定时器总厂的企业标准Q/HDZ04－95《机械式时效响铃定时器》，该标准已达到世界先进国家标准水平。

1996年，全国钟表行业标准委员会审定通过了8项行业标准，将形成的报批稿上报有关部门等待批准发布。

管理及改革 1996年6月12日至14日，中国钟表协会在上海召开了第四届会员大会，会上进行了换届选举，修改了协会章程，选举产生了第四届理事会、常务理事会和理事长、副理事长，发展了一批新会员，会议期间代表还进行了交流座谈和行业形势分析讨论。

10月下旬，中国计时仪器史学会在浙江省松江县召开了第三次学术研讨会，会上交流了30余篇有关计时仪器史方面的文章。钟表行业和天文学界的40多名代表、专家参加了这次会议。

4月，中国钟表协会组团首次参加了瑞士巴塞尔世界钟表展览会，这一展事是世界上历史最久、规模最大的钟表专业展览会，由12个企业22名成员组成的中国钟表代表团参加了这次展览并取得了成功。

1996年11月28日，在北京中国国际展览中心，举办了1996北京国际钟表展览会暨订货会，来自日本、瑞士、美国、香港、台湾等国家和地区的近百个厂商参加了展览。这一国内钟表行业的专业性展览及订货会始自1989年，得到了国内外钟表生产厂、进出口批发商、零售商们的积极参与和支持，是国内举办的规模最大的钟表专业展览会。这一展览为企业间拓展业务，交换信息，培育市场，加强合作创造了条件，取得了较好的效果。

由中国钟表协会与香港表厂商会、香港钟表业总会合作，中国钟表协会信息中心编辑出版了《中国钟表工商名录》，收录了数千个包括香港在内的中国钟表工商企业名录，这是一本至今为止，国内最权威、最新、最全面的有关钟表行业工商企业的名录资料。

〔撰稿人：中国钟表协会　杨金况　审稿人：中国钟表协会　吉勤之〕

〔责任编辑：王亚水〕

电炭制品

生产发展情况 1996年对电炭行业中12个主要生产企业（其中大二型2个、中一型1个、中二型3个、小型6个）统计，共有职工6 972人，其中工程技术人员608人，占职工总数的8.7%，拥有固定资产原价30 255万元、净值20 706万元，产品产量5 415.45t。1996年电炭行业主要经济指标完成情况见表1。

表1　电炭行业主要经济指标完成情况

工业总产值（不变价）（万元）	比上年增长 %	产品销售收入（万元）	产品销售税金及附加（万元）	利润总额（万元）	全员劳动生产率（元/人）
17 562	－6.7	17 018	232	－90	18 405

目前加入电炭行业协会的单位有30个，其中生产企业有26个、研究院所4个。加入协会的企业有机械工业部骨干企业2个：哈尔滨电炭厂及东新电炭股份有限公司，均属于大二型企业。另有中一型企业4个，中二型企业10个及小型企业10个。1996年电炭行业部分骨干企业主要经济指标完成情况见表2。

哈尔滨电炭厂深化企业内部改革，调整产品结构，强化销售工作，1996年比上年减亏50%。

产品分类及产量 电炭产品主要依据其用途和特点分为十大类59个系列300余个品种。十大类产品包括电机用电刷、炭棒、机械用炭、触点、送话器用炭砂和石墨粉、特种石墨、高纯石墨、调压器用炭电阻片、石墨制品、青铜石墨含油轴承等。1996年主要类别产品产量详见表3。

市场及销售 1996年，电炭产品市场仍然萎缩，供大于求，大部分企业存在着订货不足、回款困难的情况。销售量较大的产品有高纯石墨、电机用电刷、机械用炭及人造金刚石用炭片。据对电炭行业12个生产企业统计，电炭产品销售收入为17 018万元，较上年有所降低。

1996年，电炭行业的产品出口创汇为89.07万美元，出口的产品有电影炭棒、气刨炭棒、电机用电刷、机械用炭、高纯石墨等，产品主要销往东南亚地区、美国、日本、韩国和香港等国际市场。1996年电炭行业主要产品出口额详见表4。

哈尔滨电炭厂经国家对外贸易经济合作部批准授权经营自营进出口业务，为该厂更进一步开拓国际市场创造了条件。

据对电炭行业12个企业统计，销售收入超过千万元的企业有东新电炭股份有限公司(5 429万元)、上海摩根炭制品有限公司（3 271万元)、哈尔滨电炭厂（2 809万元)、南通电炭厂（1 298万元)、浙江乐清市电炭厂（1 094万元)。主要出口企业按产品出口额排序前三名为：哈尔滨电炭厂（22万美元)、北京开关厂电炭分厂（17万美元)、东新电炭股份有限公司（10.07万美元)。

新技术及科研成果 东新电炭股份有限公司共开发了5项重点产品、7项新产品和4项基础科研项目的研究工作。其中柔性石墨板氯含量测定方法获机械工业部科技进步三等奖。哈尔滨电炭厂研制的M218密封材料获市科技进步二等奖，1492涂料获市科技进步三等奖。哈尔滨电炭研究所研制的T707石墨材料获省机械厅科技进步二等奖。

哈尔滨电炭厂“八五”科技攻关项目电力机车用浸金属炭滑板，1996年经铁道部验收合格。

南通电炭厂对电炭单个成型技术进行了改革，变为双联成型，又发展为多只单联成型，提高了效率，降低了损耗，取得了明显的经济效益。

乐清市电炭厂为了提高刷体与导线的结合力，降低接触电阻，利用高科技材料和先进设备把导线压入刷体，在特殊的容器中，进行“代导线焙烧”新工艺，从而使TEM系列电刷具有硬度高、电阻低、起动力矩大等特点。

表2 骨干企业经济指标完成情况

企业名称	工业总产值（不变价）（万元）	比上年增长%	产品销售收入（万元）	利润总额（万元）	全员劳动生产率（元/人）	产量（t）
哈尔滨电炭厂	3 791	15.3	2 809	−748	14 983	685
东新电炭股份有限公司	4 793	−32.0	5 429	36	9 043	701.75

表3 电炭行业各类产品产量

类别	电机用电刷	机械用炭	高纯石墨	炭触点	电影炭棒	气刨炭棒	炭片	其他制品	炭素制品
产量（t）	709.59	200.2	980.35	78.9	35	121.87	98.34	3136.4	55
比上年增长%	13.2	−3.4	−18.2	−36.1	−59.3	−30.5	−58.9	−6.6	−62.3

表4 1996年电炭行业主要产品出口额

主要类别产品	出口产品		出口金额（万美元）
	单位	数量	
电影炭棒	万支	143	17
气刨炭棒	万支	28.5	1.66
电刷	t	3.5	10.15
机械用炭	t	2.5	20
高纯石墨	t	32	20.73
其他电炭制品	t	78	19.53
合计			89.07

新产品 哈尔滨电炭厂研制鉴定了2种新产品：(1) TJ25航空电刷，是为QF-24航空起动发电机而研制的高性能航空电刷，该电刷采用了新材料、新工艺，具有配方合理、产品性能稳定、寿命长等特点，达到国内同类产品领先水平。(2) S8电刷是为引进的水轮发电机组而研制的石墨基多孔电刷，主要用于水轮发电机和汽轮发电机集电环，该产品达到无火花运行，集电环氧化膜建立良好，可满足水轮发电机组安全、稳定、可靠运行。产品性能达到了德国E5634产品水平。

哈尔滨电炭研究所研制的M213TF石墨密封材料于1996年9月通过部级鉴定。该材料用于运载火箭发动机涡轮泵轴端面密封，该产品工艺先进、性能稳定可靠，达到国内领先水平及国际同类产品水平。

1996年东新电炭股份有限公司研制了石墨换热器、纯炭制品等十余项新产品。

乐清市电炭厂经反复试验研制出TEM系列电刷，该系列电刷广泛应用在汽车和摩托车电机上，具有电阻率低、导线与刷体接触电阻小、硬度高、抗震性能好、电刷使用寿命长等特点。主要性能：万次起动磨损0.5mm～0.8mm，起动次数30 000次以上。

邢台电炭厂研制的JL2连铸石墨被河北省科委列为技术攻关项目，现已完成中试，批量投入市场试销。

质量及质量管理 根据国家技术监督局的安排，国家电炭制品质量监督检验中心于1996年一季度对高纯石墨产品质量进行了国家质量监督抽查工作。高纯石墨是电炭行业的主导产品。这次抽查了12个生产高纯石墨产品的主要厂家，约占全国电炭生产厂家的60%～70%。抽查了12个产品，合格产品11个，合格率为91.1%。从检查结果的数据分析看，大部分企业产品性能指标远远高于行业平均水平，行业的整体质量水平较好，产品的性能基本上满足国内厂家需求。

哈尔滨电炭研究所为了成立机械工业部电炭专业标准化技术委员会，上报了《机械工业部电炭专业标准化技术委员会章程》、《机械工业部电炭专业标准化技术委员会秘书处工作细则》等6个文件。经机械工业部批准后，又组成了22位委员的电炭专业标准化技术委员会，并发展了9个单位为电炭专业标准化技术委员会通讯委员单位。1996年9月21日～23日在成都市召开了机械工业部电炭专业标准化技术委员会成立大会。从此，电炭专业标准化技术委员会的工作正式启动和运行，为电炭行业标准化工作奠定了组织保证。

会议期间，还召开了1996年度电炭行业标准审定会。会议审定通过了机械行标《炭弧气刨炭棒物理性能试验方法》，还讨论部署了1997年度电炭行业标准化工作计划。

1996年，电炭行业共进行了4项标准的制修订工作：行军标《特种调压器用炭电阻片柱物理性能试验方法》完成报批稿并上报；机械行标《炭弧气刨炭棒物理性能试验方法》已审定通过。另外，国军标《火箭喷管用石墨规范》及机械行标《高纯石墨质量分等》等2项标准已完成收集国内外资料工作，为该2项标准起草征求意见稿奠定了基础。

基本建设及技术改造 1996年，据对电炭行业12个企业统计，固定资产投资1 744万元，其中基本建设投资939万元，技术更新改造投资805万元。

东新电炭股份有限公司1996年固定资产投资440万元，其中基本建设投资220万元，技术更新改造投资220万元。公司炭片二期扩能技术改造项目基本完成。

哈尔滨电炭厂技术更新改造投资100万元，对航空电刷高空试验室进行了技术改造，为今后提高航空电刷高空试验高度提供先进的测试手段。

株洲市电炭厂1996年基本建设投资494万元，进行成品加工车间的技术改造工作。

乐清市电炭厂重视电炭制品的深加工，1995年开始加工电刷，1996年形成批量生产能力，并且开始从事其他炭制品深加工的试生产和扩大生产的准备工作，结束了该厂只生产毛坯、不生产电炭成品的历史。

内蒙兴和电炭厂1996年5月破土动工兴建新厂房，已投资120万元。厂房面积12 063.2m²，新建6座石墨化炉。项目竣工后，新增生产能力1 000t，现在试生产情况良好。

邢台电炭厂高纯石墨技术改造项目被国家经贸委列为重点技术改造项目，已投资350万元，一期工程基本结束，投入试运行。

对外合作 电炭行业现有“三资”企业两个。其中，上海电炭厂与英国摩根坩埚有限公司于1992年合资，成立了中英上海摩根炭制品有限公司。几年来，该厂生产发展情况较好。目前该厂有职工378人，其中工程技术人员37人。1996年工业总产值（不变价）3 254万元，比上年增长130.1%，工业增加值为1 261万元，产品销售收入3 271万元，利润总额394万元，全员劳动生产率为32 384元/人。

东新电炭股份有限公司与美国科克伍德公司共同投资建立生产电刷的合资公司——凯迪炭素有限公司，已于1995年1月正式投入运行。

这两个“三资”企业详细情况见表5。

表5 电炭制品行业“三资”企业情况

名称	中方	外方	合作方式	经营范围	总投资额（万美元）	注册资本（万元）	外方比重%	成立日期
上海摩根炭制品有限公司	上海电炭厂	英国摩根坩埚有限公司	合资	炭素制品	1 400	1 060	51	1992年
凯迪炭素有限公司	东新电炭股份有限公司	美国科克伍德公司	合资	电刷	59.68		51	1995年

管理及改革 中国电工器材行业协会电炭分会三届三次理事会会议及全体会员大会于1996年4月25日～26日在北京召开，参加会议的有21个单位30名代表。中国电工器材行业协会秘书长陈福迎同志传达了1996年全国机械工业工作会议精神，并就加强行业管理、促进行业发展做了重要讲话。会上电炭分会秘书长传达了总会1996年会议精神，总结了电炭分会三届理事会工作，部署了1996年工作要点，并将电炭行业“九五规划及2010年设想”初稿提请大会审议并修改。会议就行业厂家关心的行业产品质量管理、产品价格、加强行业信息及发展会员等问题进行了讨论，并就企业生产、经营等方面的经验进行了交流。会议期间又发展了2个团体会员单位。

南通电炭厂1996年成立了股份制企业，机制转换后，董事会主要抓了以下几项工作：(1)管理干部采用聘用制，通过定岗、竞聘、投票，选拔人才；(2)灵活经营决策、落实营销经营责任制，加强了销售力量和责任。

〔撰稿人：哈尔滨电炭研究所　张梅君　审稿人：哈尔滨电炭研究所　吴海兴　机械工业部重大装备司　韩英俊〕

〔责任编辑：张友鹤〕

磨 料 磨 具

〔机械工业部〕

生产发展情况 1996年据对磨料磨具行业91个企业的统计，完成工业总产值（1990年不变价）236 803万元，比上年增长4.17%；工业增加值80 080万元，比上年减少0.99%；应交增值税20 299万元，比上年增长25.70%；实现利税总额23 033万元，比上年增长21.54%。1996年磨料磨具行业亏损企业数共计14个，占统计厂家的15.38%。全部职工年平均人数64 433人，年平均工资5 786元/人，比上年增长1.13%。磨料磨具行业综合经济效益指标见表1。

市场及销售 1996年磨料磨具行业国内市场与上年相比改观不大，全年行业91个企业的销售收入254 275万元，比上年增长3.2%。其中销售收入前十名企业的总和为162 304万元，占91个企业总销售收入的63.8%。磨料磨具行业1996年产品产量见表2。销售收入前十名企业情况见表3。

表1 磨料磨具行业综合经济效益指标

指标名称	单位	1996年	1995年
产品销售率	%	98.3	99.5
资金利税率	%	4.7	3.6
增加值率	%	32.9	28.6
成本费用利润率	%	3.1	1.6
全员劳动生产率	元/人	12 428	12 039
流动资产周转率	次	0.77	0.82

表2 1996年磨料磨具行业产品产量

产品	单位	产量	比上年增长%
普通磨料	t	285 685	1.0
棕刚玉	t	193 404	−2.8
白刚玉	t	19 884	5.3
黑碳化硅	t	28 514	−3.3
绿碳化硅	t	14 675	20.6
普通磨具	t	72 179	−5.9
陶瓷结合剂砂轮	t	52 689	−6.6
树脂结合剂砂轮	t	12 274	−10.1
橡胶结合剂砂轮	t	1 057	−5.6
油石	t	6 159	11.0
商品块	t	58 927	40.7
棕刚玉块	t	45 231	44.0
白刚玉块	t	1 709	102.0
黑碳化硅块	t	9 363	38.8
绿碳化硅块	t	2 623	−9.4
涂附磨具	万 m^2	2 639	−14.2
人造金刚石	kg	2 475	−8.1
金刚石制品	kg	1 400	−24.2
立方氮化硼	kg	16	−19.9
氮化硼制品	kg	28	51.1
硅碳棒	万支	700	−34.3

表3 磨料磨具行业销售收入前十名企业

序号	企业名称	销售收入(万元) 1996年	1995年
1	白鸽集团股份有限公司	49 501	43 812
2	中国七砂集团	36 371	36 750
3	上海砂轮厂	22 203	21 658
4	四砂股份有限公司	17 686	15 390
5	郑州市磨料厂	9 218	11 773
6	梅河口砂轮特耐公司	7 461	6 759
7	白山金刚砂厂	5 652	4 371
8	牡丹江磨料磨具工业公司	5 317	4 461
9	盐城砂轮厂	4 541	3 558
10	苏州远东砂轮有限公司	4 354	4 361

据海关统计资料表明，1996年磨料磨具行业出口额为26 269万美元，比上年增长6.0%，进口额为4 135万美元，比上年减少20.6%。产品进、出口情况详见表4。

表4 1996年磨料磨具产品海关进、出口情况

产品名称	出口 数量(t)	出口 金额(万美元)	进口 数量(t)	进口 金额(万美元)
普通磨料	561 395	21 102	6 464	620
天然刚玉	20 185	695	4 194	414
人造刚玉	292 517	9 230	2 125	157
碳化硅	248 693	11 177	145	49
普通磨具	16 571	2 027	2 085	1 054
陶瓷砂轮	8 545	1 460	1 511	658
天然磨料砂轮	1 366	170	519	368
油石	6 660	397	55	28
涂附磨具	13 124	1 704	1 185	1 430
砂布	5 827	971	1 017	612
砂纸	5 876	657	168	818
金刚石	10	371	0.4	104
金刚石制品	4 912	1 065	779	927

新技术及科研成果 1996年郑州磨料磨具磨削研究所完成的成果有6项：(1)金属结合剂人造金刚石成品拉丝模芯的研制，主要技术指标：晶粒度细于5μm，磨耗比达到$80\times10^3\sim100\times10^3$，成品率大于95%。该模芯容易加工，与硅结合剂人造金刚石拉丝模芯相比，同种规格可省时1/3左右；光洁度好，接近进口模芯水平，可作为电线电缆行业的成品模；硬度高，使用寿命长，在拉制不锈钢等高硬丝方面，是硅结合剂人造金刚石拉丝模芯的3倍以上。(2)切削高硅铝合金用金刚石刀具，开发的PCD表面粗糙度$Ra<0.02\mu m$，PCD刀具切削刃口在96倍显微镜下无明显崩口，PCD刀片焊接抗拉强度达153MPa。采用CuO无机胶粘接，其粘接压剪强度可稳定在50MPa以上，平均每把PCD刀具可加工195活塞约12 000件左右。(3)石材加工用金刚石软磨片，利用便携式手动研磨机加工异型石材，产品综合指标优于日本同类产品。(4)金刚石小锯片连续烧结设备的研制，技术指标：加热额定功率56kW，工作温度850℃，最高温度为950℃，温差±5℃，生产效率100片/h，加热区尺寸4 710mm×250mm×180mm，保护气体消耗$1.0m^3/h$，电源为三相380V、50Hz。该设备发热体及保温材料的合理布置及可控硅自动控温系统的设置，使炉温调整方便，温度准确，温差小，属国内领先水平。(5)高效节能JGH-1型晶体管高频焊机，采用国际先进的电力电子功率器件和独特的变流技术，是高效节能的新一代高科技产品，该产品从根本上改变了传统电子管高频感应加热设备的结构，在电路结构设计和性能上独具特色。(6)加工镀铬薄壁缸套用超硬材料珩磨油石，用于镀铬薄壁缸套的内孔加工，加工效率

0.04mm/min，寿命为每条油石加工工件数大于400件，加工质量达到日本和英国进口工件的水平。

第六砂轮厂完成的有2项：(1)摩擦材料加工用金刚石砂轮，采用定模热法制作砂轮齿轮，高频焊机焊接，经电解开刃处理。使用该产品可降低工具费用30%以上，提高生产效率30%以上，还可改善环境，降低劳动强度。(2)二次提纯工艺，采用锌熔法二次提锌，降低锌含量，保证硬质合金产品产量，降低烧成品废品率，延长设备使用寿命，降低生产成本。

苏州远东砂轮有限公司完成的新型树脂结合剂超硬磨具，适用于难磨材料的加工，其形状、规格、技术条件均符合国际标准。产品耐高温、使用寿命长，形状保持性好。

新产品 第三砂轮厂的钢管内磨专用树脂砂轮，用于钢管内表面磨削，提高了磨削工件长度。

苏州远东砂轮有限公司的新产品有4项：(1) TN蜗杆滚轮，是通过引进德国温特公司先进生产技术，进行消化吸收研制而得，主要技术指标：内径偏差0.002mm～0.004mm，型面直线度≤0.002mm，角度偏差±3′，型面凸度0.3m～10m，安装跳动≤0.002mm。该产品降低生产成本，满足用户要求，整体接近国外同类产品水平，可替代进口。(2)汽车工业用陶瓷CBN砂轮，对CBN把持力强，浸润性好，年销售产值达100万元，创利税40万元。(3)磨宝石轴承专用金刚石砂轮，加工宝石(方料磨圆)，加工余量为0.2mm时，使用寿命可达500万粒～600万粒。(4)磨自行车中轴砂轮，解决了“火、薄、高速”砂轮制造的技术难点，砂轮磨削效率高、自锐性和保持性好。

第六砂轮厂的新产品有2项：(1)高耐磨耐热金刚石聚晶，耐磨性为10万次以上，质量单粒磨耗比值不低于平均值60%，高于平均值粒数不低于40%，耐热性1 200℃～1 250℃。(2)立方氮化硼复合聚晶车刀，被加工件的表面粗糙度可达$Ra0.4\mu m$～$Ra0.2\mu m$。

苏北砂轮厂的新型树脂结合剂CBN砂轮，用悬浮法一次性聚合合成PFA树脂粉末，其粒度≤600#，树脂的长期耐磨性在200℃以上，使结合剂与CBN粘结性能提高，CBN砂轮在磨削过程中不堵塞、易修整。产品指标为：制品长期耐温性≥200℃，使用寿命提高30%左右，磨削效率提高20%左右。

上海砂轮厂的新产品有2项：(1)直径105mm金刚石锯片，用于花岗石、大理石、墙地砖干切，广泛应用于建筑、装潢行业，产品可替代进口。(2)网布层压基体页盘，产品技术参数：网布层压基体，材质为玻璃纤维用的树脂，压力15MPa，温度为180℃，页片尺寸(25±1)mm×(16±1)mm、(30±1)mm×(16±1)mm。固化温度60℃±5℃，保温0.5h，100℃±5℃保温2h。该产品使用寿命长、成本低，主要用于工件防锈、打毛刺，效果良好。

管理及改革 1996年原第一砂轮厂、第五砂轮厂分别宣布破产。第一砂轮厂现更名为沈阳第一砂轮厂，第五砂轮厂现更名为西安金戈磨料磨具股份有限公司。

〔撰稿人：机械工业部郑州磨料磨具磨削研究所 杨 波 审稿人：机械工业部郑州磨料磨具磨削研究所 瞿光辉 机械工业部机械基础装备司 李冬茹〕

〔中国核工业总公司〕

生产发展情况 1996年是中国核工业总公司有关部门加强对超硬材料管理、认真学习邯钢经验、抓扭亏增盈的一年。产品产量有较大增长，产品质量有所提高，从1996年下半年开始基本上制止了金刚石生产效益滑坡现象。到1996年底，拥有人造金刚石压机183台，比上年增加9台。金刚石产品品种齐全，有各类人造金刚石单晶、聚晶、微粉及其制品，如各类砂轮(直径50mm～400mm)、各类圆锯片(直径105mm～1 600mm)、磨头、地质钻头、扩孔器、拉丝模、工程薄壁钻头、锯片刀头、电镀切片、电镀磨盘、触媒等，特别是天津人造金刚石厂生产的聚晶倍受用户欢迎，产量比上年增长67倍。1996年生产人造金刚石单晶4 207kg，比上年增长41.1%。由于金刚石市场售价太低，虽然产量有了较大增长，但经济效益仍然低下，1996年实现工业总产值5 847万元(当年价)，亏损566万元，其中湖南飞碟超硬材料机械总厂亏损190万元。

产品分类及产量 1996年生产人造金刚石单晶及制品13大类产品，其中人造金刚石单晶4 207 kg，约占全国金刚石单晶产量的1/10强，比上年增长41.1%。由于全国金刚石市场不景气，大批乡镇企业小厂和个体金刚石厂经不起市场激烈竞争冲击而被迫停产，有的出卖机器，因此1996年全国约有一半以上的压机停产，其金刚石单晶的实际总产量约3万kg～3.5万kg。聚晶286kg，拉丝模123 000粒，磨头4 608副，锯片34 370片，触媒6 375.6kg，其余钻头、扩孔器、砂轮、薄壁钻头、人造金刚石压机均比上年有所下降。

市场及销售 由于国家宏观调控基本建设规模，与基本建设密切相关的金刚石及其制品受到很大的制约，加之金刚石制品品种种类少，用于汽车制造、机床、陶瓷及木工方面的金刚石制品还未开发出来，市场不畅，产品库存积压增大，产品售后回收货款困难，且产品售价太低(金刚石单晶统料每克拉仅1.6元)，而生产金刚石及制品的原材料价格偏高，外销数量减少，仅35.5万美元，总销售收入4 924.7万元，致使企业困难重重，虽然金刚石产量比上年有较大增长，产品质量有提高，但年终还是出现亏损。

新技术及科研成果 为了提高人造金刚石单晶的产量和质量，降低生产成本，各厂对4 800t压机全部进行了腔体直径由18mm改为22mm(或23mm)的改造，提高了金刚石产量，单块产由原来直径18mm腔体的4.5克拉提高到7克拉～9克拉；高品级金刚石MBD-8 50/60以粗13kg以上的产量也有所增加，特别是天津人造金刚石厂，该品级金刚石产量占该厂总产量的36%，金鼎钻石总公司保持在35%。国家重点科技开发项目超硬材料刀具、磨具的开发，经国家计委批准，项目总投资850万元(其中国家拨款400万元，企业自筹450万元)，开发内容为立方氮化硼(CBN)陶瓷结合剂砂轮、陶瓷用金刚石工具(含滚轮、磨盘)、立方氮化硼刀具和金刚石木工工具。该项目已进入实施阶段，计划两年完成。核工业桂兴实业公司飞达金刚石厂对压机的冷却系统和密封配件进行了改进，降低油温，提高润滑和密封性能，大大减少了吊缸的频率，减少了停产时间和原材料消耗，使设备的运转率达到96%以上。单台压机月产达2万克拉以上；改进生产工艺，提高了单晶产量和质量，尤其是降低顶锤消耗方面有了突破，万克拉锤耗达到5.3kg。

基本建设及技术改造 1996年完成基本建设和技术改造投资837万元，其中基建投资320万元，技术改造517万元，主要是用来增购人造金刚石压机以更换一些需报废的3 600t旧压机。

管理及改革 天津人造金刚石厂1995年亏损269万元。1996年该厂加快了改革步伐，强化了企业管理，对职工加强思想教育，用企业精神激励职工；改革经营机制，加强内部管理，实行管理科室综合化，精减机构和机关科室人员；压缩非生产性开支，划小经营单位，实行全成本核算的承包责任制；改革工资制度，全面实行工效工资，使效益与职工收入直接挂钩；改革用工制度，打破干部、工人界限，采取双向选择，层层聘用，签订劳动合同。从而大大调动了干部工人的生产积极性，工人的工作责任心大大加强，精心操作，在提纯、分选工艺上精益求精，使产品产量、质量大有提高。全年生产单晶45万克，比上年增长72%；50/60以粗13kg以上占36%，比上年提高30%，万克拉锤耗达到14kg，比上年下降50%，减亏明显。为此核工业超硬材料协调委员会于1996年4月组织各金刚石厂负责同志到天津人造金刚石厂考察学习，以推动核工业超硬材料发展。1996年5月中南地质局召开湖南飞碟超硬材料企业集团各金刚石厂厂长、总工会议，进一步部署学邯钢、降成本、增效益的工作，采取有力措施制止金刚石厂效益继续下滑，并开展学邯钢达标增效竞赛。1996年飞碟集团87台压机，累计开机率为74.8%，单晶总产量238万克，全年耗顶锤19 147.8kg，全年万克拉锤耗16.1kg。金鼎钻石总公司进一步降低锤耗，加强顶锤各加工、使用环节的技术监控，对每只锤实行数据化、表格化的档案管理，使锤耗比上年下降28.8%，节约成本93万元。

〔撰稿人：中国核工业总公司　张伯初　审稿人：中国核工业总公司　杨宝龙〕

〔责任编辑：邝　鸥〕

模　具

〔机械工业部〕

生产发展情况 1996年模具工业比上年增幅超过10%，工业总产值约为160亿元。根据中国模具工业协会经营管理委员会对全国121个专业模具厂统计，1996年模具产值比上年增加约15%。1996年模具企业的经济效益比上年略有改善，但仍旧没有改变亏损和微利状态的局面。在各类模具中，为汽车、摩托车和家用电器配套的中高档模具的生产发展速度要高于行业平均水平。“三资”企业、乡镇及个体企业的生产发展速度也高于行业平均水平。硬质合金多工位级进模、汽车覆盖件模、大型及精密塑料模、复杂大型压铸模、子午线轮胎模、标准模架等，1996年又有新的发展。

产品分类及产量 按国家标准，模具仍分为十大类。即：冲压模具、塑料模具、铸造模具、锻造模具、粉末冶金模具、橡胶模具、拉丝模具、无机材料成形模具、模具标准件及其他模具。1996年，全部模具产量约750万标准套，其中冲压模具约占50%，塑料模具约占30%。

市场及销售 1996年，国内模具市场仍旧十分活跃，总量仍旧供不应求。由于“三资”企业对中高档模具需求的大幅度增加，国内企业生产水平和能力无法满足，因此，1996年模具进口进一步增加。不包括随主机、生产线或设备作为附件进口的模具，1996年共进口模具9.18亿美元，比上年增加13.2%。其中进口最多的仍是制造汽车和家用电器的大型复杂冲压模具、塑料模具和压铸模具及制造机械电子产品用的精密模具。进口模具主要来自台湾省(占30.5%)、日本(占29.7%)、香港(占10.5%)和韩国(占8.7%)，欧美也占一定比例(13.4%)。国内进口最多的是广东省和上海市，分别占进口总额的32.7%和16.1%。1996年出口模具共计7 000万美元。出口最多的是广东省和江苏省，分别占出口总额的62.1%和13.4%。主要去向是香港及东南亚市场。1996年国际模具市场比较平稳，总量比1995年略有增加。

科研成果及新产品 1996年，精密冲模、大型复杂型腔模、快速经济模具及模具相关技术都有较大进步，一批科研成果及新产品通过鉴定。由机械工业部机械科学研究院和阿城继电器厂共同完成的24工位针式接插件硬质合金精密级进模获机械工业部科技进步三等奖。长春三友模具公司制造的大型复杂压铸模已列为国家级重点新产品。由安徽芜湖万通模具厂完成的微电机定转子硬质合金级进冲模和强力模具公司完成的表面强化快速经济模具通过省级鉴定后，已报国家经贸委申请国家级新产品待批。由北京市机电研究院精密模具公司制造的微电机机壳多工位引伸级进模获北京市科技进步三等奖。1996年通过部级鉴定的成果见表1。

由广州型腔模具厂完成的成果中，引进的压铸模CAD/CAM技术经过二次开发，已建立起适用于我国压铸模生产的CAD/CAM数据库，可实现模具CAD/CAM一体化，缩短模具生产周期30%以上，使压铸模具加工精度提高到0.02mm～0.04mm；通过对大型压铸模具进行真空气淬热处理的工艺研究，使模具提高了强韧性，改善表面质量，延长寿命，达到3万模次以上。由机械工业部桂林电器科学研究所完成的多回路热油温控机成果，不仅可以提高压铸模寿命和压铸件生产效率，而且还可以改善压铸件的内在及表面质量，满足不同压铸件、不同压铸工艺及模具要求。

表1　1996年模具行业通过部级鉴定的成果

序号	项目名称	完成单位	成果水平
1	大型复杂压铸模具的研制开发	广州型腔模具厂	国际90年代初先进水平
2	大型复杂精密锻模的研制开发	山东潍坊工模具总厂	国内先进
3	注射模电铸技术	福建省二轻工业研究所	国内领先
4	压铸模用多回路热油温控机的研制	机械工业部桂林电器科学研究所	填补国内空白

模具CAD/CAM技术在1996年也有了进一步发展，电子图版已在行业中推广应用，产生了较大的技术经济效益。长春三友模具公司CAD/CAM技术推广应用项目已列为国家科技开发项目，已于1996年全面实施。该公司已被国家科委评为应用CAD/CAM先进企业。

1996年，上海生产了国内最大的86.4cm (34in) 大屏幕彩电塑壳模。

1996年，模具修复技术也有了进一步发展。由装甲兵工程学院研制开发的工模具修补机和机械工业部北京工艺材料研究所研制开发的电火花沉积/堆焊工艺在模具修复中起到了很好作用，能产生很大的经济效益，深受行业欢迎。

列入1995年国家“火炬”计划，1996年实现的AFS新型快速制造系统已在北京隆源自动成型系统有限公司投入使用并提供产品。华中理工大学、清华大学与西安交通大学等，在快速成型技术及快速制模技术方面，1996年都有重大成果。

模具材料已开始同国际接轨。

1996年生产的部分高水平模具（新产品）情况见表2。

用于模具制造的工艺装备有了进步。由汉川机床厂生产的DMK7132-AEC精密电火花成形加工中心被认定为1996年度国家级新产品。苏州沙迪克三光机电有限公司生产的电加工机床已批量出口美国。苏州金马机械电子公司生产的DK7763E型数控线切割机切割钢材厚度已可达到1 000mm；DK7763B型数控线切割机加工锥度可达60°，厚度达500mm。

质量及质量管理　1996年，模具行业已有长春三友模具有限公司、安徽荣事达塑料模具厂和青岛塑料模具实业公司通过ISO9001认证。无锡模具厂、上海星火模具厂、广州型腔模具厂等，都狠抓质量管理，准备ISO9001认证，对提高产品质量起到了很大作用。

模具标准化方面，《塑料异型材挤出模》行业标准草案已完成。《冲模零件》、《冲模模架》、《塑料模零件》、《塑料模模架》标准的修订工作已经展开。

基本建设及技术改造　1996年，模具行业共完成固定资产投资5亿多元（不包括外资）。一汽集团公司模具中心、东风集团公司冲模厂、成都飞机公司汽车模具中心、浙江模具厂、东华模具推杆厂、昆山大型塑料模架厂、浙江塑料模具中心、长春三友模具公司、柳州塑料机械厂等模具项目，均已列入国家“双加”工程项目。上海交大的国家模具CAD中心、郑州工学院的国家橡塑模具中心及一批世界银行和外国政府贷款项目1996年已开始实施。

从总体来看，模具工业投入太少，跟不上国民经济发展的需要，致使模具供不应求的矛盾进一步突出。目前，国产模具在国内的市场占有率约为60%。

对外合作　1996年中国模具工业协会和国际贸促会上海贸促分会于1996年5月在上海共同主办了第六届国际模具技术和设备展览会，展出面积12 000m^2，有305个国内外厂商参展，其中来自海外的有14个国家和地区共78个厂商。观众达4.2万人次。展出展品共170多台（套），留购率57%，成交额405万美元和3 448.5万元，意向合同290万美元和9 221.4万元。经中国模协组织专家对展品进行评述，认为这次展览会的展品高于以往五届，基本上代表了目前世界水平，真正起到了国际合作和国内外交流的目的。这个展览会，已于1996年10月被国际展览联盟接纳为正式成员。

1996年6月，中国模协派出代表（亚洲模具协会联合会理事）赴泰国曼谷参加了亚洲模具协会联合会的理事会。加强了与亚洲各有关国家和地区模具界的交流与合作。

天津、四川、福建等省市，1996年曾组成模具考察团赴东南亚国家和香港、台湾省考察；日本、泰国、台湾省等模具界人士也多次来华访问。

由于国家对外开放政策进一步深入和中国模具行业对外合作工作的不断开展，1996年及以前几年，外资模具企业大量涌入。特别是香港大批模具厂已内迁。据广东省模具工业协会调查，至1996年，广东省共有模具生产厂点4 000多个，其中外资企业占很大比例。固定资产投资在5 000万元以上的外资模具企业有20多个。例如香港龙记公司东莞模架厂，投资1亿港币，年产塑料模架9.6万套，其规模已超过我国塑料模架产量的总和。这些具有较大规模和先进技术的外资模具企业的不断出现，正在对我国模具工业的发展产生较大影响。

表2　1996年部分高水平模具情况

序号	模具名称	完成单位	水　　平
1	微电机成套多工位级进模	北京市机电研究院精密模具公司	可替代进口
2	微型车双排整体门框拉延模	哈尔滨飞机制造公司	未见到国内外成功的先例
3	汽车覆盖件内外压料拉延模	一汽集团公司模具中心	国内首创
4	汽车后轮壳内板模、横构件模、坐椅发泡模、车门内蒙皮模	长安汽车公司汽车厂	各项精度达到日本标准
5	63.5cm(25in)彩电电子枪GI支架级进模、53.34cm(21in)NTSC制式内屏蔽连续模、显示器G2膜片级进模、电子枪G2支架级进模等	成都宏明电子公司模具中心	可替代进口
6	大型蓄电池胶壳压模、塑料注塑模	沈阳模具中心	可替代进口
7	空调器翅片模	天水长城精密模具厂	优于意大利进口模
8	6.5kg洗衣机外桶及波轮模具	天津市通广公司模具厂	国内先进
9	电机定子塑封模具	大连理工大学模具研究所	达日本同类模具水平
10	宽幅式异形整板挤出模	安徽铜陵三佳电子集团公司	国内首创可替代进口
11	传真机外壳注塑模、照相机快门座板注塑模	烟台北极星IK模具公司	与日本模具相同
12	50L热水器外壳注塑模、洗衣机塑模	合肥荣事达塑料模具厂	接近日本水平
13	吸尘器外壳模、空调器外壳模	浙江塑料模具中心	接近国外水平
14	综合球托座注射模	许继模具制造公司	接近美国模具水平
15	21N、21B豪华型电视机机壳模	福日集团公司模具分公司	国内先进
16	离合器壳压铸模、变速器壳压铸模	广州型腔模具厂	国内先进
17	摩托车箱体压铸模	龙口金冠模具发展有限公司	国内先进
18	箱体压铸模	四川红山铸造厂	国内先进
19	YAMAHA摩托车箱体、NEWLONG机头压铸模	北京模具厂	达日本同类模具水平
20	子午线轮胎活络模	沈阳模具厂	可替代进口
21	各种墙地砖挤压成形模具	星光工模具厂陶瓷模具分厂	接近国外模具水平

〔撰稿人：中国模具工业协会　周永泰　审稿人：中国模具工业协会　王　都〕

〔责任编辑：邝　鸥〕

工业机器人

〔机械工业部〕

生产发展情况　至1997年上半年，我国从事机器人及其相关技术产品研制、生产的单位约有200个，研制生产的各类工业机器人约有410台，其中已用于生产的约占3/4。目前全国约有机器人用户500个，拥有的工业机器人总台数约为1 200台，从40个国外厂商进口的各类机器人占2/3以上。1996年，一些大型工厂、公司在企业重组后生产发展生机勃勃，由应用机器人的大户转向开发机器人，力求推进工业机器人的产业化。一汽集团公司是我国最早的机器人用户之一，已在其汽车生产线上应用了20多台机器人，“八五”期间与国家“863”智能机器人主题专家组合作开发了两台高功能点焊机器人，拟于1997年下半年投入应用，此外还在进一步开发弧焊、打磨、涂胶等机器人。东风汽车公司是我国第一条国产机器人喷涂生产线的应用单位，1996年在引进德国KUKA公司90年代机器人技术的基础上，用KUKA散件组装成功点焊机器人，行将投产；1997年又引进KUKA公司焊装线，用于驾驶室焊装并作工程应用研究。济南第二机床厂在与美国ISI机器人公司等合作完成第一条冲压自动生产线后，又自行开发了全自动薄板冲压生产线并投入应用。

一些老的机器人研制、生产单位仍在努力为我国的制造业自动化和机器人产业化继续努力。机械工业部北京自动化所于1996年完成了5条自动生产线的交钥匙成套工程(售出10台机器人),并正在开发新型弧焊机器人，至1997年上半年，该所已售出各类工业机器人110多台。大连组合机床所开发的ZHS-R005弧焊机器人已经售出13台，使用情况良好，现正开发装配机器人，拟用于电子行业。各主要研制单位和生产厂家自1996年～1997年上半年研制、生产的工业机器人及其应用情况、产品分类及产量、新技术及科研成果、新产品等有关信息皆列于表1中。

表1　1996年～1997年上半年工业机器人研制、生产、应用一览表

研制生产单位	项目名称	主要技术参数及特点	成果应用及获奖情况	备　注
机械工业部				
机械工业部北京自动化研究所	EP-501S电动喷涂机器人	多关节型，5轴，连续轨迹示教，两级微机控制，存储容量640KB，最大负载3kg	2台应用于平顶山高压开关厂筒体自动喷涂；2台用于江西汽车制造厂二分厂车桥自动喷涂；2台用于天津车灯厂车灯自动喷涂。1996年获机械科学研究院科研成果一等奖	分别于1996年、1995年底、1996年验收
	LR-400搬运机器人	直角坐标型，4轴，示教盒示教/离线编程，位置重复性±0.5mm，存储容量64KB	3台应用于江苏春兰集团摩托车架搬运（共3条生产线）	1996年验收
	KJ-100框架式工业机器人	龙门框架式，5轴，两级CPU控制，示教盒示教/离线编程示教，CP再现/PTP再现，最大速度30m/min，位置重复性±0.2mm，记忆点数10 000点，负载5kg	1台应用于吉林公主岭汽车内饰件厂，对奥迪100内顶衬进行高压水切割。获机械科学研究院科研成果一等奖，机械工业部科技进步一等奖	1996年验收
	AW-600弧焊机器人	多关节型，6轴，示教盒示教，CP/PTP再现，交流伺服驱动，位置重复性±0.1mm，存储容量10 000点，最大负载6kg		开发中
机械工业部大连组合机床研究所	HL863-R201装配机器人	直角坐标型，4轴，位置重复性±0.1mm，单轴最大速度1m/s，负载2kg	拟用于大连中国华录集团电子元件装配，“863”项目	合作单位有中科院沈阳自动化所，正开发
	小型装配机械手	3轴，位置重复性±0.3mm，气动，控制方式PC	瞄准用于电子、轻工等行业的小件装配	正开发
	ZHS-R005弧焊机器人	关节型，5轴，电伺服驱动	为定型产品，已售出13台	目前年产5台
机械工业部济南铸锻机械研究所	Y8110型主从控制关节式机械手	6轴，负载1 000kg，最大水平伸长3 730mm，立柱转角±165°	拟用于朝阳柴油机厂	正在开发
	J9432A自动取件机械手	水平脱模方向行程250mm，夹持直径110mm～150mm，最大负载32kg	已用于配9 000kN压铸机的自动浇注机，拟用于配16 000kN压铸机	

（续）

研制生产单位	项目名称	主要技术参数及特点	成果应用及获奖情况	备　注
中国第一汽车集团公司	HT-100A 点焊机器人	6 轴，负载 100kg，位置重复性±0.8mm，交流伺服驱动，绝对码盘反馈，操纵、编程、示教和诊断四大功能合为一体	共 2 台，分别用于焊 CA141 卡车和红旗轿车，正调试	与“863”智能机器人主题合作项目，参加单位有哈尔滨工业大学、中科院沈阳自动化所及北京自动化所、清华大学
东风汽车公司	KUKA-R761/125kg 点焊机器人	6 轴，紧凑型，德国 KUKA 公司 90 年代产品和技术	由 KUKA 公司提供散件，已装配 1 台，产品合格	1996 年完成
	4.5 万辆平头驾驶室焊装线	全长 90m，由地板线和总装线共 18 工位构成，混流生产，节拍 4.5s/台	应用于焊装线及培训、工程应用研究，共用十几台机器人	1997 年上半年从 KUKA 公司引进，价值 560 万美元
济南第二机床厂	全自动薄板冲压生产线	含冲压上下料机器人	用于合肥美菱公司	
北京海淀精艺焊接技术联合公司	“奥迪 100”铝合金门点凸焊机器人工作站	生产线主要由点焊、凸焊、TIG 及 MIG 焊四工位组成	4 台机器人用于秦皇岛轿车门厂	用 FANUC 420F 点焊机器人
中国兵器工业总公司				
南京理工大学	疲劳试验机器人	可模仿人的换档动作，操纵制动器可连续工作 20 万次，有计数、报警功能，气动驱动，频率 20 次/min	2 台用于华东汽车制动器公司，1 台作“变速器换档杆轴和支架总成”疲劳试验，1 台作“手制动操纵机构总成”疲劳试验	已验收，售价约 120 万元/台
	自主行走智能化车辆	自动道路跟踪、避障、分岔识别与导航		1996 年 4 月通过国家鉴定，参加单位北京理工大学、清华大学、浙江大学、哈尔滨工业大学、国防科技大学
	奥拓轿车自动喷涂机	2 轴，数控仿形，全电动	拟用于江南机器厂	正开发
	本质安全型危险品搬运机器人	4 轴，驱动和传感器检测均为气动	拟用于兵工厂	正开发
	160t 冲床用级进式上下料机械手	2 轴，气动，频率 24 次/min	拟用于万向集团钱潮公司	正开发
北京理工大学	义齿制作机器人		拟用于口腔医院	正开发
	浇铸机器人		拟用于摩托车厂	正开发
中国航天工业总公司				

（续）

研制生产单位	项目名称	主要技术参数及特点	成果应用及获奖情况	备　注
哈尔滨工业大学	喷砂喷漆用履带式永磁吸附爬壁机器人	机器人最大搭载 30kg，速度 1m/min～8m/min，具有平面喷漆和弧面喷漆两种装置	用于大庆石油管理局第一采油厂	
	单吸盘真空吸附式爬壁机器人	负载 10kg，曲率不小于 1/3，罐壁弧面上爬行速度最大 2m/min，并能越过 3mm～4mm 高的凸障	拟用于石油化工行业	
	管道机器人	管内移动距离 300m，解决了收放控制和长距离强弱信号混传干涉问题	两台拟用于大庆油田直径 666mm 及直径 89mm 两类管道	
	全自动包装机器人码垛生产线	由码垛机器人和输送机械构成	已形成产品，年产 10 台～20 台机器人	
电子工业部				
熊猫电子集团精机公司	9809338 高速、高精度型机器人	2 轴，最大单轴速度 1 100mm/s，位置重复性≤±0.2mm，控制方式 PTP、CP	与自动排序机组合成全自动上螺钉机，用于录像机装配线	自用，参考价 25 万元～30 万元
冶金工业部				
首钢莫托曼机器人有限公司	SK-6 机器人	多关节型，6 轴，位置重复性±0.1mm，负载 6kg		拟于 1997 年投产
	SK-16	负载 16kg，其余同 SK-6		
煤炭工业部				
山东矿业学院	喷浆机器人	6 轴，示教再现及遥控主从两种控制方式，操作简便	可用于各种地下巷道和铁路、公路、水电站和地铁等各种隧道和地下工程的喷浆作业	“863”项目，1996 年验收
中国矿业大学	机器人自动钻机	遥控，带有瓦斯浓度和温度传感器，为安全生产提供保证	1997 年初在安徽芦岭煤矿井下试验成功	“863”项目，与哈尔滨工业大学共同承担
国家教委				
上海交通大学	爬壁式机器人	由吸附行走器、传感器、控制系统及电源组成，永磁履带双脚，速度 1m/min～2m/min	用于高桥石化公司上海炼油厂金属油罐容积检测，年经济效益 200 多万元	1997 年初鉴定，上海市科委攻关项目，与高桥石化公司协作
同济大学	玻璃切割机器人	3 关节，4 轴，DD 驱动，在 0.5m/s 切割速度下切割精度为 1mm	应用于异形玻璃切割作业中	国家自然科学基金项目，现试用
	PH 系列“穿山甲”式机器人	十几种规格，一次钻孔长度 80m～130m	用于铺设地下管道，比传统铺管法节约投资 30%，施工速度快，不影响交通	1997 年初上海市科委鉴定，协作单位上海宝山油缸厂
华南理工大学	球面 SCARA 机器人	开链 7 轴，每个关节都装有分辨率为 4096 脉冲/周的光电码盘传感器		
国防科工委				
国防科技大学	FMS 机器人上下料工作站	实现加工中心自动上、下料，多种设备通信和异种设备集成	将 KUKA 机器人与台湾远东公司的车削加工中心组建工作站	1996 年完成

（续）

研制生产单位	项目名称	主要技术参数及特点	成果应用及获奖情况	备　注
上海市				
上海大学	垂直壁面行走机器人	真空吸附，两组脚掌独立驱动，三层框架相对移动的结构形式，可跨越高 50mm、宽 70mm 的条形凸起障碍，平均速度 2.0m/min	可用于高层建筑全封闭外墙面的清洗和内墙面的喷漆以及各种储液罐的安全检查等	
中国船舶工业总公司				
七〇九所	东方 1 号水下机器人		海上石油平台开采作业	正投标

市场及销售　1996 年～1997 年间，全国应用的工业机器人增长约百台。据对 30 个用户统计，在此期间共增加工业机器人 71 台，其中 34 台为国产机器人。市场销售较好的单位有机械工业部北京自动化所、大连组合机床所、济南第二机床厂等。工业机器人的主要市场仍在汽车、摩托车、电器、工程机械等行业。随着机器人应用领域的扩展，国家“863”计划智能机器人主题所开发的一些特殊用途机器人如水下机器人、矿山机器人、爬壁机器人和管道机器人也都找到了市场。中科院沈阳自动化所研制生产的水下机器人已出口 11 台。据统计，各研制、生产工业机器人整机的单位已公布的生产计划累计已超过年产千台工业机器人，而目前国内的市场容量还在 200 台/年左右，且相当一部分企业仍在大量引进国外机器人，供需有可能出现较大的反差。

新技术及科研成果　“863”计划十周年成果简介如下。国家“863”计划智能机器人主题自 1986 年开始实施，至 1996 年共 10 年的主要成果是：实现了我国特种机器人从无到有的突破，完成了 3 种类型、5 个型号样机的研制目标并全部通过验收试验，它们是：1 000m 无缆水下机器人、遥控移动式作业机器人、壁面爬行检查机器人、室外移动机器人和精密装配机器人。又新增列 6 000m 无缆水下机器人项目，由中科院沈阳自动化所等单位承担，与俄罗斯合作于 1995 年完成，在夏威夷东南海域深海试验成功。从 1993 年起将工作重点从发展特种机器人转向发展机器人与自动化生产应用工程。“863”智能机器人主题目前已在国内形成 7 个网点：智能机器人研究开发中心、机器人视觉实验室、人工智能在机器人中应用实验室、智能机器人机构学实验室、机器人控制理论和方法实验室、机器人传感技术实验室和机器人柔性装配实验室。

质量及质量管理　1996 年修订了《工业机器人安全规范》、《工业机器人术语》两项国标，制订了《工业机器人坐标系运动命名原则》1 项国标和《工业机器人型号编制方法》1 项行标，已报批。各研制、生产单位都在参照执行已颁布的 12 项国标和行标，注重机器人产品的可靠性和质量。

管理及改革　各研制、生产单位基本实行企业化管理。随着改革的深入，不少企业已经或正在重组，合资或代理的企业逐渐增多。关于“三资”企业、技术合作项目及技术引进情况见表 2。

表 2　企业集团、“三资”企业、技术合作及引进一览表

名　称	组成成员	技术引进与生产发展情况	计划指标
国际先进机器人计划(IARP)	英、法、德、意、日、美、加拿大、奥地利和澳大利亚。观察员有欧盟委员会、西班牙、俄罗斯、中国(1996 年 10 月加入)	该计划于 1982 年开始实施，受 ICAR(国际先进机器人会议、两年一期)支持，研究范围包括核电、水下、防火救灾、农业、采矿和隧道作业、建筑、工业、家用服务、空间、医疗护理等 10 类机器人	今后在水下、农业和食品加工、医疗健康、护理安全检查、空间、消防和救援、采矿、工厂自动化等方面进行先进机器人技术合作
机器人技术国家工程研究中心及沈阳市机器人工程技术中心	由国家计委批准，建于中科院沈阳自动化所内，1997 年初成立	该中心研制、生产的水下机器人已出口 11 台，并与俄罗斯合作研制成 6 000m 深水下机器人，研制、生产的工业机器人在国内应用几十台	以市场为导向，着重研究开发对国民经济有重要作用的各类机器人，与企业密切联系，促进我国机器人产业的形成和发展

（下接特—96 页）

附表 1

企业规模(1996 年)

行　业	部　门	企业总数	特大型	大一型	大二型	中一型	中二型	小　型
工业锅炉	机械工业部	159		6	9	21	28	95
内燃机	机械工业部	131	2	12	26	15	43	33
	中国石油天然气总公司	1		1				
工业汽轮机和工业燃气轮机	机械工业部	20		8	3		2	7
发电设备	机械工业部	209		14	13	21	34	127
	电力工业部	1			1			
金属切削机床	机械工业部	229	2	15	36	14	59	103
锻压设备	机械工业部	102		2	9	10	24	57
铸造机械	机械工业部	25			1	2	8	14
起重运输设备	机械工业部	181		2	10	9	40	120
	交通部	18		1	2	7	8	
	电力工业部	9		1	5	1	2	
工矿车辆	机械工业部	5				2	1	2
泵	机械工业部							
工业泵		107		3	7	3	23	71
农业泵		142			5	1	21	115
	电力工业部	5			1	1	3	
风机	机械工业部	63		1	7	3	13	39
	电力工业部	3			1	2		
气体压缩机	机械工业部	61			9	3	11	38
气体分离及液化设备	机械工业部	21		3	3	1	4	10
真空获得及应用设备	机械工业部	15			1	2	5	7
制冷空调设备	机械工业部	57	1	5	7	5	10	29
电动工具	机械工业部	261		11	12	21	62	155
减变速机	机械工业部	44			2		5	37
轴承	机械工业部	247	1	5	21	32	82	106
阀门	机械工业部	155			5	5	33	112
高中压阀门		65			3	3	21	38
低压阀门		90			2	2	12	74
	电力工业部	4			1	2	1	
液压件及液力件	机械工业部	97		3	5	3	23	63
气动元件	机械工业部	19			1		4	14
密封件	机械工业部	27			3		1	23

（续）

行　　业	部　门	企业总数	特大型	大一型	大二型	中一型	中二型	小　型
粉末冶金制品	机械工业部	32			1	2	8	21
紧固件	机械工业部	173			4	8	22	139
弹簧和链条	机械工业部	63			4	1	7	51
弹簧		35			1	1	1	32
链条		28			3		6	19
齿轮	机械工业部							
汽车齿轮		23			7	1	9	6
农机齿轮		47		1	6	5	21	14
矿山设备	机械工业部	137		7	12	12	25	81
	煤炭工业部	38		4	9	6	16	3
	中国有色金属工业总公司	4					2	2
	电力工业部	4		1	2	1		
冶金设备	机械工业部	26	2	5		2	8	9
	冶金工业部	25						
	中国有色金属工业总公司（直属独立机械厂）	5		2	1			2
电工专用设备	机械工业部	10		1	1	1	3	4
石油设备	机械工业部	52		3	4	5	13	27
	中国石油化工总公司	26					8	18
	中国石油天然气总公司	27		13	12	2		
化工设备	机械工业部	38		2	2		9	25
橡胶设备	机械工业部	8		1		2		5
塑料设备	机械工业部	18			1	3	2	12
木材设备	林业部	40		1	7	10	19	3
	机械工业部	26			2		3	21
印刷设备	机械工业部	57		1	7	4	17	28
制药设备	机械工业部	2						2
建筑材料设备	机械工业部	22				2		20
	国家建材局	74		3	10	31		30
食品设备	机械工业部	45				4	15	26
	中国船舶工业总公司	5			2	3		
粮油设备	机械工业部	83				1	8	74
饲料设备	机械工业部	30					2	28
包装设备	机械工业部	17					7	10

（续）

行　业	部　门	企业总数	特大型	大一型	大二型	中一型	中二型	小　型
纺织设备	机械工业部	19			1	1	2	15
缝纫设备	中国轻工总会（系统内企业）	99						
轻工设备	中国轻工总会	260		7	14	30	55	154
拖拉机	机械工业部	92	1	7	20	12	29	23
大中型拖拉机		12	1	5	3	1	1	1
小型拖拉机		80		2	17	11	28	22
机械化农机具	机械工业部							
机引耕作机械		73		1	2	2	13	55
植保机械		7			1		3	3
收获及场上作业机械		79			3	2	10	64
收获机械		29			3	1	7	18
场上作业机械		50				1	3	46
农副产品加工机械		100			1	2	6	91
农业运输机械		162		1	10	5	29	117
喷灌机械		15					4	11
	农业部农垦局	87			1		14	72
热带作物机械	农业部农垦局	19					3	16
营林机械	林业部	7			1		1	5
	机械工业部	3				1		2
畜牧机械	机械工业部	40				2	8	30
渔业机械	机械工业部	7					3	4
水利机械	机械工业部	12					2	10
	水利部	20			2		4	14
	电力工业部	6			3	1	2	
医疗器械	机械工业部	4			1			3
建筑工程机械	建设部	1 352		18	40	134	197	963
	机械工业部	83		9	18	7	15	34
挖掘机械		6		1	4			1
铲土运输机械		10		5	1	1	1	2
压实机械		1				1		
工程起重机械		22		2	5	3	1	11
叉车		25		1	5	2	8	9
凿岩机械		7			2		1	4
气动工具		12			1		4	7
地质设备	地质矿产部							

（续）

行　业	部　门	企业总数	特大型	大一型	大二型	中一型	中二型	小　型
地质设备	直属企业	32			2		5	25
	地方企业	4			1			3
	机械工业部	5					1	4
	电力工业部	1						1
环境保护设备	机械工业部	42			1	2	6	33
	电力工业部	10			4	3	2	1
铁路机车车辆	铁道部	35		32	2		1	
	电力工业部	1					1	
汽车	机械工业部							
载重汽车		49	2	9	19	3	12	4
客车		20			5	3	4	8
小轿车		5	2	1	1			1
微型汽车		4		1	2		1	
特种汽车和改装汽车		101			12	8	40	41
汽车零部件和配件		757		1	57	37	133	529
	交通部	78						
客车		41						
挂车		37						
	电力工业部	3				1	1	1
	中国有色金属工业总公司（直属独立机械厂）	3					1	2
摩托车	机械工业部	13		1	5	2	2	3
自行车	中国轻工总会（系统内企业）	348						
船舶	中国船舶工业总公司	77	3	19	31	8	13	3
电机	机械工业部	321		11	16	25	68	201
电动机		261		11	12	21	62	155
微电机		60			4	4	6	46
	煤炭工业部	3			1	1		1
变压器	机械工业部	175		2	13	9	42	109
	电力工业部	8		1		3	3	1
电力整流器	机械工业部	16			1	1	2	12
电力电容器	机械工业部	19			2		5	12
高压电器	机械工业部	227	1	5	7	8	32	174

(续)

行　业	部　门	企业总数	特大型	大一型	大二型	中一型	中二型	小　型
高压开关	电力工业部	4		1	1		2	
高压电瓷		2					1	1
电线电缆	机械工业部	258		12	24	15	57	150
输电线路金具铁塔	电力工业部	11		2		3	5	1
绝缘制品	机械工业部	46		1	3	4	8	30
蓄电池	机械工业部	53			6	3	8	36
	中国船舶工业总公司	3			2			1
家用电器	中国轻工总会	438						
洗衣机	(系统内企业)	36						
吸尘器		9						
电冰箱		76						
电风扇		77						
空调器		42						
排油烟机		24						
	机械工业部	37		2	7	4	11	13
洗衣机		3				1	1	1
电冰箱		10		2	2	3	2	1
电风扇		20			3		7	10
空调器		4			2		1	1
电焊机	机械工业部	48			1	1	7	39
工业电炉	机械工业部	28				1	6	21
通用仪器仪表	机械工业部	521		7	27	8	58	421
工业自动化仪表		256		4	8	4	24	216
电工仪器仪表		105		2	9	3	13	78
分析仪器		35			1		4	30
光学仪器		73			5	1	7	60
试验机、无损探伤机		25			3		9	13
实验室仪器及装置		27		1	1		1	24
	中国石油化工总公司	4			1		2	1
专用仪器仪表	机械工业部	18				4		14
环境保护仪器仪表		1						1
汽车仪器仪表		5				3		2
导航、制导仪器仪表		3						3
农、林、牧、渔仪器仪表		3						3
气象、海洋、水文、天文仪器		6				1		5

（续）

行　业	部　门	企业总数	特大型	大一型	大二型	中一型	中二型	小　型
专用仪器仪表	地质矿产部	2					2	
	电力工业部	6			1		5	
	煤炭工业部	13			3	2	7	1
	中国石油天然气总公司	5		2	1	2		
教学仪器设备	机械工业部	1						1
仪器仪表元器件	机械工业部	33			1	2	6	24
传递标准用计量仪器	机械工业部	2						2
量具刃具	机械工业部	32		1	3	1	6	21
衡器	机械工业部	3					2	1
	中国轻工总会（归口企业）	505			5	11	19	470
	中国轻工总会（系统内企业）	158						
电影机械	机械工业部	15			2		2	11
照相机械	机械工业部	27		1	1	3	3	19
复印机械	机械工业部	13			4	1		8
钟表	中国轻工总会（系统内企业）	205						
炭素制品	机械工业部	11			2		2	7
磨料磨具	机械工业部	84		4	1	4	10	65
	中国核工业总公司	10			1	2		7
模具	机械工业部	35		1		2	7	25
工业机器人	机械工业部	12						
	中国兵器工业总公司	3						
	电子工业部	1						
	中国航天工业总公司	4						
	冶金工业部	1						

附表 2
职工人数、工资总额(1996 年)

行业	部门	全部职工年末人数(人)				全部职工全年平均人数(人)	工资总额(万元)
		总计	其中				
			工人与学徒	工程技术人员	管理人员		
工业锅炉	机械工业部	134 967	77 692	12 976	16 784	134 107	92 680
内燃机	机械工业部	217 786	142 506	18 714	24 417	217 862	152 299
	中国石油天然气总公司	4 364	2 723	448	444	4 356	3 346
工业汽轮机和工业燃气轮机	机械工业部	50 378	28 722	5 466	5 258	51 522	60 092
发电设备	机械工业部	200 119	116 509	19 680	23 593	200 254	160 414
	电力工业部	1 736	896	180	183	1 744	1 896
金属切削机床	机械工业部	294 027	176 507	25 748	36 088	297 569	168 192
锻压设备	机械工业部	70 811	42 938	5 443	8 839	70 893	42 297
铸造机械	机械工业部	17 708	11 174	1 201	2 459	17 412	7 488
起重运输设备	机械工业部	124 762	75 339	9 138	17 861	125 242	66 337
	交通部	13 425	8 924	1 325	1 740	12 367	11 170
	电力工业部	10 910	7 320	1 127	1 304	11 132	9 894
工矿车辆	机械工业部	4 347	2 799	350	590	4 419	2 408
泵	机械工业部						
工业泵		68 971	42 819	5 835	9 353	68 546	41 265
农业泵		60 448	43 721	4 261	7 375	59 331	28 250
	电力工业部	4 441	2 948	392	440	4 534	5 002
风机	机械工业部	42 593	25 321	3 094	5 758	42 834	27 541
	电力工业部	3 724	2 112	346	599	3 870	3 172
气体压缩机	机械工业部	49 025	28 935	4 343	6 716	48 943	33 533
气体分离及液化设备	机械工业部	28 834	17 179	2 543	3 731	29 222	18 910
真空获得及应用设备	机械工业部	7 990	3 929	934	1 201	8 236	6 577
制冷空调设备	机械工业部	42 785	25 043	3 854	5 652	43 007	40 608
电动工具	机械工业部	19 370	12 348	1 242	2 587	19 223	12 294
减变速机	机械工业部	16 666	10 682	1 233	2 212	16 780	8 887
轴承	机械工业部	298 064	204 324	17 165	34 966	296 490	188 399
阀门	机械工业部	78 944	48 773	4 825	10 497	79 486	39 189
高中压阀门		38 384	23 020	2 456	5 372	38 545	22 970
低压阀门		40 560	25 753	2 369	5 125	40 941	16 219
	电力工业部	2 853	1 976	320	351	2 777	3 179
液压件及液力件	机械工业部	62 359	35 219	5 507	8 016	62 792	34 158
气动元件	机械工业部	6 258	3 744	492	984	6 192	3 584

（续）

行　业	部　门	全部职工年末人数（人）总计	其中：工人与学徒	其中：工程技术人员	其中：管理人员	全部职工全年平均人数（人）	工资总额（万元）
密封件	机械工业部	10 933	7 162	662	1 178	10 514	6 154
粉末冶金制品	机械工业部	12 308	7 899	1 061	1 458	12 389	6 750
紧固件	机械工业部	64 249	41 615	2 779	7 945	64 609	28 968
弹簧和链条	机械工业部	24 822	16 297	1 608	3 308	24 637	14 144
链条		18 063	11 817	1 107	2 287	17 927	9 083
弹簧		6 759	4 480	501	1 021	6 710	5 061
齿轮	机械工业部						
汽车齿轮		33 239	22 505	2 526	3 815	33 336	22 744
农机齿轮		46 776	31 278	3 891	5 806	46 872	29 188
矿山设备	机械工业部	165 946	100 328	11 535	22 432	167 473	89 066
	煤炭工业部	74 186	44 722	5 405	8 538	73 715	44 777
	中国有色金属工业总公司	3 469	2 658	159	365	3 612	1 633
	电力工业部	7 081	4 608	783	945	7 231	7 002
冶金设备	机械工业部	80 329	46 363	7 485	8 212	82 018	64 884
	冶金工业部	62 400					
	中国有色金属工业总公司（直属独立机械厂）	17 441	11 000	1 453	1 683	17 811	8 782
电工专用设备	机械工业部	11 894	6 685	923	1 663	12 083	6 729
石油设备	机械工业部	55 125	34 774	4 222	6 635	55 248	29 961
	中国石油化工总公司	25 252	17 409	3 308	2 292	25 483	
	中国石油天然气总公司	55 818	33 072	4 737	6 166	56 343	50 505
化工设备	机械工业部	22 646	13 419	1 755	2 861	23 288	12 210
橡胶设备	机械工业部	9 073	5 675	799	1 073	9 130	7 018
塑料设备	机械工业部	6 041	4 015	468	675	5 885	5 063
木材设备	林业部	46 591	25 467	4 259	5 212	45 247	31 897
	机械工业部	12 992	8 085	740	1 493	13 065	6 913
印刷设备	机械工业部	42 012	26 681	3 097	5 345	42 092	26 537
制药设备	机械工业部	352	254	20	53	367	60
建筑材料设备	机械工业部	10 259	8 063	639	756	10 449	5 603
	国家建材局					55 481	31 804
食品设备	机械工业部	22 740	14 285	1 700	3 151	23 141	12 676
	中国船舶工业总公司	6 880	4 020	908	856	6 781	5 360

（续）

行　业	部　门	全部职工年末人数（人）				全部职工全年平均人数（人）	工资总额（万元）
		总　计	其　中				
			工　人与学徒	工程技术人　员	管理人员		
粮油设备	机械工业部	24 854	18 713	1 578	2 695	24 473	8 429
饲料设备	机械工业部	8 413	6 106	493	966	8 243	2 987
包装设备	机械工业部	6 500	3 999	478	784	6 537	3 076
纺织设备	机械工业部	10 259	8 063	639	756	10 449	5 603
缝纫设备	中国轻工总会（系统内企业）	64 669		3 107		64 741	44 695
轻工设备	中国轻工总会	122 992	83 776	10 286	17 098	125 836	79 493
服装机械		3 422	2 078	192	467	3 490	1 562
皮革机械		8 250	5 451	677	970	8 545	4 526
家具机械		2 357	1 595	106	303	2 392	1 262
灯泡机械		1 176	705	77	109	1 193	674
日用玻璃机械		5 020	2 915	398	651	5 074	2 731
日用陶瓷机械		5 717	4 119	504	784	5 655	3 578
搪瓷机械		70	53	8	7	70	
造纸机械		31 114	21 186	2 490	4 969	32 814	16 996
日用化工机械		1 023	653	64	123	1 048	1 018
自行车、缝纫机加工机械		554	409	56	79	581	237
包装机械		6 027	4 126	572	995	5 889	4 493
五金机械		3 261	2 336	248	544	3 344	1 637
其他轻工机械及配件		55 001	38 150	4 894	7 097	65 741	40 779
拖拉机	机械工业部	206 778	134 769	15 090	23 224	204 754	148 753
大中型拖拉机		96 513	61 191	7 433	10 220	95 853	80 833
小型拖拉机		110 265	73 578	7 657	13 004	108 901	67 920
机械化农机具	机械工业部	246 358	174 399	16 981	29 265	241 377	125 344
机引耕作机械		36 844	26 063	2 096	4 152	36 423	15 394
植保机械		5 630	4 118	419	571	5 632	3 848
收获及场上作业机械		35 704	25 302	2 469	4 170	34 990	18 748
收获机械		22 333	15 455	1 605	2 489	21 816	13 410
场上作业机械		13 371	9 847	864	1 681	13 174	5 338
农副产品加工机械		29 356	21 913	1 802	3 412	28 452	10 810
农业运输机械		97 034	67 505	7 242	11 952	94 684	54 883
喷灌机械		6 086	4 196	484	838	6 206	2 913
	农业部农垦局	34 661	24 215	2 822	3 958	32 449	16 615

（续）

行业	部门	全部职工年末人数(人) 总计	其中 工人与学徒	工程技术人员	管理人员	全部职工全年平均人数(人)	工资总额(万元)
热带作物机械	农业部农垦局	5 707	4 142	439	830	5 887	2 708
营林机械	林业部	3 317	2 108	379	348	3 258	2 417
	机械工业部	1 202	857	80	104	1 161	376
畜牧机械	机械工业部	16 129	11 125	1 014	2 175	16 220	6 717
渔业机械	机械工业部	3 140	2 028	220	375	3 145	2 017
水利机械	机械工业部	3 924	2 796	295	556	3 840	1 333
	水利部	10 819	6 950	1 067	1 323	10 917	7 108
	电力工业部	7 042	4 006	546	672	7 097	6 053
医疗器械	机械工业部	2 097	1 651	259	134	2 117	1 094
建筑工程机械	建设部	390 961		48 848		384 326	
	机械工业部						
挖掘机械		21 359	12 437	1 422	2 332	21 577	13 431
铲土运输机械		28 706	16 650	2 414	3 619	29 689	17 210
压实机械		2 412	1 491	180	280	2 406	1 484
工程起重机械		55 837	31 856	4 437	7 761	54 565	36 234
叉车		28 426	16 491	2 277	4 146	29 135	19 519
凿岩机械与气动工具		17 211	10 228	1 158	2 420	17 139	10 191
凿岩机械		8 126	4 602	556	1 107	8 053	4 394
风动工具		9 085	5 626	602	1 313	9 086	5 797
地质设备	地质矿产部						
	直属企业	18 391	10 846	1 231	2 405	18 723	8 686
	地方企业	1 194	530	75	139	1 094	578
	机械工业部	1 106	486	81	147	1 114	450
	电力工业部	470	290	48	46	493	350
环境保护设备	机械工业部	16 805	10 629	1 781	1 985	16 750	7 427
	电力工业部	10 238	6 248	1 437	1 358	10 310	10 633
铁路机车车辆	铁道部	261 878	165 747	26 481	30 856	253 142	243 433
	电力工业部	832	546	71	171	845	869
汽车	机械工业部						
载重汽车		411 229	244 043	36 309	48 988	411 597	386 490
客车		30 662	19 669	2 289	4 387	28 326	19 929
小轿车		22 525	16 454	2 248	2 736	22 227	47 729
微型汽车		16 587	11 068	1 817	1 710	16 323	18 921
特种汽车和改装汽车		96 431	57 906	8 070	13 618	95 780	50 139
汽车零部件和配件		426 370	287 159	31 619	51 994	423 109	292 777

（续）

行　　业	部　　门	全部职工年末人数（人）				全部职工全年平均人数（人）	工资总额（万元）
		总　计	其　中				
			工　人与学徒	工程技术人　员	管理人员		
汽车	电力工业部	2 024	1 285	192	254	2 054	1 952
	中国有色金属工业总公司（直属独立机械厂）	1 683	1 006	133	270	1 656	824
摩托车	机械工业部	19 289	13 309	1 590	2 962	19 231	23 709
自行车	中国轻工总会（系统内企业）	173 597		7 667		174 446	100 266
船舶	中国船舶工业总公司	230 049	134 198	25 602	27 929	230 505	221 444
电机	机械工业部	232 683	151 627	16 591	27 859	233 126	143 035
电动机		206 833	134 531	14 942	24 739	207 056	127 673
微电机		25 850	17 096	1 649	3 120	26 070	15 362
	煤炭工业部	4 240	2 921	307	417	4 193	2 248
变压器	机械工业部	96 208	61 969	8 791	12 629	96 230	61 414
	电力工业部	6 811	4 548	590	930	6 942	8 636
电力整流器	机械工业部	6 221	3 559	1 049	715	6 268	3 367
电力电容器	机械工业部	8 482	5 249	798	1 239	8 489	5 395
高压电器	机械工业部	162 378	91 262	17 153	23 004	162 912	114 990
高压开关	电力工业部	5 571	3 384	904	769	5 649	7 087
高压电瓷		1 331	839	128	145	1 344	1 338
电线电缆	机械工业部	170 046	109 293	12 002	21 634	169 691	103 923
输电线路金具铁塔	电力工业部	11 550	7 647	945	1 419	11 628	10 584
绝缘制品	机械工业部	26 826	15 742	1 512	3 160	27 000	11 305
蓄电池	机械工业部	24 002	16 626	1 593	2 885	23 940	15 163
	中国船舶工业总公司	5 213	3 513	443	553	5 163	5 568
家用电器	中国轻工总会	223 204		15 837		221 255	150 447
洗衣机	（系统内企业）	39 099		3 253		38 230	30 337
电冰箱		49 648		3 609		47 941	39 574
电风扇		34 418		2 062		35 474	19 797
空调器		16 633		1 651		16 999	17 332
排油烟机		2 725		134		2 875	1 500
	机械工业部						
洗衣机		922	453	88	144	985	492
电冰箱		20 130	13 095	2 908	2 511	18 568	12 160
电风扇		9 743	6 784	650	1 322	10 172	7 168

(续)

行业	部门	全部职工年末人数(人) 总计	其中 工人与学徒	其中 工程技术人员	其中 管理人员	全部职工全年平均人数(人)	工资总额(万元)
空调器	机械工业部	1 436	824	348	157	1 400	1 713
电焊机	机械工业部	18 832	11 636	1 812	2 418	18 851	9 078
工业电炉	机械工业部	12 471	6 355	1 122	1 726	12 620	5 473
通用仪器仪表	机械工业部						
工业自动化仪表		103 301	53 795	12 297	15 037	106 240	62 920
电工仪器仪表		57 397	33 196	5 765	7 759	60 271	33 329
分析仪器		8 127	3 994	1 427	1 312	8 244	4 815
光学仪器		31 013	18 874	2 255	4 031	31 178	18 960
试验机、无损探伤机		17 088	9 201	1 467	2 341	17 469	8 874
实验室仪器及装置		15 554	9 704	1 357	1 928	15 201	8 090
	中国石油化工总公司	1 703	1 066	432	177	1 781	
专用仪器仪表	机械工业部						
环境保护仪器仪表		388	158	67	46	395	388
汽车仪器仪表		2 368	1 304	285	373	2 410	2 583
导航、制导仪器仪表		949	490	84	78	946	354
农、林、牧、渔仪器仪表		1 441	819	134	212	1444	846
气象、海洋、水文、天文仪器		2 003	862	164	230	1 996	971
	地质矿产部	1 617	835	218	328	1 699	1 097
	电力工业部	4 425	2 347	1 021	661	4 444	5 025
	煤炭工业部	14 221	8 802	1 093	1 719	14 153	6 548
	中国石油天然气总公司	8 816	3 730	1 571	1 287	9 119	8 168
教学仪器设备	机械工业部	882	452	94	93	465	313
仪器仪表元器件	机械工业部	10 941	6 958	1 023	1 380	11 038	6 977
传递标准用计量仪器	机械工业部	859	631	35	43	858	116
量具刃具	机械工业部	21 997	13 773	1 619	2 431	22 063	11 253
衡器	机械工业部	1 666	1 033	166	193	1 652	602
	中国轻工总会(归口企业)	39 711					20 002
	中国轻工总会(系统内企业)	24 797		1 881		24 729	10 622
电影机械	机械工业部	9 069	5 525	668	1 011	9 019	4 245
照相机械	机械工业部	12 987	8 530	649	1 498	13 430	6 965
复印机械	机械工业部	4 799	2 362	591	917	4 951	5 801

（续）

行业	部门	全部职工年末人数（人）				全部职工全年平均人数（人）	工资总额（万元）
		总计	其中				
			工人与学徒	工程技术人员	管理人员		
钟表	中国轻工总会（系统内企业）	116 119		5 276		117 259	57 863
炭素制品	机械工业部	8 348	5 304	686	792	8 405	3 796
磨料磨具	机械工业部	47 646	30 167	3 088	5 758	47 392	26 683
	中国核工业总公司	1 627	1 110	147	222	1 654	880
模具	机械工业部	8 678	5 342	821	1 005	8 766	6 817
工业机器人	机械工业部	593	250	264	79		638
	中国兵器工业总公司	75	13	54	7		132
	电子工业部	7		7			7
	中国航天工业总公司	181	34	112	35		229
	冶金工业部	28	6	18	4		101

附表 3

机械工业行业状况

行业	部门	企业数	工业总产值			工业增加值（万元）	产品销售收入（万元）	产品销售税金及附加（万元）
			当年价格（万元）	不变价格（万元）	比上年增长%			
工业锅炉	机械工业部	159	775 477	637 183	4.1	220 599	734 786	4 415
内燃机	机械工业部	131	2 020 422	1 661 997	−3.1	453 379	1 958 496	4 412
	中国石油天然气总公司	1	16 483	12 404	78.2	2 838	15 435	51
工业汽轮机和工业燃气轮机	机械工业部	20	384 598	319 833	6.2	112 329	395 410	1 521
发电设备	机械工业部	209	1 200 608	994 892	1.8	347 396	1 165 458	6 310
	电力工业部	1	11 147	7 204	5.7	3 971	9 798	37
金属切削机床	机械工业部	229	757 891	699 188	−6.5	282 452	7 02 164	4 286
锻压设备	机械工业部	102	260 673	250 378	−1.3	81 760	232 689	1 255
铸造机械	机械工业部	25	49 405	49 976	−4.4	17 254	41 322	250
起重运输设备	机械工业部	181	559 175	599 256	3.0	148 215	529 313	3 349
	交通部	18	80 946	67 462	1.4	15 452	84 823	591
	电力工业部	9	54 305	39 403		12 020	50 508	445
工矿车辆	机械工业部	5	12 792	12 432	9.2	3 655	12 030	87
泵	机械工业部							
工业泵		107	268 870	251 218	5.9	80 693	260 788	1 789
农业泵		142	287 988	262 492	13.5	89 278	235 082	981
	电力工业部	5	35 623	21 049		10 821	31 748	182
风机	机械工业部	63	221 909	213 685	9.7	74 346	216 081	1 575
	电力工业部	3	17 775	14 123	35.0	5 525	18 197	95
气体压缩机	机械工业部	61	225 597	230 478	3.3	67 948	228 643	1 113
气体分离及液化设备	机械工业部	21	100 218	100 104	−12.0	32 263	103 009	684
真空获得及应用设备	机械工业部	15	41 186	38 779	−11.1	15 863	33 208	267
制冷空调设备	机械工业部	57	615 879	608 570	25.4	176 325	591 757	3 287
电动工具	机械工业部	39	162 968	189 157	−4.7	34 673	158 820	232
减变速机	机械工业部	44	63 473	54 363	20.0	19 580	55 909	348
轴承	机械工业部	247	1 260 290	1 138 746	7.9	382 478	1 134 664	6 616
阀门	机械工业部	155	253 495	243 360	6.7	77 564	233 922	1 498
高中压阀门		65	138 796	137 592	16.7	42 475	126 798	783
低压阀门		90	114 699	105 768	−4.0	35 089	107 124	715
	电力工业部	4	16 529	14 786		5 488	15 087	101
液压件及液力件	机械工业部	97	195 666	206 436	2.2	66 418	182 691	1 178
气动元件	机械工业部	19	31 269	34 010	−30.1	10 526	23 568	143
密封件	机械工业部	27	56 883	54 474	143.4	23 296	40 181	84
粉末冶金制品	机械工业部	32	57 172	62 079	−6.9	17 216	50 282	185
紧固件	机械工业部	173	191 504	190 506	−3.9	45 143	173 258	835
弹簧和链条	机械工业部	63	124 216	114 727	19.2	42 797	111 896	531
弹簧		35	39 139	32 676	11.9	159 22	40 413	327
链条		28	85 077	82 051	22.4	26 875	71 483	204
齿轮	机械工业部							
汽车齿轮		23	168 199	161 213	43.8	41 356	168 846	716
农机齿轮		47	236 235	226 536	−1.0	67 310	211 833	1 229
矿山设备	机械工业部	137	593 929	562 136	−3.1	159 139	553 103	3 092

统计表(1996 年)

利润总额(万元)	年末固定资产		流动资产		流动负债		所有者权益(万元)	全员劳动生产率(元/人)
	原价(万元)	净值(万元)	合计(万元)	平均余额(万元)	合计(万元)	平均余额(万元)		
840	610 951	352 969	1 023 530	1 031 852	1 044 133	1 030 269	380 688	16 449
68 076	1 235 721	799 906	1 729 707	1 521 843	1 548 787	1 376 349	1 139 980	20 810
−2 204	39 672	28 346	30 369	27 622	20 229	16 104	19 422	6 515
10 198	442 459	255 156	611 336	586 454	595 049	599 168	464 432	21 802
11 798	1 117 728	650 599	2 821 347	1 664 151	1 958 768	1 694 833	872 578	17 348
169	10 624	6 912	12 710	13 584	11 314	12 974	9 696	22 769
−36 939	1 535 783	900 102	1 431 454	1 420 643	1 398 943	1 461 787	890 230	9 492
−4 223	340 826	210 855	325 397	321 665	328 222	315 510	191 566	11 533
−1 589	58 643	37 329	57 814	56 438	60 323	58 550	30 203	9 909
−10 399	496 035	302 392	636 255	596 809	662 214	626 511	270 088	11 834
1 196	65 084	42 398	118 701	81 384	86 077	65 324	76 753	12 494
−6 706	83 017	54 566	80 294	81 870	67 198	71 657	68 391	10 799
−712	14 678	8 538	16 126	15 061	20 938	19 530	3 311	8 272
−1 285	290 858	191 354	317 987	306 381	300 398	301 592	192 874	11 772
6 144	192 326	120 687	229 995	227 179	220 508	209 780	137 618	15 047
393	28 848	19 304	39 180	37 363	35 417	33 704	25 697	23 866
8 866	231 539	121 961	241 380	234 449	220 159	207 085	150 232	17 357
−850	28 592	20 189	20 984	19 019	13 807	13 608	25 717	14 522
8 882	215 296	131 987	279 605	270 453	264 759	360 070	158 444	13 883
−3 673	144 856	92 322	150 603	152 641	158 242	151 397	94 727	11 041
1 129	37 660	21 520	44 146	39 193	43 074	40 797	24 779	19 260
53 203	317 563	210 904	532 012	516 757	402 291	374 842	429 289	40 999
4 723	75 196	54 697	121 776	111 033	116 590	98 889	60 274	18 037
657	65 396	43 006	69 546	64 071	60 722	51 826	45 500	11 669
4 317	1 217 524	758 350	1 576 096	1 485 141	1 494 664	1 379 403	762 715	12 900
−934	256 406	156 379	306 647	289 765	304 116	281 698	181 365	9 758
1 028	130 968	82 536	172 940	164 148	168 470	160 439	88 979	11 020
−1 962	125 438	73 843	133 707	125 617	135 646	121 259	92 386	8 571
−425	21 192	15 643	25 992	22 930	19 996	19 150	19 901	19 762
−4 682	270 559	180 971	267 892	262 177	251 795	236 383	142 335	10 577
621	29 077	20 422	31 172	29 330	25 422	25 125	24 070	17 000
3 036	71 895	35 797	44 894	40 994	41 596	33 811	57 868	22 157
910	62 401	42 889	51 582	54 668	50 658	49 584	40 673	13 896
−11 621	196 910	123 103	199 557	196 931	226 458	224 802	98 183	6 987
2 937	99 237	62 824	116 262	104 021	113 532	101 905	74 710	17 371
3 919	28 894	17 787	37 048	29 933	29 428	26 084	37 437	23 729
−982	70 343	45 037	79 214	74 088	84 104	75 821	37 273	14 991
−2 407	238 709	120 589	177 661	177 688	176 973	168 586	103 153	12 406
2 474	240 972	147 320	220 618	207 323	216 668	193 211	124 677	14 360
−28 135	917 295	552 925	799 763	796 858	885 285	863 037	501 684	9 502

行业	部门	企业数	工业总产值			工业增加值(万元)	产品销售收入(万元)	产品销售税金及附加(万元)
			当年价格(万元)	不变价格(万元)	比上年增长%			
矿山设备	煤炭工业部	38	290 074	279 378	18.3	73 803	279 267	1 346
	中国有色金属工业总公司	4	5 544	4 166	−11.1	1 097	4 541	28
	电力工业部	4	46 003	34 021		10 535	36 476	129
冶金设备	机械工业部	26	356 495	296 550	4.4	100 760	340 464	2 275
	冶金工业部	25		221 000	−18.5		219 400	
	中国有色金属工业总公司(直属独立机械厂)	5	49 087	36 812	−14.4	14 136	47 332	298
电工专用设备	机械工业部	10	37 450	34 897	0.9	9 196	40 182	167
石油设备	机械工业部	52	196 482	188 427	10.9	51 122	180 569	963
	中国石油化工总公司	26	144 093		8.4		131 602	6 300
	中国石油天然气总公司	27	270 243	227 734	30.8	61 991	275 726	999
化工设备	机械工业部	38	82 745	81 923	16.2	16 250	77 374	330
橡胶设备	机械工业部	8	43 160	38 205	24.7	15 233	40 611	235
塑料设备	机械工业部	18	89 799	90 801	27.5	34 899	77 947	92
木材设备	林业部	40	337 829	287 518	28.0	92 181	318 947	3 476
	机械工业部	26	48 483	50 716	−15.2	15 729	44 153	171
印刷设备	机械工业部	57	178 103	171 114	10.0	64 038	168 898	708
制药设备	机械工业部	2	381	237	−8.1	158	257	2
建筑材料设备	机械工业部	22	22 826	22 489	−21.8	7 752	23 769	128
	国家建材局	74	259 393	229 896	−18	60 313	200 970	1 136
食品设备	机械工业部	45	81 508	82 349	−16.2	26 033	74 101	445
	中国船舶工业总公司	5	33 284	35 234	12.4	14 164	30 914	97
粮油设备	机械工业部	83	69 456	64 243	5.2	22 938	53 204	255
饲料设备	机械工业部	30	22 794	21 717	−37.7	6 061	14 923	67
包装设备	机械工业部	17	17 683	19 459	18.8	5 397	15 925	95
纺织设备	机械工业部	19	42 281	41 078	4.4	14 780	35 798	96
缝纫设备	中国轻工总会(系统内企业,不包括街道企业)	70		175 697			216 953	965
轻工设备	中国轻工总会	260	624 579	603 549		193 332	565 034	2 936
服装机械		5	11 793	12 569		3 844	12 174	54
皮革机械		17	46 666	44 552		12 558	37 490	320
家具机械		8	8 227	7 580		2 668	8 239	48
灯泡机械		2	2 532	2 535		1 045	2 122	16
日用玻璃机械		7	19 432	21 746		5 022	18 713	45
日用陶瓷机械		7	31 396	23 239		7 823	30 787	195
搪瓷机械		1	180	190		54	170	
造纸机械		50	131 529	122 045		40 203	117 840	700
日用化工机械		6	7 004	6 791		3 108	7 892	146
自行车、缝纫机加工机械		2	815	913		277	582	3

（续）

利润总额（万元）	年末固定资产 原价（万元）	年末固定资产 净值（万元）	流动资产 合计（万元）	流动资产 平均余额（万元）	流动负债 合计（万元）	流动负债 平均余额（万元）	所有者权益（万元）	全员劳动生产率（元/人）
－13 205	391 114	245 050	379 771	375 259	369 365	354 331	182 012	37 900
－1 514	17 326	10 595	8 881	8 045	10 793	9 553	9 430	3 037
－1 555	58 416	52 468	70 267	70 256	64 239	65 622	45 497	14 569
－6 400	602 211	303 782	578 604	580 325	620 591	620 831	252 822	12 285
	325 800	186 500						18 700
－7 915	149 334	90 795	79 363	46 858	101 366	510 215	69 094	7 936
12	56 471	35 753	49 320	51 337	49 821	51 187	41 023	7 611
－12 572	264 735	146 654	260 965	258 657	279 702	266 672	119 255	9 253
－12 775	147 925	90 407						57 062
－24 366	443 613	261 485	396 924	372 325	335 343	307 255	216 193	11 002
－5 748	113 827	76 277	92 799	90 738	117 157	115 570	44 492	6 978
386	57 995	35 955	45 249	42 575	43 278	40 961	34 880	16 684
12 752	51 941	34 060	64 788	58 199	52 833	47 165	50 169	59 302
9 185	491 375	185 732	295 321	243 256	297 328	267 435	205 981	20 373
－1 185	41 358	22 399	77 982	34 888	58 905	43 364	19 077	12 039
8 251	240 365	157 845	236 886	233 153	168 393	158 008	295 797	15 214
－44	1 088	707	308	240	638	548	186	4 300
312	27 472	16 576	31 159	29 500	35 096	30 177	17 810	13 286
－6 058		187 517		291 742		303 643		10 871
872	94 497	64 680	85 794	83 772	85 811	86 420	66 465	11 250
725	34 090	22 462	51 452	46 108	43 779	36 344	40 459	20 888
267	64 584	43 385	52 124	47 535	58 505	55 969	30 024	9 373
－822	22 316	19 912	20 780	28 613	27 097	34 369	11 433	7 353
－958	20 127	14 715	21 961	20 894	22 835	21 035	11 392	8 257
－1 427	39 377	26 926	41 035	41 726	46 980	37 135	31 294	14 145
－10 706	233 997	153 149	306 706	303 013	325 485	312 926	167 118	
3 619	580 215	405 925		650 829		607 050		15 363
697	14 870	10 943		13 446		9 766		11 014
1 742	33 444	25 004		50 416		42 692		14 696
260	21 730	14 854		6 151		5 864		11 154
71	7 333	5 198		3 437		2 530		8 759
－1 239	23 050	17 466		17 507		18 904		9 898
674	34 660	26 464		37 474		31 459		13 834
4	400	122		150		160		7 714
－7 013	148 548	90 713		131 990		140 767		12 252
－615	8 292	5 736		10 472		10 739		29 656
－78	2 248	1 753		1 529		1 484		4 768

行　　业	部　　门	企业数	工业总产值 当年价格（万元）	工业总产值 不变价格（万元）	工业总产值 比上年增长%	工　业增加值（万元）	产品销售收入（万元）	产品销售税金及附加（万元）
包装机械	中国轻工总会	7	74 042	70 009		33 955	69 493	338
五金机械		6	21 274	22 634		6 099	17 048	46
其他轻工机械及配件		142	269 689	268 746		76 676	242 654	1 025
拖拉机	机械工业部	92	2 029 441	1 513 330	9.4	359 218	1 918 080	1 834
大中型拖拉机		12	874 420	615 086	20.8	179 130	873 723	1 103
小型拖拉机		80	1 155 021	898 244	2.7	180 088	1 044 357	731
机械化农机具	机械工业部							
机引耕作机械		73	239 581	279 490	25.4	57 240	212 731	7 254
植保机械		7	46 418	41 216	−2.6	12 278	44 523	107
收获及场上作业机械		79	200 997	173 376	51.7	46 731	179 440	416
收获机械		29	154 400	131 005	58.4	30 518	139 712	251
场上作业机械		50	46 597	42 371	34.1	16 213	39 728	165
农副产品加工机械		100	106 377	94 386	10.2	33 243	86 339	333
农业运输机械		162	1 452 324	1 353 353	26.0	233 835	1 264 890	3 069
喷灌机械		15	29 523	29 876	15.2	7 782	22 410	62
	农业部农垦局	87	132 863	109 444	10.0	23 558	120 223	4 873
热带作物机械	农业部农垦局	19	15 168	11 761	−51.2	4 429	13 054	803
营林机械	林业部	7	90 971	110 534	75.0	8 977	74 541	183
	机械工业部	3	3 665	3 394	96.0	1 155	2 918	12
畜牧机械	机械工业部	40	55 049	52 425	26.1	16 536	44 095	246
渔业机械	机械工业部	7	30 474	34 984	39.7	6 937	23 121	47
水利机械	机械工业部	12	8 366	7 903	−27.2	1 832	7 123	59
	水利部	20	40 504	36 438	12.5	16 048	36 575	284
	电力工业部	6	36 422	24 428		11 565	33 301	321
医疗器械	机械工业部	4	12 372	15 804	51.4	5 381	13 090	286
建筑工程机械	建设部	1 352	3 214 179	2 882 742		846 343	3 193 602	49 541
	机械工业部							
挖掘机械		6	53 009	48 264	−6.5	15 833	58 072	270
铲土运输机械		10	164 460	136 695	−8.6	41 429	145 288	677
压实机械		1	7 666	6 406	−28.6	1 784	6 482	72
工程起重机械		22	281 718	244 739	−9.2	74 083	309 727	1 108
叉车		25	177 620	139 066	15.4	40 402	183 360	944
风动工具		12	28 884	24 370	13.5	10 687	26 765	175
凿岩机		7	34 870	30 449	−1.8	9 492	32 524	134
地质设备	地质矿产部	36	35 123	30 808	−11.2	9 210	39 605	238
	直属企业	32	32 879	28 735		8 644	37 356	224
	地方企业	4	2 244	2 073		566	2 249	14
	机械工业部	5	1 731	1 679	29.9	421	1 704	13
	电力工业部	1	1 520	1 357	43.6	505	1 730	26
环境保护设备	机械工业部	42	121 562	122 322	31.8	31 398	96 658	995
	电力工业部	10	72 645	62 122		19 427	67 659	1 543
铁路机车车辆	铁道部	35	17 96 359	1 129 244	10.5	447 215	1 737 939	7 152
	电力工业部	1	5 402	3 106	16.4	1 538	4 997	23
汽车	机械工业部							
载重汽车		49	6 383 898	6 106 293	61.6	1 586 697	6 425 800	63 401
客车		20	227 430	207 027	−24.8	44 617	211 534	4 720
小轿车		5	3 568 506	3 778 759	24.6	838 729	3 522 705	53 835

（续）

利润总额（万元）	年末固定资产		流动资产		流动负债		所有者权益（万元）	全员劳动生产率（元/人）
	原价（万元）	净值（万元）	合计（万元）	平均余额（万元）	合计（万元）	平均余额（万元）		
8 180	26 544	18 560		45 546		34 670		57 658
250	10 054	6 626		13 720		12 730		18 239
586	249 320	182 208		318 991		252 593		11 663
31 603	1 003 204	605 477	1 044 314	971 031	1 127 348	1 033 874	592 457	17 544
18 044	534 017	314 550	490 150	444 597	496 141	455 348	336 851	18 688
13 559	469 187	290 927	554 164	526 434	631 207	578 526	255 606	16 537
1 280	123 358	78 433	138 320	125 860	158 947	143 878	62 103	15 715
2 801	24 282	18 440	30 338	27 445	25 342	22 443	22 242	21 800
2 555	132 915	83 965	171 579	143 182	198 320	167 179	55 630	13 355
1 935	96 738	60 974	137 940	111 612	156 555	129 382	40 824	13 989
620	36 177	22 991	33 639	31 570	41 765	37 797	14 806	12 307
2 047	84 779	59 032	74 966	72 588	83 386	79 365	42 204	11 684
27 284	429 315	312 046	607 102	586 249	636 403	579 339	332 329	24 696
528	18 408	11 536	22 525	22 772	24 983	22 767	8 884	12 540
－2 637	93 417	60 977	151 081	127 262	146 406	133 763	42 286	7 254
－900	17 412	10 565	19 590	20 342	19 455	18 542	8 467	7 523
5 897	8 745	6 317	25 941	18 047	21 048	13 579	9 548	27 554
－46	4 087	2 951	3 623	3 074	3 108	2 789	2 105	9 948
－1 835	61 688	42 138	53 475	57 983	68 427	62 723	26 417	10 195
1 303	12 136	8 057	14 565	14 756	15 406	13 321	8 585	22 058
－867	14 126	6 774	11 737	11 261	13 884	12 329	6 460	4 772
－100	48 552	35 198	45 989	43 006	47 472	45 761	32 187	14 700
－613	33 894	22 285	51 640	53 791	50 901	52 295	26 741	16 296
3 492	12 234	8 694	31 704	20 530	16 098	15 188	26 631	25 417
230 648	1 799 377	1 358 749		2 914 878				22 021
－2 957	135 202	78 105	106 947	107 189	103 096	101 226	85 364	7 338
－3 814	140 992	76 694	286 476	279 420	263 134	249 161	114 931	13 954
－180	15 481	10 327	13 624	15 001	11 179	11 978	11 241	7 414
－2 802	272 041	174 505	442 747	441 079	440 989	439 800	168 088	13 577
6 134	136 825	84 420	193 139	181 053	175 773	161 920	137 666	13 867
－451	38 744	24 220	44 544	41 845	38 498	37 273	21 893	11 762
－1 506	32 344	19 067	39 451	37 560	33 972	31 051	29 031	11 787
－6 805	83 478	55 968	63 978	60 840	61 399	56 779	40 467	4 648
－6 551	78 891	52 884	60 130	57 302	56 828	53 610	38 745	4 617
－254	4 587	3 084	3 848	3 538	4 571	3 169	1 722	5 174
－354	3 399	1 995	2 658	2 704	3 139	2 993	2 427	3 781
4	2 669	2 002	1 634	1 666	1 131	1 170	2 176	10 243
3 438	56 662	35 050	85 930	76 167	80 652	73 091	42 639	18 745
－300	70 640	40 343	95 098	85 757	77 792	76 924	57 985	18 843
800	1 702 660	1 226 635	1 130 740	1 048 303	1 013 715	944 689	1 424 442	43 813
10	4 785	3 850	6 522	5 921	5 176	4 787	4 512	18 860
83 335	4 123 338	2 436 421	5 705 639	5 498 208	5 431 069	5 088 672	3 725 555	38 550
－9 883	219 458	136 075	255 008	245 887	234 305	232 747	251 465	16 457
412 306	788 065	466 722	1 259 735	1 119 003	1 116 397	968 856	860 638	377 347

行　业	部　门	企业数	工业总产值 当年价格（万元）	工业总产值 不变价格（万元）	工业总产值 比上年增长%	工　业增加值（万元）	产品销售收入（万元）	产品销售税金及附加（万元）
微型汽车	机械工业部	4	478 189	502 931	143.0	84 299	464 948	7 294
特种车辆及改装汽车		101	867 467	815 213	−8.4	161 699	805 496	7 435
汽车零部件和配件		757	2 929 729	3 023 091	−25.0	955 002	2 747 364	14 362
客车	交通部	41	323 427	278 653	25.7	49 700	408 027	7 391
挂车		37	74 550	61 210	−8.7	16 981	74 530	1 969
	电力工业部	3	9 382	8 931		2 728	9 008	39
	中国有色金属工业总公司（直属独立机械厂）	2	3 404	3 640	8.5	1 180	2 363	3
摩托车	机械工业部	13	950 691	1 006 679	14.4	243 729	868 124	65 366
自行车	中国轻工总会（系统内企业）	189		721 648			834 533	2 368
船舶	中国船舶工业总公司	77	2 064 584	1 678 129	16.7	467 342	1 816 668	7 886
电机	机械工业部	321	1 159 917	1 080 326	4.3	330 478	1 119 031	6 239
电动机		261	983 565	893 549	3.3	286 301	951 801	5 033
微电机		60	176 352	186 777	9.6	44 177	167 230	1 206
	煤炭工业部	3	13 953	10 974	8.2	4 189	13 599	75
变压器	机械工业部	175	699 205	654 533	5.9	194 780	674 512	3 877
	电力工业部	8	49 618	37 936		12 561	42 852	99
电力整流器	机械工业部	16	14 552	14 435	−12.3	3 822	13 752	78
电力电容器	机械工业部	19	47 938	51 407	0.9	12 438	43 709	241
高压电器	机械工业部	227	1 091 260	1 091 241	14.5	311 732	1 125 637	5 110
高压开关	电力工业部	4	52 047	40 116		14 862	46 691	182
高压电瓷		2	8 217	7 424	32.3	3 728	8 101	117
电线电缆	机械工业部	258	2 075 203	2 011 732	26.9	410 011	1 929 026	6 106
输电线路金具铁塔	电力工业部	11	70 494	36 668		17 334	74 600	372
绝缘制品	机械工业部	46	98 805	105 929	−11.6	23 331	93 225	442
蓄电池	机械工业部	53	137 198	156 980	−3.3	32 088	127 949	559
	中国船舶工业总公司	3	56 060	54 743	17.6	15 637	57 890	35
家用电器	中国轻工总会（系统内企业）	438		3 614 195			3 240 275	7 987
	机械工业部							
洗衣机		3	2 588	2 670	−52.6	−451	4 086	12
电冰箱		10	582 221	632 105	0.4	172 747	536 107	362
电风扇		20	176 783	189 363	2.4	42 982	140 214	188
空调器		4	21 796	19 407	−44.9	3 970	77 818	61
电焊机	机械工业部	48	57 742	53 996	−9.5	16 499	53 831	252
工业电炉	机械工业部	28	25 073	26 701	−11.3	6 559	21 608	108
通用仪器仪表	机械工业部							
工业自动化仪表		256	423 653	421 665	6.8	133 595	438 098	2 717
电工仪器仪表		105	367 524	385 312	27.0	90 371	344 267	993
分析仪器		35	22 653	23 111	−1.3	5 955	24 686	158
光学仪器		73	98 769	100 655	4.2	37 019	89 915	514
试验机、无损探伤机		25	32 230	30 223	−1.4	11 206	35 066	213

（续）

利润总额（万元）	年末固定资产 原价（万元）	年末固定资产 净值（万元）	流动资产 合计（万元）	流动资产 平均余额（万元）	流动负债 合计（万元）	流动负债 平均余额（万元）	所有者权益（万元）	全员劳动生产率（元/人）
15 593	137 730	91 275	246 170	202 510	196 730	157 996	157 671	51 644
—11 691	598 447	387 392	695 991	713 376	834 579	775 881	374 062	16 882
156 663	2 431 086	1 582 139	2 350 317	2 224 703	2 128 259	1 955 218	1 898 752	22 571
—5 576		137 661		184 745		228 200		
—4 990		42 725		68 309		75 109		
—581	2 549	5 105	10 535	10 559	7 736	7 745	7 939	13 281
13	3 807	1 578	5 400	5 056	4 217	4 179	2 274	7 125
67 333	177 352	119 216	669 151	542 261	559 458	472 678	368 067	126 738
—20 375	602 186	433 409	954 914	961 920	1 035 378	891 350	414 512	
—24 060	1 748 369	1 207 168	2 738 964	2 508 293	2 684 410	2 465 034	972 072	20 275
—1 573	978 889	616 856	1 256 171	1 230 531	1 207 298	1 176 001	665 604	14 176
—4 800	868 543	538 697	1 122 408	1 101 680	1 079 236	1 054 756	596 482	13 827
3 227	110 346	78 159	133 763	128 851	128 062	121 245	69 122	16 946
—177	19 420	12 068	18 846	19 393	18 482	18 647	7 777	26 172
18 892	547 495	353 387	732 685	715 662	700 998	643 279	406 677	20 241
—1 630	55 695	30 541	70 783	67 066	60 856	59 038	50 419	18 094
—1 401	22 900	13 942	30 533	30 829	27 300	26 257	11 685	6 098
—251	34 732	21 578	50 173	49 207	41 502	38 372	25 577	14 651
24 974	747 498	408 006	1 099 242	1 063 203	1 051 237	993 580	598 558	19 135
569	44 622	26 303	72 426	68 958	66 580	63 078	35 748	26 309
364	7 083	5 096	5 370	5 156	4 794	3 676	5 063	27 860
27 381	1 145 238	759 256	1 447 666	1 388 185	1 460 015	1 386 251	750 312	24 162
—3 627	85 767	51 436	83 254	77 955	65 805	61 106	71 763	14 907
—2 237	103 092	62 373	108 578	109 568	123 149	117 271	40 673	8 641
—7 684	141 350	96 160	128 995	124 224	127 421	112 458	110 770	13 403
6 426	30 534	23 002	34 199	34 594	27 293	27 183	53 245	30 321
104 185	1 467 460	1 036 954	3 089 581	2 835 388	2 858 526	2 496 441	1 636 209	
—1 068	5 280	2 654	5 568	5 849	8 395	8 158	132	—4 582
48 464	242 067	189 241	414 629	384 121	371 144	382 106	316 190	93 035
—2 206	50 977	31 811	65 874	69 984	85 176	83 360	21 177	42255
—1 283	36 775	27 748	90 950	64 309	106 685	80 566	8 973	28 354
—2 665	55 121	34 936	73 704	70 610	69 658	63 381	41 740	8 753
—3 399	37 846	24 271	44 172	44 186	48 385	42 847	17 149	5 197
11 322	371 219	241 995	590 910	561 000	506 597	484 369	356 490	12 575
50	225 741	150 128	338 821	319 413	322 596	304 730	148 552	14 994
—415	32 711	18 950	38 463	40 517	35 853	32 769	22 199	7 224
—177	108 961	60 996	108 720	101 803	113 773	102 606	62 105	11 873
—4 983	62 852	37 861	52 585	51 740	59 534	56 658	30 685	6 415

行　业	部　门	企业数	工业总产值			工　业 增加值 （万元）	产品销 售收入 （万元）	产品销 售税金 及附加 （万元）
			当年 价格 （万元）	不变 价格 （万元）	比上年 增长％			
实验室仪器及装置	机械工业部	27	707 289	1 064 890	20.3	225 777	693 823	9 984
	中国石油化工总公司	4	5 241		18.3		6 229	467
专用仪器仪表	机械工业部							
环境保护仪器仪表		1	2 334	2 192	0.1	750	1 888	7
汽车仪器仪表		5	12 385	13 906	286.0	2 839	10 097	15
导航、制导仪器仪表		3	1 902	1 753	−79.1	802	1 417	5
农、林、牧、渔仪器仪表		3	4 424	4 351	−17.7	1 443	4 204	32
地质勘探、钻采、地震、土工仪器		57	101 779	128 747	27.1	25 831	91 705	498
气象、海洋、水文、天文仪表		6	2 619	2 312	28.2	829	2 576	16
	地质矿产部	2	3 115	3 187		1 522	2 755	20
	电力工业部	6	35 776	31 444		14 168	35 533	303
	煤炭工业部	13	67 201	59 329	37.5	12154	55 257	279
	中国石油天然气总公司	5	33 096	28 720	−5.6	2 908	33 357	0
教学仪器设备	机械工业部	1	1 840	1 838		1 864	1 476	2
仪器仪表元器件	机械工业部	33	55 230	60 331	5.2	14 567	51 349	292
传递标准用计量仪器	机械工业部	2	1 338	1 956	−4.4	439	882	33
量具刃具	机械工业部	32	48 931	48 316	−6.2	18 832	43 270	198
衡器	机械工业部	3	3 541	4 057	42.3	688	3 379	36
	中国轻工总会	130	169 701	173 776	3.3	60 943	166 073	10 661
电影机械	机械工业部	15	21 513	24 681	20.6	7 947	19 990	114
照相机械	机械工业部	27	102 339	108 218	0.7	11 223	93 423	54
复印机械	机械工业部	13	103 264	134 791	25.2	22 538	109 420	70
钟表	中国轻工总会（系统内企业，不包括街道企业）	116		219 195			184 616	834
炭素制品	机械工业部	11	20 454	21 968	31.9	6 318	19 465	133
磨料磨具	机械工业部	84	195 014	179 726	4.3	53 997	199 949	683
	中国核工业总公司	10	5 847	10 145	31.4	1 194	4 777	35
模具	机械工业部	35	39 627	40 448	6.2	14 543	34 051	175
工业机器人	机械工业部	12					915	
	中国兵器工业总公司	3					40	

（续）

利润总额（万元）	年末固定资产		流动资产		流动负债		所有者权益（万元）	全员劳动生产率（元/人）
	原价（万元）	净值（万元）	合计（万元）	平均余额（万元）	合计（万元）	平均余额（万元）		
93 723	122 185	99 487	404 437	339 365	372 380	320 172	194 822	148 528
−94	11 785	7 177						30775
102	1 218	511	2 173	1 221	2 164	2 181	1 589	18 990
−2 597	9 420	7 046	16 881	16 226	8 967	4 408	27 394	11 778
68	1 861	1 222	1 558	1 328	1 484	1 296	1 410	8 478
16	2 787	1 782	3 688	3 745	4 678	4 248	1 623	9 990
1 752	75 006	53 922	84 433	80 369	85 128	79 773	53 196	13849
−404	6 980	4 719	3 976	4 024	4 572	4 073	3 409	4 152
−147	10 357	7 102	6 151	6 247	6 262	6 529	7 986	8958
1 517	22 253	14 727	38 992	34 792	34 816	30 409	20 829	31881
−2 683	73 968	54 953	51 045	51 423	54 826	52 057	24 923	41 920
−1 207	80 269	54 165	88 301	81 015	77857	70 725	27 000	3 189
94	2 170	1 585	1 909	1 510	2 253	1 751	1 973	40 082
−594	45 254	29 777	44 304	43 156	45 320	43 970	24 806	13 197
−195	1 380	722	1 392	1 431	2 384	1 969	2	5 117
−78	88 319	49 881	98 652	91 195	94 670	85 696	37 313	8 536
−33	7 418	4 010	10 623	9 193	8 448	5 152	4 789	4 163
4 223	140 453	85 252	164 085	152 812	160 823	139 338	100 481	15 347
−1 457	40 326	25 852	34 831	32 582	40 602	38 056	13 647	8 812
−1 667	51 824	31 673	91 204	90 044	81 254	77 805	45 755	8 356
8 117	42 385	24 840	91 630	81 287	81 846	75 793	38 788	45 521
−15 514	321 677	181 809	339 960	331 698	425 711	404 524	92 158	
−216	32 839	21 598	36 791	35 795	35 430	33 835	32 301	7 517
2 750	216 132	126 265	275 429	264 101	266 988	244 288	138 229	11 394
−566	10 226	7 989	8 621	8 775	5 798	5 187	6 206	7 219
−1 159	57 774	40 518	44 678	41 169	51 906	46 286	31 908	16 591
	14 200	1 184						100 000
	350	300						

附表 4

固定资产投资额(1996年)

行业	部门	固定资产投资(万元)		
		总计	其中	
			基本建设投资	技术更新改造投资
工业锅炉	机械工业部	38 713	16 467	22 246
内燃机	机械工业部	135 157	39 811	95 346
	中国石油天然气总公司	4 277	4 002	209
工业汽轮机和工业燃气轮机	机械工业部	26 775	8 129	18 646
发电设备	机械工业部	67 686	25 276	42 410
	电力工业部	519	255	264
金属切削机床	机械工业部	77 416	36 879	40 537
锻压设备	机械工业部	24 472	7 946	16 526
铸造机械	机械工业部	2 396	1 906	490
起重运输设备	机械工业部	31 286	15 301	15 985
	交通部	10 496	4 472	6 024
	电力工业部	4 212	1 865	2 347
工矿车辆	机械工业部	229	0	229
泵	机械工业部			
工业泵		18 894	6 286	12 608
农业泵		25 786	19 517	6 269
	电力工业部	2 450	558	1 892
风机	机械工业部	25 950	10 440	15 510
	电力工业部	1 435	179	1 256
气体压缩机	机械工业部	12 945	7304	5 641
气体分离及液化设备	机械工业部	7 157	2 847	4 310
真空获得及应用设备	机械工业部	1 456	1 456	0
制冷空调设备	机械工业部	56 619	36 203	20 416
电动工具	机械工业部	13 805	7 721	6 084
减变速机	机械工业部	3 872	2 745	1 127
轴承	机械工业部	78 298	37 426	40 872
阀门	机械工业部	15 197	5 885	9 312
高中压阀门		6 039	2 894	3 145
低压阀门		9 158	2 991	6 167
	电力工业部	3 004	193	2 811
液压件及液力件	机械工业部	39 002	11 270	27 732
气动元件	机械工业部	883	421	462
密封件	机械工业部	38 007	5 916	32 091
粉末冶金制品	机械工业部	5 926	1 932	3 994

（续）

行　业	部　门	固　定　资　产　投　资(万元)		
		总　计	其　中	
			基本建设投资	技术更新改造投资
紧固件	机械工业部	11 273	5 291	5 982
弹簧和链条	机械工业部	13 209	3 930	9 279
弹簧		6 647	1 612	5 035
链条		6 562	2 318	4 244
齿轮	机械工业部			
汽车齿轮		22 649	1 884	20 765
农机齿轮		18 929	8 704	10 225
矿山设备	机械工业部	41 803	14 987	26 816
	中国有色金属工业总公司	618		618
	电力工业部	3 631	2 536	1 095
冶金设备	机械工业部	17 234	8 102	9 132
	冶金工业部	15 700		15 700
	中国有色金属工业总公司（直属独立机械厂）	3 231	564	2 667
电工专用设备	机械工业部	610	221	389
石油设备	机械工业部	6 069	3 873	2 196
	中国石油天然气总公司	31 418	20 885	9 403
化工设备	机械工业部	6 022	4 326	1 696
橡胶设备	机械工业部	1 089	317	772
塑料设备	机械工业部	5 308	2 849	2 459
木材设备	林业部	29 449	9 871	19 578
	机械工业部	3 717	2 587	1 130
印刷设备	机械工业部	13 391	7 905	5 486
制药设备	机械工业部	16	16	0
建筑材料设备	国家建材局	1 350		1 350
	机械工业部	585	552	33
食品设备	机械工业部	3 684	1 318	2 366
	中国船舶工业总公司	16 125	11 979	4 146
粮油设备	机械工业部	8 015	2 672	5 343
饲料设备	机械工业部	165	62	103
包装设备	机械工业部	2 200	556	1 644
纺织设备	机械工业部	3 967	525	3 442
缝纫设备	中国轻工总会(系统内企业)	5 529	117	5 412
拖拉机	机械工业部	80 905	19 841	61 064
大中型拖拉机		32 666	3 965	28 701
小型拖拉机		48 239	15 876	32 363
机械化农机具	机械工业部			

（续）

行　　业	部　　门	固定资产投资(万元)		
		总　计	其中	
			基本建设投资	技术更新改造投资
机引耕作机械	机械工业部	9 208	4 576	4 632
植保机械		7 682	3 585	4 097
收获及场上作业机械		9 380	4 753	4 627
农副产品加工机械		6 076	4 642	1 434
农业运输机械		60 931	27 115	33 816
喷灌机械		975	571	404
	农业部农垦局	9 652	5 185	4 467
热带作物机械	农业部农垦局	5 932	3 257	2 675
营林机械	林业部	2 799	161	2 638
	机械工业部	156	133	23
畜牧机械	机械工业部	4 336	2 252	2 084
渔业机械	机械工业部	2 582	1 499	1 083
水利机械	机械工业部	672	378	294
	电力工业部	884	620	264
医疗器械	机械工业部	33	33	0
建筑工程机械	机械工业部			
挖掘机械		5 827	860	4 967
铲土运输机械		21 123	13 585	7 538
压实机械		560	0	560
工程起重机械		33 561	1 157	32 404
叉车		22 306	13 283	9 023
风动工具		1 483	828	655
凿岩机械		1 081	783	298
地质设备	机械工业部	65	65	0
环境保护设备	机械工业部	14 490	10 585	3 905
	电力工业部	10 230	1 439	8 791
铁路机车车辆	铁道部	75 750	39 084	36 666
	电力工业部	494	342	152
汽车	机械工业部			
载重汽车		479 908	348 654	131 254
客车		13 461	6 058	7 403
小轿车		109 586	15 807	93 779
微型汽车		29 483	8 670	20 813
特种汽车和改装汽车		68 000	47 853	20 147
汽车零部件和配件		371 420	104 861	266 559
	电力工业部	692	29	663

（续）

行业	部门	固定资产投资(万元)		
		总计	其中	
			基本建设投资	技术更新改造投资
汽车	中国有色金属工业总公司（直属独立机械厂）	3 837	3 825	12
摩托车	机械工业部	54 496	8 965	45 531
自行车	中国轻工总会（系统内企业）	27 419	5 307	22 112
船舶	中国船舶工业总公司	197 222	76 099	121 123
电机	机械工业部	88 266	39 352	48 914
电动机		72 697	28 663	44 034
微电机		15 569	10 689	4 880
变压器	机械工业部	57 515	27 254	30 261
	电力工业部	2 596	1 202	1 394
电力整流器	机械工业部	264	240	24
电力电容器	机械工业部	3 846	866	2 980
高压电器	机械工业部	58 880	34 787	24 093
高压开关	电力工业部	2 756	1 338	1 418
高压电瓷		1 244	380	864
电线电缆	机械工业部	115 046	51 852	63 194
输电线路金具铁塔	电力工业部	3 764	848	2 916
绝缘制品	机械工业部	3 429	576	2 853
蓄电池	机械工业部	33 521	29 378	4 143
	中国船舶工业总公司	10 353	5 372	4 981
家用电器	中国轻工总会	315 239	12 151	303 088
洗衣机	（系统内企业）	87 329	1 047	86 282
电冰箱		113 921	4 308	109 613
电风扇		2 822	486	2 336
空调器		54 732	4 952	49 780
排油烟机		462	0	462
	机械工业部			
电冰箱		16 147	10 893	5 254
电风扇		2 764	2 504	260
空调器		1 387	1 357	30
电焊机	机械工业部	4 565	1 320	3 245
工业电炉	机械工业部	660	340	320
通用仪器仪表	机械工业部			
工业自动化仪表		24 525	10 172	14 353
电工仪器仪表		16 650	9 986	6 664
分析仪器		1 724	1 486	238
光学仪器		5 380	3 956	1 424

（续）

行业	部门	固定资产投资(万元)		
		总计	其中	
			基本建设投资	技术更新改造投资
试验机、无损探伤机	机械工业部	1 564	759	805
实验室仪器及装置		37 639	28 754	8 885
专用仪器仪表	机械工业部			
环境保护仪器仪表		390	200	190
汽车仪器仪表		13 902	0	13 902
导航、制导仪器仪表		10	10	0
农、林、牧、渔仪器仪表		62	0	62
气象、海洋、水文、天文仪器		310	0	310
	电力工业部	1 676	495	1 181
石油专用仪器	中国石油天然气总公司	4 498	3 177	1 086
仪器仪表元器件	机械工业部	4 695	24	4 671
传递标准用计量仪器	机械工业部	20	20	0
量具刃具	机械工业部	3 051	1 509	1 542
衡器	机械工业部	2 213	1 871	342
	中国轻工总会(归口企业)	10 505	2 284	8 221
	(系统内企业)	2 259	785	1 474
电影机械	机械工业部	3 525	397	3 128
照相机械	机械工业部	1 150	549	601
复印机械	机械工业部	903	366	537
钟表	中国轻工总会(系统内企业)	13 014	392	12 622
炭素制品	机械工业部	731	395	336
磨料磨具	机械工业部	17 669	7 149	10 520
	中国核工业总公司	837	320	517
模具	机械工业部	2 631	1 217	1 414
工业机器人	机械工业部	400	0	400
	中国兵器工业总公司	350	150	200

附表 5

出口额（1996 年）

行　业	部　门	主要类别产品	出口产品		出口金额（万美元）
			单　位	数　量	
工业锅炉	机械工业部	工业锅炉	t（蒸汽）	8 127	4 989.9
内燃机	机械工业部	内燃机商品量	MW	6 876	18 741.2
发电设备	机械工业部	内燃机发电机组	MW	27	185.0
		发电设备	MW	992	4 185.8
	电力工业部	铜套	t	6	6.0
		水轮机配件	t	145	33.0
金属切削机床	机械工业部	金属切削机床	台	30 370	14 575.9
		其中：高精度机床	台	152	200.2
		数控机床	台	521	1 501.1
锻压设备	机械工业部	锻压设备	台	7 173	3 249.2
起重运输设备	机械工业部	起重设备	t	108 036	12 167.4
		运输设备	t	9 023	1 713.2
	交通部	港口起重机械	台	14	2 855.0
		门座起重机电控柜	面	138	80.0
	建设部	建筑起重机械			2 191.7
		电梯			4 133.0
工矿车辆	机械工业部	工矿配件	t	39 439	3 890.1
泵	机械工业部	工业泵	台	87 940	2 677.3
		农业泵	台	91 074	1 092.7
	电力工业部	低压砼泵	台/t	2/18	50.0
		灌浆泵	台/t	30/15	100.0
风机	机械工业部	风机	台	872	193.2
气体压缩机	机械工业部	气体压缩机	台	2 054	124.9
气体分离及液化设备	机械工业部	气体分离及液化设备	套	14	777.2
制冷空调设备	机械工业部	制冷设备	套	15 325	1 496.4
轴承	机械工业部	轴承	万套	23 221.8	22 096.9
阀门	机械工业部	高中压阀门	t	6 127.9	1 574.9
	电力工业部	阀门电动装置	台	240	11.2
液压件及液力件	机械工业部	液压件	万件	299.2	406.0
紧固件	机械工业部	标准紧固件	万件	663 727.6	7 610.7
矿山设备	机械工业部	矿山设备	t	2 875	4 134.9
	煤炭工业部	综采设备	套	2	1 171.0
		支架	架	113	319.0
		卡轨车	台	1	53.0
		刀片			0.5
	中国有色金属	片状钎头	t	28	1.3
	工业总公司	柱齿钎头	t	70	203.7
		凿岩机备件	t	1	2.5
		软岩钎具	t	2	2.7
		钻机备件	t	3	5.3
		破碎机备件	t	665	113.0
冶金设备	机械工业部	冶炼设备	t	3 605	840.1
		金属轧制设备	t	1 233	1 090.9
	中国有色金属	烧结台车	台	100	99.6
	工业总公司	台车备件	t	136	30.9

（续）

行业	部门	主要类别产品	出口产品		出口金额（万美元）
			单位	数量	
冶金设备	中国有色金属工业总公司	轧机及备件	t	344	90.0
		皮带助卷器	t	5	2.5
		混捏机备件	t	9	0.6
		钛锻件	件	57	11.3
		钛锻棒	件	2	2.0
		钛标准件	件	7 172	11.9
		其他零件	t	70	13.4
	农业部农垦局	减速机	台	1 000	152.4
电工专用设备	农业部农垦局	各种旋具	万件	1 283	153.4
石油设备	机械工业部	石油钻采设备	t	7 988	759.5
		炼油化工设备	t	983	177.1
	中国石油化工总公司	石化专用设备及零件	t	765	301.8
橡胶设备	机械工业部	橡胶加工机械	t	3 798	753.3
塑料设备	机械工业部	塑料加工机械	t	5 690	2 297.7
木材设备	林业部	合计			1 571.0
		装载机	台	25	92.0
		木工机床	台	7 914	417.6
		人造板设备	台	264	1 052.9
		木材采集机械	台	219	6.2
		带锯条	m	100	0.3
		配件	万件	19	2.0
印刷设备	机械工业部	印刷机械	t	3 471.9	1 578.8
建筑材料设备	国家建材局	机械设备、配备件			12 007.6 (RMB)
食品设备	机械工业部	食品机械	台	1 023	393.8
	中国船舶工业总公司	烟草机械			21.0
包装设备	机械工业部	包装机械	台	61	74.1
缝纫设备	中国轻工总会	家用缝纫机	万架	339.1	10 641.0
	（归口产品，海关口径）	工业缝纫机	万架	68.4	9 999.6
		缝纫机零件	万 t	1.7	3 556.2
拖拉机	机械工业部	大中型拖拉机	台	6 270	2 659.7
		小型拖拉机	台	62 281	4 319.3
机械化农机具	农业部农垦局	农业水泵	台	90	6.8
		农业机械零配件	万件	540	136.8
热带作物机械	农业部农垦局	天然橡胶初加工机械	台/t	14/423	54.2
营林机械	林业部	合计	台	8 474	143.9
		割灌机	台	1 902	23.7
		小动力机械	台	6 572	120.2
畜牧机械	农业部农垦局	鸡笼鸡架	组	17 501	25.4
水利机械	电力工业部	埋件等	t	151	39.0
		闸门	t	523	76.0
建筑工程机械	建设部	总计			6 272.6
		建筑机械与设备合计			3 058.2
		挖掘机械	台/t	97/25	445.5
		铲土运输机械			152.8
		桩工机械	台/t	44/405	169.7
		压实机械	台/万 t	1 370/1.13	1 974.8
		路面机械			63.7

（续）

行　业	部　门	主要类别产品	出口产品		出口金额（万美元）
			单　位	数　量	
建筑工程机械	建设部	混凝土机械			122.1
		混凝土制品机械	台/t	10/46	27.6
		钢筋和预应力机械	台/t	121/1	42.2
		装修机械	台	15 931	59.8
		建筑金属制品合计			2 801.4
		建筑门窗及幕墙			109.1
		采暖散热器及相关设备			664.0
		模板和脚手架扣件跳板			1 613.3
		钢结构	t	8 754	415.0
		其他建设机械合计			413.0
		装载机	台/t	84/1 026	292.8
		推土机	台	4	24.8
		汽车吊	台	13	92.5
		叉车			2.5
		其他			0.3
	机械工业部	装载机	台	222	958.3
		推土机	台	196	1 500.4
环境保护设备	电力工业部	加药装置	套	1	117.1
		消声器	台	2	10.2
铁路机车车辆	铁道部	客车	辆	40	709.0
		货车	辆	1 063	2 995.0
		机车	台	2	29.3
		地铁车辆	辆	174	9 295.0
		机车车辆配件	项	26	1 523.0
汽车	机械工业部	汽车	辆	10 104	9 485.4
		其中:轿车	辆	231	349.6
		改装汽车	辆	1 013	1 145.0
		汽车配件			11 010.6
	建设部	城市车辆合计			116.8
		城市客车			70.6
		城市专用车			46.2
	农业部农垦局	零配件	万件	100	3.2
摩托车	机械工业部	摩托车	辆	7 896	484.1
自行车	中国轻工总会	自行车	万辆	1 216.6	46 347.4
	（归口产品，海关口径）	自行车零件	万t	15.6	34 496.7
	农业部农垦局	自行车灯	万只	187.8	327.4
船舶	中国船舶工业总公司	船舶（直接出口）	艘	70	71 147.2
		货船	艘	22	56 874.0
		驳船	艘	40	1 627.9
		其他船舶	艘	8	12 645.3
		修船			12 724.2
		其他机电产品			35 506.8
电机	机械工业部	交流电动机	MW	3 875	6 991.3
		直流电机	MW	7	1204.6
	煤炭工业部	电机	台		5.9
变压器	机械工业部	变压器	MV·A	6 035	4 816.2

（续）

行业	部门	主要类别产品	出口产品		出口金额（万美元）
			单位	数量	
变压器	机械工业部	互感器	台	12 622	131.5
	电力工业部	变压器	MV·A	2 590	
		电抗器	MV·A	870	
		互感器	台	982	
	煤炭工业部	变压器			5.2
高压电器	机械工业部	高压断路器	台	460	316.6
		高压隔离开关	组	333	74.5
		高压电瓷	t	9 419.7	956.6
	电力工业部	继电保护装置	套	10	220.0 (RMB)
		封闭母线	套	3	718.0 (RMB)
		阻波器	台	5	18.0 (RMB)
低压电器	农业部	元件	万件	280	4.1
电线电缆	机械工业部	钢芯铝绞线	t	10 151.2	2 242.1
		电线电缆	km	12 503	3 897.9
		控制电缆	km	21	3.3
输电线路金具铁塔	电力工业部	电力金具	t	582	622.0
		铁塔	t	3 042	1 957.0
蓄电池	中国船舶工业总公司	合计			64.6
		铅酸蓄电池			63.9
		其他蓄电池			0.7
家用电器	中国轻工总会	合计			266 584.2
	（归口产品，海关口径）	洗衣机	万台	55.9	6 036.3
		冷藏冷冻箱	万台	104.4	8 291.1
		电风扇	万台	12 259.0	80 837.6
		洗碟机	万台	0.01	1.8
		空调器	万台	48.1	16 414.1
		压缩机	万台	22.2	1 693.6
通用仪器仪表	机械工业部	工业自动化仪表	万台（件）	465.8	10 258.2
		电工仪器仪表	万台（只）	275.7	1 828.4
		分析仪器	台	985	50.8
		光学仪器	台	484 559	4 392.6
		试验机	台	21 111	257.9
专用仪器仪表	电力工业部	集成电路发变组保护	套	10	27.0
	煤炭工业部	自救器	台		4.3
量具刃具	机械工业部	量具	万件	360.7	1 131.5
		刃具	万件	8 097.2	2 576.6
衡器	中国轻工总会（归口产品海关口径）	衡器	万台	2 073.8	6 345.7
电影机械	机械工业部	放映设备	台	14 354	238.3
照相机械	机械工业部	照相机	架	4 767 463	12 864.4
钟表	中国轻工总会	钟及零件			49 292.0
	（归口产品，海关口径）	机械钟	万只	7 051.2	12 516.5
		机械钟芯	万只	1 600.7	1 620.5
		电子钟	万只	1 7411.8	21 288.9
		电子钟芯	万只	4 167.8	1 679.6

(续)

行业	部门	主要类别产品	出口产品		出口金额（万美元）
			单位	数量	
钟表	中国轻工总会	钟零件	t	9 798.6	12 186.6
	（归口产品，海关口径）	表及零件			141 831.8
		机械表	万只	3 964.6	8 980.7
		机械表芯	万只	2 087.4	4 226.1
		电子表	万只	70 198.0	88 423.0
		电子表芯	万只	29 168.2	16 169.6
		表零件	万t	49.1	24 032.4
		计时器、定时器	万个	4 053.2	5 254.5
磨料磨具	机械工业部	磨料	t	188 580	7 277.3
	中国核工业总公司	人造金刚石单晶及制品			35.5

附表 6
行业各类产品产量(1996 年)

行　　业	部　　门	产 品 名 称	单　位	产　量	比上年增长%
工业锅炉	机械工业部	工业锅炉	t(蒸汽)	42 901	−14.3
内燃机	机械工业部	内燃机生产总量	MW	180 465	5.5
		柴油机	MW	121 419	9.6
		汽油机	MW	49 689	−14.1
	中国石油天然气总公司	内燃机	台/kW	730/453 839	100.5
		其中：柴油机	台/kW	465/321 267	125.7
		柴油机发电机组	台/kW	265/132 572	67.7
工业汽轮机和工业燃气轮机	机械工业部	工业汽轮机	MW	564	−16.1
发电设备	机械工业部	发电设备总计	MW	14 471	−5.6
		电站汽轮机	MW	12 161	−6.2
	电力工业部	水轮发电机组	MW	150	
金属切削机床	机械工业部	金属切削机床总计	台	101 826	−6.3
		车床	台	46 634	−12.3
		铣床	台	9 649	−27.4
		钻床	台	15 698	82.9
		镗床	台	1 111	3.5
		磨床	台	11 052	5.2
		刨床	台	746	−49.2
		插床	台	14	−58.8
		拉床	台	90	−15.1
		组合机床	台	1 601	−22.7
		齿轮加工机床	台	2 020	−11.6
		螺纹加工机床	台	1 670	−45.7
		电加工机床	台	730	−21.3
		加工中心	台	344	−22.9
锻压设备	机械工业部	锻压设备总计	台	37 857	−17.6
		机械压力机	台	24 346	−16.8
		液压机	台	4 232	−16.4
		自动压力机	台	2 833	135.7
		锻锤	台	917	1.4
		锻机	台	178	150.7
		剪断机	台	4 838	−8.2
铸造机械	机械工业部	铸造机械	台	3 720	−28.1
起重运输设备	机械工业部	起重设备总计	t	292 901	−11.0
		运输设备	t	115 470	−4.8
		给料机械	t	5 054	−24.4
		装卸机械	t	11 338	−43.6
		架空索道	台	15	50.0
		电梯及扶梯	t	31 312	194.3
	交通部	港口起重机械	台	127	−102.0
		港口流动机械	台	250	−26.0
		散货专用装卸机械	台	55	10.0
		集装箱起重运输机械	台	105	−261.0
		装卸机械工属具	台	4 887	−12.5
	建设部	建筑起重机械	台/万t	42 187/12	

（续）

行业	部门	产品名称	单位	产量	比上年增长%
起重运输设备	建设部	电梯	台/万t	34 675/20	
	电力工业部	翻车机	台（套）	7	
		斗轮堆取料机	台/t	10/1851	
		混匀堆取料机	台	6	
		卸煤机	台	8	
		输煤机械	台/t	1 337/3 341	
		皮带机	m	1 569	
		卸车机	台	8	
		起重机	台/t	11/4647	
		卷扬机	台/t	15/38	
	中国有色金属工业总公司	胶带输送机	台/t	20/137	
		螺旋运输机	台/t	10/27	
		刮板运输机	台/t	1/4	
		桥式起重机	台/t	2/36	
		给矿机	台/t	2/2	
工矿车辆	机械工业部	工矿车辆	辆	6 456	21.8
泵	机械工业部	泵总计	台	3 360 473	－4.3
		工业泵	台	424 742	－4.7
		农业泵	台	2 139 358	－10.1
	电力工业部	给水泵	台	130	
		灌浆泵	台/t	119/104	
		柱塞泵	台/t	7/98	
		砼泵	台/t	71/749	
		油隔离泵	台	1	
	煤炭工业部	工业泵	台/t	5 024/283	－8.1
	中国石油化工总公司	工业泵	台	149	－45.0
风机	机械工业部	风机	台	154 532	－2.7
	电力工业部	电站风机	台/t	219/2 384	19.0
	中国有色金属工业总公司	轴流通风机	台/t	383/41	
气体压缩机	机械工业部	气体压缩机	台	21 772	－57.9
气体分离及液化设备	机械工业部	气体分离及液化设备	套	564	－34.8
真空获得及应用设备	机械工业部	真空设备	台	42 228	－11.8
制冷空调设备	机械工业部	制冷设备	套	326 121	27.4
	建设部	中央空调设备合计	台/t	14 912/8 766	
电动工具	机械工业部	电动工具	万台	682	－27.1
减变速机	机械工业部	减速机	t	62 118	1.0
	中国石油化工总公司		台	4	－20.0
轴承	机械工业部	轴承	万套	83 306	8.6
阀门	机械工业部	高中压阀门	t	53 046	2.3
		低压阀门	t	96 045	4.6
	电力工业部	阀门电动装置	台	13 003	9.6
		阀门	只	622	
		旁路阀门	套	8	
	中国石油化工总公司	特殊工业阀	台	514	46.0
液压件及液力件	机械工业部	液压件	万件	378	19.0
		液力件	台	25 393	31.6
气动元件	机械工业部	气动元件	万件	108	－3.3
密封件	机械工业部	密封件	万件	8 945	－36.0
粉末冶金制品	机械工业部	粉末冶金制品	t	20 507	－3.9

（续）

行业	部门	产品名称	单位	产量	比上年增长%
紧固件	机械工业部	标准紧固件	万件	1 791 996	−22.5
弹簧和链条	机械工业部	弹簧	万件	28 944	17.7
		工业链条	t	39 776	1.7
矿山设备	机械工业部	矿山设备总计	t	141 687	−33.5
		采掘设备	t	14 912	−64.5
		提升设备	t	28 625	−35.5
		破碎设备	t	38 452	−31.9
		研磨设备	t	30 436	−31.8
	煤炭工业部	采煤机	台/t	165/4 719	24.3
		刮板输送机	台/t	2 055/54 512	12.1
		转载机	台/t	87/2 805	98.7
		掘进机	台/t	40/1 017	95.6
		装煤机	台/t	60/289	0
		皮带输送机	台/m/t	429/175902/23836	17.2
		煤矿支护设备	t	75 932	24.8
		其中：液压支架	台/t	2 887/43 891	24.1
		矿井专用设备	t	5 005	53.2
		煤田勘探设备	t	710	52.0
		煤矿专用配套设备	t	3 654	40.9
		洗选设备	台/t	194/3 871	−27.4
		防爆空压机	台/t	3 798/1 331	−31.2
		采掘设备	台/t	19 654/1 365	26.2
		矿井绞车	台/t	1 899/3 554	15.4
		井巷工程设备	t	297	−13.4
		钻机	台/t	210/514	−49.8
		工矿电机车	辆/t	503/2 495	11.1
		煤岩电钻	台	61 601	16.7
		煤矿机械配件	t	45505	−6.1
	中国有色金属工业总公司	牙轮钻机	台/t	3/255	
		挖掘机	台/t	10/35	
		液压凿岩机	台/t	28/3	
		铲运机	台/t	4/62	
		平板车	台/t	4/19	
		矿车	台/t	291/519	
		振动放矿机	台/t	6/11	
		罐笼	台/t	7/22	
		绞车	台/t	6/3	
		颚式破碎机	台/t	16/52	
		圆锥破碎机	台/t	5/204	
		对辊破碎机	台/t	5/31	
		四辊破碎机	台/t	1/28	
		反击式破碎机	台/t	1/6	
		球磨机	台/t	45/753	
		棒磨机	台/t	1/143	
		浮选机	台/t	91/234	
		磁选机	台/t	9/131	
		浓密机	台/t	6/34	
		搅拌机	台/t	15/24	
		压滤机	台/t	2/66	
		螺旋分级机	台/t	21/124	

（续）

行　　业	部　　门	产 品 名 称	单　位	产　　量	比上年增长%
矿山设备	中国有色金属工业总公司	跳汰机	台/t	37/74	
		振动筛	台/t	1/7	
	电力工业部	破碎机	台/t	8/244	
		风扇磨煤机	台/t	4/311	
		碎煤机	台/t	26/692	
		给煤机	台/t	343/1 357	
		给粉机	台/t	862/712	
		筛煤机	台/t	25/107	
		筒磨、双进双出磨煤机	台	40	
冶金设备	机械工业部	冶炼设备总计	t	37 757	−11.4
		炼铁设备	t	3 457	−33.5
		炼钢设备	t	5 769	54.5
		炼焦设备	t	6 696	−22.7
		有色金属冶炼设备	t	197	−92.9
		冶金车辆	辆	1 015	349.1
		轧机配件	t	26 455	−2.4
	冶金工业部	冶金机电设备	t	172 900	−39.9
	中国有色金属工业总公司	铸铁机	台/t	1/95	
		连铸机	台/t	6/2 705	
		卷取机	台/t	1/17	
		轧机	t	307	
		铸轧机	t	82	
		纵切机	t	52	
		横切机	t	38	
		薄箔剪	t	15	
		转炉	台/t	4/172	
		精炼炉	台/t	1/118	
		挥发窑	台/t	1/45	
		回转窑	台/t	5/739	
		烧结机	台/t	1/233	
		冷却机	台/t	1/67	
		电解槽	台/t	48/1680	
		电解多功能天车	台/t	3/246	
		圆盘铸锭机	台/t	3/132	
		铝锭铸造机	台/t	6/72	
		烧结锅	台/t	12/67	
		碾压机	台/t	4/20	
		制团机	台/t	5/14	
		混捏机	台/t	3/16	
		混合机	台/t	2/564	
		翻转冷床运输机	套/t	1/907	
		炉前出料机	台/t	1/59	
		全自动压滤机	台/t	2/41	
		湿法生料磨	台/t	1/114	
		刷板机	台/t	8/20	
		洗涤塔	台/t	2/42	
		退火炉	台/t	2/97	
		雷蒙机	台/t	3/44	
		隔膜泵	台/t	2/33	
		卷筒	台/t	2/25	

（续）

行　业	部　门	产品名称	单位	产　量	比上年增长%
电工专用设备	机械工业部	电工专用设备	t	10 189	－19.3
石油设备	机械工业部	石油钻采设备合计	t	61 803	－4.2
		压裂固井设备	t		－31.9
		修井设备	t	3 288	562.9
		石油机械配件	t	14 212	－30.0
	中国石油化工总公司	烟气轮机	台	8	
		过滤机	台	27	－54.0
		酮苯脱蜡套管结晶机	台	6	50.0
		铁路罐车	台	246	128.0
	中国石油天然气总公司	石油化工设备	t	142 374	－1.2
化工设备	机械工业部	炼油化工设备合计	t	78 292	1.7
	中国石油化工总公司	包装桶	个	281 051	35.0
橡胶设备	机械工业部	橡胶加工机械	t	26 357	－0.1
塑料设备	机械工业部	塑料加工机械	t	49 996	19.6
木材设备	林业部	合计		301 856	8.0
		木材采运机械	台	27 875	15.0
		装载机	台	1 514	1.0
		油锯	台	25 950	16.0
		长材挂车	台	132	－29.0
		叉车	台	139	19.0
		集材拖拉机	台	100	0
		绞盘机	台	40	－27.0
		人造板设备	台	3 283	15.0
			t	2 003	－49.0
		木材加工机械	台	270 321	7.0
		木工刨床	台	10 921	63.0
		木工圆锯机	台	381	52.0
		木工铣床	台	851	90.0
		木工钻床	台	1 447	2 794.0
		带锯机	台	3 081	362.0
		其他木工机械	台	253 640	4.0
		板式家具设备	台	377	35.0
		林业工具			
		圆锯片	万片	4	
		带锯条	万 m	174	
		锯链	万条	3	
		导板	万件	6	
		弯把锯	万把	9	
	机械工业部	木工机械	台	43 519	－58.7
印刷设备	机械工业部	印刷机械合计	t	51 145	－2.8
		印刷机	t	31 561	－0.3
		制版设备	t	415	－34.1
		装订机械	t	5 554	61.2
	中国有色金属工业总公司	印刷机	台/t	19/132	
建筑材料设备	机械工业部	建材设备	t	24 817	－14.1
		水泥设备	t	31 810	－32.4
	国家建材局	各项机械产品总计	t	217 586	－25.0
		设备合计	t	152 621	
		水泥机械	t	111 648	

（续）

行　　业	部　　门	产 品 名 称	单　位	产　量	比上年增长%
建筑材料设备	国家建材局	玻璃机械	t	4 611	
		玻纤机械	t	329	
		墙体机械	t	15 287	
		新材料机械	t	2 260	
		非金属机械	t	654	
		石材机械	t	1 589	
		水泥制品机械	t	3 739	
		陶瓷机械	t	431	
		其他机械	t	12 072	
		各种配件合计	t	64 965	
		铸钢件	t	7 181	
		高低铬件球	t	44 449	
		锻钢球	t	201	
		加工配件	t	13 134	
	中国有色金属工业	立磨外壳等设备	套/t	1/165	
	总公司	水泥磨	台/t	4/228	
食品设备	机械工业部	食品机械合计	台	102 917	−27.0
		肉类加工机械	台	19 890	−18.2
		乳制品加工机械	台	163	−2.6
		酿造设备	台	182	−37.2
		饮料机械	台	5 329	−28.1
	中国船舶工业总公司	烟草制丝机械	台	1 204	3.3
饲料设备	机械工业部	饲草（料）加工机械	台	217 016	−22.4
包装设备	机械工业部	包装机械	台	26 638	−11.3
缝纫设备	中国轻工总会	缝纫机合计	万架	683.7	−19.7
	（归口产品产量）	家用缝纫机	万架	495.0	−19.8
		工业用缝纫机	万架	188.7	−19.4
	中国轻工总会	缝纫机合计	万架	488.4	−23.2
	（系统内产量）	家用缝纫机	万架	407.8	−22.8
		其中：多功能缝纫机	万架	14.2	−11.1
		工业用缝纫机	万架	80.7	−25.3
		其中：平缝机	万架	50.9	−8.3
		包缝机	万架	21.9	−45.6
		绣花机	万架	0.1	
		缝纫机零件（商品量）	亿元	1.6	−4.2
	机械工业部	缝纫机	台	190 276	−41.6
拖拉机	机械工业部	大中型拖拉机	台	83 670	29.4
		小型拖拉机	台	1 941 392	−0.3
	农业部农垦司	小型拖拉机	台	1 568	95.2
机械化农机具	机械工业部	机引耕作农具	台	145 397	46.5
		种植机械	台	73981	20.1
		农田基本建设机具	台	84 436	−7.2
		中耕施肥机械	台	630	36.4
		机动植保机械	台	316 194	−26.0
		收获机械	台	233 901	49.8
		场上作业机械	台	230 783	62.2
		农副产品加工机械	台	592 453	−0.2
		农用运输车	辆	359 451	22.6
		农用拖车	辆	199 817	−29.2
		机动三轮车	辆	1 504 638	5.5

(续)

行　业	部　门	产品名称	单位	产　量	比上年增长%
机械化农机具	机械工业部	船用挂机挂桨	台	34 548	－39.1
	农业部农垦司	耕作机械	台	10 334	7.3
		其中：机引铺膜机	台	4 653	
		机引犁	台	2 108	
		机引耙	台	855	
		机引播种机	台	2 947	
		植保机械	台	1 129	45.1
		其中：机动喷雾器	台	900	
		收获机械	台	20 355	8.2
		联合收获机	台	6 521	
		茎杆还田机	台	100	
		复式种子精选机	台	129	
		脱谷机	台	6 911	
		金属粮仓	台	134	
		运输机械	辆	3 331	－247.9
		其中：拖车	辆	2 084	
		双轮力车底盘	辆	1 247	
		农副产品加工机械	台（套）	3 500	51.2
		其中：奶粉成套设备	套	2	
		奶槽车	辆	15	
		挤奶机	台	62	
		茶叶加工设备	台	222	
		排灌机械	台	10 441	4.8
		其中：时针式喷灌机	台	30	
		深井泵	台	1 325	
		潜水电泵	台	3 380	
		拖拉机、内燃机及农具配件	万件	7 924	－19.2
热带作物机械	农业部农垦司	种植管理机械	辆	30	50.0
		其中：水肥车	辆	30	
		天然橡胶初加工机械	台	613	－72.1
		造粒机	台	34	
		绉片机	台	84	
		洗涤机	台	26	
		压薄机	台	4	
		打包机	台	25	
		压片机	台	15	
		干燥车	辆	13	
		干燥炉	台	12	
		渡车	台	30	
		胶乳离心过滤机	台	5	
		剑麻加工机械	台	286	29.4
		其中：刮麻机	台	15	
		理麻机	台	11	
		纺纱机	台	55	
		制绳机	台	71	
		制股机	台	80	
		其他热带作物机械	台	192	－72.1
营林机械	林业部	总计	台	279 220	6.0
		风力灭火机	台	8 452	34.0

（续）

行　业	部　门	产品名称	单　位	产　量	比上年增长%
营林机械	林业部	喷雾喷粉机	台	1 416	7.0
		手抬机动泵	台	3 759	29.0
		营林拖拉机	台	50	100.0
		汽油机	台	261 635	3.0
		割灌机	台	3 908	−42.0
	建设部	园林机械	台/t	199/5	
畜牧机械	机械工业部	牧草（料）收获机械	台	32 779	110.1
		畜禽饲养机械	台	27 354	−9.0
		畜产品采集加工机械	台	16 559	−15.7
		其他畜牧机械	台	5 611	1 579.9
	农业部农垦司	合计	台	15 521	
		液氮生物储存容器	台	3 660	
		液氮生物运输容器	台	362	
		饲料粉碎机	台	2 181	
风力机械	机械工业部	风力机械	台	2 183	−78.8
渔业机械	机械工业部	渔业机械	台	53 862	56.7
水利机械	电力工业部	水工金属结构（各类闸门总计）	t	10 082	
		水利启闭机	台/t	36/2 417	
建筑工程机械	建设部	建筑门窗及幕墙	万 m²	7 194	
		供水供气供热设备	台	589 898	
		采暖散热器	万标准片	9 312	
		其他采暖散热器及相关设备	台/t	848 221/1 408	
		钢管脚手架、扣件	万套	23 649	
		复合模板	万 m²	12 258	
		钢结构	t	57 067	
		其他建筑金属制品	t	55	
		其他建设机械	台/t	281 418/675	
		装载机	台/t	3 906/22 469	
		推土机	台/t	223/2 577	
		汽车吊	台/t	282/10	
		叉车	辆	126	
		挖掘机械	台/t	1 047/8 693	
		铲土运输机械	台/t	8 242/9 712	
		桩工机械	台/t	513/1 396	
		压实机械	台/t	13 788/35 298	
		路面机械	台/t	156/2 013	
		混凝土机械	台/t	167 618/218 295	
		混凝土制品机械	台/t	7 925/1 390	
		钢筋和预应力机械	台/t	15 987/1 770	
		高空作业车	辆	107	
		高空作业平台	台/t	279/474	
		装修机械	台/t	75 241/546	
		市政机械	台	355	
	机械工业部	装载机	台	13 246	6.4
		推土机	台	6 198	136.8
		塔吊	台	274	−59.5
		叉车	台	16 816	−20.4
		风动工具	台	83 755	−23.9

（续）

行　业	部　门	产品名称	单　位	产　量	比上年增长%
建筑工程机械	中国有色金属工业总公司	稳定土拌和机	台/t	34/495	
地质设备	地质矿产部	钻探设备			
		岩芯钻机	台	253	−36.0
		工程钻机（含施工）	台	481	−24.0
		物探钻机	台	112	31.5
		泥浆泵	台	686	−7.0
		坑探设备			
		内燃凿岩机	台	3 000	18.0
		实验室选矿设备			
		破碎设备（含粉碎）	台	996	6.0
		磨矿设备	台	446	−23.0
		浮选设备	台	663	−47.0
		分级设备	台	49	−17.0
		地质仪器仪表			
		电法仪器	件	58	53.0
		测震仪器	件	48 150	188.0
	电力工业部	地质钻机	台	254	27.0
环境保护设备	机械工业部	合计	t	118 154.4	33.3
		机械除尘设备	t	10 604.6	37.2
		水处理设备	t	43 264	175.5
		噪声控制设备	t	585.1	−37.3
	电力工业部	水处理设备	台/t	356/1 394	
		隔音消音设备	台/t	9/22	
		除尘除灰设备	台/t	676/27 383	
		清污机	台/t	12/84	
		吸尘车	台	17	
	中国有色金属工业总公司	除尘器	台/t	1/75	
	建设部	环境卫生机械	辆	2137	
		垃圾处理设备	台/t	2/10	
铁路机车车辆	电力工业部	煤炭漏斗车	辆	257	25.0
汽车	机械工业部	汽车总计	辆	1 307 995	4.2
		载货汽车	辆	677 402	17.2
		客车	辆	223 239	73.3
		轿车	辆	371 892	29.9
		改装汽车	辆	92 574	−15.9
		汽车配件	万元	3 768 651	16.0
	交通部	客车	辆	24 272	17.5
		挂车	辆	5 398	−35.9
	建设部	城市客车	辆	39 087	
		城市专用车	辆	1 394	
	电力工业部	液压全挂车	台	12	
		半挂车	台	7	
		专用改装汽车	辆	275	
		高空带电作业斗臂工程车	辆	4	
摩托车	机械工业部	摩托车	辆	2 161 686	24.8
自行车	中国轻工总会（归口产品产量）	自行车合计	万辆	3 361.2	−24.9
		赛车型自行车	万辆	181.4	−75.3

（续）

行　　业	部　　门	产 品 名 称	单　位	产　量	比上年增长%
自行车	中国轻工总会	自行车合计	万辆	2 171.2	−31.0
	（系统内产量）	普通型自行车	万辆	347.1	0.6
		载重型自行车	万辆	194.2	−48.1
		轻便型自行车	万辆	1 387.3	−26.3
		自行车零件（商品量）	亿元	25.5	−37.3
	机械工业部	自行车	辆	10 095	−75.7
船舶	中国船舶工业总公司	船舶	艘/万综合吨	169/186.3	−4.5/0.9
		货轮	艘/万载重吨	57/167.6	23.9/−2
		客轮	艘/万满载吨	10/0.5	−9/−27.1
		拖轮	艘/万满载吨	9/0.8	−43.8/50
		驳船	艘/万载重吨	24/4.2	−7.7/2.7
		其他船	艘/万综合吨	69/13.2	−11.5/−15.9
		柴油机	台/MW	602/781.9	−33.2/−3.5
		船用辅机	台	2 798	32.0
		船用螺旋桨	套	2 220	112.8
		精密导航仪表	台（套）	343	−8.0
电机	机械工业部	大中型电机	MW	7 995	−5.8
		小型电机	MW	29 089	−7.5
		分马力电机	万台	864.5	−12.5
		微电机	万台	828.8	9.6
	煤炭工业部	防爆电机	kW	743 901	8.5
变压器	机械工业部	变压器	MV·A	126 700	2.7
		互感器	台	466 130	−17.4
电力整流器	机械工业部	电力整流器	MW	784	−64.4
电力电容器	机械工业部	电力电容器	Mvar	25 840	10.8
高压电器	机械工业部	高压断路器	台	39 982	−20.2
		高压负荷开关	台	15 305	18.4
		高压隔离开关	组	84 820	−6.7
		高压熔断器	万只	53	7.5
		避雷器	万只	62.8	−12.5
		保护及自动化继电器	万只	133.9	4.4
	电力工业部	继电保护装置	面	2 013	1.5
		阻波器	台	467	
		高压断路器	台	170	4.0
		合成绝缘子	支	84 263	32.3
防爆电器	机械工业部	防爆电器元件	万件	10.5	94.4
电线电缆	机械工业部	电力电缆	km	194 100	0.9
输电线路金具铁塔	电力工业部	电力金具	t	7 543	−7.5
		铁塔	t	52 859	51.7
绝缘制品	机械工业部	绝缘材料	t	38 623	−4.1
蓄电池	机械工业部	铅酸蓄电池	MVA·h	7 516	36.2
	中国船舶工业总公司	铅酸蓄电池合计	万只/MVA·h	202.3/1 971	23.2/21.5
		汽车蓄电池	万只/MVA·h	181.2/1 688	16/15
		搬运车蓄电池	万只/MVA·h	9.1/67	20/37
		固定用蓄电池	万只/MVA·h	1.0/19	−50/−49
		其他用蓄电池	万只/MVA·h	11.1/197	
电工合金	机械工业部	电工合金	t	1 896	3.2
家用电器	中国轻工总会	家用洗衣机	万台	1 074.7	13.3
	（归口产品产量）	其中：半自动双桶	万台	769.1	5.4
		全自动波轮式	万台	245.4	

（续）

行业	部门	产品名称	单位	产量	比上年增长%
家用电器	中国轻工总会（归口产品产量）	家用干衣机	万台	10.1	−46.8
		吸尘器	万台	879.7	9.2
		家用电冰箱	万台	980.5	6.8
		家用冷冻箱	万台	355.3	12.8
		家用冷藏箱	万台	53.2	−2.7
		家用电冰箱压缩机	万台	943.1	−8.4
		电风扇	万台	10 292.2	−19.4
		房间空气调节器	万台	786.2	15.2
		其中：窗式	万台	241.0	8.2
		分体壁挂式	万台	422.4	36.1
		立柜式	万台	50.6	
		空调器用压缩机	万台	400.1	67.3
		排油烟机	万台	309.2	−40.8
		电淋浴器	万台	88.1	−37.0
		电熨斗	万个	1 986.0	−43.5
		家用电灶	万台	375.5	−6.5
		其中：微波炉	万台	302.3	202.9
		家用电子消毒碗柜	万台	78.0	−38.8
	中国轻工总会（系统内产量）	家用洗衣机	万台	976.1	15.7
		半自动双桶	万台	683.5	7.1
		全自动波轮	万台	240.3	
		全自动滚筒	万台	47.3	
		家用干衣机	万台	5.5	20.6
		吸尘器	万台	125.3	−17.5
		家用电冰箱	万台	604.8	11.9
		其中：单门	万台	151.1	20.2
		双门	万台	453.1	9.3
		家用冷冻箱	万台	255.3	32.3
		家用冷藏箱	万台	15.2	−42.1
		电风扇	万台	2 261.3	−11.9
		其中：落地扇	万台	586.2	−15.8
		台扇	万台	534.4	−2.8
		吊扇	万台	532.7	−25.7
		箱式扇	万台	101.1	−35.7
		房间空气调节器	万台	243.2	33.1
		其中：窗式	万台	57.9	−32.1
		分体壁挂式	万台	156.8	75.2
		立柜式	万台	27.5	
		排油烟机	万台	67.4	−59.4
		家用洗碗机	万台	5.8	
		电热水瓶	万个	31.0	
	机械工业部	洗衣机	万台	12.5	−45.2
		家用电冰箱	万台	276.8	9.6
		电风扇	万台	715.2	−22.5
		空气调节器	万台	189.2	37.5
		吸尘器	万台	0.3	−90.3
电焊机	机械工业部	电焊机	台	67 149	−18.2
工业电炉	机械工业部	电弧炉	台	7	−80.0
		真空电炉	台	13	−51.9
		工业电阻炉	台	822	−41.8

（续）

行　业	部　门	产品名称	单　位	产　量	比上年增长%
通用仪器仪表	机械工业部	工业自动化仪表	万台	1 776.8	−18.3
		电工仪器仪表	万台	3 141.2	−6.9
		分析仪器	台	38 859	−5.7
		光学仪器	台	1 033 406	7.4
		试验机	台	13 706	6.2
		无损探伤机	台	371	−18.5
		实验仪器装置	台	176 333	−39.3
	中国石油化工总公司	电动仪表	台	5 119	56.0
		气动仪表	台	4 333	68.0
		可燃气体及有毒气体检测报警仪		2 596	−30.0
专用仪器仪表	机械工业部	专用仪器仪表合计	台	1 150 970	46.0
		农、牧、渔仪器仪表	台	605 760	88.4
		气象仪器	台	39 152	60.3
		石油仪器仪表	台	13 591	53.3
	煤炭工业部	煤矿专用仪器仪表	台（套）	296 770	32.7
		矿灯	万盏	228.2	19.0
	电力工业部	土工大坝仪器	台	7 495	5.0
		测试仪表	台	434	32.0
		各种屏、柜	面	425	−21.0
	中国石油天然气总公司	石油专用仪器	台（套、只）	728 813	−6.7
		其中：检波器	只	700 566	−8.8
教学仪器设备	机械工业部	教学仪器	台	482 975	14.2
仪器仪表元器件	机械工业部	仪表元件	万件	78 631.5	−47.5
仪器仪表材料	机械工业部	仪器仪表材料	t	3 521	6.0
量具刃具	机械工业部	量具	万件	971.3	−4.9
		刃具	万件	29 484	−9.7
衡器	中国轻工总会（归口产品产量）	地上衡	万台	2.9	65.6
		地中衡	万台	0.6	−25.4
		轨道衡	台	133	3.9
	中国轻工总会（系统内产量）	地上衡	万台	0.8	5.4
		地中衡	万台	0.4	−19.3
		轨道衡	台	71	4.4
		台秤	万台	113.6	17.9
		案秤	万台	40.1	−17.0
		吊秤	万台	0.2	−81.5
照相机械	机械工业部	照相机械及器材	架	310	−100.0
复印机械	机械工业部	复印机	台	43 750	10.2
钟表	中国轻工总会（归口产品产量）	表	万只	47 975.6	−0.5
		（1）机械表	万只	3 370.1	−41.2
		其中：手表	万只	2 533.2	−27.2
		（2）石英电子表	万只	44 605.5	5.0
		其中：手表	万只	27 110.4	28.6
		钟	万只	8 959.7	−22.6
		其中：机械闹钟	万只	1 508.0	−18.3
		机械摆钟	万只	121.3	−7.6
		石英电子钟	万只	4 803.2	−46.6
		定时器	万个	8 023.1	−27.3
	中国轻工总会（系统内产量）	表	万只	4 118.1	−20.1
		（1）机械表	万只	2 304.8	−16.7

（续）

行业	部门	产品名称	单位	产量	比上年增长%
钟表	中国轻工总会	其中：手表	万只	2 028.9	−24.4
	（系统内产量）	（2）石英电子表	万只	1 813.3	−24.0
		其中：手表	万只	1 637.7	−24.7
		表零件（商品量）	亿元	0.8	−67.9
		钟	万只	1 866.9	−19.9
		其中：机械闹钟	万只	1 223.6	2.2
		机械摆钟	万只	107.1	−9.3
		石英电子钟	万只	445.1	−52.4
		钟零件（商品量）	亿元	0.1	−35.7
		定时器	万个	1 451.4	−3.6
		其中：洗衣机用	万个	1 046.5	11.0
		电风扇用	万个	300.9	−12.0
磨料磨具	机械工业部	磨具	t	63 363.3	−21.6
		磨料	t	246 300	3.8
	中国核工业总公司	人造金刚石单晶	kg	4 207	41.1
		人造金刚石微粉	kg	20	−24.0
		人造金刚石聚晶	千粒	286	67 倍
		人造金刚石拉丝模	千粒	123	92.2
		人造金刚石钻头	个	12 855	−20.8
		人造金刚石扩孔器	个	1 487	−5.0
		人造金刚石砂轮	片	237	−6.0
		人造金刚石磨头	副	4 608	111.3
		人造金刚石锯片	片	34 370	2 217.0
		人造金刚石锯片刀头	块	7 056	66.0
		人造金刚石薄壁钻头	个	8 694	−28.0
		触媒	kg	6 375.6	80.0
模具	机械工业部	模具	标准套	508 091	
工业机器人	机械工业部	喷涂机器人	台	4	
		弧焊机器人	台	5	
		点焊机器人	台	3	
		冲压机器人	台	4	
		自动取件机械手	台	2	
	中国航天工业总公司	爬壁机器人	台	2	
		管道机器人	台	2	
		码垛机器人	台	10	
		各类工业机器人	台	10	
	中国兵器工业总公司	疲劳试验机器人	台	2	
		自主行走智能车	台	1	
	国家教委	弧焊机器人	台	1	
		穿山甲机器人	台	1	
		玻璃切割机器人	台	1	
		爬壁机器人	台	1	
	煤炭工业部	机器人钻机	台	1	
	中国船舶工业总公司	水下机器人	台	1	

注：附表 1、2、3、4、5、6 中机械工业部数据由该部经济信息统计中心提供。表 4 中机械工业部数据为计划数。

〔附表 1～6 责任编辑：申建丽和行业稿的责任编辑〕

机械工业

发明及

优秀科研成果

第Ⅳ部分

获国家技术发明奖项目（1996 年）

国家技术发明奖评审委员会

经国家科委批准，1996 年国家技术发明奖获奖项目为 111 项，其中一等奖 1 项、二等奖 8 项、三等奖 56 项、四等奖 46 项。现将与机械工业有关的 42 项刊登如下，其中二等奖 2 项、三等奖 17 项、四等奖 23 项。

序号	获奖项目名称	发明者	获奖等级	推荐部门
1	水轮机转轮随形磨削机	甘肃电力科技中心、兰州铁道学院、刘家峡水电厂、甘肃省电力试验研究所，郭光辉、韩德厚、胡金荣、马荣洲、张培根、段生孝	三	甘肃省
2	S14 系列转子混砂机	青岛第四铸造机械厂、天津大学、山东工业大学，孙学忠、刘树藩、刘永胜、曲瑞洲、姜青河、王玉刚	三	山东省
3	利用铁屑直接生产铸铁件技术	山东省第二轻工业机械厂、山东工程学院，杨思一、白 博、杨德贵、吴秀臣、刘双成、李文忠	四	山东省
4	卧式五缸乳化液泵	南京六合煤矿机械厂、河海大学、晋城矿务局，何有山、李 平、毛信远	四	煤炭工业部
5	八字型螺旋槽段面密封气系统及试验装置	天津市机械密封件厂、天津克兰密封有限公司，王玉明	四	天津市
6	空气重介流化床干法选煤方法和分选机	中国矿业大学，陈清如、杨 毅、陶秀祥、梁春成、关梦嫔、赵跃民	三	煤炭工业部
7	SL 型微细物料连续排矿射流离心选矿机	北京矿冶研究总院，吕永信、邵玉珍、桂懋德、刘德、黎 全	三	中国有色金属工业总公司
8	近终形焊丝线材水平连铸工艺与开发	冶金工业部钢铁研究总院、辽宁锦州变压器电炉厂、洛阳耐火材料研究院、济南汽车配件厂、中国科学院自动化研究所，冯 涤、骆合力、李福元、刘乃民、张春福、陈蓓京	三	冶金工业部
9	动态设定型变刚度厚控方法	冶金工业部钢铁研究总院、中国第一重型机械集团公司、机械工业部天津电气传动设计研究所，张进之、孙海波、陈德福、李炳燮、吴铨英	三	冶金工业部
10	锥辊辗轧理论	哈尔滨工业大学，罗守靖、霍文灿、杨 合、杨绮雯、胡连喜、梁国宪	四	黑龙江省
11	塔式液膜结晶器	天津大学，王静康、杨志勇、薛履中、王玉德、尹秋响	三	天津市
12	YD 型冷激式氨合成塔内件	贵州省贵阳远明化工节能设计研究所，余远明、邓万贞、余 雷	四	贵州省
13	高温热管气—气换热器	南京化工大学，庄 骏、陈兴元、杨 峻、李菊香、杨学忠、王 荣	四	化学工业部
14	新型高效溶剂萃取器(NCE)	北京有色金属研究总院，王瑞忠、陈 松、李琴仙、余德鑫、梁 军	四	中国有色金属工业总公司
15	塑料挤出机及注射机输出机构	方祖彭、方 丹	四	江苏省

序号	获奖项目名称	发明者	获奖等级	推荐部门
16	染料激光眼科治疗机	复旦大学、上海医科大学附属瑞金医院，叶衍铭、王康逊、吴善亮、沈梓森	三	上海市
17	JHM-1型齿科手机脉冲消毒器	济南军区青岛第一疗养院、国家海洋局第一海洋研究所，刘传林、胡福辰、朱儒第、张庚午、孙培光、王铭章	四	中国人民解放军总后勤部
18	卷积光谱分析法和UV/Vis-W卷积光谱仪研究	第二军医大学药学院、上海新兴医保中心，吴玉田、方慧生、王志华、王桂芳、金文祥、龚华礼	三	中国人民解放军总后勤部
19	内热型局部快速沥青储存加热装置	山东德州市公路管理局，荆学松、杨云卿、赵吉昌	四	山东省
20	污泥脱水化学调节自动控制系统	机械工业部机械科学研究院，田秀敏、刘开连、马殿旗、黎　琦、楼上游、胡士铭	三	机械工业部
21	电脑控制无位置传感器无刷直流电动机	清华大学计算机科学与技术系，李树青、吴伯新、陈永康、方棣棠、张合庆、王　永	三	国家教委
22	带有第二储能装置的真空有载分接开关及空气型真空有载分接开关	沈阳变压器有限责任公司，吉　锋	四	辽宁省
23	三相自动控温加热电缆	西安交通大学，程锡圭、成永红	三	国家教委
24	石油天然气输送管用低碳微合金化埋弧焊丝	冶金工业部钢铁研究总院、宝鸡石油钢管厂、上海宝山钢铁（集团）公司，许祖泽、金时麟、姚锡仁、雷胜利、孟润泉、彭　云	四	冶金工业部
25	高浊度水透光脉动单因子絮凝投药自动控制系统生产试验研究	哈尔滨建筑大学、济南自来水公司，李圭白、于水利、吕　波、李　虹、国爱文、李　星	三	黑龙江省
26	单片机智能模块式变电站监控系统	清华大学紫光集团，黄慎仪、胡家为、齐　联、徐祖能、马建成、张文奎	四	北京市
27	块式直连型电液随动系统	湖南省水利水电勘测设计研究总院水科所、湖南新制自控设备有限公司、武汉水电控制设备公司，周泰经、饶培棠、陈杏君、周湘林	四	湖南省
28	矩形双岛结构过压保护型硅压力传感器	复旦大学，吴宪平、胡美凤、晋　琦、张国权、罗桂隆、龚凤英	四	国家教委
29	新型极性毛细管气相色谱柱的制备	中国科学院长春应用化学研究所，张桂琴、鲍崇林、杨正华、丁孟贤、郑国栋	四	中国科学院
30	智能化经纬仪检测系统	中国计量科学研究院，陈允昌、朱良沭、范有志、刘雯、王益民	二	国家技术监督局
31	非接触式激光调频光纤位移测量仪	清华大学，田　芊、章恩耀、徐　左、郑　刚、李达成、梁晋文	三	国家教委
32	铜蒸汽激光振荡放大链同步自动控制装置	中国科学院上海光学精密机械研究所，梁培辉、杨天立、任　虹、施懿范、雷建求、梁宝根	三	上海市
33	具有脉冲预电离管一条电极的工业用横流CO_2激光器	中国科学院上海光学精密机械研究所，程兆谷、王润文、奚全新	二	上海市
34	无接触高分辨率激光轮廓仪及其在线检测装置	四川联合大学，周肇飞、迟桂纯、周卫东、王世华、张　涛	四	四川省

（续）

序号	获奖项目名称	发明者	获奖等级	推荐部门
35	短波自校守时钟	中国科学院武汉物理研究所，宁百齐、吴振华、李利斌、万卫星、李　钧、王炳康	四	湖北省
36	浮法玻璃缺陷在线自动检测装置	中国新型建筑材料工业杭州设计研究院、长沙铁道学院，余千文、刘应龙、费耀平、娄　玮、余珏文、陈福林	三	国家建筑材料工业局
37	HD-4B 型螺旋桨周期法非恒定流流速仪	重庆交通学院西南水运工程科学研究所，余大为、余　葵、汪拥赤	四	交通部
38	NGY-2 型纳米级润滑膜厚度测量仪	清华大学摩擦学国家重点实验室，温诗铸、黄　平、雒建斌、邹　茜、孟永钢	三	国家教委
39	刀具及冷作模具用超硬高韧高速钢——无莱氏体高速钢及其热处理	大连铁道学院、大连钢厂，戚正风、杨　扬、王传雅、齐生祥、任瑞铭、袁　朴	四	铁道部
40	高效高速低温工程镀铬工艺的研究	哈尔滨工业大学，苏贵品、李晓飞、曹文珍、胡信国	四	中国航天工业总公司
41	低能耗水冷结晶器旋转电渣重熔	北京科技大学，陈崇禧、高荣富、赵文祥、陈国良、胡秀国	四	冶金工业部
42	热管式真空管太阳能集热器制造工艺技术	北京太阳能研究所，江希年、何梓年、谢光明、郭信章、牛惠昌、熊尚义	四	北京市

〔国家科学技术奖励工作办公室供稿〕

获国家科技进步奖项目（1996 年）

国家级科学技术进步奖评审委员会

经国家科委核准、批准，1996 年国家级科学技术进步奖获奖项目 536 项，其中特等奖 4 项、一等奖 20 项、二等奖 169 项、三等奖 343 项。现将与机械工业有关的 128 项刊登如下，其中一等奖 7 项、二等奖 42 项　三等奖 79 项。各行业获国家级科技进步奖项数见下表。

行　业	获奖项数	行　业	获奖项数	行　业	获奖项数
锅炉	3	建筑材料设备	4	高压电器	1
发电设备	6	食品设备	2	低压电器	1
锻压设备	1	粮油设备	3	蓄电池	2
起重运输设备	4	纺织设备	8	家用电器	2
泵	1	机械化农机具	2	电焊机	1
气体压缩机	1	医疗器械	1	通用仪器仪表	7
真空获得及应用设备	1	建筑工程机械	2	专用仪器仪表	8
制冷空调设备	1	邮政机械	1	仪器仪表元器件	3
矿山设备	7	环境保护设备	4	量具刃具	1
冶金设备	10	铁路机车车辆	2	电工炭素制品	1
石油设备	1	汽车	2	磨料磨具	2
化工设备	10	船舶	5	工业机器人	2
化学纤维设备	2	飞机	2	其他	6
塑料设备	4	变压器	1		

行　　业	获奖项目名称	主要完成单位和主要完成者	获奖等级	推荐部门
锅炉	燃烧制粉系统煤粉均分器研制	东电燃烧技术研究中心、东北电业管理局科技部、朝阳发电厂，李振中、侯桂林、金连森、黄其励、冯兆兴	三	电力工业部
	DG670/13.7-9 带中间负荷的调峰机组锅炉	东方锅炉厂，肖忠华、石尚达、李厚毅、江得厚、周荣耀	三	机械工业部
	超临界锅炉关键技术的研究	西安交通大学、上海锅炉厂、哈尔滨锅炉厂，陈听宽、田永生、罗毓珊、郑建学、徐进良	三	国家教委
发电设备	水轮机组过渡过程振动摆度计算机在线监测与分析系统	华中理工大学、葛洲坝水力发电厂，郑莉媛、冯正鹏、汤正良、顾宏进、王　海	三	国家教委
	60MW 空内冷汽轮发电机	山东省济南生建电机厂，赵慎德、李　全俊、张鼎泉、程相奎、薄三友、刘书学、王　耀、高中来、陈　江	二	司法部
	300、600MW 汽轮机 905mm 长叶片的设计与研制	上海汽轮机厂、上海发电设备成套设计研究所、航空工业总公司第六二四研究所，翁思成、萨本佶、彭泽瑛、张行政、张兆鹤	三	上海市
	援外 15MW 多用途重水反应堆(MWHRR)的设计建造	中国原子能科学研究院、中国中原对外工程公司、核工业第二研究设计院、核工业二十二建筑工程公司、陕西省设备安装公司，曹宜铮、孙洪照、袁履正、李慰芳、黄道立、陶清澄、曹质彬、薛兆群、孙诗土、张文惠、田和春、周耀良、李恒勤、谢秉华、解永祥	一	中国核工业总公司
	秦山核电厂蒸汽发生器设计与研制	上海核工程研究设计院、上海锅炉厂、武汉核动力运行研究所、秦山核电厂、上海重型机器厂、上海发电设备成套设计研究所，刘家钰、徐金康、沈长发、史习仁、薛运奎、钱剑秋、朱文煜、韩良弼、王兴文	二	中国核工业总公司
	秦山核电站调试	秦山核电公司、上海核工程研究设计院，钱剑秋、耿其瑞、俞忠德、范永富、钱觉新	三	中国核工业总公司
锻压设备	10000、16000kN 离合器式螺旋压力机	北京机电研究所、青岛锻压机械集团公司，楼　捷、刘署理、王辉、张　浩、陆煜众	三	机械工业部
起重运输设备	M16-33 型门座起重机	交通部上海港口机械制造厂，吴作如、丁方明、周承薰、米丰年、田茸生	二	交通部
	超大型构件液压同步提升技术与设备	同济大学，徐鸣谦、范　基、乌建中、王志兰、肖子渊、卞永明、徐宝富	二	国家教委

（续）

行　业	获奖项目名称	主要完成单位和主要完成者	获奖等级	推荐部门
起重运输设备	脉动式吊箱客运索道	北京起重运输机械研究所、四川矿山机器厂，张海乔、黎子芳、王崇熙、郭林智、缪　勤	三	机械工业部
	FZ1-2"C"型翻车机卸车系统	大重集团公司，李继、孙金华、王景才、王　枭、姜经成	三	机械工业部
泵	ZDB 系列、HDB 系列轴流、混流潜水电泵	合肥电机厂，邓悌康、朱兴华、孙云良、陆文荣、陈申铭	三	安徽省
气体压缩机	3、6、9m³/min 动力用空气压缩机系列更新改造	机械工业部合肥通用机械研究所、江阴市压缩机厂、上海第五压缩机厂、沈阳空压机制造厂、济南空压机厂，潘　祥、薛卫东、季林生、常　辉、靳锡光	三	机械工业部
真空获得及应用设备	LD-4 型多离子束共溅射镀膜机	电子工业部第四十八研究所，安志超、华德清、陈特超、席光荣、肖友文	三	电子工业部
制冷空调设备	ZXZ-V 型直燃式溴化锂冷温水机（远大V型直燃机）	长沙远大空调有限公司，张剑	二	湖南省
矿山设备	电化学控制浮选综合技术的研究及工业应用	北京矿冶研究总院、西林铜锌矿，李凤楼、孙传尧、马绍富、沃国经、张伟泰、师建忠、高新章、顾元章、周俊武	二	中国有色金属工业总公司
	极软岩巷道支护机理及高阻力可缩支架的研究	淮南矿务局、中国矿业大学、煤炭工业部合肥设计研究院，陆士良、戴焕生、王彩根、王楚光、王悦汉、顾传振、王全明、杨锡松、陈庆敏	二	安徽省
	急倾斜薄煤层气垛支护工艺技术与矿用气垛支架的研制	枣庄矿务局、中国煤炭科学研究总院北京开采研究所、天府矿务局、北京门头沟轮胎厂、北京矿务局，李纪青、赵永模、庄玉伦、刘文龙、史元伟、康文庆、袁代奎、李志杰、史继忠	二	煤炭工业部
	MG344PWD 型薄煤层强力爬底板无链电牵引采煤机	中国煤炭科学研究总院上海分院、大同矿务局，顾永寿、王里、黄国旺、汪崇建、孙庆超	三	煤炭工业部
	高压水射流切割及清洗技术的研究与应用	长沙矿山研究院，刘家英、韦颖、张正学、刘寿华、章　芬	三	中国有色金属工业总公司
	KJ15A 矿井机车运输监控系统	合肥工业大学、淮南矿务局潘集第一煤矿，韩江洪、蒋建国、张维勇、方仁忠、陆　阳	三	煤炭工业部
	复合型竖井楔齿破岩滚刀材料研究	洛阳矿山机械研究所、湖南冶金材料研究所、两淮特凿公司，姜长春、罗元良、陈兆盈、刘式如、刘振云	三	机械工业部

（续）

行　业	获奖项目名称	主要完成单位和主要完成者	获奖等级	推荐部门
冶金设备	武钢 1.7m 热轧计算机控制新系统	武汉钢铁（集团）公司、重庆钢铁设计研究院、北京科技大学，刘　玠、沈忠士、何德奕、孙一康、许海洪、朱培元、林惠芬、王雅飞、高兰田、刘文仲、杨卫东、戴　平、余良玉、张　坚、赵洪麟	一	冶金工业部、河北省
	中宽度薄板坯连铸技术	冶金工业部钢铁研究总院、兰州钢铁集团公司、冶金工业部北京钢铁设计研究总院、冶金工业部自动化研究院、冶金工业部北京冶金设备研究院、安阳钢铁公司、冶金工业部中国冶金设备总公司，干　勇、李昆木、张柏汀、康绍斌、耿志军、张　慧、邓君明、陈　杰、姚念威	二	冶金工业部
	攀钢 1350mm 板坯连铸机成套设备	中国重型机械总公司、攀钢（集团）公司、西安重型机械研究所、重庆钢铁设计研究院、中国第二重型机械集团公司、大重集团公司、太极计算机公司、榆次液压集团公司、西安冶金机械厂、东北重型机械学院南校，关杰、马家源、丁永立、李维城、马义孝、王中元、谈妙祺、张义华、郑孝斌、赵广升、马文元、曹永福、李思钟、高德泉、刘尚悌	一	机械工业部
	TZ355 十二机架微张力减径机组	太原重型机械集团公司，田晓虹、薛家华、陈上冰、武光明、刘世虎、钦祖根、闫雄伍、宋立俊、白　静	二	机械工业部
	高速线材生产线开发与创新	首钢总公司、唐山钢铁股份有限公司、鞍山钢铁（集团）公司、冶金工业部自动化研究院、马鞍山钢铁股份有限公司、上海第二钢铁厂、中国科学院沈阳自动化研究所、福建中国国际钢铁制品有限公司、西安航空发动机公司，魏景安、徐玉好、张兆滨、彭一谦、蔡松庆、何万民、段世荣、李连平、于海川、潘辛、刘振装、黄　豹、王秉正、李成印	一	冶金工业部
	贵州铝厂 180kA 级铝电解槽开发试验	贵州铝厂、贵阳铝镁设计研究院，李鸿鹏、杨洪儒、刘治平、代国才、冯绍忠、蔡祺风、梁学民、黎计武、席灿明	二	中国有色金属工业总公司
	轧钢设备用耐磨青铜	山东省冶金科学研究院，袁厚之、崔庆礼	三	山东省

（续）

行　业	获奖项目名称	主要完成单位和主要完成者	获奖等级	推荐部门
冶金设备	中板轧机液压压下计算机厚度控制系统	北京理工大学、马鞍山钢铁股份有限公司，梁启宏、陈中祥、张迪生、王志斌、王晓平	三	中国兵器工业总公司
	楔横轧复杂、高精度、多品种轴类零件开发与推广	北京科技大学、北京钢顺楔横轧厂、四川长城钢厂、湖北大冶钢厂，胡正寰、张子忠、张康生、李玉京、张　巍	三	北京市
	大中型高炉炉体结构应力测定与分析	冶金工业部建筑研究总院、宝钢炼铁厂、宝钢冶金建设公司、重庆钢铁设计研究院，刘鹤年、王永孝、薛家麟、何文汇、林松涛	三	冶金工业部
石油设备	异形游梁式抽油机	华北石油管理局第一机械厂，郭　东、钱　强、纪全福、白雪明、司殿文、杨服民、王　涛、张崇信、董权利	二	中国石油天然气总公司
化工设备	万吨级 PVC 糊树脂国产化装置	永新—沈阳化工股份有限公司、中国成达化学工程公司、锦西化工机械厂、中国化工装备总公司、上海化工机械三厂、重庆化工机械厂、沈阳化工机械厂、江苏省化工机械研究所、北京化工机械厂、溧阳市化工机械厂，谢德睦、赵宜新、孟仲林、周晓东、徐忠信、刘若莲、刘永安、杨语诗、解奎文、高　平、张广琨、计卓然、邓正国、祝奎年、王俊涛	一	化学工业部
	年产 10000t SBS 成套工业生产技术开发	燕山石化公司研究院、巴陵石化公司合成橡胶厂、巴陵石化公司设计院、中国航天工业总公司十一所、燕山石化公司橡胶厂，刘　青、陈元华、张岩华、倪养耀、陈德森、何自强、范忠琪、黄新泉、张家彦、张　彦、陈德铨、蒋仁贵、刘伟梁、刘　辉、严　飙	一	中国石油化工总公司
	年产 240000t 磷铵国产化装置	南京化学工业（集团）公司设计院、江西贵溪化肥厂、江苏省化工设备制造安装公司、三门峡化工机械厂、北京市橡胶制品设计研究院、中国航天工业总公司十一所、天津橡胶制品一厂，韩云阁、葛祖元、宋文练、金明友、郭　洁、林振澄、于铁成、魏国贤、谢　珍	二	化学工业部
	NC 新型轴-径向氨合成塔内件	南京化学工业（集团）公司研究院、河南平顶山化肥厂、南京化学工业（集团）公司化工机械厂，吕仲明、顾名权、王富保、郑晓松、章硕明	三	化学工业部

（续）

行　业	获奖项目名称	主要完成单位和主要完成者	获奖等级	推荐部门
化工设备	合成氨和尿素装置优化控制和调度	河北省沧州化肥厂、华东理工大学、上海化工研究院，黄　道、王天喜、吴　坚、高　成、王经国、朱永庭、王行愚、周金荣、张洪垠	二	化学工业部
	薄膜点滴填料混装的横流冷却塔	化学工业部第一勘察设计院，毕永尧、甄　彦、赵润鹏、杨勤祥、李建国	三	化学工业部
	QON75、QON100型内分级循环管式气流粉碎机	上海化工机械三厂，计卓然、石学礼、严　方、吕美卿、陈元可	三	化学工业部
	QHZ型油罐挥发气回收装置	山东潍坊生建压力容器厂，邵宗水、伍丕济、崔水利、张效前、李夏维	三	山东省
	催化裂化PIM型多管式旋风分离器的研究和工业应用	中国石油化工总公司、北京设计院、洛阳石化工程公司、石油大学（北京）、沧州炼油厂、上海石油化工股份有限公司，刘隽人、申幼霞、王俊彪、李茂生、宋少平	三	中国石油化工总公司
	化工设备可靠性的研究——可靠性评估、延寿及专家系统	南京化工大学，戴树和、王明娥、曾昭景、沈士明、黄文龙	三	江苏省
化学纤维设备	年产8000t腈纶转向纺丝生产线	山东合成纤维股份有限公司，杨彦功、郭新民、李乐孝、徐光明、孙建民、王焕成、史向兰、刘锋章、宋立海	二	中国纺织总会
	年产8800t腈纶转向纺丝生产线电气控制系统	哈尔滨工业大学、大庆石油化工总厂化纤厂，王庆超、王　凯、赵长江、严利明、任贵生	三	中国航天工业总公司
塑料设备	注塑成型模具及制品设计与生产过程的计算机集成技术	郑州工学院橡塑模具国家工程研究中心，申长雨、陈静波、王国中、刘春太、阎富友、曹　伟、刘晓峰、王利霞、李倩	二	化学工业部
	宽幅三层复合薄膜机组	山东塑料橡胶机械总厂，陈庆敏、王　林、王连清、汪心健、王士范	三	山东省
	SJ45×25-BL 800B型塑料挤出吹膜机组	湖北省轻工业机械厂，陈金南、刘少强、严明武、刘少波、雷体忠	三	中国轻工总会
	36芯机头拉制塑料光纤及其片材成型工艺与设备的研究	南京玻璃纤维研究设计院，胡亚民、张耀明、王志明、刘玉庆、尹建一	三	江苏省
建筑材料设备	开流高产水泥管磨机技术	国家建筑材料工业局合肥水泥研究设计院，蒋玉灿、董江波、林仲玉、金诚生、陈瑞云、方海焱、朱春启	二	国家建筑材料工业局

（续）

行　业	获奖项目名称	主要完成单位和主要完成者	获奖等级	推荐部门
建筑材料设备	X·L型喷射式水泥立筒预热器窑综合节能技术	西安建筑科技大学，徐德龙、魏鸿恩、程国坚、王　堤、丁松雄、王忠涛、张　伟、李振宇、黄尧工	二	陕西省
	30t/d乳白玻璃全电熔窑工艺与装备的研究	贵州玻璃厂、南京玻璃纤维研究院，陈世超、黄惠其、申春山、李振伟、吴嘉培	三	贵州省
	YP600型液压自动压砖机	国家建筑材料工业局咸阳陶瓷研究设计院、华南理工大学、广东佛陶集团股份有限公司陶瓷机械总厂，刘存福、陈　帆、王德胜、韦峰山、李宇光	三	国家建筑材料工业局
食品设备	分子蒸馏技术的应用及其国产化装置的研制	广州市轻工研究所，刘汉槎、朱宝璋、叶铭基、何兆基、叶卉、周厚林、龚春晖	二	中国轻工总会
	SM型气升式发酵罐	郑州工学院，马晓建、方维藩、方书起、李洪亮、杨建州	三	河南省
粮油设备	5HG-4.5型粮食干燥成套设备	北京农业工程大学成套设备设计研究所，刘德望、曹崇文、刘德昌、刘　强	三	农业部
	湿帘风机降温系统研究	北京农业工程大学水利与土木工程学院、焦作市农业工程设备厂、石家庄市风机厂，黄之栋、王惟德、刘文槐、周允将、王新成	三	农业部
	玉米穗粒两级干燥成套设备研究	吉林省种子总站、黑龙江省农副产品加工机械化研究所、公主岭市种子公司、梨树县种子公司、中国兵器工业总公司五十五研究所，王长春、赵　贵、王怀宝、成显孟、王亦楠	三	吉林省
纺织设备	FA006型往复抓棉机	郑州纺织机械厂、中国纺织科学研究院，张炎昌、薛定海、徐励纶、崔　林、陈能存、鲁成业、杨九彬、赵　强、王超英	二	中国纺织总会
	FA203型高产梳棉机	青岛纺织机械厂，隋建滋、王志勇、王　巍、殷美善、蔺建旺	三	中国纺织总会
	GA162型高速分条整经机	射阳纺织机械厂、江苏省农机研究所、西北纺织工学院、无锡协新毛纺织染厂、盐城纺织厂，马大璋、姜文川、杜耀新、杨志玉、徐士良	三	中国纺织总会
	刮刀蒸汽干燥涂布机	湖北沙市轻工机械股份有限公司，潘荣敦、段成学、叶明荣、颜秋明、邓忠平	三	湖北省

（续）

行　业	获奖项目名称	主要完成单位和主要完成者	获奖等级	推荐部门
纺织设备	纱线漂染综合控制系统	无锡市第一色织厂、中国船舶工业总公司七〇三所，邹宗骥、徐国鹏、崔关林、李林宝、方　晟	三	中国纺织总会
	热牵伸辊系列产品的研制	中国纺织科学研究院，束学遂、程双才、王　伟、杨礼国、涂兆华	三	中国纺织总会
	印花图案自动分色描稿处理系统(CAPSP)	杭州喜得宝丝绸公司、浙江大学，陈　纯、谭中东、许端清、王忠民、董金祥	三	中国纺织总会
	经纬管理信息系统	经纬纺织机械厂，刘世同、郭沁汾、李树森、韩　丹、张秀卿	三	中国纺织总会
机械化农机具	MZY-2 型少（免）耕全自动营养钵移植机	江苏农学院，王　荣、刘庭欣、张瑞宏、吴延庆、刘金国	三	农业部
	研究开发长绒棉加工工艺及设备建立中试厂	中国农业机械化科学研究院、新疆棉花科贸公司，叶　军、王燕飞、杨明建、何锡玉、卢建新	三	机械工业部
医疗器械	ASM-060S 超导型磁共振成像系统	深圳安科高技术有限公司，沈国光、钟鼎苏、王华权、葛遗林、曾晓庄	三	广东省
建筑工程机械	GZY-3000 工程钻机	洛阳矿山机械研究所、洛阳矿山机器厂、交通部第二航务工程局，欧阳敏、卢忠汉、王占军、程洛英、袁长宏	三	机械工业部
	QQS-300 型全断面道碴清筛机	铁道部专业设计院、中国铁道建筑总公司昆明机械厂、济南铁路局，于家和、马中领、郑殿栋、赵风德、方　宁	三	铁道部
邮政机械	OVCS 自动信函分拣系统	邮电部第三研究所，丘镜晃、戴智康、邬建中、程　青、芮剑明、朱庭伟、胡公平、魏竹君、邵露音	二	邮电部
环境保护设备	DL-100/0.6 型油田污水过滤器	华北石油管理局，张　瑾、王钢、王建玺、闫小钢、何明烛	三	中国石油天然气总公司
	全泥氰化尾矿处理新工艺	山东省平邑归来庄金矿、长沙有色冶金设计研究院、冶金工业部长沙矿冶研究院，郑晓廷、牛继德、张延林、孙继富、张　军	三	山东省
	混铁炉上气幕工艺及烟尘捕集装置	冶金工业部重庆钢铁设计研究院、重庆钢铁（集团）公司第七厂，马世立、吴树新、冯宗萍、张宇清、董荣华	三	冶金工业部
	蒸汽喷射式热泵供热系统及废热资源化研究	国家环境保护局南京环境科学研究所、锡山市能达热泵厂，阎尔平、张晓弟、南　方、高才介	三	国家环境保护局

（续）

行　业	获奖项目名称	主要完成单位和主要完成者	获奖等级	推荐部门
铁路机车车辆	120型货车空气控制阀	铁道部科学研究院、铁道部眉山车辆厂，吴培元、宋练达、陶强、江汉文、孙德环、黄德山、吴学斌、马晓迎、赵玉珍	二	铁道部
	D18A型凹底平车	哈尔滨车辆厂、铁道部四方车辆研究所，陈嘉椿、李　杰、张俊克、杨素清、毕克康	三	铁道部
汽车	引进技术CA488发动机国产化及部分改进	中国第一汽车集团公司，徐兴尧、杨建中、王镇昆、葛　凯、荆永刚	三	机械工业部
	含磷深冲高强度汽车薄钢板系列的研究与推广应用	中国科学院金属研究所、鞍山钢铁公司、长春第一汽车制造厂，师昌绪、傅作宝、谭善锟、姚贵升、明旭光、张　魁、程　娴、朱继良、朱忠华	二	中国科学院
船舶	150000t散货船设计与建造	大连造船新厂、大连船舶设计研究所，沈闻孙、隋　东、慈惟德、周忠民、唐慧宗、马延德、王德辉、杨　霖、于永亭	二	中国船舶工业总公司
	35000吨级载重量油船设计与建造	中国船舶工业总公司七院七〇八所、中国船舶工业总公司渤海造船厂、广州海运集团公司，宋德华、纪竹盛、翟永炽、乐路、王卓楠	三	中国船舶工业总公司
	船舶积载与出口集装箱数据交换系统	交通部水运科学研究所，陈安帮、陈琪明、汪青华、解玉玲、叶霖	三	交通部
	LSK25-1.6船用辅锅炉	中国船舶工业总公司七一一所、上海海运（集团）公司、大连船舶设计研究所、沙洲船用锅炉厂，赵无非、葛永乐、张雅琴、余传忠、华　进	三	中国船舶工业总公司
	计算机辅助造船集成系统第二期工程（CASIS-Ⅱ）	江南造船厂、中国船舶工业总公司应用软件开发中心、上海船舶研究设计院、中国船舶工业总公司七〇八所、沪东造船厂，瞿德邻、徐　钢、徐铭麒、沈金方、苏文荣	三	中国船舶工业总公司
飞机	波音737、767、MD-82飞机国产刹车装置研究	中国航空工业总公司六二一所、中国航空器材公司飞机刹车公司、北京飞机维修工程有限公司，北方航空公司、南方航空公司、西南航空公司、东方航空公司，李东生、缪兴起、郭长华、陈祁真、谈庆成、宋名道、魏家源、叶锡华、李秀和	二	中国民用航空总局
	飞行器系统一测控综合终端装置	重庆大学，杨士中、申　磊、费怀璞、唐朝伟、王　奕	三	国家教委

（续）

行　业	获奖项目名称	主要完成单位和主要完成者	获奖等级	推荐部门
变压器	TYD$_3$500/$\sqrt{3}$（H）型高准确度电容式电压互感器研究	西安电力电容器厂、西安电力电容器研究所，王德忠、房金兰、王香芳、杨　玲、陈力渊、白日广、郭天兴	二	机械工业部
高压电器	LW12-500型六氟化硫罐式断路器	沈阳高压开关有限责任公司，孙殿文、林淑英、杨树藩、李春彦、李　声	三	机械工业部
低压电器	YBL1-250、YBL1-550矿用一般型井下直流架线电网漏电保护装置	煤炭科研总院抚顺分院、铁岭市机电设备总厂、瓦房店防爆电器厂、沈阳市天行电子有限公司，霍育川、刘延绪、李长录、张勇、赛连发	三	煤炭工业部
蓄电池	铅酸蓄电池新材料新工艺研究及应用	风帆蓄电池厂，王增海、杨素玲、潘文章、鲍国栋、张惠明、起士平、王春发、王忠文、许长洪	二	河北省
	铅酸蓄电池玻纤隔板应用推广技术	国家建筑材料工业局南京玻璃纤维研究设计院，林文新、王禄、岳耀奇、周金国、汪述访、郑云、李爱华、沈善燮	二	国家建筑材料工业局
家用电器	节能无污染电冰箱	海尔集团青岛制冷技术研究所、青岛海尔电冰箱股份有限公司，董长伟、卢芝坤、何传乔、王东宁、刘景杭、杨春航、杜光林、喻子达、周云杰	二	山东省
	无氟利昂节能电冰箱技术	广东科龙电器股份有限公司，黄小池、刘国梁、吴世庆、王伙平、关志强	二	广东省
电焊机	高效焊接技术的推广与应用	中国船舶工业总公司船舶工艺研究所、江南造船厂、沪东造船厂、大连造船厂、广州广船国际股份有限公司、大连造船新厂、武汉船用机械厂焊接材料分厂，李培昌、周国胜、丁福保、陈听樑、徐天福、邵公勋、周业基、陈家本、徐祖新	二	中国船舶工业总公司
通用仪器仪表	多通道太阳望远镜	中国科学院北京天文台、中国科学院南京天文仪器研制中心，艾国祥、胡企千、王敬山、李德培、朱立卿、宋国峰、杨　还、王亚男、李　挺	二	中国科学院
	高临界温度射频超导量子干涉仪	中国计量科学研究院，乔蔚川、肖良熙、钟　青	二	国家技术监督局
	新颖双波长和高功率1.34μm晶体连续激光器	中国科学院福建物质结构研究所，沈鸿元、周玉平、曾瑞荣、于桂芳、黄呈辉	三	福建省

（续）

行　业	获奖项目名称	主要完成单位和主要完成者	获奖等级	推荐部门
通用仪器仪表	双波长高功率锁模激光系统	中国科学院上海光学精密机械研究所，何慧娟、李永春、顾圣如、钱林兴、赵隆兴	三	上海市
	20MN（2000tf）标准测力机的研制	中国计量科学研究院、上海重型机床厂，蔡正平、施昌彦、李振民、周　宏、易本忠、沈　利、金仁法、陶仁法、章富元、潘荣祥、潘锡泉、沈伯佐、沈　京、洪品璋	一	国家技术监督局
	东方汽轮机厂200t高速动平衡试验室整套工程项目	机械工业部第二设计研究院、东方汽轮机厂，张绳铨、周昌泰、严振雄、余根法、黄锡焕、赵晓红、蒋庆璞、王悦武、陆湘源	二	机械工业部
	结构在地震动下性能的振动台试验研究	清华大学土木工程系，沈聚敏、方鄂华、钱稼茹、张良铎、王娴明	三	国家教委
专用仪器仪表	常规岩心分析仪器研制	石油大学（华东）、石油勘探开发科学研究院，孙士孝、彭国志、朱荣生、赵焕卿、郭云尧	三	中国石油天然气总公司
	SLZ综合录井仪	电子工业部二十二所，张敬芳、原　普、程祖理、李　国、杨东平	三	河南省
	ORBES系列地球动力学仪器研制和观测技术研究	国家地震局地震研究所，蔡惟鑫、谭适龄、高伟民、程华春、唐小林	三	国家地震局
	环境中砷的治理和检测新方法、新设备	中国科学院半导体研究所，闻瑞梅、梁骏吾、周淑君、赵振环、刘任重	三	中国科学院
	固体材料水分测量仪	东北重型机械学院南校（燕山大学），单成祥、刘成斌、田广军、张剑、王兴英	三	机械工业部
	多元素分析仪的研究	中国建筑材料科学研究院，白友兆、王亚林、王益民、李桂兰、杨李锋	三	国家建筑材料工业局
	空调器生产用成套检测设备的开发与应用	广州电器科学研究所，季勇、李士龙、孙碧波、施文汉、宋肖兵	三	机械工业部
	工频电能计量标准装置	电力工业部电力科学研究院，张叔涵、李友庆、杜时丽、宗建华、徐焜荣、郭增桥、郑英华、李松洁、孔　霓	二	电力工业部
仪器仪表元器件	优质可调谐激光晶体掺钛蓝宝石 Ti：Al_2O_3 的研制	中国科学院上海光学精密机械研究所、中国科学院安徽光学精密机械研究所，汤洪高、邓佩珍、殷绍唐、周永宗、邬承就、柴跃、吴路生、乔景文、黄秀华	二	中国科学院

（续）

行　业	获奖项目名称	主要完成单位和主要完成者	获奖等级	推荐部门
仪器仪表元器件	能动光学器件系列	中国科学院光电技术研究所，凌　宁、姜文汉、官春林、陈东红、饶学军	三	中国科学院
	高衍射效率二元光学器件的设计与制备技术	清华大学、中国科学院微电子中心，邬敏贤、严瑛白、金国藩、姚长坤、高士平	三	国家教委
量具刃具	单臂三维划线仪	中国测试技术研究院，周振富、李　力、谢　驰、曾亚光、冯长琰	三	国家技术监督局
电工炭素制品	低容量超大电流供电装置石墨化技术	成都化工炭素总厂，孙　戈、张钦武、祝年贵、刘　平、刘蜀平	三	四川省
磨料磨具	高铝矾土直接电熔制取≥98.5%Al_2O_3电熔刚玉的研究	洛阳耐火材料研究院、郑州硅铝材料公司、郑州市磨料磨具厂、机械部第六设计研究院、武汉冶金科技大学、上海泰山耐火材料有限公司、江苏太湖耐火材料股份有限公司，李再耕、李治安、李　楠、汪聚海、郭玉山、陶新霞、陈守平、江　泓、李大水	二	冶金工业部
	粗颗粒高强度金刚石研究——∅23mm腔体合成工艺	冶金工业部长沙矿冶研究院，陈启武、肖　秀、程秋平、边　为、刘衡秀	三	冶金工业部
工业机器人	JZR-V精密装配机器人视觉系统	西安交通大学，郑南宁、刘　宏、胡　超、王庆元、付晓东、王爱群、刘延峰、许东华、崔胜军	二	陕西省
	SGR-1和PRR-1核电站检测机器人	湖北省机电研究院、核动力运行研究所，常恒毅、万兴奖、王铁军、陈　沮、兰伟天	三	机械工业部
其他	QPQ盐浴复合处理技术及其成套设备	机械工业部成都工具研究所，李惠友、罗德福、林训华、周卫宁、石湘年、吕良民、蔡　松、邹　丹	二	四川省
	超大型球罐燃油法整体热处理工艺技术	中国化学工程第九建设公司，张大祥、李学忠、姚　荣、王茂顺、毛玉沛	三	化学工业部
	精密轴承钢球生产线	机械工业部第十设计研究院、中山市轴承总厂，蒋同望、邝仁机、侯永吉、萧旭初、陈海涛、何础坚、桂英奇、张钊贤、郑士英	二	机械工业部
	发动机、后桥、油箱AGV及副环装配线系统	中国科学院沈阳自动化研究所、沈阳金杯客车制造有限公司，赵经纶、周国斌、卞瑰石、肖天富、白小波	三	中国科学院

（续）

行　业	获奖项目名称	主要完成单位和主要完成者	获奖等级	推荐部门
其他	北京第一机床厂CIMS工程	北京第一机床厂、东南大学，杨楚保、吴锡英、杨景宜、周伯鑫、李　林、杨振声、焦小澄、刘宇凌、王　茜	二	机械工业部
	沈阳鼓风机厂计算机集成制造系统（SB-CIMS）	沈阳鼓风机厂、中国科学院沈阳自动化研究所、东北大学、大连组合机床研究所、南京理工大学、南京航空航天大学，刘　玄、母瑞林、薛劲松、林克民、张仁泗、许泰山、曹　钺、马将发、郑怀远	二	机械工业部

〔国家科学技术奖励工作办公室供稿〕

优秀科研成果项目（1996年）

国务院所属部门评选

1996年国务院各部门评选了优秀科研成果，本刊刊登有关部委选送的机械工业项目共228项，其中特等奖3项、一等奖38项、二等奖187项，按行业分类的科研成果项目数如下表。

行　业	获奖项数	行　业	获奖项数	行　业	获奖项数
锅炉	3	电工专用设备	2	电机	3
内燃机	2	石油设备	2	变压器	1
发电设备	5	化工设备	4	电力整流器	2
金属切削机床	5	橡胶设备	1	电气控制成套设备	4
锻压设备	3	塑料设备	3	高压电器	3
铸造机械	1	建筑材料设备	3	低压电器	2
铸锻件	4	食品设备	1	电线电缆	2
起重运输设备	7	粮油设备	1	输变电线路金具铁塔	1
泵	7	缝纫设备	1	电焊机	5
风机	1	机械化农机具	1	通用仪器仪表	16
气体压缩机	1	畜牧机械	2	专用仪器仪表	6
真空获得及应用设备	1	医疗器械	3	仪器仪表元器件	2
制冷空调设备	1	建筑工程机械	3	量具刃具	3
轴承	2	环境保护设备	3	衡器	1
阀门	4	消防设备	1	工业机器人	2
密封件	1	铁路机车车辆	9	标准	8
粉末冶金制品	1	汽车	2	其他	39
矿山设备	14	船舶	10		
冶金设备	12	潜水装备	1		

行　　业	授奖部门	获奖等级	项　目　名　称	研　制　单　位
锅炉	机械工业部	二	煤炭气化燃烧生活锅炉	杨陵科正煤气研究所
		二	超压5%亚临界压力自然循环锅炉研制	机械工业部上海发电设备成套设计研究所、上海锅炉厂、哈尔滨锅炉有限责任公司、东方锅炉厂
		二	中国动力用煤——锅炉设计型谱（第二版）	哈尔滨普华煤燃烧技术开发中心、东方锅炉厂、上海锅炉厂、哈尔滨锅炉厂、武汉锅炉厂、机械工业部上海发电设备成套设计研究所、机械工业部哈尔滨电站设备成套设计研究所
内燃机	机械工业部	二	引进技术KT/KTA19柴油机国产化	重庆康明斯发动机有限公司
		二	493Q（DI）型柴油机	机械工业部上海内燃机研究所、成都内燃机总厂
发电设备	机械工业部	一	大型轴流式水轮发电机组的研制	哈尔滨电机有限责任公司、哈尔滨大电机研究所
		二	斜击式水轮机研究	机械工业部天津电气传动设计研究所
		二	核电站用控制盘（IE级BTG盘）	上海自仪股份有限公司系统成套分公司、上海核工程研究设计院、清华大学、同济大学
		二	核电站机电设备可靠性技术研究	机械工业部机械科学研究院
	中国核工业总公司	二	安全壳喷淋系统喷头	核动力运行研究所
金属切削机床	机械工业部	一	中华I型数控基本系统及典型系统的开发研究	机械工业部中国珠峰数控公司、北京航空航天大学
		二	数控机床主机共性关键技术分析研究	机械工业部北京机床研究所、沈阳车床研究所、机械工业部苏州电加工机床研究所、机械工业部大连组合机床研究所、北京铣床研究所、上海磨床研究所、机械工业部济南铸造锻压机械研究所
		二	XH7910/1型立卧式加工中心	青海第一机床厂、机械工业部北京机床研究所
		二	YK7232数控蜗杆砂轮磨齿机	秦川机床集团有限公司、江南计算技术研究所
		二	大片硅杯研磨机	机械工业部沈阳仪器仪表工艺研究所
锻压设备	机械工业部	一	斯太尔转向节锻造自动化生产工艺及装备	机械工业部北京机电研究所、济南汽车制造总厂锻造厂
		二	1800mm×3.17mm～12.7mm纵剪机组	中国第二重型机械集团公司
		二	大型镦锻件成形工艺与卧式液压镦锻机的研究	燕山大学、长征汽车制造厂

（续）

行　业	授奖部门	获奖等级	项　目　名　称	研　制　单　位
铸造机械	机械工业部	二	旧砂（水玻璃砂）再生设备	机械工业部济南铸造锻压机械研究所、江阴铸造机械厂
铸锻件	机械工业部	一	×××××大型高强度铝合金铸件研制	机械工业部沈阳铸造研究所
		二	大型铸锻件缺陷分析图谱	中国第一重型机械集团公司、中信洛阳矿山机器厂、德阳大型铸锻件研究所
		二	消失模铸造法在汽车铝铸件生产中的研究和应用	中国第一汽车集团公司
		二	大型铸钢件水玻璃有机酯自硬砂应用研究	机械工业部沈阳铸造研究所、中国第一重型机械集团公司
起重运输设备	机械工业部	二	XDs 单轨小车悬挂送丝机	黄石市起重机械总厂
	交通部	一	DXJ1600 型 1600t/h 斗轮式矿石卸船机	上海港口机械制造厂、交通部水运科学研究所、青岛港务局
		二	港口新型抓斗吊具系列推广	上海港务局
	电力工业部	一	抓斗桥式卸船机	上海水工机械厂等
		二	DZQ600 型自升高架门式起重机	吉林水工机械厂
	中国有色金属工业总公司	二	长盘型运输机	长沙有色冶金设计研究院、韶关冶炼厂、湘潭江麓机械厂
	煤炭工业部	二	SGZ880/2×400 中双链交叉侧卸工作面刮板输送机	煤炭科学研究总院太原分院、西北煤矿机制一厂、铁法矿务局晓南煤矿
泵	机械工业部	二	$LUV_C350\times2$-475/1 型强制循环泵	沈阳水泵厂、哈尔滨电机厂
		二	CBN-G300 系列高压齿轮泵	淮阴机械总厂
		二	SMS210 型高压、大排量三螺杆柴油泵	天津市工业泵总厂
		二	氢氰酸及高压屏蔽电泵的研制	机械工业部合肥通用机械研究所、大连屏蔽电泵厂
		二	无过载离心泵理论与设计方法的研究	江苏理工大学、杭州水泵总厂
	中国有色金属工业总公司	二	管道化溶出用 3kM 高压隔膜泥浆泵的研制试验	郑州轻金属研究院、上海大隆机器厂
	电力工业部	二	加药泵（电厂用）	镇江华东电力设备制造厂
风机	电力工业部	二	静叶可调轴流通风机	成都电力机械厂

（续）

行　业	授奖部门	获奖等级	项目名称	研制单位
气体压缩机	机械工业部	二	SIC705单轴等温离心压缩机	沈阳鼓风机厂
真空获得及应用设备	机械工业部	二	ZDG100型真空冷冻干燥设备	安阳市雪莲工业公司
制冷空调设备	电力工业部	一	冰储冷空调及芯心冰球	杭州机械设计研究所
轴承	机械工业部	二	机床主轴轴承	哈尔滨轴承集团公司
		二	通用滚动轴承统一优化设计和推广应用	机械工业部洛阳轴承研究所
阀　门	机械工业部	二	快速切断阀	机械工业部上海工业自动化仪表研究所、无锡市仪表阀门厂
		二	D373Fs-40型中压蝶阀系列	上海阀门五厂、机械工业部上海发电设备成套设计研究所
		二	全量型安全阀研制	哈尔滨锅炉有限责任公司、大连弹簧厂、机械工业部上海发电设备成套设计研究所
	电力工业部	一	调节型阀门电动装置	扬州电力设备修造厂
密封件	机械工业部	二	高速透平压缩机用螺旋槽端面密封及其系统	天津市机械密封件厂、沈阳鼓风机厂、大连石油化工公司、天津克兰密封有限公司
粉末冶金制品	机械工业部	二	粉末冶金大型不锈钢多孔过滤元件技术开发项目	北京市粉末冶金研究所、中国机械基础件成套技术公司
矿山设备	机械工业部	二	MPS190中速磨煤机	沈阳重型机器厂
	煤炭工业部	一	铁法日产7000t综采成套设备及工艺	煤炭科学研究总院上海分院、铁法矿务局、煤炭科学研究总院太原分院北京开采所、西北煤矿机械一厂
		一	60m² 圆盘加压过滤机	煤炭科学研究总院唐山分院、山东煤矿莱芜煤机厂、枣庄矿务局八一煤矿选煤厂
		二	CK-66型防爆低污染柴油机胶套轮齿轨卡轨车	煤炭科学研究总院常州科研试制中心、潞安矿务局王庄煤矿
	中国有色金属工业总公司	二	复合式集矿方法与模型机的研究	长沙矿山研究院
		二	KY-1型地下牙轮向下扩孔钻机	长沙矿山研究院、大厂矿务局铜坑锡矿

（续）

行业	授奖部门	获奖等级	项目名称	研制单位
矿山设备	中国有色金属工业总公司	二	高阶段连续出矿工艺技术及装备研究	铜陵有色金属（集团）公司、北京矿冶研究总院
		二	振动机组连续作业强化开采技术研究	铜陵有色金属（集团）公司、中南工业大学
		二	安庆铜矿进口设备消化吸收及备件国产化研究	铜陵有色金属（集团）公司、长沙矿山研究院
		二	DCY-4 矿用电动铲运机的研制生产	金川有色金属公司、北京科技大学
		二	922E 型电动铲运机研制	衡阳有色冶金机械总厂、长沙矿山研究院、鲁中冶金矿山公司
		二	多碎少磨设备与工艺研究，降低百花岭选矿厂碎矿粒度技术攻关	北京矿冶研究总院、金堆城铜业公司
		二	GYP-300、GYP-600 惯性圆锥破碎机研制	北京矿冶研究总院
	电力工业部	二	中速磨煤机易磨损件国产化及耐磨性提高	山西电力设备厂等
冶金设备	机械工业部	特	马钢 300m² 烧结成套设备	西安重型机械研究所、马鞍山钢铁设计研究院、马鞍山钢铁股份有限公司、中国第一重型机械集团公司、天津重型机器厂、中国重型机械总公司、沈阳有色冶金设备总厂、宣化冶金环保设备厂
		一	1350mm 亲水涂层铝箔生产线关键技术攻关	西安重型机械研究所、常熟市铝箔厂
		一	H 型钢万能轧机	沈阳重型机器厂
		二	WS400 轧机研制	燕山大学、衡水钢管厂
		二	320t 筒型混铁车	大重集团公司
		二	直臂式大型钢包回转台核心技术开发与研制	中国第一重型机械集团公司、燕山大学
		二	∅60 新型单压下两辊斜轧穿孔机	机械工业部西安重型机械研究所、咸宁矿山机械厂、武昌造船厂机械制造分厂
	冶金工业部	二	宝钢 2030mm 冷轧机振动问题研究	宝山钢铁公司、北京科技大学
		二	冶金设备用减速器的研制与创新	宝山钢铁公司、冶金工业部建筑研究总院、北京冶金设备研究院
		二	∅310mm×1800mm 电镀锌机组新型不锈耐蚀导电辊的研制	北京冶金设备研究院、宝山钢铁公司、北京科技大学
	中国有色金属工业总公司	一	轧机油膜轴承技术的开发与推广	沈阳有色冶金机械总厂
		二	钛—铜—钢复合型阴板辊研制	北京有色金属研究总院

（续）

行　　业	授奖部门	获奖等级	项 目 名 称	研 制 单 位
电工专用设备	中国有色金属工业总公司	二	航空用钛合金电极制备新工艺及生产线的开发	宝鸡有色金属加工厂
	机械工业部	二	HJ-65/25＋（150/20-90/25）型干法交联生产线	上海电工机械厂
石油设备	机械工业部	特	6000m 电驱动沙漠钻机	兰州石油化工机器总厂、天水电气传动研究所、兰州电机厂、塔里木石油勘探开发指挥部、宝鸡石油机械厂
	中国船舶工业总公司	二	可燃气回收装置应用研究	上海船用柴油机研究所
化工设备	机械工业部	一	CF-62 钢制 $1500m^3$ 大型乙烯球罐	兰州石油化工机器总厂、大庆石油化工总厂、机械工业部合肥通用机械研究所、大庆石油化工设计院、武汉钢铁公司、武汉重型铸锻厂、中国通用石化机械工程总公司、冶金工业部北京钢铁研究总院、北京工业大学
	中国核工业总公司	二	液化配料装置	核工业第七研究设计院
		二	高压合成釜	核工业第七研究设计院国营八五七厂
	中国石油化工总公司	二	超高压套管换热器研制	燕山石油化工公司化工一厂、燕山石油化工公司大修厂、燕山石油化工公司设计院
橡胶设备	机械工业部	二	GT2B15 型方盖全圆边注胶联合机	机械工业部机械科学研究院
塑料设备	机械工业部	二	注射型脲醛塑料的研究	机械工业部桂林电器科学研究所
		二	SCJ230 塑料挤出吹塑中空成型机	秦川机床集团有限公司
	中国船舶工业总公司	二	塑料异型材挤出模具研究与产业化生产	江苏自动化研究所
建筑材料设备	国家建筑材料工业局	一	NSC-B 型分解炉技术在云浮水泥厂预分解窑开发应用	武汉工业大学北京研究生部、新型干法水泥生产技术研究会、广东云浮水泥厂
		二	玻璃水平钢化辊道窑用石英陶瓷辊	国家建材局山东工业陶瓷研究设计院、昆仑建材机械厂
		二	HRM 型原料立式磨	国家建材局合肥水泥研究设计院
食品设备	机械工业部	二	桔瓤果汁加工关键设备	中国农业机械化科学研究院、江苏省靖江食品机械制造厂
粮油设备	中国核工业总公司	二	GZK-1 颗粒物料质量流量控制器	核工业理化工程研究院
缝纫设备	中国核工业总公司	二	DXJ-608A 型电脑刺绣机	苏州光学仪器厂
机械化农机具	机械工业部	二	4YZ-4 型自走式玉米联合收获机	北京联合收割机总厂、中国农业机械化科学研究院

(续)

行业	授奖部门	获奖等级	项目名称	研制单位
畜牧机械	机械工业部	二	9ST-15型颗粒饲料加工成套设备	大同农牧机械厂
		二	94SR-3型鸡用乳头式自动供水系统	中国农业机械化科学研究院
医疗器械	中国核工业总公司	二	钴-4092-1型治疗水平γ射线校准器	中国核动力研究设计院
		二	BMD系列骨密度仪	中国原子能科学研究院
	国家医药管理局	二	MEA-3型医用钾钠氯钙离子分析仪	上海医疗器械研究所
建筑工程机械	机械工业部	二	CXZL80装载机前车架、动臂结构设计与制造工艺的研究	吉林工业大学、厦门工程机械股份有限公司
		二	高驱动履带推土机研制及其弹性悬挂行走系统的开发	河北省宣化工程机械厂、青海工程机械厂、吉林工业大学
	铁道部	一	DG-32型自动整平捣固机	中国铁道建筑总公司昆明机械厂、铁道部科学研究院、铁道部戚墅堰机车车辆工艺研究所等
环境保护设备	机械工业部	二	污泥堆肥成套设备	机械工业部机械科学研究院
		二	柴油发电机房噪声治理技术	机械工业部第八设计研究院
	电力工业部	二	浓相干出灰设备国产化	上海水工机械厂
消防设备	中国核工业总公司	二	二总线可寻址火灾自动报警系统与消防联动控制系统	中国原子能科学研究院
铁路机车车辆	铁道部	特	东风11型内燃机车	戚墅堰机车车辆厂、永济电机厂、铁道部大连内燃机车研究所等
		一	LKJ-93型列车运行监控记录装置	铁道部株洲电力机车研究所、成都铁路局、北方交通大学等
		一	160km/h准高速双层空调客车	南京浦镇车辆厂
		一	160km/h准高速空调客车(1)	四方机车车辆厂
		一	160km/h准高速空调客车(2)(瞬时速度200km/h)	长春客车厂
		二	SS_3 123号机车相控及转向架改造	铁道部株洲电力机车研究所、成都铁路局、株洲电力机车厂
		二	准高速机车架悬式转向架	戚墅堰机车车辆厂
		二	X_6B型集装箱专用平车	北京二七车辆厂、铁道部科学研究院
		二	MT-2、MT-3型缓冲器	天津机车车辆机械厂、铁道部戚墅堰机车车辆工艺研究所、铁道部四方车辆研究所

（续）

行　业	授奖部门	获奖等级	项目名称	研制单位
汽车	机械工业部	二	154t 用自卸车关键液压气动元件国产化研究	机械工业部北京机械工业自动化研究所、广东液压泵厂、上海液压件一厂、阜新气动元件厂、湘潭电机厂
	中国船舶工业总公司	二	桑塔纳零件焊接电泳存放输送生产线	九院、常熟市成套干燥设备厂、上海汇众汽车制造公司重型汽车厂
船舶	中国船舶工业总公司	二	500 箱集装箱船设计与建造	上海船舶及海洋工程设计研究所、求新造船厂
		二	35000t 浅吃水散货船综合标准化模块化造船研究	广州广船国际股份有限公司、上海船舶研究设计院
		二	修船生产网络计划系统	哈尔滨工程大学、山海关船厂
		二	“新”字号多用途船主机技术改进	上海船厂
		二	计算机辅助船用大功率柴油机设计、制造、管理集成系统第一期工程(CADIS-I)——设计信息分系统	沪东造船厂
		二	计算机辅助船用大功率柴油机设计、制造、管理集成系统第一期工程(CADIS-I)——辅助制造分系统	沪东造船厂、华东船舶工业学院
		二	计算机辅助船用大功率柴油机设计、制造、管理集成系统第一期工程(CADIS-I)——总体集成技术	沪东造船厂、华东船舶工业学院
		二	船舶工业资金积累与补偿水平分析测度模式	哈尔滨工程大学、船舶总公司财务局
	交通部	一	船机曲轴无刻蚀镀铁新工艺研究	大连海事大学
		一	WMS-1 型远洋船舶轮机仿真训练器	武汉交通科技大学、亚洲仿真控制系统工程有限公司
潜水装备	中国船舶工业总公司	二	潜水救生钟	上海船舶及海洋工程设计研究所、江南造船厂
电机	机械工业部	二	大型单绕组双速异步电动机	湘潭电机厂
		二	LUV6/4CQ35-305 型湿式电动机	哈尔滨电机有限责任公司
	电力工业部	二	高起动转矩异步电动机研制	北京电力设备总厂
变压器	电力工业部	二	集成电路变压器保护装置	南京电力自动化设备总厂等
电力整流器	机械工业部	二	ZHS-150000A/125V 硅整流装置	机械工业部西安电力电子技术研究所
	冶金工业部	二	KP 1500A/4000V 晶闸管	冶金工业部自动化研究院
电气控制成套设备	机械工业部	一	宝钢高炉鼓风机静止变频起动装置	机械工业部天津电气传动设计研究所
	电力工业部	二	集成电路母线保护装置	南京电力自动化设备总厂

（续）

行　业	授奖部门	获奖等级	项目名称	研制单位
电气控制成套设备	中国核工业总公司	一	交流电机复合机群综合自整步技术及在线群控系统装置	核工业电机运行技术开发公司
		二	具有再整步性能的无刷同步电机励磁系统	核工业电机运行技术开发公司
高压电器	机械工业部	二	LW13-500 罐式 SF6 断路器及其 CQ-I 气动操动机构	西安高压开关厂
	电力工业部	一	WBX-15 型微机高压线路保护装置	南京电力自动化设备总厂等
		一	WBZ-21 系列微机变压器保护装置	南京电力自动化设备总厂等
低压电器	机械工业部	二	模块化终端保护电器（模数化终端保护电器）	机械工业部上海电器科学研究所、大连低压开关厂、南通低压电器厂、宁波开关厂、上海电器陶瓷厂、苏州电器科学研究所、北京第一低压电器厂
		二	CM1-100A～630A（含 L、M 及 H 型）塑料外壳式断路器	国营常熟开关厂
电线电缆	机械工业部	一	光纤带及其光缆技术研究	机械工业部上海电缆研究所
		二	15kV 热塑性塑料绝缘多线对导引电缆及附件的研制	沈阳电缆厂
输电线路金具铁塔	电力工业部	二	220kV 紧凑型输电线路及试验工程的研究	南京电力金具设计研究所等
电焊机	机械工业部	一	加氢空冷器成套焊接设备及工艺	机械工业部哈尔滨焊接研究所、哈尔滨空气调节机厂、上海江湾化工机械厂
		二	UN630 型闪光对焊机研制	东风汽车公司
		二	电子束焊机新结构电子枪及其控制系统的研制	机械工业部桂林电器科学研究所
		二	全自动全封闭空调压缩机环缝焊专机研究	机械工业部哈尔滨焊接研究所、江苏春兰压缩机厂
	中国船舶工业总公司	二	冰箱电阻焊电极材料研制及应用	华东船舶工业学院
通用仪器仪表	机械工业部	一	“857”工程 H/YBT-1 型摇摆试验台	机械工业部天津工程机械研究所
		二	WQF-400 型傅立叶变换红外光谱仪	北京瑞利分析仪器公司
		二	电子万能试验机	机械工业部长春试验机研究所、长春试验机集团公司
		二	LB-6 型智能应力测试分析仪	燕山大学
		二	聚酯生产过程优化控制	机械工业部重庆工业自动化仪表研究所、华东理工大学、仪征化纤股份有限公司涤纶二厂
		二	自动复位、限位装置的研究开发	吉林工业大学、厦门工程机械股份有限公司
		二	电站锅炉空气预热器间隙测控系统	西安理工大学

（续）

行业	授奖部门	获奖等级	项目名称	研制单位
通用仪器仪表	机械工业部	二	双组元磨损同时快速测量技术	机械工业部上海材料研究所
		二	FD90型单相电度表	上海电度表厂
		一	大型旋转机械状态监测、分析及故障诊断技术研究	机械工业部哈尔滨电工仪表研究所、清华大学、哈尔滨工业大学、华中理工大学、上海交通大学、浙江大学、机械工业部上海发电设备成套设计研究所、中国航空工业总公司六二五所、湖北汉川发电厂、内蒙通辽发电厂
	中国核工业总公司	二	全反射X射线荧光分析仪	中国原子能科学研究院、机械工业部机械科学研究院
		二	核电站燃料元件二氧化铀芯块间隙无损检查仪	核工业第五研究设计院
		二	LBD201型TICT/CBS两用工业CT机	成都七二〇研究所、苏州兰博高科技集团公司
		二	数字反应性仪	中国核动力研究设计院
		二	全身表面β污染监测安全闸门	中国辐射防护研究院
		二	秦山核电厂控制、保护和仪表系统	上海核工程研究设计院
专用仪器仪表	机械工业部	一	汽车碰撞试验与测试分析处理系统研究	清华大学
		二	汽车模拟碰撞试验设备研究	中国汽车技术研究中心
		二	基本天气站自动化技术	机械工业部长春气象仪器研究所
	交通部	二	核子密度与含水量测定仪的研制与路面结构层压实度的控制	湖南省交通科学研究所
	中国有色金属工业总公司	二	ZF-920型在线X荧光分析仪研制	北京矿冶研究总院
	电力工业部	二	电气化铁道馈电故障测距装置	南京电力自动化设备总厂等
仪器仪表元器件	机械工业部	一	高性能InSb霍尔元件及中试生产技术	机械工业部沈阳仪器仪表工艺研究所
		二	新型光化学传感器研究	湖南大学
量具刃具	机械工业部	二	双半内圈球轴承专用测量仪的研制	机械工业部洛阳轴承研究所
	中国有色金属工业总公司	二	航空精密模锻件尺寸检测设备与检测技术	西南铝加工厂
	中国核工业总公司	二	反应堆压力容器膨胀梳刀	中国核动力研究设计院
衡器	机械工业部	二	称量给煤机研制	上海重型机器厂、机械工业部上海发电设备成套设计研究所

（续）

行　业	授奖部门	获奖等级	项 目 名 称	研 制 单 位
工业机器人	机械工业部	一	IR-505H龙门框架式高压水切割机器人研制及应用	机械工业部北京机械工业自动化研究所、吉林公主岭汽车装饰材料厂
	中国船舶工业总公司	一	8A4水下机器人	中国船舶科学研究中心、武汉数字工程研究所、哈尔滨工程大学
标准	机械工业部	二	GB/T2624－93《流量测量节流装置用孔板、喷嘴和文丘里管测量充满圆管的流体流量》	机械工业部上海工业自动化仪表研究所、上海自动化仪表一厂、中国计量科学研究院、天津自动化仪表十厂、银河仪表厂、苍南仪器厂
		二	GB50053－94《10kV及以下变电所设计规范》	中机中电设计研究院、核工业第二研究设计院、机械工业部第八设计研究院、中国航空工业规划设计研究院、北京市建筑设计院
		二	GB/T13849.1～5－93《聚烯烃绝缘聚烯烃护套市内通信电缆》	机械工业部上海电缆研究所、邮电部成都电缆厂
		二	JB/T7261－94《铝制板翅式换热器技术条件》	开封空分设备厂、杭州制氧机研究所、杭州制氧机集团有限公司
		二	JB/T74～90－94《管路法兰及垫片》	机械工业部机械标准化研究所、哈尔滨锅炉厂、北京华光密封件厂、河北省石化高压管件厂、机械工业部第三装备司
		二	JB/T7215－94《锻焊结构热壁加氢反应器技术条件》	中国第一重型机械集团公司、机械工业部合肥通用机械研究所
		二	JB4726～4728－94《压力容器用钢锻件标准》	机械工业部合肥通用机械研究所、中国通用石化机械工程总公司
		二	JBJ12－93《机械工厂单层厂房抗震设计规程》	机械工业部设计研究院、机械工业部第二设计研究院、机械工业部第六设计研究院、机械工业部第七设计研究院、机械工业部勘察研究院
其他	机械工业部	二	NC刀片通用断屑槽型与CAD的研究	哈尔滨理工大学
		二	国家科委“八五”重点科技攻关项目：橡胶、塑料机械CAD	大连橡胶塑料机械厂、机械工业部经济信息中心
		二	车用汽油机气缸盖CAT/CAM系统	江苏理工大学、跃进集团公司发动机厂
		二	数控机床CAD推广应用	机械工业部北京机床研究所
		二	独立制造岛示范项目	北京第二机床厂
		二	图形交互多维数控自动编程系统的研究	机械工业部北京机械工业自动化研究所、合肥工业大学、华中理工大学、机械工业部成都工具研究所
		二	东风公司原材料资源数据库及应用系统	东风汽车公司

（续）

行　业	授奖部门	获奖等级	项 目 名 称	研 制 单 位
其他	机械工业部	二	大冷计算机辅助企业管理信息系统与自动化立体仓库管理系统的集成	机械工业部北京机械工业自动化研究所、大连冷冻机股份公司
	交通部	二	交通部CAD工程支撑软件	上海海运学院
	机械工业部	一	具有“积分小”系数中立型方程定性理论的研究	湖南大学
		二	工程三维轧制理论——模拟轧制过程的条元法	燕山大学
		二	非平衡材料表面及其微观结构的电子衍射研究	湖南大学
		二	金属塑性变形宏、微观理论及其在成形过程数值模拟中的应用	吉林工业大学
		二	强碳化物形成元素衬底生长金刚石膜界面物理结构规律性的预测和揭示	北京市粉末冶金研究所、北京大学
		二	利用双目光度立体系统确定三维景物绝对深度	合肥工业大学
		二	基础学科发展预测和评价系统的综合研究	合肥工业大学、天津大学、西安交通大学
		二	在役压力容器接管高应变区（含角焊缝）安全评估技术研究	机械工业部合肥通用机械研究所、浙江工业大学、浙江大学、上海高桥石化公司化工厂
		二	机械工业新型研究开发体系模式研究	机械工业部机械科学研究院、国家科委科技促进发展研究中心
		二	机械工业“九五”和2010年振兴思路及发展规划研究	机械工业部行业发展司、机械工业部规划研究院、机械工业部机械科学研究院、机械工业部科技信息研究院、机械工业部管理研究院
		二	我国农机工业产品结构调整及发展的研究	中国农业机械化科学研究院
		二	国外机械工业基本情况综合分析研究	机械工业部科技信息研究院
		二	中国机电工程术语数据库的研究与建设	机械工业部科技信息研究院
	中国有色金属工业总公司	二	锌电解出装槽技术及装置研究与应用	株洲冶炼厂
	机械工业部	二	自泳涂料及涂装工艺研究	机械工业部武汉材料保护研究所

（续）

行　业	授奖部门	获奖等级	项　目　名　称	研　制　单　位
其他	机械工业部	二	真空热处理成套技术研究推广应用	机械工业部北京机电研究所
		一	云南蓝箭汽车制造厂涂装生产线设计	机械工业部第四设计研究院、云南蓝箭汽车制造厂
		一	一汽集团公司第二铸造厂“七五”基本建设工程	机械工业部第九设计研究院、一汽集团公司第二铸造厂
		一	西安高压开关厂“七五”“八五”高压交直流输变电设备制造项目工程设计	机械工业部第七设计研究院、西安高压开关厂
		二	南京汽车制造厂依维柯轻型汽车车身厂、总装厂工程项目	机械工业部第九设计研究院、跃进汽车集团公司
		二	台车间距可调地下自动返回式汽车装配线	机械工业部东风设计研究院、东风汽车公司轻型车厂
		二	天津汽车工业总公司新增50000辆夏利轿车（发动机部分）技术改造项目	机械工业部第五设计研究院
		二	TX31-Q型排屑及冷却液净化系统	机械工业部第五设计研究院、海门市过滤设备厂
		二	悬挂式曲轴热处理生产线的研制	机械工业部第五设计研究院、跃进汽车集团公司铸造厂、南京工业炉厂
		二	小型球轴承装配线	山东烟台轴承仪器总厂
		二	CBS长效防冻液	机械工业部武汉材料保护研究所
		二	东北输变电设备项目——沈阳虎石台强电流试验站第一期工程	机械工业部第七设计研究院、沈阳变压器研究所
	电力工业部	二	TY-2型透平油专用滤油机	渝州大学科技开发公司
	中国船舶工业总公司	二	PA170聚酰胺粉末涂料及其配套底漆	船舶工艺研究所
		二	10万吨级浮船坞（衡山号）	上海船舶研究设计院、澄西船舶修造厂

节能产品推广项目　（1996 年）

1982 年以来，机械工业已陆续推广了 16 批 752 项节能机电产品，15 批 601 项淘汰落后机电产品，对我国能源节约和技术进步起到了积极的推动作用。现公布机械工业第 17 批节能机电产品推广项目 186 项及第 16 批淘汰落后机电产品项目 8 项。批准单位：机械工业部、国家经济贸易委员会、国家计划委员会、国家科学技术委员会、国家技术监督局、电子工业部、电力工业部、财政部。批准时间：1996 年 9 月 25 日。

机械工业第 17 批节能产品推广项目

序 号	产 品 名 称	可替代的老产品型号规格	试制及生产单位
	锅炉		
1	SHXF20-1.6-WⅡ型循环流化床锅炉		福州锅炉厂
2	SHXF10-1.25-AⅡ型循环流化床锅炉		开封锅炉厂
3	DG20/3.82-Ⅰ型循环流化床锅炉		东方锅炉厂
4	SHFX6-1.25-LⅡ（AⅡ）型内循环流化床锅炉	SHF6-1.25-AⅡ沸腾锅炉	广西梧州锅炉股份有限公司
5	SHFX15-2.45/400-LⅡ（AⅡ）型内循环流化床锅炉	同容量的沸腾炉	广西梧州锅炉股份有限公司
6	WZ-65/3.82-M 型内循环流化床锅炉	同容量的煤粉炉	广西梧州锅炉股份有限公司
7	DG10-1.25-2 型循环双流化床锅炉		四川东方锅炉集团公司东方锅炉实业公司
8	DG35/3.82-7 型单锅筒沸腾炉	LG35/39-1 型双锅筒沸腾炉	四川东方锅炉集团公司东方锅炉实业公司
9	SZL15-1.6-AⅡ型组装水管蒸汽锅炉		江苏太湖锅炉集团公司
10	SZL20-1.6-AⅡ型组装水管蒸汽锅炉	SHL 型双锅筒横置式水管锅炉	江苏太湖锅炉集团公司
11	SZL10-1.25-AⅡ型双锅筒纵置式水管组装链条炉排蒸汽锅炉	SHL 型锅炉	新疆天山锅炉厂
12	SZL15-1.25-AⅡ型双锅筒纵置式水管组装链条炉排蒸汽锅炉	SHL 型锅炉	新疆天山锅炉厂

（续）

序号	产品名称	可替代的老产品型号规格	试制及生产单位
13	SZL20-1.25-AⅡ型双锅筒纵置式水管组装链条炉排蒸汽锅炉	SHL 型锅炉	新疆天山锅炉厂
14	DZL2-1.0-A Ⅱ型拱形管板螺纹管链条炉排蒸汽锅炉	DZL2-1.0-A Ⅱ型卧式快装水火管链条炉排蒸汽锅炉	江苏江星锅炉集团公司（国营靖江锅炉厂）
15	SZL4-13-A Ⅱ型蒸汽锅炉		西安锅炉总厂
16	SZL6-13-P 型蒸汽锅炉		西安锅炉总厂
17	SZL4-1.25-A Ⅱ型水管快装蒸汽锅炉	KZL4-13 型锅炉	上海红光锅炉厂
18	DZL2-1.0-AⅢ型卧式快装蒸汽锅炉	KZL2-10 型锅炉	上海红光锅炉厂
19	SZL6-1.6-A Ⅱ型组装水管蒸汽锅炉	DZL 型锅壳式锅炉	常州锅炉厂
20	DZL20-1.25-AⅢ型角管式蒸汽锅炉	SHL20-1.25-A Ⅲ型链条锅炉	上海四方锅炉厂
21	WNS4-0.98-Qt 型全自动天然气锅炉		重庆锅炉总厂
22	WNS1-1.0-Y 型湿背全自动燃油蒸汽锅炉	WNS1-1.0-Y 型干背全自动燃油蒸汽锅炉	广州市国营黄陂锅炉厂
23	SZL7-1.25/150/90-A Ⅱ型双锅筒纵置式水管组装链条炉排热水锅炉	SHL 型热水锅炉	新疆天山锅炉厂
24	SZL10.5-1.25/150/90-A Ⅱ型双锅筒纵置式水管组装链条炉排热水锅炉		新疆天山锅炉厂
25	SZL14-1.25/150/90-A Ⅱ型双锅筒纵置式水管组装链条炉排热水锅炉	SHL 型热水锅炉	新疆天山锅炉厂
26	DZL2.8-0.7/95/70-A Ⅱ型水管快装链条炉排热水锅炉	DZL2.8-0.7/95/70-A Ⅱ卧式快装水火管链条炉排热水锅炉	江苏江星锅炉集团公司（国营靖江锅炉厂）
27	SZL10.5-1/115/70-A Ⅱ型组装水管热水锅炉		江苏太湖锅炉集团公司
28	SZL14-1/115/70-A Ⅱ型组装水管热水锅炉	SHL14-1/115/70-A Ⅱ散装锅炉	江苏太湖锅炉集团公司
29	SZL7-1.0/115/70-A Ⅱ型水管组装链条炉排热水锅炉	SHL 型水管散装链条炉排锅炉	江苏江星锅炉集团公司（国营靖江锅炉厂）
30	SZL7-1.0/115/70-A Ⅱ型组装热水锅炉	SHL 型散装水管锅炉	常州锅炉厂

（续）

序号	产品名称	可替代的老产品型号规格	试制及生产单位
31	SZL4.2-1.0/115/70-A Ⅱ型组装热水锅炉	SHL型散装水管锅炉	常州锅炉厂
32	SZL7-1/115/70-A Ⅱ型组装式水管热水锅炉	SHL型散装式锅炉	兰州锅炉厂
33	DZW2.8-0.7/95/70-A Ⅱ型螺纹烟管往复炉排热水锅炉		张家口三北·拉法克锅炉有限公司（张家口市工业锅炉厂）
34	DZKL型锅炉快速冷却监控系统		东方锅炉厂
35	GKS系列全自动锅炉控制系统	DDZ-Ⅱ型、DDZ-Ⅲ型系列仪表	深圳达实自动化工程有限公司
	内燃机		
36	轻型高速BQ喷油泵	I号泵、A型泵、VE泵	山东油泵油嘴厂
37	PB35S92型低惯量节能轴针式喷油器总成	PB35S型非低惯量轴针式喷油器总成	机械工业部无锡油泵油嘴研究所、南通星维油泵油嘴有限公司
38	168F型柴油机	170F、R165、R170、（老）165、170等小型柴油机	福州斯特龙机电有限公司
39	490Q（D1）型柴油机	485Q型、490Q型柴油机	成都内燃机总厂
40	135系列柴油机及其成套机组		上海柴油机股份有限公司
	汽轮机		
41	C3-3.43/0.981/0.49 型3MW抽汽背压式汽轮机		青岛捷能动力集团公司
	发电设备		
42	GFZ系列微机自动化柴油发电机组	与TFW型发电机相配套的GF系列柴油发电机组	福州发电设备厂
43	多机并联自动化柴油发电站	可用2～8台中小容量自动并联运行的柴油发电站替代大容量的单台柴油发电机组	福州发电设备厂
	起重运输设备		
44	B400、B500、B630、B800型SDBF系列熟料链斗输送机		镇江市建材机械厂
45	200、270、350、410、500型LCU系列板链钩式连续输送机	粉状、粒状物料的水平输送设备	镇江市建材机械厂
46	TBG板链斗式提升机	D、HL、TH型斗式提升机	镇江市建材机械厂
	泵		
47	RJC系列长轴深井泵	J、JD型长轴深井泵相应的规格型号	南京古尔兹制泵有限公司

(续)

序号	产品名称	可替代的老产品型号规格	试制及生产单位
48	6825 型潜水泵		石家庄水泵厂
49	6726 型潜水泵		石家庄水泵厂
50	DC 系列锅炉给水泵	GC 型泵，由于该泵单级扬程较高，也可替代部分 DG 型泵	博山水泵厂
51	CHTC5/6 型高压锅炉给水泵	可作为 200MW～300MW 火电站的锅炉给水泵	沈阳水泵厂
52	CHTZ/5 型高压锅炉给水泵	可作为 200MW～300MW 火电站的锅炉给水泵	沈阳水泵厂
53	YA 型油泵	Y 型油泵	北京水泵厂
54	KY 系列输油泵	相应的 Y 型油泵	博山水泵厂、山东双轮集团有限公司（威海水泵厂）
55	200SY-150 型输油泵		浙江省嵊县水泵厂
56	AY 系列离心油泵	Y 型油泵	沈阳水泵厂
57	300、250、200、150、100、80、65、40 型 ZJ 系列渣浆泵	12PNB、250PN、PSJ、PS、250NG、6S-H、PH、PHG、SH、PF、PNJa、ZM、PtP 等渣浆泵	石家庄工业泵厂
58	200ZGB (a)、250ZGB (a) 型渣浆泵	200ZGB (a) 可替代 6PH 型灰渣泵和 6S-1-1 型渣浆泵，250ZGB (a) 可替代 10PH 型灰渣泵	石家庄水泵厂
59	3/2C-AH 型渣浆泵	2 ½ Ps 型泵	石家庄水泵厂
60	8/6X-H (P) 型渣浆泵	8PN 型泵	石家庄水泵厂
61	150E-L 型渣浆泵		石家庄水泵厂
62	16/14TU-AH 型渣浆泵		石家庄水泵厂
63	4/3C-AHR 型衬胶渣浆泵		石家庄水泵厂
64	800WD (L) 型污水泵		石家庄水泵厂
65	80WQA 型潜水污水泵		石家庄水泵厂
66	ZW 系列自吸式无堵塞排污泵	65FVQ-G5×5.5、80FVQ-G5×11 100FVQ-G5×15 泵	浙江省永嘉县排污泵实业公司
67	QW 系列潜水排污泵		江苏亚太泵业集团公司、扬州市亚太特种水泵厂
68	LG、LGR 系列立式多级泵		山东双轮集团有限公司（威海水泵厂）
69	DL 系列立式多级离心泵		博山水泵五厂
70	DL (DLR) 系列立式多级离心泵		博山水泵厂、山东双轮集团有限公司（威海水泵厂）
71	KD 型矿用多级离心泵	150D-30×2～10、200D-43×2～9、200D-65×2～10、250D-60×2～10 等水泵	北京水泵厂

（续）

序号	产品名称	可替代的老产品型号规格	试制及生产单位
72	DYJ、DGI 系列多级离心输液泵	部分 Y 型及 DY 型泵	温州市嘉利特泵业有限公司
73	DFj 系列多级高压离心泵	部分 D 型、DG 型多级离心泵及部分往复泵	温州市嘉利特泵业有限公司
74	KVR200-500 型无堵塞离心泵	8PWL 型立式污水泵	石家庄水泵厂
75	100RV-SP（R）型液下泵		石家庄水泵厂
76	150SV-SP（R）型液下泵		石家庄水泵厂
77	12/10T-SH 型溶液泵	10PH 型灰渣泵	石家庄水泵厂
78	DDM360-75 型多级煤浆泵	DM 型多级煤浆泵和波兰 OWM 型多级煤浆泵	博山水泵厂
79	HY 型流程泵	Y 型油泵	北京水泵厂
80	3JA-12/21-TB 型甲铵泵	3W-J1 型氨基甲酸铵泵	上海大隆机器厂
81	10/8S-GH 型砂砾泵		石家庄水泵厂
82	G 系列单螺杆泵		杭州水泵总厂、东阳螺杆泵厂、宁波工业泵厂、宁波螺杆泵厂
83	CQ 系列磁力驱动泵	CB、S 系列塑料离心泵	温州市白泉工业泵厂、温州市瓯海耐酸泵厂、浙江丰球集团公司、温州电泵厂
	风机		
84	ASN、AST 系列轴流通风机	G4-73 №29.5F 型离心通风机、Y4-2×73 №33.5F 型离心通风机	沈阳鼓风机厂
85	2K56 系列矿井轴流通风机	2K60 系列、70B2 等	沈阳鼓风机厂
86	GAF 型矿井轴流风机	70B2 №28、2K60 风机	上海鼓风机厂
87	KZS №18～№30 型矿井轴流风机	70B2 型、2BY 型等矿井轴流风机	吉林市鼓风机厂
88	FAF 型电站轴流风机		上海鼓风机厂
89	JZD5 型低噪声对旋轴流式局部通风机	JBT52-2 轴流风机（规格 11kW）	四川蜀东机械厂
90	DQ（BDQ）35-11 №2.8～№11.2 系列低噪声防爆轴流风机	T35-11 全系列轴流风机、DZ-11 全系列低噪声轴流风机、BT35-11 全系列防爆轴流风机	北京鼓风机一分厂
91	F45.25-12 №3.6～5.2 型斜流风机	4-T2 № 3.6～№ 5 风机	湖北鼓风机有限公司
92	42C/V 系列风机盘管	FP 系列风机盘管	上海通惠一开利空调设备有限公司
	气体压缩机		
93	MCL.BCL 系列离心压缩机	DA 系列离心压缩机	沈阳鼓风机厂
94	DH 系列离心压缩机	DA 系列离心压缩机	沈阳鼓风机厂

(续)

序号	产品名称	可替代的老产品型号规格	试制及生产单位
95	V-3/7、V-6/7、VF-3/7、VF-6/7、VF-9/7 往复活塞空气压缩机	V-3/8、1V-3/8、2V-3/7、VF-3/8、2VF-3/8、WF-3.2/7、1WG-3/7、1WG-3/8、WF-3/8、V-6/8、2V-6/7、2V-6/8、VF-6/8、W-6/7、WF-6/7、WF-6.3/7、2W-6/7、WF-9/7、DW-9/7 等	江阴市压缩机厂、上海第五压缩机厂、济南空压机厂、垣曲空压机厂、沈阳空压机制造厂、吴桥空压机厂、济南压缩机厂、蚌埠压缩机总厂
96	LG25-30/-0.4～3.5 型负压螺杆压缩机		上海压缩机厂
97	LG-30/8 (LG29) 型喷水螺杆火炬气压缩机		上海压缩机厂
	气体分离及液化设备		
98	KDON-350/700 型空分设备		哈尔滨制氧机厂
99	ZY50、150、300、600、800、1000、1500、2000、3000 系列变压吸附制氧设备	用户对氧纯度要求＜95％时可替代 50、150、300、600、1000、1500、3200m³/h 深冷制氧机	杭州余杭市通用机械设备联合公司
	干燥设备		
100	YPG1600/100 型压力式喷雾干燥机	气流式喷雾干燥机	浙江尔乐干燥设备厂
	减变速机		
101	XBT 系列 2t、4t、6t、10t 谐波链条炉排调速机	GJ-50、J50、J100 等减速机	陕西省轻工业机械厂
102	XBW 系列 4t、6t 谐波往复炉排调速机	T30、T50W、Y100W 等减速机	陕西省轻工业机械厂
	阀门		
103	CS15H-10、CS45H-10 型自由半浮球式蒸汽疏水阀	圆盘式、CS19H-10、CS49H-10	杭州西湖阀门厂
104	CS41H-1.6、CS41H-4.0 型自由浮球式蒸汽疏水阀	圆盘式、钟形浮子式疏水阀	青岛疏水阀厂
105	XAO 系列 CS15H16、CS45H16 型自由半浮球式蒸汽疏水阀		杭州东新机电阀门厂
106	CS43H 系列活塞压差浮桶式蒸汽疏水阀		江西疏水阀有限责任公司
107	SHF-4、SHF-7、SHF-16 型四通换向阀		浙江三花集团公司(浙江省新昌制冷配件总厂)
108	ZBJV 型精密电动 V 型球阀		上海工业自动化仪表研究所
109	D73 $\frac{F}{H}$-10、16、25、40，D373 $\frac{F}{H}$-10、16、25、40 双偏心蝶阀	Z44 $\frac{T}{W}$-10、Z45 $\frac{T}{W}$-10、Z41 $\frac{T}{W}$-10、Z41H-16C、Z41H-25、Z41H-40 型闸阀，J41H-16C、J41H-25、Z41H-40 型截止阀	北京蝶阀厂

序号	产品名称	可替代的老产品型号规格	试制及生产单位
	液压件及液力件		
110	YOP系列320、360、400、450普通型液力偶合器		机械工业部北京起重运输机械研究所
111	$YOCQ_z450$、$YOCH_j750$、$YOCH_j650$、$YOCH_j560$型YOC系列调速型液力偶合器传动装置		大连液力机械总厂
112	YOTcs875、650、500、400，YOTck650、500、280型YOTc调速型液力偶合器		广东福伊特中兴液力传动有限公司
113	YDT45/30型调速液力偶合器		包头市民政起重机械厂
	化工设备		
114	BRS0.2、0.3、0.6系列板式换热器	容积式换热器、列管式换热器	北京市京海换热设备厂
	塑料设备		
115	SWP160、320、400型塑料破碎机		青岛橡胶塑料机械厂
	建筑材料设备		
116	MLY25/12型液压立式磨机	∅3m×9m生料管磨及∅3m旋风选粉机圈流系统	辽宁省朝阳重型机械厂
117	PCS-600冲击式破碎机	WH/HFck辊压机、锤式破碎机、PXD短头圆锥式破碎机、棒磨机	武汉水泥机械厂
118	RPV100-40、RPV100-63辊压机	日产500t～2000t的各种原料磨、水泥磨以及粉碎矿石的各种管磨机和煤磨机	中信重型机械公司
119	∅1000mm×260mm、∅1000mm×300mm辊压机	日产500t～2000t的各种原料磨、水泥磨以及粉碎矿石的各种管磨机和煤磨机	中信重型机械公司
	拖拉机		
120	河北-150拖拉机		石家庄拖拉机厂
121	河北-120拖拉机		石家庄拖拉机厂
	机械化农机具		
122	希望7Y-975农用三轮车		石家庄拖拉机厂
	汽车		
123	QF1281A型轿车散热器风扇		上海电机（集团）公司上海日用电机厂
	电机		
124	Y、YR系列中型高压三相异步电动机（H355～630）	JS、JSQ、JK、JKZ、JR、JRQ、JSZ、JRZ型电机	上海电机厂
125	YKy1050-4型矿用一般型三相异步电动机	JS、JSQ型三相异步电动机	宁波中策电机有限公司

（续）

序号	产品名称	可替代的老产品型号规格	试制及生产单位
126	YDZ630-8/10型单绕组双速异步电动机	YLB170/41-8/10型双速电动机，以及其他双绕组双速异步电动机	湘潭电机厂
127	YD系列单绕组双速异步电动机	双绕组双速异步电动机	湘潭电机厂
128	YLB173/41-8/10-1型单绕组双速异步电动机		湘潭电机厂
129	YCJT系列高精度齿轮减速电子调速特种电动机	AO、BO、CO、DO系列异步电动机（功率15W～750W），YO、Y系列2kW以下的电机、皮带传动及链传动方式	浙江华峰微特电机有限公司（湖州微型特种电机厂）
130	TFE系列无刷三相同步发电机（包括TFE3、TFE4、TFE5、TFE6）		福州发电设备厂
131	YVP系列变频调速电机	YCT等调速系统	嘉兴华年电机有限公司
132	FZ-2～6型自激式进相机		南京进相机厂
	变压器		
133	S10-M_{b}^{a}-250-500/6-10全密封膨胀散热器节能变压器、S10-M_{b}^{a}-630-1600/6-10全密封膨胀散热器节能变压器	SJ1、S7变压器	沈阳全密封变压器厂
134	BS9-50/6、BS9-250/6型全密封变压器	S7型油浸式电力变压器	浙江省三门变压器厂
135	SZ8-8000～16000/35型低噪声有载调压电力变压器	SZ7系列电力变压器	杭州钱江电气集团有限公司（杭州钱江变压器厂）
136	SC8系列环氧浇注式电力变压器	S7系列油浸式变压器	温州市变电设备厂
137	SZ8-40000/110型电力变压器	SFZ7-40000/110型电力变压器	江西变压器厂
138	S9-30～1600/10型中小型低损耗变压器	SJ-30～1600/10、SJL1-30～1600/10、S7-30～1600/10、SL7-30～1600/10、S4-30～1600/10等	老河口环空电气集团股份有限公司
139	HKST20、HKSSP20、HCD-SPZ20型壳式铁芯电炉变压器	芯式电炉变压器的更新换代产品	贵阳变压器厂
140	S8系列阶梯叠铁芯变压器	S7系列变压器	杭州钱江电气集团有限公司
	电力整流器		
141	KPX3000A/50～55特大功率晶闸管（直径100mm）	500A～1500A、2000V～3000V的各种中、小规格晶闸管	机械工业部西安电力电子技术研究所
142	KDH-Ⅱ 3000kW电力回收装置	水力测功机、水电阻测功机、直流电动机-交流同步发电机机组式电能回收装置	机械工业部西安电力电子技术研究所

（续）

序号	产品名称	可替代的老产品型号规格	试制及生产单位
	电气控制成套设备		
143	JP1C系列交流变频调速器	滑差电机及部分直流电机调速系统	淄博市周村恒兴电子设备开发公司
144	JP5C系列交流电机变频调速装置		北京市电机总厂、比莱恩机电发展公司
145	JP6C系列全数字式变频器		成都市佳灵电气制造公司
146	JP10系列交流变频调速器	直流电机调速系统	江西省江山变频调速设备有限公司（江西机床电器厂）
147	JP11C系列交流变频调速器	滑差电机及部分直流电机调速系统	淄博市周村恒兴电子设备开发公司
148	JP16C(KFI-AC3)型家用空调模糊控制变频调速系统		清华大学热能工程系
149	JPCS系列交流变频调速器		唐山市普发电子有限公司
150	JPS系列交流变频调速装置		浙江省瑞安市万松电子电器有限责任公司
151	CM2系列中频变频器	可取代传统的中频发电机组控制直流电机调速的方法	北京市宇通电子技术开发公司
152	LP2B系列交流电机变频调速装置		江苏万力达电器公司
153	TOPVERT8000、7100G3、PYT90系列交流电机变频调速器		东冈电机企业有限公司
154	BPTS系列变频调速器		苏州万马物产集团公司、万马电子实业公司（苏州电机厂）
155	LP1系列大功率交流主轴驱动装置		襄樊长虹数控（集团）公司
156	BP1系列大功率交流伺服驱动装置		襄樊长虹数控（集团）公司
	低压电器		
157	AJⅠ型无声节电器（原型号WJD-Ⅱ）		上海新亚仪表厂
158	AJ2型自转换交直流通用节电器		北京海淀科友机电研究所
159	CJ11Z系列消声节电型交流接触器（20、40、60、100、150A）	CJ10系列（20、40、60、100、150A）	南昌市长征电器开关厂

序号	产品名称	可替代的老产品型号规格	试制及生产单位
160	CJ12JA-400、600 型节电交流接触器	CJ12-400、600 型交流接触器	无锡市电器厂
161	CJ16-40 型切换电容器接触器		南昌人民电器厂
162	CJ20-□ LJ 系列节电型交流接触器		邯郸电器总厂
163	QJZ 系列起动型轻载节电器（配用 11kW～315kW 电机）	QJ3 系列起动器	浙江三辰电器有限公司（青田电气控制设备厂）
164	SL 系列电动机多功能保护器（配用 1.1kW～120kW 电机）	JR16B 系列热继电器	奉化市中苑电器厂
165	WCJ10-20A、40A、60A、100A、150A，WCJ12-100/3、150/3、250/3、400/3、600/3 消声节能交流接触器	CJ10、12 系列交流接触器	浙江省乐清市东方节能电器厂
166	ZLJ □-□/□ 1、2、3 型接触器用节电器		邯郸电器总厂
	电焊机		
167	ZX7-315 型逆变弧焊电源	AX、ZX5、ZXG 型及 BX 系列中 160A～320A 的焊机	时代集团公司
168	ZX7-400S 型逆变弧焊整流器	AX7-400、ZXG1-400、ZXG-400 焊机	山东省招远电焊机厂
169	NB-500 型 CO_2/MIG/MAG 弧焊机		山东省招远电焊机厂
170	SQY-2000 型水电解氢氧焊割机	氧乙炔等热加工装置	江西荣昌氢氧焊割设备有限公司
171	ZX7-120S/T、ZX7-200S/T、ZX7-315S/T、ZX7-400S/T 型 ZX7 系列非晶态、超微晶态逆变式直流电焊机	AX 系列和 ZX5 系列	江西大有实业有限公司（赣中电力电子设备厂）
	工业电炉		
172	直流电弧炼钢炉整流装置		铁道部永济电机厂元件分厂
173	RX3-15-9、30-9、45-9、60-9、75-9 型 RX3 系列 950℃箱式电阻炉	RX 系列 950℃箱式电阻炉	上海电炉厂
174	RX3-20-12、45-12、65-12、90-12、115-12 型 RX3 系列 1200℃箱式电阻炉	RX2 系列 1200℃箱式电阻炉	上海电炉厂

（续）

序号	产品名称	可替代的老产品型号规格	试制及生产单位
175	RT2-65-9、105-9、180-9、320-9型RT2系列台车式电阻炉	RT系列台车式电阻炉	上海电炉厂
	通用仪器仪表		
176	BM-01型纸张定量和水份检测及其控制系统（B/M系统）装置		上海工业自动化仪表研究所
177	LUGB型应力式涡街流量计（DN20～DN500）	分流旋翼式蒸汽流量计节流孔板、双波轮流量计、阿牛巴流量计	山东龙口市自动化仪表厂
178	DTF75型多费率电能表		山东龙口市自动化仪表厂
179	FD型单相电度表	DD862型电度表	上海电度表厂
180	DH-9003型燃烧效率测定仪		南京分析仪器厂
181	ZO-112型烟气氧分析仪	ZO-21型氧量分析器	南京三飞分析仪器制造公司（南京第三分析仪器厂）
	仪器仪表元器件		
182	ZYJ（Z）310～1200型ZYJ（Z）系列电液执行机构	相应规格的电动或气动执行器	武汉热工仪表厂
183	ZD500A、ZD800A型低损耗二极管	普通型ZP500A、ZP800A	机械工业部广州电器科学研究所、电力电子技术分所
184	TZ-ZP 6～24kA/3、10，18～20kA/20，160kA×3/3、10，24kA×3/3、10型TZ-ZP系列大电流（万安级）组合式整流管	多只分立整流管并联及其装置	铁道部永济电机厂元件分厂
	其他		
185	3GQ系列高压清洗机		四川省简阳试压泵厂
186	KC65、80、100、125、150、200、250、300、350、400、450型KC系列快速除污器	立式除污器、卧式直通除污器和Y系列除污器	天津市换热设备厂除污器分厂

机械工业第16批淘汰落后机电产品项目

序号	淘汰产品名称及型号规格	开始淘汰日期	推荐更新产品的型号及性能参数	推荐更新产品制造厂
1	DZ10-100、250、400、600型DZ10系列塑壳断路器	1997年6月30日	DZ20-100、225、400、630、800、1250型DZ20系列塑壳断路器（包括C、Y、J、G型）及TO、TG、CM1、H系列	常熟开关厂、苏州电器股份有限公司、华通开关厂、遵义长征一厂　天津低压电器公司、北京电器元件厂、上海电器科学研究所电器开关厂等
2	DW10-630(600)、1600(1500)、2000、2500、4000型DW10系列框架断路器	1997年12月31日	DW15-630（600）、1600(1500)、2000、2500、4000型DW15系列，DW16-630(600)、1600(1500)、2000、2500、4000型DW16系列，ME等	上海人民电器厂、上海电科所电器开关厂、上海精益电器厂、天津电力电子公司、广州南洋电器厂、遵义长征九厂、遵义长征十一厂等
3	CJ10-10、20、40、60、100、150型CJ10系列及CJ8-10、20、40、60、100、150型CJ8系列交流接触器	1997年12月31日	CJ20-6.3、10、16、25、32、40、63、100、160、250、400、630型CJ20系列、CJ40、B系列等	上海人民电器厂、天津第二电器开关厂、遵义永佳电器厂、杭州中策公司、常州低压电器厂、北京敬业集团上海电器科学研究所电器开关厂、天水长城低压电器厂、沈阳低压开关厂等
4	QC10-3/6、4/6、6/6型QC10系列，QC12-3、4、5、6型QC12及QC8系列起动器	1997年12月31日	QC25-4、7.5、11、22、30、50型QC25系列起动器	上海人民电器厂、南京开关厂、邯郸电器厂、常州低压电器厂、遵义永佳电器厂、天水长城低压电器厂等
5	JRO、JR15、JR16-A、B、C、D、JR9、JR14系列热继电器	1997年12月31日	JR20、T系列热继电器	屯溪电器厂、遵义长征十五厂、遵义永佳电器厂、苏州低压电器厂、天津第二电器开关厂　保定电器开关厂、沈阳低压开关厂等
6	V-3/8、1V-3/8、VF-3/8、2V-3/7、2VF-3/8、WF-3/8、WF-3.2/7、1WG-3/7、1WG-3/8、V-6/8、2V-6/7、2V-6/8、VF-6/8、W-6/7、WF-6/7、WF6.3/7、2W-6/7、WF-9/7、DW-9/7等型号的往复活塞空气压缩机	1997年12月31日	V-3/7、V-6/7、VF-3/7、VF-6/7、VF-9/7	江阴市压缩机厂、上海第五压缩机厂、济南空压机厂、垣曲空压机厂、沈阳空压机制造厂、吴桥空压机厂、蚌埠压缩机总厂等生产原规格的各制造厂都可制造
7	TY1100型单缸立式水冷直喷式柴油机（$D\times S=100\times115$，标定功率11kW/2300r/min)	1997年12月31日	S1100型柴油机〔$D=100$mm，$S=115$mm，标定功率11kW/(2200r/min)〕	武进柴油机厂
8	165单缸卧式蒸发水冷、预燃室柴油机〔$D\times S=65\times75$，标定功率2.21kW/（2000r/min)〕	1997年12月31日	165F型柴油机〔$D=65$mm，$S=70$mm，标定功率2.2kW/(2400r/min)〕	湖南滨湖柴油机厂

〔第Ⅳ部分责任编辑：白萍〕

机械工业

产品和

技术进出口

第Ⅴ部分

机械工业产品外贸概况（1996 年）

中国机电产品进出口商会系统

一、1996 年我国机电产品进出口情况分析

1996 年在全国外贸出口形势严峻的情况下，机电产品出口仍保持约 10%的增幅，各月出口额呈平缓上升之势。机电产品进口增长 3.6%，除一季度和 12 月份受进口政策调整影响超常增长外，其余各月进口增幅趋于减缓，机电产品进出口情况呈如下特点：

（一）机电产品出口在全国外贸出口中的地位不断提高

1. 1996 年机电产品出口额达 482 亿美元，在外贸出口总值中的占比由 1995 年的 29.5%上升到 31.9%，提高了 2.4 个百分点，已连续两年成为我国第一大类出口商品。

2. 1996 年全国外贸出口增长 1.5%，净增 23 亿美元，而机电产品出口增长 10%，净增 43.5 亿美元，成为全国外贸增长的主要因素。

（二）出口商品结构有所调整

1. 机电产品三大类商品出口构成见表 1。

表 1　三大类机电产品出口情况

商品种类	出口额（亿美元）		比上年增长%	占机电产品比重（%）
	1996 年	1995 年		
轻工机电	121.6	115.42	5.4	25.2
电　子	184.1	163.35	12.7	38.2
机　械	176.3	159.88	10.2	36.6

2. 1996 年出口额超过 1 亿美元的商品已达 81 种（按海关商品目录 8 位码统计），其出口额已占机电产品出口的 81%。计算机及零部件，录音机、收录音机及组合音响，钟表及零部件，船舶，集装箱，电灯及照明装置，电热器具的出口额均超过 10 亿美元。

3. 技术含量较高及大小家电类产品出口快速增长，传统出口商品出口下降。

(1) 技术含量较高的商品中，仅计算机及零部件、复印设备及零部件、移动通讯设备、激光唱机、传真机的出口额就已占机电产品出口的 15.8%。其中，计算机及零部件的出口额为 53.2 亿美元，增幅高达 41.8%，占电子类商品出口额近 1/3。

出口竞争比较激烈的电子元器件类商品，受国际市场供大于求、价格下降的影响，出口大幅度下降。其中：电阻器、半导体器件、电容器分别下降 62.7%、20.8%、22.3%。

(2) 大小家电类商品出口极其活跃，吸尘器、微波炉的出口增幅在 50%以上，空调器及零件、洗衣机增幅均为 37%，电冰箱、电风扇的增幅在 10%左右。而传统出口商品，如自行车下降 13%，钟表、手工具下降 7%左右，缝纫机也略有下降。

(3) 机械类商品出口有增有减，复印设备及零附件、钢铁铸造制品、电线电缆、船舶、照相机、医疗仪器及器械均比上年增长 20%以上，但出口产品结构没有明显变化。

（三）加工贸易出口成为机电产品出口的主要增长点，出口额已占机电产品出口的 3/4，促进了机电产品结构的调整

1. 加工贸易方式成为机电产品出口的主要增长点。

1996 年机电产品加工贸易出口达 362.7 亿美元（其中进料加工 269.9 亿美元，来料加工 92.8 亿美元），比上年增长 18.4%，占机电产品出口的 75.2%，高于全国外贸出口中加工贸易方式出口的占比（56%）。加工贸易出口净增额达 56.2 亿美元，是机电产品出口增长的主要构成。

2. 加工贸易带动机电产品结构调整。

在以加工贸易方式出口的商品中，占比较大的出口产品主要是一些技术含量较高或出口批量比较大，具有一定经济规模的产品，大部分产品档次比一般贸易产品高。如计算机及零部件、录音机收录音机

及组合音响、通信设备、集装箱、集成电路、复印设备、有线电话机、印刷电路、电子计算器、照相机等商品，加工贸易成分均占90%以上。而以一般贸易方式为主的出口产品，大多是传统的低档产品，如手工具、铸锻件、紧固件、普通机床等。

3. 加工贸易方式中70%是"三资"企业出口的，国有企业只占28.8%，国有企业加工贸易出口增长幅度基本维持上年水平，但由于一般贸易出口下降幅度达19.6%，致使国有企业出口额中加工贸易占比上升为51.6%，已超过一般贸易出口。

4. 随着产品结构的调整，一般贸易出口109.8亿美元，占机电产品出口的22.8%，出口额比上年减少14.8亿美元。

（四）"三资"企业出口持续快速增长，1996年已占机电产品出口的主导地位

1. 1996年"三资"企业出口额已达269亿美元，增长30.5%，其出口额首次超过国有企业，已占机电产品出口的55.8%。

2. 出口机电产品的外商独资企业数不断增加，1996年增长27.5%，达到4 634个；出口额不断扩大，达122.2亿美元，增长38.5%，已占"三资"企业出口的近一半，约占全国机电产品出口的1/4。

3. 1996年出口机电产品的企业达2.1万个，国有企业占总企业数的30%，出口额占机电产品的40%以上；"三资"企业占总企业数的60%，出口额占机电产品的50%以上，虽然国有企业出口比上年减少9.7%，但企业平均出口规模仍高于"三资"企业。

4. 国有企业为改善企业经营状况、提高产品档次、进入国际市场，通过与外方合资、合作方式转成"三资"企业，是"三资"企业出口增长的主要原因之一。1996年出口机电产品的国有企业比上年减少2 068个，而"三资"企业比上年增加4 768个，这些企业出口额为22.5亿美元，占"三资"企业出口增长额的35%，而其中部分新增"三资"企业就是国有企业通过合资合作方式转化的。

（五）全国一半以上省市地区比上年出口有所增长，其中六个省市出口额已占全国出口总额的79%

在各省市地区出口中，有19个省市比上年有不同程度增长，其中江苏、天津分别增长45.2%、34.4%。17个省市有不同程度下降，下降幅度超过30%的省市有青海、贵州、江西、新疆、广西。

在全国大部分省市地区国有企业出口比上年均有所下降的情况下，河北、辽宁、大连、吉林的国有企业和"三资"企业则比上年呈现增长。

1996年广东（含深圳）、上海、江苏、北京、天津五省市的出口总额近380亿美元，已占全国出口总额的79%。

（六）机电产品出口已达216个国家（地区），除对香港地区出口有所减少外，对其他主要市场均有不同程度增长，但整个出口市场结构没有明显变化

1996年我国机电产品出口的五大市场仍为香港地区、美国、欧盟、日本、东盟，这五大市场占机电产品出口的82%。详见表2。

表2 机电产品出口市场

国家（地区）	东盟	日本	欧盟	美国	香港（地区）	其他
出口额（亿美元）	39.8	71.1	73	103.1	108	87

市场多元化是一项长期艰苦的工作，虽对非洲、中东地区出口分别增长13%、3%，但出口额及所占比例均还很低，因此对这些地区以及南美、东欧、独联体等市场的开拓尚需继续努力。

（七）机电产品进出口差额继续缩小

1996年机电产品进口613.57亿美元，比上年增长3.6%。其中机械、电子、轻工机电三大类商品的进口额分别为408.2亿美元、158.3亿美元、47.07亿美元。其中进口额在10亿美元以上的有纺织机械、集成电路、金属加工机床、飞机、塑料橡胶加工机械、计算机及零部件、计量检测分析仪器及器具、通断及保护电路装置、电视收音机及无线通信设备的零附件、电话电报设备的零附件、汽车零件等，除计量检测分析仪器及器具略有下降，纺织机械、电视收音机及无线通信设备的零附件增长4%左右外，其他商品的进口增幅均在10%以上。

随着机电产品出口的快速增长，机电产品进出口差额继续缩小，1996年已降至131.5亿美元。

在机电产品进口贸易方式中，因受进口政策影响，外商投资企业作为投资进口设备物资的进口额比上年增长31.8%，占机电产品进口的36.4%，一般贸易进口占25.6%，进料加工占22.7%。

二、统计资料 （表3～表7）

表3 1996年全国进出口商品总值及机电产品进出口值 （单位：亿美元）

项目	进出口总值	出口	进口	比上年同期增长%	
				出口	进口
全国商品	2 899.0	1 510.7	1 388.3	1.5	5.1
机电产品	1 095.6	482.1	613.6	9.8	3.6
比重（%）	37.8	31.9	44.2		

表 4　1996 年机电产品出口企业性质

企业性质	企业数量（个）	各类企业个数占%	比上年企业增长%	出口额（万美元）	各类企业金额占%	比上年金额增长%
出口总值	20 997		6.29	4 820 600		9.80
国有企业	6 730	32.05	−6.44	2 030 054	42.12	−9.73
“三资”企业	13 488	64.24	13.94	2 690 441	55.82	30.49
其中：中外合作企业	1 952	9.30	5.00	277 369	5.75	6.99
中外合资企业	6 902	32.87	8.80	1 190 790	24.71	29.44
外商独资企业	4 634	22.07	27.48	1 222 282	25.36	38.48
集体企业	600	2.86	17.19	96 443	2.00	31.31
个体企业	27	0.13	68.75	259		−11.36
其他	152	0.72	−22.45	2 831	0.06	33.17

表 5　1996 年主要机电产品出口情况

（金额单位：万美元）

序号	商品名称	计量单位	1996 年		比上年增长%	
			数量	金额	数量	金额
	出口总值			4 821 000		9.80
一、	机械类产品			1 762 557		10.24
1	船舶	艘	17 207	114 289	99.64	31.05
2	集装箱	个	349 418	104 969	−13.37	−11.09
3	电动机及发电机	万台	147 327	95 896	−4.97	8.19
4	通断及保护电路装置	t	4 758 789	87 918	2 937.57	−4.52
5	复印设备及零附件			71 038		38.61
	其中：复印设备	万台	95	50 087	13.77	27.68
6	电线电缆	t	229 665	70 149	15.45	37.18
7	照相机	万台	6 217	69 563	0.96	21.62
8	变压器	万个	275 459	59 079	6.67	−6.74
9	汽车及零部件			52 903		0.01
	其中：汽车	辆	12 586	14 548	−7.29	−3.99
10	电动工具及零件			41 187		1.46
	其中：电动工具	万台	2 535	40 307	−6.30	1.20
11	钢铁铸造制品			37 881		45.15
12	轴承	万套	66 455	34 199	17.66	14.28
13	钢铁结构体			32 968		18.98
14	钢铁管子附件	t	299 994	29 058	12.76	20.19
15	标准紧固件	t	243 028	27 265	−18.70	−18.59
16	医疗仪器及器械			25 739		25.21
17	金属加工机床	万台	198	25 464	−21.48	−5.21
	其中：车床	台	44 488	7 552	0.85	−7.25
	铣床	台	4 966	2 054	−15.86	19.14
	台钻			4 064		13.74
18	蓄电池	万个	25 678	23 648	7.74	30.28
19	建筑及采矿机械			16 631		11.01
	其中：推土机			2 202		
20	千斤顶	万台	879	12 498	6.51	17.48
21	阀门	万个	11 057	12 456	66.18	−6.58
22	纺织机械	万台	1 026	12 334	−39.30	−14.87
23	摩托车及零件	万辆	1 048	9 686	1.64	7.07
	其中：摩托车	万辆	8	4 344	−14.33	−7.14
24	单缸柴油机	台	393 893	7 688	−26.21	−15.17

（续）

序号	商品名称	计量单位	1996年		比上年增长%	
			数量	金额	数量	金额
25	拖拉机	万辆	6	5 944	－7.18	－18.04
	其中：手扶拖拉机	万辆	5	3 746	－0.39	－2.40
26	发电机组	台	7 700	2 053	41.31	－30.67
27	叉车	万台	3	1 752	152.79	29.59
二、	电子类产品			1 841 101		12.71
三、	轻工类产品			1 216 370		5.38
1	钟表及零部件			196 376		－6.32
	其中：钟	万只	34 202	41 393	13.30	9.42
	手表	万只	72 984	96 564	－32.17	－23.80
2	电热器具			101 532		18.91
	其中：微波炉	万个	150	11 367	30.84	54.17
	电饭锅	万个	1 322	7 404	－9.74	－24.29
	电熨斗	万个	2 917	12 609	2.26	－6.88
3	自行车及零部件			81 022		－1.25
	其中：自行车	万辆	1 216	46 346	－3.64	－13.41
4	电风扇	万台	12 248	80 870	28.89	6.70
5	手用或机用工具	t	321 314	75 249	－17.45	－6.09
	其中：扳手	t	26 102	5 917	－18.60	－12.74
	钳类	t	48 764	9 356	－24.93	－15.33
	锤类	t	35 205	4 588	－18.11	－10.72
6	电动器具			45 965		20.68
	其中：吸尘器	万台	1 923	15 204	36.37	61.92
7	缝纫机及零部件			24 196		－1.64
	其中：缝纫机	万台	413	20 641	－8.84	－0.82
8	空调器及零件			21 062		37.88
	其中：空调器	万台	49	16 376	20.09	19.63
9	家用电冰箱及冷冻箱	万台	103	7 817	4.77	14.07
	其中：电冰箱	万台	102	7 555	3.96	11.86
10	洗衣机	万台	56	5 857	11.99	37.04

表6　1996年机电产品出口双边贸易

（按进出口总额排序前20名）　　　　（金额单位：万美元）

序号	国家（地区）	1996年进出口总额	比上年增长%	其中			
				进口额	增长%	出口额	增长%
	总　值	10 956 000	6.35	6 136 000	3.60	4 820 000	9.80
1	日本	2 505 776	5.74	1 794 850	1.00	710 926	19.97
2	美国	1 844 583	12.28	813 795	12.34	1 030 789	12.24
3	香港	1 465 833	－5.32	385 146	－7.21	1 080 687	－4.62
4	德意志联邦共和国	836 235	－4.07	603 736	－8.57	232 499	9.98
5	台湾省	766 169	10.97	665 976	12.27	100 193	3.04
6	韩国	500 105	41.30	357 470	34.07	142 636	63.38
7	新加坡	339 637	16.16	152 080	2.95	187 557	29.65
8	意大利	291 536	3.90	244 932	3.88	46 604	4.01
9	英国	245 521	7.92	113 512	－7.25	132 009	25.57
10	法国	242 414	－3.96	173 756	－8.22	68 658	8.85
11	荷兰	197 334	34.94	52 418	17.32	144 916	42.70
12	瑞典	132 077	30.13	122 474	32.54	9 603	5.64
13	马来西亚	117 940	48.62	53 475	64.03	64 465	37.88

（续）

序号	国　家（地区）	1996年进出口总额	比上年增长%	其　中			
				进口额	增长%	出口额	增长%
14	加拿大	113 579	－3.01	54 210	－23.61	59 369	28.67
15	俄罗斯	108 493	78.71	93 741	119.47	14 753	－18.03
16	瑞士	79 369	3.89	67 039	1.43	12 330	19.67
17	泰国	76 765	4.28	36 113	130.09	40 652	－29.81
18	比利时	75 466	－17.03	49 677	－24.96	25 789	4.19
19	西班牙	66 900	－31.93	32 481	－52.15	34 419	13.21
20	澳大利亚	66 700	－8.11	21 859	－26.34	44 841	4.50

表7　1996年主要机电产品进口量值　（金额单位：万美元）

序号	商　品　名　称	计量单位	1996年		比上年增长%	
			数　量	金　额	数　量	金　额
1	蒸汽锅炉及过热水锅炉	台	14 835	24 618	157.9	49.3
2	蒸汽及过热水锅炉的辅助设备	t	8 746	6 143	32.4	－40.0
3	活塞式内燃机的零件	t	44 810	43 032	14.7	18.6
4	液泵及液体提升机	台	1 547 216	27 616	141.1	－15.3
5	制冷设备用压缩机	万台	212	15 875	－2.6	－8.6
6	空气调节器	台	129 792	20 421	－42.3	－32.6
7	冷冻机和制冷设备			38 005		9.4
	其中：家用型冰箱及冷冻箱	台	32 997	1 295	－26.8	－26.6
8	机械提升搬运装卸设备及零件			172 682		13.1
9	建筑及采矿用机械			63 902		－23.1
10	印刷、装订机械			82 587		27.8
11	纺织机械			264 557		3.6
	其中：纺织纤维的预处理机器	台	3 511	21 869	37.2	16.0
	纺织纱线生产及预处理机器	台	12 003	37 967	17.1	1.0
	织机	台	21 569	48 317	15.9	－3.1
	针织机及缝编机	台	57 497	31 376	－31.1	－4.5
	织造花边绣品饰带的机器及簇绒机	台	14 288	22 630	－30.7	32.2
	纱线织物等后处理机器	台	31 320	50 183	－8.8	3.9
12	工业用缝纫机	台	330 200	33 304	1.7	4.0
13	制革、制鞋机器	台	34 538	17 038	－2.8	20.6
14	金属加工机床	台	125 402	252 231	－6.3	14.6
15	金属冶炼铸造设备及零件			33 104		12.8
16	金属轧机及零件			35 298		－32.2
17	玻璃热加工机械			19 601		－45.3
18	橡胶或塑料加工机械			193 099		43.0
19	烟草加工机械			35 752		－32.6
20	型模及金属铸造用型箱	t	59 844	90 685	25.8	17.0
21	阀门	万套	4 567	26 358	－8.4	－21.9
22	电动机及发电机	万台	57 023	53 007	6.9	7.6
23	发电机组及螺旋式变流机	万台	29 560	63 530	8.5	－7.4
24	旋转式电力设备的零件	t	43 562	39 270	－6.2	－22.8
25	焊接机器及零件			19 445		15.3
26	通断及保护电路装置	万个	347 912	143 074		
27	电线和电缆	t	207 614	77 497	－0.5	－1.3
28	汽车和汽车底盘	辆	75 362	83 306	－52.3	－45.7
	其中：小轿车（含整套散件）	辆	57 942	37 084	－26.3	－52.5
	四轮车驱动轻型越野车（含整套散件）	辆	440	868	－89.8	－76.0

（续）

序号	商品名称	计量单位	1996年		比上年增长%	
			数量	金额	数量	金额
	小客车（9座及以下的）（含整套散件）	辆	967	1 321	−8.4	0.2
	卡车（含整套散件）	辆	5 916	6 423	−49.5	−40.9
	非公路用自卸车（含整套散件）	辆	470	5 687	16.3	32.8
	专用汽车	辆	3 305	24 875	−17.3	−35.4
	30座及以上的客车	辆	595	2 354	121.1	112.3
	10至29座的客车	辆	663	1 028	−34.2	−9.1
	装有引擎的汽车底盘	台	556	2 500	−24.4	−40.6
29	汽车零件			107 761		26.0
30	飞机	架	77	212 729	140.6	102.0
31	航空器零件	t	2 631	49 804	177.9	109.4
32	船舶	艘	1 283	39 327	−1.6	−41.6
33	复印机	台	9 341	1 020	−21.4	−46.8
34	医疗仪器及器械			39 072		4.1
35	计量检测分析自控仪器及器具			189 227		−1.7
36	钟表机芯及钟表零件			90 192		−10.8

〔撰稿单位：中国机电产品进出口商会〕

对外贸易经济合作部系统

1996年，对外贸易经济合作部直属企业——中国机械进出口总公司（CMC）进出口总额25.18亿美元，比上年增长4.5%，保持了外贸公司前八名的地位，经济效益有所提高。

一、进口情况

1.1996年，CMC实际进口到货205 859万美元。

进口到货国家（地区）前十位依次为：美国36 221万美元，日本31 175万美元，德国27 052万美元，香港25 305万美元，荷兰12 836万美元，法国10 197万美元，意大利9 170万美元，加拿大7 450万美元，奥地利6 018万美元，西班牙5 643万美元。

进口到货商品前十位依次为：各类机械87 136万美元，成套设备55 433万美元，船舶27 356万美元，汽车、电车、摩托车及零件10 197万美元，铁路车辆及设备6 495万美元，电讯设备及器材5 126万美元，航空设备4 736万美元，黑色金属3 120万美元，非金属矿产品及制品1 521万美元，化肥农药1 083万美元。

2.1996年，CMC进口成交完成119 476万美元。

进口成交国家（地区）前十位依次为：德国36 632万美元，日本20 299万美元，美国13 046万美元，香港8 429万美元，瑞典6 032万美元，俄罗斯5 817万美元，英国4 241万美元，意大利3 856万美元，奥地利2 852万美元，比利时2 280万美元。

进口成交商品前十位依次为：各类机械60 569万美元，船舶18 494万美元，铁路车辆及设备14 021万美元，成套设备7 856万美元，航空设备7 267万美元，汽车、电车、摩托车及零件4 299万美元，电讯器材3 972万美元，黑色金属1 158万美元，电子设备及仪器650万美元，物理化工仪器524万美元。

二、出口情况

1.1996年，CMC全年出口出运完成26 703万美元。其中现汇出口25 270万美元，易货出口1 367万美元，政府协议记帐出口63万美元，分别占出口总值比重的94.63%、5.12%、0.24%。现汇出口所占比重比上年提高了9.58个百分点。

主要出口商品额：造船6 860万美元，成套设备1 751万美元，工农具1 383万美元，轴承1 351万美元，修船1 325万美元，铁路车辆及设备780万美元，电工设备406万美元，缝纫机174万美元，出口额在100万美元以上的还有：动力机械、船用设备、汽车零件、通用机械、纺织机械及器材、拖拉机、自行车、蓄电池等。

主要出口市场：1996年，出口国家（地区）共82个。出口额超过1 000万美元的市场有6个：香港7 610万美元，孟加拉2 055万美元，日本2 048万美元，美国2 019万美元，俄罗斯1 441万美元，波兰1 062万美元；出口额为500万美元～1 000万美元的国家有5个：韩国895万美元，古巴667万美元，印度604万美元，德国602万美元，希腊559万美元；100万美元～500万美元的国家有21个：朝鲜、越南、泰国、巴基斯坦、伊朗、叙利亚、沙特阿拉伯、阿联酋、埃及、匈牙利、捷克、罗马尼亚、法国、意大利、荷兰、比利时、马尔他、乌克兰、巴西、智利、澳大利亚。

2. 1996年，CMC出口成交完成21 338万美元。

3. 自营出口的特点：(1) 1996年，机电产品出口18 528万美元，占总值的69.4%；非机电产品8 175万美元，占总值的30.6%。(2)贸易方式中，现汇出口增长很快，易货出口占出口总值5%，同比下降5%。(3) 出口收汇情况较好。(4) 出口总体结构继续向优化方向发展，与上年相比，出口增长的商品有：造船、修船、汽车零件、轴承、自行车。(5) 一些市场自营出口情况好于往年，比上年增长的市场有：港澳地区8.7%、孟加拉15%、中东81.4%、北美4%、日本22.9%。

三、扩大机电产品进出口贸易采取的主要措施

1. 进口工作。

努力保持了进口规模。全年共争取货单401 300万美元，比上年的385 960万美元增长16.52%。

(1) 认清形势、坚定信心，构思发展战略，制定三年目标和五年规划。公司上下以1996年制定的公司发展指导思想为工作方针，完成了1996年初提出的“抓住主业，坚持以经济效益为核心，努力扩大进出口规模”的任务。

(2) 公司强调要加速实现“两个转变”，推动子公司坚持“自主化、专业化、规模化和利润最大化”的经营方针。一年来，子公司独立面向市场、自我发展的意识和做出的努力明显增强。

(3)规范进口业务工作，加强对业务的管理和监督，进行进口业务大检查，重点检查1995年签订并执行的合同及1995年以前签订、结转至1996年执行的合同，使公司的业务活动纳入规范化、科学化、制度化的轨道。

(4) 加强财务管理、合理配置资金、增收节支、狠抓清欠、减少贷款、处理库存等。

(5)各子公司不断增强经营、服务意识，结合经营范围，及时把握信息，提高服务质量。截至1996年底，CMC已承揽450多个利用世界银行、亚洲开发银行、日本协力基金、日本输出入银行和外国政府贷款的项目，金额达140多亿美元，大部分是通过国际招标方式采购的。

2. 出口工作。

(1)及时召开出口工作会议，寻求扭转出口亏损局面的途径。1996年出口退税率下调幅度较大；出口退税滞后；国内采购成本上升。公司面对严峻的出口形势，积极组织、筹划对策，7月，公司针对各子公司出口下降、利润下滑、亏损面较大的情况，及时召开了出口工作会议，传达了李岚清副总理和吴仪部长在1996年全国外贸出口工作会议上的讲话，进一步贯彻中央关于加快“两个转变”的精神；公司领导集团听取了各子公司、业务部的汇报，分析问题，研究对策，各子公司就所面临的出口形势交换了看法，并对加强成本核算、精细管理、不做亏损经营、扼制出口亏损等达成共识，为公司下半年业务的顺利进行奠定了基础。

(2) 1996年，公司继续贯彻积极发展机电产品、大型重点商品，特别是大型成套设备出口的方针。公司在出口资金方面给予可靠的保证。各子公司坚持一业为主，效益第一，不断寻求新的效益和规模增长方式的原则，大力调整出口商品结构和出口市场，寻求发展生机。

CMC目前在手出口船舶有16艘，合同金额3亿美元。在抓紧做好造船业务的同时，CMC不断扩大修船规模，进一步开发了俄罗斯、欧洲、美洲及亚洲等修船市场并取得成效，出口船舶不仅面向东南亚市场，而且已进入捷克、瑞典、法国等市场。近三年中，成交了20多条60万t的远洋货轮。1996年，旧船出口有所突破。

1994年签约的价值1.95亿美元的孟加拉巴拉普库利亚煤矿项目经过了1994年的补勘和1995年的基础设计制作、业主审批及1996年上半年的现场施工准备等工作，于1996年6月1日正式开工。截至1996年底，累计完成营业额2 000多万美元。出运施工设备、材料近150万美元；劳务输出460人次；煤矿的主井于1996年12月正式开挖。

(3)充分利用春交会和秋交会，积极宣传企业形象，广泛推销商品。特别是1996年秋交会，恰逢80届大庆，各参展子公司克服困难、注重效益，使成交总额比计划增长20%。

(4) 积极开展商标注册工作。经过近两年的努力，通过中国国际贸易促进委员会专利商标事务所，公司司徽在沙特获准商标注册。至此，CMC在国内外获准注册的商标已达19个，其中在国内注册的有白鸽、CMC司徽、MACHIMPEX、中机等17个，CMC、CMC司徽等已分别在瑞典、泰国、韩国、德国、澳大利亚、南非、墨西哥、美国等国获准注册。这些注册商标，覆盖了公司经营业务的绝大部分。

〔撰稿人：中国机械进出口总公司　朱晓燕　审稿人：中国机械进出口总公司　刘德树〕

机械工业部系统

一、机械工业部直属公司进出口情况

1996年，机械工业部直属公司进出口总额为15.67亿美元，其中出口9.88亿美元，进口5.79亿美元。各公司进出口情况详见表1。

上述公司进口商品的主要构成是：成套设备及技术引进2.36亿美元，运输工具6 283万美元，动力机械1 859万美元，电工设备1 200万美元，重型矿山机械1 099万美元，机床工具7 864万美元，通用机械 2 722 万美元，仪器仪表 3 958 万美元，黑色金属 1 123 万美元，有色金属 847 万美元。

出口商品主要是：成套设备 1.936 亿美元，运输工具 9 934 万美元，动力机械 2 556 万美元，电工设备 7 169 万美元，重型矿山机械 1 746 万美元，机床工具 6 411 万美元，通用机械 2 916 万美元，轴承基础件 3 589 万美元，工程机械 1 163 万美元，农业机械 1 999 万美元，工农具 2 030 万美元，仪器仪表 2 532万美元，黑色金属 5 861 万美元，轻工业品 3 465万美元，计算机 626 万美元。

表 1　1996 年机械工业部直属公司进出口情况　（单位：万美元）

单　　位	进出口总额	进　口	出　口
中国机械设备进出口总公司	105 616	41 219	64 397
中国机械对外经济技术合作总公司	12 048	3 720	8 328
中国工程与农机进出口总公司	17 649	1 849	15 800
中国机床总公司	13 696	7 911	5 785
中国电工设备总公司	1 697	949	748
中国通用石化机械工程总公司	653	332	321
中国重型机械总公司	1 973	964	1 009
中国自动化控制系统总公司	71.5	21.9	49.6
中国机械电脑应用技术开发公司	879	253	626
中国华大工程机械集团公司	138	102	36
中国机械基础件成套技术公司	200	8	192
中国包装和食品机械总公司	5.7	1.7	4
中国机械设备成套工程公司	538	60	478
中国农牧业机械总公司	25		25
中国浦发机械工业股份有限公司	859	420	439
深圳中机实业开发中心	691	138	553

二、机械工业部归口产品出口情况

1996 年，机械类产品出口 176.3 亿美元，占全国机电产品出口总额的 37%，比上年增长 10.24%。其中，机械工业部归口产品出口 121.3 亿美元，比 1995 年增长 4%。按出口类别分，各类产品出口情况详见表 2。

由表 2 可看出，电工电器、仪器仪表、机械基础件、通用机械、机床、汽车六个行业出口较为突出，出口值占机械工业部归口产品出口总值的 73%。

按出口品种分，出口额在 1 亿美元以上的产品主要有：电动机及发电机 9.59 亿美元，通断保护电路 8.79 亿美元，照相机 6.96 亿美元，电线电缆 7.01 亿美元，变压器 5.91 亿美元，复印设备 5.01 亿美元，轴承 3.42 亿美元，紧固件 2.73 亿美元，复印设备零件 2.1 亿美元，金属切削机床 2.08 亿美元。

三、机械工业部系统国有大中型生产企业出口情况

1996 年，机械工业部系统出口创汇在 500 万美元以上的国有大中型生产企业有 139 个，其中创汇在 5 000 万美元以上的有 9 个。详情见表 3。

表 2　机械工业部归口产品出口统计（单位：亿美元）

产品名称	出口金额
机床	8.3
重型机械	2.6
通用机械	8.3
机械基础件	9.5
电工电器	30.96
农机	2.3
工程机械	2.6
汽车	7.2
仪器仪表	24.7
磨具磨料	0.46

资料来源：海关统计。

表 3　1996 年机械工业部系统出口创汇 500 万美元以上的骨干和重点企业名单

序号	地区及企业名称	出口额（万美元）	序号	地区及企业名称	出口额（万美元）
	北京市		2	河北电机股份有限公司	1 100
1	北内集团总公司	1 200	3	河北天源企业集团公司	1 066
2	北京市电机总厂	778	4	唐山冶金矿山机械厂	846
	天津市		5	保定变压器厂	603
1	天津汽车工业（集团）有限公司	1 102		山西省	
	河北省		1	太原重型机械（集团）有限公司	600
1	河北五洲集团公司	1 300		内蒙古自治区	

（续）

序号	地区及企业名称	出口额（万美元）	序号	地区及企业名称	出口额（万美元）
1	呼和浩特机床附件总厂	633	24	上海工业锅炉厂	522
2	内蒙古电缆厂	518	25	上海电焊条总公司	508
	辽宁省		26	上海冶金矿山机械厂	502
1	沈阳机床股份有限公司	2 525		江苏省	
2	东北输变电设备集团公司	1 479	1	徐州工程机械集团公司	5 333
3	沈阳重型机器厂	1 189	2	常柴股份有限公司	2 618
	大连市		3	江苏江淮动力机集团	1 293
1	大连冰山集团	2 306	4	常熟标准件厂	1 218
2	瓦房店轴承集团公司	1 658	5	南通机床股份有限公司	952
3	大重集团公司	1 341	6	武进柴油机厂	915
4	大连起重机器厂	1 003	7	常州拖拉机厂	845
5	大连橡胶塑料机械厂	820	8	无锡江南微型轴承集团公司	751
6	大连电机厂	675	9	中国一汽集团公司无锡柴油机厂	693
7	大连电瓷总厂	502	10	苏州仪表元件厂	622
	吉林省		11	江苏黄海汽配股份有限公司	610
1	中国第一汽车集团公司	5 500	12	南京江南光电集团股份有限公司	567
2	白山金刚砂厂	526		浙江省	
	黑龙江省		1	浙江四方集团公司	2 167
1	哈尔滨电站设备集团公司	4 848	2	浙江东海轴承集团公司	2 059
2	哈尔滨电站工程有限责任公司	2 828	3	杭州前进齿轮箱集团公司	1 095
3	中国第一重型机械集团公司	1 153	4	杭州现代起重机械制造厂	1 017
4	哈尔滨电机有限责任公司	1 022	5	杭州盾牌链传动集团公司	907
5	中国第一汽车集团哈尔滨轻型车厂	830	6	浙江金华起重设备厂	779
6	佳木斯联合收割机厂	700	7	浙江轻型起重机械厂	602
7	哈尔滨电表仪器厂	510	8	绍兴机床集团公司	565
8	牡丹江轴承厂	505	9	杭州电缆厂	550
	上海市			宁波市	
1	上海汽车工业（集团）总公司	6 994	1	宁波水表厂	602
2	上海电气（集团）总公司	6 794		安徽省	
3	上海照相机总厂	5 174	1	安徽叉车集团公司	1 583
4	上海标准件公司	5 013	2	全椒柴油机总厂	1 378
5	上海机床工具集团公司	4 586	3	芜湖电机厂	529
6	上海电机（集团）有限公司	3 946	4	和县阀门总厂	501
7	上海轴承有限公司	2 603		福建省	
8	上海汽轮机有限公司	2 286	1	南安轴承总厂	1 001
9	上海电器股份有限公司	2 063	2	闽东电机（集团）股份有限公司	761
10	上海通用机械（集团）公司	2 052	3	龙岩粉末冶金厂	720
11	上海印刷包装机械总公司	1 504	4	龙溪轴承厂	710
12	上海电缆厂	1 267	5	闽清电瓷总厂	529
13	上海汽车齿轮总厂	1 255		江西省	
14	上海电线电缆（集团）有限公司	1 063	1	江西光学仪器总厂	515
15	上海拖拉机内燃机公司	919		山东省	
16	上海柴油机股份有限公司	867	1	中国重型汽车集团公司	6 502
17	上海彭浦机器厂	808	2	中国重型汽车集团潍坊柴油机厂	4 039
18	上海轻工机械股份有限公司	807	3	四砂股份有限公司	1 304
19	上海砂轮厂	805	4	山东推土机总厂	901
20	上海微型轴承厂	752	5	日照五金工业（集团）股份有限公司	713
21	上海工具厂	657	6	泰安柴油机厂	684
22	上海锅炉厂	638	7	青岛锚链厂	580
23	上海汽车电器总厂	619	8	济南第一机床厂	534

（续）

序号	地区及企业名称	出口额（万美元）	序号	地区及企业名称	出口额（万美元）
9	山东电缆厂	523	3	玉柴机器股份有限公司	574
	河南省		4	南宁重型机器厂	520
1	郑州白鸽（集团）股份有限公司	2 213		四川省	
2	中信重型机械公司	1 700	1	中国东方电气集团公司	4 868
3	洛阳轴承集团	1 505	2	东方电机股份有限公司	2 515
4	中国第一拖拉机工程机械公司	1 204	3	东方锅炉厂	1 189
5	开封空分设备厂	635	4	东方汽轮机厂	808
6	焦作博爱汽车配件厂	551	5	四川内燃机厂	676
	湖北省		6	成都量具刃具集团公司	512
1	东风汽车公司	2 187		重庆市	
2	武汉锅炉厂	1 429	1	中国四联仪器仪表集团公司	960
3	红旗电缆厂	1024		贵州省	
	湖南省		1	中国七砂集团有限责任公司	2 308
1	郴州公路工程机械厂	1 924		云南省	
2	湖南电线电缆集团公司	1 121	1	云南机床厂	1 176
3	湘潭柴油机厂	532	2	昆明晶华光学有限公司	815
	广东省			陕西省	
1	台山机械厂	5 969	1	西安电力机械制造公司	5 594
2	新会电机厂	2 515	2	西安高压开关厂	1 962
3	台山市新丰企业集团公司	1 579	3	西安变压器厂	1 246
4	中山市电机电器总厂	938	4	陕西压延设备厂	555
5	东莞轴承厂	742	5	宝鸡机床厂	504
6	国营星光工模具厂	538		甘肃省	
7	台山市电热器具厂	507	1	兰州石油化工机器总厂	607
	广西壮族自治区			青海省	
1	南宁机械厂	852	1	青海山川铸造铁合金集团有限责任公司	1 634
2	南宁手扶拖拉机厂	777			

资料来源：机械工业部。

四、机械工业部技术引进、设备进口情况

1996 年机械工业部系统技术引进和设备进口项目共 255 项，成交金额 17 309.84 万美元，比上年分别下降了 21.1%和 41.8%。其中技术引进项目 15 项〔参见机械工业技术引进概况及项目简介(1996)〕，成交金额 2 077.84 万美元，比上年分别下降了 35%和 6.8%，设备进口项目 240 项，成交金额 15 232 万美元，比上年分别下降了 19.5%和 44.6%。设备进口项目中主要有：机床工具进口 121 项，成交金额 8 024.96 万美元；电工电器进口 47 项，成交金额 4 828.21 万美元；仪器仪表进口 31 项，成交金额 336.31 万美元；汽车进口 16 项，成交金额 1 014.18 万美元；其他进口设备的行业有石化通用机械、重型矿山机械、工程机械、农业机械、机械基础件、食品包装机械及民用机械等。这 240 项设备进口项目中有 206 项为成套设备和关键设备的进口，成交金额 12 950.61 万美元，分别占总项数的 80.8%和成交金额的 74.8%；技术费占总成交金额的 7.7%，软件技术占比重较低。这些进口设备主要来自美国（56 项）、德国（53）项、日本（48 项），成交金额也分别为 3 063.07 万美元、2 253.18 万美元和 3 452.46 万美元，约占总成交金额的 51%；进口设备的其他国家和地区有澳大利亚、奥地利、比利时、丹麦、俄罗斯、法国、芬兰、韩国、加拿大、南斯拉夫、瑞士、台湾、香港、新西兰、意大利、英国等。

〔撰稿人：文中第一、二、三部分机械工业部国际合作司　刘建玲　　第四部分机械工业部技术引进信息交流中心　夏文清　审稿单位：机械工业部国际合作司、部技术引进信息交流中心〕

中国船舶工业总公司系统

1996 年，中国船舶工业总公司系统进出口成交总额 169 078 万美元，比上年增长 7.2%；实际进出口总额 154 211 万美元，比上年增长 93.2%。实际出口比实际进口多 84 717 万美元，比上年增长

98.4%，出超率243.8%，比上年增加了13.6个百分点。

一、进口情况

全年进口订货32 421万美元，比上年增长11.0%。

全年进口到货34 747万美元，比上年增长87.3%，其中：(1)机械设备5 284万美元，比上年增长803.3%，比重为15.2%。(2)船用设备到货23 552万美元，比上年增长47.3%，比重为67.8%。(3)电子计算机及电子仪表846万美元，比上年下降了57.3%，比重为2.4%。(4)其他类产品到货为5 065万美元，比重为14.6%。进口到货从地区分布看：亚洲地区12 610万美元，比上年增长了21.5%，比重为36.3%，下降了19.6个百分点；欧洲地区14 641万美元，比上年增长102.0%，比重为42.1%，上升了3.0个百分点；北美洲地区2 435万美元，比上年增长173.3%，比重为7.0%，上升了2.2个百分点；其他地区5 061万美元，比重为14.6%。

二、出口情况

全年出口成交136 657万美元，比上年增长了6.3%，比实际出口多14.4%。成交船舶71艘、106万综合吨，比上年增加26艘，吨位减少了32.5%，平均每艘船舶为1.5万载重吨，上年平均每艘船舶吨位为3.4万载重吨，表明承接的小吨位的船舶较多。成交金额106 148万美元，比上年增加13.1%，占成交总额的77.7%。成交的主要船舶有：11万t成品油船2艘、4.6万t化学品船2艘、7.3万t散货船2艘、3.98万t散货船2艘、2.8万t多用途船3艘、11 500/13 700t化学品船2艘、1 021箱集装箱船5艘、9 000t自卸水泥船2艘、9 000t多用途船4艘、4 900t多用途船2艘、1.366万t化学品船3艘、1.15万t化学品船2艘、还有5.2万t多用途船、4.4万t成品油船、2.82万t散装船、2.7万t散货船、13 700/11 000t化学品船等各1艘。修船成交10 102万美元，比上年增长16.7%，比重7.4%，上升了0.7个百分点。按同比口径，其他机电产品出口成交20 407万美元，比上年减少21.6%，比重为19.2%，下降了5.4个百分点。其他机电产品按出口成交的地区分布：亚洲地区53 102万美元，比上年增加31.9%，比重为38.9%，提高了7.6个百分点；欧洲地区81 853万美元，比上年增加89.3%，比重为59.9%，提高了26.2个百分点；北美洲地区1 331万美元，比上年下降了87.1%，比重为0.97%，下降了7.1个百分点；其他地区371万美元，比上年下降了98.9%，比重为0.3%，下降了26.7个百分点。

全年实际出口119 464万美元，比上年增长95.0%。出口的主要产品有：(1)船舶76艘、128.8万综合吨，比上年上升了136.8%，出口金额85 465万美元，增长了305.9%，比重为71.5%，上升了37.1个百分点。76艘出口船舶中：散货船19艘，主要有：15万t2艘、7万t3艘、5.2万t2艘、4.5万t2艘、3.98万t2艘、3.4万t3艘、2.9万t2艘、2.7万t3艘；油船3艘，即15万t油船1艘、4.4万t成品油船2艘；2.26万t多用途船3艘；液化石油气船3艘，其中4 200$m^3$2艘，3 750$m^3$1艘；另外还有42艘驳船。(2)修船12 724万美元，比上年增加46.9%，比重为10.7%，下降了3.4个百分点。(3)其他机电产品21 275万美元，比上年下降了32.6%，比重为17.8%，下降了33.7个百分点，主要是集装箱出口减少所致。出口地区分布：亚洲地区79 550万美元，比上年增加67.0%，比重为66.6%，下降了11.2个百分点；欧洲地区25 557万美元，比上年增加292.4%，比重为21.4%，提高了10.8个百分点；北美洲地区10 150万美元，比上年增加了2 175.8%，比重为8.5%，上升了7.8个百分点；其他地区4 207万美元，比上年下降了37.0%，比重为3.5%，下降了7.4个百分点。

1996年中国船舶工业总公司产品出口主要有两方面特点：

出口成交方面：承接的高新技术船舶增加较多，表明船舶总公司在高新技术船舶方面的技术实力和竞争实力的增强。在39艘出口成交船舶中，技术含量较高的占43.6%，比上年增加24.9个百分点。如散装水泥船，这是我国第一次承接的船型，还有11艘化学品船及4艘成品油船；从出口成交的地区看，几乎全部在亚洲和欧洲地区，占出口成交比重的98.8%，尤其是欧洲地区，占比重的60%，其中，挪威最高，瑞士其次，分别占出口成交总额的15.6%和11.9%。出口船成交的艘数、金额虽然比上年增长，但吨位数减少了1/3，对生产负荷将造成一定的影响。

实际出口方面：出口金额有大幅度的上升，尤其是出口船舶金额比上年增加305.9%，这是由于在1994年承接到148万载重吨船舶订单而奠定的基础；外轮修理方面与上年相比，增长也较快；出口地区是集中在亚洲和欧洲，占实际出口比重的88.0%，其中亚洲为66.6%，依次为香港、伊朗、日本。

〔撰稿人：中国船舶工业总公司　裘音浪　审稿人：中国船舶工业总公司　郭　泽〕

机械工业技术引进概况及项目简介(1996年)

编者按：本《年鉴》刊登各部门上报的1996年机械工业引进项目20项，其中，机械工业部系统15项，占总数的75%；电力工业部系统3项，占总数的15%；中国有色金属工业总公司2项，占总数的10%。

从引进方式来分，专有技术许可（证）项目（表中用A表示）10项，占总数的50%，进口设备带制造技术项目（B）5项，占总数的25%；技术咨询或服务项目（D）2项；购技术资料、软件项目（F）2项；补偿贸易项目（H）1项。技术引进转让方主要以美国、瑞士、英国为主，美国8项，瑞士、英国各3项，日本、德国、法国各2项，共6个国家。各行业技术引进情况见“机械工业各行业技术引进来源国情况”和“机械工业技术引进项目简介”。

机械工业各行业技术引进来源国情况

行业	合计	美国	瑞士	英国	日本	德国	法国
合计	20	8	3	3	2	2	2
工业锅炉	1					1	
柴油机	1		1				
机床	1	1					
制冷空调	1	1					
变速机	1				1		
阀门	1					1	
泵	2			2			
矿山设备	2	2					
食品设备	1						1
建筑工程机械	2		2				
汽车	2	1		1			
电机	1	1					
电线电缆	1						1
蓄电池	1	1					
其他	2	1			1		

机械工业技术引进项目简介

序号	行业	部门	引进项目名　称	合同号	国内接受单　位	技术转让方	合同签约日期、开始生效日期	有效期	技术引进方式	引进技术主要内容
1	工业锅炉	机械工业部	自动管子接长焊机及软件	95MMG-151 (63)111DE	杭州锅炉厂	德国 OSOHATZ	1995.12 1995.12		B	干法熄焦余热锅炉设计及制造技术
2	柴油机	机械工业部	利勃海尔柴油机专有技术		辽宁利勃海尔柴油机有限公司	瑞士利勃海尔、德国利勃海尔	1996.03.22 1996.03.22	25	A	柴油机专有技术
3	金属切削机床	机械工业部	齿轮机床 CAD/MIS 系统开发	95W113	重庆机床厂	美国 EDS.HP 公司	1995.12 1995.12	1	B	CIMS 工程系统 TIS 系统 UG 软件，HP 工作站相关微机及外部设备
4	泵	电力工业部	200MW 全容量 750-180 型泵	200MWQ RLB	上海电力修造总厂	英国韦亚泵厂	1996		D	全套锅炉调速给水泵组技术
5			300MW 半容量 600-240 型泵	300MWQ RLB	上海电力修造总厂	英国韦亚泵厂	1996		D	全套锅炉调速给水泵组技术
6	制冷空调设备	机械工业部	CFC-12 小型开启式制冷压缩机转产 HCFC-22 压缩机	96MBSJ/ 200015MR	安徽省冷冻机厂	美国 BLISSFIELD 公司	1996.03.25	6	A	引进四种型号的制冷压缩机及机组技术，使用制冷剂为 HCFC-22 或 HFC-134A
7	减变速机	机械工业部	变速器生产技术		唐山爱信齿轮有限责任公司	日本爱信 AI(株)	1996.03 1996.03	7	A	引进日本爱信 AI(株)拥有的 G.R.M 三个系列专有技术
8	阀门	电力工业部	电站旁路执行机构	92mmG18 (64)015DE	扬州电力设备修造厂	德国西门子公司	1996	8	A	电站旁路执行机构和 20A3 执行机构系列产品
9	矿山设备	中国有色金属工业总公司	包头白云矿 195-B 双向作业电铲	97-753-1	衡阳有色冶金机械总厂	美国 B-E 公司	1996.06.14 1996.10		F	双向作业电铲技术资料
10			本溪 $295B_2$ 电铲部件	97HYWJ 03-1-14	衡阳有色冶金机械总厂	美国 B-E 公司	1996.10.25 1996.11.01		F	
11	食品设备	机械工业部	合资生产 R12V6/720 型灌装封盖机		廊坊斯拉克包装设备有限公司	法国斯拉克公司	1996	12	A	R12V6/720 灌装封盖机软件
12	建筑工程机械	机械工业部	液压挖掘机关键设备进口	96LLEW 011/CH	辽宁利勃海尔液压挖掘机公司	瑞士利勃海尔工业股份公司	1996.10.31 1997.01.06	9	A	液压挖掘机生产制造技术及关键设备，斗容 R922-2.0m^3、R922-1.4m^3

（续）

序号	行业	部门	引进项目名称	合同号	国内接受单位	技术转让方	合同签约日期、开始生效日期	有效期	技术引进方式	引进技术主要内容
13		机械工业部	轮式装载机	96LLW 011/CH	辽宁利勃海尔轮式装载机有限公司	瑞士 利勃海尔工业股份公司	1996.10.11 1997.02.01	9	A	轮式装载机制造技术，斗容 $4m^3$、$3m^3$
14	汽车	机械工业部	中外合资生产经营轿车制动器		廊坊汉拿卢卡斯制动器有限公司	美国 卢卡斯公司	1996		A	奥迪、捷达、桑塔纳、雪铁龙、奥拓、标致、夏利7种技术软件
15			轿车轮毂生产线	96JLFTUENF 47-20021（2）US	白山市铝轮毂厂	美国 帝国铸造股份有限公司	1996.04.11 1996.08.26	5	H	轮毂生产模具、抛光机、WT-50车床、转角和径向疲劳检测机、冲击试验机、气门孔加工机、轮子设计
16	电机	机械工业部	成立中美合资麦格乃泰克福州发电机有限公司		麦格乃泰克福州发电机有限公司	美国 麦格乃泰克有限公司	1995.12 1995.12	50	A	1. 环球牌三相同步发电机20、30、40、50机座，12kV·A～800kV·A(50Hz) 2. 卡特牌三相同步发电机164kW～472kW(50Hz) 3. 电压调节器，MPR5、MPR5DM、VR3、VR3PM 4. 需求流程加工
17	电线电缆	机械工业部	辐照交联特种电线电缆工程	L/94FMZ-422040FR	郑州电缆（集团）股份有限公司	法国 维维拉德	1996.07	1	B	电子加速器加工系统(2.5meV40mA)
18	蓄电池	机械工业部	PE隔板生产线	95PEUSCHF 1128	福州蓄电池总厂	美国 JNG国际公司	1995.11		B	蓄电池用PE隔板的生产技术和生产设备
19	其他	机械工业部	钢绞线静电喷涂设备	OVM-APHE-1	柳州欧维姆建筑机械有限公司	日本 英布公司	1996.07.30 1996.07.30	10	B	M-ESW-1静电喷涂设备1套，包括喷涂立机、交频加热系统、水冷却系统、粉末收集装置、电控台等各1台
20			重结晶碳化硅制品	94BMR-120 201US	郑州重结晶碳化硅制品厂	美国 诺瓦公司	1996.01.28 1996.03	5	A	重结晶碳化硅制造技术，体积密度 $2.6 kg/m^3$，抗折强度20℃时 $100MP_a$，1 400℃时 $130MP_a$，最高使用温度1 600℃

注：技术引进方式字母代表：

A—专有技术许可(证)
B—进口设备带制造技术
D—技术咨询或服务
F—其它(购技术资料、软件)
H—补偿贸易

〔第Ⅴ部分责任编辑：王　如〕

(上接第Ⅶ－16页)

13日 机械工业部发出做好今冬明春安全生产工作的通知。

机械工业部批准发布《输水用涂塑软管》等两项机械行业标准。

机械工业部批准发布《柴油机柱塞式喷油泵总成产品质量分等》等4项机械行业标准(内部使用)。

机械工业部批准发布《合成式喷油泵总成可靠性考核台架试验方法》等5项机械行业标准(内部使用)第一号修改通知单。

机械工业部批准发布《25MW～200MW汽轮机转子体和主轴锻件技术条件》等17项机械行业标准第1号修改通知单。

14日～16日 中国机械冶金工会第三届全国委员会第一次会议在京举行,机械工业部副部长孙昌基出席开幕式并讲话。

16日～20日 农业部在江西南昌召开了全国农业工作会议,各省、自治区、直辖市农机局局长参加了会议,并于20日召开了农机专业会议,刘江部长和白志健副部长作了重要讲话,分析了当前农业机械化发展的形势,明确了今后农业机械化工作的重点任务。刘江部长对"三夏"期间农机部门组织小麦跨区机收大会战给予了高度评价,认为这是一项创造性的工作。农业部农业机械化管理司魏克佳司长对1997年农机化工作作了具体部署。

16日～25日 机械工业部副部长孙昌基出访伊朗。

17日 机械工业部部长包叙定、部纪检组组长孙祖梅出席部直属机关举行的"三大战役"知识竞赛决赛,并为获奖单位颁奖。包叙定作了重要讲话,鼓励大家再接再厉,继续做好宣传工作,更广泛地动员广大职工群众积极投身"三大战役"。

机械工业部成立汽车动态模拟国家重点实验室学术委员会。

机械工业部成立农用运输车行业管理办公室。该办公室挂靠在部农业装备司,其主要职责是:负责组织相关政策研究与协调,负责编制农用运输车生产企业、产品目录并监督目录执行情况,负责农用运输车产品鉴定管理,负责与国家有关部门联系和协调,负责农用运输车行业日常管理工作。

18日 由机械工业部与新华社共同主办的"中国汽车工业四十年"图片展在中国革命博物馆开幕。姚明伟副部长与新华社副社长张宝顺出席开幕式并为开幕式剪彩。

18日～26日 由中国建材技术装备总公司、中国建材机械工业协会与中国贸促会建材分会组织的1996年中国建材工业展览会在泰国曼谷举行。参展单位与泰方企业签订了多项贸易与合作意向书。

19日 由西安飞机制造公司生产的首架MD90-30飞机翼盒在上海交付,这是中方完成的MD90-30飞机第一个大的核心部件,装配周期为71天,比麦道公司规定提前35天。

20日 机械工业部农用运输车工作会议在济南召开。邵奇惠副部长到会讲话。会议期间,举行了"农用运输车发展战略研讨会",山东巨力集团、北汽摩福田公司向部扶贫点捐赠50辆三轮、10辆四轮农用运输车,并举行了捐赠仪式。

国务院副总理吴邦国考察川东造船厂。

23日～27日 机械工业部召开生产计划工作会议,研究部署1997年生产计划工作。孙昌基副部长到会作重要讲话。

24日 机械工业部包装办召开机械工业包装工作发展战略及以纸代木座谈会。

由北京航空材料研究院等单位承担的铸造镍铝合金研究及应用达到国际领先水平。该合金使用温度超过1000K,可用于航空发动机涡轮导向叶片,为研制高性能航空发动机创造了条件。

26日 上海电气(集团)总公司和上海机电控股(集团)公司资产联合重组举行成立仪式,机械工业部部长包叙定致信祝贺。

我国自行设计制造的轻型直升机直十一在景德镇通过技术鉴定。该机是由六〇二所、昌河飞机工业公司等单位联合研制的。直十一为两吨级直升机,可广泛应用于军事及民用。

27日 电力工业部机械局全年承接电站工程合同2亿元。

28日 农业部印发《关于组织送教下乡开展千万农机手培训活动的通知》〔农机发(1996)8号〕,决定用两年时间集中组织农机管理系统的干部和全国2000多所农机学校,送科技知识下乡,对千万农机手进行培训。

30日 国家批准14项电力工程开工项目。

31日 机械工业部副部长邵奇惠会见苏丹能源部长一行。

31日 1996年投产大中型发电机组74台,12514.9MW,占年计划的120.4%。

〔第Ⅶ部分责任编辑:张友鹤〕

机械工业

全国统计资料

第Ⅵ部分

机械工业全国统计资料(1996年)

(国家统计局工业交通司供稿)

机械工业总产值及其比重

年份	工业总产值(亿元)	占全国工业总产值的比重(%)	年份	工业总产值(亿元)	占全国工业总产值的比重(%)
1976	787.5	24.1	1987	2 439.2	23.7
1977	895.1	24.0	1988	2 985.9	24.6
1978	995.8	23.5	1989	3 193.9	24.7
1979	1 073.2	23.4	1990	3 246.6	23.6
1980	1 061.4	21.3	1991	4 910.6	21.0
1981	996.9	19.2	1992	6 588.07	23.1
1982	1 107.5	19.9	1993	8 898.76	25.1
1983	1 286.0	20.9	1994	10 697.91	25.1
1984	1 523.2	21.7	1995	12 133.06	25.1
1985	1 936.9	23.4	1996	13 324.46	25.4
1986	2 062.1	22.8			

注：1976年～1981年是按1970年不变价格计算，1982年～1990年是按1980年不变价格计算，1991年以后是按1990年不变价格计算。

机械工业总产值指数
(以1976年为100)

年份	机械工业总产值指数	年份	机械工业总产值指数
1976	100	1987	309.8
1977	113.7	1988	379.2
1978	126.5	1989	405.6
1979	136.3	1990	412.3
1980	134.8	1991	491.4
1981	126.6	1992	659.3
1982	140.6	1993	890.7
1983	163.6	1994	1 070.8
1984	193.4	1995	1 214.5
1985	246.0	1996	1 333.8
1986	261.9		

历年机械工业产品产量

年 份	冶 金 设 备 (万t)	矿 山 设 备 (万t)	石 油 设 备 (万t)	化 工 设 备 (万t)	金属切削机床 (万台)	锻 压 设 备 (万台)
1949		0.07		0.02	0.16	0.03
1950	0.02	0.24		0.04	0.33	0.06
1951	0.02	0.21		0.01	0.59	0.08
1952	0.02	0.18		0.10	1.37	0.11
1953	0.03	0.82		0.26	2.05	0.25
1954	0.37	0.87	0.03	0.79	1.59	0.25
1955	0.44	1.12	0.07	0.21	1.37	0.25
1956	1.60	3.09	0.31	0.36	2.59	0.24
1957	1.38	5.29	0.59	0.72	2.80	0.29
1958	15.10	9.56	0.84	3.11	8.00	0.88
1959	28.38	22.98	1.70	5.68	11.55	1.34
1960	23.23	25.19	2.08	9.15	15.35	2.46
1961	4.61	9.03	0.71	2.75	5.67	1.17
1962	2.22	3.45	0.51	1.55	2.25	0.39
1963	1.22	2.20	0.86	2.15	2.22	0.42
1964	0.88	2.82	1.80	2.69	2.81	0.61
1965	1.74	4.00	1.29	3.42	3.96	0.75
1966	3.49	5.19	2.14	4.75	5.49	0.85
1967	1.71	3.77	1.23	1.81	4.07	0.59
1968	1.33	2.93	1.50	2.30	4.64	0.65
1969	2.40	6.16	1.74	4.10	8.56	0.89
1970	7.25	9.63	3.23	5.90	13.89	2.17
1971	11.12	17.23	4.60	6.03	14.57	2.98
1972	10.47	19.53	5.16	7.20	16.22	3.34
1973	9.65	20.15	5.82	6.57	18.33	4.35
1974	7.78	18.99	5.96	6.51	16.45	3.92
1975	8.21	19.61	6.32	7.59	17.49	4.47
1976	6.15	16.15	6.87	6.05	15.70	3.74
1977	4.85	18.45	7.26	6.52	19.87	4.91
1978	6.82	24.29	8.29	6.75	18.32	3.75
1979	7.29	26.37	9.30	6.64	13.96	3.60
1980	4.10	16.25	5.71	6.98	13.36	4.84
1981	3.51	11.49	9.77	5.46	10.26	5.16
1982	3.82	15.82	9.32	6.32	9.98	4.62
1983	3.88	20.16	10.07	6.96	12.10	4.38
1984	4.97	25.81	12.23	9.30	13.35	4.81
1985	5.06	31.43	16.69	11.39	16.72	6.69
1986	6.16	30.06	18.11	11.54	16.37	6.50
1987	8.47	29.72	20.72	13.30	17.22	7.56
1988	8.96	38.36	20.77	18.11	19.17	9.10
1989	11.01	32.56	16.72	17.33	17.87	6.75
1990	9.02	31.38	20.35	20.46	13.45	4.63
1991	9.27	33.39	20.12	19.06	16.39	6.55
1992	11.68	37.27	19.40	23.66	22.87	9.14
1993	15.08	51.15	15.55	23.45	26.20	10.53
1994	10.31	48.19	14.09	29.16	20.67	10.85
1995	10.69	86.94	30.30	41.34	20.33	17.23
1996	6.09	49.62	15.07	29.13	17.74	9.03

（续）

年份	发电设备（MW）	交流电动机（MW）	变压器（MV·A）	拖拉机（14.7kW及以上）（万台）	小型拖拉机（万台）	汽车（万辆） 合计	其中：载货汽车
1949			120				
1950		200	540				
1951	2	230	610				
1952	6	640	1 170				
1953	22	920	1 980				
1954	8	960	1 960				
1955	62	610	1 930			0.01	0.01
1956	201	1 070	2 890			0.17	0.17
1957	198	1 460	4 200			0.79	0.62
1958	1 100	6 050	13 020	0.10		1.60	1.29
1959	2 423	12 500	23 320	0.29	0.21	1.96	1.36
1960	3 388	14 010	25 880	1.16	0.12	2.26	1.38
1961	679	6 560	5 890	0.69	0.05	0.36	0.26
1962	152	3 430	3 160	0.71	0.01	0.97	0.78
1963	404	3 130	4 370	0.87	0.02	2.06	1.67
1964	440	3 080	5 720	0.98	0.09	2.81	2.08
1965	683	4 050	8 180	0.96	0.36	4.05	2.65
1966	1 323	6 150	13 030	1.18	1.16	5.59	3.41
1967	619	4 960	9 990	0.85	0.97	2.04	1.09
1968	1 375	4 600	6 500	0.89	1.11	2.51	1.20
1969	2 031	8 100	14 900	1.34	1.94	5.31	3.04
1970	2 918	14 560	27 410	3.19	5.14	8.72	4.71
1971	535.3	18 310	30 110	4.45	8.09	11.10	5.81
1972	4 325	21 950	31 730	4.93	8.95	10.82	6.05
1973	5 018	27 170	34 900	5.79	11.93	11.62	6.44
1974	4 616	26 260	39 890	6.27	13.80	10.48	5.69
1975	4 965	27 990	40 970	7.84	20.94	13.98	7.76
1976	4 002	26 090	36 560	7.37	24.00	13.52	7.45
1977	3 181	26 960	35 810	9.93	32.05	12.54	7.59
1978	4 838	31 950	48 620	11.35	32.42	14.91	9.61
1979	6 216	35 630	58 230	12.56	31.75	18.57	11.67
1980	4 193	25 700	44 610	9.77	21.79	22.23	13.55
1981	1 395	21 260	27 340	5.28	19.89	17.56	10.83
1982	1 645	24 200	31 430	4.03	29.83	19.63	12.18
1983	2 740	28 680	42 280	3.70	49.77	23.98	13.71
1984	4 674	30 510	50 300	3.97	68.86	31.64	18.18
1985	5 630	34 840	80 450	4.50	82.25	43.72	26.90
1986	7 223	39 670	77 300	2.86	77.45	36.98	22.91
1987	9 411	41 720	92 970	3.71	110.60	47.18	29.84
1988	11 093	45 110	100 390	4.72	133.57	64.47	40.33
1989	11 740	40 960	99 310	3.98	111.81	58.35	36.34
1990	12 339	35 280	74 430	3.94	110.14	51.40	28.97
1991	11 642	38 250	77 480	5.27	134.78	71.42	38.25
1992	12 970	52 430	99 490	5.70	139.07	106.67	47.63
1993	14 728	54 500	174 290	3.77	96.14	129.85	59.79
1994	16 740	59 460	193 980	4.67	135.51	136.69	66.30
1995	16 679	60 110	164 480	6.33	206.30	145.57	59.60
1996	23 534	53 130	151 030	8.37	209.66	147.52	62.51

1996年全国机械工业主要产品产量

产品名称	单位	产量	产品名称	单位	产量
铸铁管	t	3 142 318	锁	万把	136 289
金属集装箱	件	973 625	铸铁锅	口	96 975 546
	m^3	27 544 238	炉具	个	24 816 008
金属制包装物品	t	1 541 811	燃气用具	台	20 153 406
1. 金属制包装用桶	个	106 706 272	其中：燃气灶	台	12 172 178
	t	528 059	燃气烤箱	台	103 414
2. 金属制包装用听、罐、盒	个	8 339 220 530	燃气饭锅	台	138 909
	t	852 855	燃气热水器	台	3 579 420
其中：金属饮料用听、罐	个	7 085 901 517	饮用水处理器	台	636 923
	t	216 244	理发用具	万把	162 273
3. 其他金属制包装用品	t	160 897	打火机	万个	138 026
金属制液体贮藏罐	个	62 763 566	缝衣针	万支	1 153 343
	t	220 128	焊条	t	876 338
金属制气体贮藏罐	个	36 296 659	其中：电焊条	t	780 679
	t	258 546	气焊条	t	33 780
金属切削工具	万件	140 478	工业锅炉	台	60 621
模具	套	18 202 435		t（蒸汽）	116 029
手工工具	万把	383 053	合计中：蒸气锅炉	台	25 862
1. 扳手	万把	43 378		t（蒸汽）	58 463
2. 钳子	万把	21 447	热水锅炉	台	22 538
3. 锤子	万把	8 319		t（蒸汽）	45 177
4. 锉刀	万把	20 375	合计中：10t（蒸汽）/h及以上锅炉	台	1 360
风动工具	台	565 945	锅炉辅机	t	221 841
电动工具	台	357 953 301	电站锅炉	台	431
铁制小农具	万件	598 768		t（蒸汽）	58 677
园艺工具	万件	3 775	内燃机	台	22 462 393
金属网（钢丝网）	t	710 854		MW	22 153
金属筛（钢丝筛）	m^2	7 308 620	合计中：1. 柴油机	台	8 571 342
金属窗纱（钢窗纱）	t	457 092		MW	15 224
钢钉	t	2 114 624	2. 汽油机	台	3 889 805
钢丝	t	2 650 218		MW	69 098
1. 普通钢钢丝	t	1 980 755	3. 其他燃料内燃机	台	1 246
2. 优质钢钢丝	t	669 363	电站汽轮机	kW	11 995 784
钢丝绳	t	594 512	工业汽轮机	kW	544 394
钢绞线	t	248 927	燃气轮机	kW	40 000
建筑用金属品	t	9 642 368	汽轮机辅机	t	26 085
其中：合页	t	85 959	电站水轮机	kW	750 630
合页	万副	92 864	水轮机辅机	t	666
拉手	t	58 949	金属切削机床	台	177 371
拉手	万副	16 579	合计中：高精度机床	台	877
铸铁暖气片	t	1 784 275	数控机床	台	8 142
水暖管件	t	898 701	其中：加工中心	台	352
金属门窗	t	3 545 492	大型机床	台	1 475
搪瓷制品	t	433 190	其中：重型机床	台	155
其中：日用搪瓷制品	t	220 409	合计中：1. 车床	台	79 655
工业配套用搪瓷制品	t	28 527	2. 钻床	台	19 916
卫生洁具用搪瓷制品	t	117 928	3. 镗床	台	3 385
日用精铝制品	t	159 140	4. 磨床	台	12 874
1. 精铝锅	口	25 283 186	5. 齿轮加工机床	台	2 788
2. 精铝压力锅	口	11 970 108	6. 铣床	台	21 996
3. 精铝烧水壶	个	16 832 999	7. 刨床	台	3 576
4. 精铝饭盒	个	14 358 922	8. 电加工机床	台	3 231
日用不锈钢制品	t	950 575	9. 组合机床	台	3 785
菜刀	万把	3 913	金属切削机床附件	件	13 060 692
剪刀	万把	21 892	锻压机械	台	90 308

(续)

产品名称	单位	产量	产品名称	单位	产量
	t	375 448	齿轮	个	170 687 738
其中：重型锻压机械	台	6 484		t	259 547
	t	63 860	铸件	t	18 772 882
铸造机械	台	46 099	1. 铸钢件	t	3 263 529
台钻	台	2 164 438	2. 铸铁件	t	15 184 236
机床电器	件	27 156 029	3. 有色金属铸件	t	325 126
起重运输设备	t	1 036 594	锻件	t	2 870 654
1. 电动双梁桥式起重机	台	4 390	矿山设备	t	496 238
	t	111 894	1. 采掘设备	t	90 911
2. 电动单梁桥式起重机	台	13 587	2. 提升设备	t	34 544
	t	45 422	3. 破碎设备	t	85 106
3. 手动梁式起重机	台	1 203	4. 研磨设备	t	50 754
	t	1 994	5. 洗选设备	t	34 241
4. 手动单轨起重机	台	62 367	工矿配件	t	863 368
	t	29 653	其中：通用机械配件	t	286 548
5. 龙门式起重机	台	531	重型矿山机械配件	t	184 657
	t	26 049	粮食加工机械	台	1 038 535
6. 塔式起重机	台	4 928	油脂加工机械	台（套）	138 977
	t	90 232	糖果加工机械	t	5 660
7. 千斤顶	台	15 831 645	糕点加工机械	t	9 210
	t	529 292	乳制品加工机械	t	1 855
升降移动机械	台	34 950	豆制品加工机械	t	14 627
其中：电梯	台	21 399	屠宰及肉类加工机械	t	84 451
自动扶梯	台	4 106	调味品酿酒加工机械	t	2 018
叉车	台	27 571	粮油食品加工机械	台（套）	1 465 855
输送机械	t	236 300	冷藏加工设备	台（套）	91 977
	m	2 258 103	其中：冷藏柜	台	67 976
其中：带式输送机	t	140 272	食品速冻生产线	套	165
	m	710 662	冷库	座	2 788
板式输送机	t	27 630	制糖机械	t	35 432
	m	214 109	饲料加工机械	台	274 550
螺旋输送机	t	17 240		t	23 697
	m	68 422	茶叶加工机械	台	15 486
给料机械	台	15 160	烟草加工机械	台（组）	15 281
装卸机械	台	20 810	合成纤维设备	t	14 110
工矿车辆	辆	83 220	人造纤维设备	t	9 516
工矿电机车	辆	1 155	棉花加工设备	台	18 392
泵	台	8 875 328	棉纺织设备	t	114 294
其中：工业泵	台	2 368 213	毛纺织设备	t	28 791
农业水泵	台	5 027 690	麻纺织机械	t	1 744
真空设备	台	102 731	丝绸、绢纺机械设备	t	37 707
风机	台	1 834 592	染整机械设备	t	54 472
气体压缩机	台	628 225	针织机械设备	t	25 228
气体分离与液化设备	台	5 926	纺织专用器材	t	559 793
制冷空调设备	台（套）	740 482	纺织专用金属器材	t	49 218
减速机	台	781 046	服装机械	台	58 473
轴承	万套	205 963	缝纫机	架	6 836 908
轴承零件	t	266 229	1. 家用缝纫机	架	4 949 732
阀门	t	886 765	2. 工业用缝纫机	架	1 887 176
1. 低压阀门	t	697 555	编织机	台	96 673
2. 高中压阀门	t	189 210	制革机械	台	5 627
密封件	万件	262 502	木材采伐运输机械	台	11 179
粉末冶金制品	t	154 202	木材装卸设备	台	40
标准紧固件	t	1 509 565	木材加工机械	台	579 021
弹簧	件	2 299 866 244	木质纤维分离机械	台	2 323
	t	202 597	造纸机械	台	97 175
工业链条	t	239 064	印刷工业专用设备	t	100 318

（续）

产品名称	单位	产量	产品名称	单位	产量
1. 制版设备	t	11 807	中耕施肥机械	台	31 595
	台（套）	1 478	植物保护和管理机械	台	994 987
2. 印刷机	t	58 640	营林机械	台	22 376
	台	29 325	畜牧机械	台	201 794
3. 装订机械	t	6 642	渔业机械	台	117 284
	台	6 702	水工机械	t	55 496
4. 其他印刷工业专用设备	t	23 230	农业运输机械	辆	2 250 621
石油钻采设备	t	150 790	其中：农用运输车	辆	302 200
炼油设备	t	54 649	农用拖车	辆	278 683
	台（套）	20 989	农用机动三轮车	辆	1 171 190
化工设备	t	291 396	铲土运输机械	台	40 171
	台	94 800	其中：挖掘机	台	4 000
日用化学工业专用设备	台	5 123	推土机	台	6 603
制药工业专用设备	t	17 579	装载机	台	17 672
橡胶加工专用设备	t	66 727	压实机械	台	24 750
塑料加工设备	t	293 299	其中：压路机	台	7 584
水泥设备	台	17 965	打夯机	台	18 864
	t	280 706	混凝土机械	台	165 896
水泥制品设备	台	15 713	沥青地面摊铺机	台	544
	t	36 432	建筑专用提升设备	台	22 412
平板玻璃制造设备	台	744	地质钻机	台	1 320
建筑卫生陶瓷设备	台	5 336	商业服务机械	台	22 115
	t	30 321	邮政专用设备	台	1 351
冶炼设备	t	60 949	环保设备	台	294 586
	台	3 795	其中：大气污染防治设备	台	135 359
其中：炼钢设备	t	15 249		t	131 069
	台	800	污水处理设备	台	29 515
冶金车辆	t	4 286	消防器材	台（套）	9 998 160
	辆	96	道路交通管理器材	台	66 021
金属轧制设备	t	81 649	安全检查防爆器材	台	73 890
冶金专用轧辊	t	80 169	安全防范报警器材	台	1 693 572
搪瓷制品加工设备	台	3 376	机车	台	1 050
包装机械	台	267 050		kW	2 869 507
1. 包装容器制造机械	台	24 072	其中：蒸汽机车	台	1
2. 直接包装机械	台	242 978		kW	1 084
电工专用设备	台	58 506	内燃机车	台	892
电线电缆制造专用设备	t	11 337		kW	1 942 235
原电池制造专用设备	套	1 046	电力机车	台	157
照明器具工业专用设备	台	6 473		kW	954 000
半导体器件和集成电路专用设备	台	3 709	客车	辆	2 626
电真空器件专用设备	台	3 826	其中：硬席车	辆	1 712
电子元件专用设备	台	60 427	双层客车	辆	71
电子整机装联设备	台（条）	20 876	货车	辆	32 824
水纯化设备	台	13 451	汽车	辆	1 475 202
水、气净化设备	台	93 854	合计中：1. 载货汽车	辆	625 062
拖拉机	台	2 180 294	（1）重型载货汽车	辆	17 086
1. 大中型拖拉机	台	83 699	（2）中型载货汽车	辆	170 159
2. 小型拖拉机	台	2 096 595	（3）轻型载货汽车	辆	221 645
拖拉机配件	千元	662 292	（4）微型载货汽车	辆	216 272
中小农具	台	34 466 732	2. 越野汽车	辆	68 473
机引耕作机械	台	604 225	（1）重型越野汽车	辆	329
种植机械	台	487 460	（2）中型越野汽车	辆	1 342
收获机械	台	371 025	（3）轻型越野汽车	辆	66 802
其中：联合收获机	台	45 726	3. 自卸汽车	辆	29 188
场上作业机械	台	834 453	其中：重型自卸汽车	辆	1 234
其中：机动脱粒机	台	626 548	中型自卸汽车	辆	9 079
排灌动力机械	台	137 788	轻型自卸汽车	辆	9 918

（续）

产品名称	单位	产量
矿用自卸汽车	辆	153
4．牵引汽车	辆	2 435
5．客车	辆	189 524
其中：大型客车	辆	2 802
中型客车	辆	9 764
轻型客车	辆	69 445
微型客车	辆	90 813
6．轿车	辆	382 929
其中：中高级轿车	辆	1 608
中级轿车	辆	245 642
普通型轿车	辆	38 011
微型轿车	辆	95 886
7．专用汽车	辆	4 842
8．汽车底盘	辆	172 703
其中：载货汽车底盘	辆	108 756
改装汽车	辆	241 899
1．载货改装车	辆	28 459
2．客车改装车	辆	124 039
3．自卸改装汽车	辆	39 721
4．牵引改装汽车	辆	7 346
5．专用改装汽车	辆	42 334
挂车	辆	55 036
拖车	辆	88 073
电车	辆	137
地铁电力客车	辆	1 005
摩托车	辆	9 167 520
自行车	辆	33 621 762
其中：赛车型自行车	辆	1 814 094
三轮车	辆	1 440 466
民用钢质船舶	艘	8 682
民用钢质船舶	综合吨	3 767 263
其中：钢质货轮	艘	1 687
	载重量吨	1 967 594
钢质客轮	艘	397
	排水量吨	17 736
	客位	29 096
钢质客货轮	艘	14
	排水量吨	11 068
	客位	3 624
钢质拖轮	艘	129
	排水量吨	33 129
	kW	111 016
钢质渔轮	艘	1 7190
	排水量吨	343 104
	kW	1 245 646
钢质驳船	艘	3 116
	载重量吨	2 044 373
钢质工程工作船	艘	364
机动渔船	艘	4 033
	排水量吨	93 946
	kW	226 240
其中：147.2kW及以上	艘	409
其中：147.2kW及以上	排水量吨	19 650
其中：147.2kW及以上	kW	111 673
民用飞机	架	13
民用枪	支	127 320
民用枪弹	万发	48 122

产品名称	单位	产量
发电设备	kW	23 534 666
1．水轮发电机组	kW	3 338 237
2．汽轮发电机	kW	12 200 270
3．一般交流发电机	台	1 629 335
	kW	7 996 259
交流电动机	台	12 458 394
	kW	53 128 274
直流电动机	台	1 482 315
	kW	4 746 659
中频电机	台	9 658
	kW	29 003
功率扩大机	万台	2
油泵电机	万台	3 276
分马力电机	万台	2 555
微电机	万台	110 213
变压器	kV·A	151 037 168
其中：7500kV·A及以上电力变压器	kV·A	68 928 869
整流器	kV·A	2 005 359
电力电容器	kvar	28 760 808
互感器	台	2 902 516
高压隔离开关	组	468 207
高压断路器	台	713 648
高压开关板	面	1 114 282
低压开关板	面	9 252 847
高压负荷开关	台	516 544
电磁线	t	244 414
电力电缆	km	2 105 021
电线	km	17 939 673
裸铝线	t	80 262
钢芯铝绞线	t	211 426
裸铜线及铜电车线	t	257 088
铜包钢线	t	33 500
绝缘制品	t	206 024
蓄电池	kVA·h	20 192 029
其中：酸性蓄电池	kVA·h	15 093 223
碱性蓄电池	kVA·h	1 206 289
原电池（折一号电池）	万只	1 221 217
家用洗衣机	台	10 747 208
其中：双桶洗衣机	台	7 690 567
套桶洗衣机	台	2 453 540
家用干衣机	台	100 543
吸尘器	台	8 797 427
家用电冰箱	台	9 796 487
家用电冰箱压缩机	台	9 431 215
其中：无氟利昂压缩机	台	625 222
家用冷冻箱	台	3 552 820
家用冷藏箱	台	531 505
电风扇	台	102 916 837
房间空气调节器	台	7 862 228
1．窗式空调器	台	2 407 463
2．分体壁挂式空调器	台	4 220 046
空调器用压缩机	台	4 000 983
排油烟机	台	3 091 841
电淋浴器	台	880 841
电熨斗	个	19 859 792
家用电灶	台	3 754 665

（续）

产　品　名　称	单　位	产　量	产　品　名　称	单　位	产　量
其中：微波炉	台	3 022 562	稳压电源	台	3 182 163
家用电热蒸煮器具	个	28 620 669	传递标准用计量仪器	台	144 346
其中：电饭锅	个	16 975 492	量具	件	62 944 224
家用电热烘烤器具	个	3 957 205	量仪	件	4 451 785
家用食品切碎机	台	8 907 026	台秤	台	7 062 105
家用电子消毒碗柜	台	779 382	案秤	台	2 921 502
家用洗碗机	台	58 374	地上衡	台	29 429
电水壶	个	12 600 803	地中衡	台	5 555
家用电取暖器具	台	11 123 910	轨道衡	台	128
电热毯	条	8 355 410	电影机械	台	92 542
电焊机	台	438 309	其中：放映设备	台	26 874
工业用电炉	台	97 236	电教设备	台	215 890
自动化仪表及系统	台（套）	34 893 868	照相机	台	41 207 688
其中：水表	台	12 044 625	照相器材	台	20 145 600
煤气表	台	3 542 498	复印机械	台	638 668
电工仪器仪表	台	54 798 828	缩微机械	台	500
其中：电度表	台	43 656 383	打字油印机械	台	790 310
光学仪器	台	2 200 680	钟	只	89 597 090
成分分析仪器	台	78 500	其中：机械闹钟	只	15 079 892
试验机	台	19 825	机械摆钟	只	1 213 156
实验室仪器及装置	台	4 813 430	石英电子钟	只	48 031 457
环境保护仪器仪表	台	42 552	钟零件（商品量）	万元	25 927
汽车仪器仪表	台	21 334 509	表	只	479 756 423
地质勘探、钻采、地震专用仪器	台	19 749	1. 机械表	只	33 700 931
仪表元件	万件	337 045	其中：手表	只	25 193 145
扫描、频谱波形分析仪器	台	10 431	2. 石英电子表	只	446 055 082
气象仪器	台	202 354	其中：手表	只	271 093 188

1996年各地区机械工业主要产品产量

地 区	金属切削机床（台）	矿山设备（t）	大中型拖拉机（台）	小型拖拉机（台）	汽车（辆）	发电设备（kW）
全 国	177 371	496 238	83 699	2 096 595	1 475 202	23 534 666
北 京	2 820	23 149	0	9 063	137 375	1 197 000
天 津	1 193	2 741	9 440	200	152 686	156 630
河 北	1 947	68 927	922	175 843	12 659	26 125
山 西	713	22 288	0	6 579	1 155	1 538 603
内蒙古	300	13 758	0	3 948	528	305
辽 宁	12 712	26 789	63	24 538	27 821	12 885
吉 林	658	5 945	1 639	62 693	232 236	1 170
黑龙江	1 168	7 818	217	71 574	44 622	3 111 316
上 海	15 379	31 415	19 000	0	201 715	4 942 884
江 苏	33 564	35 410	4 323	318 498	110 157	1 812 381
浙 江	40 174	21 085	6 769	53 224	10 004	880 568
安 徽	2 561	16 691	47	224 082	34 044	3 600
福 建	1 664	3 454	0	47 476	3 223	711 846
江 西	4 014	8 870	469	20 370	63 166	364 013
山 东	26 969	43 604	17 900	468 031	15 821	1 860 379
河 南	1 413	49 745	16 486	289 221	15 026	314 418
湖 北	4 235	15 089	4 200	9 027	139 063	727 834
湖 南	1 447	11 947	0	16 010	4 043	168 673
广 东	5 253	13 942	0	28 842	11 843	764 430
广 西	3 030	7 393	0	102 856	82 462	243 612
海 南	0	0	0	84	2 776	0
四 川	4 419	17 904	0	50 977	141 350	3 749 033
贵 州	334	7 686	0	11 097	3 143	1 133
云 南	6 172	8 896	0	30 462	17 525	116 587
西 藏	0	0	0	0	0	0
陕 西	3 185	5 494	0	19 829	10 032	64 391
甘 肃	731	2 348	0	13 221	0	763 500
青 海	397	190	1	0	2	0
宁 夏	829	23 481	730	12 179	0	0
新 疆	90	178	1 493	26 671	725	1 350

1996 年全部独立核算机械工业企业主要统计指标(一)

行　　业	企　业 单位数 (个)	工业总产值(亿元)		工　业 增加值 (亿元)	产品销售 收　　入 (亿元)	职工年 平均人数 (人)
		1990 年 不变价	当年价			
机械工业总计	124 760	13 050.66	13 986.34	3 551.91	12 609.64	19 414 775
金属制品业	30 388	1 765.68	1 943.78	490.86	1 665.26	2 744 438
金属结构制造业	2 187	131.46	148.83	46.86	120.52	209 313
铸铁管制造业	1 141	62.05	75.69	20.78	62.73	95 762
工具制造业	3 475	169.78	185.09	57.01	154.42	410 402
切削工具制造业	885	53.96	60.84	20.15	51.84	139 001
模具制造业	1 295	40.72	43.18	14.64	35.60	78 334
手工具制造业	1 049	61.47	67.75	18.75	55.95	164 585
其他工具制造业	246	13.62	13.32	3.47	11.03	28 482
集装箱和金属包装物品制造业	1 943	288.32	301.09	60.11	266.49	218 320
集装箱制造业	81	109.44	119.81	15.92	110.38	26 653
金属包装物品及容器制造业	1 862	178.88	181.28	44.19	156.10	191 667
金属丝绳及其制品业	2 485	156.77	192.12	43.60	175.17	274 742
建筑用金属制品业	6 540	254.59	282.27	74.44	226.95	483 036
建筑小五金制造业	767	23.76	26.48	7.10	21.84	59 106
水暖管道零件制造业	1 249	72.29	82.63	21.66	65.20	142 167
金属门窗制造业	4 084	132.30	145.25	40.12	115.26	255 250
其他建筑用金属制品业	440	26.24	27.91	5.55	24.65	26 513
金属表面处理及热处理业	1 978	97.08	106.99	28.09	90.72	119 894
日用金属制品业	5 903	443.57	465.42	113.01	402.62	669 869
搪瓷制造业	284	35.46	39.75	8.50	34.00	74 842
铝制品业	1 218	108.64	115.22	26.14	106.71	122 270
不锈钢制品业	912	82.16	85.03	19.16	73.46	91 834
刀剪制造业	242	13.58	14.54	4.02	10.81	28 535
制锁业	538	49.31	52.90	13.56	44.83	113 854
炊事用具制造业	1 158	29.11	34.47	9.63	27.68	79 261
燃气用具制造业	390	54.11	52.52	13.75	41.87	52 870
理发用具制造业	79	10.05	11.51	3.32	11.34	12 537
其他日用金属制品业	1 082	61.15	59.49	14.92	51.93	93 866
其他金属制品业	4 736	162.06	186.27	46.96	165.64	263 100
铁制小农具制造业	2 813	34.95	42.40	9.09	37.27	91 650
焊条制造业	351	39.32	49.15	10.33	47.63	62 198
其他类未包括的金属制品业	1 572	87.79	94.72	27.54	80.75	109 252
普通机械制造业	29 750	2 430.25	2 680.92	726.69	2 389.83	4 838 833
锅炉及原动机制造业	2 507	537.54	614.03	155.89	567.82	893 924
锅炉制造业	1 138	133.05	155.91	42.41	136.08	258 790
内燃机制造业	256	248.08	289.39	65.47	278.55	305 320
汽轮机制造业	55	34.70	41.85	11.23	41.26	53 101
水轮机制造业	43	5.49	6.13	2.13	5.37	17 792
内燃机零部件及配件制造业	800	105.60	109.02	30.79	97.08	238 663
其他锅炉及原动机制造业	215	10.62	11.74	3.85	9.48	20 258
金属加工机械制造业	3 604	241.11	262.22	81.07	223.82	725 748
金属切削机床制造业	705	101.49	109.35	36.23	97.06	385 195
锻压设备制造业	408	47.70	51.76	14.10	42.99	113 760
铸造机械制造业	472	23.61	26.78	6.88	21.74	46 304
机床附件制造业	331	15.35	16.68	5.94	14.02	53 426
其他金属加工机械制造业	1 688	52.97	57.64	17.92	48.01	127 063
通用设备制造业	4 889	676.82	712.96	183.84	671.84	111 048
起重运输设备制造业	1 032	230.57	246.28	52.15	259.54	362 472
工矿车辆制造业	152	18.14	21.57	6.18	18.04	34 663
泵制造业	1 459	110.09	120.34	35.32	100.63	238 632
风机制造业	498	39.05	41.20	13.71	37.12	83 163

(续)

行　　业	企　业 单位数 (个)	工业总产值(亿元) 1990年 不变价	 当年价	工　业 增加值 (亿元)	产品销售 收　入 (亿元)	职工年 平均人数 (人)
气体压缩机及气体分离设备制造业	332	61.56	61.36	16.30	59.60	109 147
冷冻设备制造业	352	97.02	100.15	28.14	95.86	81 306
风动工具制造业	111	8.53	9.39	3.05	8.01	24 980
电动工具制造业	240	55.23	51.73	11.74	40.25	51 792
其他通用设备制造业	713	56.63	60.94	17.24	52.79	124 326
轴承、阀门制造业	2 322	265.82	292.38	79.55	255.91	591 283
轴承制造业	945	173.56	192.91	52.94	169.53	389 857
阀门制造业	1 377	92.26	99.47	26.61	86.38	201 426
其他通用零部件制造业	6196	333.52	350.80	100.76	309.16	694 791
液压件及液力件制造业	764	53.12	54.87	18.12	47.16	127 170
气动元件制造业	331	17.94	17.49	5.76	14.50	28 042
密封件制造业	304	13.51	13.96	4.37	13.26	21 203
粉末冶金制品业	416	27.45	26.05	7.58	22.82	46 701
紧固件制造业	1 628	70.25	75.80	20.10	65.32	194 708
弹簧制造业	532	16.60	17.99	5.89	15.85	31 299
链条制造业	270	23.36	25.62	6.76	19.46	47 283
齿轮制造业	353	46.57	50.22	14.54	44.53	84 241
其他类未包括的通用零部件制造业	1 598	64.72	68.81	17.64	66.25	114 144
铸锻件制造业	7 498	302.89	365.82	102.60	291.45	623 809
铸件制造业	6 622	254.77	307.41	87.36	246.19	543 867
锻件制造业	876	48.12	58.41	15.24	45.25	79 942
普通机械修理业	1 391	17.58	21.41	8.43	17.88	58 724
其他普通机械制造业	1 343	54.97	61.28	14.54	51.94	140 073
专用设备制造业	19 309	1 775.60	1 988.14	520.27	1 766.87	3 489 566
冶金、矿山、机电工业专用设备制造业	1 864	218.98	250.11	72.98	224.42	633 077
矿山设备制造业	1 009	110.02	121.26	32.86	111.14	371 833
冶金工业专用设备制造业	294	65.21	81.20	25.17	74.07	179 477
电工专用设备制造业	95	6.53	6.99	2.07	6.71	16 138
电子工业专用设备制造业	197	22.97	24.32	7.56	19.57	38 963
其他机电工业专用设备制造业	269	14.25	16.34	5.32	12.93	26 666
石化及其他工业专用设备制造业	2629	286.38	307.19	82.18	275.94	568 757
石油工业专用设备制造业	416	49.38	56.72	15.38	59.12	120 483
化学工业专用设备制造业	430	53.92	55.07	13.31	48.64	112 500
化学纤维工业专用设备制造业	47	7.38	7.24	2.43	5.59	8 012
橡胶工业专用设备制造业	139	16.94	19.12	5.15	16.77	36 154
塑料工业专用设备制造业	379	46.04	47.29	11.60	39.92	60 415
森林工业专用设备制造业	177	31.44	32.67	8.73	26.12	48 287
印刷工业专用设备制造业	279	30.35	31.93	9.93	29.33	61 448
制药工业专用设备制造业	129	7.09	7.50	2.56	6.28	17 156
建筑材料及其他制品专用设备制造业	633	43.84	49.64	13.08	44.17	104 302
轻纺工业专用设备制造业	3 629	346.43	367.04	105.91	312.84	701 407
食品、饮料、烟草工业专用设备制造业	615	58.36	63.86	21.08	55.00	108 631
粮油工业专用设备制造业	690	41.18	49.25	14.18	42.16	108 604
饲料工业专用设备制造业	102	9.93	10.67	2.64	8.73	14 273
包装工业专用设备制造业	233	21.13	21.65	7.56	19.46	36 989
纺织、服装、皮革工业专用设备制造业	1 401	160.44	160.09	42.76	137.93	332 088
照明器具工业专用设备制造业	150	4.56	5.30	1.21	4.14	9 463
日用硅酸制品工业专用设备制造业	56	4.69	5.07	1.34	4.31	10 970
制浆、造纸工业专用设备制造业	266	30.64	35.06	11.15	28.49	63 562
日用化学工业专用设备制造业	116	15.50	16.08	3.97	12.62	16 827
农、林、牧、渔、水利业机械制造业	3 946	508.70	605.74	126.09	532.73	781 305
拖拉机制造业	194	170.62	225.77	39.94	208.45	228 649
机械化农机具制造业	1 579	81.47	93.70	22.90	75.61	196 278
营林机械制造业	23	1.31	1.58	0.63	1.47	3 227
畜牧机械制造业	95	3.61	3.93	1.24	3.41	11 874

（续）

行业	企业单位数（个）	工业总产值（亿元） 1990年不变价	当年价	工业增加值（亿元）	产品销售收入（亿元）	职工年平均人数（人）
渔业机械制造业	59	6.43	6.04	1.66	5.35	7 329
水利机械制造业	137	7.72	8.61	2.72	7.15	19 757
拖拉机配件制造业	910	76.39	83.58	22.67	67.59	160 739
其他农、林、牧、渔、水利业机械制造业	949	161.14	182.53	34.33	163.69	153 452
医疗器械制造业	1 509	105.81	112.05	31.70	100.60	157 196
手术器械制造业	108	13.43	14.50	4.03	13.12	19 587
医疗仪器、设备制造业	586	32.05	34.55	12.79	32.84	53 319
诊断用品制造业	126	17.34	15.65	1.81	14.08	20 832
医用材料及医疗用品制造业	643	42.04	46.18	12.62	39.49	60 740
假肢、矫形器制造业	46	0.95	1.18	0.45	1.07	2 718
其他专用设备制造业	2 910	269.98	300.35	85.61	278.09	521 553
建筑机械制造业	570	92.84	110.56	30.19	99.14	184 769
地质专用设备制造业	91	5.73	6.59	1.25	6.73	27 086
畜牧兽医医疗器械制造业	11	0.35	0.38	0.13	0.25	587
缝纫机制造业	265	44.39	44.98	8.72	47.20	85 636
商业、饮食业、服务业专用机械制造业	182	6.83	7.52	2.22	6.37	13 858
邮政机械及器材制造业	37	5.08	6.17	1.59	5.71	5 517
环境保护机械制造业	603	41.66	45.08	15.33	47.31	73 583
社会公共安全设备及器材制造业	537	29.32	31.62	11.15	25.30	4 9914
其他类未包括的专用设备制造业	614	43.78	47.45	15.03	40.08	8 0603
专用机械设备修理业	2 822	39.32	45.67	15.80	42.26	126 271
工业专用设备修理业	354	8.08	8.95	2.97	7.58	23 003
农、林、牧、渔、水利机械修理业	1 796	14.88	17.90	5.83	14.72	51 504
医疗器械修理业	39	0.15	0.16	0.03	0.21	440
其他专用机械设备修理业	633	16.21	18.65	6.97	19.75	51 324
交通运输设备制造业	20 339	3 497.88	3 785.01	928.81	3 538.62	4 312 693
铁路运输设备制造业	641	136.73	202.43	49.63	197.34	301 960
机车制造业	15	39.93	56.12	12.12	53.79	63 976
客车制造业	14	24.97	39.30	10.83	37.70	35 781
货车制造业	17	28.41	48.55	9.95	47.17	62 977
机车车辆配件制造业	312	19.75	24.89	6.96	24.61	62 797
铁路信号设备制造业	43	1.97	3.28	1.15	3.13	7 692
铁路专用设备制造业	38	7.24	11.92	2.79	11.21	22 753
铁路专用器材制造业	150	11.51	15.04	4.50	17.15	36 986
其他铁路运输设备制造业	52	2.94	3.32	1.32	2.58	8 998
汽车制造业	6 485	1 960.93	2 078.94	503.43	1 960.18	186 527
载重汽车制造业	135	551.12	634.91	127.49	634.37	422 684
客车制造业	124	84.56	92.80	20.51	80.70	81 611
小轿车制造业	28	31.10	410.05	97.90	402.08	31 604
微型汽车制造业	53	59.67	64.44	13.48	59.26	32 272
特种车辆及改装汽车制造业	463	163.27	179.91	37.99	165.78	224 993
汽车车身制造业	161	25.18	29.33	6.98	24.29	36 552
汽车零部件及配件制造业	5 521	646.04	667.49	199.08	593.69	1 035 558
摩托车制造业	1 638	498.21	498.53	114.14	441.21	271 735
摩托车整车制造业	226	338.27	339.63	70.11	299.95	94 286
摩托车零部件及配件制造业	1 412	159.94	158.90	44.03	141.26	177 449
自行车制造业	942	163.75	184.18	34.84	177.52	243 418
电车制造业	8	0.26	0.35	0.05	0.26	462
船舶制造业	706	228.66	265.51	59.57	230.18	292 302
海洋运输船制造业	87	145.51	179.82	35.04	157.19	138 421
内河船制造业	408	37.84	38.30	10.73	29.93	76 401
渔轮制造业	82	12.90	13.60	3.54	11.05	21 958
船舶机械设备制造业	128	32.41	33.79	10.26	32.00	55 522
海洋石油平台制造业	1	0.00	0.00	0.00	0.00	0
航空航天器制造业	168	260.46	265.16	73.33	264.88	709 486

(续)

行　　业	企　业 单位数 (个)	工业总产值(亿元) 1990年 不变价	 当年价	工　业 增加值 (亿元)	产品销售 收　　入 (亿元)	职工年 平均人数 (人)
飞机制造业	113	228.88	236.20	64.77	240.56	600 512
其他航空航天器制造业	55	31.59	28.96	8.57	24.32	108 974
交通运输设备修理业	9 672	244.95	285.40	92.29	262.80	622 423
铁路运输设备修理业	194	27.22	44.32	15.10	41.72	116 486
汽车修理业	8 409	138.96	154.54	54.64	138.82	349 873
摩托车修理业	147	0.81	0.98	0.35	0.93	1 485
电车修理业	14	0.15	0.17	0.06	0.14	1 729
船舶修理业	561	50.40	56.40	19.47	46.28	97 912
飞机修理业	24	20.42	21.25	0.56	28.72	37 936
其他交通运输设备修理业	323	6.99	7.74	2.11	6.20	17 002
其他交通运输设备制造业	79	3.92	4.51	1.52	4.26	5 633
航标器材制造业	6	0.29	0.32	0.13	0.29	1 090
潜水装备制造业	7	0.30	0.34	0.15	0.35	903
公路标志制造业	66	3.33	3.85	1.24	3.62	3 640
电气机械及器材制造业	19 200	3 056.59	3 059.76	740.98	2 751.27	3 088 614
电机制造业	1 506	278.07	300.08	85.26	271.22	497 052
发电机制造业	268	72.39	79.89	26.27	70.76	127 251
电动机制造业	759	129.01	143.23	39.22	130.44	269 299
微电机制造业	479	76.67	76.96	19.77	70.02	100 502
输配电及控制设备制造业	5 785	538.13	562.00	163.44	514.04	808 760
变压器制造业	968	126.73	139.32	36.83	125.59	176 811
整流器制造业	173	6.46	6.50	2.68	5.81	17 654
电容器制造业	313	30.06	25.80	6.29	22.31	39 409
开关控制设备制造业	2 164	176.55	191.08	53.65	189.68	313 613
电器设备元件制造业	931	87.76	84.66	26.46	76.78	130 232
其他输配电及控制设备制造业	1 236	110.57	114.65	37.54	93.89	131 041
电工器材制造业	4 653	829.71	864.62	194.55	764.54	694 145
电线电缆制造业	2 642	623.69	655.89	142.89	581.02	415 490
绝缘制品业	416	41.82	40.78	9.38	33.83	51 220
蓄电池制造业	757	67.15	67.19	18.15	59.46	100 125
原电池制造业	278	60.41	62.86	14.39	57.83	80 135
其他电工器材制造业	560	36.65	37.90	9.73	32.41	47 175
日用电器制造业	2 467	1 114.84	1 028.99	216.37	926.61	565 127
洗衣机制造业	87	99.67	97.91	23.68	96.44	49 297
吸尘器制造业	70	18.14	17.79	3.76	16.70	8 912
电冰箱制造业	199	276.53	281.27	66.19	265.55	109 757
电风扇制造业	295	141.38	132.05	26.34	112.82	92 772
空调器制造业	415	402.11	317.45	55.91	267.13	95 378
排油烟机制造业	56	11.38	11.75	2.36	9.49	9 936
其他日用电器制造业	1 345	165.64	170.76	38.12	158.48	199 075
照明器具制造业	3 041	243.49	246.80	64.72	223.85	398 061
电光源制造业	948	99.18	94.48	26.78	83.75	205 593
灯头、灯座制造业	232	19.12	20.45	5.18	20.55	29 817
灯具制造业	1 107	78.02	80.74	20.40	71.04	94 458
灯用电器附件制造业	472	26.77	30.87	6.61	30.02	30 643
其他照明器具制造业	282	20.40	20.26	5.76	18.50	37 550
电气机械修理业	791	9.43	10.84	3.80	10.59	30 868
其他电气机械制造业	957	42.92	46.42	12.84	40.40	94 601
电焊机制造业	412	19.76	21.08	5.90	18.01	38 241
工业用电炉制造业	158	9.35	9.67	2.54	8.08	26 600
其他类未包括的电气机械制造业	387	13.80	15.68	4.40	14.31	29 760
仪器仪表及文化、办公用机械制造业	5 774	524.66	528.73	144.30	497.79	940 631
通用仪器仪表制造业	2455	188.54	189.35	57.62	176.24	408 712
工业自动化仪表制造业	823	65.12	66.54	23.05	64.07	132 592
电工仪器、仪表制造业	505	39.22	40.13	10.58	36.87	87 563

（续）

行　　业	企　业 单位数 （个）	工业总产值（亿元）		工　业 增加值 （亿元）	产品销售 收　　入 （亿元）	职工年 平均人数 （人）
		1990年 不变价	当年价			
光学仪器制造业	243	41.99	40.02	11.03	36.01	90 144
计时仪器制造业	81	7.15	6.53	1.94	5.24	9 328
分析仪器制造业	127	6.86	6.62	2.11	6.19	15 333
试验机制造业	74	5.81	6.35	2.75	5.49	26 795
实验室仪器及装置制造业	92	2.99	3.21	1.06	2.89	12 329
通用仪器仪表元件、器件制造业	199	11.87	11.82	2.82	10.91	17 104
其他通用仪器仪表制造业	311	7.53	8.13	2.28	8.58	17 524
专用仪器仪表制造业	752	51.07	49.33	14.68	42.92	113 347
环境保护仪器仪表制造业	91	2.52	2.61	0.53	2.25	5 374
汽车仪器仪表制造业	65	11.44	9.63	2.88	8.66	14 651
导航、制导仪器制造业	41	8.80	8.55	2.55	7.58	29 490
农、林、牧、渔仪器、仪表制造业	19	0.46	0.56	0.15	0.45	2 046
地质勘探、钻采、地震专用仪器制造业	67	7.11	7.19	1.84	5.47	17 474
气象、海洋、水文、天文仪器制造业	32	0.61	0.72	0.31	0.71	3 562
教学仪器制造业	206	5.15	5.33	1.97	4.34	12 078
核子及核辐射测量仪器制造业	18	1.36	1.68	0.70	1.71	4 144
专用仪器仪表元件、器件制造业	213	13.62	13.06	3.74	11.75	24 528
电子测量仪器制造业	268	17.25	18.66	4.38	21.87	45 844
计量器具制造业	611	34.02	34.54	11.05	31.16	80 763
传递标准用计量仪器制造业	46	1.80	1.89	0.54	1.82	3 722
量具量仪制造业	204	14.21	14.34	5.21	12.81	36 485
衡器制造业	361	18.00	18.31	5.30	16.53	40 556
文化、办公用机械制造业	328	143.95	145.51	31.38	140.91	74 059
电影机械制造业	14	1.76	1.65	0.61	1.40	5 572
幻灯机及投影仪制造业	15	0.72	0.76	0.21	0.81	2 468
照相机及器材制造业	133	81.84	85.34	17.14	79.56	42 789
复印机制造业	26	50.69	45.42	9.06	46.95	9 586
打字机及油印机制造业	33	4.62	5.01	0.85	5.04	6 333
其他文化、办公用机械制造业	107	4.33	7.33	3.51	7.15	7 311
钟表制造业	734	72.50	72.90	18.97	70.03	180 758
仪器仪表及文化、办公用机械修理业	136	1.23	1.36	0.30	1.23	4 587
其他仪器仪表制造业	490	16.11	17.08	5.92	13.43	32 561

1996年全部独立核算机械工业企业主要统计指标(二)

(单位:亿元)

行业	年末固定资产原价	年末固定资产净值	流动资产合计	利润总额	利税总额
机械工业总计	8 385.34	5 482.28	10 659.63	243.68	804.03
金属制品业	949.61	668.20	1178.31	19.59	79.61
金属结构制造业	64.41	44.09	95.00	3.33	8.11
铸铁管制造业	32.87	22.74	39.43	1.30	3.48
工具制造业	124.08	80.43	149.26	0.57	8.14
切削工具制造业	47.34	29.09	62.07	−0.38	2.22
模具制造业	33.64	23.57	30.54	0.75	2.43
手工具制造业	35.74	22.98	45.96	0.10	2.89
其他工具制造业	7.36	4.79	10.68	0.10	0.60
集装箱和金属包装物品制造业	152.23	111.48	181.16	−0.36	6.65
集装箱制造业	34.27	23.44	63.62	−1.07	−0.77
金属包装物品及容器制造业	117.96	88.04	117.54	0.71	7.41
金属丝绳及其制品业	107.49	73.61	116.80	1.08	6.85
建筑用金属制品业	110.54	78.55	158.29	4.41	13.29
建筑小五金制造业	10.18	7.20	14.41	0.47	1.29
水暖管道零件制造业	30.48	21.30	39.93	1.67	4.34
金属门窗制造业	57.86	41.24	88.80	1.83	6.42
其他建筑用金属制品业	12.01	8.82	15.15	0.44	1.24
金属表面处理及热处理业	43.44	31.28	44.25	2.69	6.52
日用金属制品业	221.77	159.12	292.45	0.58	15.68
搪瓷制造业	26.81	18.19	24.96	−0.69	0.84
铝制品业	60.25	43.70	69.10	0.86	4.26
不锈钢制品业	36.92	30.13	58.75	0.19	2.57
刀剪制造业	5.45	3.56	6.66	0.04	0.63
制锁业	19.68	12.75	34.10	−0.16	1.57
炊事用具制造业	14.87	9.68	19.20	0.11	1.35
燃气用具制造业	22.24	14.78	36.76	−0.19	1.64
理发用具制造业	7.01	5.23	9.58	0.65	1.06
其他日用金属制品业	28.53	21.09	33.35	−0.24	1.74
其他金属制品业	92.77	66.89	101.66	5.99	10.89
铁制小农具制造业	14.75	10.12	15.73	1.36	2.63
焊条制造业	24.26	17.39	38.05	−0.60	0.90
其他类未包括的金属制品业	53.77	39.38	47.88	5.23	7.37
普通机械制造业	1 899.47	1 210.50	2 284.79	46.75	168.46
锅炉及原动机制造业	448.07	281.80	564.55	12.91	38.90
锅炉制造业	101.47	60.12	157.01	2.24	10.23
内燃机制造业	200.24	132.63	245.18	8.53	17.24
汽轮机制造业	44.10	25.18	60.05	1.14	3.80
水轮机制造业	8.72	5.69	8.44	−0.10	0.33
内燃机零部件及配件制造业	87.12	54.17	84.22	0.91	6.55
其他锅炉及原动机制造业	6.41	4.00	9.65	0.19	0.75
金属加工机械制造业	301.32	181.03	292.64	−4.01	9.18
金属切削机床制造业	184.77	106.90	170.04	−4.21	2.05
锻压设备制造业	47.22	29.02	47.35	−0.02	2.52
铸造机械制造业	14.30	9.31	16.53	0.23	1.23
机床附件制造业	17.20	10.76	17.61	0.02	1.03
其他金属加工机械制造业	37.84	25.05	41.10	−0.03	2.35
通用设备制造业	457.28	293.55	656.23	26.49	62.68
起重运输设备制造业	154.79	97.66	267.50	11.23	24.72
工矿车辆制造业	11.87	7.61	14.01	0.45	1.10
泵制造业	74.85	48.23	95.34	2.97	8.73

（续）

行　　业	年末固定资产原价	年末固定资产净值	流动资产合　计	利润总额	利税总额
风机制造业	31.37	17.25	38.73	1.54	4.15
气体压缩机及气体分离设备制造业	59.12	38.74	69.86	1.67	5.21
冷冻设备制造业	50.95	34.18	86.46	7.99	13.53
风动工具制造业	8.01	4.91	9.38	—0.11	0.40
电动工具制造业	21.45	15.31	28.02	0.16	1.52
其他通用设备制造业	44.87	29.66	46.94	0.59	3.32
轴承、阀门制造业	223.27	140.87	276.40	4.34	18.84
轴承制造业	163.88	104.88	202.11	2.12	11.85
阀门制造业	59.38	35.98	74.29	2.22	6.99
其他通用零部件制造业	230.96	145.38	249.81	4.89	20.94
液压件及液力件制造业	46.54	29.84	48.77	0.13	2.97
气动元件制造业	8.99	6.03	13.75	0.44	1.30
密封件制造业	7.96	3.65	7.95	0.63	1.25
粉末冶金制品业	19.58	13.47	20.14	0.65	1.71
紧固件制造业	47.87	31.05	52.78	—0.77	2.38
弹簧制造业	8.36	5.66	11.73	0.79	1.78
链条制造业	14.16	9.37	16.32	—0.01	1.00
齿轮制造业	44.82	24.75	35.82	0.83	3.33
其他类未包括的通用零部件制造业	32.67	21.56	42.54	2.20	5.2
铸锻件制造业	174.11	123.30	182.41	2.53	15.12
铸件制造业	139.37	99.85	148.46	2.67	13.69
锻件制造业	34.73	23.45	33.95	—0.14	1.43
普通机械修理业	7.70	5.12	11.18	0.64	1.56
其他普通机械制造业	56.75	39.45	51.55	—1.03	1.24
专用设备制造业	1 373.57	868.02	1 583.89	20.47	95.58
冶金、矿山、机电工业专用设备制造业	295.83	169.47	289.57	—6.15	6.25
矿山设备制造业	155.10	89.34	145.32	—5.02	1.02
冶金工业专用设备制造业	108.54	59.29	101.51	—2.31	2.28
电工专用设备制造业	6.65	4.41	7.25	0.13	0.47
电子工业专用设备制造业	16.05	10.11	22.07	1.27	2.11
其他机电工业专用设备制造业	9.49	6.31	13.42	—0.22	0.37
石化及其他工业专用设备制造业	262.78	170.71	278.74	4.20	17.84
石油工业专用设备制造业	73.91	47.94	65.38	0.40	3.17
化学工业专用设备制造业	45.99	30.27	45.48	—0.47	1.88
化学纤维工业专用设备制造业	3.77	2.60	4.82	0.13	0.35
橡胶工业专用设备制造业	16.24	10.46	16.14	—0.30	0.49
塑料工业专用设备制造业	24.72	16.47	32.14	1.82	3.57
森林工业专用设备制造业	16.10	10.38	19.97	0.89	2.12
印刷工业专用设备制造业	31.75	20.67	39.02	1.39	3.28
制药工业专用设备制造业	4.41	2.87	6.80	0.10	0.50
建筑材料及其他制品专用设备制造业	45.89	29.03	48.99	0.25	2.48
轻纺工业专用设备制造业	260.93	168.56	297.56	6.77	22.61
食品、饮料、烟草工业专用设备制造业	41.31	26.71	56.15	1.04	4.19
粮油工业专用设备制造业	32.25	21.95	30.52	1.11	2.76
饲料工业专用设备制造业	5.15	3.52	6.21	0.74	1.03
包装工业专用设备制造业	13.53	8.67	19.04	0.95	1.89
纺织、服装、皮革工业专用设备制造业	134.30	85.83	147.78	0.81	8.10
照明器具工业专用设备制造业	3.27	2.50	2.86	0.08	0.22
日用硅酸制品工业专用设备制造业	2.98	1.83	3.29	—0.09	0.15
制浆、造纸工业专用设备制造业	21.54	12.62	23.71	1.87	3.43
日用化学工业专用设备制造业	6.60	4.94	8.00	0.26	0.84
农、林、牧、渔、水利业机械制造业	269.70	172.57	312.27	8.90	21.98
拖拉机制造业	109.17	65.55	114.92	3.28	5.72
机械化农机具制造业	50.78	33.39	59.71	0.93	3.07
营林机械制造业	0.95	0.57	0.84	—0.01	0.06

(续)

行　　业	年末固定资产原价	年末固定资产净值	流动资产合　计	利润总额	利税总额
畜牧机械制造业	4.02	2.57	4.06	−0.12	0.01
渔业机械制造业	2.48	1.52	2.86	0.20	0.36
水利机械制造业	6.84	4.15	7.29	0.08	0.46
拖拉机配件制造业	44.26	29.36	49.21	1.41	4.74
其他农、林、牧、渔、水利业机械制造业	51.19	35.47	73.37	3.12	7.58
医疗器械制造业	53.53	36.79	86.67	3.56	8.41
手术器械制造业	8.35	5.23	8.66	0.29	0.90
医疗仪器、设备制造业	21.03	14.58	44.28	1.47	3.20
诊断用品制造业	6.39	4.59	7.97	0.15	0.57
医用材料及医疗用品制造业	16.57	11.57	24.62	1.53	3.59
假肢、矫形器制造业	1.19	0.81	1.14	0.11	0.14
其他专用设备制造业	202.21	130.24	286.97	2.66	15.86
建筑机械制造业	89.61	57.00	117.89	0.28	5.19
地质专用设备制造业	11.38	6.82	9.46	−0.81	−0.39
畜牧兽医医疗器械制造业	0.08	0.06	0.19	0.01	0.02
缝纫机制造业	35.94	23.23	49.22	−0.71	1.02
商业、饮食业、服务业专用机械制造业	3.84	2.69	5.73	0.10	0.42
邮政机械及器材制造业	2.10	1.10	3.34	0.24	0.52
环境保护机械制造业	17.99	11.80	37.88	1.76	3.87
社会公共安全设备及器材制造业	10.89	7.29	23.22	1.00	2.49
其他类未包括的专用设备制造业	30.38	20.25	40.04	0.80	2.72
专用机械设备修理业	28.59	19.67	32.11	0.53	2.63
工业专用设备修理业	3.55	2.36	8.19	0.25	0.70
农、林、牧、渔、水利机械修理业	7.53	5.24	6.87	0.59	1.08
医疗器械修理业	0.08	0.04	0.15	0.01	0.02
其他专用机械设备修理业	17.43	12.04	16.90	−0.31	0.82
交通运输设备制造业	2 377.16	1 509.93	2 947.00	82.69	254.99
铁路运输设备制造业	157.46	101.59	128.53	1.39	9.92
机车制造业	45.16	29.25	31.82	0.84	2.86
客车制造业	22.13	16.21	18.50	1.40	2.90
货车制造业	38.75	23.52	23.69	0.51	2.25
机车车辆配件制造业	15.83	9.56	16.80	−0.28	1.07
铁路信号设备制造业	3.68	2.60	2.96	−0.11	0.09
铁路专用设备制造业	13.75	9.05	13.59	−0.31	0.32
铁路专用器材制造业	14.89	9.24	18.54	−0.56	0.37
其他铁路运输设备制造业	3.27	2.16	2.64	−0.09	0.07
汽车制造业	1 222.07	775.97	1 558.88	64.34	158.66
载重汽车制造业	404.65	251.90	580.92	6.46	36.06
客车制造业	66.47	45.25	69.22	−1.47	1.34
小轿车制造业	138.88	74.08	223.51	38.77	58.53
微型汽车制造业	22.98	16.43	38.91	0.98	3.44
特种车辆及改装汽车制造业	115.30	72.95	139.32	−2.42	4.38
汽车车身制造业	14.32	9.38	20.88	0.24	1.08
汽车零部件及配件制造业	459.48	305.97	486.13	21.78	53.83
摩托车制造业	130.35	94.43	288.85	14.57	45.87
摩托车整车制造业	68.95	49.45	194.58	10.85	36.78
摩托车零部件及配件制造业	61.58	44.98	94.27	3.72	9.09
自行车制造业	106.80	77.63	161.28	−2.50	2.90
电车制造业	0.11	0.08	0.09	0.00	0.01
船舶制造业	184.30	117.55	305.13	−1.07	6.13
海洋运输船制造业	111.47	71.91	233.02	−0.12	3.52
内河船制造业	33.15	19.50	29.49	−0.71	0.58
渔轮制造业	10.20	6.84	8.24	−0.11	0.39
船舶机械设备制造业	29.48	19.29	34.37	−0.14	1.65
海洋石油平台制造业	0.00	0.00	0.00	0.00	0.00

(续)

行　　业	年末固定资产原价	年末固定资产净值	流动资产合　　计	利润总额	利税总额
航空航天器制造业	306.78	159.33	307.24	1.11	13.03
飞机制造业	259.52	135.60	263.64	3.00	14.57
其他航空航天器制造业	47.26	23.73	43.60	−1.89	−1.54
交通运输设备修理业	267.71	182.47	193.73	4.65	18.04
铁路运输设备修理业	62.32	46.65	29.10	−0.84	1.95
汽车修理业	90.49	64.50	90.89	1.72	8.84
摩托车修理业	0.21	0.15	0.33	0.03	0.07
电车修理业	0.07	0.06	0.15	0.00	0.02
船舶修理业	69.21	43.76	43.44	1.93	4.03
飞机修理业	41.27	25.09	26.20	1.67	2.78
其他交通运输设备修理业	4.14	2.27	3.62	0.15	0.37
其他交通运输设备制造业	1.39	0.88	3.26	0.21	0.44
航标器材制造业	0.29	0.20	0.36	0.01	0.03
潜水装备制造业	0.18	0.11	0.28	0.01	0.05
公路标志制造业	0.92	0.56	2.63	0.18	0.36
电气机械及器材制造业	1 432.81	1 000.00	2 195.42	67.34	179.37
电机制造业	217.17	153.87	286.06	0.82	13.32
发电机制造业	64.13	40.56	105.51	−0.26	3.56
电动机制造业	108.05	81.70	133.85	0.61	7.26
微电机制造业	44.99	31.61	46.69	0.47	2.50
输配电及控制设备制造业	298.74	190.88	451.72	15.34	41.30
变压器制造业	85.60	55.11	114.06	2.88	8.52
整流器制造业	4.06	2.58	7.39	−0.30	−0.11
电容器制造业	18.16	11.87	19.90	−0.09	0.75
开关控制设备制造业	107.10	64.84	171.07	5.57	15.37
电器设备元件制造业	40.51	28.02	62.53	2.65	6.29
其他输配电及控制设备制造业	43.30	28.46	76.76	4.63	10.48
电工器材制造业	397.95	285.93	479.37	15.91	44.81
电线电缆制造业	286.81	200.98	355.65	15.13	35.85
绝缘制品业	20.84	14.56	25.56	−0.08	1.96
蓄电池制造业	45.59	37.71	42.13	0.23	2.96
原电池制造业	29.95	22.78	33.16	0.24	2.29
其他电工器材制造业	14.76	9.90	22.87	0.38	1.74
日用电器制造业	378.46	272.19	779.37	32.38	65.83
洗衣机制造业	43.28	29.08	76.65	3.94	8.14
吸尘器制造业	6.16	4.75	9.87	0.32	0.85
电冰箱制造业	106.73	73.95	239.69	12.94	21.48
电风扇制造业	40.88	26.47	77.27	−0.87	2.27
空调器制造业	110.44	85.48	235.79	11.75	23.07
排油烟机制造业	4.64	4.27	8.95	−0.13	0.33
其他日用电器制造业	66.33	48.19	131.15	4.42	9.68
照明器具制造业	113.02	79.51	156.32	2.32	11.07
电光源制造业	62.29	43.61	68.06	−0.07	4.18
灯头、灯座制造业	7.04	4.94	15.79	0.97	1.65
灯具制造业	25.92	19.07	42.11	0.88	3.15
灯用电器附件制造业	9.47	6.26	16.85	0.41	1.01
其他照明器具制造业	8.30	5.64	13.51	0.14	1.08
电气机械修理业	3.30	2.16	5.55	0.17	0.70
其他电气机械制造业	24.17	15.46	37.03	0.40	2.35
电焊机制造业	10.10	6.77	16.48	0.16	0.99
工业用电炉制造业	6.03	3.72	9.03	−0.31	0.06
其他类未包括的电气机械制造业	8.05	4.97	11.52	0.55	1.31
仪器仪表及文化、办公用机械制造业	352.72	225.63	470.22	6.84	26.02
通用仪器仪表制造业	146.95	96.31	195.44	3.02	11.93
工业自动化仪表制造业	47.65	29.63	76.85	1.82	5.77

（续）

行　　业	年末固定资产原价	年末固定资产净值	流动资产合　计	利润总额	利税总额
电工仪器、仪表制造业	26.23	18.16	41.47	0.55	2.31
光学仪器制造业	41.36	27.67	38.49	0.41	1.50
计时仪器制造业	2.88	1.94	3.54	0.11	0.33
分析仪器制造业	6.52	4.05	7.44	－0.07	0.29
试验机制造业	8.05	5.11	8.63	－0.28	0.14
实验室仪器及装置制造业	3.20	2.14	3.72	－0.05	0.14
通用仪器仪表元件、器件制造业	5.42	3.75	8.08	0.24	0.74
其他通用仪器仪表制造业	5.64	3.87	7.21	0.29	0.71
专用仪器仪表制造业	49.26	32.67	57.69	－0.42	2.01
环境保护仪器仪表制造业	1.54	1.15	2.58	－0.11	－0.01
汽车仪器仪表制造业	6.55	4.82	11.44	0.04	0.62
导航、制导仪器制造业	13.93	8.80	10.96	－0.81	－0.42
农、林、牧、渔仪器、仪表制造业	0.53	0.36	0.60	－0.01	0.01
地质勘探、钻采、地震专用仪器制造业	11.09	7.51	12.02	－0.24	－0.11
气象、海洋、水文、天文仪器制造业	1.15	0.70	0.77	－0.01	0.04
教学仪器制造业	3.20	2.02	5.09	0.40	0.69
核子及核辐射测量仪器制造业	2.17	1.17	2.16	－0.03	0.11
专用仪器仪表元件、器件制造业	9.11	6.14	12.08	0.35	1.07
电子测量仪器制造业	14.85	10.53	21.84	0.96	2.11
计量器具制造业	24.42	15.50	32.03	0.65	2.50
传递标准用计量仪器制造业	0.79	0.61	1.64	0.02	0.14
量具量仪制造业	10.76	6.89	13.17	0.41	1.19
衡器制造业	12.87	8.00	17.21	0.22	1.18
文化、办公用机械制造业	48.35	31.95	79.95	2.98	4.39
电影机械制造业	2.10	1.12	2.01	0.05	0.11
幻灯机及投影仪制造业	1.21	0.62	0.80	－0.01	0.02
照相机及器材制造业	27.30	18.33	38.79	1.53	1.96
复印机制造业	11.51	7.88	28.20	1.44	1.95
打字机及油印机制造业	4.33	2.64	4.77	－0.19	－0.14
其他文化、办公用机械制造业	1.89	1.36	5.39	0.17	0.49
钟表制造业	61.59	34.29	69.93	－0.73	1.77
仪器仪表及文化、办公用机械修理业	0.34	0.23	0.80	0.00	0.06
其他仪器仪表制造业	6.95	4.14	12.55	0.37	1.25

1996年全部独立核算机械工业企业主要财务分析指标

行业	总资产报酬率（%）	产值利税率（%）	百元销售收入实现的利润（元）	百元固定资产实现的利税（元）	工业增加值率（%）
机械工业总计	4.15	5.75	1.93	11.32	27.22
金属制品业	3.71	4.10	1.18	9.89	27.80
金属结构制造业	5.10	5.45	2.76	15.12	35.65
铸铁管制造业	4.89	4.60	2.07	12.27	33.49
工具制造业	3.08	4.40	0.37	8.28	33.58
切削工具制造业	2.19	3.65	−0.73	6.49	37.34
模具制造业	3.77	5.63	2.11	8.51	35.95
手工具制造业	3.59	4.27	0.18	9.91	30.50
其他工具制造业	3.30	4.50	0.91	9.35	25.48
集装箱和金属包装物品制造业	1.93	2.21	−0.14	5.05	20.85
集装箱制造业	−0.74	−0.64	−0.97	−2.71	14.55
金属包装物品及容器制造业	3.08	4.09	0.45	7.18	24.70
金属丝绳及其制品业	3.05	3.57	0.62	7.39	27.81
建筑用金属制品业	4.92	4.71	1.94	14.01	29.24
建筑小五金制造业	5.06	4.87	2.15	13.45	29.88
水暖管道零件制造业	6.29	5.25	2.56	16.93	29.96
金属门窗制造业	4.35	4.42	1.59	13.18	30.33
其他建筑用金属制品业	4.42	4.44	1.78	11.36	21.15
金属表面处理及热处理业	7.62	6.09	2.97	18.23	28.93
日用金属制品业	2.94	3.37	0.14	8.23	25.48
搪瓷制造业	1.58	2.11	−2.03	3.68	23.97
铝制品业	3.07	3.70	0.81	7.86	24.06
不锈钢制品业	2.59	3.02	0.26	7.82	23.32
刀剪制造业	5.57	4.33	0.37	15.99	29.60
制锁业	2.86	2.97	−0.36	10.64	27.50
炊事用具制造业	4.02	3.92	0.40	11.71	33.08
燃气用具制造业	2.72	3.12	−0.45	8.54	25.41
理发用具制造业	6.04	9.21	5.73	18.79	33.03
其他日用金属制品业	2.75	2.92	−0.46	6.81	24.40
其他金属制品业	5.56	5.85	3.62	13.75	28.98
铁制小农具制造业	9.17	6.20	3.65	22.67	26.01
焊条制造业	1.41	1.83	−1.26	4.62	26.27
其他类未包括的金属制品业	7.12	7.78	6.48	15.32	31.37
普通机械制造业	4.09	6.28	1.96	10.86	29.90
锅炉及原动机制造业	3.82	6.34	2.27	10.25	29.00
锅炉制造业	4.06	6.56	1.65	13.21	31.88
内燃机制造业	3.77	5.96	3.06	9.37	26.39
汽轮机制造业	3.40	9.08	2.76	10.74	32.36
水轮机制造业	2.03	5.38	−1.86	4.71	38.80
内燃机零部件及配件制造业	3.92	6.01	0.94	9.28	29.16
其他锅炉及原动机制造业	4.79	6.39	2.00	14.51	36.25
金属加工机械制造业	1.62	3.50	−1.79	3.88	33.62
金属切削机床制造业	0.61	1.87	−4.34	1.43	35.70
锻压设备制造业	2.82	4.87	−0.05	6.76	29.56
铸造机械制造业	4.14	4.59	1.06	11.07	29.14
机床附件制造业	3.16	6.18	0.14	8.27	38.70
其他金属加工机械制造业	2.95	4.08	−0.06	7.37	33.83
通用设备制造业	5.67	8.79	3.94	17.28	27.16
起重运输设备制造业	5.91	10.04	4.33	19.91	22.62
工矿车辆制造业	3.94	5.10	2.49	10.56	34.07
泵制造业	5.37	7.25	2.95	14.92	32.08
风机制造业	6.49	10.07	4.15	18.74	35.11

（续）

行　业	总资产报酬率（%）	产值利税率（%）	百元销售收入实现的利润（元）	百元固定资产实现的利税（元）	工业增加值率（%）
气体压缩机及气体分离设备制造业	4.18	8.49	2.80	11.34	26.48
冷冻设备制造业	8.78	13.51	8.34	31.64	29.00
风动工具制造业	2.35	4.26	－1.37	6.45	35.76
电动工具制造业	2.97	2.94	0.40	8.15	21.26
其他通用设备制造业	3.87	5.45	1.12	9.76	30.44
轴承、阀门制造业	3.91	6.44	1.70	10.57	29.93
轴承制造业	3.33	6.14	1.25	8.80	30.50
阀门制造业	5.52	7.03	2.57	16.05	28.84
其他通用零部件制造业	4.48	5.97	1.58	11.16	30.21
液压件及液力件制造业	3.28	5.41	0.28	8.09	34.11
气动元件制造业	5.33	7.43	3.03	17.54	32.11
密封件制造业	7.58	8.95	4.75	18.04	32.35
粉末冶金制品业	4.30	6.56	2.85	10.15	27.61
紧固件制造业	2.52	3.14	－1.18	6.60	28.61
弹簧制造业	8.23	9.89	4.98	23.15	35.48
链条制造业	3.32	3.90	－0.05	8.68	28.94
齿轮制造业	4.34	6.63	1.86	8.77	31.22
其他类未包括的通用零部件制造业	7.18	7.60	3.32	19.71	27.26
铸锻件制造业	4.25	4.13	0.87	9.92	33.87
铸件制造业	4.72	4.45	1.08	11.08	34.29
锻件制造业	2.17	2.45	－0.31	4.96	31.67
普通机械修理业	8.48	7.29	3.58	24.92	47.95
其他普通机械制造业	1.17	2.02	－1.98	2.61	26.45
专用设备制造业	3.32	4.81	1.16	8.72	29.30
冶金、矿山、机电工业专用设备制造业	1.18	2.50	－2.74	2.92	33.33
矿山设备制造业	0.37	0.84	－4.52	0.88	29.87
冶金工业专用设备制造业	1.25	2.81	－3.12	3.17	38.60
电工专用设备制造业	3.53	6.72	1.94	9.40	31.70
电子工业专用设备制造业	5.62	8.68	6.49	16.93	32.91
其他机电工业专用设备制造业	1.60	2.26	－1.70	4.46	37.33
石化及其他工业专用设备制造业	3.42	5.81	1.52	8.73	28.70
石油工业专用设备制造业	2.44	5.59	0.68	5.76	31.15
化学工业专用设备制造业	2.19	3.41	－0.97	5.33	24.68
化学纤维工业专用设备制造业	4.44	4.83	2.33	13.01	32.93
橡胶工业专用设备制造业	1.61	2.56	－1.79	3.95	30.40
塑料工业专用设备制造业	6.45	7.55	4.56	18.31	25.20
森林工业专用设备制造业	6.11	6.49	3.41	16.17	27.77
印刷工业专用设备制造业	4.31	10.27	4.74	12.89	32.72
制药工业专用设备制造业	4.28	6.67	1.59	12.69	36.11
建筑材料及其他制品专用设备制造业	2.76	5.00	0.57	6.72	29.84
轻纺工业专用设备制造业	4.04	6.16	2.16	10.33	30.57
食品、饮料、烟草工业专用设备制造业	4.21	6.56	1.89	10.91	36.12
粮油工业专用设备制造业	4.74	5.60	2.63	11.34	34.43
饲料工业专用设备制造业	8.65	9.65	8.48	24.01	26.59
包装工业专用设备制造业	5.84	8.73	4.88	17.66	35.78
纺织、服装、皮革工业专用设备制造业	2.80	5.06	0.59	7.09	26.65
照明器具工业专用设备制造业	3.79	4.15	1.93	8.70	26.54
日用硅酸制品工业专用设备制造业	2.37	2.96	－2.09	6.12	28.57
制浆、造纸工业专用设备制造业	8.13	9.78	6.56	21.41	36.39
日用化学工业专用设备制造业	5.68	5.22	2.06	14.26	25.61
农、林、牧、渔、水利业机械制造业	3.92	3.63	1.67	10.06	24.79
拖拉机制造业	2.70	2.53	1.57	6.62	23.41
机械化农机具制造业	2.95	3.28	1.23	7.80	28.11
营林机械制造业	3.80	3.80	－0.68	8.45	48.09
畜牧机械制造业	0.13	0.25	－3.52	0.31	34.35

（续）

行　业	总资产报酬率（%）	产值利税率（%）	百元销售收入实现的利润（元）	百元固定资产实现的利税（元）	工业增加值率（%）
渔业机械制造业	7.09	5.96	3.74	19.25	25.82
水利机械制造业	3.48	5.34	1.12	8.44	35.23
拖拉机配件制造业	5.31	5.67	2.09	13.50	29.68
其他农、林、牧、渔、水利业机械制造业	5.90	4.15	1.91	16.36	21.30
医疗器械制造业	5.72	7.51	3.54	18.46	29.96
手术器械制造业	5.56	6.21	2.21	13.53	30.01
医疗仪器、设备制造业	4.41	9.26	4.48	16.77	39.91
诊断用品制造业	4.05	3.64	1.07	10.94	10.44
医用材料及医疗用品制造业	8.54	7.77	3.87	26.40	30.02
假肢、矫形器制造业	6.36	11.86	10.28	13.73	47.37
其他专用设备制造业	3.18	5.28	0.96	9.19	31.71
建筑机械制造业	2.36	4.69	0.28	6.35	32.52
地质专用设备制造业	−2.16	−5.92	−12.04	−4.85	21.82
畜牧兽医医疗器械制造业	7.69	5.26	4.00	33.33	37.14
缝纫机制造业	1.15	2.27	−1.50	3.39	19.64
商业、饮食业、服务业专用机械制造业	4.33	5.59	1.57	13.55	32.50
邮政机械及器材制造业	10.06	8.43	4.20	33.77	31.30
环境保护机械制造业	6.95	8.58	3.72	25.16	36.80
社会公共安全设备及器材制造业	7.29	7.87	3.95	28.10	38.03
其他类未包括的专用设备制造业	4.05	5.73	2.00	11.42	34.33
专用机械设备修理业	4.57	5.76	1.25	11.74	40.18
工业专用设备修理业	6.11	7.82	3.30	24.14	36.76
农、林、牧、渔、水利机械修理业	7.96	6.03	4.01	17.88	39.18
医疗器械修理业	8.00	12.50	4.76	25.00	20.00
其他专用机械设备修理业	2.54	4.40	−1.57	6.13	43.00
交通运输设备制造业	4.53	6.74	2.34	11.93	26.55
铁路运输设备制造业	3.93	4.90	0.70	8.63	36.30
机车制造业	4.32	5.10	1.56	8.85	30.35
客车制造业	7.70	7.38	3.71	16.16	43.37
货车制造业	4.35	4.63	1.08	8.57	35.02
机车车辆配件制造业	3.54	4.30	−1.14	9.55	35.24
铁路信号设备制造业	1.50	2.74	−3.51	3.16	58.38
铁路专用设备制造业	1.30	2.68	−2.77	3.01	38.54
铁路专用器材制造业	1.21	2.46	−3.27	3.32	39.10
其他铁路运输设备制造业	1.32	2.11	−3.49	2.66	44.90
汽车制造业	5.09	7.63	3.28	13.31	25.67
载重汽车制造业	3.17	5.68	1.02	8.80	23.13
客车制造业	0.86	1.44	−1.82	2.07	24.25
小轿车制造业	12.25	14.27	9.64	36.31	22.71
微型汽车制造业	4.91	5.34	1.65	14.91	22.59
特种车辆及改装汽车制造业	1.67	2.43	−1.46	4.08	23.27
汽车车身制造业	3.11	3.68	0.99	9.22	27.72
汽车零部件及配件制造业	5.51	8.06	3.67	12.99	30.82
摩托车制造业	9.66	9.20	3.30	35.52	22.91
摩托车整车制造业	11.94	10.83	3.62	48.68	20.73
摩托车零部件及配件制造业	5.45	5.72	2.63	16.96	27.53
自行车制造业	1.07	1.57	−1.41	3.36	21.28
电车制造业	5.26	2.86	0.00	11.11	19.23
船舶制造业	1.30	2.31	−0.46	4.13	26.05
海洋运输船制造业	1.05	1.96	−0.08	3.81	24.08
内河船制造业	1.00	1.51	−2.37	2.24	28.36
渔轮制造业	2.31	2.87	−1.00	4.85	27.44
船舶机械设备制造业	2.68	4.88	−0.44	7.48	31.66
航空航天器制造业	2.19	4.91	0.42	5.26	28.15
飞机制造业	2.88	6.17	1.25	7.01	28.30

(续)

行　　业	总资产报酬率(%)	产　值利税率(%)	百元销售收入实现的利润(元)	百元固定资产实现的利税(元)	工　业增加值率(%)
其他航空航天器制造业	-1.70	-5.32	-7.77	-3.86	27.13
交通运输设备修理业	4.07	6.32	1.77	8.26	37.68
铁路运输设备修理业	2.45	4.40	-2.01	4.00	55.47
汽车修理业	4.76	5.72	1.24	11.46	39.32
摩托车修理业	13.21	7.14	3.23	41.18	43.21
电车修理业	9.52	11.76	0.00	33.33	40.00
船舶修理业	3.72	7.15	4.17	7.11	38.63
飞机修理业	4.52	13.08	5.81	8.57	2.74
其他交通运输设备修理业	5.00	4.78	2.42	12.25	30.19
其他交通运输设备制造业	9.57	9.76	4.93	44.00	38.78
航标器材制造业	4.23	9.38	3.45	15.00	44.83
潜水装备制造业	10.42	14.71	2.86	41.67	50.00
公路标志制造业	10.56	9.35	4.97	52.94	37.24
电气机械及器材制造业	4.73	5.86	2.45	14.52	24.24
电机制造业	2.65	4.44	0.30	7.67	30.66
发电机制造业	2.05	4.46	-0.37	7.01	36.29
电动机制造业	3.06	5.07	0.47	8.61	30.40
微电机制造业	2.70	3.25	0.67	6.49	25.79
输配电及控制设备制造业	5.43	7.35	2.98	16.60	30.37
变压器制造业	4.32	6.12	2.29	12.01	29.06
整流器制造业	-0.98	-1.69	-5.16	-3.91	41.49
电容器制造业	1.99	2.91	-0.40	5.13	20.92
开关控制设备制造业	5.43	8.04	2.94	16.97	30.39
电器设备元件制造业	5.70	7.43	3.45	18.52	30.15
其他输配电及控制设备制造业	8.65	9.14	4.93	29.19	33.95
电工器材制造业	4.98	5.18	2.08	13.13	23.45
电线电缆制造业	5.46	5.47	2.60	14.58	22.91
绝缘制品业	4.21	4.81	-0.24	12.00	22.43
蓄电池制造业	3.14	4.41	0.39	7.44	27.03
原电池制造业	3.43	3.64	0.42	8.35	23.82
其他电工器材制造业	4.74	4.59	1.17	14.71	26.55
日用电器制造业	5.16	6.40	3.49	19.01	19.41
洗衣机制造业	5.96	8.31	4.09	22.31	23.76
吸尘器制造业	4.79	4.78	1.92	15.60	20.73
电冰箱制造业	5.42	7.64	4.87	20.41	23.94
电风扇制造业	1.91	1.72	-0.77	7.01	18.63
空调器制造业	6.10	7.27	4.40	21.63	13.90
排油烟机制造业	2.23	2.81	-1.37	7.33	20.74
其他日用电器制造业	4.53	5.67	2.79	17.44	23.01
照明器具制造业	3.89	4.49	1.04	10.70	26.58
电光源制造业	3.07	4.42	-0.08	7.40	27.00
灯头、灯座制造业	6.18	8.07	4.72	23.84	27.09
灯具制造业	4.48	3.90	1.24	14.29	26.15
灯用电器附件制造业	3.55	3.27	1.37	9.66	24.69
其他照明器具制造业	4.64	5.33	0.76	14.32	28.24
电气机械修理业	8.25	6.46	1.61	27.03	40.30
其他电气机械制造业	3.82	5.06	0.99	12.03	29.92
电焊机制造业	3.62	4.70	0.89	12.12	29.86
工业用电炉制造业	0.39	0.62	-3.84	1.12	27.17
其他类未包括的电气机械制造业	6.92	8.35	3.84	21.83	31.88
仪器仪表及文化、办公用机械制造业	3.16	4.92	1.37	9.46	27.50
通用仪器仪表制造业	3.43	6.30	1.71	10.19	30.56
工业自动化仪表制造业	4.57	8.67	2.84	16.09	35.40
电工仪器、仪表制造业	3.22	5.76	1.49	10.26	26.98
光学仪器制造业	1.88	3.75	1.14	4.43	26.27

(续)

行　　业	总资产报酬率(%)	产　值利税率(%)	百元销售收入实现的利润(元)	百元固定资产实现的利税(元)	工　业增加值率(%)
计时仪器制造业	4.74	5.05	2.10	12.60	27.13
分析仪器制造业	2.14	4.38	−1.13	5.92	30.76
试验机制造业	0.82	2.20	−5.10	2.25	47.33
实验室仪器及装置制造业	2.11	4.36	−1.73	5.71	35.45
通用仪器仪表元件、器件制造业	5.56	6.26	2.20	17.58	23.76
其他通用仪器仪表制造业	5.70	8.73	3.38	16.10	30.28
专用仪器仪表制造业	1.86	4.07	−0.98	5.09	28.74
环境保护仪器仪表制造业	−0.18	−0.38	−4.89	−0.63	21.03
汽车仪器仪表制造业	3.19	6.44	0.46	10.58	25.17
导航、制导仪器制造业	−1.81	−4.91	−10.69	−4.20	28.98
农、林、牧、渔仪器、仪表制造业	0.89	1.79	−2.22	2.08	32.61
地质勘探、钻采、地震专用仪器制造业	−0.50	−1.53	−4.39	−1.26	25.88
气象、海洋、水文、天文仪器制造业	2.38	5.56	−1.41	4.55	50.82
教学仪器制造业	8.09	12.95	9.22	23.63	38.25
核子及核辐射测量仪器制造业	2.39	6.55	−1.75	6.67	51.47
专用仪器仪表元件、器件制造业	4.98	8.19	2.98	14.50	27.46
电子测量仪器制造业	5.32	11.31	4.39	14.38	25.39
计量器具制造业	4.43	7.24	2.09	12.26	32.48
传递标准用计量仪器制造业	4.83	7.41	1.10	16.87	30.00
量具量仪制造业	5.13	8.30	3.20	14.07	36.66
衡器制造业	3.89	6.44	1.33	10.63	29.44
文化、办公用机械制造业	3.43	3.02	2.11	11.99	21.80
电影机械制造业	2.64	6.67	3.57	5.98	34.66
幻灯机及投影仪制造业	1.12	2.63	−1.23	2.30	29.17
照相机及器材制造业	2.99	2.30	1.92	9.45	20.94
复印机制造业	5.10	4.29	3.07	23.84	17.87
打字机及油印机制造业	−1.41	−2.79	−3.77	−3.98	18.40
其他文化、办公用机械制造业	5.98	6.68	2.38	33.56	81.06
钟表制造业	1.44	2.43	−1.04	4.31	26.17
仪器仪表及文化、办公用机械修理业	5.31	4.41	0.00	20.00	24.39
其他仪器仪表制造业	6.45	7.32	2.76	22.73	36.75

1996 年全部独立核算国有机械工业企业主要统计指标(一)

行业	企业单位数(个)	工业总产值(亿元) 1990年不变价	工业总产值(亿元) 当年价	工业增加值(亿元)	产品销售收入(亿元)	职工年平均人数(人)
机械工业总计	19 657	4 270.41	4 706.33	1 191.59	4 485.67	9 313 834
金属制品业	2 641	200.68	235.93	63.61	225.39	590 515
金属结构制造业	280	17.30	21.81	6.39	21.11	41 636
铸铁管制造业	93	5.10	7.28	1.91	6.25	17 656
工具制造业	408	33.46	37.11	12.85	33.15	130 892
切削工具制造业	143	18.18	20.82	7.89	18.68	77 277
模具制造业	164	6.28	6.50	2.18	5.79	20 791
手工具制造业	82	7.98	8.85	2.53	7.72	27 655
其他工具制造业	19	1.01	0.94	0.24	0.96	5 169
集装箱和金属包装物品制造业	192	16.56	17.79	3.47	13.87	38 364
集装箱制造业	10	2.74	2.75	0.93	0.56	1 657
金属包装物品及容器制造业	182	13.82	15.04	2.55	13.31	36 707
金属丝绳及其制品业	236	28.59	40.80	8.99	41.38	84 971
建筑用金属制品业	577	17.85	19.63	4.90	17.80	69 819
建筑小五金制造业	60	1.87	2.22	0.58	2.00	6 050
水暖管道零件制造业	83	3.30	3.80	0.88	3.58	14 724
金属门窗制造业	403	12.00	12.78	3.22	11.53	47 224
其他建筑用金属制品业	31	0.68	0.83	0.22	0.69	1 821
金属表面处理及热处理业	136	4.82	4.74	1.61	4.20	12 007
日用金属制品业	494	50.52	54.58	12.27	53.14	144 267
搪瓷制造业	55	13.15	14.40	2.69	13.20	37 927
铝制品业	106	7.49	7.82	2.10	7.16	24 775
不锈钢制品业	62	7.61	7.63	1.75	7.96	12 886
刀剪制造业	16	1.02	1.27	0.60	0.86	4 835
制锁业	42	4.92	6.03	1.51	5.83	16 089
炊事用具制造业	93	4.41	5.16	1.50	4.61	18 020
燃气用具制造业	40	6.24	5.56	0.76	5.48	10 902
理发用具制造业	9	0.85	0.98	0.08	1.00	3 366
其他日用金属制品业	71	4.83	5.73	1.29	7.05	15 467
其他金属制品业	225	26.47	32.20	11.21	34.49	50 903
铁制小农具制造业	58	0.90	1.09	0.40	0.92	5 774
焊条制造业	50	12.32	16.46	4.14	19.23	24 883
其他类未包括的金属制品业	117	13.25	14.65	6.68	14.34	20 246
普通机械制造业	4 391	861.93	947.00	261.67	897.08	2 364 080
锅炉及原动机制造业	611	277.21	311.26	76.75	296.55	533 407
锅炉制造业	199	42.68	51.69	13.55	48.13	109 008
内燃机制造业	139	170.46	192.16	43.20	184.31	239 361
汽轮机制造业	13	12.71	15.74	4.64	16.40	26 172
水轮机制造业	31	5.19	5.74	1.98	5.02	16 553
内燃机零部件及配件制造业	210	44.34	43.82	12.66	40.70	139 002
其他锅炉及原动机制造业	19	1.83	2.12	0.71	2.00	3 311
金属加工机械制造业	703	103.83	111.38	35.72	101.71	426 407
金属切削机床制造业	280	61.29	66.40	21.26	61.31	278 403
锻压设备制造业	84	19.84	21.17	7.11	19.11	59 589
铸造机械制造业	38	4.46	4.63	1.38	3.85	15 752
机床附件制造业	75	6.51	7.20	2.91	6.45	29 270
其他金属加工机械制造业	226	11.72	11.97	3.06	10.98	43 393
通用设备制造业	966	237.12	251.56	72.63	243.49	574 626
起重运输设备制造业	243	92.79	100.21	27.44	100.39	216 999
工矿车辆制造业	41	4.57	5.14	1.96	3.69	15 631
泵制造业	296	40.00	43.56	14.10	39.51	119 105
风机制造业	71	15.82	16.09	5.89	15.90	35 854

(续)

行　　业	企业单位数(个)	工业总产值(亿元)		工业增加值(亿元)	产品销售收入(亿元)	职工年平均人数(人)
		1990年不变价	当年价			
气体压缩机及气体分离设备制造业	78	28.64	27.98	7.81	27.90	73 724
冷冻设备制造业	77	30.28	31.46	7.84	32.39	36 980
风动工具制造业	20	3.01	3.54	1.33	3.24	12 680
电动工具制造业	31	5.75	5.10	1.30	2.94	12 258
其他通用设备制造业	109	16.26	18.49	4.95	17.55	51 395
轴承、阀门制造业	393	103.94	113.18	29.24	107.14	317 073
轴承制造业	242	83.30	91.76	22.91	86.03	243 620
阀门制造业	151	20.64	21.42	6.33	21.12	73 453
其他通用零部件制造业	827	89.01	91.45	28.58	85.81	292 202
液压件及液力件制造业	160	23.96	23.11	8.10	21.18	77 118
气动元件制造业	38	3.55	3.32	1.14	2.89	8 526
密封件制造业	29	1.34	1.50	0.62	1.40	7 671
粉末冶金制品业	62	5.33	4.39	1.29	4.05	12 394
紧固件制造业	206	13.62	15.03	4.05	14.35	86 777
弹簧制造业	33	1.81	2.40	1.07	2.77	3 926
链条制造业	38	4.49	5.25	1.46	4.29	14 939
齿轮制造业	87	23.81	25.09	7.22	23.46	53 335
其他类未包括的通用零部件制造业	174	11.10	11.36	3.62	11.43	27 516
铸锻件制造业	485	32.46	46.30	11.87	42.53	137 018
铸件制造业	418	22.03	31.97	8.57	29.46	105 519
锻件制造业	67	10.43	14.33	3.31	13.07	31 499
普通机械修理业	175	2.06	3.08	1.86	2.83	10 803
其他普通机械制造业	231	16.30	18.79	5.02	17.03	72 544
专用设备制造业	4 484	778.02	892.51	224.73	835.33	2 095 693
冶金、矿山、机电工业专用设备制造业	462	137.47	156.42	45.48	148.43	483 887
矿山设备制造业	274	72.61	78.26	21.33	74.38	290 952
冶金工业专用设备制造业	73	48.60	61.89	19.13	58.87	149 974
电工专用设备制造业	20	4.61	4.73	1.59	4.73	9 646
电子工业专用设备制造业	53	7.96	7.78	2.54	6.97	22 494
其他机电工业专用设备制造业	42	3.68	3.77	0.89	3.48	10 821
石化及其他工业专用设备制造业	547	107.89	117.25	31.44	113.00	314 061
石油工业专用设备制造业	87	24.22	28.44	7.54	32.71	76 487
化学工业专用设备制造业	124	23.68	24.12	4.66	22.59	68 359
化学纤维工业专用设备制造业	9	1.41	1.36	0.50	1.17	4 079
橡胶工业专用设备制造业	36	7.58	8.83	2.78	7.87	24 089
塑料工业专用设备制造业	49	11.38	11.19	3.13	10.21	16 795
森林工业专用设备制造业	34	11.88	12.65	3.62	10.39	24 073
印刷工业专用设备制造业	52	7.10	7.50	2.38	6.66	28 351
制药工业专用设备制造业	25	2.48	2.74	1.10	2.39	8 072
建筑材料及其他制品专用设备制造业	131	18.16	20.41	5.72	19.03	63 756
轻纺工业专用设备制造业	930	117.60	122.74	37.69	111.01	371 594
食品、饮料、烟草工业专用设备制造业	156	24.24	25.27	8.53	23.55	61 152
粮油工业专用设备制造业	305	20.53	23.40	6.70	19.74	67 650
饲料工业专用设备制造业	46	6.73	7.17	1.94	6.35	9 714
包装工业专用设备制造业	52	12.34	12.15	4.90	10.60	22 752
纺织、服装、皮革工业专用设备制造业	273	41.97	42.20	11.62	39.76	172 108
照明器具工业专用设备制造业	19	0.39	0.39	0.14	0.32	1 627
日用硅酸制品工业专用设备制造业	12	1.04	1.24	0.33	1.15	4 328
制浆、造纸工业专用设备制造业	46	8.65	9.16	3.07	7.92	26 363
日用化学工业专用设备制造业	21	1.71	1.77	0.45	1.62	5 900
农、林、牧、渔、水利业机械制造业	1 211	286.70	351.06	67.32	322.50	535 007
拖拉机制造业	117	148.55	198.32	33.88	186.85	208 176
机械化农机具制造业	501	45.32	51.32	12.31	44.41	128 470
营林机械制造业	14	0.70	0.79	0.37	0.65	2 965
畜牧机械制造业	31	1.82	2.12	0.62	1.86	7 733

（续）

行　业	企　业 单位数 （个）	工业总产值（亿元） 1990年 不变价	 当年价	工　业 增加值 （亿元）	产品销售 收　入 （亿元）	职工年 平均人数 （人）
渔业机械制造业	7	0.52	0.57	0.18	0.54	2 314
水利机械制造业	60	3.71	4.34	1.42	3.84	12 706
拖拉机配件制造业	239	22.84	23.37	6.24	19.11	83 516
其他农、林、牧、渔、水利业机械制造业	242	63.24	70.25	12.32	65.23	89 127
医疗器械制造业	276	19.49	20.90	7.59	20.42	55 407
手术器械制造业	21	2.92	3.10	1.07	3.10	9 723
医疗仪器、设备制造业	122	9.72	10.56	4.48	10.52	27 979
诊断用品制造业	23	3.01	2.30	0.58	1.88	5 713
医用材料及医疗用品制造业	84	3.32	4.20	1.07	4.10	9 747
假肢、矫形器制造业	26	0.53	0.75	0.38	0.82	2 245
其他专用设备制造业	541	95.65	109.33	30.70	106.99	272 428
建筑机械制造业	153	45.26	53.56	15.93	53.66	121 225
地质专用设备制造业	49	3.93	4.48	0.80	4.80	23 906
缝纫机制造业	51	13.75	16.55	4.41	17.75	41 557
商业、饮食业、服务业专用机械制造业	46	1.69	1.74	0.44	1.57	51 19
邮政机械及器材制造业	15	2.78	3.65	0.86	3.49	4 023
环境保护机械制造业	62	8.42	8.75	2.41	6.86	22 978
社会公共安全设备及器材制造业	64	5.58	5.75	1.70	5.50	12 353
其他类未包括的专用设备制造业	101	14.23	14.86	4.15	13.35	41 267
专用机械设备修理业	517	13.21	14.80	4.50	12.97	63 309
工业专用设备修理业	65	1.83	2.07	0.47	0.75	5 856
农、林、牧、渔、水利机械修理业	316	4.34	5.06	1.54	4.23	28 619
医疗器械修理业	19	0.11	0.11	0.01	0.16	271
其他专用机械设备修理业	117	6.94	7.56	2.48	7.83	28 563
交通运输设备制造业	4 303	1 676.87	1 875.81	442.71	1 813.42	2 711 614
铁路运输设备制造业	178	110.50	171.00	38.51	166.14	236 287
机车制造业	10	38.81	54.97	11.95	52.74	62 893
客车制造业	10	21.40	34.24	9.00	32.93	32 119
货车制造业	9	27.63	47.71	9.50	46.34	61 861
机车车辆配件制造业	63	5.61	7.94	0.89	8.24	23 986
铁路信号设备制造业	15	1.42	2.67	0.90	2.63	5 259
铁路专用设备制造业	11	6.57	11.22	2.56	10.63	20 824
铁路专用器材制造业	48	7.40	10.37	2.81	11.30	24 095
其他铁路运输设备制造业	12	1.66	1.90	0.89	1.33	5 250
汽车制造业	1 290	936.28	1 013.03	224.34	991.47	1 031 563
载重汽车制造业	66	486.18	557.43	113.35	556.59	348 723
客车制造业	50	50.98	57.26	14.76	53.51	56 545
小轿车制造业	5	58.03	50.77	13.16	56.39	3 758
微型汽车制造业	14	31.31	32.24	5.46	30.88	14 393
特种车辆及改装汽车制造业	205	88.52	95.25	16.66	88.51	146 100
汽车车身制造业	39	6.41	7.90	1.59	7.61	14 867
汽车零部件及配件制造业	911	214.84	212.19	59.34	197.97	447 177
摩托车制造业	133	53.41	50.51	14.59	51.34	62 243
摩托车整车制造业	36	36.15	34.31	10.17	32.89	24 277
摩托车零部件及配件制造业	97	17.26	16.19	4.43	18.46	37 966
自行车制造业	125	43.55	49.48	7.00	49.80	103 470
船舶制造业	210	166.71	194.99	40.21	167.27	234 974
海洋运输船制造业	44	119.73	147.85	26.66	125.84	122 156
内河船制造业	93	18.04	16.81	4.87	12.70	47 773
渔轮制造业	23	6.41	6.63	1.93	6.80	16 130
船舶机械设备制造业	50	22.52	23.70	6.74	21.93	48 915
航空航天器制造业	149	258.59	263.56	72.74	263.38	706 846
飞机制造业	101	227.05	234.65	64.19	239.10	598 032
其他航空航天器制造业	48	31.55	28.91	8.55	24.28	108 814
交通运输设备修理业	2 200	106.89	132.20	44.99	123.05	333 899

（续）

行　业	企业单位数（个）	工业总产值（亿元）		工业增加值（亿元）	产品销售收入（亿元）	职工年平均人数（人）
		1990年不变价	当年价			
铁路运输设备修理业	70	23.93	40.36	13.59	38.38	100 346
汽车修理业	1 932	34.53	38.38	13.96	39.76	130 589
摩托车修理业	4	0.02	0.03	0.03	0.03	89
电车修理业	1	0.05	0.05	0.01	0.00	851
船舶修理业	118	29.58	33.93	11.79	28.19	58 998
飞机修理业	20	15.76	16.24	4.98	14.55	35 877
其他交通运输设备修理业	55	3.02	3.23	0.63	2.15	7 149
其他交通运输设备制造业	18	0.94	1.03	0.32	0.97	2 332
航标器材制造业	2	0.21	0.24	0.10	0.23	952
潜水装备制造业	3	0.23	0.26	0.12	0.28	693
公路标志制造业	13	0.50	0.53	0.10	0.46	687
电气机械及器材制造业	2 659	596.88	607.70	156.04	579.09	1 054 942
电机制造业	365	114.32	124.41	38.08	116.41	274 522
发电机制造业	80	40.24	43.29	15.29	40.03	81 587
电动机制造业	210	58.83	67.75	19.61	62.77	164 809
微电机制造业	75	15.24	13.37	3.18	13.60	28 126
输配电及控制设备制造业	824	142.08	145.98	40.66	149.69	272 901
变压器制造业	219	46.49	50.20	14.25	47.72	75 020
整流器制造业	30	1.97	1.94	0.46	1.77	6 338
电容器制造业	42	5.70	4.41	1.14	3.27	8 273
开关控制设备制造业	283	54.56	57.68	13.59	68.46	113 403
电器设备元件制造业	101	14.34	14.47	5.18	13.48	36 949
其他输配电及控制设备制造业	149	19.03	17.28	6.04	14.99	32 918
电工器材制造业	626	209.34	211.81	43.34	200.98	261 003
电线电缆制造业	321	156.74	158.86	31.47	150.14	143 868
绝缘制品业	48	6.87	6.41	1.74	5.78	24 024
蓄电池制造业	100	15.77	14.86	3.59	14.12	35 068
原电池制造业	92	23.06	24.73	4.64	24.98	48 632
其他电工器材制造业	65	6.91	6.95	1.91	5.96	9 411
日用电器制造业	256	86.80	78.47	20.29	68.84	82 658
洗衣机制造业	17	9.97	11.13	3.54	11.32	16 644
吸尘器制造业	6	1.06	0.88	0.18	0.91	846
电冰箱制造业	33	26.22	21.88	6.19	18.49	20 521
电风扇制造业	32	24.05	22.05	5.66	17.56	16 150
空调器制造业	37	11.56	9.51	1.66	8.84	7 755
排油烟机制造业	9	1.97	2.18	0.52	1.96	2 949
其他日用电器制造业	122	11.98	10.85	2.53	9.76	17 793
照明器具制造业	308	34.30	36.29	10.50	33.15	125 290
电光源制造业	133	18.85	20.56	5.79	18.55	94 730
灯头、灯座制造业	26	1.43	1.77	0.77	1.10	5 215
灯具制造业	80	4.04	3.84	0.80	3.49	11 547
灯用电器附件制造业	45	2.67	3.36	1.01	3.40	4 150
其他照明器具制造业	24	7.31	6.76	2.13	6.60	9 648
电气机械修理业	144	0.84	0.94	0.41	0.72	3 620
其他电气机械制造业	136	9.19	9.80	2.76	9.31	34 948
电焊机制造业	64	4.88	5.16	1.48	5.01	14 332
工业用电炉制造业	25	2.16	2.12	0.62	1.74	12 212
其他类未包括的电气机械制造业	47	2.15	2.52	0.66	2.56	8 404
仪器仪表及文化、办公用机械制造业	1 179	156.03	147.38	42.83	135.36	496 990
通用仪器仪表制造业	511	71.58	69.64	18.77	66.33	226 271
工业自动化仪表制造业	164	16.46	15.77	5.13	15.51	60 531
电工仪器、仪表制造业	105	16.79	16.43	3.68	14.84	49 451
光学仪器制造业	71	24.92	23.91	5.70	22.34	69 612
计时仪器制造业	9	0.26	0.25	0.04	0.21	1 901
分析仪器制造业	42	2.40	2.39	0.86	2.51	9 122

（续）

行　业	企　业单位数（个）	工业总产值（亿元）		工　业增加值（亿元）	产品销售收　入（亿元）	职工年平均人数（人）
		1990年不变价	当年价			
试验机制造业	31	4.21	4.61	2.19	3.99	16 267
实验室仪器及装置制造业	26	1.37	1.47	0.53	1.30	7 458
通用仪器仪表元件、器件制造业	21	3.79	3.53	0.74	3.65	6 094
其他通用仪器仪表制造业	42	1.39	1.28	−0.10	1.98	5 835
专用仪器仪表制造业	187	28.43	27.49	7.96	24.19	77 278
环境保护仪器仪表制造业	19	0.88	0.92	0.12	0.71	2 649
汽车仪器仪表制造业	10	4.38	4.39	1.78	3.79	5 938
导航、制导仪器制造业	22	7.82	7.62	2.23	6.90	27 653
农、林、牧、渔仪器、仪表制造业	6	0.17	0.23	0.06	0.15	1 400
地质勘探、钻采、地震专用仪器制造业	13	5.31	5.19	0.98	4.06	14 416
气象、海洋、水文、天文测量仪器制造业	11	0.49	0.60	0.24	0.61	3 219
教学仪器制造业	67	1.98	2.11	0.64	1.83	6 201
核子及核辐射测量仪器制造业	6	1.16	1.15	0.47	1.19	3 008
专用仪器仪表元件、器件制造业	33	6.22	5.2	1.44	4.94	12 794
电子测量仪器制造业	98	7.83	6.96	1.71	5.90	31 304
计量器具制造业	94	7.83	7.94	2.74	6.79	31 054
传递标准用计量仪器制造业	7	0.08	0.12	0.05	0.11	1 146
量具量仪制造业	37	4.10	3.86	1.56	3.48	14 400
衡器制造业	50	3.65	3.95	1.13	3.20	15 508
文化、办公用机械制造业	68	15.68	12.98	4.26	12.05	30 727
电影机械制造业	10	1.72	1.62	0.61	1.36	5 361
幻灯机及投影仪制造业	6	0.56	0.56	0.19	0.62	2 143
照相机及器材制造业	30	2.92	2.99	1.85	1.51	13 286
复印机制造业	5	8.43	5.77	0.98	5.26	4 442
打字机及油印机制造业	5	0.98	0.90	0.20	0.83	2 491
其他文化、办公用机械制造业	12	1.07	1.15	0.44	2.48	3 004
钟表制造业	118	22.26	19.66	6.38	17.95	89 638
仪器仪表及文化、办公用机械修理业	23	0.04	0.06	0.03	0.05	436
其他仪器仪表制造业	80	2.38	2.65	0.98	2.11	10 282

1996 年全部独立核算国有机械工业企业主要统计指标(二)

(单位:亿元)

行业	年末固定资产原价	年末固定资产净值	流动资产合计	利润总额	利税总额
机械工业总计	4 625.87	2 895.55	4 879.79	-36.57	177.96
金属制品业	238.10	155.03	260.88	-5.94	4.94
金属结构制造业	18.74	11.42	25.70	-0.18	0.95
铸铁管制造业	6.63	4.21	9.33	-0.29	-0.04
工具制造业	51.37	31.10	55.92	-1.38	0.69
切削工具制造业	31.68	18.21	36.80	-0.99	0.31
模具制造业	10.67	7.38	8.75	-0.37	-0.03
手工具制造业	7.71	4.65	8.92	0.03	0.43
其他工具制造业	1.31	0.86	1.45	-0.06	-0.02
集装箱和金属包装物品制造业	16.23	11.53	14.78	-1.28	-0.75
集装箱制造业	1.42	0.97	2.34	-0.15	-0.12
金属包装物品及容器制造业	14.81	10.57	12.44	-1.12	-0.63
金属丝绳及其制品业	44.91	30.42	45.45	-1.43	0.10
建筑用金属制品业	22.23	15.31	24.75	-1.20	-0.38
建筑小五金制造业	1.71	1.38	2.00	0.04	0.11
水暖管道零件制造业	4.50	2.43	5.02	-0.27	-0.11
金属门窗制造业	15.68	11.27	17.02	-0.97	-0.41
其他建筑用金属制品业	0.34	0.23	0.71	0.00	0.03
金属表面处理及热处理业	4.29	2.45	3.28	0.09	0.33
日用金属制品业	49.43	33.33	54.48	-3.03	-0.54
搪瓷制造业	14.81	10.13	13.00	-0.92	-0.19
铝制品业	10.09	6.30	7.74	-0.49	-0.15
不锈钢制品业	4.00	2.84	9.34	-0.27	0.14
刀剪制造业	0.89	0.46	1.07	-0.06	0.01
制锁业	4.21	2.85	5.14	-0.17	0.05
炊事用具制造业	4.80	3.08	4.69	-0.42	-0.20
燃气用具制造业	3.61	2.56	6.13	-0.40	-0.17
理发用具制造业	0.93	0.65	1.60	0.09	0.14
其他日用金属制品业	6.09	4.45	5.76	-0.40	-0.15
其他金属制品业	24.28	15.28	27.19	2.76	4.58
铁制小农具制造业	1.34	0.91	1.24	-0.10	-0.05
焊条制造业	10.86	6.88	18.00	0.05	0.70
其他类未包括的金属制品业	12.08	7.49	7.95	2.81	3.92
普通机械制造业	1 129.22	698.45	1 121.70	-13.56	37.46
锅炉及原动机制造业	294.15	183.42	308.34	2.39	16.47
锅炉制造业	54.58	30.62	67.00	-0.94	2.16
内燃机制造业	150.98	102.22	158.28	3.32	9.46
汽轮机制造业	25.60	11.06	25.77	0.69	2.29
水轮机制造业	8.48	5.59	8.10	-0.14	0.26
内燃机零部件及配件制造业	53.09	33.18	46.37	-0.53	2.21
其他锅炉及原动机制造业	1.42	0.75	2.82	0.00	0.08
金属加工机械制造业	209.11	122.86	176.73	-6.65	0.03
金属切削机床制造业	141.66	80.29	119.70	-5.10	-0.96
锻压设备制造业	29.89	18.65	27.06	-0.17	1.02
铸造机械制造业	6.82	4.22	5.65	-0.28	-0.06
机床附件制造业	11.60	7.19	10.20	-0.07	0.46
其他金属加工机械制造业	19.14	12.51	14.11	-1.03	-0.43
通用设备制造业	267.72	166.31	310.67	0.05	14.45
起重运输设备制造业	104.31	65.28	135.70	-1.00	4.44
工矿车辆制造业	5.21	3.13	5.37	-0.04	0.20
泵制造业	44.03	28.15	44.81	0.58	3.23

（续）

行　　业	年末固定资产原价	年末固定资产净值	流动资产合　　计	利润总额	利税总额
风机制造业	20.38	10.62	21.38	0.15	1.52
气体压缩机及气体分离设备制造业	34.72	20.95	39.71	－0.07	1.70
冷冻设备制造业	24.08	15.72	33.23	1.52	3.13
风动工具制造业	5.52	3.15	5.26	－0.14	0.13
电动工具制造业	3.71	2.80	3.50	－0.16	－0.02
其他通用设备制造业	25.75	16.52	21.70	－0.80	0.12
轴承、阀门制造业	126.96	78.49	143.20	－1.69	5.14
轴承制造业	97.70	61.81	116.02	－1.13	4.18
阀门制造业	29.26	16.68	27.19	－0.56	0.96
其他通用零部件制造业	117.89	69.56	102.76	－1.57	4.07
液压件及液力件制造业	34.21	20.81	30.46	－0.66	0.90
气动元件制造业	3.74	2.62	3.68	0.05	0.25
密封件制造业	1.78	1.20	1.61	0.04	0.10
粉末冶金制品业	5.20	3.54	4.83	－0.06	0.14
紧固件制造业	20.36	12.66	18.26	－1.25	－0.42
弹簧制造业	1.65	1.29	2.05	0.45	0.71
链条制造业	4.43	2.69	5.71	－0.17	0.11
齿轮制造业	33.05	16.62	23.01	－0.19	1.27
其他类未包括的通用零部件制造业	13.47	8.13	13.15	0.23	1.01
铸锻件制造业	70.18	47.98	48.42	－3.97	－1.63
铸件制造业	50.03	34.77	33.34	－2.77	－1.00
锻件制造业	20.15	13.21	15.08	－1.20	－0.63
普通机械修理业	3.13	1.88	3.19	－0.02	0.21
其他普通机械制造业	40.09	27.96	28.39	－2.10	－1.28
专用设备制造业	954.72	585.64	908.80	－17.59	17.16
冶金、矿山、机电工业专用设备制造业	256.10	143.67	224.38	－8.92	0.03
矿山设备制造业	135.64	76.94	114.81	－6.02	－1.67
冶金工业专用设备制造业	101.35	54.76	89.97	－2.55	1.35
电工专用设备制造业	4.45	3.13	5.18	0.10	0.32
电子工业专用设备制造业	9.52	5.71	9.76	－0.08	0.23
其他机电工业专用设备制造业	5.13	3.13	4.66	－0.37	－0.21
石化及其他工业专用设备制造业	175.81	112.10	151.62	－3.20	2.77
石油工业专用设备制造业	61.60	40.08	44.16	－0.73	0.87
化学工业专用设备制造业	33.06	21.36	27.24	－1.58	－0.55
化学纤维工业专用设备制造业	1.70	1.16	2.06	－0.07	－0.02
橡胶工业专用设备制造业	12.76	7.80	10.72	－0.56	－0.12
塑料工业专用设备制造业	8.29	4.94	9.06	0.33	0.79
森林工业专用设备制造业	10.37	6.81	10.91	0.27	0.84
印刷工业专用设备制造业	12.95	8.50	11.37	－0.18	0.28
制药工业专用设备制造业	2.29	1.44	3.08	0.01	0.17
建筑材料及其他制品专用设备制造业	32.78	20.00	33.03	－0.69	0.50
轻纺工业专用设备制造业	152.08	97.09	139.87	－3.31	2.98
食品、饮料、烟草工业专用设备制造业	26.85	16.27	34.20	－0.31	1.22
粮油工业专用设备制造业	23.44	16.18	18.73	－0.22	0.63
饲料工业专用设备制造业	3.49	2.40	4.38	0.42	0.61
包装工业专用设备制造业	9.87	6.37	12.19	0.69	1.25
纺织、服装、皮革工业专用设备制造业	72.94	46.50	55.36	－3.63	－1.17
照明器具工业专用设备制造业	0.83	0.60	0.49	0.00	0.03
日用硅酸制品工业专用设备制造业	1.05	0.79	1.15	－0.09	－0.01
制浆、造纸工业专用设备制造业	11.91	6.85	10.87	－0.19	0.30
日用化学工业专用设备制造业	1.69	1.14	2.49	0.02	0.11
农、林、牧、渔、水利业机械制造业	209.79	132.09	217.12	1.08	7.31
拖拉机制造业	102.89	61.19	103.02	2.81	4.61
机械化农机具制造业	39.26	25.57	42.99	－0.24	0.86
营林机械制造业	0.90	0.53	0.81	－0.02	0.03

（续）

行　　业	年末固定资产原价	年末固定资产净值	流动资产合　　计	利润总额	利税总额
畜牧机械制造业	2.66	1.91	2.38	−0.02	0.04
渔业机械制造业	0.68	0.45	0.58	−0.02	0.00
水利机械制造业	5.25	3.09	4.93	−0.06	0.16
拖拉机配件制造业	26.61	17.46	24.99	−0.76	0.28
其他农、林、牧、渔、水利业机械制造业	31.54	21.90	37.42	−0.60	1.32
医疗器械制造业	20.50	13.23	24.87	−0.10	1.23
手术器械制造业	4.10	2.27	3.35	−0.09	0.18
医疗仪器、设备制造业	9.92	6.72	15.57	0.01	0.71
诊断用品制造业	1.85	1.07	1.46	−0.11	−0.03
医用材料及医疗用品制造业	3.61	2.51	3.57	−0.01	0.24
假肢、矫形器制造业	1.02	0.66	0.91	0.10	0.12
其他专用设备制造业	121.24	74.49	135.52	−3.09	2.45
建筑机械制造业	61.50	38.23	66.44	−1.16	1.72
地质专用设备制造业	10.35	6.20	7.58	−0.80	−0.49
缝纫机制造业	18.27	10.86	21.55	−0.77	−0.18
商业、饮食业、服务业专用机械制造业	1.78	1.18	2.11	−0.06	0.04
邮政机械及器材制造业	1.61	0.72	2.36	0.06	0.25
环境保护机械制造业	6.15	3.97	11.88	0.18	0.57
社会公共安全设备及器材制造业	3.53	2.17	6.28	0.03	0.37
其他类未包括的专用设备制造业	18.06	11.16	17.31	−0.56	0.15
专用机械设备修理业	19.20	12.96	15.41	−0.06	0.39
工业专用设备修理业	1.58	1.09	2.83	0.00	0.11
农、林、牧、渔、水利机械修理业	4.21	2.97	3.92	0.04	0.15
医疗器械修理业	0.05	0.03	0.08	0.01	0.01
其他专用机械设备修理业	13.35	8.87	8.58	−0.11	0.12
交通运输设备制造业	1 594.40	986.83	1 762.79	8.42	90.57
铁路运输设备制造业	145.34	95.54	111.76	−0.09	6.92
机车制造业	44.81	29.13	31.26	0.83	2.84
客车制造业	21.58	15.77	17.75	0.44	1.90
货车制造业	35.62	23.05	23.38	0.51	2.20
机车车辆配件制造业	10.56	6.35	8.74	−0.61	−0.26
铁路信号设备制造业	3.50	2.51	2.54	−0.10	0.07
铁路专用设备制造业	13.48	8.85	13.09	−0.34	0.26
铁路专用器材制造业	13.04	8.07	13.14	−0.65	−0.01
其他铁路运输设备制造业	2.74	1.81	1.84	−0.16	−0.08
汽车制造业	728.63	456.26	877.09	11.04	59.54
载重汽车制造业	346.91	212.76	464.57	7.20	32.81
客车制造业	41.02	27.25	45.95	−0.52	1.48
小轿车制造业	16.40	7.72	60.62	8.02	12.42
微型汽车制造业	16.41	10.93	21.72	0.03	1.02
特种车辆及改装汽车制造业	77.54	49.93	80.03	−3.89	−0.39
汽车车身制造业	5.71	3.39	7.44	−0.26	−0.02
汽车零部件及配件制造业	224.63	144.28	196.75	0.46	12.22
摩托车制造业	32.00	22.07	45.00	1.49	5.75
摩托车整车制造业	14.85	9.85	28.19	2.31	5.78
摩托车零部件及配件制造业	17.16	12.21	16.80	−0.82	−0.02
自行车制造业	44.96	36.92	53.73	−2.40	−0.85
船舶制造业	156.47	97.82	261.32	−2.43	0.83
海洋运输船制造业	98.62	62.50	209.95	−0.59	0.58
内河船制造业	24.24	13.63	19.13	−1.01	−0.50
渔轮制造业	8.30	5.59	6.17	−0.37	−0.07
船舶机械设备制造业	25.30	16.10	26.07	−0.46	0.82
航空航天器制造业	305.34	158.58	304.95	1.01	12.81
飞机制造业	258.09	134.86	261.37	2.89	14.36
其他航空航天器制造业	47.25	23.72	43.58	−1.89	−1.54

（续）

行　　业	年末固定资产原价	年末固定资产净值	流动资产合　计	利润总额	利税总额
交通运输设备修理业	180.89	119.15	107.71	－0.18	5.50
铁路运输设备修理业	61.20	46.03	26.21	－0.98	1.52
汽车修理业	41.30	28.29	33.85	－0.45	1.54
摩托车修理业	0.04	0.03	0.01	0.00	0.00
电车修理业	0.00	0.00	0.00	0.00	0.00
船舶修理业	52.62	31.74	31.47	0.82	1.73
飞机修理业	22.83	11.69	14.27	0.40	0.61
其他交通运输设备修理业	2.91	1.37	1.91	0.03	0.10
其他交通运输设备制造业	0.78	0.50	1.24	－0.01	0.05
航标器材制造业	0.28	0.20	0.32	0.00	0.01
潜水装备制造业	0.17	0.11	0.21	0.02	0.04
公路标志制造业	0.32	0.19	0.72	－0.03	－0.01
电气机械及器材制造业	504.33	340.84	618.94	－1.37	27.19
电机制造业	126.96	91.38	164.07	－0.64	5.96
发电机制造业	42.88	25.46	68.23	－0.25	2.17
电动机制造业	71.18	56.86	83.59	－0.10	3.49
微电机制造业	12.89	9.05	12.24	－0.28	0.31
输配电及控制设备制造业	133.94	78.95	167.36	1.62	10.38
变压器制造业	43.08	26.79	52.14	1.05	4.07
整流器制造业	2.10	1.35	3.35	－0.19	－0.12
电容器制造业	4.41	3.23	4.23	－0.14	0.02
开关控制设备制造业	56.86	29.77	71.95	0.25	3.85
电器设备元件制造业	15.74	10.47	18.46	0.20	1.07
其他输配电及控制设备制造业	11.74	7.34	17.23	0.45	1.49
电工器材制造业	147.81	104.00	158.98	－0.80	7.04
电线电缆制造业	104.52	69.53	115.40	0.51	5.98
绝缘制品业	8.21	5.53	7.67	－0.24	0.06
蓄电池制造业	18.10	17.10	14.91	－0.63	0.04
原电池制造业	12.93	8.90	15.47	－0.53	0.62
其他电工器材制造业	4.05	2.93	5.54	0.09	0.34
日用电器制造业	51.06	36.90	81.23	0.10	2.87
洗衣机制造业	11.70	7.93	11.55	－0.01	0.70
吸尘器制造业	0.47	0.37	0.68	0.00	0.04
电冰箱制造业	13.79	9.57	28.08	0.72	1.26
电风扇制造业	8.19	4.78	11.44	－0.19	0.51
空调器制造业	8.36	7.00	12.84	－0.91	－0.62
排油烟机制造业	0.93	1.68	1.95	－0.09	0.02
其他日用电器制造业	7.62	5.58	14.67	0.58	0.97
照明器具制造业	32.47	22.17	33.47	－1.35	0.64
电光源制造业	23.69	16.12	20.56	－1.37	－0.24
灯头、灯座制造业	0.98	0.71	1.30	－0.08	－0.03
灯具制造业	3.03	2.20	4.32	－0.05	0.11
灯用电器附件制造业	0.80	0.53	2.36	0.10	0.25
其他照明器具制造业	3.97	2.61	4.92	0.05	0.56
电气机械修理业	0.77	0.42	0.80	－0.06	－0.01
其他电气机械制造业	11.32	7.01	13.04	－0.23	0.31
电焊机制造业	5.05	3.51	6.22	0.01	0.27
工业用电炉制造业	3.37	1.86	3.72	－0.28	－0.17
其他类未包括的电气机械制造业	2.90	1.64	3.11	0.04	0.22
仪器仪表及文化、办公用机械制造业	205.10	128.76	206.68	－6.53	0.64
通用仪器仪表制造业	94.49	60.09	91.14	－1.51	1.88
工业自动化仪表制造业	24.86	14.30	24.44	－0.58	0.57
电工仪器、仪表制造业	15.23	10.05	18.45	－0.52	0.22
光学仪器制造业	35.05	23.52	28.71	－0.01	0.60
计时仪器制造业	0.68	0.31	0.56	－0.11	－0.09

(续)

行　　业	年末固定资产原价	年末固定资产净值	流动资产合　计	利润总额	利税总额
分析仪器制造业	4.15	2.46	4.53	−0.03	0.14
试验机制造业	6.75	4.35	6.35	−0.17	0.13
实验室仪器及装置制造业	2.46	1.71	2.47	−0.10	0.01
通用仪器仪表元件、器件制造业	2.12	1.28	3.39	0.03	0.25
其他通用仪器仪表制造业	3.19	2.11	2.23	−0.03	0.06
专用仪器仪表制造业	38.82	25.18	38.16	−1.04	0.31
环境保护仪器仪表制造业	1.01	0.77	1.13	−0.17	−0.14
汽车仪器仪表制造业	2.62	1.77	5.24	0.19	0.54
导航、制导仪器制造业	13.35	8.46	10.26	−0.83	−0.49
农、林、牧、渔仪器、仪表制造业	0.40	0.29	0.26	−0.02	−0.01
地质勘探、钻采、地震专用仪器制造业	10.40	7.01	10.27	−0.27	−0.22
气象、海洋、水文、天文仪器制造业	1.09	0.67	0.63	−0.01	0.03
教学仪器制造业	1.92	1.12	2.88	0.15	0.25
核子及核辐射测量仪器制造业	1.67	0.94	1.26	0.01	0.12
专用仪器仪表元件、器件制造业	6.35	4.15	6.21	−0.09	0.22
电子测量仪器制造业	8.85	7.07	11.08	−0.63	−0.30
计量器具制造业	11.16	6.90	11.61	−0.22	0.30
传递标准用计量仪器制造业	0.24	0.16	0.19	−0.03	−0.02
量具量仪制造业	5.30	3.46	6.30	−0.01	0.25
衡器制造业	5.62	3.29	5.11	−0.19	0.07
文化、办公用机械制造业	14.17	8.16	17.93	−0.79	−0.36
电影机械制造业	2.07	1.09	1.95	0.05	0.11
幻灯机及投影仪制造业	1.15	0.58	0.67	0.00	0.04
照相机及器材制造业	5.76	3.58	6.42	−0.36	−0.26
复印机制造业	3.48	1.83	6.59	−0.30	−0.19
打字机及油印机制造业	0.86	0.61	0.83	−0.13	−0.11
其他文化、办公用机械制造业	0.85	0.47	1.47	−0.04	0.06
钟表制造业	34.10	19.38	33.76	−2.05	−1.07
仪器仪表及文化、办公用机械修理业	0.05	0.03	0.06	−0.01	0.00
其他仪器仪表制造业	3.46	1.94	2.94	−0.28	−0.11

1996年全部独立核算国有机械工业企业主要财务分析指标

行业	总资产报酬率(%)	产值利税率(%)	百元销售收入实现的利润(元)	百元固定资产实现的利税(元)	工业增加值率(%)
机械工业总计	1.90	3.78	−0.82	4.69	27.90
金属制品业	0.99	2.09	−2.64	2.49	31.70
金属结构制造业	2.29	4.36	−0.85	6.61	36.94
铸铁管制造业	−0.25	−0.55	−4.64	−0.65	37.45
工具制造业	0.68	1.86	−4.16	1.77	38.40
切削工具制造业	0.50	1.49	−5.30	1.41	43.40
模具制造业	−0.15	−0.46	−6.39	−0.31	34.71
手工具制造业	2.65	4.86	0.39	6.76	31.70
其他工具制造业	−0.78	−2.13	−6.25	−2.20	23.76
集装箱和金属包装物品制造业	−2.28	−4.22	−9.23	−5.19	20.95
集装箱制造业	−2.80	−4.36	−26.79	−11.88	33.94
金属包装物品及容器制造业	−2.20	−4.19	−8.41	−4.69	18.45
金属丝绳及其制品业	0.11	0.25	−3.46	0.24	31.44
建筑用金属制品业	−0.83	−1.94	−6.74	−2.07	27.45
建筑小五金制造业	2.81	4.95	2.00	6.63	31.02
水暖管道零件制造业	−1.27	−2.89	−7.54	−3.27	26.67
金属门窗制造业	−1.27	−3.21	−8.41	−3.15	26.83
其他建筑用金属制品业	2.94	3.61	0.00	9.68	32.35
金属表面处理及热处理业	4.77	6.96	2.14	10.15	33.40
日用金属制品业	−0.51	−0.99	−5.70	−1.30	24.29
搪瓷制造业	−0.68	−1.32	−6.97	−1.62	20.46
铝制品业	−0.83	−1.92	−6.84	−1.75	28.04
不锈钢制品业	0.98	1.83	−3.39	3.74	23.00
刀剪制造业	0.61	0.79	−6.98	2.38	58.82
制锁业	0.55	0.83	−2.92	1.52	30.69
炊事用具制造业	−2.33	−3.88	−9.11	−5.39	34.01
燃气用具制造业	−1.64	−3.06	−7.30	−5.01	12.18
理发用具制造业	3.99	14.29	9.00	16.67	9.41
其他日用金属制品业	−1.22	−2.62	−5.67	−2.57	26.71
其他金属制品业	8.56	14.22	8.00	22.53	42.35
铁制小农具制造业	−2.06	−4.59	−10.87	−4.63	44.44
焊条制造业	2.26	4.25	0.26	7.97	33.60
其他类未包括的金属制品业	19.48	26.76	19.60	37.40	50.42
普通机械制造业	1.73	3.96	−1.51	4.14	30.36
锅炉及原动机制造业	2.79	5.29	0.81	6.82	27.69
锅炉制造业	1.90	4.18	−1.95	5.36	31.75
内燃机制造业	3.11	4.92	1.80	7.18	25.34
汽轮机制造业	4.00	14.55	4.21	12.15	36.51
水轮机制造业	1.66	4.53	−2.79	3.80	38.15
内燃机零部件及配件制造业	2.32	5.04	−1.30	5.18	28.55
其他锅炉及原动机制造业	2.11	3.77	0.00	8.51	38.80
金属加工机械制造业	0.01	0.03	−6.54	0.02	34.40
金属切削机床制造业	−0.40	−1.45	−8.32	−0.90	34.69
锻压设备制造业	1.89	4.82	−0.89	4.25	35.84
铸造机械制造业	−0.54	−1.30	−7.27	−1.19	30.94
机床附件制造业	2.26	6.39	−1.09	5.44	44.70
其他金属加工机械制造业	−1.22	−3.59	−9.38	−2.43	26.11
通用设备制造业	2.59	5.74	0.02	6.89	30.63
起重运输设备制造业	1.89	4.43	−1.00	5.29	29.57
工矿车辆制造业	2.00	3.89	−1.08	5.00	42.89
泵制造业	3.87	7.42	1.47	9.25	35.25
风机制造业	4.14	9.45	0.94	10.76	37.23

(续)

行　　业	总资产报酬率(%)	产　值利税率(%)	百元销售收入实现的利润(元)	百元固定资产实现的利税(元)	工　业增加值率(%)
气体压缩机及气体分离设备制造业	2.42	6.08	−0.25	6.50	27.27
冷冻设备制造业	5.12	9.95	4.69	15.82	25.89
风动工具制造业	1.23	3.67	−4.32	3.13	44.19
电动工具制造业	−0.26	−0.39	−5.44	−0.60	22.61
其他通用设备制造业	0.28	0.65	−4.56	0.62	30.44
轴承、阀门制造业	2.02	4.54	−1.58	5.35	28.13
轴承制造业	2.05	4.56	−1.31	5.52	27.50
阀门制造业	1.87	4.48	−2.65	4.71	30.67
其他通用零部件制造业	1.94	4.45	−1.83	4.25	32.11
液压件及液力件制造业	1.47	3.89	−3.12	3.30	33.81
气动元件制造业	3.49	7.53	1.73	8.14	32.11
密封件制造业	2.81	6.67	2.86	6.37	46.27
粉末冶金制品业	1.38	3.19	−1.48	3.10	24.20
紧固件制造业	−1.17	−2.79	−8.71	−2.77	29.74
弹簧制造业	14.12	29.58	16.25	33.81	59.12
链条制造业	1.11	2.10	−3.96	3.03	32.52
齿轮制造业	2.42	5.06	−0.81	4.53	30.32
其他类未包括的通用零部件制造业	4.11	8.89	2.01	9.76	32.61
铸锻件制造业	−1.35	−3.52	−9.33	−2.54	36.57
铸件制造业	−1.15	−3.13	−9.40	−2.11	38.90
锻件制造业	−1.88	−4.40	−9.18	−3.72	31.74
普通机械修理业	3.31	6.82	−0.71	7.95	90.29
其他普通机械制造业	−1.94	−6.81	−12.33	−3.80	30.80
专用设备制造业	0.98	1.92	−2.11	2.30	28.88
冶金、矿山、机电工业专用设备制造业	0.01	0.02	−6.01	0.02	33.08
矿山设备制造业	−0.74	−2.13	−8.09	−1.65	29.38
冶金工业专用设备制造业	0.82	2.18	−4.33	2.03	39.36
电工专用设备制造业	3.51	6.77	2.11	9.38	34.49
电子工业专用设备制造业	1.24	2.96	−1.15	3.17	31.91
其他机电工业专用设备制造业	−2.19	−5.57	−10.63	−4.72	24.18
石化及其他工业专用设备制造业	0.89	2.36	−2.83	2.05	29.14
石油工业专用设备制造业	0.89	3.06	−2.23	1.91	31.13
化学工业专用设备制造业	−1.01	−2.28	−6.99	−2.23	19.68
化学纤维工业专用设备制造业	−0.62	−1.47	−5.98	−1.98	35.46
橡胶工业专用设备制造业	−0.56	−1.36	−7.12	−1.26	36.68
塑料工业专用设备制造业	4.77	7.06	3.23	12.21	27.50
森林工业专用设备制造业	4.15	6.64	2.60	9.92	30.47
印刷工业专用设备制造业	0.95	3.73	−2.70	2.55	33.52
制药工业专用设备制造业	2.93	6.20	0.42	7.91	44.35
建筑材料及其他制品专用设备制造业	0.82	2.45	−3.63	1.91	31.50
轻纺工业专用设备制造业	1.03	2.43	−2.98	2.31	32.05
食品、饮料、烟草工业专用设备制造业	1.91	4.83	−1.32	4.51	35.19
粮油工业专用设备制造业	1.61	2.69	−1.11	3.55	32.64
饲料工业专用设备制造业	7.05	8.51	6.61	20.13	28.83
包装工业专用设备制造业	5.68	10.29	6.51	16.13	39.71
纺织、服装、皮革工业专用设备制造业	−0.93	−2.77	−9.13	−1.91	27.69
照明器具工业专用设备制造业	2.70	7.69	0.00	5.00	35.90
日用硅酸制品工业专用设备制造业	−0.47	−0.81	−7.83	−1.18	31.73
制浆、造纸工业专用设备制造业	1.38	3.28	−2.40	3.18	35.49
日用化学工业专用设备制造业	2.68	6.21	1.23	7.69	26.32
农、林、牧、渔、水利业机械制造业	1.80	2.08	0.33	4.40	23.48
拖拉机制造业	2.40	2.32	1.50	5.77	22.81
机械化农机具制造业	1.12	1.68	−0.54	2.86	27.16
营林机械制造业	1.99	3.80	−3.08	4.41	52.86
畜牧机械制造业	0.84	1.89	−1.08	1.91	34.07

(续)

行　　业	总资产报酬率(%)	产　值利税率(%)	百元销售收入实现的利润(元)	百元固定资产实现的利税(元)	工　业增加值率(%)
渔业机械制造业	0.00	0.00	-3.70	0.00	34.62
水利机械制造业	1.70	3.69	-1.56	3.79	38.27
拖拉机配件制造业	0.57	1.20	-3.98	1.34	27.32
其他农、林、牧、渔、水利业机械制造业	1.87	1.88	-0.92	4.73	19.48
医疗器械制造业	2.63	5.89	-0.49	6.91	38.94
手术器械制造业	2.63	5.81	-2.90	5.66	36.64
医疗仪器、设备制造业	2.55	6.72	0.10	7.47	46.09
诊断用品制造业	-0.96	-1.30	-5.85	-2.27	19.27
医用材料及医疗用品制造业	3.36	5.71	-0.24	8.19	32.23
假肢、矫形器制造业	6.63	16.00	12.20	13.95	71.70
其他专用设备制造业	0.97	2.24	-2.89	2.46	32.10
建筑机械制造业	1.34	3.21	-2.16	3.22	35.20
地质专用设备制造业	-3.18	-10.94	-16.67	-6.68	20.36
缝纫机制造业	-0.44	-1.09	-4.34	-1.26	32.07
商业、饮食业、服务业专用机械制造业	1.11	2.30	-3.82	2.96	26.04
邮政机械及器材制造业	6.96	6.85	1.72	24.51	30.94
环境保护机械制造业	3.17	6.51	2.62	10.71	28.62
社会公共安全设备及器材制造业	3.60	6.43	0.55	11.94	30.47
其他类未包括的专用设备制造业	0.46	1.01	-4.19	1.08	29.16
专用机械设备修理业	1.25	2.64	-0.46	2.68	34.07
工业专用设备修理业	2.59	5.31	0.00	8.03	25.68
农、林、牧、渔、水利机械修理业	1.99	2.96	0.95	4.67	35.48
医疗器械修理业	7.14	9.09	6.25	16.67	9.09
其他专用机械设备修理业	0.63	1.59	-1.40	1.21	35.73
交通运输设备制造业	2.66	4.83	0.46	6.63	26.40
铁路运输设备制造业	3.05	4.05	-0.05	6.42	34.85
机车制造业	4.34	5.17	1.57	8.86	30.79
客车制造业	5.23	5.55	1.34	10.87	42.06
货车制造业	4.32	4.61	1.10	8.55	34.38
机车车辆配件制造业	-1.48	-3.27	-7.40	-3.57	15.86
铁路信号设备制造业	1.29	2.62	-3.80	2.55	63.38
铁路专用设备制造业	1.09	2.32	-3.20	2.50	38.96
铁路专用器材制造业	-0.04	-0.10	-5.75	-0.10	37.97
其他铁路运输设备制造业	-1.95	-4.21	-12.03	-3.56	53.61
汽车制造业	3.42	5.88	1.11	8.79	23.96
载重汽车制造业	3.56	5.89	1.29	10.11	23.31
客车制造业	1.47	2.58	-0.97	3.52	28.95
小轿车制造业	15.68	24.46	14.22	75.32	22.68
微型汽车制造业	2,27	3.16	0.10	6.07	17.44
特种车辆及改装汽车制造业	-0.25	-0.41	-4.39	-0.57	18.82
汽车车身制造业	-0.16	-0.25	-3.42	-0.46	24.80
汽车零部件及配件制造业	2.87	5.76	0.23	5.96	27.62
摩托车制造业	6.55	11.38	2.90	19.39	27.32
摩托车整车制造业	11.60	16.85	7.02	38.74	28.13
摩托车零部件及配件制造业	-0.05	-0.12	-4.44	-0.14	25.67
自行车制造业	-0.85	-1.72	-4.82	-2.28	16.07
船舶制造业	0.21	0.43	-1.45	0.67	24.12
海洋运输船制造业	0.19	0.39	-0.47	0.73	22.27
内河船制造业	-1.26	-2.97	-7.95	-2.66	27.00
渔轮制造业	-0.53	-1.06	-5.44	-1.09	30.11
船舶机械设备制造业	1.70	3.46	-2.10	4.37	29.93
航空航天器制造业	2.16	4.86	0.38	5.19	28.13
飞机制造业	2.86	6.12	1.21	6.94	28.27
其他航空航天器制造业	-1.70	-5.33	-7.78	-3.86	27.10
交通运输设备修理业	2.12	4.16	-0.15	3.85	42.09

（续）

行　　业	总资产报酬率（%）	产　值利税率（%）	百元销售收入实现的利润（元）	百元固定资产实现的利税（元）	工　业增加值率（%）
铁路运输设备修理业	2.01	3.77	−2.55	3.16	56.79
汽车修理业	2.11	4.01	−1.13	4.44	40.43
摩托车修理业	0.00	0.00	0.00	0.00	150.00
电车修理业	* * * *	0.00	* * * *	* * * *	20.00
船舶修理业	2.28	5.10	2.91	4.17	39.86
飞机修理业	1.95	3.76	2.75	3.71	31.60
其他交通运输设备修理业	2.42	3.10	1.40	4.88	20.86
其他交通运输设备制造业	2.45	4.85	−1.03	9.26	34.04
航标器材制造业	1.52	4.17	0.00	5.00	47.62
潜水装备制造业	10.00	15.38	7.14	36.36	52.17
公路标志制造业	−1.02	−1.89	−6.52	−4.35	20.00
电气机械及器材制造业	2.39	4.47	−0.24	6.45	26.14
电机制造业	2.05	4.79	−0.55	5.94	33.31
发电机制造业	1.94	5.01	−0.62	6.50	38.00
电动机制造业	2.30	5.15	−0.16	6.36	33.33
微电机制造业	1.16	2.32	−2.06	2.55	20.87
输配电及控制设备制造业	3.54	7.11	1.08	9.50	28.62
变压器制造业	4.47	8.11	2.20	11.41	30.65
整流器制造业	−2.19	−6.19	−10.73	−8.05	23.35
电容器制造业	0.22	0.45	−4.28	0.55	20.00
开关控制设备制造业	3.08	6.67	0.37	8.24	24.91
电器设备元件制造业	3.15	7.39	1.48	8.72	36.12
其他输配电及控制设备制造业	5.20	8.62	3.00	15.70	31.74
电工器材制造业	2.28	3.32	−0.40	5.67	20.70
电线电缆制造业	2.74	3.76	0.34	6.85	20.08
绝缘制品业	0.38	0.94	−4.15	0.96	25.33
蓄电池制造业	0.12	0.27	−4.46	0.28	22.76
原电池制造业	2.02	2.51	−2.12	4.93	20.12
其他电工器材制造业	3.56	4.89	1.51	9.74	27.64
日用电器制造业	1.94	3.66	0.15	6.02	23.38
洗衣机制造业	2.74	6.29	−0.09	6.85	35.51
吸尘器制造业	3.33	4.55	0.00	10.81	16.98
电冰箱制造业	2.48	5.76	3.89	8.54	23.61
电风扇制造业	2.51	2.31	−1.08	7.08	23.53
空调器制造业	−2.71	−6.52	−10.29	−8.10	14.36
排油烟机制造业	0.68	0.92	−4.59	2.60	26.40
其他日用电器制造业	4.04	8.94	5.94	14.46	21.12
照明器具制造业	0.91	1.76	−4.07	2.14	30.61
电光源制造业	−0.51	−1.17	−7.39	−1.10	30.72
灯头、灯座制造业	−1.35	−1.69	−7.27	−3.66	53.85
灯具制造业	1.46	2.86	−1.43	3.93	19.80
灯用电器附件制造业	8.01	7.44	2.94	36.23	37.83
其他照明器具制造业	5.42	8.28	0.76	14.58	29.14
电气机械修理业	−0.70	−1.06	−8.33	−1.69	48.81
其他电气机械制造业	1.26	3.16	−2.47	3.27	30.03
电焊机制造业	2.21	5.23	0.20	6.46	30.33
工业用电炉制造业	−2.41	−8.02	−16.09	−5.47	28.70
其他类未包括的电气机械制造业	4.10	8.73	1.56	10.00	30.70
仪器仪表及文化、办公用机械制造业	0.16	0.43	−4.82	0.41	27.45
通用仪器仪表制造业	1.04	2.70	−2.28	2.57	26.22
工业自动化仪表制造业	1.23	3.61	−3.74	3.45	31.17
电工仪器、仪表制造业	0.66	1.34	−3.50	1.70	21.92
光学仪器制造业	0.95	2.51	−0.04	2.09	22.87
计时仪器制造业	−5.56	−36.00	−52.38	−9.00	15.38
分析仪器制造业	1.69	5.86	−1.20	4.79	35.83

（续）

行　　业	总资产报酬率（%）	产　　值利税率（%）	百元销售收入实现的利润（元）	百元固定资产实现的利税（元）	工　　业增加值率（%）
试验机制造业	0.98	2.82	－4.26	2.50	52.02
实验室仪器及装置制造业	0.22	0.68	－7.69	0.53	38.69
通用仪器仪表元件、器件制造业	4.80	7.08	0.82	16.67	19.53
其他通用仪器仪表制造业	1.27	4.69	－1.52	2.51	－7.19
专用仪器仪表制造业	0.42	1.13	－4.30	1.03	28.00
环境保护仪器仪表制造业	－7.00	－15.22	－23.94	－16.28	13.64
汽车仪器仪表制造业	6.54	12.30	5.01	22.31	40.64
导航、制导仪器制造业	－2.25	－6.43	－12.03	－5.17	28.52
农、林、牧、渔仪器、仪表制造业	－1.45	－4.35	－13.33	－2.56	35.29
地质勘探、钻采、地震专用仪器制造业	－1.13	－4.24	－6.65	－2.73	18.46
气象、海洋、水文、天文仪器制造业	2.00	5.00	－1.64	3.57	48.98
教学仪器制造业	4.91	11.85	8.20	14.12	32.32
核子及核辐射测量仪器制造业	4.20	10.43	0.84	10.17	40.52
专用仪器仪表元件、器件制造业	1.75	4.17	－1.82	4.28	23.15
电子测量仪器制造业	－1.45	－4.31	－10.68	－3.74	21.84
计量器具制造业	1.36	3.78	－3.24	3.29	34.99
传递标准用计量仪器制造业	－5.41	－16.67	－27.27	－11.76	62.50
量具量仪制造业	2.29	6.48	－0.29	6.22	38.05
衡器制造业	0.65	1.77	－5.94	1.41	30.96
文化、办公用机械制造业	－1.13	－2.77	－6.56	－3.53	27.17
电影机械制造业	2.69	6.79	3.68	6.04	35.47
幻灯机及投影仪制造业	2.55	7.14	0.00	4.88	33.93
照相机及器材制造业	－2.11	－8.70	－23.84	－6.22	63.36
复印机制造业	－2.02	－3.29	－5.70	－8.88	11.63
打字机及油印机制造业	－6.51	－12.22	－15.66	－16.42	20.41
其他文化、办公用机械制造业	2.14	5.22	－1.61	10.71	41.12
钟表制造业	－1.69	－5.44	－11.42	－4.73	28.66
仪器仪表及文化、办公用机械修理业	0.00	0.00	－20.00	0.00	75.00
其他仪器仪表制造业	－1.94	－4.15	－13.27	－4.40	41.18

1996年全部独立核算乡办机械工业企业主要统计指标(一)

行业	企业单位数(个)	工业总产值(亿元)		工业增加值(亿元)	产品销售收入(亿元)	职工年平均人数(人)
		1990年不变价	当年价			
机械工业总计	39 775	3 260.66	3 549.75	911.89	2 845.92	3 213 818
金属制品业	11 695	769.34	846.68	213.79	677.56	787 100
金属结构制造业	722	61.53	67.59	19.77	51.02	63 403
铸铁管制造业	641	37.99	44.92	12.29	35.74	44 263
工具制造业	1 089	64.72	68.90	20.41	52.57	85 227
切削工具制造业	276	16.26	17.01	5.99	12.17	19 170
模具制造业	384	17.38	18.57	6.01	14.46	20 963
手工具制造业	357	23.10	25.61	6.21	19.86	36 552
其他工具制造业	72	7.98	7.71	2.20	6.07	8 542
集装箱和金属包装物品制造业	593	97.20	102.80	25.24	86.31	60 612
集装箱制造业	26	32.95	34.61	7.28	31.21	8 121
金属包装物品及容器制造业	567	64.25	68.19	17.96	55.10	52 491
金属丝绳及其制品业	932	81.74	92.61	19.79	74.65	59 019
建筑用金属制品业	2 172	137.95	154.29	42.52	122.60	157 569
建筑小五金制造业	241	9.40	10.54	2.52	8.82	11 164
水暖管道零件制造业	525	46.75	54.43	17.35	42.46	68 093
金属门窗制造业	1 258	70.03	76.78	19.68	60.89	68 538
其他建筑用金属制品业	148	11.77	12.54	2.98	10.43	9 774
金属表面处理及热处理业	909	57.38	61.78	15.28	50.32	60 190
日用金属制品业	1 922	153.05	164.53	38.08	130.72	158 246
搪瓷制造业	92	12.15	13.83	3.25	10.86	13 818
铝制品业	436	47.69	51.70	11.67	40.95	31 750
不锈钢制品业	296	21.34	22.61	4.93	19.23	22 120
刀剪制造业	83	7.48	7.59	1.87	5.50	7 140
制锁业	173	19.22	20.55	5.14	16.33	25 307
炊事用具制造业	391	10.04	12.80	3.48	9.96	18 157
燃气用具制造业	123	15.60	14.55	2.38	10.66	11 553
理发用具制造业	21	2.54	2.83	0.96	2.36	3 921
其他日用金属制品业	307	16.99	18.07	4.40	14.88	24 480
其他金属制品业	2 715	77.77	89.26	20.42	73.64	98 571
铁制小农具制造业	2 064	28.87	34.93	6.80	31.90	50 435
焊条制造业	132	12.59	14.53	3.30	10.82	11 963
其他类未包括的金属制品业	519	36.31	39.80	10.31	30.92	36 173
普通机械制造业	10 786	714.41	800.65	210.70	624.76	864 231
锅炉及原动机制造业	685	80.34	90.56	22.44	66.72	87 099
锅炉制造业	283	39.30	45.07	10.60	32.73	36 655
内燃机制造业	26	4.03	4.30	1.03	3.09	5 043
汽轮机制造业	12	1.92	2.42	0.66	1.18	1 724
水轮机制造业	2	0.02	0.02	0.00	0.02	35
内燃机零部件及配件制造业	314	31.52	34.89	9.28	26.71	39 351
其他锅炉及原动机制造业	48	3.54	3.87	0.87	2.98	4 291
金属加工机械制造业	901	58.01	65.75	17.83	50.93	75 919
金属切削机床制造业	160	11.38	12.48	3.26	9.52	16 195
锻压设备制造业	112	13.12	14.34	3.10	11.41	14 370
铸造机械制造业	224	10.55	12.49	3.10	9.68	16 276
机床附件制造业	95	5.46	5.88	1.86	4.38	7 880
其他金属加工机械制造业	310	17.50	20.56	6.51	15.94	21 198
通用设备制造业	1 441	144.93	156.13	40.12	124.82	161 777
起重运输设备制造业	284	33.25	36.11	8.70	28.37	37 068
工矿车辆制造业	48	7.01	8.49	2.13	6.93	8 567
泵制造业	490	34.50	38.52	10.22	27.91	44 067
风机制造业	155	12.81	14.23	3.74	11.37	13 176

(续)

行　业	企　业 单位数 (个)	工业总产值(亿元) 1990年 不变价	 当年价	工　业 增加值 (亿元)	产品销售 收　入 (亿元)	职工年 平均人数 (人)
气体压缩机及气体分离设备制造业	66	3.74	4.33	1.29	3.10	4 876
冷冻设备制造业	85	20.00	20.96	4.98	20.14	13 856
风动工具制造业	25	3.15	3.26	0.91	2.32	3 026
电动工具制造业	75	11.89	10.58	2.50	9.41	16 450
其他通用设备制造业	213	18.58	19.65	5.65	15.26	20 691
轴承、阀门制造业	859	75.24	83.10	20.93	64.87	94 491
轴承制造业	307	35.49	39.61	10.29	31.28	40 812
阀门制造业	552	39.75	43.49	10.64	33.59	53 679
其他通用零部件制造业	2 067	140.27	153.11	40.51	126.02	159 727
液压件及液力件制造业	214	18.80	20.53	6.21	16.50	22 514
气动元件制造业	120	8.30	8.41	2.71	6.43	8 020
密封件制造业	80	6.25	6.34	1.53	5.97	4 491
粉末冶金制品业	171	10.71	11.66	3.07	9.79	13 982
紧固件制造业	555	30.84	33.53	8.38	27.48	39 092
弹簧制造业	158	7.20	7.43	2.22	5.76	8 597
链条制造业	120	11.08	12.11	2.99	8.40	12 701
齿轮制造业	125	15.35	17.58	4.94	14.87	17 408
其他类未包括的通用零部件制造业	524	31.75	35.52	8.47	30.81	32 922
铸锻件制造业	4 151	196.20	230.01	62.99	173.49	256 262
铸件制造业	3 715	169.03	199.62	54.63	152.41	230 890
锻件制造业	436	27.18	30.40	8.35	21.08	25 372
普通机械修理业	316	6.22	7.34	2.34	5.72	8 806
其他普通机械制造业	366	13.19	14.65	3.54	12.18	20 150
专用设备制造业	6 337	477.29	525.76	134.45	409.59	482 753
冶金、矿山、机电工业专用设备制造业	436	38.69	43.56	12.16	32.42	39 425
矿山设备制造业	256	16.44	19.68	5.36	14.19	18 847
冶金工业专用设备制造业	72	10.12	11.69	3.24	8.78	8 251
电工专用设备制造业	20	1.21	1.43	0.49	1.16	1 569
电子工业专用设备制造业	38	4.59	3.92	1.19	2.99	4 941
其他机电工业专用设备制造业	50	6.32	6.85	1.88	5.29	5 817
石化及其他工业专用设备制造业	793	91.02	96.96	23.85	78.78	80 901
石油工业专用设备制造业	101	9.56	10.62	2.01	9.64	8 469
化学工业专用设备制造业	107	16.79	17.93	4.60	14.57	12 984
化学纤维工业专用设备制造业	17	5.63	5.47	1.76	4.10	3 104
橡胶工业专用设备制造业	50	6.07	6.59	1.53	5.59	5 528
塑料工业专用设备制造业	107	14.05	14.48	3.17	11.70	9 638
森林工业专用设备制造业	56	15.36	15.47	3.84	11.59	12 204
印刷工业专用设备制造业	79	6.50	6.91	1.90	5.83	8 303
制药工业专用设备制造业	34	1.93	1.79	0.59	1.27	1 901
建筑材料及其他制品专用设备制造业	242	15.12	17.69	4.45	14.48	18 770
轻纺工业专用设备制造业	1 108	113.76	125.98	32.78	99.91	124 924
食品、饮料、烟草工业专用设备制造业	153	17.02	19.81	6.00	16.59	20 314
粮油工业专用设备制造业	176	12.96	16.22	4.30	14.30	17 570
饲料工业专用设备制造业	24	1.22	1.44	0.18	0.67	1 375
包装工业专用设备制造业	63	4.66	5.18	1.43	4.74	6 384
纺织、服装、皮革工业专用设备制造业	498	51.49	53.28	12.72	40.69	50 222
照明器具工业专用设备制造业	37	1.53	1.69	0.47	1.82	2 025
日用硅酸制品工业专用设备制造业	15	1.95	2.10	0.49	1.65	1 995
制浆、造纸工业专用设备制造业	110	14.25	17.61	5.45	12.97	19 206
日用化学工业专用设备制造业	32	8.68	8.64	1.75	6.49	5 833
农、林、牧、渔、水利业机械制造业	1 582	107.09	124.36	30.47	94.07	107 750
拖拉机制造业	47	7.68	8.66	1.73	6.85	5 560
机械化农机具制造业	655	24.27	28.88	7.19	20.01	33 048
营林机械制造业	7	0.47	0.66	0.22	0.69	154
畜牧机械制造业	21	0.61	0.65	0.33	0.36	1 046

（续）

行　　业	企　业单位数（个）	工业总产值（亿元）		工　业增加值（亿元）	产品销售收　入（亿元）	职工年平均人数（人）
		1990年不变价	当年价			
渔业机械制造业	27	2.64	2.76	0.60	2.64	1 997
水利机械制造业	27	2.46	2.63	0.76	1.75	2 994
拖拉机配件制造业	389	35.53	40.68	10.33	31.46	35 920
其他农、林、牧、渔、水利业机械制造业	409	33.42	39.45	9.30	30.32	27 031
医疗器械制造业	318	33.80	35.08	7.68	28.62	34 400
手术器械制造业	22	8.56	9.22	2.29	8.33	5 275
医疗仪器、设备制造业	61	3.53	3.35	1.05	2.79	3 592
诊断用品制造业	37	4.84	4.11	1.08	2.97	6 589
医用材料及医疗用品制造业	192	16.57	18.09	3.21	14.40	18 623
假肢、矫形器制造业	6	0.30	0.31	0.05	0.13	321
其他专用设备制造业	786	79.55	83.90	22.02	62.97	72 182
建筑机械制造业	137	16.15	19.02	5.16	14.56	14 968
地质专用设备制造业	14	1.28	1.51	0.28	1.32	1 312
畜牧兽医医疗器械制造业	5	0.10	0.10	0.04	0.07	266
缝纫机制造业	90	15.31	12.32	2.26	10.26	13 312
商业、饮食业、服务业专用机械制造业	33	2.40	2.67	0.51	2.24	2 225
邮政机械及器材制造业	10	1.93	2.13	0.61	1.85	1 038
环境保护机械制造业	215	22.45	24.57	5.97	18.84	18 642
社会公共安全设备及器材制造业	141	10.33	11.03	4.29	7.00	10 673
其他类未包括的专用设备制造业	141	9.59	10.55	2.88	6.82	9 746
专用机械设备修理业	1 314	13.36	15.92	5.50	12.81	23 171
工业专用设备修理业	31	1.08	1.16	0.48	0.84	1 588
农、林、牧、渔、水利机械修理业	1 177	9.78	11.91	4.08	9.69	17 306
医疗器械修理业	6	0.01	0.01	0.01	0.01	78
其他专用机械设备修理业	100	2.49	2.84	0.92	2.27	4 199
交通运输设备制造业	4 972	461.56	506.23	136.77	408.63	416 261
铁路运输设备制造业	86	9.18	11.46	3.60	9.73	9 524
机车制造业	1	0.04	0.06	0.01	0.06	10
客车制造业	2	3.53	5.02	1.81	4.76	3 588
机车车辆配件制造业	53	3.35	4.01	1.23	3.16	3 973
铁路信号设备制造业	3	0.09	0.09	0.02	0.06	177
铁路专用设备制造业	6	0.25	0.29	0.07	0.23	205
铁路专用器材制造业	10	1.25	1.32	0.25	0.99	1 007
其他铁路运输设备制造业	11	0.68	0.67	0.20	0.47	564
汽车制造业	1 874	213.27	235.20	66.05	189.65	209 977
载重汽车制造业	28	7.60	9.72	2.04	8.65	5 575
客车制造业	31	6.07	6.89	1.42	5.55	4 885
小轿车制造业	9	1.27	1.39	－0.68	2.00	1 043
微型汽车制造业	17	3.64	3.57	0.89	2.76	2 498
特种车辆及改装汽车制造业	85	20.32	22.61	5.37	19.81	11 737
汽车车身制造业	46	7.84	9.22	2.37	5.47	6 912
汽车零部件及配件制造业	1 658	166.54	181.81	54.63	145.40	177 327
摩托车制造业	568	111.65	122.05	29.47	96.08	60 830
摩托车整车制造业	63	58.31	64.22	14.26	49.63	14 263
摩托车零部件及配件制造业	505	53.34	57.83	15.22	46.45	46 567
自行车制造业	292	45.06	47.43	10.36	40.94	38 291
电车制造业	3	0.20	0.28	0.04	0.19	202
船舶制造业	249	28.06	29.34	8.19	24.39	16 994
海洋运输船制造业	22	4.85	4.45	0.95	3.93	2 390
内河船制造业	148	9.70	10.92	2.87	8.85	7 825
渔轮制造业	39	5.33	5.91	1.28	3.39	3 236
船舶机械设备制造业	40	8.18	8.06	3.09	8.23	3 543
交通运输设备修理业	1 891	52.73	58.89	18.72	46.18	79 828
铁路运输设备修理业	8	0.48	0.52	0.13	0.46	500
汽车修理业	1 569	40.15	45.01	14.81	35.48	53 983

（续）

行业	企业单位数（个）	工业总产值（亿元）1990年不变价	工业总产值（亿元）当年价	工业增加值（亿元）	产品销售收入（亿元）	职工年平均人数（人）
摩托车修理业	23	0.35	0.44	0.11	0.40	356
电车修理业	4	0.01	0.01	0.01	0.01	63
船舶修理业	175	9.59	10.40	2.79	7.58	22 923
其他交通运输设备修理业	112	2.14	2.51	0.89	2.25	2 003
其他交通运输设备制造业	8	1.40	1.56	0.32	1.45	605
航标器材制造业	1	0.01	0.01	0.00	0.00	65
公路标志制造业	7	1.39	1.55	0.32	1.45	540
电气机械及器材制造业	5 090	771.21	801.17	195.83	669.38	591 833
电机制造业	389	54.18	57.68	17.37	45.52	47 775
发电机制造业	59	11.27	13.03	4.95	9.40	8 526
电动机制造业	194	25.51	26.36	6.68	22.05	21 550
微电机制造业	136	17.40	18.29	5.74	14.07	17 699
输配电及控制设备制造业	1 180	123.60	128.06	33.17	102.75	110 499
变压器制造业	140	17.94	20.36	4.67	14.90	14 170
整流器制造业	45	1.68	1.63	0.47	1.32	2 380
电容器制造业	81	6.97	6.95	1.40	6.02	7 737
开关控制设备制造业	445	32.86	35.98	10.34	30.58	34 790
电器设备元件制造业	200	25.19	20.97	5.48	18.27	21 646
其他输配电及控制设备制造业	269	38.97	42.17	10.80	31.67	29 776
电工器材制造业	1 643	321.66	342.05	79.75	286.69	164 699
电线电缆制造业	1 049	266.89	284.30	64.62	239.44	117 040
绝缘制品业	162	19.68	19.13	5.27	16.11	10 074
蓄电池制造业	225	18.84	20.96	5.77	17.23	18 536
原电池制造业	52	5.69	6.19	1.50	3.91	7 190
其他电工器材制造业	155	10.57	11.47	2.58	10.00	11 859
日用电器制造业	636	176.14	171.79	40.16	148.59	165 407
洗衣机制造业	21	3.37	3.43	0.67	3.34	3 445
吸尘器制造业	19	3.56	3.75	0.76	3.19	2 232
电冰箱制造业	30	9.13	8.73	1.43	7.16	6 896
电风扇制造业	93	51.34	47.78	9.77	42.27	29 553
空调器制造业	133	58.59	55.03	15.43	46.56	36 737
排油烟机制造业	16	6.50	6.50	1.47	4.66	3 228
其他日用电器制造业	324	43.65	46.58	10.62	41.42	83 316
照明器具制造业	970	77.99	82.52	19.53	70.79	86 784
电光源制造业	317	26.88	28.00	7.32	25.00	34 142
灯头、灯座制造业	79	9.03	9.20	1.37	8.26	8 888
灯具制造业	337	32.58	34.43	8.21	28.15	25 792
灯用电器附件制造业	114	5.43	6.19	1.50	5.55	7 347
其他照明器具制造业	123	4.08	4.72	1.12	3.83	10 615
电气机械修理业	67	1.85	2.16	1.06	1.84	2 943
其他电气机械制造业	205	15.79	16.91	4.80	13.19	13 726
电焊机制造业	89	8.39	8.95	2.87	6.99	6 998
工业用电炉制造业	34	3.67	3.90	0.84	2.90	2 337
其他类未包括的电气机械制造业	82	3.72	4.06	1.09	3.30	4 391
仪器仪表及文化、办公用机械制造业	895	66.85	69.26	20.35	56.00	71 640
通用仪器仪表制造业	371	29.64	29.35	9.21	22.41	28 587
工业自动化仪表制造业	95	9.18	9.19	2.62	7.27	7 760
电工仪器、仪表制造业	73	3.06	3.35	0.96	2.82	4 233
光学仪器制造业	35	5.84	5.43	2.32	3.77	3 648
计时仪器制造业	18	4.02	3.44	1.01	2.10	3 437
分析仪器制造业	9	0.08	0.11	0.04	0.10	277
试验机制造业	7	0.28	0.30	0.09	0.25	525
实验室仪器及装置制造业	7	0.31	0.31	0.06	0.23	414
通用仪器仪表元件、器件制造业	58	4.19	4.29	1.21	3.22	4 401
其他通用仪器仪表制造业	69	2.68	2.94	0.90	2.64	3 892

（续）

行　业	企业单位数（个）	工业总产值（亿元）		工业增加值（亿元）	产品销售收入（亿元）	职工年平均人数（人）
		1990年不变价	当年价			
专用仪器仪表制造业	124	8.57	8.25	2.98	6.41	8 350
环境保护仪器仪表制造业	16	0.86	0.86	0.38	0.73	812
汽车仪器仪表制造业	18	2.09	1.52	0.40	1.67	1 390
导航、制导仪器制造业	2	0.10	0.06	0.01	0.04	150
农、林、牧、渔仪器、仪表制造业	5	0.13	0.15	0.04	0.13	140
地质勘探、钻采、地震专用仪器制造业	12	0.76	0.80	0.51	0.26	885
气象、海洋、水文、天文仪器制造业	2	0.01	0.01	0.00	0.01	68
教学仪器制造业	8	1.06	0.83	0.59	0.40	1 110
专用仪器仪表元件、器件制造业	60	3.53	3.99	1.01	3.17	3 795
电子测量仪器制造业	16	0.79	0.91	0.22	0.84	711
计量器具制造业	122	8.20	8.98	2.91	7.41	11 435
传递标准用计量仪器制造业	11	0.86	0.99	0.29	0.94	1 310
量具量仪制造业	61	5.16	5.35	2.00	4.34	6 567
衡器制造业	50	2.18	2.64	0.62	2.13	3 558
文化、办公用机械制造业	49	3.58	3.36	0.67	3.02	3 877
照相机及器材制造业	19	1.19	1.25	0.42	0.90	1 315
复印机制造业	2	0.01	0.01	0.00	0.01	188
打字机及油印机制造业	9	1.77	1.47	0.13	1.51	1 314
其他文化、办公用机械制造业	19	0.61	0.63	0.12	0.60	1 060
钟表制造业	116	10.65	12.79	2.51	11.96	12 430
仪器仪表及文化、办公用机械修理业	11	0.08	0.12	0.05	0.11	303
其他仪器仪表制造业	86	5.34	5.51	1.80	3.86	5 947

1996年全部独立核算乡办机械工业企业主要统计指标(二)

(单位:亿元)

行　　业	年末固定资产原价	年末固定资产净值年平均余额	流动资产年平均余额合　计	利润总额	利税总额
机械工业总计	1 031.03	744.66	1461.08	123.03	235.51
金属制品业	250.33	187.88	331.64	25.01	48.10
金属结构制造业	20.38	14.89	30.03	1.89	3.68
铸铁管制造业	12.40	8.92	14.67	1.46	2.72
工具制造业	22.01	16.11	29.65	2.07	4.42
切削工具制造业	5.03	3.58	7.42	0.49	1.06
模具制造业	6.85	5.31	7.51	0.67	1.26
手工具制造业	7.86	5.47	10.82	0.56	1.48
其他工具制造业	2.28	1.75	3.89	0.35	0.62
集装箱和金属包装物品制造业	35.56	28.75	46.93	2.83	5.26
集装箱制造业	8.84	6.80	16.58	0.39	0.53
金属包装物品及容器制造业	26.73	21.95	30.36	2.44	4.73
金属丝绳及其制品业	27.21	19.92	29.72	2.62	4.59
建筑用金属制品业	38.32	28.47	56.63	5.39	9.65
建筑小五金制造业	2.69	1.83	4.52	0.19	0.51
水暖管道零件制造业	13.80	10.58	19.36	2.35	3.92
金属门窗制造业	18.01	12.94	26.85	2.57	4.67
其他建筑用金属制品业	3.82	3.11	5.90	0.28	0.55
金属表面处理及热处理业	17.55	12.58	19.96	1.87	3.71
日用金属制品业	50.23	38.00	71.88	3.32	8.03
搪瓷制造业	3.53	2.48	5.34	0.34	0.69
铝制品业	15.59	11.42	18.80	1.48	2.76
不锈钢制品业	9.50	7.48	14.29	0.51	1.16
刀剪制造业	1.43	1.05	1.76	0.15	0.45
制锁业	4.38	3.45	9.73	0.19	0.77
炊事用具制造业	3.40	2.36	4.27	0.53	0.99
燃气用具制造业	4.36	3.35	8.53	-0.37	0.14
理发用具制造业	1.14	0.95	1.46	0.10	0.19
其他日用金属制品业	6.91	5.45	7.70	0.39	0.89
其他金属制品业	26.67	20.24	32.16	3.54	6.03
铁制小农具制造业	10.39	7.87	9.69	1.66	2.67
焊条制造业	4.98	4.07	6.03	0.35	0.67
其他类未包括的金属制品业	11.30	8.29	16.44	1.53	2.69
普通机械制造业	252.86	175.13	336.57	27.34	54.70
锅炉及原动机制造业	24.69	17.14	36.85	2.98	5.92
锅炉制造业	11.38	7.71	20.02	1.80	3.28
内燃机制造业	1.90	1.47	2.38	0.02	0.13
汽轮机制造业	0.54	0.28	0.55	0.10	0.15
水轮机制造业	0.00	0.00	0.00	0.00	0.00
内燃机零部件及配件制造业	9.55	6.70	12.09	0.93	2.07
其他锅炉及原动机制造业	1.32	0.97	1.80	0.12	0.28
金属加工机械制造业	25.01	17.13	28.62	2.01	4.41
金属切削机床制造业	5.93	4.22	6.43	0.26	0.70
锻压设备制造业	4.83	3.15	5.47	0.46	0.98
铸造机械制造业	3.75	2.60	4.58	0.36	0.75
机床附件制造业	2.85	2.10	2.33	0.18	0.46
其他金属加工机械制造业	7.66	5.06	9.80	0.76	1.51
通用设备制造业	48.91	32.51	73.55	6.00	11.96
起重运输设备制造业	10.96	7.03	17.35	1.34	2.50
工矿车辆制造业	2.24	1.32	2.24	0.20	0.43
泵制造业	12.30	8.03	18.44	1.47	2.84

（续）

行　　业	年末固定资产原价	年末固定资产净值年平均余额	流动资产年平均余额合　　计	利润总额	利税总额
风机制造业	4.20	2.78	7.00	0.46	1.05
气体压缩机及气体分离设备制造业	1.35	0.88	2.47	0.13	0.29
冷冻设备制造业	7.11	5.16	10.87	1.51	2.69
风动工具制造业	0.94	0.67	1.60	0.08	0.17
电动工具制造业	3.20	2.21	4.36	0.17	0.56
其他通用设备制造业	6.62	4.42	9.22	0.64	1.43
轴承、阀门制造业	37.64	26.39	41.87	3.42	6.28
轴承制造业	25.10	18.28	22.71	1.38	2.62
阀门制造业	12.54	8.11	19.17	2.04	3.67
其他通用零部件制造业	45.66	31.06	63.80	5.65	11.09
液压件及液力件制造业	6.09	3.72	8.13	0.87	1.55
气动元件制造业	2.15	1.43	4.16	0.30	0.64
密封件制造业	1.34	0.90	1.74	0.26	0.41
粉末冶金制品业	4.27	2.93	6.48	0.39	0.81
紧固件制造业	10.23	6.73	14.03	0.81	2.03
弹簧制造业	2.13	1.59	3.02	0.31	0.61
链条制造业	3.02	2.03	3.74	0.53	0.89
齿轮制造业	7.09	5.10	7.33	0.79	1.48
其他类未包括的通用零部件制造业	9.33	6.64	15.16	1.38	2.66
铸锻件制造业	64.29	46.25	83.07	6.67	13.68
铸件制造业	56.62	40.90	73.32	5.70	11.99
锻件制造业	7.67	5.35	9.75	0.98	1.68
普通机械修理业	1.70	1.23	1.89	0.28	0.50
其他普通机械制造业	4.96	3.43	6.92	0.33	0.85
专用设备制造业	142.61	99.26	205.71	20.76	37.21
冶金、矿山、机电工业专用设备制造业	12.07	8.20	16.34	1.55	2.86
矿山设备制造业	5.22	3.55	6.75	0.77	1.33
冶金工业专用设备制造业	2.60	1.60	3.48	0.32	0.60
电工专用设备制造业	0.60	0.39	0.93	0.08	0.16
电子工业专用设备制造业	1.72	1.25	1.44	0.22	0.36
其他机电工业专用设备制造业	1.92	1.41	3.74	0.17	0.41
石化及其他工业专用设备制造业	31.12	21.66	43.27	4.72	7.75
石油工业专用设备制造业	3.61	2.37	6.33	0.74	1.02
化学工业专用设备制造业	5.32	3.64	6.25	0.89	1.56
化学纤维工业专用设备制造业	1.86	1.28	2.39	0.19	0.34
橡胶工业专用设备制造业	1.81	1.26	2.87	0.23	0.42
塑料工业专用设备制造业	4.98	4.16	7.25	1.06	1.49
森林工业专用设备制造业	2.66	1.57	5.46	0.65	1.08
印刷工业专用设备制造业	3.56	2.28	4.35	0.28	0.60
制药工业专用设备制造业	0.43	0.37	0.79	0.03	0.10
建筑材料及其他制品专用设备制造业	6.89	4.72	7.57	0.64	1.13
轻纺工业专用设备制造业	38.45	26.34	54.97	5.71	10.01
食品、饮料、烟草工业专用设备制造业	6.77	5.16	10.17	0.94	1.80
粮油工业专用设备制造业	3.83	2.62	5.26	0.85	1.22
饲料工业专用设备制造业	0.27	0.15	0.38	0.03	0.04
包装工业专用设备制造业	1.78	1.06	2.93	0.17	0.37
纺织、服装、皮革工业专用设备制造业	17.50	11.84	25.89	1.74	3.57
照明器具工业专用设备制造业	0.32	0.23	0.57	0.18	0.23
日用硅酸制品工业专用设备制造业	0.46	0.29	0.59	0.04	0.12
制浆、造纸工业专用设备制造业	4.57	2.76	6.09	1.71	2.33
日用化学工业专用设备制造业	2.95	2.21	3.08	0.06	0.33
农、林、牧、渔、水利业机械制造业	24.06	16.78	34.61	4.10	7.46
拖拉机制造业	1.43	0.99	3.11	0.20	0.39
机械化农机具制造业	6.17	4.55	8.16	1.13	1.80
营林机械制造业	0.03	0.02	0.02	0.01	0.02

（续）

行　　业	年末固定资产原价	年末固定资产净值年平均余额	流动资产年平均余额合　计	利润总额	利税总额
畜牧机械制造业	0.20	0.13	0.40	0.02	0.03
渔业机械制造业	0.82	0.38	0.80	0.07	0.10
水利机械制造业	0.84	0.55	1.07	0.09	0.19
拖拉机配件制造业	8.27	5.57	10.74	1.74	3.17
其他农、林、牧、渔、水利业机械制造业	6.30	4.59	10.30	0.83	1.76
医疗器械制造业	10.42	7.55	12.69	0.93	2.02
手术器械制造业	3.15	2.16	3.60	0.37	0.63
医疗仪器、设备制造业	1.50	1.12	1.62	0.08	0.22
诊断用品制造业	1.40	1.07	1.58	0.08	0.22
医用材料及医疗用品制造业	4.22	3.06	5.81	0.39	0.94
假肢、矫形器制造业	0.15	0.14	0.08	0.01	0.01
其他专用设备制造业	22.62	16.02	39.82	3.09	5.94
建筑机械制造业	5.67	4.27	8.21	0.81	1.41
地质专用设备制造业	0.49	0.32	1.14	-0.01	0.05
畜牧兽医医疗器械制造业	0.05	0.04	0.10	0.00	0.01
缝纫机制造业	4.46	3.09	7.52	0.45	0.89
商业、饮食业、服务业专用机械制造业	0.67	0.44	0.89	0.13	0.21
邮政机械及器材制造业	0.36	0.28	0.70	0.18	0.25
环境保护机械制造业	5.88	4.12	10.68	0.93	1.86
社会公共安全设备及器材制造业	2.33	1.62	5.87	0.25	0.62
其他类未包括的专用设备制造业	2.72	1.84	4.72	0.35	0.64
专用机械设备修理业	3.86	2.71	4.00	0.67	1.18
工业专用设备修理业	0.28	0.21	0.43	0.03	0.07
农、林、牧、渔、水利机械修理业	2.84	1.98	2.59	0.56	0.95
医疗器械修理业	0.00	0.00	0.01	0.00	0.00
其他专用机械设备修理业	0.74	0.52	0.97	0.07	0.15
交通运输设备制造业	140.94	101.92	198.20	20.86	37.87
铁路运输设备制造业	2.29	1.75	3.29	1.17	1.38
机车制造业	0.01	0.01	0.01	0.00	0.00
客车制造业	0.54	0.44	0.72	0.97	1.01
机车车辆配件制造业	1.07	0.77	1.17	0.07	0.19
铁路信号设备制造业	0.01	0.01	0.04	0.00	0.00
铁路专用设备制造业	0.09	0.07	0.06	0.01	0.02
铁路专用器材制造业	0.42	0.33	1.07	0.07	0.10
其他铁路运输设备制造业	0.15	0.12	0.21	0.04	0.07
汽车制造业	75.46	54.03	101.00	10.79	19.04
载重汽车制造业	2.90	2.21	4.84	0.28	0.60
客车制造业	2.29	1.87	3.57	0.02	0.23
小轿车制造业	0.81	0.59	1.14	-0.21	-0.10
微型汽车制造业	1.24	0.92	1.53	0.16	0.22
特种车辆及改装汽车制造业	4.92	3.43	7.98	1.41	2.13
汽车车身制造业	3.13	2.22	3.85	0.28	0.51
汽车零部件及配件制造业	60.17	42.79	78.08	8.85	15.44
摩托车制造业	20.38	15.21	40.15	4.02	8.32
摩托车整车制造业	6.10	4.72	18.84	1.58	3.97
摩托车零部件及配件制造业	14.28	10.50	21.31	2.45	4.34
自行车制造业	12.83	9.34	21.24	1.35	2.56
电车制造业	0.03	0.02	0.04	0.01	0.02
船舶制造业	8.41	6.48	11.87	1.04	2.09
海洋运输船制造业	1.57	1.24	1.26	0.12	0.19
内河船制造业	2.21	1.80	3.09	0.38	0.80
渔轮制造业	1.39	0.87	1.17	0.26	0.40
船舶机械设备制造业	3.23	2.57	6.36	0.28	0.70
交通运输设备修理业	21.44	15.01	20.20	2.39	4.33
铁路运输设备修理业	0.09	0.06	0.19	0.02	0.05

（续）

行　　业	年末固定资产原价	年末固定资产净值年平均余额	流动资产年平均余额合　　计	利润总额	利税总额
汽车修理业	14.89	10.74	15.27	1.97	3.45
摩托车修理业	0.07	0.06	0.07	0.01	0.03
电车修理业	0.01	0.01	0.00	0.00	0.00
船舶修理业	5.87	3.72	4.22	0.32	0.68
其他交通运输设备修理业	0.50	0.41	0.46	0.06	0.12
其他交通运输设备制造业	0.10	0.07	0.40	0.08	0.13
航标器材制造业	0.00	0.00	0.01	0.00	0.00
公路标志制造业	0.10	0.07	0.39	0.08	0.13
电气机械及器材制造业	224.86	166.60	355.01	26.28	52.36
电机制造业	13.15	9.20	23.07	1.32	3.06
发电机制造业	2.71	2.02	5.05	0.18	0.51
电动机制造业	6.76	4.70	11.02	0.79	1.69
微电机制造业	3.68	2.48	7.00	0.36	0.86
输配电及控制设备制造业	34.98	24.87	64.19	5.25	10.76
变压器制造业	4.96	3.35	7.73	0.75	1.22
整流器制造业	0.49	0.32	1.09	0.03	0.08
电容器制造业	2.55	1.68	3.04	0.19	0.40
开关控制设备制造业	11.07	7.87	18.28	1.72	3.38
电器设备元件制造业	6.03	4.46	11.34	0.66	1.73
其他输配电及控制设备制造业	9.87	7.19	22.70	1.91	3.94
电工器材制造业	96.44	74.56	126.85	13.47	24.15
电线电缆制造业	79.82	61.64	106.20	11.61	19.89
绝缘制品业	5.04	3.74	7.23	0.30	1.59
蓄电池制造业	6.76	4.71	6.66	0.96	1.67
原电池制造业	1.55	2.18	1.78	0.43	0.45
其他电工器材制造业	3.27	2.29	4.97	0.16	0.55
日用电器制造业	56.01	39.86	103.02	3.30	8.40
洗衣机制造业	1.66	1.09	2.00	-0.30	-0.18
吸尘器制造业	0.93	0.83	1.40	0.14	0.19
电冰箱制造业	2.50	1.44	6.25	0.34	0.55
电风扇制造业	16.20	10.49	29.04	0.04	1.01
空调器制造业	18.92	14.79	33.88	1.57	3.33
排油烟机制造业	1.80	1.17	2.80	0.19	0.42
其他日用电器制造业	14.00	10.06	27.65	1.32	3.07
照明器具制造业	19.43	14.57	30.60	2.30	4.83
电光源制造业	7.66	5.73	10.72	0.89	1.89
灯头、灯座制造业	1.81	1.30	3.20	0.17	0.39
灯具制造业	7.04	5.45	12.47	0.89	1.89
灯用电器附件制造业	1.94	1.33	2.47	0.19	0.35
其他照明器具制造业	0.99	0.76	1.74	0.16	0.30
电气机械修理业	0.61	0.47	0.48	0.05	0.09
其他电气机械制造业	4.24	3.06	6.81	0.58	1.08
电焊机制造业	1.97	1.48	3.81	0.33	0.60
工业用电炉制造业	0.65	0.47	1.24	0.08	0.17
其他类未包括的电气机械制造业	1.62	1.11	1.77	0.17	0.32
仪器仪表及文化、办公用机械制造业	19.43	13.87	33.95	2.78	5.27
通用仪器仪表制造业	8.04	5.90	13.69	1.26	2.34
工业自动化仪表制造业	3.09	2.27	4.88	0.37	0.75
电工仪器、仪表制造业	0.94	0.75	1.74	0.09	0.25
光学仪器制造业	0.79	0.57	1.95	0.32	0.45
计时仪器制造业	0.77	0.52	0.94	0.09	0.19
分析仪器制造业	0.05	0.03	0.09	0.01	0.01
试验机制造业	0.12	0.09	0.21	0.02	0.03
实验室仪器及装置制造业	0.06	0.04	0.12	0.02	0.03
通用仪器仪表元件、器件制造业	0.98	0.70	2.08	0.17	0.31

（续）

行　　业	年末固定资产原价	年末固定资产净值年平均余额	流动资产年平均余额合　　计	利润总额	利税总额
其他通用仪器仪表制造业	1.24	0.93	1.69	0.17	0.32
专用仪器仪表制造业	2.66	1.92	3.85	0.28	0.64
环境保护仪器仪表制造业	0.19	0.11	0.24	0.02	0.05
汽车仪器仪表制造业	0.90	0.70	0.94	0.10	0.17
导航、制导仪器制造业	0.04	0.04	0.03	0.00	0.00
农、林、牧、渔仪器、仪表制造业	0.04	0.03	0.19	0.01	0.01
地质勘探、钻采、地震专用仪器制造业	0.18	0.12	0.35	-0.02	0.00
气象、海洋、水文、天文仪器制造	0.00	0.00	0.01	0.00	0.00
教学仪器制造业	0.61	0.51	0.39	0.07	0.13
专用仪器仪表元件、器件制造业	0.69	0.41	1.71	0.10	0.28
电子测量仪器制造业	0.26	0.21	0.48	-0.01	0.03
计量器具制造业	3.40	2.37	4.33	0.31	0.71
传递标准用计量仪器制造业	0.19	0.14	0.39	0.01	0.08
量具量仪制造业	2.16	1.46	2.15	0.24	0.48
衡器制造业	1.06	0.77	1.79	0.06	0.15
文化、办公用机械制造业	1.33	0.96	1.41	0.20	0.27
照相机及器材制造业	0.35	0.26	0.45	0.03	0.06
复印机制造业	0.07	0.06	0.00	0.00	0.00
打字机及油印机制造业	0.63	0.43	0.61	0.14	0.16
其他文化、办公用机械制造业	0.28	0.21	0.35	0.02	0.05
钟表制造业	2.98	2.07	8.47	0.60	0.93
仪器仪表及文化、办公用机械修理业	0.01	0.01	0.04	0.00	0.01
其他仪器仪表制造业	0.75	0.43	1.68	0.13	0.34

1996年全部独立核算乡办机械工业企业主要财务分析指标

行业	总资产报酬率(%)	产值利税率(%)	百元销售收入实现的利润(元)	百元固定资产实现的利税(元)	工业增加值率(%)
机械工业总计	9.42	6.63	4.32	26.82	27.97
金属制品业	8.23	5.68	3.69	22.31	27.79
金属结构制造业	7.35	5.44	3.70	20.46	32.13
铸铁管制造业	10.24	6.06	4.09	26.15	32.35
工具制造业	8.77	6.42	3.94	24.73	31.54
切削工具制造业	8.93	6.23	4.03	26.30	36.84
模具制造业	8.94	6.79	4.63	21.84	34.58
手工具制造业	8.04	5.78	2.82	23.79	26.88
其他工具制造业	10.25	8.04	5.77	33.51	27.57
集装箱和金属包装物品制造业	6.17	5.12	3.28	16.02	25.97
集装箱制造业	2.04	1.53	1.25	7.12	22.09
金属包装物品及容器制造业	7.97	6.94	4.43	18.63	27.95
金属丝绳及其制品业	7.78	4.96	3.51	19.58	24.21
建筑用金属制品业	10.14	6.25	4.40	28.52	30.82
建筑小五金制造业	6.99	4.84	2.15	21.61	26.81
水暖管道零件制造业	11.91	7.20	5.53	31.56	37.11
金属门窗制造业	10.35	6.08	4.22	29.78	28.10
其他建筑用金属制品业	5.57	4.39	2.68	16.32	25.32
金属表面处理及热处理业	10.26	6.01	3.72	26.35	26.63
日用金属制品业	6.42	4.88	2.54	18.64	24.88
搪瓷制造业	7.52	4.99	3.13	24.73	26.75
铝制品业	7.81	5.34	3.61	19.96	24.47
不锈钢制品业	4.90	5.13	2.65	13.78	23.10
刀剪制造业	15.15	5.93	2.73	39.47	25.00
制锁业	4.59	3.75	1.16	20.92	26.74
炊事用具制造业	13.41	7.73	5.32	36.40	34.66
燃气用具制造业	1.10	0.96	−3.47	3.66	15.26
理发用具制造业	6.44	6.71	4.24	17.92	37.80
其他日用金属制品业	6.36	4.93	2.62	15.92	25.90
其他金属制品业	10.59	6.76	4.81	27.31	26.26
铁制小农具制造业	14.05	7.64	5.20	30.80	23.55
焊条制造业	6.31	4.61	3.23	16.88	26.21
其他类未包括的金属制品业	9.85	6.76	4.95	28.50	28.39
普通机械制造业	9.42	6.83	4.38	25.87	29.49
锅炉及原动机制造业	9.98	6.54	4.47	30.52	27.93
锅炉制造业	10.86	7.28	5.50	40.44	26.97
内燃机制造业	3.01	3.02	0.65	8.18	25.56
汽轮机制造业	13.27	6.20	8.47	28.30	34.38
水轮机制造业	0.00	0.00	0.00	…	0.00
内燃机零部件及配件制造业	9.97	5.93	3.48	25.27	29.44
其他锅炉及原动机制造业	9.62	7.24	4.03	28.28	24.58
金属加工机械制造业	8.56	6.71	3.95	23.15	30.74
金属切削机床制造业	5.54	5.61	2.73	14.80	28.65
锻压设备制造业	10.29	6.83	4.03	27.22	23.63
铸造机械制造业	9.46	6.00	3.72	24.75	29.38
机床附件制造业	9.33	7.82	4.11	21.00	34.07
其他金属加工机械制造业	9.16	7.34	4.77	27.50	37.20
通用设备制造业	9.87	7.66	4.81	30.86	27.68
起重运输设备制造业	9.01	6.92	4.72	29.10	26.17
工矿车辆制造业	8.65	5.06	2.89	24.16	30.39
泵制造业	9.43	7.37	5.27	29.31	29.62
风机制造业	9.98	7.38	4.05	34.31	29.20

（续）

行　　业	总资产报酬率（%）	产值利税率（%）	百元销售收入实现的利润（元）	百元固定资产实现的利税（元）	工业增加值率（%）
气体压缩机及气体分离设备制造业	8.10	6.70	4.19	29.00	34.49
冷冻设备制造业	13.61	12.83	7.50	42.56	24.90
风动工具制造业	6.94	5.21	3.45	20.99	28.89
电动工具制造业	7.69	5.29	1.81	21.13	21.03
其他通用设备制造业	9.74	7.28	4.19	29.55	30.41
轴承、阀门制造业	7.55	7.56	5.27	16.87	27.82
轴承制造业	4.95	6.61	4.41	9.49	28.99
阀门制造业	12.12	8.44	6.07	38.15	26.77
其他通用零部件制造业	10.46	7.24	4.48	30.51	28.88
液压件及液力件制造业	11.82	7.55	5.27	34.75	33.03
气动元件制造业	9.04	7.61	4.67	38.55	32.65
密封件制造业	12.42	6.47	4.36	38.32	24.48
粉末冶金制品业	7.71	6.95	3.98	22.63	28.66
紧固件制造业	8.95	6.05	2.95	26.50	27.17
弹簧制造业	11.64	8.21	5.38	32.62	30.83
链条制造业	14.15	7.35	6.31	38.53	26.99
齿轮制造业	10.83	8.42	5.31	26.10	32.18
其他类未包括的通用零部件制造业	10.99	7.49	4.48	33.00	26.68
铸锻件制造业	9.45	5.95	3.84	24.67	32.10
铸件制造业	9.36	6.01	3.74	24.43	32.32
锻件制造业	10.04	5.53	4.65	26.37	30.72
普通机械修理业	15.24	6.81	4.90	39.06	37.62
其他普通机械制造业	7.38	5.80	2.71	21.41	26.84
专用设备制造业	10.95	7.08	5.07	32.06	28.17
冶金、矿山、机电工业专用设备制造业	10.27	6.57	4.78	28.26	31.43
矿山设备制造业	11.22	6.76	5.43	28.42	32.60
冶金工业专用设备制造业	10.58	5.13	3.64	31.25	32.02
电工专用设备制造业	10.46	11.19	6.90	29.09	40.50
电子工业专用设备制造业	12.20	9.18	7.36	26.87	25.93
其他机电工业专用设备制造业	7.02	5.99	3.21	25.15	29.75
石化及其他工业专用设备制造业	10.65	7.99	5.99	30.34	26.20
石油工业专用设备制造业	10.78	9.60	7.68	35.29	21.03
化学工业专用设备制造业	13.68	8.70	6.11	36.36	27.40
化学纤维工业专用设备制造业	8.31	6.22	4.63	22.52	31.26
橡胶工业专用设备制造业	8.84	6.37	4.11	28.38	25.21
塑料工业专用设备制造业	12.63	10.29	9.06	37.82	22.56
森林工业专用设备制造业	13.33	6.98	5.61	48.00	25.00
印刷工业专用设备制造业	7.55	8.68	4.80	19.11	29.23
制药工业专用设备制造业	8.40	5.59	2.36	28.57	30.57
建筑材料及其他制品专用设备制造业	8.04	6.39	4.42	19.82	29.43
轻纺工业专用设备制造业	11.12	7.95	5.72	33.56	28.82
食品、饮料、烟草工业专用设备制造业	11.08	9.09	5.67	35.23	35.25
粮油工业专用设备制造业	14.49	7.52	5.94	40.67	33.18
饲料工业专用设备制造业	7.14	2.78	4.48	25.00	14.75
包装工业专用设备制造业	7.97	7.14	3.59	23.42	30.69
纺织、服装、皮革工业专用设备制造业	8.37	6.70	4.28	26.00	24.70
照明器具工业专用设备制造业	25.84	13.61	9.89	85.19	30.72
日用硅酸制品工业专用设备制造业	12.37	5.71	2.42	34.29	25.13
制浆、造纸工业专用设备制造业	24.97	13.23	13.18	80.62	38.25
日用化学工业专用设备制造业	5.23	3.82	0.92	12.04	20.16
农、林、牧、渔、水利业机械制造业	12.99	6.00	4.36	37.39	28.45
拖拉机制造业	8.25	4.50	2.92	31.45	22.53
机械化农机具制造业	12.88	6.23	5.65	33.96	29.63
营林机械制造业	50.00	3.03	1.45	100.00	46.81
畜牧机械制造业	5.26	4.62	5.56	20.00	54.10

(续)

行　　业	总资产报酬率(%)	产值利税率(%)	百元销售收入实现的利润(元)	百元固定资产实现的利税(元)	工业增加值率(%)
渔业机械制造业	6.41	3.62	2.65	14.93	22.73
水利机械制造业	10.05	7.22	5.14	28.79	30.89
拖拉机配件制造业	17.86	7.79	5.53	48.84	29.07
其他农、林、牧、渔、水利业机械制造业	10.38	4.46	2.74	32.47	27.83
医疗器械制造业	8.91	5.76	3.25	23.96	22.72
手术器械制造业	9.69	6.83	4.44	25.20	26.75
医疗仪器、设备制造业	6.73	6.57	2.87	16.92	29.75
诊断用品制造业	7.69	5.35	2.69	19.30	22.31
医用材料及医疗用品制造业	9.57	5.20	2.71	27.89	19.37
假肢、矫形器制造业	4.55	3.23	7.69	7.14	16.67
其他专用设备制造业	9.69	7.08	4.91	31.43	27.68
建筑机械制造业	10.27	7.41	5.56	27.76	31.95
地质专用设备制造业	3.29	3.31	−0.76	14.29	21.88
畜牧兽医医疗器械制造业	7.14	10.00	0.00	25.00	40.00
缝纫机制造业	7.39	7.22	4.39	24.12	14.76
商业、饮食业、服务业专用机械制造业	13.73	7.87	5.80	38.89	21.25
邮政机械及器材制造业	23.58	11.74	9.73	80.65	31.61
环境保护机械制造业	11.55	7.57	4.94	37.35	26.59
社会公共安全设备及器材制造业	7.70	5.62	3.57	33.70	41.53
其他类未包括的专用设备制造业	9.03	6.07	5.13	30.92	30.03
专用机械设备修理业	15.34	7.41	5.23	36.09	41.17
工业专用设备修理业	10.14	6.03	3.57	30.43	44.44
农、林、牧、渔、水利机械修理业	17.99	7.98	5.78	38.62	41.72
医疗器械修理业	0.00	0.00	0.00	…	100.00
其他专用机械设备修理业	8.77	5.28	3.08	25.86	36.95
交通运输设备制造业	10.89	7.48	5.10	30.43	29.63
铁路运输设备制造业	25.14	12.04	12.02	70.05	39.22
机车制造业	0.00	0.00	0.00	0.00	25.00
客车制造业	76.52	20.12	20.38	219.57	51.27
机车车辆配件制造业	8.56	4.74	2.22	19.79	36.72
铁路信号设备制造业	0.00	0.00	0.00	0.00	22.22
铁路专用设备制造业	14.29	6.90	4.35	28.57	28.00
铁路专用器材制造业	7.19	7.58	7.07	31.25	20.00
其他铁路运输设备制造业	20.00	10.45	8.51	58.33	29.41
汽车制造业	10.60	8.10	5.69	28.80	30.97
载重汽车制造业	7.28	6.17	3.24	24.49	26.84
客车制造业	3.41	3.34	0.36	9.87	23.39
小轿车制造业	−5.15	−7.19	−10.50	−15.38	−53.54
微型汽车制造业	8.00	6.16	5.80	24.18	24.45
特种车辆及改装汽车制造业	15.87	9.42	7.12	45.91	26.43
汽车车身制造业	7.31	5.53	5.12	18.82	30.23
汽车零部件及配件制造业	11.07	8.49	6.09	29.46	32.80
摩托车制造业	12.86	6.82	4.18	43.13	26.39
摩托车整车制造业	13.54	6.18	3.18	58.64	24.46
摩托车零部件及配件制造业	12.27	7.50	5.27	34.66	28.53
自行车制造业	7.72	5.40	3.30	25.20	22.99
电车制造业	25.00	7.14	5.26	100.00	20.00
船舶制造业	9.86	7.12	4.26	29.31	29.19
海洋运输船制造业	6.93	4.27	3.05	13.77	19.59
内河船制造业	15.30	7.33	4.29	40.82	29.59
渔轮制造业	16.74	6.77	7.67	33.33	24.02
船舶机械设备制造业	6.46	8.68	3.40	27.03	37.78
交通运输设备修理业	10.04	7.35	5.18	22.04	35.50
铁路运输设备修理业	18.52	9.62	4.35	62.50	27.08
汽车修理业	11.26	7.66	5.55	26.56	36.89

(续)

行　业	总资产报酬率(%)	产值利税率(%)	百元销售收入实现的利润(元)	百元固定资产实现的利税(元)	工业增加值率(%)
摩托车修理业	21.43	6.82	2.50	50.00	31.43
电车修理业	0.00	0.00	0.00	0.00	100.00
船舶修理业	6.33	6.54	4.22	11.20	29.09
其他交通运输设备修理业	9.23	4.78	2.67	27.91	41.59
其他交通运输设备制造业	26.00	8.33	5.52	130.00	22.86
航标器材制造业	0.00	0.00	…	…	0.00
公路标志制造业	26.53	8.39	5.52	130.00	23.02
电气机械及器材制造业	8.86	6.54	3.93	27.10	25.39
电机制造业	8.51	5.31	2.90	28.81	32.06
发电机制造业	6.44	3.91	1.91	22.37	43.92
电动机制造业	9.79	6.41	3.58	31.18	26.19
微电机制造业	8.00	4.70	2.56	29.45	32.99
输配电及控制设备制造业	10.45	8.40	5.11	34.45	26.84
变压器制造业	10.19	5.99	5.03	30.58	26.03
整流器制造业	5.37	4.91	2.27	24.24	27.98
电容器制造业	7.30	5.76	3.16	18.52	20.09
开关控制设备制造业	11.21	9.39	5.62	34.28	31.47
电器设备元件制造业	8.78	8.25	3.61	30.30	21.75
其他输配电及控制设备制造业	11.52	9.34	6.03	42.92	27.71
电工器材制造业	10.51	7.06	4.70	28.37	24.79
电线电缆制造业	10.33	7.00	4.85	28.13	24.21
绝缘制品业	12.85	8.31	1.86	38.78	26.78
蓄电池制造业	12.24	7.97	5.57	26.55	30.63
原电池制造业	13.64	7.27	11.00	34.88	26.36
其他电工器材制造业	6.85	4.80	1.60	20.15	24.41
日用电器制造业	5.22	4.89	2.22	18.09	22.80
洗衣机制造业	−5.28	−5.25	−8.98	−13.85	19.88
吸尘器制造业	7.98	5.07	4.39	21.11	21.35
电冰箱制造业	6.31	6.30	4.75	25.00	15.66
电风扇制造业	2.35	2.11	0.09	8.77	19.03
空调器制造业	5.83	6.05	3.37	19.66	26.34
排油烟机制造业	8.47	6.46	4.08	26.58	22.62
其他日用电器制造业	7.45	6.59	3.19	25.56	24.33
照明器具制造业	9.66	5.85	3.25	29.81	25.04
电光源制造业	10.44	6.75	3.56	28.85	27.23
灯头、灯座制造业	8.53	4.24	2.06	31.97	15.17
灯具制造业	9.22	5.49	3.16	31.09	25.20
灯用电器附件制造业	8.41	5.65	3.42	22.58	27.62
其他照明器具制造业	11.24	6.36	4.18	37.97	27.45
电气机械修理业	7.76	4.17	2.72	16.67	57.30
其他电气机械制造业	10.45	6.39	4.40	34.84	30.40
电焊机制造业	10.85	6.70	4.72	36.59	34.21
工业用电炉制造业	9.19	4.36	2.76	31.48	22.89
其他类未包括的电气机械制造业	10.85	7.88	5.15	35.16	29.30
仪器仪表及文化、办公用机械制造业	9.45	7.61	4.96	30.68	30.44
通用仪器仪表制造业	10.31	7.97	5.62	33.00	31.07
工业自动化仪表制造业	8.57	8.16	5.09	25.25	28.54
电工仪器、仪表制造业	9.47	7.46	3.19	34.25	31.37
光学仪器制造业	15.31	8.29	8.49	63.38	39.73
计时仪器制造业	10.98	5.52	4.29	29.69	25.12
分析仪器制造业	8.33	9.09	10.00	33.33	50.00
试验机制造业	8.11	10.00	8.00	30.00	32.14
实验室仪器及装置制造业	17.65	9.68	8.70	60.00	19.35
通用仪器仪表元件、器件制造业	10.20	7.23	5.28	41.33	28.88
其他通用仪器仪表制造业	10.88	10.88	6.44	28.83	33.58

(续)

行　业	总资产报酬率(%)	产值利税率(%)	百元销售收入实现的利润(元)	百元固定资产实现的利税(元)	工业增加值率(%)
专用仪器仪表制造业	8.96	7.76	4.37	28.57	34.77
环境保护仪器仪表制造业	4.10	5.81	2.74	35.71	44.19
汽车仪器仪表制造业	9.44	11.18	5.99	22.67	19.14
导航、制导仪器制造业	0.00	0.00	0.00	0.00	10.00
农、林、牧、渔仪器、仪表制造业	4.55	6.67	7.69	33.33	30.77
地质勘探、钻采、地震专用仪器制造业	0.00	0.00	−7.69	0.00	67.11
气象、海洋、水文、天文仪器制造业	0.00	0.00	0.00	···	0.00
教学仪器制造业	12.62	15.66	17.50	20.97	55.66
专用仪器仪表元件、器件制造业	12.17	7.02	3.15	52.83	28.61
电子测量仪器制造业	4.05	3.30	−1.19	15.00	27.85
计量器具制造业	9.03	7.91	4.18	24.15	35.49
传递标准用计量仪器制造业	12.31	8.08	1.06	57.14	33.72
量具量仪制造业	11.40	8.97	5.53	25.81	38.76
衡器制造业	5.00	5.68	2.82	15.96	28.44
文化、办公用机械制造业	9.03	8.04	6.62	25.23	18.72
照相机及器材制造业	7.89	4.80	3.33	23.08	35.29
复印机制造业	0.00	0.00	0.00	0.00	0.00
打字机及油印机制造业	10.32	10.88	9.27	30.77	7.34
其他文化、办公用机械制造业	8.33	7.94	3.33	22.73	19.67
钟表制造业	7.88	7.27	5.02	31.00	23.57
仪器仪表及文化、办公用机械修理业	20.00	8.33	0.00	100.00	62.50
其他仪器仪表制造业	13.77	6.17	3.37	53.13	33.71

各地区机械工业统计资料(1996年)

地区及行业	企业数(个)	工业总产值(1990年不变价)	工业总产值(当年价)	工业增加值
全国机械工业合计	124 760	13 050.66	13 986.34	3 551.91
金属制品业	30 388	1 765.68	1 943.78	490.86
普通机械制造业	29 750	2 430.25	2 680.92	726.69
专用设备制造业	19 309	1 775.60	1 988.14	520.27
交通运输设备制造业	20 339	3 497.88	3 785.01	928.81
电气机械及器材制造业	19 200	3 056.59	3 059.78	740.98
仪器仪表及文化、办公用机械制造业	5 774	524.66	528.73	144.30
北京机械工业合计	5 780	324.66	364.28	111.09
金属制品业	1 423	36.89	39.67	16.96
普通机械制造业	954	46.45	51.92	17.24
专用设备制造业	876	36.21	39.59	16.10
交通运输设备制造业	1 243	140.50	159.43	35.50
电气机械及器材制造业	823	39.14	42.90	15.66
仪器仪表及文化、办公用机械制造业	461	25.47	30.77	10.63
天津机械工业合计	4 221	359.58	391.04	74.42
金属制品业	936	54.75	64.73	5.45
普通机械制造业	822	61.91	68.46	15.74
专用设备制造业	574	26.93	31.38	8.42
交通运输设备制造业	873	155.64	160.59	32.89
电气机械及器材制造业	718	47.13	52.01	8.39
仪器仪表及文化、办公用机械制造业	298	13.22	13.87	3.53
河北机械工业合计	5 588	435.41	479.11	139.70
金属制品业	1 533	91.10	98.70	29.55
普通机械制造业	1 489	94.24	98.91	29.35
专用设备制造业	885	82.44	94.15	24.83
交通运输设备制造业	830	74.59	87.41	25.41
电气机械及器材制造业	712	85.14	92.29	27.78
仪器仪表及文化、办公用机械制造业	139	7.90	7.65	2.78
山西机械工业合计	2 258	128.04	140.58	43.28
金属制品业	549	27.87	30.67	11.99
普通机械制造业	782	30.47	31.67	10.93
专用设备制造业	388	30.36	33.15	9.48
交通运输设备制造业	259	19.42	23.77	5.87
电气机械及器材制造业	226	18.57	19.88	4.60
仪器仪表及文化、办公用机械制造业	54	1.35	1.44	0.41
内蒙古机械工业合计	1 878	42.27	48.09	13.62
金属制品业	645	11.18	13.36	3.70
普通机械制造业	474	13.25	15.17	4.89
专用设备制造业	260	4.78	5.35	1.45
交通运输设备制造业	281	5.89	6.64	1.78
电气机械及器材制造业	197	6.97	7.37	1.74
仪器仪表及文化、办公用机械制造业	21	0.20	0.20	0.06
辽宁机械工业合计	12 165	716.14	779.76	202.72
金属制品业	2 559	104.35	111.32	28.53
普通机械制造业	3 931	193.75	216.53	65.96
专用设备制造业	1 659	97.77	104.53	26.81
交通运输设备制造业	1 645	158.86	181.52	38.63
电气机械及器材制造业	1 798	144.55	148.61	36.44
仪器仪表及文化、办公用机械制造业	573	16.86	17.25	6.35

1996 年各地区机械工业统计资料见下表。此表由国家统计局工业交通司提供。数据的范围为全部乡及乡以上独立核算工业企业，口径包括金属制品业、普通机械工业、专用设备制造业、交通运输设备制造业、电气机械及器材制造业和仪器仪表及文化、办公用机械制造业。

（单位：亿元）

产品销售收入	当年应交增值税	利润总额	利税总额	固定资产净值年平均余额	流动资产合计	流动资产年平均余额	总资产报酬率（%）
12 609.64	454.97	246.68	804.68	5 482.28	10 659.63	10 04143	4.15
1 665.26	48.70	19.59	79.61	668.20	1 178.31	1 112.50	3.71
2 389.83	105.98	46.75	168.46	1 210.50	2 284.79	2 174.23	4.09
1 766.87	64.41	20.47	95.58	868.02	1 583.89	1 514.61	3.32
6 568.62	121.91	82.69	254.99	1 583.93	2 947.00	2 750.03	4.53
2 751.27	97.52	67.34	179.37	1 000.00	2 195.42	2 042.33	4.73
479.79	16.45	6.84	26.02	225.63	470.22	447.73	3.16
357.97	12.40	3.49	20.79	178.25	379.38	362.20	3.04
30.71	0.97	−0.45	0.70	18.55	37.62	33.53	1.02
50.24	1.93	−1.27	0.85	37.10	74.49	74.91	0.62
37.71	1.57	1.64	3.42	24.25	53.72	45.74	3.50
169.79	5.47	3.25	12.44	59.24	112.97	112.04	5.74
38.12	1.41	−2.00	−0.46	27.03	64.74	59.93	−0.43
31.40	1.05	2.32	3.84	12.08	35.84	36.05	3.51
387.11	15.33	13.10	32.31	178.49	376.21	347.39	4.93
58.33	1.48	−0.33	1.27	32.53	60.73	58.94	1.16
73.70	4.41	3.16	7.88	43.90	58.96	57.37	6.38
32.81	0.94	−0.83	0.26	19.92	34.66	33.41	0.41
161.62	6.26	11.83	21.24	43.69	148.00	128.66	9.49
47.57	1.77	−0.65	1.22	30.86	56.31	52.87	1.15
13.08	0.47	−0.08	0.44	7.57	17.55	16.14	1.48
426.28	15.61	14.35	33.16	199.56	320.58	307.29	5.45
83.72	2.32	3.24	6.28	31.50	49.79	46.56	6.84
88.77	3.62	2.87	7.26	40.18	72.11	69.59	5.35
82.84	2.94	1.40	4.82	38.60	72.88	69.77	3.62
80.17	3.60	1.42	5.75	59.39	63.38	62.02	4.10
84.36	2.87	5.39	8.73	24.15	53.16	50.52	9.57
6.42	0.26	0.03	0.32	5.74	9.26	8.83	1.91
118.15	5.19	−3.54	2.73	92.46	136.29	132.77	1.02
23.11	0.87	0.21	1.31	10.87	19.78	18.61	3.92
25.14	1.25	−1.29	0.30	24.09	32.07	30.64	0.46
28.98	1.41	−0.05	1.56	25.92	40.66	40.66	1.99
22.50	0.83	−1.85	−0.85	19.63	24.52	23.87	−1.55
17.32	0.77	−0.18	0.71	10.30	17.10	16.52	2.33
1.10	0.06	−0.38	−0.30	1.65	2.16	2.47	−5.91
41.67	1.65	−0.40	1.66	26.20	48.20	45.55	1.96
11.23	0.35	0.12	0.62	4.63	8.35	8.12	4.30
13.18	0.61	−0.07	0.66	7.12	15.05	14.01	2.60
4.03	0.21	−0.32	−0.07	5.12	6.82	6.65	−0.53
6.60	0.22	−0.02	0.26	4.29	8.11	7.49	1.84
6.45	0.25	−0.11	0.18	4.77	9.28	8.71	1.09
0.18	0.01	0.00	0.01	0.27	0.59	0.57	1.05
704.29	27.27	0.29	32.84	476.72	812.42	764.93	2.23
93.61	2.99	−0.03	3.72	41.73	81.10	77.17	2.75
198.04	10.22	2.79	14.42	139.20	233.49	227.90	3.34
90.83	4.06	−1.59	3.14	80.45	128.36	121.15	1.33
166.75	4.38	−2.15	3.82	107.00	204.37	182.77	1.05
138.63	4.82	1.70	7.21	96.55	142.32	133.88	2.74
16.43	0.80	−0.43	0.53	11.79	22.78	21.70	1.30

地区及行业	企业数（个）	工业总产值（1990年不变价）	工业总产值（当年价）	工业增加值
吉林机械工业合计	3 310	329.50	392.27	108.98
金属制品业	820	13.05	15.19	4.18
普通机械制造业	747	20.32	23.11	6.83
专用设备制造业	493	21.72	26.13	6.24
交通运输设备制造业	724	255.36	308.23	85.68
电气机械及器材制造业	414	15.67	16.31	5.02
仪器仪表及文化、办公用机械制造业	112	3.38	3.30	1.03
黑龙江机械工业合计	4 520	224.21	272.82	67.38
金属制品业	1 190	29.69	38.06	9.21
普通机械制造业	1 086	44.93	55.74	14.36
专用设备制造业	775	39.33	46.13	11.97
交通运输设备制造业	616	69.58	86.25	19.38
电气机械及器材制造业	711	34.47	40.00	10.62
仪器仪表及文化、办公用机械制造业	142	6.21	6.64	1.84
上海机械工业合计	5 857	1 378.43	1 463.82	360.31
金属制品业	1 326	135.60	155.33	45.47
普通机械制造业	1 198	223.93	251.42	61.79
专用设备制造业	758	121.65	141.33	40.18
交通运输设备制造业	760	527.57	544.61	151.10
电气机械及器材制造业	1 295	302.38	302.98	40.78
仪器仪表及文化、办公用机械制造业	520	67.30	68.15	20.99
江苏机械工业合计	11 892	2 224.28	2 216.75	525.61
金属制品业	2 662	321.14	329.67	73.53
普通机械制造业	3 116	529.11	552.41	138.57
专用设备制造业	1 969	330.62	345.11	82.74
交通运输设备制造业	1 367	400.47	394.40	89.58
电气机械及器材制造业	2 250	561.69	525.51	123.89
仪器仪表及文化、办公用机械制造业	528	81.75	69.65	17.30
浙江机械工业合计	10 209	954.87	935.85	224.69
金属制品业	2 103	131.12	132.89	30.13
普通机械制造业	2 668	200.74	207.04	55.85
专用设备制造业	1 324	121.45	115.13	28.54
交通运输设备制造业	1 453	163.18	163.08	38.56
电气机械及器材制造业	1 983	293.74	275.73	59.26
仪器仪表及文化、办公用机械制造业	678	44.64	41.98	12.35
安徽机械工业合计	3 867	364.45	410.44	108.85
金属制品业	942	41.39	51.45	15.38
普通机械制造业	1 019	91.15	108.67	30.74
专用设备制造业	633	47.46	56.23	15.58
交通运输设备制造业	511	70.73	70.03	17.87
电气机械及器材制造业	621	103.65	104.72	26.38
仪器仪表及文化、办公用机械制造业	141	10.07	10.34	2.90
福建机械工业合计	3 589	216.87	238.33	58.94
金属制品业	880	36.60	40.68	8.74
普通机械制造业	781	36.33	39.67	10.38
专用设备制造业	482	28.69	35.09	8.48
交通运输设备制造业	620	38.45	42.16	12.24
电气机械及器材制造业	559	63.62	67.77	16.46
仪器仪表及文化、办公用机械制造业	267	13.18	12.96	2.64
江西机械工业合计	3 425	168.09	184.51	55.40
金属制品业	800	14.93	16.52	5.42
普通机械制造业	698	28.42	31.19	9.22
专用设备制造业	596	22.51	24.76	7.75
交通运输设备制造业	798	66.96	77.28	22.60
电气机械及器材制造业	418	28.78	28.45	8.25
仪器仪表及文化、办公用机械制造业	115	6.49	6.31	2.16

(续)

产品销售收入	当年应交增值税	利润总额	利税总额	固定资产净值年平均余额	流动资产合计	流动资产年平均余额	总资产报酬率(%)
389.30	16.07	−1.35	20.91	167.14	340.67	311.83	3.04
13.53	0.51	−0.99	−0.34	8.63	17.85	16.46	−1.15
21.83	1.11	−2.07	0.57	16.83	32.95	31.57	−1.01
24.20	0.64	−1.31	−0.55	15.79	30.74	27.25	−1.07
311.53	12.81	4.11	22.32	106.42	229.86	209.75	4.53
15.23	0.83	−0.50	0.44	12.33	22.70	20.67	1.06
2.98	0.17	−0.59	−0.39	7.14	6.57	6.13	−2.36
243.70	9.76	−2.36	9.47	146.15	294.04	284.23	1.92
33.42	1.35	0.32	2.05	13.90	31.27	29.55	4.10
49.55	2.52	−1.67	1.31	34.74	88.92	90.88	0.94
39.51	1.74	−0.85	1.17	28.46	54.12	51.98	1.28
80.43	2.42	0.41	3.51	44.92	66.34	61.06	2.77
35.06	1.52	−0.72	1.02	19.75	46.65	44.73	1.41
5.73	0.21	0.15	0.41	4.38	6.74	6.03	3.10
1 449.47	58.39	82.56	147.38	449.91	1 169.00	1 084.45	7.32
146.79	4.83	3.75	8.99	55.29	106.53	102.30	4.58
206.42	13.41	15.87	30.03	93.20	254.29	240.11	6.83
144.63	5.70	1.46	7.75	63.53	163.64	155.18	2.71
528.93	20.52	53.79	78.07	127.62	314.25	286.43	14.35
299.72	10.55	5.92	17.15	89.57	255.85	229.37	3.99
68.98	3.38	1.77	5.39	20.70	74.44	71.06	4.65
193.45	68.84	52.76	137.58	602.25	1 250.80	1 165.33	6.36
279.86	8.19	5.22	15.30	84.85	159.13	146.95	5.42
490.62	18.82	16.11	37.52	175.29	353.95	330.54	6.40
306.50	10.34	6.45	18.48	100.04	197.03	185.65	5.44
3 367.57	11.51	6.30	24.18	122.34	217.47	200.55	5.82
456.67	17.74	17.43	38.35	112.32	278.09	258.37	8.39
62.23	2.24	1.25	3.75	25.41	45.13	43.27	4.58
826.92	32.89	27.86	68.17	282.23	607.51	581.87	6.58
115.22	4.04	1.98	6.92	38.65	74.03	72.03	5.35
179.72	8.20	6.04	15.69	72.50	148.60	140.81	6.21
99.30	4.78	4.30	9.78	41.64	82.93	79.94	6.90
147.91	4.75	4.49	11.91	48.33	102.87	100.13	6.54
246.42	9.42	9.08	19.96	67.85	165.23	157.50	7.24
38.35	1.70	1.97	3.91	13.26	33.85	31.46	7.15
344.60	10.70	7.32	20.06	131.18	240.58	222.18	4.50
43.18	1.06	1.34	2.70	13.23	18.27	17.19	7.37
86.17	3.14	2.16	5.87	37.53	57.59	55.42	5.41
46.93	1.26	−0.08	1.40	18.77	31.26	28.90	2.39
68.77	1.88	−0.17	2.27	25.83	49.10	48.47	2.52
90.97	2.96	4.12	7.40	31.52	75.39	63.73	5.41
8.58	0.40	−0.05	0.42	4.30	8.97	8.47	2.72
213.52	5.11	3.54	10.72	100.63	179.65	164.96	3.17
36.62	−0.59	0.30	−0.21	26.20	28.22	25.33	−0.34
35.69	1.33	0.69	2.56	16.45	25.28	24.24	5.30
31.53	1.13	0.81	2.24	13.16	32.52	26.56	3.97
33.09	0.89	−0.52	0.89	20.29	38.50	33.87	1.17
63.94	2.11	1.98	4.58	21.20	47.42	48.26	5.60
12.65	0.24	0.28	0.66	3.33	7.71	6.70	5.03
155.34	6.17	1.42	9.29	88.77	164.14	155.34	2.85
11.79	0.39	−0.35	0.17	7.02	10.76	9.72	0.85
26.05	1.23	−0.17	1.27	20.44	31.39	29.52	2.04
20.87	0.74	0.11	1.01	12.49	20.54	18.89	2.57
70.68	2.93	1.41	5.41	28.42	72.04	69.86	3.85
20.95	0.72	0.43	1.25	15.97	23.57	21.95	2.41
5.00	0.16	−0.01	0.18	4.43	5.84	5.40	1.53

地区及行业	企业数（个）	工业总产值（1990年不变价）	工业总产值（当年价）	工业增加值
山东机械工业合计	6 632	1 164.74	1 258.65	316.07
金属制品业	1 595	140.96	159.71	39.57
普通机械制造业	1 621	142.24	265.98	71.48
专用设备制造业	1 209	265.32	294.93	64.76
交通运输设备制造业	1 078	242.35	248.19	59.16
电气机械及器材制造业	892	247.45	262.56	73.01
仪器仪表及文化、办公用机械制造业	237	26.42	27.28	8.09
河南机械工业合计	5 905	395.74	554.68	141.86
金属制品业	1 240	27.96	46.32	10.96
普通机械制造业	1 426	76.70	108.76	30.28
专用设备制造业	1 426	147.91	199.52	51.46
交通运输设备制造业	762	65.83	92.37	21.81
电气机械及器材制造业	820	71.98	99.70	25.06
仪器仪表及文化、办公用机械制造业	182	5.36	8.011	2.29
湖北机械工业合计	4 316	603.76	637.97	161.33
金属制品业	1 143	88.74	98.16	23.98
普通机械制造业	942	89.31	95.36	25.30
专用设备制造业	676	71.04	76.93	25.54
交通运输设备制造业	977	279.15	289.71	62.23
电气机械及器材制造业	456	64.07	66.82	20.93
仪器仪表及文化、办公用机械制造业	122	11.45	10.99	3.35
湖南机械工业合计	4 628	267.89	321.98	97.65
金属制品业	972	32.26	40.77	12.55
普通机械制造业	1 221	56.69	68.90	21.98
专用设备制造业	698	35.62	42.83	15.97
交通运输设备制造业	893	76.83	91.15	24.97
电气机械及器材制造业	722	59.54	70.93	19.81
仪器仪表及文化、办公用机械制造业	122	6.85	7.68	3.07
广东机械工业合计	7 551	1 556.86	1 579.90	380.49
金属制品业	2 325	292.23	306.94	69.81
普通机械制造业	968	119.33	125.10	26.03
专用设备制造业	892	79.85	87.83	22.41
交通运输设备制造业	1 172	263.00	384.55	64.02
电气机械及器材制造业	1 691	669.61	632.51	116.37
仪器仪表及文化、办公用机械制造业	503	132.84	142.97	31.85
广西机械工业合计	2 229	167.70	181.30	51.72
金属制品业	635	19.27	21.70	6.30
普通机械制造业	480	36.92	44.55	13.21
专用设备制造业	402	20.89	24.61	6.99
交通运输设备制造业	417	60.07	61.42	17.58
电气机械及器材制造业	253	26.76	25.52	6.68
仪器仪表及文化、办公用机械制造业	42	3.79	3.50	0.96
海南机械工业合计	208	28.46	33.93	8.23
金属制品业	59	1.79	2.35	0.55
普通机械制造业	17	0.23	0.32	0.06
专用设备制造业	30	0.46	0.53	0.16
交通运输设备制造业	69	23.80	28.11	6.91
电气机械及器材制造业	30	2.15	2.59	0.54
仪器仪表及文化、办公用机械制造业	3	0.03	0.03	0.01
四川机械工业合计	6 979	514.33	570.27	159.48
金属制品业	1 664	59.37	66.39	21.71
普通机械制造业	1 765	110.45	126.54	36.24
专用设备制造业	902	54.69	63.45	19.37
交通运输设备制造业	1 706	197.98	222.13	58.10
电气机械及器材制造业	721	74.68	75.41	19.76
仪器仪表及文化、办公用机械制造业	230	17.07	16.35	4.60

（续）

产品销售收入	当年应交增值税	利润总额	利税总额	固定资产净值年平均余额	流动资产合计	流动资产年平均余额	总资产报酬率（%）
1 030.35	33.78	39.57	82.07	388.34	690.99	638.97	6.42
124.71	3.69	3.49	8.18	46.46	80.90	77.88	5.65
204.24	8.56	7.91	17.73	98.90	156.46	143.72	5.92
243.52	7.18	10.91	19.29	73.54	139.57	129.91	7.67
206.43	5.03	5.00	14.07	99.78	159.72	147.48	4.49
227.80	8.27	12.26	21.57	56.64	133.86	120.84	9.32
23.65	1.05	0.00	1.232	13.02	20.48	19.14	3.16
479.81	15.21	14.11	33.89	227.19	354.69	338.50	5.01
38.50	1.03	1.12	2.49	16.87	22.34	21.39	5.68
92.37	3.28	1.86	5.85	52.50	83.63	79.38	3.79
172.98	4.93	4.10	10.02	75.58	109.22	103.53	4.58
80.87	2.66	1.94	6.53	41.43	64.39	62.61	5.18
88.54	3.07	5.19	8.81	34.36	67.09	63.79	7.65
6.55	0.24	−0.10	0.19	6.45	8.02	7.80	1.04
538.02	18.62	2.02	25.15	278.52	499.58	476.88	2.44
87.05	2.29	2.51	5.59	24.94	47.42	44.62	6.35
79.77	3.21	0.04	4.12	44.68	73.68	70.76	2.93
61.26	2.18	1.11	3.79	31.27	47.84	44.13	4.17
245.96	8.53	−3.09	7.02	133.71	264.28	254.61	1.20
53.56	1.92	1.94	4.49	37.05	52.59	49.00	4.61
10.42	0.49	−0.49	0.14	6.87	13.77	13.76	0.54
276.49	11.25	−4.99	9.77	160.66	242.74	232.33	2.08
30.06	0.91	−0.26	0.96	9.76	16.50	15.18	3.20
60.72	2.63	−1.13	2.02	39.24	56.33	54.15	1.83
38.14	1.83	−2.51	−0.34	31.46	41.68	40.85	−0.42
86.92	3.38	−0.85	4.43	44.83	70.73	66.99	3.10
55.81	2.34	0.05	2.82	30.51	49.90	48.31	3.04
4.84	0.16	−0.29	−0.12	4.86	7.60	6.85	−0.86
1 434.22	41.70	12.38	66.57	547.71	1 180.04	1 103.87	3.20
272.30	7.10	0.11	8.47	116.12	193.87	183.72	2.29
109.15	4.08	−0.43	4.32	64.71	116.29	104.92	2.04
83.42	3.32	2.76	6.86	39.06	87.74	81.52	4.48
261.79	9.54	−2.49	14.06	115.33	275.83	261.66	2.87
570.23	16.11	8.68	27.23	180.00	427.10	395.96	3.74
137.33	1.55	3.75	5.63	32.49	79.21	76.09	4.32
163.70	6.47	−3.03	4.58	90.15	152.00	143.78	1.52
18.16	0.58	0.73	1.53	6.13	12.63	10.43	6.67
42.61	2.58	−0.97	1.80	30.90	52.18	48.99	1.63
22.71	0.81	−0.35	0.58	13.16	22.10	20.89	1.42
54.53	1.46	−0.34	1.55	25.60	39.88	37.50	1.94
22.83	0.91	−1.65	−0.57	12.48	20.27	21.04	−1.44
2.86	0.13	−0.45	−0.31	1.88	4.94	4.93	−4.10
31.72	0.37	2.26	3.75	13.34	25.48	24.13	7.22
2.69	0.04	−0.06	0.01	1.58	1.51	1.50	0.28
0.33	0.01	−0.02	0.00	0.85	0.68	0.66	0.00
0.42	0.02	−0.13	−0.11	0.76	0.71	0.68	−4.72
25.84	0.23	2.77	4.08	8.05	20.10	18.72	10.96
2.43	0.07	−0.30	−0.23	2.08	2.45	2.55	−3.32
0.01	0.00	0.00	0.00	0.02	0.03	0.02	0.00
531.44	22.90	−1.38	25.27	290.75	554.21	542.59	2.47
54.98	2.13	−0.87	1.71	23.57	43.96	41.56	2.14
117.47	5.53	−1.55	4.77	70.22	141.28	133.42	1.86
61.65	2.67	−1.69	1.39	38.19	61.17	82.01	1.21
209.82	8.47	3.42	13.24	112.53	201.36	187.22	3.43
70.05	3.22	−0.18	3.66	34.37	82.24	76.62	2.61
17.47	0.88	−0.51	0.50	11.87	24.20	21.76	1.11

地区及行业	企业数（个）	工业总产值（1990年不变价）	工业总产值（当年价）	工业增加值
贵州机械工业合计	1 204	69.72	78.73	22.08
金属制品业	329	8.06	10.91	2.95
普通机械制造业	265	10.09	10.52	3.57
专用设备制造业	136	5.86	6.72	2.22
交通运输设备制造业	327	26.29	40.99	9.98
电气机械及器材制造业	113	8.31	8.8	2.98
仪器仪表及文化、办公用机械制造业	34	1.11	1.11	0.38
云南机械工业合计	935	72.90	80.20	21.27
金属制品业	288	7.20	8.91	2.51
普通机械制造业	138	12.97	14.08	5.32
专用设备制造业	188	17.91	19.52	6.23
交通运输设备制造业	187	14.49	16.77	2.06
电气机械及器材制造业	102	13.82	15.28	3.82
仪器仪表及文化、办公用机械制造业	32	6.51	5.64	1.33
西藏机械工业合计	34	0.93	1.06	0.90
金属制品业	6	0.02	0.02	0.00
普通机械制造业	1	0.01	0.01	0.00
专用设备制造业	12	0.05	0.05	0.03
交通运输设备制造业	15	0.85	0.98	0.87
陕西机械工业合计	2 933	226.50	232.49	61.24
金属制品业	686	17.28	18.56	4.70
普通机械制造业	704	31.96	32.25	10.14
专用设备制造业	599	34.66	38.13	10.07
交通运输设备制造业	361	78.25	79.83	20.67
电气机械及器材制造业	410	52.19	52.36	12.87
仪器仪表及文化、办公用机械制造业	173	12.16	11.36	2.79
甘肃机械工业合计	1 244	54.67	62.36	15.58
金属制品业	556	10.21	11.13	3.38
普通机械制造业	187	10.81	12.65	4.35
专用设备制造业	199	13.49	15.96	3.30
交通运输设备制造业	149	5.45	6.52	1.44
电气机械及器材制造业	131	13.28	14.70	2.85
仪器仪表及文化、办公用机械制造业	22	1.43	1.40	0.26
青海机械工业合计	283	9.70	10.90	2.67
金属制品业	91	2.58	2.75	0.67
普通机械制造业	58	3.34	3.94	0.89
专用设备制造业	46	1.58	1.80	0.47
交通运输设备制造业	59	1.16	1.37	0.31
电气机械及器材制造业	24	0.59	0.64	0.18
仪器仪表及文化、办公用机械制造业	5	0.45	0.40	0.15
宁夏机械工业合计	321	22.08	29.54	7.50
金属制品业	102	3.44	5.21	1.27
普通机械制造业	71	9.44	14.28	4.12
专用设备制造业	66	5.87	6.60	1.10
交通运输设备制造业	37	0.52	0.56	0.20
电气机械及器材制造业	33	1.77	1.58	0.35
仪器仪表及文化、办公用机械制造业	12	1.04	1.31	0.46
新疆机械工业合计	799	27.95	34.67	8.82
金属制品业	329	4.60	5.71	1.71
普通机械制造业	121	4.67	5.75	1.85
专用设备制造业	107	8.46	10.95	2.30
交通运输设备制造业	150	4.68	5.94	1.41
电气机械及器材制造业	86	5.39	6.13	1.50
仪器仪表及文化、办公用机械制造业	6	0.15	0.19	0.05

（续）

产　品 销售收入	当年应交 增 值 税	利润总额	利税总额	固定资产净值 年平均余额	流动资产 合　计	流动资产 年平均余额	总资产报酬率 （%）
71.05	2.62	−2.55	0.50	48.95	99.19	94.92	0.27
8.46	0.36	−0.04	0.41	3.94	7.00	6.13	3.23
9.47	0.54	−0.55	0.10	7.30	17.56	16.75	0.32
5.68	0.28	−0.06	0.27	3.92	9.49	9.43	1.71
39.28	1.03	−1.69	−0.53	28.01	54.05	51.81	−0.50
7.10	0.35	−0.11	0.28	5.02	9.16	8.91	1.68
1.06	0.06	−0.10	−0.03	0.76	1.93	1.89	−0.82
79.10	3.32	−1.49	2.22	46.83	80.83	79.75	1.37
8.21	0.33	−0.19	0.22	4.08	7.42	7.05	1.69
13.51	0.72	0.23	1.02	10.31	16.42	16.45	3.06
18.68	0.92	0.15	1.15	12.48	22.54	21.07	2.57
18.26	0.60	−1.77	−1.08	10.16	18.10	19.21	−2.75
14.96	0.63	−0.02	0.67	7.23	11.20	11.06	2.92
5.48	0.12	0.11	0.24	2.57	5.15	4.91	2.90
0.40	0.01	−0.06	−0.03	1.40	0.72	0.62	−1.27
0.04	0.00	−0.01	−0.01	0.45	0.04	0.04	−2.33
0.01	0.00	−0.02	−0.02	0.08	0.01	0.02	−22.22
0.05	0.00	0.00	0.01	0.16	0.09	0.04	3.33
0.30	0.01	−0.03	−0.01	0.71	0.58	0.52	−0.65
223.19	7.84	−4.28	4.89	162.17	289.19	271.75	0.91
15.63	0.63	−0.40	0.40	10.93	16.45	16.39	1.26
28.78	1.36	−0.47	1.15	24.78	42.28	40.87	1.50
34.59	1.63	−2.72	−0.84	32.74	49.16	47.88	−0.85
78.25	1.92	−0.32	1.91	55.60	105.53	94.71	0.99
53.90	1.90	0.35	2.51	19.82	54.77	51.81	2.67
12.04	0.40	−0.72	−0.24	18.30	21.00	20.09	−0.55
58.59	2.63	−3.69	−0.60	51.98	80.13	76.40	−0.40
9.43	0.31	−0.35	0.08	6.79	10.09	10.10	0.41
11.88	0.76	−0.20	0.66	9.45	17.36	16.23	2.21
15.09	0.63	−1.33	−0.60	14.57	21.69	21.05	−1.52
6.11	0.20	−0.97	−0.72	8.85	8.62	7.91	−3.20
14.72	0.64	−0.35	0.37	9.42	18.21	17.16	1.20
1.36	0.09	−0.49	−0.39	2.90	4.16	3.95	−4.95
9.31	0.41	−2.25	−1.77	10.47	19.85	19.20	−4.84
2.29	0.08	−0.19	−0.07	1.54	3.06	2.95	−1.08
3.15	0.13	−1.15	−1.01	4.98	8.57	8.43	−6.50
1.56	0.09	−0.31	−0.22	1.50	3.42	3.20	−3.53
1.34	0.06	−0.48	−0.40	1.58	3.11	3.01	−7.25
0.62	0.03	−0.11	−0.08	0.59	1.13	1.07	−4.10
0.35	0.02	−0.01	0.01	0.28	0,56	0.54	1.14
26.41	1.16	−0.73	0.55	16.60	31.90	30.76	1.02
5.26	0.21	−0.03	0.20	3.11	4.42	4.05	2.22
11.97	0.51	0.17	0.73	5.99	15.91	15.61	3.08
6.18	0.25	−0.49	−0.22	4.09	6.90	6.41	−1.83
0.52	0.03	0.00	0.04	0.41	0.72	0.79	2.80
1.36	0.07	−0.27	−0.19	1.79	2.35	2.32	−3.88
1.12	0.09	0.11	0.01	1.21	1.60	1.58	0.32
34.04	1.31	−1.31	0.20	27.27	38.59	36.69	0.26
6.38	0.25	−0.31	0.00	4.35	7.23	7.05	0.00
5.28	0.29	−0.14	0.18	5.03	7.01	6.36	1.23
10.22	0.21	−0.11	0.13	7.39	10.66	9.91	0.61
6.06	02.9	−0.75	−0.42	5.94	8.24	8.32	−2.43
5.95	0.26	−0.01	0.29	4.47	5.29	4.89	2.55
0.15	0.01	0.01	0.02	0.09	0.16	0.16	6.45

〔第 Ⅵ 部分责任编辑：申建丽〕

1996年公布的重要法规文件目录

序号	法规文件名称	发布机关	时间
1	中华人民共和国人民警察使用警械和武器条例	国务院	1.16
2	企业国有资产产权登记管理办法	国务院办公厅	1.25
3	中华人民共和国红十字标志使用办法	国务院办公厅	1.29
4	中华人民共和国计算机信息网络国际联网管理暂行规定	国务院办公厅	2.1
5	中华人民共和国戒严法	全国人大常委会	3.1
6	中华人民共和国行政处罚法	全国人大常委会	3.17
7	国务院关于坚决打击骗取出口退税严厉惩治金融和财税领域违法乱纪行为的决定	全国人大常委会	3.17
8	电力供应与使用条例	国务院	4.17
9	中华人民共和国促进科技成果转化法	全国人大常委会	5.15
10	中华人民共和国职业教育法	全国人大常委会	5.15
11	食盐专营办法	国务院	5.27
12	城市道路管理条例	国务院	6.4
13	中华人民共和国涉外海洋科学研究管理规定	国务院	6.18
14	电影管理条例	国务院	6.19
15	中华人民共和国枪支管理法	全国人大常委会	7.5
16	国务院关于加强预算外资金管理的决定	国务院	7.6
17	中华人民共和国民用航空安全保卫条例	国务院	7.6
18	特殊标志管理条例	国务院	7.13
19	国务院关于环境保护若干问题的决定	国务院	8.3
20	国务院关于农村金融体制改革的决定	国务院	8.22
21	中华人民共和国老年人权益保障法	全国人大常委会	8.29
22	中华人民共和国煤炭法	全国人大常委会	8.29
23	国务院关于进一步完善文化经济政策的若干规定	国务院	9.5
24	国务院关于“九五”期间深化科学技术体制改革的决定	国务院	9.15
25	旅行社管理条例	国务院	10.15
26	血液制品管理条例	国务院	12.30

〔供稿人：机械工业部政策法规体改司　田淑坤〕
〔责任编辑：申建丽〕

机械工业

1996 年大事记

第Ⅶ部分

机械工业大事记 （1996 年）

1月

1日 由中国航天工业总公司所属金穗公司等8个单位共同研制出的全国增值税发票防伪税控系统按计划在全国开通运行。至此，全国增值税专用发票（百万元以上）已采用防伪税控系统开票。

2日 吴邦国副总理听取机械工业部领导关于机械、汽车工业全面启动振兴的思路和工作部署，以及召开1996年全国机械工业工作会议准备工作情况的汇报。参加汇报的有部长何光远，副部长包叙定、孙昌基、吕福源，部纪检组组长孙祖梅、总工程师李守仁。出席汇报会的还有国务院副秘书长周正庆、国家计委副主任曾培炎、国家经贸委副主任陈清泰、国家科委副主任徐冠华等有关部门的领导。

国家计委发出《关于加强发电设备价格管理有关问题的通知》。通知规定了大型发电设备继续实行国家指导价格。未实行国家指导价格的发电设备机组（单机100MW以下火电主机和水轮机转轮直径5.5m以下水电机组）仍按现行办法实行市场调节价格。

国家技术监督局印发《关于批准、发布〈农业机械运行安全技术条件 轮式拖拉机〉等13项国家标准的函》〔技监国标函（1996）03号〕，批准、发布了《农业机械运行安全技术条件 轮式拖拉机》等13项国家标准（GB16151.1 ～ 16151.13—1996），从1996年4月1日起实施。农业部及时下达了《关于贯彻实施〈农业机械运行安全技术条件〉国家标准的通知》〔农机发（1996）2号〕。该标准是强制性标准，属于技术法规范围。它的颁布实施，为进一步加强农业机械安全监督管理提供了重要依据，对提高农业机械运行安全性能、作业质量和经济效益，更好地为农业和农村经济发展服务，具有积极作用。在此之前，我国尚无农业机械作业方面的安全检验国家标准。

3日 由中国第一重型机械集团公司设计制造的国内最先进的900型六辊可逆式冷轧机组，在河北省衡水钢管厂一次负荷试车成功，这标志着我国中型六辊轧机达到国际先进水平。

4日 机械工业部发出《关于新生产的汽油车安装怠速排放限位装置的通知》。通知指出，安装此装置目的在于保证汽油车发动机处于良好的排放状况，防止对大气的污染。

国家计委、国家经贸委、中国人民银行、机械工业部、电力工业部联合发出通知，严格控制小火电设备生产和建设。

机械工业部作出关于实施“科教兴业”的决定。通过实施科教兴业，实现机械工业整体发展转移到依靠科技进步，全面提高行业全员劳动者素质的轨道上来，促进科技与经济的结合，使科技紧紧围绕行业的振兴目标，为行业的发展提供强有力的支撑和保障。

国务院副总理吴邦国听取了中国船舶工业总公司的工作汇报。吴邦国副总理充分肯定了中国船舶工业总公司“八五”期间取得的好成绩，认为“八五”期间是造船工业历史上发展最快、最好的时期，整个造船工业上了一个新台阶。吴邦国副总理强调，发展造船工业是我们国家的优势，要抓住“九五”这个时期，抓好“两个转变”，我们就可以再上一个新台阶。

5日 机械工业部举行振兴机械、汽车工业“春兰杯”知识竞赛抽奖仪式。何光远部长、包叙定副部长出席，10人获一等奖，50人获二等奖，100人获三等奖，一汽集团公司等15个单位获组织奖。

7日 电力工业部下达1996年发电机组投产计划为66台、12453.9 MW机组。

8日 机械工业部发出《关于评选全国机械工业劳动工作先进集体、先进工作者的通知》。评选范围是各省、自治区、直辖市、计划单列市机械厅局（公司）、汽车办（公司），国家计划单列企业集团及其所属企业，机械系统行业归口管理企业，部直属企事业单位，劳动工资管理部门及从事劳动工资工作的干部。共评选劳动工作先进集体50个，劳动工作先进工作者200名。

机械工业部发出认真做好安全生产工作的通知。要求以企业自查整改为主，运用安全性评价的方法进一步落实岗位责任制，提高设备设施和作业环境的本质安全性。

9日 国家经贸委、国家计委、国家统计局、财政部、劳动部、人事部发出通知，公布1994年度全国大型工业企业名单，公布大型企业1 164个，其中机械工业部145个。

机械工业部发布《机械工业建设项目概算编制办法及各项概算指标》的通知。

机械工业部发出通知任命部安全与工业卫生监察员及安评诊断师，以加强机械工业安全技术骨干队伍的建设。

机械工业部汽车工业司发布了《汽车产品排放污染控制“九五”规划》。这是我国首次对汽车产品某一方面性能要求制定的规划。汽车工业司有关负责同志指出，实施这个规划将大幅度提高我国汽车排放的技术水平，缩小与发达国家的差距。

11日 机械工业部发出开展机械工业“八五”节能节材先进单位(集体)和先进个人评选推荐活动的通知。

12日 江泽民总书记为机械工业启动振兴题词:“大力依靠科学技术,振兴机械、汽车工业”。

中国机械对外经济技术合作总公司成立15周年，江泽民、李鹏、邹家华,李岚清、王兆国等党和国家领导人以及机械工业部何光远部长分别题词祝贺,包叙定、孙昌基、孙祖梅、李守仁、沈烈初、唐仲文等领导出席了纪念活动。孙昌基讲了话。

14日 铁道部行文《关于中国铁路机车车辆工业总公司改组为控股公司实施方案的批复》〔铁政策［1996］9号文〕，要求改组工作分为两个阶段:“九五”前期控股公司兼有部分生产经营和行业管理职能,“九五”末期成为规范化控股公司。

农业部在海南召开了全国水稻生产工作会议,会议期间,组织了水稻育秧、插秧、抛秧、摆秧及收获机具现场演示,来自13个厂家、科研单位及农业大学的10多种机具参加了水田作业演示，为会议代表展示了我国目前适用的水稻生产机具和最新科研成果，刘江部长、刘成果副部长观看了机具演示，并作了重要指示。

15日 国家机电产品出口办公室公布1995年机电产品出口额达438.6亿美元，占我国出口总额的29.5%，成为我国第一大类出口商品。

机械工业部部长何光远、副部长吕福源会见北京市市长李其炎一行，商谈北京汽车工业发展等问题。

机械工业部举行1996年全国机械工业工作会议新闻发布会，部新闻发言人贾成炳就“九五”机械、汽车工业发展思路及1996年重点工作做了新闻发言，政策法规体改司、行业发展司、科技与质量监督司、汽车工业司等领导回答了记者提问，首都新闻界及部属报刊30家新闻单位的记者出席会议。

机械工业部印发《汽车排放试验室认可管理办法》的通知。通知指出，为实施国家对汽车产品排放污染物的监督管理，决定对汽车行业生产企业、检测机构、科研院所和大专院校的排放试验室实行统一管理，按照本管理办法的要求，向机械工业部汽车工业司提出认可申请。

国务院副总理李岚清在江铃汽车股份有限公司视察时说，中国的轻型汽车缺少好的发动机，江铃公司利用江铃发动机的优势，抓住机遇占领更大的轻型车用发动机市场。

凌晨，新研制的长征三号B运载火箭发射国际707通信卫星失利,起飞后约20s爆炸。这是长征三号B运载火箭的第一次发射。

15日～19日 中国船舶工业总公司地区公司和部分企事业单位领导干部会议在天津召开。这次会议的任务是：贯彻党的十四届五中全会和中央经济工作会议精神，落实总公司第七次会议提出的各项任务,总结1995年工作,分析船舶工业面临的形势,探讨“九五”发展和改革思路，研究部署1996年工作。

16日 中组部部长张全景在机械工业部机关司局级干部和在京直属单位领导会上宣布，中央决定包叙定同志任机械工业部党组书记，何光远同志不再担任部党组书记。

17日 国家经贸委、国内贸易部、冶金工业部、机械工业部就《钢材、汽车代理制试点总体方案》联合发出通知,选择部分钢材和汽车生产企业及统配企业进行代理制试点，探索深化物资流通体制改革的途径。

机械工业部发出通知，凡我国境内生产销售441.3kW（600ps）以下柴油机，22.1kW（30ps)以下汽油机的企业,均要申请办理内燃机产品生产许可证换（发）证手续，报名截止日期为1996年2月底，换证工作年底前结束。

机械工业部副部长吕福源会见美国福特汽车公司副总裁一行。

我国首套无人操作柔性制造系统,由上海第四机床厂、同济大学、交通大学等8个单位研制成功,通过专家鉴定,为我国机械工业提供了加工高难度零部件的国际先进技术。

17日～19日 全国机械工业工作会议在北京召开，主要任务是认真贯彻党的十四届五中全会、全国科技大会和中央经济工作会议精神，回顾“八五”工作，分析“九五”形势，以实施“科教兴业”战略为主导，部署“九五”任务和1996年重点工作,全面启动机械、汽车工业振兴,动员全行业职工为实现振兴第一阶段目标而努力奋斗。党和国家领导人江泽民总书记、邹家华副总理为机械、汽车工业启动振兴分别题词，李鹏总理、吴邦国副总理发了贺信。

19日 中国机械工业——斯隆教育发展基金捐赠仪式 在京举行。参加首次捐赠仪式的共有19个理事单位，总捐赠额达860万元人民币和100万元港币。

机械工业部副部长吕福源会见美国克莱斯勒汽车公司副总裁丹尼斯·鲁特一行。

20日 由西安冶金机械厂承担的国家“八五”重点科技攻关项目——中宽度薄板坯连铸技术通过冶金工业部鉴定，标志着我国已具备这种产品的自行设计和制造能力。

25日 机械工业部副部长孙昌基会见法国法马通公司副总裁一行，商谈核电站设备合作事宜。

北京吉普汽车有限公司举行第50万辆吉普车下线仪式。机械工业部副部长吕福源出席了下线仪式。

26日 我国首台核电机组

全范围仿真机通过国家验收，正式启动投入运行，使我国成为世界上少数几个能够制造核电机组全范围仿真机的国家之一。

27日～2月9日 机械工业部部长何光远出访英国、瑞典。

30日～2月2日 农业部在北京京西宾馆召开了全国农业工作会议，各省、自治区、直辖市农机局局长参加了会议，2月1日召开了农机专业会议，刘江部长和刘成果副部长在农机专业会议上作了重要讲话，分析了当前农业机械化发展的形势，明确了今后农业机械化工作的重点任务，农业部农业机械化管理司魏克佳司长对1996年农机化工作作了具体部署。

2月

1日 国务院副总理邹家华、吴邦国分别对沈阳鼓风机厂和沈阳市强化企业管理的报告作批示，指出严格加强管理，不断开发市场适销对路产品，企业必然受益。

机械工业部印发《汽车行业标准化管理办法》、《汽车行业标准制定工作细则》、《汽车行业国际标准化工作细则》。

2日 机械工业部印发《机械行业“九五”期间广泛开展塑造企业形象活动的意见》。

电力工业部所属机械企业吉林水工机械厂制造的三峡工程用门式起重机吊装调试。

3日 中国机械设备成套工程协会成立，协会由国内贸易部牵头，机械、煤炭、冶金、建材、石化、有色金属工业等部门以及全国30个省市自治区的71个设备成套单位参加。机械工业部部长何光远题词祝贺，副部长孙昌基出席成立大会。

5日 机械工业部印发《“九五”期间机械工业41个行业技术改造工艺及装备技术政策实施意见》。

6日 机械工业部召开部机关和在京直属单位审计工作会议。

瑞典沃尔沃卡车公司向中国重型汽车集团赠送FH系列重型汽车样车仪式在济南举行。

7日 机械工业部发出机械工业1995年安全生产工作情况总结和1996年安全生产工作重点的通知。

机械工业部公布1995年机械工业政策研究成果获奖名单，共评出二等奖3项，三等奖3项，优秀奖6项。

8日 机械工业部发布《机械工厂总平面及运输设计规范》行业标准。

9日 煤炭工业部全国煤矿专用机电产品生产许可证办公室召开颁证会，为45个企业、97个产品颁发生产许可证书。这次颁证是根据国务院《工业产品生产许可证试行条例》及国家技术监督局批准的煤电钻、刮板输送机、转载机、井下防爆照明灯具、矿用安全帽灯、三用阀生产许可证实施细则对有关申请企业进行了严格检查，对符合条件的予以颁证。煤炭工业部和国家技术监督局的有关领导出席会议，对如何加强行业管理稳定产品质量提出要求。

12日 机械工业部科学技术委员会举行全体会议。部党组书记包叙定、总工程师李守仁到会并讲话。

14日 中机审计事务所在北京召开该所资产评估部成立四周年总结汇报会。机械工业部副部长孙昌基到会祝贺并讲话。

24日 国务院总理李鹏代表党中央、国务院，代表江泽民主席到中国航天工业总公司中国运载火箭研究院慰问春节加班的科技人员和工人，并做重要讲话。

29日 东方日立锅炉有限公司合资签字仪式在京举行，机械工业部副部长孙昌基出席。

3月

1日 国家主席江泽民签署第62号主席令，根据全国人大常委会的决定，免去何光远的机械工业部部长职务，任命包叙定为机械工业部部长。

机械工业部机械科学研究院举行建院四十周年庆祝活动，国务院副总理邹家华、国务委员罗干，机械工业部领导何光远、包叙定、李守仁、孙祖梅等出席院庆活动。邹家华、包叙定发表热情洋溢的讲话。

4日 机械工业部部长包叙定会见俄联邦机械委主任阿·古尔佐夫一行。

机械工业部副部长邵奇惠会见美国《华盛顿邮报》集团公司副总裁一行。

6日 机械工业部办公厅召开1996年度第一次部属新闻单位总编联席会议。

郑州机械研究所庆祝建所四十周年，邹家华副总理题词，罗干、何光远等领导同志致电祝贺。

7日 机械、汽车展览联合会正式成立，参加联合会的有贸促分会、协会、公司、学会和中心等35个单位。

煤炭工业部党组决定吕金铃同志任中国煤矿工程机械装备集团公司总经理，并担任公司党组成员。

9日 “八五”国家科技攻关项目大型柴油发电机组烟气余热利用研究、开发及工程应用专题通过了国家验收。

11日 机械工业部发出《关于做好“中国机电工程术语数据库”推广工作的通知》。

中国进出口银行第一届董事会第四次会议通过新任董事决议，机械工业部副部长吕福源为董事，张德邻同志因工作变动不再担任本届董事会董事。

12日～14日 机械工业部召开纪检监察工作会议。中纪委副书记、监察部部长曹庆泽，机械工业部部长包叙定、副部长邵奇惠、孙昌基、部纪检组组长孙祖梅、总工程师李守仁出席了13日大会。曹庆泽、包叙定分别发表重要讲话，孙祖梅做工作报告。

13日 机械工业部、公安部、交通部、中国兵器工业总公司、首都主要新闻单位及国内12个著名摩托车生产企业等共同举办“全国摩托车知识大奖赛”。

14日 由机械工业部汽车司、国家海关总署关税司组成的技术鉴定专家组和国产化核定组核定，长安奥拓轿车国产化率已超过60%，达到了国家规定的优惠关税第二级差税率要求。

15日 机械工业部副部长邵奇惠、孙昌基会见陕西省省长程安东一行。同日，副部长吕福源会见江苏省省长郑斯林一行。

18日 1995年度中国机械工业优秀企业、第四届中国机械工业优秀企业家评选在京揭晓。中国第一汽车集团公司、北人集团公司等100个企业，于杰、吴云等100位企业家荣登金榜。

煤炭工业部党组决定王满霞同志任中国煤矿工程机械装备集团公司副总经理。

第八届全国人民代表大会第四次全体会议通过了《国民经济和社会发展“九五”计划和2010年远景目标纲要》，把航空工业列为在2010年要接近或达到国际先进水平的重要高技术领域之一。

26日 中国浦发机械工业股份有限公司“浦发金桥工业城”首批项目投产和开工庆祝仪式在上海举行。机械工业部部长包叙定出席并剪彩。

电力工业部在广州召开机械、成套、物资工作会议。

保定风帆集团有限公司和风帆集团宣告成立。风帆集团是以风帆牌蓄电池为“龙头”产品，以资产联结为纽带，集工、科、贸、服务于一体的跨地区、跨行业的大型经济联合体。其核心企业是中国船舶工业总公司持股的国有独资的混合控股公司——保定风帆集团有限公司。此外，该集团还拥有7个紧密层和11个半紧密层企业。

28日 沪东造船集团经国家经贸委、中国船舶工业总公司批准成立。这家按照现代企业制度规范组建的造船集团，以沪东造船厂为核心企业，同时吸收一大批科工贸紧密层公司，拥有总资产30亿元，员工14 000余人。

29日 国家“八五”重点科技攻关项目——自动化技术的关键项目传感器技术、大型工业过程自动化控制技术、数控技术及装备通过国家验收。

31日 河北长城汽车工业公司的长城CC1020S轻型客货车汽车生产线竣工投产。

歼八ⅡM飞机在沈阳首飞成功，该机是在歼八Ⅱ飞机的基础上做了较大改进的全天候歼击机。

4月

1日 机械工业部印发《关于加强部直属科研、设计单位职工教育的意见》的通知。

机械工业部同意成立第二届冷冻设备标准化技术委员会，秘书处设在合肥通用机械研究所。

机械工业部批准、发布《刻模铣床产品质量分等》等7个机械行业标准。

机械工业部批准、发布JB4029—85《磨床砂轮防护罩安全防护技术要求》机械行业标准第一号修改通知单，于4月1日起实施。

2日 机械工业部印发《“产品质量翻身战役”、“组织结构优化战役”和“开发能力提高战役”计划》的通知，要求机械工业省、市厅局、国务院有关部门机械、汽车制造主管机构、计划单列机械、汽车企业集团、部直属单位，结合本单位实际，切实做好打“三大战役”的工作安排。

机械工业部成立电炭标准化技术委员会。

2日～4日 机械工业部召开“九五”石油化工装备国产化工作会议，孙昌基副部长出席会议并讲话，强调抓好重大技术装备国产化工作的关键是实现“两个转变”。此次会议以供需见面方式，立足用户，布置“九五”国产化工作，是从技术水平、质量、信誉入手，打好“翻身”仗的动员会。

3日 机械工业部印发《加强基本建设财务管理的若干意见》，以加强所属建设单位的财务管理工作。

4日 机械工业部召开部机关全体干部职工和在京直属单位领导干部大会，部长包叙定就如何加强机关建设，推进实施“三大战役”问题作重要讲话，动员全体机关干部职工和直属单位为实现振兴第一阶段目标扎实工作。邵奇惠、孙昌基、吕福源副部长、孙祖梅纪检组组长、李守仁总工程师出席了大会。

沈阳鼓风机厂等35个石化通用机械企业联合发出《承诺石化设备质量保证声明》。

4日～7日 机械工业部在无锡召开机械企业“塑形活动”现场动员会，部署和动员机械全行业企业贯彻落实中宣部、国家经贸委关于加强和改进企业思想政治工作的若干意见。邵奇惠副部长出席会议并讲话，指出“塑形活动”是打好“三大战役”不可缺少的措施。

5日 机械工业部发布JB7561—94《WZ系列起重及冶金用涡流制动器技术条件》机械行业标准第一号修改通知单，于1996年4月1日起实施。

6日 电力工业部机械局与德国OIT公司、武汉电力设备厂合资兴建电厂用钢结构公司。

8日 机械工业部成立第二届全国高等学校机电类专业教学指导委员会。

中国第一汽车集团、一汽大众汽车有限公司董事长耿昭杰亲自向珠海出租车司机苏耀洪赠送一辆新捷达轿车，以表彰他驾驶的捷达轿车60万km无大修。

8日～10日 中国煤矿工程机械装备集团公司工作会议在重庆召开，煤炭工业部党组成员范维唐同志、装备公司总经理吕金铨等领导同志出席会议并讲了话，肯定了装备集团公司在减亏、扭亏、调整产品结构、减人提效以及挖潜降耗、增收节支等方面取得的成绩，指出了煤机企业在整个煤炭工业现代化建设的进程中所处的重要地位，提出了围绕“两个转变”搞好各项工作的要求。

8日～12日 第三届中国机床工具商品展览交易会在中国国际展览中心举行。机械工业部部长包叙定、部纪检组组长孙祖梅出席了8日的开幕式。

10日 机械工业部部长包叙定分别会见澳大利亚、乌克兰驻华大使。

国务院副总理吴邦国视察了跃进汽车集团公司，吴副总理称赞该公司产品结构对路，有很多长处，技术力量强，有产品开发能力，是个很有前途的企业。

10日～27日 机械工业部副部长孙昌基率团访问奥地利、意大利和英国。

11日 机械工业部发出机械、汽车工业跨世纪人才工程发展纲要。

机械工业部成立仪器仪表元器件标准化技术委员会。

机械工业部发布《电雷管引爆用聚氯乙烯绝缘电线》等20项机械行业标准。

12日 江泽民总书记、中共中央书记处书记温家宝等中央领导同志由机械工业部部长包叙定、副部长邵奇惠陪同，在中南海观看了农用运输车表演。陪同江总书记的还有中共中央办公厅主任曾庆红、副主任胡光宝，中央财经领导小组副秘书长、国家计委副主任曾培炎等。

机械工业部发出通知，建立机械工业部企业职工教育重点联系制度，决定在机械行业中选择不同类型的50个企业作为部首批职工教育重点联系企业，促进行业职工教育改革与发展。

机械工业部副部长吕福源会见日本本田汽车公司社长一行。

15日 机械工业部部长包叙定、副部长吕福源会见美国福特汽车公司董事长一行。同日，副部长吕福源会见美国伟利达公司总裁一行。

15日～17日 机械工业部办公厅在安徽召开机械工业政务信息工作会议，来自全国各地机械厅局、汽车办（公司）及企业集团等50多名代表出席会议。办公厅主任贾成炳、副主任沙先华分别做了重要讲话。国务院秘书局专门发来贺信。包叙定部长在给会议的信中，要求各级领导切实加强对政务信息工作的领导，围绕“三大战役”加强信息工作。

16日 机械工业部印发《关于打好“三大战役”的宣传提纲》的通知。要求采用各种形式广泛、深入地开展“三大战役”的宣传活动，并组织职工联系实际进行学习、讨论。

机械工业部印发机械工业“九五”体制改革思路和机械工业企业管理“九五”发展计划，要求结合本单位的实际，认真贯彻执行。

机械工业部印发机械、汽车工业科研院所深化体制改革意见。

机械工业部表彰“二五”普法先进单位和先进个人，河北省机械工业厅等47个单位为“二五”法制宣传教育先进单位，东风汽车公司史国强等51名同志为普法先进个人。

机械工业部部长包叙定会见韩国新任驻华大使。

吕福源副部长会见德国驻华大使。

16日～19日 机械工业部召开劳动工作会议，对实施机械工业高技能人才工程进行了部署。

17日 机械工业部办公厅发出严格控制评比活动有关问题的通知，今后，除按法律规定和经党中央、国务院批准外，不得再举办全国性或行业性的对企业的各种评比活动。

机械工业部副部长吕福源会见德国大众汽车公司副董事长波斯特一行。

在北京清华大学汽车试验室进行了国内首次汽车侧撞试验。主要是考核车辆燃料系统的完整性，此外对乘员安全保护情况也是一种考验。

农业部、公安部、交通部、国家计委和中国石油化工总公司联合发出《关于做好联合收割机跨区收获小麦工作的通知》〔农机发(1996)1号〕，决定利用小麦成熟的时间差，在北方麦区首次大范围组织联合收割机跨省、地、县收获小麦大会战。参加跨区收麦的联合收割机，由农业部统一制发“联合收割机跨区作业证”；公安、交通部门维护交通秩序，保证联合收割机转移中的道路畅通、安全，免收过路过桥费；石油部门予以优先、保质供应油料。

17日～23日 机械工业部部长包叙定作为我国政府陪同团团长，陪同尼泊尔首相在华访问。

18日 机械工业部副部长吕福源分别会见一汽大众公司德方副总经理、法国施耐德集团董事会主席一行。

19日 我国首台6000m电驱动沙漠钻机，由兰州石油化工机器总厂研制成功并通过国家级鉴定，改变了我国电驱动钻机依赖进口的状况，标志着我国石油钻机的设计制造水平上了一个新台阶。

20日 中央军委副主席刘华清视察七五〇试验场。

海鹰通用电器医疗设备有限公司成立。该合资公司是由美国通用电气公司与中国船舶工业总公司海鹰集团公司共同投资组建的。总投资额为700万美元，注册资本410万美元。通用电气公司占总注册资本的60%，海鹰集团占40%。该公司的成立旨在优势互补，联手拓展彩色B超市场。

21日 邹家华副总理考察了中国第一拖拉机工程机械（集团）公司，就企业技术改造、产品质量、产品结构调整、改革与发展等提出了要求。

22日 国务院总理李鹏等国家领导人在中南海观看了农用运输车表演，一同观看的还有副总理朱镕基、李岚清、吴邦国、姜春云，国务委员李铁映、李贵鲜、司马义·艾买提、罗干以及国务院副秘书长何椿霖、周正庆、杨景宇、刘济民等领导同志。这次展示的农用运输车共有11辆。参观前，机械工业部副部长邵奇惠向国务院领导汇报了我国农用运输车的发展情况。

23日～25日 机械工业部办公厅在西安召开机械工业档案工作会议。

24日 机械工业部、电子工业部等20个部委联合主办的“社会主义精神文明建设知识大赛”活动拉开序幕。

机械工业部副部长吕福源会见日本五十铃汽车公司副社长一行。

26日 中国航空工业总公

司宣布授予陈立群、吴沈铎、李明、张克荣"航空金奖"；授予刘大响等10人"航空工业劳动模范标兵"称号；授予丁重舜等157人"航空工业劳动模范"称号。

农业部印发了《加强农业机械化信息工作的意见》，这是我国农机化信息工作的第一个系统性文件，为各地有效地开展农机化信息工作，不断提高信息工作质量和信息服务水平，提出了具体要求和指导思想。

29日 汽车行业13名劳模荣获"五一"劳动奖章，6个班组、企业获得"五一"劳动奖状。

30日 李鹏总理视察芜湖造船厂。

铁道部副部长傅志寰代表部党组宣布中国铁路机车车辆工业总公司改组为控股公司的法人治理结构。并对总公司下一步工作和班子建设提出了要求。

5月

2日 机械工业部发布《工业机械电子设备电气图图解和表的绘制》等48项机械工业行业标准。

农业部农业机械化管理司公布了第五批全国"四有"农机学校。至此，从1988年开始对县级农机学校进行评估告一段落。

3日 机械工业部印发《加强建设监理工作若干意见》的通知，要求加快机械行业推行建设监理制工作的步伐，积极培育和规范建设监理市场。

6日 机械工业部部长包叙定、总工程师李守仁出席第七届多国仪器仪表展览会开幕式。

机械工业部发布《数控卧式车床系列型谱》等62项机械行业标准。

7日～10日 机械工业部在武汉召开1996年机械工业生产工作会议，研究部署今年机械工业生产经济工作，落实打好产品质量翻身、组织结构优化和提高产品开发能力的"三大战役"的有关任务。孙昌基副部长出席会议并讲话。

8日 机械工业部发出在全国机械工业、汽车行业开展"学邯钢、抓管理、增效益、促振兴"活动的通知。

机械工业部副部长吕福源与福建省委书记贾庆林同志就闽台汽车合作项目有关问题交换了意见。

目前我国海军吨位最大的远洋综合补给船南运953号在大连造船厂交付海军。该船可装载补给量2万多t，自动化程度高，可全方位补给，续航力12000n·mile（22224km）、自持力45昼夜。

9日 机械工业部部长包叙定、副部长吕福源会见美国通用汽车公司执行副总裁一行。

10日 机械工业部印发"三大战役"实施方案，请各单位结合本地区本单位的实际，认真组织实施，贯彻落实。

11日 中德合资的联合汽车电子有限公司在上海浦东新区举行开业和开工奠基庆典。国务院副总理吴邦国、上海市委书记黄菊和国家计委副主任曾培炎致电祝贺。全国政协常委何光远、机械工业部副部长吕福源等参加开工奠基庆典。该项目总投资达26.68亿元，是我国目前一次性投资规模最大的以生产发动机控制系统为主的合资企业。

13日 机械工业部印发《机械工业产品采用国际标准和国外先进标准认可管理办法》、《机械工业标准文本采用国际标准和国外先进标准的若干规定》、《机电产品型号管理办法》。

机械工业部批准发布ZBK26008—89《YZR系列起重及冶金用绕线转子三相异步电动机技术条件》机械行业标准第一号修改通知单，于1996年6月1日起实施。

14日 机械工业部部长包叙定、副部长邵奇惠出席第二届中国国际内燃机及专用制造设备博览会开幕式。

15日 机械工业部印发《机械工业1996年深入开展"工艺突破口"工作安排意见》。

16日 液压、液力行业18个企业郑重地向用户作出质量保证承诺，保证产品实物质量、服务质量和经济赔偿的承诺。机械工业部部长包叙定参加了18个企业座谈会，要求液压、气动、密封行业的工作重点，必须放到解决渗漏、污染、故障"三大顽症"的治理上，确保产品质量。

18日 由大连船用柴油机厂与韩国重工株式会社共同出资500万美元兴建的大连韩重船机工程有限公司在大连正式投产。该公司可年产机座机架15至20台(套)，年产值可达800万美元，产品80%销往韩国。

19日～6月4日 机械工业部副部长邵奇惠出访美国、法国。

20日 农业部在北京市海淀区举办了"水稻育秧栽插机械现场演示会"，吴亦侠、刘成果副部长及各司局领导同志参观了演示会。宋树友书记在19日参观了预演。农业部南京农机化研究所、中国农业大学等科研单位展示了近年来在水稻生产机械化方面的科研成果，其中集插秧机和抛秧机优点于一体的摆秧机受到了好评，是今后适应水稻轻型化栽培的适用机型。

21日 机械工业部转发财政部等5个部门《关于印发清理检查预算外资金实施办法及有关文件的通知》。

机械工业部部长包叙定会见英国副首相赫赛尔廷一行。同日孙昌基副部长会见美国宝丽来公司总裁一行。

姜春云副总理在中南海主持召开了水稻生产机械化座谈会，观看了"演示会"录像，听取了农业部副部长吴亦侠就水稻生产机械化情况的汇报，并作了重要讲话，明确指出，"水稻生产从育秧、栽插、施肥到收获实现全程机械化是水稻生产技术上的一场革命，要下决心，集中力量，精心组织，务必搞好"。国务院副秘书长刘济民出席了座谈会。参加座谈会的还有农业部农机化司和科技与质量标准司、南京农机化所、中国农业大学、北京市农机化所、黑龙江省水田机械化所等单位的领导和专家教授。

21日～22日 机械工业部

部长包叙定、副部长吕福源出席了国家计委机电轻纺司与机械工业部汽车工业司联合召开的“汽车工业投入产出与市场分析座谈会”。

23日 机械工业部印发《机械工业产品实施强制性标准认定管理办法（试行）》。

机械工业部部长包叙定会见新加坡经济发展局主席杨烈国一行。

24日 机械工业部部长包叙定、副部长孙昌基会见ABB公司总裁一行。

27日 中国铁路机车车辆工业总公司改组为控股公司对外宣布正式运行。铁道部部长韩杼滨，副部长傅志寰、孙永福等领导参加了控股公司成立大会。

28日 电力、水利机械单机配套会议在宁波召开。

29日 韶山8型电力机车在铁道部铁道科学研究院环行道上进行提速试验获成功，运行最高时速达到187km，这是目前我国机车运行的最高速度。

30日 机械工业部部长包叙定会见日本佳能公司会长一行。

30日～6月4日 机械工业部、电力工业部在国家计委主持下召开清理设备欠款大会。

31日 机械工业部召开全国机械工业打好“三大战役”电话会议，部署“三大战役”的实施方案。中共中央政治局委员、国务院副总理吴邦国出席会议并作重要指示，国务院有关部门直属公司领导、各省区市有关领导也出席了会议。机械工业部部长包叙定，副部长孙昌基、吕福源，纪检组组长孙祖梅，总工程师李守仁出席会议。

本月国家高技术研究发展计划（863计划）项目——东风汽车公司车身与覆盖件模具CAD/CAPP/CAM集成系统，通过国家科委、机械工业部组织的鉴定和验收。

6月

1日 机械工业部副部长吕福源出席天津丰田汽车发动机有限公司开业典礼。

机械工业部成立稀土办公室，协助实施机械行业稀土工作归口管理，在机械行业推广稀土应用技术，改造传统产业，发展高新技术产业。

机械工业部发出继续做好1996年机械工业“限产压库”促销工作的通知。

机械工业部印发《加强发电设备价格管理实施办法》的通知。

2日 机械工业部主办的“当代国际汽车新产品、开发技术与中国汽车工业技术交流研讨及展示会”在北京开幕。机械工业部部长包叙定致开幕词。机械工业部汽车工业司司长张小虞作了“中国汽车工业产品开发能力的形成和发展”的主题报告。来自美国、日本、德国、法国、意大利等国家和地区著名汽车制造商、计算机公司、设计公司等共80多个企业，国内300多个单位参加研讨、交流和展示活动。

3日 机械工业部印发《机械工业1995～2000年推广应用CAD/CAM技术发展规划》等文件。

机械工业部发布《磁阻式步进电动机产品质量分等》等5个机械行业标准（内部使用）。

机械工业部部长包叙定、副部长吕福源出席PSE1996年展示会开幕式。包叙定部长致开幕词。

机械工业部部长包叙定分别会见德国大众公司、美国达信公司、日本日产汽车公司负责人一行。

江南造船（集团）有限责任公司正式挂牌成立。同时，以江南造船（集团）有限责任公司为核心企业，一批企业群体联合组建的江南造船集团也同时成立。

4日 机械工业部部长包叙定分别会见美国摩托罗拉公司、美国通用汽车公司和意大利IDEA公司、菲亚特公司、依维柯公司负责人一行。

国家技术监督局作出《对组建中国农机产品质量认证管理委员会暨中国农机产品质量认证中心的批复》〔技监局认发（1996）159号文〕，同意农业部牵头筹建中国农机产品质量认证管理委员会并组建中国农机产品质量认证中心。

5日 国务院总理李鹏、副总理姜春云、国务委员罗干等领导同志参观PSE1996年展示会。

机械工业部部长包叙定会见德国ZF公司总裁一行。

国务院总理李鹏参观了北京国际汽车新产品开发技术展示会，指出汽车工业是我国国民经济的支柱产业之一，有着广阔的发展前景，但是，发展汽车工业要符合中国的国情。通过国际合作，吸收和应用国际汽车制造业的先进技术，提高中国汽车工业的自主开发能力，加快国产化进程。

中国、新加坡和由法宇航、英宇航、意大利阿莱尼亚公司组成的国际航空亚洲集团正式签署AE100中型客机项目合作意向书。

6日 机械工业部部长包叙定、副部长邵奇惠看望机械行业出席科学院、工程院“两院大会”的院士。

7日 机械工业部召开首都新闻单位高层座谈会。包叙定部长，邵奇惠、孙昌基、吕福源副部长和部纪检组组长孙祖梅出席会议。包叙定在会上讲话。中宣部新闻局局长栗国安和首都新闻单位的领导同志到会并发言。

机械工业部印发吴邦国副总理和包叙定部长在全国机械工业打好“三大战役”电话会议上的讲话。

机械工业部老部长沈鸿同志获得首届中国工程科技奖。包叙定部长批示：沈老获奖，人心所向，可喜可贺，可在行业内宣传，以激励广大科技工作者为打好“三大战役”，振兴机械工业多作贡献。包叙定部长看望沈鸿同志，热烈祝贺沈老荣获首届中国工程科技奖，并向沈老递送了贺信。

中国舰船研究院成立三十五周年，李鹏总理题词祝贺，中央军委副主席刘华清发来贺信。

煤炭工业部党组决定张俊才同志任中国煤矿工程机械装备集

团公司副总经理兼党组成员。

7日～10日 机械工业部召开军工工作会议，孙昌基副部长到会作报告。

9日 机械工业部副部长孙昌基出席于上海举办的“第四届北京埃森焊接展览会”开幕式。

10日～15日 中国煤炭机械工业协会第二届三次常务理事扩大会议在四川召开。会议总结了煤机协会的工作，讨论了煤机行业“九五”时期改革和发展纲要，研究如何加强煤机行业管理，介绍企业管理、开展“三产”和多品种生产、提高经济效益的经验，研究了专业委员会今后工作任务，征求理事及委员会单位对协会工作意见，补选了副理事长，进行了技术讲座。

11日～14日 机械工业利用外资工作座谈会于厦门召开。机械工业部部长包叙定在会上作了题为“总结经验，加强引导，提高机械工业利用外资的质量和水平”的报告。

13日 机械工业部部长包叙定致信中国机械制造工艺协会《纪念机械工业开展“工艺突破口”工作十周年》专刊，对机械工业“工艺突破口”工作十年来取得的成就给予充分肯定，并要求继续抓好“工艺突破口”工作，全面提高企业素质。

14日 1996年中国国际机械基础件工业展览会在京开幕。机械工业部副部长孙昌基出席开幕式。

机械工业部副部长吕福源会见美国通用汽车公司董事长一行。

17日 机械工业部部长包叙定会见伊朗能源部长一行。

18日 第四届北京国际汽车展览会开幕。机械工业部部长包叙定出席招待会，副部长吕福源出席开幕式。

中国质量管理协会、国家技术监督局等8部门召开会议，宣布开展“用户满意工程”活动。机械工业部副部长邵奇惠出席并讲话。

机械工业部副部长孙昌基出席哈尔滨电站设备集团公司出口巴基斯坦UCH电站项目签字仪式。

机械工业部通报表彰1995年度出口创汇500万美元以上国有大中型企业。

机械工业部部长包叙定分别会见韩国现代汽车公司会长、美国艾默生公司董事长一行。同日，吕福源副部长会见韩国现代汽车公司会长一行。

19日 机械工业部直属机关1995年度精神文明建设表彰大会召开。副部长邵奇惠、中央国家机关精神文明建设领导小组办公室主任马继红分别在会上讲话。

机械工业部召开国家重点电站工程技术服务工作会议，孙昌基副部长到会并讲话。

20日 江泽民主席参观第四届北京国际汽车展览会，前往参观的还有李铁映、吴邦国、邹家华、尉健行、王汉斌等领导同志。机械工业部部长包叙定、副部长吕福源、部纪检组组长孙祖梅陪同参观。

21日 机械工业部召开在京直属单位整顿会计工作秩序动员大会。孙昌基副部长主持会议，并传达《关于整顿会计工作秩序的通知》。

22日～25日 国家建材局委托中国建材技术装备总公司在西安召开了第三次全国建材装备工作会议。国家建材局局长张人为到会作了重要讲话。会议明确了建材装备制造行业在建材工业实行“两个转变”过程中的重要作用和负有的特殊使命，交流了经验，为打好建材装备制造行业质量翻身、结构优化和开发能力提高“三大战役”奠定了基础。

24日 机械工业部公布第三届高等学校机电类优秀教材评奖结果。

中国航天工业总公司材料及工艺研究所、软件评测中心及两个软件检测站、可靠性与安全性研究中心成立。

电力工业部召开控制电力工程造价会议。

25日 机械工业部副部长孙昌基会见美国西屋公司驻中国首席代表。

机械工业部副部长吕福源会见美国福特汽车公司副总裁一行。

26日 《中国机电日报》头版头条发表题为“钢浇铁铸写人生——记中国工程科技奖获得者沈鸿”的长篇通讯。

27日 机械工业部发布行业标准《机械工厂采暖通风与空气调节设计规范》、《机械工厂电力设计规范》。

经中共中央组织部批准，朱森第同志任机械工业部党组成员。同日，机械工业部任命朱森第为机械工业部总工程师，参与部领导分工，同时免去李守仁同志机械工业部总工程师职务。

28日 中国船舶工业总公司和挪威克瓦尔纳集团在奥斯陆正式签订了双方友好合作协议书。合作内容包括：建造高科技船舶、建立合资企业、培训员工以及开发生产非船产品。中国船舶工业总公司副总经理陈小津、综合计划局局长范有年，克瓦尔纳集团造船部总裁施尼特勒先生和副总裁哈那先生分别代表双方公司在合作协议上签字。

国家科委委托农业部在全国农业展览馆主持召开国家“九五”科技攻关项目“农业机械化适用技术研究”开标评标会，参加投标的有全国农机院所、大专院校和企业等20多个牵头单位、50多个协作单位，共收到标书20份。“农业机械化适用技术”是首次被国家科委列入国家科技攻关项目的。主要内容包括水稻生产机械化，玉米、棉花机械化育苗移栽，地膜残膜回收三类适用技术。经过专家评审，中国农业大学（东校区）、农业部南京农机化所、山东工学院、东北农业大学等7个牵头单位中标。

本月奥迪200系列轿车在一汽大众批量下线，开始投放国内市场。

7月

1日 机械工业部党组认真学习贯彻江泽民总书记“七一”讲

话，为进一步加强干部工作提出的四条意见：一、要从全局和战略高度认识提高干部素质的极端重要性；二、科学分析当今干部队伍现状，增强干部队伍建设的紧迫性；三、从“三大战役”需要出发，落实干部工作；四、加强组织人事部门自身建设。

神龙汽车有限公司在全国范围内率先推出服务于用户的先试后买办法。

2日 机械工业部在山东诸城召开机械企业改革与管理研讨会，推广机械企业在改革与管理中的经验，推动机械工业“三大战役”的顺利进行。

机械工业部发出《1995年机械产品质量等级评定结果的通报》〔机械科（1996）304号〕。经审核有53个产品被评为优等品，有841个产品被评为一等品。

机械工业部副部长吕福源会见美国西屋电气公司董事长一行。

2日～4日 机械工业部召开非经营性基本建设工作会议，总结“八五”非经营性基本建设工作，提出“九五”非经营性基本建设安排原则及具体要求。总工程师朱森第出席了会议。

3日 长征三号火箭发射亚太一号A通信卫星成功。

机械工业部印发包叙定部长在机械工业利用外资工作座谈会上的讲话。

机械工业部副部长邵奇惠会见日本精工株式会社社长一行。

4日 机械工业部副部长邵奇惠会见法国圣戈班集团总裁一行。

5日 机械工业部副部长邵奇惠会见匈牙利工商部副国务秘书一行。

6日 中共中央书记处书记温家宝同志在《人民日报》编印的《情况汇编》第291期上就有关药械和施药技术等问题作了重要批示，指出“植保机械质量，直接关系农业生产，关系农民的健康和利益。必须下决心，采取得力措施，尽快扭转植保机械研制、生产落后，管理混乱的状况。”根据刘江部长的指示，农业部在进一步调查研究的基础上于8月1日起草了给温家宝同志的《关于尽快扭转我国植保机械落后、管理混乱状况的报告》，温家宝同志阅后表示赞成。

8日～15日 由中车公司戚墅堰机车车辆厂生产的东风11型内燃机车在沈山线担负牵引提速试验，获得圆满成功。15日，牵引6节试验车箱速度达183.7km/h。

9日 电力工业部在天津召开工程执法监查大会。

10日 机械工业部印发《重大技术装备和重点产品质量上台阶工程实施方案》〔机械科（1996）550号〕。

机械工业部总工程师朱森第出席1996年北京国际家用电器展览会开幕式。

11日 国家科委办公厅发出《关于振兴我国仪器仪表工业有关问题的复函》〔计办机轻（1996）428号〕。

机械工业部副部长吕福源会见美国通用汽车公司动力集团总裁一行。

11～13日 机械工业部召开机电产品进口管理工作会议，分析机电产品进口工作面临的形势，研究1996年机电产品进口管理、国际招标和关税调整工作。

12日 农业部在北京市通县梨园乡大稿村组织了节水灌溉机械现场演示座谈会，中共中央政治局委员、国务院副总理李岚清参观了演示并与部分省农机局局长和农机专家进行了座谈，刘成果副部长及有关司局领导出席了会议。会上，中国农业大学等单位演示了近年来研制的适合于北方旱作区农业生产的抗旱灌水播种机、坐水式播种机等行走式节水灌溉机械。李岚清副总理听取了专家和部分省农机局局长就节水灌溉机械研制、开发、推广等方面的汇报，并作了重要讲话，提出要解决我国农业“靠天吃饭”的问题，应充分利用拖拉机动力开发一种适宜拖拉机携带的行走式滴灌、喷灌、洒灌机具，以解决播种出苗时北方旱作区干旱少雨影响农作物生产的问题。

煤炭工业部颁发了《关于公布第一批煤矿安全仪器装备定点生产单位及产品名单的通知》，根据《煤矿安全仪器装备定点生产单位管理办法(暂行)》有关规定，经考核认定23个企业为第一批煤矿安全仪器装备定点生产单位，由煤炭工业部颁发定点生产单位标志及证书，并由装备集团公司对定点生产单位实行入网化管理。

由机械工业部汽车工业司、中国汽车技术研究中心、北京汽车工业集团总公司组成的国产化技术鉴定专家组通过对广州标致主要产品505SX、505SW8两种型号轿车国产化工作进行严格审查后认定这两种车型国产化率分别达到82.30%和81.71%。

15日 机械工业部宣布成立“产品质量翻身战役”指挥部组织机构。孙昌基副部长任总指挥，孟祥恩、宋天虎、石坚中任副总指挥，办公室主任由石坚中兼任。

机械工业部第15次机械工业质量信得过班组、优秀质量管理小组，向全行业广大班组发出在“质量翻身战役中”建功立业的倡议书。

17日 国产首台300MW核电站反应堆压力容器在中国第一重型机械集团公司研制成功并通过验收，这标志着我国在核电站主设备制造国产化方面进入新阶段。

18日 机械工业部部长包叙定、纪检组组长孙祖梅出席《革命的一生、奉献的一生——深切怀念周建南同志》一书首发式。包叙定部长发表讲话。

机械工业部成立“组织结构优化战役”指挥部，朱森第任总指挥，孟祥恩、蔡惟慈任副总指挥，办公室主任由蔡惟慈兼任。

机械工业部成立风力发电机组国产化工作小组，组长高元恩〔机办农（1996）64号〕。

机械工业部副部长孙昌基会见美国中国人力资源开发集团总裁一行。

全国老旧汽车更新领导小组、交通部、财政部和国家计委联合发出《关于执行〈老旧汽车更新定额补贴暂行办法〉的补充通知》〔汽更办（1996）10号〕。补充通知指出，全民和集体所有制企业的运输车辆（含各种改装车）更新，进口车报废后更新国产车，小轿车报废后更新国产客、货车，均可享受补贴。在更新国产车中，载货车大、小吨位互换，大、中客车互换，也均可享受补贴。

位于上海浦东新区的中国船舶大厦落成。中国船舶大厦是中国船舶工业总公司直接参与上海浦东开发的大型投资项目之一，是一座现代化的高标准商贸、办公综合大楼。大厦高25m，地下两层，占地面积6300m²，总建筑面积达5万m²。

19日 《机械工程手册》、《电机工程手册》第二版由机械工业出版社出版，中共中央总书记江泽民为该书题词："荟萃机电专业精华，为社会主义现代化建设服务。"包叙定、何光远、沈鸿分别撰文祝贺。

机械工业部发出通知，在新生产的轻型汽车上淘汰492等类发动机用201类型化油器〔机械汽（1996）579号〕。

中国科学院院长、全国科协主席周光召，科协副主席、党组书记张玉台等一行7人在吉林省科协主席吴越陪同下到长春客车厂视察工作。周院长为长客厂题词："办好工厂科协，为长客发展服务。"

20日 机械工业部召开机械工业人才科技基金专家论证会。会上首次推出为高层次人才提供培养环境和条件的机械工业人才科技基金。

22日 机械工业部副部长孙昌基会见美国GEA公司总裁一行。

杭州东风日产柴汽车有限公司正式成立。该公司以原东风杭州汽车公司轻型车厂为基地，总投资额5.798亿元人民币。主要生产CW/CK系列重型货车底盘和RB系列大型客车底盘等。

22日～24日 机械工业部总工程师朱森第出席机床工具行业工作会议暨中国机床工具工业协会第三届会员代表大会并讲话。

23日 机械工业部副部长吕福源出席中国汽车工程学会第五届代表大会。

机械工业部副部长吕福源会见奥地利斯太尔公司副总裁一行。

24日 机械工业部部长包叙定批示，目前展览过多过滥，要整顿，走联合办展的路子，由部展览办经过调查研究拿出一个展览整顿的方案。

机械工业部办公厅主持召开了部属新闻单位社长、总编联席会，提出了下半年新闻宣传工作任务，要求加强对"三大战役"的宣传。

乔石委员长视察大连造船新厂。

为了落实姜春云副总理讲话精神，农业部农业机械化管理司与中国农业工程学会在广东省南海市召开了"南方水稻生产机械化研讨会"，总结交流了各地水稻机械化、集约化生产的新技术、新成果推广应用的经验；研究探讨"九五"期间水稻生产机械化的发展目标、任务及规划设想。

24日～26日 机械工业部副部长邵奇惠赴青海调研，并参加青海工程机械"一条龙"技改项目验收会。

25日 世界著名的柴油机生产厂——美国康明斯发动机公司与东风汽车公司合资的东风康明斯发动机有限公司在京成立。该公司年产康明斯C系列发动机25 000台。

26日 机械工业部总工程师朱森第主持召开会议，传达全国第九次环保会议精神，并部署贯彻措施。

28日 机床工业行业第二批88个企业发表《质量保证声明》。机械工业部总工程师朱森第出席了发布仪式。

29日 机械工业部成立"开发能力提高战役"指挥部，副部长吕福源任总指挥，孟祥恩、宋天虎、依英奇任副总指挥，依英奇兼办公室主任。

机械工业部在中国国际展览中心举行"联合举办'北京国际汽车展览会'新闻发布会"。吕福源副部长出席会议，中国贸促会等有关部门领导应邀到会讲话。来自首都30余家新闻单位及外国汽车公司、零部件集团公司，设计、试验设备等企业的代表出席会议。

电力工业部机械局所属国电自动化公司为浙江嘉兴电厂制造的仿真系统装置完成。

30日 农业部部长刘江为1997年中国国际农业机械展览会题词："引进先进技术，提高农机水平。"该展览会将于1997年11月在北京全国农业展览馆举行，由中国农业机械总公司与中国科协新技术开发中心主办，经刘成果副部长同意，农业部作为本次展览会的支持单位。

8月

1日 机械工业部发布行业标准《机械工厂建筑设计规范》〔机械计（1996）583号〕。

机械工业部印发《机械工业部关于涉外工作的保密规定》、《机械工业部关于宣传报道的保密规定》的通知〔机械办（1996）588号〕。

1日～2日 哈尔滨工程大学通过"211工程"立项审核，从而正式进入国家"九五"期间首批进行重点建设的高等院校行列。

4日～7日 机械工业部总工程师朱森第赴江苏参加机械工业工作座谈会，并到企业调研。

5日 李鹏总理为中国机械工程学会成立六十周年题词："发挥桥梁纽带作用，繁荣机械科学技术"。

6日 机械工业部印发《确认机械工业部第十批监理工程师岗位资格的通知》〔机械计（1996）599号〕。

8日 机械工业部副部长邵奇惠会见并宴请参加第31届中匈科技例会的匈牙利科技代表团一行。

13日～19日 中国煤矿工程机械装备集团公司在南戴河召开了公司直属转包企业厂长、书记座谈会。

14 日　机械工业部副部长吕福源到北京吉普汽车有限公司考察，并强调指出一定要面对中国汽车市场来搞新产品开发。公司董事长王玫、总经理克莱布斯、副总经理朱运德向吕副部长作了汇报并陪同参观。

17 日　机械工业部副部长孙昌基到北戴河与正在这里疗养的机械工业劳动模范进行座谈，勉励劳模在“三大战役”中再立新功。

18 日　北汽福田车辆股份有限公司在京创立。该公司是由北京汽车摩托车联合制造公司与江苏常柴集团有限公司联合全国100家法人企业共同发起组建的。

18 时 27 分，长征三号火箭发射中星七号通信卫星，因第三级火箭提前 48 秒关机，卫星未进入预定轨道。

19 日　机械工业部副部长吕福源会见美国克莱斯勒汽车公司中国项目经理一行。

21 日　国家七部委联合发布《关于禁止非法拚(组)装汽车、摩托车的通告》，指出要严厉打击非法拚(组)装汽车、摩托车活动。

22 日　纪念国产汽车诞生四十周年暨《中国汽车工业史》首发式在北京人民大会堂举行。国务院副总理李岚清发来贺信，全国人大副委员长王光英等领导同志，汽车行业的老前辈，国家有关部委、部分汽车集团、科研院所负责人出席，全国政协常委、原机械工业部部长何光远主持了首发式，机械工业部部长包叙定致词，并出席“纪念国产汽车诞生四十周年，促进中国汽车工业持续快速、健康发展座谈会”。

23 日　机械工业部发出《关于加强机械行业产品可靠性工作意见的通知》〔机械科（1996）538号〕。

机械工业部公布 1996 年第一批特级安全企业名单，有四川锅炉厂、一汽无锡柴油机厂〔机械生（1996）616 号〕。

26 日　机械工业部总工程师朱森第出席第九届国际轴承及专用设备展览会开幕式。

机械工业部发出通知，调整部专家工作领导小组暨职称改革领导小组成员，调整部工程系列高级职称任职资格评审委员会委员〔机械人（1996）629 号、机械人（1996）630 号〕。

由哈尔滨东安发动机制造公司、哈尔滨飞机制造公司、日本三菱自动车工业株式会社、三菱商事株式会社和马来西亚中国投资控股有限公司合资成立的哈尔滨东安三菱汽车发动机制造有限责任公司签字仪式在北京举行。国务院总理李鹏、马来西亚总理马哈蒂尔出席签字仪式。该公司合资期限 30 年，总投资 21.2 亿元。中方资本占 51%，外方占 49%，每年生产 15 万台 1.3L 4G1 系列汽车发动机。

27 日～28 日　煤炭工业部部长王森浩同志在部办公厅主任王长春和装备集团公司总经理吕金铨、党组书记高峰陪同下，视察了张家口煤矿机械厂。王森浩部长在听取张家口煤矿机械厂主要领导的汇报后发表了重要讲话，对张家口煤机厂的工作成绩给予了肯定，并对煤机行业转变观念、坚定信心、解决企业存在的突出问题提出了希望和要求。

28 日　江泽民总书记为中国机械工程学会成立六十周年题词：“团结机械工业科技人员为社会主义现代化事业建功立业。”

国务院副总理邹家华在吉林省省委书记张德江、省长王云坤，铁道部副部长傅志寰，国家经贸委副主任张吾乐，国防科工委副主席陈达植，机械工业部副部长吕福源，国家开发银行行长姚振炎，长春市委书记朱凤君、市长宋春华，中车公司总经理王泰文以及国家计委负责同志的陪同下，视察了长春客车厂。

29 日　机械工业部副部长孙昌基出席部年度生产计划改革座谈会。

机械工业部副部长孙昌基会见 GEC 阿尔斯通公司斯登工业公司总裁一行。

机械工业部发出《关于认真开展 1996 年全国节能宣传周活动的通知》〔机械（1996）635 号〕。

机械工业部印发《汽车工业“九五”质量发展规划》〔机械（1996）622 号〕。

本月国务院办公厅发出通知，转发国家计委意见，要求取消地方对经济型轿车的限制。

9月

1 日～14 日　机械工业部总工程师朱森第赴马来西亚、新加坡考察。

2 日　美国福特汽车公司在京分别与国家科委、机械工业部签署了三项合作协议：国家科委与福特公司的长期合作协议，国家科委、机械工业部与福特公司稀土催化剂合作开发项目协议，机械工业部与福特公司关于中国汽车工业科技人员培训协议。

3 日　第二届国际电力电子与电气传动展览会开幕。机械工业部部长包叙定出席开幕式。

机械工业部发布《离心机转鼓强度计算规范》等 32 项机械行业标准。

机械工业部公布机械工业第四届青年教师教书育人奖获奖名单，共评出部级特等奖 5 名，部级优秀奖 114 名。

机械工业部发出通知，要求采取有效措施，努力完成“限产压库”促销工作目标。

机械工业部批准发布《干洗机安全要求》等 37 项机械行业标准。

4 日　机械工业部副部长吕福源会见美国福特汽车公司副总裁一行。

电力工业部基建工程计划会议召开。

4 日～6 日　机械工业部党组扩大会议召开。部党组书记、部长包叙定在会上作了题为“深化认识，宣传领导，发动群众，落实方案，研究政策，进一步推进‘三大战役’的宣传贯彻”的重要讲话。

5 日　机械工业部副部长吕福源会见美国工贸大臣依恩·朗先生及其代表团一行。

机械工业部办公厅发出开展

企业档案工作目标管理活动的通知。

6日　机械工业部副部长吕福源会见美国通用汽车公司副总裁一行。

《农业机械化发展"九五"计划和2010年规划》经农业部农计发〔1996〕41号文正式印发，提出了我国"九五"期间及今后一段时期农业机械化发展的主要目标、任务和措施。

铁道部副部长孙永福在计划司副司长曹菁、政策法规司副司长曹钟雄等同志的陪同下，到大连机车车辆厂视察。

8日　机械工业部发布普通高等教育"九五"机械工业部重点教材立项、管理办法。

9日　机械工业部和中国机械工程学会联合发出通知，表彰机械电子工程师进修大学机械学院继续教育先进个人。

机械工业部发出《关于在部分质量监督检验中心开展职业道德建设试点工作的意见》。

9日～11日　机械工业部在中国第一汽车集团公司召开"开发能力提高战役"现场工作会议。副部长吕福源出席会议并讲话。

10日　机械工业部部长包叙定、副部长吕福源会见日本丰田汽车株式会社奥田硕社长一行。

北京机床所庆祝建所四十周年。邹家华副总理题词祝贺，机械工业部部长包叙定致贺信。

11日　机械工业部副部长吕福源会见德国博世公司副总裁一行。

11日～13日　机械工业部召开全国汽车行业质量工作会议。

13日　《中国机电日报》发表李鹏总理"关于机电工业发展的几点原则性意见"。

机械工业部党组发出通知，要求10月份在全行业开展一次声势较大的"'三大战役'宣传月活动"，宣传的主要对象是企业的全体干部职工，活动由各单位党委领导负责组织。

15日　被誉为"中国第一路"的沪宁高速公路正式开通。共20个客运企业获准上路，其中上海3个，江苏17个（其中南京7个）。

16日　机械工业部副部长吕福源出席德国亚星—奔驰公司合同签字仪式。

17日　中国机械工程学会第七次会员代表大会暨中国机械工程学会成立六十周年大会在京举行。江泽民、李鹏、李瑞环题词祝贺，包叙定部长致贺信。全国人大副委员长倪志福、王光英，机械工业部副部长邵奇惠、吕福源、总工程师朱森第出席大会。

机械工业部召开劳模座谈会，部纪检组组长孙祖梅出席会议。

机械工业部副部长孙昌基会见德国西门子公司输变电部总裁一行。

机械工业部通报表彰机械工业部第三次工业普查工作先进集体、先进个人和1996年度机械工业统计工作先进集体、先进个人。

18日　机械工业部部长包叙定会见山东省省长李春亭一行。

机械工业部办公厅发出《关于做好有关"三大战役"协调工作的通知》。

20日　机械工业部副部长邵奇惠、总工程师朱森第出席工程机械行业组织结构优化研讨会。

全国百个主渠道汽车零部件流通企业推展百个适销品牌活动，在全国24个省、市、自治区全面展开。

以日本住友银行等18家国际银行向中国船舶工业总公司提供1.03亿美元贷款协议签字仪式在北京举行。这是继1995年首次境外融资后第二次在境外结构融资，这笔融资将用于建造6艘出口船舶。

20日～10月5日　机械工业部副部长吕福源出访美国。

21日～10月4日　机械工业部部长包叙定出访捷克、俄罗斯。

23日　机械工业部副部长邵奇惠会见法国邮电及通信部副部长一行。

24日　机械工业部总工程师朱森第会见日本安川电机公司社长一行。

机械工业部公布机械工业1994年～1996年度35个安全级企业名单。

25日～28日　机械工业部在深圳召开机械工业教育工作会议，邵奇惠副部长出席会议并讲话。

26日　机械工业部副部长孙昌基会见美国福克斯波罗公司副总裁一行。

10月

2日　国务院总理李鹏到柳州微型汽车厂考察。李鹏总理观看了总装车间流水线上的LZW1010VH厢式车、LZW1010PS双排座货车，以及新开发的第三代产品LZW1010、6370A客车。

3日　机械工业部总工程师朱森第会见了来访的日本大晃机械工业株式会社社长立花春三一行。

4日　国务院总理李鹏为湖南大学七十周年校庆题词："努力办好湖南大学，培养更多优秀人才"。

机械工业部发出《切实做好扭亏增盈工作的通知》〔机械生(1996) 750号〕。

机械工业部定于10月至12月开展"我与'三大战役'有奖征文活动"，以深入宣传和发动行业广大职工和社会有识之士为打好"三大战役"出谋划策，争做贡献。

5日　机械工业部部长包叙定给机械工业部系统老红军致信，向他们致以最亲切的慰问和最崇高的敬意，号召行业职工继承和发扬红军的光荣传统和长征精神，为全行业打好"三大战役"，全面振兴机械、汽车工业，实现"九五"计划和2010年远景目标努力奋斗！

机械工业部副部长孙昌基出席湖南大学七十周年校庆典礼，强调部属高校要为打好"三大战役"服务。

中国航天创建四十周年庆祝

大会在京举行。中央军委副主席刘华清、国务委员宋健以及各军、兵种和各部委的领导出席了大会。

7日 机械工业部会同国家计委、国家经贸委、国家科委等7单位联合召开新闻发布会，公布机械工业第17批节能机电产品推广项目，包括15大类186项产品，涉及生产企业128个；同时，宣布淘汰第16批8项落后机电产品。

7日～11日 第47届国际宇航联大会在北京召开。来自世界54个国家和地区的宇航学者和政府官员2000余人出席了大会。国家主席江泽民、国家科委主任宋健和宇航联主席、联合国代表等出席大会并讲了话。

8日 中国农业机械化科学研究院举行建院四十周年庆祝会，国务院副总理吴邦国、姜春云为此题了词，机械工业部部长包叙定写了贺信，孙昌基副部长出席了庆祝会。

机械工业部发出通知，表彰全国机械工业职工教育先进单位和先进工作者〔机械教(1996)700号〕。

机械工业部发出《关于聘任生产许可证，出口质量许可证部级审查员的通知》〔机械科(1996)716号〕。

机械工业部接到国务院通知，任命姚明伟为机械工业部副部长〔国人字(1996)85号〕。

唐山爱信齿轮有限责任公司在唐山市正式成立。总投资9878.5万美元，专业生产轿车、微型车、轻型车变速器。

8日～16日 机械工业部派出以朱森第总工程师及有关司局领导带队的三个调研小组，分赴江西、陕西、北京、天津地区机械、汽车工业系统就“三大战役”及“三大战役宣传月”贯彻落实情况进行专题调研。

9日 机械工业部召开机关建设工作会议，邵奇惠副部长在会上作了重要讲话。

机械工业部副部长吕福源会见奥地利联邦经济部部长一行。

9日～11日 机械工业部召开全国机械工业政策法规体改工作会议，总工程师朱森第出席会议并讲话。

10日 机械工业部发布《渗硼》等98项机械行业标准〔机械科(1996)685号〕。

15日 国家经贸委批准电力工业部所属南京电力自动设备总厂技术改造项目列为国家第二批“双加”工程新开工项目。

15日～21日 机械工业部组织有首都新闻单位人民日报、中央电视台、光明日报记者参加的小分队赴江苏省进行机械工业企业贯彻落实“三大战役”及宣传月情况巡回采访，并采访了陈必亭副省长。

16日 中国航天基金会成立。张爱萍任名誉会长，郑天祥、朱光亚、任仲夷、聂力任名誉副会长，叶正大任会长、鲍克明任副会长兼秘书长。

16日～17日 机械工业部召开党组扩大会议，学习贯彻中共中央十四届六中全会精神。党组书记包叙定主持会议，传达了十四届六中全会精神，并就加强机械行业社会主义精神文明建设作了重要讲话。

17日 电力工业部环保会议召开。

18日 机械工业部发布《关于表彰机械工业“八五”标准化工作先进集体和先进工作者的决定》〔机械科(1996)835〕。

机械工业部印发《机械工业职工教育“九五”发展计划纲展》的通知〔机械教(1996)712号〕。

机械工业部副部长邵奇惠会见美国凯斯公司常务副总裁一行。

机械工业部印发《向外商投资企业所聘外国人签发通知签证函的暂行规定》〔机械外(1996)696号〕。

机械工业部下达《机械工业产品实施强制性标准认定第一批项目的通知》〔机械科(1996)844号〕。

20日 长征二号丁火箭发射返回式遥感卫星获得成功。这是长征系列运载火箭的第43次飞行。为庆祝1997年7月1日香港回归祖国，在遥感卫星上搭载了国旗和香港特别行政区区旗，准备在香港回归前夕赠送给香港特别行政区政府。

电力工业部技术改造、技术进步会议召开。

21日 机械工业部印发《关于加强机械行业工程勘察设计市场管理的暂行规定》〔机械计(1996)763号〕。

21日～23日 机械工业部与日本欧姆龙公司在苏州联合举办厂长经理培训班。

22日 机械工业部部长包叙定分别会见了瑞士GF集团董事长、日本光洋株式会社会长一行。

机械工业标准化工作会议在北京召开。机械工业部副部长吕福源、国家技术监督局副局长李忠海以及有关司局领导出席了大会。

23日 机械工业部副部长姚明伟会见日本佳能株式会社副社长田中一行。

机械工业部总工程师朱森第会见德国投资与发展公司董事长欧德信一行。

23日～26日 机械工业部召开全国机械工业职工教育工作会议。副部长邵奇惠出席会议并讲话。

23日～30日 机械工业部部长包叙定率有关司局领导赴江苏调研机械工业“三大战役”的宣传贯彻情况。

24日～26日 机械业部召开全国汽车行业质量工作会议，孙昌基、吕福源副部长、天津市副市长曲维枝和国家技术监督局、中国质量管理协会的有关领导出席了会议。

25日 江泽民总书记在贵州省委书记刘方仁、代省长吴亦侠等陪同下，视察了长征电器公司，受到公司领导和职工的热烈欢迎。

机械工业部发出《评选机械工业突出贡献技师、技术能手的通知》，以及公布《机械工业突出贡献技师、技术能手评选办法(试行)》〔机械人(1996)818号、机械人(1996)817号〕。

机械工业部印发《机械工业高技能人才队伍建设方案》〔机械人（1996）728号〕。

26日 机械工业部副部长孙昌基会见国际能源署署长一行。

28日 北海船厂10万吨级浮船坞建成投产。该坞的建成，填补了我国北方地区无大型修船坞的空白。

电力工业部机械局与威海电厂、英国豪顿公司合资兴建的电厂用回转式空气预热器工厂在威海开工。

29日 以电力工业部所属机械企业为核心的华电集团章程获批准。

30日 电力工业部所属吉林水工机械厂制造的三峡工程用门机顶升试验一次成功。

纪念国产汽车诞生四十周年、国产汽车（摩托车）大联展第一、三路车队分别到达北京。本次大联展历时10天，共50个企业参加，途经29个市县，在12个城市进行流动展示宣传，并进行国产车社会调查。

11月

1日 机械工业部部长包叙定会见日本精工株式会社社长一行。

机械工业部发布《射芯机产品质量分等》机械行业标准（内部使用）〔机械科（1996）894号〕。

发布JB/T2874—94《万能工具铣床 精度》机械行业标准第一号修改通知〔机械科（1996）892号〕。

发布《影室照相用闪光同步小型闪光灯》等5项机械行业标准〔机械科（1996）889号〕。

发布JB5517—91《光学仪器电气防护基本安全要求》等两项机械行业标准修改通知单〔机械科（1996）888号〕。

4日 机械工业部副部长孙昌基会见瑞典ABB公司总裁一行。

机械工业部总工程师朱森第会见美国吉丁斯·路易斯公司总裁一行。

5日 机械工业部副部长孙昌基会见瑞典沃尔沃汽车公司总裁一行。

5日～10日 中国国际航空航天博览会在珠海举行，共有21个国家和地区的400多个公司参展。参观人数达到70多万人。作为主办单位之一的中国航空工业总公司以强大阵容参展，展出18架飞机，8架飞机进行了飞行表演。国务院总理李鹏和吴邦国、丁关根、谢非、迟浩田等领导出席了开幕式。航展期间还举办了第二届中国航空工业研讨会。李鹏总理为开幕式剪彩，吴邦国副总理致词。

6日 机械工业部印发《机械工业1996年统计年报和1997年定期统计报表制度的通知》〔机械科（1996）837号〕。

7日 机械工业部副部长孙昌基会见日本贸易促进会的客人。

机械工业部发布《干洗机》等18项机械行业标准〔机械科（1996）902号〕。

机械工业部发布通知，表彰1996年机械工业优秀质量信得过班组、质量管理小组和QC活动优秀企业〔机械科（1996）852号〕。

上海汽车有限公司和瑞典沃尔沃客车有限公司正式签署“合资经营基础协议”，同时签署了客车项目“理解备忘录”。瑞典首相佩尔松、机械工业部部长包叙定、上海市市长徐匡迪出席签约仪式。

8日 机械工业部副部长孙昌基与津巴布韦工贸部长举行对口会谈。同日，孙昌基副部长分别会见香港华平公司总裁和德国KSB公司总裁一行。

由机械工业部汽车工业司、中国国际贸促会汽车行业分会和中国汽车工程学会主办的1996年广州国际摩托车展览会在广州开幕。

机械工业部、公安部联合印发《1996年农用运输车生产企业及其产品目录》的通知〔机械农（1996）908号〕。

扬州柴油机厂第50万台柴油机下线。

9日 机械工业部印发《“九五”机械工业政策工作安排意见》的通知〔机械政（1996）909号〕。

11日～14日 邹家华副总理在机械工业部副部长吕福源陪同下到广东、海南考察。

12日 在国家“八五”科技攻关表彰大会上，由铁道部中车公司浦镇车辆厂研制的准高速双层客车荣获国家“八五”科技攻关重大科技成果奖。

12日～17日 机械工业部总工程师朱森第出席中国机械企业集团联谊会1996年年会暨“组织结构优化战役”专题会。

13日 机械工业部部长包叙定会见秘鲁驻华大使。

机械工业部副部长孙昌基会见孟加拉国财务秘书一行。

机械工业部批准发布《建立机械工业部第21计量测试中心站的通知》〔机械科（1996）920号〕。

14日 机械工业部部长包叙定会见德国大众汽车公司副总裁一行。

机械工业部发出《关于对面向企业举办的各类培训班加强管理的通知》〔机械教（1996）589号〕。

15日 机械工业部部长包叙定分别会见瑞士ABB公司总裁和美国英格索公司总裁一行。孙昌基副部长陪同包叙定部长会见瑞士ABB公司总裁一行。

18日～19日 中车公司在北京二七机车厂召开提速机车、客车工作会议，研究适应1997年4月1日铁路新运行图所需机车、客车保质保量交付运用部门的措施。铁道部副部长傅志寰到会并作了重要讲话。铁道部有关司局，中车公司及有关部室和有关工厂领导、工程技术人员40余人参加了会议。

19日 机械工业部副部长吕福源会见美国TEXTRON公司亚太总裁一行。

机械工业部副部长孙昌基会见日本柯达公司副总裁一行。

全国电力制造企业“九五”、2010年规划会议在成都召开。

20日 机械工业部部长包叙定会见日本日中经济协会河合良一会长一行。

22日 机械工业部副部长孙昌基会见日本日立公司火电工业部部长一行。

机械工业部印发《"九五"机械工业政策工作安排意见》〔机械政（1996）909号〕。

25日 机械工业部总工程师朱森第出席国际工程机械维修技术研讨会暨国际工程机械维修技术装备及零部件展览会开幕式。

机械工业部副部长孙昌基会见美国西屋（中国）公司总裁一行。

机械工业部副部长孙昌基会见克罗地亚经济部长一行，就两国机械工业方面合作的可能性交换意见。

中国建材机械工业协会与德国建筑建材机械设备协会（VDMA）在京召开了中德建材、建材机械首次专业会议，双方就今后的合作意向、合作内容、合作方式上达成共识。此次会议为双方企业建立直接联系、洽谈合作创造了条件。

26日 机械工业部部长包叙定、总工程师朱森第出席1996年北京国际环境保护资源综合利用技术及设备交流展览会开幕式。

中华技能大奖和全国技术能手表彰会在京召开，机械行业有1名职工获得"中华技能大奖"，18名职工获得"全国技术能手"称号。

27日 中日农机维修技术培训项目顺利通过中日联合评估，并决定延期一年。该项目自1992年实施以来，已累计利用日本技术援助资金达5亿日元，对提高我国农机维修技术水平和人才的培训取得了一定成绩。

28日 国家科委、国家工商局等部门为经营汽车作出新规定。未经国家工商行政管理局、国家计委批准，任何单位都不准开展小轿车的经营业务。

28日～12月2日 中国船舶工业总公司第八次工作会议在上海举行。会议的主要议题是：贯彻党的十四届五中、六中全会和人大八届四次会议的精神，围绕加快实现"两个转变"，制定总公司"九五"计划及到2010年远景目标，研究船舶工业"九五"发展、改革和精神文明建设的重大问题。吴邦国副总理致信中国船舶工业总公司党组，向大会表示祝贺。

29日 机械工业部部长包叙定出席罗马尼亚国庆招待会。

机械工业部副部长吕福源分别会见意大利柯马集团第一副总裁和美国福特公司副董事长。

机械工业部副部长孙昌基会见美国福斯特·惠勒(中国)公司总裁。

29日～12月1日 全国煤机企业思想政治工作研究会三届一次年会在江西分宜召开。有35个煤机公司、煤机厂的代表出席了会议。

12月

1日 机械工业部印发《机械、汽车工业"九五"设备管理工作规划要点》。

2日 为加快我国水稻生产机械化，提高水稻生产的劳动生产率，促进水稻生产的稳定发展，农业部印发了《水稻生产机械化发展"九五"计划和2010年规划》，提出了今后15年我国发展水稻机械化的指导思想、具体目标、区域布局和主要措施。

3日 湖北车桥股份有限公司兼并武汉市汽车车桥厂签字仪式在武汉市汽车车桥厂举行。

4日 中国国际机电高新技术及产品博览会在京开幕。全国人大副委员长王光英、全国政协常委何光远出席开幕式。

机械工业部印发《关于配合电力部门进一步做好利用外资采购发电设备工作的通知》。

机械工业部部长包叙定分别会见捷克工商部部长和奥地利新任驻华大使。

机械工业部副部长吕福源会见美国通用汽车公司副总裁一行。

机械工业部印发《关于增补机械工业部重点联系企业主要经济指标月报报送单位名单的通知》。

6日 机械工业部印发推进部机关"三大战役"工作的有关制度（试行）的通知。

由国家科委和机械工业部共同主办的1996年北京国际电动汽车及代用燃料汽车技术交流研讨会暨展览会开幕。机械工业部部长包叙定主持开幕式，国务委员、国家科委主任宋健致开幕词。

7日 机械工业部党组制定《学习贯彻党的十四届六中全会精神，加强机械行业社会主义精神文明建设的若干意见》。部成立机械行业精神文明建设领导小组，部党组书记、部长包叙定任组长，部党组副书记、副部长邵奇惠任副组长。

8日 昌河飞机工业公司7万辆微型汽车生产线正式开工奠基，这是该公司实施一次规划分步实施、重点实施、流动发展战略的又一重大举措。

10日 李鹏总理、邹家华副总理等参观由国家科委和机械工业部联合主办的1996年北京国际电动汽车及代用燃料汽车技术交流研讨会暨展览会。国务委员、国家科委主任宋健，机械工业部部长包叙定、副部长吕福源陪同参观。

全国电力制造企业规划计划工作会在桂林召开。

11日 机械工业部副部长孙昌基会见德国西门子中国公司总裁一行。

机械工业部机械基础装备司发表公告，广泛征求用户对国产机床的意见。包叙定部长、朱森第总工程师分别就此作出批示。包部长指出，从承诺到践诺，既要我们企业的主观努力，也要广大用户的有效监督。

12日 机械工业部会同国家计委、国家经贸委、国家科委、技术监督局、电子工业部、电力工业部、财政部联合颁布机械工业第17批节能机电产品推广项目。

（下转Ⅴ－16）

机械工业

企业与

科研单位介绍

第Ⅷ部分

目 录

企业简介

科研单位简介

企业简介

天津第一机床总厂

地址：天津市河东区津塘路146号　邮码：300180　电话：（022）24390604　传真：（022）24390644　厂长：杨玉祥　总工程师：林汉元

简介：该厂始建于1951年，是我国机械工业大型骨干企业之一，并以生产齿轮加工机床、加工中心、数控专机、精密传动装置闻名全国，号称中国机床工业“十八罗汉”之一。

该厂现有职工4 300名，其中工程技术人员427名，管理人员424名；厂区占地面积29.8万m^2，建筑面积19.7万m^2；主要生产设备900余台，其中金切设备570台，精密设备仪器60余台；到1996年底，全厂固定资产原价24 000万元，净值12 645万元；主导产品有圆柱（非圆）齿轮插齿机、滚齿机、倒角机、直齿锥齿轮铣齿机、磨齿机及技术成套，卧式、立式加工中心，齿轮淬火压床和滚动检查机，数控珩磨机，普通铣床，精密传动装置等12大系列120多个品种。建厂46年来，已为我国汽车、拖拉机、工程机械、轻纺机械、航空、冶金、石化、矿山、建材、军工等行业提供了大量高质量的技术成套的齿轮加工机床、加工中心、数控专机、专用设备和精密传动装置等产品。锥齿轮加工机床在国内市场占有率达到80％以上，加工中心产量在同行业中名列前茅。该厂设计制造的Y2250A、YA2150、Y2950、Y2150弧齿锥齿轮铣齿机，达到国际同类产品先进水平，其中Y2250A、YA2150弧齿锥齿轮铣齿机分别获天津市科研成果二等奖、机械工业部科技进步三等奖等优质产品称号，YM5150A插齿机获国家经委金龙奖。产品出口到美国、俄罗斯、瑞典、罗马尼亚、日本、印度、伊朗、韩国等十几个国家和地区。特别是近几年来，该厂坚持引进国内外先进技术，自我消化吸收，开发创新，实现了产品结构调整重大突破，经济规模不断壮大，并已建立和形成了齿轮加工机床、加工中心、精密传动装置三大支柱产品结构和“三足鼎立”的经济格局，在市场经济激烈竞争中求得生存与发展。

天津轻工业机械厂

地址：天津市西青区西青道272号　邮码：300380　电话：（022）27391378　传真：（022）27392930　厂长：张贵森　总工程师：李彦纯

简介：该厂始建于1959年10月，是我国大型造纸设备专业制造厂之一。主要生产造纸制浆、废液回收、专业用泵和节能换热设备4大类产品。全厂占地面积18.7万m^2，固定资产原价7 654万元。全厂现有职工1 790人，专业技术人员318人，其中工程技术人员172人，工程师65人，高级工程师63人。厂内设有设计研究所和工艺研究所，有新产品开发试验车间和焊接试验室，有完备的检测装置和完善的产品质量保证体系。拥有铸造、重型铆焊、机加工及维修等6个生产车间和1个制药机械分厂。自建厂以来，生产稳定，产品产量逐年增长。其产品曾多次获轻工业部优质产品奖、国家科技进步奖等，80年代以来，引进和自行开发新产品，其中两项获国家科技攻关奖，即引进瑞典桑荻公司先进技术生产的非木纤维连续蒸煮器，在国内独家生产；自行研制开发的成套板式自由流降膜蒸发器及其制造工艺在国内居领先水平，不仅在国内市场有良好的信誉，而且出口东南亚地区。进入“九五”以来，按照国家中长期规划，以年产10万t级以上规模的纤维生产线为重点项目，积极推动我国造纸行业向制浆生产基地型发展做出新贡献。

天津仪表集团有限公司

地址：天津市南开区长江道92号　邮码：300110　电话：（022）27360286、27649257　传真：（022）27360286、27365203　董事长：张朝忠　总经理：诸炳生

简介：天津仪表集团于1997年1月组建，其核心企业天津仪表集团有限公司是在原天津市自动化仪表工业公司基础上按照现代企业制度规范要求改组改制成立的国有独资公司，资产总额2.5亿元，国家大型企业。集团由7个紧密层企业、6个半紧密层企业及若干有经济协作关系的松散层企业组成。作为我国自动化仪表工业重点生产基地之一，在长达40余年的发展历程中，集团以其拥有的产品门类齐全、技术先进、设备精良、管理基础雄厚的综合优势，为国内外许多重点建设项目提供了大量优质产品和优质服务，集团公司产品荣获国家、部、市级奖励26项，产品出口亚洲、美洲等十几个国家和地区。目前，为市场提供各类自动化仪表、自动化控制装置、仪表元器件、仪表材料等16类产品，包括可编程序控制器（PLC）、集散系统（PCS）主控仪表、各种流量仪表、显示记录仪表、仪表盘柜、调节控制仪表、执行仪表、温度仪表、压力仪表、物位检测仪表、变送器、气象海洋仪器及黑色和有色金属铸件等。集团公司是国家甲级机电设备成套单位，承接系统过程自动化工程设计、安装、调试和技术咨询，广泛服务于各行业。

该集团发展目标是以集团有限公司为核心，发挥整体优势，逐步建成仪表产品及成套、贸易、金融、房地产开发、服务业等为一体的跨地区、跨行业、跨所有制的大型高新技术企业集团。到2000年，进入

机械工业部提出的产值超10亿元的企业集团行列。

天津市仪表专用设备厂

地址：天津市南开区红旗路华坪路5号　邮码：300190　电话：(022) 27365383　传真：(022) 27365383　厂长：蒋伯雄

简介：该厂是机械工业部定点制造各类阀门驱动装置的国有企业，也是天津市高新技术企业之一。设备齐全，实力雄厚。

产品主要包括各类旋转式、直行程式多种气动执行机构和部分回转式小型电动执行机构。产品设计先进，结构合理，性能可靠。无论气动、电动均分启闭式和调节式两大类。采用调节式可实现自动比例控制。

随着改革开放和市场经济的发展，该厂引进吸收了日本富士电机、岛津制作所、德国ARCA、美国J·C等公司的气、电控制技术。在制造各类驱动装置的基础上向市场提供整套的气动蝶阀、球阀、调节阀，电动蝶阀、球阀、调节阀以及气动、电动种类通风阀。所有产品均运用完善的检测设备进行出厂前的整机调试，从而有效地提高了开箱合格率，减少了现场调试工作量，保证了工程质量。

此外，该厂还可根据用户要求，设计、制造各种特殊的非标同类产品，配置管路附件以及自控和程控所需的成套装置。

基于20多年的生产实践经验和对"质量在同行夺魁"工厂方针的贯彻，该厂产品在电站、石化、冶金、轻纺、自来水等行业赢得了用户的广泛信赖，并将继续坚持"质量第一、用户第一、信誉至上"的经营原则，竭诚为用户服务。

石家庄开发区东方焊接成套设备有限公司

地址：石家庄市开发区纬一路　邮码：050035　电话：(0311) 5099019　传真：(0311) 6037130　董事长兼总经理：赵庚河

简介：该公司系1995年由石家庄市柴油机厂、中国电工设备总公司石家庄焊接材料专用设备研究所、中国电工设备总公司北京兴电焊接技术开发公司联合投资组建。投资规模3 000万元，注册资金1 500万元。公司本部在开发区占地面积为6.67万m^2，下设三厂一所，此外还在非洲加纳投资联建电焊条厂。

该公司经营焊接成套设备、电焊条生产专用设备、焊丝专用成套设备、实芯焊丝和无缝药芯焊丝及各种焊接材料和上述设备配件。

该公司研制生产的焊接成套设备和焊丝成套设备是含有6项国家专利技术的高科技产品，电焊条生产专用设备为22个品种24种规格的系列配套产品，实芯焊丝规格为直径1.0mm～1.6mm，无缝药芯焊丝规格为直径1.2mm～2.4mm，产品广泛适用于机械、钢铁、汽车、造船、锅炉、电站、石油化工、制冷等行业的各种不间断焊接工程。

国营晋南机械厂

地址：山西省绛县　邮码：043608　电话：(0359) 6554154　传真：(0359) 6554769　厂长：王治中　总工程师：胡立兴

简介：该厂隶属中国国际信托投资公司，工厂占地面积89万m^2，建筑面积19.6万m^2，其中生产性建筑面积9万m^2。各种设备2 400余台，其中金属切削设备820台，固定资产1.8亿元。现有职工3 545人，其中工程技术人员和经营管理人员580人，该厂原为大型军工企业，1980年以来调整产品结构，先后研制轻、重型汽车前后桥总成、重型车离合器、汽车前独立悬架装置扭杆弹簧总成及驾驶室翻转装置扭杆弹簧总成并投入生产，成为汽车零部件专业生产厂。目前该厂汽车产品年生产能力为：重型车前后桥总成5 000台，轻型车前后桥总成15 000台，重型车用离合器1.5万台，汽车前独立悬架装置和驾驶室翻转装置——扭杆弹簧6万套，轻型旅行车1 600辆。扭杆弹簧1991年获全国高新技术银奖及技术成果优秀奖，1992年10月获国家级新产品证书和全国"火炬"计划优秀项目奖；JL系列重型车离合器，1990年获山西省科学技术进步二等奖、优秀新产品奖，1991年获全国技术成果交流优秀奖；EQ153前后桥1995年获山西省优质产品奖；华丰牌JHC6560客车获1992年消费者信得过国产车银奖，获运城地区"1996年消费者信得过产品"称号。

大同齿轮厂

地址：山西省大同市新开北路1号　邮码：037006　电话：(0352) 2024610　传真：(0352) 2025138　法人代表：陈建鹰　总工程师：田喜才

简介：该厂是机械工业部大型骨干企业和技术改造重点企业，是国家定点齿轮、变速箱、前后桥专业生产厂家，1958年建厂，占地面积50万m^2，现有职工3 000名，其中工程专业技术人员320名，高级技术人员60名，工厂拥有固定资产1.2亿元，主要生产设备近千台，其中有引进日本滴注式可控气氛渗碳热处理生产线、格里森淬火压床、匈牙利蜗杆磨齿机和加工中心等先进设备。主要产品有重型汽车变速箱（省优产品）、康明斯发动机齿轮（部优产品），该两种产品被全国质协和用户委员会评为首届推荐产品，还有BJ212/222单双杆分动器、菲亚特大中功率拖拉机驱动桥和汽车螺旋伞齿轮等。产品主要为东风汽车公司、淝河汽车公司、山汽、北汽摩、上柴公司、一拖集团公司、天津拖拉机厂等配套服务。现已形成重型汽车变速箱两万台、康明斯发动机齿轮3万套、各种齿轮150万件的加工能力，引进的日产柴、康明斯、"ZF"制造技术，使企业的产品达到90年代国际水平。

该厂是东风汽车公司、一拖集团公司、中国煤炭专用设备成套服务公司的成员单位。企业奉行"质量第一、信誉第一"的服务宗旨，以全方位、多层次、专业化大批量为经营方针，热诚为社会各界提供优质服务。工厂公司化改造后成为大同齿轮集团有限责任公司，公司将以更高的要求、全新的面貌迎接市场挑战。

中外合资山西华晟粉末冶金有限公司

地址：山西省临猗县新东街19号　邮码：044100　电话：(0359)4023043、4022320　传真：(0359)4022727　总经理：郑运东　总工程师：张挺生

简介：该公司地处黄河中游晋、陕、豫三省交界的金三角地区。209国道穿境而过，距运城火车站25km，交通便利，通信方便。

该公司总资产7 300万元，拥有从美国、德国引进的全自动粉末成型压机、烧结炉、国内一流的模具加工设备及各种先进的化验检测设施，基本实现了生产过程自动化和工艺、质量微机控制的先进生产方式。年生产能力达到高强度铁基粉末冶金1 500t和铜基粉末冶金300t，可生产汽车、摩托车、家用电器等粉末冶金零配件。

华晟员工正以踏实稳健、不断进取、同心协力、努力不懈的精神，为使公司成为全国乃至世界一流企业而积极奋斗。

山西江阳化工厂

地址：太原市西留路18号　邮码：030041　电话：(0351)3058841　传真：(0351)3058518　法人代表：王联明　总工程师：赵国寿

简介：该厂是"一五"期间国家投资建设的大型企业，属156项重点工程之一，始建于1954年，1958年投产。

全厂占地面积429万m^2，固定资产原价22 019万元，各类设备2 400余台，现有职工6 000余人。其中各类专业技术人员1 500余名，具有高级职称的103名，中级职称的582名，工人技师47名，工人平均技术等级为7级。

工厂内部设有36个处室、11个分厂和两个研究所，组织机构严密，加工门类齐全，技术力量雄厚，工艺装备先进。多年来为国防建设和国民经济的发展做出了重大贡献。

该厂有14项成果荣获部、省级以上科技进步奖及发明奖。民用产品主要有供勘探、开采用的震源药柱、铵梯炸药、起爆药柱等爆破器材。工厂狠抓了全面质量管理，使产品质量不断提高，先后有6种产品荣获国家、部、省级优质产品称号。1994年震源药柱、起爆药柱两种产品又获莫斯科世界名优产品博览会金奖。1985年以后，工厂又陆续开发了原野系列250型摩托车和6400轻型汽车底盘及6400系列轻型汽车等交通设备产品。具备摩托车年产5万台、轻型汽车底盘年产1万台、轻型汽车年产3 000辆生产能力。1997年工厂通过国标GB/T19001—94质量体系认证的正式审核，一次验收达标合格。

该厂愿热诚地欢迎有志之士前来合资合作，共展鸿图。

金州重型机器厂

地址：辽宁省大连市金州区龙湾路5号　邮码：116100　电话：(0411)7660389　传真：(0411)7660380　厂长：杨立品　总工程师：毕序隆

简介：该厂是我国制造炼油、石化设备的骨干企业，始建于1956年。厂区占地面积43万m^2，建筑面积12万m^2，拥有跨度30m、高度17.6m、起重能力200t的大型厂房。该厂具有完善的管理体系和质保体系，取得了国内首批Ⅰ、Ⅱ、Ⅲ类压力容器设计、制造许可证，美国机械工程师学会(ASME)颁发的U、U_2规范容器制造授权证书及相应钢印，还取得了英国劳氏、挪威船级社的锻件制造许可证。

工厂的主要产品是各种材料的压力容器、单层和多层高压容器、塔器、换热器、反应器、贮罐、球形容器、铁路和汽车槽车、各种化工炉和年产30万t合成氨、52万t尿素、30万t乙烯和年处理原油500万t炼油厂的成套设备以及煤气化工程、电站辅机、大型水泥转窑等设备。并且掌握了制造尿素级不锈钢、钛、铜、铝容器技术，铬钼钢高温高压容器、镍低温铜容器技术。该厂在国内率先研制成功了大型尿素装置中的三大关键设备——高压冷凝器、高压洗涤器、CO_2汽提塔。

工厂曾先后荣获各级优质产品奖11项，科技进步奖10项。其中，高压洗涤器荣获国家金牌奖；水煤浆加压气化及气体净化制合成氨新工艺荣获国家科技进步一等奖。

大连第二电机厂

地址：辽宁省大连市沙河口区连山街11号　邮码：116023　电话：(0411)4671825　传真：(0411)4671231　厂长(法人代表)：孟宪琦　总工程师：董　侠

简介：该厂是机械工业部大型骨干企业，占地面积16.7万m^2，现有职工3 000余人，科技人员420余人，各种加工设备420多台。主要产品有起重冶金用电机、建筑塔吊电机、绕线电机、锥转子电机、涡流制动器、辊道电机、防爆电机、电磁吸盘、电子控制器等38个系列、258个品种、3 000个规格。1995

年YZR系列三相异步电机先后被评为辽宁省、大连市名牌产品。产品除供国内各省市自治区的各行业机械配套外，还远销西欧、东南亚、朝鲜等十几个国家和地区。

该厂以质量求生存，以信誉求发展。产品执行IEC、ISO标准或DIN标准。该厂先后有87个品种、250个规格的产品被评为国优、部优、省优、市优。产品质量管理工作获机械工业部管理奖。企业通过ISO9001系列质量体系认证，工艺装备达到国内一流水平，并与日本合作推行"IE"工程、"5S"管理、定置管理、"QC"管理、价值工程。

该厂规模居中国500家最大电气机械制造企业第149位。工厂技术力量雄厚，有很强的开发设计能力，全国特种电机行业唯一的国家认定的企业技术中心设在该厂。该厂设备先进，技术力量雄厚，具有较高的管理水平，目前正致力于开发国际市场的工作。

上海凯士比泵有限公司

地址：上海市闵行区江川路1400号　邮码：200240　电话：（021）64302191　传真：（021）64301504　董事长：万良缔　总经理：Keith Sanders

简介：该公司是由上海水泵厂和德国凯士比（KSB）公司合资建立的泵专业公司。公司注册资本2 200万美元，总投资2 980万美元，占地面积13.7万 m^2，拥有1 700名职工。1993年销售收入为1.3亿元。

主导产品为核电站、火电站用泵，大型农田水利用泵，城市给水和污水泵，船用泵，石油、化工、炼油各类流程泵和机械密封。

德国凯士比公司为世界著名的现代化的制造泵和阀门的大公司，是世界上三个最大的泵制造公司之一。在全球有33个独资或合资的工厂，100多个销售公司、代理商和驻地工程师组成了KSB集团，共有14 644人，其产品技术居世界一流。1993年KSB集团投入1.19亿马克用于技术改造和设备更新，销售收入为20亿马克。

上海凯士比泵有限公司综合上海水泵厂和凯士比双方的技术优势，参与凯士比公司的国际销售网络，成为中国境内产品范围最广、技术水平最高的泵制造公司，并为国内外客户提供优质服务，合资以后在原有技术及生产能力基础上将引进KRT、SEZHGA等12种系列的新产品。

上海电器股份有限公司

地址：上海市汶水东路1号　邮码：200437　电话：（021）65422800　传真：（021）65441087　总经理（法人代表）：唐子平　总工程师：范祖良

简介：该公司是以生产高低压电器、输配变电源装置、电控传动装置、电力电子设备、蓄电池、电工合金及材料等六类产品为核心，集生产、经营、科研、开发、外贸为一体的国家大型一档企业。下设两个专业化分公司、19个工厂、1个研究所、15个中外合资企业（其中，与国际著名大公司如西门子、ABB、日本松下电工等合资，总投资额超过1 000万美元，合资企业达9个），公司员工总数17 000余名。

公司1992年改制为股份制上市公司，1994年被评为中国最大300家股份制企业之一，并连续六年名列全国500强企业之中，至1996年底，公司内已有5个企业相继通过了国际第三方质量体系的认证。1996年实现销售20.15亿元，出口创汇2 063万美元。

公司产品经历年的发展与调整，已广泛适用于国民经济各个领域，尤其许多产品被用于国家重点、重大工程，如秦山核电站、北京地铁、厦门机场、上海东方明珠电视塔等，并远销欧美、东南亚等国家和地区。

目前，公司正努力按现代企业制度的要求，力争把公司建成国内一流、世界有名的电器生产基地。

上海自动化仪表股份有限公司 自动化仪表五厂

地址：上海市青浦县崧泽村　邮码：201703　电话：（021）59752486　传真：（021）59752476　法人代表：陈宝群　总工程师：赵　信

简介：该厂是机械工业部重点企业之一，亦是机械工业系统中主要物位仪表专业制造厂，全国物位仪表行业协会会长单位。1993年至1996年连续四年被认定为上海市高新技术企业。1996年底，企业通过了ISO9001质量体系认证。

企业建于1951年，占地面积11 359m^2，建筑面积10 278m^2，现有职工378人，其中科技人员83人。四十多年来，企业逐步发展生产液位计、料位计、界面计、液位变送器、料位控制器等物位仪表。另外还生产温度、压力、液位基地式仪表和单圈弹簧管中、高压压力表、超高压压力表等自动化仪表，其中物位仪表是主导产品。

近年来，企业瞄准国内外先进水平，先后引进和自主开发了不少具有80年代末90年代初国际水平的新产品。RF-9000系列电容物位控制器，DLM、ILM超声物位计，UQK-66系列浮球液位控制器，UZG-01振杆式料位控制器，UZZ-02探测料位计等曾先后获得上海市优秀新产品奖、上海市科技进步奖，UHZ高精度浮子液位计是企业的专利产品。

企业曾先后为我国发射通信卫星、运载火箭、大型电站及核电站配套仪表。产品广泛用于石油、化工、电站、冶金、矿山、轻工、能源、交通、粮食等国民经济部门，在用户中享有较高声誉。

南京汽轮电机（集团）有限责任公司（南京汽轮电机厂）

地址：南京市中央北路 80 号　邮码：210037　电话：(025) 5503264　传真：(025) 5502858　法人代表：潘宗健

简介：该公司是生产蓝鹊牌中小型汽轮发电机组、大中型交流电动机和重型燃机的国家大型一档骨干企业。该公司所生产的中小型电站已连续四年居国内市场占有率第一位，36MW 燃气轮发电机组年调峰运行时间逾 5 000h，达国际水平。在此基础上，该公司不断优化产品结构，提高产品的科技含量，又研制生产出 51MW 燃气/蒸汽联合循环机组，并于 1995 年和 1996 年分别通过了国家经贸委和机械工业部组织的验收鉴定，其热效率达 41.9%，各项技术经济指标接近国外同类水平，填补了我国动力制造业的空白。该公司是我国唯一具有重型燃机科研、设计、工艺、制造、检测、维修等技术的企业，在民族工业中占有一席之地。有资料表明，联合循环电站将在下世纪超过常规火电站，占据电力发展的主导地位。而联合循环电站仅占总装机容量 2%左右的我国，这种产品无疑具有广阔的市场前景。

无锡格兰机械有限公司

地址：江苏省无锡市湖滨路 89 号　邮码：214073　电话：(0510) 5108852　传真：(0510) 5100814　董事长：杨国钊　总经理：朱远舱　厂长：吕德兴（兼）　总工程师：轩　斌

简介：该公司是由香港华大机械设备有限公司和无锡塑料机械厂共同投资兴办的生产塑料机械的专业厂家。公司现有员工 400 余人，其中科技人员约占 25%。投资总额达 600 万美元，占地面积 6.24 万 m^2，厂房面积 4 万 m^2。主要金属切削设备 120 台，其中大、精、稀设备近 30 台以及三条 72m 长同时可供水、电、油且可调试 36 台机器的总装流水线。公司年生产能力达 800～1 000 标准台，年销售额 1 亿元以上。

公司的主要产品为 COSMOS 牌 WG 型电脑全自动塑料注射成型机，合模力从 784.5kN～49.03MN、注射量从 80g～32 000g 共 20 种规格的系列产品。

该系列产品已被列入 1994 年度国家级火炬计划项目及国家级重点新产品，为江苏省轻工免检产品、中国名牌产品、无锡市三星级名牌产品，并获 1995 年中国高新技术、新品博览会金奖等多项殊荣。

1996 年 1 月，该产品通过了德国 SLG 公司的 CE 认证。

该公司为《塑料注射成型机》、《塑料注射成型机产品质量分等》两项国家行业标准的负责起草制订单位，并拥有国际先进水平的“二板式合模机构”国家专利（专利号：ZL94226926.8）。

宁波中策动力机电集团有限公司

地址：浙江省宁波市大庆南路 75 号　邮码：315020　电话：(0574) 7355822（总机）　传真：(0574) 7355833　总经理：俞志华　总工程师：林定忠

简介：该公司是中外合资企业，于 1992 年与香港中策投资公司合资成立。合资前为宁波动力机厂，属国有大中型企业。1994 年成立集团公司，由宁波中策动力机电集团有限公司、宁波中策拖拉机汽车有限公司、宁波中策电机有限公司、宁波中策柴油机有限公司、宁波中策通用机械有限公司、宁波爱发科真空技术有限公司等几个具有一级法人资格的独立公司组成。公司资产 2.3 亿元，1996 年产品销售收入 3.4 亿元，实现利润 2 152 万元。集团公司现有员工近 4 000 人，其中专业技术人员 571 人。

主要产品有：(1) 宁动牌系列柴油机，441、552kW6300 船用柴油机，735.5kW ～ 1 471 kWG6300 船用柴油机，500、1 000kW、1 250kW 柴油发电机组，其中 6300 型柴油机曾获省优产品称号，G6300ZC、ZD 型柴油机获部优产品称号；(2) 船用和发电用 N6160、N8160 型柴油机，是新一代中速柴油机，功率范围 235kW～400kW；(3) 奔野牌 BY25-30 系列拖拉机，有两轮驱动和四轮驱动机型，可广泛应用于田间耕作、装载运输等作业；(4) 500、1 000、1 250kW，400、6 300、10 500V 无刷三相同步发电机及各类电动机、发电机；(5) 中日合资产品——VD301、VD401 直联旋片式真空泵。

余姚通用集团公司

地址：浙江省余姚市新建北路 62 号　邮码：315400　电话：(0574) 2632660（总机）　传真：(0574) 2636031　总裁：陈六宝

简介：该公司是跨地区、行业、所有制的经济组织。集团以资金为纽带、压缩机产品为基础、空调产品为“龙头”，多种经济形式并举，由 18 个企业组成。

核心企业余姚通用集团公司（通用机器厂）地处沿海开放地区浙江省余姚市，距杭州市 120km，距宁波市 48km。铁路、高速公路、水路均贯穿该市，交通十分便利。

该公司已形成了机械制造、冷暖空调、空调工程、橡塑制品、电控电器、商业贸易为一体、多元化经营的格局，是机械工业部空压机、空调机产品生产定点单位，浙江省、宁波市机械行业重点骨干企业，国家通用机械压缩机行业协会理事单位，华东地区组长单位。产品曾多次获部、省优质产品、消费者信得过产品称号，企业获省质量管理奖、省先进企业等荣誉。

目前公司主要生产的压缩机有：大中型、小型、微型三大系列 80 多个规格（排气量 0.30m^3/min～80m^3/min，排气压力 0.1MPa～15MPa），年产能力 5 000 余台。广泛应用于机械、化工、冶金、纺织、矿山、医药、玻璃等行业。生产的空调机有处理风量从 250m^3/min～120 000m^3/min 的各类大中小型风机盘管、组装式空调机组、风冷水冷热泵型冷暖机组共 60 多个品种、几百个规格，年产能力 10 万余台，成为国家生产风机盘管和中央空调机组主要生产单位，公司产品被用于国家重点工程项目，并销往许多国家和地区，受到用户一致好评。

同时还生产汽车橡塑密封件、各类机组配套的电控电器，空调工程的设计、成套、安装。

万向集团

地址：浙江省萧山市　邮码：311215　电话：(0571) 2716888　传真：(0571) 2716898　董事局主席：鲁冠球　总裁：伟　鼎

简介：该集团是 1990 年经浙江省人民政府批准组建的省级计划单列集团，1995 年被农业部评为全国首批乡镇企业集团。到 1996 年底集团拥有总资产 49.56 亿元，员工 6 500 多名，下属全资、控股企业达 60 余个，形成了万向公司、万向钱潮股份有限公司、万向美国公司三大核心公司的经营管理网络体系。万向公司已形成了零部件业、基础置地业、自然资源业、区域投资及中介服务业等四大主业的产业格局。万向钱潮股份有限公司是集团生产汽车及工程机械用零部件产品的专业性公司，并在深圳上市，主要产品有万向节十字轴总成系列、等速驱动轴系列、传动轴系列、轴承系列等；万向美国公司是集团经营和管理亚洲区域外进出口、贸易以及国际投资业务的专业性公司。1996 年，集团实现主营业务收入 50 亿元，利润 3.23 亿元，同比增长 103.14%，出口创汇 7 721.38 万美元，同比增长 67.77%；同年集团还被列入农业部现代企业制度试点单位、萧山市扶优扶强特级企业、杭州市扶优扶强企业和浙江省“九五”期间重点培育企业集团等。

浙江亚太机电集团公司

地址：浙江省萧山市城厢镇　邮码：311201　电话：(0571) 2641711　传真：(0571) 2641347　厂长：黄来兴　总工程师：施端康

简介：该公司是 1994 年 5 月经浙江省人民政府批准组建的省级企业集团，其前身萧山汽车制动器厂，下有 8 个经济实体，是国内最大规模的制动系统专业生产企业之一。

企业创建于 1979 年，经过全体员工 18 年的艰苦奋斗，使企业发展成为集工、技、贸于一体，多元化合作，多种产业并进的大型企业集团。公司现有员工 1 850 余人，其中科技人员 280 余人。企业总资产 3.9 亿元，固定资产 1.7 亿元，占地面积 14 万 m^2。公司的主导产品汽车盘式制动器、鼓式制动器，液压制动主缸、轮缸，真空助力器、惯性比例阀，主要配套中国第一汽车集团公司的小解放汽车系列、一汽大众捷达轿车及东风汽车公司的轻型汽车系列、北京汽车集团的轻型汽车系列、云南蓝箭汽车制造厂的轻型汽车系列、沈阳金杯的丰田海狮客车、中国兵器工业总公司的奥拓轿车、航空汽车工业总公司的 SK410 微型汽车等轻微型汽车、轿车，以及农用运输车、叉车、工程机械等。部分产品还远销美国、澳大利亚及东南亚地区。

公司在“八五”期间，依照“高起点、大批量、专业化、优质量”的要求，视产品质量为企业生命，尊重知识、尊重人才，重视企业管理，狠抓企业改造，先后引进英国、美国、德国、意大利等国家的先进技术装备，大大提高了产品的质量水平，产品达到为轿车国产化配套水平，目前已形成鼓式制动器 120 万套，盘式制动器 20 万套，制动主缸、轮缸 400 万套和真空助力器 10 万套的年生产能力。在“九五”期间，该公司将根据国家的产业政策及集团优势，加大投资力度，继续引进关键技术和关键设备，不断开发高水平轿车关键零部件，做好整车生产企业的配角，并通过“九五”高速发展，真正成为汽车零部件行业的“小型巨人”。

浙江新一洲电器集团有限公司

地址：浙江省建德市新安江镇沿江路 2 号　邮码：311600　电话：(0571) 4561964、4561774　传真：(0571) 4723867　董事长、总经理：方　向

简介：该公司是国家定点生产经营家用电冰箱、冷柜、空调器产品的专业厂，行业归口浙江省机械厅，是省级企业集团浙江新一洲电器集团的核心企业。

公司座落在国家级黄金旅游线杭州—千岛湖—黄山的中段、秀丽清心的新安江畔。公司占地面积 11 万 m^2，资产总额 2.5 亿元，现有员工 1 280 人，其中各类专业技术人员 326 人。

公司目前拥有子公司及下属企业 11 个，分别是中外合资杭州一洲电器有限公司、建德市珊瑚宾馆、仪器仪表厂、建德市工贸实业公司、建德市制冷配件厂、建德市新安江钢管有限责任公司、电冰箱制造厂、冷柜制造厂、空调器制造厂、机械设备厂、运输分公司。是一个多种经济成份并存，生产经营多门类，产品多样化，集科、工、贸、旅为一体的省级集团公司。

公司确立了“人人讲奉献，事事创一流”的企业精神，以“用户满意”为宗旨，以市场为导向，深化改革，强化管理，推进技术进步，狠抓产品质量，不断实现制度创新、技术创新和管理创新，各类产品在市场竞争中以质取胜，畅销全国 20 多个省、市、自治区，并批量出口，受到广大用户的青睐与好评。

公司连续三年被国务院企业评价中心浙江省分

中心授予浙江省最大工业企业、浙江省最佳经济效益工业企业称号。并获得浙江省先进企业、工商银行浙江省分行AAA级信誉企业和浙江省精神文明单位等殊荣。

浙江交联电缆有限公司

地址：浙江省兰溪市城郊　邮码：321100　电话：(0579) 8822882　传真：(0579) 8822895　总经理：陈孝明　总工程师：张介元

简介：该公司是国家二级企业，系机械工业部、铁道部和石化系统定点的电线电缆专业生产厂，浙江省"五个一批"重点骨干企业之一，浙江省最大经营规模和最佳经济效益企业之一。

公司创建于1969年5月18日，1994年8月18日改制为有限责任公司。现公司占地面积18.27万m^2，建筑面积5万m^2；拥有固定资产4 000万元，流动资产1.14亿元；各类设备345台；现有职工820人，其中各类专业技术人员157人；年生产能力折合铜导体2万t，年产电工铝杆能力1万t，年产值能力5亿元。

公司主要生产以六九牌为注册商标的10大品种1 000余个规格的电线电缆产品。主要产品交联电力电缆荣获省优秀"四新"产品一等奖、部优产品称号和浙江省名牌产品称号。钢芯铝绞线获省优和部优产品称号。铝绞线、全塑电力电缆、控制电缆、电焊机线获省优产品称号。10、35kV单芯交联架空绝缘线电缆获省优质产品称号。近年又成功地开发了阻燃系列电缆、稀土铝导线、电梯电缆等新产品。主要产品均按国际标准生产，持有生产许可证和出口许可证。产品远销全国26个省、市和东南亚及中东地区。目前该公司继续向高科技攀登，着手开发辐照交联特种电线电缆新产品，促进产品更新换代，以增强企业发展后劲和实力，适应国内外用户的新需求。

公司通过外拓市场，内抓管理，形成强有力的管理、生产、销售系统，使企业的整体功能得到了有效的发挥。1996年完成工业总产值2.28亿元，销售收入2.5亿元，实现利税2 556万元，取得了良好的经济效益和社会效益。连续四年进入浙江省最大经营规模和行业最佳经济效益企业行列，1996年被授予省级文明单位、省技术进步优秀企业等荣誉称号。

合肥淝河汽车制造厂

地址：合肥市太平湖路97号　邮码：230051　电话：(0551) 4841562　传真：(0551) 4841273　厂长：王一茎

简介：该厂系国家定点生产大客车及底盘、重型载货车及改装车、变型车的大型骨干企业，中国重型汽车集团的项目工厂，安徽省机械局的直属单位。创业三十余年，曾先后赢得省先进企业、国家一级计量、一级档案管理企业等殊荣。

工厂占地面积42万m^2，固定资产1.9亿元，职工3 000余名。设有重型汽车研究所，300余名工程技术人员荟萃其间，拥有产品科研、开发研制和试验的雄厚力量。

C、E、G系列重型载货汽车，覆盖8、10、15、20t级长短轴距的载货车、自卸车和牵引车，年生产能力3 000辆。

D系列大型客车底盘、零部件积木化设计，品种多样，系列齐全，技术质量达到80年代国际水平，属国内领先，年生产能力达2 500台。

STEYR前轴、中后桥生产，成套引进国外焊接线和加工线，生产能力达万余台。新开发的工程机械车桥、10t单级桥等初具规模，实力倍增。

"八五"期间，工厂与德国SETRA（赛特拉）公司技术合作，生产星级豪华大客车，该车水平国际先进，国内领先。"九五"技改的全面实施将使年生产能力达1 000台。

多年来，工厂坚持建立以厂长为核心的全面质量管理体系。90年代以来，贯彻执行ISO9000系列质量标准体系，使工厂全面质量管理体系趋向规范化、标准化。重型载货汽车连续十年被国家评为合格品、一等品，安徽省优质产品，全国用户满意品牌。大客底盘多次荣获省、部科技成果奖；大客车荣获1996年首届中国城市旅游汽车豪华高档最佳推荐产品称号。

青岛基珀密封工业有限公司

地址：山东省青岛市四方区嘉禾路7号　邮码：266031　电话：(0532) 3713756　传真：(0532) 3713756　董事长、企业法人：李顺年　总工程师：高鉴明

简介：该公司是由中国青岛密封工业公司与日本国基珀株式会社和共和资材株式会社投资1 200万美元（其中注册资本975万美元）成立的合资企业。企业融日本的技术、管理、资金和青岛密封工业公司的坚实基础于一体，专业生产油封、〇形圈、防尘套及工业用橡胶制品，为汽车、摩托车、机车车辆、工程农机、液压、气动、家用电器等行业配套服务。在巩固、拓展青岛密封工业公司主导产品市场的前提下，企业致力于实现"质量、管理、服务"世界一流的目标。

目前，在汽车及摩托车行业中，该公司的产品与第一汽车制造厂、大连柴油机厂、无锡柴油机厂、北京内燃机厂、北京切诺基有限公司、济南轻骑摩托车厂、四川嘉陵集团、新大洲摩托车厂、川南减震器厂、海尔集团等建立了长期、稳固的配套关系。与之配套的发动机油封、转向系统油封、底盘系统油封、减震器油封、等速节防护罩、洗衣机水封、洗碗机油封、〇形圈等已经或正在接受用户产品质量的考验。

青岛蓄电池厂

地址：山东省青岛市延安三路61号　邮码：266022　电话：(0532)3872691　传真：(0532)3873202　厂长：贺照荣　总工程师：王信忠

简介：该厂始建于1955年，系机械工业部生产铅酸蓄电池的重点厂，国家二级企业。拥有高、中级工程技术人员90余人，固定资产6 000余万元。主要产品是汽车、牵引车、铁路客车、摩托车用铅酸蓄电池以及获1993年度国家级新产品荣誉称号的阀控式系列密封免维护铅酸蓄电池，年生产能力300MVA·h。该厂还生产蓄电池检测设备、充电机、多功能电源、电气开关柜等其他电器产品。

该厂把"以科技为先导，以质量求生存"作为企业行动指南，先后数次引进了具有国际先进水平的全套铅酸蓄电池制造、检测的技术和设备，通过引进一吸收一创新，踏上一条腾飞之路。目前，产品已发展了10大系列100多个品种，可按DIN、JIS、IEC、BCI等国际标准组织生产。企业拥有自营进出口权和先进精良的检测设备，产品性能好、质量优，享誉国内，并销往欧洲、西亚、非洲、独联体等十余个国家。

中国长江动力公司（集团）

地址：武汉市关山一路124号　邮码：430074
电话：(027)7801464、7802115　传真：(027)7801455
总经理：夏士杰　总工程师：周正祥

简介：中国长江动力公司(集团)是在国家工商行政管理局登记注册的大型企业集团。公司主要从事发电设备、机械设备、电机电器、特种车辆、建筑工程的设计制造以及电站成套工程的勘测、设计、制造、土建、安装、调试等总承包，与多家国外公司合资并承包管理营运电厂。

公司的依托企业武汉汽轮发电机厂是一家从事发电设备生产近30年，拥有6 000多名职工的大型企业，年发电设备生产能力2 000MW，可提供200MW以下的各种热电联供汽轮发电机组、特种工业汽轮机以及2到400m水头范围内的各式（轴流式、混流式、冲击式、斜击式、贯流式和全贯流式）水轮发电机组，以及特种汽车、各种改装车和双层客车等。已有近500台各种型号的汽轮发电机组、100多台水轮发电机组在全国各地运行，有的产品远销国外。该公司制造的热电联供机组系列多次荣获国家、省、市、行业大奖；企业连年被列入中国工业企业综合评价最优500家企业。企业已通过ISO9001质量体系认证。

湖北省水利厅白莲发电设备制造厂

地址：湖北省浠水县白莲镇　邮码：436218　电话：(0713)4826394　传真：(0713)4826394　厂长：武灿升　总工程师：倪松林

简介：该厂始建于1970年，现有职工750人，其中工程技术人员40余人，高级工程师8人，技师105人，高级技师32人。该厂是水利部定点企业，是成套生产中小型水力发电设备的专业厂家。

主要生产水头2.5m～420m，单机容量5kW～15 000kW，混流式、轴流式、冲击式、贯流式等90多个品种规格的水轮机；110多个品种规格的水轮发电机及配套的励磁装置。年生产36MW，产值3 500万元。同时还生产农用排灌水泵电动机。

该厂集科研、设计、生产于一体，瞄准国内外先进技术，包括新材料和新工艺，不断追求产品的卓越性能及良好品质。其中5kW微型机组、100kW～630kW机组曾出口到美国、加拿大、澳大利亚、土耳其、斯里兰卡等国家和地区；240－71水轮机获水利科学技术进步三等奖；砂带磨削新工艺，分段、递进、阶梯冲裁模制作工艺和转轮拼焊新工艺等获能源部、水利部、中南地区机械制造QC成果优秀奖。

武汉重型机床厂

地址：武汉市武昌区中北路108号　邮码：430077　电话：(027)7821446　传真：(027)7811089
厂长：陈国新　总工程师：王　键

简介：该厂是中国制造重型机床和数控机床的骨干企业和国家一级企业。工厂位于素有九省通衢之称的武汉，依傍风景秀丽的东湖风景区。

工厂占地面积120万m^2，有职工8 000多人；主要生产设备拥有量1 500余台，设有理、化、声、热、力及长度计量测试中心。工厂还设有专门从事产品开发、科研及负责全国重型机床专业归口工作的重型机床研究所。产品有立式车床、卧式车床、镗床、铣镗床、回转工作台、龙门镗铣床、齿轮加工机床、轧辊磨床、龙门刨床、激光加工机床、各类专用机床，共11大类、26个系列、160余个可供品种。年生产能力200多台，有近200个产品和项目分别获得全国科技大会、国家经贸委、国家科委及部、省、市的奖励。

建厂四十年来，工厂生产了10 000多台各种重型机床产品及设备，除满足国内能源、交通、钢铁、航天、航空、冶金矿山、重型机械等各行业的需求外，还远销到欧洲、美洲、亚洲、非洲的二十多个国家和地区。

近年来，工厂通过技术改造，采用先进设备，使制造水平、检测手段有较大的提高，加快了产品更新换代和产品结构的调整，增强了新产品的开发能力。被誉为共和国之最的16m数控单柱立车，就是近年开发的多种新产品中的一种。

工厂一直依靠科技进步，采用新技术、新材料、新工艺来增强工厂的活力，坚持质量第一，贯彻ISO9000系列国际标准，努力提高企业素质和产品质量，以实现更好地服务于用户的目标。

湖北洪城通用机械股份有限公司（原湖北沙市阀门总厂）

地址：湖北省荆州市沙市区红门路3号　邮码：434000　电话：(0716)8213211　传真：(0716)8211623　董事长、总经理：王洪远　总工程师：王速建

简介：该公司是机械工业部定点生产中、低压阀门的骨干企业，省50强企业之一和省科技示范企业。主要从事各类阀门、水工机械、环保设备等产品制造，兼营房产和商贸。公司生产的D941X-10DN800蝶阀获部优称号，DN400～1400蝶阀获省优称号，DN2200钢板焊接蝶阀获省科技成果奖，防HF衬胶蝶阀获冶金工业部科技成果奖，12个产品获国家专利。产品主要服务于城建、冶金、电力、建材、石化、矿山、水利领域，畅销全国并出口到欧、亚、非12个国家和地区。

公司现有职工1 800人，工程技术人员264人，工厂占地面积14万m^2，建筑面积10万m^2，固定资产8 708万元，截止至1996年底已形成了年生产8 000万元阀门、2 000万元水工机械和2 000万元环保设备的能力，当年完成工业总产值8 000多万元。

公司设有研究所，全面负责新产品的研究开发和产品设计工作。产品设计全部采用微机，并将有限元法、疲劳设计、模块化设计等现代设计方法积极应用于产品设计中。公司设备精良，拥有各类设备500多台（套），具有完备的铸、锻、热处理、焊接、机加工手段。

公司本着“以优质的产品满足用户，以优良的服务取信用户，使荆沙牌阀门主导国内市场并走向世界”的质量方针，竭诚为广大新老用户服务。

湖北九龙集团股份有限公司

地址：湖北省荆州市沙市区金龙路尾1号　邮码：434007　电话：(0716)8253112(总机)、8251728(办)　传真：(0716)8258025　董事长、总经理：汪爱民　总工程师：蔡　实

简介：该公司始建于1965年，公司前身为国营九六六九厂。1993年3月经湖北省体改委批准成立湖北九龙实业股份有限公司，并以湖北汽车动力转向器总厂、沙市久隆汽车动力转向器有限公司、荆州市久翔超声仪器有限公司、荆州市久和机械制造有限公司等为主体组建湖北九龙集团公司。现有职工1 400人，占地面积12万m^2，固定资产总值12 744万元，为中国汽车工业总公司定点生产、研制汽车动力转向器专业企业。主要生产整体式汽车动力转向器、高效节能灯、数字式超声波探伤仪，年生产能力分别为10万台、100万支、300台。主导产品汽车动力转向器1996年“产量、质量、销量、利税”四项主要经济技术指标居全国同行业之首。

该公司主要产品JL系列整体式汽车动力转向器，现开发的4个系列8种规格产品已全部投放市场，产品品种已由中型车向轿车、重型车和特种车型配套发展。1996年总产量已达42 000台，占国内中型车动力转向器市场总需求量的60%。“九五”末期拟达年产动力转向器10～15万台，实现年总产值5亿元。2010年将形成年产动力转向器40万台规模，年总产值拟达15亿元。

JL系列久隆牌动力转向器1995年获国家汽车技术质检中心合格产品证书，并先后获湖北省机械工业厅“产品信得过证书”，湖北机械工业科技进步二等奖，获湖北省荆州市优质名牌产品和优质项目奖。该企业“八五”期间获湖北省利用外资先进单位、湖北省工业标准化工作先进单位等称号，被湖北省荆州市委、市人民政府授予“经济效益先进企业”称号。

湖北省通达汽车零部件企业集团

地址：湖北省十堰市武当路7号　邮码：442012　电话：(0719)8781608　总经理：王新刚　总工程师：岳　友

简介：该集团建立于1967年，隶属于十堰市汽车行业管理办公室。集团主导产品有汽车燃油箱、消声器、百叶窗、硅油风扇离合器。该集团是全国汽车燃油箱、消声器行业协会理事长单位。

该集团1992年引进加拿大EAGLE公司汽车消声器柔性生产线、管端加工设备和丹麦B&K公司消声器噪声检测没备。1993年引进法国ECIA公司轿车排气消声系统制造技术，该技术覆盖雪铁龙、标致、桑塔纳、奥迪、雷诺和日产皮卡等汽车消声排气系统。1996年消声器产量达23.7万辆份，产品覆盖东风汽车公司重、中、轻和微轿车型，郑州日产皮卡汽车，武汉万通面包车、富康轿车，厦门金龙及柳州汽车。燃油箱产量达15.3万辆份，覆盖了东风汽车公司重、中、轻和微轿车型及武汉万通面包车。该集团1996年10月一次性通过了ISO9002质量标准认证，产品随同东风汽车公司整车出口。

该集团拥有三个合资公司：武汉通达一埃西亚消声器有限公司（中法合资）、武汉斯达汽车零部件有限公司（中德合资）、襄樊东达汽车零件有限公司（中中合资）。

湖北红旗电缆厂

地址：湖北省宜昌市江南　邮码：443004　电话：(0717)6671401　传真：(0717)6671723　厂长：冯华强　总工程师：马正厚

简介：该厂系国家大型一档企业，机械工业部电线电缆行业重点骨干企业，1995年获ISO9002质量认证证书。工厂占地面积60万m^2，拥有资产4.5亿元，职工2 400人，其中高、中级技术人员270人。

工厂设有5个电缆生产分厂，拥有580台（套）先进生产设备，大型关键设备均从国外引进，可按国家标准、国际IEC标准及用户要求的标准生产7大类、30多个系列、300多个型号、1万多种规格的电线电缆。形成了钢芯铝绞线40 000t、电力电缆7 500km、船用电缆2 200km、布电线50 000km的年生产能力。该厂钢芯铝绞线、塑料绝缘电力电缆、船用电缆、油浸纸绝缘电力电缆（含超高压充油电缆）等产品被评为部优、省优产品。110kV超高压充油电缆被电力工业部、机械工业部鉴定为“国内领先，国际先进水平”，成功地用于上海供电工程；220kV、1 000mm六分裂导体超高压充油电缆以其领先的工艺、优异的品质受到用户好评。海底电力电缆和通信电缆产品质量及生产能力均居国内领先地位。全系列耐火电力电缆、控制电缆已广泛应用于国内外重点工程。钢芯铝绞线单项出口曾居1991年度行业第一位。电工机械分厂，承担着厂内外电线电缆生产设备的设计、制造、安装任务，并以其高质量、低价格深受用户赞誉。

湖南零陵发电设备有限公司

地址：湖南省永州市冷水滩区蔡市路1号　邮码：425000　电话：（0746）8322011　传真：（0746）8323960　董事长：刘铁生　总经理：廖金元　总工程师：巫声远、周德富

简介：该公司是湖南省首批建立现代企业制度试点企业，由原湖南省零陵水电设备总厂为主体组建的有限责任公司，是机械工业部定点生产大中型发电设备十大专业厂家之一，是湖南省省级先进企业、湖南省经济活力百强企业之一。企业规模为中型一档。

公司始建于1951年，占地面积16.5万m^2，其中生产区占地面积9.6万m^2；固定资产原价3 293万元，拥有各类大、中型生产设备580余台（套）；现有员工1 240人，其中有各类专业技术人员178人，工人平均技术等级为6级。公司具有自行设计、制造单机容量50MW，年产300MW的生产能力。

公司主要产品有轴流式、混流式、冲击式、贯流式水轮发电机组，柴油发电机及配套设备。水轮机共有24个系列284个品种，发电机共有21个系列298个品种。产品畅销全国30个省、市、自治区，并出口美国、伊朗、印度尼西亚等国；经国家外经贸部批准具有机电产品进出口经营权。双层锅壳技术获国家专利，HL110系列水轮机和SFW系列发电机被评为湖南省优质产品，出口美国的冲击式SFW 4 000kW机组获联合国TIPS颁发的“发明创新科技之星”奖。

湖南机床厂

地址：长沙市新开铺路114号　邮码：410009　电话：（0731）5413250　传真：（0731）5413245　厂长：彭建湘

简介：该厂是国内最大金属切割机床生产专业厂之一，建于1951年，主要产品有各类规格的圆锯床、带锯床、弓锯床、金刚石砂线砂带切割机和双金属带锯条及锯带焊接机等5个系列产品。该厂1996年工业总产值6 000万元，职工1 600余人，人才技术力量雄厚，属中一型企业，长沙锯床所设在该厂，负责全国锯床行业的研究和发展。

该厂在国内最早开发带锯床并引进双金属锯带生产线和首家自行生产双金属带锯条，目前带锯床有立式、卧式、可倾斜式和数控式等10多种规格。双金属带锯条产品型号有：M42（0.9×19，0.9×27，1.06×34，1.25×38）等，该产品被机械工业部评为部优产品，被原能源部评为节能、节材、节汇产品，1996年湖南省机械产品质量监督检测定为一等品，年产双金属带锯条200万m。

五羊—本田摩托（广州）有限公司

地址：广州市新港西路82号　邮码：510260　电话：（020）84182436　传真：（020）84186548　企业负责人：杨大冬

简介：该公司是由中国广州摩托集团公司和日本本田技研工业株式会社共同投资、经营的合资企业，于1992年8月1日正式开业，合同合作期限为30年。

公司现有员工2 000人，设九部二室：生产调度部（含车体工场、发动机工场）、营业部、财务部、供应部、制品技术部、生产技术部、售后服务部、开发研究部、总务部以及秘书室、ISO9000办公室。合资公司中方董事长黎德矩，日方副董事长门胁轰二，双方各派三位高层管理人员担任公司正副总经理。他们是：常务董事总经理杨大冬（中），常务董事常务副总经理川井洋司（日），董事副总经理钟瑞洪（中），董事副总经理土屋广利（日），副总经理戴永榕（中），副总经理内布伸一（日）。中日双方管理人员团结共事，真诚合作。经过四年多的努力，现已建立起一套既反映本田管理思想又符合中国国情和企业实际的管理制度，企业生产、经营已走上新的轨道。在新体制的激励下，员工的积极性、创造性得到进一步发挥，公司事业不断发展。合资当年，生产整车5万多辆，比合资前一年翻了一番，1993年生产整车10万多辆，又再翻了一番，1994年生产、销售摩托车均超过11万辆，销售收入138 233.07万元（不含税），实现利润9 698.95万元。1995年，在资金不足、市场复杂多变、竞争激烈的情况下，经过艰苦努力，及时采取各种应变措施，使摩托车的生产、销售均超过20万辆，工业总产值254 639万元，销售收入230 951万元，实现利润3 591.84万元。上缴工商统一税13 451.47万元，海关关税19 896.89

万元，1996年上半年生产整车为96 432辆，工业总产值（不变价）完成130 044万元，与上年101 881万元相比上升27.6%。几年来，公司曾先后获得了“中国明星企业”、“先进技术产品出口企业”称号，产品获“中国一绝”、“中国名牌产品”、“全国知名品牌”称号及“全国最畅销国产商品金桥奖”，并获得该奖项“三连冠”奖牌。公司被分别评为广东省、广州市的先进单位，并获广州市文明单位称号。合资以来，公司的综合经济效益在全国摩托车行业中一直保持前十强的地位，1996年公司被评定为全国机械工业百家最大工业企业之一。

该公司现有生产能力为30万辆，主要产品有WY125K-A、B、C型摩托车和WH125LZ座式摩托车，这些产品由于质量好，款色新颖，加速性能优越，耗油量小，深受顾客欢迎，五羊—本田摩托车被誉为“中国摩托车王”。1997年，公司计划生产整车30万辆，各项经济技术指标将进一步提高。

今后，公司将努力弘扬“聚五羊灵气，取本田精髓，创世界一流”的企业精神，该企业精神体现了五羊—本田人善于创造、勇于进取的奋发向上的精神和风范。并坚持“顾客至上，质量第一，信誉第一”的企业信条和以人为本的管理方针，不断完善布局，扩大规模，增加品种，提高效益，为在本世纪末实现年产80～100万辆的规划而努力奋斗。

望各界朋友一如既往地对公司的事业予以关心支持。

四川长江工程机械集团有限公司

地址：四川省泸州市江汩南路1号楼　邮码：646000　电话（0830）3192916　传真：（0830）3192926　董事长、法人代表：陈善强

简介：该公司是由建厂30余年的长江起重机厂、长江挖掘机厂、长江液压件厂和泸州机器厂经改制、改组、改造和优化结构、实行资产联合和资产经营一体化的国有独资大型企业集团。该公司拥有资产总额近12亿元，主要生产设备近2 000台，占地面积100余万m^2，职工1万余人。公司技术力量雄厚，工艺手段完备，生产装备先进，产品质量上乘，生产规模宏大。目前已形成高附加值、高技术含量的起重机械、挖掘机械、环卫机械、液压元器件和液压成套装置等7个系列40多个品种产品的生产规模。年生产能力约为产值近10亿元。主要产品为长江牌8t～125t全系列液压汽车起重机，长挖牌0.06m^3～5.6m^3全系列液压挖掘机，长佳牌液压齿轮泵，多路阀、油缸、转向器、换向阀等液压元器件和液压成套装置，熊猫牌LZJ5041TXS系列道路清扫车等。其中部分产品达到当代国际水平，并获省优、部优和国优称号，16t～50t汽车起重机产品获出口许可证，公司所属长江起重机厂已通过ISO9001质量体系认证。公司上述产品畅销全国，并出口约30个国家，享有较高知名度，深受用户青睐。该公司享有进出口自营权。该公司所属的销售总公司、进出口公司和租赁公司统一开展产品销售、产品维修、备件供应、进出口业务、设备租赁和用户培训等营销业务和服务。该公司将一如既往，竭诚为用户服务，并愿与国内外各界进行广泛合作，共谋发展。

昆明重工（集团）股份有限公司

地址：昆明市茨坝路31号　邮码：650203　电话：(0871) 5150091　传真：(0871) 5150151　董事长、总裁：戴森林　副总裁：王春燕

简介：该公司是以国家大型一档企业昆明重型机械工业总公司(昆明重型机器厂)为主体投资者的股份制企业，依据《中华人民共和国公司法》及国家经贸委、云南省人民政府批准的国家级现代企业制度试点方案，按上市公司规范运作。

公司现有职工2 126人，下辖4个事业部、16个产品制造公司，是1996年昆明市39个税利大户之一。

公司是云南最大的重型机械制造商，产品以精密重型机械和大型成套成线设备为主，所产拉丝机、轧机、起重机、破碎机、圆筒设备、减速机、铸锻件、斗轮成套设备、塔吊、工程机械10大系列产品，销往20多个国家和地区。公司也是中国最大的通信盖板供应商、出口商品铸锻件的重要生产基地。仅1996年，颚式破碎机由国家矿山机械质量检验中心评定为全国名牌商品，同时塔式起重机获全国质量管理协会颁发的产品质量和用户服务双满意证书；在1996年四季度国家技术监督局对全国机械产品抽查中，该公司塔机被誉为“好的典型”。

公司按国际惯例，实行董事会领导下的总裁负责制，荟萃一流技术精英，致力于多角化、国际化经营。除光大传统优势产品，还利用CAD等先进手段致力于新技术、新产品的开发与经营，以及从事机电产品的进出口贸易、合作生产、投资洽谈、科技合作、技术引进等业务。

云南通海汽车拖拉机修配厂

地址：云南省通海桑园工业区　邮码：652700　电话：(0877) 3011891　传真：(0877) 3011052　厂长：张春祥

简介：该厂始建于1963年，属机械制造及农机修理的综合性国营企业，是云南省重点骨干企业之一。主要生产云峰牌手扶拖拉机、东方红75/54型拖拉机配件、烟叶烘烤机、搅拌机变速箱总成、9Z-YT-GX-1500-1型畜牧农用铡草机、各种齿轮及自行车链条、工业特型链条和各型汽车、拖拉机、农机具大小修理。

工厂生产的主导产品手扶拖拉机花键轴，链条系列产品是采用国家标准ZBT6300—88、GB1243—83进行生产。东风12型手扶拖拉机花键轴系列产

品——副变速轴、离合器轴、中间轴、驱动半轴和自行车链条5种产品被评为省优产品；驱动半轴，被农业部列为推荐产品。企业经省标准计量局考评验收，花键轴、链条系列主导产品采用国际标准验收合格。经云南省出口商品生产企业清理整顿办公室考核验收，农机配件和链条获得出口商品生产许可证。

多年来企业先后晋升为省级先进企业，国家二级企业，省级普法教育先进单位，环境优美工厂，年年被评为"重合同、守信用"先进单位，到1996年止连续六年被评为省级文明单位。治厂方针是："以质量求生存，以品种求发展，以经济效益为中心，开拓市场，在市场竞争中稳中求发展"。

云南省楚雄市农机厂

地址：云南省楚雄市灵秀路11号　邮码：675000　电话：（0878）3122385　传真：（0878）3121393　厂长：谢家荣　副厂长：卜其能、许兴荣

简介：该厂始建于1957年，地处滇中320国道线的咽喉要道鹿城，距广大铁路楚雄站2.5km，距省会昆明165km，同时也处在云南省三个省级开发区之一的楚雄经济技术开发区范围内，交通方便。

该厂现为省内生产农用挂车的专业厂和省二级先进企业，现有职工295人，其中各类专业技术人员37人，工厂占地面积5.1万m^2，资产总计2 657万元，拥有各种加工、检测设备265台（套）。厂部下设2室7科，4个生产车间及一个铸造分厂，并专设有计量室、化验室、物理性能试验室。

该厂主要生产品种有华康牌7C0.5型、7C0.75型、7C1型、7CZ1型手扶拖拉机挂车及7CY1型、7CYZ1型方向盘式小拖拉机系列挂车，东风-12HZC型后驱动运输型拖拉机，其中，7C1型农用挂车1989年被评为省优产品，1990年产品等级认证评定为一等品，1994年经机械工业部复查仍保持一等品称号，年生产能力达20 000台。

该厂坚持以"质量第一、信誉第一"为宗旨，做好售后服务工作，赢得了市场，在全省共有60余个销售服务网点。产品销往缅甸、老挝等国，在国内外用户心目中享有较好信誉，于1996年8月被国家经贸委、对外经济贸易合作部批准为出口机电产品生产扩权企业。

云达利铝合金制品有限公司

地址：云南省曲靖市西平镇腰堡路6号　邮码：655031　电话：（0874）3162373　传真：（0874）3162379　董事长：杜家伟　总经理：熊贵华

简介：该公司是云南省轻型汽车集团公司与香港百昌荣有限公司合资兴办的企业，总投资1 172万美元。公司于1992年12月开业投产，主要生产各型铝合金汽车轮圈，年生产能力60万件。

公司引进世界先进的生产及检测设备，高新电脑设计系统，重力、低压铸造生产线，高精度CNC数控机床加工线，静电粉体涂装线，生产的铝合金汽车轮圈款式多、规格全。公司具有较强的模具开发和模具制造能力，能根据用户需求，设计开发制造各种款式铝合金轮圈。

该公司生产的品牌Anmez铝合金轮圈先后获得了日本VIA国际质量认证和国内长春汽车研究所按德国标准进行检测的产品质量认证，1994年通过了云南省新产品鉴定。该公司被确认为先进技术型企业，在中国明星企业暨名牌产品展示会上，被评为"中国明星企业"，Anmez铝合金轮圈被评为"中国名牌产品"，Anmez产品获"消费者信得过产品"等荣誉称号。公司连续三年获得云南省外商投资先进企业称号，并先后获得云南省大中型企业争先创优先进企业、"重合同，守信用"先进企业等称号。

天水长城精密模具厂

地址：甘肃省天水市秦城区南廓路50号　邮码：741000　电话：（0938）8214916、8212917　传真：（0938）8214916　厂长：汪先国　总工程师：石睿

简介：该厂是机械工业部在西北地区的定点模具专业生产厂，主要为国内外用户设计、生产精密、大型、复杂、高效、长寿命模具。

该厂于1988年3月建成投产，现有固定资产1 800余万元，目前全厂拥有各类机械设备110多台，主要金切设备50多台，其中有进口设备10余台。包括美国MOORE公司坐标磨床2台、德国PETEWE公司光学曲线磨床、日本三菱公司M55-C6电火花成型机床、美国VMC6030HT立式加工中心、瑞士夏米尔公司ROBOFIL290、500慢走丝线切割机床、德国KASTER公司高速冲床、美国布朗—夏普公司三坐标测量机等国际先进模具专业生产、检测、验证设备，还配有国内先进的双室真空淬火炉和离子氮化炉。现有员工200多人，其中工程技术人员60多人，高级工程师6人，职工素质较高，工人中最低文化水平为中技毕业，技术力量成熟而又年轻化。

该厂已逐步掌握了多工位级进模等中高档模具的设计、制造工艺。该厂用超硬高速合金钢制造的硅钢片级进模具，一次刃磨寿命达到90万次以上，用国产硬质合金制造的多工位级进模具总寿命已突破1亿次。该厂设计制造的曲轴档圈连续模、压簧支架多工位级进模获甘肃省优质产品称号，空调器翅片模和电冰箱零件大型多工位级进模已通过省级鉴定。该厂在"九五"期间还将有大量投入，向计算机辅助设计、辅助制造和计算机管理发展，最终目标向计算机集成制造系统（即CIMS）发展。

该厂内引外联，同广州万宝冷机集团公司合资合作，组建了万宝长城（天水）精密模具有限责任公司。

该厂从1997年开始按照GB/T19000(ISO9000)系列标准建立健全了质量保证体系，已经通过中国船级社质量认证公司质量审核，并获得了质量证书。

青海第二机床厂

地址：西宁市南川东路21号　邮码：810021　电话：(0971)6250070、6250660　传真：(0971)6250217、6251729　厂长：贺国荣　总工程师：陈大庆

简介：该厂积有30余年设计、制造机床的丰富经验，为目前国内生产花键轴铣床、螺杆铣床、压缩机转子加工成套设备、螺纹铣床、高精度滚刀铲磨床、丝杠车床、数控涡旋盘铣床、数控曲轴车床的主要制造厂家，并兼产数控车床和普通车床。主要产品：Y631K花键轴铣床、YB6212半自动万能花键轴铣床、SB6332半自动螺杆铣床、SK6332A数控螺杆铣床、QH2-029系列转子加工成套设备、全磨制丝锥加工成套设备。其中SB6332半自动螺杆铣床、SK6332A数控螺杆铣床、MZ9720全自动丝锥方尾磨床、SB722C数控丝锥磨床获得国家级新产品奖，成为填补国内空白的产品。另外，还有十几个产品先后荣获部优、省优产品称号。

该厂产品系列齐全，制造精良，拥有雄厚的技术力量，完备的测试手段，以及较强的生产能力，并承接各类专用机床的设计制造工作。现年产机床350台，产品销往全国各地及国外。

青海省第一汽车修理厂（青海省轻型车辆厂）

地址：西宁市朝阳西路30号　邮码：810028　电话：(0971)5130835　传真：(0971)5130919　厂长(法人代表)：肖安良　总工程师：陈应寿

简介：该厂始建于1955年，是以轻型车制造、配件制造、汽车修理为一体的中型企业。现有固定资产2 627万元，拥有各类设备300多台(套)，有两条活塞生产线和一条农用运输车生产线。企业现有职工887人，其中高级工程师2人、中级专业技术人员45人，全厂中专以上文化水平有98人，技术工人611人。

目前主要生产产品：492Q、EQ140、CA141活塞，农用车系列产品，BJ2020N、BJ212车架，工程机械覆盖件等。

在市场经济的激烈竞争中，该厂不断调整产品结构，拓展企业发展路子，利用技术和设备优势，相继开发了QC1040型双排座轻型客货两用车、SY2815型系列农用运输车、QC6600型旅行车及各类汽车配件。同时广开生产门路，先后建立了一汽西宁服务站、一汽西北分公司、南汽服务站、一拖服务站，发展多项型服务，注重横向联合，近年来，该厂与省内外许多厂家进行接触，积极寻求合作伙伴，收到较好的成效。

该厂生产产品多次获奖，其中QC1040型双排座轻型客货两用车获交通部优秀展品奖，SY2815型系列农用运输车获省科技进步奖及其他奖项，492Q、EQ140、CA141汽油发动机活塞也多次获奖，该厂产品销往全国各地。

科研单位简介

机械工业部机械科学研究院

地址：北京市首体南路2号　邮码：100044　电话：(010)68340841　传真：(010)68340825　院长：李　健

简介：该院成立于1956年，现有包括中科院院士在内的各类专业技术人员600余人。该院是机械工业部直属的综合性科研开发机构，主要从事机械工业共性基础技术、先进制造技术、高新技术和产品的研究与开发。设有机械基础件工艺与装备所、包装机械所、自动检测技术所、环境保护技术与装备所、质量与可靠性所、机械工业计算机技术应用中心等15个研究开发机构，1996年被国家科委确定为科技体制改革试点单位。按照国务院关于“九五”期间深化科技体制改革的决定精神，通过结构调整、人才分流，正在组建先进制造技术研究中心，重组机械工业生产力促进中心，筹建振华集团公司。此外，中国机械工业质量体系认证中心、中国电工产品认证委员会、中国机械安全认证中心、弹簧产品国家实验室、机械工业部弹簧产品质检中心、机械工业部环保机械产品质检中心、机械工业工程数据中心和12个全国机电基础标准技术委员会等机构也都设在该院。

该院先后承担过多项国家科技攻关项目、技术开发项目、国家自然科学基金项目以及机械工业技术发展基金项目、标准制修订项目。取得科技成果500多项，获国家和部级科技进步奖130多项。

机械工业部规划研究院

地址：北京市紫竹院路32号　邮码：100044　电话：(010)68478686　传真：(010)68475885　院长：高常荫　总工程师：高常荫

简介：该院是机械工业部直属的综合性科研单位，是国家计委颁发的甲级工程咨询资格证书、国家国有资产管理局颁发的资产评估资格证书的持有单

位。该院主要从事：机械工业产业政策、发展战略、行业规划、地区规划、专项规划等发展规划的前期研究与咨询；机械工业基本建设、技术改造、技术引进、利用外资等建设项目的前期论证与咨询；建设项目的工程设计；企事业单位的资产评估和管理咨询。该院拥有一支专业齐全、结构比较合理、资质较高的研究咨询队伍，全院现有高级工程师与高级经济师45人（其中研究员级高级工程师22人），工程师与经济师40人。

该院遵循“独立、公正、科学、可靠”的工作方针，本着“服务为本、质量第一”的原则，热情为广大用户服务。近十年共完成各类前期研究与工程咨询1 100多项，包括专题研究、行业规划、地区规划、项目建议书、可行性研究、企业发展战略、管理咨询、建设项目评估、资产评估、工程设计等，其中获部委级技术进步二等奖9项，三等奖8项，在行业中享有较高的声誉。

该院竭诚欢迎机械行业和社会各界前来洽谈业务，共商创业大计，共同为打好“三大战役”、振兴机械工业，为实现国民经济“两个根本性转变”携手合作、贡献力量。

中国农业机械化科学研究院

地址：北京市德胜门外北沙滩1号　邮码：100083　电话：（010）64882223　传真：（010）64877326　院长：陈　志　总工程师：诸慎友

简介：该院建于1956年，是由机械工业部和农业部共同领导的为我国经济发展、实现农业现代化和机电、食品等行业技术进步提供技术装备、技术服务的多专业综合性集科工贸于一体的研究开发机构。该院是国家农业现代化装备研究中心的依托单位，农机具技术标准和国际标准化组织ISO/TC23农林拖拉机和机械的中国归口单位，农业机械设计制造专业硕士、博士学位的授予单位，国家农机具产品质量监督检验中心和液压元件产品质量监督检测分中心的所在单位，中国农业机械学会的挂靠单位。

全院职工1 100人，科技人员820人，高级职称240多人。院设研究开发部门22个，各类专业试验室25个，仪器、生产设备4 284台（套），固定资产6 128万元。

该院主要承担田间作业、排灌、农业运输、农产物料加工、畜禽饲养、食品加工等机械、材料及制造技术、自动化技术、计算机应用以及情报信息等的研究开发。全院完成科研成果1 390项，获部级以上奖励301项。其中工厂化养鸡、机械化养奶牛、种子加工、饲料加工等成套设备，引滦入津大型轴流泵、系列农用潜水电泵、系列种植农机具、系列大中小型收获机械、飞机牵引车和贴片光弹性应力系统测试技术等已在全国近千个厂家投产。该院在农业、工业、交通运输业、水利、建设、国防和农机科研中发挥着重要的作用。

机械工业部科技信息研究院

地址：北京市百万庄路22号　邮码：100037　电话：（010）68326677（总机）、68335767　传真：（010）68311392、68326337　E－mail：stipywc@public.bta.net.cn　网址：Http://www.machineinfo.gov.cn　院长兼党委书记：马九荣　常务副院长：吴关昌　总工程师：付兰生

简介：该院定名于1993年，是机械工业部直属的科技信息和编辑出版（以机械工业出版社名义）机构，到1997年已经有45年的历史了。

该院的主要任务是：围绕机械工业的重要任务，搜集、整理、研究、分析、提供国内外的有关信息和战略战术研究成果；建成机械工业系统技、经、贸相结合的信息研究和信息咨询服务中心；负责组织和归口联系机械工业科技信息网络和信息系统；根据机械工业发展的需要，组织、编辑、出版图书、教材、工具书、期刊、音像制品和各类软件出版物；完成部交办的其他任务。

该院现有员工1 500人，有高中级专业技术人员700余人，按专业性质和方式组建成20个业务部门。

该院建成了基于INTERNET技术的互联网络，有24个事实型与文献型数据库，库存数据700万条；馆藏图书文献、中外文期刊60万册、各种刊物1 800余种；具有先进的HP3000/977计算机，多套广播级的摄录一体化设备和制作设备，计算机图文图像处理和激光文字照排系统，先进的电子分色、四色胶印及轻印刷系统。

该院每年完成各类科研课题和专题信息服务200余项，音像制品50种（部），出版各类图书近千种，公开出版期刊13种，出版内部刊物20余种，年销售额近亿元。

“七五”以来，该院累计完成了各类科研课题和专题信息服务2 000余项，出版图书近9 000种、11 530余万册，出版期刊1 100余期、2 000余万册。有44项科研成果获国家科技进步奖和部科技进步奖，220余种图书和期刊获近300项国家、部委和北京市的奖励。

本着“两手抓，两手都要硬”的精神，该院积极开展精神文明建设，塑造院社形象，多年来，保持了部、市、地区的先进，从1992年起，连续五年获得了中央国家机关和首都文明单位的称号。

该院愿遵循“优质、高效、进取、求实”的院风，竭诚为机械行业和全社会提供优质的信息和出版服务。

机械工业部经济管理研究院

地址：北京市广外大街甲397号　邮码：100055　电话：（010）63262816　传真：（010）63262676　院长：周　凯

简介：该院是由原机械工业部管理科学研究所和经济技术政策研究所重组而成，经国家科委批准成立的专门从事经济科学和管理研究与咨询的事业单位，是机械工业进行行业组织与管理的重要决策支持机构。该院主要承担国务院有关部、委、办，国家自然科学基金会等部门有关政策、经济与管理方面的科研课题与调研，同时还承担国内机械、汽车、电子、纺织等行业的各类型企业（公司）的改革、改组、改造、经营决策、发展战略及企业管理等方面的咨询；为有关省、市机械（汽车）工业的行业管理、区域经济发展战略和各种类型国外公司提供咨询服务。

全院现有职工91人，其中专业技术人员84人。具有高级技术职称的28人，中级职称的45人。固定办公场地面积1 200m^2，该院设企业管理、ISO9000认证咨询、资产运营与管理、系统设计中心、企业形象设计、市场经济、资产评估、信息开发中心等专业研究处室；并设《中国机电工业》（部机关刊）杂志社和《政策与管理》编辑部。

建院以来，共完成国家各部（委）和大中型企业下达与委托的科研咨询项目共220多项，获国家、部、省级以上奖励11项，其中国家现代管理成果创新奖1项，机械工业部科技进步二等奖1项，机械工业部科技进步三等奖4项。

机械工业部北京机床研究所

地址：北京市密云溪翁庄　邮码101512　电话：（010）69012322　传真：（010）69041029　所长：杨京彦　总工程师：沈福金

简介：该所是我国机床行业的一个综合性科学研究机构，始建于1956年。该所现有职工2 000多人，其中工程技术人员800多人。

该所下设北京精密机床厂、北京数控设备厂、精密制造工程中心、柔性制造工程研究中心、数控工程中心、数控机床培训中心，建有国家863/CIMS柔性制造工程实验室、中国机床产品质量监督检验中心，中国机械工程学会的生产工程分会挂靠在该所。设有机床杂志社，编辑出版《制造技术与机床》。

建所之初，就制订了在行业技术工作中起到攻坚、参谋、组织、服务四方面作用的方针，为我国机床工业的建立与发展做出了自己的贡献。进入新时期以来则为行业的技术进步从事探测市场、攻坚开发、应用示范、咨询服务的工作。主要研究现代机械制造技术的发展趋势，开拓市场的途径，围绕柔性制造工程研究高新技术成果的转化应用，开发新工艺、新材料、新产品和先进制造技术的系统装备。研究开发的项目有：高精、超精加工工艺与机床，数控加工技术与机床，机床精密元部件及测试传感仪器，工业机器人，计算机辅助应用技术（CAD、CAPP、CAM、CAT、CAQ、CAE等），数控系统及伺服驱动系统的开发与生产，气动液压技术，电脑控制技术与装备，特种加工技术及装备（EDM、LBM、LBT等），材料与处理改性技术，加工中心及成套的柔性制造工程技术和系统装备的开发与制造（FMC、FMS、FML、FME等）以及模具制造技术与装备。

1991年被国家科委认定为全国十大科研院所之一，享有外贸进出口经营权。

在“八五”期间，该所共获奖35项，其中，国家科技进步奖1项，获部级科技进步一等奖1项、二等奖10项、三等奖8项，其他奖励15项。

机械工业部北京起重运输机械研究所

地址：北京市东城区雍和宫大街52号　邮码：100007　电话：（010）64032277（总机）　传真：（010）64052584　所长：徐善继　总工程师：王方智

简介：该所创建于1958年，是机械工业部直属的国家一类科研所。现有职工552人，其中高级工程师138人、工程师145人。

该所主要从事：起重机械、运输机械、装卸机械、工业车辆、仓储机械、水利机械等各种物料搬运设备的新技术开发和新产品研制；承建各类自动化立体仓库和架空索道工程；承接大型露天矿、港口、料场和工厂企业的物流设计和物料搬运成套设备的工程项目。具有建设部颁发的甲级工程设计证书和工程总承包资格证书。

该所是我国起重运输机械行业技术归口研究所，负责组织和指导全行业的技术信息交流和技术标准化工作。国家起重运输机械质量监督检验中心和国家客运架空索道安全监督检验中心设在该所，并负责产品的质量验证和客运架空索道的安全监督与管理。

1997年，该所与8个国内企业合作组建了中起物料搬运工程有限公司，总部设在所内。

该所拥有丰富的各类工程技术和管理人才、一流的制造加工能力和完善的质量保证与管理体系，可为社会提供高水平、高质量的现代化技术、科研产品及服务，是各界用户可信赖的合作伙伴。

机械工业部北京电工综合技术经济研究所

地址：北京市翠微路2号197信箱　邮码：100036　电话：（010）68163650　传真：（010）68163105　所长：杨启明

简介：该所是机械工业部直属社会公益型事业单位。现有职工117人，专业技术人员占80%以上。根据机械工业部的业务规划，主要从事电工行业软科学研究、技术经济信息的采集和研究、技术经济的发展预测；为电工行业的发展提供技术经济咨询及新工艺、新技术推广应用服务；为政府部门的决策提供信息服务等。

所内设有6个技术部门和两个高新技术企业，是国内电工行业标准化业务的综合管理机构并对口IEC国际电工标准化管理工作；是IEC48D电工电子设备机械结构标准化归口单位；同时也是全国电工电子产品结构综合标准化委员会、中国电工学会电工标准专业委员会、中国机械工业工艺协会电工行业工作委员会、机械工业统计学会电工分会、电工行业综合信息网等组织的秘书处所在单位，并承担中国电器工业协会秘书处的部分工作。编辑出版《电工文摘》、《中国电器工业协会简讯》、《电工行业经济统计信息分析》等刊物。

建所以来，取得科技成果近百项，其中获国家和部级科技进步奖12项。在电气设备机械结构产品专业化、商品化、标准化的设计开发、推广应用方面，在电工行业新工艺新技术的交流与推广，电工合金新产品的开发，电站阀门的研制，CAD技术的研究与应用等诸多技术领域里均取得了显著的成效。“九五”期间承担的机械产品造型色彩设计研究、组装式成套开关设备用机械结构专业化产品设计与开发等课题已分别列入国家科委、国家经贸委重点科技项目计划，该所的各项业务建设又有了新的进步和发展，已形成电工行业技术经济方面的一支科技力量。

机械工业部仪器仪表综合技术经济研究所

地址：北京市宣武区广安门外大街甲397号　邮码：100055　电话：（010）63261819　传真：（010）63262677　所长：王荠春　副总经理：杨文澜

简介：该所为机械工业部直属的公益性科研单位，现有职工150人，其中专业技术人员占80%，业务范围包括：受政府部门委托代行部分行业管理职能，负责组织制订实施各类仪器仪表标准和计量检定规程，组织仪器仪表的安全和质量认证；开展信息咨询服务，建立了仪器仪表信息网络，已建成多个仪器仪表数据库；从事发展战略、产业政策、产品市场预测、项目可行性论证等研究工作；出版发行《中国仪器仪表》、《仪器仪表标准化与计量》、《仪器仪表工业信息》等杂志；组织国际间技术交流与培训；编印样本、广告设计、企业形象设计及产品造型设计；开展其他经营活动。该所愿与社会各界合作，竭诚提供各种技术服务。

机械工业部天津电气传动设计研究所

地址：天津市河东区津塘路2号桥　邮码：300180　电话：（022）24391401　传真：（022）24391813　所长：刘玉琛　技术副所长：年培新

简介：该所是机械工业部直属一类研究所，是我国电气传动及其自动化、低压配电装置和中小型水力发电设备等行业的技术归口所。所内设有电气传动国家工程研究中心、国家电控配电设备产品质量监督检测中心和中小型水力发电设备产品质量监督检测中心。

该所建于1954年，现有职工1 263人，其中技术人员680人，占地面积12万m^2，建筑面积7万m^2。在开展工程研究设计、新技术、新工艺研究开发的同时，并生产电控自动化成套设备，直接应用于国民经济所涉及的冶金、矿山、电力、交通、石油化工、煤炭等广泛领域中的工程建设，并出口到20多个国家和地区，以其技术先进、设计合理、质量可靠、优质服务在国内外享有盛誉。1993年经国家批准，具有进出口经营权。

40多年来在电气传动自动化、低压配电、水力发电成套设备技术领域，取得了800余项科研成果，获部委及其以上成果奖励百余项，并为千余项工程提供了先进的技术装备，向有关制造厂提供了大量设计和研究成果，为行业的技术发展和国民经济建设做出了贡献。

山西省机电设计研究院

地址：太原市胜利街422号　邮码：030009　电话：（0351）3084823　传真：（0351）3042554　院长：孙凤熙　总工程师：张谷喜

简介：该院是以技术开发为主的综合性科研机构，隶属山西省机电工业厅，始建于1958年。全院现有职工368人，其中工程技术人员240人，高级工程师55人，工程师122人。占地面积5.2万m^2，建筑面积2.8万m^2。拥有设备仪器总值600万元。近年来，共完成科研课题192项，其中获国家、部、省级科研成果奖65项，发明和实用新型专利15项。

该院下设四所一院两站，即机电研究所、工艺研究所、互感器研究所、自动化研究所、机械设计院、机械产品质量监督检测总站和机械科技情报站。配置有设施齐全的机电一体化中试生产基地及各专业试验场所。主要从事机电一体化产品开发，自动化电能测试仪器仪表研究开发，高精度互感器系列产品开发研制，中小型工厂设计与技术改造，铸造、锻压、热处理新工艺、新材料、新技术的研究与推广应用，高科技产品汽车安全气囊的开发研制，计量测试与理化实验，机电产品质量检测与监督，机电科技情报管理等工作。

该院是山西省科技改革试点单位之一。近年来保持了科研的稳定发展。经济效益不断增长，在省内率先实现经费自立，连续荣获省政府、省科委授予的“科研先进单位”和“科研改革先进单位”等称号。

山西车用发动机研究所

地址：山西省大同市西花园　邮码：037036　电话：(0352)4020151　传真：(0352)4021393　所长：吴培基　总工程师：张树勇

简介：该所始建于1958年，是中国兵器工业总公司所属的从事高速大功率内燃机研究的专业研究所，是中国内燃机工业协会常务理事单位，中国内燃机学会测试技术分会主任委员单位及中国军用内燃机产品质量（安全）监督检测中心。

该所有职工1 000余人，其中工程技术人员500余人。全所专业配套、学科齐全、手段先进、设备精良，具有从内燃机零部件到整机，从性能到结构的研究、设计、试验能力；拥有对1 100kW以下的内燃机进行性能和结构试验的整机和零部件试验室；拥有国内一流的涡轮增压器研究试验室和结构强度试验室。以DEC3000和VAX4090计算机工作站为核心组成了先进的计算机应用网络，为内燃机研究提供了卓越的CAD、CAM工作环境。“八五”期间新建了具有国际先进水平的内燃机动态性能试验室、振动噪声试验室。

该所坚持军民结合的方针，大力开发民品，发展高科技，实现产业化。开发出多种涡轮增压器，形成了批量生产能力，广泛应用于汽车、工程机械、船舶和发电机组上。

该所以互惠互利共同发展为原则，愿与国内外同仁进行广泛的技术交流与合作，为用户提供优良的技术服务和优质的产品。

机械工业部呼和浩特畜牧机械研究所

地址：呼和浩特市昭乌达路506号　邮码：010010　电话：（0471）4962211　传真：（0471）4951307　所长：杨世昆　党委书记：毛　恩　副所长：崔铁轮、李武丰　总工程师：马胜红

简介：该所成立于1960年，是我国从事农牧业机械科学研究、产品开发的部属专业科研机构。主要业务范围包括草原作业机械、畜禽养殖机械、畜产品采集及深度加工机械、饲草饲料加工机械、风能太阳能利用设备等产品的研究、开发、生产和技术服务工作。

该所现有职工总数422人，专业技术人员257人，其中高级职称专业技术人员53人，中级129人。全所拥有国有资产3 247万元，所区及所属海拉尔试验站区占地面积14万m^2，还拥有各种试验场及科技示范农场、牧场近14 000公顷。建所以来，共完成各类科技项目630项，其中获国家级、省、部级科技进步奖56项，该所是全国畜牧机械的行业归口单位，是中国农机工业协会畜牧及饲料机械分会的副理事长单位，也是中国农机学会畜牧机械学会和中国风力机械标准化技术委员会的挂靠单位。

建所近40年，该所致力于农牧业机械的科学研究，为农牧业机械化的发展做出了巨大贡献。改革开放以来，该所不断深化科技体制改革，坚持以科技为第一生产力，积极推进科技成果产业化，种子加工机械、牧草收获机械、风力发电机、逆变器等一批技术先进、品质优良的农牧机械产品投放市场，成为该所新的经济增长点。目前，在邓小平同志建设有中国特色社会主义的理论指导下，正逐步形成一个以科技为先导，科、工、贸并举的新型科技实体。

机械工业部沈阳铸造研究所

地址：沈阳市铁西区云峰南街17号　邮码：110021　电话：（024）5852311　5852950　传真：（024）5851306

简介：该所成立于1957年，是机械工业部直属的专门从事铸造共性技术的综合性研究机构。主要从事铸钢、铸铁、铸造有色金属材料及其熔炼，特种铸造和精密铸造，铸造原辅材料，铸造工艺设计，铸造设备及仪器仪表，信息技术在铸造上的应用，铸造复合材料，铸造钛合金，铸造环保和铸件理化检测等方面的研究、开发和推广工作。

作为全国铸造行业技术归口单位，挂靠在所内的全国性组织有：全国铸造学会、全国铸造标准化技术委员会、机械工业部造型材料及重要铸件产品质量监督检测中心、中国铸造材料总公司、全国铸造信息网等，还与沈阳市科委共同组建了沈阳铸造技术研究推广中心。

该所主办的《铸造》杂志向国内外公开发行；主办的《铸造世界报》在国内有广泛的影响。

经过四十年的发展，该所在组织结构上已形成了以国家先进铸造技术研究中心为龙头的科研层，以部级铸造技术工程研究中心为主体的开发层，以科技成果为基础的科技产业层，以信息、推广和行业工作为主干的公益推广服务层。该所现有职工595人，其中高中级专业技术人才125人（含教授21名），具有铸造专业硕士授予权；全所现有固定资产4 500万元，所区占地面积2万m^2以上，中试基地占地5万m^2；截止至1996年底，该所共取得了包括国家发明奖、国家科技进步奖及部省级科技进步奖等科研成果523项，专利33项，为国家重点工程建设和国防建设解决和提供了一系列难题和关键技术，取得了显著的经济效益和社会效益。该所曾连续两次被国家科委授予“全国技术市场金桥奖”，并被沈阳市人民政府命名为“火炬型科技院所”称号。

机械工业部沈阳真空技术研究所

地址：沈阳市沈河区万柳塘路2号　邮码：110042　电话：(024)4809925　传真：(024)4805081　所长兼总工程师：于　溥

简介：该所是机械工业部直属的真空技术科研单位，承担着我国真空设备行业的技术归口任务。

1958年建所，是国内最早从事真空技术和真空成套设备研究开发的专业研究所。现有职工628人，其中高级专业技术职称92人（含研究员级高级工程师14人），中级职称148人，初级职称116人。设有10个研究室和相应的试验室，分别承担真空获得、真空检测、真空应用技术与工艺的试验研究、产品开发、情报研究、标准制定、引进技术消化吸收，以及主办真空杂志，国家真空设备质量监督检验中心等行业工作。

该所具有完整生产管理体系，工艺管理齐全，有独立制造能力的试验工厂，该所还是全国真空技术标准化技术委员会和中国真空学会获得专业委员会和中国真空设备行业协会的挂靠单位。

建所以来，先后研制成功，并向有关部门和国防军工、重点工程提供了大型真空感应炉、真空凝壳熔铸炉、各类真空泵、真空阀门和多种规格用途的真空热处理炉、真空镀膜机、真空仪表等。为电工行业提供了真空压力浸渍和树脂浇注、煤油汽相干燥等大型成套设备。80年代至今，研制科技成果逾百余项，其中50余项获国家部委和地方各级科技成果奖，为我国经济建设做出了一定的贡献。

机械工业部沈阳仪器仪表工艺研究所

地址：沈阳市大东区北海街242号　邮码：110043　电话：(024) 8853979　电挂：4010　传真：(024) 8853452　所长：徐开先

简介：该所是研究仪表元件、工艺、测试仪器、专用设备为主的基础技术研究所，是行业归口单位之一，是我国传感技术研究开发中心之一。传感器国家工程研究中心、国家仪表元器件质检中心、传感器协会、仪表工艺和元件学会等均设在该所。

现有职工800余人，其中研究员级高级工程师15人，高级工程师97人，中、初级专业人员270人。占地面积6.7万 m^2，建筑面积5.7万 m^2。固定资产4 174万元。

主要业务范围：(1) 传感技术：扩散硅式表压、差压、绝压、液位传感器及变送器，厚膜温度传感器及温控仪表，磁敏传感器及位移、电流传感器；(2) 弹性元件制造技术：军用波纹管及仪表波纹管、波纹补偿器和波纹管式强化换热器；(3) 光学薄膜技术：各种滤光片、冷反光镜、定向灯系列产品；(4) 专用设备：IC专用设备和仪表用工艺装备、表面涂镀层专用测试仪器、管道探测、定位、清洗系列产品。

建所36年来，共完成科研课题1 000余项，取得重大科技成果453项，获国家发明奖、科技进步奖及部局、省市各种奖励186项。

机械工业部大连组合机床研究所

地址：辽宁省大连市西南路801号　邮码：116033　电话：(0411) 6653211 (总机)、6642209、6641650　传真：(0411) 6641819　所长：段长恩　总工程师：姜怀胜

简介：该所是中国机械行业的综合性科研机构、组合机床行业的技术开发中心和质量监督检测中心。现有职工730人，其中技术人员403人，占地面积5.7万 m^2，建筑面积8万 m^2，固定资产原价3 351万元，拥有主要设备仪器1 300余台（套）。该所有自营进出口权。

该所研究开发重点是为汽车、拖拉机、内燃机、农机、工程机械、军工、轻工、化工和能源等行业提供以组合机床及其自动线为代表的高效、自动化综合技术和成套装备，主要有组合机床及其自动线、加工中心、柔性制造系统、工业机器人、汽车驾驶室混流机器人焊装线、计算机辅助设计/制造、组合机床通用部件、机床辅机，以及电子、电气、液压、润滑和气动控制等元件及系统。

自1956年建所以来，共完成各类科技项目10 519项，其中重要课题和新产品477项；完成国家重点科技攻关任务四级以上项目143项。历年获全国科技大会奖及国家、部（省）、市级科技进步奖101项，85%以上的成果可直接推广应用。

机械工业部长春试验机研究所

地址：长春市解放大路112号　邮码：130021　电话：(0431) 5655206、(0431) 5657766　传真：(0431) 5655206　所长：李春茗

简介：该所始建于1958年，经过近40年的发展，现已成为一个技术密集型，具有综合研究开发和批量生产能力的产业研究所。其隶属机械工业部，是我国试验机行业的技术总归口研究所。

该所主要从事金属与非金属材料试验机、平衡机、振动台、无损检测仪、汽车试验设备和大型结构试验机等各种试验仪器、设备的开发与生产，以及专用检测生产线的设计制造，同时还承担我国试验机行业的技术发展规划、标准、情报、质量监督管理等行业技术工作。中国仪器仪表学会试验机分会、全国试验机行业协会、国家试验机产品质量监督检验测试中心、全国试验机标准化技术委员会常设办事机构均挂靠在该所。

多年来，该所的广大科技人员应用现代科学技术，通过优化设计，先后完成各种科技项目1 000多项，科研成果500多项。其中有100多项重大科技成果荣获国家、部、省及市的科技成果奖和科技进步奖及科技发明奖，部分产品对我国的航天工业、核工业及通信卫星的发展做出了突出贡献，受到有关部委的表彰。电子万能试验机、电磁谐振式高频疲劳试验机、微机控制电子式液压万能试验机等产品不仅综

合技术指标达到90年代初国际同类产品水平，而且性能稳定可靠，目前已批量生产并出口，具有很强的国际市场竞争力。

该所愿通过各种渠道，发挥行业研究所的科技优势，本着“质量第一，用户第一，信誉第一”的宗旨，竭诚为国内外广大用户服务。

吉林工业大学链传动研究所

地址：长春市人民大街142号　邮码：130025　电话：(0431) 5687245　传真：(0431) 5687245　所长：王主玉　副所长：杨志刚、许德蔚

简介：该所是由原吉林工业大学链传动研究室发展而来，1983年经机械工业部批准升格为全国链条行业技术归口研究所。现在挂靠或设立在所内的机构有：国家链条产品质量监督检验中心、机械工业部链条产品质量监督检测中心、全国链传动标准化技术委员会、国家级工业链条进出口认可试验室、中国机械工程学会机械传动分会链传动专业委员会、全国链传动标准情报网和吉林工业大学链式输送机械研究所。

该所下设机械基础、工艺装备、新产品开发和标准情报4个研究室和链检中心、链标委2个行业服务机构。全所共有人员46名，其中教授、研究员6人，副教授、副研究员13人，中级技术职称人员15人。该所共有建筑面积3 400m²，其中试验室、检测室面积约1 200m²，拥有固定资产总值约800万元，正在服役的试验与检测、研究用设备80余套（台）。

该所的主要业务工作有：机械传动与链传动基础与应用技术研究，链传动装置及链条新产品的设计与开发，链条工艺与装备的设计与研究，链式输送装备的开发、设计与制造，链传动标准的制修订与管理，链条产品质量的试验、检测、认证与仲裁，链条行业技术与情报工作的服务、咨询与培训，协助机械工业部制订行业发展规划、组织技术协作等 。

该所目前已承担部、省级以上课题、标准60余项，其中国家自然基金课题4项，国家攻关课题4项，国家重大装备课题1项，国家标准15项，已完成项目中获部省级一等奖2项，二等奖8项、三等奖15项，发表论文200余篇，部分论文进入四大检索系统，编写链传动专著6部，其中《链传动》一书获全国第四届图书展评一等奖，是唯一的机械类图书获此奖。

该所是全国唯一的链传动行业技术归口研究所，所属的链检中心和链标委是国家级的链条产品质量检测与标准的管理机构。

机械工业部哈尔滨焊接研究所

地址：哈尔滨市和兴路111号　邮码：150080　电话：(0451) 6334894　传真：(0451) 6325871　所长：蔡宏彬　总工程师：崔树森

简介：该所建于1956年，是机械工业部直属的专门从事焊接技术研究与开发的综合性研究机构。

该所是中国焊接协会秘书处、中国机械工程学会焊接学会秘书处、国家焊接材料质量监督检验中心和国家进出口商检局金属材料认可实验室等多个全国性行业服务部门的挂靠单位和依托单位。高效优质焊接新技术国家工程研究中心是由世界银行贷款、国家计委组织实施建立的国家级工程研究中心，中心由该所作为依托单位，目前正在建设中。

该所专业齐全、技术力量雄厚，是亚洲最大的焊接专业研究所。研究与开发的范围包括金属材料焊接行为及产品焊接、焊接材料、焊接材料制备技术、焊接工艺及设备、焊接自动化及控制、表面涂敷材料和工艺、热切割、焊接检验及修复、焊接结构安全评定和技术信息等。全所职工700多人，其中中国工程院院士1名，博士、硕士42名，高、中级专业技术人员近500人。已取得了国家发明奖、国家科技进步奖及省、部科技进步奖等科研成果500多项。成果已广泛应用于电站、核能、石油、石化、煤炭、冶金、矿山、船舶、汽车、摩托车、工程机械、机车车辆、建筑、桥梁、海洋工程、航天航空、仪器仪表、电子设备、轻工机械及日用家电等各个部门，取得了显著的经济效益和社会效益。

机械工业部上海发电设备成套设计研究所

地址：上海市闵行区剑川路1115号　邮码：200240　电话：(021) 64358710　传真：(021) 64358722　所长：程钧培

简介：该所直属机械工业部，创建于1958年，是全国发电设备行业的技术归口单位，机械工业部火电设备质量监督检测中心的挂靠单位，受机械工业部委托负责全国火电产品质量的检测和评定。亦是中国动力工程学会的挂靠单位。

该所主要从事火电和核电设备及其自动化控制系统的试验研究和成套设计、新型发电设备的试验研究和设计，拥有50多个试验台位，10个专业研究室和1个实验工厂。

该所持有火电站乙级设计证书，具备火电工程乙级总承包资格，承接中小型电站及热能工程设计，设备成套、工程承包以及大型火电站成套设计技术和有关的技术服务；并持有一～三类压力容器设计证书，承接压力容器的设计，是大亚湾核电站合格供应商；拥有科研产品进出口经营权，是国家进出口商品检验局火电设备进出口认可试验室。

几年来抓紧了科研成果的转化工作，陆续向市场推出了非金属膨胀节、给煤机控制系统装置、消音器等50余种产品。目前，该所与国内外许多电站设备公司、制造厂、电厂等建立广泛的业务联系。愿以丰富的经验，坚实的技术，为促进中国电力工业技术的发展，与大家精诚合作。

机械工业部上海内燃机研究所

地址：上海市军工路2500号　邮码：200432　电话：(021) 65485856　传真：(021) 65453132　所长：王之麒　总工程师：杨　杰

简介：该所始建于1956年，是机械工业部直属的以科研为主，集科研、生产、贸易为一体的大型综合性研究所。全所现有职工705人，其中科技人员413人，高级工程师139人。所区占地面积66 800m^2，建筑面积40 314m^2，绿化面积24 000m^2。

该所是我国内燃机行业技术开发中心，是国家批准的首批具有自营进出口权的科研单位，是国际标准化组织内燃机技术委员会 (ISO/TC70) 中国团体成员的技术归口单位，是全国内燃机科技情报总网和内燃机标准情报网的网长单位。国际内燃机协会 (CIMAC) 中国委员会秘书处和中国内燃机学会秘书处设在所内，国家内燃机质量监督检验中心和上海市内燃机产品质量检验站也设在所内。

该所主要从事中小功率内燃机及其零部件研究与开发、共性基础技术、测试技术和专用装备的研究开发。专业和学科设置齐全，整机及零部件开发、增压技术、工作过程、噪声振动、废气净化、测试技术、新材料应用等方面在行业中处于领先地位，形成了自己的特色。95系列柴油机、R系列、ZH1100W、ZH1105W等小型单缸柴油机，70～75系列、80～85系列、90～95系列、100系列、102～105系列等多缸机和LF10汽油舷外挂机、E150C型柴油机等已广泛应用于国民经济各部门，取得了良好的社会效益。在内燃机产品CAD系统、高温结构陶瓷零部件、花瓣型燃烧系统、195型柴油机改进提高、新100系列柴油机等项目荣获国家和部、市级以上的科技成果奖。该所还设有工程设计室及测试设备和专用装备制造中心，立足于中、小功率内燃机，面向汽车、摩托车、农机、工程机械和船艇等大行业，为各界用户提供各种技术服务。

机械工业部上海电动工具研究所

地址：上海市宝庆路10号　邮码：200031　电话：(021) 64335270　传真：(021) 64332334　所长：刘世昌

简介：该所是机械工业部直属的科技开发类研究所，创建于1955年。

该所是全国电动工具、器具开关、电工特种测试仪器设备的行业技术归口单位，并承担国际电工委员会 (IEC) SC61F、SC23J、C.I.S.P.R.F分技术委员会的国内归口工作。目前，下设电动工具、器具开关、电工特种测试仪器设备等专业科研实体，机械工业部上海装配技术公司、上海宝庆电器工程技术咨询公司、上海宝华测试设备成套公司、上海宝隆工贸公司等产业公司，国家电动工具质量监督检验测试中心，机械工业部第十专业计量测试中心站，上海电工技术交流中心等。

该所本部位于宝庆路淮海中路口，中试、高新技术产业化基地和上海电工技术交流中心位于漕河泾新兴技术开发区。中国电动工具专业协会、全国电动工具标准化技术委员会、全国器具开关分技术委员会、中国电工技术学会电工测试专业委员会和中国电工设备电动工具公司设在所内。

上海电动工具研究所已逐步成为科研、生产、内贸和外贸为主体，兼有学术交流、商住办公等多种功能、多种经营的新型综合性研究所。1997年被机械工业部评为全国机械工业文明单位。

机械工业部上海材料研究所

地址：上海市邯郸路99号　邮码：200437　电话：(021) 65420775　传真：(021) 65420554　所长：丁薛祥　总工程师：陆明炯

简介：该所是机械工业部所属从事材料研究的综合性研究所。它创建于1946年，已有50年的历史。发展至今已成为一个占地面积近7万m^2，有近千名职工的大型研究所。

目前，上海材料研究所技术力量雄厚，具有各类材料工艺设备和材料检测仪器。主要从事新型材料的研制与开发，材料的应用以及材料的测试、评估等领域的科研工作。

该所是机械工业部材料技术的归口单位，也是机械系统理化检测技术和无损检测技术的归口单位。该所主要研究领域包括：金属材料、高分子材料及复合材料，粉末冶金，陶瓷材料，材料强度，材料摩擦学及同位素应用，金属材料的腐蚀与防护，材料物理性能测试及失效分析，材料化学分析技术，无损检测技术等。

该所主要科研项目有：BD系列高分子PTC热敏电阻，弹性金属氟塑料推力轴承，高性能硬质合金及其制品，高性能模具钢，新型聚丙烯给(热)水管，超细α氮化硅陶瓷粉末及其制品，M系列燃料添加剂，液压缸用组合密封，SEC-1管棒涡流自动检测系统，蒙乃尔合金系列材料，钢材切削用镶齿硬质合金大型圆锯片等。

建所以来，该所在材料科技领域开展了卓有成效的工作，取得了大量的科研成果，获部、国家颁发的各类科研成果奖100多项，为推动我国机械工业的发展做出了贡献。

机械工业部上海电器科学研究所

地址：上海市武宁路505号　邮码：200063　电话：(021) 62574990　传真：(021) 62570453　所长：殷坤堂　总工程师：秦　和

简介：该所是机械工业部直属的大型电工类多

专业综合性科研单位，创建于1953年。现有职工1 100多人，科技人员630多人，其中，中高级职称的470多人。固定资产5 500万元，占地面积为67 000m²。

该所主要从事中小型电机、低压电器、船用电机电器及其装置、电工合金、电气自动控制、微机应用、计算机软件开发、电磁兼容技术、机械和气候环境技术等专业领域的科学研究、产品开发、试验验证、中试生产、标准和信息研究。同时，承担我国中小型电机、低压电器、船用电机电器行业的技术归口工作和国际电工委员会（IEC）的十多个技术委员会和分技术委员会的国内归口工作。

该所拥有国家一流水平的检测设备和试验条件。国家中小型电机和低压电器产品质量监督检测中心、国家船用电工产品验证站、机械工业部电磁兼容性检测中心和上海市电工产品气候环境监督检验站等均设在该所。1995年8月，经机械工业部批准，在该所组建上海电器设备检测所。

该所目前正在承担系列电机CAD/CAPP系统、智能型低压配电装置和控制装置、舰船用交流高分断能力塑壳断路器等多项国家重点科研项目。建所44年来，共取得科技成果1 700多项，其中获国家发明奖5项，获国家、部、省（市）级科技进步奖200多项。

机械工业部上海电缆研究所

地址：上海市军工路1000号　邮码：200093　电话：(021) 65494605　传真：(021) 65491182　所长：高庆国　总工程师：余云龙

简介：该所创建于1957年，是电线电缆、工厂设计和工艺以及专用设备综合研究设计单位，是国家甲级工程设计单位，是国际电工委员会（IEC）中国国家委员会电线电缆6个技术委员会（TC）及分技术委员会（SC）的归口单位。现有职工704名，其中研究员级高级工程师和高级工程师90余名，所区面积6万m²，固定资产5 000万元。

该所开发的稀土优化综合处理的电工铝导体应用技术、光缆复合架空地线、耐350℃高温耐辐射电磁线及引接线、上引法连铸无氧光亮铜杆机组及生产技术、拉索和悬索桥主缆生产技术等，均属国内首创，获国家或部级一、二等科技进步奖，并已应用于生产。拥有的测试新技术和试验室可进行220kV及以下超高压交联电缆的型式试验。

为加强科技成果的商品化、产业化，该所已建立全资、控股合资的产业实体12个，其中上海浦江缆索公司、上海三原电缆附件公司和上海蓝波高电压技术设备公司分别被国家和上海市命名为高新技术企业。与国外著名公司合作，在所内建立了诺基亚电缆设备技术服务站、希波电缆测试系统技术服务站、希格玛漆包及测试设备技术服务站和尼霍夫、仲巴赫技术服务中心及上海必达意线材设备公司。

设在所内的国家电线电缆质量监督检验中心和全国电线电缆标准化技术委员会，分别承担国家对产品质量的监督职能和产品与专用设备的标准化工作。该所编辑出版的《电线电缆》、《电线电缆报》、《电线电缆信息》和《厂长参考》等6种报刊杂志，每年为行业提供技术经济信息近万条。

上海光学仪器研究所

地址：上海市长岭路115号　邮码：200093　电话：(021) 65032833　传真(021) 65032621　所长：庄松林　总工程师：夏国鑫

简介：该所是机械工业部光学行业技术归口所，始建于1958年5月，现有职工270名，工程技术人员占60%，其中高中级科技人员近百名，设有5个研究室、1个实验工厂。主要承担行业技术管理工作，挂靠在该所的国家光学仪器质量监督检验中心、全国光学和光学仪器标准化技术委员会、中国仪器仪表行业协会光学仪器分会等，负责国家技术监督局下达的光学仪器产品质量抽检任务，制订国家、部和行业产品基础标准，曾承担部科学基金委员会攻关项目10项，国家自然科学基金项目52项，上海市科委科技发展自然科学基金、青年基金项目12项和国家“863”高科技项目及行业中的缺口产品小批量生产。

近年来，部分主要科研项目及获奖情况如下：(1) 电视硅片及掩膜板图形缺陷检查仪，获1988年机械工业部科技进步二等奖；(2) 光学象心物理实验，获1988年机械工业部科技进步三等奖；(3) 1X6A显微投影仪，获1989年上海市优秀新产品三等奖；(4) ZQ近紫外光刻机，获1990年机械工业部科技进步二等奖；(5) 膜厚测定仪，获1991年上海科技进步三等奖；(6) 硒化镉交流液晶光阀，获1992年机械电子工业部科技进步二等奖；(7) 平场复消色差物镜开发研究，获1993年上海市科技进步三等奖；(8) 扫描隧道显微镜，获1996年上海市科技进步二等奖。

水利部南京水利水文自动化研究所

地址：南京市雨花台区中华门外铁心桥　邮码：210012　电话：(025) 2410771、2410774、2410780　传真：(025) 2412220　所长：袁普生（副所长主持工作）　总工程师：姚永熙（副所长）

简介：该所是从事水利水文水电仪器及自动化系统设备研究的专业研究所，具有很强的综合研制实力，在水利行业中占有相当重要的地位。

该所现有职工420人，各类专业技术人员278人，下设五大研究室，五个独立经营分所、公司，一个试制工厂，水利部水文仪器质量检测中心设在该所，全国水文标准化技术委员会、水文仪器分技术委员会（TC199/SCI）亦设在该所。

近年研究开发各类科技项目300多项，荣获各类科技成果奖30多项，出版书籍20余种。现已推广应用的自动化系统主要有：水文自动测报系统、闸门监控系统、城市防洪调度通信系统、大坝安全监测系统、污水流量监测系统微波（短波）通信系统、泵站自动化系统、水位雨量固态存储系统、桥测巡测设备、水轮机现场试验设备、缆道测沙测流测深成套设备等。

此外，还研制水位、雨量、测沙、蒸发等各类传感器数十种。各类水利水文仪器在国内占主导地位，一些基本水文仪器达到国内先进水平，流速仪已具有国际领先水平。

该所的宗旨：竭诚为水利、水文、水电事业服务，并提供水利行业使用的最先进的自动化仪器、设备。

无锡气动技术研究所

地址：江苏省无锡市湖滨路6号　邮码：214061　电话：(0510) 5807474　传真：(0510) 5807474　所长：斯方华　总工程师：孙旭光

简介：该所是机械工业部气动行业技术归口研究所，在全国气动行业中负责规划、情报、标准、科研、中试、产品质量监检测、技术培训和行业协会等工作。

该所现有职工200人，其中60%为中高级职称的科技人员。所区占地面积25 800m²，建筑面积13 000m²。现有各类仪器设备400台（套）。所内设技术开发部、行业发展部、综合管理部、自动化工程成套厂、销售公司等五大部门。此外，机械工业部气动元件产品质量监督检测中心、中国液压气动密封件工业协会气动专业分会、全国液压气动标准化技术委员会气压传动与控制分技术委员会、气动行业科技情报网、中国机械设备进出口总公司日本CKD气动技术服务站（设保税仓库）等机构均设在所内。

“七五”、“八五”以来，取得重要科技成果200余项，有26项获部、省、市科技成果奖，4项获国家专利。其中，国家“七五”重大技术开发项目12项，国家“七五”重点科技攻关项目4项，重大装备成套项目2项，“八五”国家重点企业技术开发项目4项(4大系列374个品种规格的新一代气动控制阀开发)。为一大批大中型骨干企业技术改造承担自动化工程成套项目、自动化生产线及专机设备研制、引进国外生产线及专机设备研制、引进国外生产线国产化技术改造等方面做了大量富有成效的工作，为中国气动事业发展和工业自动化做出了积极贡献。

浙江省机械工业情报研究所

地址：杭州市劳动路128号　邮码：310002　电话：(0571) 7911877　传真：(0571) 7027649　所长：郎　星

简介：该所的前身是成立于1972年的浙江省机械工业技术情报站，1988年8月由浙江省编委定为现名。该所是隶属于浙江省机械工业厅的全额拨款科学技术信息研究事业单位，属社会公益类研究所，在机械厅内部履行情报处的职能，编制员额40人。主要职责是对全省机械行业的经济技术情报业务实行归口管理，面向全省机械行业开展信息传递和交流，为政府主管部门和基层企事业单位提供科技、经济信息服务。所内设置：办公室、信息室、标准室、学会办公室、发行站、胶印部，主要从事信息研究与传递、学术交流、成果推广、技术服务、书刊发行、标准制定与培训，并负责编辑出版《机电工程》、《浙江机械信息》、《机械厅文告》、《技术交易》等刊物。近年来全所获各级科研及情报成果奖励15项，发表各类论文多篇，为促进浙江省机械工业的发展做出了贡献。

机械工业部合肥通用机械研究所

地址：合肥市长江西路888号　邮码：230031　电话：(0551) 5312800　传真：(0551) 5312185　所长：李景辰　总工程师：张立权

简介：该所是面向全国的多专业、综合性部属一类研究所，从事通用机械与化工设备的设计、开发、研制、检测和相应工程承包及设备成套，已有40年历史。

全所占地面积27万m²，固定资产6 000多万元；大、精、尖设备及仪器仪表200多台（套）；职工近千名，工程技术人员占70%；现有23个专业和设备齐全的产品制造厂。

该所是全国石化通用机械12个专业的行业技术归口单位，是13个标委会、中国压力容器学会和流体工程学会、钢结构协会压力容器和管道协会以及13个信息网的挂靠单位；是《压力容器》、《流体机械》和《包装与食品机械》杂志的编辑出版单位。

该所经国家技术监督局、机械工业部等部门认可，设立了九大产品的质检中心和设备失效分析中心。

40年来，取得科研成果1 800多项，其中1986年～1996年为667项。十年间获国家科技进步特等奖2项、一等奖2项、二等奖5项、三等奖2项，获得省部级科技进步一等奖8项、二等奖35项、三等奖59项。

该所具有工程勘察设计、工程总承包、机电设备成套、液化石油专项工程设计、一～三类压力容器设计与压力容器检验以及机电设备安装等资格。曾先后完成数十项工程设计、设备成套及工程总承包。

机械工业部郑州机械研究所

地址：郑州市嵩山南路81号　邮码：450052

电话：(0371)7447103(所办)　传真：(0371)7449148
所长：刘元杰　总工程师：吴晓铃

简介：该所是研究机械工业基础技术、基本工艺的多专业综合研究所，是机械工业部的一类研究所，已有四十年的科研工作历史，主要从事机械结构强度与振动、齿轮传动、机械制造工艺以及机电一体化设备的试验研究。现有职工近900人，其中专业技术人员466人（包括高级工程师160人），拥有相当规模的试验研究和加工制造能力和基础。

该所是机械工业系统机械强度与振动、齿轮传动、大型铸锻件和化学标准物质的行业归口单位，负责组织有关标准的编制修订以及国际标准化组织ISO/TC60和ISO/TC108的国内归口管理工作，编辑出版《机械强度》和《机械传动》两种期刊。是国家、机械工业部和河南省齿轮产品质量监督检测中心的挂靠单位，也是中国机械工程学会机械传动分会和所属齿轮专业技术委员会两个秘书处的挂靠单位。

自1971年至1996年，该所共获得科技成果598项，其中获国家级奖19项，部省级奖164项。在努力完成上级下达任务的同时，与许多工矿企业、科研单位和大专院校建立了合作关系，广泛承接计算、设计、测试、加工制造等方面的委托，竭诚为用户服务。

洛阳拖拉机研究所

地址：河南省洛阳市涧西区西苑路39号　邮码：471039　电话：(0379)4921001　传真：(0379)4912417　所长：朱士岑　常务副所长：朱一东　副所长：韦国本　总工程师：陆根源

简介：该所始建于1957年，是部属一类科学技术研究机构，是我国拖拉机行业技术开发、技术信息、技术标准研究中心和行业归口研究所。国家拖拉机产品质量监督检测中心（OECD农业拖拉机官方试验组织成员）、国家内燃机产品质量监督检测中心洛阳分中心、中国农业机械学会拖拉机学会秘书处、全国拖拉机标准化技术委员会秘书处、中国农业机械工业协会拖拉机分会秘书处、齿轮及齿轮箱分会秘书处、车轮分会秘书处、全国拖拉机标准化情报网、全国拖拉机及农用运输车信息总网等机构也设在该所。由该所和中国农业机械学会拖拉机学会主办的《拖拉机与农用运输车》杂志在国内外公开发行。内部刊物《拖拉机情报》、《拖拉机与运输车标准化》也在行业内产生了积极的影响。

随着国家体制改革的深入进行，洛阳拖拉机研究所于1994年进入中国第一拖拉机工程机械集团。除继续承担部属行业归口研究所的全部职能外，还成为第一拖拉机工程机械集团的技术中心。

该所现有职工1 002人，其中有高级职称者244人，中级职称者211人。设有拖拉机、内燃机、工程机械、汽车等设计研究所以及整机、部件、计算机电器、材料测试、试制工厂等研究与试验部门，承担着拖拉机、汽车、农用运输车、工程机械、内燃机等产品的开发、设计、试验和检测以及计算机技术、电器仪表、测试设备、新材料、新工艺的技术开发与推广应用任务等。

到1996年底，该所已申请国家专利14项，获国家、部、省级奖164项。

全所占地面积约16万m²，新建了科研设计大楼，并拥有科研办公大楼、技术信息楼以及强度、噪声、高低温、行走、发动机、传动液压、材料工艺、电器仪表等试验室，还拥有计算中心、拖拉机试验场及附属工厂等。主要科研测试检验仪器设备达到国际同行业先进水平。

建所以来，该所已完成主要科研和新产品开发项目千余项，其中轮式拖拉机系统计算机辅助设计开发研究，引进的大中型拖拉机国内主要配套件的研制，TY2540、TY1522轮式拖拉机系列的开发，30余种2.9kW～147kW的柴油机（含单缸机和系列多缸机、水冷和风冷机型）的开发，球型直喷燃烧系统的研究，挤渗碳硅气缸套的研究，纹影技术在内燃机工作过程研究中的应用，活塞环外圆CAD/CAM技术研究等科研项目在行业内产生了重要影响。

近年来，为适应我国内燃机行业的发展，该所引进的Schenck W230微机控制试验台、AVL670万能示功台及其外围设备AVL405自动烟度计、AVL403机油耗自动测量仪、P7500排放综合分析车等设备，为我国内燃机产品的研究提供了良好的试验手段。

机械工业部洛阳矿山机械研究所

地址：河南省洛阳市涧西区建设路206号　邮码：471039　电话：(0379)4215450　传真：(0379)4221800　所长：李长海　总工程师：王春民

简介：该所由国家科委注册建于1958年，隶属于机械工业部。1987年按照国家科技体制改革要求，经机械工业部批准进入国内最大的矿山机械制造企业之一的洛阳矿山机器厂（现中信重机公司）。1993年被国家经贸委认定为首批国家级企业技术中心。该所还是河南省高新技术企业和河南省科技体制改革先进单位。

该所是国内最大的矿山机械综合性技术开发机构，承担矿山机械共性基础应用技术研究、成套工艺与设备的研究开发，负责归口全国矿机行业规划、情报、标准。国家矿山机械质量监督检验中心挂靠在该所。该所还享有工程设计权、机械学与自动化学硕士研究生的培养、授予权。

该所拥有固定资产2 710万元，职工1 075人，科技人员总数860人。其中高级职称210多人，国家级专家19人，博士、硕士研究生26人。下设机械、齿轮、工艺材料、自动化、工程设计等分所和行业部、计算机中心、检测中心等机构。主要专业有采掘、提升运输、破碎磨矿筛分、选煤选矿、建材、冶金轧钢、轻工环保、发电、减速机、液压传动与控制、工业自动化、金属和高分子材料、计算机辅助设计与应用、工程成套设计等。拥有国际先进水平的无线电遥测车，以及中小铰车、减速器、振动机械、提升机械、破碎机械、液压传动、自动化、物料分析等 20 多个具有国内领先水平的试验室。

该所近年来完成 230 多项重大科研开发项目，获得部省以上成果奖 154 项。其中千万吨级大型露天矿成套设备研制项目荣获国家科技进步特等奖；三峡升船机关键技术研究、3m 工程钻机、日产 600t 活性石灰成套设备等分获部科技进步一等奖或国家科技进步二、三等奖。该所每年完成各级科研和新产品开发 40 多项，并负责研制生产和售后服务。可承担国内外同行的科研、开发、检测、试验、工程成套、工程设计 、人才培训、技术服务、咨询及转让等业务，是用户可靠的技术伙伴和后盾。

机械工业部洛阳轴承研究所

地址：河南省洛阳市吉林路 邮码：471039 电话：(0379) 4921301 传真：(0379) 4926248 所长：罗继伟 总工程师：金银木

简介：该所是机械工业部唯一直属的轴承科学技术综合性一类研究所，于 1958 年 6 月建立。主要从事专用、通用轴承产品设计和应用、冷热加工工艺与设备、测试技术与仪器、金属与非金属材料应用、润滑与防锈技术、轴承产品质量监督检验测试、技术标准等科研开发及行业技术服务等任务。在技术情报、产品设计、技术标准、材料应用、热处理工艺、产品质量监督检验测试、行业技术发展规划等方面负责技术归口并发挥主导作用，且为轴承行业培训科技人员和管理人员。现设 11 个科研开发部（研究室），国家轴承质量监督检验测试中心和 2 个中试生产车间等主要的科研、中试生产机构。该所还是全国滚动轴承标准化技术委员会秘书处、轴承标准化信息网、轴承国际标准化组织 ISO/TC4 国内秘书处、轴承行业信息网以及中国轴承工业协会技术委员会秘书处的技术依托单位。

该所经过 30 多年的发展，现有职工 1 108 人，其中各类专业技术人员 522 人（含高级职务 127 人、中级职务 292 人），工人 558 人；现有固定资产总值 5 488 万元；共取得科研课题成果 578 项、技术标准 567 项，完成行业技术工作 1 400 余项，获国家、部省级奖励 163 项，其中国家级奖励 19 项、部省级奖励 144 项。

机械工业部许昌继电器研究所

地址：河南省许昌市建设路 183 号 邮码：461000 电话：(0374) 3319473 传真：(0374) 3315273 所长：曹全喜 总工程师：张克元

简介：该所成立于 1970 年，是机械工业部继电器及装置行业技术归口研究所，国家继电器质量监督检验中心设在所内，全国继电器及装置标准化技术委员会也挂靠在该所。

该所现有职工 400 人，其中工程技术人员 260 人，包括高级工程师、博士及硕士研究生 50 人，工程师及本科以上学历者 200 余人。该所 1996 年末固定资产总值 2 700 万元，拥有 1 万多 m^2 的科研大楼和测试中心，各种科研仪器设备 500 多台（套），还配置了近 200 台中高档计算机用于科研开发。

该所主要承担电力系统继电保护、电力系统自动化技术及其设备的开发研究任务，技术水平基本达到国内领先和国际先进水平。其主要科研项目有：500kV 高压及超高压输电线路保护装置、微机电铁馈线保护装置、微机母线保护装置、微机大机组与发变组成套保护装置、变电站综合自动化系统、区域稳定控制系统、微机数字式线路保护及电容器保护装置、直流输电系统控制与保护装置、各种静态继电器等。共有 30 项科研成果荣获国家及省（部）级以上奖励，其中锦辽 500kV 输变电成套设备、600kW 发电机组集成电路主设备保护装置、500kV 集成电路成套继电保护装置分获国家科技进步一、二、三等奖；微机中阻母差保护装置、微机大机组保护装置、微机线路保护装置等高科技微机产品获得部级奖励。

建设部长沙建设机械研究院

地址：长沙市河西银盆岭 邮码：410013 电话：(0731) 8807471 传真：(0731) 8807313 院长：詹纯新 总工程师：龙国键

简介：该院始建 于 1956 年，是建设部直属的建设机械与城市车辆的综合性研究机构和技术归口单位，是中国建设机械协会的 11 个分会的主任委员和秘书长单位。此外，国家建筑城建机械质量监督检验中心、建设部商品混凝土机械工程技术研究中心和建设部城市车辆研究所也设在院内。全院固定资产 4 000 万元（原价），占地面积 165 000m^2，职工 495 人，专业技术人员 330 人。主要从事建筑工程起重机械、高空作业机械、装修机械、混凝土及混凝土制品机械、路面机械、压实机械、市政环卫机械、铲土运输机械、桩工机械、水处理机械、耐磨材料、电梯、建设机械配套电气控制、液压系统及其他建设机械与设备。建院以来，共完成科研成果近 600 项，其中有 131 项荣获国家、部省级科技进步奖，申报专利 137 项，获授权 126 项。该院集科、工、贸一体化的中联建设机械产业公司，主要从事建设机械高新技术产品的开发与生产，产品畅销国内外，1996 年产值达 1.2 亿元。

机械工业部广州机床研究所

地址：广州市黄埔区茅岗路 828 号 邮码：

510701　电话：（020）82270723　传真：（020）82279135　所长：李文哲　总工程师：陶斌岩

简介：该所建于1959年，是机械工业部直属的综合性研究所。主要从事机械行业基础技术、基础材料、基础元件的研究。现有职工和合同工人900余人，工程技术人员约400多人，其中高级工程师约70人，工程师近150人。

几十年来，该所取得800多项科研成果，其中荣获国家、部、省、市科技进步奖逾百项。该所在摩擦磨损与润滑、金属加工液、防锈材料、密封元件、密封材料、液压元件、液压系统、机床主轴部件、动静压轴承、气动部件、精密检测元件、非标设备等众多领域在国内居领先地位，许多科研成果及其产品均接近或达到国外发达国家同类产品水平，在行业中享有较高的声誉，目前已有部分产品出口。

该所下设机电、液压、化工、密封4个分所，各分所均设有技术研究、产品开发、生产、销售及技术服务等部门。此外该所近年来合资（合作）兴办了广州震高机械有限公司、广东吉盛机械化工有限公司，分别生产压铸机、工业喷剂等高新技术产品。机械工业部机床液压元件质量监督检测中心和橡胶密封元件质量监督检测中心设在该所。该所编辑出版的中文期刊《机床与液压》及《润滑与密封》发行国内外，享有良好声誉。

该所竭诚为社会各界提供优质产品、优质服务，欢迎国内外客商洽谈、合作。

机械工业部广州电器科学研究所

地址：广州市新港西路204号　邮码：510302　电话：（020）84451171　传真：（020）84451516　所长：汤宝流

简介：该所是机械工业部直属多专业综合性研究所，1958年成立。技术人员占70%，其中高级专业人员160人。主要专业有：环境技术、日用电器、分马力电机、自动化与成套工程、电工材料与涂料、金属防护、电力电子装置与元件等。共承担了机电系统5个行业的技术归口和22个IEC及ISO专委会（分专委会）中国对口及服务工作。国家日用电器质量监督检验测试中心、国家进出口商品检验局家用电器认可实验室等9个国家或部省级质检中心、站、室也设在该所。这些实验室已取得美国UL、加拿大CSA、IECEE等机构双边认可。目前已成为国内日用电器产品性能检测的权威机构之一。

自1985年以来，该所先后有75项科技成果获部、省级科技进步奖，获国家三等奖、部二等奖以上的有13项。主要成果是：大型成套工程和仪器设备的设计、制造，以大型发电机晶闸管励磁装置为代表的电工设备研制，涂敷材料的研究开发生产，机械产品环境适应性的试验研究。

实行科技体制改革以后，广州电器科学研究所利用各专业相互配套的综合优势，大力推进技术成果商品化，科技经济实力不断增强，科研开发能力不断提高。其中为广州五羊—本田摩托车公司研制的年产30万辆摩托车的大型自动涂装生产线已达到国际先进水平。每年可为社会提供超亿元的技术商品。1996年，该所开始实施科技企业制度改造，组建了多个集科研开发、生产经营一体的经济实体，开始向科技企业（或企业集团）的目标迈进。

机械工业部桂林电器科学研究所

地址：广西桂林市辰山路1号　邮码：541004　电话：（0773）5812501　传真：（0773）5813513　所长：刘伯宁

简介：该所前身是北京电器科学研究院，1970年部分搬迁桂林建所，现已成为研究开发电工材料及其应用技术、精密模具设计制造技术、特种电机、特种工艺装备和技术集成工程化研究为主的基础性、综合性研究单位，是国家电工材料产品质量监督检测中心和国家商检局一级实验室及机械工业部第16计量站的所在地。

全所现有职工1 050人，各类工程技术人员628人，高级职称131人，部级专家22人；所区面积21.75万m^2，建筑面积9.1万m^2，固定资产7 446万元；拥有齐全的先进设备和科学仪器。该所共取得科技成果700多项，其中获国家、部级科技进步奖100余项，在国民经济和科学技术的发展中发挥了重要作用。

主要专业范围：电工材料及其应用技术（高分子及精密合金），模具设计与制造，电子束、离子束及真空镀膜技术，特种工艺装备设计与制造，电气自动化技术，绝缘材料、电工合金，模具行业技术归口及产品质量监督检测中心，灯光照明工程。

主要高新技术产品：各种电触头材料、磁性材料，电工塑料，绝缘胶、漆，云母制品及电工薄膜，电子束焊机，真空炉，真空镀膜生产线，特种工艺装备及拉膜机生产成套技术，印制绕组电机及直流伺服系统，电动自行车及专用系列电机、电动轮毂及控制器，汽车空调冷凝器风机，生产过程自动化控制装置，精密塑料模具和级进冲模等。可以承接泛光照明工程、岩洞照明工程。

机械工业部重庆工业自动化仪表研究所

地址：重庆市北碚区施家梁　邮码：400708　电话：（023）68222981　传真：（023）68222414　所长：江志道

简介：该所是多学科、多专业、以应用技术为主的综合性工业自动化研究所，是国家仪器仪表行业技术归口研究所，也是机械工业部工业控制实时软件开发中心和机械工业部过程控制系统产品质量监督检测中心。1966年由原第一机械工业部上海热工仪表科学研究所一分为二内迁重庆建成。现有职工600余人，其中工程技术人员占一半以上，有高级技术专家60余名。设有行业工作部、计算机及系统工程部、流量仪表部（流量仪表厂）、S系列仪表部（电动执行器厂）、DCS部（自控装置厂）、仪表开发部、电子机械厂等7个研究开发部门。目前主要研究开发方向是分散型控制系统、工业自动化仪表、工业控制计算机系统、工业控制实时软件、现场总线智能仪表与开放自动化系统、工业自动化系统设计与集成。

建所以来，共完成科研课题1 600余项，获得主要科研成果近800余项，其中获奖项目约200项。近年来，围绕国家重点工程项目、企业技术改造，研制出一批新型工业控制计算机和智能式仪器仪表新产品，开发并定型了为工业窑炉、工业锅炉、中小型发电站与变电站、石油化工装置、机电一体化等配套的典型自动控制装置和工业控制实时软件。“七五”、“八五”计划期间，承担了多项国家重点科技攻关项目，取得了DJK-7500分散型控制系统等一批新成果。积极组织了科研成果的工程化开发和生产应用，大力促进科技与经济相结合，为各仪表制造厂家及各行业直接用户创造了百亿元以上的产值，为国家经济建设做出了贡献。在精神文明建设方面，也取得了可喜成绩，多年来被评为重庆市文明单位。

机械工业部重庆仪表材料研究所

地址：重庆市北碚区龙凤桥　邮码：630700　电话：(023) 68862721　传真：(023) 68863932　所长：萧庆赞

简介：该所是机械工业部直属研究所，是全国唯一专门从事仪表功能材料共性基础技术研究的综合性研究所，是机械工业部仪表功能材料工程研究中心的依托单位。经机械工业部和重庆市政府推荐，该所目前正在向国家科委申请组建国家仪表功能材料工程技术研究中心。

全所现有职工629人，其中技术人员312人，工程师151人，高级工程师70人，研究员级高级工程师14人，享受政府特殊津贴的专家8人，中国机械工业科技专家1人，机械工业青年专家2人，四川省有突出贡献的专家2人。全所占地面积7万m^2，建筑面积5.5万m^2，固定资产原价3 350万元，设备仪器1 460台（套）。所内设12个专业研究室、60个试验室、8条中间试验工艺线、1个维修加工部。

经过建所30多年的艰苦奋斗，开辟了测温材料、耐腐蚀材料、弹性材料、磁性材料、贵金属材料、难熔金属材料、精密电阻材料、仪表结构材料、金属陶瓷材料、功能陶瓷材料、化合物半导体材料等材料及应用技术专业领域，并保持国内领先的技术优势。

建所以来共取得科研成果660多项，获国家、部、省级以上奖励项目116项，其中包括国家科学大会奖5项，国家科技进步二等奖1项，国家科技进步三等奖2项，机械工业部科技进步一等奖7项。

机械工业部昆明电器科学研究所

地址：昆明市北郊上马村　邮码：650221　电话：(0871) 5152388　传真：(0871) 5152382　所长：张南华　总工程师：李金生

简介：该所创建于1961年，系机械工业部直属的多专业、综合性电工科研单位。主要设有15个科研、生产、经营管理和服务部门及单位。国家超大型高海拔模拟实验室，云南省电工、家用电器、仪表产品质量检测中心和电工产品进出口商检实验室亦设在该所。

该所现已具有较强的科技实力，较好的科研生产设备、仪器和检测条件，拥有一大批高中初级科技人员和操作熟练的技术工人。主要从事高原电工产品、特殊测试技术及相应设备的试验研究，高原环境技术与专用电工产品标准制修订，高原电工行业技术归口工作，新型中小微特电机、电器及机电一体化产品的开发研究，电气传动与自动控制设备、自动检测设备的研制，计算机应用技术研究，电器与家用电器等电工产品的鉴定测试，电工技术咨询服务与技术培训等科技工作。现已取得主要科技成果300多项。其中，获得国家、部委、省市级科技奖32项。

所属电工设备厂获得高压开关柜和高级型低压成套开关设备国家定点生产认证，形成2 000多万元年生产能力，可成套提供各系列高低压电控、配电以及各种自动控制设备。

该所愿与国内外同仁真诚合作，共同发展。

机械工业部西安重型机械研究所

地址：西安市辛家庙　邮码：710032　电话：(029) 6713411　传真：(029) 6713965
所长：汤宏武

简介：该所创建于1956年，是机械工业部一类重点综合性开发型科研单位，1993年加入宝钢集团。全所设有12个专业研究室，专门从事黑色、有色金属冶金装备、重型锻压和环保设备以及基础传动件的技术和产品研究开发，机、电、液、自动化专业配套齐全，技术力量雄厚。现有职工1 000余人，工程技术人员700余人，其中高级工程师200余名（包括研究员级高工21名）。建所40年来，作为国内唯一专门从事冶金装备、重型锻压、环保设备及基础传动件的技术和产品研究开发单位，在试验研究、技术开发、成套设计、加工制造、系统成套方面为我国黑色和有色金属冶金及军工、电工、建材等行业提供了大量的先进技术和装备。近400项成果获国家级、部省级科技进步奖和发明奖，70余项成果取得发明和实用新型专利。1996年度获部省级以上科技进步奖12项，其中国家科技进步一等奖1项、机械工业部科技进步特等奖1项、一等奖1项。申请专利10项，获授权5项。

该所固定资产原价总计5 463万元。拥有冶炼、轧制、除尘、锻压等各类试验室20余个，占地面积12 000m²，并设有机加工、电控装备、真空环保设备、控制柜、精密管、铝型材等6个中试工厂，从事新产品新技术的开发研究和关键技术产品的加工制造。该所同时还承担重型机械行业的规划、信息、标准和产品质量监督、检验等工作。国家冶金重型机械质量监督检验中心设在该所。所属西安重型技术公司具有进出口权。该所现已形成从科技开发、成套设计、加工制造、系统集成到现场服务一套完整的体系。

机械工业部西安微电机研究所

地址：西安市西郊桃园西路2号　邮码：710077　电话：(029)4244509　传真：(029)4234753　所长：莫会成　技术副所长：荆仁旺

简介：该所为机械工业部直属研究所，是我国微电机及驱动系统的主要研究开发基地，国家微电机行业归口所；是我国微电机标准化技术委员会主任单位，中国电机工业协会微电机分会理事长单位；国家微电机产品质量监督检测中心设在该所。该所技术力量雄厚，现有职工600人，其中工程技术人员300人，半数以上具有高、中级职称，并拥有先进的制造设备和一流的微特电机测试设备。

该所研制开发有自整角机、旋转变压器、感应移相器、感应同步器、接触式编码器、交直流测速发电机、交直流伺服电动机、永磁交流伺服电机、磁阻式和混合式步进电机、交直流力矩电机、低速同步电机、各种特殊异步电机、特种风机、制动器、各种机组以及与电机配套的驱动电源共20余类、千余种规格的产品，广泛应用于国民经济的各个领域。90余项产品获国家及部省级奖励。近年来，该所又开发出各类数控装置及真空负荷开关等新产品，满足广大用户需要。

该所注重产品质量，1991年通过国防科工委质量保证体系的评审验收，1997年初又通过军品生产线验收。

该所愿与新老合作伙伴发展友谊，以最好的产品奉献给广大用户。

机械工业部西安电力电子技术研究所

地址：西安市朱雀大街202号　邮码：710061　电话：(029)5271726、5235377　传真：(029)5261691　所长：徐南屏

简介：该所是从事研究电力电子技术的国家级专业研究所，是我国较早从事电力电子技术研究的基地。其前身是1958年3月组建的西安整流器研究所，1988年改为现名。

该所现有职工735名，科技人员375名，其中高级科技人员90名。所区占地面积3.47万m²，建筑面积为2.6万m²，超净实验室面积2 216m²。全所现有固定资产4 000万元。

国家电力电子产品技术监督检验中心，电力电子国家工程研究中心（ERC-PE），中国电器工业协会电力电子分会，中国电工技术学会电力电子分会，全国电力电子学标准化技术委员会，电力半导体器件标准行业信息网和全国电力电子行业信息网等均设在所内，该所还是国际电工委员会第22技术委员会（IEC-TC22）国内归口单位，第47技术委员会（IEC-TC47）国内分归口单位，并主办有《电力电子技术》杂志。

该所在“六五”、“七五”期间取得了310多项科研成果，其中100余项获得国家和部级奖励，并已将科研成果转化为批量生产。“八五”期间承担国家重点科技攻关专题8项，研制出的新一代MOS控制电力半导体器件、驱动电路、配套的测试设备及新一代电力半导体装置等，均已通过部级鉴定，多项产品性能已达到或接近国外同类产品的先进水平，部分产品已形成批量生产。该所组建的中外合资企业——西安西普电力电子有限公司和西安爱帕克电力电子有限公司是该所分别和台湾普传公司、美国IR公司创建的合资企业，专门从事交流电动机变频调速和新型电力电子器件封装开发、设计及规模化生产。同时组建了一个由该所控股的规范化管理运营的高新技术企业——西安千岛实业股份有限公司。目前，西安电力电子技术研究所已成为集研究、开发、中试、生产、合资、经营、贸易为一体的技、工、贸一体化的综合性的研究所。

甘肃省机械科学研究院

地址：兰州市金昌路140号　邮码：730030　电话：(0931)8822821　传真：(0931)8413799　院长：任万才　总工程师：陆　林

简介：该院是甘肃省机械工业综合性科研单位。现有职工253人，科技人员近200人，中级以上专业技术人员150人。固定资产近2 000万元。具有较强的科研开发能力和测试、试验手段。内设农业工程研究所、机械工程设计研究所、同位素仪表研究所、材料应用保护研究所、特种材料研究所、计算机中心、检测中心等科研开发、研究、试验机构。省机电产品质量监督检验站、省机械工业科技情报站、《机械研究与应用》编辑部、省机械工业标准化站、省机械工业专利事务所、机电工程师进修大学甘肃分校设在该院。省机械工程学会、省农机学会、省模具协会秘书处挂靠该院。科技产业实体有：兰州科达合金责任有限公司、兰州记忆合金责任有限公司、兰州同位素仪表工程责任有限公司、甘肃机电实业开发总公司、

兰州四达机械厂。

该院在农业机械，同位素仪表，铜、镍、锌、铁合金材料，环保工程设备，机械工程的研究与设计、工程咨询等方面具有较强的优势。至今完成了科研开发、新产品设计、技术服务等课题290余项，荣获国家、省、部级和地方厅局创造发明、科技进步奖55项。开发的主要产品有：成套中小型农业机械、同位素仪表（核子秤、流量计、密度计、比重计、pH酸度计）、矿热炉铜瓦、高炉风口套、转炉吹氧嘴、记忆合金产品、中小型举升机及纯水、净水装置等。该院欢迎海内外同仁光临指导，进行技术交流，合作开发和洽谈项目。

兰州石油机械研究所

地址：兰州市七里河敦煌路155号　邮码：730050　电话：（0931）2335931　传真：（0931）2443214　所长：唐尚谋　总工程师：张明石

简介：该所是国家石油钻采机械和炼油化工设备行业技术归口研究所。自1960年建所以来，主要从事石油钻采机械、炼油化工设备、海洋采油平台、沙漠油田设备的研究与开发，明胶、牛奶和果汁浓缩灭菌装置的设计与成套，中小型炼油化工和天然气液体回收工程的设计与总承包，石油钻采和炼油化工设备的性能测试与评定等。具有国家主管部门颁发的一、二、三类压力容器设计许可证，BR1级压力容器制造许可证，专项工程设计证（乙级），工程总承包资格证，工程咨询资格证书（乙级）和建筑业企业资质证书（二级）等，为国家开发科技成果751项。已逐步成为新技术、新产品开发、产品制造、产品性能测试评定和工程总承包的科技先导企业。

该所是国家石油钻采炼化设备质量监督检验测试中心、全国压力容器标准化委员会换热设备分委员会和中石化兰州设备失效分析及预防研究中心所在单位；是美国石油学会（API）会员，与美国NATCO公司、英国JOHNBROWN公司、新加坡FELS公司、加拿大PROPAK公司和俄罗斯全俄石油机械研究设计院等有长期合作关系，并与国内200多个厂矿、公司、大专院校、研究所有良好的合作关系。

机械工业部兰州电源车辆研究所

地址：兰州市七里河区民乐路64号　邮码：730050　电话：（0931）2333775　传真：（0931）2338841　所长：刘汉忠

简介：该所直属于机械工业部，1964年在天津筹建，1966年5月迁至兰州。主要从事内燃机电站专业和军用改装车专业的科研、新产品开发、研制、批量生产、信息、行业产品质量管理等技术归口业务。固定资产达2 350万元，职工人数310人，其中高级工程师28人、工程师46人，技术力量雄厚，中试工厂具备规模生产能力。国家内燃机发电机组质量监督检验中心设在该所，检测设备先进。该所已形成集科、工、贸一体的开发型科研单位。

该所在内燃机电站的调压、调速、自动化、低噪声、无线电干扰抑制、并联、低温起动等方面已取得国家级成果2项、省部级成果30多项。由该所研究开发并形成规模批量生产的飞机场精密电站产品系列、低噪声电站产品系列、自动化电站和各类军、民两用改装车辆已广泛应用在部队、民航、通信、影视、地矿、石油、宾馆、医院等领域。

建所以来除为我国的各型号导弹武器系统研制地面电源设备外，还为我国首次赴南极洲建立“长城站”研制了柴油发电机组，为毛主席纪念堂研制了特种运输车，为驻香港部队研制了新型低噪声自动化电站。

机械工业部西宁高原工程机械研究所

地址：西宁市城东区祁连路137号　邮码：810006　电话：（0971）8146520　传真：（0971）8140080　所长：马绍贤　副所长：张居正、赵光宇

简介：该所前身是西宁高原机电产品研究所，始建于1974年。1982年改为现名。该所是机械工业部直属科研单位，也是全国唯一从事机械产品高原低温特殊环境适应性研究的综合科研机构，且发展方向为面向国内外的工程机械及其有关机械的高原低温特殊环境适应性研究的科研单位。

该所占地面积66 000m²，建筑面积25 000m²，在职职工280人，其中科技人员140人，高级职称16人，中级职称53人。设有内燃机及其零部件研究室、整机及底盘研究室、计算机及自动控制研究室、材料及理化研究室、测试技术研究室、情报标准研究室等。机械工业部西宁高原工程机械产品质量监督检测中心挂靠在该所。

二十年来，共计完成了近百项科学研究项目，项目类别涉及高原特殊环境基础研究、内燃机高原功率恢复研究、运输及工程机械高原型产品研制开发及数控系统开发研究等众多领域。先后有数十项科研成果获得部省级科技进步奖，且有数项成果已转化为商品，取得了良好的社会效益和经济效益。

〔第Ⅷ部分责任编辑：王亚水〕

附　录

附录一 世界机械产业与市场

机械工业部科技信息研究院 王继先

一、概况

根据联合国《统计年鉴》的统计标准,机电产业应包括金属制品、一般机械、电工电子机械、运输机械、精密机械共计五大行业。根据初步统计,日本、美国、德国依序为世界最大的三个机电工业强国,其产值(1993年)分别为11 875亿美元、9 458亿美元和4 518亿美元。以下依序为法国、意大利、英国。近年来韩国、印度、印尼、马来西亚、泰国、巴西、墨西哥的机电工业均有较快的增长,正在成为新兴的机电工业国家。

根据国际贸易标准分类的口径统计,1995年世界机电产品贸易额估计为1.94万亿美元。日本、美国、德国依序为前三位机电产品出口大国,出口额分别达3 482亿美元、3 163亿美元和2 801亿美元。以下依序为法国、英国、意大利。韩国、新加坡、墨西哥、马来西亚均列名于前16位之内。

同年,美国、德国、日本依序为前三位机电产品进口大国,分别进口3859亿美元、1718亿美元、1011亿美元。以下依序为英国、意大利、法国。新加坡、香港、韩国的机电产品进口分别为835亿美元、788亿美元和489亿美元。

二、1996年的机电产业与市场

近一年来,西方发达国家在经济上虽面临一些困难,但仍有增长,固定资产投资和私人消费开支也进一步增加。1996年上半年,经合组织成员国的私人消费开支比上年同期增长了近3%,这有利于对汽车、家电、个人电脑及其他消费类电子产品需求的扩大。另一方面,固定资产投资的增长幅度虽只有0.7%,但其中用于购买机电设备的投资增长却比较明显,如美国增长了5.6%、日本增长6.3%,而英国、意大利、加拿大用于购买机电设备的固定资产投资则分别增长了5.8%、3.9%和7%,这对机床、船舶、农业机械以及成套设备等产业设备市场需求有一定的推动作用。因此,总的来讲世界机电产品市场呈现稳中看好的趋势。

根据1996年前8个月的统计数字,从生产情况看,美国、德国和英国的机电产品生产分别比上年同期增长5.7%、2.8%和5.3%。日本也增加了3.1%。从出口看,除日本机电产品出口金额比上年同期减少9.7%外,其余发达国家均有所增加。其中,美国和英国分别增加9.1%和13.2%。

从贸易看,受电子产品市场生产过剩,价格暴跌,需求下降的影响,1996年上半年全球机电产品贸易量的增长速度有所回落,此后,随着下半年电子产品出口势头好转,整个机电产品贸易又转为旺势。

从地区看,东亚(不包括日本)仍是当前机电产品进出口增长较快的地区,对世界机电产品贸易增长有着巨大的牵引作用。现在亚洲10国(地区)的机电产品进口总额已超过日本,形成与美国、欧盟三足鼎立的局面。拉美机电产品市场继续稳定增长,估计进口形势会好于1996年。

非洲机电产品市场90年代以来进入活跃和呈增长趋势,年均进口以10%以上高速增长,其中南非和埃及是主要进口国。中、东欧多数国家经济回升,机电产品进口增加。俄罗斯工业生产继续滑坡,但1997年可望回升。

美国机电产品市场于1996年起加快增长,1997年转入适度增长;西欧机电产品市场依然低速增长。

从产品看,世界半导体市场进入调整期,1996年出现10年来的首次衰退。1997年世界半导体市场可望增长7%,1998年重新恢复10%以上增长;世界计算机市场增长速度也减缓,同时向多样化发展。网络化成为新的竞争焦点;全球移动电话市场趋于火爆,使用移动电话的人数每年以50%的速度递增,推动移动电话高速增长的主要因素是移动通信技术日新月异;彩色电视机低速稳定增长,多频道、高画质和大屏幕电视是需求的增长点;录像机的世界需求增长比彩电还要低,亚洲市场牵引着需求的增长。家用音响增长缓慢,已进入市场饱和期;传统的便携式音响则进入负增长,但在亚洲市场仍有扩大的余地;汽车音响需求低速增长,但CD在汽车音响的应用有扩大之势。

1996年世界汽车市场持续适度增长,传统汽车市场趋于饱和,新兴汽车增速高但规模小,全球销量保持在5 000万辆左右;1996年世界船舶新建造需求估计为1 840万总吨,总价250亿美元;1996年~1997年的新船建造中,散货船占大部分,此后油船的建造需求将赶上散货船,1997年散货船的建造量明显减少,至90年代末再次上升;世界铁路运输市场将以5%~8%的速度上升,亚洲是增长最快的市场。

世界钢铁设备市场仍以亚洲的成交机会为最多,1996年~1997年投资热将有所降温,进入市场成熟期,投资规模向大型和小型两极分化;世界成套水泥设备需求将持续增长,1996年的增长率可达10%左右,但价格竞争会日趋激烈;1996年~1997年世界机床市场的热点仍在亚洲,主要原因是亚洲汽车业的大量投资;发电站的建设仍是发展中国家经济发展的重中之重,在世界成套设备成交额中保持第一位;化工成套设备市场仍可维持250亿美元以上的进口规模;纺织成套设备需求仍以亚洲、拉美、非洲的纺织品出口国为主要市场,他们需要能提高纺织品质量和降低成本的先进设备;世界环保设备需求估计在5 000亿美元,环保产品将成为世界贸易竞争的新领域。

受通用、专用工业机械设备需求增长的拉动，1996年基础零部件市场需求仍保持8%左右的增长，美、日、中国分别是位居前三位的大市场，拉美是增长较快的市场。

世界家电依然是低速稳定增长，新技术应用和价格两个方面都会展开激烈竞争。手工具和电动工具需求稳定，保持4%左右的增长，其中电动工具的增长更为显著，在汽车维修和建筑装修中更为普及，产品向大功率易操作的方向发展。

三、主要机械行业

(一)成套设备

1. 概况

据1996年8月26日，美国《工程新闻记录(ENR)》杂志公布的统计资料表明，1995年国际上最大的225个承包商的国际营业额共计1 050亿美元，比历史最高的1993年1 552亿美元少502亿美元。比1994年的922亿美元增长13.9%；这225个公司国内合同总额达3 206亿美元，比上年同期增长3.3%；国际国内合同共计4 256亿美元，比上年增长3.2%，这说明国际成套项目市场虽有回升，但增幅不大。

从成套设备出口国家和地区看，日本居第一位，224.1亿美元，占世界出口总额的21.3%；美国居第二位，174.7亿美元，占16.6%；法国第三位，162.5亿美元；德国117.8亿美元，居第四位。整个欧洲525.3亿美元，占世界的50%。美、日、欧合计占世界项目市场的88%。中国为29.7亿美元，占2.8%，居世界第十位。

从成套设备进口地区和国家看，亚洲(含中国)最大，482.5亿美元，占世界的45.9%；其次是欧洲，280.9亿美元，占26.7%；美国第三，占9.5%；非洲第四，92.2亿美元，占8.8%。拉美虽只有72.2亿美元，占世界的6.9%，但今后前景乐观。据《ENR》介绍，阿根廷、巴西、巴拉圭、乌拉圭等国均已摆脱经济危机，经济恢复增长，由于民营化政策的实施，许多基建项目将以BOT方式落实，特别是智利、巴西、阿根廷，非常引人注目。

亚洲这个最大的成套设备市场上，欧美承包商最看好菲律宾。他们认为，尽管竞争激烈，但很有赚头。由于印尼债务增加，一些国家对本国成套设备出口信贷采取谨慎态度。泰国和马来西亚被认为是稳定的市场，越南、缅甸被评价为中小规模项目的潜在市场。

根据调查，由于价格竞争激烈，各承包商为了降低成本而重视在第三国或当地市场的分包，有的公司在印度、沙特建立了项目执行中心，有的以低价格向新加坡、泰国、印尼分包。

调查表明，BOT方式的项目已非常普遍。今后要想拿到电力项目的订单，就不能回避电力民营化问题。1995年国际电力项目市场上，24%是民营项目，而在亚太地区，BOT电力项目占电力市场的60%。据预测，未来世界项目市场的40%属于BOT项目。

2. 主要行业情况

(1)冶金成套设备

1994年～1995年世界冶金成套设备的商务机会一直以亚洲为最多，1996年项目机会有所回落。今后的冶金设备市场仍集中在亚洲和拉美，而拉美以巴西为主。现在的亚洲冶金设备市场已渡过高速增长期而进入成熟期。投资规模向大型和小型两极分化，有些项目要靠资金实力和“幕后攻关”能力，常常出现争夺客户的竞争局面。

亚洲各国的铁源生产尚不能满足需要。泰国1997年有12个电炉型钢厂开动，铁源的生产供应是当务之急。韩国、台湾省、印尼、马来西亚等都有严重的铁源短缺问题，再加上与泰国、新加坡，2000年这6个国家和地区的供需缺口为废铁800万t，生铁200万t 。

为了弥补缺口，保证铁源供给，上述国家的投资方向将向上游转移。但究竟是高炉还是还原炼铁设备以哪个为主尚难定论。无论如何，初始成本较高的高炉不会建设太多，建设可能性较大的应是用地限制较少的还原炼铁设备。一些日本厂商认为，今后不会有多少高炉项目出台。

冶金成套设备市场的另一个趋势是对技术引进要求高涨。亚洲有许多电炉小型轧机，所轧薄板主要供应汽车行业。但这些自产的薄板质量低劣，很难在汽车上用，而且因质量太差也无法出口。现在这些失去用场的薄板正在充斥市场。鉴于各国更加重视质量，因此将会改变过去重设备进口轻技术引进的状况。

目前大型冶金成套设备项目主要在中国，此外印尼、马来西亚、菲律宾、印度等亚洲国家各有一些改造项目和新建项目。在拉美，最引人注目的是巴西的薄板，热轧、冷轧带钢等新建项目以及委内瑞拉的还原炼铁成套项目(100万t/台～120万t /台)。

(2)化工成套项目

1997年石油化工成套设备市场趋于活跃，除了亚洲正在计划的液化天然气、乙烯成套设备以外，中东地区也会有新项目出台。特别是最近油价提升，有利于改善中东产油国的财政状况。一些放置在一边的项目会进入具体实施阶段。近几年，成套设备市场上一直不理想的拉美地区也出台了一些大项目，虽然市场集中在巴西、墨西哥，但说明拉美市场在复苏。

印尼的石油产量在下降，估计2010年会成为石油净进口国，从长远看兴建炼油厂势在必行。但由于资金不定，只能改造现有炼油设施。与此相对照，近年来液化天然气的产量急剧上升，已成为创汇的主要手段。现在计划在纳图纳气田建设液化天然气基地，改造阿萨麦拉至巴坦之间的管线。政府计划在石油化工领域加强中间产品的生产。

菲律宾目前已建的3个厂的石油精炼能力为40万B/d，预计1999年的需求量为45万B/d，因此需建新厂。在化工方面，挥发油、聚丙烯、聚乙烯的成套设备由日本在菲的合资企业在吕宋岛西部建设。

缅甸有三个小规模炼油厂，设备陈旧，产量仅5.6万B/d，很低，需扩充能力。缅甸的天然气储藏量已确认为2208.7m^3(7.8万立方英尺)，气田开发工作正在大力进行。

(3)水泥设备

世界水泥成套设备市场仍以亚洲为主要市场，在亚洲，由于1985年～1995年期间经济持续快速增长，水泥的需求量10年增长了2.5倍，预计今后增长速度将放缓，但仍可达10%左右。包括日本、韩国、台湾在内，至2000年，整个亚洲对水泥的总需求量达8.8亿t。而目前的人均水泥消费量，印尼仅150kg～200kg，越南70kg～80kg。在最近开始出台水泥成套设备建设项目计划的缅甸，人均水泥消费量也很低。因此，今后水泥项目机会仍不会减少，但竞争，特别是价格竞争会日趋激烈。

水泥成套设备的需求主要在发展中国家，亚洲以外的地区，阿联酋、沙特等中东国家有可能出台一些现有设备改造项目，但这些国家传统上一直从欧洲企业进口，其他企业要想进入该市场需具备一定业绩资格。

水泥成套设备市场的一个引人注目的动向是发展中国家提倡通过利用合资的方式进口成套设备。例如越南，该国的水泥需求迅速增加，特别是进入90年代以来，需求急剧扩大。需求量由1990年的255万t和1993年500万t上升至1995年的720万t。据越南水泥公司预测，今后需求还会急剧增加，1998年达到1 500万t，2000年达到2 000万t。反观其生产能力，1995年底越南水泥公司系统全部年生产能力仅622万t/a，省、自治区所属厂的生产能力(共50个工厂)仅150万t/a，不足部分全靠进口。针对这一状况，越南政府制订了若干增产计划，但由于资金不足，国内生产能力未能增强。因此越南期待通过引进外资来解决。例如三菱与特里阿、日本水泥与越南水泥公司的合资项目谈判正在进行，台湾省幸运水泥在海防省的合资项目也已进入具体化阶段，此外三菱重工、宇部兴产、川崎重工、小野田工程、丹麦F·L·Smidth、德国KHD等跨国公司均参加了合资项目的投标。可谓高手云集，竞争十分激烈。

(4)发电设备

亚洲由于经济高速增长，电力需求紧迫。新的电站项目相继出台，但阻碍建设项目落实的瓶颈——建设资金也由于IPP(独立的电力公司)的普遍采用而变得容易筹集。同时，IPP的普遍采用推动项目向大型化发展。

IPP是经营性投资，为使收益提高，均倾向于加大电站规模。过去发展中国家电站的输出平均每台机组300MW，最近600MW、700MW的项目已不希罕。此外IPP的设备订货以交钥匙工程为主流，因此成套设备承包商的订单规模至少数亿美元，大的10亿美元以上。

尽管从金额上看规模很大，但对于十分重视收益性的IPP来讲，希望设备成本降至最低限度，这对设备承包商来讲就很不合算，经营状况十分严峻；再加上欧、美重型电力设备厂商加速进入亚洲参与竞争，80年代末曾经平均每1MW100万美元的电站设备建造单价行市，现已降至60万美元，有的甚至50万美元。

电力设备市场虽然活跃，但企业要想又盈利、又能在订单争夺中取胜却是一个大问题。为了解决此问题，有的企业对出口产品规格实行标准化，以便降低成本，有的在当地建合资生产厂，加强在当地设计、制造，有的将土木工程的高级管理人员改由委派当地人承担。以减少派出本国人员的费用负担。

今年引人注目的电力设备市场是印尼和泰国。这两个国家于1996年底和1997年初相继出台了许多项目，并与当局签订了卖电合同。这预示着IPP成套设备订单将出现高潮。印尼于1992年允许私人资本参加电力事业，但由于制度不完善，经验不足，项目实际上落实不了。1995年3月三井物产与美国Mission Inergy公司在拜顿项目上组成第一个该国的私营电站项目融资银团成立后，情况渐渐好转，现在有12项煤火力发电、11项地热发电项目均已与原国营电力厅PLN签订了卖电合同。PLN已明确，第七个五年计划(1999年4月～2004年3月)期间，除水力、离岛的发电站外，新建电站全部委托给IPP。

泰国也落实了第一个IPP项目。1995年6月底，泰国电力公司(EGAT)在全国实施了一揽子的IPP经营权招标，经综合评价，选择中标者。泰国的电站设备市场规模约33亿美元，仅次于中国。

随着IPP的普及，台湾省、巴西及南美其他国家都在活跃地尝试IPP方式，市场需求显著增加。

印度也是引人注目的市场。该国9.56亿人口对电力的需求潜力极大。但印度电力主管部门对经济效益不够重视，采用IPP方式的动力不足，市场前景不明朗。

3、技术发展状况

国际上化肥、炼油、乙烯、水泥、冶金、电站等成套项目在技术上正在出现以下几方面的变化：

(1)化肥、炼油、乙烯等石化工业设备不断向智能化、大型化、生产连续化的方向发展。其设备除保持耐高温、低温、高压、耐腐蚀、低噪音等优点外，近期又突出了高效、高可靠性方面的要求。化肥工业中的合成氨规模为年产45万t，尿素为年产85万t；吨氨能耗按原料不同(天然气、油、煤或渣油)分别在(29 288MJ)700万大卡、(33 472MJ)800万大卡、(41840MJ)1 000万大卡以下。乙烯规模为年产45万t～90万t；吨乙烯能耗在(20 920MJ)500万大卡左右，并通过采取节能措施和先进的控制系统来提高经济效益。炼油工业，为提高成品油的品位和收率，普遍采用加氢技术，经处理的油量占原油加工量的50%，炼油装置的规模为年产1 000万t～1 200万t。国外石油开采，已由陆地转向大规模地开发海洋、沙漠油田，成功地解决了运输、通信与导航、深井钻机、耐高压和高温的采油设备。近几年，在北美、南美和中东的浅水水域相继取得了良好的勘探效果，促进了浅海和滩海区域勘探技术的发展。

(2)火电机组单机容量60年代最大能达到1 300MW(美国)，但考虑到运行可靠性，此后各国单机容量的大型化发展趋势放慢，进入80年代以来，单机容量明显降低，基本上稳定在600MW～800MW，但是超临界机组、空冷机组和以核能为动力的核电机组均有所发展。原苏联、日本采用超临界压力锅炉已形成标准系列。1985年～1990年，原苏联、日本、美国、德国、法国为了提高机组热效率，已着手研制超临界机组，可提高核电装机容量的13%～20%，单机容量普遍为1 000MW，最大为1 400 MW，但发展趋缓。火电厂的空冷技术在世界各缺水区得到普遍应用，其装机容量越来越大，现在世界上已建成单机容量100MW以上的空冷电站26座，单机容量达686MW。

(二)机床

1996年世界机床生产，贸易和消费在1995年大幅回升的基础上，继续呈全面稳定增长。除生产额仍低于1989年～1991年的高峰数字外，出口额和进口额已超过历史最高年份(1990年)，反映出世界机床市场继续稳步回升，并预示1997年世界机床市场可能进一步好转。

1996年世界34个主要机床生产国和地区的机床产值总计达386.33亿美元，比1995年增长5.4%，其中切削机床为280.8亿美元，增长6.5%；成形机床105.6亿美元，增长2.6%。

同期34个国家和地区的机床出口总计228.0亿美元，比上年增长6.6%。机床进口总计202.2亿美元，增长6.2%。

34个国家和地区的机床消费额，1996年总计达360.6亿美元，比1995年增长5%。

1996年，西欧、亚洲、北美机床生产全面增长，东欧和其他地域继续下降。西欧、亚洲、北美三个地区的机床产值达373.3亿美元，占世界机床产值的96.7%。

日本、德国、美国、意大利、瑞士依然是前五位生产国。台湾省超过了中国大陆，英国超过了韩国，分别居第6位和第8位。日本是机床出口最多的国家，出口额达64.4亿美元，出口占产值的比重高达70%，德国紧随其后，出口51.6亿美元，出口占产值的比重为66.2%。进口排第一位的是美国，机床进口35.7亿美元，进口占消费额的49.5%；我国排第二位，进口21亿美元，进口占消费额的57.7%。出口总额228亿美元，进口总额202.2亿美元。

当前机床市场竞争十分激烈，全球主要机床生产厂商纷纷采取各种策略来提高竞争力，具体策略有：

1. 在接近市场的地点设厂生产或建分拨仓库，以便缩短交货期和降低成本。美国辛辛纳提、日本法纳克、德国TRUMPF、台湾省的台中精机、丽伟、永进等就采取了此种策略。

2. 为了解决供过于求的矛盾，维持生产能力，全球主要机床厂纷纷加入中低档机型的生产行列，改变了过去专注于生产高档机床的状况。但所谓的中低档机型，至少也得是CNC通用型机床和CNC车床。这方面，美国Hass、Harding、英国600集团、日本栗本精机等比较突出。

3. 通过符合或取得国际共同认同的标准可吸引客户采购和使用自己的产品，同时又可达到提高自己产品的目的。所使用的标准有欧盟的CE标志和ISO9000质量认证两大类。英国、韩国、台湾省的企业对此非常积极。台湾省1996年有31个企业通过CE标志，台中精机、丽伟、上银等多个企业通过了ISO9000体系认证。

4. 为了适应激烈的价格竞争，开发高性能但价格适中的机型已成为决胜的关键，即提高性能价格比的吸引力。这一策略的要点是，使用线性马达，朝高速化加工迈进；以PC Based控制器取代传统CNC控制器。例如，日立精机的立式切削中心采用了线性马达，实现了高速化；美国辛辛纳提、日本东芝、台湾永进公司复合加工机床、胜杰公司的车床上均使用了PC Based控制器。

(三)起重运输机械

世界市场目前对起重运输机械的需求量正在不断增加，尤其是大型化、高效率的起重运输设备。各类起重运输机械的市场需求比例，起重机械占21%，连续运输机械占29%，自动化立体仓库占13%，工业搬运车辆占22%，提升设备占15%。世界著名的德马格物料输送技术公司有近万名员工，主要生产桥式起重机、电动葫芦、单轨小车系统、自动化立体仓库等，年销售额为21亿马克。

欧洲生产的起重运输机械设备在世界市场占有半数以上，其出口额是日本和美国出口总额之和。

根据北京起重运输机械研究所副所长须雷的调查，德国是世界上最大的起重运输机械出口国，其次为日本和美国。德国起重运输机械生产正在以年均7.5%的速度增长，占机械制造业总产值的7.4%，其中50%的产品出口。

美国也是生产起重运输机械的大国，目前年产值达120亿美元，其中电动葫芦及起重机占19%，运输机械占37%，工业搬运车辆占33%，电梯及自动扶梯占11%。

日本起重运输机械的技术已达到世界先进水平。产值的40%产品供出口。

俄罗斯也曾经是起重运输设备生产大国，但近年市场大大萎缩，国内市场需求量还不到1988年的20%。

起重运输机械的技术发展趋势是，大型化、高效率化、无保养化和节能化，自动化、智能化、集成化和信息化，成套化、系统化、综合化和规模化、模块化、组合化、系列化和通用化，小型化、轻型化、简易化和多样化，采用新理论、新方法、新技术提高设计质量，采用新结构、新部件、新材料和新工艺提高产品性能。

起重运输设备中，电梯/扶梯市场的增长势头比较突出，预计至2000年年均增长11.7%，高于起重运输设备市场需求的增长，其市场规模增至244亿美元。在全球电梯/扶梯产品结构中，非齿轮电梯占15.5%，齿轮电梯占44.5%，液压式占23.5%，附件占16.5%。世界上最大的电梯市场在亚洲(不含日本、中东)占16%，其次是美国市场，占15%，欧洲市场占13%，日本市场占8.2%。从增长速度看，至2000年，亚洲市场增长最快，至2000年，年均增长24.8%，中东市场增长17.5%，拉美市场增长9%。欧洲、美国、日本则因新建高楼较少，生意清淡。

目前世界知名电梯大厂的经营方向正在进行如下调整：首先是将销售重点移至发展中国家的大城市，如中国的上海和泰国的曼谷。世界各大电梯厂均打算在中国建合资企业；其次是把经营重点由制造转向维修，因为一部电梯20年的维修费相当于最初的购置费。例如芬兰的科内公司1995年的维修改装电梯的收入占全部收入的61%。第三是改进技术，使电梯更安全，维修更简单，或是开发新型电梯。目前世界电梯/扶梯市场新产品层出不穷。卷扬式小型电梯已进入家庭，交流拖动已占统治地位，估计到2000年，交流调速电梯占总销量的99%以上。今后10年，世界电梯品种将向四个方向发展：一是交流方式将取代直流方式成为高速电梯的主流；二是液压电梯将在低层建筑领域大显身手；三是自动扶梯持续增长；四是家用小型电梯开始成为电梯大家族中的重要成员。

(四)泵、压缩机、阀门

近几年，世界泵和压缩机市场持续扩大。这是因为世界经济增长，环保法令日益严格，加工技术水平不断提高。

世界泵的生产总值约为200亿德国马克，其中离心泵的产值占42.4%。往复泵的产量有所下降而回转泵的产量在增加。预计1997年泵的盈利将超过压缩机，这主要是来自亚洲和拉美发展中国家的旺盛需求，特别是公益事业(煤气、水、电)方面。需求的增长有助于稳定泵市场的价格。

1996年压缩机的国际市场价格略有上升，升幅约为2%～3%，总的来讲，1997年的压缩机供应将不致紧缩。压缩机中，大型机的生产增长较快，因为全球化工与环保业需求较旺，小型机则能力相对充裕。

泵与压缩机市场上的竞争非常激烈，导致技术进步速度加快。水泵的技术进步表现为：设置电子调节系统，改善驱动装置和寻求新的材料。有变频器的可调节电动机的驱动装置和整体式结构的泵是新技术的发展方向。制冷压缩机每5年～10年就有一次大的技术突破，目前正由往复式向回转式发展；在大中型制冷机领域，有螺杆式和往复式并驾齐驱的势头；在小型制冷机领域，涡旋式发展很快，小型机的结构正向高可靠性、高效、低噪声的封闭式结构发展；溴化锂制冷机以其无污染、利用低势热能的优点而得到迅速发展，单机最大制冷量已达900万cal/h。

世界阀门市场以普通的标准阀门为大宗商品，附加价值较高的回转和自动调节阀的需求将出现大幅增长，其中最强劲的Quartertum阀将在2000年以前保持年均9.5%的高增长率，其他自动阀和标准阀的年需求增长则分别达7.3%和8.1%。

随着科学技术的发展，工程装置向大型化、自动化、高参数、严密封的要求发展，世界市场对阀门不断提出更高、更新的要求。国际上主要发展趋势是，节能，无污染少污染，高质量高可靠性，多功能，高参数。在高质量和可靠性方面，由于现代化工业工程装置规模越来越大，检修期要求由1年提高至2年～3年，国外的阀门在规定检修期内不出故障；在多功能方面，要求阀门开启、调节、分流、止回、截止依次完成不同的功能，以减少单一功能阀门的数量，从而减少管道布置和操作上的问题；在高参数方面，国外阀门已能满足超高压、超高温、超低温、高真空、高速、高密封、长寿命、大口径、耐磨、耐强腐蚀、耐辐射、耐火、防爆、远距离自动化等要求。

(五)塑料机械

随着世界经济稳定增长，汽车生产再度抬头以及塑料包装不易再生的名声得到"平反"，估计全球塑料橡胶机械市场在2004年以前将以年均3%的速度增长。需求增长比较显著的市场是拉丁美洲、美国和亚洲。中国是亚洲第一大买主，其次是印度；中东地区以阿联酋最为引人注目。阿联酋由于食品工业和汽车工业的发展，人均塑料消费量以年均25%的速度增长。近年来该国政府降低进口关税，鼓励塑料工业大量进口设备，其所要求的设备技术水平不亚于工业发达国家。委内瑞拉的塑料工业因设备陈旧急待更新，目前10年以上机龄的设备占29.5%，6年～10年的占34%。拉美大企业主要进口欧洲和美国的产品，中小企业则采购台湾省的产品。巴西塑料机械市场的贸易和生产方式深受欧洲影响，目前正处于产业结构调整期，目前中小型机械自产，大型设备则从欧洲进口。非洲的埃及没有塑料机械工业，几乎完全依赖进口，由于埃及在北非占有重要经济地位，未来市场需求看好。

美国是塑料机械的主要市场之一。1995年的市场需求规模约27.5亿美元，估计2000年可超过30亿美元，年均增长率1.8%。日本1994年曾因受泡沫经济影响，生产及进口均持续减少，但出口反有增长。1996年以来日本经济好转，国内需求可望有小幅增长，进口以小型特殊机型为主。西欧市场也是塑料机械的主要市场，但增幅平平。

德国是全球塑料机械的第一生产国和出口国，供应全球需求量的1/3。1996年，德国塑料机械业的营业额达65亿马克，预计1997年可增长3%～5%。1996年德国塑料机械出口额为46.5亿马克，主要出口地为北美、亚洲(中国、印度、韩国、东南亚)。出口的增长主要靠吹制成型机，该品种达到10%以上增长，来自汽车和包装业的订单为最多；而注塑模射成型机则衰退，预计1997年会进一步衰退；挤压成型机增衰表现有高有低，其中生产塑料管、塑料模类的挤压成型机由于供过于求衰退严重，而供塑料废弃物回收再利用的挤压成型机则订单增加。

(六)食品机械

国际上食品加工机械市场需求主要来自工业发达国家，这些国家食品和饮料工业规模大。食品加工机械的供应也主要是这些工业发达国家。德国、美国分别是食品加工机械的主要生产国，与此同时，德国、意大利、美国、日本又是食品加工机械的前四位进口国。这些国家，特别是德国和意大利，制造了一些世界上技术最先进、复杂的食品加工设备，使用了最新的技术发展成果。90年代初，德国食品加工机械的出口占据了世界35%的市场份额，意大利其次，占18%。

发展中国家对食品加工机械的需求虽然还不大，但增长很快，特别是速冻和方便食品消费一直在上升，这些需求刺激新加工厂的建造和现有加工厂的改造，特别是在热带和亚热带国家，那里存在着严重的浪费和公害问题，这些国家缺少相应加工厂所需要的高技术和专用设备，只能通过进口来满足。亚洲发展中国家经济的过速增长使越南、老挝、柬埔寨、印尼、马来西亚、菲律宾、泰国等东南亚国家成为食品加工机械的新兴市场，由于食品文化习俗的要求，日本、台湾省、韩国的产品发挥了优势，尽管台湾省在技术与德、意、美、日存在较大的差距，但通过食品工业的设厂带动食品加工设备出口保持一定的市场份额。

东欧一些国家食品加工业的私有化促进了肉类加工工业的技术改造，拉美国家蔬菜水果等农副产品加工，需要先进的加工技术以促进出口换取外汇，但这些市场都宜于通过对畜牧场、农场的投资来带动设备出口。

国际上食品加工机械正在向自动化、系统化发展。此外单台出口由于价格竞争激烈，很难取得利润，因此成套出口是经营的方向。

(七)包装机械

据德国机器和厂房设备制造业协会(VDMA)的调查，全球包装机械市场规模大约270亿马克(1994年)，其中德、美、日、意四国占据了2/3的市场份额。另据德国大企业Bosch提供的资料，1995年全球包装机械产值共计256亿马克，德国居冠，共生产55亿马克(占21.5%)。日本53亿马克(20.7%)，美国48亿马克(19%)，意大利31亿马克(12%)。美国及日本两个包装机械生产大国均以其国内市场为主要销售地点，其外销比例分别占22%和11%。而德国和意大利两个欧洲生产大国，其营业额大都来自海外市场。德国生产的包装机械出口比例高达75%，意大利更多，达85%。

德国是全球第一大包装机械出口国，占有全球出口额的1/3(32.8%)，在欧盟的市场份额达26.6%，在北美27.2%，在中东和东亚市场分别高达41%和34.5%。1995年，德国包装机械出口额达41亿马克，主要品种有：饮料包装机，占1/3，其中瓶、罐填充机及封口机占比重最大，占饮料包装机的40%；其次为饮料包装集装机(占23%)，在非饮料包装机中，上包机为最大宗，占20%，且增长幅度最高，而封口机则严重衰退，减少66%。

美国是世界上最大的包装机械进口国，1995年进口6.5亿美元。主要进口来源为德国、意大利、日本、加拿大，合计占该类总进口金额的75%，其次英、法、瑞典、台湾省共占16%。从进口单价看，中高价位(数千至数万美元/台)机型主要自日本、意大利、瑞士、加拿大进口，数千美元/台以下的小型机自台湾进口。烟草、糖果和香烟包装机械的进口额，1995年为3.6亿美元。

根据预测，世界包装机械市场今后几年增长率为3%～5%。许多东欧国家及第三世界国家及医药的包装需求提高，包装机械的需求也相应增加。主要新兴市场有印尼、印度、马来西亚、越南、巴基斯坦等亚洲地区国家，此外巴西、墨西哥、智利等拉美国家市场也深具潜力，俄罗斯及东欧国家今后可成为拓销市场。

随着民生用品生产的能力扩充与技术更新，包装机械的世界市场将温和增长，但市场竞争日趋激烈。为了在竞争中取胜，各生产厂不断翻新包装设计和开发新包装材料；各商店要求能随时变化大小包装以便打折促销；全社会环保意识提高，环保要求日趋严格。为适应市场对包装快速变化的要求，包装机械除了要性能稳定、高速、耐用、易于维护外，还应具备柔性生产功能，适合不同包装材料，此外还应广泛应用CAD/CAM、机械手、电子控制装置，进而向以计算机联网进行生产管理的方向发展。

(八)农业机械与工程机械

东欧、亚洲和拉丁美洲减少贸易壁垒将给工程机械和农业机械的国际贸易打开市场，这些地区的机械设备陈旧，有很大的更新需求。尽管发展中国家在世界工程与农业机械进口总额的所占比例还很小，但增长势头引人注目，预计未来将有较大增长，目前发展中国家对工程和农业机械的进口已超过欧美市场的增长。

根据美国著名农机制造商卡特彼勒的分析，2005年时，发展中国家工程和农机的销量将占世界总销量的25%，而发达国家的这一比例将降至75%。另一家著名的制造商凯斯则认为，目前北美和西欧的经济增长率为2.5%左右，而东欧、亚洲和拉美的经济增长率为4%～6%。较高的增长率反映出有大量的工程和农业经济活动。

乌兹别克斯坦、土库曼斯坦、塔吉克斯坦、吉尔吉斯斯坦和乌克兰是各种拖拉机和联合收割机的主要购买国。过去这些国家都使用经互会内部成员的产品，现在主要向西方购买。美国另一家工程与农业机械制造商哈尼施费格工业公司认为，东欧国家是“热”销之地。

拉丁美洲对工程与农业设备的进口也正大幅增长。美国伊利诺斯州卡特彼勒公司1996年上半年对拉美的农业机械出口比上年同期增长了一倍以上，出口的主要产品是"挑战"牌拖拉机。拉丁美洲进口农机较多的国家有巴西、墨西哥、阿根廷、秘鲁、委内瑞拉。拉丁美洲土地改革和农业现代化的加速发展将增大对农机设备的需求,与此同时,农业的发展又促进农副产品加工的生产与出口,随着农副产品附加价值的提高,反过来又会导致对专用运输设备需求的增长,例如冷藏运输卡车、仓库、冷藏海运集装箱、空运飞机等。

亚洲发展中国家把促进农业机械化作为左右农村发展的因素。尽管不少国家近年来农村电力供应紧张未见好转,但仍积极鼓励农业生产机械化。亚洲引人注目的市场是越南、泰国、印尼等东南亚国家,尤其是越南深具市场潜力。预计越南未来5年内包括拖拉机、柴油机等农机需求年均增长15%。越南除进口全新农机外,对进口较便宜的外国二手农机也有兴趣。越南当地的农机厂因缺乏资金无法满足国内市场供应,估计仅能供应国内市场的一半,另一半将由外商投资制造。这些外资企业生产的农机因价格便宜、操作简便而深受欢迎。

东南亚国家也是工程机械需求增长较快的市场,泰国市场尤其引人注目。据预测,泰国1997年工程机械行业的增长率将达20%以上,全国市场总值约100亿铢。亚洲发展中国家经济的高速增长促进了公共建设项目的出台,诸如干线公路、港口、机场建设等交通运输项目等都会导致对工程机械的需求增长。

目前东欧和原独联体国家市场主要进口欧美国家的产品,东南亚市场则以日本较占优势。拉美则以美国产品的进口最多。世界知名跨国公司开发这些市场的主要策略是在当地投资建厂,例如,迪尔公司在10个国家设立了工厂,这些国家中包括墨西哥、巴西和南非。凯斯公司则在巴西、中国和其他国家制造生产,卡特彼勒公司在4大洲均有制造厂,哈尼施费格工业公司则在南非、澳大利亚及其他国家建有工厂。

(九)医疗器械

根据 The Freedonia Group 的产业研究报告,1996年全球医疗器械需求量约1400亿美元左右,预计2000年,需求量达1900亿美元,年均增长近8%。在世界的医疗器械需求中,医疗元件及器材占73%,医疗设备占27%。世界医疗器械需求集中在工业发达国家,占68%,发展中国家和地区占32%。

医疗器械的主要供应国是美国,美国1996年医疗器械发货额达630亿美元,占世界总产值的50%,预计1997年可望再增6%~7%,达680亿美元。

全球医疗器械的第二大供应地区是欧洲,约占世界产值的26%,约368亿美元。按单个国家排序,日本应排在美国之后,其产值达189亿美元。各种医疗器械中牙医器材增幅最大,1996年增长15%。牙医器材的高速增长起因于整形牙科治疗的增多,此外,为防止爱滋病、肝炎等疾病的传染,一次性医疗用品销量也增加。心血管类防治产品是另一销售大宗,由于高科技产品对其防治非常有效,增长很快,心律调节器、植入式防颤消除器已得到广泛应用。电脑断层扫描仪(CT)等医疗电子设备需求强劲,但核磁共振仪因价格高昂增长较慢。

当前医疗器械进口最快的地区是亚洲各国,其进口额每年均有10%以上增长,其中包括中国、印度、印尼、韩国、马来西亚、泰国和台湾省。尽管亚洲各国进口额增长快,但医疗器械的人均消费量还远不及工业发达国家,美国这方面的花费一年为209美元,日本155美元,而中国只有1美元,因此,欧、美、日本仍是主要消费市场。

拉丁美洲正在积极推进医疗改革,增加保健预算,并借助民营化来降低集权保证效率,同时保险业自由化也提供了更多的保健基金,因此拉美地区的医疗器械进口在明显增长,1996年拉美医疗设备市场的增长率估计高达14.6%,达32亿美元,进口增加8.4%,达16亿美元。巴西是拉美最具潜力的市场,1996年的医疗器械采购额估计为12亿美元,较上年增长20%。美国产品占有该市场的40%,其余为日本、荷兰、德国所占有,竞争十分激烈。阿根廷1996年的保健预算由1993年的1.7亿美元提升至7亿美元。医疗设备市场达3.6亿美元以上,其中近一半依赖进口。墨西哥1996年的医疗设备进口估计为3.5亿美元,集中在X-ray、内窥镜检查仪、超声波设备及外科治疗仪等产品上。委内瑞拉私人诊所是外国设备的主要买主,世界银行的一项4亿美元的现代化公立医院计划也给公立医院带来进口的增加,哥伦比亚政府也已配置6亿美元的保健专款(1994年~1998年),秘鲁于1996年出台了一项1 600万美元的保健方案,包括10个公立医院的改造。专家认为拉美市场前景乐观。

(十)环保设备

进入90年代以后,国际环保产业发展迅速。据联合国环境保护机构的调查,1991年~1995年,全球环保设备市场的规模以年均16.5%的速度增长,其中经济发展速度最快的东南亚地区的年均增幅高达22%。

导致环保产业大发展的背景主要是:工业化国家对环境保护有更高的要求,纷纷出台更严厉的环保法规;越来越多的国家迫切希望改变目前的环保状况,对各类环保设备和服务的依赖日益增强,这方面的投资逐年增长;环保技术日新月异,特别是以普及电脑管理为核心的自动化控制技术的不断完善,使环保设备制造成为全球发展最快的前沿产业,并成为推动其他相关产业发展的动力;第三世界国家开始将环保列为实现本国经济发展计划的重要战略手段,因而对环保设备及服务的需求出现高速增长势头;环保产业开始以比以往快得多的速度走向全球化。

据世界银行预测,到2000年世界环保设备市场规模将从目前的5 000亿美元增加到6 000亿美元。据专家分析,在未来20年内,亚洲将成为全球最大的环保设备市场,而中国将最为引人注目。

美国迄今仍是世界上实力最雄厚的环保设备生产国，1995年美国生产的环保设备在国际市场的占有率达到55%，其软件产品和服务占国际市场的65%以上。近几年日本和欧洲的厂商已对美国同行构成威胁。日本厂商正在利用地理位置的优势加速向周边国家输出环保设备和服务。目前日本已在东南亚地区拥有8处环保设备生产基地，仅1995年就向亚洲出口了价值近120亿美元的环保设备和技术。欧洲的法国和瑞士、瑞典分别擅长污水处理和垃圾处理，法国在全球水处理设备市场上独占鳌头，1995年法国两大水资源公司Generale des Eaux和Lyonnaise des Eaux的营业额高达657亿法郎，占世界市场的15.8%；法国在大气污染防治市场上名列第三。

（十一）汽车及零部件

据调查，1995年世界汽车销量近5 000万辆（包括小汽车和各种商用车辆），其中仅美国售出的就达1 510万辆，在西欧各国销售量达1 260万辆，在日本卖出690万辆，以上三个数字相加，占了世界汽车销售总量的70%以上。在剩余的汽车销量中，亚洲（不含日本）占了50%，拉丁美洲占20%，东欧和独联体各国占了15%。

1996年的世界汽车工业，共生产各类汽车5 080万辆，比上年增长2.3%，其中个人小汽车增长了2.5%，总计3 740万辆，其中又以亚洲、澳洲增长最为迅猛。美国仍然是世界最大的汽车市场，售出的各类汽车达到1 530万辆，比1995年增加了20万辆；西欧各国的小汽车销售，从1995年的1 200万辆增加到1 260万辆；日本的汽车销量在1995年增长5%以后，1996年的增长速度已经放慢，估计1997年全年可售出各类汽车720万辆。

在美国的小汽车市场上，美国人购买的860多万辆小汽车中，美国的国产车占了63.8%的市场份额，其中通用汽车公司独占33.9%，福特公司占20.7%，克莱斯勒公司占9.1%。在美国市场上，日本各汽车公司所占比重1995年达到29.7%，其中销量最大的是丰田公司、本田公司和日产公司，这三个公司总共售出了180多万辆汽车，但其中60%以上是在美国生产的。欧洲各大汽车公司在美国市场上仅占5.1%的份额，剩下1%为韩国公司所有。

在西欧小汽车市场上，占有率最高的是德国大众汽车公司（16.8%），其次是美国通用汽车公司、法国标致雪铁龙集团和美国福特公司。意大利的菲亚特和法国的雷诺公司分别居第五、第六位。日本各大公司在西欧各国的市场份额总共占10.7%，而且呈下降趋势。

日本的汽车市场被认为是比较封闭的。1995年，日本进口的外国汽车仅31万辆，只占其小汽车销售总量的7.2%，而商用车中，几乎100%都是日本国产车。

韩国已成为继美国、日本、德国和法国之后的第五大汽车生产国，目前已具备280万辆汽车年产能力。预计2000年韩国汽车产量将突破400万辆。1995年韩国生产汽车250万辆，其中40%出口到国外，国内市场上销售的160万辆汽车全部是国产车。

目前西方发达国家汽车市场已经饱和，并开始了激烈的价格战，各大汽车公司开发国外市场，特别是近年来经济高速增长国家的市场的竞争将日趋激烈。拉美和东南亚将是西方汽车公司投资的重点地区，而巴西和泰国则为重点国家。此外西方各大汽车公司彼此之间将更多地采取签订技术合作协议、合资办厂等方式，以便分享最新的科研成果，共同开发市场。

降低生产成本，注意保护环境，也将是未来年代里世界各大汽车公司必须努力解决的问题。电动汽车、低油耗和无污染汽车以及绿色汽车都是重要的研究课题。

汽车零部件行业也在经历深刻的变革。目前一个明显的趋势就是，汽车零部件厂商不能只往汽车总装线上运送零部件，还必须更深入地参与汽车生产全过程。市场的激烈竞争，一方面，要求汽车制造厂家（主机厂）大大缩短新产品开发时间，这意味着零部件厂商将承担更大的责任，并使开发费用增加；另一方面要求主机厂充分发挥和利用“适时供货”的优越性，这就要求配套厂家与主机厂建立密切的合作关系。德国有81%的汽车零件厂家在产品开发和生产中与主机厂实施了“同步工程”。

为了降低成本，不少汽车企业将汽车生产转移至低收入国家，促使零部件生产跟着转移，引发了汽车零部件生产经营的全球化。与此同时，一些大型汽车零部件企业还对生产布局进行合理化调整。例如铸件、变速器、汽车玻璃、电池、轮辋、轮胎采取集中生产方式，行走机构部分、转向系统、制动管路、座椅、车门内饰、仪表盘、电线束则为分散生产方式。

（十二）科学实验仪器

该行业包括实验室设备、分析仪器、光学仪器。随着世界经济增长，科学实验仪器需求今后可望每年以3%～6%的速度增长。需求潜力最大的产业部门有：通信、电力、信息、生物技术、医药、环保等。市场前景最好的国家和地区为东亚和墨西哥。

全球科学实验仪器的市场规模约200亿美元，主要市场为美、德、日、法、英、意等工业发达国家。主要生产国和出口国是美、德、英、瑞士、日本、意大利。近年来部分发展中国家对科学实验仪器的需求增长很快，这些国家（地区）有智利、捷克、洪都拉斯、印度、台湾省、厄瓜多尔、埃及等，他们对科学试验仪器的进口正在以年均15%～30%的速度增长。

拉美市场由于不断开放，国内工业正在面对大量进口产品的竞争。市场的开放导致科学实验仪器进口关税率下调和外汇控制放宽，例如哥斯达黎加不仅减让关税，而且为进口商及时提供外汇，进口商可从任何一家当地银行获得外汇，而无须中央银行批准；进口产品与当地产品的竞争迫使当地企业加强质量管理，提高产品质量，并增加质量管理所用的各种检测仪器的进口。拉美地区大部分国家没有科学实验仪器的生产能力，少数国家如巴西虽然有一定制造能力，但无法供应精密的高水平的仪器。一些进行经济改革，特别是企业私有化进程加快的国家，如墨西哥的企业为了提高竞争力，对研究开发项目越来越重视，这有利于科研用的各种物理、化学分析仪器需求的增长，另外，环保也更加受到政府的重视，气体分析仪器等的需求量正在上升。美国、德国、瑞士和日本是拉美国家科学实验设备的主要供应国，巴西因地理优势也占有一份市场。该市场要求产品价格合理，质量优良，送货及时并耐用性强。

东欧国家中引人注目的市场是捷克、波兰、罗马尼亚。由于公费医疗被取消和大型环保工程计划出台，捷克对仪器仪表有强大需求。波兰是东欧最大的仪表市场，国内生产有限，进口壁垒很小，用于科研的设备免征关税。匈牙利的医疗制度也正在变革，但受预算约束，购买力有限。俄罗斯冶金行业对频谱分析仪有进口需求，而科研机构虽有需求但近期内无力购买。乌克兰等其他东欧国家的主要需求部门也是科研和教育机构，这些部门购买力有限。东欧、俄罗斯等前苏联国家有较强的生产能力，特别是俄罗斯、乌克兰精于生产各种分析测量仪，但在生产自动控制仪器、边缘设备和软件等方面逊于西方国家。

在非洲，埃及、摩洛哥是重要的仪器仪表市场。根据埃及1992年～1997年的五年计划，政府拨款4亿美元改造科研机构的装备，由于本国产量很小，几乎均依靠进口，其中进口较多的产品有：化学分析仪器、光学仪器、检测仪器。此外，尼日利亚也很引人注目，该国对科研仪器需求很少，但食品、制药业、化妆品的国家标准非常严格，迫使企业大量购买检测仪表。

在东亚，亚洲“四小”、印度、印尼、马来西亚、菲律宾、巴基斯坦、泰国对仪器仪表有旺盛的需求。亚洲“四小”面临产业结构升级，对科研开发十分重视。新加坡政府对工业企业研究开发有专门的财政资助，香港为产业转轨也加大了科研开发投入，台湾省当局不仅增加了基础研究开发的财政支出，而且对私人企业的研究开发给予减免税优惠。这些国家和地区对高附加值的化学分析仪器、物理分析仪器、电子测量仪器有很大需求。印度的仪器仪表市场呈现持续上升的势头，由于政府强调提高效率和竞争力，再加上对能源、电力、钢铁、化肥、纺织、造纸、石油、石化、制药、生物技术、食品加工等各个部门的投资规划，以及随着印度制造商和出口商越来越多地实行ISO9000系列质量标准认证体系，对购置仪器仪表的支出正在增加。印度还有相当大量的科研机构和大学从事高科技研究和质量控制工作，这些部门也在推动高技术科学实验设备需求上升。

泰国在东南亚国家中是卫生防疫支出最多的国家，对分光仪、分光光度仪、摄谱仪的需求正在迅速扩大，日本的产品在这个市场占据首位。印尼正在提高其产品在全球的竞争力，在质量控制上有严格的标准，需要进行质量控制的高级实验仪器。马来西亚日益强调各产业加强研究开发，科学实验设备的销量正在增加。菲律宾以化工业为最大需求者，其次是冶金工业，对化学分析仪器的需求也在增长。

附录二 香港机电工业和机电产品对外贸易

机械工业部科技信息研究院 常淑荼

一、香港的经贸发展概况及特点

众所周知，香港是一个弹丸之地，面积仅1095km^2，人口630万（1996年统计数据），是世界上人口密度最大的都市之一。但香港充分利用了地缘政治、地理条件，创造出令人难以置信的经济奇迹。1996年香港GDP达11953.2亿港元（约合1532.5亿美元），增长4.7%，人均达18.9万港元（合24 282.3美元），居世界前十名之列。

香港的客观条件决定了香港经济的发展格局。优越的地理位置、良好的港口条件、狭小的都市空间、有限的自然资源，确定了香港贸易都市的发展道路，决定了对外贸易是香港经济发展的基础，是香港经济的生命线。香港经济自60年代起飞以来，一直保持较高的发展速度，尤其是70年代以后，香港的经济结构由五六十年代工业化阶段的以制造业为主转向制造业、金融业、旅游业、房地产业等多元化产业并存，逐步发展成为亚太地区最大的贸易、金融、航运、旅游和信息中心。日内瓦《世界经济论坛》评选香港为1996年度世界第二个最具竞争力的地区，比1995年的排名又上升了一位。

香港的对外贸易由三部分组成，即进口、出口和转口。1996年香港有形贸易总额29 335亿港元，相当于本地生产总值的246%，如果把服务贸易计算在内，这个比率为286%。它反映了香港经济对外贸的依赖程度。

进口贸易在香港经济发展中占有重要地位，全香港600多万人口和各类工业所需几乎全部依赖进口供应。据香港海关统计，1996年，香港进口总额为15 355.8亿港元，其中进口消费类产品5 730亿港元，占进口总额的37.3%；进口原材料和半成品5 410亿港元，占进口总额的35.2%；进口机械、食品及燃料4 220亿港元，占27.5%。内地、日本和台湾省是香港进口货物的主要来源地，1996年香港从上述三地进口分别占香港该年进口总额的37%、14%和8%。

香港出口主要是本地加工制造的产品如轻纺产品、电子产品、钟表及家用电器。1996年香港产品出口总额为2 121.6亿港元，出口产品以成衣为主，占港产品出口额的33%；电动机械、仪器和用具的出口额为300亿港元，名列第二。其他重要的出口产品还有办公机械和自动数据处理设备、摄影器材、光学物品、钟表以及纺织品。港产品出口主要市场是中国内地、美国和德国，1996年香港产品对上述市场的出口分别占港产品出口总额的29%、25%及5.4%。

转口贸易是香港对外贸易的重要组成部分，也是香港对外贸易显著不同于其他国家和地区的重要方面。据香港海关统计，1996年，香港转口贸易额11 872.5亿港元，比1995年增长6.6%，是香港本地产品出口额的5倍，占香港出口总额的84.8%。转口出口的主要商品是电动机械、仪器和用具，约占转口总额的10%；视听通讯设备约占9.8%。其他主要商品还有纺织品、成衣、玩具、游戏机和体育用品。转口货物主要来源地有中国内地、日本和台湾省，而主要目的地是中国内地、美国和日本。

除了世界经济大环境外，自由贸易政策是推动香港这个现代化国际贸易中心迅速发展的重要力量。香港政府一贯坚持自由贸易政策，除烟、酒、甲醇、成品油、若干不含酒精的饮料和化妆品等少数商品要征收关税外，其它商品均免税进口，转口商品只需办理一定手续即可免税，且进出口手续相当简便。另外，香港金融、外汇调拨自由、投资自由、航运自由等为进出口和转口贸易迅速发展提供了方便。

1997年，由于内需增加（预计1997年内需增长5.9%，高于1996年的3.0%），特别是对外贸易的迅速增长（预计1997年香港有形货物出口增长8.5%，其中转口出口增长10%，服务出口增长8%，高于1996年的4.8%、6.6%和6.2%），香港经济发展前景看好。预计全年经济增长率可达5.5%，高于1996年的4.7%。

二、香港制造业的发展状况及前景

（一）香港制造业的地位

50年代初到70年代，制造业在香港经济起飞及逐步走向成熟的过程中起了相当重要的作用。据港府统计，1961年香港制造业从业人数为47.55万人，占香港当时总就业人口的39.4%，1971年增至75.55万人，占总就业人口的47.7%。1970年香港制造业产值占香港生产总值的30.9%。制造业是当时香港最大的产业部门，是促进香港经济发展的最重要的行业。

随着香港经济的稳步发展以及对外贸易的不断增长，同时香港又拥有多项有利于金融业发展的条件，因此吸引了不少外资金融机构来港开业，再加上香港政府有意推动香港经济向多元化产业发展，因此从70年代起，香港金融业和其它服务业发展较快，而制造业的发展则相对较慢。到80年代初期，制造业在香港经济中的重要性已告减弱。特别是80年代后期，香港经济的快速发展吸引了大批外资和中资到香港投资，促使香港地价大幅度上升，工人工资上涨，以劳动密集型加工业为主的香港制造业失去了以往的竞争优势，香港厂商开始把大量企业及劳动密集工序北移内地，利用内地自然资源丰富、劳工充足及工资低廉的有利条件降低生产及经营成本。据估计，仅广东省就有20 000多个企业为港商进行加工生产，雇佣工人约300万人。

随着制造业的不断北移，香港制造业企业数及从业人数不断减少，制造业产值占本地生产总值的比例不断下降。据港府统计，1980年，香港制造业有企业45 400个，而1996年下降为27 316个；1984年香港制造业从业人员90.47万人，占当时就业人口的41.7%，1996年减少为32.75万人，占总就业人口的11.0%，而服务业的就业人数则从1980年的占总就业人口的48%上升到1996年的79%。另据香港工业署统计，1980年制造业产值占本地生产总值的比率为23.7%，1990年下降为18%，1994年下降为10%，1996年下降为8.5%。而同时服务业产值占本地生产总值的比率逐年上升，1986年为69.2%，1988年为72%，1990年为74%，1994年为83.8%，1996年为84.5%。详见表1。

表1　香港生产总值中各主要行业所占比率　（单位：%）

行　　业	1980年	1995年
GDP	100	100
其中：制造业	23.7	8.8
批发、零售、进出口、酒店	21.4	27.4
运输、仓储、通信	7.4	9.8
金融、保险、地产及商业服务	23.0	24.9
社区、社会及个人服务	12.1	17.1
其他	12.4	12.0

资料来源：《香港年鉴》。

（二）香港制造业的规模和结构

香港制造业受自然资源缺乏、本地市场狭小及工业用地奇缺的限制，主要生产轻型消费品。1990年以前，制造业一直是香港雇员人数最多的行业。1984年制造业雇员人数达到904 709人，为历史最高水平，其后以年均7.4%的速度降至1996年的327 464人；制造业工厂数1988年达创纪录的50 606个，后来以年均6.7%的速度减少，1996年制造业工厂数仅剩27 316个。

香港制造业的工厂多为中小型企业，由于工厂日趋自动化，加上劳动密集型及低档产品的生产已转移到内地，每家工厂平均雇员人数由1980年的20人下降为1996年的12人。1996年香港27 316个制造厂中，有26 205个厂雇员不足50人，占95.9%，雇员人数约占香港制造业总从业人数的50.8%。剩余的1 111个工厂平均雇员在50人以上，占总雇员人数的49.2%。详见表2。

表2　1996年香港制造业各行业雇用人数

行　业	雇用人数（人）	占比率（%）
合　计	327 464	100.0
制衣业	89 926	27.5
印刷业	44 436	13.6
电子业	30 944	9.4
纺织业	25 572	7.8
金属制品业	18 272	5.6
饮食制品业	21 275	6.5
其　他	97 039	29.6

1996年，制衣业仍是香港制造业中最大的行业，其次是印刷、出版和发行业，电子业位居第三。

香港制造业以出口为主，约80%的制成品出口。1996年港产品出口额2 121.6亿港元，主要出品产品有成衣、电子产品、纺织品及化工产品，详见表3。1996年港产品主要出口市场是中国、美国、德国、日本和英国。

表3　1996年香港制造业各行业出口额

行　业	出口额（亿港元）	占比率（%）
合　计	2 121.59	100
制衣业	694.47	32.7
电子业	550.67	26.0
纺织业	136.93	6.5
钟表业	119.87	5.6
化工业	86.91	4.1
珠宝业	57.77	2.7
其　他	474.97	22.4

（三）香港制造业的发展前景

香港制造业大规模内迁，表明香港地区劳动密集加工业已不存在发展的条件与竞争优势。但近十年来香港制造业的发展趋势使人们认识到，香港制造业仍具有发展潜力，只要企业不断提高技术层次，调整产品结构和提高产品质量，香港制造业仍有很大的生存与发展空间。

首先，制造业仍是外商理想的投资领域。据港府统计，1985年～1995年，外资在制造业投资以年均17%的速度增长，到1995年底，外资在制造业投资总额已达61.9亿美元。目前外资在制造业的投资集中在电子、电气、纺织及化工4个行业，分别占外资投资总额的30%、9%、10%和9%。外资的投入为香港制造业注入了新的力量，香港先进科技的最大用户电子电器业的迅速发展就是例证。外资通过技术转让、技术合作及生产承包关系，直接帮助香港的中小企业进行技术设备更新，促进企业技术升级。

其次，香港制造业不断调整产品结构，努力向技术密集及高附加值方向转移。从近几年香港制造业的发展状况看，其部门结构并没有发生根本变化，仍以成衣、纺织、电子业为主，但生产则由劳动密集型的简单加工、装配向高科技、高附加价值转移，因而这些行业至今仍能持续发展。1996年上述三大行业出口额占本地产品出口总额的65.0%

第三，香港企业加强与内地合作，进行科技开发，产品开发，推动香港制造业不断发展，不断开拓生存新天地。

三、香港机电工业和机电产品对外贸易

（一）香港机电工业的规模

据《香港1997》发表的统计数据，截至1996年9月，香港机电工业共有企业9 226个，占香港制造业企业总数的33.8%，比1995年减少了1 311个，比1994年减少了2 364个。同年，香港机电工业从业人数93 844人，占制造业从业人员总数的28.7%，比1995年减少了24 668人，比1994年减少36 298人。详见表4。香港机电工业企业数和从业人员数剧减的主要原因是香港机电工业进行产业结构调整，将在港已失去竞争优势的劳动密集工业及工序北移内地，本地转向技术密集及高附加价值产品的生产。有关资料显示，香港工模具厂的50%、电镀厂的50%以上，铸造（锻压）厂的80%以上、钟表厂的80%以上、一般机械设备制造厂的60%以上、仪器设备制造厂的80%以上、家用电器厂的90%以上已移入内地。

表4　香港机电工业企业数和从业人数

行业名称	企业数（个）			从业人数（人）		
	1994	1995	1996	1994	1995	1996
金属制品	4 341	3 899	3 394	29 264	25 082	20 550
办公机械及计算机	202	218	208	12 145	10 518	6 323
收音机、电视机及通信设备	156	156	101	4 986	3 970	1 903
电子元器件	301	279	229	18 327	19 462	16 074
家用电器及用具	217	172	110	3 878	3 352	2 324
一般机械及设备	4 747	4 325	3 902	31 794	29 383	24 842
运输设备	544	515	500	12 525	10 824	9 663
专业仪器及光学器材及钟表	1 082	973	782	17 223	15 921	12 165
机电工业合计	11 590	10 537	9 226	130 142	118 512	93 844
制造业合计	34 068	31 114	27 316	438 382	386 106	327 464
机电工业占制造业的比例（%）	34.0	33.9	33.8	29.7	30.7	28.7

资料来源：《香港1997》。

香港机电产品制造厂大多数是中小企业，雇员人数在50人以下的占企业总数的95%以上，这些小规模的生产厂通过有效灵活的分包网与较大规模的工厂协作，对市场需求作出迅速反应。香港生产的机电产品80%以上出口，内销仅占20%。1996年香港本地机电产品出口额为819.6亿港元，占该年香港本地商品出口总额的38.6%。出口的主要机电产品有电子产品、钟表、金属制品、家用电器，1996年出口额分别为550.7、119.9、42.1和16.3亿港元。上述四种机电产品出口额占该年香港本地机电产品出口额的89%。

（二）香港机电工业主要行业发展状况

按香港目前工业分类，机电工业主要包括以下行业：金属制品业、机械设备制造业、电子产品制造业、家用电器制造业、修造船业、摄影和光学仪器制造业及钟表制造业。

1. 金属制品业

从雇员人数看，金属制品业是香港第五大制造业。据港府统计，1996年9月，香港有金属制品厂3 394个，雇员20 550人，分别比1995年同期减少505个、4 532人。1996年9月，香港金属制品厂平均雇员人数6人，少于香港制造业每个工厂平均雇员人数12人。

香港生产的金属制品种类颇多，产品范围从建筑用的五金如钢筋、钢架、金属门窗到日用小五金制品如金属餐具、罐头刀、夹钳、螺钉螺帽等。为保持竞争优势，香港金属制品生产商一方面将劳动密集工序移往内地，另一方面开始在生产中使用自动化生产设备，改良设计及装配工艺，加强对产品质量的控制，生产高附加值产品，从而向中高档产品市场发展。同时也正在寻求多元化发展机会，着力开拓汽车零部件业务。

1996年香港本地金属制品出口额42.1亿港元，出口最多的是贱金属制家庭用具，出口额9.6亿港元，占港金属制品出口额的22.8%；其次是刃具，出口额4.5亿港元，占10.7%。1988年以前，香港金属制品出口最大的市场是美国，之后，中国则是最大的出口市场。1996年香港本地金属制品对中国内地出口17.5亿港元，占该年香港本地金属制品出口总额的41.6%。

据香港工业署进行的“1996年香港制造业外来投资调查”，香港目前有19个金属制品厂全部或部分由外资所有，这些公司规模较大，平均雇员144人。美国是最主要的外资来源国，1995年投资9.6亿港元，占该业外资总额的50.6%。其他主要外资来源还包括新加坡、英国及日本。

2. 机械设备制造业

香港的机械设备制造业虽然历史不短，但70年代以前，香港生产的机器或相关设备十分简单，主要用户是本地的塑胶、印刷、纺织和五金行业的中小企业。70年代以后，香港的机械制造业从初级逐步向中高级水平发展，产品种类趋向多元化，营销市场也扩展到世界各地。目前，香港机械制造厂大体上可分为以下三类：①生产各种零配件的机械零件厂；②生产成套设备的工厂；③以修理为主的机械修配厂。据港府统计，截至1996年9月，香港有机械制造厂3 902个，雇员24 842人，分别占制造业工厂数和雇员人数的14.3%和7.6%。香港机械制造厂的规模很小，平均雇员仅6人。

目前，香港机械制造业已具备一定的技术力量，产品种类多，包括针织机和梭织机、整染机、打磨机、注塑机、小型电机、印刷机、五金机械、钻探设备、电镀设备、农业机械、过滤及净化设备、模具、气动机械、玻璃制品机械、饮料包装机械、医疗器材、衡量器以及办公室设备等。据香港机械业内人士称，目前香港生产的这些机械设备可以应付一般生产要求，加上设计实用和价格方面较欧美和日本的产品便宜很多（港产机械售价一般是欧美同类产品售价的1/6），技术水平又相差不多（如果欧洲机械产品的技术为100分，香港产的同类机械技术值92分），因此港产机械无论在本地市场还是在海外市场，均具有一定的竞争实力。

据香港工业署1996年的调查结果，目前香港有12个机械设备制造公司是全部或部分由外资拥有，这些公司规模较大，平均雇员82人，主要外资投资者有美国、中国、日本和英国。

另据香港工业署的统计，香港机械设备制造业的劳动力成本占生产总成本的1/4，大大高于制造业19%的水平，显示香港机械设备制造业的劳动密集程度较大。因此许多机械设备制造商将部分生产工序转移到内地，还有一部分制造商正计划在泰国、印尼和越南等地设立生产设施，以控制劳动力成本，同时在生产中使用高质量的零配件及在产品上加入可编程序控制器或计算机控制功能，提高产品的性能和质量。为促进香港机械制造业的产业升级及产品结构调整，香港工业基金会已批准支持数个科研计划如压铸、超精度加工中心以及先进模具表面花纹科技的开发等。

3. 电子产品制造业

香港电子业始于50年代末期。开始仅有几个小规模厂商依赖从日本进口零件进行收音机装配业务。随着微电子及微处理技术的发展和市场的不断开拓，香港电子业发展迅速，特别是近十年来，香港电子业以年均24%的幅度增长，目前已成为占香港工业产品出口总额1/4强的第二大出口工业。

香港电子业素以灵活善变著称，能对消费者日新月异的需求作出迅速反应，生产的电子产品及元器件不但质量好而且种类繁多，主要产品有电视机、音响器材、有线与无线电话、解调器、微机、传真机、电子表、多层印制电路板、半导体装置及表面安装设备等。目前，香港生产的电子产品中，属高科技的产品占35%左右，如卫星通信仪器、计算机、光纤产品、传真机、传呼机等。香港生产的电话机已占55%的世界市场份额，不久前在香港推出的可视电话的市场潜力也很大。香港电子业人士认为，由于电子产品附加价值高，又没有出口配额规定，因此发展要比其他行业顺利，将来必将逐渐取代纺织、成衣的地位，成为香港第一大工业。目前香港在东南亚电子产品生产地排名居前五名之内。

据港府统计，1996年香港有收音机、电视机及通信设备制造厂101个，雇员1 903人；有电子元器件制造厂229个，雇员16 074人；有办公机械和自动数据处理设备生产厂208个，雇员6 323人。目前，香港有半数以上的电子制造商是从事OEM（原设备制造）和ODM（原设计制造）的，也有一些厂商努力发展自己的品牌，并成功地打入国际市场。

据香港海关统计，1996年香港本地电子产品出口额550.7亿港元，出口主要产品是电子元器件，占该年电子产品出口额的70%，其次是电子钟表，占12%。

1992年以前，美国一直是香港电子产品出口的最大市场，此后，中国与美国两大市场并驾齐驱，所占份额不相上下，均占香港电子产品出口额的1/4左右。新加坡是香港电子产品出口的第三大市场，占香港电子产品出口额的15%。

据香港工业署的调查，目前香港有20个电子公司全部或部分由外资所有，这些公司1995年的投资额为151.3亿港元，占外资在香港制造业投资总额的21.3%。这些工厂规模普遍较大，平均雇员人数298人。最大的外资来源国是美国，占44%，其次还有日本、荷兰、英国和中国。

4. 钟表业

香港钟表业始于50年代。70年代中期电子表的崛起标志着香港钟表业进入飞速发展时期。目前，就出口额而言，香港钟表业是香港第三大制造业（仅次于纺织、成衣业及电子业），从出口额看，是世界第二大手表出口地；从出口数量看，则是世界最大的手表出口地。

据港府统计，截至1995年12月，香港有钟表厂852个，从业人员10 929人，每个工厂平均雇员12

人，与制造业平均数相同。

香港钟表业严重依赖进口机件和零件如硅晶片、石英晶体和液晶显示器等。大部分钟表是以OEM方式生产的，仅有小部分制造商用自己的品牌。

香港钟表业以出口为主，产品80%以上出口。1996年香港本地钟表出口119.9亿港元，电子表是出口的最大宗产品，占钟表出口额的55.8%，出口额为66.9亿美元；钟表外壳、零件及其他配件出口居第二位，出口额30.9亿港元，占25.8%，详见表5。香港钟表出口主要市场有美国、中国内地、日本和欧盟成员国。中国以进口钟表配件为主，美国以进口成品表为主，两个市场占香港钟表出口额的40%，欧盟和日本分别占20%和10%。

表5　1995、1996年香港钟表出口统计

（单位：万港元）

产品名称	1995年	1996年
电子手表	706 825.9	613 464.6
机械手表	32 962.2	36 756.0
怀表或其他表	3 103.2	3 130.6
已装配的电子表芯	56 332.2	55 475.7
已装配的机械表芯	14 452.0	2 634.8
电子表芯时钟	6 710.8	6 104.9
机械表芯时钟	148.0	109.1
电子闹钟	8 791.2	7 109.1
机械闹钟	124.4	90.2
电子挂钟	867.4	862.7
机械挂钟	79.2	86.0
电子时钟	12 690.7	11 361.9
其他未列名钟	13.7	10.3
钟壳及附件	109 716.6	97 949.1
金属表带	96 325.7	91 599.9
非金属表带	41 769.6	31 257.9
时间控制装置（装有钟表机芯）	4 848.0	4 543.0
时间记录装置（仪器）	741.8	584.3
未装嵌的钟芯	2 673.5	1 982.5
钟壳及配件	11 498.3	522.7
未装配或部分装配的钟表机芯	27 029.4	21 633.6
钟表零件	238 974.3	211 442.6
总计	1 376 681.2	119 8701.2

资料来源：香港海关统计1995、1996年。

5. 家用电器业

香港家用电器制造业是历史悠久的工业，早在20年代香港就有专业制造手电筒、电灯泡的小家电厂，但香港家电业的快速发展还是在二战以后。随着欧美大的家电厂在港委托加工制造的增加及新设计、新技术和新设备的引进，大大加强了香港家电业的实力。目前香港家电业除了生产传统的电筒、电灯泡外，还能生产电视机等各种家用电器。

据港府统计，截至1996年9月，香港有家用电器厂110个，从业人员2 324人，比1995年同期减少62个，1 028人。

6. 修造船业

香港位于亚洲航运要冲，凭借优良的深水海港，无数万吨巨轮穿梭往来，是世界海上运输的重要枢纽之一。但是，与之形成强烈反差的是五六十年代曾一度兴旺的香港修造船业，如今反而日渐萎缩，步入夕阳工业之列。

据港府统计，1995年12月，香港有177个船坞，雇员3 473人；艇厂238个，雇员911人。而30年前香港修造船业有一支万余人的就业大军，一度成为亚太地区船只修理和保养中心。香港修造船业逐渐萎缩的主要原因一是厂房问题，香港尺土寸金，厂房难求；二是工人流失，劳动力短缺；三是工资上升，原材料价格上涨造成经营成本加大。

7. 摄影器材与光学物品制造业

香港的摄影器材业主要生产照相机和摄影用闪光灯。80年代，港商不断改进产品设计，提高产品质量，使该业得以迅速发展。目前大多数摄影器材制造商以OEM方式为世界知名品牌如佳能、柯达、奥林帕斯(Olympus)、宝丽来等进行原设备制造。1995年12月，香港有摄影器材厂45个，雇员3 605人。

香港的光学器材业主要生产眼镜和镜架，也生产一些光学镜片和光学用具及仪器如单双筒望远镜等。香港擅长生产中高档塑胶镜架，但由于世界各地对金属镜架需求较多，不少制造商开始转向生产金属镜架。目前香港生产的大部分光学器材都是使用海外品牌或商标，以原设计或专利权使用协议方式制造，但也有不少厂商锐意开发自己的牌子。据港府统计，1995年12月，香港有光学器材厂63个，从业人员1 355人。

据香港海关统计，1996年香港摄影器材和光学物品出口额30.9亿港元，其中摄影器材及用品出口18.3亿港元，光学物品出口12.6亿港元。

（三）香港机电产品对外贸易

据香港海关统计，1996年香港机电产品对外贸易总额为12 297.7亿港元（约合1 576.6亿美元），比1995年增长4.6%，占该年香港对外贸易总额(29 335.0亿港元)的41.9%。其中，香港机电产品进口额6 700.7亿港元(合859.1亿美元)，比1995年增长2.8%，占香港该年进口总额的43.6%；香港机电产品总出口额5 597.0亿港元（合717.6亿美元），比1995年增长3.8%；香港本地机电产品出口额819.6亿港元(合105.1亿美元)，比1995年下降11.7%，占该年香港本地出口总额的38.6%；转口出口机电产品4 777.5亿港元（合612.5亿美元），比1995年增长7.0%，占该年香港转口总额的40.3%。

本地机电产品出口：1996年，香港本地机电产品出口，除特种工业专用机械、陆路车辆及零件、专业及科学仪器、其他运输设备四类产品外，其他均呈不同幅度的下降。其中以动力机械及设备出口下降35.9%为最多，其次是办公机械及自动数据处理设备，下降了 26.7%，视听通信设备下降了 18.9%，居第三位。占香港本地机电产品出口额 1/3 强的电动机械、电器及配件的出口也下降了 4.8%。

机电产品转口出口：1996 年香港转口出口机电产品中除视听通信设备和陆路车辆有微幅下降外，其他均呈增长趋势，其中以办公机械及自动数据处理设备的转口出口增长幅度最大，增幅达 23.4%，其次是专业及科学仪器，22.6%，第三种是特种工业专用机械，18.9%。1996 年香港转口出口机电产品中，转口出口最多的是电动机械、电器及配件和视听通信设备两大类，转口出口额分别为 1 237.6 亿港元和 1 159.6 亿港元，分别占该年香港机电产品转口出口总额的 25.9%和 24.3%；办公机械和自动数据处理设备以 707.6 亿港元和 14.8%的占有率位居第三，第四位是摄影器材、光学物品及钟表，转口出口额 555.2 亿港元，占机电产品转口总额的 11.6%。上述四种产品转口出口合计 3 660 亿港元，占机电产品转口出口总额的 76.6%。

机电产品进口：1996 年香港机电产品进口最多的是电动机械、电器及配件和视听通信设备，进口额分别为 1 959.4 亿港元和 1 410.3 亿港元，占该年香港机电产品进口总额的 29.2%和 21.0%；摄影器材、光学物品及钟表进口 627.5 亿港元，占 9.4%；通用机械进口 439.1 亿港元，占 6.6%。详见表 6。

香港机电产品主要贸易伙伴有中国内地，美国、日本及欧盟成员国。

表 6　1996 年香港机电产品对外贸易统计　　（单位：百万港元）

产品名称	总出口额	比上年增长%	本地出口	比上年增长%	转口出口	比上年增长%	进口	比上年增长%
金属制品	24 944.1	0.5	4 213.4	−10.1	20 730.6	3.0	23 669.0	1.8
动力机械及设备	15 011.8	−3.0	867.3	−35.9	14 144.6	0.1	21 628.9	−3.1
特种工业专用机械	21 392.7	16.8	2 967.8	5.4	18 424.9	18.9	24 408.9	11.5
金属加工机械	4 945.4	11.2	1 188.3	−6.9	3 757.1	18.4	5 355.7	12.8
通用机械	31 297.8	7.4	2 163.7	−5.3	29 134.1	8.4	43 917.4	4.7
办公机械及自动数据处理设备	83 846.9	11.5	13 090.1	−26.7	70 756.8	23.4	81 381.9	18.4
视听通信设备	124 544.6	−3.9	8 585.6	−18.9	115 958.9	−2.6	141 032.9	−3.4
电动机械、电器及配件	154 120.9	5.2	30 357.2	−4.8	123 763.7	8.0	195 941.9	5.4
陆路车辆及零件	14 137.6	−8.7	11.9	9.0	14 125.8	−8.7	39 983.1	-13.4
其他运输设备	1 132.8	9.1	128.1	84.5	1 004.7	3.7	15 203.3	−6.1
专业及科学仪器	13 724.6	20.2	3 298.2	13.1	10 426.5	22.6	14 803.6	26.7
摄影器材、光学物品及钟表	70 602.9	4.0	15 083.6	−11.7	55 519.3	9.4	62 745.2	−0.02
机电产品合计	559 702.1	3.8	81 955.1	−11.7	477 747.0	7.0	670 073.7	2.8
全商品总计	1 397 917.5	4.0	212 159.5	−8.4	1 185 757.9	6.6	1535 581.9	3.0
机电产品占比	40.0		38.6		40.3		43.6	

资料来源：《香港海关统计》1996. 12。

四、香港与内地机电产品贸易情况

据香港海关统计，1996 年香港与内地贸易额为 10 498.1 亿港元（合 1 345.9 亿美元），占该年香港对外贸易总额的 35.8%，比 1995 年增长 6 个百分点。其中香港从内地进口 5 704.4 亿港元，占香港进口总额的 37.1%；香港本地产品对内地出口 616.2 亿港元，占香港本地产品出口总额的 29.0%；香港对内地转口出口 4 177.5 亿港元，占香港转口出口总额的 35.2%。1996 年，内地是香港最大的进口来源地，也是香港本地机电产品出口和转口出口的第一大市场。

1996 年，内地与香港机电产品贸易额 3 845.1 亿港元（合 493.0 亿美元），占香港与内地贸易总额的 36.6%。比 1995 年增长 8.2%，高于全商品贸易增长速度，占该年香港机电产品对外贸易总额的 31.3%。其中，香港从内地进口机电产品 2001.2 亿港元（合 256.6 亿美元），占该年香港机电产品进口总额的 30.0%，是香港机电产品第一大进口来源地；1996 年香港本地机电产品对内地出口 267.9 亿港元，占香港本地机电产品出口额的 32.7%，占香港产品对内地出口总额的 43.5%。同年，香港对内地转口出口机电产品 1 576.0 亿港元，比 1995 年增长 9.2%，占香港对内地转口出口总额的 37.7%，占香港机电产品转口出口总额的 33.0%，是香港机电产品转口出口的最大市场。

1996 年香港从内地进口的大宗机电产品主要有视听通信设备（进口额 599.2 亿港元，占机电产品进口额的 29.9%），电动机械、电器及配件（496.9 亿港元，24.8%），办公机械及自动数据处理设备（296.8 亿港元，占 14.8%）。同年，香港对内地出口机电产品主要有视听通信设备（65.8 亿港元，占港产机电产品对内地出口总额的 24.6%），电动机械、电器及配件（63.7 亿港元，占 23.8%），摄影器材、光学物品及钟表（34.2 亿港元，占 12.8%）。1996 年香港对内地转口出口机电产品在 100 亿港元以上的有：电动机械、电器及配件（375.4 亿港元），视听通信设备（300.4 亿港元），办公机械及自动数据处理设备（180.7 亿港元），通用机械（170.4 亿港元），特种工业专用机械（150.6亿港元），摄影器材、光学物品和钟表（119.8亿港元），上述6类产品合计1 297.4亿港元，占香港对内地转口出口机电产品总额的82.3%。详见表7。

另据港府统计，1996年内地产品经港转口出口6 835.1亿港元（合876.3亿美元），比1995年增长7.4%，内地产品经港转口出口的主要市场是：美国，约占1/3；日本，约占10%；德国，6.5%；中国内地，5.7%；英国，4.9%。1996年内地机电产品经港转口出口约2 298.1亿港元（合294.6亿美元），比1995年增长11.2%，占该年内地经港转口出口总额的33.6%。内地经港转口出口的主要机电产品有视听通信设备，电动机械、电器及配件，办公机械及自动数据处理设备，摄影器材、光学物品及钟表，金属制品。多年来，美国一直是内地机电产品经港转口出口的最大市场，并保持稳定增长；1996年内地机电产品经港转口出口日本的增长速度最快，使日本成为中国机电产品经港转口出口的第二大市场，详见表8、表9。

表7　1996年香港与内地机电产品贸易统计　（单位：百万港元）

产品名称	香港进口	比上年增长%	香港本地出口	比上年增长%	香港转口出口	比上年增长%
金属制品	12 423.7	3.9	1 745.1	−18.7	3 812.2	3.0
动力机械及设备	5 417.0	−5.5	540.4	−26.0	8 028.5	−0.09
特种工业专用机械	1 885.2	12.0	2 166.9	3.3	15 062.8	27.6
金工机械	541.0	−15.8	543.3	−6.7	3 184.4	19.8
通用机械	9 278.5	5.3	1 321.3	−11.8	17 039.9	9.3
办公机械及自动数据处理设备	29 676.4	39.2	3 478.6	10.3	18 074.8	12.6
视听通信设备	59 918.6	−1.2	6 582.4	−15.5	30 044.5	1.1
电动机械、电器及配件	49 694.6	16.7	6 371.2	−1.6	37 536.0	18.7
陆路车辆	4 161.6	−5.7	4.8	−18.6	8 612.4	−11.9
其他运输设备	176.7	−0.4	8.7	1 617.9	441.6	54.2
专业及科学仪器	4 612.2	20.3	613.2	43.9	3 782.9	26.0
摄影器材、光学物品及钟表	22 336.1	6.9	3 417.2	−1.7	11 978.0	−0.9
机电产品合计	200 121.6	9.5	26 792.9	−5.6	157 598.0	9.2
全商品总计	570 442.5	5.7	61 620.2	−3.0	417 752.1	8.8
机电产品占全部商品之比	35.1		43.5		37.7	

资料来源：《香港海关统计》1996.12。

值得注意的是，内地机电产品经港转口倒流现象每年都呈上升趋势。1996年内地机电产品经港转口倒流9.5亿美元，占该年香港进口内地机电产品总额的3.7%，比1995年增长28.4%。倒流内地的主要机电产品是视听通信设备37.29亿港元（合4.78亿美元）和电动机械、电器及配件36.5亿港元（合4.68亿美元）。

另据我国海关统计，1996年内地对

表8　1996年内地机电产品经港转口出口统计

（单位：百万港元）

产品名称	转口出口额	增长（%）
全商品总计	683 514	7.4
机电产品合计（不完全统计）	229 813	11.2
其中：视听通信设备	79 761	−2.6
电力机械、电器及配件	60 301	15.1
办公机械及自动数据处理设备	45 830	35.3
摄影器材、光学物品及钟表	27 891	21.5
金属制品	16 030	3.3

资料来源：香港贸易统计日报　1996.12。

表9　1996年内地产品经港转口主要去往地及转口出口的主要机电产品　（单位：百万港元）

转口去往地	转口主要机电产品名称	1995年	1996年
全世界	全部商品	636 392	683 514
美国	全部商品	213 545	226 024
	视听通信设备	25 093	24 690
	电动机械、电器及配件	16 283	17 542
日本	全部商品	59 120	69 912
	视听通信设备	5 673	6 792
	办公机械及自动数据处理设备	3 225	6 654

（续）

转口去往地	转口主要机电产品名称	1995 年	1996 年
德国	全部商品	42 910	44 276
	视听通信设备	6 328	5 804
	电动机械、电器及配件	4 211	4 725
中国内地	全部商品	36 125	38 994
	视听通信设备	3 340	3 729
	电动机械、电器及配件	2 514	3 650
英国	全部商品	29 717	33 168
	视听通信设备	4 492	4 538
	电动机械、电器及配件	2 945	3 460

资料来源：《1996 年香港对外贸易回顾》

香港出口 329.1 亿美元，其中出口机电产品 108.9 亿美元，占内地对香港出口总额的 1/3 强，占该年内地机电产品出口总额的 1/4。香港是内地机电产品出口的第一大市场。1996 年内地对香港出口的机电产品中，电工电子类产品约占 47.4％，机械类产品占 31.5％，轻工类产品占 21.1％。出口额超过 1 亿美元的主要商品有：

电工电子类：计算机及零件、移动通信设备、印刷电路、收录音机及组合音响、电视机、有线电话机、半导体器件、电容器、静止式变流器、扬声器、电子游戏机等。

机械类：集装箱、船舶、通断及保护电路装置、电动机及发电机、电线电缆、蓄电池、变压器、照相机等。

轻工机械类：电风扇、原电池、钟表及零件、电热器具、电动玩具、电灯及照明装置等。

1996 年内地机电产品对港出口仍以加工贸易为主。加工贸易出口占机电产品对港总出口的 81.8％，其中来料加工又占加工贸易的 70％以上。“三资”企业是内地机电产品对港出口的主力军，1996 年仅“三资”企业对港出口机电产品总额达 64.3 亿美元，占内地对港出口机电产品总额的近 60％。从内地对港出口机电产品的地区分布看，广东以其优越的地理位置而拔得头筹，全年对港出口机电产品 73.9 亿美元，占内地对港出口机电产品总额的 67.9％。

香港已回归祖国怀抱。展望未来，内地国民经济和对外贸易将持续发展，因此，内地机电产品经港转口出口将会进一步扩大，内地与香港的机电产品贸易将会进一步稳定增长。

参考资料：

①《香港经济年鉴》1996 年
②《香港年鉴》1997 年
③《1996 年香港制造业》，香港工业署出版
④1997《Hongkong Economic Prospects》
⑤《1996 年香港对外贸易回顾》香港政府统计处
⑥《香港海关统计》1995、1996
⑦王榕平：《香港制造业的地位及发展前景》

附录三　机械工业管理机构及领导人员

机械工业部

地址：北京市三里河路 46 号

邮码：100823

电话：68594711、68594710（总值班室）68594114（总机查询）

部　长：包叙定

副部长：邵奇惠、孙昌基、吕福源、姚明伟

中纪委驻部纪检组组长：孙祖梅（副部级）

总工程师：朱森第（正局级）

副总工程师：孟祥恩（正局级）

办公厅

主　任：薛德林

副主任：王宝明、沙先华

政策法规体改司

司　长：杨　桦

副司长：王文斌

行业发展司

司　长：蔡惟慈

副司长：王荣泉、关建勋、何升韬、苏　波

科技与质量监督司

司　长：宋天虎

副司长：石坚中、依英奇、尤一平

经济调节与国有资产监督司

司　长：梅振新

生产与信息统计司

司　长：汪建业

副司长：纪孝效、周建平

国际合作司

司　长：崔十信

副司长：陆仁琪、杨万胜

人事劳动司

司　长：贾成炳

副司长：谷政协、孙元勋

教育司

司　长：涂仲华

副司长：沙彦世、张明毫

军工司

司　长：王金德

副司长：王小木

汽车工业司

司　长：张小虞

副司长：蒋　雷、陈　林

农业装备司

司　长：高元恩

副司长：高　鹢

重大装备司

司　长：吴晓华

副司长：隋永滨、林　刚

机械基础装备司

司　长：于成廷

副司长：朱明凯、沙宝森

直属机关党委

常务副书记：任怀栓

副书记：徐家富、陆志军

中纪委、监察部驻部纪检组、监察局

副组长、监察局局长：杨淑云

监察局副局长、纪检组副局级检查员：王德义、董聿维

审计署驻机械工业部审计局

副局长：曹忠元

机关服务中心（机关服务局）

党委书记兼副主任（副局长）：罗国政

副主任(副局长)：王炳南、张民平、张克林

离退休干部局

局　长：张凤林

副局长：吴　军（兼）、孙树华、焦英辉

国家教委

地址：北京市西单大木仓胡同 37 号

邮码：100816

电话：66096870、66012801（司办）

传真：66096662

条件装备司

司　长：李英惠

副司长：王　富、李兴植

国家科学技术奖励工作办公室

地址：北京市三里河路 54 号

邮码：100045

电话：68511855

传真：68537567

主　任：王葆青

副主任：魏志渊、郭学武、刘燕美

公安部

地址：北京市东长安街 14 号

邮码：100741

电话：65204632、65203299

传真：65204633

部　长：陶驷驹

副部长：田期玉、牟新生、杨焕宁

地质矿产部

地址：北京市阜内大街 64 号

邮码：100812

电话：66165566（总机）

传真：66175348

部　长：宋瑞祥

副部长：张宏仁、陈洲其、蒋承菘、寿嘉华

中国地质装备总公司

地址：北京市朝阳区东三环北路丙 2 号

邮码：100027

电话：64636031

传真：64636030

总经理：卢　环

副总经理：孟宪琛、崔桂祥、符党替

总工程师：张得众

建设部

地址：北京市阜外百万庄

邮码：100835

电话：68393606

传真：68393303

部　长：侯　捷

副部长：叶如棠、谭庆琏、李振东、毛如柏

计划财务司

司　长：张耀儒（部总经济师）

副司长：王天锡

电力工业部

地址：北京市白广路二条 1 号

邮码：100761

电话：66054131

部　长：史大桢

副部长：赵希正、查克明、陆延昌、汪恕诚

电力机械局

局　长：王佩文

副局长：江自生、张体修、鲁廷印

总工程师：乔焕儒

煤炭工业部

地址：北京市和平里北街 21 号

邮码：100713

电话：64217766（总机）

部　长：王森浩

副部长：张宝明、濮洪九、

王显政、朱登山

中国煤矿工程机械装备集团公司

地址：北京市和平里北街 21 号

邮码：100713

电话：64217766（总机）

总经理：吕金铨

副总经理：高 峰、薛际贵、宋文健、熊德昌、王满霞、张俊才

冶金工业部

地址：北京市东四西大街 46 号

邮码：100711

电话：65133322（总机）

传真：65131910

部 长：刘 淇

副部长：徐大铨、毕 群、王万宾、翁宇庆

生产协调司

司 长：张志勋

副司长：王兴洁、刘树和、刘福洲

化学工业部

地址：北京市朝阳区亚运村安慧里 4 区 16 号楼

邮码：100723

电话：64914455（总机）

传真：64916344

部 长：顾秀莲

副部长：陈士能、李士忠、李勇武、王心芳

中国化工装备总公司

地址：北京市西城区六铺炕一区中街 1 号

邮码：100011

电话：62044351（总机）

传真：62044373

总经理：孙腾良

副总经理：睦林轩、张祖康、康石永、乔煜国

铁道部

地址：北京市复兴路 10 号

邮码：100844

电话：63241150（总机）

部 长：韩杼滨

副部长：孙永福、傅志寰、蔡庆华、刘志军

总工程师：华茂昆

中国铁路机车车辆工业总公司

（中车公司）

地址：北京市复兴路 10 号

邮码：100844

电话：63244055

传真：63260830

董事长：杜景新

总经理：王泰文

副总经理：秦 刚、王志泉、杨安立、朱守礼

总工程师：杨安立

交通部

地址：北京市建国门内大街 11 号

邮码：100736

电话：65293032

传真：65292345

部 长：黄镇东

副部长：刘松金、李居昌、洪善祥、胡希捷

科技司

司 长：凤懋润

副司长：陈锁祥、刘家镇

邮电部

地址：北京市西长安街 13 号

邮码：100804

电话：66014599

部 长：吴基传

副部长：杨贤足、林金泉、周德强、刘立清

中国邮电工业总公司

地址：北京市新街口外大街 28 号

邮码：100088

电话：62021144（总机）

总经理：张庆忠

副总经理：张延爱、李哲志、王树昌、路俊海

水利部

地址：北京市白广路二条水利部大院

邮码：100053

电话：63202114（总机）

部 长：钮茂生

副部长：张春园、严克强、周文智、朱登铨、张基尧

机械局

地址：北京市宣武区白广路二条 2 号

邮码：100053

电话：63202301

传真：63202302

局 长：郑 贤

副局长：冯丽珍、乔世珊

总工程师：方学田

农业部

地址：北京市农展馆南里 11 号

邮码：100026

电话：64191114(总机)、64192687

传真：65002448

部 长：刘 江

副部长：洪绂曾、张延喜、万宝瑞、刘成果、白志健、路 明

农垦局

局 长：曾毓庄

副局长：陈欣成、刘传筑、赵方田

中国林业机械总公司

地址：北京市和平里七区 25 楼

邮码：100013

电话：64214255

传真：64226379

总经理：戈 成

总经济师：李洙一

国内贸易部

地址：北京市月坛北街 25 号

邮码：100834

电话：68392353

传真：68392303

部 长：陈邦柱

副部长：罗植龄、陆 江、何济海、应文华、杨树德

工业司

司 长：王树培

副司长：邓冶平、宋丹丕

中国机械进出口(集团)有限公司

地址：北京市西城区阜成门外大街 1 号四川大厦西塔楼

邮码：100037

电话：68991188

传真：68991000

总 裁：刘德树

副总裁：陈伟根、肖 刚、周立先、李 斌

中国轻工总会

地址：北京市阜外大街乙 22 号

邮码：100833

电话：68396114（查号）

会 长：于 珍

副会长：傅立民、潘蓓蕾、杨志海、朱 焘、步正发

中国轻工业机械总公司

地址：北京市西四东斜街 14 号

邮码：100032

电话：66053831（总机）

传真：66018076

总经理：严 龙

副总经理：张管生、王良涌、刘金良、张景尧

中国纺织总会
地址：北京市东长安街 12 号
邮码：100742
电话：63081207（总值班室）
传真：63081207
会　长：吴文英
副会长：杜钰洲、刘　珩、许坤元、任传俊
技术装备部
主　任：凌宝银
副主任：高　勇
中国科学院
地址：北京市三里河路 52 号
邮码：100864
电话：68597216
传真：68597218
高技术研究与发展局
局　长：桂文庄
副局长：郁小民、丁晓良
国家技术监督局
地址：北京市海淀区知春路 4 号
邮码：100088
电话：62022288（总机）
传真：62020983
局　长：李传卿
副局长：李志民、王以铭、朱明暹、李忠海
综合计划科学技术司
司　长：肖德明
副司长：单向东
国家建筑材料工业局
地址：北京市三里河路 11 号
邮码：100831
电话：68313317（局办值班室）
传真：68311497
局　长：张人为
副局长：杨志远、黄书谋、乔龙德、雷前治
中国建材技术装备总公司
地址：北京市三里河路 11 号
邮码：100831
电话：68311329（办）
传真：68311353
总经理：廉级三
副总经理：袁光谱、王新军、唐宝牲
国家医药管理局
地址：北京市北礼士路甲 38 号
邮码：100810
电话：68313344（总机）
传真：68310909
局　长：郑筱萸
主管副局长：石　岖
医疗器械行政监督司
司　长：卜绮成
副司长：郝和平
国家地震局
地址：北京市复兴路 63 号
邮码：100036
电话：68215522（总机）
局　长：陈章立
副局长：何永年、葛治洲、汤　泉、岳明生
计划财务司
司　长：刘昌祥
副司长：赵和平、王延祐
中国航空工业总公司
地址：北京市交道口南大街 67 号
邮码：100712
电话：64013322（总机）
传真：64013648
总经理：朱育理
副总经理：张洪飙、张彦仲、刘高倬、王秦平
总工程师：毛德华
办公厅
主　任：顾仲潮
综合计划局
局　长：石　川
生产调度局
局　长：葛瑞锦
财务局
局　长：池耀宗
人事劳动局
局　长：刘思诚
经贸发展局
局　长：郑荣生
教育培训局
局　长：乔兴山
试飞管理局
局　长：屈见忠
技术质量监督局
局　长：杨育中
军机系统工程局
局　长：朱荣章
民机系统工程局
局　长：高占民
发动机系统工程局
局　长：陈　浚
机载设备系统工程局
局　长：杨燕生
科学技术局
局　长：何怿晋
国际合作贸易局
局　长：汤小平
政治部
主　任：袁立本
监察局
局　长：窦喜柱
老干部局
局　长：陆连生
企业管理办公室
主　任：孙广运
国有资产经营管理局
局　长：叶金福
保密保卫局
局　长：王守信
中国航天工业总公司（国家航天局）
地址：北京市阜成路 8 号
邮码：100830
电话：68370043（办公厅）
传真：68370043
总经理（国家航天局局长）：刘纪原
副总经理（国家航天局副局长）：王礼恒、栾恩杰、白拜尔、夏国洪
总工程师：曾庆来
办公厅（国家航天局办公厅）
主　任：张宝乾
综合规划计划局
局　长：汪国林
科研生产局
局　长：郭宝柱
科学技术局
局　长：宗大琨
民品经营发展局
局　长：胡顺楠
质量技术监督局
局　长：邵锦成
财务经济调节局
局　长：吴太石
基本建设局
局　长：张大溶
行政局
局　长：周长福
国际合作局（国家航天局外事司）
局　长：罗　格
人事劳动教育局
局　长：陈求发
政治部
局　长：王春河
保卫局
局　长：周润成
审计局
局　长：曾佩英
中国汽车工业总公司

地址：北京市海淀区阜成路46号
邮码：100036
电话：68123968
传真：68125556
董事长：蔡诗晴
总经理：顾尧天
副董事长：顾尧天（兼）
副总经理：陈须林、施雄伟、叶焱章、黄小平、郭伟帆

中国船舶工业总公司
地址：北京市月坛北街5号
邮码：100861
电话：68588833（总机）
传真：68581579
总经理：王荣生
副总经理：孟　辉、黄平涛、陈小津、张广钦
办公厅
主　任：孙文年
副主任：张光兴
综合计划局
局　长：邱慧辉
副局长：赵景忠
生产经营局
局　长：陆俊岫
副局长：张明华、嵇安钦
配套设备局
局　长：朱华璋
副局长：山金明、李　林
科技局
局　长：周光霁
副局长：兰荣波、李培昌
军工局
局　长：王产良
副局长：胡基政、周玉兰、左新生
财务局
局　长：严懿君
副局长：王树森、吉大千、张必贻
人事教育局
局　长：方大鹏
副局长：韩　发、林树强、曲　红
审计局
副局长：问德强、肖启南
国际事业局
局　长：王久乐
副局长：王锦连

中国石油化工总公司
地址：北京市朝阳区惠新东街甲6号
邮码：100029
总经理：盛华仁
副总经理：李毅中、阎三忠、黄春萼、王基铭

中国石化物资装备公司
地址：北京市朝阳区惠新东街甲6号
邮码：100029
传真：64263241
经　理：马天增
副经理：王廷俊、陆朱龙、刘泰琪
总经济师：刘纪祥

中国有色金属工业总公司
地址：北京市复兴路乙12号
邮码：100814
电话：68514477（总机）
传真：68516396
总经理：吴建常
副总经理：何伯泉、张　健、陈胜年
企业部
主　任：杨春明
副主任：袁彼德、马敏修

中国石油天然气总公司
地址：北京市六铺炕
邮码：100724
电话：62094538，62094464（办）
总经理：周永康
副总经理：张　轰、马富才、黄　炎、吴耀文

中国石油物资装备总公司
地址：北京市六铺炕
邮码：100724
电话：62094886
传真：62095244
总经理：郑　虎
副总经理：黄志潜、刘兴和、史习盐

中国核工业总公司
地址：北京市三里河南三巷1号
邮码：100822
电话：68512211（总机）
传真：68533989
总经理（正部级）：蒋心雄
副总经理（副部级）：陈肇博（常务）、李定凡、昝云龙、李玉仑、张华祝、傅　锐
总工程师：马福邦
计划与经营开发局
局　长：邱海福
副局长：郝东秦、王菁珩、贾建平、邱建刚

北京市机械工业管理局
地址：北京市宣武区槐柏树街2号
邮码：100053
电话：(010) 63011021
传真：(010) 63012338
局　长：冒泽泉
副局长：李济生、林抚生、马来顺、侯子波

北京兴东方实业有限责任公司
（原北京市农业机械总公司）
地址：北京市复兴路2号
邮码：100038
电话：(010) 63273336（总）
传真：(010) 63466193
总经理：刘振山
副总经理：郭德昌、刘亚清、尹　杰

北京汽车工业集团总公司
地址：北京市宣武区南纬路31号
邮码：100050
电话：(010) 63043411（总机）
传真：(010) 63012351
总经理：马守平
副总经理：郭新民、安庆衡、韩永贵

北京市仪器仪表工业总公司
（北京仪器仪表工业控股（集团）有限责任公司）
地址：北京市安定门外西滨河路25号
邮码：100011
电话：(010) 64218506（办公室）
传真：(010) 64218506
总经理：马士华
副总经理：单英烈、卞援朝、骆俊明、付之威

北内集团总公司
地址：北京市朝阳区广渠路31号
邮码：100022
电话：(010) 67715588（总）
传真：(010) 67718807
常务副总经理：冯启泰
副总经理：吴兴华、乐关荣、郭福天、闫宝月、李洪炉、陶　克

天津市机电工业总公司
地址：天津市和平区锦州道2号
邮码：300020
电话：(022) 27303067（总机）
传真：(022) 27305886
董事长：金纪元

总经理：杨力恒
常务副总经理：常景州
副总经理：王生甲、张国增、赵京华

河北省机械工业厅
地址：石家庄市合作路 9 号
邮码：050051
电话：(0311) 7044441 (总机)
传真：(0311) 7043313、7046751
厅　长：杜书籍
副厅长：冯银宝、陈　欣

山西省机械电子工业厅
地址：太原市并州北路 143 号
邮码：030001
电话：(0351) 4041646
厅　长：牛建业
副厅长：张蓝田、边鸣涛
总工程师：霍义民

内蒙古自治区冶金机械工业厅
地址：呼和浩特市新华大街 1 号自治区政府大院 5 号楼
邮码：010055
电话：(0471) 6963041
传真：(0471) 6962664
厅　长：宋振国
副厅长：李宝珊、胡书捷
总工程师：张统勋

辽宁省机械工业厅
地址：沈阳市和平区南四马路 28 号
邮码：110001
电话：(024) 3871987
传真：(024) 3865824
厅　长：周福悦
副厅长：王恩全、刘秉力

大连市机械工业管理局
地址：大连市中山区人民路 5 号
邮码：116001
电话：(0411) 2638811 (办公室)
传真：(0411) 2638280
局　长：李学勤
副局长：姜心哲、曲世辉、邵　丁

吉林省机械工业厅
地址：长春市建设街 82 号
邮码：130021
电话：(0431) 5660804
传真：(0431) 5660696
厅　长：陶长福
副厅长：康立国、李宝玉、陈双秋

黑龙江省机械工业厅
地址：哈尔滨市动力区和平路 76 号
邮码：150040
电话：(0451) 2625678 (总机)
传真：2666462
厅　长：刘柏常
副厅长：王鸿智、袁志友、成艾东、王允祝

上海电气（集团）总公司
地址：上海市四川中路 110 号
邮码：200002
电话：(021) 63215530、63215834
传真：(021) 63216017
董事长：夏毓灼
总　裁：周飞达
副董事长：史丽雯
副总裁：童天雄、金　锵、蒋珍珍、戴　柳
总工程师：周锡生
总经济师：徐域栋
总会计师：江秋霞

上海市区县工业管理局
地址：上海市中山东一路 14 号 3 楼
邮码：200002
电话：(021) 63212793
传真：(021) 63290891
局　长：王忠明
副局长：胡长华、梅建政、吴祥麟

上海汽车工业总公司
地址：上海市武康路 390 号
邮码：200031
电话：(021) 64315137 (办公室)
传真：(021) 64330518
总　裁：陈祥麟
副总裁：叶　平、胡茂元、洪积明、蒋志伟、郁子冲

江苏省机械工业厅
地址：南京市中山北路 32 号
邮码：210008
电话：(025) 3210427、3211175
传真：(025) 3210607
厅　长：许汉文
副厅长：宋秀芳、苏泽民
总工程师：徐王全

浙江省机械工业厅
地址：杭州市大学路高官弄 9 号
邮码：310009
电话：(0571) 7048124 (总机)
传真：(0571) 7046194
厅　长：金垒允
副厅长：鲁志强　王鹏举、周象太

宁波市机械工业局
地址：宁波市解放南路 78 号
邮码：315000
电话：(0574) 7296369
传真：(0574) 7301349
局　长：姚光辉
副局长：杨建群、桑贤路、谢仰民

安徽省机械工业局
地址：合肥市庐江路 60 号
邮码：230001
电话：(0551) 2646614、2650291
传真：(0551) 2677323、2659121
局　长：许金和
副局长：胡昭耀、陈白琪、程传如

福建省机械工业厅
地址：福州市省府路 1 号
邮码：350001
电话：(0591) 7552772 (办公室)
传真：(0591) 7551141
厅　长：夏玉瑚
副厅长：林茂祺、吴大浩、陈庆友、刘秀基

厦门市经济委员会
地址：厦门市湖滨北路 61 号市府东大楼 8 楼
邮码：361012
电话：(0592) 5052414
传真：(0592) 5054289
主　任：翁云雷
副主任：庄　威、黄万永

江西省机械工业厅
地址：南昌市北京西路 74 号
邮码：330046
电话：(0791) 6226768
传真：(0791) 6263614
厅　长：李立德
副厅长：徐世杰、李朔尧、谢益漳

山东省机械工业厅
地址：济南市解放路 134 号
邮码：250013
电话：(0531) 6943508
传真：(0531) 6943546
厅　长：张建国
副厅长：臧凤山、房士义

青岛市机械工业总公司
地址：青岛市湖南路 37 号
邮码：266001
电话：(0532) 2865867

传真：(0532) 2870542
总经理：高志喜
副总经理：曹　伟、郑明辉、陈德同、戴文治

河南省机械电子工业厅
地址：郑州市红旗路3号
邮码：450003
电话：(0371) 5956787、5956789
传真：(0371) 5955344
厅　长：顾志平
副厅长：郑定文、郭益民、杨　铎、胡　荃

湖北省机械工业厅
地址：武汉市武昌武珞路421号
邮码：430070
电话：(027) 7814430
传真：(027) 7814181
厅　长：曹启佑
副厅长：应起彬、刘世焰、何忠琦、王基连

武汉市机械工业局
地址：武汉市江汉路102号
邮码：430020
电话：(027) 2833637
传真：(027) 2818109
局　长：曾冠凡
副局长：汤有元、李思萍、李诗伟、陈京松

湖南省机械工业局
地址：长沙市东茅街49号
邮码：410002
电话：(0731) 4425374
传真：(0731) 4442264
局　长：林国悌
副局长：冯居正、吴启荣、刘　平
总工程师：陈晓临

广东省电子机械工业厅
地址：广州市环市中路315号
邮码：510095
电话：(020) 83592998
传真：(020) 83590629
厅　长：奚志伟
副厅长：罗坚生、李赐勋、李明端

广西壮族自治区机械工业厅
地址：南宁市民主路17号
邮码：530023
电话：(0771) 5623841
传真：(0771) 5626568
厅　长：袁　智
副厅长：覃彦瑞、王跃飞

海南省工业厅
地址：海口市海府大道59号
邮码：570204
电话：(0898) 5330684
传真：(0898) 5342577
厅　长：陈日进
副厅长：黄维鹏、熊佐文、吴多兴、许晓民、黄克光
机电处处长：陈爱民

四川省机械工业厅
地址：成都市人民东路1号
邮码：610013
电话：(028) 6637965（总机）
传真：(028) 6634892
厅　长：李成云
副厅长：张荣跃、范中成、郑时源、刘永富

重庆市机械工业管理局
地址：重庆市渝中区中山三路155号
邮码：630015
电话：(023) 63862674、63822949
传真：(023) 63600153
局　长：袁兴邦
副局长：丁　权、李建春、杨　林

贵州省机械工业厅
地址：贵阳市瑞金中路80号
邮码：550003
电话：(0851) 5823942
传真：(0851) 5826720
厅　长：沈连生
副厅长：熊开周、张群山、张梓钟、张金桐
总工程师：梅庚安

云南省机械工业厅
地址：昆明市白塔路27号
邮码：650011
电话：(0871) 3166968
传真：(0871) 3166968
厅　长：杨树蔚
副厅长：赵钟岳、杨永健、侯京珊

西藏自治区经贸体改委
地址：拉萨市林廓北路12号
邮码：850000
传真：(0891) 6336757
主　任：毛晓矛
副主任：公觉次仁、索朗多吉、尼　玛、米马顿珠、旺　姆、翟　青、杨代刚
总工程师：王宗亚、杨纪朝
机电化工管理处
电话：(0891) 6330646（办公室）
处　长：索朗次仁
副处长：吴成斌

陕西省机械工业局
地址：西安市新城广场省政府大楼6层
邮码：710004
电话：(029) 7293410、7292802
传真：(029) 7293065
局　长：邱世杰
副局长：何新民、薛一平

甘肃省机械工业总公司
（甘肃机械集团公司）
地址：兰州市农民巷125号
邮码：730000
电话：(0931) 8884484（办）
传真：(0931) 8825849
总经理：杨书昌
副总经理：丁法斗、吴永高、马艾武、朱　鹏

青海省机械电子工业厅
地址：西宁市西大街66号省政府大院8号楼东门
邮码：810000
电话：(0971) 8247915（厅办）
传真：(0971) 8247832
副厅长：于锡钧、秦宝德、赵宏盛

宁夏回族自治区重工业厅
地址：银川市凤凰北街46号
邮码：750001
电话：(0951) 5043074
传真：(0951) 5043043
厅　长：陈德祥
副厅长：田哲文、刘文正

新疆维吾尔自治区机械电子工业厅
地址：乌鲁木齐市光明路17号
邮码：830002
电话：(0991) 2819889
传真：(0991) 2823912
书记（副厅长）：王士生
副厅长：张惠恩、汪　铁、张启曾、王永吉、齐景廉

〔附录一、二、三责任编辑：王如〕

附录四　机械工业企业集团、股份制企业、“三资”企业名录

企业集团名录

北京

中国公路桥梁建设(集团)总公司

地址：北京市安外外馆斜街3号
邮码：100011
电话：(010) 65292114
传真：(010) 64217849
主要成员：中国公路桥梁建设总公司、交通部第一公路工程总公司、交通部第二公路工程局

中国地质装备集团

地址：北京市东三环北路丙2号
邮码：100027
电话：(010) 64636031
传真：(010) 64636030
成立时间：1992.11.27
主要成员：张家口探矿机械总厂、衡阳探矿机械厂、连云港黄海机械厂、北京地质仪器厂、北京钻探工具厂、重庆地质仪器厂、重庆探矿机械厂、无锡钻探工具厂、无锡探矿机械厂总厂、天津探矿机械总厂、地质矿产部石油钻探机械厂、上海地质仪器厂、沈阳探矿机械厂、武汉探矿机械厂总厂、广西柳州探矿机械厂总厂等

中国远洋运输（集团）总公司

地址：北京市朝阳区东三环北路3号
邮码：100027
电话：(010) 64661188
传真：(010) 64669859
主要成员：中国远洋运输总公司、中国汽车运输总公司、中国外轮理货总公司、中国船舶燃料供应总公司
注：国家计划单列

中国港湾建设（集团）总公司

地址：北京市东直门外春秀路9号
邮码：100027
电话：(010) 64154455
传真：(010) 64168276
主要成员：中国港湾建设总公司、第一航务工程局、第二航务工程局、第三航务工程局、第四航务工程局

中国车辆机械集团

地址：北京市朝阳区柳芳南里甲5号楼
邮码：100028
电话：(010) 64664442
传真：(010) 64664705
主要成员：中国公路车辆机械总公司、中通车辆机械工业贸易公司、中通车辆机械技术开发公司

河北

风帆集团有限责任公司

地址：河北省保定市新市区富昌路8号
邮码：071057
电话：(0312) 3025931
传真：(0312) 3036051
成立时间：1996
主要成员：保定金风帆蓄电池有限公司、风帆南京蓄电池厂、风帆唐山蓄电池厂、上海风帆工贸公司等

辽宁

瓦房店轴承集团

地址：辽宁省瓦房店市共济大街北段1号
邮码：116300
电话：(0411) 5613496
传真：(0411) 5612106
成立时间：1995.10.22
主要成员：核心企业为瓦房店轴承集团有限责任公司，有1个全资子公司、12个控股子公司（其中有4个为中外合资公司）、8个参股子公司（其中有1个中外合资公司）、1个分公司，还有相关企业36个和2所大专院校

吉林

长春长铃集团有限公司

地址：吉林省长春市小南街31号
邮码：130052
电话：(0431) 2938586
传真：(0431) 2930397
成立时间：1956
主要成员：长春长铃实业股份有限公司、长春长铃摩托车有限公司、长春长铃发动机有限公司、大长江摩托车有限公司

常柴长春柴油机有限公司

地址：吉林省榆树市健康路1号
邮码：130400
电话：(0431) 3634970
传真：(0431) 3622589
成立时间：1995.7.18

注：该企业为股份有限责任公司

四平东风收割机集团

地址：吉林省四平市平东大路5号

邮码：136001

电话：(0434) 3387641

传真：(0434) 3387845

成立时间：1996.12.6

主要成员：四平联合收割机总厂等39个企业

四平金丰股份有限公司

地址：吉林省四平市平东东路113号

邮码：136001

电话：(0434) 3388063

传真：(0434) 3388798

成立时间：1992.7

主要成员：四平鼓风机厂、四平金丰起重机械制造有限公司、四平鼓风机制造厂、四平鼓风机技术装备成套公司、四平鼓风机二厂

注：定向募集

上海

江南造船(集团)有限责任公司

地址：上海市卢湾区高雄路2号

邮码：200011

电话：(021) 63284158

传真：(021) 63770297

成立时间：1996

主要成员：物资经营公司、江南船舶配件厂、江南房地产开发公司、上海江南船用电器设备厂等

上海电气 (集团) 总公司

地址：上海市四川中路110号

邮码：200002

电话：(021) 63215834、(021) 63215530—6801

传真：(021) 63216017

成立时间：1996.12

上海机床工具(集团)有限公司

地址：上海市辽源西路211号

邮码：200092

电话：(021) 65159829、65010319

传真：(021) 65037215

成立时间：1995.12.27

主要成员：上海机床厂有限公司等50多个企业

上海东风机械(集团)有限公司

地址：上海市恒丰路600号机电大厦九楼

邮码：200070

电话：(021) 63177050

传真：(021) 63177049

成立时间：1994.2

主要成员：上海柴油机股份有限公司、上海金泰股份有限公司、彭浦机器厂、上海建筑机械制造厂、上海永红机械厂、卡特彼勒上海发动机有限公司、上海彭浦液化空气有限公司

上海通用机械 (集团) 公司

地址：上海市东大名路393号

邮码：200080

电话：(021) 65414040

传真：(021) 65452521

成立时间：1990.6

主要成员：上海合众开利空调设备有限公司等28个企业

上海电线电缆(集团)有限公司

地址：上海市淮安路736号

邮码：200041

电话：(021) 62762998

传真：(021) 62765088

成立时间：1987.3

主要成员：上海电缆厂等16个企业

上海印刷包装机械总公司

地址：上海市中兴路408号

邮码：200071

电话：(021) 56729285(总办)

传真：(021) 56901207

成立时间：1986.9

主要成员：上海光华印刷机械有限公司等21个企业

上海重型矿山机械公司

地址：上海市东大名路393号

邮码：200080

电话：(021) 65414040

传真：(021) 65453116

成立时间：1995.7

主要成员：上海起重运输机械厂、上海冶金矿山机械厂、上海沪江机械厂、上海采矿机械厂、上海建设·路桥机械设备有限公司、上海减速机械厂、上海风动工具厂、上海千斤顶厂、上海重机铸造厂、上海斯迈克重矿机械有限公司、上海富嘉工程机械有限公司等15个企业

上海四方锅炉(集团)有限公司

地址：上海市共和新路2901号

邮码：200072

电话：(021) 56650399 (总机)

传真：(021) 56639193

成立时间：1996.1.9

主要成员：上海四方锅炉厂、上海工业锅炉厂

上海上标 (集团) 有限公司

地址：上海市西藏南路615号

邮码：200011

电话：(021) 63281704

传真：(021) 63731543

成立时间：1956年

主要成员：所属工厂21个；经营子公司5个；分公司1个；车队、中技校，技术中心各1个

上海电机 (集团) 有限公司

地址：上海福州路89号

邮码：200002

电话：(021) 63233394

传真：(021) 63216390

上海液压气动总公司

地址：上海市福州路89号二楼

邮码：200002

电话：(021) 63215125

传真：(021) 63211864

主要成员：上海液压泵厂、上海立新液压件厂等

山东

博山电机集团股份有限公司

地址：山东省淄博市博山区人民路42号

邮码：255200

电话：(0533) 4183078

传真：(0533) 4180974

成立时间：1993.11.8

主要成员：博山电机厂、淄博汽车电器厂、博山特型电机有限公司、博山电机厂减速电机分厂、博山大成实业总公司、博山电机厂房地产综合开发公司、博山电机厂技工学校机电设备厂、博山电机进出口公司、淄博安吉富齿轮电机有限公司、淄博哦哈哈彩色喷带有限公司、瑞士博康贝思有限公司

山东莱动内燃机有限公司

地址：山东省莱阳市五龙北路40号
邮码：265200
电话：(0535) 7211122
传真：(0535) 7211177
成立时间：1996.1
主要成员：牟平发动机分公司、烟台汽车配件分公司

山东工程机械集团有限公司

邮码：272149
电话：(0537) 2319551
传真：(0537) 2319551
成立时间：1996.11.18
主要成员：山东推土机总厂(含山东山推工程机械股份有限公司)、泰安起重机械厂、临沂工程机械厂(含临沂工程机械股份有限公司)、山东工程机械厂、烟台工程机械厂、山东水利工程机械总厂
注：省计划单列企业集团

山东精华机械集团股份有限公司

地址：山东省郯城县建设路20号
邮码：276100
电话：(0539) 6221210
传真：(0539) 6221040
成立时间：1996.12
主要成员：郯城农业机械厂、精华玛钢厂、精华缫丝厂、精华电镀配件厂、精华制衣厂、精华家具厂
注：定向募集股份制企业集团

山东华日集团总公司

地址：山东省临沂市沂南振兴路20号
邮码：276300
电话：(0539) 3222436
传真：(0539) 3222432
成立时间：1994
主要成员有：山东华日股份有限公司（社会募集)、山东华联摩托车汽油机有限公司、山东华日集团运输公司、白城华陆机械制造有限公司、山东巨星影视广告公司
注：临沂市计划单列企业集团

浙江

杭州制氧机集团有限公司

地址：杭州市东新路90号
邮码：310004
电话：(0571) 5372001
传真：(0571) 5373773
成立时间：1993.8
主要成员：杭州制氧机厂

杭州华立集团公司

地址：杭州市莫干山路38号
邮码：310005
电话：(0571) 8081888
传真：(0571) 8080838
成立时间：1991.6
主要成员：余杭仪表厂

杭州盾牌链传动集团公司

地址：杭州市湖墅南路309号
邮码：310005
电话：(0571) 8068568
传真：(0571) 8078631
成立时间：1992.6
主要成员：杭州链条总厂

杭州西子集团公司

地址：杭州市教工三路2号
邮码：310012
电话：(0571) 8071651
传真：(0571) 8845082
成立时间：1990.12
主要成员：杭州仪表厂

杭州汽轮动力集团有限公司

地址：杭州市石桥路357号
邮码：310022
电话：(0571) 8144881
传真：(0571) 8145409
成立时间：1992.12
主要成员：杭州汽轮机厂

杭州前进齿轮箱集团公司

地址：浙江省萧山市萧金路45号
邮码：311200
电话：(0571) 2623611
传真：(0571) 5150172
成立时间：1994.5
主要成员：杭州齿轮箱厂

杭州杭发集团公司

地址：浙江省萧山市城北路36号
邮码：311200
电话：(0571) 2622311
传真：(0571) 5150466
成立时间：1995.10
主要成员：杭州发电设备厂

浙江双飞集团公司

地址：浙江省萧山市西河路194号
邮码：311200
电话：(0571) 2625423
传真：(0571) 2626129
成立时间：1989.8
主要成员：萧山汽车齿轮厂

浙江双鸟柴油机集团公司

地址：浙江省萧山市转坝
邮码：311201
电话：(0571) 2723236
传真：(0571) 2721919
成立时间：1988.6
主要成员：杭州柴油机总厂

浙江亚太机电集团公司

地址：萧山市沿山村
邮码：311201
电话：(0571) 2673711
传真：(0571) 2673641
成立时间：1994.4
主要成员：浙江亚太制动元件制造公司

杭州万成机电集团公司

地址：浙江省萧山市浦沿镇蒲联村
邮码：311213
电话：(0571) 2316888
传真：(0571) 2317026
成立时间：1993.8
主要成员：杭州曲轴总厂

浙江万达集团公司

地址：浙江省萧山市闻堰镇

邮码：311213
电话：(0571) 2301088
传真：(0571) 2301088
成立时间：1991.3
主要成员：萧山市汽车方向机厂、萧山市五金工具厂

万向集团公司
地址：浙江省萧山市宁围镇
邮码：311215
电话：(0571) 2626662
传真：(0571) 5156175
成立时间：1990.10
主要成员：杭州万向节总厂

浙江万新集团公司
地址：浙江省萧山市新街镇
邮码：311217
电话：(0571) 2694117
传真：(0571) 2694254
成立时间：1994.7
主要成员：杭州弹簧垫圈厂

浙江丰球集团公司
地址：浙江省诸暨市浣沙南路43号
邮码：311800
电话：(0575) 7012118
传真：(0575) 7013168
成立时间：1994.4
主要成员：诸暨水泵厂

浙江菲达机电集团公司
地址：浙江省诸暨市望云路88号
邮码：311825
电话：(0575) 7012511
传真：(0575) 7014695
成立时间：1995.5
主要成员：浙江电除尘器总厂

浙江天洁机械集团公司
地址：浙江省诸暨市牌头镇
邮码：311825
电话：(0575) 7051717
传真：(0575) 7052108
成立时间：1995.5
主要成员：诸暨市工业环保设备总厂

绍兴机床集团公司
地址：浙江省绍兴市偏门外河山桥
邮码：312000
电话：(0575) 8313942
传真：(0575) 8313936
成立时间：1994.6
主要成员：绍兴机床厂

浙江春晖集团公司
地址：浙江省上虞市百官镇
邮码：312300
电话：(0575) 2050122
传真：(0575) 2052888
成立时间：1993.11
主要成员：绍兴市制冷设备厂

浙江联丰集团公司
地址：浙江省上虞市联丰路
邮码：312300
电话：(0575) 2012301
传真：(0575) 2012080
成立时间：1994.7
主要成员：上虞联丰玻璃钢厂

绍兴明星集团公司
地址：浙江省上虞市上浦镇
邮码：312351
电话：(0575) 2036314
传真：(0575) 2036320
成立时间：1994.6
主要成员：上虞轴承厂

浙江卧龙集团公司
地址：浙江省上虞市高坝镇
邮码：312351
电话：(0575) 2029020
传真：(0575) 2019783
成立时间：1994.4
主要成员：浙江卧龙电机工业公司

浙江上风集团公司
地址：浙江省上虞市经济技术开发区
邮码：312351
电话：(0575) 2036260
传真：(0575) 2036328
成立时间：1994.7
主要成员：浙江风机风冷设备公司

浙江三花集团公司
地址：浙江省新昌县西郊乡
邮码：312500
电话：(0575) 6021859
传真：(0575) 6021855
成立时间：1995.7
主要成员：新昌制冷配件总厂

浙江湖州申湖企业集团公司
地址：浙江省湖州市环城东路63号
邮码：313000
电话：(0572) 2023005
传真：(0572) 2025731
成立时间：1993.3
主要成员：湖州上海申湖汽车电机厂

宁波中策动力机电集团有限公司
地址：浙江省宁波市江北大庆南路75号
邮码：315020
电话：(0574) 7355822
传真：(0574) 7355833
成立时间：1994.9
主要成员：宁波中策拖拉机汽车有限公司、宁波中策电机有限公司、宁波中策柴油机有限公司、宁波中策通用机械有限公司

宁波三星（集团）公司
地址：浙江省宁波市鄞县龙观
邮码：315166
电话：(0574) 8436338
传真：(0574) 8436867
成立时间：1993.7
主要成员：宁波三星仪表厂、鄞县龙观仪表电器厂、鄞县三星电器厂、鄞县三星塑料厂

宁波液压马达集团公司
地址：浙江省镇海县车站路48号
邮码：315200
电话：(0574) 6274832
传真：(0574) 6271755
成立时间：1993.10
主要成员：宁波液压马达厂、镇海液压成套厂、英特姆液压马达有限公司

浙江慈溪三环柴油机集团公司
地址：浙江省慈溪市环城西路217号
邮码：315300
电话：(0574) 3810120
传真：(0574) 3810120
成立时间：1988.2
主要成员：慈溪动力机总厂

余姚通用集团公司
地址：浙江省余姚市新建北路62号
邮码：315400
电话：(0574) 2632660
传真：(0574) 2641001
成立时间：1994.5
主要成员：余姚通用机器厂、余

姚捷华压缩机有限公司、余姚捷丰空调设备有限公司

浙江奉通机电集团公司
地址：浙江省奉化溪口镇中兴西路 98 号
邮码：315502
电话：(0574) 8851888
传真：(0574) 8850564
成立时间：1992.8
主要成员：浙江奉通股份有限公司、奉通电机厂、奉通摩托车配件厂

宁海谊远农用车集团公司
地址：浙江省宁海县城关纺织路 12 号
邮码：315600
电话：(0574) 5562537
传真：(0574) 5562637
成立时间：1993.12
主要成员：宁海农用车制造厂、宁波量具厂、宁海谊远农用车集团公司工贸公司、宁海农用车厂车架厂

浙江钱江摩托集团公司
地址：浙江省温岭市
邮码：317500
电话：(0576) 6115188
传真：(0576) 6111045
成立时间：1995.6
主要成员：浙江摩托车厂

浙江四方集团公司
地址：浙江省永康市永拖路 57 号
邮码：321315
电话：(0579) 7111922
传真：(0579) 7112293
成立时间：1988.7
主要成员：浙江永康拖拉机厂

云和轴承企业集团公司
地址：浙江省云和县城西郊
邮码：323600
电话：(0578) 5122031
传真：(0578) 5122488
成立时间：1993.1
主要成员：云和轴承厂

温州方正企业集团公司
地址：浙江省温州市飞霞南路 33 号
邮码：325003
电话：(0577) 8335981
传真：(0577) 8332224
成立时间：1993.8
主要成员：温州包装机械总厂

温州海米特集团公司
地址：浙江省温州市经济技术开发区 11 小区
邮码：325011
电话：(0577) 6554224
传真：(0577) 6579520
成立时间：1994.3
主要成员：瑞安市自动化仪表厂

正泰集团公司
地址：浙江省乐清市柳市镇
邮码：325604
电话：(0577) 2777777
传真：(0577) 2775888
成立时间：1994.2
主要成员：乐清市求精开关一厂

浙江德力西集团公司
地址：浙江省乐清市柳市镇
邮码：325604
电话：(0577) 2773888
传真：(0577) 2775559
成立时间：1994.10
主要成员：乐清市求精开关二厂

湖北

湖北农机集团
地址：武汉市汉口解放大道 2613 号
邮码：430012
电话：(027) 2312419

武汉仪表集团
地址：武汉市前进四路 160 号
邮码：430014
电话：(027) 2831145

中国长江航运（集团）总公司
地址：武汉市汉口沿江大道 89 号
邮码：430014
电话：(027) 2231161
传真：(027) 2815745
主要成员：武汉长江轮船公司、汉口船厂、长江航运物资总公司
注：国家计划单列

武汉电缆集团
地址：武汉市古田一路陈家墩 2 号
邮码：430035
电话：(027) 3832042

武汉四方泵业集团
地址：武汉市汉阳区尤江村 40 号
邮码：430050
电话：(027) 4843860

湖北机械集团
地址：武汉市武昌武珞路 421 号
邮码：430070
电话：(027) 7301944

武汉锅炉集团
地址：武汉市武昌武珞路 290 号
邮码：430070
电话：(027) 7882685

武汉长江动力集团
地址：武汉市武昌关山一村 124 号
邮码：430074
电话：(027) 7402281

宜昌猴王集团
地址：湖北省宜昌市夷陵路 344 号
邮码：433003
电话：(0717) 6351591

湖北环保集团
地址：湖北省潜江市东风路 23 号
邮码：433100
电话：(0728) 6242901

黄石锻压机床集团
地址：湖北省黄石市石料山朱家嘴 9 号
邮码：435000
电话：(0714) 6225993

鄂州鄂丰集团
地址：湖北省鄂州市文星路 4 号
邮码：436000
电话：(0711) 3222907

鄂州重型机器集团
地址：湖北省鄂州市武昌大道 334 号
邮码：436000
电话：(0711) 3864228

鄂州通用机器集团
地址：湖北省鄂州市武昌大道 318 号
邮码：436000
电话：(0711) 3222781

湖北扬子江摩托车集团
地址：湖北省黄州市东门路 15 号

邮码：436100
电话：(0713) 8353933

湖北多菱动力机集团
地址：湖北省武穴市北川路39号
邮码：436400
电话：(0713) 6222788

襄阳汽车轴承集团
地址：湖北省襄樊市万山轴承路1号
邮码：441022
电话：(0710) 3514400

湖北驰乐汽车集团
地址：湖北省随州市烈山大道222号
邮码：441300
电话：(0722) 3222704

湖北华阳企业集团
地址：湖北省十堰市朝阳路127号
邮码：442000
电话：(0719) 8651231

湖北通达汽车零部件集团
地址：湖北省十堰市武当路7号
邮码：442012
电话：(0719) 8871608

神雁专用汽车集团
地址：湖北省十堰市武当路43号
邮码：442012
电话：(0719) 8875492

宜昌至喜集团
地址：湖北省宜昌市开发区珠海路1号
邮码：443000
电话：(0717) 6331101

宜昌机床集团
地址：湖北省宜昌市西陵二路18号
邮码：443000
电话：(0717) 6733353

湖北红旗电缆工程集团
地址：湖北省宜昌市谭家河
邮码：443004
电话：(0717) 6671401

广东

广州南洋电器集团
地址：广州市黄华路43号
邮码：510050
电话：(020) 83828364
传真：(020) 83828485

广州电梯企业集团公司
地址：广州市沿江中路203号
邮码：510115
电话：(020) 83342064
传真：(020) 83331452

广州汽车集团有限公司
地址：广州市大德路114号
邮码：510120
电话：(020) 87381168－8601
传真：(020) 87381389

广州摩托车集团公司
地址：广州市滨江中路352号
邮码：510220
电话：(020) 84234726
传真：(020) 84231304

广州广重企业集团公司
地址：广州市工业大道22号
邮码：510252
电话：(020) 84447361
传真：(020) 84429767

韶关铸锻企业集团
地址：广东省韶关市十里亭
邮码：512031
电话：(0751) 8852957转
传真：(0751) 8853784

广东新宇建设机械集团公司
地址：广东省韶关市十里亭
邮码：512031
电话：(0751) 8852971转
传真：(0751) 8853643

广东世联实业集团公司
地址：广东省湛江市人民大道27号
邮码：524022
电话：(0759) 3380156
传真：(0759) 3380178

广东三星企业集团股份公司
地址：广东省湛江市人民大道龙湖路口
邮码：524043
电话：(0759) 33818888－3029
传真：(0759) 3380532

广东万里企业集团公司
地址：广东省湛江市坡头区南调路
邮码：524057
电话：(0759) 3951299
传真：(0759) 3950788

佛山电器集团公司
地址：广东省佛山市汾江中路29号
邮码：528000
电话：(0757) 2289062
传真：(0757) 2223286

佛山佛斯弟摩托车企业集团
地址：广东省佛山市忠义路80号
邮码：528000
电话：(0757) 3370123
传真：(0757) 3379552

佛山中宝企业集团公司
地址：广东省佛山市江湾二路34号
邮码：528000
电话：(0757) 2214696－15
传真：(0757) 2211422

顺德新力集团公司
地址：广东省顺德市凤山西路6号
邮码：528300
电话：(0765) 2237868
传真：(0765) 2228066

科龙集团公司
地址：广东省顺德市容奇镇容港路8号
邮码：528303
电话：(0765) 6628338－2030
传真：(0765) 6621911

贵州

中国七砂集团有限责任公司
地址：贵阳市环城东路480号
邮码：550001
电话：(0851) 5866518、5866528、5821874
传真：(0851)5822840、2550000
成立时间：1995.8
主要成员：第三砂轮厂、第六砂轮厂、贵阳标准件一厂、七砂房地产开发公司、七砂进出口公司、贵阳三环建筑安装公司、第七砂轮股份有限公司、山牌磨料清镇联合公司、山牌磨料深圳联合公司、安顺出租旅游汽车公司、七砂综合制品厂、七砂专用磨料厂

甘肃

兰州电机集团有限责任公司
地址：兰州市民乐路66号
邮码：730050

电话：(0931) 2336951
传真：(0931) 2335068
成立时间：1996.12.26
主要成员：兰州晟泰大型塑料管工程有限责任公司、兰州晟通柴油发电机组租赁有限责任公司、兰州新科电气修造有限责任公司、兰州晟达机电有限责任公司、常州机械电器有限责任公司、兰州电机集团有限责任公司电梯厂

兰州石油化工机械设备工程集团公司
地址：兰州市七里河区西津西路194号
邮码：730050
电话：(0931) 2333611－3794
传真：(0931) 2339794
成立时间：1988.5.19
主要成员：兰州石油化工机器总厂、兰州机械制造公司、兰石进出口公司、长征机械厂
注：该集团已经甘肃省政府批准进行建立现代企业制度试点，方案已批准，尚未挂牌。改制后的公司名称将更名为兰州石油化工机械设备工程(集团)有限责任公司

兰州变压器有限责任公司
地址：兰州市七里河区滨河中路287号
邮码：730050
电话：(0931) 2334152
传真：(0931) 2331871
成立时间：1997.3.19

甘肃兰驼集团有限责任公司
地址：兰州市七里河区民乐路8号
邮码：730050
电话：(0931) 2334721
传真：(0931) 2338634
成立时间：1997.5.8
主要成员：兰州手扶拖拉机厂甘肃省农业机械总公司

甘肃长通电缆(集团)有限责任公司
地址：甘肃省白银市长通路1号
邮码：730900
电话：(0943) 8222220
传真：(0943) 8221857
成立时间：1997.1.9
主要成员：白银长通电缆厂、西安长通电缆厂、白银通泰电缆有限公司、白银市无氧铜杆厂、白银长通企业有限公司、甘肃省长通电缆厂劳动服务公司、驻全国各地的17个营销公司
注：白银通泰电缆有限公司属中外合作企业

青海

青海工程机械(集团)有限责任公司
地址：西宁市祁连路137号
邮码：810006
电话：(0971) 8140340
传真：(0971) 8140348
成立时间：1994.8
主要成员：青海工程机械厂、青海齿轮厂、青海工具厂、青海铸造厂、青海锻造厂、青海海力有限责任公司、青海矿山机械厂、青海黄河起重机厂、青海第一汽车修理厂、机械部西宁高原工程机械研究所

青海数控机床(集团)有限责任公司
地址：西宁市柴达木西路101号
邮码：810018
电话：(0971) 5218496
传真：(0971) 5218611
成立时间：1996.3.25
主要成员：青海第一机床厂、青海第二机床厂、青海重型机床厂

青海山川铸造铁合金集团有限责任公司
地址：西宁市朝阳西路112号
邮码：810028
电话：(0971) 5130211
传真：(0971) 5137586
成立时间：1965.9

股份制企业名录

北京

北汽福田车辆股份有限公司
地址：北京市东环中路32号
邮码：100020
电话：(010) 65921776
传真：(010) 65921776
成立时间：1995.5.18

上海

上海轻工机械股份有限公司
地址：上海市南京西路1576号
邮码：200040
电话：(021) 62560000
传真：(021) 62560492
成立时间：1956 (1991年改制)
主要成员：挤出机械厂、橡胶机械厂、饮料机械厂、塑料机械厂等

上海柴油机股份有限公司
地址：上海市军工路2636号
邮码：200432
电话：(021) 65493506
传真：(021) 65491845
成立时间：1947.4 (建厂)；1993.12 (股份制改制)

上海金泰股份有限公司

地址：上海市安亭洛浦路 45 号
邮码：201805
电话：(021) 59577280
传真：(021) 59575187
成立时间：1995.7

上海电器股份有限公司
地址：上海市汶水东路 1 号
邮码：200437
电话：(021) 65422800
传真：(021) 65441087

上海电焊条有限公司
地址：上海市长安路 1088 号
邮码：200070
电话：(021) 63174073
传真：(021) 63170140
成立时间：1986 年(1996 年改制)
注：下属有 5 个分厂

上海市机械设备进出口有限公司
地址：上海市西康路 400 号
邮码：200040
电话：(021) 62552540
传真：(021) 62539227
成立时间：1980.1

上海天地成套设备制造有限公司
地址：上海市凯旋路 530 号
邮码：200050
电话：(021) 62258205
传真：(021) 62525345
成立时间：1995.5.18
主要成员：上海东风机器厂、上海精密机床厂等 5 个企业

山东

山东鑫亚工业股份有限公司
地址：山东省聊城市东昌东路 25 号
邮码：252000
电话：(0635) 8521268
传真：(0635) 8521274
成立时间：1993.12.18
注：定向募集

淄博牵引电机集团股份有限公司
地址：山东省淄博市张店区共青团东路 34 号
邮码：255030
电话：(0533) 2181821
传真：(0533) 2180311
成立时间：1993.6.10
注：定向募集

山东电机股份有限公司
地址：山东省淄博市张店区柳泉路 21 号
邮码：255032
电话：(0533) 2184401
传真：(0533) 2187514
成立时间：1993.6
注：社会募集

四砂股份有限公司
地址：山东省淄博市张店区南定车站街 69 号
邮码：255055
电话：(0533) 2980151
传真：(0533) 2980888
成立时间：1988 年改制为股份制企业
注：社会募集，1996 年 12 月 25 日在上海证券交易所上市

博山电机集团股份有限公司
地址：山东省淄博市博山区人民路 42 号
邮码：255200
电话：(0533) 4183078
传真：(0533) 4180974
成立时间：1993.11.8
注：定向募集

山东省诸城四达绝缘材料股份有限公司
地址：山东省诸城市棉织街 3 号
邮码：262200
电话：(0536) 6213175
传真：(0536) 6111058
成立时间：1993.6
注：定向募集

龙口油泵油嘴股份有限公司
地址：山东省龙口市黄城中心街 101 号
邮码：265701
电话：(0535) 8517548
传真：(0535) 8517527
成立时间：1993.10.8
注：定向募集，已于 1997 年 5 月 20 日在淄博自动报价系统上市

山东山推工程机械股份有限公司
地址：山东省济宁市太白东路 58 号
邮码：272135
电话：(0537) 2314636
传真：(0537) 2315986
成立时间：1993.10.8
注：社会募集（上市）

郯城精华机械集团股份有限公司
地址：山东省郯城县建设路 20 号
邮码：276100
电话：(0539) 6221210、6222277
传真：(0539) 6221040
成立时间：1994.1.6
注：定向募集

福建

福建省福发股份有限公司
地址：福州市工业路 223 号
邮码：350004
电话：(0591) 3710865
传真：(0591) 3713706
成立时间：1993.11.23
主要成员：福州发电设备厂
注：股份制企业(社会募集上市公司)

闽东电机(集团)股份有限公司
地址：福州市五一中路 57 号
邮码：350005
电话：(0591) 3355466
传真：(0591) 3326201
成立时间：1992.12.28
主要成员：闽东电机厂
注：社会募集（上市）

福州大通机电股份有限公司
地址：福州市福马路 81 号
邮码：350011
电话：(0591) 3660233
传真：(0591) 3660592
成立时间：1956
主要成员：福州电线厂
注：社会募集上市公司

福州盛宝电器有限公司
地址：福州市鼓山鼓二前横路
邮码：350014
电话：(0591) 3635308
成立时间：1994.1.18
注：有限责任公司

南平电缆股份有限公司
地址：福建省南平市工业路 102 号
邮码：353000
电话：(0599) 8735866
传真：(0599) 8735870
成立时间：1994.6.28
主要成员：南平电缆厂

注：定向募集

厦门工程机械股份有限公司

地址：福建省厦门市厦禾路668号

邮码：361004

电话：(0592) 2022574、2024313

传真：(0592) 2036720

成立时间：1993.12

注：厦门工程机械股份有限公司属股份制企业上市公司

福建省尤溪水轮泵厂

地址：福建省尤溪县城关水路

邮码：365100

电话：(0598) 6323803

传真：(0598) 6323789

成立时间：1996.10

注：股份制企业（定向募集）

湖北

湖北法雷奥车灯有限公司

地址：武汉沌口经济开发区

邮码：430022

电话：(0710) 3514105

传真：(0710) 3513392

成立时间：1995

武汉通达爱西亚消声器有限公司

地址：武汉沌口经济技术开发区

邮码：430022

电话：(027) 5784719

传真：(027) 5784719

成立时间：1994

武汉电缆集团股份有限公司

地址：武汉市乔口古田一路陈家墩2号

邮码：430035

电话：(027) 3832042

湖北汉阳—约斯特汽车部件有限公司

地址：武汉市汉阳扁担山

邮码：430051

电话：(027) 4874882

传真：(027) 4874889

成立时间：1992

神龙汽车有限公司

地址：武汉市汉阳区郭茨口

邮码：430051

电话：(027) 4874407

武汉天工特种机械股份公司

地址：武汉市武昌张家湾

邮码：430065

电话：(027) 8117064

湖北派克密封件有限公司

地址：武汉市武昌区石牌岭

邮码：430070

电话：(027) 7816798

传真：(027) 7815115

成立时间：1983

武汉阀门水处理机械股份公司

地址：武汉青山冶金大道64号

邮码：430080

电话：(027) 6862078

湖北飞蝶离合器股份有限公司

地址：湖北省麻城市工人新村24号

邮码：431600

电话：(0713) 2912225

湖北汽车传动轴股份有限公司

地址：湖北省麻城城关四方塘22号

邮码：431600

电话：(0713) 2912352

湖北竞诚铝合金精密铸造有限公司

地址：湖北省天门市侨乡经济开发区

邮码：431700

电话：(0728) 5225303

传真：(0728) 5225303

成立时间：1995

湖北金茂仓储器材有限公司

地址：湖北省京山县新市镇

邮码：431800

电话：(0716) 7221237

传真：(0716) 7222988

成立时间：1992

湖北戴蒙德机械有限公司

地址：湖北省京山县 新市镇

邮码：431800

电话：(0716) 7221349

传真：(0716) 7416006

成立时间：1988

湖北金宏达活塞股份有限公司

地址：湖北省钟祥市莫愁大道116号

邮码：431900

电话：(0724) 4221168

湖北佳程活塞环有限公司

地址：湖北省仙桃市通海口镇

邮码：433015

电话：(0728) 2742061

传真：(0728) 2742061

成立时间：1995

湖北除尘设备环保股份有限公司

地址：湖北省潜江市东风路23号

邮码：433100

电话：(0728) 6242901

湖北汽车变速箱股份有限公司

地址：湖北省监利县容城镇联盟路387号

邮码：433300

电话：(0716) 3762076

湖北玉沙汽车零部件股份有限公司

地址：湖北省监利县容城镇联盟路409号

邮码：433300

电话：(0716) 3263385

湖北德尔福汽车发电机有限公司

地址：湖北省荆州市北京路102号

邮码：434000

电话：(0716) 8212419

传真：(0716) 8216952

成立时间：1995

湖北神电汽车电机有限公司

地址：湖北省荆州市北京路102号

邮码：434000

电话：(0716) 8212419

传真：(0716) 8216952

成立时间：1994

湖北九龙汽车动力转向器有限公司

地址：湖北省荆州市金龙路1号

邮码：434007

电话：(0716) 8253112

传真：(0716) 8258025

成立时间：1993

法雷奥汽车空调湖北有限公司

地址：湖北省荆州市太岳路

邮码：434007

电话：(0716) 8253166

传真：(0716) 8257182

成立时间：1994

湖北沙市电工仪器股份公司

地址：湖北省荆州市太岳路

邮码：434007

电话：(0716) 8213166

湖北金陵达股份有限公司

地址：湖北省江陵县安心桥30号

邮码：434100

电话：(0716) 8464892

湖北江华车桥有限公司

地址：湖北省公安县荆江大道178号

邮码：434300

电话：(0716) 5225927

传真：(0716) 5225925

成立时间：1992

湖北车桥股份有限公司

地址：湖北省公安县荆江大道178号

邮码：434300

电话：(0716) 5225925

湖北大隆汽车雨刮有限公司

地址：湖北省石首市中山路107号

邮码：434400

电话：(0716) 7272261

传真：(0716) 7273055

成立时间：1994

湖北石乔汽车配件有限公司

地址：湖北省石首市太平坊大道8号

邮码：434400

电话：(0716) 7272911

传真：(0716) 7274326

成立时间：1993

湖北汽车车身股份有限公司

地址：湖北省石首市锦州长江路7号

邮码：434400

电话：(0716) 7273170

湖北汽车制动阀股份有限公司

地址：湖北省石首市新厂镇建设街98号

邮码：434401

电话：(0716) 7612287

黄石鑫宝铸管有限公司

地址：湖北省黄石市石灰窑区沿湖路476号

邮码：435000

电话：(0714) 6245346

传真：(0714) 6227699

成立时间：1994

黄石锻压机床有限公司

地址：湖北省黄石市石料山朱家嘴9号

邮码：435000

电话：(0714) 6225993

传真：(0714) 6223212

成立时间：1993

黄石瑞泰辐照制品有限公司

地址：湖北省黄石市沿湖路477号

邮码：435000

电话：(0714) 6223098

传真：(0714) 6227014

成立时间：1995

劳伦茨卢卡斯黄石摩擦材料有限公司

地址：湖北省黄石市花园路45号

邮码：435000

电话：(0714) 6224214

传真：(0714) 6231854

成立时间：1996

湖北彤鑫发动机有限公司

地址：湖北省黄州市东门路15号

邮码：436100

电话：(0713) 8384864

传真：(0713) 8384864

成立时间：1994

湖北扬子江摩托车股份有限公司

地址：湖北省黄州市东门路15号

邮码：436100

电话：(0713) 8353933

成立时间：1994

湖北轴瓦股份有限公司

地址：湖北省蕲春漕河芝麻山

邮码：436312

电话：(0713) 7025010

湖北多菱动力机股份有限公司

地址：湖北省武穴市北川路39号

邮码：436400

电话：(0713) 6222785

湖北机油泵水泵股份有限公司

地址：湖北省黄梅县五祖路23号

邮码：436500

电话：(0713) 3324493

湖北化油器股份有限公司

地址：湖北省英山县温泉镇西门街5号

邮码：436700

电话：(0713) 7013401

湖北飞宁方向机股份有限公司

地址：湖北省咸宁浮山大道18号

邮码：437000

电话：(0715) 8322985

湖北东力工业集团

地址：湖北省襄樊市解放路7号

邮码：441000

电话：(0710) 3451853

湖北环宇汽车灯具有限公司

地址：湖北省襄樊市樊城区环山路45号

邮码：441021

电话：(0710) 3514105

传真：(0710) 3513392

成立时间：1992

襄阳汽车轴承股份有限公司

地址：湖北省襄樊市万山轴承路1号

邮码：441022

电话：(0710) 3564101

湖北汽车车架股份有限公司

地址：湖北省枣阳市新华路56号

邮码：441200

电话：(0710) 6222172

随州市天风汽车股份有限公司

地址：湖北省随州市西城区汉东路20号

邮码：441300

电话：(0722) 3223705

湖北驰乐汽车股份有限公司

地址：湖北省随州市烈山大道222号

邮码：441300

电话：(0722) 3222704

湖北谷城车桥股份有限公司

地址：湖北省谷城城关后街34号

邮码：441700

电话：(0710) 7232476

卢卡斯华阳汽车制动器有限公司

地址：湖北省十堰市朝阳路127号

邮码：442000

电话：(0719) 8651231

传真：(0719) 8666194

成立时间：1995

湖北华阳企业集团股份有限公司

地址：湖北省十堰市朝阳路127号

邮码：442000

电话：(0719) 8665151

东风汽车公司

地址：湖北省十堰市张湾区车城街1号

邮码：442001

电话：(0719) 8221524
湖北华产汽车股份有限公司
地址：湖北省十堰市武当路43号
邮码：442012
电话：(0719) 8787799

湖北通达汽车零部件股份有限公司
地址：湖北省十堰市武当路7号
邮码：442012
电话：(0719) 8781608

湖北神雁专用汽车股份有限公司
地址：湖北省十堰市武当路43号
邮码：442012
电话：(0719) 8785492

宜昌机床股份有限公司
地址：湖北省宜昌西陵二路18号
邮码：443000
电话：(0717) 6733353

宜昌至喜集团股份有限公司
地址：湖北省宜昌市东山开发区珠海路1号
邮码：443000
电话：(0717) 6331101

猴王焊接有限公司
地址：湖北省宜昌市夷陵路344号
邮码：443003
电话：(0717) 6351591
传真：(0717) 6351853
成立时间：1994

广东

广州广船国际股份有限公司
地址：广州市芳村大道2号
邮码：510382
电话：(020) 81891712
传真：(020) 81891575
成立时间：1993
注：社会募捐（上市）

广州华成电器企业股份有限公司
地址：广州市新市广花五路
邮码：510410
电话：(020) 86632212
传真：(020) 86621776

增城市通用机械股份有限公司
地址：广东省增城市荔城镇东桥东路1号
邮码：511316
电话：(020) 82752696
传真：(020) 82757218

韶关变压器厂
地址：广东省韶关市北郊五里亭
邮码：512000
电话：(0751) 8872846
传真：(0751) 8883135

韶关机床厂
地址：广东省韶关市西河工业中路9号
邮码：512026
电话：(0751) 8774572
传真：(0751) 8763344

韶关市轴承厂
地址：广东省韶关市西联
邮码：512029
电话：(0751) 8731950
传真：(0751) 8731948

韶关工程机械厂
地址：广东省韶关市武江区西联镇
邮码：512029
电话：(0751) 8731537
传真：(0751) 8733503

广东明珠球阀集团公司
地址：广东省兴宁市官汕路99号
邮码：514500
电话：(0753) 3332906
传真：(0753) 3335802

广东威达医疗器械(集团)公司
地址：广东省揭西县河婆镇
邮码：515400
电话：5582288
传真：5582865

惠东水泵集团有限公司
地址：惠东县平山镇营盘路1号
邮码：516300
电话：8822775
传真：8834894

湛江通用电气集团公司
地址：广东省湛江市椹川大道中71号
邮码：524022
电话：(0759) 3385979
传真：(0759) 3380528

湛江三星农车制造公司
地址：广东省湛江市人民大道北3号
邮码：524043
电话：(0759) 3381888
传真：(0759) 3380532

湛江三星汽车制造公司
地址：广东省湛江市人民大道北3号
邮码：524043
电话：(0759) 3381888
传真：(0759) 3380532

广东真空设备厂股份有限公司
地址：广东省肇庆市厂排街
邮码：526020
电话：(0758) 2839704
传真：(0758) 2835572

肇庆华盛机电制品股份有限公司
地址：广东省肇庆市建设路11号
邮码：526060
电话：(0758) 2725271
传真：(0758) 2728528

广东广液实业股份有限公司
地址：广东省罗定市泷江路41号
邮码：527200
电话：3722178
传真：3725808

新兴县饲料机械股份有限公司
地址：广东省新兴县新城镇北门路34号
邮码：527400
电话：(0766) 2883319
传真：(0766) 2886605

佛山通宝股份有限公司
地址：广东省佛山市上沙东街43号
邮码：528000
电话：(0757) 2298522—392
传真：(0757) 2287037

佛山市珊瑚压缩机有限公司
地址：广东省佛山市厦源路91号
邮码：528000
电话：(0757) 3374528
传真：(0757) 3374528

江门电机股份有限公司
地址：广东省江门市紫坭路41号
邮码：529000
电话：(0750) 3333556
传真：(0750) 3332554

新会市农业机械厂股份有限公司
地址：广东省新会市工业大道

10号
邮码：529100
电话：(0750) 6693715
传真：(0750) 6692800

广东凌宵机电有限公司
地址：广东省阳春市春江路39号
邮码：529600
电话：(0662) 7734684
传真：(0662) 7735380

阳春轴承股份有限公司
地址：广东省阳春市春城环城北路39号
邮码：529600
电话：(0662) 7736116
传真：(0662) 7736467

甘肃

兰州长虹焊接机电有限(责任)公司
地址：兰州市民主西路161号
邮码：730000
电话：(0931) 8461016
传真：(0931) 8468879
成立时间：1996.12.30

青海

青海山川铁合金股份有限公司
地址：西宁市朝阳西路112号
邮码：810028
电话：(0971) 5130211
传真：(0971) 5137586
成立时间：1996.5
主要成员：海南深海进出口有限公司、五矿国际有色金属贸易公司、青海百货股份有限公司、中国冶金进出口青海公司、青海三普药业股份有限公司、中国冶金进出口厦门公司、贵州机械进出口有限公司、中国磨具进出口联营公司海南分公司
注：企业为社会募集资金(上市公司)

“三资”企业名录

北京

北京新亚洲大力机械有限公司
地址：北京市朝阳区南豆芽胡同57号
邮码：100010
电话：(010) 64044724
传真：(010) 64031308
成立时间：1992.12.10
主要成员：北京大力机械厂
注：合资

北京瑞德信通用机械设备有限公司
地址：北京市朝阳区太阳宫路甲1号
邮码：100015
电话：(010) 64372907
传真：(010) 64372907
成立时间：1994.4.15
主要成员：北京标准件工业集团公司
注：合资

北京西门子电器设备有限公司
地址：北京市朝阳区酒仙桥东风南路北
邮码：100016
电话：(010) 64380864
传真：(010) 64384917
成立时间：1994.10.14
主要成员：北京机床电器厂
注：合资

北京国汇房地产开发有限公司
地址：北京市朝阳区建国门外光华路丙12号
邮码：100020
电话：(010) 65921626
传真：(010) 65921627
成立时间：1995.04.19
主要成员：北京金属结构厂北京京工房地产开发总公司
注：合作

北京ABB高压开关设备有限公司
地址：北京市朝阳区关东店街12号
邮码：100020
电话：(010) 67640055
传真：(010) 67663121
成立时间：1995.12.8
主要成员：北京开关厂
注：合资

北京吉普汽车有限公司
地址：北京市朝阳区广渠路35号
邮码：100022
电话：(010) 67712233
传真：(010) 67711353
成立时间：1983.8.10
主要成员：北京汽车制造厂、美国克莱斯勒汽车公司

华新金属结构有限公司
地址：北京市广渠门外大街垂杨柳1号
邮码：100022
电话：(010) 67781370
传真：(010) 67715050
成立时间：1985.10.19
主要成员：北京建筑机械厂、北京市机械设备进出口公司
注：合资

北京赛威电子电器有限公司
地址：北京市朝阳区劲松路1号
邮码：100022
电话：(010) 67710022
传真：(010) 67762167
成立时间：1992.10.28
主要成员：北京电力电容器厂
注：合作

北京天海工业有限公司
地址：北京市朝阳区黄厂路
邮码：100023
电话：(010) 67383444
传真：(010) 67712512
成立时间：1992.7.18
主要成员：北京高压气瓶厂
注：合作

北京北人富士印刷机械有限公司
地址：北京市朝阳区垡头(北人机械十分厂院内)
邮码：100023
电话：(010) 67364176

传真：(010) 67365830
成立时间：1995.12.26
主要成员：北人印刷机械股份有限公司
注：合资

北京成功天海气体工程有限公司
地址：北京市朝阳区大郊亭北京市氧气厂院内
邮码：100023
电话：(010) 67136483
传真：(010) 67136482
成立时间：1996.1.31
主要成员：北京高压气瓶厂、北京化学工业集团公司
注：合作

北京赛特恩电子有限公司
地址：北京市经济技术开发区工业园区如意路乙1号
邮码：100023
电话：(010) 67882496
成立时间：1974.2.28
主要成员：北内集团总公司、美国赛特恩电子有限公司
注：合资

北京华纳齿轮有限公司
地址：北京市朝阳区定福庄西里4号
邮码：100024
电话：(010) 65767733
传真：(010) 65763925
成立时间：1992.7.20
主要成员：北京齿轮总厂、博格·华纳汽车传动产品专营公司

北京东方气体有限公司
地址：北京市朝阳区平房乡石各庄
邮码：100024
电话：(010) 65765162
传真：(010) 65765163
成立时间：1990.8.30
主要成员：北京高压气瓶厂、北京市隆华实业总公司
注：合资

北京奥林气体有限公司
地址：北京市朝阳区平房乡石各庄
邮码：100024
电话：(010) 65765162
传真：(010) 65765163
成立时间：1996.1.25
主要成员：北京高压气瓶厂、北京隆华实业总公司
注：合资

北京艾克麦高纯净水有限公司
地址：北京市朝阳区光华路10号
邮码：100026
电话：(010) 65022130
传真：(010) 65023651
成立时间：1992.10.22
主要成员：北京工具厂
注：合资

北京鸿高国际金融大厦有限公司
地址：北京市朝阳区建国门外光华路10号
邮码：100026
电话：(010) 65025331
成立时间：1995.5.8
主要成员：北京工具厂、北京市京工房地产开发总公司
注：合作
地址：北京市朝阳区六里屯枣营路3号
邮码：100027
电话：(010) 65957062
传真：(010) 65003541
成立时间：1986.2.27
主要成员：北京市西海公司、中国国际信托投资公司、北京市东风食品机械厂
注：合资

北京德林印务有限公司
地址：北京市朝阳区工体北路4号
邮码：100027
电话：(010) 65006901
传真：(010) 65006901
成立时间：1992.11.25
主要成员：北京精汇高技术开发公司
注：合资

北京京威房地产开发有限公司
地址：北京市朝阳区工体北路4号
邮码：100027
电话：(010) 65086523
传真：(010) 65089436
成立时间：1993.11.29
主要成员：北京市机电研究院机床实验工厂、北京市京工房地产开发总公司
注：合作

北京永达电加工机床有限公司
地址：北京市朝阳区幸福一村55号
邮码：100027
电话：(010) 64160850
传真：(010) 64154568
成立时间：1994.1.7
主要成员：北京电加工机床厂
注：合资

北京嘉年华物业管理有限公司
地址：北京市西城区西绒线胡同（乙）9号
邮码：100031
电话：(010) 66035841
成立时间：1994.12.28
主要成员：北京设备成套公司
注：合资

北京巴布科克·威尔科克斯有限公司
地址：北京市石景山区八角村
邮码：100043
电话：(010) 68862244
传真：(010) 68861336
成立时间：1986.3.24
主要成员：北京锅炉厂
注：合资

北京轻型汽车有限公司
地址：北京市海淀区首体南路3号
邮码：100044
电话：(010) 68417722
传真：(010) 68415589
成立时间：1988.4.14
主要成员：北京汽车工业集团总公司、中国信托投资公司、香港肖特基有限公司

北京埃尔凯成套电器有限公司
地址：北京市东城区泡子河东巷59号
邮码：100005
电话：(010) 65158590
传真：(010) 65158589
成立时间：1989.8.5
主要成员：北京第二开关厂
注：合作

北京莫泊特离子金属热处理技术有限公司

地址：北京市宣武区南菜园乙15号
邮码：100054
电话：(010) 63544581
传真：(010) 63544638
成立时间：1995.7.4
主要成员：北京电炉厂
注：合资

北京蒙诺汽车减振器有限公司
地址：北京市宣武区鸭子桥路25号
邮码：100055
电话：(010) 63273331
传真：(010) 63402141
成立时间：1995.11.7
主要成员：北京汽车工业集团总公司、蒙诺汽车设备公司

北京三联拉链有限公司
地址：北京市崇文区光明中街18号
邮码：100061
电话：(010) 67122052
传真：(010) 67112552
成立时间：1991.9.24
主要成员：北京齿轮总厂、轻工进出口公司北京进出口分公司、香港三联拉链有限公司

北京金士信息有限公司
地址：北京市崇文区板厂南里甲1号
邮码：100061
电话：(010) 67143340
传真：(010) 67143340
成立时间：1993.3.20
主要成员：北京市西海公司
注：合资

北京金威泰建筑装饰工程有限公司
地址：北京市崇文区夕照寺中街1号
邮码：100061
电话：(010) 67021670
成立时间：1994.6.28
主要成员：北京标准件工业集团公司
注：合资

北京天纬油泵嘴油有限公司
地址：北京市丰台区五里店
邮码：100071
电话：(010) 63811155
传真：(010) 63841470
成立时间：1994.12.16
主要成员：国投公司、重机总公司、北汽总公司、北汽开发公司、美国亚州战略投资公司第三投资公司

北京金时精密铸造有限公司
地址：北京市丰台区芦沟桥南里2号
邮码：100072
电话：(010) 63817799－501
传真：(010) 63817157
成立时间：1994.2.28
主要成员：北京市叉车总厂
注：合作

北京汉拿工程机械有限公司
地址：北京市丰台区芦沟桥南里2号
邮码：100072
电话：(010) 63831735
传真：(010) 63831726
成立时间：1994.12.14
主要成员：北京市叉车总厂
注：合资

北京旅行车股份有限公司
地址：北京市丰台区大红门西路26号
邮码：100075
电话：(010) 67222233
传真：(010) 67212045
成立时间：1996.2
主要成员：日本五十玲汽车公司

北京北益电工绝缘制品有限公司
地址：北京市丰台区石榴庄南里7号
邮码：100075
电话：(010) 67662396
传真：(010) 67662443
成立时间：1996.3.19
主要成员：北京开关厂
注：合资

北京朝代车体有限公司
地址：北京市大兴县旧宫乡
邮码：100076
电话：(010) 67092897
成立时间：1992.3.9
主要成员：北京司达旅行车有限公司、香港质信发展有限公司

北京精明粉末冶金有限公司
地址：北京市丰台区永定门外宋庄路11号
邮码：100078
电话：(010) 67634067
传真：(010) 67634067
成立时间：1994.6.29
主要成员：北京市粉末冶金研究所
注：合作

力士乐（北京）液压有限公司
地址：北京市海淀区西三旗东（北京行星减速机厂内）
邮码：100085
电话：(010) 62913551
传真：(010) 62914175
成立时间：1995.12.25
主要成员：北京市液压工业公司
注：合资

北京华泰变压器有限公司
地址：北京市西城区新街口外大街36号
邮码：100088
电话：(010) 62576448
传真：(010) 62576448
成立时间：1992.9.15
主要成员：北京变压器厂
注：合作

北京东伟汽车装饰有限公司
地址：北京市朝阳区德胜门外南沙滩
邮码：100101
电话：(010) 64919131
传真：(010) 62021599
成立时间：1991.7.30
主要成员：北京汽车工业总公司、香港东伟投资贸易公司

北京博力金结低温工程有限公司
地址：北京市通县梨园半壁店大街25号
邮码：101101
电话：(010) 69520775
传真：(010) 69520778
成立时间：1996.5.27
主要成员：北京金属结构厂
注：合资

北京潞港标准件有限公司
地址：北京市通县梨园镇小街
邮码：101149
电话：(010) 69541140
传真：(010) 69547509
成立时间：1992.3.24

主要成员：北京标准件工业集团公司
注：合资
北京比泽尔制冷设备有限公司
地址：北京市通县半壁店大街23号
邮码：101149
电话：(010) 69513367
传真：(010) 69513369
成立时间：1994.12.26
主要成员：北京冷冻机厂
注：合资
北京三永软轴有限公司
地址：北京市顺义县后沙峪乡铁匠营村
邮码：101300
电话：(010) 64550582
传真：(010) 64550584
成立时间：1994.8.2
主要成员：北京市汽车软轴厂、韩国三永株式会社
北京天竺花园公寓发展有限公司
地址：北京市顺义县天竺镇花园村
邮码：101312
电话：(010) 64362131
成立时间：1993.03.17
主要成员：北京市电机总厂、中国房地产开发总公司
注：合作
北京万通世界房地产有限公司
地址：北京市怀柔县庙城镇民营经济开发区
邮码：101401
电话：(010) 65021131
传真：(010) 65023306
成立时间：1995.1.18
主要成员：北京开关厂、北京万通实业股份有限公司
注：合作
北京天纬宏运工业有限公司
地址：北京昌平科技园区
邮码：102200
电话：(010) 69748555
传真：(010) 69747514
成立时间：1993.5.17
主要成员：北京汽车工业总公司、北京汽车工业进出口公司、台湾宏运实业股份有限公司
北京复盛机械有限公司
地址：北京市昌平县巩华镇沙阳路15号
邮码：102206
电话：(010) 69732555
传真：(010) 69732299
成立时间：1993.12.23
主要成员：北京第一通用机械厂
注：合资
北京波罗努斯涂装设备有限公司
地址：北京市大兴县大兴工业开发区
邮码：102600
电话：(010) 69249142
传真：(010) 69249147
成立时间：1991.6.29
主要成员：北京起重设备厂
注：合资

天津

津韩模具有限公司
地址：天津市河东区和平村保安里1条13号
邮码：300011
电话：(022) 4329953、3383524
传真：(022) 4329166
成立时间：1994.12.1
主要成员：天津恒通实业公司、韩金器（株）
天津天马气体压缩机有限公司
地址：天津市新技术产业园区向阳路56号
邮码：300111
电话：(022) 7320155
传真：(022) 7366592
成立时间：1995.4.19
主要成员：天津气体压缩机厂、马来西亚阿斯鲁·万策有限公司
中海（天津）精英碟簧有限公司
地址：天津市河东区津塘公路146号
邮码：300182
电话：(022) 4392468
成立时间：1994.11.21
主要成员：天津第一机床总厂
天津大明半岛电子有限公司
地址：天津市新技术产业园区长江道7号
邮码：300193
电话：(022) 7327310
成立时间：1995.1
主要成员：天津大明电机公司、（韩）半岛韩鲜株式会社
西门子电器传动有限公司
地址：天津新技术产业园区
邮码：300193
电话：(022) 6375147
成立时间：1995.2.27
主要成员：天津电力电子设备公司、天津电器传动设计研究所、(德)西门子股份公司
天津科尔摩根工业驱动有限公司
地址：天津新技术产业园区长江道7号
邮码：300193
电话：(022) 6370773转
成立时间：1995.7.5
主要成员：天津电力电子设备公司、天津工业投资有限公司、(美)科尔摩根亚州投资公司
天津通用碟簧有限公司
地址：天津开发区洞庭路111号
邮码：300222
电话：(022) 3375823
成立时间：1994.12.26
主要成员：天津通用机械技术开发工程公司、美商谢元富
天津康诚钢铁结构工程有限公司
地址：天津市河东区卫国道171号
邮码：300250
电话：(022) 4569201
传真：(022) 4569202
成立时间：1995.4.21
主要成员：天津泰康实业总公司、香港有诚号钢铁工程有限公司
香河紫辰铸造有限公司
地址：河北省香河县溅阳镇朱庄村
邮码：302550
电话：8312194
主要成员：香河紫辰发展实业

公司、台湾玉坤股份有限公司

香港中海国际投资有限公司

天津 GEC 阿尔斯通水电设备有限公司

地址：天津市北辰区高峰路

电话：(022) 6812249

传真：(022) 6391419

成立时间：1995.5.11

主要成员：天津发电设备总厂、(德) 通用电气阿尔斯通股份有限公司

河北

三河天隆超硬材料有限公司

地址：河北省三河县燕郊镇

邮码：101601

电话：954620

主要成员：冶金部第一勘探金刚石工业公司、美国杜马国际公司

石家庄铁龙电子计量有限公司

地址：石家庄市西三庄街 24 号

邮码：050000

电话：(0311) 7044320

主要成员：石家庄车辆厂中国土木工程公司、香港龙人国际开发公司

石家庄冀孚印刷机械有限公司

地址：石家庄市放射路 53 号

邮码：050021

电话：(0311) 6011860

主要成员：河北省装潢印刷机械厂、香港领孚实业有限公司

石家庄冀台精密铸造有限公司

地址：石家庄市和平东路 30—4 号

邮码：050031

电话：(0311) 5051624

主要成员：河北 CMEC、石家庄东郊轧钢厂、大成不锈钢工业股份有限公司

石家庄瑞特不锈钢制品有限公司

地址：石家庄市跃进路 5 号

邮码：050031

电话：(0311) 5051010

主要成员：石家庄市阀门三厂、香港怡明实业有限公司

石家庄石江汽车服务有限公司

地址：石家庄市华新路 4 号

邮码：050041

电话：(0311) 6049605

主要成员：石家庄市汽车修配厂、台湾佳得贸易有限公司

石家庄达阳电子有限公司

地址：石家庄市正定大街 38 号

邮码：050041

电话：(0311) 6039162

主要成员：石家庄荣昌实业公司、香港伟达实业公司

石家庄锐宝电动工具有限公司

地址：石家庄市北焦忠诚街 122 号

邮码：050061

电话：(0311) 7046048

主要成员：石家庄锐合机械公司、香港金宝源实业公司

石家庄艾力格不锈钢制品有限公司

地址：石家庄市北环西路 5 号

邮码：050061

电话：(0311) 7041156

主要成员：石家庄市农机厂、台湾范执正实业公司

石家庄昌益紧固件有限公司

地址：石家庄市郊区小安舍

邮码：050071

电话：(0311) 7042447

主要成员：石家庄永昌实业公司、香港高益实业有限公司

石家庄国祥制冷设备有限公司

地址：石家庄市西三庄街 24 号

邮码：050071

电话：(0311) 7045323

主要成员：石家庄车辆厂、台湾国祥冷冻机械股份有限公司

北方覆铜板有限公司

地址：河北省鹿泉市上庄乡

邮码：050081

电话：3031973

主要成员：中国环宇电子联合公司、香港王氏港建有限公司

石家庄欧铁机械有限公司

地址：石家庄市电力机务段内

邮码：050091

电话：(0311) 3036840

主要成员：石家庄铁路南环修造厂、香港欧洲实业有限公司

石家庄东宝不锈钢制品有限公司

地址：河北省井陉县威州镇

邮码：050307

电话：(0311) 3031509

主要成员：国营红旗机械厂工贸总公司、台湾旭典工业股份有限公司

石家庄麦克威尔五金制品有限公司

地址：河北省平山县经济技术开发区

邮码：050400

电话：9115721

主要成员：工贸联营平山县制锁厂、美国麦克威尔公司

河北隆盛金属板材加工有限公司

地址：河北省新乐市站北路

邮码：050700

电话：(0311) 7492340

主要成员：河北五金矿产进出口公司、美国里查德森合股公司

石家庄正发钛金属镀膜有限公司

地址：河北省正定县南牛乡

邮码：050800

电话：(0311) 8291027

主要成员：石家庄正定钛金镀膜厂、美国大发国际企业公司

河北和亚电器有限公司

地址：河北省正定县正定城内西南街

邮码：050800

电话：(0311) 8022647

主要成员：河北正定电子元件总厂、美国康帝公司

河北华新铁合金有限公司

地址：河北省辛集市南智邱镇赵马村

邮码：052373

电话：2911197

主要成员：河北省辛集市赵马磨球厂、新加坡科

文私人有限公司

武安山海节能灶具有限公司

地址：河北省武安县阳邑铁矿加工厂

邮码：056300

电话：（03261）5654594

主要成员：武安阳益铁矿加工厂、美国山海国际有限公司

沧州始兴机械制造有限公司

地址：河北省南皮县铸造厂院内

邮码：062150

电话：（0316）8857944

主要成员：南皮县机械厂、韩国始兴铸物有限公司

秦利采油设备有限公司

地址：河北省秦皇岛市民族路52号

邮码：066000

电话：（0335）3068174

主要成员：秦皇岛市热喷涂厂、匈牙利东方多瑙河贸易有限公司

山海关中联汽车机件加工有限公司

地址：河北省山海关关城西路26号

邮码：066200

电话：（0335）5052357

主要成员：山海关国有资产投资公司、香港柏崮时装贸易公司

大昌缝制设备有限公司

地址：河北省昌黎县佃庄乡

邮码：066608

电话：（0316）2510325

主要成员：昌黎缝制设备件厂、香港合成针车有限公司

承德公平电子衡器有限公司

地址：河北省承德市中兴路94号

邮码：067000

电话：（0314）2023358

主要成员：承德市电子仪器厂、日本泰北贸易株式会社

承德北光仪表有限公司

地址：河北省承德市开发区

邮码：067000

电话：（0314）2084052

主要成员：承德市热河仪表厂、友升太平洋（美国）有限公司

保定金风帆蓄电池有限公司

地址：河北省保定市富昌路8号

邮码：071057

电话：（0312）3025931－201

传真：（0312）3036051

成立时间：1994

注：合资

廊坊广日金属有限公司

地址：河北省廊坊市安次区万庄镇艾各庄村

邮码：1028000

电话：（0316）6012170

主要成员：安次区万庄镇艾各庄地毯厂、香港创日推广有限公司

辽宁

大连港岛酒店有限公司

地址：辽宁省大连市中山区五五路41号

邮码：116001

电话：（0411）2717526

成立时间：1995.5.15

主要成员：大连第二仪表厂、香港思维电子科技有限公司

注：合作

大连圣智电子有限公司

地址：辽宁省大连市中山区光风街23号

邮码：116013

电话：（0411）2681306

成立时间：1995.12.28

主要成员：大连第二光学仪器厂、韩国圣智产业（株）

注：合资

大连富士工具有限公司

地址：辽宁省大连市沙河口区香周路200号

邮码：116021

电话：（0411）6641808—26

成立时间：1995.8.14

主要成员：大连机床厂、日本富士精工（株）、日本三菱金属（株）

注：合资

大连中大钢铁有限公司

地址：辽宁省大连市沙河口区汉阳街10号

邮码：116022

电话：（0411）4604201－2386

成立时间：1995.12.28

主要成员：大重集团公司（大连）、美国嘉勒斯（有限）

注：合资

大连天元石油仪器有限公司

地址：辽宁省大连市沙河口区连山街11号

邮码：116023

电话：（0411）4694114

成立时间：1995.12.1

主要成员：大连第二电机厂、日本东京韩庆愈

注：合作

大连天元精密塑料有限公司

地址：辽宁省大连市连山街11号

邮码：116024

电话：（0411）4671231

传真：（0411）4671231

成立时间：1995.6.20

主要成员：大连第二电机厂、韩国起元商社

注：合作

大连正兴开关有限公司

地址：辽宁省大连市沙河口区华北路334号

邮码：116033

电话：（0411）6649214

成立时间：1995.3.6

主要成员：大连冰山集团公司、东北电力设计院、日本（株）正兴电机制作所

注：合资

大连承铭木制品有限公司

地址：辽宁省瓦房店市共济大街北段1号

邮码：116300

电话：（0411）5612496

成立时间：1995.12.22

主要成员：瓦房店轴承集团公司、日本兵库县贸易（株）

注：合资

瓦房店荣泰工程塑料制品有限公司

地址：辽宁省瓦房店市共济大街北段1号

邮码：116300

电话：（0411）5613496

成立时间：1995.12.22
主要成员：瓦房店轴承集团公司、台湾荣泰轴承股份有限公司
注：合资

瓦房店海亚特轴承制造有限公司
地址：辽宁省瓦房店市北共济街1号
邮码：116300
电话：(0411) 5613496－3269
成立时间：1995.2.18
主要成员：瓦房店轴承集团公司、美国通用轴承公司
注：合资

瓦房店宏达等速万向节制造有限公司
地址：辽宁省瓦房店市北共济街1号
邮码：116300
电话：(0411) 5613496－3828
成立时间：1995.11.30
主要成员：瓦房店轴承集团公司、美国英达博工业股份（有）
注：合资

瓦房店兵库汽车轴承制造有限公司
地址：辽宁省瓦房店市北共济街1号
邮码：116300
电话：(0411) 5613496－2610
成立时间：1995.12.22
主要成员：瓦房店轴承集团公司、日本兵库县贸易（株）
注：合资

瓦房店通用汽车轴承有限公司
地址：辽宁省瓦房店市北共济街1号
邮码：116300
电话：(0411) 5613496－2610
成立时间：1995.12.22
主要成员：瓦房店轴承集团公司、美国通用轴承公司
注：合资

吉林

阿特拉斯·科普柯长春电动工具有限公司
地址：吉林省长春市铁北一匡街3号
邮码：130052
电话：(0431) 2915544
传真：(0431) 2915454
成立时间：1995.5.24
主要成员：长春电动工具有限公司、德国阿特拉斯·科普柯电动工具有限公司
注：本企业属"三资"企业中的合资企业，其中中方占30%股份，德方占70%股份

长春爱尔铃密封件有限公司
地址：长春市经济技术开发区浦东路7号
邮码：130031
电话：(0431) 4644223、4630884（总机）、(0431)4630881(总经理直拨电话)
传真：(0431) 4630887
注：中德合资

四平维卡勃换热设备有限公司
地址：吉林省四平市铁东区南一马路388号
邮码：136001
电话：(0434) 3388315、3388186、3375767
传真：(0434) 3387315
注：中法合资

白城派克电气有限公司
地址：吉林省白城市长庆北街79号
邮码：137000
电话：(0436) 3323459、3323671、3323672
传真：(0436) 3332925
成立时间：1995.5.22

上海

上海压缩机有限公司
地址：上海市中山北路903号
邮码：200070
电话：(021) 56624200（总机）
传真：(021) 56632111
成立时间：1996.12
主要成员：一分厂、二分厂、四分厂、木模分厂、配件公司、精业服务公司、上海英格索兰压缩机有限公司（合营企业）

上海新南船舶有限公司
地址：上海市南市区机厂路132号
邮码：200011
电话：(021) 63783228－378
传真：(021) 63766401
成立时间：1991
注：合资

通用电器(上海)传动系统有限公司
地址：上海市桂箐路99号
邮码：200030
电话：(021) 64853845
成立时间：1995
主要成员：上海整流器总厂49%、美国通用电气公司51%

上海美高森美半导体有限公司
地址：上海市虹桥路640号
邮码：200030
电话：(021) 64392833
成立时间：1995.2.8
主要成员：上海整流器总厂40%、美国美高森美公司60%

上海南洋藤仓电缆有限公司
地址：上海市莘庄莘朱公路二号桥西首
邮码：200030
电话：(021) 64923270
成立时间：1995.09.12
主要成员：上海南洋电缆厂50%、日本藤仓株式会社50%

上海沃马·大隆超高压设备有限公司
地址：上海市光新路光新二村40号
邮码：200061
电话：(021) 62539876
成立时间：1995.11.6
主要成员：上海大隆机器厂49%、德国沃马器械制造有限公司51%

上海天田冲剪有限公司
地址：上海市云岭东路23号
邮码：200062
电话：(021) 62591540
成立时间：1995.12.27
主要成员：上海冲剪机床厂50%、日本天田香港有限公司50%

电话：（0539）8315227
传真：（0539）8315842
注：中外合作

浙江

宁波中环(集团)股份有限公司
地址：宁波市鄞县五乡镇
邮码：315111
电话：（0574）8485035
传真：（0574）8485146
成立时间：1994.08
主要成员：宁波第二车辆厂、上海客车厂宁波联营厂、上海电机厂宁波分厂

宁波天安集团股份有限公司
地址：象山县丹城城南
邮码：315709
电话：（0574）5700235
传真：（0574）5700217
成立时间：1994.3
主要成员：象山高压电器厂、宁波城网高压电器研究所

福建

福州一开同益电气有限公司
地址：福州市交通路78号
邮码：350004
电话：（0591）3334264
传真：（0591）3347514
成立时间：1993.5.28
主要成员：福州第一开关厂、福建省电力发展公司、福州电气控制设备厂、香溢同溢国际投资公司

福建鹤见电工设备有限公司
地址：福州市福峡路78号弄10号
邮码：350007
电话：（0591）3443293
传真：（0591）3442903
成立时间：1986.2.4
主要成员：日本鹤见芝同工业株式会社、福州联合收割机厂、福建省机械工业进出口公司
注：合资

福州斯特龙机电有限公司
地址：福州市郊区新店乡赤星村
邮码：350012
电话：（0591）7910738
传真：（0591）7910164
成立时间：1994.1.7
主要成员：福州柴油机总厂、香港闽风有限公司
注：合资

福建闽东本田发电机组有限公司
地址：福州市福兴投资区福发路
邮码：350014
电话：（0591）3623088
传真：（0591）3622222
成立时间：1994.10
主要成员：闽东电机（集团）股份有限公司、日本本田技研工业株式会社

福州闽江石材有限公司
地址：福州市螺州镇杜园
邮码：350019
电话：（0591）3499529
传真：（0591）3354732
成立时间：1993.5.23
注：合资

福建省圣达波纹管有限公司
地址：福建省光泽县乌君街7号
邮码：354100
电话：（0599）7921002、7922569
传真：（0599）7923845
成立时间：1990
主要成员：圣达波纹管有限公司、光泽机电厂

厦门ABB开关有限公司
地址：福建省厦门市小东山火炬高科技产业开发区ABB工业园
邮码：361006
电话：（0592）6026033
传真：（0592）6030505
成立时间：1992.9.17
主要成员：厦门供电局、厦门电器控制设备厂、厦门国际银行、阿西亚·布朗·勃法瑞（中国）投资有限公司、厦门火炬高技术产业建设发展公司

厦门金龙旅行车有限公司
地址：福建省厦门市湖里区湖里大道东段
邮码：361006
电话：（0592）6032727
传真：（0592）6032726
成立时间：1992.7.31
主要成员：厦门汽车股份有限公司、香港嘉隆（集团）有限公司
注：合资

厦门麦克奥迪光学仪器有限公司
地址：福建省厦门市火炬高技术产业开发区麦克奥迪大厦
邮码：361006
电话：（0592）5627866
传真：（0592）5627855
成立时间：1991.9
注：中外合资经营

厦门金龙汽车车身有限公司
地址：福建省厦门市湖里工业区湖里大道
邮码：361006
电话：（0592）6025760
传真：（0592）6022583
成立时间：1990.12
主要成员：厦门汽车股份有限公司、柳州汽车厂、香港法亚洋行
注："三资"企业

厦门金龙联合汽车工业有限公司
地址：福建省厦门市莲岳路
邮码：361012
电话：（0592）5052608
传真：（0592）5053681
成立时间：1988.12.3
主要成员：厦门汽车股份有限公司、东风汽车公司、香港法亚洋行、北京华能综合利用开发公司
注：合资

三明麦克奥迪光学仪器有限公司
地址：福建省三明市富兴路295号
邮码：365001
电话：（0598）8337224、8338782
传真：（0598）8338782
成立时间：1993.7.1

主要成员：香港协励行、三明光学仪器厂
注：合资

广东

广州羊城高压电器有限公司
地址：广州市江南大道中110号
邮码：501240
电话：(020) 84413986
传真：(020) 84412195

广州三达精细弹簧制造有限公司
地址：广州市东华西路启沃坊三拱直巷9号
邮码：510010
电话：(020) 83831024
传真：(020) 83868636

广州金盾试验设备有限公司
地址：广州市越华路28号
邮码：510030
电话：(020) 83366269
传真：(020) 83330671

广州威达汽车电器厂
地址：广州市越秀南东沙角44号
邮码：510110
电话：(020) 83833597
传真：(020) 83833279

广州华辉电机修理厂
地址：广州市沿江中路343号
邮码：510110
电话：

广州威达人民汽车配件厂
地址：广州市大德路118号
邮码：510120
传真：(020) 81883289

广州雅刚实业有限公司
地址：广州市大德路188号大德大厦B座1601室
邮码：510120
传真：(020) 83181714

东方塑料模具有限公司
地址：广州市中山八路31号
邮码：510175
电话：(020) 81815236
传真：(020) 81815236

广州百年机电有限公司
地址：广州市南华东路660号
邮码：510220
电话：(020) 84415226

广州三环国际木业有限公司
地址：广州市海珠区滨江中路296号
邮码：510220
电话：(020) 84433204
传真：(020) 84448730

广州斯科达－劲马汽轮机有限公司
地址：广州市海珠区工业大道76号
邮码：510250
电话：(020) 84349736
传真：(020) 84331733

广州劲马锅炉实业有限公司
地址：广州市工业大道80号
邮码：510250
电话：(020) 84418920
传真：(020) 84338941

广州劲马责诺节能设备有限公司
地址：广州市工业大道76号～80号
邮码：510250
电话：(020) 84429583－5
传真：(020) 84429583

广州广威燃烧机有限公司
地址：广州市工业大道80号
邮码：510250
电话：(020) 84323139
传真：(020) 84323139

广州巨荣机电有限公司
地址：广州市新港西路立新东街1号
邮码：510260
电话：(020) 84183385
传真：(020) 84183387

广州越秀机床有限公司
地址：广州市新港西路40号
邮码：510260
电话：(020) 84188785
传真：(020) 84186196

广州骏成汽车减振器制造有限公司
地址：广州市新港西路立新东街1号
邮码：510260
电话：(020) 84190752－103
传真：(020) 84190748

广州环鸽起重设备实业有限公司
地址：广州市白鹤洞罗冲岗1号
邮码：510380
电话：(020) 81500913
传真：(020) 81500913

广州蓄电池企业有限公司
地址：广州市白云区三元里华园路
邮码：510400
电话：(020) 86564910
传真：(020) 86565093

广州索哥波灯具有限公司
地址：广州市新市黄石路广州汽车灯具厂内
邮码：510410
电话：(020) 86540365
传真：(020) 86637431

广州骏阳车用灯具有限公司
地址：广州市新市黄石路口
邮码：510410
电话：(020) 86637391
传真：(020) 86637391

广州奥的斯电梯有限公司
地址：广州市北郊广花路夏茅
邮码：510425
电话：(020) 86620060－347
传真：(020) 86620061

广州市艺佳有限公司
地址：广州市白云区夏茅
邮码：510425
电话：(020) 86627493
传真：(020) 86627493

广州通用电器企业有限公司
地址：广州市白云区槎头
邮码：510435
电话：(020) 81983396
传真：(020) 81982348

广州穗达电气有限公司
地址：广州市北郊槎头
邮码：510435
电话：(020) 81983358
传真：(020) 81983810

广州广华金刚石磨具有限公司
地址：广州槎头广州砂轮厂内
邮码：510435
电话：(020) 81980700

广州丰铁机械有限公司
地址：广州市白云区新市镇鹤边村
邮码：510440
电话：(020) 86639180
传真：(020) 86620676

广州环宇玻璃机械有限公司
地址：广州市白云区神山镇中街1号
邮码：510460
电话：(020) 86602991
传真：(020) 86602991

广州中辉涂料有限公司
地址：广州市天河区沙河天平架
邮码：510500
电话：(020) 87519021
传真：(020) 87705117

穗港同得印刷涂料有限公司
地址：广州市沙河天平架
邮码：510500
电话：(020) 87707977
传真：(020) 87705117

广州越秀绝缘材料有限公司
地址：广州市沙河天平架
邮码：510500
电话：(020) 87711911－2006
传真：(020) 87705117

日立电梯（广州）有限公司
地址：广州市沙河鸡颈坑
邮码：510510
电话：(020) 87705706－293
传真：(020) 8701117

日立自动扶梯(广州)有限公司
地址：广州市沙河鸡颈坑
邮码：510510
电话：(020) 87705706－293
传真：(020) 8701117

广州骏生气门厂
地址：广州市白云区太和黄庄
邮码：510540
电话：(020) 87730742
传真：(020) 87730619

广州标致汽车公司（有限）
地址：广州市黄埔横沙
邮码：510700
电话：(020) 82279704
传真：(020) 82270620

广州威达汽车制造厂
地址：广州市黄埔区横沙乡
邮码：510700
电话：(020) 82279825
传真：(020) 82279748

广州精冲零件制造有限公司
地址：广州市黄埔区横沙
邮码：510700
电话：(020) 82273704
传真：(020) 82273704

广州黄埔－易诚阀门有限公司
地址：广州市黄埔蟹山路48号
邮码：510700
电话：(020) 82290821
传真：(020) 82284081

广州华德汽车弹簧有限公司
地址：广东省增城市永和镇汽配城
邮码：511356
电话：(020) 82761000
传真：(020) 82761006

广州豪华空调器有限公司
地址：广东省增城市永和镇广州汽车配件工业城
邮码：511356
电话：(020) 82971459
传真：(020) 82764796

广州广日电梯工业有限公司
地址：广东省番禺市大石镇石北工业区
邮码：511430
电话：(020) 84793333
传真：(020) 84799999

清远粤江微型汽车装配有限公司
地址：广东省清远市扶贫区二号区
邮码：511517
电话：(07617) 3483014
传真：(07617) 3483743

清远鸿宇仪器有限公司
地址：广东省清远市百加工业区
邮码：511517
电话：(07617) 3367986
传真：(07617) 3367204

东华机械有限公司
地址：广东省东莞市建设路
邮码：511715
电话：(0769) 2412897
传真：(0769) 2417755

东莞市中兴保鲜设备有限公司
地址：广东省东莞市万江工业区
邮码：511717
电话：(0769) 2271878
传真：(0769) 2279677

韶关亿利达机械有限公司
地址：广东省韶关市南郊六公里
邮码：512023
电话：(0751) 8290001
传真：(0751) 8290001

韶关铸锻机械设备有限公司
地址：广东省韶关市十里亭
邮码：512031
传真：(0751) 8853784

深圳新华电线电缆联合公司
地址：广东省深圳市水贝2路1街11号
邮码：518020
电话：(0755) 5531492
传真：(0755) 5530144

深圳长岛计算机图形联合有限公司
地址：广东省深圳市水贝二路一街五号厂房四楼
邮码：518020
传真：(0755) 5505792

深通金鹤模具有限公司
地址：广东省深圳市八卦岭工业区425栋
邮码：518029
电话：(0755) 2420225
传真：(0755) 2431079

深圳奥士达电子有限公司
地址：广东省深圳市上梅林工业区4号
邮码：518049
电话：(0755) 3312334
传真：(0755) 3312331

深圳市晶辉电器有限公司
地址：广东省深圳市南山区西丽镇珠光第2工业区
邮码：518055
电话：(0755) 6628275
传真：(0755) 6628276

珠海华美汽车制动工业有限公司
地址：广东省珠海市香洲外神前工业区
邮码：519000
电话：(0756) 2229579
传真：(0756) 2225041

珠海达得锅炉有限公司
地址：广东省珠海市香洲南坑工业区
邮码：519000
电话：(0756) 2261647
传真：(0756) 2261539

广东广益电气控制设备有限公司
地址：广东省潮州市环城南路67号
邮码：521000
电话：(07681) 2262846
传真：(07681) 2261442

揭阳市精艺机器厂
地址：广东省揭阳市东山区风潮村
邮码：515500

广东省长征电器成套厂
地址：广东省揭阳市义和路

邮码：522000
电话：(07640) 8617586
广东省吉荣空调设备厂
地址：广东省揭阳市梅云镇
邮码：522000
电话：(07640) 8881966
传真：(07640) 8881916
高州市铸造厂
地址：广东省高州市工业大道43号
邮码：525200
电话：6662344
传真：6663025
高要鸿图工业有限公司
地址：广东省高要市南岸镇新城路60号
邮码：526100
电话：(0758) 8392249
传真：(0758) 8392559
广东郁南银都电线电缆有限公司
地址：广东省郁南县都城大朗涌1号
邮码：527100
电话：(07667) 7592708
传真：(07667) 7592708
广东福伊特中兴液力传动有限公司
地址：广东省郁南县都城镇河堤路45号
邮码：527100
电话：(07667) 7591736
传真：(07667) 7596216
顺德雅奇摩托车厂
地址：广东省顺德市容奇镇环山路24号
邮码：527303
电话：(07653) 6622752
传真：(07653) 6627269
佛山神威交换器有限公司
地址：广东省佛山市汾江北路28号
邮码：528000
电话：(0757) 2819845
传真：(0757) 2819844
佛斯弟摩托车有限公司
地址：广东省佛山市忠义路55号
邮码：528000
电话：(0757) 3375501－609
传真：(0757) 3379552
佛山大中锚链有限公司
地址：广东省佛山市江湾二路10号
邮码：528000
电话：(0757) 2271300
传真：(0757) 2276241
佛山市欧亚电缆有限公司
地址：广东省佛山市汾江北路22号
邮码：528000
电话：(0757) 2813438
传真：(0757) 2813912
佛山建业电梯导轨有限公司
地址：广东省佛山市江湾二路9号
邮码：528000
电话：(0757) 2261767
传真：(0757) 2264483
佛山飞达不锈钢制造公司
地址：广东省佛山市厚源路82号
邮码：528000
电话：(0757) 3328557
传真：(0757) 3328557
佛山际和机电有限公司
地址：广东省佛山市汾江北路18号
邮码：528000
传真：(0757) 2813180
佛山建贸工业空调有限公司
地址：广东省南海市平州夏西简池工业区
邮码：528000
电话：(0757) 6779110
传真：(0757) 6779511
佛山市永恒电器有限公司
地址：广东省佛山市建新路97号
邮码：528000
电话：(0757) 3320432
传真：(0757) 3320432
佛山时联音响有限公司
地址：广东省佛山市上沙东街43号
邮码：528000
电话：(0757) 2287037
传真：(0757) 2297245
佛山富山电器电子有限公司
地址：广东省佛山市环市镇安中3队
邮码：528000
电话：(0757) 3374831
传真：(0757) 3374492
佛山市恒达电器有限公司
地址：广东省佛山市江湾路弼塘东二街25号
邮码：(0757) 528000
电话：(0757) 2713951
传真：(0757) 2275950
佛山市科声电子有限公司
地址：广东省佛山市江湾路弼塘东二街25号
邮码：528000
电话：(0757) 2276940
传真：(0757) 2279403
佛山摩托车厂
地址：广东省佛山市忠义路55号
邮码：528000
传真：(0757) 3379552
佛山市康恩达液压机械有限公司
地址：广东省佛山市柔仁路
邮码：(0757) 528000
传真：(0757) 2290913
佛山市耀华机械工程有限公司
地址：广东省佛山市汾江北路29号
邮码：528000
传真：(0757) 2810448
佛山富士高电器有限公司
地址：广东省佛山市广佛公路6号
邮码：528000
电话：(0757) 2826255
传真：(0757) 2826255
佛山汇星精密模具有限公司
地址：广东省佛山市石湾区大雾岗北
邮码：528031
电话：(0757) 2714155
传真：(0757) 2278738
佛山汇星塑胶制品有限公司
地址：广东省佛山市石湾镇大雾岗北汇星大厦
邮码：528031
电话：(0757) 2279807
传真：(0757) 2270858
佛山星光瓷砖胶模有限公司
地址：广东省佛山市石湾区大雾岗北
邮码：528031
电话：(0757) 2272927
传真：(0757) 2279842
佛山粤港组合房屋有限公司
地址：广东省佛山市石湾
邮码：528031
电话：(0757) 2712899

传真：(0757) 2273584

佛山市广明熔断器有限公司

地址：广东省佛山市石湾镇工农路 22 号

邮码：528031

电话：(0757) 2262615

传真：(0757) 2262615

佛山电缆厂

地址：广东省佛山市江湾二路 34 号

邮码：528031

电话：(0757) 2264069

传真：(0757) 2275512

佛山汇星阪田电子有限公司

地址：广东省佛山市石湾区大雾岗北

邮码：528031

电话：(0757) 2279659

传真：(0757) 2270800

佛山市名奥弹簧开发有限公司

地址：广东省佛山市澜石镇高新技术产业开发区港口路

邮码：528041

电话：(0757) 3831485

传真：(0757) 3831696

佛山华鹭制冷器件厂有限公司

地址：广东省佛山市高新技术开发区科苑路

邮码：528041

电话：(0757) 3831559

传真：(0757) 3831218

三水市三明电器有限公司

地址：广东省三水市西南镇中山西路立新大街 5 号

邮码：528100

电话：(07652) 7735805

传真：(07652) 7725148

顺德市震德塑料机械厂有限公司

地址：广东省顺德市大良红岗工业区

邮码：528300

电话：(0765) 2627560

传真：(0765) 2635911

一汽顺德汽车厂

地址：广东省顺德市容奇镇文华路

邮码：528303

传真：(0765) 8804546

顺德华南空调制冷实业有限公司

地址：广东省顺德市陈村南涌工业区

邮码：528313

电话：(0765) 3351133

传真：(0765) 3353300

江门市大长江摩托车有限公司

地址：广东省江门市宏江路 3 号

邮码：529000

电话：(07682) 3221789

传真：(07682) 3221511－2209

江门机械设备(轴承)有限公司

地址：广东省江门市郊白石乡

邮码：529030

电话：(07682) 3371854

传真：(07682) 3396940

江门外联科教器材有限公司

地址：广东省江门市郊白石乡金山工业区

邮码：529071

电话：(07682) 3372848

传真：(07682) 3361752

江门市中欧汽车工业公司

地址：广东省江门市外海金溪

邮码：529080

传真：(07682) 3797290

新会市机械厂

地址：广东省新会市会城沪湾路 102 号

邮码：529100

传真：(07656) 6696525

陕西飞机制造公司新会汽车厂

地址：广东省江门市新会大洋莲塘

邮码：529162

PRB 轴承(阳春)企业有限公司

地址：广东省阳春市春城环城北路 39 号

邮码：529600

电话：(07676) 7736467

传真：(07676) 7736116

四川

四川东方数字驱动有限公司

地址：成都市一环路西一段 115 号

邮码：610041

电话：(028) 7430975、7767068

传真：(028) 7744770、7431929

成立时间：1995.8.16

主要成员：东方电气集团、东风电机厂、四川省信托投资公司、四川省科技投资公司、四川省投资公司、省长江企业(集团)股份有限公司、东方自动化工程公司、长征机床股份有限公司、宁江机床厂、北京凯奇新技术开发总公司、香港嘉陵财务有限公司、德国 AMK 公司

四川成焊宝玛焊接装备工程有限公司

地址：成都市二环路东一段 29 号

邮码：610051

电话：(028) 333175(总机)

传真：3348314

成立时间：1995.12.14

主要成员：四川成都焊接成套设备公司、法国 BMI 股份有限公司

四川神马豪华客车制造有限公司

地址：成都市外东九眼桥九三公路 7322 厂内

邮码：610061

电话：(028) 5218012

传真：(028) 5553547

成立时间：1995.1.16

主要成员：成都轻型汽车总厂武侯分厂、新加坡印达企业私人有限公司

四川麦克奥迪教学仪器有限公司

地址：成都市锦江区狮子山路 2 号

邮码：610067

电话：(028) 4793446

成立时间：1995.5.23

主要成员：四川教学仪器厂、香港协励行有限公司

成都长征布里奇波特机床有限公司

地址：四川省新都县工业开发区南一路

邮码：610500

电话：(08232) 371833

传真：(08232) 373021

成立时间：1995.6.12

主要成员：长征机床股份有限公司、英国桥堡机

床有限公司

德阳瑞华电器有限公司

地址：四川省德阳市华山北路114号

邮码：618000

电话：(0838) 2201909（总机）

成立时间：1995.3.15

主要成员：东工集团、瑞典瑞华公司

德阳通政机械有限公司

地址：四川省德阳市华山北路114号

邮码：618000

电话：(0838) 2201909（总机）

成立时间：1995.4.19

主要成员：东工集团、台湾通政企业有限公司

四川双泰车轮有限公司

地址：四川省三台县

邮码：621100

电话：(08253) 221032

传真：222029

成立时间：1995.10.13

主要成员：四川省三泰车轮有限责任公司、美国亚洲战略投资公司

重庆天琳纺织品有限公司

地址：重庆市中区上清寺

邮码：630015

电话：(0811) 3606273

成立时间：1995.4

主要成员：川江电机厂、澳大利亚埃利亚时

重庆康明斯发动机有限公司

地址：重庆市烈士墓

邮码：630031

电话：(0811) 5311941

传真：(0811) 5315379

成立时间：1995.5.8

主要成员：重庆汽车发动机厂、美国康明斯发动机股份有限公司

重庆惠杨机床有限公司

地址：重庆市南岸区南坪惠工路191号

邮码：630060

电话：(0811) 2801210（总机）

传真：(0811) 2800631

成立时间：1995.5

主要成员：重庆第二机床厂、台湾杨铁工厂股份有限公司

泸州建兴五金制品有限公司

地址：四川省泸州市中区茜草坝

邮码：646006

电话：(0830) 2291601

成立时间：1995.5.25

主要成员：泸州长江建筑机械厂、香港杰兴公司

陕西

西菱输变电设备制造有限公司

地址：西安经济技术开发区纬三路

邮码：710016

电话：(029) 6227456

传真：(029) 6227450

主要成员：西安高压开关厂、日本三菱电机株式会社

注：合资

西电三菱电机输变电设备技术开发有限公司

地址：西安市经济技术开发区纬三路

邮码：710016

电话：(029) 6227456

传真：(029) 6227450

主要成员：西安高压开关厂、日本三菱电机株式会社

注：合资

西安爱帕克电力电子有限公司

地址：西安市朱雀大街202号

邮码：710061

电话：(029) 5215895

传真：(029) 5215896

主要成员：机械部西安电力电子技术研究所、美国国际整流器公司

注：合资

西安双佳高压电瓷电器有限公司

地址：西安市大庆路33号

邮码：710077

电话：(029) 4204329、4204331

传真：(029) 4204331

主要成员：西安高压电瓷厂、香港中联电力财务有限公司

注：合资

西安康泰克电子技术有限公司

地址：西安市大庆路13号

邮码：710082

电话：(029) 8628853、8627304

传真：(029) 8627316

主要成员：西安仪表厂、日本康泰克公司

注：合资

青海

青海日青电子实业有限公司

地址：西宁市城西区昆仑路87号

邮码：810012

电话：(0971) 6143730

传真：(0971) 6157390

成立时间：1992.9.9

主要成员：青海无线电二厂（投资225万元人民币）、香港日康国际公司（投资25万元人民币）